换热器（第二版）

HEAT EXCHANGER

兰州石油机械研究所　主编

（上册）

中国石化出版社
HTTP://WWW.SINOPEC-PRESS.COM

内 容 提 要

本书是换热器技术专著，分上、下两册，共计10篇63章。上册系统介绍了管壳式换热器、特种管壳式换热器、板状换热器，以管壳式换热器为主，全面介绍其工艺计算与设计、结构设计、强度计算，还重点介绍了流体诱发振动及强化传热新技术。下册主要介绍了空冷式换热器、热管换热器、特殊材料换热器以及其他换热器，还介绍了换热器计算机辅助设计、制造检验与使用安全管理等方面的内容。

本书可供换热器科研、设计、制造及现场的专业技术人员使用，也可供相关专业技术与管理人员、高等院校师生参考。

图书在版编目（CIP）数据

换热器/兰州石油机械研究所主编．—2版．—北京：中国石化出版社，2013.1（2024.6重印）
ISBN 978-7-5114-1253-9

Ⅰ.①换… Ⅱ.①兰… Ⅲ.①换热器 Ⅳ.①TK172

中国版本图书馆CIP数据核字（2012）第271781号

中国石化出版社出版发行
地址：北京市东城区安定门外大街58号
邮编：100011 电话：(010) 57512500
发行部电话：(010) 57512575
http://www.sinopec-press.com
E-mail：press@sinopec.com
北京建宏印刷有限公司印刷
全国各地新华书店经销
*
787毫米×1092毫米16开本126.75印张3218千字
2013年1月第2版 2024年6月第2次印刷
定价：398.00元（上、下册）

序

在现代化的能源动力、炼油和石油化工等大工业生产中，总需要热流体被冷却和冷流体被加热、包括有相变的气化和冷凝的换热设备。换热器不只保证流程的工艺条件，也是开发利用工业二次能源、实现热回收以节约能源消费的重要装备。

兰州石油机械研究所曾适时地主动搜集换热器设计、制造、运用、改进的国际进展动态，公开出版了《换热器》，推动了国内换热器的研制和石化工业的大型化、高效化。

二十多年来，科学技术的发展出现了信息化，新材料、新型工作流体、新的制造和测试技术、传热分析和强化传热的细致化和传热计算的精准化，带动了换热器性能的设计优化和抗污垢的技术探索。节能减排，重视生态环境的维护，要求我国换热器行业与时俱进地开拓创新。为此，兰州石油机械研究所邀集相关专家、学者集体修订原《换热器》，汇聚国内外研究新成果和实践经验，以适应我国经济发展的亟需。

不同的使用部门，选择换热器可有不同的考虑视角。换热器构造多种多样，可以硕大无比、实行模块化操控，也可以灵巧微型化；可以实现两种不同温度的流体相互间的换热，也可以实现多种不同温度的流体相互间的换热。但换热器的高性能化、紧凑化和运行长效化与安全可靠性将是换热器发展的主导方向。在《换热器》（第二版）即将交付中国石化出版社出版之际，写此短序作介绍。希望本书汲取读者智慧在使用中充实提高。

过增元

2012年10月于北京清华园

第二版前言

一般来说，物质世界具有物理和化学的属性。绝大部分的化学反应或传质传热过程都与热量的变化密切相关。凡与热量有关，为使传热过程得以实现都要使用换热设备。

换热设备在动力、原子能、冶金及食品等其他工业部门广泛应用着，而在炼油、化工及石化生产中更是不可缺少的重要设备。据统计，仅在炼油厂中换热设备的钢材耗量就占工艺设备总重量的40%左右，其投资占全部工艺设备总投资的35%～40%。而今，换热设备可以说几乎是无处不有。因而换热设备的技术进步直接关乎国民经济的发展和人民生活质量的提高。换热技术的发展时刻为人们所关注。

兰州石油机械研究所是国内从事换热设备研发和生产的重点单位之一，早在1971年曾组织行业力量编写过《换热器》(内部发行)一书，主要介绍国外20世纪60年代换热器技术的进展和水平，它的出版对当时国内科研、设计、生产以及高等教学工作都起过良好的促进作用。

1980年，为适应我国“四化”建设和改革开放的需要，满足赶超世界先进水平的要求，兰州石油机械研究所又一次组织行业力量编写出版了第一版《换热器》(公开发行)一书。这次不再是单纯介绍国外技术，而是国内外并重、资料混编，其内容包括了1971年至1980年间国内外换热器技术的新发展，又一次促进了国内换热器技术的大发展，并将我国换热器的创新技术推向世界。

第一版《换热器》一书公开出版发行后，深受广大工程技术人员和一般读者的欢迎，不久便销售一空，多次重印，但仍不能满足要求。近年来，广大读者还不断来函求购或希望重版。正是倾听了广大读者的呼声，考虑到近20余年来国内外换热器技术的飞速发展，大批新的科研成果和丰富的实践经验需要总结和建立数据库，也为了适应我国目前改革形势和国民经济大发展的需要，兰州石油机械研究所受中国石化出版社之约，再一次主持对《换热器》一书进行全面修订。这次修订的内容涉及1981年至2007年期间的资料和数据，第二版的编写力求内容全面、系统、新颖和实用。

第二版的特点是：突破了原来以炼油和石化行业用换热器为主的框架，增加了诸如新能源换热器、空调用全能换热器、卫生医药用换热器以及仪表用微通道换热器等新用途换热设备的比重；对原有各章都有不同程度的增删，其中不少章节是完全重新编写的；由于内容丰富，信息量大，原来按章编写难以容纳，故第二版在编写体例上增设了篇，同时依据各类换热器的技术发展实际按内容量将原来一些按章编写的内容设专篇论述，如热管换热器、强化传热等。

总之，本版总结了近20余年来国内外换热器技术的发展，汇集了有关换热器方面的最新数据和成果，介绍了国内外的实践经验和应用实例。本着推陈出新的方针，既保留了经典技术，又全面介绍了新技术；既有基础理论，又有实际应用；既有国外观点，又有国内见解，全面展示了当今国内外换热器技术的发展水平、动向和趋势。力求体系完整、结构合理、论述严谨、内容翔实。人们常说：“出好书功德无量，读好书受益无穷”。希望本版《换热器》的出版将有助于广大工程技术人员更好地处理和解决换热器在科研、设计和生产中遇到的技术难题，并成为广大读者的良师益友。

第二版邀请了兰州石油机械研究所、天津大学、兰州石油化工机器厂、华南理工大学、北京化工大学、中国石化北京经济技术研究院、华东理工大学、北京燕山石化公司、上海高桥石化公司炼油厂、南京化工大学、西安交通大学、广西大学、杭州制氧机集团有限公司板换厂、上海江湾化工机械厂、兰州理工大学、清华大学、中南大学、中国石化工程建设公司、甘肃省锅炉压力容器检验研究中心的62位资深专家、知名教授和中青年学者参加编写。兰州石油机械研究所的领导十分重视和关心本书的编写，成立了编写工作组，所长、教授级高级工程师张延丰同志任组长，亲自领导了编写队伍的组建到大纲的编制，并且从人力和经费上给予大力的支持。编写工作具体由编写组副组长、高级工程孙晓明和副译审曹纬共同主持和组织。曹纬副译审负责制订了编写大纲要目，起草了编写工作的各类文件，系统地检索了1981年至2005年期间的国内外各类文献，搜集了国内外有关换热器技术进步的最新资料，汇集了国内外换热器的最新科研成果信息，为编写提供了所需的原始资料，并进行了全书的统稿工作。孙晓明高级工程师主要负责作者队伍的组建，在全书的编写过程中作了大量的组织和协调工作，并负责对编写工作中各类文件的修改和审核，参加了书稿的统稿和编辑工作。余德渊教授级高级工程师参加了部分编写组织工作。熊志立高级工程师进行了书稿的社外出版编辑工作。

中国石化出版社的领导对本书的编写始终给予高度重视，社长王子康亲临兰州参加指导《换热器》（第二版）编写工作会议，副总编王力健对整个编写过程给予了具体的指导，装备综合编辑室白桦主任和潘向阳副主任为本书的出版作了许多具体工作，在此谨向他们致以深切的谢意。

本书是在第一版的基础上进行修订的，因此，凡在第一版编写过程中作了贡献的同志，在第二版中自然仍留有他们的业绩。没有各方面同志的协作，什么事也做不成功、做不好。本书如能对广大读者起到有益的作用，应归功于所有参加过这一工作的同志们。这一项“名山事业”意义深远，光荣而崇高。

本书编写作者的具体分工如下：

概论：张延丰、余德渊

第一篇　管壳式换热器

第一章：刘明言、黄鸿鼎、李修伦、冯亚云；第二章：许燕、宋秉棠、万庆树、卢伟、陈韶范、邹建东、王海波（第一～九节），高俊卿（第十节）；第三章：徐鸿（第一节之一、三、四，第三节），罗小平（第一节之二），陈志伟（第二节）；第四章：聂清德、谭蔚；第五章：石岩、潘家祯；第六章：郭建；第七章：蔡隆展

第二篇　特种管壳式换热器

第一章：虞斌、周帼彦、涂善东；第二章：朱大滨、潘家祯；第三章：涂善东、虞斌、周帼彦；第四章：白博峰

第三篇　管壳式换热器传热强化技术

第一、二章：钱颂文、朱冬生、孙萍；第三章：朱冬生、孙萍、钱颂文；第四章：孙萍、朱冬生、钱颂文

第四篇　板状换热器

第一章：周文学（第一、二、五、六节），王中铮（第三、四节）；第二、三章：魏兆藩、王丕宏、周建新；第四章：林清宇、林榕端；第五章：阎振贵

第五篇　空冷式换热器

第一章：孔繁民、任书恒、张延丰（第一、二节、第四～十节、第十二、十三节），孔繁民、姜学军（第三节），赖周平（第十一节）；第二章：马军；第三章：郑天麟

第六篇　热管换热器

张红

第七篇　特殊材料换热器

廖景娱、余红雅

第八篇　其他换热器

第一、二、三章：李超；第四、五章：俞树荣、范宗良；第六章：姜培学；第七章：曹小林、吴业正；第八、九章：张中诚

第九篇　换热器计算机辅助设计

第一章：宋秉棠、陈韶范、宋俊霞；第二章：刘立、宋秉棠、陈韶范、宋俊霞；第三章：刘鹏、赵殿金、陈韶范；第四章：宋俊霞、刘伟、陈韶范；第五章：刘鹏、赵殿金；第六章：陈韶范

第十篇　换热器制造检验与使用安全管理

张铮

第二版稿件由张延丰、林瑞泰、宋秉棠、魏兆藩、吴宗列、钱才富、黎廷新、杨国义、陈旭、王秋旺、岑汉钊、叶国兴、余德渊、钱颂文、任书恒、王启杰、庄骏、刘振全、张镜清、吴业正、黄文豪、刘景兰、刘鹏、陈韶范、陈长宏等分章审校。

本书是由国内各方面的换热器技术领域的知名专家学者编写的，具有很高的权威性。相信本书的出版一定会再次受到广大读者的欢迎，并将对我国换热器技术的更进一步发展做出贡献。

由于编者水平有限，书中错误、不妥及疏漏处在所难免，恳请广大读者批评指正。

编　者

第一版前言

换热器是进行热交换操作的通用工艺设备，广泛应用于化学、石油、石油化学、动力、食品、冶金，原子能、造船、航空、建筑等工业部门中。特别是在石油炼制和化学加工装置中，占有重要地位。近二十年来，由于对节约能源和环境保护的重视，换热器的需求量随之增大，换热器技术亦获得迅速发展。

全国化工与炼油机械行业技术情报网曾于 1971 年组织编写过《换热器》一书，介绍国外六十年代换热器技术的进展和水平。对科研设计、工厂生产，以及高等学校教学工作等，都起了良好的作用。如今十余年过去了。在技术进步突飞猛进的时代里，十年往往是一个里程碑。在过去的十年中，换热器技术有了许多新的进展。

为了适应我们党和国家的工作重点的转移，加快四个现代化的进程，必须及时了解和掌握当代最新技术。对于化工与炼油工业来说，则迫切需要了解目前世界上炼油化工设备的技术进展情况。《换热器》一书正是在这种背景下产生的。

《换热器》包括十八章。一至十章是量大面广的管壳式换热器，其余各章是新型及其他型式的换热器。本书是一部有一定学术水平的技术专著。它在参阅了几千篇国内外文献资料的基础上，经过深入的对比分析与综合，系统地介绍了当代的换热器技术，包括理论与实践上的新成就、新技术、发展趋势与技术水平，并且概括了目前在生产实践中广为流行的成熟理论和技术。因此，它不但可作为科研、规划、技术革新和教学的重要参考资料，并且可为设计、制造和使用提供重要依据。笔者相信，它必将成为所有从事换热器技术工作的工程师们的良知益友。

本书是根据全国化工与炼油机械行业技术情报网的工作计划，由机械部兰州石油机械研究所组织编写的。直接参加编写和审核工作的有十三个单位共三十四位同志。兰州石油机械研究所胡华燃工程师为组织本书的编写，系统检索了 1971 ~ 1980 年间的国外文献线索，拟定了编写大纲要目，并且最后对全书进行了审核。本书的编写还得到了石油部科技情报所和石化总公司规划设计院的大力支持与协助。烃加工出版社陈允中同志从本书编写开始就对其内容与形式的要求给予帮助，并在随后的编写过程中始终给以关注。成都科技大学古大田教授对本书的编写也提出了许多宝贵的意见。谨在此一并致谢。

由于本书篇幅较大，编者甚多，在各章节内容的取舍和彼此的衔接等方面，难免有不妥之处，而且限于编者的水平，甚至可能还有错误之处，请批评指正。

兰州石油机械研究所

上册目录

第二篇　特种管壳式换热器

第三篇　管壳式换热器传热强化技术

第四篇　板状换热器

概　论

（张延丰　余德渊）

在20世纪70～80年代前期，以各类强化传热元件、传热技术和新型高效换热设备为重点而进行了开发、研究，并取得了一系列举世瞩目的重大成果。与此同时，在换热器的设计、大型化以及改进制造技术等方面也得到了同步发展，迎来了换热设备技术发展史上的第一个高潮。

这一时期最具代表性的成果有：Weiland公司开发的Gwea－T管（即T型翅片管）；日立公司开发的E管（机械加工表面多孔管）；美国联合碳化物公司开发的High Flux管（通常叫做表面多孔管——烧结型）、C管（锯齿管）以及各种形式的波纹管、纵槽管和内外翅片管等强化传热管。在单相流强化，特别在沸腾和冷凝强化传热方面，这些新型传热管都表现出了十分优越的性能。热管和热管换热器的开发和应用，是传热和传热设备技术发展的一个重大突破。由美国传热研究公司（HTRI－Heat Transfer Research Inc.）开发的管壳式换热器壳程流体流路分析法是换热器第一个工艺计算分析计算方法，迄今为止仍然是先进的工艺计算方法之一。在这一时期，为适应高效换热器这一发展主线还进行了各种结构改进的试探，但并无突破性进展。值得提及的是折流杆换热器的成功开发应用。长期以来，传热和压降这一矛盾对一直困挠着广大设计人员，似乎成为一个不可逾越的障碍。折流杆换热器的开发成功并应用于强化传热，在一定程度上缓解了这一矛盾对，既利用了其优越的抗振动性能，大大减小了压降，又以高流速获取了高的传热性能。以此为先导，换热器结构改进掀起了一个小高潮，如弓形折流板缺口区不布管等结构的出现，也基本上出于同一构想，既降低了压降又提高了流速进而得到了高的传热性能。

换热器在其传统领地，如石油、石油化工和能源等行业中取得高速发展的同时，在一些特殊领域应用的换热器也得到相应的发展。国外各主要工业国在非金属换热器领域，各自完成了标准化、系列化和专业化发展布局；核装置中使用的关键换热设备，各国分别开发出的结构形式已基本定型，各类特种换热器及其技术已逐渐趋于成熟，进入了稳定发展时期。

经历了这一时期的大发展，换热器技术进入了一个从初期发展走向成熟的时代，同时，也为新的飞跃做好了充分的技术准备。

第一节　换热器技术发展概况

80年代中后期至90年代，换热器技术开始了它的第一个发展高蜂时期。同前一时期比较，它显得更成熟、更广泛，也更为深刻。

在这一时期，换热器技术发展的基本特点大致可以概括如下：

（1）在换热器的传统领地，主要是对前一时期繁如星海的诸多成果进行实践和验证，对筛选出来的成果从技术到理论进一步加以完善，建立实用的设计计算方法，逐步扩大应用范围并推广至工业生产装置中。在石油化工等领域，换热器技术总体上处于一个相对稳定时期。

在这一领域中特别值得提及的是，美国 ASME 经长期研究，在古老的管壳式换热器设计中提出了全新的管板设计即分析设计计算的方法，该方法打破了 TEMA 长达 50 年的近乎垄断的地位。从某种意义上讲，该方法是管板、法兰及壳体强度设计的一个优化计算方法，相对于传统设计方法是一个突破[1]。

(2) 强化传热研究仍然被广泛重视，但与前一时期不同的是，人们的着眼点已经从前一时期希望寻求一种应用较为广泛的设备和具有较为普遍的强化传热方法，转向为某一特定工况下针对性强的强化传热技术和设备的应用。

(3) 可以利用和回收的能源温位越来越低，范围越来越广，尤其是大量低温能源的回收利用，已成为研究对象中的一个主要侧面，开发研制更高性能的换热器已成为这一时期研究工作的主题。

(4) 在流体黏度极高而流速又很低的场合，利用流体自身流动很难实现强化传热，因此主动强化技术得到进一步发展。所谓主动强化技术，即施加外部动力(如机械搅动、电场或磁场等)使传热面附近的流体发生较大范围的挠动，不断更新边界层而实现强化传热[2]。

(5) 以计算流体动力学 CFD(Computational Fluid Dynamics)及精确模型化技术为代表的先进设计技术，是这一时期最为耀眼的成就，它是换热器设计技术的一个革命性突破[3]。

(6) 换热器技术的研究开发已从石油化工和能源等部门扩展到环保、各种场合的能量回收、新能源开发利用等极广泛的范围。从宏观领域到微观世界，如微型换热器、微通道传热技术及其换热器的研究应用也都取得了可喜的进展。

(7) 面对各种新型、高效和紧凑式换热器的迅速发展和强有力的挑战，古老的管壳式换热器的统治地位受到了越来越大的挑战，传统阵地受到进一步蚕食。但管壳式换热器靠其自身的技术发展，力图保住阵地，这仍然是换热器技术发展过程中的一个始终未能改变的趋势。据 HTFS 网站 2002 年报道，欧洲市场各类换热器市场占有份额如图 0.1 所示。从该图可以看出，管壳式换热器虽然仍居主导地位，但已丧失半壁江山。

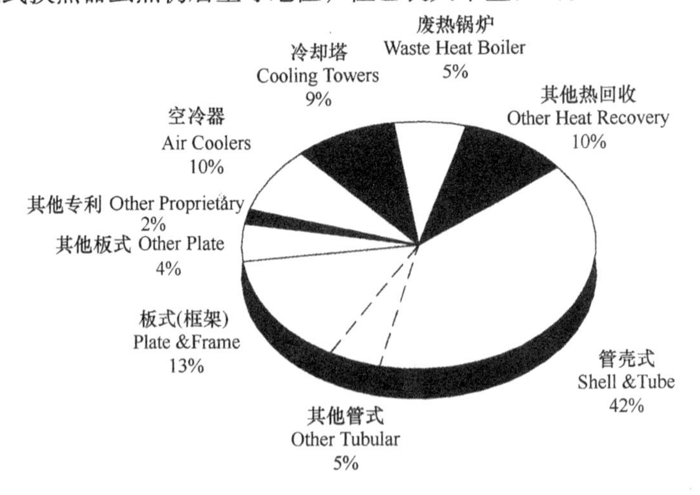

图 0.1 各类换热器在欧洲市场占有份额

总之，随着工业的发展对换热设备在大型化、高效化、特殊性、低温差及低压降等方面的要求越来越高。如要求进一步降低能耗和设备成本，要求具有更高精确度的设计，要求建立更高的技术体系，以适应换热器技术发展的更高要求。

换热器技术发展到一定层次之后，各类换热器为寻求自身发展而形成了互相竞争的格局，但又有相互渗透和相互结合，以致会突破传统模式和理念而形成了一种全新趋向，这又进一步促进了换热器技术的发展。Hamon－Lumms 公司开发的“SRC”就是将空冷器用的椭圆管改造成的一种超扁平管（19×200），亦即用板翅式换热器波形翅片卷制成的一种特殊翅片管。然后将这种翅片管以独特的单排人字形布置，最后便得到了一种全新的高效换热设备。近年来，日、美等工业国家开发了一种全热换热器，这是一种从传热理念、传热元件到总体结构都不同于传统换热器的新型高效换热器[3]。

第二节　强化传热技术

强化传热技术和新型高效换热器的研究开发，始终贯穿在换热器技术发展的主线之中。

在各种类型的传热过程中，传热阻力主要来自传热元件的壁面、在壁面上的污垢以及由于壁面的摩擦阻力而滞留于壁面附近的流体膜——边界层。强化传热研究，主要就是寻求如何尽可能降低膜阻，或者说如何力求提高膜传热系数的途径、减少污垢热阻等对传热的负面影响。

一、强化传热技术分类[4]

从广义上讲，强化传热技术可分为两大类，即被动强化传热技术和主动强化传热技术。所谓被动强化传热技术，是指不需外加动力，仅仅依靠改造传热面，改变流道形状或附设导流元件等措施来改变流体的流动，并利用流体流动本身促使边界层流体发生较大的扰动，以达到不断更新边界层流体，进而获得单相流、沸腾或冷凝强化传热的效果。

主动强化技术，则是指施以少量的外部动力，如机械搅拌、施加电场或磁场等以获取一定的强化传热效果的方法。

这两类方法，又分别有 3 个系列的强化措施，见表 0.1。

表 0.1　强化传热技术分类

系列＼类别	被动强化技术	主动强化技术
改变传热面	高、低翅片管或翅片板，以增大传热面为主	表面振动
改变流动	加工或处理表面，改变流道形状，以造成二次流或剥离流；各种结构表面上增添移量式装置（元件），以造成二次流或剥离流	机械搅动，振动，抽吸脉动（冲）流及附加电场或磁场等
除垢	微生物除垢，化学除垢或采用阻垢剂	机械除垢

二、强化传热的基本思路

（一）强化对流（无相变）传热[4~5]

强化传热技术，也可以简单地被说成是增加传热量的技术。根据传热基本方程：

$$Q = U \cdot A \cdot \Delta T \tag{1}$$

可知，欲增大传热量 Q，可以通过使总传热系数 U、传热面积 A 和传热温差 ΔT 三者之中任何一项的增大或使多项同时增大来实现。下面分别作一简要说明。

1. 传热温差 ΔT 的增大

我们知道，传热过程是不可逆过程。传热温差越大，有效能损失也越大，从能量有效利用的观点来看，使传热温差增大以力图使传热量增大的方法是不可取的。相反，采取合理的低温差，正是最大限度回收热能的重要手段之一。

2. 传热面积 A 增大

这里说的增大传热面积包括两个方面：对一个换热网络来说，增大换热面积可减少废热，回收更多的热量，但同时会增加设备投资，特别应当注意的是，增大传热面积的同时如果流速下降，将可能非但不能增加传热量，反而无法完成既定的传热过程，加速结垢，造成设备性能进一步恶化等事与愿违的后果。因此增大传热面积应当合理、适度。对单体设备而言，不增加设备重量而增大传热面积(如低翅片管)，或者只增加了少许重量而大大增加了传热面积(如高翅片管、翅片板等)的方法，就是应用最早并已得到广泛推广应用的实用强化传热技术。

3. 总传热系数 U 增大

提高膜系数 h_1 和 h_2，降低壁阻，降低壁两侧污垢热阻均可提高总传热系数，这是强化传热技术研究的主流方向。

关于污垢及其防止和清除方法，本章将列专题阐述。对降低壁阻来说，当选用传热阻力很大的材料来作传热元件时，或者当两侧膜系数足够大且又不易结垢，而壁阻已成为影响总传热效果的重要因素时才是有效的。其办法是减薄壁厚，选用热导率大的材料，或者在材料中添加某种元素来增大材料的热导率等。在非金属换热器中，这是其重要的强化传热手段之一。

在大多数情况下，提高膜系数起着决定性作用，因此在强化传热研究中，提高膜系数的研究一直占据主导地位。其基本思路是，当 $h_1 << h_2$ 时，提高 h_1 便可显著提高总传热系数 U，而提高 h_2 几乎无效，此时 h_1 被称之为控制膜。当两侧膜系数 h_1 和 h_2 数值相当，且 h_1 和 h_2 的数值都不大时，同时提高 h_1 和 h_2 仍然会收到十分显著的效果。

(二) 强化冷凝传热[5~6]

水蒸气冷凝的膜系数很高，一般不需强化，通常只对某些介质膜系数相对较低时的冷凝才采取强化措施。如氟里昂等有机介质冷凝时，其膜系数比水蒸气冷凝低得多，如果另一侧用水作冷却介质，而水的流速又足够大，水侧也可以得到很高的膜系数。这时，对氟里昂等有机介质侧采取强化措施是非常有利的。

冷凝过程中的传热阻力主要来自于龄凝液膜，因此强化冷凝的基本出发点就是如何尽可能地增强排除壁面凝液的能力，最大限度地减少壁面液膜厚度。如用锯齿管(C 管)，就是利用翅片及齿尖来迅速排除凝液，强化冷凝的效果非常显著。如果能使凝液不在传热壁上形成液膜，即实现珠状冷凝，冷凝给热系数将增大 10~100 倍。实现珠状冷凝的基本条件是将壁面加工到非常光滑，并在介质中加入助聚剂，使壁面成为非润湿表面。但现实状况是，除水蒸气外，大多数工质都没找到非润湿材料，而大多数助聚剂几乎都是憎氟里昂类物质。因此在工业上要实现珠状冷凝，还有许多困难需要克服。

对垂直管冷凝，有时不必除去凝液就能使冷凝液膜处于强烈紊流状态，且也可得到非常高的膜系数。

(三) 蒸发器强化传热的基本思路[5]

工业用蒸发器产品种类繁多，按照不同基准有不同的分类方法。笼统地划分，可分为带有蒸发空间的釜式和不带蒸发空间的虹吸式两类。更细致地划分，可分为如表 0.2 所示的多种类别。

表 0.2　蒸发器分类

按蒸发形态	按设备	按传热管设备	按流动
蒸发器—闪蒸式	板式		
蒸发器—表面式	管壳式	水平管外蒸发	池沸腾
		水平管外蒸发	降膜式
		垂直管外蒸发	降膜式
		水平管内蒸发	强制流动型
		水平管外蒸发	强制流动型
蒸发器—直接接触式	板翅式		

概括地讲，蒸发器类设备强化传热的基本思路是：①激活气泡产生；②减少液膜厚度；③迅速导出蒸发出来的气体。

基本方法：对于①、②类情况，可采用处理或加工传热表面，以使传热表面成为高性能的传热表面。除这种被动强化技术之外，也可采用使传热面振动、回转或施加电场等主动强化技术的方法。

对于③类情况，则可用抽吸的办法迅速导出蒸气。这种办法在冷冻机中已有实用的示例。

(四) EHD 效应[3]

这是一种主动强化传热技术。利用电气流体力学(EHD)效应强化对流、冷凝和沸腾传热。

EHD 效应，就是在绝缘性良好的流体(如氟里昂)气液界面附近，外加高压电极，当高压电极靠近气液界面的时候，液体被吸向电极，引起气液界面不稳定，并且产生液体在液面突起的现象。利用 EHD 效应，仅靠施加少量外部能量就可获得很好的强化传热效果，且可通过调节附加能量大小来控制强化程度。这不仅是一种新的强化传热技术，就是从传热控制技术方面来看，也是十分引人注目的。

在各类强化传热技术中，工业应用的主流仍然是被动型强化传热技术。为了实现强化传热的目的，通常是从上述各种方法中选取一种既能适合于该工况介质又适应流动特点的方法。但有时，也可将两种或两种以上的方法结合起来应用，即采用“复合强化”的方法，也有可能获得更为理想的效果。

三、几种典型的新型高效换热设备

(一) SRC™[3]

SRC™(Single Row Condenser)是 Lummus 公司于上世纪 80 年代开发的，直到之后的 90 年代初才应用于新型空冷式透平冷凝器(タービンユンデンザ)中。它采用了一种特殊的超扁平翅片管来强化传热，其基管尺寸为 19mm×200mm。它将铝制波形翅片附着在管子平面两侧，连接非常牢靠。传热管布置也由过去的多排平行布置改为单排人字形布置(见图 0.2、图 0.3)后，大大减少了管子后面的流动死区。尤其是对空气，使其流线几乎成直线；单排人字形布局还消除了偏流的隐患。采用特殊翅片管和特殊的单排人字形结构之后，使 SRC™ 具有以下特点：

(1) 传热和流动性能优越，可实现设备紧凑化设计；

(2) 没有偏流，不易积垢，抗冻结性能好，适于高寒地带使用(在后面第六节将作专题阐述)。

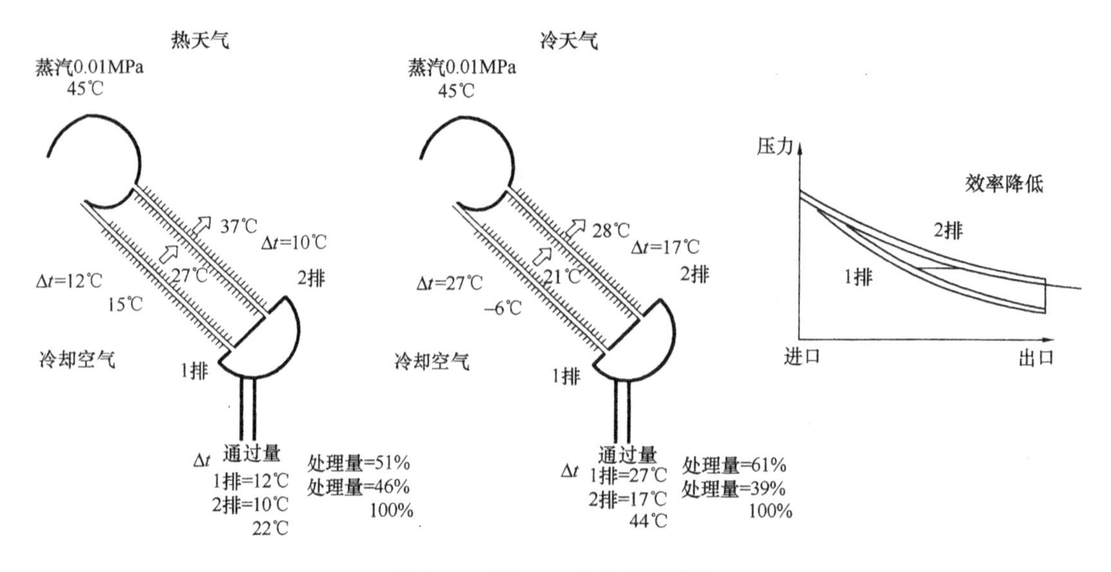

图 0.2 多段空冷式透平冷凝器

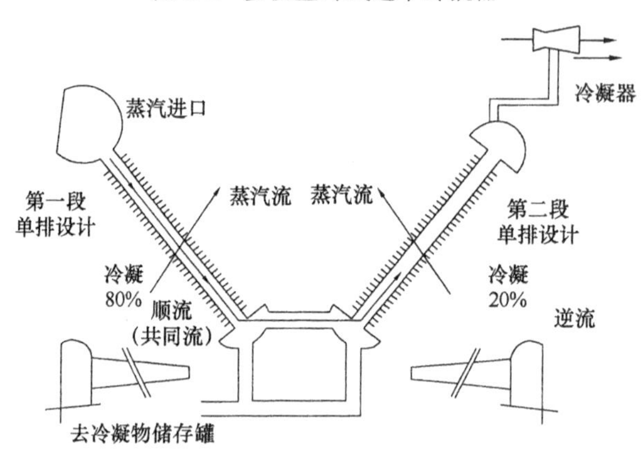

图 0.3 SRC™结构示意图

(二) PACKINOX 换热器[3]

加氢重整装置工艺流程改进中，早在上世纪 80 年代就对反应系统完成了低压化设计，并对该装置混合进料换热器提出了新要求：

(1) 为适应系统的低压化，要求低压降设计；

(2) 进料为富液(混合比)，要求两相流高度均匀分散技术。

为此目的，在初期改造中其所用的管壳式换热器采用了折流板弓形缺口区不布管的设计。这种结构可以降低壳程压降，但很难实现全逆流，不能最大限度地减少接近温度以增大热回收量。PACKINOX 换热器正是在这种背景下出现的。

PACKINOX 换热器的基本结构是将爆炸成型的波纹状金属传热板层叠组装，再在各板侧焊上隔板条并组装成板束芯子。之后把板束装在耐压容器中，见图 0.4。介质在板间呈全逆流，结构紧凑。该换热器被用作 CCR 接触改质装置混合进料换热器，并得到迅速推广。

(三) 液 - 液直接接触式换热器[7]

互不相溶的两种介质，使其直接接触进行换热。这种直接接触式换热器的特点是传热效率很高，传热面不结垢(没有金属或其他材料的传热面)。它的结构简单，成本也低，可在排水回收废热及有机媒体循环发电装置等场合使用。

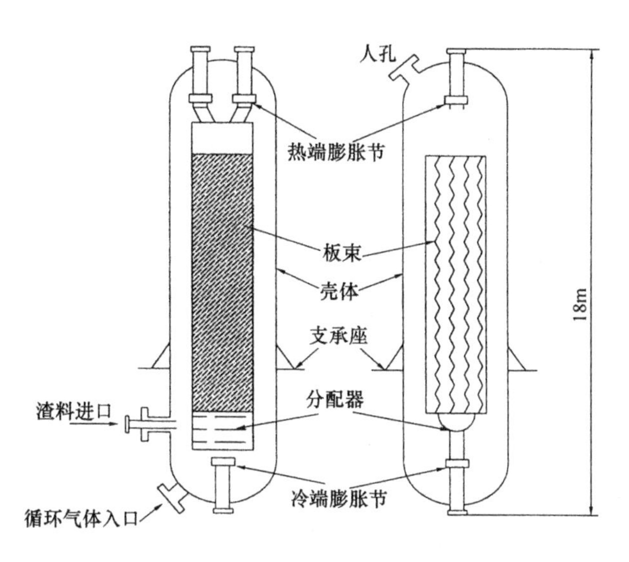

图 0.4　PACKINOX 换热器

换热器结构类似于液－液抽提塔，见图 0.5。两种介质逆流流动，热水为高温流体，低温流体则为不溶于水的异丁烷或戊烷等。因异丁烷密度小于水，自下而上流动且为连续相。热水表面张力大，则呈分散相水滴状由上而下流动。两相流充分接触，传热系数很高。

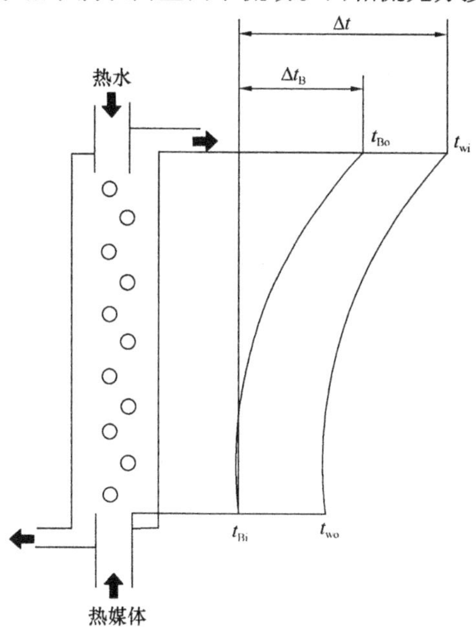

图 0.5　逆流式一段直接接触式换热器

如图 0.5 所示，热水侧进口温度为 t_{wi}，出口温度为 t_{wo}，低温热载体侧温度进口为 t_{Bo}，出口为 t_{Bi}，换热器热水侧的温度效率为 η_w，低温热载体侧为 η_B，其计算可分别按下式进行：

$$\eta_w = \frac{\Delta t_w}{\Delta t} = \frac{t_{wi} - t_{wo}}{t_{wi} - t_{Bi}} \tag{2}$$

$$\eta_B = \frac{\Delta t_B}{\Delta t} = \frac{t_{Bo} - t_{Bi}}{t_{wi} - t_{Bi}} \tag{3}$$

(四)高温换热器[7]

这里是指介质温度高达900～1000℃下运行的换热器，如反应推用He加热的中间换热器、水蒸气发生器及水蒸气改质还原气加热器等；此外，还有高温达950～1000℃瓦斯炉出口的高温换热器；He气用于重油气化、煤炭气化或直接炼铁等系统中使用的各种高温换热器。

图0.6为日本开发的He气直接炼铁的工艺流程。由该图可见，需用中间换热器排除高温瓦斯炉高达1000℃的高温。图0.7则为原西德开发的用高温瓦斯炉进行煤炭气化的原则工艺流程。

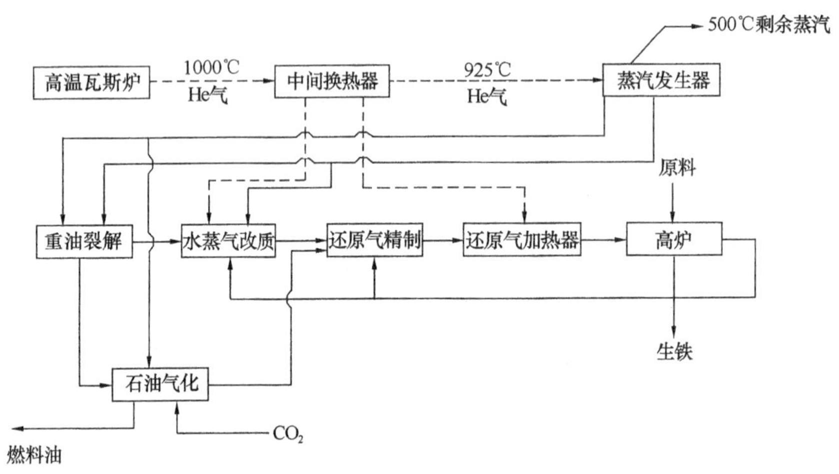

图0.6 利用高温瓦斯炉直接炼铁的工艺流程(日本)

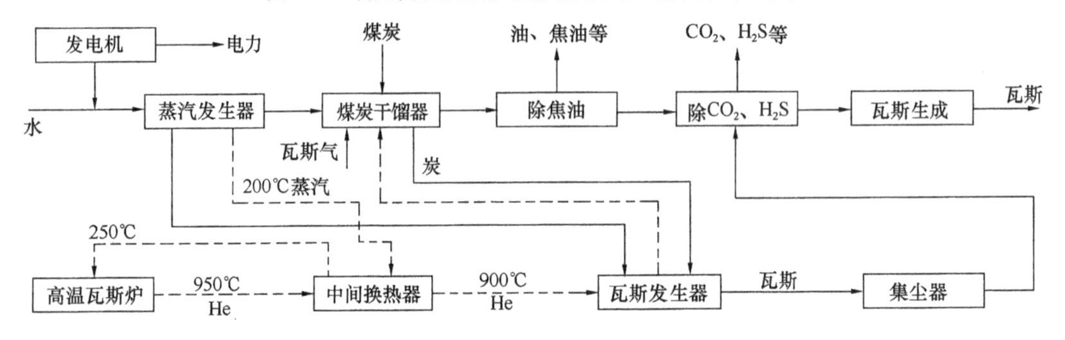

图0.7 高温瓦斯炉煤炭气化的工艺流程(原西德)

与原西德一样，美国已进行了利用高温瓦斯炉进行煤气化的研究。

在介质温度高达900～1000℃的高温换热器中，辐射和对流传热并存，因此所采用的强化传热手段还必须兼顾辐射和对流两种传热形态。在反应堆核热利用的高温换热器中，日本九州大学的福田等人用两种性能优越的多孔质金属板将管束包围起来，用以吸收辐射热和放射体。具体办法是，将Ni制金属发泡板插入65%，30目的不锈钢丝网插入40%。在He－He高温换热器管束间设置辐射板，既能强化传热，又可抑制传热管束流体诱导振动的发生(据石川岛播磨的渡边等人报道)。

上述各系统的高温换热器，介质温度均高达900～1000℃，同时还存在He及放射性等特殊环境。从安全性考虑，必须在绝热性能、防止管束振动、高温焊接、局部过热、密封及密闭性等诸多方面采取充分的应对措施。对设备材料的要求也非常严格，必须综合考虑其高温强度、组织稳定性、高温和特殊环境的腐蚀、热疲劳、焊接性以及经济性等因素。对所采取的节能措施，不仅要有效，其安全性更是不容忽视的。

第三节 全热换热器[7~10]

同传统换热器不同，全热换热器是以显热(温度)和潜热(湿度)同时同效率进行传递为其基本特征，它没有传统换热器的那些管或板之类的传热元件。其总体结构、外部形状和内部结构也完全不同于传统换热器。它是一种全新的换热器，并作为非常有效的节能设备已被广泛应用。

按照工作元件可分为静止的和转动的两类，全热换热器有静止的和回转式两大类，它们被分别用于不同场合。

一、全热换热器工作原理

(一)空气的温度－湿度曲线

空气的温度－湿度曲线见图0.8。

从该图来看，全热换热器与其他换热器和除湿器的区别是：

从A点到B点，是一个只有温度变化而没有湿度变化的显热传递过程，如热管换热器。

从A点到C点，既有温度变化，又有部分湿度变化，即既有显热也有部分潜热的传递，如板翅式冷却器及蒸发冷却器等。

从A点到E点，只有湿度变化而不进行热传递，它是除湿器。

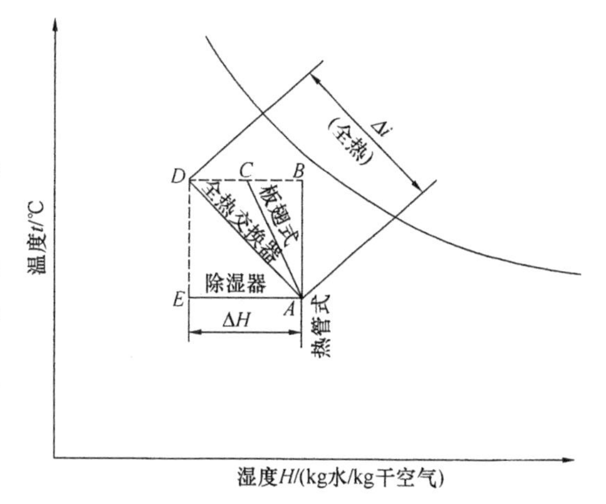

图0.8 空气温度－湿度曲线

从A点到D点，显热(温度)和潜热(湿度)同时以同效率进行传递，显热和潜热同时达到最大值，即焓值最大。按照这个原理设计的就是全热换热器。

(二)全热换热器的结构特征和工作原理

全热换热器的结构很简单，如回转式全热换热器其他的基本部件就仅有转子、电机、传动机构(皮带)和外壳。转子用石棉纸或难以燃烧的其他材料做成的，它呈连续波纹形状，并被卷成直径为500~4000mm，厚200~400mm的蜂窝状圆筒。其目的是为了增大表面积，让空气通过时压降又较小。

波纹较低的表面进行显热交换。波纹低浸渍吸湿剂(如氯化锂等)，可以吸收空气中的水分，即进行湿度－潜热交换。为了保证元件在高温和湿度大的环境下有足够的强度，对元件需进行特殊处理。

静止式全热换热器的基本部件包括工作元件、引风机、排风机和外壳。

静止式全热换热器在其作为工作元件的传热板上有许多微孔，通过传热板进行热传递，而湿度交换则通过传热板上特有的微孔进行。

在2003年的北京工业展览会上，日本松下公司北京松下精工有限公司推出了用新型抗菌材料设计制作的全热换热器。其关键技术是将传热板的微孔做成类似于分子筛的结构，可让直径较小的水分子顺利通过，而有害气体，如CO_2、NH_3等分子较大的异味气体则无法通过，因此对供给新鲜空气起到净化作用。将该换热器与空调设备结合，可同时实现温度交换、湿度交换和起到净化室内空气的作用，这无疑将有利于空调设备的进一步发展。

（三）全热换热器的效率

以商业规模的回转式全热换热器为例，以下介绍全热换热器的效率及其影响因素见图0.9。

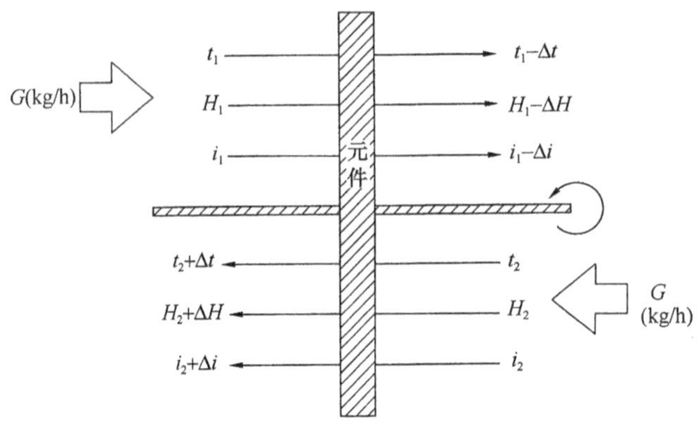

图0.9 回转式全热换热器工作原理

供给新鲜空气的状态：

	温度	湿度	焓
进口状态	t_1	H_1	i_1
出口状态	$t_1-\Delta t$	$H_1-\Delta H$	$i_1-\Delta i$

室内排气状态：

	温度	湿度	焓
进口状态	t_2	H_2	i_2
出口状态	$t_2+\Delta t$	$H_2+\Delta H$	$i_2+\Delta i$

假定给、排气量相等，且均为 $G/(\text{kg/h})$，则显热传递速率可用下式表示：

$$G\cdot G_{PH}\cdot t=\frac{A}{2}\cdot h_G\cdot\left[\frac{t_1+(t_1-\Delta t)}{2}-\frac{t_2+(t_2+\Delta t)}{2}\right]$$

$$=\frac{1}{2}A\cdot h_G(t_1-t_2-\Delta t) \tag{4}$$

式中 C_{PH}——空气湿润比热容，J/(kg·K)；

h_G——传热系数，W/(m²·K)。

显热的温度效率 η_t 为：

$$\eta_t=t/(t_1-t_2) \tag{5}$$

由式(4)、(5)可得：

$$\eta_t=\frac{\left(\frac{A}{2}\right)\cdot h_G}{G\cdot C_H+\left(\frac{A}{2}\right)\cdot h_G}=\frac{1}{(2G\cdot C_H)/(A\cdot h_G)+1} \tag{6}$$

同样可以导出潜热的温度效率，即物质移动效率 η_H：

$$G\cdot H=A/2\cdot K_H[(H_1-H_2)-\Delta H] \tag{7}$$

式中 K_H——物质移动系数，kg/(m²·h)

$$\eta_H = H/(H_1 - H_2) \quad (8)$$

由式(7)、(8)得到：

$$\eta_H = 1/[2G/(A \cdot K_H)] \quad (9)$$

通常，在蒸汽浓度小的情况下，Lewis 关系 $h_G/K_H \approx C_H$ 成立，因此，由式(6)、(9)得到：

$$\eta_t = \eta_H$$

即为同效率。同理，有 $\eta_t = i/(i_1 - i_2)$（焓效率）也为同效率。这也在实用中被确认。

有报告指出，回转式全热换热的效率随转数变化，但是当转速达到 8～10r/min 时，效率几乎为一定值，转速再提高，效率也将不变。

二、全热换热器有效应用

（一）全热换热器的应用场所及规格参数

全热换热器已在工业、商业、办公大楼、医院及学校等公共场所和民用住宅中推广应用。

使用全热换热器的室内条件为：温度 13～15℃，最大相对湿度为 70% RH，在过低和过高温度下均不宜使用。高温下，不需潜热交换；而超低温下(0℃左右)，元件表面将有结露等问题。

日本工业等场合使用的大、中型全热换热器的规格参数，见表 0.3。

表 0.3 全热换热器规格参数

机型	风量/(m^3/h)	电机功率/kW	外形尺寸/mm	质量/kg	备 注
THR－65	6600	0.1	1315×1480×470	235	
THR－100	10200	0.1	1555×1480×470	300	
THR－150	15000	0.1	1815×1740×470	380	
THR－230	22800	0.2	2175×2100×500	570	
THR－300	31800	0.2	2475×2400×500	685	
THR－500	54000	0.4	3200×3100×550	1735	现场组装
THR－800	80400	0.4	3800×3700×550	2185	现场组装

在全热换热器使用时，往往是与鼓风机和过滤器等辅助设备同时使用。为减少安装占地面积和空间，减少现场施工难度和工作量。目前，已经将全热换热器及全部附属设备组装成撬块，这就大大方便了用户使用。该撬块组装外形尺寸，见表 0.4。

表 0.4 全热换热器撬块外形尺寸 mm

机 型	H	W	L
THR－U－65	1660	1400	3870
THR－U－150	1990	1740	4170
THR－U－230	2290	2100	4350
THR－U－320	2600	2400	4600
THR－U－550	3330	3100	5350
THR－U－800	3815	3700	5650

(二)全热换热器的经济性能

使用全热换热器后外部供气量将大量减少，如一般大楼空调的外气摄入量约为全循环风量的20%～30%，学校等公共场所约为23%，商店、超市及地下街道等约为24%，医院、研究所及工厂等约为7%～9%；一般制冷机和锅炉的负荷可减少约20%～25%；饲养场等动物空调、冷机及锅炉负荷可减少约45%。因此，可以选用更小型号的制冷机和锅炉等设备，设备费用降低了，可见全热换热器的经济性能非常显著。

日本东京地区某大楼将全热换热器和空调结合使用后，代替了过去常用的空调加排扇的系统，其经济性对比结果如下：

用于夏季制冷时，室外温度为32.5℃，湿度为63% RH；室内温度为26℃，湿度50% RH；冬季采暖时：室内温度20℃，湿度50% RH；室外温度－2℃，湿度50% RH。

全年制冷量节省64%，全年采暖供热量节省64%，全年运行操作费节省50%，设备费减少18%。

第四节 换热网络的优化设计

一个最佳的换热网络，不但要求换热器的配置和组合为最佳，同时还要求占据网络各节点所选用的换热器也为最佳。后者为单台优化。前面讲述的强化传热和高效换热器，均指换热设备单台优化的具体途径。笼统地讲，单台换热设备最优，是指完成某一特定热过程所选用的换热器传热面积以及通过该换热器流体的压降均为最小。

对任何一套装置，如最典型的炼油厂常减压装置，均有庞大的换热网络，其最优化设计应当包括：对热物流废弃放出的热能来说，为使其这些有效能损失最小，就必须让回收的热能为最大；与此同时，还要求所需换热面积及通过换热后每股物流的压降均为最小。但是这不可能完全实现所有的要求，因为传热过程为不可逆过程，温差是惟一的传热推动力。要求放出的热能损失最小，即要求冷热物流温差为最小，这时所需的传热面积就将趋于最大，二者不可能同时为最小。反之，若要求传热面积最小，则就不得不增大冷、热物流的温差，不可避免地将引起有效能损失的增大。因此，求得合理的小温差，将有效能损失限制在某一合理的范围内；再确定最合适的传热面积，以获取尽可能大的热能回收量，这才是实现换热网络优化设计的最有效途径。从根本上讲，必须从节省资源和节能这两方面考虑[11]。

一、换热器的优化设计——多目的计划法[12]

以全逆流套管式换热器为例，说明换热器优化设计应当考虑的问题，见图0.10。

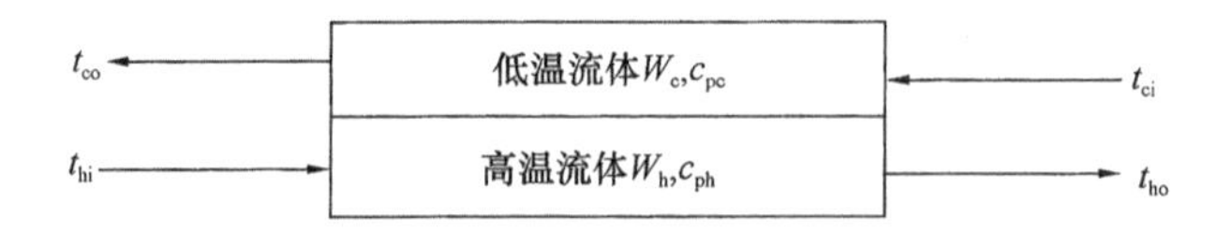

图0.10 逆流换热器示意图

低温流体的进、出口温度分别为t_{ci}、t_{co}；质量流量为W_c；比热容为c_{pc}。

高温流体的进、出口温度分别为t_{hi}、t_{ho}；质量流量为W_h；比热容为c_{ph}。

当环境温度为T_0，温度为T，热量为Q的流体可用以作功的最大值应为$(1-T_0/T)\cdot Q$。但实际上可以取出用以作功的值要小于这个值。每单位质量流体的最大有效能e(即放出的热能)可表示为：

$$e = c_p\int_{T_0}^{T}(1 - T_0/T)\cdot \mathrm{d}T = c_p[(T - T_0) - T_0 l_n(T/T_0)]$$
$$= (I - I_0) - T_0(S - S_0) \tag{10}$$

式中，I、S 分别为单位质量流体的焓和熵。

放出的热能损失用 $f_1 = e_{loss}$ 表示，则有

$$e_{loss} = T_0\left[(W_c c_{pc}) l_n\left(\frac{t_{co}}{t_{ci}}\right) + (W_h \cdot c_{ph}) l_n\left(\frac{t_{hi}}{t_{ho}}\right)\right] \tag{11}$$

所需换热面积用 f_2 表示。

当 t_{ci}、t_{co}、$(W_c c_{pc})$、总传热系数 U 和环境温度 T_0 被确定后，要使 f_1、f_2 为最小，将取决于 t_{hi} 和 $(W_h \cdot c_{ph})$。下面分别考察 f_1 或 f_2 为极小的条件。

若 $f_1 = 0$，在不考虑外部环境散热损失的情况下，意味着高、低温流体的温差为 0，则 $f_2 = \infty$，另一方面，要使 f_2 减小，就必须使温差增大，放出的热能损失随之增大。这种关系称为存在换位关系(trade off)。因此，要使 f_1 和 f_2 同时都成为最小是不可能的。

通常的做法是，合理增加部分换热面积，使有效能损失为最小。这类问题可用“多目的计划法”求解。

若使换热面积 f_2 限制在 ϵ_2 的范围内，即使 $f_2 < \epsilon_2$，并且有：

$$g_1 = t_{co} - t_{hi} < 0 \tag{12}$$

$$g_2 = t_{ci} - t_{ho} < 0 \tag{13}$$

用拉格朗日不定乘数法求解 f_1 的最小值，拉格朗日函数 L 用下式表达：

$$L = f_1 + \mu(f_2 - \epsilon_2) + \lambda_1 g_1 + \lambda_2 g_2 \tag{14}$$

式中，μ、λ_1、λ_2 为拉格朗日不定乘数，L 对 t_{hi}、$(W_h \cdot c_{ph})$ 的极小值为：

$$\frac{\partial L}{\partial t_{hi}} = 0;\frac{\partial L}{\partial(W_h c_{ph})} = 0;\frac{\partial L}{\partial \mu} = 0;\frac{\partial L}{\partial \lambda} = 0 \tag{15}$$

由此可得到以下关系式：

$$\frac{\partial f_1/\partial t_{hi}}{\partial f_2/\partial t_{hi}} - \frac{\partial f_1/\partial(W_h c_{ph})}{\partial f_2/\partial(W_h c_{ph})} = 0 \tag{16}$$

根据一定的 ϵ_2 值，可得到相应的 f_1、f_2 的值，对应于不同 ϵ_2 的值可作出的用以表示 f_1 和 f_2 的关系曲线，称为非劣解曲线，从得到的非劣解曲中可找出最合适的解。

例如，当有：

$W_c c_{pc} = 116.2\text{kW}\cdot\text{K}^{-1}$；　　$t_{ci} = 293\text{K}$

$t_{ho} = 323\text{K}$；　　$T_o = 298\text{K}$

$U = 0.2324\text{kW}\cdot\text{m}^{-2}\cdot\text{K}^{-1}$

在此条件下 f_1 和 f_2 在平面上存在的换位关系用图 0.11 表示，$(W_h \cdot c_{ph})$ 对 t_{hi} 的解在平面上可能存在的区域及非劣解曲线用图 0.12 表示。

非劣解曲线上带序号的点与 Trade off 的序号相对应。

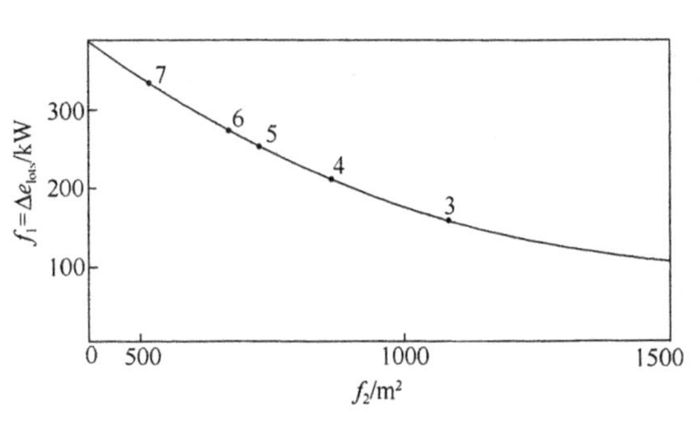

图 0.11　Trade off 曲线

二、换热网络优化设计的一般原则[12]

当存在多股高温物流时，如在常减压装置中，就有初馏塔、常压塔和减压塔的塔底、塔顶及各侧线的产品物流，多道中间回流等的高温物流以及原油、水和空气等低温物流。这些众多冷、热物流相互换热，构成了一个庞大的换热网络。

在合成换热网络时，首先可利用温度－焓曲线，将高温物流焓之与同温差之乘积 $\sum_{m}(W_h \cdot c_{ph})\cdot(t_o - t_h)$ 为横坐标，以出口温度 t_o 为纵坐标并在温度－焓曲线上作出被称为给热复合线的曲线，同样，将低温物流的 $\sum_{m}(W_h \cdot c_{ph})\cdot(t_o - t_h)$ 与 t_o 的关系在同一图上作出受热复合线，见图 0.13。

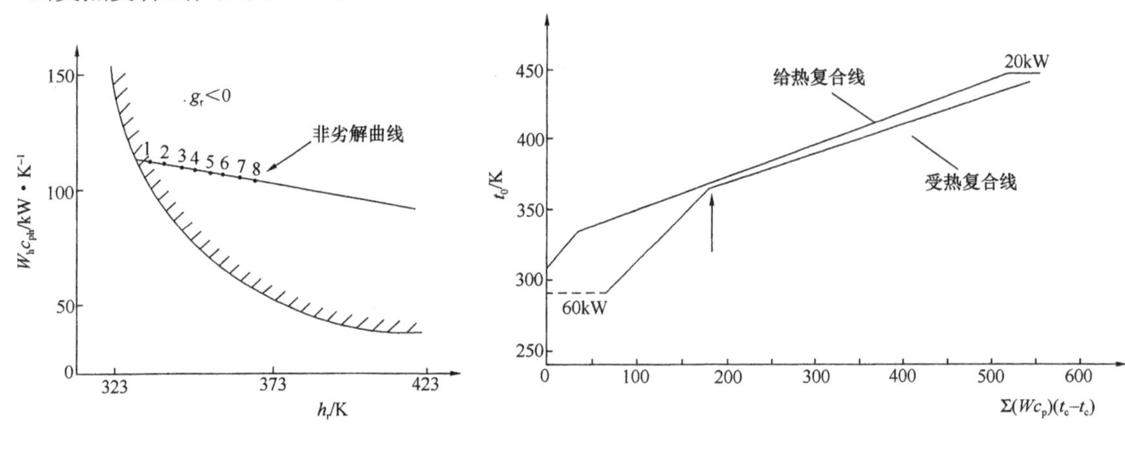

图 0.12 非劣解曲线　　图 0.13 给热流体与受热流体的焓－温曲线

图中，各复合线下面的面积，表示各自的"放出的热能"，而夹在曲线之间的部分则表示不能回收的热能，也就是"放出热能"损失。二曲线最靠近点的温差称为窄点温差 T_{min}。若将二曲线横向移动，并使窄点温差 $T_{min}=5\sim10$K，这时，高低温流体质量流量和比热容之积分别表示为 $(W_h \cdot c_{ph})_m$ 和 $(W_c \cdot c_{ph})_n$。从窄点起，在窄点温度以上的一侧，按照 $(W_hc_{ph}) < (W_cc_{pc})$，而温度低的一侧按照 $(W_hc_{ph}) > (W_cc_{ph})$ 的两流体间进行换热来配置换热器，求得最合适的换热网络。

例如两高温流体[2]、[4]和两低温流体[1]、[3]进行换热，各自的参数见表 0.5。

以温度 t 为纵坐标，以所有的高温流体之 $\sum_{m}(W_h \cdot c_{ph})\cdot(t_{ho} - t_{hi})_m$ 和低温流体之 $\sum_{n}(W_c \cdot c_{ph})\cdot(t_{co} - t_{ci})_n$ 为横坐标，可分别作为给热复合线与受热复合线，如图 0.13 所示。此时，窄点处温差为 $T_{min}=10$K。将窄点以上的高温侧配置加热器，窄点以下则配置冷却器，可得到如图 0.14 所示的最合适的换热网络。

表 0.5 高、低温流体参数值

低温流体	$(W_c \cdot c_{pc})$/(kW·K⁻¹)	t_{ci}/K	t_{co}/K	高温流体	$(W_c \cdot c_{pc})$/(kW·K⁻¹)	t_{hi}/K	t_{ho}/K
1	2	29	408	2	3	443	333
3	4	353	413	4	1.5	423	305

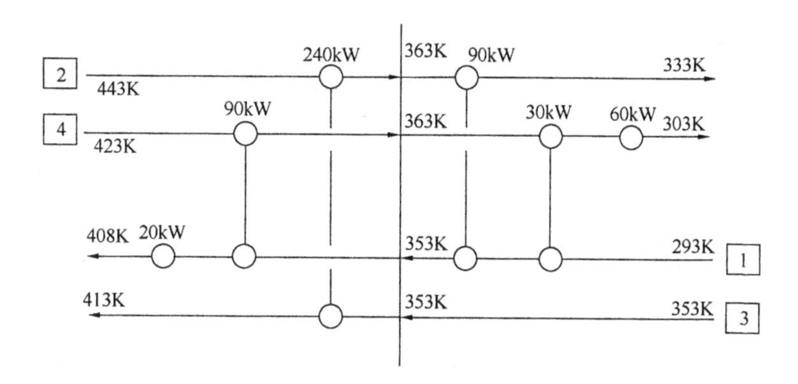

图 0.14　最合适换热网络

三、考虑不确定因素的网络设计[13]

（一）基本分析

在换热网络中包含了许多不确定的且很重要的因素，如随着运行时间的推移，在传热面上逐渐增长的污垢。这将直接影响到实际换热效果，严重时还可能影响到装置的正常运行，因此我们在设计网络时应事先考虑到如何应对这些变化。

首先，简单介绍一下换热网络设计的基本知识，并从中找出应对上述变化的基本方法。

传热基本方程也可以用下式表示：

$$Q = \omega_c(t_{co} - t_{ci}) = \omega_h(t_{hi} - t_{ho}) \tag{17}$$

式中，ω_c、ω_h 分别为低、高温流体的热容流量，即 $\omega_c = W_c \cdot c_{pc}$，$\omega_h = W_h \cdot c_{ph}$。再由式(17)可求得高、低温流体的出口温度：

$$\left.\begin{aligned} t_{to} &= (1-\alpha)t_{ci} + \alpha t_{hi} \\ t_{ho} &= \alpha \cdot \gamma t_{ci} + (1-\alpha\gamma)t_{hi} \end{aligned}\right\} \tag{18}$$

式中，γ 为低温流体与高温流体热容流量之比，即 $\gamma = \omega_c/\omega_h$；$\alpha$ 为传热效率。

对逆流型换热器

$$\begin{aligned} \alpha &= (k-1)/(\gamma k - 1) \\ k &= \exp[AU(\gamma - 1)/W_c], \gamma \neq 1 \end{aligned} \tag{19}$$

对 1－2 型多程流道换热器

$$\left.\begin{aligned} \alpha &= (p-1)/(\gamma p - 1) \\ p &= \frac{(1+k)\sqrt{r^2+1} - (1-k)(\gamma-1)}{(1+k)\sqrt{r^2+1} + (1-k)(\gamma-1)} \\ k &= \exp\{AU\sqrt{r^2+1}/W_c\} \end{aligned}\right\} \tag{20}$$

式(18)是网络设计的基本式，它既可用于网络的初始设计，也可用在网络中各位置状态随各参数发生变化而发生变化的预测。

（二）总传热系数变化时的网络设计

由于结垢等因素，经过一段时间运行后，总传热系数便会发生变化，进而引起温度等参数的变化。为保证装置正常运行，设计时应采取相应的预防措施。通常的做法是，让运行初期和后期的总传热系数与传热面积之乘积相等，即 $A \cdot U = A' \cdot U'$。根据以往的运行和设计经验，应对最初设计的传热面积预先给出一定的富裕值，进而计算出最初传热面计算值允许的下降范围。如最初设计的总传系数为 1000W/(m^2·K)，传热面积设计富裕值有 20%，装置运行后期总传热系数下降至 $1000 \div 1.2 = 833W/(m^2 \cdot K)$。

必须指出，所选的富裕量应当合适，富裕量太小，不能保证装置有正常的运行周期。富裕量过大也不可取，一方面将增大了装置设备的投资，另一方面，传热面富裕量过大后网络设计状态的热平衡被打破，这有可能对整个网络造成很大的负面影响(尤其是对1个循环网络，是绝对不容忽视的)。具体地讲，为了给出一个富裕量，设备初始设计的直径势必要增大，进而使流速下降，传热系数降低，结垢加速，进一步恶化了传热性能。严重时，反而无法完成其传热过程。如果要求必须保证传热面积的富裕量而改变设备原设计的直径，则必须重新按新选设备核算其传热性能。

在一个换热网络中，各热流体均为一次换热。该网络中每台换热器的总传热系数无论怎样变化，其进口温度均不会发生变化，这种网络被称为不循环网络；网络中某一股或多股热流体如果有两次或两次以上的换热，这种网络被叫做循环网络。常减压装置的换热网络就是典型的循环网络。在循环网络中，对多次换热的热、冷物流，总传热系数若发生变化，将导致该热物流出换热器时的温度发生变化，进而引起承担下一次换热时设备进口温度发生变化以及出口温度随之发生的变化。这样一来使整个流路的热平衡都被打破了。

在不循环网络中，全部流体流动的制约条件以及对换热器的制约条件，均是一组与流体操作变数有关的线性不等式，通过对线性函数求极值可求得优化解。

循环网络的制约条件则是非线性的。

在求取网络的优化解时，由于存在诸多变数，因而工程应用中的“最优解”，实际上仅仅是在满足了事先设定的某些限制条件后相对意义上的“最优”，就是目前已被广泛应用的所谓“模糊优化设计”。

四、换热网络最优合成方法[14]

(一)换热网络最优合成方法研究的概况

换热网络最优合成研究只有30多年的历史。以20世纪80年代中期为界，大致可分为两个时期。前期，以给定窄点温差条件下的网络合成研究与应用为主；后一时期，即在1986年以后，发展到求解“最佳”窄点温差。换热网络合成研究的主要内容包括：换热网络的最优合成，即根据冷、热物流给定的工艺条件，探索冷、热物流分段和匹配的最佳方法。对所合成网络进行可操作性和操作弹性分析、评价，进行网络结构调优，以求得最小的网络投资费用和操作费用。给定窄点温差的最优网络合成方法，可分为启发探视合成法和数学规划法两大类。近年来，又发展了“人工智能法”。

(二)启发探试合成法

在启发探视合成法中，具有代表性的方法有：

Linnhoff 等人开发的窄点技术，该方法有较好的系统，实用性强。

Trividi 等人则指出，不应以窄点温差作为唯一变量，改进提出了用双温差设计方法来进行换热网络最佳合成的设计。其后，又进一步提出了初始网络调优系统的能量松弛法：

还有，Fraser 提出用最小热负荷来取代 ΔT_{min} 并作为决策变量合成换热网络；Fonyo 等人对物流传热膜系数在相差很大的条件下进行换热网络优化合成时应当考虑的问题进行了研究。

尽管方法众多，但窄点技术仍然是最具代表性的方法。该方法设计的步骤如下：①给定初始窄点温差 ΔT_{min}，并确定窄点位置；②将窄点上、下分为两个子网络，其上为换热网络，其下为冷却系统网络；③从窄点起，按规划对两个子网络进行冷热物流分段、匹配，并将两个子网络加合为一总体初始网络；④利用能量松弛法对总体初始网络调优，求得“最佳”换热网络。

窄点法简单，易于掌握，已被广泛应用在工程设计中。但是，ΔT_{min}只代表换热网络能量回收时的最小接近温差(HRAT)，并不是网络中各个换热器所允许的最小温差(EMAT)；而且，它仅仅是在一定条件下所构成的初始网络的特征变量。由于只以窄点温差作为优化的决策变量，并且作为窄点以外的匹配的惟一标准，因而所得到的结果不可能是最优的。

(三)数学规划法

数学规划法是，对换热网络合成问题建立数学模型，求解目的函数的极小值，求得最优热换网络，其设计步骤如下：

(1) 用线性规划运转模型确立换热网络最小接近温差(HRAT)下的窄点位置和最大能量回收值，从窄点起，划分成上、下两个子网络。

所谓运转模型，是指换热网络各区段的热物流和热公用工程物流的热量在传递给对应区段的冷物流和冷公用工程物流后，再逐段进行到下一温度区段并进行相互传递。建立该运转模型的数学方程，可求得各热、冷公用工程消耗及各区段的剩余热负荷，剩余热负荷为0之点即为窄点。

(2) 分别求解上、下两个子网络的MILP(混合整数线性规划)，确立每个子网络的物流匹配、热负荷及最小传热单元数。

(3) 导出各子网络的超结构模型，建立各子网络的非线性规划(NLP)并分别求解，然后将各子网络相加，得到HRAT下的换热网络。

(4) 确立最佳HRAT。

对物流比较简单的问题，可用复合线法和图解表格法求解最小公用工程的消耗，比较简单。但对有众多物流参与换热的复杂网络，则用数学规划法更简便、快捷。

从理论上讲，数学规划法是最完善的方法。但是，构成换热网络并要求得到最优，其影响因素非常复杂，各物流的操作条件、管壳侧膜系数及压降各不相同，且变化很大，甚至连计算公式也不相同，要将这些因素在建立网络数学模型时全面而准确地都考虑进去是不可能的。在建网络设计数学模型时，不可避免地要作许多简化。简化越多，即假设越多，其结果偏离真正的“最优解”也就越大。这也是数学规划法迄今尚未推广应用于工程设计的原因。

(四)人工智能法

专家系统是人工智能法走向实际应用最为引人注目的研究。该系统将某些专门领域内专家的知识、经验加以总结，并以合适的格式存在机内，即建立知识库；这与专家解决实际问题时的思维方法和推理方法相似，因此可以利用该推理系统进行推理和决策。

具体办法是，利用以往设计和实际使用的经验，制定最优换热网络物流匹配、能量使用的专家规则和启发探视规则，并用已建立并存于机内的知识库作为推理的基础。

高维平、陈丙珍等人提出了用专家系统合成最优换热网络的方法。

人工智能技术用于换热网络易于简化，可靠性更高。但在实际应用中仍有许多问题尚等解决，需进一步完善和提高。

总之，换热网络合成的最优化是一个非常复杂且难度较大的问题。除了其自身的内在规律和特点外，还存在各种工程因素的匹配及结构调优等问题，无法建立起严格的数学模型，因此提出了科学交叉协同研究的策略，即把数学规划法和人工智能法结合起来，对工程约束条件按人工智能处理。要求解网络最优，则用数学规划法。需指出的是，“窄点”的概念，只有在分析网络能耗时才是一个重要的概念，一旦 ΔT_{min} 被确定，并进入网络匹配阶段后，它便不再起任何作用了。

第五节 换热器性能评价

换热器性能评价，从大的方面讲，应包括热力学性能、流体力学性能、经济性和安全性。

但是，正如我们前面已经提及的，即没有任何一种换热器要在上述诸方面都达到最优的一样，也没有任何一种方法能够包容上述性能并对其作出全面而准确的评价。同时，应用场合不同，对换热器的要求也不相同，如核能装置换热器及超高压换热器等，对安全性的要求是第一位的。对真空或接近真空的某些换热器，如气体分离及某些化工装置的换热器，对压降的要求是按 mmH_2O 计算的，因此，压降是首先要满足的条件。在这些特殊情况下，有时不得不对经济性和传热性能等作出必要的牺牲。目前换热器性能的评价方法，也许是仅仅针对某一方面的性能来进行，也或许是把某几种性能综合起来进行评价。因此也就不可避免地出现了不同的评价指标和不同的评价准则。

一、换热器性能评价指标[15]

在过去的换热器设计中，不考虑泵功率要求即满足允许换热器压降值的前提下，通过提高总传热系数来尽可能减小传热面积。这里的评价参数是总传热系数和设备造价等简单的参数。

随着世界性节能呼声的高涨，对能源的有效利用和回收越来越受到关注，必然会对换热器提出更高的要求，要求其不仅能回收更多的热量，还要求最大限度地降低传热过程中有效能的损失。对换热器性能的评价已由热力学第一定律发展到热力学第一、二定律的综合利用，即在能量平恒的基础上，强调能量质的区别。换热器性能评价指标也扩展到总传热系数 K、压降 Δp、能量系数、换热器效率 ε、热容比 R、传热单元数 NTU、熵产数 N_s 及 㶲效率 η_n 等。此外，还有 3 项评定指标。

其中能量系数，即指传热量与压降的比值，它仅是 1 个反应热回收量的指数；换热器效率 ε，则定义为实际传热量与理论最大传热量之比值，它又被称为温度效率，并以冷、热流体进、出口温度来表示。当 $\varepsilon<1$，但 $\varepsilon\to1$ 时，则表示热力学完善度很好；$\varepsilon=1$ 时为可逆过程，但这是不可能的。$\varepsilon\to1$，则表示传热面积 $F\to\infty$。

下面，分别对热容比 R、传热单元数 NTU、熵产数 N_s 和 3 项评定指标作一简单介绍。

(一)热容比 R

热容比 R，是指互相进行热交换的冷、热两流体热容量(流体质量和比热容的乘积)中较小者与较大者之比值，即

$$R=(GC_P)_{min}/(GC_P)_{max} \tag{21}$$

$R<1$，R 值越大，热容量小的流体温升或温降越小，传热有效温差越大，R 值的大小，取决于工艺条件。

(二)传热单元数 NTU

换热器的传热单元数设计，即指已被采用的 NTU-ε 设计法，现今已被逐步推广应用。NTU 被定义为：

$$NTU=KF/(GC_P)_{min} \tag{22}$$

其物理意义为，每单位热容量及每单位传热温差所传递的热量，它同样是1个表示热力学完善度的指标。NTU值越大，传热温差引起的有效能损失越小。

(三)熵产数 N_s

换热器的㶲损分析法通常是指㶲分析法和熵产分析法，其中熵产分析法能够更好地阐明㶲损与换热器各种参数之间的关系。这种分析方法的理论基础是热力学第一和第二定律，它不仅从"量"上，且从"质"的方面对换热器性能进行了评价，无疑更为科学完善。

熵产数被定义为：

$$N_s = S_{gen}/(mC_p)_{max} \tag{23}$$

式中，S_{gen}为熵产，它包括了两部分，即传热温差和流体压降造成的熵产。若传热温差或压降增大，则都会导致 N_s 增大，亦即 N_s 越大，有效能损失也越大。

(四)换热器的㶲效率 η_n

换热器中冷流所吸收的热流㶲与热流体所失去的㶲之比值，称为换热器的㶲效率：

$$\eta_n = \frac{m_c(e_{co} - e_{ci})}{m_h(e_{hi} - e_{ho}) + M_c + M_h} \tag{24}$$

式中，m_c，m_h 分别为冷、热流体的质量；e_{ci}、e_{hi}和 e_{co}、e_{ho}分别表示冷、热流体流入、流出换热器时的热量㶲；M_c、M_h 则为冷、热流体压降造成的机械㶲损。

换热器的㶲效率反映了换热器承担之热过程的不可逆程度，但它不能反应换热器本身的经济性。

(五)3项评定指标

从换热器㶲交换的角度出发，倪振伟等提出了3项评价指标：

(1) 可用能流比 e，即用换热器单位传热面传递的㶲值来反映㶲传递的强度。

$$e = \Delta E/A \tag{25}$$

式中，ΔE 为物流㶲增，A 为换热器的总传热面积。

(2) 可用能耗比 J_e：其物理意义为换热器中冷流体每获得单位可用能所必须消耗的可用能，表示为：

$$J_e = (n \cdot W + T_o\Delta S)/\Psi_b Q \tag{26}$$

式中　n——电能与可用能折算系数；

W——消耗的泵功率；

T_o——环境温度；

ΔS——熵增；

Ψ_b——㶲系数。

(3) 净可用能获比 U

$$U = (\Psi_b Q - T_o\Delta S)/nW \tag{27}$$

上述3项指标着重从㶲传递的角度出发评价换热器。

二、换热器性能评价准则[2]

根据换热器使用要求及制约条件等的不同，性能评价准则的基础是不同的，也就是说有不同的性能评价准则。对同样外径的光管和强化管换热器，根据使用条件及要求，在3种约束条件下有以下各种性能评价准则。

3种约束条件分别为，应保持整个流道横截面积和长度不变(FG判据)；应保持垂直于流动方向的流通面积不变(FN 判据)；还应确保管子总数 N 和管长 L 之积为一常数(NG 判据)。

在 FG 判据下 5 种评价准则分别为：

(1) FG－1a。在保持流量和传热温差不变的情况下，通过提高流速来增加传热负荷时，压降将有更大比例的增加；

(2) FG－1b。保持流量和热负荷不变，降低传热温差；

(3) FG－2a。维持压降和传热温差不变，增大热负荷。此情况下通常应采取较低流速；

(4) FG－2b。压降和热负荷不变，降低传热温差。此时仍然能维持低流速运行；

(5) FG－3。在热负荷不变的情况下降低压降；

FN 判据要求截面积不变而把管长作为变量，含有 3 种评价准则。

(1) FN－1。压降、热负荷及传热温差均不变，通过减少传热管长度来减小传热面积；

(2) FN－2。流速及热负荷均不变，通过减少传热管长度来减小传热面积，压降将随之降低；

(3) FN－3。流速及热负荷均不变，以降低压降为目的。由于换热管长度减少，面积随之减小；

VG 判据是在保持特定流速下完成一定热负荷的传热过程，用其可确定换热器尺寸。这时，FG、FN 判据在大多数情况下均不适用。为适应强化表面摩擦阻力较大的特点，应适当降低流速。具体途径是增大流通面积或采用并联流路进行分流。在此前提下 4 种评价准可分别用于不同工况下，以达到不同的目的。

(1) VG－1。保持流量、温差及热负荷不变，减小(NL)；

(2) VG－2a。(NL)、流量、压降及温差不变，增加热负荷；

(3) VG－2b。(NL)、流量及压降不变，降低传热温差；

(4) VG－3。(NL)、流量及温差不变，降低压降。

针对不同的应用场合，选择合适的评价准则是很重要的，如在闭式 Rankine 循环海洋热能转换(OTEC)系统中，因工厂一半以上的投资用于换热器，因而减小传热面积是首要目标，这时，可选 FN－1。

上述评定准则多用于单相流。而在两相流中，局部传热系数取决于局部温差和局部干度，上述评价准则并不适用。

第六节 换热器的几个特殊问题

在换热器大型化、低温差、低压降和高效化设计中，还应当对换热器的振动、腐蚀、偏流及污垢等这些特殊问题及其对策予以特别关注。振动和腐蚀问题本书将有专题阐述，这里不再赘述，仅对偏流、污垢及其防止办法作一简要说明。

一、换热器偏流及其对策[3]

在换热器中，其流道结构和形式复杂多样，常常会引起流速分布不均、旁流增加、产生局部高速或低速或相分离等偏流问题。一般情况下这些问题并不十分突出，影响也不是很大。但对某些大型换热器、低温差或低压降设计的换热器以及一些特殊场合里，偏流的影响是不容忽视的。

（一）偏流对换热器的危害

（1）偏流造成的低流速或滞留区，直接影响到传热性能，如加速污垢沉积，使换热器壁面上结垢。不但恶化了传热性能，还会加剧传热元件的腐蚀；在一些特殊工况下，如高黏流体严重时还将产生固化，在高寒地带引起冻结等问题。

（2）高流速会诱发振动或磨损，造成机械损坏，引起局部高、低温，甚至发生过热或过冷，这些都给机械设计和选材等带来诸多问题。

上述情况严重时，可能危及设备正常运行或导致破坏事故。

（二）引起偏流的原因及其对策

（1）流道结构复杂、流道多样性或流道发生变化等，都有可能造成流体流速不均，而引起偏流。如管壳式换热器壳程结构就很复杂，流道众多且各不相同，靠近管板的进、出口段的低流速区及折流板同壳壁间存在的流动“死区”等，均是传热性能低下且腐蚀相对严重的区域。流路分析法可以分析各种偏流对传热性能的影响。根据流路分析法的分析，可以采取部分措施补救，如设旁路挡板和“假管”等。改进结构，强化主流流路的传热性能，也是行之有效的办法，如采用折流板弓形区不布管的结构等。但是，上述措施都不能从根本上消除偏流的负面影响。

（2）结构本身造成的两相流分离：对卧式冷凝器管外冷凝的场合，折流板缺口多用左右竖直设置。这种设置形式，恰恰就是在某些条件下使气液两相分离（分层流动）倾向较严重的原因。解决办法是让折流板切口成45°方位设置，或者上、下设置（这正是被弃之不用的办法）。但是，在这种情况下，沸腾两相流的传热、压降和脉动等问题都有待进一步研究。

在空冷式透平冷凝器中，以往采用了多排管结构，见图2。冷风引入先经第1排管子加热后进入第2排，第2排管子冷、热流体的温差比第1排小，依此类推。到最后1排管子的温差为最小，与第1排管子的温差继续加大。这样，进入第1排管内的蒸汽其流速将比最后1排管的蒸汽流速高得多，最后1排管子的管内介质压力比第1排管内介质压力大。一旦这种状况形成，在压力较高的管排内尚未冷凝的气体就会向管内压力较低的管内“倒流”，使该管出口端出现“气封”堵塞凝液。滞留于管内的冷凝水在外界气流极低的情况下（如我国东北的部分地区和俄罗斯西北利亚等地区），滞留凝液会冻结，严重时造成管子破坏。

在这种情况下，前面已经提到的“SRC”是解决问题最有效的手段。“SRC”中改多排为单排结构就能彻底消除冻结的发生。

（3）由流动特征引起的流体分布不均。在立式混合进料换热器中，气流主流中心部管子内进入的气量比周边管子内进入的气量要大，从而造成两相流分布不均。

如果是高温气体，可能造成管子或管板局部过热而破坏。

在进口部设置分配板，使流体均匀分布于各管内，不仅有利于提高传热和流动性能，还将是避免设备局部过热而引起烧损（或破坏）的安全运行措施。

（4）由介质组成和特性而引起的偏流：在立式热虹吸式重沸器中，如果为多组分介质沸腾，其中较重质的组分有可能在出口接管处沉积。一旦管内流速减缓，就有可能使重质组分逆流向管内，并沉积在换热器内部。在这种情况下，设计时应当将出口接管加大，且提高管内流速。有时，也可采用在管程出口端将管子延长到管板外的结构来避免此类问题的产生。

（5）在重油或聚合物等高黏度流体冷却器中，高黏性物质被冷却后黏度急剧增加，流速大幅下降，也将进一步助长偏流的发生。在设计时改善流体分布，消除滞留区，防止局部过冷是很重要的。

这类问题并不普遍。但往往发生在一些重要场合，一旦发生，将引起严重后果，因此必须引起足够重视。

二、换热器结垢及其防护[16]

换热器结垢不仅影响到换热器的长期高效运转，还会因结垢造成设备腐蚀而危及设备的安全运行。严重结垢还可能会堵塞管子，进而引起设备破坏，甚至使装置被迫停工，造成重大损失。因此防止和清除传热面上的结垢是十分重要的。

对此，国内外均投入了大量人力物力，进行了长期而大量的工作。但由于工业设备使用场合、操作条件及介质组成的千差万别，加之设备结构流动形态也各不相同，因此在传热面上污垢沉积的原因、生产形态和组成也都不尽相同，要完全探明生成的机理也非常困难。目前的现状是：事故发生后，只有靠现场管理人员和操作人员对运行过程进行分析，探究事故发生的原因，借助他们对传热设备长期观察积累的经验，与设备和研究人员一起制定对策，以防止事故的再次发生。

污垢生成的复杂性和多样性，使得我们所面临的任务十分艰巨。要想全面阐述，是有相当大难度的。这里仅对水－水、水－蒸汽介质组成中的结垢及其防护加以介绍。

(一)污垢组成

传热面上污垢组成可按下面分类：

污垢
- 介质内悬浮物——金属氧化物、氢氧化物及砂土等(软泥状沉积物)
- 难溶性盐类析出物
  - 软质积垢：$CaCO_3$、$Mg(OH)_2$ 等
  - 硬质积垢：$CaSO_4$、$CaSO_4 \cdot \frac{1}{2}H_2O$
- 微生物沉积物

其中，金属氧化物和氢氧化物是传热设备材料的腐蚀生成物。

(二)污垢生成机理及其在传热面上的成长过程

这里以海水淡化装置中海水加热器(海水/蒸汽)传热管海水一侧为例加以说明。

剖开传热管我们观察到，污垢沉积物有两层，靠传热管壁面一层的厚度约为 10μm，为极细的泥砂状物质组成的软泥质沉积物；第二层很硬，且组织致密，是 Ca、Mg 盐为主的析出物。用 X 射线分析也可得到同样的结果。污垢形成过程如下：首先，软泥状物质在传热表面沉积，当软泥覆盖传热表面并增长到一定厚度时，在层内盐类浓度偏振化作用增大，继而使介质中的 Ca、Mg 等难溶性盐类析出，生成硬而致密的锈垢。

根据总传热系数随时间而发生的变化，也可感知到污垢的生成过程。

图 0.15 所示为存在清洁传热面和被污染传热面时设备总传热系数随时间而变化的曲线，前者为 Run. No. 2，后者为 Run. No. 1。被污染表面在运行约 2000h 后，总传热系数下降到原来的约 1/3 以下，未被污染的干净传热表面则没有变化。

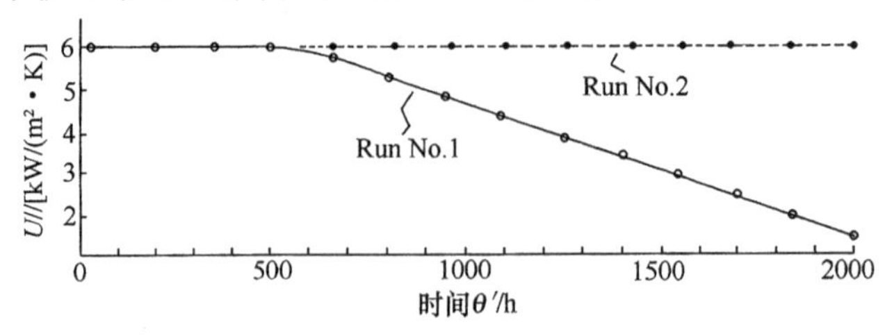

图 0.15 总传热系数随时间变化的曲线

图0.16是根据图0.15计算出的且与之相对应各点污垢热阻变化的曲线以及污垢内部状态的模型。图中R_f按下式求得：

$$R_f = 1/U_f - 1/U_C \tag{28}$$

式中，U_C、U_f分别表示清洁表面和被污染表面的总传热系数。

图0.16曲线分为3段，表示污垢的成长分为3段：

第1阶段约经400h，主要是软质铁泥沉积：

第2阶段约为400～1400h，在这一运行期间内，在软泥层内生成无水石膏结晶核，在软层内结晶还在不断成长；

第3阶段则在1400h之后，无水石膏结晶进一步成长，硬质垢层生成。

其他传热设备也大致与之类似。

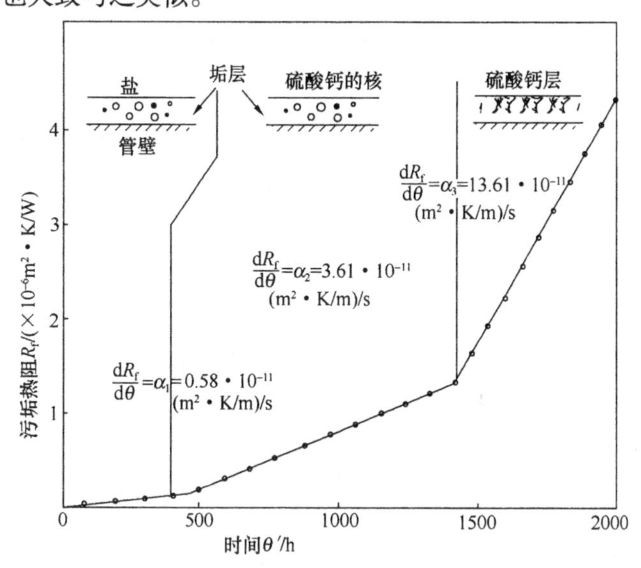

图0.16　污垢生成模型及垢阻的变化

(三)防止结垢的措施

根据污垢生成及成长的描述可知，防止传热表面结垢的关键，首先应防止软泥层的生成和及时的清除。要解决这个问题，必须从设计直到操作的各个阶段都应采取相应的有效措施。下面分别叙述。

1. 设计阶段

根据介质条件、介质与设备材料的组合以及所在系统的具体工况，针对性地防止污垢生成的措施有：

(1) 减少或防止污垢物质进入：对含泥砂或杂质量大的介质，在进入之前就应进行沉降处理或设置过滤网；再进行离子交换，除去Ca^{2+}、Mg^{2+}及Si^{2+}等离子；杀死并除去微生物。

(2) 减小沉积量：选择合理的操作条件，避免流速过低(通常，流速>0.7m/s)下操作；结构设计时尽量消除或减少滞留区，根据污垢和传热元件材料表面电位，选择合适介质与材料的组合。

表0.6中列出了部份传热管材料和污垢物质的电位。

表 0.6 传热管材料和污垢物质的电位

		(-) 40	(mV) 20	(+) 20	(mV) 40	备注
管材	铝-黄铜 钛	← *200	*10 ←			
污垢	Fe_3O_4 $CaCO_3$ $Mg(OH)_2$ $CaSO_4$			→ → → - - - →	24 37 28 33	软泥状层积物 软质积垢 硬质积垢

带*者为自然电位。

(3) 采用抗结垢的传热元件和设备：如波纹管、High Flux 等。前者运行时流体处于强紊流状态，而后者由于循环速率很高，污垢没有沉积条件。特别是后者，因受高速循环流体的冲刷，停止运行后还可见到金属光泽。还可采用，运行中不断搅动并清洁传热表面的移置式强化元件，以及其他经实践证明能够抗垢的传热元件和设备。

2. 运行中

(1) 操作前彻底清洁流道和设备，并干燥流道和元件表面，避免生锈。

(2) 确认并熟悉操作条件和操作程序。

(3) 加阻垢剂防结垢；或加入聚磷酸盐类物质，使难以清除的结晶型积垢泥状化，以使其易于清除；使难溶性盐类铬离子化后变成可溶性盐类；

(4) 对已生成的泥状沉积物污垢进行定期连续或间断。

在流道和设备安装时，分别投入海棉球；运行中定期启动，可以连续操作，也可间断清洗。这项技术已有 30 多年运行经验，是比较成熟的在线清洗技术。

3. 停工后

停工后应防止管道和设备内部氧化，应及时进行药物或机械清洗，之后再进行干燥处理。重要设备还需充 N_2 等堕性气体进行保护。

(四)海绵球在线清洗控制

海绵球清洗装置的启动时机、清洗效果判断及清洗球控制等都对清洗效果及工艺装置的高效运行关系很大。日本日立制作所高桥灿吉博士设计了一套如图 0.17 所示的控制程序，可供参考。

综上所述，传热面上污垢生成的关键是以材料腐蚀生成物为主要成分的软泥状污垢，防止软泥状污垢的生成和及时去除是防止污垢的基本对策。要全面完成这项任务，还需全体从事这项工作及与之相关的人员进行长期不懈的努力。

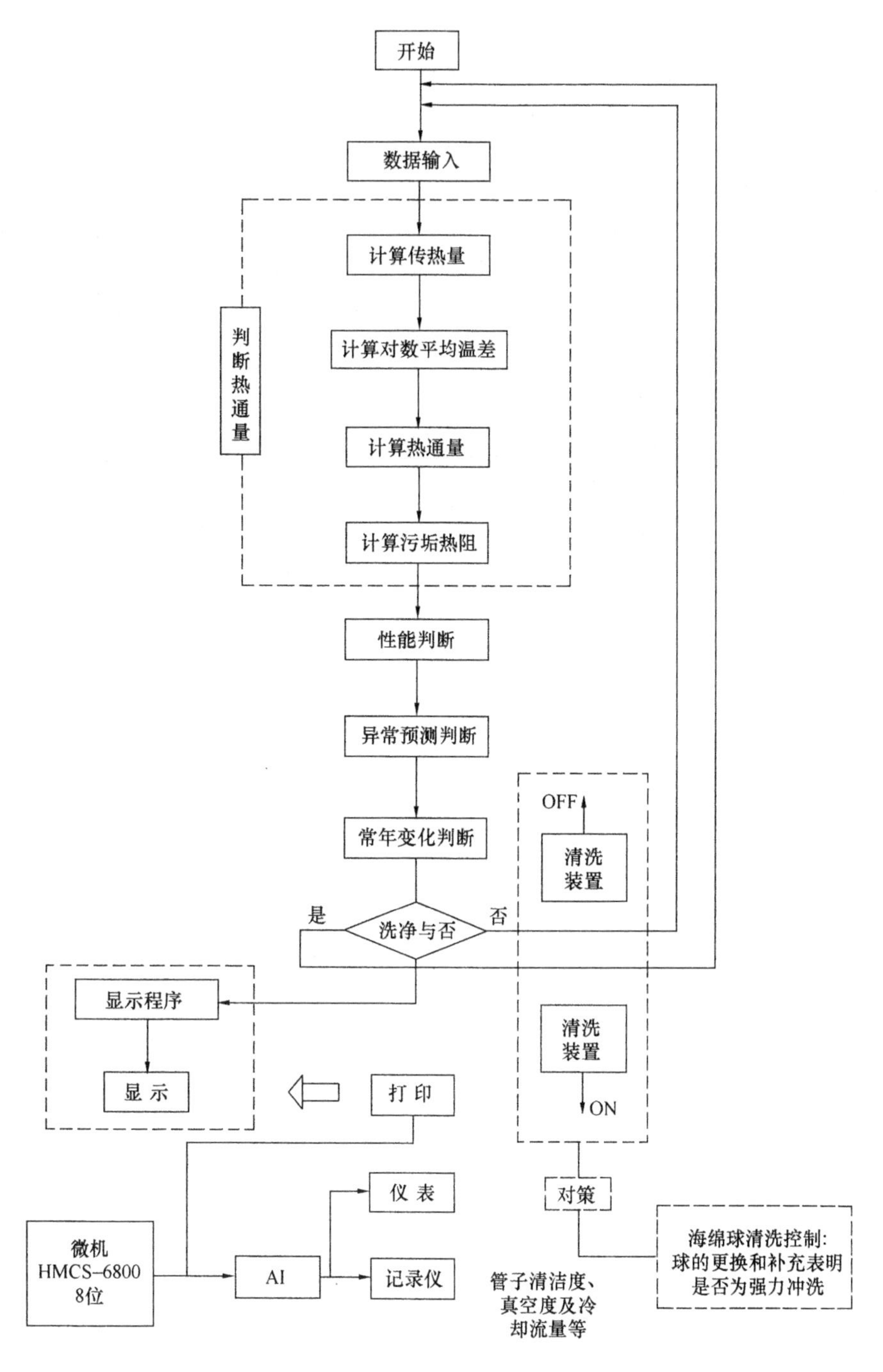

图 0.17　海绵球在线清洗控制程序

参 考 文 献

[1]　Bergles A B. 马重芳，金瑛译．强化传热技术(专辑).

[2]　鱼津博久，小川敬雄．热交换器の进步と期待．化学装置(日)，1995(3)：44～48.

[3]　宫下尚．对流伝热促进のナヵニズム. ケミヵル. エンジニアリング(日)，1989(11)：17～21.

[4]　上原春男，宫良明男．工业用热交换器における伝热促进．ヶミヵル. エンヅニアリンダ(日)，1989

(11)：22～30.
[5] 华南工学院化学工程研究所．强化传热与节能技术(内部资料)．1984.
[6] 宫下尚．热交换器．化学装置(日)，1981，(1)：12～16.
[7] 高桥佑也．回转式全热交换器の活用と省エネ事例．化学装置(日)，1981，(6)：62～66.
[8] Ippo TAKEI 等．"サーモランダ"の活用と省エネ事例．化学装置(日)，1981，(6)：67～70.
[9] 青木孝昌等．ボイラー设备の废热回收装置．化学装置(日)，1981，(6)：70～73.
[10] 曾全生等．换热器内部㶲损分布．化学工程师 2000，(5)：38～39.
[11] 榉田荣一．热交换システムの最适化．ケミカル．エンジニアリング(日)，1989，(11)：48～51.
[12] 西谷孜一．不确かさを虑虑した热交换器ネットワークの设计．ケミカル．エンジニアリング(日)，1989，(11)：42～47.
[13] 李志红等．换热网络最优合成研究的进展与展望．炼油设计，1997，(27)：5～9.
[14] 杨波涛．管壳式换热器的性能评价．第六届全国高校过程装备与控制专业校际学术会议论文集．成都：2000，69～72.
[15] 高桥灿吉．工业用伝热装置における 污れ对策．ケミカル．エンジニアリング(日)，1989，(11)：37～41.

第一篇

管壳式换热器

第一章　管壳式换热器工艺计算及设计

（刘明言　黄鸿鼎　李修伦　冯亚云）

第一节　概　　述

一、工艺设计概念[1~5,6,32~34]

管壳式换热器的设计始于20世纪初，当时主要是侧重于构件特别是管板的强度计算。目前，管壳式换热器的设计和分析包含多方面的内容，其中包括热力设计、流动规划、结构设计以及强度设计等。工艺设计一般是指传热（或热力）设计和压降（或流动）设计。

（一）传热（或热力）设计

所谓传热设计指的是根据使用单位提出的基本要求，合理地选择运行参数，并进行传热计算。而这种设计计算又可分为两类：一是设计计算，即当已知传热量和热冷流体的某些基本运行参数的条件下，决定其换热面积；二是校核计算，即当换热器的传热面积已定，某些运行参数也已知时，去核算另一些运行参数并核算传热系数或传热量。但应指出，上述两种计算的基本原理是一致的，在计算中一般是先根据设计计算结果初步选定结构，然后再以校核程序对选定结构进行核查，也就是说，上述两种计算是一起进行的。

（二）压降（或流动）设计

流动设计主要是计算压降，其目的是为换热器的辅助设备——如泵和风机的选择作准备。同样，热力设计与流动设计也是密切关联的，特别是进行热力设计时所需的一些参数，是由流动设计所确定的。本章主要阐述这两种设计计算原理与方法。

二、工艺设计原理与方法研究进展[6,32~34]

（一）20世纪30年代建立的设计原理

管壳式换热器的设计原理早在20世纪30年代就已建立起来。1933年Colbum首先提出以理想管排数据为基础的壳侧传热计算关联式：

$$Nu = 0.33(Re_f)^{0.6}(Pr_f)^{0.33} \qquad (1-1)$$

式中　Nu——努塞尔（Nusselt）数，$Nu = h_o d_o/k$，无因次；

h_o——壳侧对流传热系数，W/(m^2·℃)；

d_o——管外径，m；

k——热导率，W/(m·K)，膜温为定性温度；

Re_f——雷诺（Reynolds）数，$Re = \dfrac{d_o u \rho}{\mu}$，无因次；

u——以壳程流体最小流通截面积为计算基准的流速，m/s；

ρ——流体密度，kg/m^3；

μ——动力黏度，Pa·s；

Pr_f——普朗特(Prandtl)数，$Pr_f = \frac{c_p \mu}{k}$，无因次；

c_p——比定压热容，J/(kg·K)。

下标 f 表示以膜温为定性温度。此式适用于管子作错列排列而且 $Re > 2000$ 时的情形。对于带有折流板的热交换器，由于漏流和旁流的存在，情况较理想管排要复杂得多。大量数据证明，对于符合 TEMA(Tubular Exchanger Manufacturers Association)标准的换热器，将上述关联式计算所得的传热系数乘以 0.6，其结果相当理想。在设计计算时，采用 Sieder - Tate 形式则更为方便，结果与式(1-1)大致相同。

$$Nu = 0.2Re^{0.6}Pr^{0.33}\left(\frac{\mu}{\mu_w}\right)^{0.14} \tag{1-2}$$

式中　μ_w——壁温为定性温度下流体的动力黏度，Pa·s。

其余物性参数的确定均是以流体主体平均温度为定性温度。式(1-2)的使用范围也是 $Re > 2000$。

(二) 20 世纪 50 年代建立的设计方法

纵观管壳式换热器设计与研究的发展历史可知，1949 年 Donohue 提出的计算方法是第一个完整的管壳式换热器的设计方法。Donohue 的传热计算是对 Colburn 关联式加以修正而得到的。而 Kern 法是在 Donohue 法的基础上作了一些改进。Kern 法的主要特点是将设计作为一个整体问题来处理。即除传热问题外，还同时考虑壳程-管程流动、温度分布、污垢及结构等问题。它还包括管程及壳程的冷凝和沸腾的内容。Kern[7] 1950 年编著的“Process Heat-Transfer”一书，几十年来一直流行不衰，现仍为工业管壳式换热器设计的主要参考书。

值得提出的是 Tinker 提出的壳程流动模型。该模型将壳程流体分为错流、旁流及漏流几个流路，每个流路都有自己的特点。Tinker 随后提出的计算方法，由于难以理解，故始终未获普遍使用。但其流动模型却成为其他一些先进的计算方法的物理基础，也为后来的流路分析法奠定了基础。

(三) 20 世纪 80 年代完善的流路分析法

为了解决管壳式换热器壳程的计算方法，Colburn 在美国启动了著名的 Delaware 研究计划。该研究计划于 1963 年完成。该计划完成后取得了大量重要的实验数据，对于管壳式换热器设计方法和模型的建立具有里程碑意义。通过该计划，Bell 提出了 Delaware - Bell 法，其后 Bell 又将此法加以改进[18]。Bell 法的特点是利用大量实验数据，引入各流路的校正系数，是一种半理论方法。美国传热研究公司(Heat Transfer Research Inc.，简称 HTRI)利用 Tinker 的流动模型、Delaware 大学的实验数据，并引用了自己的研究成果，提出了具有独创性的流路分析法。国内天津大学也于 1979 年提出了计算壳程压降的流路分析法，其特点是不仅可以计算出各流路条件发生变化时的壳程压降，而且可以定量计算出各流路之间的流量分配，从而使设计者能够更好地分析问题和采取合理措施。1984 年 Willis 和 Johnston 给出了适合手工计算的流路分析法。

(四) 20 世纪末的计算机辅助设计和 21 世纪的工艺设计计算发展方向

计算机科学与技术的发展，为换热器的设计带来了革命性变化。计算机在换热器的设计方面主要经历了三个阶段或者说开展了三方面的工作：一是开发通用的、考虑换热器标准的工艺和机械设计等程序，建立换热器的计算机辅助设计系统，以代替繁琐的手工设计，二是除了考虑换热器的工艺和机械设计外，还将工程最优化理论引入设计程序，以年度投资操作和维护费用最低、换热器面积最小、年净收益最大等为目标函数，建立换热器的优化设计软件包；三是以计算流体动力学(Computational Fluid Dynamics，简称 CFD)为基础，开展换热器的三维流动和传热行为的数值模拟，以解决设计和放大问题。其中，前两方面的工作起步较早，进展较快，并且已有许多市售软件，例如：目前比较常用的有 HTRI、HTFS(Heat Tranfer and Fluid Flow Services，简称 HTFS)、B－JAC、THREM、CC－Therm 和 HEATDESIGN 等设计软件包[9~11]。这些计算程序和软件已成为换热器工艺计算的主要手段，在国内也得到了广泛应用。但是，换热器的 CFD 模拟开始相对较晚，由 Patankar[12] 于 1972 年提出。由于物理数学模型的复杂性和受计算机速度和容量的限制而进展缓慢。管壳式换热器内的流动是一复杂的三维流动，要完全准确地模拟出工业规模的换热器内部的每一个流动和传递细节，从而确定出流动阻力和换热系数，目前尚难以实现，因此，这方面的工作多数处于学术研究阶段。如果要模拟一些简单的实际工况，需要借助于假设和模型。有兴趣的读者请参阅文献[13~14]。

在管壳式换热器的工艺设计中，重要的是传热系数和压降的计算。目前研发的热点和未来的发展方向有：

(1) 多相流动和传热设计问题[15~18]。多元系统的沸腾和冷凝；含有不凝性气体的蒸气冷凝。

(2) 传热强化问题[16~17,19~22]。一般的强化传热是指提高流体和传热壁面之间的传热膜系数。其主要原理是使传热壁面的有效层流层厚度减薄。实施强化传热主要有两种途径，一是改变传热面的形状，一是在传热面上或传热流路境内设置各种形状的湍流增进器或插入物。

(3) 流体诱导的振动问题[23]。虽然在理论上提出了一些流体激振机理和振动预测方法，但是，由于流体流动的复杂性，对其规律的认识还比较肤浅，还难以通过理论计算对振动进行有效的控制与预防。在工程应用方面，也同时开发了一些抗振结构，但是效果并不理想。

(4) 防垢和除垢问题[15,24~25]。换热器中的污垢对传热及流动诸参数影响较大。污垢问题是传热研究中还未被很好解决的主要问题，在 20 世纪受到了相当重视，但由于实际问题的复杂性，换热器的设计仍采用超余设计的保守方法来处理污垢问题。20 世纪 80 年代以来，国内外在这方面进行了大量的研究，并取得了一定的进展。

(5) 高黏流体换热器的设计问题[26~27]。高黏流体换热器在石油化工、聚合物生产及加工、轻工及食品等行业中有重要应用。由于流体黏度很大，换热器设计应充分考虑高黏流体的流动及传热特点。但是传统的实验方法难以获得对这种流体流动、传热更精确地描述，而这种描述对研制高黏流体换热器或反应器是至关重要的。随着计算机仿真计算的发展，这一难题正在逐步解决。

(6) 换热器中流动及传热过程的数值模拟问题[12~14]。这方面，国内外学者已经作出了一定的努力。希望通过计算机数值模拟和仿真，建立描述整个系统的流体流动及传热等过程的物理数学模型，借助于计算机，通过数值求解了解和掌握换热器内详细的三维流场及传热信息，克服经验或半理论设计的不足，实现换热器的定量设计和放大预测。

鉴于管壳式换热器工艺计算设计方面的内容比较广泛，限于篇幅，只介绍工艺设计计算的基本内容，至于其他方面的相关内容，可参阅本书有关章节或其他文献。

第二节　无相变系统换热器的工艺计算[6,33~34]

一、流体在管内流动时的传热

流体在管内的流体力学和传热学的理论和实验研究相对比较充分，相应发表的有关传热系数和压降的计算公式也比较多，这些公式的计算结果相当可靠。本节只介绍一些最基本最常用的计算方法。

流体在管内的流动，以雷诺数为判据，可分为层流、过渡流和湍流等不同的流动区域，简称流区。流区不同，流体的传热情况也不同。

（一）层流区传热系数($Re>2100$)

管壁与流体之间进行层流传热时一般有两种情况：一是流体由管的进口即开始被加热或冷却，此时管内速度边界层与温度边界层同时发展，最后二者汇合至管中心处(汇合点可能重合，也可能不重合)，在这种情况下，进口段的流动和传热规律比较复杂，问题求解也比较困难；一是认为速度进口段很短而假设流体一进入圆管其速度边界层即已充分发展，而温度边界层逐渐增厚，最后在管中心处汇合，汇合点之前的距离形成所谓的传热进口段。后者较为简单，研究较为充分。传热进口段是指温度边界层在管中心汇合点至管前缘的轴向距离。在传热进口段内，温度边界层由进口处的零值逐渐加厚，相应地，对流传热系数 h 不断减小，直至温度边界层在管中心汇合为止，此后，h 基本为一定值。对于管内层流传热，管壁的加热方式有两种：一是壁面热通量恒定，这相当于管壁上均匀缠绕有电热丝时的情形；一是壁面温度恒定，这是工业上比较常见的情形。对于管内层流传热，可以从理论上推得一些传热公式。但是，实际上，纯粹的层流传热的例子很少，自然对流的影响总是存在的，这样，考虑自然对流的能量方程比较复杂，直接对其进行理论分析求解比较困难，需要借助于量纲分析或类比法求解。因此，具有实用价值的公式大多是经验关联式。

1. 水平管内层流时的传热系数

在层流区内 $Re<2100$，以 Graetz 数为判据，有下列公式：

(1) $Gz<100$ 时，用 Hausen 关系式

$$(Nu)_{\mathrm{lm}} = 3.66 + \frac{0.085Gz}{1+0.047Gz^{2/3}}\left(\frac{\mu}{\mu_{\mathrm{w}}}\right)^{0.14} \tag{1-3}$$

(2) 当 $Gz>100$ 时，用 Sieder－Tate 关系式

$$(Nu)_{\mathrm{am}} = 1.86Gz^{1/3}\left(\frac{\mu}{\mu_{\mathrm{w}}}\right)^{0.14} \tag{1-4}$$

式中　Gz——Graetz 数，$Gz=RePr\dfrac{d_{\mathrm{i}}}{l}$，无因次；

l——管子有效长度，m；

d_{i}——管内径，m。

下标 lm 表示对数平均值，与

$$\Delta T_{\mathrm{lm}} = \frac{\Delta T_1 - \Delta T_2}{\ln\left(\dfrac{\Delta T_1}{\Delta T_2}\right)}$$

相对应。

式中 ΔT_{lm}——对数平均温差,℃。
am——算术均值，与

$$\Delta T_m = \frac{1}{2}(\Delta T_1 + \Delta T_2)$$

相对应。
式中 ΔT_m——平均温差,℃。
式(1-4)适用于小管径及小温差，在此式的右边再叠加一项得式(1-5)，此式就可适用于各种管径及温差，

$$(Nu)_{am} = 1.86Gz^{1/3}\left(\frac{\mu}{\mu_w}\right)^{0.14} + 0.87(1 + 0.015Gr^{1/3}) \tag{1-5}$$

式中 Gr——格拉晓夫(Grashof)数，$Gr = gl^3\beta\Delta T/v^2$，无因次；
v——流体运动黏度，m^2/s；
l——此处为管子直径，m；
g——重力加速度，m/s^2；
β——体积热膨胀系数，1/℃。

2. 垂直管内层流时的传热系数

Pigford1955 年提出一系列算图，可用来求算垂直管内层流时的传热系数。

(二) 湍流区传热系数($Re>10000$)

工业过程中遇到的传热问题多处于湍流状态，因此，湍流区传热系数的计算很重要。最常用的传热系数关联式仍推 Sieder - Tate 式：

$$Nu = 0.023Re^{0.8}Pr^{1/3}\left(\frac{\mu}{\mu_w}\right)^{0.14} \tag{1-6}$$

或

$$h_i = 0.023\frac{k}{d_i}Re^{0.8}Pr^{1/3}\left(\frac{\mu}{\mu_w}\right)^{0.14} \tag{1-7}$$

另一种形式是 Colburn J 因子

$$J = StPr^{2/3}\left(\frac{\mu}{\mu_w}\right)^{0.14} = 0.023Re^{-0.2} \tag{1-8}$$

式中 St——斯坦顿(Stanton)数，$St = \frac{Nu}{RePr}$，无因次。

式(1-7)和(1-8)适用于 $Re>10000$；$0.7<Pr<700$；$l/d_i>60$。

当 l/d_i 较小时，进口效应必须考虑，可用下式计算

$$\frac{h_m}{h_i} = 1 + F\frac{d_i}{l} \tag{1-9}$$

式中 h_m——管内传热系数平均值(包括进口效应的影响)；
h_i——从式(1-7)求得；
F——进口效应因数。

表 1.1-1 给出了几种情况下的 F 值。

表 1.1-1　几种进口效应因数 F 值

条件	充分发展的速度侧形	突然缩小的进口	90°直角弯头	180°弯角
F	1.4	6	7	6

（三）过渡区传热系数（$2100 < Re < 10000$）

在过渡区，可用线性插值法来求取传热系数，即在计算出 Re 后，分别用式(1-3)和(1-7)计算 h_{Hausen} 和 $h_{Sieder-Tate}$。

$$h_i = h_{Hausen} + \frac{Re - 2100}{10000 - 2100}(h_{Sieder-Tate} - h_{Hausen}) \tag{1-10}$$

此外，Hausen 亦曾提出下式可用来计算过渡区的传热系数。

$$(Nu)_{am} = 0.116(Re^{2/3} - 125)Pr^{1/3}\left[1 + \left(\frac{d_i}{1}\right)^{2/3}\right]\left(\frac{\mu}{\mu_w}\right)^{0.14} \tag{1-11}$$

二、流体在管内流动时的压降

管壳式换热器管程压降主要包括两部分：直管内摩擦压降和各程回弯处的局部阻力降。

（一）直管内摩擦阻力引起的压降

$$\Delta p_t = 4f_i \frac{l}{d_i} \frac{\rho u^2}{2} \tag{1-12}$$

式中　Δp_t——直管摩擦压降，Pa；

f_i——摩擦因数，无因次。

层流时：圆管内，

$$f_i = \frac{16}{Re} \tag{1-13}$$

湍流时：f_i 是 Re 和管壁粗糙度的函数。对光滑管而言，

$$f_i = \frac{0.079}{Re^{0.25}} \tag{1-14}$$

（二）局部（回弯、进出口）阻力降

1. 回弯压降

$$\Delta p_r = 3\frac{u^2\rho}{2} \tag{1-15}$$

式中　Δp_r——回弯压降，Pa。

2. 进出口阻力降（阻力系数法）

$$\Delta p'_f = \xi \frac{u^2\rho}{2} \tag{1-16}$$

式中　$\Delta p'_f$——进出口阻力降，Pa；

ξ——阻力系数，无因次。

对于进口，$\xi = 0.5$；对于出口，$\xi = 1$。

三、壳程传热及压降

在第一节中，已对几种壳程计算方法作过简介和评述。Donohue 和 Kern 法的计算结果是，传热系数比较接近实际情况，而压降则相差较远。这是因为壳程流体流动情况复杂。按 Tinker 模型，壳程流体分为错流、旁流及漏流等流路，各流路的流量分布对传热压降都有影

响。传热系数大致与流量(以错流为准)的0.6次方成正比。而在较大的雷诺数时压降则与流量的1.7～1.8次方成正比。所以在某些情况下上述方法对压降计算的误差极大，而于20世纪60、70年代确立的由Bell执笔的Delaware－Bell法(简称Bell法)、美国HTRI开发的流路分析法、天津大学等开发的“计算壳程压降的流路分析法”，则被实践证明是比较有效的计算方法。Willis－Johnston(1984)发表的简易法适于手算。这里主要介绍Bell法和Willis－Johnston的简易算法。

(一) Tinker模型

Tinker的流动模型是Bell法和流路分析法等的物理基础。该模型将壳程流体分为5股流路：

A流路——折流板管孔和管子之间的泄漏流路；

B流路——错流流路；

C流路——管束外围和壳内壁之间的旁流流路；

E流路——折流板与壳内壁之间的泄漏流路；

F流路——管程分程隔板处的中间穿流流路(单管程换热器无此流路)。

(二) Bell－Delaware法

Bell法通常是指解决下列问题。

已知：工艺条件：冷、热流体流量；进口温度；出口温度；物性常数；污垢系数；设备几何尺寸；壳体内径 D_i；折流板外径 D_b；极限排管圆直径 D_{otl}；管外径 d_o 及管子排列方式；折流板间距及切除高度 l_b，l_c 等。

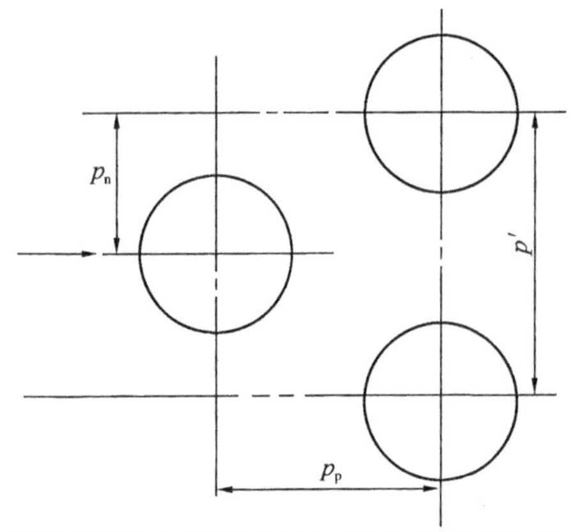

管外径 d_o/m	管心距 p'/m	排管形式	p_p/m	p_n/m
0.016	0.021	→◁	0.018	0.010
0.019	0.024	→◁	0.021	0.012
0.019	0.025	→□	0.025	0.025
0.019	0.025	→◇	0.018	0.018
0.019	0.025	→◁	0.022	0.013
0.025	0.032	→□	0.032	0.032
0.025	0.032	→◇	0.022	0.022
0.025	0.032	→◁	0.027	0.016

图1.1－1 p_n 和 p_p 示意图

计算：管长或传热面积、热负荷(如已知管长)及压降等。

Bell法假定全部壳程流体都是以纯错流的形式通过一理想管排(即没有漏流、旁流等的影响)的。在此假设下，求得理想管排的传热系数 h_{ideal} 和压降 Δp_{Bi}，然后依据具体换热器的结构及操作条件，引入各项修正系数。在讨论这些修正系数以前，有必要先解决一些有关的结构参数的计算问题。

1. 设备几何参数的确定

(1) 总管数 N_t

最好是直接从图纸中数出，或从Perry手册中查出。从所有排管表上只能得到近似的管数。实际上，同一壳径下，浮头式换热器的极限排管圆直径要小于固定管板式的。此外，在管板上，从什么位置开始排管，以及分程隔板的厚度等都会影响管数。

(2) 平行于流向的管心距 p_p，垂直于流向的管心距 p_n

当规定了排管形式和管心距 p' 后，就可求得 p_n 和 p_p(见图1.1－1)。

（3）错流区管排数 N_c

最好从图纸中数出，或按下式估算

$$N_c = \frac{D_i\left[1 - 2\left(\frac{l_c}{D_i}\right)\right]}{p_p} \tag{1-17}$$

式中　D_i——壳体内径，m；

l_c——折流板切除高度，m；

p_p——平行于流动方向的管心距，m；

N_c——每一错流区内的管排数。

（4）错流区内管子数占总管数的百分数 F_c

$$F_c = \frac{1}{\pi}\left\{\pi + 2\left(\frac{D_i - 2l_c}{D_{otl}}\right)\sin\left[\cos^{-1}\left(\frac{D_i - 2l_c}{D_{otl}}\right)\right] - 2\cos^{-1}\left(\frac{D_i - 2l_c}{D_{otl}}\right)\right\} \tag{1-18}$$

式中　D_{otl}——极限排管圆直径，m；

F_c——错流区内管子占总管数的百分数，%。

式中所有角度都用弧度表示。

（5）每一圆缺区的有效管排数 N_{cw}

$$N_{cw} = \frac{0.8l_c}{p_p} \tag{1-19}$$

式中　N_{cw}——每一圆缺区的有效管排数。

（6）折流板数目 N_b

若管长为求算量，可以暂不算此项，待传热计算完毕，求得管长后再算 N_b。

$$N_b = \frac{1 - l_{b,i} - l_{b,o}}{l_b} + 1 \tag{1-20}$$

式中　$l_{b,i}$，$l_{b,o}$——是进、出口段板间距，m；

l_b——折流板间距，m；

N_b——折流板数目。

若这两段的板间距相同而且都等于 l_b，则

$$N_b = \frac{1}{l_b} - 1 \tag{1-21}$$

（7）错流截面积 S_m

以中心线或靠近中心线处的流通截面为基准。

正方形排列斜转45°

$$S_m = l_b\left[D_i - D_{otl} + \left(\frac{D_{otl} - d_o}{p_n}\right)(p' - d_o)\right] \tag{1-22}$$

三角形排列

$$S_m = l_b\left[D_i - D_{otl} + \left(\frac{D_{otl} - d_o}{p'}\right)(p' - d_o)\right] \tag{1-23}$$

式中　p'——管心距，m；

S_m——错流截面积，m^2。

这些计算式是以管子均匀排列为基础的。比如说分程隔板处不能排管，这部分面积应加以校正。

(8) 旁流所占的面积分数 F_{bp}

$$F_{bp}=\frac{l_b\left[D_i-D_{otl}+\frac{1}{2}(N_pF_F)\right]}{S_m} \tag{1-24}$$

式中 N_p——管程隔板所占的通道(F 流路)数目;

F_F——F 流路的宽度,m;

F_{bp}——旁流区所占的面积分数(以错流面积为基准),无因次。

应说明的是,Bell 法将旁流(C 流路)和穿流(F 流路)统一考虑,但通过这些流路的流体,与传热表面接触差一些,且使温度分布受到干扰。

(9) 一块折流板上管子和管孔之间泄漏流通截面积 S_{tb}

$$S_{tb}=\pi d_o\delta_{tb}\left(\frac{1}{2}\right)(1+F_c)N_t \tag{1-25}$$

式中 S_{tb}——一块折流板上管与管孔之间隙处泄漏流通截面积,m^2;

N_t——换流器内管子总数;

d_H——折流板孔径,m;

d_o——管外径,m;

$\delta_{tb}=(d_H-d_o)/2$,其中 d_H 按 TEMA 标准,对于 R 级结构,$\delta_{tb}=0.8mm$。若管子最大支承距离($2l_b$)大于 914.4mm,应考虑用 $\delta_{tb}=0.4mm$。

(10) 一块折流板外缘与壳体内壁之间的泄漏流通截面积 S_{sb}

$$S_{sb}=\pi D_i\frac{(D_i-D_b)}{2}\left[1-\frac{\theta}{2\pi}\right] \tag{1-26}$$

式中 S_{sb}——一块折流板外缘与壳内壁之间的泄漏流面积,m^2;

θ——折流板切口中心角,弧度;

D_b——折流板外径,m。

$$\theta=2\cos^{-1}\left(1-\frac{2l_c}{D_i}\right) \tag{1-27}$$

(11) 通过圆缺区的流通面积 S_w

$$S_w=S_{wg}-S_{wt} \tag{1-28}$$

式中 S_w——圆缺区流通截面积,m^2;

S_{wg}——圆缺区总截面积,m^2;

S_{wt}——圆缺区管子所占面积,m^2。

$$S_{wg}=\frac{D_i^2}{4}\left\{\frac{\theta}{2}-\left[1-2\left(\frac{l_c}{D_i}\right)\right]\sin\left(\frac{\theta}{2}\right)\right\} \tag{1-29}$$

$$S_{wt}=\frac{N_t}{8}(1-F_c)\pi d_o^2 \tag{1-30}$$

(12) 圆缺区当量直径 D_w

只用于 $Re_o\leqslant 100$ 时。

$$D_w=\frac{4S_w}{\frac{\pi}{2}N_t(1-F_c)d_o+D_i\theta} \tag{1-31}$$

式中 D_w——圆缺区当量直径,m。

2. 壳程传热系数 h_o 的计算

$$h_o = h_{ideal} J_c J_l J_b J_s J_r \tag{1-32}$$

式中　h_{ideal}——理想管排壳程传热系数，W/(m²·℃)；

h_o——壳侧对流传热系数，W/(m²·K)；

J_b——旁流校正因数，无因次；

J_c——折流板形体校正因数，无因次；

J_l——折流板漏流校正系数，无因次；

J_r——低雷诺数下逆向温度梯度校正系数，无因次；

J_s——进、出口段折流板间距不等时的校正系数，无因次。

下面将分别讨论 h_{ideal} 及各项修正系数 J。Bell 法的各修正系数都用关联曲线表示。这些曲线取自 Perry 化学工程师手册。曲线的拟合公式请参阅本章附录。

理想管排的传热系数 h_{ideal} 按下式计算

$$h_{ideal} = J_o C_{po} \left(\frac{w_o}{S_m}\right)\left(\frac{k_o}{C_{po}\mu_o}\right)^{2/3}\left(\frac{\mu_o}{\mu_{wo}}\right)^{0.14} \tag{1-33}$$

式中　w_o——壳程质量流量，kg/s；

S_m——流通截面积，m²；

J_o——壳程理想管排的校正系数，称 J 因数，无因次。

各参数之下标 o 表示壳程，C_{po}、k_o、μ_o 各为以壳程流体温度为定性温度而确定的流体物性，μ_{wo} 则以壁温为定性温度。J_o 是 Re_o 的函数（Re_o 为壳侧流体雷诺数），可从图 1.1－2 查得。Re_o 定义如下：

$$Re_o = \frac{d_o w_o}{\mu_o S_m} \tag{1-34}$$

折流板形体校正系数 J_c 是 F_c 的函数，可从图 1.1－3 查得。对缺口处无管的结构 $J_c = 1$。折流板漏流校正系数 J_l 是 $S_{sb}/(S_{sb}+S_{tb})$ 及 $(S_{sb}+S_{tb})/S_m$ 的函数，可从图 1.1－4 查得。旁流校正系数 J_b 是 F_{bp}（旁流所占的面积分数）和 N_{ss}/N_c（N_{ss} 是每一错流区内旁流挡板数，N_c 为错流区内管排数）的函数，可以从图 1.1－5 查得。图中实线是指 $Re_o \geq 10$ 的区域，虚线则是

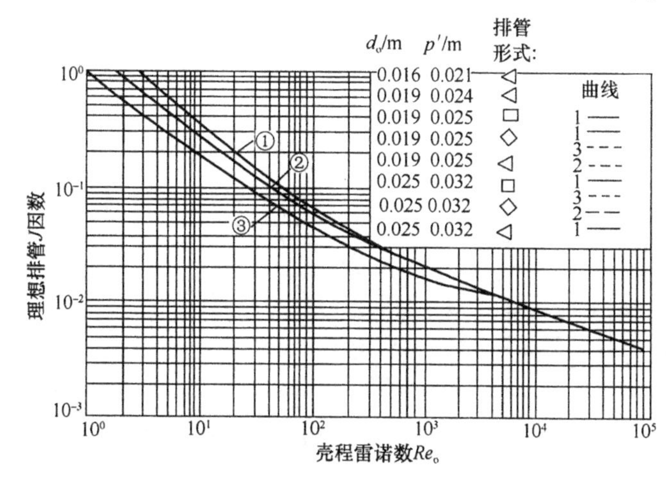

图 1.1－2　理想管排的 J 因数关联曲线

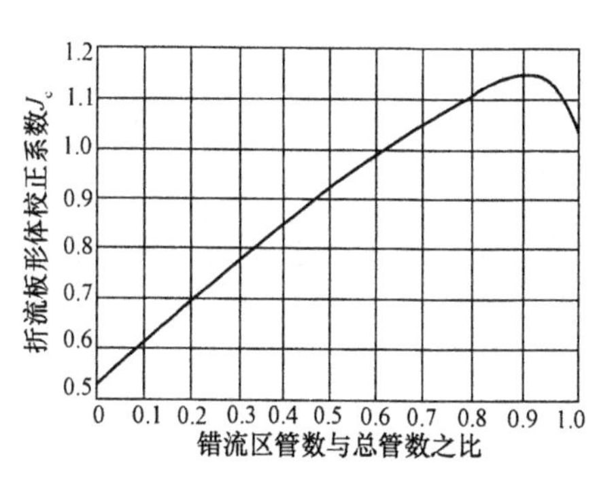

图 1.1－3　折流板形体校正系数

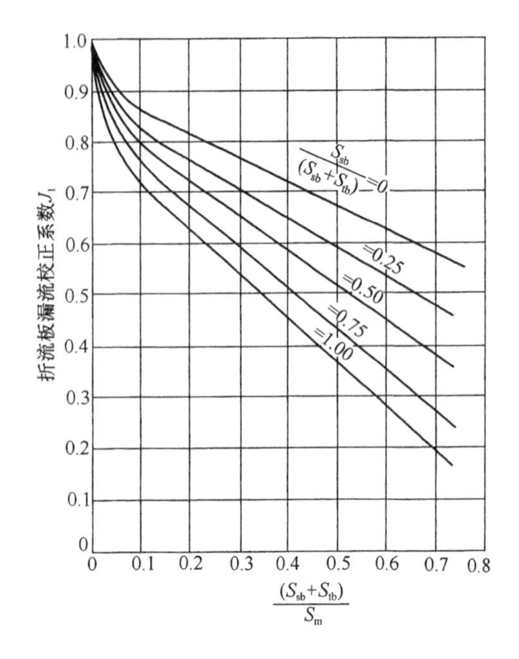

图 1.1－4 折流板漏流校正系数

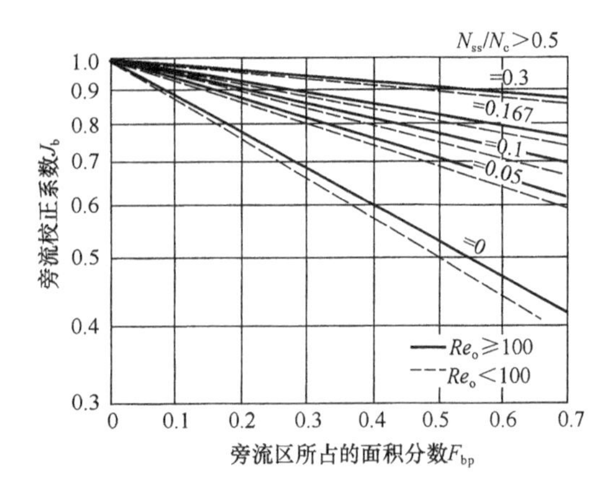

图 1.1－5 旁流校正系数

表示 $Re_o<100$ 的区域。修正逆向温度梯度影响的校正系数 J_r 是雷诺数的函数。当 $Re_o\geqslant100$ 时，$J_r=1$；当 $Re_o\leqslant20$ 时，此效应明显，这时校正系数是总管排数的函数，即：$J_r=J_r^*$［低雷诺数，从图 1.1－6(a)查得 J_r^*］；当 $20<Re_o<100$ 时，可采用线性插入法求取 J_r，先从图 1.1－6(a)查得 J_r^*，再从图 1.1－6(b)查得 J_r。换热器进、出口段折流板间距不等时的校正系数 J_s 为：

$$J_s=\frac{(N_b-1)+\left(\frac{l_{b,i}}{l_b}\right)^{1-n}+\left(\frac{l_{b,o}}{l_b}\right)^{1-n}}{(N_b-1)+\left(\frac{l_{b,i}}{l_b}\right)+\left(\frac{l_{b,o}}{l_b}\right)} \tag{1-35}$$

式中 n——指数，无因次，当 $Re_o\geqslant100$(湍流)时，$n=0.6$；当 $Re_o<100$(层流)时，$n=1/3$。

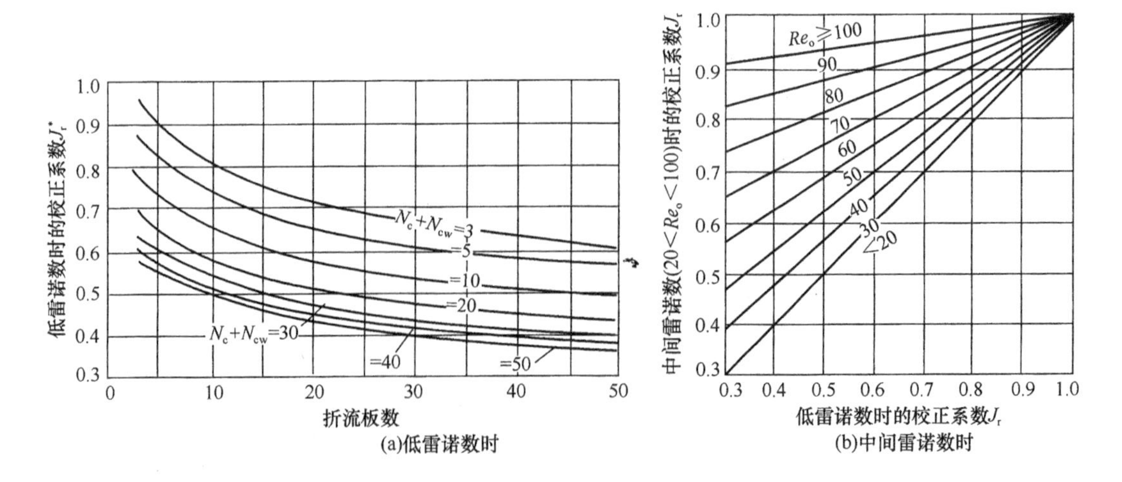

图 1.1－6 对逆向温度梯度的校正系数

在计算出所有校正系数后，就可以用式(1-32)计算壳程的传热系数 h_o。

3. 壳程压降 Δp_o 的计算

$$\Delta p_o = [(N_b - 1)\Delta p_{Bi}R_b + N_b \Delta p_{wi}]R_l + 2\Delta p_{Bi}R_b\left(1 + \frac{N_{cw}}{N_c}\right)R_s \qquad (1-36)$$

式中 Δp_o——壳程压降，Pa；

Δp_{Bi}——理想管排错流区压降，Pa；

Δp_{wi}——理想管排圆缺区压降，Pa；

R_b——旁流影响压降的校正因数，无因次；

R_l——漏流影响压降的校正因数，无因次；

R_s——进、出口段板间距不等时对压降影响的校正因数，无因次；

N_c——每一错流区内的管排数；

N_{cw}——圆缺区内有效管排数。

式(1-36)不包括进、出口接管的压降。

(1) 理想管排错流区的压降 Δp_{Bi}

$$\Delta p_{Bi} = 4f_i \frac{w_o^2 N_c}{2\rho_o S_m^2}\left[\frac{\mu_o}{\mu_{wo}}\right]^{0.14} \qquad (1-37)$$

式中 f_i——理想管排摩擦因数，无因次，可从图1.1-7查得。

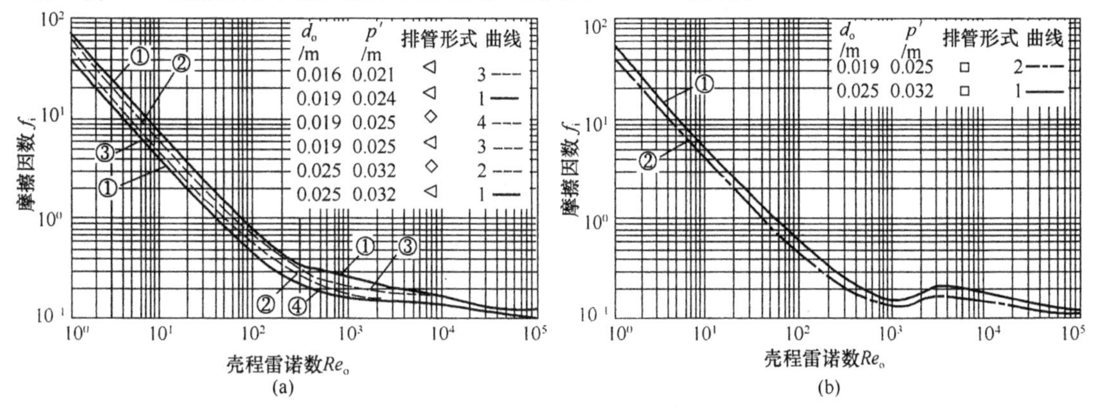

图1.1-7　理想管排的摩擦因数

(2) 理想管排圆缺区的压降 Δp_{wi}

当 $Re_o \geqslant 100$ 时

$$\Delta p_{wi} = \frac{w_o^2}{2\rho_o S_m S_w}(2 + 0.6N_{cw}) \qquad (1-38)$$

当 $Re_o < 100$ 时

$$\Delta p_{wi} = 26\frac{\mu_o w_o}{\rho_o\sqrt{S_m S_w}}\left[\frac{N_{cw}}{p_t - d_o} + \frac{l_b}{D_w^2}\right] + \frac{w_o^2}{\rho_o S_m S_w} \qquad (1-39)$$

式中 p_t——管心距，m；

S_m——中心线或靠近中心线处错流区流通截面积，m^2；

S_w——圆缺区流通截面积，m^2。

(3) 泄漏流影响压降的校正系数 R_l

从图1.1-8可查得 R_l。应注意，使用这些曲线时不可外推。

(4) 旁流影响压降的校正系数 R_b

由图 1.1.9 可见，R_b 是 F_{bp} 及 N_{ss}/N_c 的函数，实线是指 $Re_o \geqslant 100$ 区域，虚线则指 $Re_o <$ 100 区域。

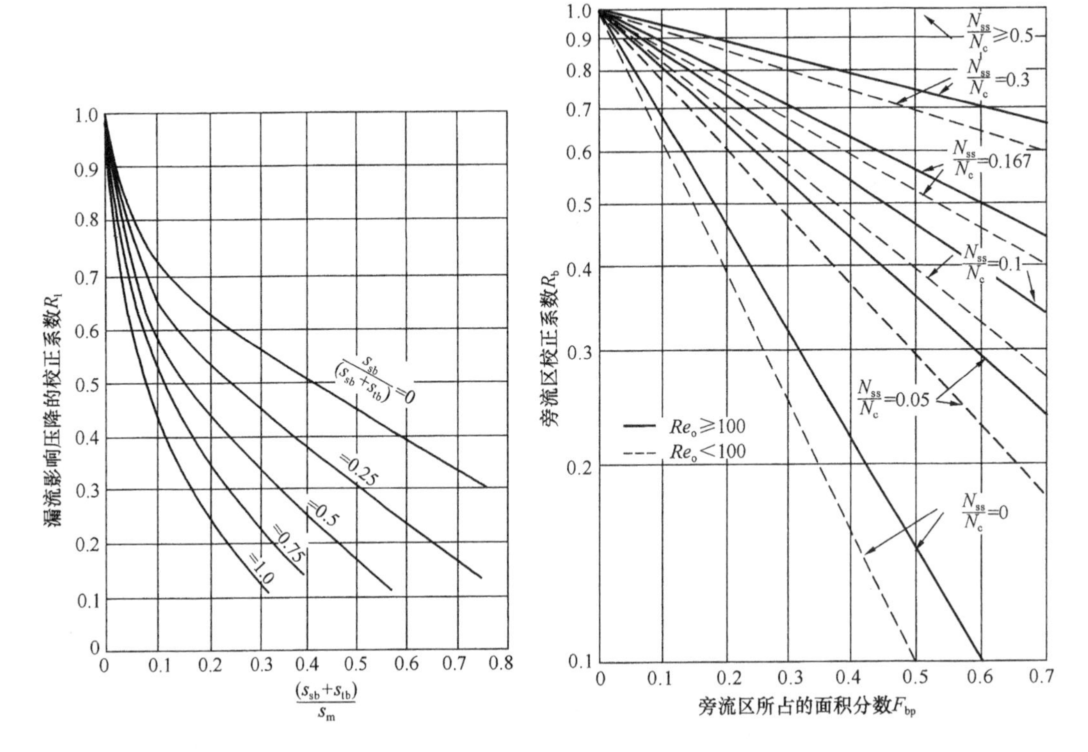

图 1.1-8 泄漏流对压降影响的校正系数

图 1.1-9 旁流对压降影响的校正系数

(5) 折流板间距不等时，对压降影响的校正系数 R_s

$$R_s = \frac{1}{2}\left[\left(\frac{l_{b,i}}{l_b}\right)^{-n'} + \left(\frac{l_{b,o}}{l_b}\right)^{-n'}\right] \tag{1-40}$$

式中 R_s——进、出口段板间距不等时对压降影响的校正因数，无因次；

n'——指数，无因次。湍流($Re_o \geqslant 100$)时，$n'=1.6$，层流($Re_o < 100$)时，$n'=1$。

另外，壳程压降也可由 Willis - Johnston 简易算法计算得到，详见下文。

四、管壳式换热器设计的基本内容和步骤

(一) 传热设计

管壳式换热器的传热设计主要是确定换热器面积。可由平均温度差法或传递单元数法计算得到。

1. 平均温度差(*MTD*)法

传热基本方程式为：

$$A_o = \frac{Q}{K_o \Delta T_m} = \frac{Q}{K_o F_T \Delta T_{lm}} \tag{1-41}$$

式中 Q——热负荷或传热速率；

A_o——传热面积，m^2；

K——总传热系数(以管外壁面积为基准)；

ΔT_m——平均温差(MTD)；

ΔT_{lm}——对数平均温差(LMTD)；

F_T——平均温差校正因子。

现对式(1-41)中右端各项以及其他一些有关内容讨论如下。

(1) 传热速率 Q

对于无相变传热：

$$Q = w_h C_{ph}(T_1 - T_2) = w_c C_{pc}(t_2 - t_1) \tag{1-42}$$

式中　w_h，w_c——热、冷流体质量流量，kg/s；

C_p——热、冷流体比热容，J/(kg·K)；

T，t——热冷流体温度,℃。

下标 h、c 分别表示热，冷流体；1、2 分别表示进、出口。

对于有相变传热：

$$Q = w\lambda \tag{1-43}$$

式中　λ——汽化或冷凝潜热，kJ/kg。

(2) 平均温差 ΔT_m

逆流时，$F_T=1$

$$\Delta T_m = \Delta T_{lm} = \frac{(T_1 - t_2) - (T_2 - t_1)}{\ln\left(\frac{T_1 - t_2}{T_2 - t_1}\right)} \tag{1-44}$$

并流时，$F_T=1$

$$\Delta T_m = \Delta T_{lm} = \frac{(T_1 - t_1) - (T_2 - t_1)}{\ln\left(\frac{T_1 - t_1}{T_2 - t_2}\right)} \tag{1-45}$$

对于多程换热器，逆流及并流同时存在，此时的平均温差以逆流的对数平均温差为基准，乘以平均温差校正因子 F_T。F_T 的大小表示偏离纯逆流温差的程度。

$$\Delta T_m = F_T \Delta T_{lm} \tag{1-46}$$

F_T 的计算比较复杂，从图查取比较方便，以图 1.1-10 为例，图中 $R = (T_1 - T_2)/(t_2 - t_1)$ 称为热容量比(Heat capacity ratio)，$P = (t_2 - t_1)/(T_1 - t_1)$ 为温度效率(Temperature efficiency)或热效率(Thermal effectiveness)。此图只适用于1-2 型换热器。当 F_T 的数值小于0.8 时，可能出现温度交叉(Temperature cross)或温度逼近(Temperature approach)。许多作者推荐 F_T 的最低值为0.8，Bell 则建议用下述方法确定极限条件，颇为方便可靠。

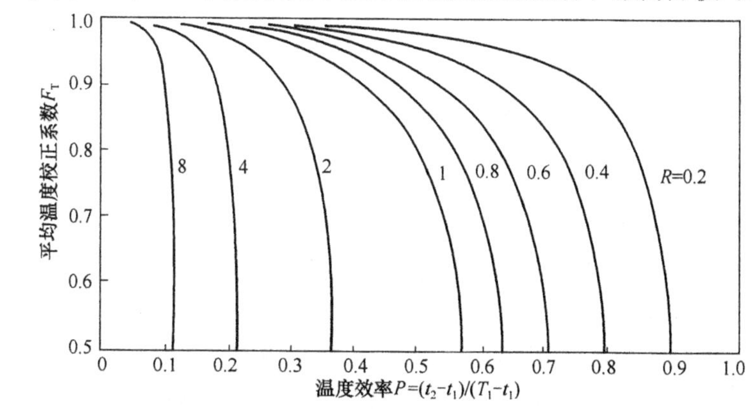

图 1.1-10　1-2 型换热器的平均温差校正因子 F_T

当热流体流经壳程时，

$$T_2 \geqslant (t_1 + t_2)/2 \tag{1-47}$$

当冷流体流经壳程时，

$$t_2 \leqslant (T_2 + T_1)/2 \tag{1-48}$$

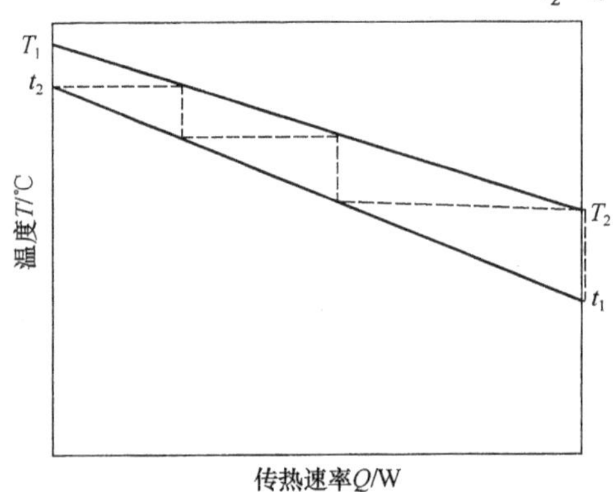

图 1.1-11 壳程数或换热器串联台数的确定

若条件接近此极限，就应考虑采用多壳程或几台换热器串联。壳程数或换热器串联台数的确定方法，这里介绍一种快速简易图解法，其步骤如下：

①如图 1.1-11 所示，在普通坐标纸上，以纵坐标为流体温度，横坐标为传热量（坐标尺寸比例任意选定）。依据冷、热流体进、出口温度作两直线，称为操作线。

②若流体的比热容为常数，$Q = w_h C_{ph}(T_1 - T_2) = w_c C_{pc}(t_2 - t_1)$，则 $Q \sim T$ 或 $Q \sim t$ 都是直线。若比热容为一变量，则操作线为曲线，在传热计算中一般均假定比热容为常数。若比热容在操作过程中变化较大，就可能引起误差。

③图解步骤是从冷流体出口温度 t_2 开始，作一水平线与热流体线相交，在交点处往下作垂线，与冷流体线相交，再重复上述步骤，直至垂线与冷流体线的交点等于或低于冷流体进口温度为止。

④水平线数目（包括最后的不完整的一根）等于所需的壳程数。图中之例需 3 壳程或 3 台换热器串联。

此法所得结果，F_T 一般都在 0.8～0.9 之间。

（3）传热系数 K

在传热计算中总传热系数 K 很重要。许多有关传热的书刊、手册都罗列出各种条件下 K 的经验值，但数据范围很宽，往往使设计者无所适从。较好的办法是针对具体工艺条件，计算出传热系数和管壁热阻，并根据具体情况选定污垢系数或热阻。然后用下式求算：

$$K = \frac{1}{\frac{1}{h_o} + R_{fo} + \frac{\Delta x_w}{k_w}\frac{A_o}{A_m} + R_{fi}\frac{A_o}{A_i} + \frac{A_o}{A_i h_i}} \tag{1-49}$$

式中 R_f——污垢热阻，$(m^2 \cdot K)/W$；

Δx_w——管壁厚度，m；

k_w——管壁热导率，$W/(m \cdot K)$；

A_m——平均传热面积，$A_m = \frac{1}{2}(A_o + A_i)$，$m^2$；

A_i、A_o——管内、管外侧面积，m^2。

式（1-49）分母中每一项都是热阻，数值大的热阻起控制作用。往往只有一项或两项热阻是具有关键性的。设计者应把注意力集中于解决热阻大的项。如，对污垢严重的流体，就没有必要过分追求提高传热系数或降低管壁热阻，应该尽力设法减轻或预防污垢的产生和增长。反之，对于清洁又不产生污垢的流体，就应设法提高较低的传热系数，如提高流速、采用高效传热元件或翅片管等措施。若两侧的传热系数都很高，管壁热阻也可能成为主要热阻，如，在沸腾－冷凝装置中采用铜管就是要减小管壁热阻。

关于污垢，在换热器设计中，常常是关键问题，但至今尚未彻底解决，有一些经验数据和方法可供设计者参考。大量研究结果都说明污垢的产生和成长速度，主要决定于壁温和流速。因此，首先在操作时必须注意用水蒸气加热，由于水蒸气冷凝传热系数很高，壁温往往接近水蒸气温度。若操作不注意，在短时间内使用了温度过高的水蒸气，会很快产生污垢。此外，对某些流体必须保证一定的流速，维持其“除垢作用”。但在设计时，往往由于安全系数过大，选用了较大的换热器，故使流速下降。尤其对壳程设计，因为各流路的流量分配将随结构参数的不同而异。这也显示出“流路分析法”的优异之处。在设计中主要应该考虑错流部分(B 流路)的流速。在低流速时，尤其是用水蒸气加热过敏性黏稠物料时，流速低，传热系数小，壁温接近水蒸气温度，污垢形成与成长很快，从而传热系数降急剧下降，压降则激增。

上述是常见的设计方法所用的步骤。即两流体的进、出口温度为已知，采用平均温差 *MTD* 法直接求传热面积及管长很方便。但是，对于操作型计算，规定了冷、热流体进口温度和流量，要求计算两流体出口温度及热负荷。这时用平均温差法需要试算，就不如用传热单元法(*NTU* 法)方便。

2. 传热单元数(*NTU*)法

传热单元数(Number of transfer units)法的要点是先求出两流体的“热容量”，热容量为流量和比热容的乘积，$C = wC_p$，单位为 J/(s·K)，即单位时间内，流体温度变化 1℃时所需加入或放出的热量。由于两流体的温度变化范围不同，故它们的热容量亦有所不同。分别用 C_{min} 和 C_{max} 来表示较小和较大的热容量。C_{min}/C_{max} 的范围在 0 到 1.0 之间。

现定义 ε 为有效因子，则

$$\varepsilon = \frac{(\Delta T)_{min}}{T_1 - t_1} \tag{1-50}$$

式中　$(\Delta T)_{min}$——小热容量流体的温度变化，实际上这一流体的温度变化却较大；

T_1、t_1——热流体和冷流体的进口温度；

$(T_1 - t_1)$——整个换热器中任何两点的温差极限，可见 ε 的大小在 0～1.0 之间变化。

传热单元数 *NTU* 的定义为：

$$NTU = \frac{AK}{C_{min}} \tag{1-51}$$

式中　*NTU*——传热单元数，无因次；

K——总传热系数，W/(m^2·K)；

A——传热面积，m^2。

图 1.1－12 给出了部分 *NTU* 法的线图。根据已知数据，求得 *NTU* 及 C_{min}/C_{max} 就能从图中查得 ε，继而算出流体的出口温度。

将 *MTD* 及 *NTU* 法综合起来，Mueller 提出了一种新方法。此法的特点是利用一套线圈，把上述两法的变量都标绘在同一图上，读者可一目了然。在此选两个典型线图表作一简单介绍。图 1.1－13 称为 Mueller 图，其纵坐标是平均温差 *MTD* 除以两流体进口温度。其他参变量见前述。

图 1.1－13 中曲线是以下式为依据的：

$$\frac{KA}{wC} = \frac{1}{\sqrt{1 + R^2}} \ln\left[\frac{2 - (1 + R - \sqrt{1 + R^2})P}{2 - (1 + R + \sqrt{1 + R^2})P}\right] \tag{1-52}$$

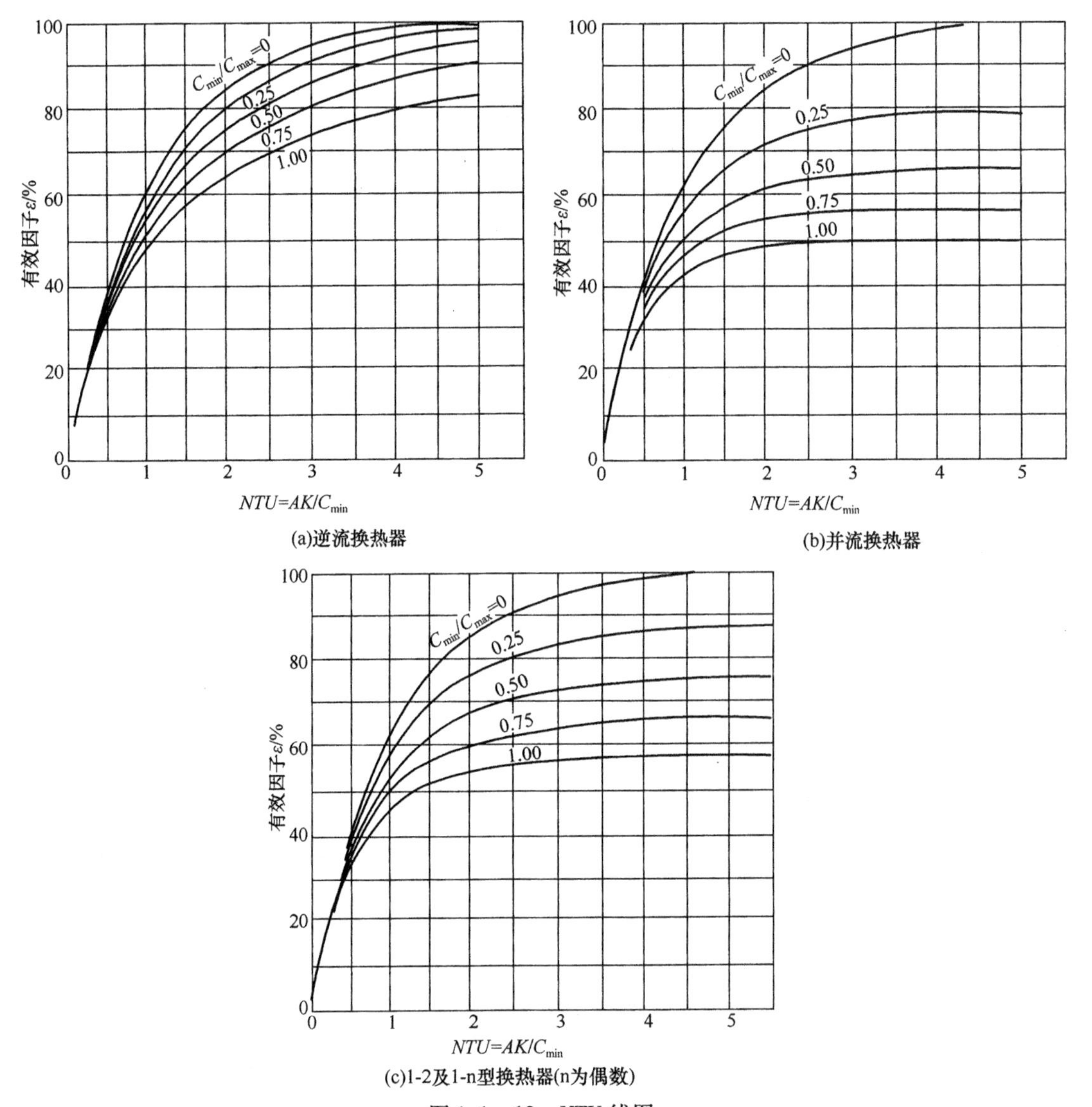

图 1.1－12　NTU 线图

式中　C——比热容，J/(kg·K)；

w——质量流量，kg/s；

R——热容量之比，$R=(T_1-T_2)/(t_2-t_1)$，无因次；

P——温度效率，$P=(t_2-t_1)/(T_1-t_1)$，无因次。

此式按 1－2 型换热器条件推导而来，用于偶数多管程时，误差不大。用于 1－4 型换热器时，误差为 4.4%，用于 1－12 型换热器时，误差为 6.8%。

从图 1.1－13 中可见，纵坐标为 $\Delta T_m/(T_1-t_1)$，在算得 P 和 R 之后，就可直接读出 $\Delta T_m/(T_1-t_1)$，继而求得 ΔT_m，而不必像采用 MTD 法那样先求 ΔT_{lm} 再乘以 F_T。图中也有 F_T(即 F)曲线。另外，通过原点的 wC/KA(即 NTU 的倒数)直线还具有 NTU 法的特点。

（二）压降计算

管壳式换热器的压降设计主要是确定换热器管程和壳程压降，并校核压降是否满足设计要求，如不能满足设计要求，则应重新调整设计参数，直至满足要求。此外还应校核传热系数。管程压降计算相对较简单，因此压降设计主要就是确定壳程压降。这可由流路分析法或

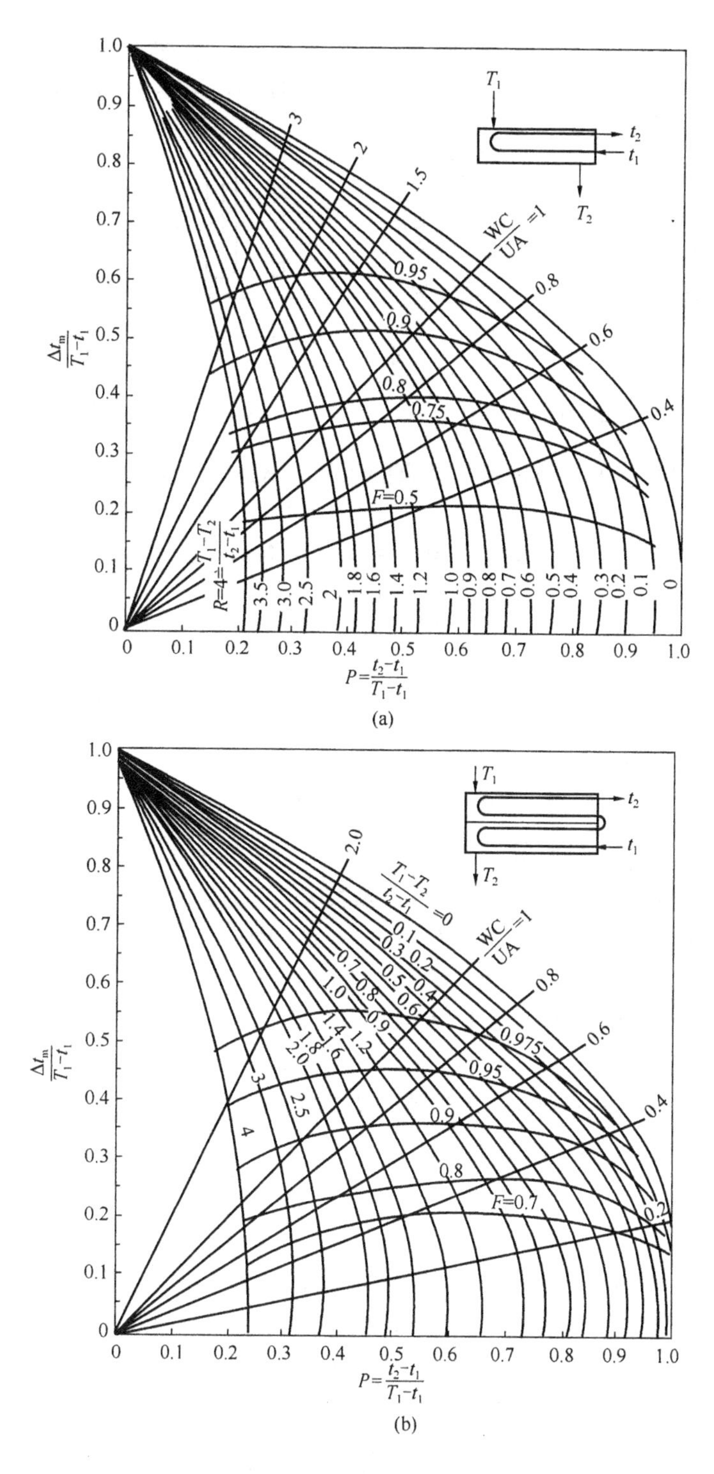

图 1.1－13　Mueller 图

Willis－Johnston 简易算法得到。

1. 流路分析法

流路分析法的物理基础是 Tinker 模型，在 HTRI 的流路模拟图上作了修正，如图 1.1－14 和图 1.1－15 所示。壳程压降的计算关键是计算 Δp_b 和 Δp_w。

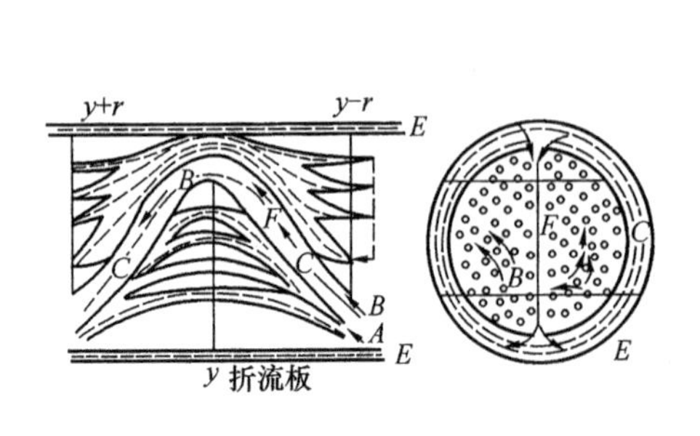

图 1.1-14 壳程流路分布图

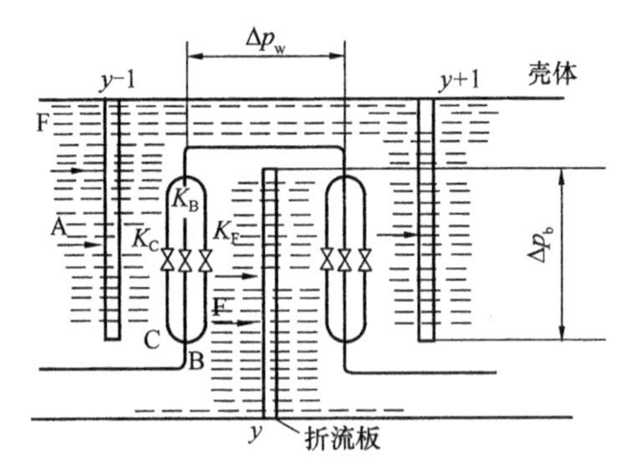

图 1.1-15 流路模拟示意图

Δp_b 是指两折流板之间流体横流过管束的压降。从图 1.1-15 可知，将 B、C 及 F3 个流路模拟为并联管路，得

$$\Delta p_b = \Delta p_B = \Delta p_C = \Delta p_F \tag{1-53}$$

$$\Delta p_B = NK_{Bl}\frac{u_B^2\rho}{2} = NK_{Bl}\frac{w_B^2}{2\rho S_B^2} \tag{1-54a}$$

$$\Delta p_C = NK_{Cl}\frac{u_C^2\rho}{2} = NK_{Cl}\frac{w_C^2}{2\rho S_C^2} \tag{1-54b}$$

$$\Delta p_F = NK_{Fl}\frac{u_F^2\rho}{2} = NK_{Fl}\frac{w_F^2}{2\rho S_F^2} \tag{1-54c}$$

式中 N——管束垂直列上的管数；

K_i——阻力系数，$i=w$、Bl、Cl、Fl，无因次；

Δp_i——壳程压降，$i=w$、A、b、B、C、E、F，Pa；

u_i——流路流速，$i=w$、A、B、C、E、F，m/s；

w_i——流路质量流量，$i=w$、A、B、C、E、F，kg/s；

S_i——流路截面积，$i=w$、A、B、C、E、F，m^2。

下标 A、B、C、E、F 分别为 5 个流路，Bl、Cl、Fl 分别为 B、C、F 三流路中流体。流体流过圆缺区的压降 Δp_w 以下式表示：

$$\Delta p_W = K_W\frac{u_W^2\rho}{2} = K_W\frac{w_W^2}{2\rho S_W^2} \tag{1-55}$$

对于流路 A 及流路 E 的处理，根据折流板两侧局部压降的变化规律，提出"逐排计算法"计算每一管排管孔处的漏流量和局部压降的关系，经过简化处理得到：

$$\Delta p_A = 1.10(\Delta p_b + \Delta p_w) \tag{1-56}$$

$$\Delta p_E = 1.25(\Delta p_b + \Delta p_w) \tag{1-57}$$

$$\Delta p_A = K_A\frac{u_A^2\rho}{2} = K_A\frac{w_A^2}{2\rho S_A^2} \tag{1-58}$$

$$\Delta p_E = K_E\frac{u_E^2\rho}{2} = K_E\frac{w_E^2}{2\rho S_E^2} \tag{1-59}$$

式中 K_i——流路阻力系数，$i=A$、E，无因次。

由物料平衡知：

$$w_o = w_B + w_C + w_F + w_A + w_E \tag{1-60}$$

$$w_w = w_B + w_C + w_F + 0.2(w_A + w_E) \tag{1-61}$$

式(1-61)中的$0.2(w_A + w_E)$一项是考虑在圆缺区处A和E流路的漏流量约为20%。上述各式中所有的K_i值都是Re数和有关结构参数的函数。通过实验，可得到一系列计算K_i值的关联式。

在设计计算时，已知总流量w_o，选定某一设备的规格，就可用上述公式，以试算法求解Δp_b、Δp_w和各流路的流量。

下面具体介绍使用采用流路分析法时，一些结构参数的计算式及计算各阻力系数K_i的表达式。并举例说明这个方法的具体计算步骤。

(1) 流路分析法中几个主要参数的计算

现以最常用的浮头式换热器F_B系列为例，在表1.1-2中所列出的参数值，应为已知值。①错流区管排数N_c：按式(1-17)估算。

②A流路的流通面积S_A：

$$S_A = N(d_H^2 - d_o^2) \times \frac{\pi}{4} \tag{1-62}$$

$$N = N_t\left[F_c + \frac{(1-F_c)}{2}\right] \tag{1-63}$$

其中F_c可按式(1-18)计算。

③E流路流通面积S_E：

$$S_E = \frac{\pi}{4}(D_i^2 - D_{otl}^2)\left(1 - \frac{\theta}{360}\right) \tag{1-64}$$

其中θ值可按式(1-27)计算。

表1.1-2　F_B系列中的一些结构参数

壳径/mm	N_t/根	l_c/%	D_i/mm	D_{otl}/mm	$(b/d)_A$	$(b/d)_E$
500	124(120)	22.7	497	454.3	12	4.0
600	208(192)	19.8	597	551.0	12	4.0
700	292(292)	19.6	696	655.3	12	3.0
800	388(384)	19.6	796	740.5	12	3.0
900	512(508)	19.9	896	850.8	16	3.0
1000	574+10	25.0	995	948.0	16	3.2
1100	714-12	25.0	1095	1036.9	16	3.2
1200	862+12	25.0	1195	1142.7	16	3.2
1300	994+14	25.0	1294	1220.6	24	4.0
1400	1190+14	25.0	1394	1320.9	24	4.0
1500	1394+18	25.0	1494	1428.0	24	4.0
1600	1586+18	25.0	1594	1519.1	24	4.0
1700	1814+18	25.0	1694	1628.8	24	4.0
1800	2014+18	25.0	1794	1729.1	24	4.0

注：(1) N_t项带括号的表示4管程总管子数，不带括号的为2管程总管子数；

(2) 壳径大于1000mm的为新系列的数据，N_t项内的两个数表示加热管及拉杆数目，例如574+10，表示加热管574根，拉杆10根，计算N_t时用两数之和。这里列举的是4管程；

(3) 表1.1.3中D_{otl}——极限排管圆直径，m；$\left(\frac{b}{d}\right)_A$——折流板厚度与折流板上孔径同管子外径间缝隙之比，$\left(\frac{b}{d}\right)_A = \frac{2b}{d_H - d_0}$，无因次；$\left(\frac{b}{d}\right)_E$——折流板厚度与壳体内径同折流板直径间缝隙之比，$\left(\frac{b}{d}\right)_E = \frac{2b}{D_i - D_b}$，无因次。

④B 流路的流通面积 S_B：

正方形斜转45°排列。

无假管情况

$$S_B = nl_b(p_t - d_o) = (2n_c - 2)cl_b \tag{1-65}$$

式中 n——中心管排处或接近中心线管排处的管间距数目；

n_c——中心或中心附近管排的管子数，取计算结果的圆整偶数；

p_t——管心距，m；

c——管间距，m。

有假管或无F流路的情况

$$S_B = (2n_c - 1)cl_b \tag{1-65a}$$

其中

$$n_c = \frac{D_{otl} - d_o}{p_t \sin 45° \times 2} \tag{1-66}$$

正三角形排列

无假管情况

$$S_B = (n_c - 2)cl_b \tag{1-67}$$

有假管或无F流路的情况

$$S_B = (n_c - 1)cl_b \tag{1-67a}$$

两式中

$$n_c = \frac{D_{otl} - d_o}{p_t} \tag{1-68}$$

为消除F流路，一般采用加假管的办法。在F流道处，每隔一排管子加一根假管，使假管与管子的管间距和管束内的管间距相同。所以有假管和无假管时，D流路的流通面是有所不同的。

⑤C 流路的流通面积 S_c：

$$S_C = L_C \times l_b = \frac{[D_i - (D_{otl} + c)]}{2} \times l_b \tag{1-69}$$

式中 L_C——旁流流路的宽度，$L_C = \frac{1}{2}[D_i - (D_{otl} + c)]$，m

⑥F 流路的流通面积 S_F：

$$S_F = L_F \times l_b = (p_{tF} - d_o - c) \times l_b \tag{1-70}$$

式中 L_F——中间穿流流路的宽度，$L_F = (p_{tF} - d_0 - c)$，m；

p_{tF}——管束中心沟宽(管心距)，m，对于◇排列的 ϕ25 管子，$p_{tF} = 0.044$m。

⑦圆缺区流通面积 S_w：

$$S_w = S_{wg} - S_{wt} \tag{1-71}$$

$$S_{wg} = \frac{D_i^2}{4}\left[\cos^{-1}\left(1 - \frac{2l_c}{D_i}\right) - \left(1 - \frac{2l_c}{D_i}\right)\sqrt{1 - \left(\frac{1 - 2l_c}{D_i}\right)}\right] \tag{1-72}$$

$$S_{wt} = N_{tw} \times \frac{\pi}{4}d_o^2 \tag{1-73}$$

$$N_{tw} = N_t - N_{tb} \tag{1-74}$$

式中　N_t——换热器内管子总数；

N_{tb}——折流扳上管子数；

N_{tw}——圆缺区管子数。

（2）计算各阻力系数 K_i 的表达式

根据流路分析法的基本概念，首先是要得到各流路的阻力系数与雷诺准数之间的定量关系。根据在 ϕ600mm 和 ϕ150mm 管壳式换热器模型中的实验测定，得到各流路的阻力系数和雷诺准数之间的关系式，见表 1.1－3 中所列。

表 1.1－3　壳程各流路的阻力系数计算式

流路名称	计算式	计算 Re_i 中定性尺寸 d_1	Re 范围	相对误差/%	
				平均	最大
A	$K_A = a_1 + b_1 Re_A^{-m_1}$　(1－75) $a_1 = 2.03 - 0.080\frac{b}{d} + 0.00193\left(\frac{b}{d}\right)_A^2$ $b_1 = 393.3 - 39.78\frac{b}{d} + 1.21\left(\frac{b}{d}\right)_A^2$ $m_1 = 1.26 - 0.072\frac{b}{d} + 0.00194\left(\frac{b}{d}\right)_A^2$	$d_A = d_H - d_o$	200～7000	±2	±10
E	$K_E = a_2 + b_2 Re_E^{-m_2}$　(1－76) $a_2 = 1.47 + 0.070\frac{b}{d} - 0.0083\left(\frac{b}{d}\right)_E^2$ $b_2 = -1797 + 955.4\frac{b}{d} - 68.53\left(\frac{b}{d}\right)_E^2$ $m_2 = 0.103 + 0.335\frac{b}{d} - 0.0246\left(\frac{b}{d}\right)_E^2$	$d_E = D_i - D_b$	200～7000	±3	±10
B	◇排列，则 $K_{Bl} = 1.18 Re_B^{-0.162}$　(1－77) △排列，则 $K_{Bl} = 1.80 Re_B^{-0.220}$　(1－77a)	$d_B = d_o$	1500～10000 2500～9200	±3	±10
C	无旁挡： $K_{Cl} = K_{Cl} \times \eta \times \frac{d'_o}{d_o} \times \frac{L_C}{L'_C} *$　(1－78) $K_{Cl} = 2.78 Re_C^{-0.462}$ ◇排列 $\eta = 1.0$ △排列 $\eta = 0.83$ 加旁挡： $K_{Cl} = 57.15 Re_C^{-0.498}$　(1－78a)	$d_c - L_c$	5000～22500 1500～6300	±2 ±30	±30 ±70
F	$K_{Fl} = 5.223 Re_F^{-0.448}$　(1－79)	$d_F = d_o$	4500～14000	±13	±30

其中：

η——管排列形式校正因子，无因次。对◇排列，$\eta = 1.0$，对△排列，$\eta = 0.83$；

d_o，d'_o——实验中和实际设备中的管直径，m；

L_C，L'_C——实验中和实际设备中 C 流道宽度，m。

应用流路分析法进行壳程压降设计计算时，除掌握5股流路 $K_i \sim Re_i$ 关系式外，还必须有 K_w 值，才能计算 Δp_w。

从分析圆缺区的流动特性入手，在各种结构参数组合的13个实验模型上测定结果，发现 Re_w 在 $4\times10^3 \sim 4.5\times10^4$ 范围内时，K_w 值基本上不随 Re_w 值而变，其经验关联式为：

$$K_w = \left(6.323 - \frac{6l_b}{0.76D}\right)\left(\frac{l_c}{25}\right)^{1.55}\left(\frac{S_w}{S_B + 6S_F + S_C}\right)^{0.6} \tag{1-80}$$

在计算 Re_w 时，所用的定性尺寸为当量直径 $d_e = 4$，流通面积/润湿周边长度 $= 4S_w/P$，其中 P = 缺口内管子润湿周边 + 缺口处壳体内壁弧长。

2. Willis - Johnston 简易算法

流路分析法是用现代计算机程序预测壳程压降的基础。1984年 Wills 和 Johnson 对适合于计算机计算的流路分析法进行了简化，可以方便地进行手算。这种方法目前被工程科学数据联合会(ESDU，1983)所采用。在此作一简要介绍。

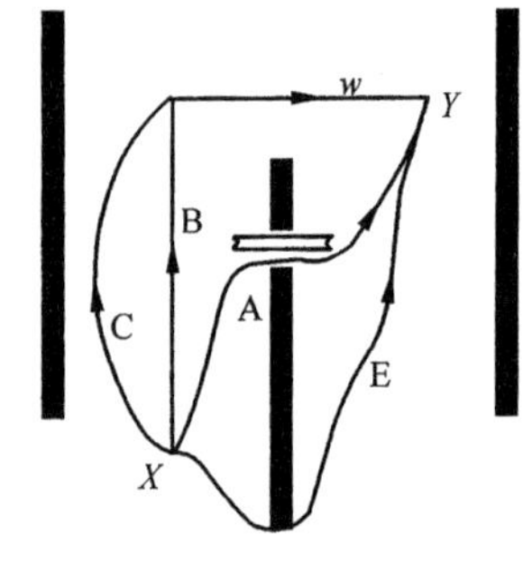

图1.1-16 Wills 和 Johnson 简易算法流路示意图

(1) 计算方法

图1.1-16 阐述了这种方法的基础。

流体经过不同的路径从 X 流向 Y，每一路径用一个下标标记。在管束与折流板(A)间以及折流板与壳体内壁(E)间会发生泄漏。流体的一部分以错流(B)的方式流经管子，一部分旁流流经管束(C)。错流和旁流结合在一起形成了后一股流体(w)，经过窗口区。对每一股流体，定义系数 n_i 如下：

$$\Delta p_i = n_i w_i^2 \tag{1-81}$$

这里 Δp_i 是流路的压降，w_i 是流股中的质量流率。通过图1.1-16，可以看出有下列等式关系：

$$w_E + w_A + w_W = w_o \tag{1-82}$$

$$w_B + w_C = w_W \tag{1-83}$$

$$\Delta p = \Delta p_E = \Delta p_A = \Delta p_C + \Delta p_W = \Delta p_B + \Delta p_W \tag{1-84}$$

$$\Delta p_B = \Delta p_C \tag{1-85}$$

这里 Δp 是 X 和 Y 间总的压降(见图1.1-16)，w_o 是总壳程质量流量。定义联合系数 n_a，n_p 和 n_{BC} 如下：

$$\Delta p = n_a w_W^2 \tag{1-86}$$

$$\Delta p = n_p w_o^2 \tag{1-87}$$

$$\Delta p_B = \Delta p_C = n_{BC} w_W^2 \tag{1-88}$$

由前面式子得：

$$n_{BC} = \left(n_B^{-1/2} + n_C^{-1/2}\right)^{-2} \tag{1-89}$$

$$n_a = n_W + n_{BC} \tag{1-90}$$

$$n_p = \left(n_a^{-1/2} + n_E^{-1/2} + n_A^{-1/2}\right)^{-2} \tag{1-91}$$

在 Wills - Johnson 方法中，假设 n_E，n_A，n_W 和 n_C 是常量，不随流率变化，仅依赖于系统的几何形状。也就是说，对每一流股预先设定了“速率头”的数值。错流流股是 n_i 惟一能够变化的流股；n_B 随着错流 Re 数变化而变化，能够从标准的错流压力损失关联式获得。因

为 n_B 不是常量，所以，需迭代求解。

具体求解步骤如下：

①n_E，n_A，n_W 和 n_C(固定)值可从特定的几何形状算出：

②估算在管束上错流质量流率占整个流率的份额(迭代初值取0.5比较合理)，$F_{Br}=w_B/w_o$；

③n_B 的值由已知值 $w_B(=F_{Br}w_o)$估算。n_a 和 n_p 的值由式(1-90)和(1-91)确定；

④新的 F_{Br}值由下式算出：

$$F_{Br}=\left(\frac{n_p}{n_a}\right)^{1/2}\left[1+\left(\frac{n_B}{n_C}\right)^{1/2}\right]^{-1} \tag{1-92}$$

重复第③步和第④步直到 F_{Br}值收敛。

⑤使用收敛的 n_p 值，由式(1-87)计算每个折流板间隙的压降(Δp)；

⑥若有必要，每个流股的份额也可由下列表达式算出：

$$F_C=\left(\frac{n_p}{n_a}\right)^{1/2}\left[1+\left(\frac{n_C}{n_B}\right)^{1/2}\right]^{-1} \tag{1-93}$$

$$F_E=\left(\frac{n_p}{n_E}\right)^{1/2} \tag{1-94}$$

$$F_A=\left(\frac{n_p}{n_A}\right)^{1/2} \tag{1-95}$$

$$F_W=F_C+F_B \tag{1-96}$$

Wills-Johnson简易算法也包括了边缘折流板的处理方法。只有当壳程中折流板数目很少(例如，小于10)时，才加以考虑。Wills-Johnson简易算法没有具体地处理热量传递。

(2) 阻力系数 n_i 的计算

Wills-Johnson简易算法使用的阻力系数 n_i 可由下面公式计算。对于给定的几何结构，n_E，n_A，n_W和 n_C被认为是常量，计算式如下所示：

①壳程-折流板泄漏流阻力系数(n_E)，由下式计算：

$$n_E=\frac{0.036(b/\delta_E)+2.3(b/\delta_E)^{-0.177}}{2\rho S_E^2} \tag{1-97}$$

式中，S_E 为壳程-折流板泄漏部分面积，由下式计算：

$$S_E=\pi(D_i-\delta_E)\delta_E \tag{1-98}$$

δ_E 是在折流板和壳程之间的径向间隙，b 是挡板的厚度。

②管子-折流板间隙阻力系数(n_A)，由下式计算：

$$n_A=\frac{0.036(b/\delta_A)+2.3(b/\delta_A)^{-0.177}}{2\rho S_A^2} \tag{1-99}$$

式中，δ_A 为管子-折流板的径向间隙；S_A 为管子-折流板泄漏部分的面积，由下式计算：

$$S_A=N_t\pi(d_o+\delta_A)\delta_A \tag{1-100}$$

③窗口流阻力系数(n_W)，由下式计算：

$$n_W=\frac{1.9\exp(0.6856S_W/S_m)}{2\rho S_W^2} \tag{1-101}$$

式中，S_m 为错流面积；S_W 为窗口流区面积。Wills 和 Johnson 对窗口流区面积的使用与

Bell - Delaware 法有同样的定义。

④旁流流路阻力系数(n_C)，Wills 和 Johnson 给出了下列关于 n_C 的表达式：

$$n_C = \frac{a(D_i - 2L_c)/P_{TP} + N_{ss}}{2\rho S_C^2} \tag{1-102}$$

式中，D_i 为管壳内径；L_c 为折流板切割距离；P_{TP}为在流体方向上管束间距；N_{ss}为每一错流区内旁流挡板数；S_C 为旁流区面积，定义如下：

$$S_C = (2\delta_C + \delta_{pp})l_b \tag{1-103}$$

式中，δ_c 为管子和壳程的径向间隙($=0.5\Delta_C$，Δ_C 是管束与壳内壁之间的径向距离)；δ_{pp}为顺排通道部分的间隙。当壳内存在顺排通道部分时，需增加额外的旁流面积。式(1 - 102)中的常数 a 对于正方形管子布局时为 6.53，对于三角形、旋转三角形及旋转正方形布局时为 0.133。

错流阻力系数(n_B)随流体质量流率的不同而变化。Wills 和 Johnson 基于 Butterworth (1979)方法计算该阻力系数，不难得出：

$$\Delta p_B = \frac{N_c K_f}{2} \cdot \frac{w_B^2}{\rho S_m^2} \tag{1-104}$$

所以

$$n_B = \frac{N_c K_f}{2\rho S_m^2} \tag{1-105}$$

式中，K_f 是摩擦因数，是 Re 的函数，可由图查出或由公式计算。其中

$$Re = \frac{d_o w_B}{\eta S_m} \tag{1-106}$$

应用 Wills - Johnston 简易算法计算管壳式换热器壳程压降的方法是：先计算出阻力系数 n_E，n_A，n_W 和 n_C。假设 $F_{Br}=0.5$，可计算出 n_B 的值，并且 n_a 和 n_p 的值可以估计出。然后计算出新的 F_{Br}值，进行迭代，直到得到收敛的结果为止。最后估算出每个折流板距离的压降，总的壳程压降就可以计算出来。每一流路的流量能够从式(1 - 93)到式(1 - 96)估算出来。

五、计算示例

(一) 流路分析法

1. 已知条件：ϕ0.6m 管壳式换热器的实测结构参数：

正方形斜转 45°排列；

$D_i=0.5965$m；

$N_t=204$ 根；

$d_o=0.02485$m；

$d_H=0.02617$m；

$P_t=0.032$m；

$c=0.00715$m；

$N_{tb}=170.7$；

$P_t/d_o=1.29$；

$D_{otl}=0.544$m；

$e=0.493$m；

$b=0.0063$m；

$N_{tw}=33.3$；

$(b/d)_A=9.55$；

$(b/d)_E=4.20$；

折流板间距 $l_b=0.2$m；

壳程介质为水；

流量 $w_o=14.48$kg/s；

水温 19℃；

$L_F = 0.012\text{m}$；

$l_c = 0.132\text{m}$；

动力黏度 $\mu = 1.0299 \times 10^{-3}\text{Pa} \cdot \text{s}$；

密度 $\rho = 998\text{kg/m}^3$。

2. 求：压降 $\Delta p_o = \Delta p_B + \Delta p_w$，$\text{N/m}^2$；

各流路的流量 w_i，kg/s。

3. 计算步骤：

先设 w_A 或 w_A/w_o，最后算到 $w_o \approx \Sigma w_i$。若 $w_o \neq \Sigma w_i$ 则重新假设 w_A/w_o，再进行计算。根据前面给定的各流路截面积计算式，可得：

$$S_A = 0.00903$$

$$S_E = 0.00193$$

$$S_B = 0.03146$$

$$S_C = 0.00455$$

$$S_F = 0.0024$$

$$S_w = 0.0300$$

单位均为 m^2。

（1）求 Δp_A

设

$$w_A/w_o = 27\%（一般在25\%左右），w_A = 3.9096\text{kg/s}$$

则 A 流路流速 u_A 为：

$$u_A = \frac{w_A}{S_A \times \rho} = 0.4338\text{m/s}$$

$$Re_A = \frac{(d_H - d_o)\rho}{\mu} u_A = 1279 u_A = 559$$

上两式中，u_A 为 A 流路的流体流速。

对于 A 流路

$$\left(\frac{b}{d}\right)_A = 9.55$$

由式(1－75)可得：

$$K_A = 1.44303 + 123.775 Re_A^{-0.751} = 2.58$$

$$\Delta p_A = K_A \frac{u_A^2}{2} \rho = 242.27\text{Pa}$$

（2）求 E 流路的质量流量 w_E

在这里，采用试差法较方便，即先假设一个 w_E 值，求出 Δp_E，检验此值是否与由 $\Delta p_E = 1.25(\Delta p_w + \Delta p_B)$ 和 $\Delta p_A = 1.10(\Delta p_w + \Delta p_B)$ 而得到的 $\Delta p_E = (1.25/1.10)\Delta p_A$ 值相符，即将试计算的 Δp_E 值代入上式，观察上等式是否成立，若不成立，则重设 w_E 再求算与检验。现以下例加以说明。

设

$$w_E/w_A = 6.2\%, w_E = 0.897\text{kg/s}$$

$$u_E = \frac{w_E}{S_E \times \rho} = 0.467\text{m/s}$$

$$Re_E = \frac{(D_i - D_b)\rho}{\mu} u_E = 2079 u_E = 1355$$

$$\left(\frac{b}{d}\right)_E = 4.2$$

由式(1－76)得：

$$K_E = 1.6125 + 1006.56 Re_E^{-1.077} = 1.97$$

$$\Delta p_E = K_E \frac{u_E^2}{2}\rho = 214.39,\text{Pa}$$

而

$$\Delta p_E = (1.25/1.10)\Delta p_A = 275.31\text{Pa}$$

Δp_E 偏小。

重设

$$w_E/w_o = 7.0\%$$

则

$$w_E = 1.014\text{kg/s}$$

$$u_E = 0.526\text{m/s}$$

$$Re_E = 1529$$

$$\Delta p_E = 274.29\text{Pa}$$

此值同上述 $\Delta p_E = 275.31\text{Pa}$ 相近，可继续试算。

(3) 求 Δp_w 和 Δp_B

$$w_w = w_o - 0.8(w_A + w_E) = 10.54\text{kg/s}$$

$$u_w = \frac{w_w}{S_w \times \rho} = 0.352\text{m/s}$$

按式(1－80)计算得：

$$K_w = 2.25$$

$$\Delta p_w = K_w \frac{u_w^2}{2}\rho = 139.11\ \text{Pa}$$

$$\Delta p_B = \frac{\Delta p_A}{1.10} - \Delta p_w = 81.14\ \text{Pa}$$

(4) 求 w_B

$$\Delta p_B = N K_{Bl} \frac{u_B^2}{2}\rho$$

$$81.14 = N(1.18 Re_B^{-0.1617}) \frac{u_B^2}{2}\rho$$

$$= 12 \times 1.18 \left(\frac{d_o \rho}{\mu}\right)^{-0.1617} \times u_B^{-0.1617} \times \frac{u_B^2}{2} \times \rho$$

$$u_B = 0.215\text{m/s}$$

$$w_B = u_B S_B \rho = 6.75\ kg/s$$

（5）求 w_c（无旁挡）

$$\Delta p_C = \Delta p_B = NK_{C1}\frac{u_C^2}{2}\rho$$

$$81.14 = N(2.78Re_C^{-0.462})\frac{u_C^2}{2}\rho$$

$$= 12 \times 2.78\left(\frac{L_C\rho}{\mu}\right)^{-0.462} \times u_C^{-0.462} \times \frac{u_C^2}{2} \times \rho$$

$$u_C = 0.637m/s$$

$$w_C = u_C S_C \rho = 2.89\ kg/s$$

计算到这里，得到了 w_A、w_E、w_B 及 w_C，此四项之和为 14.57kg/s，已大于 w_o，不必再计算了。应重设 w_A，从第一步开始重算。

（6）重设

$$w_A/w_o = 26.0\%$$

则

$$w_A = 3.765kg/s$$

$$\Delta p_A = 222.15\ Pa$$

（7）求 w_E

设

$$w_E/w_o = 6.65\%$$

则

$$w_E = 0.963\ kg/s$$

$$\Delta p_E = 250.45\ Pa$$

与由重设后 Δp_A 算得的 Δp_E 比较

$$\Delta p_E = (1.25/1.10)\Delta p_A = 252.44\ Pa$$

两者接近，继续计算。

（8）计算其余流率等参数值

计算程序同前，结果为：

$$\Delta p_w = 130.96\ Pa$$

$$\Delta p_B = 71.22\ Pa$$

$$\Delta p_o = \Delta p_B + \Delta p_w = 202.18\ Pa$$

$$w_A = 3.649kg/s, w_A/w_o = 26.0\%$$

$$w_E = 0.9455kg/s, w_E/w_o = 6.65\%$$

$$w_B = 6.234kg/s, w_B/w_o = 43.2\%$$

$$w_C = 2.617kg/s, w_c/w_o = 18.2\%$$

$$w_F = 0.868kg/s, w_F/w_o = 5.97\%$$

$$\Sigma w_i = w_A + w_E + w_B + w_c + w_F = 14.485\ kg/s$$

$$\Sigma w_i \approx w_o$$

计算完毕。

通过上述计算，充分说明管壳式换热器壳程各流路的存在并不是孤立的，它们之间有一定的内在联系。当任一流路的结构参数(如流通截面积)发生变化时，不但影响该流路的流量，而且影响到各股流路的流量。采用上例管壳式换热器的结构参数，只在壳程分程隔板的F流道上加假管；在C流路上加5对旁路挡板，可以基本消除F和C流路，从而使B流路占总流量的百分数由43%提高到65%，但总压降由202Pa增加到255 Pa。又若该换热器在加假管与加旁挡下操作，由于污垢的形成，在极限情况下可使E和A流路的缝隙全被堵住，此时 $w_B = w_o$，而压降也将增加5~6倍。

设计者应用流路分析法对管壳式换热器进行设计计算时，考虑到工艺对压降的要求，可得到合理的或最佳的方案。又如对易结垢的介质，通过现场调查，了解设备结垢情况或在大修时设法测量出污垢厚度，这时采用此法设计计算，就可以预计出换热器适宜的操作周期。这些设计计算特点是其他计算方法所不具备的。

(二) Willis - Johnston 简易算法

1. 已知条件：

管子为正方形排列的管壳式换热器，其结构参数如下：

壳程内径：$D_i = 0.5398$m；

管子数目：$N_t = 158$；

管子外径：$d_o = 0.0254$m；

管子内径：$d_i = 0.020574$m；

管心距：$p_t = 0.03175$m；

折流板间距：$l_b = 0.127$m；

壳长：$L_s = 4.8768$m；

管子与折流板之间的径向间隙：$\Delta_A = 0.0008$m；

壳体内壁与折流板之间的径向间隙：$\Delta_E = 0.005$m；

管束与壳体内壁之间的径向间隙：$\Delta_c = 0.035$m；

每一错流区内旁流挡板数与管排数之比：$N_{ss}/N_c = 0.2$；

折流板厚度：$b = 0.005$m；

管程通道数：$n = 4$

其他参数：

物料总质量流率：$w_o = 5.5188$kg/s；

密度：$\rho = 730$kg/m^3；

黏度：$\eta = 0.000401$Pa·s

2. 求：

壳程压降(应用 Willis - Johnston 简易算法)。

3. 计算步骤：

(1) 计算阻力系数：'

①管壳和折流板间流动阻力系数(n_E)[式(1-97)~式(1-98)]：

$$S_E = \pi(D_i - \delta_E)\delta_E = \pi(D_i - \Delta_E/2)(\Delta_E/2)$$
$$= \pi \times (0.5398 - 0.0025) \times 0.0025$$
$$= 0.004220\text{m}^2$$

$$n_E = \frac{0.036(b/\delta_E) + 2.3(b/\delta_E)^{-0.177}}{2\rho S_E^2}$$

$$= \frac{0.036(0.005/0.0025) + 2.3(0.005/0.0025)^{-0.177}}{2 \times 730 \times 0.004220^2}$$

$$= 81.0$$

②管子－折流板间漏流阻力系数(n_A)[式(1－99)～式(1－100)]：

$$S_A = N_t\pi(d_o + \delta_A)\delta_A$$

$$= 158 \times \pi \times (0.0254 + 0.0004) \times 0.0004$$

$$= 0.005123\text{m}^2$$

$$n_A = \frac{0.036(b/\delta_A) + 2.3(b/\delta_A)^{-0.177}}{2\rho S_A^2}$$

$$= \frac{0.036 \times (0.005/0.0004) + 2.3(0.005/0.0004)^{-0.177}}{2 \times 730 \times 0.005123^2}$$

$$= 50.1$$

③窗口流阻力系数(n_W)[式(1－23)，式(1－28)和式(1－101)]：

由式(1－23)可以算得：$S_m = 0.01667\text{m}^2$，由式1－28可得：$S_W = 0.03058\text{m}^2$(详细计算在此简略)，并代入式(1－101)可得：

$$n_W = \frac{1.9\exp(0.6856S_W/S_m)}{2\rho S_W^2}$$

$$= \frac{0.9\exp(0.6856 \times 0.01667/0.03058)}{2 \times 730 \times 0.03058^2}$$

$$= 2.02$$

④旁流流路阻力系数(n_C)[式(1－102)～(1－103)]：

在本例中，假设$\delta_{pp} = 0$。由式(1－103)得：

$$S_C = 2\delta_C l_b = 2(\Delta_C/2)l_b = 2 \times 0.0175 \times 0.1270$$

$$= 0.00445\text{m}^2$$

由式(1－17)可以得出：$N_c = 8.5$，这样，

$$N_{ss} = N_c \times (N_{ss}/N_c) = 8.5 \times 0.2 = 1.70 \approx 2$$

由式(1－17)和式(1－102)，得：

$$n_C = \frac{a(D_i - 2L_c)/P_{TP} + N_{ss}}{2\rho S_C^2} = \frac{aN_c + N_{ss}}{2\rho S_C^2}$$

$$= \frac{0.266 \times 8.5 + 2}{2 \times 730 \times 0.00445^2}$$

$$= 147$$

(2) 计算n_B(设$F_{Br} = 0.05$)：

$$Re = \frac{d_o w_o F_{Br}}{\eta S_m}$$

$$= \frac{0.0254 \times 5.5188 \times F_{Br}}{401 \times 10^{-6} \times 0.01667} = 2.0969 \times 10^4 F_{Br}$$

$$= 10485$$

由下式算出：

$$K_f = 0.267 + \frac{0.249\times10^4}{Re} - \frac{0.927\times10^7}{Re^2} + \frac{0.10\times10^{11}}{Re^3}$$

$$K_f = 0.267 + \frac{0.249\times10^4}{10485} - \frac{0.927\times10^7}{10485^2} + \frac{0.10\times10^{11}}{10485^3}$$

$$= 0.4338$$

所以

$$n_B = \frac{N_c K_f}{2\rho S_m^2}$$

$$= \frac{8.5\times0.4338}{2\times730\times0.01667^2}$$

$$= 9.09$$

(3) 估算新的错流分率 F_{Br}[式(1-89)~式(1-91)]：

$$n_{BC} = (n_B^{-1/2} + n_C^{-1/2})^{-2}$$

$$= (9.09^{-1/2} + 147^{--1/2})^{-2} = 5.83$$

$$n_a = n_W + n_{BC}$$

$$= 2.02 + 5.83 = 7.85$$

$$n_p = (n_a^{-1/2} + n_E^{-1/2} + n_A^{-1/2})^{-2}$$

$$= (7.85^{-1/2} + 81.0^{-1/2} + 50.1^{-1/2})^{-2}$$

$$= 2.69$$

所以[由式(1-92)]

$$F_{Br} = \left(\frac{n_p}{n_a}\right)^{1/2}\left[1 + \left(\frac{n_B}{n_C}\right)^{1/2}\right]^{-1}$$

$$= \left(\frac{2.69}{7.85}\right)^{1/2}\left[1 + \left(\frac{9.09}{147}\right)^{1/2}\right]^{-1} = 0.4688$$

(4) 迭代得到 F_{Br}值：

	迭代次数		
	1	2	3
F_{Br}	0.5	0.4688	0.4681
Re	10485	9830	9815
K_f	0.4338	0.4399	0.400
N_B	9.09	9.22	9.22
N_{BC}	5.83	5.89	5.89
n_a	7.85	7.91	7.91
n_p	2.69	2.71	2.71
F_{Br}	0.4688	0.4681	0.4681

(5) 计算流路所占分率：

旁流[式(1-93)]

$$F_C = \left(\frac{n_p}{n_a}\right)^{1/2}\left[1 + \left(\frac{n_C}{n_B}\right)^{1/2}\right]^{-1}$$

$$= \left(\frac{2.71}{7.91}\right)^{1/2}\left[1 + \left(\frac{147}{9.22}\right)^{1/2}\right]^{-1} = 0.1172$$

壳程－折流板泄漏流[式(1－94)]：

$$F_E = \left(\frac{n_p}{n_E}\right)^{1/2} = \left(\frac{2.71}{81.0}\right)^{1/2} = 0.1829$$

管子－折流板泄漏流[式(1－95)]：

$$F_A = \left(\frac{n_p}{n_A}\right)^{1/2} = \left(\frac{2.71}{50.1}\right)^{1/2} = 0.2325$$

显然：

$$F_C + F_E + F_A + F_{Br} = 1$$

(6) 计算壳程总压降：

每个折流板间压降 Δp 由式(1－87)给出：

$$\Delta p = n_p w_o^2 = 2.71 \times 5.5188^2 = 82.5\text{Pa}$$

总壳程压降为：

$$\Delta p_T = (N+1)\Delta p = (36+1) \times 82.5 = 3052\text{Pa}$$

解毕。

Bell－Delaware 法和 Wills－Johnston 简易算法相比，后一种方法被普遍认为是一种标准的方法。有关详细的传热及压降计算及各种方法的比较请参阅文献[34]。

第三节　有相变系统换热器的工艺计算

一、沸腾[6,28,29,34,35]

(一) 概况

所谓液体沸腾是指在液体传热过程中，在液相内部产生气泡或气膜，即由液相变为气相的剧烈相变过程。工业上的液体沸腾主要有两种：一是大容器中静止液体受热而产生的沸腾，此时所形成的液体运动是由于自然对流和气泡的扰动，将这种沸腾现象称之为池沸腾；二是液体在通道内流动过程中与通道内壁传热而产生的沸腾，称之为流动沸腾。此时液体的流速对传热速率有影响，而且在加热表面上产生的气泡被迫与液体一起流动，从而出现复杂的气－液两相流动状态，其传热机理比池沸腾要复杂得多。无论是池沸腾还是流动沸腾，都又分为过冷沸腾和饱和沸腾。若液体温度低于其饱和温度，而加热壁面的温度又高于其饱和温度，则在加热表面上也会产生气泡。但所产生的气泡或在尚未离开壁面，或在脱离壁面后又在液体中迅速凝结，此种沸腾称之为过冷沸腾；反之，若整个液体温度维持其饱和温度以上，则此类沸腾称为饱和沸腾或整体沸腾。

目前，国内外沸腾传热的研究方向主要集中在以下几个方面：沸腾传热的机理、模型及计算机数值模拟和预测研究；沸腾传热实验测试技术及方法研究；沸腾传热强化理论及技术研究；微尺度和微通道沸腾传热和传质研究；微重力沸腾传热及特性研究；瞬态沸腾传热研究；临界热通量和高热通量研究；多相流、多元系统沸腾传热及特性研究；伴随着当今科学技术尤其是高新技术的发展而不断涌现的沸腾传热的新应用研究等。

(二) 池沸腾

池沸腾是指在静止液体被加热而产生的沸腾。在池沸腾中最有代表性的是在容器的壁面上对流体加热，在加热壁面上产生气泡的情形，称为大空间表面沸腾。由于这种沸腾现象的普遍性，人们常常将它直接称为池沸腾。在这种沸腾过程中，液体沸腾所需的热量由加热面传给液体。若液体主体处于沸点状态，则称为饱和池沸腾。

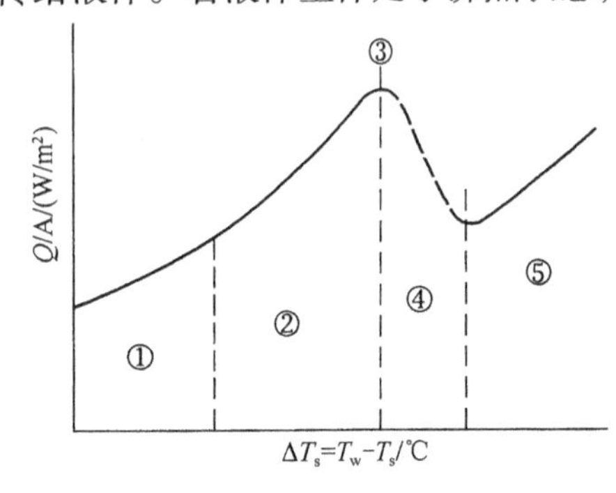

图 1.1－17 典型池沸腾曲线

图 1.1－17 所示为一典型的饱和池沸腾曲线，图中分为几个区域：

1. 区域①

称为自然对流区。液体主体内不产生任何气泡，传热系数小。对轻碳氢化合物，当过热度 $\Delta T_s < 5$℃时，则属于此区域，此时的传热系数一般低于 $200\mathrm{W/(m^2 \cdot K)}$。

2. 区域②

称为泡核沸腾区。在壁面处开始产生气泡，热量及传热系数随 ΔT_s 的增加而迅速上升。大量气泡在加热壁面上的汽化核心处形成并迅速成长，最后跃离壁面上升到液体表面。文献中有不少泡核沸腾传热关联式，值得推荐的有 Mostinskii 式：

$$h_{nb} = \beta^* \left(\frac{Q}{A}\right)^{0.7} F[p] \tag{1-107}$$

$$\beta^* = 3.596 \times 10^{-5} p_c^{0.69} \tag{1-108}$$

$$F[p] = 1.8 p_r^{0.17} + 4 p_r^{1.2} + 10 p_r^{10} \tag{1-109}$$

式中 p_c——临界压力(绝对压力)，Pa；

p_r——对比压力，$p_r = p/p_c$；

p——系统绝对压力，Pa；

Q/A——热通量，$\mathrm{W/m^2}$；

h_{nb}——泡核沸腾的传热系数，$\mathrm{W/(m^2 \cdot K)}$；

β^*，$F[p]$——系数。

Palen 等人通过测定，认为 Mostinskii 式对任何物料都很理想，且在设计池沸腾型的再沸器时可略去式(1－109)中后两项，得：

$$F[p] = 1.8 p_r^{0.17} \tag{1-110}$$

Berenson 用正戊烷做实验，发现加热壁面加工条件不同，结果相差很大。在铜壁面上试验，当热通量相同，光滑镜面 ΔT_s 比粗糙面或有皱纹的表面的 ΔT_s 要大 5 倍之多。

德国研究者用冷冻剂(R11、R12、R113、R115 等)做实验，所得结果有所不同，他们建议用：

$$F[p] = 0.7 + 2p_r\left[4 + \frac{1}{(1 - p_r)}\right] \tag{1-111}$$

总起来看，影响泡核沸腾传热速率的主要因素有：

(1) 系统压力；

(2) 壁面条件(加工、结构、氧化与老化及加热壁面物性状态)；

(3) 不凝气的存在；

（4）加热面的大小及方位；

（5）液体的过冷状态与过热度；

（6）加热面的润湿性；

（7）重力；

（8）外加电磁场及力场（振动）。

由上述讨论可知，影响泡核沸腾传热系数的因素很多，因此在设计时，若有实验数据作为依据则最为理想。

3. 点③

为最高热通量或烧毁热通量。到达此点时，将产生大量蒸气。若 ΔT_s 再稍为增大，壁面局部地方开始产生的蒸汽不能跃离，从而形成了“气垫”，并覆盖局部壁面，使传热热通量下降，而壁面温度“跃增”，会引起加热壁面毁坏。故点③又称为“烧毁”点（Burnout），或称为临界热通量[Critical Heat Flux（简称 CHF）]点。此临界现象主要是由于液体不能及时到达汽化后的壁面并形成蒸汽覆盖层而引起的，属于流体动力学问题，与壁面条件关系不大。

临界热通量的计算可用 Zuber 方程：

$$\left(\frac{Q}{A}\right)_c = 0.12\lambda\rho_v^{\frac{1}{2}}[g\sigma(\rho_l - \rho_v)]^{\frac{1}{4}} \tag{1-112}$$

式中　λ——汽化潜热，J/kg；

g——重力加速度，m/s^2；

ρ_v——蒸汽密度，kg/m^3；

σ——表面张力，N/m；

$\left(\frac{Q}{A}\right)_c$——临界热通量，$W/m^2$。

4. 区域④

是过渡区或称部分膜态沸腾区。此时，在局部壁面上，时而被气膜覆盖，时而又被液体占据，所以状态是不稳定的。在此区域中，气膜覆盖的面积随 ΔT_s 增加而扩大。$\left(\frac{Q}{A}\right)_c$ 及沸腾传热系数 h_b 都相应下降。

5. 区域⑤

为膜态沸腾区。这时气膜连成一片，形成一层蒸气膜覆盖在壁面上，但间断地也有大气泡从气膜外放出，穿过液体达到自由表面处。膜态沸腾的特点是 ΔT_s 很大，气膜传热系数很低。如图 1.1－17 所示，热通量有上升趋势，这是因为壁温很高，热辐射占有很大比重。必须指出，在膜态沸腾区，壁温很高，可能使物料变质。另外，结垢也会加剧，这是因为沉积在壁面的污垢不能被液体再溶解或“冲洗”之故。工业沸腾传热过程一般不希望在此区域内运行。但是在再沸器开工时，往往容易进入此区操作，此问题将在再沸器一节讨论。

（三）管内流动沸腾

1. 管内流动沸腾传热

一般说来，采用双机理法（Two－mechanism approach）来解决管内流动沸腾传热比单纯的关联式法要好。最早是 Fair 在 1960 年将此法用于热虹吸再沸器的计算。到 1966 年 J. C. Chen[36]提出了类似的公式。所谓双机理法就是同时考虑两相强制对流机理和饱和泡核沸腾机理。Chen 公式是目前应用比较广泛的公式之一，其基础是上述两机理的可加性，可表达如下：

$$h_b = h_{tp} + Sh_{nb} \tag{1-113}$$

式中 h_b——管内流动沸腾传热系数，W/(m^2·K)；

h_{tp}——两相强制对流传热系数，W/(m^2·K)；

h_{nb}——泡核沸腾传热系数，W/(m^2·K)；

S——泡核沸腾抑制因数，无因次。

而两相强制对流传热系数

$$h_{tp} = F_{tp} \times h_l \tag{1-114}$$

式中 F_{tp}——对流换热强化因数，无因次，是 Martinelli 参数 X_{tt} 的函数；

h_l——(液体单独存在时求得的)液体对流传热系数，W/(m^2·K)。

关于 F_{tp}，研究者提出了下列关联式：

$$F_{tp} = f\left(\frac{1}{X_{tt}}\right) \tag{1-115}$$

$$X_{tt} = \left(\frac{1-x}{x}\right)^{0.9}\left(\frac{\rho_v}{\rho_l}\right)^{0.5}\left(\frac{\mu_l}{\mu_v}\right)^{0.1} \tag{1-116}$$

式中 x——蒸气干度，即质量汽化率，为一质量分率，无因次；

X_{tt}——Martinelli 参数，无因次。

表 1.1-4 中列出了一些研究者的结果。

表 1.1-4 对流沸腾因子数据

研究者	两相流系统	计算公式
Dengler 及 Addams	0.0254m×6.1m 垂直蒸汽加热管(水)	$F_{tp}=3.5\left(\frac{1}{x_{tt}}\right)^{0.5}$
Guerrieri 及 Talty	0.0196m×1.83m 垂直管(有机液体)	$F_{tp}=3.4\left(\frac{1}{x_{tt}}\right)^{0.45}$
Bennett 及 Etal	内热垂直环隙(水)	$F_{tp}=3.564q^{0.11}\left(\frac{1}{x_{tt}}\right)^{0.74}$
Pvjol 及 stenning	垂直管	$F_{tp}=4.0\left(\frac{1}{x_{tt}}\right)^{0.37}$

注：q—热通量，$q=Q/A$，W/m^2。

J. C. Chen 从文献中收集了 5 组数据(共有 600 多个数据点)，标绘出 $F_{tp} \sim \left(\frac{1}{x_{tt}}\right)$ 的关系曲线。

当 $\left(\frac{1}{x_{tt}}\right) \leqslant 0.1$ 时，$F_{tp}=1$

当 $\left(\frac{1}{x_{tt}}\right) > 0.1$ 时，将曲线拟合，得下列公式：

$$F_{tp} = 2.35\left(\frac{1}{X_{tp}} + 0.213\right)^{0.736} \tag{1-117}$$

h_l 是液体单独存在而求得的液体传热系数。

$$h_l = 0.023\left(\frac{k_l}{d_i}\right)\left(\frac{G_t(1-x)d_i}{\mu_l}\right)^{0.8}\left(\frac{\mu_l C_{pl}}{k_l}\right)^{0.4} \tag{1-118}$$

式中　G_t——总(包括气相和液相)质量流速，kg/(m² · s)。

关于泡核沸腾传热系数的经验计算式在池沸腾节中已有介绍。在两相沸腾传热中，许多研究者推荐 Forster – Zuber 式：

$$h_{nb} = 0.00122\left(\frac{k_l^{0.79} C_{pl}^{0.45} \rho_l^{0.49}}{\sigma^{0.5}\mu_l^{0.29}\lambda^{0.24}\rho_v^{0.24}}\right)\Delta T_s^{0.24}\Delta p_s^{0.75} \tag{1-119}$$

式中　$\Delta T_s = T_w - T_s$,℃；

T_w——壁温,℃；

T_s——液体饱和温度,℃；

Δp_s——与 ΔT_s 相对应的饱和蒸气压差，$\Delta p_s = p - p_s$，Pa。

将 J. C. Chen 的抑制因数 S 曲线拟合，则得下列公式：

$Re_{tp} < 32.5$ 时

$$S = [1 + 0.12(Re_{tp})^{1.14}]^{-1} \tag{1-120}$$

$Re_{tp} > 32.5$ 时

$$S = [1 + 0.42(Re_{tp})^{0.76}]^{-1} \tag{1-120a}$$

式中，$Re_{tp} = \left[\frac{G_t(1-x)d_i}{\mu_l}\right]F_{tp}^{1.25} \times 10^{-4}$。

从式中可见，当流量为零时，$S = 1$；当流量趋于无限大时，$S \to 0$。

这些关联式计算值与实验数据吻合较好，用于计算流动沸腾传热系数时，标准偏差为 11%。

有时设计人员希望能快速地对流动沸腾传热系数作一粗略估算，可用 Ananier 等人提出的关联式(1 – 121)或(1 – 123)。虽然他们是以水平管内蒸汽冷凝的实验数据为基础，但他们的处理方法是模拟管内液膜流动与单相流动之间的关系，故在理论依据上亦不致相差太远。

$$h_b = h_l\sqrt{\frac{\rho_l}{\bar{\rho}}} \tag{1-121}$$

式中　$\bar{\rho}$——气液混合物的平均密度，kg/m³。其计算式如下：

$$\frac{1}{\bar{\rho}} = \left[\frac{x}{\rho_v} + \frac{(1-x)}{\rho_l}\right] \tag{1-122}$$

亦可用下式求取管内沸腾传热系数的平均值 $\bar{h}_b$：

$$\bar{h}_b = \frac{h_l}{2}\left[1 + \left(\frac{\rho_l}{\rho_v}\right)^{1/2}\right] \tag{1-123}$$

这些关联式仅用作快速估算，而且在 $\frac{\rho_l}{\rho_v} \geq 50$ 时不宜采用这些计算式。

2. 管内流动沸腾压降

这里以垂直管内流动沸腾为讨论对象，但其结论亦可用于水平管内流动沸腾。

设计热虹吸再沸器时，垂直管内流动沸腾的压降计算是最关键的内容，因为再沸器内液体循环量以及出口的蒸汽量都是以压降为依据来计算的。若计算的压力偏低就会使计算出的出口蒸汽量偏低。实践证明，压降计算误差产生的影响远大于传热关联式计算误差的影响。

换言之，只要能准确地计算出压降，从而较准确地确定循环速率，传热的计算就会可靠得多。

垂直管内流动沸腾时的压降属于两相流问题，是一个范围很广的课题，这里只能扼要地介绍一些通用的计算方法。这些计算方法均是以 Martinelli 及其合作者所提出的经典方法为基础。

用 Δp_{tp}表示在有限管长 ΔL 内的两相流压降：

$$\Delta p_{tp} = \Delta p_{tps} + \Delta p_{tpm} + \Delta p_{tpf} \tag{1-124}$$

式中 Δp_{tps}——静压头引起的压降，Pa；

Δp_{tpm}——动量变化引起的压降，Pa；

Δp_{tpf}——摩擦损失引起的压降，Pa。

此 3 项压降将随压力、流量及蒸汽分率的变化而变化。对于大多数情况而言，摩擦损失所引起的压降是主要的，但在蒸汽分率很低或系统压力很高的情况下，静压头所引起的压降可能是一个控制因素。在高真空时动量损失所引起的压降则可能与摩擦损失所引起的压降同样重要。

（1）一些重要参数

在讨论上述各种压降前，先介绍几个重要参数：

①液相体积分率 R_l

R_l 在两相流计算中是一个非常重要的参数，其定义是在 ΔL 长度内液相实际所占的体积与两相的总体积之比，亦可表达为：

$$R_l = \frac{S_l}{S} \tag{1-125}$$

式中 S_l——液相实际所占的面积，m^2；

S——管内总流通截面积，m^2。

②滑动比 s

滑动比 s 表示气相速度和液相速度之比：

$$s = \frac{m_v}{u_l} \tag{1-126}$$

一般说来，液相速度低于气相速度，即相对速度 s 经常大于 1，有时可达到 10 或甚至 20 以上。但在喷嘴处则有可能 $u_l > u_v$。若 $u_l = u_v$ 即 $s = 1$ 时，称为均匀流动。纯属均匀流动的情况很少，但在缺乏数据资料时，亦可作此假定，以便于进行计算。不过，应该考虑所得的结果可能不太可靠。由于

$$u_v = \frac{G_t x}{\rho_v(1 - R_l)} = \frac{G_t x}{\rho_v R_v} \tag{1-127}$$

$$u_l = \frac{G_t(1 - x)}{\rho_l R_l} \tag{1-128}$$

式中 R_v——气相体积分率，$R_v = 1 - R_l$。

将式(1-126)、式(1-127)及式(1-128)合并整理，得：

$$R_l = (1 - R_v) = 1 - \frac{1}{1 + s\left(\frac{1 - x}{x}\right)\left(\frac{\rho_v}{\rho_l}\right)} \tag{1-129}$$

图 1.1－18 是经过修正的 Martinelli 和 Nelson 的 $\sqrt{X_{tt}} \sim R_l(R_v)$ 关系曲线图。图中横坐标是 $\sqrt{X_{tt}}$，注意这里所用的 X_{tt} 与式(1－116)略有不同：

$$X_{tt} = \left(\frac{1-x}{x}\right)\left(\frac{\rho_v}{\rho_l}\right)^{0.57}\left(\frac{\mu_l}{\mu_v}\right)^{0.11} \qquad (1-130)$$

纵坐标为 R_l 和 R_v。p_r 是气体的对比压力：

$$p_r = \frac{p}{p_c} \qquad (1-131)$$

式中，p_c 为热力学临界压力。用式(1－102)计算出 X_{tt} 就可以从图 1.1－18 中查出 R_l 或 R_v。对于减压操作，用上式计算值的误差较大。这时可采用 Zivi、Levy、Thom 等人的关联式来求出滑动比，然后再利用式(1－130)去计算 R_l 则较好。其中 Zivi 关联式比较简单：

$$s = \left(\frac{\rho_l}{\rho_v}\right)^{\frac{1}{3}} \qquad (1-132)$$

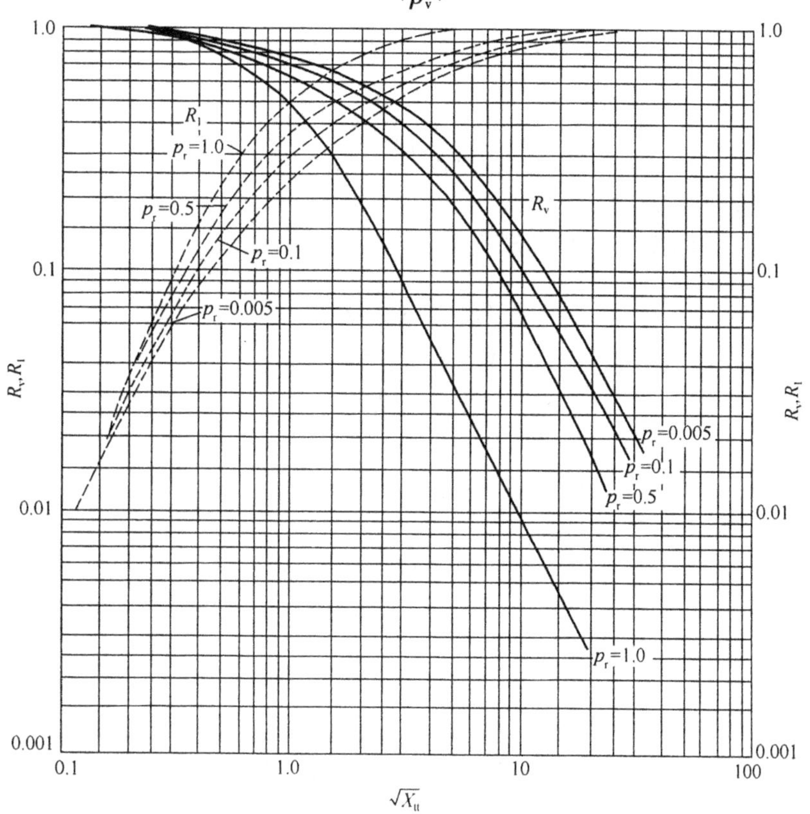

图 1.1－18　$\sqrt{X_{tt}} \sim R_l(R_v)$ 关系曲线

（2）静压头引起的压降

$$\Delta p_{tps} = g\rho_{tp}(\Delta L)\sin\theta \qquad (1-133)$$

$$\rho_{tp} = \rho_l R_l + \rho_v(1 - R_l) \qquad (1-134)$$

式中　ΔL——两相沸腾流进出口高度差，m；

ρ_{tp}——局部两相混合物密度，kg/m^3；

θ——两相流管道于水平面夹角，(°)；对垂直管 $\sin\theta = 1$，对水平管 $\sin\theta = 0$。

（3）动量变化引起的压降

理论上可以推出

$$\Delta p_{tpm}=G_t^2\left\{\left[\frac{(1-x)^2}{\rho_l R_l}+\frac{x^2}{\rho_v(1-R_l)}\right]_2-\left[\frac{(1-x)^2}{\rho_l R_l}+\frac{x^2}{\rho_v(1-R_l)_1}\right]\right\} \tag{1-135}$$

式中，下标1及2表示管段ΔL的进口及出口。对流动沸腾来说Δp_{tpm}为正值。

(4) 摩擦阻力引起的压降

在一般条件下操作，摩擦压降比其他两项都要大。用来描述摩擦压降的主要流动模型有：均匀流和分离流模型。均相流就是把两相流体当作一虚拟流体，假定两相混合物具有相同的流速并用两相的物性平均值来表达其物性。分离流模型则将设想每一相在重力、剪力及其他参数的影响下，两相各以不同的流速流动，并考虑两相间的相互作用。

①均匀流动模型

$$\Delta p_{tpf}=4f_{tp}\left(\frac{\Delta L}{d_i}\right)\left(\frac{1}{\rho_{tph}}\right)\left(\frac{G_t^2}{2}\right) \tag{1-136}$$

式中 ρ_{tph}——均匀流的密度，kg/m^3。

因为均匀流的$s=1$，因此均匀流的密度ρ_{tph}可用下式计算：

$$\rho_{tph}=\frac{1}{\left(\frac{x}{\rho_v}\right)+\left(\frac{1-x}{\rho_l}\right)} \tag{1-137}$$

式中 f_{tp}——两相流摩擦因数，无因次。

f_{tp}可用单相流的伯拉修斯方程的形式来表达：

$$f_{tp}=\frac{a}{(Re_{tp})^m} \tag{1-138}$$

式中 a，m——系数，无因次。$a=1.33$；$m=0.5$。

$$Re_{tp}=\frac{G_t d_i}{\mu_{tp}}$$

μ_{tp}——两相混合物黏度，Pa·s。

Duckler 建议用下式计算两相混合物黏度：

$$\mu_{tp}=R_l\mu_l+(1-R_l)\mu_v \tag{1-139}$$

式中 μ_l——两相流中液相动力黏度，Pa·s；

μ_v——两相流中气相动力黏度，Pa·s。

当R_v大于60%时，可用式(1-136)计算两相摩擦压降。当R_v小于20%时，则用 Martinelli 分离流模型较好，在20%~60%之间时，可用这两个模型的线性比例分配法来计算。

应该指出的是，均匀流模型中的黏度是按两相比例分配的原则求得的。但在气液两相流中，实际上壁面接触的要不就是液相，要不就是气相，不是两相混合物。因此，在这方面均匀流模型的物理基础是有缺陷的。此外，许多实验证明，在绝大多数的情况下，气液两相的流速并不相同。不过，对一些几何形状极不规则的流道，如热虹吸再沸器的出口管，用均匀流模型来计算还是较理想的。

②分离流动模型

Lockhart 和 Martinelli 最早提出了分离流动模型。后来虽有不少人研究，但 Martinelli 模型仍然是建立其他关联式的基础。按此模型，两相流摩擦压降为：

$$\Delta p_{tpf}=\phi_l^2\Delta p_l \quad 或 \quad \Delta p_{tpf}=\phi_v^2\Delta p_v \tag{1-140}$$

式中 Δp_l——假定管内只有液相存在时计算所得的压降，Pa；

Δp_v——假定管内只有气相存在时计算所得的压降，Pa；

ϕ_l^2——两相流液相因子，无因次，是 Martinelli 参数 X 的函数；

ϕ_v^2——两相流气相因子，无因次，是 Martinelli 参数 X 的函数。

由式(1-140)可见，按液相或气相条件可求算两相流摩擦压降：

$$\Delta p_l = \frac{4f_l(1-x)^2)G_t^2\Delta L}{2\rho_l d_i} \tag{1-141}$$

式中　f_l——范宁摩擦因数，是雷诺数的函数。

$$\Delta p_v = \frac{4f_v x^2 G_t^2\Delta L}{2\rho_v d_i} \tag{1-142}$$

式中　f_v——范宁摩擦因数，是雷诺数的函数。

在圆管内，当 $Re_l \geqslant 2100$ 时

$$f_l = \frac{0.079}{(Re_l)^{0.25}} \tag{1-143}$$

同理，$Re_v \geqslant 2100$ 时

$$f_v = \frac{0.079}{(Re_v)^{0.25}} \tag{1-144}$$

当 $Re_l < 2100$ 时

$$f_l = \frac{16}{Re_l} \tag{1-145}$$

或 $Re_v < 2100$ 时

$$f_v = \frac{16}{Re_v} \tag{1-146}$$

上面各式中

$$Re_l = \frac{G_t(1-x)d_i}{\mu_l}$$

$$Re_v = \frac{G_t x d_i}{\mu_v}$$

Chisholm 提出计算 ϕ_l^2 和 ϕ_v^2 的公式：

$$\phi_l^2 = 1 + \frac{C}{X} + \frac{1}{X^2} \tag{1-147}$$

$$\phi_v^2 = 1 + CX + X^2 \tag{1-148}$$

$$X = \sqrt{\frac{\Delta p_l}{\Delta p_v}} \tag{1-149}$$

Collier 列出各种不同条件下的 C 值，如表 1.1-5 所示。

表 1.1-5　系　数　C

条件	气液两相流型		C	ϕ_l	X
	液机	气相			
1	湍流	湍流	20	ϕ_{ltt}	X_{tt}
2	层流	湍流	12	ϕ_{llt}	X_{lt}
3	湍流	层流	10	ϕ_{ltl}	X_{tl}
4	层流	层流	5	ϕ_{lll}	X_{ll}

表中各参数之下标 l 表示层流、t 表示湍流，例如 X_{lt} 表示液相层流，气相湍流。因为管内两相流动，大多数液相和气相都处于湍流状态，因此许多文献中，将参数 X 写成 X_{tt}，可用式(1－116)计算 X_{tt}。

(四) 沸腾设备设计计算

过程工业尤其是化学工业中常用的沸腾设备是再沸器和蒸发器。这里主要介绍再沸器。

1. 再沸器类型

(1) 釜式再沸器

也称为 Kettle 再沸器。釜式再沸器的管束完全浸没在液体中，故常把它归于池沸腾设备。釜式再沸器易于维修和清洗，缺点是易产生污垢。另外，壳体较大，造价较高。

(2) 热虹吸式再沸器

热虹吸式再沸器分垂直管及水平管两种。进料从塔底下降管引入再沸器，液体在再沸器内汽化，形成密度较小的气液混合物。由于进料管内和排出管内的流体存在密度差，因此把产生的静压差作为流体在管内进行自然循环的推动力。垂直式再沸器循环速度高，不仅传热系数远高于水平式，而且有较好的防垢作用，特别适用于高分子物料的沸腾。缺点是，垂直管不易拆卸、清洗及维修。另外，塔底液面高度大约与再沸器上部管板在同一水平面处，这就提高了塔底的标高。

(3) 强制循环式再沸器

强制循环式再沸器可以垂直或水平放置，沸腾液可以在管内或管外。其优点是设计和操作都容易。缺点是需要增加输送设备和功率消耗，这样一来，投资费和操作费都要有所增加。

2. 釜式再沸器的设计方法及步骤

在设计釜式再沸器时，总希望它能保持在泡核沸腾区操作。应该指出，釜式再沸器内的液体是在管束间沸腾，这与在单管外的池沸腾颇不相同。由于液体汽化，在管束间形成两相混合物，因而亦产生类似于热虹吸作用下的对流现象，传热系数可能增大，但临界热通量则下降。在设计釜式再沸器时，最理想的是先做单管实验，在获得单管沸腾曲线后再以此作为设计依据。诚然，也可用 Mostinskii 的式(1－107)或 Forster－Zuber 的式(1－119)来估算泡核沸腾的传热系数。为了安全起见，设计热通量不应超出临界热通量的 70%。管束的临界热通量可用 Zuber 方程式(1－112)或 Palen 等的下列公式计算：

$$\left(\frac{Q}{A_o}\right)_c = 0.2491\lambda\rho_v^{\frac{1}{2}}[g\sigma(\rho_l-\rho_v)]^{\frac{1}{4}}\frac{p'}{d_o\sqrt{N}} \tag{1-150}$$

式中 d_o——管子外径；

p'——管心距，m；

N——管束垂直列上的管数。

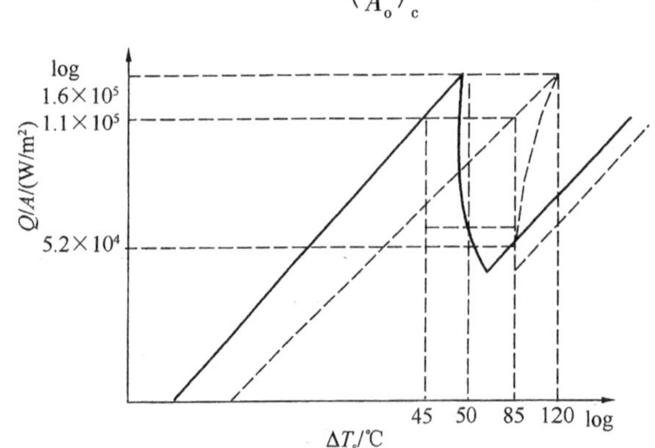

图 1.1－19 再沸器壁面洁净和有污垢时的沸腾曲线

若用 Kern 法，计算所得到的热通量要小得多，设计比较保守。但是，保守的设计不一定安全，下面举一例来说明。

设计一台釜式再沸器，工艺流体是沸点为 63℃的液体。管壁热阻为 3.4×10^{-5} $(m^2\cdot K)/W$。用水蒸气作为热源，冷凝传热系数为 $8722W/(m^2\cdot K)$。图 1.1－19 是通过实验取得的沸腾曲线。图中实线表示传热壁面洁净时的情况。临界热通量为 $1.6\times10^5W/m^2$，对应的 $\Delta T_s=50℃$。为安全起见，取临界热通量的70%，即 $1.1\times10^5W/m^2$ 作为设计热通量，这时 $\Delta T_s\approx45℃$。

实验时，还得到了污垢对沸腾曲线影响的结果，为图中虚线所示。若按已结垢的工况分析，临界点温差 $\Delta T_s\approx120℃$（与临界热通量为 $1.6\times10^5W/m^2$ 相对应）。设计者为安全着想，设计基准安全按有污垢情况来考虑，设计热通量取临界热通量的70%（仍为 $1.1\times10^5W/m^2$），按图中虚线（有污垢情况）所对应的 $\Delta T_s\approx85℃$。通过计算，设计者规定加热水蒸气的压力为 4.9×10^5Pa，饱和温度为151℃。这样一来，可以保证在产生污垢后仍有足够的 ΔT_s 和热通量。可是，在刚开工时，传热壁面上洁净无垢，若操作人员完全按设计规定，使用 4.9×10^5Pa 的蒸汽加热。这时壁温仍然接近水蒸气温度，即 $\Delta T_s\approx85℃$。从图中可见，操作在膜态沸腾区进行，热通量急剧下降到 $5.2\times10^4W/m^2$。在这样的壁面过热度 ΔT_s 下操作，将很快产生污垢。可见，若设计太保守，不一定安全。比较好的办法是依据具体条件来加以分析和采取措施。按此例，开工时，应规定使用温度较低的水蒸气来加热，用 $63℃+45℃\approx98℃$ 的水蒸气是安全合理的，这样可以保证设备长期在较佳状态下操作。

此外，若料液处于过冷状态，过冷度不超过总热负荷的10%～20%，由于釜中搅动剧烈，料液进入釜后，立即与釜内液体混合在一起，对沸腾传热膜系数无甚影响，因此不必把过冷部分分别按无相变加热来处理。

在这里，介绍一种以 Palen－Small 法为基础的釜式再沸器的设计方法。此方法只适用于纯物料或沸点相近的混合物，沸点相近是指混合物的沸点范围小于逼近温度（热流体出口温度与混合物最终的沸腾温度之差）。该方法的主要步骤如下：

（1）列出工艺条件及物性数据

①工艺条件

A. 沸腾侧

a. 沸腾物料名称；

b. 再沸器内压力 p_v（绝对压力）；或液体的饱和温度 t_v，对于非等温沸腾的混合物来说，t_v 可取泡点和露点的中值；

c. 料液温度 t_i

d. 所产生蒸气的质量流量 $\overline{w}'_v$；

e. 进入再沸器的液体质量流量 $\overline{w}'_l$；

f. 沸腾液的污垢热阻 R_{fo}。

B. 加热侧

若采用纯蒸气冷凝，并且无过冷（基本上是等温过程）。

a. 蒸气名称；

b. 蒸气饱和温度 T_v 或蒸气压力 P_v；

c. 污垢热阻 R_{fi}。

若用载热液体加热（无相变）：

a. 载热体名称；

b. 载热体进口温度 T_1 和出口温度 T_2；

c. 如考虑在操作压力范围内，流体物性受压力影响变化较大时，则需要载热体的压力数据 p_i；

d. 载热体质量流量 $\overline{w}'_{\mathrm{i}}$(若此项已给定，进出口温度中的一项则为待定值)；
e. 载热体的污垢热阻 R_{fi}。
②物性数据
A. 沸腾侧
a. 汽化潜热 λ；
b. 液体比热容 C_{pl}；
c. 液体热导率 k_{l}；
d. 表面张力 σ；
e. 液体密度 ρ_{l}；
f. 蒸气密度 ρ_{v}；
g. 液体热膨胀系数 β(只在推动力小于4.5℃时，需用此数据)；
h. 混合物临界压力 p_{c}(绝压)。
若有单管实验的泡核沸腾曲线，可省略c至h各项。
B. 加热侧
采用蒸气冷凝法，需要下列数据；
a. 冷凝潜热 λ；
b. 液体热导率 k_{l}；
c. 液体的黏度 μ；
d. 液体比热容 C_{pl}；
e. 蒸气密度 ρ_{v}；
f. 表面张力 σ；
采用液体冷却法，大多数关联式都有 Re 数或其他准数，一般需要下列数据：
a. 热导率 k_{l}；
b. 黏度 μ(最好有两个以上不同温度时的数据，以便估计温度的影响)；
c. 比热容 C_{pl}；
d. 密度 ρ。
(2) 初步估算
①计算传热速率

$$Q = w_{\mathrm{l}} C_{\mathrm{pl}} (t_{\mathrm{v}} - t_{\mathrm{i}}) + w'_{\mathrm{v}} \lambda$$

②计算蒸汽冷凝速率或载热体流率
A. 蒸气冷凝速率(用蒸汽加热)

$$w_{\mathrm{v}} = \frac{Q}{\lambda}$$

B. 载热体流率(用载热体加热)

$$w_{\mathrm{i}} = \frac{Q}{C_{\mathrm{p}}(T_1 - T_2)}$$

若 w_{i} 为已知，亦可用上式求出口温度 T_2。
③计算传热平均温差 ΔT_{m}
A. 用蒸气冷凝加热

$$\Delta T_{\mathrm{m}} = T_{\mathrm{v}} - t_{\mathrm{v}}$$

B. 用载热液体加热

$$\Delta T_m = \frac{T_1 - T_2}{\ln\left(\frac{T_1 - t_v}{T_2 - t_v}\right)}$$

④估算所需传热面积

$$A_o = \frac{Q}{\left(\frac{Q}{A}\right)_{kern,max}}$$

$\left(\frac{Q}{A}\right)_{kern,max}$ 是 kern 法中规定的最大热通量。对有机物为 37797W/m^2，对水为 78851W/m^2。此值虽不很准确，但初步估算传热面积和计算管径、管长及管数时，极其方便。

⑤确定再沸器管子等尺寸

确定管径 d_o、管心距 p' 及管长 l，对 U 形管来说，l 是指一个直管段的长度。

（3）迭代设计计算

A. 计算管数 N_T

$$N_T = \frac{A_o}{\pi d_o l}$$

对 U 形管束，N_T 即管板上的孔数。

B. 计算管内传热系数 h_i

依据具体情况选用有关关联式。

C. 计算壳侧传热系数 h_o

也就是沸腾传热系数，最好用实验数据来确定 h_o，否则用式(1－107)计算，即

$$h_o = 3.596 \times 10^{-5} p_c^{0.59} \left(\frac{Q}{A}\right)^{0.7} [1.8p_r^{0.17} + 4p_r^{1.2} + 10p_r^{10}]$$

第一次试算时，可用$\left(\frac{Q}{A_o}\right)_{kern,max}$代替$\frac{Q}{A_o}$。

D. 计算总传热系数 K

$$K = \frac{1}{\frac{1}{h_o} + R_{fo} + \frac{\Delta x_w d_o}{k_w d_m} + R_{fi}\frac{d_o}{d_i} + \frac{d_o}{h_i d_i}}$$

式中　d_m——管平均直径，m；

R_{fo}——管外垢层热阻，(m^2·K)/W；

R_{fi}——管内垢层热阻，(m^2·K)/W。

E. 计算沸腾侧温差 ΔT_b

$$\Delta T_b = \left(\frac{K}{h_o}\right)\Delta T_m$$

F. 判断 $\Delta T_b > 4.4$℃？

若 $\Delta T_b > 4.4$℃，说明可以不必考虑自然对流对传热系数的影响，转到(3)－I；否则转到(3)－G。

G. 计算沸腾和自然对流的加和传热系数 h'_o

$$h'_o = h_o + 0.53\left(\frac{k_l}{d_o}\right)(Gr \cdot Pr)^{\frac{1}{4}} = h_o + 0.53\left(\frac{k_l}{d_o}\right)\left(\frac{d_o^3 \rho_l^2 g \beta \Delta T_b C_{pl}}{\mu_l k_l}\right)^{\frac{1}{4}}$$

H. 再一次计算总传热系数

$$K=\frac{1}{\frac{1}{h'_o}+R_{fo}+\frac{\Delta x_w d_o}{k_w d_m}+R_{fi}\frac{d_o}{d_i}+\frac{d_o}{h_i d_i}}$$

I. 计算修正后的$\left(\frac{Q}{A_o}\right)'$

即：

$$\left(\frac{Q}{A_o}\right)'=K\Delta T_m$$

J. 计算修正后的传热面积

$$A'_o=\frac{Q}{\left(\frac{Q}{A_o}\right)'}$$

K. 检查$A'_o=A_o$?

是：转到(3)-L；

否：转到(3)-A,可设$A_o=A'_o$，进行重算。

L. 计算最大(临界)热流

$$\left(\frac{Q}{A_o}\right)_c=0.2491\lambda\rho_v^{\frac{1}{2}}[g\sigma(\rho_l-\rho_v)]^{\frac{1}{4}}\frac{p'}{d_o\sqrt{N}} \tag{1-150}$$

M. 检查$\left(\frac{Q}{A_o}\right)'\leqslant\left(\frac{Q}{A_o}\right)_c$?

是：所选的结构参数能满足设计要求；

否：转到(3)-N。

N. 设$\left(\frac{Q}{A_o}\right)'=\left(\frac{Q}{A_o}\right)_c$

O. 计算A'_o

$$A'_o=\frac{Q}{\left(\frac{Q}{A_o}\right)_c}$$

P. 采用A'_o及$\left(\frac{Q}{A_o}\right)_c$，重复计算(3)-A，B，C和D。

Q. 比较$K\Delta T_m\geqslant\left(\frac{Q}{A_o}\right)_c$?

是：所选结构参数可能使操作处于过渡沸腾区。应降低T_v或T_l。返回(3)-B重新计算；

否：转到(3)-E，用新的K继续往下计算。

3. 热虹吸再沸器的设计

热虹吸再沸器中，液体在再沸器的管内形成两相混合物，其密度小于从塔底流入再沸器进料口的流体密度。把由此而产生的静压差作为推动力，使器内流体作自然循环。关于流体在管内沸腾时的传热及压降，见前述。

通常，液体以过冷状态进入加热管内，再从过冷状态加热到饱和温度(相对于局部压力而言），属于无相变加热，常称此段为预热段。在预热段，液体上升，静压力下降，温度上升，直到某一点，当液体温度达到与该处压力相应的饱和温度时，液体开始汽化。随后，由于静压力变化及摩擦损失的影响，愈往上，压力愈低，温度下降。这时从壁面传入的热量，以及从下部上升的液体降温所放出的热量都用来产生蒸气。可见，沿管轴从下往上，绝大多数的参数都在变化。因此，无论传热或压降的计算都必须按管长分为若干段来进行。这种分段计算，工作量很大，只能用计算机才能完成。简化设计计算的方法可参见文献[34]。

管内流动沸腾开始时，首先是鼓泡流，当气泡相连而变大时，就成为块状流（Slug Flow）。再往上，管中心就形成连续的气心，称为环状流。从块状流到环状流的过渡区一般都不稳定。实验证明，当蒸气干度 x 达到50%以上，就基本上成为稳定的环状流。环状流是比较理想的操作区域。

当 x 继续增加到一定值后，就进入雾状流区。这时，壁面上的液体全部汽化，只在气心中有些液滴夹带。一般都不希望在这种"干壁"情况下操作。这时，不仅传热系数下降，且壁温剧增，易于结垢或使物质变质。更严重的是壁面温度趋近于热介质温度，很可能"烧毁"设备。可利用图1.1－20判断操作的流型。

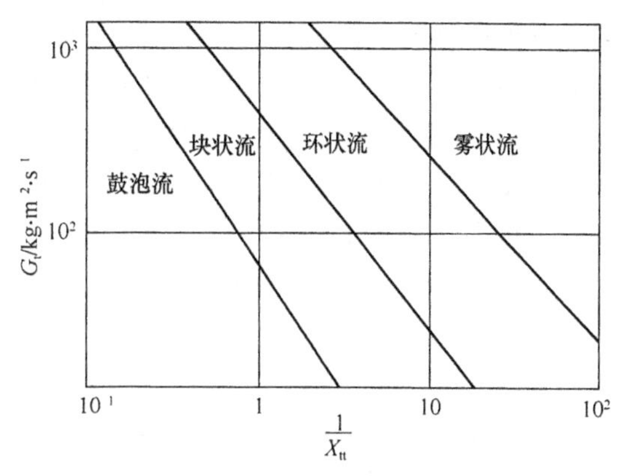

图1.1－20　垂直管内流型图

Fair对热虹吸再沸器的设计有详细的讨论，并有举例，可供设计者参考。

在设计热虹吸再沸器时，除了需要解决传热及压降问题外，还要考虑另一关键问题：消除波动或不稳定性。引起两相流波动有几种不同的机理。如在泡核沸腾区，若缺乏汽化核心，液体过热度急剧上升，就可能引起严重的不稳定。又如，从一种流型过渡到另一流型时，也会产生某些波动。像块状流本身就具有间歇性的本质，它可能激化系统的不稳定性。关于两相流的不稳定性，可参阅相关文献。

这里，将侧重讨论自然循环沸腾系统中的动力学不稳定性的一些影响因素。这种不稳定性往往是由于流量、气体体积及压降之间的反馈而引起的。可作如下解释：假定热通量不变，若进入循环的流体流量受外界干扰而略为下降，加热管内蒸气体积就会增加。管内两相流体的密度相应变小，有效推动力变大，流量、流速增加，产生气体加速运动。这将导致蒸气减少，从而使管内两相流体的密度变大，有效推动力减小，又产生减速运动。周而复始，形成带有周期性的波动。这种不稳定性将使精馏塔内发生液泛或漏液等现象。

研究热虹吸再沸器内流动不稳定性的文章不少，但缺乏定量的数据资料。归纳起来，影响热虹吸再沸器稳定性的因素主要有：进口节流、出口管路直径、管径、管长、精馏塔底部液面高度及系统压力，下面将分别进行讨论。

（1）进口节流

一般地，在进口管路中装一节流阀，增加进口段阻力是解决不稳定性行之有效的方法，美国HTRI对此曾作过广泛的探讨，并有直观录像作详细阐述。在实验观察中，若进口管路中没有阀门，热流量较低时就达到稳定极限。当装上阀门，并将阀门逐步关小，与稳定极限相应的热通量明显上升。甚至系统进入雾状流时也不出现不稳定现象。当然，从传热角度考虑，并不希望达到雾状流状态。所以在进口节流时，也应考虑避免发生雾状流。

(2) 出口管路直径

实验结果表明，出口管路流通截面积小于加热段的流通面积时，会使流动稳定性明显下降，容易出现噎塞流(Choke flow)。

(3) 管径

管径对稳定性的影响很大。一些实验证明，管径从15mm到50mm，稳定极限热通量可提高3倍之多。此结果强调了在热虹吸换热器设计时，管直径不宜选择太小，尤其在低压操作时更应注意。一般认为，可以用功率密度(Power density)，即单位流体体积的功率，作为反映稳定性的参数。功率密度小，操作稳定性好。直径增加时，功率密度降低。

(4) 管长

所有实验均证明，稳定性随管长的增加而下降。其理由是，如果其他参数维持不变，管长增加，出口蒸气干度 x 提高，两相流区的压降也上升，这两者都是引起不稳定的因素。实验数据说明，当管长从2.5m增加到4m，稳定性极限热通量将下降60%。具体说，若用15mm直径的管子，进口段无节流阀，当管长超过2.5m以上，热负荷基本上不变，有时甚至下降。如果在设计时必须缩小壳径而增加管长，一定要装进口节流阀。

(5) 精馏塔底部液面高度

提高塔底液面，有利于提高稳定性。这就指明了在用热虹吸再沸器时，塔底部应有溢流堰装置，以维持液面恒定。否则，可能引起波动。

(6) 系统压强

提高系统压强，可提高稳定极限热通量。

二、冷凝[6,28,29,37,38]

(一) 概况

在石油、化工及动力工程中，广泛出现冷凝传热过程。如蒸馏塔顶蒸气的冷凝，加热蒸气的冷凝，冷冻过程中冷冻剂蒸气的冷凝等。用作蒸气冷凝器的主要传热设备有：管壳式冷凝器、空冷式冷凝器，板式换热器及螺旋板换热器等。

根据蒸气的流向，加热管放置的方向，传热管的类型，蒸气及冷凝液的流动状况，蒸气组分是单一的还是混合的以及冷凝过程的不同，冷凝传热可分为许多不同的类别，在不同类别中，冷凝传热系数的计算方法是不相同的。

1. 按蒸气的流向及传热管的放置方向分

(1) 蒸气在管内冷凝

①水平管内蒸气冷凝；

②垂直管内蒸气冷凝；

⑧倾斜管内蒸气冷凝。

(2) 蒸气在管外冷凝

①垂直管束外蒸气冷疑；

②单根水平管外蒸气冷凝：

③水平管束外蒸气冷凝。

2. 按传热管的类型分

(1) 光管；

(2) 翅片管；

(3) 槽型管。

3. 按蒸气的流动状况分

（1）低蒸气速度下的冷凝，此时冷凝液的流动由重力控制；

（2）高蒸气速度下的冷凝，此时冷凝液的流动由蒸气剪应力控制。

4. 按蒸气的热力学状态分

（1）饱和蒸气冷疑；

（2）过热蒸气冷凝。

5. 按蒸气组分的数目分

（1）单组分蒸气冷凝；

（2）具有不凝气的蒸气冷凝；

（3）多组分蒸气的冷凝。

6. 按冷凝方式分

（1）滴状冷凝；

（2）膜状冷凝；

（3）蒸气与冷却剂直接触冷凝；

（4）均相冷凝。

蒸气在传热壁面上冷凝的两种基本方式是滴状冷凝及膜状冷凝。滴状冷凝时，冷凝液滴只覆盖部分传热面，壁面的其余部分与蒸气直接接触。而在膜状冷凝时，冷凝液沿传热面呈膜状流动，传热面全部被凝液覆盖。冷凝液膜的厚度，主要决定于蒸气的冷凝速度、凝液在壁面上的流动状况(凝液依靠重力流动还是蒸气剪应力控制流动)、传热壁面上是否有引导冷凝液及时离开壁面的结构等。由于经过凝液膜的传热方式主要是导热，故冷凝传热速度决定于凝液膜的厚度。由于滴状冷凝过程中，有相当一部分传热面与蒸气直接接触进行传热，蒸气与壁面间无液膜热阻存在，故滴状冷凝传热系数大于膜状冷凝传热系数，前者约为后者的 10 倍左右。由于滴状冷凝的传热系数较大，引起了人们对它的极大兴趣。有许多人在这方面进行了研究，试图实现滴状冷凝过程，建立关联滴状冷凝传热系数的计算式。但这方面的研究结果还不够成熟。

工业装置中，蒸气在传热壁面上的冷凝方式，主要是膜状冷凝。这里分别对膜状冷凝的各种不同情况进行讨论。

（二）纯组分饱和蒸气的冷凝

1. 重力控制下的蒸气冷凝

（1）垂直管内外壁面上的蒸气冷凝

1916 年，Nusselt 对垂直壁面上的蒸气冷凝进行了研究。在一定的假设条件下，建立了重力控制下蒸气冷凝的物理模型，由此导出了计算冷凝传热系数的教学模型，称为 Nusselt 模型。Nusselt 模型虽是早期的冷凝传热模型，但现在仍十分有用，它是多种冷凝传热过程计算方法的基础和组成部分。

Nusselt 模型的几点基本假设：

①冷凝蒸气为纯组分饱和蒸气；

②传热壁面上的冷凝液膜呈层流流动；

③略去气液相界面上的热阻及凝液与传热壁面上的热阻，即气、液相具有相同的温度，凝液与壁面亦具有相同的温度；

④热量以热传导方式通过液膜；

⑤凝液膜内的温度呈直线变化；

⑥传热壁面为等温，即蒸气与壁面的温度不随位置而变化；

⑦凝液物性不随温度而变；

⑧蒸气对凝液表面无剪应力作用；

⑨在凝液与壁面的界面上，液体速度为零；

⑩略去凝液因温度降低而放出的显热。

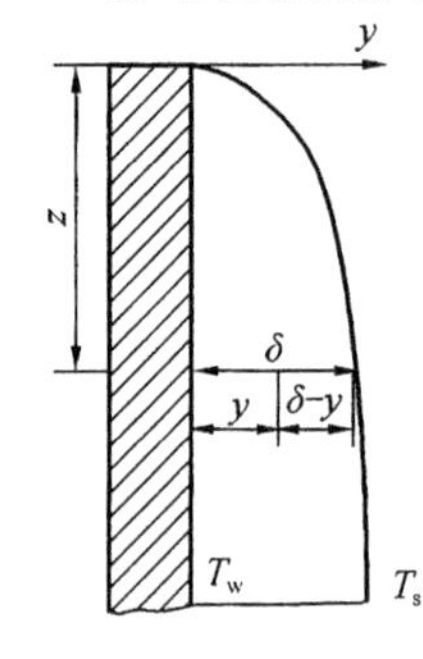

图 1.1－21　蒸气在垂直壁面上的冷凝

图 1.1－21 表示蒸气在一垂直平板上的冷凝。在距液膜表面 y 处的平面上，存在如下的力平衡关系：

$$\mu_l \frac{du}{dy} = -g(\rho_l - \rho_v)y \tag{1-151}$$

式中　μ_l——凝液的黏度，Pa·s；

u——距壁面为 y 处的液膜速度，m/s；

ρ_l——凝液的密度，kg/m^3；

ρ_v——蒸气的密度，kg/m^3；

g——重力加速度，m/s^2；

δ——传热壁面上冷凝液膜的厚度，m。

将上式积分，并使用边界条件：$y=\delta$ 时，$u=0$，得到：

$$u = \frac{(\rho_l - \rho_v)g}{2\mu_l}(\delta^2 - y^2) \tag{1-152}$$

液膜界面上的平均速度：

$$\bar{u} = \frac{1}{\delta}\int_0^\delta u dy = \frac{(\rho_l - \rho_v)\delta^2 g}{3\mu_l} \tag{1-153}$$

单位板宽上的液膜质量流量：

$$\Gamma = \rho_l \bar{u}\delta \tag{1-153}$$

由式(1－152)及式(1－155)，得

$$\Gamma = \frac{\rho_l(\rho_l - \rho_v)g\delta^3}{3\mu_l} \tag{1-154}$$

冷凝液的质量流速 G 为：

$$G = \frac{d\Gamma}{dz} = \frac{\rho_l(\rho_l - \rho_v)g}{3\mu_l}\frac{d\delta^3}{dz} \tag{1-156}$$

热量以导热方式通过液膜，其热通量为

$$q = \frac{k_l}{\delta}(t_s - t_w) \tag{1-157}$$

式中　q——通过液膜的热通量，W/m^2；

k_l——凝液的热导率，W/(m·K)；

t_s——蒸气的饱和温度，℃；

t_w——传热壁面的温度，℃。

热通量 q 与凝液质量流速之间，有如下关系：

$$q = \lambda G \tag{1-158}$$

式中　λ——蒸气的冷凝潜热，J/kg。

由式(1－156)及式(1－158)，得：

$$\delta^3\frac{d\delta}{dz}=\frac{\mu_1k_1(t_s-t_w)}{\rho_1(\rho_1-\rho_v)\lambda g} \tag{1-159}$$

式(1－159)右边为常数，由边界条件 $z=0$，$\delta=0$，积分式(1－159)，得：

$$\delta^4=\frac{4\mu_1k_1(t_s-t_w)z}{\rho_1(\rho_1-\rho_v)\lambda g} \tag{1-160}$$

由式(1－157)，局部冷凝传热系数 $h_c=\frac{k_1}{\delta}$，将式(1－160)带入此关系式，得：

$$h_c=\left[\frac{k_1^3\rho_1g(\rho_1-\rho_v)\lambda}{4\mu_1(t_s-t_w)z}\right]^{\frac{1}{4}} \tag{1-161}$$

式中 h_c——局部冷凝传热系数，$W/(m^2\cdot K)$。

局部冷凝传热系数 h_c，随传热面高度 z 而变化，而整个垂直壁面上的平均冷凝传热系数 $\bar{h}_c$ 为：

$$\bar{h}_c=\frac{1}{L}\int_0^L h_c dz \tag{1-162}$$

式中 $\bar{h}_c$——整个传热壁面上的平均冷凝传热系数，$W/(m^2\cdot K)$；

L——垂直传热壁面的高度，m。

由式(1－161)及式(1－162)得：

$$\bar{h}_c=0.943\left[\frac{k_1^3\rho_1g(\rho_1-\rho_v)\lambda}{\mu_1(t_s-t_w)L}\right]^{\frac{1}{4}} \tag{1-163}$$

由式(1－163)可知，当 L 及 (t_s-t_w) 增大时，平均冷凝传热系数 $\bar{h}_c$ 降低。这是因为 L 及 (t_s-t_w) 增大时，传热壁面上的液膜平均厚度增加，从而增大热阻，致使 $\bar{h}_c$ 下降。因为传热速率为：

$$Q=\bar{h}_cA(t_s-t_w) \tag{1-164}$$

式中 Q——冷凝传热速率，W；

A——冷凝传热面积，m^2。

冷凝传热面积 A 与传热面高度 L 成正比，由式(1－163)及式(1－164)得：

$$Q\propto L^{\frac{3}{4}}(t_s-t_w)^{\frac{3}{4}} \tag{1-165}$$

式(1－163)是根据蒸气在垂直平壁上的冷凝过程推导出来的，对垂直管内、外壁面上的冷凝传热而言，因液膜厚度与管径相比，一般比较小，故式(1－163)可用于垂直管内、外壁面上蒸气冷凝传热系数的计算。

使用式(1－163)计算冷凝传热系数时，应知道 L 及 (t_s-t_w) 的数值。在设计一台冷凝器之前，往往不能事先知道 L 及 (t_s-t_w) 的数值。因此，使用式(1－163)计算冷凝传热系数时，比较麻烦。为此，可将式(1－163)改写成另一种便于设计计算的形式：

$$Q=\lambda w=\bar{h}_c\pi dL(t_s-t_w)$$

由此得

$$\frac{\lambda}{L(t_s-t_w)}=\frac{\bar{h}_c\pi d}{w}=\frac{\bar{h}_c}{\Gamma} \tag{1-166}$$

式中 w——蒸气冷凝量，kg/s；

Γ——传热管单位周长上产生的凝液量，kg/(m·s)；

d——传热管的直径，m；管内蒸气冷凝时为管内径，管外蒸气冷凝时为管外径。

将式(1－165)代入式(1－163)，得：

$$\bar{h}_c = 0.925\left[\frac{k_1^3\rho_1(\rho_1-\rho_v)g}{\mu_1\Gamma}\right]^{\frac{1}{3}} \tag{1-167}$$

此式亦可写成：

$$\bar{h}_c = 1.47\left[\frac{k_1^3\rho_1(\rho_1-\rho_v)g}{\mu_1^2}\right]^{\frac{1}{3}} Re_1^{-\frac{1}{3}} \tag{1-168}$$

$$Re_1 = \frac{4\Gamma}{\mu_1} \tag{1-169}$$

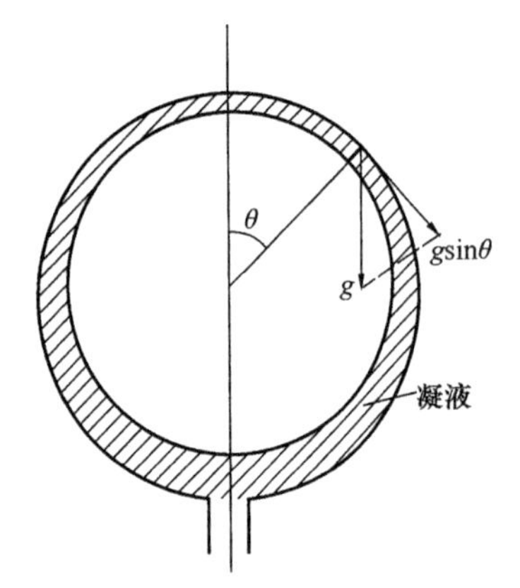

图 1.1－22 蒸气在单根水平管外冷凝

（2）水平管外蒸气的冷凝

①蒸气在单根水平管外的冷凝

蒸气在单根水平管外冷凝时，Nusselt 所作的上述几点假设仍然适用。所不同的是，蒸气在水平管外冷凝时，重力加速度的有效分量为 $g\sin\theta$，此分量值沿传热管周边不断变化。凝液膜的厚度，在传热管顶部为最小，凝液沿管周边向下流动，液膜不断变厚，如图 1.1－22 所示。

蒸气在单根水平管外冷凝时，采用类似上述的方法，同样可以推导出计算平均冷凝传热系数的关联式。

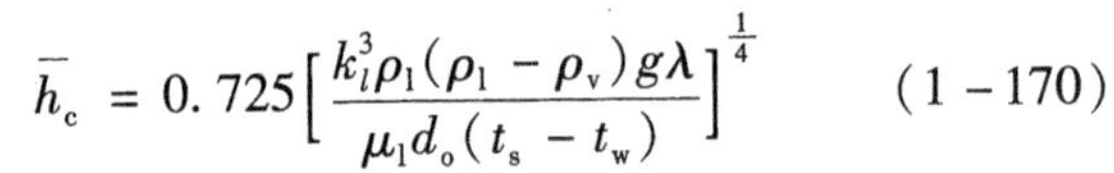

$$\bar{h}_c = 0.725\left[\frac{k_l^3\rho_1(\rho_1-\rho_v)g\lambda}{\mu_1 d_o(t_s-t_w)}\right]^{\frac{1}{4}} \tag{1-170}$$

式中 d_o——传热管外径，m。

式(1－170)同样可以改写成类似式(1－168)的形式：

$$\bar{h}_c = 1.51\left[\frac{k_1^3\rho_1(\rho_1-\rho_v)g}{\mu_1^2}\right]^{\frac{1}{3}} Re_1^{-\frac{1}{3}} \tag{1-171}$$

式中

$$Re_1 = \frac{4\Gamma}{\mu_1} = \frac{4w}{\mu_1 L} \tag{1-172}$$

②蒸气在水平管束外的冷凝

蒸气在水平管束外冷凝时，管束的上部管壁面上产生的凝液依次流向下一管，如图 1.1－23 所示。下面管壁面上的凝液膜较上面管壁面上的凝液膜厚。因此，管束上部及下部传热管的冷凝传热系数不相同，越往下，冷凝传热系数越低。

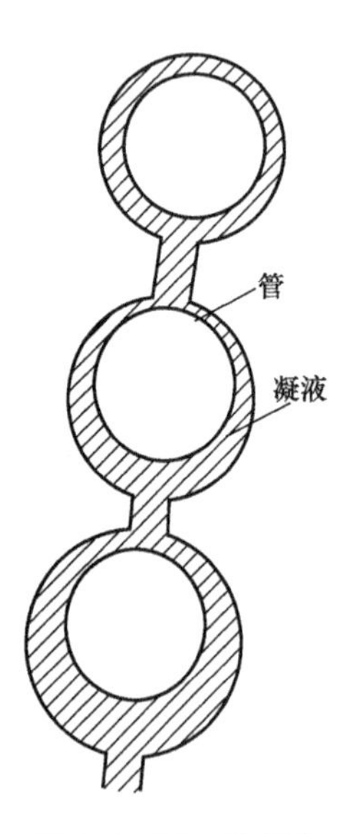

图 1.1－23 蒸气在水平管束外冷凝

若管束的一垂直列上的管数为 N，该垂直管列中，从最下一管的单位管长上流下的凝液量为 w/L，该垂直管列的平均冷凝传热系数为 $\bar{h}_{CN}$，则有：

$$\frac{w}{L} = \frac{N\pi d_o\bar{h}_{CN}(t_s-t_w)}{\lambda} \tag{1-173}$$

式中 $\bar{h}_{CN}$——水平管束外冷凝平均传热系数，W/(m^2·K)。

式(1－171)及式(1－173)消去 w/L，得：

$$\bar{h}_{CN}=0.725\left[\frac{k_l^3\rho_l(\rho_l-\rho_v)g\lambda}{N\mu_l d_o(t_s-t_w)}\right]^{\frac{1}{4}} \tag{1-174}$$

将式(1－174)及式(1－170)相比较，得：

$$\bar{h}_{CN}=\bar{h}_c N^{-\frac{1}{4}} \tag{1-175}$$

式中　$\bar{h}_c$——管束顶部传热管的冷凝传热系数，W/(m^2·K)。

式(1－174)及式(1－175)仍以 Nusselt 模型为基础，凝液膜沿管壁外表面呈层流流动，凝液以连续片状的形式，从上一管沿管长均匀分布于下一管外壁面上，但实际情况并不完全是这样。通常，凝液以滴状形式，从上一管坠落到下一管，激起液膜湍动，导致冷凝传热系数增大。

因此，实际上的冷凝传热系数比按式(1－175)推算的数值大一些。Kern 对式(1－175)进行了修正，提出下面的计算式：

$$\bar{h}_{CN}=\bar{h}_C N^{-\frac{1}{6}} \tag{1-176}$$

Kern 并没有提出他的实验证据。后来 Grant 证明 Kern 的修正式与实际情况相符。

(3) 水平管内蒸气的冷凝

当蒸气速度不大，凝液受重力控制时，可用下述公式计算水平管内蒸气冷凝传热系数。

从 Nusselt 理论，可推导出单根水平管外壁面的冷凝传热系数，见式(1－170)及(1－172)。Kern 指出，可用这些公式计算单根水平管内冷凝传热系数，只是为了安全起见，将式中的凝液负荷 Γ 改为下面的计算方法：

$$\Gamma=\frac{w}{0.5LN_t}=\frac{w_t}{0.5L}$$

代入式(1－171)，得：

$$\bar{h}_c=0.755\left[\frac{k_l^3\rho_l(\rho_l-\rho_v)gL}{w_t\mu_l}\right]^{\frac{1}{3}} \tag{1-177}$$

式中　w_t——单根管内冷凝液质量流量，kg/s。

也有人建议，可在 Nusselt 水平管外冷凝模型的基础上，考虑水平管下部积存凝液使传热系数下降，引入一校正因子 Ω 后冷凝传热系数可按下式计算：

$$\bar{h}_c=0.725\Omega\left[\frac{k_l^3\rho_l(\rho_l-\rho_v)g\lambda}{\mu_l d_i(t_s-t_w)}\right]^{\frac{1}{4}} \tag{1-178}$$

式中　Ω——校正因子，无因次。

Ω 值一般取 0.8。Jaster 等提出了一个简单而较为可靠的公式：

$$\Omega=\varepsilon_G^{\frac{1}{4}} \tag{1-179}$$

式中　ε_G——空隙率，无因次。

ε_G 按 Zivi 方程计算：

$$\varepsilon_G=\frac{1}{\left[1+\left(\frac{1-x}{x}\right)\left(\frac{\rho_v}{\rho_l}\right)^{2/3}\right]} \tag{1-180}$$

式中　x——气(汽)液系统中，蒸气或气体的质量分率，无因次。

(4) Nusselt 模型的检验及其修正

Nusselt 的假设是 Nusselt 模型的基础，有一些假设比较接近实际情况，但有些假设与实际情况并不完全符合，甚至在某些情况下，与实际的差别很大。在 Nusselt 模型问世之后，有许多人对 Nusselt 的假设进行了检验，并在此基础上对 Nusselt 模型进行了必要的修正。

Nusselt 曾假定：流体物性为不随温度变化的常数，于是式(1-159)右边为常数，由该式积分后得式(1-160)。显然，当(t_s-t_w)值不大时，在此温差范围内，凝液的有些物性可视为常数。但黏度μ_l随温度的变化比其他物性变化大一些，特别是当(t_s-t_w)值较高时，或凝液黏度值比较大的场合，黏度随温度的变化更不能忽略。有人认为，为解决这一问题，可以采用液膜算术平均温度作为物性的定性温度。但也有人认为，黏度值应按如下温度确定：

$$t = t_s - \frac{3}{4}(t_s - t_w) \qquad (1-181)$$

Nusselt 假定：蒸气温度及传热壁面的温度沿传热面无变化。对纯组分饱和蒸气而言，蒸气的温度不随传热面位置而变。然而，传热壁面的温度常常沿传热面高度而变。即使传热面另一侧的冷却剂的温度维持不变，也不能保证传热壁温为常数。这是因为沿传热面高度，凝液膜的厚度是不相同的，因而各处的局部冷凝传热系数亦不相同，所以，传热壁面的温度是沿传热面高度而变的，故 Nusselt 的恒壁温假设与实际不符合。解决这一问题的简便办法是采用平均壁温。但采用平均壁温时，得到的冷凝传热系数比实际值低，偏于保守。

当冷凝器中冷却剂的温度沿传热壁面变化时，将直接影响壁温发生变化。Van der walt 及 Krogr 提出壁温 t_w 及平均冷凝传热系数的计算式：

$$t_w = t_s - mz^n \text{。} \qquad (1-182)$$

式中 m、n——常数，无因次，由实验确定。$m>0$，$0<n<3$；

z——沿传热面的轴向距离，m。

将式(1-182)代入式(1-159)，积分得：

$$\bar{h}_c = \left(\frac{4}{3-n}\right)\left(\frac{n+1}{n}\right)^{\frac{1}{4}}\left[\frac{k_l^3\rho_l(\rho_l-\rho_v)g\lambda}{\mu_l(t_s-t_w)L}\right]^{\frac{1}{4}} \qquad (1-183)$$

Nusselt 曾假定：在气-液界面上，气、液相具有相同的温度，即界面上无热阻。对于大多数工业中的冷凝传热过程，相界面热阻可忽略，作为无界面热阻处理。但在操作压力很低(譬如说低于 1kPa)时，界面阻力就相当显著。Berman 从分子动力学角度对此作了较深入的论述。此外，当冷凝负荷很大，或冷凝液为液态金属时，界面热阻也需要考虑。

Nusselt 假定：凝液膜内的温呈直线变化。实际上，蒸气冷凝时释放的热量，并不是全部经凝液传导到传热壁面的，其中一部分热量以对流传热方式传给壁面上的过冷凝液(低于饱和温度的冷凝液)，从而引起了凝液膜内温度的非线性变化。Bromley 等研究了这方面的问题，对 Nusselt 模型进行了修正。到目前为止，许多学者仍推荐使用 Bromley 等的修正式，修正方法是，用下式代替 Nusselt 计算式中的 λ 值。

$$\lambda + 0.68C_{pl}(t_s - t_w)$$

由此可见，当(t_s-t_w)值较小时，影响很小，不必进行修正。当(t_s-t_w)值较大时，这种修正是必要的。

Nusselt 假定，传热壁面上的冷凝液膜呈层流流动，这一假定仅在一定的情况下成立。就蒸气在垂直壁面上的冷凝而言，若垂直壁面较长，或冷凝负荷较高，则在壁面的一定位置处，凝液膜的 Re_l 将达到临界值，于是凝液在传热面上呈湍流(图 1.1-24)。湍流出现时，可使层流底层的厚度减薄，增强冷凝传热。许多实验数据指出，凝液膜呈湍流时，冷凝传热系数随凝液膜 Re_l 的增加而增大(图 1.1-25)。

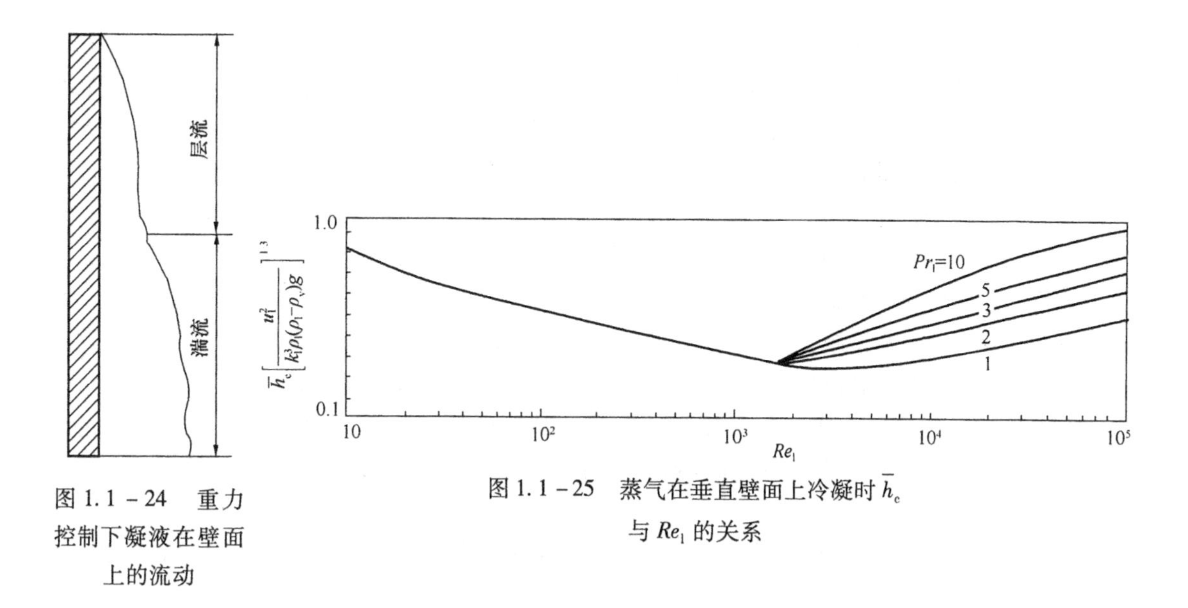

图 1.1-24　重力控制下凝液在壁面上的流动

图 1.1-25　蒸气在垂直壁面上冷凝时 $\bar{h}_c$ 与 Re_l 的关系

一般情况下，大约 $Re_l=1600\sim1800$ 时，凝液膜开始变为湍流。此时采用如下经验式计算冷凝传热系数 $\bar{h}_c$，可以得到比较好的结果。

$$\bar{h}_c\left[\frac{\mu_l^2}{k_l^3\rho_l(\rho_l-\rho_v)g}\right]^{1/3}=\frac{Re_l}{8750+58Pr_l^{-0.5}(Re_l^{0.75}-253)} \tag{1-184}$$

若按式(1-184)计算出的 $\bar{h}_c$ 值低于按式(1-168)计算出的 $\bar{h}_c$ 时，意味着冷凝液膜是层流而不是湍流，$\bar{h}_c$ 应按式(1-168)进行计算。总的原则是，按式(1-168)及式(1-184)分别算出 $\bar{h}_c$ 值后，选其较大者。

Nusselt 模型中没有考虑惯性对冷凝传热系数的影响。蒸气冷凝过程中，惯性的产生来源于下面几个方面：

①静止蒸气在冷凝前，必须具有加速到界面的速度；

②凝液沿传热面下流动时，一定要产生加速度；

③在凝液膜内有垂直于壁面的速度分量，在这个方向上的液膜流动受到阻碍而减速。

惯性对冷凝传热的影响可由下式表示：

$$\frac{\bar{h}_{ci}}{\bar{h}_c}=\left[\frac{1+0.68\varepsilon+0.02\varepsilon^2/Pr_l}{1+0.85\varepsilon/Pr_l-0.15\varepsilon^2/Pr_l}\right]^{\frac{1}{4}} \tag{1-185}$$

$$\varepsilon=\frac{C_{pl}(t_s-t_w)}{\lambda}$$

式中　$\bar{h}_{ci}$——考虑惯性影响的平均冷凝传热系数，W/(m²·K)；

$\bar{h}_c$——由 Nusselt 模型得到的平均冷凝传热系数，W/(m²·K)；

Pr_l——凝液的 Pr 数，无因次。

由式(1-185)知，对低 Pr_l 的凝液而言，$\bar{h}_{ci}<\bar{h}_c$。对 Pr_l 接近于 1 的凝液而言，$\bar{h}_{ci}$ 与 $\bar{h}_c$ 值相差很小，此时，惯性的影响可以忽略不计。

2. 在蒸气剪应力控制下的蒸气冷凝

重力控制时，冷凝与沸腾机理不同，公式亦不同。剪应力控制时，冷凝与沸腾机理相同，公式也同，可以通用。

(1) 垂直管内蒸气冷凝

蒸气在垂直管内冷凝时，通常蒸气从传热管顶部进入，蒸气与凝液一起向下呈并流流动。但亦有蒸气自传热管底部进入管内的情形，这时，蒸气与凝液呈逆流流动，如回流式冷凝器。这两种形式各有自己的特点。当蒸气在传热管内的速度比较高时，蒸气产生的剪应力，对凝液的流动起控制作用，在此时，重力作用可以忽略不计。当蒸气与凝液一起自上而下呈并流流动时，凝液膜由于受到蒸气剪应力的作用，速度加快，层流底层膜变薄，故冷凝传热系数 $\bar{h}_c$ 增大。相反，若蒸气自传热管底部进入，与凝液呈逆流时，由于蒸气剪应力阻碍凝液膜的流动，致使液膜流速下降，故冷凝传热系数 $\bar{h}_c$ 降低。若逆流时的蒸气速度足够大，可使凝液膜产生湍流，这时也可得到比较高的冷凝传热系数。但是，需要解决液泛问题。

垂直管内蒸气冷凝，通常用于化学工业中，特别适用于高压或具有腐蚀性的蒸气的冷凝。蒸气与凝液一起向下并流的冷凝器，已有许多人进行了研究，并提出了计算剪应力控制下的冷凝传热系数的关联式。

Carpenter 等对蒸气在垂直管内冷凝进行了广泛的研究，提出如下关联式。当 x 变化不大时，可用进口几何平均值计算；当 x 变化较大时，应分段计算。

$$\frac{\bar{h}_c\mu_1}{k\rho_1^{\frac{1}{2}}} = 0.065Pr^{\frac{1}{2}}F_{vc}^{\frac{1}{2}} \tag{1-186}$$

$$F_{vc} = \frac{fG_{v,m}^2}{2\rho_v} \tag{1-187}$$

$$G_{v,m} = \left(\frac{G_{v,i}^2 + G_{v,i}G_{v,o} + G_{v,o}^2}{3}\right)^{\frac{1}{2}} \tag{1-188}$$

式中 f——气相范宁摩擦因数，无因次，是气相 Re 数的函数；

$G_{v,i}$——传热管进口处蒸气的质量流速，kg/(m² · s)；

$G_{v,o}$——传热管出口处蒸气的质量流速，kg/(m² · s)。

气相 Re 数：

$$Re_v = \frac{d_iG_{v,m}}{\mu_v}$$

Boyko 等提出了一个较为简单的冷凝传热系数计算式：

$$\frac{\bar{h}_cd_i}{k_l} = 0.024\left(\frac{d_iG_t}{\mu_l}\right)^{0.8}Pr_l^{0.43}\left[\frac{\sqrt{\left(\frac{\rho}{\rho_m}\right)_i}+\sqrt{\left(\frac{\rho}{\rho_m}\right)_o}}{2}\right] \tag{1-189}$$

$$\left(\frac{\rho}{\rho_m}\right)_o = 1 + \left(\frac{\rho_l-\rho_v}{\rho_v}\right)x_o$$

$$\left(\frac{\rho}{\rho_m}\right)_i = 1 + \left(\frac{\rho_l-\rho_v}{\rho_v}\right)x_i$$

式中 G_t——蒸气和凝液的总质量流速，kg/(m² · s)；

x_i——传热管进口处蒸气的质量分率，无因次；

x_o——传热管出口处蒸气的质量分率，无因次；

ρ_m——气液平均密度，kg/m³。

若进入传热管的蒸气为干饱和蒸气，蒸气在传热管内全部冷凝，传热管出口处的凝液温度为饱和温度。则 $x_i=1$，$x_o=0$。对该情况而言，式(1-188)可简化为：

$$\frac{\bar{h}_c d_i}{k_l}=0.024\left(\frac{d_i G_t}{\mu_l}\right)^{0.8} Pr_l^{0.43}\left[\frac{\sqrt{1+\left(\frac{\rho_l}{\rho_v}\right)}}{2}\right] \tag{1-190}$$

上述计算冷凝传热系数的关联式，仅适用于剪应力控制的场合。当重力控制与剪应力控制都不能忽略时，可采用前文介绍的计算公式先分别计算出重力控制和剪应力控制条件下的传热系数后，再按下式取平均值：

$$\bar{h}_c=(\bar{h}^2_{\text{重力控制}}+\bar{h}^2_{\text{剪力控制}})^{\frac{1}{2}} \tag{1-191}$$

(2) 水平管内蒸气冷凝

蒸气在水平管内冷凝时，蒸气与凝液在管内形成两相流。根据蒸气速度及凝液量的不同，水平管内两相流可分为不同的流型，例如：气泡流、塞状流、分层流、波状流、块状流、环状流及雾状流等。由于蒸气在水平管内冷凝时的流型不同，冷凝传热系数也不同。具体的流型判断及压降计算可参阅文献[34]。

文献中普遍推荐的水平管内冷凝模型有二，即层状流模型和环状流模型。实际上就是把各种流型归纳为两大类。如气泡流、塞状流、分层流及波状流等流区都属重力控制，统归属于层状流摸型。其他如环状流及雾状流等主要是由剪应力控制的流区，则归属于环状流模型。

当蒸气速度较高，蒸气剪应力控制时，冷凝传热系数的关联式与管子方向无关。因此，上述垂直管内蒸气冷凝传热系数的关联式亦可用于水平管内。事实上，上述的 Boyko 等人提出的关联式最初是根据水平管内的实验数据得到的。

(3) 水平和垂直管外蒸气冷凝

在蒸气剪应力控制的情况下，蒸气垂直于单根水平管流动时的冷凝传热系数，比用 Nusselt 模型推算的值约大 10 ~ 20 倍。因为在蒸气剪应力作用下，临界 Re 大幅度下降。在蒸气剪应力控制下，冷凝传热系数与管子方向无关，垂直管及水平管外的冷凝传热系数均可按 Shekriladze 等人的关联式计算。

$$\bar{h}_c=0.9\left(\frac{k_l^2\rho_l u_v}{\mu_l d_o}\right)^{\frac{1}{2}} \tag{1-192}$$

式中 u_v——蒸气流速，m/s。

大多数蒸气冷凝过程是在管壳式换热器壳侧进行的，这是因为被加热流体(称为冷却剂)一般容易产生污垢，故放在管内，而管内清洗比较方便。另外，蒸气在管束外冷凝时，由于管束不规则的几何形状，引起较为强烈的湍流，冷凝传热系数通常较管内冷凝高。当蒸气的冷凝传热系数较低时(如冷冻剂蒸气的冷凝)，还便于采用低翅片强化冷凝传热。蒸气在管壳式换热器壳侧冷凝时，壳侧可有折流板，也可没有，视要求而定。折流板的形式及间距，主要决定于所允许的压降。压降的大小直接影响冷凝传热的温度差，当压差增大时，温度差下降。由于冷凝器内蒸气量不断变化，故常采用不等距的折流挡板。上游部分，蒸气量较大，用较大的板间距，下游蒸气量少，用小板间距。

蒸气在管束壳侧冷凝时，几何形状和流型很复杂，特别是有折流挡板时，难于准确推算流型和传热系数。可在单相对流传热系数关联式的基础上乘上一个和两相流摩擦压降有关的两相对流因数计算传热系数。

3. 纯组分过热蒸气的冷凝

若进入冷凝器的蒸气为过热蒸气，则在蒸气冷凝之前要放出过热部分的显热，工程上，俗称作“去过热”。蒸气去过热有两种方式：干壁式去过热及湿壁式去过热。干壁式去过热时，与蒸气相接触的传热壁面的温度高于蒸气的饱和温度。蒸气与壁面之间的传热为过热蒸气的对流传热，此时不发生蒸气冷凝，该对流传热系数主要决定于过热蒸气的性质及速度。湿壁式去过热时，传热壁面的温度低于蒸气的饱和温度。过热蒸气将在传热壁面上直接凝结，并在汽液界面上达到热力学平衡，亦即在汽液界面上的蒸气为饱和蒸气。在从过热蒸气到饱和蒸气的蒸气层中，存在着一定的温度梯度。

关于过热蒸气能否在传热壁面上直接冷凝的问题，有人做过一次有趣的实验。将含有水蒸气的约1000℃的高温火焰，喷射到冷的金属表面上时，在该壁面上立即产生水蒸气的凝液。这个实验说明，过热蒸气与低于饱和温度的壁面接触时，能发生直接冷凝。

由此可见，过热蒸气去过热的方式不同，其传热机理及传热速率的计算方法亦不同。过热蒸气去过热的方式，是干壁式还是温壁式，可采用如下方法判断：

（1）由热通量判断

按干壁式及湿壁式计算去过热的热通量，用哪个计算出的数值大，去过热就属于哪种方式。

干壁式去过热的热通量：

$$\frac{Q}{A} = h_s(t_v - t_w) \tag{1-193}$$

式中 h_s——过热蒸气显热传热系数，W/(m^2·K)；

t_v——过热蒸气的温度,℃；

t_w——蒸气侧的传热壁温,℃。

湿壁式去过热的热通量：

$$\frac{Q}{A} = h_c(t_s - t_w) \tag{1-194}$$

式中 h_c——蒸气冷凝传热系数，W/(m^2·K)；

t_s——蒸气的饱和温度,℃。

（2）由壁温判断

按下式计算传热壁温，若壁温高于蒸气的饱和温度为干壁式去过热，低于蒸气的饱和温度则为湿壁式去过热。

由

$$h_s(t_v - t_w) = h(t_w - t)$$

得

$$t_w = \frac{t + \left(\dfrac{h_s}{h}\right)t_v}{\left(1 + \dfrac{h_s}{h}\right)} \tag{1-195}$$

式中 t——冷却剂的温度,℃；

h——冷却剂的对流传热系数，W/(m^2·K)。

一般说来，当过热蒸气的过热度不大时，用第一种方法来判断蒸气去过热的方式。而在过热度较大时则采用上述第二种方法判断去过热的方式。

过热蒸气冷凝传热系数可由下面的关联式计算：

$$\bar{h}_c = (\bar{h}_c)_{Nu}(1+\xi)^{1/4} \tag{1-196}$$

$$\xi = \frac{C_{pv}(t_v - t_s)}{\lambda}$$

式中 $\bar{h}_c$——过热蒸气冷凝传热系数，W/(m^2·K)；

$(\bar{h}_c)_{Nu}$——按 Nusselt 模型计算的饱和蒸气冷凝传热系数，W/(m^2·K)；

ξ——蒸气过热参数，无因次；

C_{pv}——过热蒸气的比热容，J/(kg·K)；

λ——蒸气潜热，J/kg。

有些设计者，在计算过热蒸气冷凝器的传热面积时，先按气体传热公式计算去过热部分的显热传热所需的传热面积，然后用冷凝传热公式计算潜热部分的传热面积，总传热面积为两者之和，但其计算结果偏于保守。

当过热蒸气的过热度较高，过热部分的显热在总热负荷中所占的比例较大时，若冷凝器为单程，冷却剂与蒸气逆流操作，凝液不过冷，Bell 推荐使用下述办法计算冷凝器的传热面积。

$$A = \frac{Q_D}{K_s\left[\dfrac{(t_{vi}-t_o)-(t_v^*-t^*)}{\ln\left(\dfrac{t_{vi}-t_o}{t_v^*-t^*}\right)}\right]} + \frac{w'_v[C_{pv}(t_v^*-t_s)+\lambda]}{K_c\left[\dfrac{t^*-t_i}{\ln\left(\dfrac{t_s-t_i}{t_s-t^*}\right)}\right]} \tag{1-197}$$

$$t_v^* = \frac{t_s - \dfrac{K_s}{h_s}\left(t_o - t_{vi}\dfrac{w'_vC_{pv}}{w'_lC_{pl}}\right)}{1-\dfrac{K_s}{h_s}\left(1-\dfrac{w'_vC_{pv}}{w'_lC_{pl}}\right)}$$

$$t^* = t_o - (t_{vi} - t_v^*)\frac{w'_vC_{pv}}{w'_lC_{pl}}$$

$$Q_D = w'_vC_{pv}(t_{vi} - t_v^*)$$

式中 t_v^*——蒸气开始冷凝时的温度，℃；

t^*——蒸气开始冷凝时，相应的冷却剂的温度，℃；

Q_D——蒸气开始冷凝之前放热速率，W；

t_{vi}——过热蒸气进口温度，℃；

t_i——冷却剂进口温度，℃：

t_o——冷却剂出口温度，℃：

w'_v——蒸气质量流量，kg/s；

w'_l——冷却剂质量流量，kg/s；

C_{pl}——冷却剂的比热容，J/(kg·K)；

K_s——过热蒸气显热总传热系数，W/(m^2·K)；

K_c——过热蒸气冷凝总传热系数，W/(m^2·K)。

4. *多组分蒸气冷凝*

多组分混合蒸气冷凝分为两部分，含不凝组分的混合蒸气冷凝与不含不凝组分的混合蒸气冷凝。前者可用饱和蒸气冷凝的计算方法计算。对于后者，由于在冷凝器内不同区域的温度和总传热系数均不同，故计算十分复杂。不含不凝组分的混合蒸气冷凝的计算中，沿冷凝器长度方向，将温度适当地分成若干区段进行计算，各段分别计算气液量、平衡组成及传热量等，用线性插值法计算单位温差下的凝液质量流速变化，然后计算各段的总传热系数，再用辛普森公式计算校核传热面积。计算方法详见尾花英朗（日）编写的《热交换器设计手册》[30]。

第四节 换热器工艺设计中尚存在的某些问题[6,34]

1981 年出版的 Heat Exchangers：Thermal-Hydraulic Fundamentals and Design[31]一书中，Butterworth 撰写的题为“换热器设计中未解决的问题”的一章曾指出，换热器设计中未解决而又具有重要实际意义的问题有：污垢、混合物的沸腾、两相流的流动分布、流体流动引起的振动和湍流的模拟等 5 个方面。1996 年，Palen 在国际知名期刊 HeatTransferEngineering[15]上也提出了包括这些内容在内的关于换热设备存在的问题。这些问题虽然取得了一定进展，但是，至今仍未完全解决。在本章第一节概述中已经有所提及，在这里再简要阐述如下：

一、污垢

据统计，1979 年英国在换热器设备上每年因壁面污垢问题而耗资达 3 ~ 5 亿英磅。从换热器设计及使用的角度来看，这是一个急需解决的问题。目前对该问题的研究有两种：一种是针对某一（或一些）特定问题，进行深入地研究，寻求个别的解决方法。另一种方法是同时对各种问题开展广泛的研究，目的是获得全面解决该问题的通用方法。大多数研究者倾向于前者。20 世纪 70 年代，由英国工业部资助的传热与流体流动服务中心（HTFS）和国家工程实验室合作对该类问题进行了多学科性攻关。1979 年国际传热学界召开了第一次换热设备污垢问题的国际学术会议。第五次有关换热器结垢和清洗的基础和应用研究的国际会议于 2003 年 5 月在美国召开。由此可见，由于换热器防除垢的重要性，国内外解决污垢问题的努力一直在进行[24]。

污垢种类很多，概括起来可分为：结晶、微粒沉积、化学反应、腐蚀、结焦、生物体成长及凝固等污垢。每一种污垢都有其独特的形成和成长机理，需要认真加以研究。其中结晶垢是许多无机盐生产过程中的常见垢，它是由溶液中的无机盐类在过饱和条件下析出并沉积在设备表面所致。这类污垢坚硬、致密、附着力强，严重时甚至将管道堵塞，酿成操作事故。影响结垢的因素很多，主要有流速、表面温度、主体温度、水质条件及换热器材质和表面状况等。其中流速和流动状况对结垢影响是非常复杂的，它涉及到表面和流体之间的相互作用，目前这方面的研究工作尚不够全面深入。结垢还与表面科学密切相关。对抗垢材质的研究也很重要。另外对结垢诱导期的研究工作对控制污垢的形成也有重要作用。此外，在理论上被不少研究者所采纳的 Kem-Seaton 沉积-脱除模式自身还有待进一步完善。目前监测污垢的实验方法很多，其中热方法被广泛用于换热设备的结垢测试研究。利用热法测垢，既可给出平均污垢热阻，又可得到局部污垢热阻。但是，先进实用的污垢监测仪器及方法有待进一步研究开发。

目前文献中最完善的污垢系数数据当推 Chenoweth 与 TEMA 合作[39]的结果。

二、混合物沸腾

Stephen 对混合物的沸腾进行了评述。从换热器设计观点考虑，对流沸腾比池沸腾更重要。在本章沸腾一节中，对单组元物系已作过详细讨论，已提出不少换热计算式，如 Chen 公式等。但对多组元物系，由于系统相对比较复杂，研究不很充分。Silver、Bell 和 Ghaly 提出的公式，虽以冷凝传热为基础，但其模型用于流动沸腾也是合理的。

$$\frac{1}{h_e}=\frac{1}{h_{nb}+h_{con}}+\frac{Z}{h_g}$$

$$Z=\frac{dQ_g}{dQ}$$

式中　h_e——有效沸腾传热系数，W/(m^2·K)；

h_{nb}——泡态沸腾传热系数，W/(m^2·K)；

h_{con}——对流传热系数，W/(m^2·K)；

h_g——气相传热系数，W/(m^2·K)；

Z——在局部位置加热气相所需的热量 dQ_g 与加入此局部位置的总热量 dQ 之比，无因次。对于多元混合物的冷凝传热过程，在气相和液相内同时存在质量和热量传递，即温度梯度和浓度梯度同时存在时的详细设计可参阅 Perry 化学工程师手册[28]。

Bennett 及 Chen 对单组元和两组元物系在垂直管内的强制对流沸腾进行了一定研究，但是，尚未见到对多组分物系沸腾换热方面的系统研究，尤其是能够用于实际设计的研究成果更少，仍需今后进一步探索。

三、两相流分布

曾有人做过实验，目的是排放水平蒸气管内少量冷凝水，在水平管下部接一短管，按一般规律，气相趋于进入侧管而液相继续在水平管内前进。设想在接管下游装一堰板，希望有助于液体的排放。可是失败了。在准备另行设计前，无意地把堰板移到接管上游，结果出乎意料之外，排液很顺利。Butterworth 也做过一些实验，发现不仅设备结构条件对两相流分布有影响，还有其他许多因素，如流体动力学条件也有很大影响。

在设计冷凝器时，若采用多管程，两相流体从一管程进入另一管程时就会遇到两相流分布问题。它对传热及压降都很重要。在设计上最好避免此问题，例如尽量采用单管程或 U 形管管壳式冷凝器。

四、流体流动引起的振动

流体流动引起的振动问题大多出现在管壳式换热器中。现代工业趋向于发展大型设备和高流速操作。大型换热器的折流板间距也较大，加以高流速，这就增加了由于流体流动而激发管子振动的可能性。严重时，可使管子折断。为了减轻或消除振动问题，在设计中可以采用圆缺区无管的管壳式换热器、折流杆换热器等有效措施。近年来虽然通过对振动问题的研究，对引起振动的机理有了一定认识。但是，如何防止与控制管壳式换热器的管束振动问题，仍是传热工程中需要解决的问题之一。

五、湍流的模拟

传统工程问题的研发思路是通过建立中试装置来实施模型研究结果的工程应用放大。其明显缺陷是费时、费力，也很不经济。随着计算机科学技术的发展，采用基于各种基本原理的计算机数值模拟进行设计放大被认为是最有前途的模式之一，是管壳式换热器的工艺设计放大的新思路。目前国内外已经在这方面开展研究[13~14]，但是考虑到管壳式换热器等系统的复杂性，对研究过程中可能遇到的困难，对可能能取得的可用于实际工程设计的成果应有充分估计。

管壳式换热器的工艺设计计算涉及非稳态三维湍流流动和传热问题。对其进行数值模拟是一项艰巨和复杂的工作。模拟结果的有效性首先取决于物理和数学模型的正确性，其次，依赖于计算机的运算速度和存储能力，最后，与所用的计算方法有很大关系。要得到反映传热系统真实过程的物理和数学模型，需要充分的实验研究。大多数处理湍流传热问题的方法，不是太繁就是过简，应用较多的是折衷的 $k-\varepsilon$ 模型(k 表示局部的湍流动能，ε 表示局部的能量散失速率)。最理想的模拟是不做任何假设的直接数值模拟。关于算法，常用的有有限差分法和有限元法等新方法也在不断出现。关于运算速度，则取决于计算机科学的发展。因此，湍流的模拟工作是一个多学科交叉的课题，是一项系统工程，需要今后进一步加强合作研究和探索，并将研究结果尽快应用于实际工程设计。

附 录

曲线拟合

图 1.1-2 理想管排 J 因数

1. △排列

$Re_o \leqslant 100$

$\log J = 0.2439 - 0.7062\log Re_o$

$100 < Re_o < 10^4$

$\log J = 2.151 - 2.9028\log Re_o + 0.7841(\log Re_o)^2 - 0.08014(\log Re_o)^3$

$Re_o \geqslant 10^4$

$\log J = -0.6127 - 0.35756\log Re_o$

2. ◇排列

$Re_o \leqslant 100$

$\log J = 0.1254 - 0.6830\log Re_o$

$100 < Re_o < 10^4$

$\log J = 1.5024 - 2.3895\log Re_o + 0.6486(\log Re_0)^2 - 0.06821(\log Re_o)^3$

$Re_o \leqslant 10^4$

$\log J = -0.6127 - 0.3576\log Re_o$

3. □排列

$Re_o \leqslant 100$

$\log J = -0.0759 - 0.6368\log Re_o$

$100 < Re_o < 10^4$

$\log J = 3.3118 - 4.4649\log Re_o + 1.3550(\log Re_o)^2 - 0.1436(\log Re_o)^3$

$Re_o \geqslant 10^4$

$\log J = -0.6127 - 0.3576\log Re_o$

图 1.1-3 折流板形体校正系数 J_c

$0 \leqslant F_c \leqslant 0.7$

$J_c = 0.5529 + 0.7346F_c$

$0.7 < F_c \leqslant 1.0$

$J_c = 17.704 - 63.603F_c + 80.241F_c^2 - 33.334F_c^3$

图 1.1-4 折流板漏流校正系数 J_l

令 $$\frac{(S_{sb} + S_{tb})}{S_m} = S$$

$$\frac{S_{sb}}{(S_{sb} + S_{tb})} = S_s$$

$0 \leqslant S \leqslant 0.25$

$S_s = 0$

$J_1=1.0152-3.5019S+32.467S^2+151.50S^3+253.71S^4$

$S_s=0.25$

$J_1=1.0053-2.883S+12.243S^2-12.537S^3-31.447S^4$

$S_s=0.5$

$J_1=0.98527-2.7386S+9.9698S^2-15.115S^3$

$S_s=0.75$

$J_1=0.94796-2.3283S+2.8622S^2+26.748S^3-87.769S^4$

$S_s=1.0$

$J_1=0.93077-3.1075S+11.0111S^2-16.9334S^3$

$0.25<S\leqslant0.7$

$S_s=0$ $J_1=0.90325-0.45527S$

$S_s=0.25$ $J_1=0.86661-0.54970S$

$S_s=0.50$ $J_1=0.85349-0.66945S$

$S_s=0.75$ $J_1=0.81140-0.75200S$

$S_s=1.0$ $J_1=0.79558-0.85212S$

图 1.1-5 旁流校正系数 J_b

$Re_o\geqslant100$； $0<F_{bp}\leqslant0.7$

$\frac{N_s}{N_c}=0.3$ $J_b=1.0019-0.20569F_{bp}+0.045365F_{bp}^2$

$\frac{N_s}{N_c}=0.167$ $J_b=1.0037-0.39335F_{bp}+0.066905F_{bp}^2$

$\frac{N_s}{N_c}=0.10$ $J_b=0.98228-0.42931F_{bp}+0.021088F_{bp}^2$

$\frac{N_s}{N_c}=0.05$ $J_b=1.0080-0.71516F_{bp}+0.23184F_{bp}^2$

$\frac{N_s}{N_c}=0$ $J_b=1.0015-1.1985F_{bp}+0.53804F_{bp}^2$

$Re_o<100$；$0<F_{bp}<0.7$

$\frac{N_s}{N_c}=0.3$ $J_b=1.00204-0.21996F_{bp}-0.054499F_{bp}^2$

$\frac{N_s}{N_c}=0.167$ $J_b=1.00300-0.41398F_{bp}+0.064851F_{bp}^2$

$\frac{N_s}{N_c}=0.1$ $J_b=1.0078-0.57978F_{bp}+0.15253F_{bp}^2$

$\frac{N_s}{N_c}=0.05$ $J_b=1.0071-0.73311F_{bp}+0.22335F_{bp}^2$

$\frac{N_s}{N_c}=0$ $J_b=1.0014-1.2596F_{bp}+0.53845F_{bp}^2$

图 1.1-6 低雷诺数校正系数 J_r 和 J_r^* $Re_o<100$

1. 先求 J_r^*

$N_c + N_{cw} = 3$

$J_r^* = 0.99409 - 0.022869N_b + 0.00056845N_b^2 - 0.00000531N_b^3$

$N_c + N_{cw} = 5$

$J_r^* = 0.89423 - 0.019233N_b + 0.00044107N_b^2 - 0.000003787N_b^3$

$N_c + N_{cw} = 10$

$J_r^* = 0.81751 - 0.020552N_b + 0.00050972N_b^2 - 0.000004540N_b^3$

$N_c + N_{cw} = 20$

$J_r^* = 0.72138 - 0.017455N_b + 0.00042770N_b^2 - 0.00000384N_b^3$

$N_c + N_{cw} = 30$

$J_r^* = 0.66526 - 0.015887N_b + 0.00038220N_b^2 - 0.00000346N_b^3$

$N_c + N_{cw} = 40$

$J_r^* = 0.63309 - 0.014866N_b + 0.00033891N_b^2 - 0.00000285N_b^3$

$N_c + N_{cw} = 50$

$J_r^* = 0.61261 - 0.014577N_b + 0.00032380N_b^2 - 0.00000263N_b^3$

2. 求 J_r

$Re_o > 100$　　$J_r = 1$

$Re_o = 90$　　$J_r = 0.876233 + 0.12200J_r^*$

$Re_o = 80$　　$J_r = 0.75158 + 0.24793J_r^*$

$Re_o = 70$　　$J_r = 0.61911 + 0.37943J_r^*$

$Re_o = 60$　　$J_r = 0.50029 + 0.49750J_r^*$

$Re_o = 50$　　$J_r = 0.37402 + 0.6250J_r^*$

$Re_o = 40$　　$J_r = 0.24259 + 0.75407J_r^*$

$Re_o = 30$　　$J_r = 0.12330 + 0.87493J_r^*$

$Re_o \leqslant 20$　　$J_r = J_r^*$

图 1.1-7　理想管排的摩擦系数 f_i

1. △排列，$p_t = 1.25d_o$

$5 \leqslant Re_o < 100$

$\log f_i = 0.72970 + 1.4879\log Re_o - 1.7717(\log Re_o)^2 + 0.41345(\log Re_o)^3$

$Re_o \geqslant 100$

$\log f_i = 6.0323 - 6.6707\log Re_o + 2.5812(\log Re_o)^2 - 0.45288(\log Re_o)^3 + 0.029609(\log Re_o)^4$

2. ◇排列，$p_t = 1.25d_o$

$5 \leqslant Re_o < 100$

$\log f_i = 1.5773 - 0.73651\log Re_o - 0.11931(\log Re_o)^2 + 0.016356(\log Re_o)^3$

$Re_o \geqslant 100$

$\log f_i = 4.5080 - 4.4534\log Re_o + 1.3581(\log Re_o)^2 - 0.17320(\log Re_o)^3 + 0.007153(\log Re_o)^4$

3. △排列，$p_t = 1.33d_o$

$5 \leqslant Re_o < 100$

$\log f_i = 1.4702 - 0.38411\log Re_o - 0.56624(\log Re_o)^2 + 0.16674(\log Re_o)^3$

$Re_o \geqslant 100$

$\log f_i = 4.7088 - 5.2128\log Re_o + 1.9459(\log Re_o)^2 - 0.32948(\log Re_o)^3 + 0.02079(\log Re_o)^4$

4. ◇排列，$p_t = 1.33d_o$

$5 \leqslant Re_o < 100$

$\log f_i = 1.3139 - 0.21286\log Re_o - 0.69191(\log Re_o)^2 + 0.1959(\log Re_o)^3$

$Re_o \geqslant 100$

$\log f_i = 5.6953 - 6.0686\log Re_o + 2.0883(\log Re_o)^2 - 0.31004(\log Re_o)^3 + 0.01633(\log Re_o)^4$

5. □排列，$p_t = 1.25d_o$

$5 \leqslant Re_o < 100$

$\log f_i = 1.6130 - 0.80332\log Re_o - 0.64487(\log Re_o)^2$

$Re_o \geqslant 100$

$\log f_i = 13.832 - 15.772\log Re_o + 6.2545(\log Re_o)^2 - 1.0742(\log Re_o)^3 + 0.067239(\log Re_o)^4$

6. □排列，$p_t = 1.33d_o$

$5 \leqslant Re_o < 100$

$\log f_i = 1.5985 - 0.94128\log Re_o - 0.016254(\log Re_o)^2$

$Re_o \geqslant 100$

$\log f_i = 11.623 - 13.2929\log Re_o + 5.2206(\log Re_o)^2 - 0.88978(\log Re_o)^3 + 0.05537(\log Re_o)^4$

图 1.1-8 泄漏流的压降校正系数 R_l

令

$$\frac{(S_{sb} + S_{tb})}{S_m} = S$$

$$\frac{S_{sb}}{(S_{sb} + S_{tb})} = S_s$$

$0.025 < S \leqslant 0.75$

$S_s = 0$

$R_l = 0.91308 - 2.4321S + 6.7176S^2 - 10.1732S^3 + 5.4253S^4$

$S_s = 0.25$

$R_l = 0.89039 - 3.1506S + 9.047S^2 - 13.856S^3 + 7.4776S^4$

$S_s = 0.5$

$R_l = 0.89509 - 4.5514S + 16.433S^2 - 30.803S^3 + 20.645S^4$

$S_s = 0.75$

$R_l = 0.90009 - 6.0057S + 29.143S^2 - 81.593S^3 + 87.381S^4$

$S_s = 1.00$

$R_1 = 0.78488 - 4.7035S + 13.678S^2 - 18.021S^3$

图1.1-9　旁流的压降校正系数 R_b

$Re_o \geqslant 100$　　$0 < F_{bp} \leqslant 0.7$

$\frac{N_s}{N_c} = 0.3$　　$R_b = 1.01987 - 0.76737F_{bp} + 0.50434F_{bp}^2 - 0.19158F_{bp}^3$

$\frac{N_s}{N_c} = 0.167$　　$R_b = 0.98467 - 1.0869F_{bp} + 0.55422F_{bp}^2 - 0.15670F_{bp}^3$

$\frac{N_s}{N_c} = 0.10$　　$R_b = 0.99258 - 1.5074F_{bp} + 1.0313F_{bp}^2 - 0.29806F_{bp}^3$

$\frac{N_s}{N_c} = 0.05$　　$R_b = 0.98665 - 1.9153F_{bp} + 1.4925F_{bp}^2 - 0.36269F_{bp}^3$

$\frac{N_s}{N_c} = 0$　　$R_b = 0.99655 - 3.6559F_{bp} + 5.8824F_{bp}^2 - 3.9481F_{bp}^3$

$Re_o < 100$　　$0 < F_{bp} \leqslant 0.7$

$\frac{N_s}{N_c} = 0.3$　　$R_b = 1.0141 - 082893F_{bp} + 0.49703F_{bp}^2 - 0.22888F_{bp}^3$

$\frac{N_s}{N_c} = 0.167$　　$R_b = 0.986108 - 1.20603F_{bp} + 0.54902F_{bp}^2 - 0.031221F_{bp}^3$

$\frac{N_s}{N_c} = 0.1$　　$R_b = 1.00004 - 1.9469F_{bp} + 1.9922F_{bp}^2 - 1.0709F_{bp}^3$

$\frac{N_s}{N_c} = 0.05$　　$R_b = 1.00455 - 2.4753F_{bp} + 2.8339F_{bp}^2 - 1.3719F_{bp}^3$

$\frac{N_s}{N_c} = 0$　　$R_b = 0.97662 - 4.1698F_{bp} + 7.5185F_{bp}^2 - 5.3660F_{bp}^3$

主 要 符 号 说 明

a——热扩散系数，m^2/s；系数，无因次；

A_i——管内侧面积，m^2；

A_m——平均传热面积，$A_m = \frac{1}{2}(A_o + A_i)$，$m^2$；

A——传热面积，m^2；折流板管孔和管子之间的泄漏流路；

b——折流板厚度，m；

B——错流流路；

$\left(\frac{b}{d}\right)_A$——折流板厚度与折流板孔径同管子外径间缝隙之比，$\left(\frac{b}{d}\right)_A = \frac{2b}{d_H - d_o}$，无因次；

$\left(\frac{b}{d}\right)_E$——折流板厚度与壳体内径同折流板直径间缝隙之比，$\left(\frac{b}{d}\right)_E = \frac{2b}{D_i - D_b}$，无因次；

c——管间距，m；系数，无因次；

C——热容量，$C = C_p w$，$J/(s \cdot K)$；管束外围和壳内壁之间的旁流流路，比热容，

J/(kg·K)；

C_{max}——流体中较大流体的热容量，J/(s·K)；

C_{min}——流体中较小流体的热容量，J/(s·K)；

C_p——比定压热容，J/(kg·K)；

C_{pv}——过热蒸气比热容，J/(kg·K)；

d——管径，m；

de——当量直径，m；

d_H——折流板上孔径，m；

d_o——管外径，m；

d_i——管内径，m；

D——壳径，m；

D_b——折流板外径，m；

D_i——壳体内径，m；

D_{otl}——极限排管圆直径，m；

D_w——圆缺区当量直径，m；

e——圆缺区弦长，m；

E——折流板与壳内壁之间的泄漏流路；

f——摩擦因数，无因次；

f_i——理想管排摩擦因数，无因次；

f_l——液相范宁摩擦因数，无因次；

f_v——气相范宁摩擦因数，无因次；

f_{tp}——两相流摩擦因数，无因次；

F——流路管程分程隔板处的中间穿流流路；进口效应因数，无因次；

F_2——参数，无因次；

F_{bp}——旁流区所占的面积分数(以错流面积为基准)，无因次；

F_c——错流区内管子占总管数的百分数,%；

F_F——F 流路的宽度，m；

$F[p]$——系数，无因次；

F_i——各流路质量流率占整个流率的份额，$i=A$、Br、C、E、w，无因次；

F_T——平均温度校正系数，无因次；

F_{tp}——对流沸腾强化因数，无因次；

g——重力加速度，m/s^2；

G——质量流速，kg/(m^2·s)；

Gr——格拉晓夫(Grashof)数，$Gr=gl^3\beta\Delta T/v^2$，无因次；

G_t——总质量流速，kg/(m^2·s)；

$G_{v,i}$——传热管进口处蒸气的质量流速，kg/(m^2·s)；

$G_{v,o}$——传热管出口处蒸气的质量流速，kg/(m^2·s)；

Gz——格雷茨(Graetz)数，$Gz=Re\cdot Prd_i/l$，无因次；

h_b——管内沸腾传热系数，W/(m^2·K)；

h_c——局部冷凝传热系数，W/(m^2·K)；蒸气冷凝传热系数，W/(m^2·K)；

$\bar{h}_c$——平均冷凝传热系数，W/(m^2·K)；管束顶部传热管的冷凝传热系数，W/(m^2·K)；

过热蒸气冷凝传热系数，W/(m^2·K)；

h_{ci}——考虑惯性影响的平均冷凝传热系数，W/(m^2·K)；

h_{CN}——水平管束外平均冷凝传热系数，W/(m^2·K)；

$(\bar{h}_c)_{Nu}$——按 Nusselt 模型计算的饱和蒸气冷凝传热系数，W/(m^2·K)；

h_{con}——对流传热系数，W/(m^2·K)；

h_e——有效沸腾传热系数，W/(m^2·K)；

h_g——气体对流传热系数，W/(m^2·K)；

h_i——管内对流传热系数，W/(m^2·K)；

h_{ideal}——理想管排壳侧对流传热系数，W/(m^2·K)；

h_l——液体对流传热系数，W/(m^2·K)；

h_m——平均对流传热系数，W/(m^2·K)；

h_{nb}——泡核沸腾传热系数，W/(m^2·K)；

h_o——壳侧对流传热系数，W/(m^2·K)；

h_s——过热蒸气显热传热系数，W/(m^2·K)；

h_{tp}——两相强制对流传热系数，W/(m^2·K)；

J——J 因数，无因次；

J_b——旁流校正系数，无因次；

J_c——折流板形体校正系数，无因次；

J_l——折流板漏流校正系数，无因次；

J_r——逆向温度梯度校正系数，无因次；

J_r^*——低雷诺数时逆向温度梯度校正系数，无因次；

J_s——进、出口段折流板间距不等时的校正系数，无因次；

k——热导率，W/(m·K)；

K——总传热系数，W/(m^2·K)；

K_c——过热蒸气冷凝总传热系数，W/(m^2·K)；

K_i——各流路的阻力系数，$i=w$、A、B1、C1、E、f、F1，无因次；

K_s——过热蒸气显热总传热系数，W/(m^2·K)；

k_w——管壁热导率，W/(m·K)；

l——管子有效长度(换热器两管板相对面之间的长度)，m；

l_b——折流板间距，m；

$l_{b,i}$——进口段板间距，m；

$l_{b,o}$——出口段板间距，m；

l_c——折流板切除百分数,%；

l_e——折流板切除高度(由弦到壳内壁的垂直高度)，m；

L——垂直传热壁面的高度，m；

L_C——旁流流路的宽度，$L_C=\frac{1}{2}[D_i-(D_{otl}+c)]$，m；

L_F——中间穿流流路的宽度，$L_F=(p_{tF}-d_o-c)$，m；

m——系数或常数，无因次；

n——中心管排处或接近中心线管排处的管间距数目，无因次；系数或常数，无因次；

n_c——中心或中心附近管排的管子数，取计算结果的圆整偶数，无因次；

n_i——系数，$i=a$、A、B、BC、C、E、p、w，无因次；

N——管束垂直列上的管数，无因次；

N_b——换热器内折流板数，无因次；

N_c——每一错流区内的管排数，无因次；

N_{cw}——圆缺区内有效管排数，无因次；

N_{ss}——每一错流区内旁流挡板数，无因次；

N_t——换热器内管子总数，无因次；

N_{tb}——折流扳上管子数，无因次；

N_{tw}——圆缺区管子数，无因次；

Nu——努塞尔(Nusselt)数，$Nu=hl/k$，无因次；

p——系统压力，Pa；

P——温度效率，$P=(t_2-t_1)/(T_1-t_1)$，无因次；缺口内管子润湿周边+缺口处壳体内壁弧长，m；

p_c——临界压力，Pa；

p_n——垂直于流动方向的管心距，m；

p_P——平行于流动方向的管心距，m；

p_r——对比压力，$p_r=p/p_c$；

Pr——普朗特(Prandtl)数，$Pr=\frac{C_p\mu}{k}$无因次；

p_s——饱和蒸气压力，Pa；

$p_t(p')$——管心距，m；

p_{tF}——管束中心沟宽(管心距)，m；

q——热通量，$q=Q/A$，W/m^2；

Q——热负荷或传热速率，J 或 W；

Q_D——蒸气在开始冷凝之前放热速率，W；

$\left(\frac{Q}{A}\right)_c$——临界热通量，$W/m^2$；

R——热容量之比，$R=(T_1-T_2)/(t_2-t_1)$，无因次；

R_b——旁流影响压降的校正因数，无因次；

Re——雷诺(Reynolds)数，$Re=\frac{du\rho}{\mu}$，无因次；

Re_o——壳侧流体雷诺数，无因次；

R_l——漏流影响压降的校正因数，无因次；液相体积分率，无因次；

$R_f(r_f)$——污垢热阻，$(m^2\cdot K)/W$；

R_s——进、出口段板间距不等时对压降影响的校正因数，无因次；

R_v——气相体积分率，无因次；
s——滑动比，无因次；
S——流通截面积，m^2；泡核沸腾抑制因数，无因次；
S_i——流路流通面积，$i=A$、B、C、E、F、w，m^2；
S_l——液相实际所占面积，m^2；
S_m——中心线或靠近中心线处错流区流通截面积，m^2；
S_{sb}——一块折流板的外缘与壳内壁之间的泄漏流通截面积，m^2；
St——斯坦顿(Stanton)数，$St=\frac{Nu}{RePr}$，无因次；
S_{tb}——一块折流板上管与管孔之间隙处泄漏流总面积，m^2；
S_{wg}——圆缺区总截面积，m^2；
S_{wt}——圆缺区管子所占面积，m^2；
t——冷流体温度，℃；
t^*——蒸气开始冷凝时，相应冷却剂的温度，℃；
t_i——进口温度，℃；
t_o——出口温度，℃；
t_v——过热蒸气温度，℃；
t_v^*——蒸气开始冷凝时的温度，℃；
t_{vi}——过热蒸气进口温度，℃；
t_w——蒸气侧壁温，℃；
T——热流体温度，℃；
$T_s(t_s)$——饱和温度，℃；
$T_w(t_w)$——壁面温度，℃；
u——流速，m/s；
u_i——流路流速，$i=w$、A、B、C、E、F，m/s；
u_v——蒸气流速，m/s；
w——质量流量，kg/s；
w'——质量流量，kg/s；
w_i——流路质量流量，$i=w$、A、B、C、E、F，kg/s；
w_o——总流路质量流量，kg/s；
w'_v——蒸气质量流量，kg/s；
w'_l——冷却剂质量流量，kg/s；
w_t——单根管内冷凝液质量流量，kg/s；
x——蒸气干度或蒸气质量分数，无因次；
x_i——进口处蒸气的质量分数，无因次；
x_o——出口处蒸气的质量分数，无因次；
X_{tt}——马蒂内利(Martinelli)参数，无因次；
Z——沿传热面的轴向距离，m；在某处加热气相所需热量与加入该处总热量之比，无因次；
◇——正方形斜转45°排列；

$\triangle$——正三角形排列；
Δ_i——各流路径向缝隙宽度，$i = w$、A、B、C、E、F，m；
ΔL——两相沸腾流进出口高度差，m；
Δp——压降，Pa；
Δp_b——两折流板之间流体横流过管束的压降，Pa；
Δp_B——管排错流区压降，pa；
Δp_{Bi}——理想管排错流区压降，Pa；
$\Delta p'_f$——进出口阻力降，Pa；
Δp_i——壳程压降，$i = w$、A、B、C、E、F，Pa；
Δp_l——假定管内只有液相存在时计算所得的压降，Pa；
Δp_o——壳程压降，Pa；
Δp_r——回弯压降，Pa；
Δp_s——与 AT_s 相对应的饱和蒸气压差，$\Delta p_s = p - p_s$，Pa；
Δp_t——直管摩擦压降，Pa；
Δp_T——壳程总压降，Pa；
Δp_{tpf}——因摩擦损失而引起的压降，Pa；
Δp_{tpm}——因动量变化而引起的压降，Pa；
Δp_{tps}——因静压头而引起的压降，Pa；
Δp_v——假定管内只有气相存在时计算所得的压降，Pa；
Δp_{wi}——理想管排圆缺区压降，Pa；
Δp_w——管排圆缺区压降，Pa；
ΔT_{lm}——对数平均温差,℃；
ΔT_m——平均温差,℃；
ΔT_s——过热度 $\Delta T_s = T_w - T_s$,℃；
Δx_w——管壁厚度，m；

希腊字母

ψ——参数，无因次；
Ω——校正因子，无因次；
ρ——密度，kg/m^3；
ρ_A——1 个大气压下，20℃时空气的密度，kg/m^3；
ρ_m——气液平均密度，kg/m^3；
ρ_{tph}——均匀流的密度，kg/m^3；
ρ_w——在 1 个大气压下，20℃时水的密度，kg/m^3；
β——体积热膨胀系数，1/℃；
β^*——系数，无因次；
δ——冷凝液厚度，m；
δ_i——流路径向缝隙宽度的一半，$i = A$、B、C、E、F、pp、w，m；
η——流型区域函数，无因次；管排列形式校正因子，无因次；
λ——汽化或冷凝潜热，J/kg；参数，无因次；
μ——动力黏度，Pa・s；

μ_l——两相流中液相动力黏度，Pa·s；
μ_{tp}——两相混合物动力黏度，Pa·s；
μ_v——两相流中汽相动力黏度，Pa·s；
μ_w——20℃时水的动力黏度，Pa·s；
ν——运动黏度，m^2/s；
θ——折流板切除中心角，弧度；两相流管道与水平面夹角，(°)；
ε——热效率，无因次；有效因子，无因次；
ε_G——空隙率，无因次；
σ——表面张力，N/m；
σ_l——液相表面张力，N/m；
σ_w——水的表面张力，N/m；
ϕ_l^2——两相流液相因子，无因次；
ϕ_v^2——两相流气相因子，无因次；
ε——空隙率，无因次；
Γ——传热管单位周长上产生的凝液量，kg/(m·s)；
ζ——蒸气过热参数，无因次；
ξ——局部阻力系数，无因次。

下标

1　进口；
2　出口；
A　流路；空气；
B　流路；
c　冷流体；
C　流路；
E　流路；
F　流路；
h　热流体；
i　管内或进口；
ideal　理想；
l　液相或层流；
lm　对数均值；
min　最小；
max　最大；
o　管外：壳程：出口；
s　饱和；
t　湍流；
v　蒸气；
tp　两相；
w　圆缺区；壁面；水

参 考 文 献

[1] Gulyani B B. Estimating Number of Shells in Shell and Tube Heat Exchangers: A New Approach Based on Temperature Cross. Transactions of the ASME J. of Heat Transfer, 2000, 122(3): 566 ~ 571.

[2] 柴诚敬，张国亮. 化工流体流动与传热. 北京：化学工业出版社，2000. 391 ~ 428.

[3] 褚家瑞. 当代管壳式和板式换热设备的技术进展. 石油化工设备，1992，21(2)：3 ~ 7.

[4] 潘继红，田茂诚. 管壳式换热器分析与计算：北京：科学出版社，1996，11 ~ 20.

[5] Mukherjee, R. Effectively Design Shell - and - Tube Heat Exchangers. Chemical Engineering Progress, 1998, 94(2): 21 ~ 37.

[6] 兰州石油机械研究所. 换热器. 北京：烃加工出版社，1986. 29 ~ 96.

[7] Kern D Q. Process Heat Transfer. New York: McGraw - Hill, 1950.

[8] Bell K J. Lecture Note - Process Heat Transfer, 1981.

[9] Reppich M, Kohoutek J. Optimal Design of Shell - and - Tube Heat Exchangers. Computer Chemical Engineering, 18(Suppl.)1994: S295 ~ S299.

[10] Aurioles G Comply with ASME Code During Early Design Stages. Chemical Engineering Progress. 1998, 94(6): 45 ~ 50.

[11] Muralikrshna K, Shenoy U V. Heat Exchanger Design Targets For Minimum Area And Cost. Trans lchemE, Part A, 2000, 78(3): 161 ~ 167.

[12] Patankar S V, Spalding D B. Heat Exchanger Design Theory Sourcebook. New York: McGraw - Hill, 1974.

[13] Prithiviraj M, Andrews M J. Comparison of a Three - Dimensional Numerical Model with Existing Methods for Prediction of Flow in Shell - and - Tube Heat Exchangers. Heat Transfer Engineering. 1999, 20(2): 15 ~ 19.

[14] 郭茶秀，董其伍，李培宁，刘敏珊. 管壳式换热器壳侧流场研究进展. 石油化工设备，1999，28(2)：10 ~ 13.

[15] Palen J W. on the Road to Understanding Heat Exchangers: A Few Stops Along the Way. Heat Transfer Engineering, 1996, 17(2): 41 ~ 53.

[16] 程立新，陈听宽. 沸腾传热强化技术及方法. 化工装备技术，1999，20(1)：30 ~ 33.

[17] 张正国，王世平，耿建军，林培森. 强制对流冷凝强化. 化学工程. 1999，26(3)：18 ~ 20.

[18] 刘明言，姜峰，强爱红，李修伦，林瑞泰. 气液固三相流自然循环沸腾传热可视化研究. 过程工程学报，2002，2(Suppl.)：360 ~ 368.

[19] 鱼津博久，小川敬雄. 热交换器的の进步と期待，化学装置[日]. 1995，37(3)：44 ~ 48.

[20] 曹纬. 国外换热器新进展. 石油化工设备，1999，28(2)：7 ~ 9.

[21] 崔海亭，汪云. 强化型管壳式热交换器研究进展. 化工装备技术，1999，20(4)：25 ~ 27.

[22] 邓颂九. 提高管壳式换热器传热性能的途径. 化学工程，1992，20(2)：30 ~ 36.

[23] 杨波涛，胡明辅，朱孝钦，韩本勇，吴新民. 管壳式换热器新型抗震结构体系及工程设计. 石油化工设备，2001，30(1)：18 ~ 20.

[24] 王睿，丁洁，沈自求. 换热设备的结垢机理研究现状. 化工进展，1999(3)：31 ~ 35.

[25] Branch C A, Muller - Steinhagen H M. Influence of Scaling on the Performance of Shell - and - TubeHeat Exchangers. Heat Transfer Engineering, 1991, 12(2): 37 ~ 45.

[26] 叶林，陈树新. 高粘物性流体换热器管程压力降及流动的计算机仿真研究. 化工装备技术，1995，16(2)：22 ~ 24.

[27] 叶林，陈树新. 高粘流体传热的仿真计算及换热器设计. 化工装备技术，1996，17(2)：16 ~ 19.

[28] Perry R H, Green D W(eds.) Perry's Chemical Engineers' Handbook, 7th ed. New York McGraw - Hill,

1997. 11 ~4ff, 11 ~9, 5 ~20, 11 ~12.

[29] McCabe, W L, Smith J C, Harriott P. (eds.) Unit Operations of Chemical Engineering, 6th ed. New York: Mcgraw - Hill, 2001. 291 ~502.

[30] 尾花英朗．热交换器设计手册(下册)．北京：石油工业出版社，1982.

[31] Mikhailov M D, Ozisik M N. (eds) Heat Exchangers: Thermal - Hydraulic Fundamentals and Design, New York: McGraw - Hill, 1981. 461.

[32] Saunders E A D. Heat Exchangers Selection, Design and Construction, Longman Scientific and Technical, Harlow, 1988.

[33] Tublar Exchanger Manufacturers' Association(TEMA)(1988), Standard of Tubular Exchanger Manufacturers' Association, 7th ed., TEMA, New York.

[34] Hewitt G F, Shires G L, Bott T R. Process Heat Transfer, Tokyo, 1994.

[35] Collier J G. Force Convective Boiling and Condensation, New York. McGraw - Hill, 1972.

[36] Chen J C. Correlation for Boiling Heat Transfer to Saturated Fluids in Convective Flow, Ind. Eng. Chem. Proc. Des. Dev. 1966. 5322.

[37] Butterworth D. Condensation, in Heat Exchanger Design Handbook, New York; Hemisphere Publishing, 1983, Chap. 2. 6.

[38] Hewitt G F, Hall Taylor N S. Annular Two - Phase Flow. Pergamon Press, Oxford, 1970.

[39] Chenoweth J. Final Report, HTRI/TEMA Joint Committee to Review the Fouling Section of TEMA Standards HTRI, Alhambra, CA., 1988.

第二章　管壳式换热器的结构及设计

（许燕　宋秉棠　高俊卿　万庆树　卢伟　陈韶范　邹建东　王海波）

作为广泛用于物料的蒸发、冷凝、加热及冷却、深冷等过程的主要工艺设备，换热器的性能对产品质量、能源利用率以及系统的经济性和可靠性起着重要的作用。在发达的工业国家热回收率已达96%，换热设备在石油炼厂中约占全部工艺设备投资的35%～40%，其中管壳式换热器仍然占绝对的优势，约为70%，其余30%为各类高效换热器[1]。管壳式换热器的应用已经从最初的石油、化工及轻工行业逐步延伸到电力、医药、制冷、空调、冶金、车辆及动力等工业部门，是一种量大面广、应用最为普遍、研究最多的换热设备。

第一节　结构类型

管壳式换热器具有结构坚固、操作弹性大、可靠程度高及使用范围广等优点，是目前应用最广、理论研究和设计技术完善、运用可靠性良好的一类换热器。社会的进步和经济的发展对节能技术提出了更高的要求，各种强化传热技术的应运而生弥补了管壳式换热器在换热效率、紧凑性、金属消耗量等方面的不足。

管壳式换热器的结构形式有很多种，应根据介质、温度、压力、使用场合的不同，选择适宜结构的管壳式换热器，扬长避短，使之带来更大的经济效益。

一、按结构分类

管壳式换热器按其结构不同一般可分为固定管板式、浮头式、U形管式、釜式、填料函式5种[2]。

（一）固定管板换热器

图1.2－1、图1.2－2分别为卧式、立式固定管板换热器的结构示意图。

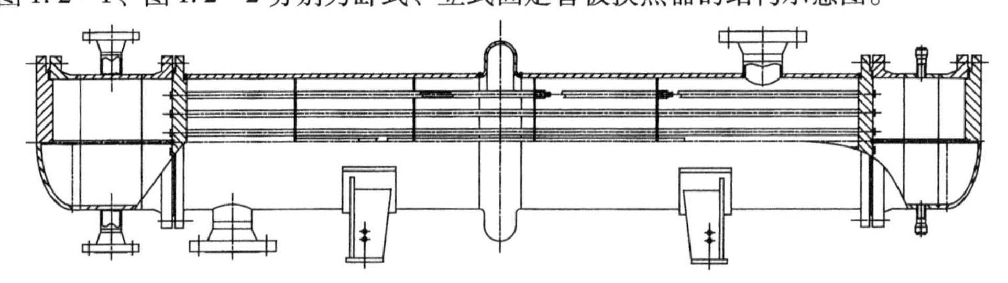

图1.2－1　卧式固定管板换热器结构示意图

此类换热器结构简单、紧凑，壳侧无密封连接，每根换热管都可以更换，管内可以清洗；在同样壳体直径内，换热管数最多；在有折流板的流动中，旁路漏流较小；管程可分为多程；两个管板由换热管、壳体互相支承；在各种管壳式换热器中，其造价最低，因此得到广泛应用。

固定管板换热器壳程清洗困难，不能进行机械清洗；在壳体和换热管壁温差较大的场合，需设置膨胀节，受膨胀节强度的限制，此类换热器壳程压力不能太高。制造时最后一道壳体与管板的焊缝无法无损检测。

此类设备适用于壳程介质清洁、不易结垢(即使结垢也能进行化学清洗)以及温差不大(或温差较大但壳程压力不高)的场合。

(二) 浮头式换热器

图 1.2－3 为浮头式换热器的结构示意图。

该类换热器的一端管板与壳体以法兰夹持形式连接，称之为固定端，另一端管板不与壳体连接，可相对于壳体滑动而称之为浮头端。由于浮头位于壳体之内，故又称之为内浮头式管壳式换热器。

此类换热器的特点是管束可以抽出，便于壳侧和管内的清洗；管束膨胀不受壳体约束；管程可分为多程；能在较高的温度和压力条件下工作。

由于其结构较为复杂，尤其是单管程，锻件多，造价高，造价比固定管板式约高 20%，而且浮头盖操作时无法检查，所以在安装和制造时应特别注意其密封，以免发生内漏。浮头盖与浮头法兰连接时结构尺寸外延使得壳体直径增大。进行水压试验时需要使用专门的试压环，以便检查浮动管板和换热管的连接可靠性。

浮头盖需经历多次压力试验，而内外压试验时垫片密封的受力方向不同，浮头密封容易出现松动，为此浮头法兰紧固件可增设碟簧防松。

浮头式换热器适用于压力温度范围较大，特别是壳体和换热管壁温相差较大或介质易结垢的场合。一般易结垢介质走管程，两种介质都易结垢时，高压介质走管程，可以降低造价；腐蚀性介质宜走管程，可以减少耐腐蚀材料的用量；制造也比较方便。

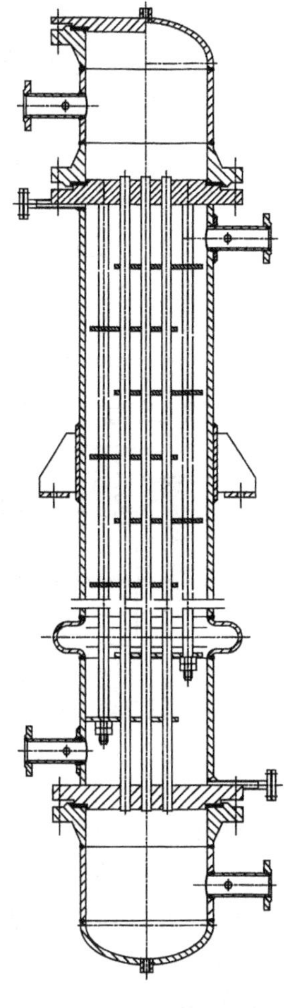

图 1.2－2　立式固定管板换热器结构示意图

外导流筒换热器作为浮头式换热器壳程结构的一种改进形式，尤其在壳程进、出口直径较大时，具有比内导流筒阻力降更低，且不受排管圆直径的限制(换热管排满整个壳体)、减少旁路漏流以及最大程度上减少进、出口传热死区的显著特点，特别适用于壳程压降低的折流杆换热器。但其金属耗量相对增加，制造难度有所加大。图 1.2－4 为浮头式外导流筒换热器的结构示意图。

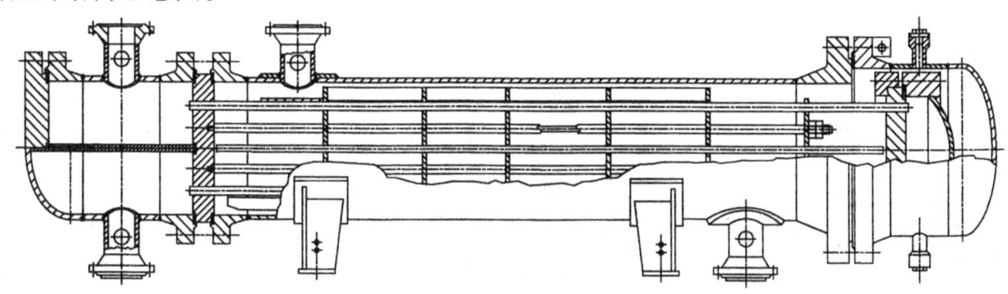

图 1.2－3　浮头式换热器结构示意图

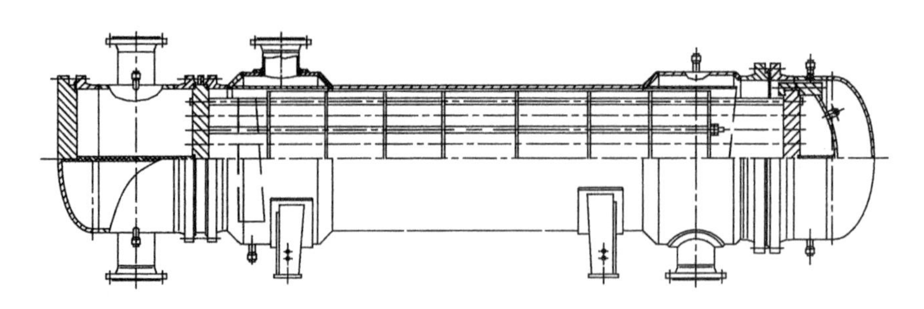

图 1.2－4　浮头式外导流筒换热器的结构示意图

（三）U 形管换热器

图 1.2－5 为 U 形管换热器结构示意图。

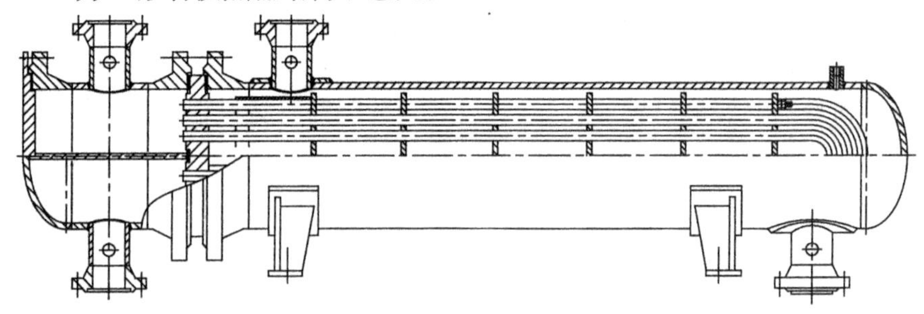

图 1.2－5　U 形管换热器结构示意图

管束由一组弯曲半径不同的 U 形弯管组成。换热管两端固定在同一块管板上，弯曲端不固定，每根换热管都能自由伸缩而不受其他换热管和壳体的影响，不会因换热管与壳体间的壁温差而产生温差应力。设备结构简单，与其他可抽出管束的换热器比较，密封连接面最少。管束易于抽出清洗，由于只有一块管板，锻件少，所以造价比浮头式低，设计参数高时，优势愈显著。

此类换热器管内清洗不如直管方便，管内结垢时无法进行机械清洗。多管程管束中心区域壳程流体存在短路，降低传热效率。管束的内圈 U 形管无法更换，管子堵管后，容易失效。由于只有一块管板，没有第二块管板的支承作用，所以在相同的条件下，比其余类型的管板厚。U 形管换热器不可能单管程，当管程的体积流量很大时，这是个明显的缺点。对于大直径设备，U 形弯管段的支承也很困难，管束易产生振动。

U 形管换热器适用于换热管、壳壁温差较大或壳程介质易结垢，需要清洗，又不适宜采用浮头式或固定管板式的场合。特别适用于换热管内走洁净而不易结垢的高温、高压、腐蚀性介质。因此，可以减小高压空间、减轻设备质量、节省耐腐蚀材料、减少热损失和节约保温材料。

在加氢装置中使用的 U 形管换热器采用 Ω 环作密封元件，由于环壳直径小，壁厚 2～3mm，即能承受很高的压力。此结构具有密封简单、制造及拆装方便、密封效果好的特点。鉴于 Ω 环的密封比压为零，设备螺栓预紧力小。减小了设备螺柱直径、设备法兰厚度、管板厚度以及设备整台造价，如 120 万吨/年柴油加氢装置 5 台换热器可降低造价近 300 万元。图 1.2－6 为 Ω 环密

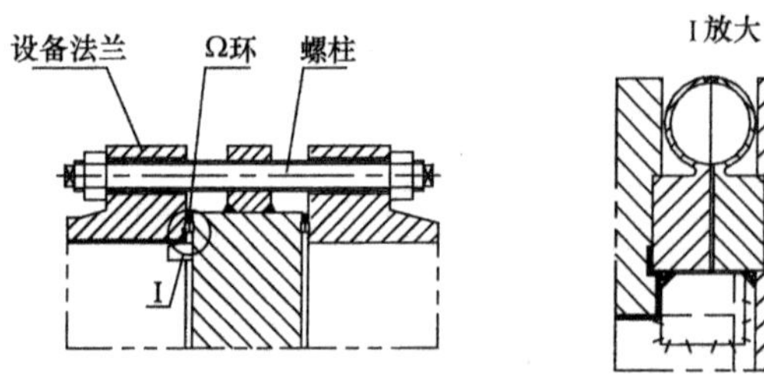

图 1.2－6　Ω 环密封结构示意图

封结构示意图。

（四）填料函式换热器

此类设备为一端管板固定，另一端管板可在填料函中滑动的管壳式换热器。根据结构不同，填料函式换热器分为外填料函式换热器和滑动管板填料函式换热器。此类设备适用于壳程介质压力不高，需要较为频繁清洗的场合。

1. 外填料函式换热器

图1.2－7为外填料函式换热器结构示意图。

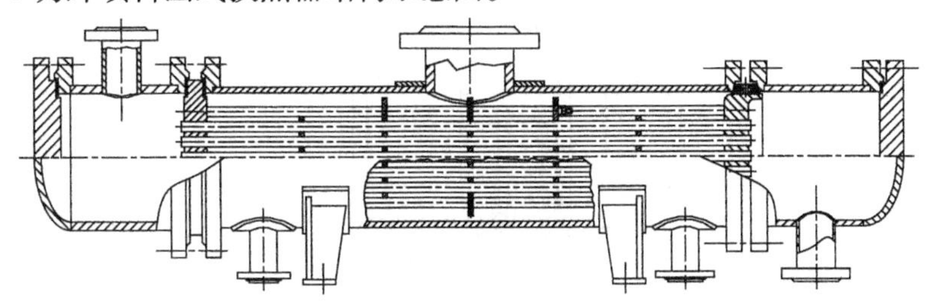

图1.2－7　外填料函式换热器结构示意图

外填料函式换热器的管束可以自由伸缩，不会因壳壁与管壁温差产生温差应力，壳程和管程都可清洗。结构较浮头式简单，造价比浮头式低。加工制造方便，节省钢材，与浮头式比较，由于没有小浮头，减少了密封面，也减少了泄漏机会，填料函有泄漏也能被及时发现，而且检修清洗方便。管程可以为多程。

此类换热器壳程介质有外漏的危险，故壳程压力不宜过高（视填料性能优劣而定，一般用在4.0MPa以下），且不能为易挥发、易燃、易爆、有毒及贵重介质。使用温度也受填料性能影响，一般不超过315℃。

适用于清洗壳程较为频繁的场合，当采用新型填料（如柔性石墨）或改进的结构时，也可用于有毒或腐蚀性介质。

2. 滑动管板式换热器

图1.2－8(a)、(b)为滑动管板式换热器结构示意图。

滑动管板填料函换热器有单填料函换热器[图1.2－8(a)]和双填料函换热器[图1.2－8(b)]两种。

单填料函换热器的填料被封闭在一个完整的腔内，使得密封更为可靠。管束可从壳体中抽出清洗。

双填料函式换热器是在单填料函换热器的基础上，对填料密封结构进行了改进，它不仅具有单填料函换热器的优点，而且密封性能更加可靠。双填料函以内圈密封为主要密封，防止内漏及外漏，而以外圈为辅助密封，防止外漏。并在两填料圈之间设计一个泄漏引出管与低压放空总管相通，以防止泄漏而引发事故。

此类换热器结构简单，造价低，而且便于在壳程增设纵向隔板，强化管外传热效果，在壳侧膜传热系数显著小于管程膜传热系数时，将发挥较大的作用。此类换热器的管程最多有两程。

填料函换热器在填料内侧密封处，管程和壳程仍有串流的可能，当两种介质混合而不相容时，易造成事故。

（五）釜式重沸器

此设备结构比较特殊，即壳体内部上方设置了兼有蒸气室作用的蒸发空间。蒸气室的尺

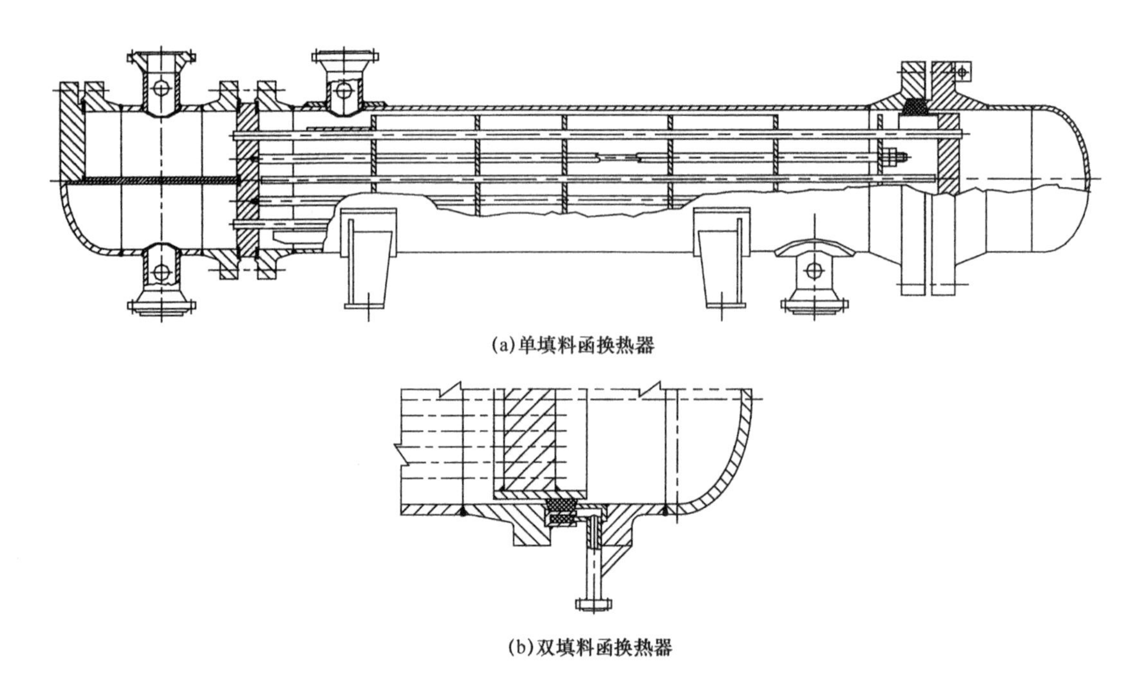

(a)单填料函换热器

(b)双填料函换热器

图 1.2－8 滑动管板式换热器结构示意图

寸由蒸气性质、生成速度决定，一般情况下取大端直径为小端直径的 1.5～2.0 倍。液面高度通常比最上部换热管至少高出 50cm。为保证气液分离效果，液体需要在后端储液槽中停留一定时间。管束可以是固定管板式、U 形管式或浮头式，可作为蒸汽发生器、余热锅炉最简单的结构形式。

图 1.2－9 为浮头釜式重沸器结构示意图，图 1.2－10 为固定管板釜式重沸器结构示意图。

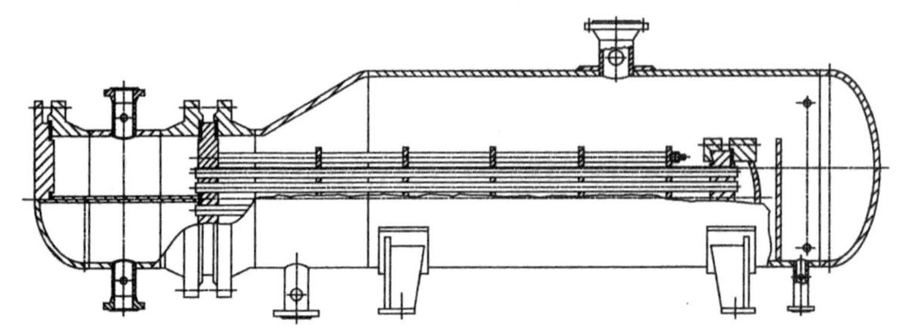

图 1.2－9 浮头釜式重沸器结构示意图

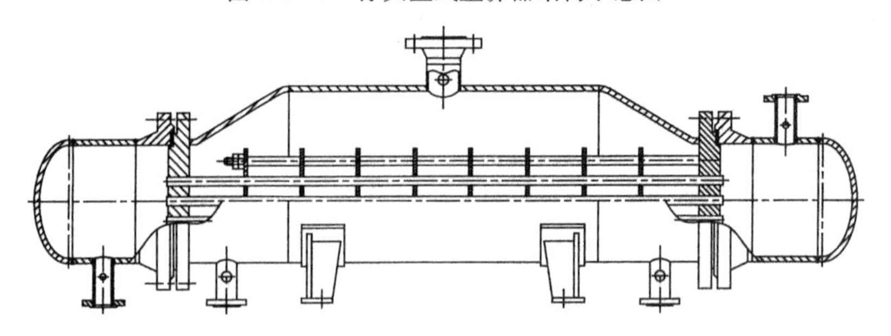

图 1.2－10 固定管板釜式重沸器结构示意图

釜式重沸器因带有扩大的壳体使得金属耗量和占地面积都较大，价格也较高。若壳程介质易结垢或含有固体颗粒，固体会积聚在管束中和堰板底部[3]。

釜式重沸器可适用于管程不洁净的介质和压力较高等工况，通常作为塔底重沸器向塔式设备提供热源，用于壳程介质气化率比较大的场合。

二、按用途分类

换热器按用途可分为加热器、冷却器、冷凝器、重沸器、蒸发器与余热锅炉等类型。

（一）加热器

主要介质在换热过程中只被加热的过程而称为加热器。主要介质一般为工艺过程介质，加热介质有蒸汽、热水、热油或其他热源等，在换热过程中加热介质也可能发生相变。

（二）冷却器

1. 冷却器

主要介质在换热过程中只被冷却的过程而称为冷却器。主要介质一般为工艺过程介质，冷介质有冷却水、空气或其他冷源等。

2. 深冷器

严格讲，深冷器也是冷却器的一种。只不过要求的冷却温度会更低，有时甚至可以达到-100℃多。为此，对其选材、结构设计、制造等方面应遵循低温容器的特殊要求。

冷源一般为盐水、乙二醇溶液，或制冷剂的直接汽化(氟利昂、液氮以及轻烃等)。

（三）冷凝器

气态介质在低于其饱和温度时，会冷凝成液体，同时释放出潜热传递给管壁另外一侧介质，此换热器称之为冷凝器。

管壳式冷凝器分为立式、卧式两种形式。一般冷凝多发生在壳侧进行，但空冷器、加氢进出料换热器的冷凝多在管内进行。

图1.2-11为卧式浮头式冷凝器结构示意图。冷凝介质走壳程，当换热管长度为6m时，冷凝器壳体采用二进一出结构形式；当换热管长度为3m时，冷凝器壳体采用一进一出结构形式。考虑到进口处气体流速比较大，为了降低进口接管处的压力降，冷凝器的接管比同规格换热器的接管大。

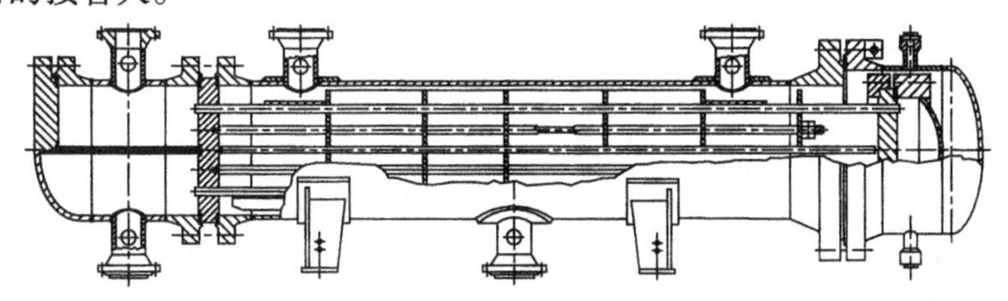

图1.2-11　卧式浮头式冷凝器结构示意图

（四）重沸器

重沸器常用于分馏塔底，其作用是使塔底一部分物料汽化后返回塔内，以提供分馏所需要的热源。

重沸器大体可以分为釜式重沸器和热虹吸式重沸器两种。釜式重沸器带有扩大的壳体和较大的气液分离空间，因此仅有少量的液体被夹带进入上升管。热虹吸式重沸器是指在重沸器中由于介质加热汽化，使得上升管内气液混合物的密度明显低于入口管中液体的密度，由此重沸器的入口和出口产生静压差，因而不必用泵就可以不断地循环，塔底流体不断被虹吸进入重沸器，加热汽化后再返回塔内。热虹吸式重沸器可分为卧式热虹吸式重沸器和立式热虹吸式重沸器两类[3,4]。

1. 釜式重沸器

见图1.2－9及图1.2－10，其结构、特点和用途见前述。

2. 卧式热虹吸式重沸器

图1.2－12为卧式热虹吸式重沸器结构示意图。JB/T 4714—92《浮头式冷凝器型式与基本参数》适用于卧式热虹吸式重沸器。

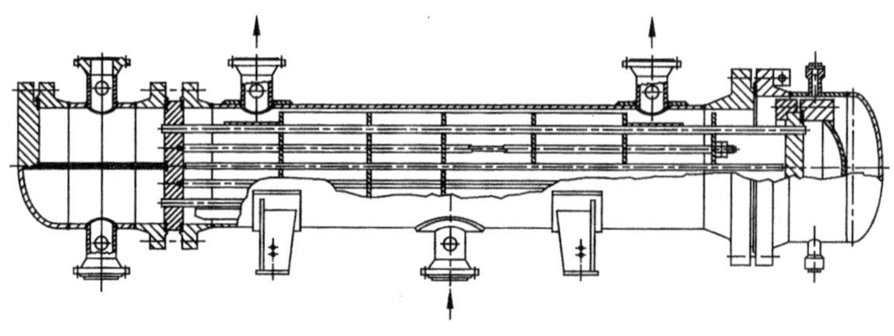

图1.2－12 卧式热虹吸式重沸器结构示意图

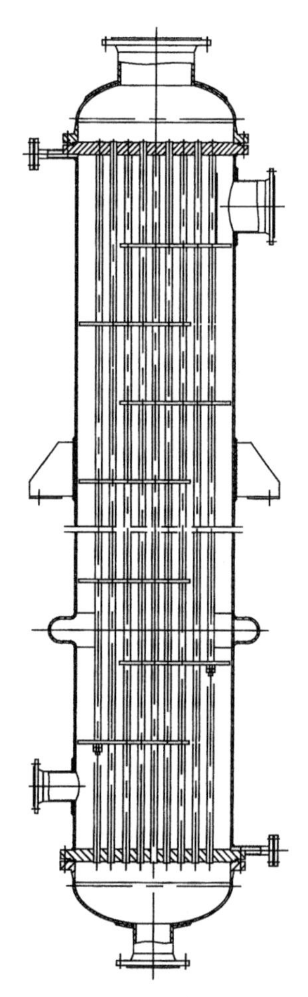

图1.2－13 立式热虹吸式重沸器结构示意图

卧式热虹吸式重沸器有“J”和“H”两种壳体形式。“J”壳体为一进两出式，大多在操作压力较低的工况下使用；“H”壳体为二进两出式，壳体中心线需要有一块多孔的分配板。

3. 立式热虹吸式重沸器

图1.2－13为立式热虹吸式重沸器结构示意图。JB/T 4716—92《立式热虹吸式重沸器型式与基本参数》适用于立式热虹吸式重沸器。

由于管内容易清洗，常用于易结垢工况，但在设计时需要留有较大的富裕面积。由于壳程难于清扫，不能用较脏的介质加热。在换热面积较小或中等的工况，单位换热面积的费用较低，并且占地少、配管费用低。适用于低压和真空操作。

（五）蒸发器与余热锅炉

1. 蒸发器

蒸发是将溶液加热至沸腾，使其中部分溶剂汽化并移除，以提高溶液中溶质浓度的操作。蒸发的目的是为了获得高浓度的溶液或制取溶剂，通常以前者为主。用来实现蒸发操作的设备称为蒸发器。

为保持生产过程的系统压力，有时蒸发需在加压下进行。对于热敏性物料，为保证产品质量，要求在较低温度下蒸发；真空下能降低沸点，有利于蒸发操作。若无特殊需要，一般采用常压蒸发。

蒸发器主要由加热室和蒸发室两部分组成。加热室向液体提供蒸发所需要的热量，促使液体沸腾汽化；蒸发室使气液两相完全分离。加热室中产生的蒸气带有大量液沫，到了较大空间的蒸发室后，这些液体借自身凝聚或除沫器等的作用得以与蒸气分离。通常除沫器设在蒸发室的顶部。

蒸发器按操作压力分常压、压力和负压 3 种。按溶液在蒸发器中的运动状况分有：①循环型。沸腾溶液在加热室中多次通过加热表面，如中央循环管式、悬筐式、外热式、列文式和强制循环式等。②单程型。沸腾溶液在加热室中一次通过加热表面，不作循环流动，即排出浓缩液，如升膜式、降膜式、搅拌薄膜式和离心薄膜式等。③直接接触型。加热介质与溶液直接接触传热，如浸没燃烧式蒸发器。蒸发装置在操作过程中，要消耗大量加热蒸汽，为节省加热蒸汽，可采用多效蒸发装置和蒸汽再压缩蒸发器。蒸发器广泛用于化工、轻工等部门。

2. 余热锅炉

利用工业过程中的余热以产生蒸汽的一种换热设备。此设备经常处于高温以及介质腐蚀和冲蚀的恶劣条件下，同时还要满足各种不同的工艺要求，因此它既与一般设在烟道气中的废热锅炉不同，也不同于一般换热器，特点如下：

①高温高压下的密封。高温高压下的余热锅炉密封要求比较高，特别是在某些要求严格的情况下(不允许泄漏)，因此，其密封结构也显得尤为重要。

②设有气温调节装置。部分余热锅炉要求气体出口温度波动幅度不能太大，以满足后续工艺的生产要求。为了避免露点腐蚀，也需要控制气体出口温度。在换热面积一定的情况下，介质流量的变化，势必会引起出口温度的变化。因此，部分余热锅炉带有气温调节装置。

③高温高压、耐腐蚀。在此条件下对锅炉结构提出了一些特殊的要求，如高温热应力、高温腐蚀、高温气体冲刷等。其中锅炉管板的高温热应力往往成为影响锅炉结构的一个决定性因素，其材料不仅需要有良好的高温机械性能，而且还需要在高温下具有良好的耐腐蚀性能，有时还要有良好的抗冲刷性能。

④堵塞及结垢。化工生产中的反应气体往往含有粉尘和杂质，而石油裂解气中则含有碳黑等污物，它们极易造成锅炉的堵塞及结焦等事故，使生产不能顺利进行，因此，设计时均需考虑。

第二节　工艺性结构设计

一、换热管

(一) 换热管直径、长度的选择[2,5,6]

换热管构成热交换器的传热面，采用小管径可在同样体积内布置更多的换热管；或者说，当传热面一定时，采用小管径可使管子长度缩短，或者长度不变，使壳体直径缩小。不过，过度减小管径，将增加流体的流动阻力(即增大压降损失)。对混浊、黏稠的液体易引起结垢。较大的管径，一般多用于气体、混浊或黏稠的液体。较小的管径，多用于较清洁的液体。另外从制造的角度说，过大或过小的管径对机械胀管会带来困难。

换热管的长度大时，单位传热面积的材料消耗量低，但管子过长，又会给运输、安装、检修(尤其对可抽出管束)带来困难和不便。因此，通常采用的管长很少超过 9m。

在选择管径和管长时，应综合利弊并尽量标准化。GB 151—1999 中推荐采用的管长为：1m、1.5m、2m、2.5m、3m、4.5m、6m、7.5m、9m、12m，常用的换热管外径有：10mm，12mm，14mm，16mm，19mm，20mm，22mm，25mm，30mm，32mm，35mm，38mm，

45mm，50mm，55mm，57mm。

（二）管子排列

1. 排列方式

换热管在管板上的排列形式通常有以下三种：正三角形排列——流向垂直于一个边（包括转角三角排列——流向平行于一个边）、正方形排列——流向垂直于一个边（包括转角正方形排列——流向平行于对角线）、同心圆排列，见图 1.2－14。

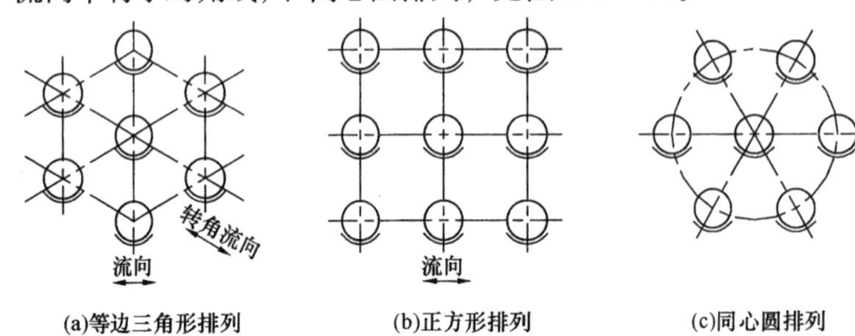

(a)等边三角形排列 (b)正方形排列 (c)同心圆排列

图 1.2－14 换热管排列方式示意图

正三角形排列（包括转角三角形排列），相邻管子间距全相等，所以，在管板布管区域内一般可排列最多的管子数，因而较为经济，但管间不易清洗。

正方形排列（包括转角正方形排列），相邻管子间距相等，对角线方向是直边方向的$\sqrt{2}$倍，所以在管板布管区域内可排列的管数最少。但优点是有直通的管间通道，易于管间清扫或机械清理，以清除管子上的沉积物。

同心圆排列一般是把相邻同心圆的半径差作为径向管心距。圆周上的管心距由于管数只能取整数，故各层是不相同的，这使得制造过程中的管板、折流板划线麻烦。这种排列形式的优点是比较紧凑，且靠近壳体处布置均匀，流体短路空间少。对小直径热交换器，这种形式的布管数甚至比等边三角形排列的管数还多（层数小于 6 时）。

对传统弓形折流板热交换器而言，流体横穿管束时，为了减少短路和提高流速，更有利于提高传热效率（或对冷凝器更有利于切割、吹除冷凝液膜），又衍生出转角三角形排列和转角正方形排列。

2. 布管限定圆

热交换器管束外缘直径受壳体内径的限制，在布管设计时，要将最外层管子的外缘置于布管限定圆之内。布管限定圆直径 D_L 值的确定因结构形式而异。

对于浮头式热交换器，如图 1.2－15（a）所示，$D_L = D_i - 2(b_1 + b_2 + b)$。

对于固定管板式、U 形管式热交换器，如图 1.2－15（b）所示，$D_L = D_i - 2b_3$。

式中 b——见图 1.2－15（a），其值如下：

当 $D_i < 1000$mm 时，$b > 3$mm；当 $D_i = 1000 \sim 2600$mm 时，$b > 4$mm；

b_1——见图图 1.2－15（a），当 $D_i \leqslant 700$mm 时，$b_1 = 3$mm；当 $D_i > 700$mm 时，$b_1 =$ 5mm；

b_2——见图 1.2－15（a），$b_2 = b_n + 1.5$mm；

b_3——固定管板式、U 形管式热交换器管束最外层换热管表面至壳体内壁的最短距离，见图 1.2－15（b），$b_3 = 0.25d$ 且不小于 8mm；

b_n——垫片宽度，当 $D_i \leqslant 700$mm 时，$b_n \geqslant 10$mm；当 $D_i > 700$mm 时，$b_n \geqslant 13$mm。

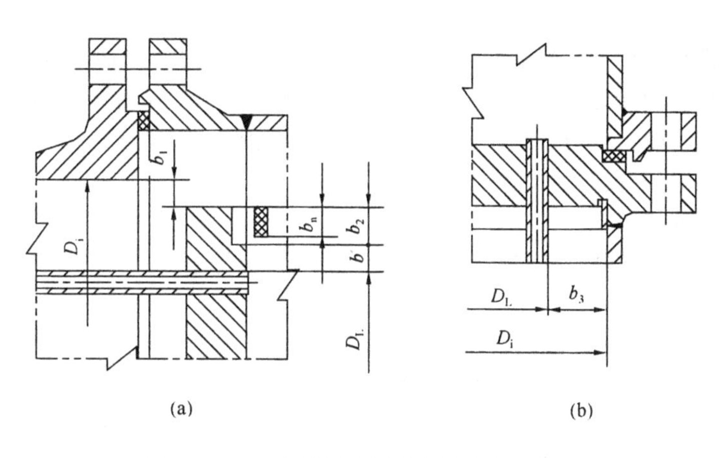

图 1.2－15　布管限定圆直径的确定示意图

（三）管心距

管心距（换热管中心距）不宜小于 1.25 倍管子外径，以保证管板孔间小桥在胀接时有足够的强度，在与管子焊接时，有足够的焊道宽度以保证焊缝质量，还要保证管束清洗时有 6mm 的清洗通道。对于多管程，分程隔板两侧相邻管中心距最小应为管心距加隔板槽宽度，见图 1.2－16。

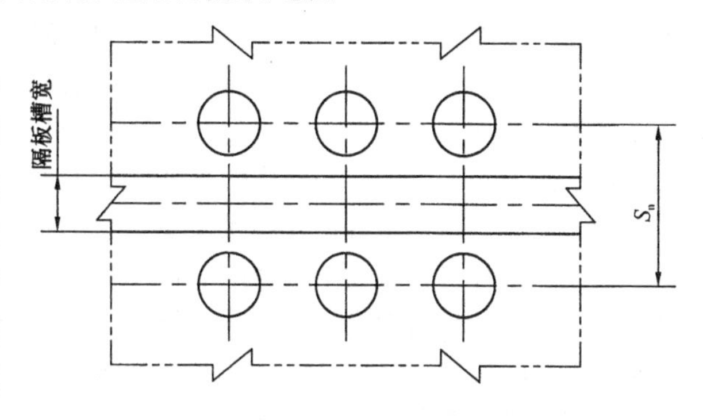

图 1.2－16　分程隔板槽两侧相邻管中心距示图

对管壳式换热器，常采用的管心距，在 GB 151—1999 中有所规定，见表 1.2－1（并且也规定管心距宜不小于 1.25 倍管子外径）。

表 1.2－1　管心距及分程隔板槽间距　mm

换热管外径 d	10	12	14	16	19	20	22	25	30	32	35	38	45	50	55	57
换热管中心距 S	13～14	16	19	22	25	26	28	32	38	40	44	48	57	64	70	72
分程隔板槽两侧相邻管中心距 S_n（见图 1.2－16）	28	30	32	35	38	40	42	44	50	52	56	60	68	76	78	80

a）换热器管间需要机械清洗时，应采用正方形、转角正方形排列，相邻两管间的净空距离（$S-d$）不宜小于 6mm，对于外径为 10、12 和 14mm 的换热管的中心距分别不得小于 17、19 和 21mm；

b）外径为 25mm 的换热管，当用转角正方形排列时，其分程隔板槽两侧相邻的管中心距应为 32mm × 32mm 正方形的对角线。即 $S_n = 32\sqrt{2}$mm（对于多管程是极其方便的）。

（四）常用强化传热管的应用[7～13]

列管式热交换器在工艺装置中占有相当大的比重，其换热元件就是各种规格、材料的换热管。随着装置的大型化和能源问题的日益突出，20 世纪 60、70 年代起，人们就在努力探索强化传热技术和开发高效、节能的换热器。

对管壳式换热器，通过改变换热管自身的表面形状、尺寸、性质来强化传热过程，以提高换热器的效率已成为强化传热的一个重要途径。根据不同工况采用相适应的强化传热管，已在炼油、化工、制冷、空分、造纸等行业得到成功应用，并取得了很好的经济效益。其中以低翅片管的应用最为普遍。

1. 无相变传热的强化

用于无相变的强化传热管主要有：螺纹管(整体低翅片管)、螺旋槽管(S管)、横槽管、螺旋扁管(麻花管)等。

螺纹管在GB 151—1999中已被列入，美国TEMA标准中也列出了此类换热管。其优点为：(a)螺纹管外表面积可比光管大2~2.5倍，在管内给热系数比管外给热系数大2倍的情况下，无相变传热时，总传热系数可提高30%~50%以上。螺纹管是管外强化传热的较佳元件之一。(b)螺纹管也能强化管外冷凝传热。其机理是管外螺纹是冷凝液的疏导源，从而大大地减小了凝液的表面张力，凝液很容易顺着齿片滴落，减少了凝液边界层厚度，强化了管外冷凝。所以，螺纹管也是水平管外冷凝的较佳传热管之一，但螺纹管不能用于立式冷凝器，那将不会有强化冷凝的效果。(c)螺纹管具有较强的抗垢性能，可用于管外结垢较为严重的场合。当有脆而硬的结垢产生时，往往沿着齿片的边缘形成平行的垢片，但垢片不会全部遮住所有齿片。操作过程中介质温度发生变化时，由于金属的热胀冷缩，会形成手风琴效应，从而使得垢片自行脱落，重新露出翅片金属。(d)由于螺纹管在冷轧过程中细化了金属的晶粒，金属的纤维组织沿齿片形成，破坏了金属平行纤维的形状，这使得腐蚀介质难以渗入晶间形成晶间腐蚀。在南京炼厂二套常减压装置渣油与原油换热的场合，两台同规格的换热器作了耐腐蚀性能对比：光管在使用了九个月后部分换热管已腐蚀而报废，螺纹管使用了一年零八个月后因传热效率下降而拆开检查，发现进口部位的折流板、防冲板、定距管都已经被完全腐蚀掉，而螺纹换热管没有被腐蚀。这说明螺纹管与光管相比，提高了抗腐蚀性能，但在有应力腐蚀的场合，因存在轧制应力不能选用螺纹管。

自1985年螺纹管换热器通过原机械部和中国石化总公司联合鉴定以来，已在全国30余家大型炼油、化工装置中应用。经长期使用证明，总传热系数较为稳定，经标定总传热系数比原设计高出10%左右，说明螺纹管在抗结垢方面具有良好的效果。以大庆二套常减压装置为例，全装置原64台换热器经过筛选，可用强化传热的有33台。优化设计后选用了28台螺纹管换热器代替了原33台光管换热器，节省金属耗量110余吨(单指换热器)，直接节省投资近百万元，并使得装置的热强度从22190kJ/(m^2·h)上升到28470kJ/(m^2·h)。经开工及长期使用证明，换热终温从设计的295℃上升到305℃，从而节省了大量的燃料油。250万吨/年常减压装置温升10℃，每年可使加热炉节省5.736×10^{10}kJ，其经济效益超过1000万元[14]。

波纹管(见图1.2-17)，内外壁被轧成环状波纹不仅扩展了内外壁的传热面，而且，能改变管内流体的流动状态，增大对外壁边界层的扰动，起到双面强化传热的作用。根据洛阳石化工程公司的实验应与现场标定结果：与普通光管相比，波纹管换热器总传热系数是光管换热器的1.8~2.2倍。管程压降是光管的2.3倍；壳程压降是光管的1.3倍左右。扬子石化二套常减压装置的扩能改造，要求处理量从250万吨/年提高到450万吨/年(年处理量提高80%)，而装置的平面布置又不允许有大的调整。在改造设计中，有32台管壳式换热器就采用了波纹管换热器。根据现场标定结果，与普通光管相比，总传热系数提高3.1倍左右，尤其是管程强化传热效果大于壳程(压降结果为管程增大1倍，壳

程增大 30%）

螺旋槽管（图 1.2－18），在管子外表面轧有螺旋形凹槽。管内形成螺旋形凸起，螺纹头数有单头及多头之分。它加工方便，同样有双面强化传热作用，尤以强化管内传热而著称。流体在管内流动时，受螺旋槽纹的引导，靠近壁面的部分流体顺槽旋转；离壁面稍远的部分流体沿轴向流动时，螺旋形凸起使其产生周期性扰动。

图 1.2－17　波纹管示意图

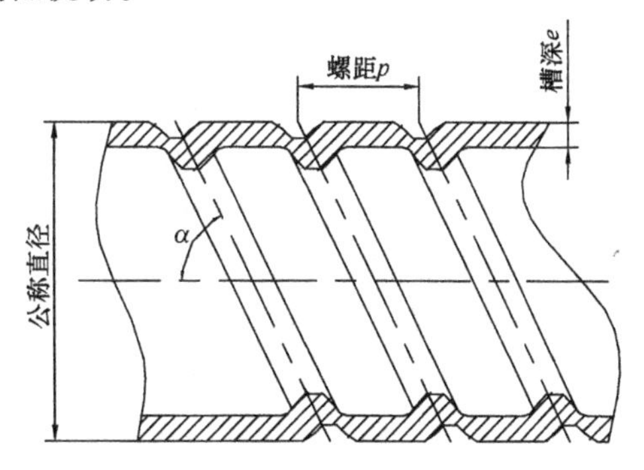

图 1.2－18　螺旋槽管示意图

以上两种作用不仅使边界层减薄，还会增加边界层中流体质点的扰动，从而提高了给热系数。为了寻找出螺旋槽管最佳的结构参数，国、内外的有关学者做了大量实验研究，实验表明，当 $e/D=0.036\sim0.05$ 时，P/e 的最佳值约为 15。流体在同样压力损失下，其传热系数可提高 1.25 倍。并普遍认为小螺距（P）、浅槽深（e）、大夹角（α）的单头螺旋槽管较佳。螺旋槽不宜太深，槽愈深，流阻愈大。在相同的螺距与槽深情况下，单头螺旋与多头螺旋相比，传热效果差别不大，流阻却小很多。螺旋槽与管子轴线间的夹角 α 愈大，旋流作用越小。但对流体的周期性扰动愈大，并促使流体边界层的分离，因而传热效率愈高。当夹角大到等于 90°时，这时，则称之为横槽管（横纹管）。流体流过横槽管时，形成轴向旋涡，并对流体边界层产生分离作用，使边界层减薄，热阻减小。适当的横槽节距、可保持轴向漩涡的连续形成，从而保持连续的强化传热作用。由于旋涡主要在管壁处生成，对主流区影响很小，其流阻（能耗）较之相同节距与槽深的螺旋槽管小些。M. J. Lewis 提出了更理想的横槽槽形，如图 1.2－19。

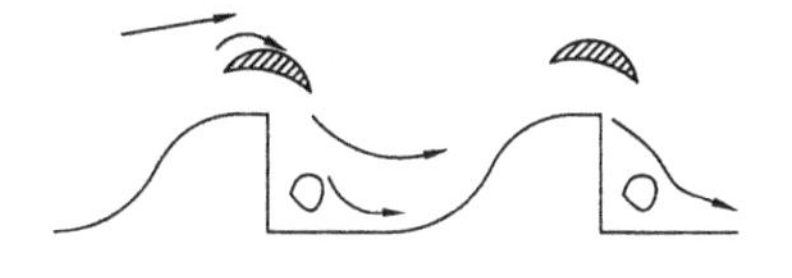

图 1.2－19　横槽槽形管示意图

这种形式的槽前一半成流线型以尽量减少流阻，后一半成陡壁使流层产生分离，在停滞区形成漩涡，这种形式可使漩涡集中在停滞区来强化传热而减少管子其他部位，特别是中心部分漩涡的生成，以免增加无谓的能耗。另一点要注意的是槽纹要相隔一定距离，以免前面槽分离的流体盖住后面的槽，降低槽的作用。

根据华南理工大学的实验结果：相对于光滑管，螺旋槽管的传热系数可提高 120%～150%；阻力系数增加 220%～300%；横槽管的传热系数（管内）可提高 1 倍左右，阻力系数（管内）增加 120%～380%。

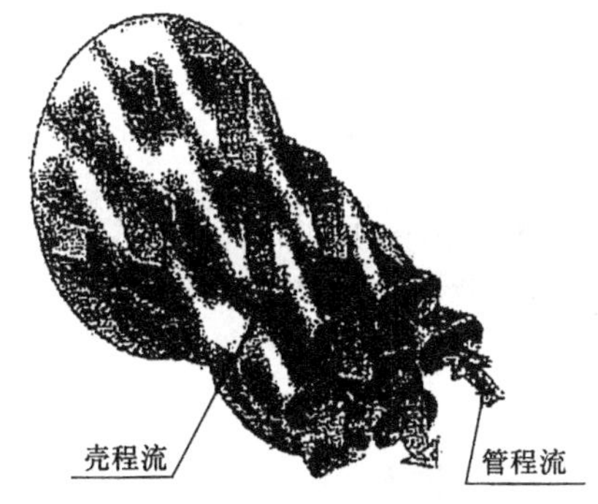

图 1.2－20　螺旋扁管示意图

螺旋扁管（图 1.2－20），它是异形管中的一种，其截面为扁椭圆形，整体扭成麻花状，两端仍保持圆形，以便与管板连接。组成管束时，不需要折流板，而是通过管子扭曲面的合理排布而相互支承，它与普通光管管壳式换热器相比有下列优点：管内、外流体均呈螺旋状流动提高了管、内外单位压降下的传热效率(约提高40%)，同时，压降损失减少(约降低50%)，自1984年以来，全世界制造和销售了400多台螺旋扁管换热器，应用于石油、化工、造纸、电力、钢铁、供暖等行业。

2. 有相变的传热强化

有相变的传热，无论是液体沸腾或是蒸汽冷凝，发生相变时，都要吸收或放出大量潜热，对单位质量的流体而言，要求传递的热量比单相流体大得多。例如蒸馏塔顶的冷凝器，其热负荷就比冷却器大许多倍；蒸馏塔底的重沸器，其热负荷比无相变的加热器大许多倍。为了提高单位传热面积的热负荷，有相变传热的强化问题也越来越受到重视，特别是对有机化合物，如烷烃、烯烃类、氟利昂类，其冷凝给热系数大约只是蒸汽冷凝的十分之一，其沸腾给热系数也只有水的三分之一，由此可见强化冷凝传热和沸腾传热的重要性。单面纵槽管就是强化冷凝传热的一种，主要用于立式冷凝器；卧式冷凝器可采用低螺纹翅片管、锯齿形翅片管等；T型翅片管、多孔表面管等可显著强化沸腾传热。在升膜或降膜式蒸发器中采用双面纵槽管可以同时强化冷凝与蒸发。下面仅举例介绍两种。

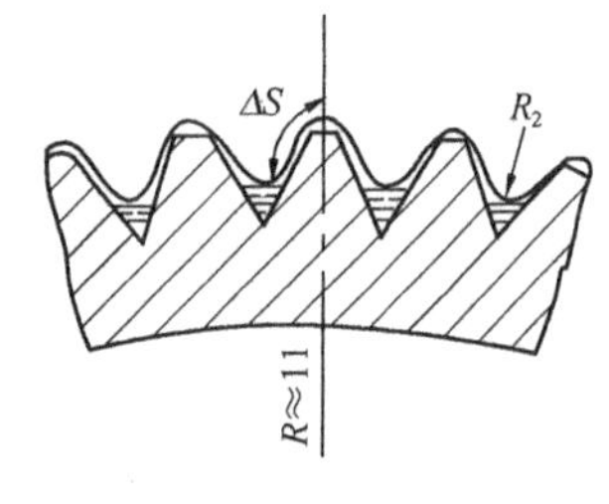

图1.2－21 单面纵槽管示意图

单面纵槽管(图1.2－21)，主要用于立式冷凝器。凝液在表面张力的作用下，由槽顶及两侧拉向槽底汇集，并借重力顺槽排走。这样，槽顶及两侧的液膜边生成边减薄，始终处于低热阻状态传热。其次，开槽后管子传热面也扩展许多，这就是纵槽管能够强化冷凝传热而得到推广应用的原因。

多孔表面管(图1.2－22)，在普通金属管表面覆上一层多孔性金属层便形成了多孔表面管。形成多孔层的方法有烧结法、火焰喷涂法、电镀法及机械加工法等。目前较成熟并能规模生产的为烧结法(美国)和机械加工法(日本)。管子表面的多孔层具有大量、稳定的汽化

(a)(日本)机械加工法

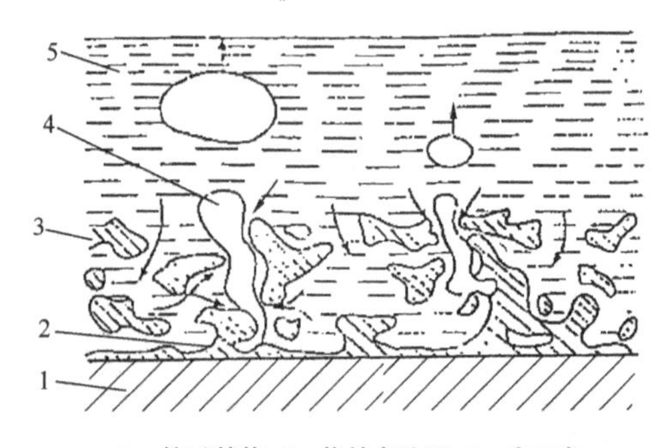

1—管子基体; 2—烧结多孔层; 3—内凹穴;
4—气泡; 5—液体

(b)(美国)烧结法

图1.2－22 表面多孔管示意图

核心，能显著地强化沸腾传热过程(图 1.2－23)。美国联合碳化物公司采用冶金法生产的多孔表面管的沸腾给热系数是光管的 9～10 倍，并且沸腾在很小的温差下维持进行。临界热负荷是光管的 2 倍左右。此外，多孔表面管还有良好的抗结垢性能，在沸腾传热中，多孔表面管有着广阔的应用前景。

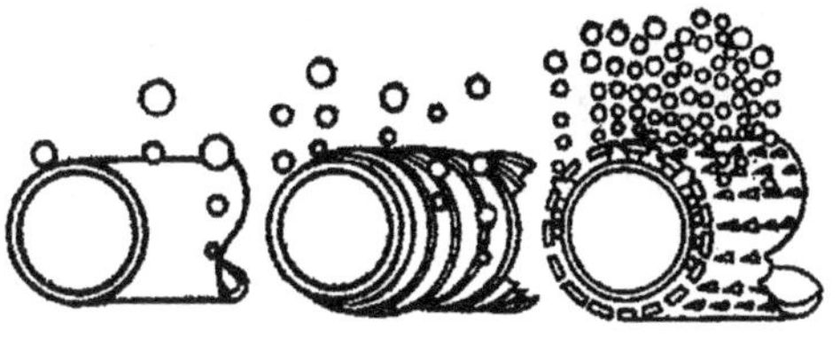

(a)光滑管　(b)翅片管　(c)多孔表面管

图 1.2－23　沸腾过程示意图

二、换热管的支承与壳程折流

组成管束的换热管，当其长度超过允许的无支承跨距时，会产生弯曲和诱导振动，为此，需要对管束进行支承。支承的方法有两种：一是自支承，即依靠管子自身凸起部位的相互接触达到相互支承(如螺旋扁管、波节管等)；二是非自支承，即需要另外的支承件来实现支承，如：支持板、折流板、折流栅等。

在壳程的管外空间设置折流板、折流栅等，不仅是为了管束的支承，更重要的目的是为了提高壳程流体的流速和增加湍流程度以强化壳程传热，提高换热效率。壳程分程用的纵向隔板，实际上其主要目的也在于此。随着折流件的形式及排列方式的不同，折流方式可以有多种。按照壳程流体的流动方向(相对于管束的纵轴线)，基本有三种流动方式：横向流(错流)、纵向流(顺流/逆流)及螺旋流。各种形式的横向折流板主要促成横向流；各种形式的折流栅主要促成纵向流；而螺旋折流板则促成螺旋流[2,6]。

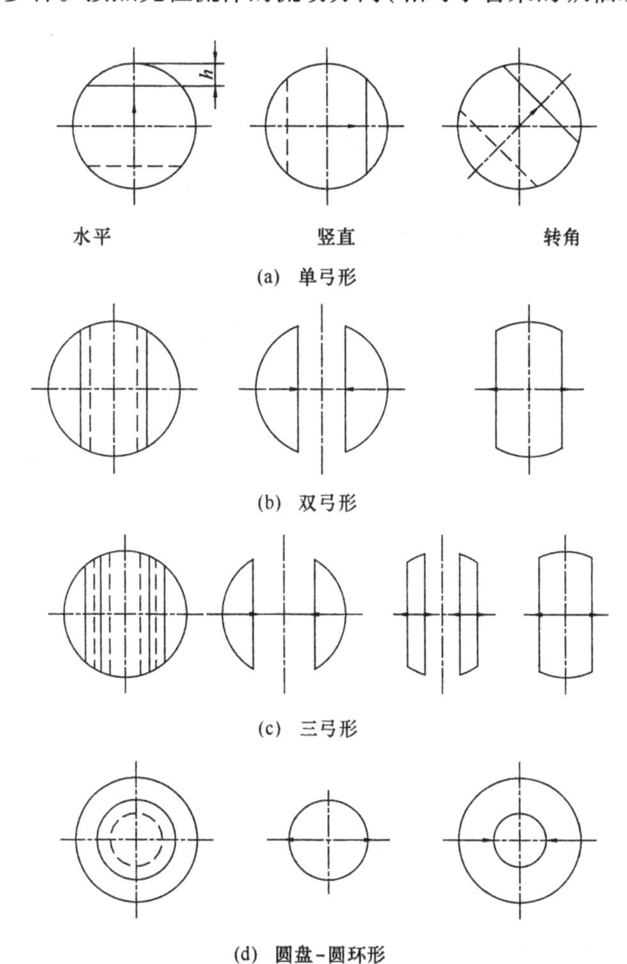

图 1.2－24　横向折流板的常用形式

(一) 横向折流板

横向折流板的常用形式有：弓形(单弓、双弓、三弓形)、圆盘圆环形等(图 1.2－24)。其中，弓形(多为单弓形)折流板因形成的流动死区相对较小，具有结构简单、制造方便等特点而最为常用。弓形折流板的排列，对卧式热交换器，可分为缺口上、下交替排列、缺口左、右交替排列、缺口转角 45°交替排列三种形式[图 1.2－24(a)]。缺口上、下布置可以造成流体的剧烈扰动，适用于壳程为单相清洁的流体。不太清洁的流体或气、液相共存时，缺口宜左、右布置。转角 45°布置的折流板主要用于正方形布管情况，其目的是使液流走正方形的对角线方向，以增加湍流程度，提高换热效率。

另外，无论采用以上何种方式布置，在折流板的最低部，一般开有通液口(图 1.2 -25)，以便于水压试验或设备维修时的液体排净，或是防止气体中含有少量液体时的液体堆积。有时，在折流板的最顶部开有通气口(图 1.2 -25)，以防止液体中含有少量气体时的顶部气相聚集。

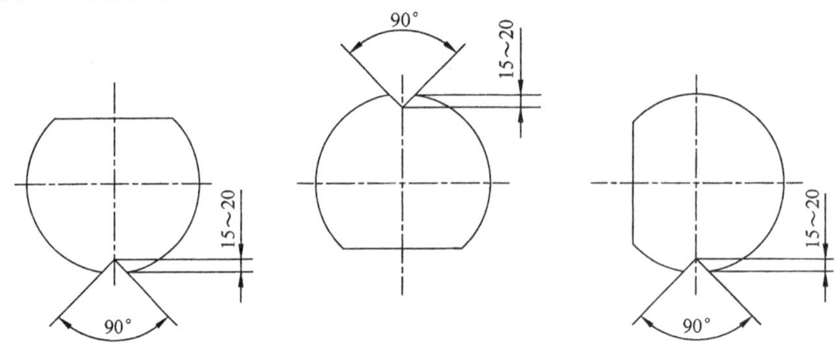

图 1.2 -25 弓形折流板上、下缺口示意图

弓形折流板的缺口弦高 h[见图 1.2 -24(a)]，应使流体通过时的流通面积与流体横过管束时的流通面积相近(即流速相近)。弦高 h 的大小与折流板间距的大小相关联，它们是影响传热效率和压降的两个重要的因素。弦高 h 值，一般取 0.20 ~0.25 倍的壳体公称直径；当用于冷凝器时，一般取 0.25 ~0.45 倍的壳体公称直径；当用于蒸发时，一般取 0.45 倍的壳体公称直径。

壳体直径和壳体流量一定时，可通过选择适当的折流板间距(并匹配适当的折流板缺口尺寸)来获得适当的壳程流速。间距越小，流速越高，流动死区越小，传热效率提高，但流动阻力增加，即壳程压降过大。反之，间距越大，流速越低，流动死区越大，传热效率降低，但流动阻力减少，即壳程压降降低。可见，折流板间距过大或过小都不好。一般，应不小于壳体直径的1/5，且不小于50mm，最大应不超过允许无支承跨距的1/2，且不超过壳体的内半径。折流板按等间距排列，两端折流板至管板的距离通常大些，这是由于要给壳程流体进口提供空间。有时，为了解决流动阻力与流动死角的矛盾，可采用多弓形折流板，如双弓形、三弓形等[图 1.2 -24(b)、(c)]。

折流板厚度不仅要考虑对管子的支承与防振作用，还要考虑穿管、换管或抽出管束(对可抽出管束)时的抗扭拉刚度。因而，必须要有一定的厚度，不能太薄。一般，至少要比管壁厚一倍，且不小于3mm。折流板最小厚度，在 GB 151—1999 中有具体规定。当然，也不宜太厚，那样，钻孔、穿管费时费力，也不经济。

当热交换器不需要设置折流板，但换热管长度超过允许最大无支承跨距时，应设置支持板用来支承管子以免产生过大的挠度。浮头式换热器管束的浮头端，因过重宜设置一块环形加厚的支持板。

(二) 折流杆与折流栅[15~18]

在折流环内焊有夹持换热管用的圆钢杆(或扁钢条)一起构成折流杆(或折流栅)。早在1970 年，美国菲利普石油公司，因三台大型双弓形折流板换热器使用不久因发生流体诱导振动而出现损坏，而首创了折流杆换热器(Rod - baffle Heat Exchanger)。从而解决了管束诱导振动的破坏问题，并提高了传热性能，处理能力提高了 30%，热负荷增加了 35%，压降损失降低了 60%。由此，采用不同形式折流栅的新型抗振高效换热器便引起了人们的极大兴趣，而成为了关注的目标。

传统弓形折流板的支承方式，壳程流体呈横向流动，当超过临界横流速度时，管子就会发生诱导振动。因为管子与折流板管孔壁之间存在间隙，相互间会造成振动磨损，并且，随着磨损的增加，间隙也在增加；间隙增加又加剧了振动磨损，形成了恶性循环。这就是传统横向折流板结构管束易发生流体诱导振动破坏的根本原因。当然，相关标准（GB 151—1999）有振动计算内容，对壳体进、出口区域局部流速也有严格限制，甚至对管束进行分级，易发生振动时宜选用Ⅰ级换热管（即高精度级）。不过，这将势必增加制造成本。传统弓形折流板结构，不仅易发生管子的流体诱导振动破坏，还有其他缺点：(a)壳程流体作180°来回折返的横向流必然会造成压降大。(b)压降大又限制了流速的提高，故通常是处于低流速运行，总传热系数K值不高。(c)流动死区大（图1.2－26）。死区内的滞留加返混，又进一步降低了传热效率。(d)低流速和死区的存在，导致易结垢。从传热的角度考虑，垢层热阻大，易结垢，则意味着热阻易变大，也就是说，总传热系数K值降低较快，使得传热性能低下。

折流栅结构与传统的弓形折流板结构不同，它使得壳程流体呈现纵向流（顺流），并且几乎没有死区，见图1.2－27。其流动压降小，从而允许提高壳程流体的流速（一般可提高1～2倍）。流速的提高对边界层的剪切和冲刷作用加大，边界层变薄，同时，流体流过折流栅时，在支承杆（或条）的干扰下，在其背后形成了高度湍流的卡门涡流进一步减薄了边界层，如图1.2－28所示。边界层中热量的传递是以导热的方式进行的，流体的导热系数又远远小于金属管壁的导热系数。因此，边界层越薄，其热阻越小，给热系数提高越多，从而提高传热效率。不仅如此，折流栅结构由于流速较高，无死区存在，因而不易结垢，换热器可在长周期内保持稳定高效的传热状态。

图1.2－26 弓形折流板流动示意图

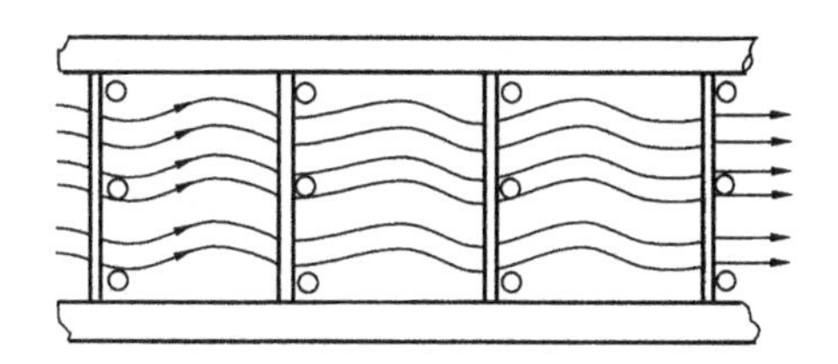

图1.2－27 折流杆换热器壳程流动示意图

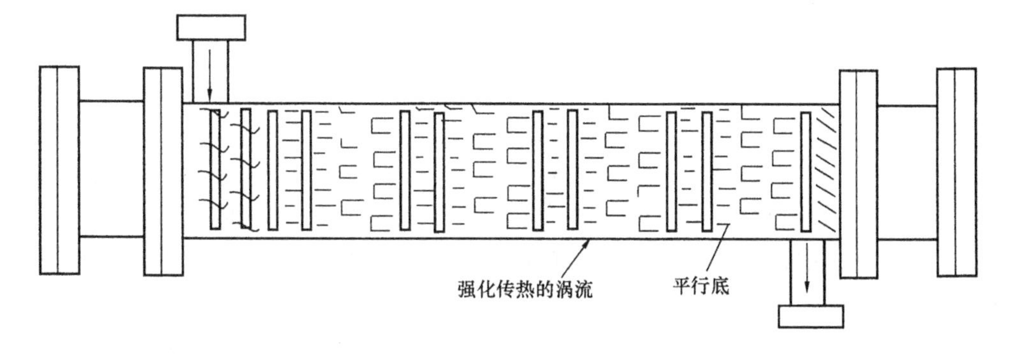

图1.2－28 卡门涡流流动示意图

折流栅主要有三种形式：直圆钢杆式（亦称折流杆）、直扁钢条式、波形扁钢条式，如图1.2－29所示。前两种用于正方形或转角正方形布管，后一种用于三角形布管情况。直扁钢条式折流栅与直圆钢杆式折流栅的区别，仅在于以扁钢条取代圆钢杆，使之夹持管子时，

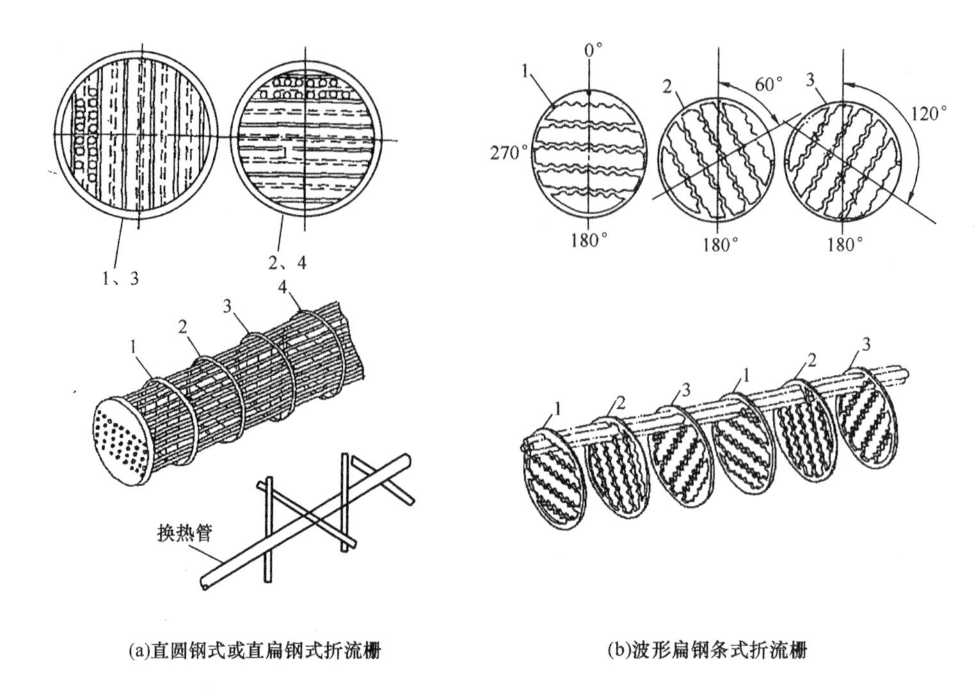

(a)直圆钢式或直扁钢式折流栅　　(b)波形扁钢条式折流栅

图 1.2-29 折流栅结构示意图

由“点”接触变为“线”接触。从而，对管子振动的抑制作用增强。

圆钢杆直径或扁钢条的厚度，应与换热管间名义间隙相当。考虑到制造公差及穿管的方便，通常可取比名义间隙小 0.2～0.5mm，折流栅轴向间距不宜太大，以保障涡流街的接力式生成，常用的间距为 80～200mm。

折流栅换热器适用于壳程流量大的单相或两相非高黏性流体。这是因为低流速或高黏流体时，难以形成有效的卡门涡流街而不能发挥其优越性。当用于蒸汽冷凝时，冷凝液膜(珠)在流体纵向流的推动下，在流动的过程中，被前方折流栅阻挡，部分被折流栅的支承杆(条)拦截并引流至管束底部。不像传统弓形折流板结构那样，列管表面的冷凝液膜从上到下逐步增厚(冷凝液珠从上面的管子滴到下面的管子上，导致愈下部的管子其冷凝液膜愈厚)，所以，冷凝传热效率要优于传统弓形折流板结构。

折流栅管壳式换热器作为一种新型高效换热器有许多优点，但其应用的广泛性却远不如传统的弓形折流板换热器，因为折流栅换热器自身有局限性。众所周知，换热器壳程给热系数与壳程流速的 0.6～0.8 次方成正比，壳程流速是制约壳程给热系数的关键参数。对于传统弓形折流板换热器，当壳体直径和壳程流量一定时，可通过选择适当的折流板间距和缺口尺寸来获得适当的壳程流速。但对于折流栅换热器，壳程流速仅决定于壳体直径和壳程流量。欲提高壳体流速，只有缩小壳体直径，增加换热管的长度，即增加细长比或是增加壳程流量才行。没有选择和调节的弹性，因此，大大限制了折流栅换热器的广泛应用。

(三) 螺旋折流板[19～21]

随着石化行业的技术进步和装置的大型化以及能源问题的日益突出，占静设备总金属耗量 20%～40% 的冷换设备也面临着不小的挑战。目前，我国在役的冷换设备(主要指管壳式换热器)大多采用国外早期(20 世纪 50、60 年代)传统的弓形折流板换热器结构，虽然它有结构简单、可靠程度高、适应性强、操作弹性大等优点，但在设备大型化的挑战面前，也存在总传热系数低、压降大以及流体诱导振动破坏等难以逾越的障碍。根据不同情况，采用相适应的新型、高效节能换热器已成为必然的发展趋势。20 世纪 70 年代，美国菲利普石油公司首创折流杆换热器，变传统弓形折流板的横向流为平行于管束轴线的纵向流；20 世纪 80 年代，原捷克斯洛伐克化工设备研究所又首创了螺旋折流板换热器，它使得壳程流体呈螺旋流(图 1.2－30)，并很快在欧洲、美国及中东等国家和地区的炼油、化工、核电等工业领域得到应用。当然，国内也有几家单位在 20 世纪 80 年代着手开始研究，但因种种原因均未能实现工业应用。

图 1.2－30　螺旋折流板换热器示意图

螺旋折流板换热器在国内的工业应用始于 20 世纪 90 年代末，至今已有几百台在几十家炼油厂、化工厂得到应用。螺旋折流板换热器的优点，不仅被国内外许多传热实验和流体力学实验所验证，也在国内外的工业应用中得到证实。

螺旋折流板换热器与传统弓形折流板换热器结构上的区别仅仅是以螺旋折流板取代了弓形折流板而已，但却改变了壳程流体的流动方式。它兼有传统弓形折流板换热器和折流栅换热器的优点，简述如下：

(a)结构简单可靠、操作弹性大。

(b)压降小，比弓形折流板结构可降低 30%～45%。因而可适当提高壳程流速，从而提高了给热系数。

(c)在半径方向上，各点存在速度梯度产生涡流效应，使得边界层剥离而减薄，提高了壳程给热系数。因此，提高了整台设备的换热效率(比弓形折流板结构可提高 20%～50%)。抚顺石油学院对不同工作介质在光滑管螺旋折流板换热器的传热和流阻性能进行了中试实验，对于低黏度流体，其 a/P 是弓形折流板的 2.4 倍。对于高黏度流体，其 a/P 是弓形折流板的 1.5 倍。

(d) 可以通过选择合适的螺距来达到适宜的流速。

(e) 几乎没有流动死区，不易结垢，总传热系数 K 值较为稳定，设备可长周期的维持高效运行。

(f) 与弓形折流板相比，由于不是横向流而是螺旋流，并且在相同间距情况下，管子无支撑跨距比弓形结构小一倍，从而提高了抗振的固有频率，而不易发生流体诱导振动破坏。

(g) 用于冷凝器，螺旋折流板结构在管子表面有引流冷凝液珠的作用。管子表面的冷凝液珠在螺旋前进的流体带动下往前流动，当遇到前方的螺旋折流板时，被其拦截并在重力的作用下流至管束底部。当然，螺旋横截面的一半是向上吹的，不过最终会汇集到向下吹的一半折流板上去，其引流作用是显而易见的，因此可以提高冷凝的换热效率。

螺旋折流板是由若干块 1/4 圆的扇形板按照一定倾角交错排列在一个虚拟的螺旋系统中而成，见图 1.2－31。相邻扇形板可以在外圆周上相接触，即外圆周形成连续的螺旋，见图 1.2－32(a)。此时，相邻边呈一个大三角形(折流板间距 H_p 与螺旋距 H_g 相等)；也可以在外圆周上不接触，而是在轴线方向上有小部分重叠，见图 1.2－32(b)，此时，相邻边交叉使大三角形缩小(折流板间距 H_p 小于螺旋距 H_g)，而对顶多出一个小小的倒三角形。这样可减少大三角区域的轴向短路。另外，对于大螺旋角，当需要减小管子无支承跨距时，可以采用双螺旋甚至是四螺旋的设计。

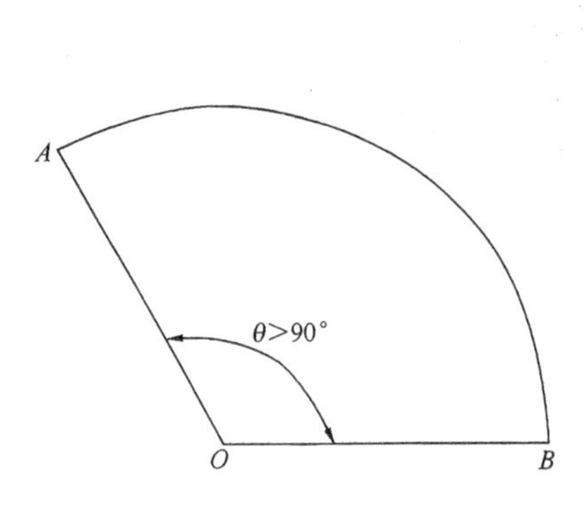

图 1.2-31　扇形板示意图

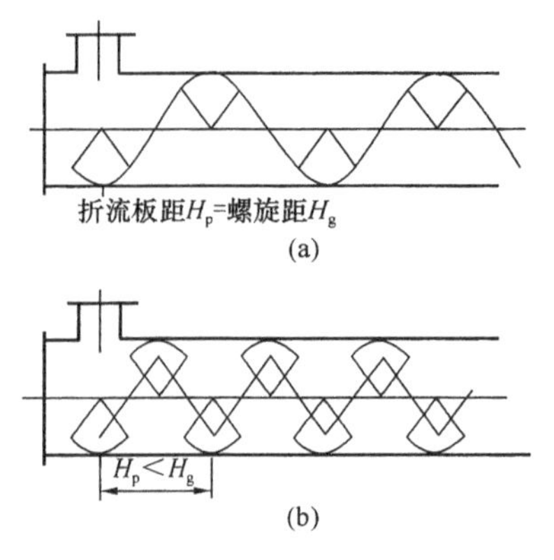

图 1.2-32　螺旋折流板扇形示意图

对于螺旋折流板换热器来说，螺旋角是一个至关重要的参数。根据文献[16]报道，不仅流体力学试验显示出令人鼓舞的结果，即螺旋折流板换热器其返混程度很低，并且几乎没有流动死区，而且，传热和压降实验结果显示，传热系数在很大程度上取决于螺旋角。当螺旋角很小时，流动特性接近于纯错流，表征对流传热系数的努塞尔准数 Nu 随螺旋角的增大而增加。特别是在角度为 25°~45°时，Nu 数陡升。螺旋角 =40°时为最大值；超过 45°后迅速下降，见图 1.2-33。由于半径方向各点存在速度梯度，流动就会偏离对管子的对称性，管子表面的边界层呈螺旋轨迹，这样就改变了正常边界层的剥离性质而减薄，从而提高了传热系数。

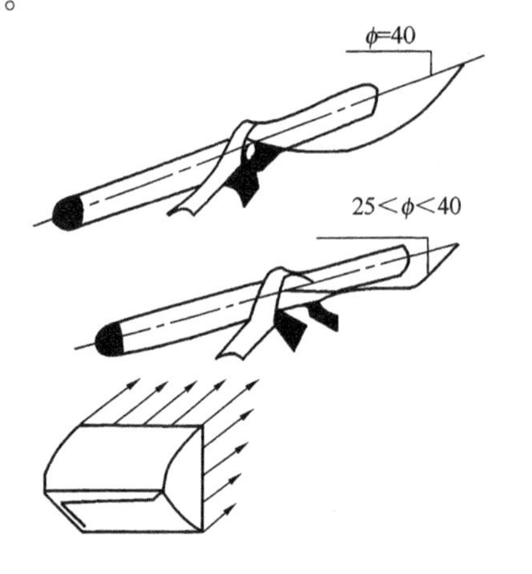

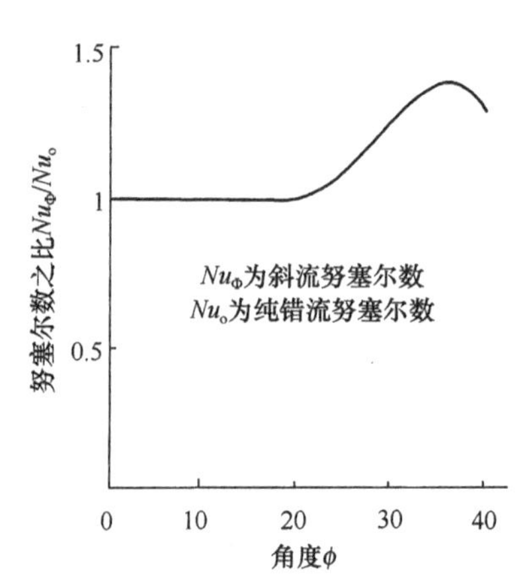

图 1.2-33　螺旋角与努塞尔准数示意图

虽然，螺旋折流板换热器兼有传统弓形折流板换热器和折流栅换热器的双重优点，但也有其自身的弱点。其一，是受到螺旋角的制约。如前所述，性能优越的螺旋角为 25°~45°，在壳程直径和流量一定的情况下，一方面希望选择较小的螺距以便于得到较高的流速；另一方面，较小的螺距可能使螺旋角太小而不能发挥其优越性。为了解决这一矛盾，抚顺机械制造有限公司成功试制了一台双壳程螺旋折流板换热器，取得了较好的效果[21]。不过，壳程分程隔板为圆筒形，布管也须改为同心圆排列，制造难度较大。其二，是受到螺旋流的制约而不能用于有相当液位高度的汽、液混相流的工况场合（如蒸发器）。这是由于液封的存在，会阻碍两相螺旋流动，使之不能正常运行。不过，对于冷凝器是可以适用的。这是因为冷凝液生成后能及时排走，不会出现过度的液相堆积而影响到汽相螺旋流的正常运行。其三，螺旋折流板上的管孔是在专用胎具上钻出的斜孔，因此，制造费用略有增加。

总之，螺旋折流板换热器由于兼有传统弓形折流板和折流栅换热器的优点，并克服了两者的弱点，因此有着广阔的前景。

三、管程分程

当热交换器的换热面积较大而换热管又不能太长时，管板上就得排列较多的管子。为了提高流体在管内的流速(以提高传热系数)，通常在管箱内设置分程隔板，将其分为若干个流程，管程流体在这些流程中折返流动[2,5,6]。

(一) 分程原则

(a)分程隔板的形状尽量简单。(b)密封长度尽量短。(c)使每一程的布管数尽量相等。(d)从热膨胀角度考虑，根据经验相邻程间温差不宜超过28℃，并尽量平行分程。以4管程为例，平行分程要优于丁字形分程。这是由于丁字形分程的缺点是最冷和最热的流程(第1程，第4程)彼此相邻，而且管箱进、出口接管的偏置不利于顶部和底部残气、残液的排净。然而，丁字形分程法沿用至今也有其优点，即较平行分程法可多排些管子(布管时，平行分程法要空出平行的3排管子；丁字形分程法只需空出横竖二排管子)。(e)程数不宜分得太多，那样不仅要占去管板上太多的布管面积，布管效率低，而且增加隔板处的密封长度，并给隔板的焊接造成困难。

(二) 分程形式

管程数，一般可采用1、2、4、6、8、10、12七种(图1.2－34)。分程隔板的厚度应不小于下面表1.2－2的最小厚度(GB 151—1999的规定)。

表1.2－2　GB 151—1999规定的分程隔板最小厚度

公称直径 *DN*	隔板最小厚度	
	碳素钢及低合金钢	高合金钢
≤600	8	6
>600且≤1200	10	8
>1200且≤2000	14	10
>2000且≤2600	14	10

(三) 分程隔板

一般，管箱隔板由钢板制成，周边与管箱内壁角焊连接与密封。

较大直径换热器的管箱分程隔板可设计成双层结构(图1.2－35)。这样，不仅增加了隔板的刚性，还可减少隔板两侧反传热引起的效率损失。在水压试验或作业检修时为了排净的需要，通常在隔板上开设有一个直径6mm的孔(对于双层结构的隔板，除非温度很高，一般应尽量避开空腔处开孔，以保持空腔内的死气层，利于隔热)。特殊情况下，在每一分程隔板的最高点和最低点分别开一个排气孔和排液口，以便于不凝气的排出和凝液的排净。

四、壳程分程与分流

(一) 壳程分程[2,6,22]

为了提高壳程流体流速，强化壳程传热，有时在壳程设置纵向隔板来分程，如图1.2－36所示。

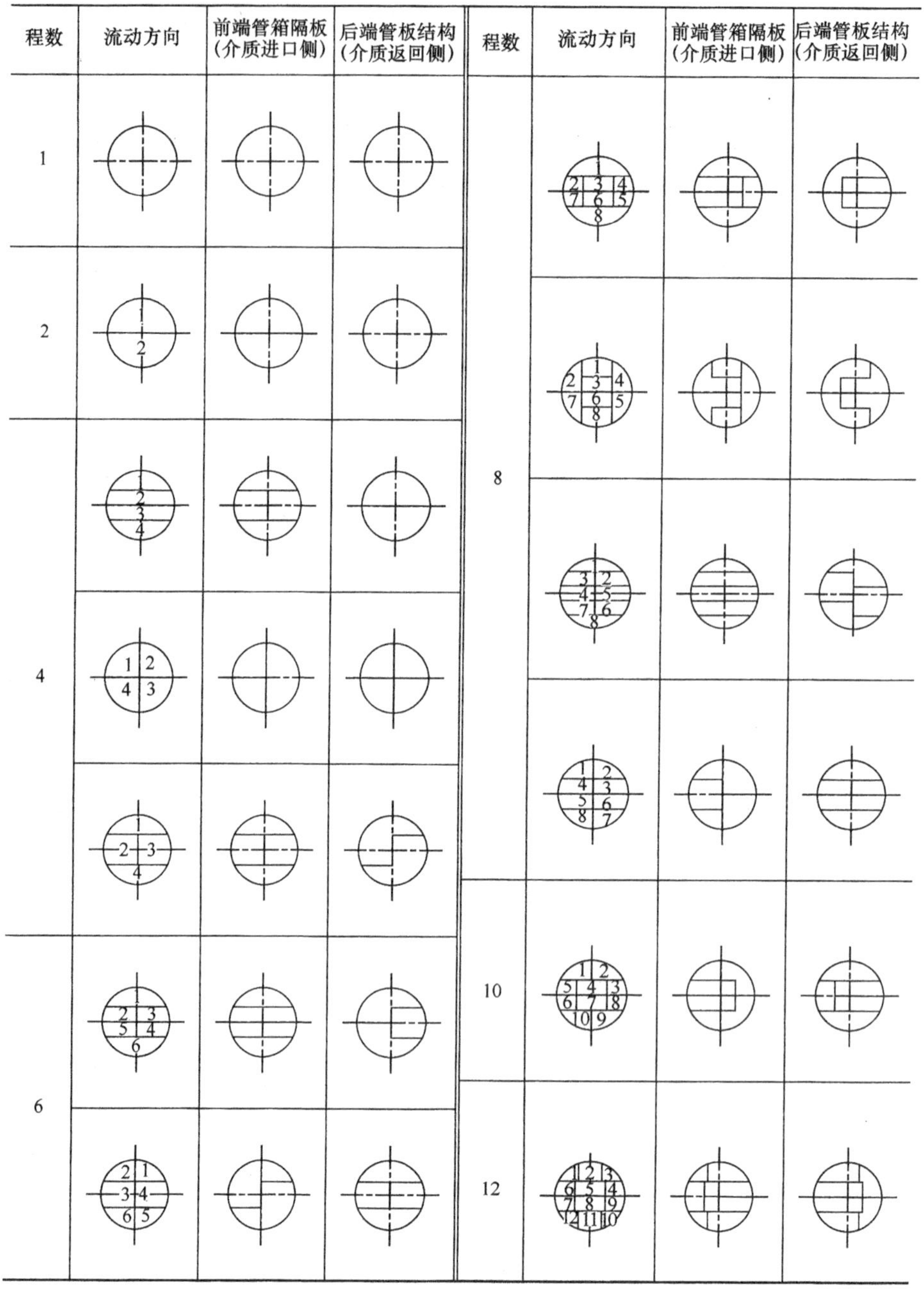

程数	流动方向	前端管箱隔板（介质进口侧）	后端管板结构（介质返回侧）
1			
2			
4			
6			
8			
10			
12			

图 1.2－34 管程分程形式示意图

由于安装难度较大，或纵向隔板与壳壁之间存在流体短路问题又难于严格密封（对可抽出管束而言），一般采用的壳程数不超过2（即双壳程）。二管程双壳程还可实现两侧流体的纯逆流换热。

纵向隔板的厚度最小应为6mm。当壳程直径大或压力降较大时，应适当加厚。

纵向隔板与管板的连接，可采用焊接或可拆卸连接，如图 1.2－37，纵向隔板回流端（尾端）的转向通道面积应大于折流板缺口通道面积。

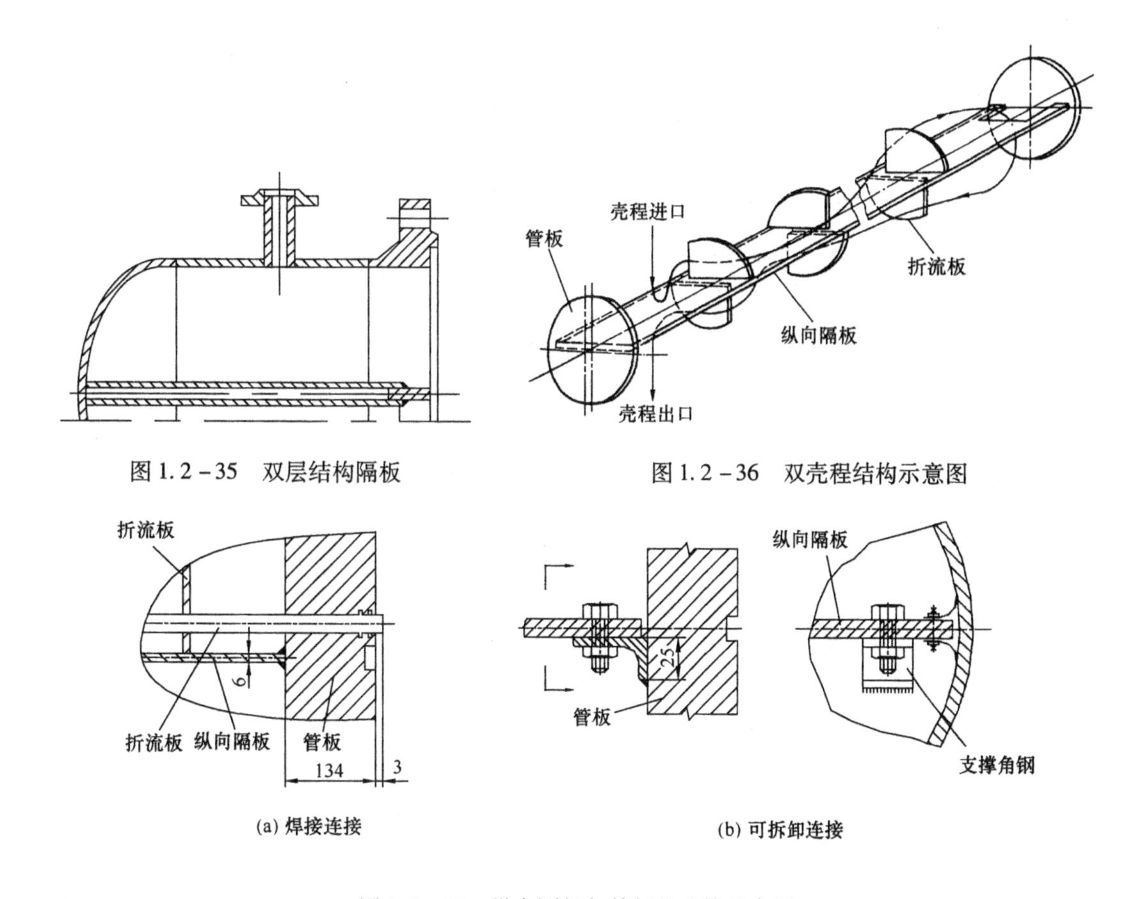

图 1.2－35　双层结构隔板

图 1.2－36　双壳程结构示意图

图 1.2－37　纵向隔板与管板的连接示意图

纵向隔板与壳体间要采取密封措施，以防止程间流体短路造成传热效率的降低。其密封形式、结构通常有以下两种：对于固定管板式换热器，纵向隔板可直接与壳体焊接或插入导向槽中，见图 1.2－38(a)、(b)；对于可抽出管束的换热器，由于纵向隔板已与管束连接为一体，为了抽出、装入的方便，纵向隔板的两侧与壳体间须留有一定间隙，此间隙处的密封结构如图 1.2－38(c)所示。不锈钢弹簧片由数片(4～8 片)厚度 0.1～0.2mm 的不锈钢薄板条叠加而成，不锈钢弹簧片可在纵向隔板两侧的单面或双面设置来实现密封。单面设计时，须在进口一侧，这样程间压差有利于密封，反之，则不利于密封。

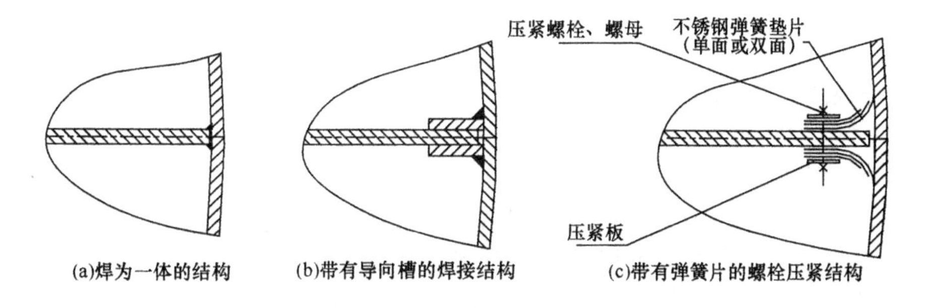

图 1.2－38　纵向隔板与壳体的密封示意图

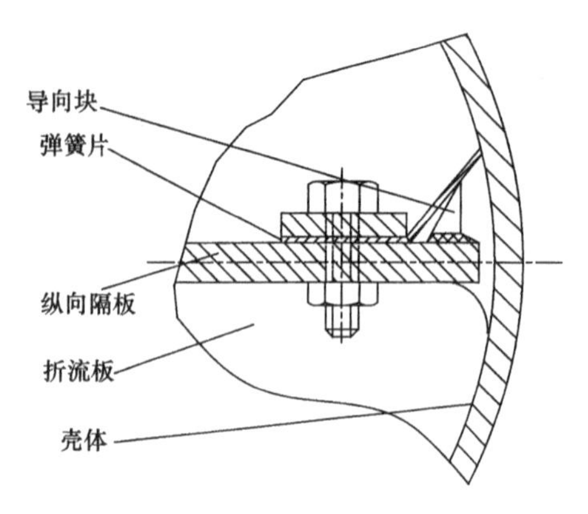

图 1.2-39 纵向隔板处设置导向块结构示意图

另外，在纵向隔板的尾部尽可能设置导向块，以便向壳体内装入管束时，对不锈钢弹簧片起弯曲导向作用，见图 1.2-39。不锈钢弹簧片须整条制作，若按折流板间空档制作，不仅泄漏区太多，降低传热效率，而且装入管束时，弹簧片的逐段引弯很麻烦，压紧板(在弹簧片的折弯处)最好倒圆角。

(二) 壳程分流

美国 TEMA 标准和 GB 151 中均给出了多种分流型式，如单分流(G)、双分流(H)、无隔板分流(J)等，这些壳体结构型式可有效改变换热器壳侧工艺性能，满足设备操作要求。例如壳侧为相变介质的场合，采用 H 型壳体，可有效降低壳侧压力降。

当壳程流量大时，为减少折流板的阻力可以加大折流板间距或采用多弓形折流板。但加大折流板间距时，同时增大了折流板两侧的死角区，且在壳体直径不大时，又不适合采用多弓形折流板。为解决此矛盾，可采用分流隔板。

图 1.2-40 中的隔板 D 是一种分流板结构，它是一个整圆板，把一个壳程平均分为两个壳程并联使用，两个进口，一个出口。图示结构为从日本引进的合成氨装置 CO_2 再生塔冷凝器。因流量较大，即采用分流隔板，又采用窗口形折流板。

图 1.2-41 为另一种分流板，此类分流板常用于不需要气液分离的蒸发过程。即一个圆形支撑板，在该板上下方分别设有介质进出口。为防止介质短路，在分流板中间左右各焊一块矩形板。在矩形板上开孔，使矩形板下方的气泡能顺利通过小孔，可避免板上方形成死角。

分流板的数量根据支承换热管需要和进出口数量确定，有单分流、双分流、三分流等。

五、管束安装偏转角

对于卧式冷凝器(壳程为气体冷凝)，为了减小冷凝液膜在列管上的包角及液膜厚度，在设计和装配时，管板轴线(对等边三角形排列，指六角形对角线；对正方形排列，指正方形的边)。应与设备水平轴线偏转一定角度，如图 1.2-42 所示。

正三角形排列时，

$$\alpha = 30° - \arcsin\frac{d_0}{2p_t} \qquad (2-1)$$

式中 d_0——换热管外径，mm；

p_t——管心距，mm。

正方形排列时，$\alpha = 26°25'$。

管束偏转角设计、安装时，应该注意管板上是否带有排气、排液口。并且，接管、隔板、螺栓孔等的方位都会变得不规则了，对制造、安装不利，因此，有时不考虑这个安装偏转角，只是改用转角三角形排列或转角正方形排列，因为它们有利于吹除、切割冷凝液膜。

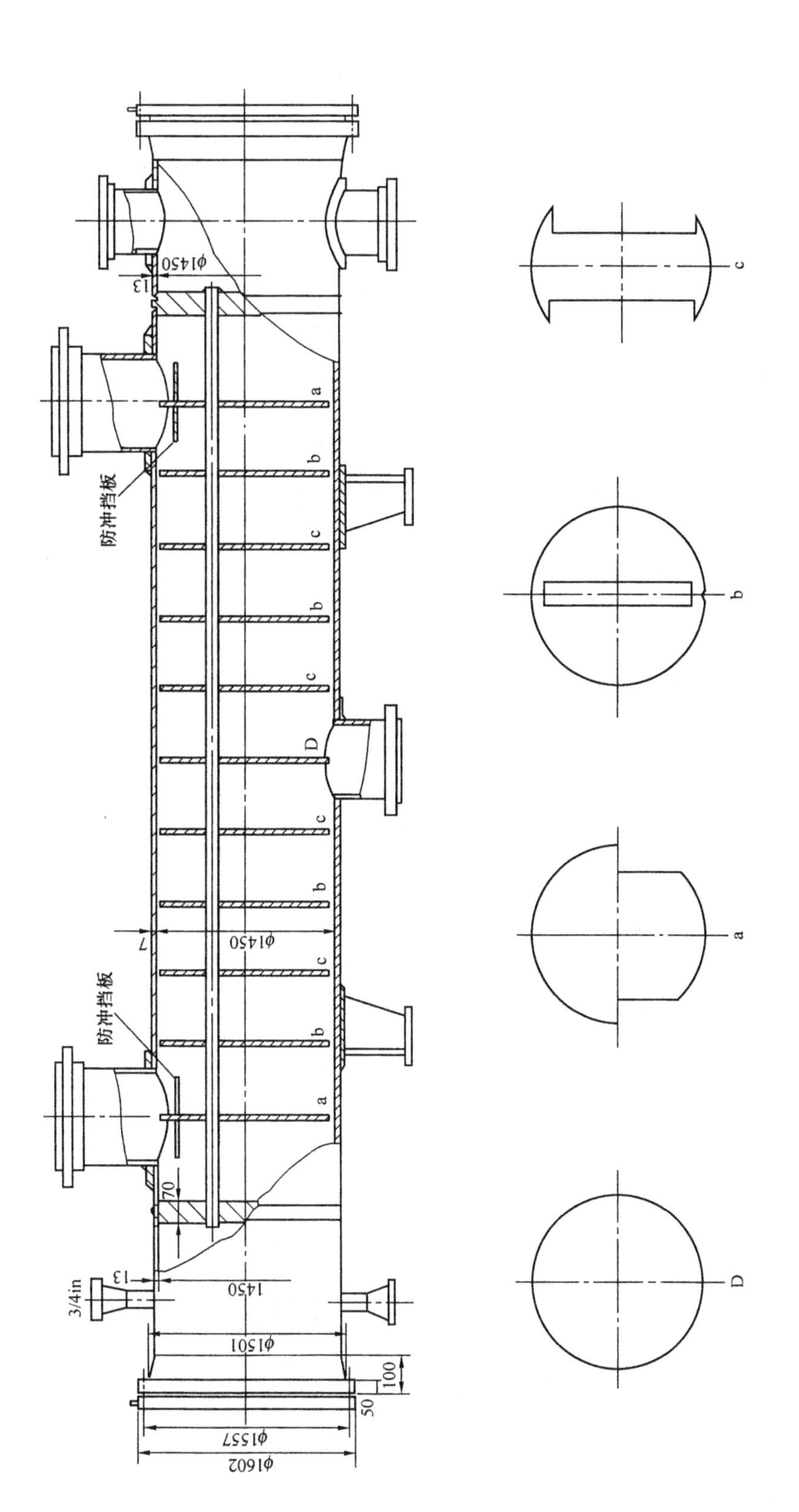

图 1.2－40　分流隔板换热器

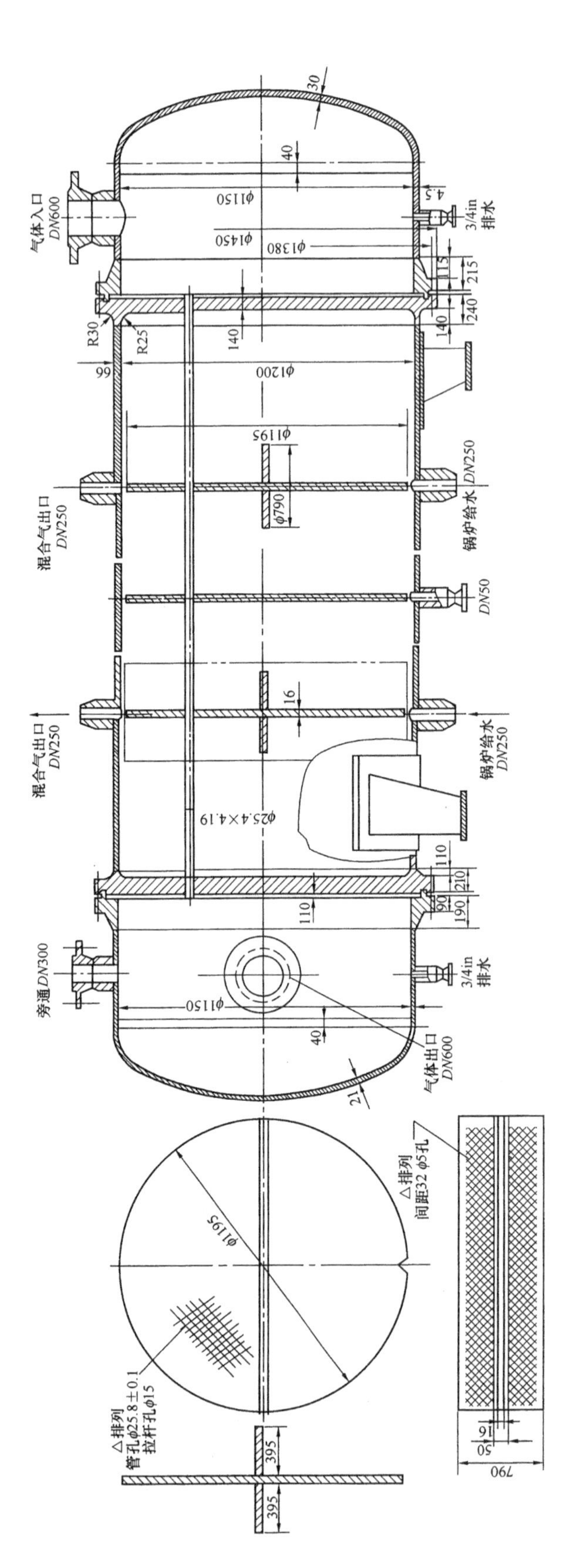

图 1.2－41　分流板换热器

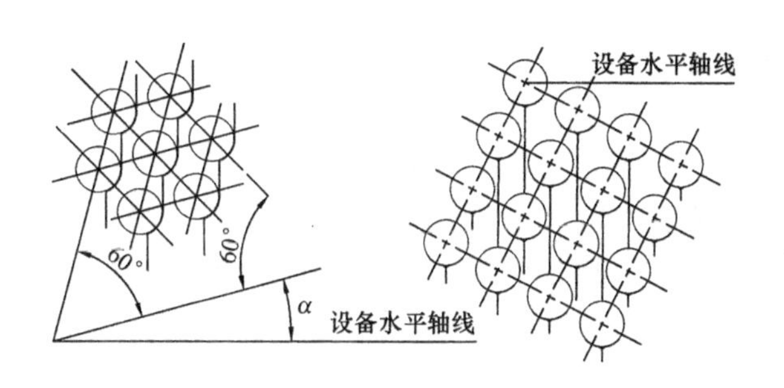

图 1.2－42　卧式冷凝器管束安装偏转角

第三节　结构型式的合理选择

管壳式换热器种类繁多，其结构、性能差异很大。因此，如何根据使用条件来选择合适的结构型式，是比较复杂和繁琐的。在满足主要工艺条件（操作压力、操作温度、介质特性）的前提下，结合传热性能、制造成本等因素进行综合考虑，安装、运输及设备检修是否便利也是应当考虑的。

一、设计中的一般考虑

对于有特殊要求的介质，例如有腐蚀、毒性、温度或压力很高以及结垢比较严重时，应按照下列原则处理[4]：

①一般易腐蚀的介质走管程，可以降低对壳程材质的要求。

②有毒性的介质走管程，泄漏机会较少。

③当介质温度或压力很高，以致必须增加金属厚度，或由碳钢改为合金钢时，温度或压力高的介质走管程，这样可以降低对壳程材质的要求。应当指出，如果介质的温度和压力虽然较高，但仍然在换热器标准的范围内，则此条可以不必作为主要矛盾来考虑。

通常情况下，介质压力较低时，可选用各种换热器结构型式。介质设计压力大于6.4MPa时，选用U形管式换热器比较适合，且尽量使压力高的介质走管程。

④容易结垢的介质走管程，便于清扫。如在冷却器当中，一般冷却水走管程。

⑤如果两种流体传热性能相差很多时，可将性能低的流体放到壳程以便采取各种有效措施来提高壳程膜传热系数，如采用螺纹管或翅片管。

当上述情况排除后，介质走管程还是走壳程一般主要着眼于提高传热系数和最大程度利用压力降。流体在壳程内的流动容易达到湍流。因而，把黏度大或流量小的，即雷诺数较低的介质选在壳程，一般是有利的。反之，如果在管程达到了湍流条件，则安排此种介质走管程比较合理。从压力降的角度来考虑，也是将雷诺数小的走壳程有利，反之走管程有利。

二、无相变

（一）气－气工况

换热器两侧都为气相介质，根据气相介质传热机理，一般管、壳程侧膜传热系数都比较低，在压降允许的情况下，尽量提高管内及管外的流速，以提高设备传热效率。

（二）气－液工况

两侧介质都为单相，一侧气相，另一侧液相，相同流速下，液相侧膜传热系数远远大于气侧，因此气侧为膜热阻控制侧。选择换热器结构时，应尽量提高气侧膜传热系数。一般气相介质走壳程，液相介质走管程。气相为高压介质时，应综合考虑传热、经济性等因素，来确定管、壳程与介质的匹配。

(三) 液－液工况

两侧介质都为液相时，介质的流量、黏度、压力对于管、壳程的选择有很大的影响。一般来讲，黏度大的介质走壳程，以求在低流速达到湍流状态。另外，设备结构、材质选择与介质压力、腐蚀性等因素有关。腐蚀性强、压力高的介质走管程，可以减少所需材料的用量，减少投资。如高压时采用U形管式结构。管、壳程均需要经常清洗时，宜选用浮头式、填料函式结构。

三、沸腾

通常将液体到蒸气的相变过程所发生的传热方式定义为沸腾传热，而重沸器是工业上可以实现这一过程的设备。重沸器设备型式的选择和安装正确与否将直接影响到装置的正常运行和产品的质量。重沸器的选用与进料的流动形式、气化率、进料黏度以及塔内液位有关。常用的重沸器形式有以下几种：釜式重沸器、卧式热虹吸式重沸器(循环式、一次通过式)、立式热虹吸式重沸器(循环式、一次通过式)、泵强制输送式重沸器(循环式、一次通过式)[3,4]。

(一) 釜式重沸器

塔底液体进入釜式重沸器后并浸没管束，受热发生以泡核沸腾为主的沸腾过程。釜式重沸器气化率可达80%以上，操作弹性大，但是不适于易结垢或含有固体颗粒介质的沸腾，因为固体会聚集在管束中和堰板底部。

釜式重沸器相当于一块理论塔板的作用。采用釜式重沸器可以缩小塔底空间，使塔和重沸器间的标高差减小。塔在压力下操作，塔底产品可以不用泵而靠压力自己排出。当塔底产品需要用泵抽出时，为满足泵的灌注头的需要，釜式重沸器必须架高，从而塔的标高也随之增加。这种情况下，宜选用热虹吸式重沸器，产品从塔底抽出更有利。

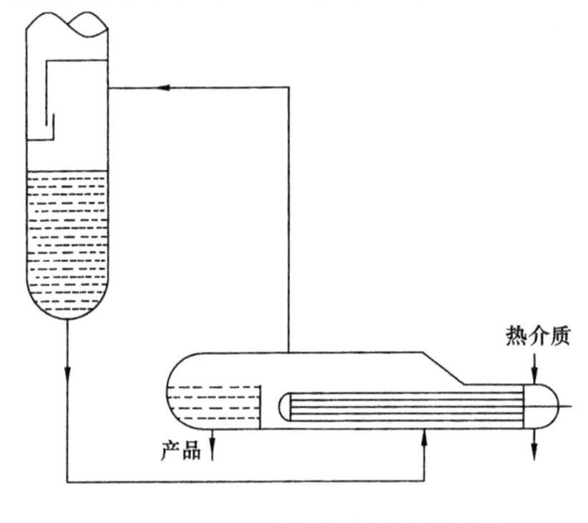

图1.2－43 釜式重沸器流程示意图

釜式重沸器金属耗量较大，占地面积大，管线长，投资较高。液体产品的缓冲容积小，在加热段停留的时间较长。当塔底产品作为下一步工序的物料而且流率稳定性要求较高时，不选用釜式重沸器。流程示意图见图1.2－43。

(二) 卧式热虹吸式重沸器

按照工艺过程，卧式热虹吸式重沸器又可分为一次通过式和循环式。一次通过式是指塔底出产品，进重沸器的物料由最下一层塔板抽出，与塔底产品组成不同。循环式是指塔底产品和重沸器进料同时抽出，其组成相同。流程图见图1.2－44。

卧式热虹吸式重沸器允许使用较脏的介质加热；在加热段停留的时间较短；出塔产品的缓冲容积较大，流率稳定性较高；若设备换热面积较大时，从经济性和安装空间来考虑，宜选择此类设备。

卧式热虹吸式重沸器设备汽化率不应过大，否则容易引起气相出口管线的管壁干涸，以及产生雾状流。一般烃类的汽化率小于30%，水溶液的汽化率小于20%，汽化率较大时，

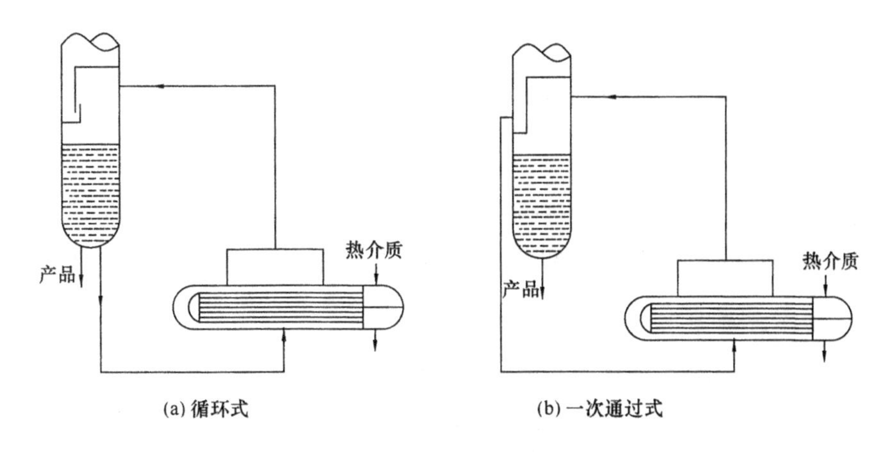

图 1.2－44　卧式热虹吸式重沸器流程示意图

不能采用一次通过式，需采用循环式或釜式重沸器。

卧式热虹吸式重沸器出口管线较长所以压力降较大，不适用于低压和真空操作工况，以及结垢严重的场合。

卧式热虹吸式重沸器的分馏效果小于一块理论塔板。

（三）立式热虹吸式重沸器

釜式重沸器和卧式热虹吸式重沸器多用于塔底，如果塔的某一个或几个侧线需要输入热量时，一般选用立式热虹吸式重沸器。按照工艺过程，立式热虹吸式重沸器又可分为一次通过式和循环式。流程图见图 1.2－45。采用立式热虹吸式重沸器时，为了保持重沸器操作稳定，常在塔内加一块挡板。

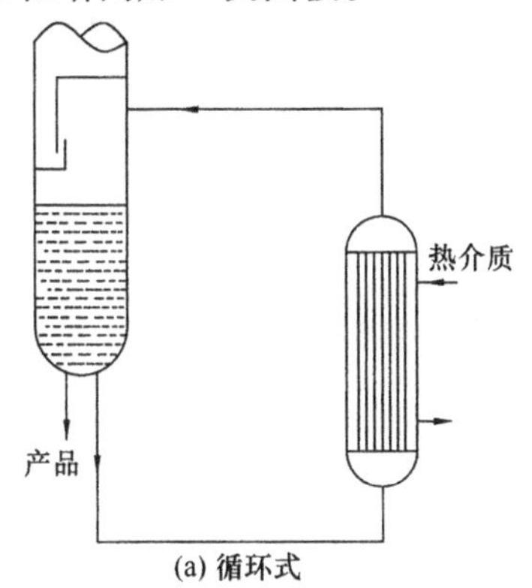

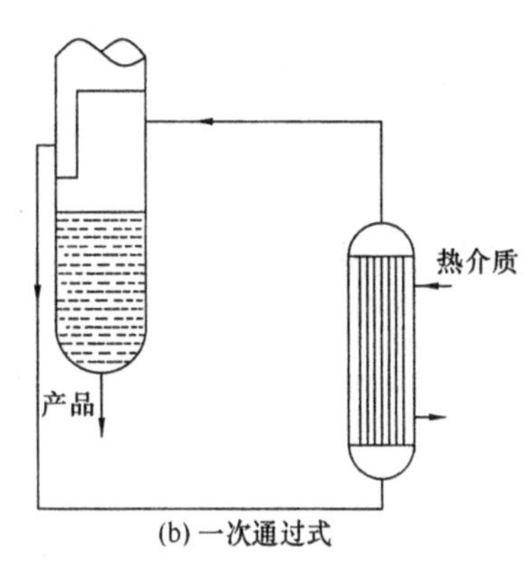

图 1.2－45　立式热虹吸式重沸器流程示意图

立式热虹吸式重沸器一般采用固定管板、单管程、壳侧加热、管内加热汽化的方式。出口管一般与塔体相接，减少了上升管内的阻力和出现块状流的危险。

立式热虹吸式重沸器占地面积小；连接管线短；管程流体不易结垢；传热面积较小时，此重沸器的金属耗量最低；在加热段的停留时间较短；出塔产品的缓冲容积较大，流率稳定性较高。

立式热虹吸式重沸器的分馏效果低于一块理论塔板。汽化率不宜过大，否则极易发生干管现象或雾状流的危险，因此不宜采用。正常操作的立式热虹吸式重沸器出口处的液气比一般大于5，通常为10～15。设计时，按照重沸器出口汽化率10%～12%考虑，以确定液体循环量。

立式热虹吸式重沸器相对于塔的安装高度较高；壳程难以清扫，因此宜选用清洁的加热介质。

（四）泵强制输送式重沸器

当塔底液体黏度高，或易受热分解而结垢时，可采用泵强制输送式重沸器，但由此带来了投资和操作费用的增加。按照工艺过程，泵强制输送式重沸器也可分为一次通过式和循环式。

四、冷凝与冷却

冷凝器是实现冷热交换将气体冷却冷凝的设备。冷凝传热过程，在石油、化工及动力工程中，应用十分广泛。如塔顶油气冷凝，加热蒸汽的冷凝，冷冻过程中冷冻剂蒸汽的冷凝等。

从冷凝过程来划分，有膜状冷凝和滴状冷凝两种，其中绝大部分的冷凝过程均属于膜状冷凝的范围。从冷凝物划分，有可凝气的全冷凝和含有不凝气的部分冷凝（冷凝冷却）两种情况[3,4]。

（一）可凝气的全冷凝过程

一般情况下，从传热、压力降、清洗方便考虑，宜选用卧式冷凝器，且冷凝在壳侧进行。其结构形式可采用固定管板式、浮头式、U形管式换热器，当选用固定管板式换热器时，若换热管与壳体壁温相差太大，需增设膨胀节。

当被冷凝的介质压力很高时，或有严重腐蚀需要特殊材质时，管程冷凝比较适宜，壳程材料可用普通材料。如果两侧介质都有腐蚀，需结合冷媒物性特点来选型。例如冷媒黏度很高或流量较小，走壳程易达到湍流；或者冷媒介质易汽化，为降低其压力降，选择冷媒介质走壳程，而让冷凝介质走管程比较合适。管程冷凝，一般都是指在立式冷凝器的管程。

对相对挥发度相差太大的多组分气体全凝，宜走壳程；反之，窄馏分气体宜走管内，总传热系数更高。

（二）含不凝气的部分冷凝过程

对于低压气体冷凝，通常选用卧式冷凝器，介质走壳程，壳体压力降低。为了强化壳侧传热，可采用高效传热管。例如要求压力降非常严格的常减压装置减压塔顶冷凝冷却器，选用卧式冷凝器合适。

对于中压冷凝气体，通常选用立式冷凝器在管程冷凝。此时凝液以降膜形式向下流动，而且气速较高，凝液的液膜厚度很薄，气膜热阻低，不凝气也不容易在设备内积聚，压力降也低。选型时，尽量使两侧介质呈纯逆流换热，出口气体与温度最低的管壁接触，可凝气的热损失也最少。

对于高压冷凝气体宜选用卧式冷凝器，介质走管程，此时应选择合适的流速，避免出现气液分层或者管束振动，对设备造成损害。

五、污垢、黏度对结构选择的影响

（一）污垢热阻

换热器的管壁在操作中不断地被污垢所覆盖，对传热系数和压力降有很大的影响。污垢种类很多，概括起来可分为：结晶、颗粒沉积、化学反应、聚合、结焦、生物体的成长及表面腐蚀等，每一种污垢都有其独特的生成和成长的机理。

介质情况、操作条件和设备工况等因素决定了结垢的快慢、厚度和牢度。一般来说，介质中含有悬浮物、溶解物及化学安定性较差的物质时，较易结垢；流体的流速较低、温升较高或管壁温度高于流体温度较多时都比较容易结垢；管壁比较粗糙，或在结构上有死角时，较易结垢。任何局部高壁温或低流速的壳程几何形状，都将引起严重的结垢。壳程流动的不良分布也会引起部分换热管壁温较高，促使管内介质结垢加快，这样可能堵塞管子而引起管程流体的分布不均。

为了尽量降低结垢对设备的影响，以及增加设备运行操作费用，必须选择合理的换热器结构。一般可以采取的措施如下：

① 操作时，必须注意应使介质保持在合理的流速下。假如用蒸汽加热，由于蒸汽冷凝传热系数很高，所以壁温接近于蒸汽温度，当介质流速低时，会很快结垢。

② 对管壁易结垢的、比较脏的流体，也必须保证一定的流速，维持流体的自清洗作用。但在设计时，传热面积富裕量过大，会导致实际运行时流速下降，结垢速度加快。

③ 对换热器及冷却器，容易结垢的介质走管程。例如，在冷却器中，一般水走管程，被冷却的介质走壳程。

④ 对重沸器，若壳程介质含沉淀物、重残渣等物质，为了提高流速而减少结垢，首选管内沸腾的立式热虹吸式重沸器，其次选择强制循环的卧式重沸器。

⑤ 易沉淀或含重残渣介质不宜选择釜式重沸器，因为它会积累残渣物，造成严重的结垢。含有不饱和烃类易聚合的介质，当管壁温度超过反应温度时，结垢速度将迅速增加。

⑥ 介质汽化率对结垢也有影响，汽化率较低时，结垢有减小的倾向。因此，对于容易结垢的介质，介质汽化率不超过20%为宜。而且在热负荷一定的情况下，汽化率低须提高循环速度，这样不仅降低了与速度有关的结垢的生成，还提高了沸腾侧传热系数。

⑦ 壳径相同时，换热管三角形和转角三角形排列要比正方形和转角正方形的排管数多，且易形成高度湍流提高传热系数，但无法进行机械清洗管子。因此当壳程介质比较干净时，可以采用三角形排列。对壳程需要机械清洗的场合，可改用正方形或转角正方形排列。化学清洗不需要机械器具清理通道，故壳程较脏而又能提供有效化学清洗的场合仍可选用三角形排列。

（二）黏度

在传热计算中，介质的黏度对膜传热系数、压力降的影响很大。高黏度介质换热时，通常选用易清洗的换热器结构；介质走壳程，易于达到湍流，提高总传热系数，例如高温渣油的冷却工况。因特殊情况较高黏度流体需走管程时，宜选用较大直径的换热管，并尽量提高管内流速。

六、典型结构组合

管壳式换热器的壳程结构复杂多样，对设备的传热性能和结构的可靠性影响较大。在传统的单壳程折流板结构的基础上出现了多种新型结构，广泛使用的结构有折流杆支承结构、壳程分程等。

（一）折流杆（栅）支承与各种结构型式组合

图1.2-46为浮头式折流杆换热器结构示意图。

折流杆支承结构可用于固定管板式、浮头式、U形管式、填料函式换热器，其管束由数组折流环构成，一般四个折流环为一组。每根换热管在每一组折流环处实现了上、下、左、右四个方向上的圆钢杆支承，由此限制了换热管的横向位移。

折流杆换热器改善了换热管的支承条件，壳程流体流动方向也由错流变为沿换热管轴向

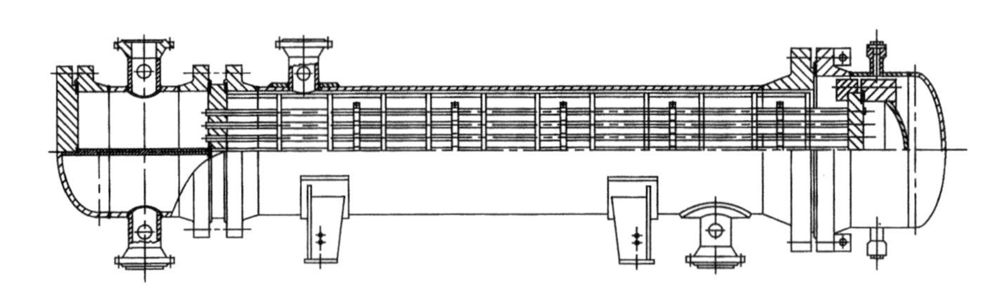

图 1.2-46 浮头式折流杆换热器结构示意图

流动，且流态稳定，流体分配更加合理，主流区死区大为减少。这些流动特性，无论对防振，还是强化传热、减少压降均是十分有利的。

考虑管束组装、制造因素，折流杆换热器中换热管通常按转角正方形或正方形排列。当壳程流量较小时，折流杆换热器难以实现高效的优势。

采用高效传热管，可有效提高两侧介质膜传热系数，并结合折流杆管束支承，可最大程度优化设备工艺性能，提高传热系数，降低壳程阻力降。在壳侧介质压降要求苛刻场合，此种组合结构优势更加突出，如减顶水冷器、压缩机级间冷却器、负压蒸气冷凝器等。

折流杆换热器可广泛适用于冷凝、沸腾场合，同时有利于换热器大型化，例如核电站换热器。

如在减顶冷凝器工位，换热器管束采用折流杆支承，换热管采用低翅螺纹管，既强化壳侧减顶油气冷凝冷却，又有效降低壳侧压力降，满足减顶真空操作条件。

(二) 双壳程与各种结构型式组合

图 1.2-47 为双壳程浮头式换热器结构示意图。

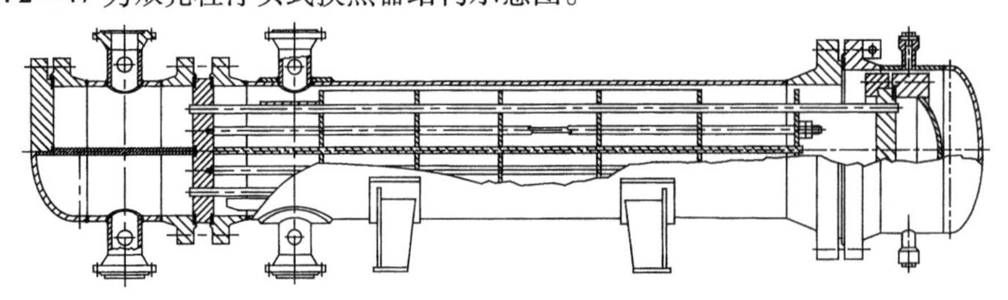

图 1.2-47 双壳程浮头式换热器结构示意图

双壳程结构可应用于浮头式换热器、U 形管换热器、固定管板换热器，所不同的是在管束中心放置一块纵向隔板实现壳程的一分为二。

双壳程换热器增加了流体在壳程的湍流程度，尤其是双管程、双壳程换热器可以实现介质呈纯逆流流动，避免了温度交叉，对数平均温度差的校正系数 $F_T=1.0$。从工艺流程优化来讲，双壳程换热器在一些特定的场合下，有着显著的优势。

在加氢进料换热器中，通常管外膜给热系数往往是传热的控制因素。因此，在壳程可利用压力降的条件下，双壳程换热器可提高有效温差和壳程流速，从而达到提高传热效率、减少换热面积及占地面积、降低材料消耗和设备投资的目的。

此类设备存在壳程压降较高，分程隔板与壳体密封片易泄漏，壳体直径圆度要求较高等缺点。适用于大型化装置串联台数较多、高温及高压的场合。

如常减压装置减压渣-原油换热器，采用双壳程结构，换热管采用低翅螺纹管，在合理利用壳侧压降的前提下，强化壳侧传热，优化设备结构，节省投资。

第四节 管束结构设计

一、管板

(一) 单一材质的管板[2,6,14,23]

当换热介质无腐蚀或有轻微腐蚀时，一般采用单一材质的钢板或锻件来制造管板。

一般中、低压换热器的管板是采用结构简单的平管板，如图 1.2－48 所示，并且在管板厚度小于或等于 60mm 时，通常可以用钢板来制造。

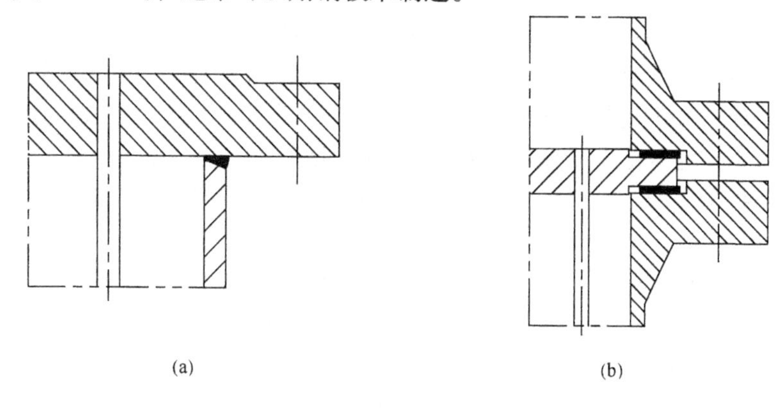

图 1.2－48 中、低压换热器管板示意图

当管板厚度大于 60mm 或是管板本身带有凸肩并且与圆筒(或封头)对接连接时，应采用锻件制造。另外，高压换热器管板一般采用锻件，且管板与高压侧筒体的连接一般不采用法兰连接，而是焊接或锻造成一体，如图 1.2－49 所示。

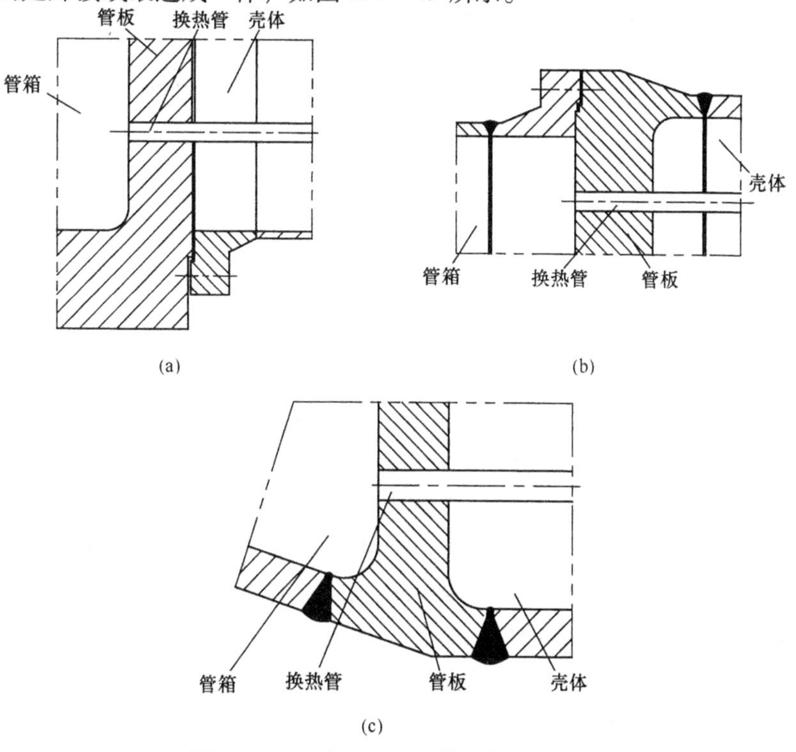

图 1.2－49 高压工况下管板结构示意图

图1.2－49(a)是管程为高压介质，壳程为低压介质时的管板结构，管板和管箱锻成一体或采用焊接结构。

图1.2－49(b)是管程为低压介质，壳程为高压介质时的管板结构。管板锻造成蝶形，机加工后与高压侧壳体(图示为单层卷板式高压筒体)进行对接焊接。

图1.2－49(c)是管板与壳程均为高压介质的管板结构。为了和高压壳体及高压管箱进行对接焊接，管板两侧均锻成蝶形。该管板是按压差进行设计的，故管板较薄。

(二) 复合管板[2,6,14,23]

当介质为腐蚀性介质时，管板应采用耐腐蚀性强的材料制造，不锈钢为广泛采用的材料之一。当管板很厚，尤其是高压换热器，管板厚度可达到300～500mm，若要采用价格昂贵的整体不锈钢管板，显然是不经济的。况且，换热器的失效也往往只是因为管子与管板连接处的局部腐蚀造成，并不是整个管板的均匀腐蚀所致。为此，工程中宜采用复合管板，以碳钢或普通低合金钢作为基层承受介质压力，以不锈钢复层抵抗腐蚀性介质。由于换热器的制造多是单件或小批量生产，复合管板的制造方法主要有以下两种：复合钢板法和堆焊法。

1. 复合钢板法

直接采用复合钢板来制造复合管板是比较简便的方法。复合钢板可分为轧制复合板和爆炸复合板两种。复合管板的复层最小厚度及相应要求在GB 151—1999中有明确规定，即：(a)管板与换热管焊接连接时，其复层的厚度应不小于3mm，对有耐腐蚀要求的复层，还应保证距复层表面深度不小于2mm的复层化学成分和金相组织符合复层材料标准的要求；(b)管板与换热管采用胀接连接时，其复层的厚度应不小于10mm，并应保证距复层表面深度不小于8mm的复层化学成分和金相组织符合复层材料标准的要求。

2. 堆焊法

对单件生产或对较厚的管板可采用堆焊法制造复合管板，但在堆焊前应作堆焊工艺评定。基层材料的待堆焊面及堆焊后复层材料加工后(钻孔前)的表面，应按JB 4730《承压设备无损检测》进行表面检测，其结果不得有裂纹、成排气孔，并应符合Ⅱ级缺陷显示。堆焊后进行适当的热处理后再加工。堆焊层的厚度应不小于5mm，管子与管板的连接通常采用焊接或是焊加胀。

这里特别要说明的是，GB 151—1999明确废止了以前曾采用过的桥面堆焊法(换热管与管板焊接加桥间空隙补焊)，故不再介绍。

(三) 薄管板[2,6,14,23]

薄管板换热器是一种固定管板式换热器。由于管板的受力情况比较复杂，影响管板强度的因素很多，再加之采用的简化假定各不相同，以致在同样条件下各国规范管板的计算厚度相差很大，管板的计算主要有以下三种基本假设：①将管板视为周边支承条件下受均布载荷的圆平板。用平板理论得出计算公式，并考虑到管孔的削弱作用而引入经验性的修正系数，如美国的TEMA标准和日本的JIS标准。②将换热管当做管板的固定支承，管板是受管子支承着的平板，管板的厚度仅取决于管板的最大非布管范围，如原西德的AD规范。③将管板视为弹性基础上受均布载荷的多孔圆板，即考虑到管孔的削弱作用，又考虑到管子的加强作用，对影响管板强度的因素考虑的较为全面，如英国的B.S标准和我国的GB 151标准。1989年，我国新制定的GB 151标准中采用了清华大学精确推导的管板计算方法，成为我国统一的管板计算方法。

上述第二种基本假设的代表性规范就是原西德的AD规范，其管板计算厚度要比其他两种基本假设的薄，尤其是对固定管板换热器的管板，其计算厚度很薄；中、低压时，一般只有几毫米厚，加上腐蚀裕量和隔板槽深度后，也只有十几毫米厚。这样的薄管板国内 20 世纪 70、80 年代有所应用，如图 1.2－50 所示。

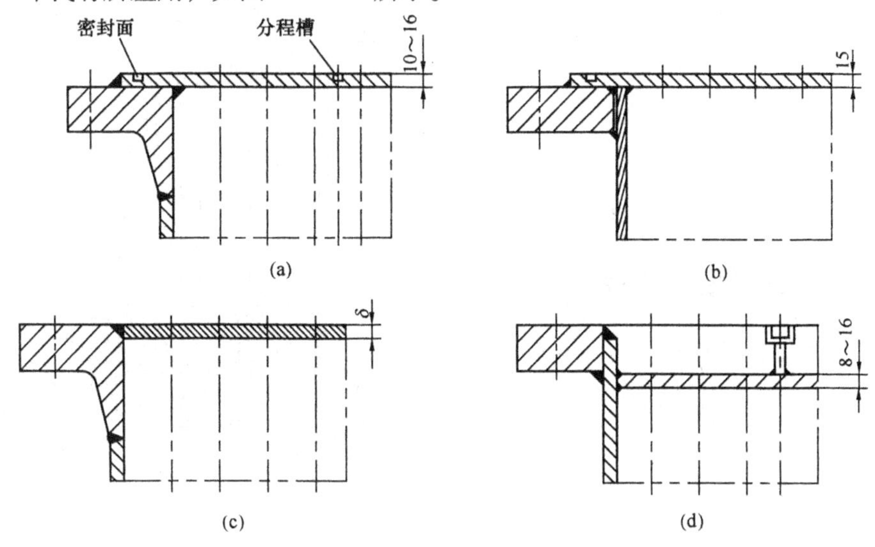

图 1.2－50　平板型薄管板结构示意图

图 1.2－50(a)是从原西德引进的氯乙烯装置中的固定式薄管板结构，它是将管板贴于法兰表面上。这种管板对管内介质为腐蚀介质时较为有利，法兰可以不同腐蚀介质接触。薄管板的厚度一般在 10～15mm(计算厚度一般在 3～4mm 左右，取 10～15mm 是从制造要求出发的)。其中一台 ϕ1800mm，$p=3.5$MPa(p 是管程或壳程压力中的较大值)，$\delta=15$mm，使用温度 $t_1=30/38$℃，$t_2=80/40$℃。

图 1.2－50(b)是从原西德引进的、乙醛装置中的直径较小薄管板结构，该装置所有薄管板厚度一律为 15mm。

图 1.2－50(c)是前苏联 ГОСТ 标准的结构，它是将管板嵌入法兰后，表面车平。这种结构，不论管内、管外走腐蚀介质，法兰都与腐蚀性介质接触，因而需要用耐蚀材料。从受力来讲，因管板靠近法兰的中性面，受法兰力矩影响较小。

图 1.2－50(d)是上海医药设计院的结构，管板离开了法兰，减少了法兰力矩对管板的影响，同时，管板与刚度较小的通体连接，降低了管板的边缘应力，并且，当壳程为腐蚀介质时，法兰不与其接触。

高温高压换热器的管板，要承受高机械应力和高热应力的叠加作用。对于厚管板来说，在管板两侧流体温差很大时，管板两壁面的温差也会很大。这就造成管板内部很大的温差应力。另外，在开、停车时，由于管板厚，温度变化慢，管子壁薄，温度变化快，在管子与管板的连接处将会产生较大的热应力。尤其是迅速停车或进料温度突然变化会产生过大的热应力，以致使管子与管板的连接处发生破坏。基于上述原因，高温高压换热器在满足压力强度和热应力(对于固定管板换热器的管板，还应考虑管束和壳体热膨胀的温差应力)的前提下，应尽量减小管板的厚度。当然，在中等压力、温度下也可以采用较一般设计要薄的管板。

图 1.2－51 所示的为采用支持板加强的薄管板高温高压换热器(壳程压力 6.55～14.0MPa，管程温度为 800～900℃)，其下管板(高温气体入口端)只有 15mm 厚，此薄管板

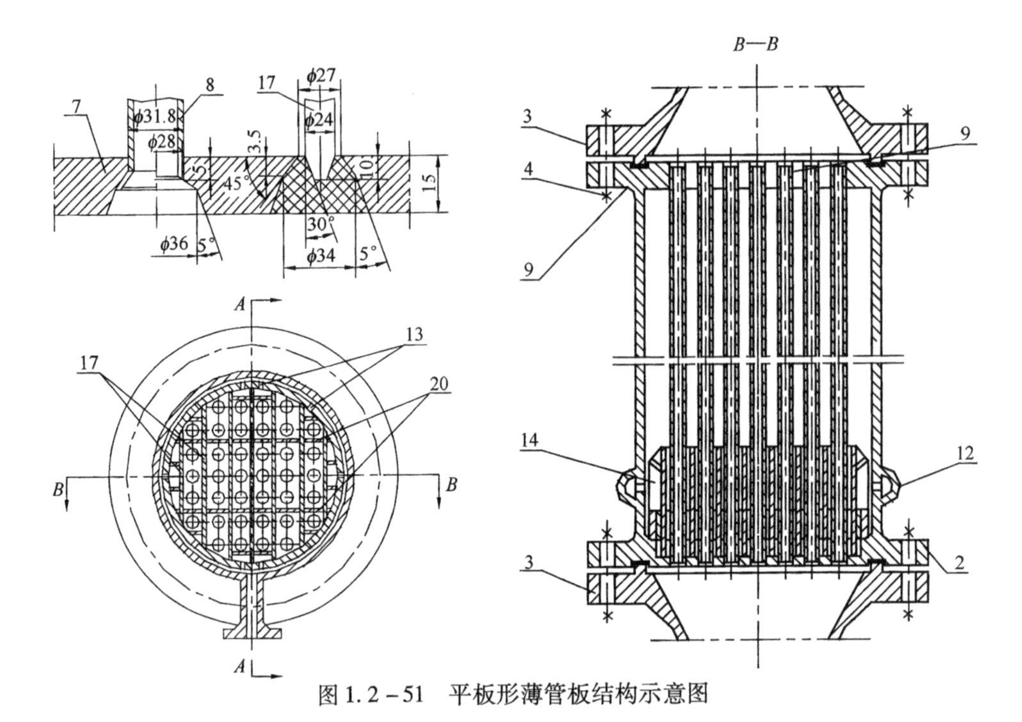

图 1.2－51 平板形薄管板结构示意图

用来减少热应力，用支持板来承受机械应力。高温气体从下端进气室 6 进入，由出口 10 排出。冷介质从壳体 1 的下部管口 11 进入环形分布室 12，再经过径向通道 13 进入流道 14 而均匀分布到管板 7 上，然后，冷介质在壳程空间 15 通过换热器 8 换热吸收热量后从上部管口 16 排出。支持板由筋板 20 加强以防变形并形成网状支持板，网状支持板通过锚桩与管板相连，将机械应力通过支承圈 19 传递到壳体 1 的内凸缘上，网状支持板被冷介质包围可保持常温下的强度，换热管则穿过网状支持板的网眼与上、下管板连接。

图 1.2－52 是前苏联提出的在高压下采用的椭圆形薄管板[2]。椭圆形管板将椭圆形封头作为管板，它与换热器壳体焊在一起。椭圆形管板的受力比平板结构要好得多，所以可以做得很薄，有利于降低温差应力，适合于用高压大直径换热器。

图 1.2－53 是椭圆形管板的又一种连接形式[2]，是由原化工部第四设计院设计的，用于

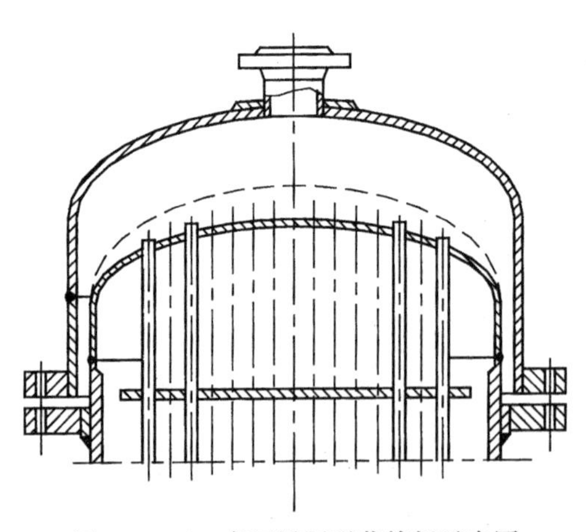
图 1.2－52 高压椭圆形薄管板示意图

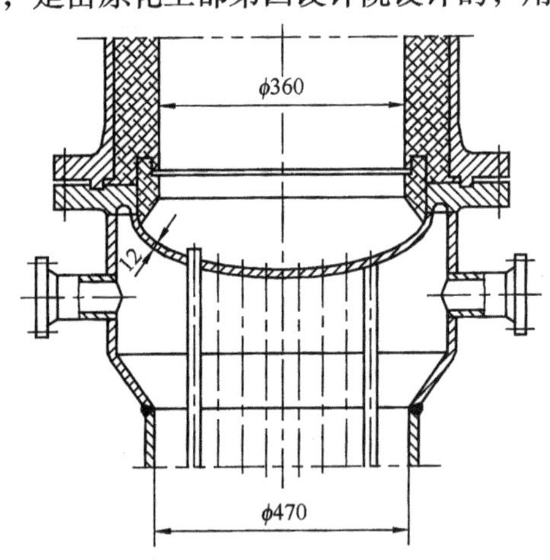

图 1.2－53 椭圆形薄管板示意图

应城化肥厂的废热锅炉。管内压力3.4MPa，温度为135～400℃；管间为5.0MPa蒸汽，传热面积42m^2。另用于鄂西化肥厂的锅炉为：管内压力1.8MPa，温度为100～350℃；管间为4.0MPa蒸汽，传热面积26.5m^2。

图1.2－54是与椭圆形管板相类似的碟形管板。其设计条件为管程温度500℃，常压；壳程1.7MPa的蒸汽。由于碟形管板比平管板受力好，所以上管板(40mm)比下管板(110mm)要薄70mm。

图1.2－55是弓形薄管板结构。

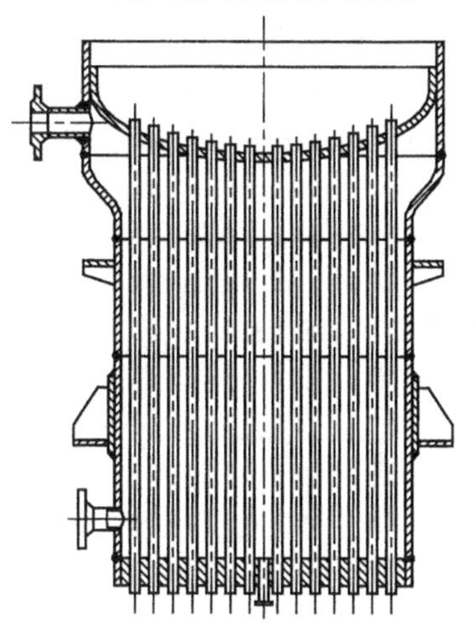

图1.2－54　碟形薄管板示意图

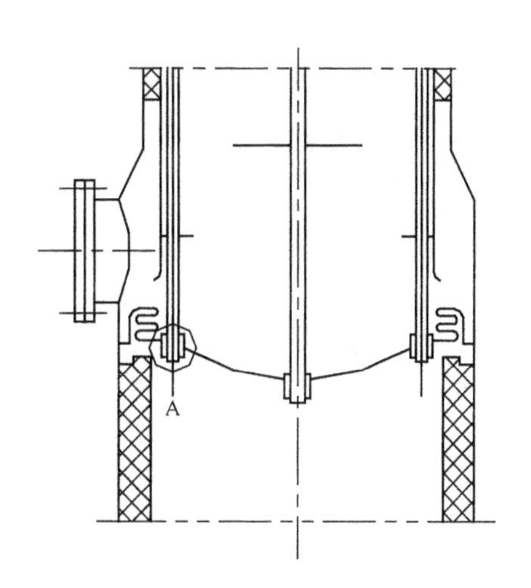

图1.2－55　弓形薄管板示意图

图1.2－56是加撑的挠性管板。管板由拉撑管(管壁比传热管厚的同规格管)多根承受轴向拉、压力作用。由于管板与壳体之间有一个圆弧的过渡连接，并且很薄，所以具有弹性，能够补偿管壳壁温引起的热膨胀差。过渡圆弧还可以减少管板边缘的应力集中。圆弧半径的大小要适当，过大会明显增大壳体直径，过小则不能有效地进行热补偿，而且还会形成局部应力集中，在管板最外围管子处产生危险的弯曲应力，容易导致破坏。这种管板在日本已用于高压废热锅炉。壳程为9.0～15.0MPa压力的饱和水，管程为900～1000℃的高温气体，其压力在0.1～5.0MPa之间。

图1.2－57为在轴向力不大的情况下，不用厚壁拉撑管而只靠普通换热管支承的挠性管

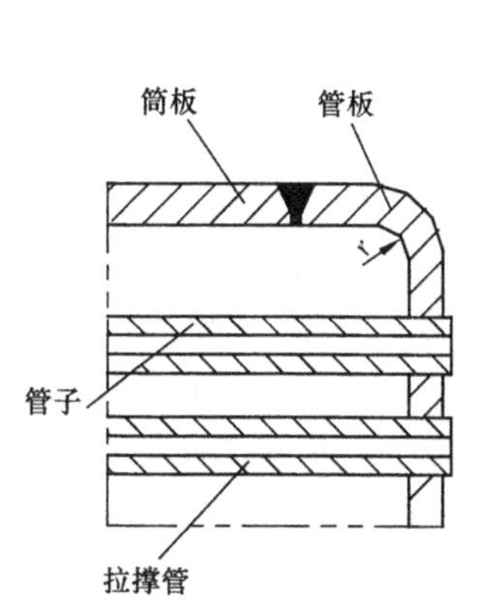

图1.2－56　加拉撑管的挠性薄管板示意图

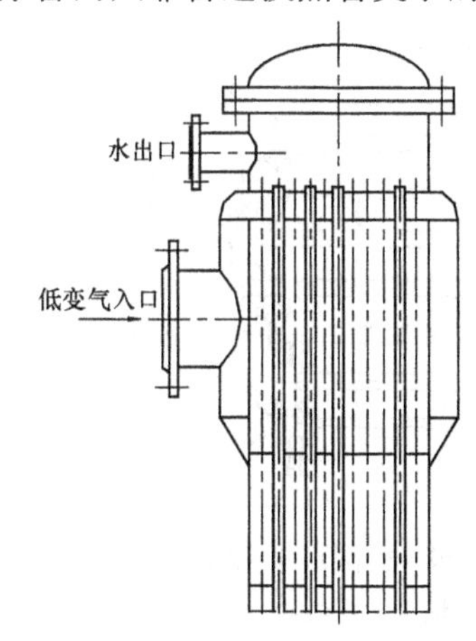

图1.2－57　无拉撑管的挠性薄管板示意图

板。这是辽宁省石油化工设计院为海城县化肥厂净化段设计的第一水加热器，它与采用挠性管板的废热锅炉相似，但它没有厚壁拉撑管，而有折流板。折流板对管子起到了减小柔度，增加管子稳定性的作用。该换热器的工况条件是：管程操作压力 1.0MPa，壳程操作压力 0.8MPa，管程操作温度 136～142℃，壳程操作温度 202～160℃。若用通常的管板需要 46mm 厚，改用挠性管板厚度仅为 12mm。实际上还可以减薄到 8mm，该换热器也是按具有拉撑结构的平封头计算的，所以管板可以很薄。

图 1.2－58 是美国专利的挠性管板换热器。该柔性节可吸收管板的径向热膨胀和换热器的轴向热膨胀。如果不产生过大的机械应力的话，还能够传递管束的负荷。管板和壳体之间的柔性节包括一块用单接头与壳体相连接的环形板和一个与环形板相连的圆盘套筒件。环形板、圆形套筒、壳体、管板之间均采用焊接结构。在管程出口的温度较低时，出口管板也可采用平管板，不加柔性节。

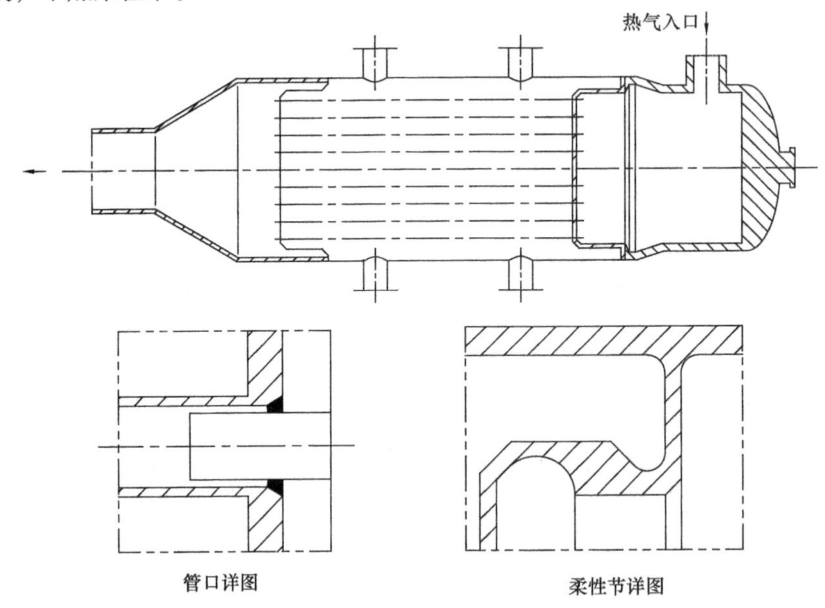

图 1.2－58 挠性管板换热器示意图

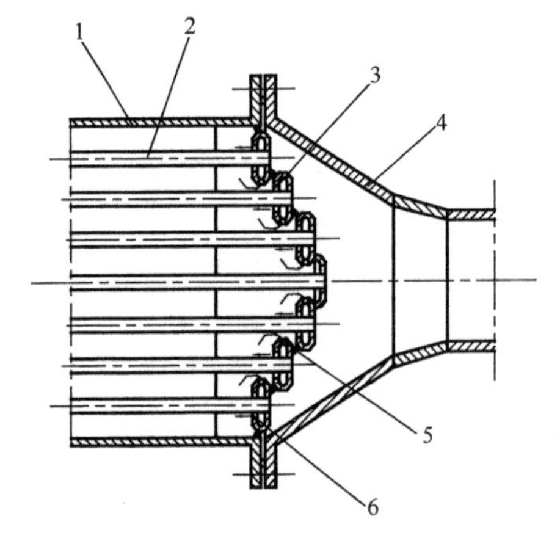

图 1.2－59 椭圆形集流管代替管板示意图
1—壳体；2—换热管；3—椭圆形集流管；4—锥形封头；5—侧面小孔；6—小孔

图 1.2－59 是 30 万吨/年乙烯装置中用的管壳式废热锅炉，它是用椭圆形集流管 3 代替热气出口处管板。这种结构是针对冷却高温裂解气的特殊结构要求设计的。高温裂解气要求废热锅炉在0.015～0.05s 的极短时间内，把温度从 815℃冷至裂解反应基本停止的温度 454～760℃。冷却水从侧面小孔 5 进入椭圆集流管 3，在管壁周围吸收向上穿过小孔 6，形成强烈的自然对流，使裂解气体的热量能迅速地、不断地移走，从而避免了管段局部过热。椭圆形集流管彼此焊在一起形成阶梯布置，并与壳体 1 焊在一起形成下管板。这种管板具有一定的挠性，能起到温差应力的补偿作用。

图 1.2－60 为中石化兰州设计院设计的火管式

废热锅炉的挠性管板结构[24]。所适应的技术参数见表1.2-3。

表1.2-3 挠性薄管板火管式废热锅炉所适应的技术参数

项 目	管 程	壳 程
介质	工艺过程气体	锅炉给水/中压蒸汽
操作压力/MPa	0.5~0.4	5.2
操作温度/℃	800~1200	260
公称直径/mm	≤3000	≤2600
有效换热管长度/mm	≤9500	
换热面积/m^2	200~450	

管板采用碗形锻件加工而成，图1.2-60(b)的管板由厚度20~30mm的平板部分和半径R圆弧过渡构成，并按管板上的应力分布设置一定数量的拉撑管来加强管板，由此，挠性结构的薄管板可以吸收和补偿温差应力，而拉撑管结构承担机械强度。此结构在国内石化装置中得到成功应用，并获得了国家专利。

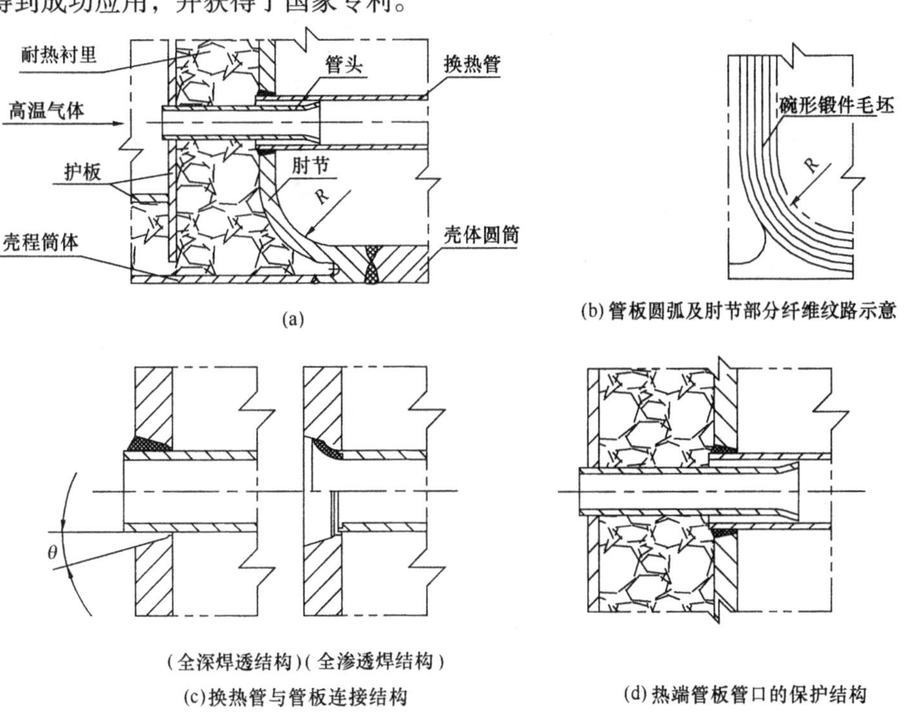

图1.2-60 火管式废热锅炉管板部分结构示意图

图1.2-61(a)所示金陵石化化肥厂的火管式废热锅炉的挠性薄管板结构[25]。其技术参数见表1.2-4。

表1.2-4 火管锅炉主要技术特性参数

项 目	管 程	壳 程
介质	转化气	水/水汽
总进气量/(kg·h^{-1})	182200	—
其中干气量/(kg·h^{-1})	113562	—
蒸汽量/(kg·h^{-1})	66674	—
操作压力/MPa	3.11	10.3
进口~出口温度/℃	962~360	300~313.14
设计压力/MPa	3.73	11.33
设计温度/℃	400.0/430.0	321

续表

项　目	管　程	壳　程
热负荷/kW	≤3000	
传热系数/$(W\cdot m^2\cdot K^{-1})$	≤9500	
换热面积/m^2	200～450	

薄管板的加强如图1.2－61(b)，管子与管板材质均为13CrMo44(相当于12CrMoG)，管子规格为ϕ32mm×3.2mm，管板厚度21mm。如按照GB 151计算，管板厚度超过200mm，壳侧蒸汽的巨大推力由管板加强系统(销爪—格栅板—环B)传递到筒体上。

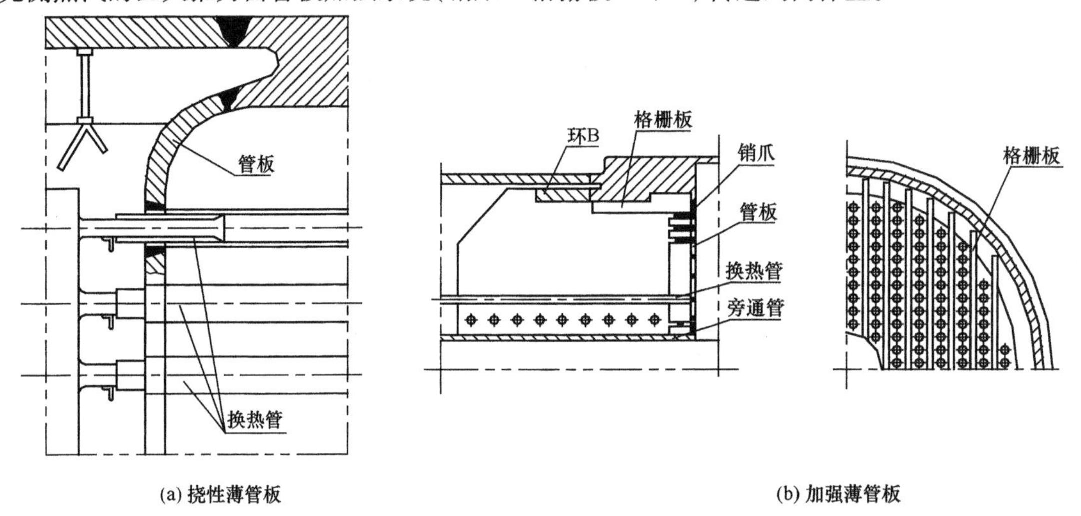

图1.2－61　挠性薄管板结构示意图

(四) 双管板[2,6,14,23]

为保证管子与管板的连接强度和密封性能，可采用各种连接方法，但这些方法都不能保证绝对不漏。即使水压试验、气密性试验完全合格，但在操作中由于介质腐蚀、温度、压力作用，特别是压力、温度的波动或是突然变化(如：开、停车、不正常操作)，往往使得管子与管板连接处产生不同程度的泄漏。少量的泄漏在一般化工工艺中影响不大，是可以允许的。但对表1.2－5所述的工艺条件，不允许管程和壳程的两种流体混合。在这些工艺条件下，可以考虑采用双管板结构(其中固定管板换热器最适合于采用这种结构)。其作用不是消除泄漏，而是防止壳程(或管程)漏出的流体混进管程(或壳程)，即双管板间的隔离腔把管程与壳程介质完全分隔开。

表1.2－5　采用双管板的工艺条件

序号	原　因	工　艺　条　件	实　例
1	腐蚀	单独流体腐蚀性不强，两种流体混合的产物有腐蚀性	HCl气冷却器，发烟硫酸冷却器，氯气冷却器
2	卫生	一种流体是剧毒物；如与另一种介质混合，这种剧毒物将对环境产生巨大影响	光气再沸器、冷却器、冷凝器、氰冷却器
3	安全	两种介质混合后会发生爆炸或燃烧	碱金属冷却器
4	污染设备	两种介质混合后产生树脂或高聚化合物	异丁烯酸冷却器，乳胶加热器

续表

序号	原 因	工 艺 条 件	实 例
5	催化剂中毒	催化剂接触混进的流体会中毒或化合物改变	催化剂再生的硫化床冷却器
6	产量降低	混进的介质使化学反应停止或逆向	脂化反应顶冷却器
7	产品不纯	混进的介质会污染产品	洗涤塔冷凝器、蒸馏塔回收器

1. 常用型双管板

图1.2-62是U形管式双管板换热器，用作四川维尼纶厂醋酸乙烯车间的醋酸蒸汽过热器，管程管板和壳程管板分别与管箱和壳体用螺栓连接。管子与双管板均采用开槽胀接，无论哪侧管板有泄漏，漏出的介质都流到外界[2]。

图1.2-63是固定管板式换热器的双管板结构(由原西德伍德公司引进的氯化氢给料加热器)，管箱通过间隙环与双管板用螺栓连接，漏出的介质从两管板间排到外界[2]。

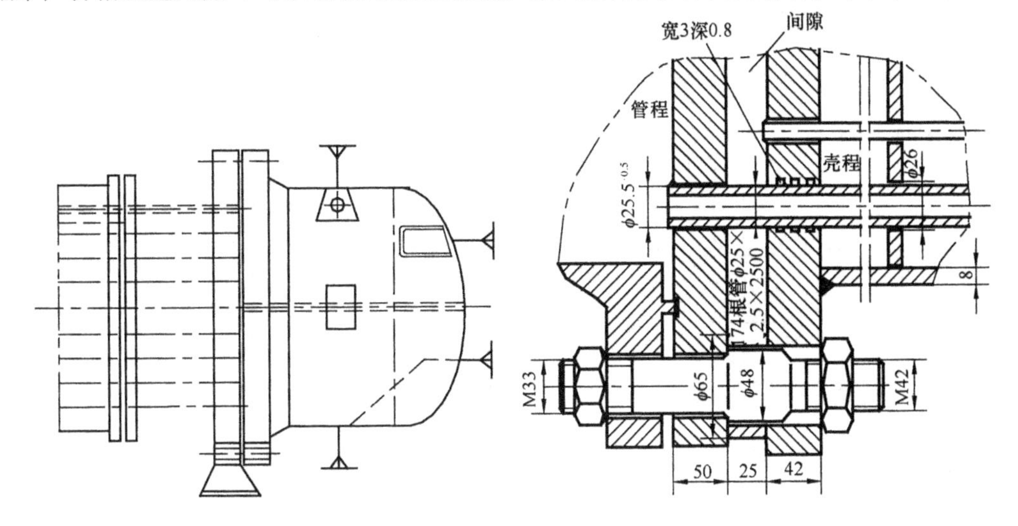

图1.2-62 U形管式双管板换热器示意图　　图1.2-63 固定管板换热器双管板示意图

图1.2-64是固定管板换热器的双管板结构(由法国斯贝希姆公司引进的二次蒸发器)，漏出的介质从两管板间排到外界。管子与双管板的连接均为强度胀[2]。

图1.2-65是固定管板换热器的双管板结构(上海某公司四氯化碳装置中的急冷器)[26]。管板材质均为16Mn锻(Ⅲ级)，换热管10钢管，规格为ϕ19mm×2mm×6100mm，共计1643根。管子与外侧管板采用强度焊(氩弧焊2道，管头不焊倒)；管子与内侧管板采用强度胀。

图1.2-66也是一种可收集漏液的结构，另外，如果要密封泄漏处的缝隙，可用压力高于管程或壳程压力的一种惰性流体充满空腔。图1.2-62和图1.2-63结构都可以收集漏液或者密封泄漏。

常用双管板结构设计的重要问题，是使得两种管板间保证一个合适的距离。这是因为：①两个管板在制造时，为了便于穿孔通常是重叠钻孔，不可避免地会存在偏斜，因而，双管板相同位置的孔存在错位，当管束装配后，就会产生弯曲应力和剪切应力。②由于两管板各自接触的流体温度不同，每个管板具有不同的壁温。不同的热膨胀也会使相同位置的孔产生错位，因而两管板壁温差较大时，在管束上会引起可观的弯曲应力和剪切应力，如图1.2-67所示。

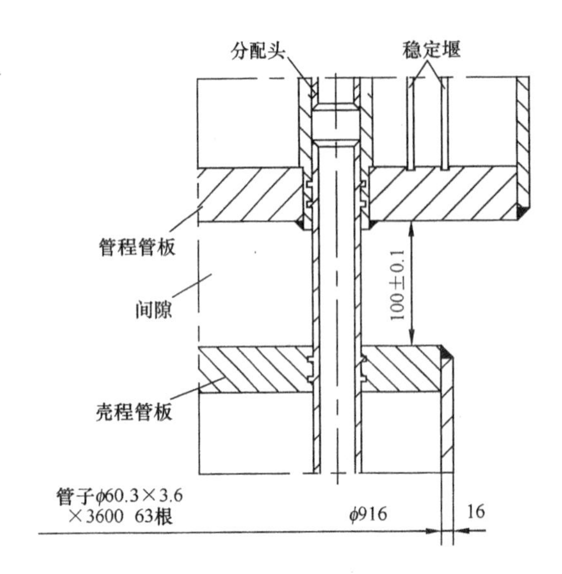

图 1.2－64　固定管板换热器双管板示意图

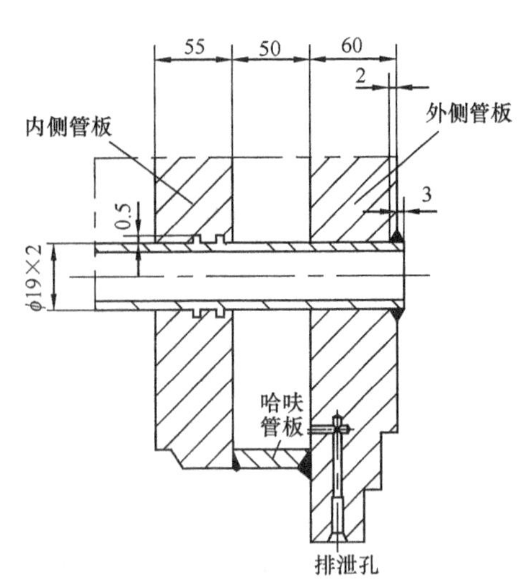

图1.2－65　固定管板换热器双管板示意图

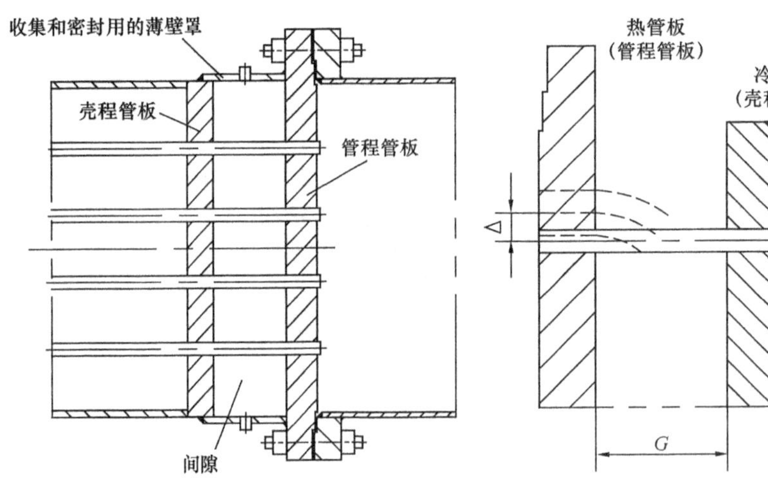

图 1.2－66　固定管板换热器双管板示意图

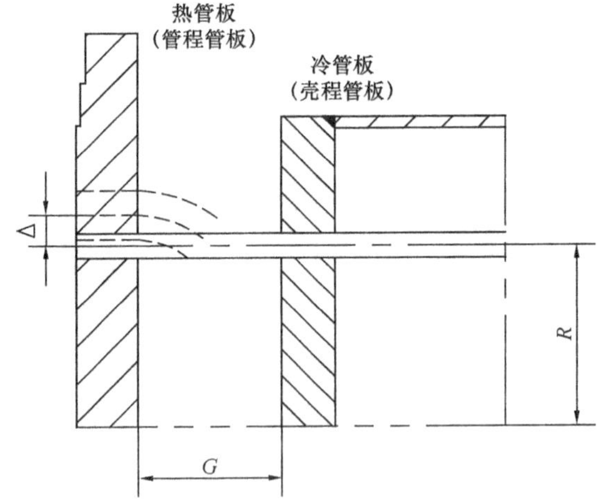

图 1.2－67　管板温差变形示意图

这两种应力将会影响管子、管子和管板连接处的强度和密封性能。如果壁温变化是周期性的，则管束会产生疲劳破坏。管板间距则用来保证在存在错位的条件下管束不至于被破坏。对于相同数值的错位来说，板间距越大，弯曲应力和剪切应力就越小；但板间距太大会导致结构不紧凑，因此，为保证管束的强度要限制最小的板间距。

管板最小间距用下式计算[2]：

$$G=\sqrt{\frac{1.5Ed_0\Delta}{\sigma}} \qquad (2-2)$$

假设管子的许用应力限制在40%屈服限，则上式可写成：

$$G=\sqrt{\frac{Ed_0\Delta}{0.27\sigma_s}} \qquad (2-3)$$

式中　G——两管板间距；

d_0——管子外径；

Δ——管子的偏斜量，mm；

E——管板的弹性模量；

σ——管子的拉伸应力；

σ_s——管子的拉伸屈服限，MPa；

其中 Δ 包括由双管板壁温差引起的偏斜量 Δ_T 和钻孔偏斜量，Δ_T 按照下式计算：

$$\Delta_T = R[\alpha_t(t_t - 20) - \alpha_s(t_s - 20)] \tag{2-4}$$

式中 R——最外圈管子边缘圆半径，mm；

t_t——管侧管板壁温，℃；

t_s——壳侧管板壁温，℃；

α_t——管侧管板材料 t_t 至 20℃时的平均线膨胀系数；

α_s——壳侧管板材料 t_s 至 20℃时的平均线膨胀系数，1/℃。此公式是假设换热器装配温度为 20℃，Δ_T 的计算应按所有能遇到的(过程突然起动、稳定状态、不正常运行和停车)最不利的条件来选取。根据 Δ_T 和钻孔偏斜量就可算出最小所需管板间距值。实际采用的管板间距值应大于计算值。

2. 变异型双管板[2]

(1)整体双管板。其示意图见图 1.2－68，在单管板上钻孔后，于每个管板中切入 1/4"(6.35mm)宽的沟槽，槽深略大于孔桥宽度的 1/2，使相邻沟槽互相连通。泄漏出的流体可以从沟槽引出。多程换热器的每一程沟槽，单独设置排气孔和排液孔。

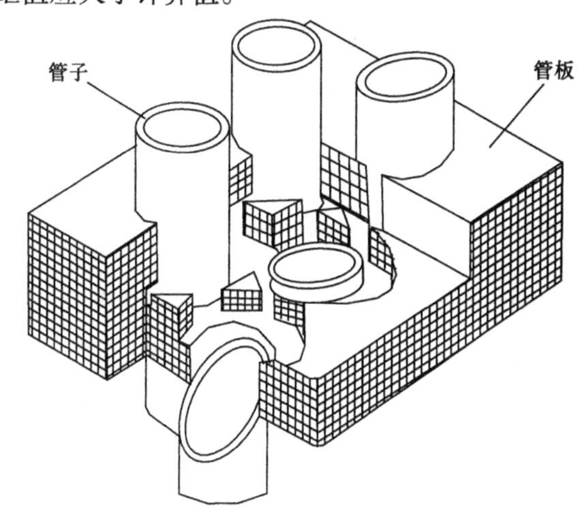

图 1.2－68　整体双管板结构示意图

整体双管板消除了钻孔偏斜的问题，而且管子的有效利用面积比常用型双管板结构的要多。但沟槽位于管板的中性面上，对管板的弯曲强度稍有削弱，且加工费较高，需要较为昂贵的特殊工具。如果管板金属易加工硬化，则开槽时要求十分注意。因此，这种结构通常使用易切削的材料。

(2)叠合双管板。其示意图见图 1.2－69，管程管板 4 紧贴于壳程管板 1 上，使管程管板上与壳程管板接触的一侧开有许多互相接通的圆形沟槽 3，类似于整体双管板。管子与两个管板均可以采用焊接，密封性能较只胀不焊的要好。管程管板承受的管程压力借助于凸起的部分 2 传递给壳程管板 1，因而沟槽 3 的尺寸不宜过大，管程管板可以较薄。

叠合双管板可用于高压换热器，其制造也比整体双管板容易些，但受力与强度稍差。

3. 壳程双物料型双管板[2]

另有一种双管板换热器，其目的不是为了杜绝管、壳程两程介质互相串通，而是因为管束过长，制造不方便；或是因为壳程为两种不同的介质，而采用双管板结构，如图 1.2－70 所示。这种结构实际上是管程介质相同的两台换热器的串联使用。

二、管板与换热管的连接

换热管与管板的连接处(下称"管接头")通常是换热器容易发生失效泄漏的地方。若连接质量不好，则直接影响工艺操作的正常进行和换热器的使用寿命。造成连接失效的原因是

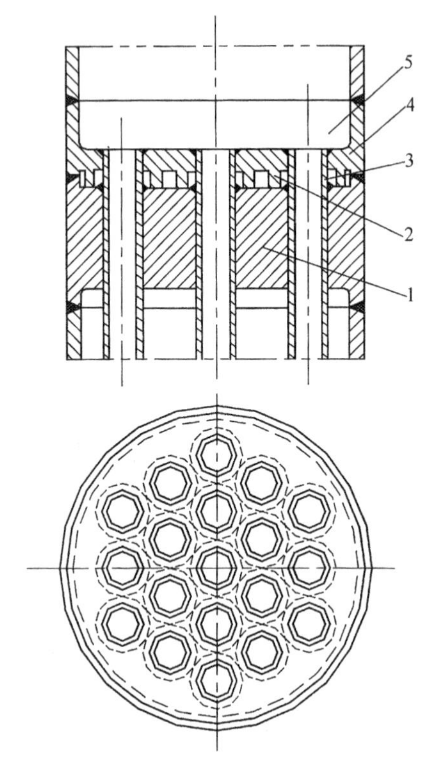

图 1.2－69　叠合双管板结构示意图

多方面的，如：①管接头因高温应力松弛而失效。②因介质腐蚀而失效。③管子因流体诱导振动使管接头疲劳破坏。④操作不当，温度波动引起疲劳破坏。⑤因应力腐蚀开裂而失效。⑥管接头自身存在不同程度的质量隐患等。因此，对接头的设计、施工应给予高度重视[2,6,27~29]。

换热管与管板的连接方式主要有胀接、焊接、胀焊并用等方式，下面分别加以介绍。

（一）胀接连接

胀接的形式有强度胀和贴胀两种，胀接的方法主要可分为机械胀接法和柔性胀接两大类，其中机械胀接法最为传统，柔性胀接包括有液压胀接、液袋胀接、橡胶胀接、爆炸胀接等。下面，着重介绍机械胀接法。

其原理是利用滚柱胀管器，将其插入管子端部后旋转，使得管子直径扩大并产生塑性变形，而管板只产生弹性变形，取出账管器后，管板弹性恢复，将管子箍紧，在管板与管子之间产生挤压力而贴合在一起，从而达到紧固与密封的目的。根据这个原理，要求管板的硬度比管子头部的硬度要高一些，其硬度差，通常是靠选择不同的管板与管子材料来实现的。另外，必须保证合适的“胀度”，“欠胀”不能保证连接接头的机械强度和密封性，而“过胀”会使管壁过分减薄而容易破裂，或使管板孔桥产生过度变形甚至是塑性变形而导致管板变形。德国林德公司规定，强度胀的胀度为管内径增加值达到管壁厚度的 18%；贴胀的胀度为管内径增加值达到管子壁厚的 3%[2]。根据国外资料，胀度 K 值可由下式计算：

$$K = \frac{(d'_i - d_i) - (D - d_0)}{2\delta} \times 100\% \qquad (2-5)$$

式中　d'_i——胀后管子内径，mm；

d_i——胀前管子内径，mm；

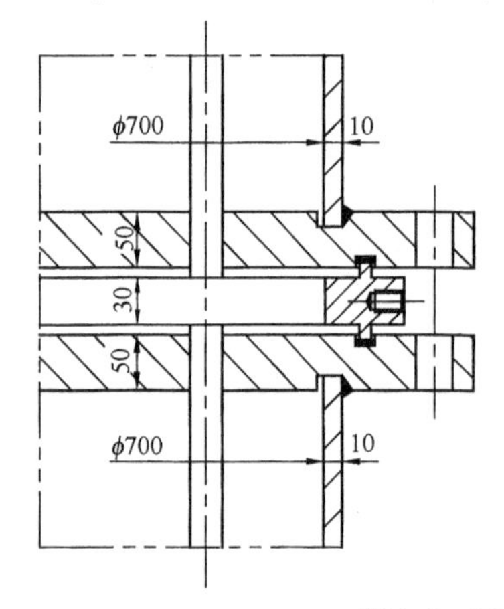

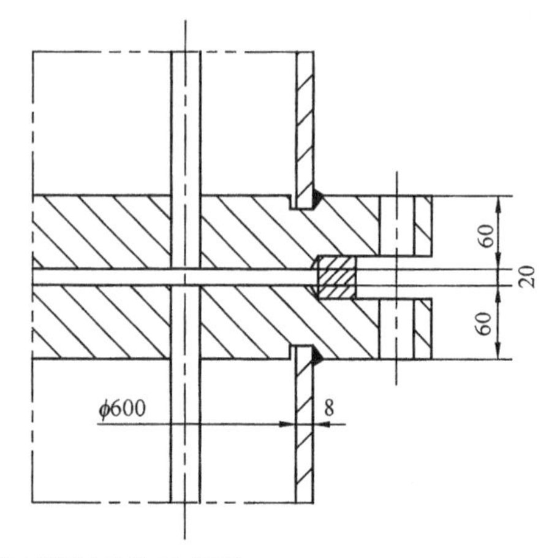

图 1.2－70　壳程双物料型双管板结构示意图

d_0——胀前管子外径，mm；

D——管板孔直径，mm；

δ——胀前管子壁厚，mm。对于强度胀（即保证连接的密封性又保证连接抗拉脱强度），控制在 $K=5\% \sim 8\%$，对于贴胀（只为了消除换热管与管孔之间间隙的轻度胀接），控制在 $K=2\% \sim 4\%$。

为了提高连接强度和紧密性，通常在管孔壁开有环向沟槽，当胀管时，管子产生塑性变形，沟槽处的管壁被嵌入沟槽中，这样，不仅提高了抗拉脱强度，而且还提高了紧密性。一般，在压力较高时，必须开槽。以前，国内有关标准规定：当操作压力 $p \leqslant 0.6$MPa 时，可以不开槽以节省加工费用。GB 151—1999 只规定了当换热管外径≤14mm 时，才允许管孔不开槽。另外，贴胀当然无需开槽。

机械胀管的结构型式及尺寸在 GB 151—1999 中均有规定，如图 1.2－71 和表 1.2－6 所示。

表 1.2－6　管端伸出长度 L_1 规定

换热管外径/mm	≤14	16～25	30～38	45～57
管端伸出长度 L_1	3^{+2}		4^{+2}	5^{+2}
槽深 K	不开槽	0.5	0.6	0.8

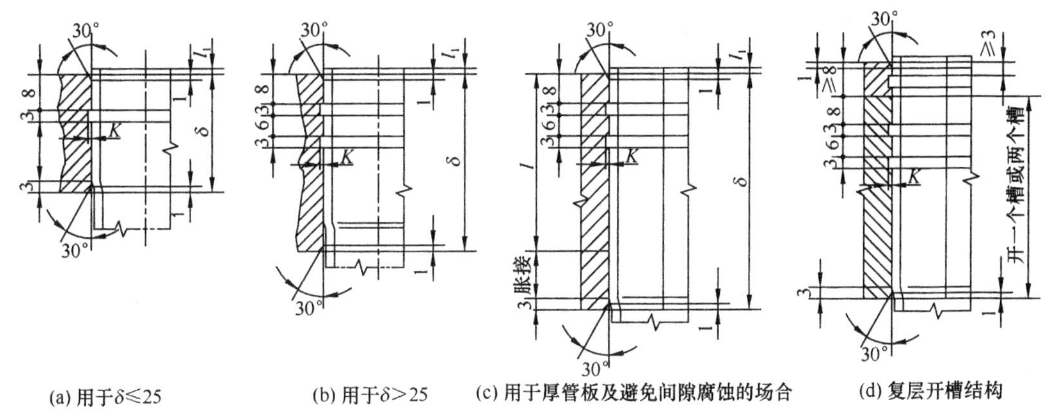

(a) 用于 $\delta \leqslant 25$　(b) 用于 $\delta > 25$　(c) 用于厚管板及避免间隙腐蚀的场合　(d) 复层开槽结构

图 1.2－71　机械胀管结构示意图

图 1.2－71 中，强度胀结构的开槽尺寸 8－3－6－3 的规定是为了在较薄的管板（如 25mm 厚度）开两个槽的需要；当管板较厚时，这个尺寸是可以改变的，如 12－3－6－3；对于机械胀管 3mm 宽的槽是可行的。然而，当使用柔性胀接时，必须加宽槽的宽度尺寸，而且应按《容规》第 105 条公式，槽宽 $=(1.1 \sim 1.3)\sqrt{d\delta}$，其中，$d$ 为换热管的平均直径；δ 为换热管壁厚。如 ϕ25mm×2.5mm 的换热管，其开槽宽度应为 8.7～10.3mm。

强度胀的最小胀接长度 L 应取管板的名义厚度减去 3mm 或 50mm 二者的较小值。L 越长，抗拉脱强度越大，但超过 50mm，由试验得知是没有意义的[2]。这是因为，50mm 的长度足以保证管子不会拉脱，而只可能拉断，因此，没有必要胀接过长。对于复合管板，管孔开槽时，应在管孔的复层部位开一个槽，见图 1.2－71（d）。对于较厚管板，若为了防止间隙腐蚀，除了 50mm 强度胀外，其余部分可以进行贴胀，见图 1.2－71（c）。胀接的紧密性还与管孔表面粗糙度有关，GB 151—1999 规定，当换热管与管板胀接连接时，管孔表面粗

糙度 R_a 值不大于 12.5μm。当然，过高的要求也没有必要，那样只会增加制造成本。

胀接连接具有方便、简单、造价低、管子更换容易的特点，因而得到广泛应用，多用于管壳间介质如发生窜漏不会造成不良后果的场合或是不易焊接的情况。胀接连接受温度的限制比受压力限制大，因为，随着温度的升高，管子和管板的刚度下降，胀接应力松弛，热膨胀应力增大，容易引起接头松弛和泄漏。日本三菱重工(株)推荐，当压力不高时，胀接可用到 350℃。若温度不高，但从压力考虑，美国曾用到 35MPa；从法国引进的 30 万吨/年合成氨装置中，设计压力为 3.0～4.7MPa，温度为 250～460℃的中压中温换热器，绝大部分采用胀接结构[2]。日本石川岛播磨重工(株)采用的胀接适用温度范围见表 1.2－7[2]。

表 1.2－7　不同材料胀接连接时的最高使用温度

管子材料	管板材料	最高使用温度/℃
铝	碳钢	93
铜	碳钢	177
海军黄铜	碳钢	177
90－10 铜镍合金	碳钢	204
80－20 铜镍合金	碳钢	232
70－30 铜镍合金	碳钢	268
70－30 镍铜合金	碳钢	288
奥氏体不锈钢	碳钢	260

ASME 规范的附录 A 中，A[99]A－1 概述(d)(3)对换热管及管板由不同膨胀系数材料制成时管接头的描述如下：

当较小的膨胀系数是较大膨胀系数的 70%～90%时，运行温度与室温(t＝21℃)之差不得超过 138℃，即此时的最高操作温度为 159℃。

当较小的膨胀系数是较大膨胀系数的 50%～70%时，运行温度与室温(t＝21℃)之差不得超过 128℃，即此时的最高操作温度为 149℃。

当较小的膨胀系数是较大膨胀系数的 50%时，运行温度与室温(t＝21℃)之差不得超过 72℃，即此时的最高操作温度为 93℃。

上述 ASME，99 补遗中提出了强度胀—线膨胀系数—允许的操作温度的关系，但比较笼统，同一档次的线膨胀系数之比值跨越太大，但它说明了温度影响的趋势。

不同材料胀接连接的最高使用温度推荐见表 1.2－8。

表 1.2－8　不同材料胀接连接的最高使用温度

换热管材料	管板材料	最高使用温度/℃
铝	碳钢、低合金钢	93
铜(紫铜、黄铜)	碳钢、低合金钢	177
90－10 铜镍合金	碳钢、低合金钢	204
80－20 铜镍合金	碳钢、低合金钢	232
70－30 铜镍合金	碳钢、低合金钢	268
70－30 镍铜合金	碳钢、低合金钢	288
奥氏体不锈钢	碳钢、低合金钢	260
碳钢、低合金钢	碳钢、低合金钢	300

GB 151—1999 中规定，对钢制接头胀接的适用范围：①设计温度≤300℃；②设计压力≤4.0MPa；③操作中无剧烈振动、无过大温度波动、无明显应力腐蚀。

机械胀管法的缺点是：①胀度不易控制，往往凭着操作者的经验，即便使用自动胀管仪，通过电流(扭矩)控制，也未必能真实控制胀紧程度。因为影响扭矩的因素很多，如：尺寸偏差、材料性能偏差、润滑条件的差异等。因此，胀后各个接头的强度和紧密性是不均匀的。②劳动强度大，尤其是风动或电动机械胀管。③对于小直径或厚壁管，难以胀接或无能为力。一般，管壁厚与管外径之比，即 $\delta/d_0<0.13$ 的管子，才适宜机械胀接[2]。④对于薄管板，因达不到足够的胀接长度，因而无法采用胀接。

(二) 焊接连接

长期以来，胀接连接应用较为广泛。一般，只有在高温或压力较高以及易燃、易爆等较为苛刻的介质时才采用焊接连接。但由于焊接法比胀接法有更多的优越性，如：适用范围的广泛性、更可靠的紧密性、管板孔加工要求低(表面粗糙度要求低且不需要开槽)、工艺条件简便易行等以及焊接技术的快速发展。

焊接接头几种典型的结构形式如图 1.2-72 和表 1.2-9 所示。

表 1.2-9 不同换热管要求的伸出长度及最小坡口深度 mm

换热管规格 外径×壁厚		10×1.0	12×1.0	14×1.5	16×1.5	19×2	25×2	32×2.5	38×3	45×3	57×3.5
换热管最 小伸出长度	L_1	0.5		1.0		1.5		2.0	2.5		3.0
	L_2	1.5		2.0		2.5		3.0	3.5		4.0
最小坡口深度	L_3	1.0			2.0			2.5			

注：1. 当工艺要求管端伸出长度小于表列值(如：立时换热器要求平齐或稍低)时，可适当加大管板坡口深度或改变结构型式。

2. 当换热管直径和壁厚与表列值不同时，L_1，L_2，L_3 值可适当调整。

3. 图 1.2-72(c)用于压力较高的工况。此时，焊脚高取 L_1 值，不熔化管端。

图 1.2-72(a)(b)为常用的型式，在施工时，管端允许焊倒(熔化)。

图 1.2-72(c)为管端不允许焊倒(熔化)的全角焊缝，用于压力较高或较苛刻的场合及 U 形管结构。

图 1.2-72(d)连接接头不突出管板，用于操作停车后，避免管板上有残液滞留(如立式换热器的上管板)，并可以减少管子入口阻力。

图 1.2-72(e)在孔的四周开了沟槽，可有效地减少焊接应力和管板变形，适用于薄管壁和焊接后不允许管板有较大变形或易于产生热裂纹的材料。

图 1.2-72(f)为内孔对接焊[28]。由于前面几种型式存在着两个共同缺点，即不仅在管子与管孔壁之间存在有间隙，容易产生间隙腐蚀，而且角焊缝在焊接处会产生应力集中，在高温或温度波动情况下，容易导致焊缝失效破裂；而内孔对接焊，不仅从根本上消除了间隙腐蚀，而且焊缝质量有所提高，可以进行无损检测。这种接头受力状态好，应力集中也明显改善，特别是从疲劳强度观点考虑，无疑是最佳的。此外，还可以消除切口效应，减少热冲击。其缺点是制造难度较大，首先，为了便于找正和对接，对管子和管孔的尺寸公差要求较严，要有专用的内孔焊设备，要有超短焦距小能量的放射源等，并且，任何焊缝缺陷几乎无法返修，因而，对制造工艺要求极其严格。尽管如此，由于这种对接接头能得到高强度、高

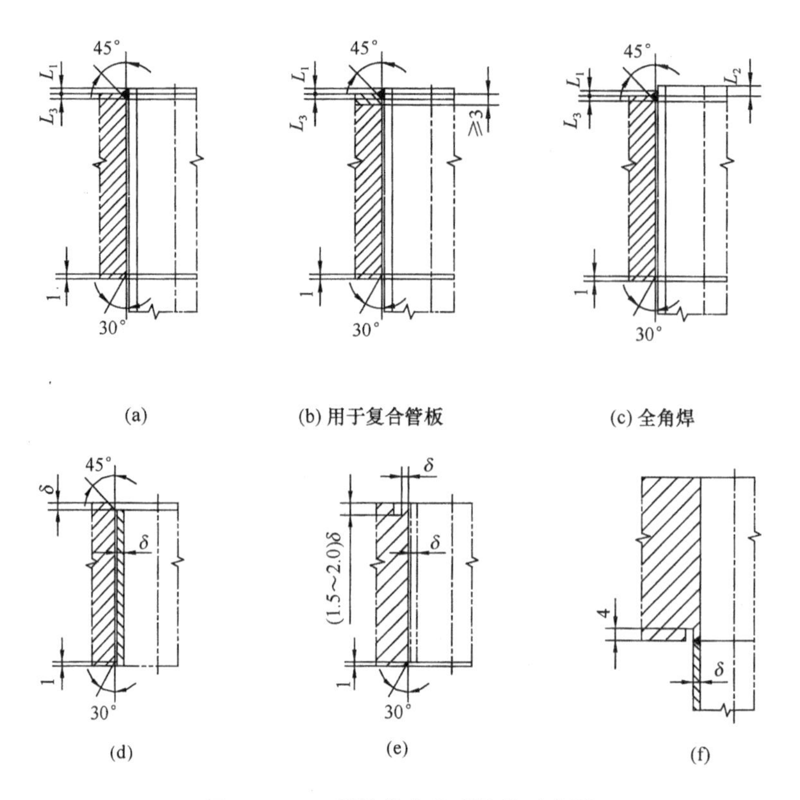

(a) (b) 用于复合管板 (c) 全角焊

(d) (e) (f)

图 1.2－72 焊接接头典型结构示意图

质量的焊缝，在高压、振动、循环负荷、热应力、强腐蚀等可能引起焊接接头失效而造成严重后后果的场合，仍然会采用。

以上是焊接连接的几种典型接头型式(不是全部)，严格讲，他们都是强度焊(既保证连接的密封性，又保证连接的抗拉脱强度)，此外，还有密封焊(只保证连接的密封性)。一般，密封焊不单独采用，而是与胀接并用。

(三) 胀焊并用连接

操作条件(温度、压力、介质等)对换热管与管板的连接接头要求较为苛刻时，无论单独采用胀接或焊接连接，都难以满足要求。尽管可采用内孔焊，但由于制造难度大，费用高、应用不普遍。目前，广泛采用的是胀焊并用的方法。试验证明，胀焊并用不仅可提高接头的抗疲劳性能，而且可消除间隙腐蚀。另外胀接可使管板温度趋近管程介质温度，这是因为管程介质对管板的传热面比壳程介质对管板的传热面大许多，厚管板尤甚。因而，可以减少管板两侧面的金属温差，从而缓解了管板自身的温差应力。

GB 151—1999 规定了胀焊并用的适用范围：①密封性能要求较高的场合；②承受振动或疲劳载荷的场合；③有间隙腐蚀的场合；④采用复合管板的场合。20 世纪 70 年代，我国引进的合成氨、尿素、乙烯等装置的换热器都广泛采用了胀焊并用的连接方法。

胀焊并用的连接型式有以下五种：①强度焊＋贴胀，见图 1.2－73。②强度胀＋密封焊，③强度胀＋强度焊；④强度胀＋贴胀＋密封焊；⑤强度胀＋贴胀＋强度焊，见图1.2－74。

在胀焊并用的连接中，究竟先焊后胀，还是先胀后焊，目前没有统一的标准和答案。不过，由于大多采用传统的机械滚胀法，因而，多数情况下是采用先焊后胀工艺。这是由于在机械滚胀时，要使用润滑油(脂)，它容易弄脏管头，并侵入接头的缝隙中，又难以彻底清洗干净，会严重影响焊缝质量。

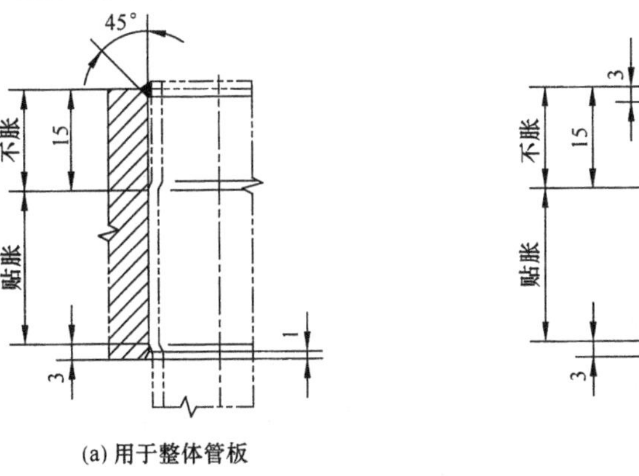

(a) 用于整体管板

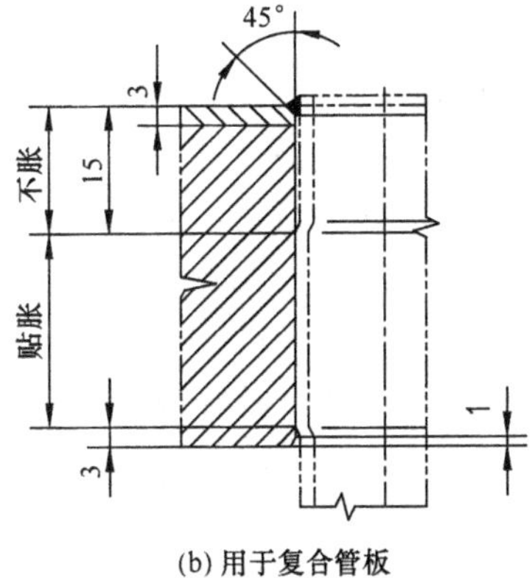

(b) 用于复合管板

图 1.2－73　强度焊＋贴胀示意图

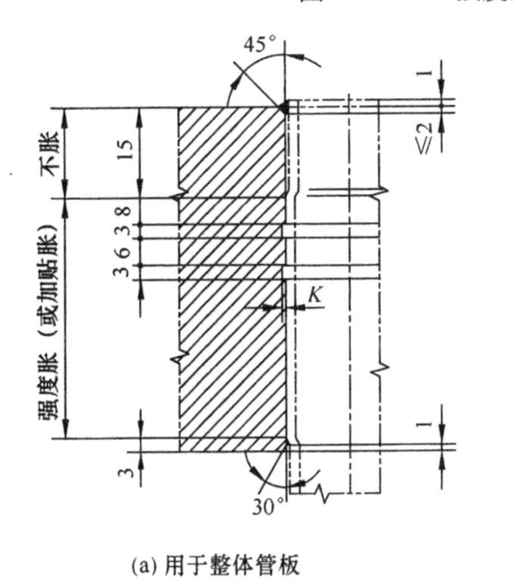

(a) 用于整体管板

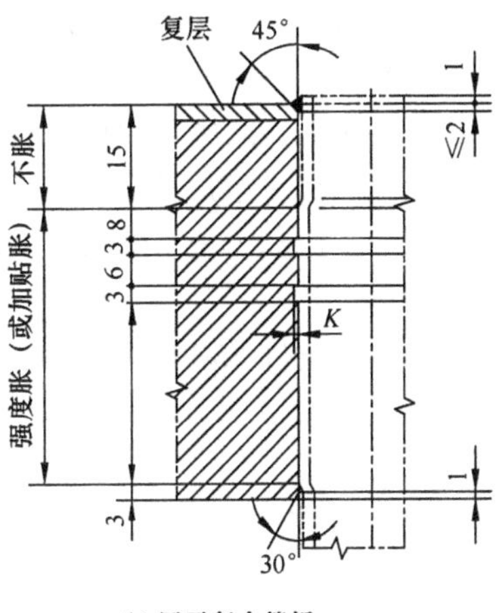

(b) 用于复合管板

图 1.2－74　强度胀(＋贴胀)＋强度焊(密封焊)示意图

先焊后胀则可以避免这一弊病，确保焊缝质量。不过，先焊后胀工艺也有弱点，首先，管子与管孔之间存在间隙，在焊接时会造成两者的偏心配置而形成环形焊道的不均匀分布，尤其是对薄壁管子的焊接有一定影响；其次，随后胀管时，由于胀管段管子与管孔最终是同心的，这与焊口处的偏心发生冲突，必然会对偏置缝隙大的焊缝处产生弯曲和挤压效应，为了避开胀管力对焊缝的破坏性作用，胀管段必然离开焊缝一段距离，图 1.2－75 为先焊后胀工艺出现的偏心示意图。GB 151—1999 规定了这一距离为 15mm(亦称之为不胀区)。另外，机械滚胀时，会使管壁减薄、管子伸长，控制不当也会对焊缝造成损伤。管端允许焊倒的角焊缝[见图 1.2－72(a)]，其管口的收缩及凸出内壁的焊瘤会给以后的胀管作业带来困难。

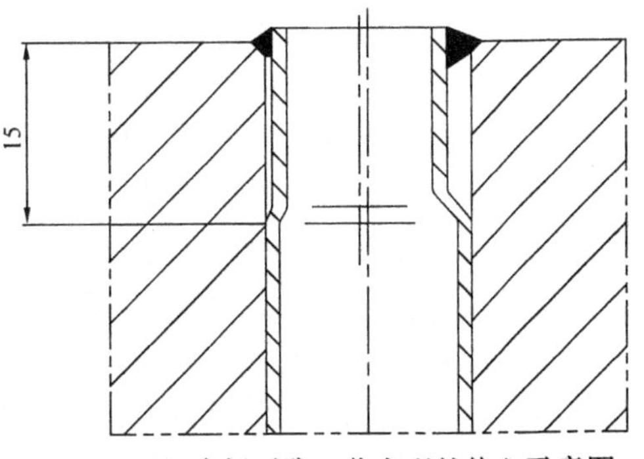

图 1.2－75　先焊后胀工艺出现的偏心示意图

当采用不需要润滑的其他胀管方法(如橡胶胀管、液袋胀管、爆炸胀管等)时，在能保证焊缝质量的前提下，采用先胀后焊工艺也是适宜的。此时，15mm 不胀区允许作适当调整。

(四) 其他连接方法[2]

1. 爆炸胀接和爆炸焊接

爆炸胀接和爆炸焊接是利用高能炸药在极短时间内($10 \sim 12 \times 10^{-6}$s)爆炸产生高压，在高压气体冲击波的作用下，管子迅速发生塑性变性使其牢固地贴合在管板上。爆炸胀接的管子和管板之间形成波浪式的机械连接，而爆炸焊接除了机械连接之外还有一定程度的冶金结合。当然在具体工艺方法上各有独特之处。爆炸焊接需要相当高的冲击力，至少要达到金属屈服限的十倍。

①爆炸胀接　爆炸胀管较之机械胀管(滚胀)具有以下优点：a)此技术可用于薄壁管胀接，也可用于厚壁小直径管胀接以及一般机械胀接不能胜任的场合。b)此技术不用润滑油，不必担心胀后密封焊接时产生气孔。c)经济、效率高。可用于起爆上千个接头。爆炸焊厚壁小直径管的成本降低 30% ~40%。d)适用于各种金属，特别适用于不锈钢管及双金属管等。e)抗拉脱能力大，嵌入管孔沟槽的程度比机械滚胀的大，对于在高温高压下长期工作的厚壁管，与密封焊并用，使用效果好。f)使管子轴向延伸率和管子变形小。g)操作简单，不需要特别设备。h)因机械滚胀受滚柱长度的限制(不能太长)，一次胀接长度一般不超过 60mm；当要求胀接长度更长时，只能分两次或三次胀满，费工费时，而爆炸胀接可一次胀满。

应用实例：在使用条件 350℃，30MPa 下，原来换热器使用了 6 个月左右开始发生泄漏。之后管子与管板的连接改用爆炸胀接加密封焊接，使用了 5 年以上也未出现任何事故。1989 年，兰州石油化工机器厂为抚顺某炼厂提供的丙烯腈冷却器，其设计条件为：管程 0.24MPa，480℃，壳程 4.7MPa，265℃；管板厚度 215mm，材料为 SA182F12；换热管规格 ϕ31.8mm × 3mm × 6500mm，材料为 SA213GrT12，数量 1916 根；管子与管板连接形式为强度焊 + 贴胀，贴胀长度 197mm(图 1.2 -76)。贴胀采用了爆炸贴胀，设备自运行后一直使用良好。

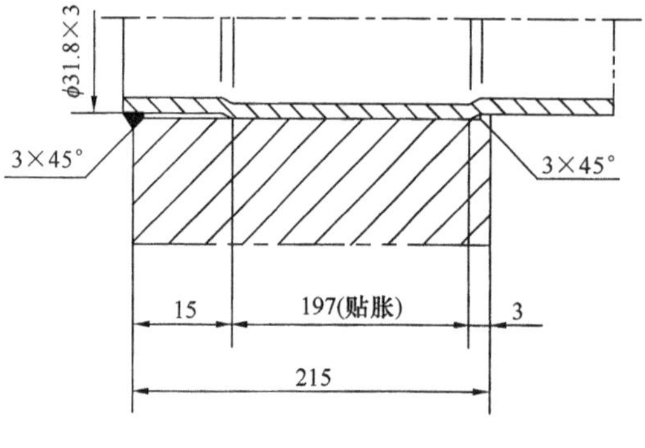

图 1.2 -76　强度焊 + 爆炸胀接示意图

爆炸胀接的缺点：有一定的危险性，需要专门场地和专业化操作。并且一般不用于 U 形管的胀接，这是考虑到爆炸残留物易堵塞 U 形管。

②爆炸焊接　此法与爆炸胀接相似，炸胀的优点它全具备，爆炸焊接与一般焊接相比，有其特殊的优点：a)有较好的连接完整性和较高的质量合格率。炸焊连接面积比普通密封焊大，强度和可靠性高。b)对机械加工公差要求较低。c)各种材料的组合(碳钢、不锈钢、铝、铜、钛及各种合金)几乎都可以用爆炸焊连接，不需要气体保护。而且焊缝强度比母材高，因为炸焊基本属于冷加工。d)炸焊可使用管壁很薄的管子，这不仅节省大量材料，而且可以减少炸焊需要的最小管心距，并且可以改善热传导。e)可以进行遥控，适用修理有射线或人不便于接近的换热器，炸焊亦然。

爆炸焊接方法的主要缺点是需要有一个能够承受管子膨胀时产生的冲撞力而又不致变形的管心距。与普通加工方法一样，能应用的最小管心距与管子直径无关，而与管壁厚度有关。管壁越厚，最小管心距越大。

操作条件允许时，通过将管端局部减薄到适当的管壁，就可使管壁较厚的管子炸焊到特定的管心距上去(见图1.2－77)。

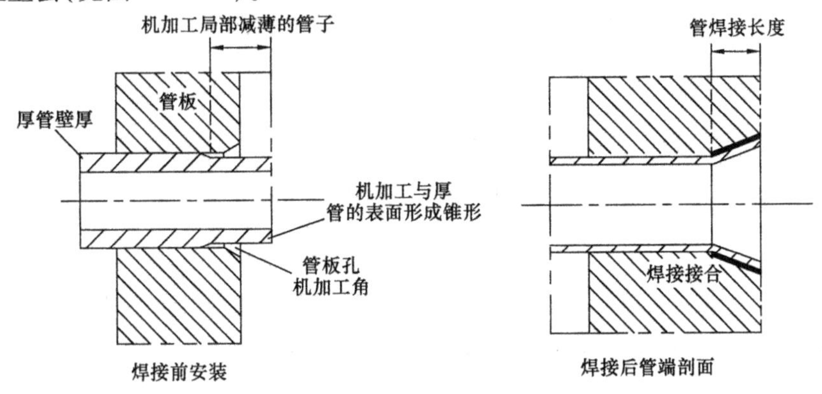

图1.2－77　管壁局部减薄的炸焊连接示意图

2. 液压胀管法和液袋胀管法

液压胀管法如图1.2－78所示。将心轴塞进管端，依靠心轴两端设置的O形密封，把高压油或水直接压入管内，使管壁受到必要的高压力，从而达到胀管的目的。此方法在国外(如德国)获得实际应用。此方法管内壁有残液的污染，故不适用于先胀后焊工艺；此外O形密封易损坏。

液袋胀管法如图1.2－79所示。高压液体压入液袋，借助液袋鼓胀将压力施加到管子内壁上达到胀管的目的。此方法对管头没有污染，并且在日本已经达到实际应用阶段。

这两种胀接方法的优点是：管壁受力均匀，管子轴向伸长少，无加工硬化现象；开槽胀的管子嵌入槽内较多，连接强度和密封性较好，胀接长度不受限制。其缺点是：靠近管板表面的部位无法施胀，要求管子尺寸精度高。

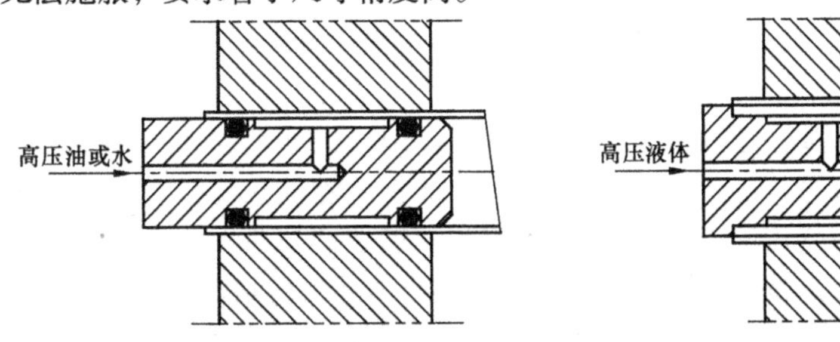

图1.2－78　液压胀管示意图　　图1.2－79　液袋胀管示意图

3. 橡胶胀管

橡胶胀管法如图1.2－80所示。液压缸内的活塞在油压作用下产生轴向力，该轴向力迫使胀管媒体(特种橡胶)产生均匀的径向压力，将管子压向管板孔壁达到胀接的目的。

橡胶胀管法的优点：a)对管子精度要求较为宽松。b)不用润滑剂，胀接力均匀。c)操作和控制容易。d)生产效率高(胀接一个接头只需要几秒钟)，生产成本低。适用于各种管径、厚度、材料的胀接和贴胀，并大大减轻工人的劳动强度。e)胀接质量均匀。开槽胀时，

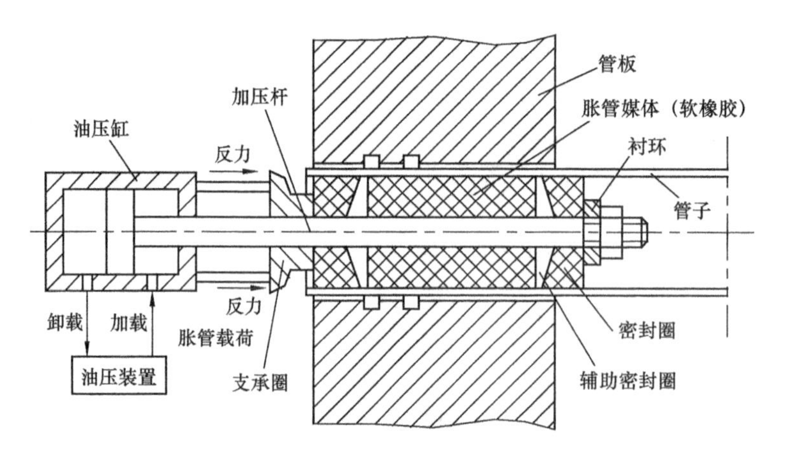

图 1.2－80　橡胶胀管示意图

因胀管内压均匀，使管子深嵌槽内，得到了较大的紧固力和密封性能，即使在高温下长期使用也不会降低。开槽宽 6～12mm，深 0.5mm。橡胶胀管法所得的紧固力和水密性远超过了滚胀法。f)橡胶胀管法不会引起胀口管壁厚度的减薄，管子发生轴向伸长很少。由于管子和管孔都是受均匀内压的变形，因此不会引起管板变形。g)使用橡胶胀管法时，管子整个厚度的硬化分布是均匀的，管内壁表面无加工硬化现象，也不必担心管内壁会变粗糙进而引起耐蚀性的恶化。管外壁无残余应力，不会产生应力腐蚀裂纹。h)滚胀法对管壁较厚的管子不易胀接，而橡胶胀管法容易胀接，也不会发生胀管裂纹。i)在胀焊并用的场合，对焊接部位的保护作用也是对胀口的要求之一。根据在常温下对管端作轴向反复加载的疲劳试验，说明滚胀和橡胶胀都有保护作用，与只焊不胀的管端相比，疲劳寿命增加 10 倍。但由于在高温下滚胀的紧固力下降而橡胶胀下降很少，故橡胶胀对保护管端效果要好。

4. 黏胀法

胀接前在管端部(或管孔)胀接长度上涂上环氧混合物(环氧树脂、磷苯甲基二丁脂、聚乙烯酰胺再加瓷粉或缺粉或石墨或氧化铝或氧化锌)。它对金属有较好的黏着力，对水、酸、碱的作用稳定。胶着连接的特点是有很高的机械强度和对振动负荷的稳定性。环氧混合物还起到抗腐蚀的保护作用。使用温度取决于黏合剂的性能，用环氧混合物的换热器，使用温度不超过 170～200℃。

黏胀法对铝管与钢管板的连接尤其显示出优点。由于铝和钢的强度和弹性模量相差较大，在采用纯胀接法时，当铝管已产生塑性变形，而钢制管板孔却尚未达到所需的弹性变形，因此，不可能使铝管和钢质管板牢固而紧密地连接在一起。国内研制的 L2 铝管 $\phi22\times2$ 与 Q235 钢管板黏胀连接的换热器，其粘合剂质量比为：环氧树脂(6101)：聚酰胺(650#)：石英粉(250 目)＝100:100:40。胀度 $K_s=4\%\sim6\%$(以管子壁厚减薄率表示，若以管内径增大率 K_D 表示，$K_D=1\%\sim2\%$)为宜。试验结果表明，黏胀接头强度高(黏合剂的剪切强度一般为 10～15MPa，比一般换热器要求的管子许用拉脱力大 2～4MPa)，耐振性能比纯胀接接头提高 5～10 倍(黏胀接头经过 5～7 天室温固化)。所研制的换热器使用 5 年仍然良好，无泄漏。

5. 脉冲胀接

①机械脉冲胀管法　这种方法可胀接任何尺寸，特别是直径 12～60mm 的厚壁管子。与普通胀管法比较，其效率可提高 1～2 倍。

别洛乌什克法——这种机械脉冲胀管法的实质是通过工具冲击旋转运动，使金属产生塑性变性达到胀接目的。冲击旋转运动由设有专门脉冲机构的风动或电动装置提供。据称这种方法不仅可以在管端，而且可以在距管端的任何地方胀接。

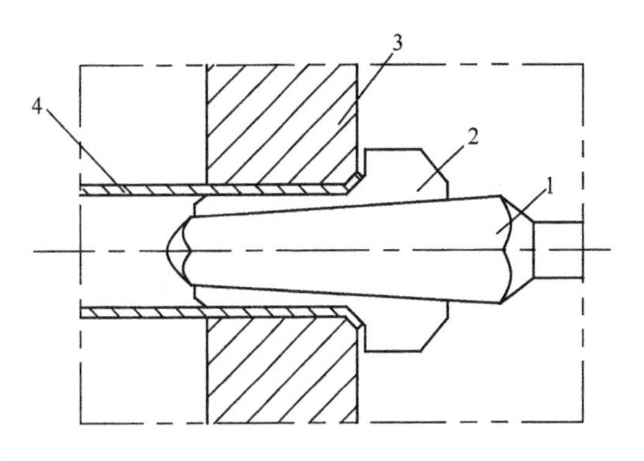

图 1.2－81　弹性夹头胀管示意图

弹性夹头法——如图 1.2－81 所示。它是借助于四棱锥和弹性夹头进行胀管的。这种方法适用于胀接直径 18～100mm 的厚壁管子，胀接质量比普通胀管法高，每分钟可胀接 4～5 根管子。

②电脉冲胀管法　这种方法只适用于大批量生产的换热器，因为采用的高压电器设备很笨重，在车间里要有专门的安置地方。电脉冲法有多种，基本原理都是利用强大的瞬时(10～20μs)放电能量以实现胀接。不同的是只是将放电能量转变为其他能量的方法。

电爆炸法——这种方法是利用大强度电流的短时脉冲对金属易熔绝缘材料的热作用产生的电爆炸(升华)现象而进行的胀管。此法的最大优点是可以胀接小直径和厚壁的管子，直径可以小到 1～2mm，管子壁厚可至 5～8mm。同时管子材料不受限制。接头可承受 65MPa 的压力。

液电胀管法——其基本原理是将高压电能储蓄在电容器中，通过高压开关，在伸入充满液体介质的两电极之间发生火花放电，利用放电时在电介质中产生的高强度径向传播的冲击波使管子发生塑性变形，从而使管子固接在管板上。

此法比机械胀管效率高、噪音小；可同时胀接数根管子，而且一次胀接深度大；对薄壁管、厚壁小直径管、厚管板的胀接均无困难，而且管壁胀接较为均匀。对管子材料和直径没有限制(可由几毫米到 300mm)，而且可在距管端任何地方胀接。但影响胀管的可变物理因素，难以控制和保持稳定，且设备昂贵庞大，所以广泛应用受到限制。

6. 可拆连接

图 1.2－82 是插入管式换热器的内管与小管板的连接结构。内管首先胀接于带凸台的镶套上，每根管子一个镶套，通过内六角旋塞螺母压紧，固定于小管板，镶套于小管板靠铜垫达到密封。每根内管都可以单独抽出。这是引进美国 30 万吨/年合成氨装置中废热锅炉的结构。

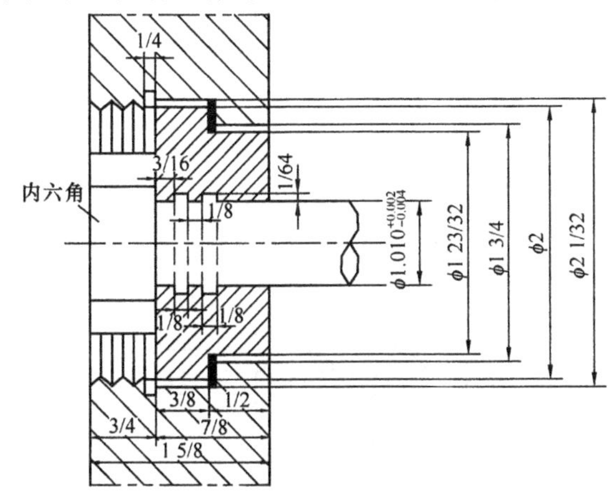

图 1.2－82　内管与小管板的可拆连接

(五) ASME Ⅷ－1－2010 换热管与管板焊接接头的相关规则

ASME Ⅷ－1－2010(UHX－15 及非强制性附录 A)中有关换热管与管板焊接接头有详细论述，从中可以得出以下结论：

①最高一级的焊缝为：$a \geq 1.4t$。其焊缝结构型式与 GB 151—1999 第 5.8.3.2 条中图 34 (c)基本相当。可称之为全强度焊。

②次一级的焊缝，$t \leqslant a < 1.4t$。确切的说，可以称之为能够承担管子轴向载荷的亚强度焊，它不适合于U形管换热器结构（这是由于U形管结构的管子不被认为对管板起到支承作用，无助于增加管板的强度）。

③最低一级的焊缝为：$a < t$。其焊缝结构型式不按管子轴向载荷来确定，只作为强度胀之外保证不泄漏的补充措施。这一级焊缝在国内一般不采用。

三、管板与相邻零部件的连接

（一）兼作法兰的管板与壳程圆筒的连接[2,6]

图1.2－83为兼作法兰的管板与壳程筒体常见的连接形式。图1.2－83中（a）、（b）为由于根部未焊透，用于压力较低，且为非易燃、易爆、有毒、易挥发的介质；（c）、（d）为根部保证焊透的角焊缝结构，可用于压力较高的场合；（e）、（f）为根部保证焊透的单面对接焊结构，用于压力更高一些的场合。

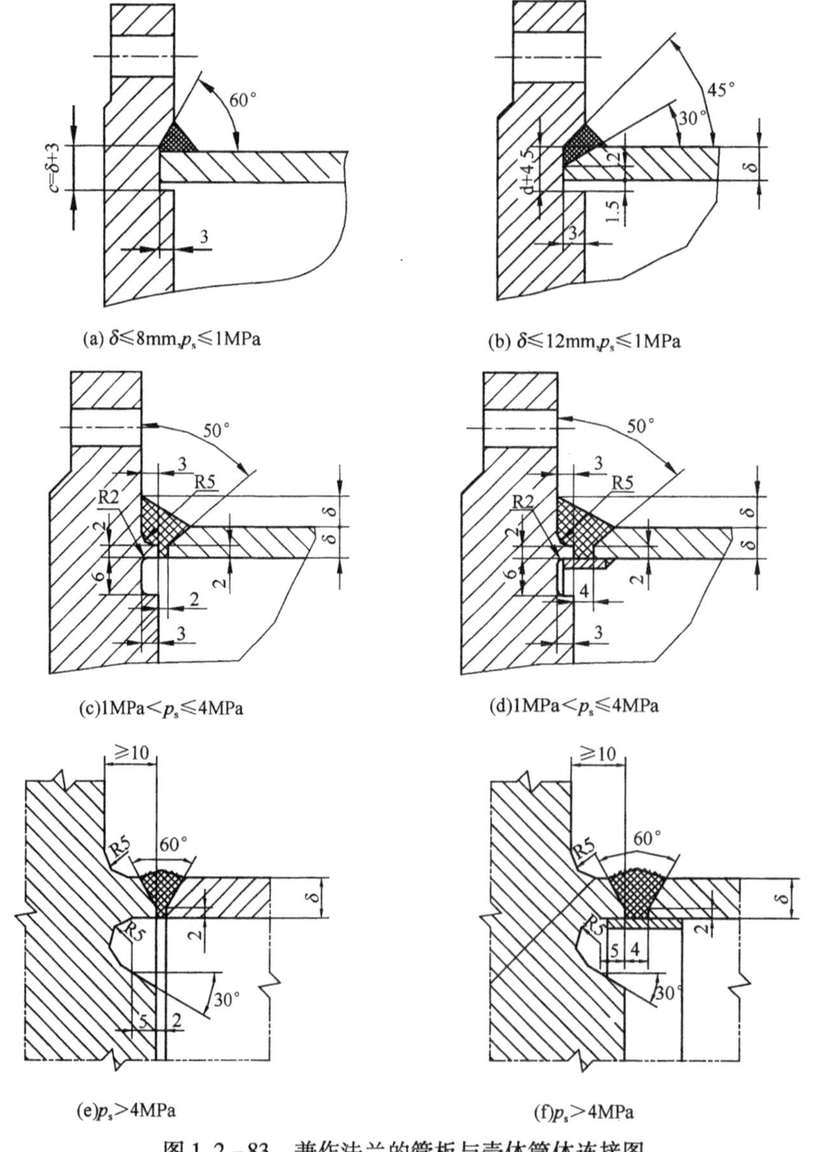

图1.2－83　兼作法兰的管板与壳体筒体连接图

（二）不兼作法兰的管板与壳程（管程）圆筒的连接[2,6]

其常见形式见图 1.2－84。其中图 1.2－84（g）是管、壳程均为高压工况下采用螺纹锁紧环式结构，管箱与壳体组焊为一体，管板按照压差设计，厚度较小，管束可以抽出[30]。

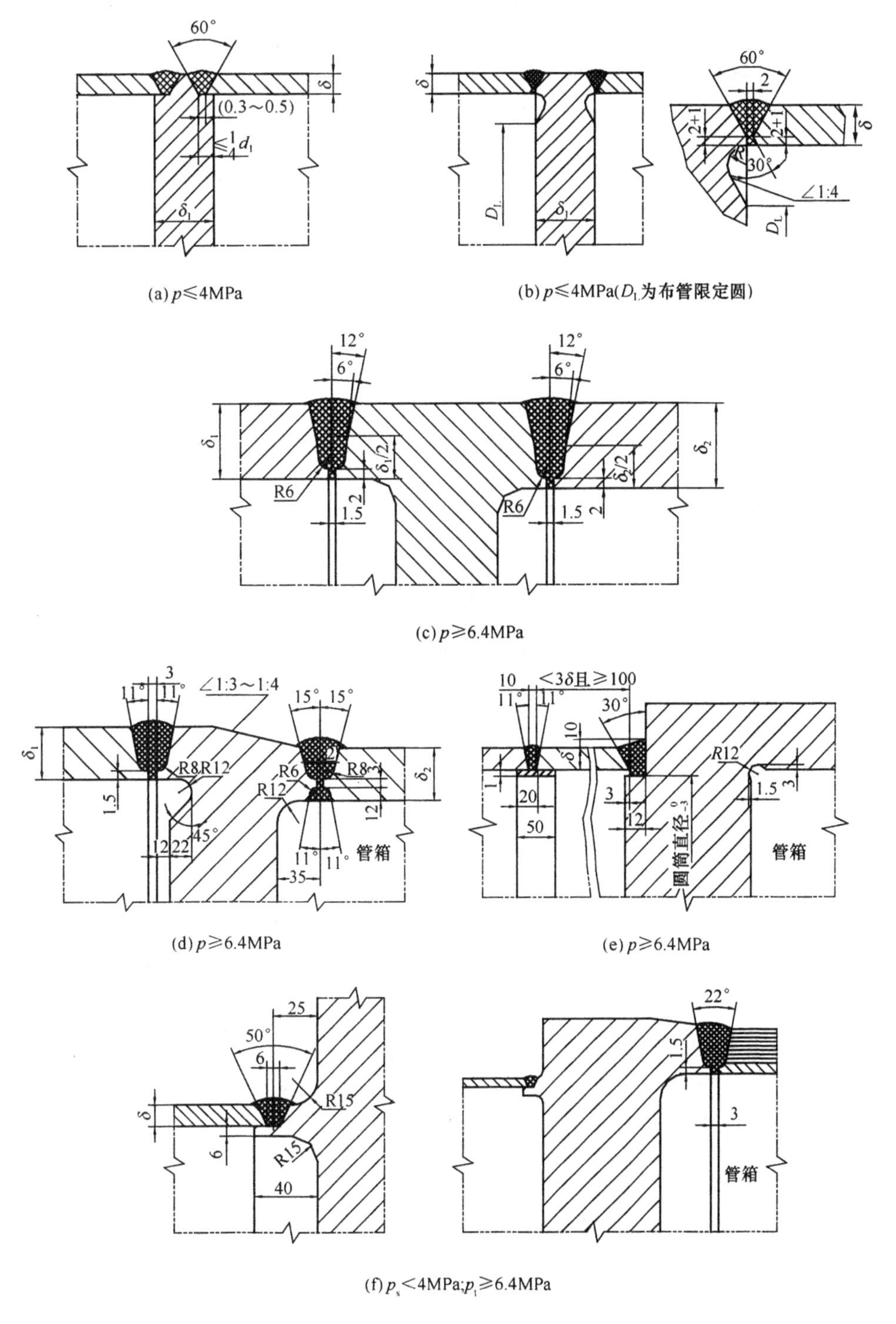

(a) $p\leqslant$4MPa

(b) $p\leqslant$4MPa(D_L为布管限定圆)

(c) $p\geqslant$6.4MPa

(d) $p\geqslant$6.4MPa

(e) $p\geqslant$6.4MPa

(f) $p_s<$4MPa;$p_t\geqslant$6.4MPa

图 1.2－84　不兼作法兰的管板与壳体筒体连接图（一）

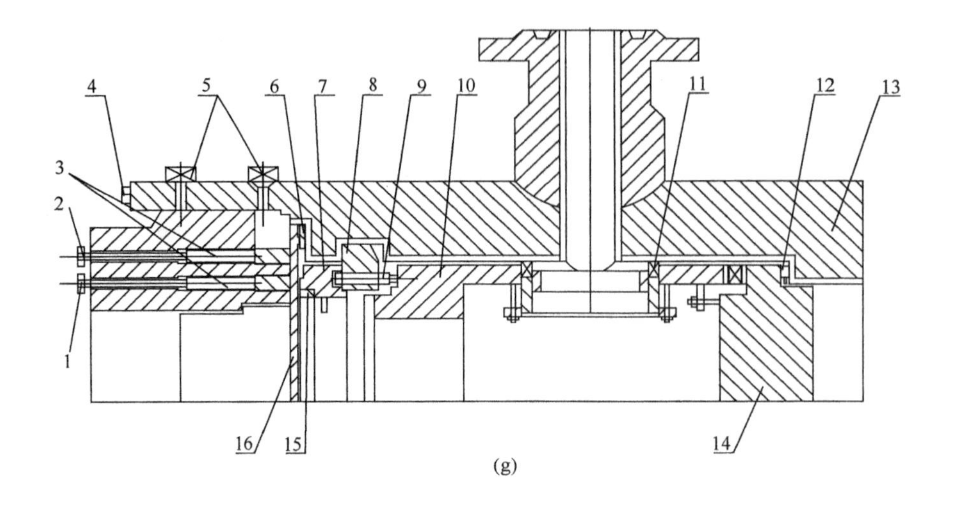

图 1.2－84 不兼作法兰的管板与壳体筒体连接图(二)

1—内压紧螺栓；2—外压紧螺栓；3—内外顶杆；4—管塞；5—丝堵；6—管程侧密封垫片；7—压环；8—卡环；9—内顶压螺栓；10—管箱内套筒；11—防串漏密封；12—壳程密封垫片；13—筒体；14—管板；15—支架；16—密封盘

(三) 兼作法兰的管板与管箱的连接密封[2,6]

其常见形式见图 1.2－85。

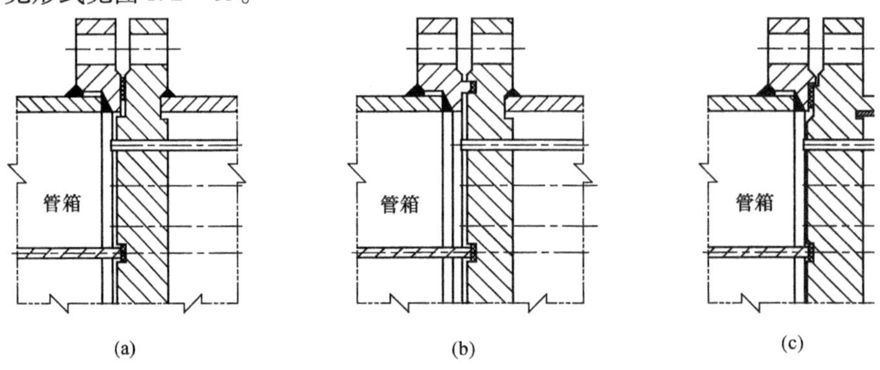

图 1.2－85 兼作法兰的管板与管箱的连接密封图

(四) 可抽出管束的管板与壳体、管箱的连接密封[2,6]

为了抽出管束便于清洗、维修，固定端管板通常采取可拆式连接，即把管板夹持在壳体法兰与管箱法兰之间，并垫有垫片进行密封，见图 1.2－86。

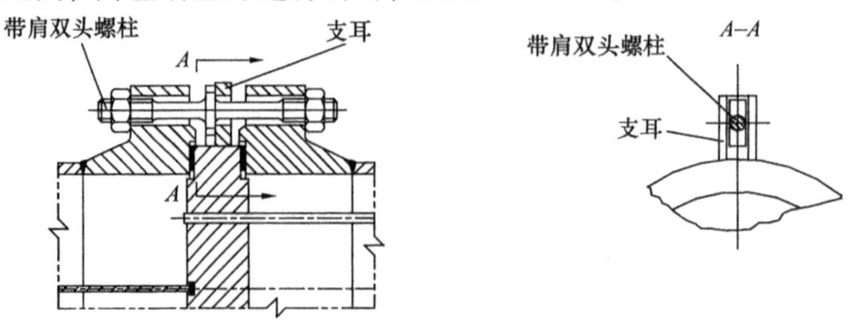

图 1.2－86 管箱、壳体与夹持管板形成的可拆连接示意图

四、U 形管的设计和制造要求

U 形管在弯制过程中，弯曲段会发生两件事，一是变扁，即横向截面产生椭圆度；二是外侧壁厚减薄。前者，会减小管内流体流通横截面积，这是由于一个封闭的平面几何图形，当周长一定时，圆所围成的面积最大。可见，弯管后椭圆度越大，则横截面积越小。因此，将会增加管内流体的流动阻力。后者，理论上是内侧壁厚受挤压增厚，外侧壁厚受拉伸减薄，增厚没有负面影响，减薄则会降低换热管的使用寿命。以上两点都需要加以控制[6]。

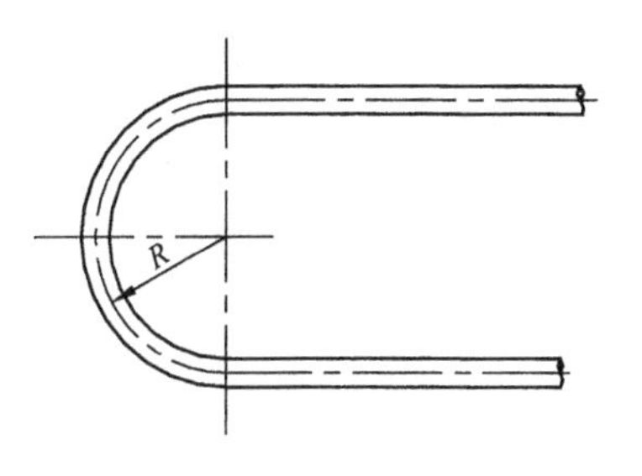

图 1.2－87　U 形弯管半径示意图

（一）弯管段圆度的控制

GB 151—1999《管壳式换热器》规定，弯曲半径 R(见图 1.2－87)应不小于 2 倍的换热管名义外径。出于标准化的目的，以尽量减少弯管胎轮的规格，还给出了常用的弯曲半径 R_{min} 值供设计、制造者选取，见表 1.2－10，并且规定，弯曲段的圆度偏差不大于换热管名义外径的 10%，对弯管半径小于 2.5 倍换热管名义外径者，其圆度偏差可放宽至 15%。

表 1.2－10　弯曲半径 R_{min}　　mm

换热管外径	10	12	14	16	19	20	22	25	30	32	35	38	45	50	55	57
R_{min}	20	24	30	32	40	40	45	50	60	65	70	76	90	100	110	115

（二）弯管段壁厚减薄的控制

弯管段壁厚减薄的控制通常为设计控制。GB 151—1999《管壳式换热器》给出了弯管段弯曲前的最小壁厚计算公式 $\delta_0 = \delta_1\left(1 + \frac{d}{4R}\right)$，其中，$\delta_0$ 为弯曲前弯曲段最小厚度，δ_1 为直管段计算厚度，d 为弯管段管子外径，R 为弯管段弯曲半径，mm。

在同一台 U 形管换热其中，尤其是大壳径时，U 形管组可能呈现为以下三种情况：①同一种管子规格整根弯制，这是最常见的。②内层(最里面的 1～2 层)采用比其余加厚了的管子，整根弯制，并都满足上式的要求。③弯管段单独弯制，然后与直管段拼接。第②和第③种极少采用，对制造厂并不经济。

另外，U 形管的弯制，通常都采用冷弯。GB 151—1999《管壳式换热器》也有相应的规定(即不宜热弯)。这样，在弯曲段便存在冷作应力。当用于有应力腐蚀的场合时，应进行适当的热处理，还须注意冷弯后的回弹问题。因为，回弹会造成实际弯管半径大于胎轮半径，严重时易造成穿管困难。

五、滑道、旁路挡板(挡管)

（一）滑道[2,6]

浮头式换热器、U 形管换热器、釜式重沸器等，其管束需要经常抽出进行清洗。为了减少装入或抽出管束时的摩擦阻力、避免装入或抽出管束时因折流板折弯而损伤换热管，在管束底部应设置支承滑道。滑道的结构有滑板、滚轮等结构。

1. 滑板结构

如图 1.2－88 所示，滑板卡入折流板或支持板的槽内并且焊接牢固，滑板须高出折流板外缘(半径方向)0.5～1mm。

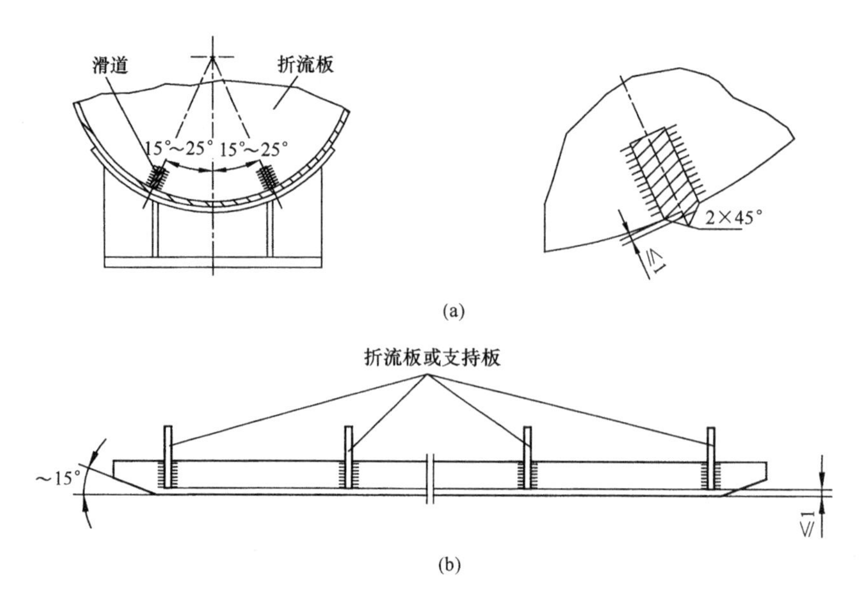

图 1.2-88 滑板结构示意图

图 1.2-89 是浮头式换热器的自由端支承滑块结构。其中(a)结构用于一般的浮头管板，(b)结构用于浮头处不能拆卸的情况。滑轨长度按自由伸缩距离决定。在 U 形管换热器中，邻近弯头处应设置折流板或后支承板，以减少悬臂端长度。

设备直径大的 U 形管换热器，U 形管排列为左右二侧在同一平面上，为限制每排管下垂、操作时振动，用不锈钢窄带将每排管编结在一起(图 1.2-90)。在立式换热器中，为便于将管束装入和拉出，在每块折流板上焊有两块滑块，四角交叉排列，如图 1.2-91 所示。

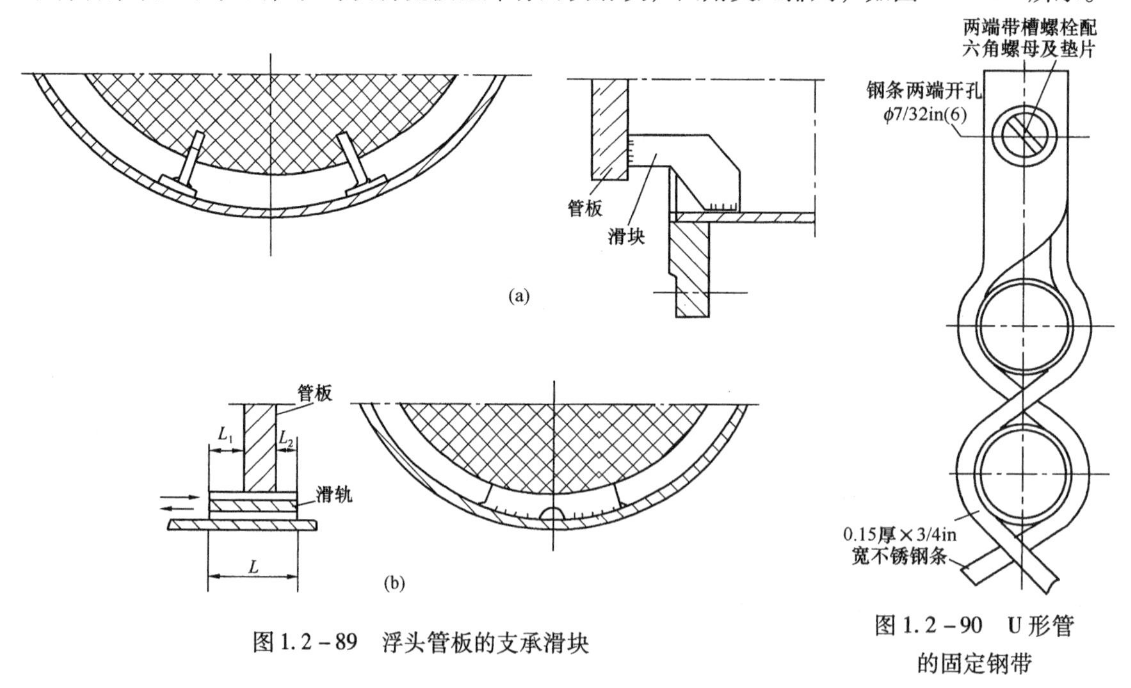

图 1.2-89 浮头管板的支承滑块

图 1.2-90 U 形管的固定钢带

2. 滚轮结构

如图 1.2-92 所示，滚轮数量可视管束质量及长度来确定，但不应少于 3 对。

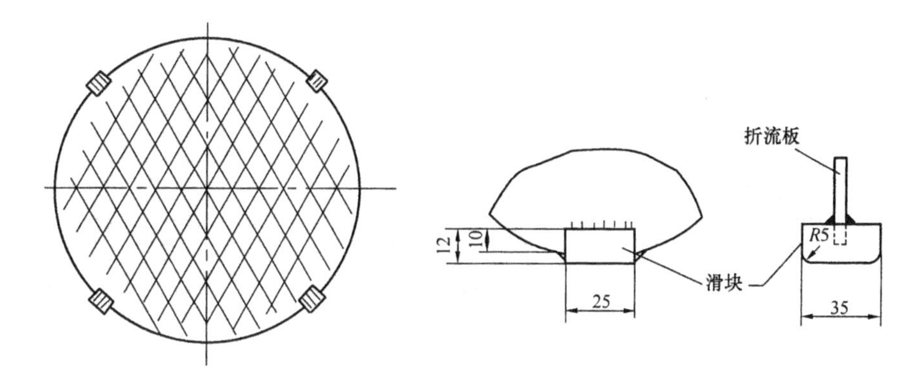

图 1.2-91 立式换热器管束的导向滑块

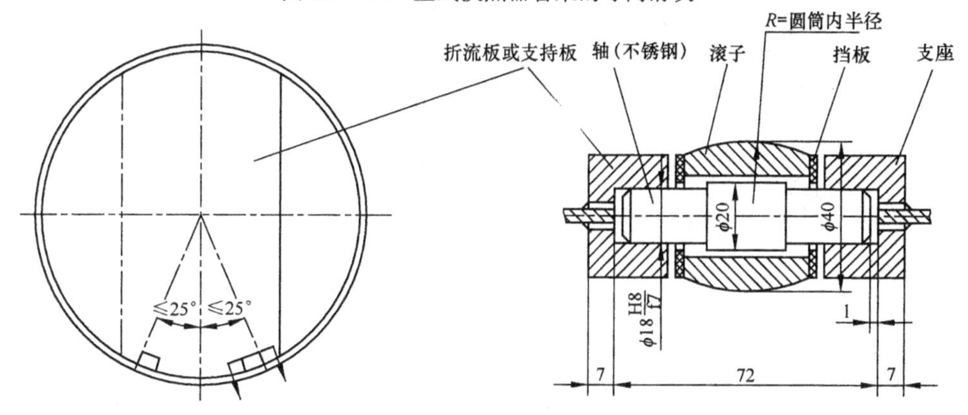

图 1.2-92 滚轮结构示意图

3. 釜式重沸器管束滑道形式

这些结构中，除了管束的折流板或支承板上装有滑板外，还要在壳体底部设置支承导轨。

图 1.2-93 是釜式换热器的管束支承结构，根据管束高低位置的要求，可采用(a)、(c)、(e)结构。当管束笨重时，为了推拉管束轻便，可采用结构较复杂的滚轮结构，如图 1.2-93(d)、(e)，为防止管束产生径向移动，在管束支持板的上方或(和)两侧，设置如图 1.2-93(f)、(g)所示的限位结构。也可只在管束最末一块支持板设置限位结构，以及在其他支持板上设置几个限位结构。

(二) 旁路挡板(挡管)[2,6]

壳程流体的短路有的是不可避免的；有的则是可以避免的，如管束周边非布管区及多管程时对应于隔板槽的非布管空档处。通过设置旁路挡板(挡管)就可以避免或减少短路。在管束周边设置的通常称为旁路挡板，在隔板槽背后空当处通常称之为中间挡板或挡管，如图 1.2-95 所示。

旁路挡板的数量，GB 151—1999《管壳式换热器》推荐如下：$DN \leqslant 500$mm 时，1 对旁路挡板；500mm $< DN <$ 1000mm 时，2 对旁路挡板；$DN \geqslant 1000$mm 时，3 对旁路挡板。

中间挡板的数量，GB 151—1999《管壳式换热器》推荐如下：$DN \leqslant 500$mm 时，1 块；500mm $< DN <$ 1000mm 时，2 块；$DN \geqslant 1000$mm 时，不少于 3 块。

挡管一般与换热管同规格，挡管两端应堵死，并且与折流板点焊牢固。两端伸出折流板的长度应不超过 50mm。挡管设置的数量一般每隔 3 ~4 排换热管应设置一根(折流板的缺口处不设置)。

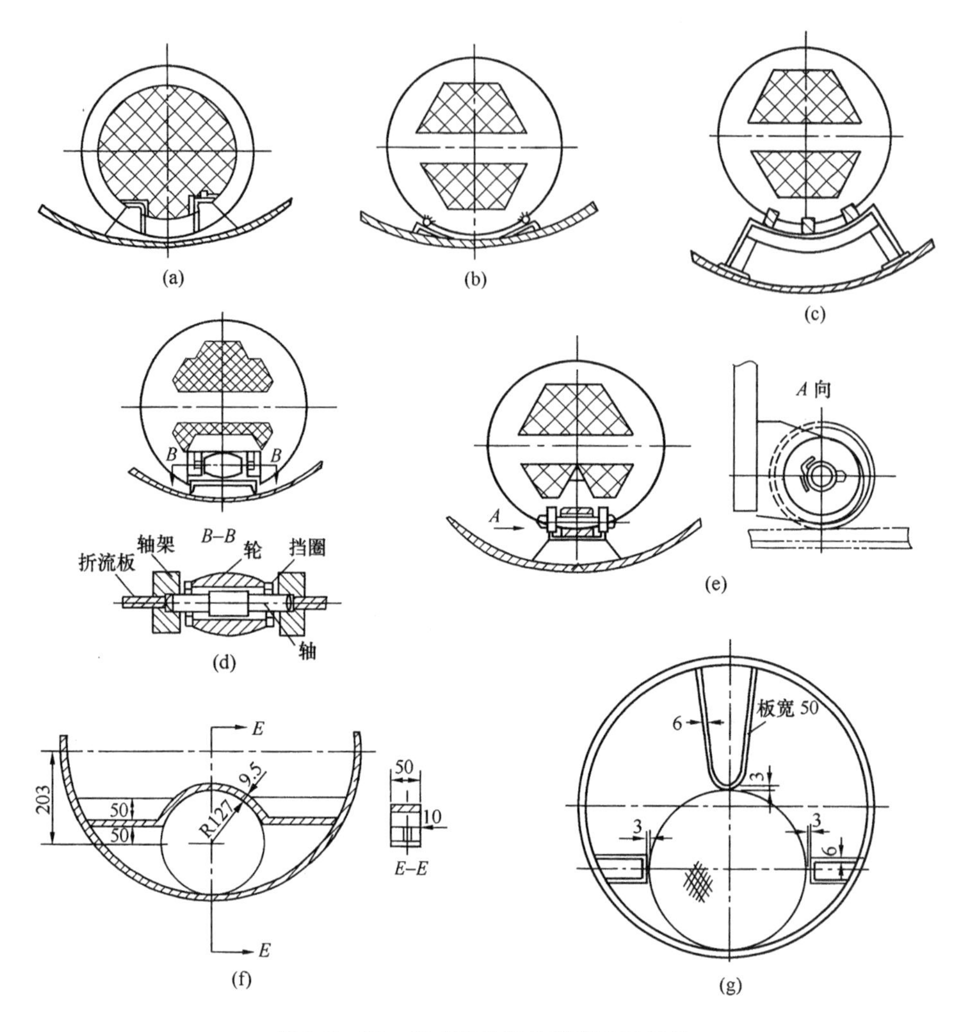

图 1.2－93 釜式换热器的管束支承结构

六、支耳、环首螺钉

对于可抽出管束的换热器，如浮头式、填函式、U 形管式换热器及釜式重沸器，通常是把固定端管板夹持在壳体法兰和管箱法兰之间。检修时，有时不需要抽出管束，而只清洗管程和检查管头，此时不希望管板和壳体法兰之间的密封松动而更换垫片。为此，通常采用图 1.2－87 结构，图中，带肩双头螺柱及支耳沿圆周均匀对称设置 1～2 对即可(先预紧带肩双头螺柱与壳侧螺母后再紧固管箱侧螺母)；此外图中的支耳，除了上述防松作用外，还有做牵引管束抽出的作用。有时，在管板正面的适当位置设置 2～4 个环首螺钉也可以用作牵引管束抽出(通常，工艺运行中，螺孔是先用丝堵堵死，到停车检修需抽出管束时，再拧下丝堵，换成环首螺钉)[2,6]。

当然，还有其他结构，如图 1.2－95 所示，不过，因麻烦较多，很少采用。

七、防冲板

(一) 管程设置防冲板的条件[2,6]

当管程采用轴向入口管或换热管内流体流速超过 3m/s 时应设置防冲板，以减少流体的不均匀分布及对换热管管端的冲蚀。一般都是圆形挡板焊在封头或盖板上，防冲板的结构如图 1.2－97 所示。

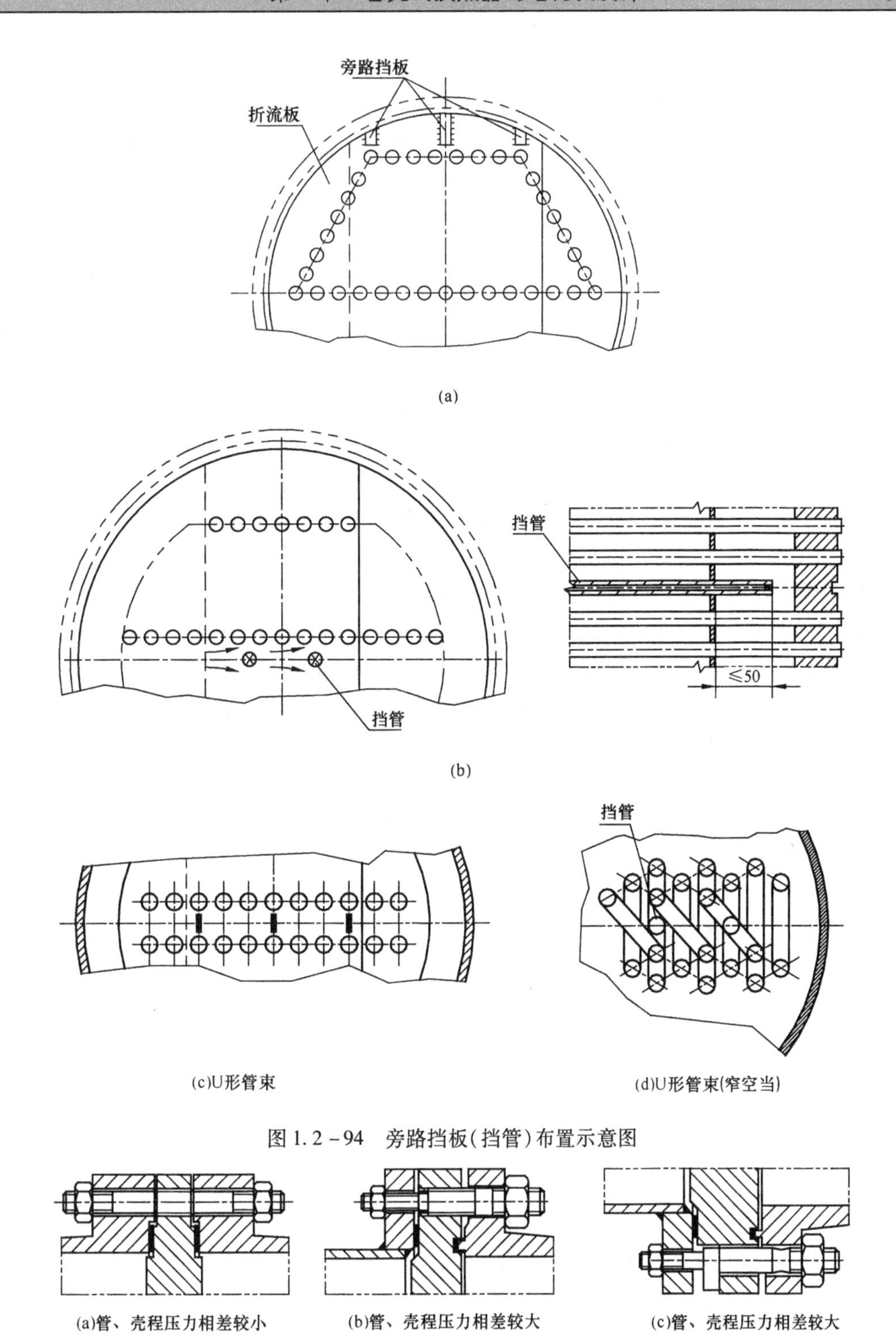

(a)

(b)

(c)U形管束　(d)U形管束(窄空当)

图 1.2－94　旁路挡板(挡管)布置示意图

(a)管、壳程压力相差较小　(b)管、壳程压力相差较大　(c)管、壳程压力相差较大

图 1.2－95　其他形式支耳的设置示意图

当管程介质入口温度很高，并且是沿轴向进入时，管程防冲挡板更有设置的必要。例如，国内某厂一台 $\phi600$ 的过热蒸汽加热器，管程入口高达 650℃，入口管板为 46mm 16Mn 衬 50mm 耐火混凝土，换热管为 1Cr18Ni9Ti，壳体设置膨胀节，管程入口高温气体正对管板

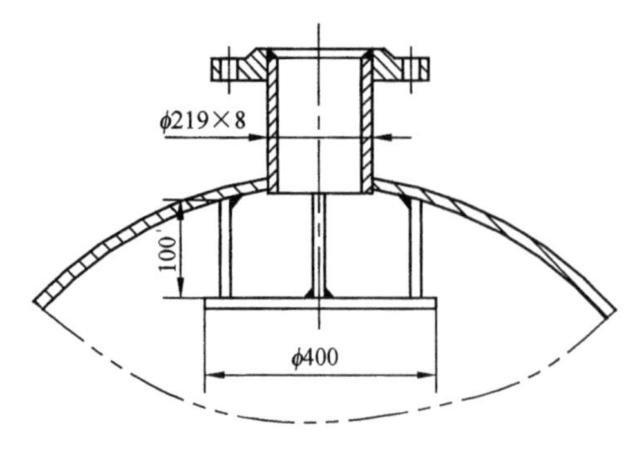

图 1.2 -96 防冲板的设置示意图

中央，未设置防冲挡板。以致管板中央部分过热，管束中央部分首先伸长，造成入口管板严重变形、隆起。此种情况下，膨胀节也不能解决问题。

(二) 壳程设置防冲板的条件[2,6]

壳程进口处是否需要设置防冲板，其条件如下：

(1) 当壳程进口管流体的 ρv^2(ρ 为流体密度，kg/m^3；v 为流速，m/s) 值为下列值时，应在壳程进口处设置防冲板(导流筒可代替防冲板)：a)非腐蚀、非磨蚀性的单性流体，$\rho v^2>2230kg/(m\cdot s^2)$者；b)其他液体，包括沸点下的液体，$\rho v^2>740kg/(m\cdot s^2)$者。

(2)有腐蚀或有磨蚀的气体，蒸汽及气液混合物，应设置防冲板。

(三) 流通面积

壳体和管束在进、出口处流体流通面积任何时候都不应小于进、出口接管截面积，并使 ρv^2 不超过 $5950kg/(m\cdot s^2)$。

①设置防冲板时，壳体进口处流通面积为图 1.2 -97(a)中圆柱侧面积。

②无防冲板时，壳体进口处的流通面积为图 1.2 -97(b)，接管内径投影范围内的换热管间通道面积与图 1.2 -97(a)中圆柱侧面积之和。

③设置防冲板时，管束在接管进口处的流通面积为图 1.2 -97(c)中的阴影面积。

④无防冲板时，管束在接管进口处的流通面积为图 1.2 -97(d)中的阴影面积。

(四) 防冲板的尺寸及定位

GB 151—1999 中对防冲板最小名义厚度规定：碳钢材质为 4.5mm，不锈钢为 3mm。其直径或边长至少比接管外径大 50mm。

防冲板外表面至壳体内壁的距离应不小于接管外径的 1/4，其入口面积在任何情况下不应小于接管的流通面积。防冲板的中心尽量对正接管的轴心。防冲板的固定一般是焊在定距管上或同时焊在靠近的折流板和定距管上。对于不可抽出管束，只要不影响管束与壳体的装配，也可以焊在壳体上。

1. 壳程防冲挡板位置的确定

防冲挡板的几何尺寸，计算起来相当麻烦，并牵涉到一些复杂的数学问题。此处介绍一种图表方法，可以避免复杂的计算。

假定：A——流体跨过缓冲挡板边时有效流通面积，$A=Q/V$；

H——缓冲挡板表面至壳体中心线的距离，ft(1ft = 0.3048m)(见图 1.2 -98)。

r——壳体内半径，ft；

a——防冲挡板半径，ft；

A^*——无因次数，$A^*=A/r^2$；

α——无因次数，$\alpha=r/r$；

β——无因次数，$\beta=a/r$。

Q——流量，

V——流体在防冲挡板上的流速，V 由 $\rho V^2\leqslant4000$ 确定；

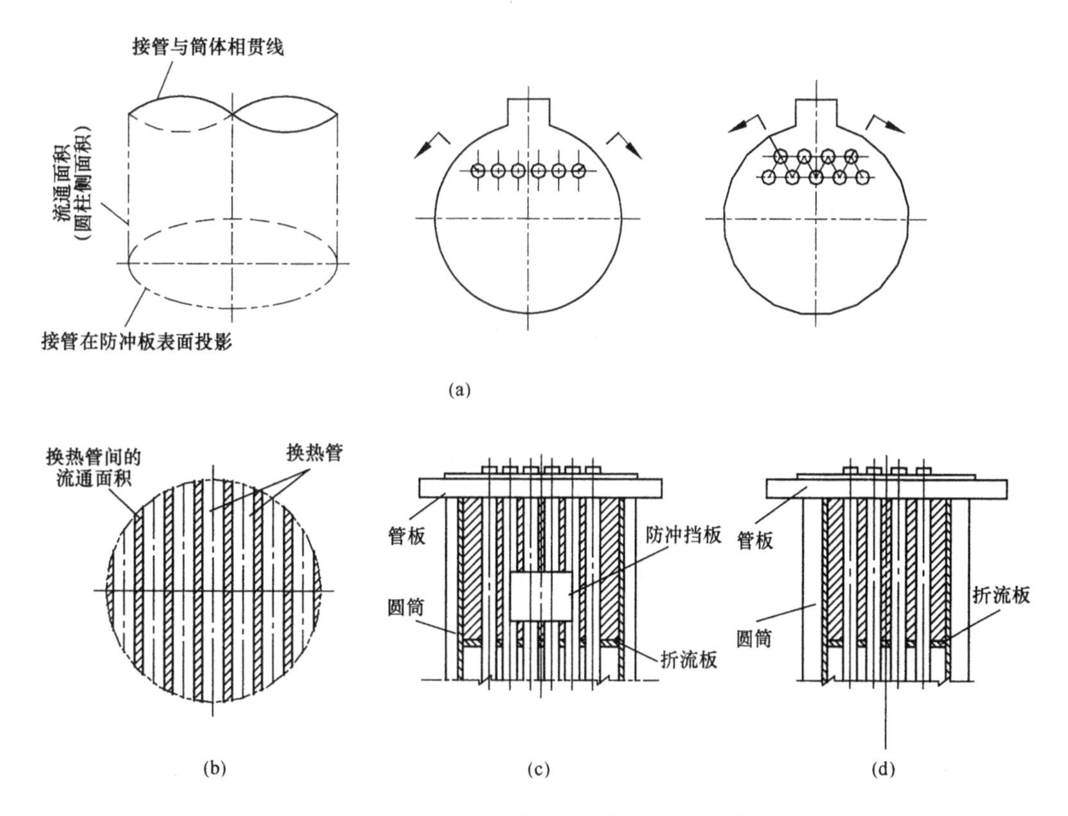

图 1.2－97　壳体进口处流通面积示意图

ρ——流体密度，lb/ft^3。

根据已知条件，计算出无因次数 A^* 和 β，然后查图 1.2－99（圆形防冲挡板）或图1.2－100（方形防冲挡板）得出相应的无因次数 α，再根据 $h=\alpha l$ 的关系算出 h 值，即确定了防冲挡板的位置。

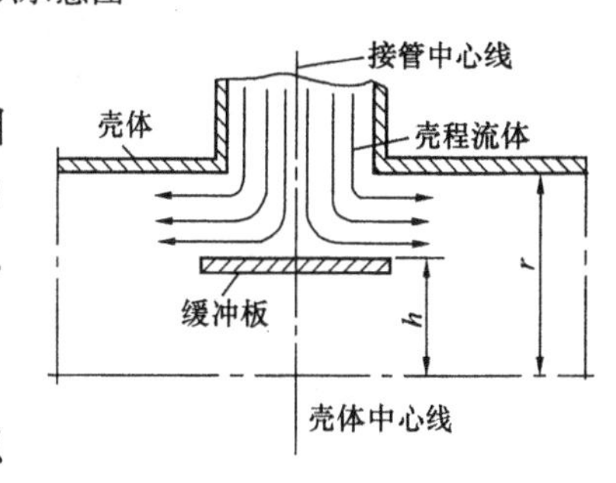

图 1.2－98　防冲挡板位置

2. 壳程防冲挡板的尺寸和结构

防冲挡板直径至少应超出接管内径投影区以外 25mm。

常见防冲挡板结构如图 1.2－101 所示，防冲挡板与拉杆的连接方式见图 1.2－101(a)、(b)、(c)，其中(a)、(b)是拉杆位于管子上侧时的结构，(c)是拉杆位于壳体两侧的结构。图 1.2－101(d)是方形板焊与壳体的结构。以上四图中尺寸 $W \approx L$，以保证防冲挡板四周的流体分布均匀，且有足够的通道面积。图 1.2－101(e)、(f)挡板焊在壳体上，为增加通道面积，在挡板上开孔。图 1.2－101(g)、(h)是利用壳体本身做防冲板，壳体上开孔总截面积一定要大于进口管截面积。

图 1.2－101(i)、(j)结构主要是为壳体大口径接管设计的。在某些引进设备中较多。例如一台壳体直径 $\phi750$ 的换热器，折流板间距为 570mm，而壳程进口管直径达到 $\phi550$，若在 $\phi750$ 壳体上直接连上 $\phi550$ 的接管，显然有困难，若考虑开孔补强圈的范围，则接管中心离管板的距离很远，造成管板附近的死区较大。为此，在壳体外面加一个 $\phi1050$ 的短夹套，将大口径接管接在夹套上，在壳体靠近管板处开长方形孔。

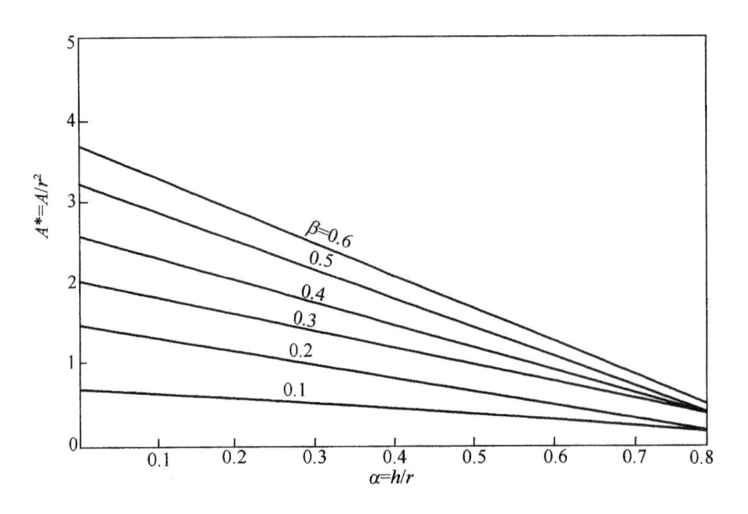

图 1.2－99 圆形防冲挡板高低计算图

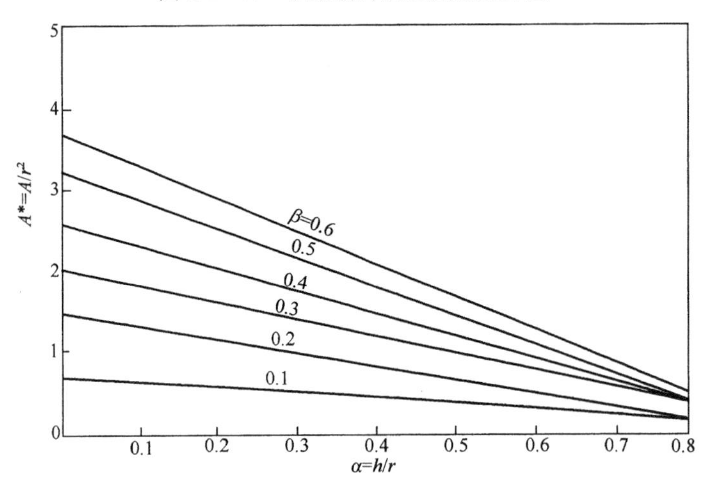

图 1.2－100 方形防冲挡板高低计算图

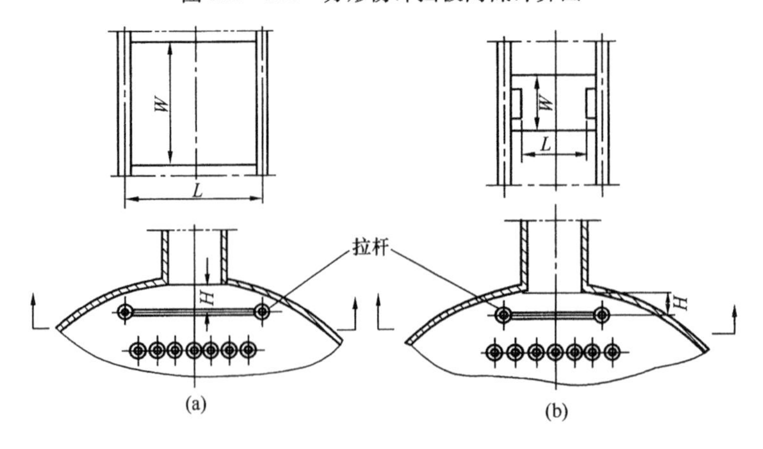

图 1.2－101 壳程防冲挡板结构(一)

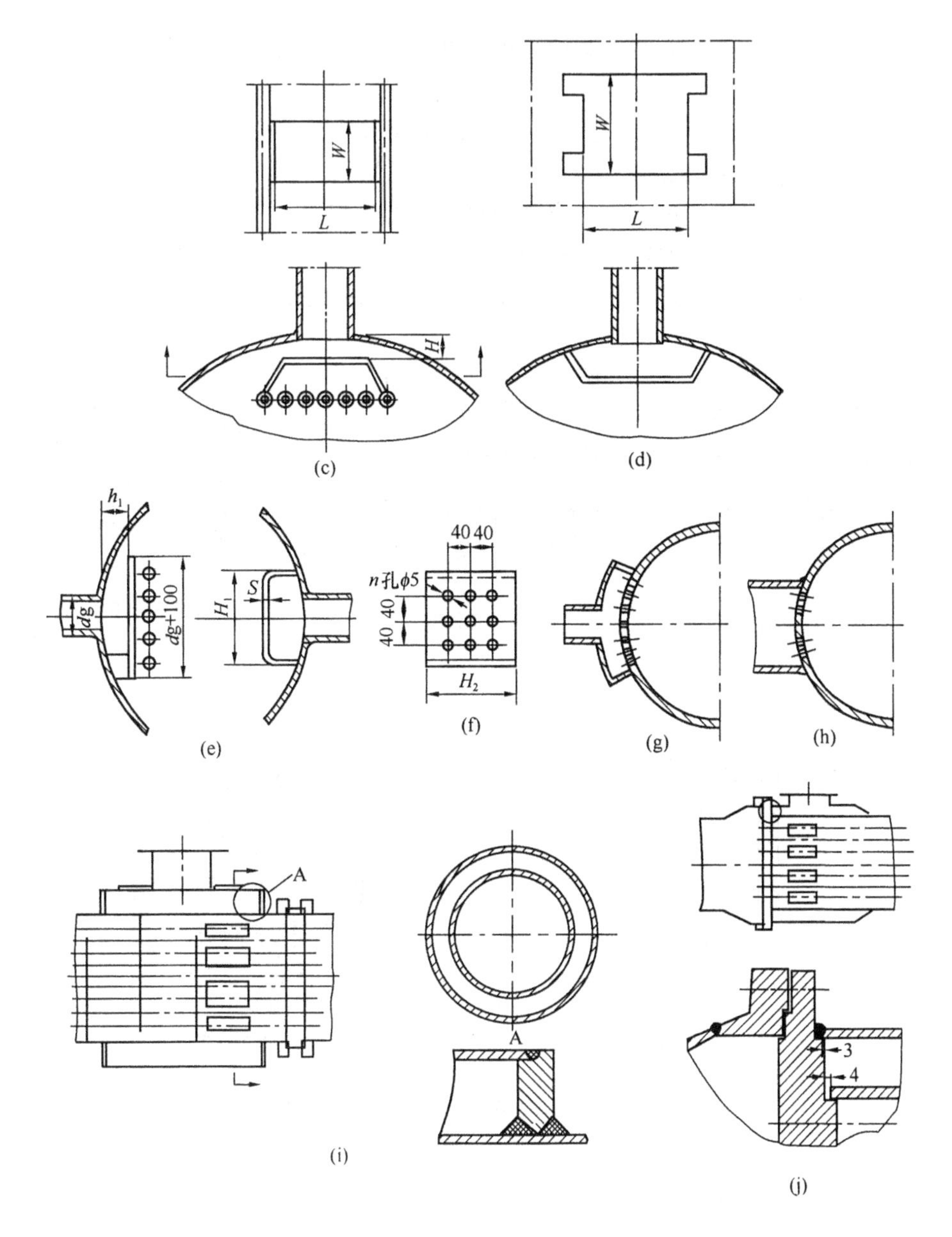

图 1.2－101　壳程防冲挡板结构(二)

第五节　管　　箱

管箱的作用是将管程流体均匀分布到各传热管以及管内流体汇集后排出换热器。在多管程换热器中，管箱还起到改变流体流向的作用。无论哪种管箱，其连接各程间流体的横截面至少等于单管程通过的截面积。

一、固定端管箱

固定管箱常用的各种结构见图 1.2－102。

图 1.2－102(a)结构适用于介质压力较高、直径较大、介质较清洁的场合。若采用多管程，此管箱结构比(b)、(c)、(d)结构更加经济。其缺点是检查管头和清洗时必须拆开与

管道的连接并移开管箱，不太方便。这种管箱的进出口管也可开在封头的端部，但清洗时拆装麻烦。

图1.2－102(b)结构带有平盖，拆开平盖可以检查管头，不必拆开管道连接法兰，便于进行清洗。制造时，分程隔板焊接方便(可以从两端焊)，一般最常使用。但在有隔板时，要保证平盖的刚度，以免挠度过大，造成介质从隔板处短路。

图1.2－102(c)、(d)结构的管箱与管板焊在一体，没有垫片但可以避免泄漏。

图1.2－102(e)结构的管箱是为了便于排出不凝气而采用的。

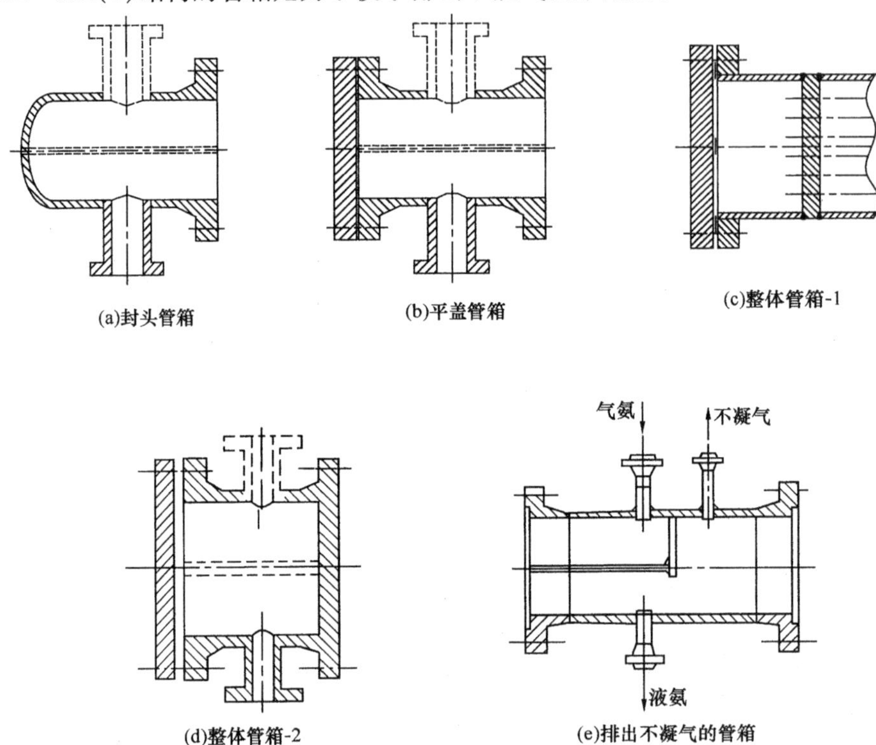

图1.2－102 固定管箱常用的各种结构示意图

(一) 固定式管板与管箱的连接

本节内容适用于中、低压换热器。

1. 兼作法兰的固定式管板与管箱的连接

兼作法兰的固定式管板与管箱的连接如图1.2－103所示，其法兰型式、密封面形式以及密封垫片材质取决于使用压力和使用温度。

图1.2－103(a)、(b)结构使用压力在1.6MPa以下，其中(b)气密性较(a)高。

图1.2－103(c)、(d)结构适用于管程操作压力2.5MPa以下及操作温度在300～350℃。法兰采用焊制形式，一般可用扁钢煨弯焊制而成，具有结构紧凑，加工简单的特点。

图1.2－103(e)、(f)结构是长颈榫槽面及凹凸面法兰，其使用温度可达450℃，管程压力可达4.5MPa。

图1.2－103(g)、(h)是复合管板与衬里管箱连接示例。

图1.2－103(i)与前面各种连接不同，其垫片尽量靠近螺栓。虽然介质压力产生的轴向力增大一些，但是由于法兰力臂缩短，使法兰所受弯曲应力减小，可减薄法兰厚度。

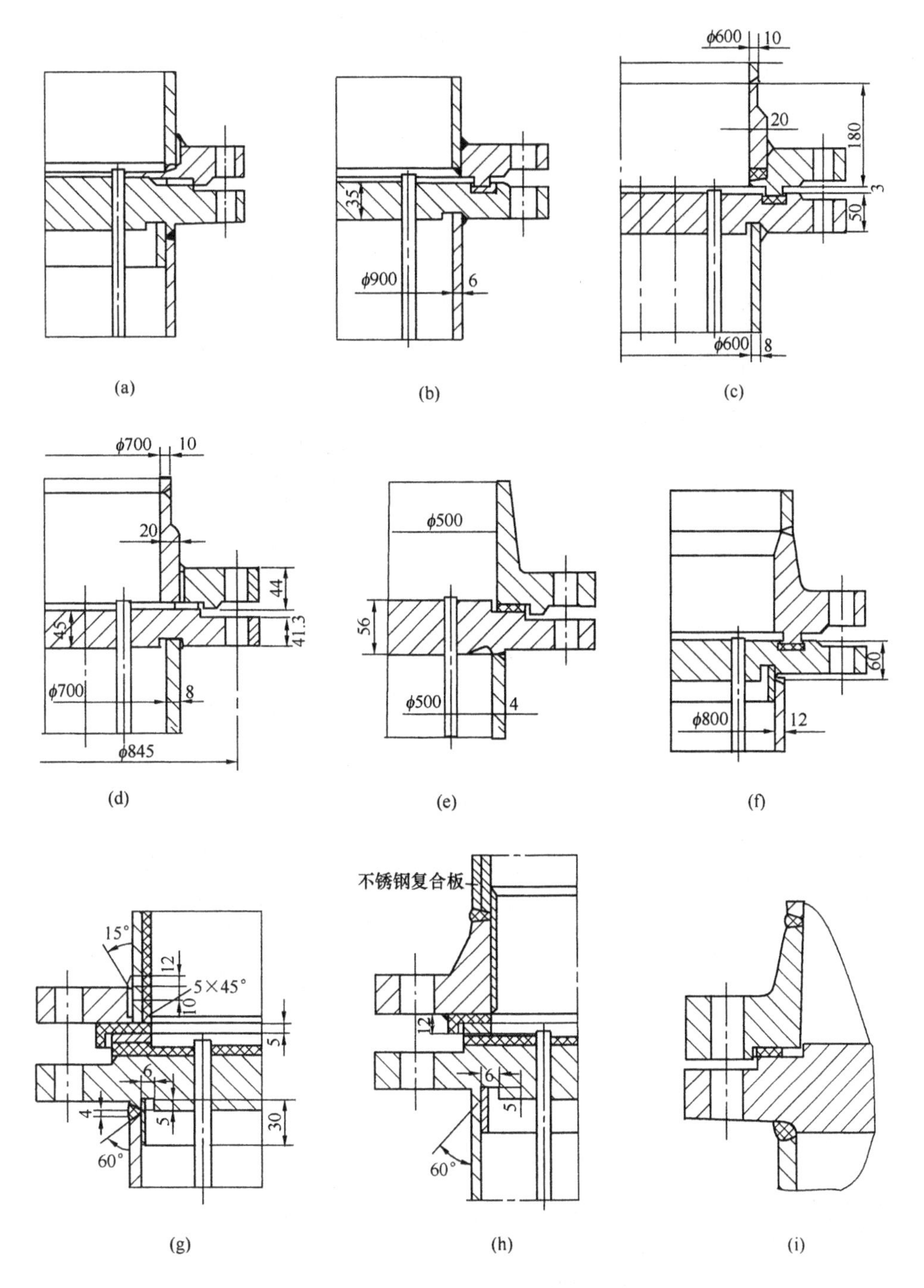

图 1.2－103　常用法兰连接示意图

2. 不兼作法兰的固定式管板与管箱的连接

不兼作法兰的固定式管板与管箱的连接一般采用焊接连接，如图 1.2－104(a)～(e)所示；也可以采用法兰连接，如图 1.2－105 所示。

图 1.2－104(a)为高压管箱与低压壳体的连接结构，其中壳程设计压力 0.84MPa。此结构中也可以取消衬环和短节而采用壳体与管箱直接焊接。

图 1.2－104(b)、(c)、(d)皆为引进 30 万吨/年合成氨装置中高压换热器管箱与壳体

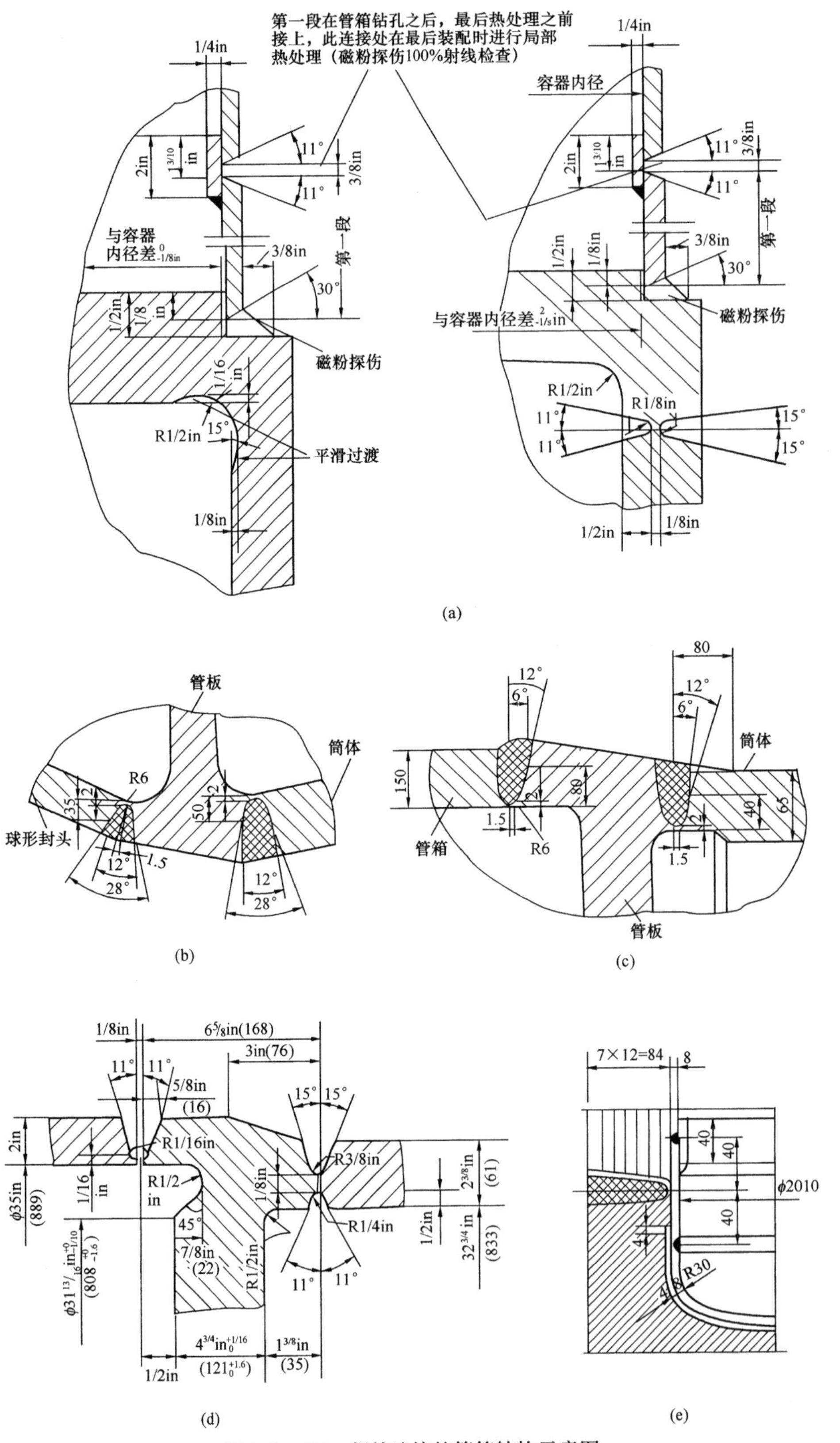

图 1.2－104 焊接连接的管箱结构示意图

的连接结构。

图 1.2－104(e)为带衬里多层筒体与管板的连接结构。筒体与管板组焊前，在靠近环缝坡口边缘要预留一定距离，待环缝焊完后再对此处进行局部加衬。

图 1.2－105 为不锈钢管板加碳钢法兰的结构。其中(a)结构要比(b)的连接强度高，所能承受的压力也大。

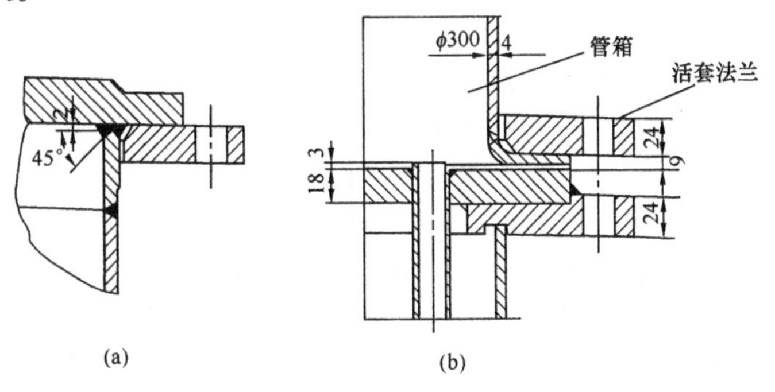

图 1.2－105　不锈钢管板与碳钢法兰连接结构示意图

(二) 浮头、填函、U 型管换热器固定管板与管箱的连接

浮头、填函及 U 型管换热器，为了抽出管束进行清洗和维修，固定端管板采用可拆式连接，图 1.2－106 为常用的连接结构型式。各结构的密封面型式可以根据压力、温度、气密性要求等决定，图示为几种代表形式。

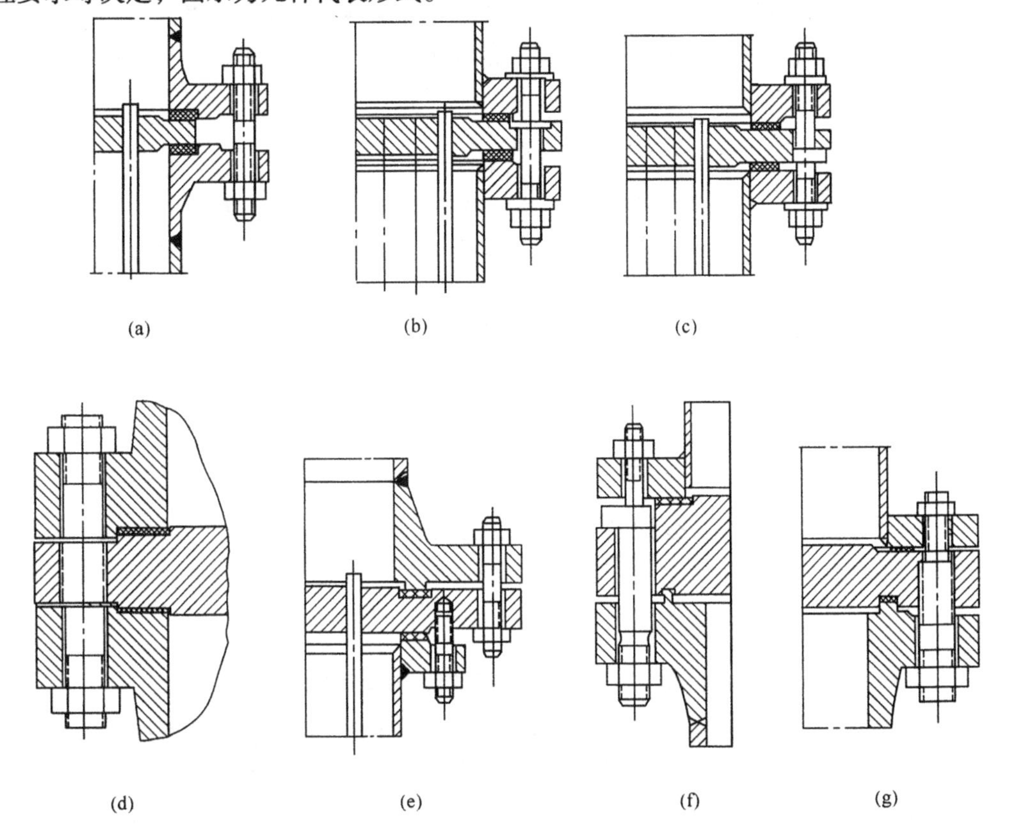

图 1.2－106　固定端管板常用的连接结构示意图

图 1.2 - 106(a)适用于管、壳程压力都比较低的场合。优点是管、壳程可以同时清洗，但维修安装不方便。

图 1.2 - 106(b)适用于管程需要经常清洗的场合，带肩双头螺柱可以免于壳侧垫片的更换。

图 1.2 - 106(c)适用于壳程需要经常清洗的场合。

图 1.2 - 106(d)中将双头螺柱拧在管板螺纹孔上，因此，可以达到只拆一侧的目的，可以使用在管程或壳程需要经常单独清洗的场合。

图 1.2 - 106(e)适用于管、壳程压力相差比较大的场合。此结构可以分别紧固两组螺柱，但加工制造较为麻烦，且管箱法兰尺寸需要加大。可以使用在管程或壳程需要经常清洗的场合。

图 1.2 - 106(f)、(g)也适用于管、壳程压力相差比较大的场合。其结构比 4 - 05(e)更为紧凑，采用变径双头螺柱，其中(f)采用带台肩变径双头螺柱；(g)图在固定管板上加工了螺孔，比(f)更为简单，但不能防止螺柱发生转动。此两种结构使用的变径双头螺柱在安装时要防止小端存在扭断隐患，适用于管程或壳程需要经常清洗的场合。

图 1.2 - 49(a)所示的是高压管板与低压壳体的可拆连接结构，此种结构一般为高压 U 形管换热器所用。

图 1.2 - 107 所示为通过管箱筒体底部拧入螺栓达到将管板压紧目的而采用的管、壳程均为高压时的连接结构。优点是结构较为简单，缺点是当有腐蚀性介质存在时，管箱筒体底部的螺栓孔产生腐蚀，可能对管板产生破坏，甚至造成筒体不能使用。此外，当管板与管箱壳体的膨胀系数相差较大时所产生的膨胀差，会出现双头螺柱发生弯曲、剪断的可能。

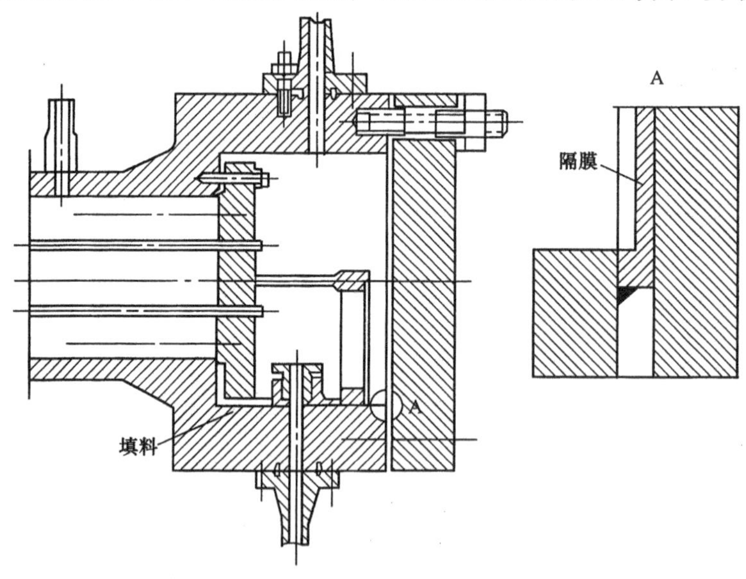

图 1.2 - 107 可拆管板管箱的结构示意图

图 1.2 - 108(a)所示的是在管箱筒体内将管板放到管板压紧环里面，通过支承环 3 的螺栓 6 将管板 7 压紧，图中件号 5 为管箱分程需要而设置的围板。此种结构克服了图 1.2 - 108 结构上的不足，但其缺点是围板 4 必须放在压紧环 2 的内侧，因此，压紧环内径的加大也导致了管箱筒体内径的增大。此外，由于螺栓和支承环的作用点有一定的距离产生的力矩施加在压紧环上，由此压紧环承受剪力和弯曲力矩后势必要厚度要增加，同时也增加了管箱筒体

的轴向长度。

图1.2-108(b)结构为(a)结构的改进形式。围板紧靠管箱筒体使得管箱直径比(a)图结构小一些，且省去了连接管。支承环与压紧环互相配合处加工成楔形，拧紧螺栓7可使支承环向压紧环靠近；对于压紧环承受的力矩要比(a)结构要小，为此其厚度可减薄。

图1.2-108(c)结构为支承环的分割形式，环可分为三段以上，其中一段两端切口成平行面，组装时将其最后装进去。

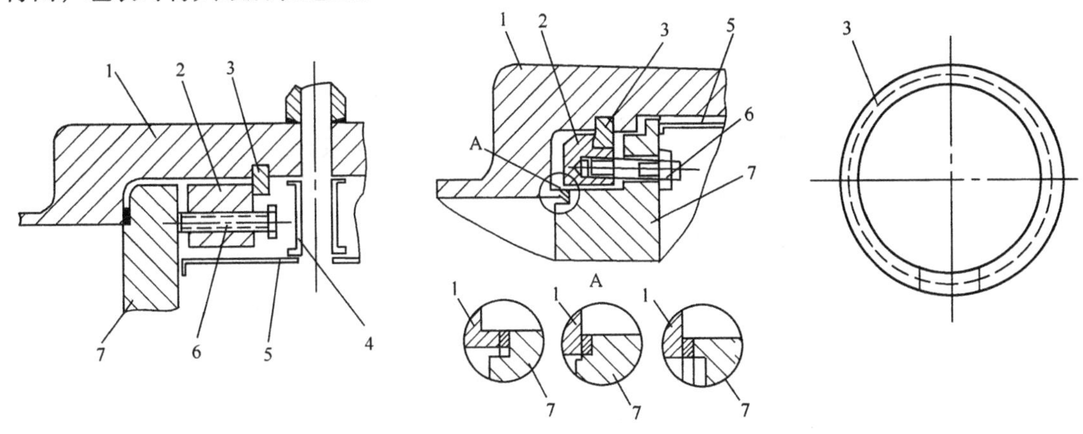

图1.2-108 管板位于管箱筒体之内的结构示意图

1—管箱筒体；2—压紧环；3—支承环；4—入口管；5—围板；6—螺栓；7—管板

（三）双管板结构的管箱连接

详见第四节双管板部分。

（四）管箱内分程隔板

1. 管箱长度

确定管箱长度应考虑以下四个因素：①为方便焊接管箱隔板，管箱长度 L_{max} 一般不大于500mm，见图1.2-109。②现场安装尺寸也要求管箱的长度越短越好。③管箱长度 L_{min} 应当满足管箱最大接管的补强要求。④浮动管箱长度最短，且最小长度应保证流体翻转面积不低于单程流通面积。

当法兰为平焊法兰或凸面或榫面法兰时，隔板与法兰垫片支承面的结合可以按照图1.2-110的方法进行。

隔板高度一般纵贯整个管箱，但当管程进出口接管直径较大时，可以采用图1.2-111所示结构，以避免出现跨程现象，并且有利于开孔补强板的设置。

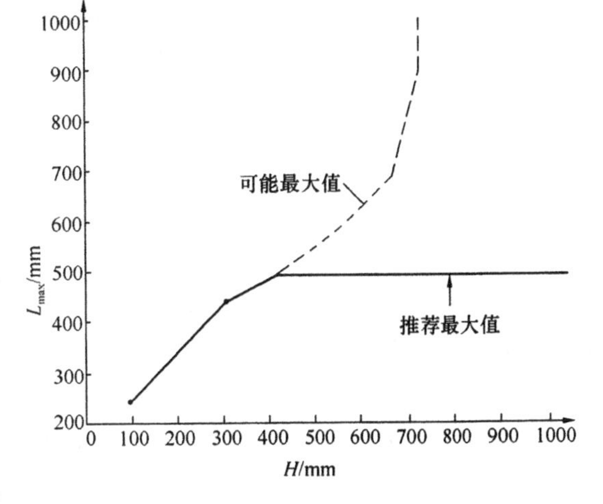

图1.2-109 由 H 确定 L_{max} 的曲线图

2. 隔板厚度

分程隔板厚度与管箱直径有关，管箱直径越大，隔板厚度越大，以保持其刚性和密封面必要的宽度。其最小厚度表1.2-2规定。

隔板密封型式如图1.2-112所示。其中(a)、(b)为常用结构，(a)结构用于 $DN \leq$

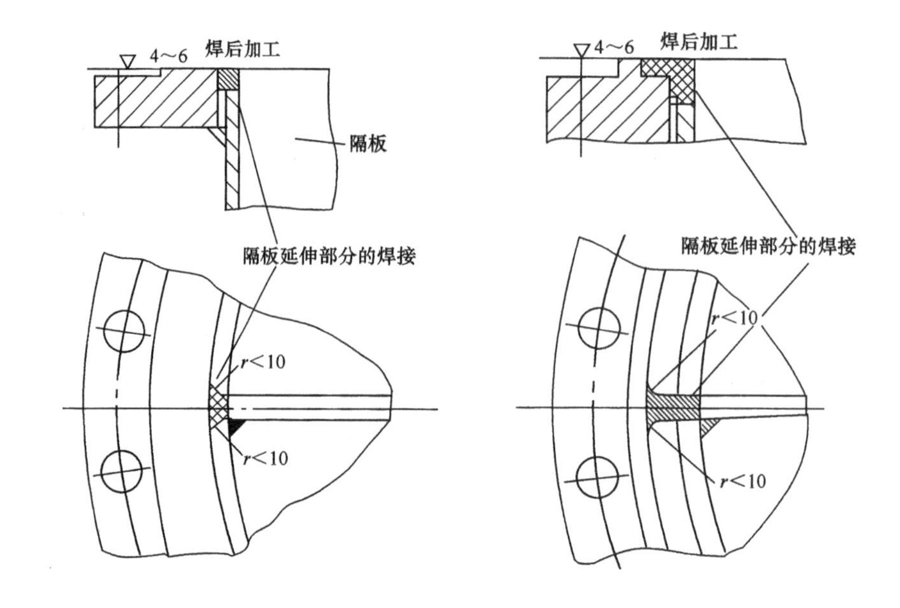

图 1.2－110 隔板与垫片支承面的结合示意图

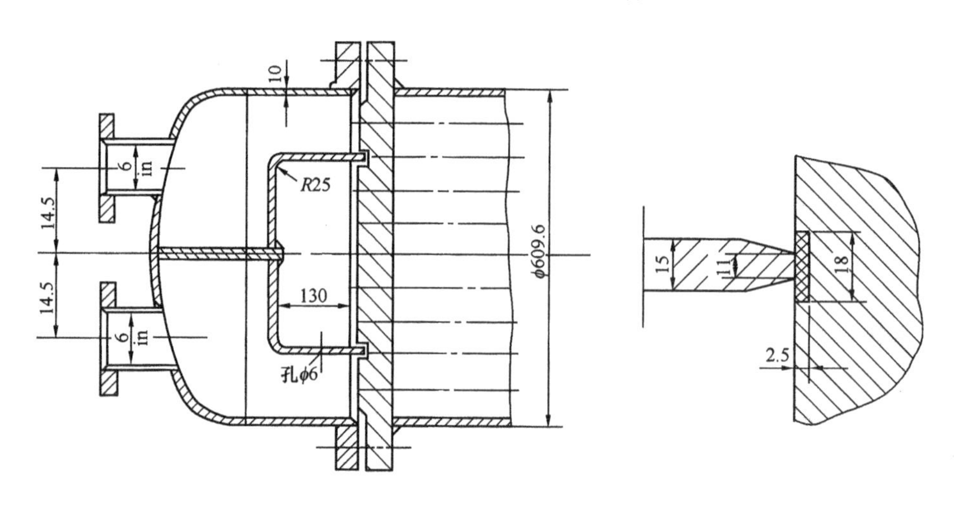

图 1.2－111 较大直径接管的分程隔板结构示意图

600mm；(b)结构适用于 $DN \geqslant 700$mm；(c)、(d)结构适用于合金钢设备；(e)为不锈钢结构；(f)结构适用于大直径设备。

每一分程隔板的最高点和最低点应分别设置排气孔和排液孔，以便排出不凝气和停车时放净液体，一般孔径为 6mm 左右。

3. 安装

安装分程隔板时，除特殊情况外，隔板采用连续焊焊在管箱短节壁上。图 1.2－113 为隔板与管箱内壁连接示意图。其中图(a)为可能采用的单面焊，要求 $a > 3$mm，且 $a > C_2$(腐蚀裕量)；图(b)、(c)、(d)结构考虑到腐蚀或结垢危险，需在隔板一边开坡口或在隔板两边角焊。图(c)中，要求 $a > 3$mm，且 $a > C_2$。

二、滑动管箱

滑动管箱泛指填函式和滑动管板式换热器的滑动端管箱结构。

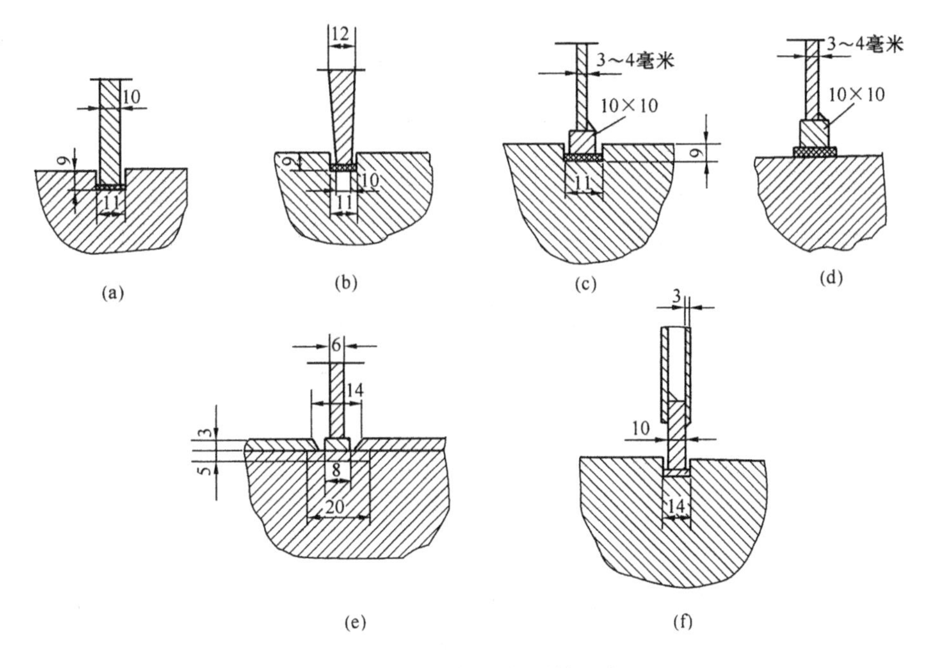

图 1.2－112　隔板密封结构示意图

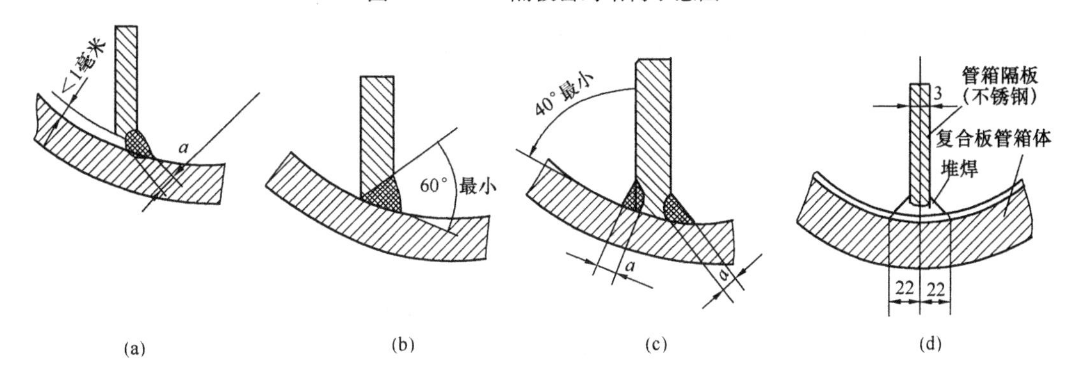

图 1.2－113　隔板与管箱内壁连接示意图

（一）填函式换热器的滑动管箱

此滑动管箱结构主要有两种。一种是填料函在管板处，另一种是封头接管处设置填料函结构。

图 1.2－114 为单管程的填料函设置在管板处的结构，适用于壳体直径不大的场合。位于壳体法兰内的填料箱用填料压环压紧，管箱法兰通过剖分的挡环与管箱体连接，再与管箱盲板用螺栓连接。

图 1.2－115 为封头接管处填料函结构，适于较大壳体直径的换热器。这种结构的密封周边较短，易于实现良好的密封。

（二）滑动管板换热器的滑动管箱

滑动管板换热器结构比填函式换热器结构要简单一些，但存在管、壳程间串漏的可能，而且管箱内不能设置分程隔板。一般只适用于双管程换热器。

图 1.2－116 给出了两种滑动管板换热器局部结构简图。填料函设在壳体法兰内，管箱兼作填料压盖，管板上焊一短节，填料在短节和填料函之间。

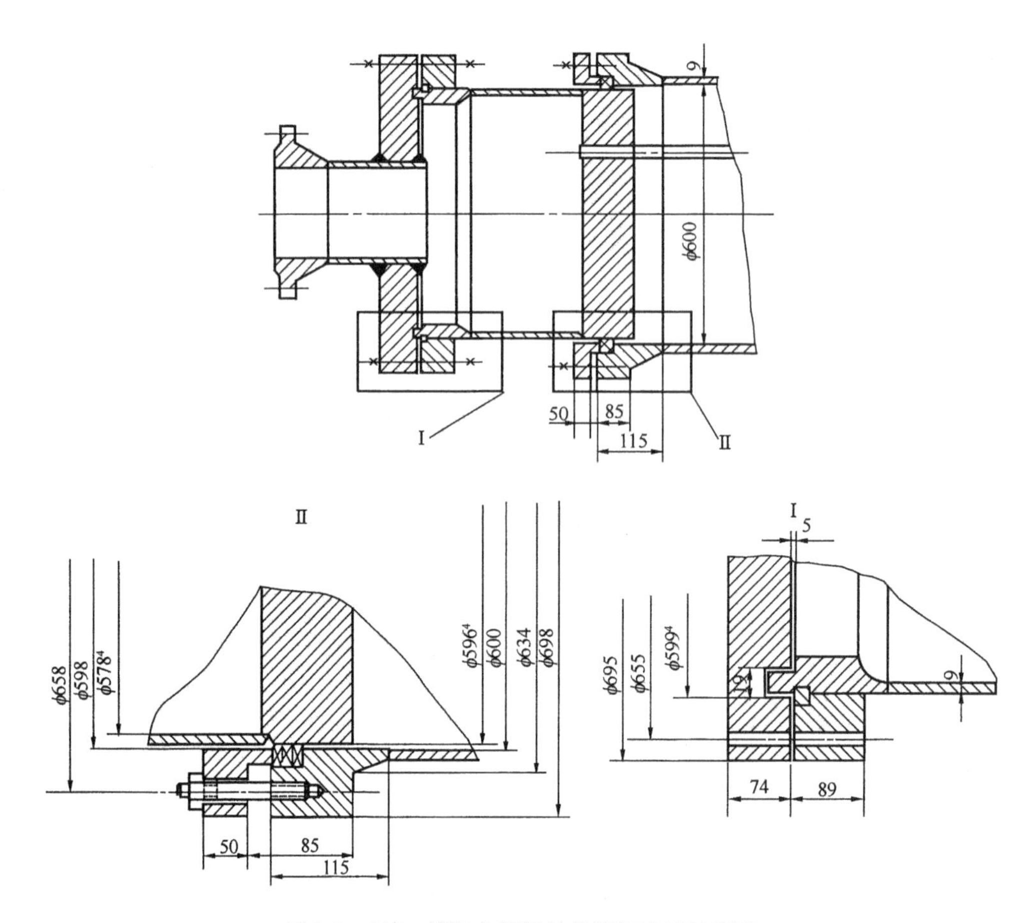

图 1.2－114　填函在管板处的管箱连接示意图

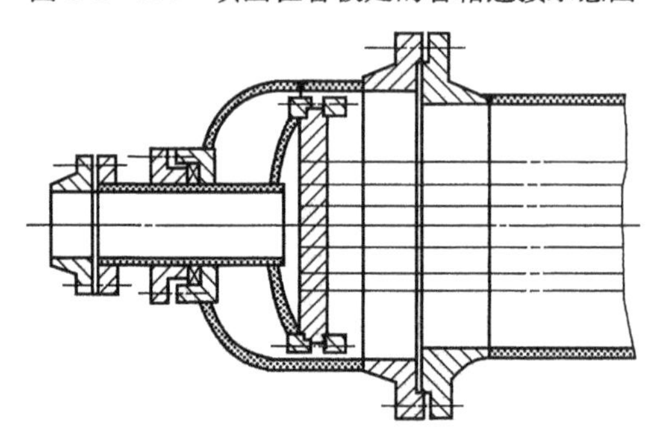

图 1.2－115　填函在封头上的管箱连接示意图

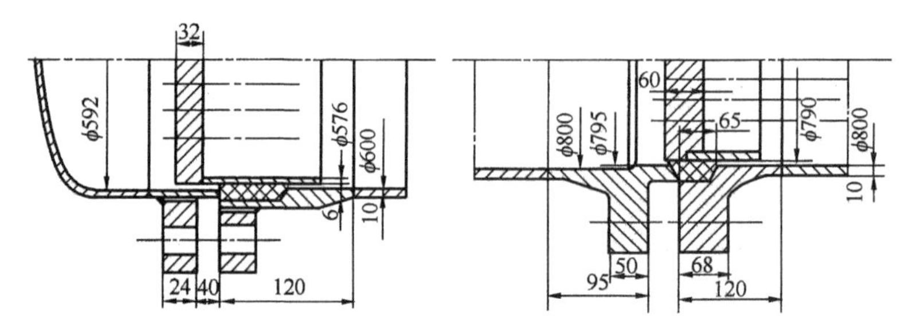

图 1.2－116　滑动管板结构示意图

图 1.2-117 为带中间环的滑动管板换热器局部结构示意图。中间环将填料分成两段，如果填料函发生泄漏，则可以通过拧紧螺栓而达到重新密封。当壳侧或管侧有流体从中间环的检漏孔漏出时，能及时发现并给予处理。

图 1.2-118 适用于工作介质不允许外漏的工况条件。法兰密封可避免外泄，填料单独用压环和螺钉压紧，具有操作简单方便和密封性能良好的特性。但此种结构较为复杂，且不能及时发现是否存在内漏情况。

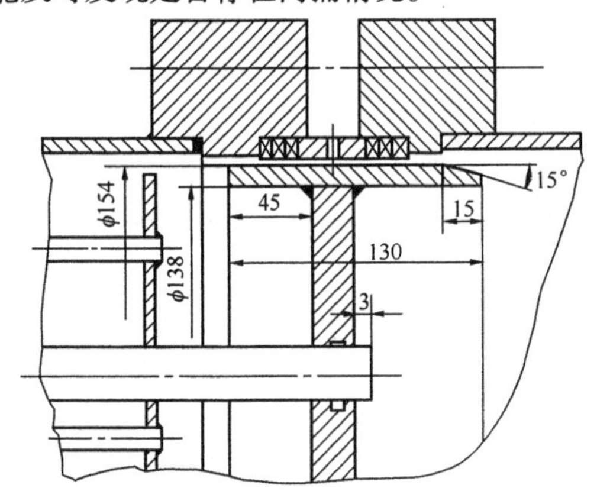

图 1.2-117　带中间环的滑动管板结构示意图

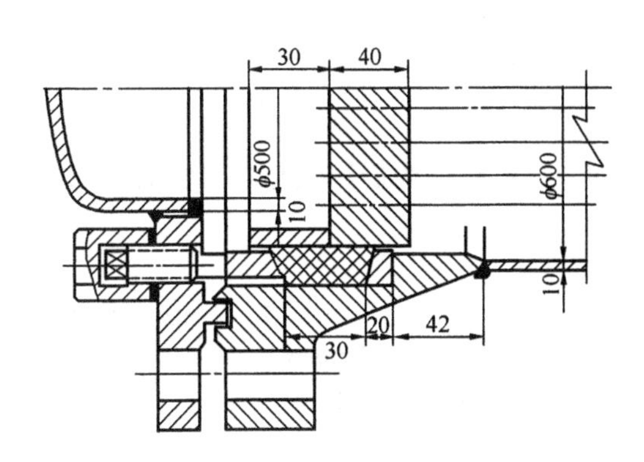

图 1.2-118　防止外漏的滑动管板结构示意图

图 1.2-119 为双填料函结构，此种结构内漏时能够及时发现，其中内圈填料起到为管、壳程间密封作用，外圈填料可起到保险作用，并有导出接管引至安全地方处理，一旦发现泄漏应重新拧紧螺栓。

三、浮动管箱

浮头式换热器前端管箱型式主要有平盖、封头管箱两种，其中以封头管箱形式的应用最为广泛；后端结构型式主要有平盖、封头，填料函式浮头、钩圈式浮头、可抽式浮头等。

（一）多程换热器浮头的一般结构

1. 型式

此类浮头主要有拉拔型浮头和内浮头两种型式。

图 1.2-120 为拉拔型浮头结构示意图。此种结构可不使用勾圈，浮头盖可与管束一起抽出以便清洗壳程。与内浮头结构相比，具有浮头密封性良好的特性，但同时存在布管限定圆直径小、环向间隙大、壳程流体易走短路的缺点。

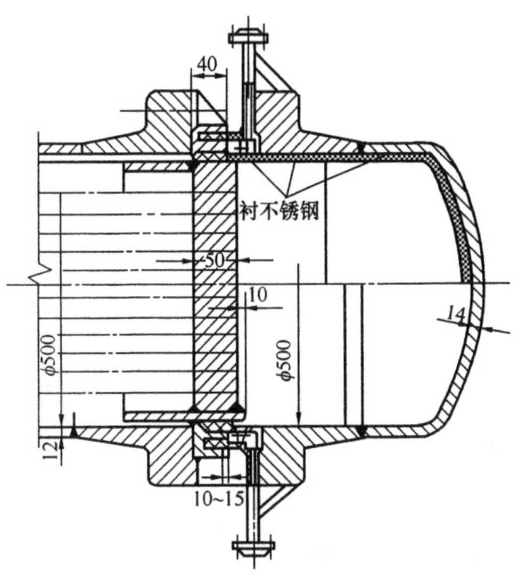

图 1.2-119　双填料函滑动管板结构示意图

图中(a)结构的环向间隙比(b)结构大一些，但结构也略为简单一些。(c)结构将浮头盖直接焊在管板上，避免了内漏发生，但存在管内不易清洗的缺点。

图 1.2-121 为内浮头结构示意图。此结构的浮头盖外径比壳体内径大，管束抽出时必须拆去浮头盖和钩圈，清洗壳程时也须打开浮头盖，同时较小的管束径向间隙对传热有利。

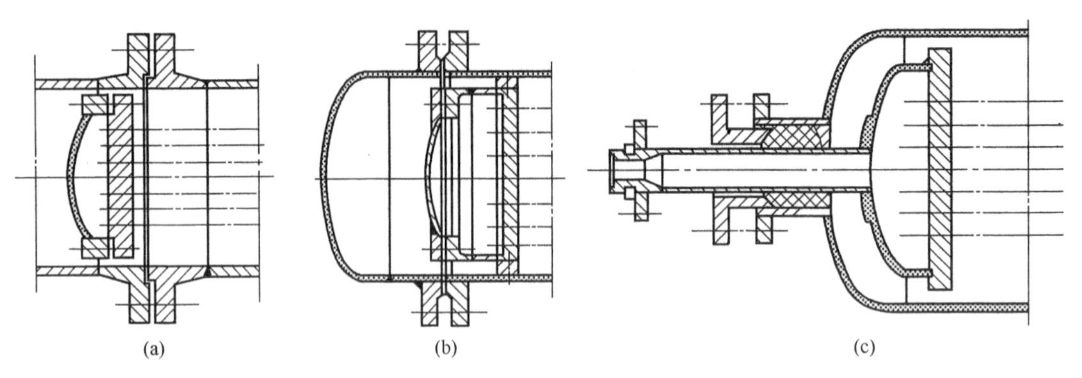

图 1.2－120　拉拔型浮头结构示意图

其缺点是最后一块折流板与浮动管板之间的距离较长，传热死区大，并有产生流体诱导振动的隐患。

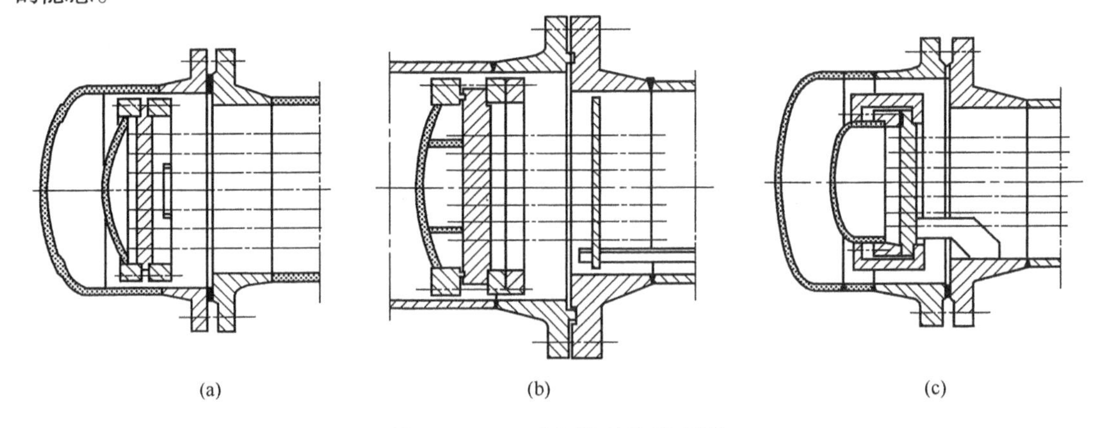

图 1.2－121　内浮头结构示意图

图 1.2－122 为管束环向间隙较小且不能抽出管束的浮头式换热器结构，此结构主要解决了热膨胀问题，但不适用于壳程需要经常清洗的场合。同时壳程接管与浮动管板的较小距离可以在一定程度上减少了传热死区。

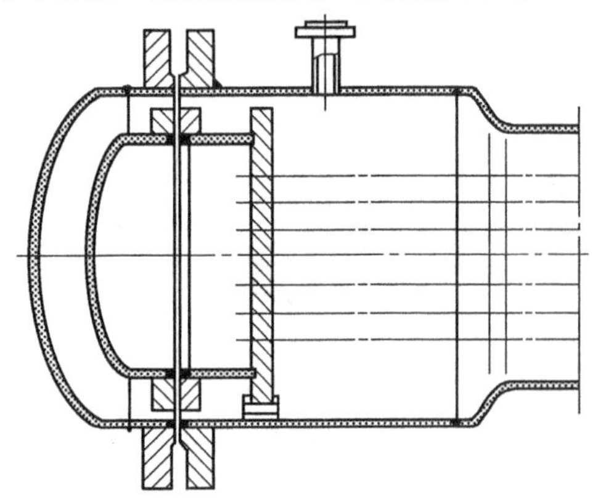

图 1.2－122　不能抽出管束的浮头式换热器结构

2. 浮头盖的最小内侧深度

GB 151—1999《管壳式换热器》中 5.14.2 规定：多管程浮头盖的最小内侧深度应使相邻管程之间的横跨流通面积至少等于每程换热管流通面积的 1.3 倍。对于单管程浮头盖，其接管中心处最小内侧深度为接管内径的 1/3。

3. 浮头钩圈典型结构

位于壳体内部的浮头钩圈作为浮头式换热器的一个关键零件，一旦出现泄漏将使管、壳程介质相混。图 1.2－123 为几种典型结构。

图 1.2－123(a)为 GB 151—1999 中 B 型钩圈，其设计厚度按 GB 151—1999 中 5.15 b)中规定，即设计厚度＝浮动管板厚度＋16mm。钩圈内径公差为 $D_{e+0.05}^{+0.2}$，浮动管板外径公差为 $D_{e-0.2}^{0}$，此结构可靠性良好。

图1.2-123(b)为GB 151—1999中A型钩圈，其厚度可按照GB 151—1999中5.15 a)表48计算。此种钩圈所需锻件较大、L较长、所需的双头螺栓长度也较长，因此，浮头端的流动死区较大。

图1.2-123(c)为焊接式钩圈。此结构尺寸较小，但存在结构复杂、加工量大、刚性较差的缺点，在实际应用中，尤其对大直径，基本上不再采用。

图1.2-123(d)为引进设备中采用的钩圈结构。此类钩圈处于简支梁受力状态所需的螺栓力也很大，此外，外护圈的高度在制造过程中不易控制，因此应用不多，其主要优点是可以减少法兰厚度。

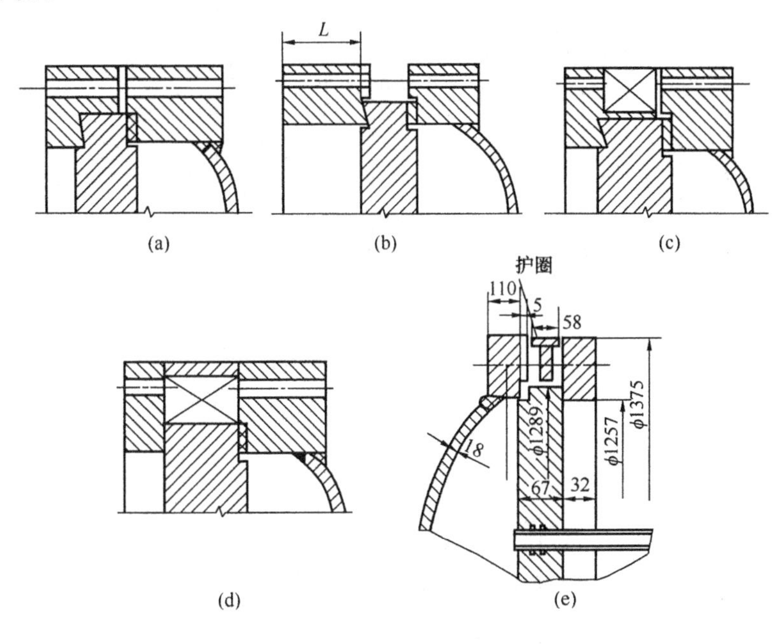

图1.2-123 浮头钩圈典型结构示意图

图1.2-123(e)为合成氨引进设备中采用的钩圈结构。护圈与浮头盖法兰、钩圈之间的间隙在垫片压紧到一定程度后间隙消失，起到支承作用。此时钩圈受力由悬臂状态变成简支状态，若压紧垫片则需要很大的螺栓力。此种结构具有保护垫片不被压坏及减少法兰厚度的优点，适用于大直径壳体。

（二）多管程换热器浮头的其他结构

上文所述浮头结构一般都带有浮头法兰或兼有钩圈法兰，由此引起外头盖直径增大、壳程流体在外头盖处停留以及在浮头螺栓、螺母连接处易产生间隙腐蚀等问题。多管程换热器浮头的其他结构主要是指缩小外头盖(壳体封头)直径所选用的结构，但对于操作压差高、设备直径大的换热器不适用。

图1.2-123为其结构之一。浮头盖周边内侧制成阴螺纹，浮动管板外缘制作台阶，加工出阳螺纹，将浮头盖直接拧在浮动管板上。密封垫随浮头盖的旋紧而压紧从而保证密封。

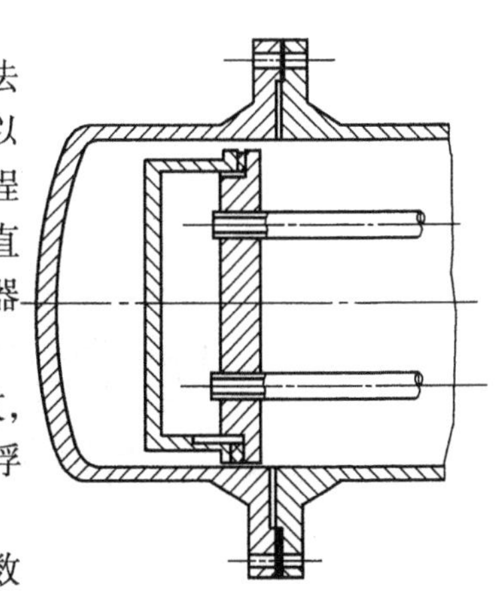

图1.2-124 浮头其他结构之一

图1.2-120 (b)为其结构之二。此结构浮头螺栓个数较多，但其适用范围也更宽。

（三）单管程浮头结构

单管程浮头换热器的浮头端必须在外头盖处设置出口管，其连接处可利用填料函作密封，此种结构只能用在操作温度和压力都不太高的场合。为了扩大其使用范围，可在出口接管处设置波纹膨胀节。

图 1.2－125(a)为合成氨引进装置中甲烷化器进气加热器的浮头结构，此结构利用波纹

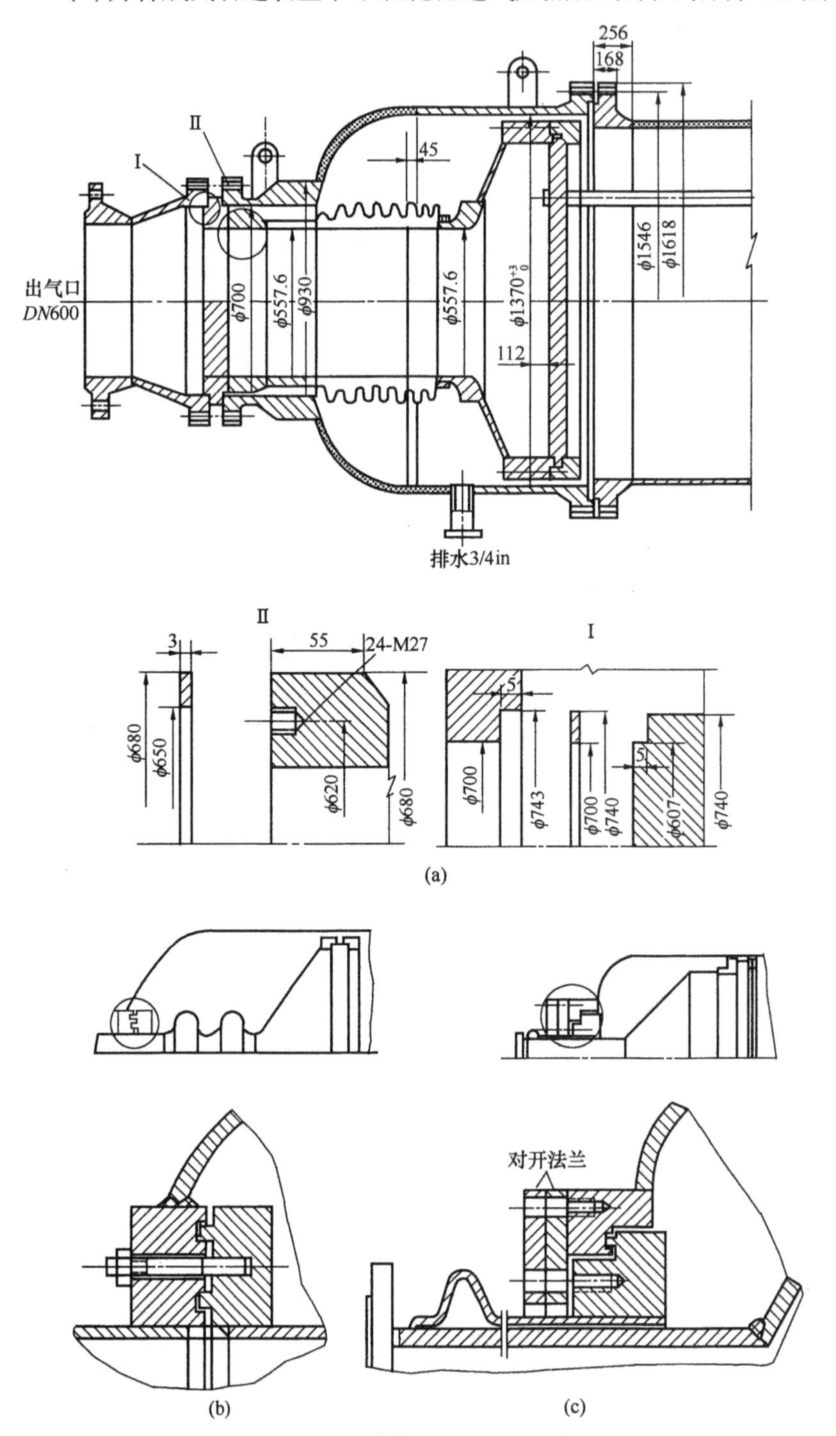

图 1.2－125 单管程浮头结构示意图

管补偿管、壳程间的膨胀差。此台设备正常操作时，管壳程平均壁温差为32℃，但刚开车时壳程无甲烷化气，充满氮气，从高变炉来的高变气温度最高达280℃，温差比较大。

带波纹管固定管板式换热器不宜之处在于操作压力较高(约3.0MPa)、直径较大，由此造成膨胀节壁厚较大，刚性也大，不能有效降低温差应力，采用多层、多波的膨胀节也不能有效解决问题。

填料函换热器因密封不可靠，此处不宜。

U形管换热器或双管程浮头式换热器，因管程流速限制，需增大壳体直径，且管壳程介质温差和管程进出口之间的介质温差都较大，制造成本高，管板本身温差应力大，法兰密封易存在失效隐患。

图1.2－125(b)、(c)为某化纤厂引进装置中两个单管程浮头式换热器出口结构示意图。

第六节　密封垫片及紧固件

法兰连接是机械制造中广泛使用的部件之一，在其连接处必须满足以下几个条件：①在整个操作过程中不泄漏或是微量泄漏在允许的范围之内；②足够的强度；③拆卸及装配性能良好；④成本低。

法兰连接密封结构通常由法兰、螺栓(柱)、螺母及垫片组成，见图1.2－126。在实际应用中，由于连接件或被连接件强度破坏所引起法兰密封失效现象较少，多数是因密封产生的泄漏。在法兰连接密封中，流体的泄漏有两种途径，即垫片渗漏及垫片与法兰密封面之间的介面泄漏[34]，见图1.2－127。

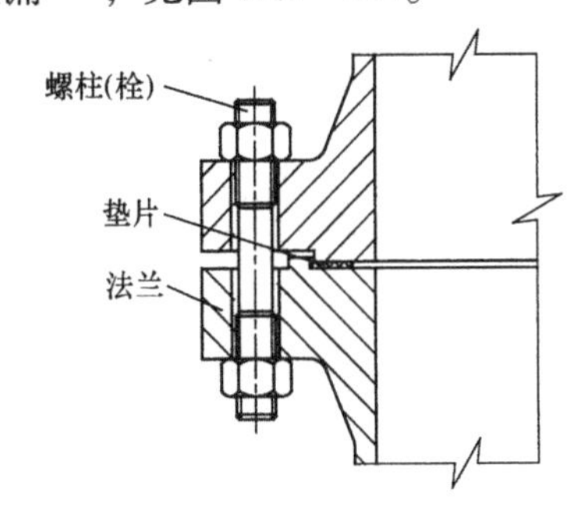

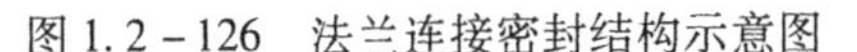

图1.2－126　法兰连接密封结构示意图

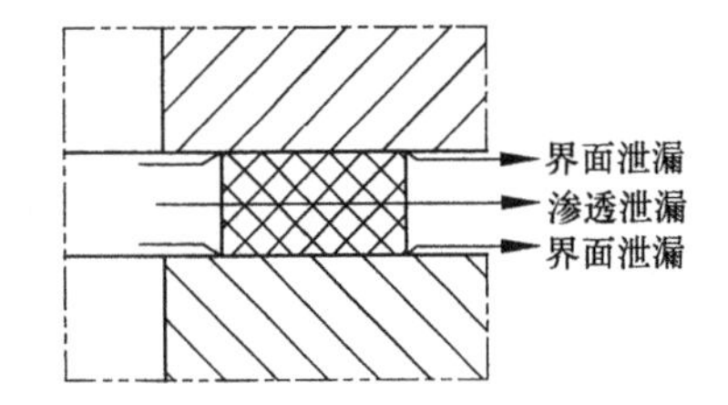

图1.2－127　法兰连接密封泄漏示意图

垫片渗漏的原因是由于毛细管作用，主要是在纤维质材料中才会发生。当在渗透性材料(如石棉)中添加某些粘合剂(如橡胶等)，则可减少或防止渗漏。通常在中等真空及高真空条件下，应对垫片的渗漏给予足够重视[34]。

界面泄漏是法兰连接密封失效的主要原因。通常，加工后的法兰密封面和垫片表面凹凸不平，在界面上即存在微小间隙，而工艺介质有可能从这些微小间隙漏出，即法兰连接密封连接的界面泄漏[34]。

一、密封机理

在上紧螺栓时，法兰在螺栓预紧力的作用下，把处于密封面之间的垫片压紧，并使垫片在螺栓力作用下产生弹塑性变形以填满法兰密封面的不平间隙，使得其配合面达到贴合形成了初始密封条件。为形成初始密封条件，需要施加在垫片上的最小压紧力称为预紧密封比压，其值主要决定于垫片材质。

在操作状态下，由介质压力产生的轴向载荷使螺栓被拉伸，法兰密封面沿着彼此分离的方向移动，降低了密封面与垫片之间的压紧应力，因而垫片上的压紧应力即随之降低。此时，如果垫片具有足够的回弹能力，使其压缩变形的回弹量能补偿法兰和螺栓的位移，并保持垫片上的剩余压紧应力仍不小于垫片的工作密封比压(发生临界泄漏时垫片上的剩余压紧应力)，从而使流体通过界面间隙的流动阻力大于密封界面两侧的流体压差，则可保持密封[34]。

为实现密封，应使法兰连接组件各部分的变形与操作条件下的密封条件相适应，即密封元件在操作压力作用下，仍保持一定的残余压紧力(大于工作密封比压)。为此，螺栓和法兰都必须具有足够大的强度和刚度，使螺栓在由介质压力产生的轴向力作用下不出现较大变形。

二、影响法兰密封的因素

影响法兰密封的因素是多方面的，主要有螺栓载荷、密封面型式、垫片、法兰刚度、操作条件、装配质量等。

(一) 法兰螺栓载荷

螺栓预紧力是影响密封的一个重要因素，施加适当的螺栓载荷是保证法兰连接密封的必要条件。提高螺栓预紧力可以增加垫片的密封能力，但过大的螺栓预紧力会使垫片失去弹性，甚至把垫片压坏或挤出，不能保证其在工作状态下有足够的弹性[35]。

在实际安装中，难以控制螺栓预紧力的大小。当预紧力不均匀(如拧紧螺栓顺序不当)，也可造成垫片弯曲或缠绕垫片解体，一般情况下可采用力矩扳手并按对称上紧次序上紧螺栓。预紧力通过法兰密封面传递给垫片，为实现良好的密封，应使预紧力均匀地作用于垫片。当密封所需要的预紧力一定时，采取增加螺栓个数、减小螺栓直径的办法对密封更为有利[35]。

(二) 密封面型式

法兰密封连接结构中，直接与垫片接触的面称为密封面，法兰密封面对法兰密封有较大影响。密封面型式选择主要考虑压力、温度、介质等因素。

目前国内在法兰密封设计过程中偏重于法兰密封面选取，即平密封面多使用在低压且温度不高的场合，凹凸密封面及榫槽密封面在压力较高及易燃、易爆介质场合应用较多，而环连接面在高温、高压场合应用较多。从进口设备的应用情况分析，法兰密封设计偏重于垫片的型式及材质的选用，并通过提高法兰压力等级等方式改善密封效果[36]。

此外，法兰密封面的形状和粗糙度应与垫片相配合，根据垫片材质的不同选取合理的密封面粗糙度，通过减小垫片与法兰密封面间微小间隙来提高密封可靠性(迷宫式密封)。

(三) 垫片

垫片是构成密封的重要元件，并且是影响法兰连接密封最关键的环节，法兰和螺栓都是围绕保证垫片在最适当的状态下工作而设置的，因此，提高法兰连接密封性能应首先考虑垫片问题。

1. 垫片系数 m 与密封比压 y

法兰密封设计中，垫片系数 m 和密封比压 y 是两个重要参数，m、y 数值直接影响螺栓预紧力大小，进而影响法兰密封。

垫片 m、y 值的准确性对于法兰密封设计同样重要。我国过去一直认为不同材料垫片的 m、y 值不同，对同种材料规格的垫片是个定值。实际上，m、y 值不仅取决于垫片材料，而且与垫片宽度、预紧压力、介质性能、法兰密封面宽度及粗糙度等因素有关。如易泄漏的介质，阻力较小时，要求 m 值增大。所以，对于同一种材料的垫片，在不同的介质、垫片宽度、预紧力的情况下，采用同样的 m 值欠妥当。实际使用中，采用提高法兰等级解决泄漏，实质是增加了 y 值。若操作条件相同，选用法兰厚度不同时，法兰厚度大的密封性能好，其原因在于 m 和 y 值增大。但在各种操作条件下，m、y 值如何取值，目前国内尚无权威性的规范可供选用[35]。

2. 垫片材料

垫片材料的选择应根据温度、压力以及介质的腐蚀情况决定，同时还要考虑密封面的形式、螺栓力的大小以及装卸要求等，同时要兼顾经济及其他方面因素进行综合确定。

由于垫片材料直接影响 m、y 数值，因此，在满足温度、压力及介质等操作条件的前提下，应优先选择 m、y 值较小的垫片材料。

适当的垫片变形和回弹能力是形成密封的必要条件。垫片的变形及回弹能力与垫片材料有关，因此在选择垫片材料时，应选择具有良好弹性及柔韧性材料，并且不会产生诸如低温硬化、高温软化或塑流。当选择金属垫片时，一般并不要求强度高，而是要求耐腐蚀强、硬度低及韧性好。

3. 垫片宽度及厚度

在确定的垫片材质后，垫片越宽，为保证应有的比压力，垫片所需的预紧力就越大，从而螺栓和法兰的尺寸也要求越大，所以法兰连接中垫片不应过宽，适当窄一点能提高其密封比压。但非金属垫片保证一定的宽度是有必要的，一是可以控制内部泄漏，二是不容易因压紧力过大，把垫片压溃。

对于诸如石棉橡胶板这样的垫片，垫片厚度应适宜。因为石棉橡胶板是一多孔的材料，垫片越厚，其渗透率越高，在操作压力较高时，为了保证较高的密封性，必须施加比薄垫片更大的压紧力，才能将其芯部泄漏率降低，因此厚垫片比薄垫片需要的压紧力要大。

(四) 法兰刚度

因法兰刚度不足而产生过大的翘曲变形，是导致法兰密封失效的原因之一。刚度大的法兰变形小，并可使螺栓预紧力均匀地传递给垫片，提高法兰密封性能。但法兰刚度与很多因素有关，其中增加法兰厚度、减小螺栓中心圆直径及增加垫片直径都能提高法兰抗弯刚度及抗变形能力[35]。

(五) 操作条件

在设计法兰连接时，应考虑到法兰连接是在不同工况下，法兰、垫片和螺栓发生变形协调以保持密封的动态过程。其中，垫片的变形不仅有弹塑性变形，而且会产生蠕变和应力松弛。即使在常温条件下，非金属垫片也往往会产生应力松弛。高温时，垫片的蠕变和应力松弛将更为严重，从而导致垫片的压紧应力显著降低，回弹能力下降。这往往成为高温密封失效的主要原因[34]。

温度对密封的影响是多方面的。高温介质黏度小，易于泄漏，高温也会加剧介质的腐蚀作用。对于某些非金属垫片，在高温下会使其加速老化或变质。另外，在高温条件下，法兰连接本身及设备或管道会产生较高的温度应力，也会导致密封失效[34]。

(六) 装配质量

密封面的平直度和密封面与法兰轴线的垂直度是保证垫片均匀压紧的前提，因此在设计、安装时必须考虑管线热膨胀造成的推力或偏心力的影响。

三、影响换热器法兰密封的因素

对于换热器法兰连接结构，管、壳程介质及温度有可能不同，法兰连接除了可能由6.2条所列因素产生失效外，还可能由于温差和变形造成密封失效。

(一) 固定管板式换热器管板

列管对管板的作用力不匀称或与管板焊接的壳体产生不匀称的轴向变形都会使管板密封面产生翘曲变形[2]。

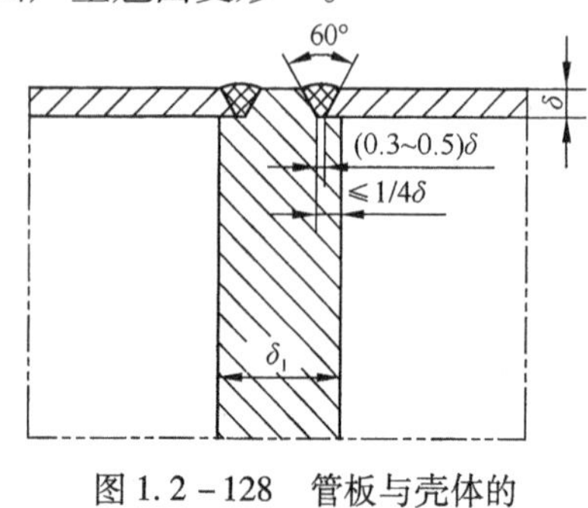

图1.2-128 管板与壳体的连接结构图

当管程为二程以上时，各个列管的平均温度不同，对管板产生不匀称作用力，使管板翘曲。有时虽为单管程，但壳程介质为冷凝又冷却，由于冷凝和冷却的给热系数相差很大，因此列管之间也产生温差，对管板作用力不匀称。同理，壳程是二程或有冷凝又冷却的，也会产生不匀称变形，使管板翘曲。考虑上述影响密封的因素，管板与壳体间可按图1.2-128所示结构进行焊接[2]。

(二) 不兼作法兰的管板

夹持式管板的边缘密封面也会因管板本身各部位之间的温差很大而翘曲变形，如U形管的管板，管程之间的温差再加上管壳程之间的温差使管板翘曲，若翘曲变形过大，就会影响密封性能。因此管程进出口之间，以及管壳程之间的温差不能太大[2]。

(三) 法兰密封面的平面变形

当管壳程之间温差小，二管程之间温差大时，设备法兰的温度一半高，另一半低，密封平面发生不等长的伸长，但不是翘曲变形，所以对密封影响不大。在温度变化过程中，由于管板和设备法兰变形量不同，密封面产生相对位移。在此情况下，密封面最好是光滑的，以免位移时损伤垫片[2]。

四、密封面的形式

法兰密封面主要根据介质、压力、温度等工艺条件、公称直径及垫片等进行确定。法兰连接密封结构的密封面形式主要有全平面(FF)、突面(RF)、凹凸面(MFM)、榫槽面(TG)及环连接面(RJ)等。

(一) 全平面(FF)

在全平面密封结构中，垫片与法兰密封面在螺栓孔圆周外全部接触，垫片承载面积大，故所需的螺栓力也较大，但法兰所受的外力矩较小。

全平面密封面多用于压力较低($PN \leqslant 1.0$MPa)的铸铁法兰或用于和非金属或铸铁管件、阀门配合的钢制管法兰，图1.2-129为全平面长颈法兰结构示意图。

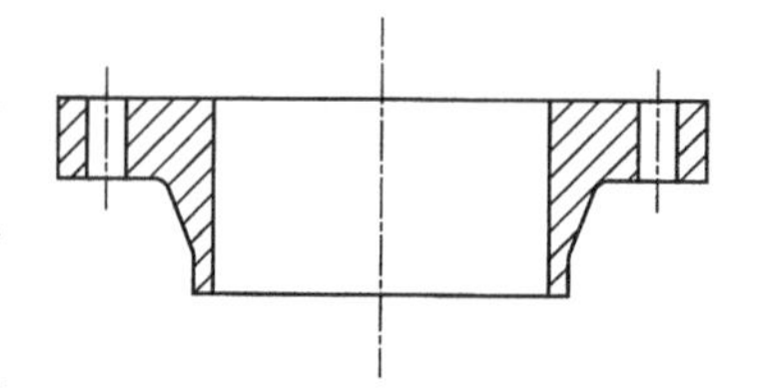

图1.2-129 全平面长颈法兰密封面

(二) 突面(RF)

突面(RF)又可称为光滑密封面或平面密封面。这种密封面的宽度较大，适用于非金属、金属-非金属组合及软质金属等要求压紧力较小的垫片[2]。

突面密封面结构简单，加工方便，且便于进行防腐衬里，但这种密封面垫片接触面积较大且无法限制垫片的径向变形。在采用非金属平垫片、聚四氟乙烯包覆垫及柔性石墨复合垫片时，可在密封面上车制密纹水线，以增强密封。在使用金属缠绕垫时，多采用带加强环型式缠绕垫，图 1.2－130 为突面长颈法兰结构示意图。

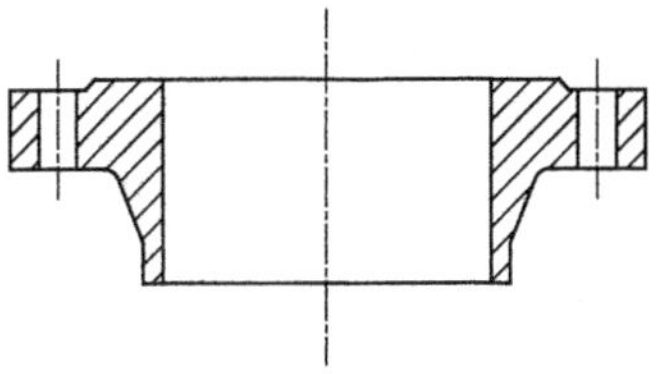

图 1.2－130　突面长颈法兰密封面

（三）凹凸面（MFM）

凹、凸面（MFM）密封面是由一个凸面和一个凹面相配合组成，是目前国内应用最广泛的一种密封面型式。

凹、凸面的密封面宽度略小于平面密封面，在凹面上放置垫片，垫片易于对中。凹凸面能够防止垫片被挤出或被介质吹出，并可限制垫片向外侧的横向变形，可适用于压力较高的场合，但这种型式的密封面不便于垫片的更换。在使用缠绕式垫片时，应采用带内加强环型缠绕式垫片。图 1.2－131 为凹、凸面长颈法兰结构示意图。

（四）榫槽面（TG）

榫槽面（TG）密封面是由一个榫面和一个槽面相配而成，垫片置于槽中，槽形压紧面可以限制垫片的径向变形。

榫槽面除具有凹凸面的优点外，还可减少流体介质对垫片的冲刷和腐蚀，密封可靠。榫槽面垫片宽度较窄，一般为突面的 1/2～1/4，在较窄垫片上可以获得较大的比压力，故密封性能良好，比以上两种密封面更易获得良好的密封效果，多用于压力较高或压力虽不高但泄漏危害较大或严密性要求高的场合。但这种密封面结构与制造比较复杂，且更换垫片比较困难。此外，榫面部分容易损坏，在拆装或运输过程中应加以注意。榫槽密封面适于易燃、易爆、有毒的介质以及较高压力的场合。当压力不大时，即使直径较大，也能很好地密封。

当使用缠绕式垫片时，应采用基本型缠绕式垫片。图 1.2－132 为榫槽面长颈法兰结构示意图。

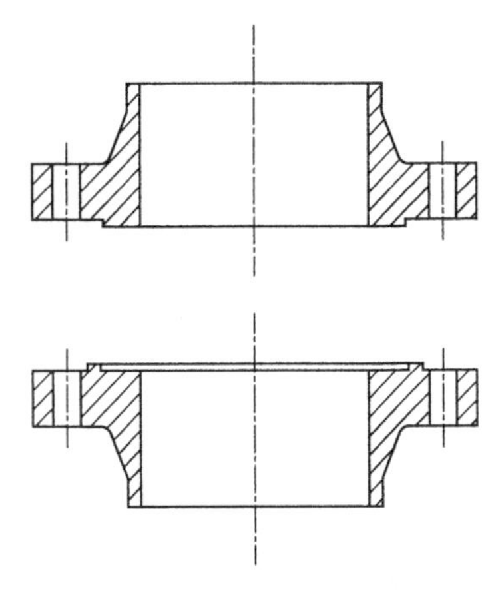

图 1.2－131　凹、凸面长颈法兰密封面

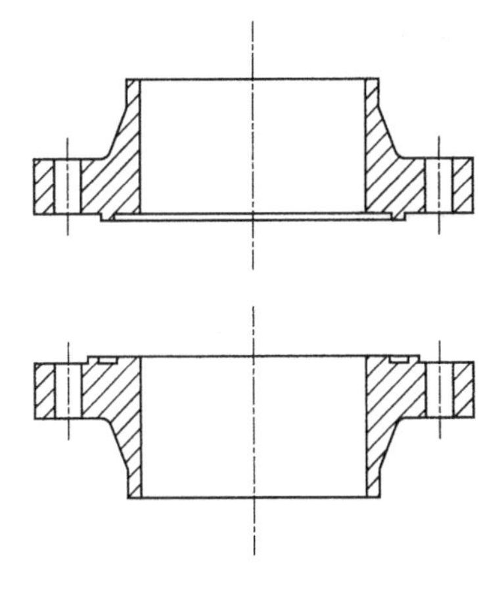

图 1.2－132　榫槽面长颈法兰密封面

（五）环连接面（RJ）

环连接面（RJ）又称梯形槽密封面，它主要是利用槽的内外锥面与椭圆或八角形金属垫环形成“线”接触密封。由于介质压力作用在金属垫环内侧，增加了垫环与密封面接触处的密封力，产生自紧作用。环连接面多用于高温、高压、密封要求严或腐蚀性较强的场合。

为保证环连接面的密封形式，环连接面密封面精度要求非常高，通常要求达到 R_a1.6μm 以上，因此加工制造比较困难。

一般情况下，环连接(RJ)密封槽比密封垫环硬度高 HB30 以上，同时密封槽面要有较好的耐腐蚀性。图 1.2－133 为环连接面长颈法兰密封面示意图。

（六）其他密封面型式

1. 锥面密封面

锥面密封面与金属透镜垫配合使用，形成线接触密封并具有一定的自紧作用，密封安全可靠，多用于高温、高压、密封要求严格等场合。锥面密封面加工精度要求也很高，加工制造较为困难，见图 1.2－134。

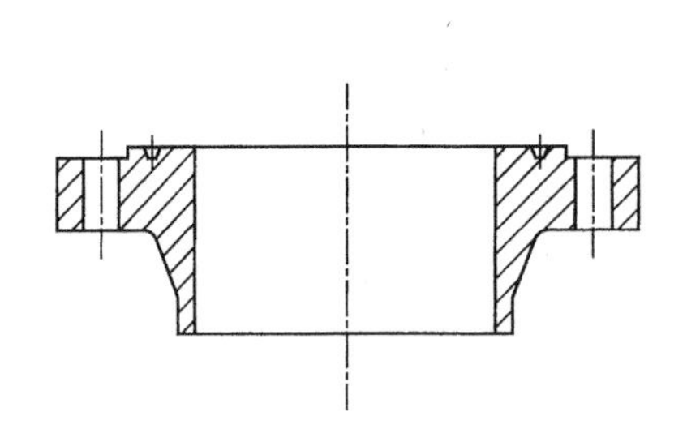

图 1.2－133 环连接面长颈法兰密封面

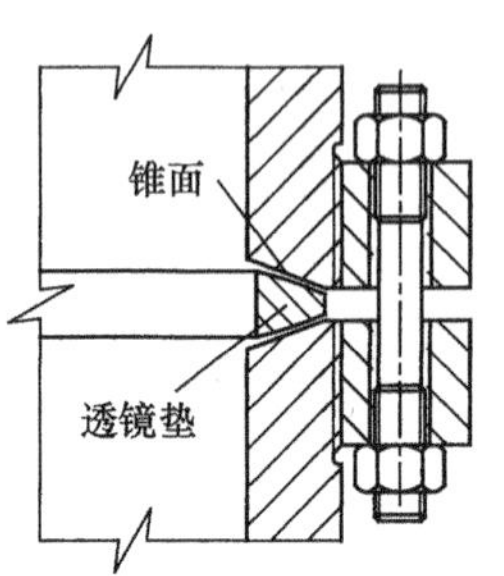

图 1.2－134 锥面密封面（透镜垫密封）示意图

2. 焊接密封面

焊接密封面采用密封焊元件实现法兰间密封，由于不存在垫片，垫片系数 m 为 0，法兰厚度及整体尺寸较垫片密封法兰要小。由于法兰间采用密封焊元件实现密封，密封安全可靠，近年来多用在高温、高压、密封要求严格等场合。常用的密封焊元件有 Ω 环、板式及卵形空腔环等，见图 1.2－135。焊接密封面对精度要求不高，加工制造较环密封面及锥面密封面简单。

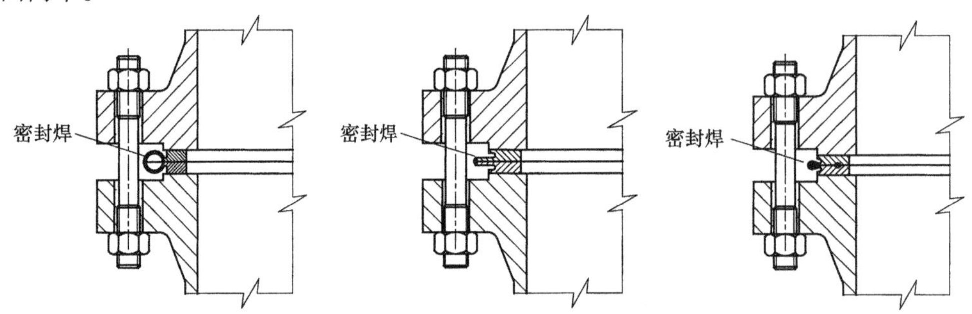

图 1.2－135 密封焊密封面示意图

在易燃、易爆、有毒介质情况下，一般采用双道密封结构（垫片密封＋焊接密封），见图 1.2－136。当采用双道密封结构时，法兰应按有垫片的法兰结构进行设计计算。

五、换热器用垫片

按材料分，换热器用垫片有非金属垫片、半金属垫片（组合式垫片）及金属垫片三种。非金属垫片主要有橡胶垫、石棉橡胶垫、聚四氟乙烯垫、聚四氟乙烯包覆垫、柔性石墨垫等；半金属垫片主要有金属包垫片、金属缠绕垫、柔性石墨复合垫、齿形组合垫等；金属垫片主要有金属实心平垫、波纹板垫、齿形垫、椭圆垫及八角垫等。

（一）非金属垫片

相对于其他材料的垫片，非金属垫片较为柔软、易变形，垫片系数 m 及垫片比压力 y 较小，且具有较大的回弹能力，是中、低压密封的首选，见图1.2-137。

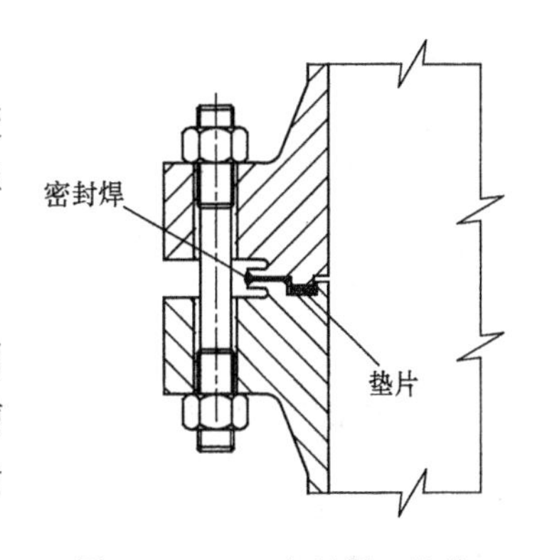

图1.2－136　密封焊＋垫片密封示意图

1. 橡胶垫

橡胶的耐蚀性和使用温度取决于橡胶的品种。其使用压力，对光滑密封面，为0.5～1.6MPa，采用凹凸面或榫槽面，其耐压能力仍在3.0MPa以下。O形环橡胶圈利用自紧密封原理，密封性能良好。

普通橡胶垫仅应用于压力低于1.0MPa和温度低于70℃的水、蒸汽、非矿物油类等无腐蚀性介质[37]。目前使用的大部分橡胶密封垫是合成橡胶垫，为了增强橡胶板的强度，有时在其中夹入帆布层，同时为了提高它的导热性，必要时在其间夹入金属网[2]。图1.2－138为O形橡胶圈示意图。

2. 石棉橡胶垫

石棉橡胶板是最常用的一种非金属垫片，它是由石棉加入适量的橡胶以及填充剂和硫化剂等压制而成。常用的石棉橡胶板有耐油石棉橡胶板和一般石棉橡胶板，前者适用于油品和有机溶剂等介质，后者主要适用于水、空气、蒸汽及碱液等介质[2]。

国产高温耐油石棉橡胶板最高使用温度可达450℃，一般在380℃、2.5MPa条件下，可在油气和氢介质中长期使用。由于石棉橡胶板存在渗透泄漏（因组织不密实）的缺点，因此在真空领域内不能选用石棉橡胶板。此外，对那些剧毒、易燃、强腐蚀、放射性，以及污染性强的介质，尤其是有害气体，不允许有渗透泄漏，也不能选用石棉橡胶板。对于水蒸气、水、油等分子大、黏度大的介质，可使用到3.0MPa，最好采用凹凸面或榫槽面法兰[2]。

研究表明，石棉是一种致癌物，因此很多国家都在研制和采用石棉制品的代用材料，如柔性石墨、聚四氟乙烯、碳素纤维等[34]。

3. 聚四氟乙烯垫

聚四氟乙烯是一种热塑性树脂，作为密封材料，它具有良好的耐蚀和抗低温性能。它的主要缺点是屈服强度低，常温时即会产生显著的应力松弛，回弹性能较差，在温度高于260℃时即会发生软化。故其适用于低温、低压、腐蚀性介质以及不允许污染的介质等工作条件[34]。

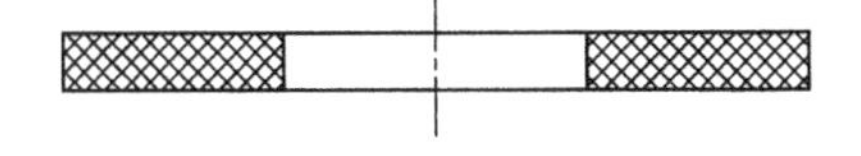

图1.2－137　非金属平垫示意图

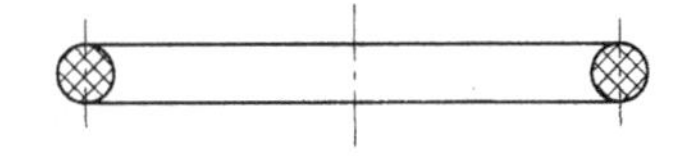

图1.2－138　O形橡胶圈示意图

4. 聚四氟乙烯包覆垫

聚四氟乙烯包覆垫是将石棉橡胶板、石棉板、金属丝网及波形金属板等作为填充芯料，再用聚四氟乙烯包覆而成的一种性能互相补充的垫片，见图1.2－139。其特点是既有足够的弹性和柔性，又有良好的耐腐蚀性[36]。

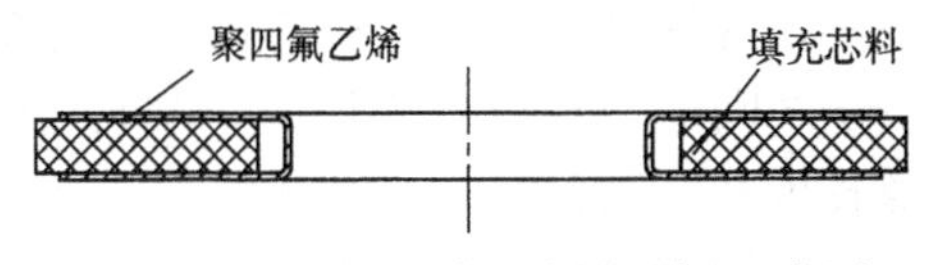

图1.2－139　聚四氟乙烯包覆垫示意图

5. 柔性石墨垫

柔性石墨又称膨胀石墨，将天然石墨经酸化和高温膨化处理再压制而成柔性石墨垫。柔性石墨既保留了天然石墨的耐高温、抗腐蚀、耐辐射、自润滑性以及微晶的各向异性等性质，又具有良好的柔韧性、可塑性、回弹性和低的密度，并在超低温条件下有着很好的抗老化、抗脆化性能[34]。

石墨板的密封比压力 y 值仅 7.0MPa，垫片系数 m 值仅为 1～2，其密封性能比橡胶和石棉橡胶板好得多。石墨板在 500～－196℃（液氮级）均有良好的密封性能[2]。

（二）半金属垫片（组合式垫片）

1. 金属包垫

金属包垫以石棉板、玻璃纤维、聚四氟乙烯、膨胀石墨、陶瓷纤维板为芯材，外包低碳钢、铜、铝、蒙乃尔合金及不锈钢等，见图 1.2－140。金属包垫兼有金属和非金属的特性，提高了非金属垫片的强度、耐腐蚀性及耐热性，易于压紧且复原性好，密封性能好，可制成形状复杂的垫片，广泛应用于换热器各部位的密封[36,38]。

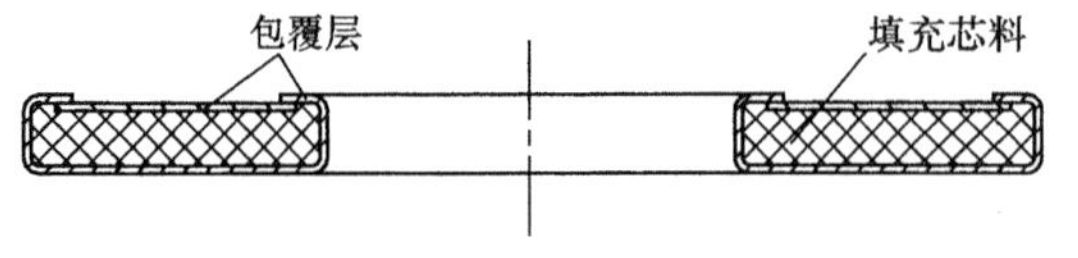

图 1.2－140 金属包垫示意图

2. 金属缠绕垫

缠绕垫是半金属垫片中最理想的一种，垫片的主体由 V 型或 M 型金属带填加不同的软填料用缠绕机螺旋绕制而成，钢带内、外圈用点焊固定。为加强垫片主体和准确定位，可设置金属制内环和外环（定位环），见图 1.2－141。常用的金属带为不锈钢带，软填料为特殊石棉、柔性石墨、聚四氟乙烯等。一般情况下，缠绕垫外环材料为碳钢，内环材料与金属带材料相同[38]。

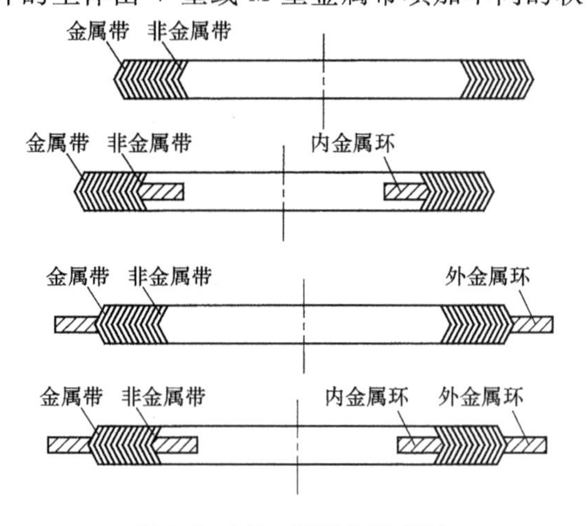

图 1.2－141 缠绕垫示意图

缠绕垫的优点在于[2]：

a）垫片具有较好的弹性和回弹性，而且强度高、不易损坏。

b）耐高温，并对很宽的温度变化范围均能良好地适应。

c）能吸收温度变化和机械振动，在温度、压力波动条件下仍能保持良好的密封。

d）在介质压力作用下，具有轴向自紧性。

e）对法兰密封面的加工粗糙度要求不高，特别对法兰的歪斜和变形能很好地适应。

f）根据不同的用途，只要适当选定缠绕材料，即可满足各种使用要求。

g）能承受较高的介质工作压力。

h）成本较低，可制成大直径垫片。

3. 柔性石墨复合垫

柔性石墨复合垫是以冲齿或冲孔的金属薄板或金属丝为骨架，在骨架上覆盖石棉或膨胀石墨垫片，这种垫片可作为石棉橡胶垫与金属缠绕垫之间的一种过渡垫片，其性能优于石棉橡胶板及金属包垫，在某些情况下可替代柔性石墨缠绕垫，以减小螺栓力，又不改

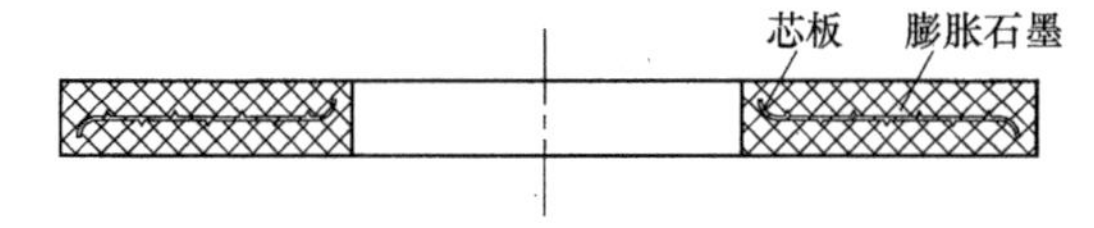

图 1.2－142 柔性石墨复合垫示意图

变密封效果，当采用膨胀石墨时还可作为无石棉平垫片使用[38]，见图 1.2－142。

4. 齿形组合垫

齿形组合垫是一种金属软垫片，是在带齿金属环上覆盖石棉薄层或柔性石墨薄板，见图 1.2－143。齿形组合垫利用了软性覆盖层的密封性与金属的强度、弹性好的优点，同时具有迷宫密封作用，在达到同样的密封效果，垫片密封力较小，密封效果优于金属平垫。

此外与齿形组合垫相类似的半金属垫片还有金属波纹板组合垫片及波齿复合垫等，金属波纹板组合垫片是在金属波纹板基础上覆盖石棉或柔性石墨，见图 1.2－144。波齿复合垫是在加工成齿形的金属弹性骨架上复合柔性石墨[39]，见图 1.2－145。

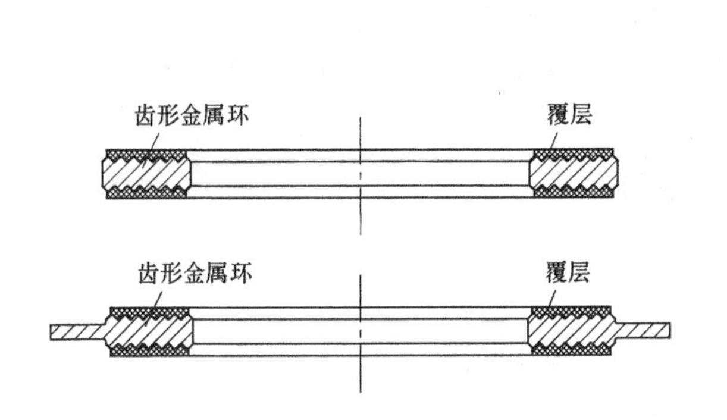

图 1.2－143　齿形组合垫示意图

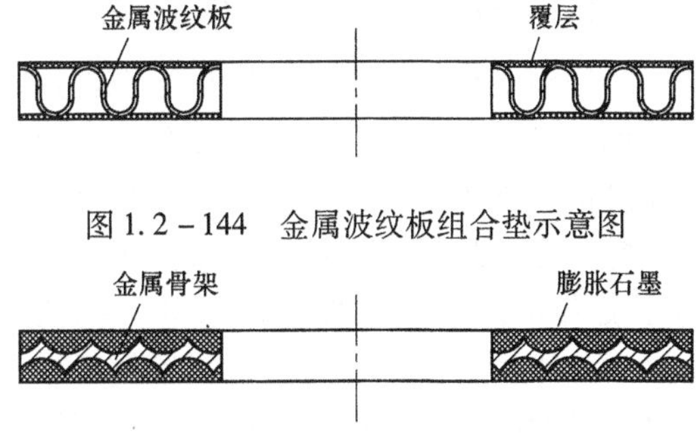

图 1.2－145　波齿复合垫示意图

（三）金属垫片

1. 金属实心平垫

金属平垫的使用经验是比较成熟的，材料多为软铝、钢、纯铁、软钢、铬钢、不锈钢等，见图 1.2－146。金属平垫的优点是耐高温，材料广泛，密封效果好，缺点是密封面的光洁度要求高，压紧力大、法兰强度要求高，垫片缺少回弹型。一般多用窄垫[2]。

2. 波纹板垫

波纹板垫属于挠性垫片，多采用黄铜、铜、铜镍合金、钢、蒙乃尔合金、铝等金属薄板制成需要的形状与尺寸，见图 1.2－147。垫片与法兰密封面形成线接触并产生较高的局部薄膜应力，在该应力作用下垫片产生弹性变形以补偿法兰密封面的凹凸不平，此外波纹板的多道波纹形成迷宫式密封，密封效果好于平垫[39]。

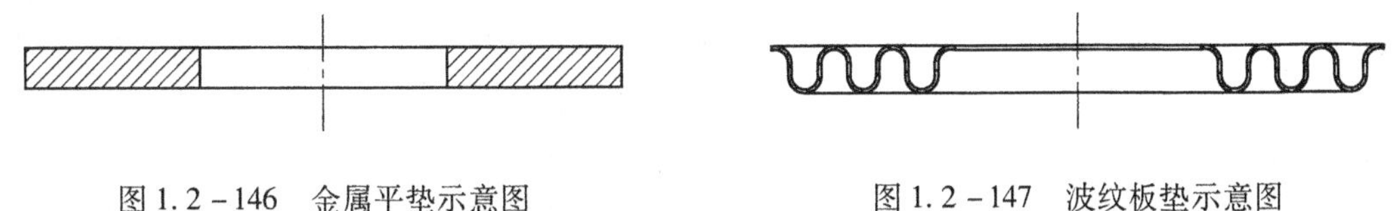

图 1.2－146　金属平垫示意图　　图 1.2－147　波纹板垫示意图

3. 齿形垫

齿形垫的密封机理与波纹板垫类似，见图 1.2－148。由于齿形金属加工精度不易保证，且其密封性能对法兰的偏转变形很敏感，故很少采用，而多在其上下表面覆盖石墨作为齿形组合垫使用[34]。

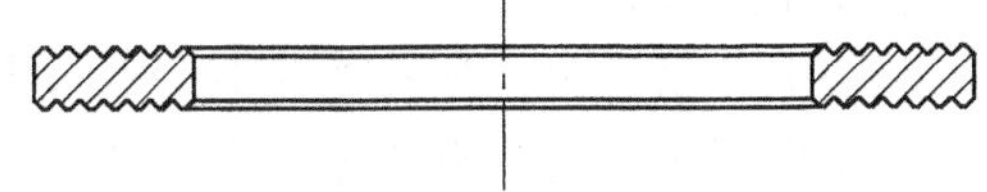

图 1.2－148　齿形垫示意图

4. 八角垫与椭圆垫

与环连接面法兰配合使用，属于线密封且具有径向自紧作用，见图 1.2－149。当垫片产

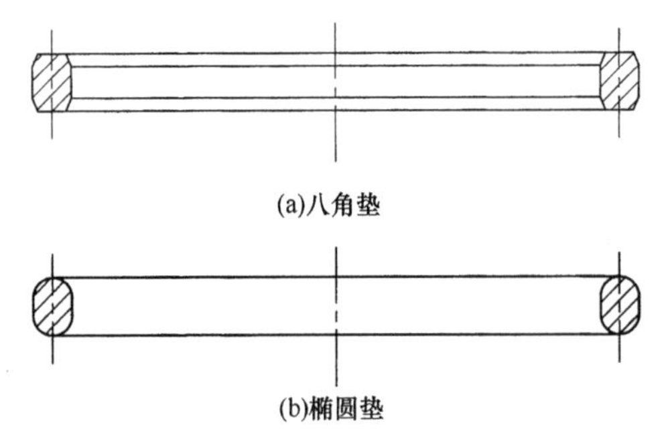

图 1.2－149 八角垫、椭圆垫示意图

生较小的回弹变形时，在法兰轴向即具有较大的补偿变形能力，密封性能好，多用于中、高压装置上[34]。

（四）新型垫片

随着密封技术的不断进步，近年来出现了一些新型垫片，这其中最具代表性有波齿复合垫、焊接垫片、H 型复合垫片等。

1. 波齿复合垫

波齿复合垫是在波纹板垫片的基础上开发出的一种新型垫片。波齿复合垫由金属弹性骨架与膨胀石墨材料相复合而成，垫片主体是特殊设计的波齿状金属骨架，在上面复合一层适当厚度的膨胀石墨并构成整体结构的垫片，由于整个金属骨架系波纹状并带尖齿，所以称为波齿复合垫，见图 1.2－150。在使用时，通过法兰的压紧，复合的石墨材料被压入金属骨架沟槽，金属骨架上下表面的环形齿峰与法兰面紧密接触并在法兰德进一步压紧下产生弹性变形，石墨被高度压缩和封闭在金属骨架与法兰面之间所形成的环形封闭空间内，形成多道金属线密封和膨胀石墨密封的双重密封作用。

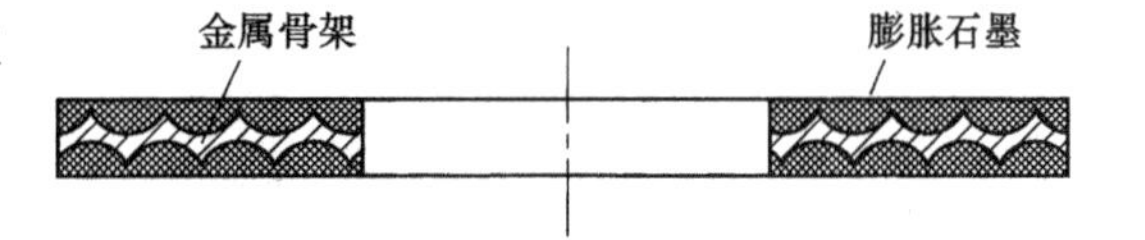

图 1.2－150 波齿复合垫示意图

波齿复合垫片综合了波形金属垫片的弹性，齿形金属垫片的金属线密封和膨胀石墨材料的优良密封性，因而具有密封性能优异、回弹性好，密封寿命长，安全可靠性高，使用安装方便，适应性广以及经济性好等优点[40]。

2. 焊接垫片

随着压力容器技术的发展，无垫片焊接密封法兰（焊接垫片法兰）的结构在国内外工程上的应用越来越多。焊接垫片法兰不是靠压紧垫片的密封力来密封，而是靠焊接元件（焊接垫片）的密封焊来密封。

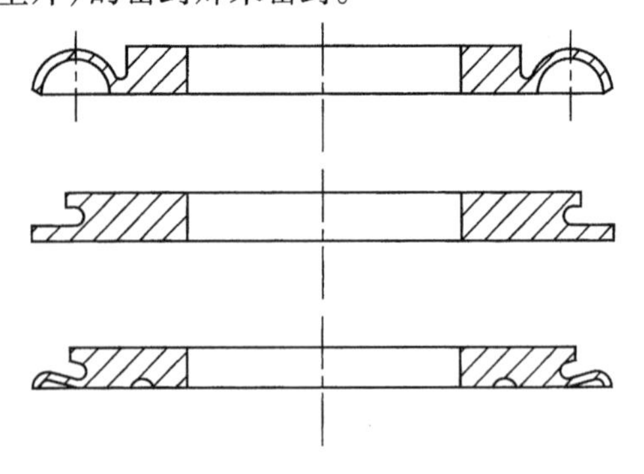

图 1.2－151 焊接垫片示意图

焊接垫片主要有板式、圆形空腔式、焊环式、卵形空腔式等结构形式，见图 1.2－151。由于焊接垫片法兰结构采用了焊接结构，因此特别适用于高温或低温而容易引起螺栓松弛或松脱而造成的泄漏，以及操作介质渗透性强或不允许有任何轻微泄漏的场合[41]。

3. H 型复合垫片

H 型复合垫片是一种新型组合结构垫片，是由在钢平面垫片的两个密封面上分别沿圆周加工一个径向宽 10～25mm、深 0.3～0.5mm 的环形槽的 H 型骨架以及与在该环形槽内填充了厚度为 1.0～1.5mm 的柔性膨胀石墨共同构成，其结构示意图见图 1.2－152。

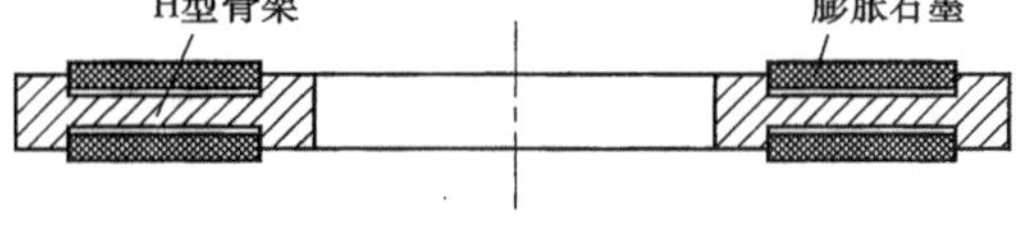

图 1.2－152 H 型复合垫片示意图

从图中可以看出，垫片的密封效果主要取决于柔性膨胀石墨，钢骨架则起钢性支持作用。与波齿复合垫片及齿形组合垫相比，H

型复合垫片结构简单、制造更加方便，密封效果相近。H 形骨架对膨胀石墨具有径向限位作用，石墨只沿厚度方向膨胀，提高了垫片的密封性能。

H 形复合垫片适用于绝大多数介质的场合，它具有耐高温、低温的特点，使用温度范围为 -196 ~ 650℃，可在有耐腐蚀、耐放射性要求的工况下使用，通过加宽加厚的垫片可耐高压[42]。

（五）其他形式的垫片

1. O 形金属环

空心金属 O 形环有空心 O 形环、自紧式 O 形环、充气式 O 形环三种结构型式。空心 O 形环是非自紧线接触密封，仅用于中、低压场合。自紧式 O 形环是在环的内侧钻有多个径向小孔，操作时介质进入管内，使密封环在内压作用下发生膨胀，再加上环本身的回弹能力，达到自紧密封，适用于高压场合。充气式 O 形环是在焊接前向管内充以惰性气体或易气化的固体物质，升温后使之气化以起到自紧作用，多用于高温、高压场合[34]，其结构示意图见图 1.2 -153。

2. C 形环

C 形环属于轴向自紧密封，主要靠环上两个凸出的圆弧面与端盖及筒体端部的平面形成线接触来实现密封，见图 1.2 -154。预紧时 C 形环受到轴向弹性压缩，操作时顶盖上浮，密封环回弹，同时内压作用于环的内腔，达到自紧目的[34]。

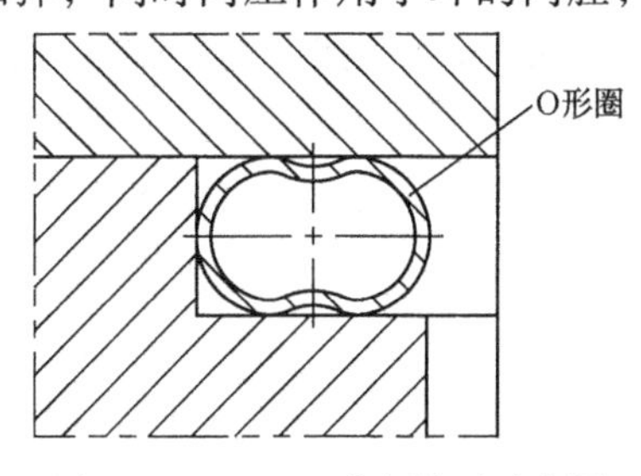

图 1.2 -153　O 形金属环示意图

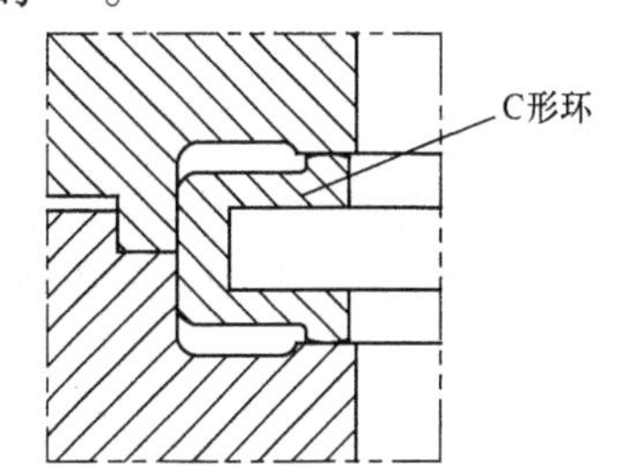

图 1.2 -154　C 形金属环示意图

3. 三角垫

三角垫密封属于径向自紧密封，见图 1.2 -155。三角垫在自由状态时的直径略大于密封槽的直径。预紧时，三角垫受到压缩，在上下两个端点处和密封槽贴合，形成线接触初始密封。操作时在内压作用下三角垫向外弯曲，使两个锥面紧紧贴在密封槽的两个锥面上，形成面接触自紧密封[34]。

4. B 形环

B 形环是一种典型的径向自紧密封，见图 1.2 -156，通过密封环的两个波峰分别与顶盖和筒体端部环形密封面接触的径向过盈配合来产生预紧力，操作时在内压作用下达到自紧。

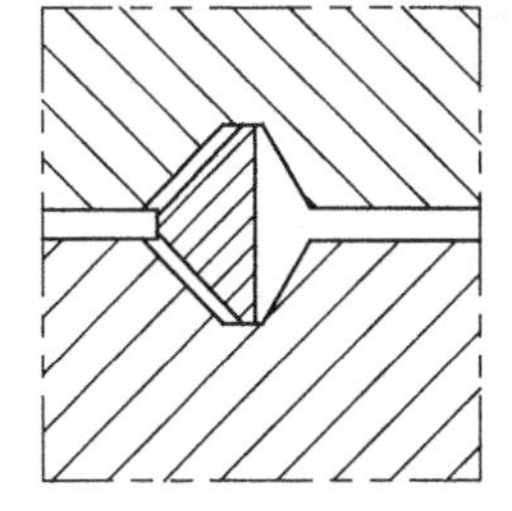

图 1.2 -155　三角垫示意图

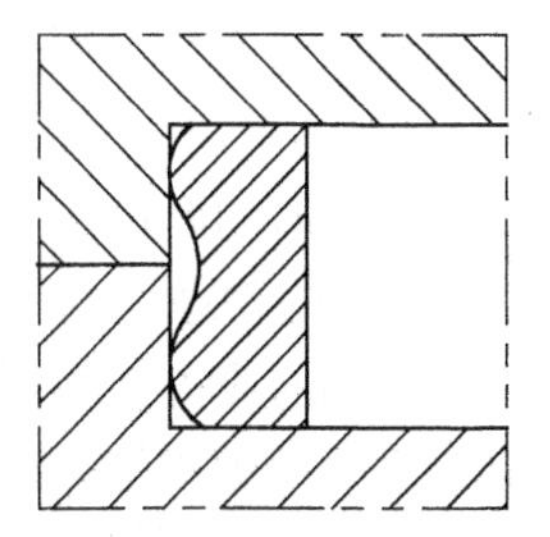

图 1.2 -156　B 形环示意图

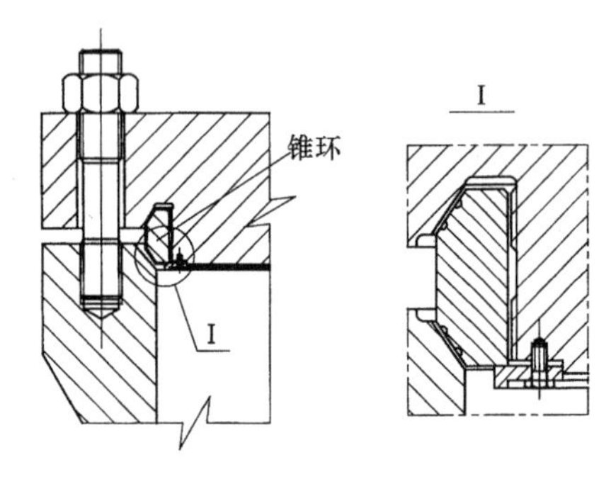

图 1.2－157 双锥密封垫示意图

5. 双锥密封垫

双锥密封结构是一种具有径向自紧作用的自紧式的密封结构，见图 1.2－157。预紧时，双锥垫的内表面与平盖贴紧，操作时，在内压作用下平盖上浮，双锥垫通过回弹而保持密封锥面一定的压紧力，在介质压力的作用下双锥垫径向向外扩张，进一步增大了双锥密封面上的压紧力[37]。

六、垫片的选择

（一）垫片选择依据

由法兰、螺栓、垫片形成的法兰连接密封是一个整体，其中垫片是法兰连接结构的核心，首先选定合适的垫片才能进而进行密封结构设计。选用垫片时，必须对垫片的密封性能、操作压力、操作温度、工作介质特性以及法兰密封面型式、结构的繁简、拆卸的难易、经济性等诸因素进行全面分析。其中介质特性、操作温度和操作压力是影响密封的主要因素，也是选用垫片的主要依据[38]。

（二）垫片类型的选择

垫片类型的选择，一般情况下应根据被密封介质的操作温度、操作压力确定。对高温高压工况，多采用金属垫片；对常压、低压、中温状况，多采用非金属垫片；介于两者之间的，多采用半金属组合垫片；对于温度、压力波动频繁的场合，宜采用回弹性好的自紧式垫片。

选择垫片的影响因素很多，通常在保证主要条件的前提下，尽量选用价格便宜、制造容易，易于采购、安装和更换都比较简便的垫片[38]。

（三）垫片厚度与宽度

一般情况下，如果法兰密封面加工尚好，压力不高时宜选用厚垫片，在压力较高时宜选用较薄的垫片。

由于垫片系数 m、垫片比压力 y 与垫片宽度无关，因此垫片越窄越易夹紧，但宽度应大于5mm，对于金属垫片，为了不产生过大的螺栓力，取较小的宽度是一个重要遵循的原则[38]。

（四）垫片材料

由于垫片在工作时与操作介质接触，直接受介质、压力、温度等因素的影响，因此选用垫片时，对制造垫片的材料应满足下列要求[38]：

a）应具有良好的弹性和复原性；

b）应具有适当的柔软性，能够很好地与密封面吻合。

c）应具有较大的抗裂强度等机械性能，且压缩变形适当。

d）不污染被密封介质，不腐蚀密封表面，不会因受介质的影响而产生大的膨胀和大的收缩。

e）应耐工作介质的腐蚀。

f）应具有良好的物理性能，即不因低温而硬化脆变，也不因高温而软化塑流。

g）应具有较小的应力松弛现象。

h）应具有良好的加工性，而且除特殊用途外，垫片应采用成本低廉，易于购买材料。

考虑到任何材料都有其局限性，完全满足上述要求的材料几乎没有，因此当采用一种材料制作的垫片不能满足使用要求时，可以采用两种或两种以上材料组合使用，如缠绕式垫片、金属包垫片等。

（五）其他[38]

a）应尽量简化规格，减少品种。一台设备中垫片规格和材料品种越少越好。

b）应尽量发挥各种类型垫片的长处，不随意提高垫片等级。

c）在选用金属垫片时，应在完全退火状态下使用，应尽可能选用较软的金属材料，垫片的硬度应低于法兰密封面。

d）在有腐蚀的条件下，选用垫片对法兰盘呈阳性的垫片材料，垫片受腐蚀，牺牲垫片保护法兰，因为更换法兰更加困难。

e）对于剧毒、易爆、强腐蚀、污染性强的介质和有害气体，不允许使用石棉橡胶垫片。

（六）设备法兰、接管法兰用垫片

1. 设备法兰用垫片

石油化工常用的压力容器设备法兰垫片有多种类型，表 1.2－11 列出了较为合理的选用配置[38]。

2. 接管法兰用垫片

石油化工常用的接管法兰垫片的选用比较复杂，由于石油化工介质种类繁多、垫片的适用范围各有其局限性。表 1.2－12 给出了推荐的接管法兰垫片选用表[38]。

3. 说明

a）随着设计温度、设计压力的提高，垫片的选用顺序大体上是非金属垫片－缠绕垫－金属包垫－柔性石墨复合垫－金属环垫。

b）不同介质对垫片提出了不同的要求，其中也包含着不同行业、企业对安全的理解、要求程度的不同而对垫片的选用提出了各自的要求，尤其是接管垫片的选用。

c）随着操作温度、操作压力的不断提高，法兰形式从平焊法兰过渡到对焊法兰；密封面也相应从平面过渡到凹凸面、凹凸面过渡到梯形槽。

七、紧固件

（一）设备法兰用紧固件

设备法兰用紧固件选配可参照 JB/T 4700～4707—2000《压力容器法兰》标准。

（二）接管法兰用紧固件

接管法兰用紧固件选配可参照 HG 20592～20635—97《钢制管法兰、垫片、紧固件》标准。

（三）紧固件受力分析

a）在预紧时，螺栓提供提供预紧力使垫片发生弹塑性变形以达到密封，此时螺栓载荷 $W_a=3.14bD_{Gy}$，当密封结构确定后，W_a 与垫片比压 y 成正比。低压时，垫片比压 y 举足轻重。

b）操作时，螺栓需要承受由介质内压 P_c 产生的轴向力 $F=0.785D_GP_c$，且是必不可少的。

c）操作时，为保证垫片密封，螺栓应在垫片上施加一定的压紧力 F_p 以实现密封，$F_p=2\pi D_GmP_c$，在密封结构确定后，F_p 与垫片系数 m、压力 P_c 乘积成正比。

d）操作时，为保证密封，螺栓所承受的载荷为 $F+F_p$，在 P_c 较低时，m 对螺栓载荷的影响更显著。

螺栓力是设计法兰的依据，螺栓力过大，则整个密封结构昂贵、笨重，因此分析螺栓力是选择垫片的材质和结构的重要依据之一。

表 1.2－11 石油化工常用压力容器法兰垫片选用表

介质	法兰公称压力/MPa	工作温度/℃	法兰型式	密封面	垫片型式	垫片材料	备注
油品、油气、溶剂①、石油化工原料及产品②	≤1.6	≤200	甲、乙型平焊	突面或凹凸	耐油垫、四氟垫	耐油橡胶石棉板、聚四氟乙烯板	当介质为易燃、易爆、有毒或强渗透性时，应采用凹凸面法兰
		201～250	长颈对焊		缠绕垫、金属包垫、柔性石墨复合垫	0Cr13(0Cr18Ni9)钢带＋特制石棉(石墨)、铁皮(铝皮)＋特制石棉、石墨＋金属骨架(0Cr13、0Cr18Ni9 等)	
	2.5	≤200	乙型平焊		耐油垫、缠绕垫、金属包垫、柔性石墨复合垫	耐油橡胶石棉板、0Cr13(0Cr18Ni9)钢带＋特制石棉(石墨)、铁皮(铝皮)＋特制石棉、石墨＋金属骨架(0Cr13、0Cr18Ni9 等)	
		201～450	长颈对焊		缠绕垫、金属包垫、柔性石墨复合垫	0Cr13(0Cr18Ni9)钢带＋特制石棉(石墨)、铁皮(铝皮)＋特制石棉、石墨＋金属骨架(0Cr13、0Cr18Ni9 等)	
	4.0	≤40	长颈对焊	凹凸	缠绕垫、柔性石墨复合垫	0Cr13(0Cr18Ni9)钢带＋特制石棉(石墨)、石墨＋金属骨架(0Cr13、0Cr19Ni9 等)	
		41～450	长颈对焊	凹凸	缠绕垫、金属包垫、柔性石墨复合垫	0Cr13(0Cr18Ni9)钢带＋石墨带、铁皮(铝皮)＋特制石棉、石墨＋金属骨架(0Cr13、0Cr18Ni9 等)	
	6.4	≤450	长颈对焊	凹凸	缠绕垫、金属包垫	0Cr13(0Cr18Ni9)钢带＋石墨带、铁皮(0Cr13)＋特制石棉	
				梯形槽	金属环垫	10、0Cr13、0Cr18Ni9	
氢气、氢气与油气混合物	4.0	≤450	长颈对焊	凹凸	缠绕垫、金属包垫、柔性石墨复合垫	0Cr13(0Cr18Ni9、0Cr18Ni10Ti)钢带＋石墨带、0Cr13(0Cr18Ni9)＋特制石棉、石墨＋金属骨架(0Cr13、0Cr18Ni9 等)	
	6.4	≤450	长颈对焊	梯形槽	金属环垫	10、0Cr13、0Cr18Ni9、0Cr17Ni12Mo2	
氨	2.5	≤150	乙型平焊	凹凸	橡胶垫	中压橡胶石棉板	
压缩空气	1.6	≤150	甲、乙型平焊	突面	橡胶垫	中压橡胶石棉板	
惰性气体	1.6	≤150	甲、乙型平焊	突面	橡胶垫	中压橡胶石棉板	
	4.0	≤60	长颈对焊	凹凸	缠绕垫、柔性石墨复合垫	0Cr13(0Cr18Ni9)钢带＋特制石棉(石墨)、石墨＋金属骨架(0Cr13、0Cr18Ni9 等)	
	6.4	≤60	长颈对焊	凹凸	缠绕垫	0Cr13(0Cr18Ni9)钢带＋特制石棉(石墨)	

续表

介质		法兰公称压力/MPa	工作温度/℃	法兰型式	密封面	垫片型式	垫片材料	备注
蒸汽	0.3MPa	1.0	≤200	甲、乙型平焊	突面	橡胶垫	中压橡胶石棉板	
	1.0MPa	1.6	≤280	甲、乙型平焊	突面	缠绕垫、柔性石墨复合垫	0Cr13(0Cr18Ni9)钢带+特制石棉(石墨)、石墨+金属骨架(0Cr13、0Cr18Ni9等)	
	3.5MPa	6.4	≤450	长颈对焊	凹凸	缠绕垫、金属包垫	0Cr13(0Cr18Ni9)钢带+特制石棉(石墨)、10(0Cr13、0Cr18Ni9)+特制石棉	
					梯形槽	金属环垫	10、0Cr13、0Cr18Ni9	
弱酸、弱碱、酸渣、碱渣		≤1.6	≤300	甲、乙型平焊	突面	橡胶垫	中压橡胶石棉板	
		≥2.5	≤450	长颈对焊	凹凸	缠绕垫、柔性石墨复合垫	0Cr13（0Cr18Ni9）钢带+特制石棉（石墨）、石墨+金属骨架(0Cr13、0Cr18Ni9等)	
水		≤1.6	≤300	甲、乙型平焊	突面	橡胶垫	中压橡胶石棉板	
剧毒物质		≥1.6		长颈对焊	榫槽面	缠绕垫	0Cr13（0Cr18Ni9）钢带+石墨带	
液化石油气		1.6	≤50	长颈对焊	突面	耐油垫	耐油橡胶石棉板	
		2.5	≤50	长颈对焊	突面	缠绕垫、柔性石墨复合垫	0Cr13（0Cr18Ni9）钢带+特制石棉（石墨）、石墨+金属骨架(0Cr13、0Cr18Ni9等)	

注：柔性石墨复合垫可代替耐油垫。

① 溶剂是指：丙烷、丙酮、苯、酚、糠醛、异丙醇和浓度小于30%的尿素。

② 包括一般化工介质、基本有机原料、氮肥工业及合成橡胶的大部分介质。

表1.2-12　石油化工常用接管法兰垫片选用表

介质	法兰公称压力/MPa	工作温度/℃	法兰型式	垫片型式	垫片材料	备注
油品、油气、溶剂*、石油化工原料及产品、一般化工介质	1.6	≤200	平焊（突面）	耐油垫	耐油橡胶石棉板	当介质为易燃、易爆、有毒或强渗透性时，应采用凸面法兰
		201～250	对焊（突面）	缠绕垫、柔性石墨复合垫	0Cr13（0Cr18Ni9）钢带+特制石棉（石墨）、石墨+金属骨架(0Cr13、0Cr18Ni9等)	
	2.5	≤200	平焊（突面）	耐油垫	耐油橡胶石棉板	
		201～350	对焊（突面）	缠绕垫、金属包垫、柔性石墨复合垫	0Cr13（0Cr18Ni9）钢带+特制石棉（石墨）、铁皮（铝皮）+特制石棉、石墨+金属骨架（0Cr13、0Cr18Ni9等）	
		351～450	对焊（突面）	缠绕垫、金属包垫、柔性石墨复合垫	0Cr13（0Cr18Ni9）钢带+特制石棉（石墨）、铁皮（0Cr13等）+特制石棉、石墨+金属骨架(0Cr13、0Cr18Ni9等)	
		451～530	对焊（突面）	缠绕垫、柔性石墨复合垫	0Cr13（0Cr18Ni9）钢带+特制石棉（石墨）、石墨+金属骨架(0Cr13、0Cr18Ni9等)	

续表

介质	法兰公称压力/MPa	工作温度/℃	法兰型式	垫片型式	垫片材料	备注
油品、油气、溶剂*、石油化工原料及产品、一般化工介质	4.0	≤40	对焊（凹凸）	耐油垫	耐油橡胶石棉板	
		41~350	对焊（凹凸）	缠绕垫、柔性石墨复合垫、金属包垫	0Cr13（0Cr18Ni9）钢带+特制石棉（石墨）、石墨+金属骨架（0Cr13、0Cr18Ni9 等）、0Cr13（0Cr18Ni9、10）+特制石棉	
		351~450	对焊（凹凸）	缠绕垫、柔性石墨复合垫、金属齿形垫	0Cr13(0Cr18Ni9)钢带+石墨带、石墨+金属骨架(0Cr13、0Cr18Ni9等)、10、0Cr13、0Cr18Ni9	
		451~530	对焊（凹凸）	缠绕垫、金属齿形垫	0Cr13（0Cr18Ni9）钢带+石墨带、0Cr13、0Cr18Ni9、0Cr17Ni12Mo2	
	6.4 10.0	≤450	对焊（凹凸）	金属齿形垫	10、0Cr13、0Cr18Ni9	
			对焊（梯形槽）	金属环垫	10、0Cr13、0Cr18Ni9	
		451~530	对焊（凹凸）	金属齿形垫	0Cr13、0Cr18Ni9、0Cr17Ni12Mo2	
			对焊（梯形槽）	金属环垫	0Cr13、0Cr18Ni9、0Cr17Ni12Mo2	
低温油气	4.0	-20~0	对焊（突面）	耐油垫、柔性石墨复合垫	耐油橡胶石棉板、石墨+金属骨架（10、0Cr13、0Cr18Ni9 等）	
压缩空气	1.0	≤150	平焊（突面）	橡胶垫	中压橡胶石棉板	
惰性气体	1.0	≤60	平焊（突面）	橡胶垫	中压橡胶石棉板	
	4.0	≤60	对焊（突面、凹凸）	缠绕垫、柔性石墨复合垫	0Cr13（0Cr18Ni9）钢带+特制石棉、石墨+金属骨架（10、0Cr13 等）	
	10.0	≤60	对焊（凹凸）	金属齿形垫	10、0Cr13	
			对焊（梯形槽）	金属环垫	10、0Cr13	
液化石油气	1.6	≤50	对焊（突面）	耐油垫、柔性石墨复合垫	耐油橡胶石棉板、石墨+金属骨架（10、0Cr13 等）	
	2.5	≤50	对焊（突面）	缠绕垫、柔性石墨复合垫	0Cr13（0Cr18Ni9）钢带+特制石棉（石墨）、石墨+金属骨架（0Cr13、0Cr18Ni9 等）	
79%~98%硫酸	0.6	≤120	平焊（突面）	橡胶垫	中压橡胶石棉板、耐酸碱橡胶板	
≤55%稀硝酸		≤50	扩口活套	聚四氟乙烯包覆垫	聚四氟乙烯+石棉橡胶板	
≥93%浓硝酸		≤86	铝管口翻边	聚四氟乙烯包覆垫	聚四氟乙烯+氯丁橡胶	
60%~93%硝酸		<60	耐酸钢平焊	聚四氟乙烯垫	聚四氟乙烯、兰石棉板	
酸渣	0.6	≤120	平焊（突面）	橡胶垫	中压橡胶石棉板	
10%~40%碱渣	1.0	≤50	平焊（突面）	橡胶垫	中压橡胶石棉板	

续表

介质		法兰公称压力/MPa	工作温度/℃	法兰型式	垫片型式	垫片材料	备注
蒸汽	0.3MPa	1.0	≤200	平焊（突面）	橡胶垫	中压橡胶石棉板	
	1.0MPa	1.6	≤280	对焊（突面）	缠绕垫、柔性石墨复合垫	0Cr13（0Cr18Ni9）钢带+特制石棉（石墨）、石墨+金属骨架（0Cr13、0Cr18Ni9等）	
	2.5MPa	4.0	300	对焊（突面、凹凸）	缠绕垫、柔性石墨复合垫、紫铜垫	0Cr13（0Cr18Ni9）钢带+特制石棉（石墨）、石墨+金属骨架（0Cr13、0Cr18Ni9等）、紫铜板	
	3.5MPa	6.4	400	对焊（凹凸）	紫铜垫	紫铜板	
		10.0	450	对焊（梯形槽）	金属环垫	0Cr13、0Cr18Ni9	
氢气、氢气与油气混合物		4.0	≤250	对焊（凹凸）	缠绕垫、柔性石墨复合垫	0Cr13（0Cr18Ni9）钢带+特制石棉（石墨）、石墨+金属骨架（0Cr13、0Cr18Ni9等）	
			251～450	对焊（凹凸）	缠绕垫、柔性石墨复合垫	0Cr18Ni9（0Cr17Ni12Mo2）钢带+石墨带、石墨+金属骨架（0Cr18Ni9等）	
			451～530	对焊（凹凸）	缠绕垫、金属齿形垫	0Cr18Ni9（0Cr17Ni12Mo2）钢带+石墨带、0Cr18Ni9、0Cr17Ni12Mo2等	
		6.4 10.0	≤250	对焊（凹凸）	金属齿形垫	10、0Cr13、0Cr18Ni9	
				对焊（梯形槽）	金属环垫		
			251～400	对焊（凹凸）	金属齿形垫	0Cr13、0Cr18Ni9	
				对焊（梯形槽）	金属环垫		
			401～530	对焊（凹凸）	金属齿形垫	0Cr18Ni9、0Cr17Ni12Mo2	
				对焊（梯形槽）	金属环垫		
氨		2.5	≤150	平焊（凹凸）	橡胶垫	中压橡胶石棉板	
				对焊（凹凸）	柔性石墨复合垫	石墨+金属骨架（10、0Cr13）	
水0.6MPa		0.6	≤100	平焊（突面）	橡胶垫	中压橡胶石棉板	

续表

介质	法兰公称压力/MPa	工作温度/℃	法兰型式	垫片型式	垫片材料	备注
聚苯乙烯、ABS树脂、一般化工介质（指对碳钢管无腐蚀者）、碳酸钙、硫化钠、氯化钠溶液等。半水煤气、天然气、二段转化气、焦炉气、中温变换气、净化系统、二氧化碳气、甲醇、裂解气、尾气、饱和氯水、干氯气、液氯、尿素、一、二段分馏塔出口尿液、熔融尿素、二段甲胺液、液氨水、聚乙烯醇原料	0.6	≤200	平焊（突面）	橡胶垫、塑料垫	中压橡胶石棉板、软聚氯乙烯板	
	1.0	201~300	平焊（突面）	缠绕垫、塑料垫	中压橡胶石棉板、软聚氯乙烯板、耐酸碱橡胶板	
		301~350	对焊（突面）	缠绕垫、柔性石墨复合垫	0Cr13（0Cr18Ni9）钢带+特制石棉（石墨）、石墨+金属骨架（0Cr13、0Cr18Ni9等）	
	1.6	201~300	平焊（突面）	橡胶垫	中压橡胶石棉板	
		301~350	对焊（突面）	缠绕垫、柔性石墨复合垫	0Cr13（0Cr18Ni9）钢带+特制石棉（石墨）、石墨+金属骨架（0Cr13、0Cr18Ni9等）	
	2.5	≤200	平焊（突面）	橡胶垫	中压橡胶石棉板	
		201~300	对焊（突面）	缠绕垫、柔性石墨复合垫	0Cr13（0Cr18Ni9）钢带+特制石棉（石墨）、石墨+金属骨架（0Cr13、0Cr18Ni9等）	
	4.0	201~350	对焊（凹凸）	缠绕垫、柔性石墨复合垫	0Cr13（0Cr18Ni9）钢带+特制石棉（石墨）、石墨+金属骨架（0Cr13、0Cr18Ni9等）	
		-70~-41	对焊（凹凸）	金属包垫、柔性石墨复合垫	铝皮+特制石棉、石墨+金属骨架（0Cr13、0Cr18Ni9）	
含溴醋酸	1.0	≤150	平焊（突面）	塑料平垫	聚四氟乙烯、高压聚乙烯	
聚甲基丙烯酸甲酯	1.6	-15~90	平焊（凹凸）	塑料平垫	聚四氟乙烯、高压聚乙烯	
联苯、联苯醚	1.6	≤200	平焊（凹凸）	金属平垫	铝、紫铜	温度>200℃时用对焊
熔融碱45%~95%	1.0	400~500	活套翻边	金属垫片	银 $\delta=3$	
混合二甲苯氯化液	≤4.0	60~230	对焊、松套焊环法兰	塑料平垫	聚四氯乙烯	
环氧乙烷	1.0	260	平焊	金属平垫	紫铜	
氢氟酸	4.0	170	对焊（凹凸）	缠绕垫、金属平垫	蒙乃尔合金带+石墨带、蒙乃尔合金板	

续表

介质	法兰公称压力/MPa	工作温度/℃	法兰型式	垫片型式	垫片材料	备注
甲醇原料气	32.0	常温	高压螺纹	透镜垫	0Cr13、20	
含甲醇气体		110	高压螺纹	透镜垫	0Cr18Ni9	
循环气		常温	高压螺纹	透镜垫	0Cr13、20	
纯氮气		常温	高压螺纹	透镜垫	0Cr13、20	
粗甲醇		常温	高压螺纹	透镜垫（镀镉）	0Cr13、20	
脂肪酸钴丁醇溶液、丁醛、丁醇溶液、正异丁醛、正异丁醇溶液等		50	高压螺纹	透镜垫	0Cr18Ni9	
氢氮气合成气	22.0	<200	高压螺纹	透镜垫	20、0Cr13	
	32.0	<200	高压螺纹	透镜垫	20、0Cr13	
	32.0	301～400	高压螺纹	透镜垫	0Cr17Ni12Mo2	
尿素合成塔出口液	22.0	120～200	高压螺纹	透镜垫	0Cr17Ni12Mo2Ti	
一段甲胺液	22.0	120～200	高压螺纹	透镜垫	Cr18Mn10Ni5Mo2N	
丙烯90%、丙烷10%、丙烯、CO、H_2	32.0	常温～140	高压螺纹	透镜垫	20、0Cr13	

*：溶剂包括丙烷、丙酮、苯、酚、糠醛、异丙醇和浓度小于30%的尿素。

第七节　其　　他

一、拦液板

在冷凝器中，为减薄管壁上的液膜，提高膜传热系数，推荐装设拦液板，以拦截液膜。立式冷凝器中拦液板如图1.2－158所示。拦液板与换热管间隙同折流板，板间距按实际情况决定或按折流板间距。拦液板外径按下式计算[2]：

$$D_{拦} = \sqrt{D_n^2 D_a} \qquad (2-6)$$

式中，$D_{拦}$ 为拦液板外径；D_n 为壳体外径；D_a 为蒸汽入口管内径。

在卧式冷凝器中，管内膜传热系数一般远小于管外蒸气冷凝膜传热系数，因此不必加纵向拦液板。在蒸气冷凝膜传热系数不大时，可设置纵向拦液板，如图1.2－159所示。

纵向拦液板与壳体之间的间隙如下：

$$B > \frac{\pi D_a^2}{8L} \qquad (2-7)$$

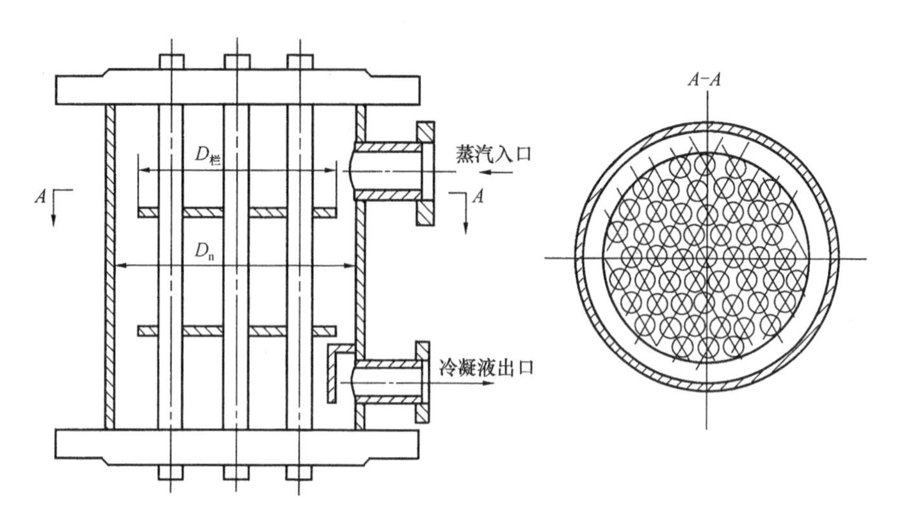

图 1.2－158 立式冷凝器拦液板

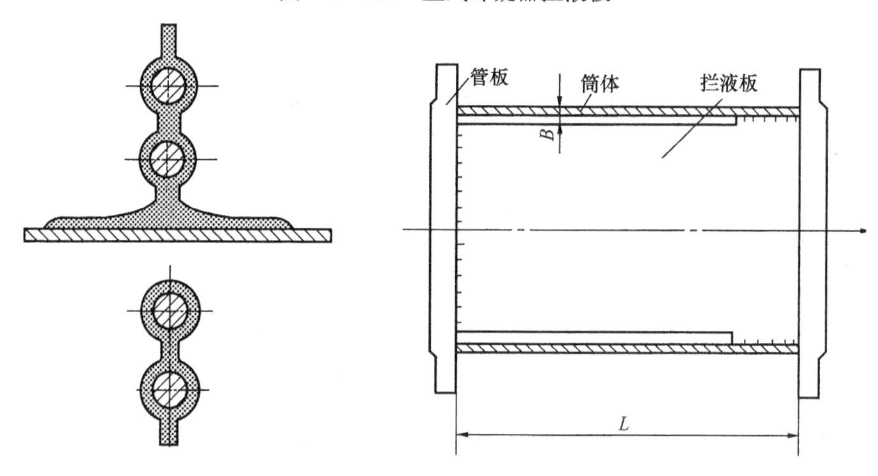

图 1.2－159 卧式冷凝器拦液板

式中，D_a 为蒸气入口管直径；L 为两管板间距。

对浮头式换热器，拦液板两端可与管板连接，而固定管板式换热器，一端与管板连接，另一端与壳体连接(图 1.2－159)。

对卧式冷凝器(冷凝介质在壳侧)，可以使其轴线与水平面呈 6°～7°倾斜安装，利用支承板拦液。

二、热保护板

高温高压换热器，如图 1.2－160 所示插管式废热锅炉，管板 6 两侧工作条件十分苛刻，既受高温又受高压，厚管板不仅加工困难，而且两侧温差越大，其热应力越大。为降低管板内温度梯度，减少热应力，应对管板进行绝热保护。在管束顶端距离管板 20.64mm 处设置一块完整的热保护板 5 及隔热垫圈 4，以隔离热气体与管板。其间形成一个死气层，同时方便管板选材。

三、接地导板

换热器操作时，由于物料的摩擦，可能产生静电。为保护设备安全生产，在设备适当位置焊接地导板，通过导线使静电接地。图 1.2－161 是某引进装置中溶剂冷却器的接地导板位置。封头和壳体上的接地导板用导线相连，进出口管上的接地导板和与之相配管线上的接

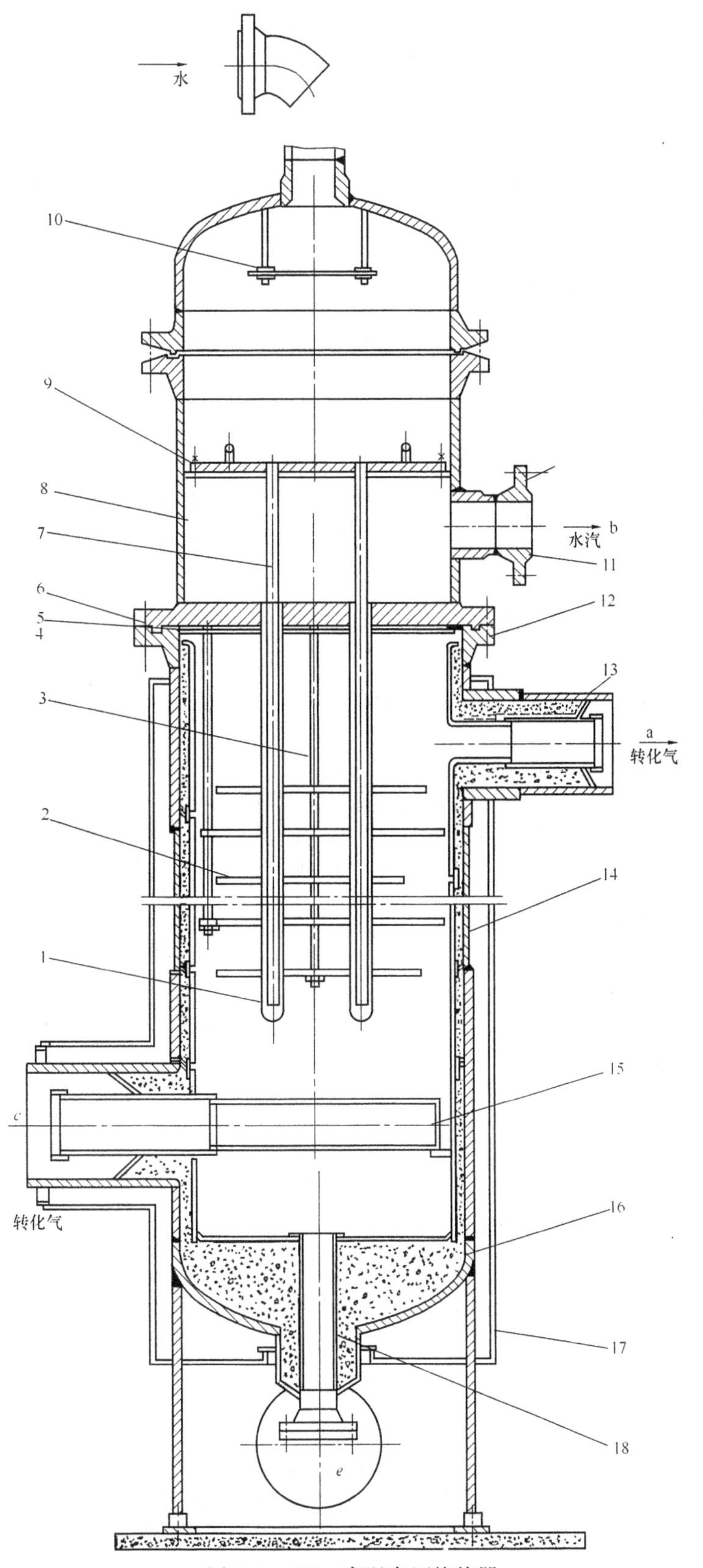

图 1.2－160　高温高压换热器

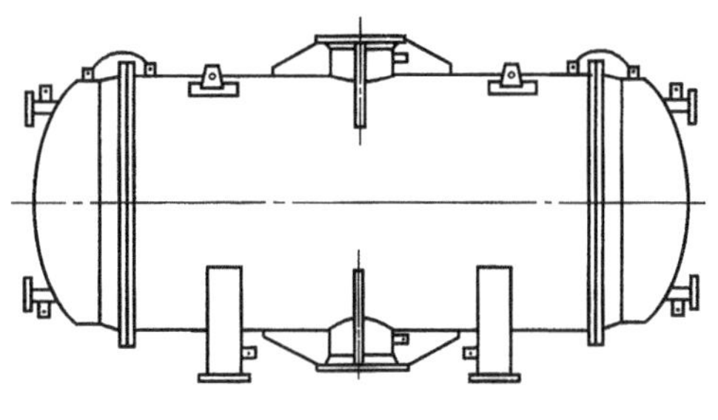

图 1.2-161 接地导板配置

地导板以导线相连，支座上的接地导板由导线与大地相接。

四、导流筒

当壳体法兰采用高颈法兰或壳程进出口管径比较大或采用活动管板换热器时，壳程进出口到管板的距离都比较大，造成一定的死区，使得靠近两端管板的传热面积利用率很低，为克服这一缺点，可采用导流筒结构。导流筒除可将壳程流体引向管板方向，以消除死区，保护管束免受冲击。

导流筒有内导流筒和外导流筒两种类型。

（一）内导流筒

内导流筒是在壳体内部设置八角形截面（用于换热管正方形排列）和六角形截面（用于正三角形排列）的短筒，靠近管板一端敞开，另一端与壳体近似密封，如图 1.2-162 所示。其中图(a)为一般内导流筒结构。图(b)结构适用于管板过热的情况下，使冷却介质较均匀地与管板接触，从而对管板起冷却作用。图(c)的上半部分为八角形导流筒[2]。

接管中心处壳体与导流筒的距离，亦按确定缓冲挡板位置的方法考虑。但与缓冲挡板不同的是，流体自进口管流到防冲挡板缓冲后，四散流开，而对导流筒结构，流体进入壳体后，只沿环向和管板方向流动，所以流通面积比防冲挡板的小，因而根据需要调整导流筒与壳体的距离，才能满足要求。

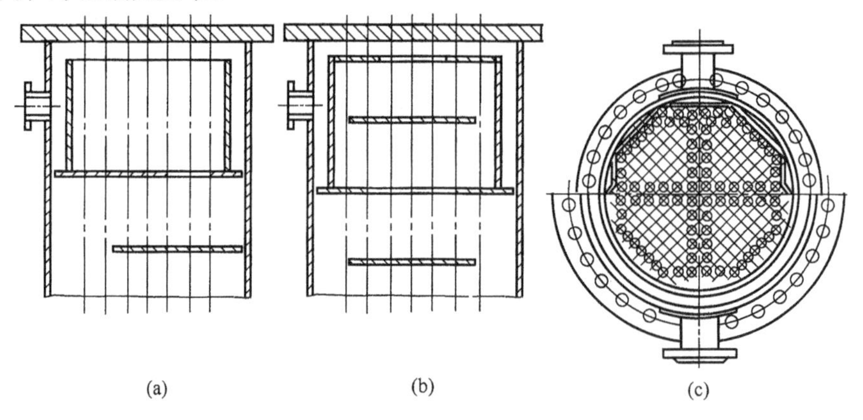

图 1.2-162 内导流筒

JB/T 4714—92 浮头式换热器内导流筒的弓形高度为 1/4 的接管内径（图 1.2-162 上半部实线所示）。据测定，其出入口的压力降，要比弓形高度的 1/3 接管内径[图 1.2-162(c)上半部虚线所示]的内导流筒机外导流筒高 3～4 倍。可见不能按防冲挡板的位置来确定导流筒的位置。

内导流筒结构简单，制造方便，但它占据壳程空间，使排管数减少。

（二）外导流筒

外导流筒除导流、防冲作用外，还相当于一个膨胀节，起热补偿作用[2]。

图 1.2-163 是一般外导流筒结构。其中结构(a)、(b)用在压力不太高的场合，结构(c)有翻边，使用压力可比前两者高。

图 1.2-164 是由荷兰引进尿素装置中换热器的外导流筒结构。该导流筒的内筒不是采

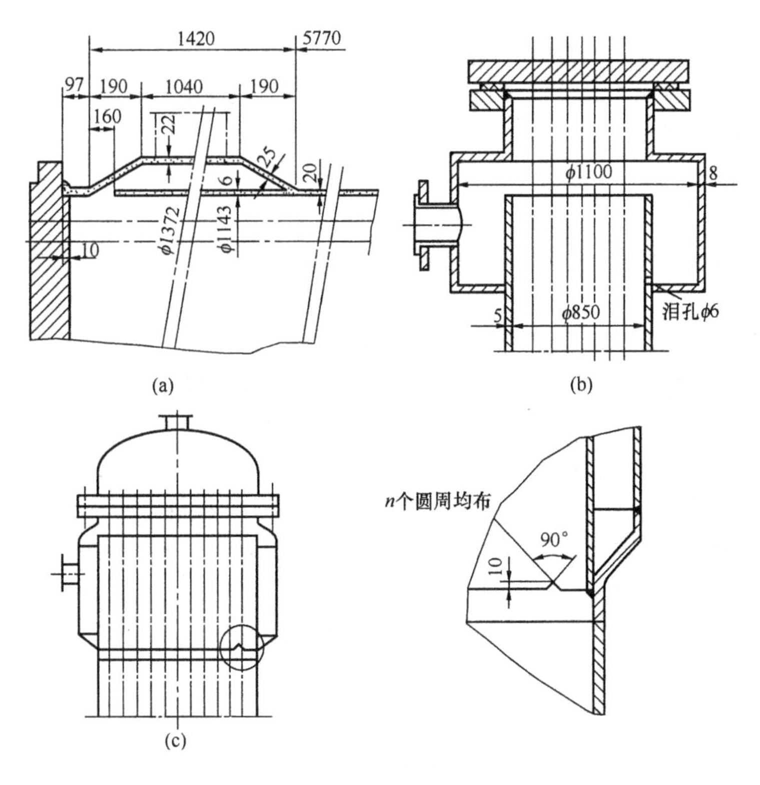

图 1.2－163　一般外导流筒结构

用国内常用的等长圆筒(如图 1.2－164)，而是采用对称于 $O-O$ 轴的曲线形圆筒。这种结构克服等长圆筒形内筒尚存在的介质流入管间的不均匀现象。采用等长圆筒形内筒时，因流体由进口管流入管间的阻力不同，大部分走短路，靠近进气管处流进的气体较多。曲线形圆筒则不存在上述弊病。气流由进口管进入管间的阻力大致相同，从而克服了上述流体分布不均的缺陷。

曲线形内筒对 $O-O$ 轴对称，内筒短边母线长度为 100mm，筒体长度随着内径而不同，同时还要有足够高度能完全盖住进口，并且还要求环形通道面积不小于进口管横截面积，在

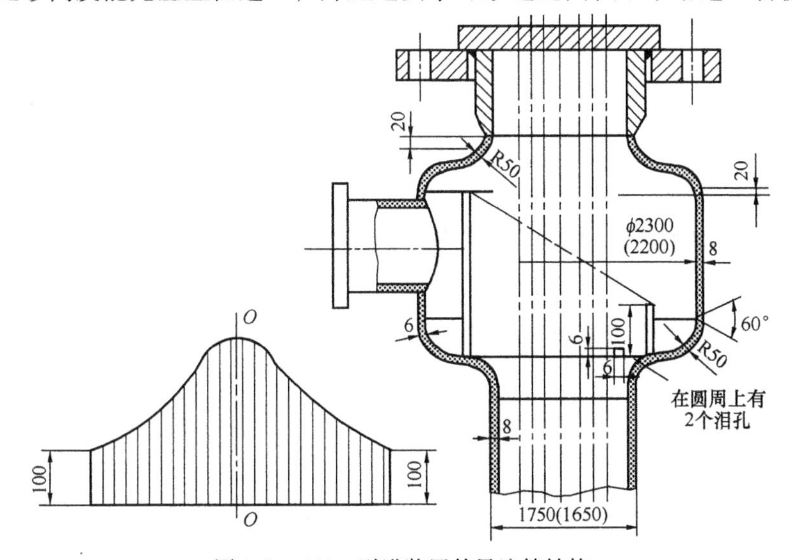

图 1.2－164　引进装置外导流筒结构

内筒下端开两个 6×6 泪孔，以便排净液体。

尽管外导流筒制造比内导流筒要复杂(尤其是有翻边时)，但由于不占据壳体截面，可以多排管，又有热补偿作用，较内导流筒有一定的优越性，采用较多。

五、膨胀节

（一）膨胀节设置

固定管板式换热器，由于管束和壳体是刚性连接，当管、壳程壁温差较大和压差较大时，在换热管和壳体上将产生很大的轴向应力，致使结构发生塑性变形或结构失效。采用膨胀节的目的是缓和这一应力，使其降到允许的范围。

通常在确定是否需要膨胀节时，以管壁和壳壁温差 $\Delta t=50$℃ 为界限，$\Delta t>50$℃ 时就设置膨胀节。这一标准是很粗糙的，只适用于某些单一碳钢材质的换热器。根据计算可知，单凭 $\Delta t=50$℃ 来决定是否需要膨胀节，大部分是不合适的。例如对换热管为不锈钢，壳体为碳钢的两台换热器计算，由于操作压力，材料截面积大小的不同，计算结果是，其中一台换热器不需要设置膨胀节，壁温差可达 127.5℃，而另一台在 $\Delta t=8$℃，就需设置膨胀节。

具体算法可参见有关文献。把计算得到的壳体和换热管的轴向应力(包括压力应力和温差应力)与允许值进行比较，低于允许值时，可不设置膨胀节。

（二）膨胀节的结构型式

膨胀节的结构型式各种各样，实际应用中绝大多数是 U 形膨胀节，其次是 Ω 形。

U 形膨胀节的制造比较容易，抗压力和伸缩量也较好。U 形的单波波壳结构如图 1.2－165 所示。其中(a)结构顶部没有环焊缝；(b)结构的顶部有环焊缝，由于顶部处应力较大，因此在这部分焊接时，应当设置平直部分，而且必须保证充分焊透。

在要求补偿量大的场合，需采用多波膨胀节，图 1.2－166 所示为多波 U 形多波膨胀节。其中 (a)为单波膨胀节，波高较大，只能承受 0.6MPa 压力。一般波形膨胀节的厚度不宜大于 5mm，用在 1.6MPa 以下。如果压力再提高，可采用带加强环的结构(夹壳式)，如图 1.2－167 所示。其中(a)膨胀节厚 2mm，加强环由 4 个半环组成，装配时使其对膨胀节有一定的预压力，以抵消操作时膨胀节所受拉力，目前用到 3.75MPa 以下，泸天化锅炉给水加热器就采用此类结构。加大壁厚也能提高承压能力，但补偿能力降低，如壁厚有高达 25mm 的，用于压力 4.4MPa，直径 1m 之处。图 (b)为薄壁型 U 形膨胀节，其补偿能力大。但是由于波节比较脆弱，容易受到损害，必须设置内外套筒加以保护，另外考虑其抗腐蚀能

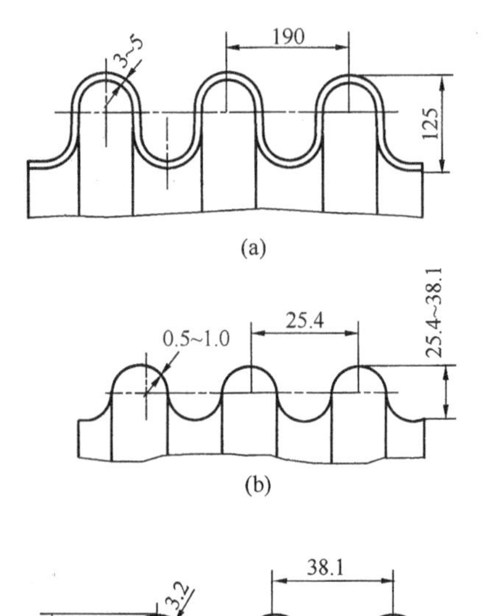

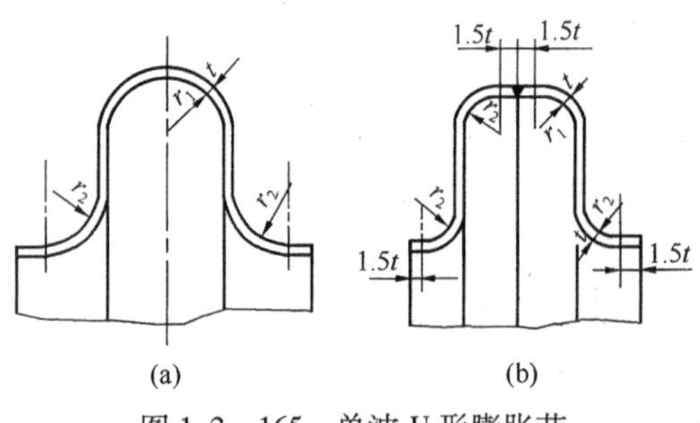

图 1.2－165 单波 U 形膨胀节

38.1
3.2
63.5
(c)

图 1.2－166 多波 U 形膨胀节

力，最低需用 18－8－Ti 材料，而且只能用于低压，因此，薄壁型在成本上的优越性并不高。

图 1.2－166(c)是厚壁热成形的膨胀节，其强度相当高，不易损伤。挠性也相当好，可使挠曲力保持到几吨，与作用在壳体上的压力相比很小；很紧凑，足以避免因波节较高而引起的间隔和支承困难；此种结构很稳定，在很多情况下，不用特殊加强圈亦可承受很高压力(超过 7.0MPa)。

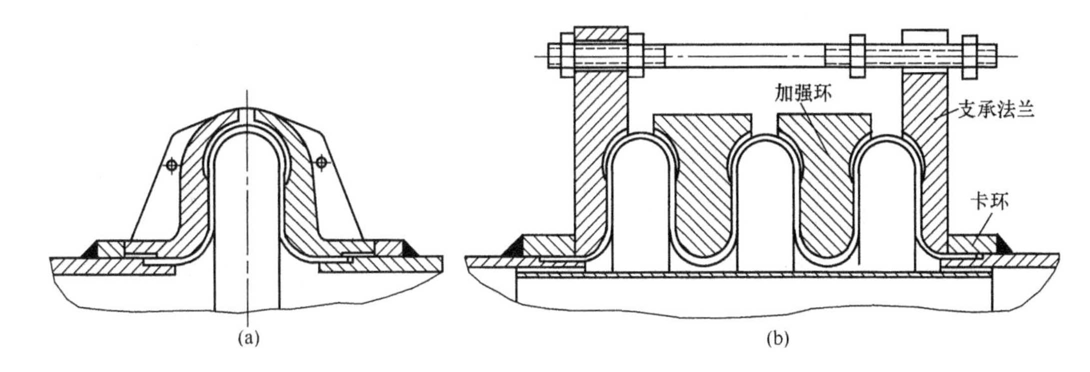

图 1.2－167　带加强环的 U 形膨胀节

U 形膨胀节虽然具有结构简单，补偿量可以通过增减波数来解决等优点，但是随着操作压力和设备直径的增加，逐渐暴露出壁厚大、材料消耗多，模具重量大、补偿能力小、抗疲劳性能差等缺点。相比之下，Ω 形膨胀节在这些方面优越性明显。对 Ω 形膨胀节而言(如图 1.2－168)，由压力所引起的应力几乎完全与壳体直径大小无关，Ω 形膨胀节每一个波形与一圈薄的盘管相似，应力几乎完全取决于管子自身的半径和厚度。因此对那些直径大、压力高、需设置膨胀节的高压换热器，可首先考虑采用 Ω 形膨胀节。扎利布罗斯制造的 Ω 形多波膨胀节是液压成型，无环焊缝，已经用于 16.2MPa 操作压力而应用情况良好[2]。

换热器用膨胀节除上述两种主要类型外，还有如图 1.2－169 所示各种形式。其中(a)是平板式膨胀节，其结构是在两块同心平板外边缘用一狭条相连。平板能够弯曲，允许一定程度的伸缩量，制造容易，但挠性较差，尺寸也大。一般用于常压、低压或真空系统。(b)是带折边平顶封头式膨胀节，这种带弧形的结构有助于减少焊缝应力，外圆直径比壳体直径大 200mm 以上。(c)是翻边壳体或拼管式膨胀节，它是以喇叭形开口的壳体和剖开的管子的一部分连接而成，或者把管子剖分 2 等份或 4 等份制成环。(d)是成型封头膨胀节，它可以用一对碟形或椭圆形或折边碟形的封头，将它们焊在一起或用一个环将它们连接起来。(e)是带反向折边的封头式膨胀节，由一对同心的，内外缘反向折边的平封头组成，这是五种膨胀节中最常用的一种。这几种膨胀节适用于小挠度并且反复变形次数很少的场合，且较为经济。这几种膨胀节低压工况应用较多，亦

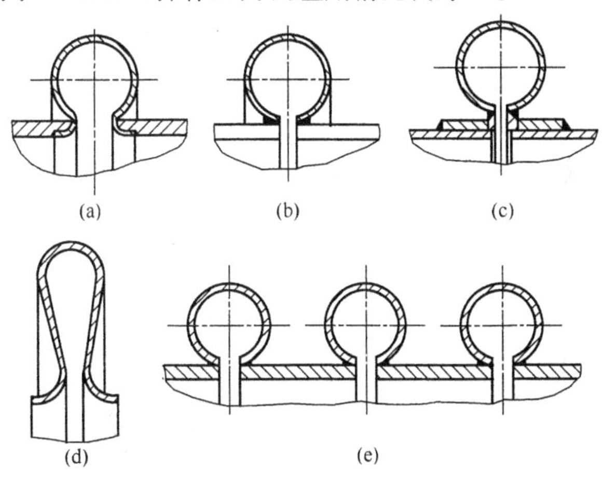

图 1.2－168　Ω 形膨胀节

可适用于高压和中等温度等级场合。图 1.2－169(f)为半圆形膨胀节，占空间少，但连接处应力较大，伸缩量较小。图 1.2－169(g)是 S 形膨胀节，制造比较复杂，但不易产生应力集中，受力较好，常用于吸收振动或用于压力场合下。

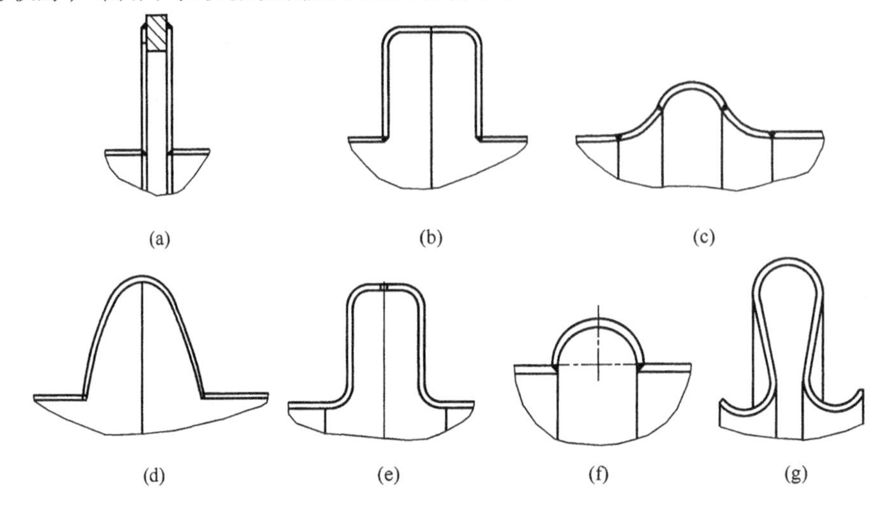

图 1.2－169 其他各种膨胀节

膨胀节有单层和多层之分，单层容易制造，但补偿变形能力较弱。多层膨胀节(主要用 U 形和 S 形)比起单层得来，在总壁厚和形状相同的情况下，多层膨胀节补偿变形能力大、变形产生的应力较低、疲劳寿命高。因此，可满足大补偿量和高压冲击要求(前者要求壁薄、波高深，后者要求壁厚、波高浅)。或者在一定工作条件下(压力、补偿量、疲劳寿命等)，多层比单层外径小、长度短，尺寸紧凑，故节省材料，制造时成型容易。由于波高小，对它设置外套筒保护容易，安装支承和间隔较方便。用于腐蚀介质时，只需在与介质接触一侧采用耐腐蚀材料即可，从而节省了贵重金属。此外，如果壁的内层因某种原因出现裂纹，整个膨胀节不会马上失效，延长检修时间。

多层膨胀节可用于全真空到 3.9MPa，常用于 2.0MPa 以上。西德波夫茨艾姆金属管制造厂的多层膨胀节产品样本，最高公称压力达 32MPa，公称直径 200mm；公称压力 6.4MPa，公称直径 900mm。福克斯公司的多层膨胀节产品，直径已超过 4m。

(三) 膨胀节的安装结构

膨胀节一般的安装情况如图 1.2－170 所示，1 是膨胀节，2 是拉杆装置，3 是内套筒，4 是连接圈，为了拆装和使用的安全与方便而设置，通过 4 与壳体连接，内套筒在流体内套筒 3 有如下作用。1)减少壳程压力损失和防止产生涡流，2)当介质含有固体颗粒时，减少膨胀节的磨损；3)防止物料在波壳内沉积；4)内套筒与膨胀节之间几乎静止的介质垫层，

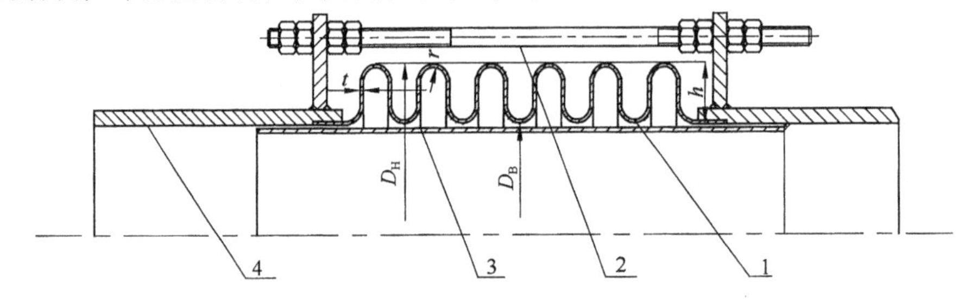

图 1.2－170 膨胀节安装入口方向一端与壳体焊接

阻碍流体热量迅速向膨胀节传递，因而减少了膨胀节的温度变化和冲击。拉杆装置2的作用是，依靠调节螺母，组装时对膨胀节进行与拉伸或预压缩，组装后将拉杆螺母松至一定位置，则此拉杆装置限定了膨胀节的最大变形量。膨胀节的预压缩和工作状态的伸缩反向，起着降低膨胀节工作时应力值的作用。通常预伸缩为最大变形量的一半。在适当伸缩量范围内，膨胀节的疲劳寿命与该膨胀节的(总伸缩量/总额定伸缩量)5次方成反比。如果通过预伸缩来降低膨胀节在工作时的伸缩量，则直到基本伸缩量的50%范围内，每降低10%，就可提高一倍使用寿命。

卧式换热器的放空口和排液口往往安装在膨胀节上。对厚壁膨胀节可以加工成带有这类接口；薄壁膨胀节，除Ω形以外，一般都不能在上面安装此类接口。

图1.2-171所示为引进的尿素装置中CO_2汽提塔的膨胀节安装情况(该膨胀节的作用主要是为避免热应力引起的应力腐蚀——包括腐蚀疲劳——裂纹或加速腐蚀的现象)。膨胀节外部有一个外套筒，利用它可使膨胀节进行预伸缩，同时设备在水平位置时，可承受壳体及管束的横向里和弯矩。在设备使用前，拆去一端的螺栓，滑动面上可加些润滑剂，此时外套筒起滑动导筒作用。

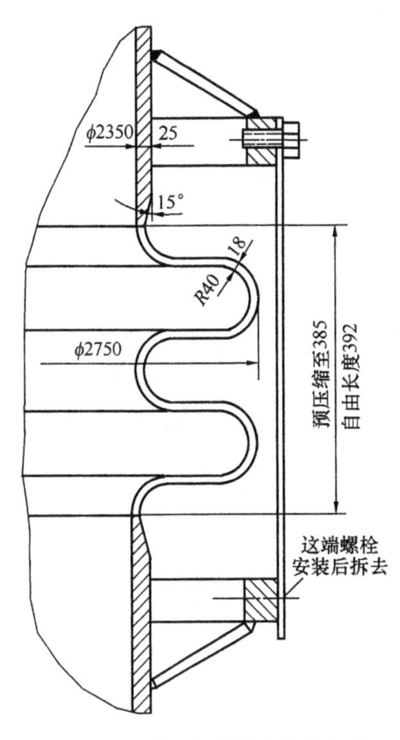

图1.2-171 带外套筒的膨胀节组装

图1.2-172为引进乙烯装置中英国戴维公司丁辛醇装置的换热器膨胀节安装结构。在这种卧式换热器中，膨胀节受外压，膨胀节内部不积液，设置排气、液口不影响膨胀节性能。螺栓装置可以使膨胀节预伸缩。内外套筒和连接圈对膨胀节形成牢固的保护，在运输、吊装过程中不致损伤膨胀节。最大伸长量由壳体上的连接环限位。

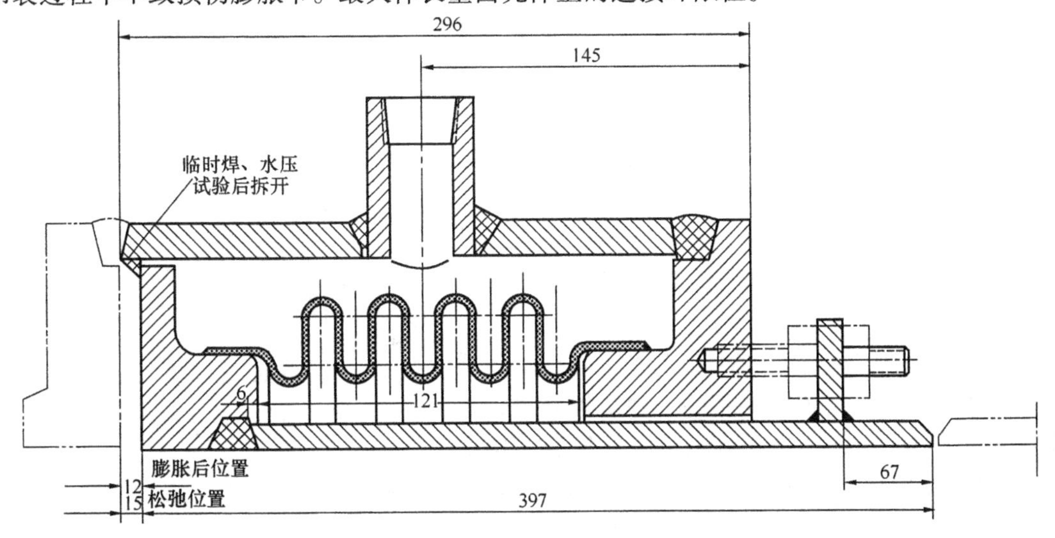

图1.2-172 带内、外套筒的膨胀节组装

带套筒和预伸缩装置的膨胀节安装结构主要有上述三种形式，膨胀节可采用各种形状的截面形式。但对壁厚较大的膨胀节(尤其是单波的)，由于其刚性较好，可不用外套筒保护。

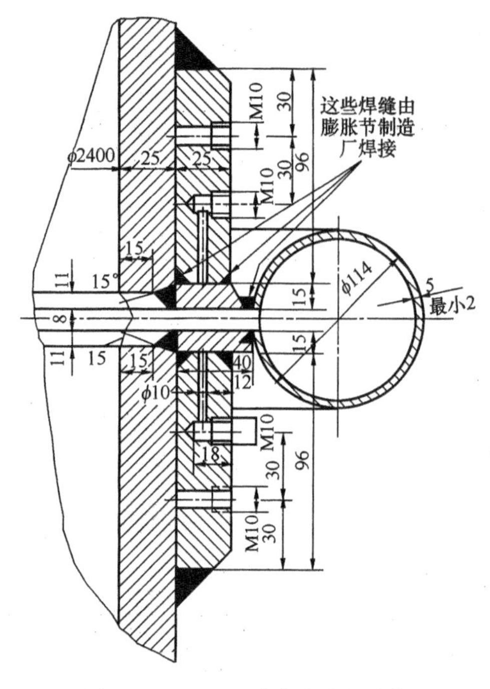

图 1.2－173 Ω形膨胀节的连接

而内套筒一般是不可缺少的，特别是用于卧式换热器。预伸缩可由拉杆装置调节，也可不用拉杆，而用外部措施解决[2]。

膨胀节和壳体的连接，对U形膨胀节来说，可采用对接和搭接，如图1.2－171、图1.2－172所示。膨胀节可以在壳体外部搭焊，这样便于焊接，但对承受内压不利，故设置卡环来加强。图1.2－172的膨胀节受外压，故不必设置卡环。膨胀节也可以在壳体内部搭焊，这种结构承受内压较好，但对壳体直径小的，不便焊接。Ω形膨胀节与壳体的连接见图1.2－168，一般像图1.2－168(a)那样，将平行部分向筒体内插入，并在两端内侧焊接。图1.2－168(b)的结构制造简单，但在焊接处产生较大的应力，而且不易焊透。适用于小直径筒体或应力小的情况。图1.2－168(c)的结构制造既方便，受力也较好，环形管的管壁可以较薄，图1.2－173是这种结构的一个实例。此为引进尿素装置中西德莱茵钢厂制造的二氧化碳汽提塔采用的结构，环形管采用φ114×5(最小2.5)的不锈钢管。法国B.S.L厂采用的膨胀节与莱茵钢厂的相似，主要区别是没有加强圈，而是采用加厚的筒体与膨胀节的过渡结构直接焊接。原结构有外套筒，用以预伸缩和保护膨胀节，图中未表示。

六、高温介质入口处的热防护结构

高温介质入口处，由于高温气体的热冲击，会导致构件产生热应力、热疲劳和高温腐蚀或金属的脆化，容易引起构件的破坏。特别是管子和管板的连接处，由于存在应力集中，就更容易破坏。因此有必要采取防护措施来降低温度或减少温度变化。常见的管端热防护结构有如下几种[2]。

（一）管板涂敷耐火绝热层

如图1.2－174所示，在管板上浇注成型耐火绝热层。一般在绝热层外面不推荐再加金属保护耐热板，因为在435～560℃以上，金属保护层的连接处容易开裂脱落，造成与管板碰撞或堵塞部分管子。

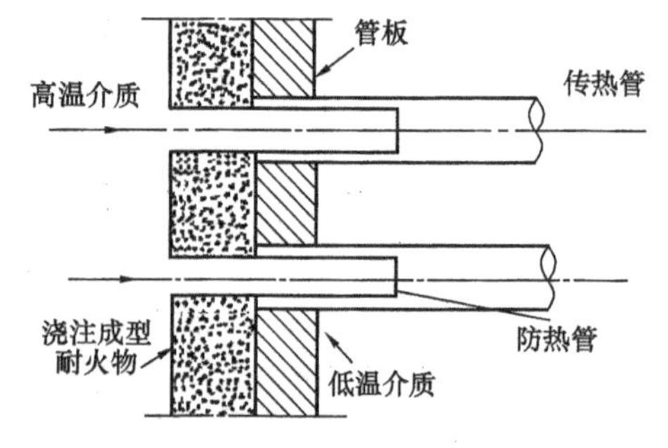

图1.2－174 耐火绝热层保护结构

（二）管子进口处保护结构

如图1.2－175所示，其中(a)是日本石川岛播磨重工(株)在制氢装置中采用的一种防护结构，在每个管孔内部插入一个带圆弧翻边的保护套，保护套焊在管板上。(b)、(c)是英国在高压合成氨换热器中采用的结构。(b)表示喇叭形不锈钢套管轻胀入传热管内。因受套管胀接限制，这种结构用于300℃以下。(c)结构也是在换热管内插入一个不锈钢套管，其下端靠带有开槽的喇叭口扩张，上部则靠压进压缩石棉纤维与传热管紧固在一起。高温气体入口设计为1015℃，通常在675℃下操作。(d)是原西德烯烃生产装置的废热锅炉上采用的结构。由于高温气体里混有砂子，入口温度400～500℃，对管端形成严重的热冲击和磨损，因此，在管端装一个带喇叭口形的管帽。(e)是将管端与管板的保护综合起来的一种结构。在管板上敷有耐火材料，保护套管外面也包一层绝热层。(f)是将管板堆焊耐热合金因科镍(Inconel)，管端加防护套管，套管外包耐热陶瓷纤维纸，使用效果良好。

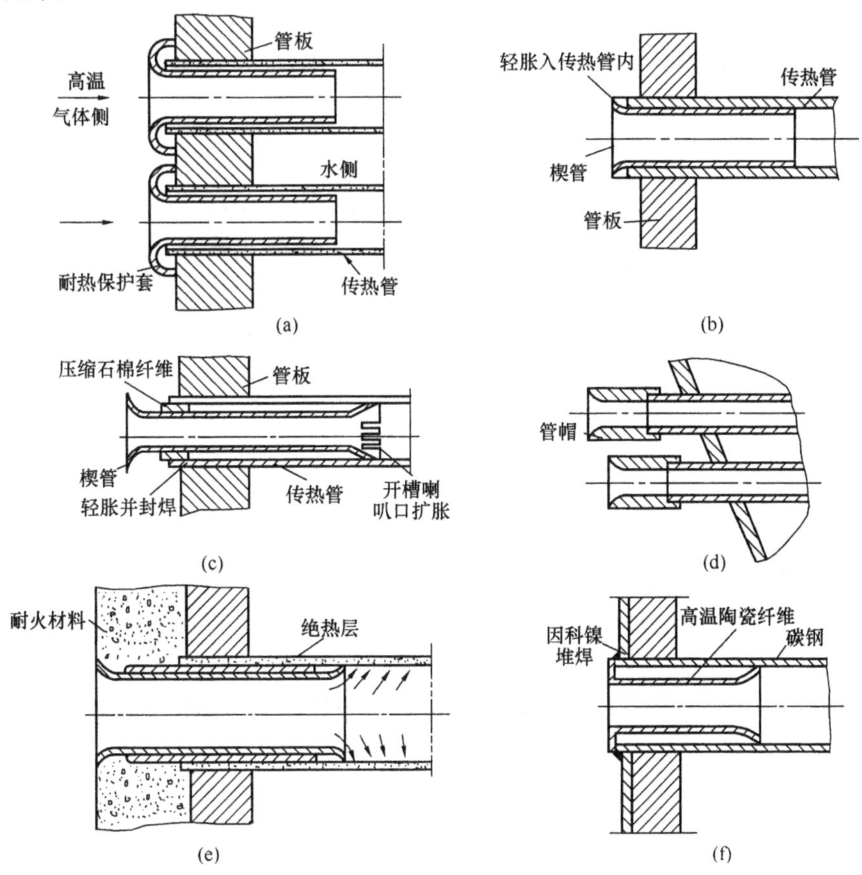

图 1.2－175　管端热防护结构

(三) 管端水套冷却结构

图 1.2－176 为水套冷却结构，管板 1 上装有短管 2、传热管 3、2 和 3 在气体入口处汉在一起。在管 2 与 3 之间的环隙中有管 4，管 4 下端张开，并保证流体有一定流通截面，冷

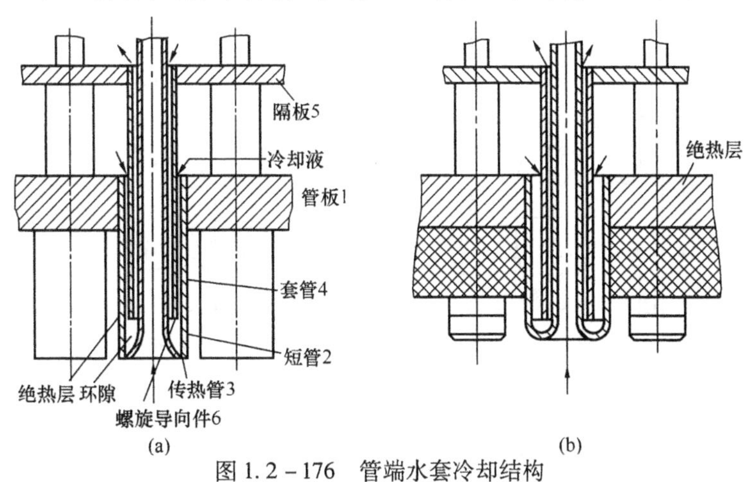

图 1.2－176　管端水套冷却结构

却液从管板1和隔板的间室县流入管2与管4的环隙，然后流向管端，再向上流进管3与管4的环隙，最后流至隔板5的上面。

为提高冷却效果，在管4的下端装有导向件6，使冷却液在管3和管4的环形空间中绕轴线产生旋转运动。管板上用隔热层覆盖，以防止管板过热。

如图1.2－177所示在接管内侧安装圆筒形防热套，因套筒和接管之间有间隙，从接管进入的高温介质不会使壳体温度急剧上升，冲击热应力小；另一方面运行期间温度变化时不致引起反复热疲劳。

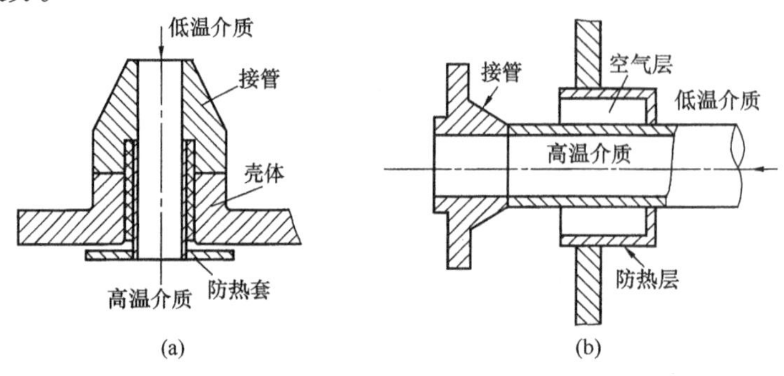

图1.2－177 接管耐热疲劳结构

七、蒸汽进口管

为减少进入蒸汽对换热管的冲刷，并使其分布较均匀，一般把蒸汽进口管做成扩大管。图1.2－178(a)、(b)是由荷兰引进尿素装置的蒸汽进口管结构，在喇叭口处加两块导流板，尺寸大致是$D_2/D_1=1.3\sim1.5$，$\phi_1=60°$，$\phi_2=30°$。图1.2－179（c）(d)是由法国引进尿素装置的蒸汽进口管结构，(c)为喇叭口内设置一块有三条筋固定的挡板，(d)为在入口

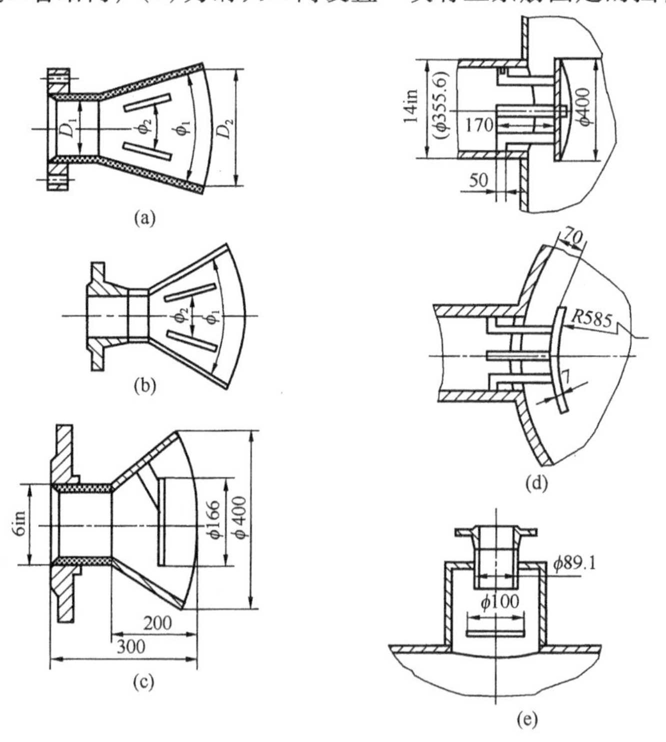

图1.2－178 蒸汽进口管结构

管里侧设置挡板，挡板直径约等于入口管径，环形通道面积一般大于入口截面积。(e)为上海石化总厂引进装置的蒸汽入口管结构，在蒸汽入口管内设防冲板[2]。

八、排液口和排气口

换热器设置排液口是为了把停车后的残液或气体带进的冷凝液排出，排气管是为了把惰性气体或液体夹带的气体排出，保持设备操作稳定[2]。

卧式换热器的排气、排液口分别设在壳体或封头的顶部、底部，结构比较简单。立式换热器的排气、排液口结构如图1.2－179所示。壳程排气管如图1.2－179(a)、(b)、(c)、(d)、(e)所示；壳程排液管如图1.2－179(f)、(g)所示；当管箱内有管程隔板，排气管设在封头上，供隔板两侧排气(也用作排液)，如图1.2－179(h)所示；管程排液还可采用图1.2－179 (i)结构。

对于立式换热器，排气口的位置和数量，国内通常在上管板的侧面开一个孔[图1.2－179(b)、(c)、(d)]，方位不限。国外有的文献介绍，在管板侧面开3～4个排气孔，使聚

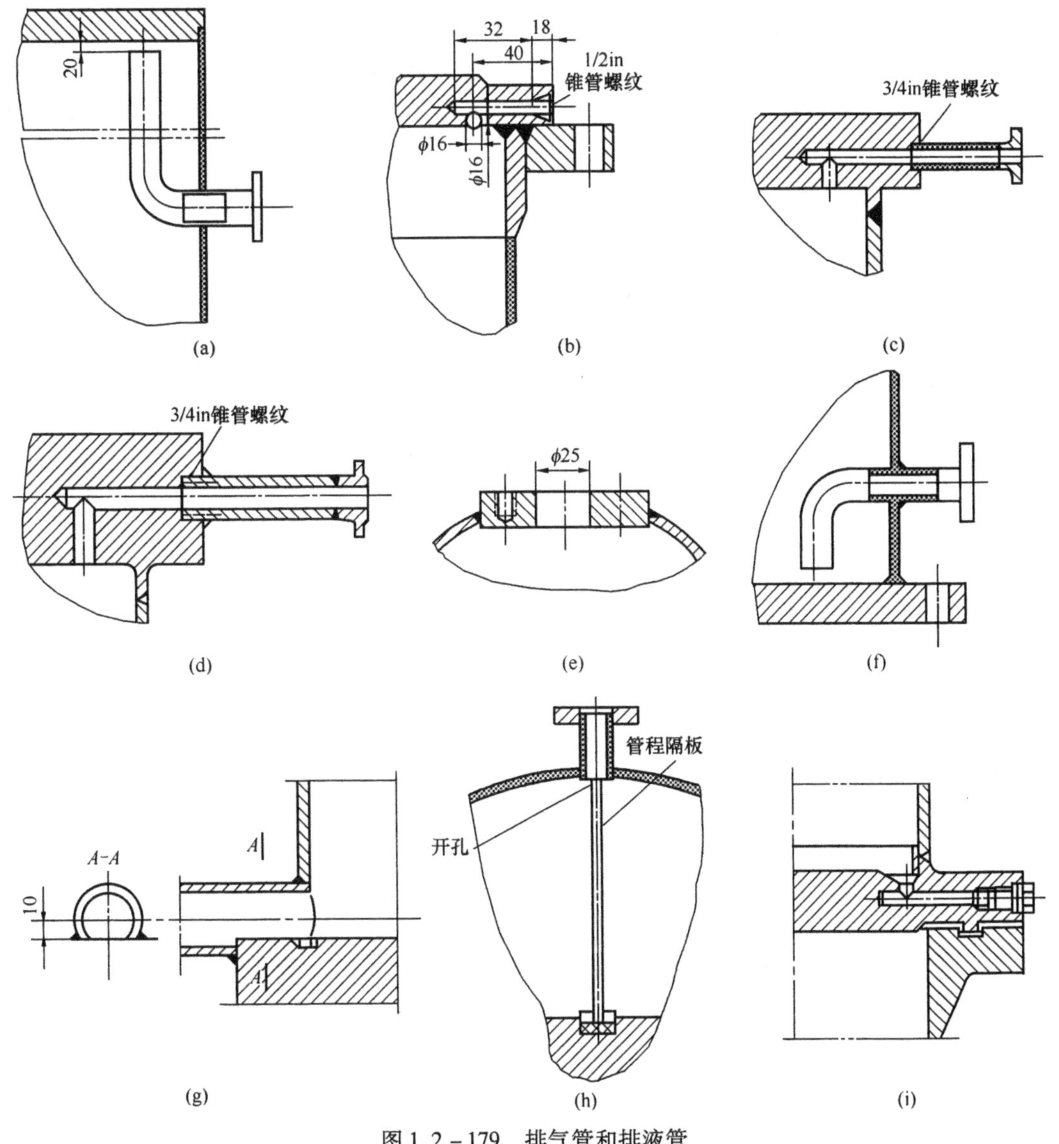

图1.2－179　排气管和排液管

集在上管板下方各个角落的气体充分排净。此外，为使液体充满壳体，通常在出口管线设置一段高出排气口的U形管[图1.2-180(a)]。

若无 排气口，在液体和聚集的气体之间的界面处，存在腐蚀和应力破裂的隐患，且固体通常沉积在管子的这部分。此为立式换热器和冷凝器设备失效的常见原因。

对于填函式换热器，浮动端也可以布置在上部，要在浮动管板上设置排气孔较困难，因此壳体上部接管的最高点应当与浮动管板内侧平面处于同一水平面上，以便使聚集在上管板下方气体从上部接管排出。此外，在出口管对侧的壳体上焊一个管接头，使其尽量靠近管板，便于排气。

立式热虹吸再沸器通常也采用管板开孔的方法，以便排出惰性气体和CO_2。已发现在CO_2聚集的上部蒸汽入口管对侧的壳体存在腐蚀，如图1.2-180(b)所示。

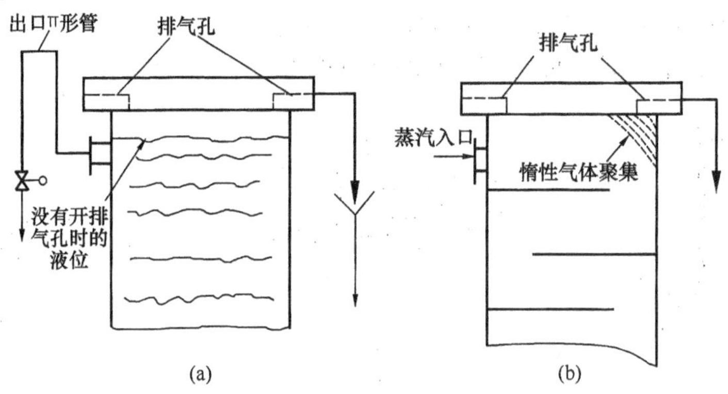

图1.2-180 排气孔

九、换热器支承

管壳式换热器支承大致可分为两类：一类为卧式支承；另一类为立式支承。上述两类支承中又可分为多种型式，下面分别介绍几种常用的支承型式。

(一) 卧式支承型式

1. 双鞍式支座

双鞍式支座是卧式管壳式换热器最常见的支承型式，其一端为固定支座，另一端为滑动支座，滑动支座吸收换热器与支座基础间的膨胀差。双鞍式支座支承结构简图见图1.2-181。

1) 双鞍式支座在换热器上的布置原则

双鞍式支座在换热器上的布置原则如下：

a) 当$L \leqslant 3000$mm时，取$L_B=(0.4\sim0.6)L$；

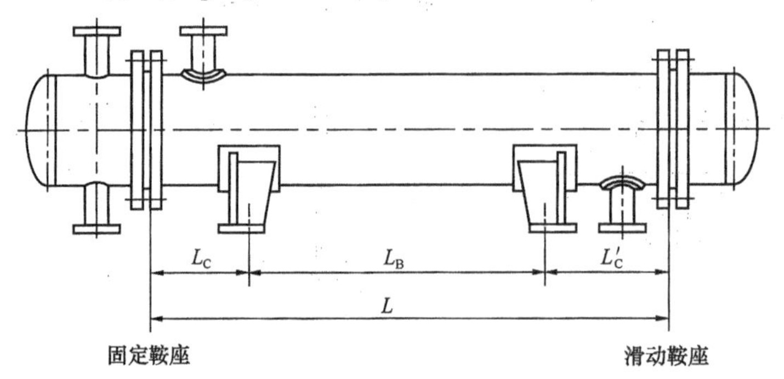

图1.2-181 双鞍式支座支承结构简图

b）当 $L>3000\text{mm}$ 时，取 $L_B=(0.5\sim0.7)L$；

c）尽量使 L_C 和 L'_C 相近。

2）卧式容器鞍式支座布置与卧式管壳式换热器鞍式支座布置区别

卧式容器要求尽量使支座中心到封头切线距离 A 小于或等于 $0.5R_a$（R_a—圆筒平均半径，即 $R_a=R_i+\delta_n/2$），当无法满足上述要求时，A 值不宜大于 $0.2L$。双鞍式支座卧式容器支承结构简图见图 1.2－182。

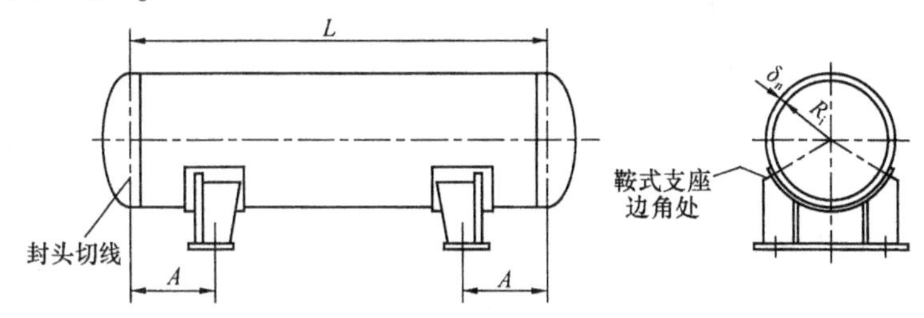

图 1.2－182　双鞍式支座卧式容器支承结构简图

卧式容器应尽量利用封头对筒体及鞍座支承截面的加强作用，因此要求鞍座支承截面尽量靠近两封头切线。而管壳式换热器管板或设备法兰对壳体及鞍座的支承截面起加强作用，因而管壳式换热器鞍座布置尽量靠近管板或设备法兰，此外考虑到管壳式换热器鞍座布置应避开壳程接管，为此 L_C 与 $L_C{}'$ 取值可大于 $0.2L$。

3）双鞍式支座的选用与计算

标准型式双鞍式支座可以根据 JB/T 4712《鞍式支座》进行选用，也可根据换热器实际载荷需要进行非标设计，但无论使用上述哪种方法进行换热器鞍座设计均可采用文献[31]第十章 RGP－G－7.11 中所提供的方法进行设计计算。

2. 多鞍式支座

设备大型化的快速发展迫切要求设备大型化，而制造技术的进步也为设备大型化提供了可能，传统的双鞍式支座已无法满足大型卧式管壳式换热器的支承需要。在这种情况下应采用挠性多支承及非对称性支承。多鞍座支承结构简图见图 1.2－183。

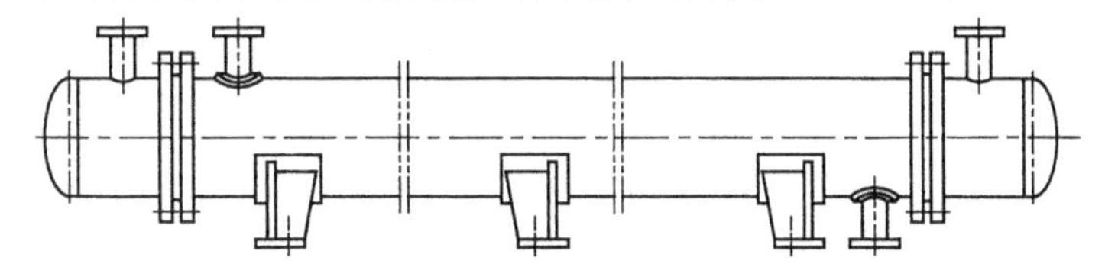

图 1.2－183　多鞍座支承结构简图

可根据 JB/T 4712《鞍式支座》进行多鞍式支座的选用与计算。国外内一些文章也对多鞍座的设计与计算进行了介绍，其设计计算方法大致可分为三类：第一类是应力分析计算方法；第二类为 L. P. Zick 法[32]；第三类为欧洲协调标准 EN13445《非直接受火压力容器》第三篇 16.8 节中介绍的设计计算方法[32]。

3. 重叠式换热器鞍式支座

为节省占地面积并有利于配管，串联操作的换热器往往重叠布置。重叠式换热器的鞍座支承简图见图 1.2－184（a）、（b）。重叠式换热器支座的布置及选用要求：

a）支座底板到设备中心线的距离应比接管法兰密封面到设备中心线的距离至少低 5mm，

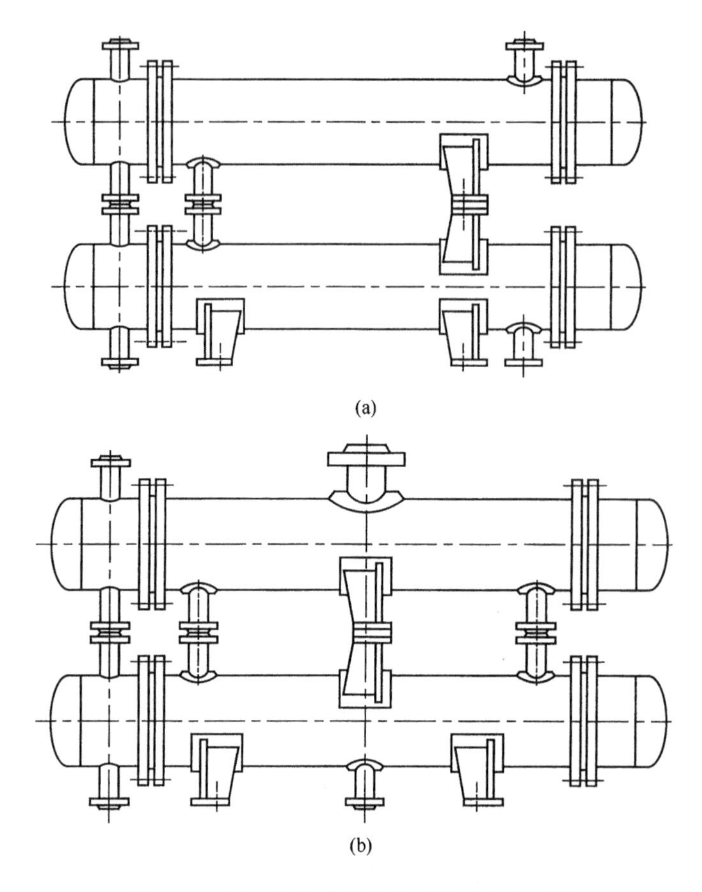

图 1.2-184 重叠式换热器的鞍座支承简图

以便于设置调整高度用的垫板；

b）重叠式换热器支座除按 JB/T 4712 选用外，必要时应对支座和壳体进行校核；

c）当重叠换热器质量较大时，可增设一组重叠支座或下部换热器支承截面设置框架支承，三重叠的框架支承结构简图如图 1.2-185 所示。

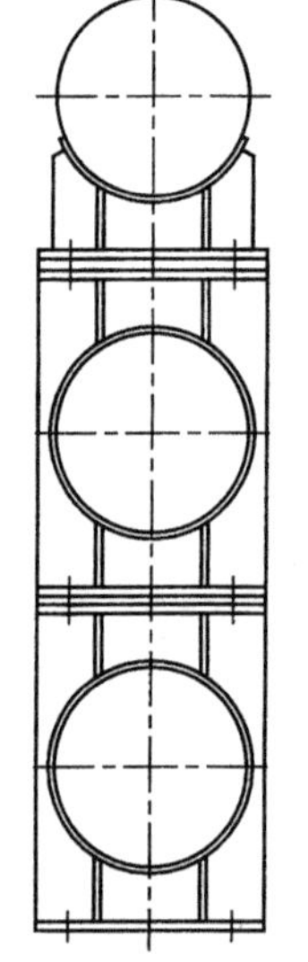

图 1.2-185 三重叠的框架支承结构简图

重叠式换热器是炼油厂和化工厂中较为常见的安装型式，但 GB 151 及 TEMA 中均未介绍其强度计算及校核方法，实际工作中对小规格两重叠换热器可按 TEMA 校核，并不考虑重叠影响。但有些情况应予以考虑，如直径比较大的重叠换热器和三重及三重以上的重叠换热器等等。文献[33]所介绍的内容为直径较大或三重及三重以上重叠换热器的计算与校核的一种方法。

4. 其他支承型式

卧式管壳式换热器除了上述的支承型式外，还有滚动式支座支承(图 1.2-186)、耳式支座支承(图 1.2-187)等多种型式。具体使用哪一种支承型式应根据换热器本身特点及现场安装位置等因素来确定。

(二) 立式支承型式

1. 耳式支座

1)普通耳式支座

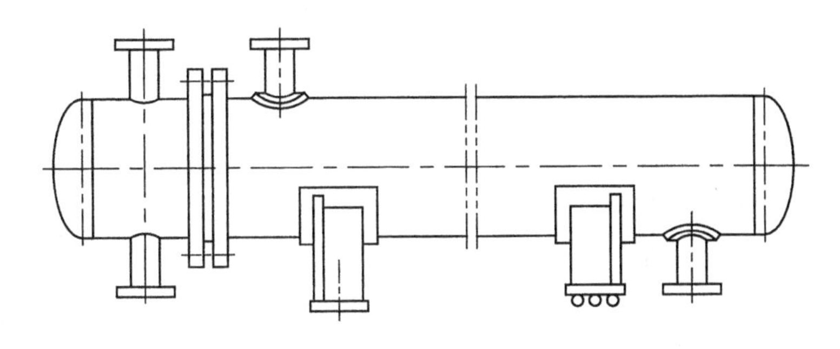

图 1.2－186　滚动式支座支承结构简图

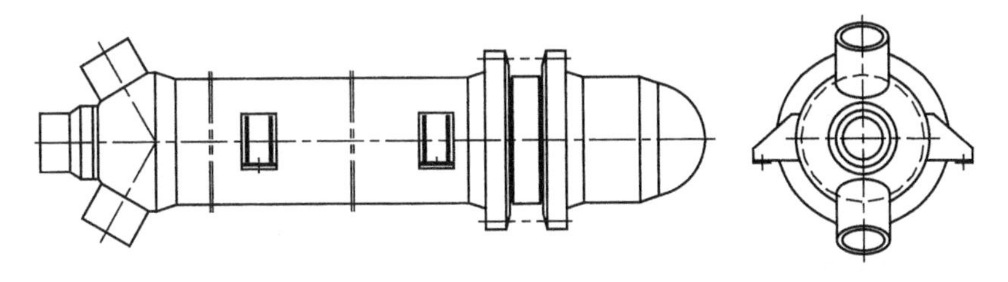

图 1.2－187　耳式支座支承结构简图

耳式支座是中小型立式换热器中较为常见的支承型式，耳式支座的支承结构简图见图 1.2－188。

立式换热器耳座的布置原则

a）公称直径 $DN \leqslant 800$mm 时，至少应安装两个支座，且应对称布置；

b）公称直径 $DN > 800$mm 时，至少应安装四个支座，且应均布；

耳式支座的选用与计算

耳式支座可根据 JB/T 4725《耳式支座》进行选用，也可根据换热器实际载荷需要进行非标设计，上述两种方法均可采用文献[1]中第十章 RGP－G－7.12 所提供的方法进行校核。

2)带刚性环耳式支座

当容器直径较大，壳体较薄，而外载荷(包括重量、风载、地震载荷等)较大，或壳体内处于负压操作时，采用普通耳式支座往往使壳体的局部应力较大，变形较大，甚至会引起失稳。在这种情况下通常采用带有两圈刚性环的耳式支座。带刚性环耳式支座支承结构简图如图 1.2－189 所示。

带刚性环耳式支座的选用与计算可参照化工部标准 HG 20582《钢制化工容器强度计算规定》中第 19 节。

3)带滑轮耳式支座

当壳程需要经常清洗时，可采用带滑轮耳式支座。即壳体支座带有能滑动的轮子，壳体清洗时只需牵动拖耳，支座轮子沿着地面上的槽形轨道移动，可将壳体抽出。

如图 1.2－190 所示，由法国赫尔蒂公司引进的立式 U 形管式废热锅炉(水管锅炉)的支座结构。该锅炉有四个耳式支座，耳式支座换由压紧环、角牵板、底板组成，放大图是底板装配结构，三块角牵板焊在上底板上，上底板开有 2 个长孔，用螺栓与下底板连接，下底板安置在结构钢架上。在上下地板之间装有推力球轴承。锅炉运行时，壳体受热膨胀，这种结构使壳体与支座连接处的热应力得到吸收。连接上下底板的两个螺钉，在支座安装就位后拆除，以便上下底板自由移动。

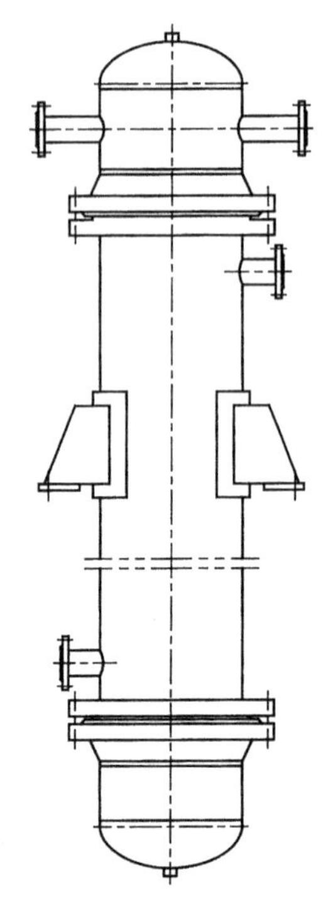

图 1.2－188 耳式支座的支承结构简图

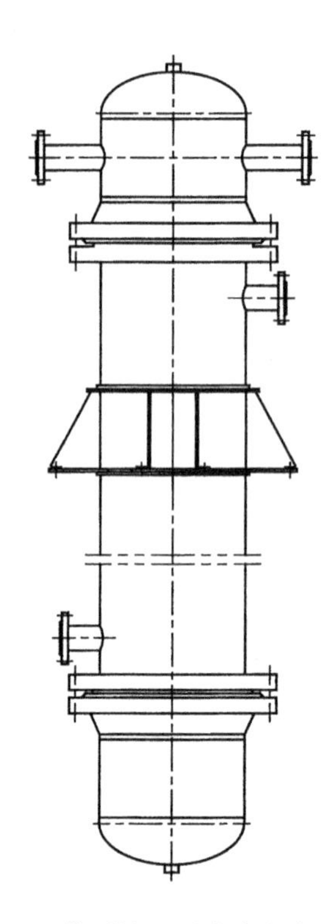

图 1.2－189 带刚性环耳式支座支承结构简图

2. 腿式支座

1)换热器若在下列情况下可选用腿式支座作为支承结构

a）换热器公称直径的取值范围为 400～1600mm；

b）换热器圆筒长度与公称直径之比小于 5；

c）换热器总高度小于 5m。

2)腿式支座的选用与计算

腿式支座可依据 JB/T 4713《腿式支座》的规定进行选用与计算。

3. 支承式支座

1)换热器在下列情况下可用支承式支座作为支承结构

a）换热器公称直径的取值范围为 800～4000mm；

b）换热器圆筒长度与公称直径之比小于 5；

c）换热器总高度小于 10m。

2)支承式支座的选用与计算

支承式支座可依据 JB/T 4724《支承式支座》进行选用与计算。

4. 裙座

大型立式管壳式换热器常选用裙座支承形式，其结构见图 1.2－191。

1）换热器在下列情况可用裙座作为支承结构

a）换热器圆筒长度与公称直径之比大于 5；

b）换热器总高度大于 10m。

2)裙座的选用与计算

裙座可根据 JB/T 4710《钢制塔式容器》中的相关规定进行选用与计算。

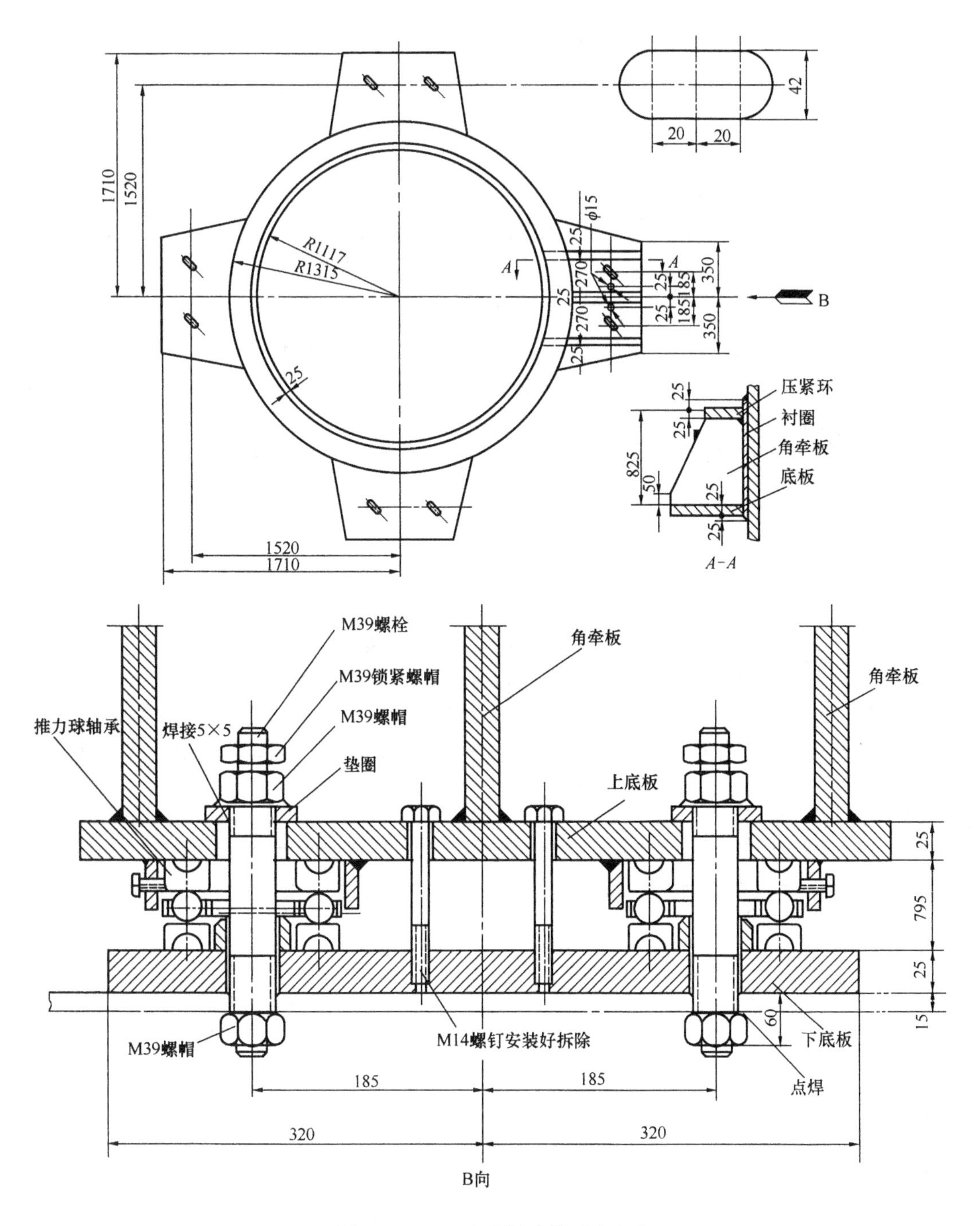

图 1.2－190 自由滑动的耳式支座

十、内管定位结构

图 1.2－192 所示的插管式换热器的内管 7 与外管 1 要求同心，以便形成均匀的环隙[2]。

图 1.2－192 是内管定位结构，在内管的外壁含有四组定位钉，每组三个，互成 120°排列，定位钉结构见详图。因其具有弹性，除保证对中外，兼有防振作用。

内管管端的距离，对水循环和管壁过热及设备的正常运行影响很大，这个距离要求精确，需要逐根进行射线检测。

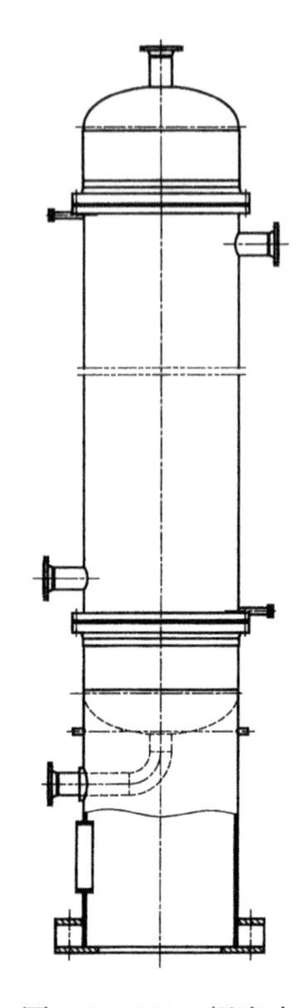

图 1.2－191 裙座支撑结构简图

十一、气液分布结构

由于工艺条件的要求或设备长期安全操作的考虑，要求气液介质分布尽量均匀，此时需要考虑气液分布装置的设计。通常，根据条件不同，可以设计出各种气液分布器，这里只介绍引进设备中的几个典型结构[2]。

如图 1.2－160 所示的插管式换热器，由于高温气体走管外，气体分布的均匀性直接影响换热器端部的热负荷及壁温，对换热管能否长期使用及设备运行安全都直接相关，所以气体分布器的设计必须保证气体分配均匀。图 1.2－193 即图 1.2－160 件 15 的详图。

气体分布器在换热管中心线的上半部 180°范围内开孔。开孔面积与入口管截面积相等，为使气体分布均匀，孔径随着入口距离增大而逐渐减小。这样，气体沿换热管流动时，由于管子一端封闭，至端头处速度为零，而静压头是逐渐增加的。因此，孔径逐渐减小，使阻力逐渐增加，从而调节气体流量均匀分布。

图 1.2－194 是从国外引进的二氧化碳汽提法尿素装置的高压冷凝器的气液分布器。这台冷凝器的介质流程如下。离开汽提塔的 CO_2、NH_3、水蒸气和防腐蚀用的空气混和物气体进入冷凝器顶部，原料液氨和甲铵液也进入冷凝器顶部。这些物料沿换热管下降，不断冷凝并混合生成氨基甲酸铵溶液，在这个过程中由于气氨、水蒸气的冷凝，以及液相中 NH_3 和 CO_2 生成甲铵而放出热量，这些热量用来发生低压蒸

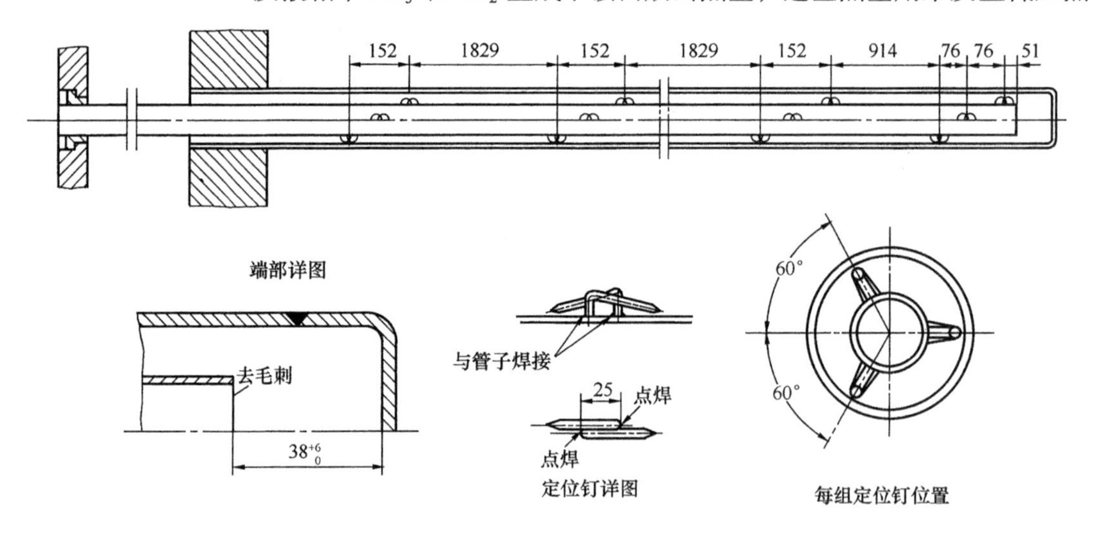

图 1.2－192 内管定位结构

气。进高压冷凝器顶部的气液物料要均匀分布在各换热管中，因此设置一个结构简单的筛孔板式的分布器。液氨沿筛板上的小孔淋洒，气体沿气管分布到换热管内。

在筛板上有一定液位，为了使管板上的液体分布均匀，停车后可以排尽，管子端部低于管板表面 1mm，见图 1.2－195。

图 1.2－196 为降膜再沸器的液体分布器和换热管进口结构。液体由进口管进入口冲击在防冲板上，然后沿导流板流到管板上，再穿过稳定堰底部的缺口均匀流入换热管周围，最

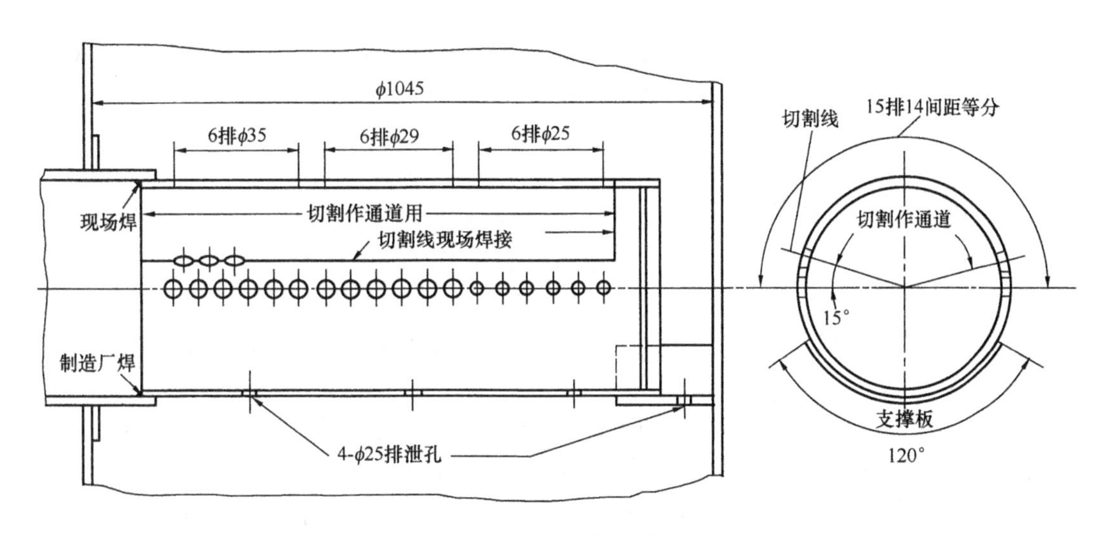

图 1.2－193　气体分布器

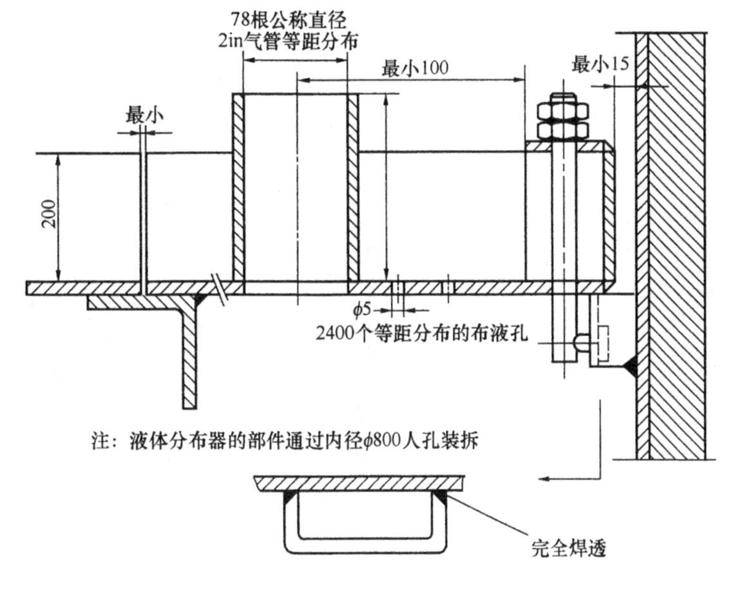

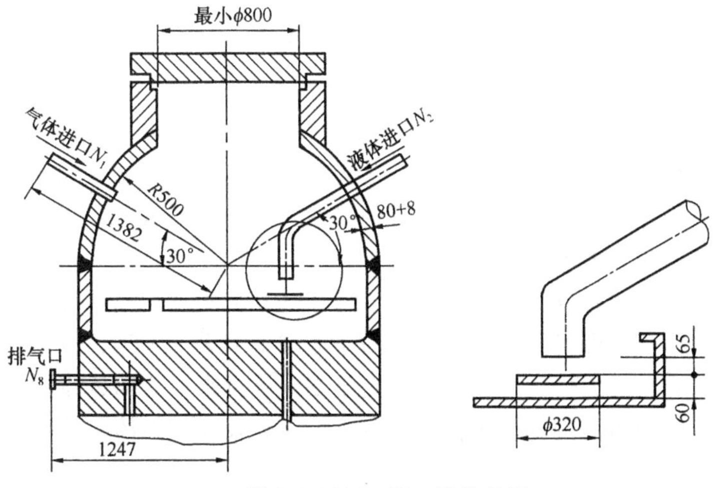

图 1.2－194　汽－液分布器

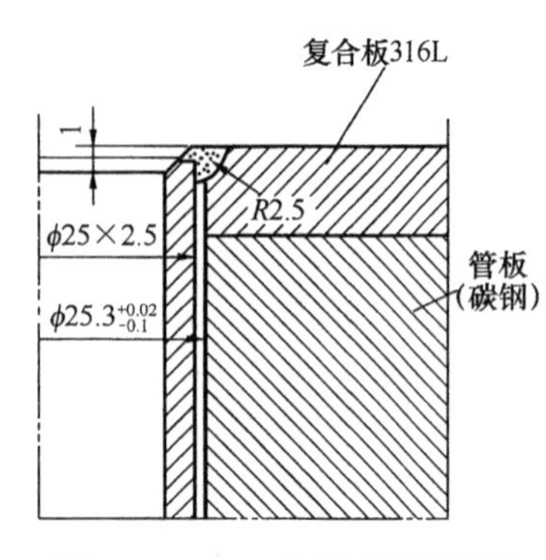

图 1.2－195 高压冷凝液管端

后通过传热管上部的窗口溢流入换热管内。稳定堰底部的缺口数量，在进口管一侧少些、另一侧多些，以消除阻力的影响，使液体分布均匀。

图 1.2－197 是另一种降膜蒸发器的液体分布结构（双管板换热器），该结构较图 1.2－196 复杂。该蒸发器要求每根管流速均为 22±2L/h，可用不同厚度的垫环调节分配头高度，逐根管测试，直到达到要求流速。

图 1.2－198 为使液体缓慢流入管内而采用的其他管端结构。

图 1.2－199 是升膜式蒸发器下部管口分配器，每根管子端部有一根圆销插入，使物料进入换热管后能呈膜状，沿管壁上升到一定高度后，由于大量气体被蒸发出来，物料在换热管上部的流动为气液混合状态。这样能始终保持无聊在管内以膜状上升流动的状态，以达到较理想的蒸发。

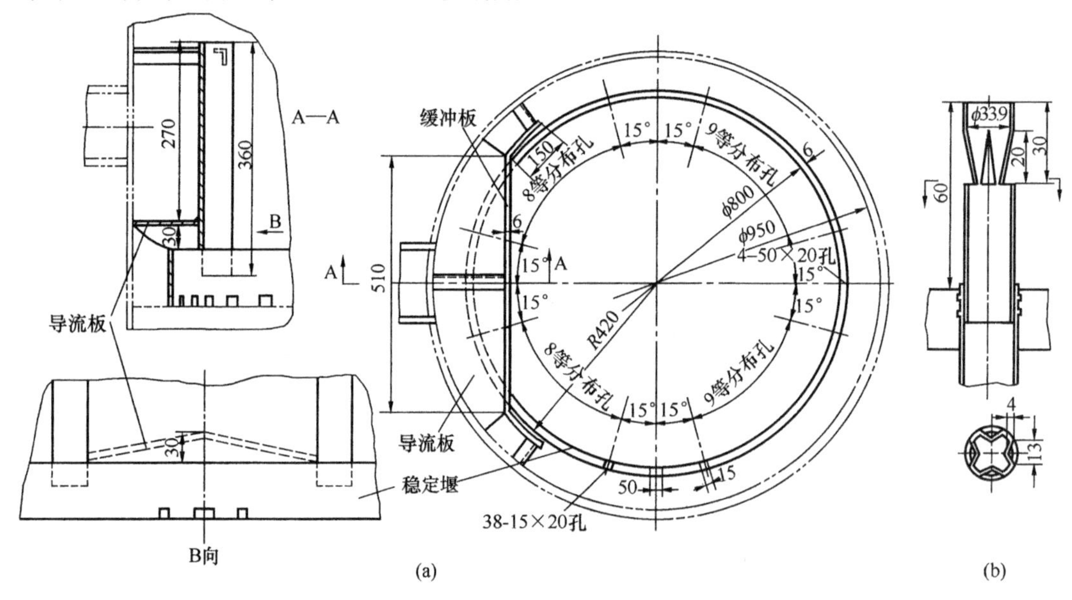

图 1.2－196 降膜再沸器的液体分布器

图 1.2－200 是另一种升膜蒸发器的液体进口的升膜结构。它是把伸出管板长度不等的管端切成45°方向的斜口，斜口方向背着中心线的方向。因为管程的进口管在下封头的中央，所以管子伸出管板的长度越靠近中央越长。这样可使每根管子从管板平面到进口管之间的阻力相近，以达到液体均匀分布到各换热管的目的。

十二、球形封头与筒体的连接

球形封头与筒体的连接结构有以下三种。图 1.2－194 的球形封头基本上与筒体等厚，此时直接将封头与筒体对接即可。但球形封头的厚度裕量太大，因为，球壳厚度大约为同直径圆筒厚度的一半。为对焊方便，势必加厚球壳厚度。反过来，若筒体厚度和球壳均按设计条件设计时，对接处的筒体需削薄很多，这样在边缘应力较大的筒体，从强度方面考虑是不合理的。

随着换热器直径的增大，高压管箱采用碗型锻件管箱就不合适了，碗型锻件除厚、重、

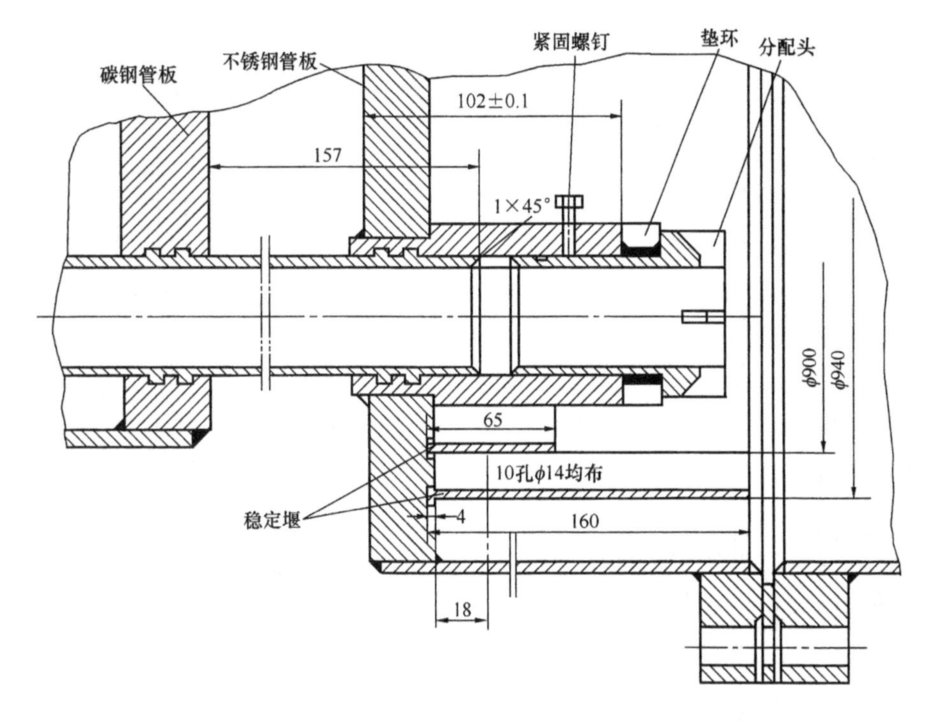

图 1.2－197　可调整的液体分布器

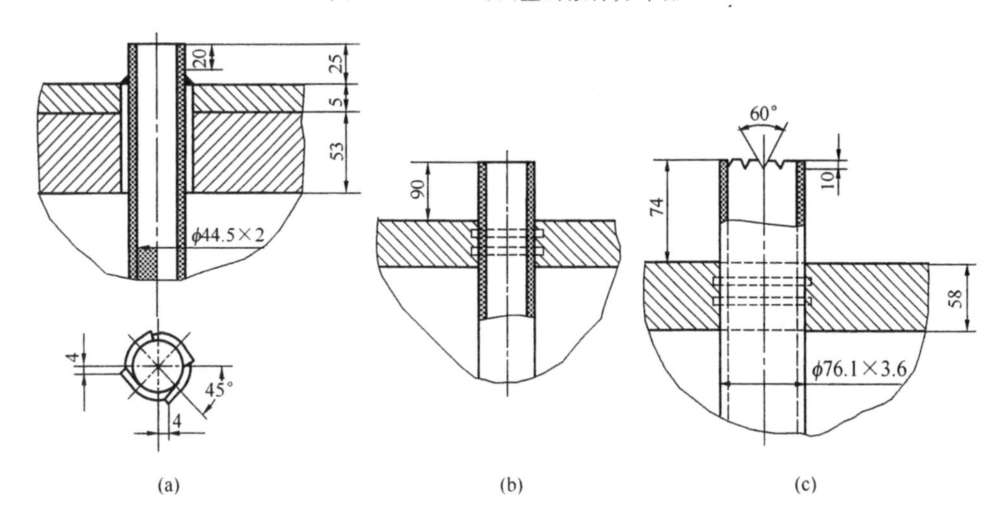

图 1.2－198　管端结构

大和加工困难外，成本随直径增大而增加。而采用带人孔的半球形封头，就较薄，重量轻，且容易加工，人孔筒体、接管和半球形封头的连接主要有如图 1.2－201 所示的三种情况，其中 A 型接头是插入式接管，双面全焊透结构，为使根部焊透，需要清焊根，焊接很费时间，准备工作时间也相应较长。B 型接头是安放式接管，单面焊，不过组装定位很费时间。如采用衬环，可缩短组装时间，也容易焊透，但拆去衬环并磨平表面比较费时。焊接深度等于接管或人孔筒体的壁厚，这两者均比半球形封头厚得多，必须补偿接管或人孔筒体的收缩。C 型接头和 A 型差不多，但接头只从内侧单面焊，实践证明，这种结构较前两者好。焊接准备和施焊时间都短，且容易加工，C 型接头有如下优点：①完全使用较快的气体保护手工电弧焊（GMA）；②几乎全部焊接都在一侧进行；③焊接是全焊透结构；④较容易预热；⑤组

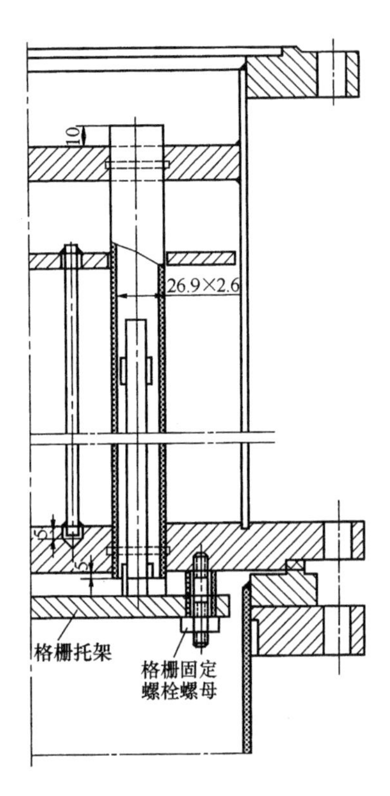

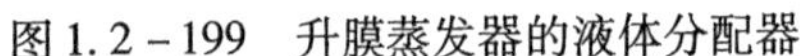

图 1.2－199 升膜蒸发器的液体分配器

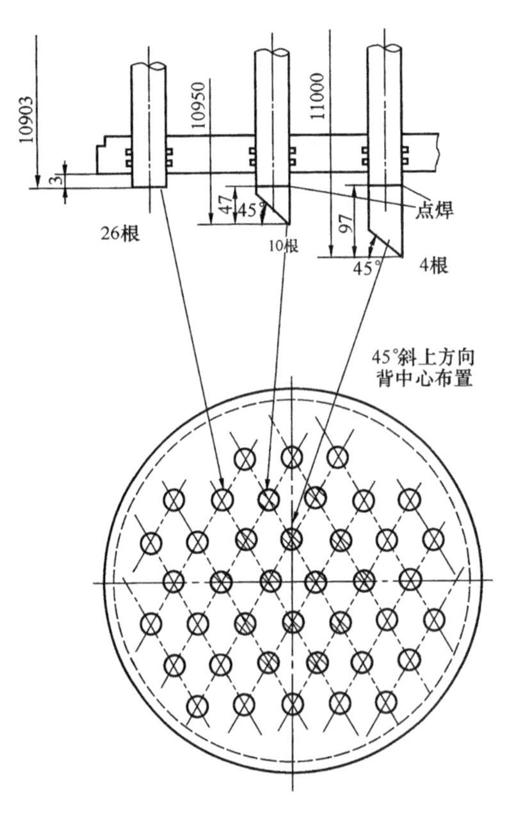

图 1.2－200 升膜进口结构

装、焊接和其他工作时间少；⑥背部清根容易；⑦当封头小而接管大时，如果对焊接操作没有妨碍，允许接管靠近封头和管板间的焊缝[2]。

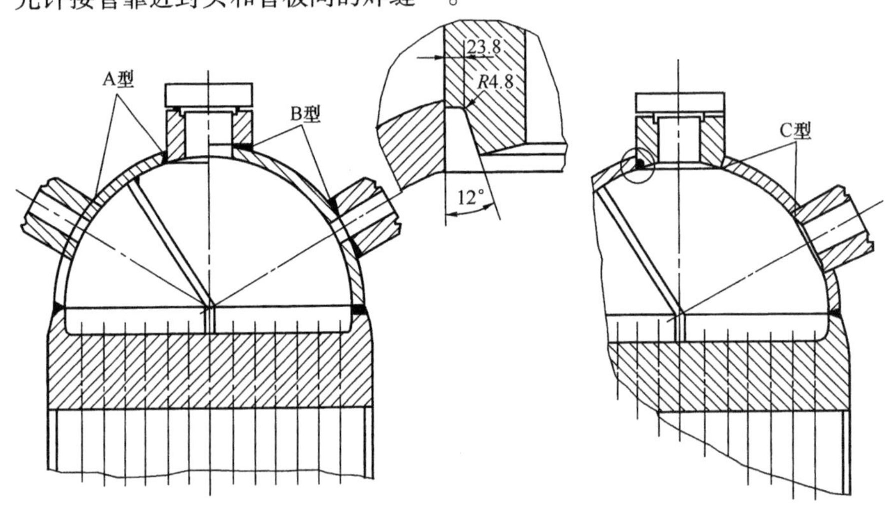

图 1.2－201 人孔筒体、接管和半球形封头连接

十三、爆破膜

换热器中，一般高压介质走管程，低压介质走壳程。如果管侧为高压气体，一旦管子破裂，高压气体进入壳侧，则会使壳体超压而破坏，甚至发生事故。为保护壳体的安全，常在壳侧设置一爆破装置，以防超压。

爆破膜按其破坏性质，可分为爆破式、折断式、撕脱式、剪切式和特殊用途等几种形式。下面作一简单介绍。

最常见的是金属薄板轧制而成的爆破式爆破膜(图 1.2－202)。制造时，常事先使膜片受一压力载荷(为爆破压力的90%左右)。使之成为圆顶形状，然后再安装在设备上。这种用气压或液压办法压出的预制圆顶，不但提高了膜片爆破速度，而且可以发现材料中隐藏的缺陷。对壳侧负压操作的设备，为保证爆破膜的刚性，在其里侧设置负压支架[图 1.2－202(b)]，负压支架为刚性带穿孔的圆顶形状，紧贴在爆破膜里侧。

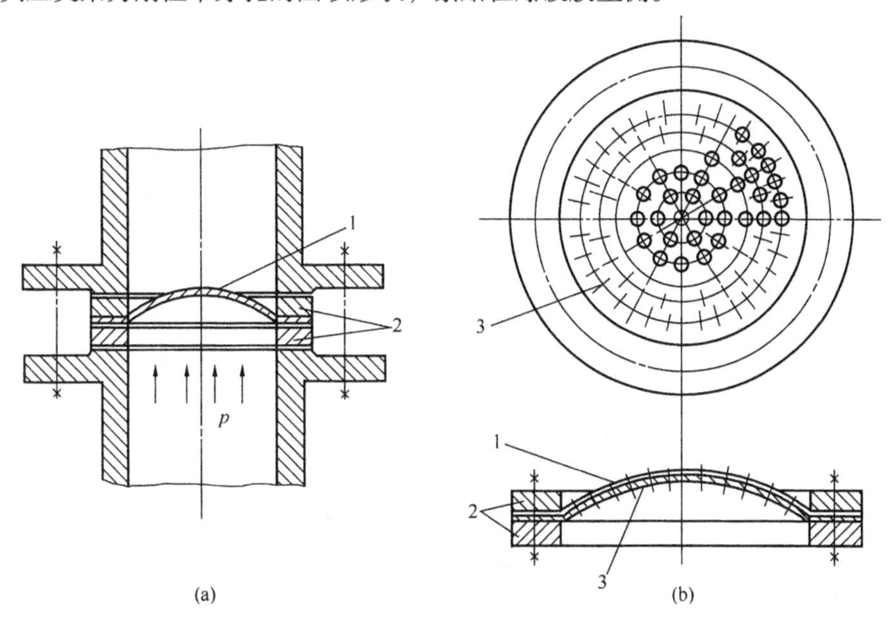

图 1.2－202　爆破式爆破膜

折断式爆破膜用脆性材料(铸铁、石墨、硬橡胶、聚氯乙烯、玻璃等)制造。这种爆破膜制造简单，缺点是爆破压力幅度大。

图 1.2－203(a)是直接由法兰夹紧的折断式爆破膜，安装时若夹紧力不均匀，膜片可能被夹坏。图 1.2－203(b)是非夹紧膜片，有软质密封膜密封。

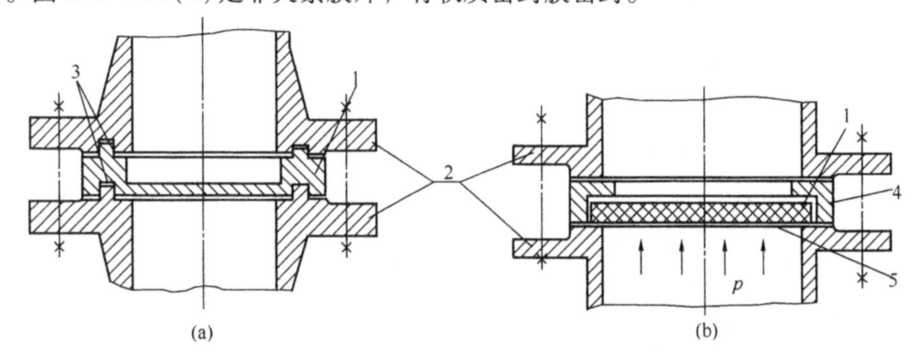

图 1.2－203　折断式爆破膜

撕脱式爆破膜用以保护爆破口直径为 20～60mm，压力超过 25.0MPa 的液压系统。膜片通常为带有薄弱断面的盖帽状，如图 1.2－204 所示。

剪切式爆破膜爆破时沿外侧夹持环的锐边被切去，完全打开泄放气体的流通截面。图

1.2－205所示为最简单的平板膜片，通常膜片用铝板或其他软金属制造，而夹持环都用钢制造。由于这种爆破膜使用效果较差，在结构上很难保证达到纯剪切，故已逐渐淘汰。

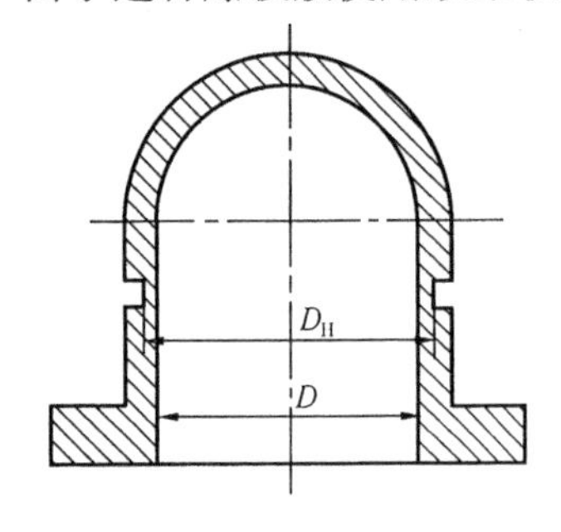

图1.2－204 撕脱式爆破膜

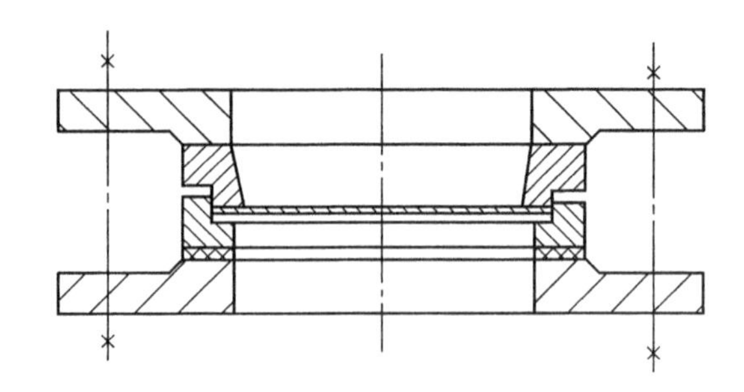

图1.2－205 剪切式爆破膜

弹出式爆破膜对于保护在低压或负压下工作的设备来说，是最有发展前途的一种防护装置。膜片是焊或粘在环座上的球缺形薄膜片(图1.2－206)。安装时，它的凸面朝里。当设备超压时，球缺失稳，膜片凸面突然由里面翻到外面，并从环座的焊接处撕离、弹出。

爆破膜在爆破时有碎片飞出(特别是脆性材料)和介质的喷射。为保护人身和其他设备的安全，需要采取保险措施，例如在爆破膜外侧一定距离装设保险板(图1.2－207)。

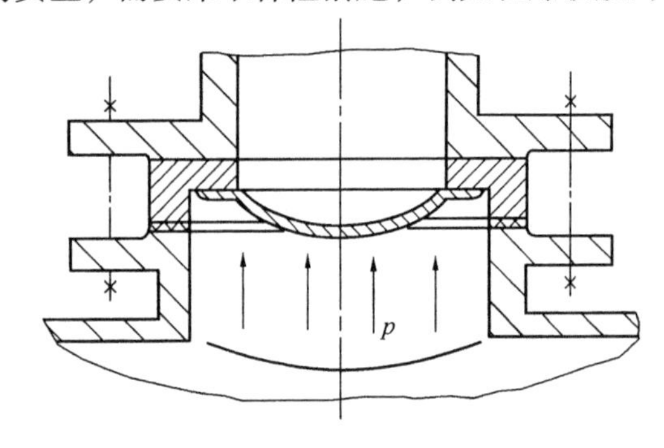

图1.2－206 弹出式爆破膜

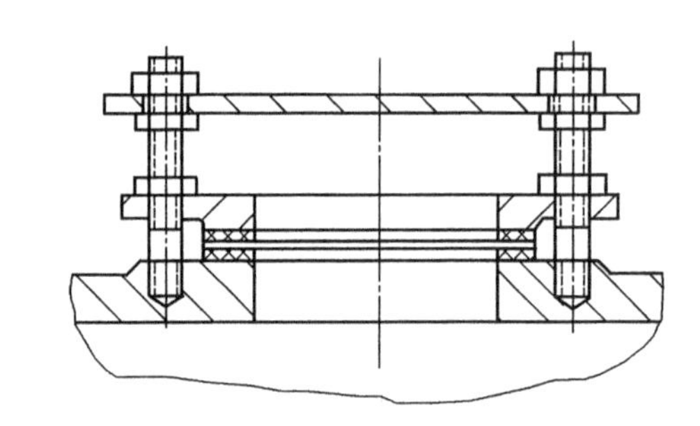

图1.2－207 带保险板的爆破膜结构

十四、装配和拆卸用配件

换热器常因拆装不当，造成零部件损坏和变形，影响设备正常应用，所以配备装拆用配件是必要的[2]。

为便于拆卸壳体和管箱侧法兰垫片，应备有2～4个顶丝(图1.2－208)。

对可抽出管束的卧式换热器，如果管束较重，应装设管束导轨。

超过30kg的管箱封头和头盖，应设有吊耳、吊环或环首螺栓螺纹孔。

公称直径大于300mm或管长超过2.6m管束的可拆式换热器，在其固定管板的端面上应有两个安装牵引环螺孔，这些螺孔事先应用塞子保护。

可拆式换热器的固定管板外表面上方(卧式换热器)和浮头盖法兰外表面上方，都应备有起吊用环首螺栓螺孔。

卧式换热器封头的拆装也可用吊柱装置。

吊钩、吊环和吊柱的安装位置见图1.2－209。

十五、其余零部件

换热器零部件，除了换热器专用的以外，还有一些是与其他压力容器通用的结构。例如除沫装置、接管和开孔补强结构、保温圈、保温钉、封头、筒体、吊装件、法兰、垫片等[2]。

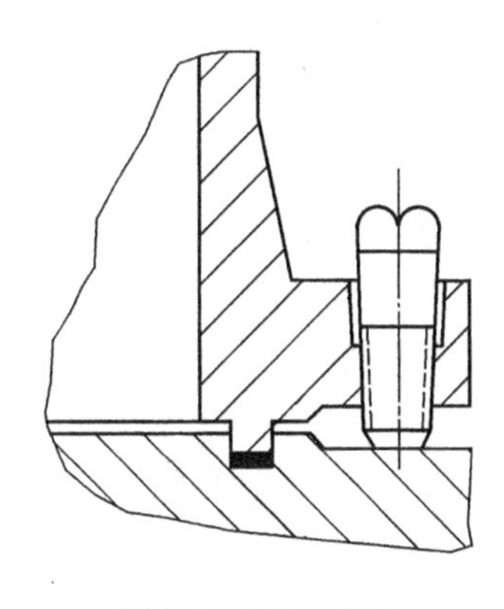

图 1.2－208　顶丝

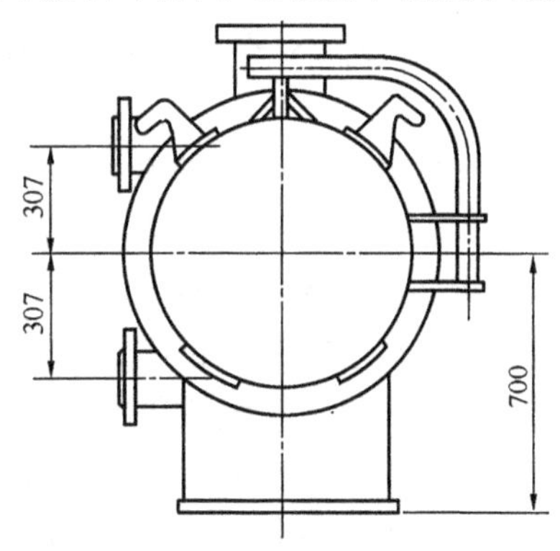

图 1.2－209　吊装件安装示意图

蒸发过程的换热设备，为防止雾沫夹带，需设置除沫器，一般采用除沫效率较高的不锈钢丝网除沫器，置于出口管内或出口管下面。

换热器的接管与一般压力容器不同，壳程接管一般不伸入壳体内部，而与壳体内壁平齐，这不仅有利于物料的排尽，且在装拆管束时，不会妨碍折流板的出入。因此开孔补强结构也不能采用内补强。压力和温度的检测口可设在物料进出口的接管上。因此化学清洗的接管应不小于 50mm。

保温圈是设备制造后现场焊在壳体上，但对经热处理后不允许再次焊接的设备，保温圈的结构可采用如图 1.2－210 所示的方法，把保温圈与壳体相连。

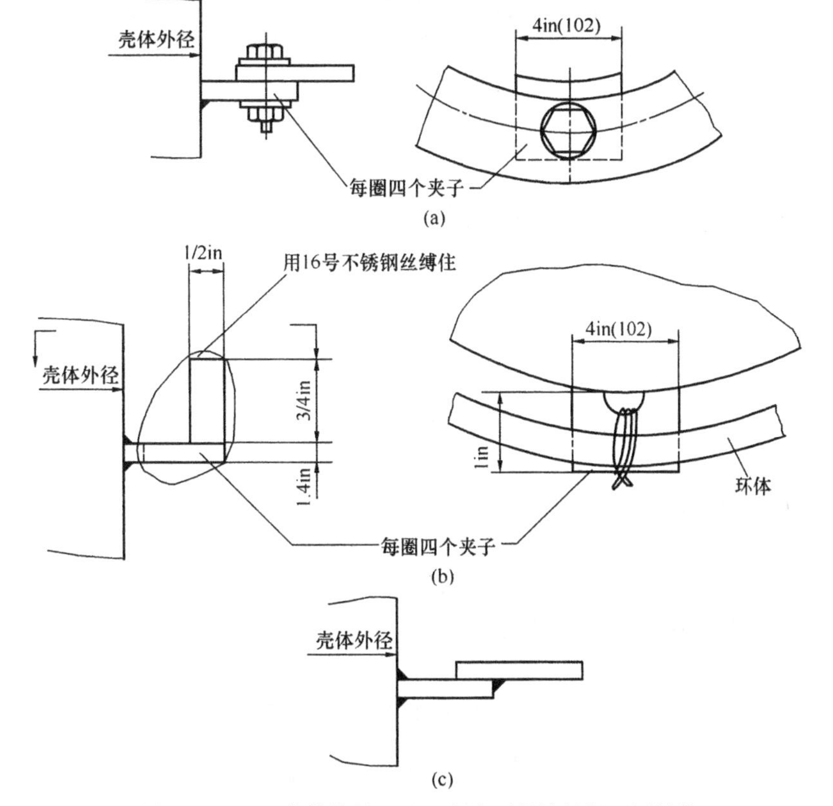

图 1.2－210　壳体热处理后不允许再焊接的保温圈结构

第八节 耐压试验和气密性试验

换热器的耐压试验是对换热器的强度、稳定性和密封性的综合检验。即验证它在设计、选材和制造质量方面的可靠性；验证它是否具有在设计压力下安全运行所必需的承压能力；检验其焊缝和密封部位的密封性能等。

按换热器在压力试验前的状态换热器的压力试验可有两种情况，一种是换热器制造完成时的压力试验，另一种是对在线使用的换热器进行检修后投入使用前进行的压力试验。

换热器的强度和稳定性虽然可以通过设计计算来确定，但这些计算结果毕竟是理论数据，没有经过实际工况的考验。此外，一般来说，换热器在制造过程中不可避免地存在某些缺陷，而其中的一些缺陷可能会对换热器的强度和稳定性产生影响。如果换热器的强度和稳定性不足，就会在压力试验时出现塑性变形甚至破裂或丧失稳定而被发现并得到恰当的处理，从而避免其在使用中发生事故。由于压力试验是非破坏性的预防性试验，因此，在进行压力试验前，应对试验压力下换热器的主要结构和零部件进行应力校核，压力试验所用介质一般应满足安全和无害的基本要求。这与换热器在使用过程中介质的状况大不一样，因为在石油化工装置上的在用换热设备的工作介质多为易燃、易爆、有毒的液体或气体，一旦在使用过程中发生了泄漏或爆炸事故，后果将不堪设想。所以，换热器压力试验的目的，就是为了确保其在使用中的安全，验证在设计阶段，理论计算出的强度、稳定性和密封性能的可靠性。

耐压试验分为液压试验(采用液体作为试验介质)和气压试验(采用气体作为试验介质)；气密性试验是指在设计压力下的密封试验。耐压试验一般采用液压试验。需要指出的是，气密性试验与一般的泄漏试验(如氨渗漏、氦渗漏以及补强圈的焊缝检漏)是不一样的[43]。

一、液压试验

(一) 试验压力及应力效核

1. 内压换热器的试验压力

内压换热器的液压试验压力用下式表示[44]。

$$p_T = 1.25p\frac{[\sigma]}{[\sigma]^t} \qquad (2-8)$$

式中，p_T 为试验压力，p 为设计压力，$[\sigma]$ 为换热器元件材料在试验温度下的许用应力，$[\sigma]^t$ 为换热器元件材料在设计温度下的许用应力，MPa。在原件材料不同时，取各元件材料中 $[\sigma]/[\sigma]^t$ 比值中的最小值；立式换热器在卧置时，其试验压力为立置时的试验压力加上液柱静压力。

2. 外压和真空换热器的试验压力

外压和真空换热器的液压试验以内压进行，其试验压力用下式表示[44]。

$$p_T = 1.25p \qquad (2-9)$$

式中，p_T 为试验压力，p 为设计压力，MPa。

3. 应力校核

液压试验前，应按照下式对圆筒和椭圆形封头的应力进行校核[2]。

圆筒应力：
$$\sigma_T = \frac{p_T(D_i+\delta_e)}{2\delta_e} \leqslant 0.9\sigma_s\Phi \qquad (2-10)$$

椭圆形封头应力：$\sigma_T = \dfrac{p_T(D_i + 0.5\delta_e)}{2\delta_e} \leqslant 0.9\sigma_s\Phi$ (2-11)

式中，σ_T 为液压试验压力下圆筒或椭圆形封头应力，σ_s 为液压试验温度下，圆筒或椭圆形封头材料的屈服强度（或0.2%屈服强度），p_T 为试验压力，MPa；D_i 为圆筒或椭圆形封头的内直径，δ_e 为圆筒或椭圆形封头的有效厚度（对于壳程压力低于管程压力的管式换热器，可以不扣除腐蚀裕量），mm；Φ 为圆筒或椭圆形封头的焊接接头系数。

（二）液压试验顺序

1. 固定管板换热器

液压试验顺序为：①壳程试压，同时对换热管与管板连接接头进行检查。②管程液压试验。

进行管头试压和壳程试压时需要准备壳程接管的法兰盲板和密封垫；进行管程试压时除准备管程接管的法兰盲板和垫圈外还要准备管箱法兰的试压密封垫。

2. U形管换热器、釜式重沸器（U形管束）及填料函式换热器

试验顺序：①用压紧法兰固定管束的管板进行壳程试压，同时对管头进行检查，如图1.2-211。②管程试压。

进行管头和壳程液压试验时，需要准备壳程接管的法兰盲板及密封垫、管箱侧试验用压紧法兰及橡胶板保护垫垫圈；进行管程试压时只需准备管程接管的法兰盲板和密封垫即可。

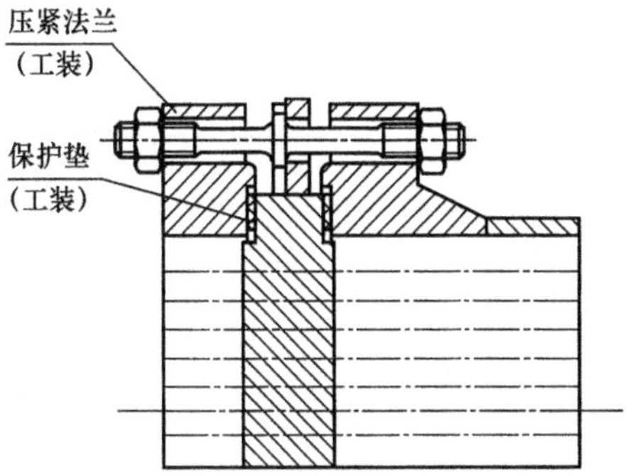

压紧法兰（工装）

保护垫（工装）

图1.2-211 U形管式换热器壳程试压图

3. 浮头式换热器、釜式重沸器（浮头管束）

试验顺序：①用压紧法兰和浮头专用试压胎具进行管头试压；对釜式重沸器需要制备管头试压专用壳体工装。②管程试压。③壳程试压。

管头试压方法详见第七节之一（四）小节。

4. 按照压差设计的换热器试压顺序

试验顺序：①按照图样规定的最大试验压力差进行管头试压。②按照图样规定的试验压力和步骤进行管程和壳程的步进试压。

5. 重叠换热器试压顺序

试验顺序：①管头试压单台进行。②当各台换热器连通时，管程和壳程的试压须在重叠组装后进行。

需要注意的是：换热器卧置试压时，应使其略为倾斜一些，以利于注水时通过"排气口"排尽气体；试压完毕后，通过"排液口"排尽残液。

（三）管头试压

换热器液压试验时需要一部分工装，其中换热器管头液压试验时浮头端专用试压工装（试压胎具）最为复杂。以下介绍三种典型的换热器管头试压胎具。

1. 浮头式换热器管头试压工装

管束穿入壳体，固定管板用压紧法兰固定，浮头端用专用试压胎具连接，密封后，即可对管头进行检漏。

以下介绍三种管头试压胎具。

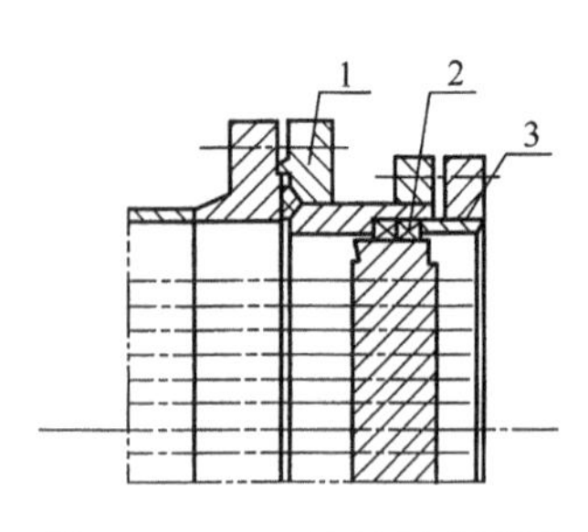

图 1.2－212 填料函式试压胎具示意图

1—试压胎；2—盘根；3—压盖

① 填料函式试压胎具 如图 1.2－212 所示是早期的传统管头试压胎具。特点是劳动强度大，但密封效果并不理想，但还是沿用了许多年。此结构靠压盖来压紧石棉盘根实现密封。

② 自紧式试压胎具 如图 1.2－213 所示。20 世纪 70 年代，伴随着我国石化工业对浮头式换热器需求量急剧增加的需要，为提高大批量换热器制造中进行管头试压的效率，兰州石油化工机器厂研制出了自紧式管头试压胎具，并逐渐形成一整套完整系列。此套胎具曾作为出口换热器的配套工具而传到国外，也广泛流传到国内的有关制造厂和石化企业。

密封原理：外头盖侧法兰与试压胎具处采用"П 型"密封结构，试压胎内侧和浮头管板外侧处形成"Ц 型"密封结构。试压时，随着压力的升高，前者的"П 型"橡胶密封垫紧紧顶在外头盖侧法兰和试压胎的密封槽上；通过孔"b"的注压，后者的"Ц 型"橡胶密封圈将紧紧的箍在浮动管板的外侧上，从而获得了可靠的密封性。试压压力越高，其密封性能越好。

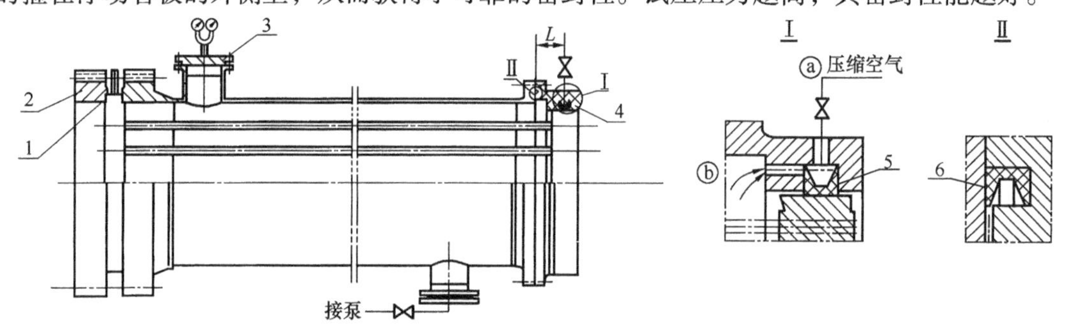

图 1.2－213 自紧式试压胎具示意图

1—保护垫圈；2—压紧法兰；3—盲板；4—试压胎；5—浮动管板橡胶密封圈；6—外头盖侧橡胶密封圈

③ 改进型自紧式试压胎具 如图 1.2－214 所示。对于同一公称直径的浮动管板，其外径和公差均相等，但因为公称压力的不同，其厚度是各不相同的；加之管束和壳体的制造公差、密封垫形式的变化(如：平垫改为密封效果更好、承受压力更高的八角垫)以及设计结构不同时，伸出长度 L 将发生变化。此改进型自紧式试压胎在保证密封可靠的情况下，可用滑环和调节丝杠作无级调节，使之适应变化的 ΔL。压力由顶丝来承担。

这种改进型自紧式试压胎的通用性较好，例如结构类似也需要用此类试压胎进行管头试压的立式催化重整换热器，当 $PN=2.2$MPa，$DN=500$ 时，$L=175$mm。而同等压力和公称直径的标准浮头式换热器的 $L=85$mm，两者之差 $\Delta L=90$mm。根据统计，只要 $\Delta L=100$mm 时就可以满足各种类型换热器的管头试压的需要。

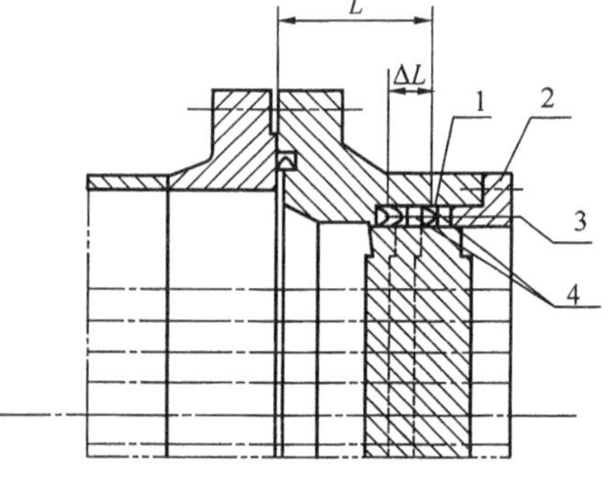

图 1.2－214 改进型自紧式试压胎具示意图

1—"Ꝟ"橡胶密封圈；2—压盖；3—调节丝杠(顶丝)；4—滑环

2. 试压胎具的标准化和系列化

浮头式换热器(冷凝器)虽然结构雷同，但其规格繁多，以标准的管壳式换热器为例，公称直径 300～2600mm 范围内以 100mm 为档进级就有 24 种。壳程公称压力有五档(0.6，1.0，1.6，2.5，

4.0MPa)，当改用八角垫钢垫密封结构时，可延伸至6.4或10.0MPa。且在不同的公称压力下，其外头盖侧法兰所对应的螺栓孔数和螺栓孔的分布园直径也不同，因此，前文所述的L自然不相同。若按照众多的规格分别制作试压胎具，不仅会造成造成极大的浪费，而且工装成本巨大，经济效益低下。

外头盖侧法兰均按JB 4721—92《外头盖侧法兰》选用，对应的螺栓孔孔经可以按照*PN*来分档。如*DN*500公称直径，*PN*=1.0、1.6MPa时，D_1=700mm；*PN*=2.5，4.0MPa时，D_1=715mm；*PN*=6.4MPa时，D_1=755mm。对于试压时的螺栓数量，在自紧密封状态下，根据其试压时的受力特点，试压胎螺栓数相对于外头盖侧法兰的螺栓数约减少一半，具体数量可按照螺栓强度效核和自紧式的密封特点来决定。自紧式密封主要依靠换热器试压时介质的内压力来压紧密封元件，使联接部位达到密封。它的预紧力小，只有试验下试压介质产生的轴向力的20%以下。其联接螺栓所承受的载荷力如图1.2-215所示[45]。螺栓承受的总载荷等于或略高于试压介质形成的轴向力，且管头试压的介质对“Ц型”橡胶密封环垫产生的轴向力本身就很小。因此，管头受压时，其联接螺栓的数量可以很少。具体数量是多少，尚需按照预紧状态下和操作状态下，按照螺栓强度校核结果来确定。

对于*DN*500，*PN*=1.6MPa，其外头盖侧法兰螺栓数量为12；*PN*=2.5MPa时为16；*PN*=4.0MPa时为20；如图1.6-216所示，此时，螺栓材料为40Cr或40MnB；当选用其他材料时，则需要重新进行校核。对于不同螺孔间距、分布园直径和螺孔数，可在同一套试压胎具上错开布置，基本均布后即可以保证密封。

综上所述，当*PN*不同，Δ*L*不同时，对于同一公称直径，由于其浮动管板的外园相等，制作一套试压胎具即可。所以，可以按照*DN*将试压胎具进行标准化、系列化设计。

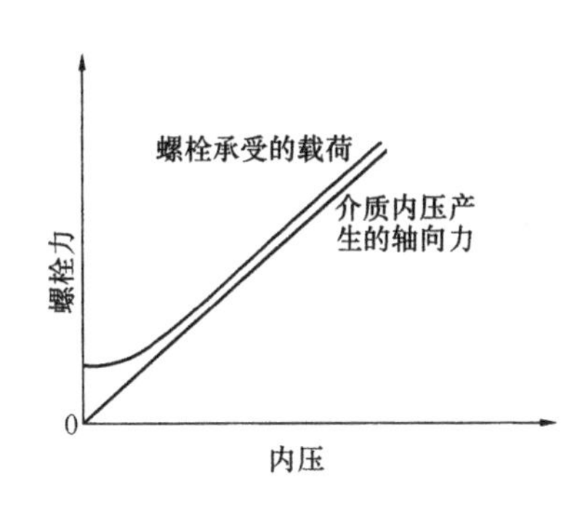

图1.2-215　内压与螺栓力的关系曲线示意图

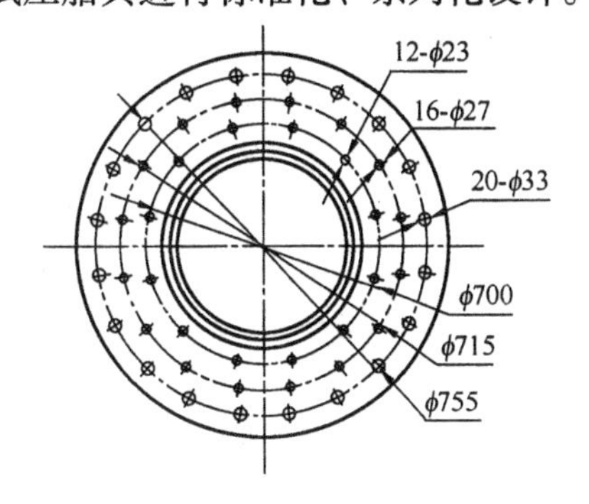

图1.2-216　*DN*500mm时试压胎螺孔数量示意图

3. 管程压力高于壳程压力时的管头试压

在这种情况下，根据GB 151—1999《管壳式换热器》6.18.5款中“接(管)头试压应按图样规定，或按供需双方商定的方法进行。但多数情况下，设计图样对此无明文规定；订货时，制造厂家的专职订货人员和用户也往往忽略了这一问题。最后留给了制造厂去处理。

在此状态下，多采用以下办法解决。

① 如制造商有设计资质的人员，可用$0.9\sigma_s\phi$(气压试验时为$0.8\sigma_s\phi$)的应力值，计算壳体的试验压力，来最大限度的提高壳程的试验压力。但须注意，此时应以壳体上所有受压元件中应力级别最低值进行强度和密封性能校核。当仍不能满足壳程试验压力时，设计人员可适当用增加壁厚，或用强度级别的材料代用来解决。

② 按灵敏度较高的检漏方法，增加对壳程和管头的试验。例如氨渗漏试验，直至灵敏度最高的氦检漏试验。

③ 用先进的制造工艺方法来保证管头的密封可靠性。如管头为胀接连接时，从经验得知，过胀的几率甚少(多为胀管滚珠质量问题而导致“过胀”)。可按用额定功率控制胀管质量的方法，在原输入功率基础上再加 5 瓦，经评定后再施胀；如管头为“焊接 + 胀接”连接时，可用经过评定的多层焊、着色或磁粉探伤合格后，避开焊缝 10mm 后实施胀接。

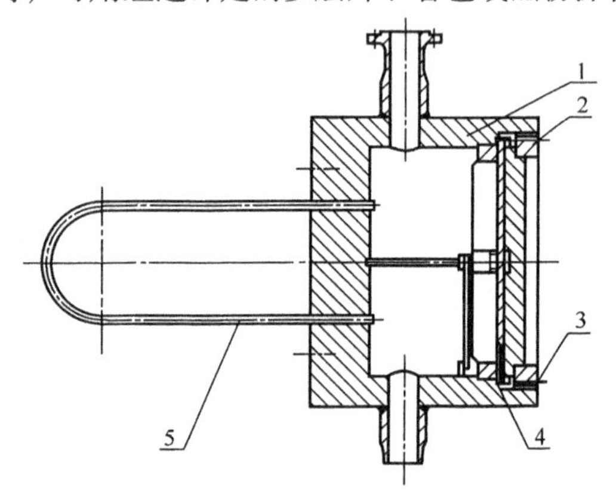

图 1. 2 – 217 H – L 型螺纹锁紧式加氢换热器
1—管箱；2—螺纹锁紧环；3—压紧螺栓
4—金属平垫；5—U 型管束

④ 对可抽式管束或可抽式壳体，当换热管为正方形排列时，可先行对高压管程试压检漏(即倒置试压)，如图 1. 2 – 217 所示。即可按此法试压，用窥视镜从管板背面检漏。浮头式换热器可在管箱、浮头盖安装好并将螺栓预紧后，按此方法试压检漏。

4. 按压差设计换热器的管头试压

这种情况系指同时受管程、壳程施压的受压元件需按压差设计，主要为管板。浮头式换热器还包括浮头盖；而其他受压元件仍需按管程或壳程设计压力设计。此时，管头的试压可按下述方法进行。

① 当壳程压力高，管程压力低时 这时不能直接用壳程的试验压力进行管头的试压，可用管板的压差，或管板经应力校核后得出的较高的压力，用作试验压力对管头进行试压。

② 当管程压力高于壳程压力时 一般可用压差直接对管头进行试压；但当压差仍高于壳程之压力时，则应按壳程的较低压力进行管头的试压。

③ 在上述两种情况下，均不能满足管头在管程、壳程最高状态下的试验目的时 在进行了以上两种试验后，尚需对管头作氨渗漏试验或氟利昂渗漏试验以检查管头的密封可靠性。氟利昂试验灵敏度较高，但需用昂贵的检漏器，故适用于高压差时换热器的设计和其管头的检漏试验用。

(四) 液压试验方法

换热器液压试验时，用水或其他液体作为传压介质。无论进行那个部位的液压试验，均应按液压试验的要求在换热器上安装好液压试验必须的工装和仪表，并通过承压软管与试压泵连接，然后向换热器被试压腔加注液体，向被试压腔加注液体的过程中应注意排空其内部的空气。被试压腔注满液体后，用试压泵向被试压腔继续加注液体进行加压，当压力升到规定的试验压力时，关闭试压泵及液体输入阀门保压。在升压和保压的过程中应密切观察压力表指示是否稳定、检查被试压部位的密封面和焊缝是否泄漏以及有无异常声音和变形等。达到保压时间且检查无异常后，缓慢降压、排液。在升压和保压的过程中如发现某部位有泄漏及其他异常时，应停止加压，做好标记或文字记录，然后降压，必要时将液体排净。待存在问题解决后，重新按上述程序试压，直到合格。下面以浮头式换热器为例，叙述其液压试压方法。

1. 管头试压

① 连接管线 按照图 1. 2 – 213 演装试压胎等试压工装和连接试压泵管线。为防损伤壳

体内表面，浮动管板处装上导轮装置后，穿管束入壳体之内。

用高压液压胶管、快速接头等与壳体下接管连接成密封回路，演装所有密封元件和试压胎。为保护密封面，固定管板外侧密封面上需装保护垫圈；试压胎须依浮动管板外圆仔细校正，如选用图1.2－213型试压胎，尚须用丝杠将"Π"形橡胶密封圈调整好位置。

② 注水　通过上部接管向壳体内加水，由试压法兰上的"a"孔处打入压缩空气以形成初始密封。待水从上部接管处溢出时，表明空气排净，水已注满。将上部接管密封、压力表装好。关闭试压法兰上"a"孔处截止阀。

③ 清理　将壳体外壁和两侧的所有管头用压缩空气吹干、扫净，不得留有任何水渍。

④ 打压　打开和泵连接处的阀，用试压泵向壳体内打水加压。加压时，须保持压力平稳而缓慢地上升(高压时且应分级打压)。当压力升至设计压力时，暂停打压，检查各密封部位和管头有无泄漏。若发现有泄漏，须将壳体内的水放净后，方能进行修理，严禁带压返修。若无泄漏和其他异常，则可继续缓慢升压至试验压力后，保压至少30min。然后将压力降至规定试验压力的80%，并保持足够长的时间以便对管头逐个仔细检查。如有渗漏，修补后重新按上述升压—降压—保压过程试验。如无渗漏，试验即可结束。

需要强调的是保压期间压力表的压力应保持不变，不得采用连续加压以维持试验压力不变的做法。

⑤ 检查　检查员做好检漏工作，并作详细记录。

⑥ 排水　检查合格后，即可打开下部接管的盲板，放水降压。放水时，顶部接管也应打开。

⑦ 其他　拆除所有试压工装。注意保护密封面，以备后用。

2. 管程试压

管程按照图样要求装上管箱、浮头法兰、接管盲板和所有密封元件，紧固螺柱后进行注水、试压。试压方法同上。

3. 壳程试压

壳程试压需装上外头盖及密封元件，紧固螺柱后进行注水、试压。试压方法同上。

4. 发送报告

按照水压试验的检查记录，发送《水压试验报告》。

(五) 液压试验的要求及准备

1. 对试验介质和温度的要求

一般均采用水作为试验介质。在不能用水时，凡不会导致发生危险的液体，在低于其沸点和闪点温度下，都可以用作液压试验的介质。当采用可燃性液体时，试验场地附近不得有任何火源；被测设备(底座)须有绝缘措施，且应配备切实可行的消防器具和器材。

在上世纪60年代前后，由于低合金的大量应用，在水压试验时，低温应力脆性破坏时有发生。如日本川崎的一台材质为A336－F22(ASTM)的换热器，在1967年进行的一次水压试验时发生了脆性破裂。人们从工程实践中的教训和其后的试验研究中发现，水压试验时水的温度比设备材料的无延性转变温度(简称NDT)低，是导致发生脆性断裂破坏的根源。有一材质为ASTM－A240钢制成的容器，规格为ϕ2286mm×7925mm，NDT＝43℃，而水压试压时的破坏温度为7℃，比NDT温度高出了36℃。但并非试压用水温在NDT温度以上就不会发生破坏，如德国的一台用BHW38制成的锅炉汽包，NDT＝25℃，在水压试验时壁温达到35℃时也发生了破坏，此温度比NDT高出了10℃。事故分析者认为，若在壁温大于

“NDT + 16℃ ≈58℃”下进行水压试验就不会发生此类脆性破坏事故。因此，为了预防低温应力脆性破坏，目前，世界各国的压力容器规范或标准，对水压试验温度都以材料的 NDT 温度为依据，规定了试压时水的温度，即要求水温应在材料的无塑性转变温 NDT 度上加上 16℃以上为宜。

美国 ASME - Ⅲ锅炉压力容器规范 NB6200 规定：在温度大于 RTNDT + 60 ℉(16℃)进行水压试验。GB 150—1998《钢制压力容器》也有规定：碳素钢、16MnR 和正火 15MnVR 钢制容器进行液压试压时，水温不得低于 5℃；其他低合金钢制容器进行液压试验时，水温不得低于 15℃(不包括低温容器)。《压力容器安全技术监察规程》同时规定：铁素体钢制低温压力容器在液压试验时，液体温度须高于壳体材料和焊接接头两者夏比冲击试验的规定温度的高值再加上 20℃。

对以上讨论的 NDT 意义须理解为：NDT 不能简单地用材料的 NDT 来取代容器作水压试验的唯一依据，而应取薄弱环节的 NDT 作为水压试验的依据。当容器制成后，不经消除应力热处理时，水压试验温度的确定尚需考虑冷作变形使得 NDT 上升的情况；因为机械约束(如板厚、补强圈等)造成材料 NDT 升高时，则需相应提高试压时的液体温度。

在试压液体温度达不到以上相应要求时，可将液体(水)温度通过加热得以升高。但从经济上考虑，把试压水温度过分提高也没有必要，须强调的一点是只有当壳壁温度与介质温度相当后再进行试压。

对奥氏体不锈钢制换热器，特别是不锈钢制 U 形管，在制作过程中，由于受到冷作(煨管)、热加工(“R + 300 直段”的固溶化处理)的影响，因而容易导致在役设备应力腐蚀开裂。为此，要求其试压试验时水的氯离子(Cl^-)含量≤25ppm，国外有些厂家提高到了 Cl^- 含量≤16ppm。当试压水达不到此要求时，可采用或增设“试压水净化装置”对水进行处理。此外，除少数间壁式换热器(如夹套式换热器)外，壳程里的内腔均有芯子——管束，为提高换热效率，必须减少结垢。为此，要求试压水和操作介质洁净，清除污垢，防止水压试验时出现锈蚀，试压时用水应加防锈钝化剂(如亚硝酸钠等)。

2. 对试验用压力表要求

压力表是用来测量流体压力的仪表。换热器液压试验时装设压力表可以直接监控和测量水被试部位的压力，使其不得超过试验压力。

压力表的使用要注意以下事项：

(1) 压力表管理

① 选购有仪表制造资质的制造厂生产的铅封完好且包装合格的压力表。

② 压力表的使用单位应当制定严格的管理制度。

③ 有专人负责压力表的存放、保管及定期校验。压力表的定期校验应有相应的校验档案和校验合格证书。

④ 使用中的压力表应确保在校准的有效期内，且有校准合格证。

⑤ 铅封损坏、超过校验期以及表内泄漏或指针跳动的压力表不得用于压力试验中。

⑥ 校验时在刻度盘上应划出指示最高工作压力的红线，注明下次效验日期，并在校验后予以铅封，压力表的校验周期表见表 1.2 - 13。

(2) 压力表选用

① 根据试压介质进行选择。包括介质温度、黏度、腐蚀性、清洁度及介质易燃易爆的分类等，并按压力表使用说明书在适用介质范围选用。

表 1.2-13　压力表的校验周期表

	名　称	规　格	周　期	效验资质单位
1	压力表	$p \leq 60$MPa	6	市级国家计量所(局)
2	压力表	$p > 60$MPa	6	市级国家计量所(局)
3	校准压力表的标准表		24	省级国家计量局

② 选用压力表的精度等级须与试压壳体的压力等级相适应。压力表的精度是以它允许的误差占表盘刻度极限值的百分数按级别表示的，它一般均标注在表盘上。在压力试验时，一类换热容器可选 2.5 级的压力表；二类换热容器可选 1.5 级的压力表；一类换热容器可选 1.0 级的压力表。

③ 压力表量程的选择。试压所用压力表，其最大量程(表盘的刻度极限值)应和该容器的试验压力相适应，其量程最好为试验压力的 2 倍，且最小不能小于试验压力的 1.5 倍，但最高不得超过试验压力的 4 倍。

④ 表盘直径的选择。为了使操作工人和检查员能准确地记录其压力值，压力表的表盘直径不宜过小。一般选取 *DN*100mm，当换热器直径较大时，可以选取 *DN*150mm。

(3) 压力表试压时注意事项

① 压力表应装设在被测容器的顶部，且便于观察的位置；同时要防止冷冻和震动对试验所用压力表的影响。

② 当试压介质为水蒸气时，压力表和被测试容器之间，尚应接有存水的弯管。

③ 压力试验时，至少应选用两个量程、精度及直径相同且经过校验的压力表。

3. 试验前准备工作

(1) 审查相关文件和资料

内容有设计图样、强度计算书、制造全过程或在用换热器修理的全过程均应全部合格。

(2) 仔细检查的部位

① 存在应力集中部位、有变形部位、补焊区、异种钢焊接部位、工卡具留有焊迹处、电弧损伤处和易产生裂纹部位。

② 对未进行 100% 无损检测的换热器尚应检查焊缝咬边处，对于敏感材料应检查可能发生的焊趾裂纹处等部位。

③ 所有密封面不得有任何磕碰、划伤、轻微的径向划痕。

④ 管头连接处是最易泄漏的薄弱点，无论是哪一种连接方式，均须打磨、磁探或着色检查合格后，再进行清洗及压缩空气吹干，检查。对于三类换热器或介质毒性为剧毒的换热器，须经高灵敏度方法的检漏试验。

⑤ 接管补强圈处需要提前做检漏试验。

(3) 试压用泵

液压试验前应对试验用泵进行检查，确保运转灵活，无故障。试验用泵性能应能满足试验压力的要求。试验用泵的类型有柱塞泵、增压泵两种。柱塞泵的使用仍在国内大多数厂家使用，存在体积大、效率低、故障多等弊端。国外上世纪 70 年代已大量采用气动增压泵。这类泵是依靠压缩空气(0.7MPa)驱动的(也有电驱动的)，按输出压力有多种规格，且压力可以调节，增压比例高达 300∶1。同时带有时间——压力自动记录仪，能如实记录下试压的全过程，其优点为升压快、节能及维修方便。当配备自动记录仪，用高压软管和快速接头，便可以与被试壳体连接成无泄漏回路。我国已推广与该类泵的结构、增压原理类似的高压无气喷漆用高压泵。

(4) 密封垫圈定位检查

对结构较为复杂的换热器，如螺纹缩紧式换热器(结构示意图见图 1.2－218)。在卧置组装时，其内腔的金属平垫 7 和缠绕平垫 8 清洗后需要钳工组装定位，或用抗腐蚀粘结剂靠侧面(非密封面上)粘接牢固，并将其连接件 10(密封隔板)对中、用固定压环(件 11)定位。由于垫圈 7 发生位移而导致国外某炼厂加氢装置中的一台螺纹锁紧环式高压换热器在操作状态下发生了重大事故，血的教训是需要引以为戒的。同样，对其他结构型式的换热器，无论何种形式的密封垫，组装时也必须定位，对中，粘接固定，以防止试压时泄漏。

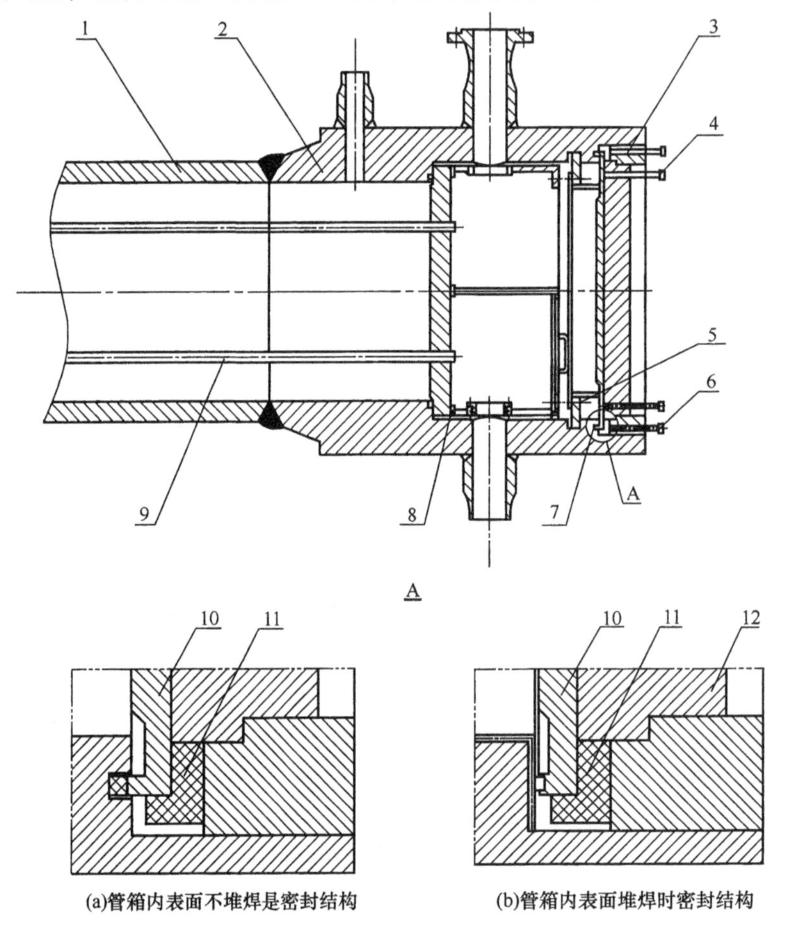

图 1.2－218 H－H 型螺纹锁紧式换热器部分结构示意图

1—壳体；2—管箱；3—螺纹锁紧环；4—调节螺栓；5—顶紧螺栓；6—压紧螺栓；7—金属平垫；8—缠绕平垫；9—U 形管束；10—密封隔板；11—固定压环；12—管箱盖板

(5) 设备螺栓及其紧固件的紧固程序

下文所述的程序对产品试压、设备维修及管道连接的螺栓紧固均适用。

紧固件的紧固工序对试验的成败也甚为重要。有的高压设备在紧固时尚用“液压拉伸器”进行此序。所以，紧固件的紧固工序必须给予重视。

紧固工序需要注意的事项如下：

① 所有设备螺柱在清洗及检验合格后，均需涂上润滑脂；对高温换热器用螺栓及螺孔均需涂以防腐、抗高温的润滑脂（如含有钼和石墨粉的）。

② 按照图样要求紧固所有紧固件。不得任意间隔进行螺栓紧固工序。

③ 紧固时，需要按照螺柱的许用扭矩进行紧固。不得选用超过许用扭矩的电动板手，对于液压板手需要检查已设定的扭矩值。

④ 为确保密封的可靠性，紧固螺栓须按照规定程序进行。

图 1.2－219 给出了两种不同螺柱数量的紧固程序。二个密封件加载过程如下：

① 对准设备法兰螺栓孔，并将其定位，保证固定牢靠。

② 在螺柱、螺母的螺纹部位及螺母与密封部件的接触面处涂上适宜的润滑油脂。

③ 组装好所有的紧固件，且用手予以旋紧。

④ 按照图 1.2－219 所示，将螺栓孔编上紧固的顺序号。

⑤用测力（风动或电动扭矩）扳手，按照最终密封扭矩的 20% 进行预紧。

⑥按照图样中的排列顺序分两级或多级，对称而均匀地紧固螺柱，直到达到要求的最终密封扭矩。

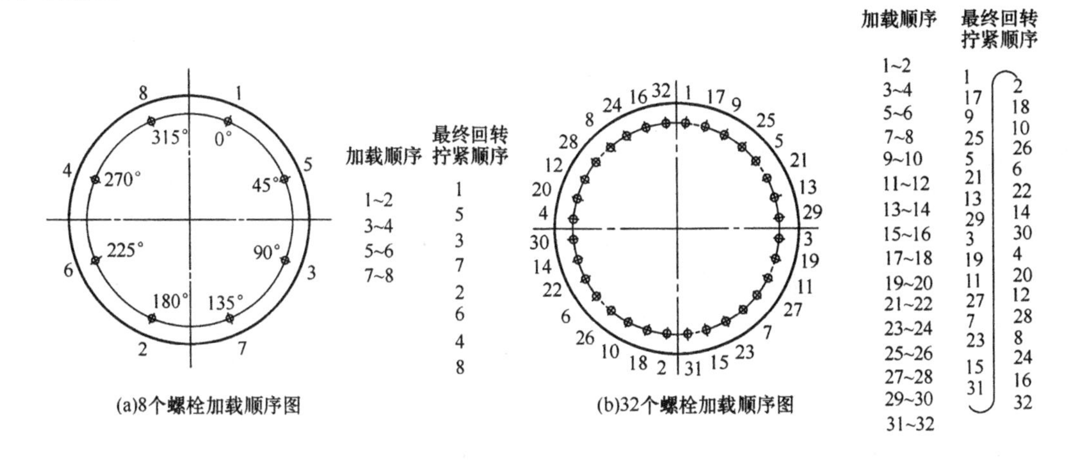

(a)8个螺栓加载顺序图　(b)32个螺栓加载顺序图

图 1.2－219　螺栓紧固顺序图

（6）高压换热器设备螺柱紧固时的注意点

螺栓的最终密封扭矩由设计给出，高压换热器每个主螺栓的承载力，可以换算成液压扳手的液压（泵压）压力。在加载过程中的力矩损失取决于螺纹精度、密封件接触表面的粗糙度及紧固件材料的硬度等。它可以通过螺栓加载过程的应力测定来求得。

密封用螺栓质量及其紧固的顺序合理与否，将直接影响到密封比压在圆周 360°上的一致性和均匀度，继而可以直接关系到密封是否到位。这一点在 H－H 型高压换热器的操作状况下出现过泄漏，以图 1.2－218 中，尽管旋紧螺栓（件号 6）密封所需的压紧力又通过固定压环（件号 11）均匀压在垫片（件号 7）上，但由于某一个螺栓顶紧力不够，造成该部位的比压不足而导致此处密封失效。

其泄漏原因分析如下：①泄漏物为“反应流出物”，呈油、气状态，经过测定未再次顶紧螺栓6 以前泄漏量为 1 滴/13min，不会出现泄漏事故。②相对于意大利 IMB 公司的同类换热器，其主要密封承压件 3（螺纹锁紧环）和件 12（管箱压盖）强度和刚性较差，但导致泄漏的可能性很小。南京炼油厂从日本引进的同结构换热器，虽有窜漏（高压程向低压程泄漏），但没有外泄漏等。③分析认为，圆周 360°方向上某个部位的比压不足引起的微量泄漏。因为该设备是重叠卧置。泄漏物只从大螺纹(锁紧环)下侧漏出，油气量很少，多为液态反应流出物。因此，很难判断其在圆周360°那一个位置出现泄漏。

需要注意到的是，该类型的换热器，在出现窜漏或外泄漏时也不必停车，只要通过再次拧紧内侧的调节螺栓(件4)和外侧压紧螺栓(件6)，即可阻止窜漏或外泄漏。这是因为它们是抗拒泄漏的，高达27MPa的管程内压力均由螺纹锁紧环去承受。

鉴于上述的结构特点，对此泄漏问题，按照这种螺栓紧固顺序进行了二次级微量(即螺栓拧下去甚小，内侧平均为0.15mm，外侧平均为0.17mm)紧固，泄露量下降到1滴/21min，经过多次紧固后阻止了外泄漏。

(六) 液压试验的后序工作

1. 水压试验后，须排净残液

有特殊要求时，试压后打好标记，测量和记录好密封部位的间隙。待将管箱、外头盖及浮头盖卸下，抽出管束后，把残液和水渍吹干，并进入内部擦净，再给密封面涂上防锈油脂，按标记和原间隙重新组装。

2. 对高强钢材料的壳体焊缝，应作MT探伤检查

3. 烘干处理

对于有腐蚀的试压介质和有Cl^-应力腐蚀的奥氏体不锈钢制管束，试压后排尽残液，并作烘干处理，可采用鼓入电加热器的热风1~2h左右，或将所有接管孔打开后入加热炉，利用其余热烘干。后一种方法对带有管束的换热器效果欠佳，一般多用前一种方法。

4. 要求充氮(N_2)保护的设备

系换热器在安装前的储存期内，给管、壳程用氮气加以保护，以免遭腐蚀。充氮(N_2)的方法可采用“置换(用N_2气置换空气)法”进行充氮。

(1) 充氮(N_2)前的准备工作：充氮(N_2)操作须在通风良好的场地上进行，以防发生人身窒息事故；按上述方法烘干后，用盲板、阀门等密封所有泄漏孔；用干燥的压缩空气，对密封部位进行检漏，其试验压力为0.1MPa，保压时间为0.5h。不出现泄漏为合格。

(2) 充氮(N_2)时，换热器的放置位置及附件，如下图1.2-220所示；同时要求N_2的质量浓度不得低于98%(需要说明的是，其浓度还可以路途遥远而定，浓度和压力可以自定)。

(3) 充氮(N_2)完成后，立即切断管线，卸下阀门的手轮(待装箱发货)，并且保证N_2表压保持在50KPa左右发送。

(4) 在换热器外表面的明显部位喷涂上“充N_2设备”字样(见图1.2-220)。

二、关键工序质量控制

压力容器是一种特殊商品，制造过程中各个工序间相互关联，一环扣一环，某道工序不慎出现质量隐患，将导致最终压力试验失败甚至整台设备报废。换热器这种压力容器更是如此，各工序不仅环环相扣，且承上启下，互相依存。如对它的核心零件—换热管，各个制造厂都对它制订了极其严格的质量保证和质量控制措施。一般，对购进的换热管或经过冷、热加工的U形管、有缝管和拼接的换热管均需进行耐压试验。

(一) 单件、小批量或抽查性换热管的液压试验

根据订货技术条件的要求，钢管生产厂均对换热管逐根进行了压力试验，质量应有保证。但确有一些生产厂的换热管或某批换热管出现过质量问题，即便是10号、20号无缝管也曾出现过裂纹等质量问题。因此，换热管经目视检查后须进行抽查性压力试验。对钛、

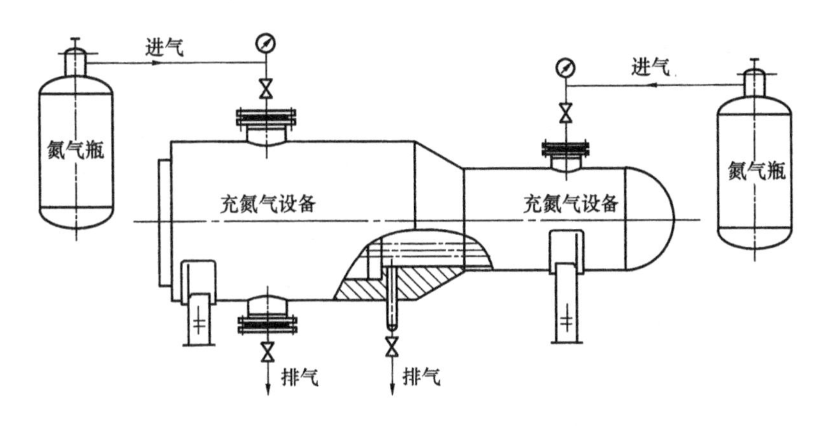

图 1.2－220　高压换热器充 N_2 示意图

铜、铝制换热管、铬钼换热管及有缝换热管更应进行压力试验性抽查。较高试验压力时可用图 1.2－221 的试压胎试压。这种试压胎通用性强，也可作 U 形换热管试压用。

（二）专业化换热器制造厂 U 形管液压试验

对奥氏体不锈钢 U 形管换热器，为增加换热面积和在同一换热面积下减小壳程内径尺寸，有的设计会把换热管的最小弯曲半径 R_{min} 减小一级，使其多排列一排 U 形管。如 ϕ19mm × 3mm 管子，GB 151—1999《管壳式换热器》规定 R_{min} = 40mm。但有国外设计国内生产的 U 形管换热器的 R_{min} = 29。此例中换热管的但弯曲段的减薄量会增加，制造中除解剖性工艺评定外，尚需作 100% 压力试验。除此以外，对钛、铬钼钢制 U 形管、拼接的 U 形管、弯曲段 + 300mm 进行热处理的碳钢 U 形管及固溶化热处理的奥氏体不锈钢 U 形管，均需做 100% 的耐压试验，以保证管束的质量。特别交叉排列的 U 型管，更需作 100% 的耐压试验，否则一旦内层的 U 型管出现缺陷，将无法更换。

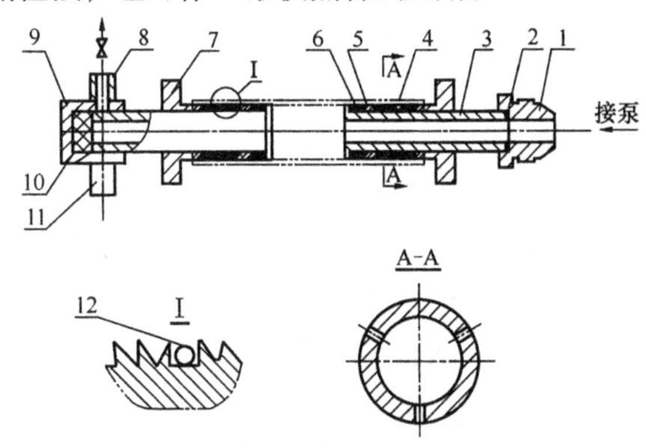

图 1.2－221　换热管试压胎具示意图

1—接泵头；2—铜垫；3—轴；4—持紧套；5—锥套；6—橡胶密封垫；7—锁母；8—放气手柄；9—丝堵；10—铜垫；11—手柄；12—扣环

U 形管试压胎如图 1.2－222 所示。一端固定，另一端可在导轨槽中移动。在试验时采用快接接头和用偏心轴压紧 U 形管，生产效率较高。试验压力和传压介质与被试产品相同。

（三）换热管与管板连接接头的检漏试验

在换热器的制造过程中，接头的连接质量是最敏感的工序之一，若稍许疏忽，将给后续制造或使用造成严重后果。因此，对重要的换热器管头，如强度焊 + 贴胀或强度胀的管头、材质为铬钼钢或钛的管头以及操作介质为易燃、易爆或为有毒时，一般须做检漏试验。

现以一台纯苯酐再沸腾器的管头氨渗漏试验为例，对其试验要求、试验前的准备工作和试验程序说明如下：

1. 要求

氨气属于危险性介质，为确保安全和管头的连接质量，须制定《氨渗漏试验规程》。整个试验过程中，安技人员须在现场检视，与试验无关的闲杂人员须离开试验场地，设备放在

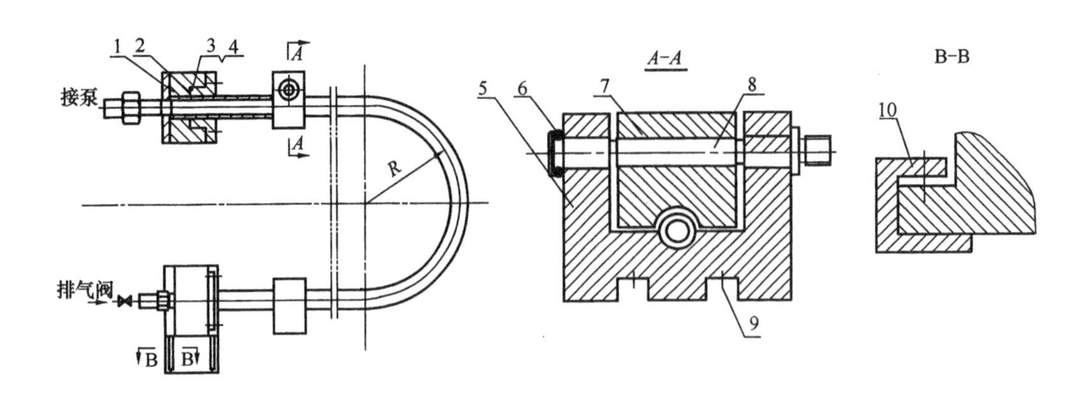

图 1.2－222 U 形管试压胎具示意图

1—阀体；2—牛皮密封圈；3—托环；4—压盖；5—压紧座；6—弹簧卡环；7—压紧块；8—偏心压紧轴；9—内六角螺钉；10—导轨

橡胶板上，且不得施焊、气割、锤击等作业。②氨试漏试验须在液压试验前进行，试验时仅向壳体(程)内充氨气，且应在通风良好(加电风扇)的地带进行。③试验过程中，要求管头区域空气中氨气的最高质量浓度小于 10mg/m³。

2. 试验前的准备工作

对管头部位进行几何尺寸、几何形状及外观检查，经检查员确认合格后，方能进行以下工序。①氨试漏前，管头角焊缝须经 100% 着色探伤(以下简称 PT)检验合格。②仔细检查，确认各密封面确已全部紧固，且密封良好。③按《气密性试验方法》对管头逐个进行检漏。一经发现有渗漏管头，立即进行标志、记录，然后停压、放气，待无压时返修。重复此道工序，直至全部管头试漏合格。④氨试漏前，管板面及管头内 50mm 范围须用清洁水和丙酮分次清洗洁净，要求不得有任何影响酚酞试剂颜色的皂液、水垢、油渍等污染物残留。⑤预试产品的安放和管线布置，如图 1.2－223 所示。⑥准备好酚酞显示剂。

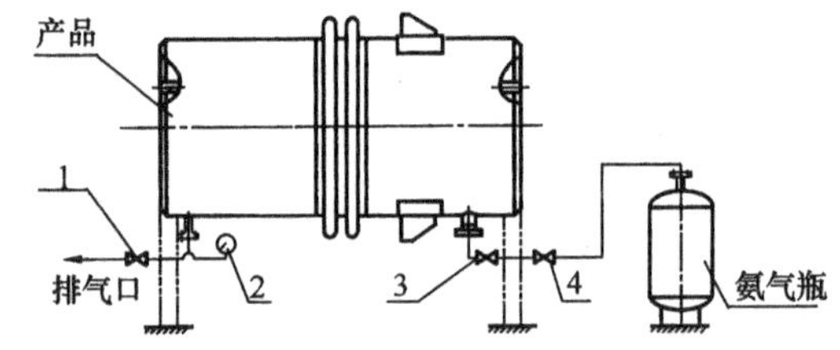

图 1.2－223 氨渗漏试验示意图

1—排气阀；2—氨气用压力真空表(弹簧管压力真空表)，压力为 －0.1～0.5MPa；3—进气阀；4—减压阀(进口 0.3MPa，出口 0.1MPa)

3. 氨渗漏试验程序

(1) 打开排气阀 1。

(2) 充氨气。打开进气阀 3，使氨气缓慢进入壳程内，在排气口处用酚酞试剂检查，一旦试剂变为红色随即关闭进气阀 3 和排气阀 1。

(3) 升压。重新打开进气阀 3，观察压力表，待表压升至 0.05 MPa 时，立即关闭进气阀 3。

(4) 保压。保压 30min，在此期间，按下述(5)检查管头。如时间不够，可延长检查时间，直至所有管头检查完毕。

(5) 检验。按上述“氨渗漏试验法”。将酚酞显示剂逐根涂到管头上，仔细观察，如发现试剂变色时，全部做好标志和记录，随即将氨气全部放尽，并用压缩空气吹净全部残存的氨气，用试剂在排气口检验不变色为止。之后方可按返修工艺返修和施焊。返修完毕后，重新按照此程序再次进行试漏，直到全部管头合格。

(6) 结束。检漏合格后，打开排气阀1和风扇，放尽壳程内的氨气后，拆除连接管线，用压缩空气把壳程内残留的氨气吹尽，并用涂有酚酞试剂的试制检查，无变色为止。

因焊接工艺需要，在制造过程中需对第一层(打底)焊缝和不锈钢衬里的焊缝进行检漏试验时，通常也可采用上述方法对其进行检漏。

(四) 补强圈的检漏试验

1. 补强圈外圆与壳体角焊缝的检漏试验

在换热器进行耐压试验前，应预先通过信号孔，以0.5MPa的压缩空气作检漏试验。试验方法多为肥皂液法，如果焊缝那个部位出现泄漏，就会产生气泡。在判断出泄漏点的同时，还可以大致估算出泄漏量的大小。只要加压时不出现危险，用什么气体都可以。

用这种方法，泄漏点很容易判断，即发泡点为泄漏部位。操作时一定要使肥皂液和泄漏气体接触，同时要尽量使发生的气泡持续较长时间，可使操作处于稳定状态。

这种方法虽然通过仔细检漏，目测准确的话，可靠性较高；也相当经济。但其灵敏度较低。有较大泄漏量时，很容易判断，不需特别丰富的经验。如果1秒钟鼓出一个气泡，都能准确地看出是由泄漏引起的。但是若一分钟鼓出一个气泡时，涂的肥皂液就会流掉，气泡可能被看漏。为提高灵敏度，可在检漏试验时，用氮气(瓶)或氧气(瓶)来提高检漏压力。

上世纪中期，用的肥皂液比目前采用的中性洗涤剂效果好。从气泡持续的时间长这一点来要求，还是油脂皂化的肥皂液效果佳。用此法检漏时，须注意：①皂液均匀涂在焊缝的所有部位，不能漏涂；②在顺序上，要从下往上涂。否则，泄漏部位将难以判别。

2. 补强圈内圆与接管和壳体焊缝的检漏试验

此部位的焊接结构，在换热器上多为未焊透形式，加之应力影响，易造成气孔、夹渣和裂纹等缺陷。因此，须从严检漏。有以下两种方法进行检漏。①肥皂液法。用于若壳体直径大，检查员可进入壳体时采用。即向信号孔通入0.5MPa的压缩空气或氮气。在焊缝上涂刷肥皂水时，产生气泡出即为渗漏部位。②沉水试漏法。在壳体直径小检察员无法进入时采用。试压时，将壳体的接管置于上方，然后注满水，水位高过焊缝50mm。通过信号孔注入0.5MPa的压缩空气或氮气。此时，仔细检查焊缝出现水泡处，即为渗漏部位。

三、气压试验

由于气体的压缩性远比液体大，容器一旦发生破裂，在同样体积、压力条件下，要释放出升压过程积聚的能量，气体在恢复原有体积时，将产生巨大的冲击波，所以气压试验具有一定的危险性。因此，凡是可以采用水压试验的不得用气压试验。只有因结构或使用问题，不能向容器内灌注液体，以及因运行条件不允许残留液体的换热器，方可采用气压试验试压。

(一) 试验压力及应力校核

1. 内压换热器的气压试验压力[45]

按下式进行计算：

$$p_{T气} = 1.15p\frac{[\sigma]}{[\sigma]^t} \tag{2-12}$$

式中，$p_{T气}$ 为气压试验压力，p 为设计压力，$[\sigma]$ 为换热器元件材料在试验温度下的许用应力，$[\sigma]^t$ 为换热器元件材料在设计温度下的许用应力，MPa。在元件材料不同时，取各元件材料中 $[\sigma]/[\sigma]^t$ 比值中的最小值；在立式换热器在卧置时，其试验压力为立置时的试验压力加上液柱静压力。

2. 外压和真空换热器的气压试验压力[45]

按下式进行计算:

$$p_{T气} = 1.15P \tag{2-13}$$

3. 气压试验前的应力校核[45]

按下式对圆筒和椭圆形封头的进行应力校核:

圆筒应力:
$$\sigma_{T气} = \frac{p_{T气}(D_i + \delta_e)}{2\delta_e} \leqslant 0.8\sigma_s \Phi \tag{2-14}$$

椭圆形封头:
$$\sigma_{T气} = \frac{p_{T气}(D_i + 0.5\delta_e)}{2\delta_e} \leqslant 0.8\sigma_s \Phi \tag{2-15}$$

式中,$\sigma_{T气}$为气压试验压力下圆筒或椭圆形封头应力,σ_s为气压试验温度下,圆筒或椭圆形封头材料的屈服强度(或0.2%屈服强度),$p_{T气}$为圆筒或椭圆形封头的气压试验压力,MPa;D_i为圆筒或椭圆形封头的内直径,δ_e为圆筒或椭圆形封头的有效厚度(对于壳程压力低于管程压力的管式换热器,可以不扣除腐蚀裕量),mm;Φ为圆筒或椭圆形封头的焊接接头系数。

(二)气压试验要求、准备

1. 气压试验的要求

(1)气压试验所用介质应为洁净和干燥的空气、氮气或其他惰性气体。对于具有易燃介质的在用换热器,若用空气作试压介质,需对壳体和箱体进行彻底的清理和置换。

(2)实验温度 对用碳素钢、低合金钢制造的换热器,气压试验时气体介质温度不得低于15℃;其他材料的换热器,气体介质的气体温度按设计图样规定。

(3)气压试压应在远离热源和遮阳区进行,以防气温高引起器内气体体积急骤膨胀,压力突升发生意外。

(4)气压试验时,试验单位的安全部门须进行现场监督,且须单位技术领导人批准。事先要编制“气压试验工艺规程”和制订安全保障措施,如在试验现场设置隔离区等。

(5)气压试验前,要求全面复查有关技术文件。必须对容器的主焊缝进行100%无损探伤检验、且所有制造过程等,全部合格。

2. 气压试验准备工作

需准备一台合格、完好的(空气)压缩机及其和设备连接的试压用高压胶管、快速接头,并与被试壳体连接成无泄漏回路。

其他准备工作和注意事项与水压试验的相同。

(三)气压试验顺序、方法

1. 气压试验顺序

同液压试验。

2. 气压试验方法

在气压试验的整个过程中压力均须缓慢上升。

(1)初次升压至规定试验压力的10%,且不超过0.05MPa时,保压5~10min,对其所有焊缝和密封连接部位进行初次泄漏检查,如有泄漏,待泄压后按规定修补,再照上述要求重新试压。

(2)若初次泄漏检查合格,可继续升压至试验压力的50%,如无异常现象,其后按每级为规定试验压力的10%的级差,逐级升压至规定的试验压力。

(3) 根据容积之大小，保压30min后，将压力降至规定试验压力的87%，并保持足够长的时间，以便再次进行泄漏检查。检查期间，压力应保持不变，且不得采用连续加压的方法维持试验压力不变；更不可带压进行螺栓的紧固。

(4) 如检查有泄漏，待泄压后按规定修补，仍按上述程序重新进行试压。

(5) 试压过程无异常声响和变形，经肥皂液检查无泄漏，即试压结束。

3. 发送试验报告

按照气压试验的检测记录，发送《气压试验报告》。

四、气密性试验

对于介质毒性程度为极度、高度危害或是设计上不允许有微量泄漏的压力容器，必须进行气密性试验。气密性试验应在液压试验合格后进行。对设计图样要求做气压试验的压力容器，是否需再做气密性试验，应在设计图样上规定[43]。

气密性试验之目的除检验容器所有焊缝和连接部位有无泄漏外，尚检查安全阀能否在开启压力下起跳和其与容器相连的密封面有无泄漏。

(一) 气密性试验压力

《压力容器安全技术监察规程》中对气密性试验压力规定为1.0倍设计压力。

(二) 气密性试验的要求及准备工作

1. 要求

(1) 换热容器须经水压试验合格后进行气密性试验。水压试验时，除安全阀(或爆破片)外的安全附件应安装齐全。水压试验后，所有附件和盲板均需拆除并放净积水，待密封面擦拭干净，并经干燥后再安装并经过检查合格后方可进行气密性试验。

(2) 试压时，产品自带的所有安全附件(安全装置、阀门、压力表、液面计等)应安装齐全且一并试压。如需使用前在现场装配安全附件，应在换热器质量证明书的气密性试验报告中注明“装配安全附件需再次进行现场气密性试验”。

(3) 气密性试验所用的气体，应符合第七节三之(三)小节的规定。

(4) 碳素钢和低合金钢制换热器，其试压用气体的温度应不低于5℃；其他材料制换热器试压用气体温度按设计图样规定。

(5) 已做过气压试验，且经检查合格的换热器，可免做气密性试验。

(6) 有色金属制换热器的气密性试验，应符合相应标准或设计图样的规定。

(7) 符合下列条件之一者，安全装置需采用爆破片：①容器内储存的物料会导致安全阀失灵。②不允许有物料泄漏的换热容器。③安全阀不能使用的其他场合。

(8) 若产品有干燥处理和充氮要求时，应在气密性试验后进行。

2. 对安全阀的主要要求

安全阀是气密性试验时极为重要的安全泄压装置，对其要求如下：

(1) 安全阀须由有质证的厂家按相关标准生产、质证齐全。

(2) 动作灵活可靠，当压力达到开启压力时，阀瓣即可自动地开启，顺利地排出气体。

(3) 安全阀应有可靠的密封性能。

(4) 换热器与安全阀之间的通孔及其连接管须畅通，其截面积至少等于安全阀的进口面积，且连接管线应尽量短而直。

(5) 安全阀应垂直安装在便于检查和调试的位置。

(6) 安全阀的校验、调整应由有资质的单位及人员进行校验。校验合格后出具校验报告，并对安全阀加装铅封。

经水压试验和密封试验后调整安全阀的开启压力和回座压力。

不论是在校验台上校验还是现场校验，均须将安全阀的开启压力、回座压力、开启高度、调整日期，校验和调试人等记录在案，存档备查。

(7) 安全阀的额定泄放量必须大于或等于容器的安全泄放量。安全阀的开启压力偏差应符合下列要求：①开启压力≤0.48MPa 时，开启压力偏差不得超过 ±0.013MPa。②开启压力 >0.48MPa 时，开启压力偏差不得超过 3%。

3. 气密性试验的准备工作

(1) 气密性试验前，为确保安全，应对液压试验的有关资料作仔细审查。

(2) 压力表和安全阀按上述要求选用。

(3) 其余准备工作同第七节三之(三)的规定。

(三) 气密性试验程序和方法

气密性试验时，如不安装安全阀，则用盲板将安全阀接口封死，再按 7.3.3 的程序和方法，进行试验压力为设计压力的 1.0 倍的气密性试验。

气密性试验时，如需要加装安全阀，可在安全阀前装一个截止阀，并与气密性试验同步进行。试压过程中此阀为“常闭”状态。当升至 1.0 倍设计压力时，打开截止阀，安全阀应起跳。如不起跳，则对该安全阀重新“在线”调试。随后，再按 7.3.3 的程序和方法，进行试验压力为设计压力的 1.0 倍的气密性试验。

按照气密性试验的检测记录，发《气密性试验报告》。

五、耐压试验残余变形及合格评定

设计要求进行残余变形测定的高压高温或其他重要换热器，在耐压试验时应作残余变形测定。

在耐压试验时，如果器壁太薄或有局部薄弱环节致使耐压试验时器壁的平均应力超过材料的屈服极限，则容器会产生显著的塑性变形直至发生破裂，这种情况可通过直观检查发现。但是，若容器器壁的应力仅稍许超过材料的弹性极限或屈服极限一点，则它在试验后产生极其微小的残余变形(永久变形)，这时用常规的直观检查就无法发现了，这样的容器显然是不能保证安全运行的，因为它的强度安全裕度较小。即使按照最低的要求，换热类压力容器耐压试验时，器壁上的应力也不许超过材料屈服极限的 90%(液压试验时)或 80%(气压试验时)。所以，对重要的高压换热器应在耐压试验的同时测量它的残余变形，以检验其在试验压力下器壁上的应力是否在材料的弹性极限范围内。

关于材料的弹性极限所规定的残余变形，各国标准的规定不同，多在 0.005% ~0.05% 之间。对于压力容器，国、内外一般都规定以径向残余变形率小于 0.03% 时，器壁上的应力在弹性极限的范围内。

(一) 测定残余变形率的三种方法

1. 径向残余变形率的测定

在内压的作用下，圆筒形容器器壁上的周向应力远比轴向应力大。因此，如其产生残余变形，一般均在周向，此变形就必然使得容器的直径成比例的增大。残余变形用下式表示：

$$\varepsilon = \frac{D_{后} - D_{前}}{D_{前}} \times 100\% \tag{2-16}$$

式中，$D_{前}$ 为容器耐压前的直径，$D_{后}$ 为容器耐压后的直径，mm。

残余变形多用位移千分表来测量。方法是：在容器的外围套装一个比容器外径略大但不与容器接触，也不受容器试压变形影响的独立固定的圈架。每个测量截面，装一个圈架。每个圈架上沿圆周固定6～8个测定位移的千分表，千分表的触杆顶靠着容器的外壁洁净的表面，且对准容器之圆心，使其能随着容器的径向变形而移动。每一个直径方向上对称安装两台千分表能直接测取容器的径向变形量。测量时，在容器已盛满水但尚没有压力的情况下，将千分表的指针调到零；试压过程中，记录千分表的读数。如果容器在耐压试验时产生了残余变形，在其试验压力降至零后，千分表的指针也回不到零位，此差数(即两个对称千分表读数之和)即为容器耐压试验前、后的直径差。由此可按式(2－16)算出该容器耐压试验的残余变形。按此法测量容器耐压试验前、后的残余变形时，切记圈架要定位牢固，不得振动和人为的触碰等，否则，误差也较大。这种测量方法，在长容器、多截面的测量时，需要的千分表很多，因而限制了它的使用。

还有一种常用方法：即可用盘尺来测量壳体的外周长变化，按照公式(2－16)来计算出残余变形。

2. 电阻应变测量法

此法是把被测试压换热器壳体的变形转换为电阻丝的变形，用测定电阻丝变形前、后电阻的变化来确定换热器壳体的变形。

在电压下产生的变形转换为电阻的变化，是由一种被称为“电阻丝应变片”的元件完成的。它用一种对变形敏感性极强的电阻丝贴在绝缘纸上制成的。电阻丝用直径为0.02～0.05mm的康铜（铜镍合金）丝或镍铬合金丝，为增加电阻丝的有效长度，通常把它绕成回弯形。绝缘纸要求绝缘性能良好，薄而透明。为了保护电阻丝，在其上面还粘贴了一层保护纸。

电阻丝的电阻按下式的关系发生相对变化。

$$\Delta R/R = \varepsilon v \tag{2-17}$$

式中，R 为电阻丝原有的电阻，ΔR 为电阻丝变形后的电阻增量：Ω；ε 为电阻丝的相对变形:%；v 为电阻丝应变敏感系数，由试验确定，常用的康铜丝 $v=2.0\sim2.2$。

用于工程构件变形的测定，要求测到 $\varepsilon<0.01\%$ 的相对变形。一般 $R=120.0\Omega$，当构件相对变形 $\varepsilon=0.01\%$ 时，则 $\Delta R=120.024\Omega$。这是一般欧姆表所无法测得的，这时须有专用仪器，把应变片的电阻变化转换为电流并加以放大。这种仪器即为电阻应变仪。

为方便起见，测量时需在器壁外表面选择若干个测量点。在准备工作完成后，即可进行换热器壳体的耐压试验和应变测量。壳体注满水后，调整好仪器，记录各测量点的读数。接着，按耐压试验程序加压。一般都先在工作压力内(不超过工作压力的90%)反复试验几次，以便检查仪器、应变片、接线等是否完好，待一切正常后，方可正式进行耐压试验和测试工作。壳体加压至试验压力需分5～10级，在每级压力下测读并记录各测量点的应变值，降压过程也如此。在壳体内的压力降至零以后，各测量点所残留的变形即为换热器壳体的耐压试验所产生的残余变形。依据各个测量点在试验压力下的应变值(可直接在应变仪中读出)，可计算出各点的实际应力，由此应力即可推断出壳壁是否产生了残余变形以及变形的大小。

3. 容积变形测定法

换热类压力容器在进行液压试验时，器壁的残余变形必然会引起容器的容积发生变形，因此，精确地测定容器在液压试验前、后容积的变化(亦称容积残余变形)，也可以确定器壁的残余变形。此法被广泛用于小型高压换热器试压残余变形的测定，特别是气瓶的检验中。

（二）换热器耐压试验评定标准

（1）在耐压试验时，产生塑性变形、出现异常变形以及异常声音（气压试验时）的容器，评定为不合格，该产品应予报废。

（2）设计要求在耐压试验时，需测定残余变形的高温高压换热器，若测得其径向残余变形≥0.03%，则视为不合格。

（3）若容器在耐压试验的加压过程中，尽管试压泵在继续转动（加压），进水装置也表明仍在不断进水，而被试容器上压力表指针突然停止不动，甚至有些轻微下降，这时应立即停泵，查找原因；在保压期间，压力稍有下降时，也应检查分析。如系泄漏所致，可在泄压后按规定进行修复，然后重新进行耐压试验。若未发现任何泄漏，则应视该被试容器在此压力下产生了塑性变形，试压后应按上述测量法进行检查、评定。

（4）耐压试验满足下列条件即评定为合格：

① 在试验压力下保压30min直至检查结束，压力表正常状态下压力未下降。

② 所有焊缝及壳壁、各密封部位均无渗漏（一般换热器指泄漏量小于10^{-3}Torr·L/s）。

③ 对σ_b≥540MPa的材料及其他需要表面探伤的材料，焊缝表面经100%MT或PT后未发现裂纹即为合格。若发现缺陷，则必须按照原工艺规程重新返修，并再次进行试压。

④ 容器壳壁未发生塑性变形或测定的残余变形在规定的允许范围内。

六、耐压试验的发展趋势

随着人们对环境污染的关注和环保意识的增强以及国家对安全节能降耗的重视，促使从事换热类压力容器的制造厂和使用部门不得不对压力容器在使用中泄漏的产生而导致的环境污染采取有力、有效的措施。

泄漏不仅损失昂贵的能源，而且导致环境污染。特别是石化工业中一些易燃、易爆、有毒的介质泄入大气，其后果是十分严重的。例如，丙烯腈装置中介质为剧毒的氰化钠等，泄漏后只要吸入微量就可危及生命。

换热类压力容器在炼油厂各种装置的工艺设备中，按台数计约占总数的20%～50%，按重量计约占30%～40%，检修工作量约占60%～70%。而密封面的泄漏多占60%以上，无论是哪一种泄漏对安全生产都是一个严重的威胁，有必要提出严格的泄漏要求。

（一）制定对换热类压力容器进行检漏的规定

经过多年的努力，对防止跑、冒、滴、漏取得了很大成绩，但滴、漏问题仍然比较严重。如：某炼油厂由日本引进的加氢装置中应用的七台螺纹锁紧环高温高压换热器也不同程度的存在着高压程向低压程的窜漏及管程泄漏。为保护人类的生存环境，提高装置效益，应当提出和制订换热类压力容器进行检漏的具体规定，对泄漏进行监测和控制是必然的发展趋势。例如，对三类换热类压力容器进行放射性同位素或氦气加压法检漏试验；对二类换热类压力容器进行氨渗漏或半导体检漏试验；对一类换热类压力容器进行卤素加压法或超声波法检漏试验。这样，虽然增加了制造和在用换热器检修时的试压成本，但却具有长远的经济效益和社会效益。

（二）研制灵敏度高、检漏效果更好的检漏方法和报警式检漏仪

在20世纪70年代，国内的石油化工厂对设备、管道等静密封的年泄漏要求为泄漏点在0.5‰以下。进入80年代，在石油化工等工业大规模发展的同时，政府和人民对生存环境之要求也极度提高，对75%来自阀门、泵和法兰的易挥发物逸出在一年中的体积和质量再也

不能忽视了。因此，不少工业发达国家，已对易挥发物逸出的控制指标提出明确要求。例如，美国环保局(EPA)在1990年颁布了“空气净化法”(Clean Air Act)，对泵、阀门和法兰等密封部位，明确规定了易挥发物逸出量的限制，要求一般性法兰密封易挥发物逸出量小于500mg/L，且须进行泄漏检测。如何控制和监测如此小的逸出量，且不出现“漏检”，就必须在压力试验这个源头进行可靠的检漏。在压力试验时，仍然停留在靠目视判断是否泄漏，这远远满足不了形势的要求。为此，除了研究新的流体密封理论、密封产品与材料、密封结构和方法外，研制灵敏度高、检漏效果更好的检漏方法和报警式检漏仪就成了当前刻不容缓的课题。

应当指出，上述要求不论对高温高压换热器，还是对中低压换热器均适用。例如板式换热器，由于设计、制造水平及方法的提高，它的使用已遍及食品、轻工、化工、冶金、船舶、电力、石油、城市供热及采暖、制冷空调等多种行业，而且它的密封泄漏面更多，其使用场合和我们的生活更为贴近，一旦出现泄漏，哪怕是微量泄露，后果均不可忽视。

第九节 检漏试验

换热器在制造、检修时及其使用过程中，密封问题都具有重要的意义。为了设备的安全运行，必须给予高度重视。应当明确，密封性能是一个全过程指标，即在换热器的规划、设计、制造阶段要重视；在其安装、使用和管理中也不能疏忽。

一、换热器的密封问题

对换热器这种特定的压力容器而言，由于以下几种原因，密封问题是它在压力试验时的主要矛盾。

① 换热类压力容器，主要用于实现介质的热量交换，达到生产工艺过程所需要的将介质加热或冷却、或冷凝的目的，其主要工艺过程系物理过程。

② 换热器相对于其他压力容器而言，其泄漏界面和泄漏部位较多。它既有换热管和管板连接处的泄漏问题，也有设备法兰和接管法兰处的泄漏问题。

③ 通过多年实践，在不断总结经验教训的基础上，换热器已经作为一种特殊压力容器进行管理并有专门机构对其进行监管，其选材、设计、制造、安装、使用管理、维修改造与定期检验均要求严格按规范、标准进行。因而，换热器在压力试验时，强度的安全性和可靠性较其密封性能更可靠。

④ 换热类设备的理论研究和应用已经比较成熟，虽然尚未达到深度和广度的终点，但已基本满足了工程上的需要。其设计强度和稳定性达到了可以定性、定量的高度。

多年来的工程实践也证明了这几点。根据近年来的调查和统计资料，换热器发生的重大事故不是由强度不足或失稳等引起的，多为操作不当、管理不善引发的。而出现问题最多的是泄漏，集中表现在密封面的泄漏和换热管与管板的连接接头部位的泄漏。

所以对换热器而言，如何保证其在耐压试验和使用过程中具有可靠的密封性能是一个重要的课题。

(一) 换热器的密封质量概况

依据化学工程中的有关理论分析，任何密封结构都无法做到绝对密封或没有泄漏的理想状态。因为除了垫片和密封面之间的缝隙泄漏外，由于容器内腔与外界大气压存在压力差和温度差，尚有通过垫片本身、焊缝和本体的扩散(从高压侧向低压侧流动)、透过(在溶解的同时，气体从固体中通过的现象）等方式的泄漏。从耐压试验和使用的安全性考虑，只要求其有一定的密封精度或泄漏量小到可以允许的程度即可。

对于泄漏问题，很早以前就有人研究。人们试图根据一些支离破碎的泄漏现象和杂乱无章的密封知识，寻找出能定性、定量的规律性结论，实现堵漏和保证密封的目的。如现在几乎不再使用的盛水试漏法，就曾用于检漏。

目前，换热器的检漏技术从工程实际和理论上都取得了进展，虽然在具体检漏试验过程中仍然停留在"漏—堵漏"和"不漏—试压合格"的水平上。但也出现了许多具有较高灵敏度的检漏方法、手段和仪器。理论上也对泄漏进行了分析、计量方面的探讨，部分摆脱了仅靠视觉、听觉、嗅觉去判断泄漏与否的古老方式。

在实际应用方面，工程界对各种各样的密封结构，如伍德密封结构、卡扎里密封结构等以及不同材料和不同形状的密封元件（如合金钢换热器上用的八角垫、椭圆垫）等给予了较大关注和研究，但从原理和理论上进行探讨和研究的较少。密封性能和结构有关，也和垫片和密封元件（法兰等）的匹配有关，同时也和泄漏的影响因素有关系，如介质、操作温度、操作压力、时间等。

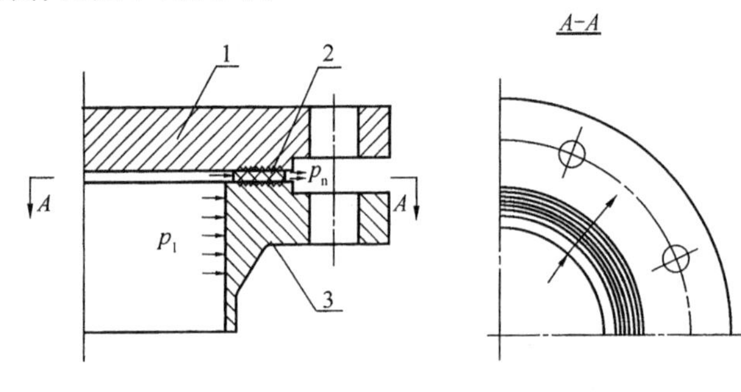

图 1.2－224 车刀切削痕迹放大示意图

1—盲板；2—垫片；3—法兰

无论何种密封结构以及与何种密封垫片进行组合匹配，密封问题最终表现为密封面的泄漏问题。以应用最多的平面密封而言，如果是金属平垫（石棉橡胶等非金属垫也一样），它和法兰在机械加工时，即便是无密封水线，根据切削原理也会形成环向的、若干个密集的细小螺旋状的"槽"，这种强制密封结构如图 1.2－224 所示。图中是放大了的切削痕迹，在密封术语中就叫密封腔。加工粗糙度越高（R_a 值越小），切削痕迹越细密，形成的密封腔就越多。在相同的预紧力和比压下，密封的可靠性就越高。

因此，从钢板上气割切下的板料不经过机加工，将其原始的表面作为平盖法兰的密封面时，它很难保证高压、气相密封的可靠性。这是因为板料的纤维组织有方向性，可形成径向组织疏松等引起如图中的径向划痕一样的微小缺陷；另一方面，钢板原始表面的平面度也大于密封的要求，也会导致泄漏。故在比较苛刻的使用条件下，一般法兰采用锻坯并进行加工后使用。

综上所述，密封面的加工和其后的保护很重要。加工和装配过程更不能损伤密封面，密封面即使出现了磕碰划伤，修理时也不能破坏其螺旋形切削痕迹。如出现径向划痕，密封部位的泄漏将难以避免。

（二）开发先进的制造工艺，保证和提高密封的可靠性

以应用最多的换热管与管板连接接头的密封为例说明如下。

这个部位在制造和使用时，在世界各地频繁发生泄漏事故。英国电力公司对发电厂的高压蒸汽冷凝器管头的泄漏情况进行了调查，发现了多台多个泄漏点。图 1.2－225 是某一个冷凝器的泄漏量 Q 与泄漏点数量的分布图。图中按泄漏量分为两组，左侧一组泄漏量为 1×10^3Torr·L/s 左右；右侧一组泄漏量为 10Torr·L/s 左右。所调查的其他高压蒸汽冷凝器泄

漏情况类似。

上世纪 80 年代后期，笔者曾几次参与胀接管头泄漏问题的处理工作。当时未测量泄漏量，只记录了泄漏的管头数，情况和上述事例相似。一组泄漏量较大，另一组泄漏量较小(渗漏)。根据检测结果，泄漏量低于 0.01Torr · L/s 时，对工程使用没有影响，而大于 10^3Torr · L/s 时，即可看到渗水现象，将影响使用，必须进行可靠的修补。

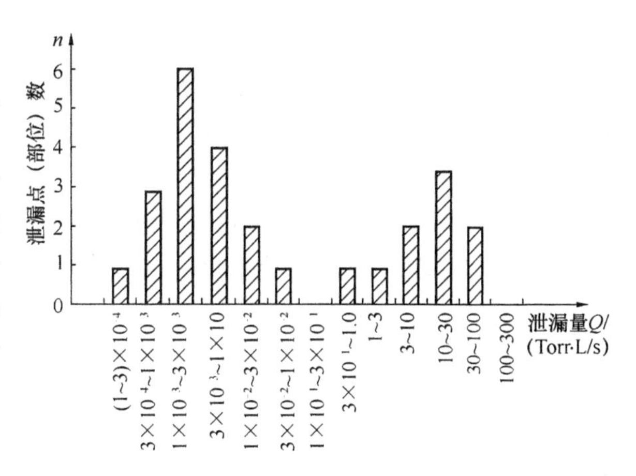

图 1.2 - 225　泄漏量大小和泄漏点数的分布

分析管头经常、大数量泄漏的原因表明，胀管质量是极其重要的。以原兰州石油化工机械厂为例，一方面是当时靠工人的技能、采用风动工具凭着声响和手感施胀。当有经验的老工人退休后，年轻工人在胀管时容易出现一次胀接质量的下降。另一方面是把胀接工具改为电动(钻)，并按日本的胀管控制原理自制了调控电源，采用电动胀管控制仪控制施胀过程。但由于厂内大型设备多，电流、电压波动大，使得胀管仪的电流和电压不易稳定，造成一次胀管质量失控。

为了改变胀管仪的电流、电压不稳带来的胀接质量问题，按电流和电压乘积为常数的原理，以额定功率控制胀管质量，研制出 MC - A1 型《微机胀管控制仪》。并且配以专用的改制电源，严格按照《胀管工艺评定》和《胀管工艺规程》实施胀接。其中以能保证胀接质量的输入功率 W 为关键指标。

影响胀接密封性能的因素很多，其中胀紧率 ρ 是一个重要的指标。通常按下式计算[46]。

$$\rho = \frac{(d_2 - d_1) - (D - d)}{2\delta} \times 100\% \qquad (2-18)$$

式中，ρ 为胀紧率(膨胀率)，即管壁减薄率，%；d_1 和 d_2 分别为管子胀接前、后的内径，D 为胀接前管板孔内径，d 为胀接前管子外径，mm。ρ 的推荐范围为 4% ~8%。

从上式可以看出，胀紧率受到几何尺寸的影响较大，除了保证胀紧率外，胀接质量还受材质及其硬度(管板和管子的硬度差)、润滑剂、胀接长度、管板和管子表面粗糙度等诸多因素影响。为了得到最佳胀接输入功率，对特定的材料匹配及管孔规格，把 ρ 分为 $\rho_1 = 3.5\%$，$\rho_2 = 6.5\%$，$\rho_3 = 10\%$ 三档进行胀接试验。得到的结果说明，在一般情况下，ρ_1 为“欠胀”，ρ_3 为“过胀”，ρ_2 为 $\rho_{佳}$。$\rho_{佳}$对应的扭矩 M 为 $M_{佳}$，而 $M_{佳}$对应的即为应输入的“$W_{佳}$”。

但无论评定时考虑的影响多周全，程序多周密，总得保证管头的密封性能，以不泄漏为合格。所以，最终尚需做密封性能试验。该试验压力要高于被试产品的试验压力，将其分为三档，$P_{试1}$ = 产品的试验压力，$P_{试2} = P_{试1} + (0.5 \sim 1)$MPa，$P_{试3} = P_{试2} + (0.5 \sim 1)$MPa。该试验不仅检查是否泄漏，还要选取灵敏度高的密封试验方法（如氦渗漏方法）进行检漏。

将按上述程序获得的 $W_{佳}$，按 MC - A1 型《微机胀管控制仪》操作说明书，输入、施胀、即可获得管头的密封要求。工程实践表明，提高换热器的密封可靠性，必须不断提高工艺设备的技术性能才能有效提高产品的质量。

二、检漏方法选择和分类

目前，对换热器密封性能的检验方法中，除了常规用的压力试验外，尚有几十种之多。每种方法的特点不同，使用者、设计人员和制造商可根据用途、工艺要求不同，从以下几方面进行选择。

① 原理　要想达到预期的密封效果，不了解所选检漏方法的原理、特点，即使采用了也可能因方法本身的固有问题或检查人员的水平限制而出现不应有的“误诊”和“漏诊”。所以，需了解试验方法的原理。

② 灵敏度　使用哪种检漏方法可以检测出何种级别的泄漏量，可按照检测手段和检漏仪（表）器的精度分析。假如要求检测出 10^{-5}L/s 泄漏量时，用灵敏度为 10^{-3}L/s 的方法时就毫无意义。

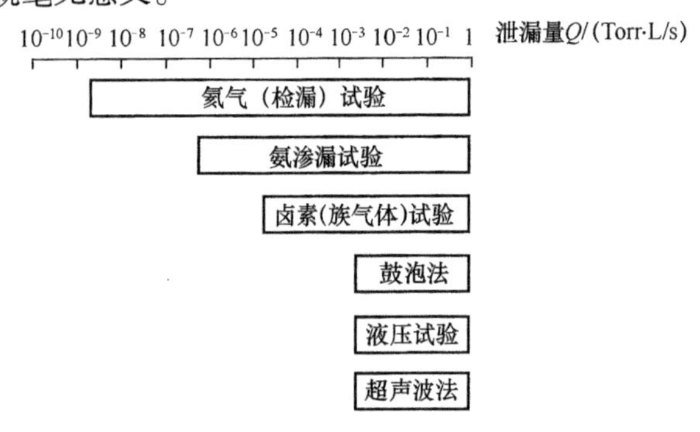

图 1.2－226　各种泄漏试验及其灵敏度比较示意图

我国在换热器制造过程的耐压试验和在用换热器检修后的耐压试验中，尚未提出明确的灵敏度要求。但在有些设计图样中提出了试压检漏的方法，如氨渗漏试验。

文献［47］给出了几种检漏试验方法的灵敏度比较表，见图 1.2－226，该表可以作为选择检漏方法的参考。

③ 检漏时间　为了保证检漏的效果，需要维持一定的时间。这即和可能出现的缺陷，如焊缝的夹渣等有关，也和检漏人员的经验和水平等有关。

GB 150—98《钢制压力容器》中规定“保压时间一般不少于30min，并保持足够长的时间对所有焊缝和连接部位进行检查”。虽然延长放置时间可以更好的检验密封性能，但时间太长也不适宜。当然，如在试压装置里有气体吸附物时，即便气体（气压试验时）进去了，只有等待吸附完成（饱和）后，监测器上才有反应出现，这就降低了生产效率。检漏维持的时间按照实际情况确定。

④ 泄漏点的判断　在换热器的制造和在用换热器的检修中，检漏试验的核心不只是看有无泄漏，而是找出其泄漏部位的准确位置以便分析原因，制定补救措施。对有些难以检漏的部位，应当预先提出解决方案、措施及具体工艺方法。

⑤ 一致性　在所有检漏试验方法和检漏仪器的使用方面，并非每个试验人员均能胜任且获得相同的结论。为取得正确无误的判断和评价，有些检漏方法及其仪表的使用应当由有专门检验员或有专业知识的技术人员实施，方能取得预期的效果。灵敏度要求不高的检漏方法，专业人员和非专业人员的检漏结果可能相同（一致）。

⑥ 稳定性　检漏试验系一种计量、测量技术。灵敏度高的方法和仪表，相对稳定性就差一些。

⑦ 可靠性　为获得可靠的密封性能，有时可增加工序间的检漏试验，或采取两种不同的方法进行检漏试验。

⑧ 经济性　要全面分析比较各种方法的利弊，更要按照设备的重要性权衡其经济与否，从制造的角度考虑密封的可靠性是最重要的。这是因为在使用时出现泄漏将是最大的不经济。所以，应在满足设计和使用要求的前提下，提高其经济性。

三、检漏方法简介

(一) 肥皂液试验法[48]

当试验压力等于设计压力时，可用此方法试验。

① 方法　试压时，向待试容器内通入0.3～0.5MPa的压缩空气，在焊缝、法兰等密封部位涂上肥皂液进行检漏。如有泄漏，肥皂液就会鼓泡。以不鼓泡为合格。

在装置运行的状态下，可利用运行中的压力和气体检漏，检漏时无需停止装置运转或切断连接的管路，可在任何时间进行。

② 灵敏度　采用目视检查有无气泡作为检漏合格与否的依据，所以在压差很小或泄漏量小时无法判定是否有泄漏。故此法的灵敏度低。严格的讲，其灵敏度仅为10^{-1}Torr・L/s。

③ 试验时间　一般情况下时间很短即可观测到泄漏气泡。但如果要将灵敏度提高到10^{-3}Torr・L/s或泄漏点难以判定时，如法兰密封部位，时间将会很长。

④ 泄漏点判断　视换热器的结构判定。目光便于观察的部位泄漏点易判定，否则很难判定出准确的泄漏点，而且肥皂液也很难涂抹。

⑤ 一致性　受检漏者的经验、技术水平的制约，此方法的一致性出入较大。

⑥ 稳定性　只要能观测到密封部位，此方法的稳定性尚好。

⑦ 可靠性　当泄漏部位不出现漏涂且观测准确时，可靠性是高的。

⑧ 经济性　该方法除了压缩机外，仅用肥皂、水和涂抹肥皂液的刷子，是非常经济的方法。

(二) 听声音法[48]

这是一种很原始的检漏方法，仅靠听到的声音大小来判断有无泄漏。这种方法简单、经济，但它的稳定性偏差大，可靠性也差。

① 原理　当容器有较大压差时，气体从泄漏部位外泄时会发出声响。靠声响及其频率的大小判定泄漏量的大小。

② 灵敏度　此方法无论从理论上分析还是实际应用中都不能明确用数据表示灵敏度的高低。受环境等因素影响大，当周围无噪音时，灵敏度就高，否则，会很低。

③ 泄漏点判断　使用专门的听诊器可提高其灵敏度和判定泄漏点的准确性。

(三) 沉水试验[48]

沉水试验也称为浸水鼓泡试验法。是一种古老的方法，现已被很多简易方法取代。

① 原理　以U形管换热器的U形管制造为例进行说明，如图1.2－227所示。煨制U形管时，就近放置一废封头（或其他容器），注满水，将刚煨好的U形管煨弯部分沉入水中，一端用紧固木塞封闭，另一端通入0.5MPa压缩空气。此时观察有无气泡产生以判断U形管煨弯部分有无裂纹。

② 灵敏度　如认真检查，一般灵敏度可达到10^{-1}～10^{-3}Torr・L/s。为提高其灵敏度，可将水在自然状态下静置很长时间；第二，将水温升高后再把它放置到常温再试漏；第三，水要经过脱气处理。

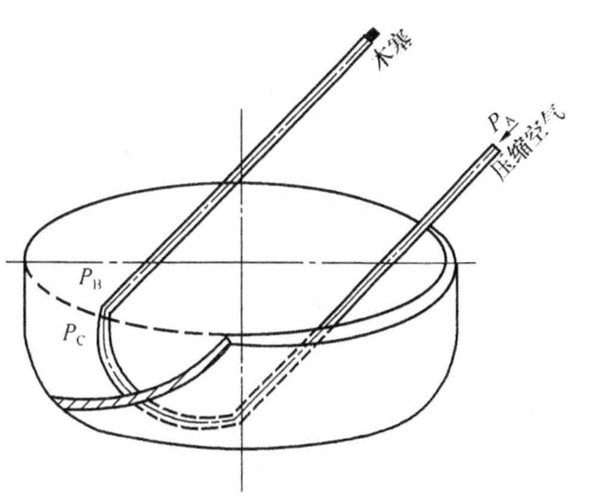

图1.2－227　U形管初步试漏示意图

③ 试验时间　因是工艺性检漏，不是最终

试压，所以时间很短。

④ 泄漏点判断　这种方法均用在小件的检漏上，一旦泄漏易发现泄漏点。

⑤ 一致性　根据观察者的经验和技术水平不一，其检测结果会有不同程度的差异。

⑥ 其他　只要有气泡鼓出，就可判定有泄漏，所以稳定性、可靠性高，也很经济。

(四) 超声波法[48]

① 原理　利用声波进行检漏的方法。利用使超声波回到可听频率鸣笛报警的检漏方法，据此原理制成的超声波转换器可不受环境噪音的干扰进行检漏；另一种方法是利用超声波仪表盘指针摆动来进行检漏。

② 灵敏度　视被试容器的泄漏量大小、压差和泄漏点至检漏器听筒的距离而定。超声波转换（检漏）器样本中标明的灵敏度为 STD 0.1cm^3/s（$=8\times10^{-2}$Torr·L/s）。但随着仪器和泄漏点距离的增加，灵敏度呈线性下降。

③ 试验时间　用上述仪器检漏所需的时间很短。

④ 检漏点判断　检漏器调整到最佳状态，将听筒对准易漏部位，一边移动听筒一边听报警，泄漏点较易判定。但听筒无法接近的部位即便有泄漏也无法判定。

⑤ 一致性　仪器性能稳定、可靠，受检漏人员的影响小。

⑥ 稳定性、可靠性　可靠性高，但稳定性较差。

(五) 气体化学反应法[48]

用于此法的气体及其检漏的组合如表 1.2－14 所示。

表 1.2－14　气体化学反应检漏试验法

气体	反应物或检漏器	判断反应物的变化	备　注
氨气	5%硝酸亚汞	变黑	可用于换热设备的检漏
	酚酞水溶液（糊状）	变红	可用于换热设备的检漏
	重氮复印纸、晒图纸	脱气	适用于氨气瓶的检漏和氨冷冻机的检漏
	盐酸	白烟（产生的氯化氨）	
氯氟甲烷、氟溴甲烷	火焰光度计	卤素的焰色反应：青白色	用于冷冻系统的检漏（仪器）
	热离子检漏器	加热时产生离子	卤素检漏器
	裸露火焰	青白色	用于冷冻系统检漏
氦气	质量分析仪	检测氦原子量 4	氦检漏器
氢	氢焰离子检漏器	高温时产生离子	适用于煤气检漏
其他气体	热传导率检漏器	利用气体的热传导率变化	检漏器已商品化
	吸附效应半导体	吸附的气体使其电气特性发生变化	气体检漏器
	接触燃烧式检测器	催化燃烧放热	主要做可燃性气体检测器。也可做检漏器。

现以氨渗漏试验为例介绍如下。

在氨气瓶、液态氨输送管道和以氨为原料的化学工业装置中，可直接利用该方法进行检漏。

① 原理　在容器的焊缝上贴一条比焊缝宽 20mm 的用 5% 硝酸亚汞或酚酞水溶液浸渍过的纸带，然后通入氨体积分数约 1% 的压缩气体，在达到规定的氨渗漏试验压力 5min 后，纸带上不出现黑色或红色斑为合格，如图 1.2－228。如焊缝有不致密缺陷，氨气就会透过焊缝作用到试纸上使其变色。一般换热器不用此法检漏，只有重要的换热类压力容器才用。

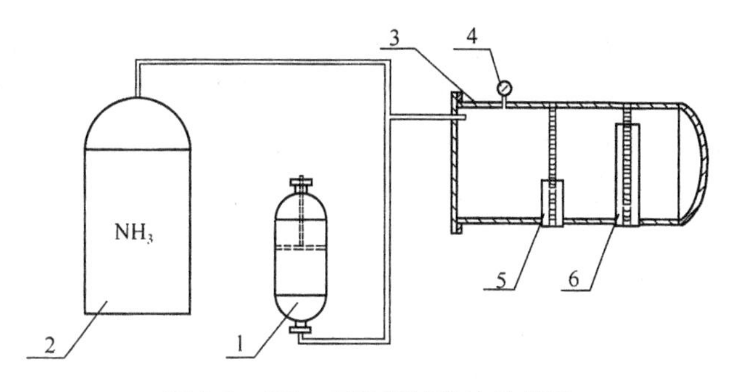

图 1.2－228　氨渗漏试验法示意图

1—压缩机；2—氨气瓶；3—容器；4—压力表；5—试纸；6—试剂

② 灵敏度　用试纸或酚酞显示剂变颜色的化学方法检漏时，延长放置时间，灵敏度可得到提高。放置 8h，可检测出 10^{-4}Torr·L/s 的泄漏量。酚酞显示剂配方（体积百分比）：酒精 5% ＋酚酞 0.1% ＋甘油 15% ～30% ＋水 65% ～80%。

③ 试验时间　一般时间较长，以便有泄漏时有充分的时间进行化学反应。用于做热交换设备的检漏时间不少于 30min。

④ 泄漏点判断　采用本方法能较准确的判定出泄漏点的位置。

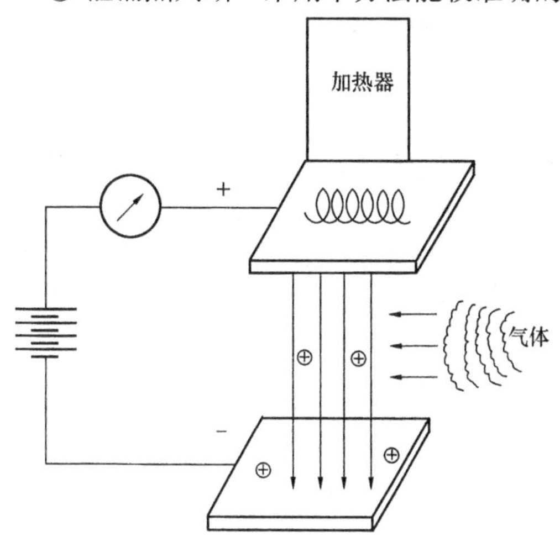

图 1.2－229　卤素检漏原理示意图

⑤ 一致性　若仅仅由装配工人用本法进行检漏，一致性和可靠性不高。需要有化验室工作经验和相关知识的人员来实施。

⑥ 稳定性　该方法很稳定，一旦出现泄漏，试纸或试剂肯定会变色。

⑦ 可靠性　可靠性较高。

⑧ 经济性　所用的试纸和试剂方便、经济。

（六）卤素加压法[48]

① 原理　把加热的白金作为阳极，使其带正电；在其下侧附近放置一个阴极，使阴极带负电。如图 1.2－229 所示。在空气中，会有阳离子击穿空气流向阴极，这时，就有电流产生。

当气体中含有卤素气时，放出的阳离子大量增加，使得电流增大。使用此原理可检测出卤素气体。利用这个原理制成的卤素检漏仪器，装在手枪型的传感器里，卤素气通过它上面的小吸气孔，就会有卤素元素的阳离子并产生几微安的电流。用直流放大器把电流放大，使表针摆动。仪器内还装有振荡器，电流一旦变化，频率随之变化，从而产生音程变化。

使用卤素检漏器进行检漏试验时，先用卤素和 N_2 或空气把被试容器加压到 0.3 ～0.5MPa，如图 1.2－230 所示。

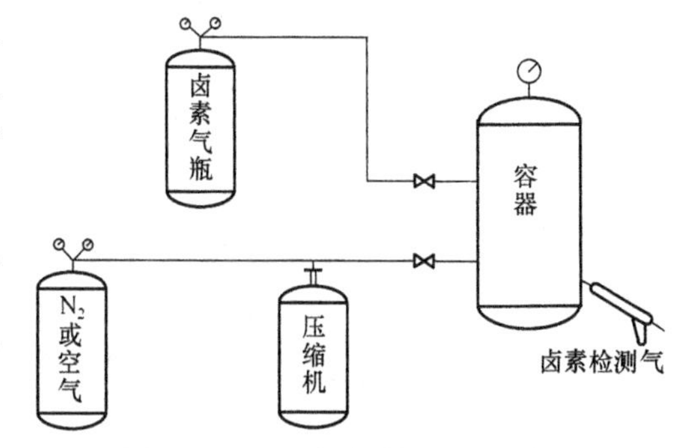

图 1.2－230　卤素检漏试验示意图

将卤素检测器进行调整，使其指针调到零，振荡器调到振荡前的位置。然后，把枪头的小吸气孔对准易泄漏部位并贴近后缓慢移动枪头。一旦出现泄漏，上面的表针即摆动或产生振荡，同时发出高频率音响，由此可以检出泄漏点。为使检测无误，可多次重复上述操作。

② 灵敏度 其灵敏度范围为$10^{-3}\sim10^{-5}$Torr·L/s。

实际工作中，卤素混合气体要通过空气的扩散，灵敏度受到干扰。因此，它的灵敏度用检测分压的灵敏度（浓度）表示，大约为1～5mg/L。而改用卤素族中的六氟化硫时，灵敏度可以提高到$10^{-3}\sim10^{-4}$mg/L。

③ 试压时间 检漏时，传感器吸入的卤素气在检测器被离子化，仪器在0.5～2秒钟内即反映出来。但由于泄漏的气体通过空气扩散后，再被吸收到传感上的距离等原因，反映出的时间变化较大。

④ 泄漏点的判断 使用六氟化硫气体检漏，较好的掌握卤素检漏器的使用方法，就能准确的判断出泄漏点。

⑤ 一致性 该法借助仪器检漏，受人为因素的影响很少，一致性很好。

⑥ 稳定性 在清洁的周围环境下进行检漏，稳定性能较高。

⑦ 可靠性 先使用标准泄漏调试仪器，且仪器维修、保养正常。这种方法比前述几种方法更可靠些。

⑧ 经济性 和前几种方法比较，试验用的二氯二氟甲烷气体昂贵又不好回收。所以，成本高。

（七）氦气检漏器法[48]

① 原理。利用检测载体—氦气或氦气与空气的混合气体对被试容器进行加压，将氦气检漏器前的检漏头对准易出现泄漏的部位并移动，寻找泄漏源。如果被试容器某部位出现泄漏，泄漏出来的已混入空气中的少许氦气，即被吸进检漏头里并迅速到达检测器。检测器立刻检测出这些微量氦气。观察表针摆动与否，或者听振荡器（放大器）声音的大小等，就可以判断出有无泄漏。

② 灵敏度。实际上使用的氦气检漏器精度很高，它能测出氦气的1价离子（m/e=4），且对其他种类的气体不产生感应（特殊情况下，它也可以通过切换，使其也能对氢气和氩气进行检测）。所以，在目前现有检测方法中，它的灵敏度相当高，可达到10^{-9}Torr·L/s。

表1.2－15中列出了四种氦气检漏器方法灵敏度的比较。

表1.2－15 四种氦气检漏方法的灵敏度

方法表示		灵敏度	含 义	备 注
1	分压表示的灵敏度	1×10^{-9}Torr～1×10^{-11}Torr	检测器里有10^{-10}Torr氦气时，就能感应显示出来。通常为表盘上一个刻度的灵敏度	与检测部位的压力无关系。决定于检测器本身的结构和放大器的能力
2	浓度表示的灵敏度	2～10mg/L	当含有10mg/L氦气浓度的气体接触到检测器头时，就可出现感应。多为表盘的一个刻度	受检测部位的压力影响
3	电流表示的灵敏度	0.1A/Torr	如果检测出的氦气为1Torr（压），就会产生0.1～1A的氦离子电流	实际上，氦气不为1Torr，而改为10^{-10}Torr，因此，离子电流极小，仅为10^{-10}A，后经放大器扩大，才使表针摆动

续表

方法表示		灵敏度	含　义	备　注
4	可检测出的最小泄漏量	$1\times10^{-9}\sim1\times10^{-12}$ Torr · L/s（$10^{-10}\sim10^{-12}$ atm · cm^3/s）	采用真空法检漏时，使用此检漏器可检测出氦气的最小泄漏量。这时，需用标准泄漏进行仪器的校正	随使用条件变化而差别很大。采用加压法时，灵敏度比这时低

③ 试验时间　由两部分时间叠加而成。一部分为检测器本身的时间，它受检测部分抽真空时真空泵的排气速度影响很大，还受到氦气从试验孔流到吸入孔和打开氦气检漏器的时间的影响。第二部分为泄漏的氦气被吸入到检测器内的时间。总计大约在开检后10min可进入正常工作状态。

④ 泄漏点判断　检漏器的检漏头以2～5m/min的速度沿着被试容器易泄漏部位移动，同时，观察表盘指针或听振荡器（频率放大）的声音。当看到指针摆动或听到声音发生变化时，即刻停止移动。在此处把探头离开，反复几次，如仍有指针摆动或声音时，就可判定此部位或附近有泄漏点。精度可达到1mm。

⑤ 一致性　此法是利用精度极高的氦气检漏器进行容器的检漏工作。经一般培训就可操作它。所以，操作人员之间的人为误差甚小。

⑥ 可靠性　在自然环境下，氦气在空气中的浓度仅为5mg/L，很低，且密度比空气小，均在空气中扩散至高空。因此，在检漏时可以忽略不计，可靠性很高。

⑦ 稳定性　对该仪器要按时进行维修和保养。使其检测部分处于清洁状态，防止污垢进入而杜塞喷嘴和干涉放大系统的正常工作。在仪器处于完好状态下，该法的稳定性很高。

⑧ 经济性　由于氦气检漏器是一种高灵敏度的精密仪器，加之氦气难以回收，且价值高。所以，此法成本较高。

此法对加压法和真空法均能使用，且灵敏度高，试验时间短，稳定性及可靠性等都相当好。所以，为保证安全和提高大型石化装置的环保计，在操作介质为剧毒、易燃气体时，应采用这种试压检漏方法。

第十节　管壳式换热器新结构的开发和应用概况

为满足现代工业飞速发展的需求，目前国内外均出现了许多结构形状特殊，传热表面高强化以及传热面积及结构体积比较大的新型换热器。我国在新型换热器的开发、设计、制造及应用方面也做了许多卓有成效的工作，尤其是改革开放及加入WTO之后，在消化、吸收及改进国外先进技术的基础上，研制开发出了我国自己的许多新结构、新传热元件以及新型换热器设备，其涉及的领域也越来越广泛。但是，不管新型换热器如何发展，管壳式换热器仍以它自身独特的优势在炼油、化工和石油化工等行业里获得了广泛的应用。从20世纪80年代以来，随着科学技术的进一步发展，该换热器的使用领域还在不断发展和扩大，如核能、医药、环保及节能等行业中的应用还有扩大的趋势，在高温、高压及大容量领域也有新的较大发展。

迄今，管壳式换热器的理论研究及结构设计方面的技术相对已较成熟，在石油、化工、炼油及能源等领域所使用的换热设备中，该换热器仍占绝对优势，其使用率约在70%左右，因此人们对它的研究一直仍较重视。现在的研究主要集中在管程和壳程传热面的强化传热方面，其次是应用领域的扩展、新材料的选用以及抗震防腐蚀等。本节就其结构设计及研究开发等方面作一扼要叙述。

一、新型管壳式换热器

（一）集成管箱型管壳式换热器

集成管箱型管壳式换热器是针对空调系统中 CO_2 跨临界循环系统这一特定场合的使用而设计的。该系统换热器管程流动的是 CO_2 介质，管程压力属高压，大约 10MPa；而壳程介质是水，属于常压。如果按常压换热器来设计，其不能满足管程的要求，若按高压换热器来设计，其安全压力等级提高了，故其使制造成本及费用增加很多。由于以上原因，而改进设计出了耐高压防泄漏的集成管箱型管壳式换热器。它的结构特点是将换热管的入口管段设计成集成管箱，集成管箱内有干管和支管。集成管箱与常规换热器的固定管板合并成一个整体，将其作为换热器的端盖。由于集成管箱既为换热器端盖，管程流体入口管段与各换热管又组成一体而形成 CO_2 介质分配段，因此可承受管程的较高压力，CO_2 介质也具有良好的流动通道。流体进入集成管箱经干管均匀流入支管进入换热管道，经过与壳程流体换热后管程流体从干管出口流出。与普通换热器相比没有单独的端盖或管版，耐压高且重量轻。该换热器设计时换热管的直径可在技术允许的前提下尽量选得小些，换热管数目尽量要多些，这既可提高系统的安全性，增大换热面积，又使换热效率得到提高。这种换热器既可设计成单管程的，也可设计成双管程的。单管程可用于 CO_2 跨临界循环系统的气体冷却器，双管程可用于 CO_2 跨临界循环系统的蒸发器。该换热器具有结构简单、制造及安装维修简便易行等优点，可满足 CO_2 跨临界循环特性的特定要求。集成管箱型管壳式换热器的结构见图 1.2－231 和图 1.2－232。

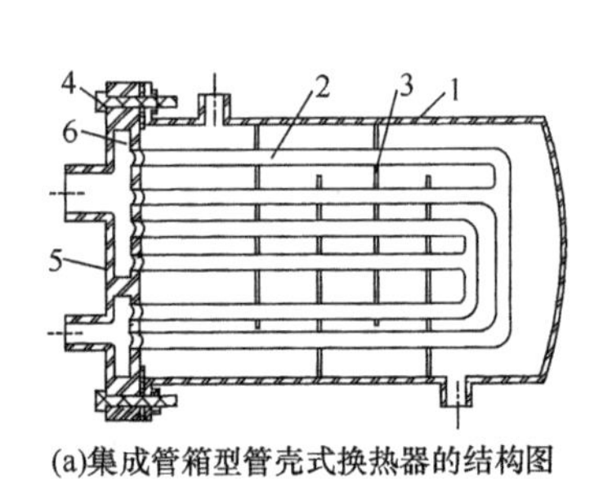

(a)集成管箱型管壳式换热器的结构图

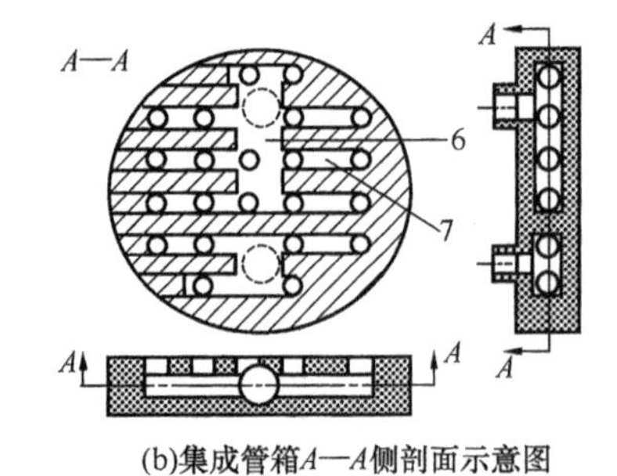

(b)集成管箱A—A侧剖面示意图

图 1.2－231　集成管箱型管壳式换热器结构图主视图

1—壳体；2—换热管；3—折流板；4—紧固螺栓；5—集成管箱；6—干管；7—支管

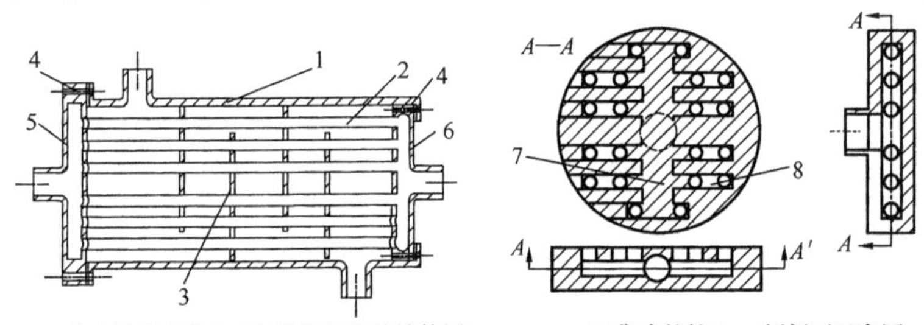

(a)集成管箱型管壳式气体冷却器的结构图　　(b)集成管箱A—A侧剖面示意图

图 1.2－232　集成管箱型管壳式换热器结构图侧视图

1—壳体；2—换热管；3—折流板；4—紧固螺栓；5—前集成管箱；

6—后集成管箱；7—干管；8—支管

（二）SMGK 型换热器[50]

为解决合成氨厂变换段半水煤气中的 H_2S 和 CO_2 与水蒸气作用而形成的弱酸对管束造成的腐蚀及半水煤气中油污和水垢造成的管子堵塞，1995 年郑州工业大学设计出了 SMGK 型换热器。该换热器是合成氨厂作为变换热交换器场合下使用的新型换热器，其主要结构特点为：①在换热管内装入 GK 型静态混合元件，用以强化管内传热，提高管内传热系数。②管子支承采用折流杆结构，用来改善壳程流动状态。③采用了带螺旋导流板的传热夹套，可使夹套内的传热系数提高。④在壳程流体的进出口处采用外夹套形式，以减轻流体对管束的冲刷和腐蚀，延长管束的使用寿命。

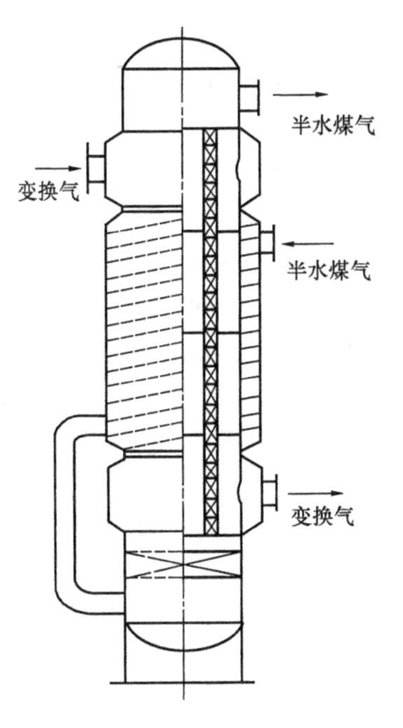

图 1.2－233　SMGK 型换热器结构图

SMGK 型换热器与普通管壳式换热器相比，在生产能力相同甚至扩大的情况下，不但传热面积减少，且传热系数提高了 50%，总流体阻力下降了 20%，节能效果明显。选用 SMGK 型换热器后，半水煤气的温度可达到 350℃，减少了蒸汽用量，每 t 合成氨可节约蒸汽在 400kg 以上。SMGK 型换热器，使用寿命是普通管壳式换热器的 3 倍以上。

SMGK 型换热器结构图见图 1.2－233，GK 型元件结构见图 1.2－234。

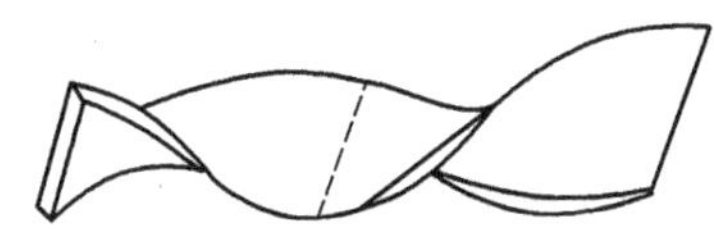
图 1.2－234　GK 型元件结构图

（三）梯式折流板换热器[51]

梯式折流板换热器是在分析了折流杆换热器及螺旋折流板换热器的优缺点基础上，受楼梯的启发而提出来的，它与螺旋折流板换流器的流动形态相似，流体对管束的流动也是横向流或接近横向流，因而可减少流动死区，提高传热效率。梯式折流板类似于在壳体内设置了一座分流式楼梯，分斜面段和平面段，相当于楼梯的台阶段和拐弯段。流体通过中间较宽的斜面段，在弓型平面段分成左右两股流后转 180°。再通过两侧的斜面段流至下一个弓型平面汇合后，转 180°再进入另一层的中间斜面，如此不断循环。流体依次在倾斜和旋转两种运动下通过管束，从换热器的一端流入另一端。由于折流板板间距相等，因而每根管子都有很好的支承，同时因支承位置的改变也可避免管束发生共振。梯式折流板换热器可用于 U 形式或浮头式换热器，也可做成双梯式折流板换热器。为使换热器更好的接近逆流传热，还可设计成双壳程结构。该换热器的制造难度比弓型折流板要困难一些，但与螺旋折流板相比则较容易些。梯式折流板换热器的结构见图 1.2－235，梯式折流板结构见图 1.2－236。

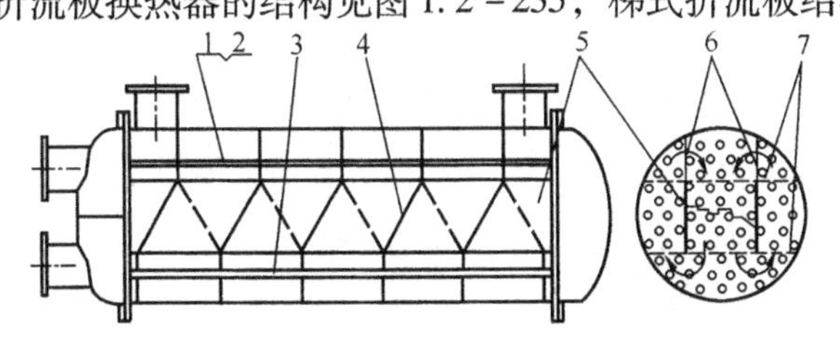

图 1.2－235　梯式折流板换热器结构图

1—拉杆；2—套管；3—管子；4—折流板；5—纵向隔板；6—拼接缝；7—折弯线

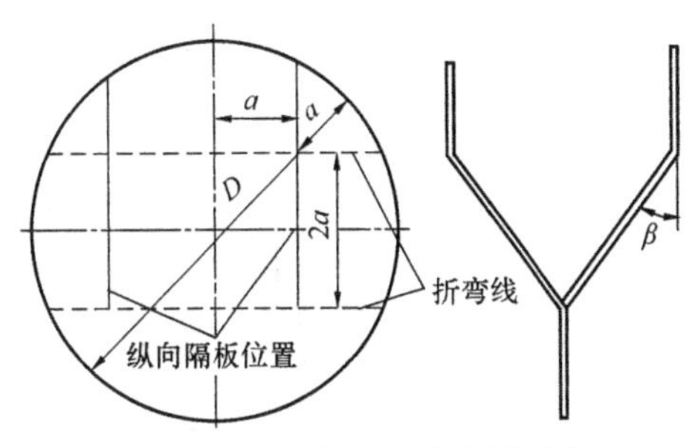

图 1.2－236　梯式折流板结构图

（四）锅炉给水预热器[52]

锅炉给水预热器是30万t/a合成氨装置的余热回收设备，它将高变气的余热传给锅炉高压给水，从而达到节能的目的。该设备的结构是在消化、吸收国外先进技术的基础上改进后的新型结构，国内也是首次试制。

该设备是一台*DN* 1500mm，管程数为6管程的U形管壳式换热器。其设备结构特点为：管箱以DN 1200mm×200mm的段件做筒节，管箱筒节与平盖采用22个M 100×4的螺栓连接，管箱筒节与管板采用窄间隙对接焊结构。壳体分成两层，外壳体内径为1500mm，内筒为1200mm×10mm，壳体两端各装配1500mm及1200mm的锥体，把壳体夹层作为气体分布腔。为提高传热效率，为防周向短路，在1200mm的内筒上布置了16根通长纵向旁路挡板。管束是由U形管、13块折流板及拉杆等组成，管束总长近9m，折流板上开有16条旁路挡板槽，管子与管板连接采用胀焊结构。

该设备与普通换热器的最大不同是，将16块旁路挡板布置在内弧板及分布板上，16块旁路挡板与管束中折流板上的旁路挡板槽之间隙只有2mm。旁路挡板厚度为$\delta=16$mm，长度为$L=7660$mm，要使16块旁路挡板顺利穿进13块折流板，完成壳体与管束的装配，必须控制且最终要使旁路挡板沿长度方向的各点相对筒体水平轴线的圆弧间距偏差≤2mm。

该换热器属于三类压力容器，换热器级别为Ⅰ级，设备重量46t。换热面积943m^2。该设备结构复杂，技术要求比较高，在设备制造时有一定的难度。

该设备结构见图1.2－237，窄间隙对接焊坡口见图1.2－238，壳体内旁路挡板分布图见图1.2－239。

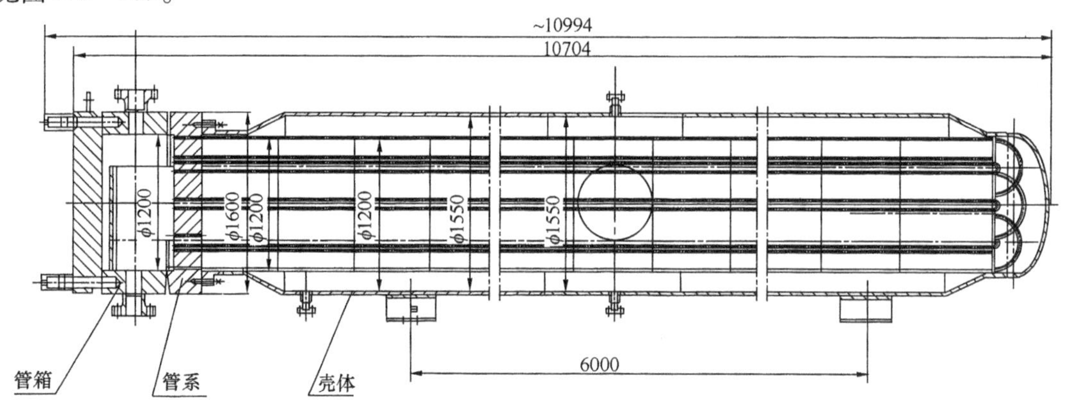

图1.2－237　锅炉给水预热器结构图

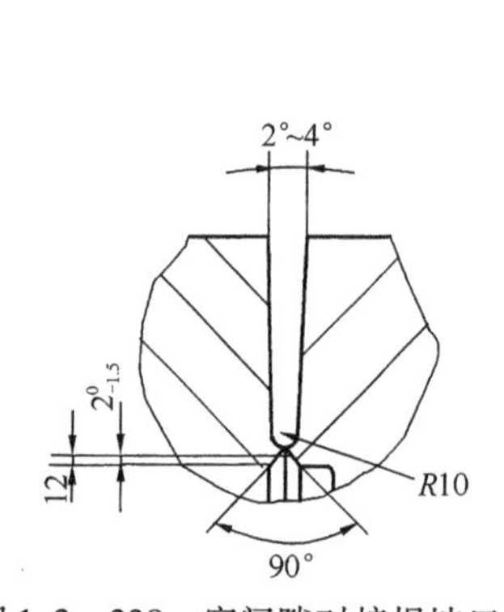

图1.2－238　窄间隙对接焊坡口图

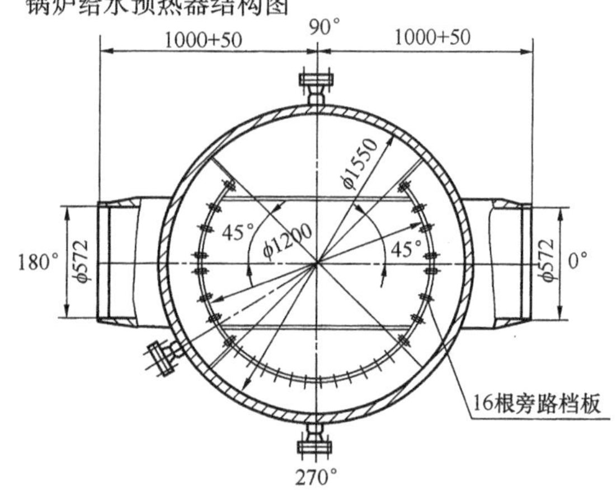

图1.2－239　壳体内旁路挡板分布图

（五）弹簧刮壁式冷却器

弹簧刮壁式冷却器又称刮壁式外部循环冷却器，它主要由冷却器主体设备、刮壁器及液压和电气控制系统组成。刮壁式换热器为国外专利，以前国内只有回转式刮壁换热器。刮壁式冷却器的使用场合是，当 SAN 树脂在聚合釜中进行连续聚合并放出大量反应热时，其中一部分热量需通过反应液外部循环，这就由刮壁式冷却器来完成。刮壁式冷却器在进行传热过程的同时，还在冷却管内继续进行聚合反应，并产生大量热能。SAN 介质是一种高黏度介质，黏度最大时为 30Pa·s，极易粘附于换热管内壁上，形成较大热阻，从而降低传热系数。

20 世纪 90 年代，兰州石化公司合成橡胶厂在引进的 1.5 万 t/a SAN 树脂装置中就有一台刮壁式冷却器。在生产运行中经常出现故障，对生产造成较大影响。为此，该厂与兰州化工机械研究院合作，研究开发了国产往复式弹簧刮壁式冷却器。

该设备主要以一台列管式换热器作冷却器的主体，再加之刮壁器、液压及电气控制系统组成。为避免 SAN 在管内壁上结垢，在列管式换热器的 1078 根换热管中设置了刮壁弹簧。弹簧由直径 2.5mm，长度为 3m 的不锈钢丝绕制而成。外径比换热管内径小 1.2mm。每根弹簧分别固定在左右托板上，左右托板各自拖动 539 根弹簧，不但要求与 1078 根换热管对中，还必须同时保证每根弹簧的受力均匀。在管板的两端设置 6 根定位导向杆与滑道，以保证托板与管板相对固定及弹簧与换热管对中。托板由柱塞杆拖动，实现往复运动。

该台刮壁式冷却器为两管程列管式换热器，管程和壳程设计压力均为 1.0MPa，管程的介质进、出口温度均为 135 ~ 142℃，介质黏度 30Pa·s，属一般换热器，其中管箱端盖直径 1860mm，厚度 130mm，壳体厚度 16mm，换热管与管板采用了强度胀加密封焊连接形式。

往复式结构的弹簧刮壁式冷却器，结构简单，换热效率高，维修方便，其传热效率已达到或超过国外同类设备水平，实现了引进设备的国产化。弹簧刮壁式冷却器结构图见图1.2－240。

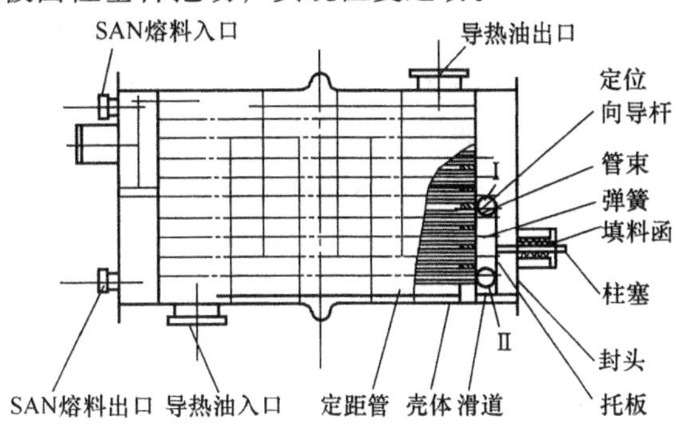

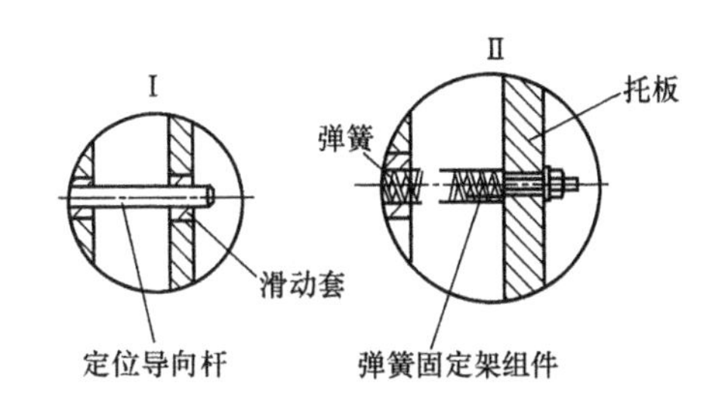

图 1.2－240　弹簧刮壁式冷却器结构图

（六）螺旋折流板式换热器[54,55,56,57,58]

螺旋折流板式换热器是由原捷克斯洛伐克化工设备研究所在 20 世纪 80 年代开发的，并已在核电、炼油及化工等行业中得到应用。它也是美国 ABB 公司近年来开发的新产品之一，目前国内已有厂家在生产。

当前管内强化传热新技术的发展已有较大突破，但是衡量一台换热设备传热能力是否达到预期的传热效率，往往壳程是影响传热效率提高的主要原因。为进一步提高壳程的传热能力，于是产生了螺旋折流板换热器。该换热器壳程中流体的流动既不是横向流，也不是纵向流，而是一种螺旋状斜向流。由于折流板呈螺旋状结构，流体流动易形成旋涡状，使边界膜层减薄，从而使得膜传热系数得到进一步提高了。

流体在螺旋折流板换热器壳体内连续平稳旋转流动，没有急剧的流向改变，所以壳程中的压降较小。而弓形折流板垂直于管束，流体流动方向改变大，因此压降也较大。

螺旋折流板换热器结构特点：

该换热器的流动方式和传统的弓形折流板换热器的唯一的区别在于折流板在壳体中结构形式的改变。前者的折流板是由若干块1/4壳程横截面的扇形板自进口处向出口处呈螺旋状组装形成的，每块折流板与壳体呈一定的夹角，倾角朝向换热器轴线，相邻折流板沿壳体轴线成螺旋走向，并相连接。研究认为，螺旋折流板的螺旋角为40°时，螺旋折流板换热器的传热与流阻性能最优。它改变了普通换热器壳程流体Z形折反的传统方式，避免了大斜度折返带来的严重压力损失，故其具有低压降特点。它还可利用不同角度调整流通截面，在压降较低的情况下提高流体流速。此外，连续的螺旋支承，可使得管束跨距减小。

螺旋折流板换热器还可被设计成双螺旋结构，这样可避免因管子与流体的共振而引起的破坏，特别适用于介质流量波动较大或汽液两相流的工况。因螺旋折流板壳程流体为螺旋状流动，壳程无滞流区与死区，因而无污垢沉淀，在换热器长时间使用后仍有良好的操作性能。螺旋折流板换热器比弓形折流板换热器更适用于较粘稠介质及结垢介质的场合，如原油及渣油的换热。

螺旋折流板换热器可以整台选用，也可用基管束来替换普通换热器管束，它与普通换热器一样要根据给出的工艺条件来进行合理的工艺计算，选择合适的直径、折流倾角、折流板的搭接比例及进出口管径等。但螺旋折流板换热器与普通换热器的主要区别在于螺旋折流板的结构及安装位置较重要，因此，螺旋折流板及定距管必须设计合理，计算准确，加工合格，方才能体现出螺旋折流板换热器独特的优越性。

螺旋折流板换热器中螺旋折流板及定距管都是主要的结构件，螺旋折流板必须保证折流倾角，而定距管不但要保证折流板的间距，还要保证折流板安装后的折流倾角。因而，该换热器中定距管就成为螺旋折流板管束安装是否准确的重要因素，必须在制造中严格控制。

螺旋折流板换热器的缺点是，螺旋折流板和定距管较普通折流板换热器加工难度大，且需要专用工具，相应的造价费用也比普通折流板换热器较高。螺旋折流板折流示意图见图1.2-241，螺旋折流板定距管结构见图1.2-242。

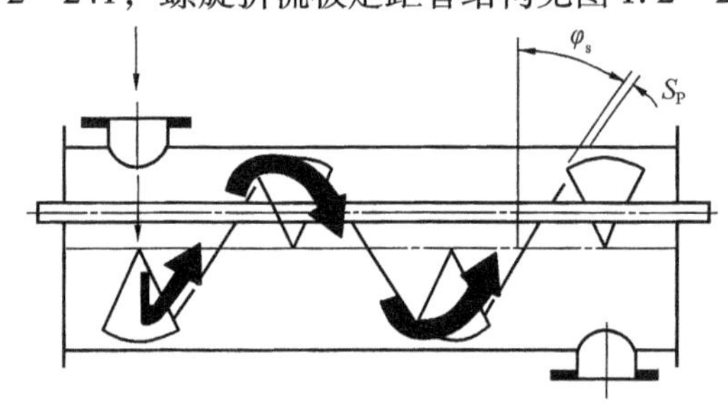

图1.2-241 螺旋折流板折流示意图

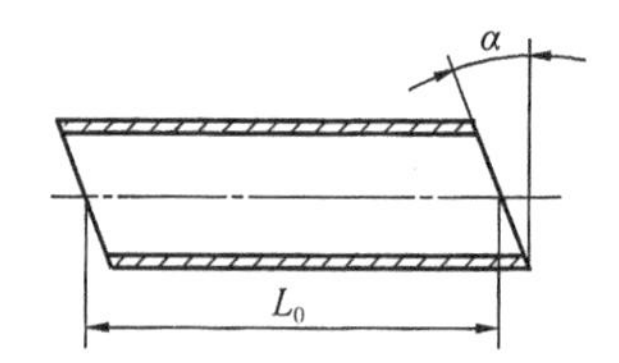

图1.2-242 螺旋折流板定距管结构图

(七) 管壳式换热器新型抗振结构体系[59]

在工程研究中，人们先后提出过好多关于换热器因流体流动引起的振动问题，也从结构上考虑过如何解决这些振动问题的办法。但这些抗振结构有的效果不理想，有的结构过于复杂，目前尚无理想的抗振结构在实际工程中得以应用。因而，有人提出了换热器的抗振结构体系。所谓抗振结构体系，是指包括换热器壳体流动的两种结构形式，即纵流式和横流式。

1. 折流栅抗振型换热器

折流栅抗振型换热器是在折流杆换热器基础上进行的改进，受折流杆换热器的影响，它是在分析了折流杆换热器利弊的基础上而提出来的。此换热器壳体流体的流动属于纵流式，其基本结构形式与折流杆相同。所不同的是，折流栅上的折流杆支承条（圆钢）改由扁钢支承条来代替，其结构设计与折流杆换热器相同。扁钢支承条的厚度由换热管排管间隙的宽度来定，而宽度可根据使用场合来定。一般场合较窄些，振动较激烈的场合应宽些，一般以取20～40mm即可。

2. 折流板抗振型换热器

折流板抗振型换热器的结构特点，它是在传统的折流板换热器换热管间穿插扁钢支承条以作为对管子的辅助支承，故其结构基本与折流板换热器相同。扁钢支承条厚度和宽度的取值，与折流栅抗振型换热器相同，即厚度以换热管排管间隙的宽度而定，宽度根据使用场合而定，一般场合较窄些，振动较激烈的场合应宽些，一般取值范围仍为20～40mm。扁钢支承条应焊在折流板的圆形圈上。

扁钢支承条的排列方式有两种，即平行于流体流动的，称为顺排；垂直于流体流动的，称为横排。对于扁钢支承条排列方式的选择应根据振动机理来选择。

折流栅抗振型换热器与折流板抗振型换热器构成了新的换热器抗振结构体系，且这种换热器目前已获国家专利，前景看好。

（八）麻花扁管换热器[60,61,62]

麻花扁管换热器也被称为螺旋椭圆扁管换热器，它早先由瑞典Alares公司开发，后经Brown Fin-tube公司改进。麻花扁管由压扁和热扭两个工序制造完成的，许多麻花扁管再按同一旋转方向排列便组成管束。管间无支承，管子间依靠麻花扁管的螺旋形外缘形成点接触，并相互支承，减少或避免了管子的振动。换热器选用麻花扁管这种独特结构传热管后，使换热器的管内外侧流体同时处于螺旋流动状态，它既提高了管内流体的湍流速度，强化了管内传热，又使壳程流体也形成螺旋流而不断改变流体的速度和方向，从而提高了壳程的传热系数。麻花扁管换热器比一般管壳式换热器的总传热系数提高了40%左右，而压降与一般管壳式换热器相当。

麻花扁管换热器壳程因管间无支承，阻力较一般折流板换热器要低，所以抗振性能也比较好。

麻花扁管换热器管束可全部采用麻花扁管来制作，亦可用麻花扁管与光管混合组装。麻花扁管换管器在瑞典Alares公司制造时必须按ASEM标准严格执行。

该换热器优点为：强化了传热、抗垢，且完全逆流；因无折流板元件，设备成本降低，节约了资金。目前该换热器已在石油及化工等行业中得到应用，前景看好。螺旋椭圆扁管的结构见图1.2－243，麻花扁管换热器管束结构见图1.2－244。

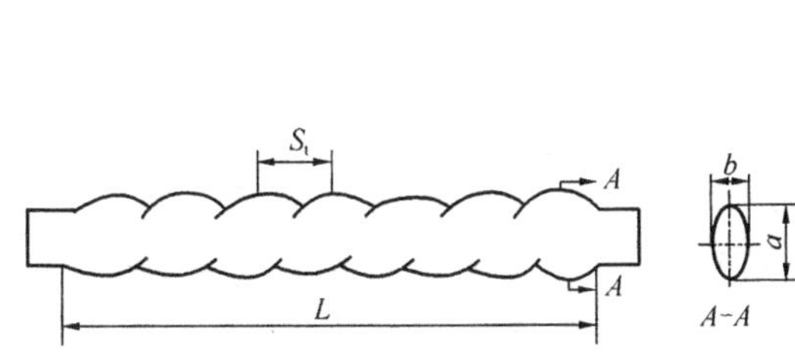

图1.2－243　螺旋椭圆扁管结构图

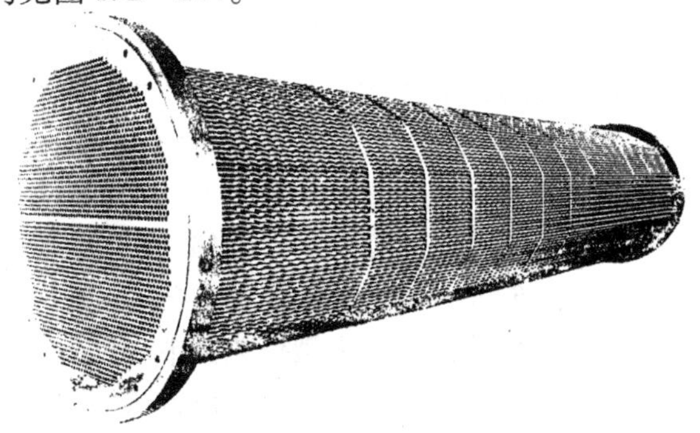

图1.2－244　麻花扁管换热器管束结构图

二、壳程强化传热新结构

纵流式换热器是以新型管束支承物取代传统折流板支承而开发的，其壳程自由流道流体呈纵向流动。纵流式换热器的发展表现在该换热器壳程与管程流体流动基本上实现了完全逆流，消除了折流板支承所造成的死区，避免了流体横向冲刷管子的弊端。新型支承物对壳程流体有扰动作用，具有流体阻力低及传热性能好等优点。

管壳式换热器经历数十年的改进发展，总的说其范围不外乎在以下两个方面：一是新型换热管的应用，用其强化管程的对流传热；二是管间支承物的变化，用来强化壳程传热及提高抗振性能。纵流式换热器壳程强化传热包括了新型传热管与管间支承物两方面的技术，不断变化的管程和壳程新结构，也是力图实现以上两方面的性能保证。

管壳式换热器壳程结构比较复杂，对整台换热器的性价比及整个换热过程的影响都比较大。纵流式换热器应用的高效新型换热管有许多种结构形式，将在新型强化传热管一节中介绍。从80年代末到90年代初，我国对纵流式换热器管间支承物也进行了开发与研究。纵流式管间支承结构有以下几种形式。

1. 整圆形折流板式（也称孔板式）[65,66,67]

1991年在原西德Achrma世界展览会上，展出了一台该国Gima公司的孔板式管壳换热器，引起了相关人员的关注。之后的美国、前苏联和日本等国也对该换热器作了研究，如日、美已分别将其应用于核磁成像仪制冷系统和J-T节流全封闭制冷中，荷兰菲利普公司也研制了这种换热器。

（a）“大管孔”整圆形折流板是历史上出现较早的折流板，其板上不开切口而只钻出比管径大的圆孔，既能让管子穿过，又留有足够的间隙以使流体从管间通过。该结构因缺乏对管子支承的作用而被其他整圆形折流板取代。以后又开发出了其他结构形式。

（b）小圆孔整圆形折流板：折流板上除钻有穿管管孔外，管孔之间再钻出小圆孔，让管间流体由小圆孔流过折流板。

（c）整圆形带异形孔的折流板：如在板上开出矩形孔和梅花孔，这两种板型目前国内均未见报道过。这两种板型结构较复杂，加工难度也较大。

（d）网状整圆形折流板：其结构仍按普通折流板划线和钻孔，但将折流板上的横排孔以4个为一组将管桥处铣通。它是由德国GRIMMA公司开发制造的，适合介质为中低黏度的场合使用。

整圆形孔板支承的换热器一般采用三角形布管，结构紧凑，比一般正方形布管的折流杆换热器壳程流通面积减少了36.8%，三角形布管比正方形布管在单位体积内的换热面积提高15.6%，整圆形折流板开孔分布均匀，流体呈纵向流动，传热死区减小，换热管与折流板接触面积小，使得传热面积得到充分利用。整圆形折流板开孔的形状、大小、位置、开孔率及折流板厚度和跨距等，都直接影响到强化传热的作用。在孔板支承的换热器中，孔板的开孔度即开孔面积与壳程最大流通面积之比也对壳程传热性能产生重要影响。因此，孔板结构不同其强化传热效果也不同，如果将各种新型强化传热管与整圆形折流板组合则会有显著的强化传热效果，优点诸多，但加工困难，制造成本亦较高。

自支承管及自支承结构见图1.2-245，各种整圆形折流板结构见图1.2-246。

从国外引进的电站大型换热器中，已有这种管壳式孔板型结构，其板上有梅花孔或矩型孔。我国哈尔滨锅炉厂根据引进设备仿制了这种异孔型换热器，已在大型管壳式立式蒸发器中应用。华南理工大学与桂林化工厂合作试制成功了大圆孔型“孔-杆”挡板的压缩机水

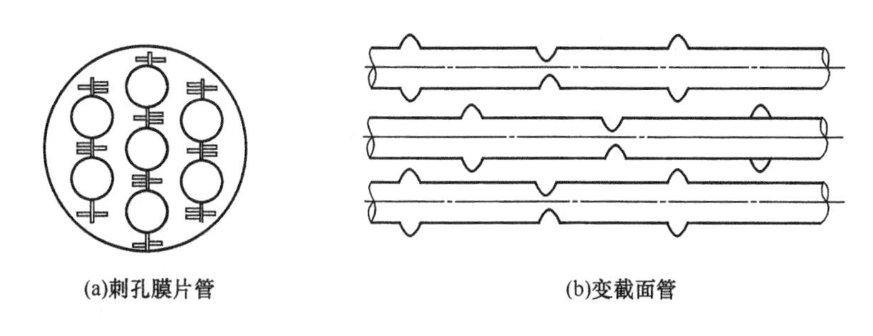

(a)刺孔膜片管　(b)变截面管

图 1.2－245　自支承管及自支承结构图

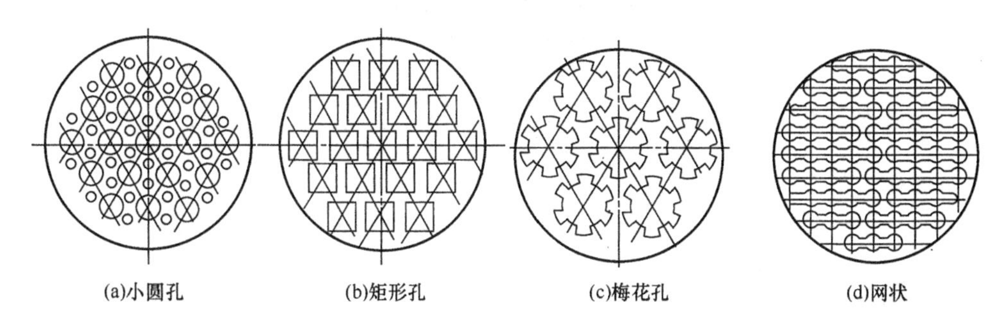

(a)小圆孔　(b)矩形孔　(c)梅花孔　(d)网状

图 1.2－246　各种整圆形折流板结构图

冷器。实践表明，异孔、孔板型及异型折流板纵向流管壳式换热器已成为当前最受关注的研究内容之一。

2. 空心环式[68]

新型空心环管壳式换热器是华南理工大学开发研制的，并已获国家专利。它的壳程结构采用了空心环管间支承方式加工制造，空心环是把直径较小的钢管截成短节，再均匀分布在传热管之间的同一截面上，呈线性接触，在紧固螺栓力的作用下，使管束被相对紧密固定。空心环式也称空心环网板（或称波网 NEST），它的利用空隙率大，流阻低，强化传热效率明显。用空心环网板（NEST）代替传统折流板作为管间支承物，用新型传热管（菱形翅片管）代替传统光管作传热管后，很好地实现了低阻高效的换热，使换热设备的传热效率得到大幅度提高。

空心环管壳式换热器可使用横纹槽管、缩放管或菱形翅片管等新型传热管，管束的支承为空心环网板结构。

该新结构换热器在小合成氨厂应用后其传热面积节省最大达 68%。用于茂名炼油厂渣油－原油换热器设备上，与规格相同的光管换热器相比，其传热系数提高了 85%。湖南地区某氨肥厂一台合成氨变换主换热器采用了横纹槽管和空心环支承壳程结构，以 $162m^2$ 的换热面积取代 $614m^2$ 的换热面积（实际选用 $198m^2$），该换热器于 1992 年 10 月投入使用以来换热效果非常显著。

华南理工大学与湖南地区一氨肥厂合作，在该厂的变换器软水加热器中采用了横纹槽管及空心环支承壳程结构，换热面积由原来的 $499m^2$ 降为现在的 $212m^2$，换热面积减少了 52.7%。该换热器已成功地应用在全国 12 省 40 多套工业装置中并均获得成功。空心环支承三维菱形翅片管用于油冷凝器上，其冷凝传热效果也都比较理想。空心环管壳式换热器，较之普通管壳式换热器，可减少传热面积 30%～50%，获得了低阻、高效、节能及降耗的良好效果。

冷凝器结构见图 1.2－247，空心环支承管束装配结构见图 1.2－248，空心环支承结构见图 1.2－249。

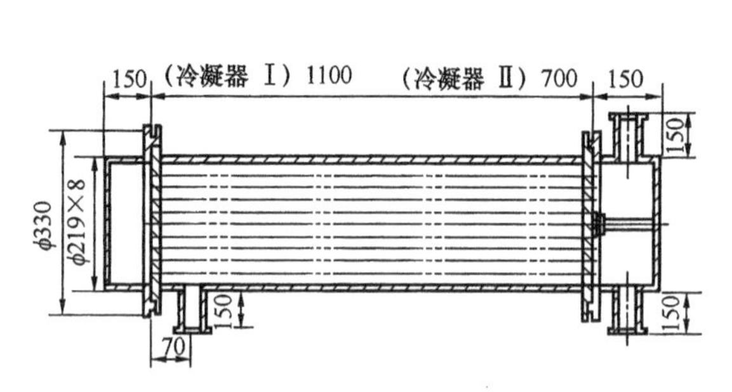

图 1.2－247 冷凝器结构图

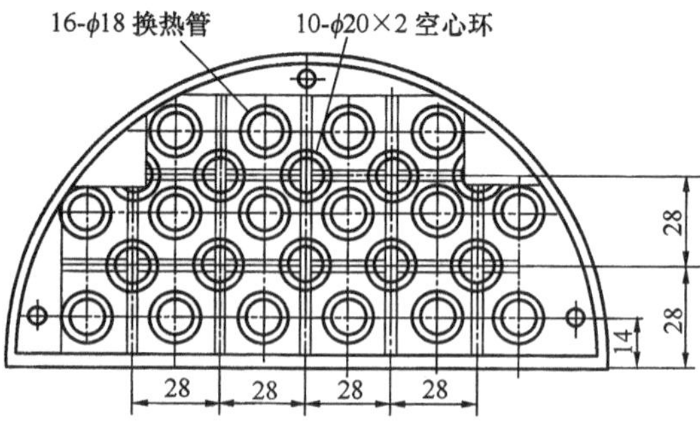

图 1.2－248 空心环支承管束装配结构图

3. 折流杆式[69,70]

折流杆式支承结构是美国菲利普公司于70年代初为解决换热器管束振动而首先开发研制成功的。这种结构的特点是，将若干平行的折流杆焊接在一个折流圈上，然后以4个为一组而构成折流栅。我国云南工业大学设计了一种新的抗振结构，用“扁钢支承条”取代折流杆与支承圈，而构成抗振栅。支承条厚度相当于管间间隙，管子被扁钢条紧紧夹住，且接触方式由折流杆的点接触变为支承条线接触，因此对传热管振动的抑制作用更强。华南理工大学开发的环型辐射状折流杆壳程结构也是一种新的折流杆支承结构，传热管采用同心圆排列。这种结构的特点是布管均匀，压降小，可减少壳程的不利空间，利用有效空间来提高传热面积，还可以有效地防止管束振动。新型高效换热器结构见图 1.2－250，变换第二水加热器壳程支承结构见图 1.2－251（A型），变换第二水加热器壳程支承结构见图 1.2－252（B型），环形折流杆结构见图 1.2－253。

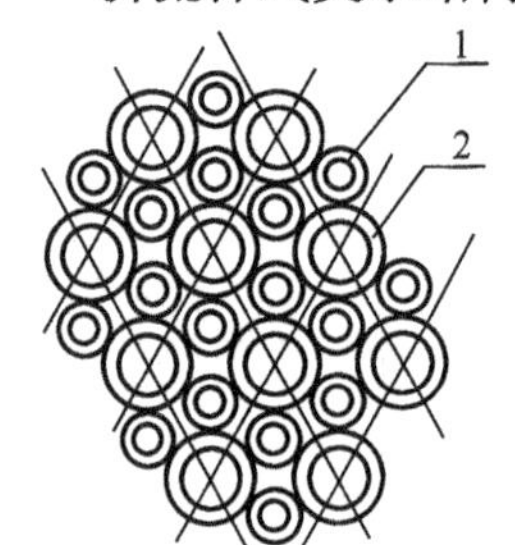

图 1.2－249 空心环支承结构图

1—空心环；2—传热管

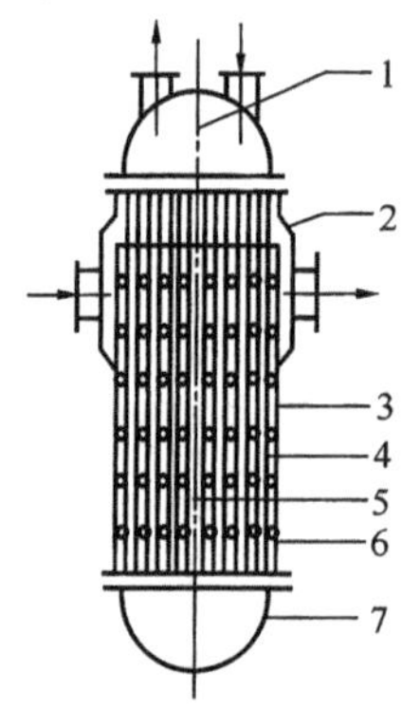

图 1.2－250 新型高效换热器结构图

1—管程隔板；2—外导流间；3—筒体；4—传热管；5—壳程隔板；6—支承结构；7—封头

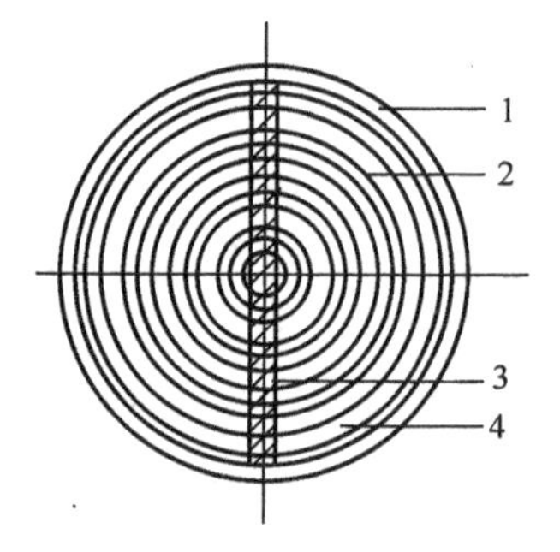

图 1.2－251 变换第二水加热器壳程支承结构图（A型）

1—壳体；2—环形折流杆；3—分程隔板；4—传热管

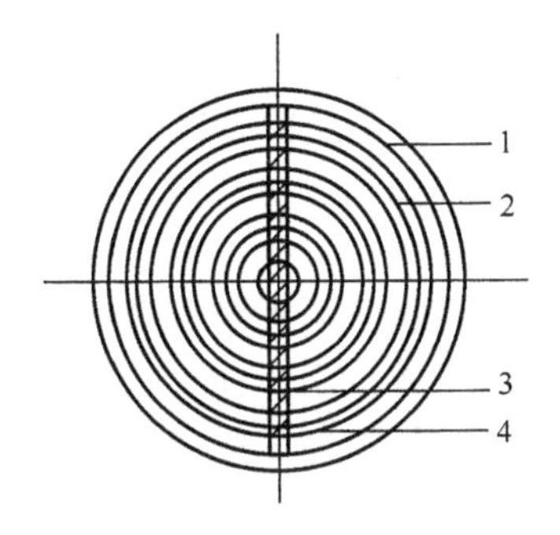

图 1.2－252　变换第二水加热器壳程支承结构图（B 型）
1—壳体；2—环形折流杆；3—分程隔板；4—传热管

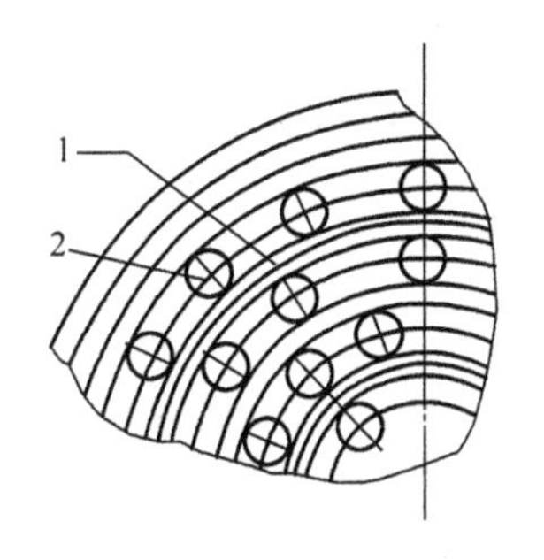

图 1.2－253　环形折流杆结构图
1—环形折流杆；2—传热管

在管壳式换热器中，有时并不需要设置折流板，如冷凝器；有的换热器自身结构不需要设置折流板或支持板，如立式换热器或换热器管束短或换热管根数少等的情况。这时可以将换热管设计成正方形排列，换热器管束支承结构设计成杆状支承。但折流杆式换热器壳程流动截面积大，在低流量下难以达到湍流。

杆状支承结构的特点是，每个挡圈分别从经向和纬向固定换热器管束，挡圈 4 个为一组，分为 a，b，c，d。挡圈分别由 a，c 及 b，d 旋转 90°安装而成。为了在轴向将挡圈固定，在外环的 4 个方向开槽，并穿入 4 条矩形定位杆。外环槽与定位杆的宽度、定位杆槽宽与挡圈外环厚度均为动配合间隙 0.5mm，档圈轴向间距与一般折流板相同。杆状支承结构加工简单，组装容易，节省材料。此结构以在国外 30 万 t/a 合成氨装置上运行，使用效果良好。采用杆状或条状支承结构，不仅可以防振，且还能强化传热，降低流体阻力，减少污垢。

杆状支承挡圈结构见图 1.2－254，排管结构见图 1.2－255，定位结构见图 1.2－256。

在一般情况下，折流杆式支承结构都与某些新型传热管，如螺纹管、螺旋槽管或缩放管等组合应用。如华南理工大学为湖南益阳地区氮肥厂设计的变换锅炉软水加热器壳程就采用

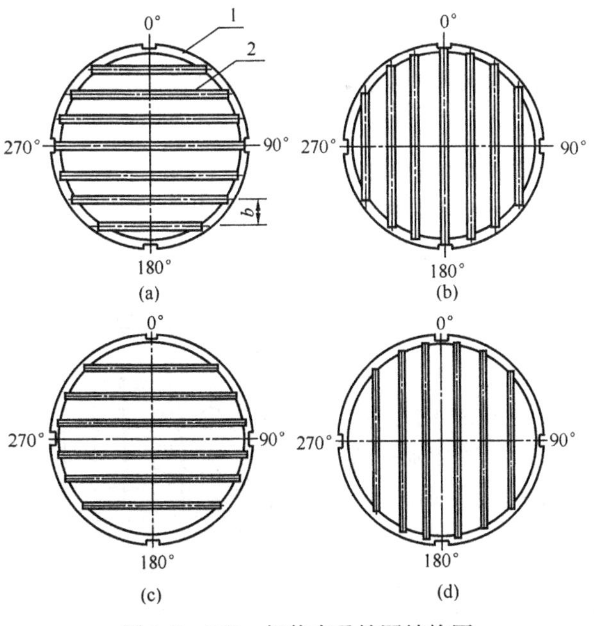

图 1.2－254　杆状支承挡圈结构图
1—外环；2—杆

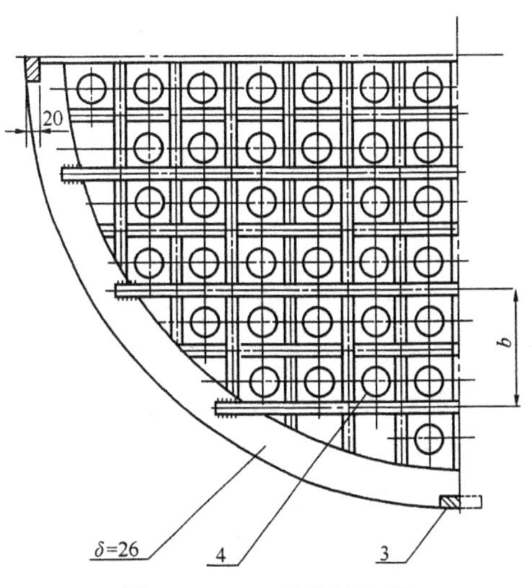

图 1.2－255　排管结构图
3—定位杆；4—换热管

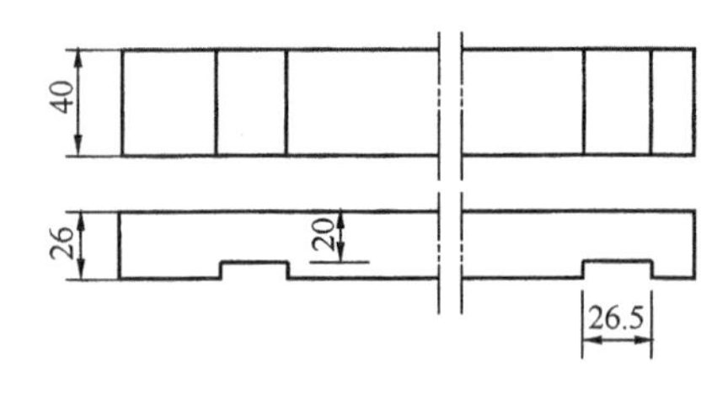

图 1.2－256 管束定位结构图

了环型辐射状折流杆结构，而管程采用缩放管同心圆排列。与原设备比较，换热面积减少 69%。软水出口温度由原来的 55℃提高到现在的 87.3℃。

4. 管子自支承式[71]

管子自支承式有以下 4 种结构形式：①刺孔膜片式刺孔膜片被嵌焊于管壁上，使管壁得以延伸，刺和孔可使换热表面上的边界层不断得以更新，使得层流内层膜减薄，换热系数得以提高，壳程流体完全实现了纵向流动。②螺旋扁管式将传热管制造成螺旋状结构，在 90°及 180°方向上压扁，壳程流体通过传热管螺旋面呈纵向流动，同时伴有横向螺旋运动，流体流经相邻管子的螺旋触点后形成脱离管壁的尾流，从而强化了传热。③变截面管式变截面管以传热管径的变径部分点接触来支承管子，管子排列紧凑，管间距小，使得单位体积内的换热面积增大，同时传热管截面形状的变化对管内及管外流体的传热都具有强化作用。④纵向流混合管束它是由华南理工大学化机所于 1988 年研究开发的，由几种不同结构的强化传热管配以一定量的光管而组成。强化传热管有变截面扭曲管、绕丝管，斜针翅片管及直针翅片管等。研究表明，不同结构形状的传热管与光管在管束中有一定的比例分配，如变截面扭曲管、绕丝管及光管组成的管束中比例分配为 30%，30%，40%。变截面扭曲管的变截面部位与绕丝管的绕丝部分直接相互支承，变截面支点或绕丝支点又相当于传热管上一连串的不连续翅片。传热管各管间的管间距很小，各管排之间的管排列又十分密集，这样的支承结构使壳程流体形成了扰流，流体在管束内沿管束作纵向流动的同时，又有流道的不断扩张与收缩以螺旋状扰流流动，造成局部涡流不断产生和更新，使边界层永远处在减薄状态，因此达到优化换热的目的。

华南理工大学与中国石化北京设计院合作开发的减压渣油（壳程）－初底油（管程）三维斜针翅片管与光管混合管束，使换热器直径由原来的 *DN*900mm 减小到 *DN*700mm，强化传热提高了 1.55 倍，换热面积由原来的 430m^2 降为 282.4m^2，设备质量由原来的 9t 减少到 6t。武汉化工学院与江汉油田合作设计研制的溶剂油冷凝器混合管束投入生产使用后，使原来 50m^{2}换热面积提高到现在的 75m^2，传热能力提高 1.05 倍。经改造后的设备不但满足了生产需要，且提高了生产效率。

纵向流混合管束由于取消了传统的折流板和折流杆等支承管束的部件，因此节省了设备用材，减小了设备尺寸和重量，降低了设备造价。纵向流混合管束在流体纵向冲刷作用下，对管束污垢的清洗作用更好。由于管子相互支承，而流体又是纵向流动，因此流体的旁路漏流被完全消除了。纵向流混合管束换热器集板式换热器及管壳式换热器的优点于一身，类似于不对称混合板式换热器等新型换热器，它是当今国内外最新的一种管壳式换热器。

网状折流板结构见图 1.2－257，折流杆支承结构见图 1.2－258，空心环支承结构见图 1.2－259，管子自支承刺孔膜片式结构见图 1.2－260，多弓形折流板结构见图 1.2－261。

5. 螺旋扭片式[72]

这是一种将螺旋扭片及横纹槽强化管作管壳式换热器管间支承的结构。扭制的螺旋扭片被夹装在横纹槽强化管组成的管束中，管子排列为正三角形排列。夹装的螺旋扭片对管束起着

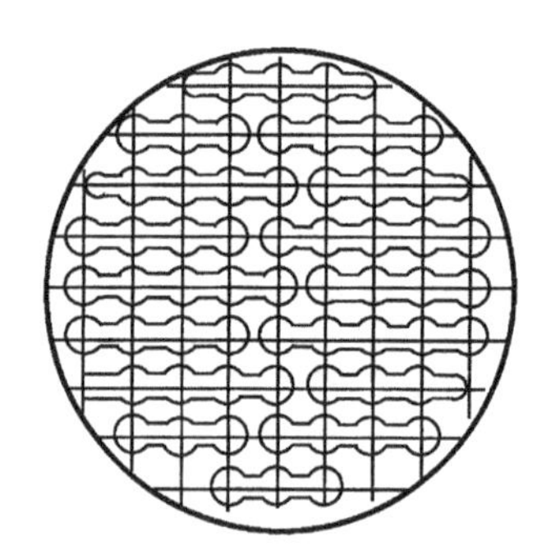

图 1.2－257 网状折流板结构图

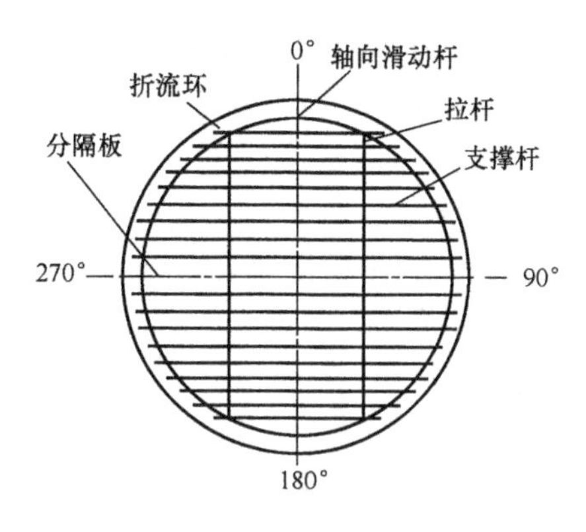

图 1.2－258　折流杆支承结构图

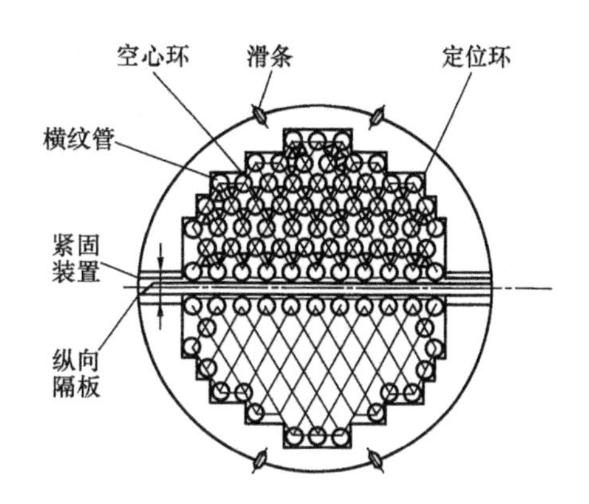

图 1.2－259　空心环支承结构图

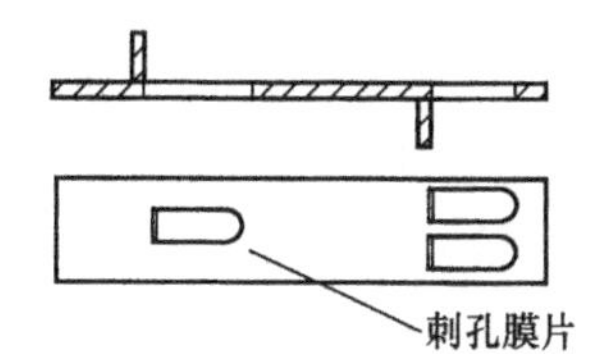

图 1.2－260　管子自支承刺孔膜片式结构图

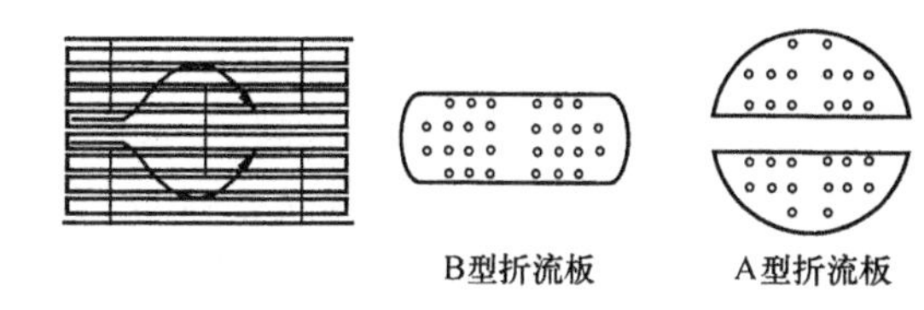

图 1.2－261　多弓形折流板结构图

密排隔离支承作用，相互间无干扰。管束中每根管子的外围流体各自构成独立的流道，管束是由 N 个这样的独立流道组合而成。流体在壳程中沿环形槽作平行管束纵向流动的同时，流体又有顺螺旋扭片流动的螺旋流，螺旋流与靠近管壁的边界流形成二次涡流。

在换热器的整个壳程中上述 3 种流动状态同时产生，相互影响，因而可提高壳程传热的推动力，减缓了流体流动对管束产生的诱导振动作用，因此其抗振性能要优于一般换热器。

螺旋扭片式换热器宜在中低流速的场合下使用，因壳程夹装了螺旋扭片，使得壳侧的强化传热也得到进一步的提高。

螺旋扭片式换热器的壳程无需设置折流板，而螺旋扭片质量又轻，使换热器的整体材料减少，设备重量减轻，成本降低，节约了资金。

螺旋扭片结构见图 1.2－262，螺旋扭片夹装于换热管间支承的结构见图 1.2－263。

三、管程强化传热新结构

所谓管程强化传热新结构，主要是指在传统换热器中用的光滑传热管改用新型传热管或异形传热管来代替。目前，开发出的各种各样的新型传热管及异形传热管比较多，但在使用时，如果场合、工况或介质不同时，对其异形传热管的结构形状的要求也不同。

（一）螺旋槽管[73,74,75]

螺旋槽纹管是将光滑管在车床上轧制而成的，其主要的结构参数有槽深、螺距及螺旋角等，又可分为单头和双头等。日本、原苏联及美国等国家研究认为，螺旋槽纹管的槽深、螺距及螺旋角这些结构尺寸参数，必

图 1.2－262　螺旋扭片结构图

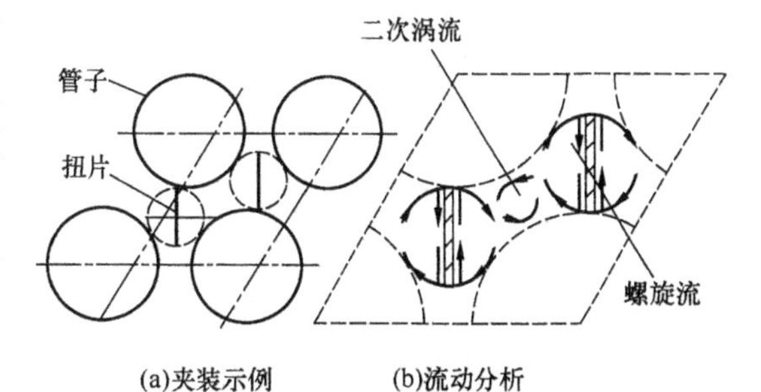

图 1.2－263　螺旋扭片夹装于换热管间支承结构图

须要有最佳组合选择才能够显现出最佳的传热效果。美国 Argonme 国家实验室与 GA 技术公司设计制造的螺旋槽纹管换热器，比光管换热器的传热性能提高了 2～4 倍。试验研究证明，单头螺旋槽纹管比多头螺旋槽纹管性能要好，螺旋槽的夹角一般以接近 90°为好，螺旋槽越深则强化效果越好，一般以 0.4～1.0mm 为好，但压降也随之增大。

北京理工大学与铁道部大连机车车辆厂合作开发出的 3 头螺旋槽纹管，已成功地应用于国家重点项目重载牵引车东风 10#的机油换热器上，使原设备的体积减小，质量减轻 32% 以上，效果显著。

螺旋槽管的管内给热系数是光管的 1.5～2.0 倍，管外一般为 1.5 倍。华南理工大学开发的折流杆螺旋槽管再沸器，其总传热系数比光管再沸器提高了 1.2～1.7 倍。

螺旋异形槽管是北京理工大学在螺旋槽纹管的基础上改进开发的一种新管形，传热管的外壁面轧制成螺旋形的凹槽，管内形成螺旋形的凸肋，在管子轴向剖面上，凹槽的形状成勺形状。这种管子不同于一般螺旋槽纹管，它采用了半流线形或 W 形等多面形，其传热效果更加明显。螺旋槽纹管结构比较简单，加工也较容易，此管又被称为 W 管或旋流管。

螺旋异形槽管的突出优点是，可节约传热面积 20%～30%，节约金属材料（管材）20% 以上，管内传热系数提高 3.5 倍，但压降增大了 1.1～4.0 倍。螺旋异形槽管已用于我国准高速内燃机车的机油冷却器上，且此项技术已达到 20 世纪 90 年代国外同类技术水平。

普通螺旋槽纹管结构见图 1.2－264，W 形螺旋槽纹管结构见图 1.2－265。

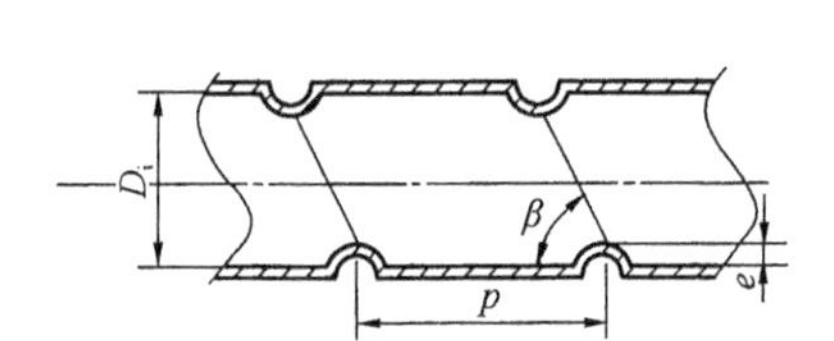

图 1.2－264 普通螺旋槽纹管结构图

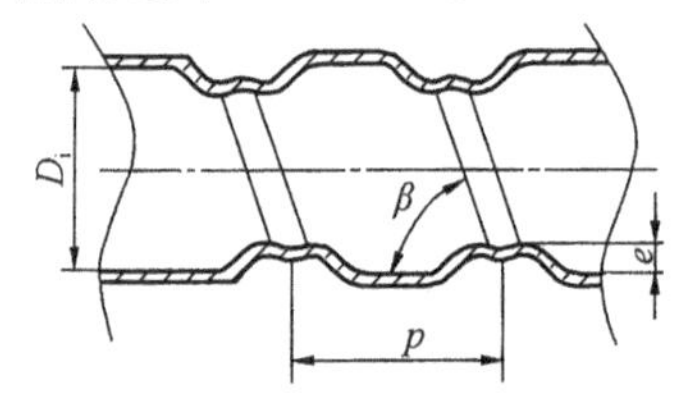

图 1.2－265 W 形螺旋槽纹管结构图

螺旋槽纹管的一种结构是，其管外壁上有凹槽，管内壁上有凸槽。还有一种结构是，管内外壁上都有螺旋槽，管壁上的螺旋槽在有相变和无相变的工况中可起到双边强化传热的作用。在炼油厂的常减压装置原油－渣油换热器中，它比目前广泛使用的螺纹管换热器的总传热系数提高了 1.2～1.5 倍。不同结构的螺旋槽纹管通常有以下几种结构形式。常用螺旋型表面强化管结构见图 1.2－266。

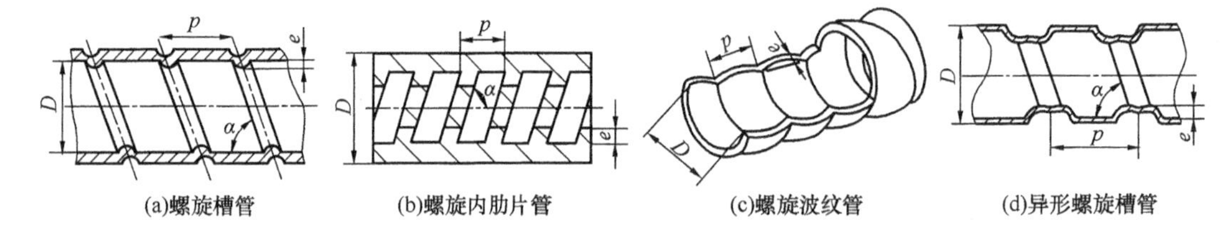

图 1.2－266 常用螺旋型表面强化管结构图

（二）横纹管[76]

横纹管是以普通光管为毛坯在车床上经滚压而成。管外壁被滚轧出与管子轴线垂直的凹槽，同时在管内壁也形成了凸肋。轧制后的横纹管内径比光管约小 2mm，横纹管的内外表面积比相同尺寸的光管约大 15%～20%。横纹槽管主要用于管内无相变的单相流传热，它比相同螺距，相同槽深的螺旋槽纹管压降要小许多。横纹槽管管内给热系数是光管的 2～3

倍。在相同的工艺参数及设计条件下选用横纹槽管比原光管换热器的换热能力可提高1.6倍，总传热系数提高1.4倍，重量可减少近一半，价格仅为原换热器的60%左右。但不足一点是在相同条件下横纹槽管比原光管换热器的管内压降高出近3倍左右。横纹槽管与空心环支承组合可获得最佳的传热效果，横纹槽管与折流杆支承组合也可得到良好的传热效果，而且可节约换热面积约60%左右。横纹管结构见图1.2－267。

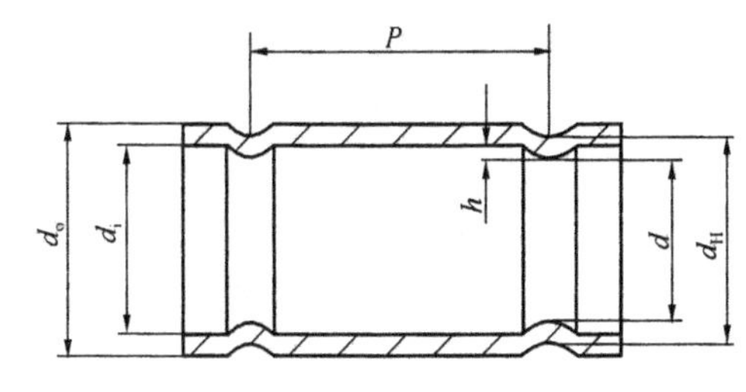

图1.2－267　横纹管结构图

（三）T形翅片管[77]

T形翅片管是由兰州石油机械研究所开发研制的一种新型强化传热管，它是在车床上先在光管毛坯上轧制出一定高度的翅片后再在翅片上滚压出一个空腔，也叫作特殊隧道。用此结构加工成形的T形翅片管，主要用于管外强化传热上，在炼油厂重沸器中使用效果尤其显著。在液体加热或被加热沸腾时，T形翅片管表面提供了连续的汽泡，使汽炮快速脱离管壁，并使液体气化。因此在相同热负荷的情况下，T形翅片管比光管产生的汽泡越多，传热温差越低，沸腾传热的系数也就越大，沸腾效果也就越明显，从而强化了沸腾传热。

由原北京石化设计院设计，在华北石化公司新建的最大处理能力为20万t/a气体分馏装置中，原采用的普通光管重沸器，不但能耗高，设备造价也高。选用T形翅片管重沸器后，在相同设备条件下换热面积由原来的335m^2减少到215m^2，总传热系数由原来的273.1W/（m^2·K）提高到425.5W/（m^2·K），质量由原来的13.14t减少到9.40t，而实际的传热系数比设计采用的还要高50%～150%。设备费用降低，蒸汽用量减少，每年大约节约蒸汽用量约合人民币25万元。由此可看出，选T形翅片管为强化传热管元件制造的重沸器，明显优于光管重沸器。T形翅片管结构见图1.2－268。

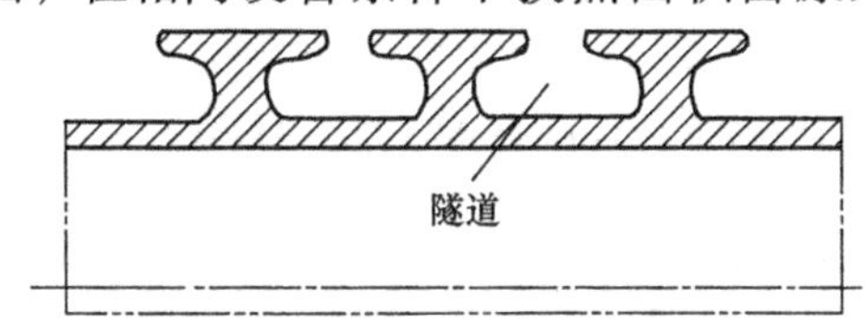

图1.2－268　T形翅片管结构图

（四）波纹管[78]

薄壁波纹管由不锈钢薄壁波纹管本体及接头两部份组成。薄壁波纹管本体是沿管子轴向被挤压成形的，以致使管内外均形成了一定的波谷、波峰及波距，就以此来强化管内外传热。一根传热管中间为薄壁波纹管本体，两头为接头，薄壁波纹管本体用于强化传热，接头用其与两管板连接，薄壁波纹管本体与接头由焊接而成。薄壁波纹管本体为薄壁不锈钢管，一般孳厚为0.8～1.2mm（由管径大小而定），波谷、波峰及波距一般都有一定的尺寸要求。

波纹管目前使用的领域较为广泛，数量也较大，现已编成行业标准，可作为强化传热管行业标准执行。薄壁波纹管不足的是，由于管壁薄而可能出现失效或失稳的情况，且管间支承也较为麻烦。薄壁波纹管结构见图1.2－269。

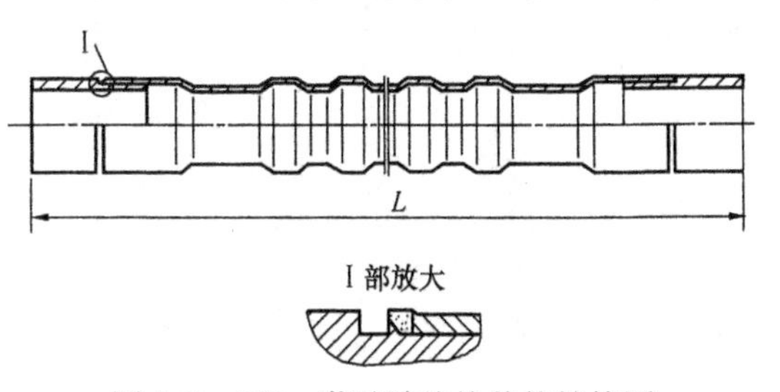

图1.2－269　薄壁波纹换热管结构图

（五）Sunrod针翅管[79,80]

Sunrod针翅管又称太阳棒针翅管，分斜针翅管和直针翅管两种。太阳棒针翅管早先是由瑞典 SUNROD 公司开发生产的，由于它具有传热系数高、传热面积大以及流体湍流速度被增强等优点而受到人们的关注。

太阳棒针翅管是一种非连续翅片管，它是在作为传热管的光管（基管）表面上焊上一系列小圆柱后而形成的异型强化管，其结构形状尤如太阳光光芒四射，故被称为太阳棒针翅管。它的直径、长度、纵向间距、周向针翅数以及针翅倾角等结构尺寸，直接影响到优化传热效果。

以前人们对太阳棒针翅管只作了单管研究，并着重对太阳棒针翅单管的直径及长度进行了优化设计，还尚未将管束作为影响传热因素的整体来考虑。瑞典 SUNROD 公司介绍的太阳棒针翅管，其针翅长度一般为 15～36mm，针翅的直径为 4mm 或 $d/5$，针翅纵向和周向间距与针翅的直径之比必须大于 2。华南理工大学对太阳棒针翅管作了比较详细的研究，并在考虑了传热及压降等的综合性能后，得出了最佳针翅管的结构尺寸：针翅长度 $L=24$mm，针翅直径 $d=6$mm，针翅倾角 $s=12$mm，针翅周向间距 $n=12$mm。对针翅的倾角要有一定限制，因针翅倾角随 Re 数的变化而改变，一般认为针翅倾角越倾斜，相对在低 Re 数下场合使用越好。由于斜针翅管占用空间少，针翅倾角又使压降减小，因此斜针翅管比直针翅管的强化传热效果更好，而压降也较低。但直针翅管的针翅效率较高，且有较大的扩展表面，能进一步提高传热系数，但压降较大。

在相同雷诺数条件下，太阳棒针翅管的强化传热值是螺纹管的 2.57～2.93 倍，压降则是光管的 5 倍左右。太阳棒针翅管一般用于黏度较大的油品处。目前它已被广泛用于船用油加热器锅炉及炼油化工设备等中。

太阳棒直针翅管的结构见图 1.2－270，太阳棒斜针翅管的结构见图 1.2－271。

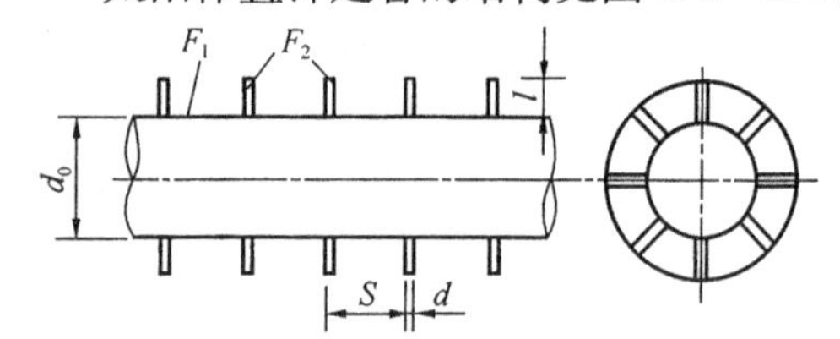

图 1.2－270 太阳棒直针翅管结构图

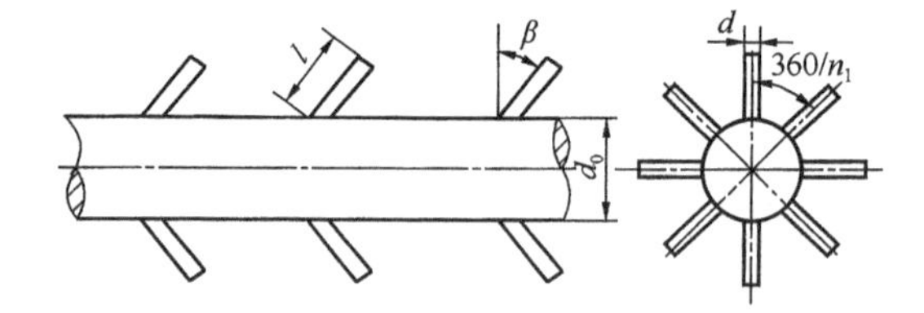

图 1.2－271 太阳棒斜针翅管结构图

（六）Hitan Matrix rlrments 花环状内插物管[81]

该花环状内插物管是英国 Cal Gaiv Lta 公司开发的管内强化传热管，它由一种金属丝翅片管状物元件组成，其英文名称为 Wire－fin－tube－insets。该强化管可使流体在低流速下产生径向位移和螺旋流相叠加的三维复杂流动，增强了湍流和沿温度梯度方向的流体扰动，在同样阻力的情况下管内传热效率可提高（液体）25 倍和 5 倍（气体）左右。一般在低 Re 数或高黏度流体介质的条件下传热更有效，对强化管内气体效果尤其明显。用这种花环状内插物管制造的换热器，被称为 HITRAN 绕丝花环换热器，这项发明已取得英国国家专利。

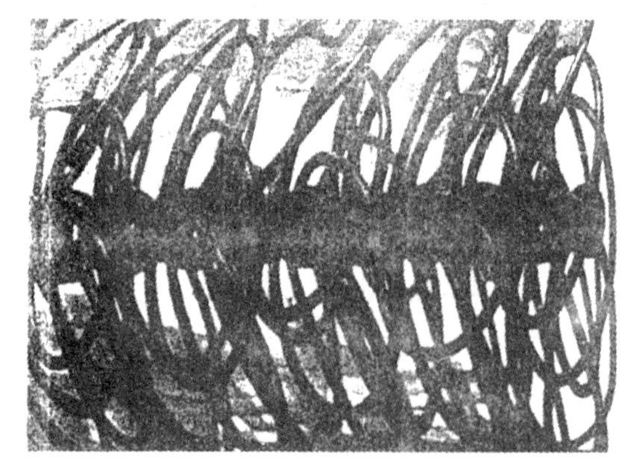

图 1.2－272 花环状内插物结构图

Hitan matrix rlrments 花环状内插物结构见图 1.2－272。

近年来国内强化传热管的研发情况见表 1.2－16[82]。

表 1.2－16 国内强化传热管研发情况表

种 类	适用工况	强化效果（与光管比）	结构特点
螺旋槽纹管	对流，沸腾，冷凝	传热性能提高 2～4 倍	管壁挤压成螺旋槽，有单头或双头两种形式
横纹管	对流，冷凝	总传热系数提高 85%	在管壁上滚轧出与管子轴线成 90°的横纹，管壁内形成一圈凸出圆环
缩放管	*Re* 数较高的对流	传热量增加 70%	由依次交替的缩放段和扩张段组成的管道
内波纹外螺纹	对流，冷凝	总传热系数提高 1.9 倍	结构与螺旋槽管相似，具有双面强化作用
波纹管	对流，冷凝	总传热系数提高 2～3 倍	将光管加工成波纹形
内插物	低 *Re* 数时的对流	总传热系数提高 1.5～2.3 倍	结构有螺旋线，扭带，错开扭带，螺旋片，静态混合器等
花瓣形翅片管	低表面张力介质，空气冷暖，高黏度介质	冷凝膜系数提高 5～18 倍	翅片从翅根到翅顶都被割裂开，翅片侧面形成一定的弧线，从侧面看，各翅片呈花瓣状。
锯齿形翅片管	管外冷凝	总传热系数提高 25%	翅片间距小，翅片外缘开有锯齿形槽
表面多孔管	管外冷凝	总传热系数提高 1.4 倍	表面有错开但排列规则的小孔，小孔下边有小孔滚筒的螺旋形小通道，主要有 E 管，T 管
纵槽管	管外冷凝	总传热系数提高 1.4 倍	沿管外圆周均匀开数条三角形纵槽，槽深 0.8mm 左右

表面强化管的各种结构形式见图 1.2－273。

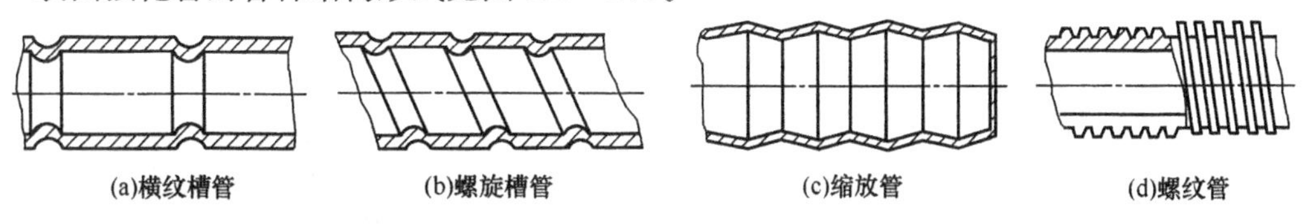

图 1.2－273 各种形式表面的强化管结构图

四、管壳式换热器用密封新结构

（一）螺纹锁紧环密封结构[83]

从国外引进的加氢装置换热设备中就使用了这种螺纹锁紧环密封结构，目前我国已能自行设计制造了。

该密封结构一般用于温度大于 300℃，压力在 10MPa 以上的加氢装置高温高压换热器上。在高温高压密封结构中，它与钢垫圈密封结构相比，其优点是，密封可靠性好，金属耗量少，且可在操作运行时上紧螺栓，并能及时排除介质与外部的泄漏。最大优点是在带压情况下排除泄漏，使换热器的操作较为灵活。缺点是，结构较复杂，机加工零件较多，设计计算较繁琐，装配程序复杂，拆卸检修须专用工装，而且管头试压时需要单独的壳体。

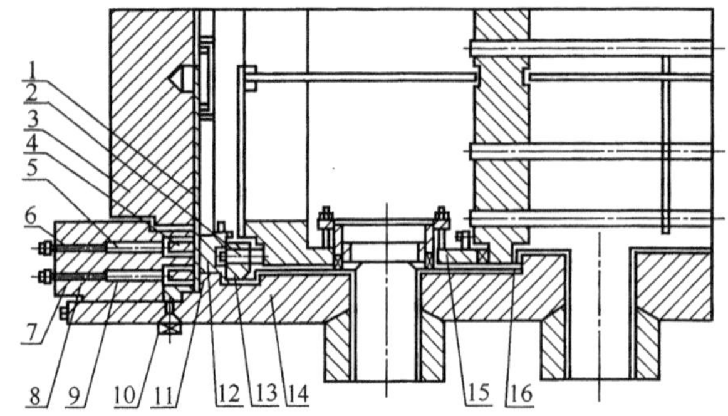

图 1.2－274 螺纹锁紧环式换热器密封结构图

1—密封盘；2—顶压螺栓；3—压盖；4—内压圈；5—内压杆；6—内压紧螺栓；7—螺纹承压环；8—外压紧螺栓；9—外压杆；10—外压圈；11—外密封垫片；12—压环；13—卡环；14—管箱壳体；15—内套管；16—内密封垫片

螺纹锁紧式换热器环密封结构见图 1.2－274。

（二）Ω 环形密封结构[84、85]

Ω 环密封结构是高温高压加氢装置上使用的一种密封结构，近年从国外引进的加氢装置高压换热设备中就使用了这种密封结构，1998 年上海炼油厂在国产加氢装置上也首次采用了这种结构。

该密封结构由两个 Ω 形半环组焊而成，其材质为 0Cr18Ni9Ti，Ω 形半环厚度为 3mm ± 1mm。关键技术是要确保两 Ω 形半环在焊接时的错边量，一般应控制在 0.5mm。优点是，密封可靠，制造简单，拆卸检修方便，主螺拴预紧载荷和操作载荷较小，设备法兰重量降低，螺拴间的尺寸减小，造价低，使用范围广，因此前景十分看好。

Ω 环形密封结构见图 1.2－275。

（三）新型密封垫片[86]

MPR 垫片是法国 LATTY 公司生产的专利产品，与隔膜簧片一起使用在高温高压换热设备上，尤其是在管程和壳程压差比较大的工况下使用其特点尤其明显。使用范围：温度一般在 250℃左右，一般高压侧压力在 4.0MPa 以上，而低压侧压力在 0.5MPa 以下，压差范围 10 倍左右。密封原理与一般垫片相同，只是垫片的材料与结构有所不同，垫片是由金属和非金属按一定结构制成的复合垫片，并带有抗压环和定位环。它的优点是，密封性能及垫片弹性回复良好，耐压、耐温及抗蠕变性能均良好，通用性能好，同一尺寸的 MPR 垫片可适用于多种标准、多种压力等级的法兰，与隔膜簧片配套使用可更好地保证密封的密封比压。

MPR 垫片及隔膜簧片是一种新型的密封产品，尤其用于压力温度波动较大的设备上，时效果显著。

隔膜簧片结构见图 1.2－276。

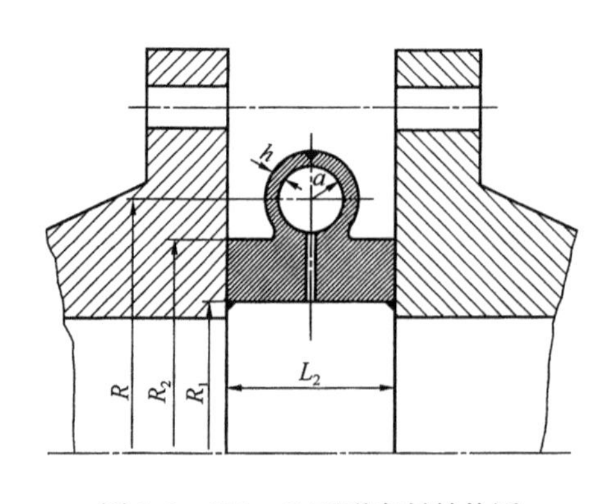

图 1.2－275 Ω 环形密封结构图

图 1.2－276 隔膜簧片结构图

参　考　文　献

[1]　马晓驰. 国内外新型高效换热器[J]. 化工进展，2001，1：49～51.

[2]　兰州石油机械研究所. 换热器(上册)[M]. 北京：中国石化出版社，1986.

[3]　刘巍. 冷换设备工艺计算手册(第二版)[M]. 北京：中国石化出版社，2008.

[4]　石油化学工业部石油化工规划设计院. 冷换设备工艺计算[M]. 北京：石油工业出版社，1979.

[5]　史美中，王中铮. 热交换器原理与设计[M]. 南京：东南大学出版社，2002.

[6]　GB 151—1999，管壳式换热器[S].

[7]　李尔国，俞树荣，何世权. 管壳式换热器新型强化传热技术[J]. 石油化工设备，1999，28(6)：42～45.

[8]　武劲松. 高效换热器在常减压蒸馏装置扩能改造中应用[J]. 石油化工设备，2003，32(4)：59～60.

[9]　张亚君，李军，邓先和，等. 几种强化传热管的流阻和传热性能[J]. 石油化工设备，2004，33(5)：5～7.

[10]　刘阿龙，徐宏，王学生，等. 换热器烧结管表面多孔管综述[J]. 石油化工设备，2005，34(1)：47～49.

[11]　曹纬. 国外换热器新进展[J]. 石油化工设备，1999，28(2)：6～9.

[12]　鞠在堂. 螺旋扁管换热器[J]. 化工装备技术，2003，24(5)：19～21.

[13]　顾广瑞. 超薄型波纹管换热元件：中国，93228519.8[P]. 1994－03－11.

[14]　GB 151—1999，《管壳式换热器》标准释义[S].

[15]　胡明辅，杨伯涛，金涛. 管壳式换热器管子支承方式与其振动特性研究[J]. 压力容器，1999，16(6)：35～37.

[16]　严良文，王志文. 一种新型纵向流管壳式换热器管束支承结构[J]. 压力容器，2003，20(4)：20～24.

[17]　胡明辅，金涛. 双壳程折流杆换热器的理论、设计与工程计算[J]. 化工设备设计，1994，(6)：13～15.

[18]　陆良福. 炼油过程及设备[M]. 北京：中国石化出版社，1996.

[19]　Kral P，Stehlik P，Van der ploeg HJ. Helical Baffles in Shell-and-Tube Heat Exchangers，Part I：Experimental Verification [J]. Heat Transfer engineering，1996，(17)1：93～101.

[20]　曾文良，张正国，林培森，等. 螺旋隔板换热器壳侧传热与流阻性能研究[J]. 石油化工设备，2000，29(5)：4～6.

[21]　李久性，刘莉，李卓，等. 双壳程螺旋折流板换热器的结构设计[J]. 石油化工设备，2006，35(4)：31～33.

[22]　王春江，初宜军. 加氢装置双壳程 U 行管式换热器的技术改造[J]. 压力容器，1999，16(5)：70～74.

[23]　聂清德. 化工设备设计[M]. 北京：化学工业出版社，1991.

[24]　徐积源，郭文元，段新群，等. 大型挠性薄管板废热锅炉的国产化研究[J]. 压力容器，2001，18(增)：256～258.

[25]　马道远. 高压薄管板火管废热锅炉的设计选型与安装[J]. 压力容器，2000，17(6)：36～41，58.

[26]　吕延茂. 双管板换热器制造工艺[J]. 石油化工设备，2004，33(6)：60～62.

[27]　余国琮. 化工容器及设备[M]. 北京：化学工业出版社，1997.

[28]　洪学立，汤承亮. 管子管板内孔焊的实际应用[J]. 压力容器，2005，22(5)：30～31，39.

[29]　胡振伦. 橡胶胀管法支持先胀后焊工艺[J]. 压力容器，1998，15(6)：49～50，59.

[30]　陈建玉. 高压螺纹锁紧环式换热器的制造[R]. 新疆：全国锅炉压力容器标准化技术委员会—第一

届热交换器分技术委员会，2004，9.
[31] 美国管式换热器制造商协会标准[M].(TEMA). 北京：化学工业部设备设计技术中心站第七版，1988.
[32] 陈志伟，寿比南，郑津洋. 大型多鞍座卧式容器的设计方法分析[J]. 压力容器，2005，22(11)：20~23.
[33] 范宏达. 管壳式换热器重叠安装强度计算[J]. 石油化工设备，1999，28(4)：33~36.
[34] 赵正修. 石油化工压力容器设计[M]. 北京：石油大学出版社，1996.
[35] 黎力军. 影响法兰密封的因素及垫片的选用[J]. 石油化工设备技术，1997，18(6)：35~37.
[36] HG 20583—1998，钢制化工容器结构设计规定[S].
[37] 王志文. 化工容器设计[M]. 北京：化学工业出版社，1998.
[38] SHN-S01-97，石油化工常用法兰垫片选用导则[S].
[39] 刘宗良，刘东. 金属波纹垫片及其发展[J]. 石油化工设备技术，2001，22(5)：45~47.
[40] 吴树济，钟海强. 新一代法兰垫片——波齿复合垫片在石油化工设备上应用的新进展[C]//中国石油学会炼制委员会，中国石化设备管理协会，中国石化总国公司重大装备设备国产化办公室. 第七届石化设备密封学术讨论会论文集. 北京：1996.
[41] HG 20582—1998，钢制化工容器强度计算规定[S].
[42] 谢哲蓉. H型复合垫片简介[J]. 石油化工设备，2007，36(1)：73~75.
[43] 国家质量技术监督局. 压力容器安全技术监察规程[M]. 北京：中国劳动社会保障出版社，1999.
[44] GB 151—1999，管壳式换热器[S].
[45] 张立权. 压力容器及管道密封(一)[J]. 压力容器，1985，2(4)：21~23.
[46] 刘积文. 石油化工设备与制造概论[M]. 哈尔滨：哈尔滨船舶工程学院出版社，1991.
[47] JIS B8283—93，压力容器耐压试验及泄漏(致密性)试验[S].
[48] 中川洋[日]. 防止泄漏的理论和实际应用[M]. 吴永宽，译. 北京：化学工业出版社，1978.
[49] 管海青，马一大，杨俊兰，李敏霞. 集成管箱型管壳式换热器的设计分析. 压力容器，2003，20(9)：17~23.
[50] 刘利平，马晓建，李洪亮. SMGK型换热器的应用. 化工机械，2000，27(1)：30~31.
[51] 王世虎，李应斌，陈亚平. 梯式折流板换热器构想. 石油化工机械，2001，30(6)：23~24.
[52] 樊树斌，杨会，黄国昌. 锅炉给水预热器研制. 压力容器，2002，19(2)：25~28.
[53] 王宏建，唐文科. 刮壁式外部循环冷却器设计. 石油化工设备，2003，32(5)：27~28.
[54] KRAL D STEHLIK P. VAN DER PLOEG H J. BASHIR I. MSTER，Helical Battles in Shell-and-Tube Heat Exchangers. Part 1：Experimental Verification. Heat tranfer engineering，1996，17(1)：93~101.
[55] Van der ploeg H J，Master B I. A new shell-and-tube option for refineries，PTQ AUTUMN，1997，91~94.
[56] 王宏哲，周力. 螺旋折流板换热器折流板及定距管的计算. 石油化工设备，2003，32(5)：29~31.
[57] 宋小平. 螺旋折流板列管换热器. 石油化工设备技术，2002，23(1)：18~19.
[58] 徐杉，张麦贵. 螺旋折流板换热器在常减压装置中的应用. 石油化工设备，2003，32(5)：53~54.
[59] 杨波涛，胡明辅，朱孝钦，韩本勇，吴新民. 管壳式换热器新型抗震结构体系及工程设计. 石油化工设备，2001，30(1)：19~20.
[60] 曹纬. 国外新型换热器介绍. 化学工程，2000，28(5)：50~51.
[61] 黄德斌，邓先和，王扬君，黄素逸. 螺旋椭圆扁管强化传热研究. 石油化工设备，2003，32(3)：1~3.
[62] David Butterwortb. A twist in the tale，The chemical engineer，1997，9(1)：，21~24.
[63] 钱颂文，江楠，吴家声. 纵向流混合管束换热器试验研究. 石油化工设备，2001，30(1)：1~3.
[64] 方江敏，张亚君，钱颂文，岑汉钊，王励瑞，高莉萍. 斜针翅纵向流管束研究及混合管束设计应

用. 石油化工设备，2000，29(4)：12~15.
[65] 曾舟华，钱颂文. 低传热“死区”异形孔板纵向流管壳式换热器传热研究. 化工设备设计，1997，34(2)：15~17.
[66] 董其伍，吴金星，刘敏珊，魏新利. 孔板支承换热器壳程流场的数值预测. 压力容器，2003，20(8)：4~7.
[67] 吴金星，董其伍，刘敏珊，魏新利. 纵流式换热器的结构研究进展. 化工进展，2002，21(5)：306~309.
[68] 赵晓曦，邓先和，陆恩锡. 空心环支承菱形翅片管油冷凝器传热性能. 石油化工设备，2003，32(1)：1~2.
[69] 靳华锋. 管壳式换热器换热管杆状支承结构. 化工设备设计，1997，34(3)：18~19.
[70] 杨晓西，罗运禄，王世平，张秀云，崔乃英，谭志明. 高效传热设备的发展现状. 化学工程，1997，25(6)：5~8.
[71] 吴金星，刘敏珊，董其伍，魏新利. 换热器管束支承结构对壳程性能的影响. 化工机械，2002，29(2)：108~110.
[72] 刘吉普，文美纯. 壳程螺旋扭片强化传热研究. 石油化工设备，2000，29(6)：3~5.
[73] 崔海亭，姚仲鹏，赵欣. 螺旋槽纹管研究及应用. 石油化工设备，2001，30(2)：34~36.
[74] 赵欣，王瑞君，姚仲鹏. 螺旋型表面强化管理现状与进展. 石油化工设备，2001，30(2)：38~41.
[75] 李治滨. 螺旋槽管强化传热原理及在石化装置上的应用前景. 石油化工设备技术，2002，23(2)：8~10.
[76] 江楠，张术宽，俞惠敏. 横纹管管壳式换热器设计计算方法简介. 石油化工设备技术，2002，23(1)：6~8.
[77] 王永立，保成琼，赵丽娟，任军胜. 高效重沸器在炼油化工装置的应用. 石油化工设备，2002，31(4)：50~51.
[78] 王玉，丰艳春，钱江，张永歧. 波纹管换热器的失效形式及防止措施. 化工机械，2000，27(3)：167~168.
[79] 张亚君，钱颂文，岑汉钊. 太阳棒斜针翅管传热优化试验. 石油化工设备，2000，29(2)：4~6.
[80] 方江敏，马小明，李华，钱颂文. sunrod 针翅管的优化与强化传热性能研究. 石油化工设备，2002，31(4)：10~13.
[81] Rajiv Mukherjee. Broaden Your Heat Exchanger Design Skills. Chemical Engineering Progress，1998(3)：35~43.
David Buttervorth，Cynthia Fabian Mascone. Heat Transfer Heads Into hte21st Century，Chemical Engineering Progrees，1991(9)：30~36.
[82] 崔海亭，汪云. 强化型管壳式热交换器研究进展. 化工装备技术，1999，20(4)：25~27.
[83] 王金光. 大型高温高压螺纹锁紧环式双壳程换热器的设计. 压力容器，2002，19，(4)：25~27.
[84] 顾泊勤，朱亚军，陈永林，陈晔. Ω 环螺栓法兰连接设计载荷确定. 石油化工设备，2001，30(3)：14~16.
[85] 顾雪东. 高压换热器的 Ω 形环密封结构. 压力容器，2000，17(6)：25~26.
[86] 方月生，潘为国. 一种新型密封垫片及其应用. 石油化工设备，2003，32(5)：57~58.

第三章 管壳式换热器强度的计算

（徐鸿 罗小平 陈志伟）

第一节 一般计算方法

一、概述

（一）常用的两类设计计算方法——常规设计方法与分析设计方法

换热器实质上就是由具有一部分共有隔壁的两个压力空间组合而成的结构，压力与温度均不同的两股流体同时分别流过这两个压力空间。在这一过程中，在一个压力空间内温度较高的流动流体将其所含有的一部分热量通过两个压力空间之间的共有隔壁传至另一压力空间内温度较低的流动流体，两股流体在并未相互混合的条件下即实现了它们之间的热量传递或热量交换。如管壳式换热器就具有彼此隔离的管程空间与壳程空间，在这两个空间中分别流动着具有不同压力与不同温度的管程流体与壳程流体，并通过这两个压力空间共有的隔壁（又称为传热面，对管壳式换热器而言，主要就是管束中各换热管的管壁）实现两股流体之间的热量传递。

因此，每一台换热器，从强度计算的观点来看，都是一台特殊的压力容器，即是由两个不同压力的压力空间组合而成的压力容器，构成换热器的大部分零件都是承压零件。在我国，对属于压力容器类的设备，为了保证其在制造与使用过程中的安全，其承压零件的设计、制造及检验都必须严格遵循我国国家质量技术监督局批准的有关压力容器设计、制造、检验和验收的国家标准和规范的规定。同样，由于各类换热器都属于特殊的压力容器，故其承压零件的设计、制造、检验和验收也必须严格遵循压力容器设计、制造、检验和验收的各种国家标准和规范的规定。与此同时，还必须遵循各类换热器相关标准和规范的规定。这两类标准和规范是不矛盾的。

以管壳式换热器为例来看，我国早已制订并由国家质量技术监督局批准发布了管壳式换热器的国家标准，其最新版本为：中华人民共和国国家标准 GB 151—1999《管壳式换热器》。此标准规定了非直接受火管壳式换热器的设计、制造、检验和验收的要求。对此标准的适用范围，在此标准中也有明确的规定。在该标准的第二款中，列出了“引用标准”49 种，其中包括与压力容器相关的国家标准 28 种，行业标准 21 种。注意，作为某个标准的“引用标准”，就意味着，引用标准所包含的条文，通过在该标准中的引用而构成为该标准的条文。也就是说，在管壳式换热器国家标准中引用的 49 种“引用标准”的条文应看成就是管壳式换热器国家标准中的条文，具有同等效力，在管壳式换热器的设计、制造、检验和验收中都必须严格遵守。现以一固定管板式换热器（图 1.3－1）为例来看，在表 1.3－1 中具体列出了其主要零件的属性及必须遵守的相应设计标准与设计方法。

下面是对表 1.3－1 中内容的几点说明：

（1）管壳式换热器中大多数零件都属于承压零件。以承压零件为主组成的管壳式换热器是一种特殊的压力容器。承压零件或压力容器失效都是极其危险的，由此可能引发严重的设备破坏甚至人员伤亡等灾难性事故。为了保证设备、操作人员和环境的安全，承压零件的设计必须十分谨慎。承压零件或压力容器的失效形式主要可分为两大类：

（a）结构丧失整体性，包括结构开裂、结构失稳和疲劳断裂；

（b）压力空间发生泄漏。

表 1.3－1　固定管板式换热器主要零件的属性及相应的设计标准与设计方法

<table>
<tr><th>主要零件名称</th><th>零件属性</th><th>设计/选用依据的标准</th></tr>
<tr><td>管程流体出、入口接管</td><td rowspan="3">承压零件</td><td rowspan="2">GB 151—1999 管壳式换热器，5.4 节</td></tr>
<tr><td>壳程流体出、入口接管</td></tr>
<tr><td>换热管</td><td>GB 151—1999 管壳式换热器，5.5 节</td></tr>
<tr><td>管程流体出、入口接管法兰</td><td rowspan="4">承压零件</td><td rowspan="4">根据 DN 与 PN 在下列标准中选用：
＊JB 4700—1992 压力容器法兰分类与技术条件；
＊JB 4701—1992 甲型平焊法兰；
＊JB 4702—1992 乙型平焊法兰；
＊JB 4703—1992 长颈对焊法兰；
如 DN 或 PN 或结构超过标准的规定，可采用＊JB 4732—1995 钢制压力容器——分析设计标准进行设计</td></tr>
<tr><td>壳程流体出、入口接管法兰</td></tr>
<tr><td>管箱与管板连接法兰</td></tr>
<tr><td>壳程壳体与管板连接法兰（注：这种结构很少采用）</td></tr>
<tr><td>出/入口管箱</td><td>承压零件</td><td>GB 151—1999 管壳式换热器，5.2 节</td></tr>
<tr><td>壳程筒体</td><td>承压零件</td><td>GB 151—1999 管壳式换热器，5.3 节</td></tr>
<tr><td>壳程筒体膨胀节</td><td>承压零件</td><td>＊GB 16749—1997 压力容器波形膨胀节</td></tr>
<tr><td>管板</td><td>承压零件</td><td>按 GB 151—1999 管壳式换热器，5.6 与 5.7 节进行设计；
或采用＊JB 4732—1995 钢制压力容器——分析设计标准进行设计</td></tr>
<tr><td>换热管管束折流板、支持板、拉杆、定距管等</td><td>非承压零件</td><td>折流板、支持板：GB 151—1999 管壳式换热器，5.9 节；
拉杆、定距管：GB 151—1999 管壳式换热器，5.10 节</td></tr>
<tr><td>耳式支座
或活动/固定鞍式支座</td><td>非承压零件</td><td>＊JB/T 4725—1992 耳式支座
＊JB/T 4712—1992 鞍式支座</td></tr>
</table>

注：标有“＊”号的标准均为 GB 151—1999《管壳式换热器标准》的“引用标准”。

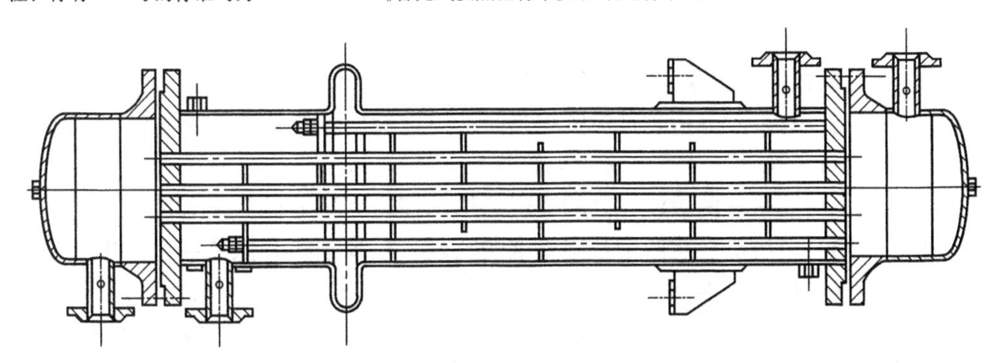

图 1.3－1　BEM 立式固定管板式换热器（引自 GB 151—1999《管壳式换热器》的图 2）

(2) 一部分通用的承压零件或承压部件，例如，管子、椭圆封头及法兰接头等，已经在一定的参数范围内标准化了，有标准化的设计图纸或产品，可根据设计参数按相应标准进行选用，只有在超出标准的条件下才需要针对具体情况进行新的设计。

(3) 大部分承压零件，例如，管箱筒体、壳程筒体、壳程筒体膨胀节及管板等都是因具体设备而异的，不可能做成完全标准化的设计或产品，设计时只有针对具体条件进行应力计算、强度校核和外压稳定性校核等，才能保证设备是安全的。一般而言，在规定标准结构形式的条件下，在相关标准中这些承压零件的应力计算、强度校核和外压稳定性校核的方法也都有明确的规定，可作为设计依据。按相关标准具体规定的应力计算、强度校核、外压稳定性校核和疲劳寿命校核等方法进行设计，一般称为“按标准的设计方法”(design by rules)或“常规设计方法”(conventional design)。

(4) 但是，必须看到，“按标准的设计方法”既有优点，也有不足。

其主要优点是：“按标准的设计方法”由于是基于大量工程实际经验的总结，并上升到一定的理论高度，根据各类结构的简化模型导出了相应的应力计算公式，对常用的工程材料确定了强度校核用的许用应力，已经形成了相对完整的设计系统。在类似结构的设计中使用起来不但比较可靠，且相对简单易行，对设计人员素质要求较低，设计周期较短，设计成本较低，因而是一般工程设计中应用最广的一种设计方法。

其不足之处是：这种设计方法具有很大的局限性，主要体现在两个方面：(a)在“按标准的设计方法”中，其应力计算公式和许用应力数值只能应用来设计规定的类似结构，一般不能用于开发有创新性的结构。(b)计算模型简化较多，安全系数取得较高，设计结果比较保守，一般虽能保证设计结果是安全的，但不能保证设计结果是优化的。

(5) 正是由于“按标准的设计方法”具有很大的局限性，工程技术的发展要求开发一种更加理性的、具有通用性和结构优化能力的设计方法。数字计算机技术的高速发展为开发一种全新的设计方法——“基于应力分析的设计方法”(design by analysis，简称为“分析设计方法”)提供了条件。我国在1995年颁发的第一个基于应力分析的设计标准是JB 4732—1995《钢制压力容器—分析设计标准》。分析设计标准的理论基础是应力分析的理论与方法；实现应力分析的基本技术则是有限元数值分析技术。这两方面都将在本章第二节“应力分析方法”中详细论述。

在换热器设计中，某些承压零件，如结构比较复杂的管板、设计参数超标的法兰以及各种创新结构等的设计，要想采用“按标准的设计方法”往往却找不到合适的设计标准依据。而“基于应力分析的设计方法”由于具有通用性和结构优化能力，就很适合于解决上述这些设计难题，把设计者的概念设计落实为可行的甚至是经过优化的工程设计。

“基于应力分析的设计方法”对设计人员的技术素质要求很高，并要通过严格的培训与考试取得设计资格；有限元分析软件投资相当高，设计周期较长，设计成本较高。

(二) 换热器研究及设计计算方法的发展趋势

换热器的基本功能是在两股流体之间实现热量的传递。对工程上应用的换热器的基本要求第一是安全，第二是经济。这两个基本要求的实现，需要通过在换热器整个生命周期(由设计、制造、检验、操作、维修等环节组成)中采取一系列技术措施与管理措施来保证。虽然在整个生命周期中的各个环节上采取的一系列技术措施与管理措施对落实一台换热器的安全与经济要求来说都是不可或缺的，但是，设计环节对落实一台换热器的安全与经济性能具有特殊的重要意义。这是因为与换热器整个生命周期中经历的其他各个环节相比，设计环节的“性价比”(在此，“性”指的是通过这一环节换热器获得的安全与经济性能；“价”指的是在这一环节中对换热器投入的费用)是最高的。

在换热器中影响换热器安全与经济性能的因素是换热器工作时同时出现的三种物理过程：

(1) 流体流动过程。流体流动过程包括管程流体流动过程和壳程流体流动过程。流体流动过程对换热器的主要影响有两个方面：一个方面是，管程和壳程中两种流体分别流过换热器时，由流动摩擦阻力引起的入口流体与出口流体之间的压力降，其物理意义是单位体积流体流过换热器为克服流体摩擦阻力而消耗的能量，返是直接影响该换热器操作经济性的重要指标之一；另一个方面是，管程和壳程中两种流体分别从管束各换热管管壁内表面与外表面的流体边界层附近流过时的湍动状况，其物理意义是湍动越强烈，流体边界层就越薄，该处管壁表面与相应流体间的对流传热系数就越高(强烈的湍动还使污垢不易沉积在管壁表面，从而降低污垢系数)，这就意味着在单位温度梯度、单位时间内通过单位传热面积的热量就越多，或者说在单位温度梯度、单位时间内要传递相同的热量所需的传热面积就越少，换热器结构就越紧凑。

(2) 传热过程。传热过程包括热量通过换热管金属管壁及两侧流体边界层在管程流体与壳程流体之间的传递过程，以及热量通过金属壳体与管箱及其外侧的保温层散入环境的过程。热量通过金属壳壁的流动会造成换热器金属壳壁中温度场的不均匀分布，存在温度梯度，引起金属结构各部分发生不均匀的热膨胀或热收缩。同时，各部分变形又相互牵扯彼此制约，导致金属结构内部产生自平衡的热应力系统，影响换热器的结构强度。

(3) 结构承受外载荷的过程。操作中的管壳式换热器承受的外载荷主要有：管程压力、壳程压力、管箱－管板－筒体法兰接头的螺栓预紧力、换热器结构自重、流体重力、管束因流固耦合作用引起的振动载荷、支座反作用力、流体进出换热器时管道作用于各接管上的接管载荷、在发生地震时还会受到三维地震载荷以及安装在室外的换热器受到不断变化的风载荷等(在某些情况中，有些载荷可以忽略不计)。这些外载荷在结构中引起的应力有引发多种失效的可能。

由上述分析可知，一个真正理性的、现代化的、性能良好又安全可靠的换热器设计，必须对上述相互关联的三个过程进行综合分析作为基础才能得到。

对换热器的这三个过程进行综合详细分析，这在过去是完全不现实的。但是，随着电子数字计算机技术和有限元数值模拟与分析技术的迅速发展与普及，已经发展出了一门新的工程技术——计算机辅助工程(Computer Aided Engineering，简称CAE)技术。采用CAE技术就可以对换热器的这三个过程进行综合详细分析，并在此基础上进行换热器的优化设计。可以说，采用CAE技术是换热器研究及设计计算方法在今后一段时间的发展趋势。采用CAE技术进行换热器研究及设计计算的基本步骤如下：

(1) 管程流体的有限元流动分析　采用有限元流体动力学分析软件，可获得管程流体侧管板表面、管箱内表面和换热管内表面等处的对流传热系数具体数值以及管程流体流过换热器时的压力降。

(2) 壳程流体的有限元流动分析　采用有限元流体动力学分析软件，可获得壳程流体侧管板表面和壳体内表面等处的对流传热系数具体数值以及壳程流体流过换热器时的压力降。

(3) 换热器结构的有限元传热分析　采用有限元固体传热分析软件，可对管程、壳程两种流体、外界环境与换热器金属结构相应表面之间的对流传热和金属结构内部热传导进行传热分析，并可获得换热器金属结构中的温度场。

(4) 换热器结构的有限元热应力分析　采用有限元结构分析软件，可获得换热器金属结构温度场(换热器金属结构承受的热载荷)在换热器金属结构中引起的热应力。

(5) 换热器结构有限元机械应力分析　采用有限元结构分析软件，可获得换热器在多种工况下所承受机械载荷在换热器金属结构中引起的机械应力。

(6) 在上述分析结果的基础上进行换热器的结构设计或结构优化设计：

(a) 换热器结构是否满足设计标准规定的各种安全判据？若某些安全判据不能满足，应如何修改结构使其得到满足？

(b) 虽然已满足了设计标准规定的各种安全判据，但换热器结构是否需要进行结构优化以进一步提高其性能？

二、膨胀节

(一) 换热器用膨胀节的结构与材料

1. 膨胀节的结构

膨胀节是设置在固定管板式换热设备壳体上的挠性部件，其刚度较小，因此轴向变形产生的轴向力亦小。当管子与壳体因壁温各异而产生较大的轴向热膨胀差时，膨胀节便会产生轴向变形以进行位移补偿，从而降低管子和壳体产生的轴向应力。这既可防止管子与管板连接处的拉脱力超过其许用值，亦可降低管板的应力或减薄管板的厚度。膨胀节可设置于浮头换热设备的浮头端管上，用以补偿浮头的位移，取代填料函，它比填料函能承受较高压力和温度而不泄漏。膨胀节除上述场合应用外，还被大量地用于工业和民用管道、设备和机器上，以作为轴向、横向、角位移以及振动吸收的高效紧凑补偿装置[1]。以下主要阐述换热设备上应用的膨胀节。

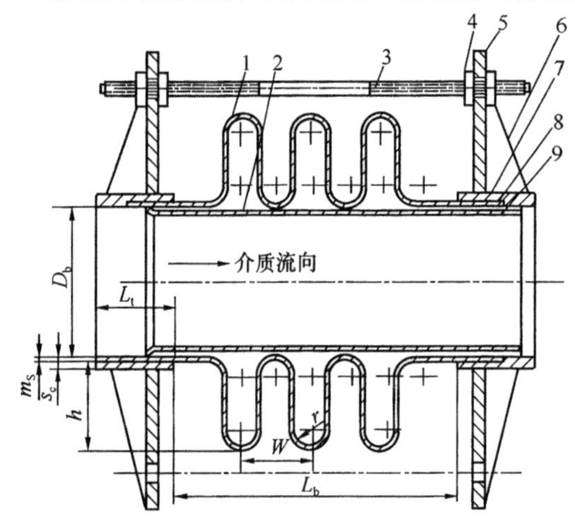

图 1.3-2　无加强 U 形膨胀节

1—波纹管；2—内衬套；3—控杆；4—螺母；5—控板；6—筋板；7—套箍；8—直边段；9—端环(移走螺母，膨胀节才工作)

换热设备用膨胀节的结构见图 1.3-2 所示，它的主要部件是波纹管。波纹管的截面形状有 U 形、Ω 形、折边盘形、S 形及 C 形等，见表 1.3-2[2]。

表 1.3-2　各种截面形状的波纹管

形状	无加强 U 形	加强 U 形	Ω 形	板边盘形	S 形	C 形
简图						
用途	最通用	压力较高	高内压	低压力	一般用途	压力较高

其中，最常用的是无加强 U 形膨胀节。这种膨胀节可吸收较大的位移且可承受一定压力，制造也较容易。当内压较高时，紧贴于波谷外表面上设置的加强环或平衡环而构成了加

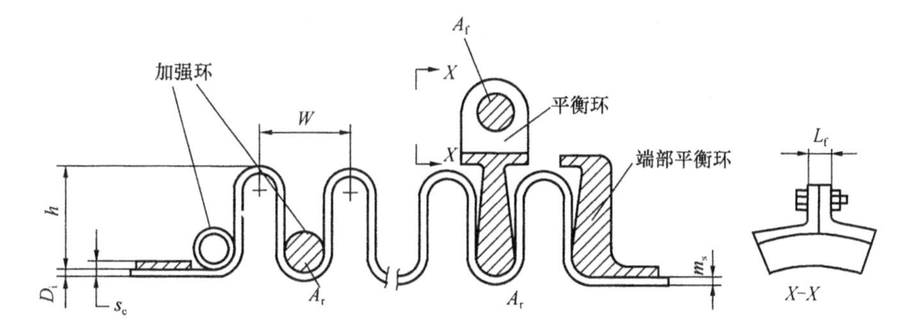

图 1.3－3　加强 U 形膨胀节

强 U 形膨胀节，如图 1.3－3。这些加强件既可限制波纹管的环向变形，亦为波谷提供了径向支撑，进而防止了在内压作用下的失稳。但设置加强件后，其有效波高减小，补偿位移能力有所下降。波纹管采用多层结构或增加每层厚度，也可提高承受内压的能力，但增加每层厚度会使疲劳寿命显著降低；另一种方法是把波形截面制成圆环形，各波之间的直角段用套箍加强后构成 Ω 形膨胀节，见图 1.3－4。由于波纹是圆形截面，故壁厚即使较薄也可承受较高的内压并具有一定位移。本章节对上述常用的无加强 U 形、加强 U 形及 Ω 形膨胀节提供了设计用计算式。在设计内压(2.7MPa 以上)、设计温度、波纹管内径和材料等相同时，通过比较可知：Ω 形膨胀节与有加强和无加强的 U 形膨胀节相比，其内压应力和位移应力较小，承压和补偿能力较高，抗失稳能力较强，疲劳寿命较长。因此，Ω 形膨胀节在较高内压下使用较为安全合理[3,4]。

图 1.3－2 所示的薄壁波纹管，其两端为薄壁直边段。该段外周需用套箍加强，套箍与端管常为一整体，波纹管焊接于端管上。若厚壁波纹管直边段强度足够，则无需套箍加强。

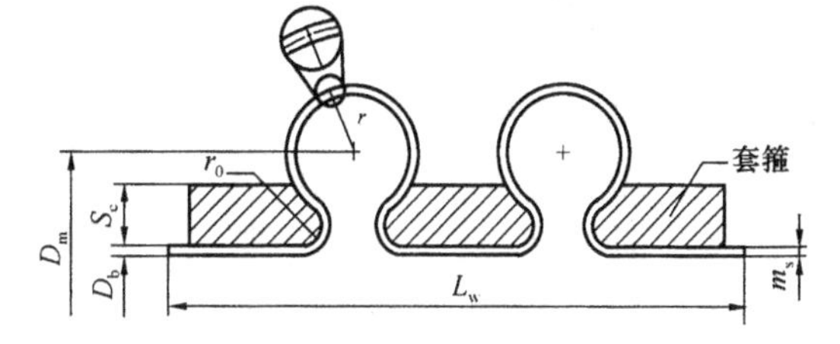

图 1.3－4　Ω 形膨胀节

换热设备用膨胀节可以是大波高及大波距的单层厚壁 U 形膨胀节，也可以是适当波高和波距的单层或多层薄壁 U 形膨胀节。后者因其层壁较薄，位移产生的应力较小，故疲劳寿命较长，但刚度较小。为提高抗压力和抗失稳能力，可增加层数。这类膨胀节常用的每层名义厚度 s(mm)为：0.3，0.5，0.8，1，1.2，1.5，2，2.5，3，……；层数 m 常为 1～4 层，5～8 层的不多见，9 层以上更少。波纹直边段的外径 D_b+2ms、波高 h、波距 W、直边段长度 L_t 的尺寸，不同标准及系列所给出的数据略有差异[5～8]，表 1.3－3 所列是其中的一种尺寸系列[5]。波纹管尺寸主要取决于液压成形时的模具尺寸，其中，波高尺寸还可按要求作适当增减，增减范围应小于 20%。大波高大波距的单层厚壁 U 形膨胀节的尺寸范围为[7,9,10]：$D_b=300\sim500$ mm 时，$h=(0.2\sim0.3)D_b$；$D_b=550\sim1000$mm 时，$h=(0.1\sim0.2)D_b$。$h/W=0.5\sim1$；$W/s>14$。L_t 约为 1.5s。

波纹管内介质波动速度较高时，或为了减小流体压降和防止涡流，可在波纹管内侧焊上内衬套。为了在膨胀节装运期间保持其形状和安装期间调节其长度，可在膨胀节外侧设置拉杆装置(包括拉杆、拉板、筋板、螺母)，但在膨胀节安装后运行前，需把螺母松开，使膨胀节能伸缩。膨胀节安装时，不能扭转，也必须在与设备壳体轴线对中时才能相连接，否则会产生附加扭矩与横向载荷[1]。拉杆和内衬套装置均可根据需要而设置。

表1.3-3 单层和多层薄壁U形波纹管尺寸系列 mm

公称直径	D_b+2ms	h	W	L_t	公称直径	D_b+2ms	h	W	L_t
150	159	22	22	15	800	805	65	65	30
200	209	28	28	25	900	905	65	65	30
250	260	40	46	25	1000	1004	70	70	30
300	310	50	50	25	1200	1204	85	85	40
350	363	50	50	25	1400	1401	95	95	40
400	413	55	55	30	1600	1601	95	95	40
450	463	55	55	30	1800	1797	100	100	45
500	515	60	60	30	2000	1997	100	100	40
600	615	60	60	30	2200	2197	105	105	40
700	705	65	65	30	2400	2397	105	105	40

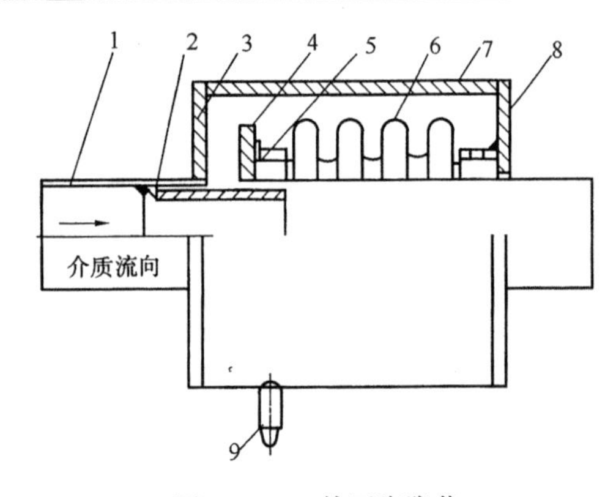

图1.3-5 外压膨胀节

1—换热设备壳体；2—内衬套；3—进口端环；4—限立板；5—支撑环；6—波纹管；7—外套；8—出口端环；9—排液管

换热设备膨胀节除上述常用的内压式外，还有外压式，见图1.3-5。

该结构形式的波纹管内径比换热设备壳体外径稍大，波纹管被装在一个承压外壳中，壳程压力作为外压作用在其上。其优点是[12]，把压力从内部转移到外部后，消除了波纹管的内压柱状失稳。此外在最低处还设置了排液管，以使积存在凹处的腐蚀物和沉渣得以消除。波纹管即使发生了严重破坏，逸出壳程的流体也仅仅是从波纹管开口端沿壳体方向泄出，危害减小；失效波纹管的更换亦毋须拆卸设备。

2. 膨胀节材料

大多数波纹管是用奥氏体不锈钢制成的。常用的钢号为：0Cr18Ni10Ti，0Cr18Ni9，0Cr17Ni12Mo2，0Cr19Ni13Mo3，00Cr19Ni10，00Cr17Ni14Mo2，00Cr19Ni13Mo3，1Cr18Ni11Mb。相应的日本钢号依次为：SUS321，SUS304，SUS316，SUS317，SUS304L，SUS316L，SUS317L，SUS347。但也有的用低合金钢或碳钢来制作的，如16MnR，20R，20HP Q235A或日本钢号SS41，SB42等。

奥氏体不锈钢耐介质腐蚀，可用于低温、中温和高温等场合。波纹管在有腐蚀介质的工况下，可供选用的奥氏体不锈钢材料见表1.3-4[13]；不同温度工况下，可供选用的奥氏体不锈钢材料见表1.3-5[13]。表中均为日本钢号，也可用相应的国产钢号。此外，还可选用下述材料。

（1）高镍合金：用于耐腐蚀和工作温度450℃以上的场合，如Incoloy825（NiCr21Mo）、Incone160D（NiCr15Fe）、HastelloyC-（276）[NiMo16Cr]及Monel（NiCu30Fe）。

表 1.3－4　波纹管在腐蚀介质工况下可供选用的奥氏体不锈钢材料

介　质	30℃	中间温度	接近沸点
硝酸	SUS304	SUS304L	SUS304L
硫酸	SUS316		
亚硫酸	SUS316	SUS316，SUS317	
醋酸	SUS304，SUS316	SUS316，SUS317	SUS317L
磷酸	SUS304	SUS316，SUS317	SUS317L
盐酸	SUS316，SUS317		
碱	SUS304	SUS304，SUS304L	SUS304L，SUS347
氨	SUS304	SUS316	SUS316，SUS316L
盐水	SUS316L	SUS317	

表 1.3－5　波纹管在不同温度工况下可供选用的奥氏体不锈钢材料

温度/℃	－200～－20	－20～350	350～450	450～600
钢号	SUS304	SUS304，SUS316	SUS321，SUS316 SUS316L，SUS347	SUS321，SUS316L，SUS347

（2）有色金属：黄铜、青铜、钛及铝合金等，这些金属耐腐蚀可用于温度不高的场合，其中铝合金可用于低温或极低温度下。在海水介质中，多选用 Cu－Ni 合金，如 B10、B30。

（3）聚四氟乙烯：可用于200℃以下的腐蚀介质，如硝酸及盐酸等，也可将其用作金属膨胀节的衬里。

（4）金属膨胀节可以用钛、银、纯镍及 Monel 等作衬里材料，以防腐蚀。

内衬套材料可使用奥氏体不锈钢，但在工作温度不高和无腐蚀情况下，也可用碳钢。端管材料与换热设备壳体材料相同。加强环、平衡环、拉杆、拉板、筋板及螺母等用碳钢即可。Ω 形膨胀节的套箍要用强度较高的钢材，如 16MnR 等。

（二）换热器用膨胀节的性能

1. 膨胀节承受内压及位移的能力

波纹管中的应力主要是由内压和位移引起的。内压过高时可使波纹管丧失稳定而发生屈曲[14]，屈曲会大大降低波纹管的疲劳寿命和承受内压的能力。最常见的两种失稳是柱失稳和平面失稳。柱失稳是指波纹管的中部整体侧向偏移，它使波纹管的轴线变成如图 1.3－6(a)所示的曲线。当波纹管的长度与直径比较大时，这种现象经常发生，与压杆失稳相似，其临界载荷曲线分为弹性和非弹性两个区域。图 1.3－7 所示曲线即表示出了一系列具有相同直径、厚度和波形的波纹管在发生柱失稳时的临界压力值。随着波纹数的增多，曲线从非弹性向弹性过渡。对波纹管柱失稳进行校核的方法见式(3－13)、式(3－14)、式(3－27)和式(3－36)。

内压平面失稳是指一个或多个波纹平面发生移动或偏移，即这些波纹平面不再与波纹管的轴线保持垂直。变形的特点是一个或多个波纹出现倾斜或翘曲，如图 1.3－5(b)。这种失稳主要是由于沿径向作用的弯曲应力过大，且在波峰和波谷形成塑性铰所致。对无加强波纹管进行平面失稳校核的方法见式(3－15)。

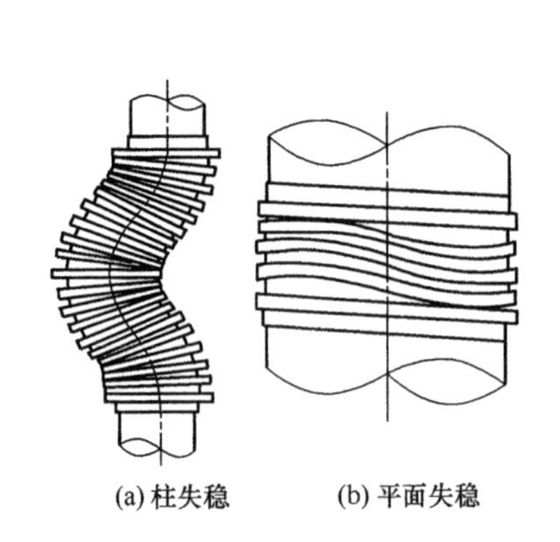
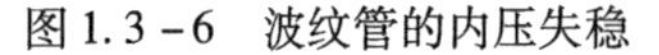

图 1.3－6 波纹管的内压失稳

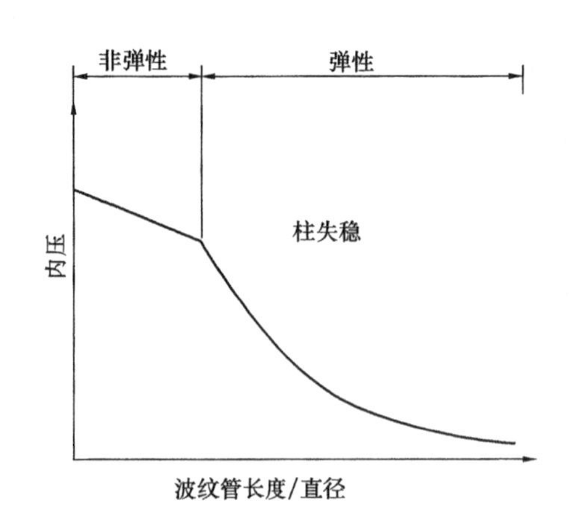

图1.3－7 波纹管长径比与失稳内压关系

还应该指出的是，外压不会发生柱失稳，因此用外压膨胀节取代内压膨胀节可避免柱失稳[14,15]。承受外压的膨胀节可按本节之(三)4 小节所述方法核算其周向稳定性。但外压膨胀节常在未发生周向失稳之前，已发生了外压平面的失稳。外压平面失稳的核算仍可参见本节之(三)4 小节所述之内容。

上述柱失稳和平面失稳校核计算式中的系数，是临界失稳压力与极限设计压力之比为 2.25 时的值，这些计算式只有在波纹管材料温度低于其蠕变温度的条件下才适用。

对于内压应力，若波纹管端部直边段的周向薄膜应力过大，则会造成沿圆周方向的屈服。该应力可采用修正的 Barlow 公式进行计算。对于无加强和加强的 U 形波纹管，引入一修正系数 k，以顾及连接焊缝和端部波纹对直边段刚度的加强作用。通常用套箍对波纹管的直边段加强，设计公式则依据直边段和套箍的截面积及材料性质来确定其分担的应力。

U 形波纹管周向薄膜应力一旦过大，便会造成沿圆周方向的屈服，并可能导致破裂。该应力与横截面成反比，与上述同理，即公式均依据波纹管和加强件的截面积及材料性质来确定其所分担的应力。上述周向薄膜应力需限制在许用应力值之内，以确保其安全。

在 U 形波纹管段内，沿经向作用且由压力产生的应力一旦过大，便会使波纹的侧壁隆起。波纹形状的任何明显改变都会减小波纹之间的空间，从而降低波纹管吸收位移的能力，这种形状变化也会影响到疲劳寿命。

Ω 形波纹管理想圆环波纹(即波形截面无椭圆度)的压力薄膜应力，用式(3－31)和式(3－32)计算即可。若此应力过大，亦会产生屈服甚至破裂，故设计时应限制该应力以使其在许用应力值之内。该波纹管内压弯曲应力很小，没有公式可供计算。多波 Ω 形波纹管是无模液压成形的，其波形截面有一定椭圆度，且椭圆度愈大，其内压产生的经向弯曲应力、周向弯曲应力和周向薄膜应力愈大[16]，故制造中应努力降低椭圆度。由于椭圆度的影响，按理想圆环波纹公式计算的内压薄膜应力值，宜视椭圆度大小，将其限制于较低值。按式 3－30 算出的套箍厚度并不完全取决于工作内压，由于 Ω 形波纹管主要靠套箍承受远大于工作内压的压力成形，故为避免成形失败，必须增大套箍厚度[4]。

位移应力比内压应力大得多。位移经向应力可用式(3－10)、式(3－24)、式(3－33)、式(3－11)、式(3－25)和式(3－34)计算，后三式表达的是位移经向弯曲应力的最大值，其计算值不是真实应力值，因为它们已超过了材料的弹性极限，但可将它们与实测结果进行相关分析，以推算出疲劳寿命。

2. 膨胀节的轴向刚度

使膨胀节产生单位轴向位移所需要的轴向力称为轴向刚度，其与波纹管的尺寸和材料有关。对于变形进入塑性区的波纹管，此力对位移的曲线形状如图 1.3－7 中实线所示。由于波纹管的伸长先要经过弹性阶段，所以此曲线开始是一段直线；随着位移增大进入塑性范围，力与位移变为非线性关系，直线变弯[17,1]，直至达到位移极值点。解除作用于波纹管上的力，则力对位移的曲线又变为直线，直至达到外力为零的点，在该点波纹管具有残余伸长。为了使波纹管回复到初始位置，需沿反向施加一恢复力，图中横轴下面的曲线即表示这一恢复过程。

图 1.3－8 直线 A 的斜率用来表示波纹管理论初始轴向弹性刚度 K。该值可以按弹性理论方程用解析法子以确定，所求得的计算值可达到适当的精度。K 值可用式(3－16)、式(3－28)、式(3－37)计算。

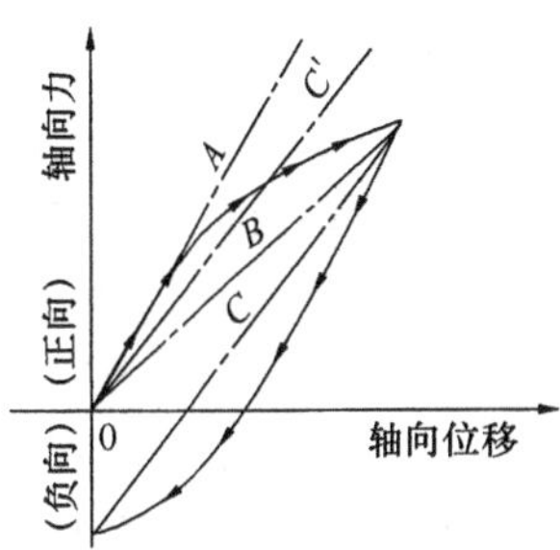

图 1.3－8　波纹管的轴向力与轴向位移

直线 B 和 C，斜率表示了工作状态下轴向位移在塑性范围内波纹管的轴向抗力系数或称为轴向工作刚度 K_w。对于轴向位移进入塑性范围的波纹管，用轴向初始刚度代替轴向工作刚度所给出的弹性力会比实际值高得多。现已提出了各种方法来解决该问题，并可得到较精确的结果。直线 B 是连接原点与力和位移的最大值点的直线，该直线斜率可作为波纹管的轴向工作刚度 K_w。其不足之处是给出的力低于实际作用力。直线 C 是以力和位移最大值点连接到使位移回复为零的负力点的直线，C'是将 C 平行移至坐标原点的直线。以直线 C'的斜率为轴向工作刚度，可以减少给定值与实际值之差异，不过这两者之间依然有相当大的出入。在特定情况下，可能有必要对波纹管设计的原型进行测试，以便得到准确的载荷－位移曲线。

3. 膨胀节的振动

金属波纹管可用于高频低幅振动的工况，但不适于低频高幅振动的场合。由压力脉冲而引起的振动不能用膨胀节来消除，因为压力脉冲可通过流动介质从膨胀节传播过去。设计人员应确保作用在换热设备上的振动载荷不至于损害波纹管的功能。

当流速很高时，波纹管内所形成的湍流，或在波纹管上游所形成的湍流都有可能引起振动。为了减弱这种效应，可在波纹管内侧设置内衬套。有关内衬套的设计计算可参阅文献[1]或[7]。

如果换热设备系统存在振动并已知其振动频率，则所设计的波纹管的固有频率及高阶振型不得与该频率重合，否则将发生共振破坏。波纹管的轴向与横向固有频率的计算，可分别应用式(3－43)、式(3－44)、式(3－45)、式(3－48)、式(3－49)和式(3－50)。

4. 膨胀节的疲劳寿命

影响膨胀节疲劳寿命的因素很多，如工作压力、工作温度、每波位移量、波纹管材料、波高、波距、一层厚度、层数、波纹形状、成形质量、表面和环境条件、焊缝质量[18]、以及热处理等。这些因素的任何变化，对膨胀节的寿命均有影响。用奥氏体不锈钢制造的波纹管，其波纹在成形过程中的加工硬化，通常具有显著增加膨胀节疲劳寿命的作用。

膨胀节疲劳寿命是内压经向应力范围与位移经向应力范围之和 σ_t 的函数。奥氏体不锈钢膨胀节破坏的平均循环次数 N_c 可用式(3－12)、式(3－26)、式(3－35)计算，式中常数由 σ_t 与 N_c 的关系曲线给出[19]。这一曲线是对一系列类似材料波纹管在室温下疲劳试验数据进行拟合后得出的，非常低和非常高循环次数范围的试验数据很少，其主要有效循环次数范围为$10^3 \sim 10^5$。设计波纹管时，可采用这些公式计算其破坏平均循环次数，但循环次数的设计值必须与计算值一致，且要求后者大于前者若干倍，以确保其安全。EJMA 标准提出，对循环次数的估计若过于保守，会使所设计的波纹管波数增多，以致使膨胀节更易于丧失稳定。我国不同时期的国标中奥氏体不锈钢膨胀节疲劳寿命公式计算 N_c 时取的安全系数有所不同，文献[7]取大于等于 15，文献[26]取大于等于 10。在美国机械工程师协会(ASME)有关膨胀节规范[20]中，膨胀节循环次数设计公式已概括了尺寸、表面粗糙度和数据分散度等常规影响因素，因而无需再取安全系数。

上述疲劳寿命计算式只有在波纹管金属工作温度低于该金属蠕变温度时才适用。在蠕变温度以下，随着金属工作温度升高，波纹管疲劳寿命下降。如果金属工作温度高于金属蠕变温度，则因蠕变与疲劳的相互作用，波纹管疲劳寿命将明显下降[21,22]。

5. 膨胀节的内压爆破

两端固定的金属波纹管在内压继续增大时，先经过屈服和失稳，然后向侧面鼓出，直径增大，波形形状变化不规则，最后沿纵向开裂而破坏[23]。爆破内压比设计内压高很多倍。迄今膨胀节各有关标准及规范均无对内压爆破进行校核的内容。

多层膨胀节承受内压时，一旦内压穿过有泄漏的焊缝或有裂口的内层而到达外层层间时，由于剩余外层的承压能力不足，膨胀节会发生突然爆破。因此，为确保安全。当膨胀节可能发生层间泄漏时，直边段外层应设有泄压孔。

6. 膨胀节的腐蚀

膨胀节在使用中常见的腐蚀有应力腐蚀、晶间腐蚀、点蚀、全面性腐蚀及均匀腐蚀等。应力腐蚀是应力和腐蚀联合作用的结果，其表现为材料产生裂纹，不锈钢在有氯离子和(或)氧条件下便会发生此现象。腐蚀疲劳是由腐蚀和交变应力共同作用的结果，它会加速材料的疲劳断裂。晶间腐蚀的特征为沿金属的晶界腐蚀。点蚀是在金属表面上产生的局部腐蚀，呈针孔状。全面性腐蚀或均匀腐蚀是金属被逐渐地腐蚀掉。冲刷和冲蚀，是腐蚀液体或气体在材料表面上发生冲刷及冲击联合作用所致。高温氧化是在热空气或排气道上常见的材料剥蚀现象。

各种腐蚀类型的发生与材料的种类、工作条件和表面初始状态有关。所选用的材料应具有抗腐蚀性能，或者每年被腐蚀掉的厚度要求其不超过 0.05mm。

不锈钢耐全面腐蚀的性能取决于薄而致密的氧化铬表面层的形成，在大气条件下它是在清洁不锈钢表面上缓慢形成的。钢粒子，如焊接飞溅物，会阻碍氧化铬表面层的形成，故为了得到最大的耐全面性腐蚀性能，应该用酸洗除去表面污垢。在制造和安装过程中，应该把波纹管罩起来或用防飞溅剂，以防止焊接飞溅物的附着。不锈钢波纹管一般均不用热处理的办法来改善其耐腐蚀性能。波纹管金属在使用中产生的位移应力很大，通常均在塑性范围内工作，运行中产生的应力会使为消除残余应力所作的努力变成无效。

(三) 膨胀节的设计计算

膨胀节设计时需对下列各项性能进行计算和校核：稳定性、承压能力、位移引起的应力、疲劳寿命、刚度及固有频率。确定一个可以接受的设计应包括许多变量，如直径、波形、波高、波距、每层厚度、层数、加强方法、材料类型与热处理以及制造技术。对特定应用场合的设计，还应综合考虑互相矛盾的要求。如高压常需之厚壁或多层膨胀节，但若要求位移量较大或位移抗力小时则又需考虑每层壁厚较薄的要求。波高尺寸增大，可满足位移量大的要求，但降低了承压能力。因此，设计者必须综合考虑以选取合适的尺寸，才能满足各方面的要求。

目前世界上较完整的膨胀节设计计算标准是 EJMA 标准，该标准的计算式主要来自文献[18]、[24]及[25]，但经过了 EJMA 的修改补充，反映了该协会所积累的经验。其它许多膨胀节标准及规范都是在参照了该标准基础上或作一些改动后制定的[5,6,7,15]。本节之(三)2～5小节主要阐述 EJMA 标准中有关换热设备膨胀节的圆形膨胀节的设计计算，本节之(三)6、7 小节分别介绍了 ASME 规范及我国标准对膨胀节的设计计算。

1. 膨胀节一个波轴向位移量的计算

换热设备壳体上的膨胀节，与壳体、管板及管子构成一整体并可建立起力平衡关系，由此便可得到膨胀节一个波轴向位移量 e 的计算式：

对无加强 U 形膨胀节

$$e = \frac{\sigma_c \pi s_e (D_i + s_e) h^3 C_f}{1.7 D_m E_b s_p^3 m} \tag{3-1}$$

对加强 U 形膨胀节

$$e = \frac{\sigma_c \pi s_e (D_i + s_e)(h - C_r W)^3 C_f}{1.7 D_m E_b s_p^3 m} \tag{3-2}$$

对 Ω 形膨胀节

$$e = \frac{10.92 \sigma_c \pi s_e (D_i + s_e) r^3}{D_m E_b s_p^3 m B_3} \tag{3-3}$$

若将管子与壳体的热膨胀变形差，近似作为膨胀节 n 个波的总轴向位移量，则膨胀节一个波的近似位移量 e 便为：

$$e = \frac{L[\alpha_t(\theta_t - \theta_0) - \alpha_s(\theta_s - \theta_0)]}{n} \tag{3-4}$$

2. U 形膨胀节的设计计算

(1) 无加强情况

内压在波纹管直边段中产生的周向薄膜应力 σ_1：

$$\sigma_1 = \frac{p(D_b + ms)^2 L_t E_b k}{2[msE_b L_t(D_b + ms) + s_c k E_c L_c D_c]} \tag{3-5}$$

内压在套箍中产生的周向薄膜应力 σ'_1：

$$\sigma'_1 = \frac{p D_c^2 L_t E_c k}{2[msE_b L_t(D_b + ms) + s_c k E_c L_c D_c]} \tag{3-6}$$

内压在波纹管中产生的周向薄膜应力 σ_2：

$$\sigma_2 = \frac{pD_m}{2ms_p}\left(\frac{1}{0.571 + 2h/W}\right) \tag{3-7}$$

内压在波纹管中产生的经向薄膜应力 σ_3：

$$\sigma_3 = \frac{ph}{2ms_p} \tag{3-8}$$

内压在波纹管中产生的经向弯曲应力 σ_4：

$$\sigma_4 = \frac{p}{2m}\left(\frac{h}{s_p}\right)^2 C_p \tag{3-9}$$

对上述各应力应按以下条件进行校核：

$$\sigma_1 \text{与} \sigma_2 \leqslant C_{wb}[\sigma]_b^t, \sigma_3 + \sigma_4 \leqslant C_m[\sigma]_b^t, \sigma'_1 \leqslant C_{wc}[\sigma]_c^t$$

位移在波纹管中产生的经向薄膜应力 σ_5：

$$\sigma_5 = \frac{E'_b s_p^2 e}{2h^3 C_f} \tag{3-10}$$

位移在波纹管中产生的经向弯曲应力 σ_6：

$$\sigma_6 = \frac{5E'_b s_p e}{3h^2 C_d} \tag{3-11}$$

奥氏体不锈钢波纹管破坏的循环次数 N_c：

$$N_c = \left(\frac{12816}{\sigma_t C_t - 372}\right)^{3.4} \tag{3-12}$$

设计许用循环次数 $[N]$ 必须小于 N_c 若干倍。

膨胀节两端固定，根据柱失稳而确定的极限设计压力 p_{sc}：

$$p_{sc} = \frac{0.34\pi \cdot K_u}{n^2 W}, (\text{当} L_b/D_b \geqslant C_z) \tag{3-13}$$

$$p_{sc} = \frac{0.58 A_c \sigma_y^t}{D_b W}\left(1 - \frac{0.6 L_b}{C_z D_b}\right), (\text{当} L_b/D_b < C_z) \tag{3-14}$$

根据平面失稳而确定的极限设计内压 p_{si}：

$$p_{si} = \frac{1.4 m s_p^2 \sigma_y^t}{h^2 C_p} \tag{3-15}$$

设计内压 p 应不大于 p_{sc} 或 p_{si}。

波纹管单波理论轴向弹性刚度 K_u：

$$K_u = 1.7 \frac{D_m E_b s_p^3 m}{h^3 C_f} \tag{3-16}$$

(2) 加强情况

内压在波纹管直边段中产生的周向薄膜应力 σ_1：

$$\sigma_1 = \frac{p(D_b + ms)^2 L_t E_b k}{2[msE_b L_t(D_b + ms) + s_c k E_c L_c D_c]} \tag{3-17}$$

内压在套箍中产生的周向薄膜应力 σ'_1：

$$\sigma'_1 = \frac{p D_c^2 L_t E_c k}{2[msE_b L_t(D_b + ms) + s_c k E_c L_c D_c]} \tag{3-18}$$

内压在波纹管中产生的周向薄膜应力 σ_2：

$$\sigma_2 = \frac{H}{2A_c}\left(\frac{R}{R+1}\right) \tag{3-19}$$

式中的 R，对于整体加强件，$R = R_1$；对于用紧固件连接的加强件，$R = R_2$。在有加强元件，且由几部分组成并用紧固件拉紧连接的情况下，此式用于假设支持拉紧件的结构不发生弯曲，因此允许加强元件在直径方向上膨胀。此外，端部加强元件必须承受膨胀节的纵向环状压力载荷。

内压在加强件中产生的周向薄膜应力 σ'_2：

$$\sigma'_2 = \frac{H}{2A_r}\left(\frac{1}{R_1 + 1}\right) \tag{3-20}$$

在有平衡环时，此式不包括由紧固件偏心而引起的弯曲应力，该应力可通过弹性分析和(或)试验来确定。

内压在紧固件中产生的薄膜应力 σ''_2：

$$\sigma''_2 = \frac{H}{2A_f}\left(\frac{1}{R_2 + 1}\right) \tag{3-21}$$

内压在波纹管中产生的经向薄膜应力 σ_3：

$$\sigma_3 = \frac{0.85p(h - C_r W)}{2ms_p} \tag{3-22}$$

内压在波纹管中产生的经向弯曲应力 σ_4：

$$\sigma_4 = \frac{0.85p}{2m}\left(\frac{h - C_r W}{s_p}\right)^2 C_p \tag{3-23}$$

对承受内压能力进行校核时，上述各应力应满足下列条件：

$$\sigma_1 与 \sigma_2 \leqslant C_{wb}[\sigma]^t_b,$$

$$\sigma_2 \leqslant C_{wr}[\sigma]^t_r,$$

$$\sigma_3 + \sigma_4 \leqslant C_m[\sigma]^t_b,$$

$$\sigma'_1 \leqslant C_{wc}[\sigma]^t_c, \sigma''_2 \leqslant [\sigma]^t_f$$

位移在波纹管中产生的经向薄膜应力 σ_5：

$$\sigma_5 = \frac{E'_b s_p^2 e}{2(h - C_r W)^3 C_f} \tag{3-24}$$

位移在波纹管中产生的经向弯曲应力 σ_6：

$$\sigma_6 = \frac{5E'_b s_p e}{3(h - C_r W)^2 C_d} \tag{3-25}$$

奥氏体不锈钢波纹管破坏的循环次数 N_c；

$$N_c = \left(\frac{35691}{\sigma_t C_t - 288}\right)^{2.9} \tag{3-26}$$

设计许用循环次数 $[N]$ 必须小于 N_c 若干倍。

膨胀节两端固定，波谷处具有加强环(而不是平衡环)，根据柱失稳而确定的极限设计内压 p_{sc}：

$$p_{sc} = \frac{0.3\pi K_r}{n^2 W} \tag{3-27}$$

预计内压 p 应不大于 p_{sc}。

波纹管单波理论轴向弹性刚度 K_r：

$$K_r = 1.7\frac{D_m E_b s_p^3 m}{(h - C_r W)^3 C_f} \tag{3-28}$$

3. Ω 形膨胀节的设计计算

内压在波纹管直边段中产生的周向薄膜应力 σ_1：

$$\sigma_1 = \frac{p(D_b + ms)^2 L_w E_b}{2[msL_w(D_b + ms)E_b + D_c E_c A_t]} \tag{3-29}$$

内压在套箍中产生的周向薄膜应力 σ'_1：

$$\sigma'_1 = \frac{pD^c L_w E_b}{2[msL_w(D_b + ms)E_b + D_c E_c A_t]} \tag{3-30}$$

内压在波纹管中产生的周向薄膜应力 σ_2：

$$\sigma_2 = \frac{pr}{2ms_{\rm p}} \tag{3-31}$$

内压在波纹管中产生的经向薄膜应力 σ_3：

$$\sigma_3 = \frac{pr}{ms_{\rm p}}\left(\frac{D_{\rm m}-r}{D_{\rm m}-2r}\right) \tag{3-32}$$

对承受内压能力进行校核时，上述各应力应满足下述条件：

$$\sigma_1 与 \sigma_2 \leqslant C_{\rm wb}[\sigma]_{\rm b}^{\rm t}, \sigma_3 \leqslant [\sigma]_{\rm b}^{\rm t}, \sigma'_1 \leqslant C_{\rm wc}[\sigma]_{\rm c}^{\rm t}$$

由于 σ_2 约为 σ_3 的一半，故通常可以不对 σ_2 进行核算[29]。如前所述，σ_3 尚需视圆环椭圆度大小，降低其许用值。套箍还需按波纹液压成形压力比工作内压高出的倍数来加大其厚度。

位移在波纹管中产生的经向薄膜应力 σ_5：

$$\sigma_5 = \frac{E'_{\rm b}s_{\rm p}^2 e}{34.3r^3}B_1 \tag{3-33}$$

位移在波纹管中产生的经向弯曲应力 σ_6：

$$\sigma_6 = \frac{E'_{\rm b}s_{\rm p}e}{5.72r^2}B_2 \tag{3-34}$$

奥氏体不锈钢波纹管破坏的循环次数 $N_{\rm c}$：

$$N_{\rm c} = \left(\frac{15847.8}{\sigma_{\rm t}C_{\rm t}-288}\right)^{3.25} \tag{3-35}$$

式中，$\sigma_{\rm t}=3\sigma_3+\sigma_5+\sigma_6$。设计许用循环次数$[N]$必须小于 $N_{\rm c}$ 若干倍。膨胀节两端固定，根据柱失稳而确定的极限设计压力 $p_{\rm sc}$：

$$p_{\rm sc} = \frac{0.15\pi K_{\rm t}}{n^2 r} \tag{3-36}$$

设计内压 p 应不大于 $p_{\rm sc}$。

波纹管单波理论轴向弹性刚度：

$$K_{\rm t} = \frac{D_{\rm m}E_{\rm b}s_{\rm p}^3 m}{10.92r^3}B_3 \tag{3-37}$$

4. 外压对设计的影响

膨胀节承受外压或真空时，其设计方法与承受内压相似，但也有区别，即要求其必须对以下几项重要因素予以校核。

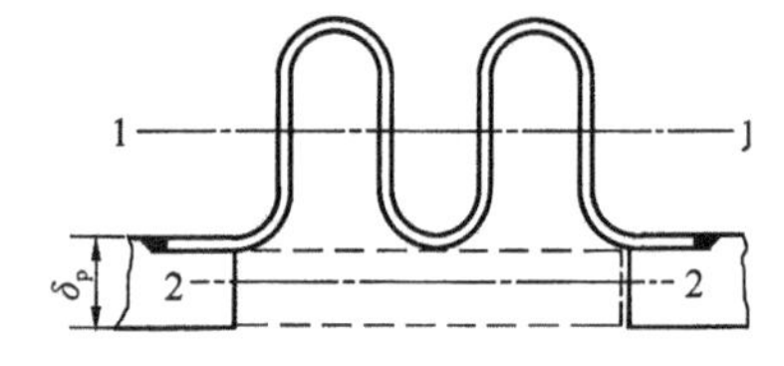

图 1.3-9 无加强 U 形膨胀节截面惯性矩

(1) 膨胀节承压的圆筒部分(例如端管)，应采用压力容器规定的方法进行校核。如果波纹管段截面的惯性矩 I_{1-1}(见图 1.3-9)等于或大于其所替代的圆筒惯性矩 I_{2-2}(见图 1.3-9)，那么，包括波纹管段在内的圆筒，就可作为一个连续长度的圆筒，并取圆筒的壁厚和直径进行外压失稳校核。如果 I_{1-1}小于 I_{2-2}，除非在紧靠波纹管处配接刚环，否则就应对波纹管两侧的圆筒按无限长圆筒进行外压失稳校核。无加强 U 形波纹管截面惯性矩 I_{1-1}(mm^4)以及 I_{2-2}(mm^4)可按下式计算：

$$I_{1-1}=n\left[\frac{ms(2h-W)^3}{48}+0.4Wms(h-0.2W)^2\right] \tag{3-38}$$

$$I_{2-2}=\frac{L_b s_{e1}^3}{12} \tag{3-39}$$

式中 s_{e1}——圆筒壁厚，mm。

(2) 如果 $I_{1-1}<I_{2-2}$，则可把波纹管段视为一个当量圆筒，该圆筒的直径和长度分别为波纹管的波纹平均直径 D_m 和长度 L_b。该圆筒的厚度 s_{eq}(mm)为：

$$s_{eq}=\sqrt[3]{\frac{12I_{1-1}}{L_b}} \tag{3-40}$$

然后按压力容器的规定[27]，对该当量圆筒校核其外压周向失稳。如果波纹管的直边段不加支承，则可将其视为两端分别由端管和波纹管段支承的圆筒来进行外压周向失稳校核。

(3) 波纹管周向薄膜应力 σ_2、经向薄膜应力 σ_3 和经向弯曲应力 σ_4 的绝对值，可采用前述内压计算式来进行核算。然而，采用外部加强环(平衡环或波谷圆环)是无效的，这是因为波纹管波峰在外压作用下会被压扁变形。在这种恶劣的场合下，必须采取特殊方法从内部加强波峰。

(4) 上述承受外压的无加强 U 形波纹管，使用圆筒外压周向失稳的核算方法是较粗略的。文献[30]的试验研究指出，承受外压的无加强 U 形波纹管会在未发生周向失稳时，便已发生了外压平面失稳。这种外压平面失稳的临界压力 p_{cr}(MPa)便为[30]：

$$p_{cr}=\frac{2.157m\sigma_y^t}{C_p}\left(\frac{s_p}{h}\right)^2 \tag{3-41}$$

若取极限设计外压 p'_{si}约为临界外压的 1/2.25 倍，取得[30]：

$$p'_{si}=\frac{0.95ms_p^2C_o\sigma_s^t}{h^2C_p} \tag{3-42}$$

无加强 U 形波纹管的设计外压应不大于 p'_{si}。

5. 固有频率的核算

换热设备壳体上的膨胀节是单式且两端固定的结构，设计时必须使其固有频率低于设备系统的振动频率，或至少比系统振动频率高 50%。其轴向和横向振动固有频率的计算如下：

(1) 轴向振动固有频率 f_n：

对无加强 U 形膨胀节：

$$f_{nu}=C_n\sqrt{K_{nu}/G_u} \tag{3-43}$$

对加强 U 形膨胀节：

$$f_{nr}=C_n\sqrt{K_{nr}/G_r} \tag{3-44}$$

对 Ω 形膨胀节：

$$f_{nt}=C_n\sqrt{K_{nt}/G_t} \tag{3-45}$$

式中，C_n 为常数，C_1 用于固有或基阶频率，C_2 用于 2 阶固有频率，其余类推，$n=1$，2，3，4，5……，C_n 值见表 1.3-6；G_u 无加强 U 形波纹管的质量(kg)，它包括波纹管金属质量 G_1 和介质为液体时在波纹囊内的液体质量 G_2；G_r 为加强 U 形波纹管质量(kg)，它包括波纹管金属质量 G_1 和加强件金属质量 G_c 以及介质为液体时在波纹囊内的液体质量 G_2；G_t 为 Ω 形波纹管质量(kg)，它包括在 L_b 长度内的套箍和波纹管金属质量以及介质为液体时在波纹囊内的液体质量。G_1 和 G_2 的计算式如下[31]：

$$G_1 = 2\pi nms_p\gamma(a+b)(\pi r+a-b) \tag{3-46}$$

$$G_2 = \pi\gamma'\left[\frac{L_b}{4}(D_m^2-D_b^2)-nms_p(a+b)(\pi r+a-b)\right] \tag{3-47}$$

表 1.3-6 C_n 值

波数	C_1	C_2	C_3	C_4	C_5
1	14.23	—	—	—	—
2	15.31	28.50	37.19	—	—
3	15.70	30.27	42.67	52.33	58.28
4	15.70	30.75	44.76	56.99	66.98
5	15.79	31.07	45.72	59.25	71.16
6	15.79	31.23	46.21	60.38	73.42
7	15.79	31.40	46.53	61.18	75.03
8	15.79	31.40	46.85	61.50	75.83
9	15.79	31.40	46.85	61.99	76.48
≥10	15.79	31.56	47.01	62.15	76.96

(2)横向振动固有频率 f'_n：

对无加强 U 形膨胀节：

$$f'_{nu} = \frac{C'_n D_m}{L_b}\sqrt{\frac{K_{nu}}{G'_u}} \tag{3-48}$$

对加强 U 形膨胀节：

$$f'_{nr} = \frac{C'_n D_m}{L_b}\sqrt{\frac{K_{nr}}{G'_r}} \tag{3-49}$$

对 Ω 形膨胀节：

$$f'_{nt} = \frac{C'_n D_m}{L_b}\sqrt{\frac{K_n t}{G'_t}} \tag{3-50}$$

式中，C'_n 为常数，用于前 5 阶固有频率时，$C'_1=39.93$，$C'_2=109.80$，$C'_3=214.13$，$C'_4=355.81$，$C'_5=531.3$；C'_u 为无加强 U 形波纹管质量(kg)，它包括波纹管金属质量 G_1 和介质为液体时在直径为 D_m 长度为 L_b 的一段液体质量 G_3(kg)。G'_r 为加强 U 形波纹管质量(kg)，它是上述 G'_u 与加强件质量之和。G'_t 为 Ω 形波纹管质量(kg)，它包括在 L_b 长度内的套箍和波纹管金属质量以及介质为液体时在 L_b 长度内波纹管的液体质量。G_3 的计算式如下：

$$G_3 = \left(\frac{\pi}{4}L_b D_m^2 - G_1/2\gamma\right)\gamma' \tag{3-51}$$

上述三种波纹管的轴向和横向固有频率 6 式中，K_n 为波纹管整体轴向刚度，$K_n=K/n$，K 是波纹管的单波理论初始轴向弹性刚度。若已知振动位移下波纹管的工作刚度 K_w，则用 K_w 替代 K 更为合理[32]。

6. ASME 规范膨胀节的设计计算

美国机械工程师学会(ASME)锅炉及压力容器规范第八卷第一册附录 26 公布了压力容器和换热器膨胀节规范[20]。该规范只对波纹圆弧内半径大于波纹厚度 3 倍且波纹厚度不大于3.2mm的单层圆形无加强和加强U形膨胀节才适用，膨胀节用于承受内压和轴向位移载荷的工况。在承载时，无加强和加强U形膨胀节波纹产生的内压周向薄膜应力σ_2、内压经向薄膜应力σ_3、弯曲应力σ_4、位移经向薄膜应力σ_5、弯曲应力σ_6以及加强件和紧固件内压产生的薄膜应力σ'_2、σ''_2的计算式，与上述式(3-7)~(3-11)及式(3~19)~(3-25)相同。但后式中的$m=1$，s_p需换为t，D_m需换为(D_b+h)，且式(3-22)及式(3-23)中的$0.85p$需换为p。附录26规定的应力评定如下：σ_2、σ'_2、σ''_2与σ_3均$\leqslant[\sigma]^t$，$\sigma_3+\sigma_4\leqslant K_1[\sigma]^t$，对无加强波纹管$K_1$值取1.5，若有试验结果证明，则可用量外的系数，但不得大于3；对加强波纹管取$K_1=3$。

附录26对美国3××系列高合金钢、镍铬铁合金、镍铁铬合金和镍铜合金制造的膨胀节，金属温度未超过426℃时，其膨胀节设计许用循环次数可按下式计算：

$$[N]=\left[\frac{1.7225}{\dfrac{9.784C_x\sigma_t}{E_b}-0.01378}\right]^{2.17} \quad (3-52)$$

当$(9.784C_x\sigma_t/E_b)\leqslant0.01378$时，$[N]$是无限的。对碳钢、低合金钢以及美国4××系列钢和高合金钢制成的膨胀节，金属温度未超过371℃时，其膨胀节设计许用循环次数可按下式计算：

$$[N]=\left[\frac{1.378}{\dfrac{10.355C_x\sigma_t}{E_b}-0.00758}\right]^{2.17} \quad (3-53)$$

当$(10.355C_x\sigma_t/E_b)\leqslant0.00758$时，$[N]$是无限的。上两式中的$\sigma_t=\sigma_3+\sigma_4+\sigma_5+\sigma_6$。式中的$C_x$是因壁厚、焊接形状、表面缺陷以及其它表面和环境条件变化而引起的疲劳强度降低系数，$1\leqslant C_x\leqslant4$。对C_x值，当几何形状光滑时为最小，90度角接焊缝和角焊缝时为最大；对波纹无周向焊缝，且满足附录26各项设计和检验要求者，C_x取1。规定$[N]$不得小于100。

附录26未提供直边段、套箍以及刚度的设计计算式。为防柱失稳，有如下规定：当$L_b/D_b\leqslant1.0$时，波纹管不会发生柱失稳；当$L_b/D_b>1.0$时，需要通过计算或试验来证明，在室温下当量最大许用工作压力pE'_b/E_b与波纹管发生失稳时的压力之间的安全系数至少为2.25。

以上分析表明，在ASME规范中对膨胀节的规定，在应力计算方面与EJMA标准基本相同，而在其它方面有所不同。

7. 我国国家标准膨胀节的设计计算

国家标准GB 16749—1997《压力容器波形膨胀节》，适用于钢制压力容器、钢制管壳式换热器和常压容器的无加强单层或多层U形膨胀节的设计，管道膨胀节亦可参照使用。国标规定膨胀节波纹管的直边段内压周向薄膜应力σ_1、套箍内压周向薄膜应力σ'_1、波纹内压周向薄膜应力σ_2、内压经向薄膜应力σ_3、内压经向弯曲应力σ_4、位移经向薄膜应力σ_5、位移经向弯曲应力σ_6的计算式依次与式(3-5)~式(3-11)相同。单波理论初始轴向弹性刚度K_u的计算式与式(3-16)相同，但各式中的D_m需换为D'_m，s_c需换为s'_c，s_p需换为s'_p，其中式(3-10)、式(3-11)和式(3-16)中的s_p需换为(s'_p+t_c)。各应力需满足以下条件：σ_1、σ'_1、σ_2与σ_3均$\leqslant[\sigma]^t$，以及$\sigma_3+\sigma_4\leqslant1.5\sigma_s^t$。国标规定：对奥氏体不锈钢制波纹管，当$\sigma_t\leqslant2\sigma_s^t$时，可不考虑低周疲劳问题，否则用式(3-12)计算N_c，再按下式计算许用循环次数$[N]$：

$$[N]=N_c/n_f \tag{3-54}$$

式中，疲劳寿命安全系数$n_f \geqslant 15$。对碳钢及低合金钢制波纹管，国标没有给出疲劳寿命计算式，但给出了总应力范围σ_t的限制式：

$$\sigma_t \leqslant 2\sigma_s^t \tag{3-55}$$

上式实质上将位移应力定得过低，这势必将使每波允许的位移量变得较小。在要求总位移量一定的情况下，波数增加了，显然是不太经济和合理的[33]，故宜尽快补充上述材料膨胀节的疲劳寿命计算式，或参考计算式(3-53)。

国标对两端固定的膨胀节，为防止平面失稳而确定的极限设计内压为：

$$p_{si}=\frac{1.4ms_p^2\sigma_s^t}{h^2C_p} \tag{3-56}$$

上式即是EJMA标准中的式(3-15)，只是将该式中的σ_y^t用σ_s^t取代了。由于σ_s^t比σ_y^t小50%以上，故其取代之后的后果将会使极限设计内压减小一半多或壁厚增加41%以上，这是很不经济的[30]。同时，可知其对内压产生的经向弯曲应力σ_4约允许小于等于$0.7\sigma_s^t$，此值太小，亦很不合理[30]。文献[30]考虑到我国目前还较缺乏σ_y^t数据，因此建议把上式修改为：

$$p_{si}=\frac{1.4ms_p^2C_o\sigma_s^t}{h^2C_p} \tag{3-57}$$

该建议式经试件实验验证，适合于我国膨胀节设计时应用。该式亦与EJMA标准计算式相近，设计内压p应该小于等于p_{si}。国际GB 16749—1997还参照EJMA标准，给出了外压膨胀节的设计计算方法。

原国标GB/T 12777—91《金属波纹管膨胀节通用技术条件》，已于1999年作了修改，此修改版[26]已于2000年发布实施。该修改版内含三种膨胀节(有加强及无加强的U形膨胀节及Ω形膨胀节)的设计计算，此部分内容基本上是引用EJMA标准93年版而来，本节之(三)2~5小节包含了此部分内容。

主要符号说明

A_c——一个波的金属横截面积，mm^2，$A_c=(0.571W+2h)s_p$；

A_f——一个紧固件在拉紧时的金属横截面积，mm^2；

A_r——一个加强件的金属横截面积，mm^2；

A_t——波纹管加强套箍横截面的总金属面积，mm^2；

B_1，B_2，B_3——在特定的设计计算中，使Ω形波纹管波纹段的性状相当于一板条梁的修正系数，其值见图1.3-13；

C_d，C_f，C_p——在特定的设计计算中，使U形波纹管波纹段的性状相当于一板条梁的修正系数，其值分别见图1.3-10，图1.3-11，图1.3-12；

C_m——材料强度系数，对经退火的波纹管(无冷作硬化)，$C_m=1.5$，对没有经退火的波纹管(有冷作硬化)，$C_m=3.0$；

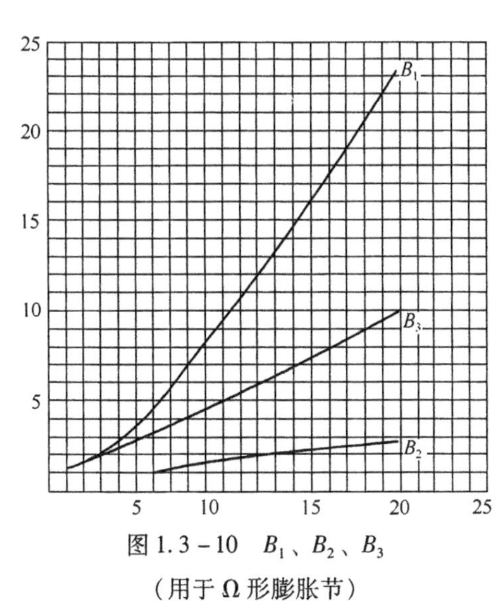

图 1.3-10　B_1、B_2、B_3

（用于 Ω 形膨胀节）

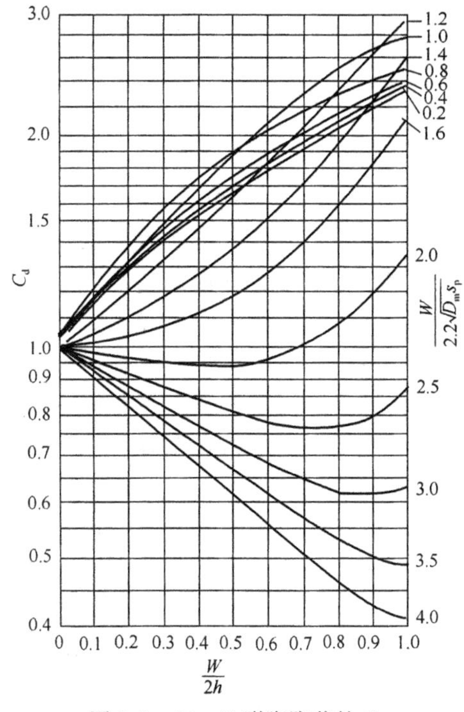

图 1.3-11　U 形膨胀节的 C_d

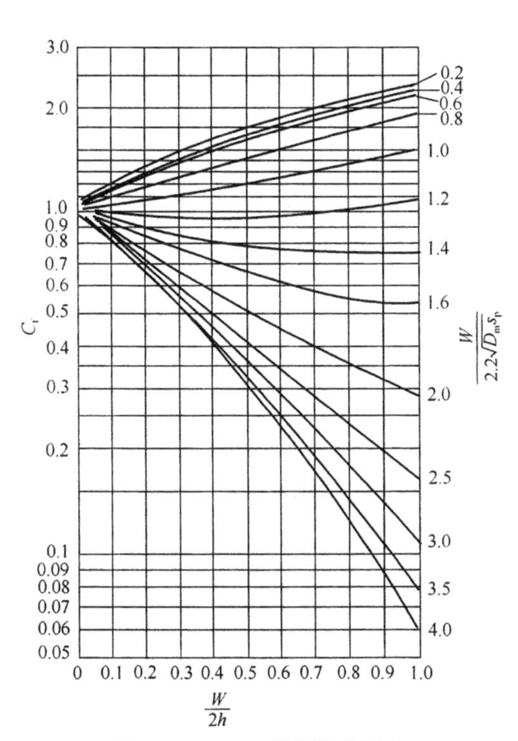

图 1.3-12　U 形膨胀节的 C_f

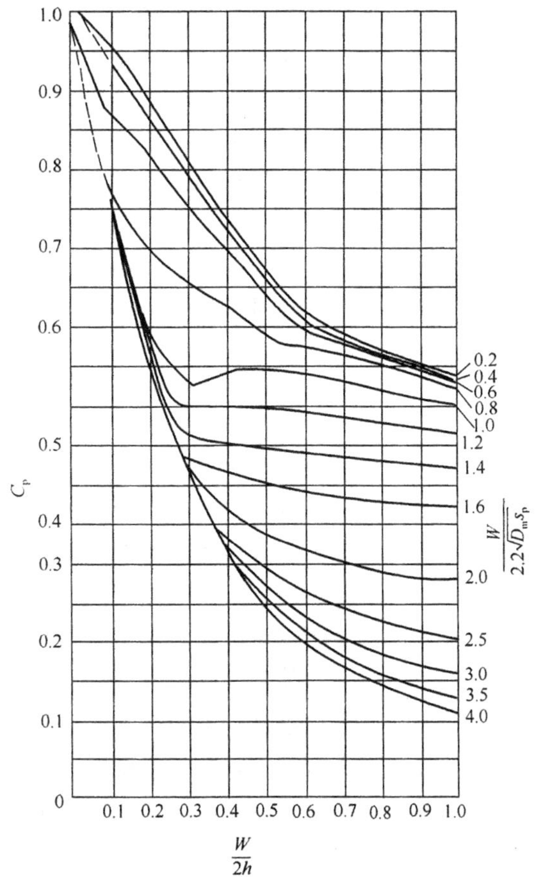

图 1.3-13　U 形膨胀节的 C_p

C_o——奥氏体不锈钢波纹管材料冷作硬化后与冷加工前在设计温度下的屈服强度比值

$C_o=\sigma_y^t/\sigma_s^t$，$C_o$ 取为2；

C_r——波高系数

$C_r=0.3-(10.49p^{1.5}+3.2)^{-2}$；

C_t——疲劳寿命的温度修正系数，它是波纹管材料在冷态温度下与热态温度下的弹性模量之比，

$C_t=E_{b冷态}/E_{b热态}$；

C_w——纵向焊缝有效系数，下标b、c、f、r分别表示波纹管、加强套箍、紧固件和加强环的材料；

C_z——转换点系数

$C_z=(4.72K_uL_bW/\sigma_y^tD_bA_cn)^{0.5}$；

D_b——波纹管直边段和波纹的内径，mm；

D_c——波纹管直边段加强套箍的平均直径，mm

$D_c=D_b+2ms+s_c$；

D_i——换热器设备壳体内径，mm；

D_m——波纹管波纹的平均直径，mm。对U形波纹管，$D_m=D_b+h+ms$，对Ω形波纹管，D_m 见图1.3-3；

D_o——波纹管直边段外径，mm；

$D_o=D_b+2ms$；

D'_m——波纹管平均直径，mm；

$D'_m=D_o+h$；

E，E'——分别为材料在设计温度下与室温下的弹性模量，MPa。下标b、c、f、r含义与 C_w 项的说明相同，各种钢材在不同温度下的 E 值可查文献[28]；

H——作用于波纹管和加强杆上的内压合力，N

$H=pD_mW$；

K——波纹管单波理论初始轴向弹性刚度，N/mm，下标u、r、t分别表示无加强U形波纹管、加强U形波纹管、Ω形波纹管；

K_n——波纹管整体轴向刚度，N/mm

$K_n=K/n$，下标u、r、t含义与 K 项的说明相同。

L——换热管有效长度(两管板内侧间距)，mm；

L_b——波纹管波纹段的长度，mm

$L_b=nW$；

L_c——波纹管直边段套箍的长度，mm；

L_f——一个紧固件的有效长度，mm；

L_t——波纹管直边段的长度，mm；

L_w——Ω形波纹管两端连接焊缝的间距，mm；

N_c——疲劳寿命，即达到破坏所经历的循环次数；

$[N]$——许用循环次数；

P——压力，MPa；

p_{sc}——根据柱失稳而确定的极限内压，MPa；

P_{si}，P'_{si}——分别为根据平面失稳而确定的极限内压与极限外压，MPa；

R——在内压作用下，波纹管受力与加强件受力之比，在公式中用 R_1 或 R_2 表示，$R_1 = A_c E_b / A_r E_r$（用于整体加强件）

$$R_2 = \frac{A_c E_b}{D_m}\left(\frac{L_f}{A_f E_f} + \frac{D_m}{A_r E_r}\right)$$（用于与紧固件连接的加强件）；

W——波距，即两相邻波纹对应点的间距，mm；

e——一个波的轴向位移，mm；

f_n，f'_n——分别为轴向与横向振动固有频率，Hz，下标 u、r、t 含义与 K 项说明相同；

h——波高，mm；

k——连接焊缝和波纹端部对直边段承压能力影响的系数

$k = L_t / 1.5\sqrt{D_b s}$，若 $k \geqslant 1$，则令 $k = 1$；

m——多层波纹管中厚度为 s 的材料层数；

n——波纹管的波数；

n_f——设计疲劳寿命安全系数；

r——波纹管波纹的平均半径，mm；

s——波纹管一层材料的名义厚度，mm；

s_c——直边段加强套箍的厚度，mm；

s_e——换热设备壳体厚度，mm；

s_p——波纹管成形减薄后一层材料的厚度，mm

$s_p = s\sqrt{D_b / D_m}$；

s'_c——套箍的有效厚度，即套箍的名义厚度减去腐蚀裕量及钢板厚度负偏差，mm；

s'_p——波纹管成形后一层材料的有效厚度，mm

$s'_p = s\sqrt{D_b / D'_m}$；

t——波纹管成形后的最小厚度，mm

$t = t_m\sqrt{D_b / (D_b + h)}$；

t_c——腐蚀裕量，mm；

t_m——成形前波纹管钢板的最小厚度，mm；

α_s，α_t——分别为换热设备壳体与管材料的线膨胀系数，1/℃；

γ，γ'——分别为波纹管材料与液体的密度，kg/m^3；

θ_0——安装温度，℃；

θ_s，θ_t——分别为换热设备壳体与管材料沿长度的平均温度，℃；

σ——应力，MPa；

σ_c——换热设备壳体轴向应力，MPa（由本章管板计算式中计算）；

$[\sigma]^t$——设计温度下材料的许用应力，MPa，下标 b、c、f、r 含义与 C_w 的说明相同，$[\sigma]^t$ 可查文献[27]；

σ^t_s——设计温度下波纹管材料的屈服强度，MPa；

σ_t——总应力范围，MPa

$$\sigma_t = 0.7(\sigma_3 + \sigma_4) + \sigma_5 + \sigma_6;$$

σ_y^t——波纹管材料成形后(有冷作硬化)或退火后(没有冷作硬化)，在设计温度下的屈服强度，MPa，不锈钢材料随冷加工量增大，其屈服限有显著提高。

参 考 文 献

[1] Standards of Expansion Joint Manufacturers Association (EJMA), Inc. Sixth Edition, N. Y. 1993.

[2] Becht C. Predicting Bellows Response by Numerical and Theoretical Methods, Journal of Pressure Vessel Technology. 1986, 108: 334 ~ 341.

[3] 黎廷新，等. 高压膨胀节的适宜结构与制造方法，上海大学学报(自然科学版)，1995，1(增刊)：9 ~ 13.

[4] Li Tingxin, Luo xiaoping. Experimental Research of Toroid - shaped Bellows Behavior, The International Journal of Pressure Vessels and Piping, 1995, 63(2): 141 ~ 146.

[5] 上海化工设计院等. 化工部设计标准. 单层 U 形波纹管膨胀节 CD 42B3 - 82.

[6] HG J526 - 90，多层 U 形波纹管膨胀节系列[S].

[7] GB 16749—1997，压力容器波形膨胀节[S].

[8] GB 12522—90，不锈钢波形膨胀节. [S].

[9] 蔡善祥，等. JB 4731—93《压力容器波形膨胀节》标准介绍(二)，压力容器，1993，10(5)：12 ~ 26.

[10] 全国压力容器标准化技术委员会设计分委员会. 钢制压力容器设计指南，1993.

[11] Li Tingxin, Luo Xiaoping. Movement Stress of Bellows subjected to Displacement Loading of Various Kinds, The International Journal of Pressure Vessels and Piping, 1995, 62(2): 171 ~ 177.

[12] Singh K P and soler A I. Mechanical Design of Heat Exchangers and Pressure Vessel Components. Arturus Publishers, Cherry Hill, NJ, 1984.

[13] 黎廷新. 膨胀节. 化工炼油机械，1977，6(1)：58 ~ 77.

[14] 黎廷新，等. 多波膨胀节的内压失稳，1987，16(6)：25 ~ 31.

[15] 中国专利 94229245.6，黎廷新等. 高温高压蒸气全埋长管道用外压型膨胀节，1995.

[16] 黎廷新，等. Ω 形膨胀节圆环的椭圆度对应力的影响，压力容器，1996，13(6)：19 ~ 22.

[17] Li Tingxin, et al. Research in the Field of Axial Natural Frequency and Spring Rate Behavior of Bellows, Design and Analysis, Fifth International Conference on Pressure Vessels Technology, 1984. 519 ~ 529.

[18] Li Tingxin, et al. Stresses and Fatigue Failure of U - Shaped Bellows, Metallic Bellows and Expansion Joints, ASME PVP1989, 168: 13 ~ 19.

[19] Anderson W F. Analysis of Stresses in Bellows, Part I, Design Criteria and Test Result, Atomics International Report NAA - SR - 4527, 1964.

[20] ASME Boiler and Pressure Vessel Cade, Section Ⅷ, Division Ⅰ, Appendix 26 Pressure Vessel and Heat Exchangers Expansion Joint, 1995.

[21] 黎廷新. U 形膨胀节的低循环疲劳寿命，化工炼油机械，1980，9(1)：39 ~ 45.

[22] 黎廷新，李建国. 波纹管膨胀节译文集. 中国压力容器学会，1990.

[23] 黎廷新，等. 膨胀节内压爆破的试验研究. 压力容器，1997，14(1)：24 ~ 28.

[24] Broyles R K. The Design of Toroidal Bellows, Design and Analysis of Piping, Pressure Vessels, and Components, ASME PVP 120, 1987. 99 ~ 106.

[25] Broyles R K. Bellows Instability, Metallic Bellows and Expansion Joint, ASME PVP 168, 1989. 41 ~ 43.

[26] GB/T 12777《金属波纹管膨胀节通用技术条件》(修改版的送审稿)，1999.
[27] GB 150—1998《钢制压力容器》.
[28] 余国琮. 化工容器及设备. 化学工业出版社，1980.
[29] 黎廷新，等. Ω形膨胀节的设计计算，石油化工设备，1989，18(5)：8~14.
[30] 黎廷新，等. 膨胀节承受压力下的失稳，石油化工设备，1998，27(6)：9~14.
[31] Li Tingxin et al. Natural Frequencies of U-shaped Bellows, The International Journal of Pressure Vessels and Piping，1990，42(1)：61~74.
[32] 黎廷新，等. 膨胀节自振频率的计算与共振破坏的防止. 化工设备设计，1986，(1)：29~33.
[33] 黎廷新，等. 膨胀节标准规范的比较及评论. 石油化工设备，1991，20(4)：8~12，40.

第二节 应力分析方法

一、概况

压力容器常规设计经过了实践考验，简便可靠，目前仍为各国压力容器设计规范所采用。然而常规设计有其局限性。常规设计将容器承受的“最大载荷”按一次施加的静载荷处理，不涉及容器的疲劳寿命问题，不考虑热应力。常规设计以材料力学及弹性力学中的简化模型为基础，确定筒体与部件中平均应力大小，只要此值限制在弹性失效设计准则所确定许用应力范围之内，则认为筒体和部件是安全的。常规设计中规定了具体的容器结构形式，它无法应用于规范中未包含的其他容器结构和载荷形式，因此，不利于新型设备的开发和使用。

应力分析方法用于压力容器的分析设计以及承压零件的强度校核。压力容器所承受的载荷有很多类型，如机械载荷(包括压力、重力、支座反力、风载荷及地震载荷等)、热载荷等。它们可能是施加在整个容器上(如压力)，也可能是施加在容器的局部部位(如支座反力)。因此，载荷在容器中所产生的应力大小与分布情况以及对容器失效的影响也就各不相同。就分布范围来看，有些应力遍布于整个容器壳体，可能会造成容器整体范围内的弹性或塑性失效；而有些应力只存在于容器的局部部位，只会造成容器局部弹塑性失效或疲劳失效。从应力产生的原因来看，有些应力必须满足与外载荷的静力平衡关系，因此随着外载荷的增加而增加，可直接导致容器失效；有些应力则是在载荷作用下由于变形不协调引起的，因此具有“自限性”。

压力容器分析设计时，必须先进行详细的弹性应力分析，即通过解析法或数值方法，将各种外载荷或变形约束产生的应力分别计算出来，按不同的设计准则来限制，保证容器在使用期内不发生各种形式的失效，这就是以应力分析为基础的设计方法，简称分析设计。在做弹性应力分析时，假定容器始终处于弹性状态，即应力应变关系是线性的。这样算出来的应力，当超过材料屈服点时，就不是容器中的实际应力，而是“虚拟应力”。

分析设计通常采用弹性应力分析和塑性理论相结合的方法，克服了常规设计的不足，可应用于承受各种载荷、任何结构形式的压力容器设计。

目前广泛使用的应力分析方法为有限元法。

二、有限元基础

(一) 有限元基本概念

有限元法是20世纪80年代开始应用的一种数值解法。

有限元法的基本思想是将一个连续的求解域离散为有限个单元，并按一定方式相互联结在一起，即用有限个单元的集合体来代替几何形状相同或近似相同的连续求解区域。由于单元能按不同的联结方式进行组合，且单元本身又可以有不同形状，因此可以模型化几何形状复杂的求解域。同时，它作为数值方法的一个特点是在单元内假设的一个近似函数来分片地表示求解域上待求的函数场。这样就将求解域内连续的位置的函数场(无限个自由度)转化为有限个单元离散节点的新未知量(即自由度)的函数场(有限个自由度)。如果单元尺度趋向无穷小，则有限个自由度离散的位置函数场向无限个自由度的连续未知函数场转化，近似解也就收敛于精确解。

由于有限元法具有这样的特点，因此它被广泛应用于一些求解域复杂的领域。

(二) 结构力学分析的有限元法

结构力学是固体力学的一个分支，它主要研究工程结构在外载荷作用下的应力、应变和位移的规律；分析不同形式和不同材料的工程结构，为工程设计提供分析方法和计算公式；确定工程结构承受和传递外力的能力；研究和发展新型工程结构。所谓工程结构是指能够承受和传递外载荷的系统，包括杆、板、壳以及它们的组合体，如飞机机身和机翼、桥梁、屋架和承力墙等，压力容器属于常见的工程结构之一。

由于结构、材料、载荷等各种条件的复杂和多变性，很多情况下结构的应力、应变很难找到解析解。有限元法的应用解决了这些问题。有限元法分为线形有限元法和非线性有限元法。

线性有限元法可以说是建立在最小势能原理基础上的一种近似数值方法，它以位移作为基本未知量。建立有限元求解方程：

$$Ka = p$$

其中 K 为单元集合体整体刚度矩阵，p 为结构节点载荷列阵，a 为节点位移。

利用位移与应变和应力之间的关系，求解出结果。这是结构力学中基本的解题思想。

(三) 结构线弹性有限元方法

结构单元是杆件单元和板壳单元的总称，杆件和板壳在工程中有广泛的应用，它们的力学分析属于结构力学范畴。有限元法用于二维、三维连续体，特别是它们的线性分析，已经相当成熟。

弹性力学是研究弹性体在约束和外载荷作用下应力和变形分布规律的一门学科。在弹性力学中针对微小的单元体建立基本方程，把复杂形状弹性体的受力和变形分析问题归结为偏微分方程组的边值问题。

弹性力学的基本方程包括平衡方程、几何方程、物理方程。

弹性力学的基本假定包括完全弹性、连续、均匀、各向同性、小变形。

弹性力学中的基本变量为体力、面力、应力、位移、应变。

1. 平衡方程

弹性力学中，在物体中取出一个微小单元体建立平衡方程。平衡方程代表了力的平衡关系，建立了应力分量和体力分量之间的关系。对于平面问题，物体内的任意一点有满足：

$$\begin{aligned} &\frac{\partial \sigma_x}{\partial x} + \frac{\partial \tau_{yx}}{\partial y} + X = 0 \\ &\frac{\partial \sigma_y}{\partial y} + \frac{\partial \tau_{xy}}{\partial x} + Y = 0 \end{aligned} \qquad (3-58)$$

2. 几何方程

由几何方程可以得到位移和变形之间的关系。对于平面问题，物体内的任意一点满足：

$$\varepsilon_x = \frac{\partial u}{\partial x}$$
$$\varepsilon_y = \frac{\partial v}{\partial y} \qquad (3-59)$$
$$\gamma_{xy} = \frac{\partial u}{\partial y} + \frac{\partial v}{\partial x}$$

由位移 $u=0$，$v=0$ 可以得到应变分量为零，反过来，应变分量为零则位移分量不为零。应变分量为零时的位移称为刚体位移。刚体位移代表了物体在平面内的移动和转动。

3. 物理方程

弹性力学平面问题的物理方程由广义胡克定律得到。

（1）平面应力问题的物理方程

$$\varepsilon_x = \frac{1}{E}(\sigma_x - \mu\sigma_y)$$
$$\varepsilon_y = \frac{1}{E}(\sigma_y - \mu\sigma_x) \qquad (3-60)$$
$$\gamma_{xy} = \frac{2(1+\mu)}{E}\tau_{xy}$$

平面应力问题有，

$$\sigma_z = 0$$
$$\varepsilon_z = -\frac{\mu}{E}(\sigma_x + \sigma_y)$$

（2）平面应变问题的物理方程

$$\varepsilon_x = \frac{1-\mu^2}{E}\left(\sigma_x - \frac{\mu}{1-\mu}\sigma_y\right)$$
$$\varepsilon_y = \frac{1-\mu^2}{E}\left(\sigma_y - \frac{\mu}{1-\mu}\sigma_x\right) \qquad (3-61)$$
$$\gamma_{xy} = \frac{2(1+\mu)}{E}\tau_{xy}$$

平面应变问题有，

$$\varepsilon_z = 0$$
$$\sigma_z = \mu(\sigma_x + \sigma_y)$$

式中　ε——拉压应变，下标表示方向；
　　γ——剪切应变，下标表示方向；
　　E——弹性模量；
　　μ——泊松比；
　　σ——拉压应力，下标表示方向；
　　γ——剪应力，下标表示方向；
　X、Y——X、Y 方向外载荷。

以位移作为未知量求解，求出位移后，由几何方程可以计算出应变分量，得到物体的变形情况；再由物理方程计算出应力分量，得到物体的内力分布，从而完成了对弹性力学平面问题的分析。

求解三维问题和平面应变、平面应力基本方程形式相似。在得到了单元刚度矩阵后，要将单元组成一个整体结构，根据结点载荷平衡的原则进行整体分析。

整体分析包括以下 4 个步骤：

(1) 建立整体刚度矩阵，

(2) 根据支承条件修改整体刚度矩阵，

(3) 解方程组，求出结点的位移，

(4) 根据结点位移，求出单元的应变和应力。

在这里把结点位移作为基本未知量求解。

如何得到整体刚度矩阵？基本方法是刚度集成法，即整体刚度矩阵是单元刚度矩阵的集成。

由于有限元分析模型中单元数量很多，线性方程组的阶数很高，因此有限元求解的效率很大程度上取决于线性方程组的解法。利用矩阵的对称、稀疏、带状分布等特点提高方程求解效率是关键。

线性方程组的解法分为两大类：直接解法、迭代解法。

直接解法以高斯消去法为基础，包括高斯消去法、等带宽高斯消去法、三角分解法，以及适用于大型方程组求解的分块算法和波前法等。

迭代解法有高斯-赛德尔迭代、超松弛迭代和共轭梯度法等。

在方程组的阶数不是特别高时，通常采用直接解法。当方程组的阶数过高时，为避免舍入误差和消元时有效损失等对计算精度的影响，可以选择迭代方法。

(四) 非线性有限元法

前几节所述内容都为线性问题，它们具有以下特点：

几何方程的应变和位移的关系是线性的。

物性方程的应力和应变的关系是线性的。

建立与变形前状态的平衡方程也是线性的。

但是很多重要的实际问题中，上述线性关系不能保持。例如在结构的形状有不连续变化(如缺口、裂纹等)的部位存在应力集中，当外载荷达到一定数值时，该部位首先进入塑性，这时在该部位线弹性的应力应变关系不再适用，虽然结构的其他大部分区域仍保持弹性。又如长期处于高温条件下工作的结构，将发生蠕变变形，即在载荷或应力保持不变的情况下，变形或应变仍随着时间的进展而继续增长，这也不是弹性的物性方程所能描述的。上述现象属于材料非线性范畴内所要研究的问题。工程实际中还存在另一类所谓几何非线性问题。例如板壳的大挠度问题，材料锻压成形过程的大应变问题等，这时需要采用非线性应变和位移关系，平衡方程也必须建立于变形后的状态以考虑变形对平衡的影响。

由于非线性问题的复杂性，利用解析方法能够得到的解答是很有限的，随着有限元法在线性分析中的成功应用，它在非线性分析中的应用也取得了很大的进展，已经获得了很多不同类型实际问题的求解方案。

材料非线性问题的处理相对比较简单，不需要重新列出整个问题的表达格式，只要将材料本构关系线性化，就可将线性问题的表达格式推广用于非线性分析。一般说，通过试探和迭代过程求解一系列线性问题，如果在最后阶段，材料的状态参数被调整的满足材料的非线性本构关系，则最终得到问题的解答。材料非线性问题包括两类，一类是不依赖于时间的弹塑性问题，其特点是当载荷作用以后，材料变形立即发生，且不再随时间变化。另一类是依赖于时间的黏性问题，其特点是载荷作用以后，材料不仅立即发生变形，而且变形随时间而继续变化。对于第二类问题比较复杂，这里不涉及。

非线性问题有限元离散化的结果将得到下列类型的代数方程组

$$K(a)a = Q$$

对于线性方程组 $Ka+f=0$，由于 K 是常数矩阵，可以没有困难地直接求解，但对于非线性方程组，由于 K 依赖于未知量 a 本身则不能直接求解。目前主要的方法有：直接迭代法、Newton – Raphson 方法、修正的 Newton – Raphson 方法、增量法等。

几何非线性问题比较复杂，涉及非线性的几何关系和依赖于变形的平衡方程等问题，因此表达格式和线性问题相比有很大的改变。在涉及几何非线性问题的有限单元法中，通常都采用增量分析方法。它基本上可以采用两种不同的表达格式。第一种格式中所有静力学和运动学变量总是参与初始位形，即在整个分析过程中参考位形保持不变，这种格式称为完全的 lagrange 格式。另一种格式中所有静力学和运动学的变量参考与每一载荷或时间步长开始时的位形，即在分析过程中参考位形是不断更新的，这种格式称为更新的 lagrange 格式。本小节对非线性问题不作具体说明。

（五）结构极限载荷分析

如果忽略材料的强化效应，则当外载达到某一定值时，理想塑性体可在外载不变的情况下发生塑性流动，即无限制的塑性变形。这时称物体或结构处于极限状态，所受载荷称为物体或结构的极限承载能力或极限载荷；与此相应的速度场称为塑性破损机构，或称为塑性流动机构。

对于理想弹塑性物体或结构，若只求其极限载荷，可不必考虑加载历史而直接用极限分析原理。这是因为对于理想塑性材料，屈服曲面是固定的，不因加载历史而改变，因而在载荷空间内的极限曲面也是固定不变的，与加载历史无关。事实上，极限状态不同于一般弹塑性状态，它是一种十分特殊的状态，具有以下两个重要性质：

（1）在极限状态下，应变率的弹性部分恒为零，即塑性流动时的应变率是纯塑性应变率。

（2）极限状态与加载历史无关，也与初始状态无关。

在极限状态下，所求的外载 Q、应力 σ_{ij} 和应变 ε_{ij} 间都有确定的相互关系，这种只寻求极限状态的极限载荷的分析方法称为极限分析。

对于理想弹塑性物体或结构，如果只求它的极限载荷能力，可不必考虑加载历史而直接应用极限分析原理，也就是说可以对问题直接求解而不必通过对微分方程进行积分来求解。因为对于理想塑性材料，屈服曲面是固定的，不因加载历史而改变，因而在载荷空间内的极限曲面也是固定不变的、与加载历史无关。

以弹性分析作为基础的设计中，经常遇到应力分布过大、变形过大或应力集中等现象。因此，经常因为局部的应力而影响整体的尺寸和选取的材料。利用这种方法确定结构或构件的尺寸和材料，不可能充分利用材料的塑性性能，也不可能完全反映出结构的真实安全程度。虽然，经验丰富的设计者可以对计算结果加以修正，或选取较小的安全系数，但这种做法实际已超出弹性分析范围，因此，仅仅依靠弹性分析作为设计的依据已经不够了。如果考虑材料的塑性性能，则当材料进入塑性状态后，非均匀的应力可以得到有利的重分布，应力集中现象也可以得到缓和。只有当结构或构件进入塑性极限状态时，其载荷才达到最大值，并产生无约束的塑性变形，即结构或构件完全丧失承载能力。因此，要更好的发挥材料的效能和更准确的估计物体的承载能力，必须对材料进入塑性变形状态进行分析。结构的弹塑性分析从弹性状态开始，然后进入弹塑性状态，最后达到塑性极限状态。这种分析方法对于某些简单问题可得到其解析表达式；对于比较复杂的问题，由于数学上的困难，目前还很难找到它的完全解。如果将材料的变形模型加以简化，利用塑性极限分析的基本原理，则可由简单的数学运算对结构的塑性极限状态进行分析，找出结构或构件的极限载荷，或找出极限载荷的界限。由直接对塑性极限状态进行分析得到的结果，与由弹性状态到弹塑性状态再到塑性极限状态进行分析的结果是完全一致的。因此，将结构的塑性极限分析用于结构分析和结构设计时，将是一种可靠而简便的方法。极限载荷与工作载荷之比限定在某一个范围内，则结构或构件可以安全可靠的使用，这样所确定的安全系数将更能反映结构具有的实际安全程度，当然也就更能充分利用材料塑性性能的潜力。

极限分析是解决塑性问题的途径之一，其主要途径是采用工程的办法，不去关心整个变形过程、加载历史，只关心结构在极限状态下的承载能力；避开了解决塑性问题遇到的难点，也因此而不能知道变形过程中的盈利与应变分布情况。但这种方法简单的多。

在加载过载中，结构中的高应力区首先进入塑性，当载荷继续增加时塑性区便不断扩大，同时还出现应力重分布现象。当载荷增大到某一极限值时，由理想塑性材料制成的结构将变成不稳定的几何可变机构(垮塌机构)，从而促使承载能力出现不可限制的塑性流动，此时载荷不变但应变能无限制增加，这种状态称为塑性极限载荷状态，相应的载荷成为极限载荷。

极限分析的基本假设：

(1) 材料是理想性的，由于同一种材料理想弹塑性模型与理想刚塑性模型的极限载荷相同，故一般采用理想刚塑性模型，不考虑材料的弹性性能和应变硬化效应。

(2) 变形足够小，变形引起几何尺寸的改变可以不考虑；变形前后使用同一平衡方程，几何方程是线性的。

(3) 满足比例加载条件，所有载荷按同一比例增加。

(4) 结构有足够刚度，在达到极限载荷前不会失稳。

极限分析的几个特点：

(1) 由于极限载荷是根据极限状态时结构的平衡要求确定出来的；因此，自平衡力系对极限载荷没有影响，如焊接应力、装配应力、初始残余应力等对极限载荷无影响。

(2) 极限载荷与加载历史无关，只要前面所施加载荷未达到极限，则取决于最后一次加载能否承受，会不会达到极限。

(3) 在理想塑性与小变形的情况下，达到极限状态时至少会引起大量的塑性变形甚至导致结构破坏。

(4) 采用 Mises 屈服准则求出的极限载荷大于等于由 Tresca 准则求出的极限载荷，但不会超过 1.15 倍。

(5) 若材料屈服极限提高 K 倍，则极限载荷亦可提高 K 倍。

(6) 对理想塑性材料，应力达到 σ_s 不会再增加，因此不能用许用应力的方法控制应力，应按极限载荷设计法，确定出许用载荷，以此对所施加的外载荷进行控制。

目前主要方法有广义内力与广义变形法，下限定理与上限定理法

现介绍三种常用的方法：

(1) 美国 ASME 压力容器规范采用“两倍弹性斜率法”

(2) 欧盟压力容器分析设计标准采用“双斜线相交法”

(3) 零曲率法

结构的极限载荷对于机械结构，特别是压力容器的设计具有重要的意义。在当前的工程设计中，如ASME锅炉和压力容器规范第Ⅲ和第Ⅷ篇(第二分篇)，采用了应力分类的设计方法。在应力分类中，一次整体与局部的薄膜应力属于载荷控制应力，它们的许用值本质上是由结构的极限载荷确定的。

通过进行极限分析，一方面可获得评定结构是否安全的精确结果。另一方面，当整体或局部的薄膜应力不满足规范要求时，直接对结构作极限载荷分析并可对结构是否安全做出最后评定。极限载荷分析法作为一个全新的计算工具，在压力容器设计领域，提供了结构承载能力更真实的评价，且计算更为简化。

(六) 温度场问题的有限元方法

在石油化工、动力、核能等许多重要部门中，在变温条件下工作的结构和部件通常都存在温度应力问题。在稳定工作情况下存在稳态的温度应力，在启动或关闭过程中还会产生随时间变化的瞬态温度应力。这些温度应力经常占有相当的比重，甚至成为设计或运行中的控制应力。要计算稳态温度应力和瞬态温度应力首先要确定稳态的或瞬态的温度场。

由于结构的形状以及变温条件的复杂性，依靠传统的解析方法要精确的确定温度场往往是不可能的，有限元法却是解决上述问题的方便而有效的工具。有限元方法解决热传导问题的基本依据是热量平衡方程。微分方程的意义是：微体升温所需的热量应与传入微体的热量以及微体内热源产生的热量相平衡。

求解稳态温度场的问题就是求满足稳态热传导方程及边界条件的场变量 ϕ，ϕ 只是坐标的函数，与时间无关。利用加权余量的伽辽金法可以得到以上微分方程和边界条件的等效积分提法。

稳态传导问题，即稳态温度场问题与时间无关，与弹性静力学问题相同，采用插值函数的有限单元进行离散以后，可以直接得到有限元求解方程。前面弹性力学问题中所采用的单元和相应的插值函数对此都可以使用。材料性质不依赖于温度的稳态温度场问题和线弹性静力学问题类似，同属不依赖于时间的平衡问题，有限元表达格式基本相同，只是稳态温度场问题由于场变量是标量，更为简单一些。

瞬态热传导问题，即瞬态温度场问题是依赖于时间的。在空间域有限元离散后，得到的一阶常微分方程组，不能对它直接求解。如何进行求解，原则上和动力学问题雷同，可以采用模态叠加法或直接积分法。但从实际应用考虑，更多的是采用后者。它的具体求解方案及其解的稳定性和时间步长选择等问题是关系到求解过程的稳定性、收敛性及计算效率的基本问题，是求解瞬态热传导问题时关注的中心。

当物体各部分温度发生变化时，物体将由于热变形而产生线应变 $\alpha(\phi-\phi_0)$，其中 α 是材料的线膨胀系数，ϕ 是弹性体内任意一点现时的温度值，ϕ_0 是初始温度值。如果物体各部分的热变形不受任何约束时，则物体上有变形而不引起应力。但是物体由于约束或各部分温度变化不均匀，热变形不能自由进行时，则在物体中产生应力。物体由于温度变化而引起的应力称为“热应力”或“温度应力”。当弹性体的温度场已经求得时，则可进一步求出弹性体各部分的热应力。

实际工程中需要进行热应力分析的结构，很大一类属于壳体或壳体和块体组合的结构，例如电力、核能、石化等工业部门大量存在的容器和管道这类结构。为使温度场和热应力的分析，利用同一网格进行，必须有与板壳应力单元相匹配的板壳温度单元。

热应力问题，特别是由于设备启动、关闭以及热力载荷突然变化引起的瞬态热应力问题，对结构的强度和安全性至关重要。实际分析中，通常希望用同一网格完成温度场和由之引起的应力场的有限元分析。对于适用于用实体单元离散的结构，可以方便的实现。而对于适合用板壳单元进行离散的结构，应构造和板壳应力单元相匹配的板壳温度单元。如果容器厚度不是太薄，可考虑直接采用在厚度方向只有二个节点的实体单元。如厚度比较薄，为避免由于不同方向热传导矩阵系数相差过大而引起的数值困难，可考虑在厚度方向引入相对自由度或温度梯度作为新自由度的单元。

在实际分析中，必须考虑材料热传导系数 K 和热容系数 c 以及介质间的换热系数 h 随温度的变化，它可能对实际温度场的计算结果有很大的影响。

(七) 流体的有限元分析方法

流体的有限元分析也称为计算流体动力学分析，简称 CFD，其基本思想可以归结为：把原来在时间域及空间域上连续的物理量的场，如速度场和压力场，用一系列有限个离散点上的变量值的集合来代替，通过一定的原则和方式建立起关于这些离散点上场变量之间关系的代数方程组，然后求解代数方程组获得场变量的近似值。CFD 可看作是在流动基本方程(质量守恒方程、动量守恒方程、能量守恒方程)控制下对流动的数值模拟。

流体流动的基本守恒方程包括：

质量守恒方程(常称连续方程)即单位时间内流体微元体中质量的增加等于同一时间间隔内流入微元体的净质量。

动量守恒方程(称为运动方程，还称为 Navier - Stokes 方程)即微元体中流体的动量对时间的变化率等于外界作用在该微元体上的各种力之和。

能量守恒方程即微元体中能量的增加率等于进入微元体的净热流量加上体力与面力对微元体所做的功。

经过四十多年的发展，CFD 出现了多种数值解法。这些方法之间的主要区别在于对控制方程的离散方式。根据离散的原理不同，CFD 大体上可分为三个分支：

有限差分法(Finite Difference Method, FDM)

有限元法(Finite Element Method, FEM)

有限体积法(Finite Volume Method, FVM)

有限差分法(Finite Difference Method, 简称 FDM)是数值解法中最经典的方法。它是将求解域划分为差分网格，用有限个网格节点代替连续的求解域，然后将偏微分方程(控制方程)的导数用差商代替，推导出含有离散点上有限个未知数的差分方程组。求差分方程组(代替方程组)的解，就是微分方程定解问题的数值近似解，这是一种直接将微分问题变为代数问题的近似数值解法。

有限元法因求解速度较有限差分法和有限体积法慢，因此在流体领域应用不是特别广泛。在有限元法的基础上，英国 C. A. Brebbia 等提出了边界元法和混合元法等方法。目前的商用软件中，FIDAP 采用有限元法。

有限体积法(Finite Volume Method, 简称 FVM)又称控制体积法(Control Volume Method, 简称 CVM)，其基本思路是：将计算区域划分为网格，并使每个网格点周围有一个互不重复的控制体积，将待解微分方程对每一个控制体积积分得出离散方程。其中的未知数是网格点上的因变量 ϕ。为了求出控制体积的积分，必须假定 ϕ 值在网格点之间的变化规律。

就离散方法而言，有限体积法可视为有限元法和有限差分法的中间物。有限元法必须假定 ϕ 值在网格节点之间的变化规律（即插值函数），并将其作为近似解。有限差分法只考虑网格点上 ϕ 的数值而不考虑 ϕ 值在网格结点之间如何变化。有限体积法只寻求 ϕ 的节点值，这与有限差分法相似；但有限体积法在寻求控制体积的积分时，必须假定 ϕ 值在网格点之间的分布，这又与有限单元法相类似。在有限体积法中，插值函数值只用于计算控制体积的积分，得出离散方程之后，便可抛掉插值函数；如果需要的话，可对微分方程中不同的项采用不同的插值函数。

有限体积法的关键是在导出离散方程过程中，需要对界面上的被求函数本身及其导数的分布做出某种形式的假定。用有限体积法导出的离散方程可以保证具有守恒特性，而且离散方程系数物理意义明确，计算量相对较小，是目前 CFD 应用最广的一种方法。其特点是计算效率高。

（八）多场的有限元法

在工程实际中，还有许多问题是多物理场相互耦合的，这类问题叫做多场耦合问题（multi－field coupled problem）；如温度场与力场、电磁场与力场、微观组织与力场等，处理和求解这类问题一般有两种方法：强耦合分析（direct coupled－field analysis）和弱耦合分析（sequential weak－coupled analysis），有的文献将前者称为双向耦合求解，将后者称为单向耦合求解。

1. 强耦合（适时耦合或完全耦合）方程

设单元的控制方程为

$$\begin{bmatrix} K_{11} & K_{12} \\ K_{21} & K_{22} \end{bmatrix} \begin{bmatrix} q \\ X \end{bmatrix} = \begin{bmatrix} P_q \\ P_X \end{bmatrix} \tag{3-62}$$

其中 q 为第一类物理量的节点参量，X 为第二类物理量的节点参量，K_{ij}，P_q，P_X 为与变量（q，X）相关的耦合系数。例如对于热力耦合问题，q 为节点位移，X 为节点温度，P_q 为由温度引起的等效外载。

由于在一个模型中希望同时计算两种物理场，需要构造（或使用）具有多场物理量描述的单元，这类单元叫做耦合场单元（coupled－field element），一般为特殊单元，如对于热力耦合单元，它将同时有位移场和温度场的描述，并且耦合方程也为高度非线性。直接求解非线性方程便可得到多场变量。

2. 弱耦合（序列耦合）方程

可以将耦合方程写为

$$\begin{bmatrix} K_{11} & 0 \\ 0 & K_{22} \end{bmatrix} \begin{bmatrix} q \\ X \end{bmatrix} = \begin{bmatrix} P_q - K_{12}X \\ P_X - K_{21}q \end{bmatrix} \tag{3-63}$$

或记为

$$\begin{bmatrix} K_{11} & 0 \\ 0 & K_{22} \end{bmatrix} \begin{bmatrix} q \\ X \end{bmatrix} = \begin{bmatrix} \widetilde{P}_q \\ \widetilde{P}_X \end{bmatrix} \tag{3-64}$$

其中 K_{11}，K_{22}，$\widetilde{P}_q$，$\widetilde{P}_X$ 为与变量（q，X）相关的耦合系数；将上式写成以下两组方程：

$$K_{11}(q,X)\cdot q=\widetilde{P}_{q}(q,X) \tag{3-65}$$

$$K_{22}(q,X)\cdot X=\widetilde{P}_{X}(q,X) \tag{3-66}$$

该方程的求解过程为：

第1步：取初始状态 $q=q^{(0)}$，$X=X^{(0)}$为已知。

可由式(2-9)首先求解 X，这时的 X 记为 $X^{(1)}$，用来求解 $X^{(1)}$ 的方程为

$$K_{22}(q^{(0)},X^{(0)})X^{(1)}=\widetilde{P}_{X}(q^{(0)},X^{(0)}) \tag{3-67}$$

第2步：在求得 $X^{(1)}$后，由式(2-8)求得 $q^{(1)}$

$$K_{11}(q^{(0)},X^{(1)})q^{(1)}=\widetilde{P}_{q}(q^{(0)},X^{(1)}) \tag{3-68}$$

按照以上方法可以一次求出($X^{(2)},q^{(2)}$),($X^{(3)},q^{(3)}$),($X^{(4)},q^{(4)}$)… 则得到全过程的物理场，由式(2-10)和式(2-11)可以看出，它们都为线性方程，并且为序列求解过程。

当物理问题为高度非线性时，在一个方程中对所有变量进行完全直接求解，即进行强耦合方程求解，则具有精度高、计算量小等特点，一般在压电分析、带有流体的共轭热传导、电路电磁场分析等问题中应用较多，当然必须针对这些物理问题专门构造特种耦合单元。

有许多耦合问题并不是表现出高度非线性的相互作用，对于这类问题，采用序列求解方法来处理，即弱耦合方程求解，则表现出较高的效率和灵活性，它将原耦合问题变为两个各自独立的物理问题进行求解，即在已知一类物理变量的前提下求解另一类物理变量。例如在热力学问题分析中，可以先在传热分析中求解温度变量及分布，然后再结构分析中进行应力应变分析以求得因温度分布而产生的应力和应变，实际上，此时的温度分布已作为已知条件变为“等效温度体积力”加到结构分析中去了。这样，通过两个步骤(序列)把原耦合问题作为两个独立的问题分别进行的计算，而中间通过一类物理量来传递耦合关系。这种处理耦合问题的方法不必需要专门的特殊耦合单元，并且问题求解的性质大多数为线性，因而在实际中应用非常普遍。

三、强度评定的方法及其相应标准

压力容器强度评定主要有两种：应力分类法和直接法。

压力容器应力分类的依据是应力对容器强度失效所引起作用的大小。这种作用又取决于下列两个因素：应力产生的原因，即应力是外载荷直接产生还是在变形协调产生的，外载荷是机械载荷还是热载荷；应力的作用区域与分布形式，即应力的作用是总体范围还是局部范围的，沿厚度的分布是均匀还是线性的或非线性的。

分类方法参照 JB 4732—1995《钢制压力容器——分析设计标准》。

直接法见欧盟 EN 13445-3：2002 标准中附录 B

(一) 强度的概念

压力容器各点的应力状态一般为二向或三项应力状态，亦即复合应力状态。为了与单向拉伸试验所得到的材料力学性能作比较，分析设计中采用与最大且应力准则相对应的应力强度，其值为该点最大主应力与最小主应力(拉应力位正值，压应力为负值)之差。

根据各类应力及其组合对容器危害程度的不同，分析设计标准划分了下列五类基本的应力强度：一次总体薄膜应力强度 S_{I}；一次局部薄膜应力强度 S_{II}；一次薄膜(总体或局部)加一次弯曲应力($P_{L}+P_{b}$)强度 S_{III}；一次加二次应力($P_{L}+P_{b}+Q$)强度 S_{IV}；峰值应力强度 S_{v}(由 $P_{L}+P_{b}+Q+F$ 算得)。

设计应力强度是按材料的短时拉伸性能除以相应的材料设计系数而得，又称为许用应力，为$\frac{\sigma_s}{n_s}$、$\frac{\sigma'_s}{n_s^t}$和$\frac{\sigma_b}{n_b}$中的最小值，通常以符号 S_m 表示。σ_s 和 σ_b 分别是常温下材料的最低屈服点和最低抗拉强度；σ'_s 是设计温度下材料的屈服点；n_s、n'_s、n_b 为相应的材料设计系数。

由于分析设计中对容器重要区域的应力进行了严格而详细的计算，且在选材、制造和检验等方面也有更严格的要求，因而采取了比常规设计低的材料设计系数。中国 JB 4732－1995《钢制压力容器——分析设计标准》规定的材料设计系数 $n_s = n'_s \geqslant 1.5$，$n_b \geqslant 2.6$。

对于相同的材料，分析设计中的设计应力强度大于常规设计中的许用应力，这意味着采用分析设计可以适当减薄厚度、减轻重量。

（二）应力线性化和路径

对于压力容器进行分析设计时，必须把求出来的应力按标准中的定义与规定把 P_m、P_L、P_b、Q、F 从总的应力中分离出来，以便对不同类型的应力分别加以控制。

标准中并没有给出各类应力的区分的具体办法，只有欧盟压力容器分析设计标准把“等效线性化方法”正式列入标准中。这个方法实际上也是进行应力分类的最常用的方法，有些有限元分析软件如 Nastran、Ansys 等也都具备了等效线性化的后处理功能。

所谓等效线性化就是把实际应力曲线用静力等效的办法做线性化处理。具体过程是：①选择应力校核线，也叫做应力分类线，也就是平时所说的路径。一般选在几何不连续的部位、厚度或曲率变化的部位以及开孔、接管等局部不连续的地方，应当包括五类应力最大值可能出现的地方；也应选择连接所选危险部位两个表面间的最短线。②按照“静力等效”原理，将应力沿校核线作线性化处理，即用一个等价的线性化分布代替实际应力分布。做法是：平衡外载荷所必须的应力可分成两部分：一部分是合力等效的、延断面均匀分布的平均应力；另一部分是合力矩等效的、沿断面线性分布的应力。均匀分布的应力属于薄膜应力，等效线性化处理以后的线性部分属于弯曲应力。剩下的非线性部分就是与外载荷无关的、自平衡的应力，肯定不是一次应力。

等效线性化处理只区分出薄膜应力、弯曲应力与非线性应力，并没有给出应力的类别。

（三）应力分类

目前比较通用的应力分类方法是将压力容器中的应力分为三大类：一次应力、二次应力、峰值应力。

一次应力是指平衡外加机械载荷所必须的应力。一次应力必须满足外载荷与内力及内力矩的静力平衡关系，它随外载荷得增加而增加，不会因达到材料的屈服点而自行限制，所以，依次应力的基本特征是“非自限性”。另外，当一次应力超过屈服点时将引起容器总体范围内的显著变形或破坏，对容器的失效影响最大。一次应力还可分为以下三种：

一次总体薄膜应力——在容器总体范围内存在的薄膜应力即为一次总体薄膜应力。

一次弯曲应力——沿厚度线性分布的应力。

一次局部薄膜应力——在结构不连续区由内压或其他机械载荷产生的薄膜应力和结构不连续效应产生的薄膜应力统称为一次局部薄膜应力。

二次应力是由相邻部件的约束或结构的自身约束所引起的正应力或切应力。二次应力不是由外载荷直接产生的，其作用不是为平衡外载荷，而是使结构在受载时变形协调。这种应力的基本特征是它具有自限性，也就是当局部范围内的材料发生屈服或小量的塑性流动时，相邻部分之间的变形约束得到缓解而不再继续发展，应力就自动地限制在一定范围内。

峰值应力是由局部结构不连续和局部热应力的影响而叠加到一次加二次应力之上的应力增量，介质温度急剧变化在器壁或管壁中引起的热应力也归入峰值应力。峰值应力最主要的特点是高度的局部性，因而不引起任何明显的变形。其有害性仅是可能引起疲劳或脆性断裂。

只有材料具有较高的韧性，允许出现局部塑性变形，上述应力分类才有意义。若是脆性材料，一次应力和二次应力的影响没有明显不同，对应力进行分类也就没有意义了。压缩应力主要与容器的稳定性有关，也不需要加以分类。

四、结构的疲劳评估

结构所承受的载荷若是经常有规律地改变着它的大小，或者拉、压交替变化，这种载荷称为“交变载荷”或“变值载荷”。在交变载荷作用下，结构中的应力也随之有规律地改变着它的大小和方向，这种应力成为“交变应力”。在交变载荷的作用下，构件易发生疲劳破坏。

由于在交变载荷作用下，构件中的最大应力低于静强度指标时，就可能出现疲劳破坏，因此屈服点或强度极限等静强度指标便不能成为疲劳计算的依据。试验证明，在同一循环特性下，应力循环中的最大应力越大，试件在破坏前经历的循环次数越少；反之，应力循环中的最大应力值越小，破坏前经历的循环次数越多。当最大应力减小到某一临界值以后，试件就可以经历无穷多次应力循环而不发生疲劳破坏，这个临界值就称为疲劳极限。

疲劳分为高周疲劳和低周疲劳。其主要区别在于塑性变形的大小不同。对于高周疲劳交变应力水平一般都比较低，材料处于弹性范围，其微观变形是弹性的，即使有塑性变形也是很少量的，这是应力与应变是成正比的。低周疲劳则是产生了塑性变形，并且塑性区超过了某个微观塑性范围，这时应力与应变关系不在成正比。低周疲劳的交变应力水平比较高。因为它考虑的峰值应力区已进入塑性应变范围，疲劳寿命相对比较低。

描述材料承受循环载荷时，经受载荷的交变循环次数与交变应力幅大小的关系的曲线常称为材料的疲劳曲线。

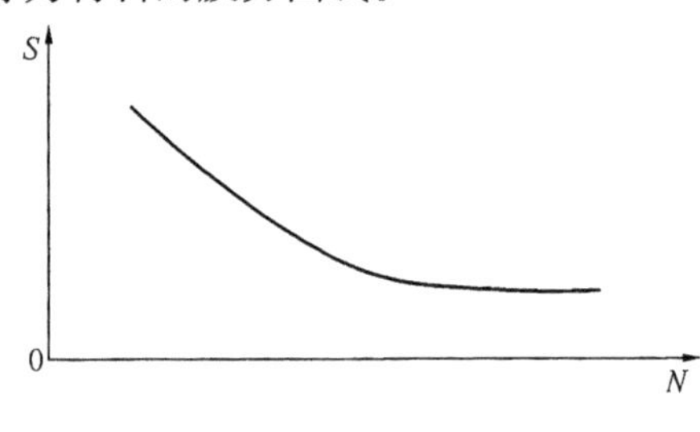

图 1.3－14 疲劳曲线($S-N$ 曲线)

如图 1.3－14，$S-N$ 曲线中的 S 为应力(或应变)水平，N 为疲劳寿命。$S-N$ 曲线是由试验测定的，试样采用标准试样或实际零件、构件，在给定应力比的前提下进行，根据不同应力水平的试验结果，以最大应力 σ_{max} 或应力幅 σ_a 为纵坐标，疲劳寿命 N 为横坐标绘制 $S-N$ 曲线。当循环应力中的 σ_{max} 小于某一极限值时，试样可经受无限次应力循环而不产生疲劳破坏，该极限应力值就称为疲劳极限，图中 $S-N$ 曲线水平线段对应的纵坐标就是疲劳极限。而左边斜线段上每一点的纵坐标为某一寿命下对应的应力极限值，称为条件疲劳极限。

JB 4732 共规定了四张设计疲劳曲线图，其总体思想为：同类、同强度材料具有相同的抗疲劳性能。

在实际生产中常常出现不同变化幅度的载荷波动，因此在分析容器各种载荷谱的基础上要考虑其综合的影响，也就是要解决变幅循环条件下的累积损伤问题。

五、优化设计概念的有限元法

应力分析有限元方法意在充分利用材料的力学性能制造出更安全、更经济、更美观的结构和设备。在承压设备领域，应力分析有限元法的应用能够更准确的确定设备在压力、温度等不同的载荷共同作用下，应力的分布规律和最危险的位置，从而进一步改变模型尺寸来优化承压设备的结构形式，使材料性能能够充分发挥作用。

结构优化分为尺寸优化和形状优化，通过对结构和设备进行尺寸优化，可以改善结构和设备的整体尺寸。形状优化就是通过改变结构和设备的几何边界形状，以改善结构的特性和应力分布状况。将有限元方法和结构优化技术集成，可以实现机械零部件在真正意义上的计算机辅助设计，更重要的是可以得到产品的最佳性能价格比，基于有限元的优化设计与传统设计方法相比一般可节省材料 7% ~40%。

基于有限元分析的尺寸优化与传统的尺寸优化设计过程一样，是建立在数学规划论和计算机程序设计的基础上，它能使一项设计在满足给定的条件下寻求一个技术经济指标最佳的设计方案。设计变量应选择对目标函数和约束条件有显著影响的变量，影响相对较大且是独立的设计尺寸，边界约束一般是对设计变量变化范围的限制，所追求的目标往往是设备的体积最小、重量最轻或者是其他更优性能的指标。

基于有限元分析的结构优化，比传统的优化更具有可靠性。由于零件的结构特征决定了零件中最大应力或应力集中一般出现在零件的表面上，其疲劳破坏、断裂也是从零件的表面开始。因此，对零件表面进行形状优化，可以明显改善零件的性能，提高材料的利用率。

优化设计是设计概念与方法的一种革命，它用系统的、目的定向的和有良好标准的过程与方法来替代传统的试验纠错的手工方法。有限元方法出现无疑对机械零部件的优化设计开辟了崭新的思路，它使得优化设计理念得以真正的实现，在有限元分析中实现了非线性条件、多场耦合、动力载荷分析等复杂的问题求解，将有限元分析结果与部分解析解相结合，进而可以得出最优的设计方案。

承压设备领域已经将应力分析的有限元法，正式的纳入了各国标准，其在当代承压设备设计领域正在得到广泛的使用。随着分析设计有限元法的应用，承压设备在筒体壁厚、接管尺寸、结构形式等各方面都在朝着更合理的方向发展。

参 考 文 献

[1] 王福军. 计算流体动力学分析. 北京：清华大学出版社，2004.
[2] 郭乙木，等. 线性与非线性有限元及其应用. 北京：机械工业出版社，2004.
[3] 王冒成，等. 有限元法基本原理和数值方法. 北京：清华大学出版社，1997.
[4] 郑津洋，等. 过程设备设计. 北京：化学工业出版社，2005.
[5] 李建国. 压力容器设计的力学基础及其标准应用. 北京：机械工业出版社，2004.
[6] EN13445：2002 unfired pressure vessels.
[7] JB 4732—95. 钢制压力容器——分析设计标准[s].
[8] 龚曙光，等. 有限元分析的零部件优化设计研究与应用，机械. 2002，29(5)：23 -25.

第三节 管箱－管板－壳体间的螺栓法兰连接

一、概述

在管壳式换热器零部件装配过程中，根据操作压力、操作温度及结构材料的相容性、被处理介质的危险性以及检修频率等因素的不同，需要采用多种不同的连接结构。例如，换热管与管板的连接一般采用焊接连接、胀接连接或胀焊结合连接。管板与管箱，管板与壳体的连接一般采用焊接连接或螺栓法兰连接，换热器上的各种接管与管道的连接一般采用螺栓法兰连接或焊接连接。由此可见，在管壳式换热器的制造中，螺栓法兰连接是一种比较广泛应用的连接结构。

螺栓法兰连接是一种可拆连接，适用于需要拆卸以进行检修或更换零部件等处。例如，当换热器管束由于介质腐蚀或换热管震动发生内漏而需要堵管或换管时，或者在换热管内表面或外表面需要经常清除污垢的条件下，管板与管箱之间，或管箱 - 管板 - 壳体之间最好是采用螺栓法兰连接。

管壳式换热器中的螺栓法兰连接又可分为两大类：

(1) 已经标准化了的螺栓法兰连接结构，即在设计时只需按标准选用或按标准上规定的常规设计方法进行设计。绝大多数“两元素法兰接头”(两个法兰盘中间夹一个密封垫片的结构，或者一个法兰盘与一个兼作法兰的盲板中间夹一个密封垫片的结构)都属于此类。对此类已经标准化的法兰连接，在本节中不准备重复讨论。

(2) 管壳式换热器中特有的法兰连接结构，即管箱 - 管板 - 壳体之间的法兰连接结构，可称之为“三元素法兰接头”(两个法兰盘之间夹有一块管板以及管板两侧的两个密封垫片)，典型的“三元素法兰接头”如图 1.3 - 15 所示。它又可细分为：(a)管程法兰与壳程法兰夹管板；(b)管程法兰与壳程活套法兰夹管板；(c)管程活套法兰与壳程法兰夹管板等三种结构。这类螺栓法兰连接结构的机理和性能与“两元素法兰接头”完全不一样，目前尚无常规设计标准可循，只能采用压力容器分析设计标准，或自己开发解析分析方法，针对具体情况自行进行分析与设计。而且在分析与设计时，不仅要考虑接头的整体性(或强度)，还要考虑接头的密封性能(或刚度)。因此，这类管壳式换热器中特有的法兰连接结构是本节讨论的重点。

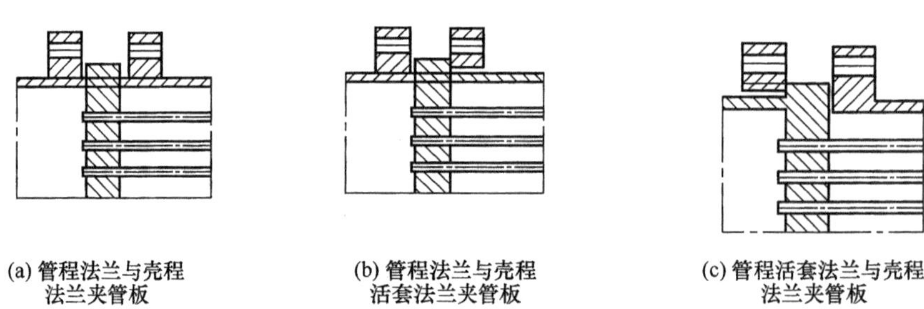

(a) 管程法兰与壳程法兰夹管板

(b) 管程法兰与壳程活套法兰夹管板

(c) 管程活套法兰与壳程法兰夹管板

图 1.3 - 15 管壳式换热器中典型的“三元素法兰接头”[1]

二、考虑垫片非线性的三元素平焊法兰接头的解析解法[2]

(一) 引言

螺栓法兰连接是广泛应用于压力容器及管道中的可拆性连接结构，对它的基本要求一是结构的整体性要好，不会不发生结构解体；二是结构的紧密性要好，不会发生介质泄漏。随着技术的发展，螺栓法兰连接遇到了大型化、高温或超低温、高压或高真空、大的压力波动或温度波动、剧毒介质或辐射性介质等苛刻条件地挑战。为了保证其既安全可靠，又经济合理，就要求对其工作机理有更深入的了解，把设计建立在更理性与更精确分析的基础上。

对螺栓法兰连接的研究开始得很早[3]。例如，现在美国和我国法兰的常规设计规范[4][5]还都是基于上世纪 30 年代 Waters EO 等人的研究成果[6]。后来也陆续提出了其它一些法兰分析的模型与方法[7]，但这些分析模型与方法大都存在下列主要问题：

(1) 没有考虑密封垫片的非线性性质，同时还假定垫片的反力作用于固定位置，且为一定值。这与实际情况不符，也就使得强度分析的基础不牢固。

(2) 没有把法兰接头的整体性(主要是结构的强度问题)与法兰接头的紧密性(主要是结构的刚度问题)两者联系起来同时分析，而是在假定密封的条件下孤立地研究强度，有片面性。实践证明，法兰接头各元件强度足够并不一定能保证接头的紧密性。

(3) 法兰受力变形后螺栓不但受拉，而且受弯曲。过去的分析未考虑螺栓弯曲对结构强度以及对结构紧密性的影响。

(4) 没有很好考虑与法兰盘相连接的壳体或管道对法兰盘变形以及对密封垫片不均匀压缩的影响。

实际上，只有把法兰接头看成一个整体，分析其中各元件之间的相互作用，并考虑垫片的非线性性质，建立新的数学模型，研究整个接头在载荷作用下的变形状况，才有可能同时研究其强度与紧密性，获得对法兰接头工作机理的深入认识，全面分析几何尺寸、材料性质、螺栓预紧载荷和加载方式等各种因素对法兰性能的影响，为更合理的法兰设计奠定基础。

(二) 考虑垫片非线性的三元素平焊法兰接头的数学模型

图1.3-16是平焊法兰接头的最一般情况(可称为“三元素平焊法兰接头”，具有2个法兰盘、1块中间板和2个布满法兰盘端面的密封垫片)。在加压阶段，中间板两侧的压力可以是不同的，如管壳式换热器管板两侧的管程压力与壳程压力就是不同的。而常见的两个法兰盘夹一垫片的结构(可称为“两元素平焊法兰接头”)或垫片不布满法兰盘端面(窄垫片)的结构，都可被看成是上述三元素平焊法兰接头的特例。

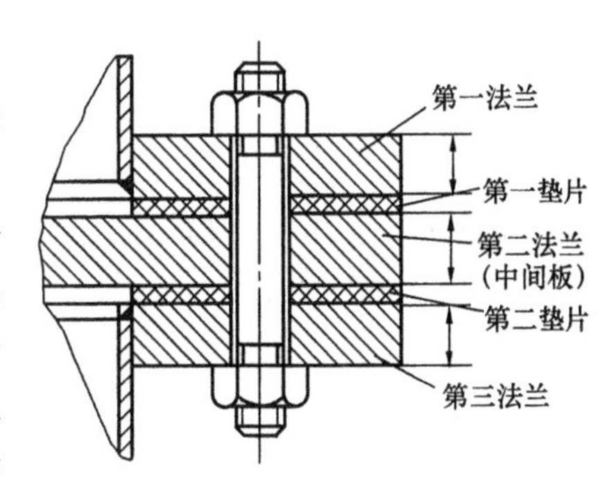

图1.3-16 平焊法兰接头的最一般情况——三元素平焊法兰接头

如果要在分析中考虑密封垫片的非线性性质，就必须在分析中采用增量力学的分析方法。下面讨论的法兰变形和载荷等均指的是变形增量和载荷增量。

1. 法兰盘的数学模型

平焊法兰盘用弹性圆环板模拟。在初步分析中忽略环板横向挠度沿周向的变化，即假设环板横向挠度 W_i 是轴对称的，只是其径向坐标 x 的函数 $W_i(x)$，其中的下标 $i=1, 2, 3$ 分别表示第一法兰盘、第二法兰盘和第三法兰盘，详细情况请参看后面的图3.3.5。根据梁的挠曲线方程的启示，第 i 个法兰盘在所受的载荷增量作用下发生的横向挠度增量 $\dot{W}_i(x)$ 可用如下的多项式来近似地描述：

$$\dot{W}_i(x) = \dot{A}_i + \dot{B}_i x + \dot{C}_i x^2 + \dot{D}_i x^3; i = 1,2,3 \tag{3-69}$$

式中，$\dot{A}_i$，$\dot{B}_i$，$\dot{C}_i$，$\dot{D}_i$ 为待定挠度增量参数。在上面这个多项式中，至少要有两项。项数愈多愈精确，但计算的繁杂性也增长极快。从工程观点看，取4项已足够精确。法兰盘转角增量 $\dot{\theta}_i(x)$ 随径向坐标 x 的变化则为：

$$\dot{\theta}_i(x) = \frac{\mathrm{d}\dot{W}_i(x)}{\mathrm{d}x} = \dot{B}_i + \dot{C}_i x + \dot{D}_i x^2; i = 1,2,3 \tag{3-70}$$

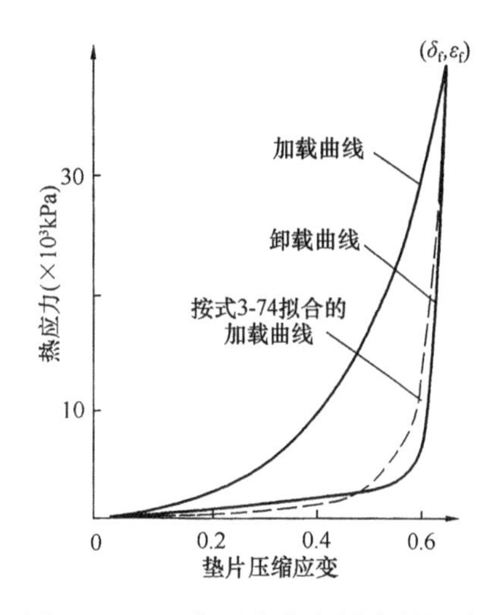

图 1.3 - 17 典型的非金属密封垫片实测加载、卸载应力 - 应变曲线(实线)和按式(3 - 74)拟合的卸载应力 - 应变曲线(虚线)

2. 密封垫片的数学模型

密封垫片一般为非保守的、非线弹性密封元件[8][9]。具体密封垫片材料的加载 - 卸载应力 - 应变曲线必须由实验测出，再用适当的函数来拟合以便在分析中应用。图 1.3 - 17 为非金属密封垫片在加载(对垫片的压力逐步增大) - 卸载(对垫片的压力逐步减小)过程中的压缩应力 - 压缩应变曲线。得到的实验曲线可有多种函数拟合方法。

本文采用的拟合方法如下：

(1) 加载的应力 - 应变曲线一般可分成两段，分别用斜直线和指数曲线来进行如下拟合：

$$\sigma = E_g\varepsilon;\varepsilon \leqslant \varepsilon_1 \tag{3-71}$$

$$\sigma = \sigma_0 e^{\varepsilon/\varepsilon_1};\varepsilon \geqslant \varepsilon_1 \tag{3-72}$$

根据两段曲线分界点处的连续条件可得：

$$\varepsilon_1 = \left(\frac{\sigma_0}{E_g}\right)e \tag{3-73}$$

式中，常数 E_g 和 σ_0 由实验数据确定。

(2)卸载的应力 - 应变曲线比较复杂，不但与垫片材料有关，且与发生卸载的起始点的垫片应力与垫片应变有关，可近似地采用带有 4 个参数的下式来拟合：

$$\sigma = \frac{\sigma_f}{1+k}\left[\frac{\varepsilon}{\varepsilon_f} + k\left(\frac{\varepsilon}{\varepsilon_f}\right)^n\right] \tag{3-74}$$

式中，参数 k 与 n 的数值由实验数据确定；参数 σ_f 与 ε_f 分别为卸载起始点的垫片应力与垫片应变。

注意，在对法兰接头螺栓进行预紧的过程中，或者接头处于加压或卸压过程中，对同一个载荷增量而言，由于两个法兰盘以及中间板的挠曲变形的大小与方向都不一定相同，因此，夹在其间的两个密封垫片各部分的压缩变形也是不均匀的，甚至有的部分处于加载状态，有的部分却处于卸载状态，因而垫片各部分受力也各不相同。为了描述垫片各部分不同的变形、不同的载荷状态(即加载或卸载状态)和不同的受力，可将垫片划分成若干个小区域，每个小区域用一个非线性弹簧来模拟，于是整个垫片就可用一个离散分布的非线性弹簧组来模拟，且假定所有这些非线性弹簧组都遵守垫片加载 - 卸载应力 - 应变曲线。在不考虑法兰挠度沿周向变化的初步分析中，每个垫片可用沿 x 轴分布的 N 个弹簧表示。如图 1.3 - 18 所示，位于 x_k 处的第 k 个弹簧代表面积为 A_k 的一条弧形垫片。

3. 螺栓的数学模型

如图 1.3 - 16 所示，贯穿于第一法兰盘与第三法兰盘之间螺栓(双头螺柱)的两端用螺母拧紧。由于拧紧时法兰盘会产生挠曲变形，螺栓受到拉伸和弯曲的联合作用(忽略螺栓与螺母间螺纹摩擦引起的螺栓扭转作用)。因此，螺栓的作用可用一个模拟直杆拉伸的线性拉伸弹簧和一个模拟直梁弯曲的线性弯曲弹簧来共同模拟。这两个弹簧的两端分别刚接于第一法兰盘与第三法兰盘中面的螺栓圆($x=0$)处，如图 1.3 - 19 所示。

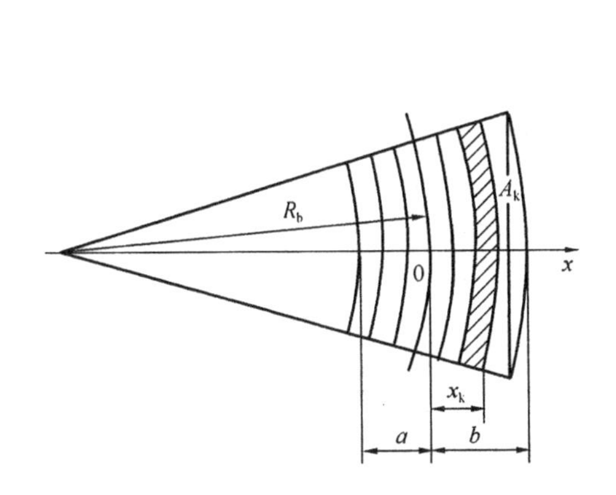

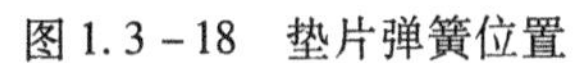
图 1.3－18 垫片弹簧位置

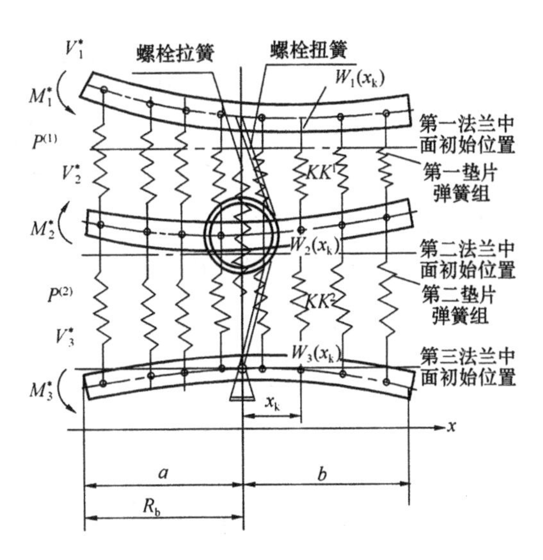

图 1.3－19 平焊法兰接头的理论模型

(1) 线性拉伸弹簧的拉伸刚度 K_b 的计算

$$K_b = \frac{\pi}{4}\frac{E_b d_b^2}{l_b} \tag{3-75}$$

式中，E_b 为螺栓材料的杨氏弹性模量；d_b 为螺栓直径；l_b 为螺栓有效长度。

因此，线性拉伸弹簧的拉力增量$\dot{F}_b$ 与拉伸变形增量$\dot{l}_b$ 的关系为：

$$\dot{F}_b = K_b \dot{l}_b \tag{3-76}$$

式中，螺栓拉伸变形增量$\dot{l}_b$，可由这一拉伸变形增量与第一和第三法兰盘在螺栓圆处的挠度增量以及在预紧法兰接头时螺母在螺栓上拧进距离的增量 $\dot{\Delta}$ 等之间的相容关系来求得：

$$\dot{l}_b = \dot{W}_1 |_{x=0} - \dot{W}_3 |_{x=0} + \dot{\Delta} \tag{3-77}$$

(2)线性弯曲弹簧的弯曲刚度 K_θ 的计算

$$K_\theta = \frac{\pi}{64}\frac{E_b d_b^4}{l_b} \tag{3-78}$$

因此，线性弯曲弹簧的弯曲力矩增量$\dot{M}_b$ 与弯曲转角增量$\dot{\theta}$的关系为：

$$\dot{M}_b = K_\theta \dot{\theta} \tag{3-79}$$

式中，螺栓弯曲转角增量$\dot{\theta}$，可由这一螺栓弯曲转角增量和第一与第三法兰盘在螺栓圆处的转角增量之间的相容关系求得：

$$\dot{\theta} = \left(\frac{d\dot{W}_1}{dx}\right)_{x=0} - \left(\frac{d\dot{W}_3}{dx}\right)_{x=0} \tag{3-80}$$

4. 与平焊法兰盘相连的结构对法兰盘影响的数学模拟

对管壳式换热器管板连接处的三元素法兰接头而言，与第一法兰盘和第三法兰盘相连的结构分别是管箱筒体与壳程筒体；其中间板(即所夹管板)的外缘环板可看成是第二法兰盘，中心的余下部分则可看成是与第二法兰盘相连的结构。这些与法兰盘相连的结构对法兰盘变形的影响，一般可以分别用它们作用于相应法兰盘边缘处单位边缘长度上的边缘剪力 V_i^* 和

边缘径向力 Q_i^*，以及单位边缘长度上的边缘弯矩 M_i^* 等3种边缘作用力来表示。考虑到法兰盘的径向刚度一般要比其弯曲刚度大得多，因此，法兰盘的径向变形可以忽略不计，所以边缘径向力 Q_i^* 的影响也可以不予考虑。于是，在考虑与法兰盘相连的结构对法兰盘变形的影响时，只需考虑边缘剪力 V_i^* 和边缘弯矩 M_i^* 对法兰盘变形的影响即可。在一般情况下，第 i 个法兰盘边缘单位周长上的边缘剪力增量$\dot{V}_i^*$ 和边缘弯矩增量$\dot{M}_i^*$（见图1.3－19）是与边缘位移增量、边缘转角增量以及内压增量相关的，可以采用如下的通式来表述：

$$\dot{V}_i^* = C_{11}^{(i)}\dot{W}_i|_{x=-a} + C_{12}^{(i)}\left(\frac{\mathrm{d}\dot{W}_i}{\mathrm{d}x}\right)_{x=-a} + C_{13}^{(i)}\dot{p}_i;i = 1,2,3 \qquad (3-81)$$

$$\dot{M}_i^* = C_{21}^{(i)}\dot{W}_i|_{x=-a} + C_{22}^{(i)}\left(\frac{\mathrm{d}\dot{W}_i}{\mathrm{d}x}\right)_{x=-a} + C_{23}^{(i)}\dot{p}_i;i = 1,2,3 \qquad (3-82)$$

上两式中，$C_{11}^{(i)},C_{12}^{(i)},C_{13}^{(i)},C_{21}^{(i)},C_{22}^{(i)},C_{23}^{(i)};i = 1,2,3$ 等共12个系数是与边缘具体结构的形式、材料、尺寸等有关的结构系数，可以具体分析以得出其计算公式。

5. 垫片非线性三元素平焊法兰接头的分析总模型

综合上述各元件的数学模型，即可以得出考虑密封垫片非线性性质、并具有三个法兰盘的平焊法兰接头的分析总模型，如图1.3－19所示。

（三）垫片非线性三元素平焊法兰接头的基本方程

为了建立描述作用于接头上的载荷增量与接头位移增量之间关系的基本方程，可以利用增量力学中的最小势能原理[10]，可对上述法兰接头模型系统及增量力学最小势能原理作如下叙述：法兰接头模型这个非线性弹性系统在位移增量变分中所获得的势能增量（在此即为系统弹性应变能增量）等于全部外力增量在位移增量变分中所做的总功。用数学语言可表达为：

$$\delta\sum_{i=1}^{3}\dot{U}_f^{(i)} + \delta\sum_{j=1}^{2}\dot{U}_g^{(j)} + \delta\dot{U}_b = \Sigma\delta\dot{W}_{\mathrm{ORK-e}} \qquad (3-83)$$

上式就是垫片非线性三元素平焊法兰接头的基本方程，此基本方程中各项的意义及计算方法详述如下：

1. 方程（3－83）中第一项的计算

$\dot{U}_f^{(i)}$ 为第 i 个法兰盘的弹性应变能增量，可利用轴对称圆薄板应变能计算公式[11]进行如下计算（只须将其中的挠度换成挠度增量）：

$$\dot{U}_f^{(i)} = \frac{\pi}{N_b}D_i\int_{r=R_b-a}^{r=R_b+b}\left[r\left(\frac{\mathrm{d}^2\dot{W}_i}{\mathrm{d}r^2}\right)^2 + \frac{1}{r}\left(\frac{\mathrm{d}\dot{W}_i}{\mathrm{d}r}\right)^2 + 2\mu_i\frac{\mathrm{d}\dot{W}_i}{\mathrm{d}r}\frac{\mathrm{d}^2\dot{W}_i}{\mathrm{d}r^2}\right]\mathrm{d}r;i = 1,2,3 \qquad (3-84)$$

式中，1）N_b 为螺栓总个数；

2）法兰螺栓圆半径 R_b、法兰盘在螺栓圆内、外侧部分的宽度分别为 a 和 b，见图3.3.5；

3）第 i 个法兰盘的弯曲刚度 $D_i = \dfrac{E_i h_i^3}{12(1-\mu_i^2)}$；

4）$r = R_b + x$，$\mathrm{d}r = \mathrm{d}x$；

5）$\dfrac{\mathrm{d}\dot{W}_i}{\mathrm{d}r} = \dfrac{\mathrm{d}\dot{W}_i}{\mathrm{d}x}$，$\dfrac{\mathrm{d}^2\dot{W}_i}{\mathrm{d}r^2} = \dfrac{\mathrm{d}^2\dot{W}}{\mathrm{d}x^2}$。

2. 方程（3－83）中第二项的计算

$\dot{U}_g^{(j)}$ 为第 j 个密封垫片的弹性应变能增量，等于代表该密封垫片的 N 个非线性弹簧的弹性应变能增量之和，可计算如下：

$$\sum_{j=1}^{2} U_{g}^{(j)} = \sum_{k=1}^{N}\left\{\frac{K_{k}^{(1)}}{2}\eta_{k}^{(1)}[\dot{W}_{2}(x_{k})-\dot{W}_{1}(x_{k})]^{2}+\frac{K_{k}^{(2)}}{2}\eta_{k}^{(2)}[\dot{W}_{3}(x_{k})-\dot{W}_{2}(x_{k})]^{2}\right\} \tag{3-85}$$

式中，1）第一和第二方括号内的量是用法兰盘挠度表示的，其分别代表第一垫片和第二垫片的两个非线性弹簧组中的第 k 个($k=1, 2, \cdots, N$)垫片弹簧的压缩变形增量；

2）$K_{k}^{(1)}$ 和 $K_{k}^{(2)}$ 分别为代表第一垫片和第二垫片的两个非线性弹簧组中的第 k 个($k=1, 2, \cdots, N$)垫片弹簧的瞬时弹簧系数，其定义为：$K_{k}^{(j)} = \left(\frac{d\sigma}{d\varepsilon}\right)_{k}^{(j)}\frac{A_{k}}{h_{g}^{(j)}}$，其中的$\left(\frac{d\sigma}{d\varepsilon}\right)_{k}^{(j)}$可根据垫片应力-应变拟合函数(例如，当垫片处于加载状态下，可采用方程(3-71)和方程(3-72)；当垫片处于卸载状态下，可采用方程(3-74))求得。对非线性垫片而言，瞬时弹簧系数随载荷状态(即加载或卸载状态)和压缩应变的大小而变化：

3）A_{k} 为第一垫片和第二垫片的两个非线性弹簧组中的第 k 个垫片弹簧所代表的垫片面积，参看图 1.3-18；

4）$h_{g}^{(j)}$ 为第一垫片($j=1$)或第二垫片($j=2$)的初始厚度；

5）$\eta_{k}^{(1)}$ 和 $\eta_{k}^{(2)}$ 分别为描述并代表第一垫片和第二垫片的两个非线性弹簧组中的第 k 个垫片弹簧是否失效的系数，称为垫片弹簧失效系数。某个垫片弹簧的失效定义为该垫片弹簧所代表的垫片面积 A_{k} 中已被内压介质渗入，因而该弹簧已不再起作用，要从垫片应变能增量计算中排除出去。为了判断每个垫片弹簧是否失效，可以采用垫片系数 m 的概念[12]来定义垫片弹簧失效系数 $\eta_{k}^{(j)}$ 的取值如下：

计算：$R_{k}^{(j)}$=(第 j 个垫片的第 k 弹簧处的垫片应力)/(第 j 个垫片处的当前内压)如果 $R_{k}^{(j)}>m^{(j)}$，内压介质不进入第 j 个垫片的取 $\eta_{k}^{(j)}=1$ 第 k 弹簧代表的垫片面积 A_{k} 中，第 k 弹簧不失效。

如果 $R_{k}^{(j)}\leqslant m^{(j)}$，内压介质已渗入第 j 个垫片的取 $\eta_{k}^{(j)}=0$ 第 k 弹簧代表的垫片面积 A_{k} 中，第 k 弹簧失效。

注意：(1)一个密封垫片中的某一个垫片弹簧失效，并不意味着该密封垫片就失去了紧密性而发生介质泄漏。可以假设，只在一个密封垫片的所有位于螺栓圆以内的垫片弹簧都失效了，这个密封垫片出才会发生介质泄漏，使接头失去紧密性。

(2)以上采用垫片系数 m 的概念来定义垫片弹簧失效系数 $\eta_{k}^{(j)}$ 的做法只是一种简化的描述密封垫片失去紧密性的方法。实际上，密封垫片泄漏特性或紧密性性质是一个极其复杂的问题，影响因素也极多。关于这个问题，将在后面的第 3.3.2.5 节作进一步的讨论。

3. 方程(3-83)中第三项的计算

$\dot{U}_{b}$ 为法兰接头在螺栓预紧或结构承压过程中一个螺栓的弹性应变能增量，等于代表螺栓的线性拉伸弹簧和线性弯曲弹簧弹性应变能增量之和：

$$\dot{U}_{b} = \frac{1}{2}K_{b}\left[\dot{W}_{1}\Big|_{x=0} - \dot{W}_{3}\Big|_{x=0} + \dot{\Delta}\right]^{2} + \frac{1}{2}K_{\theta}\left[\left(\frac{d\dot{W}_{1}}{dx}\right)_{x=0} - \left(\frac{d\dot{W}_{3}}{dx}\right)_{x=0}\right]^{2} \tag{3-86}$$

式中，K_{b}、K_{θ} 和$\dot{\Delta}$的意义及计算分别见方程(3-75)、式(3-78)和式(3-77)。

4. 方程(3-83)中第四项(等号右侧项)的计算

方程(3-83)等号右侧项 $\Sigma\delta\dot{W}_{ORK-e}$为作用在平焊法兰理论模型(图 3.3-19)上诸外力增

量在相应的位移增量的变分中所做的功之和：

$$\Sigma\delta\dot{W}_{ORK-e}=\Sigma\delta\dot{W}_{ORK-p}+\Sigma\delta\dot{W}_{ORK-V}+\Sigma\delta\dot{W}_{ORK-M} \tag{3-87}$$

式中，1)两种内压增量$\dot{p}^{(j)}$，$j=1$，2 所做的功的计算；

作用在垫片 j 处的介质内压 $p^{(j)}$ 在垫片弹簧未失效时并不进入法兰盘之间的垫片处，因而即使法兰盘变形，内压也不做功；一旦第 k 个垫片弹簧失效了，内压就进入第 k 个垫片弹簧所代表的垫片面积 A_k 中，在法兰盘发生挠曲变形时，作用在垫片面积 A_k 上的内压就要做功。因此，两种内压增量在相应的位移增量变分中所做的总功为：

$$\begin{aligned}\Sigma\delta\dot{W}_{ORK-p}=&\sum_{k=1}^{N}A_k\{\dot{p}^{(1)}\lambda_k^{(1)}[\delta\dot{W}_1(x_k)-\delta\dot{W}_2(x_k)\\&+\dot{p}^{(2)}\lambda_k^{(2)}[\delta\dot{W}_2(x_k)-\delta\dot{W}_3(x_k)]\}\end{aligned} \tag{3-88}$$

式中，$\lambda_k^{(j)}$，$j=1$，2；$k=1$，2，…，N 称为内压做功系数，它们的数值正好是与垫片弹簧失效系数 $\eta_k^{(j)}$ 相反的，即

如果 $\eta_k^{(j)}=1$，内压介质不进入第 j 个垫片的取 $\lambda_k^{(j)}=0$ 第 k 弹簧代表的垫片面积 A_k 中，第 k 弹簧不失效。

如果 $\eta_k^{(j)}=0$，内压介质已渗入第 j 个垫片的取 $\lambda_k^{(j)}=1$ 第 k 弹簧代表的垫片面积 A_k 中，第 k 弹簧失效。

2)三个法兰盘的边缘剪力增量$\dot{V}_i^*$，$i=1$，2，3 所做的功为：

$$\Sigma\delta\dot{W}_{ORK-V}=\frac{2\pi(R_b-a)}{N_b}\sum_{i=1}^{3}\dot{V}_i^*\cdot\delta\dot{W}_i\mid_{x=-a} \tag{3-89}$$

3)三个法兰盘的边缘弯矩增量$\dot{M}_i^*$，$i=1$，2，3 所做的功为：

$$\Sigma\delta\dot{W}_{ORK-M}=\frac{2\pi(R_b-a)}{N_b}\sum_{i=1}^{3}\dot{M}_i^*\cdot\delta\left(\frac{d\dot{W}_i}{dx}\right)_{x=-a} \tag{3-90}$$

5. 基本方程(3-83)的求解

将上述三个应变能增量计算式(3-84)、式(3-85)和式(3-86)，以及三个外力功的计算式(3-88)、式(3-89)和式(3-90)代入方程(3-83)，其中的法兰盘挠度增量$\dot{W}_i(x)$和转角增量$\left[\frac{d\dot{W}_i(x)}{dx}\right]$又用计算式(3-69)和式(3-70)代入，再经过繁复的运算和归并同类项，方程(3-83)可以写成如下的形式：

$$\sum_{j=1}^{12}X_j\cdot\delta\dot{z}_j=0 \tag{3-91}$$

式中，1)X_j 是相当复杂的代数式，包含法兰接头的许多参数，例如，接头的几何参数；材料的力学性能参数；螺栓拉伸刚度 K_b 和弯曲刚度 K_θ；垫片弹簧的瞬时弹簧系数（$K_k^{(j)}$,$j=1,2$,$k=1,2,\cdots,N$)；各法兰盘挠度增量参数($\dot{A}_j$，$\dot{B}_j$，$\dot{C}_j$，$\dot{D}_j$，$j=1$，2，3)；内压增量($\dot{p}^{(j)}$，$j=1$，2)；螺栓预紧增量$\dot{\Delta}$以及垫片弹簧失效系数($\eta_k^{(j)}$，$j=1$，2，$k=1$，2，…，N)；内压做功系数($\lambda_k^{(j)}$，$j=1$，2，$k=1$，2，…，N)等。

2)$\delta\dot{z}_j$ 为各法兰盘挠度增量参数的变分($\delta\dot{A}_j$，$\delta\dot{B}_j$，$\delta\dot{C}_j$，$\delta\dot{D}_j$，$j=1$，2，3)，这 12 个增量变分是相互独立的。

由于在方程(3－91)中12个法兰盘挠度增量变分$\delta \dot{z}_j$是相互独立的，因此方程(3－91)成立的充分条件是：

$$X_j = 0，j = 1，2，\cdots\cdots，12 \quad (3-92)$$

上式实际上是由12个相互独立的线性代数方程式组成的线性代数联立方程组。方程的个数等于未知的挠度增量参数的个数($\dot{z}_j$，$j = 1，2，\cdots\cdots，12$)，因而线性代数方程组(3－92)是可解的。线性方程组(3－92)也可写成如下的矩阵形式：

$$[\overline{K}]_{12\times12} \cdot \{\dot{z}\}_{12} = \{\dot{B}\}_{12} \quad (3-93)$$

式中，1)$[\overline{K}]_{12\times12}$是三元素平焊法兰接头的刚度矩阵。这一法兰接头刚度矩阵中的某些元素，由于此法兰接头包含的非线性弹簧数值是可变化的瞬时弹簧系数以及数值也是可突变的$\eta_k^{(j)}$和$\lambda_k^{(j)}$等等，因而不再是常数，而是接头当前形状以及当前载荷状态的函数。

2)$\{\dot{z}\}_{12}$是2个法兰挠度增量参数组成的向量。

3)$\{\dot{B}\}_{12}$是载荷增量形式的“力向量”，包含螺栓预紧载荷增量$\dot{\Delta}$、内压载荷增量$\dot{p}^{(1)}$和$\dot{p}^{(2)}$。

给定各载荷增量，对方程组(3－93)进行求解，可以求出对应的各挠度增量参数，进而求得对应的各法兰盘挠度增量。在通过一套积分程序后即可求出法兰接头在整个加载过程中载荷与变形的关系。据此，就可对整个加载过程中法兰接头的紧密性和各元件的强度进行分析。但是，这套计算和求解过程极其复杂，采用手工计算是很难实现的，必须利用数字电子计算机才能实现。

(四) 求解的计算机软件和分析实例

1. 求解的计算机软件

上述考虑垫片非线性的三元素平焊法兰接头数学模型和理论分析，由于必须采用增量加载，采用手工计算几乎是无法求解的。但是，基于上述数学模型和理论分析，可以设计出分析考虑垫片非线性的三元素平焊法兰接头的专用计算机软件。此软件可以：

(1) 模拟法兰接头的预紧过程和各种加压工况(或卸压工况)的加载/卸载过程(“管程”和“壳程”同步加压/卸压，或顺序加压/卸压)。

(2) 计算预紧和加压过程中接头的变形、螺栓与法兰盘的应力随载荷的变化。

(3) 分析密封垫片各部分的受载状态与垫片压力随载荷的变化以及垫片逐步失效直至发生泄漏的过程。

(4) 研究包括几何尺寸、结构特征、法兰盘和螺栓材料、垫片材料、宽垫片与窄垫片以及垫片位置等多达50余种因素对平焊法兰接头工作性能的影响。

2. 分析实例

下面的分析实例是某巨型冷凝器的管箱法兰－管板－壳体法兰接头。接头结构请参看图1.3－15。两个法兰盘和中间所夹管板的材料与厚度均相同；两密封垫片为尺寸相同且铺满法兰盘端面的宽垫片，材料为氯丁橡胶；分析时采用了不同直径的螺栓和不同的垫片预紧应变，以兹比较。从采用本文提出的法兰接头模型、分析理论以及分析程序得到的分析结果中，可以得出根据常规法兰接头设计标准的分析无法得出的一些重要结论。现将其中的一些主要结论概括如下：

(1) 垫片应力和垫片泄漏

图1.3－20所示为在不同的垫片预紧应力条件下，加压阶段垫片应力(均以紧靠螺栓圆内侧的垫片弹簧的应力为准)与所加压力的关系曲线。从中可以得到常规法兰设计标准无法

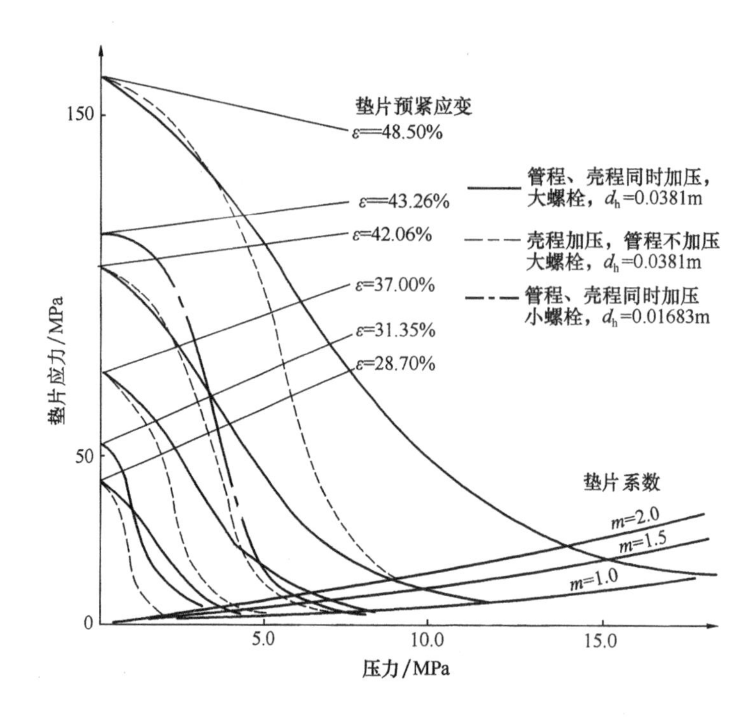

图 1.3－20　宽垫片法兰接头加压阶段垫片应力随压力载荷的变化规律

得出的一些重要结论：

(a) 垫片预紧程度对法兰接头的紧密性有极大的关系。在不压坏垫片的前提下预紧程度(即垫片预紧应力或预紧应变)愈高，接头的泄漏压力也愈高。

(b) 螺栓刚度对法兰接头的紧密性有明显影响。接头采用高强度钢制较小直径的螺栓比采用较低强度钢制较大直径的螺栓更容易泄漏；小直径的螺栓，即使预紧应力很高，也容易泄漏。

(c) 对带有中间板的法兰接头，加压方式对接头紧密性影响很大。管程、壳程同时加压较滩泄漏；单侧加压时由于中间板变形偏向一方，易于发生泄漏。

(d) 垫片系数 m 对接头紧密性有影响，但接头泄漏压力的大小并不与垫片系数 m 的大小成正比。

(2) 垫片中的应力分布

在预紧和加压阶段垫片中的压应力分布都是不均匀的。图 1.3－21 中的曲线 A 为预紧后垫片应力沿垫片宽度的分布曲线。在这个具体实例中，垫片预紧应力沿垫片宽度的分布曲线为一条在垫片内侧略高，在垫片外侧略低的轻微倾斜的近似直线。这是因为在本实例中，垫片在螺栓圆内侧部分的面积小于垫片在螺栓圆外侧部分的面积，因此，均布于螺栓圆上的一圈螺栓会将螺栓圆内侧的垫片部分压得比螺栓圆外侧的垫片部分更紧一些，亦即垫片压应力更大一些。

曲线 B 为管程压力和壳程压力同时加至尚未出现接头泄漏的某个中间压力时垫片应力沿垫片宽度的分布曲线。对宽垫片而言，管程和壳程同时加压有使两个法兰盘靠螺栓圆内侧的部分产生张开的变形，导致垫片在螺栓圆内侧的部分处于卸载状态，垫片压力急剧下降；而垫片靠螺栓圆外侧的部分则一直处于加载状态，垫片压力持续升高。

曲线 C 为该法兰接头刚开始发生泄漏时垫片应力沿垫片宽度的分布曲线。这时，在螺栓圆内侧的全部垫片面积上的垫片压力均已降低至垫片的泄漏压力以下，介质从垫片内侧至垫片螺栓孔之间的泄漏通道已连通，法兰接头的紧密性开始丧失。而垫片靠螺栓圆外侧的部分则仍然一直处于加载状态，垫片压力持续升高。

(3) 螺栓应力

图 1.3－22 所示为在管程和壳程同步加压时螺栓应力(包括螺栓横截面上平均拉应力、最大弯曲应力和最大总应力等三种应力)随压力载荷变化的关系曲线。图中，压应力等于零时的螺栓应力就是螺栓的预紧应力。本图中值得注意的有三点：(a) 螺栓的平均拉伸应力随内压增大发生的变化比较轻微。(b) 在螺栓的应力中，弯曲应力占有相当大的比例，且随内压增大而急剧上升。(c) 对这种具体的宽垫片结构而言，在加压的初始阶段，螺栓中最大总应力有轻微下降的趋势，然后则一直上升。

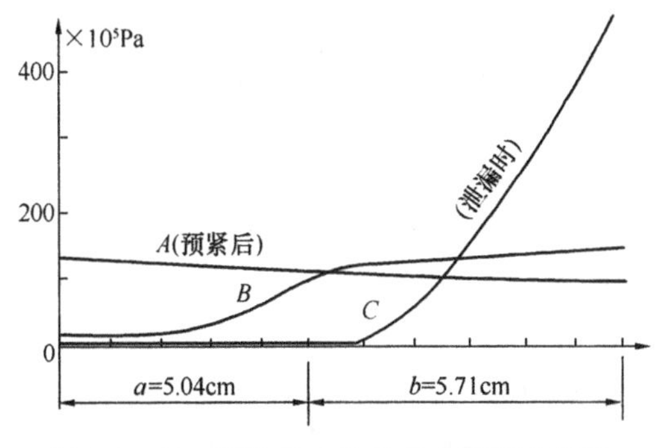

图 1.3－21　宽垫片中垫片应力随压力载荷的变化(管程、壳程同步加载)

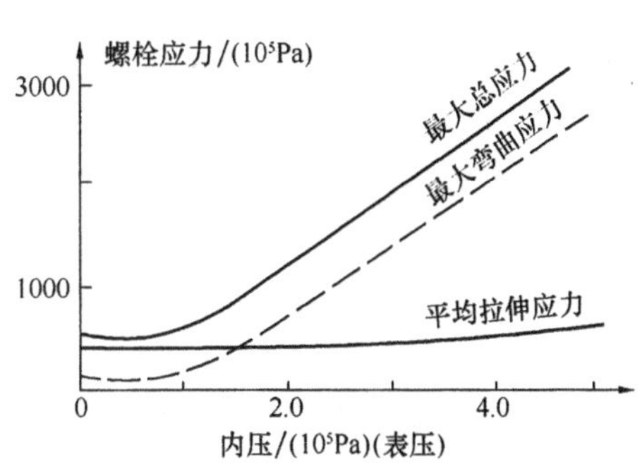

图 1.3－22　宽垫片法兰中螺栓应力随压力载荷的变化(管程、壳程同步加载)

三、垫片非线性三元素高颈法兰接头的有限元分析

前面"垫片非线性三元素平焊法兰接头的解析解法"里平焊法兰接头中的法兰盘由于几何形状相对很简单(参看图 1.3－15)，初步分析中忽略法兰盘环板横向挠度沿周向的变化后，其受载变形规律就可看成是轴对称的，可以近似地采用式(3－69)和式(3－70)作为其变形的数学模型，并由此导出考虑垫片非线性三元素平焊法兰接头的解析解。但是，对高颈法兰接头而言，由于包括高颈在内的法兰盘的几何形状相对复杂，其变形很难找出一个恰当的数学公式或数学模型来描述，因而很难采用解析法进行分析。但是，采用有限元数值分析法，只需根据结构的实际几何形状与尺寸(包括所研究结构各零件之间接触关系)、材料性质(包括密封垫片压缩与回弹的非线性性质)、受载条件和边界条件等建立法兰接头的有限元模型，就可避开采用解析法时的建模难点，得出非线性法兰接头有限元分析的数值解。

(一) 有限元数值分析方法简介

固体结构有限元数值分析法是综合了固体力学、计算数学及计算机等学科的当代理论和技术成就而开发出来的固体结构应力分析方法。

固体结构有限元数值分析法的基本过程如下：

(1) 把连续的弹性体进行离散，划分成仅在有限个节点处相连的有限个单元组成的单元组合体，并对这种单元组合体材料的物理性质、施加载荷和边界条件给出定义，以作为原来连续弹性体的简化数学模型，称为有限元分析模型。

(2) 根据最小势能原理对每个单元建立单元受力与单元各节点位移分量之间关系的平衡

方程组。

(3) 再将描述每个单元受力与其节点位移分量关系的平衡方程组装配成单元组合体的控制方程，即描述单元组合体受力与其全部节点位移分量关系的平衡方程组。

(4) 单元组合体的控制方程是一组数量庞大的联立线性代数方程。由于控制方程组非常复杂，只可以用计算机求取其数值解。在给定载荷的条件下，对方程组求解的直接结果可得到各节点位移分量的数值解。

(5) 根据计算出的节点位移分量数值解，可根据描述位移分量与应变分量关系的几何方程接着计算出单元组合体各处应变分量的数值解。

(6) 再根据结构材料的本构方程，从已知应变分量的数值解就可计算出各处应力分量的数值解，并进一步计算出可用于进行结构强度校核和其它种类结构安全校核的各种应力(例如，主应力、应力强度和等效应力等等)的数值解。

上述固体结构有限元数值分析法中的第(2)至第(6)个基本过程，由于数值计算工作量十分庞大，且都必须采用数字电子计算机才能实现。当前，已经开发了许多种商业化的大型通用或专用有限元分析软件，可供选购应用。上述有限元数值分析法中的第(2)至第(6)个基本过程均可应用这些有限元分析软件来自动完成，分析人员的重点工作则主要是：(a)根据要分析的工程实际结构建立正确的有限元分析模型。(b)根据具体结构确定需要进行安全校核的种类或需要研究的具体问题，对软件计算得到的大量数据进行后处理，以从中取得与要解决问题的相关数据。

有限元法有很强的适应性。由于单元能按不同的连接方式进行组合，且单元本身又可以有不同形状，因此用有限元法可以模拟几何形状复杂的求解域；还便于处理非均质材料，非线性应力－应变关系以及复杂的边界条件等难题。在结构分析中，若需要对结构进行全面的强度校核或判定其结构是否合理时，需要知道结构中各部位的详细应力情况，对于一些载荷和结构复杂的设备，用常规方法又难以准确计算结构中各部位详细应力分布情况时，这就需要用有限元法来进行应力分析计算。

近30年来，有限单元法的理论和应用都得到迅速而持续不断的发展。已经由弹性力学平面问题扩展到空间问题和板壳问题，由静力平衡问题扩展到稳定问题、动力问题和波动问题。分析对象从弹性材料扩展到塑性、黏弹性和复合材料等，从固体力学扩展到流体力学、传热学等连续介质力学领域。

有限元作为一种数值分析的方法，为复杂形状的结构分析及过程分析提供了一种精确可靠的手段，在当今各个设计、生产和制造等的各个不同工程应用领域中已得到广泛使用，在工程分析中的作用已从分析和校核扩展到优化设计，并成为“计算机辅助工程”中的核心部分。

(二) 垫片非线性三元素高颈法兰接头三维有限元模型

1. 换热器中三元素高颈法兰接头有限元模型的范围

(1) U形管式换热器中三元素高颈法兰接头有限元模型的范围

管壳式换热器经常采用三元素法兰接头来夹持管束的管板。首先从其中最简单的U形管式换热器中夹持管束管板的三元素法兰接头开始讨论其接头的有限元模型。由于U形管式换热器的管束只有一块管板，因而U形管束对管板不起任何支持作用；同时，U形管束与筒壳两者之间虽有温度差引起不同的热膨胀，但两者均可自由伸缩，不会引起热应力。只有U形管束的重量才是作用在管板上的一种载荷(立式U形管束的重量可看成是一种分布在管板开孔区的等效压力；卧式U形管束的重量可看成是一组分布在管板开孔区的弯矩与剪力）。但是，U 形管束重量作用在管板上的这种载荷与管程和壳程介质的内压作用在管板上的载荷相比是很小的，在工程分析中一般都可以忽略不计。也就是说，在分析中不必考虑 U 形管束对管板的影响。如果是固定管板式或浮头式换热器，换热管两端分别连接在两块管板上，将对管板起一定的支持作用，这时，换热管将对法兰接头处的强度与密封性能都有影响，分析中必须予以考虑，分析模型就比较复杂一些，将在后面讨论。

图 1.3-23 所示为 U 形管式换热器夹持管束管板的三元素法兰接头。接头的两个高颈法兰和夹在其间的管板被称为“三元素”。此外，接头还包括管板两边的两个密封垫片、连接两个法兰的一组螺栓、与管箱一侧高颈法兰相连的管箱封头，以及与壳程一侧高颈法兰相连的一段壳程壳体。与法兰相连的壳体长度，根据圣维南原理，只须取长度 $L \geqslant 2.5\sqrt{Rt}$ 的一段，就可消除筒体边缘处应力分布对法兰处应力分布的影响。上式中，R 是与法兰相连的壳体的平均半径，t 是该壳体的厚度。就该三元素法兰接头结构相对于管箱 - 高颈法兰 - 管板 - 壳体的公共轴线来说，若不考虑固定于管板上的 U 形管束以及管板上连接换热管的开孔，就是周期性对称结构，其所受的管程、壳程压力载荷以及法兰螺栓的预紧载荷也都是周期性对称载荷。因此，可以将研究范围缩小到只研究如图 1.3-23 所示的整体结构中的一个周期性结构(或者也可以只研究半个周期性结构)。采用这样一个范围的三维模型可以比较实际地模拟与分析管板、法兰、螺栓和非线性垫片以及分别与两个法兰相连的管箱封头和壳程壳体 6 者之间的相互作用，可以同时有效地评价三元素法兰接头的强度和密封性能。由于现在采用了有限元三维模型，与在前面的二、(二)节中用解析法研究平焊法兰时采用的轴对称模型相比，研究可以更加深入与准确。

(a) 可以研究离散分布在螺栓圆上的压紧螺栓引起法兰盘弯曲变形沿周向分布的不均匀性，以及由此导致的法兰盘对密封垫片压紧程度沿周向分布的不均匀性。

(b) 消除了在解析分析中难以准确确定的一些参数。例如，确定前面二、(二)节第 4 款“与平焊法兰盘相连结构对法兰盘影响的数学模拟”中式(3-81)与式(3-82)中出现的 $C_{11}^{(i)}, C_{12}^{(i)}, C_{13}^{(i)}, C_{21}^{(i)}, C_{22}^{(i)}, C_{23}^{(i)}; i = 1,2,3$ 等共 12 个描述与平焊法兰盘相连结构对法兰盘影响的系数。

注意，在图 1.3-23 的模型中引入了“等效管板”的概念，这是因为管板结构一般都比较复杂，其上开有许多连接换热管的管孔，要严格模拟这些与换热管相连的管孔结构比较困难，且将大大增加建模的工作量与计算机的机时，从而增大分析成本。另外，严格说来，带管孔的管板既不是轴对称结构，也不是周期对称结构。为了简化其复杂性，引入了“等效管板”的概念，即把管板中开有许多孔的区域(称为管板的“开孔区”)用与原管板开孔区厚度相同、整体刚度也基本相同的无孔等效板来代替，以使管板模型大大简化。研究表明，只需要根据管板开孔情况就可以设法确定等效管板的两个有效弹性常数：有效弹性模量 E^* 和有效泊松比 ν^*。详细内容请参看本章后面的第三章第四节的二、(二)小节“管板中央开孔区的分析”，在此不再赘述。随着计算机技术与有限元工程分析软件的快速发展，在某些重要的管板分析中，为了保证分析的准确性，现在已经可以不采用“等效管板”进行简化，而直接对管板进行真实形状与尺寸的模拟。

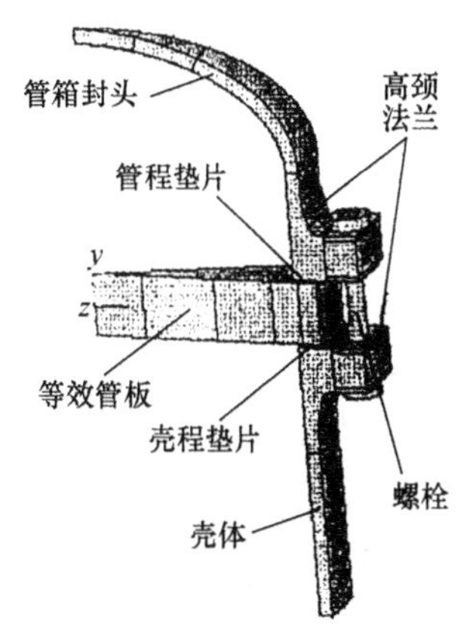

图 1.3-23 U 形管式换热器夹持管板三元素法兰接头的一个周期性结构

（2）固定管板式换热器三元素高颈法兰接头有限元模型的范围

对固定管板式换热器或者浮头式换热器而言，换热管束对三元素法兰接头中管板有支持作用，因此换热管束也应包括在三元素法兰接头有限元模型范围之内。

对大多数固定管板式换热器来说，管束两端的两个三元素法兰接头的结构是对称的，对称面为管束中部的横截面。这时，可以采用以管束中部横截面为对称约束的半个换热器来作为分析三元素法兰接头的有限元模型，直接对包括换热管和管板在内的全部结构进行真实形状与尺寸的三维模拟。如果换热管在管板上的布置存在某些对称关系，则三元素法兰接头有限元模型范围还可进一步简化为只取以管束中部横截面为对称约束的半个换热器的一半或四分之一。另外，为了进一步减少模型的节点数和单元数，“半个换热器”中壳体与换热管的长度可以通过采用在换热器轴向方向具有等效刚度与等效热膨胀系数的当量材料代替真实材料来予以缩短。注意：与法兰相连处的壳体以及与管板相连处的换热管两者均应有一段长度等于或大于相应临界长度 $L_{cr}=2.5\sqrt{Rt}$ 的壳体，或换热管不换成相应的当量材料，仍保持真实材料的性质，这样可保证应力在比较复杂相连处附近分析结果的精确性。

2. 法兰接头中非线性性质的模拟

法兰接头的一个基本特点就是存在许多非线性因素，它们对法兰接头的强度特性和密封性能有重要影响，且这些非线性性质对法兰功能的影响往往在习惯性的线性思维下不易预测或理解。

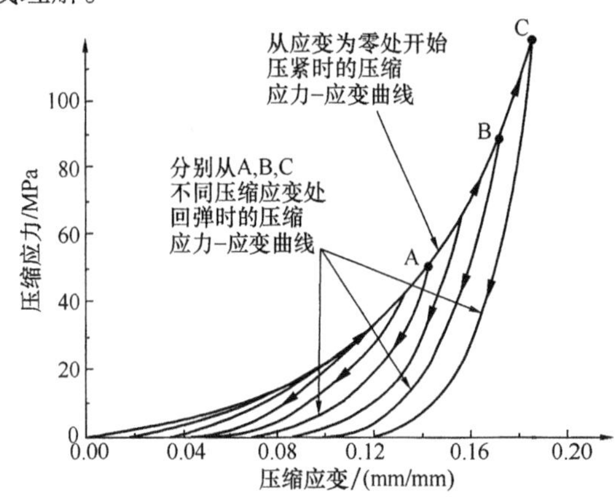

图 1.3－24 典型的密封垫片压缩－回弹过程非线性压缩应力－压缩应变曲线

法兰接头中存在两类非线性性质：

（1）一类是密封垫片在压缩－回弹过程中的非线性压缩应力－压缩应变关系，如图 1.3－24 所示，由此图可以看出，这里存在两种非线性。第一种非线性是密封垫片在受到厚度方向逐步增大的压缩应力而压缩时，其压缩应力与压缩应变不是线性关系，而是非线性关系，形成一条“压缩曲线”。第二种非线性是在厚度方向被压缩的密封垫片在压缩应力逐步减小而发生回弹时，其压缩应力与压缩应变也不是线性关系，而是形成一条从回弹起始点开始的且与“压缩曲线”不重合的“回弹曲线”。对不同材料与厚度的密封垫片来说，其“压缩曲线”以及从不同回弹起始点开始的“回弹曲线”的具体数据要由试验测得，输入计算机，并通过插值法进行使用。

（2）另一类是非线性接触，如垫片端面与法兰压紧面之间以及垫片另一端面与管板压紧面之间的非线性接触关系。又如拧紧螺母时，双头螺柱上、下两端的螺母都分别紧压在上、下两法兰盘的端面上，也构成了非线性接触关系。在这些接触面处只可能出现相互挤压的压应力和切向摩擦力，或者两接触面间出现间隙而脱离接触，但接触面处不可能出现相互间的拉应力。

3. 单元类型的选取和单元网格划分

（1）单元类型的选取

采用有限元法对要进行分析的问题建立有限元分析模型时，选取合适的单元类型是非常重要的。市场出售的各种通用有限元分析软件都提供了多种单元类型供分析人员选用。现以比较常见的 ANSYS 通用有限元分析软件为例来说明分析模型中不同结构所选适用的不同单元类型：

(a) 法兰接头模型中的各个实体，如封头、上下法兰、螺栓、筒体等均选用 SOLID95 实体单元来模拟，但用不同的材料编号来加以区别。该实体单元主要用于模拟三维实体结构，由 8 个节点定义而成，每个节点具有 3 个自由度(分别是 UX、UY、UZ)。该单元适合于进行弹性、蠕变、膨胀、应力硬化、大变形、大应变的分析，具有退化功能，可退化成五面体和四面体，便于生成复杂结构单元网格。

(b) 密封垫片选用垫片单元 INTER194 来模拟。垫片单元 INTER194 能够模拟垫片材料的非线性特性和应力 - 应变时滞现象。垫片通常处于压缩状态下，这种状态下的垫片材料能表现出高度的非线性。当卸载的时候，该垫片材料也能表现出非常复杂的卸载行为(包括线性卸载和非线性卸载)。该单元的 GASKET table 项允许使用者直接输入通过实验测量得到材料复杂的压力闭合曲线，包括压缩曲线和几个压力 - 松弛曲线，在没有定义卸载曲线的时候，垫片的卸载过程会沿着材料的压缩曲线原路返回。该单元不考虑垫片表面的剪应力以及法兰与垫片之间的摩擦力，只考虑垫片厚度方向的应力和变形。

(c) 为了模拟法兰与密封垫片、管板与密封垫片以及螺栓头或螺母与法兰等处接触副中的接触面和目标面，分别选用 CONTA174 接触面单元和 TARG170 目标面单元。

(d) 为了模拟螺栓的预紧过程，螺栓选用 PRETS179 螺栓预紧单元来模拟。该单元是建立在已经划分了网格的结构中。PRETS179 单元只有一个自由度 UX，由该自由度定义预紧力方向。

(2) 单元网格划分

单元网格划分就是分析人员要具体确定模型中各类单元的形状与尺寸。这是需要分析人员在建模过程中自主作出决定的重要一步。单元网格划分中单元的形状和单元的相对大小都对分析结果的精度有影响。这种影响称为单元网格划分对分析结果精度的敏感性。

要降低单元形状对分析结果精度的敏感性，主要就是要注意两个问题：1)单元各边线之间的夹角不应小于 20°；2)体单元在长、宽、高三个方向尺寸两两的比值中的最大比值(面单元则是在长、宽两个方向尺寸的最大比值)一般不要超过 7。

要降低单元的相对大小对分析结果精度的敏感性，一般来说，单元网格划分太粗，有限元计算过程可能不收敛，会使分析结果误差过大。而单元网格划分愈细，有限元计算结果也愈精确，但是得到计算结果与处理计算结果需要的机时也愈长，因而分析成本也愈高。因此，分析人员在对有限元模型划分网格时，必须考虑在分析精度与分析成本之间进行合理的折中处理。进行合理折中处理的原则是：在求解工程问题时，只能也只需保证分析模型有合理的计算精度，并无必要去追求形式上的高计算精度。这是因为数值计算结果的实际精度要受到各输入数据有效数字位数的影响。工程问题的某些输入数据往往就只有 2 位有效数字甚至 1 位有效数字。例如，从工程手册上查到的碳锰钢在常温时的弹性模量值 $E=2.1\times10^3$ MPa，只有 2 位有效数字。泊松比值 $v=0.3$，只有一位有效数字。在这些参数参加计算的条件下，不管计算机给出的计算结果在形式上有多少位数字，但实际上的计算精度只有 2 位甚至是只有 1 位有效数字。这也就是说，只要有一个输入数据是 2 位有效数字的，并进入乘除计算，则计算结果的精度最多也只有 2 位有效数字。这也意味着工程计算一般允许有 5% 左右的误差。因此，在确定单元网格划分时，必须证明单元网格划分的合理性，即所确定单元网格可以得到收敛的且符合工程精度的计算结果。这就说明可以采用“试算法”来进行证明。具体做法如下：

(a) 根据经验，将模型进行初步的网格划分，注意在估计应力较大的区域和存在应力集中的区域，网格要相对密一些，其他区域网格可以相对疏一些。

(b) 施加一个比较简单的载荷，采用比较小的加载步长进行试算，将分析结果记录下来。

(c) 再在原来网格的基础上，将网格尺寸减小约一半，重划网格。

(d) 采用与上次计算相同的载荷和加载步长进行试算，将分析结果记录下来。

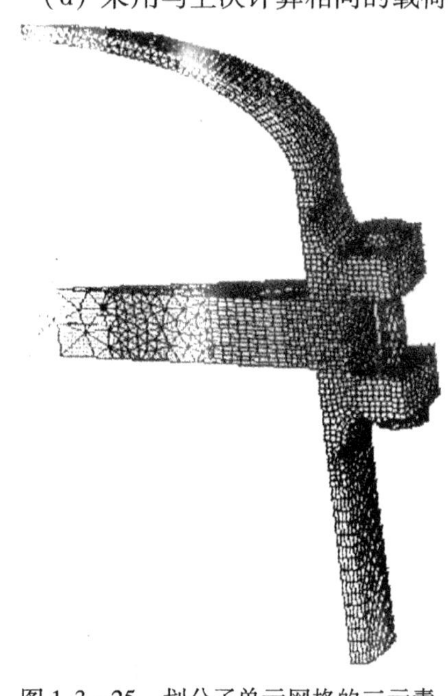

图 1.3-25 划分了单元网格的三元素法兰接头有限元模型

(e) 以后一次计算结果为基准，计算两次分析结果的相对误差，如果各个相对误差均不超过 ±3%，就可认为第一次划分的网格是收敛的，其计算精度对工程问题而言是可以接受的，所划分的网格在后续的分析中可以应用。如果有些相对误差超过了 ±3%，则表明第一次划分的网格根收敛性不好，计算误差过大，不应采用。至于第二次划分的较为细化的网格能否应用，则应根据重新按上面第(c)步至第(e)步进行的试算结果来确定。

图 1.3-25 为通过上述试算法确定了单元网格划分的三元素法兰接头有限元模型。

4. 材料特性

法兰接头中各元件的材料可分为线弹性材料和非线弹性材料两种。

a) 线弹性材料：法兰接头的各种钢制元件都可看成线弹性材料，因为设计过程已保证了它们中的工作应力低于材料的屈服强度，而钢材在发生屈服之前都可看成线弹性材料。对法兰接头各线弹性元件的材料需要给定它们在常温下和在操作温度下材料主要性质的具体数据。作为例子，表 1.3-7 为某法兰接头各弹性元件在常温下的材料性质表。如果该法兰接头的操作温度不是常温，则还应该有一个项目与此相同的在操作温度下的材料性质表。

表 1.3-7 法兰接头各线弹性元件的材料性质

构件名称		材料牌号	E/MPa	μ	σ_y/MPa	基本许用应力强度 S_m/MPa
	法兰	16Mn	2.1×10^{11}	0.3	450	150
	螺栓	40MnB	2.1×10^{11}	0.3	765	212
	螺母	40Mn	2.1×10^{11}	0.3	765	212
	封头	16MnR	2.1×10^{11}	0.3	490	163
	筒体	16MnR	2.1×10^{11}	0.3	490	163
管板	环形无孔区	16Mn	2.1×10^{11}	0.3	450	150
	中心开孔区	16Mn	* 5.376×10^{10}	* 0.355		

* 注：管板中心开孔区处理成具有当量材料性质 $E^*=5.376\times10^{10}$MPa，$\mu^*=0.355$ 的实心圆平板。管板孔为正三角形排列时管桥上实际平均应力强度 S 与当量实心圆平板计算应力之间的关系详见本章的式(3-73)。

b）非线弹性材料：密封垫片都是非线弹性材料，为了定量描述它们的非线弹性的材料特性，需要具体给出它们在常温下和在操作温度下当承受压缩载荷而发生压缩和回弹时的非线性应力－应变曲线，如图1.3－24所示的具有时滞效应的压缩和回弹应力－应变曲线。为了定量描述密封垫片材料的密封性能，则需要给出所用垫片预紧密封比压 y 和垫片系数 m 的具体数值。

5. 载荷、载荷工况与边界条件

有限元分析主要就是采用数值分析方法来研究系统对施加于系统的载荷与边界条件的响应。对静载荷问题，系统的响应主要就是在规定载荷与边界条件下系统产生的变形与应力以及由此可能引起的后果，如结构的断裂、失稳、疲劳、高温蠕变、密封面泄漏等。对动载荷问题，系统的响应主要就是在规定载荷与边界条件下系统各处产生随时间变化的速度与加速度、变形与应力以及由此可能引起的后果，如结构的振动、断裂、失稳、疲劳、密封面泄漏及接触面磨损等。因此，正确定义系统承受的载荷和载荷施加方式，正确定义系统的边界条件是获得正确分析结果的关键之一。在确定边界条件及载荷施加时，必须考虑到系统的实际工作状况，使分析能在简化的条件下，以合理的精度模拟实际工况。

（1）载荷

（i）管壳式换热器三元素法兰接头承受的载荷

管壳式换热器三元素法兰接头承受的载荷可分为两大类：

（a）机械载荷：主要包括螺栓预紧载荷、管板－管箱侧的管程压力、管板－壳体侧的壳程压力以及两换热介质进出管道作用在换热器接管法兰处的接管载荷等。对一般管壳式换热器而言，结构及传热介质的重力载荷可以忽略不计；地震载荷与风载荷也可不予考虑；传热介质流动引起的动载荷只在作换热器的流体诱导振动分析时才需要考虑。

（b）热载荷（温差载荷）：主要是操作工况下管程流体与壳程流体温度不同而在结构材料中引起的且在结构中产生热应力和热变形的温差载荷。如金属管板沿其厚度方向的温差载荷，会使管板发生碗状弯曲变形。在固定管板式换热器中，壳体金属平均温度与换热管金属平均温度的温差载荷在壳体与换热管中引起的轴向拉/压应力，可能使壳体与管板的连接焊缝遭受破坏，或使换热管与管板的接头松脱，或使受压应力的换热管在操作时引发强烈的流体诱导振动而发生的破坏，等等。

（ii）非线性三元素法兰接头分析中载荷的施加方式

在分析中考虑了密封垫片在受压缩载荷加载与卸载时的非线性性质以及接触单元的非线性性质，上述各种载荷都不能一次施加，必需采用分步增量加载的方式施加，且载荷增量步长必须控制，不能过大，否则就难以保证数值计算过程收敛和数值计算结果的合理精度。合理的载荷增量步长也应采用类似于上节中谈到的“试差法”来确定。

目前，很多商业性大型通用有限元分析软件都各自开发了螺栓预紧载荷的施加技术。例如，在ANSYS有限元分析软件中就提供了专用的螺栓预紧单元PRETS179，可以方便地给螺栓施加指定大小的预紧载荷。具体拧紧程度可以通过设定单个螺栓的预紧拉力来控制。对于非线性系统，也必须采用增量加载方式，通过多个子载荷步将螺栓预紧力由零逐渐增加到预定的螺栓预紧力。

（iii）非线性三元素法兰接头分析中需考虑的载荷组合工况

在管壳式换热器工作过程中，三元素法兰接头可能会经历管程水压试验工况、壳程水压试验工况、或同时承受管程压力与壳程压力正常操作工况等多种稳态载荷工况，也可能经历不同载荷条件下开工过程与停工过程中等多种瞬态载荷组合工况。在换热器分析与设计时，必须对所有可能经历的载荷组合工况分别予以分析，以保证换热器在所有这些可能经历的载荷组合工况中都是安全的三元素法兰接头分析中需考虑的载荷组合工况与管板分析时，需考虑的载荷组合工况是一致的。通常要考虑的10个工况已列于表1.3－8中。

表1.3－8 换热器法兰分析通常需考虑的载荷工况

通常需分析的载荷工况			载荷组合	载荷工况编号
稳态工况	螺栓预紧	螺栓预紧工况	$\sigma_{pre-bolt}$	工况1
	水压试验	管程水压试验工况	p_{t-T}	工况2
		壳程水压试验工况	p_{s-T}	工况3
	正常操作	正常操作工况	p_t+p_s+t	工况4
瞬态工况	开工过程	管程先开的初瞬时	p_i	工况5
		壳程先开的初瞬时	p_s	工况6
		管程、壳程同时开的初瞬时	p_t+p_s	工况7
	停工过程	管程先停的初瞬时	p_s+t	工况8
		壳程先停的初瞬时	p_t+t	工况9
		管程、壳程同时停的初瞬时	t	工况10

注：$\sigma_{pre-bolt}$表示全部螺栓在预紧时要达到的总螺栓预紧拉力，也是要达到的对密封垫片的总预紧压力，可按相关标准规定计算；

p_t、p_s分别表示管程和壳程的工作压力；

t表示正常操作过程结构受到的稳态热载荷，即正常操作时该结构中的稳态温度场；

t需要通过传热分析来得到；

p_{i-T}与p_{s-T}分别为换热器管程与壳程的水压试验压力。

值得注意的是，在进行非线性三元素法兰接头的有限元分析时，由于问题的非线性性质，处理线性问题的叠加原理已不适用，对上述10个工况的分析必须注意它们的时序性。例如，要分析工况2或工况3，都必须首先分析工况1，采用适当的载荷增量步长模拟一点一点“拧紧螺栓”直至螺栓中的平均预紧拉力接近规定的预紧拉力$W_{pre-bolt}$的这一过程。然后，再在工况1分析结果的基础上采用适当的载荷增量步长进行管程试验压力(工况2)或壳程试验压力(工况3)的增量加载，直达到规定的管程试验压力或壳程试验压力。又如，要分析工况4，也要在工况1分析结果的基础上同时对管程工作压力、壳程工作压力以及温度载荷采用适当的载荷增量步长进行增量加载，直达到规定的管程工作压力、壳程工作压力以及稳态传热分析得到的温度场。

(2) 边界条件

本模型施加的边界条件如下：

(a) 在壳体下端面上施加轴向约束(图1.3－25中的Y方向)以限制下端面发生轴向位移。

(b) 在模型两个周向侧面上施加对称约束以限制两个周向侧面绕对称轴Y的转动。

6. 参数化有限元模型

如果只是需要采用有限元法校核一个具体法兰接头的性能，建模时完全可以按照该法兰接头具体的几何尺寸、材料性质、载荷大小的数据来建立该法兰接头的有限元分析模型。但是，如果要根据使用条件设计一套非标准的法兰接头(管壳式换热器中连接壳体－管板－管箱的“三元素法兰”接头就属于此类问题)时，或是要研究几何尺寸、材料性质及载荷大小等参数分别对法兰接头性能的影响时，采用具体几何尺寸、材料性质及载荷大小的数据来建立法兰接头的有限元模型，这种建模方式就显得不方便。因为“根据使用条件设计一套非标准的法兰接头”设计出来能够满足要求的设计方案不是唯一的，可有无数多个，且这些设计方案还可以根据不同的优化目标进行优化设计，从而得出一系列优化设计方案，以供选用。进行优化设计时需要不断地改变模型的某些数据，如几何尺寸及材料性质等，以形成新的分析模型，并对新模型进行分析和结果比较，以使优化目标达到最佳。为了不断修改模型，采用参数化有限元模型比采用具体几何尺寸、材料性质及载荷大小数据建立的有限元模型方便得多。采用这种参数化方法建立的分析模型，其模型的几何尺寸、材料性质及载荷等因素都可以通过对参数赋予不同的数值，这样就可方便地改变法兰形状、材料性质以及载荷的大小等。所以用参数化模型可以系统和定量地研究相关参数对法兰接头的影响，有利于分析影响接头整体强度和紧密性的主、次因素，从而为法兰接头整体结构优化奠定基础。

参数化有限元模型的建立可分为以下两大步：

（1）定义建模所需要的各类参数

建立参数化有限元模型所需要的参数可以分为3大类，即：a)几何参数，用于定义模型的结构与尺寸，这类参数的数量比较多；b)材料参数，用于定义模型所用各种材料的性能，对工程上常用到的固体金属材料，在其线弹性范围内常用到的性能参数有弹性模量E、泊松比v、屈服强度σ_s、设计应力强度S_m、线膨胀系数α、热导率λ及密度ρ等。注意，其中多数参数的取值还与材料工作时的温度有关；c)载荷参数，用于定义模型承受的各种载荷，常见的如结构的重力、流体对固体表面的静压力、介质压力、风压力、地震力、接触面上的正压力和摩擦力等。

（2）获取参数化建模的命令流

对模型中不需要变化的参数，就不必定义一个参数符号，只对每个需要变更数值的参数定义一个参数符号。为了获取参数化建模的命令流，在第一次建模开始时，首先对定义了的各个参数分别进行赋值。在后面的建模过程中用到这些已经赋值参数的数值时，就不必再重复给出这些已经赋值参数的具体数值，而可以用已定义了的那些参数符号来代替那些参数的具体数值。

在完成第一次建模后，可以得到一个有限元软件自动生成的命令流文件。转存好这个命令流文件，这就是参数化建模的命令流文件。在以后需要改变这个模型的某一个或某一些参数的数值时，则只需对在这个模型的参数化建模命令流文件内参数赋值区中那一个或那一些参数重新进行赋值，并将这个命令流文件重新命名进行转存。然后运行这个转存后的命令流，就可以得到改变了参数的新模型的分析结果。可见，采用参数化建模技术，可以很方便地改变各参数数值来就各个参数对模型性质的影响进行定量分析研究。

（三）垫片非线性三元素高颈法兰接头三维有限元分析结果

一个具体的有限元模型通过有限元软件求解后，首先得到的是一个庞大的结果数据库。要得到具有明确物理意义的分析结果，还需要通过对结果数据库里的数据按照研究目标的需要进行后处理。

对垫片非线性三元素高颈法兰接头三维有限元分析模型，通过有限元计算结果的后处理，就可获得垫片非线性三元素高颈法兰接头特性很多新的和深入的认识，也可为法兰接头结构的优化设计提供先进的技术手段。通过改变某些参数的数值和对有限元计算结果的后处理，可从以下几个方面深入定量地研究法兰接头的性质。

1. 关于法兰的压紧螺栓

基本的分析结果：螺栓预紧过程中，螺栓会同时发生轴向伸长并在法兰轴线与螺栓轴线方向产生平面内凸向法兰轴线的弯曲。预紧时，螺栓横截面上不但受拉应力，且还受弯曲应力。管板两侧或一侧的操作压力升起时，螺栓的拉应力变化缓慢，而螺栓弯曲应力增长迅速。

值得研究的问题：

(1) 预紧过程中，螺栓的弯曲应力随螺栓预紧拉应力的增大是如何变化的?

(2) 螺栓预紧时影响弯曲应力大小的因素有哪些? 哪些是主要因素?

(3) 管程压力与壳程压力同时按比例分别升至其操作压力的过程中，螺栓中的拉应力和弯曲应力分别会发生何种变化?

(4) 管程压力与壳程压力先后分别升至其操作压力的过程中，螺栓中的拉应力和弯曲应力又将分别如何变化?

(5) 弯曲应力对螺栓强度的影响有多大?

2. 关于法兰的密封垫片

基本的分析结果：螺栓预紧过程中，管程和壳程两个法兰盘密封垫片在厚度方向的压缩变形，沿密封垫片周向和径向的分布都是不均匀的。两密封垫片上的预紧压应力沿密封垫片周向和径向的分布也都是不均匀的。管板两侧或一侧的压力升起时，密封垫片上的压紧应力降低且变得更不均匀，垫片内侧压紧应力急剧降低，外侧降低稍缓。

值得研究的问题：

(1) 螺栓预紧后，密封垫片的压紧应力沿密封垫片周向和径向的分布曲线是什么样的?

(2) 假设管程和壳程的操作压力相等，管板两侧或一侧的压力升起后，两密封垫片的压紧应力沿密封垫片周向和径向的分布曲线是什么样的?

(3) 假设管程的操作压力大于壳程的，管板两侧的压力升起后，两密封垫片的压紧应力沿密封垫片周向和径向的分布曲线是什么样的?

(4) 假设管程和壳程的操作压力相等，根据管板两侧压力升起后密封垫片压紧应力沿密封垫片周向和径向的分布曲线，能否预测出随着压力升高，压力介质将首先从密封垫片的哪个位置侵入密封垫片? 压力介质将首先从密封垫片上的哪条路径发生泄漏?

(5) 密封垫片是宽些好还是窄些好? 为什么?

(6) 现在准备将螺栓材料改用具有更高许用应力的高强钢，相应地减小一点螺栓直径，并保持预紧后的螺栓预紧力不变。在其他参数均不改变的条件下，这样做，密封垫片能得到相同的压紧结果吗? 会改变压紧应力的分布吗?

(7) 现在准备将数量较少但直径较大的螺栓，改用数量较多但直径较小而材料相同的螺栓来代替，但保持总螺栓横截面积不变，并保持预紧后的总螺栓预紧力不变。在其他参数均不改变的条件下，这样做，密封垫片能得到相同的压紧结果吗? 会改变压紧应力的分布吗?

(8) 在其他参数均不改变的条件下，密封垫片的预紧密封比压 y 和垫片系数 m 的数值分别对法兰接头的密封性能和强度有什么影响?

3. 两个法兰盘与夹在其间的中间板(管板)

基本的分析结果：螺栓预紧过程中，两法兰盘发生相向的弯曲变形(或称为偏转)。若中间板两侧的密封垫片位置相同，则中间板不发生弯曲变形。若垫片位置不同，则中间板也会发生较小的弯曲变形。这正是使密封垫片压紧不均匀的原因。操作压力升起时，会加剧法兰盘相向的弯曲变形以及中间板的弯曲变形，并导致密封垫片上的压紧应力降低和分布进一步的不均匀。在预紧和加压的工况下，高颈法兰中的最高应力都是发生在法兰颈部的外侧应力集中处。

值得研究的问题：

（1）密封垫片压紧应力分布的不均匀性主要受哪些因素的影响？设计法兰接头时，为了降低垫片压紧应力分布的不均匀性，应考虑采取哪些措施？

（2）高颈法兰中的最高应力主要受哪些因素的影响？

（3）当管程操作压力与壳程操作压力大小不同时，在中间板为 U 形管式换热器管板的条件下，由于管板没有换热管的支持，中间板会产生凸向低压侧的弯曲变形。这对两侧的两个密封垫片压缩变形、压紧应力分布和垫片的密封能力各有什么影响？

（4）在其它条件不变时，密封垫片在法兰盘上的摆放位置（即垫片内径小一些或大一些）以及垫片宽度对法兰盘和螺栓的受力有何影响？

4. 其它值得影响的问题：

（1）在其它条件不变时，螺栓预紧压力若提高 10%，能够密封住的内压可以提高多少？是大于 10%？等于 10%？还是小于 10%？

（2）怎样改变密封垫片材料的非线性性质，才能提高密封垫片的密封性能，以达到采用较小的螺栓预紧压力就能密封住同样大小的内压？

（四）三元素法兰接头三维有限元分析小结

法兰接头是一种几何形状复杂并具有高度非线性性质的复杂结构。一般结构只需要考虑其强度与刚度的不同即可，而法兰接头还必须同时保证其结构强度及其对介质的密封性。广泛用于管壳式换热器连接管箱与管束的“三元素法兰接头”的结构就更为复杂，影响接头性质的变量更多，既难于开发标准化的设计，又难以用解析法进行比较准确的分析与设计。当今飞快发展的计算机技术与有限元数值仿真技术，对工程中“三元素法兰接头”分析与优化设计的实现提供了强有力的新手段。采用有限元数值仿真分析技术，加上通过实验得到结构材料性能的比较可靠的输入数据，应该会成为当前与今后一段时期进行工程中“三元素法兰接头”分析研究与优化设计的主要技术方法。

参 考 文 献

[1] GB 151—1999，管壳式换热器[S].

[2] 徐鸿，陈树宁. 平焊法兰接头工作状况的模拟与分析，压力容器，1988，5(5)：11～17.

[3] Blach A E，Bazergui A. Methods of Analysis of Bolted – Flanged Connections – A Review，WRC Bulletin 271，1981.

[4] ASME Boiler and Pressure Vessel Code，Section VIII，Division 1.

[5] GB 150—1998，钢制压力容器[S].

[6] Waters E O，Wesstrom D B，Rossheim F S G. Formulas for Stresses in Bolted Flanged Connections，ASME Trans，1937，59.

[7] Gill S S. The Stress Analysis of Pressure Vessels and Pressure Components，Chapter 6，Pergamon Press，New York，1970.

[8] Singh K P. Study of Bolted Joint Lntegrity and Intertube Pass Leakage in U - Tube Heat Exchangers, ASME Paper Nos. 77 - WA/NE - 6 and 7, 1977.
[9] Soler A l. Analysis of Bolted Joint with Nonlinear Gasket Behavior, Journal of Pressure Vessel Technology, 1980, 102(8).
[10] Biot M A. Mechanics of Incremental Deformations, Wiley, Chapter 2, 3, 1965.
[11] 徐芝纶. 弹性力学(下册第14章), 北京: 人民教育出版社, 1981.
[12] 余国琮. 化工容器及设备. 北京: 化学工业出版社, 1980.

第四章　流体诱发的振动

（聂清德　谭蔚）

第一节　概　　述

一、简介

管壳式换热器因其具有结构简单、传热面大、承受压力和温度高，操作管理方便、可靠性好及适应性广泛等优点，在化工、石油化工、动力及原子能等工业中迄今仍是普通应用的换热设备。

在管壳式换热器中，通常用设置折流板的方法来，使壳程流体横向流过管束以改善其传热。在规定的压力降范围内，最大程度地增大壳程流速，不仅可强化传热，且还可减少管子表面上的污垢。但是，随着流速的提高，高强度材料的应用以及换热器尺寸的大型化发展，使换热管的挠性增加了，换热器的振动及破坏事故也随之逐渐多了起来。

早在20世纪50年代，便有换热器振动破坏的报道[1,2]，但当时并未引起人们足够的重视。后来随着核能技术的发展，对核动力设备的安全提出了非常严格的要求，同时考虑到巨额的设备与维修费用，因此对换热器的振动给予了特别的关注。据统计，在1962～1977年期间，在美国的17个反应堆系统中就有蒸汽发生器、堆芯控制棒及燃料棒等因发生振动而导致系统停工或减产[3]。1969年，美国原子能委员会的反应堆和工艺部（USAE-DRDT）对19个反应堆进行调查，发现其中9个反应堆一回路的换热器均有振动。其它如英国安格赛核电站、韩国汉城核电站、日本东海村核电站、加拿大道格拉斯角核电站、意大利特里诺核电站及瑞典林哈尔斯－3核电站等也曾发生过堆芯或管束振动的事故[4,5,6]。仅以英国安格赛核电站为例，由于锅炉管振动而停工，用了近3年的时间才得以恢复，每天损失10万英镑。

1969年，美国管壳式换热器制造商协会（TEMA）调查其下属单位时发现，在11个公司制造的42台换热器中，发生振动的就有24台。1972年，美国传热研究公司（HTRI）在所调查的66台换热器中，发生振动的竟高达54台[7]。而在发电厂、石油化工厂、炼油厂和烃加工厂中的换热器以及船用废热锅炉的预热器等发生振动和泄漏破坏的事例也屡见不鲜[7,8]。

我国从20世纪70年代开始，在北京、天津、上海、广东、佳木斯、抚顺、下花园、高井及秦皇岛等地的化工厂、电厂、糖厂和核电厂系统的换热器、废热锅炉和空气预热器中也相继发生过管子的振动与声振动[4]问题。

20世纪60年代始，已有较多的学者从事换热器流体诱发振动（或简称流振）的研究，到70年代初便已具备召开专题学术会议的条件。1970年，美国阿贡国家实验室（ANL）主办了“反应堆系统部件中流体诱发振动”会议，美国机械工程师协会（ASME）主办了“换热器中流体诱发振动”会议[9,10]，这均标志着一个新阶段的开始。

由于许多国家学者的重视与参与，此后国际性的专题学术会议接连不断。1972年在德国卡尔斯鲁厄（Karlsruhe）召开了“流体诱发结构振动”会议[11]。1973、1978、1983年相继在英国凯斯韦克(Keswick)召开“工业中的振动问题”会议与“原子能工厂中的振动”会议[12,13]。历届压力容器技术会议(ICPVT)、反应堆技术中的结构力学国际会议(SMIRT)、流体诱发振动与噪声(FIV+N)国际会议以及从1987年开始每年都召开的美国压力容器及管道(PVP)会议，都将换热器振动列为重要主题之一，这对本课题的研究与发展均起到很大的促进作用。

二、振动破坏形式

1. 碰撞损伤

当换热器的振幅较大时，相邻管之间或管与壳体之间便相互碰撞。位于无支撑跨距中点的管子表面受到磨损而出现菱形斑点，时间长了，管壁变薄甚至破裂。

2. 折流板切割

组装时为便于换热管容易穿过各折流板上的管孔，管孔一般比换热管的外径要大0.4~0.7mm。由于此种间隙的存在，管子在振动时便不断撞击折流板管孔，这尤如遭到折流板的切割。特别是在折流板很薄且其材料较管材更硬时，切割作用更为明显，进而导致管壁变薄或出现开口。

3. 管与管板连接处泄漏

用胀管法固定到管板上的管子，在振动时呈弯曲变形。与管板接头处的管子受力最大。管子有可能从胀接处松开或从管孔中脱出而造成漏泄甚至产生断裂。此外，尖锐的管孔边缘对管壁也有切割作用。类似的破坏形式也可能发生在管子与管板焊接的连接处。

4. 疲劳破坏

管子振动时受弯曲应力的反复作用，若此应力相当高且振动延续时间很长，则管壁将因疲劳而破裂。如果管子的材料存在裂纹且裂纹处于应力场中的关键部位，或者管子还同时受到腐蚀与冲蚀的作用，则疲劳破坏会加速。

5. 声振动

气体流过管束时，将引起壳程空腔中的气柱振荡而产生驻波。当驻波频率与周期性旋涡频率一致时，便会激起声振动，这也是一种共振现象。声振动时，会产生令人难以忍受的强烈噪声。过高的声压级还会损坏换热器的壳体。当声共振频率与管子固有频率一致时，管子的振动加剧且很快遭到破坏。

三、易受激振的部位

在管壳式换热器中若不设置折流板，壳程流体则为轴向流过管束，见图1.4-1(a)。若设置折流板，壳程流体在折流板之间则为横向流过管束，见图1.4-1(b)。处于横向流中的管束受流振的危害更大。

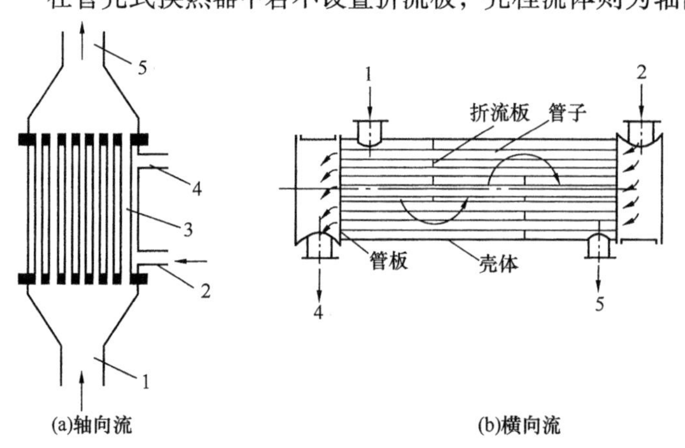

图1.4-1 壳程流体流动示意图

1、2—流体进口；3—管子；4、5—流体出口

一般情况下，管子所在的各个部位都有被振坏的可能，而处于下述部位的管子更易受到流体激振的破坏。

1. 挠性大的管子

由图1.4-1(b)可以看到，通过折流板缺口部位的管子跨距，明显地要比通过中央部位的管子跨距来得大。在前一种情况下，管子挠性大，管子的固有频率较低，振动的倾向更大。

鉴于同样的理由，在U形管换热器中，安置在外侧的愈靠近壳体的U形管1(图1.4－2)，具有更低的固有频率，受流体激振的影响也更为明显。

2. 高流速区的管子

当壳程流体进出口接管直径较小及管束外围与壳体内壁之间的距离T过小(图1.4－3)时，一般要设置改变流体流向的障碍物，如防冲挡板(图1.4－3)及密封条(图1.4－4)等设施，但这都会使局部区域成为高流速区，很易激起附近管子的振动。

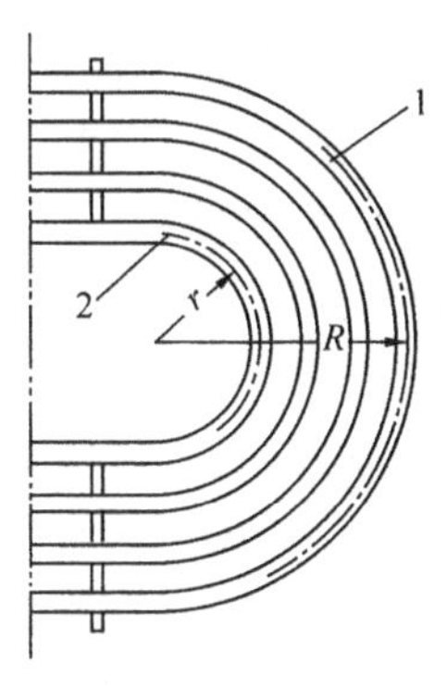

图1.4－2　U形管
1—外侧U形管；2—内侧U形管

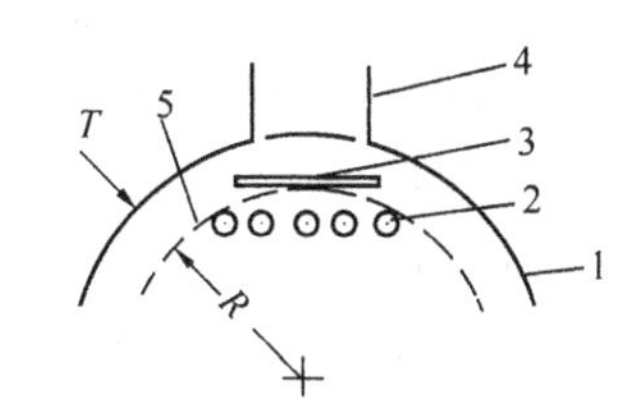

图1.4－3　流体进口部位
1—壳体；2—管子；3—防冲挡板；4—接管；5—管束外围周线

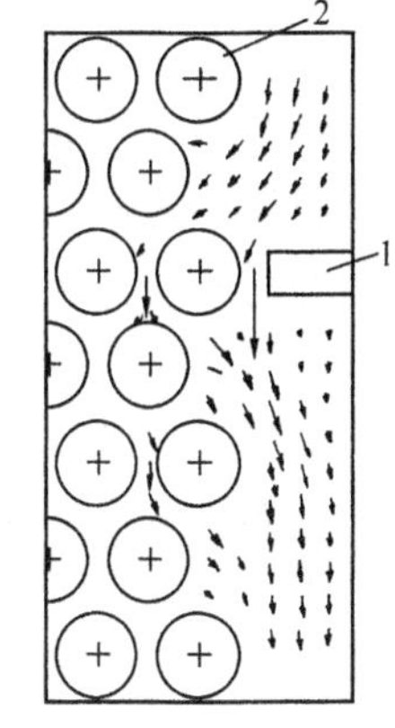

图1.4－4　密封条附近流体流动示意图
1—密封条；2—管子

四、研究概况

换热器中流体诱发振动被作为专门的学术研究领域，从形成、发展到逐渐成熟迄今已有近50年的历史。它的发展还得益于飞机机翼颤动以及悬索桥与烟囱流振研究所建立的基础。

在20世纪60年代～70年代，对单相流体沿横向与轴向绕流管束时诱发的管子振动与声振动的研究，已取得相当大的进展[14～20]。1977年，契诺韦士(Chenoweth)发表的技术报告对此有全面的介绍与总结[7]。TEMA标准顺应工程界的要求，不失时机地于1978年将“流体诱发振动”部分作为推荐性的切实可行的方法予以颁布[21]，使工程技术人员在设计阶段便能注意到如何避免换热器的振动问题，起到了很好的指导作用。

从20世纪80年代至今，对换热器流振的研究更趋深入与成熟。派杜赛斯(Paidoussis)(1982)、翟阿达(Ziada)等人(1989)、沃－杨(Au－Yang)等人(1991)、艾欣格(Eisinger)等人(1993)、倍蒂格罗(Pettigrew)等人(1998)及韦孚(Weaver)等人(2000)在总结大量文献资料的基础上发表了高水平的综述[22～27]。陈水生(Chen)(1987)、朱卡斯卡斯(Zukauskas)等人(1988)、布莱文斯(Blevins)(1990)、纳乌达斯乔(Naudascher)等人(1994)、派杜赛斯(Paidoussis)(1998)及林宗虎等人(2001)出版的专著[3,6,28～31]，很好地反映了此一时期在流体弹性振动机理与数学模型及两相流诱发振动机理方面的研究、随机振动理论与模拟计算方法的应用以及基准参数与振动判据的拟定等许多方面所取得的丰硕的成果。经过多年的实践验证，修订后再版的TEMA标准已将有关“流体诱发振动”的内容列入正文并成为该标准的规定性内容[32～33]。我国则是从20世纪80年代中期开始进行换热器流振方面研究的，在振动机理、振动特性及防振措施等方面都作了许多工作[6,34～40]，管束振动作为附录也列入了《管壳式换热器》国家标准中[41～43]。

第二节 流体诱发振动的机理

在管壳式换热器的壳程中，单相或两相流体无论是沿管子轴向还是横向流过管束时，由流体流动产生的并作用于管子上的动态力，均会导致管子振动。至于管子振动的机理，目前比较一致的观点有以下 4 种：

(1) 旋涡脱落激振(Vorticity Shedding Excitation) 这种振动起因于管子表面周期性脱落的旋涡所产生的周期性流体力。如果旋涡脱落频率与管子的固有频率一致，管子便会发生共振。处于横向流中的单根圆管，在管子表面上脱落的周期性旋涡，即通常所称的卡门旋涡。而在管间距较小的管束中是否存在这种规律性的卡门旋涡，至今仍不十分清楚。但是某种周期性脱落的旋涡使管子发生共振的可能性是确实存在的，特别是在液流或高密度的气流中，周期性的作用力相当大，因此管子的振幅也比较大。两相流体横向流过管束时，只有当体积含气率或空隙率 ε_g 小于 15% 时才会发生周期性的旋涡脱落激振。

(2) 湍流抖振(Tubulent Buffeting) 有时也称湍流激振(Tubulent Excitation)。流体绕流管子或处于上游位置的进口接管、弯头以及阀门等管件时都会产生湍流。由于湍流使管子表面的流场压力产生了随机性的脉动，从而使管子振动起来。在轴向流中湍流激振是主要的激振机理。在横向流中，湍流激振也很重要。在液相与两相流时，都应该考虑这种振动。湍流激振时，管子的振幅虽然比较小，但经历长时间振动，管子将产生疲劳，与支撑接触的管壁也将被磨穿。

(3) 流体弹性不稳定性(Pluidelastic Instability) 也称流体弹性激振(FluidelasticExcitation)。流体弹性不稳定性是动态的流体力与管子运动相互作用的结果。当流体速度较高时，流体给予管子的能量大于管子的阻尼所消耗的能量。在流体力作用下，管子将产生大振幅的振动，很短时间内便遭到破坏。无论是气体、液体、还是两相流体当其流过管束时，最常见到的与最具有破坏性的就是流体弹性不稳定性。因此它也是最重要的激振机理。

(4) 声共振(Acoustic Resonance) 气流横向流过管束时，当周期性的旋涡脱落频率与壳程的声驻波频率一致时，流场与声场耦联且相互加强，便会出现声共振现象。在一般情况下，只产生强烈的噪声，对换热器不会造成多大损害。但若旋涡脱落频率同时与声频以及管子的固有频率合拍，则管子很快便会遭到破坏。

在核电站的蒸汽主管线中，蒸汽沿管内流动时会发生声共振。流体流过管路中的阀门时发出的噪声，传播到管路下游也将出现声共振。但这些问题不是本章讨论的内容。

上述 4 种激振机理，适用于不同的流体流动状态。其相对的重要性，可以从表 1.4-1 中看出。本章将重点阐述单相与两相流体沿横向与轴向流过管束时产生的振动，尤其是单相流体横向流过管束时产生的振动。

一、横向流诱发的振动

(一) 旋涡脱落激振

1. 横向流中的单根圆管

(1) 边界层分离与旋涡脱落

按图 1.4-5 所示，当流体沿单根圆管绕流时，实际流体因其具有黏性，故从 A 点开始贴近圆管表面并形成很薄的边界层，且沿流动的方向逐渐增厚。边界层的厚度一般规定是指从管外壁到边界层外界面的距离，且外界面上各点的速度为主流速度的 99%。

表 1.4-1　不同流动条件下适用的激振机理[26]

流动条件			流体弹性不稳定性	旋涡脱落激振	湍流激振	声共振
轴向流	管内	液体	*	—	* *	* * *
		气体	*	—	*	* * *
		两相	*	—	* *	*
	管外	液体	* *	—	* *	* * *
		气体	*	—	*	* * *
		两相	*	—	* *	*
横向流	单根管外	液体	—	* * *	* *	*
		气体	—	* *	*	*
		两相	—	*	* *	—
	管束外	液体	* * *	* *	* *	*
		气体	* * *	*	*	* * *
		两相	* * *	*	* *	—

注：* * * 最重要；* * 应考虑；* 有可能；—不适用。

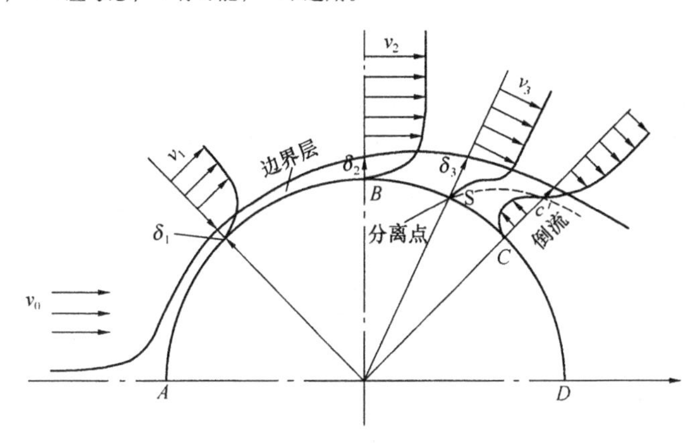

图 1.4-5　边界层分离

在圆管的前半部，主流到达 A 点时，流速变为零，此点称为前驻点。按照伯努利方程，此点压力为最大。此后通道逐渐减小，流体为增速减压，边界层内的流体在顺压情况下向前流动。

在圆管的后半部，从 B 点开始，通道逐渐增大，流体为减速增压。边界层内的流体除受摩擦力作用外还受到与流动方向相反压力的作用，动能不断降低。在 S 点之前，只有壁上的流体速度为零。在 S 点之后如 C 点，除壁上的流体速度为零外，近壁处的流体还发生停滞与倒流。SC' 线以下的流体，在逆压作用下将相邻的来自上游的流体外挤，使流体不再贴着柱体表面流动，而是从柱体表面脱落，形成边界层分离的现象。S 点称分离点。由于 SC' 线上下方两部分流体的旋转运动，尾流中将产生大量旋涡。

分离点的位置与 Re 数以及旋涡的形成密切相关。由图 1.4-6 中的曲线 2 可看出，因管子后部产生边界层分离现象而使尾流中存在着湍流旋涡，故压力变化很小，曲线比较平坦。压力开始平稳之处即为分离点 S。随着 Re 数增大（曲线 3，4），分离点后移。图中反映压力大小的无量纲压力系数 $\bar{p}$，其值可由以下公式表示：

$$\bar{p}=\frac{p_{\varphi}-p}{\frac{1}{2}\rho v_0^2} \tag{4-1}$$

式中 v_0——主流速度，m/s；

ρ——流体密度，kg/m^3；

p——主流压力，Pa；

p_{φ}——角度为 φ 时管子表面处的流体压力，Pa。

流体沿圆管绕流所形成的旋涡也与 Re 数有关。Re 数小于 5 时，流体贴着圆管表面流动，不发生边界层分离的现象，见图 1.4－7(a)。特别是当 $Re<1$ 时，与理想流体的流动非常相似，见图 1.4－6 中的曲线 1。前驻点与后驻点分别位于 $\varphi=0$ 与 $\varphi=180°$ 之处。圆管表面上的压力分布是对称的。

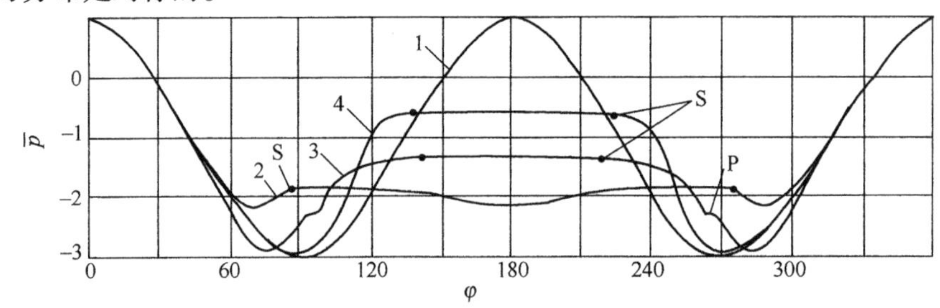

图 1.4－6 圆管表面上的压力分布[28]

1—理想流体流动；2—$Re\leq 2\times10^5$ 时；3—$Re=4.5\times10^5$ 时；4—$Re=1\times10^6$ 时；P—气泡分离点；S—边界层分离点；φ—离开前驻点 A 沿圆周旋转的角度

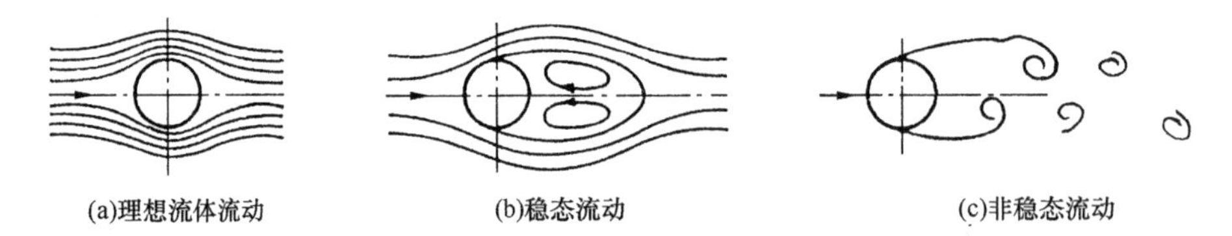

图 1.4－7 流体绕流单根圆管时的不同阶段

当 $5\sim15\leq Re<40$ 时，层流边界层从圆管表面上分离，管后两侧产生一对稳定的旋涡，见图 1.4－7(b)。

当 $40\leq Re<150$ 时，边界层为层流，圆管背后的两侧交替而周期性地形成相反旋转方向的旋涡，并从管表面上脱落。在尾流中有规律顺序地交错排列成两行的旋涡，此即为通常所称的卡门涡街，见图 1.4－7(c)。在上述 Re 数范围内，涡街为层流。需要指出的是，旋涡从管表面上的每一次脱落均会立即伴随着流型以及管表面上压力分布而变化，因此管表面上及尾流中的流体都会处于非稳定状态。

当 $150\leq Re<300$ 时，边界层为层流，涡街则从层流过渡到湍流。

当 $300\leq Re<3\times10^5$ 时，为亚临界区，边界层仍为层流，但随着 Re 数的增大，分离点将向后驻点移动，见 1.4－6 中的曲线 2 与 3，涡街为湍流。

当 $3\times10^5\leq Re<3.5\times10^6$ 时为过渡区，边界层由层流变为湍流。旋涡脱落是不规则的，卡门涡街消失，湍流的尾流变窄。

当 $Re\geq3.5\times10^6$ 时为超临界区，湍流的卡门涡街重现。根据文献报道[44]，早在 20 世纪 50 年代初，就有工业烟囱在超临界区发生破坏的事例。

(2)旋涡脱落频率

从单管表面脱落的旋涡频率可利用捷克物理学家斯特罗哈由实验得到的公式来计算：

$$f_s = St \cdot v_0/d \tag{4-2}$$

式中　f_s——旋涡脱落频率，或单位时间产生的旋涡数，1/s；

d——管外径，m；

St——斯特罗哈准数，无量纲，是 Re 数的函数。

由图 1.4-8 可知，在 $300 \leqslant Re \leqslant 2 \times 10^5$ 范围内，St 数接近一常数 0.2。当 Re 数继续增大至 3.5×10^6 时，St 数随湍流度①的变化，无法保持为一确定的数值。当 $Re > 3.5 \times 10^6$ 时，St 数接近一常数 0.27。

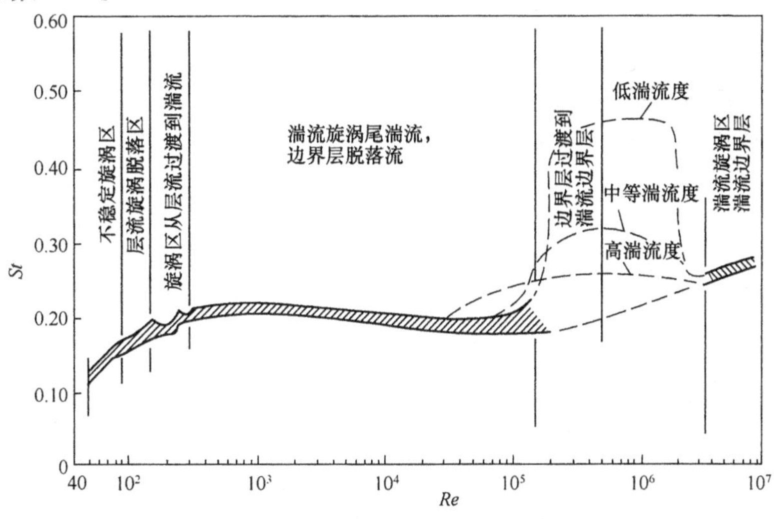

图 1.4-8　单根圆管的 St 数[3]

(3)作用在圆管上的流体力

当流体绕流单根圆管时，如 $Re<1$，可按理想流体考虑，圆管表面上的压力为：

$$p_\varphi = q(1-4\sin^2\varphi), \quad \text{Pa} \tag{4-3}$$

$$q = pv_0^2/2, \quad \text{Pa} \tag{4-4}$$

图 1.4-9(a)为管表面上的压力分布图。由于受力对称，沿流动方向作用于管上的阻力(或曳力)F_D，垂直于流动方向作用于管上的升力 F_L 均等于零。

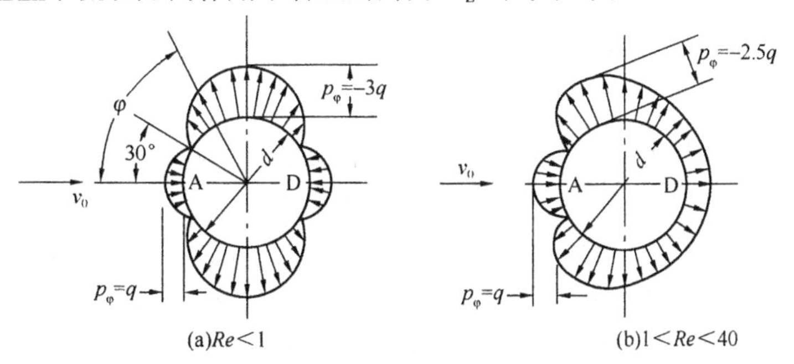

图 1.4-9　单圆管表面上的压力分布[45]

① 湍流度(Turbulence Intensity)，定义为局部速度的脉动值(取均方根值)除以局部速度的平均值，即 $\sqrt{\bar{v'^2}}/v_0$。

当 Re 数增大而不超过 40 时，由于流体黏性的影响，圆管表面上的压力分布起了变化。从图 1.4－9(b)可以看出，圆管后半部分的压力已由正变为负。利用积分可得出一稳定的阻力，而升力仍等于零。

当 $Re>40$ 时，圆管背后两侧交替地产生旋涡。旋涡刚刚脱落的一侧，绕流改善，流体受到的阻力较小，速度较快而静压较低。正在产生旋涡的一侧，绕流较差，流体阻力较大，速度较慢而静压较高。因此圆管受到周期性脉动的升力与阻力的作用，见图 1.4－10。升力的方向总是指向旋涡脱落的一方，阻力仍顺着流动方向。由图 1.4－10 还可看到，脉动升力的频率即为旋涡脱落频率，脉动阻力的频率为旋涡脱落频率的 2 倍。

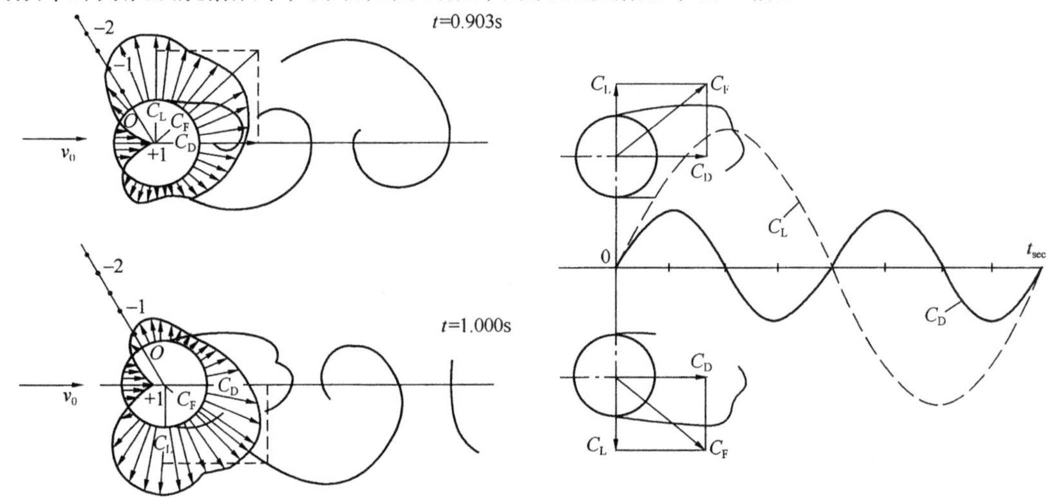

图 1.4－10 周期性旋涡脱落时单圆管表面上的压力分布[29]

升力与阻力的大小可依次按以下二式计算。

$$F_L = C_L \rho d l v_o^2 [\sin(2\pi f_s t)]/2, \mathrm{N} \tag{4-5}$$

$$F_D = C_D \rho d l v_o [\sin(4\pi f_s t)]/2, \mathrm{N} \tag{4-6}$$

式中 l——管长，m；

t——时间，s；

C_L、C_D——依次为脉动的升力系数与阻力系数，其值与 Re 数有关，可按图 1.4－11[28] 确定。

由图 1.4－11 可知，C_L 值比 C_D 值大一个数量级。因此升力方向的流体激振是首要的。

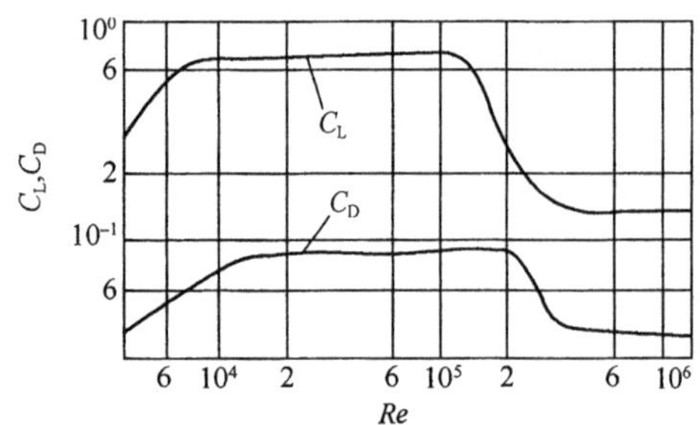

图 1.4－11 单圆管脉动的升力系数与阻力系数[28]

需要指出，在作图 1.4－11 中的曲线时所利用的数据都是经整理后得出的均方根的平均值。实际上 C_L 与 C_D 值除受 Re 数影响外还受圆管表面粗糙度、圆管长度及圆管附近结构的影响。而且，研究者们的试验条件也不相同，因此他们发表的数据相互之间存在差别也就不足为奇了。为了便于参考现将一部份数据列于表 1.4－2[3]。

表 1.4-2　脉动的流体力系数

研究者	C_L 的均方根值	C_L/C_D	Re 数范围
Jones(1968)	0.08	—	$0.4\times10^6\sim1.9\times10^7$
Mc Gregor(1957)	0.60	10	$4.3\times10^4\sim1.3\times10^5$
Surry(1969)	0.60	2.5~10	4.4×10^4
Bishop 与 Hassan(1964)	0.60	10	$3.6\times10^3\sim1.1\times10^4$
Ruedy(1935)	0.93	—	$\sim10^5$
Woodruff 与 Kozak(1958)	0.65	—	0.2×10^6
Vickery 与 Watkins(1962)	0.78	—	10^4
King(1974)	0.78	5.7~10	4×10^4
Fung(1958)	0.20~0.30	10	0.2×10^6
Glenny(1966)	—	3	0.2×10^6
Keefe(1961)	0.43	10	$4\times10^4\sim10^5$
Humphreys(1960)	0.30~1.35	—	$3\times10^5\sim5\times10^5$
Phillips(1956)	0.75	—	200
Schwabe(1935)	0.45	—	~700
Protos(1968)等	0.30	—	4.5×10^4

(4) 锁定区(Lock - In Region)

当流速从零开始升高时，从静止管子脱落的旋涡频率也随之增大，由公式(4-2)可知，其与流速成线性的关系。当旋涡脱落频率达到管子最低的固有频率时，管子开始沿升力方向共振，振幅剧增。但在此后的一段流速范围内，尽管流速继续升高，旋涡脱落频率却不再增大而是变为等于振动管的固有频率，如同旋涡脱落频率被固有频率“捕获”一般。相应的这段流速范围称为锁定区，也称同步区(Synchronization Region)。一般情况下，在升力方向共振时，锁定区内无因次流速($u_r=v_o/f_nd$)的范围是4.5~10；在阻力方向共振时，锁定区内无因次流速的范围是1.25~4.5。图1.4-12为弹性支撑时单圆柱的锁定区图[24]。纵坐标为 u_r，横坐标为质量阻尼参数 $m\delta/\rho d^2$，其中 m 为包括流体附加质量在内的圆柱单位长度总质量；ρ 为空气密度；δ 为圆柱的对数衰减率。图中的阴影部分便是锁定区。可以看到，随着 $m\delta/\rho d^2$ 值的增大，锁定区的流速范围缩小。当 $m\delta/\rho d^2>32$ 时，由于阻尼很大，便不存在锁定区，管子不再发生振动。

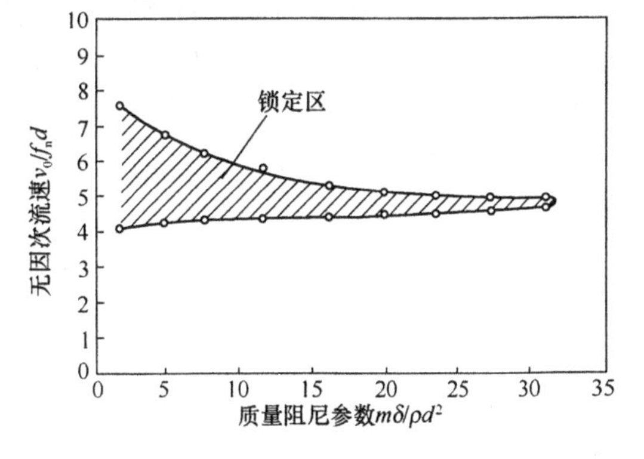

图 1.4-12　单圆柱的锁定区图

(5) 相关长度(Correlation Length)与耦合度(Joint Acceptance)

当管子静止时，沿管子全长脱落的各个旋涡之间没有明显固定的相位关系。旋涡沿管了轴向脱落的一致性(Coherence)或相关性(Correlation)是比较差的。

当旋涡脱落频率等于或接近管子的固有频率时，管子发生共振。如果振幅达到某一界限值，即在升力方向此值为 $0.1d$ 或在阻力方向此值为$(0.01\sim0.02)d$ 时，由于存在锁定区，管子的运动将使旋涡强度增加，且对尾流起到很好的整理作用，因此沿管子轴向旋涡脱落的相关性明显地增强。当振幅继续增大到一定的数值(如 $0.5d$)时，沿管子全长脱落的旋涡，在同一时间内都以相同的频率均匀地脱落，此时尾流处于二维流动状态。这时为完全相关。

沿管子轴向旋涡脱落一致的该部分长度称为相关长度 L_c。对单根的静止管，住 $10^3 < Re < 2\times10^5$ 时，相关长度很小，其值为[24]：

$$3d < L_c < 7d \tag{4-7}$$

如 Re 增大，L_c 值甚至更小。

在完全相关时，则 $L_c = L$ (4-8)

流体流动的相关作用，对管上的升力产生很大影响，故公式(4-5)应改为

$$F_L = C_L J_n \rho dl v_o^2 [\sin(2\pi f_s t)]/2 \quad \text{N} \tag{4-9}$$

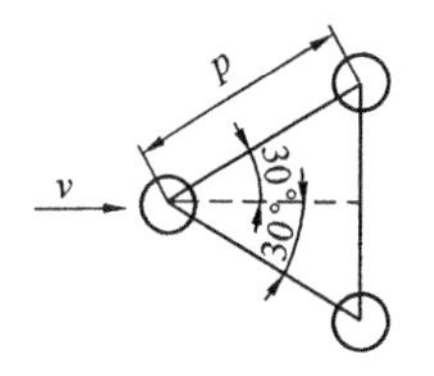

(a)正三角形排列的管束

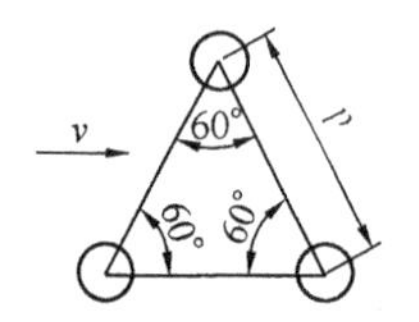

(b)转角正三角形排列的管束

(c)正方形排列的管束

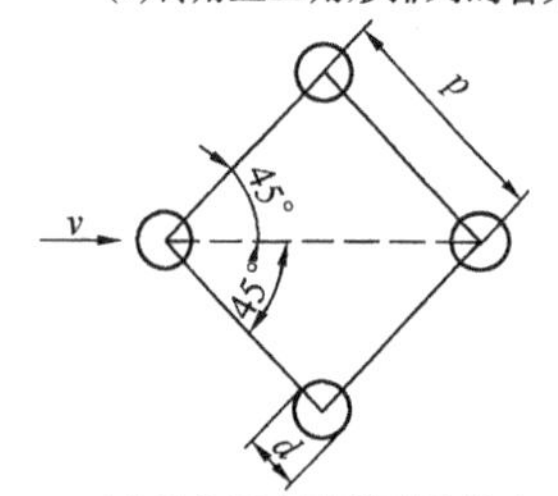

(d)转角正方形排列的管束

图 1.4-13 管子排列方式

式中，J_n 为第 n 振型的耦合度，是度量旋涡力沿管长分布一致性的无因次参数。在一阶振型时，可以下式表示：

$$J_1 = L_c L \quad 且 L_c << L \tag{4-10}$$

式中的 L_c 可按式(4-7)确定。

完全相关时，$J_1 = 1$ (4-11)

2. 横向流中的管束

在管束中，通常管子按图 1.4-13 所示的正三角形，转角正三角形、正方形、转角正方形等四种形式排列。其排列角依次为 30°、60°、90°与 45°。正方形排列的管束也称顺列管束，其它三种统称为错列管束。主要的几何参数有管子直径 d，管中心距 P，横向管间距 T 与纵向管间距 L，见图 1.4-14。由图 1.4-13 与图 1.4-14 可知，对于正方形排列的管束，其 $P=T=L$。流体进入管束前的主流速度为 v_o，在管子之间间隙处的流速为 v。为便于计算，两者间的关系示于表 1.4-3。

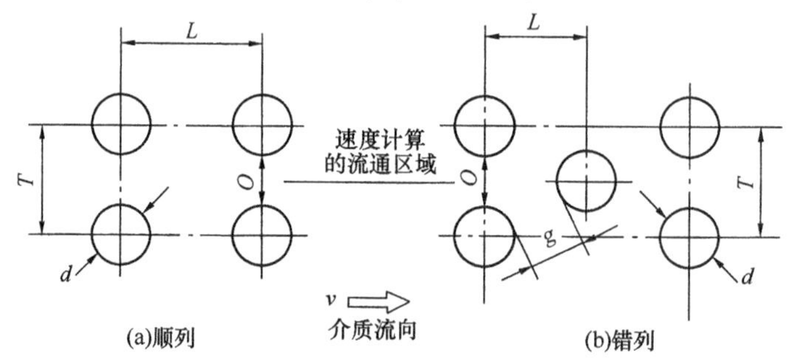

图 1.4-14 顺列与错列管束

表 1.4-3 管间隙中的流速 v[46]

排列形式	排列角	v/(m/s)
正三角形	30°	$\frac{P}{P-d}v_o$
转角正三角形	60°	$\frac{\sqrt{3}P}{2(P-d)}v_o$
正方形	90°	$\frac{P}{P-d}v_o$
转角正方形	45°	$\frac{P}{\sqrt{2}(P-d)}v_o$

(1) 管束中流体流动的特征

流体绕流管束的第1排管子及绕流单管时的特征可利用图1.4-15所示的速度分布曲线4与2来作一简单对比。在两种情况下，主流冲击到管子上的部位均在前驻点$\varphi=0$处，管子表面上切向速度为零。在$\varphi\leqslant 40°$范围内，速度分布曲线4和2是重合的。但在$\varphi\geqslant 40°$之后，由于相邻管子的影响，管束中管表面各点的切向速度都比较高。$\varphi=90°$时，在管间隙处流速增大到v，管子表面上的切向速度具有最大值。因为在管子的后半部出现边界层分离的现象，故速度分布曲线2和4的后半部与前半部是不对称的，且在分离点后曲线均趋于平坦。这一点与理想流体的速度分布曲线1有着明显的不同。

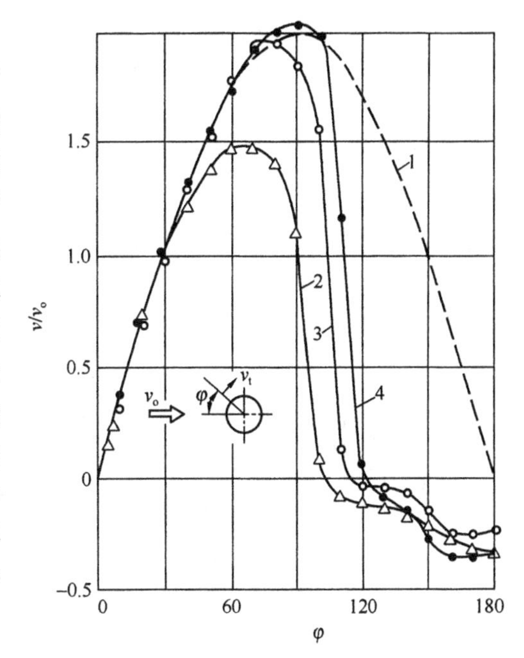

图1.4-15 流体横向流时管子表面上的速度分布[28]

1—理想流体流动；2—单管$Re=1.4\times10^4$，$y/d=0.019$（y为测速点离管子表面的距离）；3—错列管束（$T/d=1.61$，$L/d=1.38$）的第1排管子，$Re\approx1.6\times10^4$，$y/d=0.019$；4—$y/d=0.044$，其余的参数同3；v—切向速度，等于$2v_o\sin\varphi$

流体绕流管束的第2排管子时，情况更是不同。图1.4-16(a)为错列管束，来自第1排管子的流体冲击到R点，然后向两侧分流，经加速区1，减速区2，旋涡区3，倒流区4再流向第3排管子。边界层在R点开始形成，在S点出现边界层分离。

图1.4-16(b)为管间距较小的顺列管束，在流体冲击点R处的φ角不等于零。流体除经过1~4区之外，还要经过循环区5。

(2)管束中的卡门涡街

受相邻管子的影响，流体进入管束时将产生湍流。湍流度与Re数、管子排列形式及管间距等有关，湍流对旋涡的脱落有影响。与单管相比，在管束中只有达到更高的Re数时，才会在尾流中出现卡门涡街。

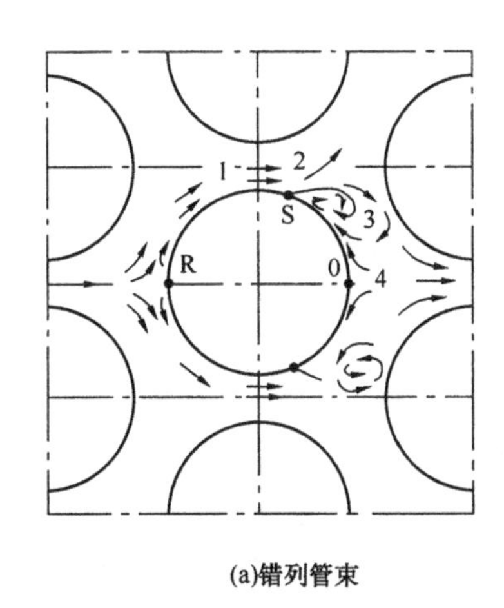

(a)错列管束

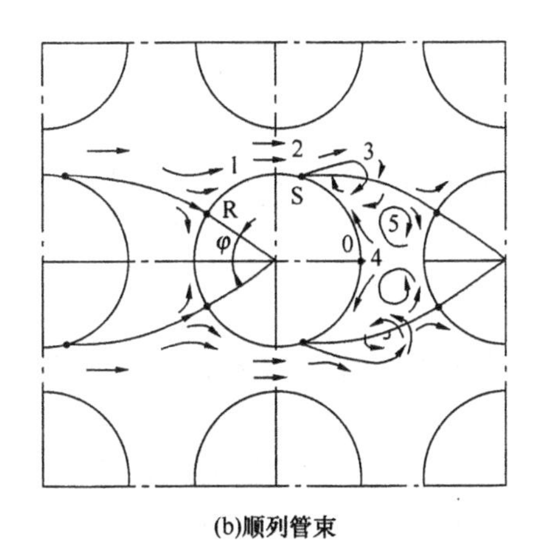

(b)顺列管束

图1.4-16 管束中流体流动形式[28]

图1.4－17为错列管束中的卡门涡街。当横向管间距 T 较大时[图1.4－17(a)]，相邻涡街之间不受影响，流体流动的方向不改变。若 T 减小，流体流动与卡门涡街都将按S形途径变化[图1.4－17(b)]。与图1.4－17(a)比较后还可以看出，随着 T 的减小，卡门涡街数也从2变为1，这必然会改变旋涡脱落的频率。纵向管间距的大小对卡门涡街也有影响，在正常情况下，由图1.4－17(b)可看出，相邻两排管子表面上脱落旋涡的，旋转方向是相反的。若 L 再增大，由图1.4－17(c)可看出，从所有管子上脱落的旋涡，其旋转方向都相同。

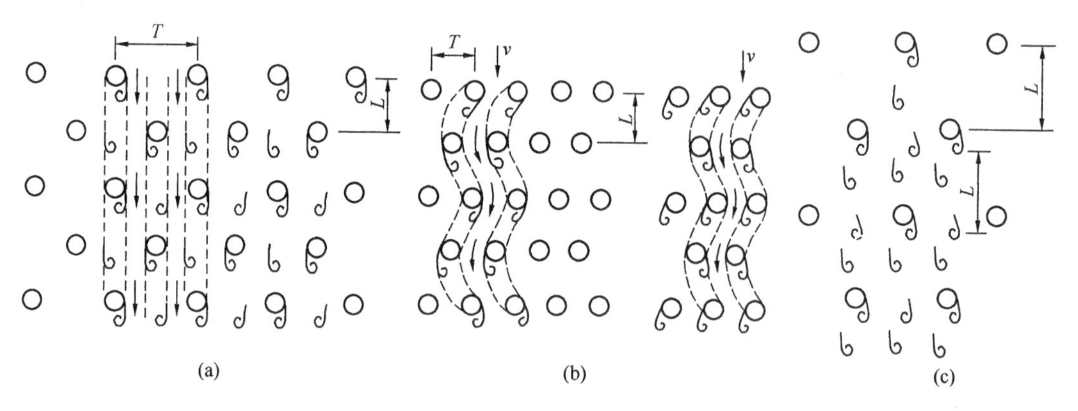

图1.4－17　错列管束中的卡门涡街[15]

图1.4－18为顺列管束中的卡门涡街。T 值较小时，平行于流动方向相邻的各列卡门涡街将受到干扰，降低了旋涡脱落的频率。L 值的影响则相反，当 L 值较小时，从一根管子上脱落的旋涡到达下一排管子的时间随之减少，旋涡脱落的频率将增大。

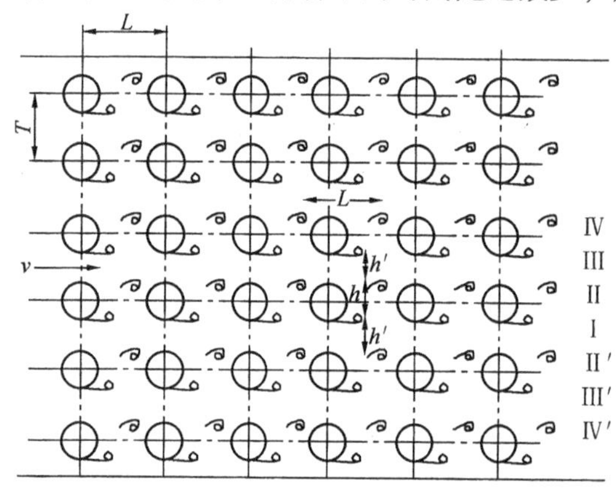

图1.4－18　顺列管束中的卡门涡街[15]

文献[47]指出，利用实验数据绘制的图1.4－19可用来判别管束中将出现何种卡门涡街的脱落形式。图中形式 A 为所有管子后面都有卡门旋涡脱落的情况；形式 B 为卡门旋涡脱落与射流摆动同时存在；形式 C 为前列管子的分离边界层贴附在后列管子上，因此不能形成卡门旋涡；形式 D 为射流偏转；形式 E 管束中的卡门涡街与单根管的情况相同。

(3)旋涡脱落频率

管束中的旋涡脱落频率计算式(4－12)与式(4－2)是相同的，但式(4－2)中的 v_o 需改用管间隙处的流速 v(按表1.4－3)，斯特罗哈数也应按图1.4－20中的数据选取。

$$f_s = St \cdot v/d \qquad \mathrm{L/s} \tag{4-12}$$

应该指出，St 数是一个很重要的基本数据，很多参数的确定都需依赖于它的准确程度，不少学者还为此进行了大量的实验研究工作[15,28,48,49]。目前应用最广泛的图1.4－20[33]，是陈延年根据声共振的数据得出的。费兹—休(Fitz－Hugh)[48]等人也提出了图1.4－21所示的图解，但其所覆盖的节径比范围更大。韦孚(Weaver)等[49]提出的图1.4－22，则是利用

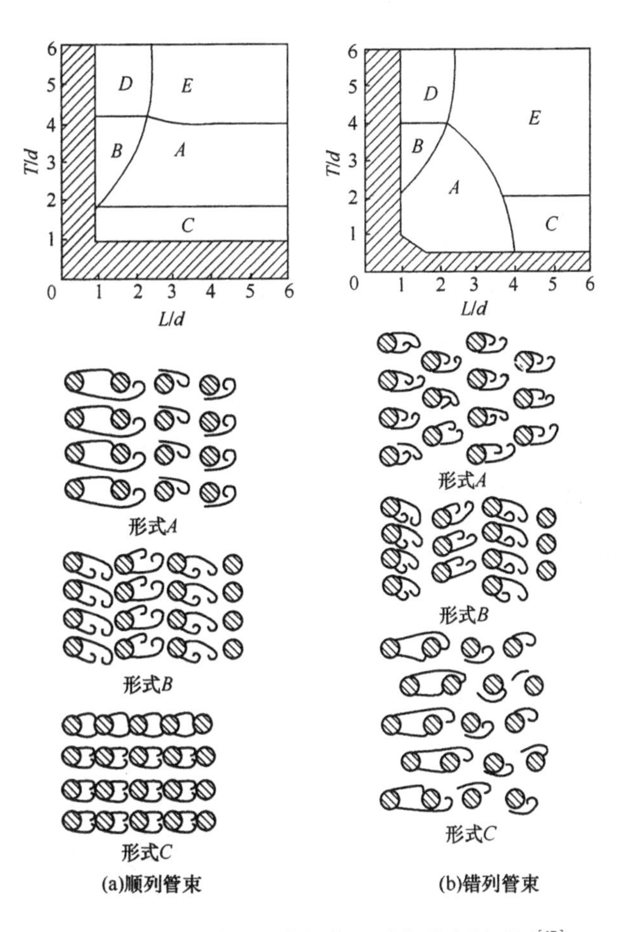

(a)顺列管束　(b)错列管束

图 1.4－19　管束中的卡门旋涡脱落形式判别图[17]

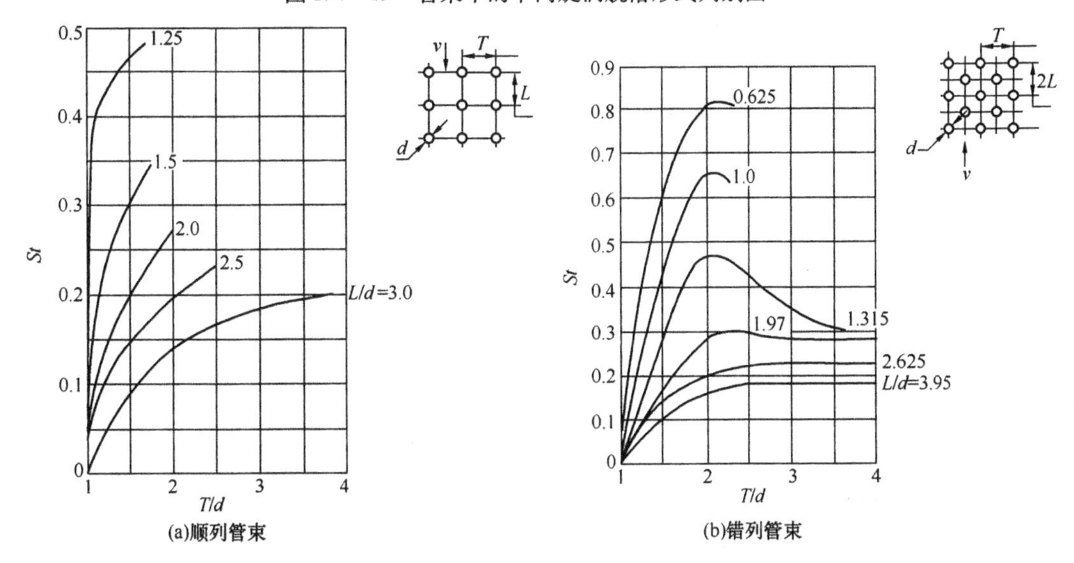

(a)顺列管束　(b)错列管束

图 1.4－20　管束的 St 数[33]

热线风速仪直接测量流体周期性数据而绘制的。各有特点，可以相互补充。

(4)作用在管子上的流体力

①管子表面上的压力分布　管束中发生卡门涡街时，管子表面上的压力分布与管子排列

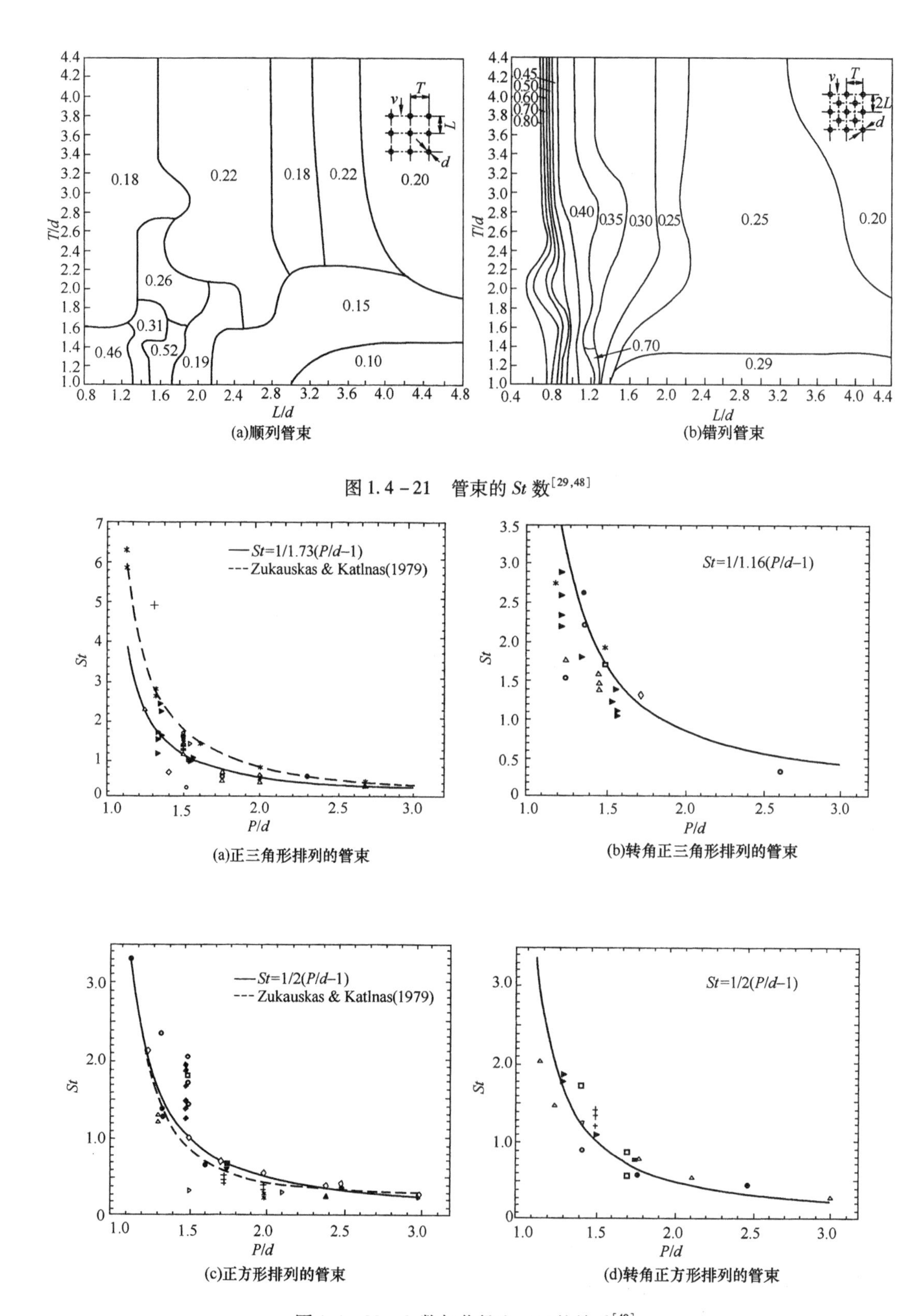

图 1.4-21 管束的 St 数[29,48]

图 1.4-22 St 数与节径比 P/d 的关系[49]

形式、管子排数、管子的横向节径比 T/d、纵向节径比 L/d 及 Re 数等因素均有关，可依次参见图 1.4－23～图 1.4－26。

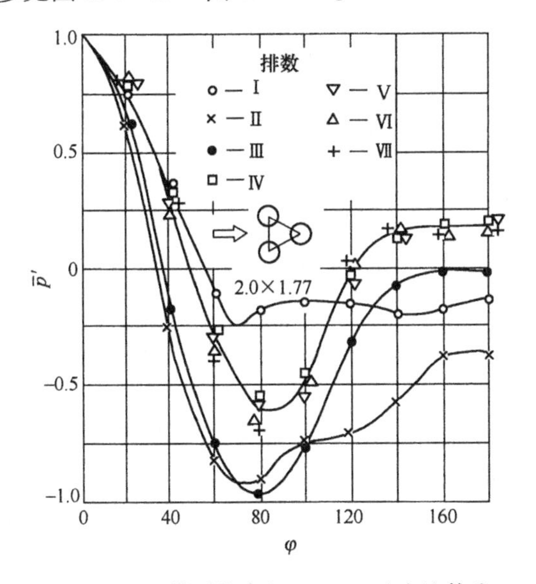

图 1.4－23　错列管束(2.0×1.77)在流体为水及 $Re=9.4\times10^4$ 时各排管子表面上的压力分布[28]

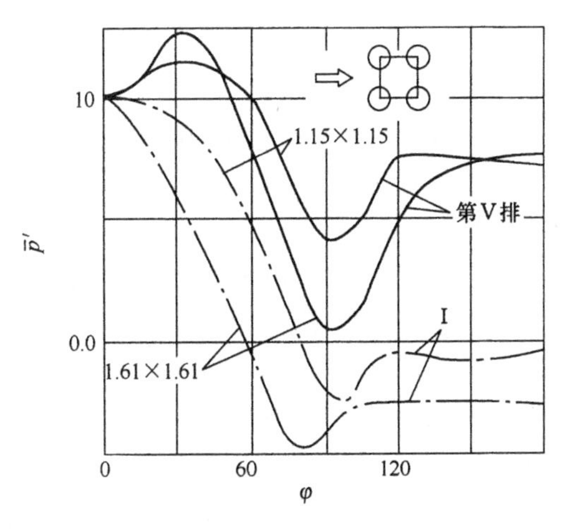

图 1.4－24　顺列管束(1.61×1.61 和 1.15×1.15)在流体为水及 $Re\approx5.5\times10^4$ 时第 1 排和第 5 排管子表面上的压力分布[28]

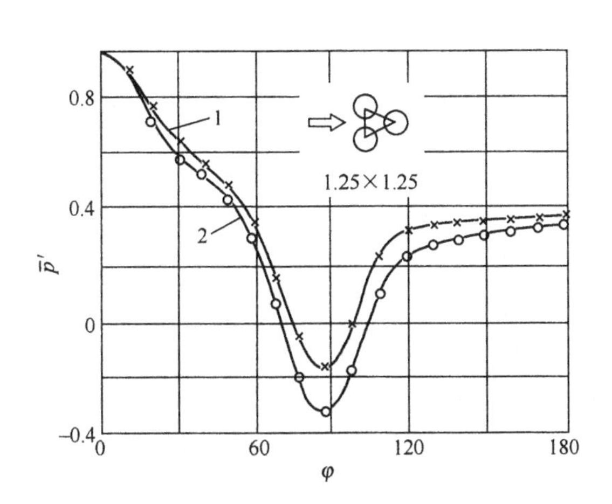

图 1.4－25　密排的错列管束(1.25×1.25)在流体为水及 Re 数依次为 6×10^5(曲线 1)和 1×10^6(曲线 2)时内排管子表面上的压力分布[28]

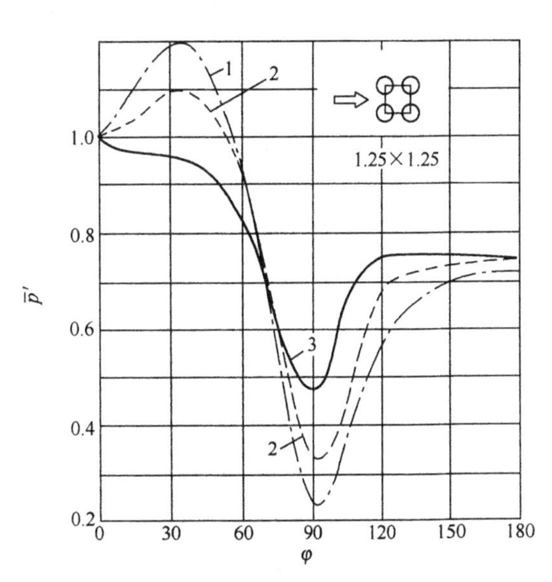

图 1.4－26　密排的顺列管束(1.25×1.25)在流体为水及 Re 数依次为 3×10^5(曲线 1)、6×10^5(曲线 2)和 2×10^6(曲线 3)时内排管子表面上的压力分布[28]

图中的符号 $\bar{p}'$ 为无量纲压力系数，其值可由式(4－13)确定。

$$\overline{p'} = 1 - \frac{p_{\varphi=0} - p_{\varphi}}{\frac{1}{2}\rho v^2} \quad (4-13)$$

式中，$p_{\varphi=0}$和p_{φ}分别表示距前驻点的角度为零及φ时管子表面上的压力，Pa。

图1.4-23为错列管束(2.0×1.77)中各排管子表面上的压力分布曲线，括号中的数字分别表示$T/d=2.0$，$L/d=1.77$，可见管束的节径比较大。由图可见，前几排管子的压力分布曲线是有差别的。

第1排管子只受湍流度较弱的主流流体与横向相邻管子的影响，管子周围压力脉动强度较低，沿管子表面的压力梯度也相对较小。管子后面旋涡区宽度较大，这一点与单管时的情况相似，见图1.4-6。

第2、3排管子既受相邻管子的影响，也受前排管子背后尾流中旋涡的影响，故压力脉动强度与压力梯度都明显增大，管后旋涡区的宽度变窄。

从第4排管子开始，压力分布曲线是相同的。在驻点附近，压力梯度介于第1排与2、3排管子之间，分向管子两侧的流体压力脉动量比第2、3排管子显著减小。

图1.4-24是顺列管束(1.61×1.61和1.15×1.15)管子表面上的压力分布曲线。与图1.4-23比较后可以看出，尽管排列形式不同，但第1排管子压力分布的曲线形状是相似的，尤其当节径比接近时更是如此。然而对排数靠后(如图中第5排)的管子，压力分布曲线受排列形式的影响便显现出来。在流体的冲击点，管子表面上的压力最大，且朝着上游与下游方向逐渐减小。当T/d较小时，由于管间隙处的流速增大，故压力下降。当L/d很大时，管束与单排管已无差别。

图1.4-25与1.4-26表示不同排列形式的管束，在小节径比相同的条件下，Re数对内排管子表面压力分布的影响。同时可看到，当$Re \leq 1\times10^6$时，压力分布曲线受排列形式的影响较大。当Re数较大时，不同排列形式，管束的压力分布曲线形状是相似的。

当流体绕流管束发生卡门涡街时，利用传感器测得管子表面上各点的压力并作出分布曲线后，通过积分便可得出管上所作用的脉动升力与阻力，或者脉动升力系数与阻力系数。

②脉动升力系数与阻力系数　管束中管子的脉动升力系数C_L、脉动阻力系数C_D与雷诺数Re、管子排列形式、节径比及主流的湍流度等因素有关。目前发表的数据并不多，而且差别较大。Pettigrew曾对横向流中排列角分别为30°、45°、60°等错列管束所受的脉动升力进行了研究[3,6]。试验表明，当节径比小于1.6时，在各排管子中第1排管子的脉动升力系数最大。但在排列角为90°的顺列管束中，结果并非都是如此。图1.4-27表示在节径比为1.75的顺列管束中，各排管子的脉动升力系数与脉动阻力系数随雷诺数变化的曲线。可以看出，在相同条件下，C_L值都大于C_D值。在$Re=1.5\times10^5$时，第1排管子的C_L和C_D曲线上出现一峰值。前4排管子在同一Re数下，C_L、C_D值差别较大，而且排数愈靠后，C_L、C_D值愈大。第5、6排管子的C_L、C_D曲线差别较小。

表1.4-4与表1.4-5为顺列与错列管束在不同的节径比条件下的C_L值。

(5)共振时的振幅

根据受迫振动理论，管子在共振时的振幅可按式(4-14)计算[50,51]：

$$y(x) = \frac{C_l\rho d}{16\pi^2\xi_n f_n M_n}\phi_n(x)\int_0^L v^2(x)\phi_n(x)\mathrm{d}x \quad (4-14)$$

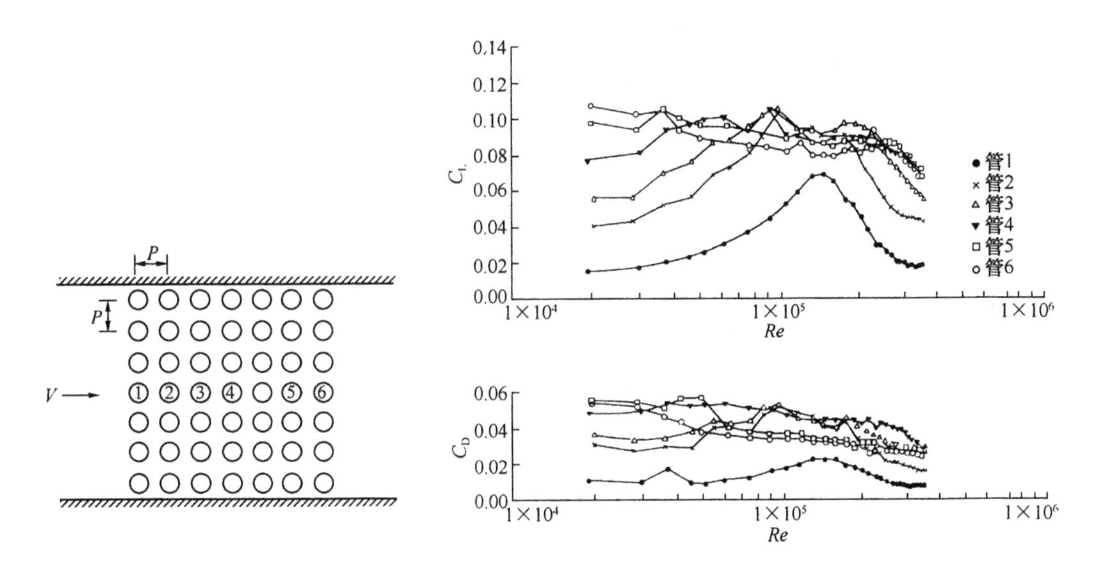

图 1.4-27　顺列管束(1.75×1.75)中脉动的升力系数与阻力系数[6]

表 1.4-4　管束中脉动的升力系数 C_L[3]

管子 排列形式	横向节径比 T/d	纵向节径比 L/d	$Re\times10^3$	C_L
顺列	1.20	1.40	10.80	0.035
	1.42	1.46	1.36	0.078
	2.40	1.40	15.40	0.035
	1.20	2.80	23.30	0.046
	2.40	2.80	14.30	0.358
	1.20	4.20	26.60	0.038
	2.40	4.20	15.80	0.295
	3.60	4.20	14.00	0.445
错列	1.46	2.84	0.79	0.630
	2.31	3.94	20.20	0.580
	4.62	2.63	42.50	0.870

表 1.4-5　管束中脉动的升力系数 C_L[33,50]

p/d	排列角(参见图 1.4.13)			
	30°	60°	90°	45°
1.20	0.090	0.090	0.070	0.070
1.25	0.091	0.091	0.070	0.070
1.33	0.065	0.017	0.070	0.010
1.54	0.025	0.047	0.065	0.049
1.57	0.040	0.081	—	—

式中 C_L——脉动的升力系数；

ξ_n——第 n 振型时管子的阻尼比；

$\phi_n(x)$——管子的第 n 阶振型。

以两端简支的管子为例，求解振动方程可知振型的表达式为：

$$\phi_n(x) = C_o \sin\left(\frac{n\pi}{L}x\right), \quad (n = 1,2,3\cdots\cdots \infty) \tag{4-15}$$

由于 C_o 为任意常数，根据上式所得的各点位移都是相对数值，应用时很不方便，倘若使振型规范化(或归一化)，则便可解决这一问题。为此必须满足下列条件[52]：

$$\int_0^L \phi_n^2(x)\,dx = 1 \tag{4-16}$$

将式(4-15)代入式(4-16)，乃有：

$$\int_0^L C_o^2 \sin^2\left(\frac{n\pi}{L}x\right) dx = 1 \tag{4-17}$$

积分后解出：

$$C_o = \sqrt{2/L} \tag{4-18}$$

式中，L 为管子长度，m。将常数，$\sqrt{2/L}$值代回到式(4-15)，便知经规范化后振型的表达式成为：

$$\phi_n(x) = \sqrt{\frac{2}{L}}\sin\left(\frac{n\pi}{L}x\right) \tag{4-19}$$

式(4-19)表明，最大的位移发生在 $x = L/2$ 处。

在式(4-14)中，$v(x)$为管间隙处非均匀分布的流速，m/s，利用式(4-20)可计算其有效值 v_e，而

$$v_e^2 = \frac{\int_0^L v^2(x)\phi^2(x)\,dx}{\int_0^L \phi^2(x)\,dx} \tag{4-20}$$

当流速为均匀分布时，根据式(4-16)可知

$$v_e^2 = v^2$$

M_n 为第 n 振型的广义质量，kg/m，且

$$M_n = \int_0^L m(x)\phi_n^2(x)\,dx \tag{4-21}$$

式中，$m(x)$为包括流体附加质量在内的单位长度管子的总质量，kg/m。如果质量沿管长均匀分布，则

$$M_n = m$$

将以上诸值代入式(4-14)，最终可得出简支管在第 1 振型共振时的最大振幅，即

$$y_n = \frac{C_L \rho d v^2}{2\pi^2 \delta_1 f_1^2 m} \tag{4-22}$$

式中，δ_1 为管子的对数衰减率，其值为 $2\pi\zeta_1$。

至于处于其他支承条件下的管子，利用式(4-16)得到规范化振型后，按照本节所述的步骤同样可以得出相应的振幅计算公式。

(二) 湍流抖振

1. 湍流抖振的特征

在管壳式换热器中，为了改善其传热与传质效率，经常使流体产生最大程度的湍流，而

管子本身实际上也起着湍流发生器的作用。湍流流体与管子表面接触时，流体中的一部分动量会转换为脉动压力，因此在相当宽的频带范围内对管子施加了随机作用力，进而激发了管子振动。可以说，在多数情况下湍流诱发的振动是不可避免的。

湍流抖振的机理首先是由欧文(Owen)提出的[14]。他认为，当节径比较小时在紧密排列管束的内部其管子成为了破涡器，促使产生周期性的旋涡衰减并演变成为湍流旋涡。湍流旋涡有一主导频率(或称主频率)，且随横流速度的增加而增加。湍流旋涡的各种频率成分分布在主导频率周围并形成一相当宽的频带。当主导频率与管子的固有频率一致时，便产生了相当大的能量传递，进而导致管子发生振动。

流体中是否存在湍流旋涡和周期性旋涡，可利用图 1.4-28 所示管子的响应谱图来[53]予以判别。数据测定是在管子按转角正方形排列及节径比为 1.5 的试验装置中进行的。流体为水，横流速度为 0.12m/s。由该图可见，表示湍流旋涡的随机分量频带较宽，曲线比较平滑，没有明显的峰值。随着 Re 数的增大，频带向高频侧延伸。图中在频率约为 12Hz 处出现一尖峰，频带很窄，此为周期分量，表示流体中存在卡门旋涡。需要指出的是，只要湍流旋涡或周期性旋涡的频率远离管子的固有频率，管子就不会发生振动。

图 1.4-29 表示在错列管束(2.0×1.77)中各排管子表面上的能量分布[28]。因节径比较大，前 3 排管子上的能量相当多的部分是旋涡脱落时产生的。而第 4、5、6 排管子上的能量主要是湍流产生的。

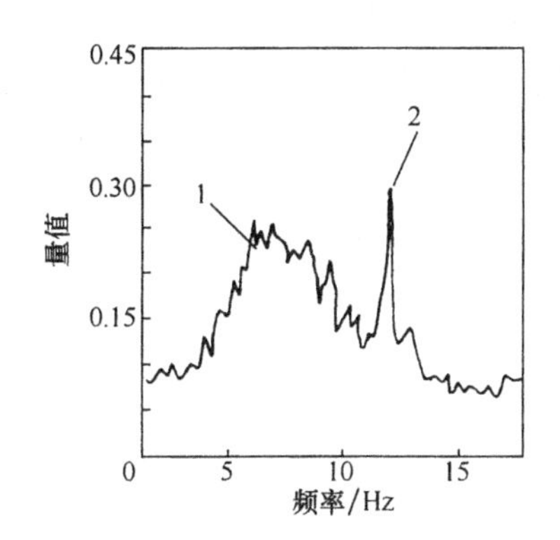

图 1.4-28　水横向流过节径比为 1.5 的转角正方形管束时管子的响应谱[50]

1—湍流旋涡；2—周期性旋涡

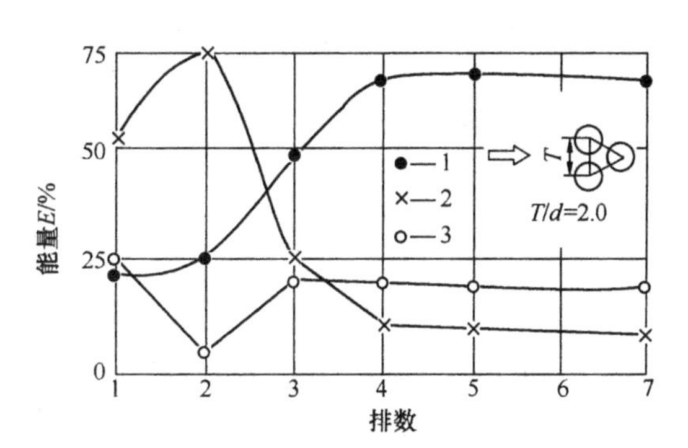

图 1.4-29　错列管束(2.0×1.77)中管子表面 $\varphi=90°$ 处能量分布的百分数

1—由于湍流；2—由于旋涡脱落；3—其他因素

如果纵向节径比 L/d 减至 1.15，则只有第 1 排管子上的大部分能量来自旋涡脱落。

湍流抖振时，管子在随机脉动力作用下呈随机振动，此时管子的振幅较小，因此不会在短时期内遭到破坏。但是当管子长时间持续不断地与支承摩擦，累积损伤最终必将使管壁被磨穿。因此对于核动力装置中的蒸汽发生器等操作时间长达 20 年到 40 年的设备，必须评估湍流抖振对其安全带来的影响。

2. 湍流抖振主频率

Owen 利用气体横向流过管束的实验结果提出了计算湍流抖振主频率的经验公式[14]：

$$f_t = \frac{v \times d}{L \times T}\left[3.05\left(1-\frac{d}{T}\right)^2 + 0.28\right], \text{Hz} \tag{4-23}$$

式中 f_t——湍流抖振主频率，Hz；

v——通过管间隙的横流速度，m/s，可按表 1.4-3 确定；

d——管子外径，m；

T、L——分别为管子横向与纵向的管间距，m(图 1.4-14)。

图 1.4-30 是具有代表性的功率谱密度图[29]，横座标反映了不同湍流旋涡频率及频带宽度。曲线上的峰值表示管子从流体吸取的能量为最大值时。与其相应的旋涡频率便是湍流抖振主频率。

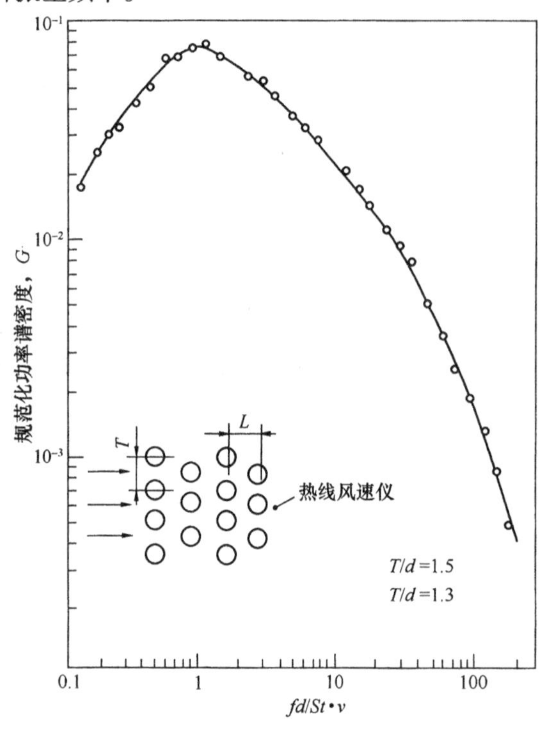

图 1.4-30 管束中湍流的功率谱密度

式(4-23)是否适用于液体，尚有待实验证明。

3. 管子的振幅

湍流抖振具有明显的随机性，涉及的问题亦相当复杂，因此分析湍流诱发振动迄今所用的方法仍是建立在随机振动理论基础上的方法，即以分析与实验相结合的方法，如傅里叶分析与统计分析相结合的功率谱分析法。作用在管子上的各种动态信号，如位移(或振幅)、速度及压力等都可利用传感器测定出来。采集到的这些数据经傅立叶变换后便可得到各种幅度谱，它表明了幅度随频率分布的情况。在一般意义上，功率(或能量)与幅度平方成正比，故相应地又可得到各种功率谱，它表明了各种频率成分的功率随频率连续分布的情况。

在一般情况下，测量管子的位移比测量管子表面的脉动压力更为容易。根据目前研究的进展来看，在分析湍流抖振时，只要利用所建立的力与能量之间的关系，便可直接得出流体激振力的计算公式。但尚缺少必要的实验数据，故难度仍较大。从实用观点考虑，重点都放在利用位移与能量之间的关系来得到管子振幅的计算公式，并制定与此相应的振动判据。

图 1.4-31 为典型的湍流激振力的功率谱示意图(因随机信号的频谱都是连续谱，故应使用谱密度的名称来表示单位频带所具有的平均能量，如功率谱密度(PSD)等，但有时仍将其简称为功率谱)。图中横坐标为频率 f(Hz)，纵坐标为单位长度激振力的功率谱密度 $G_p(f)$，单位为$(\mathrm{N/m})^2/\mathrm{Hz}$。分布曲线表明，随着频率的增大，$G_p(f)$则逐渐减小。

图 1.4-32 为管子位移的功率谱密度图，它反映了湍流时各种频率成分的功率随频率变化的关系。图中的各个峰值表明所对应的信号(主导频率 f_1，f_2……)都集中了相当大的能量。

因为目的是利用位移的功率谱密度计算振幅的均方值，根据定义有：

$$\overline{y^2(x)} = \int_0^\infty G_d(f,x)\,\mathrm{d}f \qquad (4-24)$$

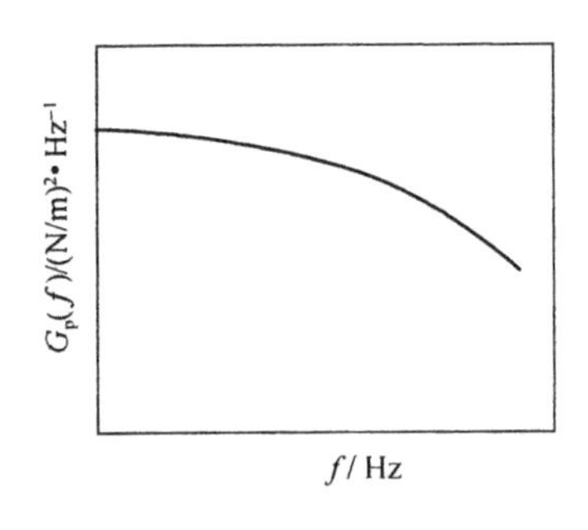

图 1.4-31　激振力的功率谱

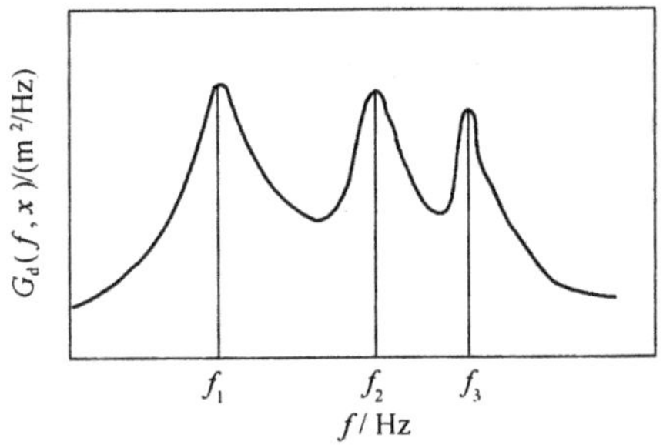

图 1.4-32　位移的功率谱

式中　　y——振幅，m；

$G_d(f, x)$——位移的功率谱密度，m^2/Hz；

x——沿管长的距离，m。

积分时，频率范围从零到∞，振幅的均方值即为图 1.4-32 中曲线下方的面积。积分式(4-24)也可改为各振型管子振幅均方值的求和形式[50]，即

$$\overline{y^2(x)} = \sum_n \pi \xi_n f_n G_d(f_n, x) \tag{4-25}$$

式中　n——振型数；

ξ_n——管子第 n 振型的阻尼比。

考虑到随机的压力场沿管长的相关性，对小阻尼的结构可得出下列公式[50]。

$$G_d(f_n, x) = \frac{L G_p(f_n) \phi_n^2(x)}{64\pi^4 \xi_n^4 f_n^4 M_n^2} J_n \tag{4-26}$$

式中，J_n 为第 n 振型的耦合度，无因次，可用来度量湍流力沿管长分布的一致性。

通常都是从偏于安全的角度考虑，取其上限值 $J_n = 1$。振型 $\phi_n(x)$ 及广义质量 M_n 的计算方法同前。

激振力的功率谱密度则可根据流体的密度和间隙流速来确定，故有

$$G_p(f_n) = \left[\frac{C_F(f_n)\rho v_e^2 d}{2}\right]^2 \tag{4-27}$$

式中，v_e^2 为间隙流速的有效值，按公式(4-20)计算。当流速沿管子均匀分布时，$v_e^2 = v^2$。

$C_F(f)$ 为湍流激振力系数，单位为 $s^{0.5}$，是频率的函数。若根据实验数据取偏于安全的数值，则可利用图 1.4-33 或表 1.4-6 来求得。图中的曲线 1 适用于布置在上游的管子。这是因为在工业换热器中，上游或进口端受泵和阀门等的影响较大，湍流度往往比管束内部的高，故激振力系数较大。

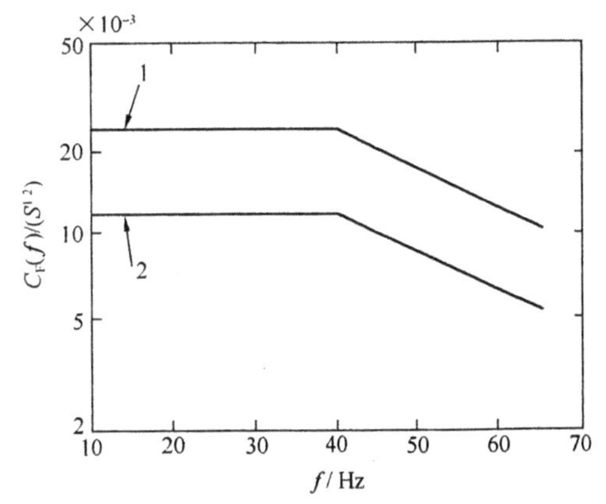

图 1.4-33　湍流激振力系数[51]

1—适用于上游的管子；2—适用于管束内部的管子

将式(4-26)与式(4-27)代入式(4-25)后便可得：

$$\overline{y^2(x)} = \frac{\rho^2 d^2 L}{256\pi^3} \sum_n \frac{[(C_F)_n v_e^2 \phi_n(x)]^2}{\xi_n f_n^3 M_n^2} \tag{4-28}$$

表 1.4-6 激振力系数 C_F[33]

管子位置	f_n/Hz	$C_F/s^{0.5}$
靠近上游或进口接管	≤40	0.022
	>40，<88	$-0.00045f_n+0.04$
	≥88	0
管束内部	≤40	0.012
	>40，<88	$-0.00025f_n+0.022$
	≥88	0

为了便于应用，通常取振幅的均方根值。对简支管，$\phi_n(x)=\sqrt{2/L}\sin\left(\frac{n\pi}{L}x\right)$，代入式(4-28)，经简化后则有：

$$y=\frac{C_F\rho dv^2}{8\pi\delta_1^{1/2}f_1^{3/2}M} \tag{4-29}$$

式(4-29)并不复杂，管子的振幅也便于测定，计算值很容易得到试验验证，因此为避免湍流抖振而造成危害，通常都规定了对管子振幅进行校核。实际上，若能获得必要的数据，还可通过利用更精确的 $G_p(f)$ 表达式来计算管子的振幅，有关资料可参阅文献[24]、[27]与[54]。

(三)流体弹性不稳定性

1. 特性

管束中任何一根管子的运动都会改变与其相邻管子周围的流场，使流场呈非对称振荡变化，流体力也随着变化。变化的流体力将驱使该管附近的管子也运动起来。这些管子的运动反过来又改变流场以及作用在原先那根管子上的流体力。因此，一根弹性管位移所导致作用在邻近管子上的流体力，使后者也产生弹性位移。管子上的流体力不仅与管子本身位移有关，且与邻近管的位移也有关。这种流体力与弹性位移之间相互作用产生的振动便是通常所称的流体弹性不稳定性，或称为流体弹性激振。这种振动具有以下特征：

(1)当横流速度 v 超过某一界限值，即临界速度 v_c 时，管子振幅陡然增大，见图 1.4-34。因为管子振幅与 v^n 成正比，在临界速度前，$n=1.5\sim2.5$。在临界速度后为 $n/4$。

(2)管子的大振幅振动是非稳态的，振幅围绕一平均值上下波动。

(3)各管子并非单独运动，而是与邻管一道从流体吸取能量后沿着图 1.4-35 所示的椭圆形轨道作旋转运动的。

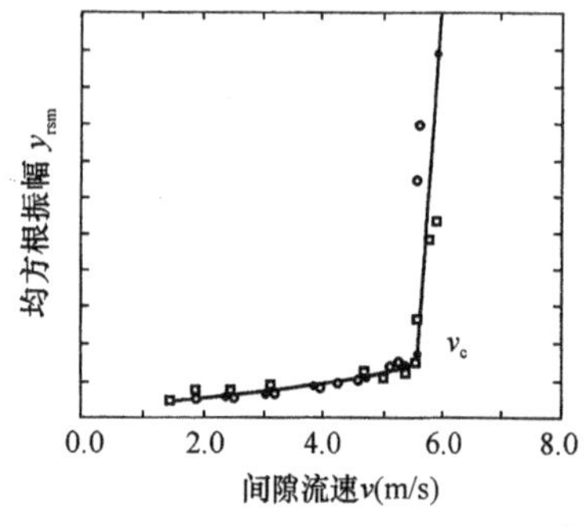

图 1.4-34 换热管的流体激振响应[27]

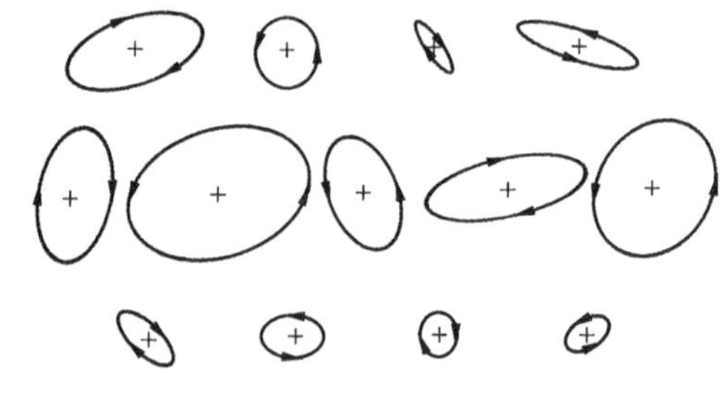

(a)错列管束（前三排）

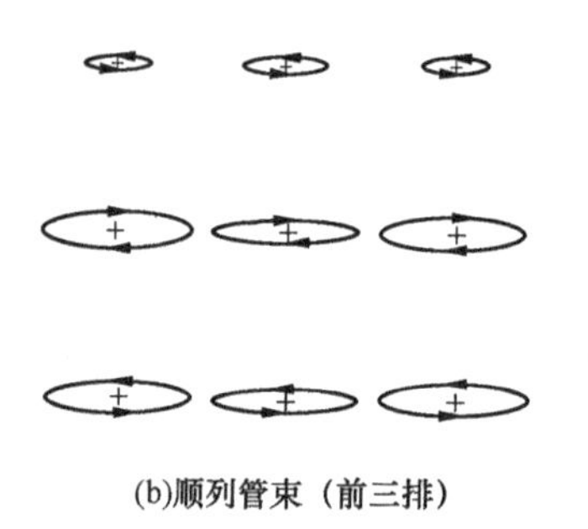

(b)顺列管束（前三排）

图 1.4-35 横向流中管子的流体弹性激振形式[57]

(4)限制管子运动或使一管与其它管子的固有频率出现差别，常会提高临界速度，但不会超过40%。

在文献中有时也会看到称为射流转换(jet switching)的机理[55,56]。实际上乃是流体弹性激振的另一种表现形式。振动的产生是由于管子本身的运动以及在管子之间出现不断改变喷射方向的射流对。由于管束中的无因次流速 $v/(fd)$ 一般不会超过75。因而这种振动很少出现。

2. 数学模型

在过去的30年内，许多学者致力于横向流中管束弹性不稳定性的研究。为了分析振动时的流体作用力，提出了不同的数学模型，但实际上可将它们综合为下列统一的理论公式[27,28]：

$$[M_s + M_f]\{\ddot{Q}\} + [C_s + C_f]\{\dot{Q}\} + [K_s + K_f]\{Q\} = \{G\} \tag{4-30}$$

式中，列向量 $\{\ddot{Q}\}$，$\{\dot{Q}\}$ 和 $\{Q\}$ 分别表示结构的广义加速度、速度和位移；而质量矩阵包括结构的质量 $[M_s]$ 与流体附加质量 $[M_f]$；阻尼矩阵包括结构的阻尼 $[C_s]$ 与流体阻尼 $[C_f]$；刚度矩阵包括结构的刚度 $[K_s]$ 与流体刚度 $[K_f]$；力向量 $\{G\}$ 代表其它的激振力。

式(4-30)乃非线性方程，但是经线性化后在大多数情况下也是适用的。根据公式(4-30)中关键项的不同，流体弹性不稳定性可分为流体刚度控制的不稳定性和流体阻尼控制的不稳定性，以及参数共振和组合共振等。结构的响应可分为周期性的和随机的以及无序的。式(4-30)还可派生出下列简化模型。

(1) 准静态流理论(Quasi-Static Flow Theory) 任一时刻，流体中振动结构的动力特性与处于静止状态的同一结构的动力特性相同。结构的排列形式即为实际的瞬时排列形式，结构振动受流体刚度控制。作用于结构上的流体力与结构的位移成正比。应用这一理论的有康诺斯(Connors)[16]与布莱文斯(Blevins)[29]等人。

(2) 准稳态流理论(Quasi-Steady Flow Theory) 任一时刻，流体中运动结构的动力特性与同一结构按等速运动(其速度等于实际的瞬时速度值)时的特性相同。结构振动同时受流体刚度和流体阻尼控制。作用于结构上的流体力与结构的排列形式以及速度成正比。应用这一理论的有泊莱士(Price)、派杜赛斯(Paidoussis)[59]、格兰格(Granger)及派杜赛斯(Paidoussis)[60]等人。

(3) 非稳态流理论(Unsteady Flow Theory) 作用在结构上的非稳态流体力与进行周期性振动的结构上所作用的流体力是相同的。通常，流体力是结构位移、速度及加速度的函数。应用这一理论的有田中(Tanaka)[61]、莱威(Level)和韦孚(Weaver)[62]以及陈水生[3]等人。

从原则上讲，只要能从实验中获得必要的流体力系数，求解统一的方程式(4-30)或其它简化方程，便可确定发生流体弹性不稳定时的临界速度以及作用在管上的流体力。具体实例可参考文献[3，40，59，61，62]。

3. 临界速度

当管束发生流体弹性激振时，欲要计算临界速度，从实用观点考虑，通常都是利用Connors首先提出的半经验关联式[16]来求得的，即

$$\frac{v_c}{fd} = K\left[\left(\frac{m}{\rho d^2}\right)(\delta)\right]^{1/2} \tag{4-31}$$

式中　v_c——临界速度，m/s；

m——包括流体附加质量在内单位长度管子的质量，kg/m；

ρ——管外流体的密度，kg/m^3；

f——管子的固有频率，l/s；

δ——管子的对数衰减率；

K——经验系数。

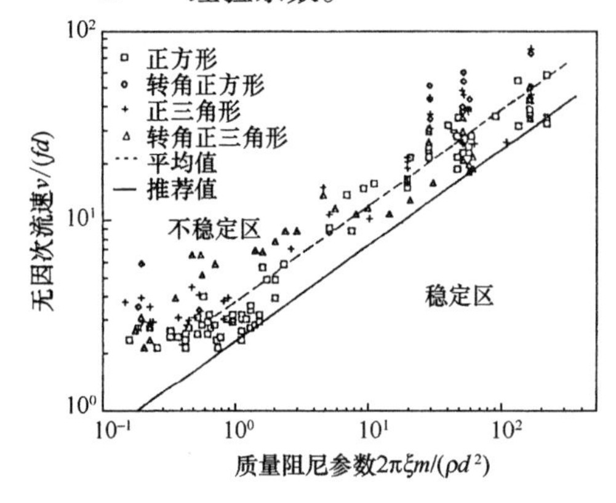

图 1.4 -36 管束的稳定区图[24]

根据Connors在单排管中求得的数据，K值取9.9显然是过高了。文献[22]建议在图1.4-36所表示的整个质量阻尼参数范围内，对各种排列形式的管束，一律推荐取 $K=3.3$。而ASME锅炉压力容器规范第三章附录N则建议，当管子在气体中的阻尼比为0.005，在蒸汽或液体中的阻尼比为0.015时，可按图1.4-36中的实线取 $K=2.4$[24]。

按表1.4-3计算的间隙流速 v 若大于 v_c 时，管束将发生流体弹性激振。

陈水生根据不同介质(空气，水及两相流体)和不同排列形式管束的实验数据也提出了更为详细的稳定区图[3]，见图1.4-37～图1.4-40。在这些图中实线以下的区域为稳定区，当无因次流速 $v/(fd)$ 处于此区域内时，管束也不会发生流体弹性振动。

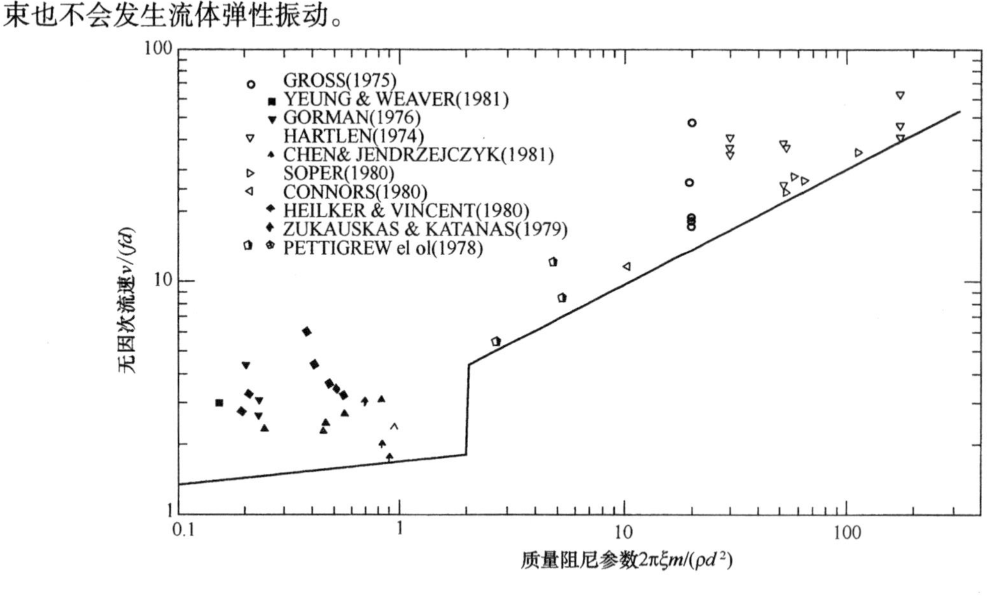

图 1.4 -37

(四)声共振(Acoustic Resonance)

管束中的湍流或从管上脱落的旋涡，通常都会激起声学驻波。正如图1.4-41所示，驻波传播的方向(y向)，同时垂直于流体流动方向(x向)与管子轴线方向(z向)。尽管有时也会在x向与z向分别出现纵向模态(或振型)与横向模态的声学驻波[63~66]，但多数情况下y方向上横向模态的驻波是主要的，因而受到重点关注。

当旋涡脱落频率或湍流抖振主频率接近y方向上的声驻波频率时，便产生了声共振现

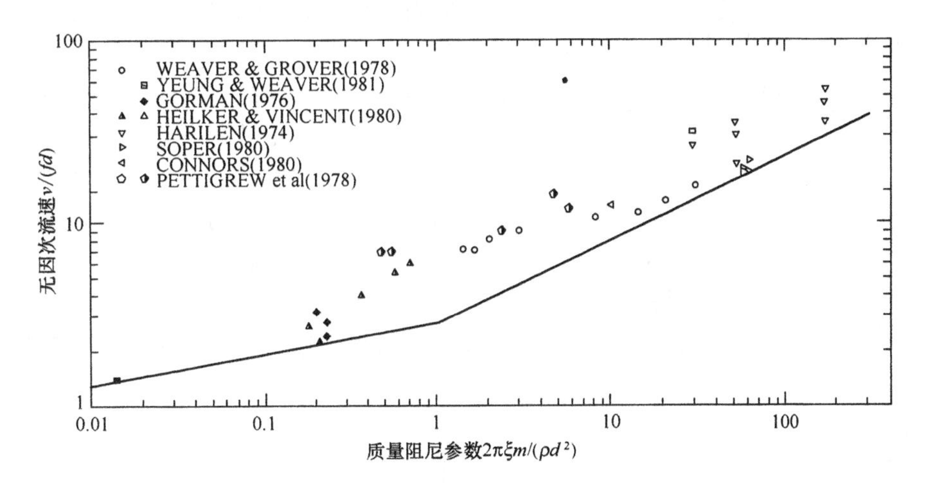

图 1.4－38

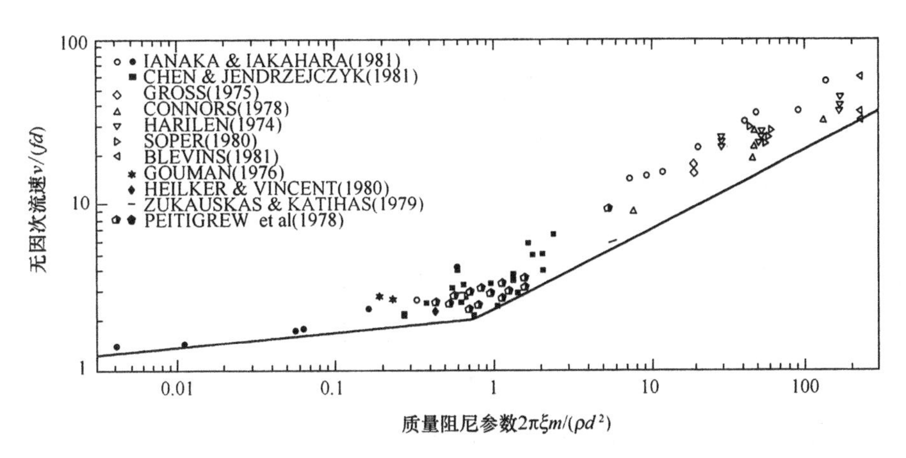

图 1.4－39

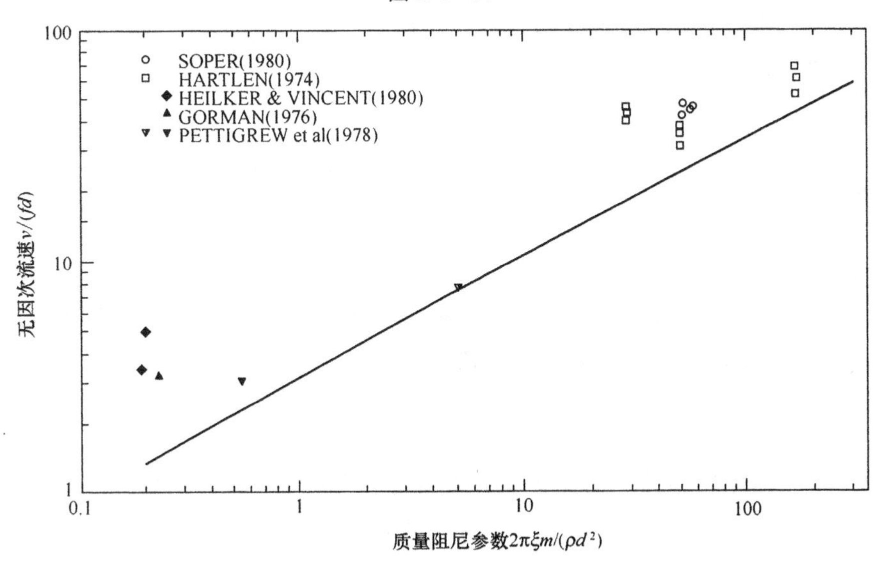

图 1.4－40

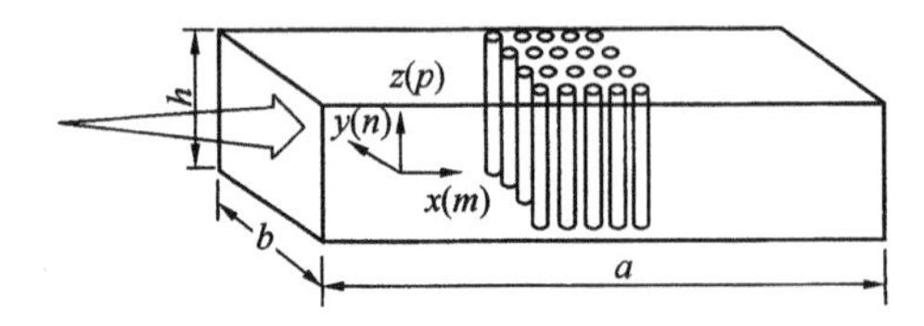

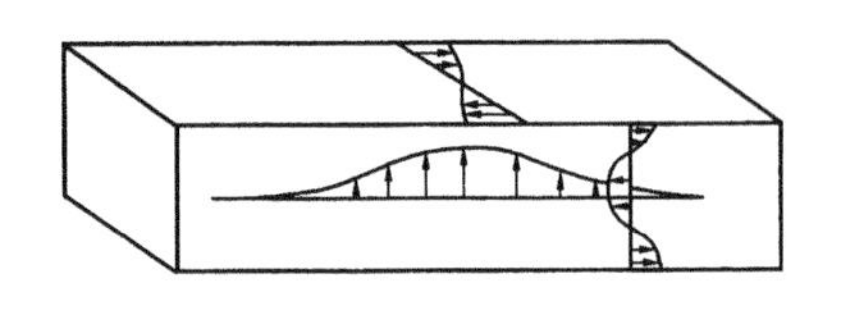

图 1.4－41 管束中的声驻波

象，在置有管束的壳体中便将激起强烈的噪声，声压级可高达 150～180dB（分贝）。与此相应在壳体外部的声压级还要提高约（20～50）dB，造成了严重的声污染。声压过高，也将损坏壳体。

据报道，在空气预热器、动力锅炉、船用锅炉、核动力设备、化工用换热器及风洞试验装置中都曾出现过声共振事例。介质为空气、烟道气、蒸汽及碳氢化合物或两相流体。壳体中放置的是顺列管束、错列管束、单排管、螺旋管或翅片管。

1. 声频的计算

空壳中声驻波（固有）频率可按式（4－32a）计算

$$f_a = \frac{nc}{2W}, \text{Hz} \tag{4-32a}$$

式中 f_a——声驻波（固有）频率，Hz；

n——声驻波模态数，无因次，为半波的倍数（见图 1.4－42），n 为 1，2，3……；

W——反射声波时两壁面之间的距离，m。对矩形壳体（图 1.4－41）取横向尺寸 b，对圆形壳体，取直径 D；

c——声速，m/s。

壳体中有管束时，必将阻碍声的传播，声速有所降低[29]，故取

$$f_a = \frac{nc_e}{2W} \tag{4-32b}$$

$$c_e = c/(1+\sigma)^{1/2}, \text{m/s} \tag{4-33}$$

式中 c_e——实际的声速，m/s；

σ——体积比，为管束所占体积与空壳体积之比，如对正三角形排列的管束（图1.4－13(a)），可取

$$\sigma = \pi d^2/(4p^2\cos30°) \tag{4-34}$$

如果按式（4－32a）与式（4－33b）计算出的横（y）向模态驻波声频处于下列关系式范围内，则便会发生声共振[65]。

$$0.6f_{ex} < f_a < 1.48f_{ex} \tag{4-35}$$

式中，f_{ex}为管束中旋涡脱落频率或湍流抖振主频率。

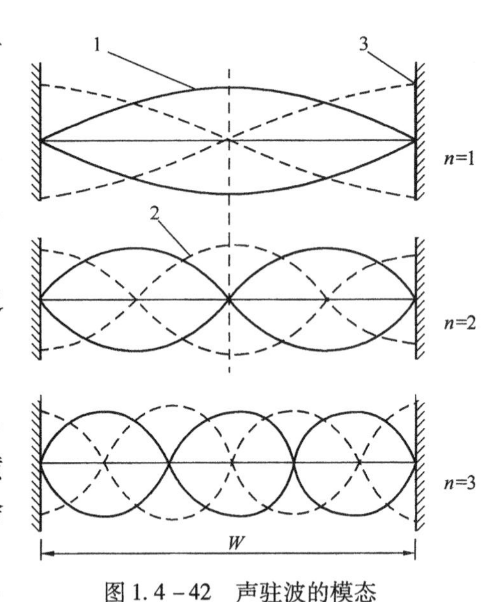

图 1.4－42 声驻波的模态

1—位移脉动曲线；2—压力脉动曲线；3—壳壁

2. 声压的计算

在声共振时，壳程空间最大声压的均方根值可利用式（4－36）来计算。

$$p_{rms} = 12.5\frac{v}{c}\Delta p, \text{Pa} \tag{4-36}$$

式中 v——管间隙处流速；

Δp——流体通过管束的压力降，Pa，其值为：

$$\Delta p = \frac{1}{2}v^2\rho(4\mu N) \tag{4-37}$$

式中　v——管子的排数；

μ——摩擦因数，取平均值为0.07；

ρ——流体的密度，kg/m³。

与p_{rms}相应的声压级为：

$$L_p = 20\lg\frac{p_{rms}}{p_0}, \text{dB} \tag{4-38}$$

式中　p_0——基准声压，2×10^{-5}Pa。

考虑到管子的排列形式和节径比对声压的影响，由式(4-38)算出的最大声压级还需按图1.4-43予以调整。图中的数字为加到L_p上的增(减)值。

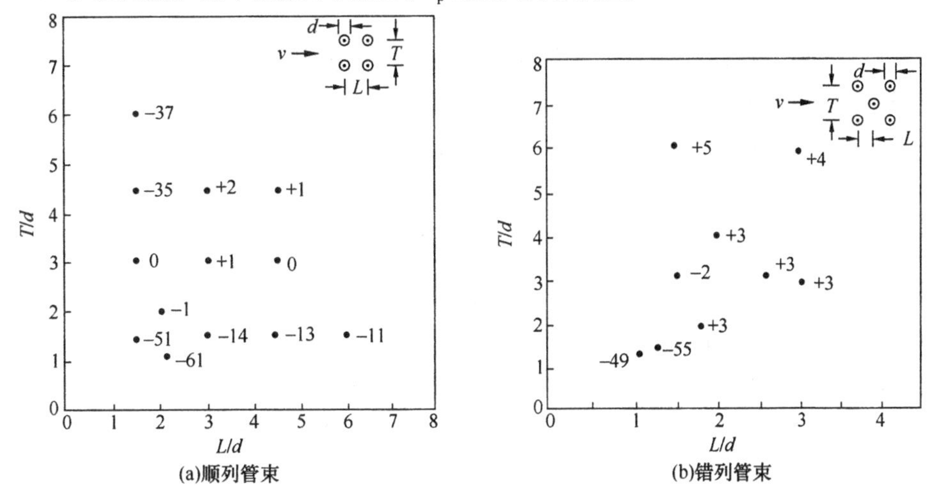

图1.4-43　最大声压级L_p的调整值

壳程空间的声压级应低于140dB，否则在很高的声压作用下，将导致壳体的疲劳破坏。

图1.4-43的缺点是数据不够齐全，因此声共振时的最大声压级也可直接利用根据实验数据绘制的图1.4-44来确定。此图只适用于常见的横(y)向模态声驻波。声压级是管子排列形式与管间距的函数。

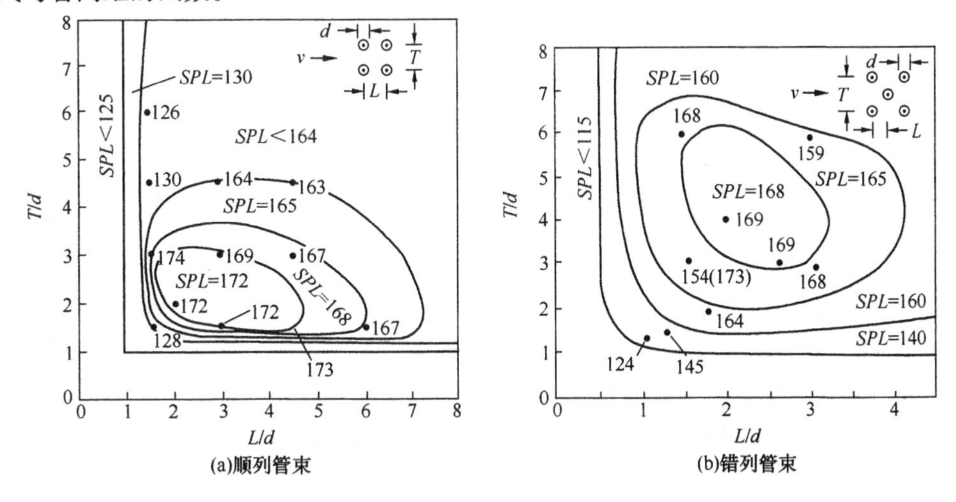

3. 声阻尼参数

声共振的必要条件是声驻波频率必须与激振频率一致，但这并非是充分条件，因为即使满足了这一条件，仍然有可能不发生声共振。所以还要满足第二个条件，即要求系统还要有足够高的且能克服声阻尼的激振能量。声阻尼是系统结构、几何尺寸及雷诺数等的函数。格罗兹(Grotz)和阿诺德(Arnold)[67]、陈延年[15]、费兹派崔克(Fitzpatrick)和唐纳德森(Donaldson)[68]、翟阿达(Ziada)[23]等人以及布莱文斯(Blevins)和布雷斯勒(Bressler)[66]等在研究工作的基础上相继提出了判断管束声阻尼的准则。

(1) 陈延年计算公式[15]

对顺列管束，陈延年建议声阻尼参数 φ 可按公式(4-39)计算：

$$\varphi = \frac{Re}{St}\left(1 - \frac{d}{L}\right)^2\left(\frac{d}{T}\right) \tag{4-39}$$

式中，$Re = vd/\gamma$，γ 为流体的运动黏度，m^2/s。

当 $\varphi > 600$，或 2000 时，便发生声共振。前一个数字适用于实验设备，后一个数字适用于工业换热器(由于有更大的声阻尼)。

若式(4-39)用于错列管束，式中的 L 应改为 $2L$[33,65]。

(2) Fitzpatrick 计算公式[68]

对顺列管束，声阻尼参数为：

$$\Delta^* = \frac{Re^{1/2}}{MSt} \cdot \frac{1}{2[(L/d) - 1](T/d)} \tag{4-40}$$

式中 M——马赫数，即 $M = v/c_e$。

当满足下列关系式时：

$$8200(d/L) - 700 > \Delta^* > 8200(d/L) - 3000 \tag{4-41}$$

便发生声共振。

式(4-40)用于错列管束时是有争议的。

(3) Ziada 等计算公式[23]

对顺列管束，声阻尼参数为：

$$G_i = Re^{1/2}\frac{T}{d}\left(\frac{\gamma}{c_e d}\right) \tag{4-42}$$

若 G_i 值处于图 1.4-45(a)中曲线的右上方，则有声共振。图中纵坐标为 $(2L/d)^2$。对错列管束，声阻尼参数为：

$$G_s = Re^{1/2}\frac{[(2L/d)(T/d - 1)]^{1/2}}{(2L/d - 1)}\left(\frac{\gamma}{c_e d}\right) \tag{4-43}$$

若 G_s 值处于图 1.4-45(b)中曲线的右上方，则有声共振。该图纵坐标为 $2L/h$，其中 h 为管束中气体喷射的最小宽度，m，其与管间隙 g(见图 1.4-14(b))之值有关。当 $g > (T - d)/2$ 时，$h = (T - d)/2$。

当 $g < (T - d)/2$ 时，$h = g$。

(4) Sulivan - Eisinger 计算公式[69]

基于声压与声质点速度，沙立文(Sulivan)等提出了能量输入准则的表达式，即

$$(M \cdot \Delta p)_n < \max\{(M \cdot \Delta p)_{p,n}, (M \cdot \Delta p)_{v,n}\} \tag{4-44}$$

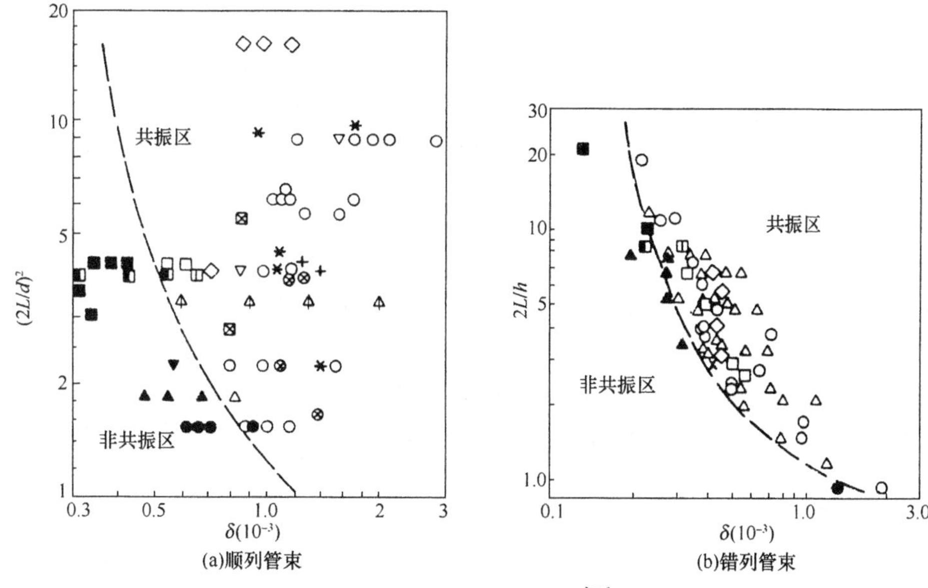

图 1.4－45 声共振区图[23]

式中 M——马赫数；

Δp——通过管束的压力降，Pa，可利用公式(4－37)确定；

n——下标，表示模态数。

公式左方 M 与 Δp 的乘积实际上代表了均匀无脉动流体在流动时将释放的能量，其单位为能量/(面积×时间)。

公式右方$(M\cdot\Delta p)_{p,n}$为壳程空间产生压力波时所需的能量，其表达式为：

$$(M\cdot\Delta p)_{p,n}=0.07\times10^{0.4375[(d/W\cdot St)/(0.0172-1+n)]}\tag{4-45}$$

且 $0.0086\leqslant d(W\cdot St)\leqslant0.1548$ (4－46)

$(M\cdot\Delta p)_{v,n}$为基于声质点速度的能量表达式，即

$$(M\cdot\Delta p)_{v,n}=0.035\frac{c}{\sqrt{1+\sigma}}\left(\frac{d}{W\cdot St}\right)\phi\ n\tag{4-47}$$

式(4－47)中的 ϕ 值可利用式(4－48)求得：

$$\phi=\frac{St(T/d)}{[1-(d/L)]^2}\tag{4-48}$$

如果$(M\cdot\Delta p)_n$ 小于$(M\cdot\Delta p)_{p,n}$或$(M\cdot\Delta p)_{v,n}$二值中的大者，则壳程空间不会发生声共振。三者的关系也可利用图(1.4－46)来示意说明。图中$(M\cdot\Delta p)_{upper,n}$为处于边界线上的上限值。边界线以上为声共振区，边界线以下为非共振区。

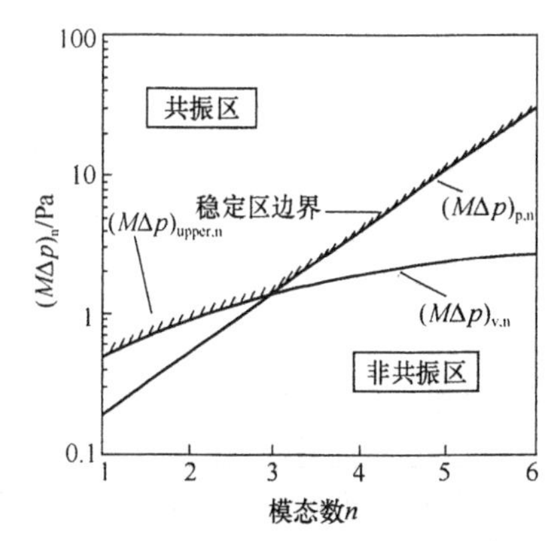

图 1.4－46 声共振区示意图[69]

(5) Blevins－Bressler 计算公式[66]

利用式(4－38)可计算最大声压级 L_p，再利用图 1.4－43 并经调整后，如果最大声压级小于 140dB，则不必考虑声共振。

在上述的声阻尼计算式中，式(4－27)和式(4－28)一般均适用于顺列管束。尽管 TEMA 标准[33]与文献[64]建议用 $2L$ 值取代 L 值后式(4－39)就可用于错列

管束了，但是否正确还应通过更多的实践予以验证。

式(4－42)与式(4－43)与实验数据比较符合[38]，且提供了错列管束中声共振的判据。

式(4－44)不仅可用来判断常见的横向模态驻波的声共振，也可用来判断如图1.4－41所示的x与z向驻波的声共振。当壳程空间同时出现x，y，z三个方向的驻波，对于矩形壳体，声频可按下式计算：

$$f_{a} = \frac{c_{e}}{2}\left(\frac{m^{2}}{W_{x}^{2}} + \frac{n^{2}}{W_{y}^{2}} + \frac{p^{2}}{W_{z}^{2}}\right)^{1/2} \tag{4-49}$$

式中 m，n，p——模态数，相应于x，y，z方向半波的整倍数；

W_x，W_y，W_z——对矩形壳体，依次为x，y，z方向的尺寸a，b，h，m；

如果只有y方向的驻波，则$m=p=0$。式(4－49)即为式(4－32b)。

应该说，公式(4－38)是最直观的，但将最大声压级的限制值规定为140dB时，无疑是偏高了。

为了了解一些公式预测结果与实际偏离的情况，可参见表1.4－7。

表1.4－7 声共振预测结果与实验结果的比较[65]

管束	T/d	L/d	预测的共振			实际的共振
			陈延年法	Fitzpatrick 法	Ziada 法	
1. 错列	2.0	1.73	有	有	有	有
$n=2$	—	—	有	有	有	有
2. 顺列	1.5	1.5	有	无	有*	无
3. 错列	3.0	1.5	有	有	有	有
$n=2$	—	—	有	有	有	有
4. 顺列	3.0	3.0	有	有	有	有
5. 错列	1.5	1.3	有	无	有	无
6. 错列	3.0	2.6	有	有	有	有
7. 顺列	2.0	2.0	有	有	有	有
$n=2$	—	—	有	有	有	有
8. 错列	4.0	2.0	有	BL	有	有
9. 错列	1.2	1.04	有	无	有*	无
10. 顺列	3.0	1.5	有	BL	有	有
11. 顺列	6.0	1.5	有	无	有	无
12. 顺列	1.5	3.0	有	有	有	有
13. 顺列	1.5	6.0	有	有	有	有
14. 顺列	4.5	3.0	有	有	有	有
15. 错列	6.0	1.5	有	无	无	有
16. 错列	6.0	3.0	有	有	有	有
17. 错列	3.0	3.0	有	有	有	有
18. 顺列	1.5	4.5	有	有	有	有
19. 顺列	3.0	4.5	有	有	有	有
20. 顺列	4.5	4.5	有	有	有	有
21. 顺列	4.5	1.5	有	无	有	无
22. 顺列	12	2.08	有	BL	有	无
不正确预测数			6	2.5	7(5)	

注：选择某些St数时，“有”变为“无”；BL表示处于分界线处，准确性为50%。

声共振主要是发生在气流中。当流体为水时，由于在水中声速较高，而且设备尺寸也较小，由式(4－32)可以看出，二者均使声频增大。另一方面，水的流速不会太高，故激振频率较低，因此在水中发生声共振的可能性不大。

(五)各种机理的适用条件及相互关系

流体通过管束时，旋涡脱落频率一旦与管子固有频率一致，便构成了共振的条件，在图1.4－47所示的管子振幅与间隙流速关系曲线上，可以看到一峰值。在节径比 $P/d<1.5$ 的紧密排列管束中，旋涡脱落共振发生在靠近进口处的前几排管中，且往往是在液流与某些高密度气流的情况下出现。

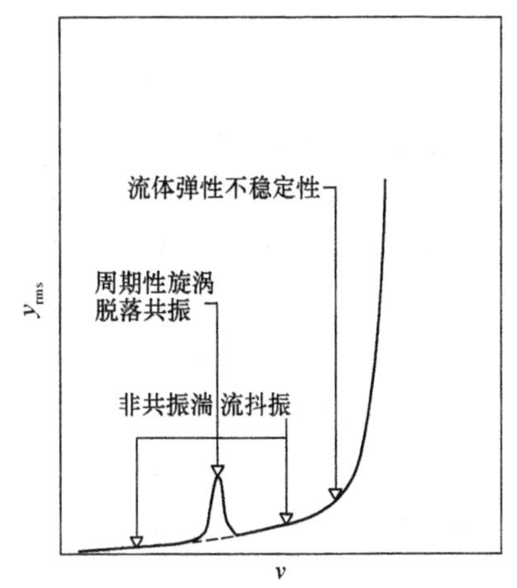

图1.4－47 管束中管子的均方根振幅与间隙流速的关系[46]

在紧密排列管束的内部，按照 Owen 的观点，在窄流道中难以形成规律性的卡门涡流。旋涡脱落将由宽频带的湍流所代替，管子抖振主要是因处于上游的管子造成湍流场所致，振幅较小。在单相流体中，振幅通常与流速的平方成正比。由图1.4－47可看到，在相当宽的流速范围内都会出现非共振性的抖振。但是当湍流抖振主频率与管子固有频率接近时，管子便处于共振性抖振状态。

上面所述的是两种振动机理的不同点。但还有另一种看法，认为旋涡脱落激振与湍流抖振实际上是同一共振机理，只不过是按照不同的假设来说明而已[22]，其理由如下。

图1.4－48所示为根据不同机理计算的 St 数与各种排列形式管束节径比 P/d 的关系。图中的实线与虚线分别根据陈延年和 Fitz－Hugh 曲线图得出的 St 数。圈号“○”表示由 Owen 计算公式(4－23)得出的 St 数(即 $St=f_t d/v$)。应注意的是，即使陈延年和 Fitz－Hugh 作图时依据的都是旋涡脱落机理，但他们的数据仍存在较大的偏差，Owen 依据湍流抖振机理得出的数据与前二者数据的偏差，具有相同的数量级。并没有表现出明显的不同。从这一事实也可使人感到，建立更广泛更可靠的 St 数据库是相当重要的。

由图1.4－47还可看到，当流速继续增加到较高数值时，管子振幅急剧增大，管子发生激烈的振动，这就是流体弹性不稳定的发生。而当发生旋涡脱落共振时，若流速继续增加，

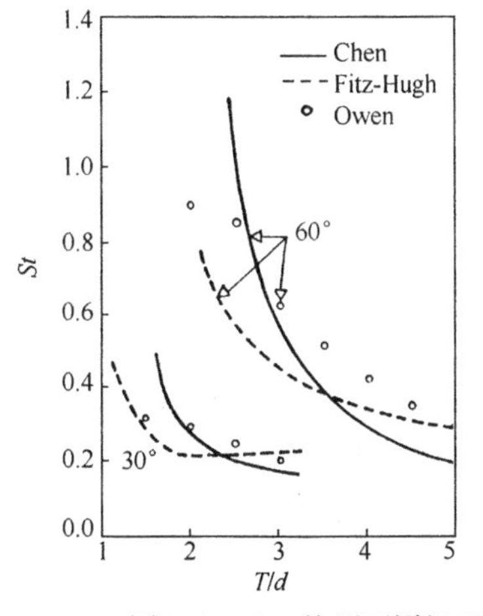

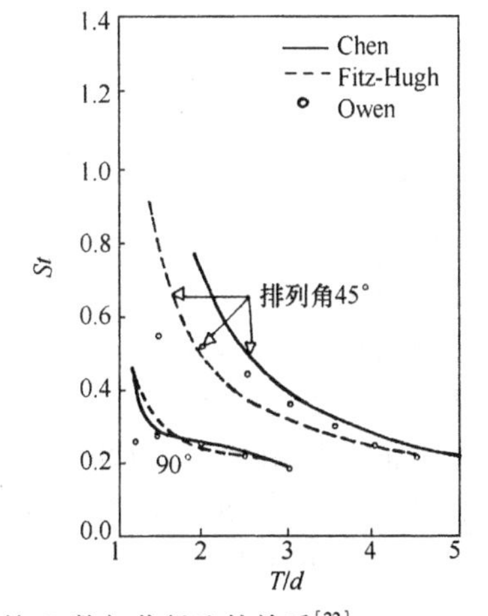

图1.4－48 按照不同机理得出的 St 数与节径比的关系[22]

共振便消失。这种情况对流体弹性激振来说，是不会出现的。

在横向流中，只有一根管子不会出现流体弹性不稳定现象。如果管束发生流体弹性不稳定，其前提必然是管束中有一根管子首先发生了位移。此位移很可能就是旋涡脱落或湍流所引起的，因此上述三种机理是相互联系的。也许在管束振动时，三种机理依次发生着作用。

旋涡脱落与湍流均可诱发声共振，而流体弹性激振机理是不适用于解释声共振现象的。

二、轴向流诱发的振动

单相流体轴向流诱发的振动与压水式核反应堆设计有着密切的关系。如燃料棒、控制棒及监测器管子等部件外侧流体的轴向流速很高时，便有可能引起结构振动。其它如换热器管束、平行排列的管线或输电线、水上运输牵引的柔性圆筒以及高速列车等均会遇到此类问题。

换热器管子在轴向流中的振动响应与流速的关系同样可用图 1.4－47 来表示。但在周期性旋涡脱落共振这一点上有着不同的含义。因为流体在管外沿轴向流动时，并不存在边界层分离现象，取代的将是参数共振。此外，管外流体沿轴向流动时，特别是在受压缩性与超音速流动影响时，管子出现不稳定的现象与管内输送流体时出现的现象是相似的。流体在管内流动时，管壁受压力的作用，管子会产生弯曲变形。若流体在薄壁管内稳定而高速流动，管子失去稳定性时的表现形式将是屈曲(Buckling)或颤振(Plutter)。流体在管外沿轴向流动时，管子失稳的情形也是如此。

(一) *参数共振*(Parametric Resonance)

当流体通过管束的平均流速呈谐函数(正弦函数或余弦函数)变化时，则该流速可表示为:

$$v_t = v(1 + \mu\cos(\omega t)), \text{m/s} \tag{4-50}$$

式中 μ——参数，其值小于1；

v——间隙流速，m/s。

如果脉动的圆频率 ω 与管子的固有频率 ω_n 之比为 $2k$，且 $k=1,2,3,\cdots\cdots$ 时，则在这些频率比的情况下都会发生参数共振，特别是在 $k=1$ 时。管子参数共振的物理特性类似于圆柱体在交变的压缩载荷 $P(1+\mu\cos(\omega t))$ 作用下所产生的共振。

陈延年与韦伯[3,70]在运动方程中引入了呈正弦波变化的脉动速度，得出了计算管子失稳时临界速度的半经验公式。

$$v_c = \left[\frac{(\pi^2/L^2)EJ}{\frac{\pi}{4}C_f\rho Ld + \frac{\pi}{4}d^2\rho C_m}\right]^{1/2}, \text{m/s} \tag{4-51}$$

式中 v_c——临界速度，m/s；

d——管子外径，m；

L——管长，m；

E——管子的弹性模量，Pa；

J——管子截面的惯性矩，m^4；

ρ——管外流体密度，kg/m^3

C_f——管表面的摩擦因数。当 $Re>10^4$ 时，取 0.01～0.03；

C_m——附加质量系数，取值可参见本章第四节之一小节。

管子的振幅可利用下述半经验公式计算。

$$y = [1-(v/v_c)^2]^{-1} \times [\beta v/v_c]^2 d_h, \text{m} \tag{4-52}$$

式中　y——管子的振幅，m；

β——系数，与环境的安静程度有关。安静时的取1/2，中等安静的取1，喧闹的取2，一般情况下取1。

d_h——水力直径，m。

管子为正三角形排列(排列角为30°与60°)时：

$$d_h = 4(0.867P^2 - \pi d^2/4)/(\pi d), \text{m} \quad (4-53)$$

正方形排列(排列角为45°与90°)时：

$$d_h = 4(P^2 - \pi d^2/4)/(\pi d), \text{m} \quad (4-54)$$

式中　P——管中心距，m。

Chen - Weber建议，只要y/d_h小于0.0075，轴向流时就不会使管子产生过大的振动。

按式(4-52)计算的振幅与试验数据的对比，可参见图1.4-49。图中的直线表示100%吻合，阴影部分为实验数据范围。

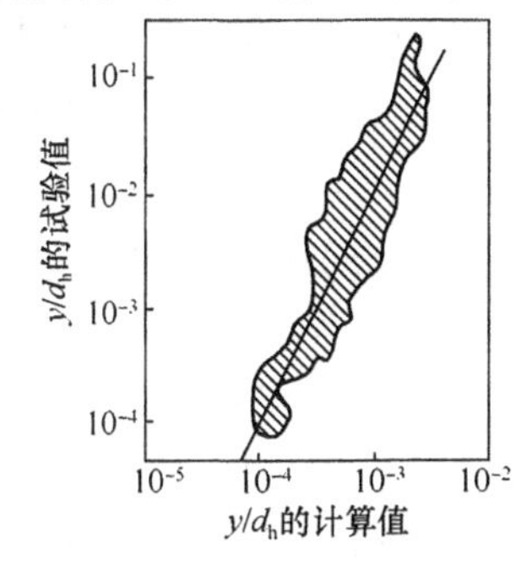

图1.4-49　管子振幅的计算值与试验值数据比较[3]

(二)湍流抖振

管子在轴向流中受湍流激发的振动比在横向流中要弱得多。振动主要发生在管子的第一振型(模态)。相对振幅y_{rms}/d往往小于10^{-2}，很少超过10^{-1}。如此小的振动通常均可以忽略不计，但是在紧密排列的管束中，如果管子间隙g(图1.4-14b)与管子半径之比为10^{-1}的数量级，即使振幅如此之小也会造成相邻管之间的碰撞，导致管壁磨穿。

前已述及，管子的振动原因之一是管子表面存在随机的压力脉动，而产生压力脉动的原因是：

(1) 管子表面边界层中有局部湍流产生；

(2) 由于上游存在诸如支承、阀门、进口管及弯头等干扰物或者通道尺寸的改变，因而使主流中产生了湍流；

(3) 由于噪声声波造成了传播性干扰。

通常所见第一种情况下的湍流，到了下游就很快减弱，因此称为近场湍流，是非传播性的。后两种情况下的湍流，可传播很长距离，称为远场湍流。

目前所用的分析模型，需全面应用工况条件下所测得之压力场特性数据。如果因测量技术上的困难，而只能将湍流边界层压力场中贴近管壁处的脉动压力数据纳入分析模型，则计算出的均方根振幅值要比测量值小1~2个数量级。此外，在功率谱分析方法基础上得到的式(4-25)与式(4-26,)同样也可用来计算轴向流时管子的振幅[27]。但是对某些支承条件下的管子，很难得到激振力功率谱密度$G_f(f)$的试验数据，致使公式的应用受到很大限制。正是由于这些原因，一般都倾向应用经验的[71,72]与半经验的公式[70,73]。其中以文献[71]推荐的经验公式(4-55)，其振幅的计算误差可在一个数量级以内。

$$y_{max} = d\left[\frac{5\times10^{-4}K}{\alpha^4}\right]\left[\frac{u^{1.6}\varepsilon^{1.8}Re^{0.25}}{1+u^2}\right]\left[\frac{d_h}{d}\right]^{0.4}\left[\frac{\beta^{\frac{2}{3}}}{1+4\beta}\right] \quad (4-55)$$

式中　y_{max}——管子的最大振幅，m；

K——参数，对很安静的循环系统(如风洞或水洞装置)，上游的干扰小，机械传递的振动小，取K值为1。在工业环境下，取K值为5；

α——管子的第一振型的特征值，无因次。两端固定的管子，$\alpha=4.73$。两端简支的管子，$\alpha=\pi$；

ε——管子的长径比，即$\frac{L}{d}$；

Re——雷诺数；

β——质量比，即$\frac{m_A}{m}$；

m_A——单位长度的附加质量，其值为$\frac{\pi d^2 \rho C_m}{4}$，kg/m；

m——单位长度管子的总质量，kg/m，$m=m_A+m_i+m_t$；

m_i，m_t——按单位长度计算的管内流体和管子的质量，kg/m；

u——无因次流速，定义为：

$$u=[m_A/(EJ)]^{\frac{1}{2}}vL \tag{4-56}$$

公式(4-55)中各参数的适用范围为：

$2.1 \leqslant \alpha^2 \leqslant 20.8$

$26.8 \leqslant \varepsilon \leqslant 58.7$

$2.6\times10^4 \leqslant Re \leqslant 7\times10^5$

$4.9\times10^{-4} \leqslant \beta \leqslant 6.2\times10^{-1}$

$2.1\times10^{-3} \leqslant u^2 \leqslant 8\times10^{-1}$

计算结果与实验数据的比较可参见图1.4-50。

(三)流体弹性不稳定性

在较高的流速下，管束将失去稳定，一般会出现如图1.4-51所示的弯曲，而并非振荡性的不稳定[3,37,72]。当流速继续增大，便发生像机翼那样的颤振*。

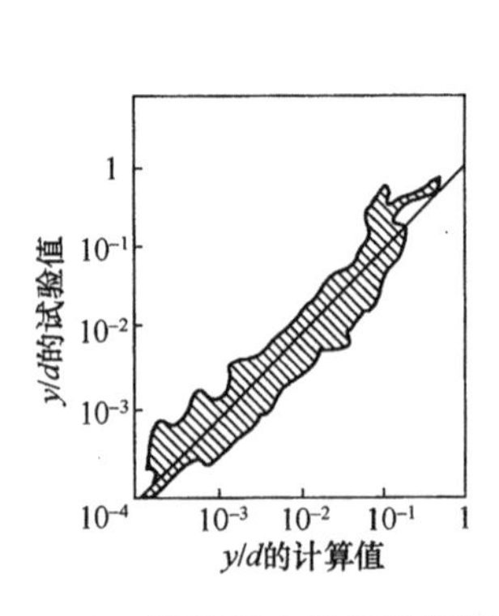

图1.4-50 管子最大振幅计算值与试验数据的比较[71]

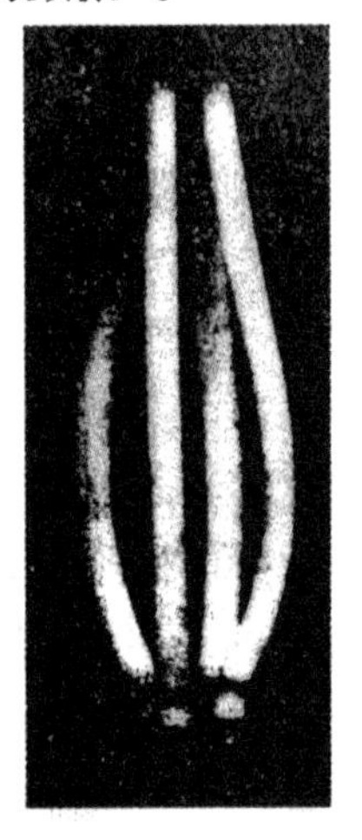

图1.4-51 在轴向流中圆柱出现的弯曲[27]

---

*：在轴向流中，若管子的固有频率以复数形式表示，则$\omega_n=Re(\omega_n)+I_m(\omega_n)i$，式中的实数部分与振动频率有关，虚数部分与阻尼有关。有阻尼时，$I_m(\omega_m)>0$，负阻尼(即不稳定)时，$I_m(\omega_n)<0$。管子出现弯曲失稳时，$Re(\omega_n)=0$，$I_m(\omega_n)<0$。出现颤振时，$Re(\omega_n)\neq0$，$I_m(\omega_n)<0$。

在轴向流中，管子发生流体弹性不稳定的条件是[27]：

$$u_c = [u^2 - \bar{p}AL^2(1 - 2\nu\gamma)/(EJ)]^{1/2} > 3 \tag{4-57}$$

式中　u_c——无因次临界速度；

u——按公式(4-56)计算的无因次流速；

$\bar{p}$——壳程的平均压力，Pa；

A——管子的横截面积，m^2，其值为 $\pi d^2/4$；

ν——管子材料的泊松比；

γ——系数，两端简支的管子取 $\gamma=1$，悬臂式管子取 $\gamma=0$。

其它符号的意义同前。

从式(4-57)看出，对壳程流体加压，有利于增大管子的稳定性。

当轴向流速超过临界速度后，由理论预测的管子振型，见图1.4-52。所利用的实验装置是在一圆形流道中对称地放置了4根圆柱。几何尺寸规定为：

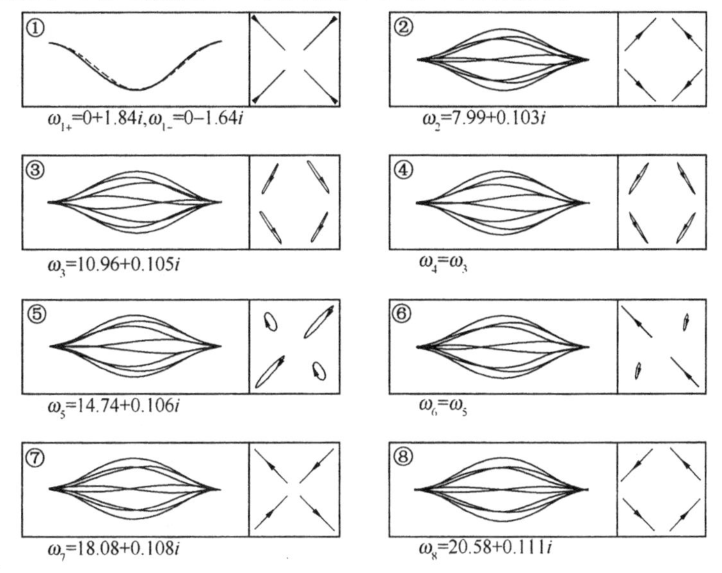

图1.4-52　两端固定的4根圆柱在轴向流且 $u=4.85$ 时，第一振型组的理论振型[71]

G_c = 圆柱壁之间的最小距离/圆柱的半径 = 1

G_w = 圆柱壁与流道壁之间的最小距离/圆柱的半径 = 5

由此可以发现：

(1) 各阶振型不是正规振型(normal mode)，而是振型组，振型数是管数的一倍，如管数 $N=4$ 时，振型数为 $2N=8$；

(2) 由于系统中柱体呈对称布置，故有些固有频率重复出现；

(3) 有些管子的运动形式很特殊，如振型组中的第1振型是向中心结合型，第8振型是旋转型。

如果圆柱排列更为紧密，即 G_c 变得更小了，此时系统在较小的 u 值时便会失去稳定性。

如果管外为轴向流，管内也有流体通过，管子则更易失去稳定性[73]。在图1.4-53所示的三圆柱系统中，$G_c=G_W=1/4$。纵坐标为管外的无因次流速 u，横坐标为管内的无因次流速 u_i，且

$$u_i = [\rho_i A_i/(EJ)]^{1/2} v_i L \tag{4-58}$$

式中，ρ_i，v_i，A_i 分别为管内流体的密度，kg/m³；流速，m/s 以及管内的通道面积，m²。

随着管内的无因次流速的不断增大，管外的无因次流速较小时便会使系统失去稳定性。例如对两端简支的管子，当 $u_i=0$，失稳时，u 值约为 1.6；当 $u_i=3.2$，失稳时，u 值已降至零的附近。

由图 1.4-53 还可看到，两端固定支撑管子与简支管对比，其失稳时的界限值明显升高。

(四) 声共振

在空气预热器之前的空气管道中，如核电站的蒸汽主线里，轴向流也可能会诱发声共振。如果声共振频率接近管道的固有频率，还会使管道产生很大的振幅，甚至出现裂口。

三、两相流诱发的振动

核电厂沸水式核反应堆中的，管壳式蒸汽发生器、再沸器及冷凝器都存在着两相流体，实际上一半以上的核反应堆设备及工艺设备都在两相流动状态下操作。如图 1.4-54 所示的压水堆核电站立式蒸汽发生器，循环水通过壳体与套筒之间的环形空间并下行至管板附近进入预热器。当其通过管束时，水为横向流。出预热器后，部分水逐渐沸腾变成蒸汽。在壳程中主要为两相流体的轴向流。在 U 形弯管区，则是两相流体的横向流。两相流体流动时产生的动态流体力也会激起结构振动。

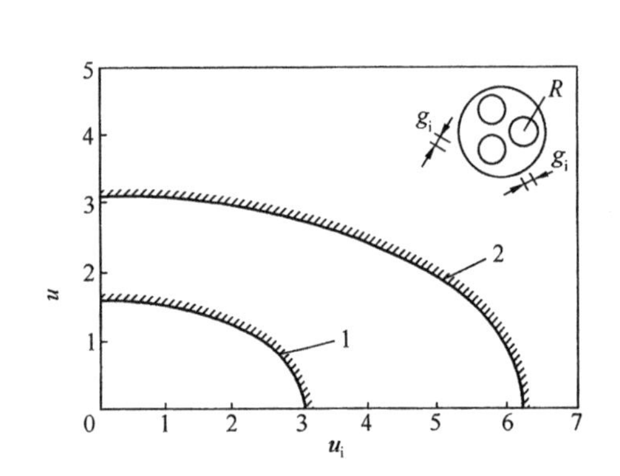

图 1.4-53 三圆柱系统中管内、管外均为轴向流动时理论的流体弹性不稳定的界限[73]

1—两端简支的管子；2—两端固支的管子

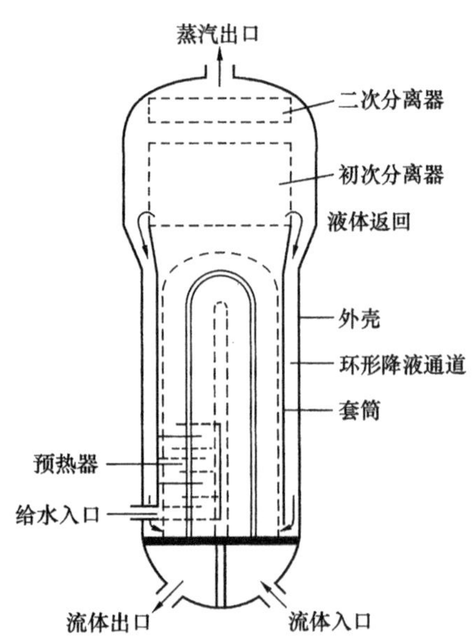

图 1.4-54 蒸汽发生器示意图

两相流诱发的振动比单相流诱发的振动要复杂得多。结构的振动不仅与两相混合物的特性以及两相流的流型密切相关，且还与一个新的参数，即体积含气率有关。除此之外，两相流诱发振动的实验有时还要求在高温高压条件下完成，此时需要的费用更多，难度也更大。所以迄今为止，实验用两相混合物也只限于表 1.4-8 所列的几种。关于两相轴向流时诱发振动的研究工作早在 20 世纪 60 年代便已开始了。但两相横向流诱发振动的研究，则起步较晚，仅在最近 20 年内才取得一些进展，要达到目前单相横向流诱发振动的研究水平，尚有很大的差距。

表 1.4 -8　实验用两相混合物及其有关的物理参数[27]

	空气 - 水	蒸汽 - 水	氟里昂 - 22
温度/℃	20	257	23
气液密度比	0.0012	0.029	0.035
表面张力/(N/m)	0.073	0.025	0.008
动力黏度比	15.0	6.1	1.94

(一) 主要参数

为简化起见，在定义流体的物理性质时，假设两相流体是均匀混合的。

1. 体积含气率

或称空隙率(Void Fraction)的 ε_g 可根据气相与液相的体积流量算出。

$$\varepsilon_g = \frac{Q_g}{Q_g + Q_l} = \frac{Q_g}{Q} \tag{4-59}$$

式中，Q_g，Q_l 及 Q 分别为每秒钟通过流道截面积的气相、液相及两相流体的体积，m^3/s。

2. 质量含气率 α

对单相分气液两相流体而言，其也被称蒸气干度(Vapor quality)。可根据气相与液相的质量流量算出：

$$\alpha = \frac{W_g}{W_g + W_l} = \frac{W_g}{W} \tag{4-60}$$

式中，W_g，W_l 及 W 分别为每秒钟通过流道截面积的气相、液相及两相流体的质量，kg/s。

3. 两相流体的平均密度 ρ_{TP}

$$\rho_{TP} = \rho_g \varepsilon_g + \rho_l (1 - \varepsilon_g), \mathrm{kg/m^3} \tag{4-61}$$

式中，ρ_g，ρ_l 分别为气体和液体的密度，kg/m^3。

4. 两相流体的运动黏度 γ_{TP}

$$\gamma_{TP} = \gamma_l \bigg/ \left[1 + \varepsilon_g\left(\frac{\gamma_l}{\gamma_g} - 1\right)\right], \mathrm{m^2/s} \tag{4-62}$$

式中，γ_{TP}，γ_g，γ_l 分别为两相流体、气体及液体的运动黏度，m^2/s。

5. α 与 ε_g 之间的关系

由于
$$Q_g = W_g/\rho_g \tag{4-63}$$

则
$$Q_l = W_l/\rho_l \tag{4-64}$$

又根据式(4-59)与(4-60)可得：

$$\varepsilon_g = \alpha/[\alpha + (1 - \alpha)\rho_g/\rho_l] \tag{4-65}$$

$$\alpha = \varepsilon_g/[\varepsilon_g + (1 - \varepsilon_g)\rho_l/\rho_g] \tag{4-66}$$

6. 两相流体的平均流速 v_{TP}

气液两相流体均匀混合时，平均流速可表示为：

$$v_{TP} = (Q_g + Q_l)/A = Q/A \quad \mathrm{m/s} \tag{4-67}$$

式中　A——流道截面积，m^2。

7. 气相与液相的表观速度 v_g 与 v_l

表观速度(superficial velocity)也可称为折算速度。

$$v_g = Q_g/A \quad m/s \tag{4-68}$$

$$v_l = Q_l/A \quad m/s \tag{4-69}$$

8. 两相流体在管间隙中的流速 v_G

$$v_G = v_{TP}P/(P-d) \quad m/s \tag{4-70}$$

9. 两相流体在管间隙中的雷诺数 $(Re)_{TP}$

$$(Re)_{TP} = dv_G/\gamma_{TP} \tag{4-71}$$

10. 两相流体在管间隙中的质量流速 W_G

$$W_G = \rho_{TP}v_G \quad kg/(m^2 \cdot s) \tag{4-72}$$

11. 气相和液相在管间隙中的质量流速 $W_{g,G}$，$W_{l,G}$

$$W_{g,G} = \alpha W_G \tag{4-73}$$

$$W_{l,G} = (1-\alpha)W_G \tag{4-74}$$

12. 流体动力质量(Hydrodynamic Mass)

随管子一起振动的管外流体，其等效质量被称流体的动力质量，也称为流体附加质量(Fluid Added Mass)，以 m_A，kg/m 表示。两相流体在横相流时，其值按式(4-75)计算[74]：

$$m_A = \left(\frac{\pi}{4}\rho_{TP}d^2\right)\left[\frac{(d_e/d)^2+1}{(d_e/d)^2-1}\right], kg/m \tag{4-75}$$

式中，d 为管子外径；d_e 为流道的直径，或周围管子流体边界的等效直径。比值 d_e/d 可看作范围的度量，如管子为正三角形排列时，取

$$d_e/d = (0.96+0.5P/d)P/d \tag{4-76}$$

如管子为正方形排列时，则取

$$d_e/d = (1.07+0.56P/d)P/d \tag{4-77}$$

两相流体在轴向流时，m_A 可按式(4-78)计算[74]：

$$m_A = \left(\frac{\pi}{4}\rho_{TP}d^2\right)\left[\frac{(d_e/d)^2+1}{(d_e/d)^2-1}\right][f(\varepsilon_g)], kg/m \tag{4-78}$$

式中，$f(\varepsilon_g)$ 为体积含气率的函数，可按式(4-79)计算：

$$f(\varepsilon_g) = (1-1.5\varepsilon_g)/(1-\varepsilon_g) \tag{4-79}$$

此式与空气-水的实验数据吻合得很好。

13. 两相流体的阻尼比 ξ_{TP}

ξ_{TP} 为管子总阻尼的一部分，是一个重要的参数。在横向流中其值可利用下列半经验公式来计算[27]：

$$\xi_{TP} = A\left(\frac{\rho_l d^2}{m}\right)[f_1(\varepsilon_g)]\left(\frac{\sigma_T}{\sigma_{20}}\right)\left\{\frac{[1+(d/d_e)^3]}{[1-(d/d_e)^2]^2}\right\} \tag{4-80}$$

式中 A——系数，由实验确定，对气-水两相流体，A 值为0.05；

σ_T，σ_{20}——分别为操作温度 T℃及20℃时两相流体的表面张力，N/m；

$f_1(\varepsilon_g)$——体积含气率的函数；

$\varepsilon_g = 0\%$ 及 100% 时，$f_1(\varepsilon_g) = 0$；

$\varepsilon_g = 40\%$ 及 70% 时，$f_1(\varepsilon_g) = 1$；

$\varepsilon_g < 40\%$ 时，$f_1(\varepsilon_g) = \varepsilon_g/40$；

$\varepsilon_g > 70\%$ 时，$f_1(\varepsilon_g) = 1.0-(\varepsilon_g-70)/30$。

（二）流型与流型区图

研究两相流诱发振动时，不仅要考虑许多参数，还必须弄清楚振动是在哪种流型下发生的。

图1.4－55表示出了垂直管中空气－水向上流动时的各种流型。

（a）细泡型　液体中散布了许多细小的气泡；

（b）气塞型　气泡增大成气塞状；

（c）块型　气速增大后，气塞分裂成多块，在液流中剧烈地翻腾；

（d）条－环型　管壁上含有气泡的液膜形成环状，主气流中细小的液滴构成纤细的条状；

（e）环型　在较高的体积含气率时，管壁上附有环状液膜，主气流中含有细小的液滴。

当蒸汽－水向上流动时，同样存在这些流型。类似的流型也可在水平管内见到。只是由于重力的影响，液体在流道下方通过，故流型是不对称的。

图1.4－56为空气－水两相流体在垂直管中上升时的流型区图。图中的横坐标为$\rho_l v_l^2$，纵坐标为$\rho_g v_g^2$。

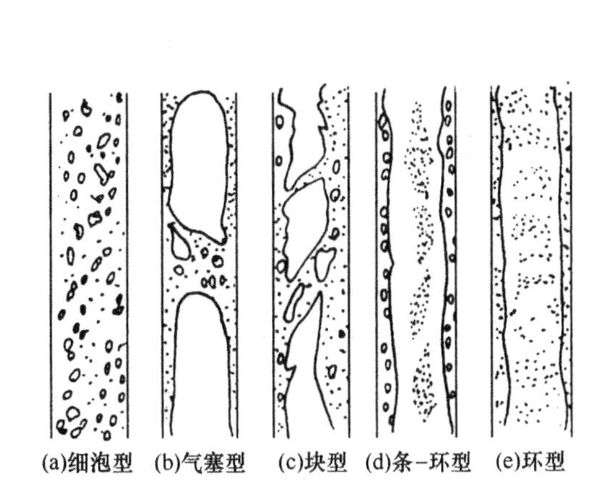

图1.4－55　两相流体在垂直管中上升时的流型[74]

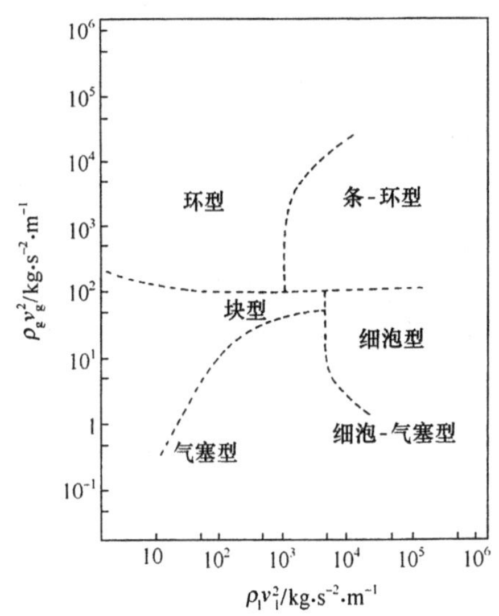

图1.4－56　两相流体在垂直管中上升时的流型区图[74]

当两相流体在环形与水平管内流动时，也可得到类似的流型区图。

上述的流型区图都可用来决定两相流体在轴向流动时的流型。

图1.4－57与图1.4－58均为格兰特(Grant)所提出的空气－水垂直向上横过水平错列管束时的流型图与流型区图[6,74,75]。值得注意的是，图1.4－58未能反映出更多的流型，以致引自文献[76]的实验数据并不落在已定的流型区范围内。

在图1.4－58中横坐标为参数X，其表达式为：

$$X = \left(\frac{1-\varepsilon_g}{\varepsilon_g}\right)^{0.9}\left(\frac{\rho_l}{\rho_g}\right)^{0.4}\left(\frac{\mu_l}{\mu_g}\right)^{0.1} \tag{4-81}$$

式中　μ_g，μ_l——分别为气体和液体的黏度，Pa·s。

纵坐标为无因次气体流速u_g，其表达式为：

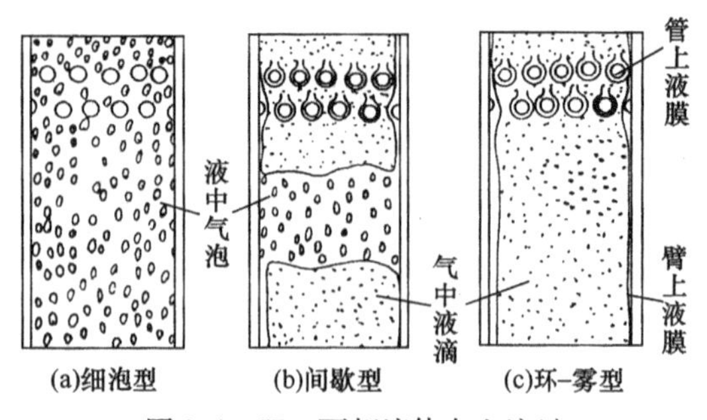

图 1.4-57 两相流体向上流过水平错列管束时的流型[6]

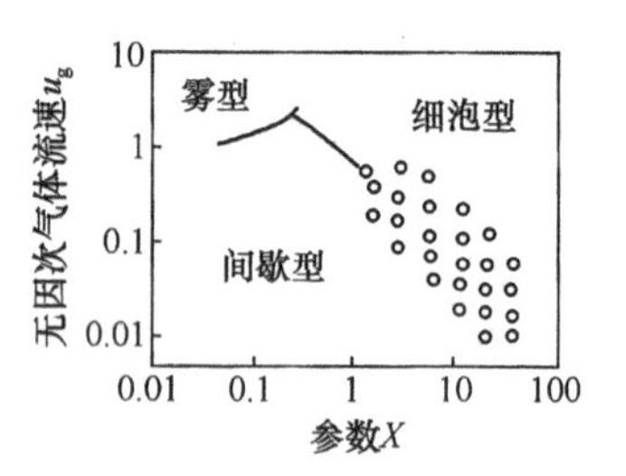

图 1.4-58 两相流体向上流过水平错列管束时的流型区图[74,76]

$$u_g = W_{g,G}/[d_h g\rho_g(\rho_l - \rho_g)]^{0.5} \quad (4-82)$$

式中 $W_{g,G}$——通过管间隙处的气相质量流速，kg/(m^2·s)；

d_h——水力直径，m，按文献[74]建议取 $d_h = 2(P-d)$；

g——重力加速度，m/s^2。

图 1.4-59 为麦克奎兰(Mc Quillan)与华莱(Whalley)(M-W)提出的流型区图[74,76,77]。尽管此图表示的是两相流体在垂直管内的流型，但也许能用来预示管间隙处存在此类流型的可能性。为便于对比，在此同一图中还列入了 Grant 的流型图。可以看到，Grant 图中的间歇型区相当于 M-W 图中较高 ε_g 值的气塞型区与块型区。Grant 图中的雾型区相当于 M-W 图中的环形区。一些实验数据表明[26]，Grant 图适用于流体弹性振动的分析而不适用于湍流激振的分析，M-W 图则似乎正好相反。其中的原因目前还难以说得清楚。这也表明，改进两相流的流型区图还有许多工作要做。

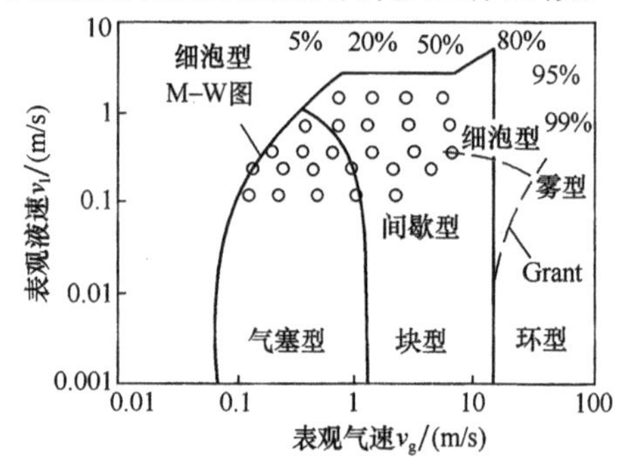

图 1.4-59 M-W 图与[74] Grant 图的比较

(三)横向流诱发振动的机理

横向流中两相流诱发的振动是近期开展起来的研究题目，因其与核工业有着密切的关系，故得到了许多国家学者的重视。从 1981 年起，此方面的研究成果便有陆续发表。其中备受关注的当推加拿大恰克河核能实验室(Chalk River, Nuclear Laboratories)结合工程实际对其进行较为全面而又系统的研究工作[6,26,74,78~87]。两相横向流诱发振动的机理一般认为基本上有三种，即周期性旋涡脱落、湍流激振及流体弹性不稳定性。

1. 周期性旋涡脱落

两相流体绕流管束时是否存在有规律的卡门旋涡尚不好断言，但在管束内部必定存在周期性的旋涡，这是可以通过试验得到证明的。图 1.4-60 为脉动升力的功率谱密度图，当体积含气率 ε_g 较小时，图中出现的明显峰值，其表明所测信号中存在着周期性成分。

当 ε_g 增大到 0.14[图 1.4-60(d)]时，图中显示的主要是湍流的随机脉动成分，故通常认为，在 $\varepsilon_g < 0.15$ 时，两相流中才存在周期性脱落的旋涡。当旋涡脱落频率接近任何一阶管子的固有频率时，管子便发生共振。

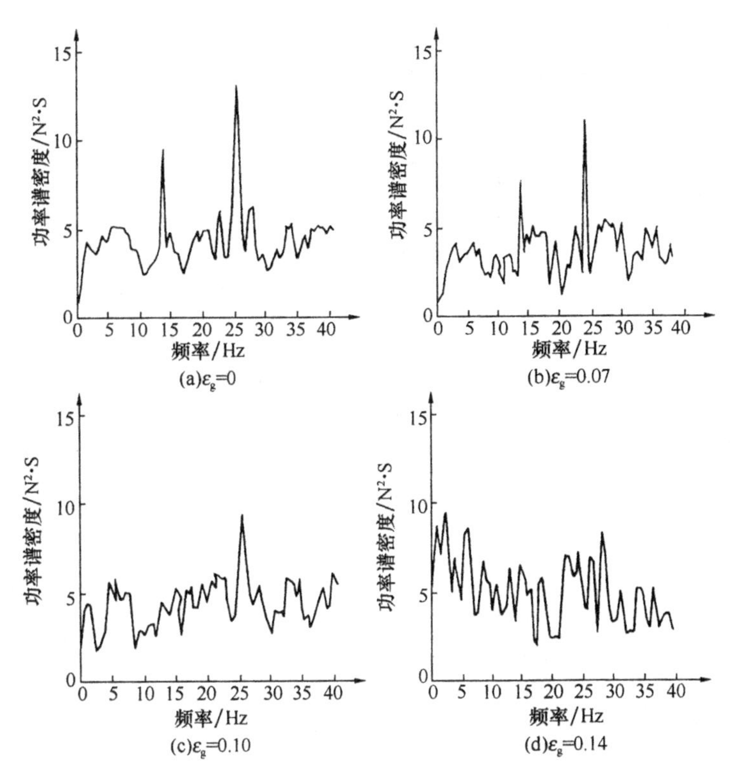

图 1.4-60　在不同含气率时正三角形排列管束($P/d=1.5$)的脉动升力功率谱[6]

(1) 斯特罗哈数$(St)_{TP}$

两相流中的斯特罗哈数$(St)_{TP}$与管子排列形式、管间距、管子排数及含气率等有关。目前可供利用的数据不多，必要时可参见表 1.4-9 与图 1.4-61。一般在相同条件下，$(St)_{TP}$数稍小于单相流时的 St 数。

表 1.4-9　P/d 为 1.47 时正方形排列管束的斯特罗哈数$(St)_{TP}$，脉动力系数 C_L 和 C_D[74]

ε_g	管排数	升力方向		阻力方向	
		$(St)_{TP}$	C_L	$(St)_{TP}$	C_D
0	第 1 排	0.48	0.072	0.44	0.044
	第 2 排	0.44	0.058	0.44	0.40
	管束内部	0.62	0.057	0.47	0.029
	下游	0.51	0.037	0.44	0.042
0.05	第 1 排	0.46	0.061	0.46	—
	第 2 排	0.42	0.043	0.40	0.013
	管束内部	0.42	0.034	0.46	0.041
	下游	0.42	0.029	0.42	0.016
0.10	第 1 排	0.43	0.033	—	—
	第 2 排	0.43	0.024	0.43	0.012
	管束内部	0.41	0.038	0.41	0.020
	下游	0.43	0.031	0.43	0.013
0.15	第 1 排	0.40	0.043	0.40	0.015
	第 2 排	0.36	0.022	0.36	0.032
	管束内部	0.41	0.055	0.41	0.023
	下游	0.39	0.052	0.39	0.025

(2) 升力系数与阻力系数

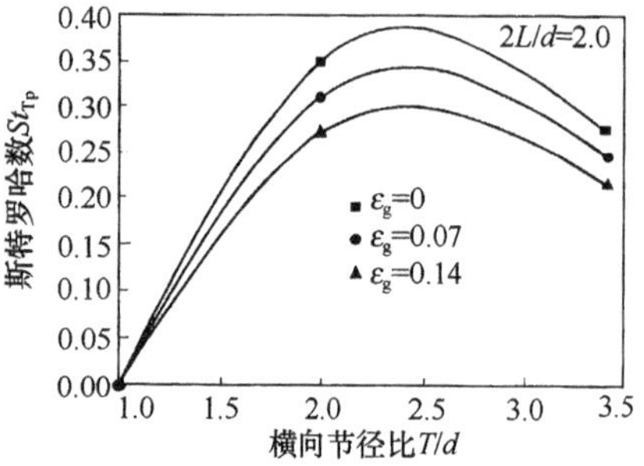

在两相流中，脉动的升力系数 C_L 和阻力系数 C_D 与管子的排列形式、节径比、管子排数、体积含气率 ε_g 及雷诺数 Re 等有关，目前尚缺乏系统的实验数据。必要时可参见表 1.4-9 和图 1.4-62～图 1.4-65[6]。图中所涉及的 Re 数，是根据间隙处液相表观速度计算出来的。由图 1.4-62 和 1.4-63 可看出，根据错列圆柱体的实验数据，C_L 与 C_D 值均随 ε_g 的增大而减小。这两个系数与排数也有关系，而第 1 排的系数值为最大。

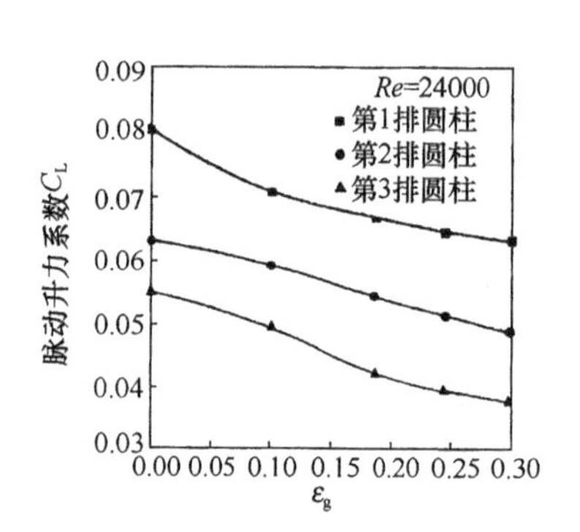

图 1.4-61 错列管束的斯特罗哈数 $(St)_{TP}^{[6]}$

圆柱体顺列时的实验数据表明，在 Re 数较低时，C_L 值随 ε_g 的增加而减小。则在 Re 数较高时，C_L 值则随 ε_g 的增加而增大。ε_g 对系数 C_D 的影响可参见表 1.4-9。图 1.4-65 则表明纵向节径比和 Re 数对系数 C_D 的影响。

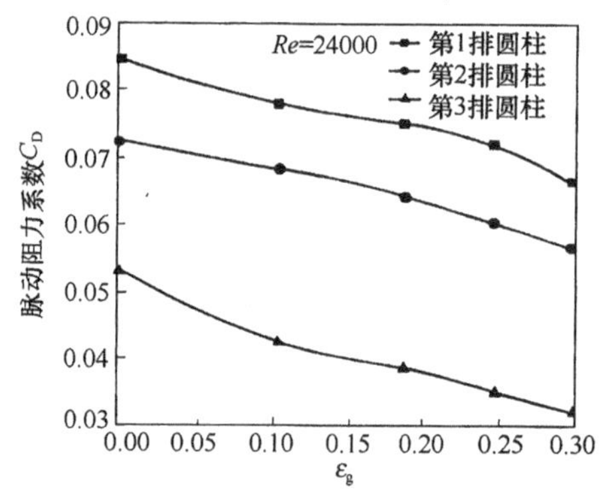

图 1.4-62 正三角形排列圆柱 ($T/d=1.5$) C_L 与 ε_g 的关系

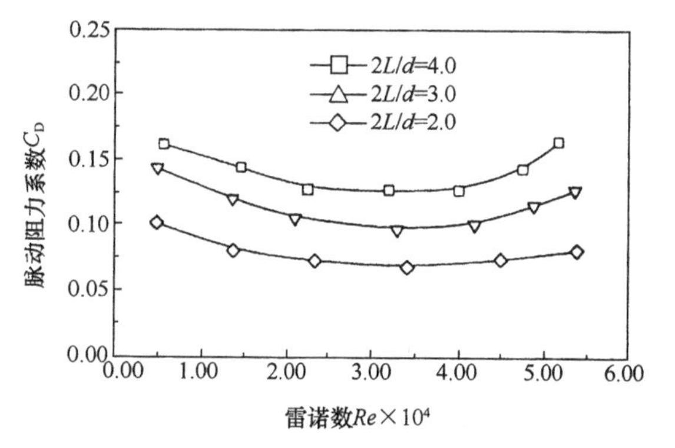

图 1.4-63 转角正三角形排列圆柱 ($T/d=2.6$) C_D 与 ε_g 的关系

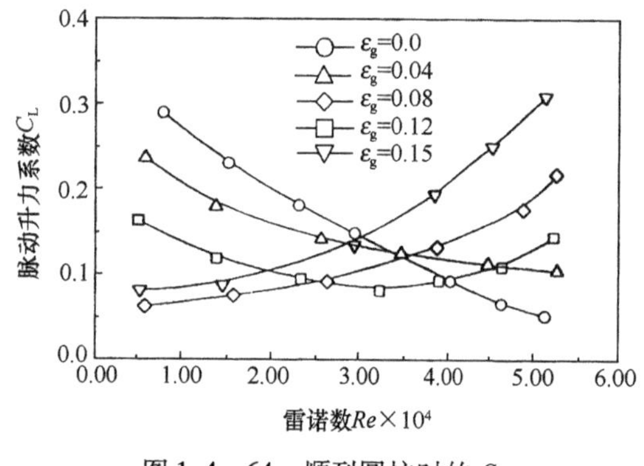

图 1.4-64 顺列圆柱时的 C_L 随 ε_g 和 Re 数的变化图

图 1.4-65 顺列圆柱时的 C_D 随纵向节径比和 Re 数的变化图

(3) 振幅的计算

当周期性的升力沿管子均匀分布时，根据受迫振动理论可以推导出下列管子振幅的计算公式[74]：

$$Y(x)=\frac{\phi_n(x)}{8\pi^2\xi_n f_n^2 m}\int_0^L F_L(x)\phi_n(x)dx \tag{4-83}$$

式中，$\phi_n(x)$为振型，下标 n 表示振型的阶数。

对于一端固定一端自由的管子，若按第一振型振动时，式(4-83)可转变为：

$$Y(L)=\frac{1.566F_L}{8\pi^2\xi_L f_1^2 m}\quad \text{m} \tag{4-84}$$

式中　$Y(L)$——自由端最大的振幅，m；

m——包括附加质量在内单位长度管子的总质量，kg/m；

F_L——升力，N/m，其值为：

$$F_L=C_L\rho_{TP}dv_G^2/2\text{ ,}\quad \text{N/m} \tag{4-85}$$

将式(4-85)代入式(4-84)并简化后得：

$$Y(L)=C_L\rho_{TP}dv_G^2/(5.11\pi\delta_L f_1^2 m) \tag{4-86}$$

不同支承条件的管子，振型表达式也不相同。参照式(4-15)~式(4-22)所述的方法，还可得到简支管最大振幅的计算公式，即

$$Y(L/2)=\frac{C_L\rho_{TP}dv_G^2}{2\pi^2\delta_L f_1^2 m},\quad \text{m} \tag{4-87}$$

2. 湍流激振

分析两相横流湍流激振时，仍然可以利用在随机振动理论与功率谱分析基础上建立的关系式。当管子按第一振型振动，管子阻尼小，且流体力沿管子全长均匀分布时，此式为[83]：

$$\overline{y^2(x)}=\frac{C_1 S_F(x)}{16\pi^3\xi_L f_1^3 m^2},\quad \text{m}^2 \tag{4-88}$$

式中　$\overline{y^2(x)}$——均方振幅，m^2；

$S_F(x)$——激振力的功率谱密度，$(\text{N/m})^2\cdot\text{s}$；

C_1——与管子端部固定条件及位置 x 有关的系数，如管子为 L、m，则对一端固定一端自由的管子，其最大振幅发生在 $x=L$ 处，$C_1=0.6130$；对一端固定一端简支的管子，其最大振幅发生在 $x=0.581L$ 处，$C_1=0.4213$；

m——单位长度管子的总质量，kg/m，其值为 $m_A+m_t+m_i$，m_A 为按公式(4-75)计算的流体附加质量，kg/m。

其它符号意义同前。

公式(4-88)具有双重功能。如果通过实验能测出作用于管子上的激振力，经傅里叶变换或傅里叶分析仪便可得知 $S_F(x)$的数值，利用此式可以计算出管子的振幅。相反，如果通过实验能测出管子的振幅，利用同一公式也可以计算出相应的功率谱密度(*PSD*)$S_F(x)$。

由于测定管子的振幅比测定管子表面上的脉动力要容易得多，特别是对那些需要在高温环境下完成的两相流实验，因此根据测定的振幅，再计算 *PSD* 更具有现实意义。由实验可知，对不同排列形式的管束，在一定节径比范围内，相应于某一 ε_g 值，其规范化功率谱密度(Normalized Power Spectral Density，或简称为 *NPSD*)有着相同的数值。此处所指的 *NPSD*，其表达式为：

$$NPSD=\frac{S_F(x)}{(W_G d)^2},\quad \text{m}^2/\text{s} \tag{4-89}$$

式中 W_G——按式(4-72)计算的两相流体的质量流速，kg/(m^2·s)。

基于这一特点，文献[83]提出了利用 *NPSD* 图求取均方振幅的方法。此法首先可充分利用实验装置具有便于控制几何条件与流动条件的优点，可以在不同参数范围之内进行大量实验，以测取数据 y 并计算出相应的 $S_F(x)$。然后绘制成 *NPSD* 图例，如图 1.4-66。图中横坐标为 ε_g，纵坐标即为 *NPSD*。

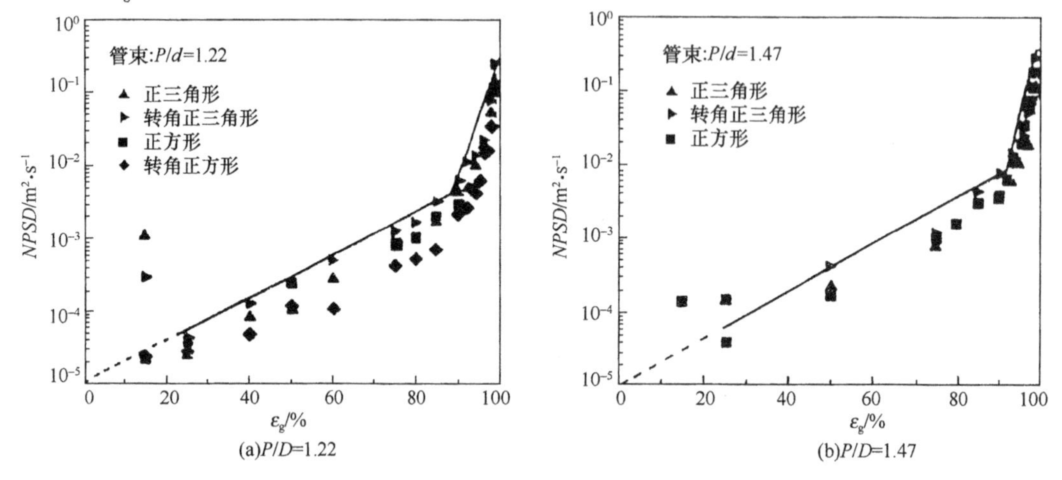

图 1.4-66 各种管束受 30Hz 随机激振时的 *NPSD* 图[87]

工程设计时，可根据已知的 ε_g，利用所绘制的图线得出 *NPSD* 值，然后再利用式(4-89)计算 $S_F(x)$。再将此值代入式(4-88)便可确定出管子的振幅。

应该指明，在工业设备中，流体力不可能沿管子全长均匀分布，故按式(4-88)计算出的振幅是偏大的。

由图 1.4-66 看出，对各种排列形式的管束，当 $P/d=1.22\sim1.47$ 时，转角正三角形排列管束的 *NPSD* 值最高，转角正方形排列管束的 *NPSD* 值最低。为简化起见，按高值作出设计曲线。因此在 $25\% < \varepsilon_g < 90\%$ 范围内曲线的表达式可写成：

$$NPSD = 10^{(0.03\varepsilon_g - 5)}, \quad m^2/s \tag{4-90}$$

当 $\varepsilon_g < 25\%$ 时，因无实验数据，图上以虚线表示。实际上，正如此前所述在这范围内

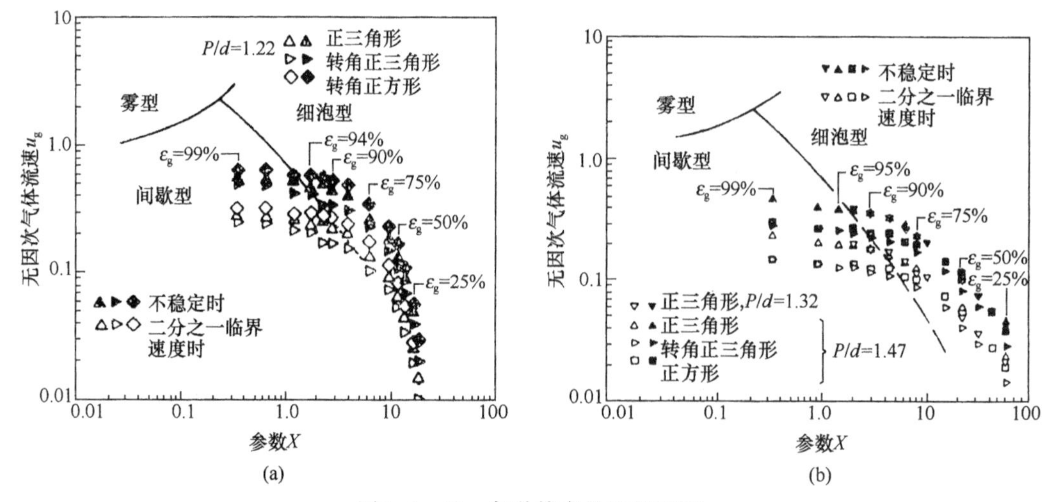

图 1.4-67 各种管束的流型区图

因存在周期性的旋涡脱落，是不应按湍流激振机理处理的。

$\varepsilon_g>90\%$ 时，曲线的斜率陡增。流体从连续型(即细泡型、气塞型及块型)流动状态转入间歇型流动状态，图 1.4-67 便充分反映了这一情况。如工业设备在间歇型流动状态下操作，则被气体夹带的液滴将回落到管束上并浸渍管壁。一旦管壁上的液层加厚便难以传递随机的作用力，因此换热器应避免在此状态下操作。

考虑到 *NPSD* 不是无因次数群，故图 1.4-66 只适用于管子固有频率约为 30Hz 的场合。由此可见，利用 *NPSD* 图计算 $S_F(x)$ 的方法还有待改进与完善。相关的内容，可参阅文献[86]。

3. 流体弹性不稳定性

横向流中的单相流体，无论是液体或是气体，流体弹性不稳定性是最重要的激振机理。对于两相流体，也同样如此。影响流体弹性不稳定性的重要参数仍然是无因次流速($v_G/(fd)$)与质量阻尼参数[$2\pi\xi m/(\rho_{TP}d^2)$]。仿照式(4-31)便可写出式(4-9)以确定临界速度

$$\frac{v_c}{fd}=K\left(\frac{2\pi\xi m}{\rho_{TP}d^2}\right)^n \tag{4-91}$$

式中　v_c——两相流的临界速度，m/s；

f——两相流中管子的固有频率，Hz；

ξ——管子的总阻尼比；

m——包括流体附加质量在内的单位管长的质量，kg/m；

n——指数；

K——不稳定常数。

图 1.4-68 为三角形排列管束的稳定区图。可以看出，节径比较小时，K 值较小，管子失稳时的临界速度较低。还可看到，图中有两个稳定区，第 1 个稳定区，ε_g 约在 80% 以下，指数 n 约为 0.5。第 2 个稳定区，ε_g 约在 80% 以上，曲线的斜率明显地减小。图 1.4-67 所示的流型区图表明在第 2 个稳定区，两相流体流动状态已从连续型(喷雾型、细泡型)，转向间歇型。而在工业换热器设计时应尽量避开间歇型流动状态，故不希望在第 2 个稳定区内操作。

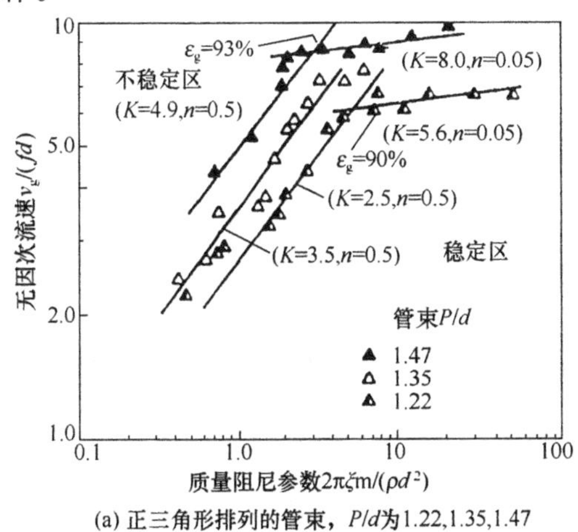

(a) 正三角形排列的管束，P/d为1.22,1.35,1.47

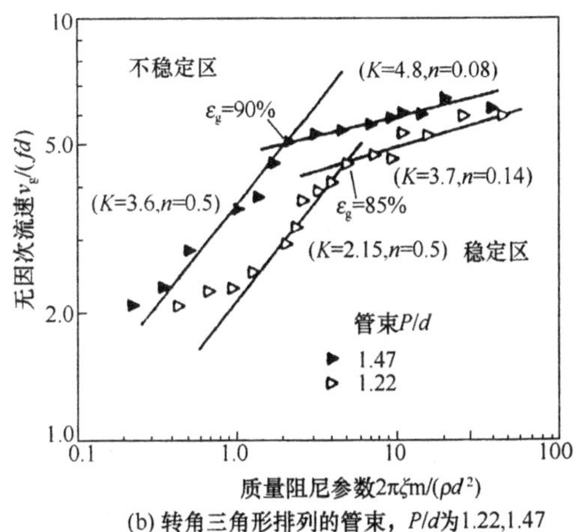

(b) 转角三角形排列的管束，P/d为1.22,1.47

图 1.4-68　两相横流时的稳定区图[87]

当两相横流时，流体处于连续型流动状态，P/d 在 1.22～1.47 范围内，不稳定常数与最

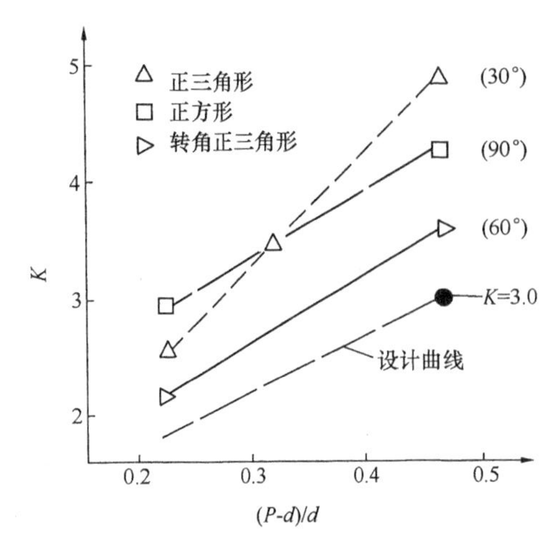

图 1.4-69 两相横流时节径比对 K 值的影响[87]

小的无因次流道宽度$(P-d)/d$之间的关系可参见图 1.4-69。图中最下方为设计曲线，适用于各种排列形式的管束。与其相应的计算公式为：

$$K = 4.76(P-d)/d + 0.76 \quad (4-92)$$

当 $P/d \geq 1.47$，则一律取

$$K = 3 \quad (4-93)$$

(四)轴向流诱发振动的机理

两相轴向流诱发振动的机理可能是湍流激振、流体弹性不稳定性及相变产生的噪声。由于驻波在两相混合物中很快衰减，故在轴向流中一般不考虑声共振。

1. 湍流激振

对于第一振型，管子的均方振幅的计算公式表示为：

$$\overline{y^2(x)_1} = \frac{\phi_1^2(x) S_F(x) J_1}{64\pi^3 \xi_1 f_1^3}, \quad m^2 \quad (4-94)$$

式中，J_1 为第 1 振型的耦合度，与管子受力的均匀性有关，在实际情况下，其值小于 1。因为在两相流动的条件下缺少可利用的数据，故取其为 1。

其它符号意义同前。

$S_F(x)$可按 $NPSD$ 法确定[74]。

图 1.4-70 为 $NPSD$ 图。横坐标为无因次频率 fd/v_G，两相流体的速度 v_G。按式(4-70)计算。纵坐标为按式(4-89)计算的 $NPSD$。由图 1.4-70 可知，作为设计用的上限值取 $NPSD = 2\times10^{-7}\ m^2/s$。在计算管子振幅时，将此上限值代入式(4-89)，先算出 $S_F(x)$，再利用式(4-94)便可确定管子的振幅。

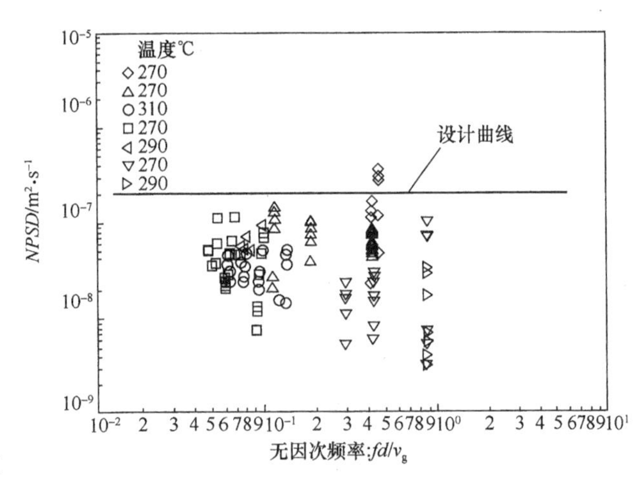

图 1.4-70 $NPSD$ 图

图 1.4-70 的适用范围是：在环形流道中流动的两相流体为蒸汽-水，且处于细泡型、块型、环型流动区；质量流速为(2300～7500)kg/(m^2·s)；ε_g 为 30%～90%；温度为 210～310℃。

应该指出，用实验室条件下所得功率谱密度数据来计算工业设备管子的振幅，其结果一般均是偏大的。

2. 流体弹性不稳定性

当液体为轴向流动时，管子失去稳定性的表现形式是弯曲。流速更高时，则产生颤振。当两相流体为轴向流动时，在实验装置中还没有获得管子失稳的例证[74]。只是在幅值谱图中，看到了宽频带范围内有很明显的振动响应。究其原因可能有以下几点：两相流体的动力质量小；若流体处于环型流动区时，流体动力耦联作用也许是最小的；在两相混合物中流体

阻尼较大以及高度的湍流等。这些都会阻止管子失去稳定性。此外，例如核反应堆中的燃料棒，其刚度(EJ)较大，流速将明显地低于管子失稳时的临界速度，因此管子不会发生弯曲或颤振，也就顺理成章了。

当然，这些问题都应该作进一步的研究。

3. 相变噪声

对过冷的液体，在快速减压或突然闪蒸成为蒸汽时，在此相变过程中就有可能发生很大的噪声与激振力。

液体在圆柱表面上被加热形成泡核沸腾时，也可能产生噪声，在置有燃料棒的沸水式反应堆中就会遇到这种情况。但是否发生明显的噪声与振动，根据现有实验数据，尚无法作出定论。

第三节　流体诱发振动的计算

一、横向流诱发振动的计算

(一) 旋涡激振

1. 共振的条件

在管束迎着主流的前几排管子中，有可能出现周期性的旋涡脱落。如果在操作范围内，旋涡脱落频率接近管子任何一阶的固有频率，则将导致管子共振。欲要避开共振，需满足式(4-95)的条件：

$$f_n > 2f_s \tag{4-95}$$

式中　f_n——管子第 n 阶固有频率，Hz；

f_s——最大流速时的旋涡脱落频率，Hz。

如果发生共振，则应计算管子的振幅并限制在安全范围内。

2. 共振时的振幅

管子在第1振型共振时，振幅可用式(4-22)计算，即

$$y_1 = \frac{C_1 \rho d v^2}{2\pi^2 \delta_1 f_1^2 m} \tag{4-96}$$

振幅的限制条件是：

$$y_n \leqslant 0.02d \tag{4-97}$$

3. 算例

例题1.4-1　在图1.4-71所示的空气预热器中，管子按转角正三角形排列，管子外径为25mm，壁厚为0.4mm，长1520mm，管间距38mm。假设管子两端为简支。管子材料的弹性模量为2.04×10^5MPa，密度7600kg/m^3。管子第1阶振型的总阻尼比$\xi_1=0.005$。管外空气的密度为0.64kg/m^3，管内烟道气的密度为1.92kg/m^3。管间隙处空气的均匀流速为4.6m/s。根据计算已知单位管长的总质量$m=0.237$kg/m。现按旋涡激振机理检验管子的振动。

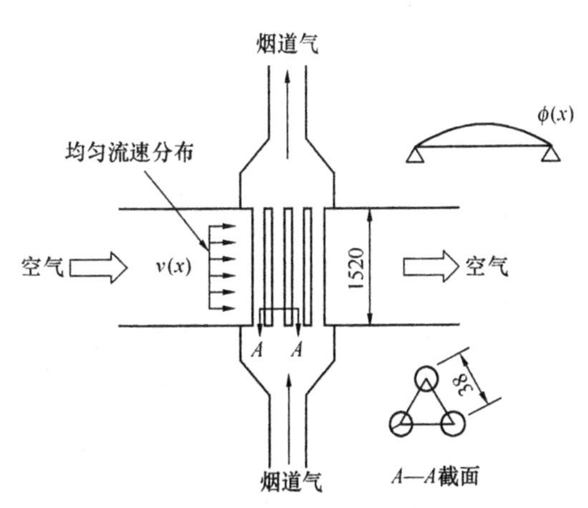

图1.4-71　空气预热器示意图

(1) 计算旋涡脱落频率

因 $T/d = 2P\sin60°/d = 2\times38\times\sqrt{3}/(2\times$

25) = 2.63

$L/d = (P/2)/d = 19/25 = 0.76$

由图1.4-21(b)知 $St=0.6$，按式(4-12)得出旋涡脱落频率为：

$$f_s = St \cdot v/d = 0.6 \times 4.6/0.025 = 110.4,\ \text{Hz}$$

(2) 计算管子的固有频率

对于两端简支的管子

$$f_n = \frac{(n\pi)^2}{2\pi}\sqrt{\frac{EJ}{mL^4}}$$

$$J = \frac{\pi}{64}(d^4 - d_i^4) = \frac{\pi}{64}(0.025^4 - 0.0242^4) = 2.31 \times 10^{-9},\text{m}^4$$

$$f_1 = \frac{\pi}{4}\sqrt{\frac{2.04 \times 10^{11} \times 2.31 \times 10^{-9}}{0.237 \times 1.52^4}} = 30.3,\text{Hz}$$

$$f_2 = 4f_1 = 121.3,\text{Hz}$$

$$f_3 = 9f_1 = 272.8,\text{Hz}$$

因 $2f_s=220.8$，Hz，故 $f_3>2f_s$。管子在第1、第2振型时应考虑共振并计算管子的振幅。

(3) 计算振幅

为简化起见，按式(4-96)只计算第1振型时的振幅。

由表1.4-5知 $P/d=1.52$，排列角为60°时，$C_L=0.057$，故

$$y_1 = \frac{0.057 \times 0.64 \times 0.025 \times 4.6^2}{2\pi^2 \times (2\pi \times 0.005) \times 30.3^2 \times 0.237} = 0.000143,\text{m}$$

由于 $0.02d=0.0005$，m，故 $y_1<0.02d$，因此管子在共振时振幅很小，不会对管子造成损害。

(二) 湍流激振

1. 共振的条件

在管间距较小的管束深处，流体经过曲折流道产生的极度湍流将遏制周期性旋涡的脱落。湍流可能成为激起振动的控制因素。如果湍流抖振主频率接近管子任何一阶的固有频率，也将导致管子共振。共振时应计算管子的最大振幅。

2. 共振时的振幅

计算管子在第1振型共振时的振幅可利用在随机振动理论基础上得到的式(4-29)，即

$$y_1 = \frac{C_F \rho d v^2}{8\pi\delta_1^{1/2} f_1^{3/2} m} \tag{4-98}$$

按照式(4-97)，振幅的限制条件仍然是：

$$y_n \leqslant 0.02d,\ \text{m}$$

3. 算例

例题4.1-2 根据例题1.4-1所给的条件，按湍流激振机理检验管子的振动。

(1) 计算湍流抖振主频率

因 $T=2P\sin60° = 2 \times 0.038 \times \sqrt{3}/2 = 0.0658$，m

$L=P/2=0.019\text{m}$，$d=0.025\text{m}$，并将其代入式(4-23)，得：

$$f_t = \frac{4.6 \times 0.025}{0.019 \times 0.0658}\left[3.05\left(1 - \frac{0.025}{0.0658}\right)^2 + 0.28\right] = 133.6,\text{Hz}$$

$$2f_t = 267.2\text{Hz}$$

由例题1.4.1知$f_3 = 272.8$ Hz

$$f_3 > 2/f_t$$

故管子在第1、第2振型时应考虑共振并计算管子的振幅。

(2) 振幅计算

仍以第一振型为例进行计算。

由表1.4.7可知，在$f_1 = 30.3$Hz时，$C_F = 0.022 \cdot s^{-1/2}$

代入式(4-98)得最大振幅：

$$y_1 = \frac{0.027 \times 0.64 \times 0.025 \times 4.6^2}{8\pi(2\pi \times 0.005)^{1/2} \times 30.3^{3/2} \times 0.237} = 0.0000423, \mathrm{m}$$

由于$0.02d = 0.0005m$

故$y_1 < 0.02d$

因此管子在共振时振幅很小，不会对管子造成损害。

(三) 流体弹性不稳定性

在横向流中，流体弹性不稳定性是最重要的激振机理。由图1.4-47可明显看到，在较高的流速下管子发生流体弹性振动时，管子振幅将非常大，因此必须计算临界速度v_c。

1. 临界速度的计算

在工程设计时，可利用TEMA标准推荐的临界速度计算公式[33]。

$$v_c = kf_n d\delta_s^b \tag{4-99}$$

式中：v_c——临界速度，m/s；

δ_s——质量阻尼参数，无因次，可按式(4-100)计算：

$$\delta_s = m\delta/(\rho d^2) \tag{4-100}$$

K——不稳定常数，可根据管子排列形式、节径比及质量阻尼参数等由表1.4.10所列的关系式确定；

b——指数，见表1.4-10。

管束中的流速应小于临界速度，即

$$v < v_c \tag{4-101}$$

表1.4-10　K与b值[33]

管子排列形式（排列角）	δ_s的范围	K	b
正三角形(30°)	0.1~1	$8.86\left(\frac{P}{d}-0.9\right)$	0.34
	>1~300	$8.86\left(\frac{P}{d}-0.9\right)$	0.50
转角三角形(60°)	0.01~1	2.8	0.17
	>1~300	2.8	0.50
正方形(90°)	0.03~0.7	2.1	0.15
	>0.7~300	2.35	0.50
转角正方形(45°)	0.1~300	$4.13\left(\frac{P}{d}-0.5\right)$	0.50

2. 算例

例题1.4-3　根据例题1.4-1所给的条件，按流体弹性不稳定性机理检验管子的振动。

(1) 计算质量阻尼参数

利用式(4-100)得:

$$\delta_s = 0.237 \times (2\pi \times 0.005)/(0.64 \times 0.025^2) = 18.61$$

(2) 确定 K、b 值

由排列角60°与 δ_s 值，查表1.4-10知 $K=2.8$，$b=0.5$。

(3) 计算 v_c

利用式(4-99)计算得:

$$v_c = 2.8 \times 30.3 \times 0.025 \times 18.61^{0.5} = 9.15,\ \text{m/s}$$

故 $v < v_c$

满足式(4-101)的要求，因此在流速为4.6m/s时，不会发生流体弹性振动。

(四) 声共振

气体横向流过管束时，在垂直于流动方向的两个方向上均会产生声学驻波(见图1.4-41)。但是经常遇见的典型的驻波，其传播方向既垂直于流体流动方向，也垂直于管子的轴线。当声波的频率接近旋涡脱落频率或湍流抖振主频率时，便产生声共振。

1. 声共振计算

在工程设计时，预测管束中的声共振，可按以下三个步骤进行。

(1) 声速与实际声频的计算

(2) 激振频率计算

(3) 声共振参数计算

声频与激振频率一致是声共振的必要条件。如果系统没有足够大的激振能量克服声阻尼，声共振是不会发生的。因此计算出声共振参数，如声阻尼参数，或声能量参数，则就可直接算出系统中的声压级。

值得指出的是，目前各个学者提出的不同声共振参数，尚需更多的实验数据予以验证。

2. 算例

例题1.4-4 根据例题1.4-1所给的条件之外，还已知空气的绝压为0.1MPa，黏度为 0.028×10^{-3} Pa·s，预热器壳体为矩形截面，沿 y 向的宽度 w 为2.44m(图1.4-41)。欲预测管束中的声共振。

(1) 计算声速与声频

可取压缩系数 $Z=1$，定压比热容与定容比热容之比 $\gamma=1.4$，已知 $p=0.1$MPa，$\rho=0.64$kg/m^3，故空壳中的声速为[7,42]:

$$c = 1000\sqrt{1 \times 1.4\frac{0.1}{0.64}} = 467.7,\ \text{m/s}$$

管束的体积比按式(4-34)计算:

$$\sigma = 0.025^2\pi/(4 \times 0.038^2 \times \cos 30°) = 0.393$$

实际声速按式(4-33)计算:

$$c_e = 467.7/(1 + 0.393)^{1/2} = 396.3,\text{m/s}$$

按公式(4-32)计算声频:

$$f_a = \frac{396.3}{2 \times 2.44} = 81.8,\ \text{Hz}$$

(2)激振频率计算

由例题1.4－1知$f_s=110.4Hz$。

由例题1.4－2知$f_t=133.6Hz$。

声共振范围按式(4－35)计算：

由于$0.6f_s=66.24Hz$，$1.48f_s=163.4Hz$，$0.6f_t=80.16Hz$，$1.48f_t=197.7Hz$，因此$0.6f_s<81.2<1.48f_s$，$0.6f_t<81.2<1.48f_t$，故声共振是可能发生的。

(3)声压级计算

因 $T/d=2P\sin60°/d=2\times38\sqrt{3}/(2\times25)=2.63$

$L/d=(P/2)/d=19/25=0.76$

利用图1.4－44(b)知声压级为：$SPL=140dB$，这正好达到声共振的界限值。

(4)声阻尼参数计算

①按TEMA标准计算参数φ[64]

因 $T/d=2.63$，$2L/d=2\times0.76=1.52$，$St=0.6$

$Re=v\times d/\gamma=4.6\times0.025/(0.028\times10^{-3}/0.64)=2.63\times10^3$

故 $\varphi=\dfrac{Re}{St}\left(1-\dfrac{d}{2L}\right)^2\left(\dfrac{d}{T}\right)=\dfrac{2.63\times10^3}{0.6}\left(1-\dfrac{1}{1.52}\right)^2\left(\dfrac{1}{2.63}\right)=195.1$

$\varphi<200$，由此可判断预热器内无声振动。

②按Ziada方法，参数δ的计算

由图1.4－14知管间隙$g=(P-d)=(38-25)=13mm$

而　$(T-d)/2=(2P\sin60°-d)/2=(38\sqrt{3}-25)/2=20.4mm$

$g<(T-d)/2$，故取喷射宽度$h=g=13mm$

$2L/h=2\times(P/2)/h=2\times(38/2)/13=2.92$

按式(4－43)计算参数δ

$$\delta=Re^{\frac{1}{2}}\times\frac{[(2L/d)\times(T/d-1)]^{\frac{1}{2}}}{(2L/d)-1}\left(\frac{\gamma}{c_e d}\right)$$

$$=(2630)^{\frac{1}{2}}\times\frac{[1.52(2.63-1)]^{\frac{1}{2}}}{(2L/d)-1}\left(\frac{0.028\times10^{-3}/0.64}{354.4\times0.025}\right)$$

$$=0.767\times10^{-3}$$

利用图1.4－45(b)知坐标点($2L/h$，δ)，落在声共振区内，故预热器内有声振动。这一结论与声压级的计算结果基本相符。

二、轴向流诱发振动的计算

在工业设备中轴向流诱发振动的事故较少，这主要是因为结构有较大的抗弯刚度，而且轴向流速虽高，但往往低于失稳时的临界速度。

在轴向流中湍流激振与流体弹性不稳定性是较重要的振动机理。管子受湍流激振时，振幅同样可以通过已知的功率谱密度，即利用式(4－24)来计算[27]。但通常都愿借助于经验公式(4－55)。管子受流体弹性激振时，则可利用式(4－57)来判别是否已处于失稳状态。

例题1.4－5　图1.4－72所示为一台管壳式换热器，管子材料为镍铬铁合金，弹性模量$E=1.76\times10^{11}Pa$；管子外径$d=0.0286m$，内径$d_i=0.0184$，按正三角形排列，管间距$P=0.0841m$，总长12.2m；壳程气体的轴向流速$v=53.34m/s$，自上而下穿过3块支承格栅上的小孔流向出口；密度$\rho=2.47kg/m^3$，黏度$\mu=0.017\times10^{-3}Pa\cdot s$；壳程压力为1MPa；

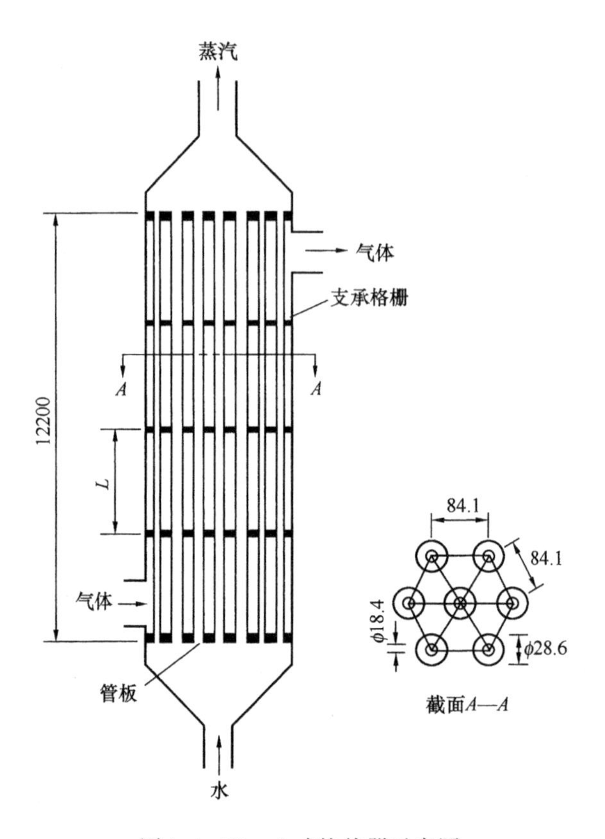

图 1.4-72 立式换热器示意图

已知管子的第 1 阶固有频率为 7.08Hz；管子与管内液体的质量为 3kg/m。拟按不同的激振机理检验管子的振动。

1. 按参数共振的公式计算临界速度与振幅

(1) 临界速度计算

按式(4-53)计算水力直径

$$d_h = 4\left(0.867P^2 - \frac{\pi}{2}d^2\right)/(\pi d)$$

$$= 4\left(0.867 \times 0.0841^2 - \frac{\pi}{4} \times 0.0286^2\right)/(\pi \times 0.0286) = 0.244\text{m}$$

附加质量系数按下式计算[50]：

$$C_m = \frac{(d_e/d)^2 + 1}{(d_e/d)^2 - 1}$$

式中，流道直径 d_e 与管子的节径比有关[50]，即

$$d_e/d = (1 + 0.5P/d)P/d = (1 + 0.5 \times 0.0841/0.0286) \times 0.0841/0.0286$$

$$= 7.264$$

故 $$C_m = \frac{(7.264)^2 + 1}{(7.264)^2 - 1} = 1.039$$

$$Re = \frac{\rho d_h v}{\mu} = \frac{2.47 \times 0.244 \times 53.34}{0.017 \times 10^{-2}} = 1.89 \times 10^6$$

摩擦因数 f 可取 0.02。

管子的惯性矩为：

$$J = \frac{\pi}{64}(d^4 - d_i^4) = \frac{\pi}{64}(0.0286^4 - 0.0184^4) = 2.72 \times 10^{-8} m^{-4}$$

支承格栅间的距离 $L = 3.05m$，支承处按简支考虑。

将已知值代入式(4－51)可得临界速度：

$$v_c = \left[\frac{(\pi^2/3.05^2) \times 1.76 \times 10^{11} \times 2.72 \times 10^{-8}}{\frac{\pi}{4} \times 0.02 \times 2.47 \times 3.05 \times 0.0286 + \frac{\pi}{4} \times 0.0286^2 \times 2.47 \times 1.039}\right]^{1/2} = 1004.6 m/s$$

而 $v = 53.34m/s$

故 $v < v_c$

(2)振幅计算

利用式(4－52)时，式中的 β 取2，可得振幅为：

$$y = \left[1 - \left(\frac{53.34}{1004.6}\right)^2\right]^{-1}[2 \times 53.34/1004.6]^2 \times 0.244 = 0.00277m$$

$$y/d_h = 0.00277/0.244 = 0.0113 > 0.0075$$

超过公式规定的要求。

2. 按湍流激振机理检验管子振幅

单位长度的附加质量为：

$$m_A = \pi d^2 \rho C_m/4 = \pi \times 0.0286^2 \times 2.47 \times 1.039/4 = 0.00165kg/m$$

无因次流速按式(4－56)计算：

$$u = [0.00165/(1.76 \times 10^{11} \times 2.72 \times 10^{-8})]^{1/2} \times 53.34 \times 3.05 = 0.0955$$

$$\varepsilon = L/d = 3.05/0.0286 = 106.64$$

在工业环境下取 $K = 5$，对两端简支的管段取 $\alpha = \pi$。

$$\beta = m_A/m = 0.00165/(3 + 0.00165) = 5.5 \times 10^{-4}$$

前已算出 $Re = 1.89 \times 10^6$，且 $d_h = 0.244m$，将已知值代入式(4－55)，可知管段中部的最大振幅为：

$$y = 0.0286\left[\frac{5 \times 10^{-4} \times 5}{\pi^4}\right]\left[\frac{0.0955^{1.6} \times 106.64^{1.8} \times (1.89 \times 10^6)^{0.25}}{1 + 0.0955^2}\right] \times \left[\frac{0.244}{0.0286}\right]^{0.4}\left[\frac{(5.5 \times 10^{-4})^{2/3}}{1 + 0.0022}\right]$$

$$= 0.443 \times 10^{-4} m$$

可见其振幅很小。

3. 流体弹性不稳定性的检验

已知 $\bar{p} = 1MPa$，$L = 3.05m$，$\gamma = 0.3$，对简支管取 $\gamma = 1$，再将已知值代入式(4－57)，便可得无因次临界速度：

$$u_c = \left[0.0955^2 - 1 \times 10^6 \times \frac{\pi}{4} \times 0.0286^2 \times 3.05^2(1 - 2 \times 0.3 \times 1)/(1.76 \times 10^{11} \times 2.72 \times 10^{-8})\right]^{1/2}$$

$$= [0.00912 - 0.499]^{1/2}$$

因 u_c 值大于3，或 $u_c^2 > 9$ 时才发生流体弹性振动，而现 $u_c^2 = -0.49 < 9$，故管束不会发

生流体湍流与流体弹性振动。但在参数共振时，管子振幅偏大。

三、两相流诱发振动的计算

目前两相流诱发振动的研究尚处于发展阶段，由于影响因素较多，分析问题的难度增大。加之现有的计算方法还不够成熟，故还有待不断改进和完善。

以下将通过例题重点介绍两相横流诱发振动的计算过程。

例题1.4-6 有一台管壳式的冷凝器，管子按正三角形排列，管子外径 $d=19$mm，内径 $d_i=15$mm，管间距 $P=25$mm；壳程为有机物液-气混合物，压力 $p=0.1$MPa(绝压)；蒸汽黏度 $\mu_g=0.01175\times10^{-3}$Pa·s，液体黏度 $\mu_l=1.65\times10^{-3}$Pa·s；蒸汽密度 $\rho_g=1.943$kg/m^3，液体密度 $\rho_l=827$kg/m^3；管内液体的密度 $\rho_i=992$kg/m^3；单位长度管子的质量 $m_t=0.8867$kg/m，管子的第1阶固有频率为 $f_1=68$Hz，对数衰减率为0.03；在进口端管板与第2块折流板之间处(图1.4-73)两相流体在管间隙中最大的横流速度为10m/s，体积含气率 $\varepsilon_g=80\%$。试检验横向流中管束的振动。

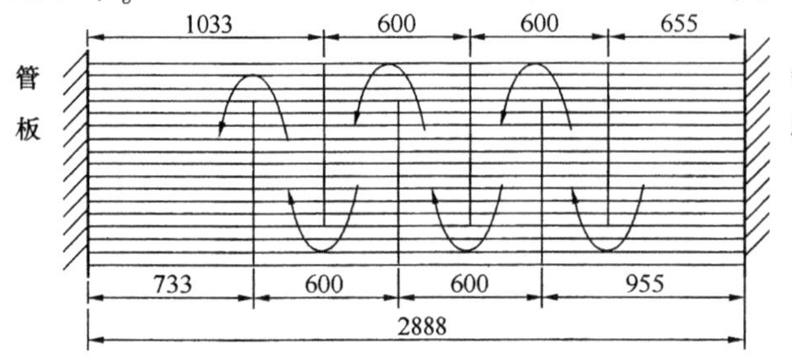

图1.4-73 折流板布置图

因 $\varepsilon_g>15\%$，可不考虑周期性旋涡脱落诱发的振动。

1. 两相流体的流型

根据式(4-8)计算参数 X

$$X=\left(\frac{1-0.8}{0.8}\right)^{0.9}\left(\frac{827}{1.943}\right)^{0.4}\left(\frac{1.65}{0.01175}\right)^{0.1}=5.3$$

由式(4-61)知两相流体的密度为：

$$\rho_{TP}=1.943\times0.8+827\times(1-0.8)=166.95\text{kg/m}^3$$

由式(4-72)知两相流体的质量流速为：

$$W_G=\rho_{TP}v_G=166.95\times10=1669.5\text{kg/(m}^2\cdot\text{s)}$$

则按式(4-73)可计算气体质量流速：

$$W_{g\cdot G}=\alpha W_G=\varepsilon_g W_G/[\varepsilon_g+(1-\varepsilon_g)\rho_l/\rho_g]$$

$$=0.8\times1669.5/[0.8+0.2\times827/1.943]=15.54,\text{kg/(m}^2\cdot\text{s)}$$

$$d_h=2(P-d)=2(0.025-0.019)=0.012\text{m}$$

因此，按式(4-82)计算的无因次气体流速：

$$u_g=15.54/[0.012\times9.81\times1.943\times(827-1.943)]^{0.5}=1.13$$

由图1.4-67(b)可知，两相流体处于细泡型流动状态。

2. 振幅计算

已知对数衰减率 $\delta_1=2\pi\xi_1=0.03$，$f_1=68$Hz；对进口端一端固定一端简支的管段，系数 $C_1=0.4213$；单位长度管子的质量 $m_t=0.8867$，kg/m；单位长度管内液体的质量 $m_i=\pi d_i^2\rho_i/4=\pi\times0.015^2\times992/4=0.175$，kg/m。

由式(4-76)可知：

$$d_e/d=(0.96+0.5\times0.025/0.019)\times0.025/0.019=2.129$$

前已算出两相流体密度为：

$$\rho_{TP} = 166.95\text{kg/m}^3$$

利用式(4-75)得单位长度附加质量:

$$m_A = \left(\frac{\pi}{4} \times 166.95 \times 0.019^2\right)\left[\frac{2.129^2 + 1}{2.129^2 - 1}\right] = 0.0741\text{kg/m}$$

故管子的总质量为:

$$m = m_t + m_i + m_A = 0.8867 + 0.175 + 0.0741 = 1.136\text{kg/m}$$

由式(4-90)得出规范化功率谱密度:

$$NPSD = 10^{(0.03\times80-5)} = 2.5\times10^{-3}\text{m}^2/\text{s}$$

两相流体的质量流速为:

$$W_G = 1669.5\text{kg/(m}^2\cdot\text{s)}$$

功率谱密度可利用式(4-89)求得:

$$S_F(x) = 2.5\times10^{-3}\times(1669.5\times0.019)^2 = 2.52\quad(\text{N/m})^2\cdot\text{s}$$

将所有已知值代入式(4-88)，便可确定管子振幅:

$$y(x) = \left[\frac{0.4213\times2.52}{8\pi^2\times68^3\times0.03\times1.136^2}\right]^{1/2} = 1.05\times10^{-3}\text{m}$$

而　$0.02d = 0.02\times0.019 = 0.38\times10^{-3}$, m

$$y(x) > 0.02d$$

不满足规定的要求。

3. 临界速度计算

临界速度可按式(4-91)计算，即

$$v_c = Kfd\left(\frac{2\pi\xi m}{\rho_{TP}d^2}\right)^n$$

因 $\varepsilon_g = 80\%$，仍取指数 $n = 0.5$。又因 $P/d = 25/19 = 1.316$，$(P-d)/d = 0.316$，利用图1.4-69中排列角为30°的曲线，或直接从图1.4-68(a)查得的 K 值为3.5，故可求得:

$$v_c = 3.5\times68\times0.019\left(\frac{0.03\times1.136}{166.95\times0.019^2}\right)^{0.5} = 3.4\text{m/s}$$

实际流速 $v = 10\text{m/s} > v_c$，也不满足规定的要求。

以上振动分析结果表明，例题1.4-6所给的设计条件应予以修改。

第四节　管束的振动特性

管壳式换热器的各个部件，如壳体、折流板及拉杆等都是在其固有频率下进行振动的，而管子是更具弹性的部件，因此最易引起振动。从原则上讲，换热管在所有固有频率下都会因流体流动而激发起振动。但处于最不利条件的则是管子最低的固有频率(基频)，故确定管子的固有频率，特别是它的基频，对预测换热器的振动具有很现实的意义。

一、直管的固有频率

在建立管子的振动方程时，可将管子看成是质量均匀分布的弹性体，管子与管板连接处可作为刚性固定的边界。若将其作为无限自由度体系来考虑，对于无阻尼的自由振动，振动方程可写为:

$$\frac{d^4y}{dx^4} - \frac{m\omega^2}{EJ}y = 0 \tag{4-102}$$

式中 x——管子沿 x 方向任意点的坐标，m；

y——振动时管子在坐标 x 处垂直于 x 向的位移，m；

m——换热管单位长度上的质量，kg/m；

$$m = m_{\rm i} + m_{\rm o} + m_{\rm t} \tag{4-103}$$

$m_{\rm i}$——管内流体质量，kg/m；

$$m_{\rm i} = \pi d_{\rm i}^2 \rho_{\rm i}/4 \tag{4-104}$$

$m_{\rm o}$——被管子取代的管外流体的虚拟质量，kg/m；

$$m_{\rm o} = \pi d^2 \rho_{\rm o} M/4 \tag{4-105}$$

$m_{\rm t}$——空管质量，kg/m；

$\rho_{\rm i}$——管内流体密度，kg/m^3；

$\rho_{\rm o}$——管外流体密度，kg/m^3；

$d_{\rm i}$——管子内径，m；

d——管子外径，m；

N——附加质量系数，根据节径比 p/d 由图1.4－74查得[42]；

E——管子材料的弹性模量，Pa；

J——管子截面的惯性矩，m^4；

ω——管子的固有圆频率，l/s。

若令：

$$k = \left(\frac{m\omega^2}{EJ}\right)^{\frac{1}{4}} \tag{4-106}$$

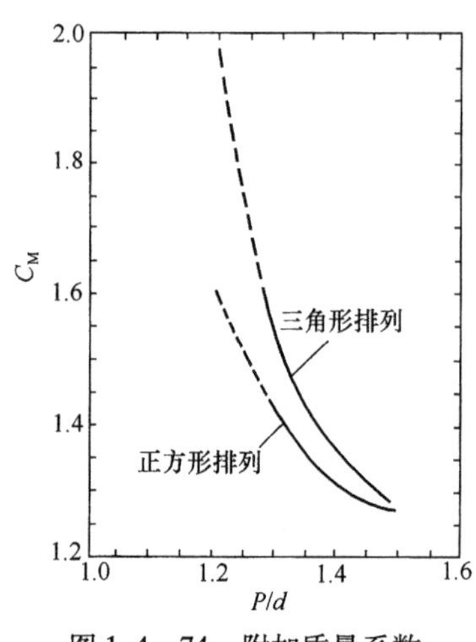

图1.4－74 附加质量系数

则方程式(4－102)的通解具有下列形式：

$$y(x) = AS(kx) + BT(kx) + CU(kx) + DV(kx) \tag{4-107}$$

式中，A，B，C，D 为待定常数，由边界条件确定。S，T，U，V 为三角函数与双曲函数的组合，可以用下列公式求得

$$S(kx) = \frac{\text{ch}kx + \cos kx}{2} \quad T(kx) = \frac{\text{sh}kx + \sin kx}{2}$$

$$U(kx) = \frac{\text{ch}kx + \cos kx}{2} \tag{4-108}$$

$$V(kx) = \frac{\text{sh}kx - \sin kx}{2}$$

式中

$$\text{sh}kx = \frac{e^{kx} - e^{-kx}}{2} \tag{4-109}$$

$$\text{ch}kx = \frac{e^{kx} + e^{-kx}}{2}$$

可以证明，函数 $S(kx)$，$T(kx)$，$U(kx)$，$V(kx)$ 具有下列性质：

$$S(0) = 1,\quad T(0) = U(0) = V(0) = 0 \tag{4-110}$$

$$\frac{dS(kx)}{dx} = kV(kx),\quad \frac{dT(kx)}{dx} = kS(kx),\quad \frac{dU(kx)}{dx} = kT(kx),\quad \frac{dV(kx)}{dx} = kV(kx) \tag{4-111}$$

(一) 单跨直管的固有频率

换热器中不设置折流板时，属单跨管的情况。

1. 两端固定的直管

因为两个边界均为固定端，如图 1.4－75 所示，所以两边界上的挠度与转角都等于零，即

$$\begin{aligned} y(0) = 0,\quad y'(0) = 0 \\ y(l) = 0,\quad y'(l) = 0 \end{aligned} \tag{4-112}$$

将式(4－112)代入式(4－107)，并利用式(4－110)、式(4－111)可得：

$$\begin{aligned} A = B = 0 \\ UC + VD = 0 \\ TC + UD = 0 \end{aligned} \tag{4-113}$$

令此方程组系数行列式为零，便可得到频率方程式：

$$\begin{vmatrix} \mathrm{ch}kl - \cos kl & \mathrm{sh}kl - \sin kl \\ \mathrm{sh}kl + \sin kl & \mathrm{ch}kl - \cos kl \end{vmatrix} = 0 \tag{4-114}$$

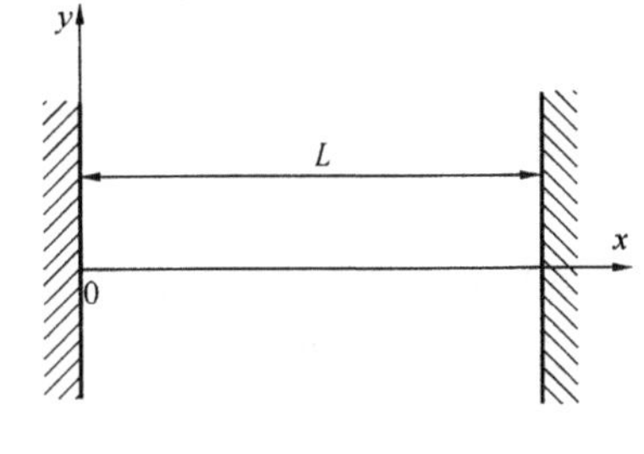

图 1.4－75 单跨管

即

$$\cos kl = 1/\mathrm{ch}kl \tag{4-115}$$

利用图解法可求出第 1 振型 $k_1 l$ 的值等于 4.73。$k_n l$ 的近似数学表达式为：

$$k_n l = \frac{2n+1}{2}\pi,\ n = 1, 2\cdots \tag{4-116}$$

由式(4－106)知：

$$\omega_n = \sqrt{\frac{k_n^4 EJ}{m}} \tag{4-117}$$

故可得管子的基频为：

$$f_1 = \frac{\omega_1}{2\pi} = \frac{22.4}{2\pi}\sqrt{\frac{EJ}{ml^4}} \tag{4-118}$$

同样方法可求得管子的 2 阶、3 阶振型的固有频率：

$$\begin{aligned} f_2 = \frac{61.7}{2\pi}\sqrt{\frac{EJ}{ml^4}} \\ f_3 = \frac{121}{2\pi}\sqrt{\frac{EJ}{ml^4}} \end{aligned} \tag{4-119}$$

式中 f_n——管子的各阶固有频率，Hz，$n=1$，2，……；

l——管子的跨长，m。

2. 一端固定一端简支的直管

对于一端固定一端简支的换热器管子，固定端的挠度与转角都等于零，简支端的挠度与弯矩都等于零，即

$$\begin{aligned} y(0) = 0,\quad y'(0) = 0 \\ y(l) = 0,\quad y''(l) = 0 \end{aligned} \tag{4-120}$$

将式(4-120)代入式(4-107)，按同样方法可得到频率方程式：

$$\tan kl = \frac{\mathrm{sh}kl}{\mathrm{ch}kl} \tag{4-121}$$

$k_n l$ 的近似数学表达式为：

$$k_n l = \frac{4n-1}{4}\pi, \quad n = 1, 2\cdots \tag{4-122}$$

3. 两端简支的直管

两端简支时，边界条件为两端的挠度与弯矩都等于零，即

$$\begin{aligned} y(0) = 0, \quad y''(0) = 0 \\ y(l) = 0, \quad y''(l) = 0 \end{aligned} \tag{4-123}$$

将式(4-123)代入式(4-107)，按同样方法可得到频率方程式：

$$\sin kl = 0 \tag{4-124}$$

k_n 的近似数学表达式为：

$$k_n l = n\pi, \quad n = 1, 2\cdots \tag{4-125}$$

（二）多跨直管的固有频率

如果在换热器中设置了许多折流板，则应按多跨管的条件来求解管子的固有频率。各跨的跨距可以是任意的，且分别为 l_1，$l_2\cdots l_n$（图 1.4-76）。在求解振动方程时，将折流板支承处看成是简支，除了利用边界条件之外，还需要利用折流板支承处的连续条件。根据上一节所述的方法，且由式(4-117)可知，多跨管任意振型 n 的固有频率为：

$$f_n = \frac{\omega_n}{2\pi} = \frac{k_n^2}{2\pi}\sqrt{\frac{EJ}{m}} \tag{4-126}$$

式中，k 为弯曲常数，$\mathrm{rad}^{1/2}/\mathrm{m}$，各跨为同一数值，由边界条件和振型确定。具体方法如下：

对于多跨管任意跨 i 来说，可将方程(4-107)写成下列形式：

$$y_i(x_i) = A_i S(kx_i) + B_i T(kx_i) + C_i U(kx_i) + D_i V(kx_i), \quad 1 \leqslant i \leqslant n \tag{4-127}$$

式中 x_i——为第 i 段内的点距该跨左端点的位置坐标，如图 1.4-76 所示。

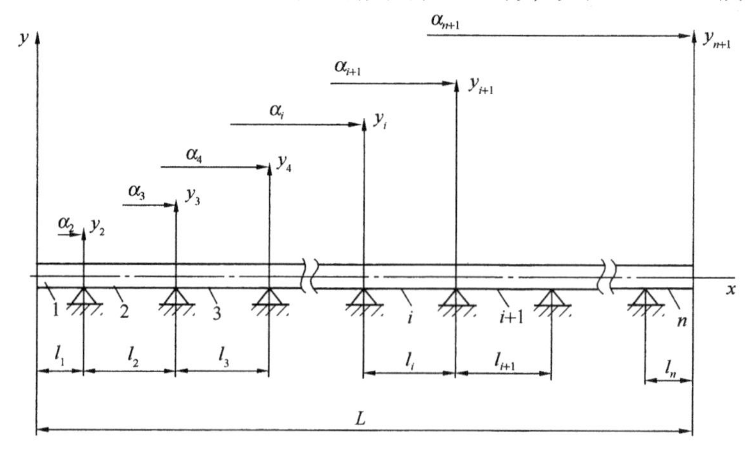

图 1.4-76 多跨管示意图

现在来考虑边界条件。对于 n 跨管，无论第 i 段的左端点是固支还是简支，其挠度必然为零，即

$$y_i(0) = 0 \tag{4-128}$$

另外，每相邻两跨之间都由简支连接，所以必然满足下列连接条件：

挠度为零：
$$y_i(l_i) = 0 \tag{4-129a}$$
转角相等：
$$y'_i(l_i) = y'_{i+1}(0) \tag{4-129b}$$
弯矩相等：
$$EJy''_i(l_i) = EJy''_{i+1}(0) \tag{4-129c}$$
将式(4-128)、(4-129)代入式(4-127)，经整理后可得：

$$\begin{pmatrix} B_n \\ C_n \end{pmatrix} = \begin{bmatrix} \alpha_{n-1} & \beta_{n-1} \\ \gamma_{n-1} & \alpha_{n-1} \end{bmatrix} \begin{bmatrix} \alpha_{n-2} & \beta_{n-2} \\ \gamma_{n-2} & \alpha_{n-2} \end{bmatrix} \cdots\cdots \begin{bmatrix} \alpha_1 & \beta_1 \\ \gamma_1 & \alpha_1 \end{bmatrix} \begin{pmatrix} B_1 \\ C_1 \end{pmatrix}$$

式中
$$\alpha_n = S_n - \frac{T_n U_n}{V_n};\ \beta_n = T_n - \frac{U_n^2}{V_n};\ \gamma_n = V_n - \frac{T_n^2}{V_n} \tag{4-130}$$

令
$$\begin{bmatrix} \alpha_{n-1} & \beta_{n-1} \\ \gamma_{n-1} & \alpha_{n-1} \end{bmatrix} \begin{bmatrix} \alpha_{n-2} & \beta_{n-2} \\ \gamma_{n-2} & \alpha_{n-2} \end{bmatrix} \cdots\cdots \begin{bmatrix} \alpha_1 & \beta_1 \\ \gamma_1 & \alpha_1 \end{bmatrix} = \begin{bmatrix} \alpha_0 & \beta_0 \\ \gamma_0 & \delta_0 \end{bmatrix} \tag{4-131}$$

则
$$\begin{pmatrix} B_n \\ C_n \end{pmatrix} = \begin{bmatrix} \alpha_0 & \beta_0 \\ \gamma_0 & \delta_0 \end{bmatrix} \begin{pmatrix} B_1 \\ C_1 \end{pmatrix} \tag{4-132}$$

对于两端固定的不等跨的直管，边界条件为：

$$\begin{aligned} y_1(0) = 0,\quad y'_1(0) = 0 \\ y_n(l_n) = 0,\quad y'_n(l_n) = 0 \end{aligned} \tag{4-133}$$

将式(4-133)代入式(4-127)，可得：

$$\begin{aligned} (\beta_0 T_n + \delta_0 U_n) C_1 + V_n D_n = 0 \\ (\beta_0 S_n + \delta_0 T_n) C_1 + U_n D_n = 0 \end{aligned} \tag{4-134}$$

令式(4-134)的系数行列式等于零，则得：

$$\alpha_n \beta_0 + \beta_n \delta_0 = 0 \tag{4-135}$$

这就是两端固定、中间简支条件下的多跨管频率方程。

式中，α_n，β_n 可利用式(4-130)计算，β_0，δ_0 可通过式(4-131)计算，而

$$\begin{aligned} S_n &= \frac{\mathrm{ch}kl_n + \cos kl_n}{2} \\ T_n &= \frac{\mathrm{sh}kl_n + \sin kl_n}{2} \\ U_n &= \frac{\mathrm{ch}kl_n - \cos kl_n}{2} \\ V_n &= \frac{\mathrm{sh}kl_n \mathrm{x} - \sin kl_n}{2} \end{aligned} \tag{4-136}$$

因此由方程(4-135)可解出 k 值，代入式(4-126)便可得到管子的固有频率[56,88]。

按照上述的方法，同样可得出管子一端为固定其他支承均为简支条件下的频率方程：

$$\gamma_n \beta_0 + \alpha_n \delta_0 = 0 \tag{4-137}$$

全部为简支条件下的多跨管频率方程为：

$$\alpha_n\gamma_0 + \gamma_0\alpha_n = 0 \tag{4-138}$$

以上二式中的 α_0，β_0，γ_0，δ_0 可利用式(4－131)解出。代入方程(4－135)也可得到相应支承条件下的 k 值。最后根据式(4－126)便可计算管子的固有频率。

上述计算方法也是我国国家标准《管壳式换热器》推荐应用的计算方法[41,42]。

1. 等跨管

等跨直管的固有频率。可将式(4－117)中的 $J = \frac{\pi}{64}(d^4 - d_i^4)$，并令 $\lambda = (k_n l)^2$，则公式可转变为式(4－139)：

$$f_n = 35.3\lambda_n\sqrt{\frac{E(d^4 - d_i^4)}{ml^4}} \tag{4-139}$$

式中 f_n——管子的第 n 阶固有频率，Hz，下标 n 为振型的阶数；

E——管子材料的弹性模量，MPa；

λ_n——频率常数，无因次。其值根据管端固定条件、跨数与振型确定，可利用表1.4－11或图1.4－77～图1.4－83查得。图中 K 为端跨跨距为其他跨的跨距之比。对于等跨管 $K=1$。

表1.4－11 等跨直管的频率常数 λ_n

跨数	两端固定		两端简支		一端固定一端简支	
	1 阶	2 阶	1 阶	2 阶	1 阶	2 阶
1	22.396	61.737	9.870	39.520	15.434	50.017
2	15.418	22.373	9.870	15.418	11.514	19.921
3	12.648	18.469	9.870	12.648	10.631	15.418
4	11.514	15.418	9.870	11.514	10.305	13.289
5	10.950	13.693	9.870	10.950	10.150	12.169
6	10.631	12.648	9.870	10.631	10.065	11.514
7	10.434	11.973	9.870	10.434	10.014	11.101
8	10.305	11.514	9.870	10.305	9.980	10.825
9	10.215	11.188	9.870	10.215	9.957	10.631
10	10.150	10.950	9.870	10.150	9.940	10.491
20	9.941	10.150	9.870	10.005	9.887	10.28

2. 多跨管

多跨管可分为两种。

(1) 工业上实际应用的管壳式换热器，折流板都是按等距 l 布置的，只是折流板与管板之间的距离有所变化。

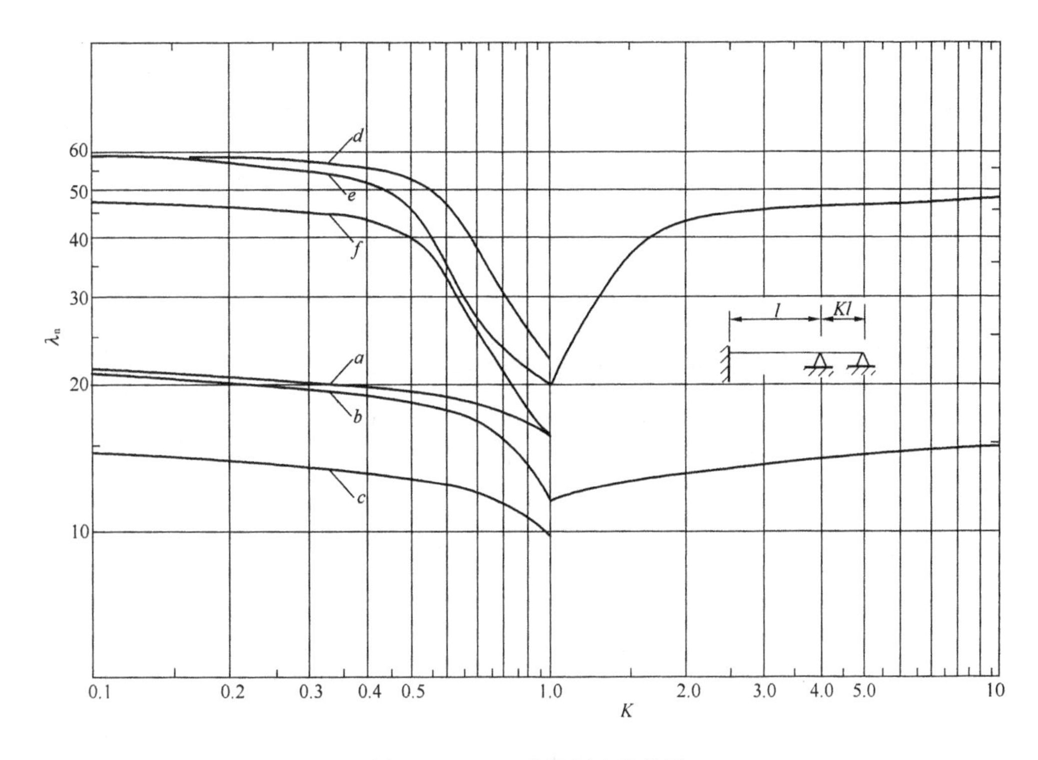

图 1.4－77　2 跨管频率常数图

a，d—二端固定时的 1、2 阶曲线；b，e——一端固定一端简支时的 1、2 阶曲线；

c，f—两端简支时的 1、2 阶曲线

对于端跨距为 l_1，其他跨的跨距为 l 的多跨管，见图 1.4－84，其直管的固有频率仍按式(4－139)计算，但式中频率常数 λ_n 需按图 1.4－77～图 1.4－83 确定，图中的跨距比 $K=l_1/l$。

对于两端跨距分别为 l_1 与 l_2，其他跨距均为 l 时，管子的固有频率可按式(4－126)计算。但当跨数 $n>4$，跨距比 $K_1=l_1/l$ 和 $K_2=l_2/l$ 均小于2.5 时，对于两端固定，其他支承都是简支的直管，可利用公式(4－139)来估算其第 1 振型的固有频率。频率常数 λ_n 由图 1.4－78、图 1.4－79 查得，但跨距比应取 K_1、K_2 中的较大值。

(2) 另一种多跨管的各跨跨距都不相同，这是最一般的情况。管子的固有频率可通过求解频率方程(4－135)、(4－137)与(4－138)得出。由于计算比较复杂，最有效的方法是利用编程进行电算。

(三) 有轴向力时直管的固有频率

对没有膨胀节的固定管板式换热器，由于温差的存在其管子有可能承受轴向力的作用，或因安装及操作不当等原因而致使管子也可能承受轴向力。

两端固定的直管，在轴向力作用下其固有频率可按下式计算：

$$f_{na}=f_n\sqrt{1+\frac{16Fl^2}{E(d^4-d_i^4)\pi^3}\times10^{-6}} \tag{4-140}$$

式中　f_{na}——轴向力作用下管子的固有频率，Hz；

f_n——未受轴向力作用时管子的固有频率，Hz；

F——轴向力，拉伸时取正值，压缩时取负值，N。

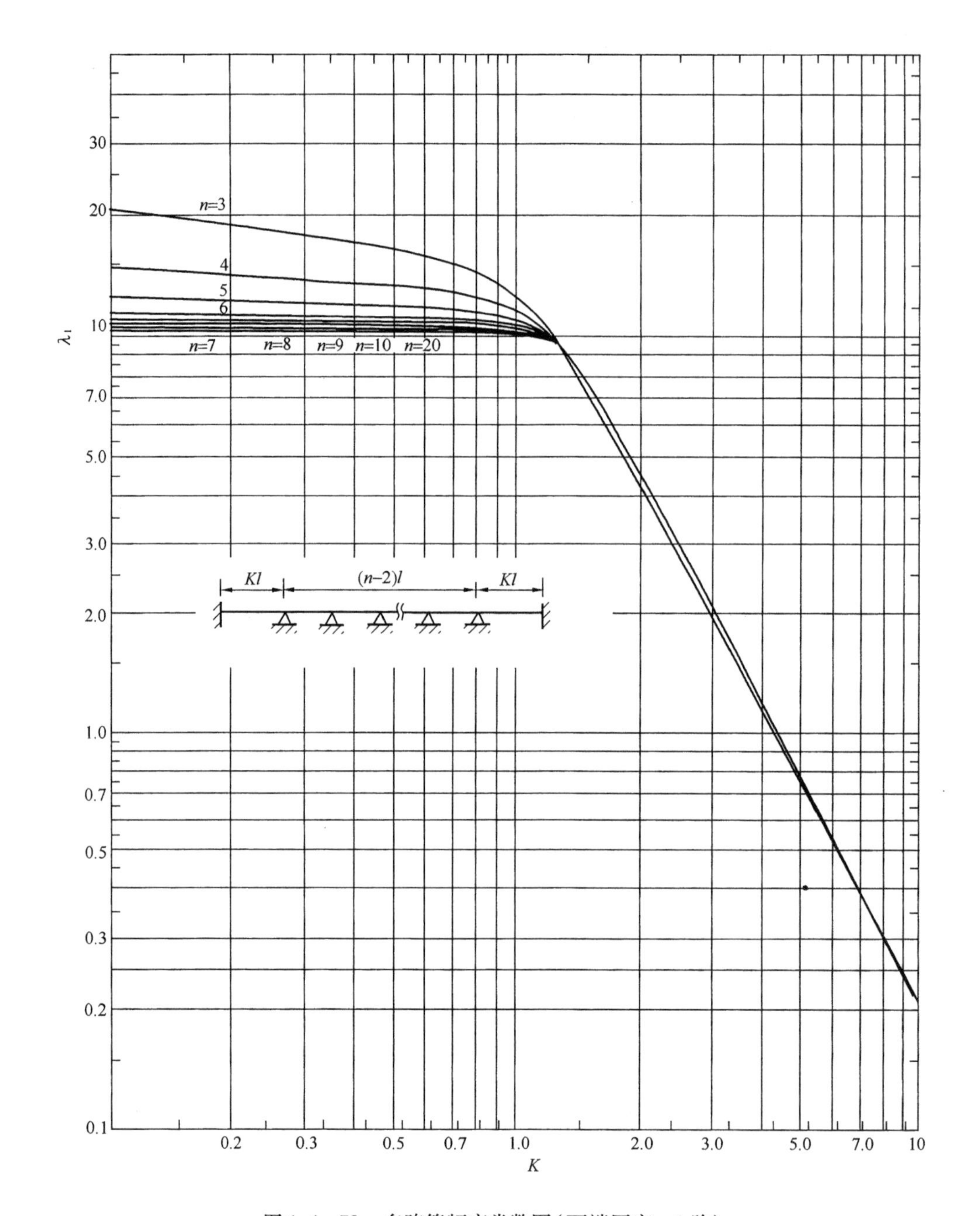

图 1.4－78　多跨管频率常数图（两端固定，1 阶）

公式中 $\dfrac{16Fl^2}{E(D^4-d_i^4)\pi^3}\times10^6$ 是管子轴向力 F 与临界稳定压力 $\dfrac{4EJ\pi^2}{l^2}$ 的比值。从公式中可以看出，相对没有承受轴向力的管子，轴向拉应力将提高管子的固有频率，压应力则会降低管子的固有频率。如果管子所承受的压力为临界稳定压力的一半，此时管子的固有频率将是无轴向应力时的 70%。由此可知，轴向力对固有频率有较大的影响。

在换热器壳体上设置膨胀节，可以减少管子承受的温度应力，从而减少固有频率的变化。当在壳体上装了膨胀节或者壳体与管板有弹性连接时，有时可以不考虑轴向力对于固有频率的影响。

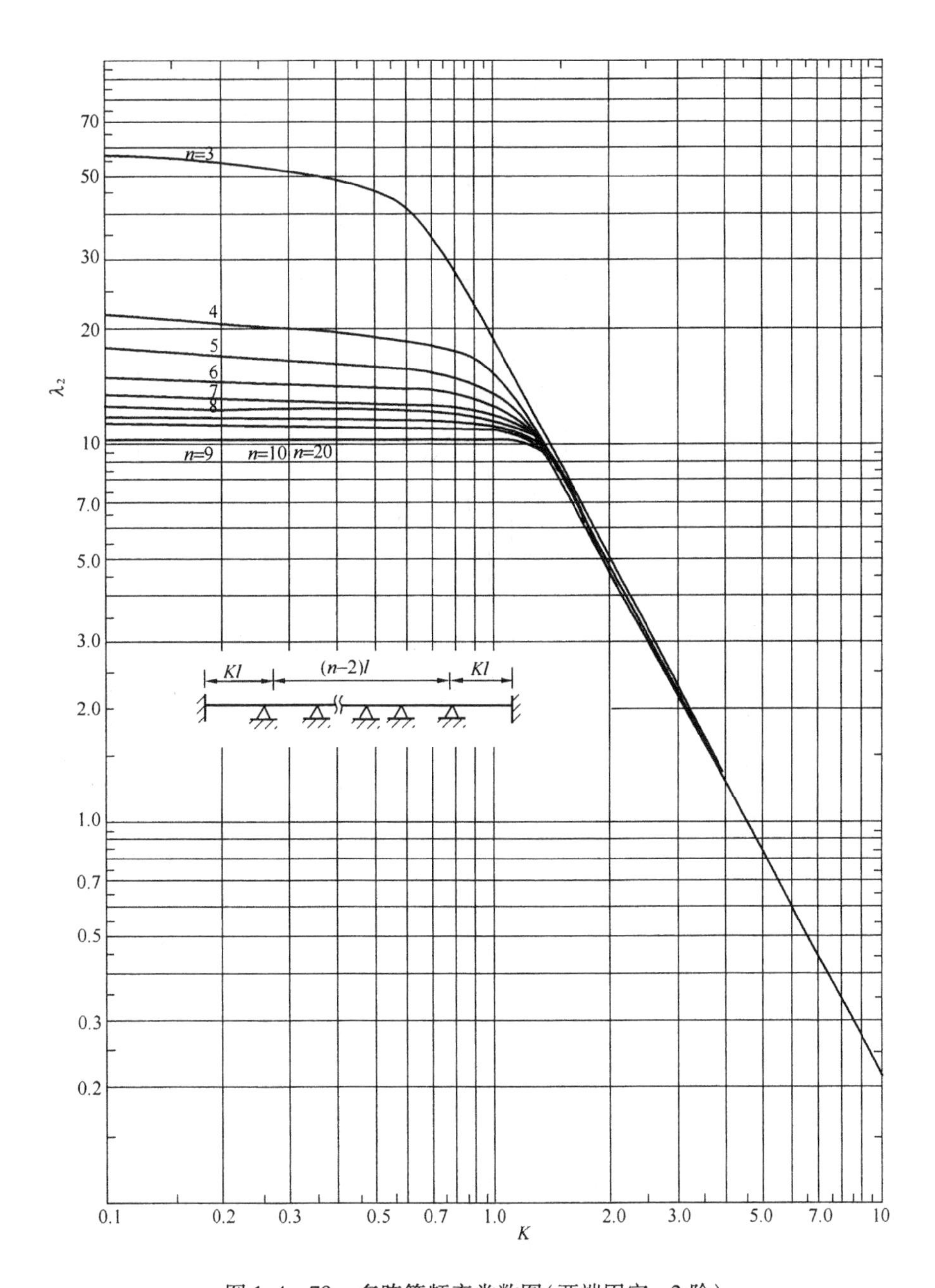

图 1.4－79 多跨管频率常数图（两端固定，2 阶）

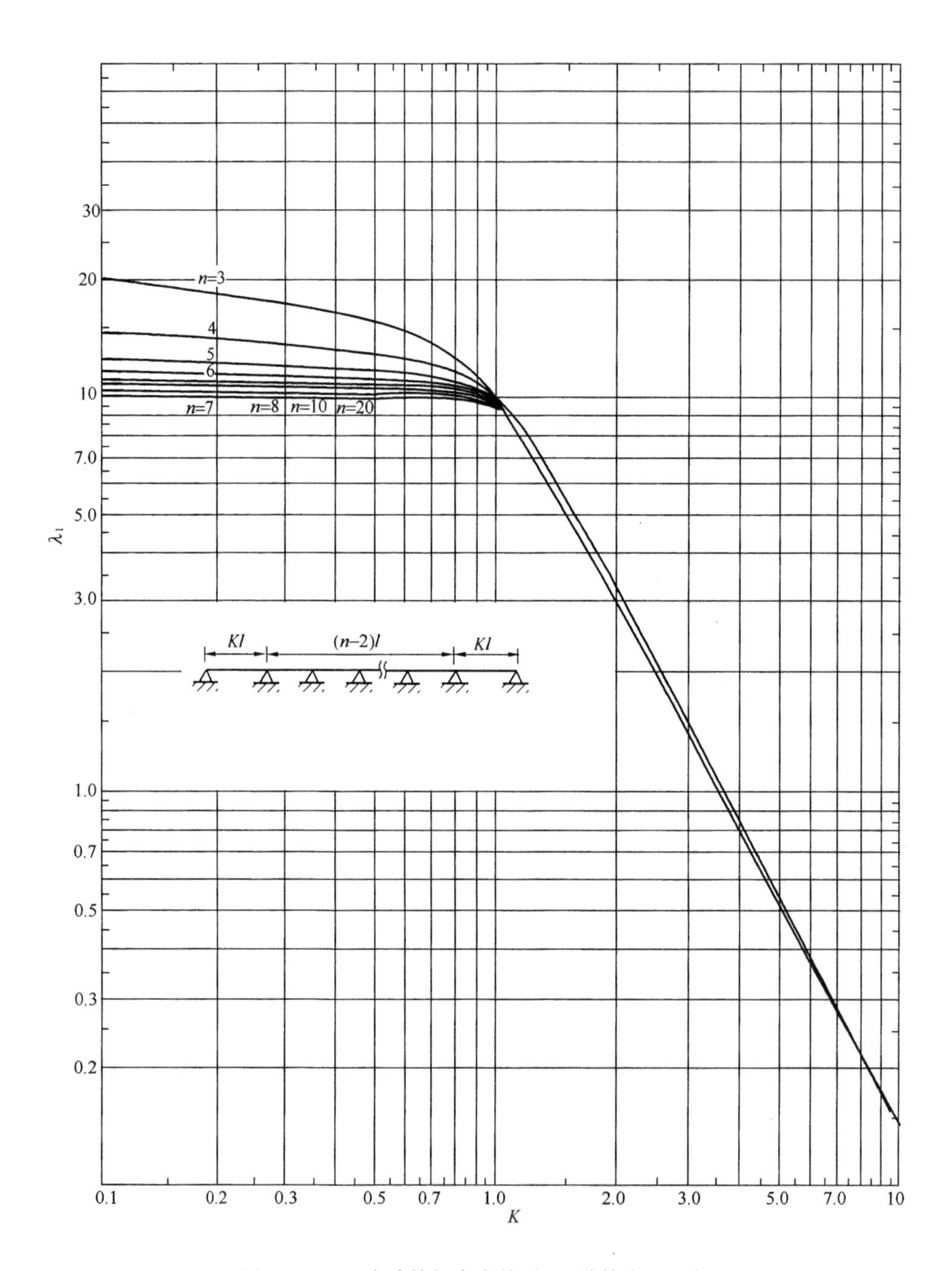

图 1.4－80 多跨管频率常数图(两端简支、1 阶)

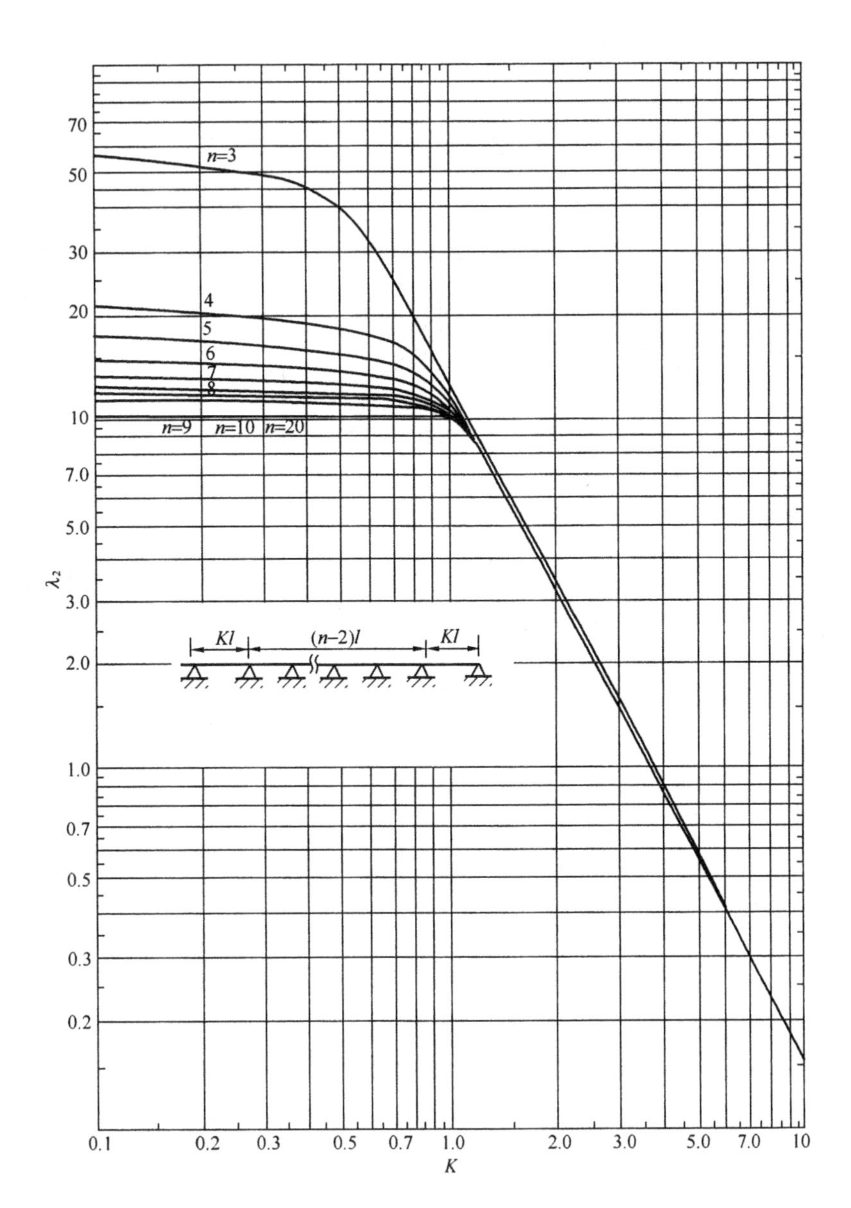

图 1.4－81　多跨管频率常数图（两端简支，1 阶）

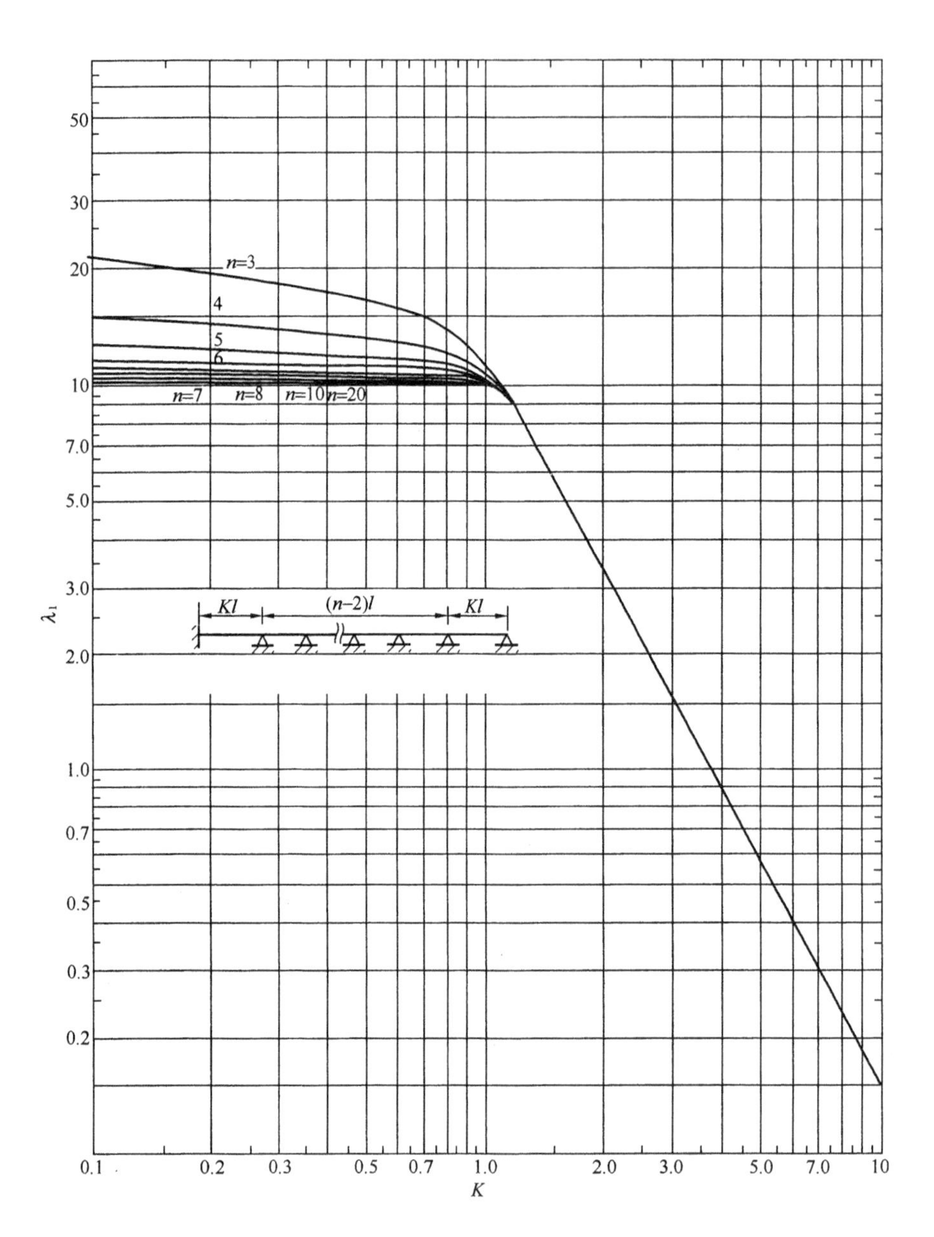

图 1.4－82　多跨管频率常数图（一端固定一端简支，1 阶）

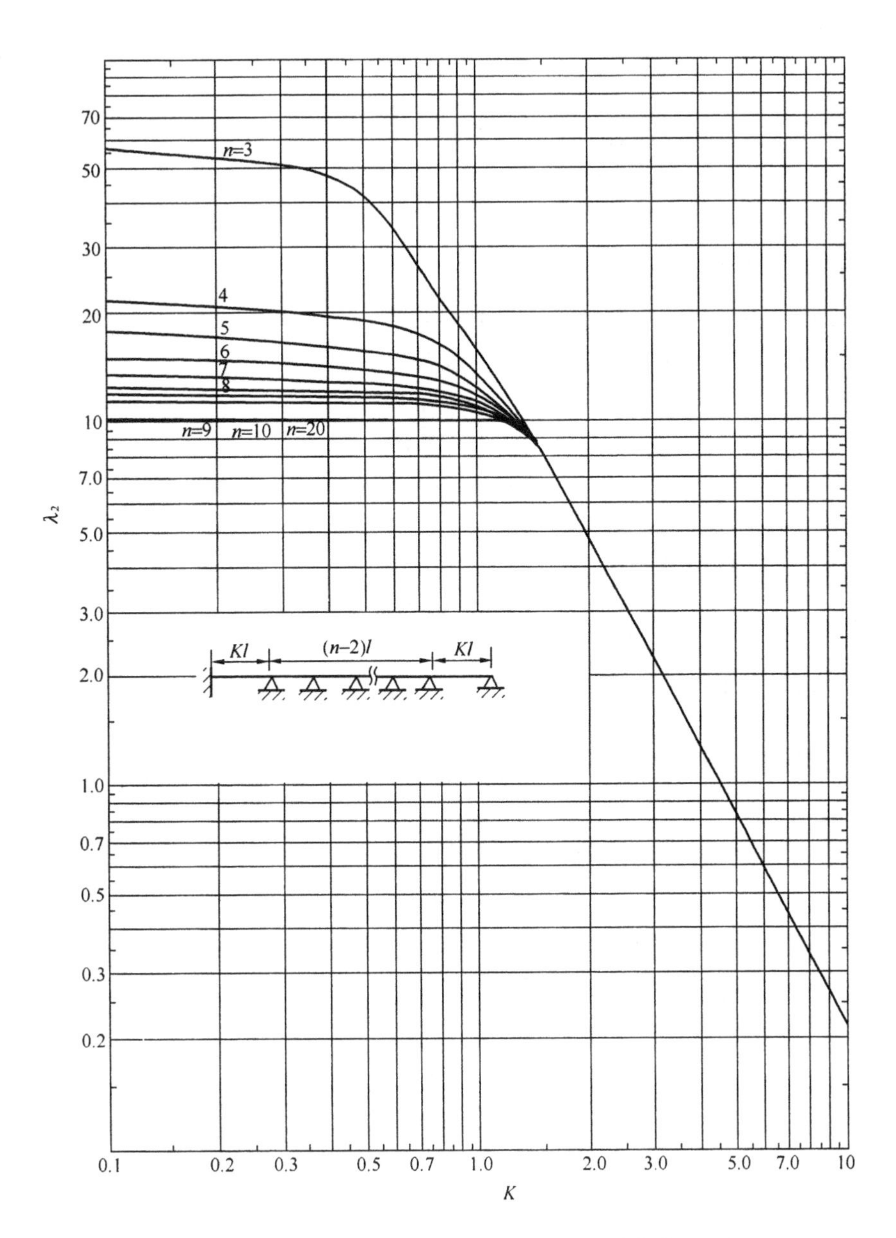

图 1.4-83　多跨管频率常数图(一端固定一端简支，2 阶)

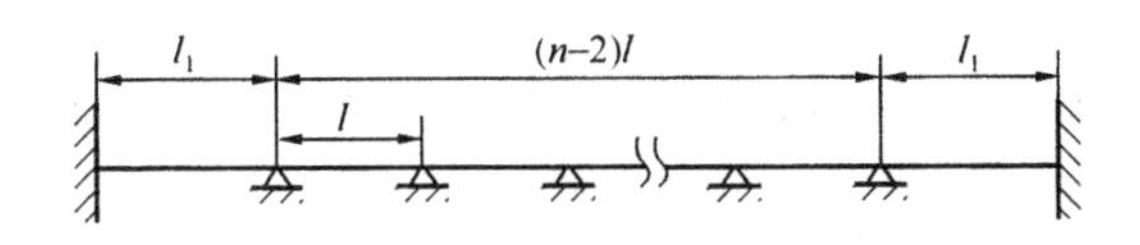

图 1.4-84　多跨管示意图

（四）简化计算方法

1. TEMA 标准推荐的方法[33]

（1）单跨直管

在 TEMA 标准中，对于单跨管的固有频率，可按下式计算：

$$f_n = 166.3\frac{AC}{l^2}\left[\frac{EJ}{m}\right]^{1/2} \tag{4-141}$$

式中　E——管子材料的弹性模量，MPa；

J——管子横截面的惯性矩，m^4；

l——管子跨长，m；

m——单位管长的有效质量，kg/m；

C——依赖于边界条件的常数，见表 1.4-12；

A——轴向力影响系数，与管子两端支承条件有关。

$$A = \left(1 + \frac{F}{F_{cr}}\right)^{1/2} \tag{4-142}$$

这里

$$F = S_t A_t \tag{4-143}$$

式中　S_t——管子的轴向应力，MPa；

A_t——管子金属的横截面积，m^2；

$$F_{cr} = \frac{K^2 EJ}{l^2} \tag{4-144}$$

K——与边界支承有关的系数，见表 1.4-12。

表 1.4-12　与边界有关的 K 与 C 值

边界条件	结构示意图	K	C
两端简支	折流板 l	π	9.9
一端固定另一端简支	管板 折流板 l	4.49	15.42
两端固定	管板 l	2	22.37

对单跨管，由式(4-141)得出的计算结果与式(4-139)、式(4-140)得出的是一致的。

（2）多跨直管

对于多跨管，TEMA 方法将其简化为多个单跨管。单跨管的最低频率即代表多跨管的固有频率，因而是较为保守的近似算法，且只计算一阶频率。

2. 其他简化方法

陈-万布斯甘斯(Chen-Wanbsganss)提出了考虑轴向力影响时，单跨直管 3 种支承情况的各阶频率计算式，其计算式同式(4-139)[89]。他们提出了 3 种端部支承条件下，轴向力

Γ 为 -10~10 范围内前 5 阶值的频率系数 λ_n，见表 1.4-13。其中频率系数 λ_n 取决于两端支承条件，为无因次轴向力 Γ 的函数（$\Gamma = Fl^2/EJ$）。

表 1.4-13　不同端部支承的单跨直管频率常数

Γ	λ_1	λ_2	λ_3	λ_4	λ_5
	两　端　固　定				
-10	19.410	57.808	116.739	195.520	294.101
-5	20.949	59.778	118.839	197.702	296.337
0	22.374	61.674	120.902	199.860	298.555
5	23.704	63.512	122.931	201.994	300.758
10	24.957	65.290	123.925	204.107	320.945
	一端固定一端简支				
-10	11.021	45.468	99.635	173.582	267.293
-5	13.413	47.770	101.968	173.942	269.973
0	15.418	49.965	104.248	178.269	272.031
5	17.177	52.067	106.479	180.568	274.269
10	18.760	54.083	108.664	182.837	276.684
	两　端　简　支				
-9.8	0.830	34.230	83.783	152.935	241.791
-5	6.933	36.893	86.290	155.394	244.227
0	9.870	39.479	88.826	157.914	246.740
5	12.114	41.904	91.292	160.394	249.228
10	14.003	44.196	93.693	162.837	251.690

轴向力的存在使管子固有频率的变化可由图 1.4-85 预计。图 1.4-85 是基塞尔（Kissel）对 5 跨度管束的实验结果。根据实验结果，其变化范围为 30%~40%[90]。

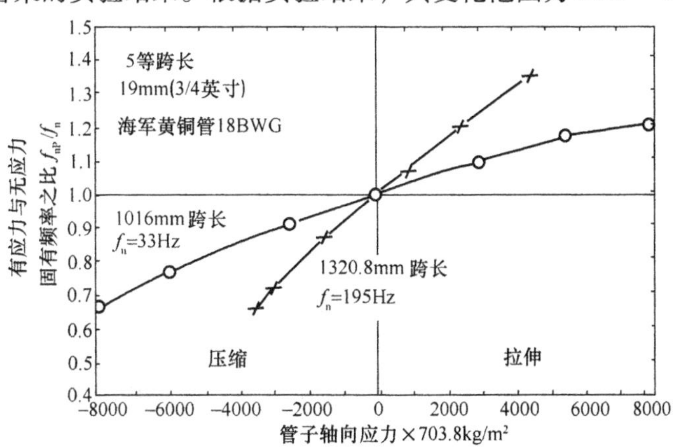

图 1.4-85　有轴向力和无轴向力管子固有频率的比较（基塞尔）

二、U 形管的固有频率

单纯的直管只须考虑平面内的振动（弯曲振动），振动时变形是两维的。而对弯管来说，不仅要考虑平面内的位移，还要考虑垂直于该平面方向上的位移，因此既有平面内振动，还有平面外振动（扭转振动），振动时变形是三维的。弯管的最低固有频率乃是平面外振动时的一阶固有频率。

在U形管换热器中，U形管是由两直管段与一半圆形的弯管段组成的。管子与管板的连接处视为固定端，折流板或支承板支承管子处可视为简支。U形弯管平面外振动的固有频率一般低于平面内的固有频率。而当两侧为多跨直管或U形管在弯管段中部加一简支支承后，要确定基固有频率，需联列求解14个方程式，计算十分繁杂。

（一）U形弯管的固有频率

U形弯管的振动比较复杂，好像矩形截面的半环一样，如图1.4－86(a)所示。对于任意两个横截面夹角为 $d\theta$ 的环片，在环的径向、法向及周向所产生的相对位移分别为 du、dv、dw 及相对扭转角 $d\beta$。将环片的变形分解为两个独立的变形形式，即(1)环片的横截面发生扭转 $d\beta$ 角，在环平面的法线方向上所产生的位移 dv，称为平面外变形[图1.4－86(b)]；(2)环片只产生径向和周向位移 du 和 dw 的变形。移之为平面内变形[图1.4－86(c)]。经证明平面外振动的固有频率为[91]：

$$f_n = 159.7\frac{\lambda_n}{R^2}\sqrt{\frac{C}{\rho A}} \tag{4-145}$$

式中　ρ——材料的密度，kg/m^3；

A——环片的横截面积，m^2；

R——环片的半径，m；

λ_n——频率常数。与环片的圆度开角 θ 和抗扭刚度与抗弯刚度之比值 k（$k = C/EJ_y$）有关。

C——抗扭刚度，MPa；

E——弹性模量，MPa；

J_y——绕 y 轴环片的惯性矩，m^4。

则式(4－145)可写为：

$$f_n = 159.7\frac{\lambda'_n}{R^2}\sqrt{\frac{EJ_y}{\rho A}} \tag{4-146}$$

式中　λ'_n——仅取于决环片圆度开角 θ 的频率常数。

对于薄壁的换热管：　$C = GJ_p$　　(4－147)

G——材料的剪切模量，MPa；

J_p——环片的极惯性矩，m^4。

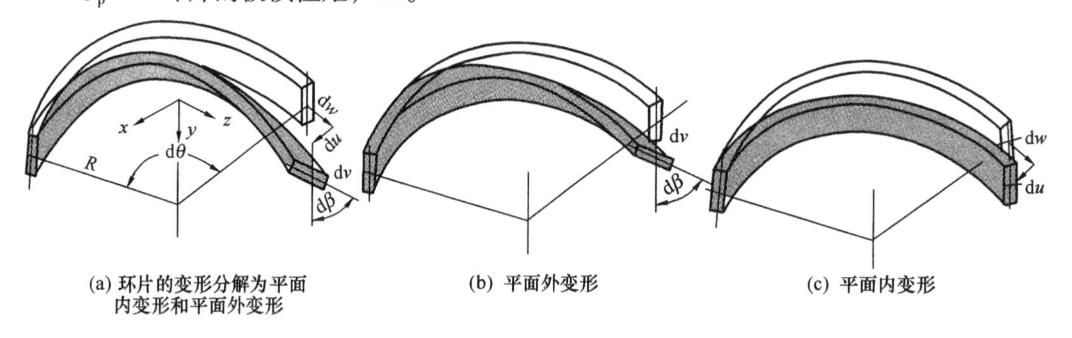

(a) 环片的变形分解为平面内变形和平面外变形　　(b) 平面外变形　　(c) 平面内变形

图1.4－86　环片的平面外变形和平面内变形

U形弯管段的固有频率并不代表U形管的固有频率，因为直管段的支承情况对固有频率是有影响的，何况有时在弯管段还设有中间支承。由文献[43]可知，当U形管的总跨数超过7之后，直管段的影响便可忽略不计。这便大大简化了计算。以下重点介绍的是在有限元分析基础上提出的计算方法[42,92~95]。

（二）直管段在对称支承条件下U形管的固有频率

1. 平面外振动时

对于平面外振动，当直管段在对称支承条件下，U形管的固有频率可按下式计算：

$$f_{nU} = 35.3\lambda_U\sqrt{\frac{E(d^4 - d_i^4)}{ml^4}} \quad (4-148)$$

式中 f_{nU}——U形管的固有频率，Hz；

E——U形管材料的弹性模量，MPa；

m——单位管长的有效质量，km/m；

λ_U——U形弯管的频率常数，与振型、折流板的布置方式以及R/l，l_1/l有关，由图1.4-87确定；

l——折流板间距，m；

l_1——半圆形弯管端部与相邻折流板间的距离，m；

R——弯管的平均半径，m。

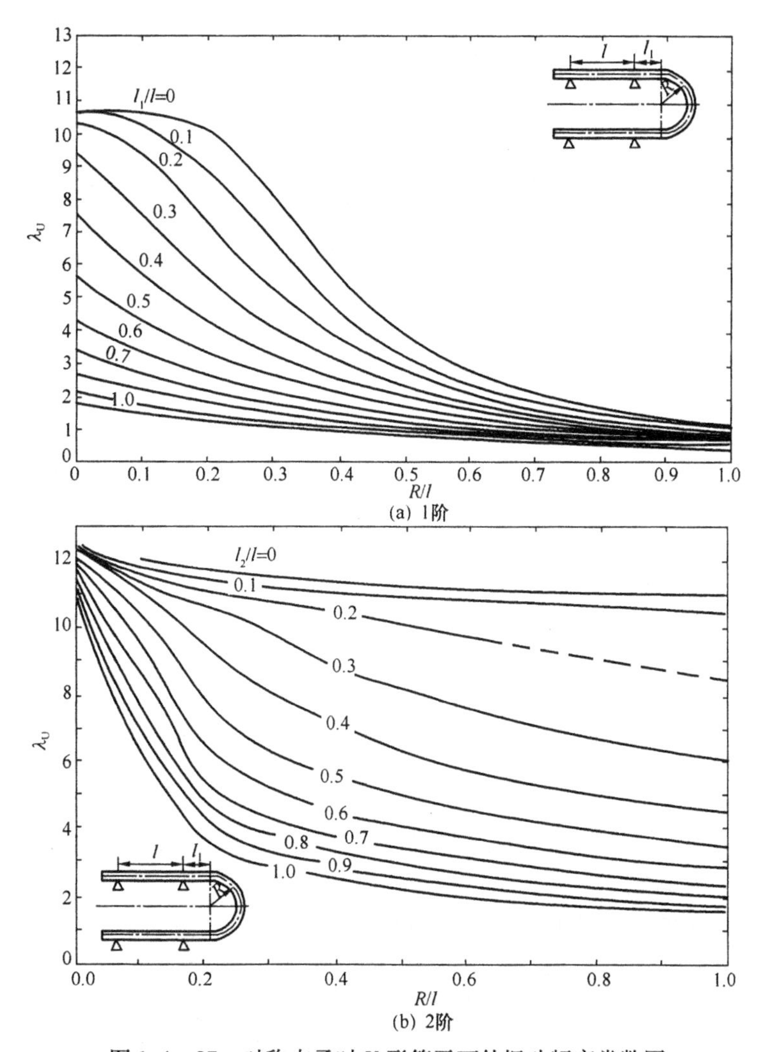

图1.4-87　对称支承时U形管平面外振动频率常数图

2. 平面内振动时

对于平面内的振动，当直管段在对称支承条件下，U 形管的固有频率仍可按式(4－148)计算，但频率常数由图 1.4－88 确定。

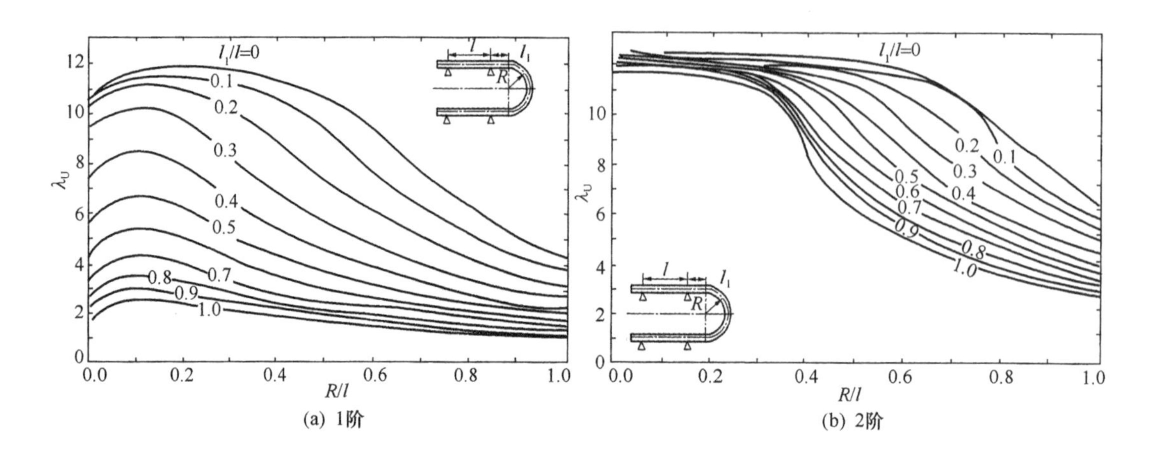

图 1.4－88 对称支承时 U 形管平面内振动频率常数图

(三) 直管段在非对称支承条件下 U 形管的固有频率

1. 平面外振动时

对于直管段在非对称支承条件下的 U 形管平面外振动时，其固有频率仍可按公式(4－148)计算，所不同的是此时频率常数 λ_U 按图 1.4－89 确定。

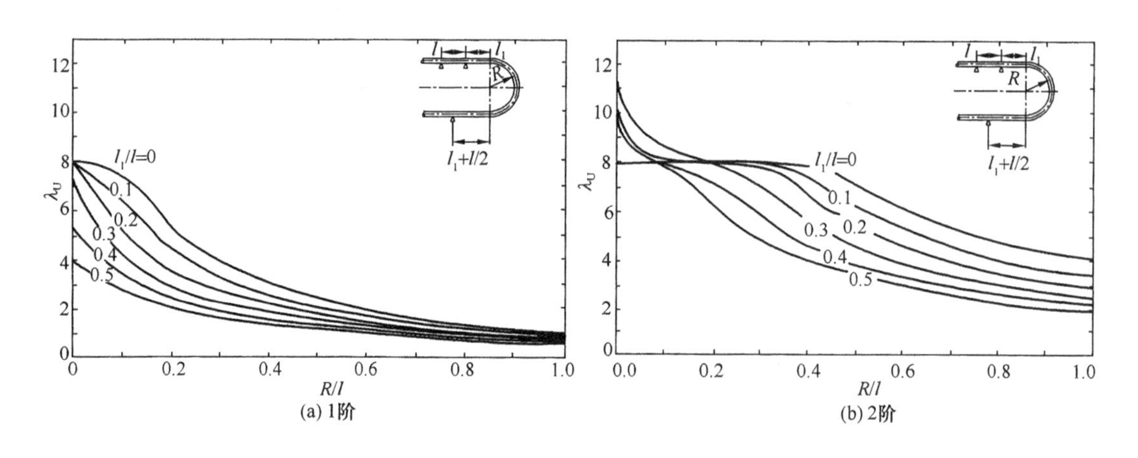

图 1.4－89 非对称支承时 U 形管平面外振动频率常数图

2. 平面内振动时

在非对称支承条件下 U 形管平面内振动的固有频率仍按公式(4－148)计算，其中频率常数 λ_U 按图 1.4－90 确定。

(四) 弯管段中间有支承时 U 形管的固有频率

对于弯管段中间有支承的 U 形管，最低的固有频率可能在平面外振动或平面内振动时出现，因此需要分别计算不同情况下的频率，比较后取其最小值作为 U 形管的基频。

当弯管段中间为简支支承时，由于中间支承将 U 形弯管分成了两个弧段，若用经典的

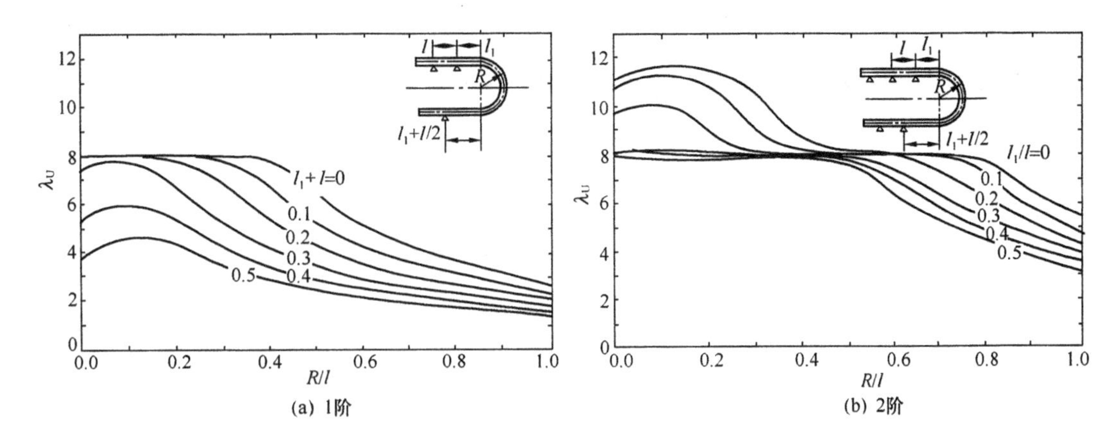

(a) 1阶　(b) 2阶

图 1.4－90　非对称支承时 U 形管平面内振动频率常数图

方法求取 U 形管固有频率的精确解，需联列求解的方程总数将高达（2×4＋2×6＝）20 个，计算更加复杂。文献[93]在有限元数值计算与分析的基础上，提出了计算公式，形式同公式(4－148)，但频率常数需要按不同的支承情况选定。

1. 直管段为对称支承时

对称支承时 U 形管的平面外振动与平面内振动的频率常数分别见图 1.4－91 和图1.4－92。

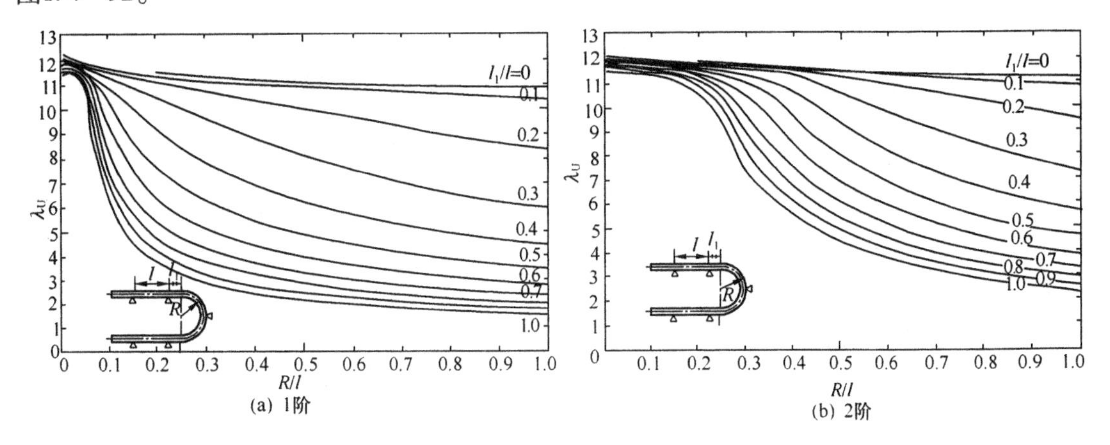

(a) 1阶　(b) 2阶

图 1.4－91　弯管中间有支承及直管段对称支承时平面外振动的频率常数图

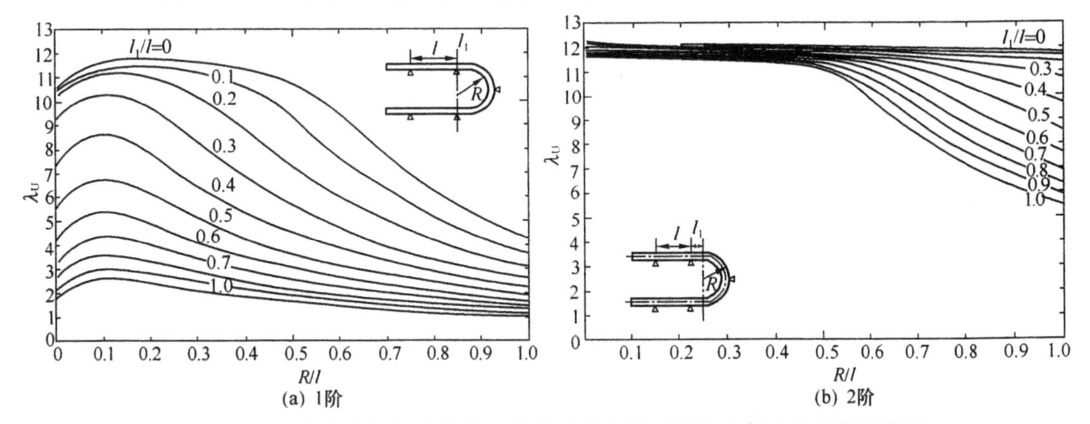

(a) 1阶　(b) 2阶

图 1.4－92　弯管中间有支承及直管段对称支承时平面内振动的频率常数图

2. 直管段为非对称支承时

直管段为非对称支承时U形管的平面外振动与平面内振动的频率常数分别见图1.4-93和图1.4-94。

(五)其他的计算方法

1. TEMA标准计算方法[33]

对于U形管的1阶固有频率(基频),TEMA标准推荐按下列公式计算:

$$f_{nU}=971.6\frac{C_U}{r^2}\left[\frac{EJ}{m}\right]^{1/2} \tag{4-149}$$

式中 E——管子材料的弹性模数,MPa;

J——管子横截面的惯性矩,m^4;

m——单位管长的有效质量,kg/m;

r——弯管中心线的半径,m;

C_U——U形弯管的频率常数,其值根据按图1.4-95~图1.4-98确定。

l_b——折流板间距,m;

S——半圆形弯管端部与相邻折流板间的距离,m;

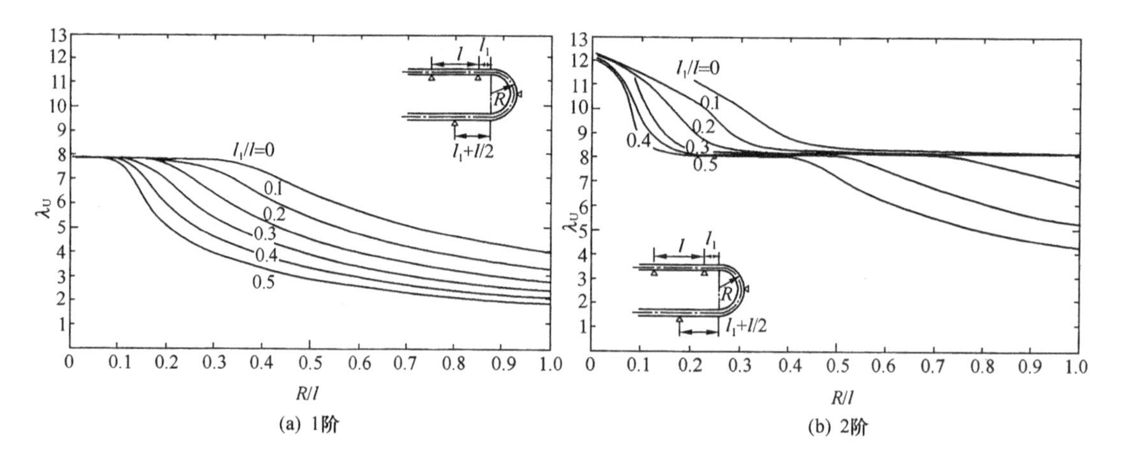

图1.4-93 弯管中间有支承而直管段为非对称支承时平面外振动的频率常数图

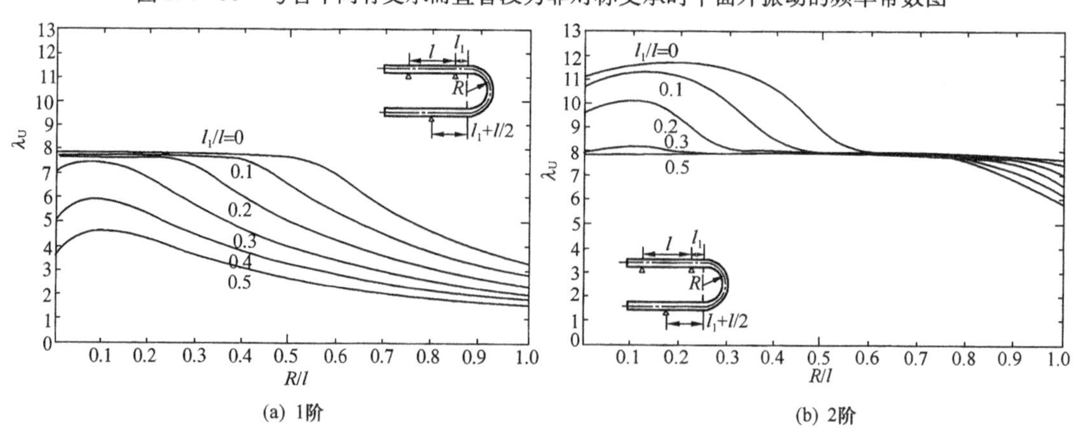

图1.4-94 弯管中间有支承而直管段为非对称支承时平面内振动的频率常数图

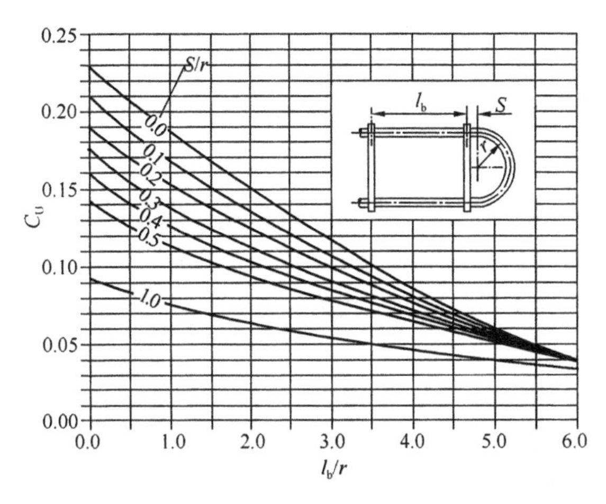

图 1.4 - 95　TEMA 标准中 U 形管对称支承时的 1 阶频率常数图

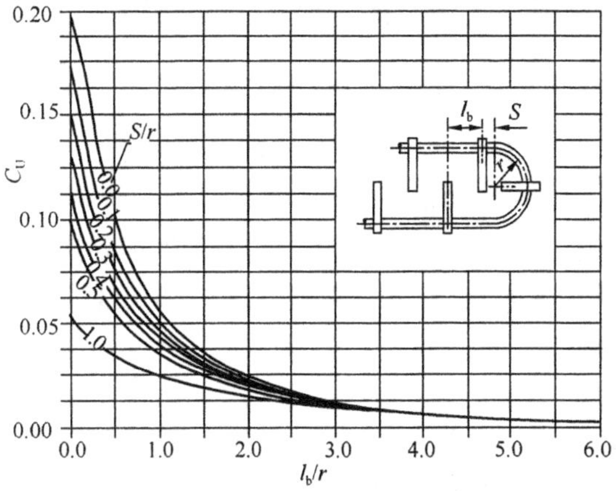

图 1.4 - 96　TEMA 标准中 U 形管非对称支承时的 1 阶频率常数图

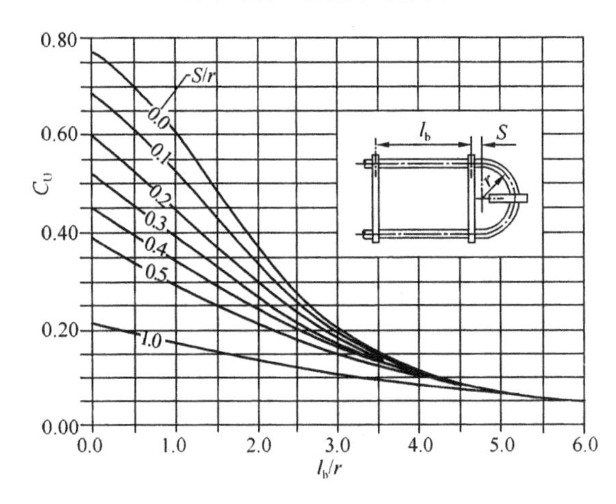

图 1.4 - 97　TEMA 标准中 U 形弯管有支承时的 1 阶频率常数图(对称支承)

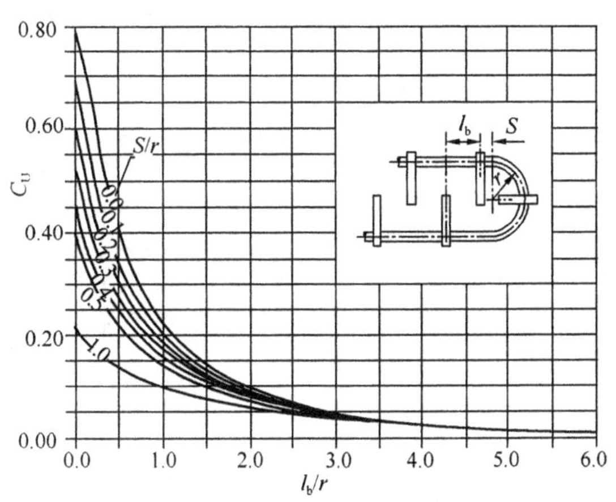

图 1.4 - 98　TEMA 标准中 U 形弯管有支承时的 1 阶频率常数图(非对称支承)

2. Lee 的简化法[7]

对 U 形管，Lee 提出了分别考虑其直管段和弯管段的简化法。直管段和直管一样处理即可；而弯管段采用 Ojalvo 和 Newman 建议的方法计算。因为通常主要关心的是最低固有频率，弯管长采用管束最外层的弯曲部分长度，将该长度作为单根直管跨距计算其固有频率后，调整得到弯管在平面内振动和平面外振动的频率。计算如下式：

平面内振动
$$f_{ni} = 1.985f_n \tag{4-150}$$

平面外振动
$$f_{no} = 0.829f_n \tag{4-151}$$

式中　f_n——直管固有频率，Hz。

该简化计算方法没有考虑 U 形管弯曲部分的任何中间支承，也没有考虑直管段支承位置对整个 U 形管固有频率的影响。因此，得到的固有频率是一个近似值。

3. Nguyen - Moretti 法[96,97]

此法的基本出发点是将 U 形管分解为几个子系统。图 1.4 - 99(a)示例即为 U 形弯管与两相邻近的一跨直管形成的一子系统。邻近管板的端跨为两个子系统，其余的直管部分可分为 4 个单跨，并形成 4 个子系统。包括 U 形弯管的内的 3 跨子系统的基频计算公式如下：

① 对称支承的U形管，其基频为：

$$f_1 = \frac{1000a_1}{2\pi}\left[\frac{EJ}{mL^4}\right]^{1/2} \tag{4-152}$$

式中，a_1 由图1.4-99(b)确定。

② 非对称支承的U形管[图1.4-99(c)]：其基频仍由式(4-152)计算，但 a_1 要由图1.4-99(d)确定。由于直管段的跨距对整个U形管的自振频率是有影响的，因此应计算直管段的基频。方法是按图1.4-99(a)划分子系统后计算，其公式均为：

$$f_1 = \frac{1000\lambda_1}{2\pi}\left[\frac{EJ}{mL^4}\right]^{1/2} \tag{4-153}$$

式中，频率常数 λ_1 可由表1.4-14查得。用式(4-153)计算出各单跨管基频后，再将其中的最低值与U形弯管段的基频进行比较，取其小者为整个U形管的基频。

表1.4-14　单跨管的频率参数

阶　数	固支-简支	简支-简支	固支-固支
1阶	15.434	9.870	22.396
2阶	50.017	39.520	61.737

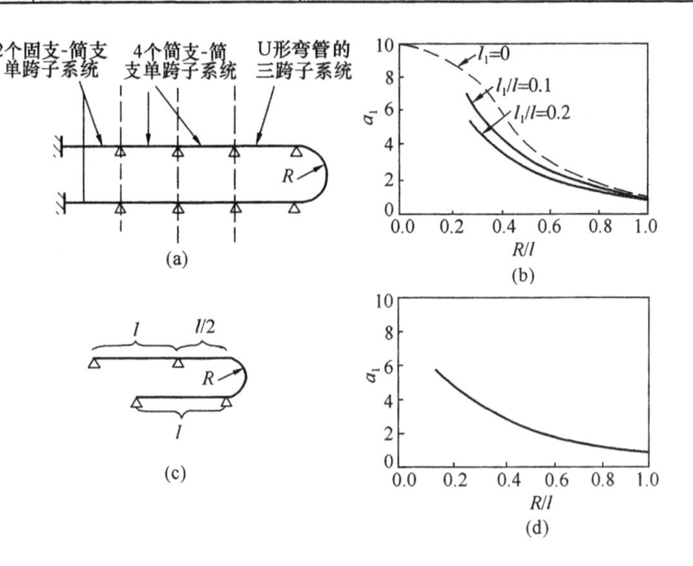

图1.4-99　对称与非对称支承时的频率常数

三、翅片管的固有频率[7]

在计算翅片管固有频率时，截面惯性矩必须用有效外径计算。有限的试验提出，一个比翅片段管子两倍壁厚约大8%的值可用于计算有效外径，与翅片段的实际内径一起计算截面惯性矩。计算公式为：

$$J = \frac{\pi}{64}(d_e^4 - d_i^4) \tag{4-154}$$

$$d_e = d + 1.08(d_r - d_{i0}) \tag{4-155}$$

式中　d_e——翅片管有效外径，m；

d——光管外径，m；

d_r——翅片根部直径，m；

d_{i0}——翅片段管子内径，m。

翅片管固有频率计算公式可用式(4－141)，但管子单位长度质量 m 应是带翅片管子的实际质量。因为附加质量系数 M 没有实验数据，故在按公式(4－105)计算 m_o 时，对于各种排列形式和节径比的管子，都建议采用 $M=1$，并采用翅片的外径。管子的翅片不应改变在折流板处假设为简支的约束条件。

翅片质量降低了管子的固有频率，其值等于光滑管质量对翅片管质量之比的平方根，通常为0.7倍。

除上述方法外，TEMA标准还建议[33]，可利用公式(4－141)来近似地计算低翅片管的固有频率。式中 m 为管子的实际质量，d_i 为管子的实际内径。在计算惯性矩 J 时，用翅片的根径代替光管的外径 d。

四、系统阻尼

阻尼是指结构耗散振动能量的能力。阻尼可以分为三类，一是结构阻尼，二是内部阻尼(材料影响)，三是流体阻尼。结构阻尼是管子支承条件、支承板的厚度、管子与板孔之间的间隙、管子和支承板之间表面粘附力等的函数；内部阻尼是由于应力－应变曲线的滞后而产生，管子在这类小振幅振动中并不重要；流体阻尼受多个因素的影响，如流体的物理性能等。

相邻两最高振幅差的自然对数称为对数衰减率 δ'，是系统阻尼大小量度的一个参数。在预测换热器振动时，换热管的对数衰减率是一重要的参数。系统的阻尼越大，对数衰减率值也越大。表示系统阻尼大小的另一个参数是阻尼比 ξ，它与对数衰减率之间的关系为：$\delta'=2\pi\xi$。

换热管的阻尼至今仍然是未能很好从理论上解决的问题之一，故很难得到确切的数值。目前推荐的大多数都是经验的或半径验的方法，或直接给出参考数据。

(一) 单相流体的阻尼[33]

1. 壳程流体为气体

管子的对数衰减率 δ' 以 δ'_g 表示

$$\delta_g = 0.314\frac{N-1}{N}\times\left(\frac{t_b}{l}\right)^{0.5} \tag{4-156}$$

式中　N——管子的跨数；

t_b——折流板或支承板厚度，m；

l——管跨矩，m。

2. 壳程流体为液体

管子的对数衰减率 δ' 取下面 δ'_1、δ'_2 的较大值。其中

$$\begin{aligned}\delta'_1 &= 199.78\frac{d}{mf_n}\\ \delta'_2 &= 5.55\frac{d}{m}\left[\frac{\rho_1\times\nu_1}{f_n}\right]^{0.5}\end{aligned} \tag{4-157}$$

式中　ν_1——壳程出口操作条件下的液体黏度，Pa·s；

d——换热器管子的外径，m，对于整体翅片管，d＝翅片根部直径，m；

ρ_1——壳程流体密度，kg/m^3；

f_n——管子的固有频率，1/s；

m——单位长度的管子有效质量，kg/m。

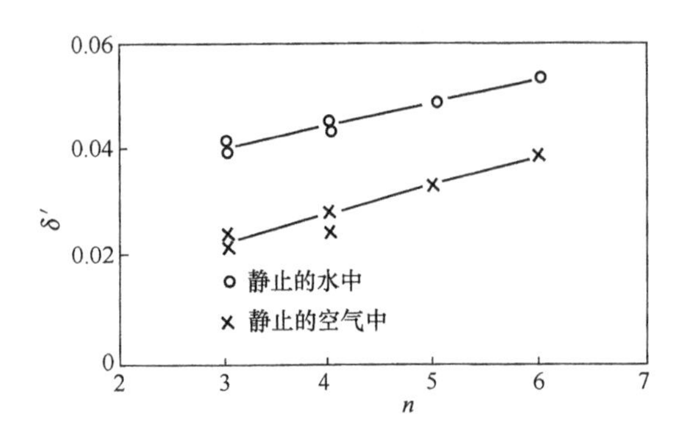

图 1.4－100 对数衰减率与管跨数的关系图

3. 阻尼的影响因素

阻尼受多个因素影响，表 1.4－15 中列出了在不同介质、跨数及支持板厚度情况下测得多跨管的 δ' 值[98]。利用表中的实验数据可作出图 1.4－100 并可明显看出，无论是在静止的空气中，还是在管内充满水且管子被置于静止的水中，多跨管的对数衰减率都会随跨数的增加而增加，两者呈线性关系。而且，在跨数相同的情况下，由于水的黏度与密度比空气大得多，在水中多跨管的对数衰减率比空气中的大得多。另外支持板的厚度从 4mm 增加到 8mm 时，支承处的摩擦阻尼也增大，对数衰减率将逐渐增加，这与文献[99]提出的见解是一致的。

表 1.4－15 多跨管对数衰减率的实验数据

支持板厚度/mm	跨数/n	跨 距/mm	介质	固有频率，Hz		δ 的测定值			
				测定值	计算值	第 1 次	第 2 次	第 3 次	平 均
4	3	$l_1=1895$ $l_2=1970$ $l_3=1935$	空气 水	41 23	45.6 22.8	0.023 0.043	0.020 0.035	0.022 0.039	0.022 0.039
		$l_1=l_3=2000$ $l_2=1800$	空气 水	41 24	50.4 25.2	0.023 0.040	0.024 0.043	0.023 0.041	0.023 0.041
	4	$l_1=l_4=940$ $l_2=l_3=1960$	空气 水	42 24	46.0 23.0	0.026 0.043	0.022 0.043	0.023 0.043	0.024 0.043
		$l_1=l_4=1100$ $l_2=l_3=1800$	空气 水	42 27	54.6 27.3	0.028 0.044	0.032 0.045	0.027 0.045	0.029 0.045
	5	$l_n=1106$ $n=1-5$	空气 水	110 55	110.6 55.3	0.032 0.047	0.034 0.45	0.032 0.050	0.033 0.048
	6	$l_n=967$ $n=1-6$	空气 水	146 80	154.6 77.2	0.042 0.051	0.038 0.052	0.038 0.060	0.039 0.054
8	4	$l_1=l_4=940$ $l_2=l_3=1960$	空气 水	42 24	46.0 23.0	0.029 0.047	0.030 0.049	0.033 0.042	0.031 0.046
	5	$l_n=1160$ $n=l-5$	空气 水	110 55	110.6 55.3	0.043 0.051	0.048 0.049	0.040 0.052	0.040 0.051

（二）两相流体的阻尼

1. 影响因素

影响对数衰减率 δ' 的因素很多，如管子的力学性能、流体的物理性能、管子的支承、管跨数、支承板的厚度、管了与板孔间的间隙、管子和支承板之间表面粘附力的影响、壳程流体是单相(气体或液体)还是两相、管子的固有频率等[100]。

(1) 流体流速的影响

卡鲁西(Carlucci)和布朗(Brown)探讨了两相流体在封闭的轴向流时流速的影响，或者更明确地说是质量流量的影响[101,102]。他们发现质量流量对两相流阻尼影响很小，如图1.4-101和图1.4-102所示。

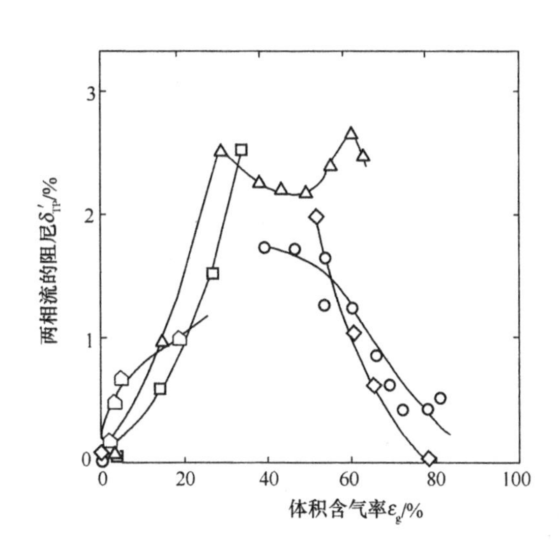

图1.4-101　空气-水轴向流动时圆柱体的阻尼比

质量流量：⌂=0，◇=500，○=1000，△=3000，□=5000kg·m^{-2}·s^{-1}

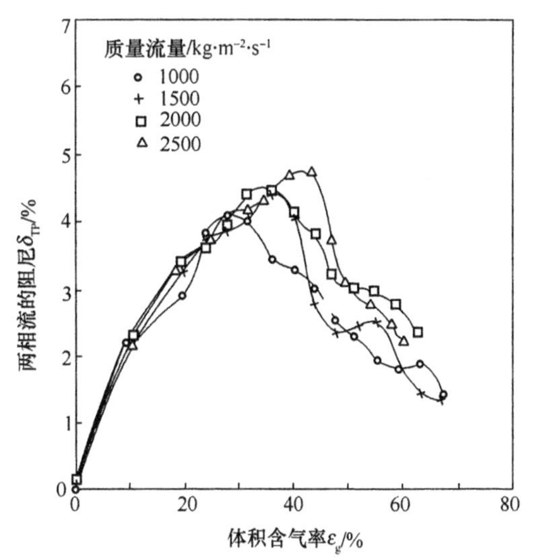

图1.4-102　在环流时质量流量对两相流阻尼的影响

Pettigrew研究了流体为横向流时一些管束的阻尼[83]。图1.4-103表示质量流量提高到发生流体弹性不稳定的临界流量时所测得的阻尼。说明在小于2/3的临界质量流量时，阻尼与质量流量关系不大。图中所取的阻尼是升力和阻力方向的平均值。图1.4-104分别表示在升力和阻力方向上的阻尼受质量流量的影响。在流体弹性不稳定且质量流量一半以上时，在阻力方向的阻尼一般是增加的，而在升力方向是减少的。Pettigrew认为，在两相流体时，流体弹性不稳定一般发生在升力方向上。

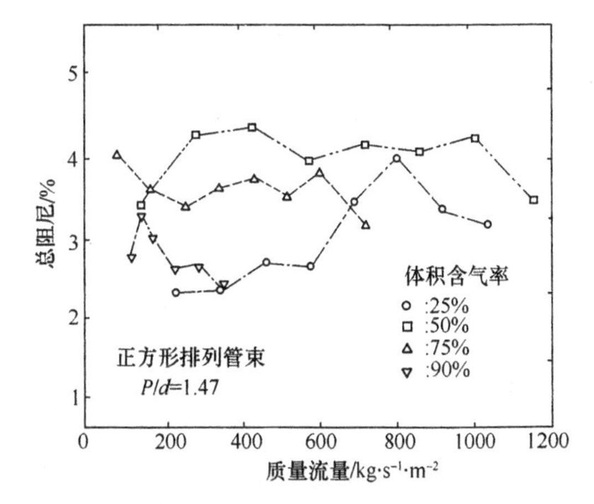

图4-103　两相流体为横向流时质量流量对管子阻尼的影响

总的来说，质量流量对阻尼的影响在远离弹性不稳定现象时是不明显的。在接近流体弹性不稳定时，对流体弹性不稳定力的影响是明显的。因此从实用观点可以假定，质量流量对在两相流中的阻尼不是一个重要的参数。

(2) 体积含气率的影响

体积含气率的影响是显著的，如图1.4-105所示[83]。如当体积含气率增加到40%左右

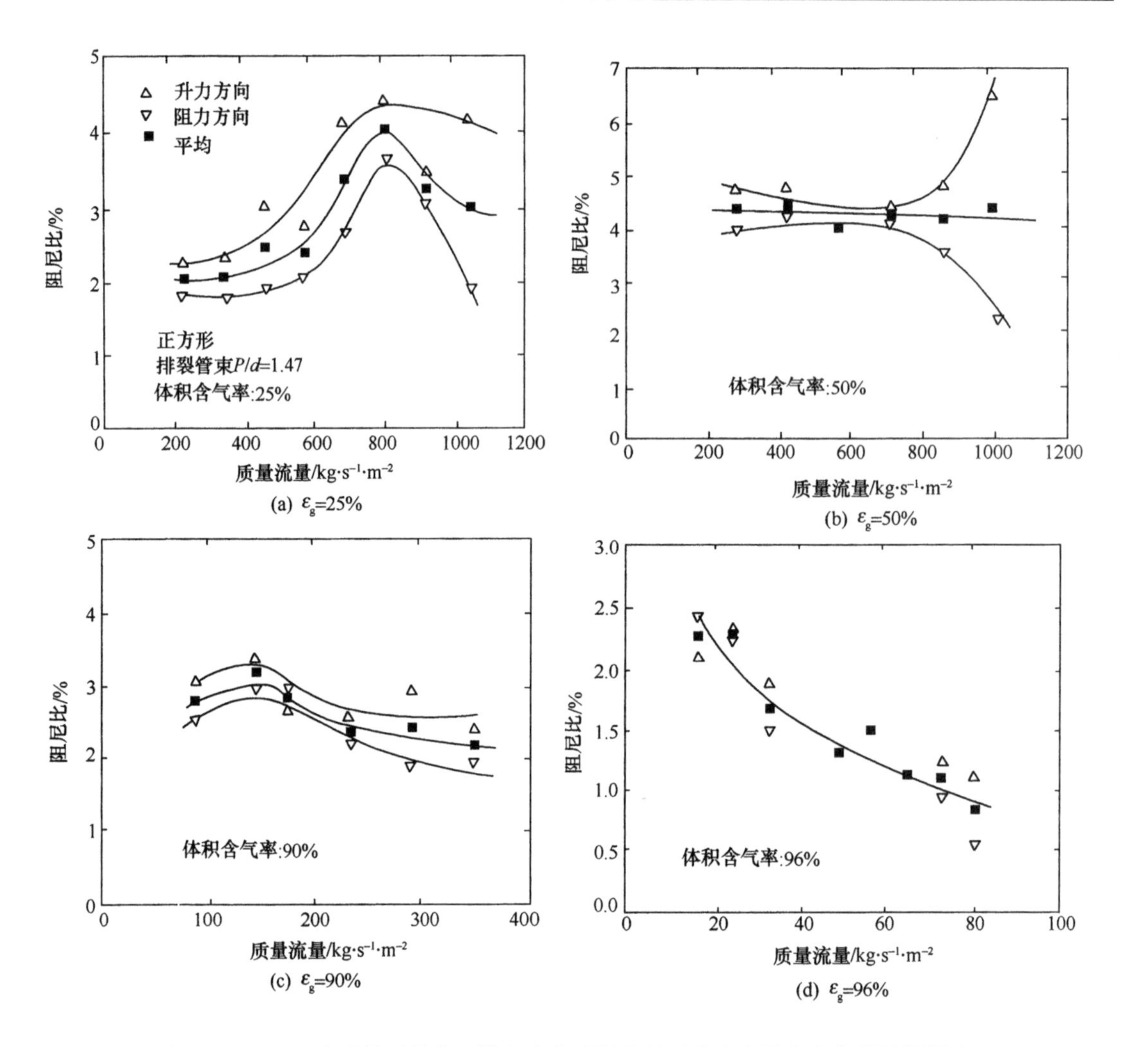

图 1.4-104 正方形排列管束在横向流中质量流量对升力和阻力方向阻尼的影响

时，阻尼是上升的；体积含气率为 40% ~70% 时，阻尼达到最大值；在气流中，体积含气率高于 70% 时，阻尼逐渐减少到很低的值。研究表明，在空气-水和蒸汽-水的横向流中也具有类似的趋向[82,103~105]。

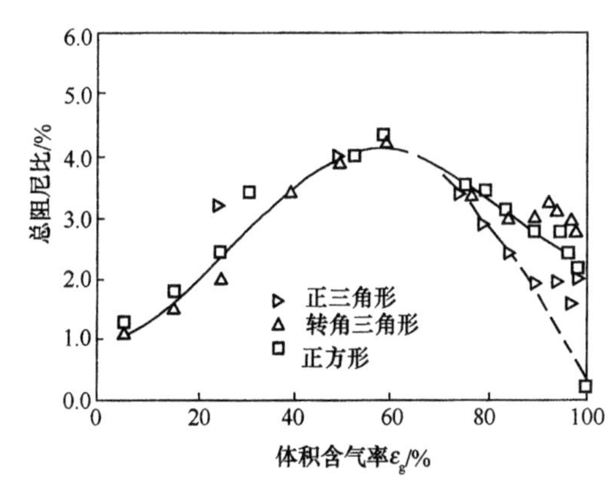

图 1.4-105 体积含气率对横向流中 $P/d=1.47$ 管束阻尼的影响

在图 1.4-101 和图 1.4-102 中也可发现体积含气率的影响是显著的。最大的阻尼值出现在较纸的体积含气率时（如：$\varepsilon_g<60\%$）。

（3）管子质量的影响

Carlucci 和 Brown 研究了两相流体在轴向流时圆柱质量对阻尼的影响[102]。他们发现，阻尼和流体动力质量与圆柱总质量之比（$\rho d^2/m$）有关。圆柱总质量包括流体动力质量。可以这样理解，这个参数是流体力与惯性力之比。流体阻尼直接与流动力有关。这种关系也可以应用到两相流体为横向流时的阻尼。然而，由于得到的结果不能覆盖充分宽的参数范围，因此这个关系尚无法验证。

从参数$\rho d^2/m$可推断出，管子直径的影响较小。因为在分母中的管子质量m也与d^2的成比例，因此$(\rho d^2/m)$项对直径并不敏感。

（4）与振动管相邻管子周围液体边界的影响

对$P/d=1.47$，1.32和1.22时管束阻尼测量数据的发现[83,106]，振动管相邻管子周围流体边界的影响最好用一个限制函数$f(d_e/d)$来描述，并定义：

$$f(d_e/d) = \left\{\frac{[1+(d/d_e)^3]}{[1+(d/d_e)^2]^2}\right\} \tag{4-158}$$

式中，d_e为周围管子的有效直径，对于三角形管束可表示为：

$$d_e/d = (0.96+0.5P/d)P/d \tag{4-159}$$

对于正方形管束，

$$d_e/d = (1.07+0.56P/d)P/d \tag{4-160}$$

所有的测量数据用式(4－158)、式(4－159)和式(4－160)规范化后如图1.4－106所示。图中规范化的两相流体的阻尼比为：

$$(\xi_{TP})_n = \xi_{TP}\left(\frac{\rho_l d^2}{m}\right)\left\{\frac{[1+(d/d_e)^3]}{[1+(d/d_e)^2]^2}\right\}^{-1} \tag{4-161}$$

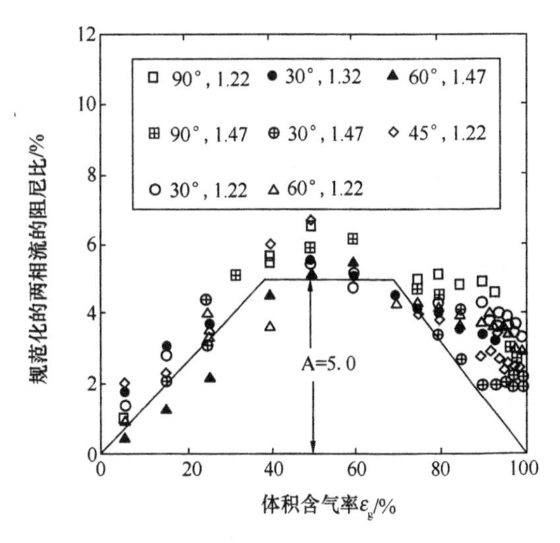

图1.4－106 体积含气率对横向两相流中阻尼的影响(假设体积含气率与$f(\varepsilon_g)$有关)

当液体流过管束时，黏性阻尼公式中也包含了上述限制函数[99]。Carlucci也用类似的限制函数修正轴向两相流的数据[101]。

（5）管子频率的影响

Carlucci和Brown通过圆柱在两相流体封闭轴向流中的实验观察到，至少在20到70Hz频率范围内，频率对两相流体阻尼数值并无明显影响[102]。Taylor等的实验也表明，在两相流中频率不是影响阻尼的主要因素[107]。

正如前面所讨论的，流速和管子直径的影响并不显著，又因为频率影响不大，故无因次流速v/fd在两相流阻尼公式中不是主要的参数。

（6）管束排列形式的影响

$P/d=1.22$和$P/d=1.47$管束其阻尼分别如图1.4－107和图1.4－105所示。结果表示，管子排列形式对阻尼的影响不大。

Axisa报道了正方形、正三角形和转角三角形管束在蒸汽－水中阻尼的测试结果[82]。他们发现，对正方形和正三角形管束，其阻尼是相似的。对转角三角形管束，阻尼稍微高一点。

（7）周围管子运动的影响

阻尼测量仪可以放在柔性管的管束上，或者放在被刚性管包围的一个柔性管子上进行测量。Prettigrew得到了在柔性管束上测得的阻尼结果[83]。在这些实验中的一些条件下存在着液体动力耦联作用。测量结果有使频谱加宽的趋势，这是难以解释的，并时常出现不可信的较大阻尼值。为了解决这个问题，将阻尼测量仪放在被刚性管包围的一个测量管上。图 1.4－108 给出了两种不同类型管束阻尼值的比较。像所预期的那样，柔性管束的阻尼值一般比较高，刚性管束的阻尼值更可靠和可能更真实。重要的一点可能是液体动力耦联对阻尼结果有影响。

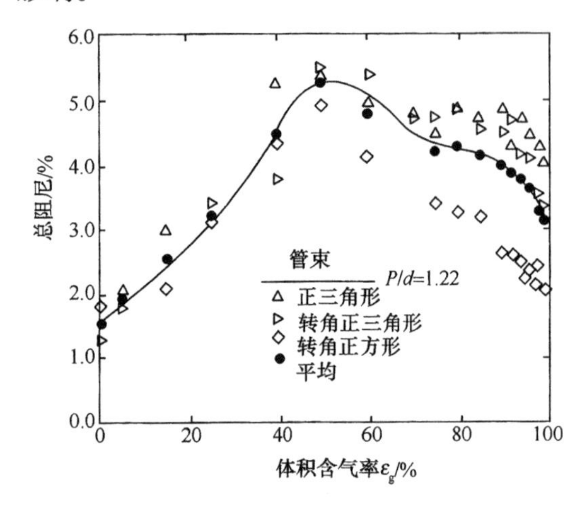

图 1.4－107 $P/d=1.22$ 管束在空气－水横向流中的总阻尼

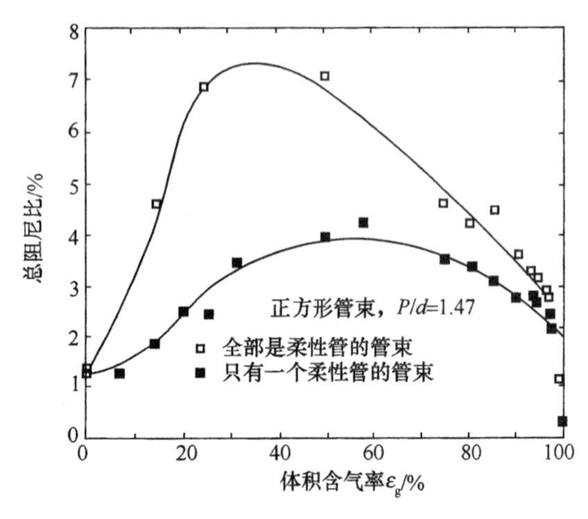

图 1.4－108 全部为柔性管管束与一根柔性管周围被刚性管围绕时阻尼值的比较

（8）流型的影响

前面所提及的阻尼数据与公式都在连续型流动区，如细泡型、雾型及喷射型等条件下得出的。在连续型流动区范围内，流型改变或转换的影响反映在体积含气率上。实际上，在结构设计时应避免产生间歇型流动状态。

（9）流体性质的影响

两相混合物的性质，如流型、流动结构及细泡尺寸等都依赖于流体的诸如表面张力、黏度和两相密度比等性质。因此两相流的阻尼是流体性质和流型等的函数。不幸的是，在两相流条件下阻尼数据非常少。

表面张力随着表面活性剂的添加而变化。一般发现，阻尼随表面张力增加，见图 1.4－109[108]。较低的表面张力将导致非常细的流动结构，因而有较低的阻尼。可以假设它们之间存在如下的关系：

$$\xi_{TP} \propto \sigma^{n} \tag{4-162}$$

指数 n 在 $-0.65 \sim 2.0$ 之间变化。管子频率较低时，指数 n 一般不会太多地偏离 1。

图 1.4－110 给出了空气－水和蒸汽－水的阻尼结果。在蒸汽－水中的阻尼比在空气－水中的阻尼要低些。在 210℃时蒸汽－水的表面张力是在 20℃时空气－水的一半。在蒸汽－水中，阻尼的下降对应于表面张力指数大概是 1。于是，可以建议阻尼直接与表面张力相关。但是，这一建议还需要更多的数据来支持。

2. 阻尼的计算

在两相流体中换热管的总阻尼 ξ_T 由三部分组成：①两相流体的阻尼比 ξ_{TP}；②黏性阻尼比 ξ_V；③支承阻尼比 ξ_S。即

$$\xi_T = \xi_{TP} + \xi_V + \xi_S \tag{4-163}$$

（1）两相流体的阻尼比

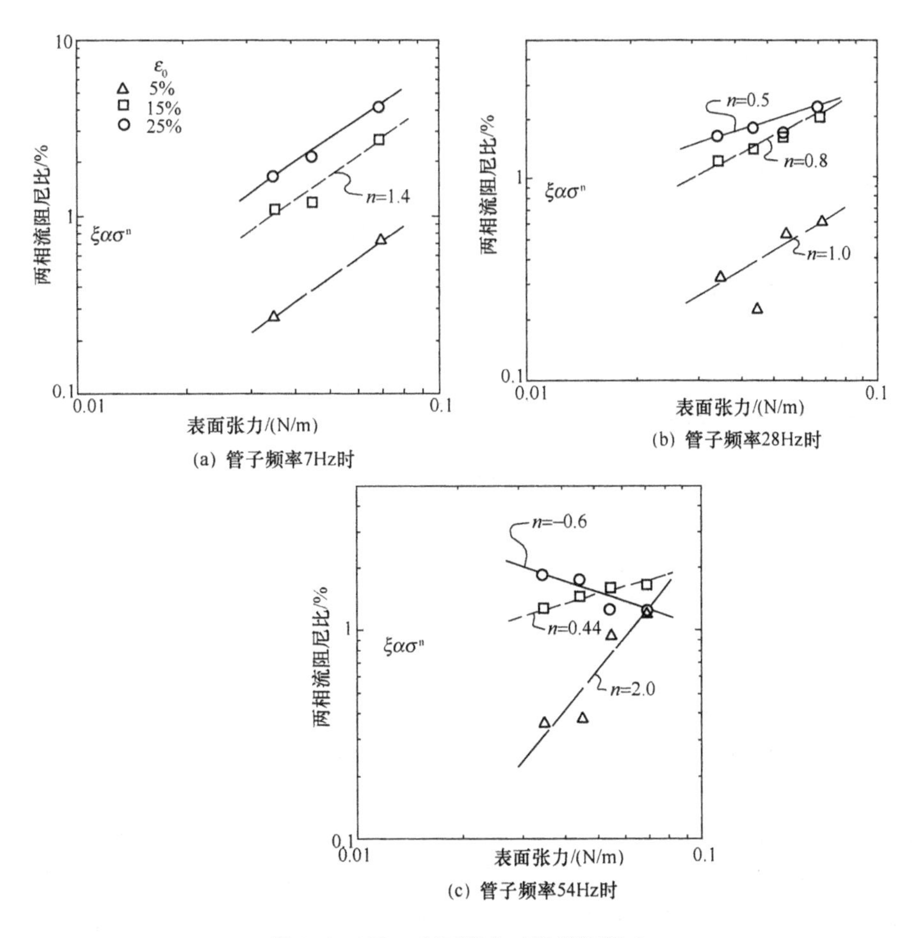

图 1.4-109　表面张力对阻尼的影响

如两相流体为气与水，计算阻尼比时可袭用公式(4-80)，即

$$\xi_{TP} = 0.05[f(\varepsilon_g)]\left(\frac{\sigma_T}{\sigma_{20}}\right)\left\{\frac{[1+(d/d_e)^3]}{[1-(d/d_e)^2]^2}\right\} \tag{4-80}$$

(2) 黏性阻尼比

在两相混合物中的黏性阻尼比可表示为：

$$\xi_V = \frac{\pi}{\sqrt{8}}\left(\frac{\rho_{TP}d^2}{m}\right)\left(\frac{2v_{TP}}{\pi f d^2}\right)^{1/2}\left\{\frac{[1+(d/d_e)^3]}{[1-(d/d_e)^2]^2}\right\} \tag{4-164}$$

式中，两相流体的密度 ρ_{TP}，运动黏度 ν_{TP}以及等效直径 d_e 均可分别按以前推荐的式(4-61)、式(4-62)以及式(4-76)或式(4-77)计算。

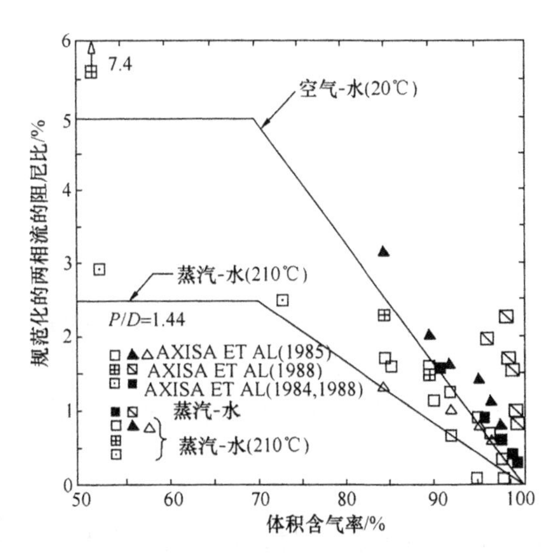

图 1.4-110　两相流阻尼：20℃时空气-水和210℃时蒸汽-水之间的比较(规范化的两相流体其阻尼比可用式(4-161)计算)

(3) 支承阻尼比

在高热流率或高体积含气率情况下，支

承处按干摩擦考虑，这时支承的阻尼比可利用式(4－165)得出：

$$\xi_S = \frac{\delta_g}{2\pi} = 0.05\frac{(N-1)}{N}\left(\frac{t_b}{t}\right)^{0.5} \quad (4-165)$$

在低热流率或低体积含气体情况下，支承处按湿摩擦考虑，则支承的阻尼比为：

$$\xi_S = \frac{(N-1)}{N}\left(\frac{2\pi}{f}\right)\left(\frac{\rho_1 d^2}{m}\right)\left(\frac{t_b}{t}\right)^{0.6} \quad (4-166)$$

式中，ρ_1 为液体的密度，km/m^3；f 为管子实际固有频率，Hz。

(三) 推荐的阻尼数据

大多数换热器管子是阻尼很小的构件。Lowery 和 Moretti 对单相流体中管子的对数衰减率进行了实验研究，结果列于表 1.4－16[109]。

表 1.4－16 δ'值

支承条件	单跨管两端固定（摩擦夹持）	单跨管两端固定（液体介质）	②跨管两端固定（中间简支）	多跨管跨数≥3	U 形管(5 跨)			
					对称支承		非对称支承	
					平面外	平面内	平面外	平面内
δ'	~0.039	0.049 ~ 0.106	0.03 ~0.04	最小 0.03	0.031 ~ 0.172	0.077 ~ 0.131	0.032 ~ 0.094	0.084 ~ 0.379

GB151 中给出的换热管的对数衰减率值为：在气体环境中 $\delta'=0.01\sim0.06$；在液体环境中 $\delta'=0.04\sim0.16$。

(四) 阻尼的测量方法[29]

对于换热器管束，准确地计算或预测管子的阻尼是非常困难的，最好依靠实验测量。测量阻尼的原理是对管束施加已知的激振力，通过测定振动响应，计算管束的阻尼。

1. 自由衰减法

如果一个结构被激振到振幅 A，然后去掉激振力，则振动便随时间而衰减，可以用振动方程(4－167)来描述。

$$m\ddot{y} + 2m\xi\omega_n\dot{y} + Ky = 0 \quad (4-167)$$

对于阻尼较小的结构，其解是：

$$y = Ae^{-\xi\omega_n t}\sin[\omega_n(1-\xi^2)^{1/2}t + \phi] \quad (4-168)$$

式中，ϕ 是一个常数。在衰减中相隔一个周期的任何 2 个相邻波峰(或振幅)之比是：

$$\frac{A_i}{A_{i+1}} = e^{2\pi\xi/(1-\xi^2)^{1/2}} \quad (4-169)$$

若 ξ 比 1 小得多，则 $1-\xi^2\approx1$。式(4－169)可表示为：

$$2\pi\xi = \ln(A_i/A_{i+1}) \quad (4-170)$$

由于阻尼较小结构的两个相邻循环的振幅比值接近 1，计算 n 个循环的波峰比往往比较容易，即

$$2\pi\xi n = \ln(A_i/A_{i+1}) \quad (4-171)$$

例如，若初始振幅需要经过 n 个循环才能衰减一半。则可得阻尼比为：

$$\xi(\ln2)/(2\pi n) = 0.11/n \quad (4-172)$$

自由衰减法的特点是简单，从一个单一的误减波就能够绘制出振幅对阻尼比的关系图。但要激发高振型以测量它们的衰减是困难的。若两个振型的固有频率很接近，要区分每个振

型的衰减是不可能的。而且有时像大间隙情况，存在初始激振力可以扰乱自由衰减的随机非线性。因此，基于自由振动的衰减曲线来确定阻尼的自由衰减法，一般可用来测量非线性很弱，固有频率不同且又很远的结构基本振型的阻尼。

2. 带宽法

这种方法是由响应曲线的形状反映出来的实际阻尼。

一个线性结构对于激振力(F_0)产生的振动响应是：

$$y = A\sin(\omega t - \phi) \tag{4-173}$$

而且

$$\frac{AK}{F_0} = \left\{\left[1-\left(\frac{\omega}{\omega_n}\right)^2\right]^2 + 4\xi^2\left(\frac{\omega}{\omega_n}\right)^2\right\}^{-1/2} \tag{4-174}$$

$$\phi = \tan^{-1}\left[2\xi\omega\omega_n/(\omega_n^2-\omega^2)\right] \tag{4-175}$$

当激振频率近似等于固有频率时，一般可以认为体系处于共振，此时将产生一个很大的振幅响应。令振幅对激振频率的导数等于零，可以求得响应的峰值。响应的峰值产生在：

$$\omega_n/\omega_n = (1-2\xi^2)^{1/2} \tag{4-176}$$

峰值响应是：

$$\frac{AK}{F_0} = \frac{1}{2\xi(1-\xi^2)^{1/2}} \tag{4-177}$$

如图 1.4-111 所示。

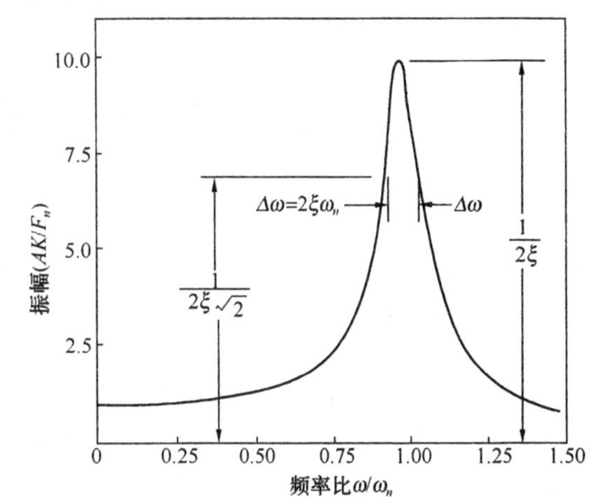

图 1.4-111 $\xi=0.05$ 时线性结构的响应

将峰值振幅的 $1/\sqrt{2}$ 处频率响应的宽度定义为响应宽度($\Delta\omega$)。产生这些半幂点的两个激振频率(ω_1)和(ω_2)，可以用公式(4-178)和式(4-179)求得：

$$1-(\omega_1/\omega_n)^2 = 2\xi(\omega_1/\omega_n) \tag{4-178}$$

$$1-(\omega_2/\omega_n)^2 = -2\xi(\omega_2/\omega_n) \tag{4-179}$$

把这二式相减，就得到带宽：

$$\Delta\omega = \omega_2 - \omega_1 = 2\xi\omega_n \tag{4-180}$$

阻尼比是：

$$\xi = \Delta\omega/(2\omega_n) \tag{4-181}$$

这样，只要求出共振频率和响应带宽，就可利用公式(4-181)求得结构的阻尼比。

带宽法的优点是，对能够激发出来的任何结构振型都可以应用，其结果与振型形状及激振器位置无关。其缺点是需要一套复杂的激振和测量系统，以保持激振力的幅值不变。同时，与自由衰减去一样，该方法不能测量固有频率非常靠近的振型的阻尼。另外，如果阻尼比和振幅有依存关系，带宽法却把它忽略了。

3. 扩大因子法

对于一个阻尼较小的结构，$\xi \ll 1$，式(4-177)可写成：

$$\xi = F_0/(2KA_P) \tag{4-182}$$

因为

$$\omega_n = (K/m)^{1/2} \tag{4-183}$$

故

$$\xi = F_0/(2m\alpha_P) \tag{4-184}$$

其中 $\alpha_P = \omega_n^2 A_P$，是当 $\omega = \omega_n$ 时结构的加速度幅值。于是，当激振力已知时，如果能够测得结构共振加速度，就能利用公式求得阻尼。

该方法的主要优点是，能够用来确定位置非常接近的振型的阻尼，缺点是需要复杂的仪器装置，包括能穿过共振区进行连续扫描的恒定力激振器。另外，振型 $\phi(x)$、结构的质量分布 $m(x)$ 和激振力的幅值必须都是已知的，否则会在阻尼测量中带来相应的误差。

4. 频率响应法

如果一个结构能够精确地用数学方法来模拟，那么对于任何给定的激振力，都能够按阻尼的一个函数来计算它的响应。把计算得到的响应和实验测得的已知激振力响应匹配对比，就可求出阻尼。

这个方法的优点是不需要外界激发，由自然现象造成激振，并可找出多个振型的阻尼。缺点是不能分析振幅对阻尼的依存关系。

第五节 防振设计及防振措施

在设计换热器时，应力求避免产生管子振动与声振动。若振动难以避免，作为设计者，应该采取措施防止或降低其振动，使换热器在设计寿命使用期间不因振动而破坏。

一、防振设计步骤与防振判据

（一）防振设计步骤

（1）计算换热器管子的最低固有频率，可根据单跨管或多跨度计算固有频率，然后考虑某些不平常支承条件的出现以及可能存在的轴向力，再对管子的固有频率作适当的校正。

（2）按旋涡脱落机理、湍流抖振机理或其他各种机理计算旋涡脱落频率、湍流抖振主频率及声频等。

（3）计算临界横流速度。

（4）应使管子的最低固有频率与激振频率有一定程度的偏离，或者限制实际的横流速度低于临界速度。

（5）当发现不能满足防振要求时，对设计应作必要的变更，以便将振动危害降低到最小程度。

（二）防振判据

近半个世纪，在换热器管束振动的研究中，重点是解决单相流体横向流诱发的振动，已积累了丰富的经验，且可提出比较完整的振动判据。但对轴向流、两相流中管束振动的研究还处于发展阶段，没有成熟的经验，为此本文只给出横向流中管子振动的判据。

1. 壳程中的气体或液体横向流过管束时，只要符合下列条件中的任何一条，管子就可能发生振动。

（1）管子的固有频率 f_n 与周期性旋涡频率 f_s 的关系为：

$$f_n < 2f_s,\ \text{Hz} \tag{4-185}$$

（2）管子的固有频率 f_n 与湍流抖振主频率 f_t 的关系为：

$$f_n < 2f_t,\ \text{Hz} \tag{4-186}$$

（3）横流速度 v 大于临界横流速度 v_c。

2. 壳程中的气体或蒸汽横向流过管束时，只要符合下列条件中的任何一条，就可能发生声振动。

（1）条件 A：

$$0.6f_s < f_a < 1.48f_s \tag{4-187}$$

或

$$0.6f_t < f_a < 1.48f_t \tag{4-188}$$

（2）条件 B：

$$v > 2f_a d\left(\frac{L}{d} - 0.5\right) \quad \text{m/s} \tag{4-189}$$

需要说明一下，条件 B 的提出主要是根据旋涡脱落频率。如果横流速度相当低，旋涡脱落频率就不会是声共振范围内的主频率，因此避免声共振的条件便可写为：

$$v/(f_a d) < 1$$

假如下面两个条件成立，即

$$f_a d < f_a d\left(\frac{L}{d} - 0.5\right)$$

与

$$v/(f_a d) < 1$$

则

$$\frac{v}{f_a d\left(\frac{L}{d} - 0.5\right)} < 1.0$$

因为　$L>d$，或者 $2L>2d$，以及 $f_a(2L-d) > f_a d$

则有

$$f_a(2L-d) = 2f_a d\left(\frac{L}{d} - 0.5\right)$$

故避免声共振的条件便成为：

$$v < f_a d < 2f_a d\left(\frac{L}{d} - 0.5\right)$$

也即公式(4－189)所表明的声共振条件：

$$v > 2f_a d\left(\frac{L}{d} - 0.5\right) \tag{4-190}$$

（3）条件 C 的参数

① $v > f_a d/St$，m/s　(4－191)

② 对顺列管束

$$\varphi_1 = \frac{Re}{St}\left(1 - \frac{d}{L}\right)^2\left(\frac{d}{T}\right) > 2000 \tag{4-192}$$

对错列管束

$$\varphi_2 = \frac{Re}{St}\left(1 - \frac{d}{2L}\right)^2\left(\frac{d}{T}\right) > 2000 \tag{4-193}$$

③ 对顺列管束按公式(4－42)计算

$$\delta = Re^{1/2}\,\frac{T}{d}\left(\frac{\gamma}{c_e d_0}\right) \tag{4-42}$$

δ 值处于图 1.4－45(a)的声共振区内。

对错列管束按公式(4－43)计算

$$\delta = Re^{1/2}\,\frac{[(2L/d)(T/d-1)]^{1/2}}{(2L/d-1)}\left(\frac{\gamma}{r_e d_0}\right) \tag{4-43}$$

δ 值处于图 1.4－45(b)的声共振区内。

二、防振措施

当所设计的换热器中振动多半会成问题时，只要适当变更设计就可以防止危害性振动，下面介绍一些实践证明有效的防止管束振动与声共振的措施。

(一) 降低壳程流速[90,91]

从流体诱发振动机理看，流体速度与旋涡脱落频率、湍流抖振频率和流体弹性激振有关，是引起振动的一个关键因素。当管束的固有频率不变时，降低流速，可使流体脉动的频率降低，从而可避免共振的产生。降低流速可通过下列方法来实现。

(1) 降低壳程流体流量或增加流通截面是其最简单的方法。但这样做一般又会降低传热速率或增加换热器的成本。

(2) 如果壳程的流体流量不能改变，增大管中心距则是最有效的方法。这种方法也会降低壳程的传热系数。

(3) 将单弓形折流板改为双弓形折流板或三弓形折流板来降低横向流速是最值得考虑的方法。在相同的间隔内用双弓形折流板代替单弓形折流板将使横向流速大约降低50%左右。若用三弓形折流板则会降低得更多。实际上采用双弓形或三弓形折流板还能改变壳程的传热系数和压力降，不过应用时还需重新进行热力学设计。

(4) 进口处的管子最易发生振动，可通过采用增大进口管尺寸或移去部分管子，即增加旁路通道的办法来降低流速。

(5) 在旁路通道和平行于横向流速的切口区域，其流体阻力小流速大，管了最有可能倾向于振动。习惯的做法是，在管束内用密封板条来强迫流体流动(见图1.4－4)，同时还增加了传热效率。但是这样又会使围绕密封板条附近区域的局部流速过高，过高的局部流速又必须受到限制。

(6) 变更管束的排列角。有时转换管束的排列角可降低流速和流体的激振频率，但这又伴随着传热或压力降的变化。

(二) 提高管子的固有频率[111,112,35]

管子的固有频率与管子跨长 l 的平方成反比，与管材的杨氏弹性模量 E 的平方根成正比，与惯性矩 J 及单位长度管子质量 m 的比值 J/m 的平方根成正比。因此，增大管子的弹性模量 E，增大比值 J/m，减少管子的跨长及施加轴向拉力都可提高管子的固有频率。但管子材料的选择首先取决于操作条件以及流体介质的腐蚀性，还要考虑价格等因素；增大管子直径可以提高比值 J/m，但从传热的角度考虑，只要压力降允许，一般都是希望选用尽可能小的管径。为此工程上常用以下办法来提高管子的固有频率。

1. 缩短跨距

对单弓形折流板，缩短跨长可以显著提高管子的固有频率。但与此同时也增大了壳程流速和壳程流体的压力损失，因为壳程流体速度与 J/l 是成正比的。缩短跨长在一定程度上仍是最有效的方法，若把TEMA标准中的管子最大跨长减少20%，则固有频率可增加50%以上。

2. 附加支承板

为了不使壳程流体阻力增加过多，也可以采取仅在个别区域减小跨长的办法。例如对于具有奇数跨的多跨管，在其2阶振型曲线的节点位置处[图1.4－112(c)]加设支承条或支承板，便可将其固有频率从一阶提高到2阶。图1.4－112和图1.4－113分别表示5跨管在加设支承板前后的固有频率与振型。由图1.4－113可以看出，在5跨管第1振型曲线节点处加支承后，一阶固有频率已由245Hz提高到306.5Hz，增加了25%。频率和振型与原5跨管的二阶频率和振型完全相同。

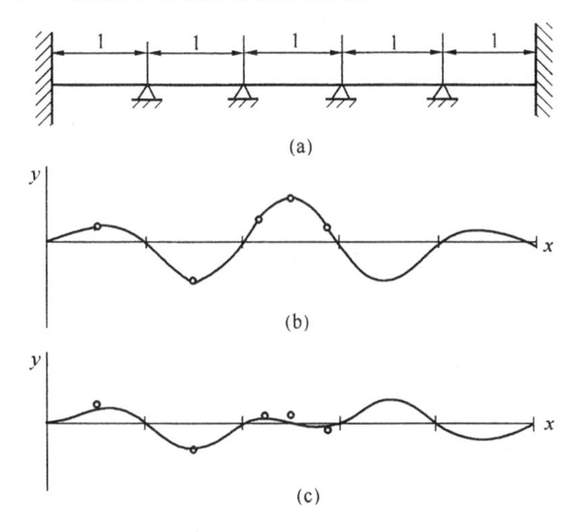

图 1.4－112 5 跨管的振型图

(a)5 跨管示意图，$l=0.48\text{m}$，$d=0.019\text{m}$，$d_i=0.166\text{m}$；(b)一阶振型曲线，$f_1=245\text{Hz}$；(c)二阶振型曲线，$f_2=306.5\text{Hz}$

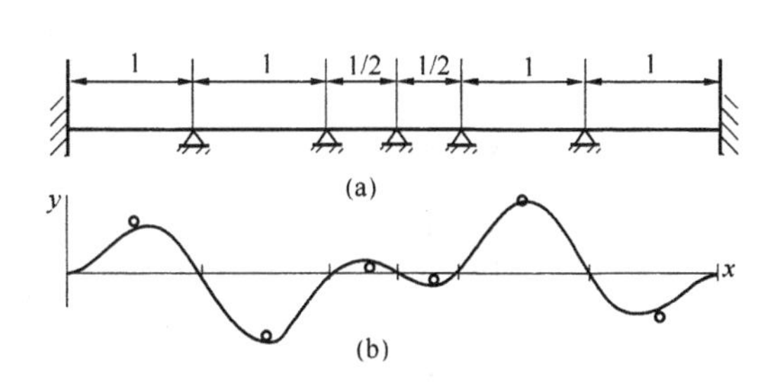

图 1.4－113 6 跨管的振型图

(a)6 跨管示意图，$l=0.48\text{m}$，$d=0.019\text{m}$；$d_i=0.0166\text{m}$；(b)阶振型曲线，$f_1=306.5\text{Hz}$

3. U 形弯管段加辅助支承

在 U 形管换热器中，由于 U 形弯管段的存在，故固有频率较低。可利用设置辅助支承的方法，如插入杆(或条)及板(或楔子)以加固管束，提高管子的固有频率，如图 1.4－114 所示。由文献[93]可知，弯管段中部加支承后，固有频率可提高 34%～153%。

4. 加强对管子的支承

可直接在接管下面装设管子支承板，用以把干扰力置于节点上，也可以大大减少别的跨度上的振幅。在最易发生振动的弓形缺口管排区加上一块小的支承板，把其与不易发生振动的主流区管排连接起来，这便相应增加了这些管排的抗振能力。另外，对于管壳式换热器，如果管子振动发生在端部区域，在靠近接管进口处部分增加支承板也可以提高管子的固有频率。

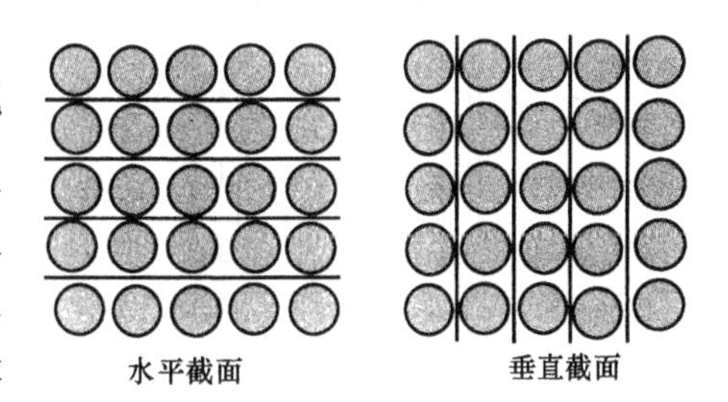

图 1.4－114 U 形弯管段设置扁平支承杆的防振结构

5. 增加系统阻尼

在制造允许的条件下，尽量减小管子和折流板管孔之间的间隙，或者增加折流板厚度，均能减轻管子与折流板之间的剪切作用，并使系统阻尼增加。其实管子与折流板之间最适宜的间隙也可在不降低阻尼的情况下提高管子的刚性。

6. 改变支承条件

可以通过在拆流板切口处不布管或改变折流板形式来提高管子的刚性，从而提高管子的固有频率。

(三) 抑制周期性旋涡[3,6,28]

为了抑制旋涡的生成和脱落，经验表明下列方法有利于减弱旋涡脱落诱发的振动。

1. 采用扩展表面管

采用扩展表面管防振，根据扩展表面形式的不同，又可分为全方向性的和单方向性的两种。全方向性的扩展表面，其减振作用与来流方向无关。图 1.4－115 所示为全方向性的防振扩展表面管结构示意图，主要有螺旋条、螺旋线，螺旋矩形板条和人字形板条等管子结构。

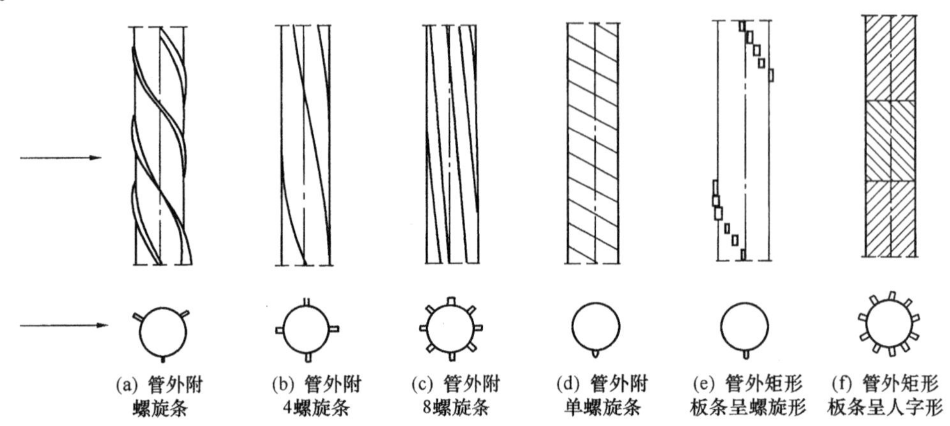

图 1.4－115 全方向性的防振扩展表面管

单方向性的则其减振作用只适用于某一方向的来流。图 1.4－116 所示为单方向性的防振减振管。由图可见，直板条、矩形扰流销钉和球形扰流销钉等扩展表面管均属此类。

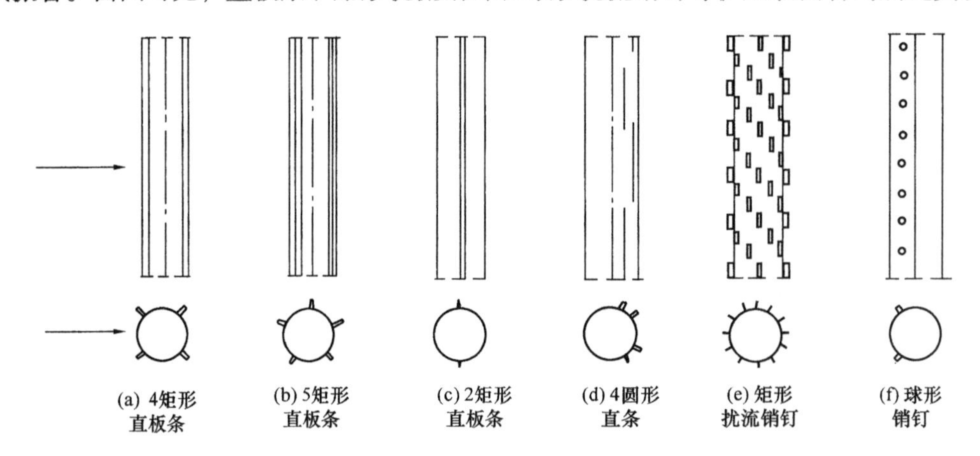

图 1.4－116 单方向性的防振扩展表面管

2. 在管上加罩

在管上加各式罩后也能起到防振减振的作用。图 1.4－117 所示为加罩管的各种结构示意图。包括具有带圆孔或方孔罩的、带细网罩的、带直杆的和带直槽罩的管子。

在这类防振管中，外罩能全部罩住管子的为全方向性的防振管，部分罩住管子的为单方向性防振管。

3. 采用稳流装置

图 1.4－118 所示为阻碍旋涡生成而设置了一系列稳流装置的示意图。属于这类装置的有锯齿肋、分离板、防护板和防护叶片等。

采用改变管子结构以防止管束振动的方法，原则上是不可能完全消除振动的，但可使振

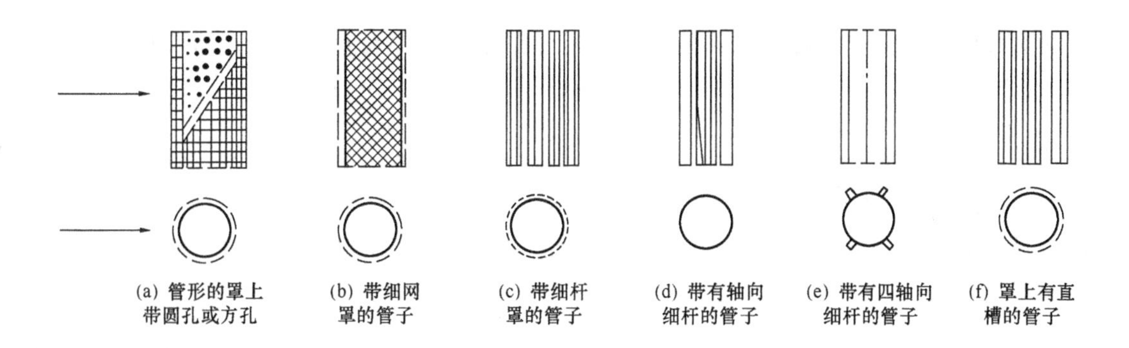

图 1.4-117　加罩的防振管

动减弱。

（四）改变结构形式[93,111]

1. 折流板切口处不布管

如果管子振动发生在弓形折流板的切口处，可以去除一些管子，即在切口处不排管子，如图 1.4-119 所示。这种切口处不布管的换热器，可以使每块折流板都支承着所有的管子，在中央部分对管子附加了支承，管子的跨距都缩短了一半，固有频率约增加 4 倍。而且各折流板之间还可设置支持板，以进一步加大管子的刚性，这对传热与压力降并无实质性的影响。

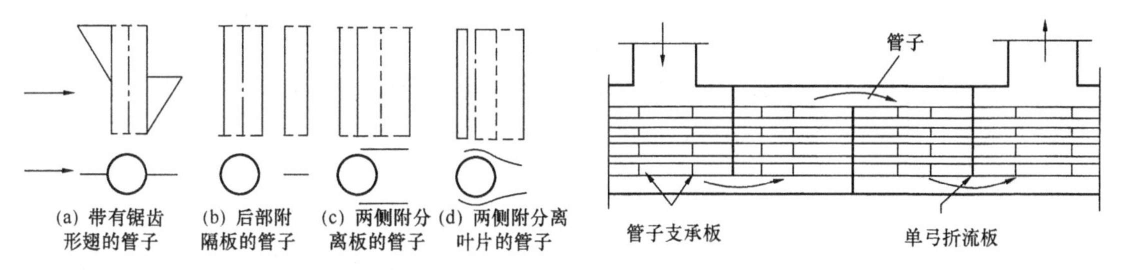

图 1.4-118　带稳流器的防振管

图 1.4-119　弓形折流板切口处不布管的换热器

应避免采用切口大于 35% 和小于 15% 的弓形折流板。常用折流板中在切口处不排管子的有弓形（NTIW 型）及盘 - 环形折流板（NTIC - DDB 型）两种，如图 1.4-120 所示。

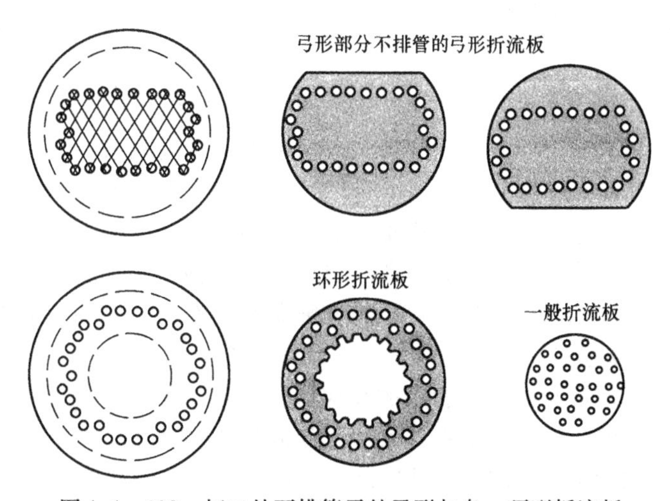

图 1.4-120　切口处不排管子的弓形与盘 - 环型折流板

相对弓形折流板切口处不布管的换热器，可在流速高的切口处加支承板，如图 1.4－121。这些支承板对管子增加了附加支承，明显提高了管子的固有频率。

2. 变更折流板的形式

由于横向流是引起管子流体诱发振动的主要因素，可选择的方法之一是完全除去折流板而改用格栅结构支承管子，如折流杆(ROD baffles)。这种格栅是在支承环上焊上平行杆后构成的，如图 1.4－122 所示。这类换热器壳程的流体平行流向管子，管束相当结实，可排除任何管子的振动。

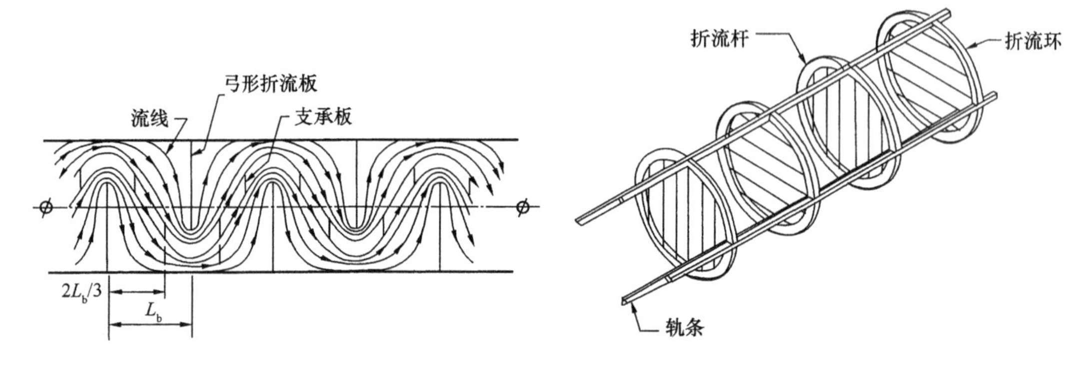

图 1.4－121 在切口处保护管子的支承板

图 1.4－122 用轨条固定的 4 个折流环(没有管子)

图 1.4－123 为另一种管子支承结构，也可以使壳程的流体产生轴向流动，并使管束非常稳固。这是一种蜂窝(NEST)结构，将板条折成棱形取代了普通的折流板。所有的管子都支承在每个“蜂窝”上。

图 1.4－123 两个“蜂窝”和 3 根管子的组合

3. 插入螺旋形间隔条[25]

在两块折流板之间插入螺旋形间隔条以构成新的管束，可以在高流速区域起到管子支承与阻尼器的作用。

在错列(三角形排列)管束中螺旋形间隔条的结构，如图 1.4－124(a)所示。间隔条可以插在任何方向，该图的(b)和(d)图表示间隔条分别放置在 60°和 30°方向上。图 1.4－125 表示顺列管束中设置的单根及双根螺旋形间隔条。

螺旋形间隔条特别适合解决场问题，因为这些间隔条很容易插进管束或从管束中抽出。间隔条在预定位置上形成格栅，并对管束形成附加的支承作用和阻尼作用，在设计阶段，可以将它们视为振动支承和/或阻尼装置。

为了减少对流体流动的阻碍作用，可以将间隔条错列布置。在同一个格栅内的间隔条可以布置在 2 个、3 个或更多的平行平面内。

螺旋形间隔条的几何形状必须与管束的几何形状一致。但是，为了使支承效果最好并增强其阻尼能力，间隔条的具体形状应按照实际几何间隙进行调整。通常，为了方便插入和抽出而采用了“真正的螺旋形”。如果需要更好的几何接触，可能需要改变间隔条的形状，这时插入和抽出会不太顺畅，在每次插入间隔条时可能需要将管子移位以提供足够的空间。

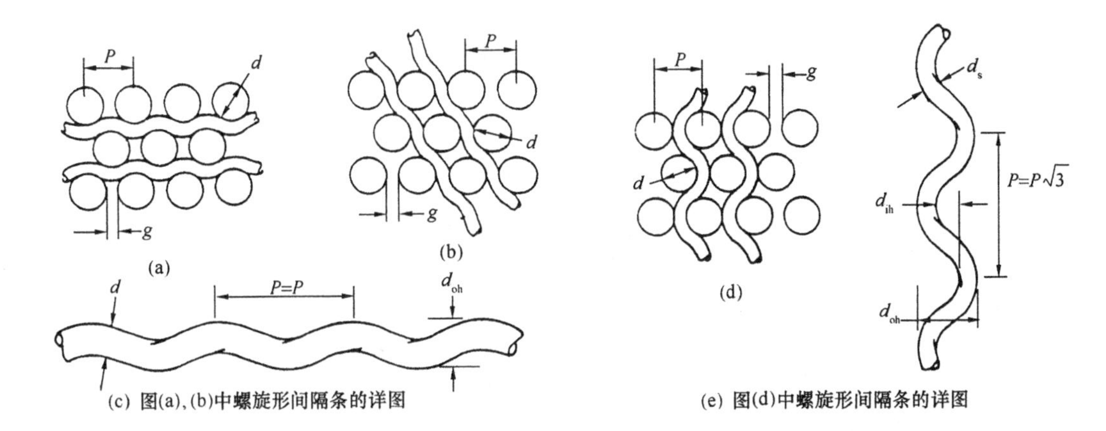

(c) 图(a),(b)中螺旋形间隔条的详图　　(e) 图(d)中螺旋形间隔条的详图

图 1.4－124　错列管束中螺旋形间隔条的位置

螺旋形间隔条特别适用于管间距较小的错列管束。虽然设置间隔条的初衷是提供附加支承和阻尼，但它还可以起到主支承作用。

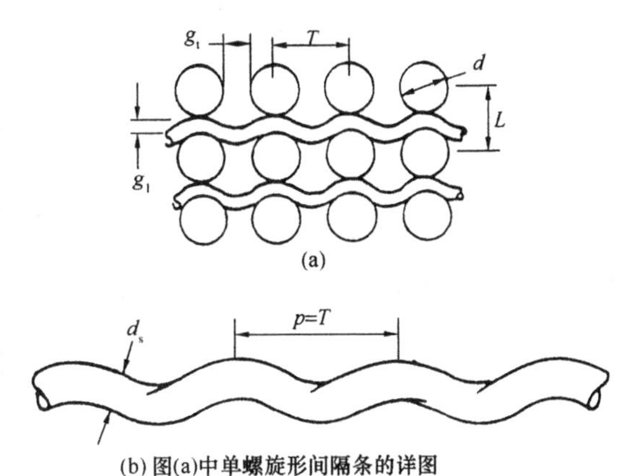

(b) 图(a)中单螺旋形间隔条的详图

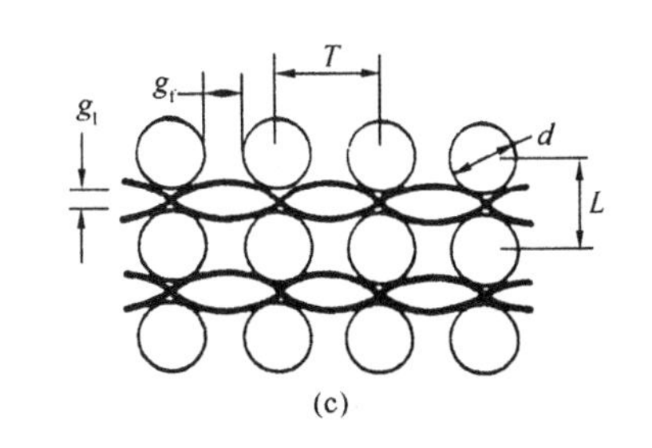

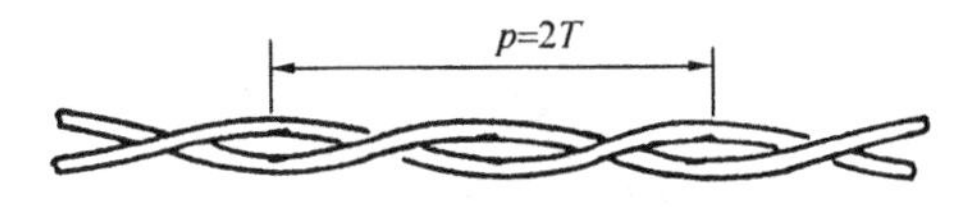

(d) 图(c)中双螺旋形间隔条的详图

图 1.4－125　在顺列管束中螺旋形间隔条的位置
(a)(b)单根间隔条；(c)(d)双根间隔条

如前所述，间隔条精确的几何外形依赖于管束的尺寸和必须提供的间隙、接触的几何形状等。然而，最重要的是螺旋的节距必须等于管了的节距。

与折流杆相比，螺旋间隔条具有以下优点：

（1）在两个方向上限制管子位移。

（2）可用于间距较小的管束，而用折流杆则需要增加壳体直径。

（3）可以现场调整。

（4）因为需要的数量更少，因此对流体流动的阻碍小。

（5）可以设计几何形状，以提供最适宜的支承和阻尼。

（五）安置消声隔板[15,19,63,65,69,114,115]

声振动的产生依赖于驻波形成的条件，如果驻波形成的条件被破坏，则声振动自然被消除。因此可以通过改变旋涡脱落频率，在出现压力波时扰乱压力平衡，或改变空腔的特性尺寸来减弱或消除声振动。

改变旋涡脱落频率有效的方法是改变流速，可以在管束的横流区内拆除一些管子。但这种方法只有对双弓形折流板在横流区域中只有很少管排时才是可行的。而对单弓形折流板，则必须拆除大量的管子，当然这也就会影响到热量传递和壳程压力降。

假若压力波节的位置能确切地加以确定（见图 1.4－42 曲线 2），只要拆除压力波节点附近的几根管子，就可能完全消除噪声。

实验表明，在管束中采用纵向隔板，由隔板的方位来改变空腔的特性尺寸，也可以很有效地防止声共振。

1. 消声隔板的设置

在壳程中插入平行于管子轴线和流动方向的纵向隔板能够有效的减除声振动，这是由于纵向隔板减小了空腔的特征长度，提高了声频率之故。

理论上纵向隔板的位置应放在气体分子质点最大的位移点上，即在波腹（离波节 1/4 波长）上。可按图 1.4－126（a）所示的位置设置。

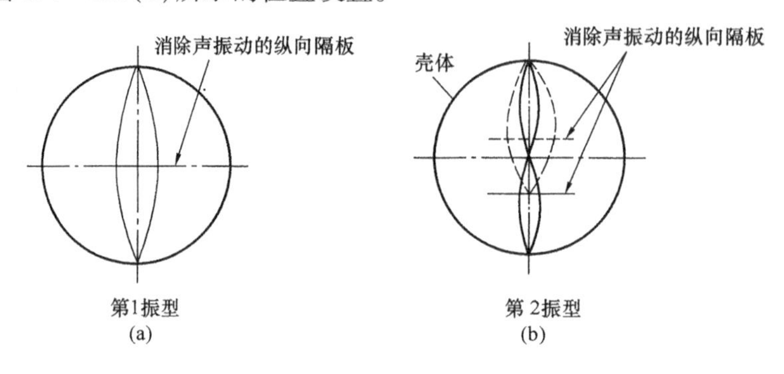

图 1.4－126 顺列管束中直径波纵向隔板位置

在顺列管束中，在第 2 振型的波腹处设置一块隔板，便能破坏第 2 振型时的声共振，但对第 1 振型来说，由于两反射面之间的距离只减少了 1/4，因此只在一定程度上提高了第 1 振型的声频率。并且纵向隔板往往会同换热器内壁在新的特征尺寸下产生声共振。图 1.4－126（b）说明在管束中设置一块（实线所示）纵向隔板后，第 1 振型的变化会产生以虚线所示的其波长和频率界于原来驻波之间的新波形。而第 2 块（虚线所示）纵向隔板放置后，可更加提高第 1 阶频率。

当设置隔板时，考虑到产生声共振需要具有平行边界壁的这一特性，因此在错列管束中，纵向隔板不仅能改变空腔的尺寸，且它还使直径区和内接四边形区域内的基波和高谐波的入射波不能沿管束通道进行反射，有效地阻碍了声共振时所必须获取的动能，大大减轻声共振，如图 1.4－127 所示。

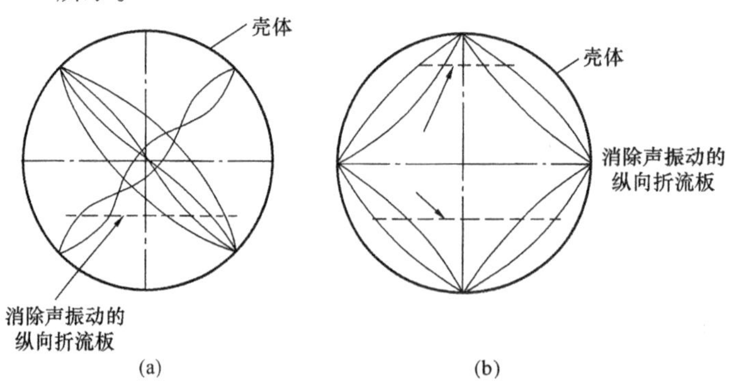

图 1.4－127 消声隔板的位置

2. 常见声振动方向消声隔板的安置

图 1.4－128 是管束与流动通道方向示意图。

消声隔板沿流动通道宽度错列放置时，（图 1.4－129），应尽可能使由隔板构成的各个腔里的声频不同。在用蒸汽发生器实验表明，在许多情况下错列隔板是不能抑制声振动的。这可能是由于隔板的存在实际上使各个腔中的声频变化非常小，在隔板周围声波的传播并没有受到明显的阻碍。虽然隔板对声波增加了一些阻尼，但还不足以抑制振动。

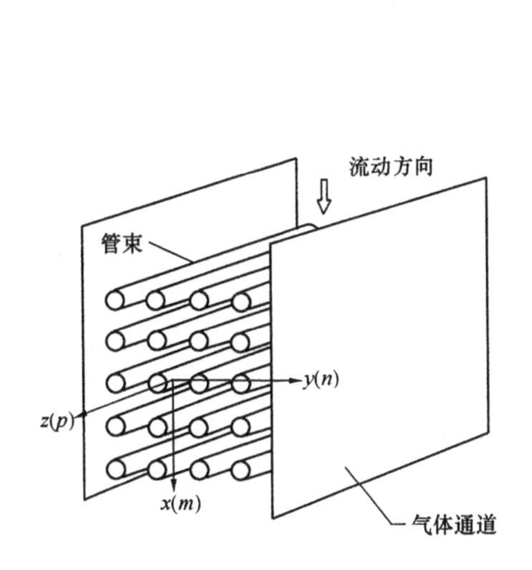

图 1.4－128　管束与流动通道方向示意图

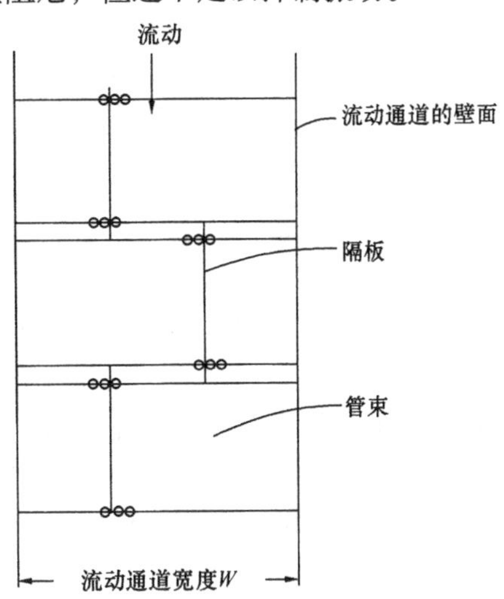

图 1.4－129　控制 y 向横波的错列消声隔板

对于常见的沿 y 方向传播的横波，实验表明，多块消声隔板沿流动方向均匀放置时（见图 1.4－130），能有效地抑制声振动。与此同时，振动声压级也有所下降。隔板对空腔中的声频有十分显著的影响，尤其是当放置了许多消声隔板而只有小的通道允许声波传播时，声频率增大，声阻尼也会提高，振动更加容易被抑制。因为均匀放置的隔板结构具有更好的效果，在进行抑制横向声振型设计时被首选。

被安置在流动方向或平行于流动方向的消声隔板，由于对流动干扰很小，几乎对传热和流场没有影响。

为抑制所有振型的振动，鉴于 5 阶振型已在流动范围之外，所以需要抑制包括 4 阶振型在内的振动。为了抑制 4 阶振型振动，至少需要 4 个等间隔的消声隔板。这些隔板将干扰 4 阶声波的传播，如图 1.4－131 所示。

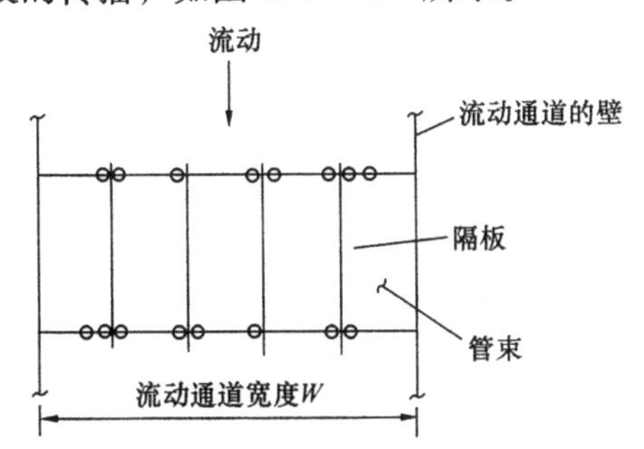

图 1.4－130　抑制 y 方向声驻波的消声隔板

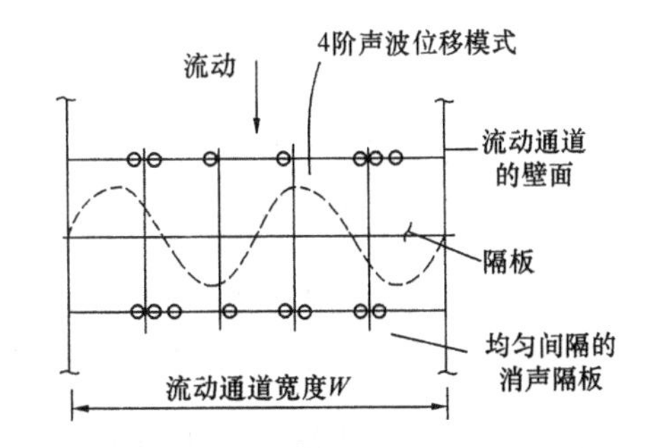

图 1.4－131　抑制 4 阶 y 向驻波的等间隔消声隔板

图 1.4－132 是放置在顺排（$P/d=2$）正方形管束中并平行于流动方向和管了轴向方

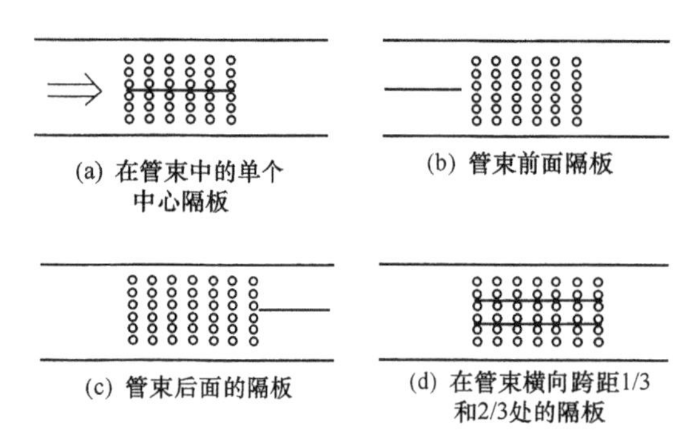

图 1.4-132 隔板在管束中的位置

向上的消声中心隔板、中心前置隔板和两个中心隔板示意图。中心隔板可以抑制基本振型，放置在管束宽度 1/3 和 2/3 处的两块中心隔板可以抑制 1 阶和 2 阶振型。与中心隔板相比，在管束下游放置的隔板其效果就甚小了。

3. 异常声振动方向消声隔板的安置

实验表明，对图 1.4-41 所示沿 x 方向和 z 方向的异常声振动，在许多情况下振动都是经微的。但在高 $M\Delta p$ 值(其中 M 是马赫数，Δp 是通过管束的压力降)和高雷诺数下需要更多的防止声振动的方法。

对轻微振动的情况，如在 x 向驻波的声振动可由安放在平行于流动方向，且用以抑制 y 向驻波声振动的消声隔板来成功消除。消声隔板可以是顺列或错列，主要取决于流动方向上管束的排数。图 1.4-133 是已应用在管状空气加热器中成功消除 x 向驻波声振动的示意图，通过在进口等间隔消声隔板处附加以导向叶片便可达到消除声振动的目的。

要抑制 z 向驻波的声振动，只要沿 z 方向放置消声的多孔隔板就是有效的。图 1.4-134 是锅炉省煤器中放置 4 块隔板已成功抑制了沿管子轴向传播的第 4 阶声振动的示例。隔板沿垂直于管束的轴向方向均匀布置，可使管子轴线方向上的孔隙率降低。开孔隔板改变了 z 方向的声频，附加了阻尼，有效地抑制了振动。

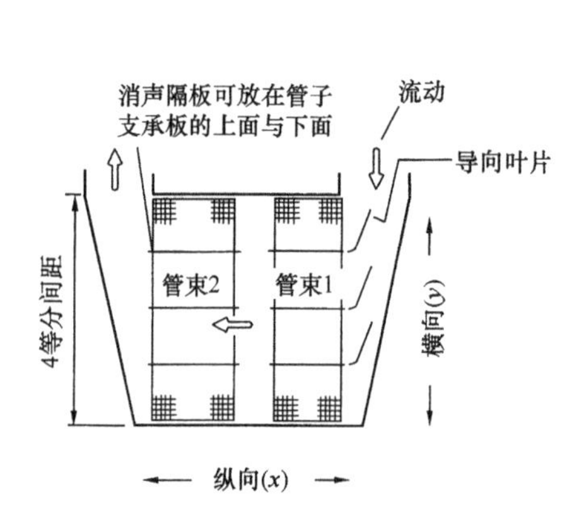

图 1.4-133 在空气加热器管束中安置消声隔板和导向叶片用以消除 x 向驻波声振动的示意图

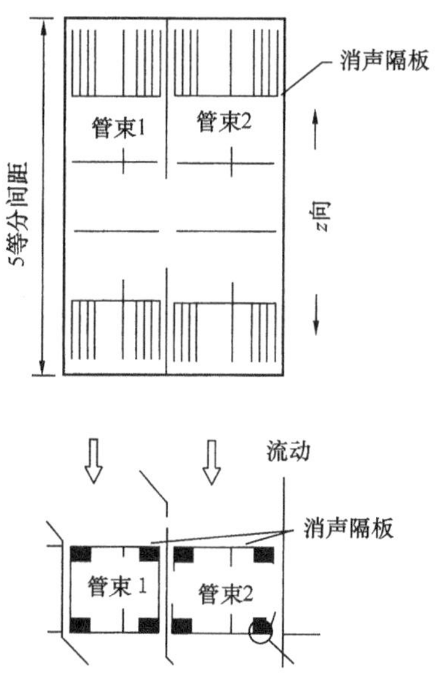

图 1.4-134 废热锅炉中放置消声隔板来控制 z 方向声振动的示例

上述方法都没有干扰流动，因此通过管束的压力降没有升高。相反，放置的隔板或格栅，由于改变了流动方式反而使压力降降低，声阻尼提高，振动被抑制或消除。

要抑制 x 方向上的强烈振动，需要直接干扰纵向驻波。空隙率为 30% 的筛网可以充分抑制这种声波。但这种筛网又会十分明显地使通过管束的压力降升高。

4. 翅片隔板

尽管已成功地用隔板来处理了声振动问题，但这种方法也有它的缺点。一是当隔板安放在蒸汽温度较高的区域，如蒸汽发生器时，隔板金属将被腐蚀，隔板的使用寿命受到限制，因此必须用耐热金属。另一个问题是，在操作期间因尺寸较大和热变形，往往促使隔板有发生振动的趋向。

解决驻波振动问题的方法是，可用翅片组成的格栅来代替隔板。这些翅片被焊在换热器的管子上，形成平行于流动方向的"翅片壁"，并垂直于预计的纵波传播方向。翅片格栅在顺列管束和错列管束中有不同的设计，如图 1.4－135 和图 1.4－136 所示。

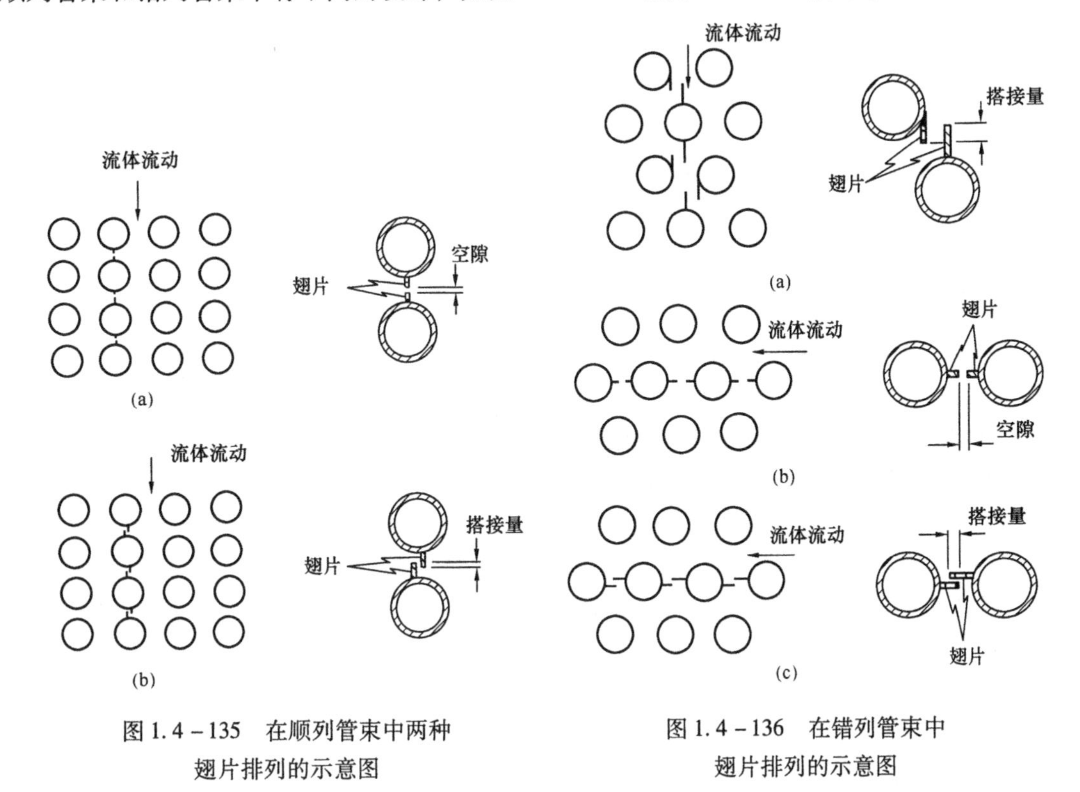

图 1.4－135　在顺列管束中两种翅片排列的示意图

图 1.4－136　在错列管束中翅片排列的示意图

翅片被作为换热管一部分可以被冷却，因此可以达到与换热器相同的寿命。

翅片格栅的功能相当于防振隔板，即像隔板一样干扰了声波的传播。翅片格栅上有空隙，纵向驻波只有一部分在翅片格栅上发生反射，但隔板却能使纵向纵波全反射。翅片格栅可以像隔板一样影响驻波的频率，但却因格栅表面有能量损失和泄漏作用，增加了阻尼，这就减小了可能发生的振动幅值。翅片的效果取决于纵向纵波振动的强度以及翅片格栅的空隙。

(六) 消耗声能

1. 应用调谐的亥姆零兹(Helmholtz)共鸣器[65]

亥姆零兹共鸣器是一个可调谐的声腔，其能与声源和谐振动，当气体通过共鸣器收缩口处时，能量有所消耗。图 1.4－137 就是该共鸣器的示意图。共鸣器安装在壳体外部，通过一个按口与壳体相通，共鸣器颈部被固定在这个接口上。与消声隔板比较，共鸣器的优点是，它使壳体内部发生变化；它的缺点是，共鸣器本身体积相当大，必须仔细调节才能使它更为有效。

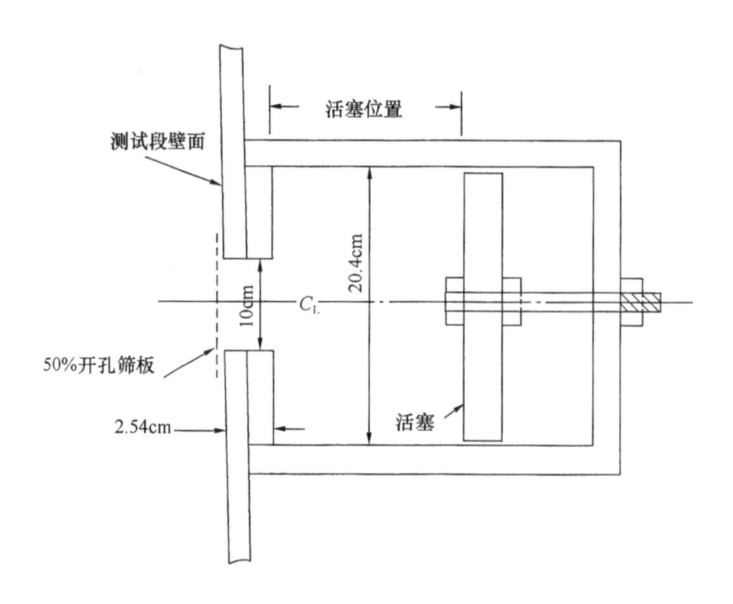

图 1.4-137 调谐的亥姆霍兹共鸣器示意图

实验表明，当共鸣器体积是管束中气体体积的 10% ~20% 时，预计声压级可降低 20 ~ 30dB，当然这应是一个相当大的共鸣器。

2. 利用消声材料

为了降低或消除换热器中的噪声，比较合理且有效的方法是，沿平行于管轴线方向设置消声隔板。在管壳式换热器中一般需要安装多块隔板，安装、检查和维修这些隔板的费用都较高[113,114]。

在特殊平面上安装一块多孔隔板也能防止声共振。这种多孔隔板是由两块平行开孔的不锈钢薄片构成的，在两薄片间的空隙处被松散地充满陶瓷纤维，以得到所需要的特定阻尼。该特定流动阻尼是在这个位置上气体特征阻抗的 2 倍，也就是 2 倍的密度和音速值。尽管因受支承的限制，该隔板不能放于最佳位置上，实际上被放在 1/5 跨度点处，但对防止声振动还是成功的，即使在 3 阶半波的高气体流速下产生的横向驻波也能防止。实际表明，在不锈钢片之间夹一层高温陶瓷纤维，因陶瓷纤维有吸音的功能，尖啸声都能得以全部消除[115]。另外，在金属表面喷镀粉末冶金，利用粉末金属的空隙也能有效地消除噪声。

第六节 国内外标准规范介绍与展望

一、TEMA 标准第六章简介[33]

由于在美国科学界与工程界对流体诱发振动的研究有着较深厚的基础，因此制定相应的标准与规范也先行了一步，并提供了许多有益的经验。早在 1941 年便开始出版的美国管式换热器制造商协会(TEMA)标准，于 1978 年发行第六版时，首次将“管束振动”列入标准。尽管是作为推荐性的切实可行的方法，并不要求设计者与制造厂严格遵守执行，但对保证换热器的安全运转，仍然起了很大的作用。经过十年的实践，当 TEMA 标准在 1988 年，1998 年再版时，便更名为“流体诱发振动”并列入正文第六章，内容也得到补充与完善，而且文字叙述简明精炼，便于应用。其主要条目为：

（一）振动损坏类型与损坏的部位
（二）管子固有频率与阻尼的计算
（三）壳程流速的计算
（四）管子失稳时临界速度的计算
（五）旋涡脱落激振与湍流抖振时的振幅
（六）检验声振动
（七）防止振动的措施

TEMA标准重点在解决单相流体横向流诱发的振动。在计算声振动时，主要是为解决横向模态声驻波的共振问题。应用的激振机理有4种，即旋涡脱落激振、湍流抖振、流体弹性不稳定性与声共振。

关于管子的固有频率，TEMA标准推荐的是一种简化计算方法。将多跨管视为具有不同支承条件的多根单跨管，单跨管的最低固有频率便可作为多跨管的固有频率。很显然，计算的结果是偏低的。

值得指出的是，TEMA标准提出计算壳程横流速度的公式，较全面地考虑了流体流动时存在的短路与泄漏，适用于E类换热器壳体[33,43]、单弓形折流板及单相流体的场合。按其规定，横流速度 v 的计算式为：

$$v = \frac{F_h \times W}{144 M \alpha_x \rho}, \text{ m/s} \tag{4-194}$$

式中　W——壳程流体的流量，kg/s；
ρ——壳程流体的密度，kg/m³；

计算时涉及的常数有：

$C_1 = D_1/D_3$　　　$F_2 = C_2/(C_1)^{3/2}$

$C_2 = (d_1 - d)/d$　　　$F_3 = C_3/(C_1)^{1/2}$

$C_3 = (D_1 - D_2)/D_1$　　　$C_a = 0.00674(P - d)/P$

$F_1 = (C_1 - 1)^{3/2}/C_1^{1/2}$　　　$C_7 = C_4\left(\frac{P}{P-d}\right)^{3/2}$

表1.4-17　常数 C_4，C_5，C_6 与 m'

管子排列角	30°	60°	90°	45°
C_4	1.26	1.09	1.26	0.90
C_5	0.82	0.61	0.66	0.56
C_6	1.48	1.28	1.38	1.17
m'	0.83	0.87	0.93	0.80

表1.4-18　常数 C_8 与 h/D_1 的关系

h/D_1	0.10	0.15	0.20	0.25	0.30	0.35	0.40	0.45	0.50
C_8	0.94	0.90	0.85	0.80	0.74	0.68	0.62	0.54	0.49

$$A = C_5 C_8 \left(\frac{D_1}{l_3}\right)\left(\frac{d}{P}\right)^2\left(\frac{P}{P-d}\right)$$

$$E = C_6\left(\frac{P}{P-d}\right)\left(\frac{D_1}{l_3}\right)\left(1 - \frac{h}{D_1}\right)$$

$$N_h = F_1 \times C_7 + F_2 \times A + F_3 \times E$$

$$F_h = \frac{1}{1 + N_h \left(\frac{D_1}{P}\right)^{1/2}}$$

$$N_W = m' \times (C_1)^{1/2}$$

$$M = \left[\frac{1}{1 + \frac{0.7l_3}{D_1}\left(\frac{1}{M_W^{0.6}} - 1\right)}\right]^{1.67}$$

$$\alpha_x = l_3 \times D_3 \times C_a$$

式中 D_1——壳体内径，m；

D_2——折流板直径，m；

D_3——管束外围周线直径(图1.4－3)，m；

d_1——折流板管孔直径，m；

d——管子外径，m；

P——管间距，m；

l_3——折流板间距，m；

h——折流板弓形缺口高度，m。

二、ASME锅炉压力容器规范第三篇附录N－1300简介

为了适应核电厂设备安全运转及发展的需要，1995年ASME锅炉压力容器规范开始将“管与管束的流体诱发振动”作为非限定性规范列入第三篇附录N中[116,117]，并使其成为核电厂设备制造规则以及核电厂操作维护规范的一个组成部分。实际上其基本思路与主要内容早已发表于1991年的文献[24]。

附录N中有关流体诱发振动的条目共有26个。主要是检验单相流体在横向流与轴向流中管束的振动，但不包含声振动，故应用的横向流激振机理为旋涡脱落激振、湍流抖振与流体弹性不稳定性。而应用的轴向流激振机理则仅为湍流激振。与TEMA标准不同的是，对所推荐的预测振动的计算公式都给以简要的说明并标有出处，还列出了设计计算的步骤。

(一) 关于旋涡脱落激振

为了避免管束处于锁定(Lock-in)区或同步(Synchronization)区，建议采用下列中的任何一种方法。

1. 管子第1振型时无因次流速满足式(4－195)规定的条件

$$v/(f_1 d) < 1 \tag{4-195}$$

则无论是升力方向上还是阻力方向都不会发生“锁定”。

2. 对给定的振型n，其对比阻尼C_n有足够大的数值

$$C_n > 64 \tag{4-196}$$

而

$$C_n = \frac{4\pi\xi_n M_n}{\rho d^2 \int_{L_e} \phi_n^2(x)\mathrm{d}x} \tag{4-197}$$

此处阻尼比$\xi_n = \delta_n(2\pi)$

广义质量

$$M_n = \int_0^L m_t(x)\phi_n^2(x)\mathrm{d}x \tag{4-198}$$

$m_t(x)$ 是单位管长的总质量，kg/m；$\phi_n(x)$ 是第 n 阶振型；L_e 是在横向流时遭到“锁定”的管长 m：L—管子总长，m；其他符合意义同前。

3. 对于给定的振型 n

$$v/(f_n d) < 3.3 \tag{4-199}$$

与

$$C_n > 1.2 \tag{4-200}$$

则升力方向的“锁定”可避免，阻力方向的“锁定”被抑制。

但是当管子发生共振需计算位移响应时，此规范给出的横向流中单根圆管最大振幅的计算公式则是式(4－201)，与 TEMA 标准有所不同。

$$(y_n)_{max} = \frac{C_L J \phi_n^*(x)}{16\pi^2 St^2[m_t\xi_n/(\rho d^2)]} \tag{4-201}$$

式中，$\phi_n^*(x)$ 是振型 $\phi_n(x)$ 的最大值。如果取升力系数 $C_L=1$，且旋涡脱落与圆管跨度方向完全相关，取耦合度 $J=1$，由方程(4－201)得到的振幅是较为保守的上限值，故在有合适的实验数据时，则应利用其他的 C_L 和 J 值。

对于节径比 $P/d<2$ 的管束，前几排管子的振幅也可用式(4－201)计算，

考虑到式(4－201)的预测值偏于保守，ASME 规范还推荐了其他 3 种半经验的非线性方法。

(二) 关于湍流抖振

考虑到管束内部管子的响应通常小于单根管的响应，管子振幅可根据随机振动理论推导出来的公式计算。对小阻尼的单跨管，计算公式与 TEMA 标准推荐的公式相同，也就是公式(4－29)。对小阻尼的多路管，则可用式(4－202)进行计算。

$$y^2(x) = \sum_n \sum_i \frac{L_i G_P^i(f_n)\phi_n^2(x)}{64\pi^3\xi_n f_n^3 M_n^2} J_n^i \tag{4-202}$$

式中　L_i——多跨管的第 i 跨的管长，m；

n——振型数；

G_P^i——第 i 跨的激振力功率谱密度，$(N/m)^2/Hz$；

J_n^i——第 i 跨的耦合度，其值为 L_c^i/L_i。在管束内部，相关长度 L_c^i 比单根圆管的要小，约为圆管直径的 1～2 倍。

(三) 关于流体弹性不稳定性

管子失稳时的临界速度 v_c 可利用半经验公式(4－203)计算。

$$v_c/(f_n d) = K[m_t(2\pi\xi_n)/(\rho d^2)]^a \tag{4-203}$$

规范参照了图 1.4－36 中所列管子开始失稳时的 170 个数据点。注意到在 $m_t(2\pi\xi_n)/(\rho d^2) > 0.7$ 范围内，对各种排列形式的管束有足够的数据可拟合公式(4－203)。式中的不稳定常数 K 的平均值取自表 1.4－19。指数 $\alpha=0.5$。

表 1.4－19　K 的平均值 K_m

管子排列形式	正三角形	转角三角形	正方形	转角正方形	全部管束
不稳定常数 K_m	4.5	4.0	5.8	3.4	4.0

当 $m_t(2\pi\xi_n)/(\rho d^2) < 0.7$ 时，取 $\alpha=0.5$，K_m 仍取自表 1.4－21。利用式(4－203)预测到的 v_c 值是偏于保守的。为了便于应用，在图 1.4-36 中横坐标所表示的质量阻尼参数

$m_t(2\pi\xi_n)/(\rho d^2)$ 全部范围内，规范还建议式(4－203)中的 $\alpha=0.5$，$K=2.4$。

（四）关于轴向流诱发的振动

规范也推荐利用 Paidoussis 提出的经验公式(4－55)来计算管子的最大振幅。

三、美国焊接研究委员会公报(WRC Bulletin)372 号与 389 号简介

（一）WRC 公报 372 号简介[50]

1992 年，美国柏柏柯克公司(Babcock Comp)联合中心的山迪夫(Sandifer，J. B.)根据研究结果与文献资料制定了"防止换热器中流体诱发振动的指南"，并发表在 WRC 公报 372 号上。这份指南阐明了以下四个问题

1. 横向流中流体诱发振动的机理
2. 可靠的预测振动的方法
3. 数据库与验收准则
4. 减少振动最有效的参数

关于激振机理，该指南的基本观点与 TEMA 标准是相同的。但来龙去脱阐述得更为详细和清楚。对每一种预测振动的计算方法都附有例题，便于学习应用。报告的作者有这样一种观点，即在流体诱发振动领域中，有许多不可预期的情况，从某种程度上说，流体诱发振动是经验的科学，故应重视收集大量实验数据。而一些计算方程中的常数，就是在实验基础上提出的。这些数据可从公开发表的文献中获得。至于验收准则，与 TEMA 标准有所不同，多偏于从安全方面来考虑。两者的对比可参见表 1.4－20。

表 1.4－20 避免振动的验收准则

激振机理	验收准则	
	TEMA 标准	WRC 公报 372 号
旋涡激振	1. $f_n > 2f_s$ 2. $y_{max} \leqslant 0.02d$	1. $f_n > 2f_s$ 2. $f_1 d/v > 2St$ 或 $f_1 d/v < 0.2St$ 3. $y_{max} < 0.02d$
湍流激振	$y_{max} \leqslant 0.02d$	$y_{rms} < 0.254\text{mm}(f_n < 100\text{Hz})$
流体弹性不稳定性	$v < v_c$	$v < 0.5v_c$
声共振(横向模态)	1. $f_a < 0.8f_{ex}$ 或 $f_a > 1.2f_{ex}(f_{ex} = f_s$ 或 $f_t)$ 2. $v < 2f_a d\left(\dfrac{L}{d} - 0.5\right)$ 3. $\dfrac{Re}{St}\left(1 - \dfrac{1}{x_0}\right)^2 \dfrac{d}{R} < 2000$ 顺列时 $x_0 = L/d$ 错列时 $x_0 = 2L/d$	1. $f_a < 0.6f_s$ 或 $f_a > 1.48f_s$ 2. $SPL < 140dB$

为了减少换热器中管子的振动与声振动，报告建议应正确设计管子支承位置和消声隔板且应作为主要的措施来考虑。

（二）WRC 公报 389 号简介[65,100]

此公报发表于 1994 年，内容涉及两部分，即声共振与两相流诱发振动时管束的阻尼。

1. 换热器管束中的声共振[65]

作者 Blevins 的报告从两方面补充了公报 372 号中涉及的相应的内容。

(1) 发表了大量的有关壳体中放有单管和管排，特别是管束中声共振的实验数据，并提出了计算声压的半经验的关系式。

根据实验数据，作者认为在下列节径比较小的管束中，第1振型的声共振将受到抑制。

对顺列管束　$L/d = T/d < 1.4$　(4-204)

对错列管束　$L/d < 1.5,\ T/d < 1.6$　(4-205)

考虑到存在一些不确定的因素，往往难以准确预测节径比较小管束中的声共振，或处于边界线上的声共振，故提出用式(4-36)与式(4-38)直接计算声压与声压级的上限值。

$$p_{rms} = 12.5\frac{v}{c}\Delta p \tag{4-36}$$

$$L_P = 20l_g\frac{p_{rms}}{p_0} \tag{4-38}$$

对于 $P/d<2$ 的管束，式(4-36)常给出的结果偏高。

对于 $P/d<1.6$ 的管束，图1.4-43可用来调整式(4-38)的计算值。

值得提出的是，式(4-204)与式(4-205)的结论是不够全面的，给出的声压级限制值140dB也是偏高的。实验数据表明[4]，在 $P/d<1.41$ 的顺列与错列管束中，有时仍有明显的声共振。

(2) 声共振设计步骤

第一步　收集数据，包括管子外径 d、节径比 T/d 与 L/d、管子排列形式、壳体宽度 W 或直径 D、通过管束的压力降 Δp、壳程气体的声速 c 和实际声速 c_e 以及管间隙处的流速 v 等。

第二步　计算声频 f_a。

第三步　计算旋涡脱落频率 f_s。

第四步　计算共振时的声压级。

第五步　必要的防振措施。

2. 两相流换热器管束振动的阻尼[100]

进入20世纪80年代以后，由于核工业的发展与设备安全运转的需要，两相流诱发振动的研究更加受到工程界的关注。因为两相流中管子的阻尼是影响振动的重要参数，故在WRC 389号松报中Pettigrew等人用了大量篇幅报道了这方面的研究成果。

报告的多半部分是数据库，发表了大量的两相流中管子阻尼的试验结果。

报告的其他部分是数据分析，力图从诸多的影响因素中，分清主次，再经归纳总结，提出计算两相流中管子阻尼的半径验公式。

管子总阻尼比 ξ_T 的计算公式为：

$$\xi_T = \xi_V + \xi_S + \xi_{TP} \tag{4-163}$$

ξ_V——黏性的阻尼比，其值为：

$$\xi_V = \frac{\pi}{\sqrt{8}}\left(\frac{\rho_{TP}d^2}{m}\right)\left(\frac{2\nu_{TP}}{\pi f d^2}\right)^{1/2}\left\{\frac{[1+(d/d_e)^3]}{[1-(d/d_e)^2]^2}\right\} \tag{4-164}$$

ξ_S——结构的阻尼比，或反映支承摩擦的阻尼比，其计算方法可参见本章第四节；

ξ_{TP}——两相流中管子的阻尼比，其影响因素可用下述的关系式来表示：

$$\xi_{TP} \propto (f(\varepsilon_g))(f(\sigma,\gamma,\rho,T,\cdots))\left(\frac{\rho d^2}{m}\right)\left(f\left(\frac{d_e}{d}\right)\right)\left(\frac{v}{fd}\right) \tag{4-206}$$

公式右方第1项是空隙率，是最主要的影响因素。

空隙率还与流型有关，在连续型(即细泡型、泡沫型及喷雾型等)区域内，流型的改变对阻尼的影响即反映在空隙率函数上。

第2项是流体的物理性质，从目前的实验数据分析的结果可知，表面张力 σ 的影响较大，对流型也有影响。表面张力小，两相流体易被分散，倾向于较少地吸收能量，则阻尼较小。

第3项是流体动力质量与管子总质量之比。第4项是指规定的区域或边界与阻尼的关系，实际上是节径比 P/d 的影响。第5项说明流速与管子固有频率的影响。后两个参数的作用不是主要的。

关于两相流中阻尼的计算与示例已在本章第四节中较详细地给予了反映，此处不再赘述。

由以上的介绍可以看出，TEMA 标准与 ASME 锅炉及压力容器规范所制定的关于流体诱发振动的部分均着重于制造与设计方面，而 WRC 公报 No. 372 与 No. 389 则着重于使用、服务与技术的推广。各有所长，都有许多值得借鉴之处。

四、《管壳式换热器》(GB 151—1999)附录 E 简介

进入20世纪70年代以后，我国不少工厂不断出现换热器管束振动与声共振的事故[115]。试验装置中还曾发生高达125dB的噪声以及三频(声频、管频及激振频率)共存的情况，使管子很快遭到破坏[35,118]。工业实践也提出了应尽快解决换热器振动的要求。我国在科学研究工作的基础上并供鉴国外的经验，全国压力容器标准化技术委员会在组织编制《钢制管壳式换热器》(GB 151—1989)时，以参考件的名目将“管束振动”列入附录。目前在《管壳式换热器》(GB 151—1999)附录 E 中发布的是经过修改和补充后的条目。其主要内容为：

(一) 流体诱发振动的计算。

(二) 换热管固有频率的计算。

与 TEMA 标准不同的是，在计算多跨管固有频率时，无论是直管还是 U 形管，都是根据不同的支承条件，推荐了更为准确的计算方法。

(三) 振动的判据。

(四) 防振措施。

五、存在的问题及待研究的课题

尽管目前通过专门的分析方法，在设计阶段便可避免换热器中流体诱发的振动，但因很大程度上仍是根据经验和有限的实验数据，因此设计准则往往过度偏于保守。今后的工作是，应更深入地研究各种振动机理；为建立数据库提供大量可靠的基本数据；拟订更精确的设计准则；发展计算流体力学(CFD)并使其成为解决工程问题的有效手段。

(一) 横向流诱发的振动

(1)在很多情况下，现有的 St 数图能满足旋涡脱落共振计算的要求。但也应看到由于选用的阻尼系数过于保守，以至很难预测真正的锁定现象究竟在何时发生以及共振强度的大小。

升力系数、相关长度与耦合度也同样存在偏大的问题。

(2)精确预测湍流共振，取决于受迫振动方程中实验数据的可靠程度。遗憾的是，目前不少数据是通过间接的方法得来的，如相关函数或相关长度。最好利用动态压力传感器直接测量数据。但是将传感器装入小管内，困难很大。若在大型装置和大管中安装，情况会好好一些。

(3)利用 Connors 公式或类似的公式计算临界速度，其结果也往往偏高。问题还在于对流体弹性失稳的机理、邻管对振动管的耦联作用、管子排列形式及管间距的影响等还应作更深入的探讨。

(二) 轴向流诱发的振动

从基础方面而言，应在非线性动力学方面开展研究工作。

从实际方面而言，需要模拟：

(1)柔性壳受旋转流体的作用。

(2)壳体在高度封闭的情况下受环向流体、泄漏流体的作用。

特别是在用 CFD 分析时，应尽可能模拟真实的流体边界条件，以及边界条件对动力学的影响。

(三) 两相流诱发的振动

要进行的工作有：

(1)流型区对振动的影响。

(2)阻尼的机理。

(3)从能耗观点研究管子支承处的摩擦损失。

主要符号说明

A——流道截面积，m^2；

A_t——管子金属的横截面积，m^2；

b——指数；

C——声速，m/s；

C_0——任意常数；

C_1——与管子端部固定条件以及位置有关的系数；

C_D——阻力(或曳力)系数；

C_e——实际的声速，m/s；

C_F——湍流的激振力系数，$s^{1/2}$；

C_f——管表面的摩擦系数；

C_L——升力系数；

C_M——附加质量系数；

Cu——U 形变管的频率常数；

d——管外径，m；

d_e——流道的直径或等效直径，或翅片管的有效外径，m；

d_h——水力直径，m；

d_i——管内径，m；

d_r——翅片根部直径，m；

d_{i0}——翅片段管子内径，m。

E——弹性模量；

f_a——声频，1/s 或 Hz；

F_D——阻力(或曳力)，N；
F_L——升力，N；
f_n——第 n 阶段管子的固有频率，1/s 或 Hz；
f_z——旋涡脱落频率，或单位时间产生的旋涡数，1/s 或 Hz；
f_t——湍流抖振主频率，1/s 或 Hz；
f_{na}——轴向力作用下管子的固有频率，Hz；
f_{nU}——U 形管的固有频率，Hz；
F——轴向力，拉伸时取正值，压缩时取负值，N；
g——管间隙，m；
G——材料的剪切模量，MPa；
G_i——顺列管束的声阻尼参数；
G_s——错列管束的声阻尼参数；
$G_p(f)$——激振力的功率谱密度，$(N/m)^2/Hz$；
$G_d(f, x)$——位移的功率谱密度，m^2/Hz；
h——喷射宽度，m；
J——管截面的惯性距，m^4；
J_n——第 n 振型的耦合度；
J_p——环片的极惯性矩，m^4；
k——为弯曲常数，$rad^{1/2}/m$；
K——经验系数，或称不稳定常数；
L——管长，或纵向的管间距，m；
l_1——半圆形变管端部与相邻折流板间的距离，m；
l_b——折流板间距，m；
L_c——相关长度，m；
M——马赫数；
M_n——第 n 振型广义的管子质量，kg；
m——包括流体附加质量在内的单位长度管子的总质量，kg/m；
m_A——单位长度管子的附加质量，kg/m；
m_i——单位长度管内流体的质量，kg/m；
m_0——被管子取代的管外流体的虚拟质量，kg/m；
m_t——单位长度管子材料的质量，kg/m；
N——管排数；
$NPSD$——规范化功率谱密度，m^2；
n——振型数，或指数；
P——管中心距，m；
P_0——基准声压，Pa；
ΔP——流体通过管束的压力降，Pa；
p——主流压力，Pa；
p'——无因次压力系数；
$\bar{p}$——无因次压力系数；

p_{rms}——均方根声压，Pa；
p_{ψ}——角度 ψ 为时，圆管表面上的流体压力，Pa；
Q——每秒通过流道截面积的流体体积，m^3/s；
Q_g——每秒通过流道截面积的气体体积，m^3/s；
Q_l——每秒通过流道截面积的液体体积，m^3/s；
q_{ψ}——角度为 ψ 时，圆管表面上的压力，Pa；
r——U 形弯管中心线的半径，m；
R——弯管的平均半径，m；
R_e——雷诺数，无因次；
s——半圆形弯管端部与相邻折流板间的距离，m；
S_t——管子的轴向应力，MPa；
St——斯特罗哈数，无因次；
$S_F(x)$——激振力的功率谱密度，$(N/m)^2 \cdot s$；
T——横向的管间距，m；
t——时间，s；
t_b——折流板或支承板厚度，m；
U_c——无因次临界流速；
U_g——无因次气体流速；
U——无因次流速；
U_i——无因次管内的流速；
V——管间隙处的流速，m/s；
V_c——临界流速，m/s；
V_e——管间隙处流速的有效值，m/s；
V_G——管间隙处流体的流速，m/s；
V_0——主流流速，m/s；
V_{TP}——气液两相流体均匀混合时的流速，m/s；
W——反射声波时，两壁面间的距离，m，或每秒流过流道截面积的液体质量，kg/s；
W_G——两相流体的质量流速，$kg/(m^2 \cdot s)$；
W_g——每秒通过流道截面积的气体质量，kg/s；
W_l——每秒通过流道截面积的液体质量，kg/s；
$W_{g,G}$——通过管间隙的气相质量流速，$kg/(m^2 \cdot s)$；
X——计算参数；
x——沿管长的距离，m；
$Y_{(x)}$——离原点 x 处管子的振幅，m；
y——管子的振幅，m；
y_n——在第 n 振型共振时管子的振幅，m；
α——质量含气率，或管子的第一振型的特征值，无因次；
β——与环境安静程度有关的系数，或质量比；
γ——与管子端部固定条件有关的系数；

Δ^*——声阻尼参数；
δ_n——第 n 振型时，圆柱或管子的对数衰减率；
ε——管子的长径比，即 L/d；
ε_g——体积含气率，或称空隙率，无因次；
λ_n——频率常数；
λ_U——U 形弯管的频率常数；
μ——摩擦系数；
μ_g——气体的动力黏度，Pa · s；
μ_l——液体的动力黏度，Pa · s；
ν——管子材料的泊桑系数，无因次；
ν_g——气体的运动黏度，m^2/s；
ν_l——液体的运动黏度，m^2/s；
ν_{TP}——两相流体的运动黏度，m^2/s；
ξ_n——第 n 振型时，管子的阻尼比；
ρ——流体的密度，kg/m^3；
ρ_g——气体的密度，kg/m^3；
ρ_l——液体的密度，kg/m^3；
ρ_i——管内流体密度，kg/m^3；
ρ_0——管外流体密度，kg/m^3；
ρ_{TP}——两相流体的密度，kg/m^3；
σ——体积比；
σ_T——操作温度 T 时，两相流体的表面张力，N/m；
ψ——声阻尼参数，或离开前驻点 A 沿圆周旋转的角度；
$\psi_n(x)$——第 n 阶的振型；
ω_n——第 n 阶管子的固有圆频率，rad/s。

参 考 文 献

[1] Baird R C. Pulsation-Induced Vibrations in Utility Steam Generating Units. Combustion. 1954, 25: 38 ~ 44.
[2] Grotz B J, Arnold FR. Flow-Induced Vibrations in Heat Exchangers. TN No. 31 to office of Naval Research From Stanford, AD 104568, Aug. 1956.
[3] Chen S S. Flow-Induced Vibration of Circular Cylindrical Structures. New York: Hemisphere Publishing, 1987.
[4] 聂清德. 换热器振动研究的进展. 压力容器，1986，3(6)：81 ~ 84.
[5] 钱颂文，等. 换热器流体诱导振动——机理、疲劳、磨损设计. 北京：烃加工出版社，1989.
[6] 林宗虎，等. 气液两相流旋涡脱落特性及工程应用. 北京：化学工业出版社，2001.
[7] Chenoweth J M, Kistler R S. Tube Vibration in Shell-and-Tube Heat Exchangers. Technical Report, Research on Heat Exchanger Tube Vibration, Prepared for ERDA, 1977.
[8] 兰州石油机械研究所主编. 换热器. 北京：烃加工出版社，1986.
[9] Flow-Induced Vibration in Reactor System Components, Argonne National Laboratory, ANL-77685, Argonne,

IL. 1970.

[10] ASME Symposium, Flow-Induced Vibration in Heat Exchanger. Reiff, D. D. Ed., ASME, New York, NY, 1970.

[11] Flow-Induced Vibration. IUTAM-IAHR Symposium Karlsruhe, 1972 Proceedings, Naudacher, E., Ed., Springer-Verlag, Berlin, Germany, 1974.

[12] International Symposium on Vibration Problem in Industy. Keswick, U. K., 1973.

[13] International Symposium on Vibration in Nuclear Plant. Keswick, U. K., 1978 and 1983.

[14] Owen P R. Buffeting Excitation of Boiler Tube Vibration. J. Mech. Eng. Sci., 1965, 7(4): 431 ~ 439.

[15] Chen Y N. Flow-Induced Vibration and Noise in Tube-Bank Heat Exchangers Due to Von Karman Streets. ASME, J. of Engineering for Industry, 1968, 136: 134 ~ 146.

[16] Connor H J Jr Fluidelastic Vibration of Tube Arrays Excited by Cross Flow. Proceedings of ASME Winter Annual Meeting, New York, 1970: 42 ~ 56.

[17] Chen S S. Wambsganss M W Parallel Flow-Induced Vibration of Fuel Rods. Nuclear Engineering and Design, 1972, 18: 253 ~ 278.

[18] Kissel J H. Flow-Induced Vibration in Heat Exchangers-A Practical Look. 13th Natl. Heat Transfer Conf. 1972.

[19] Barrington E A. Experience with Acoustic Vibration in Tubular Exchangers. C. E. P., 1973, 69(7): 62 ~ 68.

[20] Moretti P M, Lowery R L. Natural Frequencies and Damping of Tubes in Shell-and-Tube Heat Exchangers. AIChE Natl. Meeting, New Orleans, 1973.

[21] Standards of TEMA, 6th Ed. 1978.

[22] Paidoussis M P. A Review of Flow-Induced Vibrations in Reactors and Reactor Components. Nuclear Engineering and Design, 1982, 74: 31 ~ 60.

[23] Ziada S, et al On Acoustical Resonance in Tube Arrays, Part I: Experiments; Part II: Damping Criteria. J. of Fluids and Structures 1989(3): 293 ~ 324.

[24] Au-Yang M K, et al. Flow-Induced Vibration Analysis of Tube Bundles-A Proposed Section Ⅲ Appendix N Nonmandatory Code. ASME J. of Pressure Vessel Technology, 1991, 113: 257 ~ 267.

[25] Eisinger F L, et al. Unusual Acoustic Vibration in Heat Exchanger and Steam Generator Tube Banks Possibly Caused by Fluid-Acoustic Instability. ASME J. of Engineering for Gas Turbines and Power, 1993, 115: 411 ~ 417.

[26] Pettigrew M J. Flow-Induced Vibration: Recent Findings and Open Questions. Nuclear Engineering and Design, 1998, 185: 249 ~ 276.

[27] Weaver D S, et al. Flow-Induced Vibrations in Power and Process Plant Components-Progress and Prospects. ASME, J. of Pressure Vessel Technology, 2000, 122: 339 ~ 348.

[28] Zukauskas A, et al. Fluid Dynamics and Flow-Induced Vibrations of Tube Banks. Hemisphere Publishing, New York, NY, 1988.

[29] Blevins R D. Flow-Induced Vibrations. 2nd Edition, Van Nostrand Reinhold Comp., New York, NY, 1990.

[30] Naudascher E, et al. Flow-Induced Vibrations, An Engineering Guide. Balkema, A. A., Rotterdam, Holland, 1994.

[31] Paidoussis M P. Fluid-Structure Interaction, Slender Structures and Axial Flow, Academic Press, London, U. K. 1998.

[32] Standards of TEMA, 7th Ed. 1988.

[33] Standards of TEMA, 8th Ed. 1998.

[34] Nieh C D. Zhang M X Estimate Exchanger Vibration. Hydrocarbon Processing, 1986, 65(4): 61~65.
[35] 聂清德，侯曾炎. 换热器中的双倍共振现象与防止. 化工机械，1987，14(4): 330~339.
[36] Qian Song Wen, et al. An Investigation of Natural Frequencies of Heat Exchanger U-tubes Supported at U-Bend Segments. The Proceedings of the ASME Pressure Vessel and Piping Conference, 1988, PVP-Vol 150: 45~49.
[37] Nieh C D, Zhan M X. The Natural Frequencies of U-tubes. Hydrocarbon Processing, 1991, (6): 97~100.
[38] 聂清德，等. 密排管束中的声共振. 石油化工设备，1991，20 (6): 3~7.
[39] Nie Qing De, et al. Fluidelasfic Instability of Heat Exchanger. The Proceedings of the ASME Pressure Vessel and Piping Conference 1992 PVP-Vol. 231: 73~79.
[40] 聂清德，郭宝玉，等. 换热器管束中的流体弹性不稳定性. 力学学报，1996 28(6): 151~158.
[41] 中华人民共和国标准：GB 151—89 钢制管壳式换热器.
[42] 中华人民共和国标准：GB 151—1999 管壳式换热器.
[43] 全国压力容器标准化技术委员会编，GB 151—1999《管壳式换热器》标准释义. 昆明：云南科技出版社，2000.
[44] Den Hartog J P. Recent Technical Manifestations of Von Karman's Vortex Wake. Proc. Nat. Acad. Sc. of U. S. A., 1954, 40(3): 155~156.
[45] Henry H, Bednar P E. Pressure Vessel Design Handbook, 2nd Ed. New York: Van Nostrand Reinhold Co. 1986.
[46] Pettigrew M J, et al Fluidelasfic Instability of Heat Exchanger Tube Bundles: Review and Design Recommendations, J. of Pressure Vessel Technology, 1991, 113: 242~256.
[47] Ishigai S, et al. Structure of Gas Flow and vibration in Tube banks with Tube Axes Normal to Flow., Int. Sym. On Marine Eng., Tokyo, 1973: 1-5-23~1-5-33.
[48] Fitz-Hugu J S. Flow Induced Vibration in Heat Exchangers, Proc. Int. Sym. On Vibration Problems in Industry, Keswick, U. K., 1973 Paper No. 427.
[49] Weaver D S, et al. Strouhal Numbers for Heat Exchanger Tube Arrays in Cross Flow, J. of Pressure Vessel Technology, 1987, 109: 219~223.
[50] Sandifier J B. Guidelines for Flow Induced Vibration Prevention in Heat Exchangers, WRC Bulletin 1992, 372: 1~27.
[51] Pettigrew M J, Gorman D J. Vibration of Heat Exchanger Tube Bundles in Liquid and Two-Phase Cross Flow, 1981, PVP Vol. 52: 89~110.
[52] 铁摩辛柯，等，胡人礼译. 工程中的振动问题. 北京：人民铁道出版社，1978.
[53] Weaver D S, et al. A Review of Cross-Flow Induced Vibration in Heat Exchanger Tube Arrays, J. of Fluids and Structures, 1988(2): 73~93.
[54] Tylor C E. Pettigrew M J. Random Excitation Forces in Heat Exchanger Tube Bundles, J. of Pressure Vessel Technology, 2000, 122: 509~514.
[55] Roberts B W. Low Frequency Self-Excited Vibration in a Row of Circular Cylinder Mounted in an Air Stream, Ph. D. Thesis, University of Cambridge, 1962.
[56] 聂清德. 华工设备设计. 北京：化学工业出版社，1991.
[57] Mayinger F, Gross H G. Vibration in Heat Exchanger, in Kakac, A. E., et al. (eds.) Heat Exchangers: Thermal-Hydraulic fundamentals and Design, Washington, D. C., Hemisphere Publishing Corp. 1981: 981~997.
[58] Chen S S. A General Theory for Dynamic Instability of Tube Arrays in Cross-flow, J. of Fluids and Structures, 1987, 1(1): 35~53.

[59] Price S J, Paidoussis M P. An Improved Mathematical Model for the Stability of Cylinder Rows Subject to Cross-Flow. J. Sound and Vibration, 1984, 97: 615 ~ 640.

[60] Granger S, Paidoussis M P. An Improvement to the Quasi-Steady Model with Application to Cross-Flow-Induced Vibration of Tube-Arrays. J. Fluid Mech. , 1996, 320163 ~ 184.

[61] Tanaka H, Takahara S. Fluid Elastic Vibration of Tube Array in Cross Flow, J. Sound and Vibration. 1981, 77: 19 ~ 37.

[62] Lever J H, Weaver D S. On the Stability Behavior of Heat Exchanger Tube Bundles: Part 1-Modified Theoretical Model, Part 2-Numerical Results and Comparison with Experiments, J. Sound and Vibration, 1986, 107: 375 ~ 410.

[63] Eisinger F L. Unusual Acoustic Vibration of a Shell and Tube Process Heat Exchanger. ASME J. of Pressure Vessel Technology, 1994, 116: 141 ~ 149.

[64] Blevins R D. Acoustic Models of Heat Exchanger Tube Bundles. J. Sound and Vibration. 1986, 109: 19 ~ 31.

[65] Blevins R D. Acoustic Resonance in Heat Exchanger Tube Bundles. WRC Bulletin 1994, 389: 42 ~ 74.

[66] Blevins R D, Bressler M M. Experiments on Acoustic Resonance in Heat Exchanger Tube Bundles, PVRC Project Report, Grant Nos. 89-19 and 90-7, Oct. PVRC Committee on Dynamic Analysis and Testing. Meeting. Minutes of Oct. 25, 1990.

[67] Grotz B J, Arnold F R. Flow Induced Vibration in Heat Exchangers, Department of Mechanical Engineering, Standford University, California, Report 31, 1956.

[68] Fitzpatrick J A, Donaldson I S. Effects of Scale on Parameters Associated with Flow Induced Noise in Tube Arrays. In: Proceedings of Symposium on Flow Induced Vibrations, Vol. 2: Vibrations of Arrays of Cylinders in Cross Flow, 1988: 243 ~ 250.

[69] Sullivan R E, Francis J T, Eisinger F L. Prevention of Acoustic Vibration in Steam Generator and Heat Exchanger Tube Bank, Proc. Of the ASME PVP Conf. Flow-induced Vibration and Transiant Thermal-Hydraulics. 1998 PVP-Vol, 363: 1 ~ 9.

[70] Chen Y N, Weber M. Flow-Induced Vibrations in Tube Bundle Heat Exchangers with Cross and Parallel Flow, ASME Symp. On Flow-Induced Vibration in Heat Exchangers, New York, 1970: 57 ~ 77.

[71] Paidoussis M P. Fluidelastic Vibration of cylinder Arrays in Axial and Cross Flow: State of the Art, J. Sound Vib. 1981, 76(3): 329 ~ 360.

[72] Paidoussis M P. The Dynamics of Clusters of Flexible Cylinders in Axial Flow. J. Sound and Vibration, 1979, 176: 105 ~ 125.

[73] Paidoussis M P, et al. Dynamics of Arrays of Cylinders with Internal and External Axial Flow. J. Sound and Vibration, 1981, 76: 361 ~ 379.

[74] Pettigrew M J, Yaylor C E. wo-phase Flow-Induced Vibration: An Overview, J. of Pressure Vessel Technology, 1994, 116: 233 ~ 253.

[75] Grang J D R, et al. Two-Phase Flow on the shell-side of a Segmentally Baffled Shell-and-Tube Heat Exchanger. ASME J. Heat Transfer, 1979, 101: 3 8 ~ 42.

[76] Taylor C E. Random Excitation Forces in Tube Arrays Subjected to Two-Phase Cross-Flow. ASME International Symposium on Flow-Induced Vibration and Noise, 1992(1): 89 ~ 107.

[77] McQuillan K W, Whalley P B. Flow Patterns in Vertical Two-Phase Flow, International J. of Multiphase Flow, 1985(11): 161 ~ 175.

[78] Hilker W J, et al. Vibration in Nuclear Heat Exchangers Due to Liquid and Two-Phase Flow, ASME J of Engineering For Power, 1981, 103. 358 ~ 365.

[79] Remi F N, Bai D. Comparative Analysis of Cross-Flow Induced Vibrations of Tube Bundles. International

Conference on Flow-Induced Vibrations in Fluid Engineering, Paper No. F3, Reading, England, 1982.
[80] Hara F. Two-Phase Cross-Flow-Induced Forces Acting on a Circular Cylinder, Symposium on Flow-Induced Vibration of Circular Cylindrical Structures. ASME, 1982, 63: 9 ~ 17.
[81] Nakamura T, et al. An Experimental Study on Excithag Force By Two-Phase Cross-Flow. ibid, 1982, 63: 19 ~ 29.
[82] Axisa F, et al. Vibration of Tube bundles Subjected to Steam-Water Cross-Glow: A Comparative Study of Square and Triangular Arrays. 8th International Conference on structure Mechanics in Reactor Technology, Paper No. B 1/2, Brussels, Belgium, 1985.
[83] Pettigrew M J Taylor C E, et al. Vibration of Tube Bundles in Two-Phase Cross-Flow: Part 1-Hydrodynamic Mass and Damping; Part 2-Fluid-Elastic Instability; Part 3-Turbulence-Induced Excitation. J. of Pressure Vessel Technology, 1989, 111: 466 ~ 499.
[84] Pettigrew M J, Taylor C E, et al. Vibration of a Tube Bundle in Two-Phase Freon Cross Flow. J. of Pressure Vessel Technology, 1995, 117: 321 ~ 329.
[85] Taylor C E, Pettigrew M J, et al. Random Excitation Forces in Tube Bundles Subjected to Two-Phase Cross Flow. J. of Pressure Vessel Technology, 1996, 118: 265 ~ 277.
[86] Taylor C E, Pettigrew M J. Effect of Flow Regime and Void Fraction on Tube Bundle Vibration, J. of Pressure Vessel Technology, 2001, 123: 407 ~ 413.
[87] Petfigrew M J, Taylor C E, et al. The Effects of Bundle Geometry on Heat Exchanger Tube Vibration in Two-Phase Cross Flow. J. of Pressure Vessel Technology, 2001, 123: 414 ~ 420.
[88] 段振亚，谭蔚，聂清德. 按 GB 151—1999 计算多跨管的固有频率. 压力容器，2003. 20(2): 17 ~ 19.
[89] Ganapathy V. Finding The Natural Frequency of Vibration of Exchanger Tube. Bharat Heavy Electrieals C. E. 1977, 26(9): 122 ~ 124.
[90] Kissel J H. Flow-Induced Vibrations. Machine Design, 1973(5): 104 ~ 107.
[91] Ojalvo Newman. Natural Frequencies of Clamped Ring Segments Irving U. Machine Design, 1964(5): 219 ~ 222.
[92] 聂清德，金楠，等. U 形管固有频率的计算. 化工设备设计，1995, 6(4): 8 ~ 14.
[93] 聂清德，张明贤. 弯管段有支承的 U 形管固有频率. 化工机械，1993, 20(4): 22 ~ 56.
[94] 聂清德，张明贤，侯增炎. U 形管的自振频率. 石油化工设备，1990, 19(4): 5 ~ 9.
[95] Nieh C D, Zhang M X. Natural Frequencies Of Exchanger U-Tube. Hydrocarbon Processing, 1991, 70 (5): 97 ~ 100.
[96] Nguyen D C, Lester T, Moretti P M. Lowest Natural Frequencies Of Multiply Supported U-Tube, Trans. Of The ASME, J. Of Pressure Vessel Technology, 1984, 106: 414 ~ 416.
[97] Moretti P M. Fundamental Frequencies Of U-Tube In Tube Bundles. Trans. Of The ASME, J. Of Pressure Vessel Technology, 1985, 107: 207 ~ 209.
[98] 聂清德，张明贤，侯增炎. 多跨管对数衰减率的研究. 化工机械，1994, 21(6): 316 ~ 319.
[99] Pettigrew M J, Rogers R J, Axisa F. Damping Of Multispan Heat Exchanger Tubes-Part2: In Liquids, Symposium On Special Topics Of Structural Vibration ASME Pressure Vessels And Piping Conference Chicago, 104, 89-98, 1986.
[100] Petfigraw M J, et al. Vibration Damping Of Heat Exchanger Tube Bundles In Two-Phase Flow. WRC Bulletin, 1994, 389: 1 ~ 41.
[101] Carlucci L N. Damping and Hydrodynamic Mass of a Cylinder in Simulated Two-Phase Flow. ASME J. of Mechanical Design, 1980, 102(4): 597 ~ 602.
[102] Carlucci L N, Brown J D. Experimental Studies of Damping and Hydrodynamic Mass of e Cylinder in Con-

fined Two-Phase Flow. ASME J. of Vibration, Stress and Reliability in Design, 1983, 105 (1): 83 ~ 89.

[103] Axisa E, Villard B, Sundheimer P. Flow-Induced Vibration of Steam Generator Tubes, Electric Power Research Institute Report EPRI-NP4559, 1986.

[104] Axisa F, Villard B, Gibert IL J, Heterani G, Sundheimer P. Vibration of Tube Bundles Subjected to Air-Water and Steam-Water Cross-Flow: Preliminary Results on Fluidelastic Instability. Proceedings of ASME Symposium on Flow-Induced Vibrations, New Orleans, 1984(2): 269 ~ 284.

[105] Axisa F, Wuilschleger M, Villard B, Taylor C. Two-Phase Cross-Flew Damping in Tube Arrays, Proceedings of ASME Pressure Vessel and Piping Conference, Pittsburg, USA, 1988, PVP133: 9 ~ 15.

[106] Kim B S, Pettigrow M J, Taylor C E, Tromp J H. Flow-Induced Vibration of Heat Exchanger Tub es in Two-Phase Cross-Flow, Personal Communication. 1987.

[107] Taylor C E, Pettlgrew M J, Axiea F, Villard B. Damping Measurements in Two-Phase Cress-Flow, Proceedings of 11th CANCAM Conference. Edmonton, Canada, 1987, BI48 ~ BI49.

[108] Pettigrew M J, Knowles G D. Some Aspects of Heat Exchanger Tube Damping in Two-Phase Mixtures, ASME Int. Symposmm on Flow-Induced Vibration and Noise. Anaheim, California, USA. 1992.

[109] Mertti P M. Flow-Induced Vibrations In Heat Exchangers. Oklahoma University, 1982.

[110] Escoe A K. Mechanical Design of Process Systems, Volume 2, Second Edition Shell-and-Tube Heat Exchangers, Rotating Equipment. Bins. Silos. Stacks, Gulf Publishing Comp Houston Texas, 1995.

[111] Singh K P, Soler A I. Mechanical design of heat exchangers and Pressure Vessel Components, Arcturus Publishers, Cherry Hill, N. J., 1984.

[112] ShahR K. Flow-Induced Vibration and Noise in Heat Exchangers, Proceedings of 7th National Heat and Transfer Conference, 1983, HMT-A32-83: 89 ~ 107.

[113] Eismger F L. Prevention and Cure of Flow-Induced Vibration Problems in Heat Exchangers, Transactions of the ASME, 1980, 102: 138 ~ 144.

[114] Byrne K P. The Use of Porous Baffles to Control Acoustic Vibrattons in Cross flow Tubular Heat Exchangers, J. Heat Trans., 1983, 105: 751 ~ 758.

[115] 聂清德. 换热器中的噪声与防止. 压力容器, 1993, 10(6): 480 ~ 484.

[116] ASEME Boiler and Pressure vessel Code, Section Ⅲ, Appendix N(Iq-1300 series), 1995.

[117] ASME Boiler and Pressure vessel Code, An International Code, Section Ⅲ, Division 1 -Appendices, Rules For Construction of Nuclear Power Plant Components, 1998.

[118] 聂清德, 等. 防止列管式换热器中声振动的研究. 压力容器, 1989, 6(5): 51 ~ 55.

第五章　管壳式换热器制造

（石　岩　潘家祯）

第一节　概　　述

一、前言

20 世纪 70 年代的世界能源危机，有力地促进了传热强化技术的发展。近几十年来，随着工艺装置的大型化和高效率化，管壳式换热器也趋于大型化，并向高温、高压方向发展。迄今为止，国际上生产的管壳式换热器可承受最高压力达 84MPa，最高温度可达 1500℃[1]。

近几年来，换热器的制造出现了一些新特点，总的来说可以从结构、材料和制造三方面来综合考虑[2]。例如，由于金属钛具有很高的机械强度和屈服强度，还有抗腐蚀性能较好，密度小，重量轻 以及一定的抗污能力等优点，一些国家便在含氯离子较多的场合采用钛来代替不锈钢。此外，渗铝管和镀锌钢管的使用也日益增加。非金属材料在国外推广很快，具有代表性的是聚四氟乙烯塑料和石墨换热器。我国顺应世界潮流，在新标准 GB 151—1999《管壳式换热器》中，取消了“钢制”，增加了铝、铜、钛有色金属，也扩大了使用范围，公称压力最大可以达到 35MPa，最大直径可达 2600mm。

目前，我国换热器的制造技术主要是通过引进国外先进技术来提高自身的制造水平，不同行业和不同制造厂家的技术水平相差很大，如铁路系统内燃机车增压空气冷却器所采用的冷却元件还是原汽车水箱的结构形式，而船舶系统和航运系统，作为我国开放的通道，通过引进先进的制造技术，率先与国外接轨，此外，我国石化行业和制冷行业的换热器制造技术水平也提高很快，可以与国外制造水平相媲美。但仍有一些方面，我国和国外的加工技术相差较大，如薄管板的焊接变形，意大利人采用的是在管板上直接加工出管头，换热管和管头对接，管孔内焊接的办法，这样对管板的形状和制造精度有了很高的要求，目前这种方法在我国还处在研究阶段。

二、管壳式换热器制造中常见的问题

管壳式换热器的制造较为复杂，制造规范经历了 JB 1147《管壳式换热器制造技术条件》、《钢制管壳式换热器设计规定》、GB 151—89《钢制管壳式换热器》，一直到 GB 151—1999《管壳式换热器》这一过程。不同的规范代表着我国在不同阶段的制造水平，因而 每个阶段所遇到的制造问题也不一样，目前管壳式换热器制造中仍常出现以下问题[3]。

（一）管子截取不好

在正常的施工中，采用锯床或砂轮切割机截取的管子，都可以满足国家标准规定的伸出管板两端 3 +2mm 的规定。有的企业虽然采取了上述方法进行管子的截取，但操作中误差太大；更有甚者，操作中用切割下料，组装后再用电动砂轮机进行磨削，严重地浪费材料和加工工时；也有的没有清除切割时留下的毛边，影响了胀管质量的稳定性，同时也影响了换热器的传热效率。

（二）折流板加工不规范

按 GB 151—1999 标准的规定，折流板的孔径及其允许偏差都有严格的要求。但有的生产厂家在下料时往往错误操作，即采用气割方式来切割折流板的外围而又不按规定进行圆整，造成了孔的间隙严重偏差，尤其是对波纹管来说，其折流板的孔径应以波峰为基准，而在组装时其对应位置又是不定的. 故其间隙也就无法与标准相对应，更谈不上达到标准的要求。

（三）复合层问题

在换热器的制造中，为防止腐蚀或污染，采用复合层材料是既经济又能满足需要的办法。但若在壳程侧进行管板复合，无论采取何种方法都是行不通的，也不能取得任何效果。在管箱侧进行复合层堆焊，采用胀接结构显然也是不合理的，只能采用管子与管板相焊接的结构。有的生产厂家，在管板的壳程侧采用了复合板的方式，这不但给检验带来麻烦，且还造成了穿管的不方便。

（四）隔板密封槽问题

对于多程换热器，在管箱里布有隔板。管箱隔板要求在管板上相应开设出密封槽来。管箱隔板和管板密封槽的密封面应和各自外围密封面在同一平面上。而一些小型生产厂家，有时就作成其密封槽的底平面高于外围平面，而管箱隔板又低于外围密封面，显然两者配合时就会发生隔板垫片压实不紧而出现密封间隙泄漏问题[4]。

三、换热器的先进制造技术

换热器制造技术的发展与现代先进制造技术的进展分不开，如柔性制造系统（FMS，Flexible Manufacture System），它包括五个要素：

（1）标准的数控机床或制造单元。

（2）在机床和装卡工位之间运送零件和刀具的传送系统。

（3）一个发布指令、协调机床、工件和刀具传递装置的控制系统。

（4）中央刀具库机器管理系统。

（5）自动化仓库及其管理系统。

可以明显看出，该系统具有提高劳动生产率、缩短生产周期、提高产品质量、提高机床利用率、减少操作人员及降低成本等优点。

为保证通用工艺的实施，应不断改进、完善产品的制造工艺，并采用先进的设备，如采用数控钻床钻管孔和自控仪进行胀接等，可从根本上提高我国换热器的制造水平。制造工艺决定产品的可集成性，同时也影响产品性能，采用计算机集成制造系统（CIMS，Computer Integrated Manufacture System）是制造技术发展的必然趋势，预计 CIMS 系统必将成为 21 世纪占主导地位的新型生产方式，也必然会在换热器制造中发挥重大作用。

第二节　换　热　管

在管壳式换热器内，冷热流体通过换热管壁进行热量交换，因此换热管加工的好坏直接影响到换热器的性能，以下从换热管的选取、轧制及弯曲等方面阐述换热管的加工过程。

一、换热管的选取

换热管最常遇到的问题就是使用有缝管还是无缝管。从表面看无缝管最为合适，但是也有缺点，最明显的就是成本，其价格一般是有缝管的 2 倍。无缝管可能会有撕裂或线状缺陷，但用作有缝管的钢带是经过彻底检查的。无缝管的尺寸控制一般没有有缝管好。虽然并未明确要求对有缝管的尺寸进行严格控制，但是制造厂一般认为要尽可能地严格控制才能取得高质量的焊缝。

我国换热器生产企业一直采用无缝钢管，因为没有焊缝，一般认为无缝管更可靠。而有缝管则成为制造缺陷和潜在腐蚀的罪魁祸首，还存在工艺复杂、生产周期长及能耗高等缺点。在美国、日本及德国等发达国家，20 世纪 50 年代就在受压容器上使用焊接钢管了，且焊管在受压容器用管总量中占有很大的比例。与无缝管相比，焊接钢管具有表面光亮、壁厚均匀、几何尺寸精确、正火后焊缝和母材的力学性能一致、耐压强度高、工艺性能好及制造成本低等优点，此外，有缝管更容易焊接到管板上，能避免在穿过挡板处发生振动，因此具有良好的经济效益和社会效益。国外某些化工及炼油公司通常均使用有缝管，无缝管一般仅在高温高压环境或没有合适的有缝管时才使用。

炼油化工装置中的某些介质具有强烈的腐蚀性，虽然换热器采用了耐蚀金属，在处理腐蚀性较强的介质时，仍不可避免要消耗不锈钢等贵重材料。鉴于我国奥氏体不锈钢焊管技术已取得很大进步，GB 151—1999《管壳式换热器》中已允许使用奥氏体不锈钢焊管为换热管，但有如下控制要求：

(1) $p \leqslant 6.4$MPa；

(2) 不得用于极度危害介质；

(3) $\phi = 0.85$。

其中，控制 $p \leqslant 6.4$MPa 只是个过渡措施，待有一定业绩后拟取消。

目前我国生产的用于换热器的不锈钢焊接管规格如下：

外径 mm：19，22，25，32，38，45，51，57；

壁厚 mm：1.2，1.4，1.5，1.8，2.0，2.2，2.5，2.8，3.0，3.2，3.6，4.0；

长度：最大长度 20m；外径尺寸偏差见表 1.5－1；壁厚偏差：为规定厚度的 ±10%，根据需要也可规定为正偏差 18%；焊管长度偏差：＋5mm。

表 1.5－1 换热管外径尺寸允许偏差 mm

Ⅰ级		Ⅱ级	
外径	允许偏差	外径	允许偏差
<25	±0.10	≤25	±0.20
≥25～38	±0.15	>25～45	±0.30
≥38～45	±0.20	>45～57	±0.40
≥45～57	±0.25		

从该表可看出，焊接管产品规格较宽，选择余地大，尺寸公差精度也较高，其精度甚至高于现行标准中的无缝钢管。

二、螺旋槽管的轧制[5]

螺旋槽管换热器是目前比较先进的管壳式换热器，它是以螺旋槽管代替光管，从而提高了传热效率的一种换热器。螺旋槽管是在光滑管子上用无屑塑性变形滚轧加工出一系列外凹内凸的螺旋槽而得到的。下面是它的加工过程。

(一) 夹具结构

在普通车床上滚轧加工螺旋槽管的滚轧轧头结构，见图 1.5－1 连接盘通过螺纹与车床主轴相连，并通过螺栓与车床的三爪卡盘连接在一起。为保证三爪卡盘和车床主轴的同轴度，螺纹及右端与卡盘相配合的外圆柱面尺寸必须和车床主轴螺纹及卡盘左端内圆柱面配作。轧头本体通过螺栓和车床卡盘紧固连接。本体左端设计成莫氏锥体，并和车床主轴右端内锥面配磨精加工，以保证轧头本体和车床主轴的同轴度。本体内孔要比螺旋槽管外径大0.2mm，其目的是为了让待加工管子能顺利通过而间隙又不致太大。本体材质为45号钢，为保证本体与钢球接触处有足够的强度，右端体内装有内套（材质为W18Cr4V，整体淬火，HRC62~65，略高于钢球硬度）。该轧滚珠设计为3组，在螺距为10mm的螺旋线上互成120°分布，以互相平衡滚轧塑性变形力。钢球每组2个，压柱和钢球接触的端面设计成ϕ7.144mm球形面，见图1.5-2，球面端部局部淬火，HRC>60，以减小滚轧摩擦力。

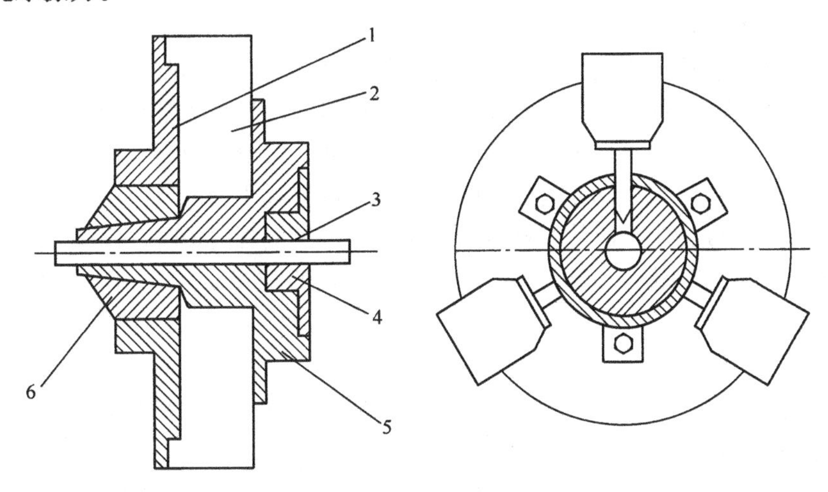

图1.5-1　螺旋槽管滚轧轧头

1—连接盘；2—C620车床卡盘；3—待加工管；4—内套；
5—轧头本体；6—C620车床主轴

（二）滚轧方法

螺旋槽管的滚轧加工是利用车床螺纹加工的传动机构来进行的。滚轧时先把滚轧轧头按图1.5-1组装在车床主轴上，待加工管子的一端穿过车床床头箱主轴孔、轧头本体和内套后将其夹紧在刀架上。开动车床，挂上车床加工螺纹的传动机构档，紧好卡盘爪，轧头随车床主轴作旋转运动，管子被刀架带动向右作直线运动，其速度为轧头转数乘以螺旋槽螺距。待滚轧到螺旋槽需加工终了位置，松开卡盘爪，停下车床。由于弹簧的弹力作用，压柱自动弹起，滚珠脱离已加工好的螺旋槽管，松开刀架夹紧机构，取出加工好的工件即可。滚轧一根螺旋槽管仅需20min。

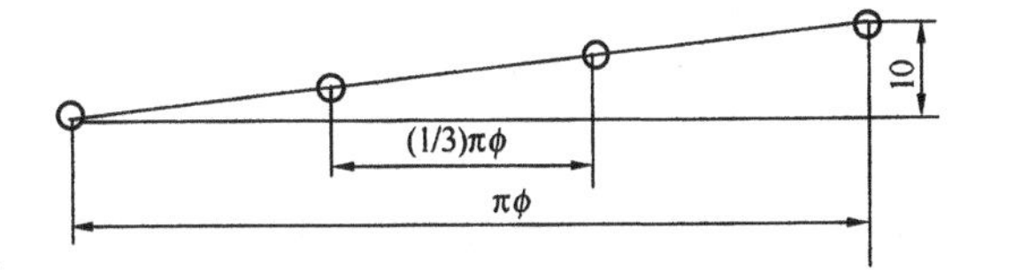

图1.5-2　ϕ7.144mm钢球位置示意图

该螺旋槽管滚轧夹具设计简单、制作容易、成本低廉且操作简便。

三、无屑下料机[6]

（一）无屑切割原理

在正常的施工中，采用锯床或砂轮切割机截取的管子，都可以满足标准规定的伸出管板两端3±2mm的规定。有的企业虽然采取了上述方法进行管子的截取，但操作中误差太大；更有甚者，操作中用火焰切割下料，组装后再用电动砂轮机进行磨削，严重地浪费材料和加工工时；还有尚未清除切割时遗留毛边的情况，这必然会影响胀管质量的稳定性以及换热器的换热效果。而无屑切割就可以根除以上弊病，下面介绍一种新型换热管全自动校直、定尺无屑下料机，该机尤其适用于铜、铝管材的无屑切割。

该机切断结构的主要原理是，切断头由电机带动高速旋转，沿铜管圆周方向均匀分布有两个托辊及一把切刀，切断气缸推动托辊及切刀上的斜块，斜块又带动切刀及托辊在围绕铜管作高速旋转的同时又作径向运动，当托辊接触到铜管外径时径向运动停止，这时切刀继续径向运动，切入铜管内部，直到切断为止。管子切断后切断气缸退回，托辊轴、切刀斜块、切刀及托辊相继复位。

（二）减少缩口现象

由于切刀是管材在圆周方向匀速旋转时送给的，因此切口处的圆度较好。但切刀切入材料过程中径向力会使材料向管材内侧移动，以致使切口内径尺寸比管材内径尺寸要小，这就是缩口。对缩口一般均有严格要求，为减少该缩口尺寸，可增设拉断机构采解决，即在切断动作的同时，让拉断气缸同时动作进行拉断，拉断力可由减压阀调节。在切割过程中，未切断截面积仍较大，拉断力不足以使管材拉断而切刀又接近铜管内径时，拉断力只有大于材料的抗拉强度铜管才能被拉断，此时便可有效减少铜管的缩口现象，同时还能保证铜管不变形。

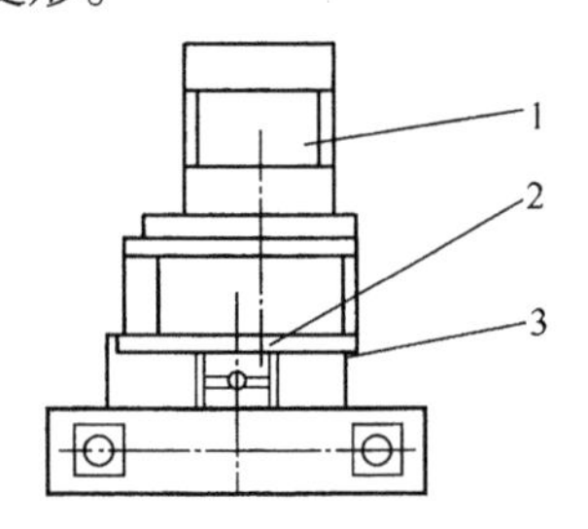

图1.5－3　管材的更换装置
1—夹紧气缸；2—夹紧模具；
3—翻转扣压支点

（三）一机多用

该机功能是，盘料铜（铝）管开卷→校直→夹紧→送料→切断前夹紧→拉断/切断→集料。

由于铜（铝）管管径规格各异，要做到一机多用，该机结构必须是零部件更换方便，又能对多种管材进行校直切断才行。若采用卡板固定校直轮和滑动配合模具以及翻转扣压定位、进刀轮和托辊轮的特殊锁定机构（图1.5－3），则仅需15min便能完成全套更换。

四、弯管[7]

U形管制造的好坏，关键是选用良好的弯管工具，下面介绍一种目前较为流行的通用弯管工具。该工具操作方便，使用效果良好，其结构如图1.5－4所示。

该弯管工具采用连杆夹紧机构，操作时用操作手柄夹紧或放松工件，工作部分零件（芯子及成形压块等）可任意调整至合理位置。弯曲不同直径、壁厚及弯曲半径的零件时，只要更换相应芯子及成形压块即可加工出不同尺寸要求的零件来。该工具适用于直径414mm以下，弯曲角度为0°～180°的管材或棒材。工具结构由以下几部分组成。

（一）工作部分

工作部件由芯子15、弯曲胎1及成形压块18组成。弯曲棒料或壁厚较大的管材时不需芯子即可弯曲。加工相同外径 D 和弯曲半径 R 而壁厚不同的管材时，只需更换芯子即可。加工不同外径和弯曲半径的零件时，芯子、弯曲胎及成形压块组成的工作部分需根据零件大小改变其尺寸，其余通用。工作部件与母体的连接采用螺钉和燕尾槽，以保证滑动精度和快速更换，节时省力。

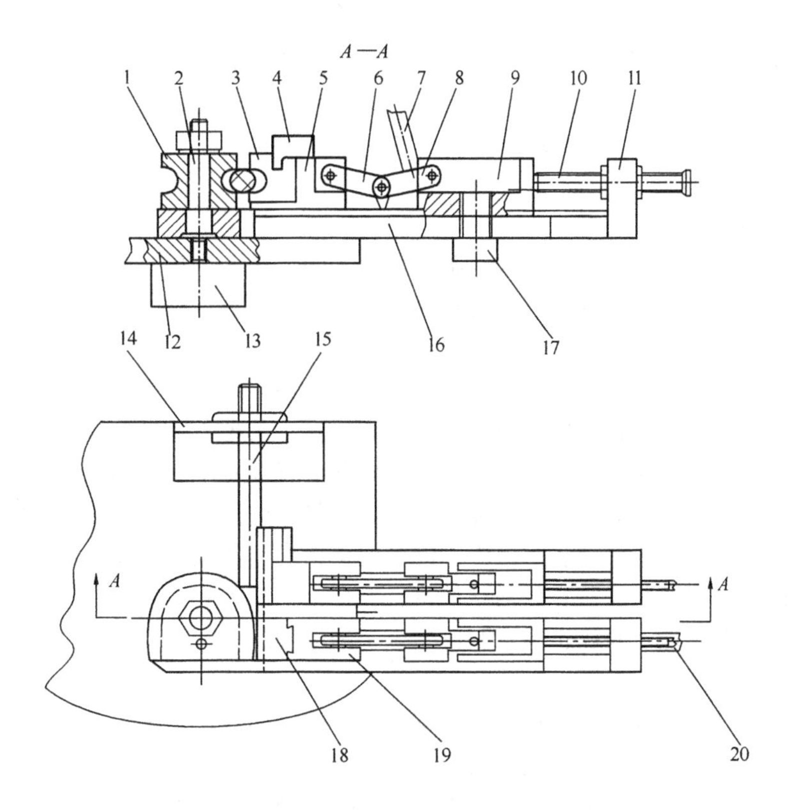

图 1.5－4　弯管工具结构

1—弯曲胎；2—转轴；3—导块；4—压块；5—滑块；6—连杆；7—手柄；
8—连臂；9—滑座；10—螺钉；11—挡块；12—底板；13—夹块；14—支架
15—芯子；16—托板；17—螺钉；18—成形压块；19—滑块；20—手柄

（二）定位部分

定位部分由芯子 15 及支架 14 组成，用螺钉连接在底板 12 上。弯曲不同外径的零件时，支架可左右调节。弯曲较长的零件时，可在底板上增加托板使支架后移。工件弯曲前的左右位置，可用与工件相同的毛坯(圆管)套在芯子上，以修正其长度，直至合适为止。

（三）夹紧机构

夹紧采用连杆机构，由滑块 5、连杆 6、连臂 8、滑座 9 及成形压块 18 组成，用手柄 7 来完成操作。滑块和滑座与托板 16 用燕尾结构连接，弯曲不同直径零件时通过螺钉 10 实现滑座位置和夹紧力的无级调节。零件试弯合格后，将固定螺钉 17 拧紧，滑块夹紧工件时连杆机构呈自锁状态，退出后能让出较大空间，以便于工件顺利取出。夹紧力的大小不会随操作人员的主观因素而改变，故可保证弯曲件质量的稳定性。

工件弯曲成形(参见图 1.5－4)时，先按零件尺寸要求下好坯料，将毛坯套在芯子 15 上，并靠紧支架 14，利用夹紧机构压紧毛坯。操作手柄 20 由右向左作圆周转动。此时弯曲胎 1 随毛坯一起作圆周转动，一直弯到零件所需的角度，然后松开夹紧机构，取出零件，并将手柄 20 复位到原始状态。在弯曲棒料或壁厚较大的管材时，不需芯子可直接靠紧支架即可弯曲。

对这种弯管工具，还可根据产品特点及尺寸将不同的管、棒型弯曲件分为几个系列，依次再设计出不同大小的母体，并制造出系列化和通用化的专用工具。这种弯管工具能明显降低设备费用，缩短制造周期，减轻劳动强度，提高工件质量和生产效率。

第三节 管 板

一、管板材料

管板材料一般为低合金钢锻造而成，随着换热器向高温、高压、耐腐蚀方向发展，管板材料也要适应相应的工况。管板材料的发展主要有以下两个方面。

(一)采用复合板结构[8]

金属复合板不但具有足够的强度，且还能很好地满足耐腐蚀性要求，以及比较经济，因此已广泛应用于石油化工设备。复合材料以不锈钢居多，其他不能以轧制或熔焊法进行复合的材料，可采用爆炸复合法来解决。如钛、钽、锆等，尤其是镍、纯镍为单相奥氏体组织，具有优异的耐腐蚀性能、良好的力学性能、较高的耐热性能及特殊的电磁和热膨胀性能，所以镍材是制造化工设备的良好材料。但由于纯镍价格昂贵而使其应用又受到限制。目前，大面积镍钢复合板在我国还是一种比较新型的材料，在化工压力容器上使用的还比较少，我国有关镍制压力容器的制造、验收也尚未制订出统一的标准。

(二) 改变管板材料

对有色金属制管壳式换热器，过去国内有着众多的使用业绩。随着工业向深度发展，石油化工向深加工要效益，有色金属制管壳式换热器今后会有良好的发展前景。但过去一直没有关于有色金属制管壳式换热器的设计、制造、检验与验收方面的综合性标准，GB 151—1999《管壳式换热器》标准解决了这一问题，这是向国际先进标准靠拢迈出的重要一步。下面简要地介绍一下该标准中有关铝、铜、钛材的规定。

1. 铝及铝合金

特点：在空气和许多化工介质中有着良好的耐蚀性，在低温下具有良好的塑性和韧性，还有良好的成形及焊接性能。

设计参数：$p \leqslant 8\mathrm{MPa}$，$-269℃ \leqslant t \leqslant 200℃$。

2. 铜及铜合金

特点：具有优良的耐蚀性(如海军铜具有良好的耐海水腐蚀性)，其导热性能、低温性能及成型性能均良好，但焊接性能稍差。

设计参数：纯铜 $t \leqslant 150℃$，铜合金 $t \leqslant 200℃$。有 GB 8890《热交换器用铜合金管》标准可用。

3. 钛及钛合金

特点：适应面广，抗腐蚀性能极佳；密度小($4510\mathrm{kg/m^3}$)，强度高、(相当于 20R)；有良好的低温性能(可用到 $-268℃$)；表面光洁、粘附力小，且表面具有不湿润性；有 GB 3625《换热器及冷凝器用钛及钛合金管》标准；单位重量价格高，比一般钢材高 20 倍，但综合指数价格比(密度小且 $\phi 25$ 管可用 $\delta = 1.0$ 或 $1.5\mathrm{mm}$ 壁厚)约为 6～8 倍，若设备寿命为 8 年时，钛及钛合金是最佳换热管材料。

4. 耐腐蚀材料

在特定情况下，特别是有腐蚀性化学物质时，不得不考虑选用特种金属或非金属材料，如石墨、玻璃或塑料等。采用非金属材质的换热器不仅适用于腐蚀性工况，而且也是减少设备投资的重要途径[9]。

（1）石墨换热器

石墨是迄今广泛应用的非金属换热器材料，它在制药工业和精细化工中有诸多用途。石墨是惰性且不受污染的物质，有很好的抗腐蚀性和耐热性，用以制造换热器，比钛和钽价廉。

国外 Robert Jenkins 公司提供的石墨管，可用以生产管壳式石墨换热器。法国 LeCarbone 公司和原西德 Sigri 公司可提供制管设备。RobertJenkins 公司提供的两种换热器拥有管数 720 根，每根管长 6.1m。大多数石墨换热器使用的温度范围为 180～200℃。

（2）玻璃衬里换热器

对于有化学腐蚀的工况，并不是石墨材质都能适用。硅硼玻璃能高度抗酸类、抗含盐溶液和有机物质，甚至卤素如氯和溴。仅受氢氟酸、磷酸和热碱的限制。

Corning 公司和 Schott 公司是国外生产玻璃换热器的两家知名公司。玻璃换热器有两种基本类型，即盘管换热器和管壳式换热器。

（3）塑料衬里换热器

塑料（或称聚合物）用于换热器已有多年，大多数用于酸类装置的管壳式换热器。若整台换热器都使用塑料，则对防腐、防垢和减轻重量会更具魅力。

与金属相比，塑料的主要限制是强度较低，不能用于较高温度。使用纤维增强方式可予以补偿。也有些塑料遇到某些药剂会发生降解或对老化敏感，易被氧化。抗氧化问题可采用稳定添加剂加以改善。

（4）陶瓷材质换热器

陶瓷材质具有优异的耐热性能和抗腐蚀性能，这种材质用于制造换热器，适用于从高温排气和腐蚀性气体进行热回收。以原西德 Hoechst 公司制造的碳化硅陶瓷换热器为例，其导热性能优于石墨，在高达 1350℃温度下，陶瓷强度也不降低。日本旭硝子公司开发的氮化硅和碳化硅陶瓷，在 1000℃时的弯曲强度高于普通钢在常温下的强度。

我国开发的碳化硅高温换热器也已研制成功。在成都化工厂干燥碳酸钾产品的热风炉上使用，运行性能良好，使每吨产品消耗的天然气下降 20%，提高产量 10%。

（5）聚四氟乙烯换热器

聚四氟乙烯换热器是一类重要的化工换热设备，可以说是非金属换热器中最重要的换热器，它的开发、发展和实际应用已经历了 20 多年的演变历程，现已拥有许多不同结构、不同用途及性能的聚四氟乙烯制品。目前此工艺已用于工业性生产，其特点是所需设备简单，投资少。目前已生产试制并在工业上应用的聚四氟乙烯换热器最大换热面积达 $80m^2$/台。管束换热管根数达 1015 根。

由于聚四氟乙烯树脂耐蚀性优于多种合金、非金属甚至贵金属，如黄金、银、铂等，故此类设备对解决制药工业、石油化工等强腐蚀性流体物料的换热问题具有重要意义。据资料报道，已有美、英、法、德、意、日等国家，多家工厂企业广泛地使用了这种新设备，我国此项设备的制造和应用已经在快速发展。

就目前来讲，制造聚四氟乙烯换热器的难点是管板焊接技术操作较难掌握，制作还达不到机械化和自动化水平，尚待进一步探索改进。现在已有一种氟塑料换热器 F－4 管板施压加热焊接性工艺，解决了管式聚四氟乙烯换热器制造的技术难题。

二、管板加工

在高温、高压工况下使用的平板管板，其厚度往往在 300mm 以上，最厚的甚至达到

700mm。厚管板不仅制造困难，且会导致传热管与管板连接的困难。这时，管子也要求有足够的厚度才能满足强度要求。然而，当温差较大时，管板中部还会产生较大的热应力。近年来，换热器的管板出现了几种改进型结构，如椭圆形管板及绕性管板等，其厚度虽然比平板形管板小得多，但也能较好地满足高压、高热应力对管板的要求。

椭圆形结构管板为椭圆封头形状，它与换热器壳体焊接成一个整体。椭圆形管板的受力情况比平板形管板要好得多，因此厚度得以降低，而厚度的减小又可以使热应力降低，它特别适宜于大直径换热器使用。在绕性结构管板中，管板与隔板之间需要设置一定数量的支承管以承受轴向的拉压作用力，支承管的壁厚大于传热管的壁厚。由于绕性管板与壳体之间采用了一个圆滑过渡连接段，过渡段的厚度又较薄，故具有较高的弹性，能够补偿壳体与管束之间的热膨胀。这种结构的管板已被广泛用于高压废热锅炉等换热设备上。此外，还出现了球形、碟形等新型结构的管板。

目前，国内加工厚管板管孔有以下 3 种方法。

(1)在数控深孔钻床上用枪钻或 B. T. A 钻头来加工。由于使用了数控深孔专用加工设备，机床本身的定位精度高，刀具先进，故其加工出来的管板孔质量有保证。但是这种深孔加工设备的一次性投资非常大，生产成本高，技术准备周期长，对操作人员要求也高。所以对一些单件生产厂家来说，一般并不常采用。

(2)在普通摇臂钻床上附加一套枪钻钻孔系统来对管孔进行加工，其加工出的管孔质量要优于用麻花钻头加工的管孔，但采用枪钻还得使用一套较为复杂的冷却、润滑、排屑系统。

(3)在普通摇臂钻床上，用加长麻花钻，采用常规工艺方法进行加工。这种方法由于受机床本身精度、刚性和所用工具的制造精度等诸因素的影响，管孔加工质量一般会存在一些问题。但突出的优点是一次性投资小，生产工人不需进行特殊的培训，适用于单件小批量生产的厂家。

通过改变麻花钻头的切削角度，改变切屑的流向，选择适当的切削用量搭配，此种办法仍可以加工出合格的管板。

经过改进的普通摇臂钻床加工厚管板的过程如下[10]：

在摇臂钻床上用普通标准长麻花钻头进行加工往往难以保证产品质量，要保证这些管孔的精度和粗糙度，就必须采用特殊形式的钻头，适宜的切削用量。还要采用钻、扩工艺，即先钻成底孔，再用钻头扩孔成所需的管孔。底孔采用分段钻成，首先用钻模印孔，然后用小于管孔名义尺寸 1mm 左右的标准麻花钻头，按已印好的窝孔钻深 80 ~ 100mm。更换长刃麻花钻头后钻深至 200mm 左右。再次更换长刃麻花钻头(此次更换的钻头应能加工管板孔的全长)，将管板底孔钻成。要保证所加工管孔的最终质量合格，就要求所加工底孔的直线性和其他综合质量也要非常好。

全部底孔加工完毕后，还需采用普通长刃麻花钻头(其长度应比所加工管孔深度长 30 ~ 50mm)。并将其磨成下排屑形式，以进行扩孔。扩孔用钻头直径宜采用大于管孔名义尺寸 0. 03 ~ 0. 05mm 的大螺旋角钻头。这样扩孔用钻头简单，不需要另配专用的扩孔钻头，且加工出的管板各项质量指标都非常好。

选择好钻头的几何参数、切削用量及冷却润滑液也很重要。钻头的几何参数是影响钻削加工工件质量和效率的主要因素，所以在钻孔加工中这是一个主要矛盾。我们在钻底孔时采用群钻式钻头，并将横刃修磨得尽量窄一些。这种钻头钻削时轻快，生产效率高，冷却效果好，且切入工件时定心也好。同时，由于横刃变窄后，钻孔时的轴向力也变小了，钻头的弯曲变形也就小了。这样加工出的孔其直线度、垂线度和圆度都非常好，这对最小管桥的保证起了决定性的作用。

底孔钻成后，再将标准麻花钻头改磨成下排屑钻头，并将钻头的后角适当增大，使刃口尽量锋利。这对控制孔径尺寸，保证管孔粗糙度数值不超过图纸要求都非常有利。

切削用量选择是否妥当，对管板的生产效率、管孔的精度和粗糙度有着至关重要的影响。应通过对不同工件材质的试验，摸索出一些合理的切削用量搭配。其选择原则见表 1.5－2 和表 1.5－3 所示。表中所列各组切削用量生产实践表明是可行的，产品质量有保证且生产效率也很高。钻孔加工中由于是半封闭加工形式，所以冷却液的选择是管孔加工成功与否的一项重要工作。因为在钻孔加工中冷却液对刀具的耐用度、已加工孔的精度和粗糙度都有着重要的影响。实践中发现，在钻孔时冷却润滑液应以冷却为主，润滑为辅，所以应选择浓度较稀的乳化液，并应以大流量注入钻头的工作面处。这种冷却液的冷却效果好，有利于降低切削温度和切削扭矩，提高刀具的耐用度。在扩孔时也应采用同样的冷却润滑液。

表 1.5－2　钻底孔切削用量

工件材料	转速/$r \cdot min^{-1}$	进刀量/$mm \cdot r^{-1}$
20，19Mn6	400～500	0.32～0.4
20MnMo		
20MnMoNb	315～400	

表 1.5－3　扩孔切削用量

工件材料	转速/$r \cdot min^{-1}$	进刀量/$mm \cdot r^{-1}$
20，19Mn6	400～500	0.4～0.5
20MnMo		
20MnMoNb	315～400	

三、管板管轧切槽刀具[11]

管孔槽一般采用铣床加工，工序复杂，不但制作尺寸受铣床加工能力的限制，而且切槽质量难以保证，从而影响了胀管质量，因此需要设计一种专用的管孔切槽刀具。下面的这块管板直径 630mm，共钻孔 132 个直径 $\phi 25.4^{+0.2}$ 的孔，管孔槽槽宽 3mm，深 0.5mm，如图 1.5－5 所示。若用铣床加工，很难保证该设备质量，采用改进的管孔切槽刀具，可取得了良好的效果。

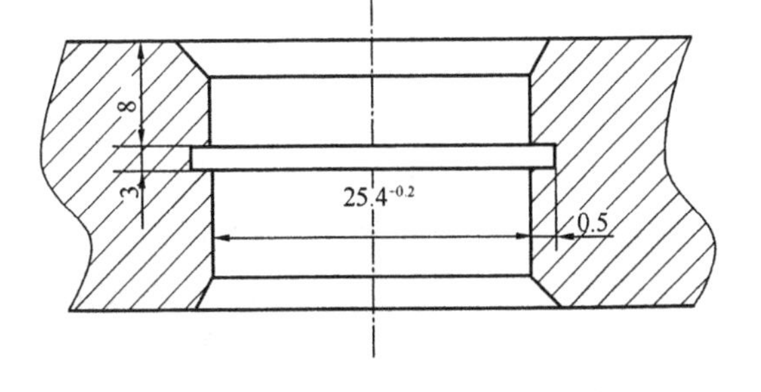

图 1.5－5　待加工管板

使用这种刀具时，需要使用 Z35 钻床，二次成形。首先用钻头钻孔并达到图纸要求的尺寸 $\phi 25.4^{+0.2}$，图 1.5－6 所示的用孔工装，即可加工出宽为 3mm，深为 0.5mm 的管孔槽来。它是在一圆柱头上开一凹槽，然后加一活动刀头，运用钻床的上下移动来完成切槽工序的。

该工装切槽过程为：刀头插入管板孔内，钻床主轴下降，弹簧受压缩，刀头套筒将活动

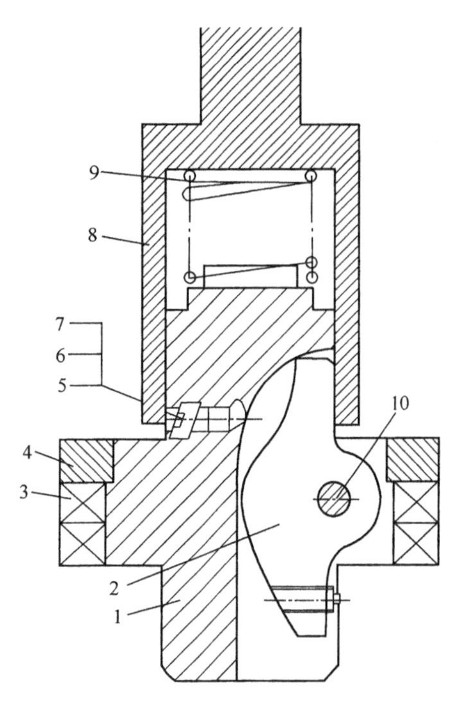

图 1.5-6　刀具用孔工装图

1—主芯；2—刀具；3—压力轴承；4—螺母；5—顶头；6—弹簧；7—丝母；8—刀头套筒；9—弹簧；10—销轴

刀头尾部压入槽内，刀具头部伸出槽外，随主轴的转动，刀头切削孔壁，槽加工成形。当钻床主轴上升时，则由顶头将刀具尾部顶出，刀具头缩回，退出刀具，完成管孔切槽。

应用该工装，不仅工效提高且切槽位置准确，质量可靠。管板胀管后，试压一次合格率达100%。不但设备质量得到了保证，而且设备工期缩短。

四、折流板的加工[12]

换热器上的折流板是化工设备中的非标准件。折流板直径、孔的大小和数量及其排列是各不相同的，外圆的加工过去借用四方形平板式结构夹具，不足之处是无定位基准，与车床没有相对的确定位置，且通用性差，以致与折流板的孔对不准。平板式结构还无法使用六角头螺栓来使折流板与夹具固定。但可以通过夹具的设计来解决上述三方面的问题。

（一）夹具的结构设计

夹具的结构设计是针对存在的问题和解决问题的方法而提出的，做法如下：

（1）把夹具做成圆形，使它有定位基准，且借三爪的作用，获得与车床有相对确定的位置。

（2）使夹具的通槽过圆心，这样通槽的直线与折流板上连接两孔且过圆心的直线都在圆的直径上，为通槽与孔对准创造了条件。

（3）采用筋板结构，并使各筋板间的空间形成凹面。该凹面能容纳固定折流板螺栓六角头于四面的空间内，而又不妨碍同夹具的安装。将以上三点综合起来，使夹具的结构由一块仅15mm厚的板与内外四组焊成平端面A（如图1.5-7所示），在内外圈之间分别铣出各两条不同宽度的对称通槽，沿通槽两边再焊一条同内外圈等高的筋板并形成凹端面B。其筋板间的空间为凹面C。

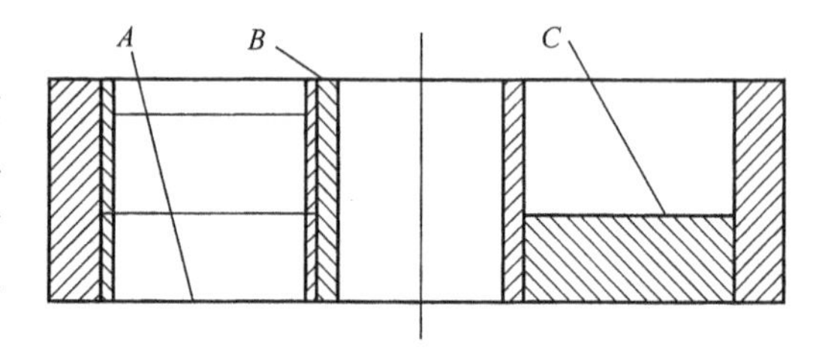

图 1.5-7　折流板定位方法

平端面A、凹端面B和凹面C三者在工作中对折流板起着定位等作用。

（二）夹具的使用方法和注意事项

一副折流板是由几件甚至几十件单件组成的，其外圆的大小、件数的多少和材质的不同等情况是变化的，所以加工时可按具体情况不同而采用不同的方法，下面就几种典型的加工方法介绍如下。

（1）顶着车外圆：当折流板周围的螺栓在4个以上并已拧紧时，可使螺栓的六角头在通槽的凹面内，将螺栓的六角头紧靠通槽或筋板的侧面，校正后顶着加工。

（2）用4个螺栓装夹车外圆：以2个螺栓通过通槽，让六角卡在宽24mm的槽内并校正后拧紧。另 2 个螺栓用转动偏心螺母的方法把孔对准，拧紧螺栓后再加工 。

（3）2 个螺栓压紧并顶上车外圆：使用 2 个螺栓并通过通槽，校正后拧紧并顶上，其他螺栓在另两条通槽或凹面间压紧，车外圆。

（4）大折流板车外圆：折流板较大时，用 4 个螺栓与夹具固定后，还需另增加螺栓以固定折流板和增强刚性。

（5）小折流板车外圆：折流板太小时，在折流板与夹具之间加垫片后再用螺栓压紧，以防车刀刀刃碰伤夹具。

该折流板加工用的通用夹具体积小，重量轻，结构简单而紧凑，使用也方便，在通用的 CW6163 车床上可加工各种折流板。

五、采用数控机床进行管板钻孔

管板是换热器的主要精加工件，管板钻孔后的孔桥宽度偏差，直接影响换热管与管板的焊接质量和密封性能。以 FANU－BASK 3M－A 数控机床为例，工艺员首先对照图纸编制数控钻孔程序，再将该程序键入操作系统中，然后直接将管板或模板装夹在数控机床上，找出管板圆心相对于机床原点的坐标值(x，y)，设定工件坐标系，再运行数控机床钻孔程序，即可将管孔模板钻好，而无需对各个管孔划线，也不用对各个管孔圆心进行校正。用人工对各个管孔圆心进行校正后的孔桥宽度偏差一般在 0.5～1mm 左右，而数控机床定位精度高，管孔孔桥宽度偏差在 0.2mm 之内，提高了加工精度，降低了操作时的劳动强度。

六、穿管引导器[13]

由于每台换热器的换热管数量成百上千，在管束组装过程中，穿管工作异常繁重，成为制约产品工期的关键因素之一。

采用传统穿管法，由于管板和折流板上的管孔加工存在偏差，会使装配的管束骨架产生歪扭，使得各对应孔不同心，加之换热管前段的自然挠度和本身扭曲，使得穿管更难进行，因此经常被顶住或卡住。管子越长，直径越小，穿管就越困难。于是，在穿管时，不得不向前用力推，并来回扭转，在管束前面还得用手和小撬棍引导管头，才能使管子穿过各层折流板和管板，既费时又费力。

采用刚性和柔性穿管引导头也不能很好的解决问题。由于刚性穿管引导头与换热管内壁存在间隙，穿管时因其本身的惯性而经常滑脱，而且不能准确地对准管子中心。柔性穿管引导头虽然能准确地对准管子中心，但因引导头与换热管的配合缺乏刚性而不能强制管端引入管孔，而且容易损坏。下面介绍一种新型穿管自动引导器。

新型穿管自动引导器结构见图 1.5－8。穿管时，只须将引导器尾部轻轻用力插入管子前端。前部导向锥将管子自动导向进入各折流板管孔。中部定心锥用于无间隙找准管头轴

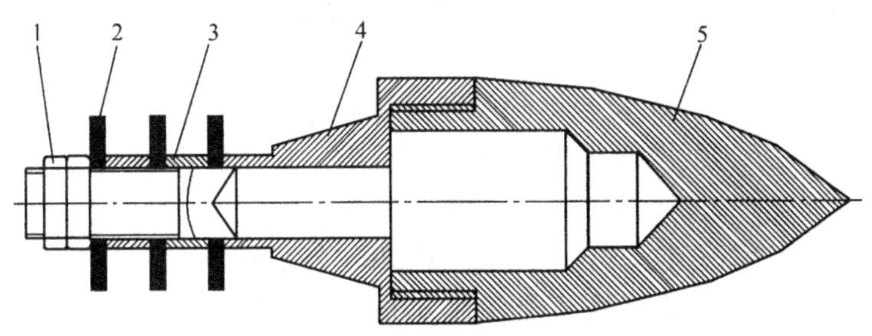

图 1.5－8　新型穿管自动引导器

1—锁紧螺母；2—橡胶垫圈；3—金属垫圈；4—定心锥；5—导向锥

心，使之与导向锥、管孔中心一致，而对管头的制造质量，如圆度、内径公差和毛刺等无严格要求。局部用金属垫分隔，螺母锁紧的橡胶垫可以缓冲冲击力，防止引导器因惯性而向前滑脱。为了减小引导器的惯性，还采用了空心导向锥结构。穿管到位后，只须将引导器轻轻用力拔出，再次重复利用。如橡胶垫因磨损过度而无法使用，可自行更换。

新型穿管自动引导器，具有如下优点：

（1）技术先进 无须专人引导，引导器自动定心和导向。以 ϕ5mm×2.5mm 管子的换热器为例，管子和管孔的中心偏差不大于 10mm 时，也可以自动引导而使管头进入各管孔。人力只须向前推，无须来回扭转管子，管子依靠向前的惯性冲击和引导器的自动引导而使其连续不停顿地穿过各层折流板。

（2）节省劳动力 由于无须专人引导，只需 1 人向前推管子，且穿 1 根管只须 1 人，这样就有空间由多人同时穿管。管板那边由 1 人拔、送引导器，以便重复使用。特别是，当穿 U 形管时，可节省 2 人引导，更显示出其优越性。

（3）节省时间 由于其优越的技术性能，克服了传统穿管方法的顶住现象，因而提高了穿管速度，节约大量时间。

第四节 胀 接

一、机械胀接[4]

（一）机械胀接特点

管子与管板的连接，长久以来一直是采用机械胀接法进行的。但自从生产装置向大型化发展以来，管板厚度迅速增加，一块管板上的接头数目增加到 20×10^3 以上。而工况参数也更加严苛，如对管子与管板接头的可靠性要求大大提高。因此，传统的机械胀接法不但生产效率低，不能适应现代设备大型化的需要，且其本身的弱点也逐渐暴露，不能满足可靠性的要求。一般来说，机械胀接法存在以下一些缺点：

（1）胀接时管壁受到反复变形作用，易造成胀裂现象，特别是软管。

（2）胀接时管板也有一部分产生塑性变形，管子则产生轴向伸长，故在胀接顺序不当的情况下，管板变形相当大。

（3）胀接的压延效应，会造成管子内表面的加工硬化，尤其是对不锈钢管，胀后因管子外表面还存在残余拉应力，故易形成应力腐蚀。

（4）胀接时变形力靠摩擦力传递，接触表面上存在着各种难以预计的因素，物理条件不清楚。因此，一直无法得到较为完整的胀接理论和计算方法，无法弄清楚胀接功率与接触点紧固力之间的关系，而只能依靠经验数据。对于铝等，这种经验数据则完全不适合。

（5）胀接长度有限，不可能完全消除管子与管板之间的缝隙，故易造成间隙腐蚀。

（6）在接头未胀贴处存在着起隔热作用的空气隙。对于管板很厚及开停车频繁的场合，这种空气隙对接头还会产生附加载荷，从而导致泄漏。

（7）生产效率低。据报道，美国 Foster－wheeler 公司在制造一台管板厚度为 406mm 的给水加热器时，用机械胀接法一次只能胀接 32mm，因此一个胀口要胀 13 次。如管板有 3000 个胀口，则需胀 39000 次。胀一次需 3min，每天二班生产，需 122 天才能胀完一块管板。

因此，机械胀接法目前只用于小、中型及薄管板的换热器。对于大型、厚管板的换热器，正在逐渐采用其他新型的连接方法。但考虑到现有设备、成本等的限制，机械胀接仍然是目前国内主要的胀接方法。

（二）机械胀接工作原理

换热管的胀接，其实质是利用胀管器的胀珠（即滚子）对换热管内表面的反复碾压，使其直径增大，产生塑性变形，从而达到与管板孔相贴紧的目的。在整个胀接过程中，换热管的整体塑性变形分成两大部分。一是由于内径变大而使换热管产生周向变形，二是由于胀管时发生轴向挤出，而产生轴向变形。

机械胀接就是把胀管器插入管内，通过胀杆心轴转动产生的扭矩而使管径扩大来达到胀接目的，如图1.5－9和图1.5－10所示。胀管器心轴上有3个小直径的滚子，采用外力使心轴挤入管子内部并旋转便可强迫管径扩大。

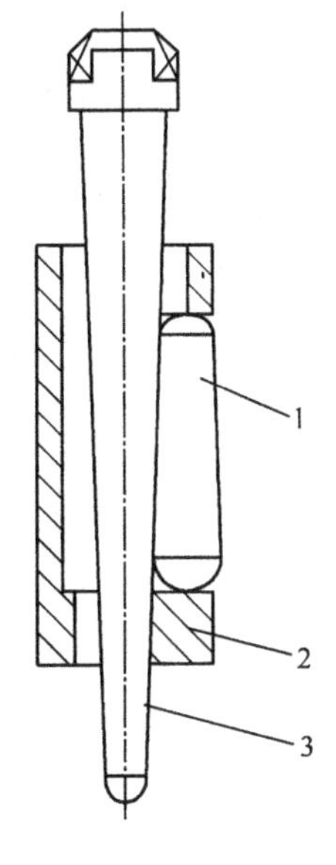

图1.5－9　胀管器

1—滚柱；2—胀套；3—胀杆

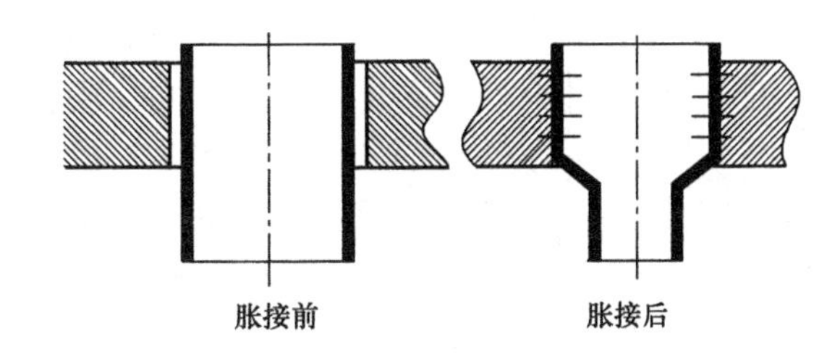

图1.5－10　管子在管板上的胀接接头

机械胀接方法有电动式、油压马达式和压缩空气式等驱使心轴旋转而挤大管子的方法。也有手动操作的方法。这里介绍电动式机械胀管。在可正反转的马达轴上通过心轴联轴器装上胀管器心轴，在构架的间隙中，嵌入3个小直径滚子，由内部一边旋转一边强迫挤大管子，心轴荷载和电流成比例。当达到规定的电流时马达停止旋转，从而达到一定的胀管效果。

但这种机械胀的方法是传统和原始的方法，工作量大，且胀接质量与操作熟练程度有很大关系，因此质量难以保证，且胀接长度也短，一般在管径和厚度较小时才用。

二、液压胀接[15]

（一）液压胀接特点

液压胀接法是在20世纪70年代由原西德研制开发的，其原理是利用高压液体压力让金属产生变形。施胀时，管子受液体压力产生的变形首先是弹性变形，继之才为塑性变形，然后与管孔壁压贴。压力继续升高时，管板也同样要经受弹塑性变形阶段。当压力释放后，由于管板的回弹大于管子，从而使管子和管板之间产生了残余紧固力。由于回弹程度的大小只取决于管子、管板的几何形状及其屈服点，因此可以计算。而接头拉脱力的大小可通过胀接压力和胀接长度的调节来进行控制，故属于可控胀接。胀口紧固力误差仅为±5%，

因此胀后残余应力小，是一种可避免胀口应力腐蚀的最佳方法。此法的优点：

（1）省时省费用，实际胀接过程只需几分之一秒，当然胀杆插入管中和更换密封件还需要花费一些时间。

（2）可以计算出所用的最高液压压力和残余贴合压力，以调整胀接系统之限压阀来限定胀接压力。

（3）可以得到比较均匀的胀接接头。

（4）在管中的残余应力较小，这对那些对应力腐蚀裂纹敏感的管子材料尤为重要。

（5）管子与管板之间的间隙几乎可以完全贴合，缝隙腐蚀的危险性少。

（6）由于没有机械接触与磨擦，胀杆基本上不会磨损。

（7）只要胀接时使用液体合适，可以减少或者避免管子的清洁工作。

（8）特别适用于厚管板或小管径换热管的胀接。机械胀管法受到胀接长度上 $L=30\mathrm{mm}$，最小管内径 $d=8\mathrm{mm}$ 的限制，尤其不适宜过小管径换热管的胀接。而爆炸胀管虽然不受管径大小和胀接长度约束，但胀后管孔污染较大，清洗困难，且胀接质量不易控制。液压胀管的主要胀接工艺参数可以通过计算来精确确定，胀接质量稳定，残余应力小，胀后管孔内无污染。尤其在小管径（胀管直径小于10mm）或厚管板的胀接中，液压胀管更能体现其优越性。

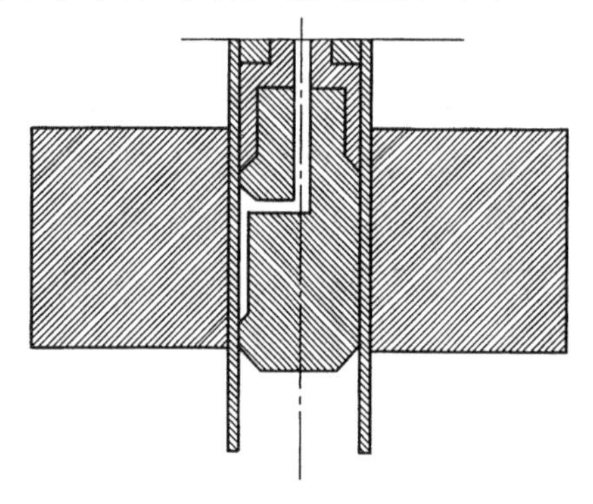

图1.5－11 胀接结构图

（二）液压胀接工作原理

液压胀接是在液压的作用下使管子胀大并达到和管孔壁紧贴在一起的方法。它有一根胀杆，两端有密封圈，胀杆插入管内后，在管内壁和胀杆之间形成了一个很小的封闭间隙。再通入高压（最高可达400MPa）便可使管子发生弹塑性变形而紧贴在管板孔上，如图1.5－11。

1. 胀杆设计

影响液压胀接的主要因素是密封尺寸 d_s，d_s 偏大时，密封效果好，胶圈使用寿命长，但胀杆进出困难；反之，密封效果差，胶圈容易破裂，寿命短，因此 d_s 应根据管子实际内径来确定：

$$d_s=(d_{i1}-0.1)\pm 0.02 \tag{5-1}$$

式中，d_{i1} 为管子的实际内径，mm。

2. 胀接的最大液压压力计算

极限压力 p_o：指撤去胀接液压后使管板的弹性恢复等于管子弹性恢复时的液压膨胀压力。此时不存在残余贴合压力，即 $p_H=0$。

最大液压压力 p_i：指液压胀接时的最大压力，亦即使胀接后有残余贴合压力 p_H 存在的压力，即 $p_i>p_o$，但大多要取决于胀接紧密程度和拉脱力大小。

贴合压力 p_H：即管子与管板之间的残余贴合压力。通常，贴胀时 $p_H=20\mathrm{MPa}$；强度胀时 $p_H=700\mathrm{MPa}$；紧密胀时 $p_H=200\sim700\mathrm{MPa}$。

理论上说，如果要贴胀，$p_H>0$ 即可，但实际上选取贴合压力时要考虑的因素很多。首先它与管子和管板材料的屈服比有关，也和管子和管板的几何尺寸有关，还有传热运行对贴合压力也有显著的影响。因为此贴合压力是管子与管板在胀接阶段的径向应力，通过它可以定量地描述管子与管板的连接质量。换热器运行时，管子和管板会遭受到有不同瞬时变化的压力和温度的作用，因而贴合压力也是时间的函数。在制造时必须使贴合压力达到一定的数值，以使其在运行时即使出现意外情况亦能抵消导致贴合压力下降的因素的影响。足够的贴合压力是维持换热器使用寿命的有力保证。

要确定温度对贴合压力的影响是比较困难的。如果管内压力较高，管子平均壁温又高于管板平均温度，热膨胀系数又不相同时，贴合压力就会受到影响。当管子材料的热膨胀系数高于管板时，管内介质温度上升会较快地导致贴合压力增加。所以在换热器开停工操作时，热膨胀系数的影响相当明显。

（三）我国液压胀接技术的特点

液压胀接技术存在两个分支，一是O形环法，二是液袋式液压胀接技术。O形环法在芯轴两端各设置一个O形环以密封胀管介质，胀接压力直接通过心轴的中心孔施加到换热管的内表面，使换热管发生塑性变形而与管板连接在一起。我国换热管的尺寸精度较差，有时直径偏差达±0.5mm，壁厚偏差可达±10%，国外用的O形环胀接技术对国产换热管无法进行胀接。进口国外高精度换热管又会增加设备成本，因而限制了该技术在我国的推广应用。液袋式液压胀接技术采用弹性液袋将胀管介质与换热管隔离，胀管压力通过液袋作用于换热管内壁，避免了O形环胀接技术在胀接过程中胀接液体对管口的污染。

1. 工作原理

图1.5－12是液袋胀头结构简图。超高压胀管介质经心轴的中心孔进入液袋，通过液袋对换热管内表面施加均匀的胀接压力，把换热管胀接于管板中。

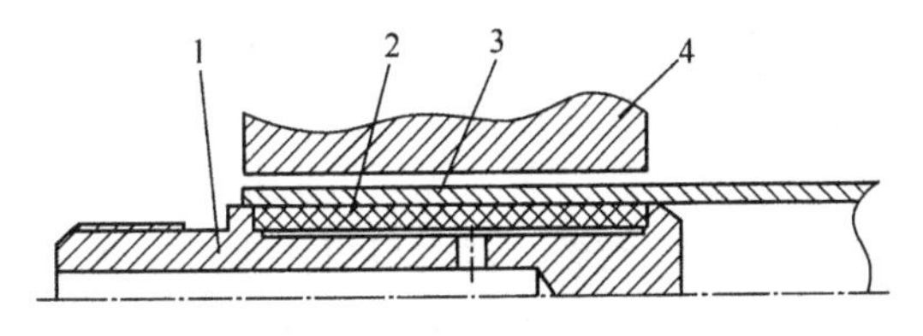

图1.5－12　液袋胀头结构简图
1—心轴；2—液袋；3—换热管；4—管板

胀管介质的密封由液袋完成，超高压胀管压力由胀管机提供。由于胀头是胀接过程中的易损件，因此胀头与操作手柄之间要求连接可靠，装拆方便，其连接接头处应满足多次装拆而不影响密封性能的要求。

液压胀管机的液压系统工作原理如图1.5－13所示。胀管介质从油箱抽出，通过油泵加压，经换向阀进入增压缸的左腔，推动活塞向右移动。由于活塞的大小端面比为定值，超高压腔内乳化液的压力被放大了一定的倍数，增压后的胀管介质经超高压管送入胀头中，把换热管胀接于管板内。当胀接完成后，换向阀换向，胀管介质进入油缸右腔，使活塞向左移动，超高压腔卸压甚至产生负压，从而使胀头较为方便地从管孔中抽出。胀管和卸压所需的油压由溢流阀调节。增压缸的左右腔压力可从压力表读出。增压缸中活塞与缸体有摩擦力且增压比不为整数，为了操作时能方便地测量和控制胀接压力，只需设置一个超高压压力传感器，便可直接用超高压数显表显示和控制超高压胀接压力。

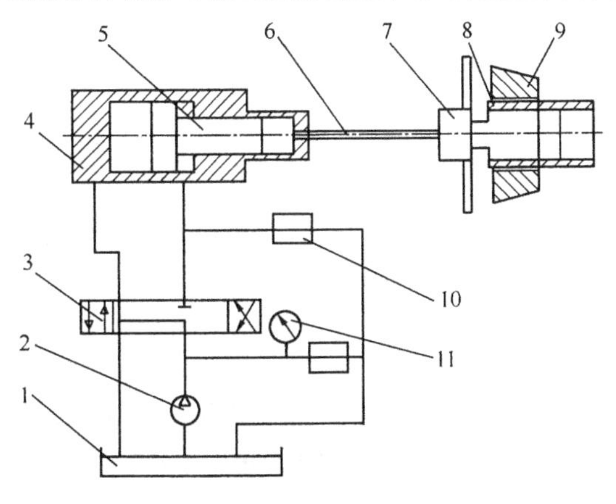

图1.5－13　胀管机工作原理示意图
1—油箱；2—高压油泵；3—换向阀；4—增压缸；5—增压活塞；6—高压软管；7—操作手柄及液袋胀头；8—换热管；9—管板；10—溢流阀；11—压力表

为防止液袋泄漏造成胀管介质对换热管内壁的污染，液压介质以采用乳化液(由蒸馏水与一定比例的乳化油配制而成)为好。由于采用液袋式液压胀接技术，只要胀接操作正常一般不会发生介质泄漏损失，且用额定流量较小的油泵即可满足胀接工艺要求。小流量超高压介质不但耗能少，且还有利于液袋破裂或液压系统发生意外时的安全操作。胀管机的胀接压力由溢流阀调节增压缸右腔的压力即可进行控制。达到胀接压力后，数显压力表发出信号，自动控制换向阀换向，进入卸压状态。该方法可保证所有管口都能在相同胀接压力下胀接，各接口都能得到相同的胀紧度。

2. 技术特点

(1) 生产效率高 一个管口的胀程仅为12s左右，每台胀管机每班可胀接约2000个胀口。

(2) 劳动强度低 液压胀接时作用于管上的胀接压力是一个自平衡的力系，胀接时手柄上无须施加力或力矩。

(3) 胀接质量高 胀接压力可以根据需要设定，一旦胀接压力设定了，控制系统即可对其自动控制，能保证各接头的胀紧度均匀一致。

(4) 胀接后换热管残余应力低 由于胀接压力能均匀地作用于换热管内壁，不论多厚的管板，胀接过程一次完成，有效地防止了间隙腐蚀。胀接后管子不会产生冷作硬化，因此残余应力低，不易发生应力腐蚀。

(5) 胀接过程对管口无污 胀接时胀管介质不与换热管内壁直接接触，胀管介质采用乳化液，即使液袋破裂，对管口也不会产生污染，特别适用于先胀后焊的工艺。

(6) 对换热管的尺寸精度要求较低 当换热管的尺寸有较大偏差时，可以对胀头进行修磨，或做成专门尺寸的胀头，适合我国换热管的生产国情，可对国产普通换热管进行有效胀接。

三、爆炸胀接[16]

(一) 爆炸胀接特点

此法起源于20世纪60年代，在70年代得到广泛应用。其原理是利用爆炸时的径向作用力达到胀紧，同时利用爆炸时的轴向力将残渣抛出管外。Foster-Wheeler公司在制造上述换热器时，一次可胀1500个胀口，故只需炸二次即能完成全部胀口的胀接工作。爆炸胀管工艺操作也十分方便，核电厂用蒸汽发生器大多采用此工艺。该方法的优点为：

(1) 胀接长度不受限制，尤其对厚壁小直径管子有其特殊的优越性，胀接深度可达几百毫米，这是机械胀管、橡胶胀管甚至液压胀管方法很难办到的。

(2) 生产率高，爆炸胀接一次可用几百根管子同时进行。

(3) 连接强度高，密封性好。

(4) 工艺装备简单而且很适用于先胀后焊工艺。

(5) 胀接部分过渡圆滑，对管子、管板孔的质量要求不高。但是爆炸胀的安全要求高，在石化装置抢修又很难使用胀接时容易产生过胀、胀接长度难控制和爆管等缺陷。尽管如此，爆炸胀管仍是一种效率很高的施工方法，可大力推广。

但缺点是胀后管孔污染较大，清洗困难，且胀接质量难以严格控制。

(二) 爆炸胀接原理

爆炸胀接是利用炸药瞬间产生的巨大冲击压力，使管子高速产生塑性变形而把管子与管板胀接在一起的，如图1.5－14所示。

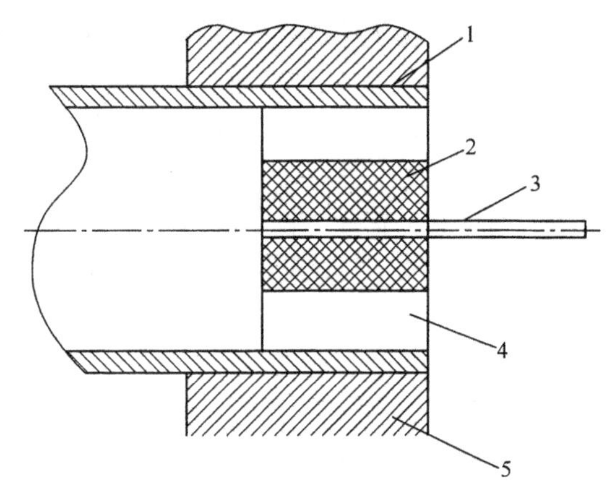

图1.5－14　爆炸胀接

1—管子；2—炸药；3—引爆器；4—缓冲层；5—管板

爆炸胀接仍是管子与管板之间的一种机械连接，检验其质量的好坏，仍是抗拉脱力的大小和密封性能。

拉脱力是指管子和管板连接后要求被拉脱分离的力。

胀管率是指胀管后管子和管板孔壁紧贴的程度，一般可按公式（5－2）进行计算。

$$W = [(d_{i2} - d_{i1}) - (D - d_a)]/t \tag{5-2}$$

式中　W——胀管率,%，（通常贴胀时，$W=3\% \sim 7\%$；紧密胀，$W=7\% \sim 12\%$；强度胀时，$W=12\% \sim 18\%$）；

d_{i2}——胀后管子内径，mm；

d_{i1}——胀前管子内径，mm；

D——管板孔径，mm；

d_a——胀前管子外径，mm；

t——胀前管子壁厚，mm。

经换算后，胀后管内径为：

$$d_{i2} = W \cdot t + d_{i1} + (D - d_a) \tag{5-3}$$

1. 影响抗拉脱力的因素

影响抗拉脱力的因素有炸药用量、胀接长度、管板孔内的开槽数及管子外壁与管板孔的间隙等。

(1) 炸药用量对胀接质量影响很大，过少胀接不牢，过多则又会增加管子的轴向伸长量，甚至会炸坏管子。炸药量应根据管子与管板的材质、尺寸和炸药种类来选择。

(2) 胀接长度长，则抗拉脱力大，但太长会造成管子鼓胀。

(3) 管板孔内开槽可以提高胀接强度，能将较多的管壁金属挤入槽内，因而能在较高温度下保持其抗拉脱力。从理论上讲，槽数越多抗拉脱力越大，但因管板材料强度有限，加工也较困难，因此一般的设计只要求两条槽已足够。

(4) 在炸药量一定的情况下，管子与管板间隙较大者，抗拉脱力较低。从公式(5－2)可看出，管孔大，其胀管率也大，壁厚的减薄量也大，还有可能产生管子爆裂。

(5) 管孔间距的影响，孔间距越大，抗拉脱力越大，孔间距较大时，单孔爆炸与多孔同时爆炸的有区别，否则稍有点影响。

2. 影响密封性能的因素

影响密封性能的主要因素是管子与管板孔的光滑度。表面粗糙度越小，密封性能越好。

(三) 爆炸胀管过程

1. 技术及试验工作

根据工艺要求计算胀后尺寸，初定炸药牌号，制定试验方案及加工试件。然后通过试验确定炸药量、管内缓冲保护层材料、炸药放置位置及一次胀管数量，最后制订爆炸顺序。

2. 施工准备工作

(1) 管子和管板在穿管前要检查是否符合加工要求，然后将其彻底清洗干净，并点焊管子和管板。

(2) 抽查测量管径、壁厚及管板孔径。

(3) 按实验要求选配爆炸用品及参数值。

3. 施工工作

(1) 安装炸药和缓冲保护层。

(2) 准备好引爆线。

(3) 清理爆炸后的残留物。

(4) 质量检查。外观检查，对胀接接头用手摸和光照检查，胀管槽应明显可见，胀口不得有挤偏和过胀现象，管子胀后无裂纹，胀接区和不胀区为圆滑过渡。胀管率检查，胀管率是衡量胀管质量的重要参数。当使用同一批炸药时，一般情况下药量变化不大，只要求计算和试验中测定炸药量。在施工后通过胀管率计算胀后管子的直径。胀管率计算按公式(5－2)、式(5－3)进行即可。

四、橡胶胀接

(一) 橡胶胀接特点

此法和液压胀接法同属于均匀内压的胀接方法，也被认为是胀接残余应力最小的胀接方法，可避免应力腐蚀和间隙腐蚀，为20世纪70年代日本日立制作所研制。这种方法的优点是：

(1) 橡胶胀接是可控胀接，通过试验确定油压或拉力后进行。

(2) 抗腐蚀性强，减少应力腐蚀和间隙腐蚀。

(3) 适合用于厚管板的胀接。

(4) 胀接时无水、油等物质，易清洗，也无铁离子渗透，适用于不锈钢管或先胀后焊的情况。

(5) 管子内径误差量允许较大。

(6) 对焊接管或椭圆管都可以胀接。

(7) 只要所加载荷一定，胀接压力则恒定。胀口紧固力误差仅有5%(爆炸胀接误差30%)。

(8) 对邻近管子没有干扰效应。在小直径管板上胀一根管子与在多孔管板上胀接几乎没有差别。

(二) 橡胶胀接原理

橡胶胀接法是利用圆柱形软质橡胶件作为主要胀接介质的方法，当加载拉杆由液压向橡胶胀接介质施压拉力时，橡胶胀接介质因受轴向压力而产生轴向压缩和径向膨胀，并获得数值很大的胀接压力。该压力使管子产生很大的变形而被紧紧地贴合在管板孔壁上，最终达到胀接的目的，如图1.5－15和图1.5－16所示。

1. 胀接元件

(1) 橡胶筒是很关键的材料，根据管子内径以及胀接长度来确定，要求胀接效率达90%以上。

(2)加载拉杆是使橡胶筒轴向压缩和径向膨胀的主要受力件。

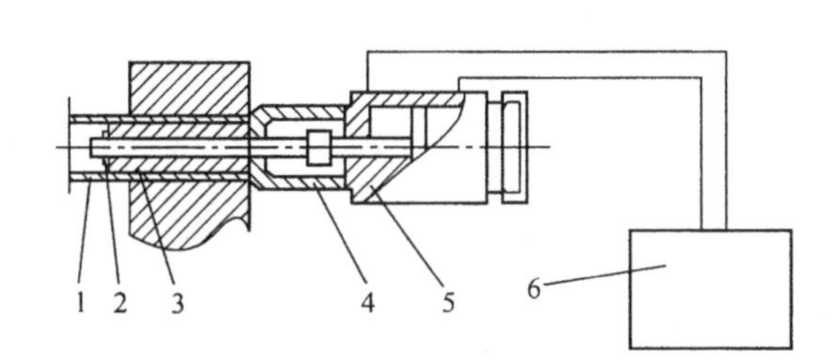

图 1.5－15　橡胶胀管装置示意图

1—管子；2—螺母；3—橡胶筒；4—背压环；5—油缸；6—液压系统

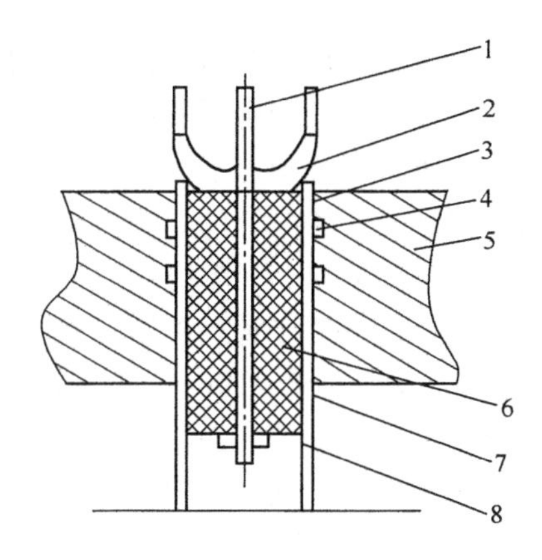

图 1.5－16　橡胶胀管图

1—加载拉杆；2—背压环；3—橡胶密封圈；4—橡胶筒；5—管板；6—橡胶密封圈(稍硬)；7—橡胶密封圈(更硬)；8—辅助密封圈；9—管子

2. 胀接压力

胀接压力就是把管子胀大并使其紧贴管板孔壁的压力。对管孔也开沟槽的情况，它也是使管子完全被嵌入沟槽内的压力。胀接压力通常是管子内壁屈服压力的 4～5 倍。

(三) 胀接程序

(1) 检查管子和管板的加工情况。要求管内壁光滑且无毛刺，更不得有轴向的划痕。

(2) 按工艺要求的胀管率计算胀后管子内径。

(3) 安装胀接工具，按确定的油压值打压，检查胀接情况。

橡胶胀接的关键在于胀杆的设计和材料选用(包括橡胶筒材料的选用)。此法对胀管长度的可控性差，目前国内仍未能很成功使用。但随着科学技术的发展，橡胶胀接会有很好的发展前景。上海石化机械制造公司曾设计制造成功了一种以液压为动力，以特种橡胶充当胀接媒介体的软胶胀管机。操作者手持胀管轮，只要扳动一下按钮开关，就可半自动进行胀管作业，每分钟可胀 5～8 个孔。橡胶体及其密封圈的使用寿命很长，每件可连续使用几十次乃至几百次。该机解决了以下 3 个技术难题。

(1) 胀管头的尺寸足够小，以便可以顺畅地进出管孔，但又不会造成密封困难。

(2) 橡胶圆筒体能反复多次经受高压(300～500MPa)作用，卸掉负荷后仍能保持原有的形状和尺寸。

(3) 在巨大压力作用下，橡胶体及其密封件不会被压溃，也不会被挤出而造成堵管恶果。

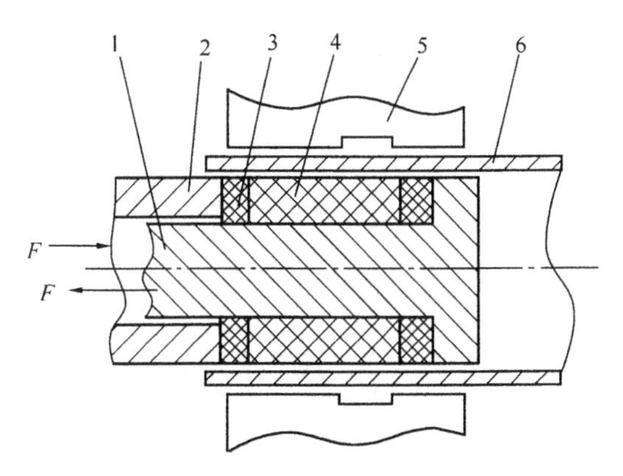

图 1.5－17　胀管作业示意图

1—芯轴；2—撑套；3—密封圈；4—橡胶圈；5—管板；6—管子

此法以液压为动力，以橡胶充当胀管媒介体，基本原理如图 1.5－17 所示。在胀管头的心轴上，套上一个橡胶圆筒体，两端各有一个密封圈保护。胀管头伸入管子后，给心轴和撑套分别施加一个大小相等，方向相反的作用力 F，使橡胶圆筒体轴向受压而径向鼓服，迫使管子与管板产生弹塑性变形。外力解除后，橡胶圆筒体恢复原有形状和尺寸，胀管头可以顺畅地从管孔中退出，转入下一个管孔的胀管作业。

综上所述，各种胀管的方法各有其优势。如何选用和推广是很重要的。在有条件的单位应优先采用液压胀接，对有应力腐蚀和间隙腐蚀的设备以采用液压胀和橡胶胀较好。对要求不高的则可采用爆炸胀管。液压、橡胶及爆炸胀管三种方法都可用于胀度长度大的厚管板。对管子内径很小（小于 ϕ10mm）的厚管板，宜采用爆炸胀；对薄管板（厚度小于 25mm）宜采用机械胀管和橡胶胀管。对现场抢修补胀宜采用机械胀管的方法。总之，选用何种胀接方法，只有根据设备情况、操作条件工厂的实力来确定。

第五节 焊 接

一、内孔焊[17][18]

（一）内孔焊结构的发展

常规焊接结构有很多优点，比胀接耐温度高，但是难以避免间隙腐蚀和结点的应力腐蚀。在高温循环应力作用下，焊口极易发生疲劳裂纹，并逐渐扩大，最后导致焊缝失效。为了解决这些问题，在 20 世纪 60 年代初，国外就开始研究一种叫“内孔焊”的结构，并于 70 年代用于核设备上，我国 20 世纪 70 年代末也在核设备和电站设备上采用了这种结构。但是该结构由于制造工艺要求高、返修困难及费工时等原因，尚未得到广泛推广应用。

内孔焊是一项自动化程度较高的全位置自动焊接。电弧在很深的管板孔内形成，无法观察，焊接质量完全取决于工艺参数，因此焊接前测定各工艺参数的极限范围及最佳值至关重要。目前我国已经研究出一些专用设备和相应焊接工艺。

（二）内孔焊结构的特点

管子与管板的内孔焊结构见图 1.5－18。与常规焊接结构（图 1.5－19）相比，内孔焊结构采用的是对接焊缝，可以获得很高的连接强度。它没有引起焊根裂纹的接触表面（管子与管板孔的接触面），容易保证结点的清洁，所以不容易发生裂纹或气孔。从疲劳强度观点考虑，减少了热冲击，且从根本上消除了间隙腐蚀。因此，对容易产生热疲劳的设备来说，它是最好的结构设计。在操作时焊缝的温度基本与壳体温度一致，使焊接接头减少了热冲击，而且不会因高温循环应力作用而在焊口产生疲劳裂纹。

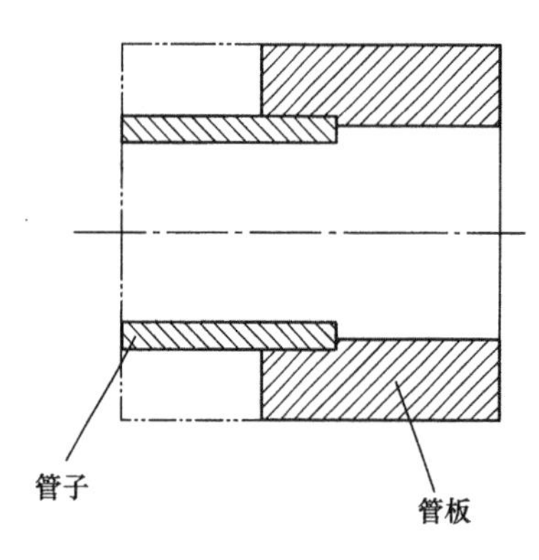

图 1.5－18 内孔焊结构

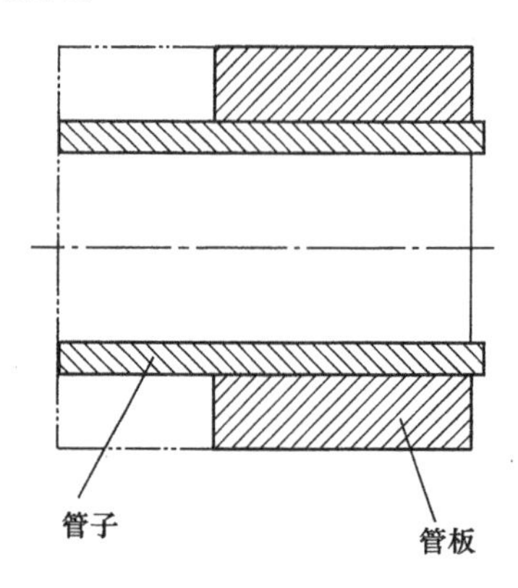

图 1.5－19 常规焊接结构

（三）内孔焊结构的接头

所谓内孔焊，是将管子置于管板的内侧，管子与管板形成内孔对接焊缝。通常采用的接头形式，见图 1.5－20；内孔角焊缝，见图 1.5－21。

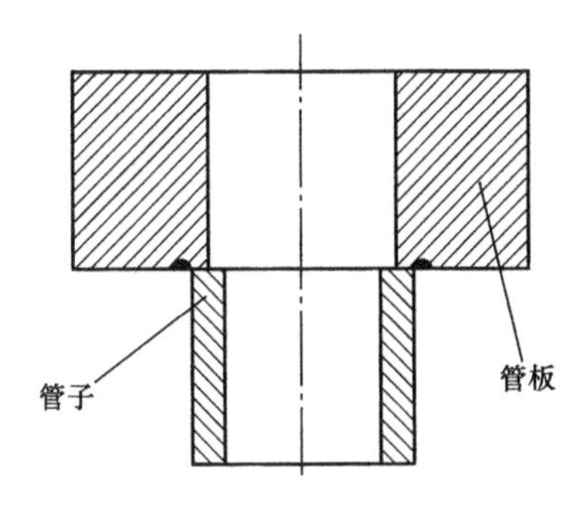

图 1.5－20　内孔对接焊缝

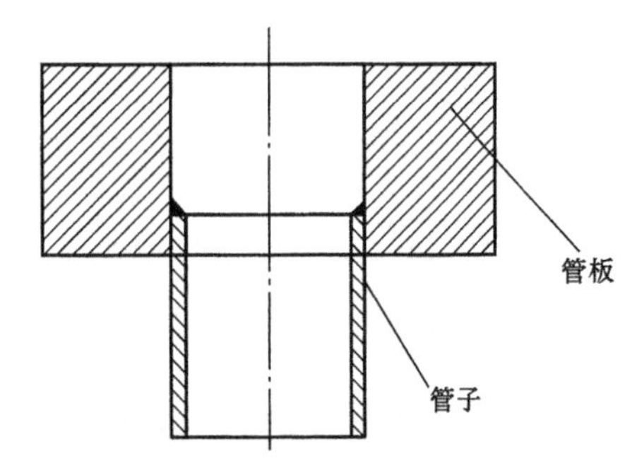

图 1.5－21　内孔角焊缝

（四）内孔焊结构的实施

内孔焊结构的实施是一项自动化程度较高的技术，焊接影响因素比较多。内孔焊电弧是在很深的管板孔内起孤焊接的，见图 1.5－22，其与常规焊接相比，操作者无法直接观察焊接的全过程，焊接结果完全取决于预先设定的焊接工艺参数和焊工的水平。

焊接过程具有不可见性的内孔焊，是一种特殊的制造工艺，其制造工艺条件苛刻，焊缝返修极为困难，因此要求焊接设备精度和可靠性高。采用瑞典伊莎 A22 焊机和法国 164 型脉冲自动钨极氩弧焊机，可进行管子对接、管子与管板的内孔焊和端面焊。每个焊口的焊接过程是自动进行的，包括提前送保护气、高频引弧、预熔化、电流衰减、滞后送气到焊接停止的全部过程。

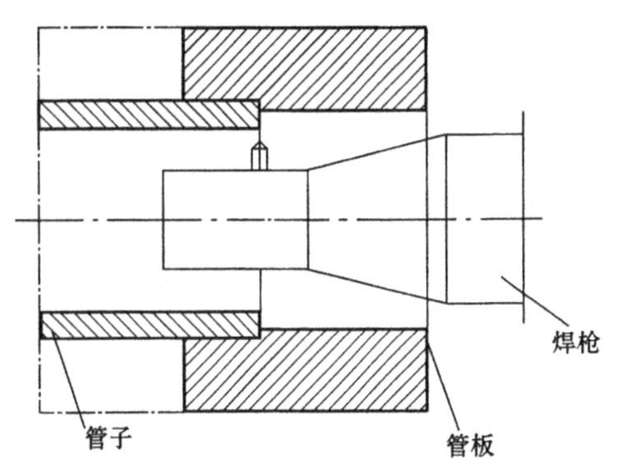

图 1.5－22　内孔焊焊接图

为了保证内孔焊结构的焊接质量，焊前需对上述要求进行充分的准备。如对接头形式、接头尺寸、焊接规范及返修方案等都要进行精心的制定，并通过大量的焊接工艺试验，最后确定适当的焊接工艺参数。对焊接接头要外观检查、熔深测定、枪力试验、金相检查及硬度测定等，其结果必须满足技术要求。

内孔焊结构见图 1.5－23。经过分析认为，直接影响管子与管板焊缝质量的是管板孔周向环行台、管端几何尺寸、管子与管板以及焊接电弧三者的相互位置等因素，它们可以通过零件加工、装配及焊接工具调整的精度控制来保证，其中尤其是管板孔周向环行台的尺寸、形状和均匀性以及管子与管板孔之间的间隙对焊接质量影响最大。

由于管子较长，原结构(图 1.5－23)在对中、穿管及焊接时均比较困难。通过分析和试验，可将原结构改为图 1.5－24 所示的形式，并对各参数的大小进行合理选定。环隙长度过小不易焊透，过大又易烧穿；环隙直径过小易烧穿，过大不易焊透，且焊缝向管板的过渡也不平滑，易产生焊接应力。采用图 1.5－24 的结构后，可使焊接结构合理，焊接应力下降。鉴于内孔焊的结构特点，焊缝的检验没有很好的手段，因此焊接工艺的制定就显得尤为重要。

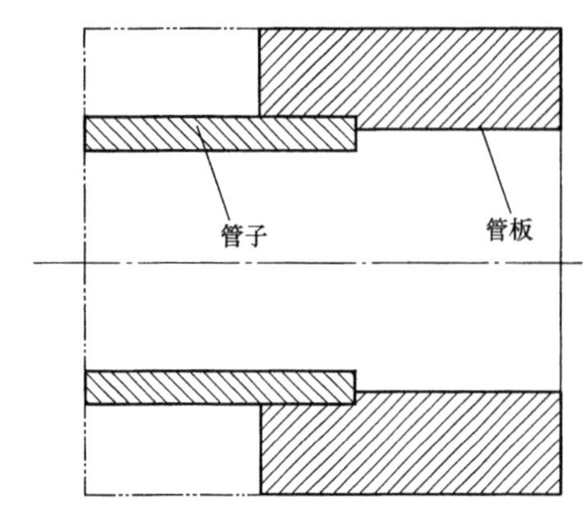

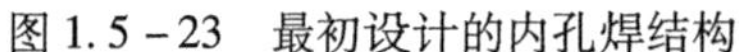
图 1.5 – 23 最初设计的内孔焊结构

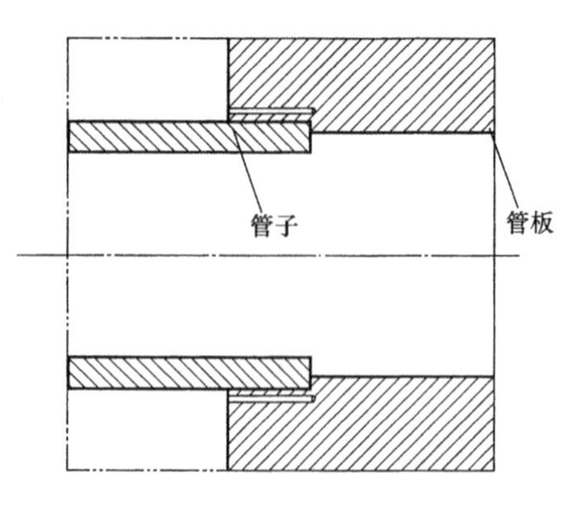

图 1.5 – 24 改进的内孔焊结构

目前我国的一些制造厂虽然已经掌握了内孔焊制造技术。但内孔焊的焊接难度仍较大，管子与管板加工精度要求也高，还有检验手段及缺陷返修等问题都还有待解决。

二、爆炸焊

爆炸焊接是一种在受控引爆下让工件之间产生高速相对运动，进而使工件发生固态焊接连接的工艺。其最突出的特点是可将性能差异极大、用通常方法很难熔焊在一起的金屑焊接在一起。爆炸焊接结合面的强度很高，往往比母体金属中强度较低的母体材料的强度还高。

爆炸焊接时，炸药在爆炸瞬时释放的化学能量所产生的高压爆震波，使两种金属体以极高的速度相互碰撞，此时相互接触的界面产生射流，这种射流冲刷着金属表面，除去金属表面层上的氧化膜和所有的吸附层，使新的金属表面互相接触，与此同时界面的温度也已经达到了焊接所需的温度，机械能转化为热能，金属升温后使部分母材熔化，爆炸产生的纵向冲击波向下压缩金属，横波向前推进则使金属界面上的原子获得足够的激活能(机械能和热能)，因而产生金属键，使两种金属面牢固地结合一起，形成爆炸接头。

爆炸复合一般采用接触爆炸，即将炸药直接置于复层的板面上，装配方法有平行安装和夹角安装两类。

在某些换热器制造时，通常的焊接工艺已不能满足要求时，可以采用爆炸焊接法且可获得具有高度再现性和完整性的焊接接头。如某换热器的传热管为 25mm × 2.6mm 的不锈钢管，管板为 Inconel 合金复合板，传热管与管板的接头为熔焊结构，在 427℃ 的操作温度下仅运行了 3 周就发生了泄漏。后改为爆炸焊接接头后，运行了 6 个月仍完好无损。

在传热管与管板的焊接中，正越来越多地采用爆炸焊接工艺替代传统的熔焊工艺。爆炸焊接工艺具有以下一些主要优点：

(1) 焊缝完整性高 在适当的焊接参数下，接头的强度不低于母材。

(2) 焊接接头的再现性好 绝大多数是一次合格，100% 不漏。

(3) 可进行异种金属的连接。

(4) 对于钛、钽金属，以熔焊法施焊时，需有特殊的洁净车间，爆炸焊则不需要。

(5) 管板小桥所需厚度与管子壁厚成正比，若采用薄壁管，小桥厚度就可以减小，这对于极为昂贵的钛、钽管子是很理想的一种办法。

(6) 操作极为迅速。

图 1.5 – 25 所示为管与管板爆炸焊接的过程。此外，目前爆炸焊工艺还越来越多地被用于换热器修理时漏管堵塞的场合。

如果换热器在设计上允许管板背面存在非结合区，则就可以用正面爆炸焊接工艺来代替熔焊工艺。对于非活泼金属材料的传热管与管板的焊接，采用爆炸焊接工艺与熔焊工艺的成本是相当的，在换热器大修时，采用爆炸焊接工艺堵塞泄漏的传热管，在任何情况下都可以获得良好的焊接质量。

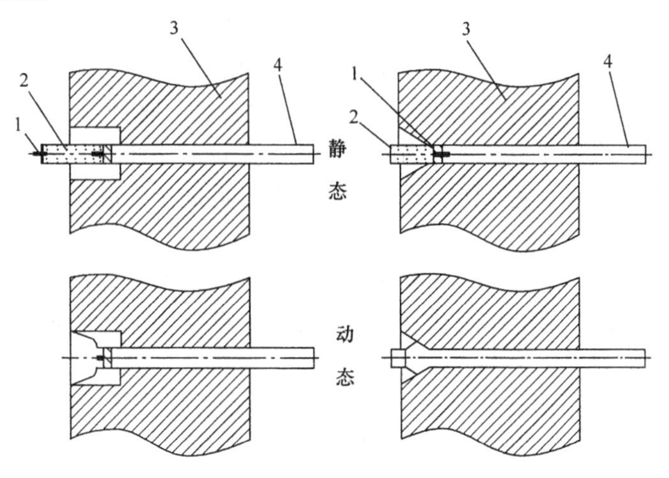

图 1.5－25　几种典型的爆炸焊接装置

1—雷管；2—炸药；3—管板；4—管子

第六节　胀 焊 并 用

一、连接与应用[19,20]

在换热器的制造过程中，有胀接、焊接和胀焊结合 3 种连接方法，但经常采用的是管子与管板胀焊结合的连接方法，其目的在于综合利用胀接和焊接各自的优点，以求获得既能耐高温高压，又能承受动载荷和耐腐蚀性能的换热器。许多实验资料表明，无论采用哪种胀焊连接形式，其接头处的抗拉强度和密封性能都较单独胀接或焊接为高，在某些程度上甚至还超过了管子材料的强度，故这种连接形式多用于使用条件苛刻的场合。国家标准 GB 151 规定，在密封性能要求较高，承受振动或疲劳载荷，有间隙腐蚀及采用复合管板等的场合，换热管与管板应采用胀焊并用方式。

目前，胀焊并用连接方式已得到广泛应用。因为它能提高接头抗疲劳性能并消除间隙腐蚀，使其寿命大为延长。管程介质对管板传热面积的影响比壳程介质对管板传热面积的影响大许多倍，尤其是对厚管板更加突出。胀接可以减少管板两侧的温差，使管板温度趋向于管程介质温度，这可减小管板的翘曲变形，从而有利于密封的可靠性。而焊接接头有较高的连接强度和高温连接性能，且密封可靠。因此为充分发挥胀接和焊接各自的优点，采用胀焊并用便可获得比单独采用胀接或焊接优越得多的连接接头。

胀焊并用连接按胀接和焊接要求的不同，又可分为以下几种：强度焊＋贴胀、强度焊＋强度胀、强度胀＋密封焊、强度胀＋贴胀＋密封焊、强度焊＋强度胀＋贴胀等，后两种方法用于厚管板。还有采用在强度焊之前先“定位胀”，即让管子在管孔中胀接定位之后再焊接，然后进行其他工序。上述各种胀焊组合应按连接强度要求、密封要求、管板厚度和腐蚀等工况条件进行选择。这里所说的强度焊是指承担管子管板间全部连接强度外，还要保证焊缝的致密性。密封焊则单纯是为了防止介质泄漏。强度胀的作用与强度焊相同，而贴胀仅仅是为了消除管子与管孔之间的间隙，以防止间隙腐蚀。

GB 151 标准只规定了强度焊+贴胀、强度胀+密封焊两种胀焊并用连接方式，并规定了强度焊的定义，即角焊缝高度 H 值大于 2/3 管子壁厚时才是，否则就是密封焊。胀紧度选择是区分强度胀和贴胀的主要依据，机械胀接和柔性胀接的胀紧度计算和结构都不同，这里不详述。某些特殊结构不能采用胀焊并用的方法，如内孔焊和全深度焊属于无间隙接头，不存在胀接。而爆炸焊则是焊接区和胀接区并存，兼有焊、胀特点，也不存在胀焊并用问题。按胀焊次序不同，胀焊并用又可分为先胀后焊和先焊后胀两种工艺。哪种工艺更好，目前还没有定论，但大量报道表明，国内外制造厂大部分倾向于先焊后胀。

二、先胀后焊

采用机械滚胀方法时，由于胀管润滑介质难以用经济的方法清除掉，以致使其在焊接温度下形成气孔以及在焊缝收弧处出现缺陷。胀接时用二硫化钼加水作润滑剂虽然可大大降低气孔的形成，焊前干燥和净化管接头焊缝部位也有一定成效，但还是未受大家普遍接受。近年来柔性胀接方法得到了很大发展，采用了通过一些对管接头无污染的胀接方法，如液袋胀、橡胶胀及爆炸胀等均可获得高质量的胀管接头。

先胀后焊有以下优点：

(1) 先胀后焊可在胀接后穿插进行中间强度试验和致密性试验，保证胀接连接的可靠性。

(2) 先胀后焊时管子已先在管孔中定位对中，且紧贴孔壁，对薄壁管和厚管板的连接易得到质量可靠的焊缝，尤其用在管子为低碳钢而管板为高强度钢时焊接质量容易得到保证，对焊接性差的材料对防止出现焊接裂纹也有一定作用。

(3) 小管径的焊前胀管能提高连接接头的抗疲劳性能，尤其适用于液袋胀、橡胶胀及爆炸胀等不污染管接头的均匀胀接方法。

三、先焊后胀

(一) 先焊后胀工艺的优点及应用

换热器制造厂历来多采用先焊后胀工艺，而较少采用先胀后焊工艺。究其原因是与使用机械滚胀法作为最主要的胀接手段密切相关。因为在滚压胀管过程中，存在着摩擦并产生大量的热，必须用机油来润滑和冷却。渗浸进入胀接接头缝隙中的油液，要彻底清除干净十分困难。缝隙中存在的油水等杂物，焊接加热时极易形成气体。这些气体一方面来不及逸出，另一方面因胀管区排气通道往往被堵塞，因此大大增加了焊缝中生成气孔的可能性。

采用先焊后胀工艺，则可以避免上述胀管给焊接带来的不利因素。胀接和焊接之前管子和管板的清洁和干燥工作并不困难，一般制造厂家都有条件做到，因此先焊后胀避开了在机械胀接过程中造成的污染的条件，进而保证了焊缝质量。特别是对于钛材和某些有色金属，要求焊接的基本条件十分严格，不允许有油水和铁离子污染，选择先焊后胀工艺不会引起异议。

(二) 先焊后胀工艺的缺点分析

把机械胀管法作为胀管手段，虽然可使先焊后胀工艺优于先胀后焊工艺，但机械滚胀法仍存在着一些固有的缺点。如由于各管子之间长度不一，连接强度和紧密性不均；胀管接口的内表面已产生硬化，给重复补胀带来困难；管子与管板材料在胀接时的相容性受到一定的限制，如钛管与碳钢的胀接、铝管与碳钢的胀接等均受到限制；劳动生产率低，且小管径或厚壁管管子的胀接较困难等。

除此之外，先焊后胀工艺本身仍存在着如下的缺点。

（1）管口环形焊道不均匀　由于管子与管板之间存在着0.2～0.5mm的装配间隙，且总是偏心配置，加上管子和管板孔的加工偏差，造成每一个管口的环形焊道不均匀，这对于薄壁管子很容易焊穿。

（2）存在一段长15mm的非胀管区　GB 151—89规定胀管区与焊接的距离为15mm，目的是为了避开胀管力对焊缝的破坏。此非胀管区内存留着气体，当换热器受热后其体积膨胀，产生强大的压力，这可能对焊缝或胀管造成破坏。另外，为了充分利用管板的设计厚度，管板厚度内的胀管区总是越长越好。长15mm的非胀管区，对于厚管板而言，消极效果不明显；但对薄管板，则不可小视。

（3）管子伸长损伤焊缝　机械滚压胀管使管壁减薄，管子伸长，对焊缝有损伤。

（4）焊瘤及管口收缩　焊接时在管口处形成的焊瘤，加之管口收缩和变形均给以后的胀管作业带来困难。为了使管接头顺畅地进入管孔中，则有必要对管口焊接提出较高的要求。

四、两种方法比较

先胀后焊和先焊后胀各有自己的优缺点，制造厂多倾向于后者的原因是它比前者容易实施，但有试验表明，在相同胀接力矩下，先焊后胀得到的胀紧度普遍低于先胀后焊。这是由于焊后过热区硬度提高及焊缝牵制作用之故，因此应视设备具体情况而定，应针对引起换热器失效的主要原因来确定胀焊顺序。

（1）先胀工艺对管子管板洁净度的要求大大高于先焊工艺，采用机械滚胀时还要采取措施防止管子窜动，成本也较高。此外，先胀之后再焊接时胀接部分因受热而易松驰，焊接时产生的气体不易排除，易产生焊缝缺陷。因此就保证焊缝质量而言，先焊后胀较好。

（2）对焊接性能较差的材料，先焊之后再胀接时，使焊接接头易出现裂纹甚至开裂，胀接质量无法检查。若采用液压或橡胶胀接技术，管子又会残留较大的拉应力。

（3）对于应力腐蚀、缝隙腐蚀和振动而言，先胀后焊较好。

（4）如果冲刷腐蚀是主要原因，为获得良好的焊接接头，应该是先焊后胀较好。

（5）如果材料衰变是主要因素，则首先需改用合适的材料；其次应尽量选择一种能减少残余应力的制造工艺，如采用液胀和滚胀相结合的方法。在采用液压胀等柔性胀接技术时，由于管子管壁产生不减薄的塑性流动，从而发生管子缩短现象，产生的拉应力容易损坏先焊的焊接接头。

（6）在机械滚胀时，由于滚柱的辗轧作用而使管壁减薄，进而使管子产生轴向伸长现象，这对先焊的焊接接头质量是不利的。

（7）若将两者相结合，即管束的一端采用液压胀，另一端采用滚胀，只要控制和计算得当，可以得到无应力的管子管板接头。或可根据换热器管程壳程侧操作温度的高低和材料的热膨胀系数，预留一定的拉伸或压缩应力，以使其在操作温度下达到平衡。

（8）先胀后焊工艺宜在下列情况下使用：工厂拥有柔性胀接方法，且为无污染型胀管设备；或只拥有的胀接工具还不能控制胀接力大小；振动、应力和缝隙腐蚀是换热器损坏主要原因的地方；材料焊接性能较差及管板较厚的场合。

（9）先焊后胀工艺宜在下列情况下使用：密封、冲刷与疲劳破坏是换热器损坏主要原因的地方，特别需要降低成本而拥有的胀接设备又不能控制接头污染的工厂，管板较薄的场合。

无论是采用哪种方法，其所选用的材料均应合乎相应标准的要求，管板加工精度也应有保障。应淘汰那些既不能控制胀接力大小又不能控制接头污染的手工操作机械滚胀法。采用先胀工艺的不得污染管接头，焊后不能保证管头角焊缝高度的焊接方法也不能再使用了。

第七节 总 装

一、外壳的制造

现今制造的的管壳式换热器很多都是大型的，最大的直径达4650mm，换热面积达到了5000～8000m²，因此换热器的外壳相当大，因此其在制造上具有自身的一些特点。现以大型立式换热器的制造为例，介绍换热器外壳的制造过程[21]。

（一）下部壳体的制造工艺

1. 壳体圆度和直线度的要求

立式换热器壳体成形的圆度和直线度要求严格，为了保证壳体组件的圆度，纵缝坡口应在刨边机上加工，并且控制其对角线公差，以为控制壳体的圆度做好前期准备。

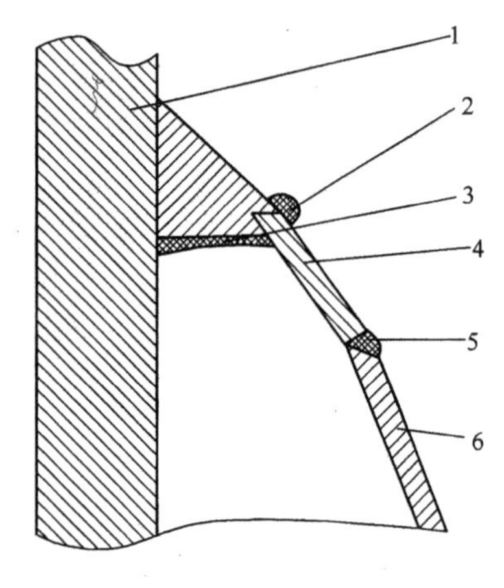

图1.5－26 裙式支座

1—加强节；2—堆焊Ⅰ区；3—堆焊Ⅱ区；4—裙座Ⅰ；5—堆焊Ⅲ区；6—裙座Ⅱ

2. 下壳体中加强节的加工

立式换热器的支座大多采用图1.5－26所示的裙式支座。为保证在加强节上堆焊裙座过渡段，且保证堆焊后有足够的加工量，下料时要增加加强节的厚度。堆焊热处理后筒节会产生收缩变形，因此对内径及堆焊的过渡段要进行机械加工以保证设备管束的顺利组装和设备竖立后裙座与设备主体的垂直度。

堆焊过渡段的位置必须严格控制，因为它决定了支座的标高尺寸，所以下壳体各节排版长度及环缝坡口必须进行机加工。只有这样才能既保证焊接质量，又能保证各节组焊后的垂直度和同轴度。

3. 下部壳体直线度的控制

筒体成形后必须满足直线度要求，因此环缝只有采取机加工的办法才能使筒体的直线度、筒体坡口以及单节筒体端面与中心线的垂直度得到保证，并以此为整个壳体组对后的直线度提供保障。

4. 环缝组对

立式换热器壳体长，节数多，组对时应首先选择那些周长相近的筒节进行组焊，并以筒体环缝钝边为基准，以此最大限度地减少错边量。实际组对时要求环缝最大错边量小于2mm。每两节筒体组对完毕后进行直线度测量，根据测量结果再组对下一节筒体。筒体组对完毕后直线度总的允差小于6mm，才能满足产品的设计要求。

（二）浮头锥体的制造

上连管束下连膨胀节长管的浮头锥体，决定了壳体与管程内件的同轴度，该同轴度对膨胀节的使用寿命有很大的影响，是立式换热器的重要质量指标。

1. 锥体的成形

锥体为两瓣下料，并在水压机上由专用模具压制成形，压形后两瓣再组对，并在液压滚床上重新校型，直至基本达到图纸要求。锥体两端面经两次划线，盘测周长，既要保证大小口的直径尺寸，还要保证锥体的高度及大小口的同轴度。

2. 浮头锥体的组对

浮头锥体组焊成形后，要求两端法兰面与轴线垂直，且要控制垂直偏角，这一严格要求需要有合理工艺来与之配合。

首先，将组件中各个零部件经机加工后，两端法兰分别在外圆、内孔端留出加工余量，然后将大法兰与短节和锥体组对，并以大端法兰为基准测量锥体小端偏差。偏差符合要求后，组对小端法兰。最后进行成品机加工。这样既可保证两端法兰面的平行度，又能保证整体的同轴度。

（三）主本焊缝坡口的加工

根据立式换热器结构的特点以及母材的厚度，筒体和封头上的所有承压焊缝均应采用全焊透结构，其坡口采用机械加工，坡口形式见图 1.5－27。

（四）外壳的焊接

一般换热器用钢对焊接裂纹敏感性较强，易产生焊接延迟裂纹，因此焊前预热、焊材烘干、焊接层间温度控制以及焊后及时消氢或消应力处理等，都是非常必要的，为此可采取如下措施：

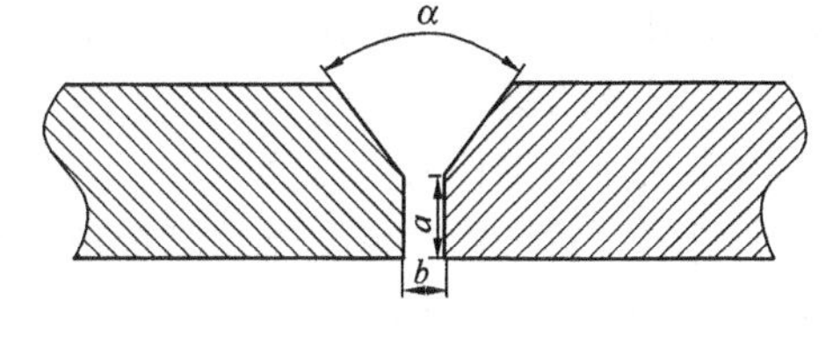

图 1.5－27 焊缝坡口

（1）严格控制预热温度 150～200℃，并要连续焊接，保证层间温度达到 150～200℃。

（2）选择合适的焊接参数，控制焊接线能量密度，改善接头组织和性能。

（3）焊接前要将焊接坡口根部清理干净，并做检验。

（4）焊后应立即进行消应力或消氢处理。

层间温度的保证措施：对主体焊缝采用焊前整体进炉预热，施焊过程中用煤气或液化气补充加热以确保层间温度，焊后采用消氢或消应力的措施，保证焊缝在最终热处理前后各项检验指标均达到技术要求。

（五）最终焊后热处理

因壳体内有管束，加之总长较长，不能进行整体最终热处理，应采取管箱、上部壳体及下部壳体单独组焊后分别进行最终焊后热处理的办法。

（六）组装

（1）壳体用方箱垫铁在装配平台上垫稳、调平。在壳体入口处装上保护壳体螺纹的专用工具，防止在装管束时划伤螺纹和管束的 U 形管壁。

（2）利用管板上的螺钉孔将专用平衡杠装到管束上，用天车吊平衡杠将管束吊起，调整平衡铁使管束达到水平状态。将管束装到壳体中，直到预定位置，见图 1.5－28。

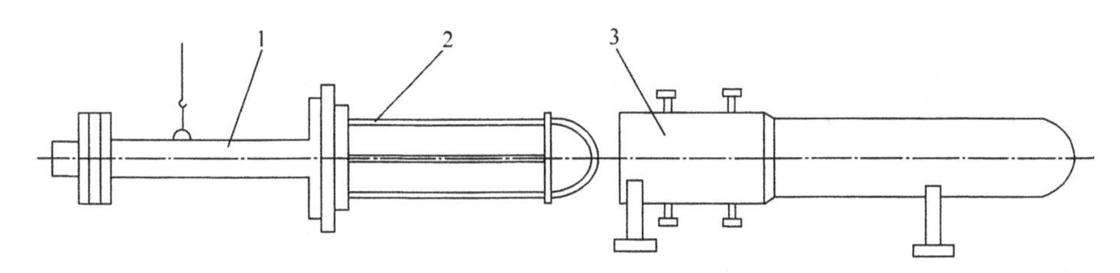

图 1.5－28 管束组装图

1—平衡杆；2—管束；3—壳体

（3）装内密封垫圈和垫片于壳体和管束管板上，用专用平衡杠将管程内套筒吊起，调整平衡铁使管程内套筒达到水平状态，再装到壳体中并与管束对正位置，用螺栓把牢。

（4）将密封盘装到壳体中，并将壳体螺纹涂上润滑油，然后吊装螺栓、承压环等件。

（七）对应法兰和内外圈的预紧

（1）壳体密封面、法兰密封面和八角垫应无划伤现象。

（2）在装法兰时密封面应涂润滑剂后方可进行装配。法兰螺栓用液压拉伸器进行对称预紧以达到要求的预紧力，内、外压圈螺栓用力矩扳手进行对称预紧直达到预紧力。

（3）螺栓的预紧方法如下：第一次预紧时达到最终预紧力的60%，第二次预紧时达到最终预紧力的80%，第三次预紧达到最终预紧力的100%。每次预紧都应使每个螺栓达到本档次的预紧力后方可再进行下一档次的螺栓预紧。这样预紧才能使螺栓所受预紧力及密封垫所承受的压力达到均匀，必须防止个别螺栓受力过大。与此同时，检查法兰与壳体端面之间的间隙看其是否均匀以及是否在误差范围之内。

二、试压工装[22]

浮头式换热器作为换热器中的一大类，在石油及化工等装置中被广泛应用。由于其结构特点所决定，对其换热管与浮动管板角焊缝的检查，只有借助于专门的试压工装才能进行，这在GB 151中已有明确规定，但就工装的具体形式则未给出。TEMA标准中虽给出了工装的结构形式，但经长期使用发现仍有一些不便之处。为此，人们便不断地寻求一些更经济适用的试压工装，以满足不同结构形式、规格、尺寸和压力级别浮头式换热器制造的需要。

（一）TEMA标准的推荐结构及其改进形式

TEMA标准推荐的通用试压工装结构见图1.5-29。这种结构形式总的来说比较简单、拆装方便且安全可靠。但是，件号1压盖及件号4试压法兰环通常都必须用锻件来加工，无论是材料费用还是加工费用都较高。同时该工装的互换性较差，因为填料密封结构受公称直径和压力级别的限制。

因此，图1.5-29的结构主要适宜于定型的和大批量生产换热器的厂家应用，但对于批量小、规格多的企业来说，按图1.5-29的结构来试压显然从经济上考虑是不允许的。正由于以上原因，后来有人又给出了对图1.5-29进行改进的结构，见图1.5-30。

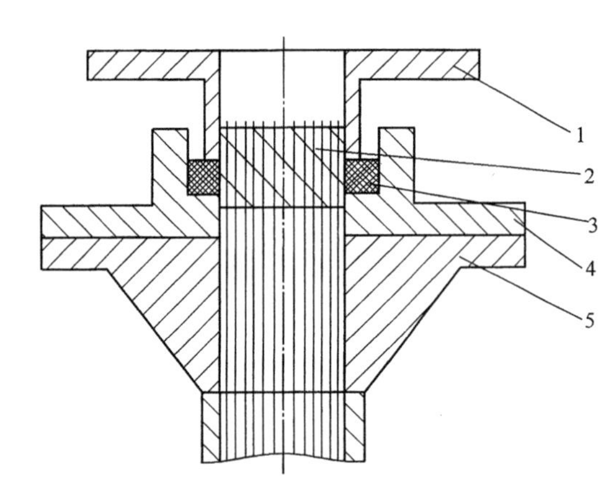

图1.5.29 通用试压工装结构
1—压盖；2—浮动管板；3—填料；4—试压法兰环；5—外头盖侧法兰

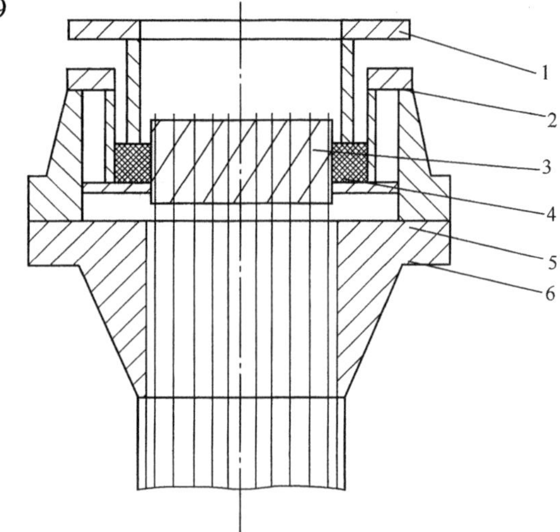

图1.5-30 改进型试压工装结构
1—压盖；2—压环；3—浮动管板；4—填料；5—试压法兰环；6—外头盖侧法兰

这一工装由于利用了设备本身的法兰，同时将图 1.5-29 的压盖改用焊接结构，因此具有省材、重量轻、结构简单、机加工量小及制造容易等优点，尤其适宜单件、小批量和多品种生产厂家应用。试压完毕后割下焊环进行修磨便可以恢复使用了。但这种结构只适用中、低压场合。

（二）可拆自紧式结构

为了能实现同直径换热器工装的相对固定化，有人推荐了图 1.5-31 所示的自紧式可拆结构。这种结构可以通过本体上的 3 条环槽（见图 1.5-32）来适应不同压力级别、但公称直径相同的换热器的试压，而本体设计则是以同直径的最高压力级别来考虑的。这种工装的可靠性较高，因为它是一种自紧式密封，且具有一定的互换性。但该结构本体仍需要用锻件或厚钢板来加工，制造成本仍然较高，因此主要适宜于系列生产换热器厂家的应用，且该工装结构仍比较复杂。

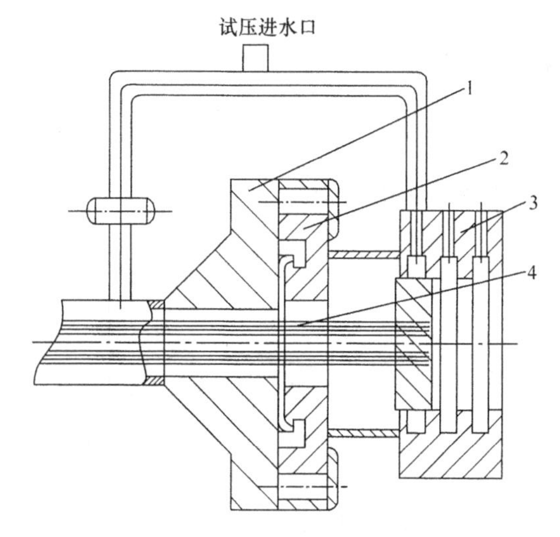

图 1.5-31　自紧式可拆结构

1—外头盖侧法兰；2—L 型板；3—工装本体；4—浮动管板

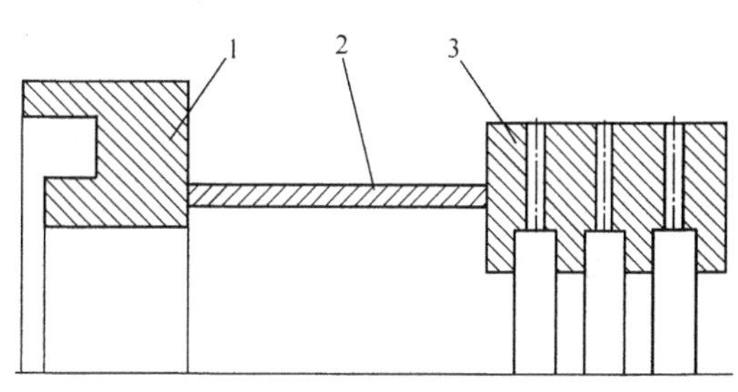

图 1.5-32　工装本体

1—环形法兰；2—筒体；3—本体

（三）焊接结构试压工装

前面所介绍的两大类都是可拆结构，总的来说它们的结构仍比较复杂，仍需要借助垫片、填料或胶圈来实现试压密封，而且主要适用于大批量、标准化或系列化生产厂家，而对单件、小批量或多品种生产厂家则很不经济。改进后的图 1.5-30 结构虽然适用于小批量生产或单件生产，但同上述的其他几种结构一样仍只适用于钩圈浮头形式，对可抽式浮头的试压仍不能用。同时，由于图 1.5-29、图 1.5-30 采用的是填料密封，当试验压力较高时密封性能仍不易保证。再者，从设计角度而言，上述工装的设计计算也比较复杂。正由于以上诸因素，有人提出了用焊接结构工装来替代前述结构的试压方法。

对带外导流筒结构，通过内筒延伸并利用一小锥度的锥筒，让其与浮动管板焊接便可试压，见图 1.5-33。

对内套流钩圈式浮头换热器，可采用一个略有锥度的焊接筒体，让小端与浮头管板外周焊接、大端与外头盖侧法兰的非密封面部位焊接，之后便可以进行试压了，见图 1.5-34。

对有外头盖的可抽式浮头式换热器，采用两块拼焊成的锥形筒体，让其小端与浮头管板

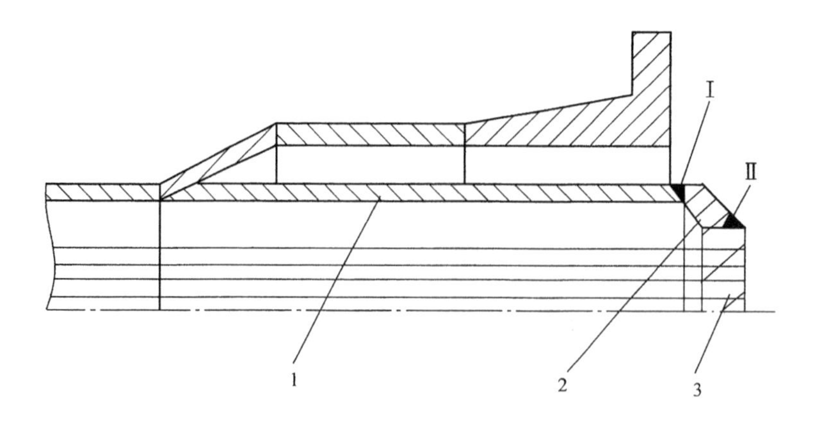

图 1.5－33 带外导流筒结构的试压工装图
1—延伸筒体；2—锥筒；3—浮动管板

非密封面侧焊接，大端与外头盖侧法兰的内周焊接，见图 1.5－35。

对 U 形管式换热器的可抽式浮头换热器，把锥形筒体分别与管板预留面及壳体内侧焊接即可试压，见图 1.5－36。

此外，对浮头式管束釜式重沸器，也可通过图 1.5－37 的辅助壳体来进行试压。

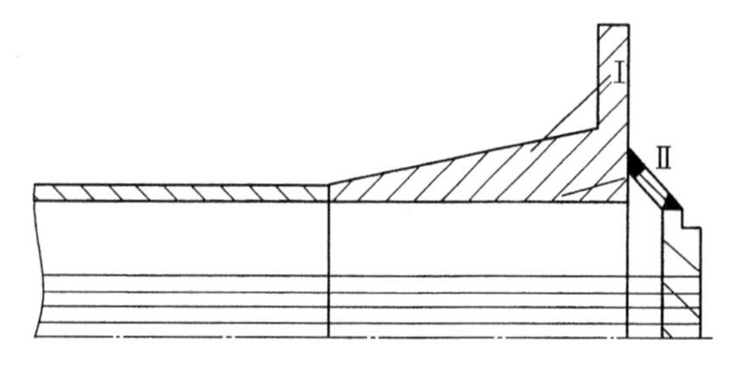

图 1.5－34 内套流钩圈式浮头换热器试压工装图

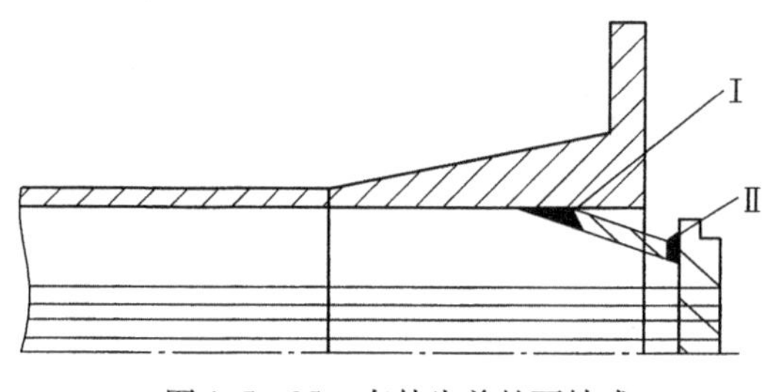

图 1.5－35 有外头盖的可抽式浮头式换热器试压工装图

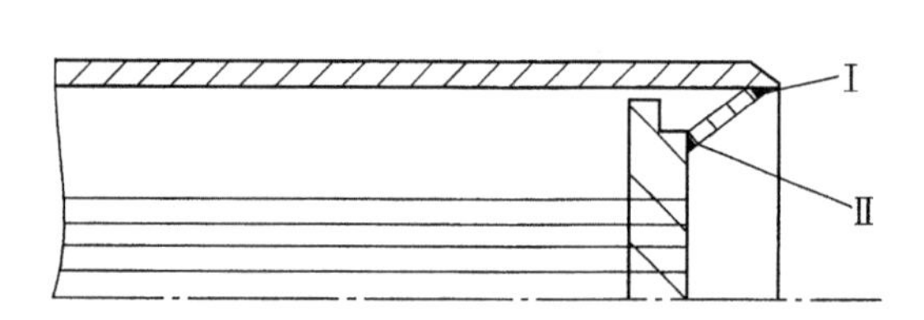

图 1.5－36 U 形管式换热器的可抽式浮头式换热器试压工装图

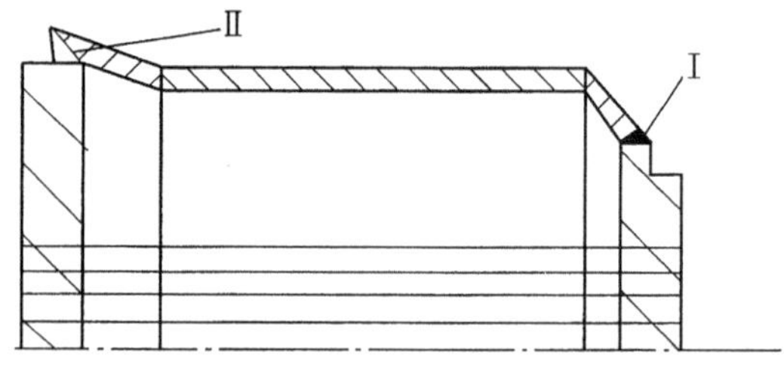

图 1.5－37 浮头式管束釜式重沸器试压工装图

从图 1.5－33～图 1.5－37 的试压工装结构来看，焊接试压工装比前述的可拆式结构具有更多的灵活性，而且工装造价低，制造简单。试压用筒体、锥体应保证强度和焊缝的致密性，辅助筒体和锥体与管板、法兰或设备壳体的角焊缝必须保证焊透，且应过渡圆滑，以确保试压的安全可靠性。此外焊接时还应充分考虑管板或法兰的焊接变形，尽可能采用线能量较小的规范焊接，以减少焊缝的收缩量。同时应注意焊接顺序，对图 1.5－33～图 1.5－37 结构，应先焊焊缝Ⅰ，再焊焊缝Ⅱ。试压完后割下筒体，并将焊疤打磨平滑。比较前述的各种方法可以看出，焊接结构试压工装尤其适用于单台或小批量、多品种换热器生产厂家，而且经济效益十分显著。

一般说来，我国目前的中小型企业宜采用焊接结构工装。但应说明的是，在采用焊接结构时，应特别注意焊接时相邻零部件的变形，这就要从焊接规范及焊接顺序上加以充分考虑，以确保焊接结构的可靠性。

第八节 无损探伤

管壳式换热器壳程部分的无损检测，在与压力容器完全相同，以四大常规无损检测方法为主，即超声检测、磁粉检测、渗透检测和射线检测。在管程方面，主要针对的是传热管和管与管板的焊缝，近几年来发展了以下几种新型的无损检测方法。

一、超声波自动检测[23]

在列管式换热器结构中，管子两端与上、下管板连接的角焊缝，其焊接质量是保证整台设备长期正常运行和不发生泄漏事故的关键。

荷兰斯大米卡邦公司开发了一种具有先进水平的"管子一管板角焊缝"超声波自动检测成套仪器。其特点是将超声检测、微处理、计算机和机械传动等技术相互结合在一起，实现了检测过程自动化和检测结果图象化，大大提高了检测速度和精度。它使用了微型双晶片聚焦探头(探头直径仅4mm)，该探头可以伸入管口内向角焊缝区做360°扫描检查，探头表面的有机玻璃延迟块为凸弧形，其曲率与管内径一致，能使其和内壁有良好耦合。

检测原理(见图1.5－38)是由超声波探伤仪的探头向焊缝发射超声脉冲，并接收回波讯号。再将回波讯号输至微处理机，回波电压参数被模数转换。转换后的数据讯号再输入计算机，按编定的程序进行处理，最终结果由计算机的打印机打出。被测焊缝是正常的或有缺陷的，用该打印出的图形纸带可供分析，然后保存。

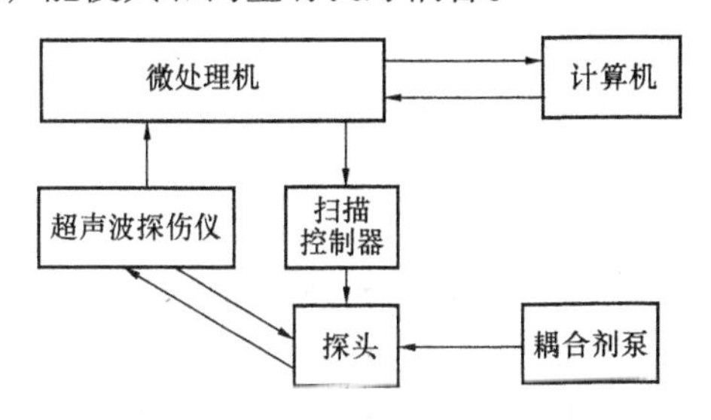

图1.5－38 新型超声波自动检测成套仪器的检测原理图

该仪器适宜于各种工业用不同规格列管式换热器的检测。只要更换不同曲率的探头，各种不同管径的列管均可检查使用。经试验，用该仪器检测普通碳钢管和不锈钢管角焊缝的效果均很好。

二、远场涡流技术[24]

对非铁磁性材料的换热管，如不锈钢、铝合金、钴合金及铜合金等材料，常规的涡流检测技术以其检测速度快及灵敏度高等优点已在这方面得到了广泛运用。而在石化工业中大量使用的碳素钢及低合金钢等铁磁性材料换热管，由于材料的磁导率大于1，存在很强的集肤效应，涡流的渗透深度很小；且还因管中局部磁导率的不均匀而产生干扰，常规涡流技术无法满足检测要求。所以对铁磁性材料换热管来说，长期存在着没有合适手段来检测的问题。

南京扬子石油化工工程公司监测试验中心，根据在役换热器检验工作的需要，于1996年底从加拿大引进了1台F203型远场涡流仪。该仪器采用了远场涡流这一先进技术，结合了计算机技术和有限元分析方法，特别适合检测铁磁性材料的管道。它配备有小直径探头、多通道探头和柔性探头等多种类型探头，它能够检测小管径及U形弯头等多种复杂结构的管道。具有检测速度快、灵敏度高、准确性好和抗干扰能力强等优点。

对在役炉管和换热器管子的检测，其优点尤为突出。可以及时发现受损伤的管子，确定缺陷的深度和范围，根据检验结果可对换热管作出准确评估。以便及时采取措施，保证装置经济安全的运行。

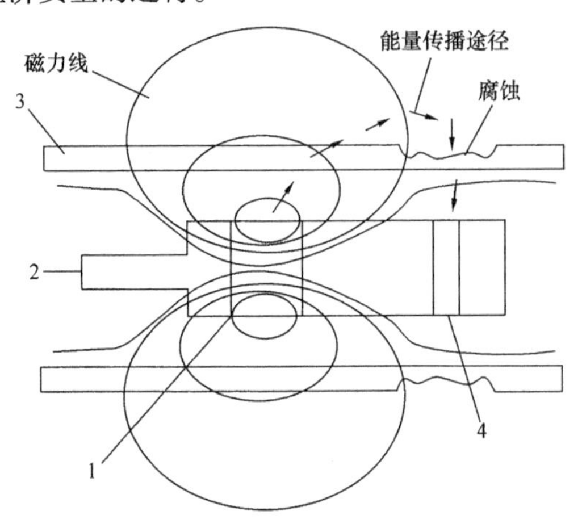

图 1.5－39 远场涡流检测原理示意图

1—激励线圈；2—探头；3—管道；4—检测线圈

远场涡流是一种特殊的涡流现象，最简单的远场涡流探头由两个线圈组成。一个为激励线圈；一个为检测线圈，且两线圈之间间隔一定的距离。给激励线圈通以交流电时，激励线圈在其周围产生交变磁场，这个交变磁场穿过管壁，沿管子轴向传播，然后再次穿过管壁被检测线圈所接收。每次穿过管壁时，这个交变磁场都要经过一个时间的延迟和幅度的衰减。当探头移动到一个壁厚减薄的区域，则交变磁场在线圈之间的传播时间减少，强度衰减减少。表现为信号的相位(信号的延迟时间)减少和幅度(信号的强度)降低。通过对相位和幅度的分析，就可以确定材料减薄的深度和范围，见图 1.5－39。

远场涡流技术是一种新技术，它彻底解决了过去对铁磁性材料换热管不能检测的问题。通过远场涡流的检测，可以了解换热器中每一根换热管的实际状况，评估换热管的使用寿命，及时采取措施。受损的换热管可尽早被换掉或被堵塞住，避免了因换热管的泄漏而造成系统非计划的停车。远场涡流以其可靠性高，重复性好和获得结果快等优点得到了广泛的运用。

三、制导波快速缺陷定位[25]

近几年来，国外还研究了一种新的检测方法——用电磁声换能器产生的制导波对换热器和锅炉管道进行快速缺陷定位法，该检测可在管内进行。电磁声探头(图 1.5－40)产生沿管轴传播的超声波，其结构包括发射线圈和接收线圈，对其中的永久磁铁阵列作适当安排以适应其工作频率。探头能适应 10～15mm 直径的管道检测，探头也可以做得更大些，而且不存在任何技术限制。

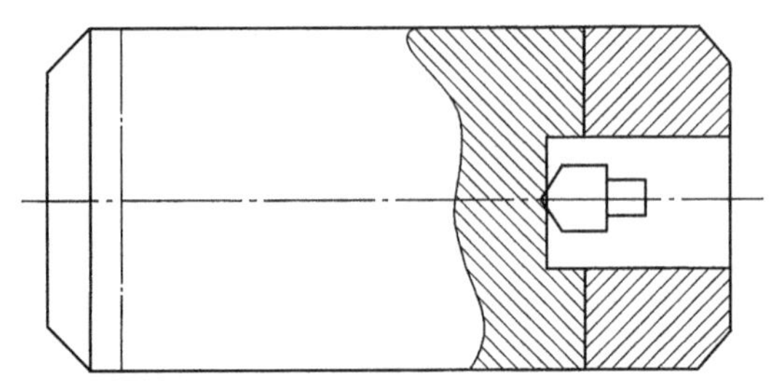

图 1.5－40 用于检测换热器的电磁声换能器

迄今，已检测过意大利电力公司热电厂换热器上的 5000 多根管子。每根 U 形管有两段直线部分和一段 U 形弯管部分，对直线部分的检测可使用紧配合插入式探头，对弯部的检测，则可将该探头刚好移至弯部过渡线前沿处即可。包括信号分析在内，每天能检测的管子数超过 150 根。检测前须对管道进行预清洗。

在检测现场，探头放置于每根管子的端口处后启动信号。不管是体积形缺陷还是表面缺陷，接收器都能检测到，例如裂纹、尖锐切口、凹坑或夹杂等。灵敏度最好的是周向延伸尖锐裂纹，可检测到的其他缺陷是厚度减薄、腐蚀及蚀坑，特别是带有放射状裂纹的蚀坑以及孔洞。

主要符号说明

P——压力，MPa；

W——胀管率，%；

d_{i1}——胀前管内径，mm；

d_{i2}——胀后管内径，mm；

D——管板孔径，mm；

d_a——胀前管子外径，mm；

t——胀前管子壁厚，mm。

参　考　文　献

[1] 秦绪斌．管式换热器的技术进展．锅炉制造，1994，152(2)：48～53.

[2] 曹海兴．我国热交换器制造技术现状及发展趋势．船舶工业技术经济信息，1997，(5)：36～39.

[3] 张峰，等．换热器制造中存在的问题及解决措施．山东机械，1998，(3)：34～35.

[4] GreeB，等．管壳式换热器实用指南．石化译文，1999，(2)：48～53.

[5] 张昌德．列管式换热器螺旋槽管的轧制，石油化工设备，1997，26(4)：38～40.

[6] 李旭玮，等．换热管全自动校直定尺无屑下料机的开发研制．机械设计与制造，1998，(2)：38～39.

[7] 栗明安．通用弯管工具．航空制造技术，1999，(6)：53～54.

[8] 李文军，等．镍钢复合板管壳式换热器的制造．压力容器，1998，(2)：55～57.

[9] 钱伯章．非金属换热器应用．现代化工，1996，(2)：21～24.

[10] 邓智勇．普通摇臂钻床加工换热器厚管板工艺研究．东方电器评论，1993，7(4)：222～224.

[11] 陈立春，等．管壳式换热器管板管孔切槽刀具的设计与应用。压力容器，1996，13(6)：82～83.

[12] 白新泉．加工折流扳的通用夹具．机械制造，1997，(11)：39～40.

[13] 匡良明．新型穿管自动引导器．石油化工设备，1999，28(1)：46～47.

[14] 林伟忠．管壳式换热器中管子和管板的胀接。化肥设计，1998，36(4)：53～57.

[15] 石庭瑞．换热器的液压胀接技术及其应用要点．石油机械，2001，29(2)：28～31.

[16] 胡振伦．胀管新技术．石油炼制与化工，1996，27(4)：65～65.

[17] 陆宏玮，等．内孔焊结构在换热器中的应用．煤化工，1999，86(1)：10～12.

[18] 余付元．换热器类管与管板内孔焊．压力容器，1998，(5)：38～39.

[19] 顾明．换热管与管板胀焊并用技术分析．扬子石油化工，2000，15(1)：27～30.

[20] 蔡业彬，等．换热器管子与管板胀焊接头制造工艺分析．机械开发，2000，(1)：47～48.

[21] 高洁等．大型立式换热器的制造．压力容器，2001，18(1)：59～61.

[22] 唐超．浮头式换热器试压工装．锅炉压力容器安全技术，1996，(3)：20～22.

[23] 郭发源．列管式换热器"管子－管板角焊缝"的超声波自动检测．压力容器，1992，9(3)：50～52.

[24] 黄勇，等．采用远场涡流技术检测换热器管道．扬子石油化工，1998，13(2)：40～41.

[25] GoriM，等．用电磁声换能器产生的制导波对热交换器和锅炉管道进行快速缺陷定位．国外金属加工，1997，(4)61～64.

第六章　管壳式换热器的检修与维护

（郭　建）

第一节　概　　述

换热器的维护、检修不仅对于提高换热器的可靠性和换热效率，延长换热器的运行周期，降低换热器的运行成本，充分发挥换热器的既定功能等都有着十分重要的作用，而且对延长其所在装置的运行周期和减少运行费用也有着极其重要的作用。

换热器作为一种热传导设备，对其的功能要求主要体现在安全、环保和效率三个方面。基于国家法规的强制性要求和内部工作介质的性质，长期以来绝大多数换热器的使用者将目光集中在了对安全和环保方面功能的维护和检修工作上面。近年来随着社会的进步，对效率方面功能的维护、检修工作正在受到越来越多使用者的重视。换热器的维护、检修无论是在内容或方法上，还是在目的上都发生了明显的变化。

在换热器日常维护中人们已不再满足于不超温、不超压、能及时发现和消除泄漏、能清洗污垢或堵塞沉积物等目的，对运行状态监测、以风险为基础的检验、防垢阻垢技术的开发应用已成为许多业主的追求。在换热器的检修中人们也不再满足于能够恢复其功能这一要求，对改善性维修和长周期运行已成为越来越多使用者的追求。

现在换热器的维护通常指的是在换热器的日常使用中，为防止或减缓其功能的下降或丧失而进行的运行状况监控、减缓或清洗污垢及堵塞沉积物以及防漏、检漏、消缺等各项工作。而按其目的，可将日常维护分为通过对介质物性、工作参数等运行状况的监测及调整来预防异常工况的发生和通过对各类故障进行诊断及处理来处置异常工况两个方面的工作。

换热器的检修则是指在换热器投用之前为发现和消除已存在的以及将会在未来的使用中影响其功能实现的故障所做的各项工作。包括对各部元器件的检查、测试和壳体、管束等各部位泄漏点的消除，管束中破损及腐蚀的管子、管板、壳体、管箱或浮头等的修补或更换，以及检测所发现各缺陷的消除等。按其目的，可将检修分为功能恢复性检修和功能改善性检修两大类。

第二节　换热器的故障诊断与分析

一、换热器的故障

在日常的使用中，大多数换热器是作为一种可修复的设备被应用于各种不同的场合，故我们称其丧失完成预定功能的能力这种状态为故障。显然，当其作为不可修复的设备使用时，这种状态就失效了[1]。

按照不同的分类原则，可将换热器的故障可分为不同的类型。表 1.6 - 1 中列出的是一些常见的故障分类原则和类型。

表 1.6－1　常见故障分类原则和类型

分类原则	故障类型	特　　征
发生时间	早期故障	发生于运行初期，故障率与运行时间成反比
	偶发故障	故障率基本固定，与运行时间无关
	耗损故障	故障率与运行时间成正比，在寿命均值附近密度最大
原　因	损耗性故障	因损耗引起
	错用性故障	操作或意外使零部件应力超设计值引起
	薄弱性故障	设计制造造成的薄弱环节引起
损坏现象	变形、裂纹、磨损、断裂等	可用肉眼或常规仪器发现和检出
严重程度	一般性、严重或致命故障	划分标准依用途而异
丧失程度	永久性故障	必须更换零部件方可恢复规定功能
	暂时性故障	不需要更换零部件即可恢复规定的功能
发生速度	突发性故障	故障发生前几乎无预兆，如壳体破裂、管子断裂等
	渐发性故障	故障发生前一般都有预兆，如磨损、腐蚀等

本节是按照其功能丧失的速度将换热器的故障分为可立即丧失其功能的突发性故障和性能逐渐降低的渐发性故障两大类。常见的突发性故障有壳体破损、换热管破损、管板与管子连接失效、密封失效等，而常见的渐发性故障有污垢堆积、腐蚀损伤和管束振动等。

突发性故障一般对安全生产、产品质量或环境的影响都很大，是应当尽量避免其发生的一类故障。这类故障因其发生的速度较快，很难对其开展预防性诊断，因此，对这类故障的诊断与分析一般都是在事后的检测、修理中进行。渐发性故障的发生一般多为一个渐进的过程，其对换热器完成其预定功能的影响也是逐渐增加直至不能接受为止。这就为开展对这类故障的预防性诊断提供了可能。

正确的故障诊断与分析对降低突发性故障发生的频率、预防或减缓渐发性故障对换热器实现其预定功能能力的影响、减少故障造成的损失都有着十分重要的作用。

二、换热器故障的分析与诊断

(一)换热器突发性故障

1. 壳体破损

壳体破损是一种对安全生产、产品质量和环境都具有严重威胁，应极力避免的突发性故障。这类故障多发生于壳体材料存在先天缺陷及被介质冲刷或腐蚀的部位和焊缝及热影响区附近。按其产生的时间，可将其归纳为设计或制造方面存在的先天不足和使用中的工况变化三类。

(1) 设计方面的先天不足

① 在设计时为换热器预设的工况不全。

由于经验不足或过分追求设计的经济性，在预设工况时仅仅给出了一些正常的工况，未能充分考虑某些可能发生的极端工况对换热器内各介质的温度、压力等运行参数的影响。而这些未预设的工况一旦发生，换热器就会因其中介质参数的变化而处于超温、超压运行的状态。例如在对串连的换热器组的设计中没有考虑终端管路封闭等特殊工况对换热器壳体承受压力的影响。按照正常工况下的至降所确定的每台换热器壳体的设计压力，在这种工况发生时就会使一些壳体处于超压状态，甚至导致破裂。

② 选材不当

设计所选用的材料不适应换热器使用的环境或某些特定的工况以及在确定壁厚时对腐蚀介质未留足够的腐蚀裕度等这些选材不当都会给以后的使用留下先天不足的隐患。如将高强钢应用于存在应力腐蚀的介质环境而又未采取相应的预防措施就会造成材料的应力腐蚀开裂，严重时就会发生壳体破损故障。

③ 结构或计算错误

设计选用的结构不合理或错误的计算会使所设计的产品从一开始就处于一种不利的境地。也是导致壳体破损故障发生的一个主要原因。如在介质温差较大的换热器上未设置必要的膨胀缓冲装置就是造成一些换热器壳体破裂或管板与管子拉脱故障的一个主要原因。

（2）制造方面的先天不足

① 材料使用不当

材料误用和未按工艺要求对材料进行加工都属于材料使用不当的范畴。

材料误用一般常发生在所使用的主材、辅材和焊材上。主材和焊材的误用所带来的危害较为明显，而对于辅材的误用则不容易应其人们的重视。然而，那些与主材相连的辅材如被误用，会在制造过程中产生许多预料外的异种钢焊接并最终造成这些主材的失效。

在制造过程中对材料的加工有着严格的工艺要求，只有按照这些工艺要求对材料进行加工，才能使材料性能满足使用工况的要求。而那些未能严格按照工艺要求进行加工的材料，虽然在化学成分上并没有明显的差异，但其内在的组织却与要求的不尽相同，因此在一些重要的理化性能上有可能已不能满足设计工况对材料的要求了。

如在一些应力腐蚀严重的使用条件下，设计都会要求材料最终要经过整体退火后方可使用，但在实际应用中常会出现因各种原因未能满足这一要求而导致应力腐蚀开裂最终发生的故障。

② 制造过程中的失误

毫无疑问，采用错误的加工或焊接工艺，未按要求进行加工、组对或焊接以及不适当的无损检验等等，所有这些制造过程中的失误都会给最终的产品留下许多先天不足。

（3）使用中的工况变化引发的壳体破损

① 误操作引起运行参数变化使其处于超温或超压状态导致的壳体破损。

② 不当的工艺调整使介质对材料腐蚀加剧，从而引发壳体材料失效或管程介质进入壳程并造成超压导致的壳体破损。

③ 将普通的换热器改用于频繁变工况场合后，由于材料疲劳导致的壳体破损。

④ 因工艺需要改变操作参数(如温度)后，使壳体材料在新工况下的应力水平超过许用值导致的壳体破损。

⑤ 长期超(高或低)温运行引发材料劣化导致的壳体破损。

2. 换热管破裂

换热管破裂是换热器使用中又一类常见的突发性故障。这种故障的发生轻者会引起产品质量的波动，重者会引发安全和环保事故。导致这类故障发生的常见原因有以下几点。

（1）管材存在成分偏析、内部有夹层、夹渣、气孔等缺陷和壁厚不均或局部减薄过多等质量问题。缺陷分布无规律、特征明显是这类原因导致破损的一大特点。如局部减薄导致破损的特征是破损处多呈纵向鱼唇型开裂。

（2）管束振动致使管子疲劳或磨损。这类故障往往事前已有征兆，故事后只需通过断口分析就可予以确定。

(3)介质腐蚀致使管子出现穿孔甚至断裂。这类故障破损处的形貌一般都不规则，且有蚀痕相伴。

(4) 介质在壳程的工艺接管内流速过大，进入换热器后对管束局部形成的冲蚀。这类故障多发生在管束与介质入口相对应的部位和折流装置附近。

(5) 管束中管子对接处的焊接质量缺陷。

3. 管板与管子连接失效

作为在使用中并不罕见的一类突发性故障，虽然其对使用的影响与换热管破损基本相同，但产生的原因却不尽一致。导致这类故障发生的常见原因有以下三类。

第一类是设计不当。这里的设计不当主要是指由于设计未能正确的处理在管束与壳体之间存在的，仅靠所确定结构本身又难以吸收的膨胀差。这种不当源于结构设计和工艺设计两个方面。在结构方面指的是当管束与壳体之间存在较大的膨胀差时未能在结构上采取有效的措施予以弥补从而导致的这类故障。在工艺方面指的是在为一台换热器选择进行热交换的介质时，因不合理地选择了两种温差过大的介质而导致的这类故障。此外不恰当的连接结构或连接方式也是一些常见的设计不当。

第二类是制造工艺不当。常见的有以下几种。

(1)管板加工不当，如管孔尺寸、精度超差会严重影响到管子与管板的连接强度。

(2)胀、焊顺序对管子与管板的连接质量和实际使用的寿命影响很大[2]。表 1.6－2 的数据是某公司对其所生产换热器试压和运行情况的统计。其原因是不当的顺序会在胀接与焊接部位之间形成一个气室，它不仅在制造时影响焊接质量，投入使用后气体的膨胀也会加速失效的发生。

表 1.6－2　胀焊顺序对泄漏率的影响　　%

胀焊顺序	泄漏率		
	新设备试压	运行一年后	运行三年后
胀＋焊	2.41	13.65	淘汰
焊＋胀	2.23	11.54	淘汰
胀＋焊＋焊	0.21	0.32	0.87
焊＋胀＋焊	0.27	0.41	0.93
焊＋焊＋胀	0.02	0	0.02

(3)焊接工艺不当主要体现在管板坡口加工偏小和管子伸出长度不够等焊接长度不符合规定，管端清理不干净、带锈组装、异物未清除干净等焊接前处理方法不好、引弧和熄弧位置不当、焊接时管板放置位置不当、焊缝一次成型等焊接方法不当[3]。表 1.6－3 列出了 GB151 中关于对坡口和伸出长度的要求。[4]

表 1.6－3　关于管板坡口尺寸和管子伸出长度的规定　　mm

换热管规格		$\phi19\times2\sim\phi25\times2$	$\phi32\times2.5$ 以上
管板坡口		≥2	≥2.5
伸出长度	正常	≥1.5	≥2.5
	压力高时	应加长到 2.5	应加长到 3.5

(4)胀接工艺不当。这主要体现在胀接顺序不当、欠胀或过胀等三个方面。不适当的胀接顺序不仅会影响最终的胀接质量，而且会引起管板变形甚至损伤；欠胀则不能保证胀口的密封性和连接力，过胀则会因管壁减薄过量而导致管了破裂或管板变形，甚至使管板孔直径增大。管子的扩胀程度用胀接率来表示，一般有两种表示方法[5]。一种源于前苏联，采用的是管内径增大率 H 来表示；另一种主要应用于欧、美、日，采用的是壁厚减薄率 ε 来表示。

内径增大率 H 就是管子与管板贴合后再扩胀的量与管板孔内径之比。

$$H = \{[(D'_n - D_n) - (D_o - D_w)]/D_o\} \times 100\%$$

管壁减薄率 ε 就是管子与管板贴合后再扩胀的量与 2 倍管壁厚度值之比。

$$\varepsilon = \{[(D'_n - D_n) - (D_o - D_w)/2t] \times 100\%$$

式中：D'_n——胀接后的管子内径；

D_n——胀接前的管子内径；

D_o——胀接前的管板孔内径；

D_w——胀接前的管子外径；

C——胀接前管板孔内径与管子外径之间的间隙；

t——胀接前管子的壁厚。

一般推荐的内径增大率 H 的取值范围会因管子的材质和厚度不同而有所差异，详见表 1.6－4。

表 1.6－4 推荐的内径增大率

材 质	管外径/管壁厚	推荐胀度
碳钢或不锈钢管	大于 10	0.7% ~1.6%
	小于 10	2.2% ~3.2%
铝	—	3% ~5%
黄 铜	—	3.5% ~4%
白 铜	—	2.5% ~3%

壁厚减薄率 ε 在美国一般取值范围是 4% ~5%，在日本可参见表 1.6－5。

表 1.6－5 推荐的壁厚减薄率

材 质	管外径/mm	壁厚/mm	胀 度
碳钢、低合金钢	19 ~38.1	2 ~4.5	6% ~7%
不锈钢	19 ~38.1	1.6 ~3.2	7% ~8%
镍合金	—	—	5% ~6%
铜合金	16 ~38.1	1.6 ~3.2	5%

(5)管子端头的处理不当。常见的有未按规定对管子端头进行退火致使管端的硬度大于管板，管子端头外表面的光洁度和处理的长度未达到规定的要求等。

(6)管子与管板孔之间的间隙过大。除了管子和管板加工的原因外，标准的差异也是一个主要的原因。国外多采用 TEMA《美国列管式换热器制造商协会》标准，国内则是 GB 151。二者的差异可见表 1.6－6。

表 1.6－6　TEMA 与 GB 151 的差异　mm

标准代号	管子外径	管板孔径	标准间隙	最大间隙	最小间隙
TEMA	19.05 ±0.10	$19.30^{+0.15}_{-0.10}$	0.25	0.5	0.05
	25.40 ±0.15	$25.70^{+0.05}_{-0.10}$	0.30	0.50	0.05
GB 151—1989	19 ±0.40	19.40 +0.20	0.40	1.00	0
	25 ±0.40	25.40 +0.20	0.40	1.00	0
GB 151—1999（一级管束）	196 ±0.20	19.25 +0.15	0.25	0.60	0.05
	25 ±0.20	25.25 +0.15	0.25	0.60	0.05
GB 151—1999（二级管束）	19 ±0.40	19.40 +0.20	0.40	1.00	0
	25 ±0.40	25.40 +0.20	0.40	1.00	0

第三是工艺操作不当。这里的操作不当指的是那些会导致某一热交换介质的流量或温度剧烈波动并使管束和壳体的温度发生剧烈变化的工艺操作。如在投用换热器时，错误的冷、热介质引入顺序会使壳体与管束之间出现预料外的温度差使的管束与壳体之间的膨胀差在瞬间超过允许值。

此外，可引起换热器管束与壳体温差增大的工艺参数调整等工艺条件的变动也是导致这类故障发生的原因之一。

4. 密封失效

密封失效是换热器使用中的一种常见故障，虽然它在大多数情况下仅会对环境和产品质量造成一些影响，但在某些场合如处置不当也会发展成为一种突发性的故障。故将这类故障归入了突发性故障。

密封失效可归纳为以下 3 类。

（1）密封垫片失效是造成密封失效的一个主要原因。密封垫片失效的形式可归结为两类，一类是产生于垫片密封面局部损伤，另一类是产生于密封垫片材料的破损。其中后一类往往可直接导致突发性故障的发生。垫片形式、规格和材质的选用错误，制造、保管和安装不当等都可导致垫片失效。

（2）密封面损坏是导致密封失效的又一个主要原因。制造时的机械加工不当、安装时的不当操作和运行中的介质冲蚀是导致密封面损坏的三个主要方面。其中前两个方面都有可能直接导致突发性故障的发生，第三个方面则一般都有一个渐进的过程。

（3）紧固件失效也是导致密封失效的主要原因之一。常见的紧固件失效原因有紧固件的规格、数量和材质选用不当，预紧力不足，紧固件材料本身存在缺陷，松动、蠕变和疲劳断裂等。紧固件的失效往往会直接导致突发性故障的发生。

造成这类密封失效发生的一个主要原因是温差应力及热疲劳。大多数换热器在运行中管壳程的流体之间都存在一定的温差，多管程换热器各管程换热管之间也存在着较大的温差。正是这种温差导致了存在于管板两侧和换热管之间的温差应力。这种温差不仅会引起金属塑性变形和蠕变，如其变化频繁还会使金属产生疲劳[6]。

此外操作因素（如介质压力波动、温度骤变和不适当的流速等）也是可能导致这类事故发生的一个不容忽视的原因。

（二）换热器渐发性故障

1. 污垢堆积

污垢堆积是换热器中最常见的故障之一。污垢在受热元件表面的堆积会使得元件的传热效率不断降低，污垢在流通部位的堆积则会使得通过介质的流量逐渐下降。因此，这些污垢堆积都影响了其完成预定功能的能力。产生污垢的机理较为复杂，我们将在下一节中专门对这一故障进行分析。

这类故障一般可通过效率分析的方法对污垢的堆积情况进行诊断。所谓效率分析，就是通过观察换热器传热效率的变化来诊断污垢在换热器内堆积情况的一种方法。常用的有观察介质温差变化、换热器表面温度的分布、计算介质的热传导量或效率等。

2. 腐蚀损伤

腐蚀损伤也是换热器的常见渐发性故障之一。多发生在传热、导流、防冲等各类元件的表面。这类故障除因设计、制造和材料等先天缺陷造成的外，一般多是由于介质的冲蚀或腐蚀引起的。这类故障发生在导流元件上主要影响的是换热器的传热效率，发生在传热和防冲元件上还会影响到产品质量或环境，发生在壳体、封头或密封等元件上时则会危及安全。

这类故障除常规的观察法外，对于管束还可通过工质分析的方法对传热元件损伤的情况进行诊断。所谓工质分析，就是通过观察或分析流经换热器的工质或其中特定成分的变化来进行诊断的一种方法。常见的方法有在低压侧介质的出口处安装检漏装置，通过定期观察是否有高压侧介质流出的方法进行诊断；定期对低压侧介质进行采样分析，通过观察介质中特定成分含量的变化来进行诊断。

关于腐蚀的机理及预防问题因已有专门的章节论述，这里就不再赘述。为便于读者的实际应用，现将与换热器部件腐蚀有关的统计规律简单介绍如下。进一步的内容请参见有关专著[1]。

(1) 腐蚀点的分布：

部件表面应出现 x 个腐蚀点而实际仅观察到 k 个腐蚀点的概率 $P(k,x)$ 服从泊松分布。

其表达式为： $P(k,x) = x^k e^x / k!$

(2) 腐蚀平均深度：

部件表面腐蚀孔深度 x 不超过规定值 d 的概率 $P(x \leqslant d) = 1 - e^{-(d/x)}$

(3) 腐蚀最大深度的估计：

换热器部件表面腐蚀孔最大深度的概率分布可用Ⅰ型极大值分布来描述。若所研究部件表面的总面积为 A_N 所设定单个子样本面积为，A_n 则该表面子样本的总数为 $T = A_N/A_n$，该表面腐蚀孔的最大深度的估计值：

$$X_N = \sigma \ln T + \mu$$

(4) 腐蚀剩余寿命估计：

若已知使用年限 τ 和腐蚀裕量 δ，并估计得最大腐蚀深度 X_N，则确定剩余寿命 L 的公式为：

$$L = (\delta - X_N) \quad \tau / X_N$$

(5) 管件腐蚀穿孔前的使用寿命

管件腐蚀穿孔前的使用寿命服从两参数威布尔分布。

即：使用寿命达到 t 的概率 $P_s = e^{-(t/\eta)m}$

3. 管束振动

管束振动在换热器的渐发性故障中并不罕见。多发生在气体等介质流速较快的场合。主要原因就是由横向流过管间的介质对管子的激振作用(卡门旋涡、紊流抖动和流体弹性不稳定等)引起了共振。这种故障轻者会造成对管子的磨损，重者会导致管子与管板接头泄漏，甚至使管子出现疲劳断裂。

对这类故障主要是根据共振的原理，依靠对振动的监测所提供的数据和结构计算得出的结果对流量等操作参数进行适当调整的方法来进行诊断和处理。

三、故障诊断与分析的研究

(一)常用的故障分析方法

换热器的故障分析按其实施的时机可分为事前分析、事中分析和事后分析三类。事前分析主要应用于换热器寿命前期，事中分析主要应用于运行中的状态监测和异常工况诊断，事后分析作为最常用的一种分析方法主要用于在故障发生后进行的分析。

1. 故障分析应遵循的原则

(1) 从大局分析入手，在详细分析的基础上作综合分析；

(2) 先从外围分析，再对故障对象分析；

(3) 先进行外部分析，再进行内部分析；

(4)先无损检测，必要时再进行破坏性检测。

2. 故障分析的步骤

(1) 收集故障对象的信息

首先是收集零部件的破坏情况、断裂碎片、故障发生前后的征兆及异常和故障发生的具体时间及持续时间等故障现场的信息，此外还要收集设计资料和运行历史资料等与故障设备有关的其他信息。所收集的故障信息应能尽量反映故障的本来面貌。

(2) 预分析

通过归纳整理所收集的资料、外观检查故障部件、检查分析残骸，确定下一步的工作，并对故障进行初步的分析判断，确定首先破坏的部件或主裂纹。

① 确定主裂纹的两个判则

a. 在T型裂纹中，横纹总是在纵纹之前形成；

b. 裂纹总是向其分叉的方向发展。

② 根据断口花样确定主裂纹源

a. 在花样呈人字形线路的断口中，若表面无应力集中，则人字形花样的顶端指向主裂纹源，反之则背向主裂纹源；

b. 在放射状纹路的断口上，主裂纹源就在放射线的圆点；

c. 在贝壳状纹路的断口中，疲劳前沿线与裂纹扩展方向垂直；

d. 断口表面覆盖物厚而色深处断裂较早。

(3) 详细分析

① 对故障部件的结构、制造工艺和受力状况进行分析。

② 在不损伤和不破坏被检材料的前提下，应用无损监测方法确定裂纹的位置和尺寸。

③ 进行化学分析以校核故障部件的材料是否符合规定、有无劣化，确定与腐蚀相关的因素。

④ 进行机械性能试验以验证故障部件的强度和热处理工艺的符合性。

⑤ 进行金相分析以校核金相组织是否符合规定和判定故障原因。

⑥ 开展断口分析以确定断裂的性质、断口的类型和环境介质对断裂的影响。

⑦ 开展断裂力学分析以确定材料断裂韧性是否符合规定、部件安全运行所能允许的最大裂纹尺寸和剩余寿命。

⑧ 根据需要和条件开展模拟试验以获得准确的结论。

(4) 综合分析

对上述预分析和详细分析得出的数据、结果进行综合分析，找出发生故障的原因，分清责任，写出分析报告并提出相应的预防措施以防类似故障再次发生。

（二）对故障诊断与分析的研究

1. 对敏感因子的研究

各种故障都有一些可对其进行诊断的特征参数，从这些特征参数中筛选出来的可灵敏反映故障状态的参数就是敏感因子。敏感因子可以是一个特征参数，也可以是几个参数的复合，一般复合敏感因子的诊断效果更好。在故障诊断与分析中，敏感因子的选择与确定对故障诊断与分析的准确性影响很大[7]。

在实践中，敏感因子可以通过理论推导或实验获得。理论推导一般是对表征系统动态特征的方程式求微分，得出几个不同特征参数的导数值，如某个特征参数在无故障点的导数值最大，则它的敏感性就最高，这个特征参数就是要寻找的敏感因子。用实验的方法来寻找敏感因子是目前较常用的方法。应用这种方法需记录可能采集到的各种类型的特征参数，并利用回归分析的方法，从中选出最敏感的特征参数为诊断用的敏感因子。具体确定敏感因子应遵循以下 3 个准则：

（1）高度的可靠性　选做诊断用的敏感因子必须经过理论或实验的验证证明它对故障的敏感性时稳定可靠的，不会出现误诊；

（2）高度的灵敏性　选做诊断用的敏感因子不能有滞后现象，敏感性越高越好；

（3）充分的实用性　应具有充分的实用性，能够方便和准确的从系统中提取反映它的信号，能够在线检测。

需要注意的是，同一台设备所处的工作状态有时会发生变化，这时它的敏感因子也会发生变化。也就是说，同一台设备在不同的运行状态范围内的敏感因子有可能是不同的。

2. 对故障物理模型的研究

建立故障物理模型是研究、分析换热器故障和预测其可靠性的基础[1]。表 1.6－7 就是在进行这类研究时建立的这样一组物理模型。

表 1.6－7　故障物理模型

模型名称	特　征	典　型　故　障
极限模型	当施加在其上的力超过某一极限时就会出现不稳定或故障	超温、超压等引发的元件破损
耐久模型	随工作时间增长，材料特性逐渐劣化而引发的故障	金属元件在高温下发生的蠕变或石墨化故障
应力——强度模型	由于元件材料的强度和所受力的随机性，致使施加的力超过其强 度时引发的故障	因材料先天缺陷引发的失效、因操作条件变化引发的故障
能量模型	由原本对元件强度无影响的微小缺陷的持续扩展所导致的故障	裂纹扩展
累计损伤模型	因疲劳等原因产生的多次损伤累计而导致的故障	变工况换热器中元件的疲劳失效
反应类模型	由于元件材料内部所发生的物理或化学变化而导致的故障	腐蚀、低温脆断、结焦
最终环节模型	元件材料在最薄弱的缺陷部位出现的故障	腐蚀穿孔、焊接缺陷的失效

3. 可靠性科学在换热器故障诊断预分析中的应用

随着基于风险的检验（RBI）等建立在可靠性科学基础上的先进的换热器检修技术的应

用，可靠性问题再次引起了人们的广泛关注。越来越多的人将寿命分布的理论应用于对换热器元件寿命的研究之中。表1.6－8中介绍的就是一些在换热器研究中经常用到的寿命分布。

表1.6－8　常用的寿命分布

分布类型	适用范围
指数分布	故障率随工作时间增长无显著变化的部件 没有冗余度的复杂的可修复换热器 以消除早期故障或固有缺陷换热器
威尔布分布	腐蚀速率等
正态分布	加工尺寸、零件强度、管件磨损、测量误差、应力载荷等
对数正态分布	疲劳寿命、疲劳强度、疲劳裂纹的扩展、腐蚀深度、维修时间等
伽玛分布	局部故障
极值分布	最大缺陷决定寿命(应力、腐蚀等)

基于风险的检验是上世纪末至本世纪初发展起来的技术，目前已在国外大型石化公司中普遍得到初步应用，该项技术是通过对设备或部件的风险分析，确定关键设备和部件的破坏机理和检查技术，优化设备检查计划和备件计划，为延长装置运转的周期、缩短检修工期提供了科学的决策支持。根据国外大型石化公司的应用经验，采用RBI技术后，一般可减少设备检查和维护费用15%～40%。目前该技术主要应用于压力容器和管道等静设备的预防性检验工作。

现有商业化的RBI软件都是基于API 508[8]和API 581[9]两个标准。在API 580中，风险检查RBI定义为：一种风险评估和管理的过程，重点放在由于材料破坏导致的内容物泄漏。

所谓RBI是在分析部件失效风险的基础上确定检查方法和频度。失效风险的计算来自于两个因素——概率和后果：

风险(R) = 后果(CoF) × 概率(PoF)

RBI作为维修管理的一部分，其主要的作用有以下几种：

(1) 减少了不必要的检查范围，从而缩短了准备的时间，减少了所需要的检查人员以及动员和解散的工作量；

(2) 风险被加以量化，在企业和政府可接受的标准内得到主动管理；

(3) 注意力优先给予风险驱动因素——失效概率驱动因素PoF、失效后果驱动因素CoF；

(4) 延长了装置在计划停车之间的运行周期；

(5) 提高了装置的可靠性，减少了非计划停车次数；

(6) 审查破坏机理意味着有可能用监测方法替代检查；

(7) 优化了备件持有量；

(8) 风险水平可以展示给政府部门。

RBI所提供的检查计划，包括以下内容：

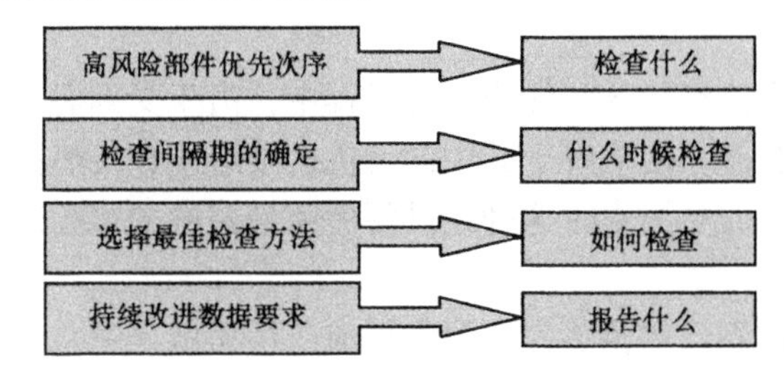

RBI 的工作原理如下：

1）针对每一部件分别评估其失效后果 CoF 和失效概率 PoF；

2）以 CoF 和 PoF 的乘积给出风险评价：

——安全：针对人员的死亡和伤害

——经济：针对财物损失

——环境：针对环境破坏

3）PoF 评价指示出破坏机理、典型位置和发展速率；

4）破坏机理指示出应采用什么样的检查技术。

RBI 根据其评估的复杂程度可以分为定性的评估和定量的评估。定性评估的优点是快捷——初始成本低、初始数据少；缺点是主观性强——难以更新，难以利用检查数据，难以计算时间，与风险极限不相关联。定量评估的优点是可以重复——可以计算风险极限，可以计算时间，可以用检查数据更新，系统化的方法，文件化；缺点是初始成本高——大量的数据，需要计算机。

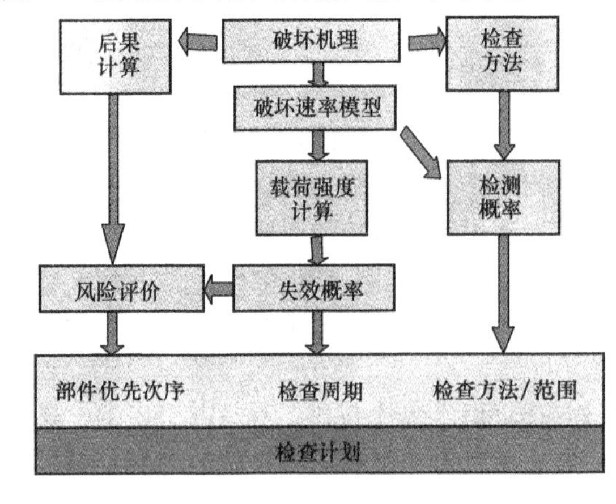

图 1.6－1 RBI 的原理

针对这两种方法的特点，可以用定性方法作为筛选工具，用定量方法对筛选出的具有较高风险的设备或部件进行详尽的评估。

RBI 的原理如图 1.6－1 所示。以风险为基础的检验(RBl)作为可靠性理论在换热器诊断预分析中的最新应用，正在发挥着越来越重要的作用。

第三节 换热器的阻垢与清洗

一、结垢机理的研究

(一)污垢的分类

污垢在换热器传热表面的积附是对换热器性能影响最大的故障之一。调查表明 90% 以上的换热器都存在程度不同的污垢问题。污垢作为一种热的不良导体，它的导热系数很低，与传热金属相比有着很大的差别。污垢不仅使换热器的传热能力下降、流动阻力加大、能耗增加，而且也是导致换热器所在装置停工大修的一个重要原因。

尽管由于换热器应用场合的广泛性使得污垢在组成和特性等方面存在千差万别，但我们可以将污垢定义为不需要的物质在传热面上的堆积[10]。按污垢形成的过程可将他们分成结晶垢、颗粒垢、化学反应垢、腐蚀垢、生物垢和凝固垢等 6 大类。

1. 结晶垢

介质作为一种溶液在流经传热元件表面的过程中，由于受到温度变化、蒸发浓缩等因素的影响达到了过饱和的状态，使溶解于其中的无机盐等溶质在传热面的活性点上析出结晶形成的污垢就是结晶垢。当介质为水时这种结晶污垢就是俗称的水垢。

2. 颗粒垢

悬浮于介质中的固体颗粒在传热表面聚集形成的污垢就是颗粒垢。颗粒垢包括较大固态粒子在传热面上的沉淀，即所谓的沉淀污垢和其他机制形成的胶体粒子沉淀物。

3. 化学反应垢

由介质中的物质相互化学反应形成在传热面上的沉积物就是化学反应垢。如石化行业中的碳氢化合物在传热表面及其附近发生的聚合与裂化中所形成的污垢就属于化学反应垢中的一种。要注意的是，这里的化学反应不包括介质中的物质与传热面材料本身之间的化学反应。

4. 腐蚀垢

由传热材料本身参与化学反应所形成的，积附于传热表面的污物就是腐蚀垢。这种污物不仅本身污染了传热表面，而且可以促使其他潜在的污物在传热表面聚积形成垢层。

5. 生物垢

由各种生物体附着在传热表面所形成的污垢就是生物垢。这里的生物体包括宏观生物体如各种昆虫等和微观生物体如各种菌类等。

6. 凝固垢

由纯净液体或多组份溶液中高溶解度的组份在过冷传热面上凝固而形成的物质就是凝固垢。如蜡液在传热面上凝结形成的蜡垢。

在污垢的实际形成过程中，上述过程经常是相互混杂、交叉作用。

（二）对结垢机理的研究

污垢在传热面的聚积是一个十分复杂的过程，它不仅是一个能量、质量和动量传递的过程，而且还与化学反应、界面化学、表面科学和材料科学等诸多学科密切相关[11]。并且成垢物质种类繁多，影响因素不仅涉及换热器自身和运行的参数还与其内部流体的性质有关。因此人们至今尚未能完全搞清楚换热器结垢的机理。

一些研究结果表明任何结垢类型均可分为诱导、污垢微粒向传热面的迁移、污垢在传热表面的吸附、污垢附着物的硬化和污垢脱落 5 个过程[12]。他们认为，实际上污垢脱落过程从污垢刚刚开始形成时就已经发生。有人甚至提出污垢形成过程就是污垢沉积速率与污垢脱除速率之间相互竞争的结果，并将此归结为如下表达式：

污垢形成速率 = 污垢沉积速率 - 污垢脱离速率

有研究者认为结垢过程主要由流体传质过程和换热表面的吸附过程组成。并得出如下结论：在低雷诺数区，由于沉积物在换热表面的吸附速率较快，结垢过程受传质过程控制，污垢层的厚度随雷诺数的增大而增加；在高雷诺数区，吸附作用成为控制步骤，当雷诺数增大时，污垢沉积量减少。这一结论得到了其他学者研究成果的支持。他们认为：可以通过增加流体的湍动程度增大流体对污垢层的剪切作用力，使污垢层脱落，而增加流体的湍动程度也会减小传热力介层中滞留底层厚度，减小对流传热的热阻，提高对流传热系数。

国内有学者发现，垢层表面的温度随时间的变化会对结垢过程产生重要的影响。

（三）影响结垢的因素

影响结垢的因素很多，传热表面的结构、状态和温度，介质的温度、pH 值和流动状态以及介质中的离子、杂质含量等因素都在其中起着非常重要的作用。归纳起来可以分为换热器的参数、介质性质和工艺运行参数三大类。

1. 换热器参数

换热器的参数是影响结垢的一类外因。对结垢有影响的换热器参数有传热面的材料、形式、几何尺寸和状态等。

传热面的材料对腐蚀垢的形成有直接的影响，由铜合金材料制成的传热面因所释放的铜离子对生物具有杀灭剂的作用对生物垢有抑制作用，传热面材料对其他类污垢的影响就是通过腐蚀垢增加沉积。

传热面的形式对污垢的形成有较大的影响，粗糙的表面为污垢的形成提供了理想的核化点，光滑的表面可大大减少结垢，传热面存在扰流元件可有效的抑制结垢的速度。

在低流速下渐进污垢热阻的最大值随传热管管径的增大而增大。传热表面的结垢程度与其的温度成正比。

2. 工艺运行参数

工艺运行参数是影响换热器结垢的又一类外因。影响结垢的主要工艺运行参数有介质的温度、流速等。有研究表明，结垢的控制机理随流速和温度的不同而不同。低流速时为扩散控制，故结垢速率变化较大，增大流速可减少结垢速率；高流速时为反应控制，初始温度对结垢速率影响较大，结垢速率随温度增加而增大。例如在高温渣油换热器中，当温度达到一定值后结垢的数量与温度成正比，与介质的流速则成反比。此时缩短渣油在高温段停留的时间是减少结垢形成的一个有效措施[13]。

3. 介质性质

介质性质是引起结垢的内因[14]。介质中的固体颗粒是形成颗粒垢的主要物质来源，介质的成份和特性是形成结晶垢、化学反应垢、腐蚀垢、生物垢或凝聚垢的基础。例如水介质的特性(包括 pH 值、各种盐的成分和浓度等)对冷却器或蒸发器中水垢的沉积就是一个关键因素，有研究表明结垢的速率随介质溶液中主体浓度的增加而增大。

需要指出的是，这里所说的介质性质对污垢的影响实际上包括介质本身的性质和不溶于其中而被其夹带的各种物质的特性对污垢的影响。如水中夹带的微生物和养分对生物垢就有很大的影响。

二、防垢、阻垢的方法

在研究结垢机理的同时，人们也对防垢阻垢技术进行了开发和研究。这些开发和研究的成果获得了广泛的应用。目前在实际中应用的主要防垢阻垢方法有以下几个方面。

(一) 防止腐蚀是防止结垢的一条途径

腐蚀垢的形成主要是由于传热面的材料抵御介质腐蚀的能力不足。而腐蚀垢的存在又增加了其他类型污垢在传热表面的沉积速度。因此根据换热器腐蚀的类型，采取必要的措施，增加传热面的材料抵御介质腐蚀的能力防止腐蚀就成了防止换热器结垢的一条重要途径。

1. 常见的换热器腐蚀类型

(1) 电化学腐蚀

电化学腐蚀就是存在不同电位差的异种金属共处于一种电解质中构成的原电池通过电子在这异种金属间的得失所形成的材料腐蚀。这种腐蚀发生于任何类型不均一的金属-电解质体系之中。在换热器中，由于各个元件间材料的差异、元件表面质量的差异和内部缺陷都会产生金属间的电位差，从而引发电化学腐蚀。

常用的防范措施主要有尽量选用电位接近的材料、对金属进行钝化、采用牺牲阳极等阴极保护措施和加入专用缓蚀剂等。

(2) 氧腐蚀

氧腐蚀是换热器在运行和停用时都可能发生的一种腐蚀。运行时发生的条件是：水中的溶氧含量较低、温度较高、水为流动状态、其 pH 值较高。停用时发生的条件是：水中高含氧量、常温、静态和 pH 值接近于 7。

(3) 碱腐蚀

换热器的碱腐蚀是由于介质中存在游离状态的 NaOH 在污垢或其其他附着物中局部浓缩到很高的浓度时所致。碱腐蚀与工艺参数、介质性质和传热面的洁净程度及温度有关。

(4) 酸腐蚀

介质中的酸性物质(如硫化物、氯化物等)和游离氢离子的存在都可导致酸腐蚀的发生。这时在材料表面形成的腐蚀电池中阴极反应主要是氢离子的阴极还原，而阳极反应则是材料的阳极溶解。

(5) 露点腐蚀

换热器在气体介质中由于传热表面的温度低于酸性气体的露点而引发的腐蚀就是露点腐蚀。预防的主要措施有提高传热面的温度、采用耐腐蚀的材料和采用降低露点或抑制腐蚀的添加剂等。

2. 常用的换热器防腐方法

在实际应用中根据换热器的使用环境提出的防腐的方法很多。然而普遍使用的方法则不外乎以下几条。

(1) 采取工艺防腐措施

从理论上讲这是解决换热器腐蚀问题的一条根本措施。在换热介质循环通过的换热器中采用工艺防腐效果十分明显。如在工业循环水中添加水质稳定剂可以有效的改善水质、抑制水中细菌的生长、减缓循环水对传热表面金属的腐蚀。然而由于主客观各种因素的限制，目前这条措施在许多场合还很难得到有效的实施。其中一个主要的因素就是经济上的可行性。例如，由于许多换热介质的一次通过性和某些防腐剂价格昂贵等因素的影响，目前较为一致的认识是在介质温度较低的部位以材料防腐为宜，在介质温度较高的部位采用工艺防腐较为合适。这个温度的分界点一般设在 250～350℃之间。

(2) 为传热面增加防护层

为传热面增加防护层作为一种防护手段，它具有经济、实用、高效、简单等特点。因此在换热器的防腐、防垢中得到了广泛的应用。

它的基本原理就是在换热器的管束表面增加一个防腐(垢)层，以隔断介质与传热面的接触，从而达到阻断介质对传热面的侵蚀实现防垢防腐的目的。

根据防护层材料的性质，具体增加防护层的方法又分为涂和镀两大类。防护层采用金属材料时一般采用刷镀的方法，而采用非金属材料时多为涂刷。

常用的金属防护层的材料有铝、锌、镍等。常用的非金属防护层的主要组分是树脂基料、防腐颜料、溶剂和杀生剂等[15]。防护机理主要是机械屏蔽、缓蚀、阴极保护和 pH 缓冲等四方面的作用，具体随成分的变化而有所不同。

采取这种方法防腐的缺点有以下几点：

① 由于受防护层的厚度影响一般寿命较短；

② 由于受管束外表面形状的限制，防护层的完整性和厚度的均匀性都很难保证，易出现局部腐蚀；

③ 防护层的存在对换热器的传热效率有一定的影响；

(3) 改变传热面的材质

在投资允许的情况下这是一种最常见的方法。特别是在一些温度条件下采用材料升级的手段是解决这类腐蚀问题最有效的手段。

(二) 控制工艺条件

介质的温度和流速是对换热器结垢影响较大的两类工艺参数。在实际使用中，经常会由于工艺工况(加工量、加工方案等)的变动而引起换热器参数的变动。如不能根据换热器防垢、阻垢的需要及时调整这类参数，就会加剧结垢。

1. 介质温度的控制

对换热器结垢影响最大的温度是传热表面温度。但受实际运行条件的限制，人们往往很难对这个温度直接进行监控。由于传热表面的温度与传热元件两侧介质的温度密切相关，因此在实际控制中，是通过对传热元件两侧介质 4 个温度的监控来实现其对传热面结垢所施加的影响。

2. 介质流量的控制

与温度的情况一样，对结垢的影响至关重要的是介质的分布与传热面局部的流速，而实际能观察和控制到的只有表示平均流速的介质流量。故要采取类似的措施，通过对传热元件两侧介质流量的监控来实现其对传热面结垢所施加的影响。

3. 控制工艺参数调节结垢速率的基本步骤

(1) 确定结垢故障的敏感因子；

(2) 根据敏感因子监视换热器运行状况；

(3) 根据所调节换热器的实际结垢机理和许可条件来确定调节的对象(某一个介质的温度或流量)和方向(增加还是减小)并依此进行调整。

(4) 监视敏感因子的变化方向以确认控制的效果。

(三) 改变传热面的结构

在对结垢机理的研究中，人们发现湍流工况下流体的结垢可以通过增加流体的湍流程度，增大流体对污垢层的剪切作用使污垢层脱落。而增加流体的湍流程度也会减少传热边界层中滞流层的厚度，从而减少对流传热的热阻，提高对流传热系数。因此通过提高流体湍流程度的方式，可以同时达到防垢、清垢和强化流体传热的目的。

根据这些研究，改变传热面的结构，将强化传热技术的成果应用于换热器的阻垢领域已成为近年来的一大趋势。主要的变化有以下一些类型。

(1) 在传热元件近表面增设扰流元件；

(2) 改变传热元件的表面形状强化扰流效果；

(3) 采用有利于防垢阻垢的换热器结构。

(四)使用阻垢剂

1. 基本情况

采用在工艺流程中添加阻垢剂是一种经济而有效的换热器阻垢方法。为了保证介质流速和热交换的正常运行。欧、美和日本对此都十分重视。美国埃克森石油公司的研究和工程公司(ERE)不仅开发了高性能的阻垢添加剂，而且研制成功一种"灵活性成垢控制仪"，通过对油品的成垢性分析(一个主要指标是沥青质含量)，随时调整阻垢添加剂用量。该公司在美国和欧洲申请了一些烃油阻垢剂的专利。另外 Betz 石油公司、Phillips 石油公司、Chevron 石油公司、Nalcochemical Co、Atlantic rechfield Co、AMOCO CORP、UOPinc、Mobil 0i1 Corp、Union Oil、REED LE、Petr01ite Corp 等石油公司都有大量烃油阻垢剂的专利，美国的 Phillips 石油公司和 Petrolite 公司还分别在中国申请了阻垢剂的专利。

表1.6－9列出的是目前国外各大公司采用的一些主要阻垢剂的名称、功能及应用情况。

表1.6－9　目前国外各大公司采用的一些主要阻垢剂

阻垢剂	应用场合及功能
聚链烯基琥珀酰亚胺	石油烃裂解防止炭质污垢沉积
聚链烯基琥珀酰亚胺、三唑和醛反应生成物	应用于石化中热烃油介质，有防腐、润滑和除垢作用
聚链烯基琥珀酰亚胺的磷衍生物	用于200～500℃加热炉和换热器系统的介质加热过程有很好的阻垢效果
聚链烯基硫代磷酸酯阻垢剂	用在300～500℃的石化生产中，抑制污垢的产生和附着，减少因焦聚合物、酸渣、腐蚀产物、焦油等物质引起的工艺物流侧的结垢
硫类阻垢剂	高温含氧介质，特别适用于原料因含氧生成的污垢
胍防垢剂	适合含氧量高的烃油在高温条件下的防垢
聚烷基硅氧烷类防垢剂	抑制焦油、沥青质缩合和聚合反应的基团，维持边界层的流动，抑制污垢在表面沉积，适用于高温条件下防垢
复合型防垢剂	根据烃油介质的组成和对成垢物的分析调制具有抗氧、钝化、清净分散、抗腐蚀等组合防垢功能。多是外国公司和研制单位采用的专用技术，一般不申请专利

国内这方面的研究和应用起于70年代。由石科院和杭州化工研究所首先开发的由烷基苯磺酸叔胺盐、有机胺和溶剂组成的阻聚剂HK－14主要用于乙烯裂解产物的分离上。到90年代，南京石油化工股份有限公司等国内企业又陆续开发了用于FCC油浆系统、常减压原油系统和加氢裂化的防垢剂，以及乙烯蒸汽裂解的抑焦剂等一系列烃油加工过程的阻垢剂。复合多功能阻垢剂是这项技术当前的一个新发展，其主要组成如表1.6－10所示。

表1.6－10　复合多功能阻垢剂主要组成

抗氧化剂	酸型抗氧剂(链反应终止剂)，胺型抗氧剂(链反应终止剂)，抗氧抗腐剂(过氧化物分解剂)，硼酸酯和噻型高温抗氧剂
分散剂	聚链烯基琥珀酰亚胺，甲基丙烯酸酯与胺醇酯共聚物，富马酸醇酯与胺醇酯共聚物等
清净剂	磺酸盐、羟酸盐、环烷酸盐、水杨酸盐、酚盐
金属钝化剂	二亚水杨丙二胺
阻聚剂	根据烯烃含量而定
溶剂	根据烃油性质和工艺而定

2. 阻垢剂的作用机理

在石化加工工艺过程中，介质与换热器加热了的表面紧密接触并承受相当高的温度，加之原料中的多环芳烃、胶质、沥青质和重金属等的明显增加，这些操作条件助长了介质在换热器中结垢的形成。

介质因提高温度所产生的结垢，多为无机盐、腐蚀产物、金属有机化合物、有机聚合物和焦炭等。其中，无机盐类如氯化钠、氧化钙和氯化镁等多来自源油。金属有机化合物来自原料和介质与腐蚀产物或携入系统的其他金属的化合。有机聚合物通常是由不饱和烃类反应造成的，炭沉积通常与结垢的积累所引起的热点有关。原油和烃油产生污垢的组成和来源见表1.6－11。

表 1.6-11 污垢的组成和来源

成 分	来 源
无机物	石油在开采、储运和炼制过程中混入的外界污染物
	原来存在于烃类中的微量金属元素如铁、镍、铜、钒、钾、钠等
	在炼制、贮运过程中化学反应所产生的无机物，如腐蚀作用的生成物等
有机物	石油介质中的高相对分子质量的物质从介质中分离出来，沉积为污垢
	原存在于原油中的胶质、沥青质
	石油在储运、炼制过程中发生了化学反应并产生的高相对分子质量的物质

阻垢剂的单分子能吸附于各种固体表面，当它们吸附于金属表面上时，即形成金属表面的保护膜。当它们吸附于污染物的粒子表面上时，可形成“载荷胶团”而使这些污染物粒子被分散于油中(增溶)，不致沉积出来造成危害。

阻垢剂在介质中仅有一定量是以单分子状态溶解的，当这些单分子浓度超过一定界限(即：“临界胶团浓度”Critical Micelle Concentration 简写为 CMC，摩尔浓度一般约为 10^{-7} ~ 10^{-4})时，超过的部分分子是以多分子聚集的胶团(或称胶束)分散于油内。研究表明，在烃油中的防垢剂分子大多数是以极性基团即化学官能团互相联结在一起的胶团状态存在。恒温下 CMC 保持固定，当低于 CMC 的溶剂化的单个防垢剂分子，由于各种作用而减少时，以胶团状态存在的防垢剂分子就会离解出来加以补充。

只有低于 CMC，处于溶解状态即单分子溶剂化的阻垢剂分子才发生化学吸附，胶团本身不直接产生化学吸附。它们之间都处于动态平衡，防垢剂分子中烃基的大小及形状，部分地决定着添加剂的溶解度，胶团结构及 CMC。

50 多年来的研究已初步澄清，阻垢剂在不同程度上具有增溶、分散和酸中和 3 个方面的作用，因而能够抑制或减少烃油介质中沉积物，从而起到防垢作用。

所谓增溶作用就是借少量表面活性剂的作用使烃油中的胶质及非油溶性物质增溶于油内，使各种活性基团推动反应活性，或使其在保持增溶条件下继续反应，从而抑制它形成漆膜和其他沉积物的倾向。

所谓分散作用其本质是双电层的静电斥力稳定作用和立体屏蔽作用。主要表现在吸附于金属表面形成覆盖膜，从而阻止胶质及其他沉积物粘附于金属表面上；吸附于非溶性的固体粒子表面形成一层覆盖膜，从而阻止它们聚集成较大粒子和在金属表面上沉积以及与存在介质中的金属螯合，形成螯合物，使其失去催化作用这三个方面。

所谓酸中和作用包括：中和酸性氧化物或酸性胶质，使其失去活性，并变为油溶性，而难以再缩聚成漆膜沉积物；中和含硫化物烃油高温生成的 SO_2、SO_3 及硫酸，以抑制其促进烃类氧化生成沉积物的作用和抑制腐蚀作用。

一个好的阻垢剂首先必须具有分散性能，能阻止悬浮在烃油介质中和固体污垢的聚集，以限制它们颗粒增大而沉积。其次还应有抗氧性能，能与被氧化的烃自由基形成隋性分子，阻止氧引发聚合。第三还应具有钝化金属的功能，能与烃油中的金属离子反应形成不会催化脱氢缩合反应和氧化链反应的稳定的络合物。此外还应具有抗腐蚀和表面改性功能，以保持设备金属表面，阻止积垢生成。

通过加工工艺进行防垢是一个非常复杂的问题，其复杂性不仅在于结垢物质的性质，而且还在于工艺操作的不同区域或装置具有不同的环境，不同的原料和不同的目的产物。一个区域的结垢问题往往不一定与其他区域的防垢处理方法相同。应用时必须把工艺分解开来，一个一个装置地进行处理。要根据每个装置的结垢性质和防垢机理选用适当的阻垢剂，经实验评价手段确定，再通过工业应用试验、验证来证明其有效程度。因此，最终评价一个防垢剂的好坏还是要看其投入使用后的效果。清洗是消除污垢对换热器的影响，恢复其功能的最有效手段。

（五）几种控制水垢的物理方法

1. 静电水处理法

又称高压静电法。这种方法采用一台由供给高压电和强电场的高压直流电源和使水静电化的装置两部分组成的静电水处理器，水从静电水处理器的正负极之间通过后进入换热器。在强劲电场作用下，水分子的偶极矩增大，迫使水分子按正、负次序整齐排列，溶解其中的盐类正、负离子被周围的偶极水分子包围后也以正、负次序进入偶极水分子群中，这就大大减少它们之间的运动速度和有效碰撞，使传热面上的水垢不易形成；此外，水分子与盐类正、负离子的水合作用和水合能力的增大使其对水垢的溶解加大，从而增加了溶垢和阻垢的作用”[16]。

2. 电子水处理法

与静电水处理法相同也是由直流电源和水处理器两部分组成，不同之处见表 1.6－12。

表 1.6－12　电子水处理法与静电水处理法对比

水处理方法	静电水处理法	电子水处理法
电　源	高压直流电源	低压稳压电源
正电极	芯棒外套聚四氟乙燃管	直接与水接触
最高工作水温	80℃	105℃
投用后电极表面盐类结晶	不明显	明显
水中杂质的影响	不存在	存在
放置方向	一般为垂直也可水平	垂直
适用水质范围	≤700mg/L($CaCO_3$ 计)	≤550mg/L($CaCO_3$ 计)
绝缘要求	与大地绝缘	良好接地
安装位置	水泵之后，尽量靠近防垢除垢部位	同左

3. 磁化水处理法

利用永磁磁水处理器对水磁化处理进行防垢。具有结构简单、费用低、管理及使用方便、不消耗电及化学药剂和不污染环境等优点。一般认为这种方法是因为垂直流过磁水器内部的磁场并在切割磁场的过程中被磁化处理的水具有防止生成新垢和剥离老垢的能力。但具体机理目前尚无统一的定论。由于其磁场强度上限受磁性材料和充磁技术的限制以及使用时间延长或温度过高易退磁等特性的影响，在对水质要求较高的场合一般多用电磁式磁水器取代永磁式磁水器。

三、换热器的清洗

按清洗的方法，换热器的清洗分为化学清洗和机械清洗两大类。按实施清洗的时机又可将换热器的清洗分为在线清洗和离线清洗两种方式。其中在线清洗一般多采用化学清洗的方式，机械清洗仅限于某些特殊结构或场合；离线清洗则多采用机械清洗的方式，化学清洗只在需要时采用。

具体选择清洗方法时应考虑以下5个因素的影响[17]：

（1）清洗的目的 一般说化学清洗比机械清洗能得到更好的清洁面；

（2）设备实际拆卸的必要性和可能性 如时间、空间等条件的约束；

（3）短期或长期的费用效益 如预算的额度和使用的时间等；

（4）金属的性质及加热或废弃物的处置 如盐酸不能用于300系列不锈钢的清洗；

（5）沉积物的特性 如化学清洗对不溶于液体的物质或完全堵死的部位无效。

（一）化学清洗

化学清洗是利用某类溶剂对污垢的溶解作用来清除污垢的一种方法。应用化学清洗的基本前提是溶解污垢的溶剂能够与需清除的污垢相接触，当介质通道已被污垢堵死时最好不要采用这种方法。此外，工艺条件、污垢性质和现场环境等因素对这种方法的使用范围也有一定的限制。传热效率降低的程度和清洗所需的费用与节能所获效益之比是确定化学清洗时机常见的两个关键因素。

按照所溶解污垢的性质，可将化学清洗分为对水垢的清洗和对其他污垢的清洗两大类。其中对水垢的清洗应用最为广泛，对其他污垢的清洗近年来也得到了人们广泛的重视，在国外其应用的领域正呈不断扩大的趋势。

1. 清洗溶剂

化学清洗中要求所用的溶剂对污垢有良好的溶解作用，不含对金属材料、重新投入使用以及清洗过程有害的物质，对换热器的腐蚀可用缓蚀剂有效抑制[18]。目前大多数的专业化学清洗公司都有自己的专用化学清洗溶剂，一般委托专业公司进行化学清洗作业时，他们会根据客户的要求、污垢的性质、现场工艺和环境的情况采用满足这些要求的清洗溶剂对换热器进行清洗。

没有条件使用这些专用溶剂时，也可根据经验和上述要求在现场配制所需的化学清洗溶剂。如对碳酸盐水垢可采用 HCl、H_2SO_4、H_3PO_4、HF、H_3CrO_4 进行酸洗，硫酸盐和硅酸盐水垢可采用 Na_2CO_3、NaOH 等进行碱洗，油垢结焦可采用 Na_2CO_3、NaOH 洗衣粉、液体洗涤剂等进行清洗。柠檬酸和甲酸的混合配方比任何一种单独使用的酸更能去除铁垢；乙二胺四乙酸(EDTA)能去除铁、铜、钙等污垢，其清除氧化铁(尤其是含铜)沉积物的能力大大超过柠檬酸盐类；羟化乙基乙二胺四乙酸(HEDTA)在高 pH 值下作清洗溶剂效果与 EDTA 相当，在水中溶解度较 EDTA 大，在常温下 HEDTA 为6%而 EDTA 为0.1%，与甲酸和硫酸等配用清除氧化铁污垢比采用其他酸性溶剂更为有效。国内常见的在清洗溶液中添加的缓蚀剂情况见表1.6－13。常见的钝化剂有亚硝酸盐、肼和磷酸盐等三种。亚硝酸盐是一种强氧化性缓蚀剂，效果较肼和磷酸盐都好，但毒性大、能致癌故应慎用。

表1.6－13 国内清洗溶液中添加的缓蚀剂

名称/牌号	首次使用时间	主要成分	适 用 范 围
天津若丁	1953	二邻甲苯硫脲、食盐、糊精皂角粉	盐酸或硫酸对黑色金属酸洗
沈1－D	1963	甲醛和苯胺的缩合物	同上
Lan5	1977	乌洛托品、苯胺、硫氰化钾	钢、铝的酸洗
Lan826	1982	有机胺类	碳钢、低合金属、铜、铝的酸洗

2. 清洗工艺

换热器化学清洗的原理基本相同，但因污垢性质的不同又各有差异。这里仅以水垢的化学清洗为例，对此做一简单的介绍。

通常，清洗水垢所用的主要设备有清洗介质循环泵、连接管和介质储槽等。清洗介质循环泵的扬程应高于换热器所在位置的高度，流量应保证介质在管内的流速满足工艺的要求(一般是达到0.5～$1ms^{-1}$)，泵入口应有滤网；连接管一般采用橡胶管；介质储槽的容积应满足清洗介质正常循环的要求(一般应大于$1.5m^3$)。

水垢化学清洗的工艺大致可分为清洗、冲洗、中和、钝化和废液处理等5个步骤。这里所谓的清洗通常也叫做酸洗。一般酸洗是从向系统中加注专用清洗溶剂开始的。使用自制溶剂时，酸洗是从向储槽中注入工业水调配清洗溶剂开始。具体调配过程是：待储槽中的水位达到一定高度后开启介质循环泵，将水注入待清洗的系统之中，当注入水量满足正常循环的要求后停止加水；依注水总量计算并添加适量的药剂，先加入缓蚀剂并开启循环泵，通过小循环待其与水混合均匀后再加入酸液，继续循环直至清洗溶剂调配合格后方可进行循环酸洗。在酸洗中要每隔30min测试一次清洗溶剂及Fe^{2+}和Fe^{3+}的质量分数，当酸的质量分数趋于稳定不变且Fe^{2-}的质量分数上升达到一定稳定值而Pe^{3-}的质量分数已越过峰值趋于下降时，就可以结束酸洗。水冲洗就是用高流速的水冲洗系统，使系统中水的pH值上升至4～5。中和的目的是彻底消除系统中残留的酸。中和的药剂一般采用0.1%的NaOH，时间不少于60min。为防止浮锈，常在中和液中加入0.05%的Na_3PO_4进行预膜。钝化应在中和结束后立即进行，常用的钝化剂为1% -2%的Na_3PO_4，钝化的时间一般控制在8～12h之间、温度在70～80℃之间，流速在0～$0.2ms^{-1}$，pH值控制在10～11之间。废液处理是酸洗作业中紧接着中和的最后一个步骤。其效果的好坏往往决定了化学清洗前期的可行性和最终的成败。一般应采取回收的方式处理清洗中产生的各种废液。特殊情况下，对于质量分数较高的废液要经过中和处理达到当地环保排放标准并经批准后方可排放。

3. 作业中注意几个问题：

(1) 清洗溶液的温度　一般控制在室温至40℃之间，低于此温度清洗溶液的活性不够，高了易造成对环境和人员的伤害。

(2) 清洗溶液质量分数　应根据所选清洗溶液的性质和垢层厚度来确定，一般应控制在4%～8%之间，最高不超过10%。过高清洗速度加快，金属腐蚀加剧，缓蚀效果下降。当清洗溶液质量分数降至1%以下时，如设备还未洗好应根据实际情况适量补充药剂来保证清洗效果。

(3) Fe^{3+}质量分数　这是一个易被人忽视的参数，由于Fe^{3+}是强氧化剂，与基体发生如下反应：$2Fe^{3+} + Fe \longrightarrow 3Fe^{2+}$，对于$Fe^{3+}$的这种腐蚀作用目前尚无缓蚀剂可以抑制。当清洗溶液中含Fe^{3+}的质量分数达1%时，在无缓蚀剂存在的条件下腐蚀率会增加两倍，有缓蚀剂时腐蚀率会增加40～60倍。目前常用的控制手段有：在溶剂中添加还原剂(如Na_2CO_3、SnCl和抗坏血酸等)、排放含高峰质量分数Fe^{3+}的清洗溶液和清洗溶液一次通过不重复利用的工艺等。一般将Fe^{3+}质量分数控制在0.03%以下。

(4) 清洗溶液的流速　一般应该控制在0.2～$0.5ms^{-1}$之间，流速过高会加速腐蚀。

(5) PO_4^{3-}的含量　影响磷酸盐钝化膜形成的因素有PO_4^{3-}的质量分数、pH值和温度，其中PO_4^{3-}的质量分数直接影响所形成钝化膜的质量。

（二）机械清洗

1. 传统的机械清垢方法

目前国内常用的传统机械清洗方法有工具清垢法和水力清垢法两大类。

（1）工具清垢法

作为一种传统的机械清垢方法，主要是利用钻头、通条、刮刀、钢刷、电钻和风铲等工具，用人工来清除传热管内、外表面污垢。这种方法虽然劳动强度大、效率低下、工作环境恶劣、易损伤传热元件和作业人员，但因其所需设施简单、操作简便、对结垢严重的部位非常有效而至今仍在许多场合被广泛的使用着。

（2）水力清垢法

作为一种传统的机械清垢方法，主要是利用高压水的冲力清除污垢。近年来，这种方法与工具清垢法相比有了长足的进步。除了水流的压力增高以外，各种专门设计的装置层出不穷是这些进步的一个主要方面。这些新推出的装置可将高压水流喷射到污垢与传热金属之间并尽量利用水流的冲力来来实现分离和清除积附在传热表面的污垢。而不断增高的水流压力使得这种方法的应用范围和作业效率得到了进一步的扩大和提升。

工具清垢法和水力清垢法这些传统的机械清洗一般多用于对换热器的离线清洗，只有在汽轮机的复水器的在线清洗这类特殊的情况下，换热器才可采用这些传统的机械清洗方法进行在线清洗。

2. 几种在线机械清垢技术

（1）海绵胶球清洗系统

作为一种利用机械系统进行在线除垢的方法，已问世30余年了。这种方法是在介质中加入一定数量和大小的海面球或尼龙刷，在随介质一同流过管束的过程中它们与传热表面碰撞、摩擦将附着表面的污垢刮下带走。这种方法可有效的清除微生物这类松软的污垢，但对盐类等硬垢层的清洗效果不佳。

（2）管内插入物的在线清洗技术

是一种先进可行的机械清垢方法。其机理是由于管内插入物的存在，加剧了近传热面处流动边界层的扰动，使污垢不易沉积。常见的管内插入物有弹簧、绕花丝、自旋转纽带等扰流子。其中尤以弹簧最为常见，有将弹簧两端固定靠流体对弹簧的冲击引起的振动除垢的固定式，有将弹簧两端采用活动方法支承靠流体作用使弹簧沿轴向、径向及其轴线分别作往复和旋转运动来达到清除污垢目的的旋转式，还有采用分段弹簧元件靠流体促使各段弹簧在管内运动来达到清除污垢目的的分段式等多种类型。上世纪末，采用自旋转纽带式扰流子换热器已在国内作为系列产品批量推向了市场。

（3）流化床在线清洗技术

是一种正在逐步扩展其应用领域的机械清垢方法。这种方法将传统的液－固流态化技术与换热技术相结合[19]，利用液—固流态化技术使预加在换热器中的一定规格和数量的固体颗粒随不断进入的易结垢介质一起进入传热管内部，并在流动中不断与管壁碰撞、摩擦除去积附其上的污垢，或使得污垢不能在管壁积存，当固体颗粒流出传热管后由于固液流速的差异实现了固－液分离的固体又经过循环管回到该介质的入口循环利用。

应用这种技术的换热器在外形和内部结构上与传统的换热器基本相同，其独特之处在于在管程介质进口与管板之间设有分布板，在管程出口之处设有液－固分离装置和供固体返回分布板的循环管。这种换热器的英文名称是 Fluidized Bed Heat Exchanger（简写为 FBHX）。

在国内除一些人将其译为流化床式换热器外，还有许多人称其为不结垢换热器。目前这种换热器在国外应用的情况见表 1.6－14。

表 1.6－14　FBHX 的应用情况

序	工　况	常规换热器	FBHX 换热器
1	被污染的河水	4 周后 K 值下降一半，3 个月后 K 值从 1950W/(m^2·K)下降到 650W/(m^2·K)	没有结垢现象，换热系数 K=2580W/(m^2·K)保持不变
2	海水淡化	不进行化学清洗设备不能运行，6 周后 K 值从 3000W/(m^2·K)降到了 1200W/(m^2·K)	没有结垢现象，换热系数 K=3000W/(m^2·^{2}K)保持不变
3	蛋白质溶液	一般无法使用几天后换热器完全堵塞	连续运行 5 个月，没有结垢现象，
4	含萘液体	每周热水清洗两次，K=350W/(m^2·K)	换热系数 K=1000W/(m^2·K)保持不变
5	一种冷却液	K 值从 300W/(m^2·K)降到 200W/(m^2·K)	换热系数 K=960W/(m^2·K)保持不变
6	润滑油脱蜡	必须使用在线刮刀除垢装置	没有结垢现象

上世纪末，国内就有天津大学等一些研究机构在从事这方面的研究工作，湖南资江氮肥厂则首先将其应用在了氨制冷系统水冷却冷凝器上[20]。

目前这种换热器已成功应用在有机物的加工、会产生聚合或树脂垢层的化学过程、利用易结垢废水的能量回收、纸浆及造纸工业中“白水”的加工、食品原汁的加热、不在管内沸腾的强制循环蒸发器和再沸器、利用地热进行加热的过程和海水淡化或硬水软化等各个领域。

第四节　换热器的检测与修理

无论是为消除换热器既有缺陷、恢复或改善预定的功能，还是为确保其运行的可靠性都有必要对换热器进行检修。换热器的检修则是指在换热器投用之前为发现和消除已存在的、将会在未来的使用中影响其功能实现的故障所做的各项工作。包括对各部元器件的检查、测试和壳体、管束等各连接部位泄漏点的消除，腐蚀及破损元件的修补或更换以及消除在检测中所发现各项缺陷等内容。

按检修的目的，可将检修分为以恢复预定功能为主要目的恢复性检修和以消除频发故障完善其功能为主要目的的改善性检修两个方面的工作。按时间又可分为计划检修和临时检修两类。

计划检修是使用者根据各项法规对检修间隔期及检修内容的要求和运行中对各类故障诊断、预报的结果安排的检修。这类检修的时间和内容都是预定的，一般与所在装置的停工检修同步进行，其主要目的是恢复或完善换热器的预定功能。在这类检修中，除消除既有缺陷、恢复预定功能外，依法规和可靠性要求对换热器各部件的元件进行检测也是一项主要的内容。

临时检修则是根据换热器实际的运行状况和突发故障情况随时安排的检修。这类检修的时间和内容是临时确定的，一般是在换热器所处系统仍在运行状态时安排进行的，其目的多是为消除换热器的既有故障或缺陷。在这类检修中往往无法安排对元器件的检测，即使有也多以消除既有故障为目的。

一、换热器常用检测技术

（一）宏观检查

宏观检查是指以目视的方式或借助简单工具以目视的方式对换热器进行的检查，主要是检查外观、结构和几何尺寸等是否满足安全使用的要求[21]。其中对结构和几何尺寸的检查除第一次停工检修时需全面进行外，平时主要是对运行中可能发生变化的内容进行复查。外观检查则是每次检修时都必须进行的项目，一般主要检查内容如下：

（1）本体、焊缝有无过热、变形泄漏等；

（2）用5～10倍的放大镜观察焊缝表面有无裂纹；

（3）内、外表面腐蚀和机械损伤的情况；

（4）基础、支座的下沉、倾斜或开裂情况；

（5）补强圈等位置的信号孔有无泄漏或堵塞的痕迹；

（6）排放装置是否可靠。

（二）无损检测

换热器常用的无损检测方法有表面检测、电磁涡流检测、超声检测、射线检测、磁记忆检测、远场涡流检测和涡流检测等。

1. 表面检测

表面检测是换热器停车后进行全面检验时最常采用的一类方法。主要用于检测壳体对接焊缝、角焊缝和管板与管子焊接焊缝等的表面状况。换热器表面最易出现裂纹的部位集中在壳体与管板或法兰的焊缝、接管的角焊缝、管板与管子的焊缝和其他易产生热疲劳的部位。铁磁性材料的焊缝一般采用磁粉检测，非铁磁性材料的焊缝则采用渗透检测[22]。

2. 电磁涡流检测

涡流检测与表面检测相比具有探测光滑材料表面时不需消除表面涂层的优点。当常规的涡流检测因母材表面不光滑所产生的杂乱无序的磁干扰影响而无法实施时，可采用基于复平面分析的电磁涡流检测技术。该方法允许焊缝表面较为粗糙或带有一定厚度的防腐层，可在涂层厚度＜0.2mm时检出0.5mm（深）×5mm（长）的表面裂纹，涂层厚度达2mm时可检出1mm（深）×5mm（长）的表面裂纹，还可以对深度在5mm以内的裂纹进行深度测定。此方法也可用于在运行中对壳体焊缝的快速检测。

3. 超声检测

超声检测具有无须抽芯子即可从外部对壳体对接焊缝进行检测并发现焊缝内部和内表面出现的疲劳裂纹或焊接埋藏缺陷的优点。在对缺陷作安全评定时超声检测可提供多种方法测定焊缝内部缺陷的长度和自身高度为评定提供缺陷尺寸依据。目前使用测量精度最高的方法是缺陷端点衍射波法，精度可达0.5～1mm。此外，超声检测衍射声时法（TOFD）、相控阵法和全息成像法等已在国外推广的技术国内也正在研究应用之中。

4. 射线检测

射线检测主要用于对壳体板对接焊缝内部缺陷的检测和对超声检测所发现超标缺陷为确定其性质和部位所进行的复验。采用此方法检测壳体时需要事先将管束抽出，并对作业现场进行防护。

5. 磁记忆检测

金属磁记忆检测技术是俄罗斯的杜波夫教授在上世纪90年代初提出并在90年代后期发

展起来的一项检测材料应力集中和疲劳损伤的无损检测方法。该方法可发现材料因受力出现的疲劳损伤和裂纹缺陷等。目前对磁记忆现象产生的机理还不十分清楚，主要是用它发现壳体上存在的易发生应力腐蚀开裂和疲劳损伤的高应力集中部位，再用表面磁粉或超声等其他检测方法配合对可能存在缺陷的部位进行检测以减少缺陷的漏检。此方法也不需对检测表面进行打磨处理，可用于对换热器的在线检测。

6. 远场涡流检测

最简单的远场涡流探头可由一个激励线圈和一个检测线圈组成，检测线圈被放置在与激励探头保持一定距离的一个既可避开激励探头所发出的近场信号又可接收到远场信号的远场涡流区中，交流电通过激励线圈产生的交变磁场穿过管壁沿管子轴向传播并在检测线圈附近再次穿过管壁被检测线圈接收。交变磁场每次穿过管壁都会产生时间延迟和强度衰减，当交变磁场在穿过管壁减薄处时它的传播时间和强度衰减就会减少，通过对探头输出信号相位和幅度的分析就可以确定所检测材料减薄的程度和范围。[23]

这种方法主要用于铁磁性传热管的无损检测，检测的速度由所选仪器和参数决定，一般在10m/min以内。仪器采用10Hz～5kHz的低频激发，探头中激励线圈与检测线圈的距离是被检测管内径的2～5倍，要求至少应具备以下功能：

① 可采用电压平面显示方式，实时给出缺陷相位、幅值等特征信息，可将干扰信号和缺陷信号调整到易于观察和设置报警域的相位上；

② 可采用自动平衡技术；

③ 频率在10Hz～5kHz之间，具有良好的低频检测特性；

④ 至少有2个独立可选频率和4个非分时的检测通道；

⑤ 具备存储即分析功能。

7. 漏磁（Magnetic Fliux Leakage）检测技术

这是一种用于铁磁性金属材料检测的电磁技术。当远场涡流技术因外绕铝翅片等结构因素的影响而不适用时，可以采用漏磁技术替代其进行检验。主要的影响因素：

① 漏磁检测的灵敏度与缺陷的走向有关，当检测磁力线与缺陷的走向垂直时漏磁通最大，即所获得的信号最大；当两者平行时，信号最小[24]；

② 检测表面的清洁状况对检测结果影响较大；

③ 漏磁检测技术对尖锐型缺陷更为敏感；

④ 对凹坑裂纹等缺陷较为敏感。

8. 涡流检测

主要用于非铁磁性换热管的无损检测，探头在管内移动的速度应尽可能均匀，检测的速度由所选仪器和参数决定，一般在20m/min以内。所用仪器应具备以下功能：

① 至少有2个独立可选频率，频率在1kHz～1MHz之间；

② 具备差动和绝对通道的检测能力，能够检测出管壁厚均匀减薄、裂纹、腐蚀坑和磨损等缺陷；

③ 具有相位调节、滤波和混频处理等单元，并有相应的报警设置、阻抗平面显示和可靠的记录装置；

④ 能有效排除管板、支承板和噪声等干扰因素影响的内穿过式探头和涡流探伤仪组合。

（三）污垢与腐蚀调查

污垢及腐蚀调查是换热器检测的一个重要内容，对消除已有缺陷、恢复既定功能和改善使用性能都有着十分重要的指导作用。调查的目的是对换热器的运行状况做一个综合评价，找出影响其功能发挥的因素，为以后的防垢和防腐工作提供依据。调查的重点是污垢及腐蚀的类型、程度等。调查的方法是以宏观检查为主，取样分析为辅，通过对收集数据的分析和与历史数据的比对做出综合评价结论。调查大致可分为现场观察、污垢分析和综合评价 3 个阶段。

现场观察的主要任务是判定和记录各换热器污垢及腐蚀的性质、程度以及变化情况，并确认需做进一步分析的部位。现场观察以人的感官为主，一般是根据以往经验，通过形貌、颜色、手感和气味对污垢及腐蚀状况作出判定。绝大多数换热器污垢和腐蚀的特征都很明显，如在水冷却器中：硬垢的主要成分为碳酸钙垢，软垢多为磷酸钙垢也有在水处理药剂的作用下发生晶格歧变的碳酸钙垢；硫酸盐还原菌引起的腐蚀锈瘤的外壳是混有黑色磁性氧化铁的一种红色氧化物，壳内是一种软的黑色硫化亚铁，锈瘤分层明显，外层较脆而内层有滑感和 H_2S 的气味，锈瘤下可见一圈圈金属本色的向外扩展的蚀坑[25]；生物粘泥外观为灰黑色，闻着有腥味，手捏着有滑感的是生物黏泥；调查人员根据这些特征通过观察就可做出结论。石化换热器常见腐蚀故障见表 1.6－15。

表 1.6－15 石化换热器常见腐蚀故障

腐蚀类型	腐蚀部位	腐蚀形态	腐蚀原因	防护措施
全面腐蚀	管子、管板壳体、封头	器壁均匀减薄	介质含蒸汽雾滴，CO_2、H_2S 溶解，O_2 · SRB 等氧去极化腐蚀	缓蚀剂，牺牲阳极，涂镀层，提高材质
点蚀坑蚀	管子内外管板封头	局部表面呈麻点或深坑	介质含 Cl^- 等侵蚀性离子，破坏保护膜	去除 Cl^- 等有害离子，提高材质
缝隙腐蚀	管子与管板胀接部法兰密封面	局部呈凹坑或沟状	缝内外形成浓差电池	改胀接为焊接，密封面敷耐蚀涂层
垢下腐蚀	管子内外垢物下面	局部呈点蚀或坑蚀	垢下与垢外形成浓差电池	定期清洗去垢，提高流速
冲刷腐蚀	管板管口流体入口端，壳程入口处	成刀口状或局部减薄	形成涡流冲刷，保护膜破坏	内衬耐蚀耐磨材料套管，减少流速，设防冲挡板
磨蚀	支承板管孔接触的管子	蚀沟，减薄断裂	振动引发磨损	缩小支承板间距，减少支承板孔和管径间隙，或采用垫片
电偶腐蚀	管子与管板或与封头等异种材料接触部	较活泼金属局部加速腐蚀	两种材料有电位差	尽可能选用同种材料
硫化物应力腐蚀开裂	浮头螺栓	断裂	由湿 H_2S 引起	改进材质硬度≤HRC22
氯化物应力腐蚀开裂	管子	发生穿透性穿晶或沿晶裂纹	奥氏体钢在含 Cl^- 介质中，在拉应力作用下	改用双相钢或消除应力

污垢分析不仅有助于判定污垢和腐蚀的性质，还可以为评定和改进换热器的运行管理工作提供一个客观的依据。如通过对水垢样的分析可以找出循环水处理中存在的问题，为配方的改进提供依据。因此，在污垢分析中除了要关注对原因和性质的判定外，还要重点关注对

已采取措施的效果的分析。

综合评价的任务是根据前两个阶段调查的成果，对换热器在上一个运行周期的运行状况和所采取措施的效果做一个总的评价，并据此提出下一运行周期的改进措施。如由同一循环水场供水的冷却器中软垢多时应考虑在水处理剂中添加剥离剂，而硬垢多时则应根据具体情况考虑变更配方，生物污泥多说明运行中循环水的杀菌效果不好；如仅有部分设备存在这类问题时则应考虑它们的流速、温度等操作参数是否合适；不同循环水场供水的冷却器中填料碎片、树叶、石头、塑料薄膜等杂物数量的多寡则反映了各循环水场的管理水平。表 1.6－16 中列出了一些在换热器腐蚀调查中常用的方法及其适用性。

表 1.6－16　换热器腐蚀调查中常用方法

方　法	适　用　性
肉眼观察	只能观察表面的状况如污垢、腐蚀、防护层劣化、宏观缺陷和裂纹等，很难发现微观缺陷，对埋藏缺陷无效
敲击检查	凭经验和感观可判定晶间腐蚀、管壁减薄等异常情况
内窥镜检查	观察管子内表面的状况，观察范围受仪器能力的限制
量具测量	可直接测量管子内、外径和腐蚀、磨损缺陷的深度
超声侧厚	操作简便，精度高(可达 0.1mm)，但对材质温度的差异较为敏感需修正，表面形状和材料的均匀性对结果也有影响，对实际厚度的下限有限定
着色探伤(PT)	操作简便，灵敏度高，可用于各类材料的表面，但仅能发现表面开口型缺陷
磁粉探粉(MT)	仅适于有磁性材料的检验，对表面和近表面缺陷灵敏度高，不适于非磁性材料和据表面较远的埋藏缺陷检验
涡流探伤(ET)	仅适于非磁性金属材料的检测，判定缺陷凭经验
超声探伤(UT)	对平面型缺陷有较高的灵敏度、探伤周期短、费用低、对人体无伤害，但对横向裂纹不易发现、判定缺陷凭经验
射线探伤(UT)	对立体型或延伸较深的缺陷有较高的灵敏度，但对平面型或延伸较浅的缺陷灵敏度低、所用射线对人体有伤害
硬度测量	操作简便、对氢脆、应力腐蚀、机械性能等有参考价值
金相检验	用于检验表面显微组织、晶粒度、晶间腐蚀、细微裂纹，确定缺陷的性质和原因，但不能检测断面和纵深的组织或裂纹

二、换热器防漏技术

(一) 一般换热器防漏的几个问题

1. 常用垫片

换热器的泄漏问题多出现在法兰和隔板的密封上。出现这类问题多与密封结构、元件性能、安装质量和操作参数这 4 个因素有关。其中元件性能是影响法兰密封可靠性的一个重要因素。目前一般换热器法兰上采用的主要密封元件多为垫片。常见的垫片有石棉橡胶垫、钢圈垫、缠绕垫片和复合垫等。

(1) 石棉橡胶

垫因其性能稳定、价格便宜、储运方便、使用便捷、不需保存垫片尺寸随时可裁剪出所需要的规格尺寸而曾经被广泛应用于换热器法兰的密封垫片材料。上个世纪 80 年代以来，由于环保方面的原因石棉材料的使用在许多国家已被全面禁止，而一些适用于高 温的石棉板国内因没有替代产品而使其使用受到了限制。目前主要应用于水冷却器和最高工作温度低于200℃最高操作压力低于2.5MPa的换热器中。

(2)钢圈垫

主要应用于最高工作压力高于3.0MPa、温度高于390℃的换热器，它的截面形状有椭圆和八角两种。其在高温高压下的密封性能较为稳定，一般不易泄漏，保护得当时垫片可重复使用。其缺点是垫片回弹性较差，漏后再紧固不易消除泄漏，安装时所需的预紧力较大且各螺栓之间所受到的预紧力允许偏差较小，对紧固螺栓的弹性要求较高、对钢圈和法兰上密封面的要求高等。

表1.6-17 一般换热器垫片的选用

介质	法兰公称压力/MPa	介质温度/℃	法兰密封面型式	垫片名称	垫片材料或牌号
烃类化合物(烷烃、芳香烃、环烷烃、烯烃)、氢气和有机溶剂(甲醇、乙醇、苯、酚、糠醛、氨)	≤1.6	≤200	平面 凹凸面 榫槽面	耐油橡胶石棉板垫片	耐油橡胶石棉板
		201~300		缠绕式垫片	金属带、石棉
	2.5	≤200		耐油橡胶石棉板垫片	耐油橡胶石棉板
	4.0、6.4	≤200		缠绕式垫片	金属带、石棉
	2.5、4.0、6.4	201~450		金属包橡胶石棉垫片	镀锌、镀锡薄铁皮、橡胶石棉板0Cr18Ni9
	2.5、4.0、6.4	451~600		缠绕式垫片	1Cr18Ni9Ti金属带、柔性石墨
	≤35.0	≤200	平面	平垫	铝
		≤450	凹凸面	金属齿形垫片	10
		451~550			1Cr13、1Cr18Ni9
		≤450	梯形槽	椭圆形垫片或八角形垫片	10
		451~550			1Cr13、1Cr18Ni9
		≤200	锥面	透镜垫	20
		≤475			10MoWVNb
水、盐、空气、煤气、蒸气、液碱、惰性气体	1.5	≤200	平面 凹凸面	橡胶石棉垫片	XB-200橡胶石棉板
	4.0	≤350			XB-350橡胶石棉板
	6.4	≤450			XB-450橡胶石棉板
	4.0、6.4	≤450	凹凸面	缠绕式垫片	金属带、石棉
				金属包橡胶石棉垫片	镀锌薄铁皮、橡胶石棉板、0Cr18Ni9
	10.0	≤450	梯形槽	椭圆形垫片或八角形垫片	10

注：1. 苯对耐油橡胶石棉垫片中的丁腈橡胶有溶解作用，故 $PN<2.5$MPa。
2. 温度小于或等于200℃的苯介质也应选用缠绕式垫片。
3. 浮头等内部连接用的垫片，不宜用非金属软垫片。
4. 易燃、易爆、有毒、渗透性强的介质，宜选用缠绕式垫片或金属包橡胶石棉板。

(3)缠绕垫

密封性能好、具有较高的弹性、不易泄漏、对密封面要求一般、缺点是质量差异较大、密实度和尺寸(内外径和厚度)控制困难、易“垮”“散”[26]。按金属带间缠绕材料的不同，缠绕垫又分为石棉缠绕垫和柔性石墨缠绕垫两类。因受石棉材料使用温度的限制，石棉缠绕垫的使用温度较柔性石墨缠绕垫要低。

(4) 复合垫片

是一种利用不同材料的优点来改善密封材料性能的垫片。常见的复合垫片可分为两类，一类是用金属材料包覆非金属材料的垫片，另一种是用非金属材料覆盖金属材料的垫片。

(5) 金属包覆垫片

是一种利用包覆金属材料来增强非金属材料强度的垫片。金属包石棉垫和金属包柔性石墨垫是这类垫片应用最为成功的例子。这种垫片的金属壳不仅可以增加垫片的强度提升整体性能，还可避免介质从石棉或柔性石墨纤维中的渗漏。其缺点是实现金属壳与法兰密封面间的密封较为困难。

(6) 非金属材料覆盖

金属垫片是利用非金属材料的延展性来弥补金属材料柔性不足缺点的一种垫片。齿型复合垫和波齿型复合垫是这类垫片的两个典型。这类垫片利用金属做骨架具有很高的强度，在储运、安装和使用过程中都不会出现“垮”“散”的现象，齿型垫和波齿垫的齿峰与法兰密封平面形成良好的金属线性密封，而在各峰间环型凹槽中被高度压缩充满的非金属材料不仅增强了原垫片的密封性能同时也对法兰表面可能存在的缺陷起到了弥补和补偿的作用，与其适用于高温高压场合。与齿型骨架相比波齿骨架还增加了垫片的弹性更适于频繁开、停工或温度、压力经常波动的换热器。

一般换热器垫片的选用可参见表1.6－17[27]。

2. 纵、横隔板的柔性密封

多管(壳)程换热器中的纵、横隔板与壳体和管板间的密封效果直接影响到换热器的使用效率，是一个不容忽视的重要环节。一般认为影响密封效果的主要原因在于密封元件的制造及安装质量。近年来，通过研究发现结构的设计也是一个不可忽视的因素。

一些人认为，影响多管程换热器中分程隔板与管板密封可靠性的主要原因有三个”[28]。一是没有满足分程隔板端部密封面与管箱法兰密封面之间和管板上隔板槽底面与管板法兰密封面之间应该共面的要求；二是操作中实际存在于隔板两侧的介质温差对各密封面共面的影响；三是温差对各部材料膨胀和强度的影响。并认为造成这些问题的一个主要原因就是传统的分程结构使得同一块管板上的不同部位之间有着一定的温差，导致管板本身不可避免的存在着产生变形的倾向。当这个温差足够大时，实现密封所要求的共面就必然会被破坏，从而导致密封失效。

双壳体换热器的纵向隔板密封的结构对密封的效果影响很大。采用单层或多层长条形薄板构成密封件的舌型结构，组装验收的条件要求不高，但其密封件仅起密封作用，拆装时不能靠其起支承作用，当纵向隔板两侧压差较大时会出现弯曲变形，故不适宜应用于压差较大或大型的换热器上。而采用在隔板两侧双面焊上圆钢后插入焊壳体上的槽形滑道中形成密封的槽形密封结构，虽组装验收的条件要求较高，但其密封件不仅起密封作用，还能起导向支承作用，故可用于压差较大或大型的换热器上[29]。

3. 带压密封技术

带压密封技术自推广应用以来，在换热器的堵漏中发挥了越来越大的作用。近年来，无论是介质的最高工作压力、温度还是所用卡具直径的记录都在不断的被刷新。在一些人的观念中这项技术几乎已成了一种对在用换热器泄漏无所不能的方法。在这种情况下一些研究人员提出了目前带压密封工程不适用的范围[30]。

(1) 极度危害介质的泄漏;

(2) 具有核辐射危害场所的泄漏事故;

(3) 无法有效制止裂纹扩展的泄漏;

(4) 泄漏部位减薄情况无法确定的泄漏;

(5) 缺陷部位刚度和强度明显降低的泄漏;

(6) 无有效加固措施的法兰垫片泄漏。

(二) 几种特殊密封结构形式的换热器

1. 高压换热器采用 Ω 密封

Ω 密封作为一种有效的防漏技术在高压换热器中的应用已渐成熟。所谓 Ω 密封就是在需密封的部位安装一个全封闭的 Ω 环作为承压密封元件，将介质与环境完全隔绝，是一种无泄漏密封结构[31]。Ω 密封因其 Ω 环壳部分直径小，壁厚 2 ~ 3mm 就能承受很高的压力。该密封的 Ω 环是由一对分别焊在法兰和管板上的半环组焊而成。由于法兰和管板刚度较大，Ω 环本身又具有较好的轴向变形的能力，故不受压力、温度波动大和结构变形不一致的影响。这种密封的适用压力为 7 ~ 32MPa，具有结构简单，制造及拆卸方便，密封效果好，可有效的解决其他类形垫片可能出现的密封面失效的问题，不会因密封面变形错位而导致泄漏等特点。它最突出的优点是密封比压为 0，需要的螺栓预紧力小，螺栓主要承受的是克服内压引起的轴向力，因此螺栓直径、法兰厚度、法兰质量均有减少。

(1) Ω 密封的制造与安装

Ω 半环应在设备法兰和管板热处理及所有加工结束以后再分别焊在法兰和管板上，至少应分两次施焊，且焊脚高度不小于 6mm。两半环之间的焊接接头在焊接前要打磨坡口并分两层施焊。焊后按 JB4730 进行渗透检查，1 级合格。换热器水压实验合格后在 Ω 环上下各钻一 ϕ3mm 小孔排尽 Ω 环内的积水并彻底吹干后再将这两个 ϕ3mm 小孔焊死、焊完后仍按上述要求作渗透检查。

(2) Ω 密封的检修拆装

应严格执行该类设备的检修规程，对介质中含有硫化物的换热器，为防止残留的硫化物遇水或氧发生反应生成连多硫酸在切割 Ω 环前必须先进行碱洗，碱洗后不得用水清洗，用压缩空气吹干，使表面保留碱膜。回装时，为防止在 Ω 环内的热空气凝结成水与系统中的反应残留物生成连多硫酸形成应力腐蚀环境，组焊 Ω 环时在最底部预留 10 ~ 15mm 不焊，待 Ω 环其他部分全部焊完后先停留一段时间，使 Ω 环腔内空气冷却至室温后再补焊预留段。气密性试验过程中，要用蒸汽加热 Ω 环底部直至实验完毕，以使其温度始终超过 100℃，确保将腔内的水汽化而无法生成连多硫酸。Ω 环拆装多次后可更换。

2. 螺纹锁紧环式换热器的检修

螺纹锁紧环式换热器作为近年来出现的一种采用新型密封结构的换热器，在一些高温、高压的场合得到了广泛的应用。这种换热器的密封结构见图 1.6 - 2[32]。

螺纹锁紧环换热器与传统管壳式换热器的最大区别就在于管箱与壳体的连接方式。它的管箱与壳体是一个整体，用安装在端部的螺纹锁紧环取代了一般管壳式换热器上用于连接管箱与壳体的大法兰来承受轴向力。具有密封性能可靠、拆装方便、换热面积利用率高、结构紧凑、占地面积小等特点[33]。

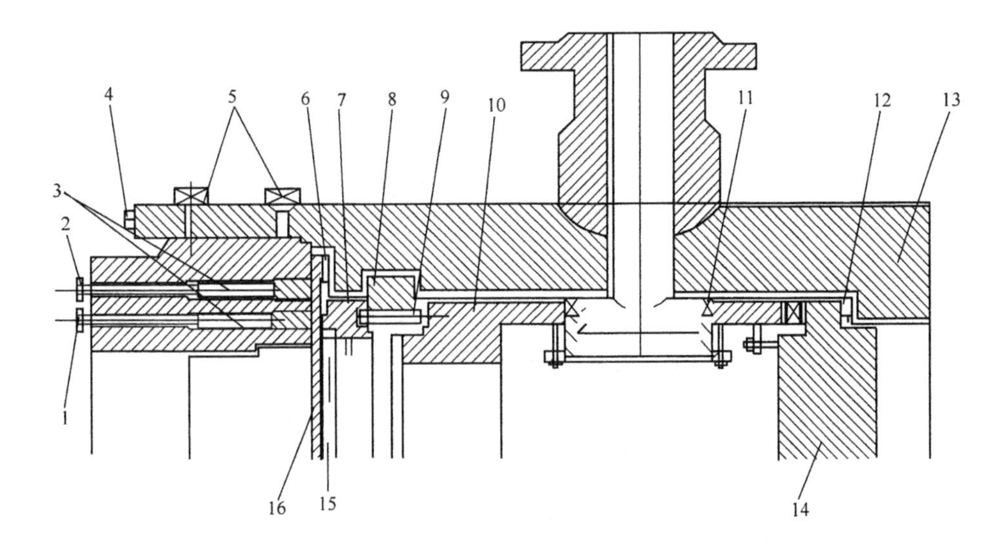

图 1.6-2　螺纹锁紧环式换热器外部密封示意图

1—内压紧螺栓；2—外压紧螺栓：3—内外顶杆；4—管塞；5—堵头；6—管程侧密封垫片；7—压环；8—卡环；9—内顶压螺栓；10—管箱内套筒；11—防串漏密封；12—壳程密封垫片；13—筒体；14—管板；15—支架；16—密封盘

在螺纹锁紧环换热器上，管程与壳体之间的密封主要是靠安装在分合卡环 8 上的内顶压螺栓 9 通过管箱内套筒 10 和管板 14 压紧壳程密封垫片 12 来实现。运行中如果遇到该密封失效，可采取拧紧螺纹锁紧环上的内压紧螺栓 1，通过密封盘 16 和压环 7 来顶压卡环 8 的方法进行不停车处理。螺纹锁紧环换热器的管程主密封是靠拧紧锁紧环上的外压紧螺栓 2，通过密封盘 16 压紧管程侧密封垫片 6 来实现。

表 1.6-18 列出的是螺纹锁紧环式换热器的拆卸程序，其安装程序与拆卸程序正好相反[34]。

表 1.6-18　螺纹锁紧环的拆卸程序

序号	程序任务和要求
1	放置专用升降台，拆除障碍物，视情况进行中和清洗等准备工作
2	在壳体和头盖组件上做标记，测量并记录锁紧环到管箱盖板及壳体的端面间距
3	拆卸头盖组件上的螺栓
4	在头盖组件上固定头盖卡具，确认稳固后装上平衡重
5	拆锁紧环等头盖组件，在松开过程中注意随紧力变化及时检查并调节专用升降台与换热器壳体的对中性
6	拆卸内外压环
7	拆卸垫片、压板，严防碰撞壳体螺纹
8	安装专用螺纹护罩，取出管程密封垫片，检查密封面
9	拆下内套筒和支承圈
10	在内法兰组件和隔板箱端面做好标记后测量并记录三合环到隔板箱端面的间距
11	用扭矩扳手拆下内法兰螺栓并记录各螺栓的残余扭矩
12	拆下三合环和内法兰，拆卸时要防止三合环部件坠落伤人

续表

序号	程序任务和要求
13	拆卸管箱上盖板和填料部件
14	拆除隔板箱
15	抽出管束，过程中要密切关注各部间隙并保持管束水平，防止螺纹保护罩阻碍管束运动，确保管束滑板越过垫片槽时被完全吊起
16	拆下壳程垫片检查密封面
17	清洗壳体和壳体管箱的内表面、螺纹表面和垫片槽等各密封面及螺纹锁紧环、管束、隔板箱等各内件
18	理化检验，包括：对壳体、管板堆焊层，各部接管焊口进行无损检查；对垫片槽、管板和垫片压板等密封面进行检查；对螺纹锁紧环的外螺纹和壳体上的内螺纹进行检查。

表1.6-19中列出了对螺纹锁紧环式换热器检修中常见故障的分析及对策[32,34,35]。

表1.6-19 螺纹锁紧环式换热器检修中常见故障的分析及对策

故障	主要原因	对策	备注
内、外圈压紧螺栓咬死或拧断	螺栓预紧力过大； 运行中泄漏后多次紧固； 未按要求涂高温防咬合剂； 螺纹配合间隙过小； 壳体、管箱和内件材料不匹配，在高温下变形不一致； 细牙螺纹变形后导致乱扣； 设计不合理螺栓的螺纹过长，直径偏小； 螺栓在使用中变形	严格执行技术要求规定的力矩； 严格执行技术要求，减少运行中紧固次数； 使用优质产品，按要求涂抹； 改为松动配合； 压紧螺栓在拧松后断裂，可在头盖拆下后用机械口工处理； 压紧螺栓在拧松前断裂只能在现场用钻削把残余螺栓取出； 减短螺栓上螺纹长度，将螺栓端部车为光杆	1. 内圈螺栓是运行中用来消除管程泄漏的备用螺栓，安装时其上紧力矩达规定值即可，不可过大； 2. 波齿和金属垫应采用平面密封； 3. 缠绕垫应采用榫槽面密封； 4. 应严格控制缠绕垫的硬度、厚度、紧密性；金属的波型、厚度等质量要素； 5. 温度、压力发生较大波动或紧急停用后再次升压时出现的泄漏多与膨胀有关，通过上紧内圈螺栓即可消除
内法兰螺栓咬死或拧断	螺栓头部无顶柱，运行中被墩粗或弯曲； 内法兰、三合环和螺栓材料不匹配，在高温下变形不一致出现咬合	切除螺栓外露部分取出三合环； 取出内法兰后钻除残余螺栓修复内螺纹或更换内法兰； 用火焰切割破坏三合环后取出三合环和内法兰； 将内法兰螺栓端部改为光杆	
三合环无法取出	三合环与凹槽的间隙被氧化皮堵死； 起拔螺孔因腐蚀失效。	用铜锤敲打、松动三合环并清除氧化铁 用丝锥修复起拔螺孔的螺纹 在三合环上焊辅助工具	
外部密封泄漏	外圈螺栓紧固不当	采用力矩扳手确保所有螺栓预紧力一致且符合要求	
	垫片问题	选择适当的垫片密封结构和形式； 确保垫片质量， 防止将齿型垫当作波齿垫使用	
管、壳程间内漏	管子破裂或管子与管板连接处泄漏	采用紧固内圈螺栓的方法判定后停车消除	
	温度波动导致垫片密封比压变化，	减少温度压力波动，调整内圈螺栓	
	垫片回弹力不足	上紧内圈螺栓恢复预紧力 增厚缠绕垫片或盖型	
	管板在与管子连接后产生变形	增加对管板密封面的测量和二次加工	

续表

<table>
<tr><th>故　障</th><th>主要原因</th><th>对　策</th><th>备　注</th></tr>
<tr><td>水压试验失误</td><td>壳程未按要求进行试验；
实验时忽视了管壳程的压差要求</td><td>按图样要求进行，不得超压；
关注实际压差，防止超过或未达要求</td><td rowspan="10">1. 内圈螺栓是运行中用来消除管程泄漏的备用螺栓，安装时其上紧力矩达规定值即可，不可过大；
2. 波齿和金属垫应采用平面密封；
3. 缠绕垫应采用榫槽面密封；
4. 应严格控制缠绕垫的硬度、厚度、紧密性；金属的波型、厚度等质量要素；
5. 温度、压力发生较大波动或紧急停用后再次升压时出现的泄漏多与膨胀有关，通过上紧内圈螺栓即可消除</td></tr>
<tr><td>锁紧环螺纹和壳体螺纹损伤</td><td>外圈螺栓未完全松开；
专用工具调节水平难造成卡涩；
螺纹螺距偏小</td><td>加热管箱外部；
及时调整锁紧环的水平和与管箱的间隙；
改进外圈螺栓结构。</td></tr>
<tr><td>锁紧环大螺纹旋出困难</td><td>螺纹面粘合；
螺纹旋转力过大；
工装未调平衡</td><td>向螺纹间注入润滑油；
关注旋转力变化，加强对锁紧环的监视测量确保符合要求；
调整工装保持平衡</td></tr>
<tr><td>锁紧环大螺纹拧不动或中途咬死</td><td>部分外圈压紧螺栓未松开；
螺纹中有异物或变形；
锁紧环直径大、重，专用拆卸工具现场操作困难使锁紧环与壳体的同心度和垂直度保持不好</td><td>加热管箱壳体或用千斤顶在专用松紧杆上助力；
在旋出或旋进的过程中发现异常要及时查找原因并采取相应措施予以消除</td></tr>
<tr><td rowspan="2">大螺纹旋入困难</td><td>螺纹面有异物</td><td>清理表面，清除残存防咬合剂和毛刺</td></tr>
<tr><td>防咬合剂质量差或涂抹部位不当</td><td>选择优质适用的防咬合剂，应涂抹在螺纹内表面</td></tr>
<tr><td>壳侧垫片失效</td><td>垫片厚度、宽度未达设计的要求；
垫片收缩性太大</td><td>选择和安装符合设计要求的垫片</td></tr>
<tr><td>管箱密封泄漏</td><td>垫片质量差；
垫片压板接触面损坏或变形；
对垫片的预紧力不够。</td><td>采用优质垫片；
更换变形量过大（径向 >2mm 轴向 >10mm）的压板；
按要求安装和上紧外圈螺栓</td></tr>
<tr><td>锁紧环上紧后垫片压板脱落</td><td>设计缺陷，固定环不易定位</td><td>在固定环径向开 3 个顶丝孔，用顶丝定位固定环</td></tr>
</table>

三、换热器堵漏技术

常见的换热器泄漏主要有管子与管板之间的密封失效和管子本身失效两大类。对于前者失效造成的泄漏主要是根据管子与管板密封的形式和失效的原因采取补胀或补焊的方法进行处理，对于后者则是根据泄漏管子的数量采取堵管或换管的方式进行处理。

（一）管端堵漏

管子与管板间的密封有胀接和焊接两种形式。对于胀接密封的失效可采取补胀的方法进行恢复。在补胀作业中要注意以下几点：

（1）彻底清除管子与管板之间的物料和腐蚀产物等杂物；

（2）严格控制胀后管壁的减薄量，一般应不超过上次胀接减薄量的 20%[36]，当管壁总减薄量大于管子名义壁厚的 12% 后就应判废；

（3）采取措施尽量减小补胀对相邻管子胀口的影响；

（4）对不锈钢和钛材等有冷作硬化倾向的管子应尽量采用液压胀接的方式。

管子与管板之间焊接密封的失效主要有两种模式，一种是制造时的焊接缺陷扩展导致的密封失效，对这类失效一般只需将原缺陷打磨消除后重新焊接即可；另一种是焊口开裂导致的密封失效，造成这种缺陷的原因较为复杂，一般需先确定原因再根据确定的原因采取适当的措施进行消除。在采用焊接方式消除管子与管板之间的泄漏时，要注意以下几点：

（1）确定缺陷产生的原因是成功消漏的基础，特别是对那些由于介质腐蚀产生的间隙腐蚀、应力腐蚀或热应力过大产生的开裂缺陷，如不能对症采取措施是无法获得满意的结果的。

（2）适当的焊接工艺是成功消漏的保证，这里所谓适当的焊接工艺包含了两层含义：一是要针对所修复缺陷的具体情况制定或选择适当的焊接工艺（如材料的选择和残余应力的水平对应力腐蚀的发生有重要的影响），二是在实际修复中要严格地执行所确定的焊接工艺（如焊前预热、焊后热处理，焊条烘干、保温，焊接方式等）。实践证明，焊接缺陷多源于采用了不适当的焊接工艺。

（3）施焊部位表面处理的质量对结果有很大的影响。为获得满意的修复效果，除必须彻底清除焊缝中既有的裂纹、气孔、夹渣等缺陷外，还必须保持施焊部位的清洁和干燥，清除管子与管板之间的物料和腐蚀产物等。

（4）焊材的质量、焊工的水平以及作业的环境等因素对焊口修复质量也有重要的影响。

（二）堵管

对于少量的换热管泄漏一般是采取堵管的方式进行处理。常见的堵管方式有机械、焊接和爆炸3种[37]。

1. 机械封堵

机械封堵就是采用机械的方法将特制的堵头装在管子里靠堵头的外壁与管子的内壁紧密接触来堵死管子。是一种简单直观的堵管方式，适用于低压、小直径管的封堵。最常用的机械封堵方式就是利用塑性较大的锥形堵头在外力的作用下进入换热管内，并使其外径产生变形与管壁严密贴合，当外力消失后，残余应力使堵头与管子的这种紧密贴合的状态继续维持从而实现对管子的封闭。这种堵头常采用木材、塑料等非金属材料和低碳钢、铜、铝等金属材料制成，锥度在1:1～1:35之间，堵头的小头直径比管子内径小0.3～0.5mm。这种方法具有操作方法简单、速度快、适用面广，堵头结构简单、便于加工，堵头拆卸方便，有利于日后更换管子等特点。尤其适用于对水冷器等管程压力、温度都不很高的换热管的封堵。

液压封堵是近年来出现的一种机械封堵方法。其原理是利用特殊的发射装置将弹丸射入充满液体的堵头中心孔内，靠高速运动的弹丸冲击液体后产生的高压将堵头扩张与管壁胀接在一起形成封堵。有试验表明采用这种方法的封堵可在63MPa的高压下在内径18mm的管子内部保持液密性。常见的液压封堵方式有两种，一种是应用于管子内径小于18mm的换热管的封堵，其方法是将略小于堵头中心孔直径的弹丸直接射入堵头的中心孔来产生高压实现封堵。另一种是在管子内径大于18mm的换热管堵头内放置一个带有单向阀的活塞，在活塞外径上除钻有许多与中心孔相同的小孔外还设有两道O形密封圈，当活塞进入堵头时，单向阀将活塞与堵头之间的气体排空，向活塞中灌入液体并用黏土封口后将弹丸射入活塞中心孔，事先灌注的液体在弹丸的推动下形成的高压经与中心孔相同的小孔向外传到堵头将堵头与管子胀接到一起。

影响机械封堵效果的主要因素有堵头的材质和加工尺寸与被封堵管的匹配程度、被封堵管的预处理结果、封堵作业操作者的技能和换热器的运行状况等。

2. 焊接封堵

焊接封堵就是利用焊接的方法将堵头与拟封堵管子的母材融合在一起，以达到一定的连接强度和密封性能。影响其封堵效果的因素有管子与堵头材料的可焊性、堵头的尺寸和坡口的形式、施焊前对管子和堵头清理的结果、焊接位置和焊工的技能以及焊接方式和环境等。这种方法作为一种可靠的堵管方法它适用于大多数结构的换热器，易为人接受，可满足大部分堵漏的要求，但作业所需时间较长，施焊部位受损坏情况限制。

3. 爆炸封堵

爆炸封堵是利用爆炸产生的能量做功，将堵头固定在管子损坏的部位以达到堵管的效果。其原理是利用炸药在堵头中爆炸时所产生的高温高压冲击波能量，经过一定传导介质的改善成为稳定、均匀的压力作用在堵头内壁，使得堵头在瞬间在径向产生膨胀与管子内壁发生高速碰撞，堵头与管子母材紧密结合在一起。根据结合方式爆炸堵管又分为爆炸胀接堵管和爆炸焊接堵管两大类。

（1）爆炸焊接堵管

就是利用爆炸产生的能量使堵头径向高速膨胀与管子母材发生碰撞产生金相熔合达到堵管的目的。实现金相熔合的基本条件是：堵头与管子之间应有变位间隙；堵头迅速扩张并与管子逐渐碰撞；碰撞正面须以一低于材料音速的速度向前，以避免爆炸冲击波的干扰；碰撞面产生的压力必须超过材料屈服强度，使金属表面产生塑性变形。只要具备这些条件，碰撞面就会形成来自堵头和管子母材表面的金属射流，其不仅可以清除表面的金属杂质，还使得处于压力下的洁净金属表面靠原子间吸引和界面上电子均匀分配而实现熔合。实现金相熔合的关键因素是选择合适的炸药和碰撞面的逐次进行。

（2）爆炸胀接堵管

就是利用爆炸产生的能量使堵头在瞬间沿径向迅速膨胀使堵头与管子内壁紧密接触胀接在一起。这实际是爆炸胀管技术的一个延伸。影响爆炸胀接堵管效果的主要因素有：堵头内的装药量；传导介质；管板小桥区损坏的情况；堵头的材质以及炸药的安全性和有效性等。这种方法的特点是：效率高、作业时间短；方便、实用、易于操作；实用性强，不受可焊性和作业位置的影响；可靠性强等。表 1.6－20 中列出的是这几种堵管方式的对比。

表 1.6－20　堵管方式的对比

堵管方式	机　械	焊　接	爆炸堵管	
			爆炸焊接	爆炸胀接
原　理	堵头与管子依靠残余应力结合	堵头与管子产生金属熔合	堵头与管子产生金属熔合	靠残余应力与局部融合相结合
堵管方式	将堵头压入管内实现封堵	堵头与管子焊接	用爆炸方式将堵头与管子结合在一起	
对作业部位的预处理	预处理要求高 对管子形状、粗糙度、圆度都有要求	预处理要求高，需加工坡口，光洁度要求高	预处理要求低，仅做一般处理即可	
堵头要求	材料塑性好硬度小于管子 堵头加工简单 尺寸要与修复管子匹配	与管子的可焊性要好 堵头加工简单	堵头加工复杂、要求高	材料塑性好硬度小于管子 堵头加工要求高
工艺要求	修复处需加工 堵头尺寸与管子匹配 操作简单	修复部位清洁度要求高； 焊工需高技能； 焊接辅助要求高	根据具体情况选择和使堵头； 对管桥需要采取必要地保护、加强措施； 操作简单	

续表

堵管方式	机 械	焊 接	爆炸堵管	
			爆炸焊接	爆炸胀接
适用范围	临时性封堵； 一般管程压力应大于壳程	材料有可焊性； 位置便于施焊	一般场合都适合，尤其适用于核环境	
工 效	较快	慢、周期长	最快	
可靠性	较差，仅适于临时封堵	较高	高	

(三) 换热管的更换

当管束中堵管的数量超过允许的数值时，就必须对失效的换进行更换。为了更换管子必须先将已损坏的管子从管束中拆下来。常用的方法是对管端焊接的管子应先去除管端焊缝，然后和对管端采用胀接的管子一样，用比管孔直径略小的钻头将管子在管板中的大部分金属钻(铣)削去后，再用液压拔管器将整根管子从管束中拉出。在此过程中要时刻注意防止对管孔表面的破坏影响以后的胀接。

在穿入新管前应对新管两端进行退火和打磨，并将管子两端内外表面和管板表面清洗干净。管子与管板的连接方式应尽量与原设计保持一致。在实施连接时要尽量减小所采用的方式对未更换的管子接头的影响。胀接时应控制管壁的减薄量，一般不锈钢管和钛管的管壁减薄量应控制在4% ~6%以内，碳钢管和黄铜管的管壁减薄量应控制在5% ~7%以内，铜管和铜镍合金管的管壁减薄量应控制在7% ~9%以内。管壁的减薄量可按下式计算：

管壁的减薄量 = {[管子内径测量值 - 管子内径初始值 - 管子与管孔的间隙]/[2(初始管子壁厚测量值)]} ×100%

管端采用焊接方式连接时，要注意保障管端的焊接结构。常见的管端焊接结构有角焊缝、开槽焊缝、槽顶焊接和插入焊接等几种形式。其中采用角焊缝和开槽焊缝时要注意保证足够的管端伸出长度和焊缝尺寸。焊接时要注意以下几点：

(1) 焊接操作时要遵守立向上焊的基本要求，除机械焊外严禁采用立向下焊[38]；

(2) 起弧点必须与收弧点有一个覆盖以保证圆周焊接的完整性；

(3) 第一道焊道与第二道焊道的起、收弧点不得在同一位置；

(4) 第一道焊道焊完后应将管束转后再进行第二道焊道的焊接作业，或将10点到2的位置多焊一遍，以防止该位置焊缝余高不足；

(5) 在所有焊缝第一道焊接完成并经外管检查合格后再进行各焊缝第二道的焊接；

(6) 检查第一道焊缝时应注意焊缝根部的熔深和宽度，以第二道焊缝能将其完全覆盖为度；

(7) 要确保焊道层间的清理工作质量符合要求。

焊接完成后要对焊缝进行100%的外观检查和表面无损检查。外观检查的要求是：焊缝外观整洁、平滑、无不规则的外形，焊缝金属的余高在0.3 ~0.5mm之间为佳，焊缝管内焊瘤高度应小于0.5mm，焊缝应无气孔、夹渣、氧化和裂纹等任何焊接缺陷，管内壁至管板9mm范围之内应平滑、光亮无任何视力可见缺陷，第二道焊缝将第一道焊缝完全覆盖。详见表1.6 -21，表中d为换热管外径。

表面无损检查应在外观检查合格后进行，具体方法应视材料而定。一般对碳钢等铁磁性材料应采用MT，对不锈钢及其他有色金属则应采用PT。

表 1.6－21　外观检查的要求

序号	缺陷名称	缺陷外形	判定合格标准
1	裂纹	所有裂纹的表现	不合格
2	表面气孔		不合格
3	管壁熔透	适用于管壁厚 $t \geq 2.6$mm，管伸出长度 $x \geq 6$mm	不合格
4	焊缝余高		$d \leq 25$mm 时，$x \leq 0.5$mm $d > 25$mm 时，$x \leq 1.0$mm 不合格
5	管端熔化(角焊缝)	适用于管壁厚 $t \geq 2.6$mm，管伸出长度 $x \geq 6$mm	不合格
6	咬肉		溶度 <0.1 管壁厚或 0.1mm
7	弧伤		不合格
8	飞溅		不合格
9	打磨痕迹 铲除痕迹 低于管壁表面		不合格 不合格 不合格
10	焊道布置不合理	第二层焊道未完全覆盖第一层焊道	不合格

四、换热器抽芯专用设备

换热器抽芯子的专用设备——抽芯机在换热器检修中得到了广泛的应用。从驱动形式来看，机械式应用的较多，其中以丝杠传动的最多，绞车传动和液压传动则多见于大型换热器的抽芯作业。近年来，随着换热设备不断的大型化，现有的通用型抽芯机已很难适应这种变化。为了适应换热设备大型化的发展趋势，抽芯机正在朝着大型化、工场化的方向发展。

大庆石油化工总厂研制的 CXJ20(30)大型新式换热器抽芯机就是大型化的一个例子。该机由主机和辅机两部分组成[39]。

主机是由机架、滑轮组、拖车、驱动、传动机构等 5 个部件组成。其中机架上不仅有各部件安装的平台，还有与换热器壳体连接的装置；滑轮组共 4 组，各由 3 对动、静滑轮组成，负责向拖车提供抽芯子所需的牵引力；拖车与换热器的芯子相连接，靠安装在其两侧和机架两端的 4 组动、静滑轮组提供的牵引力带动芯子移动；驱动装置由电机、变速箱和固定在变速装置输出轴上的卷轮组成，绕在卷轮之上的钢丝绳两端分别通过机架两端的定滑轮组与固定在拖车之上的动滑轮组相联接，并随着电机转向的变化拖动拖车向两个不同的方向移动。

辅机是由电机通过变速器将扭矩传递给空心主轴带动其上的螺母旋转使螺杆移动，螺杆通过连接装置推动换热器芯子。平时辅机的任务是将芯子从壳体中推出的以便于主机拖带，在主机的牵引力不够时，可通过辅机与主机联用采增加抽芯子的能力。

该机克服了一般机型拉力小(仅有 100kN)、细长螺杆件稳定性差固胀率高和抽芯前的预顶难度大等缺点。与一般机型的对比可见表 1.6－22。

表 1.6－22 新式抽芯机与一般机型的对比

项 目	一般抽芯机	新式抽芯机	对比结论
抽芯方式	一端作业	两端同时作业	新式灵活方便
作业牵引力/kN	100	拉力 200	是一般机型的 2～5 倍
		推力 300	
		联合 500	
效 率	单头螺杆 $\eta=0.228$	滑轮组 $\eta=0.834$	是一般机型的 2～3 倍
		多头螺杆 $\eta=0.434$	
牵引速度/$m \cdot s^{-1}$	$V=0.006$	抽芯 $V=0.025$	是一般机型的 2～5 倍
		推芯 $V=0.011$	
调速及空程	无	无极调速	空程辅助时间
	$V=0.006$	$V=0.05～0.10$	是一般机型的 8 倍以上
适用范围/m	$DN\leq1.0$ 且结垢不太严重	$DN\leq1.4$	新式适用于大型

扬子石化公司烯烃厂将结焦严重的设备整体移位逐台运往专用抽芯场地进行抽芯则是抽芯作业工场化的一个实例。该厂自 1987 年 7 月开车以来，乙烯装置换热器由于不断的积垢或形成结焦物，影响产品的质量，同时使得换热效率下降，必须进行抽芯检修。受施工空间的限制以及动火用电等安全因素的限制，在现场抽芯几乎无法进行[40]。经过多方论证，他们在装置外建设了一个包括电加热器、龙门架、牵引装置以及机具等抽芯工装的专用抽芯场地。通过利用备用设备替代的方式将需清洗芯子的设备整台换下，运往该场地进行抽芯子清洗作业。采用这种方式后，大大降低了劳动强度，提高了检修效率，为换热器的抽芯提供了保证。该厂对此方式采用前、后的比较见表 1.6－23。

表 1.6－23 工场化方式与传统抽芯方式效益对比

项 目	传统方式	工场化方式
吊车使用	130t 吊车 5 个台班	130t 吊车 2 个台班
人工(工日)	43	20
电加热时间	—	12h
总检修时间	18d	3d

参 考 文 献

[1] 孙奉仲. 换热器的可靠性与故障分析导论. 北京：中国标准出版社，1998.

[2] 毛国东. 管壳式换热器胀焊并用时胀焊顺序探讨. 化工装备技术，2005，26(2). 江山顺态化工机械有限公司.

[3] 朱日良. 管壳式换热器管板与换热管焊接常见质量问题的防止. 化工设备与管道，2005，42(1). 浙江江山化工股份有限公司.

[4] CB 151—1999，管壳式换热器[S].

[5] 朱建军，王呈云. 管与板连接方法选择及胀接设计质量因素. 东方电器评论. 1995，9(3).

[6] 陆怡，张锁龙. 换热器泄漏成因调查. 化工装备技术，2005，26(3).

[7] 冯拉俊，杨军，雷阿利. 故障诊断中敏感因子的确定. 中国设备工程，1995，(07).
[8] API 580—2002，基于风险的检验[S].
[9] API 581—2000，基于风险的检验基本资源文件[S].
[10] Mukberjee，徐朝霞译. 阻止换热器结垢的新技术. 国外油田工程，2000，(7).
[11] 朱冬生. 管壳式换热器的防垢、强化传热技术. 海湖盐与化工，1994，23(5).
[12] 朱冬生，卜穗安，谭盈科. 换热设备的清洗和防垢技术. 广东化工，1994，(3).
[13] 刘公召，陈尔霆，高峰，孙玉珍，王欧，丛澜波. 渣油高温换热器结垢原因与防垢剂研究. 节能，1999，(8).
[14] 李文辉. 减轻换热器的结垢. 化工设计，1994，(2).
[15] 周本省. 循环冷却水系统中控制结垢的方法. 化学清洗，1999，(5).
[16] 周本省. 循环冷却水系统中控制水垢的物理方法. 化工机械，1999，26(4).
[17] 张声先. 选择最好的换热器清洗方法. 能源技术，1999，(4).
[18] 龙荣，顾正明. 工业冷却水垢的化学清洗工艺. 氯碱工业，1999，(12).
[19] 陈朝晖，王远成. 不结垢换热器初探. 小氮肥设计技术，2003，24(4).
[20] 孙有光，万钧，王世明. 液固流态化列管换热器 FBHX 的研究. 表面活性剂工业，1999，(01).
[21] TSG R7001—2004，压力容器定期检验规则[S].
[22] 张万岭，沈功田. 压力容器无损检测——换热器的无损检测技术. 无损检测，2005，27(6).
[23] 黄勇. 在役铁磁性材料换热管得远场涡流检测. 无损检测，2000，22(4).
[24] 范志勇，郑超雄. 漏磁技术应用于无缝换热器管在役检测的研究. 无损探伤，2006，30(1).
[25] 郦和生，庞如振. 检修时换热设备的评定及垢样的分析. 石化技术，1996，3(2).
[26] 李幼祥，崔亚平，白尚斌. 石化装置中换热器密封材料应用于对比. 石油化工设备技术，1998，19(1).
[27] CB 151—1999，管壳式换热器[S].
[28] 林贤浪. 多管程换热器的泄漏问题及其改良结构的构想. 广州化工，1995，23(4).
[29] 李业勤. U 形管式换热器纵向隔板密封结构的设计. 航天返回与遥感，1997，(06).
[30] 胡忆沩. 带压密封工程适用范围研究. 润滑与密封，2006，(04).
[31] 郭晓岚，范熙. Ω 环密封结构在高压换热器中的应用. 石油化工设备 2002，(05). 抚顺石油化工设计院.
[32] 陈建玉. 高压螺纹锁紧环式换热器检修中常见故障分析及对策. 化工机械，2005，32(4).
[33] 赵萍. 螺纹锁紧环换热器结构特点及受力分析. 炼油设计，2002，32(10).
[34] 楼广治. 螺纹锁紧环换热器检修中遇到的主要问题及对策. 石油化工设备技术，2005，26(2).
[35] 苏国柱. 螺纹锁紧环换热器检修存在问题及对策. 压力容器，2003，20(1).
[36] George Bowes. A cleaner. exchanger. The chemical engineer，January，1997.
[37] 卓志弘，夏春申，王建平，张光庆. 换热器堵管技术讨论. 电站辅机，1995，(02).
[38] 福陆丹，董家祥，合肥通用机械研究院，李平谨，乔伟奇，石意龙，何亦华. 换热器管子与管板的焊接与检验的国外工程标准简介. 压力容器，2005. 22(10，11).
[39] 张承琛，王立安，许中义. CXJ20(30)大型新式换热器抽芯机研制. 黑龙江石油化工，1995(03).
[40] 张永华. 大型换热器抽芯工装设计. 化工机械. 2005，31(02).

第七章　管壳式换热器的选材及腐蚀与防护

（蔡隆展）

第一节　概　　述

一、管壳式换热器的腐蚀状况及特点

在石油化工生产中，换热设备约占其工艺设备总重量的40%，占建厂总投资费用的1/5。换热器一般均处于介质腐蚀、物料结垢、热量传导及流体冲刷等复杂的工况中，其腐蚀比其他设备更为严重。有资料报道，换热器90%的损坏均是由腐蚀造成的，因此热换器的腐蚀是大量的、普遍存在的。每年因管速穿孔或结垢堵塞而停工检修更新所造成的损失均很大，因此企业的经营管理者及技术人员都非常关注换热器的防腐蚀问题。

本章拟通过一些典型破坏示例和各类腐蚀过程的介绍分析，以期对换热器的腐蚀破坏情况作一简要的说明。在管壳式换热器的零部件中，传热管的腐蚀最为突出。表1.7－1为一台热换器各零部件产生腐蚀次数的统计，表1.7－2为石油化工换热器常见腐蚀故障的汇总。

表1.7－1　换热器腐蚀产生的部位

		物料侧	冷却水侧	总　计	
管　子	内表面	8	28	36	64
	外表面	19	9	28	
流　道		2	3	5	
管　板		2	6	8	
壳　体		4	3	7	
总　计		35	49	84	

表1.7－2　石油化工换热器腐蚀故障汇总

腐蚀类型	腐蚀部位	腐蚀形态	腐蚀原因	防护措施
全面腐蚀	管箱、壳体及封头	器壁均匀减薄	介质含蒸汽雾滴、CO_2，H_2S溶解。 O_2，SRB等氧去极化腐蚀	缓蚀剂，牺牲阳极，涂/镀层，提高材质的抗蚀能力
点蚀或坑蚀	管子、内外管板及封头	局部表面呈麻点或深坑	介质含Cl^-等侵蚀性离子、破坏保护膜	去除Cl^-等有害离子，提高材质的抗蚀能力
缝隙腐蚀	管子与管板胀接处，法兰密封面	局部呈凹坑或沟状	缝内外形成浓差电池	改胀为焊接，密封面敷耐蚀涂层
垢下腐蚀	管子内外垢物下面	局部呈点蚀或坑蚀	垢下与垢外形成浓差电池	定期清洗去垢，提高流速

续表

腐蚀类型	腐蚀部位	腐蚀形态	腐蚀原因	防护措施
冲刷腐蚀	管板管口流体入口端，壳程入口处	成刀口状或局部减薄	形成涡流冲刷，保护膜破坏	内衬耐蚀耐磨材料套管，降低流速
磨蚀	支承板管孔接触之管子处	蚀沟、减薄断裂	振动引发磨损	缩小支承板间距，减小支承板板孔与管径之间的间隙，或采用垫片
电偶腐蚀	管子与管板或与封头等异种材料接触处	较活泼金属局部加速腐蚀	两种材料有电位差	尽可能选用同种材料
硫化物应力腐蚀	浮头螺栓	断裂	由湿 H_2S 引起	让材质硬度≤HRC22
氯化物应力腐蚀开裂	管子	发生穿透性穿晶或沿晶裂纹	在含 Cl^- 介质中的奥氏体钢，在拉应力作用下	改用双相钢或消除应力

二、管壳式换热器的材料研究及发展

用来制造管壳式换热器的金属材料，按大类可分为碳钢、合金钢、镍基合金、铜及其合金等几类。目前海水用管系材料以紫铜和铜镍合金(B10、B30)为主，其中紫铜的耐腐蚀性能较低。根据使用经验，其在洁净海水中的推荐使用流速为0.9m/s，而B10、B30则为3.6m/s和4.5m/s，且在含泥沙等固体杂质的海水中腐蚀速度大大提高。据研究发现，铜镍合金在污染海水中也存在着严重腐蚀。近年来，国外已研制并将耐海水腐蚀性好的双相不锈钢作为海水管系材料，国内对双相不锈钢的研究应用也开始起步[1]。

研究方面，文献[2]报道了HDR双相不锈钢海水腐蚀性能实验和电化学性能测试，并和TUP、B10、B30的性能进行了比较。HDR双相钢抗点蚀，抗缝隙腐蚀性能亦强，适合作海水管系材料。大连西太平洋公司[3]利用08Cr2AlMo钢抗 $H_2S-HCl-H_2O$ 湿环境下的腐蚀特性，用于高硫原油系统换热器管束，经历27个月没有发生任何泄露，很好地满足了工艺防腐蚀长周期的要求；新碳钢管束在该装置投用不到一年，就发生泄露。另外，上海材料所开发的09CrCuSb(代号ND钢)，具有良好的耐硫酸低温露点腐蚀性能，在上海炼油厂冷换设备上投用，使用寿命达到3年，是碳钢+防腐管束的6~7倍，使用效果明显[4]。超低碳不锈钢(如316L)及双相不锈钢均是非常好的耐腐蚀材料，但价格昂贵而使其使用受到限制，用搪瓷与普通碳钢管复合的搪瓷管可广泛应用于各种低温腐蚀环境，目前其焊接问题已得到解决，势有可能得到广泛应用[5]。12AlMoV及12Cr2AlMoV是国内研究的两种耐硫腐蚀钢，12AlMoV在360℃以上环境中亦能耐腐蚀。

三、管壳式换热器的防护技术研究及发展

换热器的防护主要有涂料、电化学、渗铝和渗锌等几种技术。其中，防腐涂料由于存在耐热性及附着性差，在装置吹扫中又容易脱落等缺点，故其使用受到限制，但其优点是可重复涂覆。碳钢换热器造价低，耐腐蚀性差，但可通过采用牺牲阳极保护技术来提高换热器的寿命。不过该技术仅限用于管子入口处的有限长度内，管子深处难以实现阴极保护，故其使用亦受到限制。大型换热器一般常采用外加电流阴极保护技术，而小型海水换热器采用牺牲阳极的阴极保护，即可在一定程度上减缓换热器的腐蚀。

异种金属的化学附着技术，其代表是化学镍磷和渗铝技术，由于它们的高附着性，故有可能逐步取代涂料防护。但化学镍磷镀层是阴极性镀层，只能起到机械隔离腐蚀的作用，一

旦镀层产生局部缺陷，容易形成大阴极小阳极。目前最常用的渗铝法是粉末包埋法渗铝，文献[6]把渗铝钢、20号钢、1Cr18Ni9Ti及316L钢管4种材料放在高温环烷酸、高温硫化氢、低温硫化氢等环境中进行了防腐蚀实验。数据表明，渗铝钢的防腐蚀性能与价格昂贵的316L钢相当，远好于20号钢管1Cr18Ni9Ti。尽管渗铝涂层有很好的耐高温腐蚀和耐磨损性能，但管板和管束的连接保护问题迄今仍没有很好解决，这是渗铝碳钢换热器的薄弱环节。渗锌法是在低于锌的熔点温度以下使活性锌原子渗入工件表面的化学热处理工艺，由于渗锌涂层是阳极涂层，即使涂层有少许损坏，作为牺牲阳极对钢铁也能起到一定保护作用[7]。

第二节 管壳式换热器的腐蚀与防护

一、腐蚀定义

金属材料表面和环境介质发生化学和电化学作用而引起材料的退化和破坏叫做腐蚀。按照热力学的观点，腐蚀是一种自发过程，这种自发的变化过程破坏了材料的性能，使金属材料向着离子化和化合物状态变化，是自由能降低的过程。德国工业标准DIN 50900将腐蚀定义为“腐蚀是一种金属材料与其环境的反应，它会引起材料出现可测行为的变化，并导致损伤。这种反应大多数情况是电化学的，但其行为也可能是化学的或金属物理过程。”

50年代以来，随着非金属材料，特别是合成材料的大量应用，非金属材料的失效现象也日益增多和严重。因此，不少腐蚀学者建议将腐蚀的研究对象扩大到所有材料。对于金属材料和非金属材料的腐蚀，可以统一表述为，它是材料和材料性质因其与所处的环境介质之间发生物理化学作用而引起恶化的现象。

二、腐蚀原理

根据不同的分类方法，腐蚀亦可划分为不同的种类。根据环境介质划分，腐蚀分为(1)自然环境腐蚀；(2)工业环境腐蚀。依据受腐蚀材料的种类，可以划分为(1)金属腐蚀；(2)非金属材料腐蚀。平时最常用的分类方法是依据腐蚀机理的不同来划分的，可以分为(1)电化学腐蚀；(2)化学腐蚀。下面分别介绍一下电化学腐蚀和化学腐蚀的概念以及常见的腐蚀类型。

(一) 电化学腐蚀及常见电化学腐蚀类型

电化学腐蚀是指金属表面与离子导电的介质(电解质)发生电化学反应而引起的破坏。任何以电化学机理进行的腐蚀反应至少包含有一个阳极反应和一个阴极反应，并以流过金属内部的电子流和介质中的离子流形成回路。阳极反应是氧化过程，即金属离子从金属转移到介质中并放出电子；阴极反应为还原过程，即介质中的氧化剂组分吸收来自阳极的电子的过程。例如，碳钢在酸中腐蚀时，在阳极区铁被氧化为Fe^{2+}离子，所放出的电子由阳极(Fe)流至钢中的阴极(Fe_3C)上被H^+离子吸收而还原成氢气，即

阳极反应：$Fe \longrightarrow Fe^{2+} + 2e$

阴极反应：$2H^+ + 2e \longrightarrow H_2 \uparrow$

总反应：$Fe + 2H^+ \longrightarrow Fe^{2+} + H_2 \uparrow$

可见，电化学腐蚀的特点在于，它的腐蚀历程可分为两个相对独立并可同时进行的过程。由于在被腐蚀的金属表面上存在着在空间或时间上分开的阳极区和阴极区，腐蚀反应过程中电子的传递可通过金属从阳极区流向阴极区，其结果必有电流产生。这种因电化学腐蚀而产生的电流与反应物质的转移，可通过法拉第定律定量地联系起来。

由上述电化学机理可知，金属的电化学腐蚀实质上是短路的电偶电池(Galvanic Cell)作用的结果。这种原电池称为腐蚀电池。电化学腐蚀是最普遍，最常见的腐蚀。金属在大气、海水、土壤和各种电解质溶液中的腐蚀都属此类。

电化学作用既可单独引起金属腐蚀，又可和机械作用或生物作用共同导致金属腐蚀。当金属同时受拉伸应力和电化学作用时，可引起应力腐蚀断裂(Stress Corrosion Cracking)。金属在交变应力和电化学共同作用下，可产生腐蚀疲劳(Corrosion Fatigue)。若金属同时受到机械磨损和化学作用，则可引起磨损腐蚀(Erosion Corrosion)。

1. 点蚀

点蚀即点腐蚀，腐蚀发生在材料表面的一些小点上，最后在表面不受腐蚀的情况下形成明显的孔洞。孔有大有小，孔表面直径一般等于或小于孔深，但也有坑状碟形浅孔。点蚀发生于易钝化的金属上，如不锈钢及钛铝合金等。钝化材料的表面具有防止材料继续受到腐蚀(不锈的铬钢和铬镍钢以及钛和铝等)的钝化膜(大多数情况为氧化膜)可使钝化材料发生点腐蚀的是某些特殊的能产生损伤的离子，如对铬钢和铬－镍钢来说，氯离子是能产生点蚀的腐蚀剂；氟离子能使钛产生点腐蚀。在许多介质中至少存在少量的氯离子，这些低浓度的氯离子也可能产生腐蚀损伤。在出现孔洞后，材料以很高的腐蚀速度溶解，这样就和材料的钝化表面构成了活化－钝化腐蚀电池。另外，在腐蚀防护涂层的局部缺陷处，作为表面腐蚀的特例，也可能出现点腐蚀。

2. 缝隙腐蚀

金属结构件一般都用铆、焊或螺钉等方法来连接，在连接的地方必然会有缝隙。此外，在金属表面异物之间也会形成一定的缝隙。缝隙的存在使缝隙处金属发生强烈的选择性破坏，这种破坏形式称为缝隙腐蚀。缝隙腐蚀是一种很普遍的局部腐蚀，在各类介质中都会发生，不论同种金属或异种金属相接触，就是金属同非金属(如塑料、橡胶及玻璃等)接触也会引起缝隙腐蚀。几乎所有金属和合金，从正电性的银或金到负电性的铝或钛，从普通的不锈钢到特种不锈钢，都会产生缝隙腐蚀。但它们对缝隙腐蚀的敏感性有所不同，凡是依赖钝化而耐腐蚀的金属或合金都具有较高的敏感性。

3. 电偶腐蚀

当两种电极电位不同的金属或合金相接触并放入电解质溶液中时，即可发现电位较负的金属腐蚀在加速，而电位较正的金属腐蚀反而减慢(得到了保护)。这种在一定条件(如电解质溶液或大气)下产生的电化学腐蚀，即由于与电极电位较正的金属接触而引起腐蚀速度增大的现象，称为电偶腐蚀或双金属腐蚀，也叫接触腐蚀。

此种腐蚀实际为宏观原电池腐蚀，它是一种最普遍的局部腐蚀类型。这类腐蚀例子很多，如黄铜零件与纯铜管在热水中相接触造成的腐蚀。在此电偶腐蚀中黄铜腐蚀被加速，产生脱锌现象。如果黄铜零件接到一个镀锌的钢管上，则连接面附近的锌镀层变成阴极而被腐蚀，接着钢也逐渐产生腐蚀，黄铜在此电偶中却作为阴极而被保护。此外，碳钢与不锈钢、钢与轻金属相接触也会形成电偶腐蚀。有时甚至两种不同的金属虽然没有直接接触，但在某些环境中也有可能形成电偶腐蚀。如循环冷却水系统中铜部件可能被腐蚀，腐蚀下来的Cu^{2+}离子又通过介质扩散到轻金属表面，沉积出铜。这些疏松微小的铜粒与轻金属间构成数量众多的电池效应，致使产生严重的局部侵蚀。这一情况称为间接电偶腐蚀。

4. 晶间腐蚀

晶间腐蚀是一种由微电池作用而引起的局部破坏现象，是金属材料在特定的腐蚀介质中沿着材料的晶界产生的腐蚀。这种腐蚀主要是从表面开始，沿着晶界向内部发展，直至成为溃疡性腐蚀，使整个金属强度几乎完全丧失。其腐蚀特征是，在表面还看不出破坏时，晶粒之间已丧失了结合力，失去金属声音，严重时只要轻轻敲打就可破碎，甚至形成粉状。因此，它是一种危害性很大的局部腐蚀。

晶间腐蚀的产生必须具备两个条件。一是晶界物质的物理化学状态与晶粒本身不同；另一是特定的环境因素，如潮湿大气、电解质溶液、过热水蒸气、高温水或熔融金属等。前者，实质是指晶界的行为，是产生晶间腐蚀的内因。从电化学腐蚀原理知道，腐蚀常局部地从原子排列较不规则的地方开始。常用金属及合金都由多晶体组成，其表面有大量晶界或相界，晶界具有较大的活性，亦是原子排列较为疏松而紊乱的区域。对晶界影响并不显著(晶界只比基体稍许活泼一些)的金属来说，在使用中仍会发生均匀腐蚀。但当晶界行为因某些原因而受到强烈影响时，晶界就会变得非常活泼，在实际使用中就会产生晶间腐蚀。影响晶界行为的原因大致有如下几种：

1）合金元素贫乏化。由于晶界易板出第二相，造成晶界某一成分的贫乏比。如18－8不锈钢因晶界析出沉淀相($Cr_{23}C_6$)，使晶界附近留下贫铬区；硬铝合金因沿晶界析出 $CuAl_2$ 而形成贫铜区。

2）晶界析出不耐蚀的阳极相。如Al－Zn－Mg系合金在其晶界处析出连续的 $MgZn_2$ 相，而Al－Mg合金和Al－Si合金很可能沿晶界分别析出易腐蚀的 Al_3Mg_2 和 Mg_2Si 新相。

3）杂质或溶质原子在晶界区产生偏析。如铝中含有少量铁时(铁在铝中深解度纸)，铁易在晶界析出；铜铝合金或铜磷合金在晶界处可能有铝或磷的偏析。

4）晶界处因相邻晶粒间的晶向不同，晶界必须同时适应各方面情况；其次是晶界的能量较高，刃型位错和空位在该处的活动性较大，使之产生富集。这样就使晶界处产生了远较正常晶体组织松散的过渡性组织。

5）新相的析出或转变，使晶界处产生了较大的内应力。据证实，由于表面张力的缘故，使黄铜的晶界含有较高的锌。

上述因素致使晶界行为发生了显著的变化，造成了晶界、晶界附近和晶粒之间很大的电化学不均匀性。一旦遇到合适的腐蚀介质，这种电化学不均匀性就会引起金属晶界和晶粒本体的不等速溶解，引起晶间腐蚀。

5. 应力腐蚀

应力腐蚀开裂属于机械因素作用下的腐蚀，有别于没有应力下发生的纯腐蚀和没有腐蚀介质下发生的纯力学断裂。应力腐蚀开裂指金属在特定腐蚀介质和固定拉应力的同时作用下发生的脆性开裂。腐蚀和应力的相互作用是互相促进，不是简单叠加。应力腐蚀开裂在许多文献中简称应力腐蚀，英语缩写是SCC。应力腐蚀的特征是形成腐蚀——机械裂缝，这种裂缝不仅可以沿着晶界发展，且也可以穿过晶粒。由于裂缝向金属内部发展，使金属结构的机械强度大大降低，严重时能使金属设备突然损坏。表1.7－3列出了美国和日本一些公司对应力腐蚀占总腐蚀的百分比(部分调查结果)。

表1.7－3 腐蚀占总腐蚀的百分比(部分调查结果)

调查范围	材 料	调查年限/a	占总腐蚀破坏/%
美国杜邦化学公司	各种材料	3	23.0
日本三菱化工程机械公司	各种材料	10	45.6

续表

调查范围	材 料	调查年限/a	占总腐蚀破坏/%
日本国内综合调查	不锈钢	10	35.3
日本石油化工厂	各种材料	10	42.2
美国原子能电站	各种材料	10	18.7

最初，人们并没有把这种破裂现象与腐蚀过程，特别是与电化学腐蚀联系起来。因为腐蚀介质中能引起应力腐蚀开裂的有害物质浓度十分低。如在水中含有5ppm的Cl^-就能使不锈钢产生应力腐蚀开裂。到1918年，贝舍特(Bassett)虽然就已指出了腐蚀和应力之间的关系，但只有在近20年来通过对裂缝尖端化学和电化学状态的研究，才进一步证实了环境因素在应力腐蚀开裂中的重要作用。研究表明，对某种金属或合金，并不是任何介质都能引起应力腐蚀的，表1.7-4列出了能使合金产生应力腐蚀破裂的某些介质。

表1.7-4 能使合金产生应力腐蚀破裂的某些介质[8]

金属材料	腐 蚀 介 质
低碳钢和低合金钢	NaOH溶液，硝酸盐溶液，H_2S和HCl溶液，沸腾浓$MgCl_2$溶液，海水，海洋大气和工业大气
不锈钢	氯化物溶液，沸腾NaOH溶液，高温高压含氧高纯水，海水，海洋大气，H_2S水溶液
镍基合金	热浓HaON溶液，HF蒸气和溶液
铜合金	氨蒸气及溶液，汞盐溶液，SO_2大气，水蒸气
铝合金	熔融NaCl，NaCl溶液，海洋大气，湿工业大气，水蒸气
合 金	发烟硝酸，甲醇，甲醇蒸气，NaCl溶液(>290℃)，HCl(10%，35℃)，H_2SO_4(7~6%)，湿Cl_2(288℃、346℃、427℃)，N_2O_4(含O_2，不含NO，24~74%)

应力腐蚀断裂有如下几点特征：

1）金属在无裂纹、无蚀坑或缺陷的情况下，应力腐蚀断裂过程可分为如下三个阶段：萌生阶段，即由腐蚀引起裂纹或蚀坑的阶段，也即为导致应力集中裂纹源的生核孕育阶段，故也可相应地把这一段时间称作孕育期(诱导期)；其次是裂纹扩展阶段，即由裂纹源或蚀坑至达到极限应力值(单位面积所能承受的最大载荷)为止的这一阶段。最后是失稳断裂阶段。前一阶段受应力影响很小，时间长，约占断裂总时间的90%，后两阶段时间短，为总断裂时间的10%。在有裂纹的情况下，应力腐蚀断裂过程只有裂纹扩展和失稳快速断裂两个阶段。由此可见，应力腐蚀断裂可能在很短时间内发生，但也有可能在几年以后才发生。

2）金属和合金腐蚀量很小，腐蚀局限于微小的局部。同时，在产生应力腐蚀断裂时合金表面往往存在钝化膜或保护膜。

3）宏观上裂纹方向与主拉伸应力的方向垂直，微观上略有偏移。

4）宏观上属于脆性断裂，即使塑性很高的材料也是如此。微观上，在断裂面上仍有塑性流变痕迹。

5）有裂纹分叉现象。断口形貌呈海滩条纹、羽毛状、撕裂岭、扇子形和冰糖块状图象。

6）应力腐蚀裂纹形态有沿晶型、穿晶型和混合型，由具体合金-环境体系而定。例如，铝合金和高强度钢多半是沿晶型的，奥氏体不锈钢多半为穿晶型的，而钛合金为混合型的。即使是同一种合金，随着环境及应力大小的改变，裂纹形态也会随之改变。

6. 氢致开裂

在高强钢高度变形的晶格中，当氢进入后，晶格应变更大了，进而使韧度及延展性降低，导致脆化。在外力下可引起破裂，称为氢致开裂，又叫氢脆。氢致开裂和应力腐蚀开裂有原则性区别。前者是可逆过程，若进行适当的热处理，使氢逸出，金属可恢复原性能；而后者是不逆过程。一般地说，钢强度越高，氢脆破裂的敏感性越大，但其机理还不十分清楚，现有各种理论说法。如，氢分子聚积造成巨大内压；吸附氢后使表面能降低；或影响了原子键结合力，促进了位错运动等。还有一些说法，如铁素体和马氏体铁合金在裂缝尖处与氢发生了反应；钛或钽等易生成氢化物的金属在高温下容易与溶解的氢反应，并生成脆性氢化物；在高温下氢还易造成脱碳。

氢致并裂是高强度金属材料的潜在破坏源，受应力作用的高强钢或马氏体不锈钢，在盐酸或稀硫酸溶液中几分钟之内就会开裂，且在阴极保护下也不能阻止这种开裂。如含硫气田中的设备受硫化氢腐蚀就很严重，插入井下很深的钢管，在高应力作用下，几个星期甚至几天内就会发生氢致破裂。此外，与含硫石油接触的铜管或钢制储油罐、酸洗设备、电镀设备以及受阴极保护的装置都有可能产生氢裂。纯钛和 α - 钛合金即使是在含氢量很低的工况下，也能产生氢化钛，以致使合金的韧塑性大大降低，进而导致断裂。

进入金属的氢常产生于电镀、焊接、酸洗及阳极保护等操作中。应力腐蚀的裂尖酸化后，也将产生氢脆，但阳极腐蚀，已造成永久性损害，与单纯氢脆有别。氢脆与钢内空穴无关，所以防止方法和防止氢鼓泡稍有大同。在容易发生氢脆的环境中，应避免使用高强钢，可改用 Ni、Cr 合金钢；焊接时采用低氢焊条，保持环境干燥(水是氢的主要来源)；要合理选择电镀液，并控制电流；酸洗液中加入缓蚀剂，已进入金属后的氢，可进行低温烘烤驱除，如对钢制设备一般可在 90 ~ 150℃下脱氢。

7. 氢腐蚀

氢腐蚀包括高温氢腐蚀、氢鼓泡及氢化物型氢脆。这三种氢损伤均会造成金属的永久性损伤，而使材料的塑性或强度降低。即使采取除氢措施也不能消除，塑性或强度也不能恢复，故称为不可逆氢脆。

(1) 高温氢腐蚀

低碳钢在高温高压的氢气环境中使用时，钢中的碳(Fe_3C)会与 H_2 发生反应生成甲烷，以致造成表面严重脱碳和晶间网状裂纹，强度大大下降。其反应为：

$$C + H_2 \rightleftharpoons CH_4$$

$$Fe_3C + 2H_2 \rightleftharpoons 3Fe + CH_4$$

2 个 H_2 分子生成一个 CH_4 分子，故升高氢压有利于 CH_4 的产生。因此工作压力愈高，脱碳愈严重。如低碳钢制压力容器，在大于 200℃的高温高压氢气中长期使用时就会产生很多气泡或裂纹，造成氢腐蚀。在高温高压氢气中，氢扩散进入试样内部并与钢中的 Fe_3C(或石墨)反应生成 CH_4。CH_4 分子在 α - Fe 中不能通过扩散而逸出，故在晶界上形成 CH_4 气泡。当这些气泡在晶界上达到一定密度时，晶界结合力被削弱，金属失去强度和韧度，最终造成材料的脆断。

氢腐蚀大致有三个阶段，即孕育期、迅速辐射期和饱和期。温度和氢分压对氢腐蚀影响很大，一般来说，随温度升高，氢压增大以及工作应力提高，氢腐蚀速度增大。氢腐蚀属于化学腐蚀，其反应速度、氢的吸收、碳化物分解或碳的扩散都随温度升高而加快，故会使孕育期缩短，腐蚀加速。钢在一定氢气压下碳化物破坏有一最低温度，低于这一温度时反应极慢，使孕育期超过正常使用寿命。同样，低于某某氢分压，即使提高温度也不会产生氢腐蚀，只会引起钢表面脱碳。冷加工变形会加速腐蚀，因为应变易集中在铁素体和碳化物界面上，并在晶界形成高密度微孔，这增加了组织和应力的不均匀性，增多气泡成核位置，这都会促使裂纹的扩展。碳化物经球化处理，可使界面能降低有助于孕育期的延长。钢中加入比 Fe_3C 更稳定的碳化物形成元素，如 Cr、Mo、V、Nb 等，可降低碳的活度和甲烷的平衡压力，对钢的抗氢腐蚀有利。

（2）氢鼓泡

氢鼓泡是由于氢进入金属内部所致。进入到金属内的原子氢经扩散后聚集在金属的夹杂物、气孔及微缝隙等处，并在空穴处形成分子氢。此处产生很高的内部氢压力（理论上计算，可达 10.7MPa），将导致金属鼓泡和显著畸变。在含硫天然气及石油的输送、储存、炼制以及煤气化等设备中，这种破坏形式尤为多见，但其破坏特征与氢脆有所不同。氢脆是在外力作用下产生的，而氢鼓泡无外力也能产生。氢鼓泡裂纹平行于板面，氢脆裂纹与外力方向垂直。此外，钢材的强度、组织及环境等对两者敏感性的影响也不同。

氢鼓泡破坏与钢中的吸氢量密切相关，因此凡影响吸氢量的因素都亦是氢腐蚀敏感性的影响因素。如在硫化氢酸性水溶液中，酸度愈高，浓度愈大，则出现裂纹的倾向性就愈大。溶液中其他毒化剂，如 As_2O_3 及 CN^- 等也会增加氢鼓泡的敏感性。

硫化物夹杂对氢鼓泡裂纹的起源也有重要作用，降低钢中硫的含量，便可降低氢鼓泡的敏感性。但即使含硫量降到 0.002%，也不能完全避免此类腐蚀，特别在钢锭的偏析部位更是如此。

氢鼓泡易发生于室温下，提高温度可使其敏感性减小。此外，钢中的应力梯度也会促进氢原子的扩散，并向孔隙中聚集而产生鼓泡裂纹。

（3）氢化物型氢脆

氢与 Ti、Zr、Nb 等金属的亲和力很大，当这些金属中的氢超过溶解度时，将生成这些金属的氢化物。室温时氢在 α－Ti 及其合金中的溶解度约为 0.002%。在纯钛及 α－Ti 合金中的含氢量即使很低也会生成氢化钛（TiH_2）。因此，氢化物型氢脆是纯钛和 α－Ti 合金的主要氢脆现象。氢在 β－Ti 中的溶解度较高，因此在 β－Ti 钛合金中很少发生氢化物型氢脆。

8. *腐蚀疲劳*

腐蚀疲劳是在腐蚀与循环应力的联合作用下产生的，这种因腐蚀介质而引起抗疲劳性能的降低，称为腐蚀疲劳。循环应力的形式较多，以交变的张应力和压应力（拉压交替变化）的循环应力为最常见。纯力学性质的疲劳破坏应力值低于屈服点。且在施加这一应力许多周期之后才发生。也就是说，在一定的临界循环应力值（疲劳极限，或称疲劳寿命）以上时才会发生疲劳破坏。而腐蚀疲劳却可能在很低的应力条件下发生断裂。

应力腐蚀断裂和腐蚀疲劳所产生的破坏有许多相似之外，也许后者是应力腐蚀断裂的一种特殊情况。但也有不同之外，腐蚀疲劳裂纹虽也多呈穿晶形式，除主纹集外一般很少有明显的分支。此外，这两种腐蚀破坏的产生条件也很不相同。如应力腐蚀断裂只有在特定的介质中才出现，而腐蚀疲劳没有介质的限定（不管介质中含或不含特殊离子）；纯金属一般不产生应力腐蚀破坏，但可能产生腐蚀疲劳破坏；应力腐蚀断裂需要在临界值以上的静拉应力下才能产生，而腐蚀疲劳通常不存在疲劳极限，一般以指定循环周次的应力作为腐蚀疲劳强度。在腐蚀电化学性上两者差别更大，应力腐蚀断裂只有在腐蚀体系处在钝化-活化区或钝化-过钝化区才发生，而腐蚀疲劳却在活化区、钝化区都能发生。

腐蚀疲劳是金属在腐蚀环境下的疲劳行为。金属腐蚀疲劳性能的好坏与环境温度、溶解氧量、盐分和介质的pH值等都有一定关系。这些因素直接影响着受腐蚀构件的疲劳性能。对腐蚀疲劳，虽可采用阴极保护的办法来提高表观疲劳极限，但仍不能完全防止腐蚀疲劳断裂的发生。此外，也可采用表面保护层(Zn、Cd镀层)，加缓蚀剂(重铬酸盐、硝盐等)，表面气渗和喷丸处理等办法来延长其疲劳寿命。

9. 磨损腐蚀

腐蚀介质与金属表面间的相对运动而引起金属的加速破坏或腐蚀被称为磨损腐蚀。造成腐蚀损坏的流动介质有气体、水溶液、有机体、液态金属以及含有固体颗粒和气泡的液体等，其中以悬浮在液体中的固体颗粒特别有害。当流体运动速度加快，同时又在机械磨耗或磨损的作用下，金属以水化离子形式溶解进入溶液。因此，磨蚀不同于纯机械力的破坏，在机械力作用下金属是以粉体形式脱落的。腐蚀磨损的外表特征是，在光滑的金属表面上呈现有方向性的沟槽、波纹、圆孔和山谷等缺陷，且一般还沿流体的流入方向切入金属表面层。大多数金属和合金都会遭受磨损腐蚀，性能较软的一些金属，如铅、铜等更容易发生。对铝和不锈钢等自钝化金属，当其表面保护膜受磨损破坏后，腐蚀速度将急剧上升。当然，磨损腐蚀受影响因素有多种，它与金属材料的性能、表面膜、介质流速、湍流及冲击等因素均有关。磨蚀范围较广，还有几种特殊的磨蚀形式，如湍流腐蚀、空泡腐蚀和微振腐蚀等。

湍流腐蚀大多发生在叶轮、螺旋桨以及泵、搅拌器、离心机及各种导管的弯曲部分。很多磨损腐蚀的产生均是由于存在湍流状态之故。因湍流使金属与介质的接触更频繁，湍流不仅加速了腐蚀剂的供应和腐蚀产物的移去，且也附加了纯力学因素，即液体与金属之间很高的剪切应力。这种切应力会将腐蚀产物拉撕下来并冲击。湍流腐蚀若是由一股高速液流冲击金属表面而引起的，则又可将其称为冲击腐蚀。这种磨损腐蚀在某些特定条件下，如在湍流中有空泡和悬浮固体微粒(如沙子等)作用，将使切应力作用增强，因而使磨蚀更加严重。

空泡腐蚀又叫空蚀，是由更高速(流速 $>30m/s$)液流和腐蚀的共同作用而产生的。如船舶的推进器、涡轮叶片和泵叶轮等这类构件中的高流速冲击和压力突变的区域，最易产生此种腐蚀。这是因为金属构件的几何外形未能满足流体力学的要求，使金属表面的局部区域产生涡流，在低压区有溶解气体析出或介质气化。接近金属表面的这种液体，不断有蒸气泡的形成和崩溃，气泡溃灭时产生的冲击波将使金属表面保护膜受到破坏。这种压缩波作用到固体表面上时，就有点类似于水锤效应，使材料遭受磨损，之后出现许多孔洞。空泡腐蚀的形成过程，大致可有如下几步：(1)在保护膜上形成气泡；(2)气泡破灭，保护膜被破坏；(3)显露的新鲜表面又遭受腐蚀，重新成膜；(4)在原位置膜附近处形成新气泡；(5)气泡又破灭，表面膜重遭毁坏；(6)暴露区又被腐蚀，重新形成新膜；以此循环往复形成孔洞。空泡腐蚀其实是力学和化学两种因素共同作用的结果。

微振腐蚀，是指两种金属(或一种金属与另一种非金属固体)接触之交界面处在负荷的作用下发生微小振动或往复运动(位移约 $2\sim20\mu m$)而导致金属的损坏。负荷和相对运动造成金属面内产生滑移或变形，只要有微米数量级的相对往复位移，就能促使产生微振腐蚀。微振腐蚀使金属表面呈现麻点或沟纹，并在这些麻点和沟纹周围充满着腐蚀产物。所以也有把这类腐蚀称为摩振腐蚀或摩擦氧化等。微振腐蚀其实只是磨损腐蚀的一种特殊形式，这类腐蚀大多数发生在大气条件下，其腐蚀的后果可能使紧密配合的组件松散或卡住，腐蚀严重的部位往往容易还发生腐蚀疲劳。微振腐蚀是机械磨损与氧化腐蚀共同作用的结果。

防止磨损腐蚀可从下面几点着手改进，即选用耐磨损腐蚀较好的材料、改进设计、改变环境、采用合适的涂层以及阴板保护。此外，对空泡腐蚀来说，为避免气泡形成核点，应采用表面粗糙度好的加工表面，设计时使流体动压差尽量小一些。对微振腐蚀来说，为了减小紧贴表面间的摩擦及排氧，应采用合适的润滑油脂，或在表面上涂以磷酸盐涂层加润滑剂，效果会更好。

10. 冷凝酸液的腐蚀(露点腐蚀)

在露点以下时的水或酸(如来自燃烧废气)，在金属表面冷凝时会导致材料局部损伤或表面损伤。由酸冷凝引起的这种腐蚀叫冷凝酸液的腐蚀，而由水冷凝引起的腐蚀叫冷凝水腐蚀。

燃料油中通常均含有2% ~3%的硫及硫化物，它们在燃烧中会产生大量的 SO_2 和 SO_3。干的 SO_3 对设备几乎不发生腐蚀，但当它与烟气中的蒸汽结合形成硫酸蒸气时，却大大提高了烟气的露点，并在装置的露点部位凝结。使设备受到严重腐蚀。

研究表明，高温烟气硫酸露点腐蚀与普通的硫酸腐蚀有本质的区别。普通的硫酸腐蚀为硫酸与金属表面的铁反应生成 $FeSO_4$。高温烟气硫酸露点腐蚀首先也是生成 $FeSO_4$，但$FeSO_4$ 在烟灰沉积物的催化作用下与烟气中的 SO_2 和 O_2 进一步反应主成 $Fe_2(SO_4)_3$，而 $Fe_2(SO_4)_3$，对 SO_2 向 SO_3 的转化过程又有催化作用。当 pH 值低于 3 时，$Fe_2(SO_4)_3$ 本身也将使金属腐蚀生成 $FeSO_4$，并形成 $FeSO_4$，Fe_2SO_3 和 $FeSO_4$ 的腐蚀循环，大大加快了腐蚀的进程。据报道，用普通碳钢制成的设备，国内腐蚀穿孔的最短时间为 12 天[9]。

(二) 化学腐蚀及常见化学腐蚀类型

化学腐蚀是指金属表面与非电解质直接发生纯化学作用而引起的破坏。其反应特点是，金属表面的原子与非电解质中的氧化剂直接发生氧化还原反应，形成腐蚀产物。腐蚀过程中电子的传递是在金属与氧化剂之间直接进行的，因而没有电流产生。

1. 高温腐蚀

高温腐蚀是研究高温条件下金属材料与其环境介质接触时界面发生反应的一门学科。高温腐蚀与在水溶液介质中发生的常温金属腐蚀不同，它是以界面的化学反应为特征的。高温腐蚀是金属材料在高温下与环境介质发生反应引起的破坏。由于高温环境多种多样，因此金属在高温环境中的腐蚀形态、机理、速度和腐蚀产物各不相同。通常根据腐蚀介质的状态，可把高温腐蚀分为三类：

(1) 高温气态介质腐蚀，通常还有高温氧化、高温气体腐蚀、燃气腐蚀或干腐蚀等几种称谓。腐蚀介质有：单质气体分子，如 O_2，H_2，N_2，F_2，Cl_2 等；非金属化合物气态分子，如 H_2O，CO_2、SO_2，H_2S，CO，CH_4、CHl、HF 和 HN_3 等；金属氧化物气态分子，如 MoO_3 和 V_2O_5；金属盐气态分子，如 NaCl、Na_2SO_4 等。高温氧化是高温腐蚀中研究最久，也是认识较深入的一类。这类腐蚀至少在开始阶段是金属与气体介质的化学反应，属化学机理，因此也叫化学腐蚀。但在较厚的氧化膜的成长中，的确存在着电化学机制。因此，把高温氧化完全看成化学腐蚀是不恰当的。

(2) 高温液态介质腐蚀，也叫高温液体腐蚀或热腐蚀，包括高温夜态金属腐蚀和溶盐腐蚀等。腐蚀介质有：液态熔盐，如硝酸盐、硫酸盐、氯化物、碱；低熔点金属氧化物，如 V_2O_5；液态金属，如 Pb、Sn、Bi，Hg 等。这类腐蚀既有电化学腐蚀，如熔盐腐蚀；也有物理溶解作用，如熔融金属中的腐蚀。

（3）高温固体介质腐蚀，也叫高温磨蚀或冲蚀。这是金属在腐蚀性固态颗粒冲刷下发生的高温腐蚀。腐蚀介质有：金属与非金属固态粒子，如C、S、Al的粒子；氧化物灰分，如V_2O_5；盐颗粒，如NaCl等。这类腐蚀既有固体燃灰和盐粒对金属的腐蚀，又有固体颗粒对金属表面的机械磨损。

2. 高温硫化腐蚀

金属在高温下与含硫介质（如H_2S、SO_2、Na_2SO_4及有机硫化物等）作用而生成硫化物的过程，称为金属的高温硫化。广义上讲，金属失去电子，化合价升高的过程都叫做金属的氧化。所以破化也是广义的氧化。但它比氧化更显著。这是因为硫化速度一般比氧化速度高一至两个数量级；生成的硫化物具有以下特殊的性质：不稳定、容积比大、膜易剥离、晶格缺陷多、熔点和沸点低，且易生成不定价的各种硫化物。此类硫化物与氧化物、硫酸盐及金属等易生成低熔点共晶。

在炼油、石油化工、火力发电、煤气化以及各种燃料加热过程中经常都会遇到硫化腐蚀。如在加工含硫原油时，在设备高温部位（240～425℃）就会出现高温硫的均匀腐蚀。首先是有机硫化物转化为硫化氢和元素硫，它们与钢材表面直接作用产生腐蚀；在375～425℃高温环境中，发生$Fe+H_2S \longrightarrow FeS+H_2$反应，硫化氢在350～400℃仍有$H_2S \longrightarrow H_2+S$的分解，元素硫（S）比$H_2S$腐蚀更激烈，即$Fe+S \longrightarrow FeS$。高温疏的腐蚀，开始速度很大，但腐蚀产物硫化亚铁膜有阻碍硫化物进一步接触钢的作用，故逐渐降到一个恒定值。在此温度下，低级硫醇也能与铁反应。430℃时腐蚀率最高，当温度高于450℃时，腐蚀速率明显降低。若用含Cr合金钢，钢表面会有双层垢层形成，外层为多孔硫化亚铁，内层为致密的Cr_2O_3。当Cr含量大干5%时，则可形成较稳定的尖晶石型化合物。因此，Cr_5以上的合金钢具有良好的耐高温硫腐蚀性能。

3. 渗碳和脱碳

前面讨论了常温下金属因吸收氢而引起的机械破坏。在高温下氢对金属的力学性能有多种影响。多数高温气体是混合气体，因此需要考虑在有其他气体存在时氢的影响。高温氢的主要影响是脱碳，即从合金中除去碳。如果合金是依赖间隙碳或碳化物沉淀使强度增高的，那末脱碳就会引起抗拉强度降低，延性和蠕变速度增高。因此，钢长期暴露于高温氢中后，强度将会下降。但在氢－烃混合气中也能产生相反的过程，即渗碳。如在石油炼制过程中就会经常会遇到这种气体。渗碳一般比脱碳的危害性小一些，虽然在合金中加入碳会降低延展性，但由于碳化物的沉淀而可除去某些固溶元素。

钢暴露在高温氢中时，将发生下列反应：

$$C(Fe)+2H_2 = CH_4$$

碳化物或溶解的碳C（以C（Fe）表示）与氢反应生成甲烷。反应速度和方向取决于气相中氢和甲烷的含量及合金中碳的含量。

原子氢很容易扩散进钢铁里，并在金属内部空穴处生成CH_4而引起破裂。钢中加入铬和钼后能改善它在氢气氛中抗破裂和抗脱碳的性能。在许多情形下，氢气流中可能含有水蒸气，因而还有可能发生其他反应。例如，湿氢可能按下式脱碳。

$$C(Fe)+H_2O = H_2+CO$$

碳化物和碳与水蒸气反应生成氢和一氧化碳。该反应的速度和方向取决于合金中碳的活度，以及气流中的水蒸、一氧化碳和氢的相对含量。同样，暴露在高温水蒸气中的铁也可按下式反应：

$$Fe + H_2O \longrightarrow FeO + H_2$$

所以，在氢-水蒸气环境中，脱碳和氧化都有可能发生。

此外，在石油炼制和燃料燃烧过程中还会经常遇到二氧化碳和其他含碳气体。$CO - CO_2$ 气氛按下列向右或向左方向反应，既可以使钢(和其他合金)脱碳，也可以渗碳。

$$C(Fe) + CO_2 \longrightarrow 2CO$$

同样，根据下式，$CO - CO_2$ 气氛既可以使铁氧化，也可以使氧化铁还原。

$$Fe + CO_2 \longrightarrow FeO + CO$$

上述反应结果将导致表面层渗碳体的减少，而碳便从邻近的尚未反应的金属层逐渐扩散到这一反应区，于是有一定厚度的金属层因缺碳而变成了铁素体。表面脱碳的后果是造成钢铁表面硬度和疲劳极限的降低。

4. 环烷酸腐蚀

原油的酸值 >0.5mgKOH/g 时为高酸原油，酸值 <0.5mgKOH/g 时为低酸原油。而原油中的有机酸主要为环烷酸，其通式为 $CnC_{2n} - 1COOH$，以 5、6 环为主。低相对分子质量环烷酸的腐蚀性最强，并在原油加工过程中最后进入柴油和轻润滑油馏份中。

环烷酸在低温时其腐蚀并不强烈，但沸腾时特别是高温无水环境中，腐蚀最为激烈，即

$$2RCOOH + Fe \longrightarrow Fe(RCOO)_2 + H_2$$

$$FeS + 2RCOOH \longrightarrow Fe(RCOO)_2 + H_2S$$

$Fe(RCOO)_2$ 是一种油溶性腐蚀产物，能为油流动所带走，因此不易在金属表面形成保护膜，生成的硫化铁膜还会与环烷酸而使新的金属表面暴露，使腐蚀仍在继续进行。

腐蚀速度主要决定于环烷酸含量，酸值 0.3mgKOH/g 以上就会引起腐蚀，酸值为 2.0mgKOH/g 则会引起十分严重的腐蚀。腐蚀主要集中在 270 ~ 280℃ 部位上，在 350 ~ 400℃ 的部位会出现较严重的腐蚀。在环烷酸环境中，奥氏体不锈钢特别是 316 不锈钢具有良好的耐蚀性能。

5. 钒(V)腐蚀

以含 V、Na、S 的重油为燃料的高温燃烧设备，其热腐蚀可导致金属表面严重破坏，燃油中 Na 和 V 含量较高时破坏特别严重，这种侵蚀就是人们通常认为的钒腐蚀(Vanadium Corrosion)[10]，又称灰分腐蚀(Ash Corrosion)。

高温燃烧设备使用的燃油来源于原油。原油经过炼制把轻质组分除去后渣油中便富集了大量的重金属化合物和硫。为减少渣油燃烧过程中对设备的腐蚀，有时将其他石油产品掺入到渣油中以得到高级燃料油。不管怎样，燃油中总会含有 Na、S、V 等可能引起设备高温腐蚀的杂质。V 是原油开采时带来的杂质，它在石油中以十分复杂的油溶性卟啉化合物形式存在，很难除去。随着杂质的不同，V 含量变化很大，在蒸馏油中浓度可以少于 0.5×10^{-6}，但在原油中含量可达到 500×10^{-6}。在石油炼制过程中，这些重金属在渣油中破不断浓缩，这给渣油燃烧构成了潜在的腐蚀性危害。燃油燃烧时，V 被氧化成 V_2O_5 或氢氧化物[11]。以 NaCl 为主的 Na 盐等主要来源于石油开采过程中的地层水，经过脱盐处理虽可除掉大部分，但还有少量的水分被乳化并悬浮在油中。原油中还含有各种硫化物，并以硫化氢、单质硫、硫醇、硫醚、多硫醚、环硫醚及噻酚等形式存在。其中的非活性硫在 350 ~ 400℃ 时可分解为活性硫而富集在渣油中。渣油作为燃油燃烧时，硫就会生成 SO_2 和 SO_3 等腐蚀性物质。这些硫的氧化物进而又与 NaCl 反应生成 Na_2SO_4。当 V_2O_5 和 Na_2SO_4 以熔融态沉积在金属表面上时就诱发了严重的钒腐蚀。

目前关于钒腐蚀的机理主要有以下两种观点：

① 低熔点熔融钒化物对金属表面氧化膜的破坏而引起腐蚀。灰分中的 $Na_2SO_4-V_2O_5$ 反应生成低熔点的钒酸盐，同时释放出 SO_3。这些低熔点的钒化物能溶解金属表面的氧化物，如 $NaVO_3$，可以通过以下反应将 Ni－Cr 合金表面保护性的氧化层破坏，从而加速腐蚀[12]。

$$2NaVO_3+NiO=\!=\!=Na_2NiO_2+V_2O$$

$$4NaVO_3+Cr_2O_3=\!=\!=2Na_2CrO_4+V_2O_5+O_2$$

② 近年来，不少研究者利用高温电化学装置研究了发生钒腐蚀时氧化膜的破坏机理，一致认为，V_2O_5 的存在加速了阴极反应，改变了体系的酸/碱平衡，使金属表面的氧化膜发生了溶解[2]，熔融钒化物吸收的氧又进一步加速了金属氧化。Cunningham 和 Brasunas[24] 的研究证实，在最具腐蚀性的灰分中含有 15%～20% 的 Na_2SO_4，温度在 690～750℃之间，同时还发现，钒酸盐在有氧环境中熔化时吸收氧，在凝固时又放出氧，且腐蚀程度与熔融混合物的吸氧量有关。他们借助于温度、压力装置，在有氧存在的密封容器内对不同含量混合物进行了实验，发现熔融混合物的吸氧量随 Na_2SO_4 含量的增加而增加，吸氧量最多的熔融混合物最具腐蚀性。作者认为，此时的腐蚀主要是由金属与吸收氧反应引起的，吸收的氧通过多孔的氧化膜到达金属/氧化物界面上，使金属发生进一步氧化，造成了加速腐蚀。此外，Na_2SO_4 的分解温度由于 V_2O_5 的存在而被显著降低，Na_2SO_4 和 V_2O_5 反应生成低熔点的钒酸盐，同时释放出 SO_3，而 SO_3 也是一种强烈的腐蚀性物质。在条件满足时，SO_3 又可分解为 SO_2 和 O_2，新生成的氧与吸收的氧一起进一步腐蚀基体，硫化与钒腐蚀的交互作用使腐蚀更加严重了。

以前，我国原油中很少有诸如含钒、镍等重金属的化合物，燃油设备中重金属高温腐蚀的问题也未能引起防腐工作者的足够重视。近年来，随着我国石油产品劣质化倾向加大，原油中重金属钒、镍、硫含量的逐渐增加，高温钒等重金属侵蚀的这一问题必将引起石油炼制企业的高度重视[13]。

总之，钒腐蚀危害极大，目前还没有找到一种一劳永逸且成本低的防止办法。钒腐蚀过程十分复杂，针对具体情况弄清腐蚀机理，发展耐钒腐蚀材料或寻找新的防护技术才是解决钒腐蚀的有效方法。

（三）非金属腐蚀

绝大多数非金属材料均是非电导体，就是那些少数导电的非金属材料（如碳、石墨），在溶液中也不会离子化。所以，非金属材料的腐蚀一般不是电化学腐蚀，而是纯粹的化学或物理作用，这是与金属腐蚀的主要区别。金属的物理腐蚀（如物质转移）只在极少数环境中发生，而非金属的腐蚀许多是由物理作用引起的。

1. 高分子材料的腐蚀

（1）化学裂解

在活性介质作用下，渗入高分子材料内部的介质分子可能与大分子发生化学反应，如氧化、分解等，使大分子主链发生破坏、裂解。

（2）溶胀和溶解

溶剂分子渗入材料内部破坏大分子间的次价键，与大分子发生溶剂化作用，体型高聚物会溶胀、软化，使强度显著降低；线型高聚合物可由溶胀而进一步溶解。

（3）应力开裂

在应力（外加的或内部的残余应力）与某些介质（如表面活性物质）共同作用下，不少高分子材料会出现银纹(龟裂)，并进一步生长成裂缝，直至发生脆性断裂或鼓泡。

(4) 渗透破坏

对于衬里材料，即使渗入介质不会使衬里层产生破坏，但介质透过衬里层，接触到设备基体层而造成基体材料的腐蚀，使设备破坏。

(5) 变质、老化

受化学介质、热、光、辐射或强氧化性物质等的作用，引起高分子材料分解、变形，表面和内部产生一系列变化，引起材料物理、力学性能变坏。

(6) 选择性腐蚀

在腐蚀环境中，高分子材料中的一种或几种成分，有选择性溶出或变质破坏，进而使材料解体。

2. 碳或石墨材料的腐蚀

(1) 氧化

碳与氧等燃烧生成一氧化碳或二氧化碳，而使材料损坏。

(2) 电化学作用破坏

在电解过程中，阳极区若产生氧则就会与碳反应生成二氧化碳气体，使碳电极破坏。同时部件和金属阴极部分接触，当阴极的 OH^- 浓度增大时，就会使不耐碱的塑料遭到破坏。

3. 硅酸盐材料的腐蚀类型

硅酸盐材料的腐蚀破坏是由于化学或物理因素引起的，硅酸盐材料不耐碱，与碱反应所生成的硅酸钠易溶于水及碱液中。当温度高于300℃时，磷酸能溶解二氧化硅。任何浓度的氢氟酸都会与二氧化硅发生反应。

硅酸盐材料，通常孔隙较多。腐蚀介质一旦浸入孔隙内，腐蚀加重。当化学反应生成物出现结晶时，还会造成物理性破坏，如内部的结晶、体积膨胀及内应力等使材料遭到的破坏。

三、腐蚀与防护技术

研究金属腐蚀的主要目的在于弄清金属腐蚀的原因、机理和影响因素，以便控制和防止金属腐蚀。金属腐蚀破坏的形式很多，在不同的情况下引起金属腐蚀的具体原因是不完全相同的，且影响因素也非常复杂。因此，科研和工程技术人员研究了多种方法来对付金属材料的腐蚀失效，它们涉及的范围极广，内容十分丰富。

(一) 选材

在设计和制造产品或构件时，首先应针对使用介质选择具有耐蚀性的材料，这是防止金属制品腐蚀失效的最积极措施，材料选择是否妥当常常是造成腐蚀破坏的主要原因。因此，我们必须掌握各类金属及其合金的耐蚀性能。获得这方面的知识可以求助于耐蚀材料手册和腐蚀数据图册，它们会对各种材料在不同介质中的耐蚀性能提供定量的或定性的介绍。当然，这些关系随着工作条件，例如工作温度、介质浓度和改变也会有变化。

工业中选用金属材料时，除了注意耐蚀性外，还要考虑到力学性能、加工性能及材料本身的价格因素。例如高硅铸铁的耐蚀性很好，但其加工性能却很差，通常不宜选用。而贵金属，如金、铂等在绝大多数腐蚀介质中是非常稳定的材料，但由于价格昂贵，一般情况下不能考虑。总之，应优先选用那些耐蚀性能既满足使用介质要求，综合性能好而价格又较便宜的金属或合金材料。

综合材料耐蚀性、力学性能、加工性能及材料本身的价格等因素，通常选材时应遵循下列原则：

1）选材时不可单纯追求强度指标，应根据使用部位全面综合地考虑各种因素，包括耐蚀性和经济性。例如，在有腐蚀性介质存在下，只考虑材料的断裂韧性值是不够的，应综合考虑材料的强度因子阈值和应力腐蚀断裂应力阈值等。

2）对初选材料应首先查明它们有哪些腐蚀类型的敏感性，在选用部位可能发生哪种腐蚀类型以及防护的可能性，与其接触的材料是否相容，是否可能发生接触腐蚀，以及承受应力的类型、大小和方向等。

3）在容易产生腐蚀和不易维护的部位应选择高耐蚀性的材料。

4）选择腐蚀倾向小的材料和热处理状态。例如，300CrMnSiA 钢抗拉强度在 1176MPa 以下时，对应力腐蚀和氢脆的敏感性不很大；但当热处理到抗拉强度为 1373MPa 以上时，对应力腐蚀和氢脆的敏感性明显增高。因此，合理地选择材料的热处理状态，控制材料使用的抗拉强度上限是非常必要的。此外，铝合金、不锈钢在一定的热处理状态或加热条件下，会产生晶间腐蚀，选材时也应予考虑。

5）选用杂质含量低的材料，以提高耐蚀性。对高强度钢、铝合金及镁合金等强度高的材料，杂质的存在会直接影响其抗均匀腐蚀和应力腐蚀的能力。

1. 材料的确定与发展

随着材料科学的飞速发展，通过合金化制备合适的耐蚀合金成了重要的防护手段之一。这种合金化的例子对于几乎所有的金属都能找到，但是铁基合金是工程结构上用得最广泛的材料。此外，铜合金、铝合金和钛合金也在不同场合得到大量应用，下面介绍几种重要的耐蚀合金在近年来的发展和应用概况。

（1）不锈钢

通常习惯把在空气中耐腐蚀的钢称为“不锈钢”，而把在各种侵蚀性较强的介质中耐腐蚀的钢称为“耐蚀不锈钢”，或者简称为“不锈钢”。不锈钢是一种广泛应用的耐蚀合金材料，它具有较好的综合性能——强度、韧度、加工、焊接及耐蚀性能等。不锈钢又可分为奥氏体不锈钢、铁素体不锈钢和马氏体不锈钢三大类，近年来还发展了一些双相不锈钢[14]。

目前、不锈钢的品种繁多，而且还在不断增加，进展情况有以下几方面：

1）提高抗应力腐蚀性能，主要采取三种途径：

① 发展铁素体不锈钢，特别是含碳含氮很低的所谓超纯铁素体不锈钢，如 26Cr1Mo，29Cr4Mo 和 29Cr4Mo_2Ni 等。

② 采用奥氏体－铁素体双相不锈钢，如瑞典开发的 0Cr18Ni3Mo2Si 双相不锈钢，现已在含 Cl^{-1} 离子的高温水换热器中应用。

③ 对奥氏体不锈钢成分进行调整，提高镍含量，添加硅、铜、钼等合金元素，以提高其抗应力腐蚀的稳定性。如 0C18Cr18Ni2Si，0C22Cr13Ni5Mn。在这些合金中把磷的含量控制在低于 0.003%，氮的含量低于 0.012%。

2）在改善抗点蚀和缝隙腐蚀性能方面，发展方向是提高 Cr，Mo，Cu 的含量，降低 C 和 S 的含量，如上面提到的超低碳铁素体钢的耐点蚀性能也是很好的。近年来，还发现在奥氏体和双相不锈钢中加少量氮，也能改善抗点蚀性能。

3）在改善抗晶间腐蚀性能方面，主要采用超低碳钢。由于炼钢技术的进步，采用 ADD 法炉外精炼（吹氩、氧脱碳），降低了冶炼超低碳钢成本，该种钢的产量亦不断增加，而原用加 Ti 达到稳定化的不锈钢，由于抗点蚀性能相对下降，生产量减少。

（2）铜合金

为解决特殊化工介质腐蚀问题，国内外都发展了专用的合金。就铜合金来看，近年来重要的发展有以下几方面：

1）抗失泽合金。添加3%Si或<12%Al，或同时加入少量Si、Al，均可以改善铜合金的抗失泽性能。

2）抗脱锌腐蚀的复相黄铜。这是瑞典在70年代初研制成功的，命名为OM合金，其成分是63Cu2PbO·5NiO·5MnO·3Al1SiO·5SnO·O5Sb，余量为Zn。该合金在550℃下热处理3h后水淬，使α晶粒完全包围β晶粒。

3）抗高流速海水冲击腐蚀的铜合金。如16NiO·4Cr铜合金在海水介质中使用时流速可提高到7.5m/s。国际镍公司开发的另一种铜合金在40m/s的高流速下的腐蚀速度只有70Cu30Ni合金的一半。

（3）铝合金

铝合金在工业上的应用非常广泛，近年来在导弹，宇宙火箭，人造地球卫星上也大量采用。在改善铝合金的耐蚀性能方面有以下进展。在Al－Zn－Mg合金中加入约0.26%Cr可以抑制晶界沉淀，降低晶间腐蚀和应力腐蚀开裂敏感性。在Al－Mg合金中加入约0.3%Bi可改善其耐应力腐蚀性能。对Al－Cu－Mg合金还可以通过适当的热处理(如均匀退火或长期时效等)来改进其抗剥层腐蚀性能。

2. 选材的典型示例

在炼油加工中，随着原油性质的劣质化及含酸值的增高而出现环烷酸腐蚀。通常，腐蚀发生在常压柴油至减压蜡油部位，温度一般均高于230℃。目前对环烷酸腐蚀一般所采用的措施是让材料升级，即用1Cr18Ni12Mo2Ti(316)、00Cr17Ni14Mo2(316L)、317L或碳钢渗铝。

某炼油厂芳烃联合装置加氢裂化的循环油(VGO)/反应器流出物换热器，为1250mm×6000mm卧式U形管管壳式结构，外壳用2.5CrMo钢，内堆焊1Cr18Ni11Nb，管板两侧也堆焊该不锈钢，管子用1Cr18Ni9Ti。管程走反应器流出物，压力15.1MPa，温度387～373℃；壳程走VGO，压力15.9MPa，温度231～349℃。停车检修时抽出管束，对壳体、管束及封头进行无损检测(重点是检测堆焊层表面裂纹与堆焊层剥离及其开裂)，外壁采用超探检查，内壁着色检查，同时对堆焊层进行覆膜金相分析。发现几处存在剥离信号及多条浅表裂纹，经打磨基本消除。复位试压时发现壳体与封头连接处的Ω密封圈焊缝泄漏。对该处切割取样进行失效分析后其化学成分符合1Cr18Ni9Ti。肉眼观察，该密封圈内表面有较多点蚀坑及微裂纹。金相检测发现，奥氏体晶粒中有较多夹杂物。对内表面蚀坑及正常部位进行X能谱分析，发现前者含有S，Cl及Al，但后者未发现。考虑密封圈接触的介质为高温高压且含有Cl^-，S^{2-}有害成分的减压柴油，采用18－8Ti钢虽符合设计要求，但其焊接部位金相组织含有较多的诸如氧化铝等夹杂物，在该部位由于Cl^-的侵入而易发生点蚀。同时，由于$Fe+H_2S \longrightarrow FeS+H_2$环境，也易构成扩散性氢的聚集，最终导致氢致开裂或应力腐蚀。建议采用优质不锈钢与焊接材料，以避免此类事故的发生。

丙烯腈装置冷却器为立式固定板式结构，管子材质为304L。管程走HCN，入口58℃，出口38℃；壳程冷却水流速0.3m/s，入口32℃、出口40℃。循环水采用聚磷酸盐+EDTMP+聚丙烯酸处理，含Cl^-为120～360mg/l。通过对循环水监测，发现冷却器有泄漏。停车检测发现多根管子开裂，断裂位置在冷却器上部靠近管板处。对开裂部取样进行电子探针分析，

确认裂缝尖端处有 Cl^- 浓缩，再对开裂部位进行金相分析，组织正常。但裂纹貌似落叶后的树枝状，裂缝从管外侧向内发展。用扫描电镜对断口进行分析，近外壁呈河流开貌，近内壁处有韧窝存在，因而可确认为应力腐蚀开裂。考虑到该冷却器为立式，壳程通水，上部处于气液交界，在管子表面干湿交替，故也会引起 Cl^- 的浓缩，且胀管处存在残余应力，进而引起应力腐蚀开裂。因此在设计上应改进为卧式结构，或采用抗应力腐蚀的不锈钢材质。

（二）腐蚀与防护技术

为了提高材料的耐蚀性，达到金属腐蚀的防护目的而采取的综合性方法手段，称为防腐蚀技术。由金属腐蚀的基本知识可知，金属设备腐蚀是由两个方面造成的，一方面是金属本身的化学活泼性，即金属的电极电位和金属表面的电化学不均匀性，这是引起金属腐蚀的内因；另一方面，是与金属设备接触的腐蚀介质，这是造成金属设备腐蚀的外界条件。因此可根据上述原因来采取有效的防腐措施，就金属材质本身而言，要提高其耐蚀性和尽可能地使金属表面保持电化学均匀性；此外，应把金属设备与腐蚀介质隔离开来，或者是将介质加以处理，减少其腐蚀性，防止对金属设备的腐蚀，从而延长其使用时间。实践中用得最多的控制金属材料腐蚀的几种方法为：

1）工艺防腐

2）金属结构的合理设计

3）电化学保护

4）表面保护技术

每一种防腐蚀措施，都有其应用范围和条件。对于一个具体的腐蚀体系，究竟用一种方法，还是同时用几种方法，主要应该从防护效果、施工难易及经济效益等方面综合考虑。

1. 工艺防腐

工艺防腐一般是指腐蚀介质的脱除以及中和剂、缓蚀剂和抗垢剂的应用。前者是去除金属周围环境中的腐蚀性介质，以防止金属腐蚀的发生。后者是改变介质或者金属表面的性质，以降低或者消除金属的腐蚀。由于这种对腐蚀介质的处理通常是结合在生产工艺中同时进行的，所以称为工艺防腐。

（1）腐蚀介质的脱除

腐蚀介质的脱除包括以下的内容：

1）脱硫。原油中的主要腐蚀介质是硫、盐和水。原油的脱流，近年来主要是采用加氢脱硫的方法，其目的既是为了减轻设备的腐蚀，同时也是为了提高产品的质量，降低环境公害。

2）脱盐、脱水。原油的脱盐及脱水，一般是采用电脱盐装置，通常可以使原油中的含盐量降低60%～90%。采用二级脱盐，可使含盐量稳定在10mg/L以下。

3）水洗。很多腐蚀性介质是水溶性的，因此用水洗的方法可将此类腐蚀性物质除去，从而减轻对设备的腐蚀。炼油厂中比较典型的例子是，催化裂化吸收解吸塔的氢脆化。该系统产生的氢脆化是由于气体介质中所含的硫化氢和氰化物引起的。为了防止这一腐蚀，采取的措施之一就是水洗，即预先注入新鲜水将酸性物质或可溶于水的氰化物洗去，这样就会降低对系统的腐蚀。

（2）中和剂、缓蚀剂及抗垢剂的应用

1）中和剂。中和剂是用来中和酸性腐蚀介质的碱性物质，借以提高腐蚀环境的 pH 值。中和剂大多数是无机物，也有部分有机物。石油加工中用量最大的中和剂是氢氧化钠（如油品碱洗和原油注碱），其次是氨（如常减压塔顶注氨，以中和塔顶冷凝冷却系统中的氯化氢和硫化氢等酸性介质）。

2）缓蚀剂。所谓缓蚀剂，就是添加到腐蚀性介质中的少量药剂，它是一种能够显著减缓金属腐蚀速度的物质。通常用的缓蚀剂以有机聚合物为原料，其防腐原理是通过以下两种作用来延缓金属表面腐蚀的。一方面，缓蚀剂在金属材质表面形成一层坚固的吸附性保护膜，能够有效地防止腐蚀性介质与金属表面接触，减小腐蚀；另一方面，部分缓蚀剂与腐蚀性介质直接作用，生成的反应产物可在金属表面建立吸附平衡，将腐蚀性介质与金属表面隔离，达到保护材质的目的。使用缓蚀剂，是最为经济、方便和有效的防腐手段。

3）抗垢剂。所谓抗垢剂，就是添加到设备介质中以防止和减少工艺设备结垢的物质。抗垢剂能抑制氧化聚合反应，钝化金属表面，分散已生成的沉淀垢物，使其悬浮于流体中，从而减少或消除了设备的结垢。

在石油加工工业中，腐蚀性介质主要为原油加工中一些不需要的物质，因此可以采取早期脱除的办法。添加缓蚀剂，可降低腐蚀介质的活性这种。缓和腐蚀环境的防腐蚀方法，就是石油加工中所特有的工艺防腐蚀法——一脱四注。“一脱四注”工艺防腐法，主要应用于原油蒸馏的常减压装置上，包括原油脱盐、脱后注碱、塔顶挥发线注氨、注水及注缓蚀剂这4个环节，这是目前国内外在石油加工中控制低温系统腐蚀普遍采用且行之有效的方法。

2. 金属结构的合理设计

为防止腐蚀，在装置设计阶段就应当进行合理的防腐蚀结构设计，严格地计算和确定使用应力，正确选择材料和防护系统。在机械结构中，设计是否合理，对应力腐蚀、接触腐蚀、均匀腐蚀、缝隙腐蚀和微生物腐蚀敏感性的影响很大。

如列管式热交换器的管板和管子之间往往是通过胀管连接在一起的。这种做法的缺点是，胀管往往没有通过整个管板厚度，因此在管子与管板间留有缝隙。在设计时可提出明确要求，即当采用管子的胀管部分与管板连接时，胀管至少要穿透管板厚度的90%，如图1.7－1所示结构即可较好地防止缝隙腐蚀。

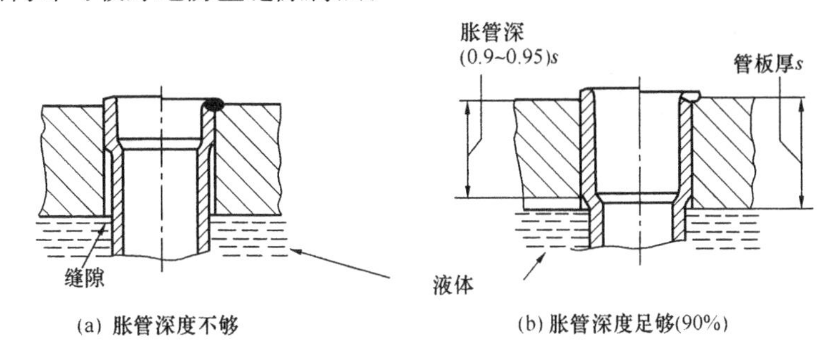

图1.7－1 胀管深度与管板间隙

换热器折流板设计时，为便于穿管，要求折流板和支承板的孔必须比管子外径大，折流板上的孔与管壁间存在的缝隙，在速度很高的强负荷液体冲刷的作用下，其管子必然导致磨损腐蚀，如图1.7－2所示。设计过程中应尽量避免管壁和孔壁之间出现缝隙而产生的液流渗漏，因此要求孔径的公差要求，孔壁的加工质量要高，换热管的质量应符合公差要求。折流板上的孔径通常应比管径大0.4～0.8mm。为了用传统的钻孔方法使孔径公差小于或等于0.1mm，表面粗糙度≤20μm，必要时应采用多道加工工序。只有当孔数多，板厚或板叠加厚度超过100mm时，使用深孔钻才是经济的。用深孔钻法在管板、折流板或固定板上只需一道加工工序就能得到精密的孔。加工孔应该与轴平行，不允许存在间距误差。

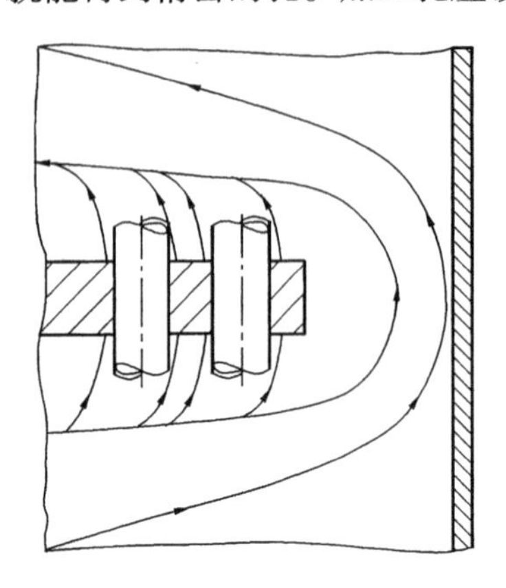

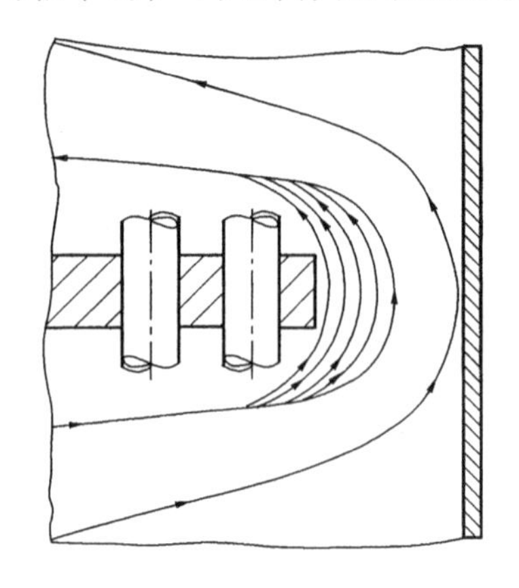

图 1.7－2 折流板与管子间隙对腐蚀的影响

不锈钢管子与管板连接时，可用焊接或胀接的方法，但这两种方法都可能使管板间留下间隙。奥氏体不锈钢对应力腐蚀开裂很敏感，如果管子和管板缝隙里的氯化物被浓缩到一定程度，就会出现应力腐蚀开裂，如图 1.7－3 所示。无论是胀接或焊接，其所产生的内应力都会促进管子与管板的应力腐蚀开裂。设计中，若采用碳钢或低合金钢制造管板，利用碳钢或低合金钢对奥氏体钢管的阴极保护作用，就可抑制管子与管板缝隙间所产生的裂纹。另外，设计时还应注意，对于包覆管板，腐蚀局限在碳钢和低合金钢上。不同钢种之间的接触腐蚀会导致管子与管板间形成缝隙，其缝隙的发展是可以预先估算的(腐蚀裕量)。通常还利用其他措施，如无缝隙焊接可避免出现应力腐蚀开裂。上面例子只是一种特殊情况。如果需要使用较厚的管板，考虑到成本，最好用包覆板。此外，列管式换热器外壳钻孔后不能酸洗，只有在用全脱盐水先过后，才能酸洗。

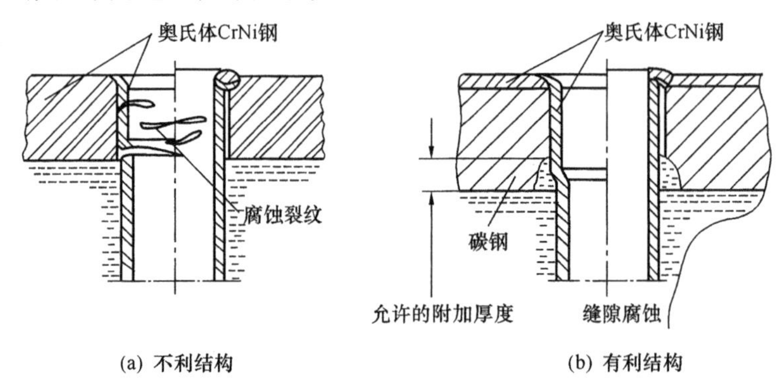

图 1.7－3 管板间隙引起的奥氏体不锈钢腐蚀与控制

对立式列管换热器来说，伸出管板的立式列管的管端可能产生静态腐蚀、表面腐蚀及应力腐蚀开裂，如图 1.7－4 所示。管板伸出的管端有碍液体完全排空，在上管板上面的伸出管端之间残留有夜体。由于蒸发，残液中溶解的物质被浓缩，管板受到静态腐蚀。它可能是均匀的表面腐蚀，也可能是应力腐蚀开裂。当换热器再度加热时，存在着腐蚀开裂的危险。在设计阶段，如果不能用其他办法将残液完全排空，则应避免使用伸出管端的结构[图 1.7－4(a)]。

对让腐蚀介质流过管道的换热器设计，管子内壁、管板和封头均可能受到腐蚀，如图

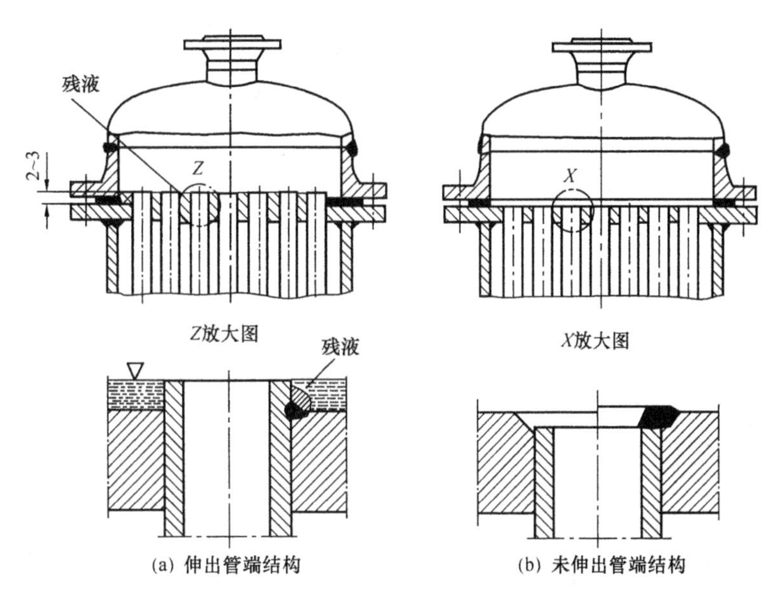

图 1.7－4　管子与管板连接对腐蚀的影响（焊接）

1.7－4 和图 1.7－5。同时，管的入口处由于紊流作用，也往往发生磨损腐蚀。如果要求管内壁加强腐蚀防护，可加内涂层。对有内涂层的管子与管板连接，如果管端为被焊死的结构，则要注意焊缝不要突出。对胀管而非焊接管的情况，要注意与管板结合牢固，同时管内侧边缘应成圆角，使用涂层还可以阻止材料表面生成水垢。因水垢不仅妨碍传热，且还会促进局部腐蚀。在传热计算时，对涂层和非涂层管一般都取同样的给热系数。对各种形式换热器，管内加涂层都是可行的。但因焊接会产生热，所以用焊管的换热器只能在装好管后再加涂层。对大型换热器，有些工艺需要预先在管内加涂层，但在以后胀管时这些预涂层不得被损坏，仅管最后还要再作一次涂层。安装好后只有管侧涂层可以检测，因此建议对涂层进行预检查。

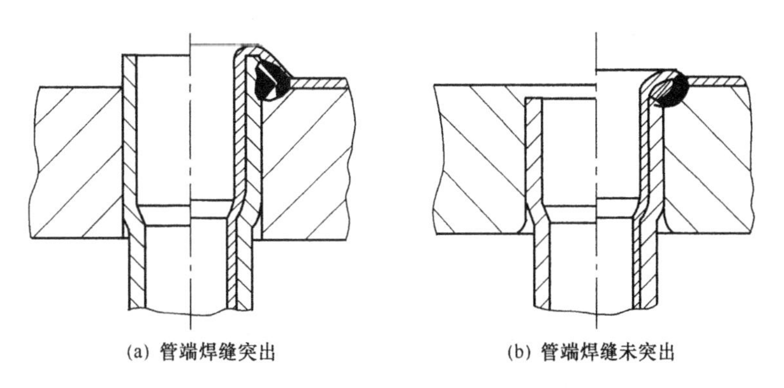

图 1.7－5　管子与管板连接对腐蚀的影响（胀接）

为了改善列管式换热器的换热，在管外空间均要安装折流板；对薄壁管列管式热换器，折流板还具有减小管子振动的作用。由于热膨胀或操作中的振动，在管子与折流板之间出现摩擦点，在该区域就可能出现摩擦腐蚀或接触腐蚀。若折流板间距过大，薄壁管在操作时会产生振动，如果流动介质为电解质，机械交变负荷与腐蚀负荷的同时作用就会引起腐蚀疲劳，如图 1.7－6 所示。实际设计中，折流板的间距应小到足以限制管子发生振动，只要管板和折流板不是用深孔钻按叠板形式加工的，折流板上的孔通常应比管板上的孔大0.4～0.8mm。为了防止管与折流板上的孔壁彼此擦伤，在折流板上可加套管。同时注意，为防止折流板与容器壳体环形接触区的腐蚀，折流板和套管应选用合适的材料来制造。为了使折流板各空间的液体能完全排空，卧式换热器折流板下面应设置能排空液体的凹槽。折流板不应与管子焊在一起，它们应能沿管子移动，并用定距管固定。折流板外径与容器壳体内壁之间应留有可供管束安装的间隙。

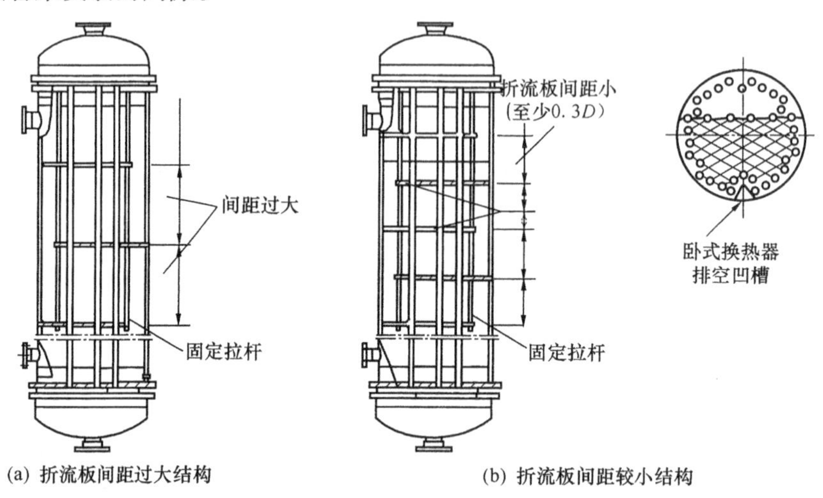

图1.7-6 折流板安装对腐蚀的影响

对立管式换热器来说，管子并非完全被浸没在冷却介质(如循环水)中，冷却介质液面还可能发生波动。在液面波动区的管壁上会结垢，在高浓度盐构成的湿垢作用下，材料会出现裂纹，其原因是冷却介质中的杂质(如氯化物)造成的，它们会引起应力腐蚀开裂。材料-液态介质-蒸汽空间构成的三相相界往往是局部腐蚀的源点，因此设计时应采取适当的预防措施。如采用高置式的排液管(图1.7-7)，使换热器完全充满液体，并连续从换热器顶端排气，避免了三相相界，消除了损伤的外因。此外，当使用含有杂质的自来水冷却时，若换热器是用铬镍钢或铜锌合金制造的，则容易出现应力腐蚀开裂。若把换热器稍微倾斜放置2°～3°，可进行良好的排气。同样，在焊接排气管和法兰时，也必须考虑使换热器倾斜放置，这样可以有效地避免此类应力腐蚀的发生。

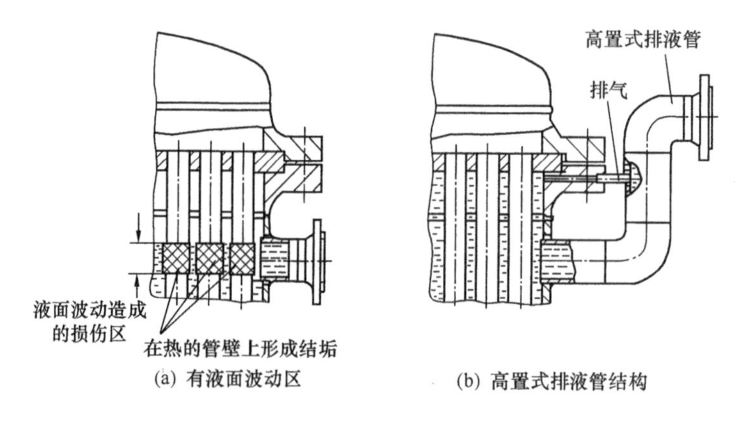

图1.7-7 立式换热器液面变化引起的腐蚀及控制

3. 电化学保护技术[15]

电化学保护就是让金属构件极化到免蚀区或钝化区而使其得到保护。因此，电化学保护分为阴极保护和阳极保护。

(1) 阴极保护

阴极保护是把金属构件作为阴极，通过阴极极化来消除该金属表面的电化学不均匀性，达到保护的目的。阴极保护是一种经济而有效的防护措施，使用范围日益广泛。一些在海水及土壤中使用了几十年的设备，如海洋平台、轮船、码头、地下管线、电缆及贮槽等，都必须采用阴极保护，提高其抗蚀能力。

阴极保护原理可用图 1.7－8 所示的极化图来加以说明。未进行阴极保护时，金属腐蚀微电池的阳极极化曲线 $E_{0,A}$ 和阴极极化曲线 $E_{0,C}$ 相交于点 S（忽略溶液电阻），此点对应的电位为金属的自腐蚀电位 E_{corr}，对应的电流为金属的自腐蚀电流 I_{corr}。在腐蚀电流 I_{corr} 作用下，微电池阳极不断溶解，导致腐蚀破坏。

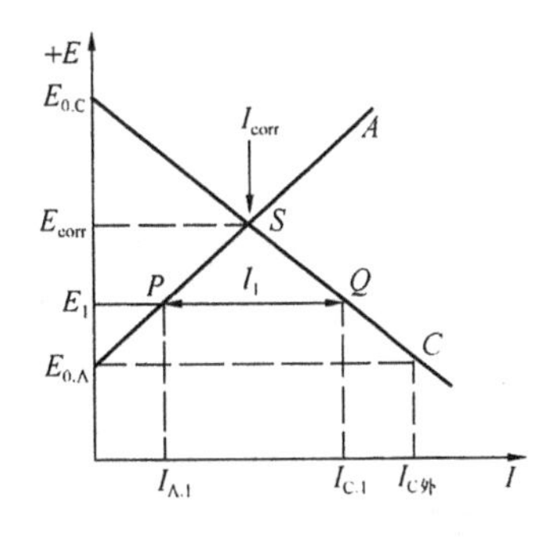

图 1.7－8　阴极保护原理

有金属进行阴极保护时，在外加阴极电流 I_1 的极化下，金属的总电位由 E_{corr} 变负到 E_1，总的阴极电流 $I_{C,1}$（EQ 段）中，一部分电流是外加的，即 I_1（PQ 段），另一部分电流仍然是由金属阳极腐蚀提供的，即 $I_{A,1}$（EP 段）。显然，这时金属微电池的阳极电流 $I_{A,1}$ 要比原来的腐蚀电流 I_{corr} 减小了，即腐蚀速度降低了，金属得到了部分的保护。差值（$I_{corr}-I_{A,1}$）表示外加阴极极化后金属上腐蚀微电池作用的减小值，即腐蚀电流的减小值，称为保护效应。

当外加阴极电流继续增大时，金属体系的电位变得更负。当金属的总电位达到微电池阳极的起始电位 $E_{0,A}$ 时，金属上阳极电流为零，全部电流为外加阴极电流 $I_{C外}$（$E_{0,AC}$ 段）。这时，金属表面上只发生阴极还原反应，而金属溶解反应停止了，因此金属得到完全保护。这时金属的电位称为最小保护电位。金属达到最小保护电位所需要的外加电流密度称为最小保护电流密度。

由此我们可得出这样的结论，要使金属得到完全保护，必须把它阴极极化到其腐蚀微电池阳极的平衡电位。这只是阴极保护的基本原理，实际情况要复杂得多，如还要考虑时间因素的影响。以钢在海水中为例，原来海水中无铁离子，要使钢的混合电位降到阳极反应即铁溶解反应的平衡电位，就需要在钢表面阳极附近的海水中有相应的铁离子浓度，如 10^{-6}M，这在阴极保护初期是很难做到的。实际上，为了达到满意的保护效果，选用的保护电位总要低于腐蚀微电池阳极平衡电位。

阴极保护可通过两种方法实现：一是牺牲阳极法，二是外加电流法。牺牲阳极法是在被保护的金属上连接电位更负的金属或合金，作为牺牲阳极，靠它不断溶解所产生的电流对被保护金属起阴极极化达到保护的目的。牺牲阳极材料必须能与被保护的金属构件之间形成足够大的电位差（一般 0.25V 左右）。所以对牺牲阳极材料的主要要求是，要有足够低的电位，且阳极极率要小；电容量要大，即消耗单位重量金属所提供的电量要多，单位面积输出电流大，自腐蚀很小，电流效率高，长期使用时保持阳极活性，不易钝化，能维持稳定的电位和输出电流；阳极溶解均匀，腐蚀产物疏松且易脱落、不粘附于阳极表面或形成高电阻硬壳；价格便宜，来源充分，制造工艺简单及无公害等。

外加电流法是将保护金属接到直流电源的负极，通过阴极电流，使金属极化到保护电位范围，达到防腐蚀的目的。牺牲阳极法虽然不需要外加电源和专人管理，不会干扰邻近金属设施，且电流分散能力好，施工方便，但需要消耗大量金属材料，自动调节电流的能力差。50年代后随着电子工业发展，外加电流阴极保护技术得到很大发展。外加电流阴极保护系统，具有体积小、重量轻、能自动调节电流和电压及运用范围广等优点。若采用可靠的不溶性阳极，其使用寿命较长。

阴极保护应用日益广泛，主要用于保护水中和地下的各种金属构件和设备。如舰船、码头、桥梁、水闸、浮筒、海洋平台、海底管线，冷却水系统、换热器、污水处理设施及原子能发电厂的各类给水系统等；对地下油、气、水管线，地下电缆等，都可使用牺牲阳极法或外加电流阴极保护法，防蚀效果均很好。

(2) 阳极保护

将被保护的金属设备与外加直流电源的正极相连，在腐蚀介质中使其阳极极化到稳定的钝化区，金属设备就得到保护，这种方法称为阳极保护。

为了判断给定腐蚀体系是否可采用阳极保护，首先需要分析根据恒电位法测得的阳极极化曲线。在实施阳极保护时，主要考虑三个基本参数：①致钝电流密度，即金属在给定介质中达到钝态所需要的临界电流密度，也叫初始钝化电流密度或临界钝化电流密度。②钝化区电位范围，即开始建立稳定钝态的电位与过钝化电0位间的范围。③维钝电流密度，代表金属在钝态下的腐蚀速度。上述三个参量与金属材料和介质的组成、浓度、温度、压力，pH值有关。因此要先测定出给定材料在腐蚀介质中的阳极极化曲线，找出这三个参量作为阳极保护的工艺参数，以此判断阳极保护的价值。

对于不能钝化的体系或者在含 Cl^- 的介质中，阳极保护不能应用，因此阳极保护的应用还是有限的。目前主要用于硫酸和废硫酸贮槽、贮罐、硫酸槽加热盘管、纸浆蒸煮锅，碳化塔冷却水箱、铁路槽车及有机磺酸中和罐等的保护。

4. 表面保护技术

在金属表面形成保护性覆盖层，可避免金属与腐蚀介质直接接触，或者利用覆盖层对基体金属的电化学保护或缓蚀作用，以达到防止金属被腐蚀的目的。保护性覆盖层的基本要求是：

1) 结构致密，完整无孔，不透过介质；

2) 与被保护金属有良好的结合力，不易脱落；

3) 具有高的硬度和耐磨性；

4) 在整个被保护表面上均匀分布。

保护性覆盖层分为金属覆盖层和非金属覆盖层两大类，它们可以采用化学、电化学或物理方法来实现。

(1) 金属覆盖层(Metallic Coatings)

金属覆盖层有时也叫金属涂(镀)层，有下列几种主要工艺：

1) 电镀用电沉积的方法使金属表面镀上一层金属或合金。镀层金属有 Ni、Cr、Cu、Sn、Zn、Cd、Fe、Pb、Co、Au、Ag、Pt 等单金属电镀；还有 Zn－Ni、Cd－Ti、Cu－Zn、Cu－Sn 等合金电镀。除了防护、装饰、耐磨及耐热等作用外，还有各种功能电镀层。

2) 热镀　也叫热浸镀，是将被保护金属制品浸渍在熔融金属浴中，使其表面形成一层保护性金属覆盖层。选用的液态金属一般是低熔点、耐蚀及耐热的金属，如 Al、Zn、Sn、Pb 等。镀锌钢板(俗称白铁)和镀锡钢板(俗称马口铁)就是这种方法制得的。热镀锌温度在

450℃左右，为改善镀层质量，可在锌浴中加0.2%的Al和少量Mg。热镀锡温度为310～330℃。与电镀法相比，金属热镀层较厚；在相同环境中，其寿命较长。

3）喷镀　将丝状或粉状金属放入喷枪中，借助高压空气或保护气氛，使被火焰或电弧熔化了的金属成雾状喷到被保护金属上，形成均匀的覆盖层。由于金属雾状粒子在空气中冷凝，它们与基体金属间是机械结合。常用的喷料金属有Al、Zn、Sn、Pb、不锈钢、Ni－Al和Ni3Al等。厚的喷金属层可用于修复已磨损的轴或其他损坏的部件。虽然喷金属层的孔隙度较大，但由于涂层金属的机械隔离或对基体的阴极保护作用，也能起到良好的防蚀效果。

4）渗镀　在高温下利用金属原子的扩散，在被保护金属表面形成合金扩散层。最常见的是Si、Cr、Al、Ti、B、W、Mo等渗镀层。这类镀层具有厚度均匀、无孔隙、热稳定性好及与基体结合牢固等优点，不但有良好的耐蚀性，且还可改善材料的其他物理化学性能。

5）化学镀　利用氧化－还原反应，使盐溶液中的金属离子在被保护金属上析出，形成保护性覆盖层。化学镀层具有厚度均匀、致密、针孔少的优点，且不用电源，操作简单，适于结构形状较复杂的零件和管子内表面的镀覆。但是化学镀层较薄(5～12μm)，槽液维护较困难。目前化学镀Ni和Ni－P非晶态合金应用和研究得较多，在非金属(如塑料)表面上进行化学镀，也得到越来越多的应用。

6）包镀　将耐蚀性良好的金属，通过辗压的方法包覆在被保护的金属或合金上，形成包覆层或双金属层。如高强度铝合金表面包覆纯铝层，形成有包铝层的铝合金板材。

7）机械镀　机械镀是把冲击料(如玻璃球)、表面处理剂、镀覆促进剂及金属粉与零件一起放入镀覆用的滚筒中，并通过滚筒滚动时产生的动能，把金属粉冷压到零件表面上形成镀层。若用一种金属粉，只能得到单一镀层；若用合金粉末，可得金属镀层；若同时加入两种金属粉末，则可得到混合镀层；若先加入一种金属粉，镀覆一定时间后，再加另一种金属粉，则可得多层镀层。表面处理剂和镀覆促进剂可使零件表面保持无氧化物的清洁状态，并控制镀覆速度。机械镀的优点是厚度均匀、无氢脆、室温操作、耗能少、成本低等。适于机械镀的金属有Zn、Cd、Sn、Al、Cu等软金属。适于机械镀的零件有螺钉、螺帽、垫片、铁链、簧片等小零件。长度一般不超过150mm，重量不超过0.5kg。特别适于对氢脆敏感的高强钢和弹簧。但零件上的孔不能太小太深，零件外形不得使其在滚筒中互相卡死。

8）真空镀　真空镀包括真空蒸镀、溅射镀和离子镀，它们都是在真空中镀覆的工艺方法。它们具有无污染、无氢脆、适于金属和非金属多种基材，且工艺简单等特点，但有镀层薄、设备贵、镀件尺寸受限的缺点。

(2）非金属覆盖层

非金属覆盖层，也叫非金属涂层，包括无机涂层和有机涂层。

1）搪瓷涂层　搪瓷又称珐琅，是类似玻璃的物质。搪瓷涂层是将钾、钠、钙、铝等金属的硅酸盐，加入硼砂等熔剂后喷涂在金属表面上烧结而成的。为了提高搪瓷的耐腐蚀性，可将其中的SiO_2成分适当增加，这种搪瓷的耐腐蚀性特别好，称为耐酸搪瓷。耐酸搪瓷常用作各种化工容器衬里，它能抵抗高温高压下有机酸和无机酸(氢氟酸除外)的侵蚀。由于搪瓷涂层没有微孔和裂缝，所以能将钢材基体与介质完全隔开，起到防护作用。

2）硅酸盐水泥涂层　将硅酸盐水泥浆料涂覆在大型钢管内壁，固化后形成涂层。由于它价格低廉，使用方便，且膨胀系数与钢接近，不易因温度变化而开裂，因此广泛用于水和土壤中的钢管和铸铁管线，防蚀效果良好。涂层厚度0.5～2.5c，使用寿命最高可达60年。

3）化学转化膜　它是金属表层原子与介质中的阴离子反应后在金属表面生成附着性好、

耐蚀性优良的薄膜。用于防蚀的化学转化膜主要有下列几种：①铬酸盐钝化膜；②磷化膜；③钢铁的化学氧化膜；④铝及铝合金的阳极氧化膜。

4）涂料涂层　涂料涂层也叫油漆涂层，这类涂料俗称为油漆。早期油漆以油为主要原料，现在已有各种有机合成树脂并得到了广泛采用。因此，油漆涂料分成为油基涂料（成膜物质为干性油类）和树脂基涂料两大类。常用的有机涂料有油脂漆、醇酸树脂漆、酚醛树脂漆、过氯乙烯漆、硝基漆、沥青漆、环氧树脂漆、聚氨酯漆及有机硅耐热漆等。

将一定黏度的涂料，用各种方法涂覆在清洁的金属表面上，干燥固化后，可得到不同厚度的漆膜。它们除了把金属与腐蚀介质隔开外，还可能借助于涂料中的某些颜料（如铅丹、铬酸锌等）使金属钝化，或者利用富锌涂料中锌粉对钢铁的阴极保护作用，提高防护性能。

5）塑料涂层　除了将塑料粉末喷涂在金属表面后经加热固化形成塑料涂层（喷塑法）外，用层压法将塑料薄膜直接粘结在金属表面上也可形成塑料涂层。有机涂层金属板是近年来发展最快的，不仅能提高耐蚀性，而且可制成各种颜色、各种花纹的板材（彩色涂层钢板），用途极为广泛。国外年产已达500万t以上，我国也在试生产。常用的塑料薄膜有，丙烯酸树脂薄膜、聚氯乙烯薄膜、聚乙烯薄膜和聚氟乙烯薄膜等。

6）硬橡皮覆盖层　在橡胶中混入30%～50%的硫并进行硫化，可制成硬橡皮。它具有耐酸、碱腐蚀的特性，故可用于覆盖钢铁或其他金属的表面。许多化工设备已采用硬橡皮衬里。但其主要缺点是加热后会老化变脆，只能在50℃以下使用。

换热器的表面防腐蚀技术，最早是采用有机涂层，近年化学镀镍磷合金已崭露头角。这是因为有机涂层换热器耐温性不良（如CH—784的使用温度<100℃），仅适用于水冷器。检修时若用蒸汽吹扫，易造成涂层破坏；此外，有机涂层施工工艺冗长复杂。但涂层换热器由于施工工艺日趋成熟，质量较为稳定，价格相对便宜，所以仍有一定市场。镍磷化学镀层换热器因镀层为非晶态，具有耐蚀性好、耐温较高（在300℃以下）、抗冲刷与磨蚀（硬度高）、传热性好（有滴状冷凝效果）及抗结垢（表面光滑）的优点，故逐渐受到用户青睐。但涂层与镀层均存在一个共同问题，即涂层抗渗透性差；镀层有一定孔隙，会使碳钢基体腐蚀。尤其后者，由于镍磷合金电极电位较正，在孔隙处由于电偶腐蚀易造成加速穿孔。涂层与镀层换热器使用寿命的长短很大程度上决定于正确的涂装及镀覆方法。

随着Ni－P镀层换热器应用的增多，镀层质量引起的失效事故也常有发生。如对上海石化使用的镀层换热器调研证明，有时其使用寿命甚至还不如光管换热器。究其原因主要是，镀液控制不严，含有杂质；镀层有麻点多针孔，镀层粗糙；无法对内侧检测，镀层厚度不均（在5μm以下）等。阴极性镀层的耐蚀性主要取决于其致密性与封闭性，尤其是在温度超过200℃的环境中，Cl^-、S^{2-}等侵蚀性离子通过镀层孔隙能渗透到碳钢基体中去，Ni－P电位较正，与Fe之间产生电位差而造成严重电偶腐蚀，最终使管壁点蚀穿孔。理论上小面积Ni－P化学镀层可达到无孔隙，但在大型换热器化学镀施工中很难获得绝对无孔隙的镀层。当前石化企业随着检修周期的延长，换热器防蚀防垢问题已成为当务之急。有机涂层与Ni－P化学镀层作为防护手段的实施，由于涂装与镀覆工艺控制不严，以及涂层与镀层本身难以克服的欠缺，造成了一些换热设备早期失效。为了解决含Cl^-、S^{2-}等腐蚀性较高的工艺介质对换热器腐蚀的难题，可考虑采用在Ni－P镀层基础上，通过化学转化处理形成中间层，再涂敷优质有机涂层（如含氟涂料），形成镀层加涂层的复合保护层。这样不仅可解决单一涂层或镀层的缺点，且可代替不锈钢，并可排除不锈钢应力腐蚀的危险[16]。

（三）国内腐蚀与防护技术成果

提高材料本身的抗腐蚀能力一直受到广泛关注，很多机构和学者已投入到了各种抗腐蚀新钢种的研制中，如Cr2AlMoV钢板和钢管经工业化应用表明，在H_2S、HCH、CO_2及氯离子腐蚀环境中具有良好的抗腐蚀能力，此外还具有抗氢脆、抗氢鼓泡以及抗稀酸腐蚀的能力。有研究者[17]对12Cr2AlMoV和08Cr2AlMo钢管在HCl和H_2SO_4水溶液中进行了腐蚀实验对比。实验显示，V(钒)作为重要合金元素，不仅细化了晶粒，起到固溶强化作用，还具有耐盐酸、硫酸、碱溶液和海水腐蚀的能力。

对采用防腐涂层的换热器，由于换热器质量大，钢管排布密，给工件表面的防腐涂层固化带来困难。辽宁工学院于喜年[18]对防腐涂层固化问题进行了研究，并提出了除油、除锈、磷化和钝化分开的处理办法，在实际应用中取得了一定的进展。

炼油厂常顶换热器管程为塔顶油气冷凝过程，其中形成了典型的$H_2S-HCl-H_2O$环境。洛阳石化总厂炼油厂采用的换热器型号为BIU1100－4.0/4.0－515－6/19－21，壳体材料为16MnR，管束为20号碳钢，现场腐蚀泄露形态基本相同，均为管板与管束之间焊缝上出现点蚀而造成泄露[19]。考虑到其为腐蚀和焊缝应力等共同作用的复杂腐蚀环境，建议采用强度胀加密封焊的结构。因为HCl对金属的腐蚀与含碳量成正比，故焊材与钢管选用低碳钢。同时改善塔顶的腐蚀环境，取消无机氨注剂，减少垢下腐蚀，增加pH值的在线检测，防止了pH值的波动。可见，对腐蚀的控制只有在改进材质和结构，改善工艺状况和腐蚀环境等多方面入手，方能收到良好效果。

（四）国外腐蚀与防护技术进展

国外腐蚀与防护技术目前的研究方向主要集中在涂层、表面改性、钝化以及局部防腐蚀方面，下面仅作一简介。微区电化学，尤其是扫描开尔文探针技术是目前研究的热点之一。目前微电极的直径已可小至10nm左右。微观电化学通常是应用扫描探针技术来实现的，包括扫描开尔文探针(Scanning Kelvin Probe)、扫描参比电极及扫描微电极，尤其是扫描隧道显微镜(STM)、原子力显微镜(AFM)、扫描电化学显微镜(Scanning Electrochemical Microscope)、聚焦辐射(Focussed Radiation)以及微观椭圆偏振仪的应用；另一项技术是通过降低宏观电极润湿面积来实现的，即用绝缘性的涂料或树脂来部分覆盖电极暴露面积。这些技术各有其优缺点。

俄亥俄州立大学方坦纳腐蚀中心主任G. S. Frankel教授，应用扫描开尔文探针显微镜(Scanning Kelvin Probe Force Microscopy，SKPFM)和原位原子力显微镜擦伤技术(In-situ AFM Scratching)进行了腐蚀研究。SKPFM技术可给出精确到100nm的形貌和电位分布，这明显优于普通的扫锚开尔文探针技术。用该种技术研究了铝合金A2024－T3的结构不均匀性，提供有关该合金金属间化合物的形状、位置、成分不均匀性及与周围基体的相对电化学活性的信息。通过用一种特殊技术，即把涂有保护性有机膜的一小部分擦伤，让其特定显微组织暴露出来，再研究这些特定显微组织在局部腐蚀中的作用。常规的擦伤电极技术可以揭示钝化膜局部破坏后的再钝化能力，但却无法研究任何局部不均匀性的影响。原子力擦伤技术则可通过把AFM探针置于任何感兴趣的微区，可以精确控制所施加的擦伤力大小。

日本国立材料科学研究所的升田博之博士，把他们研制的扫描开尔文探针技术(Super Kelvin Force Microscope)应用到了304不锈钢海洋大气腐蚀机理的研究中，探针的精度可达0.1nm。日本东京工业大学的水流澈教授研究组，也应用扫描开尔文探针技术开展了大气腐蚀机理的研究。厦门大学的林昌健教授，介绍了他们多年来用微区扫描参比电极技术在各种局部腐蚀，如点蚀及电偶腐蚀等方面的工作。宾西法尼亚州立大学的 D. D. Macdonald 教授，对局部腐蚀的确定性预测进行了研究，重点论述了点蚀及应力腐蚀等局部腐蚀的孕育和发展过程、累积损伤以及寿命评估，并指出局部腐蚀的发展速率主要取决于材料的服役历史。明尼苏达大学的 R. W. Staellle 教授，提出了“建立在腐蚀基础上的设计”的概念(Corrosion Based Design Approach，CBDA)，并详细地介绍了 CBDA 的 10 个步骤，指出了局部环境条件(如浓缩)和局部材料环境(晶界的成分与结构、第二相分布及残余应力等)的重要性，为有效开展腐蚀研究提供了方法论方面的指导。此外，他还详细论述了如何把韦伯(Weibull)分布应用于寿命预测，尤其是早期破坏的预测。

在新兴的腐蚀研究领域，日本某公司的研究者研究了在亚临界和超临界水条件下 316L、不锈钢和 Hasterlloy C-276 镍基合金在不同 NaCl 浓度中的腐蚀行为。除了浸泡实验外，还测试了 316L、不锈钢在亚临界水中的极化曲线。实验温度范围为 200～400℃，压力范围为 9～28MPa，参比电极为 Ag/AgCl。采用点焊试样，研究了点蚀、缝隙腐蚀和应力腐蚀行为以及氯离子浓度对裂纹扩展速率的影响。另外，将铜加入到不锈钢中，并通过适当的热处理使材料表面板出 ε-Cu，并与水反应形成活性铜离子，从而达到抗菌目的。抗菌不锈钢得到了研究者的重视。

第三节 腐蚀的监测、检查及失效分析

腐蚀临测与腐蚀控制是设备运行中防腐蚀的两个重要组成部分，但长期以来并未得到均衡发展和获得同等重视。近几年，国内大量炼制高硫原油，设备腐蚀问题突出，腐蚀带来的严重经济损失，甚至人身伤亡，使企业愈加感到棘手。当人们努力寻找防腐蚀有效途径时，腐蚀监(检)测作为防腐蚀的基础工作而得到了企业的特别关注。和以往不同的是，随着各领域科技的发展，人们对腐蚀监(检)测相关技术的要求更高了，为适应这一新的形势，有必要就腐蚀临(检)测的有关概念和实际应用的关键问题进行探讨。

腐蚀临(检)测可以分为两大类：一是在设备服役一定时期后检测有无裂纹、局部腐蚀穿孔以及剩余壁厚等，获得的是腐蚀结果。目的是为了防止突发事故，主要方法有超声波法、漏磁法等；二是检测因介质作用而使设备发生的腐蚀速度，获得的是设备腐蚀过程的有关信息，以及生产操作参数(包括加工工艺、腐蚀防护措施)与设备运行状态之间相互联系的数据。并依此数据调整生产操作参数，目的是控制腐蚀的发生与发展，使设备处于良性运行状态。主要方法有：挂片法、电阻探针法、电化学法及磁感法等。为便于理解，一般把前者称作腐蚀的离线检测，后者称作腐蚀的在线监测[20]。

一、腐蚀在线监(检)测技术

主要测量方法有：

1) 监测孔法：为最早的监测手段，监测周期 1 年、2 年或更长(直接在设备外壁上操作)时间。

2)失重法：挂片失重法的出现，标志着腐蚀监测规范化的开始，它是最原始的方法之一。其原理很简单，能被大多数现场人员接受。适用各种介质(即电解质和非电解质)，监测周期 1 个月以上。

3) 电阻探针：开始于 20 世纪 50 年代，引进的电子技术使连续在线监测成为现实。它适用于各种介质，监测周期为几天。

4）电化学法：出现于20世纪70年代，可进行瞬时腐蚀速度的测量，反应灵敏，适用于电解质介质。

5）电感法：出现于20世纪90年代，测试敏感度高，适用于各种介质，但寿命较短。其原理是将一金属薄片置于探头外表面，通过测量探头内线圈信号的变化来推算腐蚀速度。

在过去40多年里，腐蚀监测理论和技术取得了不小的进展，但其工业应用却远不如防护技术发展那么迅速，与大力采取防护措施相比不匹配。其主要原因是：①对腐蚀监测缺乏正确认识，管理者没有把腐蚀监测放在足够高的位置上；②技术难度大，同时对腐蚀监测带来的长远利益缺乏信心；③与检查探伤等离线检测手段互相混淆；④腐蚀监测技术的应用是否会给企业的安全生产带来影响。

国际上从20世纪80年代起，对监测技术有了更清楚的认识，防患于未然得到广泛认同。美国Cortest公司和Metal Samples公司都是专门从事腐蚀监测产品开发和销售的公司，主要产品有ER电阻探针腐蚀测量仪，LPR线性极化腐蚀测量仪，Microcor快速腐蚀监测仪（磁感法），HP（Hydrogen Permeation）渗氢监测仪。美国、英国等石油、化学公司已将各种腐蚀监测技术用于精炼、水处理、缓蚀剂研究及管道监测等。

据1998年国内的一次防腐蚀工作会议介绍，日本千叶炼油厂建立了全厂腐蚀监测网，该覆盖全厂的腐蚀监测网络，为企业带来了安全生产十几年无事故的业绩。这一消息对国内的石油化工行业和腐蚀科技界产生了不小的震撼，也得到了许多启发，对推动国内的腐蚀监测向纵深发展起了不可低估的作用。

二、离线检测技术

无损检测、探伤已成为腐蚀监测的一部分，主要有：

1）超声波法：可探测设备的剩余壁厚，现已普遍应用于石化工业现场。

2）涡流法：可检测表面裂纹和蚀孔，但不能作为运行中设备内腐蚀的探测手段。据悉，日本已采用涡流探伤法检查了钛换热器的振动磨损及铜换热器的局部腐蚀[21]。

3）漏磁法：可检测表面裂纹和蚀孔，作为运行中设备内腐蚀检测手段时，腐蚀缺陷要足够深。

腐蚀在线监测，得到了中国石油化工股份有限公司的重视，多次立项并取得突破性进展，如有“高温部位腐蚀监测技术的研究”等成果。腐蚀的在线监测同样也得到了部分企业的高度重视，如2002年镇海炼油化工有限公司、上海炼油厂、大连西太平洋石油化工有限公司、辽河油田石化总厂等，分别建立了常减压装置腐蚀实时在线监测网、减三减四线高温腐蚀在线监测系统、初馏塔顶空冷器进出口腐蚀实时在线监测系统、减压塔顶空冷器管束腐蚀状况实时监测系统等。上述企业在腐蚀在线监测方面已为其他企业提供了成功的经验。在设备定期定点测厚方面，多数企业坚持长年测试，对预防突发事故起了重要作用。但也存在一些问题，部分企业对建立腐蚀监（检）测数据库缺乏认识，专业人才不稳定，使该项工作无连续性，使整体水平得不到持续发展。

三、腐蚀实时在线监测技术的实施

监测技术实施包括设备腐蚀实时监测系统、装置和全厂的腐蚀实时监测网等，它不局限于某一种测试方法。以炼油厂为例，设备腐蚀实时监测系统是对个别设备（如塔顶空冷器）进行腐蚀实时监测。装置腐蚀实时监测网是对个别装置（如常减压）按工艺流程布设探头，获得各点腐蚀速度的变化规律，结合生产工艺综合分析后指导生产。而全厂腐蚀实时监测网则是对炼油设备的各部分（即常减压、催化、加氢等工艺部分，循环冷却水系统储运系统及地下管网）进行全面腐蚀实时监测。腐蚀在线监测网建立步骤包括：

1）根据工艺流程选取监测点位置，即确定探头安装部位，一般可设在易腐蚀位置；

2）针对不同介质条件选择测试方法。工艺介质采用电阻探针方法，水介质采用电化学方法；

3）探头及监测系统的总体布局与安装；

4）实时监测，数据积累，数据反馈，指导生产。

四、腐蚀破坏的失效及典型案例

1）为卧式结构的某厂脱低沸物塔冷凝器，其管子材质为316L，管程走冷却水，流速0.24m/s，入口32℃，出口92℃；壳程走醋酸，入口115℃、出口100℃。水处理采用聚磷酸盐+EDTMP+聚丙烯酸。对循环水监测发现有泄漏，停车抽管检查，发现内管表面有0.2~1.4mm厚的淡黄色污垢附着，在垢层下有点蚀穿孔。取垢样化学分析，其构成以P，Ca为主，Zn很少。对孔蚀部作电子探针分析，发现在蚀孔内主要是Ca，P，很少发现C1。考虑到不锈钢耐蚀性是由氧化膜起保护作用的附着以P，Ca为主体的垢层妨碍膜的修补，造成了垢下腐蚀。建议定期用高压水枪冲洗或化学清洗除垢，提高冷却水流速，并改进水处理药剂配方，以适应较高水温。

2）某厂减压塔顶油气抽出共4台第一级预冷器，材质为20R，管程走循环水，壳程走减顶气；操作温度壳程75℃，管内34℃，操作压力6.67kPa。经一个周期使用后肉眼检查发现，管束外壁有严重的均匀腐蚀与点蚀，用锤击检查管壁声音发脆，抽样锯开发现壁厚仅为0.5~1mm，其中一台的一根管子有约100mm×4mm的孔洞。其腐蚀破坏原因是因其处于$HCl-H_2S-H_2O$腐蚀环境中所致。另外发现，内浮头螺栓（材质为35CrMo）大部分已断裂，是因硫化物应力腐蚀而引起的。为此只有将这4台预冷器管束报废，用08Cr2AlMo钢制管束更新。但经一年多使用后停车检修时发现，虽然均匀腐蚀情况有所改善，但管子外壁仍有较多蚀坑，呈黄褐色锈斑，经打磨测厚其腐蚀最严重处管壁仅1.4mm（原管壁厚2mm）。08Cr2AlMo钢抗H_2S性能较好，但并不耐稀盐酸的腐蚀，建议改用双相不锈钢或钛材。

3）热电厂冷凝器腐蚀，为对分双流程表面式的热电厂冷凝器，冷却面积900m^2，采用HSn62-1锡黄铜管板，BSTF3铜管，规格为25mm×1.25mm×7220mm，共5408根。管内海水流速2.3m/s，温度15~35℃，排气温度50~55℃。海水含盐量较低而含氧量及悬浮物含量较高，腐蚀性较强，铜管泄漏频繁，泄漏率为5%。对泄漏铜管解剖分析，发现有冲击腐蚀及沉积腐蚀。前者表现为明显的方向性马蹄形凹坑，且顺水流方向而加深；后者表现为点坑状腐蚀，坑内有腐蚀产物。为彻底解决铜管泄漏的问题，决定把海水侧全部管子更换为钛管并胀接在黄铜管板上。不久发现又有一根钛管泄漏了。经检测分析，断裂位置在隔板处，这是管子因振动磨损减薄而发生的断裂。其他管子在隔板处也有不同程度的磨损，后采取在管束间插竹片来解决。经多年使用后，发现铜管板又有电偶腐蚀，沿钛管口以环状坑蚀的形态出现，深达3~4mm，可采用高分子合金填充修补解决。

4）乙烯装置钛制海水冷却器开裂。某乙烯装置海水冷却器原用的是铝黄铜管，腐蚀严重。后来为此而把20余台改用钛管，但仍用原铜合金封头及锌基与铁基牺牲阳极保护。经6~8年运行，通过着色探伤对管板上钛管口焊缝检测，发现多台冷却器有开裂。经覆膜金相分析，有粗大的针状氢化物沉淀。经推测，经阴极保护的钛管口，处于比钛吸氢临界电位更负的电位，因此在钛表面有析氢并向内部扩散吸收。钛在海水中的临界电位为-0.7V（SCE），当腐蚀电位负于该临界电位的阳极时与钛连结会引起吸氢，加之钛焊接管口有应力，故最易于在该部位发生吸氢并造成开裂。建议采用 Fe-9Ni 牺牲阳极，既能保护铜封头又能防止钛管口氢脆。

5）上海炼油厂 50kt/a 石蜡加氢装置中，氢气冷却器 E104 为该装置的重要设备。1997 年 9 月对该设备进行了国产化改造，由原法国进口的套管式改为 U 形管式换热器，上下两台串连重叠安装，设计型号为 BIU250-9.79/2.5-18-7.5/19-2 Ⅱ。两台设备在运行一周期后检修更芯，投运后其中一台于 1999 年 1 月 16 日和 2 月 9 日连续发生两次泄漏，导致高压氢气窜入冷却用软化水中，因此不得不进行紧急抢修。为了查明设备失效原因，对穿孔管腐蚀产物进行了扫描电镜分析和能谱分析，换热管穿孔处和管外表面腐蚀产物的微观形态，见图 1.7-9、图 1.7-10、图 1.7-11。分析认为，失效原因主要源于高的壁温、软化水中高的氧和氯离子的含量，而主要的失效原因是爆沸空泡冲刷和点蚀，同时也存在管外的均匀腐蚀[22]。

图 1.7-9　腐蚀产物的微观形态(22×)

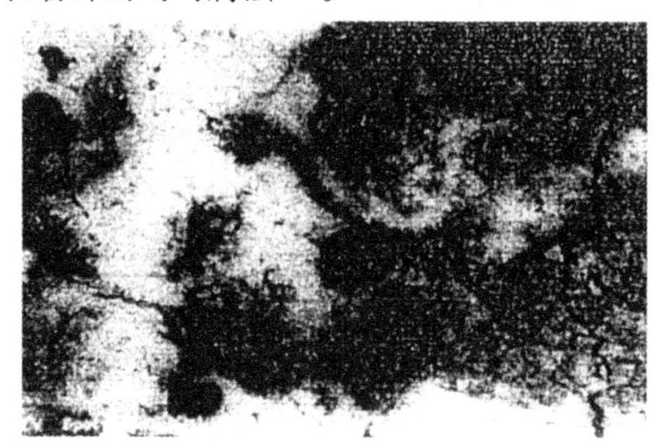

图 1.7-10　腐蚀产物的微观形态(500×)

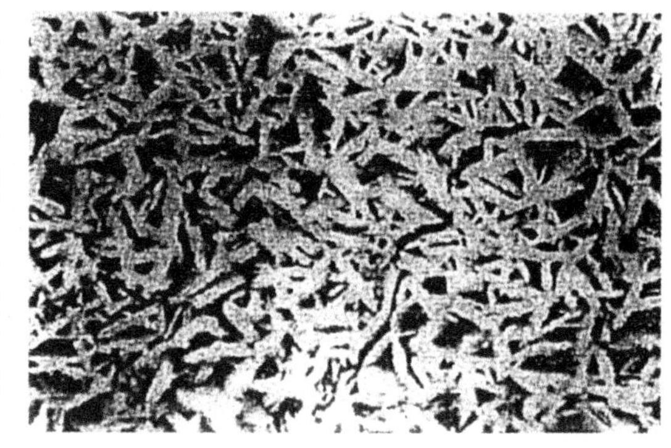

图 1.7-11　换热管外表面的微观形态(2000×)

6）在炼油装置中，常顶部位普遍存在着 $H_2S-HCl-H_2O$ 腐蚀的环境，特别是 HCl 的存在使腐蚀极为严重。呼和浩特炼油厂在常顶冷却部位，原使用 10 号钢，在原平均运行周期仅为 1 个月(E1101B)和 4 个月(E1101A)的情况下，后选用 12Cr2AlMoV 换热器管束，于 1998 年 12 月投用，至 2000 年 5 月初检修前一直运行平稳。停工检修期间因未发现明显腐蚀，故检修单位未经试压便直接安装了，但试车后发现其中一台(Ⅱ1101B)泄漏了，经修复并对管头进行喷钼(Mo)保护处理后又继续投入运行。使用至 2000 年 10 月中旬发生了多次泄漏，尤其在 U 形管弯管部分有多处穿孔。对该设备的腐蚀成因，经束润涛[23]的分析后认为，塔顶冷凝水中 Cl^- 超标(≥200mg/L)是导致腐蚀失效的主要原因，其次是管束的 U 形结构及管端的熔透式平焊缝，是导致冲刷腐蚀的直接原因。之后提出了解决问题的方案。尽管该设备的使用寿命仅 20 个月，但从其相变段的情况分析，12Cr2AlMoV 在 Cl^- 含量较高的情况下(≥200mg/L)仍具有良好的性能(腐蚀率为 0.36mm/a)，安全运行周期可达 16 个月，是碳钢管的 8 倍，不失为一种理想的替代性材料。

参 考 文 献

[1] 夏兰廷，张琰．防腐措施对低合金铸铁耐海水腐蚀性能的影响．太原重型机械学院学报，1992，13(3)：103～109.

[2] 王洪仁，姚萍，等．新型海水管系材料HDR，双相不锈钢的腐蚀和电化学性能．腐蚀与防护，2001，22(1)：5～8.

[3] 王庆军，曾超英．08Cr2A1Mo钢换热器管束在高硫原油加工系统的应用．腐蚀与防护，2003，24(2)：85～87.

[4] 杨世平．耐腐蚀新钢种(ND)钢在我厂的应用．压力容器，2001，18(1)：37～39.

[5] 丁网英，肖佐华．炼油厂换热器故障浅析．石油化工腐蚀与防护，2001，18(3)：9～13.

[6] 盛长松，等．改进型包埋渗铝钢的特性和应用．炼油设计，2000，30(7)：35～39.

[7] 唐春华．提高热镀锌涂层质量的途径．电镀与环保，1989，9(5)：4～7.

[8] 张承忠．金属的腐蚀与保护．北京：冶金工业出版社，1985.

[9] 崔新安，宁朝辉．石油加工中的硫腐蚀与防护．炼油设计，1999，29(8)：61～67.

[10] 中国石油化工设备管理协会设备防腐专业组．石油化工装置设备腐蚀与防护手册．北京：中国石化出版社，1996.

[11] Luthra K L, Spacil H S J. Electrochem. Soc, 1982, 129(3)：649.

[12] Sidky P S, Hocking MG. Corrosion Science, 1987, 27(5)：499.

[13] 任鑫．杨怀玉，等．重金属钒腐蚀的研究进展．腐蚀科学与防护技术，2001，13(6)：338～341.

[14] 黄永昌．金属腐蚀与防护原理．上海：上海交通大学出版社，1989.

[15] 刘永辉，张佩芬．金属腐蚀学原理．北京：航空工业出版社，1993.

[16] 余寸烨．石化换热器防腐蚀涂装与镀覆技术及其进展．石油化工腐蚀与防护，2001，18(5)：5～8.

[17] 朱鳌生，潘传文．08Cr2A1Mo和12Cr2A1MoV钢管在HCl和H_2SO_4水溶液中的腐蚀试验对比．石油化工腐蚀与防护，2000，17(1)：26～27.

[18] 于喜年，周金波，等．关于换热器防腐涂层固化问题的探讨．辽宁工学院学报，1999，19(6)：36～38.

[19] 丁平安，常六喜．常顶换热器管束损坏原因分析与对策．石油化工腐蚀与防护，2000，17(1)：17～18.

[20] 郑立群．石油化工装置腐蚀监检测技术．石油化工腐蚀与防护，2001，18(6)：61～64.

[21] 今川博之．化学ÉÖにおける、局部腐食の非破坏检查と诊断．防食技術，1985，34(6)：358～364.

[22] 曾孟秋．石蜡加氢E104氢气冷却器失效分析．石油化工腐蚀与防护，2001，18(1)：33～35.

[23] 束润涛．12Cr2AlMoV换热器U型管束在呼炼常顶使用情况的跟踪调查．石油化工腐蚀与防护，2001，18(1)：36～39.

[24] CunninghamG W, BrasunasA de S. Corrosion, 1956, 12(2)：35.

[25] 余存烨．石化换热器腐蚀检测与分析．石油化工腐蚀与防护，2003，20(2)：48～52.

第二篇

特种管壳式换热器

第一章 套管式换热器

（虞 斌 周帼彦 涂善东）

第一节 概 述

套管式换热器实际上是最简单的管壳式换热器，它是将一根或数根传热管（内管）套入一根外管内而构成的换热器。每组套管都带有相应的管端连接配件以把套管串联或并联起来，使换热流体从一组套管流到另一组套管，完成换热过程。

套管式换热器结构简单，制造方便，它通常由多组套管单元组合而成。每组套管单体是标准组件，根据生产工艺的需要，改变套管的串并联组合数，可以很方便地增减其传热面积。可拆套管式换热器的传热管可以完全抽出来清洗，易于去除污垢，因此适用于易结垢流体的换热。

但是，通常套管式换热器套管的管径要比管壳式换热器的壳径小得多，单位传热面的金属消耗量较多，每平方米传热面需要 150kg 左右，约为管壳式的 5 倍，与同样传热面积的管壳式换热器相比，套管式换热器所占的空间容积要大，所以仅适用于传热面不大的场合[1]。

套管式换热器适用于高温、高压及小流量流体的换热，主要用于工业过程的无相变流体的加热和冷却。

第二节 结 构

一、结构类型

套管式换热器最简单的结构[2]是将不同直径的两根管子以同心圆的形式套在一起，一种流体在内管管内流过，另一种流体在内管与外管之间的环隙中流过，利用内管壁面作为传热面。当内管过长时，在内管外侧每隔一定的长度要增加定位翅片，以防止内管挠度过大，造成套管环隙中流体流动的不均匀而影响传热效果及管端密封性能。一般，每根套管的有效长度在 4～6m 以下，常用的内管直径 25～37mm，外管直径 57～108mm。

当换热的两种流体的传热系数相近时，可采用光滑型，如图 2.1－1 所示。当环隙通道

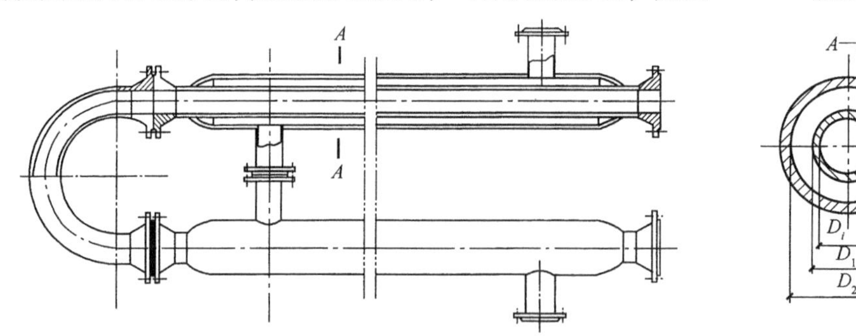

图 2.1－1 光滑管型套管式换热器

中流体传热系数大大低于内管管内流体的传热系数时，可采用翅片管型，即在内管外壁上加置纵向翅片来强化传热面，以提高传热效率。图 2.1－2 所示为纵向翅片型套管换热器的横截面。常用翅片高度为 12～32mm，翅片数 4～16 片。翅片的长度及焊接形式可根据具体要求而定，如图 2.1－3 所示，可以分段扭转焊接翅片，以增强流体的扰动度，提高传热系数。由于套管环隙通道内流体常常处于层流或过渡流状态，在这种情况下，扩展长度和翅片长度变得十分重要。翅片将流体从外缘到根部径向切开，扭转翅片的前沿将流体导入翅片通道，这就起到一种混合的作用。层流－过渡流状态的膜传热系数，可随每隔一定时间的“切断和扭转”而增大。在通常的膜传热系数计算中，以切扭间距作为扩展长度，当然，使用切断和扭转形式的纵向翅片时，会使流体的压降增加，最佳切断和扭转间距在 300～1000mm 的范围内。

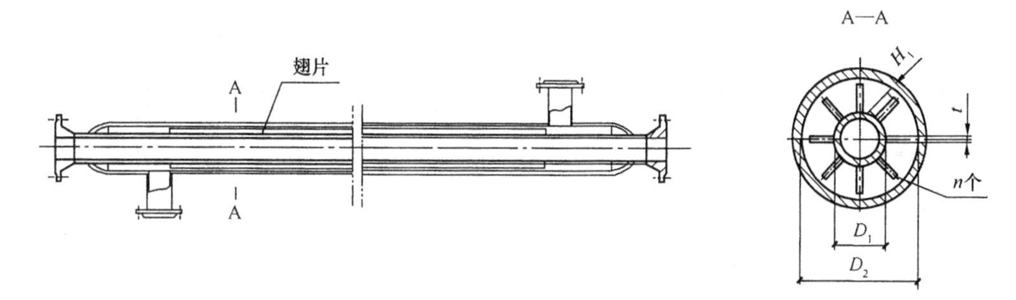

图 2.1－2　纵向翅片管型套管式换热器

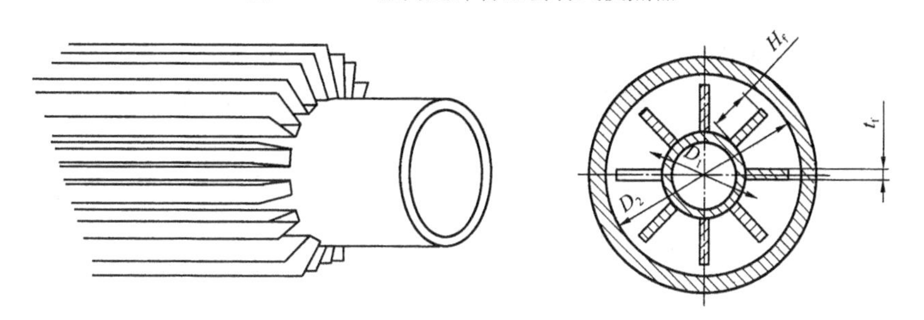

图 2.1－3　带纵向翅片的套管

当内管管内流体的传热系数较低时，可在内管管内插入扰流子，如图 2.1－4 所示，可提高管内流体的传热系数。

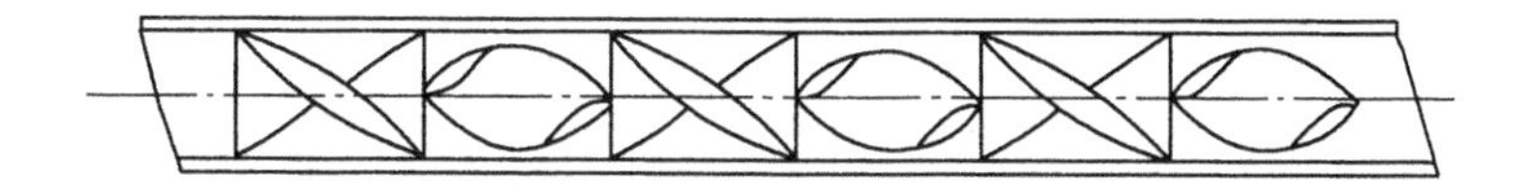

图 2.1－4　带扰流子的内管

一般套管式换热器都是由多组套管组合而成的，其内管与内管间用 U 形管连接，外管与外管间用短管连接。而套管组之间的连接形式根据具体需要有不可拆卸与可拆卸两种。图 2.1－5 为不可拆卸套管式换热器，它结构简单，不易泄漏，适用于不需要清洗的场合。如果管子材料不能焊接，或可能产生污垢，又要求能够对管内清洗的时候，则可利用填料函使内管和外管之间达到密封，而直内管两端则用螺纹或法兰与 U 形管连接。当卸下法兰后，内管可以从外套管中抽出清洗，如图 2.1－6 所示。这种可拆卸连接的套管式换热器，因其连接管件太多，在受到热膨胀及振动等因素的影响时，容易产生泄漏。

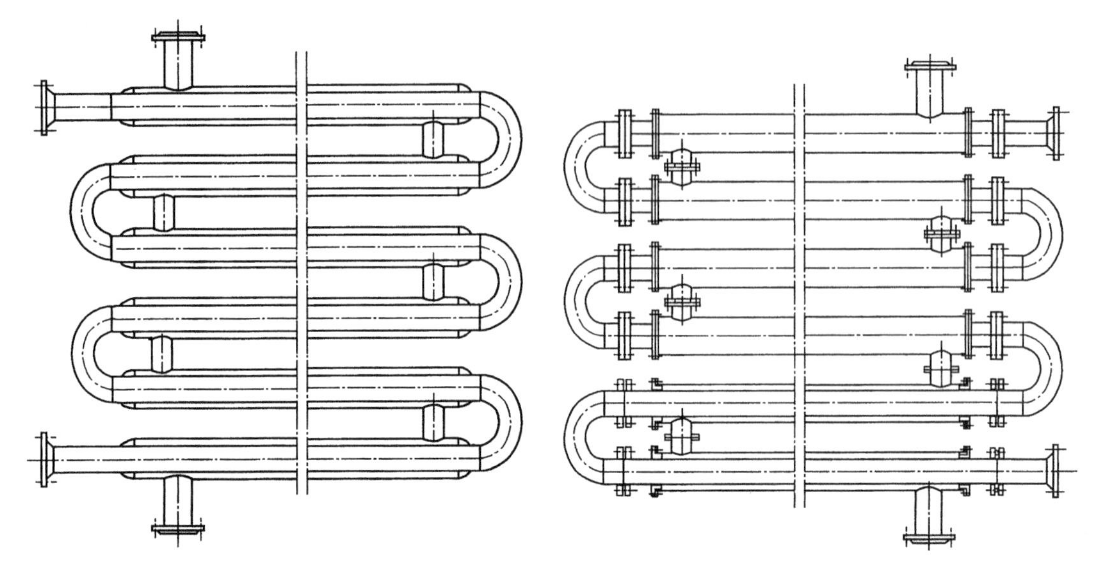

图2.1-5 不可拆卸式套管式换热器　　　图2.1-6 可拆卸式套管式换热器

套管式换热器由多组套管组合在一起工作时，根据两侧流体流量和允许压力损失的大小，可以灵活采用串联(如图2.1-5、图2.1-6)或串-并联(如图2.1-7)的连接方式达到要求。

还有一种套管式换热器的套管单元是由多根内管一起套入同一根外管构成的，如图2.1-8所示。这种形式的套管式换热器可以布置较多的传热面，又具有结构简单的特点。

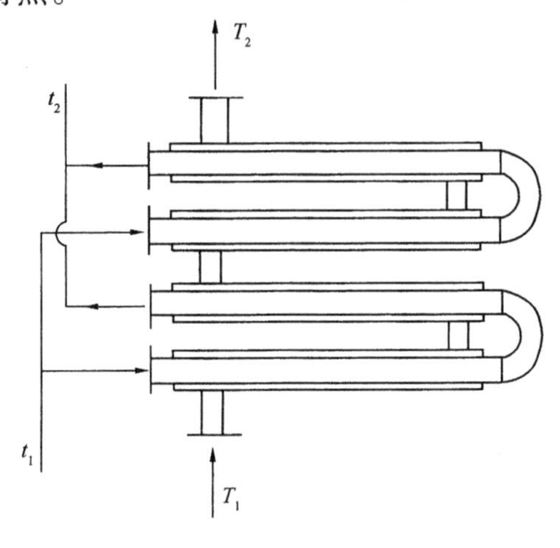

图2.1-7 套管换热器的串-并联结构示意图

图2.1-9所示为一种盘管式套管换热器[3]，两管套好后再一起卷制成螺旋形。它在制冷装置中应用较广，通常用作水冷冷凝器。冷却水在内管中流动，由下部进入，上部流出，高压气态制冷剂则由上部进入套管环隙中，冷凝后的液体从下部流出。这种形式的套管式换热器能够按理想的逆流方式工作，换热效果较好。

二、结构设计

套管式换热器的结构设计[4]比较简单。根据经验，每程的合理长度为4~6m，太长了刚性差，容易发生弯曲，使环隙内流体分布不均，影响安全和传热效果；每程长度太短又会减少有效传热面积，加大金属耗量，并导致结构上的不合理。管子直径可按下式计算：

内管内径：

$$D_i=\sqrt{\frac{G_i\cdot\nu_i}{3600w_i}\cdot\frac{4}{\pi}}\times1000,\ \text{mm}\qquad(1-1)$$

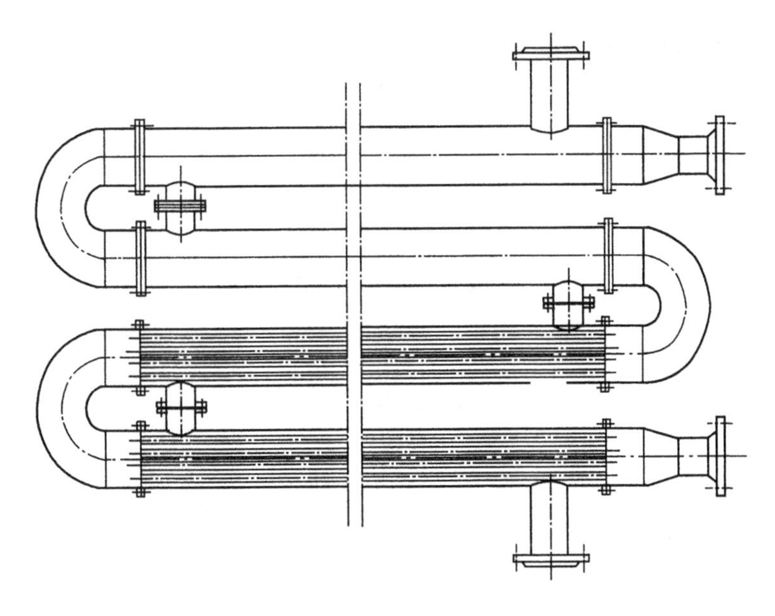

图 2.1－8 多管套管换热器串联结构示意图

套管内径：

$$D_o = \sqrt{\frac{G_o \cdot \nu_o}{3600 w_o} \cdot \frac{4}{\pi} + D_i^2} \times 1000, \text{ mm} \quad (1-2)$$

式中 D_i，D_o——分别为内管和外套管内径，mm；

G_i，G_o——分别为内管和环隙中流体的质量流量，kg/h；

ν_i，ν_o——分别为内管和环隙中流体的质量比容，m^3/kg；

w_i，w_o——分别为内管和环隙中流体的流速，m/s；一般可取为 1～2m/s。

根据计算所得到的管子内径再选相近的标准管径，通常由表 2.1－1 所列的管径配套组合。

表 2.1－1 套管式换热器常用管径配套组合

内管外径，D_i/mm	42	42	60	89
套管外径，D_o/mm	60	70	89	114

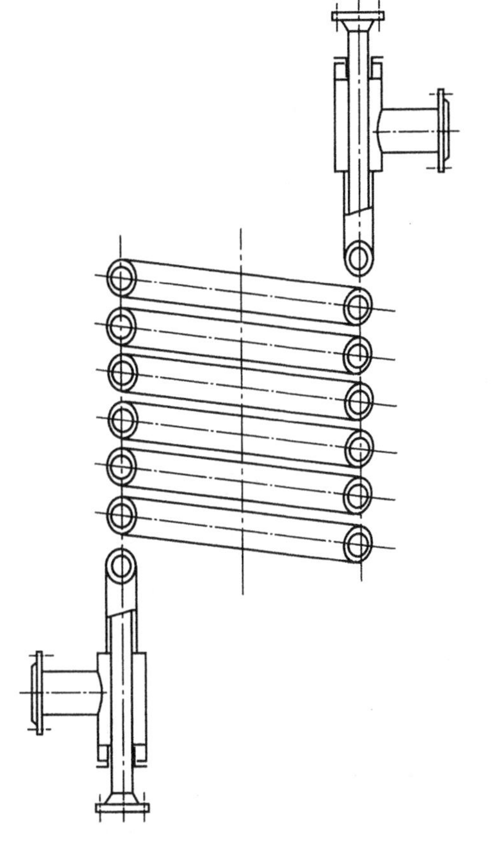

图 2.1－9 盘管式套管换热器

在根据流量、流速和其他条件计算出换热器的管径和传热面积 A 之后，内管的有效传热面总长度 L_t 就应为：

$$L_t = \frac{A}{\pi D_1} \quad (1-3)$$

式中，A 为以内管外径 D_1 为计算基准的传热面积。

当合理选定了每根内管的长度 L 后，即可求得程数 m：

$$m = \frac{L_t}{2L + L_e} \tag{1-4}$$

式中，L_e 为 U 形弯管的当量长度：$L_e = 2\alpha D_i$，α 的值可由图 2.1-16 查得。

第三节 设 计 计 算[5~6]

一、基本传热公式

$$Q = KA\Delta T \tag{1-5}$$

式中 Q——传热量，W；

K——传热系数，$W/(m^2 \cdot K)$；

A——传热面积，m^2(以内管外径为计算基准)；

ΔT——有效平均温度差，K。

二、有效平均温差

流体流动方式有并流、逆流、高温侧流体一串联，低温侧流体 n 并联(低温侧流体比高温侧流体流量大得多时)以及低温侧流体一串联，高温侧流体 n 并联(高温侧流体比低温侧流体流量大得多时)共 4 种，如图 2.1-10 所示。

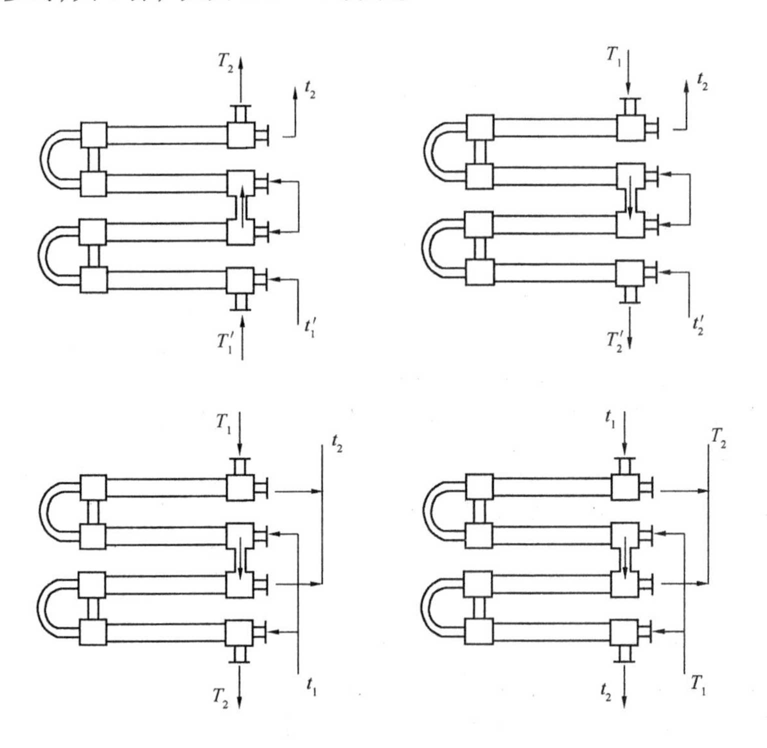

图 2.1-10 套管换热器的串并联

(一) 并流时：

$$\Delta T = \frac{(T_1 - t_1) - (T_2 - t_2)}{\ln[(T_1 - t_1)/(T_2 - t_2)]} \tag{1-6}$$

（二）逆流时：

$$\Delta T = \frac{(T_1 - t_2) - (T_2 - t_1)}{\ln[(T_1 - t_2)/(T_2 - t_1)]} \tag{1-7}$$

（三）高温侧流体一串联，低温侧流体 n 并联时：

$$\Delta T = \theta(T_1 - t_1) \tag{1-8}$$

温度校正系数 θ 由下式求得：

$$\frac{1-p}{\theta} = \frac{nR}{R-1}\ln\left[\left(\frac{R-1}{R}\right)\times\left(\frac{1}{R}\right)^{\frac{1}{n}} + \frac{1}{R}\right] \tag{1-9}$$

式中

$$p = \frac{t_2 - t_1}{T_1 - t_1},\ R = \frac{T_1 - T_2}{n(t_2 - t_1)} \tag{1-10}$$

（四）低温侧流体一串联，高温侧流体 n 并联时：

$$\Delta T = \theta(T_1 - t_1) \tag{1-11}$$

温度校正系数 θ 由下式求得：

$$\frac{1-p}{\theta} = \frac{n}{1-R}\ln\left[(1-R)\times\left(\frac{1}{R}\right)^{\frac{1}{n}} + R\right] \tag{1-12}$$

式中

$$p = \frac{t_2 - t_1}{T_1 - t_1},\ R = \frac{T_1 - T_2}{n(t_2 - t_1)} \tag{1-13}$$

三、总传热系数

（一）光滑管

$$\frac{1}{K} = \frac{1}{h_o} + r_o + \frac{D_1}{D_m}\cdot\frac{t_w}{\lambda_w} + r_i\cdot\frac{D_1}{D_i} + \frac{1}{h_i}\cdot\frac{D_1}{D_i} \tag{1-14}$$

（二）翅片管

$$\frac{1}{K} = \frac{1}{h_o} + r_o + r_f + \frac{A_o}{A_m}\cdot\frac{t_w}{\lambda_w} + r_i\cdot\frac{A_o}{A_i} + \frac{1}{h_i}\cdot\frac{A_o}{A_i} \tag{1-15}$$

式中 K——以内管外侧面积为基准的总传热系数，$W/(m^2\cdot K)$；

D_1——内管外径，m；

D_i——内管内径，m；

D_m——对数平均直径，$D_m = (D_1 - D_i)/\ln(D_1 - D_i)$，m；

h_o——环隙中流体的传热系数，$W/(m^2\cdot K)$；

h_i——内管管内流体的传热系数，$W/(m^2\cdot K)$；

A_i——每单位长度内管内侧面积，m^2/m；

A_m——每单位长度内管平均侧面积，m^2/m，$A_m = \pi(D_r - D_i)/\ln(D_r/D_i)$；

A_o——每单位长度内管外侧面积，m^2/m；

D_r——翅片根圆直径，m；

r_f——翅片热阻，$(m^2\cdot K)/W$；

r_o——环隙内流体的污垢热阻，$(m^2 \cdot K)/W$；

r_i——内管管内流体的污垢热阻，$(m^2 \cdot K)/W$；

t_w——内管管壁厚度，m；

λ_w——内管管壁热导率，$W/(m \cdot K)$。

四、翅片热阻

翅片热阻[7]按下式计算：

$$r_f = \left[\frac{1}{h_o} + r_o\right]\left[\frac{1 - E_f}{E_f + (A_r/A_f)}\right] \tag{1-16}$$

式中 E_f——翅片效率；

A_f——每单位长度翅片的表面积，m^2/m；对纵向翅片：$A_f = 2nH_f + nt_f$；

A_r——每单位长度内管外侧无翅片部分的表面积，m^2/m，$A_r = \pi D_R - tn_f$；

n——每单位长度上的翅片数；

H_f——翅片高度，m；

t_f——翅片厚度，m。

五、膜传热系数

仅介绍无相变对流传热的传热系数。

（一）环隙侧流体的膜传热系数 h_o

1. 光滑管管型

对于层流区，$200 < Re < 2000$ 时，陈[8]（Chen）等人发表了如下实验公式：

$$\frac{h_o \cdot D_e}{\lambda} = 1.02\left(\frac{D_e \cdot G}{\mu}\right)^{0.45} \cdot \left(\frac{c \cdot \mu}{\lambda}\right)^{0.5} \cdot \left(\frac{\mu}{\mu_w}\right)^{0.14} \cdot \left(\frac{D_e}{L}\right)^{0.4} \cdot \left(\frac{D_2}{D_1}\right)^{0.8} \cdot (G_r)^{0.05} \tag{1-17}$$

凯斯[9]（Kays）用图2.1-11表示在环状流道内充分发展的层流中，单位长度的传热量一定时的理论解。

对于紊流区，$Re > 10000$ 时，威根德[10]（Wiegand）发表了如下公式：

$$\frac{h_o \cdot D_e}{\lambda} = 0.023\left(\frac{D_e \cdot G}{\mu}\right)^{0.8} \cdot \left(\frac{c \cdot \mu}{\lambda}\right)^{0.4} \cdot \left(\frac{D_2}{D_1}\right)^{0.45} \tag{1-18}$$

式中 D_e——当量直径，$D_e = D_2 - D_1$，m；

D_2——外管内径，m；

c——流体的比热容，$J/(kg \cdot K)$；

λ——流体的热导率，$W/(m \cdot K)$；

G——质量流速，$kg/(m^2 \cdot s)$；

μ——流体黏度，$Pa \cdot s$；

μ_w——管壁温度下的流体黏度，Pa·s；

Gr——格拉斯霍夫准数，$Gr = \dfrac{D_1^3 \cdot \rho^2 \cdot g \cdot \beta \cdot \Delta t}{\mu^2}$；

L——管子长度，m；

Δt——管壁与流体之间的温差，K；

ρ——流体密度，kg/m^3；

g——重力加速度，$g = 9.8 m/s^2$；

β——流体的休积膨胀系数，1/K。

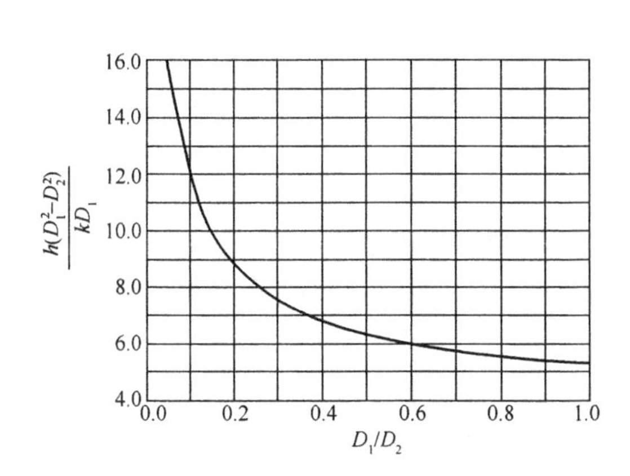

图 2.1-11　环形流道内层流的传热系数(单位长度传热量一定时的理论解)

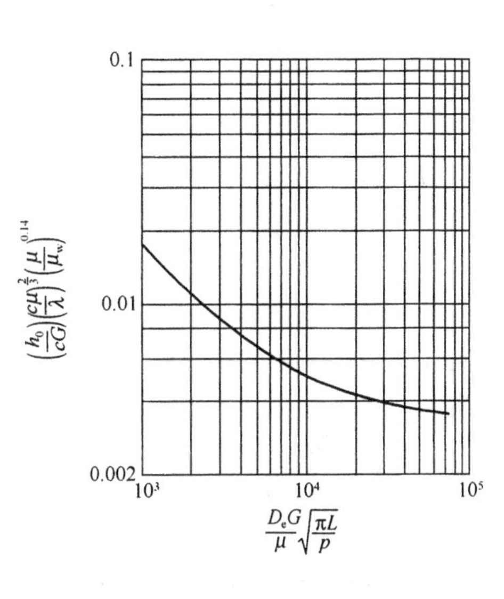

图 2.1-12　套管式换热器纵向翅片管环形流道的膜传热系数

2. 纵向翅片管管型

Clark[11]给出了纵向翅片管管型套管式换热器环形流道对流传热系数的关联式(图 2.1-12)，即当 $(D_e \cdot G/\mu)\sqrt{\pi L/p} > 60000$ 时，可按下式计算：

$$\frac{h_o \cdot D_e}{\lambda} = 0.023\left(\frac{D_e \cdot G}{\mu}\right)^{0.8} \cdot \left(\frac{c \cdot \mu}{\lambda}\right)^{\frac{1}{3}} \cdot \left(\frac{\mu}{\mu_w}\right)^{0.14} \tag{1-19}$$

式中　p——2 个纵向翅片之间流道的浸润边长，m；

$$p = [\pi(D_r + D_r) + 2n \cdot H_f]/n \tag{1-20}$$

n——翅片数；

H_f——翅片高度，m；

D_e——当量直径，m；

$$D_e = \frac{4a_o}{\pi D_r + 2nH_f + \pi D_2} \tag{1-21}$$

a_o——流道截面积，m^2；

$$a_o = \frac{\pi}{4}(D_2^2 + D_1^2) - n \cdot H_f \cdot t_f \tag{1-22}$$

t_f——翅片厚度，m；

3. 横向翅片管管型

努森[12]（Knudsen）给出了使用径向翅片管时的环形流道内流体的膜传热系数关联式：

当 $1 < \frac{H_f}{s} < 2$ 时，可按下式计算：

$$\frac{h_o \cdot D_e}{\lambda} = 0.039\left(\frac{D_e \cdot G_{max}}{\mu}\right)^{0.87} \cdot \left(\frac{c \cdot \mu}{\lambda}\right)^{0.4} \cdot \left(\frac{s}{D_e}\right)^{0.4} \cdot \left(\frac{H_f}{D_e}\right)^{-0.19} \tag{1-23}$$

当 $H_f/s = 3$ 时，实际传热系数要大于式(2－23)求得的值。

式中 G_{max}——流道中最大质量流速，$kg/(m^2 \cdot s)$；

$$G_{max} = \frac{4W}{\pi(D_2^2 - D_1^2)} \tag{1-24}$$

D_e——当量直径，$D_e = D_2 - D_f$，m；

D_f——翅片管外径，m；

s——翅片间隔（翅片间距－翅片厚度），m。

（二）内管侧流体传热膜的传热系数

同管管内流体膜传热系数的计算方法与管壳式换热器管程换热计算方法完全相同。

当 $Re > 10000$，$Pr = 0.7 \sim 160$，管长和管径之比 $L/D_i > 50$ 时，对于低黏度流体，可用下式计算流体的膜传热系数：

$$\frac{h_i \cdot D_i}{\lambda} = 0.023\left(\frac{D_i \cdot G}{\mu}\right)^{0.8} \cdot \left(\frac{c \cdot \mu}{\lambda}\right)^{m} \tag{1-25}$$

当流体被加热时，$m = 0.4$；当流体被冷却时，$m = 0.3$。

对于短管，由于管子入口处的扰动较大，h_i 较高，因此式(2－20)所得结果偏低，当 $L/D_i = 30 \sim 40$ 时，需乘以校正系数 1.07～1.02。

对于黏度较大的流体，可用下式计算流体的膜传热系数：

$$\frac{h_i \cdot D_i}{\lambda} = 0.027\left(\frac{D_i \cdot G}{\mu}\right)^{0.8} \cdot \left(\frac{c \cdot \mu}{\lambda}\right)^{0.33} \cdot \left(\frac{\mu}{\mu_w}\right)^{0.14} \cdot \tag{1-26}$$

式中除 μ_w 取内管壁温下的流体黏度外，其他物性参数均取流体进出口温度下的算术平均值。

六、压力损失

仅介绍无相变时的压力损失。

（一）环隙侧压力损失 Δp_0

环隙侧压力损失等于直管部分压力损失与连接弯管部分压力损失之和。如果每根直管部分压力损失用 Δp_f 表示，每两根直管的 U 形连接弯管部分压力损失用 Δp_r 表示，则有：

$$\Delta p_0 = (2\Delta p_f + \Delta p_r) \times n \tag{1-27}$$

$$\Delta p_r = \frac{G^2}{2g\rho} \tag{1-28}$$

式中，n 为 U 形弯管数。

而 Δp_f 的计算分为光滑管、纵向翅片管和横向翅片管。

1. 光滑管管型

$$\Delta p_f = \frac{4f \cdot G^2}{2g\rho} \frac{L}{D_e} \left(\frac{\mu_w}{\mu}\right)^{0.14} \tag{1-29}$$

式中，摩擦因数f：

当 $Re<2000$ 时，

$$f = \frac{16}{Re}\phi \tag{1-30}$$

式中 ϕ 的数值可以查图 2.1-13，也可按下式计算：

$$\phi = \frac{(1-D_1/D_2)^2}{1+(D_1/D_2)^2+\{[1-(D_1/D_2)^2]/\ln(D_1/D_2)\}} \tag{1-31}$$

当 $Re>2000$ 时，

$$f = 0.076(Re)^{-0.25} \tag{1-32}$$

2. 纵向翅片管型

$$\Delta p_f = \frac{4f \cdot G^2}{2g\rho} \frac{L}{D_e} \cdot \left(\frac{\mu_w}{\mu}\right)^{0.14} \tag{1-33}$$

摩擦因数f可查图 2.1-14。

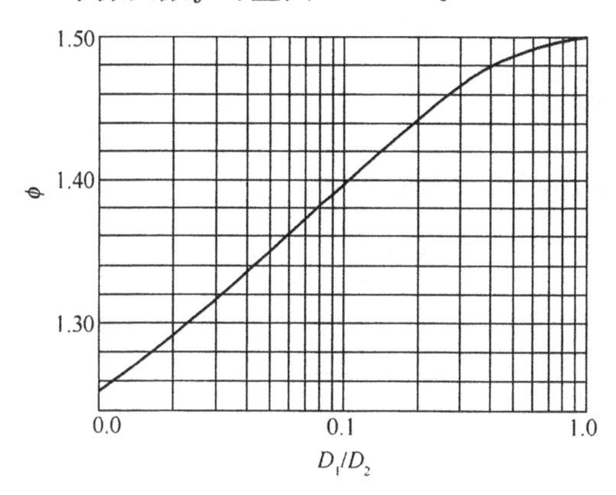

图 2.1-13　ϕ 值

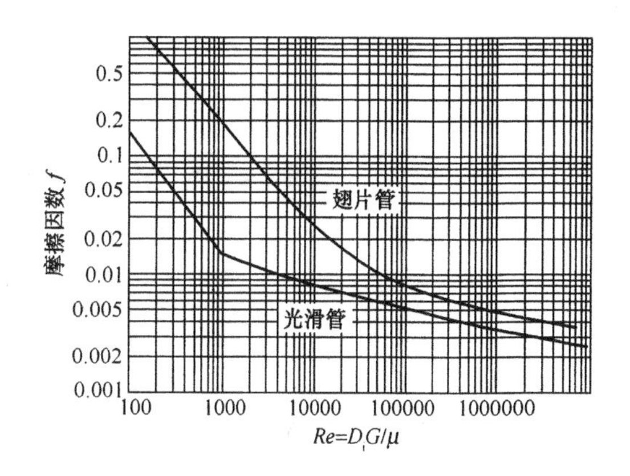

图 2.1-14　套管式换热器环隙侧摩擦因数（上面曲线）和内管内侧摩擦因数（下面曲线）

3. 横向翅片管型

$$\Delta p_f = \frac{4f \cdot G^2}{2g\rho} \cdot \frac{L}{D_e} \cdot \left(\frac{\mu_w}{\mu}\right)^{0.14} \tag{1-34}$$

摩擦因数f查图 2.1-15。

$$\left[Re = \frac{(D_2-D_f) \cdot G_{max}}{\mu}\right]$$

（二）内管内侧压力损失 Δp_t

$$\Delta p_t = \frac{4f \cdot G^2}{2g\rho} \cdot \frac{L_t}{D_i} \cdot \left(\frac{\mu_w}{\mu}\right)^{0.14} \tag{1-35}$$

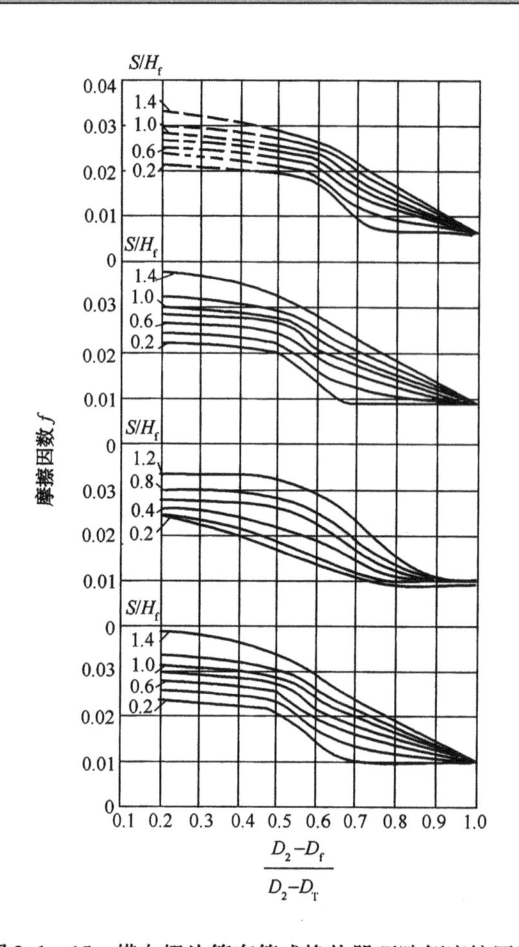

图 2.1－15　横向翅片管套管式换热器环隙侧摩擦因数

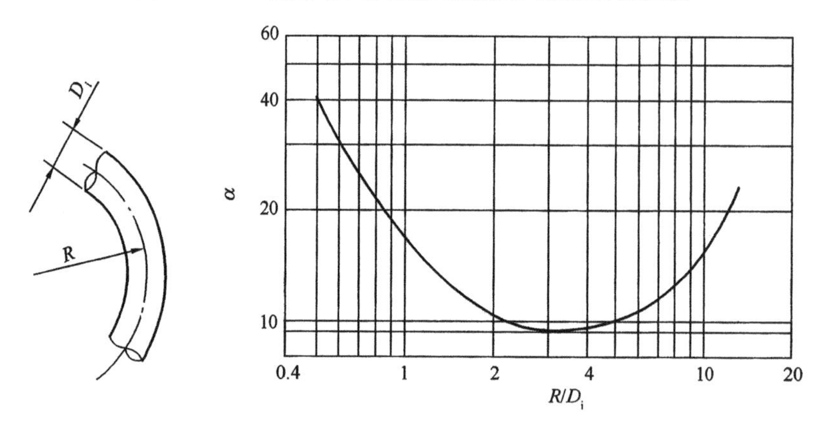

图 2.1－16　U 形弯头当量长度 L_e 的 α 值

摩擦因数 f 查图 2.1－14。

式中：

$L_t = (2L + L_e) \times n$；

$L_e = 2\alpha D_i$；

n 为弯管数；

α 值可查图 2.1－16。

七、常用套管式换热器总传热系数 *K* 的大致数值范围

在进行套管式换热器的初步设计时，可按其传热系数的大致范围估算所需的传热面积。表 2.1－2 列出了工业过程中套管式换热器总传热系数 K 的大致数值范围。

表 2.1－2　套管式换热器 *K* 值的大致范围

	换热介质	材料	传热系数 $K/[W/(m^2 \cdot K)]$
无相变	热水—烃(管外)	金属	230～500
	液体—液体(油类)	金属	100～800
	盐水(w=0.3～1m/s)—水(w=0.3～1.5m/s)	金属	290～2300
	盐水(w=1.25m/s)—水(w=1.25m/s)	金属	870～1745
	水(w=0.6m/s)—润滑油(w=0.05m/s)	金属	～90
	原油(w=1.3～2.1m/s)—石脑油	金属	210～280
	水(w=1m/s)—丁烷(w=0.6m/s)	金属	～525
	水—水	石墨	1690～2850
有相变	水(w=1m/s)—水蒸气(冷凝)	金属	2300～4600
	水(w=1.2m/s)—氟里昂	金属	870～990
	水(w=1～1.5m/s)—氨	金属	870～2300
	水(w=1.5m/s)—汽油	金属	～525
	原油(w=1.6m/s)—汽油	金属	120～170
	油—水蒸气(冷凝)	金属	230～1050
	水—空气与水蒸气	硬质玻璃	140～430

八、设计实例

一不锈钢套管式换热器，由 $\phi 32 \times 6$ 的内管和 $\phi 70 \times 4$ 的外套管组成。CO_2 在内管内流动，压力 $p_1 = 20\text{MPa}$，流量 $m_1 = 1000\text{kg/h}$，从 $T_1 = 50℃$ 冷却到 $T_2 = 38℃$。冷却水在内管外与 CO_2 呈逆流流动，压力 $p_2 = 0.3\text{MPa}$，流量 $m_2 = 1200\text{kg/h}$，冷却水进口温度 $t_1 = 25℃$。

设计计算：

（一）热平衡计算

CO_2 的定性温度 $T_m = (T_1 + T_2)/2 = (50 + 38)/2 = 44℃$，相应温度下的定压比热容 $c_{p1} = 900\text{J/(kg·K)}$，则总的传热量 Q 为：

$$Q = m_1 c_{p1}(T_1 - T_2) = \frac{1000}{3600} \times 900 \times (50 - 38) = 3000\text{W}$$

水的定压比热容为 $c_{p2} = 3600\text{J/(kg·K)}$，其出口温度 t_2 可由式 $Q = m_2 c_{p2}(t_2 - t_1)$ 求得：

$$t_2 = \frac{Q}{m_2 c_{p2}} + t_1 = \frac{3000}{\frac{1200}{3600} \times 4180} + 25 = 27℃$$

平均温差可由式(2－7)得：

$$\Delta t_m = \frac{(T_1 - t_2) - (T_2 - t_1)}{\ln \frac{T_1 - t_2}{T_2 - t_1}} = \frac{(50 - 27) - (38 - 25)}{\ln \frac{50 - 27}{38 - 25}} = 17.5℃$$

（二）总传热系数

1. 内管内 CO_2 的放热系数 h_1

内管内 CO_2 的特性参数：

热导率：$\lambda_1 = 0.0267 W/(m \cdot K)$

黏度：$\mu_1 = 1.56 \times 10^{-5} Pa \cdot s$

比热容：$c_{p1} = 900 J/(kg \cdot K)$

质量流速：$G_1 = \dfrac{m_1}{\pi D_i^2} = \dfrac{1000}{3600 \times \dfrac{\pi}{4} \times 0.02^2} = 884.2 kg/(m^2 \cdot s)$

将上述参数代入式(2－25)可得内管内 CO_2 的放热系数 h_i：

$$\begin{aligned} h_i &= 0.023\left(\frac{D_i \cdot G_1}{\mu_1}\right)^{0.8} \cdot \left(\frac{c_{p1} \cdot \mu}{\lambda_1}\right)^m \times \frac{\lambda_1}{D_i} \\ &= 0.023 \times \left[\frac{0.02 \times 884.2}{1.56 \times 10^{-5}}\right]^{0.8} \times \left[\frac{900 \times 1.56 \times 10^{-5}}{0.0267}\right]^{0.3} \times \frac{0.0267}{0.02} \\ &= 1766 W/(m^2 \cdot K) \end{aligned}$$

2. 内外管环隙间水的吸热系数 h_o

由于内外管环隙间水的流速很低，处在层流或过渡流动状态，在这种情况下，采用图2.1－3所示的分段扭转焊接翅片，以增强流体的挠动度，提高传热系数。分段扭转焊接翅片的参数为：高度 $H_f = 12mm$，厚度 $t_f = 3mm$，数量 $n = 4$，翅片切断和扭转间距 $P = 500mm$。内外管环隙间水的特性参数和结构特性参数如下：

热导率：$\lambda_2 = 0.5985 W/(m \cdot K)$

黏度：$\mu_2 = 8.1 \times 10^{-4} Pa \cdot s$

比热容：$c_{p2} = 4180 J/(kg \cdot K)$

环隙截面积：

$$\begin{aligned} a_o &= \frac{\pi}{4}(D_2^2 - D_1^2) - n \cdot H_f \cdot t_f \\ &= \frac{\pi}{4}(0.062^2 - 0.032^2) - 4 \times 0.012 \times 0.003 = 0.0020708 m^2 \end{aligned}$$

质量流速：$G_2 = \dfrac{m_2}{a_o} = \dfrac{1000}{3600 \times 0.0020708} = 160.97 kg/m^2 \cdot s$

当量直径：

$$\begin{aligned} D_e &= \frac{4a_o}{\pi D_r + 2nH_f + \pi D_2} \\ &= \frac{4 \times 0.0020708}{\pi \times 0.032 + 2 \times 4 \times 0.012 + \pi \times 0.062} = 0.021167 m \end{aligned}$$

翅片之间流道的浸润边长：

$$\begin{aligned} p &= [\pi(D_r + D_f) + 2nH_f]/n \\ &= [\pi(0.032 + 0.062) + 2 \times 4 \times 0.012]/4 = 0.0978 m \end{aligned}$$

套管长度：$L = 4.5m$

由于

$$\left(\frac{D_e \cdot G_2}{\mu}\right)\sqrt{\frac{\pi \cdot L}{p}} = \left(\frac{0.021167 \times 160.97}{8.1 \times 10^{-4}}\right)\sqrt{\frac{\pi \times 4.5}{0.0978}} = 50575 < 60000$$

查图 2.1-12 可求得：$h_o = 804\text{W}/(\text{m}^2 \cdot \text{K})$。

3. 以内管外表面积为基准的总传热系数 K

取环隙内流体的污垢热阻：$r_o = 0.2 \times 10^{-3}(\text{m}^2 \cdot \text{K})/\text{W}$

内管内流体 CO_2 的污垢热阻：$r_i = 0.5 \times 10^{-3}(\text{m}^2 \cdot \text{K})/\text{W}$

翅片热阻由式(2-16)计算得：$r_f = 0.167 \times 10^{-3}(\text{m}^2 \cdot \text{K})/\text{W}$

不锈钢热导率：$\lambda_w = 45\text{W}/(\text{m} \cdot \text{K})$

内管壁厚：$t_w = 0.006\text{m}$

单位长度内管外侧面积：$A_o = \pi \times 0.032 = 0.1005\text{m}^2/\text{m}$

单位长度内管内侧面积：$A_i = \pi \times 0.02 = 0.06283\text{m}^2/\text{m}$

内管对数平均直径：$D_m = \dfrac{(D_1 - D_i)}{\ln(D_1/D_i)} = \dfrac{(0.032 - 0.020)}{\ln(0.032/0.020)} = 0.02553\text{m}$

单位长度内管平均侧面积：$A_m = \pi \times 0.02553 = 0.0802\text{m}^2/\text{m}$

将上述数据代入式(2-15)得：

$$\begin{aligned}\frac{1}{K} &= \frac{1}{h_o} + r_o + r_f + \frac{A_o}{A_m} \cdot \frac{t_w}{\lambda_w} + r_i \cdot \frac{A_o}{A_i} + \frac{1}{h_i} \cdot \frac{A_o}{A_i} \\ &= \frac{1}{804} + 0.2 \times 10^{-3} + 0.167 \times 10^{-3} + \frac{0.1005}{0.0802} \times \frac{0.006}{45} \\ &\quad + 0.5 \times 10^{-3} \times \frac{0.1005}{0.06283} + \frac{1}{1766} \times \frac{0.1005}{0.06283}\end{aligned}$$

求得：$K = 287\text{W}/(\text{m}^2 \cdot \text{K})$。

（三）总换热面积 A

$$A = \frac{Q}{K\Delta t_m} = \frac{3000}{287 \times 17.5} = 0.597\text{m}^2$$

由式(2-3)可得内管有效总长度：

$$L_t = \frac{A}{\pi \times D_1} = \frac{0.597}{\pi \times 0.032} = 5.939\text{m}$$

取 U 形弯头半径 $R = 0.06\text{m}$，则 $R/D_i = 3$。

由图 2.1-16 可查得 $\alpha = 8$。

由式(2-4)得套管换热器的程数 m：

$$m = \frac{L_t}{2L + L_e} = \frac{5.939}{2 \times 4.5 + 2 \times 8 \times 0.02} = 0.64$$

则套管式换热器的程数取整为 $m = 1$。

（四）阻力计算

1. 内管内侧压力降 Δp_t

雷诺数：$Re = D_i \cdot G_1/\mu_1 = 0.02 \times 884.2/1.56 \times 10^{-5} = 1.13 \times 10^6$

查图 2.1-14 得摩擦因数 $f = 0.0032$。

内管有效总长度：$L_t = 2L + L_e = 2 \times 4.5 + 2 \times 8 \times 0.02 = 9.32\text{m}$

CO_2 的质量流速：$G_1=884.2\text{kg}/(\text{m}^2\cdot\text{s})$

密度：$\rho_1=33.83\text{kg}/\text{m}^3$

黏度：$\mu_w=1.62\times10^{-5}\text{Pa}\cdot\text{s}$，$\mu_1=1.56\times10^{-5}\text{Pa}\cdot\text{s}$

将上述参数代入式(2-35)得：

$$\Delta p_t=\frac{4f\cdot G^2}{2g\rho}\cdot\frac{L_t}{D_i}\cdot\left(\frac{\mu_w}{\mu_1}\right)^{0.14}$$

$$=\frac{4\times0.0032\times884.2^2}{2\times9.8\times33.83}\times\frac{9.32}{0.02}\times\left(\frac{1.62\times10^{-5}}{1.56\times10^{-5}}\right)^{0.14}=7071\text{Pa}$$

2. 内外管环隙中流体的阻力降

雷诺数：$Re=D_e\cdot G_2/\mu_2=0.021167\times160.97/8.1\times10^{-4}=4.21\times10^3$

查图2.1-14得摩擦因数$f=0.073$。

水的质量流速：$G_2=160.97\text{kg}/(\text{m}^2\cdot\text{s})$

密度：$\rho_2=996\text{kg}/\text{m}^3$

黏度：$\mu_w=8.1\times10^{-4}\text{Pa}\cdot\text{s}$，$\mu_2=8.01\times10^{-4}\text{Pa}\cdot\text{s}$

将上述参数代入式(2-33)得：

$$\Delta p_f=\frac{4f\cdot G_2^2}{2g\rho_2}\cdot\frac{L_f}{D_e}\cdot\left(\frac{\mu_w}{\mu_2}\right)^{0.14}$$

$$=\frac{4\times0.073\times160.97^2}{2\times9.8\times996}\times\frac{9.0}{0.021167}\times\left(\frac{8.1\times10^{-4}}{8.01\times10^{-4}}\right)^{0.14}$$

$$=165\text{Pa}$$

第四节 套管式换热器研究与应用的拓展

一、套管式换热器应用基础研究

蒸汽发生器是广泛应用于压水堆核电站的关键设备，是连接一、二回路的枢纽。通过蒸汽发生器，一回路中的冷却剂不断地将核裂变能量传递给二回路的工质水，并使之不断地转化为高压饱和蒸汽，以满足电力生产的需要。蒸汽发生器一回路与压力壳连接，其冷却剂带有放射性，决不允许泄漏；二回路产生干燥蒸汽，其品质直接影响核电站的功率和效率。因此蒸汽发生器的工作性能及安全可靠性将直接影响到整个核动力装置的工作性能及安全可靠性[13]。

套管式换热器以其简单的结构、紧凑的尺寸、良好的静态性能以及在动力装置中可产生过热蒸汽而提高了装置的热效率，已成为目前蒸汽发生器的主要形式，并广泛用于电厂、锅炉、化工及冶金等行业。由于结构紧凑，传热效果较好，在低温、航天及核动力等领城中已得到广泛应用。

对这种有相变的套管式换热器，即套管式相变换热器[14]，热流体(如高温高压水)在内管管内及外管管外流动(一次侧)，相变流体(如水)压力较低，在内管和外管形成的环形流道(二次侧)中逆向流动。此类换热器一、二次侧之间的耦合传热与流动以及一次侧流量分配具有独特性质，几何参数和运行参数分别对热工水力分布特性具有不同的影响作用。基于EICE算法，对该套管式相变换热器进行静态与动态稳定性计算的结果表明，在不同的稳态工况下，采用套管式相变换热器的热工水力特性分布的参数效应是明显的。在二次侧质量流量、压力、入口温度、入口阻力及环形流道尺寸等参数对套管式相变换热器的水动力学特性影响中，系统压力对水动力学特性，特别是对稳定性的影响尤为显著。提高系统压力对避免套管式相变换热器静态和动态不稳定性有利。另外，如用作核工业蒸汽发生器的套管式相变换热器，无论是冷却剂放热所导致的热应力作用，还是冷热流体在流动与传热过程所发生的紊动冲击作用，作用载体都是套管换热器，虽然在材质性能及控制精度上作了许多改进，但为提高设备的使用寿命和性能，对套管式相变换热器定压升温与汽化时传热特性的研究还是必要的。

另外，从结构上来看，根据直管数的不同，套管式换热器又可分为双套管换热器和三套管换热器。双套管换热器是一种流体走管内、另一种流体走环隙的换热器。三套管换热器[15]对两种介质的情况有三个流道可供选择，通常工作介质走内环隙，冷却(加热)介质走管内和外环隙。在三套管换热器中，两种介质可以较高的流速流动，可采用纯逆流传热而使对数平均推动力较大，使总传热系数提高。与双套管换热器相比，三套管换热器增加了一个流道，使传热面积增加，单位传热管长度有较大的传热速率，可在传递预定热量的条件下减少时间和缩短长度。

三套管换热器在选择管径、长度和材质等方面具有极大的灵活性。对于易生污垢的流体可将内管设计成可以抽出的套管和可拆卸密封结构；当换热管过长时，在一定长度处应有支承，以防止内管挠度过大而影响传热速率及管道端部的密封性能。为了增强传热速率或流体为气相时，在环隙内外壁可按传热要求增设翅片，内管也可插入螺旋槽纹管等内插物。

三套管换热器中内管和外环隙流体一般源自同一温度介质，通过三通流过二上通道，类似于简单管路的分流与汇合，由于 C_{c1}、C_{c2} 和 p_1、p_2 不同故其出口温度亦不同，模拟双套管换热器处理的三套管换热器[16]如图 2.1－17 所示。

其对数平均温差为：

$$\Delta T_m = \frac{(T_{h(in)} - T_{c(out)}) - (T_{h(out)} - T_{c(in)})}{\ln \dfrac{T_{h(in)} - T_{c(out)}}{T_{h(out)} - T_{c(in)}}} \tag{1-36}$$

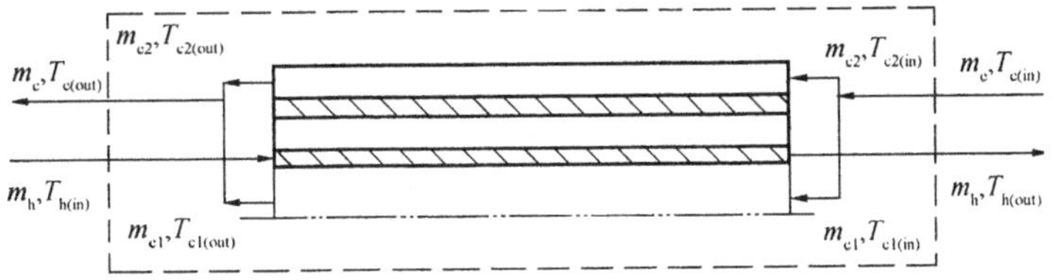

图 2.1－17　三套管换热器按双套管模拟示意图

总传热面积：

$$A_m = A_{m1} + A_{m2} \tag{1-37}$$

有效总传热系数

$$k_e = \frac{Q_{c1} + Q_{c2}}{A_m \Delta T_m} \tag{1-38}$$

求得 k_1，k_2 后，由

$$k_1 = -\frac{1}{\dfrac{1}{\alpha_{c1}} + \dfrac{1}{\alpha_h}},\ k_2 = \frac{1}{\dfrac{1}{\alpha_{c2}} + \dfrac{1}{\alpha_h}} \tag{1-39}$$

和

$$\alpha_{c1} = A\frac{\ddot{e}}{d}Re^{0.8}Pr^{b}\left(\frac{\mu}{\mu_{w}}\right)^{0.14} \quad (1-40)$$

可求出 α_h、α_{c2}

式中，α_{c1}、α_{c2}和 α_h分别为内管、外管环隙冷流体和热流体的对流传热系数，低黏度流体系数 A 取0.023，高黏度取0.027，流体被冷却时 $b=0.3$，被加热时 $b=0.4$；μ、μ_w 分别为主流平均温度和壁温下的黏度，$(\mu/\mu_w)^{0.14}$项用于高黏度流体。

二、套管式换热器的应用技术

（一）管道化溶出系统

自拜尔法问世以来，氧化铝生产溶出主要有两大类：压煮溶出器和管道化溶出器。我国传统工艺采用压煮溶出器进行拜尔法的生产，该工艺采用原苏联50年代的技术和装备，预热部分采用列管式加热器。这种加热器结垢严重，预热温度较低(130~160℃)，将矿浆温度提高到溶出温度(240~250℃)，主要靠前两个压煮器从底部通入新蒸汽与矿浆直接加热，这种直接加热方式导致蒸汽冷凝水进入矿浆，矿浆中碱浓度被冲淡约50g/L左右。要保持压煮器罐内浆液碱浓度200g/L左右的要求，就必须把母液浓缩到270g/L以上，这就额外增加了蒸发工序的汽耗[17]。

早在20世纪30年代，便提出了管道溶出器的设想。管道化溶出是一种化工动力学过程[18]，其原理是采用较高的溶出温度(270~280℃)，在喂料泵的高压(9.5MPa)作用下使矿浆在管道中具有较高的流速，产生高度湍流运动，增加矿浆的雷诺准数，极大改善传质系数，从而达到强化溶出效果。

传统的套管式换热器规模较小，主要用于流量小及传热面积不太大的场合。其适用的传热面积在10~20m^{2}以下，每段换热器的有效长度一般都不大于6m，其温差应力一般都在许用范围内，内外管的热膨胀差相对较小，可不进行热补偿。而管道化溶出系统采用的套管式换热器，与普通套管式换热器有较大不同。每段加热器的传热面积基本上都在150m^{2}以上，最大的达到300m^2，每段加热器的有效长度最长的接近200m。由于长度的增加，对热补偿提出了很高的要求。

管道化溶出系统中的大型套管式换热器，其工作原理与传统的套管式换热器基本一致，即是由几段换热器串联而成。每段换热器都是由内管和外管组成，内管中为被加热介质，外管中为加热介质。段与段之间内管相通，使被加热介质经过几级加热，温度逐渐升高。每段加热器的套管自成体系，与其他段不相通，分别通入温度和压力不等的加热介质。为补偿换热器中的内、外管间因温度不同而产生的膨胀差，设计时将传统套管式换热器的套管作了一定的变动，将套管向一侧延长至弯管部分，利用弯管结构来补偿内外管的膨胀差。

套管热补偿[19]分为对外管热膨胀的补偿和对内外管膨胀差的补偿。前者采用了将换热器一端固定，另一端自由的结构(如图2.1-18所示)，固定端用堵板将内管和外管焊死，将固定式管座与支架焊在一起，在自由端采用U形弯管，将两个套管相连。除固定端外，其余部分管段全部采用滑动式管座支承，允许换热器在水平方向产生位移，以保证外管的自由膨胀。后者对于套管中的直管段，内管采取了一端固定，另一端自由的结构，在固定端将内管、外管和堵板全部焊死，而在自由端则允许内管在弯管中有一定的位移，即从结构上保证了内管在套管中的自由膨胀。

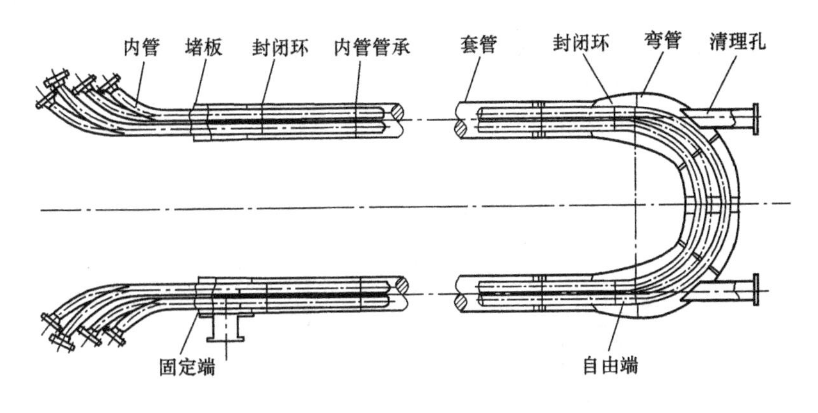

图 2.1－18　套管热换器对外管热膨胀的补偿

（二）套管式地下换热器

地源热泵[20]被作为一种节能、环保的新型能源，近年来越来越受到人们的关注。夏委制冷时，地源热泵将大地作为排热场所；冬季供暖时，将大地作为热源，通过埋地换热器吸收土壤的热量为室内供热。地源热泵的地下部分，由耐腐蚀的塑料管组成，管内的水与土壤进行热量交换。热泵在闭合回路和室内负荷之间传递热量。在地层 20m 以下地温长年几乎不变，波动很小，在夏季低于室外温度，在冬季又高于室外温度。与风冷热泵空调器相比，地下埋管式热泵空调没有夏季排热、冬季排冷造成的热污染，没有噪声污染。而且系统运行简单、管理方便，基本不需要维护。

套管（如图 2.1－19 所示）是地源热泵地下垂直埋管的主要形式之一[21]。套管换热器可充分利用钻孔所提供的换热条件，由于换热面积较大，所以其换热性能优于 U 形管（如图 2.1－20 所示），单位孔深换热性能比 U 形管高 16%。但是套管式换热器存在结构复杂，容易泄漏的不足。

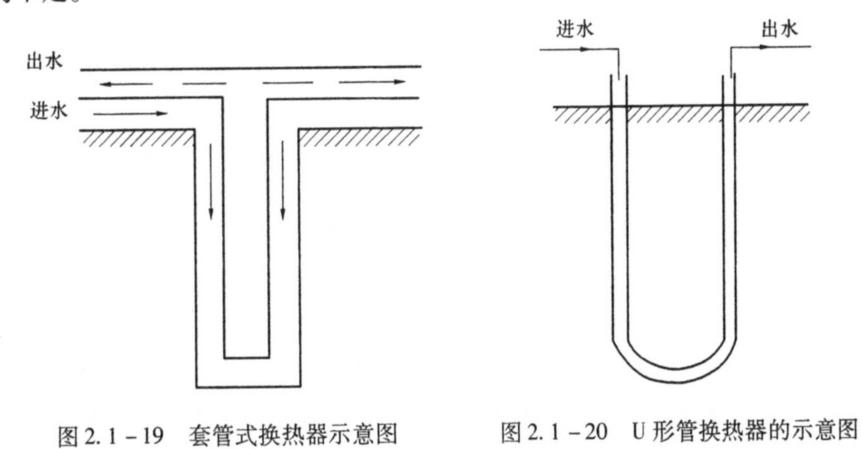

图 2.1－19　套管式换热器示意图　　图 2.1－20　U 形管换热器的示意图

除了上述，套管形式还可以将热泵与埋地换热器联合使用以提高换热器的效率。针对埋地换热器，目前已提出了几种计算模型[22]。主要参数包括系统的几何特性、土地的热工特性、管线的热工特性和地面的未扰温度。对地热系统的研究，初期采用一维模型，在 20 世纪 90 年代改用二维模型，在最近几年内又提出了三维模型。该模型被进一步优化，可适用于各种网格形式，由此可得到管线周围和土壤中更为详细的温度变化。已建立的监测系统在测试各种原型建筑中可得到满意的结果。

在瑞士，安装在废井中的深埋换热器系统已有多年使用历史。位于韦吉斯的深埋换热器设备[23]（如图 2.1－21 所示）在地下 2302m 处，自 1994 年以来其操作情况被连续监测。由较高的出口温度可以看出，在使用初期设备远未得到充分利用。研究结果表明，深埋换热设备可由运行初期的 40kW 增加至 200kW 以上。深埋系统的单位产量远比传统的浅埋换热器系统高，数值模拟结果也证明了深埋换热器系统中热交换可以得到更好的利用。

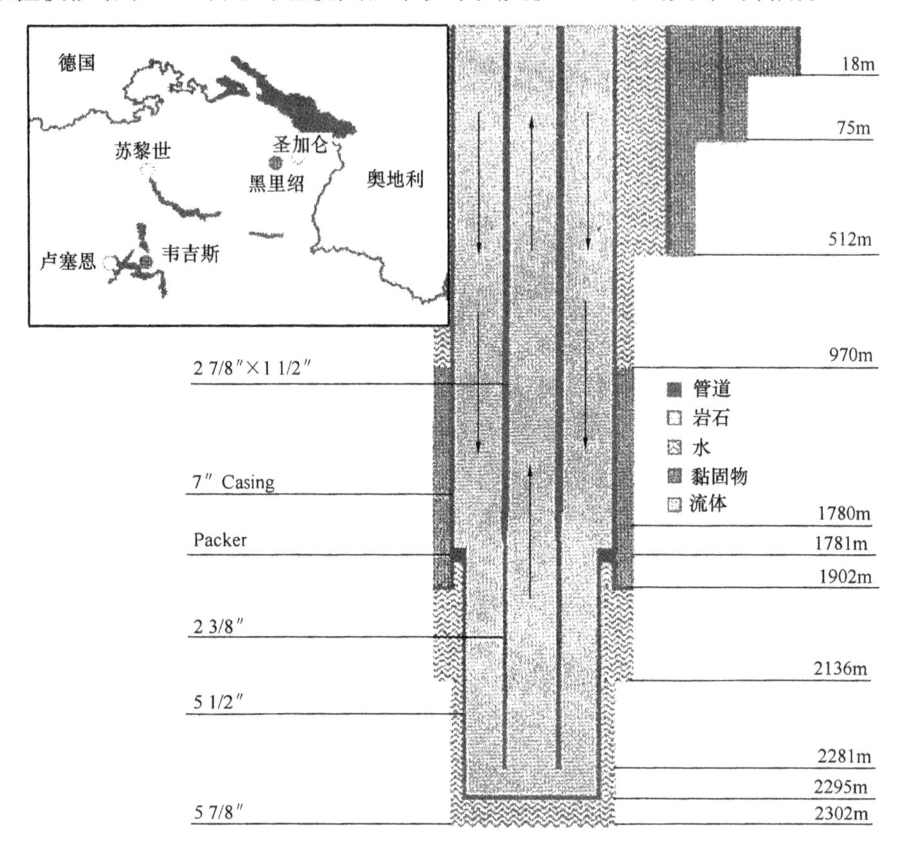

图 2.1－21 位于瑞士韦吉斯的 2295m 深埋换热器系统设备详图

图中右侧为各部分具体深埋位置；左侧为外套管直径和厚度，黑色：外套管；灰色：管间黏结

（三）急冷换热器

在乙烯装置中，油品在裂解炉 800℃以上高温下被裂解成乙烯、丙烯和芳香烃等馏分，裂解气通过的废热锅炉既是热量回收装备也是工艺装备，它一方面要求能够最大限度地回收热量；同时，在工艺上也为避免稀烃的二次反应，提高乙烯收率，必须对裂解气进行迅速冷却，即在极短的时间内由 850℃迅速冷却到 600℃左右，因此也将这种废热锅炉称之为“急冷换热器”。

其具体的工艺要求如下：

1）传热强度大；

2）能够承受大压差和热量传递所引起的温差，便于清焦；

3）使裂解气在 0.01～0.10s 内骤冷至露点左右。

套管式急冷换热器是其中的一种结构形式，适用于大蒸发量、高蒸汽压力、高传热效率以及高压力的气体。具有如下性能[24]：(1)结焦轻微，能长周期运转；(2)热回收效率高，对裂解气急速冷却，经济性特好；(3)结构简单，便于操作维修，稳定性好；(4)尽可能延长烧焦周期，提高烧焦温度；(5)除轻质油外，重质油品也能使用；(6)投料量大，生产能力较高。

目前这种急冷过程大量采用的是双套管式急冷换热器[25]。一般在套管夹层内导入高压冷却水，内管通过高温裂解气，以产生高压水蒸气的形式回收余热。高压水蒸气作为压缩机的原动力，同时急速冷却裂解气，得到乙烯馏分，最大限度地发挥裂解炉的性能，保证装置连续稳定地运转。其结构如图2.1－22所示，它由内、外套管组成。

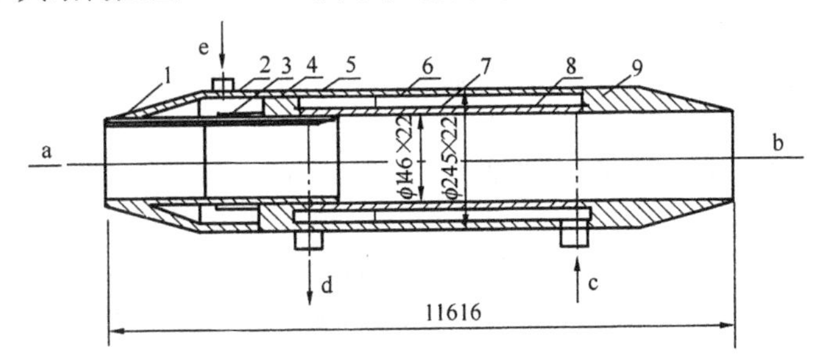

图2.1－22 套管式急冷换热器简图

1—入口带叉锥体；2—前连接件；3—折流管；4—保护管；5—连接管；6—外管；7—内管；8—冷却室；9—后连接件

具体的工艺过程为：来自裂解炉a的高温裂解气流(温度高达825～855℃)，通过入口带叉锥体1进入内管7进行急冷，冷却水自冷却液进口C进入冷却室8，受热产生高温、高压蒸汽从d出来，用以推动压缩机。保护管4末端为3°扩散角，形成喷嘴。当气流通过时，不断膨胀，使内压力增加而速度减小，减小了气流通过炉体时的压力损失。另外，压力大于裂解气压力的蒸汽从e进入，经折流管3与裂解气混合，用以防止裂解气外泄和保护前连接件2与内管7的焊缝免受高温。

但这种急冷换热器在运行中，因其内管通过温度高达800℃左右的裂解气流，而夹套冷却水受热产生蒸汽温度为320℃左右，如此高的温差产生的轴向温差应力，常导致设备失效。实践证明，需通过施加轴向预应力来平衡和减缓设备运行中由内、外管温差造成的轴向温差应力。

目前，国内外在裂解装置中使用的急冷换热器，有日本三菱公司的M－TLX型、斯密脱公司的双套管型、S－W公司的USX型及四川化工机械厂有限公司的SH－1双套管型。从发展趋势看，是朝大口径及预应力方向发展，进一步向适应重质油品、提高生产能力和长运行周期努力。

参 考 文 献

[1] 兰州石油机械研究所主编. 换热器. 北京：烃加工出版社，1990.

[2] 邱树林，钱滨江. 换热器原理结构设计. 上海：上海交通大学出版社，1990.

[3] 毛希澜. 换热器设计. 上海：上海科学技术出版社，1988.

[4] [德]E. U. 施林德尔主编，马庆芳，等译，换热器设计手册. 北京：机械工业出版社，1988.

[5] 朱聘冠. 换热器原理及计算. 北京：清华大学出版社，1987.

[6] [日]幡野佐一，等编著，李云倩等译．换热器．北京：化学工业出版社，1987.
[7] [日]尾花英朗著，徐中权译．热交换器设计手册．北京：烃加工出版社，1987.
[8] Chen C Y, Hawkins G A, Solberg H L. Trans, ASME, vol. 68, p. 99, 1964.
[9] [美]KaysWM(凯斯)，LondonAL(伦敦)著．宜易民等译．紧凑式热交换器．北京：科学出版社，1997.
[10] Wiegand JH. Discussion of paper by McMillen and Larson, Trans AICHE, vol. 41, p. 147, 1945.
[11] Clark L, Winston R E. Chem. Eng, Progr., vol. 51, p. 147, 1955.
[12] Knudsen J G, D L Katz. Chem. Eng. Progr., vol. 46, p. 490, 1950.
[13] 何啸峰，阳小华，何金桥．蒸汽发生器U型管换热特性分析．南华大学学报(自然科学版)，2006，20(2)：47~49.
[14] 王海丹，匡波，戴正熙，等．套管式相变换热器的热工水力稳定性研究，现代机械，2004，(4)：5~7.
[15] BatmazE, SandeepKP. Calculation of overall heat transfer coefficients in a triple tube heat exchanger. Heat Mass Transfer, 2005, 41: 271~279.
[16] 李迎建．逆流式三套管换热器的传热计算．轻工机械，2005(3)：30~33.
[17] 曾召海，吕子剑，路军．关于管道化溶出技术的消化与吸收．有色冶金节能，2001，(5)：14~17.
[18] 王琦．管道化溶出装置压力管道焊接工艺，管道技术与设备，2001，(6)：17~19.
[19] 闫玲，张吉晨，汪洪杰．管道化溶出系统中大型套管式换热器的热补偿设计及组焊，化工机械，2003，30(3)：166~168.
[20] Florides G, Kalogirou S. Ground heat exchangers—A review of systems, models and applications. Renew Energy, 2007, doi: 10. 1016/j. renene. 2006. 12. 014.
[21] 史新慧，李素芬，卢立宁．套管式地下换热器研究．节能，2004，(7)：22－23.
[22] 赵军，宋德坤，李丽新等．同轴套管式换热器周围介质层的传热特性．热科学与技术，2004，3(2)：108－111.
[23] Kohl T, Brenni R, Eugster W. System performance of a deep borehole heat exchanger. Geothermics, 2002, 31: 687~708.
[24] 贺长生．大型双套管急冷换热器预应力技术研究．中国锅炉压力容器安全，1999，15(2)：14~19.
[25] 包文红．套管式废热锅炉预应力的施加．机械研究与应用，2001，14(4)：32~33.

第二章 螺旋绕管式(Linde-Hampson)换热器

(朱大滨 潘家祯)

第一节 概 述

螺旋绕管式换热器(又称 Linde-Hampson 换热器)是一种新型的换热器，其结构不同于目前石油化工厂中广泛使用的管壳式换热器。该换热器的换热管呈螺旋绕制状，且缠绕多层。每一层与前一层之间逐次通过定距板保持一定距离，层间缠绕方向相反。由于换热管在壳体内的长度可以加长，从而缩短了换热器的外壳尺寸，使传热效率提高。

螺旋绕管式换热器是一种结构紧凑的高效换热设备，近年来已被广泛应用于石油、化工(液化及蒸发)、低温、高压及核工业领域，其使用效果与板翅式换热器相当，而结构材料则有更大的选择范围。在我国引进的一些深冷氢回收工艺、合成氧和尿素等大化肥装置中，螺旋绕管式换热器就是其关键设备之一。

螺旋绕管式换热器是1895年由德国林德(Linde)公司首次开发成功的[1]，当时只是被用来作工业规模的空气流化设备，如图2.2－1(a)，不久，英国汉浦森(Hampson)又设计并制出了如图2.2－1(b)所示的蛇管形螺旋绕管式换热器[2]。

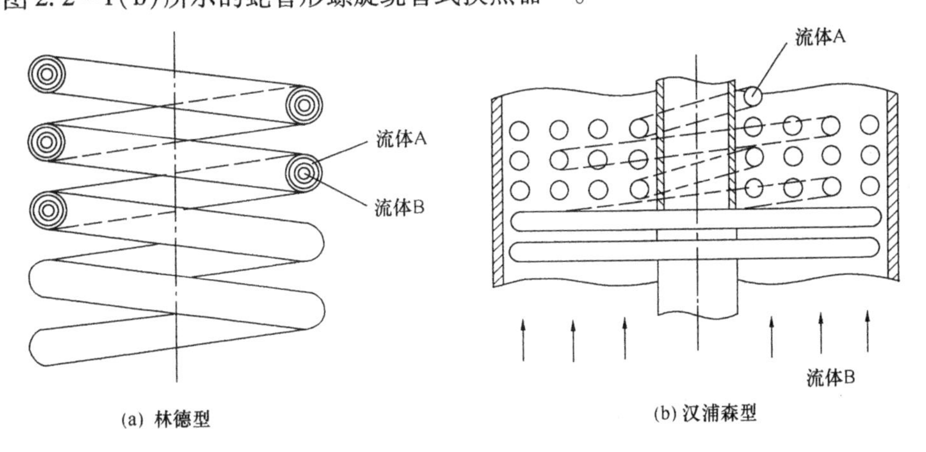

图2.2－1 螺旋绕管式换热器

林德型绕管换热器见图2.2－1(a)所示，它由两根同心管缠绕成蛇形管而成，高压空气通入内管而冷的低压空气则让其逆向经内管外管之间的缝隙通过。这种结构虽然实现了纯逆流流动，但总的传热效率比较差，因为在两通道中气流死区所占空间较大。

汉浦森型绕管换热器是由许多从内向外经来回螺旋缠绕的管子形成盘管，并叠落在中心圆筒上而制成的。图2.2－1(b)所示为由单根管缠绕的螺旋绕管换热器实例。管程中要冷却的高压空气从上到下螺旋式通过，壳程中低压冷空气逆流朝上横向交叉通过盘管，这种结构使壳程兼有比较高的横流传热系数及总的逆流效率，因此称为横向逆流换热器。

螺旋绕管式换热器从首次设计、制造到现在，在绕管形式上已先后出现了很多形式各异的新型绕管式换热器。如前苏联就开发出了变形翅片管螺旋绕管式冷凝蒸发器、非钎焊绕丝翅片管螺旋换热器以及按统计学均等原则绕制的螺旋管换热器等。我国在这方面，则有西安交通大学推出的V形槽螺旋绕管式换热器。

本章就以普通螺旋绕管式换热器为例介绍其结构、设计、制造及材料等方面的问题。

第二节 螺旋绕管式换热器的特点及应用[3]

一、螺旋绕管式换热器的优点

(1)结构紧凑，在单位容积内具有较多的传热面积。

(2)单根管子或不同的层管组均可连接在一块或多块管板上，因此不同管程的流体(多达5种不同流体)可与一种壳程流体形成对流，由此可进行多种介质的换热。

(3)换热管可作成双连管，且管径小，两管相连，强度高，比普通单管能承受更高的压力。

(4)螺旋缠绕的管子，在和上下管箱连接处，均有一定长度的管子为自由状态，所以对热冷变化有良好的补偿能力。

(5)换热器易实现大型化。到目前为止，单台设备最大换热面积已达到25000m^2。

(6)传热强度大，传热系数高，流体在螺旋管内流动会形成二次环流，强化了传热效果。

二、螺旋绕管式换热器的不足之处

(1)传热管多采用小直径管缠绕，因而对操作介质洁净度要求高，流体在进入换热器前需经过滤装置严格过滤，否则易堵塞管子。

(2)因螺旋绕管式换热器结构复杂，制作工艺难度大，材料耗费较多，芯轴对传热无效而增加了壳体直径等因素，使得成本较高。

(3)由于工作流体多为易燃易爆的气态物质，换热器的严密性要求高，所有连接部分均为焊接，在出现故障时，查漏、检修都比较困难。

总的说，该换热器因其具有特殊的几何形状、独特的结构以及对采用的材料限制不多等优点，故其应用仍有广阔的领域。

螺旋绕管式换热器有下列用途：

——要求有多种流体换热的场合。

——在小温差情况下必须传递大的热负荷。

——低温及高压操作场合。

此外，对那些腐蚀介质要求采用特殊材料、大型工业装置操作条件苛刻以及对流道堵塞相对不敏感等场合，螺旋绕管式换热器则是一种较好的选择方案。

从各种用途来看，螺旋绕管式换热器是非常有用的，且是一种多用途设备，在许多场合均可以体现出它的优点，在低温操作场合尤其如此。虽然它的应用可回溯到上个世纪初期，但从目前来看，该换热器仍然是化工生产中一种重要的设备。

第三节 螺旋绕管式换热器的结构形式[4,5]

螺旋绕管式换热器的外形结构及内部绕管结构见图2.2-2。根据使用场合和使用条件的差异，其封头管箱结构会有所不同。

该换热器主要由管束和壳体两部分组成，把管子与管板连接起来后，用焊接方法将其与壳体连接固定。在壳体和两端封头上装有流体进出口接管。换热管被紧紧地以螺旋状缠绕在中心支承筒上，且需缠绕多层。每层缠绕方向错开一定的角度，每层管之间留有一定的间隙。换热管直径一般均较小，因此不仅缠绕容易，且可为多排管子，增加了换热面积。

由结构上可以看出，该换热器的基本结构与管壳式换热器类似，其主要不同之处仅在于螺旋绕管式换热器的换热管为螺旋状缠绕，正因为这一点才使它的结构和性能不同于一般管壳式换热器。

图 2.2-3 是螺旋绕管式换热器缠绕管的标准结构。许多层换热管被缠绕在中心筒上，换热管两端被集中在换热器两端的管板上，各层换热管要相对方向缠绕并用相同厚度的垫板隔开，为了使管程流体分布均匀，每个单管程盘管通道均由等长管子制成。在多流体换热的场合，每个流道选择单管长度是很容易做到的，这对于单流体在调整传热面积方面的灵活性大大增加，而对装有特定长度管子的所有管层盘管组件在直径方向应对称分布。

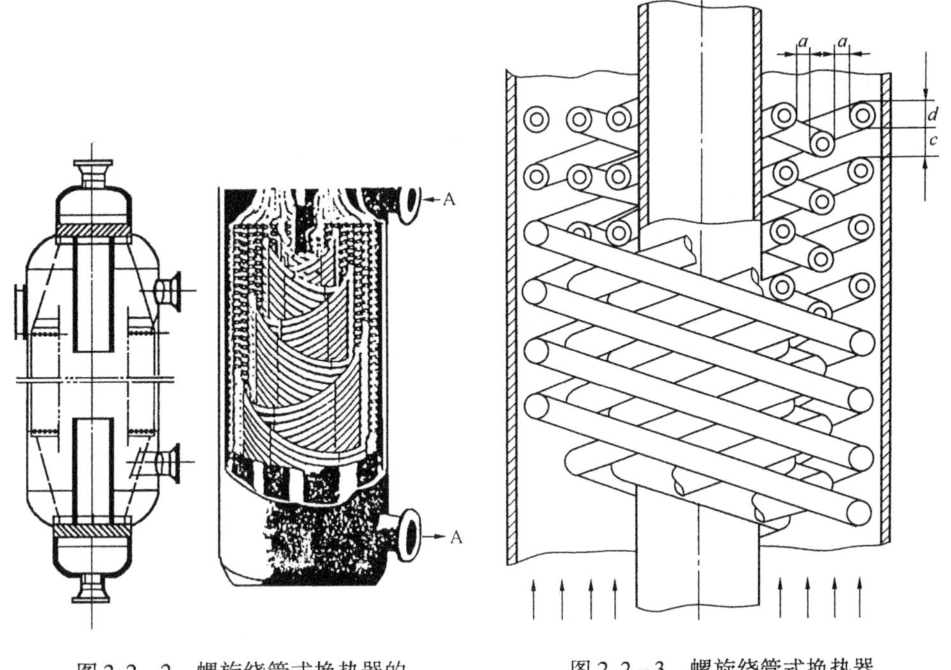

图 2.2-2　螺旋绕管式换热器的外形结构及内部绕管结构

图 2.2-3　螺旋绕管式换热器缠绕管的标准结构

由于每层管子的长度相等，故每层管子的斜率也是一样的，但缠绕的数量从内层向外层在均匀地减少。为了使流体在壳程交叉流动，各管子构成了相似的格栅型结构，从一层到另一层的层间距离 a（见图 2.2-3）用垫板来保持一致。为了保持管间流动方向上距离 c 能均匀一致，每层的管数应按各层管束平均直径的比来增加。但这点常常做不到很精确，管间距离 c 总会有微小的改变，其变化的平均值用 c_m 来表示。

对理想的平行管束，流体自由横向流动的截面积应等于垂直流体流动方向管间最窄流道面积之和，这一相似定义同样适用于螺旋绕管式换热器。如果逐个管层缠绕得绝对平行，则壳程流体自由流动截面积应为宽度为 a 的所有环形间隙再加上中心筒与第一层的间隙及最外层管束与壳体之间间隙（通常此间隙为 $0.5a$）之和。

然而，实际上逐层排管并非绝对平行，而是连续形成了一个微小的角度，这些管子的相对位置就有断断续续移动的可能(如图2.2-4所示)，因此各层管子之间的最短距离 a 就会变到最大值 S_{max}。显然，当各层排管平行时，S 达到其最小值 S_{min}，即 $S_{min}=a$。

一、换热管

螺旋绕管式换热器的换热管可使用光管或翅片管，换热管的直径一般都比较小，通常直径在15~20mm范围内。换热管材料可选用铜、铝及其合金等塑性好的材料，对特殊使用场合，如低温或高压操作条件下，则需要使用具有较高低温韧性及良好焊接性的材料。

二、管板

螺旋绕管式换热器的管板不再是传统的密孔布置结构，而是在某一半径区域上布孔，管板中心区域和边缘区域是光板区。如果需要，在管板边缘还可开一条应力释放槽，如图2.2-5所示。图中的管孔布置呈三角形分布。

据对换热器管板应力的测定得知[6]：在沿径向方向的管板中心区域，其径向应力 σ_r 和周向应力 σ_θ 均较大；在布管区，σ_r 逐渐减小，σ_θ 逐渐增大；在边缘区域，σ_r 逐渐增大，σ_θ 逐渐减小。

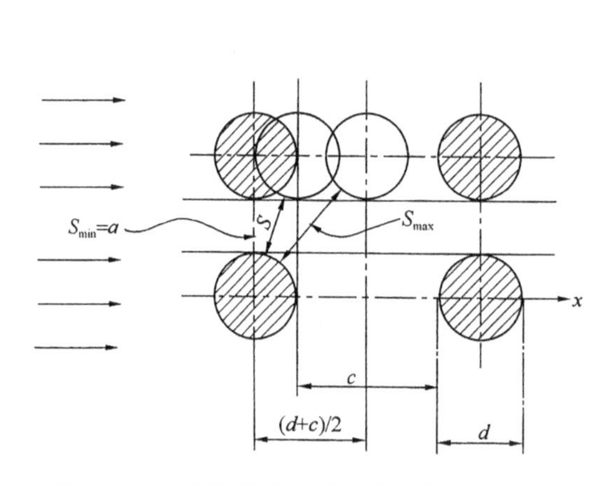

图2.2-4 绕管间横向流动换热管的相对位置

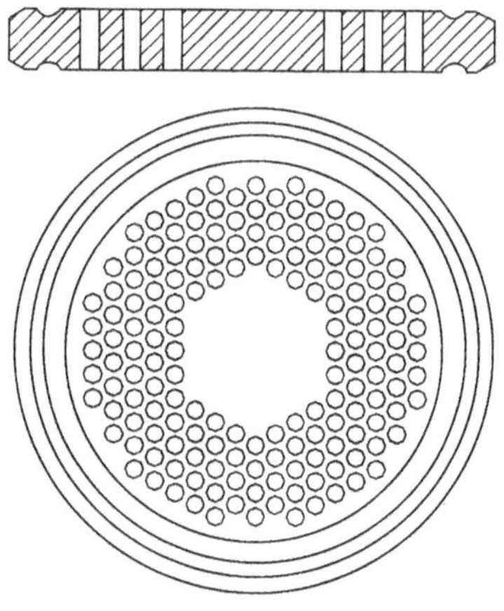

图2.2-5 螺旋绕管式换热器管板的结构

第四节 螺旋绕管式换热器的设计

尽管螺旋绕管式换热器的结构思想早在上个世纪初就已提出，但要对其进行精确设计计算却是很难的，目前还只能是经验或半经验的进行。

像其他任何一种换热器一样，螺旋绕管式换热器管程及壳程中的两相流问题是最复杂的问题之一，对这样的计算一方面采用与常规换热器相同的方法，另一方面还得借助专门的生产经验。

该换热器管程的传热和压力降通常采用熟知的直管相交的方法计算，壳程的传热和压力降则是采用理想排管中横向流动的经验数据及其相关系数的方法来进行计算。通常管排的位置和流体流动方向不完全垂直，这一点可忽略不计。

Hausen 建议[7]，在横向逆流操作条件下，若沿着流体流动方向缠绕足够多的管子，则螺旋绕管式换热器的平均温差可按与纯逆流换热器同样的方法计算，这是符合大多数场合下实际情况的。在简单条件下，有了这个平均温差，就可以计算换热器的传热面积。随着精确度要求的提高和多流体问题的出现，使传热面积的计算变得复杂化了，这时就必须采用较为复杂的迭代法，需用计算机进行计算才行。

目前，我国对这种换热器在研究、设计及制造等方面所作的工作还比较少。在通常的换热器手册中也没有叙及此类换热器的设计原理和设计步骤，只在少量文献中有所提及。本节就文献[8]中给出的简捷设计方法和文献[9]中给出的设计计算模型作一些介绍，以供参考。

一、螺旋绕管式换热器的简捷设计方法[8]

（一）几何结构模型[10]

图2.2-6为该换热器的几何结构模型，图2.2-7是错流流动示意图。假设在壳程中流体流动方向上相邻两绕管之间的间距为一常数，且相反缠绕方向的相邻两绕管的相对位置为x，则有两个特征位置：

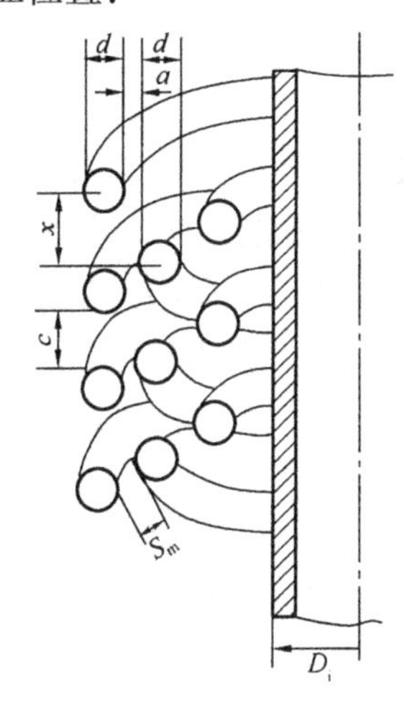

图2.2-6　几何结构模型

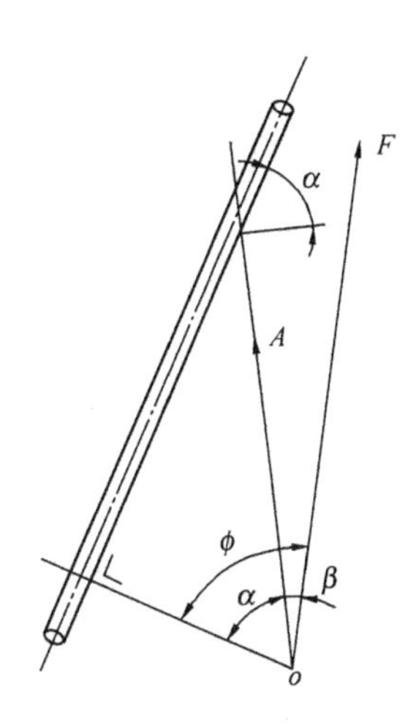

图2.2-7　错流流动示意图

$$S_{max} = \{[(c+d)/2]^2 + (a+d)^2\}^{1/2} - d \quad (2-1)$$

当$x=(c+d)/2$时，

$$S_{min} = a \quad (2-2)$$

当$x=0$时，相邻两绕管之间的间距S_m将处于S_{max}与S_{min}之间，其计算公式为：

$$S_m = [2/(c+d)]\int_0^{(c+d)/2} S\mathrm{d}x \quad (2-3)$$

积分结果：

$$S_m = \frac{a+d}{2}\left[1+\left(\frac{c+d}{2a+2d}\right)\right]^{1/2} + \frac{(a+d)^2}{c+d}\cdot\ln\left\{\frac{c+d}{2a+2d}+\left[1+\left(\frac{c+d}{2a+2d}\right)^2\right]^{1/2}\right\} - d \quad (2-4)$$

壳程流道截面积：

$$S_o = D_m \pi k S_m \quad (2-5)$$

式中　k——换热器内绕管的缠绕层数；

D_m——绕管的平均直径，其值为：

$$D_m = D_i + (k-1)a + kd + S_m \quad (2-6)$$

式中，D_i为芯筒直径。式(2-6)中的最后一项代表芯筒与第一层的间隙及最外层管束与壳体之间的间隙。通常此二间隙相等，均等于$0.5S_m$。

由壳程流道截面积可求得壳程流道的当量直径：

$$D_e = 4.0S_o/L \tag{2-7}$$

式中，L为浸润周边长度，其值为：

$$L = 2.0(\pi D_m + kS_m) \tag{2-8}$$

对传热管长度l固定的螺旋绕管式换热器，传热管的缠绕角α与螺旋绕管式换热器的轴向管束长度l_c、缠绕圈数W_k的关系分别为：

$$l_c = l\sin\alpha \tag{2-9}$$

$$W_k = l\cos\alpha/(\pi D_k) \tag{2-10}$$

对于多流股(共m个)螺旋绕管式换热器，设第i流股的管长为l_i，管子根数为z_i，则总的壳程换热面积为：

$$A_o = \sum_{i=1}^{m} A_i = \pi d \sum_{i=1}^{m} z_i l_i \tag{2-11}$$

（二）壳程传热膜系数模型[11]

在螺旋绕管式换热器中，传热管呈螺旋状被依次缠绕多层于芯筒周围并介于隔板中间，以此形成的圆筒状盘管便构成了流道。传热管的缠绕方向逐层相反，缠绕角与纵向间距通常是均匀的，且管长相同。因此，随着传热管缠绕直径的增加，各层传热管数目也随之成比例增加。这些盘管层所组成的管束，其壳程流道随圆周方向位置的不同而变化。由于相邻两个盘管呈直列、错列的变化，则流道构成就变成管子布置为直列、错列组合排列时的管外流动流道。

传热膜系数：

$$\alpha_o = 0.338F_tF_iF_nRe_o^{0.61}Pr_o^{0.333}(\lambda_o/D_e) \tag{2-12}$$

式中 F_t——管子排列(流道结构)修正系数；

F_i——管子倾斜修正系数；

F_n——管排数修正系数；

Re_o——壳程流体流动的雷诺数；

Pr_o——壳程流体流动的普郎特准数；

λ_o——壳程流体的导热系数。

$$F_i = [\cos\beta]^{-0.61}\left\{\left(1-\frac{\varphi}{90}\right)\cos\varphi + \frac{\varphi}{100}\sin\phi\right\}^{\varphi/235} \tag{2-13}$$

其中 φ——表示流体实际流动方向与传热管垂直轴之间的夹角，$\phi=\alpha+\beta$； (2-14)

β——如图2.2-7所示，表示实际流动方向偏离盘管中心线方向的角度，

$$\beta = \alpha\left(1-\frac{\alpha}{90}\right)(1-K^{0.25}); \tag{2-15}$$

K——盘管的特性数，盘管层左右缠绕交替时，其值取1；仅一个方向缠绕时，取0。

$$F_n = 1 - \frac{0.558}{n} + \frac{0.316}{n^2} - \frac{0.112}{n^3} \tag{2-16}$$

其中，n为流动方向一条直线上的管排数，当$n>10$时，可近似认为$F_n=1$。

$$F_t = \left(\frac{F_{\text{in-line}} + F_{\text{staggerd}}}{2}\right) \tag{2-17}$$

直列布置时的传热修正系数$F_{\text{in-line}}$与规则错列布置时的传热修正系数F_{staggerd}可由文献[11]查得。

（三）管程传热膜系数模型[11]

从层流到紊流过渡的临界雷诺数：

$$(Re)_c = 2300[1 + 8.6(d_i/D_m)^{0.45}] \tag{2-18}$$

式中，d_i 为传热管内径。

① 当 $100 < Re < (Re)_c$ 时

$$\alpha_i = \{3.65 + 0.08[1 + 0.8(d_i/D_m)^{0.9}]Re_i^i \cdot Pr_i^{0.333}\}(\lambda_i/d_i) \tag{2-19}$$

$$i = 0.5 + 0.2903(d_i/D_m)^{0.194} \tag{2-20}$$

② 当 $(Re)_c < Re < 22000$ 时

$$\alpha_i = \{0.023[1 + 14.8(1 + d_i/D_m)(d_i/D_m)^{0.333}]Re_i^i \cdot Pr_i^{0.333}\}(\lambda_i/d_i) \tag{2-21}$$

$$i = 0.8 - 0.22(d_i/D_m)^{0.1} \tag{2-22}$$

③ 当 $22000 < Re < 150000$ 时

$$\alpha_i = \{0.023[1 + 3.6(1 - d_i/D_m)(d_i/D_m)^{0.8}]Re_i^{0.8}Pr_i^{0.333}\}(\lambda_i/d_i) \tag{2-23}$$

式中　α_i——管程传热膜系数；

Re_i——传热管内流动的雷诺数（d_iG_i/μ_i，G_i 为传热管内侧流体的质量流量，μ_i 为管内侧流体的黏度）；

Pr_i——传热管内流动的普朗特准数（$C_i\mu_i/\lambda_i$，C_i 为传热管内侧流体的比热，μ_i 为管内侧流体的黏度）；

λ_i——管内侧流体的导热系数。

（四）总传热系数与总传热面积的计算

总传热系数为：

$$K = \frac{1}{1/\alpha_o + R_o + (bd)/(\lambda d_m) + d/(\alpha_i d_i) + R_i d/d_i} \tag{2-24}$$

式中　R_o，R_i——分别为壳侧污垢系数和管内侧污垢系数；

b——传热管壁厚；

λ——传热管材料的导热系数；

d，d_i，d_m——分别为传热管外径、内径和平均直径，平均直径用下式计算：

$$d_m = \frac{d - d_i}{\ln(d/d_i)} \tag{2-25}$$

总传热面积为：

$$A = \frac{Q}{K\varepsilon_m \Delta t_m} \tag{2-26}$$

式中　Q——总传热量；

ε_m——平均温差校正系数；

Δt_m——平均温差，用下式计算：

$$\Delta t_m = \frac{\Delta T_1 - \Delta T_2}{\ln\left(\frac{\Delta T_1}{\Delta T_2}\right)} \tag{2-27}$$

式中　$\Delta T_1 = T_1 - t_2$，$\Delta T_2 = T_2 - t_1$

T_1，T_2——热流体进、出换热器的温度；

t_1，t_2——冷流体进、出换热器的温度。

(五) 压力损失的计算[11]

1. 壳程压力损失

$$\Delta p_0 = 0.334 C_t C_i C_n \frac{n G_o^2}{2 g_c \rho_o} \tag{2-28}$$

式中 ρ_o——壳侧流体的密度；

g_c——重力换算系数；

n——流动方向的管排数(每一根传热管的缠绕数)；

G_o——有效质量流量，具体计算可参阅文献[11]；

传热管倾斜修正系数：$C_i = (\cos\beta)^{-1.8}(\cos\phi)^{1.355}$ (2-29)

管排数修正系数： $C_n = 0.9524\left(1 + \dfrac{0.375}{n}\right)$ (2-30)

管子布置修正系数： $C_t = \dfrac{C_{in-line} + C_{staggerd}}{2}$ (2-31)

直列布置时的压力损失修正系数 $C_{in-line}$ 与规则锚列布置时的压力损失修正系数 $C_{staggerd}$ 可由文献[11]查得。

2. 管程压力损失

$$\Delta p_i = \frac{f_i G_i^2}{2 g_c \rho_i}\left(\frac{l}{d_i}\right) \tag{2-32}$$

式中 ρ_i——管内侧流体的密度；

G_i——管内侧流体的质量流量；

f_i——管内流体的摩擦因数，可用下式求得

$$f_i = \left[1 + \frac{28800}{Re_i}\left(\frac{d_i}{D_m}\right)^{0.62}\right]\frac{0.3164}{(Re_i)^{0.25}} \tag{2-33}$$

根据上述总传热面积和压力损失的计算，就可以对换热器进行初步的设计。对多流股(管程)换热器，可采取分别计算单一流股换热器的处理方法，壳程流股分别与管程流股换热，其流率按各管程流股所需的换热负荷大小成比例分配，总传热面积为各流股所需换热面积之和。

文献[8]采用上述设计计算方法对某厂的缠绕管式换热器进行了换热面积与压力损失的核算，计算结果表明，该设计计算方法是准确的。

二、并管式螺旋绕管式换热器的设计[9]

在换热器的本体内，相邻的两根换热管钎焊在一起称为并管，层层盘绕的并管构成了壳程复杂的流道。这种并管式螺旋绕管式换热器在大型化肥厂合成氨工艺中是深冷分离回收氨气时使用的一种设备，其根据节流原理实现自冷却，文献[9]提出了该并管式螺旋绕管式换热器的设计计算模型，并探讨了换热器中并管传热模型、各组分的气液平衡、物性参数以及冷凝和蒸发等传热计算问题。

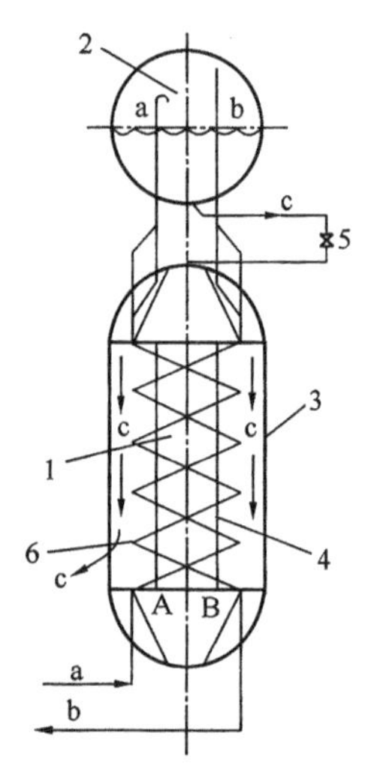

图 2.2-8 螺旋绕管式换热器工作原理图
1—换热器本体；2—汽液分离器；3—壳体；4—芯部金属管；5—节流阀；6—并管；a—驰放气；b—富氢气；c—燃料气

图 2.2-8 是该换热器的工作原理图。在合成氨车间产生

的尾气(也称驰放气)中除了含有大量氢气外，还含有一部分氮气、甲烷和氩气。驰放气是换热器的原料气，原料气流经换热器后氢气被冷却分离出来。常温下的驰放气自下部进入换热器焊接并管中的A管，在流经换热器的过程中，受逆流流动的富氢气和燃料气的冷却使温度降低，在分离器内温度被降低到80K左右，驰放气被分离为气液两相，气相因含有绝大部分氢气而被称为富氢气，液相含有甲烷可作燃料使用而被称为燃料气。其中的富氢气进入焊接并管中的B管且被驰放气加热后由底部排出，燃料气经过节流阀节流后压力和温度降低，让其进入换热器壳程以冷却驰放气，燃料气节流产生的温降提供了与驰放气传热的温差，使得换热器可连续运行。

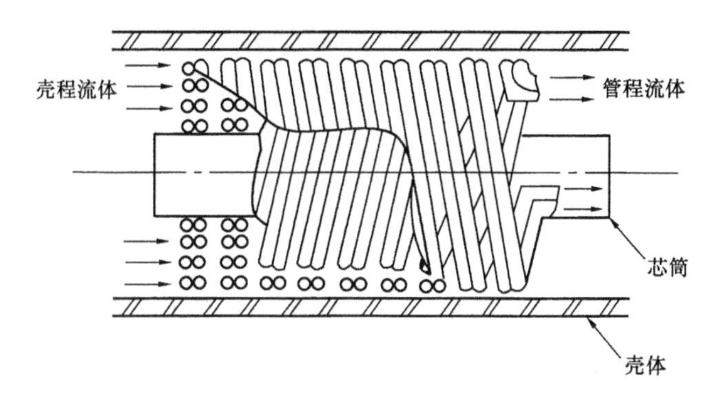

图2.2-9 并管式螺旋绕管换热器的壳程管束

(一) 并管传热模型[12~14]

图2.2-9为并管式螺旋绕管式换热器的壳程管束示意图，图2.2-10为并管传热的解析模型示意图。

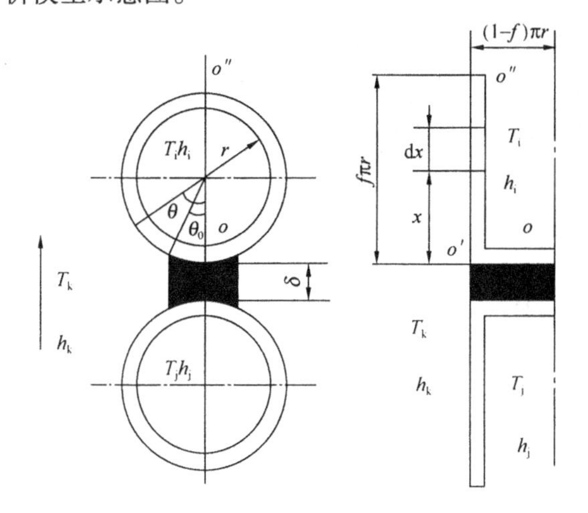

图2.2-10 并管式螺旋绕管式换热器传热的解析模型

选取微元段 dx 为研究对象，对微元段 dx，根据热平衡原理，有下式成立(对 i，j 管都成立)：

$$-\lambda_w S\frac{d^2t}{dx^2}=h(T-t)+h_k(T_k-t) \tag{2-34}$$

式中 λ_w——传热管金属的导热系数；

S——管壁厚度；

h——管内侧流体的界膜导热系数；

h_k——壳侧流体的界膜导热系数；

T——管内侧流体的温度；

T_k——壳侧流体的温度。

把相应边界条件代入式(2-34)便可导出 i 管和 j 管管壁的温度函数。然后根据管壁温度、流体温度及传热系数就可以得到 i 管和 j 管的热流密度函数。i 管的热流密度函数为：

$$q_i=h_i\left[B_i(1-f+f\eta_i)+\frac{U_{ik}}{h_i}(T_k-T_i)\right] \tag{2-35}$$

式中 $B_i=\left\{U_{ik}\left(R_{ij}+\frac{1}{h_ja_j}-\frac{1}{h_k}\right)T_i+U_{jk}\left(\frac{1}{h_ja_j}+\frac{1}{h_k}\right)T_j+\left[U_{ik}\left(\frac{1}{h_j}-\frac{1}{h_ja_j}\right)\right.\right.$

$\left.\left.-U_{ik}\left(R_{ij}+\frac{1}{h_ja_j}+\frac{1}{h_i}\right)\right]T_k\right\}\times\left[1/\left(1+R_{ij}h_ia_i+\frac{h_ia_ip_j\eta_j}{h_ja_jp_i\eta_i}\right)\right]$

h_i h_j——i，j 管内侧流体的界膜导热系数；

T_i，T_j——i，j 管内侧流体的温度；

f——没钎焊部分在管外表面中所占比例；

$\eta=[\tanh(pf\pi f)]/(pf\pi f)$，其中 $p=\sqrt{(h+h_k)/\lambda_w S}$，对 η_i，η_j 和 p_i，p_j 用相应下标代入即可；

U_{ik}——为 i，k 流体之间的总传热系数，$U_{ik}=h_i\cdot h_k/(h_i+h_k)$，对 U_{jk}，互换下标；

$a_i=1+\dfrac{f_i\eta_i(1+h_k/h_i)}{1-f_i}$，对 a_j，互换下标；

R_{ij}——双管之间钎焊部分的热阻，用下式计算；

$$R_{ij}=\left\{\frac{2(1-f)\pi r_i\delta}{4.0\lambda_s r_o\left\{\frac{\theta}{1-m}+\frac{m+1}{\sqrt{m}\cdot(m-1)}\operatorname{arctg}[\sqrt{m}\cdot\operatorname{tg}(\theta/2)]\right\}}\right\}+\frac{2(1-f)\pi r_i\ln(r_o/r_i)}{(2\lambda_w\theta)}$$

(2-36)

其中，$m=(4r_o+\delta)/\delta$；λ_s 为钎焊药材料的导热系数；q_j 的表达式与 q_i 相同，只需互换下标即可。

(二) 气液平衡计算[15-16]

驰放气和燃料气是混合气体，在换热器的低温端经历了相变，相变与非相交区的传热需采用不同的模型。为区别单相还是两相换热，首先要计算混合物的露点。当发生相变时要利用平衡方程计算气液两相的比例及每相各自的组成。经计算比较后选择 PR 方程计算低温含氢系统的气液平衡。气液平衡时，气相(V)和液相(L)中各组分的逸度相等，因此有下式成立：

$$f_i^V=f_i^L \tag{2-37}$$

按照逸度的定义，液相和气相的逸度由下式表示：

$$f_i=\phi_i y_i P \tag{2-38}$$

式中 P——系统压力；

y_i——气(液)相 i 的组成；

ϕ_i——i 组分的逸度系数；

混合物中 i 组分的逸度系数 ϕ_i 由下式确定：

$$\ln\phi_i=\frac{b_i}{b}(z-1)-\ln(z-B)-\frac{A}{2\sqrt{2}B}\times\left[\frac{2\sum_k u_k a_{ik}}{a}-\frac{b_i}{b}\right]\ln\left(\frac{z+2.414B}{z-0.414B}\right) \tag{2-39}$$

式中 a，b——PR 方程参数；

A、B——PR 方程无因次参数；

z——压缩因子；

u——气相和液相组成；

i——组分序号。

利用上式计算逸度系数时，组分间相互作用系数及氢气偏心因子取自文献[16]。

(三) 传热系数计算

1. 缠绕管内的传热系数计算

缠绕管内单相气体的传热系数使用 Schmidt[11] 方法计算即可，缠绕管内多组分两相冷凝传热系数的计算需使用 Bell 和 Ghaly 方法[17]，如下公式：

$$\frac{1}{h_c}=\frac{1}{h_{fL}}+\frac{q_{sg}/q_t}{h_{sg}} \tag{2-40}$$

式中，q_{sg}为气相显热热流密度；q_t 为总热流密度；h_c 为总冷凝传热系数；h_{sg}为单相气换热系数，按 Schmidt 方法计算；h_{fL}为液膜传热系数，当管内流型为剪力控制的环状流时用 Butterworth[17]方法计算，当管内流型为重力控制的分层流时，用 Jaster[18]方法计算。

2. 壳程传热系数计算

壳程的流道形式非常复杂，相邻管排的规则错列和顺列排列形式周期性出现，可使用 Gnielinski[17]方法分别计算出规则错列和顺列的管排传热系数，然后取二者的平均值。壳程流体相对于倾斜盘管流动方向的改变对传热是有影响的，可参考 Gilli[19]方法来考虑这种影响。多组分两相混合物在复杂壳程管束流道内受热的准则关联式还尚未见公开文献报道，现用多种管束内换热的模型，包括核态沸腾、表面蒸发及缺液区换热等来考虑。壳程流体的干度高，液膜薄，壳程吸收的热量完全来自于管内的高温流体。总热量是有限的，假设在壳程发生了核态沸腾，则传热系数相当高，使得壳程流体与管壁的温差过小，壳程流体的液膜过热度不足以再使液膜内的液体成核。在这种小温差、低热流条件下，壳程流体不可能发生核态沸腾，相变过程只会在气液界面处发生。按照 Ulbrich[20]流型图判断，壳程流型为间歇流，这种流型条件下的管壁得不到液相的充分冷却，壳程流体蒸发换热借鉴缺液区传热恶化处理，可使用 Groeneveld[21]方法计算。

第五节　螺旋绕管式换热器的制造与检修

一、螺旋绕管式换热器的制造[22,4,5]

螺旋绕管式换热器结构复杂，制作工艺难度较大。制造难点主要在换热管缠绕、壳体开孔翻边、特殊零件制作、换热管组装及换热管与管板的焊接等方面。

（一）换热管的缠绕

换热管的缠绕一般从卧置回转的空心筒（芯筒）上开始，随着空心筒的旋转，换热管被一层一层地缠绕其上。空心圆筒的最小直径应由管子不出现扁平的情况下最小允许弯曲半径来确定。换热管的外径一般在 10～20mm 范围内。

早些年，绕管的一般做法是用手单独缠绕，现在仅对小换热器采用这种办法。对于较大的设备制造则采用机器缠绕，用机器可同时缠绕几根管子，且有较高的缠绕速度。

安庆机械厂在对螺旋绕管式换热器进行改造时，采取了将芯轴筒体固定于焊接变位器上，采用一支持板并将其装于一固定架上。调整支持板与芯轴筒体，使之同心，将换热管依照图纸装配位置，穿入支持板中，然后转动焊接变位器，换热管就被缠绕在芯轴筒体上。由于换热管为紫铜管，为防止其在缠绕时被划伤，支持板用塑料板制作，孔边缘双面倒角 2×45°。

（二）壳体开孔翻边及特殊零件的制作

1. 壳体开孔翻边

安庆机械厂在对螺旋绕管式换热器进行改造时，考虑到壳体很薄（只有 2mm），不锈钢冷作硬化严重，而开孔马鞍形翻边最大高度达 33mm，因此将壳体开孔翻边改为在接管上翻边，然后与壳体对接焊接。由于壳体开孔与壳体内径之比达 0.51，而壳体又较薄（2mm），因此采用了一加强圈，这样就保证了壳体的椭圆度要求，又便于换热管的组装。

2. 特殊零件的制作

为确保产品的制造质量和外形美观，壳体上的过渡段和锥形壳以采用模压成形较好。

(三) 换热管的组装

1. 换热管如何穿入上下管板孔

① 换热器绕芯轴筒体及管板的组装顺序应由内向外，以最小的途径确定换热管的位置。

② 换热器管束中心线与管板中心线需保证重合(这在换热器绕制时，通过换热器芯轴筒体中心与支持板中心同轴度来加以控制)，以利以后换热器与壳体的组装。

2. 壳体过渡段与锥形壳以及锥形壳与管板的组装

首先模压锥形壳体，在确定其大小尺寸后，制造过渡段及确定管板槽尺寸，最后卷制壳体，组装顺序与制造顺序相反。

(四) 换热管与管板之间的焊接

安庆机械厂在对螺旋绕管式换热器进行改造时，对紫铜换热管与管板的焊接，采用了银钎焊。焊后接头从宏观检查来看，外观光滑，成形美观；经着色检查，无裂纹及气孔等缺陷。对管程和壳程分别进行了水压试验，均合格。因此采用这种焊接方法是可行的。

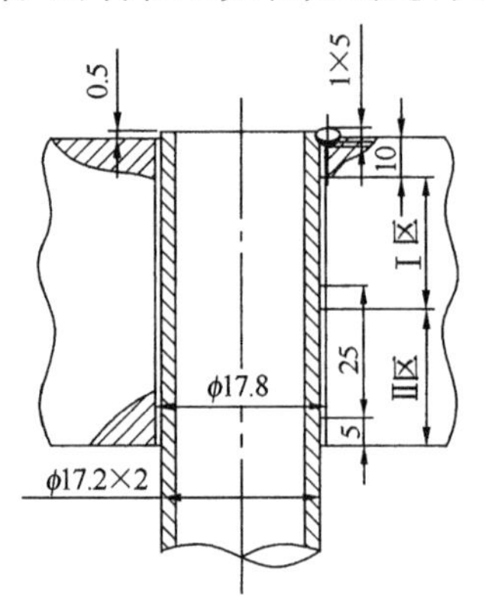

图 2.2-11 螺旋绕管式换热器管子与管板的胀焊连接接头形式

联邦德国螺旋绕管式换热器管子与管板的连接(管程和壳程压力分别为9.8和0.8MPa)采用了先焊后胀的工艺，但它与我国的焊接+胀接工艺又有所不同。它是强度焊+贴胀，常用结构见图2.2-11。在焊接结构中，采用了两道焊接成形，且需焊前预热。在贴胀结构中，管板厚度<65mm时，采用一段胀，胀管率为≥3%；管板厚度≥65mm时，则采用两段胀。每段的胀管率不同，接近管程一侧(Ⅰ区)的胀管率为7%~10%，以使管子与管板紧密连接。在接近壳程一侧(Ⅱ区)，进行轻胀，以使管子与管板无间隙紧贴，胀管率为≥3%。为保证胀接的连续性，每段胀接区应有5mm以上的重迭区。胀时还应注意，在距焊缝侧管板外表面10mm区内和距管板壳程表面5mm区内均为不胀区。胀管率是指管子减薄量与原管壁厚之比。在胀焊结构中，两道焊缝是为了保证连接强度。而贴胀，一是为了消除管子与管板之间的间隙，以防止壳程介质进入而引起腐蚀；二是为了保护焊口；三是为使管程介质温度传向管板，以防管板两侧温差过大而引起翘曲。

就国内某些研究试验结果来看，先焊后胀接头的质量及工艺性能要优于先胀后焊之接头。

就焊接接头来说，又有图2.2-12所示的几种形式。

(五) 壳体与管板的焊接

联邦德国螺旋绕管式换热器壳体与管板的连接，管板与封头的连接均为全焊结构，只要焊接质量有保证，其密封性是可靠的。壳体与管板的焊接接头如图2.2-13(a)所示，它与一般管壳式的这类接头形式是不同的，见图2.2-13(b)。图2.2-13(b)是我国换热器壳体与管板焊接常用的接头形式。图2.2-13(a)接头采用了填丝氩气保护焊，单面焊两道成形，焊缝表面被修成圆弧形。因管板较厚，且与壳体厚度相差较大，故焊前要预热到100℃~

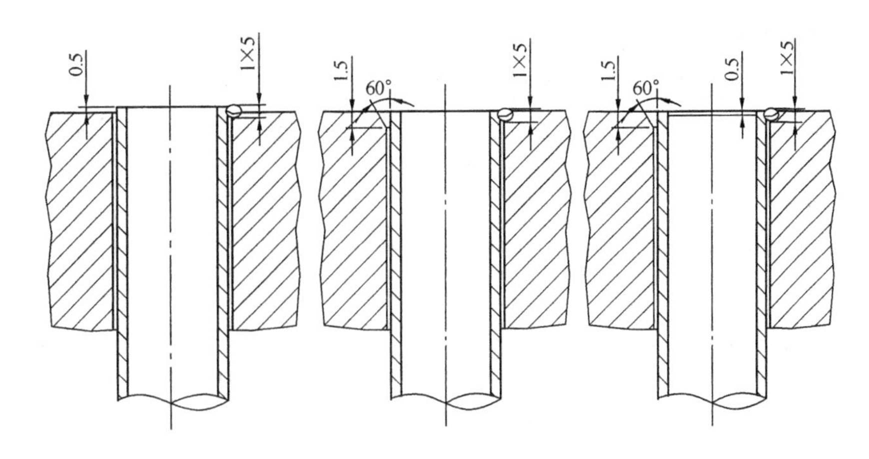

图 2.2-12　螺旋绕管式换热器管子与管板先强度焊的几种形式

150℃。

（六）筒体的焊接

联邦德国螺旋绕管式换热器筒体一般为钢板卷制焊接结构，其纵缝要求采用双面焊或能够保证全焊透的单面焊，环缝采用具有一定间隙的无钝边单面 V 形坡口，不加垫板单面焊双面成形。焊后均需经 10% 的射线探伤，纵环缝交界处需经 100% 的射线探伤。

（七）接管与壳体的焊接

联邦德国螺旋绕管式换热器的进出口接管与壳体的接头采用了全焊透的坡口形式，用手工氩弧焊，双面焊三道成形，焊缝表面需修成圆弧形，以与壳体表面形成平滑过渡。鉴于该换热器是全焊式结构，焊接结构比较复杂，焊接接头形式又有多种，且其中许多与我国换热器有关规定有所不同，故在设计和制造时都需要引起足够的重视。

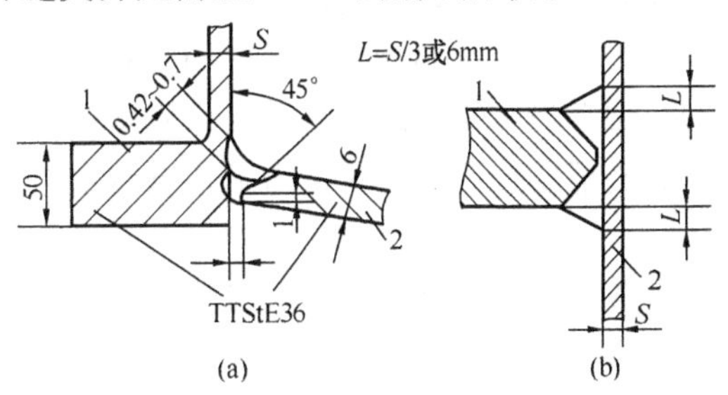

图 2.2-13　换热器壳体与管板的焊接接头形式

螺旋绕管式换热器几乎可以制成所要求的任何规格尺寸，这种规格尺寸仅受车间的装备设施、起吊、搬运及运输设备的限制。

二、螺旋绕管式换热器的泄漏分析与修复[3]

中原大化集团公司深冷氢回收工艺中使用的核心设备就是螺旋绕管式换热器。其工艺过程是：来自合成回路的驰放气经氨回收工序脱除氨后，尾气中仍富含 63.38% 的 H_2，温度为 13℃，压力为 10.3MPa；尾气自下而上通过干燥器，除去痕量的水和氨后，进入螺旋绕管式换热器；在并管内与减压膨胀后温度为 -197℃ 的燃料气逆流换热，温度降至 -195℃；尾气中的 CH_4、Ar、N_2 被液化，然后进入顶部的球形分离器进行分离；分离出来的 CH_4、Ar、N_2 经节流阀减压膨胀，进入壳程作为冷量，被管内的尾气加热至 13℃，由下部出换热器；部分用作干燥器再生加热气，63% 的燃料气并入燃料气管网，提纯的 H_2 经并管由底部出换热器，入合成回路。

该螺旋绕管式换热器自投运以来，1991 年和 1998 年先后两次发生换热管高压侧泄漏，给生产带来严重损失。根据泄漏位置和泄漏性质，采取了如下的修复方法：

（1）换热管断裂或穿孔的修复：在相应的管板上，标记损坏管的编号，为保证热量的均衡分配，堵管时应成对将管子堵死。堵管的工序为：上下管端锪平→钻孔→攻丝→丝堵加工→粘接剂配制→溶剂清洗丝孔→涂粘接剂上丝堵→加温固化。

（2）管子和管板连接处渗漏的修复：对渗漏的管端，钻孔攻丝，用中间带孔的丝堵，涂上粘接剂，将丝堵拧入，加热固化即可。此种修复，仅为消除泄漏，修复后对管子换热无影响。

（3）原堵头处渗漏的修复：拆下旧丝堵→重新攻丝→清洗丝孔→涂接结剂→拧入丝堵→加热固化。

根据对泄漏情况的检查，归纳其原因为：

（1）换热管在绕制过程中用过度弯曲而形成了原始隐患，在操作条件不稳定情况下，因疲劳积累，导致缺陷扩展，以致使管子断裂。

（2）骤然停车后又接着恢复开车，此时尾气量较小，在管内形成液住，在高压气流的冲击下，发生"锤击"效应，造成管子破裂泄漏。

（3）设备开停车过程中，未对设备进行"解冻"，痕量的水累积过冷成冰粒，在气流冲击下，对管子弯曲段反复撞击，使管子破裂或穿孔。

（4）管子和管板连接的牢固程度是由胀接和撑紧管保证的，管板和管子分别为不锈钢和铝，两种材料强度和弹性模量相差甚远，在胀接时，管子发生塑性变形而管板孔却尚未达到所要求的弹性变形，难以获得可靠的牢固连接。撑紧管材料由于插入长度不等，插入短的管子，牢固度较差，在温差应力和振动荷载的共同作用下松脆，形成管端渗漏。

（5）随着设备运行时间的增长，原始堵管的堵头处粘接剂老化失效造成堵头处渗漏。

根据对泄漏原因的分析，为了在以后生产中进一步减少泄漏，在开停车时应注意以下事项：

（1）停车时，分离器液位应排空，防止冷量下移，避免开车时形成"锤击"效应，造成换热管损坏。

（2）开车前应用常温 N_2 对换热器及相连管路进行吹扫，除去设备及管路内集聚的微量水分，吹扫时间维持 1 ~ 2h。

（3）连续运行 3 个月以上的设备，停车后重新开车时，应对设备实行"解冻"操作。

（4）开车过程中应严格控制降温速率，一般控制在每小时 10℃。

第六节 螺旋绕管式换热器的材料[23]

螺旋绕管式换热器所涉及的材料基本上没有限制。如在低温装置中，过去数十年里一直使用钢作为传统材料，但目前几乎完全被铝、不锈钢或是特殊的低温钢所代替。由于这些材料的采用，不仅解决了许多腐蚀问题，且对高压操作亦较为容易处理。

以下就原西德林德（Linde）公司大化肥装置甲醇工段螺旋绕管式换热器所使用的金属材料进行论述，并与我国相应或接近的材料作一简略对比。

大化肥装置甲醇工段的螺旋绕管式换热器有两个主要持点：一是使用温度较低，温度变化范围大，即设计温度低至 -80℃，变化范围为 -80℃ ~ +50℃。二是使用压力较高，例如它的管程设计压力可达 9MPa。对这种低温和较高压力的工况，林德公司没有使用传统的铜、铝及其合金等金属材料，而是采用了不锈钢和低温用合金钢。这些低温用钢不仅能够满足低温条件下换热器的使用要求，具有一定的抗腐蚀性，而且能够承受较高的操作压力。

一、林德螺旋绕管式换热器低温用钢及其低温韧性

根据林德公司所用金属材料的情况，可以把它们归纳为4大类：碳素钢、低温合金钢、镍钢及不锈钢等。这些材料的基本特点是具有较高的低温韧性及良好的焊接性，下面就其中的一些材料作一介绍。

(一) 低温合金钢

低温合金钢主要是在碳钢的基础上，加入锰元素，并降低含碳量，提高锰碳含量比(Mn/C)，同时控制P、S有害杂质以提高低温韧性。原西德常用的低温合金钢有TTSt35V、TTStE36N和TTStE26W。钢号中的TT表示低温用钢，Stxx中的数字表示抗拉强度不小于xxMPa，而StExx中的数字表示屈服强度不小于xxMPa。数字后的字母表示钢的状态，例如V(Vergutung)表示调质，N(Normalisierung)表示正火，W(Weichgluhung)表示软化退火。

(二) 镍钢

在低温下使用含镍钢板是比较多的，钢中添加镍后，可以强化铁素体基体，使奥氏体的稳定性增大，钢的低温韧性提高。按照含镍量的不同，一般低温下常用的镍钢有2.5Ni、3.5Ni、5Ni和9Ni钢等(分别含镍2.5%、3.5%、5%和9%)，其中3.5Ni钢板是作为-100℃左右低温用钢开发的，该钢在国外应用比较成熟，我国使用的3.5% Ni钢进口于不同的国家。林德螺旋绕管式换热器采用的镍钢主要是10Ni14，它相当于3.5Ni钢。该钢板一般有两种供货状态，即正火和调质状态。如果是正火状态，经635℃应力回火后，可使用到-100℃，但其韧性的余度较小。若进行调质处理，其强度和韧性都有较大的提高，最低使用温度可达到-129℃。

(三) 不锈钢

林德低温螺旋绕管式换热器的换热管采用了超长的小直径不锈钢管，其钢号为x10CrNiTi189(x表示高合金钢，10表示含碳量为0.1%，189表示含Cr量18%，含Ni量9%)，该钢种相当于我国的奥氏体不锈钢1Cr18Ni9Ti。

二、我国低温用钢及其低温韧性

(一) 低合金钢

我国压力容器常用的低合金钢有16MnDR等，GB 150《压力容器》对这些低合金钢板在用于制造低温压力容器(包括换热器)时其冲击韧度值的规定见表2.2-1。其中，冲击功的试样尺寸为10mm×10mm×55mm。

表2.2-1 低温压力容器用钢板韧性要求

钢 号	钢板状态	板厚/mm	最低实验温度/℃	冲击功/J
16MnDR	正火	6~20	-40	≥20.6
		21~38	-30	≥20.6
09MnTiCuXtDR	正火	6~20	-60	≥20.6
		21~30	-50	≥20.6
		32~40	-40	≥20.6
09Mn2VDR	正火	6~20	-70	≥20.6
06MnNbDR	正火或调质	6~16	-90	≥20.6

(二) 奥氏体不锈钢

奥氏体不锈钢也是低温常用钢种，其中1Cr18Ni9Ti(18—8)是我国不锈钢生产和应用最

广泛的钢种之一。但近年来的研究表明，这种钢与低碳级非稳定化不锈钢相比存在明显的缺点。1985 年 10 月召开的全国低碳、超低碳不锈钢推广应用会议决定，在我国不锈钢生产和应用中必须淘汰 1Cr18Ni12M02Ti 及 1Cr18Ni12M03Ni 等高碳级稳定不锈钢，而应该用 0Cr19Ni(304)及 0Cr18NillTi(321)等低碳不锈钢和 00Cr19Nill(304)和 0Cr17Nil4M02(316)等超低碳不锈钢取代。GB 150—1998《钢制压力容器》已将低碳和超低碳不锈钢引入。由于标准的修订，钢号亦有所变化。

(三)钢管

GB/T 8162—2008《结构用无缝钢管》、GB/T 8163—2008《输送流体用无缝钢管》和 GB 6479—2000《化肥设备用无缝钢管》给出了低温下使用的钢管。除 1Cr18Ni9Ti 类型的不锈钢外，还有 10 号、20 号碳素钢钢管和 16Mn 和 09Mn2V 等低温合金钢管。

目前，作为低温压力容器用碳钢、低合金钢及镍钢钢板，各国均有较成熟的标准。由于低温用钢的低温韧性很重要，所以各国标准和规范对低温韧性值都有一定的要求。

从冲击韧度的要求来看，各国标准和规范尚不完全一致。需指出的是，实际结构的最低使用温度应视使用材料的厚度、应力状态和结构用途等不同而异。

对低温高压螺旋绕管式换热器而言，金属材料的主要性能指标是低温韧性和焊接性，从国内外钢的韧性情况来看，国外低温用钢优于国产钢。

参 考 文 献

[1] Linde C. 西德专利号 No. 88824.

[2] HampsonW(汉浦森). 英国专利号 No. 10156.

[3] 刘小妹，陈晴，杨晓丽. 缠绕管换热器泄漏原因分析及修复方法. 大氮肥，1999，22(3)：159 ~ 161.

[4] 程光旭，叶士禄. 绕管式换热器焊接结构的分析研究. 石油化工设备，1990，19(4)：35 ~ 36.

[5] 瓦尔特 · H · 朔尔茨，霍勒里格尔斯科罗伊特. 缠绕管式换热器(Coiled Tubular Heat Exchangers). 压力容器，1991，8(4)：72 ~ 76.

[6] 赵挺，杨仲民，丛敬同. 绕管式换热器管板应力的实验研究. 石油化工设备，1995，24(1)：31 ~ 33.

[7] 豪森 H. 对流、平行流和错流的传热. Spriger 出版社，1959.

[8] 曲平，王长英，俞裕国. 缠绕管式换热器的简捷计算. 大氮肥，1998，21(3)：178 ~ 181.

[9] 李清海，杨瑞昌，施德强，尹接喜. 氢回收装置缠绕管式换热器设计计算研究. 化学工程，2000，28(6)：15 ~ 18.

[10] Ablizic E E，Scholz H W. Advances in Cryogenic Engineeging. Vol. 18. NEW YORK：PLENUMPRESS，1973.

[11] 尾花英朗. 热交换器设计手册. 北京：石油工业出版社，1984.

[12] Kao S. Design Analysis of Multistrean Hampson Exchanger with Paired Tubes. Trans asme，Journal of Transfer，1965，87(2)：202.

[13] 李清海. 合成氨缠绕管式换热器设计计算研究(硕士学位论文). 北京：清华大学热能工程系，1999.

[14] 尹接喜. 缠绕管式热交换器设计计算研究(硕士学位论文). 北京：清华大学热能工程系，1997.

[15] 郭天民. 多元汽 - 液平衡和精馏. 北京：化学工业出版社，1983.

[16] 唐宏青，李晶文. 若干含氢系统的汽液平衡，化学工程，1983(5)：57.
[17] 施林德尔 E U. 马庆芳，马重芳译. 换热器设计手册. 北京：机械工业出版社，1989.
[18] Jsater H, Kosky P G. Condensation Heat Transfer in a Mixed Flow Regime. Int J Heat Mass Transfer, 1976, 19(1): 95.
[19] Gilli P V. Heat Ttransfer and Pressure Drop for cross Flow through Banks of Multistart Helical Tubes withUniform inclinations and Uniform Longitudinal Pitches. Nuclear Science and Engineering, 1965, 22 (3): 298.
[20] Ulbrich R, Mewes D. Vertical upward Gas-liquid Two-phase Flow across a Tube Bundle. Int Multiphase Flow, 1994, 20(2): 249.
[21] Gad Hetsroni. Handbook of Multiphase Systems. Washington Hemisphere Publishing Corporation, 1982.
[22] 王勇. 绕管式换热器的试制. 安庆石化，1995，2：47~48.
[23] 程光旭，李光泽，杨杰辉，郁永章. 大化肥装置中绕管式换热器金属材料分析. 石油化工设备，2000，29(1)：42~44.

第三章　高温高压换热器

（涂善东　虞　斌　周帼彦）

第一节　概　　述

一、高温高压换热器的应用背景

现代的过程工业主要是在二次世界大战以后发展起来的。战后经济的恢复和发展，人们生活品质的提高，对能源和材料，特别是对电力，以及对橡胶和塑料等合成材料有了大量需求，这就给过程工业一个迅速发展的契机，在技术上主要表现为大型化和综合化。在1973～1974年间，由于原油价格的大涨，出现了世界性的能源危机，迫使我们人类反思传统的社会经济发展模式，现代过程工业的设计与管理因此必须服从经济性和可持续发展的原则。进入21世纪后，环境的恶化和能源的短缺，进一步导致了发电、石油、化工等过程工业向高温、高压和大型化发展，以提高装置的效益和能源利用效率，同时对设备的安全可靠性也提出了更高的要求。

在发电领域，已普遍采用了高参数设计来提高电站的经济性，超超临界单机组的功率已达1000MW，蒸汽温度595～650℃，压力达32～35MPa[1]。近期美国能源部（DOE）的Vision计划以及欧盟的“AD－700℃计划”研发的超超临界火电机组工作参数可达35MPa/760℃/760℃/760℃，预计可使CO_2的排放量减少30%，最终满足“京都议定书”的要求。新型的高温气冷堆核电站堆芯出口温度在1000℃以上[2]，美国提出的下一代核能系统也都是应用高温工艺，其中包括[2]：（1）气冷快堆（GFR），氦气冷却，出口温度达850℃；（2）超高温堆（VHTR），氦气冷却，出口温度达1000℃；（3）超临水冷快堆（SCWR），冷却水压力达25MPa，温度510～550℃；（4）钠冷快堆（SFR），钠的出口温度达550℃；（5）铅冷快堆（LFR），冷却剂出口温度550℃，甚至可达800℃；（6）熔盐堆（MSR），冷却剂温度700～800℃。

在石油化工领域里，乙烯生产厂的年生产能力由60年代小于5万t发展到100万t级的水平。炼油厂的年加工能力从60年代100万t左右发展到了1000万t的水平。化肥工业也发展到年产合成氨60万t、尿素100万t的规模。设备的工艺参数也更加苛刻，如乙烯裂解炉炉管最高设计温度达到1150℃，压力为0.2MPa，合成氨制氢转化炉炉管设计温度为900℃，压力达3.4MPa。而在石油炼制过程中，加氢反应装置的温度达565℃，压力可高达28MPa。

人类在改进地面设计的同时，也积极探索宇宙空间，试图向太空发展。如美国提出的太空站“自由号”计划，其中一个重要组成部份是太阳能电站，采用LiF－CaF_2液固相变特性来蓄热，工作温度达900℃，同时要求能连续工作30年[3]。航空发动机技术在过去50年也取得了巨大的进步，军用发动机推重比从初期的2～3提高到了7～8，并可望在不久达到20以上，耗油率降低50%。推重比的提高是基于涡轮前温度的增加，F119的涡轮前温度已接近1800℃[4]。

如果以瓦特时代第一台蒸气机的操作温度（略高于100℃）开始将机器的典型工作温度相对于年代作一条曲线，如图2.3－1所示，我们可以看出人类的现代文明史（工业文明），实际上也是机器工作温度不断升高的历史。一般地说，高温和高压往往同时存在，以达到提高热效率和化学转化率的目的。图2.3－2列入了各种过程工艺的温度和压力。可以看出，尽管我们实现了许多高温高压的工艺技术，但是今后对于资源的高效利用和环境保护，更高的温度和更高的压力还有赖于我们去征服。

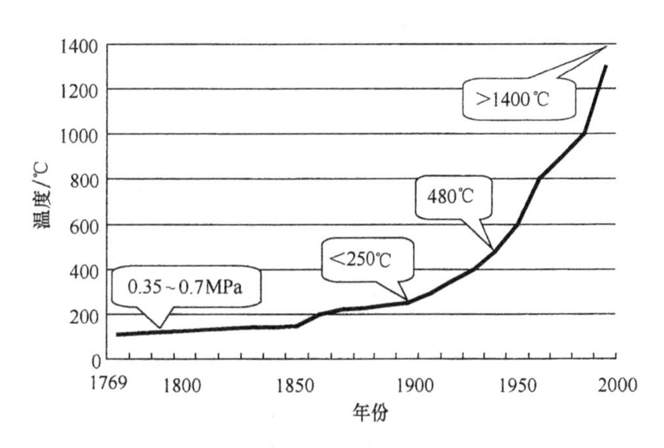

图2.3－1　机器操作温度的演变历史

显然高温、高压是现代过程工业面临的主要挑战。而这些高参数的实现，关键在于高温设备的设计、制造与使用维护，其中覆盖的知识是相当广泛的，所涉及的主要方面见图2.3－3。

由以上可见，要解决高温设备中的问题所需覆盖的学科领域是相当广泛与综合的。人们经过多年的努力，已为高温设备的工艺设计打下了良好的基础，许多成果已在经济建设中发挥了重要作用。如人们已经较好地掌握了高温高压蒸汽的热力学性质，液钠、氦气以及许多高温工艺流体的性质，并开始挑战一些多元混合工质，同时对高温下材料与结构的特性也有了一定的认识。但是由于工艺的不断更新，新的科学技术问题也不断出现，相较于低温工程学（Cryogenics），高温工程的学科框架还没有很好地建立。

在高温下，物质内部的分子运动加剧，甚至会由于相变而改变分子运动方式，因此物质的性质和常温下有很大的不同。对流体来说，高温下的热力学性质会发生较大的变化，通常，流体的黏度减小，扩散系数增大，介电常数减少，这些变化有利于传热与传质的过程，如超临界萃取的实现。但是总体来说人们对高温下物质的性质还是很缺乏了解，无法给高温传热传质过程的设计提供必要的数据。目前的难点是既无可靠的预测方法又缺乏必要实验手段的支持，如对流体的高温高压PVT性质的研究，许多研究大多没有走出范德瓦尔斯的影子，采用分子模拟计算技术预测高温流体的PVT性质是一重要的方向[7]。但是统计力学本身不是研究微观世界的科学，它不能直接处理微观的实验数据，微观信息必须通过一定的手段整理为微观模型以后才能供统计力学使用[8]。有了流体的PVT性质，可以较好地预测比热等一系列热力学性质，而黏度、扩散系数等动力学性质的预测则难度要更大一些，同样需要分子微观模型以及实验数据的支持。

另一方面，高温设备一般以用耐高温的固体材料（如高温合金、陶瓷、复合材料等）制造的，而高温下固体材料的性质是与时间相关的（time－dependent），因此高温结构的设计必须考虑材料性质随时间劣化的因素。但材料及其连接部位在高温下的长时力学性能的数据目前十分缺乏，同时根据实验室有限试验时间以及小试样试验的结果，向工程实际中10年以上时间和大尺寸结构的外推尚缺乏统一、可靠的模型，因此高温下结构强度的设计仍十分富于挑战性。

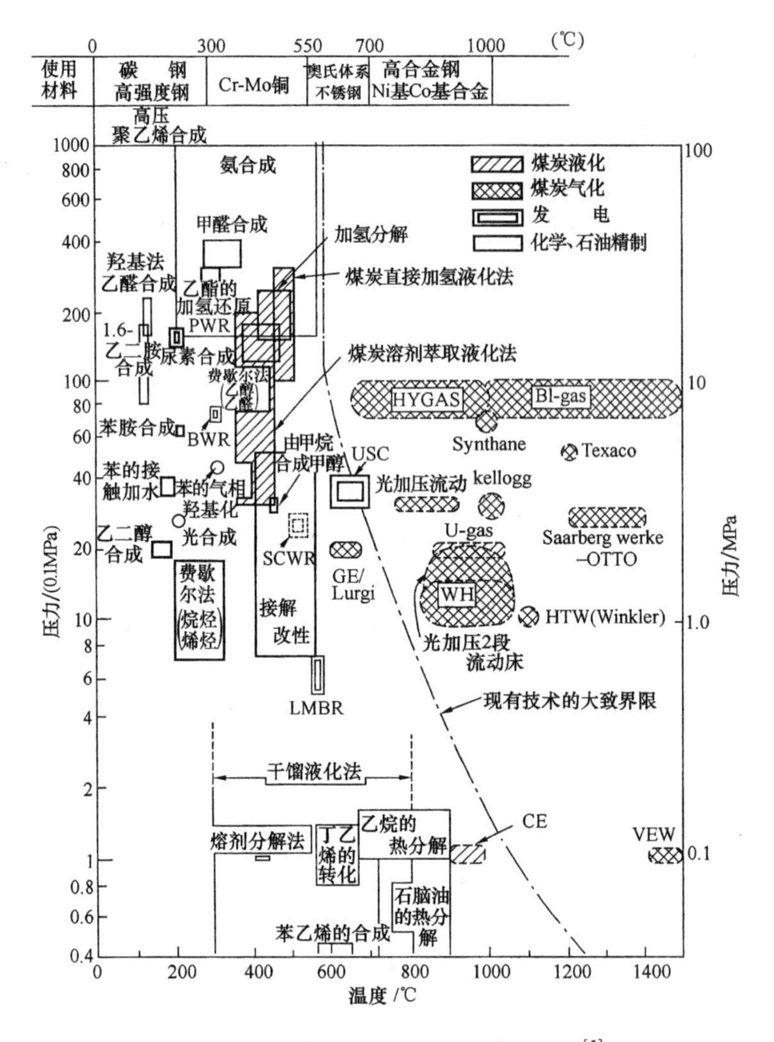

图 2.3-2 各种工艺过程的温度与压力[5]

USC：超超临界发电，PWR：压水堆，BWR：沸水堆，LMBR：液态金属增殖堆，SCWR：超临界水冷堆，HYGAS，U-Gas：美国 GTI 的煤制氢工艺，Bi-gas：美国 BCR 公司工艺，Synthane：美国 ERDA 工艺，HTW：高温 Winkler 工艺，Texaco，GE/Lurgi，Kellogg，VEW，CE，WH 等分别为相应公司的洁净煤工艺

二、高温高压换热器的基本概念

高温高压换热器并无严格的界定，从结构形式而言，过去在高温高压场合主要应用管壳式换热器，包括列管式和套管式换热器，而现在各种结构形式的换热器都不断突破原有的温度限制，显然按照结构来划分是不尽合理的。若以工作参数来划分，以材料发生不可逆蠕变变形的温度作为高温的定义是较科学的，但这也会忽略需要特殊考虑的出现较大热应力的场合。对压力，一般规定在 10MPa 以上为高压，但在高温下一些结构远低于这一数值就可能存在较大风险。因此一个兼顾科学和现实的定义可以是：当换热设备的工作温度和压力达到一定数值后，其材料和相应结构表现出特殊的性质，使得其设计必须考虑温度和压力的效应，那么工作在这个温度和压力之上的换热器便称之为高温(高压)换热器。一般将流体温度高于 350℃、压力在 10MPa 以上的换热器均称为高温高压换热器。

就材料使用而言，一般将蠕变温度作为定义高温的依据。在线弹性变形阶段，给定一个

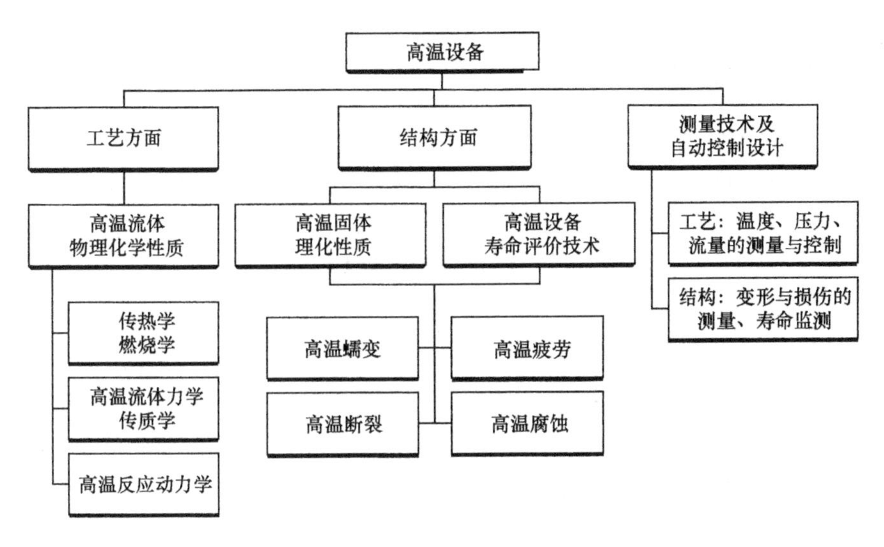

图 2.3－3　与高温过程设备相关的知识框架[6]

载荷总可以得到一个固定的变形值，但若材料在较高温度下拉伸，则将发生蠕变变形，即使该载荷维持不变，变形仍将继续增加。这样一个温度称之为蠕变温度。蠕变是材料温度激化的结果，因此蠕变强度对温度的依赖性是不言而喻的。一般认为蠕变发生与否，与金属的熔点温度 T_m 有关，粗略地可根据工作温度是否大于 $0.5T_m$ 进行判断，实际合金则多在 $(0.4\sim0.6)T_m$ 之间。当工作温度大于 $0.5T_m$ 时，即使应力小于材料屈服强度，蠕变也会发生。而当工作温度小于 $0.5T_m$ 时，若要产生蠕变变形，应力必须接近或者大于屈服强度。不同的材料有不同的蠕变温度，如表 2.3－1。值得指出的是，近年来发现一些材料出现中温蠕变、乃至低温蠕变现象，因此高温的概念也在变化之中。

表 2.3－1　金属的熔点温度与蠕变温度

材　料	熔点温度/℃	蠕变温度/℃
铅	327	27
铝	660	194
铜	1083	405
钛	1690	708
铁	1530	629
镍	1453	590

为了更加明确高温换热器的概念，表 2.3－2 列出了高温换热器与常规换热器的主要区别。

表 2.3－2　高温换热器与常规换热器的主要区别

高　温　换　热　器	常　规　换　热　器
辐射换热比例较大	辐射换热比例较小
管径和管间距都要加大以保持小的压降。（因为在高温下增加风机的代价会很高）	
尽管气体的换热系数很低，通常在高温换热器中不采用翅片或肋片（气流中通常带有飘浮的尘粒会堆积或阻塞在肋片之间）；对干净的高温气体，则可采用紧凑结构	采用翅片强化传热

续表

高温换热器	常规换热器
高合金材料、陶瓷及复合材料等	低合金材料
厚度的确定和结构设计一般由蠕变应力或热应力控制；须考虑材料的氧化性，热冲击的承受能力和悬浮颗粒的侵蚀、熔盐结垢等	厚度按常规设计，不考虑材料氧化和热腐蚀
采用膨胀补偿器或卡口式部件，一般不能采用浮动管板，因为在如此高的温度下密封垫或盘根填料不能有效地工作	可采用浮动管板
要采用适当的保温措施来防止热量从外表面散失到环境中，保温设施的重量在机械设计中和基础设计中兼顾	常温下无须保温
高温传热情况下，常选用燃气、空气或液态金属和熔融态盐为传热工质	水及蒸汽等

在高温条件下，可用于换热器制造的材料有：

（1）高合金钢（主要是铁素体的和奥氏体），这些钢的温度极限为850～950℃。超温就要失去强度并氧化，因此高温废气要采取混掺空气或先将热量以辐射方式传给管道，使其冷却至材料的温度极限以下，但是任何一种方法都会极大地降低热量回收的效率。高温镍基合金可以长期在高温下工作；另外还有一些金属（如钨、钼、钽）的熔点比高合金钢高，但在高温下容易氧化失去强度，并且非常昂贵。

（2）陶瓷：陶瓷材料可以直接使用废气而不需要混掺空气，能将炉内的燃烧空气预热至1000℃以上，而用金属材料一般只能到500～600℃。燃烧空气温度在1000℃时要比在550℃时节约燃料10%～15%，且在绝大多数情况下，陶瓷不存在高温氧化，因此也不会降低其强度，它还有很低的热膨胀系数可以承受热冲击。

（3）复合材料：可望用于氦气、熔盐为工质的场合，工作温度可达1000℃以上。较为合适的材料可能是$SiCp/Al_2O_3$（颗粒增强复合材料），在美国已商业化，但用于换热器，目前还处于探索阶段[9]。

（4）表面涂层：不少换热器常采用价格较低的金属，然后再喷涂一层合金。涂层的材料可选用硅、铬或以铝、硅为主要元素的复合涂层。采用涂层存在的问题是，金属与涂层的热膨胀性不同，因此对冷热循环、热冲击和机械损伤均较为敏感。

参考文献

[1] ST Tu. New Need of Structural Integrity Technology for High Temperature Applications, in FM 2004: Environmental effect on fracture and damage, Eds GC Sih, ST Tu and ZD Wang, Hangzhou: Zhejiang university Press, 2004.

[2] Schultz R R, Nigg D W, Ougouag A M, et al. Next Generation Nuclear Plant-Design Methods Development and Validation Research and Development Program Plan, NEEL/EXT-04-02293, Rev 0, Idaho National Engineering and Environmental Laboratory, September 2004.

[3] Marriott D L. Current Trends in High Temperature Design. Int. J. Pres. Ves. & Piping, 1992. 50: 13～35.

[4] 傅恒志．未来航空发动机材料面临的挑战与发展趋向．航空材料学报，1999. 18(4)：52～61.

[5] 涂善东．高温结构完整性原理．北京：科学出版社，2003.

[6] 涂善东．高温工程学的兴起及其紧迫技术的研究．走向二十一世纪的中国力学．北京：清华大学出版社，1996.

[7] Bark J A, Watts R O, Lee J K, Schafer T P, Lee Y T. Intertomic Potentials for Krypton and Xenon. J Chem Phy, 1974, 61(8): 3081 ~9.
[8] 胡英，等. 应用统计力学—流体物性的研究基础. 北京：化学工业出版社，1990.
[9] Sunden B. High Temperature Heat Exchangers (HTHE), Proceedings of Fifth International Conference on Enhanced, Compact and Ultra - Compact Heat Exchangers: Science, Engineering and Technology, Eds. R. K. Shah, M. Ishizuka, T. M. Rudy, and V. V. Wadekar, Engineering Conferences International, Hoboken, NJ, USA, September 2005.

第二节 高温高压换热器的设计基础

一、高温强度设计基础

(一) 高温强度的基本概念

高温强度一般由高温短时拉伸的结果与长时高温蠕变试验结果进行定义，为此必须了解高温下的性能测试。

高温短时拉伸是指在恒定的温度和规定的拉伸时间或拉伸速度下，用单向拉伸载荷把试样拉断的试验方法。这是一种测定材料高温强度和塑性指标的最基本手段，由此得到的一些性能指标是高温受力构件强度设计中常用的基本指标。高温短时拉伸试验与室温拉伸试验一样，已成为材料生产、机械制造和产品使用部门的常规试验项目。

高温短时拉伸与室温拉伸相比，既有许多共同的试验规律也有不少独特的规律。高温拉伸试验增加了一个温度参量，因此相应地增加了温度控制和温度测量的技术内容。由于温度对力学性能指标有很重要的影响，因而各种力学性能指标随温度变化的规律也成为新的研究内容之一。有些力学性能指标在高温下会呈现出与室温时不相同的规律。例如在高温下，碳钢的屈服点会变得不明显，屈服强度难以测定。在高温拉伸条件下塑性变形出现较早，而弹性模量用静态法难以测准，需改用动态法测量。各种冶金因素对强度的影响亦随着温度的不同而改变，并且在高温下，变形机制、断口形貌和断裂类型等也发生了很大的变化。

材料在蠕变温度以上拉伸，将发生蠕变变形，即在载荷维持不变的情况下，变形仍将随时间继续增加，直至在一定的时间下出现断裂(图 2.3 -4)。

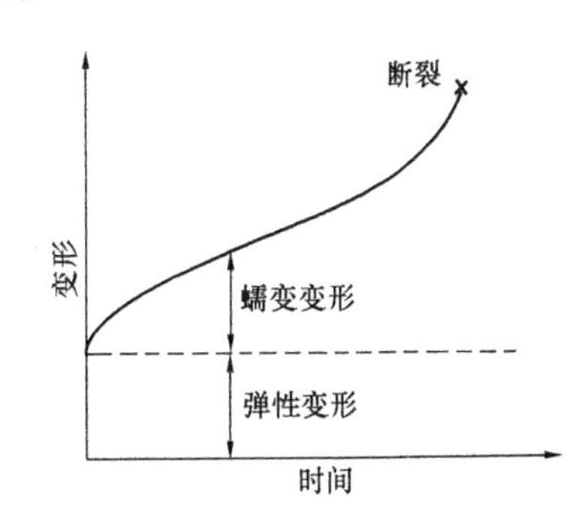

图 2.3 -4 蠕变变形随时间的变化

如果在不同的载荷(温度)水平下重复进行蠕变试验，则我们可以得到一组蠕变曲线(如图 2.3 -5)。这些曲线一般均可分为几个阶段，初始都有一个与时间无关的弹性变形，此后蠕变曲线大体可分为三个阶段：第一阶段对应着蠕变速率的逐渐降低，第二阶段或称稳态蠕变阶段的蠕变速率近乎为常数，第三阶段为蠕变速率剧增的阶段，并最终导致断裂。作出应变速率和时间的关系图，这三个阶段就更加明显(如图 2.3 -6)。对于蠕变的三个阶段的变形大致可作如下解释：在蠕变的第一阶段，由于在加载的瞬间产生大量位错并出现滑移运动，产生快速变形，然后随着应变硬化而减速，这在蠕变曲线中，导致了第一阶段的斜率的减小。蠕变的第二阶段可解释为应变硬化和损伤弱化的平衡，即产生位错等缺陷而强化和位错等缺陷消失而软化的速率相等，导致了近乎不变的蠕变速率。在蠕变的第三阶段由蠕变断裂的机制所确定，材料内部或外部的损伤过程开始起作用，空洞或微裂纹开始出现，导致了载荷抗力的减小或净截面应力的严重增加，并与第二阶段的弱化过程相耦合，第二阶段所取得的平衡便被打破，并进入蠕变速率迅速增长的第三阶段。

在常载荷试验条件下，蠕变第一阶段和第二阶段的试样截面上的应力是基本恒定的，但在蠕变的第三阶段，应变速率的增加主要是由于变形过程中试样截面减小的结果，同时材料内部孔洞的出现也会减少有效承载截面，因此第三阶段的描述较为复杂。必须指出，这种划分的方式不是绝对的，对单晶或定向凝固晶体材料，在第一阶段启动前还有一段位错开动的孕育期。

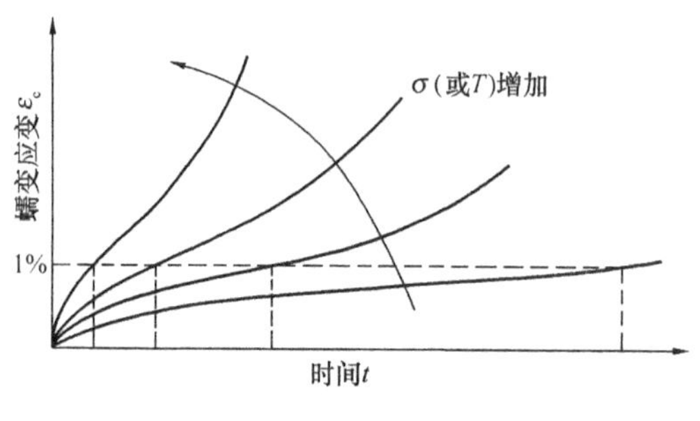

图 2.3－5 蠕变曲线族

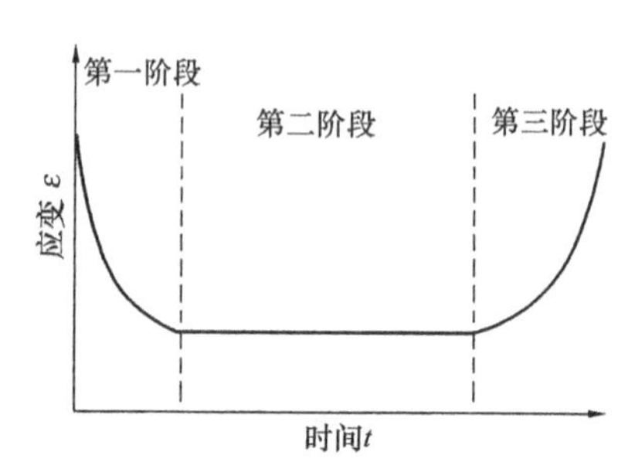

图 2.3－6 应变速率和时间的关系图

从基本的蠕变曲线中，可以演绎出许多可供工程设计用的信息，比较有用的信息有最小蠕变速率与应力的关系，以及应力与蠕变破坏寿命之间的关系，最小蠕变速率与温度的关系，蠕变强度与各种组合参数之间的关系等。

蠕变特性可以分为单轴和多轴的两种情形，在实验室里多用单向加载的试样，其特性的描述用单轴本构关系就可以了，但实际构件多在多轴应力状态下工作，因此这还有赖于多轴本构关系的进一步建立。

常载荷试验中所得的蠕变应变可以写作为应力 σ，时间 t 和温度 T 的函数：

$$\varepsilon_c = f(\sigma, t, T) \tag{1}$$

最简单的蠕变应变表达式可以写作为(温度函数为 Arrhenius 型)：

$$\varepsilon_c = C\exp(-\Delta H/RT)t^m\sigma^n \tag{2}$$

在等温条件下，

$$\varepsilon_c = Bt^m\sigma^n \tag{3}$$

但若要计及载荷变化时，这时宜采用率型表达式。根据公式(3)对时间求导可得：

$$\dot{\varepsilon}_c = \frac{d\varepsilon_c}{dt} = mBt^{m-1}\sigma^n \tag{4}$$

采用率型方程可在数学上很好地模拟出第一阶段蠕变应变速率下降的特性，这一过程常称之为硬化。

(二) 蠕变数据的外推

材料的许用应力水平的确定可以采用强度准则或变形准则：

(1)强度准则：在 10 万 h 或 20 万 h(设计所要求的寿命范围内)材料发生破断所需要的应力水平。

(2)变形准则：在设计所要求的寿命范围内产生一定应变(根据构件的不同可以是 0.1%，0.2%或 0.5%)所需的应力水平。

但是，实验室里所进行的试验很少在10万h以上，因此为了确定上述定义的许用应力水平，必须采用参数外推的方法，亦即根据短时的实验数据推断出10万h以上的数据。参数外推法可用以预测断裂和变形的特性，不过由于蠕变脆断往往比蠕变变形的后果要严重得多，同时实验室里长时间测量蠕变应变的难度也很大，因此用于预测蠕变破断的外推法得到了更多的关注。

一般以率型方程为基础导出外推参数。这一方法假设蠕变是率过程控制的，服从 Arrhenius 方程：

$$\dot{\varepsilon} = Ae^{-\frac{\Delta H}{RT}} \tag{5}$$

同时假设：

$$t_r\left(\frac{d\varepsilon_c}{dt}\right)_{min} = 常数 \tag{6}$$

这在 Monkman-Grant 后来的发现中得到了进一步的支持。由式(5)和式(6)可得：

$$At_r\exp\left(-\frac{\Delta H}{RT}\right) = 常数 \tag{7}$$

此式即为 Larson-Miller 参数的出发点。

Larson 和 Miller 假设 A 为常数，只有 ΔH 为应力的函数，对式(7)两边取对数，并求出与应力相关的部分，可得：

$$p_{LM}(\sigma) = \frac{\Delta H}{2.3R} = T(c + \lg t_r) \tag{8}$$

式中，仅 C 为常数，可在 $\lg t_r$ 与 $1/T$ 的图中求得。

如图2.3-7所示，对应力恒定的情况，图中曲线为直线，并相交于一点：

$$\frac{1}{T} = 0,\quad \lg t_r = -C$$

Larson 和 Miller 认为对许多材料 $C=20$ 是较为准确合理的。事实上对不同的材料，C 的取值应有所不同。

例题：本例说明了 Larson-Miller 参数的用法

在设计工况 $\sigma=51.711\text{MPa}$，$T=538℃(=811\text{K})$下，容器可以安全运行40年(350400h)。如果现场温度提高到566℃(=839K)时，试采用 Larson-Miller 参数法计算其寿命缩短至多少年。

解：Larson-Miller 参数为 $LMP = T(20+\lg t) = 811\times(20+\lg 350400) = 20716.6$

由于应力水平不变，Larson-Miller 参数也维持不变，即

$$839\times(20+\lg t) = 20716.6$$

$$t = 49203\text{h}(5.6年)$$

温度升高28℃，寿命仅为原来的14%(仅为原来的1/7)。由此可见温度的影响十分显著。

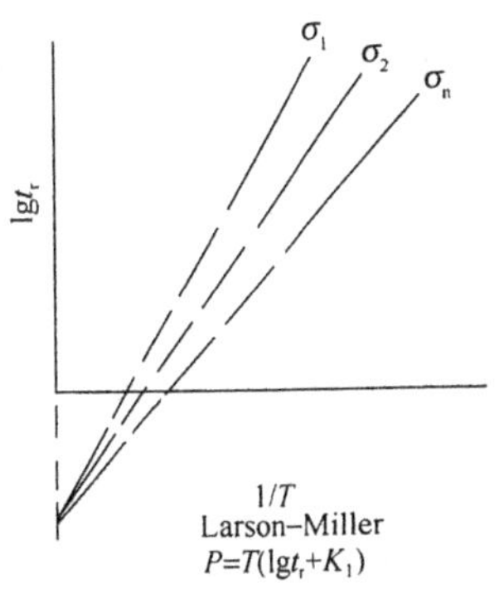

图2.3-7 $\lg t_r$ 与 $1/T$ 关系图

其他经验参数，如 Manson-Haferd 参数也有不少应用：

$$P_{MH}(\sigma) = \frac{\lg t_r - \lg t_a}{T - T_a} \tag{9}$$

(三) 常用高温强度性能指标

1. 高温短时拉伸

高温短时拉伸试验从本质上说与常规拉伸试验没有太大的差别，常规拉伸的性能指标在高温拉伸过程中也需记录。这里包括强度性能指标：比例极限、弹性极限、条件屈服强度、抗拉强度；塑性指标：延伸率、断面收缩率，刚性指标：弹性模量等等。

在图2.3-8中，随着温度的升高，2.25Cr1Mo钢的屈服强度、抗拉强度等高温性能指标均呈直线急剧下降[1]。可见当材料在400℃以上使用时，应严格限制超温情况。

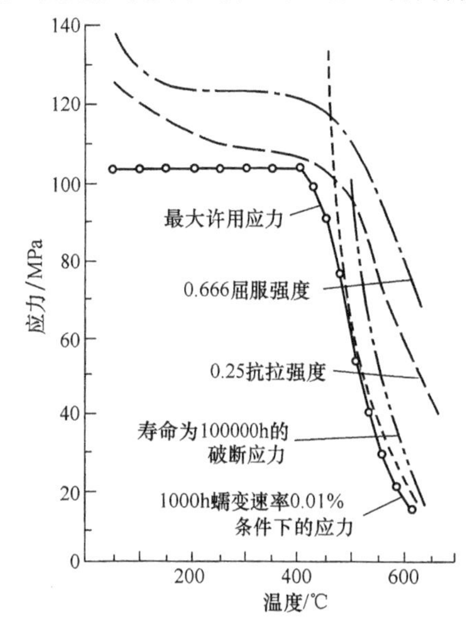

图2.3-8　2.25Cr1Mo钢屈服强度、抗拉强度与时间的曲线

2. 蠕变及持久强度

在工程上以“条件蠕变极限”作为统计依据。根据不同的需要，条件蠕变极限有不同的定义。通常应用的有两种：一种是在给定温度下，引起规定变形速度的应力值。这里所指的变形速度是蠕变第二阶段的恒定变形速度。在电站锅炉、汽轮机和燃气轮机制造中规定的变形速度大多是$1\times10^{-5}\%/h$或$1\times10^{-4}\%/h$。并以$\sigma_{1\times10^{-5}}$代表蠕变速度为$1\times10^{-5}\%/h$的条件蠕变极限。

另一种是在给定温度下和在规定的使用时间内，使试样发生一定量蠕变总变形的应力值。例如$\sigma_{1/100000}$代表经100000h蠕变总变形为1%的条件蠕变极限。$\sigma_{1/10000}$代表10000h蠕变总变形为1%的条件蠕变极限。有的零件如汽轮机和燃气轮机叶轮的叶片，在长期运行中，只容许产生一定量的变形，设计时就必须考虑到这种条件下的蠕变极限。

以上两种蠕变极限都需要试验到蠕变第二阶段若干时间后才能确定。

持久强度是材料在规定的蠕变断裂条件(一定的温度和规定的时间)下保持不失效的最大承载应力。通常，以用试样在恒定温度和恒定拉伸载荷下到达某规定时间发生断裂时的蠕变断裂应力来表示持久强度，记为σ_{τ}^{T}，单位为MPa。例如，$\sigma_{10^4}^{600}$即表示600℃、10000h的持久强度。

常用的几种低合金钢的Larson-Miller数据如图2.3-9所示[2]。从该图可看出，随温度的升高，材料的使用应力急剧下降，反之，若保持材料的应力不变，其温度的上升与寿命的下降存在比例关系，温度的影响对材料在高温下的使用有着决定作用。

此外高温材料的硬度、高温断裂特性、高温疲劳特性均属高温强度研究范畴[3]，限于篇幅，此处不再赘述。

二、结构热应力的设计基础

(一) 热应力的概念

热应力或称为温度应力，它是由于构件受热不均匀产生温度差致使各处膨胀变形或收缩变形不一致并相互约束而产生的内应力。此间，热(温度)、变形、应力是彼此相关且同步发生的。

在机械结构系统中，产生热应力的原因有很多，但大体可以分为如下几种情形[4]：

(1) 结构系统中构件的热膨胀或收缩受到外界约束；

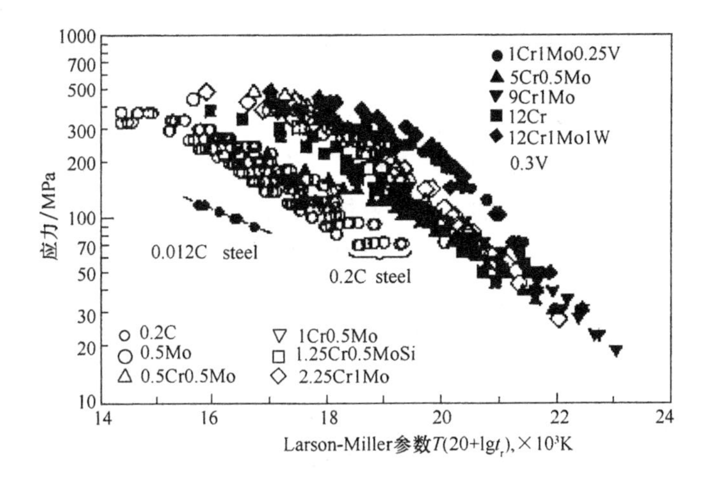

图 2.3－9　几种常见低合金钢的 Larson-Miller 数据

(2) 结构系统中构件之间存在温差;

(3) 结构系统中某一构件的温度梯度;

(4) 热膨胀系数不同的材料的组合。

为了说明热应力的概念，不妨用受热的梁来说明之。如图 2.3－10 为悬臂梁，是长 20mm、宽 5mm、高 10mm 的均质材料梁，温度由 0℃均匀升温至 50℃。

大多数的材料均有热胀冷缩的现象，其热膨胀系数定义如下:

$$\alpha \Delta T = \delta / L = \varepsilon$$

α 代表每单位温升所产生的应变量。

根据热膨胀系数的定义，可直接求得该悬臂梁在自由端的伸长量(膨胀量)为:

$$\begin{aligned}\delta &= \alpha L \Delta T = (1.72 \times 10^{-5})(0.02)(50) \\ &= 1.72 \times 10^{-5}(\mathrm{m})\end{aligned}$$

对于自由伸长的悬臂梁而言，是不产生内应力的。但若将该梁的边界改为二端固定约束(图 2.3－11)，使其成为静不定结构，由于其变形受到限制，将产生内应力，根据应力与变形的关系，则可计算得热应力为:

$$\begin{aligned}\sigma &= E\varepsilon = E\alpha\Delta T \\ &= (1.93 \times 10^{11})(1.72 \times 10^{-5})(50) \\ &= 1.6598 \times 10^{8}(\mathrm{Pa})\end{aligned}$$

ΔT=50℃　5×10mm　20mm

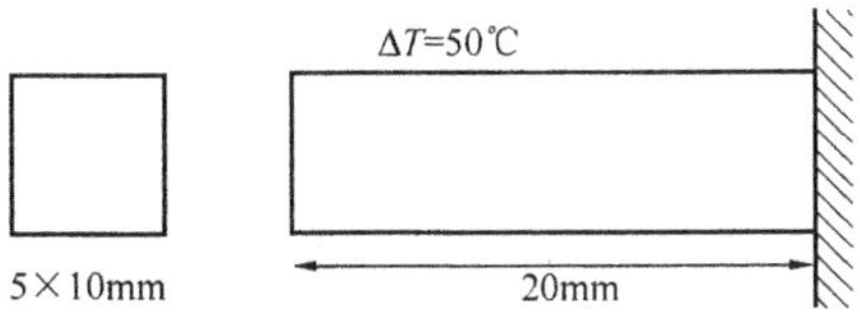

图 2.3－10　均匀受热的悬臂梁

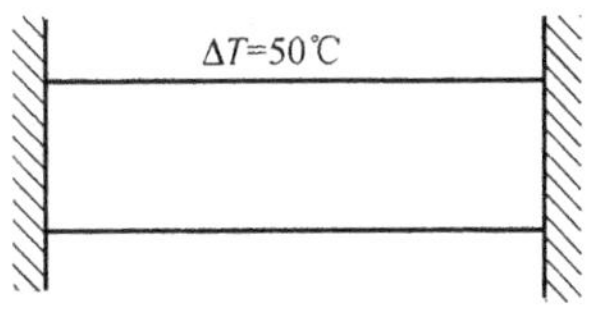

ΔT=50℃

图 2.3－11　二端固定约束的悬臂梁

由此通过热膨胀系数可以将温度与应变、应力相关联而得到热应力值。

对于复杂系统或结构，由于温度与应变、应力是耦合并发的，首先需进行热分析，计算出系统或部件的温度分布及其他热物理参数，如热量的获取或损失、热梯度、热流密度(热通量)等，然后才进行热应力的分析。由于有限元方法的出现，大多数商业软件均可信任热弹性应力和热弹塑性应力的分析。

（二）换热设备关键部件的热应力分析

高温换热设备一般均处于苛刻的操作条件下，作为管壳式换热设备的关键部件，管板两侧承受较大的压力载荷以及温度差的作用，管板的设计不仅要满足压力作用下的强度要求，还必须满足因壳体与管束热膨胀差引起的热应力以及管板自身两侧温度差而引起的热应力要求。有时管板的热应力很大，对失效起着主导的作用。

由于换热设备中管板几何形状的复杂性，以及与壳体、管束、封头、法兰等连成为一个整体，因而对其进行分析十分困难。目前对管板的研究，大部分是基于弹性基础上的圆平板作些近似假设后对其进行理论分析。部分还采用有限元法或有限差分法研究了管板在压力载荷作用下的应力分布。此处主要介绍温度差引起的管板热应力的分析[5, 6]。

1. 热传导问题的有限元分析

物体的热传导问题可由下列方程来描述：

$$-\nabla q + q_{\mathrm{B}} = \rho c \frac{\partial T}{\partial t} \tag{1}$$

$$T(x,y,z,t) = T_w(x,y,z,t)\text{，在 } S_1 \text{ 上；} \tag{2}$$

$$-k_{\mathrm{n}} \frac{\partial T}{\partial t} = q_{\mathrm{s}}\text{，在 } S_2 \text{ 上} \tag{3}$$

$$T(x,y,z,0) = T_0(x,y,z,0) \tag{4}$$

式中 q——热通量向量；

q_{B}——单位体积的热生成率；

q_{s}——边界热流输入。对流边界 S_{c} 时，$q_{\mathrm{s}} = h(T_{\mathrm{e}} - T_{\mathrm{s}})$；

辐射边界 S_{r} 时，$q_{\mathrm{s}} = \kappa(T_r - T_{\mathrm{s}})$；

h——对流系数；

k_{n}——垂直于物体表面的热导率；

T_{e}——对流温度；

T_{s}——壁面温度；

T_{r}——外部辐射源的温度；

κ——辐射系数。

采用 Galerkin 法，经有限单元离散化后，可得热传导有限元方程：

$$[C]\{\dot{T}\} + [K]\{T\} = \{Q\} \tag{5}$$

式中 $[C]$——比热矩阵；$[C] = \int_{\Omega} \rho c \{N\}[N] \mathrm{d}\Omega$

$\{\dot{T}\}$——节点温度的时间导数；

$[K]$——有效热传导矩阵；$[K] = [K_{\mathrm{k}}] + [K_{\mathrm{c}}] + [K_{\mathrm{r}}]$

其中，$[K_{\mathrm{k}}] = \int_{\Omega} [B]^T[k][B] \mathrm{d}\Omega$ 与传导有关的矩阵；

$[K_{\mathrm{c}}] = \int_{S_{\mathrm{c}}} h\{N\}[N] \mathrm{d}\Gamma$ 与对流有关的矩阵；

$$[K_r]=\int_{S_r}\kappa\{N\}[N]\mathrm{d}\Gamma$$　与辐射有关的矩阵；

$\{T\}$ ——节点温度向量；

$\{Q\}$ ——有效的节点热流向量，$\{Q\}=\{Q_q\}+\{Q_c\}+\{Q_r\}$

其中，$\{Q_q\}=\int_{\Omega}q_s\{N\}\mathrm{d}\Omega$；

$$\{Q_c\}=\int_{S_c}hT_e\{N\}\mathrm{d}\Gamma$$

$$\{Q_r\}=\int_{S_r}\kappa T_r\{N\}\mathrm{d}\Gamma$$

2. 管板结构的计算模型

基于弹性基础板理论，考虑了以下主要因素：a. 把实际的管板简化为受到规则排列管孔的削弱，同时又为被管子加强了的弹性基础上的均质等效圆平板；b. 管板周边部分较窄的不布管区按其面积简化为圆环形实心板；c. 管板边缘可以有各种不同形式的连接结构；d. 考虑了法兰力矩对管板的作用；e. 考虑了管子与壳程圆筒间的热膨胀差所引起的温差应力等。

因此，换热设备管板结构的力学模型如图 2.3－12 所示。经内力分析，有 9 个独立的未知内力素组成的向量：

$$\{x_j\}=\{M_h,H_h,M_s,H_s,M_R,H',\rho_tM_t,\rho_tV_t,M_f\} \tag{6}$$

式中　M_h、H_h——分别表示管箱圆筒与法兰连接处的边缘弯矩及横剪力；

M_s、H_s——分别表示壳程圆筒与管板连接处的边缘弯矩及横剪力；

M_t、V_t——分别表示管板布管区与环形板连接处的边缘弯矩及边缘力；

M_R——环形板与壳体法兰连接处的边缘弯矩；

H'——管板外缘径向拉力；

ρ_t——比值，$\rho_t=R_t/R$；

M_f——法兰力矩；

R_t——管板布管区的当量半径；

V_h、V_s——分别表示封头轴向力、壳程圆筒轴向力；

V_R——环形板外边缘剪力。

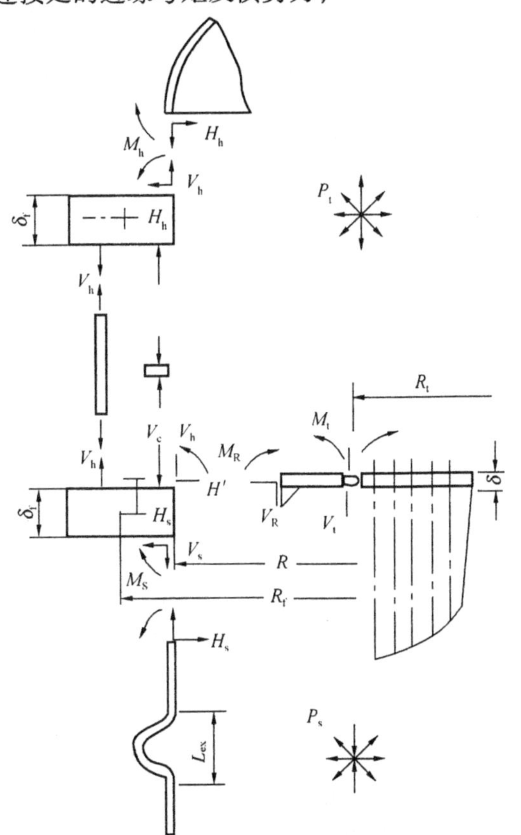

图 2.3－12　管板结构的力学模型

满足以下线性代数方程组：

$$\sum_{j=1}^{9}F_{ij}x_j=F_{ip}\quad i=1,2,\cdots,9 \tag{7}$$

式中，F_{ij} 为系数阵；F_{ip} 为由压力和热膨胀差组合成的载荷向量。

解此方程组，可求得管板与其相关元件

的各内力素。

由于管板布管区管孔的存在，若采用三维有限单元，则相当烦琐，故将带孔管板简化为当量实心板，其弹性模量 E 及泊松比 ν 转化为当量弹性模量 E^* 及当量泊松比 ν^* 。

经上述简化，管板结构分析可转化为有限元法中的二维轴对称稳态问题。

3. 管板热应力的分析

对式(1)热传导控制方程，其管板二维轴对称稳态问题的热传导方程为：

$$k_r \frac{\partial^2 T}{\partial r^2} + \frac{k_r}{r}\frac{\partial T}{\partial r} + k_z \frac{\partial^2 T}{\partial z^2} + q_B = 0 \tag{8}$$

与前述有限元方程推导类似，可得管板二维轴对称稳态问题的有限元方程：

$$[K]\{T\} = \{Q\} \tag{9}$$

则

$$\{\sigma\} = [D](\{\varepsilon\} - \{\varepsilon_0\}) = [D]\{\varepsilon\} - [D]\{\varepsilon_0\} \tag{10}$$

式中 $[D]$ ——弹性矩阵；

$\{\varepsilon_0\}$ ——初应变向量；

$\{\varepsilon\}$ ——包含自由膨胀初应变向量 $\{\varepsilon_0\}$ 在内的总应变向量；

$\{\sigma\}$ ——应力向量。

令

$$\{\sigma_{\Delta T}\} = [D]\{\varepsilon_0\} \tag{11}$$

式中 $\{\sigma_{\Delta T}\}$ ——引起初应变向量 $\{\varepsilon_0\}$ 的温差载荷强度。

将温差载荷强度等效移置到节点上成为等效的温差节点载荷列向量 $\{F_{\Delta T}\}$ 。

$$\int_{V^e} [B]^T[D][B]\mathrm{d}V\{U\}^e = \int_{V^e} [B]^T\{\delta_{\Delta T}\}dV = \{F_p\}^e + \{F_q\}^e + \{F_g\}^e + \{F_{\Delta T}\}^e \tag{12}$$

写成

$$[K]^e\{U\}^e = \{F_p\}^e + \{F_q\}^e + \{F_g\}^e + \{F_{\Delta T}\}^e \tag{13}$$

式中 $\{F_p\}^e$ ——集中力 p 移置的等效节点载荷列向量；

$\{F_q\}^e$ ——面力 q 移置的等效节点载荷列向量；

$\{F_g\}^e$ ——体力移置的等效节点载荷列向量；

$\{F_{\Delta T}\}^e$ ——温差载荷强度移置的等效温差节点载荷列向量。

当只需求解热应力时，令

$$\{F_p\}^e = \{F_q\}^e = \{F_g\}^e = 0 \tag{14}$$

则得：

$$[K]^e\{U\}^e = \{F_{\Delta T}\}^e \tag{15}$$

组集后得，

$$[K]\{U\} = \{F_{\Delta T}\} \tag{16}$$

进行约束处理后，求出等效温差载荷作用下各节点的位移，然后通过应力矩阵可求出热应力。

4. 计算示例

例 1 某厂甲醇转化工段余热锅炉，管程为压力 2.06MPa、温度 830℃的高温转化气，与壳程冷水进行换热，产生蒸汽。为降低管板的壁温，防止过热，在管板上敷设了隔热层。经核算，取壳体壁温 227℃，管子壁温 270℃。管板厚度 80mm。

经有限元计算，管板上温度和热应力分布如图 2.3－13 和图 2.3－14 所示。

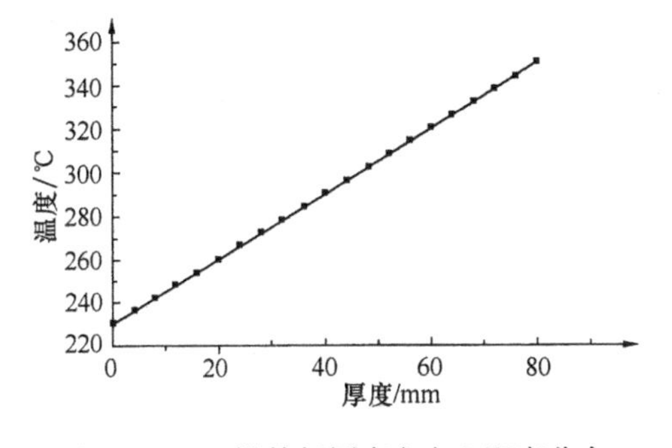

图 2.3－13　沿管板厚度方向上温度分布

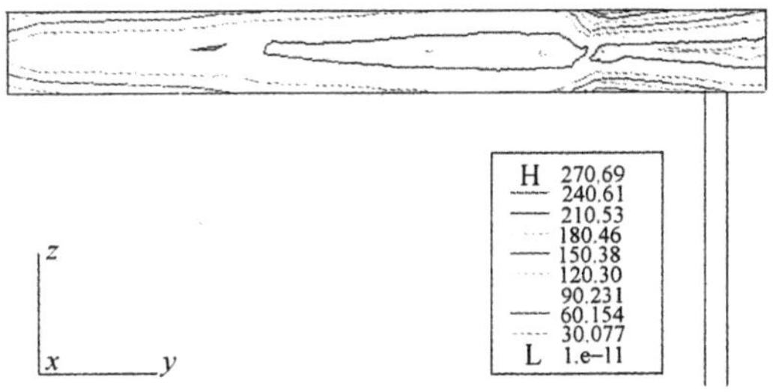

图 2.3－14　管板上热应力分布

例 2　某电厂生水加热器，工艺参数：管程生水，进出口温度 5～30℃，设计压力 1.57MPa；壳程流体为过热蒸汽，进口温度 300～350℃，工作压力 0.3MPa，设计压力 0.6MPa。工艺及强度计算得，壳程筒体材料 16MnR，筒体直径 600mm，壁厚 10mm，换热管数 284 根，换热管规格 $\phi25\times2$mm，材料为不锈钢。管板厚度 50mm。

经有限元计算，管板上温度分布和热应力分布如图 2.3－15 和图 2.3－16 所示。

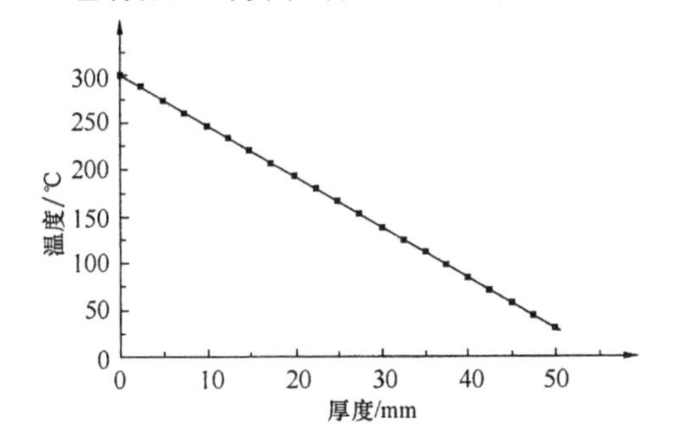

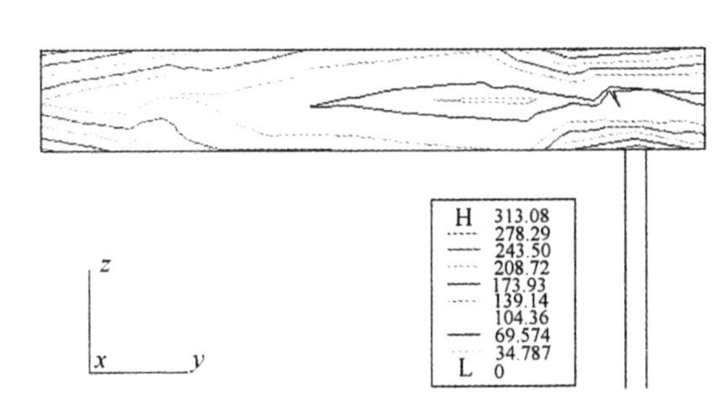

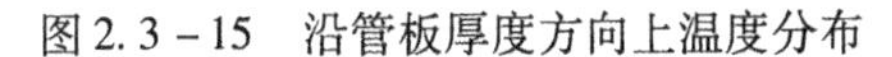

图 2.3－15　沿管板厚度方向上温度分布

图 2.3－16　管板上热应力分布

从图 2.3－11、图 2.3－13 中可见，管板上热应力是较大的。

三、高温腐蚀的考虑

高温腐蚀是材料在高温下与各类介质环境下发生的反应。环境介质所含组分的不同，材料与环境发生的反应也不同，因此就产生了不同的高温腐蚀形式。影响高温腐蚀的因素很多，除了高温之外，主要的因素有：

环境：高温环境大体包括氢、氧、碳、氮、硫和卤族元素的气氛，以及熔盐和液态金属等 8 大类。实际环境十分复杂，气氛并不单一，常常是不同活度（或分压）及各种气氛的组合，构成数以千计特征相似但又相异的高温环境。

时间：根据各类设备、零部件使用条件的不同，使用时间从火箭导弹的数分钟、航空发动机使用的几百小时、几千小时到发电装置的几十万小时（要求安全运行 40～60 年）。

材料：从简单的一般碳钢、低合金钢、高合金钢、高温合金直至各类复合材料，门类繁多、品种复杂。

表 2.3－3　列举了若干与换热设备相关的高温腐蚀环境及腐蚀现象[7,8]。环境介质的组分不同，材料与环境发生的反应也不同，因此产生了不同的高温腐蚀形式。目前认为，根据高温腐蚀形式和腐蚀行为可将腐蚀分为三大类，第一类是在高温干燥的气体分子环境中进行，金属材料与环境气体在界面化学反应的直接结果，被称为“高温气体腐蚀”。“干腐蚀”、

"化学腐蚀"、高温氧化、硫化、碳化、混合气氛下的腐蚀均属于这一类。这类腐蚀的特点是，腐蚀产物的性质和结构控制着腐蚀过程。第二类是液态介质对固体金属材料的高温腐蚀，被称为"高温液体腐蚀"。在这类腐蚀中既有化学腐蚀，也有电化学腐蚀，既在界面反应，又有液态物质对固态表面的溶解，如高温液态金属腐蚀，高温熔盐腐蚀等。第三类指金属材料在含有腐蚀性的固态颗粒状质点的冲刷下发生的高温腐蚀，被称为"高温固态物质腐蚀"。这类腐蚀既有固态灰分与盐颗粒对金属材料的腐蚀，又有这些颗粒对金属表面的机械磨损，至今常被人们称为"磨蚀"或"冲蚀"。

表 2.3-3　高温腐蚀环境与腐蚀现象

工　艺	腐　蚀　环　境	腐　蚀　现　象	使用的主要材料
石油化工			
石油精炼，原油蒸馏	温度 300 ~ 450℃；常压或减压，气氛是硫化氢及盐酸等成份	硫化	铬－钼钢，熔盐镀铝
接触改性	温度 420 ~ 580℃，压力 1.5 ~ 5MPa，氢气及碳化氢的气氛	氢蚀	钼钢，铬－钼钢
接触分解	温度 180 ~ 500℃，常压，存在着流动催化剂	硫化，由催化剂引起的磨损腐蚀	铬－钼钢，不锈钢
加氢脱硫	温度 200 ~ 500℃，压力 3.5 ~ 20MPa，气氛为氢气、硫化氢、碳化氢	硫化，氢蚀	铬－钼钢，不锈钢，表面覆盖铝、铬等金属
加热炉	温度 400 ~ 900℃或更高	氧化、硫化、尘化	铬－钼钢、不锈钢铁、镍、钴及其合金
乙烯裂解	温度 700 ~ 900℃，压力 0.2 ~ 0.5MPa，气氛为氢、水蒸气、乙烯及碳化氢	氧化、渗碳	HK40，Incoloy800
锅炉			
过热器管（火焰侧面）	金属温度 ~ 610℃，燃气在锅炉内局部处是还原气氛，有钒的化合物，硫酸钠溶渣附着（煤燃烧时常常是铁、钾的化合物）	在复杂气氛中高温氧化，高温硫化，钒的侵蚀，渗碳、腐蚀等	铬－钼钢，奥氏体不锈钢
过热器管（蒸汽侧面），空气预热器等	蒸汽温度 ~ 570℃，压力 ~ 25MPa，温度 200℃以下，硫酸凝缩	水蒸气气化，硫酸露点腐蚀	低合金钢
汽车			
排气用的加热反应器	温度 ~ 1100℃，燃气（铅、磷、硫、氯、溴等化合物）；冷热交变、振动	复杂气氛下高温氧化、氧化铅的存在加速腐蚀	奥氏体和铁素体不锈钢、表面覆盖铬铝等金属
CO 转换	温度 ~ 850℃	复杂气氛下高温氧化	奥氏体和铁素体不锈钢
燃烧垃圾炉，锅炉过热器	燃烧室温度 750 ~ 950℃，燃气（少量二氧化硫、盐酸、氯气明显增多，局部处具有还原气氛）	复杂气氛下高温氧化，由于盐酸气、氯气会加速氧化，由碱融盐引起的热腐蚀、腐蚀等	铬、钼钢表面覆盖铬金属

续表

工　艺	腐　蚀　环　境	腐　蚀　现　象	使用的主要材料
核反应堆热交换			
轻水冷却	温度260~300℃，水及水蒸气	由高温水引起的应力腐蚀	奥氏体不锈钢，镍基合金
液态金属冷却	温度400~700℃，液态钠	脱碳，液态金属腐蚀	奥氏体不锈钢
氦冷却	温度750~1000℃，不纯氦	内氧化，脱碳	铁-镍耐热合金、镍基耐热合金
煤液化，气化	液化温度~450℃，汽化温度~1030℃，气氛为氢、水蒸气、一氧化碳、硫化氢、固体微粒	高温硫化，尘化腐蚀等	铬-钼钢，不锈钢

高温腐蚀条件下的选材和腐蚀裕度的设定是十分重要的两个方面。

选材对保障高温结构的完整性十分重要，结构材料在使用过程中的性能变化，很大程度上取决设计阶段的材料选择。因此选材必须作细致的研究，综合考虑多方面的因素，包括力学性能、物理特性、可用性(服役条件)和价格等。

一些适用于高温环境的常用合金类型总结于表2.3-4[9]，表中所列合金尚不全面，国内设计者可据此查找国内牌号。

表2.3-4　高温腐蚀环境下的常用合金

腐蚀类型	基本合金类型	备选合金	注意事项
氧化	Fe-Ni-(Co)>20%(30%)Cr，稳定化至最小敏化作用，铝、硅是有利的元素，稀土元素有助于膜的维持	304、321、309、800(HT)、803、430、446、HR120、330、85H、333、600、601(GC)、602CA、617、625、253MA、353MA、DS、214、MA956、MA754、X等	根据使用情况选择范围很广，力学性能、热循环(冲击)、瞬态及稳态条件；内部氧化。注意σ相析出，W、Mo-灾难性氧化
硫化(还原性气体无氧化物)	铁-和高铬(铝)合金	9%~12%铬钢；309、310、330、800(HT)、803、HR120、85H、253MA、353MA、MA956、446、671、6B、188等	硫蒸气、硫化氢等无氧化物，注意Ni/Ni_3S_2共晶相，涂层会有帮助
硫化(有氧化性气体)	铁-铬基合金，氧化物的形成是有利的，预氧化也会有帮助	以上合金和153MA、601、HR160、MA754、MA956、333、556等	SO_2、SO_3等有氧化物、硫化物剥离的危险；铝涂层(见热腐蚀)
渗碳	铸造合金广泛使用，对更恶劣的环境，使用含铬、硅(碳在镍中的低溶解度有利于镍合金)	HH、HK、HPMod、309、310、330、333、85H、800(HT)、803、DS、HR160、600、601、253MA、602CA、617、625、690、MA754、MA956、X、556、706、718、750等	内部碳化物及其在晶界的生成，表面光滑对铸造管有利，金属尘化(在较低的温度下)，绿点腐蚀(不连续的O_2-C)
渗氮	镍合金比铁合金更好，避免高铬量，使用低铝和低钛(氮化物生成)，硅会促使表层剥离	309、800(HT)、330、446、188、230、600、602CA、625、253MA等	内部氮化物(如AlN)会削弱合金，低氧分压下薄的氧化物会减轻渗氮
卤化：氯化、氟化等	镍合金比铁合金更好，有利元素：铬(HF除外)、铝、硅(有氧)，预氧化无用	800H、333、200、201、207、600、601、602CA、214、N、H242、B3等	挥发性物质，内部孔洞及吸湿性物质(如氯化物)，表层剥离

续表

腐蚀类型	基本合金类型	备选合金	注意事项
燃料积灰腐蚀	较低温时为 FeCrMo 合金，耐腐蚀合金视实际情况可用于硫、氧、碳环境，高含量的铬、硅、铝是有益的(也适用于涂层)	309、310、800(HT)、600、601、602CA、625、825、253MA、353MA、MA754、MA758、MA956、IN657、671 等	使用情况决定合金或涂层，钒渣(高铬+硅)
熔盐	镍合金是首选，一些高铬合金及用于熔融氯化物的镍铬钼钨合金	和抗卤素、硫化物腐蚀材料相同；取决于盐的种类	晶间损伤，内部孔洞，可能的脆化
熔融玻璃	镍-或钴-/高铬合金，一些高熔点金属	600、601、602CA、671、690、MA758 等	复杂的助熔侵蚀反应及氧化、硫化、氯化和氟化等
液态金属	含铬、铝、硅的铁合金一般是首选(对液态金属钠、钾和熔融的锌、铅等)	Cr-Mo，309、310、85H、253MA 等	溶解或合金化影响，晶间腐蚀等
复杂环境	几个过程共同作用	耐腐蚀合金或涂层	向供应商要求更多数据支持，向研究机构寻求帮助，考虑挂片试验/监控

对于高温下的腐蚀裕度，目前尚无针对各种场合应用的明确规定。根据 GB 150—1998《钢制压力容器》的第3.5.5.2款“应根据预期的容器寿命和介质对金属材料的腐蚀速率确定腐蚀裕量”[10]。大体上可以按“腐蚀裕量＝年腐蚀速率×设计寿命”进行粗略估算，在腐蚀速率中不仅包括介质对材料的腐蚀，也包括介质流动时对材料的冲蚀和磨蚀，因此关键是腐蚀速率的确定，这需要大量的实验和实践经验的支持。

四、薄管板结构的设计

固定管板结构是高温高压换热器采用的主要结构。针对管壳式换热器的设计计算，世界上许多国家都有各自的计算规范，如美国的 TEMA 和 ASME 标准、英国的 BS 标准、法国的 CODAP 标准、德国的 AD 标准、日本的 JISB8243 标准、前苏联的 PTM 标准及我国的 GB 151。但是，由于各自采用的计算理论和假定条件不同，故计算结果也很不相同。按照薄管板的设计方法，管板厚度可以减至原来的1/3～1/5，由此有效地节省了材料。同时，由于管板减薄了，可以将两块管板叠在一起加工管孔，甚至可以与折流板放在一起钻孔，这样既节约工时又便于穿管，因此采用薄管板技术具有显见的优越性。

（一）薄管板的结构形式

从前述图2.3－14、图2.3－16中以看出，若管板较厚，而其两侧温度差较大时，管板上的热应力较大，因此，有必要采取薄管板设计来减小厚度。

目前，薄管板结构常见的有4种形式，如图2.3－17所示。

(1) 管板贴焊于法兰面上，称贴面式薄管板结构(德国结构)，如图2.3－17(a)。当管内为腐蚀性介质时较为有利，因法兰可不与管内介质接触，无需考虑其防腐问题。

(2) 管板嵌入法兰内表面并车平，称嵌入式薄管板结构(前苏联结构)，如图2.3－17(b)。

(3) 管板在法兰下面且与筒体焊接，称焊入式薄管板结构(我国结构)，如图2.3－17(c)。若壳程有腐蚀介质时，则这一结构比较有利，其法兰也不与介质接触。

(4) 挠性薄管板结构，多用于水管锅炉。这种结构加工比较复杂，但可以补偿热膨胀，也不受法兰力矩的影响，如图2.3－17(d)。

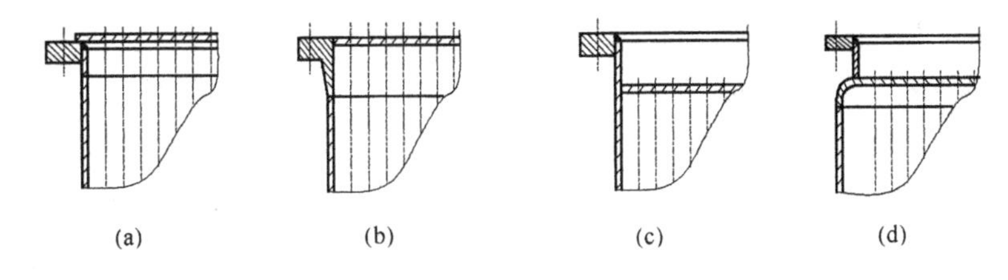

图 2.3－17　薄管板的结构形式

（二）薄管板的强度设计

1. 理论基础

关于固定管板的设计方法，按其依据的理论主要可分为两大类：

（1）弹性基础板理论——整体强度理论方法，如我国规范、美国 TEMA 及英国 BS5500。

（2）光板理论——局部强度方法，如前西德 AD、前苏联锅炉监察手册。

通过理论分析和实验应力分析已得到证实，弹性基础板理论方法较好地反应了换热器管板的受力情况，特别是我国规范方法，由于较 TEMA 及 BS 等方法考虑更为全面，因此相对地更为精确，是较为合理的方法。基于光板理论的 AD“小圆板”计算方法，不计法兰力矩的作用，低估了管板的应力，降低了安全系数，但它所考虑的局部强度是实际存在的，只是在以往厚管板设计中并不居重要地位。

事实上，我国规范，TEMA，BS 一类管板设计方法所考虑的管板整体强度与 AD 方法所考虑的管板局部强度是换热器管板强度计算问题的两个方面。但是，在以往的厚管板设计中，局部强度仅处于次要地位，而按管板整体强度设计的管板。

2. 准则设计

可按 GB 151 中推荐的管板计算公式进行计算[11]，其理论依据是将管板看作弹性基础上的圆板而导出的。对不带法兰且布满管子的管板，其不布管区面积相对于布管区面积来说，可忽略不计，在此情况下，只需计算布管区的径向弯曲应力即可：

$$\sigma_r = \bar{\sigma}_r \frac{\lambda}{\mu}\left(\frac{D_i}{\delta}\right)^2 \leqslant x[\sigma]_r^t$$

式中，x 为应力分类系数，不考虑膨胀差时 $x=1.5$，考虑膨胀差时 $x=3.0$。

德国 AD 规范则充分考虑了管束对管板的加强作用（小圆板理论），只计算不布管区最大外接圆面积的弯曲强度，其管板厚度由下式确定：

$$\delta = 0.4d_2\sqrt{\frac{p}{[\sigma]_r^t}}$$

式中，d_2 为只考虑不布管区所得的最大外接圆直径。该规范规定对胀接的管束与管板，必须具有足够的抗拉脱可靠性；对焊接连接的管束与管板，其焊缝应具有足够的剪切强度。

若管子布满管板，计算所得管板厚度有时可能只有 1～2mm，考虑到制造、安装及运输等因素才将其增至 15mm 左右。若不布管区面积相对太大时，管板厚度会成倍地增加。因此，采用上述公式进行薄管板计算时，要尽可能布满管子。

3. 分析设计

随着有限元等先进计算方法日趋成熟，分析设计规范得以推广应用[12]，对薄管板结构进行分析设计变得更加容易。以前述的二、小节的余热锅炉和加热器的设计为例，可先按规范公式进行设计，然后进一步做有限元分析。

对例1，若采用挠性薄管板结构，则设计得管板结构尺寸如图2.3－18所示，管板厚度为24mm，此时管板上的热应力分布如图2.3－19所示。

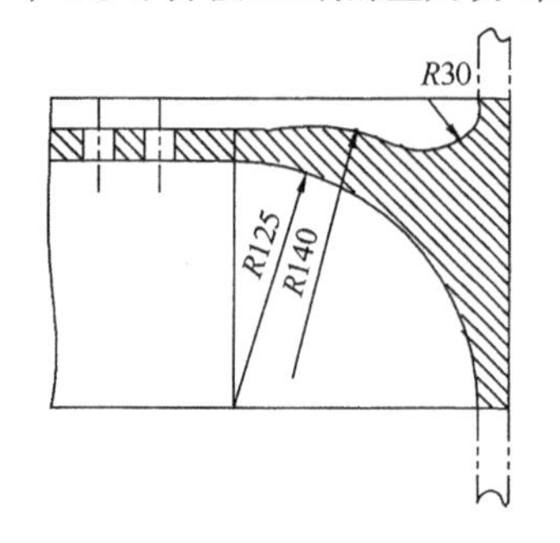

图2.3－18 挠性薄管板结构

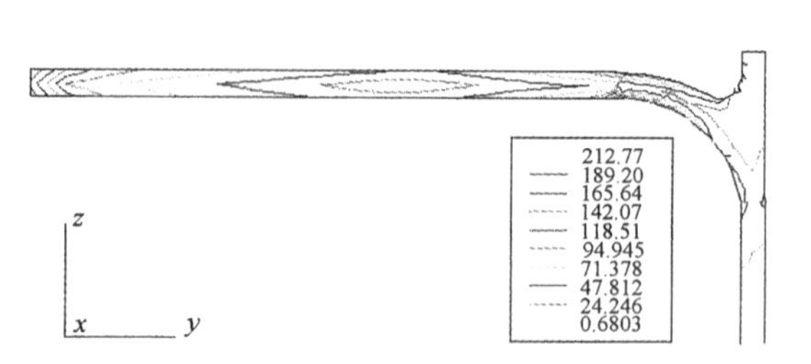

图2.3－19 余热锅炉管板热应力分布

对例2，当采用焊入式薄管板结构时，利用有限元计算得管板厚度为17mm，此时管板上的热应力分布如图2.3－20所示。

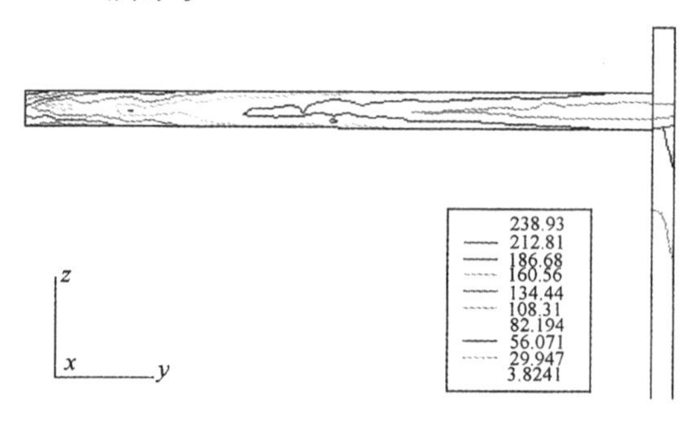

图2.3－20 生水加热器管板热应力分布

由此可见，薄管板结构大大降低了热应力水平。表2.3－5比较了例2生水加热器分别采用厚管板结构和薄管板结构时的热应力水平。管板中心处（$r=0$）及管板与壳体连接处截面（$r=R$），其截面热应力值列于表中。

表2.3－5 厚管板结构和薄管板结构热应力的比较

截 面	$\delta=50$mm 管板最大热应力/MPa		$\delta=17$mm 管板最大热应力/MPa	
$r=0$	上表面	310.7	上表面	212.0
	中 点	49.49	中 点	23.1
	下表面	-24.24	下表面	-3.582
$r=R$	上表面	247.6	上表面	85.24
	中 点	27.67	中 点	14.84
	下表面	-25.99	下表面	-7.661

五、高温高压密封结构的设计

（一）密封垫片的高温性能[13]

1. 垫片压缩回弹性能

法兰连接的密封主要是通过垫片的变形以增加流体泄漏阻力实现的。在预紧过程中，垫片良好的压缩回弹性能是保证其表面与法兰面形成初始密封的基本条件。在运行工况下，受介质压力及温度的影响，螺栓会伸长，法兰会变形。法兰密封面和垫片间会产生相对分离的倾向。垫片上的压紧力减小，进而造成连接密封性能下降。甚至产生泄漏。所以，要求垫片具有较好的回弹能力，以补偿密封面间的分离。不同垫片材料的高温压缩回弹性能相差较大，理想的垫片材料应具有表面屈服性能和整体回弹性能均好的综合特性。采用复合材料，改进垫片结构，可达到上述要求，从而提高系统的密封性能。以柔性石墨复合垫片为例，图2.3－21示出了在同一应力等级(70MPa)及不同温度下的压缩回弹曲线。

由图2.3－18可见，同一应力等级下，温度越高压缩曲线越平坦，而回弹曲线越陡，这说明垫片加载和卸载弹性模量均与温度有关。随着温度的升高，垫片压缩量增大而回弹性能下降，蠕变加剧，垫片塑性变形量增加，故回弹率下降。这是导致高温连接泄漏的主要原因。

2. 蠕变性能

无论常温或高温状态下，垫片在长时间应力作用下都会产生蠕变。垫片蠕变使其弹性变形部分消失，引起连接系统中各受力元件的应力松弛，从而导致连接系统密封失效。高温工况下这种情况更加严重。以石墨复合垫片为例，图2.3－22给出了在不同应力等级，不同温度下的蠕变曲线，可见温度、时间及应力是影响垫片蠕变性能的主要因素。垫片温度越高，蠕变量越大。垫片应力越大，蠕变量也越大。但温度对蠕变量的影响比应力的影响显著。

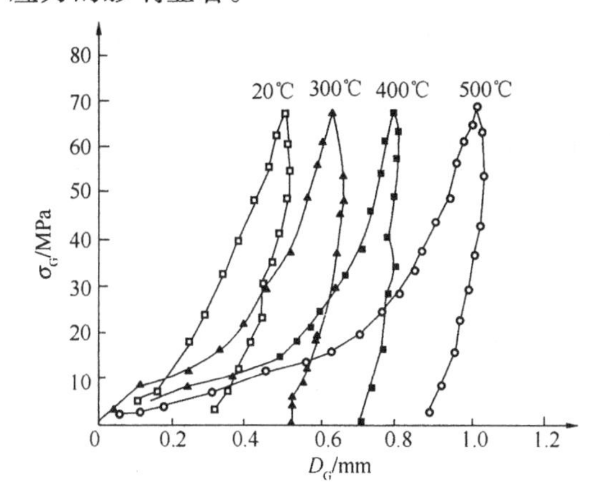

图2.3－21　同一应力等级及不同温度下的压缩回弹曲线

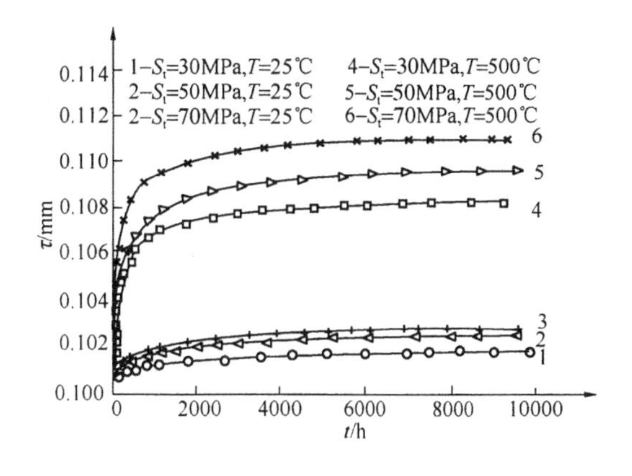

图2.3－22　不同应力等级及不同温度下的蠕变曲线

3. 密封性能

垫片密封性能是一项综合性能指标，它受垫片材质、结构、温度、介质性质及加载卸载状态等多种因素影响。以石墨复合垫片为例，图2.3－23表示了在同一预紧力和不同温度下泄漏率与介质压力的关系曲线。由该图可见，泄漏率随温度的升高而增大，随介质压力的增大而增大。图2.3－24表示了在同一温度下泄漏率与介质压力和垫片压紧应力的关系曲线。由该图可见，在恒定温度下泄漏率随介质压力的增大而增大，随垫片应力的增大而减小。

总体上，泄漏率与介质压力基本成线性关系，具有黏性流体层流的一般特征。泄漏率与垫片残余压紧应力成负指数关系，残余压紧力越大，泄漏率越小。泄漏率随温度的升高而增大，两者成指数关系。

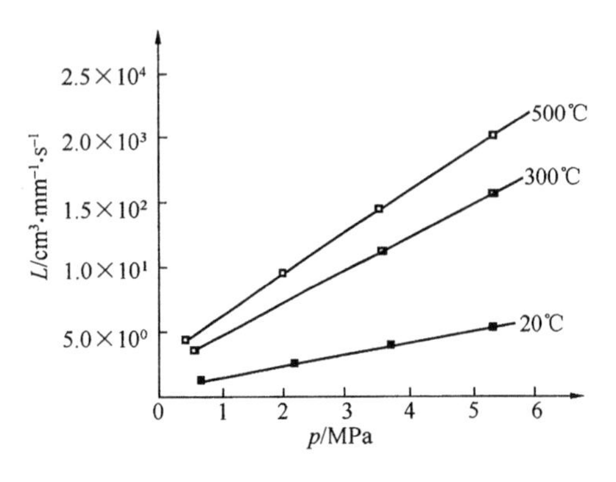

图 2.3 -23 同一预紧力及不同温度下泄漏率与介质压力的关系

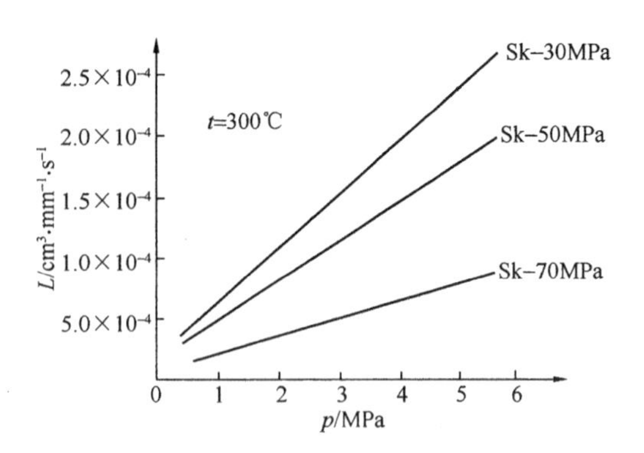

图 2.3 -24 同一温度及不同压紧应力下泄漏率与介质压力的关系

（二）高温高压密封圈

1. 金属包覆高温密封圈

芯盖和整体面采用耐高温和耐腐蚀的冷轧不锈钢制作，内填料采用耐高温、保温性能好及柔性佳的高级耐热材料。可用于石油、化工、冶金及能源等部门的管道和压力容器法兰连接处的密封，具有耐高温(1450℃)、高压(6.4MPa)、耐腐蚀，使用方便、密封效果好及使用寿命长的优点。金属包覆高温密封圈主要分圆形、矩形、跑道形和椭圆形，其示意图见表 2.3 -6。金属包覆高温密封圈适用范围见表 2.3 -7。密封圈的压缩率和回弹率应符合表 2.3 -8 的规定[14]。

表 2.3 -6 金属包覆高温密封圈主要类型

圆形密封圈：$Y\phi\times\omega\times\delta$

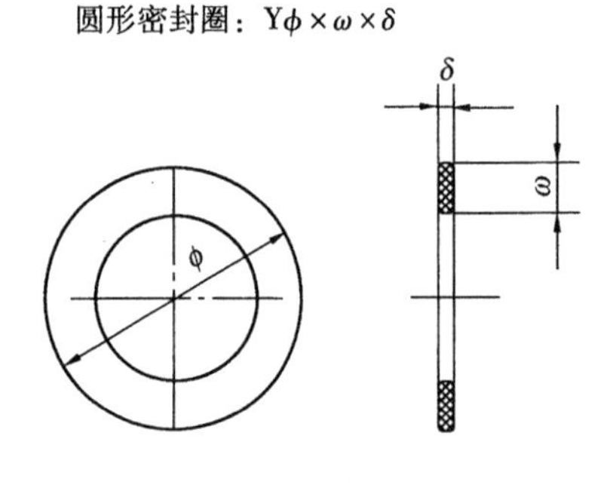

矩形密封圈：$J\alpha\times\beta\times\omega\times\delta$

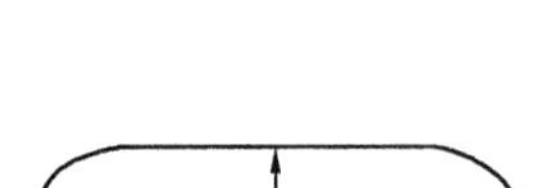

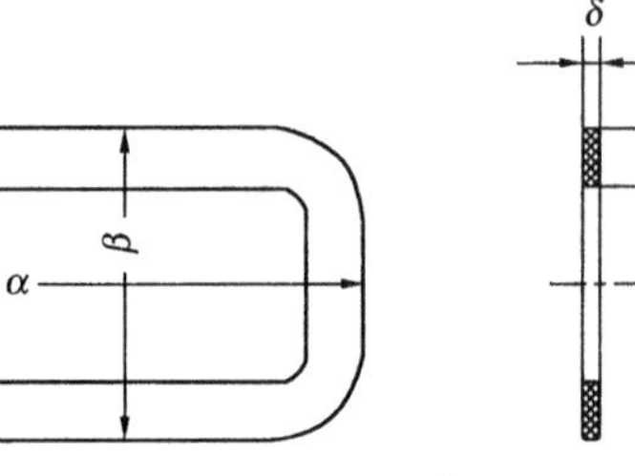

跑道形密封圈：$P\alpha\times\beta\times\omega\times\delta$

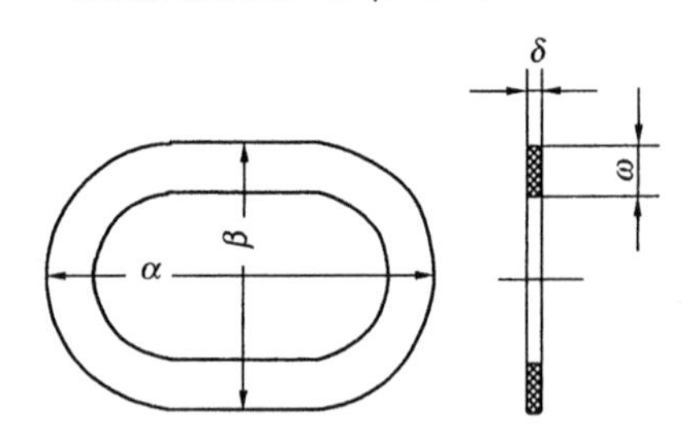

椭圆形密封圈：$T\alpha\times\beta\times\omega\times\delta$

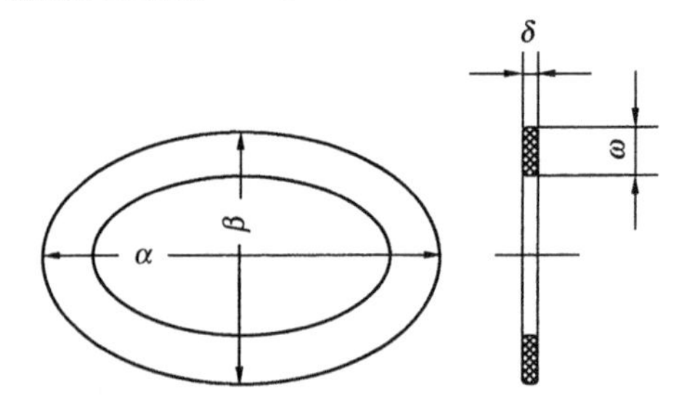

表 2.3-7 金属包覆高温密封圈适用范围

类 型	适 用 范 围		
	介质	最高介质温度/℃	最高压力/MPa
蒙乃尔合金+石墨填料	热 风	1450	1.0
不锈钢+陶瓷纤维填料不锈钢+石墨填料	热 风	1450	1.0
	烟气、煤气、尘气、氢气、油气	600	6.4
不锈钢+石棉填料	冶金及化工管道	550	2.5
08(10)+石棉填料	水、蒸气、煤气	450	2.5
铝、铜+石棉填料	水、蒸气	350	4
镀层薄钢板+石棉纸	水蒸气	300	2.5

表 2.3-8 密封圈的压缩率和回弹率的规定值

试 验 条 件		压缩率/%	回弹率/%
试件尺寸	*DN*100	20~35	≥15
初载荷	1MPa，保持 15s		
总载荷	60MPa，保持 60s		

2. 波齿复合垫片

在高温、高压和一些苛刻工况条件下仍具有良好的压缩回弹性能和可靠的密封性能。波齿复合垫片结构如图 2.3-25 所示。

整个垫片以金属环为骨架，上下表面覆以石墨板材。为了提高垫片的压缩回弹性能，金属环上下表面加工成相互错开的波齿状同心圆弧沟槽，复合一定厚度的柔性石墨后，使整个垫片既具有金属线接触密封，又具有多道柔性石墨环密封的双重功能，大大提高了这种垫片的密封性能。通过调整和优化波齿环面的齿深、齿距和齿尖厚度，使用中只需要较小的预紧压力，就可以密封很高压力的介质。同时，这种特殊的结构，确保垫片具有非常优异的抗蠕变性能，且便于安装和定位。

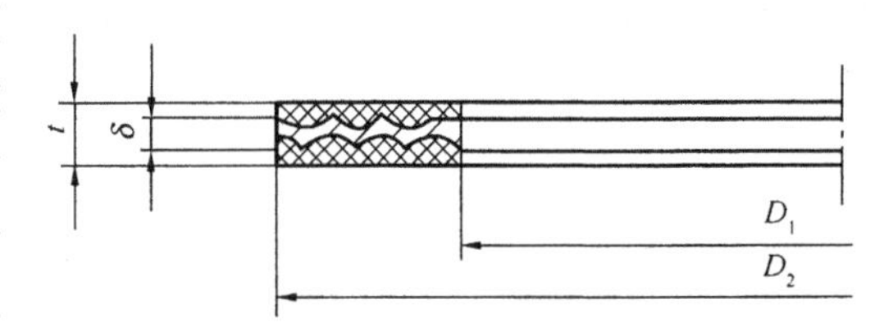

图 2.3-25 波齿复合垫片结构

波齿复合垫片已在许多场合获得应用，如在加氢裂化装置上使用就取得了明显的效果。加氢裂化装置是原料油在高温、高压下与氢气进行裂解反应，所以装置具有高温、高压和易燃、易爆等特点。装置设备压力等级多，介质的种类多，所使用的垫片也多达 10 余种。将部分易发生泄漏部位的垫片更换成波齿复合垫片，效果较原密封垫片有明显改善，换型的部位没有再次发生泄漏，而没有换型的部位仍有数次因热油泄漏而引起着火。表 2.3-9 为某加氢裂化装置使用波齿复合垫片的情况[15]。

此类密封的缺点是难于加工而价格偏高。在组装应力较大情况下，波形金属骨架有可能被“压平”，膨胀石墨产生径向流动，导致密封失效。

表 2.3－9　某加氢裂化装置使用波齿复合垫片的部位

应用部位	垫片规格/mm	介　质	操作温度/℃	操作压力/MPa
E202 管箱	ϕ665 × ϕ625 × 3.8	塔底油	366	0.77
E202 管箱侧	ϕ665 × ϕ625 × 3.8	塔底油	366	0.77
E203 管箱	ϕ665 × ϕ625 × 3.8	塔底油	366	0.77
E202 管箱侧	ϕ665 × ϕ625 × 3.8	塔底油	366	0.77
新氢压缩机二级冷却器管箱	ϕ631 × ϕ631 × 38	氢气	80	13
新氢压缩机二级冷却器管箱侧	ϕ665 × ϕ625 × 3.8	氢气	80	13
3.5MPa 边界阀	ϕ312 × ϕ260 × 2.5	蒸汽	345	3.5
余热锅炉出口阀	ϕ259 × ϕ211 × 2.5	蒸汽	345	3.5
E103 管箱侧	ϕ140 × ϕ1060 × 4.8	塔底油	292	2.02
酸性水边界阀	ϕ120 × ϕ87 × 2.5	H_2S、H_2O	65	0.6
酸性气引出阀	ϕ120 × ϕ87 × 2.5	H_2S	50	0.8

3. 八角密封垫

由于结构简单，制造检修方便，密封静压力和温度较高，操作安全可靠。已在中高压容器中获得广泛应用。八角垫卡环密封结构如图 2.3－26 所示，主要有八角垫、软垫片、卡环、法兰、管板、端盖、螺栓螺母组成。它是利用梯形槽的内外两个平面与八角垫形成面接触而实现密封的。具有径向半自紧的特点，环垫的平均直径比环槽平均直径稍大，靠环垫与环槽的内外斜面接触并压紧形成密封。环垫与环槽的斜面角度一股为 23°。环垫材料的最高硬度应在 170HBS 以下，且比环槽零件材料低 HBS30～40。密封面粗糙度 1.60～0.8μm，高压换热器依靠螺栓拉力压紧八角垫来产生初始压力并保持密封，因此法兰外圆直径、厚度及螺栓尺寸都很大。

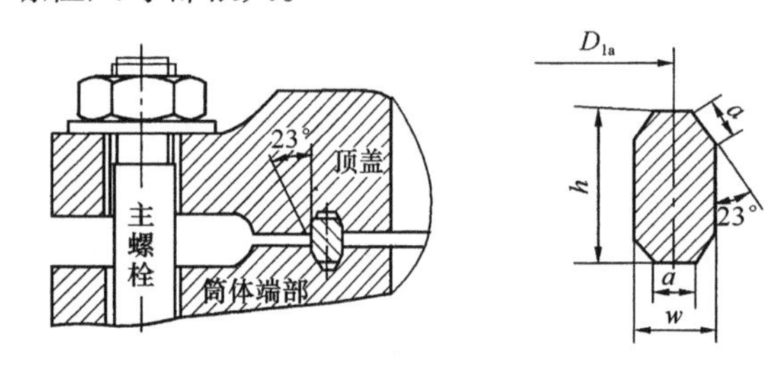

图 2.3－26　八角垫卡环密封结构

换热器升压后，螺栓载荷主要由两部分组成：一是流体静压力产生的轴向力使法兰分开，需克服此种端面载荷；二是为保证密封性，要在垫片或接触面上维持足够的压紧力，因此螺栓大，拧紧困难。当换热器内压和温度发生波动时，由于主螺栓很长，八角垫很小的变形都会使螺栓载荷发生明显的变化，直接影响着环垫的密封效果。因此，极容易产生泄漏，尤其是在装置开停工时这种可能性更大。

加氢高压换热器八角垫的材质一般采用不锈钢。对其密封载荷分析时，密封基本宽度为环宽的 1/8。预紧比压约 179 MPa，垫片系数为 6.50 左右。

4. 螺纹锁紧环密封

这种结构换热器最早是由美国雪弗龙（Chevron）公司和日本千代田公司共同研究开发成功的。它的独特点在于管箱部分，见图 2.3－27。螺纹锁紧环换热器采用螺纹承压环承受高压，内部采用各级密封垫片（垫圈）密封，保证其安全可靠。通过多年的实际应用证明，其具有良好的操作性能，可以在操作运行中随时上紧压紧垫片的螺栓，排除泄漏，达到密封性能可靠的目的。由于结构巧妙，出入口管线可以与换热器直接焊接相连，检修时仅为机械拆装内件，不需拆动高压管线。当管程和壳程均为高压时采用H－H型，壳程为低压而管程为高压时，采用H－L型。图2.3－27为H－H型高压换热器的管箱结构图[16]。

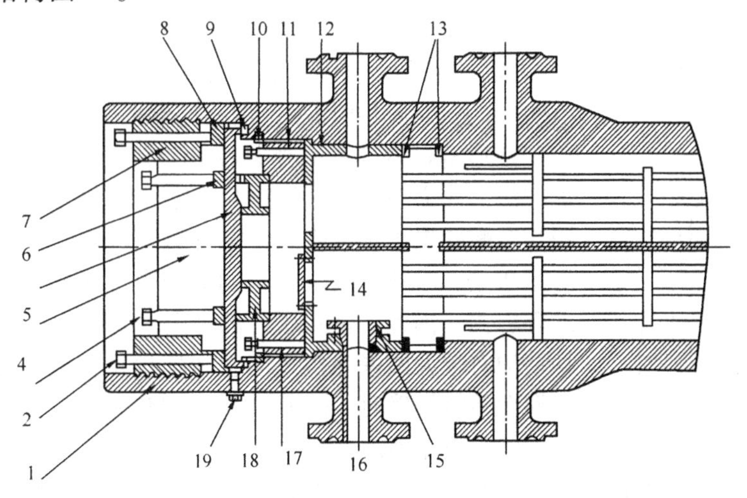

图2.3－27　螺纹锁紧环式高压换热器

1—管箱壳体；2—螺纹锁紧环固定螺栓；3—管箱压盖固定螺栓；4—管箱压盖；5—密封盘；6—固定环；7—螺纹锁紧环；8—承压环；9—外密封垫圈；10—口环；11—内法兰；12—专用隔板；13—管板垫片；14—半圆盖；15—填料压圈；16—密封带；17—内部固定螺栓；18—内套筒；19—外泄漏观察孔丝堵

换热器的壳体和管箱锻成或焊为一体，由内压引起的轴向力通过管箱盖和螺纹由壳体本体承受。因此，加给密封垫片的比压小，所需要的螺栓预紧力也小。它的特点是没有主法兰及主螺栓，压紧垫片的压力由装在螺纹承压环上的压紧螺栓专门提供。设备内部的压力载荷发生波动时，不影响垫片密封，同时压紧垫片的螺栓受力是压缩方向的，更有利于弥补垫片回弹作用，因此密封可靠。在操作运转过程中，如果发现管程密封处泄漏或管程和壳程间串漏，利用露在端面的固定螺栓和辅助固定螺栓就很容易进行在线紧固作业，消除泄漏，免去了不必要的停工及经济损失。但这种结构较复杂，机加工件多，且其公差与配合的要求也比较严格，大直径精度要求高的螺纹加工困难。

这种结构形式，使得内压载荷与垫片载荷各自分开，流体静压力产生的轴向力通过螺纹锁紧环传到了管箱壳体上，螺栓只需供给垫片密封所需的压紧力，使垫片的压紧力得到保证。内压载荷与垫片载荷形成的总载荷由端部大螺纹承受，因此螺纹锁紧环是主要的受力元件，常采用大节距的梯形螺纹形式。它上面的大螺纹及相对应筒体上的大螺纹承担着全部载荷，且载荷并非均匀地分布在每圈螺纹上，前三圈最大，局部应力峰值较高（达250MPa），因此对螺纹的加工精度尤为重要。大螺纹的加工需要有数控机床来保证。要进行全面的检查及详细测试。内套筒传递压紧力，使管板垫片被压紧，另一个作用使管程的进出口隔开。垫片压板压紧垫片起密封作用，同时传递螺纹承压环上的压紧力。内、外固定螺栓传递螺栓压紧力，起压缩弹簧作用，对垫片起回弹补偿作用。螺纹锁紧环与压盖一起承受全部内压载荷及垫片压紧力。开口环与内部固定螺栓一起给管板的垫片第一次压紧力。

5. Ω 形环密封

Ω 形环密封是一种新型半可拆式密封结构，最早见于70年代引进化肥装置中的换热器，为德国林德公司技术，其优点是结构简单、密封安全可靠，其结构形式如图2.3-28所示。该密封由螺栓、法兰、垫片及Ω环的密封焊来实现的。由于Ω形环具有较好的轴向变形能力(形状像膨胀节的一个波)及密封焊本身的特点，常被用在温度、压力较高且有较大波动，介质为易燃易爆，密封性能要求较高的场合。国内加氢装置在20世纪90年代初开始应用该密封形式。它的零件少，设备法兰和主螺栓尺寸均小，钢材耗量也少。

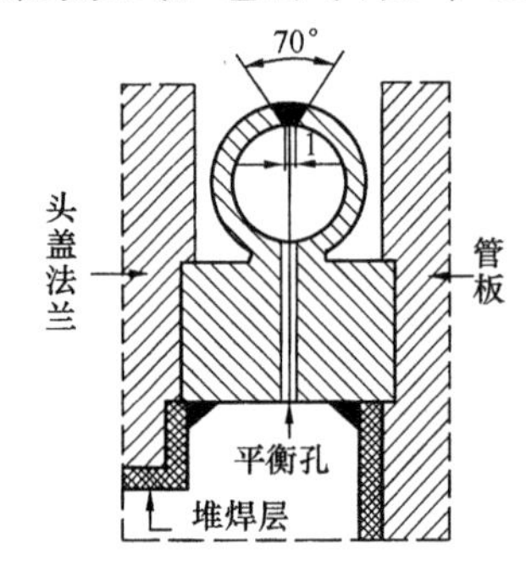

图2.3-28 Ω形环密封结构

Ω 形密封结构由一对半Ω环组焊而成小管状。先各自分别焊在法兰密封面和管板密封面上，安装时，2个法兰对中后，用几个螺栓先固定，将2个密封圈组对焊成Ω形。再用大螺栓压紧法兰。另外，在密封圈的周向设几个平衡孔，将介质引入Ω环腔内。因此，密封压力部分由Ω环腔体的膨胀来消除。这种结构有较大回弹补偿，当主螺栓被拉伸较长时，并超出弹性变形而不能补偿时，弧形的Ω环可以伸缩，且伸缩值较大，有很大的补偿能力。

在操作工况下，由Ω形密封圈膨胀消除部分液体内压产生的轴向力载荷，大螺栓承受余下部分的轴向力载荷和压紧垫片的载荷。因此，同八角垫密封结构相比较，螺栓载荷和直径可以大大减小。因此，Ω形密封圈是最重要的受力元件，它不仅承受由内压引起的周向薄膜应力、径向薄膜应力和径向弯曲应力，且承受轴向力引起的径向薄膜应力和径向弯曲应力。在环体与Ω形密封圈的结合处，由于有结构变化而存在局部应力(二次应力)。所以严格的设计应对Ω形密封圈进行有限元应力分析。此外，由于工作介质的温度和压力经常波动，Ω形密封圈将承受交变载荷的作用，应进行疲劳寿命核算。

表2.3-10为八角密封垫、螺纹锁紧环密封及Ω形环式密封换热器的密封性能比较[16]。

表2.3-10 八角密封垫、螺纹锁紧环密封及Ω形环式密封换热器的密封性能比较

	八角垫密封	螺纹锁紧环式密封	Ω环式密封
密封性能	容易泄漏	可靠	绝对密封
金属耗量	高	高	中
结构形式	简单	复杂	简单
检修难度	困难	简单	简单
垫片比压	高	低	低
螺栓预紧力	高	低	中
设备投资	中	高	中

六、热补偿结构设计[17~21]

管壳式换热器是高温高压换热器的主要形式。由于管壁两侧温差不同，或者管与壳的制造材料不同，使得结构在受热膨胀时产生热应力。但温差越大时，热应力也越大，在某些严重情况下，可造成换热器的破坏。另外，对有衬里的高温管壳式换热器，壳体的金属材料和衬里之间也会由于热胀冷缩而引起衬里的龟裂或剥落。有时管板的冷面或热面受冷或受热不均，管板中心与边缘处受热不匀，都会使管板受到较大的轴向和径向热应力，这种应力还随管板厚度和直径的增加而加大。

据英国有关部门统计，因热应力的存在，使换热器破坏或受损约占损坏数的1/4左右，可见这是一个不容忽视的因素。因此，在设计时必须密切注意，并需根据具体情况而采取相应的措施。

（一）换热器所受应力

1. 轴向应力

由于壳程流体压力作用于管板的净表面上，管程压力作用于端封头和包括管截面在内的管板上，故由压力而引起的轴向应力为

$$F_1 = \frac{\pi}{4}p_s(D_i^2 - nd_o^2) + \frac{\pi}{4}p_t d_i^2 n$$

式中　p_s、p_t——壳程压力、管程压力，Pa；

d_i、d_o——管子内、外径，m；

n——管子根数。

该轴向应力由壳体和管子共同承受，因而壳体所受之力与管束所受之力应等于 F_1；又由于壳体与管子的应力分配与弹性模量成正比，故

壳体应力：
$$\sigma_s^p = \frac{F_1 E_s}{f_s E_s + f_t E_t}$$

管子应力：
$$\sigma_t^p = \frac{F_1 E_t}{f_s E_s + f_t E_t}$$

式中　f——截面积，m^2；

E——弹性模量，Pa。

下标s，t分别表示壳体和管子。

从受力角度来看，换热器要同时承受因压力而产生的轴向力以及因温差而产生的轴向力。若温差引力与受压而产生的轴向应力的总和超过壳体材料所允许的应力时，壳体将受到破坏。

2. 温差应力

对温差应力的计算，通常假定管子与管板均不发生挠曲变形，故每根管子所受应力相同。其次，由于管壁和壳壁上各点温度并不一定相同，故以平均温度计算。

若某换热器在工作时管壁温度和壳壁温度分别以 t_w 及 t_s 表示，则当两者均能自由膨胀时，管子的自由伸长量为：

$$\delta_t = \alpha_t(t_w - t_0)l$$

而壳体的自由伸长量为：

$$\delta_s = \alpha_s(t_s - t_0)l$$

式中　α_t，α_s——管子和壳体材料的线膨胀系数；

l——管子与壳体的长度，设为相同；

t_0——安装时的温度。

由于管子与壳体固结在一起，并不能独立地自由伸长，因此其膨胀量应相等，即只能共同伸长 δ。因而，当 $\delta_t > \delta_s$ 时，管子被压缩（$\delta_t - \delta$），即管受到压应力，而壳体则被拉伸（$\delta - \delta_s$），即壳体受拉应力。

根据虎克定律，则

$$\delta_t - \delta = \frac{F_2 l}{E_t F_t}$$

$$\delta - \delta_s = \frac{F_2 l}{E_s F_s}$$

式中 F_2——管子所受的压缩力与壳体所受的拉伸力，N。

进一步整理可得管子所受的压缩力和壳体所受的拉伸力为：

$$F_2 = \frac{\alpha_t(t_w - t_0) - \alpha_s(t_s - t_0)}{\frac{1}{E_t f_t} + \frac{1}{E_s f_s}}$$

当管子和壳体所用材料相同（$E_t = E_s = E$），且膨胀系数不随温度而变（$\alpha_s = \alpha_t = \alpha$）时，可将其简化为：

$$F_2 = \frac{E\alpha(t_w - t_s)}{\frac{1}{f_t} + \frac{1}{f_s}}$$

因温差而产生的轴向应力分别为：

$$\sigma_s^t = \frac{f_t E_t E_s [\alpha_t (t_w - t_0) - \alpha_s (t_s - t_0)]}{E_s f_s + E_t f_t}$$

$$\sigma_t^t = \frac{f_s E_t E_s [\alpha_s (t_w - t_0) - \alpha_t (t_s - t_0)]}{E_s f_s + E_t f_t}$$

因此，壳体和管子的轴向合成应力分别为：

$$\sigma_s = \sigma_s^p + \sigma_s^t$$

$$\sigma_t = \sigma_t^p - \sigma_t^t$$

3. 拉脱力

在压力与温差的联合作用下，管子的拉脱力 q 为：

$$q = \frac{\sigma_t a}{\pi d_0 l}$$

式中 a——单根换热管管壁的横截面积，m^2。

若计算出的拉脱力超过允许范围，则需采取相应措施以减小拉脱力。

（二）热补偿方法

管壳式换热器是高温高压换热器的主要形式。在管子与壳体之间存在膨胀差异的情况下，可以根据流体传热系数的情况调整流体通道，以减小管子与壳体之间的温差。但是这种方法受流体介质和材质的影响较大，具有很大的局限性。目前，主要从结构方面着手对换热器结构进行调整以解决热补偿问题。

1. 管束和壳体自由膨胀

有些管壳式换热器，如U形管换热器、填料函式换热器及浮头式换热器等，由于自身结构上的作用，壳体及管束两者均可自由胀缩，此时自然也不会产生热应力，即自身的结构特点已实现了热补偿。

2. 膨胀节补偿

膨胀节是装在固定管板式换热器壳体上的挠性构件，依靠这种易变形的挠性构件，对管束与壳体间的变形差进行补偿，以此来消除壳体与管束间因温差而引起的温差应力，同时防止管子与管板连接处不被拉脱。为减小膨胀节的磨损、防止振动及减小流阻，必要时可在膨胀节内增设一内衬筒。

膨胀节的形式较多，通常有U形膨胀节、Ω形膨胀节及平板膨胀节等。在实际工程中，应用较多的是U形膨胀节和Ω形膨胀节。

(1) U形膨胀节

其结构如图2.3－29所示，一般有单层和多层两种形式。在U形膨胀节中，每一个波形的补偿能力与使用压力、波高、波长及材料等因素有关，如波高越低，耐压性能越好而补偿能力越差；波高越高，波距越大，则补偿量越大，但耐压性能越差。

采用多层U形膨胀节的结构比单层膨胀节具有很多优点，因多层膨胀节的壁薄且多层，故弹性大，灵敏度高，补偿能力强，承载能力及疲劳强度高，使用寿命长，且结构紧凑。

(2) Ω形膨胀节

其结构如图2.3－30所示。所谓Ω形膨胀节，是由圆环形截面的波壳(波纹管)与附在开口波谷处直边段上的加强环所组成。具有制造简单、承压较高、应力分布均匀且不易产生应力集中等特点，其应用范围较广，除换热设备外，还包括化工和石油化工的CO_2汽提塔、管式反应器以及化肥设备等。具体的成形方法主要有两种：整体液压成形和管材弯曲焊接组装成形(图2.3－31)。

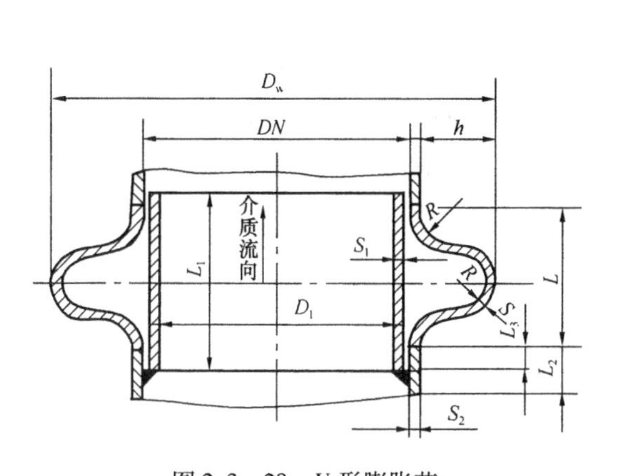

图2.3－29　U形膨胀节

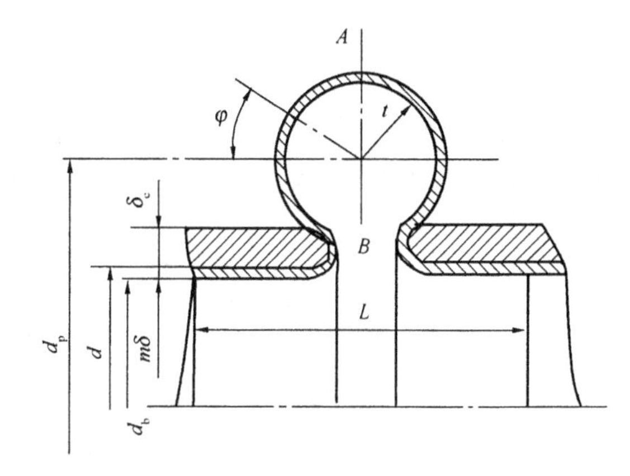

图2.3－30　Ω形膨胀节

整体液压成形一般用于中、小形Ω形膨胀节的制作。用筒形坯料，将加强环按一定的轴向位置套装在管坯上，然后按常规的液压成形的方法成形，可以不用外模，在适当的内压作用下，使管坯的扩胀部分自然形成环形壳体。为保证质量，不允许在波壳位置上有拼接的环向焊缝。

管材弯曲组装成形一般用于制造大型设备中的Ω形膨胀节。主要由一根形状为空心的Ω形管弯曲而成，弯曲过程中不允许出现皱曲。在该环圈中间焊有支承环(焊缝要进行100%的射线检查)，在支承环与Ω形环圈上加工出全开的环形槽，支承环

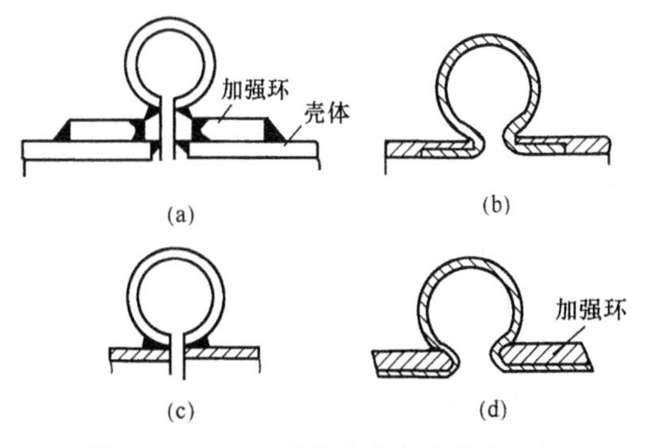

图2.3－31　Ω形膨胀节与壳体的连接

再通过过渡部分与壳体相焊后即成为Ω形膨胀节。由于壁厚不受成形压力的限制，这种成形方法使波纹管的选材范围和使用范围大大拓宽，且承压愈高，管径愈大，其优越性愈明显。

需要指出，Ω形膨胀节波壳截面的椭圆度大小直接影响Ω形膨胀节内压应力和位移应力的大小，特别对内压应力的影响较大。为保障Ω形膨胀节的强度及疲劳寿命，制造中应特别注意降低Ω形膨胀节波壳的椭圆度，一般应控制在15%以下。否则，将很难发挥出Ω形膨胀节的优越性。

3. 弹性管板补偿

对于高温高压换热器的管板，其强度要求与减小热应力的要求是矛盾的，减小管板厚度能减小管板冷、热两面的热应力，但却受到高压下强度要求的限制。对于固定管板还必须同时考虑温差应力、管板本身的轴向和径向温差应力以及管板的机械强度要求。因而，国内外出现了一些弹性管板的新型结构，提高了承压能力且可利用其弹性变形来吸收部分热膨胀差。

（1）椭圆管板

其结构如图2.3-32所示。所谓椭圆管板就是在管板上开了若干管孔的椭圆形盖，它与换热器壳体焊在一起。椭圆管板比平管板受力好得多，故可做得很薄，使其具有一定弹性，以补偿壳体与管束的膨胀差值。与椭圆管板类似的，还有碟形管板及球形管板等。

（2）挠性管板

如图2.2-33所示，管板与壳体间有一个弧形过渡连接，且薄，有弹性，能够补偿壳体与管束间的热膨胀差值。至于由流体内产生的应力，是由拉撑管来承受的。它的圆弧过渡，有一个最适宜的曲率半径 r，r 过大则增大壳体半径，r 过小则不能有效地进行热补偿，且会造成局部应力集中。

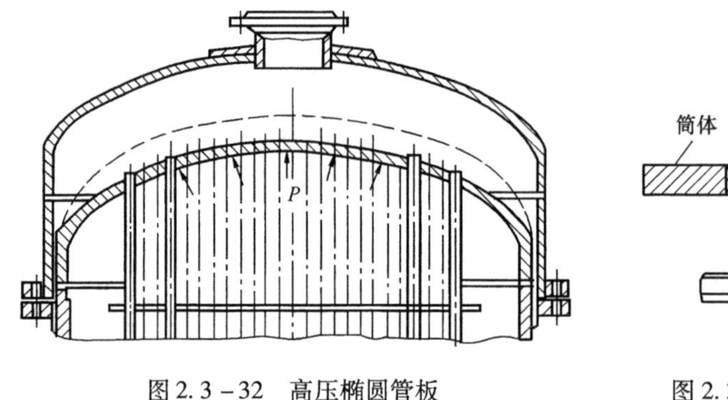

图2.3-32 高压椭圆管板

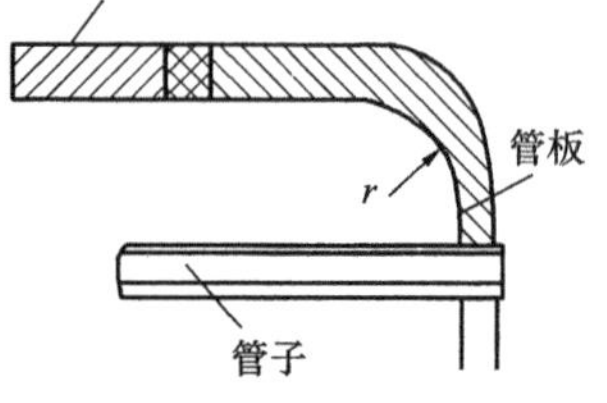

图2.3-33 挠性管板

4. 双套管温度补偿

在高温高压换热器中，也有采用插入式双套管温度补偿的结构，如图2.3-34所示。管程流体出入口与一个环形空间相连接，使外套管内流体与壳程流体的温差减小，具有与U形管式换热器相类似的补偿能力，完全消除了热应力。

（三）膨胀节设计

1. U形膨胀节设计

一些解析方法和有限元方法为U形膨胀节的应力分析提供了理论基础，但并不能对U形膨胀节进行简单、精确设计。近几十年来，工程设计人员通过对膨胀节进行简化，将波纹管视作直梁、曲梁或环板，利用材料力学的方法，推导得到了一些近似设计计算的公式，发展形成了一系列的工程近似设计方法[22]（详见附录 A 中表 A－1）。

其中美国膨胀节制造商协会的 EJMA 法[23]，假设条件较为合理，并对实际的影响因素作了必要的修正，与试验结果较为接近。同时，计算内容不仅考虑了诸如强度、稳定性、刚度、疲劳及振动等问题，且适用于各种尺寸的单层或多层、带加强或不带加强元件的波壳，壳较好地满足了工程实际的需要。该方法较之于其他方法具有明显的优点，成为压力容器和膨胀节设计的主要参考标准。

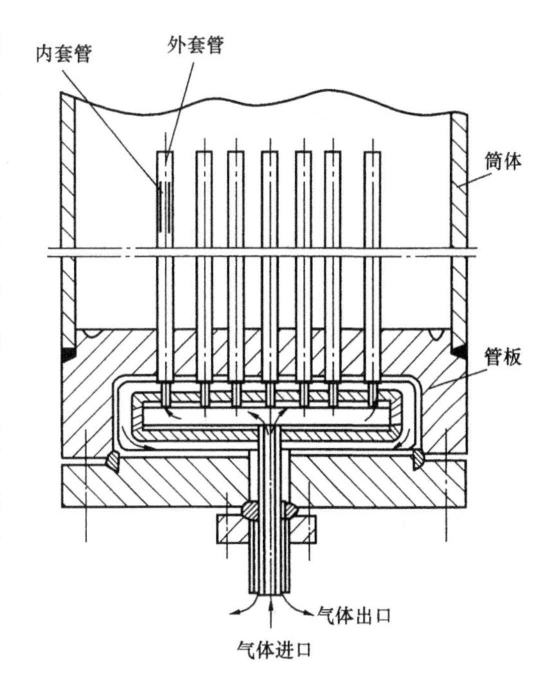

图 2.3－34　双套管补偿结构

（1）设计计算公式[24～25]

（a）无加强 U 形波纹管

无加强 U 形波纹管的结构如图 2.3－35 所示，应力计算按以下一系列公式进行。

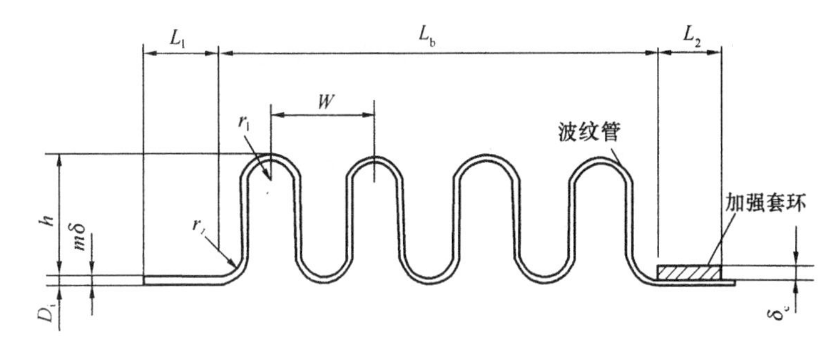

图 2.3－35　无加强 U 形波纹管

由内压引起的波纹管直边段周向薄膜应力 σ_1：

$$\sigma_1 = \frac{p\,(D_i + m\delta)^2 L_t E_b}{2\,[m\delta E_b L_t (D_i + m\delta) + \delta_c E_c L_c D_c]} \leqslant C_{wb}\,[\sigma]_b^t$$

由内压引起的加强套环周向薄膜应力 σ'_1：

$$\sigma'_1 = \frac{pD_c^2 L_t E_c^t}{2\,[m\delta E_b L_t (D_b + m\delta) + \delta_c E_c L_c D_c]} \leqslant C_{wc}\,[\sigma]_c^t$$

由内压引起的波纹管周向薄膜应力 σ_2：

$$\sigma_2 = \frac{pD_m}{2m\delta_m (0.571 + 2h/W)} \leqslant C_{wb}\,[\sigma]_b^t$$

由内压引起的波纹管经向薄膜应力 σ_3：

$$\sigma_3 = \frac{ph}{2m\delta_m}$$

由内压引起的经向弯曲应力 σ_4：

$$\sigma_4 = \frac{ph^2}{2m\delta_m^2}C_p$$

由位移引起的波纹管经向薄膜应力 σ_5 ：

$$\sigma_5 = \frac{E_b\delta_m^2 e}{2h^3 C_f}$$

由位移引起的波纹管经向弯曲应力 σ_6 ：

$$\sigma_6 = \frac{5E_b\delta_m e}{3h^2 C_d}$$

疲劳寿命：

$$N_c = \left[\frac{12820}{\sigma_R - 370}\right]^{3.4}, [N] = N_c / n_f$$

(b) 有加强 U 形波纹管

加强 U 形波纹管结构如图 2.3 -36 所示，其应力计算按以下一系列公式进行。

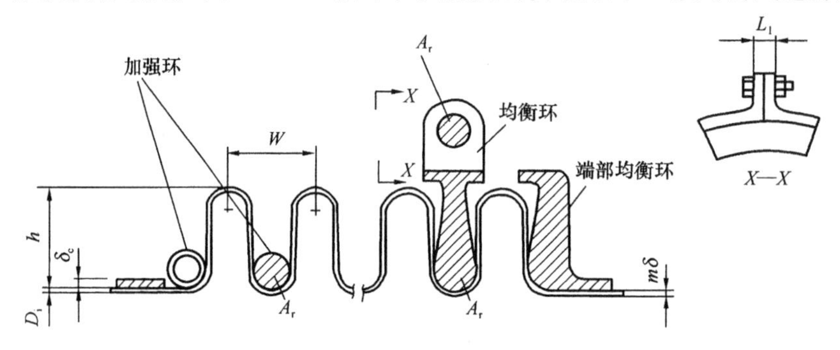

图 2.3 -36 加强 U 形波纹管

由内压引起的波纹管直边段周向薄膜应力 σ_1 ：

$$\sigma_1 = \frac{p(D_i + m\delta)^2 L_t E_b}{2[m\delta E_b L_t(D_i + m\delta) + \delta_c E_c L_c D_c]} \leqslant C_{wb}[\sigma]_b^t$$

由内压引起的加强套环周向薄膜应力 σ_1：

$$\sigma'_1 = \frac{pD_c^2 L_t E_c^t}{2[m\delta E_b L_t(D_b + m\delta) + \delta_c E_c L_c D_c]} \leqslant C_{wc}[\sigma]_c^t$$

由内压引起的波纹管周向薄膜应力 σ_2：

$$\sigma_2 = \frac{pD_m WR}{2A_c(R+1)} \leqslant C_{wb}[\sigma]_b^t$$

由内压引起的加强件周向薄膜应力 σ'_2

$$\sigma'_2 = \frac{pD_m W}{2A_c(R_1+1)} \leqslant C_{wr}[\sigma]_r^t$$

由内压引起的紧固件周向薄膜应力 σ''_2

$$\sigma''_2 = \frac{pD_m W}{2A_f(R_2+1)} \leqslant [\sigma]_f^t$$

由内压引起的波纹管经向薄膜应力 σ_3：

$$\sigma_3 = \frac{0.85p(h - C_r W)}{2m\delta_m}$$

由内压引起的经向弯曲应力 σ_4：

$$\sigma_4 = \frac{0.85p(h - C_r W)^2 C_p}{2m\delta_m^2}$$

由位移引起的波纹管经向薄膜应力 σ_5：

$$\sigma_5 = \frac{E_b \delta_m^2 e}{2(h - C_r W)^3 C_f}$$

由位移引起的波纹管经向弯曲应力 σ_6：

$$\sigma_6 = \frac{5E_b \delta_p e}{3(h - C_r W)^2 C_d}$$

疲劳寿命：

$$N_c = \left[\frac{35720}{\sigma_t - 290}\right]^{2.9}, [N] = N_c / n_f$$

膨胀节承压较大时，可采用多层膨胀节。层数一般为 2～4 层，每层厚度为 0.5mm～1.5mm。

(2)应力评定：

薄膜应力：$\sigma_1 \leqslant C_{wb}[\sigma]_b^t$，$\sigma'_1 \leqslant C_{wc}[\sigma]_c^t$，$\sigma_2 \leqslant C_{wb}[\sigma]_b^t$，$\sigma'_2 \leqslant C_{wr}[\sigma]_r^t$

弯曲应力：　$\sigma_3 + \sigma_4 \leqslant C_m[\sigma]_b^t$

经向组合应力：　$\sigma_R = 0.7(\sigma_3 + \sigma_4) + \sigma_4 + \sigma_5$

前述的设计计算公式只适用于平均疲劳寿命 N_c 在 $10^3 \sim 10^5$ 的奥氏体不锈钢成形态波纹管。当 $\sigma_R \leqslant 2\sigma_s^t$ 时，可不考虑疲劳问题。对奥氏体不锈钢波纹管，当 $\sigma_R > 2\sigma_s^t$ 时，应对其进行疲劳寿命校核。对碳钢及低合金钢材料波纹管，应控制 $\sigma_R \leqslant 2\sigma_s^t$。

当各项应力不能满足上述评定条件时，须按下述方法调整波纹管几何尺寸，并重新进行应力计算，直至满足要求为止。

① 当轴向位移引起的应力过大时，宜适当增加波数或减小波壳壁厚；

② 当内压引起的应力过大时，则应减少波高或增加波纹管壁厚；

③ 波高的选取是按成形比(D_i/D)确定的，成形比的大小是控制成形减薄量的重要参数，一般 $D_i/D = 1.55 \sim 1.10$ 时，其实际减薄量比较接近计算减薄量。如果成形比过大，由于减薄量太大，致使波壳在成形过程中因承受不起成形压力而破裂。一般设计时，根据连接接管管径的标准尺寸确定 D_i 后，即可确定 D，则波高为 $h - (D_i - D)/2$；并取波距 $W = (0.8 - 1.2)h$。

(3) 最大补偿量

完成波纹管设计计算后，便可根据组合应力反推得到单波的最大补偿量 e。

未加强的波纹管

$$e = \frac{[\sigma'_R - 0.7(\sigma_2 - \sigma_3)]h^2}{E_b \delta_m \left(\frac{5}{3C_d} + \frac{\delta_m}{2hC_f}\right)}$$

加强的波纹管

$$e = \frac{[\sigma'_R - 0.7(\sigma_2 - \sigma_3)](h - C_r W)^2}{E_b \delta_m \left[\frac{5}{3C_d} + \frac{\delta_m}{2(h - f_r W)C_f}\right]}$$

$$f_r = 0.3 - \left(\frac{100}{0.6p^{1.5} + 320}\right)^2$$

其中，σ'_R 为许用组合应力，f_r 为波高系数。

2. Ω 形膨胀节

实践证明，Ω 形膨胀节的补偿能力主要由几何尺寸决定。因此，Ω 形膨胀节几何尺寸的确定是其关键所在。根据工程经验，可按如下步骤进行：取波纹管内径的 5% ~8% 为波形半径 r，然后根据工作压力 p 及 r 确定波纹管壁厚；最后校核内压与位移引起的应力是否符合应力评定的标推，从而判断该设计是否合格。

在对 Ω 形膨胀节进行设计时，将 Ω 形膨胀节视为承受内压的圆环壳来计算内压引起的应力。由于波壳不是理想圆形，内压在 Ω 形波壳中会产生弯曲应力，但是随着压力的增长，波壳形状逐渐趋于理想圆形，因此，由于形状而引起的弯曲应力值并不会太大。此外，加强环的约束作用会在波壳内直径处引起弯曲应力。但其具有很强的随机性与局部性，且经试验表明其值并不高，所以并没有具体的计算公式。事实上，弯曲应力的存在会影响膨胀节的疲劳寿命，因此，在对其进行疲劳寿命设计时，需在组合应力中引入一经验系数以考虑这一影响的作用。

(1) 设计计算公式

由内压引起的直边段中的周向薄膜应力：

$$\sigma_z = \frac{p\ (d_b + n\delta)^2 L E_b^t}{2\ [n\delta L(d_b + n\delta) E_b^t + d_c E_c^t A_c]}$$

由内压引起的加强环中的周向薄膜应力：

$$\sigma_c = \frac{p d_c^2 L E_c^t}{2\ [n\delta L(d_b + n\delta) E_b^t + d_c E_c^t A_c]}$$

由内压引起的波壳中的周向薄膜应力：

$$\sigma_1 = \frac{Pr}{2n\delta_p}$$

由内压引起的波壳中的经向薄膜应力：

$$\sigma_2 = \frac{Pr}{n\delta_p} \times \left(\frac{d_p - r}{d_p - 2r}\right)$$

由位移引起的波壳中的经向薄膜应力：

$$\sigma_4 = \frac{E_b \delta_p^2 e}{10.92\pi r^3} B_1$$

由位移引起的波壳中的经向弯曲应力：

$$\sigma_5 = \frac{E_b \delta_p e}{1.82\pi r^2} B_2$$

疲劳寿命：

$$N_c = \left[\frac{15860}{\sigma_R - 290}\right]^{3.25},\ [N] = N_c / m_f$$

其中，组合应力 $\sigma_R = 3\sigma_2 + \sigma_4 + \sigma_5$。疲劳寿命应取安全系数 $m_f = 8 \sim 10$，对应的疲劳曲线可参见图 2.3 -37。

基于柱状失稳的限制设计内压(两端固定)：

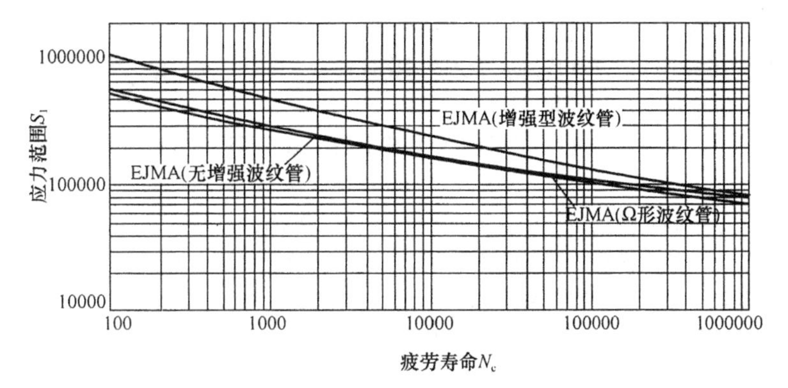

图 2.3－37　奥氏体不锈钢无增强、增强型和 Ω 形波纹管的平均疲劳寿命曲线

$$p_s = \frac{0.15\pi f_i}{N^2 r}$$

理论轴向弹性刚度：

$$f_i = \frac{d_p E_b^t \delta_p^3 n}{10.92 r^3} B_3$$

（2）应力评定

$$\sigma_z < \psi_b [\sigma]_b$$

$$\sigma_c < \psi_c [\sigma]_c$$

$$\sigma_1 < \psi_b [\sigma]_b$$

$$\sigma_2 < [\sigma]_b$$

$$[N] > \text{所需循环数}$$

$$p < p_s$$

满足以上评定条件者即为合格设计。

参　考　文　献

[1]　Visvanathan R. Damage Mechanism and Life Assessment of High Temperature Components, New York: ASM, 1989.

[2]　Yagi K, Abe F. Long-Term Creep and Rupture Properties of Heat Resisting Steels and Alloys. ACTA METALLURGICA SINICA(ENIGLISH LETTERS). 1998. 11: 391～396.

[3]　涂善东. 高温结构完整性原理，北京：科学出版社，2003.

[4]　[日]平修二主编，热应力与热疲劳(基础理论与设计应用)，北京：国防工业出版社，1984.

[5]　Liu M-S, Dong Q-W, Wang D-B, Ling X, Numerical Simulation of Thermal Stress in Tube-sheet of Heat Transfer Equipment. International Journal of Pressure Vessels and Piping, 1999, 76: 671～675.

[6]　刘敏珊，董其伍. 新型废热锅炉高低温管板热应力分析. 材料工程，1998，(4)：34～36.

[7]　[日]腐食防食协会编. 金属材料高温酸化高温腐蚀. 东京：丸善株式会社，1981.

[8]　翟金坤. 金属的高温腐蚀. 北京：北京航空航天大学出版社，1994.

[9]　Elliott P. Choose Materials for High-Temperature Environments, Chemical Engineering Progress, 2001. 97: 75～81.

[10]　GB 150—98，钢制压力容器[S].

[11]　GB 151—1999，管壳式换热器[S].

[12] JB 4732—95，钢制压力容器——分析设计标准[S].
[13] 时黎霞. 垫片高温性能研究及其连接系统的紧密性评定. 南京：南京化工大学，1999.
[14] YB/T 4059 金属包覆高温密封圈[S].
[15] 王学兵，宋兴武. 波齿复合垫片在加氢裂化装置上的应用. 石油化工设备技术，2004，25(6)：25~26，30.
[16] 陈南雄，加氢装置高压换热器密封的分析比较. 机械，2006，33(9)：61~64.
[17] 史美中，王中铮. 热交换器原理与设计. 南京：东南大学出版社，1996.
[18] 李永生，李建国. 波形膨胀节实用技术. 北京：化学工业出版社，2000.
[19] 中国石化集团洛阳石油化工工程公司. 石油化工设备设计便查手册(第二版). 北京：中国石化出版社，2007.
[20] 钱颂文. 换热器设计手册. 北京：化学工业出版社，2002.
[21] 潘继红，田茂诚. 管壳式换热器的分析与计算. 北京：科学出版社，1996.
[22] 张万英. U形波纹膨胀节几种主要计算方法的讨论. 化工设备设计，1981，(4)：1~14.
[23] EJMA标准. 美国膨胀节制造商协会，1993.
[24] GB/T 12777，金属波纹管膨胀节通用技术条件[S].
[25] GB 16749，压力容器波形膨胀节[S].

第三节 高温气冷堆换热器

高温气冷堆是采用石墨作为慢化剂、氦气作冷却剂的反应堆。由于在这种反应堆中，采用了陶瓷燃料和耐高温的石墨结构材料，堆芯出口氦气温度可达到700~1000℃。它是国际上正在发展的新一代先进堆型之一。由于结构材料石墨吸收中子少，从而加深了燃耗。另外，由于颗粒状燃料的表面积大、氦气的传热性好和堆芯材料耐高温，所以改善了传热性能，提高了功率密度。高温气冷堆有特殊的优点：由于氦气是惰性气体，因而它不能被活化，在高温下也不腐蚀设备和管道；由于石墨的热容量大，所以发生事故时不会引起温度的迅速增加；由于用混凝土做成压力壳，故反应堆没有突然破裂的危险，大大增加了安全性；由于热效率达到40%以上，这样高的热效率减少了热污染。

高温气冷堆是在早期墨气冷堆的基础上发展起来的。从20世纪60年代开始，英国、美国和德国开始研发高温气冷堆。1962年，英国与欧共体合作开始建造世界第一座高温气冷堆—龙堆(Dragon)，其热功率为20MW，该堆于1964年建成临界。其后，德国建成了电功率15MW的实验高温气冷堆AVR堆和电功率300MW的THTR-300高温气冷堆核电站，美国建成了电功率40MW的实验高温气冷堆桃花谷(Peach Bottom)堆和电功率330MW的圣符伦堡(Fort St. Vrain)高温气冷堆核电站。日本于1991年开始建造热功率为30MW的高温气冷工程试验堆HTTR，1998年建成临界。我国高温气冷堆的研究发展工作始于20世纪70年代中期。1986年国家863高技术研究与发展计划启动后，高温气冷堆被列为863计划能源领域的一个研究课题。1995年6月，10MW高温气冷实验堆动工兴建，1998~2000年，完成了反应堆各系统和设备的加工、制造和安装。2000年12月，10MW高温气冷实验堆建成并首次临界成功。2003年1月，取得了并网发电和满功率72h的成功运行。所有这些探索证明，高温气冷堆的概念是可行的[1]。高温气冷堆有可能为钢铁、燃料及化工等工业部门提供高温热能，实现氢还原用于炼铁、石油和天然气裂解以及煤的气化等新工艺，开辟了综合利用核能的新途径。但是高温气冷堆技术较复杂，尤其是蒸汽发生器的设计制造具有很高的难度。

一、结构与材料

在高温气冷反应堆中，系统压力达 4 ~ 7MPa，堆芯功率密度为 3 ~ 8MW/m^3。一般采用预应力混凝土反应堆压力容器（Prestressed Concrete Reactor Vessel：简称 PCRV）。在压力容器的中心部分安装着反应堆堆芯，在其周围的空腔中，安装了蒸汽发生器及氦气循环风机，这是大型化设计的一种趋势。关于高温气冷堆的蒸汽发生器，是已有实验堆（如 Dragon 反应堆，AVR 反应堆及 Peach Bottom 反应堆）的蒸汽发生器和原型堆（美国 Fort St. Vrain 反应堆，德国 THTR 反应堆）的蒸汽发生器。此外，作为商用反应堆，还有 Summit 反应堆的蒸汽发生器。这些蒸汽发生器的主要特性归纳如表 2. 3 - 11 所示。

表 2. 3 - 11　高温气冷堆核电站蒸汽发生器的主要特性

反应堆		Dragon	Peach Bottom	AVR	Fort St. Vrain	THTR	Summit
堆　型		非一体化	非一体化	一体化	PCRV	PCRV	PCRV
地　点		Winfrith 英国	York County 美国	JÜlich 德国	Denver 美国	Uentrop 德国	Delaware 美国
蒸汽发生器形式		螺旋管，立式	U 形管，立式	螺旋管，立式	螺旋管，立式	螺旋管，立式	螺旋管，立式
数　量		6	2	1	12	6	4
热负荷 MW/台		3. 3	58	46	70	128	500
尺寸：直径（m）/高（m）			2. 3/9. 1	3. 6 管束/5. 5	1. 7/13. 7	2（管束）/12. 5	
氦	流量/台（t/h）	6. 1	100	50	128. 9	177	812. 4
	温度 进口/出口/℃	750/350	714/344	850/160	775/394	750/250	761/331
	压力/MPa（绝）	2	2. 46	1	4. 86	3. 94	4. 92
给水	流量/台（t/h）			55. 5	87. 2	153	606. 9
	温度/℃	203	33	110	207	180	188
	压力/MPa（绝）	1. 6		11. 9	20. 47	24	23. 43
主蒸汽	温度/℃		538	505	541	535	513
	压力/MPa（绝）		10. 19	7. 4	17. 66	19	17. 68
再热蒸汽	流量/台（t/h）					153	596. 9
	温度 进口/出口/℃				356/539	365/535	334/539
	压力/MPa（绝）				44. 7（入口）	56/50	46. 1/41. 5
材料	给水加热器和蒸汽发生器	碳钢 碳钢	240SA - 192A 碳钢 361SA - 192A 碳钢	ST. 35. 8GⅢ 15Mo3 （蒸发器）	碳钢 1/2Cr - 1/2Mo 钢 2¼Cr - 1Mo 钢	ST. 35. 8GⅢ 15Mo3 （蒸发器）	碳钢 1/2Cr - 1/2Mo 钢 2¼Cr - 1Mo 钢
	过热器		SA - 213 304 - HS. S	10CrMo910	Ni - Fe - Cr 合金	10CrMo910 及 x8CrNiNb1613	Ni - Fe - Cr 合金
	再热器				Ni - Fe - Cr 合金	10CrMo910	Ni - Fe - Cr 合金

由表 2. 3 - 11 可知，一次侧氦气的温度是 750℃左右，压力是 4 ~ 5MPa。蒸汽参数与最新火电站的参数（例如温度 540℃，压力 17MPa）相同。因而，蒸汽循环的热效率已达到可与先进火电站相匹敌的高值（约 40%）[2]。

蒸汽发生器的作用是将一次回路冷却剂的热量传递到与之隔绝的二次回路的冷却介质，产生蒸汽。它是分隔并联结一、二次回路的关键设备。高温气冷堆蒸汽发生器具有如下特点：①该部件在预应力混凝土壳内的一体化布置方式要求设备十分紧凑，蒸汽发生器换热面的空间布置受到严格的限制，从而要求有很高的功率密度。高温气冷堆蒸汽发生器的功率密度与普通气冷堆相比有大幅度提高。②高温气冷堆电站为了达到更高的热效率，采用了具有再热的高温高压蒸汽参数，使得蒸汽发生器两侧介质的工作温度和压力都很高。这些特点对结构设计和材料选择都提出了很高的要求。

根据上述特点，目前高温气冷堆模式电站和大型商用电站都采用直流式螺旋管结构的蒸汽发生器。这种结构形式的蒸汽发生器具有下述优点：①换热面布置简单，减少了水－蒸汽管子的中间连接，结构紧凑，穿过预应力混凝土壳开孔封头的管子数较少，设备外形为准圆形，这些因素对预应力混凝土壳的开孔设计和总体布置是有利的。②整个设备的水容量小，当蒸汽发生器管束损坏时，流进一次回路系统的水－汽量较少，这有益于反应堆的安全，并可缩短事故后的处理时间。③螺旋管受氦气横向冲刷，换热性能较好。它的主要缺点是直流式蒸汽发生器二次侧存在热工水力的不稳定性，此外这种结构形式的制造工艺比直管、U形管等结构要复杂一些。

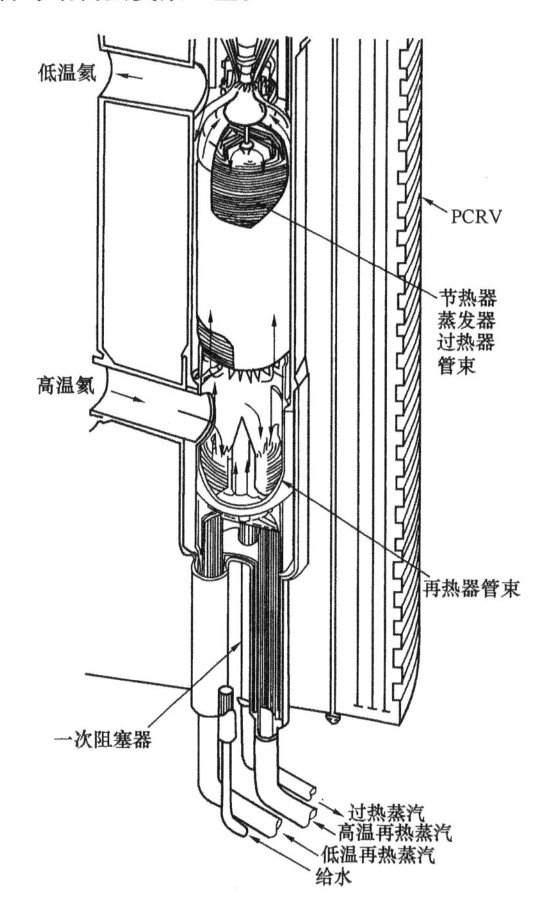

图2.3－38　蒸汽发生器的布置图（GA大型堆）

螺旋管式蒸汽发生器在早期的高温气冷试验堆（Dragon堆）中积累了初步的设计、制造和运行方面的经验，并证明它的基本设计概念是可行的。以通用原子公司（GA）的大型气冷堆为例，高温气冷堆（THTR）蒸汽发生器内氦气及蒸汽的流动情况如图2.3－38所示。传热管束采用螺旋管形，以中央的氦气入口通路为界，该蒸汽发生器换热面管束由与中心管同心的多头螺旋圈组成，分为上部主蒸汽发生器和下部再热器两部分。高温氦气在管束外侧横向冲刷螺旋管圈，依次流过再热器管束、主蒸汽发生器的过热段、蒸发段和预热段管束，将所携带的热量传给管内的水－蒸汽介质。在再热器中，高温氦气先与低温的再热蒸汽换热，从而降低了换热管的最高工作温度，这有利于结构材料的选择。主蒸汽段则采用逆流换热的流程，以便增大两侧介质的温差，减少换热面积。值得注意的是：在选择再热器参数时，应尽可能使再热器一次侧风力小于再热蒸汽的压力，以免当换热管损坏时，带放射性的氦气向二次回路泄漏。

而氦气首先在再热器中一面被加热一面下降，然后反转回来沿中央管道上升，再次向下流动，依次加热过热器、蒸发器及节热器之后，氦气流向蒸汽发生器筒体之外，通过PCRV衬板与筒体之间的环状空间向上方排出。给水由预应力混凝土反应堆压力容器下部的贯穿孔进入，流经上部主蒸汽管束并形成过热蒸汽后，在顶部反转，通过中央的管道而下降，再向外部流出。再热蒸汽从贯穿孔进入之后，一面被上部的螺旋管加热，一面上升、再下降，最后流出蒸汽发生器。这样，除了再热部分之外，所有的蒸汽流都向上流。

至于其他蒸汽发生器，其结构布置及流体流向等均与此类似。

表2.3－12给出了高温气冷堆蒸汽发生器和压水堆蒸汽发生器的性能比较。表中高温气冷堆蒸汽发生器的性能数据是作为比较用的一种典型的概念设计参数。从该表可看出：虽然高温气冷堆蒸汽发生器的传热系数比压水堆的小，但它的一、二次侧的温差却较大，因此它们的热负荷相差很小，这意味着，在相同功率下，两者所需要的换热面积是大致相等的。然而，由于这两类蒸汽发生器所用的材料相差较大，压水堆蒸汽发生器的换热管全部都要用优质的材料，如Incoloy800，而高温气冷堆蒸汽发生器只有过热段和再热器要用耐高温的好材料，其余各换热段可以用普通的钢材（可参看表2.3－12）。因此，高温气冷堆蒸汽发生器的成本要低一些。此外，在检修方面，高温气冷堆蒸汽发生器比压水堆的容易；这是因为压水堆蒸汽发生器检修要在带放射性的一次侧小室内进行，而高温气冷堆则在二次侧进行，操作地方在预应力混凝土壳外，远离一次侧，基本上没有放射性辐照等问题。

表2.3－12　高温气冷堆和压水堆达标蒸汽发生器参数比较

堆　型	压水堆蒸汽发生器	高温气冷堆蒸汽发生器
功率/MW	900	500
传热系数/(kW/m^2·K)	2093	1163
温压 ΔT/℃	60	1500
热流密度/(W/m^2)	195334	174405
功率密度/(MW/m^3)	17.7	6
材　料	Incoloy800	过热段8CrNiNb1613 蒸发段15Mo3 预热段ST.35.8
一次侧冷却剂流量/(kg/s)	5000	190
一次侧阻力损失/(Pa)	2.3×10^5	1.2×10^5
一次侧压力/(Pa)	1.755×10^7	4×10^6
驱动功率/MW(电)	8.55	7.0

通用原子（GA）公司蒸汽发生器的材料及其最高使用温度已列于表2.3－13中。传热管等高温高压构件的最高运行温度是700℃左右，用的材料是Ni－Fe－Cr合金（固溶化处理状态）（Incoloy 800）。在中温部分，用的是2.25Cr－1Mo钢（退火材料），在低温部分，用的是碳钢。因为奥氏体系不锈钢易受应力腐蚀，所以不能采用。

表2.3－13　蒸汽发生器的结构材料（GA大型堆）

部　件		材　料	最高运行温度/℃
再热器	传热管束	Ni－Fe－Cr　SB163　GrⅡ	693（厚度平均）
	入口导向管	Ni－Fe－Cr　SB163　GrⅡ	649（厚度平均）
	出口导向管	碳钢　SA210　GrA－1	371（厚度平均）
	传热管支承板	Ni－Fe－Cr　SB409　GrⅡ	816
	管板（高温）	Ni－Fe－Cr　SB408　GrⅡ	627
	管板（低温）	碳钢　SA508　C1　2	338
	底板	2.25Cr－1Mo　SA387　GrD	566
	氦入口管附近的筒体	Ni－Fe－Cr　SB408　GrⅡ	854
	隔热材料覆盖板	Ni－Fe－Cr　SB408　GrⅡ	788（上部）/854（下部）
	隔热材料	熔融二氧化硅纤维覆盖层	816

续表

部件		材料	最高运行温度/℃
过热器Ⅱ	传热管束	Ni - Fe - Cr SB163 GrⅡ	649（平均）
	出口导向管	Nr - Fe - Cr SB163 GrⅡ	649（平均）
	管板	Nr - Fe - Cr SB408 GrⅡ	593
	传热管支承架	Nr - Fe - Cr SB408 GrⅡ	704
	筒体（内侧）	Nr - Fe - Cr SB408 GrⅡ	704
	筒体（外侧）	304 不锈钢 SA - 204	—
	筒体隔热材料覆盖板	碳钢	349
	上部隔热材料	纯二氧化硅	704
	下部隔热材料	铝氧玻璃纤维层	538
节热器 蒸发器 过热器Ⅰ	传热管束		
	过热器Ⅰ	2.25Cr - 1Mo SA 213，T22	538
	蒸发器Ⅱ	2.25Cr - 1Mo SA 213，T22	482
	蒸发器Ⅰ	2.25Cr - 1Mo SA 213，T22	454
	节热器Ⅱ	2.25Cr - 1Mo SA 213，T22	371
	节热器Ⅰ	2.25Cr - 1Mo SA 213，T22	343
	节热器入口导管	2.25Cr - 1Mo SA 213，T22	260
	传热管支承板	Ni - Fe - Cr SB409Gr Ⅱ	704
	管板	碳钢 SA508 C1 2	260

二、运行稳定性及高温损伤问题

（一）运行稳定性

蒸汽发生器事故下的行为是：当换热管破损时，高压水和蒸汽流进氦气回路，从而引起一次回路压力急升，氦气中的湿度增大，风机驱动电机的电功率增加等问题。根据这些信号，可以判断蒸汽发生器的泄漏情况并能检出损坏的设备，进而采取相应的事故处理措施。

螺旋管束的振动及其固定装置是高温气冷堆换热器设计和运行时的重要问题之一。原因是：①换热管很长（一般在 100m 左右），流体流动或其他振源都容易引起管子的振动；②在氦气气氛中，换热管氦气侧表面没有氧化膜保护层，因此这种振动即使不大也可能损伤管子，尤其在高温段，相对运动的零件会产生高温粘连，导致设备损坏。③很长的螺旋管束在温度变化时会产生较大的变形，防振固定不能妨碍管束自由伸缩，否则将产生很大的应力，这种相互矛盾的要求使固紧结构复杂化。在横向流作用下流动诱发振动的机理主要有：湍流激振、旋涡脱落、流体弹性不稳定和声共振。在设计时要考虑避免弹性不稳定所导致的大振幅振动，旋涡脱落引起的联锁共振以及湍流激励对螺旋管振动的影响[3]。在结构上可采用这种固定办法：管子从三块支承板的相应管孔中穿过，在支承板和管子之间装配契子和套筒机构。这个机构允许管子与支承板之间相对运动，以减小管束的热膨胀约束应力。振动造成的损伤则发生在套筒上，从而保护了换热管束。同时，在管子的某些部位可采用碳化钛被覆，以减小摩擦系数。

另一个问题是，直流式蒸汽发生器中沸腾过程的不稳定性。螺旋管子各圈曲率半径的差异，热气流混合的不均匀以及其他结构、加工和安装中的误差都会造成并联管子沸腾状况的偏差，从而引起水-蒸汽流动的不稳定。解决不稳定性问题的办法有以下几个方面：①选择合适的设计参数。②运行上要保证蒸汽发生器在各种额定工况下的工作压力接近于满功率的压力，还要根据具体情况限定一个最小的运行流量值，如满功率流量的20%或30%。③减少不均匀性，如保证各换热管长度基本相同、增强气流的混合等。④必要时在结构上可采取其他措施，如在各管给水进口处安设节流装置，也可采用不同口径的管子，使进出口压力降的比例满足沸腾稳定性的要求。

（二）高温气冷堆中的高温损伤问题

一是高温腐蚀损伤问题，在以氦为冷却剂的高温气冷堆型发电堆中，作为结构材料用的耐热金属材料，工作温度大约750℃，而对供热堆，将达到1000℃高温。在高温下，原为惰性的氦气，由于与大量石墨和隔热材料共存，起到各种杂质的载体作用，因而对于耐热合金来说，变成特殊的腐蚀介质。二是蠕变和疲劳引起的损伤问题，当温度高到一定范围时，周围介质对这种损伤有不可忽视的作用，这一点必须注意。

高温气冷堆用的耐热合金，Incoloy 800，已应用于实用发电堆中，并正在研究用于供热堆。将考虑主要以固溶强化型合金作为超高温型反应堆（VHTR）的后备材料，其中，现有合金 Hastelloy X、Inconel 625、Inconel 617 等镍基合金已成为主要研究对象。今后还应进一步开发新型合金，如以镍为基体加 Cr、W、Mo 等元素的超级耐热合金。

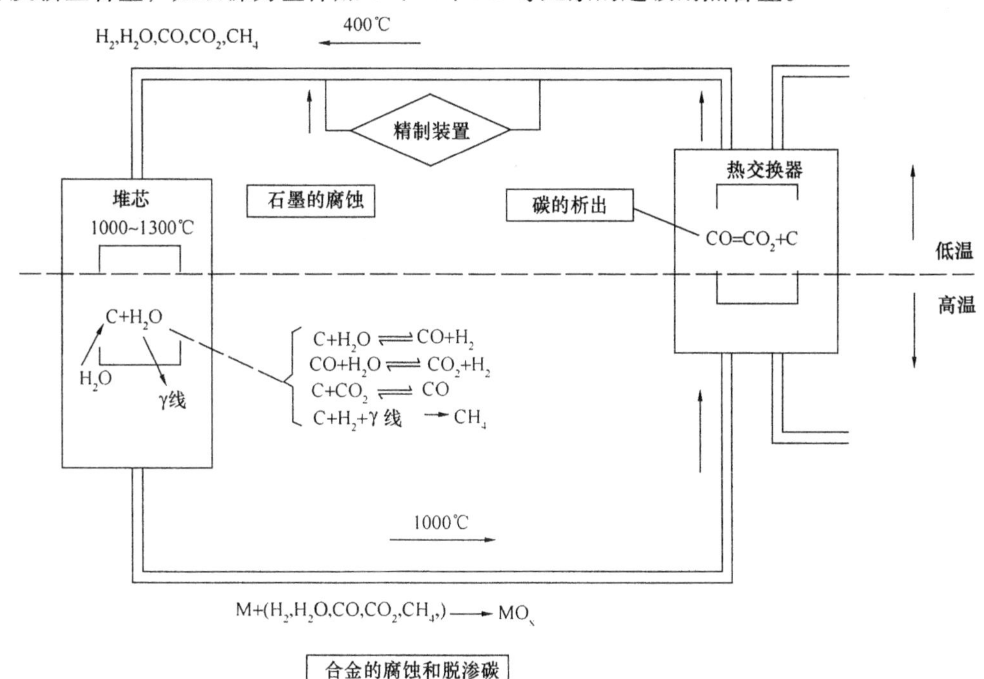

图2.3-39 高温气冷堆-回路循环氦气中杂质的形成及其在各部位的反应

1. 氦气中的氧化和渗碳

（1）从平衡论观点考察腐蚀和渗碳

在冷却剂中产生杂质的反应过程可用图2.3-39[4]的图式来表示，这些杂质的渗入途径复杂，如图2.3-40所示[5]。随着堆的运行，氦中的杂质将达到某种动平衡。

表征这种在氦介质中腐蚀作用的重要因素是氧元素，而 O_2 与处于高温区的石墨不能共存，所以，事实上也就不存在。因此，微量的 H_2O、CO_2 引起合金的轻度氧化，同时还使其具有渗碳的倾向。图2.3－41为通常构成耐热合金的主要元素与构成氧化剂主体的H_2O之间的反应平衡图，按照下面的反应式进行，以M代表某金属元素：

$$M + H_2O \Longleftrightarrow MO + H_2 \tag{3-1}$$

这个反应的平衡条件取决于H_2O和H_2的分压比p_{H_2O}/p_{H_2O}。所以，图中曲线表示各元素与其氧化物之间处于平衡状态，在线的上部，该元素处于还原状态，线的下部，该元素处于氧化状态。这种关系也适用于CO_2起的氧化，同样地以p_{H_2O}/p_{H_2O}为其指标，计算结果与p_{H_2O}/p_{H_2O}的情形极为相似。通常，高温气冷堆氦中的这些分压比，在假定石墨堆芯温度约为1250℃时为25～250左右，故图中从Cr的分压线开始，包括位于此线以上的元素都受到氧化，位于Mo分压线以下则处于还原状态。

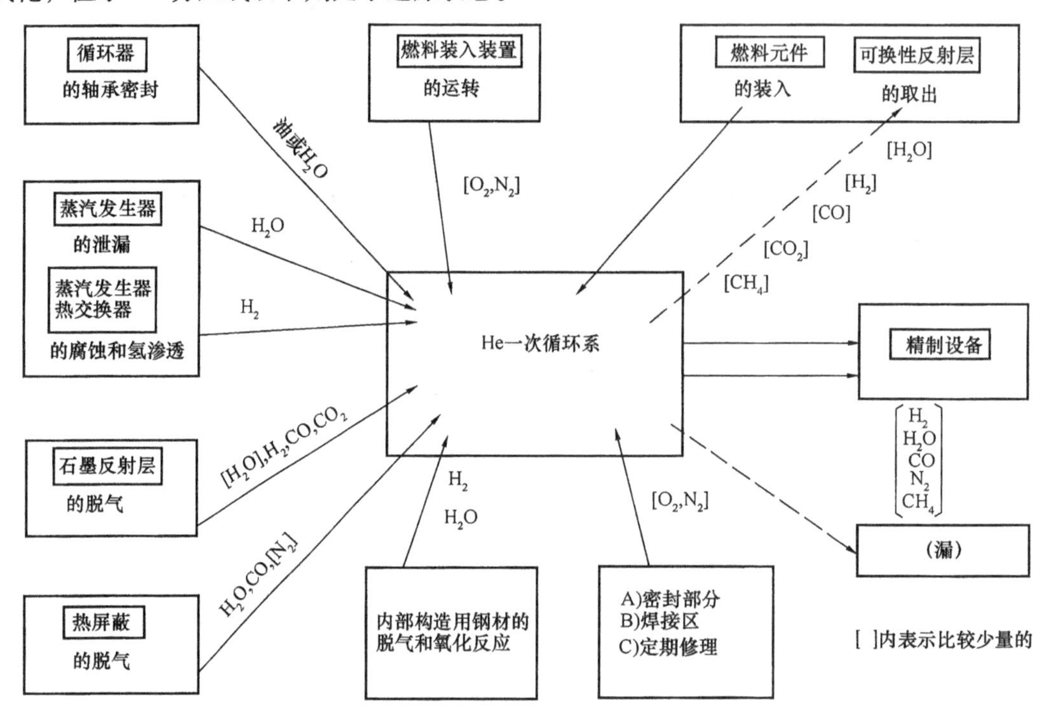

图2.3－40　氦气冷却－石墨慢化高温气冷堆－回路系统杂质混入途径概况图

因此，在氦中合金元素选择氧化的倾向强，从实验结果也看到，氦能够促进特有的局部侵蚀，并降低了氧化膜的致密性，这可以用上述选择性所造成的结果来解释。

另一方面，就渗碳而言，主要与CH_4和CO的存在有关，图2.3－42就表示了与CH_4存在相关的各种元素碳化物之间的平衡条件。在高温气冷堆条件下，图中元素的碳化物若稳定，除非在氧渗入之类的异常状态下，一般耐热合金均处于渗碳条件。然而，Al、Ti、Si等容易氧化的元素则优先被氧化。

（2）氦中的腐蚀与合金成分

各种耐热合金在近似于高温气冷堆冷却剂的非纯氦气中受到的腐蚀，综合其研究所得的结果，就可以把镍基、铁基耐热合金中通常含有的各元素对腐蚀的影响可大致归纳入表2.3－14中。在这些元素中，Al、Ti对晶间腐蚀或内部氧化的影响尤其引人注目。这些元素一般添加于γ型强化合金以后，Al成了溶解时的脱氧剂，分析值往往显示不出来。图2.3－43为Ti的有无对腐蚀性影响的一个例子。图2.3－44为采用限制含Al量的办法来抑制晶间

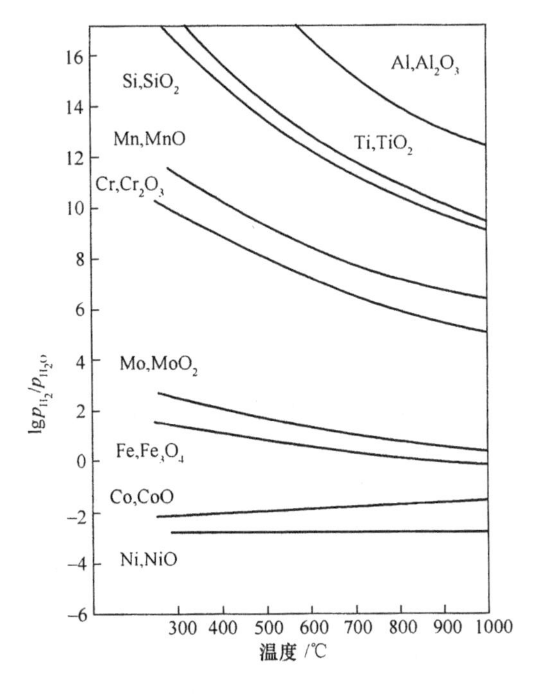

图 2.3-41　把各种温度下的 H_2/H_2O 分压比视作变数时的氧化还原状态图（在各元素曲线下部，氧化物稳定）

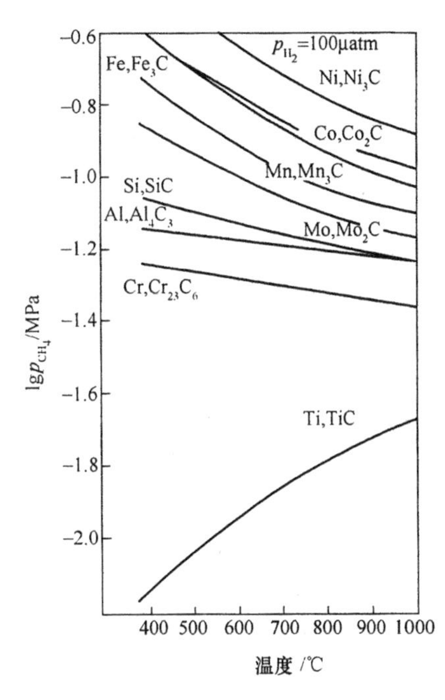

图 2.3-42　甲烷分压与金属/碳化物平衡的状态图（在各元素曲线上部，碳化物稳定）

腐蚀和内部氧化的又一个例子。另外，Incoloy 800，由于通常含有 Ti、Al，即使在实际使用温度 750～800℃ 下也受到晶间侵蚀，与此相反，Hastelloy X、Inconel 625 等若注意把 Ti、Al、S 等的含量控制在标准成分之内，则能充分发挥其耐腐蚀性能。在研究改善 Hastelloy X 的耐腐蚀性能时，Mn 除了能提高抗均匀腐蚀性能外，若把 Mn 提高到 0.6～1.3 左右，同时使 Si 在 0.3%～0.5% 范围内加以调节，这对于氧化膜的致密性有明显改善。从冷却系统放射性污染的观点来看，热循环时氧化膜的剥落是重要的。

表 2.3-14　有关材料在含有杂质的潮湿氦气中的蠕变实验结果

材　料	温度/℃	断裂强度的减少量/%	具有一定蠕变速率时的应力减少量/%	蠕变寿命的减少量/%
低碳钢	400	0	0	0
10/0Cr 钢	500	~10	0~5	40
2.25Cr 钢	550	~10	0~5	50
15Cr-15Ni 钢	750	—	5~10	50
AISI316 钢	650	10	5	40
AISI316 钢	750	15	10	50
Fe-20Cr	650	15	10	60
-35Ni*	750	15	15	70

* 相当于 Incoloy 800 合金。

He 介质效应对以大气中特性为基准的蠕变断裂特性的影响（在 H_2/H_2O，CO/CO_2 ~500/50 的低纯度条件下）。

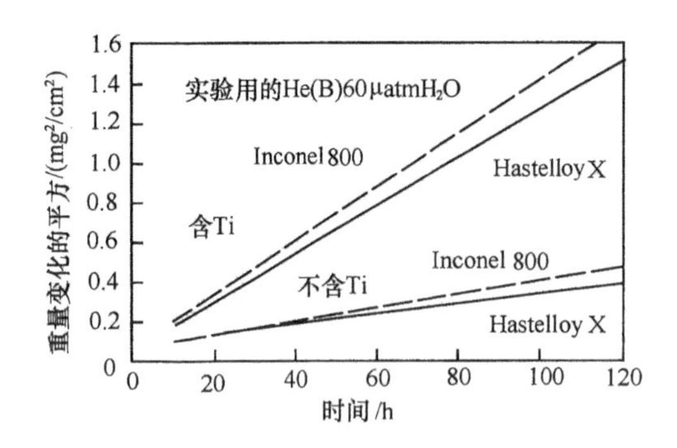

图 2.3-43 钛对合金在近似高温气冷堆条件下氦气中腐蚀的影响（耐蚀性根据钛的有无受到强烈支配）

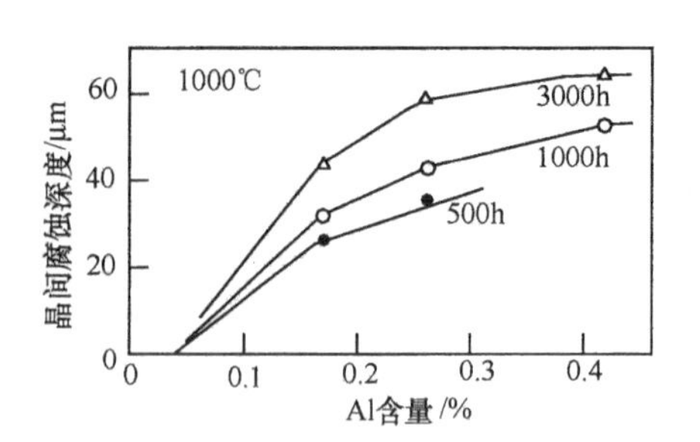

图 2.3-44 Hastelloy X 合金脱氧剂中使用的 Al 的残余量与氦中晶间腐蚀的关系（氦中杂质：H_2O：2~3，H_2：200，CO_2：2，CO：100，CH_4：5，微大气压）

（3）氧化膜剥落碎片的活化

由于反应堆热循环引起的热应力，氧化膜的剥落在一定程度上是不可避免的现象。氧化膜若含 Ni、Cr、Fe、Mn，Co 等元素，在堆芯内，这些元素都会活化，因此会引起安全问题。如（1）节中所述，上述元素中受到氧化的只是 Cr、Mn；而常常引人注目的 Co 和 Ni 辐照后生成 60Co、58Co，却不受氧化。尽管那样，实验结果却表明这些元素都已混入氧化膜中，这主要是腐蚀的不均匀性造成的。由于晶间侵蚀等原因，在侵蚀处的周围存在杂质，显然，这是未氧化的合金基体残留在氧化膜中引起的。在图 2.3-45 中，表示具有三种不同 Co、Al 含量的 Hastelloy X 和同时含有多量 Co、Al 的 Inconel 617 在热循环腐蚀下剥落的氧化膜中通过 Co 的活化测得的含 Co 量。与合金的含钴量相比，含 Al 量的多少对晶间腐蚀程度影响极大。关于渗碳的研究实例不如氧化问题多。

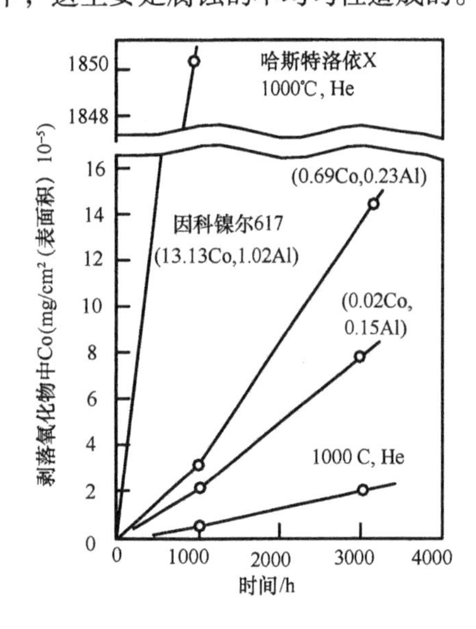

图 2.3-45 在近似于高温气冷堆条件的氦气中受到热循环而剥落的氧化物中 C 的定量结果（氦中杂质和图 2.3-44 中的相同）

（4）氦介质方面的因素

氦气中的杂质成分对腐蚀也有很大的影响。事故情况下氧气的渗入另当别论，起支配作用的最有影响的是水蒸气分压 p_{H_2O}。还应考虑氢分压 p_{H_2} 与水蒸气分压之比对氧化速率的影响。图 2.3-46 中表示这些因素对 Hastelloy X 腐蚀的影响。这里，所谓抛物线速率是根据在氦气中几乎所有的 Ni 合金都具有抛物线速率法则，即 $W_2 = kt + c$（W：腐蚀量，k：抛物线速率常数，t：时间，c：常数），由实验求出的。而实用堆中 p_{H_2O} 低，特别是随着温度的提高，实际值更低。如图 2.3-47 所示，在水分极低的条件下再一次表现出极高腐蚀速率是今后的一大研究课题。目前，还不能说明这种急剧增高的理由，所以究竟是合金造成的差别还是仅仅是水分产生的效果还不清楚，以上见解全部是应用近似分压的常压试验得到的结果，尚无在高压流动系统中的研究实例。

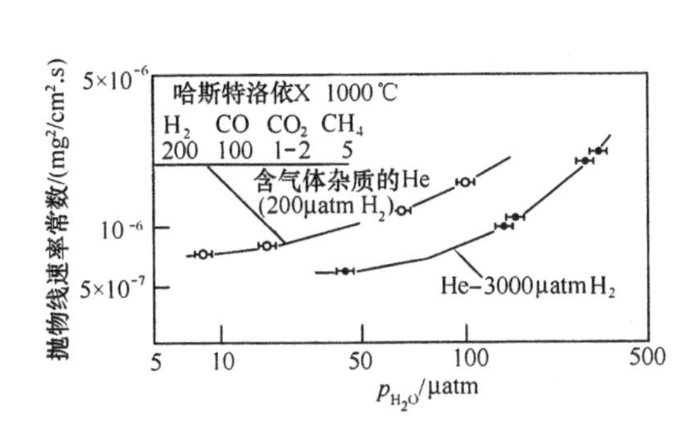

图 2.3-46　Hastelloy X 在氦中的腐蚀速率与 p_{H_2O}，p_{H_2}/p_{H_2O} 的关系

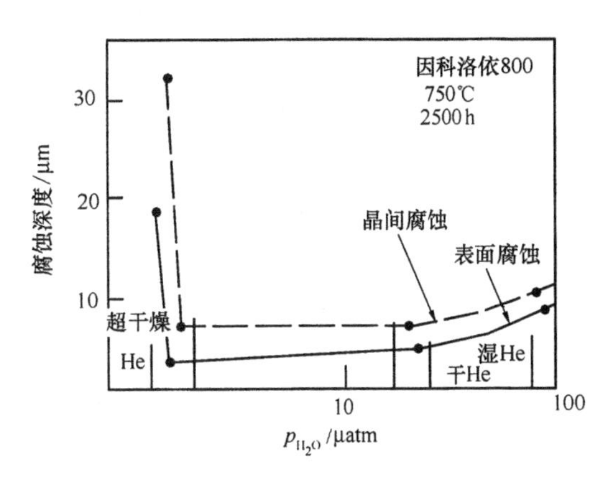

图 2.3-47　在氦气中，Incoloy800 的腐蚀和 p_{H_2O} 的关系

2. 材料在氦中的力学性能

材料的蠕变和疲劳性能受环境的影响，这种影响随温度的升高而变得明显。材料在氦中的强度特性曾经同在真空中的情况一样考虑，但高温气冷堆的氦气为不含氧气的低氧化性气氛，反而存在渗碳的倾向，所以合金的长时期性能除了用实验方法是不可能作出明确判断的。在含高水分的氦气中进行的初期蠕变试验[14]表明，Incoloy 800 合金具有明显的加速过程。表 2.3-14 即为其一例。然而，后来，氦气的模拟技术提高了，也得出了未必总是加速蠕变的看法。反正在氦气中存在不存在氧气所引起的腐蚀机理大不相同，渗碳脱碳也得出完全相反的结果，因此，现在来详细讨论氦气效应的问题为时尚早。定性地讲，含有能促进氧和局部侵蚀的 Al、Ti 等元素的合金，即使在大气中显示出优异强度，但在高温气冷堆的氦气中容易缩短使用寿命，还可看到在 750～1000℃范围内寿命缩短 1/2 左右的实例。另一方面，若对 Ti、Al 加以限制，或者本来就不含 Ti、Al 的 Hastelloy X、Inconel625、IN-200 等材质在氦气中也具有抗加速蠕变的倾向[6]。

通过详细研究，氦气中的蠕变也受到腐蚀的影响。另外在环境效应方面，不可忽视的重要因素是引起反应的表面积与应力作用截面积的关系。当然壁薄的部件材料受环境影响更大。图 2.3-48 为 Hastelloy X 的初期蠕变速率随温度变化的计算结果[7]。氦气、大气、低真空显然各自都有特定的关系。这里作为基准的结果是通过大直径管子试验得到的，尺寸足够大的试样不受腐蚀气氛的影响。换热器传热管等零件注定非用薄壁管不可，这也是需要关注的重要课题。

三、传热管的断裂力学设计

传热管开裂后，为使其不至发生不可控制的破裂而造成大面积的泄漏，传热管的设计应符合先漏后爆（LBB）原则。管子的失效方式可分为脆性断裂失效和泄漏失效。前者失效方式可使管子发生突然的双端剪切断裂，造成流体的大量泄漏。后一种失效方式可使管子在双端剪切断裂之前发生泄漏，如果泄漏检测系统能及时检测到并使管内压力减小，则可避免双端剪切断裂事故的突然发生。因此要保证管子不发生第一种形式的失效，需要满足下列条件：

（1）在裂纹失稳破坏以前流体泄漏量足够大以至于泄漏能被泄漏检测系统检测到；

（2）裂纹从泄漏被发现到实现安全处理措施之前不会导致管道失稳破坏。

目前可采用 3 种途径对蒸汽发生器管束泄漏进行监督，即①湿度测量：对一回路的

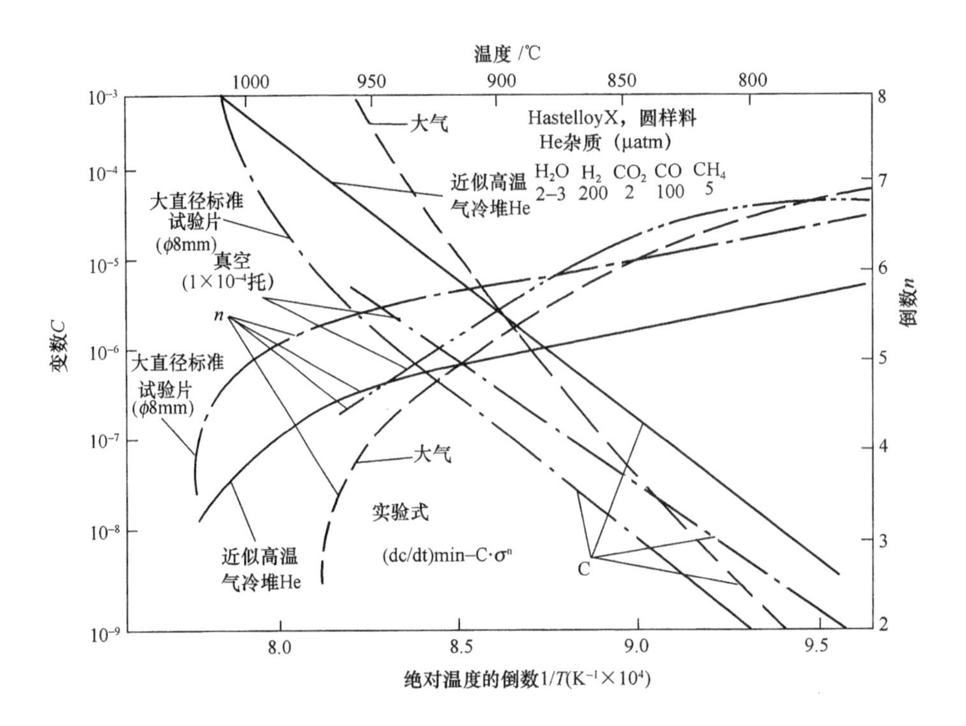

图 2.3-48　决定 Hastelloy X 在氦气中稳定蠕变速率的两个变量以及用两个变量与温度的关系来表示氦的介质效应

气体采样并在气体分析系统中设置灵敏湿度计，以对蒸汽发生器管束泄漏进行监督。灵敏湿度计测量漏点温度的范围是 -100 ~ +20℃，相对应的水含量为 0.014 ~ 25000vpm。根据湿度监测系统监测到的泄漏量可以决定是否停堆。②中子注量率测量：由于水对中子的慢化，造成正反应的引入，引起堆功率上升，中子注量率增加。③一回路热工参数的测量：在一回路设反应堆保护系统的热工测量系统，用于一回路热工参数的测量。当管束泄漏时，水造成正反应性的引入，引起堆功率上升，一回路压力、温度和流量增加。

先漏后破（LBB）的设计准则，就是要确保这些监测系统能在大面积破裂泄漏前能够检出泄漏，并有足够采取措施的时间。

分析时，首先要确定临界裂纹尺寸，考虑到蒸汽发生器管束的材料韧性很好，一般采用 US NRC SRP3.6.3（草案）[8] 中的极限载荷评定方法计算铁素体钢管的临界裂纹尺寸。根据裂纹扩展速率可以计算出裂纹扩展开始至泄漏被检测到所需要的时间。裂纹扩展至失稳的时间是检测泄漏和停堆泄压可利用的时间：

$$t_{LBB} = (C/2 - L)/V$$

式中，t_{LBB}为穿透裂纹扩展到临界裂纹所需的时间；C 为临界裂纹的半长；L 为穿透裂纹的半长；V 为裂纹扩展速度。

已有的分析表明，HTR-10 设计的传热管在服役期间满足 LBB 准则，不进行体积性探伤检查而依靠蒸汽发生器传热管泄漏监测系统也可将其压力边界维持在不发生断管事故的水平[9]。

必须指出的是，材料的断裂性能受蠕变、疲劳、腐蚀等因素的影响，严格的分析应该考虑材料性能随时间的劣化，这需要更加深入的研究工作。

综上所述，高温气冷堆换热器的运行经验还很缺乏，不少矛盾尚未充分暴露，有些问题还有待继续研究解决，如高温氦气气氛中材料的长期性能，氢氚的行为及其影响等。

参 考 文 献

[1] 清华大学核能与新能源技术研究院. 中国高温气冷堆技术的发展. 中国科技产业，2006(2)：90～94.

[2] 长谷川正义，三岛良绩. 核反应堆材料手册. 北京：原子能出版社，1987.

[3] 薄涵亮，马昌文. 10MW 高温气冷堆蒸汽发生器传热小螺旋管流致振动分析. 核动力工程，2001，22(3)：232～235.

[4] 近藤. 日本金属学会会報，13，1974.

[5] Huddle R A U，BNES Conf. The High Temperature Reactor and Process Applications Ⅶ，40，1974.

[6] 学振 122，123 合同：高温ガス炉用耐熱合金に関する調査と研究，第 2 報，1974.

[7] 木内ほか. 学振 123 委員会講演会報告，1976.

[8] U S Nuclear Regulatory Commission Andard Review Plan：3. 63 Leak－Before－Break Evalution Procedures (Draft). 1987.

[9] 董建令，傅激扬，等. LBB 思想在 HTR－10 蒸汽发生器传热管上的应用，高技术通讯，2000，(10)：81～84.

第四节　钠冷快堆换热器

一、结构与材料

钠冷快堆是钠冷快中子增殖堆的简称，快堆可以实现核燃料的增殖。在用铀－235 做核燃料时，理论增殖比约为 1. 09；用钚做核燃料时，理论增殖比可达 1. 5 左右。由于快堆电厂在发电的同时还能将铀－238 转变成可裂变材料钚－239，从而可以使自然界核燃料的利用率大大提高，所以快中子堆是最有发展前途的堆型之一。

快中子增殖堆要求选用传热性能好而中子慢化能力小的冷却剂。目前能用作快堆冷却剂的材料主要是液态金属钠和高压氦气。氦气的使用在技术上比较复杂，用氦气作为冷却剂的快堆目前尚处于研究阶段，而钠冷技术相对成熟一些。

金属钠的熔点低，而沸点却很高，导热性能比水高好多倍，又不易慢化中子，是十分理想的快堆冷却剂，但是钠遇到水会发生剧烈的化学反应。为了防止在蒸汽发生器换热管破裂时钠水反应危及堆芯和防止放射性外逸，通常在一回路与蒸汽动力回路之间设置一个中间钠回路(二回路)，如图 2. 3－49 所示[1]。

目前钠冷快中子增殖堆有两种结构形式：一种是池式堆(图 2. 3－49)；另一种是壳(容器)式堆(图 2. 3－50)。在池式结构中，堆和中间换热器都放在一个钠池内。钠池中的钠用钠泵打到堆芯底部，流经堆芯，然后从堆芯顶部流出向下流经中间换热器，最后又回到钠池。这种结构形式的特点是，一回路系统简单，设备布置紧凑，一次钠丧失事故不易发生，但一回路设备维修困难。壳式结构是把堆芯单独放在一个堆容器内，而一次泵及中间换热器放在堆容器外面，相互间用管道连接起来，一回路主冷却系统将反应堆容器和主中间换热器连接，构成了放射性的一回路冷却剂液体钠通路，这种通道分为将把反应堆容器中的被加热的钠送到主中间换热器的热管段，并把在主中间换热器中被冷却的一回路钠送回到反应堆容

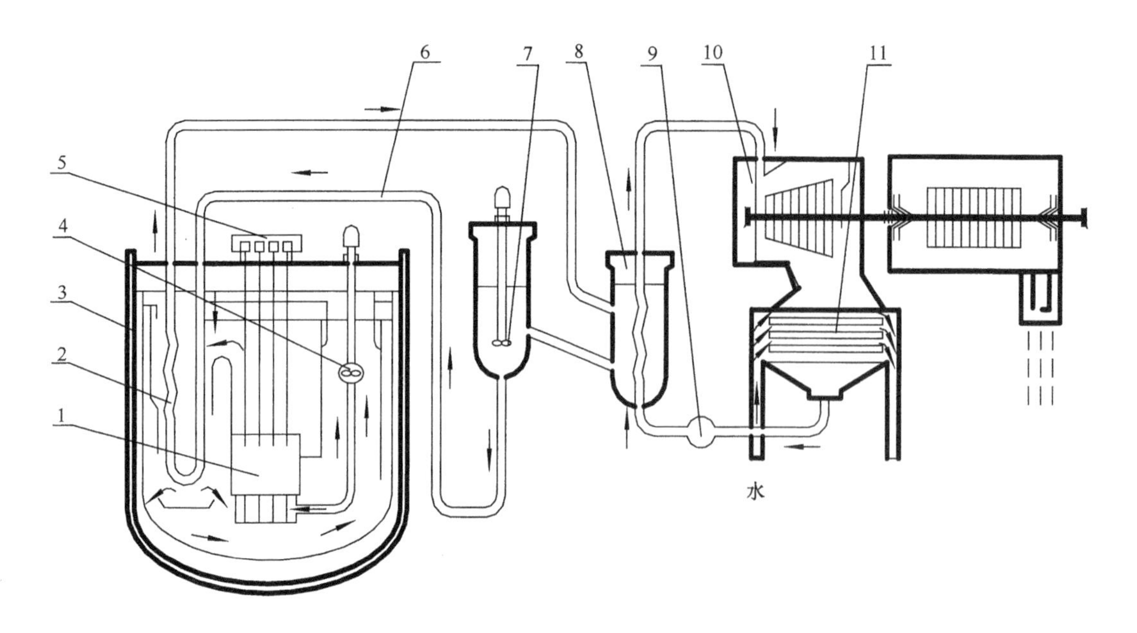

图 2.3－49 池式快堆的回路系统

1—堆芯；2—钠－钠换热器；3—钠池溶器；4—回路钠泵；5—控制棒；6—二回路钠循环系统；7—二回路钠泵；8—蒸汽发生器；9—给水泵；10—汽轮发电机；11—冷凝器

器的冷管段。二回路主冷却系统是连接主中间换热器和蒸汽发生器的，为没有放射性的钠构成的系统，它的特点是维修方便，但是也容易发生一次管道的失冷事故。如果比较一下一回路冷却系统和二回路冷却系统的话，前者的使用条件苛刻，且还因它是放射性钠的通道，所以要求更高的结构完整性。

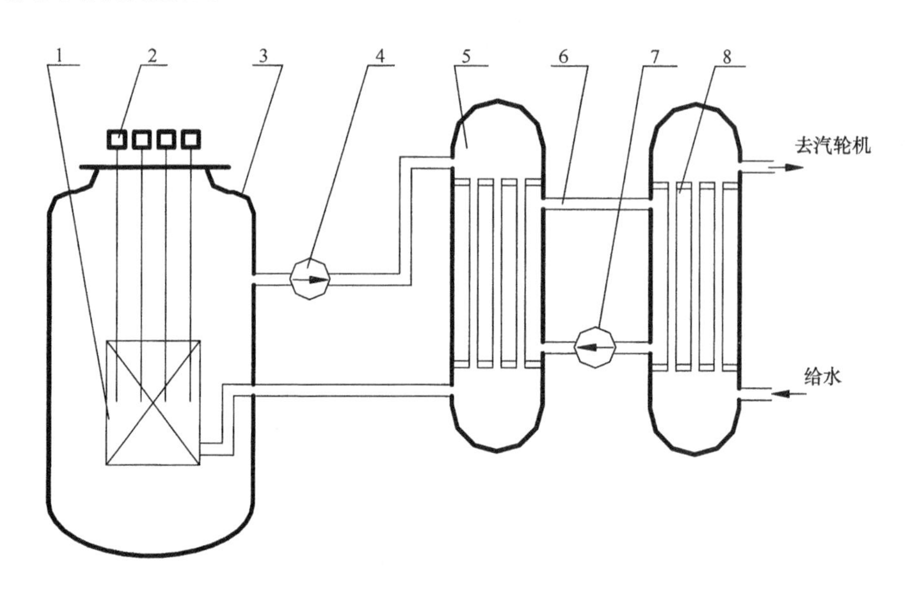

图 2.3－50 壳式快堆回路系统

1—堆芯；2—控制棒；3—堆容器；4—次钠泵；5—中间换热器；6—二回路(中间回路)；7—二次钠泵；8—蒸汽发生器

目前各国建造和设计中的快中子增殖堆，其一回路主冷却系统所使用的材料均相当于

304 或 316 奥氏体不锈钢，如表 2.3－15 所示。

表 2.3－15　快中子增殖堆一回路主冷却系统参数与材料

堆名（国家）	部位	尺寸 外径×厚度/mm×mm	材料	额定运行条件			寿命（年）	备注
				温度/℃	表压/MPa	介质		
SNR300（德国）	热管段	P1)600×— P2)550×—	×6CrNi1811	546	P1)约 0.1 P2)约 1.2	钠		
	冷管段	550×—		377	约 1.2			
CRBR（美国）	热管段	P1)914.4×12.7 P2)609.6×12.7	AISI316	535	P1)0.042 P2)1.18	钠	30	管道壁厚均为 0.5in
	冷管段	609.6×12.7	AISI304	388	0.935			
文殊（日本）	热管段	812.8×11.1	SUS316 或 304	529	0.13	钠	30	
	冷管段	P1)812.8×11.1 P2)609.6×9.5	SUS304	397	P1)0.11 P2)0.90			

注：P1)泵入口侧，P2)泵出口侧。

以 SNR300 为例，一次主冷却系统选用材料具有如下特性[15]：

1）在高温下长时间使用后力学性能稳定；

2）能经受紧急状态(瞬时高温状态)；

3）与钠冷却剂以及同系统中使用的其他材料的相容性好；

4）有关力学性能的数据完整且可靠；

5）材料或相当的钢种，在国外也有丰富的使用经验；

6）能在 500℃下使用 20 万 h。

在美国，快中子实验堆 FFTF 的热管段(设计温度 566℃，使用年限 20 年)是用 AISI316H 钢制造的，原型堆 CRBR 的热管段也是用 316 型钢，FFTF 的热管段当初计划采用 304 型钢，而据后来公布的 ASME Code Case 1331－5，规范，316 型钢按使用时间确定的设计应力强度要比 304 的显著优越，因此改用 316 型钢。在代用过程中就估计到，在高温长时间使用后的材质稳定性方面，316 型钢要比 304 型钢稍差一些，但对使用没有影响。而在焊接性能方面，无论那种钢材，为了保证焊缝的塑性，都要做进一步的研究。在 FFTF 堆上，为了尽量避免焊缝塑性发生问题，所以把无缝钢管用于主冷却系统中的大口径薄壁管道。它的主要制造方法是，通过拉拔制成厚壁管，再用轧机冷轧成薄壁管，最后进行固溶化热处理，一部分大口径管子在制造中采用的方法是，先用大容量的压力机进行全长拉拔，然后再通过机械车削达到给定的尺寸。

二、蒸汽发生器

快中子增殖堆蒸汽发生器是一种钠－水换热器，它把二回路冷却系统的钠所载的热量传给水，而获得高温高压水蒸气。其结

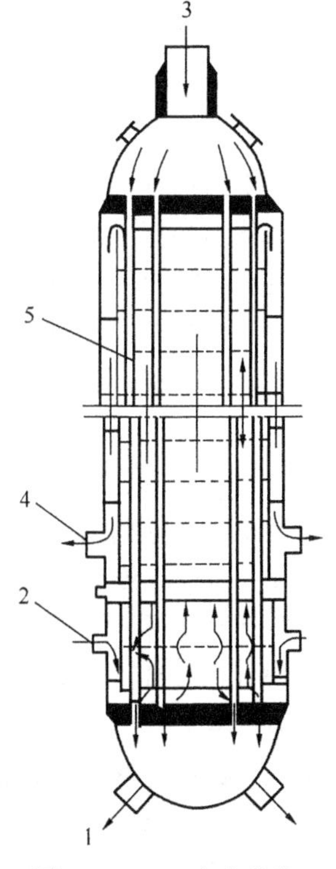

图 2.3－51　直流蒸汽发生器(OTSG)

构形式几乎都是管壳式，如图2.3－51所示。高压水走管程，低压的钠走壳程。因为钠同水会发生激烈的放热化学反应，故构成钠和水之间界限的传热管等要求高质量，严密不漏。直流蒸汽发生器(OTSG)的结构示意图见图2.3－51[2]。日本的DFBR(示范堆)则采用螺旋管式蒸汽发生器，其参数如表2.3－16[3]。

在考虑蒸汽发生器的使用材料时，传热管材料的选择是关键。因为传热管是耐高温高压水和水蒸气的部件，所以要求有足够的高温强度，此外，还要求钠环境条件下的相容性和水－水蒸气条件下的相容性。而且，还必须是一种能抗耗蚀(Wastage)的材料。所谓耗蚀现象。就是当管材产生微小泄漏之后，发生钠－水反应，使管壁逐渐减薄。必须选择适合于如下使用条件，即能加工成复杂形状的、焊接性能良好且又经济的材料。从有使用经验的耐热低合金钢(2.25Cr－1Mo钢等)，奥氏体系不锈钢(304、316、321型不锈钢等)及高合金材料(Incoloy 800等)当中，按上述各点要求选择传热管材料。各国快中子增殖原型堆蒸汽发生器传热管用材料见表2.3－16所示，原型堆阶段的蒸汽发生器传热管，采用低合金钢管或不锈钢管等，不用高合金管。

表2.3－16 螺旋管式蒸汽发生器参数

	30% 负荷	满负荷
钠进口温度/K	716.2	793.2
钠出口温度/K	579.2	608.2
钠流速/$t \cdot h^{-1}$	1131.9	2263.9
水流速/$t \cdot h^{-1}$	86.1	239.4
蒸汽出口压力/MPa	15.8	17.2
水进口压力/MPa	16.0	18.7
蒸汽出口焓值/$kJ \cdot kg^{-1}$	3253.1	3311.8
水进口焓值/$kJ \cdot kg^{-1}$	791.3	1038.3

如果比较一下作蒸汽发生器传热管的低合金钢管和不锈钢管的优缺点，则有如下几条：

1)不锈钢管的高温持久强度更好些，能在更高的温度下使用。

2)从不必担心水－水蒸气条件下产生应力腐蚀裂纹这点来看，低合金钢优越些。在仅仅存在水蒸气的环境下，产生不锈钢应力腐蚀裂纹的可能性大大下降。

3)从不必担心钠环境条件下由于脱碳而使强度下降来看，不锈钢管较优越。为了防止低合金钢的脱碳，碳化物必须是稳定的，这可通过调整化学成分(加Nb或Ni－Nb)和改善热处理方法来实现。

各国正是在这种限制下进行材料选择的。在PFR(英国)及凤凰(Phoenix，法国)堆上，把蒸汽发生器分离为蒸发器和过热器，因为过热器传热管的内侧仅只是水蒸气，所以采用不锈钢管。而在温度比较低的水－水蒸气环境下使用的蒸发器传热管，则采用低合金钢管。其中，在PFR上采用2¼Cr－1Mo－Nb稳定钢，在Phoenix上，同时试用了普通的2¼Cr－1Mo钢和2¼Cr－1Mo－Nb稳定钢(Nb量较低)。对SNR－300(德国)和CRBR(美国)堆，相同之处也是采用了分离型的蒸汽发生器，但与PFR和Phoenix相比，蒸汽条件下降，使用温度也稍低，因此蒸发器和过热器两者的传热管都采用低合金钢。其中，作为防止脱碳的措施，在SNR－300堆上采用了2¼Cr－1Mo－Nb稳定钢($C \leqslant 0.10\%$，Ni：0.30%～0.80%，Nb：$\geqslant 10 \times C$)，可是在CRBR堆上，却采用了普通的2¼Cr－1Mo钢管(ASNIE T－22)，预计通过热处理能够防止与材料整体强度下降相联系的脱碳。

在大力发展快中子增殖堆的法国和英国，仍在研究试验堆阶段的快中子增殖堆蒸汽发生器传热管材料问题。在法国，拟使用相当于 Incoloy 800 的高合金管。在英国，则使用 9Cr－1Mo 钢之类的高铬铁素体钢管，日本考虑使用 Mod. 9Cr－lMo。

在蒸汽发生器的结构中，作为钠－水界限的传热管，其质量要求很高，蒸汽发生器是一由许多传热管束组成的复杂结构，在制造技术上也要特别注意。对构成钠－水界限的焊缝来说，为了保证质量，要进行充分的非破坏性检查。无论那一种形式的蒸汽发生器，都必须把给水管板或蒸汽管板与传热管接合在一起，用完全焊透的对焊法把它们接合起来。在传热管结构为直管的场合，因为管板与管板之间传热管长度比较短，所以能提供无焊缝的整长度的传热管。而在采用螺旋形传热管的场合，传热管的总长度比较长，因为整根的管不够长，要通过管与管之间的对焊把它们接起来。焊接方法有两种，为了把管子与管板焊接起来，建立了内部自动焊接法。为了把传热管与传热管焊接起来，建立了外部自动焊接法。在为数众多的管与管或者管与管板的焊接中，因为要按次序进行施工和检查，所以焊接部位非破坏性检查和焊接施工应同步进行。

三、服役条件下的腐蚀与损伤

在 Na 冷快堆装置中，用作主要结构材料的奥氏体系不锈钢接触金属 Na 时，由于元素的扩散而使钢材表面变质，通常把这种现象称为质量转移。可以认为，从钢材析出的元素通过 Na 和钢材的交界面进行扩散，向 Na 中转移。一般，析出速度受该元素在 Na 中的溶解度、温度及在 Na 中的流动能力等各种因素的影响，另一方面它还取决于 Na 中 O_2 的浓度。O_2 浓度效应可以说是更加复杂的造成析出现象的重要原因。也就是说，它对表面的氧化铁或氧化铬与 Na 中的氧化钠共同构成复合氧化物的溶解和脱离过程有很大的影响。

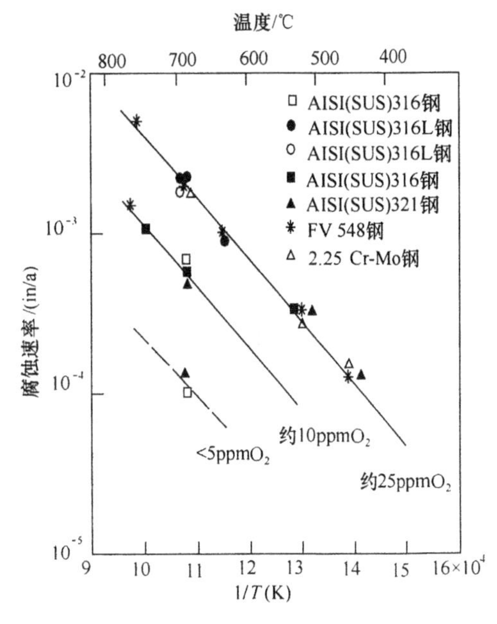

图 2.3－52 氧浓度对流动 Na 中钢材腐蚀速度的影响

不锈钢和液体金属 Na 的相容性在实用时可根据重量变化等数值来评价，但重量变化的内容是很复杂的问题。因此，在这里按“重量变化”及其成因的“材质变化”来介绍。

1. 重量变化

(1) 全面腐蚀(可见的均匀腐蚀量)

Na 中的腐蚀受到种种因素的影响，其中 Na 的温度和 O_2 的浓度尤为主要。它们和钢材的腐蚀速度之间的关系如图 2.3－52 所示[4]。另外，Na 的流速及雷诺数的影响分别示于图 2.3－53 和图 2.3－54[5]。索利(Thorley)等人最先对这些腐蚀速率进行过定量处理。但现在，在 Na 流速恒定的试验台上，当 Na 的流速为 25ft/s(雷诺数：10^5)下的腐蚀速率可以用下式表示[4]：

$$\lg S = 2.44 + 1.5\lg C_0 - \frac{3.9\times10^3}{T}$$

式中 S——腐蚀速率，mil/a；

C_0——Na 中的 O_2 浓度，ppm；

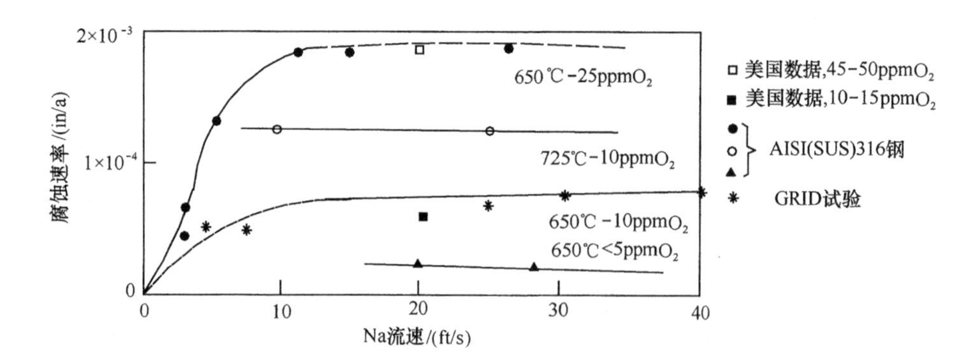

图 2.3-53 Na 流速对不锈钢腐蚀速率的影响(1ft = 0.3048m; 2in = 2.54cm)

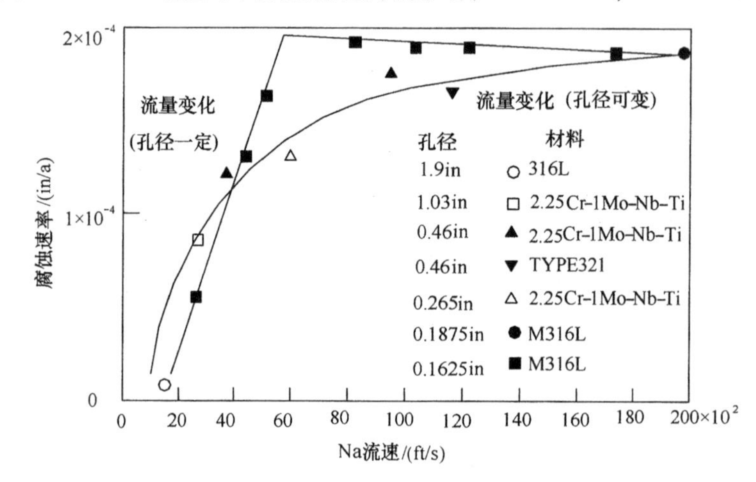

图 2.3-54 雷诺数对各种钢材在 Na 中的腐蚀速率的影响

T——Na 的温度，K。

另一方面，美国通用电器公司还考虑了 Na 的流速和下流效应，用下式表示：

$$R = V^{0.435} C_0^{1.156} \exp\left\{14.55 - \frac{23827}{T + 456} - 0.000958\left(\frac{L_1}{D_h}\right) - 0.122\left(\frac{L_2}{D_h}\right) + \frac{1.455}{t + 1}\right\}$$

式中 R——腐蚀速率，mm/dm² · 月；

C_0——Na 中的 O_2 浓度，ppm；

V——流速，ft/s；

T——试样温度，℉；

L_1/D_h——下流效应；

L_2/D_h——Na 流速一定的部位中，Na 流速达到该流速点起算的距离与水力直径之比；

t——浸渍时间，月。

这样，虽然对各种情况作了定量化公式化的尝试，而这些都是将试样的失重换算成设计上需要的单位时间的板厚减薄量，但实际上，此量与材料内部的成分变化等引起的密度减少有关，即它还包含了不牵涉板厚减薄的因素，所以严格说来，这些定量化处理是有问题的。

(2) 附着物

前面(1)项中列出的数据及其评价方法适用于 Na 循环系统实际装置中高温侧材料，全部为失重。然而，在低温侧，由于高温侧的析出物在此沉积而往往表现为增重。在低温侧的

SUS304 表面上，在放入 Na 中浸渍的初期，先是 Cr，继以 Ni 最后为 Mn 沉积，在沉积物中不包含 Fe 和 Mo[6]。另外，还有的报告指出，利用 X 射线衍射法可以确认在 SUS316 钢表面上存在 $NaCrO_2$ 和 Na_4FeO_3 的附着物[7]。这些附着物会影响传热性能。

2. 材质变化

(1) 随着非金属元素的质量转移而引起的材质变化

在不锈钢表面上，C、N、B 等非金属元素发生质量转移，其主要原因是由于 Na 和钢中所含这些元素的活性度差别所造成的。活性度不同的元素共存于 Na 中时，如同时存在温度差，则 Na 中的溶质元素将转移到活性度较低的方面。在放入温度差回路中铁素体钢和奥氏体钢之间，C 转移的实例示于图 2.3－55[7]。

有关时间、温度、Na 中 C 活动性以及冶金因素(初始 C 浓度、加工率及晶粒大小)等对奥氏体不锈钢 C 转移行为的影响，许多学者正在研究。渗碳、脱碳的程度及由渗碳变为脱碳的转变温度，往往极大地取决于 Na 中的 C 浓度。关于 N 的质量转移不如 C 的质量转移研究得多，只有几份报告(见图 2.3－56)。

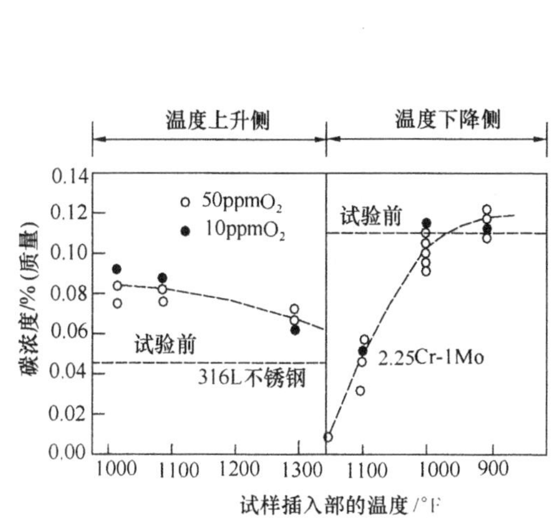

图 2.3－55　316 不锈钢和 2.25Cr－1Mo 钢的表面碳浓度与钠回路位置之间的关系

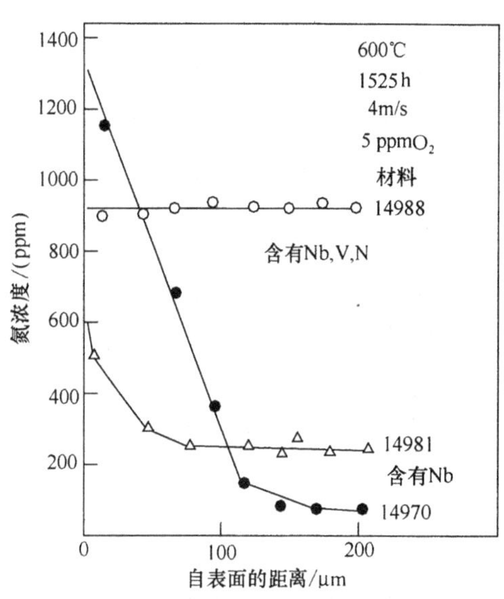

图 2.3－56　不锈钢浸渍造成氮的质量迁移(材料牌号为德国标准)

(2) 随着金属元素的质量转移而引起的材质变化

金属成分元素也能发生质量转移。奥氏体不锈钢在各种 Na 回路的高温侧浸渍时，其表面层在任何情况下，Cr 都能选择性地析出，Ni 则因回路的不同而得到不同的结果。另外，由于 Cr 等选择性地析出，在表面上形成铁素体层，从 600～677℃的初期腐蚀(<1000h)后，铁素体层的厚度大约稳定在 0.01mm，但在高的温度(750℃)下具有进一步增厚的趋势。一般，腐蚀速率的直线特性出现在初期腐蚀以后[8]。

(3) 局部腐蚀

Na 中的腐蚀虽然主要为全面腐蚀，但也有局部腐蚀的事例。Zebroski 等人在 600℃运转了约 30000h 的试验回路配管中观察到晶间腐蚀，就是局部腐蚀现象的典型事例，其腐蚀深度为 0.0179mm[9]。这个回路没有充填 Na 在停止运转时受到空气中的氧和水分浸入而生成的碱液，在预热时又受到附加热应力，因此需要考虑所发生的腐蚀是应力腐蚀或者是单一的碱腐蚀。而且，这是在极其特殊的装置中观察到的现象而不是一般现象。此外，有的实验[10]中观察到了晶间腐蚀，但是这些都比 Zebroski 等人观察到的情况小几个数量级，因此现在对晶间腐蚀本身在设计上可以忽略不计。

3. 结构完整性评定

快堆由于蒸汽发生器换热管破裂发生钠－水反应的事故已有多例，如 1987 年 2 月英国 PFR 即发生过 40 根换热管由于过热破裂的事故[11]。为此应该研究蒸汽发生器的结构完整性问题，首先便是液钠一侧的传热管问题。

评定可以蠕变寿命为依据，并用 Larson-Miller 参数和线性损伤累积法则进行评定。评定的流程如图 2.3－57 所示[12]。其中，蒸汽发生器传热管的应力依据所受内压和减薄后的壁厚进行分析。管子温度依据汽/水流率与温度、钠水反应火焰温度，以及管子的壁厚按传热模型进行计算。于是蠕变破断的时间可用管壁温度及 Larson-Miller 参数算得。用于韧性断裂准则中的 Su 为极限抗拉强度并由快速拉伸试验确定。

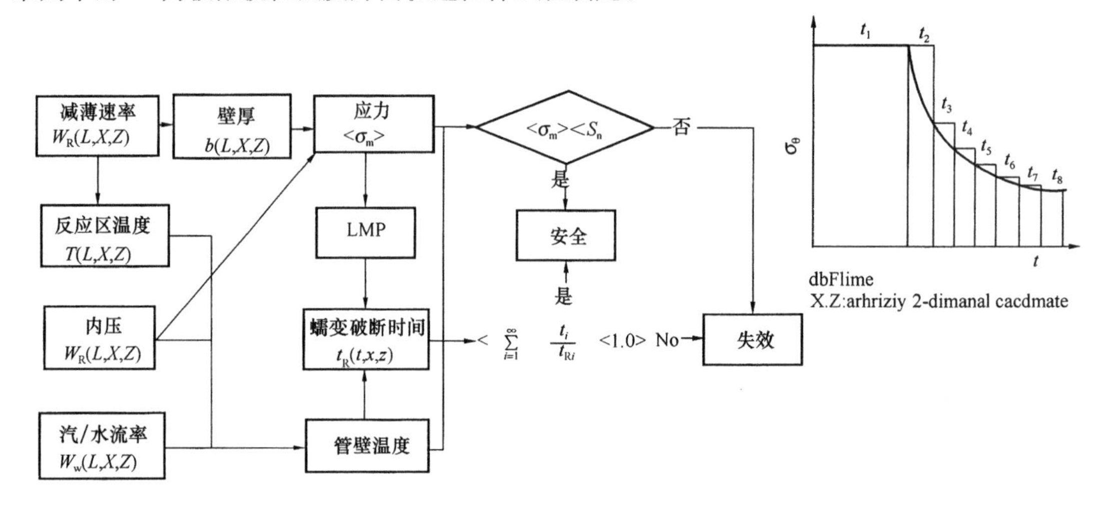

图 2.3－57 结构完整性评定流程

为了避免钠水反应的情况出现，除了进行结构完整性的评价与控制外，改进系统设计、提高固有安全性也是十分重要的。在文殊(MONJU)反应堆中，蒸汽发生器水泄漏的危害程度可分为大、中、小三级。氢气探测器可用于响应小的泄漏，气体保护压力传感器用于中等泄漏，爆破片传感器用于大的泄漏[13]。

参考文献

[1] 赵兆颐，朱瑞安. 反应堆热工流体力学. 北京：清华大学出版社，1992.

[2] 张建民，李京光，桑维良. 钠冷快堆蒸汽发生器的模块化模型及瞬态仿真研究. 核动力工程，1999，20(1)：79～83.

[3] Machida H, Yoshioka N, Ogo H. Structural integrity evaluation method for overheating rupture of FBR steam generator tube. Nuclear Engineering and Design, 2002, 212: 183～192.

[4] Thorly A W, Tyzack C. Proc. Sympos. Alkali metal coolant, Vienna, 1967.

[5] Thorly A W, Tyzack C. Proceedings of the International Conf. at Nottingham Univ. Aprill, 1973.

[6] Berkey E, Whitlow G. Proceedings of the Symposium at Detroit Oct., 1971.

[7]　[日]长谷川正义，三岛良绩. 核反应堆材料手册. 北京：原子能出版社，1987.
[8]　Natesan K. Metal. Trans, 6A, 1975.
[9]　Zebroski E L, et al. IAEA Sympos, Alkali Metal Coolant, Vienna, SM85/28, 1966.
[10]　Hopenfield J, et al. Corrosion, 1969, 25(9).
[11]　Currie R, Linekar G A B, Edge D M. The under sodium leak in the PFR superheater 2 in February 1987. Proceeding of the IAEA/IWGFR Specialists Meeting on Steam Generator Failure and Failure propagation Experience, Aix-en-Provence, France, 1990.
[12]　Tanabe H, Hamada H. Structural integrity evaluation on FBR SG-tube overheating(6)—validation of tube overheating evaluation by sodium – water reaction tests—Atomic Energy Society of Japan, Annual Meeting. 1998.
[13]　Matsuura M, Hatori M, Ikeda M. Design and modification of steam generator safety system of FBR MONJU, Nuclear Engineering and Design, 2007, 237: 1419 ~ 1428.

第五节　加氢换热器

一、高温高压临氢用钢

加氢裂化和加氢脱硫等装置中所用的临氢设备，其操作压力可达近百 MPa，操作温度也在 400 ~ 500℃以上。由于腐蚀过程、电解(如电镀)、氢的硫化物、化学反应或者环境潮湿等原因会产生氢原子。活性物质氢原子在相对疏松的体心立方结构中，具有较高的扩散迁移速率。因此，这些临氢设备在高温高压氢苛刻环境的长期作用下，会产生各种材料损伤问题。由氢诱导而发生破坏的机理在不同材料中是不同的。一般来说，脆化是由氢含量大于溶解度极限所引起的，而氢沉淀物的通常形式都是氢分子(靠近沉淀粒子或气孔中，如通常在钢中所观察到的)或氢化物(如在钛和锆合金中)。脱碳是在有氢蒸气的高温下，氢与钢中所含碳起反应的结果。为了防止临氢设备脱碳和微裂纹等氢损伤，一般都根据纳尔逊(Nelson)曲线来选择抗氢材料。根据工程经验[1]，在低于 89.63MPa 的操作压力下，可采用碳钢作为临氢设备用材；若在高于 89.63MPa 下操作，则可考虑使用奥氏体不锈钢，将其整体采用或在壳体上作为带透气孔的衬里材料使用。

对使用在高温高压临氢装置中的碳钢和低合金耐热钢有以下几个要求[2]：

(1) 钢材的状态应符合表 2.3－17 的规定。

表 2.3－17　钢材的状态

钢号	板材	管		锻件
		热轧	冷拔	
碳钢	热轧或正火	热轧	退火	热处理
1Cr－0.5Mo(15CrMoR)	正火＋回火	退火或回火		热处理
1.5Cr－0.5Mo	正火＋回火	退火或回火		热处理
2.25Cr－1Mo(12Cr2MolR)	正火＋回火	退火或正火＋回火		热处理

(2) 设备焊后须经充分消除应力的热处理。

(3) 容器受压件的应力水平应符合 ASME《锅炉及压力容器规范》第Ⅷ卷第一册和美国国家标准学会(ANSI)的规定。

(4) 在工程设计实践中，用纳尔逊曲线选用钢材时，尚需有操作温度增加28℃、操作氢分压增加0.35MPa的裕量。

抗氢钢均是含有一定量的铬和钼的钢种，抗氢性能随着铬钼含量的增加而提高，目前国内加氢装置常用的抗氢钢有1Cr-0.5Mo、1.25Cr-0.5Mo-Si、2.25Cr-1Mo、2.25Cr-1Mo-0.3V、3Cr-1Mo及3Cr-1Mo-0.25V等。其使用状态和许用应力值按ASME《锅炉及压力容器规范》第Ⅷ卷第一册的规定选取是较安全的。高温高压临氢设备大多采用2.25Cr1Mo钢制造。由于重质或超重质油裂化和煤液化等新工艺的出现，使加氢设备的使用条件更趋高温高压化。而H_2S的存在使腐蚀问题变得更为复杂，在H_2S的分压介于3.43~343kPa，操作温度大于316℃时，一般的铬钼钢并不能抵抗高温氢和硫化氢的联合腐蚀以及停工过程中产生的硫酸腐蚀。因此，目前所用材料难以适应发展趋势的需要。同时，为了提高经济性，装置都向大型化发展，随之带来了的设备大型化。若仍采用原来的Cr-Mo钢，将会使设备壁厚很厚，而给制造、运输带来困难。因为这些材料在450℃以上其设计应力强度或许用应力是受蠕变断裂强度控制的。在超过450℃的高温区，其值急剧下降，如图2.3-58所示。因此也希望材料能有更高的强度，尤其是高温蠕变强度。

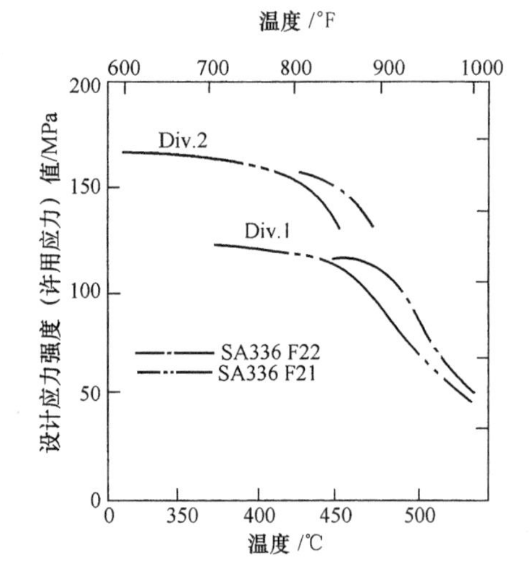

图2.3-58 ASME第VIII篇规定的Cr-Mo钢的设计应力强度值

在上述工程背景下，美国和日本几乎同时开展了高温高压临氢设备用新Cr-Mo钢材料的开发，主要通过两种途径来进行：一是通过改变原钢号的热处理条件，如所开发的增强型(Enhanced)2.25Cr-1Mo钢，就是把标准规定的原2.25Cr-1Mo钢的回火温度由675℃降低到620℃(化学成分不变)，从而使抗拉强度由原来的515~690MPa提高到585~760MPa；二是在原钢号的基础上添加某些合金元素来达到所需的要求。如所开发的改进型3Cr-1Mo钢(例如3Cr-2Mo-0.25V-Ti-B钢和3Cr-1Mo-0.25V-Cb-Ca钢)和改进型2.25Cr-1Mo钢(如2¼Cr-1Mo-1/4V钢和2.25Cr-1Mo-V-Cb-Ca钢)就是以原有的化学成分为基础，添加0.2%-0.3%的V等元素来达到高强度化，并考虑到高温强度或淬透性及焊接性等性能，而在规定的范围内添加了Cu、Ni、Nb、Ti、B、Ca及REM元素等[3]。

这些新开发的材料，先后都被美国的ASME或ASTM、日本的JIS、英国的BS5500、德国的VdTüV等一些国家标准所认可或纳入其中。有的材料已经应用于制作工业装置中用的加氢反应器，特别是Enh.2.25Cr-1Mo钢和3Cr-1Mo-0.25V-Ti-B钢和3Cr-1Mo-V-Cb-Ca钢已应用不少。日本制钢所1993年为荷兰一炼油厂制造的(1994年投用)世界上目前最重的一台1450t加氢反应器就是用3Cr-1Mo-0.25V-Ti-B材料制造的。改进型3Cr-1Mo钢等虽然添加了某些合金元素，钢材单重价格要比常规钢稍贵，但由于它的强度比常规2.25Cr-1Mo钢高，可使设备轻量化，其结果按同样设计条件(温度、压力、内径、高度)制造出的设备其所需费用基本上是相当的。然而，与常规钢相比，改进型3Cr-1Mo等钢材具有高强度化、较强的环境适应性、较好的抗高温回火脆化性能以及优越的抗奥氏体不锈钢堆焊层的氢致剥离性能等优点，其使用安全性更加可靠。

二、加氢换热器的设计制造

（一）概述

加氢换热器是加氢裂化装置的关键设备之一，该设备长期处在高温和高压下(操作压力为16~20MPa，操作温度为380~500℃)，加上处于临氢的苛刻环境，设备材料不但要能耐高温，抗氢蚀，且要求具有良好的综合力学性能及控制回火脆性等。在制造这类产品的整个过程中，从工艺试验、焊接、热处理及步冷试验、机加工以及检测都必须在质量保证体系的严格控制下进行，才能确保产品质量达到相应的标准和规范的要求。

我国在高压加氢换热器的设计和制造方面已积累了一定的经验，目前已可以制造压力为20MPa、温度为445℃的高压加氢换热器。中国石化集团北京设计院为济南炼油厂加氢－重整装置成功设计制造了反应产物－进料双壳程高压加氢换热器，直至目前换热器的运行状况仍然良好，但从整个高压加氢换热器的设计和制造水平来看，仍有待提高[4]。

（二）结构类型

传统的标准设备——管壳式换热器，具有操作适应性广、坚固耐用的特点，可处理壳程压力30MPa，管程压力65MPa以下以及温度为－196～＋600℃的物料。在所有换热器中，其占据着主要的地位，在炼油、石油化工生产中大约占90%左右，无论是产值还是产量都超过半数以上。因此目前加氢换热器的结构形式仍以管壳式为主。

在高温、高压的临氢环境下，管壳式加氢换热器主要包括以下几种密封结构形式：

1）金属环垫(八角垫或椭圆垫)。该结构加工简单，密封可靠，但对大直径的高压加氢换热器来说，其存在金属耗量大、难以加工且密封不可靠的缺点。此种结构一般只适用于压力为6~9MPa，直径小于1000mm的工况和设备。

2）螺纹锁紧环结构。与钢垫圈密封结构相比，具有密封可靠性好、金属耗量较少、结构紧凑、耐高温高压及泄漏点少等优点。虽然机加工件较多，结构稍显复杂，设计计算相对繁琐，造价也较高，但若在运行过程中出现泄漏，可在不停车的情况下紧固顶紧螺栓即可达到密封的要求，故仍被许多炼油厂的高压加氢裂化装置广泛采用。

3）密封盖板封焊型。这种结构具有螺纹锁紧环结构所具备的许多优点，不同的是，它的管箱部分密封是靠在盖板外周上施行密封焊来实现的。

4）Ω环密封结构。由一对Ω形半环组焊而成，如图2.3－59所示，半环分别焊在法兰和管板上，将介质和环境完全隔绝，是一种新型无泄漏密封结构。Ω环作为承压密封元件，本身具有较好的轴向变形能力，不受温度、压力波动大和结构变形不一致的影响，能承受很高的压力(7~32MPa)，具有O密封的比压且质量轻及造价低等优点。但是，换热管结垢清洗时，需将Ω环沿顶部焊口切开，检修完毕后再组对焊合。由于加氢装置中的介质含有硫化物，在开停工时，残留的硫化物遇水或氧反应会生成连多硫酸，因此在切割Ω环前必须进行碱洗。碱洗后不得用水清洗，用压缩空气吹干，使表面保留碱膜。

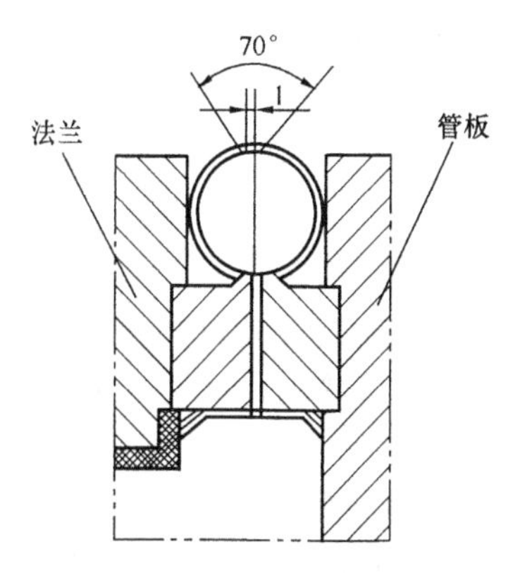

图2.3－59　ASME第Ⅷ篇规定的Cr－Mo钢的设计应力强度值

从换热器流程方面来分，主要包括单管程单壳程、双管程单壳程和单管程双壳程等几种。由于管程结构上容易实现多程流动，而壳程则难以实现多程流动，所以使得换热管的管外膜传热系数成为换热器传热的主要控制因素。从流体结垢及结焦方面考虑，也要求换热器壳程流体应具有一定的流速，这势必要求采用壳体直径较小的多台换热器串联。但若壳程流量较小时，即使采用最小折流板间距，流速还是很低，致使壳程一侧成为控制热阻的主要方面。如果壳程可利用的压降很大时，可考虑采用双壳程换热器。由于压降与管道的长度成正比，与流速的平方成正比，所以对同一流量采用双壳程时，壳程侧压力降约比单壳程增加 6~8 倍。从经济成本上考虑，在同样热负荷下，采用直径较小的多台换热器串联，要比采用台数较少而直径较大换热器的总造价高得多，且配管复杂，占地空间增大。采用双壳程换热器时，可使壳程侧介质由原单壳程的一半并流、一半逆流变成纯逆流，温差校正系数接近于 1，提高了有效温差。同时在壳体直径不变的前提下，使壳程流速提高了一倍，因而使总传热系数得以提高。而且，对由管外膜传热系数起控制作用的场合，其传热效率还要进一步提高。因此，有理由认为，使用双壳程换热器，既可以提高换热器效率，又可以减少换热面积。

（三）设计制造[5]

在高压换热器设计方面，目前国内外均采用“分析设计”(Design by analysis)的规范，如 ASME 第Ⅷ卷第二册和 JB 4732—95，这对提高材料利用率、降低投资非常有利。对新开发的材料，在列入 ASME 规范之前，ASME 给出一个 Code Case(规范案例)，如 3Cr-1Mo-V-Ti-B，ASME 制定了 Code Case 1961，供设计者使用。另一方面，为了提高 ASME 规范中的设计应力强度，ASME 还发布了 Code Case 2290，供用户选择。

对存在回火脆化倾向的 Cr-Mo 钢材料，制造厂应提供最低设计金属温度 MDMT (Minimum Design Metal Temperature)，以便用户正确地使用。FBM 公司用 F22(2.25Cr-1Mo)和 F11(1.25Cr-0.5Mo)钢制造的高压换热器，其规定的 MDMT 为 0℃，但国内目前还提供不出合理的 MDMT。

对加氢换热器的制造，主要需考虑焊接、热处理、试验及检验等几个方面，下面逐一进行介绍。

1. 焊接

主要包括筒体对接焊接、接管与筒体的焊接以及管子与管板的焊接等。

筒体采用锻造薄管板制造。一般工艺上，厚板采用的是 X 形坡口，而对加氢换热器所用的薄管板，需采用如图所示的坡口形式，主要原因是此工艺焊接后只要切削去除工艺垫板即可确保焊缝根部的质量。

对接管与筒体的焊接，采用对接方式，开 U 形坡口。该工艺具有焊接视线较为清楚、操作较为方便、较易脱渣、可大幅减小焊接工作量及根部易焊透等优点。

普通换热器管子与管板的角焊缝，大都采用手工焊或半自动气体保护焊。对加氢换热器，其管子与管板的焊接要求特别高，除常规压力试验外，还特别提出了一般在核能装置中才要求的氦检漏。验收条件为：单个管口焊缝泄漏率 $\leqslant 10^{-5}$ Torr · L/s(1Torr = 133.322Pa)为合格。

2. 热处理

加氢换热器制造过程中各种热处理多达十几次，仅焊后热处理就有消氢、中间消除应力及最终热处理等。热处理工艺适当与否，不仅关系到焊接残余应力的消除程度，还关系到改善显微组织，进而关系到恢复和提高韧性和塑性以及使氢更完全逸出，避免产生冷裂纹。另外，还需为该设备在以后修理时的再热处理留有较大的“富余量”，确保设备安全可靠地运行。

对 Cr－Mo 钢而言，热处理的时间与温度可用纳尔逊一米勒公式进行换算，并通过计算焊后热处理参数 P 来检验其是否满足[P]的许用范围。即将中间消除应力热处理和最终热处理时间换算折合成最终热处理时间，再根据以下公式计算出热处理参数 P，然后进一步校核 P。

$$P = T(20 + \lg t) \times 10^{-3}$$

式中，T 为加热的绝对温度，K；t 为保温时间，h。

3. 步冷试验

380～500℃温度范围为钢材的高温回火脆化温度区域，加氢设备长期服役于该温度范围，必须严格控制影响钢材脆化的元素，如 S、P、Si、As、Sn、Sb 等（特别是 As、Sn、Sb 的含量应远远低于常规杂质元素的含量指标）。同时，材料的高温性能也是必须要测定的。因此，步冷试验是研制加氢设备的一个必不可少的关键试验项目。

步冷试验是用模拟钢材在回火脆化温度范围内加热，并分阶段冷却，促使脆化。再用系列冲击试验来衡量钢材的脆化程度，从而得出步冷前后材料的脆性转变温度，并据此判断是否达到考核指标。一般步冷试验时采用阶梯冷却，即按图 2.3－60 所示的美国 Socal 公司步冷线图[6]进行模拟加速脆化。

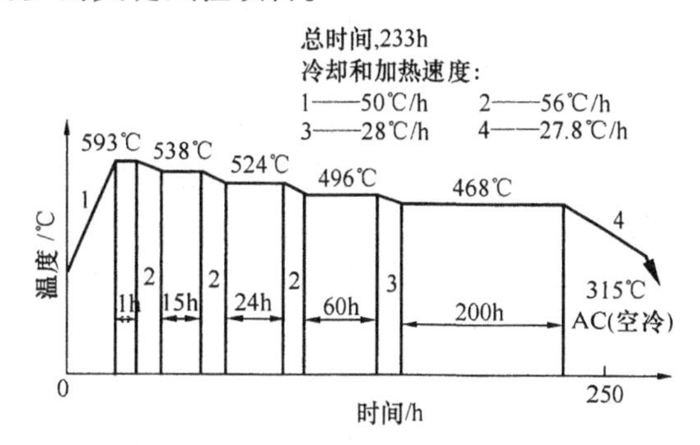

图 2.3－60　阶梯冷却曲线图

步冷前后材料脆性转变温度由下式进行考核（JB/T 53069－93 中的优等品要求）：

$$VTr54 + 2.5\Delta VTr54 \leqslant 13\ ℃$$

式中　VTr54——步冷试验前夏比冲击吸收功为 54J 的对应温度，℃；

$$\Delta VTr54 = VTr54' - VTr54$$

VTr54′——步冷试验后比冲击吸收功为 54J 的对应温度，℃。

4. 检验

加氢换热器的检验项目和指标要求如表 2.3－18 所示。

表 2.3－18　检验和试验项目及指标

对　　象	项　　目	要　　求
主体材料复验	化学成分	标准要求
	回火脆化系数	$J \leqslant 120\%$，$X \leqslant 15$ppm
	力学性能	标准要求
	回火脆化倾向评定	VTr54 + 2.5ΔVTr54 ≤ 13 ℃
产品焊接试板	RT 检测	100%　Ⅱ级
	化学成分	标准要求
	回火脆化系数	$J \leqslant 120\%$，$X \leqslant 15$ppm
	力学性能	标准要求
	回火脆化倾向评定	VTr54 + 2.5ΔVTr54 ≤ 13 ℃
设备每道对接焊缝	化学成分	标准要求
	RT 检测	100%　Ⅱ级
	UT 检测	100%　Ⅰ级
	内外表面 MT 检测	100%　Ⅰ级
	硬度（热处理后）	焊缝及热影响区≤225HB
堆焊表面	PT 检测	100%　Ⅰ级
	铁素体含量	3%～10%

续表

对　　象	项　　目	要　　求
水压试验	换热管单根	$2p_d$
	管程	$1.25p_d[\sigma]/[\sigma]^T$
	壳程	$1.25p_d[\sigma]/[\sigma]^T$
氦检漏	换热管与管板接头	$\leqslant 1.33\times10^{-5}$ PaL/s

三、螺纹锁紧环式双壳程换热器的设计制造[7~10]

（一）概述

加氢装置用双壳程换热器，一般指高温、高压及临氢条件下用 Cr－Mo 钢材料制造的换热器，这种换热器技术含量比较高，尤其是用 2.25Cr－1Mo 钢制造的换热器，其技术含量不亚于用同类材料制造的反应器，甚至某些方面比反应器的制造难度还大。

由前述的分析可知，螺纹锁紧式双壳程换热器是炼油厂加氢精制、加氢脱硫和加氢裂化中广泛使用的一种新型换热器，也是炼化设备大型化、高效率及深加工发展的必然趋势。最早由美国 Chevron 公司和日本千代田公司共同开发研究成功。该设备为炼油设备中承压能力最高的一种换热器，设计压力，壳程为 19～20MPa，管程为 17～18MPa，设计温度为 215℃，管程为 290℃。我国兰石厂于 1989 年与意大利 IMB 公司合作生产，通过消化吸收国外先进技术和制造经验，攻克了直径 ϕ157mm 大螺纹加工、管箱密封槽加工等技术难题，首次研制成功螺纹紧环密封结构高温高压换热器。到目前为止，我国已有 10 余套加氢装置使用着这种换热器。

其基本结构如图 2.3－61 所示。

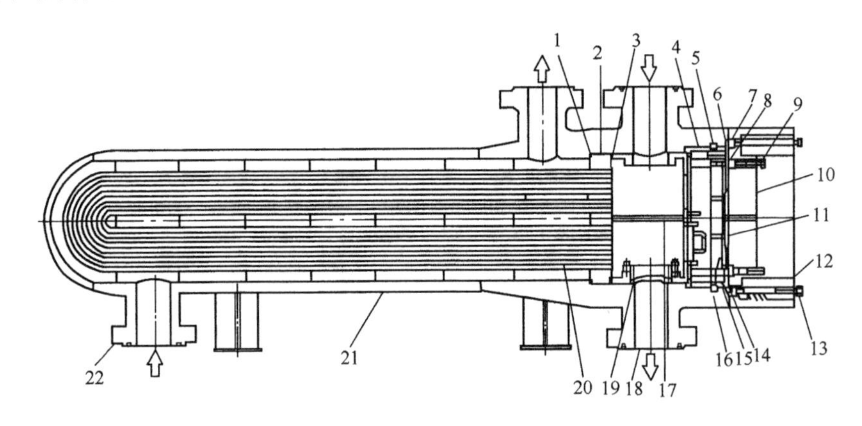

图 2.3－61　H－H 型螺纹环锁紧式高压换热器

1—壳程垫片；2—管板；3—垫片；4—内法兰；5—分合环；6—壳程垫片；7—固定环；8—压紧环；9—内圈螺栓；10—管箱盖；11—垫片压板；12—螺纹锁紧环；13—外圈螺栓；14—内套筒；15—内法兰螺栓；16—管箱壳体；17—分程隔板箱；18—管程开口接管；19—密封装置；20—换热管；21—壳体；22—壳程开口接管

此换热器的管束多采用 U 形管式，它的独到结构在于管箱部分。上图（称 H－H 型）适用于管壳程均为高压的场合。对壳程为低压而管程为高压时，可用图 2.3－62 的结构形式（称 H－L 型）。

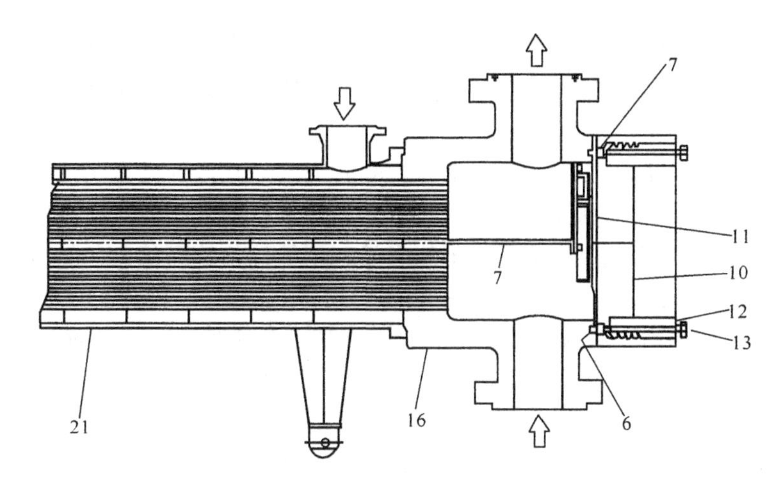

图 2.3－62　H－L 型螺纹环锁紧式换热器

6—壳程垫片；7—固定环；10—管箱盖；11—垫片压板；12—螺纹锁紧环；
13—外圈螺栓；16—管箱壳体；21—壳体

（二）主要特点

螺纹环锁紧式换热器具有如下几个突出优点：

1. 密封性能可靠

这是由于本身的特殊结构所决定的。由图 5－4 可见，在管箱中由内压引起的轴向力通过管箱盖 10 和螺纹锁紧环 12 传递给管箱壳体 16 承受。它不像普通法兰型换热器，其法兰螺栓载荷要由两部分组成：一是流体静压力产生的轴向力使法兰分开，需克服此种端面载荷；二是为保证密封性，应在垫片或接触面上维持足够的压紧力。因此所需螺栓大，拧紧困难，密封可达性相对较差。而螺纹环锁紧式密封结构的螺栓只需提供给垫片密封所需的压紧力，流体静压力产生的轴向力通过螺纹环传到管箱壳体上，由管箱壳体承受，所以螺栓小，便于拧紧，很容易达到密封效果。表 2.3－19 是此种结构换热器与普通法兰型换热器用于加氢装置在表列条件下螺栓大小的对比情况。

表 2.3－19　不同形式换热器用螺栓

	法兰型	螺纹环锁紧式
设计压力 /MPa	17.65	
设计温度/℃	430	
内径/mm	900	
螺栓规格	M85	M38
螺栓数量/根	20	40

在运转中，若管壳程之间有串漏时，通过露在端面的内圈螺栓 9 再行紧固就可将力通过件 8→件 11→件 14→件 17→件 2 传递到壳程垫片（件 1）而将其压紧以消除泄露。

还有，这种结构因管箱与壳体是锻成或焊成一体的，既可消除像大法兰型换热器在大法兰处最易发生泄露的弊病，又因它在抽芯清洗或检修时，不必移动管箱和壳体，因而可以将换热器开口接管直接与管线焊接连接，减少了这些部位的泄漏点。

2. 拆装方便

拆装可在短时间内完成，因为它的螺栓很小，很容易操作。同时，拆装管束时，不需移动壳体，可节省许多劳力和时间，且在拆装的时候，是利用专门设计的拆装架，使拆装作业可顺利进行。一般，从拆卸、检查到重装，这种换热器所需的时间要比法兰型少 1/3 以上。

3. 金属用量少

由于管箱和壳体是一体型，省去了包括管程壳程大法兰在内的许多法兰与大螺栓，又因在壳体上没有带颈的大法兰，其开口接管就可尽量地靠近管板。这样，在普通法兰型换热器上靠近管板端有相当长度为死区的范围内不能有效利用的传热管面积，在此结构中可得到充分发挥传热作用，大约可有效利用的管子长度为 500mm。如对一台内径 1000mm，传热管长 6000mm 的换热器，就相当于增加了 8% 数量的传热管。上述种种，可使这种结构换热器的单位换热面积所耗金属的重量下降不少。

4. 结构紧凑，占地面积小

当然，这种换热器的结构比较复杂，其公差与配合的要求比较严格。

（三）设计制造

螺纹锁紧环式双壳程换热器，主要包括壳体、封头、管板、分合环螺栓、分合环、管箱、锁紧环、锁紧环螺纹、内圈螺栓及外圈螺栓等部件。其缺点是，结构相当复杂，内部零件多，给设计和研制带来诸多不便，尤其是管程端部梯形大螺纹标准的选择（各国都选用 ASME B18 标准，螺距选用 15/16″，可以作为借鉴）。标准的公差范围比较宽，产品的实际公差范围各制造商都保密。因为内外螺纹配合公差选择涉及的外界条件比较多，螺纹又处在高温条件下工作，同时不同大小的螺纹锻件经过高温使用后仍有微量变形，如果螺纹配合公差选得不合适，有拆卸困难或拆不下来的可能。因此对该换热器的设计制造，主要集中于材料选择、结构设计、工艺调整以及试验校核等这几个方面。

一般地，壳体、封头仅受壳程内压作用，按 GB 150—1998 相关的计算公式确定壁厚，管板按 GB 151—1999 中 U 形管换热器管板的计算公式确定厚度。其他部件的设计如下所述。

1. 材料选择

进行螺纹环锁紧式双壳程换热器的设计，首先要根据设计温度和氢分压，按照 M3A910 曲线进行选材。由于换热器的操作条件苛刻，材质在一定温度范围内长期操作有较明显的回火脆化倾向，因此需根据严格的回火脆化敏感性系数指标进行校核及选择。

2. 螺纹结构

由上述结构详图可见，外压紧螺栓只具有压紧外密封垫片一种功能，垫片传给外压紧螺栓的反力作用在螺纹承压环上，因此压紧外密封垫片是通过下列零件的力传递实现的：外压紧螺栓—外压杆—外压圈—密封盘—外密封垫片。从其结构形式可以知道，换热器在操作运行中，随时可以给外压紧螺栓施力，排除泄漏。这就是它的操作灵活性之所在。

内密封垫片起着将管程与壳程分隔开的作用，同样它也可以在换热器操作运行中随时被压紧而排除泄漏。它的力传递路径为：内压紧螺栓—内压杆—内压圈—密封盘管程内套筒—管板—内密封垫片。同样，内密封垫片的反力最终传给螺纹承压环，内压紧螺栓也只具有压紧内密封垫片一个功能。因此在操作中可以随时通过力传递被压紧，同样实现这种换热器的操作灵活性。

通过上述过程不难看出，螺纹环锁紧式双壳程换热器所有的力均由螺纹承压环和管箱壳体端部的梯形螺纹来承担，螺纹又在高温高压下工作，螺纹锻件会有微量变形，如果螺纹配合公差选得不合适，就有拆卸困难的可能。因此内外螺纹配合公差的选择是一个关键问题，需按照 ASME B1.8 标准进行设计。长期以来，一直认为，螺纹的齿数越多越好，而根据计算结果，对整个端部螺纹来说，承压最大的是靠近管箱内部的少数齿，其他的齿承受的力越来越小，即力不能均匀分布到每个齿上，这也是螺纹环锁紧式双壳程换热器的不足之处。另外，从螺纹环锁紧式换热器爆炸事故中可以认识到，管箱端部的螺纹啮合应保证有足够的高度，以不小于6mm 为好。还要充分考虑螺纹锁紧环和管箱盖之间的径向热膨胀影响，使其径向间隙尽可能小，以制约螺纹锁紧环的弯矩，从而阻止螺纹啮合高度的变化。

螺纹结构和锁紧环的受力情况及其设计计算如下：

主螺纹承受的载荷 W 包括以下三部分：

1）维持管程壳程密封螺栓传递的载荷 $F_1 = W_1$；

2）管程主密封操作状态下的垫片反力 F_5：

$$F_5 = 2\pi b_2 m D_{g1} p_t$$

3）由管程内压引起的轴向力 F_6

$$F_6 = \pi D_{g1}^2 p_t / 4$$

$$W = F_1 + F_5 + F_6$$

给定螺纹扣数为 n，可计算出主螺纹上的各项应力。

从图 2.3－61 和图 2.3－62 中可以看出，锁紧环相当于活套法兰，它承受的载荷由四部分组成：

1）维持管程壳程密封螺栓传递的载荷 $F_1 = W_1$；

2）维持管程主密封螺栓传递的载荷 $F_2 = W_2$；

3）由管程内压引起的并经管箱盖板传递的轴向力 F_3；

4）管程内压作用于锁紧环上 D_1 到 D_2 范围内的轴向力 F_4；

$$F_4 = \pi (D_2^2 - D_1^2) p_t / 4$$

式中　D_1 ——内卡环外径；

D_2 ——外卡环内径；

W_1 ——分合环维持操作条件下管壳间密封所需的螺栓载荷，$W_1 = \pi D_g^2 p_d / 4 + 2\pi D_g b_1 m p_d$；

W_2 ——内圈螺栓载荷。

以锁紧环上螺纹的节径为基准，算出各载荷所对应的力臂，也就可算出锁紧环上的总力矩 M_o，按 GB 150—1998 的相关公式可算出锁紧环的厚度。

当壳程压力比管程压力高时，还需要在管箱内壁设计沟槽，在槽内加卡环，卡环上设置顶螺栓，经过力传递给内密封垫片施加初次压力，以确保该密封在操作过程中的可靠性。目前卡环的设计有两种：整体形和分瓣形（详细结构见图 2.3－63）。两种卡环各有优缺点。

3. 密封结构

密封是影响换热器性能的一个极其重要的因素，也是换热器设计制造过程中需要特别考虑的问题。

如前面章节所述，高温高压换热器一般采用垫片进行密封。根据垫片的密封性和回弹性两个重要指标，螺纹环锁紧式双壳程换热器采用由特殊结构金属骨架与柔性石墨材料复合而成的波齿复合垫片。该垫片金属骨架的上下表面具有相互错开的特殊形状的同心圆沟槽，并复合一层柔性膨胀石墨。在一定的预紧力下，石墨层与密封面紧密接触实现密封，同时环形波齿还具有多道密封作用。采用该垫片作为螺纹环锁紧式双壳程换热器管程壳程之间的密封

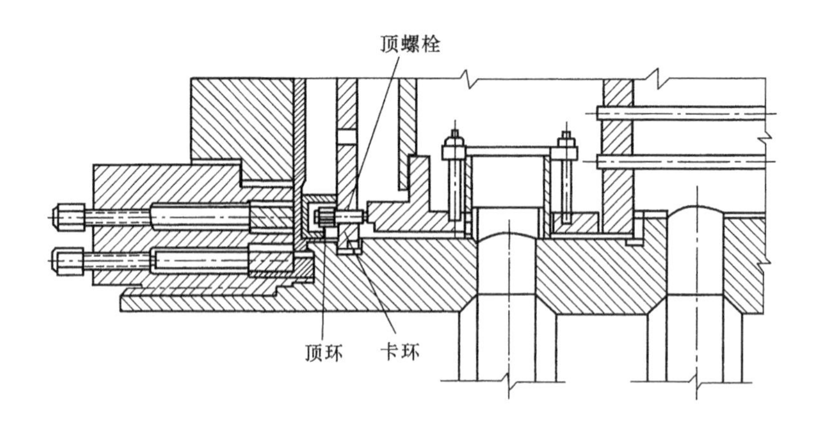

图 2.3－63　管程带卡环结构

垫片，工程实际应用效果良好。

壳程的内壁与纵向隔板的密封材料是设计的关键之一。纵向隔板两侧密封可靠的关键在于密封条的抗高温性能及抗变形能力。以前的双壳程换热器采用 0Cr18Ni9Ti 密封条，经工程实践发现，使用一段时间后会有泄漏。而由北京设计院与北京钢铁研究总院合作开发的新型密封材料 WG17，在 400℃以上长期使用后回弹力降低很小，能长期保持密封效果，成为双壳程换热器的密封材料的良好选择。目前已成功试制薄钢带，并经过工业考核。

4. 焊接结构

接管与壳体是螺纹环锁紧式双壳程换热器焊接工作的关键之一。由于与接管相焊的壳体厚度很大，设计正确的焊接结构较为重要。

本设备的壳体与接管采用安放式对接焊接接头设计结构，如图 2.3－64 所示。对其要求 100% 超声波检测和射线检测。

用超声波进行探测时，采用三种角度（45°，60°，70°）的横波探测焊缝及热影响区的缺陷，用纵波直探头探测焊缝根部未溶合区，探测位置如图 2.3－65 所示。用射线检测时，射线束需与焊缝的中心线平行，射线入射角取 45°。如此即能够充分发挥超声波与射线两种检测方法的优点，可以发现焊缝及热影响区的根部未熔合和夹渣等焊接缺陷，保证焊接接头的质量。

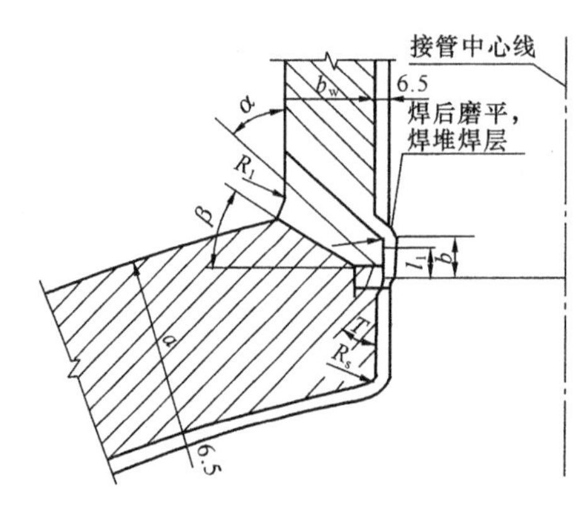

图 2.3－64　接管与壳体结构焊接示意图

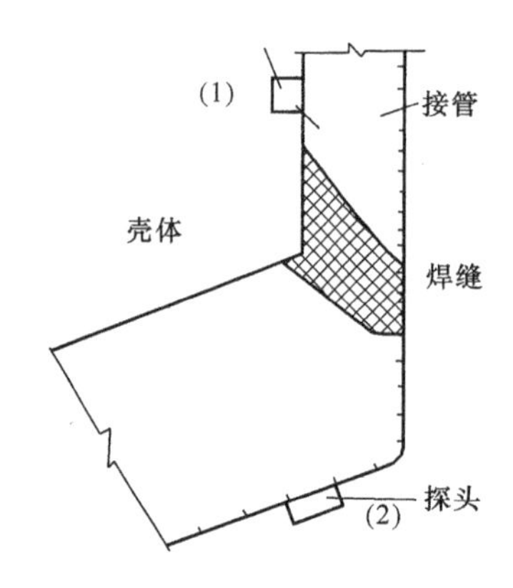

图 2.3－65　壳体和接管焊缝超声波探伤图

因此，考虑到螺纹环锁紧式双壳程换热器结构的复杂性，在进行设计时需要重点考虑以下几点。即，必须保证管箱密封性能有效，特别是当管箱壳体为铬－钼钢或碳钢材料而内件采用奥氏体不锈钢材质时，在高温下会产生很大的热应力；此时对内件的变形量和刚性的计算更显重要，要避免在结构较薄弱的重要部位发生集中的塑性变形；另外，为防止管箱端部的大螺纹发生变形，要充分考虑和控制此部分的受力情况，在设计计算(包括应力分析)的同时，根据试验和经验来确定管箱端部有足够的补强量。

在换热器的制造过程中，对管束的拆装，一定要使用专门的工夹具，以保护好管箱大螺纹；在试验或检修时，若发现有关零件超过规定的变形或损伤时，要及时更换。

四、服役过程中常见的损伤及预防[7, 11, 12]

加氢换热器由于操作条件的特殊性，常引起一些特殊的损伤现象。

(一) 高温氢腐蚀

高温氢腐蚀是在高温高压条件下，扩散侵入钢中的氢与不稳定的碳化物发生化学反应而生成甲烷气泡(它包含甲烷的成核过程和成长)，即 $Fe_3C + 2H_2 \longrightarrow CH_4 + 3Fe$，并在晶间空穴和非金属夹杂部位聚集，引起钢的强度、延性和韧性下降与劣化，同时发生晶间断裂。由于这种脆化现象是发生化学反应的结果，具有不可逆转性，热处理也无法消除，所以也称永久脆化现象。

在高温高压氢气中操作的设备所发生的高温氢腐蚀有两种形式：一是表面脱碳；二是内部脱碳。

表面脱碳不产生裂纹，在这点上，与钢材暴露在空气、氧气或二氧化碳等一些气体中所产生的脱碳相似。表面脱碳的影响一般很轻，通常使钢材的强度和硬度稍有降低而韧性略有提高。

内部脱碳是由于氢扩散侵入到钢中发生反应生成了甲烷，而甲烷又不能扩散出钢外，就聚集于晶界空穴和夹杂物附近，形成了很高的局部应力，使钢产生龟裂、裂纹或鼓包，其力学性能发生了显著的劣化。

高温高压氢引起钢的损伤要经过一段时间。在此段时间内，材料的力学性能没有明显的变化；经过此段时间后，钢材强度、延性和韧性都遭到严重的损伤。在发生高温氢腐蚀之前的此段时间称为“孕育期”(或称潜伏期)。“孕育期”的概念对于工程应用非常重要，其长短取决于钢材化学成分、介质温度和压力、钢中夹杂物含量、热处理状态等很多因素。因此必须使设备处在“孕育期”内，保证在高压氢条件下，仍然能维持其原始的力学性能，确保设备安全运行。

图 2.3－66 是临氢作业用钢防止脱碳和开裂的操作极限[13]。

为防止这类损伤，须根据美国石油学会(API)推荐惯例 941“炼油厂和石油化工厂高温高压临氢作业用钢”(亦称 Nelson 曲线)的最新版本来选用能抵抗相应使用条件下的高温氢腐蚀材料。

按 Nelson 曲线进行选材时，应尽量减少杂质元素含量和控制非金属夹杂物的含量。

Nelson 曲线在表观上只反映温度和压力两个参数。实际上可根据使用情况与经验考虑一定的安全裕量。

2.25Cr1Mo 钢使用极限温度不应超过 454℃，加氢裂化装置操作中应严防超温。

影响氢腐蚀的因素还有很多，如热处理和焊接作用等。试验证明，在相同条件下，焊缝比母材更容易受到氢腐蚀，回火对氢腐蚀有不同影响，最终焊后热处理对改善氢腐蚀有一定作用，使用过程的维修，如果有焊补，必须进行焊后热处理。

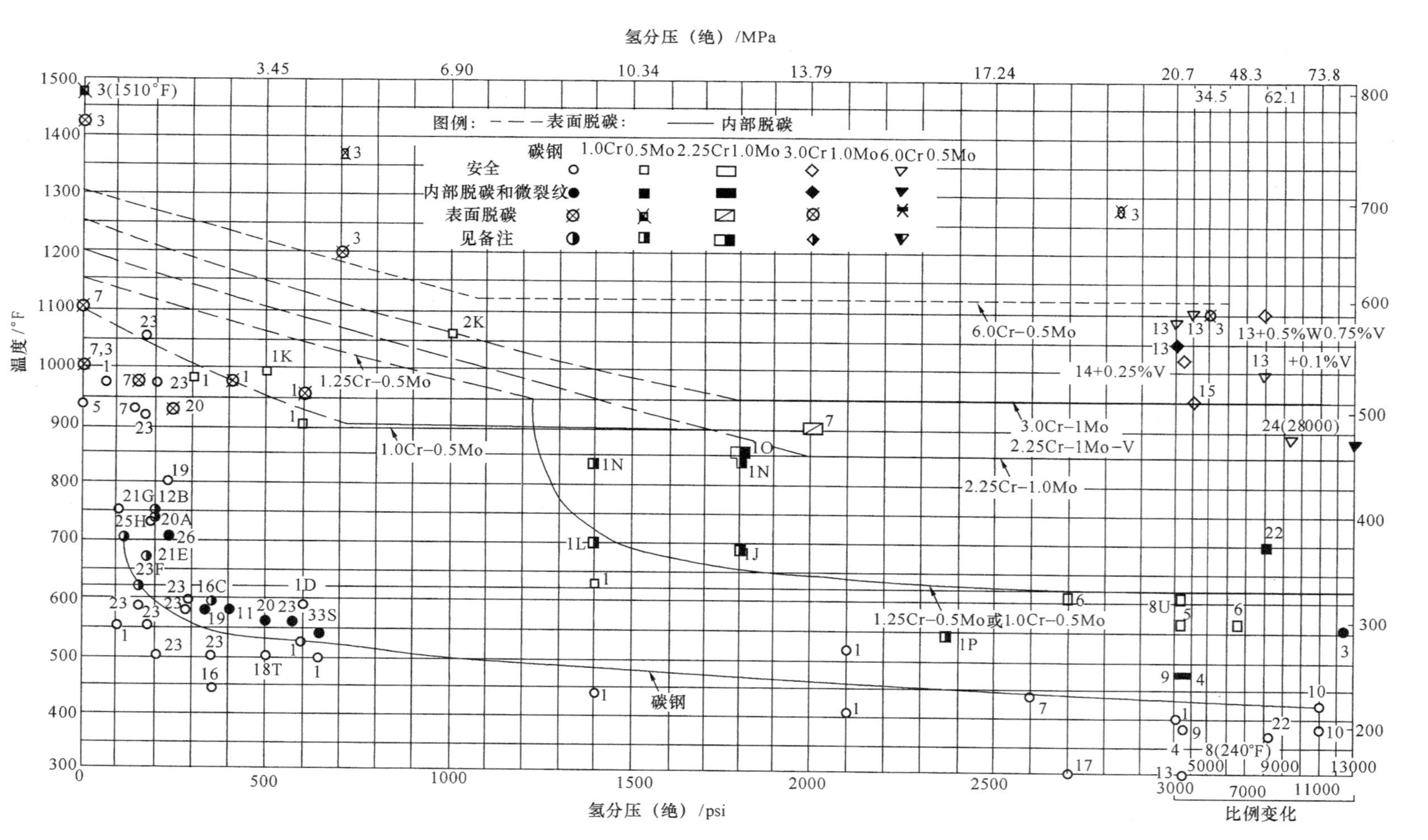

图 2.3-66 临氢作业用钢防止脱碳和开裂的操作极限

（二）氢脆

所谓氢脆，就是由于氢残留在钢中所引起的脆化现象。产生了氢脆的钢材，其延长率和断面收缩率显著下降。这是由于侵入钢中的原子氢，使结晶的原子结合力变弱，或者作为分子状在晶面或夹杂物周边上析出的结果。但是，在一定条件下，若能使氢较彻底地释放出来，钢材的力学性能仍可得到恢复。这一特征性与前面介绍的氢腐蚀截然不同，所以氢脆是可逆的，也称作一次脆化现象。

在高温高压临氢条件下，氢气不断溶解在钢中，并从设备内壁表面向钢体内扩散。随着温度和压力的不同，氢在钢中的溶解度及扩散率也有显著差别。例如在426.6℃，17.6MPa氢分压下，氢在2.25Cr－1Mo钢中溶解度为5μg/g，而在常温下，氢分压为0.1M Pa时溶解度只有5×10^{-4}μg/g。表2.3－20为不同温度下氢在钢铁材料中的扩散系数。可以看出，对操作在高温高压氢环境下的设备，在操作状态下，器壁中会吸收一定量的氢。在停工过程中，若冷却速度太快，使吸藏的氢来不及扩散出来，造成过饱和氢残留在器壁内，就可能在温度低于150℃时引起亚临界裂纹扩展，对设备的安全使用带来威胁。

表2.3－20　钢铁材料的氢气扩散系数

温度/℃	扩散系数/$cm^2\cdot s^{-1}$	
	α铁	γ铁
500	1.7×10^{-4}	6.4×10^{-6}
400	1.38×10^{-4}	
300	1.0×10^{-4}	
200	6.7×10^{-5}	
100	3.5×10^{-5}	
20	1.5×10^{-5}	1.9×10^{-11}
－78	2.1×10^{-6}	

要防止此类损伤发生，主要应从结构设计、制造过程和生产操作方面采取相应措施，如：尽量减少应变幅度；尽量保持Tp.347堆焊金属或焊接金属有较高的延性；装置停工时冷却速度不应过快，在350～400℃区间宜保持一段时间，且停工过程中应有使钢中吸藏的氢能尽量释放出去的工艺过程，以减少器壁中的残留氢含量等。另外，尽量避免非计划的紧急停工（紧急放空）也是非常重要的，因为此状况下器壁中的残留氢浓度会很高；在定期检验中应对有关部位进行渗透和超声波检测。

（三）高温硫化氢的腐蚀

当氢和硫化氢的混合物超过280℃时，在氢的促使下，碳钢和低合金钢会发生严重化学腐蚀：

$$Fe + H_2S \longrightarrow FeS + H_2$$

高温氢＋硫化氢的腐蚀速率与硫化氢体积浓度和温度有关，而介质压力对腐蚀无影响。

当硫化氢浓度在1%以下时，腐蚀速率随着硫化氢浓度的增加而增加；当硫化氢浓度超过1%时，腐蚀速率与硫化氢浓度基本无关。

当温度在315～480℃时，随着温度的提高，腐蚀速率将急速增加，这时温度每增加55℃，腐蚀速率大约增加2倍。

当硫化氢浓度小于1%时，12Cr合金钢常常可以用到345℃，渗铝（表面涂覆铝）碳钢和低合金钢也表现出良好的抗硫化氢腐蚀性能。不过渗铝层在机加工和酸洗中易被破坏，在镀层缺陷处便容易发生严重腐蚀。

根据 Couper 和 Corman 曲线可估算不同材料在氢 + 硫化氢环境中的腐蚀速率。容器内壁采用奥氏体不锈钢堆焊层可有效防止硫化氢对铬钼钢的腐蚀。从耐蚀和制造角度考虑，接触介质的堆焊层材质最好选用含 Nb 的 347 型(Cr：18%，Ni：11%)不锈钢，与母材接触的过渡层为了防止合金成分被稀释而使用合金成分含量较高的 309 型(Cr：22%，Ni：12%)不锈钢。也有一些炼油厂只采用 347 单层堆焊，因为他们认为稀释层仅有几百微米。

(四) 连多硫酸引起的应力腐蚀开裂

在石化工业装置中，奥氏体不锈钢内构件和堆焊层材料，在装置停工状态下暴露在大气中时，会发生应力腐蚀开裂。这是在高温操作条件下生成的硫化亚铁与大气中的水分和氧反应生成亚硫酸和连多硫酸($H_2S_xO_6$，$x=3\sim6$)以及拉应力共同作用的结果。

$$3FeS+5O_2 \longrightarrow Fe_2O_3.FeO+3SO_2$$

$$SO_2+H_2O \longrightarrow H_2SO_3$$

$$H_2SO_3+0.5O_2 \longrightarrow H_2SO_4$$

$$H_2SO_4+FeS \longrightarrow FeSO_4+H_2S$$

$$H_2SO_3+H_2S \longrightarrow mH_2S_xO_6+nS$$

所生成的连多硫酸($H_2S_xO_6$)可能性最大的是 $H_2S_4O_6$，其最终反应平衡方程式为：

$$8FeS+11O_2+2H_2O \longrightarrow 4Fe_2O_3+2H_2S_4O_6$$

为防止连多硫酸应力腐蚀开裂，美国腐蚀工程师协会(NACE)专门颁布了 RP 01—70“炼油厂停工期间奥氏体不锈钢设备连多硫酸应力腐蚀开裂的预防”标准[14]。该标准推荐采用下列一种或多种预防方法：

(1) 采取干燥氮气吹扫，使之与氧(空气)隔绝；

(2) 采用碱性清洗液清洗设备表面，中和各处可能生成的连多硫酸。推荐的碱性清洗液为 2% 的碳酸钠溶液。清洗液中氮化物浓度不得大于 150mg/L。拆卸后的内件应尽快在碱性中和溶液中浸泡至少 4 个小时，然后用净化水清洗干净，干燥后妥善保存，直到重新安装。

(3) 应选用低碳的带稳定化元素的奥氏体不锈钢堆焊层或内件，如 347，321 等。若有条件，停工期间尽可能保持换热器处于热态。

(五) 铬 - 钼钢的回火脆性

铬 - 钼钢的回火脆性是将钢材长时间保持在 325 ~ 575℃(也有人提出是 371 ~ 593℃或 354 ~ 565℃或 400 ~ 600℃等)，或者从这温度范围缓慢地冷却时，其材料的断裂韧度就会引起劣化损失的现象。它产生的原因是，由于钢中的杂质元素和某些合金元素向原奥氏体晶界偏析，使晶界凝集力下降所致。从破坏试样所表明的特征来看，在脆性断口上呈现出晶间破坏的形态。回火脆性对于抗拉强度和延伸率来说，几乎没有影响，主要是在进行冲击性能试验时可观测到很大的变化。材料一旦发生回火脆性，就使其延脆性转变温度向高温侧迁移。图 2.3 - 67 是 2.25Cr - 1Mo 钢发生回火脆化后引起夏比冲击转变曲线的迁移情况。

回火脆性除上述一些现象和特征外，还具有如下两个特征：(1)这种脆化现象是可逆的，也就是说，将已经脆化了的钢加热到 600℃ 以上后急冷，钢材就可以恢复到原来的韧性。(2) 一个已经脆化了的钢试样的夏比断口上存在着的晶间破裂，当把该试样再加热和急冷时，破裂就可以消失。

（六）奥氏体不锈钢堆焊层的氢致剥离

加氢裂化装置中，用于高温高压场合的一些设备，为了抵抗 H_2S 的腐蚀，在内表面都堆焊了几 mm 厚的不锈钢堆焊层（多为奥氏体不锈钢）。在10多年前曾在此类反应器上发现了不锈钢堆焊层剥离损伤现象，引起不少国家重视，开展了许多试验研究后一般认为，堆焊层剥离现象也是氢致延迟开裂的一种形式。从宏观上看，剥离的路径是沿着堆焊层和母材的界面扩展的，在不锈钢堆焊层与母材之间呈剥离状态。

影响堆焊层氢致剥离的主要因素有：

1）氢气压力和温度的影响；

2）从高温高压氢环境下冷却速度的影响；

3）反复加热冷却的影响；

4）焊后热处理的影响；

5）焊接方法和焊接条件的影响。

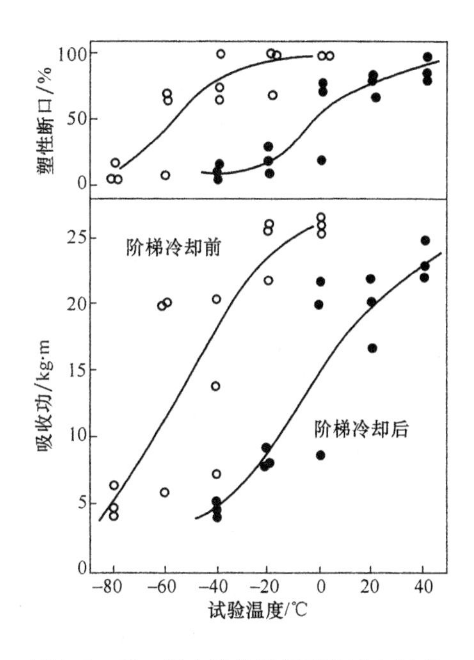

图2.3－67　回火脆化引起夏比冲击转变曲线的迁移（2¼Cr1Mo钢）

依上所述，可以将引起堆焊层剥离的基本因素归结为：(a)界面上存在很高的氢浓度；(b)有相当大的残余应力存在；(c)与堆焊金属的性质有关。因此，凡是采取能够降低界面上的氢浓度，减轻残余应力和使熔合线附近的堆焊金属具有较低氢脆敏感性等措施，对防止堆焊层的剥离都是有效的。比如对以前采用较多的2.25Cr－1Mo钢堆焊Tp.309＋Tp.347的设备，近年在制造中认为，采用大电流高焊速的堆焊条件较好。因为它与一般的堆焊方法在熔合线附近形成堆焊金属的显微组织结构、形成的残余应力及其对氢的有关性质等都不同。对焊后热处理条件，也宜在满足反应器其他各种性能要求的前提下，尽量优化焊后热处理参数，使在熔合线附近和奥氏体晶界上析出较少的碳化铬。在操作中应严格遵守操作规程，尽量避免非计划的紧急停车，以及在正常停工时应采取使氢尽可能释放出去的停工条件，以减少残留氢量。

（七）$H_2S-NH_3-H_2O$ 型腐蚀

加氢裂化装置进料中，由于常含有硫和氮，经加氢之后，在其反应流出物中就变成了 H_2S 和 NH_3 腐蚀介质，且互相将发生反应生成硫氢化胺，即 $NH_3+H_2S \longrightarrow NH_4HS$。$NH_4HS$ 的升华温度约为120℃，因此该流出物在高压空冷器内被冷却的过程中，常在空冷器的上游注水予以冲洗，这就形成了值得注意的 $H_2S-NH_3-H_2O$ 型腐蚀。此腐蚀发生的温度范围在38～204℃之间[15]，正好是此类空冷器的通常使用温度区间。这种腐蚀多半是局部性的，一般多发生在高流速、湍流区及死角的部位（如管束入口或转弯等部位）。

参　考　文　献

［1］　郑其祥．炼油厂、石油化工厂在高温、高压下临氢介质用钢．石油化工腐蚀与防护，1992，(4)：1～9.

［2］　米杰．高温、高压、临氢设备设计分析．化工设备与管道，2006，43(6)：30～32，58.

［3］　稻垣道夫，等．高温压力容器用高强度Cr－Mo钢の技术基准と诸特性（第2报）：母材の制造方法と

机械的诸特性. 压力技术，1993，(6)：39～45.
[4] 梁宝宏. 炼油装置大型化中关键设备的开发. 石油化工设备技术，2001，22(2)：50～51.
[5] 宋少华. 加氢换热器的制造. 化工装备技术，1998，15(5)：21～26.
[6] 日本神奈川县高压气体协会编. 防止高温高压压力容器的破坏. 北京：中国石油化工总公司设备设计技术中心站，1988.
[7] 韩崇仁. 加氢裂化工艺与工程. 北京：中国石化出版社，2001.
[8] 刘震宇. 加氢装置用双壳程换热器的结构设计、制造及工程应用. 石油化工设备技术，2002，23(1)：14～17.
[9] 王金光. 大型高温高压螺纹锁紧环式双壳程换热器的设计. 压力容器，2002，19(4)：8～10.
[10] 仇性启. 波齿复合垫片常温密封性能研究. 压力容器，2000，18(1)：11.
[11] 谢育辉. 加氢反应器和换热器高温腐蚀与对策. 石油化工腐蚀与防护，2003，20(4)：12～16.
[12] 李立权. 加氢裂化装置操作指南. 北京：中国石化出版社，2005.
[13] American Petroleum Institute. API Recommended Practice 941 Steels for Hydrogen Service at Elevated Temperature and Pressure in Petroleum Refineries and Petrochemical Plants. 5 Ed. Washington：API，JAN，1997.
[14] 卢绮敏. 腐蚀与防护全书：石油工业中的腐蚀与防护. 北京：化学工业出版社，2001.
[15] Piehl R L. Corrosion by Sulfide－containing Condensate in Hydrocracker Effluent Coolers. California：Standard Oil Corporation，May 1968.

第六节 超高压换热器

根据压力容器的分类标准，超高压换热器的操作压力大于100MPa。目前大多作为冷却装置应用于高压聚乙烯的生产过程。由于工作条件比较苛刻，除了要承受高温高压之外，还常常伴有重复载荷或冲击载荷，有时还有介质的腐蚀作用。因此，为了确保超高压换热器的安全使用，必须进行合理的选材、正确的结构设计以及精细的制造和检验。

一、超高压换热器的材料

(一) 选材原则

超高压换热器除了承受高压力作用外，有时还受其他如高温、低温、腐蚀介质及反应介质的作用。由于操作压力很高，筒体应力水平极高，要求其结构材料具有超高强度。当温度超过某数值(此值由所用材料决定)时，在应力作用下，材料会发生蠕变破坏，且应力愈大，温度愈高，蠕变速率愈快，因此选材时要避免出现过大的蠕变。而低温则可能促使材料韧性有显著下降。当有腐蚀介质存在时，还要避免结构材料的腐蚀断裂。因此，在选择超高压换热器的结构材料时，应遵循以下几个原则：

1）要根据本国资源、冶金水平及设备能力选用，以其富产元素为基础，向发展性能更好、合金元素的利用更加节约和合理的新钢种方向努力。

2）要从设备承受的工作压力、操作壁温、载荷性质、循环次数、工艺介质及结构特点等几方面进行综合考虑。

3）选材要满足机械强度高、塑性韧度好、断裂韧度值高、疲劳强度高、可锻性好及淬透性好的基本要求，并确保这些质量指标在整个制造过程中不受影响。

(二) 主要性能指标[1～2]

1. 强度与塑性

用来制造超高压换热器的材料，对其力学性能，一般来讲强度愈高愈好，但对同一钢种，由于热处理条件不同，它的强度也会随之不同。材料强度提高后，势必会引起塑性和韧性指标降低，进而导致脆断的危险。因此，提高强度必须要有限度，使屈强比在0.8～0.9的范围内，有时甚至要降低强度以满足塑性及韧性的要求，使材料有足够的韧性储备，以便于吸收局部的高峰值应力和抵抗冲击性载荷。

根据超高压容器破坏性试验研究的结果，伸长率并不能在容器的极限承载能力耗尽时阻止破坏，只有钢材的强度才能阻碍变形，提高容器的极限承载能力。但过低的伸长率在负有高应力的容器内壁及应力集中部位，会助长局部应力的更集中。因此，在选用钢种时，应当在保证材料满足设计规定延伸率(或断面收缩率)的基础上，尽量提高钢材的强度。目前国内外锻造的单层超高压容器对塑性的设计要求为：伸长率$\delta_5 \geqslant 10\% \sim 15\%$（化学工业中要求$d_5 \geqslant 12\% \sim 15\%$；断面收缩率≥35%），具体数据应视操作条件、钢种、结构、设计经验及习惯等的不同而异。对焊接的或多层的超高压容器来说，一般要求δ_5更大一些。而当设计操作循环次数在1～10万次的静压超高压容器时，还必须保证材料的疲劳强度和进行容器的疲劳分析计算，这时更要注意结构不同而引起的应力集中。对屈强比值较低的钢材(如$\sigma_s / \sigma_b \leqslant 0.6$)，应着重提高屈服强度；当设计温度下的$\sigma_s / \sigma_b \geqslant 0.8$时，决定容器的设计条件显然不是容器的屈服强度，而是容器的耐破坏裕度。

冲击韧度A_{kv}（或冲击功)对超高压容器的安全性有重要的意义。凡制造超高压容器的材料，必须进行夏比(V形块口)冲击试验，并要求有稍高的冲击功值。首先，冲击功A_{kv}值能够最敏感地反映出金属材料内部的缺陷、偏析和晶粒度等的影响。有严重缺陷的钢材(例如白点)，其A_{kv}值必然会显著降低。因此通过A_{kv}值可以检验钢材的完善程度。其次，具有较高的A_{kv}值能使容器在低温下冷脆破坏的可能性减少。至于遇到载荷有波动等冲击情况时，A_{kv}值的作用自然更大。我国《超高压容器安全监察规程》要求材料的夏比(V形缺口)冲击功应≥34J。

2. 断裂韧度

实际设备中不可避免地存在下列缺陷，以致诱使裂纹的生成和发展：

① 原材料内部存在的粉夹杂物、晶界空穴和位错等都会形成裂纹；

② 制造加工工艺的不同，均可产生微观或宏观的裂纹及类似裂纹的缺陷；

③ 受热不均匀、载荷交变以及介质腐蚀或应力腐蚀等，亦会促使裂纹的形成和发展。

裂纹的存在促使设备出现应力集中和局部应力的不均匀分布，也使难以预料的低应力脆断倾向增加。一般情况下，随着强度的提高、温度的降低及加载速度的增加，低应力脆性破坏愈容易发生。在设计时，只有许用应力小于能使裂纹突然扩展的应力才能避免脆断。

随着科学的不断发展，近代断裂力学提出了“断裂韧度”这一能综合反映材料强度与韧性的力学指标，作为衡量材料阻止裂纹扩展能力的一种尺度，这是设计超高压容器时衡量其可靠性的一个重要指标。对平面应变裂纹张开型加载，断裂韧度的定义式为：

$$K_{\mathrm{I}c} = \sigma_c \cdot \sqrt{a} \cdot y$$

式中，y为试样几何形状及裂纹几何形状的函数；σ_c为断裂名义应力；a为裂纹长度；$K_{\mathrm{I}c}$是材料的固有力学性能，只与材料本身的成分、热处理和加工工艺有关，称为断裂韧度。

当构件中裂纹的形状和大小一定时，材料的断裂韧度$K_{\mathrm{I}c}$值愈大，则使裂纹快速扩展，进而导致构件脆断所需的应力σ_c也愈高，即构件愈不易发生低应力脆断，反之亦然。

表2.3－21列出了一些典型的超高强度钢的屈服强度与断裂韧度值[3]。

表2.3－21 一些典型超高强度钢的断裂韧度

钢 种	屈服强度 σ_s/MPa	断裂韧度 K_{Ic}/MPa $\sqrt{m}$	备 注
40CrNi2Mo	1550～1600	68	
00Ni18Cr8Mo5TiAl	1750	95～99	真空感应冶炼
37SiMnCrNiMoV	1700	76	
42CrNi2MoV	1420	94	
300M	1540	72	真空冶炼

由表2.3－21可见，对超高压设备来说，当屈服强度相差不大时，应尽可能选用断裂韧度较高的钢种来制造。在一般情况下，随着强度提高、温度降低及加载速度的增加，金属断裂韧度 K_{Ic} 的数值将降低。这也说明了愈是高强度钢，愈是在低温下以及在动载荷下愈容易发生低应力脆性破坏的原因。

根据对强度及断裂韧度的试验，发现不同的冶炼方法对材料强度影响较小，而对断裂韧度的影响却较大。在空气中冶炼的钢，其断裂韧度最差，在空气中冶炼加电渣重熔者次之，真空熔炼加电渣重熔或真空自耗电极重熔的钢其断裂韧度最高。因此选择材料时必须注意钢材的冶炼方法。国外超高压设备的用钢，大多采用真空熔炼或真空熔炼加电渣重熔等工艺来获得。精选原料，采用电渣重熔、真空脱气、双真空熔炼（即真空熔炼加真空自耗电极重熔）、真空感应熔炼加电渣重熔等特殊熔炼技术，改进铸锭技术，以提高钢的纯度，这些都可以提高钢材的断裂韧度。此外，就是调整合金元素，使相应于强化处理和所需要的强度级别，并尽量选用最低的含碳量。通常要求材料的断裂韧度 $K_{Ic} \geqslant 120$MPa $\sqrt{m}$。

3. *疲劳强度*

众所周知，反复施压会使容器在低于静态试验破坏压力下发生疲劳破坏。在超高压容器设计中，器壁应力水平较高，选择疲劳强度高的材料变得十分重要。

相关研究表明[4]，疲劳极限主要受夹杂物的形状、大小和数量、分布和方向，以及化学和物理特性的影响。金属内夹杂物处是应力集中较大，在交变应力作用下，这些应力集中点上最初以微小范围，然后以较大范围开始疲劳。据推断，当钢材所含的夹杂物缺陷大于壁厚的3%时，其疲劳强度将下降33%，而对椭圆形或球形夹杂物尤其严重，更不允许有延伸型的夹杂物。因此，选择材料时，必须尽可能地减少夹杂物的含量。

对真空冶炼钢4340进行的试验表明[5]，横向和纵向疲劳强度的比值为0.86，而一般冶炼时则为0.62，且并无从夹杂物处破裂的现象。因为真空冶炼减少了钢中非金属夹杂物的含量，从而改善了钢的疲劳性能。由此可见，采用真空冶炼是减少夹杂物含量最有效的手段。

图2.3－68表明了熔炼对一种铬－镍－钼－钒合金钢的横向试样、纵向试样疲劳强度的影响。通过自耗电极在 10^{-3}～10^{-4}mmHg高真空下再熔化得到的高强度钢，由于没有一定形态和粒度的夹杂物，所以与在空气中熔炼的钢相比较，其力学性能也会获得极大改善。Bristol－钢 BACE165 和一种德国航空用钢 30CrNiMo8 的化学成分如表 2.3－22：

表 2.3－22　BACE165 和 30CrNiMo8 钢的化学成分

钢号	C/%	Si/%	Cr/%	Mo/%	Ni/%	V/%
BACE165	0.42	0.30	1.2	1.0	1.7	0.30
30CrNiMo8	0.30	0.25	2.0	2.0	2.0	—

图 2.3－69 表示了伸长率与断面收缩率、缺口韧度值在空气中冶炼和在真空中冶炼时的数值，并突出了真空炼钢的优点。

钢材中磷、硫含量对钢材的韧性及各向异性亦有显著的影响。对 AISI4340 钢，若将其中的磷、硫含量减至 0.02% 以下，则可显著改善钢材的韧性及缩小各向异性的程度。在高强度钢中，夹杂物的数量越多，各向异性程度亦越大。此外，钢中存在的化学成分的偏析也是构成各向异性的一个因素。由图 2.3－70 可以看出，当P＋S含量超过 0.2% 时，各向异性就开始迅速增加。图 2.3－71 则表明了当P＋S

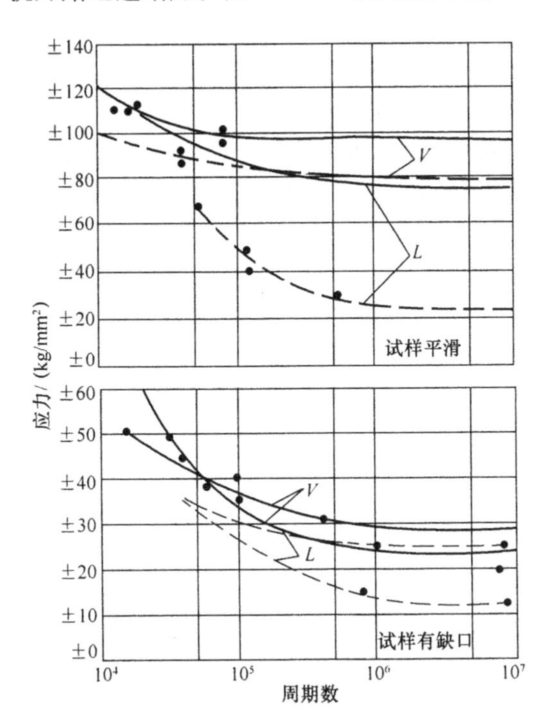

图 2.3－68　熔炼对铬－镍－钼－钒合金钢横向试样及纵向试样疲劳强度的影响(热处理到 $200kgf/mm^2$ 抗拉强度)

L—在空气中熔炼；V—在真空中再熔化；—表示纵向试样；－－－表示横向试样；$1kg/mm^2=9.8MPa$

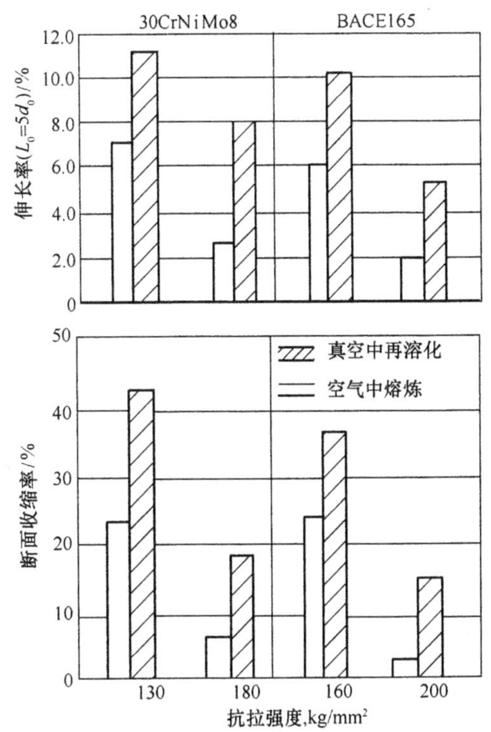

(a) 用不同等级的强度来比较两种在空气中或在真空中熔炼的铬-镍-钼合金钢的伸长率和断面收缩率(横向试样的各个数值)

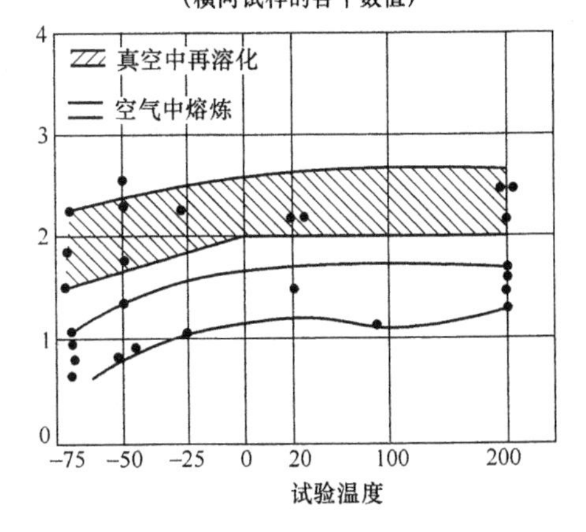

(b) 调质强度对在空气中和在真空下用铬-镍-钼-钒合金所炼成钢的缺口冲击韧度的影响(横向试样的各个数值)

图 2.3－69　两种冶炼方法的比较

含量增加时，钢的冲击值下降的情况。因此，超高压容器锻件中的磷、硫含量应严格控制，均应≤0.015%。钢中的气体(如氢、氧、氮等)、有害杂质(如铜、钛等)及有害痕量元素(如砷、锡、锑、铅、铋等)也应严格控制到尽可能地少。

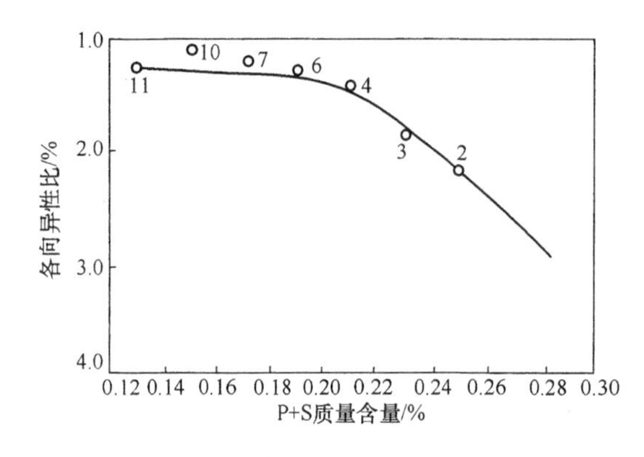

图 2.3-70 磷硫含量对 AISI4340 冲击值各向异性比的影响

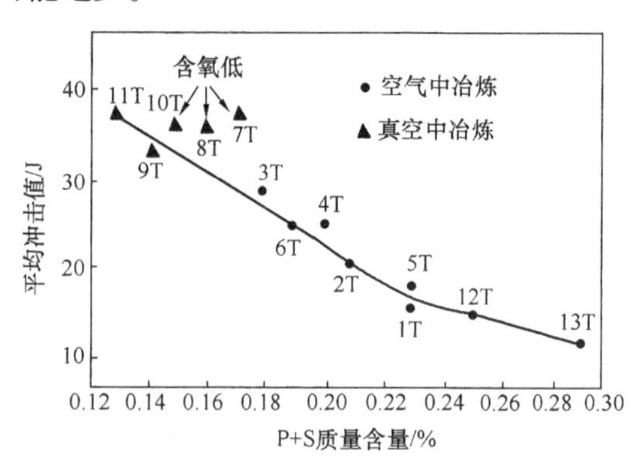

图 2.3-71 磷、硫含量对 AISI4340 钢冲击值的影响

4. 热处理及淬透性

为了防止超高压设备材料的早期断裂，常选择强度与韧性有良好匹配的热处理。近年来，对中低合金超高强度钢，为了改善钢的塑性和韧性，采用了控制气氛和真空热处理、形变热处理、超高温淬火以及超细晶粒淬火等热处理方法，可以提高材料的疲劳强度、耐磨性、伸长率及冲击韧度，降低缺口敏感性，改善材料的综合性能。

通常，在加热和热处理条件下，低合金及中合金的超高强度钢会出现表面脱碳或渗碳现象。表面脱碳虽能降低钢的脆性转变温度，但会使钢的强度及抗疲劳能力下降。钢材在进行奥氏体化时，可能产生表面渗碳，对冲击韧度产生不利影响。因为由于表面硬度增加，伸长率下降，从而使材料表面的冲击影响波及其内部。

由图 2.3-72 及图 2.3-73 可见，对硬度为 RC52 的 AISI4340 钢，当表面脱碳层的厚度为 0.125mm 时，其冲击韧度具有较高的数值，但疲劳强度却降低 40%[6]。因此 AISI4340 钢在加热及热处理以后，应使表面脱碳层控制在 0.125mm 的范围内，以保证材料的疲劳极限和冲击韧度值在许可范围内。为了防止脱碳，可采用盐浴炉淬火。对马氏体时效钢及半奥氏体沉淀硬化不锈钢，则可以用空气炉固溶处理。

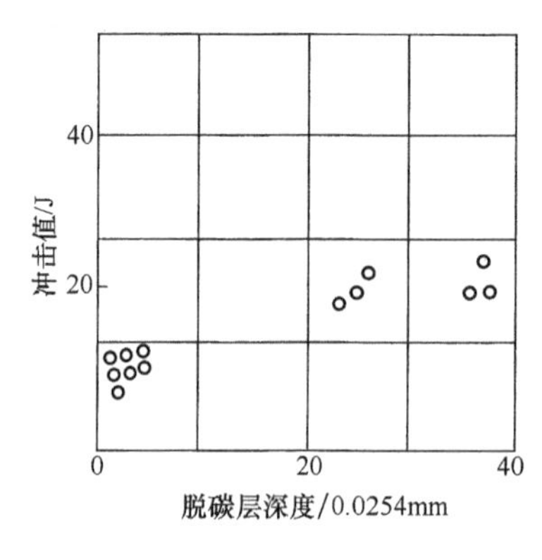

图 2.3-72 RC52 的 AISI4340 钢脱碳对冲击韧度的影响

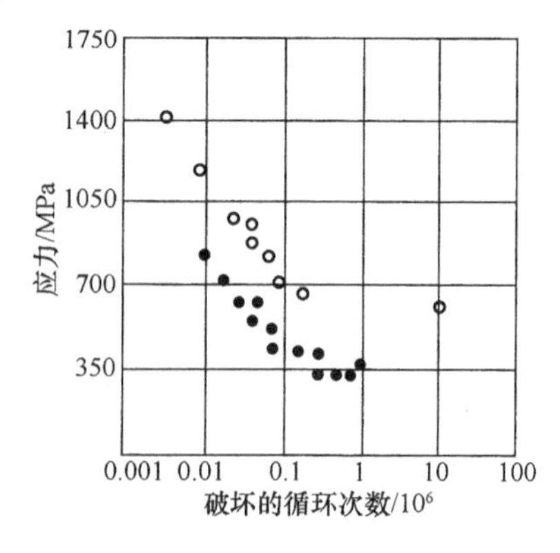

图 2.3-73 AISI4340 钢脱碳对疲劳强度的影响

在热处理过程中还必须考虑断面尺寸对材料力学性能的影响，即尺寸效应的影响。通常钢材断面在100mm左右时(按几何形状)，通过热处理得不到均匀的显微结构，却能促进钢材对缺口的敏感性。一般地，锻件表面质量好，而中心质量差。Golduing通过直径为101.6mm AISI4340钢锻件的试验，取得了不同位置上拉伸试样的数据(如表2.3－23)，发现经热处理后材料的抗拉强度为1795～1932MPa。

表2.3－23 锻件不同位置的抗拉强度

离棒中心距离/mm	抗拉强度/MPa	离棒中心距离/mm	抗拉强度/MPa
0	1304.3	25.4	1540.0
12.7	1441.6	38	1814.2

因此，在选用超高强度钢时，要尽可能地采用中等厚度的钢材，利用组合结构代替单层厚圆筒，以便得到均匀的材料性质，从而降低尺寸效应的影响。设计适当厚度的同心圆组合结构，将会有更好的力学性能。在工艺上，热处理前进行粗镗孔[7]可最有效地降低尺寸效应的影响。在热处理过程中，高温回火的脆性问题较为突出，因此应避免铬－镍－钼钢在200～450℃间回火。

(三) 常用材料[8]

由于中碳铬镍钼钒钢具有良好的淬透性和强度、韧度的配合，所以CrNiMo和CrNiMoV钢为目前国内外超高压容器用钢的通用钢种。目前国内使用的超高强度钢钢种有AISI4340、34CrNi3Mo、42CrNi2Mo1V(CHG125)、37SiMnCrMoV及00Ni18Co8Mo5TiAl等，也有采用碳化钨材料的。国外典型用钢如美国的4340、4330、4140，英国的En25、En27，德国的34CrNiMo8，日本的CrNiV等。近年来，有发展了碳含量较低而镍含量较高的高韧度钢的趋势，如美国的HY130和中国的34CrNiMoV。

AISI4340(40CrNi2Mo)钢是美国比较成熟的中碳含镍铬钼的低合金结构钢，具有较好的综合力学性能和工艺性能。它作为超高压容器用材料时，强度要求在1000MPa左右，可采用600℃以上的高温回火，使其碳化物充分球化、基体多边形化、形成位错网络和小亚晶，从而使塑性大大提高，钢的韧度储备大大增加。

34CrNi3Mo钢的主要特点是中碳大截面高强度钢，淬透性高，调质处理后有良好的综合力学性能，屈服强度可达834MPa以上。它的白点敏感性较大，锻后需作扩氢退火，其焊接性能较差。曾用于制造250MPa，筒体内径330mm，壁厚130mm的超高压容器，调质后周向性能达到规定的性能指标。

42CrNi2MoV钢的主要特点是锻造无困难，截面尺寸与回火温度对性能影响很敏感，调质厚度在90mrn以下时淬透性较好，用作制造多层容器的筒体较为合宜，曾用于制造700MPa，筒体内径300mm，壁厚小于90mm的三层超高压容器。

37SiMnCrNiMoV低合金超高强度钢，是结合我国资源特点、设备、生产和便用的实际情况而研制的一种新钢种。它具有大于1765MPa的抗拉强度和良好的塑性韧度、工艺性能和使用性能，有较高的强度和综合性能相配合。由于钢中贵重元素含量极少，并且又推荐采用电弧炉或感应炉加电渣重熔的冶炼工艺，所以也比较经济。材料经冷热加工成锻件供用户使用。该钢种已成功地用于固体火箭发动机燃烧室壳体中，在1000MPa的超高压容器中作为筒体材料。

00Ni18Co8MoTiAl 钢属低碳马氏体时效钢。它具有热处理简单、含碳量低、不怕脱碳及焊接性能好等优点，主要用于火箭发动机机体，也是超高压容器筒体有发展前途的材料，曾用于2000MPa 的倍加器中。由于冶炼工艺苛刻，合金元素含量比较多，影响了推广应用。

二、结构设计

超高压换热器的结构主要以套管式为主。为减少结垢，提高传热效果，虽然对介质要求高，但由于其结构简单、制造方便等优点而被广泛地用作冷却装置。

套管式换热器由两个同心圆的内、外管子组成。为了增加传热效率，内管的外壁可按传热要求增设翅片，翅片的长度及焊接形式可按具体要求而定。

（一）结构类型

套管端的形式有可拆式(图 2.3－74)和不可拆式(图 2.3－75)两种。按温度压力不同，其端部密封采用填料式或热套式。管间压力为 0.5MPa 的采用填料式；管间压力为 2.2MPa 的采用热套式。

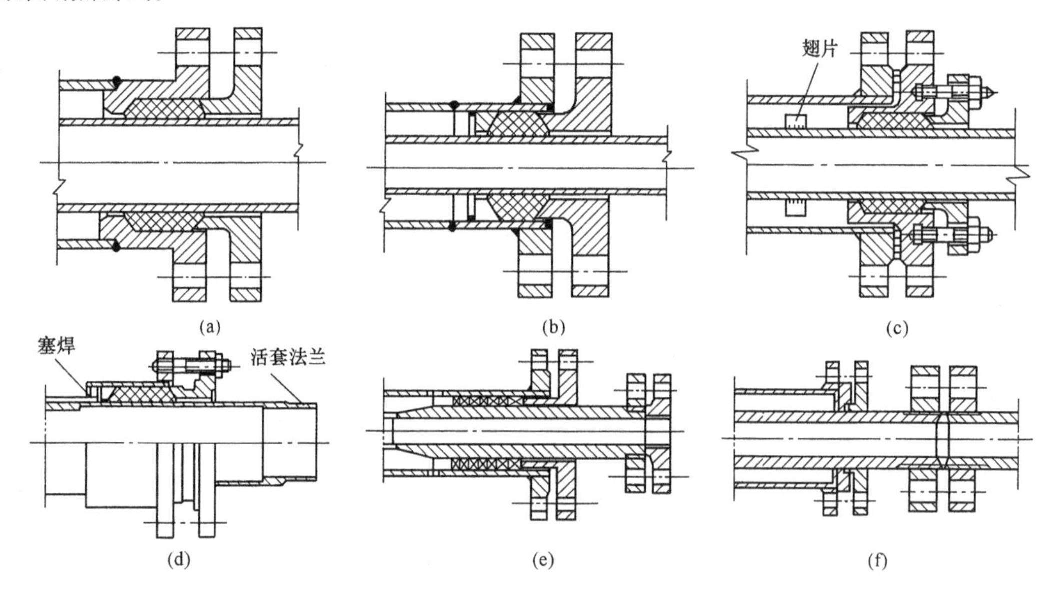

图 2.3－74　可拆式套管端

图 2.3－74(a)采用螺栓连接，填料箱车制成形后与外管焊接。图 2.3－74(b)用短管制成填料箱，与外管对焊，结构较简单。图 2.3－74(c)适用于内管外壁焊有传热翅片或支承片的情况，所以填料箱做成插入式，当需拆除时可一并从外管内抽出。图 2.3－74(d)适用于内、外管径接近，两管间的间隙较小的场合。图 2.3－74(e)为使内管连接法兰可拆而采用螺纹法兰，因内管壁厚较薄，管端采用厚壁管或锻件。图 2.3－7(a)～(e)为填料式密封，结构较为复杂。图 2.3－75(f)可用于管内外均要清洗介质的场合，是为了防止内、外管由于温差所引起的热应力。易于检修及更换，但可拆式连接在管端受到热膨胀及振动等因素的影响时，外管内的介质易从接头处泄露。所以当介质为无危害的低压介质时，可考虑采用可拆式结构。管端密封应选择高温、抗腐蚀和耐老化的密封材料。

图 2.3－75(a)、(b)结构简单，加工方便，为最常用的两种形式；图 2.3－75(c)端头为平封板，加工方便；图 2.3－75(d)端头的封板采用与外管对接焊，焊接强度好，但封板需进行加工成形。图 2.3－75(c)、(d)结构形式一般适用于内、外管径相差较大或大直径的

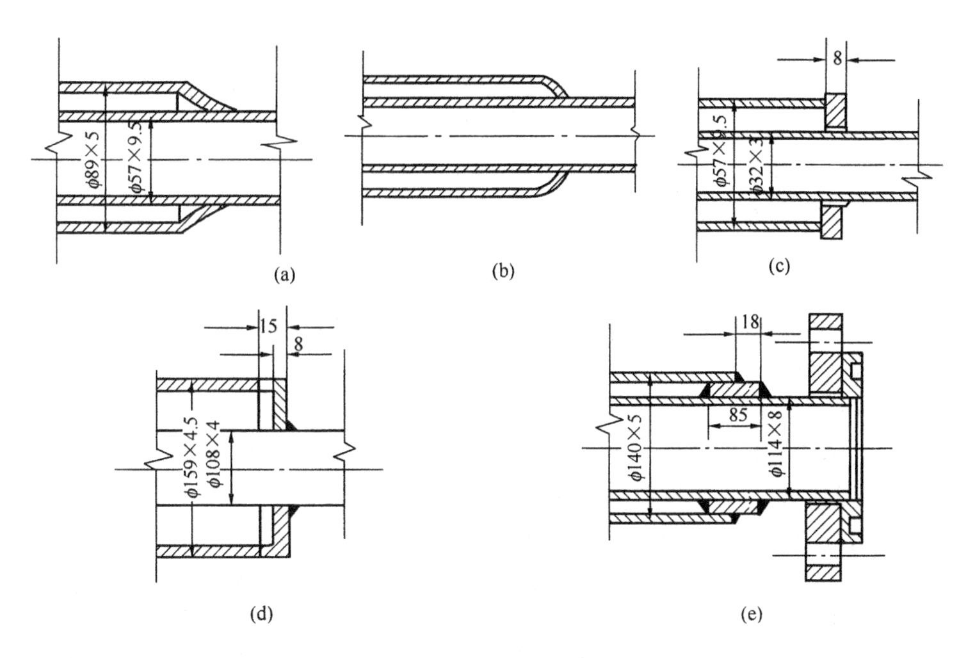

图 2.3－75　不拆式套管端

套管式换热器。图 2.3－75(e)内管为不锈钢材料。

除采用法兰连接形式外，还可采用内、外螺纹连接。

（二）设计计算[9,11]

套管式换热器结构的设计比较简单。根据经验，每程的合理长度为 4～6m，太长了刚性差，容易发生弯曲，使环隙内流体分布不均，影响安全和传热效果。每程长度太短又会减少有效传热面积，加大金属耗量，并导致结构上的不合理。管子直径可按下式计算：

内管内径：

$$D_i = \sqrt{\frac{G_i \cdot v_i}{3600 w_i} \cdot \frac{4}{\pi}} \times 1000$$

套管内径：

$$D_o = \sqrt{\frac{G_o \cdot v_o}{3600 w_o} \cdot \frac{4}{\pi} + D_i} \times 1000$$

式中　D_i、D_o——分别为内管和外套管内径，mm；

G_i、G_o——分别为内管和环隙中流体的质量流量，kg/h；

v_i、v_o——分别为内管和环隙中流体的质量比容，m^3/kg；

w_i、w_o——分别为内管和环隙中流体的流速，m/s；一般可取为 1～2m/s。

根据计算所得到的管子内径再选相近的标准管径，通常可用表 2.3－24 所列的管径配套组合。

表 2.3－24　套管式换热器常用管径的配套组合

内管外径 D_i /mm	42	42	60	89
套管外径 D_o /mm	60	70	89	114

当根据流量、流速和其他条件而计算出换热器的管径和传热面积 A 后，则内管的有效传

热面总长度 L_t 应为：

$$L_t = \frac{A}{\pi D_i}$$

式中，A 为以内管外径 D_i 为计算基准的传热面积。

当合理选定了每根内管的长度 L 后，即可求得程数 m：

$$m = \frac{L_t}{2L + L_e}$$

式中，L_e 为U形弯管的当量长度，$L_e = 2\alpha D_i$，其中 α 值可由文献中相关图表查得。

三、制造与检验

（一）制造[12]

超高压换热器的主要零部件主要指内管、内管法兰、金属垫圈、螺栓、螺母以及管端部螺纹等。在加工制造时，必须按照一定的程序和标准进行。

内管应采用机械加工方法或高速切割机进行切割，不能进行热切割。弯曲时，应采用冷弯加工，绝不能将其加热到高温，也不能使用芯棒。内管表面不得有裂纹和深度大于或等于0.3mm的伤痕，其与垫圈接触部位和热套配合部位表面粗糙度要求达到 $Ra0.8 \sim Ra0.2$，弯管表面要求无裂纹和深度大于0.3mm的伤痕，弯管的管中心距公差 $\Delta L = \pm 10$mm，直管平行度公差要求≤4mm。弯管采用冷弯，弯曲时不允许回弯。

外管表面应无大于或等于0.5mm的伤痕，若有，要进行焊接修补。

内外管端部密封采用热套式，热套前要检查内管外径和外管头内径使符合热套公差，热套后要检查内管的管端机械加工部分，不得有损伤。

在安装套管时，首先要将超高压管和热套紧缩嵌合部位的灰尘、油脂等污垢擦拭干净。热套时应采用火焰加热或油浴加热的方法将热套紧缩环加热。当热压嵌合部位的直径大于100mm时，其加热温度不小于200℃；当热压嵌合部位的直径大于50mm而等于或小于100mm时，不得小于250℃。紧缩环套入时，应注意避免碰伤螺纹和垫圈接触面。内管端法兰的不平行度规定值为0.6mm，允许值为1.0mm。紧固螺钉时要用对称方法，不要出现偏紧，螺栓的紧固力要大致相等。紧固时，要测定螺栓伸长量。超高压换热器支架的固定螺栓不允许松动。

为了保证传热均匀，内外管必须同心，采用三颗120°均布的可调螺钉并调中，每层直管同一部位都有。

超高压换热器要进行耐压及气密性试验，耐压试验采用LP－7溶剂，时间至少保持30min，气密性时间至少保持15min。破裂压力采用Faupel公式进行计算：

$$p_B = \frac{2}{\sqrt{3}}\ \delta_y\left(2 - \frac{s_y}{\sigma_B}\right)\ln K$$

式中 p_B——破裂压力，kg/mm²；

σ_B——抗拉强度，kg/mm²；

s_y——屈服强度，kg/mm²；

K——管外内径比（管外径 D_o/管内径 D_i）。

其安全系数取破坏压力 p_B 与设计压力 p_D 的比值，$p_B/p_D = 2.5$。

超高压换热器在维修时，凡拆开密封部位再紧固时必须更换垫圈。高温部位的螺栓，螺母拧下后再装时必须在螺母的螺纹表面涂抹二硫化钼防烧剂。

（二）检验[2]

对超高压换热器，不但要选择合适的材料，正确地进行强度计算及校核，设计恰当的结构，在制造成形后还要进行严格的检验。否则，会残留下非允许缺陷，致使换热器在运行的早期或在低应力时发生破坏。当器壁应力极高、并存在疲劳破坏的可能时，其恶果将更为显著。为此，需采用最有效的探伤方法，准确地探测出各类缺陷的尺寸、形状及部位，并作出合理判断，以保证换热器的安全可靠运行。

超高压换热器制造过程中及后期的检验应包括无损检测和液压试验。

1. 无损检测

无损检测是在不损坏材料或工件的前提下，用以发现材料或工件存在的各类缺陷，并鉴定出缺陷的类型和程度。这就是非破坏性质量检验方法。它包括磁粉检测、渗透检测、射线检测、超声波检测及涡流检测等。目前常用的是磁粉检测、渗透检测及超声波检测。

（1）磁粉检测与渗透检测

磁粉检测与渗透检测主要用于检查材料或工件表面的细微缺陷，如裂纹、折迭及夹杂等。两者相比，前者灵敏度高，而后者操作方便易行。鉴于超高压（尤其是交变载荷）对工件表面状态的严格要求，一般均采用磁粉检测来对表面缺陷进行检查，遇到非磁性材料时才采用渗透检测。

超高压换热器的磁粉检测，通常在最终机加工后或液压试验后进行。为得到良好的检测效果，应注意以下几点：

1）仔细清理检测表面。

2）注意磁粉与油液的选择。要求磁粉具有高的导磁率，低的顽磁性，其颜色应与被检测表面有明显的对比度，粒度以150～200目较宜，磁粉内不应有非磁性的杂质。有条件者可采用荧光磁粉，在紫外线照射下检查。湿法中所用的油液应有良好的渗透性，无毒，无腐蚀，挥发性小，闪点高于58℃，初沸点高于200℃，终沸点高于360℃。

3）根据检测要求选择合理的磁化方法。检查与纵轴线相垂直的横向缺陷，采用纵向磁化法。检查与纵轴线相平行或近于平行的纵向缺陷，采用周向磁化法。一次探出各方向缺陷，采用复合磁化法。

4）正确选择磁化电流。磁化所用电流，可用直流电，亦可用交流电，视检验要求和条件而定，无论用哪种都应当是低电压，强电流。

采用直流电磁化时，产生的磁场强度大，穿透能力强，可以探测距表面6mm～7mm深的缺陷。但由于获得直流电需要整流器或直流发电机等设备，因此只在需要检查表层内部较深处的缺陷时才采用。

交流电容易获得，虽然由于它有集肤作用而显现缺陷的深度较浅（一般只能发现离表面1mm～1.5mm深的缺陷），但对发现表面缺陷特别灵敏，因此已被广泛采用。

电流强度是决定检测灵敏度的重要因素。电流过小，磁场强度较弱，缺陷可能显示不出；电流过大，则不仅会使工件发热以致变形，且铁磁微粒还可能显示出组织的纤维、划痕及其他假缺陷；其次，电流过大，磁粉微粒可能沉积在整个表面，影响缺陷的辨认。电流强度的大小可按下述经验选择：

圆柱形截面工件：

$$A = (25 \sim 30)d$$

式中　A——磁化电流强度，A；

d——被检测工件直径，mm。

超高压钢管：$A=(25\sim40)d$

板状工件：磁化电流按每100mm间距为400～500A。

当磁化电流难以确定时，可采用标准试样来确定所需电流强度的大小，其方法是在一块薄电磁软铁板的一侧，根据检测要求制作一定深度的沟槽，即成标准试板。然后将标准试板紧贴在被检测工件表面(无槽一侧向外)进行试验，直至试板上的沟槽处显示明显的磁粉纹样，这时的电流强度便可作为检测电流强度。

5）磁粉显示可由各种条件引起(如化学偏析、锻造流线、锐角及电流过大等)，故对所注意到的，可能判废的磁粉显示区，应采用其他辅助测定方法(如显微检查等)，再次确定探测结果。

6）检测完毕后应对检验情况做记录，必要时可用宏观照相法或复印法记下缺陷的位置、种类的大小，以待处理。

影响磁粉检测的因素较多，必须严格按规程进行，无把握时应经多次检验，方可确定检测结果。

对检测表面的缺陷，是否可以在允许范围内进行修磨，随具体要求而定。超高压钢管可在内径、外径及壁厚的允许偏差范围内进行修磨。修磨中应注意避免局部过热，同时要使修磨部分与周围圆滑过渡，防止应力集中。修磨后应再次检测，确认缺陷已被消除。

（2）超声波检测

超声波检测利用超声波的指向性对缺陷定位，利用超声波的反射、折射或穿透能量的大小来判定缺陷的大小，利用声速一定，声波在介质中传播所需时间来确定缺陷的深度。它能检验到用其他无损检测法不能检验的大型锻件、铸件和焊接件内部的宏观缺陷，如裂缝、大块或大片密集的夹杂、缩孔及气孔等，因而得到了广泛的应用。

超高压换热器对内部质量要求较高，在制造过程中须进行二次超声波检测。第一次是在初加工后进行，此时工件形状简单便于检测，同时能及早发现缺陷，减少加工费用的浪费。第二次是在最终机加工后进行，此时工件表面已有合理的表面粗糙度，这有利于保证较高的检测灵敏度。

超高压换热器筒体具有厚重而形状较简单的特点，故一般采用接触法，应注意接触表面的光洁、平滑，并防止漏检。对形状较复杂的其他零部件以及管子等应采用浸入法。浸入法对探头不易磨损，效率高，不易漏检，便于实现检测自动化，是一种有前途的超声波检测法。

检测灵敏度是判定检测结果的主要因素。灵敏度高，表明能检测出微小的缺陷，但过高的灵敏度会导致荧光屏上波形杂乱无法辨认，甚至使小的缺陷也出现很高的反射脉冲，造成过多工件的报废。反之，灵敏度过低则会造成较小缺陷的漏检，以致工件质量降低。因此，确定适当的灵敏度是极为重要的。在超高压换热器的超声波检测中，目前国内外均采用人工缺陷标定法来确定检测灵敏度。为了保证检测质量，要求每次检测前检测仪必须在试块上作灵敏度校正。另外，设计者在提出检测要求的同时，应提出检测的起始灵敏度，检验人员也应首先记载起始灵敏度。

影响检测灵敏度的因素很多，如所选检测仪频率的高低，探头接触条件的好坏及检测仪的精度等，同时还与操作者的熟练程度息息相关。故应根据具体情况，在必要时采用其他辅助检验办法，共同判定检漏结果。

2. 液压试验

为了确保换热器的强度及气密性，需在交付使用前进行必要的液压试验。

试验压力的确定是液压试验的关键。通常选用试验压力为设计压力的 1.10 ~ 1.25 倍。至于在较高温度下工作的超高压换热器，液压试验压力如何体现温度对材料强度的影响尚无明确的反映。

超高压下液压试验的液体一般用水或油。具体随使用介质，液体来源，试验安全性而定。为了降低能量消耗，应尽可能选择压缩性小的液体。另外，在高压下液体的黏度增加，流动性降低，压力传送变慢，是液压试验的不利因素，应适当选择。同时，为了确保试验的安全顺利，还要求液体在高压下会凝固，有高的燃点，非腐蚀性和良好的润滑性。

打压时应逐级升压。部分试验表明，每级升压最大为 50MPa，每升高一级保压 10min。升至试验压力后保压 30min，并进行必要的检查，然后缓慢卸压，卸压级数与升压级数相同。

液压试验的环境温度及液体温度应在材料的脆性转变温度以上，以免在试压过程中产生脆性破坏。

试验前必须将容器内的空气排净。试压时最少用两只压力表，并经标准计器校验，加有铅封。

为安全起见和减少加压时的能量消耗，容器内可以放置“钢填充物”。试验容器应放置在地坑内，试验过程中严禁人员停留在试压容器附近，以确保安全。

降压后根据容器的使用情况应进行适当的清理。试验完毕后将容器拆卸并进行检查，应特别注意检查垫片的密封面及接头部位处的密封面。密封面上与垫片接触的痕迹应磨去，密封面应恢复原来的状态。容器内表面应进行磁粉检测。

由于超高压换热器是根据爆破准则进行设计的，不要求液压试验时，容器的平均一次应力计算值不得超过所用材料在试验温度下的 90% 屈服强度。

参 考 文 献

[1] 陈国理，陈伯暖，王作池. 超高压容器设计. 北京：化学工业出版社，1997.

[2] 邵国华，魏金灿. 超高压容器. 北京：化学工业出版社，2002.

[3] 上海钢铁研究所. 超高强度钢，1976.

[4] Atkinson M. The influence of non-metallic inclusions on the fatigue properties of ultra-high-tensile steels. Journal. of the Iron and Steel Institute, 1960, 195: 64 ~ 75.

[5] Gamberuci G, Guerrieri G. Design of a Tubular Reactor at a Pressure of 3200kg/cm^2. First International Conference on Pressure Vessel Technology, 1969, Part Ⅱ Ⅱ - 91, 1179.

[6] 合肥通用机械研究所. 压力容器——国外技术进展(上册)，1974.

[7] Skinner J L, Daniels R D. Design of Vessels for Commercial Service at Extreme Pressures. British Chemical Engineering, 1963, 8(4).

[8] 上海钢铁研究所. 超高强度钢，1976.

[9] 朱聘冠. 换热器原理及计算. 北京：清华大学出版社，1987.

[10] [日]幡野佐一，等编著，李云倩，等译. 换热器. 北京：化学工业出版社，1987.

[11] [德]施林德尔 E U 主编，马庆芳，等译. 换热器设计手册. 北京：机械工业出版社，1988.

[12] 北京石油化工总厂. 高压法聚乙烯. 北京：化学工业出版社，1979.

第七节 高温高压换热器的发展趋势

近年来，在能源和环境领域的重大需求推动了高温换热器的发展：(1)发电和推进系统高效率的发展趋势要求更高的操作温度，包括整体煤气化联合循环、制氢工艺及微透平发电技术等；(2)高温污染控制工艺(如热氧化)，包括垃圾焚烧及高温水氧化等；(3)余热回收与利用，如冶金、玻璃等行业的回热技术等。紧凑换热技术具有很好的强化传热潜力，是未来发展高性价比高温换热器的重要方向[1]。本章将主要介绍紧凑换热技术在高温工艺过程中的发展与应用。

一、燃气透平回热技术

许多工业系统由于工艺的原因或是为了获得高效率，要用到高温换热器。为了获得高效率，各种发电方式都要用到高温换热器，如回热式燃气轮机以及组合系统、外燃循环回热式微型透平系统及高温气冷核反应堆等。

在回热式燃气轮机系统中，由于存在能获得更高热效率的可能性，高温换热器具有很好的应用前景，应该深入进行研究。目前在单一循环中效率能达到40%(在没有任何回热的情况下)，而在联合循环中能达到62%[2,3]。

外燃循环则提出了一个降低能量生产成本的方法，它毋须使用石油(不依赖于石油的价格)，而是通过使用最便宜的燃料来发电，如煤、底部焦油等。有可能通过引进外部燃烧来更改传统的燃气透平发电站，亦即可通过物理分离从燃烧气体中得到透平所需的压缩空气，其中分离器即是一个高温换热器。整个过程称作“间接燃烧燃气透平循环(IFGTC)”，因此该燃气透平系统的工作流体是干净的压缩空气，这明显有益于透平的寿命以及维护。

微型透平相对来说是分布式生产技术中的一个新类型，被用作固定能量产生装置。现在还没有标准来分类小型燃气透平，通常把50～500kW的机器归为微型透平。对简单循环微型透平机，由于较小的压力比，基于现有技术很难实现热效率大大超过20%，因此必须使用余热回收换热器来达到30%以上的效率。在发展用于微型透平系统的换热器时，应当考虑它们的应用必须遵循空间和设计上的限制，而这些限制显著影响了回热器的初步设计。另外，还要解决沿着表面区域恒温差问题，以及数千小时的操作寿命和诸多开停车所引起的疲劳问题。同样，平衡高性能和成本之间的关系也非常重要。

高温气冷核反应堆或“超高温气冷堆”能够提供高温热并具有高的热效率，可应用于制氢或间接燃气透平系统，中间气-气换热器是其关键组成部分。所面临的最主要的困难是非常高的流体温度，高达900～1000℃以上，以及由于核辐射导致的恶劣环境条件。

回热技术并不是全新的概念，回热器已经用于大型工业燃气轮机中，并经应用表明其是实际可靠的[4]。设计回热器的主要挑战是获得较大的表面积，能够传递所需热量以及吸收由于温度改变而导致的热冲击。对空间受到限制的微型透平，这尤为困难。回热器工作在非常严苛的环境下，当温度从室温变化到将近600～650℃时，它们在进行热交换时还要经历热机械负荷作用，同时流体的压力差和温度差也导致金属组件的进一步变形。

目前，已有许多扩展传热表面的传热强化技术，用于回热器的主要有原表面结构设计(PSR)和板-翅结构设计(PFHE)，管状强化结构也有不少应用。

(一) 原表面结构

原表面结构(PSR)的主要特点是，其表面100%起作用(即没有二次表面效率效应)，可用焊接进行封焊，无需费时昂贵的高温钎焊工艺。一次表面是通过加工成波纹状的薄金属片（低于0.1mm厚）经叠合来实现的，这些波纹状薄片可提供较大的表面积而并未引入大量的焊缝[图2.3－76(a)]这些薄片成对地沿着边界焊接在一起，形成空气室，在焊接到回热器芯体前应进行压力检查。在空气室内没有内部焊缝或接头。热流通过波纹层流动，这样热空气通过回热器进行错流换热。

PSR分为环形回流器和矩形回流器。环形回流器预先安装在透平的周围，矩形回流器安装在旋转机械后面。它们应用于不同的场合。PSR设计具有抵抗循环热疲劳的优点，因为它能够弯曲来释放热应力和机械应变。它的结构允许单个薄片相互间的相对移动并释放热应变。另外一个好处是堆垛单元的内在阻尼特性以及多重摩擦界面。这些接触点能吸收来自于振源的位移[5]。

目前使用最多的原表面换热式回热器已用于美国陆军主战坦克的AGT1500发动机上。这种环状换热器包含大量激光切割和焊接的波状板[6]。Caterpillar和Solar Turbine已开发了一种以平板型和环型相结合并制造而成的主表面紧凑式换热器[7]。这种换热器用在一些微型涡轮机上，产量可观，具有良好的性能和结构完整性。

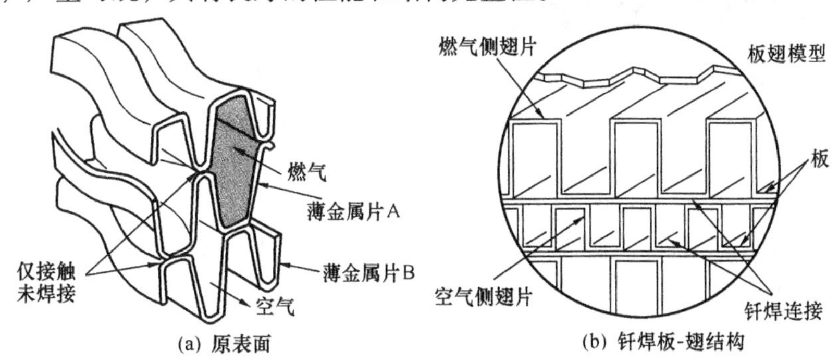

图2.3－76 紧凑式换热器表面

（二）板－翅结构

板－翅结构换热器利用金属薄片相互间平行地排成一行，像鱼的腮一样。由于高度紧凑，这样的排列可提供大量表面积。在钎焊板－翅结构回热器中，两隔板和空气翅片之间，板与排气翅片之间的连续钎焊焊缝，把整个结构牢固地结合在一起，见图2.3－76(b)。

板－翅结构回热技术有较好的设计弹性。板－翅结构的限制主要是：投资成本高，钎焊周期长，潜在的高返修率，有限的可选材料，复杂的装配以及自动化制造的困难[8]。

然而，在过去的几十年中，这种回热器的性能和结构完整性在不断地改进，因此它们已被用于各种不同的燃气轮机中。最近日本东京散热器株式会社(Tokyo Radiator)表明微透平系统中的板－翅结构回热器的功率可达到300kW，这使得它们同大燃气轮机和相似价位的柴油发动机具有竞争力，其热效率可望达到34%～37%(在系统中连接一个冷热自动调节机)。

（三）管状结构

虽然薄壁小直径的管子价格较高，但管状结构具有良好的耐压能力。图2.3－77给出了小水压直径管排列出的紧凑矩阵。这种结构在循环系统中表现出了高性能和结构完整性，一些文献还研究了它在LV100燃气透平坦克发动机换热器中的应用[9]。由于这种结构耐压且质量轻，它已经被考虑使用于欧洲正在开发的高压缩比、内冷、回热式涡轮航空发动机计划中[10]。

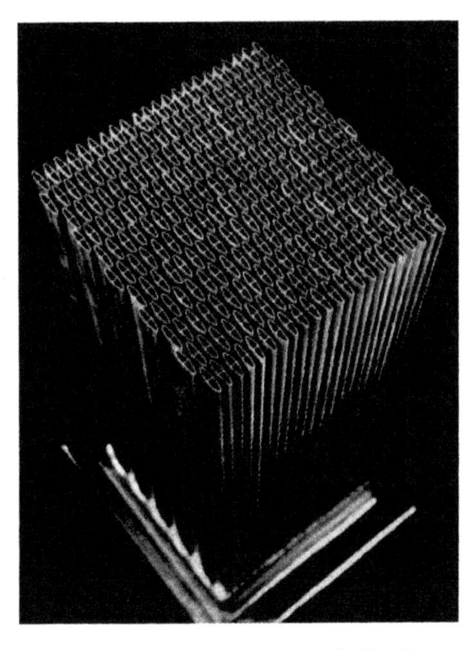

图 2.3－77 紧凑异形管回热器芯体

为了比较各种换热器的性能，图 2.3－78 给出了低压比燃气透平中效率对比体积和比重量的影响情况。图中所给出的实际数据[4]，只针对换热器芯体而言，而不包括与安装相关的外壳、连接管和支座结构。这几组针对错流单元的数据反映出了一些参数变化，包括发动机参数的变化、材料种类和厚度以及换热器结构形式(平板状或环状)。在紧凑式换热器经半个多世纪发展后，有人建议进一步的发展或可利用 CFD 方法[11]，由此减小换热器的体积与重量，但这与图 2.3－78 示出的数据相比，很可能只是少量的减小。

二、外燃循环用高温换热器

一个间接燃烧燃气轮机结构与直接燃烧燃气轮机的不同之处，在于燃烧过程发生在工作流体循环的外面，它具有以下含义：

◆ 燃烧过程发生在大气压下；

◆ 需要一个高温换热器把热量传递给汽轮机工作流体；

◆ 干净的空气经由透平膨胀做功。

外燃循环的主要挑战便是高温换热器，该换热器能够提供透平所需进气温度，此外还要能够承受工作条件引起的应力以及燃气的腐蚀问题。

为了达到工厂所需的效率，并能够与使用天然气的蒸汽轮机竞争，需要换热器的高温燃气入口温度在 1300～1600℃，压缩空气的出口温度在 1100～1300℃。这个温度已经超过了包括超合金在内的金属材料的极限，尽管仍有少数材料的熔点温度在 1300℃[12]以上，但在此温度下其物理性质大多不能满足使用要求，因此高温换热器的换热管材大多选用高温陶瓷。由于陶瓷在特定化学环境下的抗腐蚀性，它可以应用于超高温换热器(UHTHE)，如在玻璃、钢铁、铝制品等行业中作回热器使用，以此来节能降耗。

自 80 年代后期，就已提出许多外部燃烧联合循环工程，如美国研制的高性能电力系统(HiPPS)。该项目拟实现电厂总效率达 47%[13]，其加热系统是基于煤粉燃烧的，当高温燃烧气体在 1450～1500℃的温度下离开燃烧室进入一个辐射单元，该单元由许多垂直导向管组成，该辐射单元将压缩空气温度提高(在 1.7MPa 下)到 980℃以上，空气在进入汽轮机之前进一步通过燃烧加热到 1300℃，此后，对流管束在 982℃的设计温度下接受流动的气体，同时空气以 594℃(名义温度)进入，并被加热到略微低于 700℃[14]。由于当前的难点在于制造耐压的陶瓷换热器，美国的联合技术中心(UTRC)致力于用氧化物弥散强化(ODS)合金制造高温换热器[15]。ODS 合金(MA754)主要包含 0.5% 的氧化物如氧化钇，并弥散在整个材料中。氧化物粒子有助于固定晶粒的边界，减少高温下蠕变并使氧化物保持稳定。合金管直接接触燃烧气氛，可提高 5 倍的传热系数，而成本仅是陶瓷换热器的 1/10。合金直接暴露于煤渣的实验室试验表明，达到 1150℃时，每年腐蚀量为 5～10mil。为了防止合金被煤的燃烧物腐蚀，联合技术中心(UTRC)设计的高温换热器，在合金换热管和煤焰之间加一层防腐的陶瓷面，其“箱中管”结构的设计如图 2.3－79 所示。

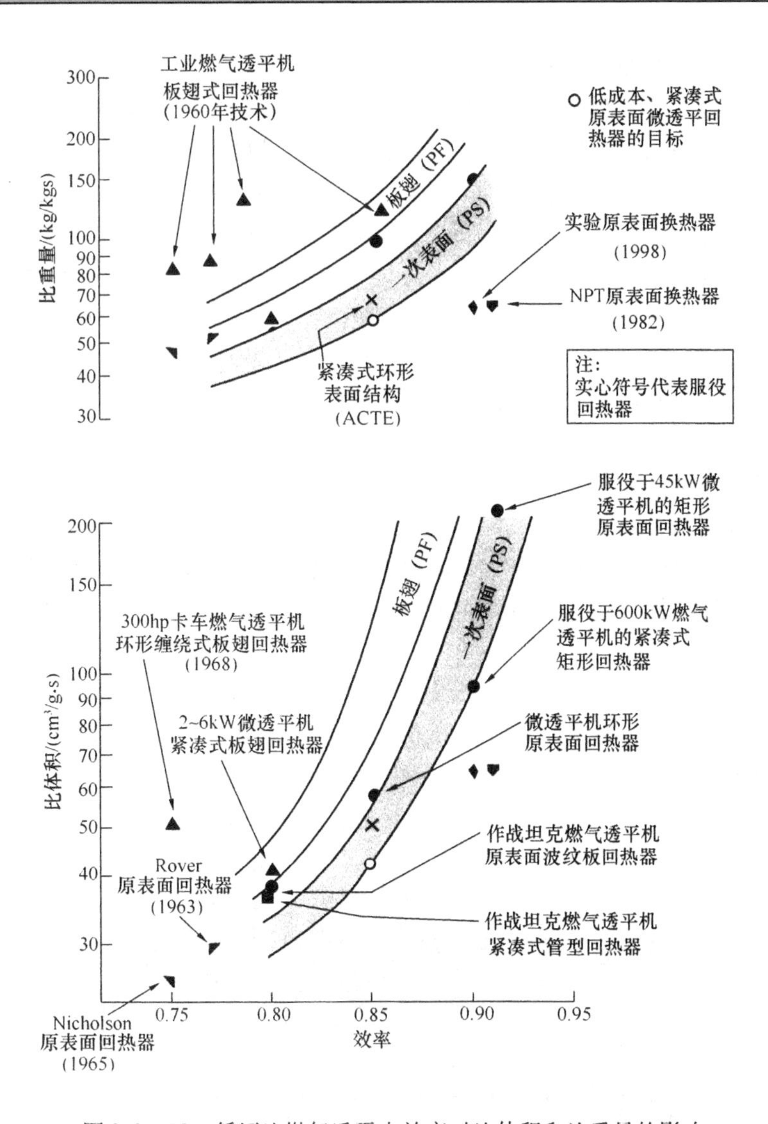

图 2.3－78　低压比燃气透平中效率对比体积和比重量的影响

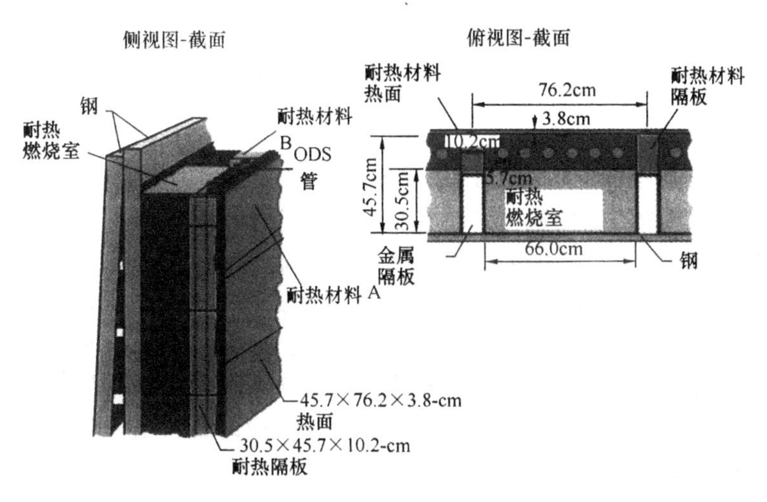

图 2.3－79　“箱中管”式高温换热器设计

相似研究计划也在欧洲项目 COST522 下进行，它基于一个热交换单元模块，该模块合并两个不同的换热器，一个金属的和一个陶瓷的。热动力学参数不同于高性能发电系统，尤其是最热的模块。美国和欧洲设计的主要差别在于所用材料的选择上。

过去的研究表明，在高温服役条件下，插入式换热管排布是比较高效的[16]。它们由两个同心管组成，内部管子两端开口，外部一端密封。燃气进入内管，然后在外管封闭端折返方向沿环面流动。废热流在单元的壳程流动。插入单元适合于管程和壳程存在较大温差的换热条件下使用。这是因为它们只有一端固定在管板上，当温度变化时可以自由伸缩来减小热应力[17]。典型的插管式高温换热器如图 2.3－80 所示，管程流体通过内管进入换热器，然后通过内管和外管之间的环面流出。这一方向的流动由路径 A 表示。反方向的流动是流体通过环面进入，然后经过内管流出，如路径 B。相似的是壳程的流动流体通过换热管自由端的入口进入，然后通过管板端的出口流出，如路径 C；反方向的流动如路径 D 所示。对路径 C 和 D，由于壳体间折流板的引导，壳程流体能够以错流的方式多次流经管束。Jolly 等人[18]开发了一套计算程序 COHEX 来优化超高温换热器(UHTHE)的设计。为了使得提供的 UHTHE 能够用于多种用途，软件采用了模型单元，它可以允许多种 UHTHE 采用串联、并联等形式组合而成。

针对外燃式联合循环较大的压差(1.1～1.9MPa)，Schmidt 等人[19]设计了一个插入管式换热器，他们用陶瓷基复合材料来保证热机械稳定性，用基于 SiC－B_4C－SiC－堇青石多层材料的环境防护涂层抵抗热腐蚀。但是材料的选择和生产相当昂贵(须采用不同工艺涂敷，有 3 种不同材料的陶瓷基复合材料)，似不适于大量工业应用。

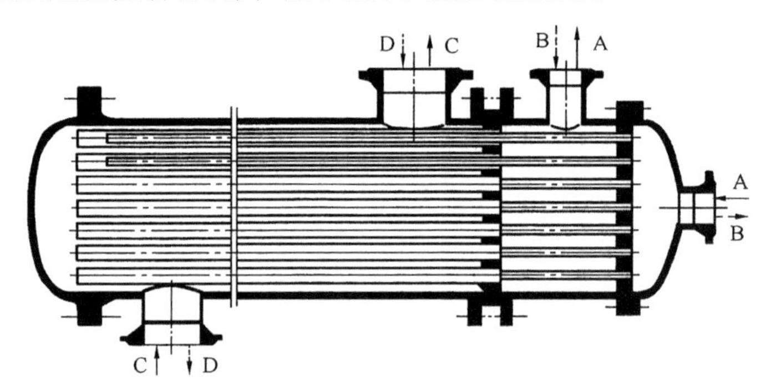

图 2.3－80 插管式换热器介质流向

Schulte－Fischedick 等人[20]还提出了基于错位翅片结构的板翅式陶瓷换热器的设计。这种排列导致了边界层周期性再生，从而达到强化传热的效果。金属板翅换热器的翅片可以通过焊接或者钎焊连接到板上。把这种设计用于上述陶瓷高温换热器时，必须解决材料在上述严苛条件下的使用寿命问题(>105h)，为此要求换热器与烟道气接触处都应有环境防护涂层保护。对以生物质为燃料、输出功率为 6MW 的外燃式联合循环，设计了对流陶瓷换热器，重量为 4t。烟道气侧和加压工艺气侧的传热表面密度分别为 $443mm^2/mm^3$ 和 $286mm^2/mm^3$。为了保证热机械结构完整性，用有限元方法对稳态操作和紧急停车情况下进行了分析，在稳态操作情况下安全系数可达 8.5(由于陶瓷的脆性，操作应力必须控制得较低)。

三、制氢系统高温换热器

氢有望对能源的生产、存储和利用带来一场革命。如果能清洁并经济大规模生产氢，它将会是一种非常有吸引力的能源载体。若能发展新技术解决该问题，以矿物燃料为基础的经济将发展为氢能经济。Forsberg 等人[21]指出，氢已经广泛应用于工业、氢燃料汽车的开发，这都说明需要发展先进的制氢方法。

尽管在地球上来源丰富，但氢并不能像煤矿和铀矿一样来开采，或如石油和天然气一般地获取。氢能需要破坏如水或甲烷这样的分子才能得到，在大规模生产中能耗甚大。

Crosbie 和 Chapin[22]提出，若使用核能来解决制氢问题则有三大显著优点：核能制氢技术可提高能源效率并可降低环境污染；这些优势贯穿能源载体的收集、生产、运输和利用的每一阶段；核能制氢经济可行。

Sigurvinsson 等人[23]研究了地热能制氢的问题，介绍了法国和冰岛合作研究耦合地热源高温电解制氢的可能性，详细给出了出口温度对钻井能耗成本的影响。影响高温电解效率的关键因素便是电解槽出口处的热量回用问题。中温和低温用的换热器已在试验中，温度高于850℃的换热器还需要进一步的研究与开发。

Subramanian 等人[24]，开发了两种不同的二维计算模型，研究了换热器设计参数，用于获得紧凑型错位翅片高温换热器中氦一侧流体和传热的最佳设计。用 CFD 技术在二维模型中研究了翅片厚度、流向斜度、错位片的纵横比对流场和传热的影响，并将其结果与分析计算的结果进行了对比。所研制的先进高温换热器已应用于先进核反应堆碘化硫热化学循环制氢。选用了错位翅片混合板型紧凑换热器，材料是加入了碳化合物的液态硅。

管子的传热强化在许多文章中均有报道，他们大多采用粗糙表面，这会促使流体分离并引起紊流动能的增加。虽然学者们在这方面贡献颇多，但对这些流体的演变过程仍了解不够。现有的湍流模型在预测大范围的分离、续接、再流通和化学反应流的参数上仍有很多局限。在换热器设计中流体通道已采用了盘卷、翅片、开孔、板或柱等强化传热措施。同样，用不直的通道、管路(如带褶皱表面或微翅片或带步进后退的槽道)或弯管，来获得高的传热效率。流体现象的分析很复杂，因为它对传热效果有重大影响，挑选一个适当的方法去计算湍流非常重要。

四、高温电解用换热器

高温电解(HTE)用固体氧化物燃料电池技术将水蒸气裂解为氢和氧。电池在 700 ~ 850℃工作，且需要与燃料电池模式相反的电压。图 2.3 - 81 所示为高温电解计划的示意图。发展高温电解技术面临材料方面的挑战主要在电池内部和设备环境防护两方面。

高温电解的概念建立在固体氧化物燃料电池(SOFCs)技术上，采用相同的材料，但产生的是氢和氧，而不是电。美国能源部化石能源司(DOEFE)和商业投资在过去 20 年一直在执行开发 SOFCs 的远大计划，特别是煤气化。煤基 SOFCs 的工作条件很苛刻，工作温度超过1000℃，燃料气包含煤部分氧化产物的全部特性，包括 CO_2、CO、H_2、SO_2 和各种氮氧化物。相比而言，固体氧化物电解单元的工作条件就没那么苛刻：工作温度低，在 750 ~ 900℃。进出气体只有不同比例的水蒸气和氢气。电解单元的阳极是唯一比 SOFC 工作条件严格的地方，因为若未使用稀释液，将会产生纯氧。图 2.3 - 81 展示了来自一个模块核反应堆(MHR)热量驱动碘化硫的过程。中间换热器(IHX)安装在含有主冷却剂循环器的氦 - 氦换热器模块内。化学反应可成倍或平行地在过程设备中发生。权衡泵功率、换热器机械设计和材料性能后发现，中间换热器流体可采用高温、低压熔盐流体。高温电解用主换热器估计有 900℃的流体输入和 400℃的输出。除电解单元外，在分离和处理氢、氧方面也有材料方面的难题。分离高温电解单元放出的氢蒸气，可通过浓缩水降低过程的整体效率。使用无机的氢渗透膜可实现电解单元中等温恒压的操作。然而，氢渗透膜在 800℃还原水蒸气 - 氢混

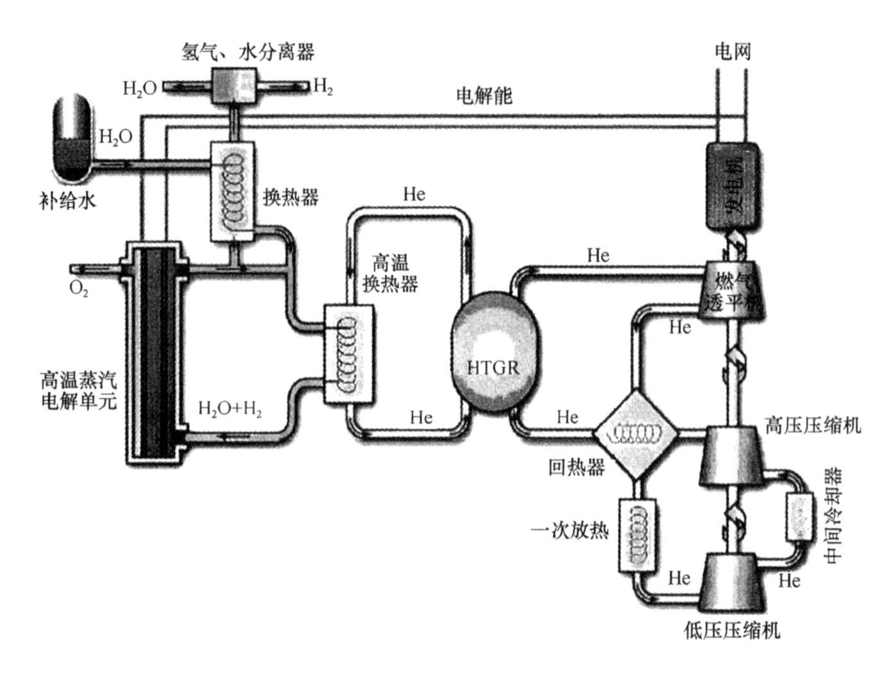

图 2.3-81 高温电解工艺示意图

合体时的耐受力还有待进一步研究。另一个材料的挑战是在冷却氧蒸气方面。如前面所述，如果没有使用稀释剂(氮气或空气)，管道和换热器将置于极端的氧化气氛中。氧冷却器的主要部分，至少在高温区域内应该采用陶瓷材料。

五、熔盐碳酸盐燃料电池(MCFC)和固体氧化物燃料电池(SOFC)混合系统换热器

燃料电池技术是电能时代比较新的技术。燃料电池主要使用固定、移动或便携式电源。能产生从1W到数MW的功率。除燃料电池组外，电源设备还需要燃料重整(无氢提供时用)、空气管理和功率调节装置。

在许多燃料电池系统中，换热器的作用很关键。事实上，燃料电池热管理部分对保证适当的氧(或空气)和燃料的进料条件以及控制操作温度有着重要作用。Magistri 等人[25]讨论了燃料电池系统中的换热器类型、相关的设计事项和性能需求。从设计工况、非设计工况和控制角度讨论了循环布局和换热器技术中的几项内容。研究了换热器对 PEMFC 和 SOCF - MCFC 混合系统性能的影响。

对高温燃料电池的废气或低温燃料电池的重整燃料废热进行回收，可提高整个系统的效率，这就需要高温换热器。在设计时，要特别考虑到启动、关闭和负载波动时产生相当大的热应力。由于高温材料的价格昂贵，导致燃料电池系统发电设备成本较高，这也是必须要考虑的因素。

燃料预热和重整(包括内部和外部)可广泛使用换热器去实现吸热的重整反应。与依赖现有重整反应器的外部重整结构相比，内部重整可实现更高的效率。两者间的选择需考虑到技术、成本和风险。换热器的进口温度低于650℃时，可采用不锈钢合金。更高的温度需要高成本的先进材料。在这方面，分析方法和详细性能模型可望用于优化设计和降低成本[26]。

工作进口温度为750～1100℃的高温换热器，需要使用高等级材料，如镍合金、钴合金和陶瓷，而这些材料仍有成本和可靠性方面的问题。此外，外燃式汽轮机的经验表明，即使高紊乱流体能有效提高传热系数，陶瓷换热器的压力降会显著影响循环的性能，压力降超过

10%时无法获得好的循环性能。

图2.3－82展示了大气环境下工作的高温燃料电池(MCFC或SOFC)混合系统[27]。为了回收废气中的热量，必须给装置提供一个类似于外燃式汽轮机中的高温换热器(HTHE)。这一部件需在恶劣工况下工作(冷热蒸汽的压力不同，高操作温度)，而且应有高效率，以达到适宜的进口温度，使得汽轮机能处于最佳工况运转。这些要求使得换热器特别关键且昂贵。图2.3－82还示出了另一个高温换热器。这个部件叫做"Ceramic HX"，它没有前一个重要，主要用于进入燃料电池空气的预热。在这种情况下，只要不影响装置整体性能，低一点的效率也可接受(低于50%)。为了表述清晰，图2.3－82将"Ceramic HX"表示为单独的单元。实际上，这个部件是与燃料电池堆一体化的，并非通常意义上的陶瓷换热器。

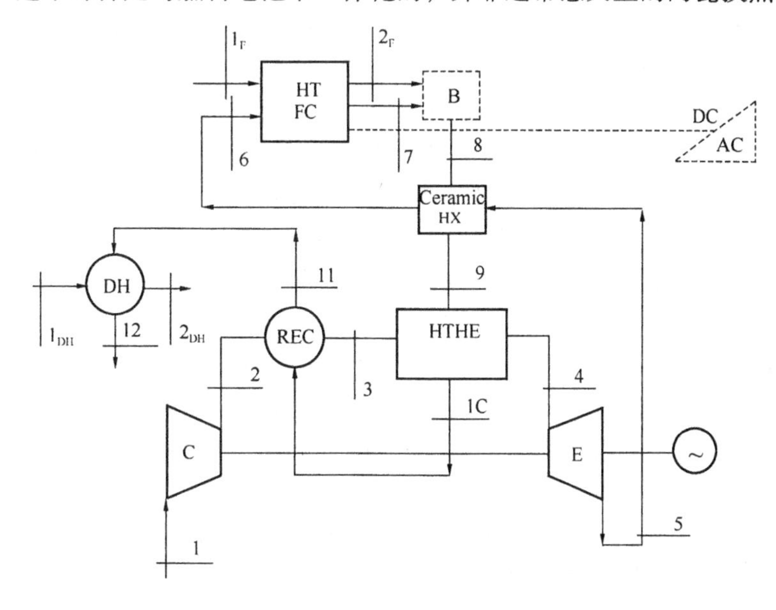

图2.3－82　常压高温燃料电池(MCFC或SOFC)混合系统

六、先进核能系统用高温换热器

2001年，美国牵头会同英国、日本、法国、加拿大、巴西、瑞士、韩国、南非、阿根廷10国及欧洲原子能共同体，共同成立了"第四代核能系统国际论坛"，其主要工作是评估各种核能系统，提出第四代先进核能系统的研究计划，在2020年前后，研发出能够很好地解决核能安全性、经济性、废物处理和防止核扩散等问题的第四代核能系统，并通过对所有动力堆的综合评估。到2002年底，"第四代核能系统国际论坛"和美国能源部联合发布《第四代核能系统技术路线图》，选出气冷快堆、铅冷快堆、熔盐堆、钠冷快堆、超临界水冷堆、超高温气冷堆六种堆型作为未来的研究重点：(1)气冷快堆(GFR)，氦气冷却，出口温度达850℃；(2)铅冷快堆(LFR)，冷却剂出口温度550℃，甚至可达800℃；(3)熔盐堆(MSR)，冷却剂温度700～800℃；(4)钠冷快堆(SFR)，钠的出口温度达550℃；(5)超临水冷快堆(SCWR)，冷却水压力达25MPa，温度510～550℃；(6)超高温堆(VHTR)，氦气冷却，出口温度达1000℃。这些工艺的实现需要先进的高温换热技术的支持。其中换热设备除了承受高温之外，腐蚀和辐射问题亦是影响可靠性的主要因素[28]。

超高温气冷反应堆被认为是唯一适合的无需消耗化石燃料、且无温室气体排放的技术。美国能源部(DOE)已经选定该系统于2015进行零排放核能制氢的示范。"超高温气冷堆"与现有高温气冷堆技术的差别，在于反应堆出口温度达到1000℃，能使其更好地适应未来制氢技术的工艺热需求。此外，还可以用来进行煤的气化和液化，进行稠油热采、炼钢及化工合成等。目前的高温气冷堆出口温度已经达到950℃，在此基础上实现1000℃的出口温度在技术上是比较容易实现的。因此，高温气冷堆以及在此基础上发展的超高温气冷堆被认为是，最有可能在不远的将来可实施的先进堆型，是近期世界核电站发展很有前途的堆型。

同流换热器(RHX)和中间换热器(IHX)是高温气冷堆燃气轮机发电和制氢装置内的重要设备。为了进一步缩小尺寸，开发出高效而紧的凑超精细板－翅结构换热器是一个方向。板翅式紧凑换热器的预计尺寸为，宽1000mm、长1000mm和高5000mm。这些换热器由板翅式结构经钎焊而成。板、翅厚度分别为0.5mm和0.2～0.25mm。为了承受内压并提高热传递表面积，翅片近似呈矩形状。文献[29]介绍的高温气冷堆换热器，必须经受起500℃(RHX)和850℃(IHX)的最高温度，约5MPa的最大压力以及芯体结构中温度分布引起的热应力循环。RHX和IHX所选材料分别为SUS316和哈氏合金。在具有数百万板翅焊点的RHX芯体中，板翅钎焊结构的强度是保证换热器可靠性的基本要素。为了获得可靠的超精细板翅式换热器，对制造和结构设计的研究是必要的。

为了制造大尺寸芯体，需要采用能实现对数百万板翅焊点进行钎焊的制造方法。同时，为了完成高温气冷堆板翅式紧凑换热器的结构设计，必须通过试验测得高温下板－翅结构的非弹性变形性能和强度。还需要建立由小尺寸板－翅结构组成的大尺寸芯体的非弹性分析方法。包括全部板－翅结构的有限元模拟在理论上是可能的，但实际上由于计算数据太大而无法实现。因此，一种基于等效－均匀－实体概念的分析方法更具价值性和实用性。对类似模型，周帼彦[30]、Kawashima等人[31]研究了这种板－翅结构的应力分析方法，讨论了应力－应变行为特征以及板－翅结构疲劳寿命的预测。发现板翅模型的拉伸强度随钎料金属厚度增加而增加，但钎料厚度在80～100μm附近出现饱和。

七、材料问题

高温环境下常用材料类型的性质和制造工艺。见表2.3－25[32]所示。

表2.3－25 高温环境下常用材料的性质和制造工艺

高温材料/制造技术	镍基合金(Inconel 718)	Al, Si, Sr, Ti, Y, Be, Zr, B和SiN, AlN, B4C, BN, WC94/C06陶瓷氧化物	碳－碳复合材料	碳纤维－碳化硅复合材料
温度范围	1200～1250℃	1500～2500℃	3300℃(惰性气体环境)，1400～1650℃(含碳化硅层)	1400～1650℃
密度	8.19g/cm^3	1.8～14.95g/cm^3	2.25g/cm^3	1.7～2.2g/cm^3
硬度	250～410(布氏)	400～3000kgf/mm^2(V)	0.5～1.0(莫氏)	2400～3500(V)
伸长量	<15%	—	—	—
拉伸强度	800～1360MPa	48～2000MPa	33MPa	1400～4500MPa
拉伸模量	50GPa	140～600GPa	4.8GPa	140～720GPa
HE强度	强度足够，但受限于蠕变和热膨胀	强度不够，应力的力学参数低，热电参数好	强度差，300℃开始氧化	强度最高，由于碳纤维和碳化硅的存在
电导率	125μΩ·cm	2×10^{-6}～1×10^{18}Ω·cm	1375μΩ·cm	1375μΩ·cm

续表

高温材料/制造技术	镍基合金（Inconel 718）	Al, Si, Sr, Ti, Y, Be, Zr, B 和 SiN, AlN, B4C, BN, WC94/C06 陶瓷氧化物	碳－碳复合材料	碳纤维－碳化硅复合材料
热导率	11.2W/(m·K)	0.05～300W/(m·K)	80～240W/(m·K)	目前达到1200W/(m·K)
热膨胀系数	13×10^{-6}1/K	$0.54\sim10\times10^{-6}$ 1/K	$0.6\sim4.3\times10^{-6}$1/K	$-0.26\sim-1.5\times10^{-6}$ 1/K(纵向)，25×10^{-6} 1/K(横向)
评价	金属膨胀接头连接性差	常规应用制造成本高，大部分有技术专利，生产要求高	即使使用 SiC 保护，寿命依然低(黏结性差)	成本相对较低，成熟专利，制造技术可行

所有前面提及的高温换热系统都对材料性能有很高的要求。

大多数汽轮机运行在650℃以下，其回热器的原表面(PSR)和板－翅结构(PFHE)一般由347不锈钢(18Cr－10Ni－1Nb)薄片制成，具有优异的抗氧化能力。这主要是因为其表面形成了三氧化二铬(Cr_2O_3)薄膜，薄膜的形成速度是可以预测的。它抑制了氧进一步传递到下面的材料，因此避免了进一步的氧化损伤。在更高的温度下，即高于700℃，薄膜的不稳定性会导致高的氧化速率，且有可能破裂分解，而出现贫 Cr 现象。这有可能打破抗氧化层并加速氧化[33]。因此，高于650℃或者在预计会有严重腐蚀的地方，需要使用具有满足特定要求性能的替代材料。

一种合金被用来制造 PSR 或者 PFHE 表面时，必须满足以下几个条件。首先，合金必须是能够卷制成具有均匀延伸性(<0.1mm)的金属箔，以便形成所需要的波纹状。形成金属薄板的过程必须是连续操作以减小成本。其次，有细密纹理的合金箔在最高运行温度下必须具有必要的蠕变强度。蠕变强度只是合金寿命的度量标准之一，其他还包括抗氧化性以及抵抗排气中腐蚀组分的能力。第三，最终制成品必须节约成本，并具有前面提到的两个特性[34]。

在过去的10年间，已经进行了许多深入研究，尤其是 Oak Ridge 国家实验室(ORNL)，对满足性能要求的备选合金作了全面综述[35]。

经过改良的347不锈钢可在高达750℃下运行，抗蠕变性能比标准商用材料好，其成本是标准347不锈钢的1/2。然而，在高于700℃时，抗腐蚀性和潮湿效应仍然是限制347不锈钢应用的主要因素。水蒸气中的开裂氧化仍会发生，但对有效延缓这种侵袭方便，这些改良后的合金在用于换热器时还是有一些优点[36,37]。

更好的以及更昂贵的合金，以合金740作为分界线，可分成以下两组：

◆ 与347不锈钢相当的合金：改良的合金803，合金602CA，Haynes HR120合金，Haynes HR230合金。

◆ 比347不锈钢明显优越的合金：625合金，Haynes HR214合金，Hastelloy X，Plansee合金 PM2000(氧化物弥散强化合金)。

图2.3－83a和b所示为相关合金的蠕变应变－时间曲线。蠕变数据是在气体温度750℃，应力100MPa的蠕变断裂测试中得到的。选择这种加速蠕变测试来作为高级合金加速筛选的条件，因为大多数商用换热器由标准347不锈钢制成，并运行在低于700℃的低应力情况下[38]。应该指出的是，翅片金属箔厚度甚薄，估计晶粒尺寸最大为10μm[39]。相比

而言，典型的管子和平面的晶粒应该为 50～100μm。因为蠕变强度取决于晶粒大小，晶粒越大强度就越高，对同一种材料但晶粒尺寸不同，故蠕变强度也不同。这就是为什么有些合金，如 HR230，其抗蠕变性能比其他一般更弱的合金还要差的原因。

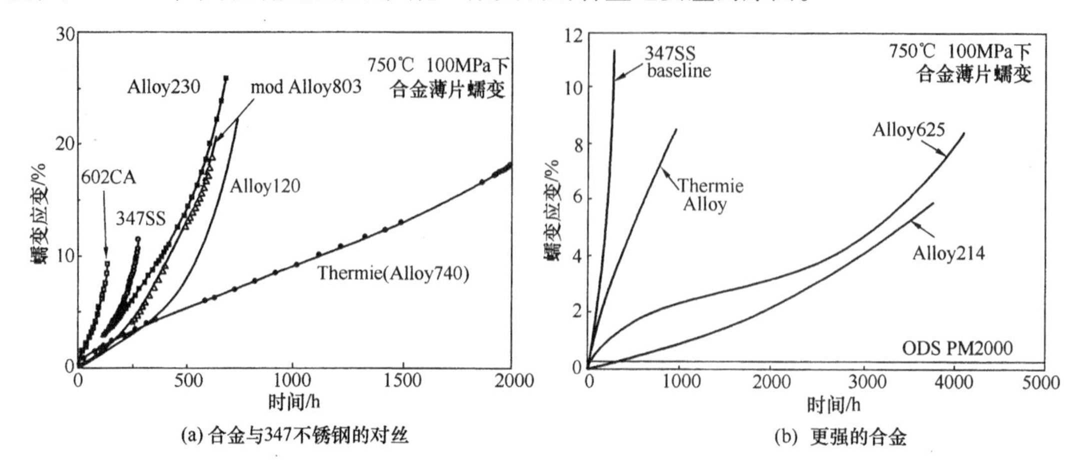

图 2.3－83 在 750℃以及 100MPa 空气中一些耐热合金薄片的蠕变应变与时间的关系曲线

有许多可供商用的耐热和耐腐蚀合金和高温合金，但其中许多都比 347 不锈钢成本高，如表 2.3－26 所示。相对于 347 钢，625 合金是最节省成本的合金钢之一，但是初始成本也相当高。HR214 也是同样如此，它的断裂寿命很长但成本也很高。相比之下，合金 HR230 和 602CA 成本分别是 347 不锈钢的 7 倍和 9 倍，HR230 仅持续 1.6 倍(达到 10% 应变极限)，而 602CA 比 347 钢的蠕变强度更低。仅仅就它们的蠕变行为来看，这些合金不是 347 不锈钢能节约成本费的替代品。

表 2.3－26 以 347 不锈钢为基准的一些合金的相对价格

347SS	Alloy803	HR120	Alloy625	HR230	Alloy740	HR214	ODS PM2000
1	3	3.5	4	7	9	9	10

而含 25% Cr 和 35% Ni 的不锈钢合金，如改进的合金 803 和 HR120，其蠕变强度大约为 347 钢的两倍，成本大约为 3～3.5 倍。因此，在约 750℃或者略微更高温度下，相对于 347 不锈钢，它们具有较好的使用裕度，而 625 合金钢和 HR214 可作为约达 800℃或者更高温度下的高性能替代材料。因此，合金 625 已被广泛地证明，其是一种唯一可用于高温燃气轮机的合金材料。如它被选作 Abrams M1 系列坦克燃气轮机的换热器材料[40]，被太阳能透平机选择用在新 Nercury50 的 4.6MW 燃气透平引擎中[41]，被英格索兰公司(Ingersoll Rand)选用作为皇家海军 Rolls Royce WR21 先进循环燃气轮机的材料[42]。就其他合金来看，目前还没有哪一种能达到如此水平的。

双金属换热器概念也已经被提出，这可以通过使用多路错逆流排列来实现，使得在高温区使用高温超耐热合金而在朝向换热器冷端的其他模块内使用低等级的材料。347 不锈钢和 625 合金间的焊接接头的测试结果尚令人满意，并且已有报道金属成本被大幅削减，幅度超过了 60%(与使用 625 合金作为单一换热器材料比较)。

(一) 环境阻力性能

如前所述，对材料的基本要求是在高温下抗氧化和抗腐蚀。已经比较了氧化铬(Cr_2O_3)

薄膜(例如 SS347，20/25/Nb，253MA 和 HR230)保护的合金和氧化铝形成物保护的合金(例如 HR214 和 ODS 合金 PM2000)之间的氧化情况。

图 2.3-84 所示为在实验室气体内加热到 900℃，加热时间超过 10000h 情况下所获得的合金总质量。由该图可知，Cr_2O_3 形成的金属膜在少于 4000h 内获得额外质量，而更薄(50μm)的 Al_2O_3 形成的金属膜则在 12000h 后获得最少的质量。这是由于在这些不锈钢金属膜中 Cr 的有限积累，以及在 900℃时与含铝元素合金上 Al_2O_3 的形成速度相比，Cr 快速消耗[43]。这表明了由 Cr_2O_3 形成物保护的合金可以用在高达 800℃的情况下；超过这个温度，只有 Al_2O_3 保护的合金可以经受得住。

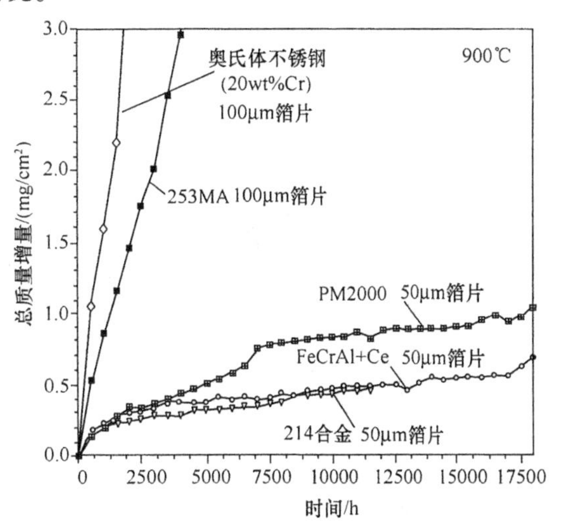

图 2.3-84　在 900℃试验室空气下经历 500h 循环 Cr_2O_3 和 Al_2O_3 试样所得到的总质量

在外燃加热的循环中，高温以及氧化、硫化和氯化元素等恶劣环境共同作用下，再使用典型的固溶强化合金，或者是 Fe 基或者是 Ni 基合金均不现实，必须考虑 ODS 合金和陶瓷材料。

ODS 为氧化物弥散强化合金，是指惰性氧化物细小颗粒离散在合金晶格中，并在内部形成大晶粒的微结构。典型的 ODS 合金含有 0.5% 的氧化物，例如 Y_2O_3 或者 ThO_2 离散在材料内。表 2.3-27 所示为一些铁素体 ODS 合金的名义成分。

表 2.3-27　一些铁酸盐氧化物弥撒强化合金的组分

合金	Fe	Al	Cr	Mo	Ti	弥散体
ODS - Fe_3Al	Bal.	15.9	2.2		0.07	Y_2O_3
MA956H	Bal.	5.77	21.66		0.4	Y_2O_3
MA956	Bal.	4.46	19.64		0.39	Y_2O_3
PM2000	Bal.	5.5	20		0.5	Y_2O_3
ODM751	Bal.	4.5	16.5	1.5	0.6	Y_2O_3

ODS 的优势见图 2.3-85 所示。图 2.3-85 将所有可用的锻造或铸造高温合金的 10 万 h 平均应力断裂强度与可以获得的理论最大断裂强度作了比较。图中有典型的 ODS - FeCrAl 合金纵向应力断裂强度，显示了它们在强度上的优势。因此，ODS 合金有可能用在很高温度下以替代陶瓷材料[44]。

离散的氧化物颗粒有助于固定晶界，降低它们在高温下的蠕变并稳定氧化膜。事实上，它们比 γ′和碳化物之类的典型强化颗粒更具热力学稳定性。它们存在于传统高温合金中且其氧化物尺寸有更好的断裂抗力[45]。

ODS 合金的蠕变速率相对较小。因此，其服役寿命可能由氧化行为所决定，取决于具体环境恶劣情况，目前 ODS 的最高使用温度可在 1050～1150℃之间。

ODS 的微观组织可通过粉末冶金来实现，但这些合金的连接也是问题。一般不宜采用传统的钎焊和焊接技术，因为可能发生弥散相的再分散和晶粒大小的改变，力学性能会下

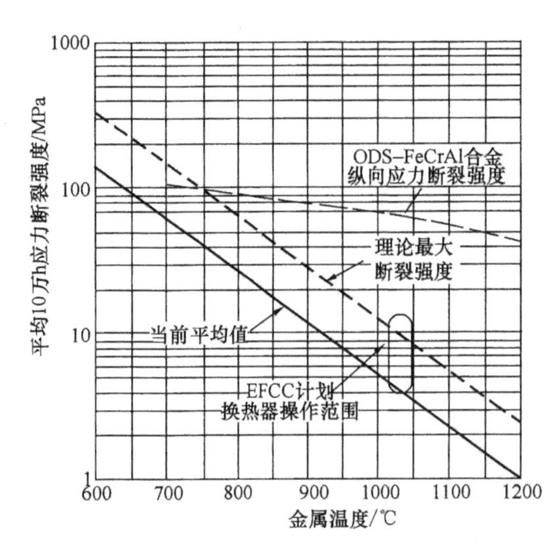

图 2.3-85 一些高温合金的平均蠕变强度与理论最大蠕变强度的对比

降。目前，主要研究的技术是惯性焊接、瞬时液相法和等离子辅助扩散焊接技术[44]。

ODS 的另一个缺点是力学性能有高度方向性。当前这类材料唯一可行的应用形式是管型，尽管一些金属膜和薄板的实验给出了很好的蠕变强度和抗氧化结果[42]，但到目前为止，它们还远未能应用于表面强化换热器，至少要等到它们的连接强度被实验验证后方可应用。

（二）核用材料的选择

在高温核系统中，即使微量的杂质，例如一次冷却剂中含有 H_2O 和 CO_2，均可能与金属发生化学反应而导致力学性能下降。虽然 Ni 基超耐热合金在众多商用耐热合金中具有出众的高温机械强度，但也不适当，因为它们无法承受明显的中子辐射脆化[46]。

由于先前的商用耐热高温合金均不能满足这些要求，因此需要开发新材料。一种镍基 Cr－Mo－Fe 高温合金哈斯特镍合金（Hastelloy X）被选用来制造日本中间换热器的换热管和换热器的热端封头。但因 Hastelloy X 对于氦冷却剂没有足够的兼容性，事后又开发研制了 Hastelloy XR：降低了 Al、Ti 和 Co 的含量，优化了 Mn、Si 和 B 的含量[47]。

至于模块球床堆（MPBR）换热器，传统的压力容器设计规范（例如 ASME VIII 第 1 分篇）允许使用多种合金，例如 Incoloy 800HT，Hasteloy X，Inconel 617① 和 Alloy 230，设计温度可高达 898℃。尽管如此，但需特别注意两个问题。首先，在 900℃，依照它们的允许设计应力，只有 Inconel 617 和 Alloy 230 可以作为其材料，设计应力分别为 12 MPa 和 13MPa。而 Incoloy 800HT 和 Hasteloy X 分别不能够超过 7 MPa 和 8MPa[48~51]；其次，须考虑在非常高的温度下使用 PFHE 结构的问题，因为焊接不锈钢板翅式换热器，当前已可以运行到高达 650℃的高温环境下[52]，此时，宜采用全焊接结构，而不是钎焊结构。

参 考 文 献

[1] Ohadi M M, Buckley S G. High temperature heat erxchangers and microscale combustion systems: applications to thermal sSystem miniaturization. Experimental Thermal and Fluid Science, 2001, 25(5): 207～217.

[2] Energy G E. Gas turbine and combined cycle products. Brochure GEA12985E, 2005.

[3] Franco A, Casarosa C. Thermoeconomic evaluation of the feasibility of highly efficient combined cycle for power plants. Proceedings of ECOS 2002, Berlin, 2002, 2: 801～812.

[4] McDonald C F. Recuperator considerations for future higher efficiency microturbines. Applied Thermal Engi-

① 至于 Inconel 617，应该注意到由于它的 Co 含量高（～12.5%），应该认为不适合核应用[44]。更确切地，如果一方面文献中没有报道相应的激活问题，另一方面为了最小化激活问题，可采取将此合金暴露在中子流中，例如在核换热器的二次侧。

neering, 2003, 23: 1463 ~ 1487.

[5] Ward M E. Primary surface recuperator durability and applications. Turbomachinery Technology Seminar paper TTS006/395 Solar Turbines, Inc., San Diego, CA., 1995.

[6] Kadambi V, Etemad S, Russo L. Primary - surface heat exchanger for a ground vehicle. SAE Paper 920418, 1992.

[7] Ward M E, Holman L. Primary - surface recuperator for high performance prime - mover. SAE Paper 920150, 1992.

[8] Shah R K. Compact heat exchangers for microturbines. Proceedings of Fifth International Conference on Enhanced, Compact and Ultra-Compact Heat Exchangers: Science, Engineering and Technology, ECI, Whistler, BC, 2005.

[9] Koschier A V, Mauch H R. Advantages of the LV 100 as a power producer in a hybrid propulsion system for future fighting vehicles. ASME Journal of Engineering for Gas Turbines and Power, 2000, 122 (4): 598 ~ 603.

[10] Taverna M A. European R&D projects target cleaner aeroengines, aviation week and space technology. The McGraw-Hill Companies, New York, USA, April 10, 2000.

[11] Utrianinen E, Sunden B. Comparison of some heat transfer surfaces for small gas turbine recuperators, ASME Paper 2001 - GT - 0474, American Society of Mechanical Engineers, New York, NY, 2001.

[12] Lide D R. Handbook of Chemistry and Physics. 77th ed. CRC Press, Boca Raton, FL, USA, 1997.

[13] Oakey J E, Pinder L W, Vanstone R, et al. Review of status of advanced materials for power generation, Report No. COALR224, DTI/Pub URN 02/1509, 2003.

[14] Weber G F, Hurley J P, Seery D J. Testing of a very high temperature heat exchanger in a pilot - scale slagging furnace system. Proceedings of 2000 International Joint Power Generation Conference, Miami Beach, FL, July 23 ~ 26, 2000.

[15] Robson F L, Ruby J D, Nawaz M, et al. Application of high performance power systems (HIPPS) in vision 21 power plants. Proceedings of the 2002 American Power Conference, Chicago, 2002.

[16] Luu M, Grant KW. Heat transfer and pressure - drop characteristics of a ceramic bayonet - element heat exchanger for waste heat recovery. ASME Journal of Heat Transfer, 1984, 84 - HT - 98.

[17] Li C H. Effect of radiation heat transfer on a bayonet tube heat exchanger. AIChE, 1986, 32(1): 341 ~ 343.

[18] Jolly A J, O'Doherty T, Bates C J. COHEX: A computer model for solving the thermal energy exchange in an ultra high temperature heat exchanger, Part A: computational theory. Applied Thermal Engineering, 1998, 18(12): 1263 ~ 1276.

[19] Schmidt J, Schulte - Fischedick J, Cordano E, et al. CMC tubes based on C/C-SiC with high oxidation and corrosion resistance. Proceedings of the Fifth International Conference on High Temperature Ceramic Matrix Composites, Seattle, 2004.

[20] Schulte-Fischedick J, Dreissgacker V, Tamme R. An innovative ceramic high temperature plate-fin heat exchanger for EFCC processes. Applied Thermal Engineering, 2007, 27: 1285 ~ 1294.

[21] Forsberg C W, Pickard P S, Peterson P. The advanced high temperature reactor for production of hydrogen or electricity. Nuclear News, 2003(2).

[22] Crosbie L M, Chapin F. Hydrogen production by nuclear heat. MPR associates, Inc., 2003.

[23] Sigurvinsson J, Mansilla C, Arnason B, et al. Heat transfer problems forthe production of hydrogen from geothermal energy. Energy Conversion and Management, 2006, 47: 3543 ~ 3551.

[24] Subramanian S, Akberov R, Chen Y, et al. Development of an advanced high temperature heat exchanger design for hydrogen production. ASME IMECE 2004 - 59623, 2004.

[25] Magistri L, Traverso A, Massardo A F, et al. Heat exchangers for fuel cell and hybrid system applications. Proceedings of FUELCELL2005, Third International Conference on Fuel Cell Science, Engineering and Technology, May 23 -25, Ypsilanti, Michigan, FUELCELL -74176, 2005.

[26] Traverso A, Zanzarsi F, Massardo A F. CHEOPE: A tool for the optimal design of compact recuperator. ASME Paper GT2004 -54114, American Society of Mechanical Engineers, New York, NY, 2004.

[27] Tarnowski O C, Agnew G D, Bozzolo M, et al. Atmospheric and pressurised cycles for 1 -2 MWe SOFC/GT hybrid systems. 5th European SOFC Forum, Luzern(CH), 1 -5 July 2002.

[28] Tu S T. Emerging challenges to structural integrity technology for high temperature applications. Frontiers of Mechanical Engineering in China, 2007, 2(4): 375 ~387.

[29] Ishiyama S, Mutoh Y, Tanihira M, et al. Development of the compact heat exchanger for the HTGR, (I) fabrication of the ultra fine offset fin. Journal of the Atomic Energy Society of Japan, 2001, 43: 603 ~611.

[30] Zhou GY, Tu ST. Viscoelastic Analysis of Rectangular Passage of Microchanneled Plates Subjected to Internal Pressure, International Journal of Solids and Structures, 2007, 44: 6791 ~6804.

[31] Kawashima F, Igari T, Miyoshi Y, et al. High temperature strength and inelastic behavior of plate-fin structures for HTGR. Nuclear Engineering and Design, 2007, 237: 591 ~599.

[32] Ohadi M M, Buckley S G. High temperature heat exchangers and microscale combustion systems: applications to thermal system miniaturization. Experimental Thermal and Fluid Science, 2001, 25 (5): 207 ~217.

[33] McDonald C F. Recuperator considerations for future higher efficiency microturbines. Applied Thermal Engineering, 2003, 23: 1463 ~1487.

[34] Omatete O O, Maziasz P J, Pint B A, et al. Assessment of recuperator materials for microturbines. Report No. ORNL/TM -2000/304, Oak Ridge national Laboratory, Oak Ridge, TN, December 2000.

[35] Stinton D P, Raschke R A. DER materials quarterly progress Report, June -September 2003, DER Materials Research, Oak Ridge National Laboratory, Oak Ridge, TN, 2003.

[36] Maziasz P J, Pint B A, Swindeman R W, et al. Selection, development and testing of stainless steels and alloys for high-temperature recuperator applications. ASME Paper, 2003-GT-38762, American Society of Mechanical Engineers, New York, NY, 2003.

[37] Maziasz P J, Pint B A, Swindeman R W, et al. Advanced stainless steels and alloys for high temperature recuperators. DOE/CETC/CANDRA Workshop on microturbine applications, Calgary, Alberta, Canada, January 2003.

[38] Maziasz P J, Swindeman R W, Shingledecker J P, et al. Improving high temperature performance of austenitic stainless steels for advanced microturbine recuperators. 6th International Charles Parsons Turbine Conference, Dublin, Ireland, September 2003.

[39] Maziasz P J, Swindeman R W, Montague J P, et al. Improved creep resistance ofaustenitic stainless steel for compact gas turbine recuperators. Materials at High Temperatures, 1999, 16(4): 207 ~212.

[40] Wilson R A, Kupriatis D B, Satyanarayana K. Future vehicular recuperator technology projections. ASME paper 94 -GT -395, American Society of Mechanical Engineers, New York, NY, 1994.

[41] Teraji D. MercuryTM 50 field evaluation and product introduction. 16th Symposium on Industrial Application of Gas Turbines (IAGT)Banff, Alberta, Canada, October 12 ~14, 2005.

[42] Maziasz P J, Shingledecker J P, Pint B A, et al. Overview of creep strength and oxidation of heat -resistant alloy sheets and foils for compact heat exchangers. ASME paper 2005 -GT -68927, American Society of Mechanical Engineers, New York, NY, 2005.

[43] Pint B A, Swindeman R W, More K L, et al. Materials selection for high temperature (750 ~1000℃) metallic recuperators for improved efficiency microturbines. ASME paper 2001 -GT -445, American Society of

Mechanical Engineers, New York, NY, 2001.

[44] Wright I G, Pint B A, McKamey C G. ODS alloy development. 17th Annual Fossil Energy Materials Conference, Baltimore, MD, April 2003.

[45] Quadakkers W J, Holzbrecher H, Briefs K G, et al. Differences in growth mechanisms of oxide scales formed on ODS and conventional wrought alloys. Oxidation of Metals, 1989, 32 (1, 2): 67 ~ 88.

[46] Billot P, Barbier D. Very high temperature reactor (VHTR) the rench Atomic Energy Commission (CEA) R&D Program. 2nd nternational Topical Meeting on High temperature Reactor Technology, Beijing, China, September 22 - 24, 2004.

[47] Hada K, Nishiguchi I, Muto Y, et al. Developments of metallic materials and a high-temperature structural design code for the HTTR. Nuclear Engineering and Design, 1999, 132: 1 ~ 11.

[48] ASME Vessel Code case No. 1956 - 2, December 1987.

[49] ASME Vessel Code case No. 2063, July 1989.

[50] ASME Vessel Code case No. 1987 - 1, May 1987.

[51] ASME Vessel Code Section VIII Div. 1, 1989.

[52] Guide to Compact Heat Exchangers, Good Practice Guide no. 89, Energy Efficiency Best Practice Programme, ETSU, UK, 47, 1994.

第四章　翅片管式换热器

第一节　概　　述

管壳式换热器已被广泛地用于各种物料的的蒸发、冷凝、加热、冷却及冷冻过程中，其主要的换热原件是各种类型的管子。目前，通常采用通过改变管子形状来强化传热过程，以提高传热效率[1]。翅片管换热器是一种带翅片的管式换热器，是人们在改进管式换热面的过程中最早也是最成功的发现之一。直至目前，翅片管仍是所有各种管式换热面强化传热方法中用得最广泛的一种。它不仅适用于单相流体的流动，且对相变换热也有很大价值[2]。

空冷器是工业中应用十分广泛的设备，如图 2.4－1。许多化工厂中 90% 以上冷却负荷都由空冷器负担，也是研究最多的一种紧凑式换热器*，而翅片管是空冷器的核心和关键元件，它的性能，直接影响着空冷器的发展。事实上，也正是由于翅片管的出现，才使空冷器得以发展。由于另一侧可以是空气，因此翅片管式换热器从外观上看，可以有壳体，也可以没有壳体[3]。

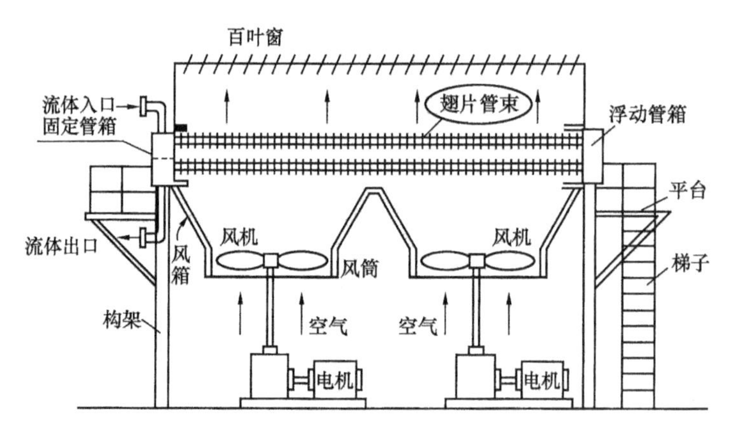

图 2.4－1　空气冷却器的基本结构

不仅在工业中广泛应用了。翅片管式换热器，且在我们在生活中也是很常见的，如图 2.4－2 所示的暖气片以及空调中的翅片管等[4]。

一、工作特性

(一) 翅片管的主要优点[5]

(1) 传热能力强。与光管相比，传热面积可增大 2～10 倍，传热系数可提高 1～2 倍。

---

* 板翅式、翅片管式及紧凑式回热器是应用最广的 3 种紧凑式换热器。

(2)结构紧凑。由于单位体积传热面积加大，传热能力增强，同样热负荷下与光管相比，翅片管换热器管子少。壳体直径或高度可减小，因而结构紧凑，便于布置。

(3)可以更有效和合理地利用材料。不仅因为结构紧凑使材料用量减少，而且有可能针对传热和工艺要求来灵活选用材料，如用不同材料制成的镶嵌或焊接翅片管等。

图2.4-2 民用翅片管式换热器

(4)当介质被加热时，与光管相比，同样热负荷下的翅片管管壁温度有所降低，这对减轻金属面的金属腐蚀和超温破坏有利。

不管介质是被加热或被冷却，传热温差都比光管小，这对减轻管外表面结垢有利。结垢减轻的另一重要原因是翅片管不会象光管那样沿圆周或走向结成均匀的整体垢层，沿翅片和管子表面结成的垢片在胀缩作用下，会在翅根处断裂，促使硬垢自行脱落。

(5)对于相变换热，可使传热系数或临界热流密度及“恶化含气量”增高。

(二)翅片管的缺点：

(1)造价高，流阻大，其造价达设备费用的30%~60%。

(2)阻力大，动力消耗大，但如造型得光，可使动力消耗减少。

(三)翅片管的主要性能要求：

(1)有良好的传热性能；

(2)耐温性能；

(3)耐热冲击能力；

(4)耐腐蚀能力；

(5)易于清理尘垢；

(6)压降较低。

二、应用背景

当换热器两侧传热系数相差较大时，在传热系数小的流体一侧加上翅片，可扩大换热表面积并促进流体的扰动以减小传热热阻，有效增大了传热系数，进而增大传热量。或者在传热量不变的情况下，减小换热器的体积，使其结构紧凑[5]。

了解不同情况下传热系数的差别可以帮助我们理解和选用翅片管[6]。传热系数的大小主要取决于下面几个因素：

(1)流体的种类和物理性质：如水和空气的传热系数就相差甚大。

(2)流体在换热过程中是否发生相变，即是否发生沸腾或凝结，若有相变发生，则其传热系数将大大提高。

(3)流体的流速、流道结构形式等对传热系数通常有较大的影响。

不同情况下传热系数的差别非常大。按照经验，不同物质及工况下传热系数的相对大小如下：

$$h_1 < h_2 < h_3 < h_4 < h_5$$

h_1——空气或烟气的自然对流；

h_2——空气或烟气的强制对流

h_3——水的对流；

h_4——水的沸腾；

h_5——水蒸气的凝结。

由于空气侧的传热能力远远低于水侧，限制了水侧传热能力的发挥，使得空气侧成为传热过程的瓶颈，限制了传热量的增加。为了克服空气侧的传热瓶颈，通常可以采用：

(1)增大两则的流速，但增加流速的办法对增大对流换热和传热的作用是有限的，而且实际工程中，增大流速的方法并不实际。

(2)改变流道结构的形状和传热表面的性质。加装了翅片以后，使空气侧原有的传热面积得到了极大的扩展。弥补了空气侧传热系数低的缺点，使传热量大大提高。

翅片管一般应用在两侧传热跑力相差较大的环境下。翅片管换热器用作空冷器时，虽然比光管时流阻大、造价高，体积与水冷器比也要大得多，但由于节省了工业用水量，避免了工业用水排放所带来的热污染，维护费用也只有水冷系统的20%～30%，故空冷器得到了广泛的应用[5]。

三、发展过程

图2.4-3选自文献[7]，该图表示了空调业翅片管的发展变化。我们可以看出，翅片经过平面型-波纹型-条缝型-百叶窗型的演变，其换热能力增强。和70年代相比，近年来的翅片结构更加紧凑，体积减小到原来的近1/3。

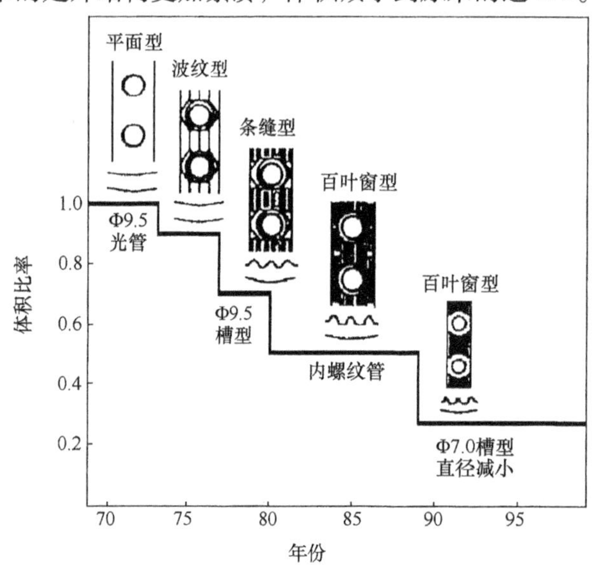

图2.4-3 翅片管的发展变化

20世纪60年代以前，普通的翅片管式换热器多采用表面结构未作任何处理的平翅片，这种形式的翅片除用增大换热面积来达到强化传热的效果以外，再无其他强化传热的作用。由于空冷技术的发展，翅片管式换热器越来越受到了人们的重视。特别是在Bergles关于强化传热的报告在第六次国际传热学会议上发表之后，大量的高效换热翅片表面结构不断地被研制出来[5]。

四、选用原则

该小节部分例子来源于文献[6]。

在什么场合选用翅片管式换热器，有下面几个原则：

(1)管子两侧的传热系数如果相差很大，则应该在传热系数小的一侧加装翅片。

例1：锅炉省煤器，管内走水，管外流烟气，烟气侧应采用翅片。

例2：空气冷却器，管内走液体，管外流空气，翅片应加在空气侧。

例3：蒸汽发生器，管内是水的沸腾，管外走烟气，翅片应加在烟气侧。

应注意，在设计时，应尽量将传热系数小的一侧放在管外，以便于加装翅片。

(2)若管子两侧的传热系数都很小，为了强化传热，应在两侧同时加装翅片；若结构上有困难，则两侧可都不加翅片。在这种情况下，若只在一边加翅片，对传热量的增加是不会有明显效果的。

例1：传统的管式空气预热器，管内走空气，管外走烟气。因为是气体对气体的换热，两侧的换热系数都很低，管内加翅片又很困难，故仍宜采用光管。

例2：热管式空气预热器，虽然仍是烟气加热空气，但因烟气和空气都是在管外流动，故烟气侧和空气侧都可方便地采用翅片管，使传热量大大增加。

(3)如果管子两侧的传热系数都很大，则没有必要采用翅片管。

例1：水/水换热器，用热水加热冷水时，两侧传热系数都足够高，就没有必要采用翅片管了。但为了进一步增强传热，可采用螺纹管或波纹管代替光管。

例2：发电厂冷凝器，管外是水蒸气的凝结，管内走水。两侧的传热系数都很高，一般情况下，无需采用翅片管。

第二节 翅片管介绍

一、翅片管的分类

翅片管式换热器的基本元件为翅片管，翅片管由基管和翅片组合而成。

按照基管形状，翅片管可分为圆基管翅片管，椭圆基管翅片管和扁平基管翅片管，见图2.4-4。

翅片管按照翅片的不同又有多种分类方式。

(1)按照加工工艺可以分为整体翅片管、焊接翅片管、高频焊翅片管和机械连接翅片管等多种，图2.4-5给出了其中几种工艺的翅片管。

(2)按照翅片安置的位置可分为内翅片管，外翅片管，内外翅片管，见图2.4-6。

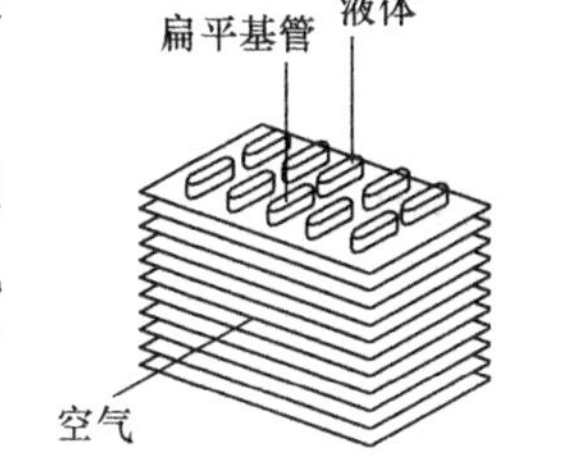

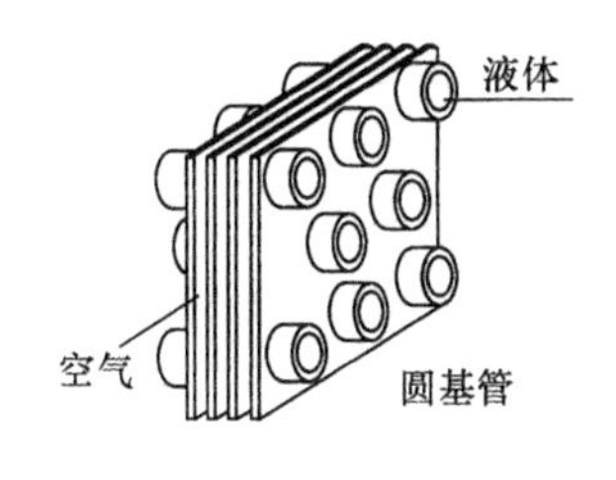

图2.4-4 基管不同的翅片管

(3)按照形状可分为圆形、矩形和针形翅片管等多种，见图2.4-7。

(4)按照结构可以分为纵向翅片管、径向翅片管及螺纹管(或叫螺旋形齿)三类，见图2.4-8。

(5)按照传热效能可分为普通翅片管和高效翅片管图2.4-9。

分类方法很多，对每种分法详细介绍的相关资料也很多，我们这里不具体详细介绍分类，仅对不同种类的特点及其具体的翅片管来讲述。

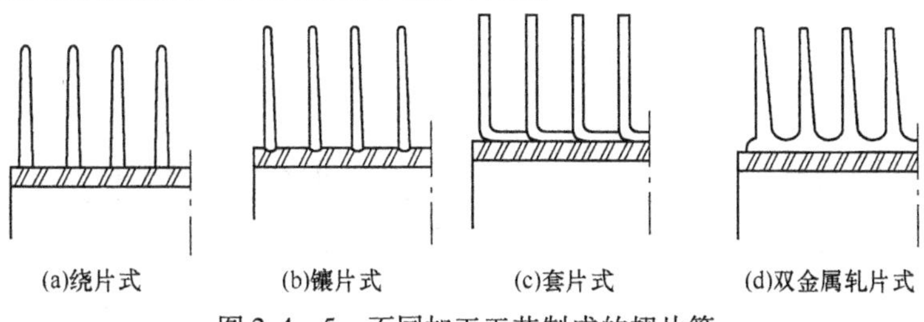

图2.4-5 不同加工工艺制成的翅片管

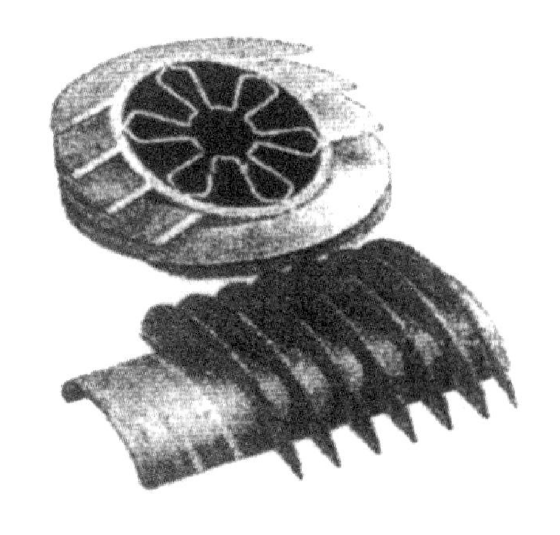

图 2.4－6 内翅片管和外翅片管

图 2.4－7 不同翅片形状的翅片管

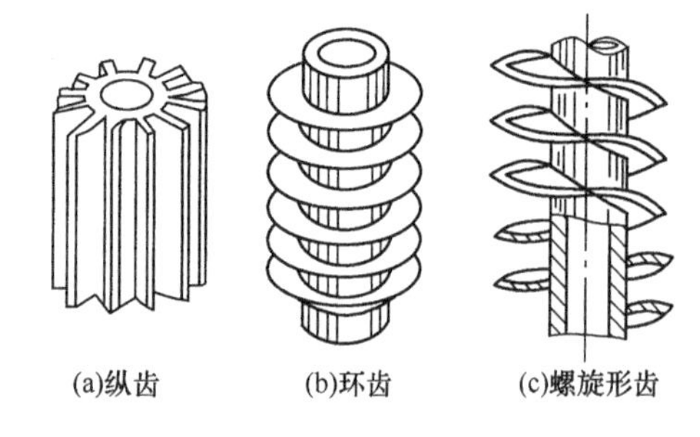

图 2.4－8 不同结构的翅片管

翅片的形状、结构参数及加工工艺等都对换热的热力性能和流体动力性能有较大影响。图 2.4－10 所示为 3 种不同加工工艺翅片管传热性能的比较。由该图可见，绕片管较差，主要是存在接触热阻，特别是随着温度的增加，绕片管翅片的张力迅速下降，因此接触热阻也迅速增加。焊片管传热性能最好。镶片管介于两者之间。

表 2.4－1 评价了空冷器常用 5 种翅片管的综合性能[14]，其中以“1”为最佳，顺序而下，“5”最差。使用中以 L 型绕片管为最基本形式，由于造价的原因，只有在对各项性能要求都较高情况下才选用套片管。

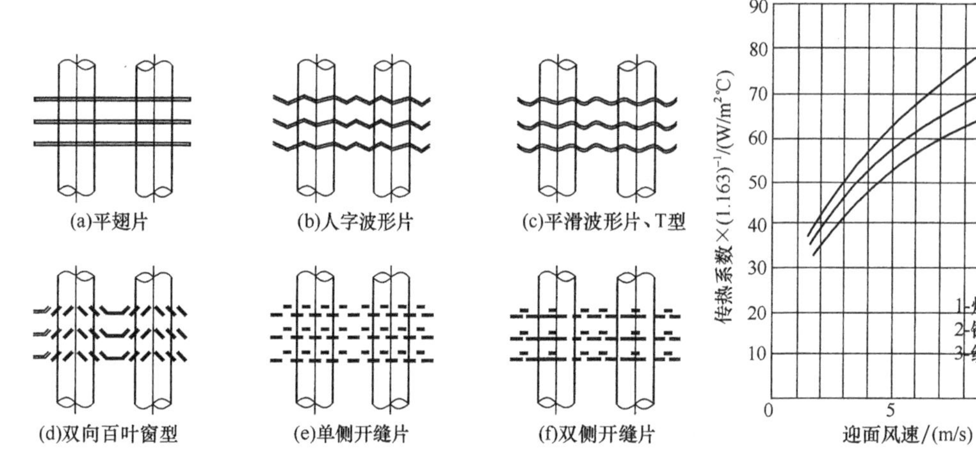

图 2.4－9 不同传热效能的翅片管

图 2.4－10 不同加工工艺翅片管传热性能的比较

表 2.4－1 常用 5 种不同加工工艺翅片管综合性能的评定

翅片管形式	L 型绕片式	LL 型绕片式	镶片式	双金属轧片式	套片式
传热性能	5	4	3	2	1
耐温性能	5	4	2	3	1
耐热冲击能力	5	4	2	3	1

续表

翅片管形式	L型绕片式	LL型绕片式	镶片式	双金属轧片式	套片式
耐大气腐蚀能力	4	3	5	1	2
清理尘垢的难易程度	5	4	3	2	1
制造费用	1	2	3	4	5

高效传热翅片是相对于一般的平翅片而言，具有更好综合性能。一般有：

间断型翅片：是在平翅表面开孔、开槽，使其表面结构改变的翅片。间断型翅片的传热系数比平圆翅片管束传热系数约高40%，但阻力系数也高50%。

波纹型翅片：波纹型翅片与平翅片相比，传热系数可提高50%～70%。波纹型翅片在空调工程中应用普遍。

齿形螺旋翅片：是在螺旋翅片的基础上发展起来的一种异性扩展表面。其制造工艺与高频螺旋翅片管相似。这种翅片在锅炉省煤器、空气预热器中得到了广泛应用。齿形管束的传热系数比平圆翅片管束的传热系数经高40%，但阻力系数也高了60%。

椭圆管翅片：管子外形为椭圆形，其短轴投影面积比横截面积相同的圆形管的小，所以，椭圆形管束的流动阻力要比相应的圆管管束小。椭圆管管束的换热量比圆管管束高15%左右，而阻力降低18%[5]。

二、常用翅片管介绍

结构和制造工艺是影响换热器选用的重要因素，复杂的翅片结构将导致制造困难，因此推广和应用容易受到限制。这里，我们主要介绍不同结构形式翅片管的特点及应用。

径向翅片管面积扩展程度大于纵向翅片管，工业上应用较广。在空冷器中除了冷却黏性介质可采用纵向内翅片之外，其余空冷器均在管外采用横向翅片，其型式很多，见图2.4－11[8,9]。

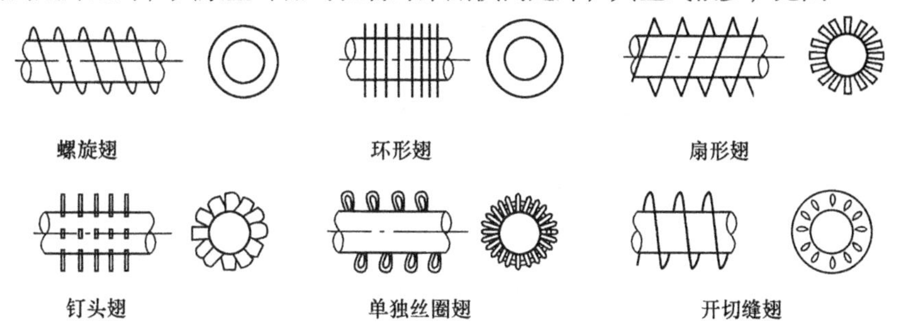

图2.4－11　几种径向翅片管

其余空冷器在管外采用的横向翅片，根据管子和翅片的结构形状已达几十种之多。图2.4－12为几种具有代表性的翅片管类型示意图。

为确定翅片管的工作性能，国内外都作了大量的试验研究。表2.4－2所示为卡兰努斯（Carannus）和卡德纳（Cardner）根据美国传热研究公司（HTRI）的试验以及他们几年来的设计经验而整理出来的评价数据。他们对多种翅片管作出了23种性能评价，首先对各种指标定出最高分类，再根据实验数据对每种翅片管逐项打分，最后根据总分评出名次。但应注意，表列数据也有它的局限性，有的翅片管虽名总评列在前，但某些单项分数却不高；有的翅片管虽名次落后，但某些单项分类却很高。如焊接锯齿型翅片管虽名列第10，但有10项满分，且工作温度也最高。KLM翅片管虽获冠军，但无一项指标达到满分。所以设计者还要根据实际情况进行选取。另外，单项分数给的是否合理也还值得研究。

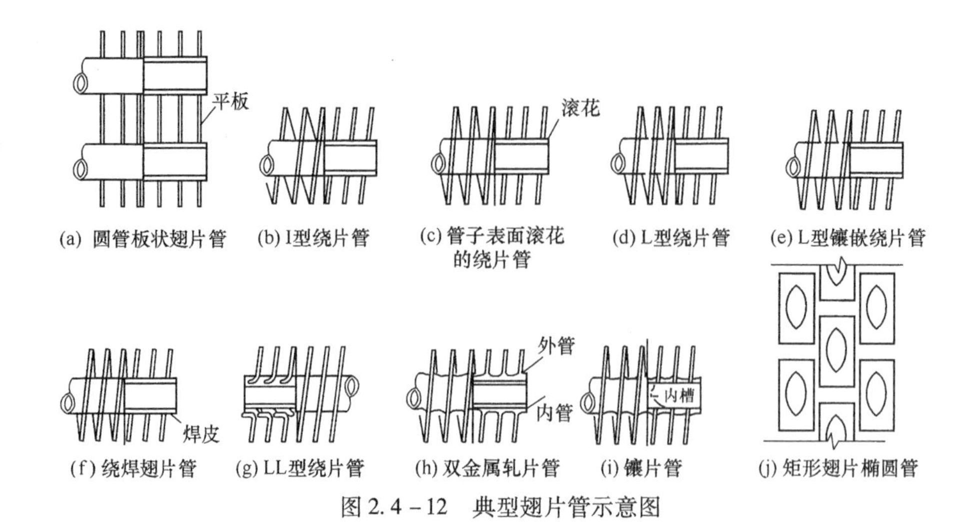

图 2.4－12 典型翅片管示意图

法国曾有人对各种方法制造的翅片管的传热性能进行了比较，发现翅片清洁程度与管子的接触情况对传热性能的影响非常明显。

I 型简单绕片管、L 型绕片管、LL 型绕片管、镶嵌式翅片管、双金属轧片管、椭圆翅片管及开槽翅片管，是较常用的翅片管，前 6 种基本性能见表 2.4－3。

不同材料和制造工艺所生产的翅片管的耐温极限可参考相应的书籍[10]。

下面分别介绍不同形式翅片管的主要特性。

1. 镶嵌式绕片管

铝片嵌入钢管表面被挤压的深约 0.25～0.5mm 的螺旋槽中，同时将槽中挤出的金属用滚轮压回翅片根部。镶嵌的强度在 1/4 翅片上，平均可承受 0.8～1.0MPa 的压力，具体可用拉力试验方法测试。

这种翅片管的最大优点是热工性能好，工作温度可达 350～400℃，翅片温度可达 260℃；其缺点是不耐腐蚀，造价较高，如果压接不良(槽缘不贴紧铝片)，其传热性能比任何散热管都差。

2. L、LL 型绕片管

L 型绕片管制造简便，价格低廉，在石油化工用空冷器中被大量采用。其绕片是借缠绕的初始应力紧固在钢管表面上，平均接触压力不超过 1.7MPa，使用温度较低，一般为 120～160℃。实践证明，当管壁温度超过 70℃时，翅片张力大大降低，翅片开始松动，接触热阻增大。为克服上述缺点，出现了 LL 型翅片管。这种翅片管的翅片根部互相重叠与管壁接触良好，保证了对管壁的完全覆盖，防止了大气对管壁的腐蚀，使用温度有一定提高。

3. GL 型翅片管

这是缠绕和镶嵌结合而制成的一种翅片管，所以也称镶嵌－绕片管。图 2.4－12(e)为单 L 型，图 2.4－12 中的为双 L 型。它是将 L 绕片脚的一部分镶嵌在管表面的槽内，所以，兼有绕片管的性质，可耐较高的温度，但这种翅片管制造复杂，质量不稳定，所以应用也不多。

4. I 型翅片管

I 型翅片管制造最简单，价格也最便宜，但由于翅片和管壁接触面积很小，当管壁温度达到 70℃时，便产生间隙。另外，翅片也不能保护管壁，易受大气腐蚀，承受能力也差。

所以，目前只用在100℃以下的空调器上，化工炼油工业很少应用。

5. 椭圆型翅片管

它是椭圆基管翅片管的简称，其结构示意图见图2.4－4。相应翅片管的使用温度与压力范围如下：

镀锡管≤180℃

镀锌管≤320℃

内压≤5MPa

外压≤2MPa

若使用压力超过此范围，要选用圆形翅片管。

椭圆形翅片管的优点如下：

(1)与同样横截面积的圆管相比，其水力直径小，因而管内传热系数较大，且由于在管子后面形成的涡流小，所以管外压降可减少30%。

(2)与同样的横截面的圆管相比，其表面积约大15%。因此在相同流速下，管外给热系数可提高25%。

(3)翅片效率高，在同样条件下，圆管的翅片效率为74%，而椭圆管为82%(质量平均值)。

(4)矩形椭圆翅片管采用短边迎风，迎风面积比较小，因而设计紧凑，占地面积只有圆管的80%。

(5)在翅片上冲出湍流片，可以进一步提高管外传热系数，但压降稍有增加。

椭圆翅片管的主要缺点是：

(1)管束的维护、检修和更换管子比较困难；

(2)管束的造价较高；

(3)管束承受压力较低。

6. 单金属轧片管

这种翅片管一般是用铝、钢等延展性和可塑性较好的有色金属轧制而成。其传热性能和抗大气腐蚀性能都很好，但管内承受压力较低，成本高，所以在空冷器上不常使用。

7. 双金属轧片管

双金属轧片管是较理想的抗腐蚀型管子，它完全克服了单金属轧片管和LL绕片管的缺点。双金属轧片管的内外管可以分别选材。内管根据热流体腐蚀情况和压力选定，如碳钢、不锈钢及黄铜等；管外可选用既有较好的延展性，抗大气腐蚀，又有良好的传热性能的金属，一般用铝和钢。经过轧制，内外管子完全可以紧密结合在一起。其主要性能是：

(1)抗腐蚀性能好，寿命长；

(2)传热效率高，压降小；

(3)翅片整体性和刚度高；

(4)由于翅片牢固，不易变形，因此可用高压水，高压气清垢，同时由于内外管紧密结合，因此，能长期保持高的传热性能。

表 2.4-2 翅片管综合

满分		翅片管的类型	镶片式	轧片式	双金属轧片式	双金属镶片式	KLM 型绕片式
		温度极限/℃	350	400	250	350~400	250
		显著特征	可更换	增强			翅片根部滚花可更换
100	参数	新的和结晶管传热系数	90	100	80	85	80
200		在使用几个月之后传热系数的维持能力	180	200	150	180	170
50		翅片上结垢速度	45	40	40	45	45
50		翅片间去校正难易程度	40	30	30	40	40
200		翅片污垢影响性能程度	160	150	150	160	160
100		承受每天多余两次热循环能力	90	100	80	75	70
50		抗铝和钢之间微小膨胀力	45	60***	40	45	45
50		空冷器管束翅片承重可能性	30	50	50	30	30
20		翅片尖端耐撕裂性	15	10	10	15	15
100		翅片节距公差	80	70	70	80	80
100		翅片外径公差	80	70	80	90	80
20		翅片厚度变化	18	15	15	18	18
50		翅片壁表面状态	40	35	35	40	40
50		翅片尖端抗大气腐蚀性	40	30	30	40	40
100		蒸管耐大气腐蚀能力	70	100	85	90	90
10		翅片垂直度	9	10	10	9	8
100		出厂检查不严对性能影响	70	90	60	60	70
50		翅片和管子间接触压力	40	50	30	40	40
50		坚固程度	30	50	40	30	30
100		购买方便	80	20	50	10	40
250		与其他类型翅片管互换性	180	50	200	230	230
10		重量	8	10	9	9	—
200		相对价格	150	80	140	120	170
2010		总计	1590	1410	1481	1541	1598
100		%	791	70.1	73.8	76.7	795
		评定名次	2	9	5	3	1

* 按金属分

** 按翅片形状分

*** 不适于使用

评价表

L 型 绕片式	I 型 绕片式	紊流型双 金属轧片式	锯齿型 弹片式	LL 绕片式	椭圆齿 型套片式	LL 型 镶片式	轮辐型 绕片式	楷皱型 绕片式	锯齿形椭 圆形管焊片式
				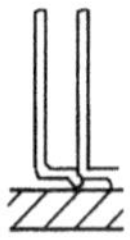	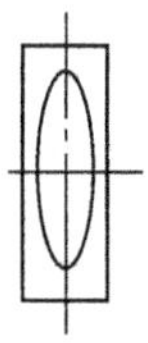	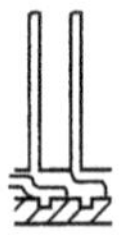		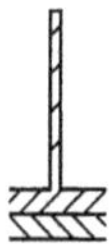	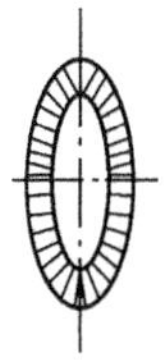
120～150	100	250	1100*	170	350	300	100** 350	100	350
翅根 光滑					翅片与管 用镀锌 结合				翅片与管镀锌 结合 H 型翅片 一高性能
75	70	80	100	80	90	85	75	70	95
140	120	150	200	150	180	180	140	140	190
45	45	20	30	45	40	45	20	20	30
40	40	10	20	40	30	40	20	30	40
160	160	100	150	160	160	160	100	100	150
60	50	80	100	70	90	90	70	60	90
20	10	40	50***	30	60***	45	30	35	50***
30	20	20	40	30	50	30	30	30	40
15	15	20	20	15	20	15	15	15	20
80	80	70	90	80	90	70	70	70	90
80	80	70	80	70	100	80	70	75	100
18	18	15	18	18	18	18	18	18	18
40	40	30	50***	40	50	40	35	25	50
40	40	25	50	40	40	40	30	40	40
80	65	85	60	75	90	95	80	70	90
8	8	7	8	8	10	8	7	8	9
70	50	60	10	70	40	70	70	80	60
15	10	30	50	25	45	40	15	15	45
30	20	30	50	30	50	30	25	30	45
80	40	10	10	10	10	10	10	80	10
150	80	80	80	100	50	200	130	80	50
7	5	9	10	8	10	8	7	7	10
170	200	130	100	150	150	140	170	180	150
1453	1200	1171	1376	1344	1453	1539	1237	1276	1472
723	630	583	685	669	727	766	615	685	732
8	13	15	10	11	7	4	14	12	5

表 2.4－3　6 种翅片管性能参数比较

比较项目 \ 图形						
翅片名称	Ⅰ型简单绕片管	L 型绕片管	LL 型绕片管	镶嵌式翅片管	双金属轧片管	椭圆翅片管
接触压力 p/MPa	1.5	1.7	1.7		7.6	
允许壁温 T/℃	70～120	100～250	110～195	260～400	200～300	250～300
翅片材料	铝	99.5%纯铝	99.5%纯铝	99.5%纯铝	纯铝或用户提要求	铝、钢或铜均可
抗腐蚀性能名次	6	4	3	5	1	2
耐温性能名次	6	5	4	2	3	1
传热性能名次	6	4	5	2	1	5
清理难易程度名次		5	4	3	2	1
总价格	1	2	3	1	5	6
翅化比，SR	23.5 11 片/in	23.6 11 片/in	23.5 11 片/in	23.5 11 片/in	21.2 10 片/in	≈16 9 片/in
直径/mm	57	57	57	57	57	
使用说明	一般不用于石油化工厂，仅用于小厂空调，耐热性差	用于工作条件较中稳，温无突变场合。温度过高时翅片会松动，间隙片易产生腐蚀	用于工作条件较平稳，温度无突变场合。使用温度稍高于 L 型。对内管保护好	传热效率较高。双金属在大气中易引起电化学腐蚀	铝管在外可保护内管不受腐蚀，对温度突变及震动有良好抗力	椭圆管，套矩形翅片，采用镀锌助片

缺点是：

(1)与普通 L 型管相比，设备总价格较高；

(2)外管与内管之间的接触压力不够恒定。

国外空冷器的主要制造厂家均生产这种翅片管。他们认为，一次投资虽然高，但总的来看，仍然经济。

8. KLM 翅片管

KLM 翅片管是 L 型绕片管的一种。由于制造中多了两道滚花工艺，使其综合性能超过了表 2.4－3 中的其他所有翅片管。

制造时，管子表面先经滚花、绕片时再在 L 脚的上面同涉滚压一次，使 L 脚一部分面积嵌入管子表面。这样就可使翅片与管子表面的接触面积增大 50%，这意味着单位面积的换热量也降低了 50%。因此，翅片根部的热应力很小，甚至在几千次热循环之后，仍然保持其接触面积大于 L 脚本身的面积。

KLM 翅片管是在两层高压油膜之间成型的。在显微镜下观察，光滑的翅片材料在成形过程中只产生变形，而光滑的表面和金相结构并未受到破坏。这一点对抗腐蚀、减少空气侧压降是有利的。通过在干式冷却塔中 20 余年的运转表明，经得起长期腐蚀。尽管在翅片管外缘有可能受到低温及潮湿的作用，但翅片仍然是光滑的。另外，将 KLM 翅片管放在 5% 的盐水水雾中经过 400h 的加速腐蚀试验，在翅片之间和翅片本身均无明显腐蚀。

在 KLM 翅片管上也有采取以下两种特殊防腐蚀措施的，其一是在翅片上涂一层聚氯脂，另一种方法是采用夹层型的复合铝带，覆盖层是一种含锌的铝，经过辊压进入纯铝基层。这两种特殊方法，都可以在绕片的同时进行。根据 20 多年的使用经验，效果都很好。

对于基管外径 1in 寸，翅管外径 2¼in 的翅片管，在 300℃时，翅片与管子的热膨胀量不大于 0.08mm。所以在高温下，不会因膨胀形成较高的空气热阻。

KLM 翅片的绕片工艺不受管子直径及其公差的影响，能保证沿管长翅片的 L 脚与管避完全紧密接触，甚至在翅片被偶然切断的情况下，其余翅片也不会松散。对 KLM 型翅片管和 L 型翅片管进行压裂试验结果表明，KLM 型比 L 型的结合力要大得多。

概括起来讲，KLM 翅片管的主要特点是：

(1)传热性能高，接触热阻小；

(2)翅片与管子接触面积大，贴合紧密、年靠、因此能保持其性能稳定；

(3)翅片根部抗大气腐蚀性能高；

(4)管束维修方便，制造容易。

9. 板片式翅片管

除了常用的椭圆套片管为矩形翅片外，近几年还出现了许多特殊的板片式翅片管，如光滑平板片，带孔(槽、缝)板片，凹槽板片以及矩形截面管波纹板片等约数十种，见图 2.4－13。由于板片形状及表面结构不同，传热系数差别亦很大，有些特殊形状的放热系数可比平板片高 50%～100%。谢泼德(Shepher)对管外径为 9.9mm、翅片密度为 1.2，2.0，2.8，3.5，4.3 片/cm，管间距从 19mm～51mm、翅高为 25，38，51mm、翅厚为 0.20，0.23，0.28mm 等 38 种平板铝翅片铜管进行试验后，得出的结论是：平板翅片要尽可能采用小的翅片间距，因为这样可以减少管排数，可降低设备成本。吉夫纳特(Gefnart)在谢泼德的基础上，对带孔(槽)的板片进行了试验，结论是：虽然平板上开孔(槽、缝)后的板片可以破坏热边界层，提高传热系数，但由于总传热面积减少，使总热负荷减小，得不偿失。但有人

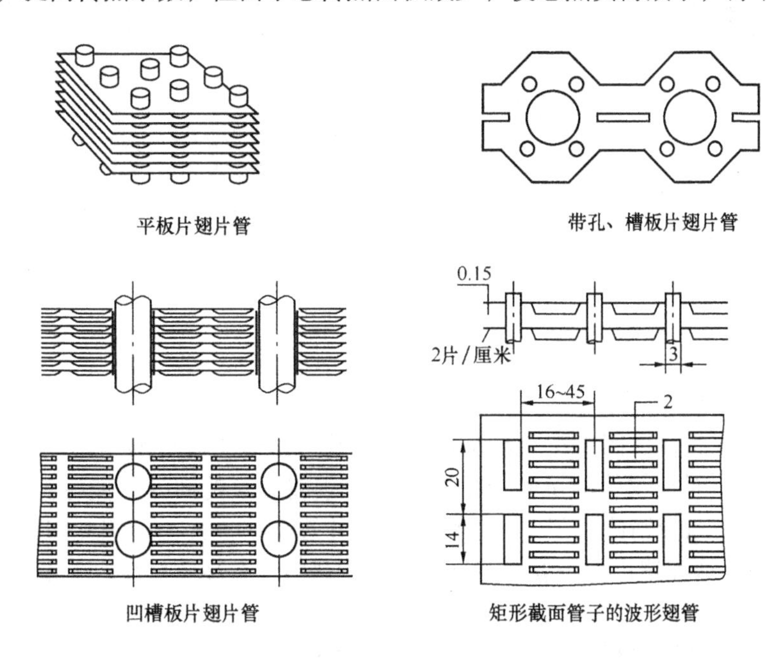

图 2.4－13 板片式翅片管

认为，他的实验只是在一排和两排的3.7翅片/cm的短管上试验的，还不足以定论。科瓦科斯(Kovaos)对一种厚度为0.15cm，14mm×3mm的矩形截面铜管套，以钢制凹槽(波形)式板片翅片试验证明，其放热系数可提高50%。佐朱尔雅(Zozulya)等人对一种套了5种形式的板片的19.5mm×10mm的印形翅片管进行了研究。实验结果表明，其放热系数均比光滑平板翅片高。最好的是板条式，约提高25%，但压降增大55%，若使压降相同，约提高3%~10%。

10. 紊流式翅片管

这一类翅片管形式很多，其共同点就是通过对翅片本身结构的改变，使空气流经翅片时产生扰流，破坏其边界层，以提高管外膜传热系数。在空冷器中应用较多的主要有以下几种：

(1) 径向开槽翅片管

这种翅片管是在翅片圆周上均匀地沿径向开出12~36个切口(槽)，一般为24个，切口分布的疏密程度为翅片高的度0.3~0.7，切口两边的翅片呈“八”字形交替向翅片管前后两端倾斜，见图2.4-14。由于切口破坏了气流的边界层，增加了湍流的作用，传热效率大为提高，一般讲管外侧给热系数可提高25%~50%，总传热系数可提高以上。其缺点是制造复杂，造价较高。

(2) 轮辐式翅片管

在上世纪60年代中期，由英国Wheelfin公司首先研究成功，见图2.4-15所示。其传热效率较光滑翅片管高，但空气压力降也加大。美国3417451号专利介绍了各种开孔的形式的制造方法。

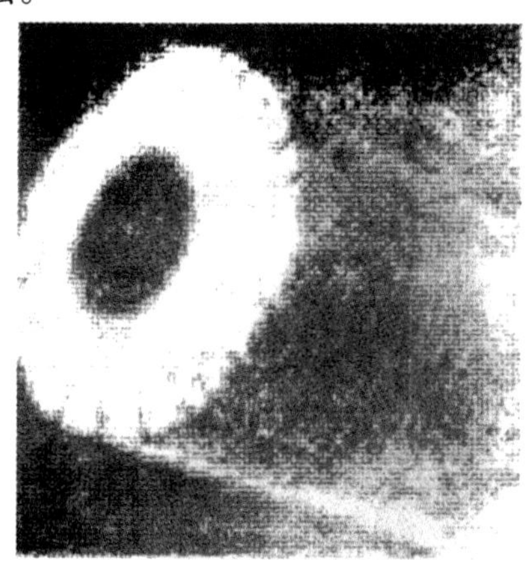

图2.4-14 开径向槽的翅片管

图2.4-15 轮辐式翅片管

(3) 波纹型翅片管

这种翅片管形式很多，图2.4-16为波纹型套片管。由于波纹的作用，可以强化传热，但是阻力都比较大。对波纹管的试验结果表明，由于在皱纹的凹处不能受到气流的直接冲刷，很容易结垢，且难以清除，阻力比一般L型绕片管高60%左右，因此翅片的波纹(或皱折)部分不宜过高。这种翅片管一般用在自然对流传热中，在高质量流速下不宜采用。

11. 内翅片管

对于单相换热，波纹管和内波外螺纹管主要用于油-油、油-水以及其他液-液换热。由于气体的普朗特数较小，光靠破坏边界层来强化传热是不够的，增加换热面积是更有效的方法。所以对于气体传热而言，选用翅化比大的翅片管效果更好。

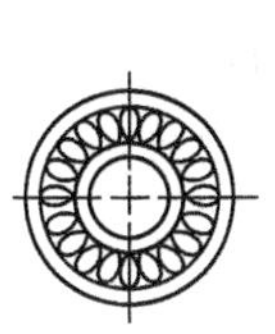
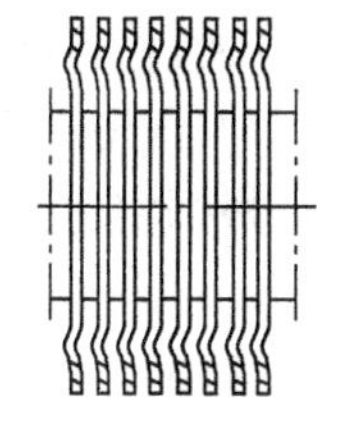

图 2.4－16　波纹型套片管

内翅片管是 1971 年首先由 A. E. 伯格利斯等[18]提出的，主要用来强化管内单相流体的给热。后来 T. C. Carnavos 进一步对不同内翅数目、翅片高度、翅片螺旋角度及不同管径的内翅管，分别用空气、水、50% 乙基乙二醇水溶液进行了系统的性能测试，并和相同内径的光滑管作了对比。

内翅片管的管子结构形式见图 2.4－17，为了避免生锈，管子材料全部采用 B10 黄铜管（含 Ni10%，Cu90%）。

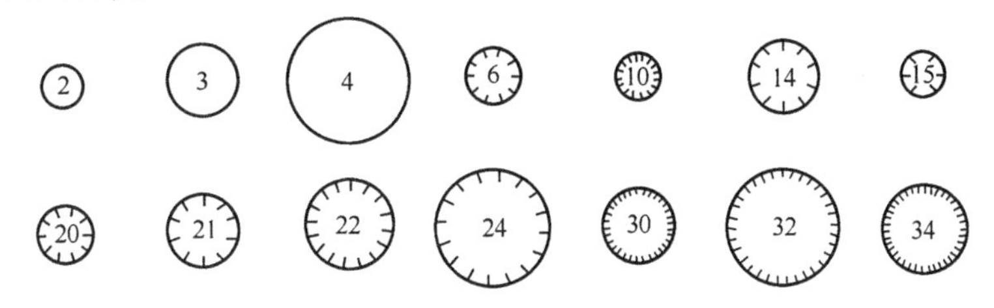

图 2.4－17　内翅片管的结构

翅片管效率 ϕ 定义为：

$$\phi = 1 - H(1 - \eta) \tag{4-1}$$

式中　H——翅片面积/实际传热面积；

η——翅片效率。

内翅片管效率 ϕ 值详见表 2.4－4。

表 2.4－4　内翅片管效率

管　号	相应于传热系数 h/[kcal/(m^2·h·℃)]的 ϕ 值		
	6882	9767	14，046
6	0.013	0.856	0.808
10	0.073	0.948	0.925
14	0.989	0.970	0.903
15	0.990	0.981	0.972
20	0.975	0.940	0.927
21	0.070	0.942	0.910
22	0.071	0.943	0.910
24	0.967	0.940	0.913
30	0.994	0.988	0.985
32	0.989	0.958	0.952
34	0.993	0.938	0.970

表中 h 是指内翅管的管内传热系数，在计算传热面积时要用翅片管效率进行校正。

内翅管的 Nu 数与摩擦系数 f 的计算：

卡内沃斯对上表 11 种内翅管（直翅和螺旋翅管）用空气、水、50%（质量）乙基乙二醇溶液做实验，并与前人的工作进行了对照，整理出了计算内翅管 Nu 数与摩擦系数 f 的公式。他提出的公式是在一般光滑管通用计算式的基础上，加上一考虑翅片管结构参数的修正因数，这样使用起来比较方便，式中的定性尺寸采用一般水力学定义的当量直径 D_e，流体的物性则按流体的进出口平均温度查取。

1）内翅管 Nu 准数的计算

根据实验数据可整理为：

$$Nu = 0.023Re^{0.8}Pr^{0.4}F \quad (4-2)$$

式中

$$F = (A_{fa}/A_{fc})^{0.1}(A_n/A_a)^{0.5}(\sec\alpha)^3$$

应用范围：$Re = 10^4 \sim 10^5$；$Pr = 0.7 \sim 30$；$\alpha = 0° \sim 30°$

公式误差：对水和乙基乙二醇溶液为 ±10%，对空气为 ±6%。

2）摩擦系数 f 的计算

根据内翅管压力降的数据。整理成为：

$$f = (0.046/Re^{0.2})F' \quad (4-3)$$

式中　$F' = (A_{fa}/A_{fc})^{0.5}(\sec\alpha)^{0.75}$

适用范围：

$$Re = 10^4 \sim 10^5; Pr = 0.7 \sim 30; \alpha = 0° \sim 30°$$

公式误差 ±10%，对空气，如采用 $F = (A_{fa}/A_{fc})^{0.5}(\cos\alpha)^{0.5}$；则误差为：±7%，但 α 角度最大为 20°。

3）内翅管的性能比较

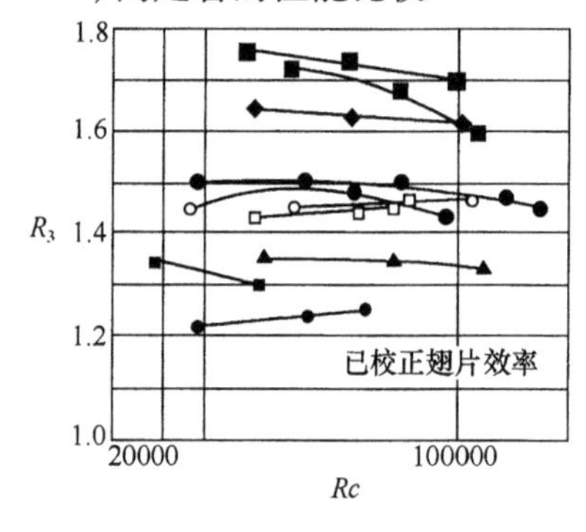

图 2.4－18　内翅片管 R_3 和 Re 的关系

A. E. 伯格利斯等提出，对强化传热管的性能应有一个比较标准，认为对某种管子用于换热器时，把每消耗单位功率的传热性能对相同内径光滑管的热流率之比作为衡量性能优劣的标准，并提出了参数 R_3。它表示在内径及功率均相同的情况下，某种管子较光滑管增加的热流率。

卡内沃斯对上述 11 种内翅管 R_3 与 Re 的关系整理成图 2.4－18 所示曲线，可以看出管号 32 与 34 性能最好。管号 32 的螺旋角 α 最大(30°)，两者的 A_a/A_n 都为 1.78，而 R_3 值也接近 1.87，其他管子如管号 30、22、21，虽然 A_a/A_n 值较管号 32 大些，但由于 α 角较小，所以性能都不如管号 32。

卡内沃斯发现，在 $\alpha > 30°$，$Re < 10^4$ 时，公式中 Re 数的指数会大于 0.8；螺旋翅片的角度 α 如果增大则 Re 值就增大，但由于没有系统地做过这方面的试验，他未给出具体意见。根据国内对螺旋槽纹管的试验结果[3]，认为角度 α 愈接近 90°，效果愈好。对强化单相流体的传热，适当结构的横槽纹管，其传热与流阻性能会比内螺旋翅片管及内直翅片管优越，但这种管子可配合表面多孔管或锯齿形翅片管使用，以强化管内流体的给热，而不致像扎槽管一样使管子表面产生槽纹，影响其他表面形式的加工。

三、相变传热使用的翅片管

有相变的传热包括液体沸腾与蒸气凝结两个过程。产生相变时都要吸收或放出大量潜热，对单位重量的流体而言，要求传递的热量比单相流体要大得多。例如蒸馏塔顶的冷凝器其热负荷比冷却器大很多倍；蒸馏塔底的重沸器其热负荷比一般无相变的加热器也要大很多倍。为了减小传热面积，提高单位面积热负荷，有必要考虑有相变传热的强化问题。特别是对有机化合物，例如烷烃及烯烃类、氟利昂类，其冷凝传热系数大约只有水蒸气的1/10；其沸腾传热系数只有水的1/3左右，往往成为冷凝器或蒸发器中的主要热阻，更有必要改善其传热状态。这样就促进了翅片管在相变传热过程中的应用[10]。

（一）有冷凝过程翅片管

1. 机理

制冷剂的壳程冷凝：表面张力公认是决定冷凝液膜厚度的主要作用力，这一机理为如何设计产生薄膜的表面和如何将冷凝液从换热表面移走提供了有效的研究思路。如 Termoexcel－c (Hitachi)型和 Trubo－v 型的换热都是用带倾斜角的翅片来保持薄的制冷剂液膜。

低翅管最理想的应用对象是管壳式换热器，它广泛应用于卧式冷凝器中，主要用作对表面张力较低的流体进行冷凝。

2. 低螺纹翅片管(低肋管)

(1) 结构

低螺纹翅片管是由厚壁管子通过3个呈品字形的滚轮滚压而成。翅片外径通常为5/8in、3/4in或1in，每in有19～25个翅片，翅为1/16in左右。1964年兰州石油机械研究所在我国首先用碳钢管轧制成低螺纹翅片管。

翅管的外表面积较相同外径的光滑管大2.5～4.8倍。管子两端没有翅片，这就使管子与管板的连接和普通管一样。

(2) 设计资料

美国卡洛米特－赫尔卡(Calumet and Helca)公司沃尔维赖纳管子分部(Wolv erine Tube Division)是国外研制螺纹翅片管较早厂家之一。该厂的工程资料手册比较详细地叙述了低翅管的传热设计及其应用准则，国内已有很多工厂能生产这种管子，并已用于冷冻机的冷凝器中。

西安交通大学热工教研室对国内冷冻机行业生产的几种管子的传热性能进行了系统的测定和比较，采用的试验介质为F－113及F－12。他们发现，这种翅片管的冷凝传热系数与单位面积热负荷的关系，比按一般努塞尔公式得出的1/3次方的关系要小一些；由贝蒂(Beaty)与卡茨(Ratz)提出的计算公式只适用于翅片间隙比较大或翅片比较高的情况。对低级管按公式计算的数值比实测的要低些，他们用相似理论提出了计算低翅管冷凝给热系数的公式，对F－113和F－12误差为±9%。

(3) 特点

在卧式冷凝器中采用低翅管来冷凝有机蒸汽，如氟利昂类及轻质油类等，具有两个优点：首先可以减少设备费用，如果管内冷却水流速在1m/s以上，冷凝传热系数较普通管可提高1倍以上。按公称直径计算传热面，低翅管只需普通管的1/2～1/2.5。其次可以节省操作费用，采用低翅管加热面可以延长清洗周期。

低翅管用来冷凝或冷却轻质油品很合适，可以长期有效地运行，但不能用来处理容易结焦的介质。在石油与石油化学工业中，管外结垢大致可分为两大类：一类是硬而脆的污垢，出现于冷凝轻的尾气或轻质油时；另一类是淤渣，存在于残油中，例如经常可在油脚换热器中发现这种污垢，或称为软垢。硬垢是逐渐增加的，它紧密地附着在低翅管的外表面上。在换热器启动、停车，以及冷却水随气温而变化时，使低翅管上的金属管和翅片像手风琴似的膨胀和收缩。翅片一移动，硬垢便从翅片上部分地脱落下来，所以低翅管抗硬垢能力强，能够长期地操作。对于软垢，当然不像硬垢那样容易脱落，但在同样条件下，低翅管的管壁温度总是高于光滑管。如用于冷却残油，不用担心液体由于黏度高而停滞于翅片间或相邻的管间，残油积垢所引起的主要问题是压力降的过分增大，而不是对传热的影响。但结焦的垢则难以脱落和清洗。

当用于单相流体的强化传热时，一般用于以壳程(管外)热阻为主的情况下。当壳程热阻为管程两倍以上时，使用低螺纹翅片管是合适的。特别对于渣油及油腊油等黏度大且有腐蚀而易结垢物料的换热，螺纹管具有较好的抗蚀抗垢能力，在炼油厂将有广阔的应用前景。

我国不少冷冻机制造厂采用螺纹管制作氟利昂冷凝器，也有用来作氟利昂蒸发器的。螺纹管一方面增大了传热面积，一方面对管外氟利昂的冷凝或沸腾具有一定的强化作用。但其冷凝效果不如锯齿形翅片管，用于蒸发则不如表面多孔管。

3. 锯齿形翅片管

(1) 结构

锯齿形翅片管又称为高热流冷凝管(日本商品名 THERMOEXCEL - C)，是 70 年代末期发展起来的一种强化冷凝的管子，其结构如图 2.4 - 19 用于冷凝的锯齿形翅片管。这种管子用于卧式冷凝器强化有机为汽的冷凝。

(2) 机理

对于一根水平的光滑管，蒸汽在管外冷凝时，在管子表面形成的冷凝液膜靠重力流向管子底部。因此愈靠近底部液膜愈厚，热阻也就越大。冷凝液聚集到一定厚度后开始滴落，见图 2.4 - 20(a)。当冷凝量和滴落量达到平衡时，就形成了稳定冷凝的情况。因此为了增进冷凝量就必须增加滴落量，也就是说，传热表面表必须有一个更适宜于滴蒸的结构。

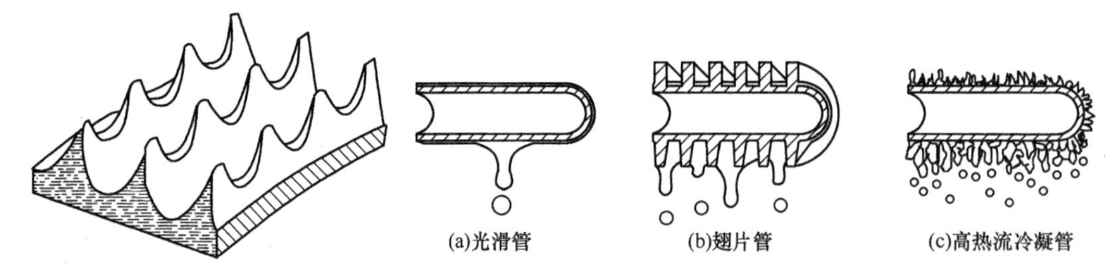

图 2.4 - 19 用于冷凝的锯齿形翅片管

图 2.4 - 20 高热流冷凝管的原理

与光滑管的平滑表面相比，低螺纹管对凝液的滴蒸有利，高热流冷凝管端部尖锐的锯齿形翅片具有更高的凝液滴落能力，见图 2.4 - 20(b)和(c)。由于在管子的下半部，凝液顺着翅片尖端更快滴落，可使高热流冷凝管翅片的液膜减薄，热阻减小，显著提高冷凝传热的效果。实验表明，冷凝效果依次为高热流冷凝管 > 低螺纹翅片管 > 光管。

(3) 性能

对单根水平高热流冷凝管用氟利昂 F - 11、F - 12、F - 13、F - 22 等进行试验表明，在温差为 2℃时，锯齿形翅片管的冷凝给热系数较光滑管要大 10 倍左右，较低螺纹翅片管要大 7 倍左右。

在日本日立电缆有限公司铜与铜合金制品部已将 Thermoexcel - C 管应用于空调机与冷冻机的冷凝器中。其冷凝效率和低螺纹翅片管相比提高了 30% 以上，即对同样的冷凝传热任务，高热流传热管的管子数量可减少 30% 以上，使冷凝器本身在尺寸和重量上也相应地减少。

还有，这种管子抗油污的能力也比较强，经过冷冻机长期操作证明，由压缩机带来的油污染对高热流冷凝管的传热性能基本上没有什么影响。

4. 花瓣形翅片管

近年来国内研制了花瓣形翅片管[11]。其结构如图 2.4－21 所示，测试和使用效果令人满意。

实验研究了工质 R113 在水平锯齿形管和花瓣形管上的冷凝传热。结果表明，在自然对流条件下，花瓣形翅片管的单管冷凝传系数比锯齿形翅片管提高了 8%～10%。对工质 R113，花瓣形翅片管上的冷凝传热系数是光滑管的20倍左右；对工质 R11，花瓣形翅片管上的冷凝传热系数是光滑管的 14 倍左右。

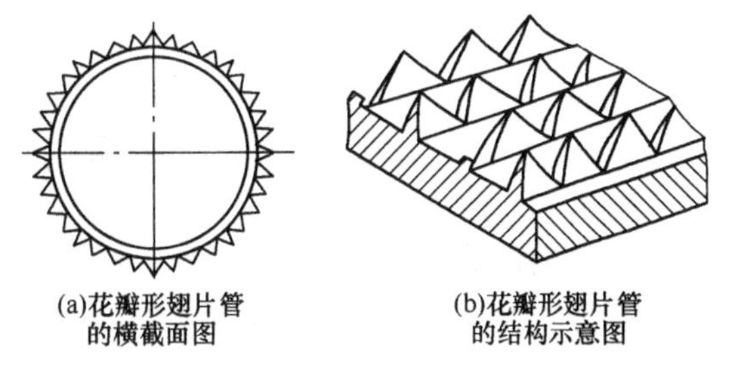

图 2.4－21　花瓣形翅片管

其冷凝机理是：

（1）对比光滑管，增大了冷凝传热的表面积，花瓣形翅片管的肋化系数是光滑管的 2.5 倍左右。

（2）特殊的三维翅片结构使其能充分发挥冷凝液表面张力的作用，冷凝液能迅速从翅片顶部流向翅片根部，并在重力的作用下从管底排出，同时冷凝液在排液点处的滞流角较小。

花瓣形翅片管在纵向冲刷条件下的冷凝换热实验表明，由于翅片管既能充分发挥冷凝液表面张力的作用，又能干扰汽液两相流态，增加了边界层的湍流，因而对强化纵向冲刷具有明显的效果，其平均冷凝传热系数是光滑管的 11～18 倍。

（二）有沸腾过程的翅片管

1. 机理

沸腾主要有核态沸腾、对流蒸发及膜态沸腾 3 种形式[12]。核态沸腾和膜态沸腾通常与表面条件有关，如金属特性、表面粗糙度及表面的化学性质等。有几种类型的粗糙表面可减少壁面的过热度，增加临界热流密度。

对核态沸腾的强化常采用表面处理，改造表面粗糙度，如在光管上加一层膜，或将表面变形处理成带细小通道或小孔的表面。典型的结构表面是强化表面空腔——在管表面按一定尺寸加工一些临界尺寸范围的小孔或空腔、空腔间相内连及凹形核座。整体粗糙面强化沸腾过程的表面有 3 种商用类型：Trane（特灵）普通翅片、Hitachi（日立）锯齿状翅片、Thermoexcel－E（图 2.4－22）和 Weiland T 型翅片。相关内容参见文献［12］。

2. T 形翅片管

这是由德国维兰德－沃克公司开发出来的，用于强化液体沸腾传热的一种管子，其纵向剖面如图 2.4－23 所示。管子纵剖面呈 T 形，故称 T 形翅片管。国外称 GEWA－T 管。两 T 翅片间为一螺旋通道，通道上面留有约 0.25mm 的间隙，与外面相通，加工后翅片管表面的粗糙度为 1～4μm，故看上去仍然是光滑的。如翅片管内径为 14.1mm，翅径为 18.1mm，根径为 15.9mm，则肋化系数可达 3.18。T 形翅片管有效温差可以低到 0.25℃，在很低的温差下均能维持沸腾，可以大大减少有效能损失。

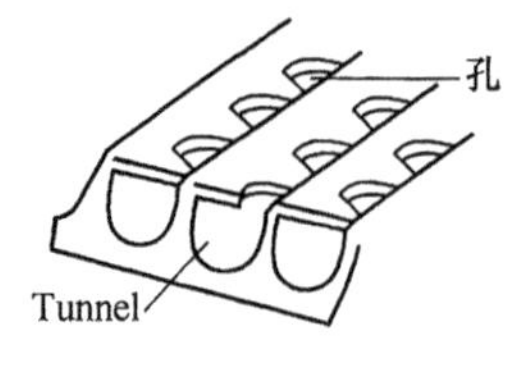

图 2.4-22 Thermoexcel-E 结构

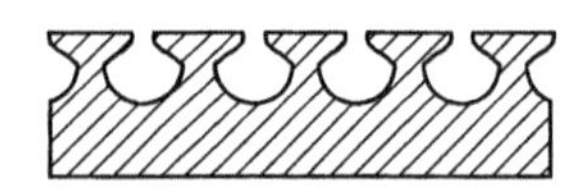

图 2.4-23 T形翅片管

第三节 流动、传热特性与设计

一、传热计算

本部分重在介绍换热器的常用参数及对设计方法的整理，强调系统性。对一些细节的参数，和更详细的讲解，请参见文献[12，13，14]。

(一) 传热量的计算

翅片管的传热包括直接通过管壁(一次换热面)和通过翅片(二次换热面)两个途径。

传热量的计算可由以下传热基本方程式求得:

$$Q = K_o F_o \Delta t_m = K_t F_t \Delta t_m, W \tag{4-4}$$

式中 F_t、F_o——分别为翅片管外表面积、翅片管光管外表面积，m^2；

K_t、K_o——分别相应于以翅片管外表面积及翅片管光管外表面积为基准的传热系数，$W/(m^2 \cdot ℃)$；

Δt_m——平均温差,℃。对数平均温差的计算方法同前，但对于空冷器，高翅时的平均温差计算需要修正。

(二)传热系数的计算

1. 干工况时传热系数的计算

当翅片管式换热器用于加热空气或冷却空气，但不产生凝结水时，这种过程称为干工况(等湿加热或等湿冷却过程)。如翅片管式换热器两侧均为液体，无论有无相变，其传热系数或传热膜系数均可按干工况计算。

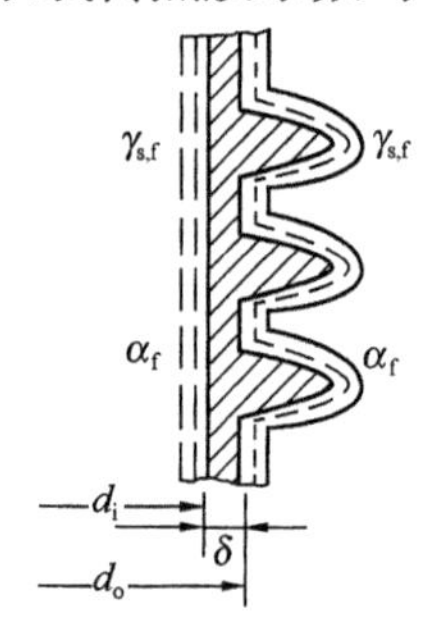

图 2.4-24 单层翅片壁面

根据传热学的原理，在假设壁面温度及传热系数一致且不变的条件下和考虑到翅片表面使传热面积增加，可导出以下计算传热系数的公式:

(1) 单层翅片管

如图 2.4-24 以光管外表面积为基准时

$$\frac{1}{K_o} = \frac{1}{\alpha_i}\frac{F_o}{F_i} + r_{s,i}\frac{F_o}{F_i} + \frac{\delta}{\lambda}\frac{F_o}{F_m} + r_{f,o} + r_{s,f}\frac{F_o}{F_f} + \frac{1}{\alpha_f}\frac{F_o}{F_f} \tag{4-5}$$

以翅片管外表面(此外表面包括翅片面积及无翅部分的面积)为基准时

$$\frac{1}{K_f} = \frac{1}{\alpha_i}\frac{F_f}{F_i} + r_{s,i}\frac{F_f}{F_i} + \frac{\delta}{\lambda}\frac{F_f}{F_m} + r_{f,f} + r_{s,f} + \frac{1}{\alpha_f} \tag{4-6}$$

式中 K_o、K_f——分别为以光管外表面积及翅片管外表面积为基准的传热系数，$W/(m^2 \cdot ℃)$；

α_i、α_f——分别以光管内表面积及翅片管外表面积为基准时管内侧及管外侧传热系数，W/(m^2·℃)；

F_o、F、F_f——分别为光管外表面积、光管内表面积及翅片管外表面积，m^2；

F_m——管壁的对数平均表面积，m^2；$F_m=(F_o-F_i)/\ln(F_o/F_i)$；

δ——翅片管的光管部分的管壁厚，m；

λ——管材的导热系数，W/(m·℃)；

$r_{f,o}$、$r_{f,f}$——分别为以光管外表面积及翅片管外表面积为基准的翅片热阻，m^2·℃/W；

$r_{s,f}$、$r'_{s,i}$——分别为以翅片管外表面积及光管内表面积为基准的外侧及内侧垢阻，m^2·C/W。

（2）复合翅片管

复合翅片管是指翅片与基管为不同种材料的翅片管，如图2.4－25所示即为复合翅片管。以光管外表面积为基准时：

$$\frac{1}{K_o}=\frac{1}{\alpha_i}\frac{F_o}{F_i}+r_{s,i}\frac{F_o}{F_i}+\frac{\delta}{\lambda}\frac{F_o}{F_m}+\frac{\delta_t}{\lambda_t}\frac{F_o}{F_{fm}}+r_{c,o}+r_{f,o}+r_{s,f}\frac{F_o}{F_t}+\frac{1}{\alpha_f}\frac{F_o}{F_t} \tag{4-7}$$

以翅片管外表面为基准时：

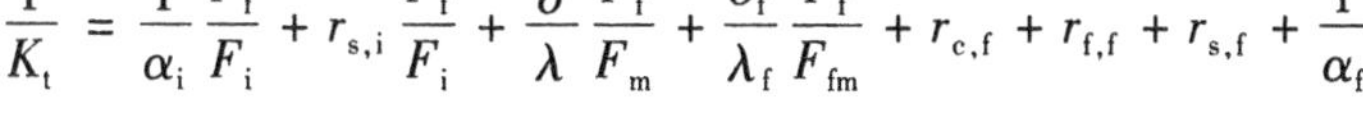

$$\frac{1}{K_t}=\frac{1}{\alpha_i}\frac{F_f}{F_i}+r_{s,i}\frac{F_f}{F_i}+\frac{\delta}{\lambda}\frac{F_f}{F_m}+\frac{\delta_f}{\lambda_f}\frac{F_f}{F_{fm}}+r_{c,f}+r_{f,f}+r_{s,f}+\frac{1}{\alpha_f} \tag{4-8}$$

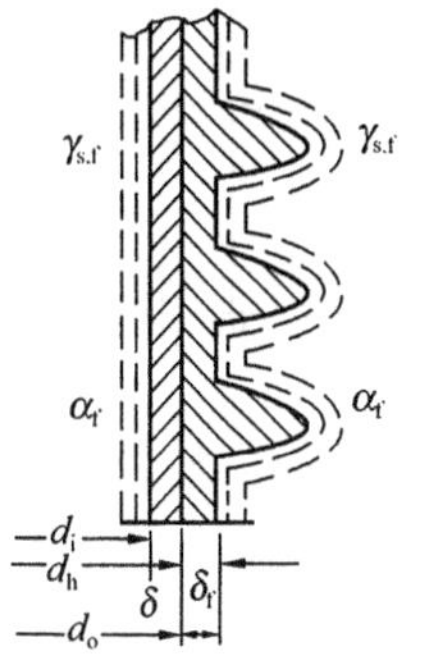

图2.4－25　复合翅片管

式中　δ_t、δ——分别为外套的翅片管壁厚及基管厚，m；

λ_t、λ——分别为外套翅片管及基管热导率，W/(m·℃)；

$F_{f,m}$——外套翅片管的对数平均面积，m^2；

$$F_{f,m}=(F_b-F_i)/\ln(F_b/F_i)$$

F_b——以外套翅片管翅根处直径为基准的管表面积，m^2；

$r_{c,o}$、$r_{c,f}$——分别为以光管（在此即为基管）外表面积及翅片管外表面积为基准的接触热阻，m^2·℃/W；

$r_{f,o}$、$r_{f,f}$——分别为以光管外表面积及翅片管外表面积为基准的翅片热阻，m^2·℃/W。

工程上一般都以光管外表面积为基准计算传热系数。在设计最初阶段，常常要先求得一个传热面积的大概数据，这就需要先选用一个近似的传热系数值，数值可查取相关传热系数经验值表；污垢热阻值也可查取相关表格。

翅片热阻的计算式根据传热学原理可得出：

$$r_{f,f}=\left(\frac{1}{a_f}+r_{s,f}\right)\left(\frac{1-\eta_f}{\eta_f+(F'_b/F'_f)}\right) \tag{4-9}$$

式中　F'_b——以翅片根部直径为基准的无翅片部分表面积，m^2；

F'_f——外翅管上翅片的表面积，m^2；

η_f——翅片效率，其值随翅片形式、几何尺寸及传热系数而异。

图2.4－26为国产两种等厚度环形翅片（高、低翅）的η_f值。

表 2.4-5 国产绕片式翅片管接触热阻(以基管外表面积为基准)

管内流体温度 t_r/℃	接触(间隙)热阻 r_c/($m^2 \cdot$℃/W)	占总热阻百分数/%
≤100	≤0.00007	忽略
100~200	0.00009~0.00017	10
200~300		20~30(应改用别的形式翅片管)

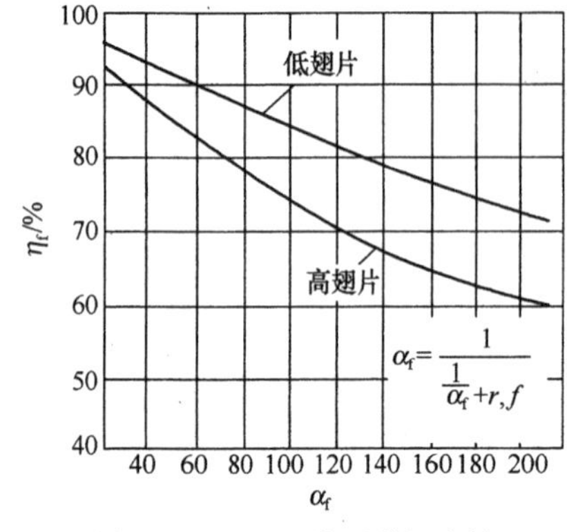

图 2.4-26 两种环形翅片的翅片效率值 η_f

翅片管中存在的接触热阻其测定或计算都很困难。文献[10]综合分析了国内绕片式翅片管的接触(间隙)热阻，请见表 2.4-5。

式(4-5)~式(4-9)只适用于通常所遇到的外翅情况。在有内翅或内、外翅时，读者可根据传热学原理仿效以上各式推得计算式，或参阅相关文献。

对于一些已定型的翅片管式热交换器，可用简单的关系式来计算其传热系数，如以热水为热媒的空气加热器：

$$K_f = c(\mu\rho)^m w^n \tag{4-10}$$

以蒸汽为热媒的空气加热器：

$$K_f = c(\mu\rho)^m w^n \tag{4-11}$$

式中 w——管内水流速，m/s；

$\mu\rho$——通过换热器管窄截面上的质量流速，kg/($m^2 \cdot$ s)

式中系数 c 及指数 m，n 均由实验确定。

(3) 外螺纹管束

对于 F_f/F_l=3~4.5 的外螺纹管束，螺纹管外对流换热时

$$\alpha_o = \Phi_1 j_s \frac{\lambda}{d_e}\left(\frac{c_p\mu}{\lambda}\right)^{1/3}\left(\frac{\mu}{\mu_w}\right)^{0.14} \tag{4-12}$$

式中

$$d_e = \frac{\text{两翅中心线间翅片管总投影面积}}{\text{翅中心距}} \tag{4-13}$$

Φ_1——壳方管束排列校正系数，见表 2.4-6。

表 2.4-6 校正系数 Φ_1

排列形式	四方顺列 S_t/d_t=1.25	四方顺列 S_t/d_t=1.33	三角错列 S_t/d_t=1.25
Φ_1 值	0.90	0.80	1.00

表中：S_t——管心距，m；d_t——螺纹管外径，m。

传热因子 j_s 与 Re 的关系示于图 2.4-27，其中，

M_s——壳程流量，kg/s；

a_g——平均流通面积，m^2；

$$Re = \frac{d_e G_s}{\mu}, G_g = M_s/a_g, \text{kg/}(m^2 \cdot s)。$$

弓形折流板时；

$$a_g = \sqrt{a_b a'_c} \tag{4-14}$$

式中　a_b——弓形缺口中自由流通的截面积；

$$a_b = k_1 D_s^2 - n_4 \frac{\pi}{4} d_f^2 \tag{4-15}$$

k_1——系数，查表2.4-7k_1，k_2 值；

n_4——在一个折流板圆缺部分中的管数，但在折流板端的管按其截面积比进行计算。

a'_c——两折流板间靠近壳内径处自由流通截面积；

$$a'_c = \frac{2l_{se}a_{ce} + l_s a_c (N_b - 1)}{2l_{se} + (N_b - 1) l_s} \tag{4-16}$$

$$a_c = l_s (D'_s - n_3 d_e) \tag{4-17}$$

$$a_{ce} = l_{se} (D'_s - n_3 d_e) \tag{4-18}$$

n_3——最靠近壳体中心的管排的管数；

D'_s——最接近换热器中心的管壳的壳内径；

l_s、l_{se}——示于图2.4-28，为中间折流板间距与端部折流板间距。

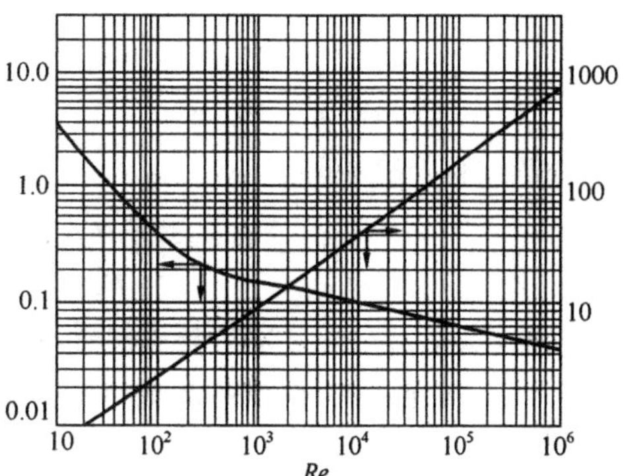

图2.4-27　外螺纹管束的j_s及f_s与Re的关系

管外压力损失可按下式计算：

$$\Delta p = 1.57\left(\frac{N_b + 1}{\rho}\right)\left(\frac{G_c}{10^4}\right)^2 \left[f_s n_1 \left(\frac{\mu_w}{\mu}\right)^{0.14} + 0.542\left(\frac{a_c}{a_b}\right)^2\right], \text{Pa} \tag{4-19}$$

式中　n_1——从一折流板圆缺面积中心到下一折流板圆缺面积中心之间流体通过之管排数；

$n_1 = k_2 D_2 / s'$

s'——顺流向的管心距，m；

D_s——壳内径，m；

k_2——由表2.4-7可得；

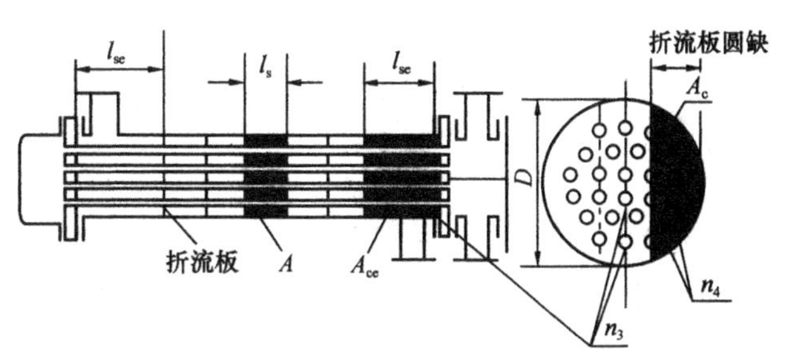

图2.4-28　低肋螺纹管式换热器简图

表2.4-7　k_1，k_2 值

折流板缺口高	$0.25D_s$	$0.30D_s$	$0.35D_s$	$0.40D_s$	$0.45D_s$
k_1	0.154	0.198	0.245	0.293	0.343
k_2	0.705	0.647	0.593	0.538	0.482

N_b——折流板数；

f_s——由图 2.4-27 得；

Re——以质量速度 G_c 为基准的雷诺数，可由下式求得：

$$Re = \frac{d_e G_c}{\mu} \tag{4-20}$$

G_c——基于面积 a'_c 之质量速度，由下式求得：

$$G_c = \frac{G_s}{a'_c} \tag{4-21}$$

ρ——流体密度，kg/m^3。

外螺纹管外冷凝时

$$a_o = 0.716\left[\frac{\lambda_1^3 \rho_1^3 g}{\mu_1^2}\right]^{1/3}\left(\frac{F_o}{d_e}\right)^{-1/3}\left(\frac{\Gamma}{\mu_1}\right)^{-1/3}, W/(m^2 \cdot ℃) \tag{4-22}$$

式中　λ_1、μ_1、ρ_1——分别为凝液热导率、动力黏度及密度(kg/m^3)；

F_o——光管外表面面积，m^2；

Γ——冷凝负荷，$\Gamma = \frac{M}{lN}$，$kg/(m \cdot s)$；

M——冷凝量，kg/s；

l——管长，m；

N——传热管总根数；

d_e——在冷凝传热中当量直径，m；

$$\left(\frac{1}{d_e}\right)^{1/4} = \frac{0.943}{0.725}\eta_f\left(\frac{F'_f}{F_o}\right)\left(\frac{d_f}{a_f}\right)^{1/4} + \frac{F'_r}{F'_f}\left(\frac{1}{d_r}\right)^{1/4} \tag{4-23}$$

d_f——翅片外径，m；

d_r——翅根直径，m；

a_f——每个翅片的侧表面积；

F'_f、F'_r 含义同。

2. 湿工况时的传热系数

湿工况，又称减湿冷却过程。在空调系统中，当湿空气外掠翅片管束时，由于表冷器外表面温度低于湿空气的露点温度，则空气不但被冷却，且其中所含的水蒸气也将部分地凝结出来，并在翅片上形成水膜，这种工况就是湿工况。这种情况下被处理空气与表冷器之间不但发生显热交换，且有质交换和由此引起的潜热交换。其管外传热系数比干式空冷器提高 1~3 倍。相关计算可参看空调工程的文献[15]。

（三）翅片效率的计算

翅片效率是衡量翅片传热有效程度的指标。从翅片传热量的大小出发，通常有两种形式的翅片效率定义式，分别为：

$$\eta_f = \frac{\text{翅片效率的实际传热量 } Q}{\text{整个翅片表面均处于翅基温度时的传热量 } Q_0} \tag{4-24}$$

$$\phi_f = \frac{\text{翅片效率的实际传热量 } Q}{\text{无翅时(翅根面积)的传热量 } Q_0} \tag{4-25}$$

实际应用中，更多采用的是 η_f。例如，在翅片管式换热器的强化传热研究中，求出 η_f

就能正确的分离出翅片表面的平均传热系数 h_0，这对各种高效换热翅片表面的传热性能分析具有重要意义。此外，η_f 也是评价翅片集合形状及尺寸设计得是否合理的标准之一。在工程应用中，求出 η_f 后，计算出翅片的实际传热量 Q，即

$$Q = Q_0\eta_f \tag{4-26}$$

翅片表面的实际传热量可以认为是整个翅片表面处于其平均温度 t_m 时的传热量，因此，可以把式(4-24)表示为：

$$\eta_f = \frac{hF(t_m - t_f)}{hF(t_0 - t_f)} = \frac{\theta_m}{\theta_0} \tag{4-27}$$

式中　h——翅片表面与流体间的对流传热系数，W/(m^2·℃)；

F——翅片表面积，m^2；

θ_m、θ_0——以流体温度为基准的平均过余温度和翅基过余温度,℃。

由于 $|\theta_m/\theta_0| \leqslant 1$，可见 η_f 总是小于 1 的。对于几何形状简单的翅片，可以通过理论分析推导出 η_f 的计算式。几何形状复杂的翅片，可以利用数值计算方法求出翅片表面平均温度 t_m，再利用式(4-27)计算出 η_f。

1. 等截面直翅的传热计算及翅片效率

设置在平直基面或近乎平直的基面上的翅片称为直翅，如图 2.4-29 所示为直翅(纵向翅片管)和直翅组成的换热器剖面示意图。

直翅分为等截面直翅和变截面直翅。垂直于导热热流方向上的截面积保持不变的直翅称为等截面直翅，否则为变截面直翅。

取图 2.4-29 中的一块矩形等截面直翅来分析，几何尺寸已标注在图 2.4-30 中。建立微分方程及其定解条件的前提假设为：

图 2.4-29　纵向翅片管组成的换热器

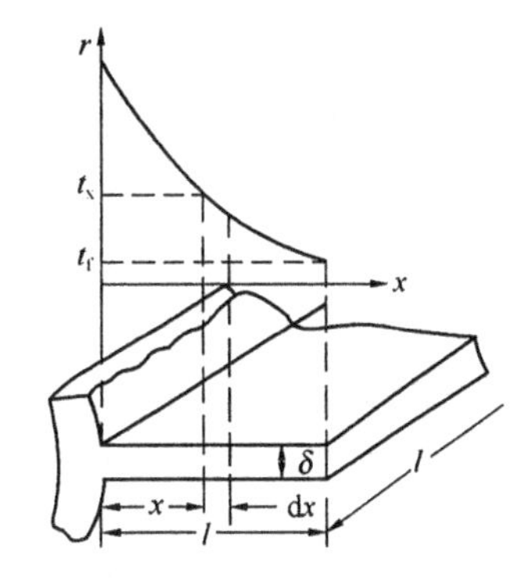

图 2.4-30　单块矩形截面直翅片

①翅片材料的热导率 λ 等于常数；

②翅片厚度 δ 远小于翅高 l 和翅宽 L；

③翅基温度 t_0、翅周围介质温度 t_f、翅表面与周围介质间的对流传热系数 h 均为常数；

④翅基绝热。

在上述前提条件下，经传热学的推导可建立如下导热微分方程式：

$$\frac{d^2\theta}{dx^2} = m^2\theta \tag{4-28}$$

边界条件为：

$$x = 0,\quad \theta = t_0 - t_f = \theta_0 \tag{4-29}$$

$$x = 1, \quad d\theta/dx = 0 \tag{4-30}$$

参数 m 的定义为：

$$m = \sqrt{\frac{hU}{\lambda f}} \frac{1}{m}$$

式中 θ——以 t_f 为基准的过余温度，$\theta = t - t_f$，℃；

f——翅片横截面积，$f = \delta L$，m^2；

U——翅片横截面周长，m。

微分方程式结合边界条件，解得温度分布为：

$$\theta = \theta_0 \frac{ch[m(l-x)]}{cm(ml)} \tag{4-31}$$

传热量 Q

$$Q = -\lambda f\left(\frac{d\theta}{dx}\right)_{x=0} = \lambda f m \theta_0 th(ml) \tag{4-32}$$

如前提条件④为翅端通过对流换热，则边界条件式(4-32)可改写为：

$$x = l, \quad -\lambda f\left(\frac{d\theta}{dx}\right)_{x=1} = hf\theta_1 \tag{4-33}$$

式中，$\theta_1 = t_1 - t_f$，t_1 为翅端温度。

微分方程式结合边界条件式(4-29)和式(4-33)，仍可解得温度分布：

$$\theta = \theta_0 \frac{ch[m(l-x)] + \frac{h}{\lambda m} sh[m(l-x)]}{ch(ml) + \frac{h}{\lambda m} sh(ml)} \tag{4-34}$$

传热量为：

$$Q = \lambda f \theta_0 m \frac{th(ml) + \frac{h}{\lambda m}}{1 + \frac{h}{\lambda m} th(ml)} \tag{4-35}$$

实际计算中，用修正长度 $l' = l + \delta/2$ 代替式(4-31)和式(4-32)中的 l，可求得足够精确的解，避免了采用式(4-33)和式(4-34)的复杂计算。

应该指出，上述分析中翅片温度场近似认为是一维的。对大多数实际应用的翅片，当满足毕渥数 $B_i = (h\delta)/(2\lambda) \leqslant 0.025$ 时，这种近似分析引起的误差不大于1%。但是，当翅片为短厚翅片，不满足前提条件②时，则必须考虑沿翅片厚度方向的温度变化，即翅片内部的温度场是二维的。在这种情况下，上述计算公式已不适用。此外，在分析中假定对流传热系数 h 为常数，如果 h 在整个翅片表面上出现严重的不均匀，应用上述公式也会带来较大的误差。此时，问题的求解可以采用数值计算方法。

由 η_f 的定义式(4-24)，可求得：

$$\eta_f = \frac{Q}{Q_0} = \frac{\lambda f m \theta_0 th(ml)}{hUl\theta_0} = \frac{th(ml)}{ml} \tag{4-36}$$

2. 变截面直翅的传热计算及翅片效率

等截面翅片的优点是制造简单，但从传热及节省材料的角度看就不够合理。由于翅片表面积与周围流体间不断换热，导热从翅基到翅端各截面的导热量不断变化。若翅片是等截面翅片，则导热热流密度沿翅高方向变化；若维持导热热流密度不变，则翅片的横截面积应随翅高方向变化，制成收缩形截面，这样可以减少质量，节约金属材料。理论分析证实，翅片的最佳形状应是以两条抛物线或圆弧为界的厚度逐渐缩小的形状(此即为翅片纵截面形状)。实用中，为加工简单起见，常制成三角形或梯形截面形状，这种形状已和最佳截面形状接近。以下就以梯形或三角形截面形状来分析。

(1) 变截面传热计算

梯形变截面直翅如图 2.4 - 31 所示。

前提条件与等截面直翅相同。其导热微分方程式为：

$$\frac{d^2\theta}{dx^2}+\frac{1}{x}\frac{d\theta}{dx}=\frac{hU\theta}{2lx\tan\varphi} \qquad (4-37)$$

令

$$\beta=\frac{hU}{2l\lambda\tan\phi} \qquad (4-38)$$

则

$$\frac{d^2\theta}{dx^2}+\frac{1}{x}\frac{d\theta}{dx}-\beta\frac{\theta}{x}=0 \qquad (4-39)$$

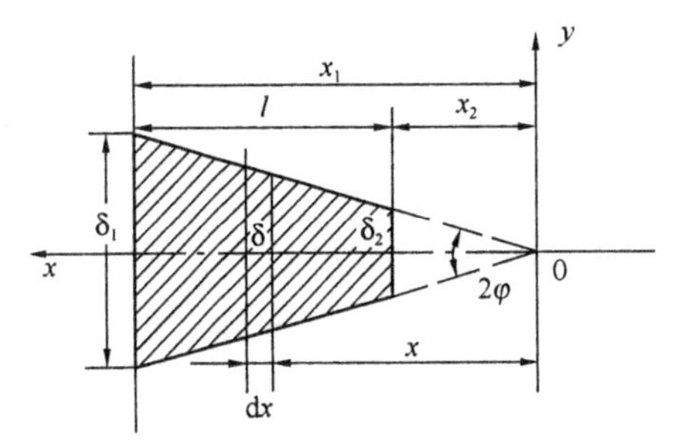

图 2.4 - 31　梯形和三角形截面直翅

一般地，$l\gg\delta$，$U\approx 2l$，且 $\tan\phi=\delta_1/(2x_0)$，$\beta=(2hx_1)/(\lambda\delta_1)$。式(4 - 37)的通解形式是：

$$\theta=C_1J_0(2\sqrt{\beta X})=C_2K_0(2\sqrt{\beta X}) \qquad (4-40)$$

式中，J_0 和 K_0 代表虚变量的贝塞尔函数，见相关数学手册。

在忽略翅片端部($x=x_2$)换热时，温度分布为：

$$\theta=\theta_0\frac{J_0(2\sqrt{\beta x})K_1(2\sqrt{\beta x})+J_1(2\sqrt{\beta x})K_0(2\sqrt{\beta x})}{J_0(2\sqrt{\beta x_1})K_1(2\sqrt{\beta x_2})+J_2(2\sqrt{\beta x_2})K_0(2\sqrt{\beta x_1})} \qquad (4-41)$$

传热量为：

$$Q=\frac{2hx_1L\theta_0}{\sqrt{\beta X_1}}=\frac{J_1(2\sqrt{\beta x_1})K_1(2\sqrt{\beta x_2})-J_1(2\sqrt{\beta x_2})K_1(2\sqrt{\beta x_1})}{J_0(2\sqrt{\beta x_1})K_1(2\sqrt{\beta x_2})+J_1(2\sqrt{\beta x_2})K_0(2\sqrt{\beta x_1})} \qquad (4-42)$$

对于三角形截面直翅，$x_1=1$，$x_2=0$，忽略翅片端换热时(此时翅片端部换热面积为 0，因此不存在翅片端部换热)。上述两式可分别简化为为：

$$\theta=\theta_0\frac{J_0(2\sqrt{\beta x})}{J_0(2\sqrt{\beta l})} \qquad (4-43)$$

$$Q=\frac{2lhL\theta_1}{\sqrt{\beta l}}\frac{J_1(2\sqrt{\beta l})}{J_0(2\sqrt{\beta l})} \qquad (4-44)$$

对于梯形变截面面积，仍可利用修正长度 $l'=\delta_2/2$ 代替 l 计算，以考虑翅片端部对流换热的影响。

(2) 变截面翅片效率

忽略纵截面面积，变截面直翅表面均处于翅基温度 t_0 之下的理想换热量 Q_0 为：

$$Q=\frac{2h\theta_0lL}{\cos\varphi} \qquad (4-45)$$

由于 ϕ 很小，可以认为 $\cos\phi\approx1$，此时：

$$Q_0=2h\theta_0lL \qquad (4-46)$$

将式(4-42)、式(4-46)代入式(4-34)，可得梯形截面直翅效率：

$$\eta_f = \frac{x_1}{l\sqrt{\beta x_1}} \frac{J_1(2\sqrt{\beta x_1})K_1(2\sqrt{\beta x_2}) - J_1(2\sqrt{\beta x_2})K_0(2\sqrt{\beta x_2})}{J_0(2\sqrt{\beta x_1})K_1(2\sqrt{\beta x_2}) + J_1(2\sqrt{\beta x_2})K_0(2\sqrt{\beta x_1})} \tag{4-47}$$

将式(4-45)、式(4-46)代入式(4-24)，可得三角形截面直翅效率：

$$\eta_f = \frac{1}{\sqrt{\beta l}} \frac{J_1(2\sqrt{\beta l})}{J_0(2\sqrt{\beta l})} \tag{4-48}$$

Gardner 已将各种翅片效率的计算公式描绘成线图。图 2.4-34 是各种直翅的翅片效率图。

3. 等厚度环翅的传热计算与翅片效率

(1) 圆翅的传热计算

等厚度圆翅属于环翅的类型之一，是换热器中常见的翅片形式，一半的组合为圆管-圆开翅片，如图 2.4-32 所示。

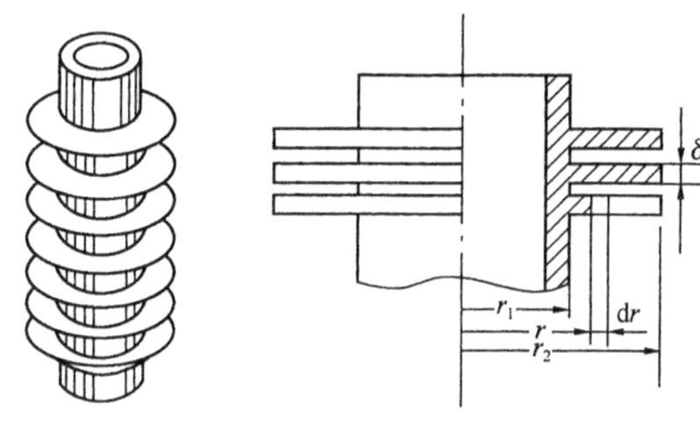

图 2.4-32 等厚度圆翅

对等厚度圆翅的传热分析本质上和直翅是一样的，只是圆翅的导热面积是随半径而变化的。取坐标系如图 2.4-32 右侧图所示，与热流密度相垂直的导热面积可以写为：$f = 2\pi r\delta$，周长可写为：$U = 4\pi r$

类似于式(4-39)，以 r 代替 x，则得到导热微分方程式为

$$\frac{d^2\theta}{dr^2} + \frac{1}{r}\frac{d\theta}{dr} - m^2\theta = 0 \tag{4-49}$$

式中，$m = \sqrt{\frac{2h}{\lambda\delta}}$。

式(4-49)相应的边界条件为：

$$r = r_1, \theta = t_0 - t_r, r = r_2, \frac{d\theta}{dr} = 0 \tag{4-50}$$

微分方程式结合边界条件，解得温度分布为：

$$\theta = \theta_0 \frac{J_0(mr)K_1(mr_2) + J_1(mr_2)K_2(mr)}{J_0(mr_1)K_1(mr_2) + J_1(mr_2)K_0(mr_1)} \tag{4-51}$$

传热量为：

$$Q = 2\pi r_1 \lambda\delta m\theta_0 \frac{J_1(mr_2)K_1(mr_1) - J_1(2mr_1)K_1(mr_2)}{J_0(mr_1)K_1(mr_2) + J_1(mr_2)K_0(mr_1)} \tag{4-52}$$

实际计算中仍可用修正外半径 $r' = r_2 + \delta/2$ 代替式(4-51)和式(4-52)中的 r'_2，以减少忽略翅端面换热引起的误差。以上各式中的 J_0、J_1、K_0、K_1 均为括号内虚变量的贝塞尔函数。

(2) 圆翅的翅片效率

对圆管-等厚度圆翅，翅片表面处于翅基温度下的理想传热量为：

$$Q_0 = 2\pi h(r_2^2 - r_1^2)\theta_0 \tag{4-53}$$

将 Q_0 和由式(4-53)表达的实际传热量代入式(4-24)，可得翅片效率计算式：

$$\eta_f = \frac{2}{ml(1+r_2/r_1)} \frac{J_1(mr_2)K_1(mr_1) - J_1(mr_1)K_1(mr_2)}{J_0(mr_1)K_1(mr_2) + J_1(mr_2)K_0(mr_1)} \tag{4-54}$$

式中，$l=r_2-r_1$，为翅片高度。

直翅的翅片效率见图2.4－34。

各种变厚度圆翅的效率计算式均可通过类似的推导获得，更详细的分析可见相关参考文献。图2.4－35和图2.4－36分别为径向矩形截面（等厚度）圆翅和径向三角形截面圆翅的翅片效率图。

(3)等厚度正方形环翅的翅片效率

图2.4－33是等厚度正方形环翅的示意图。它的温度分布及传热量均可求得分析解，但计算十分繁琐。

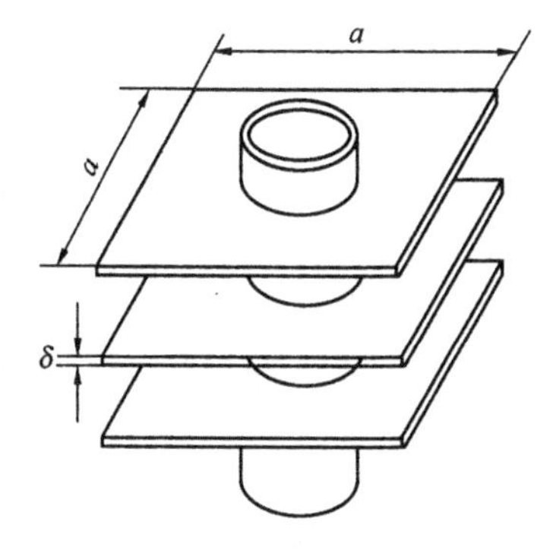

图2.4－33　等厚度正方形环翅

为了简化计算，通常将正方形环翅片按实际换热面积相等的原则转化为圆形翅片处理。若正方形环翅的厚度为δ，内半径为r_1，等效圆形翅片半径为r_{2e}，由于：

$r_{2e}=\frac{a}{\sqrt{\pi}}$，等效圆形翅片的高度为$l_e$，则

$$l_e = r_{2e} - r_1$$

求出以上参数后，按厚度为δ，内半径为r_1，翅高l_e为的灯厚度圆翅公式(4－54)计算翅片效率，精度完全满足工程要求。对图等厚度大翅片管，工程上广泛用斯密特(Schmidt)公式来计算翅片效率，精度也足以满足工程需要。

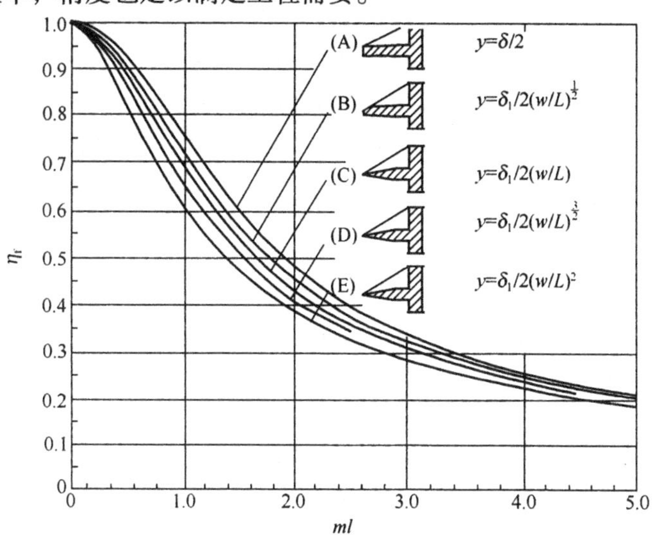

图2.4－34　直翅的翅片效率

4. 传热系数的计算

换热系数在多种条件下的计算公式可参见文献[14]。翅片管管束外流体的换热系数将随翅片形式、管束排列方式等不同而异，今讨论几种有代表性的情况。

(1) 空气横向流过圆管外环形翅片管束

图2.4－37空气横向绕流翅片管束贝列格斯(Briggs)和杨(Young)对10多种轧制的环形翅片管管外换热进行了实验研究并得出下式，其误差在5%左右。

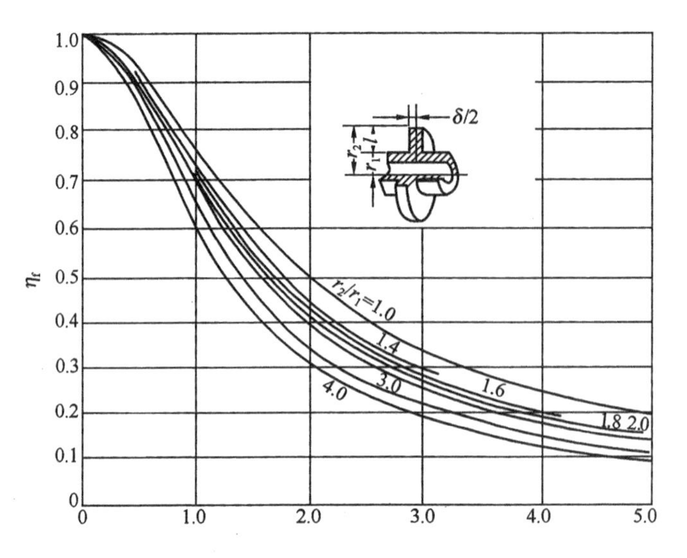

图 2.4－35　径向矩形截面圆翅的翅片效率

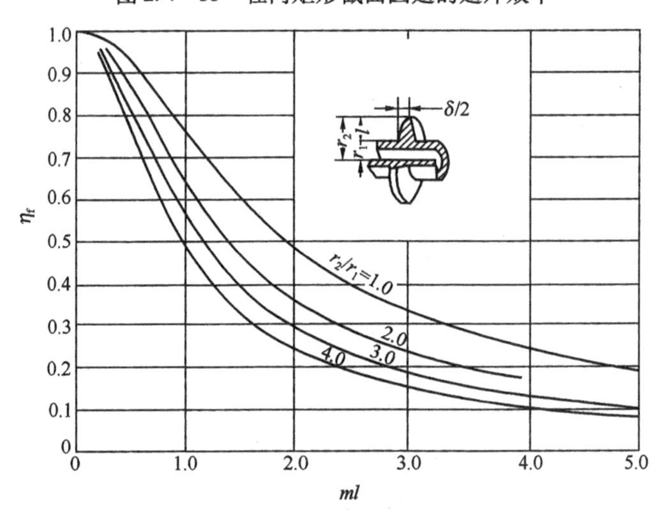

图 2.4－36　径向三角形截面圆翅的翅片效率

对低翅片管束，$d_t/d_b = 1.2 \sim 1.6$，并 $d_b = 13.5 \sim 16\text{mm}$

$$\frac{d_b \alpha_f}{\lambda} = 0.1507\left(\frac{d_b G_{max}}{\mu}\right)^{0.667}\left(\frac{c_p \mu}{\lambda}\right)^{1/3}\left(\frac{Y}{H}\right)^{0.164}\left(\frac{Y}{\delta_f}\right)^{0.075} \tag{4-55}$$

对高翅片管束，$d_t/d_b = 1.7 \sim 2.4$，$d_b = 12 \sim 41\text{mm}$

$$\frac{d_b \alpha_f}{\lambda} = 0.1378\left(\frac{d_b G_{max}}{\mu}\right)^{0.718}\left(\frac{c_p \mu}{\lambda}\right)^{1/3}\left(\frac{Y}{H}\right)^{0.296} \tag{4-56}$$

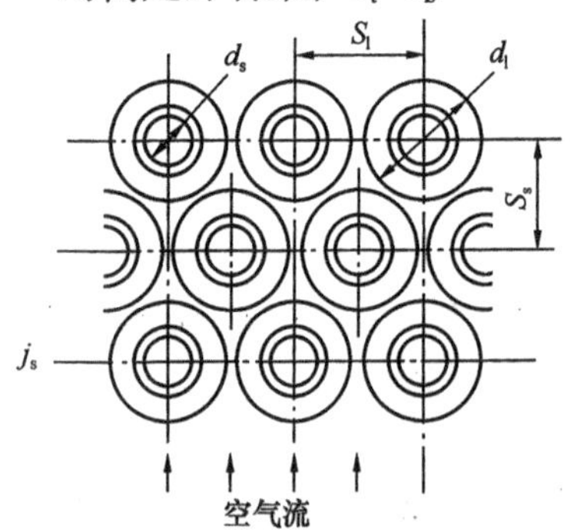

图 2.4－37　空气横向绕流翅片管束

式中　d_t、d_b——分别为翅片外径和翅根直径，m；

Y、H、δ_f——分别为翅片的间距、高度和厚度，m；

c_p、μ、λ——按流体平均温度取值；

G_{max}——最小流通截面处的质量流量，kg/(m² · h)。

将我国现常用的高低翅片管的参数代入(4－55)、(4－56)式中，并换算到以光管外表面积为基准，则可得两个简化计算式：

对低翅片管

$$\alpha_0 = 412 w_{NF}^{0.718} \Phi \tag{4-57}$$

对高翅片管

$$\alpha_0 = 454 w_{NF}^{0.718} \Phi \tag{4-58}$$

式中 α_0——以基管外表面积为基准的空气侧传热系数，W/(m²·℃)；

w_{NF}——标准状态下迎风面风速，m/s；

Φ——校正系数，当风机是鼓风式时，$\Phi=1.0$；当风机是引风式时，Φ 值见表 2.4-8 Φ 值；

n——管排数；

ρ——空气在定性温度(即管束进出口平均温度)时密度，kg/m³。

表 2.4-8 Φ 值

标准迎面风速 w_{NF}/(m/s)		管排数				
		4	5	6	8	10
		Φ 值				
低翅片	2.24	0.916	0.935	0.947	0.963	0.973
	3.13	0.908	0.930	0.945	0.961	0.970
高翅片	2.54	0.916	0.935	0.947	0.963	0.972
	3.55	0.908	0.930	0.945	0.961	0.970

(2) 空气横向流过圆管外横向矩形翅片管束

翅侧传热系数可按下式计算：

$$\frac{d_e \alpha_f}{\lambda} = 0.251\left(\frac{d_e G_{max}}{\mu}\right)^{0.67}\left(\frac{s_1-d_b}{d_b}\right)^{-0.2}\left(\frac{s_1-d_b}{s}+1\right)^{-0.2}\left(\frac{s_1-d_b}{s_2-d_b}\right)^{0.4} \tag{4-59}$$

式中

$$d_e = \frac{F'_b d_b + F'_f \sqrt{F'_f/2n_f}}{F'_b + F'_f} \tag{4-60}$$

d_b——翅片根部圆直径，m；

n_f——每单位长度上翅片数；

F'_b——每根管单位长度上以翅根直径为基准的无翅片部分表面积，m²/m；

F'_f——每单位长度上翅片的表面积，m²/m，对于图 2.4-38 所示之两根管共有一个翅片情况，每根管取其之一半；

G_{max}——最小流通截面处的质量速量，kg/(m²·s)。

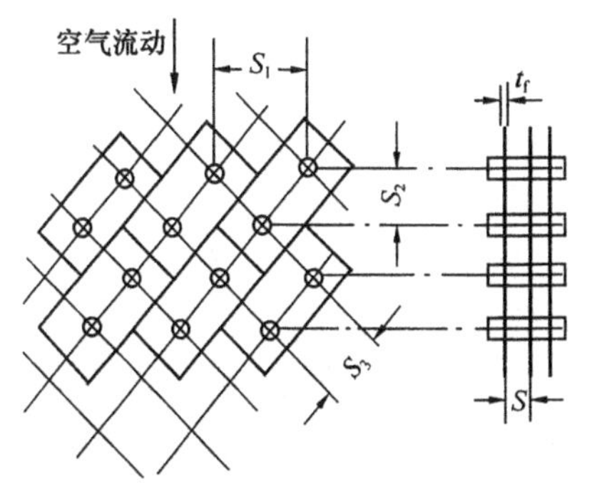

图 2.4-38 圆芯管-矩形翅片的翅片管群错流示图

二、压力损失的计算

压力损失计算式与传热系数的计算一样，常常针对管束进行计算，很多情况下可归结为 Eu 数的计算，不同的计算公式详见文献[14]。其数值将随翅片形式、管束排列方式等不同而异，今讨论两种有代表性的情况。

（一）空气横向流过圆管外环形翅片管束

如图2.4－37，推荐可由下式计算空气压降：

$$\Delta p = 0.66 m w_{NF}^{1.725} / \rho^{2.725} \quad N/m^2 \tag{4-61}$$

（二）空气横向流过圆管外横向矩形翅片管束

如图4－38，压降按下式计算：

$$\Delta p = \frac{f G_{max}^2 n}{2\rho} \tag{4-62}$$

式中，摩擦系数

$$f = 1.463\left(\frac{d_e G_{max}}{\mu}\right)^{-0.245}\left(\frac{s_1 - d_b}{d_b}\right)^{-0.9}\left(\frac{s_1 - d_1}{s} + 1\right)^{0.7}\left(\frac{d_e}{d_b}\right)^{0.9} \tag{4-63}$$

三、设计方法及举例

（一）典型结构翅片管换热器的设计方法

随着工业的发展，工业缺水以及工业用水的环境污染问题日益突出，由此空气冷却器得到了更多的重视，在许多化工厂中有90%以上冷却负荷都由空冷器负担。与此同时，传热强化方面研究的进展，使得低肋螺纹管及微细肋管等在蒸发、冷凝相变换热方面也得到广泛应用[14]。

设计计算与校核计算

翅片管换热器属间壁式换热器的一种类型，其热计算的方法和步骤与其他间壁式换热器实质上是一样的，只不过传热系数与流阻性能的计算式不同。

换热器热计算的基本公式仍为：

传热方程式：

$$Q = KF\Delta t_m \tag{4-64}$$

热平衡方程式：

$$Q = G_1 c_{p1}(t'_1 - t''_1) = G_2 c_{p2}(t'_2 - t''_2) \tag{4-65}$$

只要知道冷、热流体的进出口温度 t'_2、t''_2、t'_1、t''_1，就可以求出平均温差 Δt_m。这样，在上述三个关系式中，可划分为8个变量 KF、$G_1 c_{p1}$、$G_2 c_{p2}$、Q、t'_2、t''_2、t'_1、t''_1。在8个变量中，必须给出5个量才能进行换热器的传热计算。根据已知量的情况，换热器的热计算通常与常规时间壁换热器一样可以分成两种类型。

①给出 $G_1 c_{p1}$ 和 $G_2 c_{p2}$ 以及4个进出口温度中的3个，求解另一个温度和 KF。空调工程中的换热器设计计算属于定型产品的选型设计计算。本节不涉及定型产品的选型设计计算，有关这方面的内容可参考文献。

②给出 KF、$G_1 c_{p1}$、$G_2 c_{p2}$、Q、t'_2、t'_1，求解 t''_1 和 t''_2。

如果热流体和冷流体有散热损失，则换热器的传热量为：

$$Q = G_1 c_{p1}(t'_1 - t''_1) - Q'_1 = G_2 c_{p2}(t'_2 - t''_2) + Q'_2 \tag{4-66}$$

式中 Q'_1——热流体对环境的散热量。

Q'_2——冷流体对环境的散热量。

由于大部分换热器都有保温层，散热量不大，因而在工程计算中可用式(4－65)。无论是设计计算还是校核计算，从原理上看，都可归结为平均温差法(*LMTD* 法)和换热器效率－

传热单元数法($\varepsilon-NTU$ 法)，现分述如下。

(1) *LMTD* 法

平均温差法常用于设计计算，其具体步骤与前面的管壳式换热器一样。

根据求解步骤，校核计算的计算机程序很容易编制。如果在校核计算中，未知量是一个出口温度和一种流体的比热容量 Gc_p，也可按类似的步骤进行计算。

(2) $\varepsilon-NTU$ 法

除了平均温差法外，换热器计算的另一种方法称为效能－传热单元法，记为 $\varepsilon-NTU$ 法。$\varepsilon-NTU$ 法用于校核计算可大量减少试算次数，因此在换热器计算中应用得非常普遍。

热计算及校核计算中常用的术语及部分计算方法介绍如下。

①换热器效率

换热器的作用常常是对冷流体进行加热或对热流体进行冷却。当无热损失或无相变发生时，传热量可用式(4-65)来进行计算。

假设热、冷流体在面积为无限大的逆流换热器中传热，根据热力学第二定律，流体在换热器中可能的最大温差都是 $t'_1-t'_2$，因此在理论上换热器的最大传热量为：

$$Q_{max}=(Gc_p)_{min}(t'_1-t'_2) \tag{4-67}$$

实际使用的换热器其传热量均低于此值。为了衡量实际使用的换热器在传热量方面接近于理论传热量的程度，提出了换热器效率这一无因次量，其定义为：

$$\varepsilon=\frac{Q}{Q_{max}} \tag{4-68}$$

即换热器效率等于换热器的实际传热量与理论上的最大可能传热量之比。

若热流体具有较小的热容量，即$(Gc_p)_{min}=G_1c_{p1}$，可得：

$$\varepsilon_1=\frac{Q_1}{Q_{max}}=\frac{G_1c_{p1}(t'_1-t''_1)}{G_1c_{p1}(t'_1-t'_2)}=\frac{t'_1-t''_1}{t'_1-t'_2} \tag{4-69}$$

若冷流体具有较小热容量即$(Gc_p)_{min}=G_2c_{p2}$，则：

$$\varepsilon_2=\frac{Q_2}{Q_{max}}=\frac{G_2c_{p2}(t''_2-t'_2)}{G_2c_{p2}(t'_2-t'_2)}=\frac{t''_2-t'_2}{t'_1-t'_2} \tag{4-70}$$

由于 ε_1、ε_2 的最后表现形式为换热器中具有最小热容量的流体温差与换热器中最大可能温差之比，因此 ε 又被称为换热器的温度效率。

②传热单元数

传热单元数 *NTU*(Number of Transfer Untis)定义为：

$$NTU=\frac{KF}{(Gc_p)_{min}} \tag{4-71}$$

上式中 F 和 K 分别是换热面积和总传热系数，它们可以分别代表换热器的初期投资和常年运行费用。从定义式可知，*NTU* 是一个无量纲量，*NTU* 可以反映传热面积的大小，故称为传热单元数，它是一个反映换热器综合技术经济性能的指标。

③热容量比 C_r

热容量比定义为两换热流体中较小热容量与较大热容量之比，以 C_r 表示。即

$$C_r=\frac{(Gc_p)_{min}}{(Gc_p)_{max}} \tag{4-72}$$

当 $G_1c_{p1}=(Gc_p)_{min}$时

$$C_r=\frac{G_1c_{p1}}{G_2c_{p2}}=\frac{t''_2-t'_2}{t'_1-t''_1} \tag{4-73}$$

当 $G_2c_{p2}=(Gc_p)_{min}$时

$$C_r=\frac{G_2c_{p2}}{G_1c_{p1}}=\frac{t'_1-t''_1}{t''_2-t'_2} \tag{4-74}$$

④无因次量之间的函数关系

由于换热器的流型不同将使换热器具有不同性能，因而在不同的流型下，描写换热器性能的无因次量 ε、NTU、C_r 之间具有不同的函数关系。经传热学理论指导，可以获得不同流型下 ε 和 NTU、C_r 之间的函数关系表达式。

i 逆流

$$\varepsilon=\frac{1-\exp[-NTU(1-C_r)]}{1-C_r\exp[-NTU(1-C_r)]} \tag{4-75}$$

当 $C_r=1$ 时，式(4-3-74)成为0/0型不定式，应用罗必塔法则对其求极限，解得 C_r 趋于1时：

$$\varepsilon=\frac{NTU}{1+NTU} \tag{4-76}$$

ii 并(顺)流

$$\varepsilon=\frac{1-\exp[-NTU(1+C_r)]}{1+C_r} \tag{4-77}$$

iii 单程错流(交叉流)，是指一种流体混合，另一种流体不混合，且混合流体$(Gc_p)_{mixed}=(Gc_p)_{max}$的情况。

对此种情况，若混合流体为热流体，由已推得平均温差的表达式：

$$\Delta t_{m,j}=-\frac{t''_2-t'_2}{\ln\left[1+\frac{t''_2-t'_2}{t'_1-t''_1}\ln\left(\frac{t''_2-t'_2}{t'_1-t'_2}\right)\right]} \tag{4-78}$$

设 $G_1c_{p1}=(Gc_p)_{max}$，则 $G_2c_{p2}=(Gc_p)_{min}$，通过简单推导，可得到 ε 的表达式：

$$\frac{t''_2-t'_2}{\Delta t_{m,j}}=\frac{kF}{G_2c_{p2}}=\frac{kF}{(Gc_p)_{min}}=NTU \tag{4-79}$$

$$\frac{t''_2-t'_2}{t'_1-t''_1}=\frac{G_1c_{p1}}{G_2c_{p2}}=\frac{(Gc_p)_{max}}{(Gc_p)_{min}}=\frac{1}{C_r} \tag{4-80}$$

$$\frac{t''_1-t'_2}{t'_1-t'_2}=1-\frac{t'_1-t''_1}{t'_1-t'_2}=1-\frac{t''_2-t'_2}{t'_1-t'_2}\frac{t'_1-t''_1}{t''_2-t'_2}=1-C_r\varepsilon \tag{4-81}$$

将式(4-79)，(4-80)，(4-81)代入式(4-78)中，整理后得：

$$\varepsilon=\frac{1}{C_r}[1-\exp(C_r\tau)] \tag{4-82}$$

式中 $\tau=1-\exp(-NTU)$。

〈iv〉 单程错流(交叉流)，一种流体混合，另一种流体不混合，且混合流单$(Gc_p)_{mixed}=(Gc_p)_{min}$时

若混合流体为冷流体，已推得平均温差的表达式：

$$\Delta t_{m,j}=-\frac{t'_1-t''_1}{\ln\left[1+\frac{t'_1-t''_1}{t''_2-t'_2}\ln\left(\frac{t'_1-t''_2}{t'_1-t'_2}\right)\right]} \tag{4-83}$$

设 $G_2c_{p2}=(Gc_p)_{min}$，则 $G_1c_{p_1}=(Gc_p)_{max}$，仍可推导出 ε 的表达式。

$$\frac{t_1' - t_1''}{\Delta t_{m,j}} = \frac{KF}{G_1 c_{p1}} = \frac{KF}{G_2 c_{p2}} \frac{G_2 c_{p2}}{G_1 c_{p1}} = C_r \cdot NTU \tag{4-84}$$

$$\frac{t_1' - t_1''}{t_2'' - t_2'} = \frac{G_2 c_{p2}}{G_1 c_{p1}} = C_r \tag{4-85}$$

$$\frac{t_1' - t_1''}{t_1' - t_2'} = 1 - \frac{t_2'' - t_2'}{t_1' - t_2'} = 1 - \varepsilon \tag{4-86}$$

将式(4-84)，式(4-85)，式(4-86)，带入(4-83)中，整理后得：

$$\varepsilon = 1 - \exp\left\{-\frac{1}{C_r}\left[1 - \exp(-C_r NTU)\right]\right\} \tag{4-87}$$

若混合流体为热流体，且满足 $G_1 c_{p1} = (Gc_p)_{min}$ 可推得其表达式的形式与式(4-87)完全相同。

〈v〉单程错流(交叉流)，两种流体均不混合

两种流体均无横向混合的单程错流(交叉流)型换热的情况较为复杂，其 $\varepsilon - NTU$ 关系现在尚不能直接由理论分析解求出。该流型在翅片管式换热器中应用得十分广泛，如图2.4-39所示即为这种流型的示意图。图中，气流不能在横向(垂直于流动方向)自由运动，因此是不混合的。管内流体被约束在互相隔开的管子中，因此在流过管子时也是不混合的。采用数值解逼近，可以求得该流型的级数解形式。

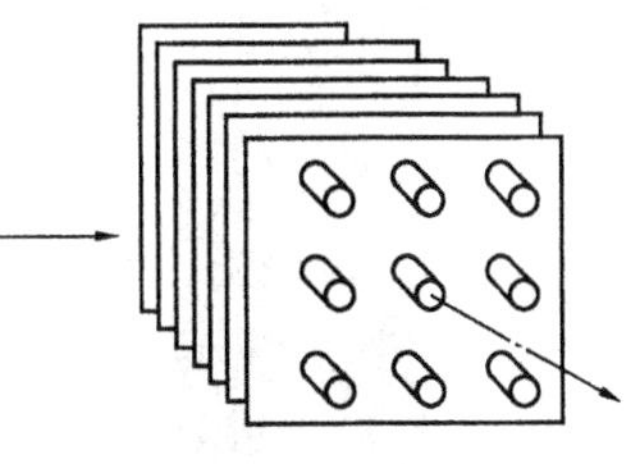

图2.4-39 两种流体均不混合的单程交叉流换热器

对以上几种流型，根据计算式和 Mason 级数解的结果描绘成曲线图，这些图常见于许多传热学书籍。其他流型的 ε 与 NTU、C_r 的关系线图可参考相关文献。

⑤$\varepsilon - NTU$ 法的计算

与平均温差法比较，两种方法用于设计计算的繁琐程度差不多。但采用平均温差法可以求出温差修正系数 ϕ 的大小，看出选择的流型与逆流的差距，有助于流型的选择，这是 $\varepsilon - NTU$ 法做不到的。采用计算机进行设计计算时，可在所编制的计算程序中加入求 ϕ 的语句，$\varepsilon - NTU$ 法的这一缺陷可以得到弥补。

与平均温差法比较，采用 $\varepsilon - NTU$ 法进行校核计算就不必采用逐次逼近法。虽然在最初计算总传热系数时也需假设 t_1'' 或 t_2''，等计算出终温后再修正。但由于总传热系数随温度变化并不大，因此至多进行一两次试算即可达到目的[5]。

(二)翅片管换热器的设计步骤及计算举例

不管是校核性计算，还是设计性计算，翅片管换热器的设计分析步骤要求依次确定下述参数：

(1) 确定传热表面特征；

(2) 确定流体物性参数；

(3) 雷诺数；

(4) 由表面的基本特征确定 j 和 f；

(5) 对流表面传热系数；

(6) 翅片效率；

(7) 表面总效率；

(8) 总传热系数；

(9) NTU 和换热器效率；

(10) 出口温度；

(11) 压降。

下面以一翅片管中间冷却器的校核性设计计算为例说明这些步骤。本例题引自文献[16]的中设计例题。

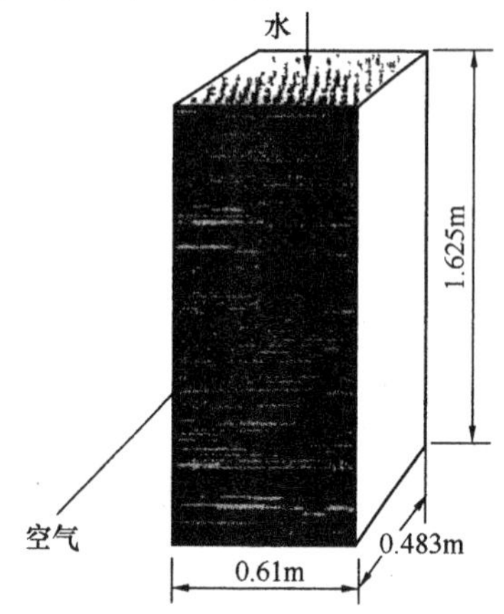

图 2.4-40 3.7MW 燃气轮机装置用的翅片管中间冷却器

例：图 2.4-40 是一台 3.7MW 燃气轮机用中间冷却器的芯体结构，其运行条件和传热表面数据如下。

空气侧运行条件：

湿空气流量为 25kg/s；

空气湿度(水/干空气)为 0.015kg/kg；

空气入口温度为 127℃；

空气入口压力为 2.75×10^5Pa。

水侧运行条件：

水流量为 50kg/s；

水入口温度为 15℃。

中间冷却器传热表面为 11.32 ~ 0.737SR(翅化扁平管)。

问题是要根据给定条件及传热表面的基本传热和流动摩擦特性数据，确定中间冷却器的传热效率及水侧和空气侧的压降。计算针对清洁表面，不考虑污垢。

解

(1) 由原文附录Ⅰ中的表 1-1 确定传热表面的几何特征

空气侧：

流道水力半径 $r_{h,a}=0.878\times10^{-3}$m；

空气侧总换热面积与总体积之比 $\alpha_{V,a}=886\text{m}^2/\text{m}^3$；

翅片面积与总面积之比 $\varphi=0.845$；

自由流通面积与迎风面积之比 $\sigma_a=0.780$；

金属翅片厚度 $\delta=0.10\times10^{-3}$m；

翅片材料(铝)热导率 $\lambda=173$W/(m·K)；

翅片高度(管间距的 1/2)$h=5.71\times10^{-3}$m(见原附录Ⅰ中的图Ⅰ-1)。

水侧：管子截面由两个直边和两个半圆组成。

单管外侧尺寸 $=18.7\times10^{-3}\text{m}\times2.54\times10^{-3}$m；

单管内侧尺寸 $=18.2\times10^{-3}\text{m}\times2.04\times10^{-3}$m；

与一根管子有关的迎风面积 $=2.8\times10^{-4}\text{m}^2$(见原附录Ⅰ中的图Ⅰ-1)；

单管的自由流通面积 $=0.36\times10^{-4}\text{m}^2$；

单管内侧周长 $=38.7\times10^{-3}$m；

自由流通面积与迎风面积之比 $\sigma_w=0.129$；

水侧换热表面积与总体积之比 $\alpha_{V,w}=138\text{m}^2/\text{m}^3$；

水侧流道水力半径 $r_{h,w}=0.933\times10^{-3}$m；

芯部尺寸(见原文图 3-77)；

空气侧迎风面积 $A'_{y,a}=0.991\mathrm{m}^2$；

水侧迎风面积 $A'_{y,w}=0.294\mathrm{m}^2$；

换热器总体积 $V=0.479\mathrm{m}^3$。

（2）流体物性

作为初级近似，假设空气出口温度为24℃(297K)，水的出口温度为27℃(300K)。稍后，必须验证这些假设。

为了计算雷诺数 Re 涉及的气体黏性系数，St 涉及的 c_p 和 Pr，有必要估计一个总体平均空气温度。根据文献[16]中图3-72的温度变化曲线图(该图是针对逆流绘制的，实际换热器是叉流布置的)和 $C^*=\dfrac{c_{p,a}q_{m,a}}{c_{p,w}q_{m,w}}\approx\dfrac{1005\times25}{4180\times50}=0.12<0.5$，可得水侧平均温度：

$$t_{m,w}=\frac{15+27}{2}=21℃=294\mathrm{K} \tag{4-88}$$

空气侧平均温度为：

$$t_{m,a}=t_{m,w}+\Delta t_{lm}=21+\frac{(127-21)-(24-21)}{\lg\dfrac{127-21}{24-21}}=87.5℃=360.5\mathrm{K} \tag{4-89}$$

由原文附录B中的表B-1可查得干空气的物性参数为：

$\mu=2.14\times10^{-5}\mathrm{Pa\cdot s}$；

$Pr=0.690$；

$c_p=1.009\mathrm{kJ/(kg\cdot K)}$。

为了修正湿度(水/干空气)为0.015kg/kg的 c_p，由原附录I中的图I-2查得

$X_{c,w}=1.0126$；

$c_p=1.0126\times1.009\mathrm{kJ(kg\cdot K)}=1.02\mathrm{kJ/(kg\cdot K)}$。

假定1%的压降(需稍后验证)，空气的出口压力为 $2.71\times10^5\mathrm{Pa}$，利用理想气体状态方程和适度修正，可以确定空气的入口和出口比体积。由附录I中的图I-2查得湿度修正系数 $X_{d,w}=0.9915$。应当注意。这个修正系数适用于密度。

$$v''_a=\frac{1}{\rho''_a}=\frac{1}{X_{d,w}}\frac{RT''_a}{p''_a}=\frac{287\times297}{0.9915\times2.71\times10^5}=0.317\mathrm{m^3/kg} \tag{4-90}$$

$$v'_a=\frac{1}{\rho'_a}=\frac{1}{X_{d,w}}\frac{RT'_a}{p'_a}=\frac{287\times400}{0.9915\times2.75\times10^5}=0.421\mathrm{m^3/kg} \tag{4-91}$$

本例中，比体积并不随换热面积作线性变化，作为 v'_a 和 v''_a 的算术平均得到的 v'_m 不是一个好的近似。利用前面计算得到的对数平均温度，可产生更准确的近似。因此

$$T_{m,a}=(87.5+273)=360.5\mathrm{K} \tag{4-92}$$

由前述关系可得：

$$\frac{v_m}{v'}=\frac{p'_a}{p_{m,a}}\frac{T_{m,a}}{T'_a}=\frac{27.5\times10^5\times360.5}{27.3\times10^5\times400}=0.9079 \tag{4-93}$$

这个数值比 v 和 v'' 的算术平均高3%。

由附录B中的表B-2可查得水的平均物性参数为：

$\lambda=0.6\mathrm{W/(m\cdot K)}$；

$\mu=0.976\times10^{-3}\mathrm{Pa\cdot s}$；

$c_p=4.18\text{kJ}/(\text{kg}\cdot\text{K})$；

$Pr=6.8$；

$v=0.001\text{m}^3/\text{kg}$。

①雷诺数

空气侧：

$$g_{m,a}=\frac{q_{m,a}}{A_{c,a}}=\frac{q_{m,a}}{A_{y,a}\sigma_a}=\frac{25}{0.991\times0.78}=32.34\text{kg}/(\text{s}\cdot\text{m}^2) \tag{4-94}$$

$$Re_a=\frac{4r_{h,a}g_{m,a}}{\mu_a}=\frac{4\times0.878\times10^{-3}\times32.34}{2.14\times10^{-5}}=5307 \tag{4-95}$$

水侧：

$$g_{m,w}=\frac{q_{m,w}}{A_{y,w}\sigma_w}=\frac{50}{0.294\times0.129}=1318\text{kg}/(\text{s}\cdot\text{m}^2) \tag{4-96}$$

$$\mu\approx1.34\text{m/s}$$

$$Re_w=\frac{4r_{h,w}g_{m,w}}{\mu_w}=\frac{4\times0.933\times10^{-3}\times1318}{0.976\times10^{-3}}=5039 \tag{4-97}$$

②St 和 f

空气侧：

由附录Ⅰ中的图Ⅰ-1查得，对表面11.32-0.737SR，在 $Re_a=5307$ 条件下，$j=0.0054$，$f=0.021$。

水侧：

根据附录Ⅰ中的图Ⅰ-3，对圆管内湍流流动，在 $Re_w=5039$ 和 $Pr=6.8$ 条件下，$Nu\approx55$。

因为 $u'_w/u'_m\approx1$，没有必要对黏性系数进行温度变化的修正。由附录Ⅰ中的图Ⅰ-4可得 $f=0.0094$。应当注意，将圆管性能系数数据用于本例的扁平管是一种近似。水侧 f 和 α 计算的高精度并不重要。

③对流表面传热系数

空气侧：

$$\alpha_a=jg_mc_p/Pr^{2/3}=\frac{0.0054\times32.34\times1.02}{0.69^{2/3}}=226\text{W}/(\text{m}^2\cdot\text{K}) \tag{4-98}$$

水侧：

$$\alpha_w=\frac{Nu\lambda}{4r_h}=55\times\frac{0.6}{0.933\times10^{-3}\times4}=8842\text{W}/(\text{m}^2\cdot\text{K}) \tag{4-99}$$

④翅片效率(仅空气侧)

根据附录Ⅰ中的图Ⅰ-5有：

$$m=\sqrt{\frac{2\alpha_a}{\lambda_f\delta_f}}=\sqrt{\frac{2\times226}{173\times0.1\times10^{-3}}}=161\text{m}^{-1} \tag{4-100}$$

$$mh=161\times5.71\times10^{-3}=0.919 \tag{4-101}$$

$$\eta_f=0.79$$

⑤表面总效率(仅空气侧)

又有

$$\eta_0 = 1 - \frac{A_f}{A}(1 - \eta_f) = 1 - 0.845 \times (1 - 0.79) = 0.823 \tag{4-102}$$

⑥总传热系数(基于空气侧面积)

忽略壁面热阻，则

$$\frac{1}{K_a} = \frac{1}{\eta_0 \alpha_a} + \frac{1}{(\alpha_{V,w}/\alpha_{V,a})\alpha_w} = \frac{1}{0.823 \times 226} + \frac{1}{(138/886) \times 8842} = 0.006 \tag{4-103}$$

$$K_a = 166\text{W}/(\text{m}^2 \cdot \text{K})$$

这个计算结果适用于清洁表面。适当的污垢余量会导致稍低的 K_a。

⑦NTU 和换热器效率

空气侧热容量(速率)：

$$W_a = q_{m,a} \cdot c_{p,a} = 25 \times 1020 = 25500\text{W/K} \tag{4-104}$$

水侧热容量(速率)：

$$W_w = q_{m,w} \cdot c_{p,w} = 50 \times 4180 = 209000\text{W/K} \tag{4-105}$$

得传热单元数
$$NTU = \frac{A_a K_a}{W_{min}} = \frac{886 \times 0.479 \times 166}{25500} = 2.73 \tag{4-106}$$

对两侧流体均不混合的叉流式换热器，当

$$C^* = W_{min}/W_{max} = 25500/209000 = 0.122 \tag{4-107}$$

由图 2－13 查得中间冷却器的效率 $\eta = 0.90$。

⑧出口温度

$$\eta = \frac{W_1(t'_1 - t''_1)}{W_{min}(t'_1 - t'_2)}, t_1 = t_a, W_{min} = W_a = W_1 \tag{4-108}$$

所以

$$\eta = \frac{t'_a - t''_a)}{(t'_a - t'_w)} \tag{4-109}$$

$$0.90 = \frac{127 - t''_a}{127 - 15}, t''_a = 26.2℃ = 299.2\text{K} \tag{4-110}$$

根据能量平衡关系，可确定水的出口温度：

$$t''_w - t'_w = \frac{W_a}{W_w}(t'_a - t''_a) = 0.122 \times (127 - 26.2) = 12.3℃ = 285\text{K} \tag{4-111}$$

$$t''_w = t'_w + 12.3℃ = (15 + 12.3) = 27.3℃ \tag{4-112}$$

为确定空气物性参数，前面曾假定出口温度为 24℃(297K)。因为空气物性参数并没有明显地偏离计算中采用的数值，因此没有必要再次计算。

⑨压降

忽略入口和出口损失(本例中选用的传热表面类型和换热器结构两项很小)，由式得：

$$\frac{\Delta p}{p'} = \frac{g_m^2}{2}\frac{\nu'}{p'}\left[(1 + \sigma^2)\left(\frac{\nu''}{\nu'} - 1\right) + f\frac{A}{A_c}\left(\frac{\nu_m}{\nu'}\right)\right] \tag{4-113}$$

空气侧：

$$\frac{A}{A_c} = \frac{L}{r_h} = \frac{0.483}{0.878 \times 10^{-3}} = 550, \qquad 1 + \sigma^2 = 1.61$$

$$\frac{\Delta p}{p'} = (32.34)^2 \frac{0.421}{2.75 \times 10^5}\left[1.61\left(\frac{0.317}{0.421} - 1\right) + 0.021 \times 550 \times 0.833\right] = 0.014 \tag{4-114}$$

水侧：

$$\frac{A}{A_c} = \frac{L}{r_h} = \frac{1.625}{0.933 \times 10^{-3}} = 1740, \qquad v = \text{const}$$

则

$$\Delta p = \frac{g_m^2}{2} vf \frac{L}{r_h} = \frac{1.318^2}{2} \times 0.001 \times 0.0094 \times 1740 = 14.2 \times 10^3 \text{Pa} \tag{4-115}$$

这些计算示例解释了运用基本数据确定一台给定中间冷却器的特征。完整的设计问题涉及最佳表面、冷却剂流量、尺寸、换热器效率和压降等的选择，这些超出了本例范围。

第四节 应 用 研 究

翅片管换热器在空调和制冷工业的蒸发器和冷凝器、汽车或固定内燃式发动机的水冷却器和油冷却器以及过程工业和发电厂的空气冷却器等中都有广泛应用。这些换热器通常是水、油、制冷剂走管程，管外空气流过翅管。

一、石油化工中的应用

石油化工装置中的换热器具有大型化、操作条件苛刻以及产品多样化的特点，所涉及的换热工况较全面，针对不同的工况，需采用不同的强化技术。

翅片管有纵向和径向(横向)两大类，径向翅片管多用在炼油、化工厂的空气冷却器中，国内制造技术相当成熟；纵向翅片管换热器广泛应用于原油的集输过程中，但纵向翅片管却长期依赖进口。中国石油大学(华东)化工机械研究所设计的国内第一套纵向翅片管生产线已于1998年投入工业化生产[8]。

石油化工生产过程需要大量的冷却水，对近海装置，海水是一个取之不尽的水源。以钛材制成的换热管具有抗海水腐蚀的特性，其优越的传热能力加上高密低翅片管的设计，有利于减小换热器尺寸和提高性能。与裸管相比，整体的高密低翅片管，翅片高度为0.022～0.032in，翅片密度为30～40片/in。使得翅片管外侧受海水冷却的表面积增大了3倍[17]。

在扩能改造中，一般需要在原换热器的基础上提高20%～30%的热负荷，可考虑用同样换热面积的高效换热管束代替光管管束来实现。三维肋管式换热设备在润滑油加氢精制装置中已进行了尝试并成功应用[18]。

华南理工大学研制成功的锯齿形翅片管适用于强化冷凝传热，其强化冷凝传热的效果比螺旋槽管好。用于武汉冷冻机厂氟利昂冷凝，取得很大的收益。就石化行业来说，可用于氨冷凝和其他介质的冷凝。太阳棒管、销钉管或斜针翅管换热器具有强化传热、压降低、传热面扩大和自清洁的特点，在国外已用于渣油加热器、润滑油加热器及其他工况的换热器中，在国内已用于齐鲁石化公司的渣油加热器上。华南理工大学化机所对其传热机理、温度场分布及结构优化等进行了理论与试验研究，并与中石化北京设计院合作，以高黏度油为介质进行试验，强化效果良好，传热元件获得了国家实用新型专利[19]。

由于KLM采取了特殊的防腐措施，其在石油工业中应用较好。生产KLM翅片管的斯皮罗-吉乐斯S. A公司声称，目前已有几千万米的KLM翅片管在世界各地成功地使用了几十年，其中包括沿海地区的炼油厂和海洋钻井平台[10]。

二、汽车工业中的应用

车辆上的管片式换热器和管带式换热器所使用的传热表面均属于翅片管式类型。车辆用换热器一般为紧凑式结构。包括：冷却系统的水散热器、润滑器和传动油冷却器、增压内燃机的中冷器；采暖、空调系统的空气加热器、蒸发器和冷凝器等。由于车辆是在比较广泛的气候条件及不同的路况下行驶，为满足排放标准、操作简便和驾驶舒适性的要求，车辆必须能承受高的发动机负荷及高、低温度条件，并长期保持良好的冷却传热特性和车内空气环境。这就要求其冷却系统和空调系统的所有换热器传热效率高、体积小、质量轻，且可靠耐用。因此，一般都采用高效、紧凑式换热器。下面，着重从车辆冷却传热要求出发，介绍翅片管换热器在测量冷却中的应用。本小节详细内容可参见文献[20，21]。

(1)机油和传动油冷却器：翅片管换热器一般用在汽车、坦克、装甲车车辆上，一般需用紧凑式换热器，要求不苛刻时可采用普通管壳式换热器。

(2)中冷器：对大功率增压内燃机，中冷器一般采用管片式结构和强化型连续翅片——扁管。

(3)水散热器：目前，除内燃机车外，在汽车和装甲车车辆上，广泛地使用了改进型管片式散热器。常见的结构有：扁平横铜管上焊接光滑或百叶窗紫铜翅片，采用百叶窗翅片的芯体可降低翅片密度，同样可保证与不用百叶窗翅片一样的热性能。之前多将黄铜管与紫铜翅焊接制造换热器，其优点是重量轻、寿命明显增长。现今大都采用铝管与皱褶状多重百叶窗的铝翅来代替紫铜黄铜散热器[12]。

近些年来，开发出了众多不同结构的强化型翅片，包括螺旋状翅片、L轴向全切开圆翅片、锯齿形螺旋状翅片、开螺旋切口波纹形圆翅片、金属丝回翅片、开孔螺旋状翅片以及针状翅片管传热表面等。多种翅片都可以应用于汽车工业中，值得一提的是鳍形翅片管换热器，其换热能力要比车辆上用的铜质百叶窗形管带式换热器提高20%以上，是一种很有发展前景的新型传热表面。这些强化翅片应用在当代交通工具中，有效的减少了车辆的重量和体积。

三、其他工业领域的应用

1. 空调与制冷工业[12]

(1)制冷剂在壳程蒸发常用低肋管：GEWA-T、GEWA-TX、GEWA-TXY、Thermoexcel-E、Turbo-B(Wolverine)和Thermoxcel-HE等。

(2)制冷剂管内蒸发常用：扩展表面如微翅管和高肋片。

用在空调和冰箱上的换热器考虑制冷剂可能造成结霜引起堵塞，因此一般采用较小翅片密度。

2. 动力部门

强化空气侧换热的高效表面已用于油田、电站排热的干燥冷却塔中，火管锅炉管程扰流器和分散流膜态沸腾中中间换热器结构的沸腾表面。

除此之外，翅片管式换热器还常用在高温废热回收，电子设备冷却，和航空航天涡轮发动机的冷却的场合。

参 考 文 献

[1] 兰州石油机械研究所. 换热器(中). 北京：烃加工出版社，1988.
[2] 周昆颖. 紧凑换热器. 北京：中国石化出版社，1998.
[3] KREITH F. The CRC Handbook of Thermal Engineering. The Mechanical Engineering Handbook Series.：CRC Press LLC，1999.
[4] 章成骏. 空气预热器原理与计算. 上海：同济大学出版社，1995.
[5] 钱颂文. 换热器设计手册. 北京：化学工业出版社，2002.
[6] 刘纪福. 翅片管换热器系列讲座. 哈尔滨工业大学.
[7] Hesselgreaves J E. Compressed heat exchangers：selection，design and operation. Elsevler Science & Technology Books，2001.
[8] 仇性启，李玉华，陈彦泽，郭其新. 纵向翅片管管外换热与阻力特性的实验研究. 石油机械. 2001，29(3)：8 ~ 10.
[9] Kuppan T. Heat exchangre design handbook. Marcel Dekker，Inc，2002.
[10] 兰州石油机械研究所. 换热器(下). 北京：烃加工出版社，1988.
[11] 张正国，王世平，林培森. 花瓣形管的强化传热研究概况. 石油化工设备，1997. 26(4)：11 ~ 14.
[12] 许文. 新编换热器选型设计与制造工艺实用全书. 北方工业出版社，2006.
[13] 史美中，王中铮. 热交换器原理与设计(第二版). 东南大学出版社，1996.
[14] 最新热交换器设计计算与传热强化及质量检验标准规范实用手册编委会. 最新热交换器设计计算与传热强化及质量检验标准规范实用手册. 北方工业出版社，2006.
[15] 黄翔. 空调工程. 北京：机械工业出版社，2007.
[16] 余建祖. 换热器原理与设计. 北京航空航天大学出版社，2006.
[17] 江熒. 用钦翅片管改善海水冷却工况. 乙烯工业 1994，6(1)：61 ~ 62.
[18] 张庆武. 三维肋管式换热设备在石油化工装置的应用. 石油化工设备，2009，38(3)：84 ~ 86.
[19] 方江敏. 强化传热技术在石油化工中的应用进展. 广州化工，2003. 31(4)：122 ~ 125.
[20] 崔海亭，彭培英. 强化传热新技术及其应用. 北京：化学工业出版社，2006.
[21] 姚仲鹏，王国新. 车辆冷却传热. 2001.

第 三 篇

管壳式换热器传热强化技术

第一章　无相变对流传热强化技术*

（钱颂文　朱冬生　孙　萍）

第一节　肋槽管管内单相湍流传热强化技术

一、概况

表面粗糙管是应用最广、最多的一种强化传热管。其上的肋槽可促使流体黏性底层（即边界层）被反复破坏，因而对强化传热十分有效，且其设计、制造和应用都很简单，广受欢迎。其中，又以螺旋槽管（helical indented tube）、螺旋内肋管（helical ribs tube）、横纹槽肋管（twnsvers ribs tube）及螺旋波纹管（helical fluted tube）特别受欢迎。这类增加了管壁表面粗糙度而使单相管内强化传热的管型结构，可用于空调制冷满溢式换热设备、海水淡化表面冷凝器、电站动力厂和核电站中的表面冷凝器，以及炼油和石油化工等换热设备的管内强化传热。图 3.1－1[1,2] 所示就是常用的几种肋槽管结构形式，其中还包括了用于油冷器和核电站锅炉预热器的管型结构，即在管子内壁贴壁内插绕线线圈，以增加管内肋壁的粗糙度的结构，见图 3.1－1(e)。

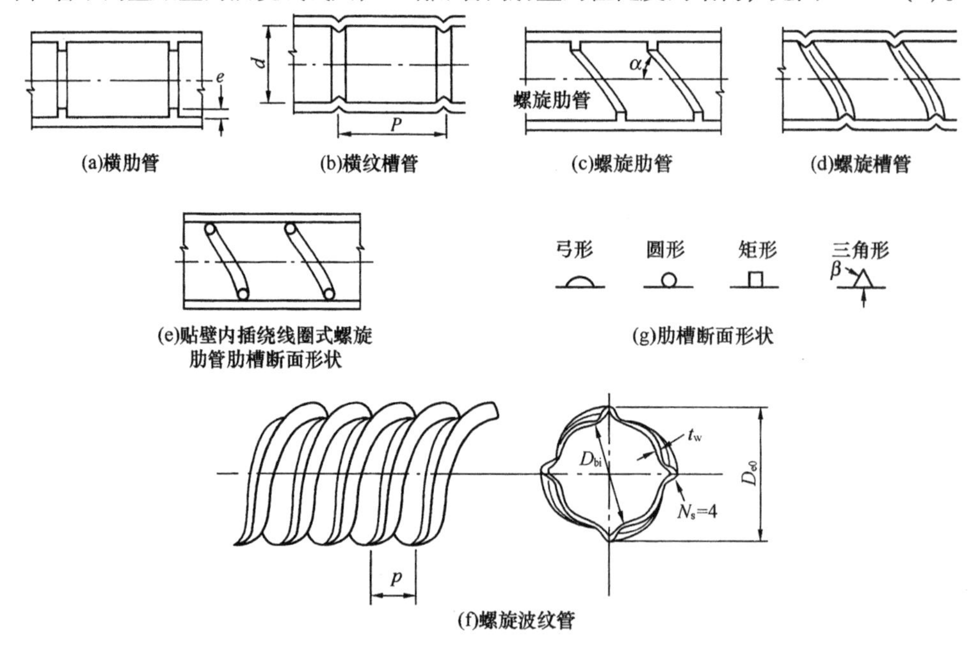

图 3.1－1　管内单相强化传热的几种肋、槽管型结构

图 3.1－1 中，横内肋管制造较难；螺旋肋管当螺旋角 $\alpha < 15°$ 时可看作纵向肋翅管，此时主要是扩大传热面；贴壁内插线圈式螺旋肋管，要求接触良好；肋槽管的肋槽断面形状见

* 沈家龙、马小明、杨开远、曾舟华、方江敏和杨丽明等老师也参加了第三篇部分编写工作。

图 3.1－1g。螺旋波纹管的尺寸为[2]：

D_{eo}——波纹管管纹外侧最小外切包络直径，m；

D_{eq}——当量直径 $D_{eq}=\left(\sqrt{\frac{4V}{\pi L}}\right)$（$V$ 为管长 L 的波纹管测量容积），m；

D_{bi}——管内最大的光滑壁直径 m；

e——波高，m；$e=\frac{D_{eo}-D_{bi}+2t_w}{2}$；

N_s——管横断面上的波数；

P——节距，m；

t_w——管壁厚，m；

α——波纹与管轴的夹角度，称波纹角，面积增率为 50%～60%，其摩擦因子较高，$\alpha=\tan^{-1}(\pi D_{vi}/N_s\varphi)=20\sim70$。

自 1966 年美国橡胶树岭国家实验室 Lawso 第一次发表了有关螺旋型表面粗糙强化传热管以来，不同学者设计研究了在不同的介质、工艺条件和应用场合下的，各种不同结构形式与设计参数但其计算精确度和通用性都有一定的限制。今对一些主要的研究者用相似法得到的公式，列于表 3.1－1，以供选择和比较。这里提到的这些管型如今在管内外相变传热中一并均获得了广泛应用，但本节介绍的只是管内的单相强化传热方面的应用，表中还列有砂粒型粗糙管（Sand-grain roughness tube）以作比较和参考。

表 3.1－1　相似法关系式[1,3]

研究者	关系式	管型、试验介质和 Re 数
Nikuradse	$A=[\sqrt{(f/2)}]+2.5ln(2e/d)+3.75$　(1)	砂粒粗糙管（Sand－grain roughness）
Dipprey and Sabersky	$St=\frac{(f/2)}{1+[\sqrt{(f/2)}](gF-A)}$　(2) $A=8.48\ (e^+>70)$　(3a) $g=5.19(e^+)^{0.2}(e^+>70)$　(3b) $F=Pr^{0.44}$　(3c)	砂粒粗糙管（Sand－grain roughness）
Withers	$(f/2)^{0.5}=-1/\{2.46\ln[r+(7/Re)^m]\}$　(4) $m=0.9-12.5e/d$；$m_{min}=0.44$，$r=0\ (e/d\leqslant0.02)$　(5a) 或 $m=0.17(e/d)^{-1/3}(P/d)^{0.03}(\alpha/90)^{-0.29}$　(5b) $r=0.0086+0.033(e/d)+0.005(P/d)+0.0085(\alpha/90)$　(5c) $St=(f/2)^{0.5}/[W_1Pr^{0.5}\{Re(f/2)^{0.5}\}+W_2]$　(5d) 而 $W_1=7.22(P/d)-0.33(e/d)^{0.127}$ $W_2=[2.5\ln(2e/d)+3.5]$	轧槽管 （Indented tube） Re 10，000～120000 Pr ＝2－11，精确度 10% 以内最优 $e/\alpha=0.04$
Webb 等人	$A=0.95(P/e)^{0.53}(e^+>35)$　(6) $g=4.50(e^+)^{0.28}(e^+>25)$ $F=Pr^{0.57}(0.71<=Pr<=37.6)$	内肋管（Ribbed tube） Re 8000～120000 空气、水、n－甲醇
Gee and Webb	$A=6.83(e^+)^{0.07}(\alpha/50)^{-0.16}(e^+>5)$　(7a) $G=6.03(e^+)^{0.28}(\alpha/50)^{-j}(e^+>8)$　(7b) $j=0.37(\alpha<50°)$ $j=0.16(\alpha>50°)$ $F=1.0$	内肋管（Ribbed tube） Re 8000～60000 空气

续表

研究者	关系式	管型、试验介质和 Re 数
Fukuda and Morita	$f=2/(f^*)^2$ $f^*=[2.5\ln(d/2e)-3.75+10.6(P/e)^{0.39}]^2$ (8a) $St=(f/2)/[(1+1/f^*)(GPr^{0.57}-10.6(P/e)^{0.39})$ $G=1.9[(e/d)Re/f^*]0.28(P/e)^{0.37}$ (8b)	波纹管(Fluted tube)
Li 等人	$(P/e)^{0.5}\sqrt{(2/f)}=3.42\ln(d/2e)-4.64+1.25(e/d)^{-0.057}$ $*(\alpha/90)^{1.14}\exp[(\ln Re-9.62)^2/(P/e)^{-1.38}]$ (9a) $St=\frac{\sqrt{(f/2)}}{3.42\ln(d/2e)-4.64+g^+}$ $g^+=$ $0.478(e/d)^{-0.621}(\alpha/90)^{-0.869}Pr^{0.57}(e^+)^{0.641+0.105\ln(e/d)}$ (9b)	轧槽管(Indented tube) Re 10000 ~ 80000 水
Nakayama 等人	$F=Pr^{0.57}$ $A=4.5+5.63*10^{-4}(P/e)^{2.59}\ln e^+(\alpha\geqslant 60°)$ $=5.02(e^+)^{0.15}(\alpha/45)^{-0.16}(P\sin\alpha/e)^{0.1}\alpha\leqslant 45°)$ $=5.14(e^+)0.12(\alpha/45)-0.8(P\sin\alpha/e)^{0.1}(45°<\alpha$ $<60°)$ (10a) $g=4.75(e^+)^{0.28}(\alpha\geqslant 60°$或$\alpha\leqslant 45°)$ $=4.90(e^+)^{0.37}(45°<\alpha<60°)$ (10b)	Indented tube 轧槽管 Re 10000 ~ 100000 水
Sethmadhavan R And Raja Rao[3] M	$G(e^+, Pr)(Pr^{-0.55})=8.6(e^+)^{0.13}$ (11) 热传递函数(G 函数): $G(e^+, Pr)=[(f/2sx-1)]/\sqrt{f}+R(e^+)$ 动量传递粗糙度函数 $R(e^+)$ $R(e^+)=\sqrt{2}/f+2f(2e/D_{eq})+3.75$ (该函数包括了考虑粗糙度 e 和与流体性质有关的摩擦因子 f) 而 $d_{eq}=d-e$	$25<e^+<180$ 的单头和多头螺旋槽管 该式与 Wither(水加热) Gukta and Raja Rao 对 $5<Pr<82$ 的流体加热单头螺旋槽管偏差在7%内
Webb 等人[3]	$(f/2St-1)/\sqrt{f/2}+R(e^+)$ $=4.75(Pr)^{0.57}(e^+)^{0.28}$ (12)	采用 Dippreg and Sabersky 传热相似定律 $(e^+, Pr)=(f/2St-1)/\sqrt{f/2}+R(e^+)$ 得 $e^+>25$, $e/d=0.01\sim0.04$ $r=0.71-37.6$, $P/e=10\sim40$ 单头和多头螺旋槽管
Dipprey and sabersky [3]	$(f/2St-1)/\sqrt{f/2}+8.48=5.19Pr^{0.84}(e^+)^{0.20}$ (13)	同上，但 $0.0024<e/d<0.0044$, $e^+>70$, $1.2<Pr<5.94$
Mehta and Raja Rao[3]	$R(e^+)(e^2/P\cdot d_{eq})^{0.33}=0.40(e^+)^{0.164}$ (14)	从密度因子(Senerity factor) $e^2/p.d_{eq}$ 中既考虑了 e 又考虑了槽宽影响 $e^+=3\sim200$ 的单头和多头螺旋槽管

续表

研究者	关系式	管型、试验介质和 Re 数
Webb 等人[4]	$St=\dfrac{f/2}{1+\sqrt{f/2}[g(e^+)pr^n-B(e^+)]}$ (15) 而 $g(e^+)=1.714(e^+)^{0.2138}N_S^{-0.21}\alpha^{-0.16}$，(平均偏差 5.4%) $B(e^+)=4.762(e^+)^{0.2138}N_S^{-0.1096}\alpha^{-0.297}$，(平均偏差 1.4%) $\sqrt{f/2}=B(e^+)-2.5ln(2e/d_i)-3.75$ (16)	基于热传递相似和摩擦相似函数 多头($N_S=18\sim45$)整体内螺旋肋粗糙管，Pr 指数 $n=0.57$，$se=0.33\sim0.55$，$\alpha=25°\sim45°$

二、摩擦阻力——热传递相似和统计回归

表 3.1－1 中这些计算式都是基于“摩擦阻力——热传递”相似这种方法所得的结果。

(一)内肋、槽管传热和摩擦性能相似理论模型及各种强化管性能

基于 Nikuradse 对砂粒型粗糙管的范宁(Fanning)摩擦因数 f 和 Dipprey－Sabersky 的“热量－动量传递”相似，Nikuradse 提出了含相对粗糙度 e/d 的摩擦相似参数 A(摩擦因数相似定律)可称为粗糙度摩擦因数[1,3]，定义如下：

动量传递函数：

$$A=R(e^+)=(f/2)^{0.5}+2.5\ln(2e/d)+3.75$$

式中　e——肋、槽或粗糙度高，m；

d——内壁最大的管内径，m。

该式系基于湍流粗糙管的雷诺数相似和管壁面相似(Wall similarily)而建立的。

Dipprey 和 Saberskey 进一步应用雷诺相似建立了热传递相似定律，即热量传递相似粗糙度函数：

$$G(e^+,Pr)=(f/2St)^{-1}/(f/2)^{0.5}+R(e^+)$$

也即湍流动量扩散和热传递是相等同的，以及在距管壁面相同的距离内流体速度场和温度场均达到了它们各个的平均值。基于这一假设和无因次分析，建立了斯坦特相似 St 准数方程[1,3]：

$$St=(f/2)/[1+(f/2)^{0.5}](gF-A)$$

定义经验函数无因次 e^+ 为含粗糙度 e 参数的雷诺数，称为粗糙度雷诺数：

$$e^+=Re(e/d)(f/2)^{0.5}$$

据 Dippey 和 Sabersky 的试验，对于砂粒型粗糙度：

$$F=Pr^{0.44}$$

当 $e^+>70$ 时：$A=8.48$；$g=5.19(e^+)^{0.2}$

表 3.1－1 中 Withers 式(4 式)建议用于单头和多头肋、槽管，Li 等人的式是用于螺旋肋，对 Nikurads 砂粒型粗糙度摩擦因数式中考虑了螺旋肋、槽的节距 p 和螺旋角 α，将试验数据拟合，并假定其 Pr 与 webb 等对横(纹)肋、槽管的关系相同。

Nakayma 等对某些螺旋角范围内，对螺旋肋、槽管提出的公式认为：当螺旋角 $\alpha<30°$ 时，涡旋流强化作用是主要的；当螺旋角 $\alpha>60°$时，则主要是流体的横向流跨越肋、槽时下游的反复形成了界层分离流；而当 $\alpha=45°$时，则为上述两种流动状态共同起作用的综合结果。总之，其流图系取决于 Re、p/e 比和 α 以及肋、槽形状等，而且还要说明的是，当 α 不同，流体产生的旋转角度也不相同。

肋、槽管的首个计算公式是1971年Webb等提出的，他们研究了空气、水和n－butye横(纹)肋、槽管，将上述Nikyradse式A的计算式和Dikkrey－Sabersky的St式进一步相似扩展，引入与Nikyradse的摩擦因子式A相类似的“指数定律”函数关系，以对并不类同的不同粗糙肋、槽节距加以考虑，还引入了Gee和Webb式中的螺旋角效应，来考虑这一并不类似的肋、槽螺旋角影响。但尽管如此，这些扩展了的计算式都还缺乏对Pr加以考虑的特定函数关系，以及节距的不同变化程度都限止了其可用性程度。

表3.1－1中的Fukuda and Morita式波纹管，其流图更为复杂，流动是否存在有旋转底层，很大程度取决于Re值和管子的几何结构；但Fukuda and Morita式中并未考虑螺旋角对其公式精确度的影响。

以上这些公式都不具通用性，而Li等人和Nakayama等人的公式则用相似法考虑了肋、槽管的所有主要参变数影响。此外，国内西安交通大学动力工程多相流国家实验室以油为介质也进行了试验，用动量传递粗糙度函数与热量传递函数建立方程并进行了性能评价。

图3.1－2～图3.1－6为Sethumed Revan R and Rajao Rao M对单头和多头螺旋槽管摩擦因子$f-Re$关系、$Nu-Re$关系以及基于以上这些粗糙度函数整理的粗糙度摩擦压损实验数据与粗糙度雷诺数、粗糙度努歇尔数与粗糙度雷诺数的关系，试验号以水和50%丙三醇(甘油)为介质的。

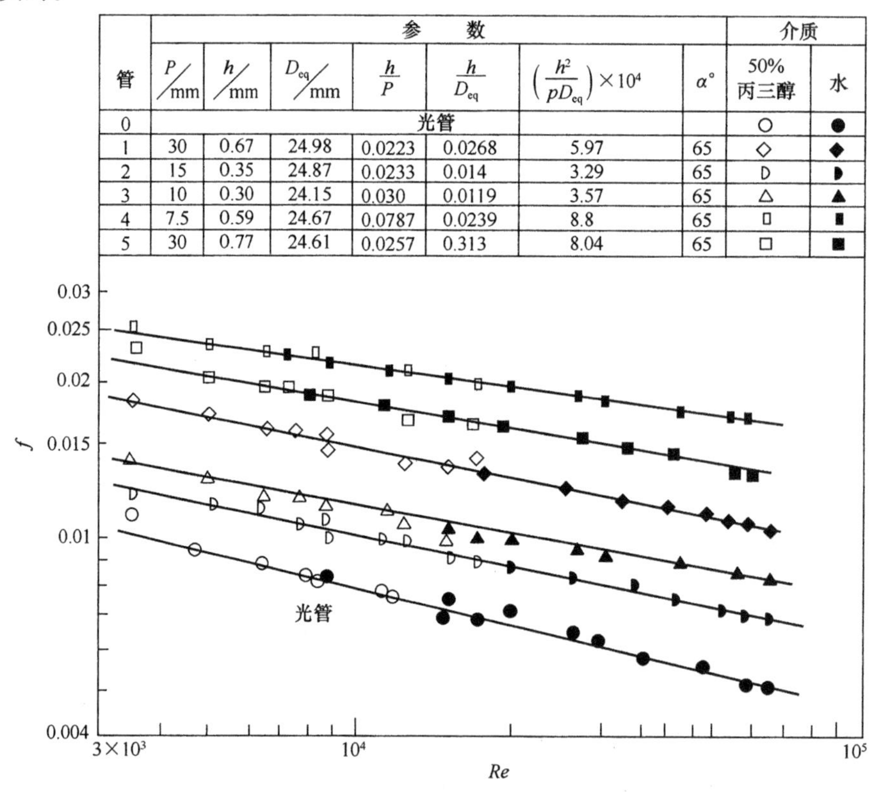

管	参数							介质	
	P/mm	h/mm	D_{eq}/mm	$\frac{h}{P}$	$\frac{h}{D_{eq}}$	$\left(\frac{h^2}{pD_{eq}}\right)\times10^4$	α°	50%丙三醇	水
0	光管							○	●
1	30	0.67	24.98	0.0223	0.0268	5.97	65	◇	◆
2	15	0.35	24.87	0.0233	0.014	3.29	65	D	◗
3	10	0.30	24.15	0.030	0.0119	3.57	65	△	▲
4	7.5	0.59	24.67	0.0787	0.0239	8.8	65	▯	▮
5	30	0.77	24.61	0.0257	0.313	8.04	65	□	■

图3.1－2　螺旋槽管摩擦因数f与Re的关系以及与光管的比较

图3.1－7和图3.1－8为横纹矩肋管$Re-f$关系以及不同研究者对各肋槽管的比较。

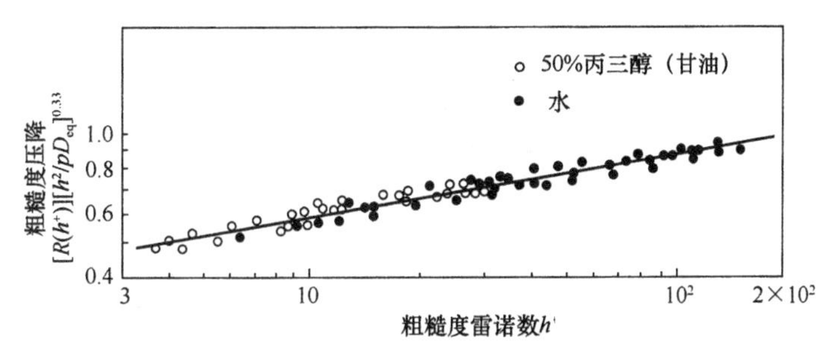

图 3.1－3　螺旋槽管粗糙度压降与粗糙度雷诺数 h^+（即 e^+）关系

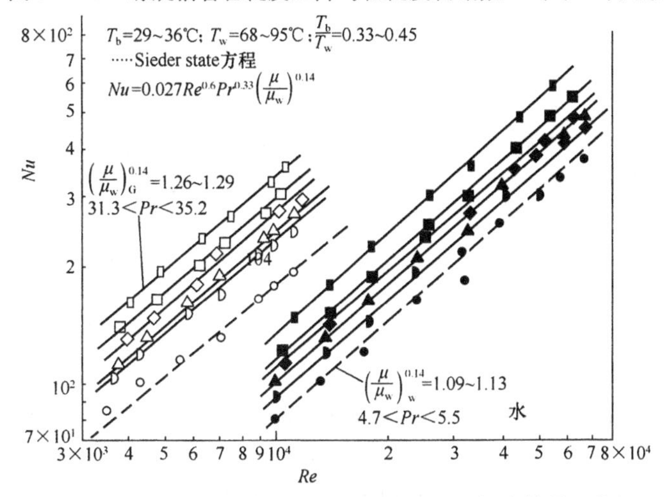

图 3.1－4　螺旋槽管 $Nu-Re$ 的关系以及与光管的比较

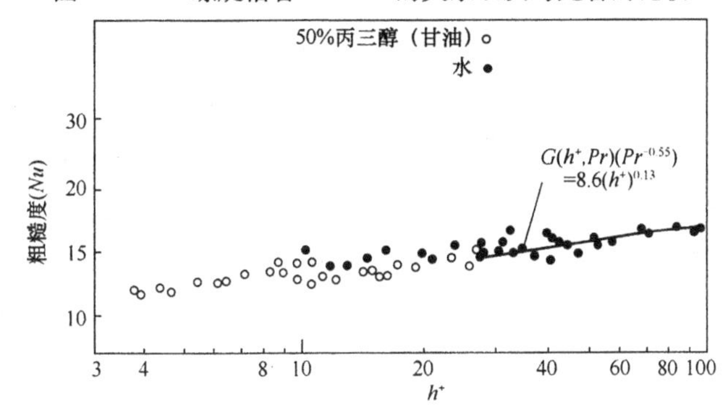

图 3.1－5　螺旋槽管粗糙度 Nu 与雷诺数 h^+ 的关系

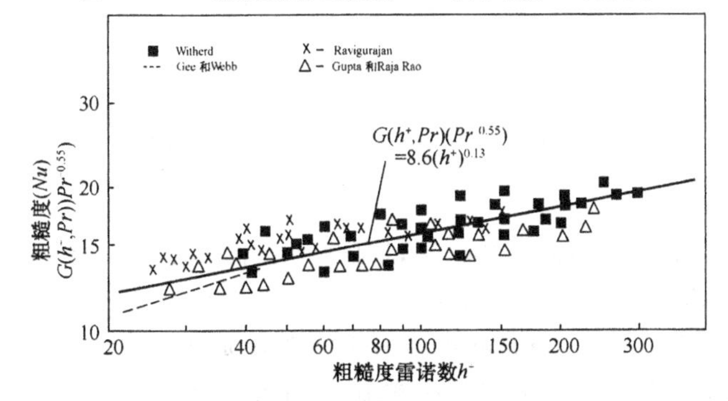

图 3.1－6　各作者螺旋槽管粗糙度努歇尔数与粗糙度雷诺数关系的比较图

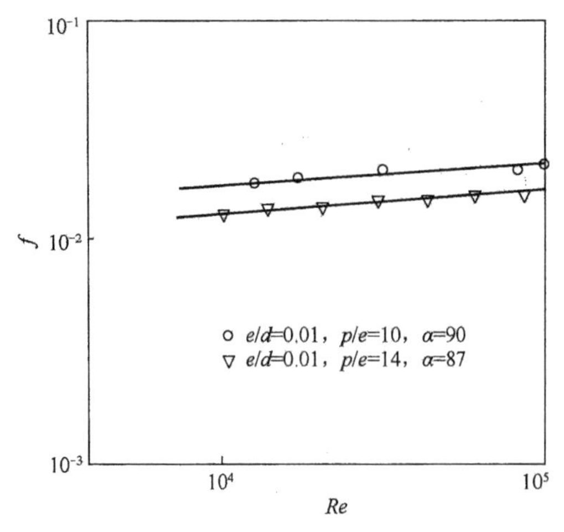

图 3.1－7 横(纹)矩形肋管 $Re-f$ 关系及比较

O：webb；▽：Bolla 等人

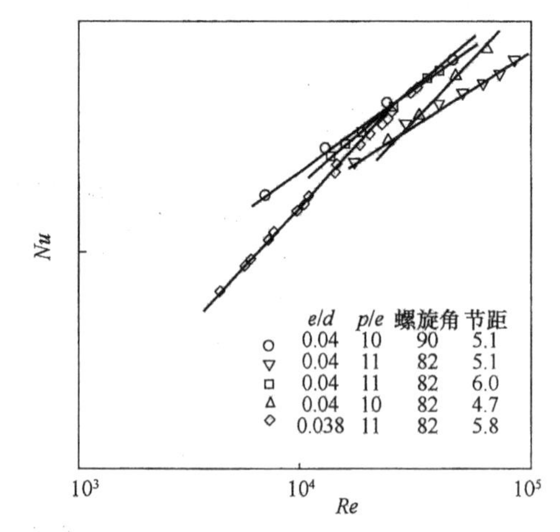

图 3.1－8 不同研究者肋槽管传热性能比较

($e/d=0.04$；$p/e=10\sim11$；试验介质为水)

O：矩形断面槽(webb)及波纹断面槽：

▽－Li：等人；□：witheres；

Δ：Mehta and Rao；◇：Berglas

各数据相差 20%

图 3.1－7 数据与 Webb. Bergles 以及 Whitch ead 等人的数据($e/d=0.02$ 肋)十分接近，相差仅 ±3%，与 Webb 的相对肋宽 $w/e=0.517$ 肋亦相一致。

图 3.1－9 和图 3.1－10 则为不同肋、槽管摩擦因数 f 的比较。

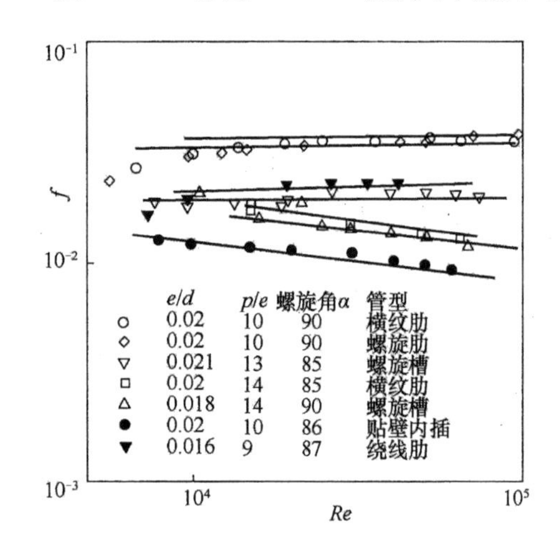

图 3.1－9 不同肋、槽管摩擦因数 f 比较(一)

(与 $e/d=0.02$，$p/e=12$ 比较)

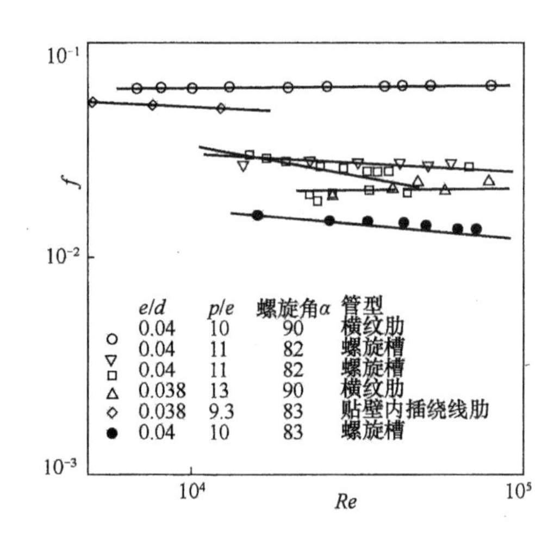

图 3.1－10 不同肋、槽管摩擦因数 f 的比较(二)

($e/d=0.04$，$p/e=11$)

图 3.1－11 中数据，Meuphta 和 Rao 与 Li 等人相比低 10%，而 Withers 和 Li 等人甚为一致，但 Bergles 则比 withers 和 Li 要低 20%。

图 3.1－12 为 webb R. L.，Narayanamarthy R. 和 Thors P.[4]对 Wolverine Tube 公司生产的即 Wolverne Tubo 管整体多头(10～45 头)螺旋肋槽粗糙管(见图 3.1－13 和图 3.1－14)的试验结果，并与光管的比较。

美国 Wolverline Tube 公司生产的 Wolverline Turbo C 管系列为管内整体内螺旋肋粗糙度，用于管内单相强化传热(图 3.1-13 和图 3.1-14)。1970 年最早生产的 Turbo-chil 管的螺旋头数为 $N_s=10$，肋轴向节距 P_a 与肋高 e 之比 $P_a/e=11$；到 1988 年生产的 TuRBO-CⅡ型螺旋头数为 30，直到 1995 年螺旋头数增至为 38 ($P_a/e=3.73$)。随着螺旋头数的增加，螺旋肋的轴向节距就减少，而传热面积却增加；最早的 Turbo-chil 管传热面积增加只有 17%，而 $N_s=38$ 头的管则传热面积增加达 60%。随着肋头数的增加及轴向节距的减少，边界层分离现象也会减少。wabb 指出，螺旋肋的倾角 $\alpha=90°$时，横(纹)肋管的边界层分离现象最为明显，直到距肋为 6~8 倍肋高 e 的位置时，边界层分离现象消失；对于($P_a/e>10$ 的管，当 α 由 90°降低为 15°以下甚至 47°时，边界层分离现象就不会产生(Gee 与 webb)；当 $P_a/e=15$，α 在约 45°时，管的性能最好。Turbo C 管与 Turbo B 管系列比较见表 3.1-2。

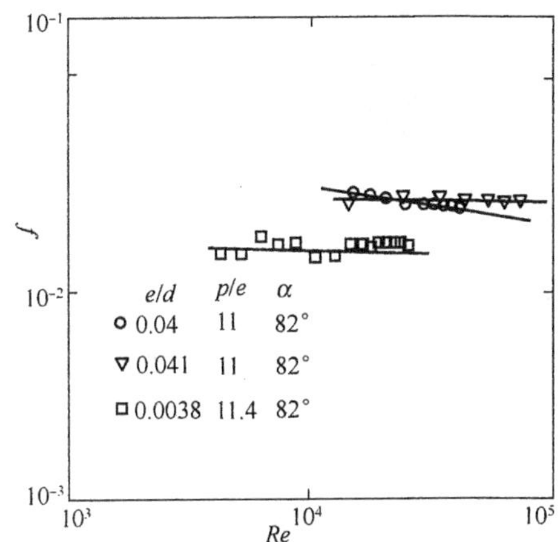

图 3.1-11 不同研究者螺旋槽管摩擦因数 f 与 Re 关系以及比较 ($e/d=0.04$，$p/e=11$，$\alpha=82°$)

○：Withers；▽：Li 等人；□：Bergles，Gupta and Rao

表 3.1-2 Thors 等人的(1997)商品管(Tubro B 系列管)性能

管子	D_i/mm	e/mm	N_s	α/deg	P_a/e	h/h_p	f/f_p	h_{pred}/h_{exp}	f_{pred}/f_{exp}
Turbo-B	16.05	0.56	30	34	4.23	2.02	2.08	1.07	1.08
Turbo-BⅡ	16.05	0.38	38	49	2.80	2.39	2.08	1.04	1.11
Turbo-BⅢ	16.38	0.41	34	49	3.23	2.54	2.29	0.97	1.03
Turbo-BⅢ LPD	16.38	0.37	34	49	3.56	2.39	2.03	1.00	1.07

注：$t_t=0.24$mm，$\beta=41°$，$Re=27,000$，h-传热膜系数，下标 p 指 Turbo C 管，下标 pred 指预测，exp 指实验值。

由表 3.1-2 可见，Turbo B 系列管的传热膜系数 h 要比 Turbo c 管的传热膜系数 h_p 高。

(二)统计/经验法[1]及各种强化管性能

在管内呈湍流状下，肋、槽的黏性边界层底层会增加摩擦压降，其摩擦因子与管的粗糙肋、槽的高 e、节距 P、螺旋角 α 和 Re 等以及其他参数有关，如果忽略肋、槽断面状况等次要因数，采用无因次形式，则可将摩擦因数写成下列形式：

$$f_a/f_s=f(Re,e/d,P/d,\alpha/q_0)$$

下标 a 和 s 分别表示强化管和光滑管。

统计关联式比较复杂，但应用方便，且不同于相似法，摩擦因数和传热膜系数可以耦合在一个式子中，也可以不耦合在一个式子内单独计算。此外，公式也可以作成图线加以分析。Kalinin 等人对横(纹)肋、槽管提出了摩擦因数和热传递关联经验方程，表示成相同 Re 下强化管与光管的 Nu_a/Nu_s 比和 f_a/f_s 比的关系，式中管径采用最大内径值 d。

表 3.1-3[1]中 Mehta 和 Rao 式系基于强化管粗糙度参数这一密度指数 $s=e^2/(pd)$ 的关联式；Rabas 等采用类似的方法，基于水等的试验数据，提出单头和多头螺旋槽管经验式关

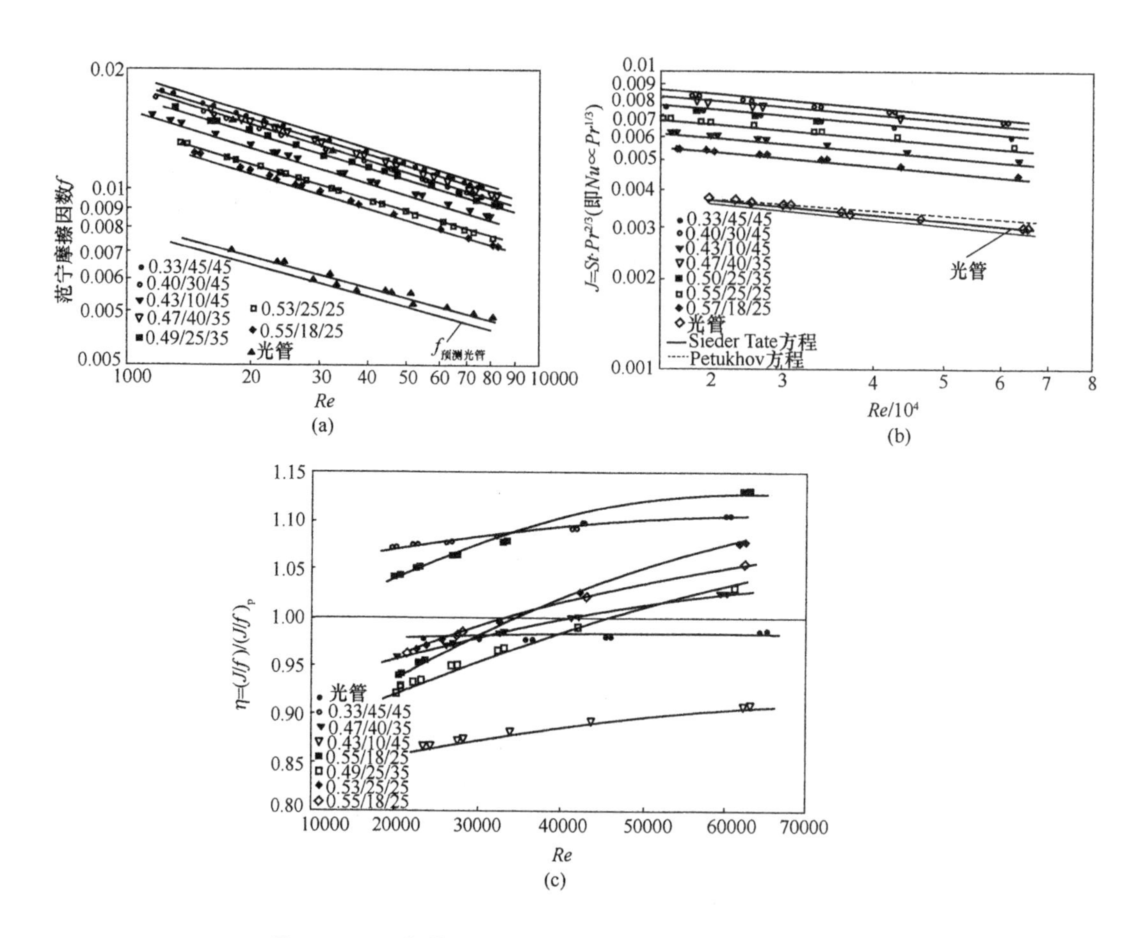

图 3.1-12 各种 wolverine Turbo C 整体内螺旋肋粗糙管性能

图(a)，摩擦因数 $f-Re$ 关系

图(b)，传热因子 J 与 Re 关系(◇：光管测定值，比 s-T 方程 $f=0.079Re^{-0.25}$ 高 3%；$5.08\leqslant Pr\leqslant 6.29$，-sieder Tate 方程，----Peturhor 方程)

图(c)，效率指数 $\eta-Re$ 关系

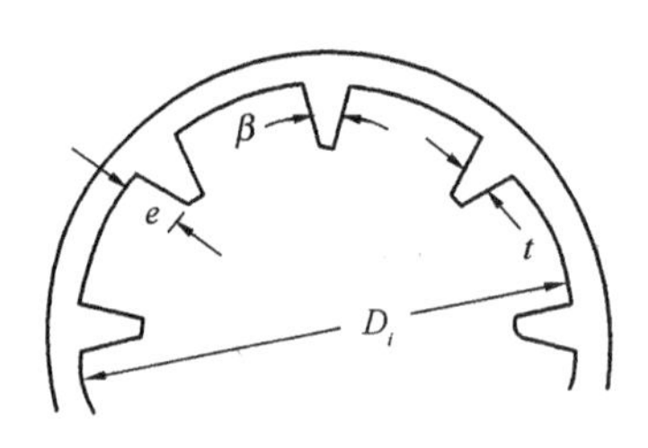

图 3.1-13 Wolverine Turbo-CII 螺旋肋管

t_b：肋基厚；t_t：肋尖厚；β：倾角，即肋两侧面的夹角为 $\beta/2$；

D_i：肋基处管径；e：肋高

联式，该式与 Mehta 和 Rao 相类似，但式中常数 A 和 B 表示成上述的 s 指数函数关系。

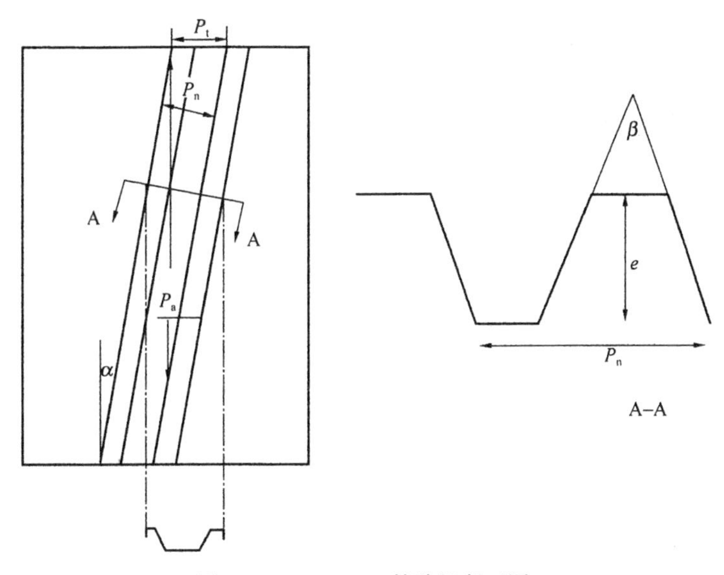

图 3.1－14　Turbo 管肋翅断面图

e：翅高；P_n：肋横向节距(垂直于肋)，$P_n=\pi D_i/N_s$；

α：螺旋角；N_s：螺旋头数，$N_s=\pi D_i/P_a\tan\alpha$(平面投影和 AA 断面)

表 3.1－3　统计/经验关联式[1]

研究者	关联式	管型、流体、Re 数
Yorkshire	$f_a=\{0.0056[1+C\sin(\pi\alpha/180)(P/e)-1.6]\}/(Re/39.000)^B$ (17a) $B=0.233+0.153(e/P)-12.6(e/P)^2-22.64(e/P)^3+264.9\,e/P)^4$ $C=176.47+280.62\ln(e/d)+185.06\ln(e/d)^2+64.13[(e/d)]^3$ $+12.26\ln[(e/d)]^4+1.23\ln[(e/d)]^5+0.05\ln[(e/d)]^6$ $Nu=0.027[1+D\sin(\pi\alpha/90)/P/d^{0.7}]Re^{0.8}Pr^{1/3}$ (17b) $D=\exp[-5.077+4.42\ln(e/d)+1.124\ln(e/d)^2+0.067\ln[(e/d)]^3]$	波纹管(Fluted tubes) Re 4000～60000 水
Newson and Hodgson	$f_a/f_s=1/\cos(\pi\alpha/180)^{2.75}$（基于旋涡机理） (18a) $=1+6.065(e/d)^{0.738}-0.1948\times(10)^{-6}Re/([1/\tan(\pi\alpha/180)]^{1.815}$（经验） $Nu_a/Nu_s=1/\tan(\pi\alpha/180)^{0.8}$ (18b)	波纹管（Fluted tubes） Re10000～100000 水
Kumar and judd	$Nu/Pr^{1/3}=0.0554(f_a\,Re^3_{a)}{}^{0.286}$ (19)	线圈内插(Wire－coil inserts)粗糙肋，Re10000～100000，水
Ravigururajan and Bergles	f_a/f_s $=[1+29.1\{Re^{Y1}\,e/d^{Y2}\,p/d^{Y3}\,\alpha/90^{Y4}(1+2.94/n)\sin\beta\}]^{16/15}$ (20a) β—肋槽断面接触角；(°) $Y1=0.67-0.06(P/d)+0.49(a/90)$ $Y2=1037-0.157(P/d)$ $Y3=-1.66Re/10^{-6}-0.33(a/90)$ $Y4=4059+4.11Re/10^{-6}-0.15(P/d)$ $Nu_a/Nu_s=\{1+[2.64Re^{0.036}(e/d)^{0.242}(P/d)^{-0.24}(a/90)^{0.29}Pr^{-0.024}]^7\}^{1/7}$ $f_s=(1.82\ln Re-1.64)^{-2}$ $Nu_a=1+\sqrt{(f/2)}Re\cdot Pr/[12.7(f/2)^{0.5}(Pr^{2/3}-1)]$ (20b)	扎槽、波纹内肋管和贴壁内插线圈粗糙肋(indented, fluted, ribbed tubes Wire－coil inserts)Re3000～500000 空气、 水、氢和 n－乙醇

续表

研究者	关联式	管型、流体、Re数
吉富英明[6]	对于 $P \geqslant 0.4d, e \leqslant 0.6d^{0.8}Re^{0.16}$ 的管子 $Nu = 165\ (e/d)^{1/3}\ (P/d)^{1/2}\ (\frac{Re-2000}{10^4})\ Pr^{0.4}$ (21a) $Nu = 165\ (e/d)^{1/3}\ (P/d)^{-1/2}\ (\frac{Re}{10^4})^{(0.8-3.5e/d)}\ Pr^{0.4}b$ (21b) ①在 $Re = 2\times10^3 \sim 5\times10^4$ 范围，$e > 2.5$mm 时，$\lambda = 0.273eP^{-0.5}$ ②$e \leqslant 2.5$mm 时，$\lambda = 1.3(e/d)\ (p/d)^{-0.7}$ ③在 $Re = 5\times10^4 \sim 2\times10^5$ 的范围内，$e > 2.5$mm 时 $\lambda = 0.273eP^{-0.5}\left(\frac{Re}{5\times10^4}\right)^{-0.2}$ ④$e \leqslant 2.5$mm 时，$\lambda = 1.3(e/d)\ (P/d)^{-0.7}\left(\frac{Re}{5\times10^4}\right)^{-0.2}$	$Re = 8\times10^3 \sim 8\times10^4 Re = 2\times10^4 \sim 8\times10^4$ 的范围内，大部分偏差在 ±10% 以内。最佳 P 值在 $Re > 2\times10^3$ 时，$P = 0.4d$。 最佳 e 值在 $Re = 2\times10^3 \sim 8\times10^3$ 时，为：$0.04d \leqslant e \leqslant 0.6\ 0.6d^{0.8}\ Re^{-0.16}$ $Re = 8\times10^3 \sim 8\times10^4$ 时，$e = 0.04d$。$Re > 3\times10^4$ 时，$e \leqslant 0.04d$
Panchal C. B. 等人	$Nu = 0.0376\ Re^{0.8}\ Pr^{0.4}$ (22)	管内水，螺旋波纹管（波距 > 2.63mm，波深 1.54mm，螺旋角 30°，波节径比 1.35）
Mehta 和 Rao	$f_a = A/Re^B$ (22a) $A = 0.079\exp(-92s)$ $B = 0.25\exp(-215s)$ $Nu_a = CR^nPr^{0.4}$ (22b) $C = 0.029\exp(-16s)$ $N = 0.8\exp(25s)$	轧槽管（Indented tubes）Re6000 ~ 60000 水
Rabas 等人	$f_a = 0.005586A/Re^B$ (23a) $S = e^2/Pd$ $A = \exp(675.8S)$　$B = 0.25$　$S \leqslant 0.0002$ $= 27.45^{0.373S}$　$B = 0.25$　$0.0002 < S \leqslant 0.00035$ $= 27.45^{0.373S}$　$B = 0.2616S - 32.7$　$0.00035 < S \leqslant 0.001$ $= 170.0^{0.637S}$　$B = 0.2616S - 32.7$　$0.001 < S \leqslant 0.08$ $= 170.0^{0.673S}$　$B = 0.0$　$0.08 \leqslant S$ $Nu_a = 0.027E_1Re^{0.8}/Pr^{0.4}$ (23b) $E_1 = 1.0 + 1.182E_2E_3/(P/d)^{0.406}$ $E_2 = \cos(x); x = \tan^{-1}(P/d)$ $\ln E_3 = 4.4224\ln(e/d) + 1.124\ln(e/d)^2 + 0.067\ln(e/d)^3$	轧槽管（Indented tubes）
Deng[6] 华南理工大学 邓颂九和李向明	$Nu_a = 0.7(e/d)^{0.434}(P/e) - 0.118(\alpha/90)^{1.8}\ \sqrt{(\alpha/90)}^{0.114} - [0.22 + 1.3\cdot10^{-4}(1.1 - 1/Pr^{0.3})(e/d)Re^{0.8} + 1.08(\alpha/90)/\sqrt{(Re)}]Re$ (24a) $f = \frac{1}{[K\ln(Re\sqrt{f}) - 3.72K + A]^2}$ $K = 2.6 - 0.1\exp[-1.03(e/d)^{0.1} - 22/(p/e) + 18.2/\sqrt{P/e} + 0.411(\alpha/90)]$ $A = 5 + 6[\mathrm{arctg}(50/b) - \mathrm{arctg}(5/b)] - K\ln 50$ $b = 14.7\exp(-14.9(e/d)) - 4.24\sqrt{R/d} - 1.78/(P/e) - 2.51(\alpha/90) + 2.8(\alpha/90)^{0.05}]$ (24b)	轧槽管（Indented tubes）Re5000 ~ 70000

续表

研究者	关联式	管型、流体、Re 数
Webb R. L. 和 Nayaganamurthy R. Thors P. [4]	$f=0.108Re^{-0.283}\cdot Ns^{0.221}(l/d_i)^{0.785}\cdot\alpha^{0.78}$　(25) $J=s\pi\cdot Pr^{2/3}=0.00933Re^{-0.181}Ns^{0.285}(l/d_i)^{0.323}\alpha^{0.505}$　(26) d_i——肋基直径 （l/d_i 和 α 对 f 的影响比对 J 更大）	水 多头（$Ns=18\sim45$）整体内螺旋肋粗糙管（$e=0.33-0.55$）试验，介质水，平均偏差 3.8%，$5.08\leqslant Pr$，$0.024\leqslant e/d_i\leqslant0.041$，$2.39\leqslant p_s/e\leqslant12.84$，$25°\leqslant\alpha\leqslant45°$，$\beta=41°$，$t_t/d_i=0.015J$ 比 1996 年 Bergles 等人高 10% ~45%

螺旋波纹管由于其深的槽和大的螺旋角等粗糙度，使流体在管内产生螺旋流，Newson 和 Hodgeson 用相似法和统计法二种方法建立了摩擦因数和传热方程式。这些方程式的建立是基于纯涡旋流机理，英 Yorkshire Metal 公司也提出了类似的公式。

在管壁贴壁内插螺旋绕线的肋状管，结构和制造甚为简单方便，但至今并无专门的预测关联式，建议可采用 Kumar 和 Judd 关系式：

$$(Nu_a/Pr)^{1/3} = 0.055\phi(f_a\cdot Re_a{}^3)^{0.286}$$

该式是将摩擦因数 f_a 和传热 Nu_a 耦合在同一式中。

Ravigurujan 和 Bergles 也提出了有关摩擦因数和传热膜系数关联式，该式系基于以上 4 种肋、槽和内插线肋管试验基础上的，表示成管参数和流体力学变数的显函数，而且当粗糙度 $e=0$ 时，该式就简化成光滑管计算式：

$$f_s = (1.82\ln Re - 1.64)^{-2}$$

$$Nu_s = [1+(f/2)^{0.5}\cdot Re\cdot Pr]/[12.7(f/2)^{0.5}(Pr^{2/3}-1)]$$

表 3.1－3 中 Deng 式是华南理工大学邓颂九和李向明等人的试验研究公式，适用于单头螺旋槽管。他们对管内流态、强化传热机理及管参数的优化等进行了全面深入研究，并用氢气泡示踪进行流态可视化法试验研究。

图 3.1－15 ~ 图 3.1－19 为华南理工大学对几种管型的管内、外传热 St 数与摩擦因数 f 试验的结果与比较，还与光管一并进行了比较[6]。

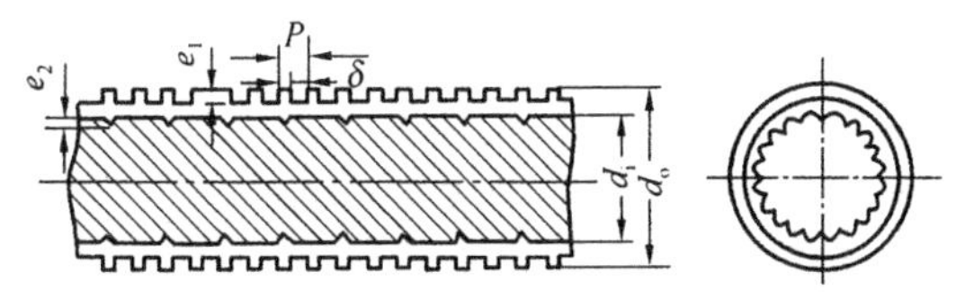

图 3.1－15　螺旋低翅片管剖面图

管外：$1^{\#}$ 管：$d_o=19.2\text{mm}, P=1.4\text{mm}, \delta=0.4\text{mm}, e_1=1\text{mm}$ 单兴肋
　　　$2^{\#}$ 管：$d_o=20\text{mm}, P=3.2\text{mm}, \delta=1.1\text{mm}, e_1=1.2\text{mm}$ 单兴肋

管内参数均为：$d_1=15.4\text{mm}, P=140\text{mm}, e_2=0.7\text{mm}$ 单兴肋

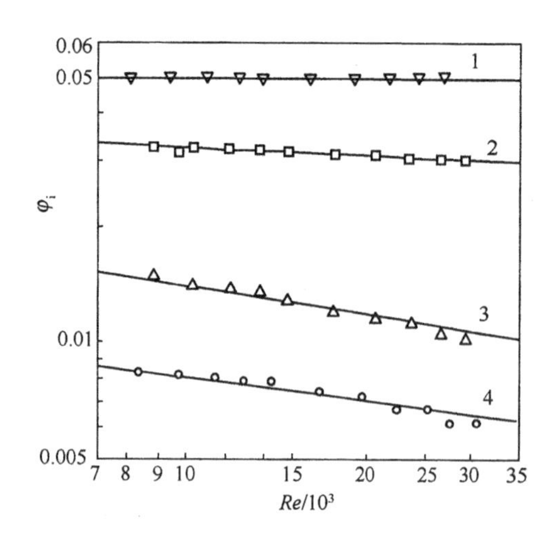

图 3.1-16 换热器管内的流体阻力实验数据($\varphi_i=f_i/2$)

1—螺旋槽管；2—缩放管；3—螺旋低翅片管 1#、2#；4—光滑管

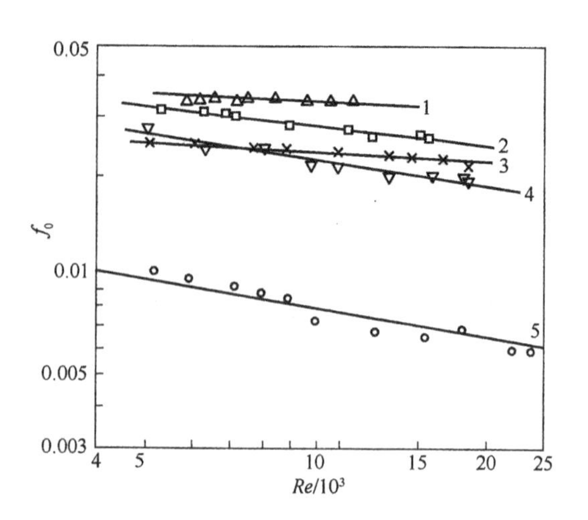

图 3.1-17 换热器管束管间的流体阻力实验数据

1—螺旋低翅片管 2#；2—螺旋低翅片管 1#；3—缩放管；4—螺旋槽管；5—光滑管

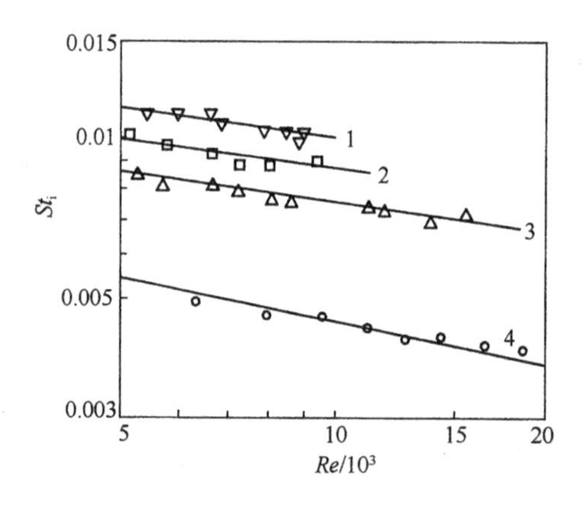

图 3.1-18 换热器管内的传热 St_i 实验数据

1—螺旋槽管；2—缩放管；3—螺旋低翅片管 1#、2#

4—光滑管

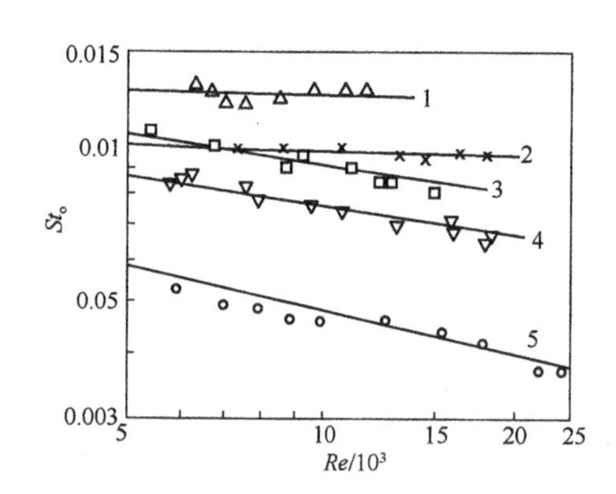

图 3.1-19 换热器管隙间的传热 St_o 实验数据

1—螺旋低翅片管 2#；2—缩放管；3—螺旋低翅片管 1#；4—螺旋槽管；5—光滑管

按 webb 的强化传热性能评价方法，在同等传热负荷、传热温差、流阻损失以及流体流量等条件下，比较上述各种粗糙管比光管节省的传热面积，其结果列于表 3.1-4，表中 A_s 和 A_r 分别为光滑管和粗糙管的传热面积。

表 3.1-4 各粗糙管的强化传热性能比较结果

管 型	管隙间		管内	
	Re	A_r/A_s	Re	A_r/A_s
螺旋槽管	15340	0.755	11776	0.691
螺旋低翅管片 1#	14598	0.655	19897	0.598
螺旋低翅片管 2#	15582	0.428	19897	0.598
缩放管	16919	0.507	13445	0.71

注：在以上的比较中均取光滑管 $Re_s=2\times10^4$。

华南理工大学用其试验研究结果与日本吉富英明关联式进行了比较，认为吉富英明的计算式是较为可靠的，经长期的设计应用与生产实践，已成功地应用于炼油、化肥及压缩机冷却器等的设计中。华南理工大学与某溶剂厂合作，已将螺旋槽管应用到甲醇余热锅炉中。由于螺旋槽管的传热强化作用，在减少了传热温差情况下，仍然提高了传热速率，使急冷效果更好，产品质量有所提高，原材料单耗有所下降，产生的蒸汽和热水自给有余，使甲醛生产由耗能户变为供能户，且大大减少了冷却水的循环量，节约了电能。如今这种技术已在国内甲醛生产中全面推广使用。

又如笔者将螺旋槽管应用于压缩机排气冷却，气体走管程，传热强化了3倍，不仅传热面积减少了30%以上，且冷却水也大大减少了，排气温度也下降了10多度。又如用螺旋槽管制作成的国内某炼油厂常减压原油与渣油高效换热器，其总传热系数提高了1.2～1.5倍。

另外，华南理工大学[7]对3种不同规格的螺旋槽管水的实验结果与Deng式[6]的计算结果相比，偏差在±15%以内，从图3.1－20中看出，该管可有效地强化管内单相对流传热，管内流体的传热膜系数 h_i 比光滑管提高1.4～1.8倍。

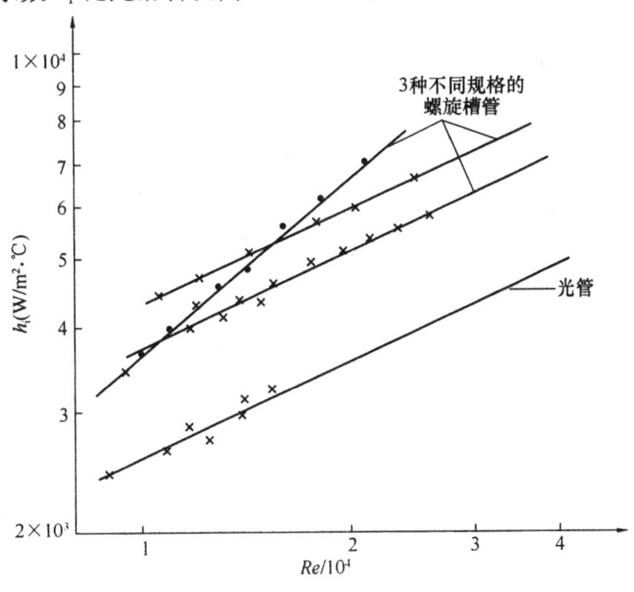

图3.1－20　螺旋槽管管内单相对流传热试验结果[7]

此外，北京理工大学在1992年开发出一种新型异型螺旋槽管，其轴向剖面呈半流线的勺型或W形等多种结构，传热膜系数为光管的1.6～3.5倍，阻力系数为2.1～6倍，特别是其阻力损失比国内外的各种螺旋槽管都低，已在国内一些部门得到推广应用。其结构如图3.1－21所示。

三、螺旋槽、肋管管内传热与流体力学数值计算和研究

如采用上述两种相似法和统计回归法对螺旋槽、肋管和横(纹)槽及肋管等优化筛选，基于试验手段来达此目的，将耗费巨大的人力、物力。如今可借助于电子计算机来进行数值计算分析，通过改变区域形状和边界条件来模拟不同结构的槽、肋管来分析和探讨管内外流动

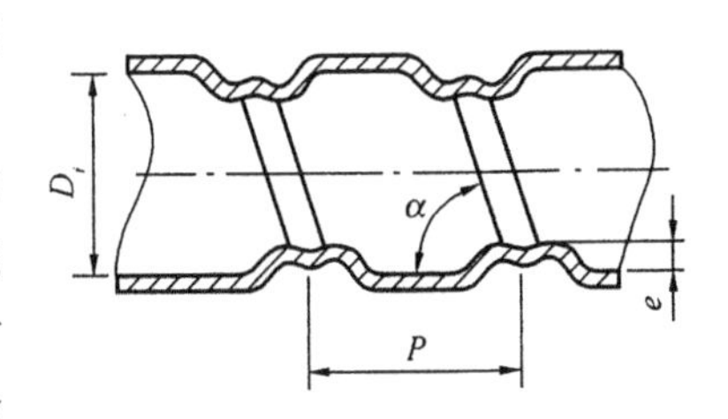

图3.1.21　异形螺旋槽管示意图

和换热情况。

据文献介绍，国内北京理工大学应是最早进行螺旋槽管参数值分析研究者，他们简化了模型，忽略了分离流对传热的影响，摩擦因数计算结果与文献相比偏高3%～13%[11]，与其试验结果相比偏低8%～12.5%。这对较小管会合理些。北京理工大学将接近螺旋角90°的螺旋槽管(单头)简化为横(纹)槽管，此时三维椭圆形流动就简化为二维轴对称椭圆形流动，该模型计算结果与各文献的比较见表3.1-5。

表3.1-5　螺旋槽管数值计算结果与文献比较[12]

管子参数(e/D_i)	Nu					
	文献[6]	文献[13]	文献[18]	文献[6]	文献[13]	文献[18]
0.025	-4%～6%	18%以内	-18%以内	14%～19%	7%～23%	23%～29%
0.03	3%以内	19%以内	-17%以内	6%～12%	6%～15%	13%～20%
0.035	2%以内	10%以内	-16%以内	6%以内	-8%～20%	11%以内
0.04	4%～6%	10%以内	-23%以内	-4%～11%	-20～32%	-4%～12%

图3.1-22～图3.1-25为Liu X. Y. 和Jensen对内螺旋翅片管和内微翅管的湍流强化性能比较，采用数值计算法分析，并与其他学者试验比较，甚为相符。这两种管型由于翅较密，翅间距小，更主要是翅片引起的剪切力为主的强化作用，伴随有微弱的圆周分速度引起的旋转运动，而没有边界层分离和二次流存在。该内螺旋翅片管的圆周速度旋转运动，由于翅间距和翅高比内微翅管大且高5%，因而引起比之有较大的摩擦因数和压降(克服螺旋流和附加壁翅面积的压损)。

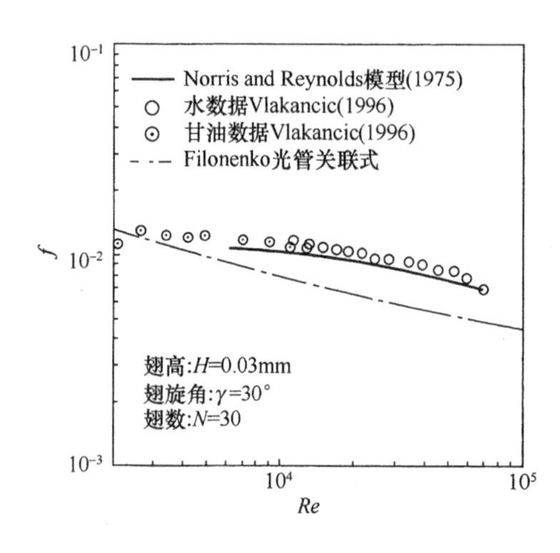

图3.1-22　内微翅管摩擦因数比较

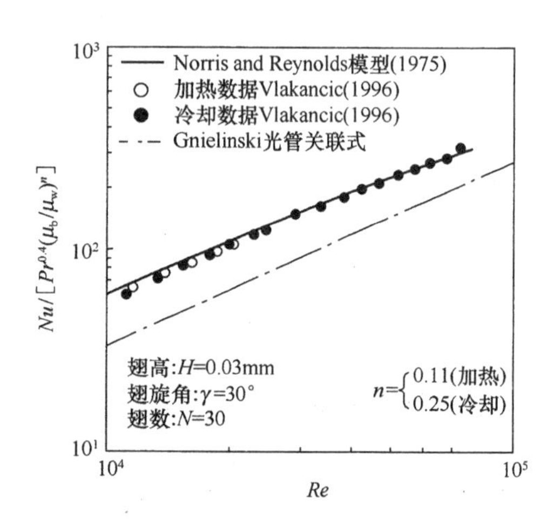

图3.1-23　内微翅管Nu比较
(试验最大偏差为5%)

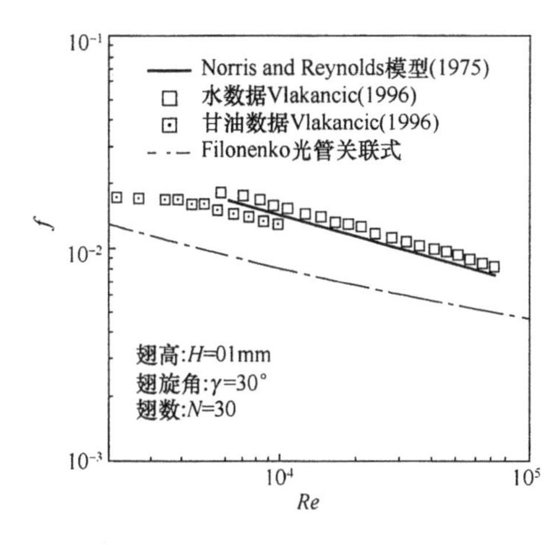

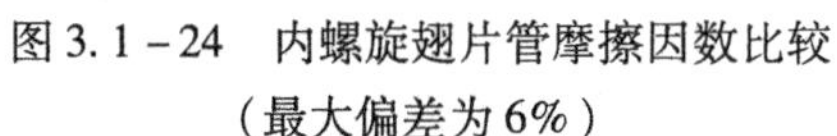
图3.1-24　内螺旋翅片管摩擦因数比较
（最大偏差为6%）

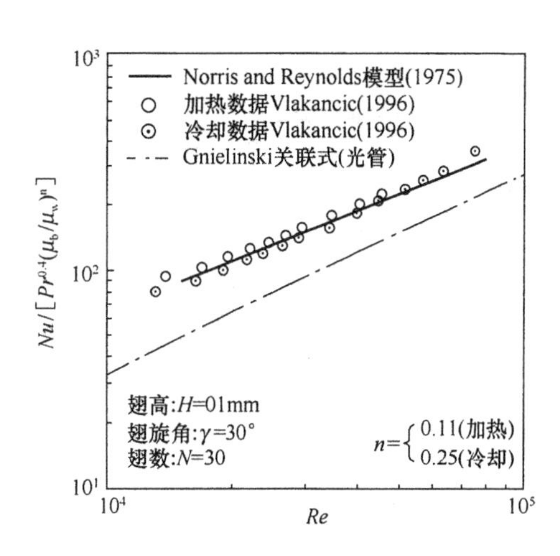

图3.1.25　内螺旋翅片管 Nu 比较
（最大偏差为17%）

北京化工大学张政等人以及国外 Liu X. Y. 和 Jensen 也进行了多头螺旋槽管数值分析[12,13,14]。由于管内流动与传热的复杂性，使这些简化模型的数值计算误差都偏大，为此，有必要开展有限元法等来处理复杂的几何边界问题，以得到更精确的分析结果。

表3.1-6为该内微翅管和内螺旋翅片管的性能比较，包括其壁阻 F_p 对总压降 F 之比（$Re=70000$），内微螺旋翅管的翅高比低翅的内微翅要高50%。

表3.1-6　内微翅管与内螺旋翅管性能比较

$Re=70.000$	翅1（微翅）	翅2
H	0.03	0.10
N	30	8
γ	30°	30°
$A_{翅}/A_{光}$	1.33	1.29
$Nu/Nu_{光}$	1.43	1.37
$(Nu/Nu_{光})/(A_{翅}/A_{光})$	1.08	1.06
$f/f_{光}$	1.56	1.67
F_{press}/F	0.30	0.44
$(Nu/Nu_{光})/(f/f_{光})$	0.92	0.82

注：$A_{翅}/A_{光}=1+\dfrac{H\cdot N}{\pi\cos r}$

可见这二种管由于翅片不高，Nu 数的增加比其传热面积的增加要大一点。内微翅管翅片传热面增加传热约占50%，内螺旋翅片管则占37%；Nu/f 的增值内微翅管比之内螺旋翅片管要大11%，这是因为这些翅高引起的传热作用不大，致使产生了更多的压降。

另外依据相似定律，热传递性能比例于壁面剪切应力，该壁面剪切应力分为轴向剪切和垂直于轴向的周向剪切，轴向剪切虽可强化传热却增加压降，而周向剪切不但强化了传热且不产生任何压损。为此，最佳翅形应为更多的周向剪切强化传热。

四、贴壁内插线圈粗糙肋管、螺旋波纹管及内螺纹管性能[15]

图3.1-26和图3.1-27分别为 Suyder 和 Zhang 等人对该管型的摩擦因数 f 试验结果，并对上述四种管作比较。

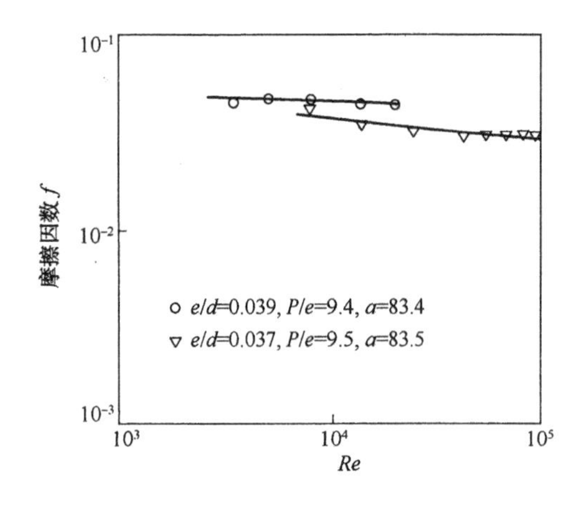

图 3.1-26 贴壁内插线圈粗糙管摩擦因数 f 与 Re 的关系及其比较 Suyder(o)、Zhang 等人(▽)

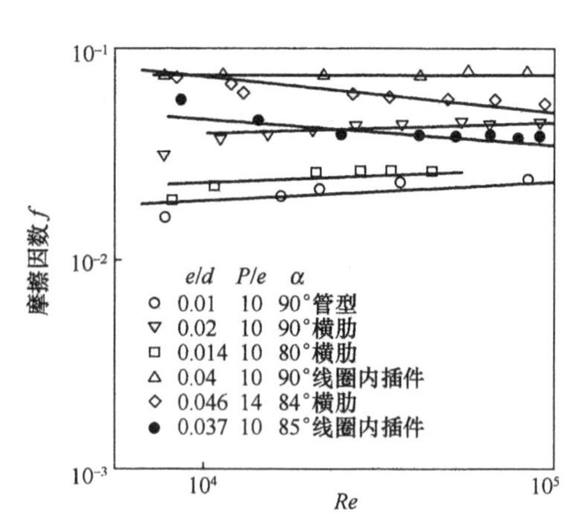

图 3.1.27 贴壁内插线圈粗糙管比较 Webb(○、▽、△)横纹肋管摩擦因数 f 与 Re 关系，Molloy(□)，Sams(◇)，Zhang 等人(●)

结论是横纹内肋管的 f 最高，螺旋内肋管次之，螺旋槽管最低(可参见文献[3]，即图 3.1-8)正方形和矩形肋、槽断面的压降要比螺旋波纹断面槽高。

图 3.1-28 和 3.1-29 为 Panchal C. B. 等人 对螺旋波纹管管内单相流传热试验结果(波距 2.63mm，波深 1.54mm，螺旋角 30°，传热面积比光管大 1.6 倍)[16]。

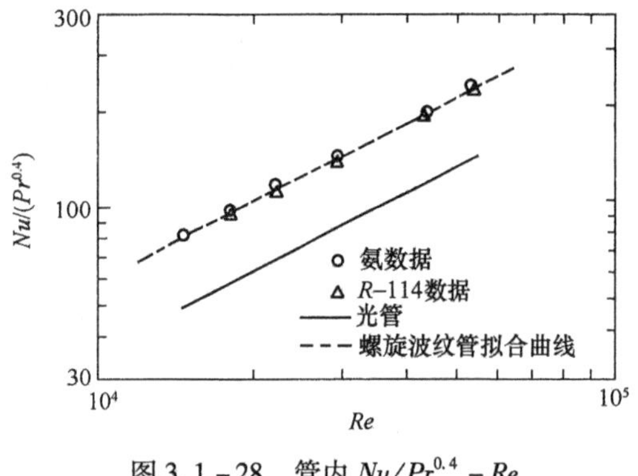

图 3.1-28 管内 $Nu/Pr^{0.4}-Re$ 关系并与光管的比较

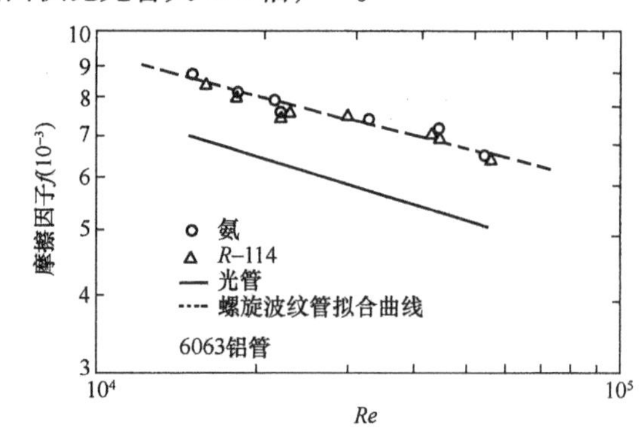

图 3.1-29 管内摩擦因数 f 与 Re 的关系

传热膜系数可比光管强化 1.63 倍，而平均摩擦因数 f 增加 1.25 倍，热效率因数 η 可增加 1.3 倍(管内介质为水时，水流速为 1.5m/s 以下)。

其管内传热膜系数关联式(水)：

$$Nu = 0.0376Re^{0.8}Pr^{0.4}$$

图 3.1-30 为螺旋波纹管管内单相传热性能与流速关系并与轴向波纹管及光管的比较[16]，当管内水流速 <2m/s 时，螺旋波纹管比轴向波纹管和光管约大 20%～30%，当流速增大到 >2m/s 时，其强化性能逐步减少到互相接近甚至相等；与 Obt 等人以空气为介质进行的试验甚为相符。Yompolsky 等人 的数值分析表明，螺旋波纹管由于二次流作用而强化了传热和流体力学的传递性能，与试验结果甚为一致。图中性能系数 η 为单位摩擦因子的热传递增加值。

文献[17]介绍了内螺纹管(图 3.1-31)煤油单相紊流强化的结果，图 3.1-32～图

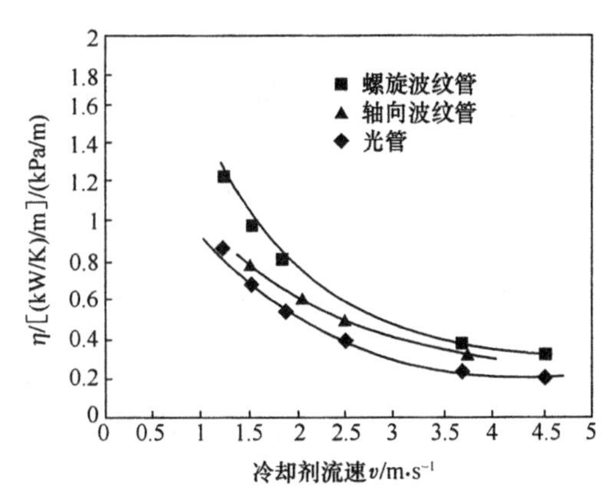

图 3.1－30　螺旋波纹管单相管内传热性能 η 与流速 v 的关系及其相关比较

3.1－36分别为其传热膜系数和摩擦因数关联式（$Re=10^4\sim2.2\times10^4$）：

$$Nu=0.299Re^{0.608}\cdot Pr^{0.4}$$

$$f=0.1619/Re^{0.283}$$

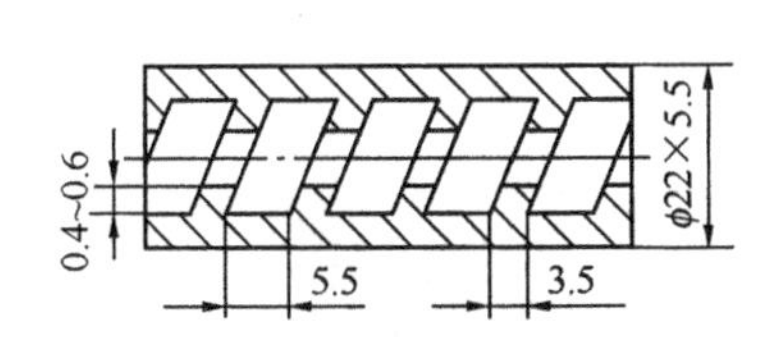

图 3.1－31　试验用内螺纹管的结构参数

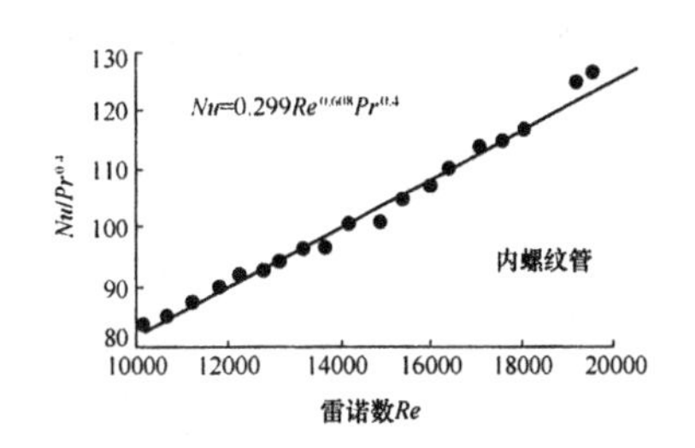

图 3.1－32　内螺纹管煤油试验传热膜系数拟合关联式

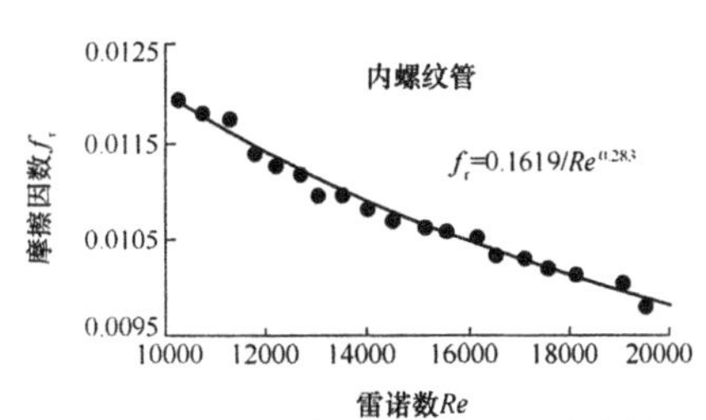

图 3.1－33　内螺纹管煤油试验摩擦因数拟合关联式

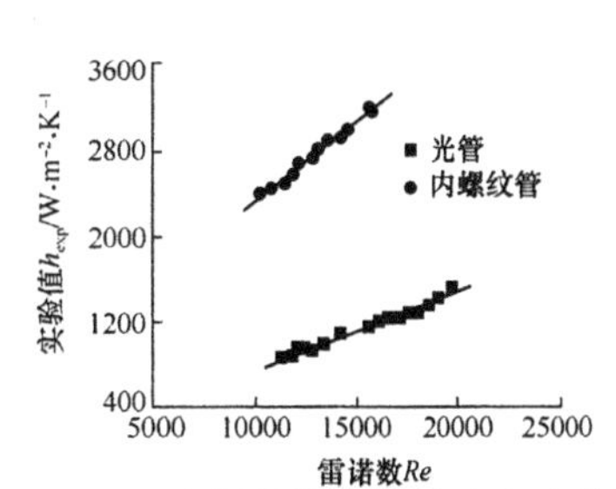

图3.1－34　内螺纹管煤油试验紊流传热膜系数及与光管的比较

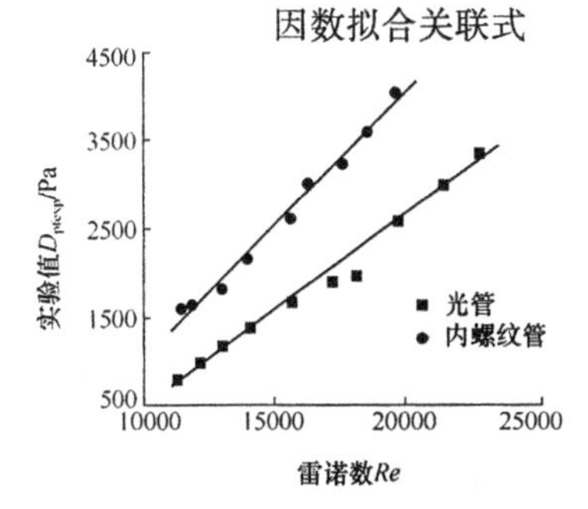

图 3.1－35　内螺纹管煤油试验摩擦阻力及与光管的比较

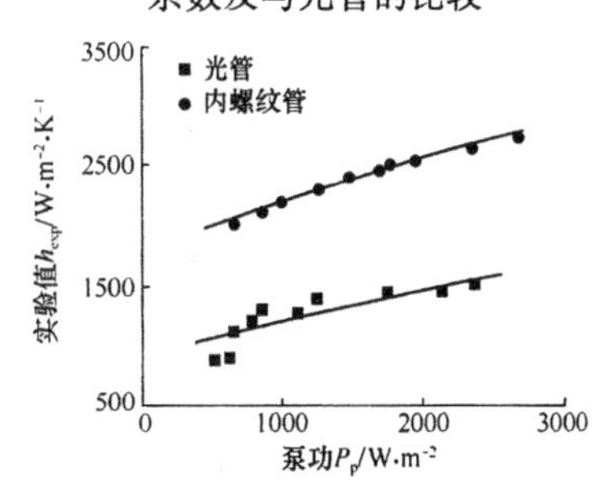

图 3.1－36　内螺纹管煤油试验传热膜系数（P_p 为单位传热面积泵功率的变化）及与光管的比较

五、结构分析[1]

Rabigururajan 和 Rabas 用上述 4 种主要槽、肋管的 4243 个摩擦因数数据点与 3623 个传热数据点的关系，探索了粗糙度高 e、节距 P 和螺旋槽角 α 与“热力 - 流体动力”性能的关系。螺旋槽、肋管和壁面内插件粗糙肋管的相关数据见图 3.1 - 37 ~ 图 3.1 - 39。

由图 3.1 - 37 ~ 图 3.1 - 39 可见，Lketal 和 Rabas 等人的预测式约有 32% 的数据预测精度在 ±20% 以内，约 50% 数据的精度在 ±50% 以内，而 R - B 通用式则有 <50% 的数据预测精度在 ±20% 以内，约 85% 的数据在试验值的 ±50% 内。

内肋管的尖锐矩形肋断面具有更明显增加二次流而导致较大摩擦因数的作用。Ravigururajan 和 Bergles 式用一函数关系把一二次流效应定量考虑入内，因此可把 57% 的肋管数据预测精度控制在 ±50% 之内。

壁面内插件肋管没有直接可用公式，但因其强化作用与所有轧槽管相似，因而轧槽管的预测式即可粗略地用来预测其 Nu 和 f 值。上述图 3.1 - 39 已将壁面内插绕线圈肋管数据与 Ravigururajan 和 Bergles 式进行了比较。可见轧槽管公式可用来预测其试验数据且与轧槽管的预测精度达到同样水平。而 Kumar 和 Judd 建立的壁面内插绕线圈关联式只限于用来预测热传递关系。

用 Nakaymag 式或 Mehta 和 Rao 式来预测轧槽管是最好的，大约有 79% 的数据可控制在 ±50% 的精度内，约有 40% 的数据可预测到 ±20% 精度内。

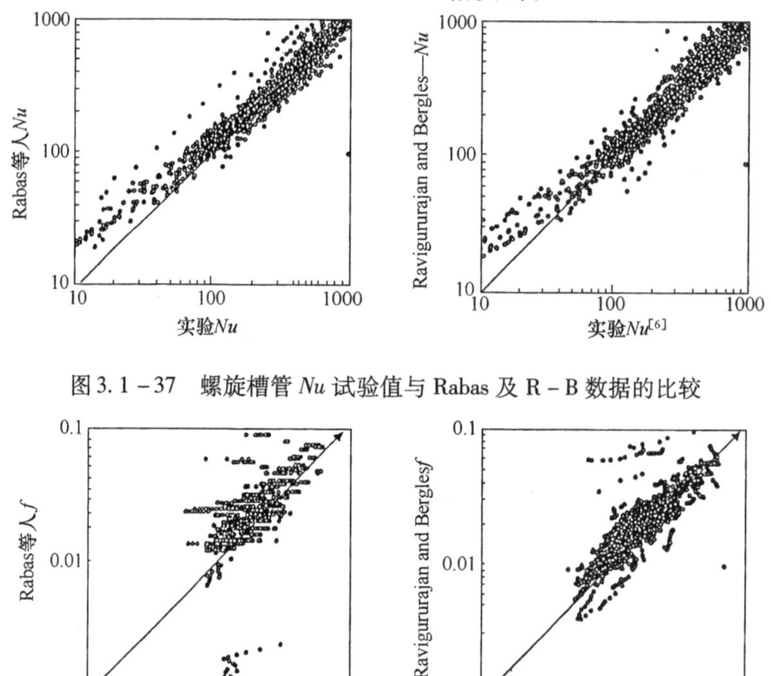

图 3.1 - 37 螺旋槽管 Nu 试验值与 Rabas 及 R - B 数据的比较

图 3.1 - 38 螺旋槽管摩擦因数 f 试验值与 Rabas 及 R - B 数据的比较

由以上可见，Rabas 等人公式和 Rabigururajan - Bergles 式甚为密合，有 90% 的数据预测精度在 ±50%，而以 Rabas 等人的公式尤佳，有约 70% 数据精度在 ±20% 内，是轧槽管较好

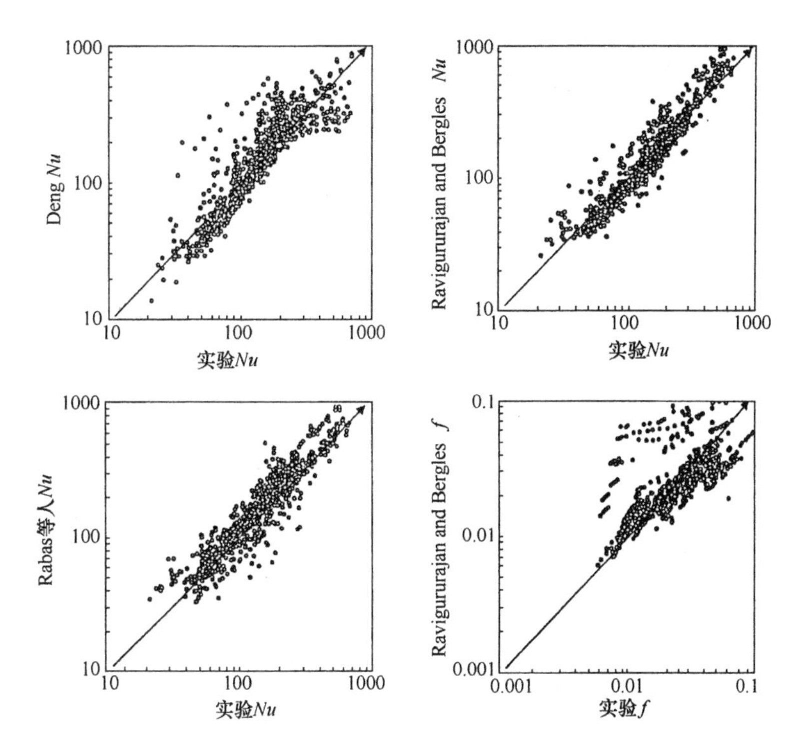

图 3.1-39　贴壁内插绕线传热 Nu 试验值与 Ravigururajan 和 Bergles、Rabas 及 Deng 等人数据的比较

的关联式。一般螺旋槽管与贴壁内插线圈的传热数据要低于内肋管约达 20%。

图 3.1-40 表示了粗糙度 e 与螺旋角 α 对摩擦因数 f 影响的 3 条关联式图线。由图可见，当螺旋角 $\alpha=30°$时，e 的变化对多数 f 关联式图线的影响相差甚小，甚至很接近。而在 $\alpha=60°$下，e 对 f 的影响随 e 的增大而增大，影响很明显，特别是对 G－W 线。$\alpha=90°$时，N 线和 G－W 线随 e 的增加 f 呈陡峭地增加，而 N－H 线随 e 变对 f 的影响却变得甚微了。不难看出，从这些不同关联式的建立基础来看，很容易解释螺旋角 α 对摩擦因数 f 的影响程度了。

图 3.1-41 表示了 $Re=50\ 000$ 和 $Pr=0.7$ 时，粗糙度 e 和螺旋角 α 对传热的影响。图中表明，对于螺旋波纹管，e 对 Nu 数的影响很大。尽管如此，螺旋角 α 为 60°时，粗糙度 e 对槽、肋管 Nu 的影响最明显。此时，波纹管的 e 对 Nu 线的影响更陡峭，且当 $\alpha=90°$时尤为明显。

但从 R－B 线可看出，在任何螺旋角下，粗糙度 e 对 Nu 影响都是很小时，这主要是该关联式是基于统计优化技术的缘故。由于波纹管的 Newson－Hondgsond 式本身精度不很高，其 e 对 Nu 的影响看来似乎很大，应予小心对待。而且这一关联式系甚于涡漩流机理而建立的，故该式在 $\alpha=30°\sim60°$范围内，螺旋角对 Nu 的影响自然就显得更显著了。

图 3.1-42 表示了螺旋角为 30°，$Pr=0.7$、5、10 时 Pr 对 Nu 的影响，此即为 $Pr=0.7\sim10$范围内传热关系的图线。显然，这时所有这几种管型仍然保持了 $Pr=0.7\sim10$ 的性能流图。这些图线亦表示了上述不同管型 Nu 数绝对值不同程度的增加。从图 3.1-42 还可看到，在 $Pr=0.7\sim5$ 范围内，withers 式比 Rabigururajan－Bergles 式的 Nu 数高，且在 $Pr=0.7$ 时，在粗糙度 e 较大和较小时，两条 Nu 线均甚为接近。

据 Rabigururajan 和 Bergles 报道，当肋、槽管节距 P 与肋、槽高 e 之比 $P/e=5$ 时，这些

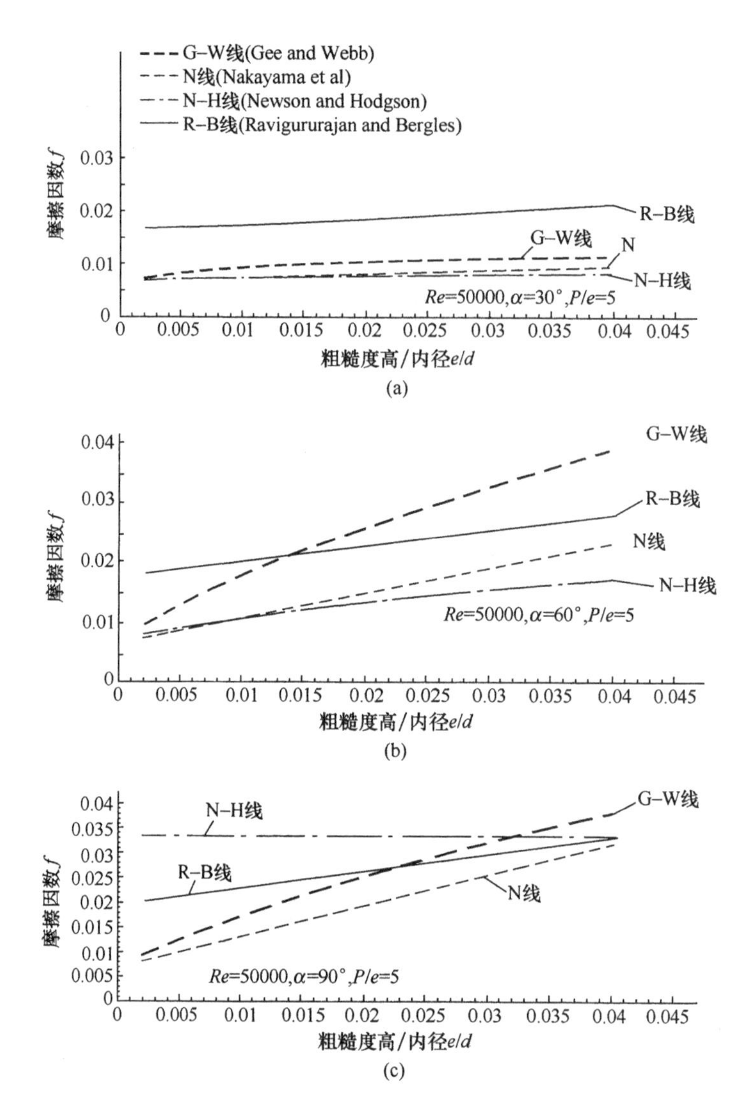

图 3.1 -40　不同螺旋角 α 下相对粗糙度 e/d 与摩擦因数 f 关系的比较

管的传热和摩擦特性达到峰值，Gree 和 Webb 的早期研究亦得了出这一结论。故此，P/e 应保持在 5 时为最佳。$P/e<5$ 时，流体产生局部循环，有碍流体边界层的分离，进而影响了强化传热作用。

综上所见，肋、槽的断面形状对传热影响通常不大，但对摩擦因数的影响要大一些，这主要指对螺旋槽管而言。为此，在用螺旋槽管摩擦因数计算式时，建议以选用考虑了断面形状这一影响因素的关联式为佳[13,14]。Arman 和 Rabs 的数值计算以及 kalinin 等人的试验数据都说明了这一点。可惜当今只有 Rabigururajan 和 Bergles 的关联式(1986 年)才考虑了断面形状的影响(即式 20(b)中肋、槽断面接触角 β)。

一般地说，上述几种强化管要比光管的传热高 50% ~200%，但压降亦增加了 70% ~500%，超过了传热的强化百分数。尽管如此，当 $Re=5000\sim10000$，$Pr>2$ 时，仍有可能使热传递强化作用超过压降的增长[14]。

表 3.1 -7 为螺旋槽肋管及横纹肋槽管等 4 种单相湍流管内强化传热公式的选用和

比较[1]。

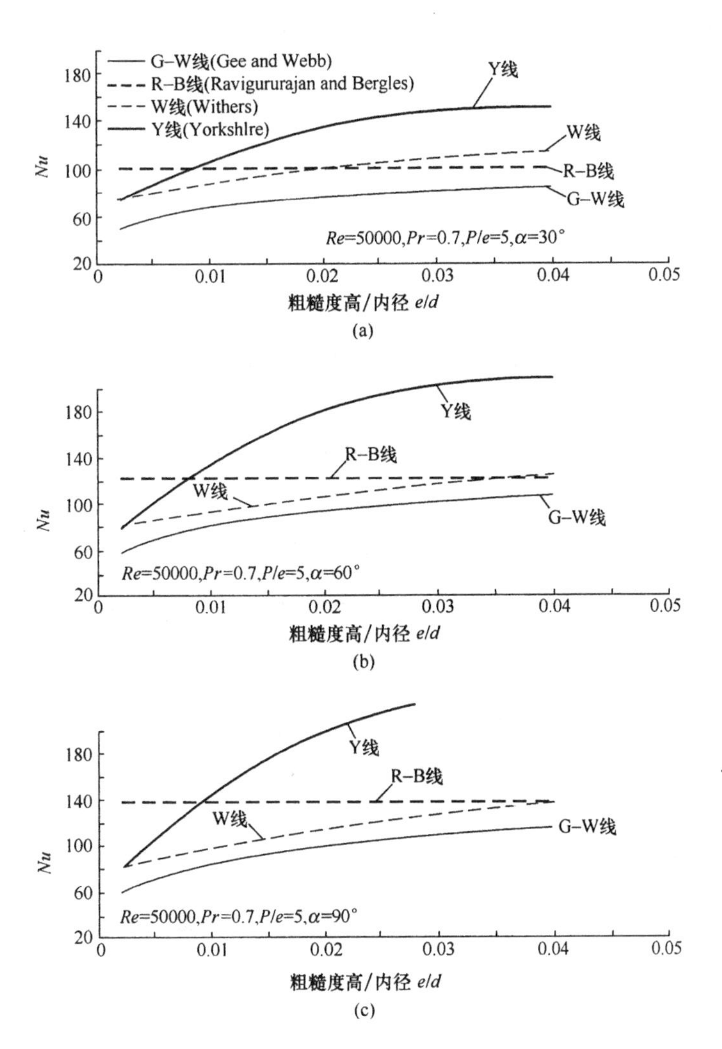

图 3.1－41 不同螺旋角 α 下，无因次相对粗糙度 e/d 与 Nu 的关系及比较

表 3.1－7 不同关系式的述评、选用和比较

关系式	适用管理				
	轧槽管	内肋管	波纹管	贴壁内插线圈管	适用于所有这 4 种管型
Li 等人	可接受/可接受	—	不完美/可接受	不完美/可接受	不完美/可接受
Deng（华南理工大学邓颂九）	不可用/推荐采用	—	—	不完美/可接受	不完美/可接受
Wivhers	—	不完美/可接受	—	—	—
Nakayama 等人	可接受/推荐采用	—	不完美/可接受	—	可接受/不完美
Rabas 等人	可接受/可接受	不完美/可接受	—	不完美/可接受	不完美/可接受
Mehta 和 Rao	推荐采用/可接受	不完美/可接受	不完美/可接受	—	可接受/不完美

续表

关系式	适用管理				
	轧槽管	内肋管	波纹管	贴壁内插线圈管	适用于所有这4种管型
(2) 波纹管 Fukuad 和 Morita	推荐采用	—	不完美/可接受	—	—
Yorkshire	推荐采用	—	不完美/可接受	不完美/可接受	不完美/可接受
(3) 通用式 Ravignrurajan 和 Bergles	推荐采用/推荐采用	可接受/可接受	可接受/推荐采用	推荐采用/推荐采用	可接受/推荐采用

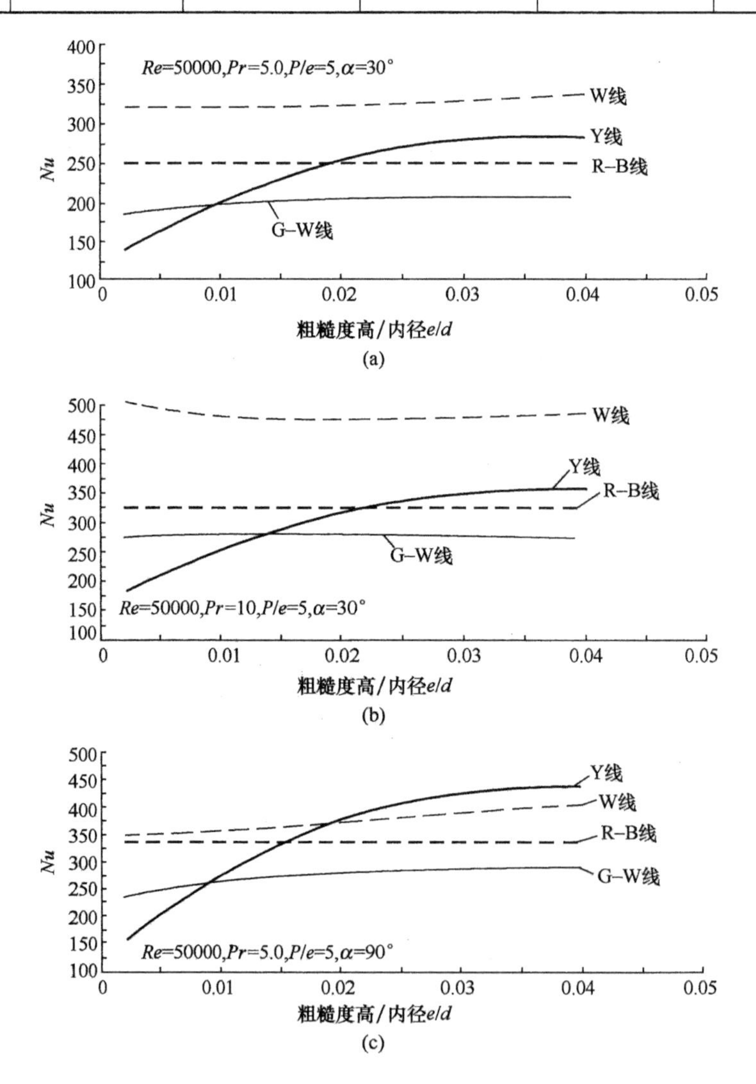

图3.1-42 不同螺旋角 α 及不同 Pr 下无因次粗糙度 e/d 与 Nu 的关系及比较

此外，还建议读者参见文献[18，19]，以对这些管型的无相变强化传热有更多的了解。

第二节 二类管型试验与分析

一、二维槽肋管

(一)螺旋槽管

试验表明，螺旋槽管管内对流换热时的 Nu_w 比光管有明显提高，这是因为：(a)螺旋槽对近壁处流体流动的限制作用使管内产生了附加螺旋运动，从而减薄了壁面黏性底层厚度，强化了管内换热。(b)螺旋槽管的内壁凸出物使流体边界层分离，分离后产生的涡流及流体与壁面的重新接触，使管内换热得到强化。当节距 P 一定，槽深 h 越大或 h 一定，P 越小时，管内强化换热的效果越好，其中尤以参数 $h/P=1/10$ 时为最好。但随着管内 Re 的增加及管内流体自身流度的加强，螺旋槽管对管内换热的强化作用就愈来愈不明显了[20]。

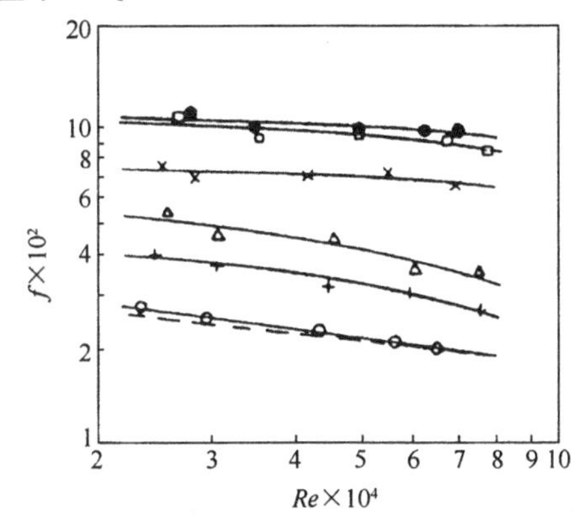

图 3.1-43 螺旋槽管管内摩擦因数 f 与 Re 的关系

h/P：●1/10；△0.55/10；□1/16；+0.4/16；×1/20；○gu；- - -GU_s

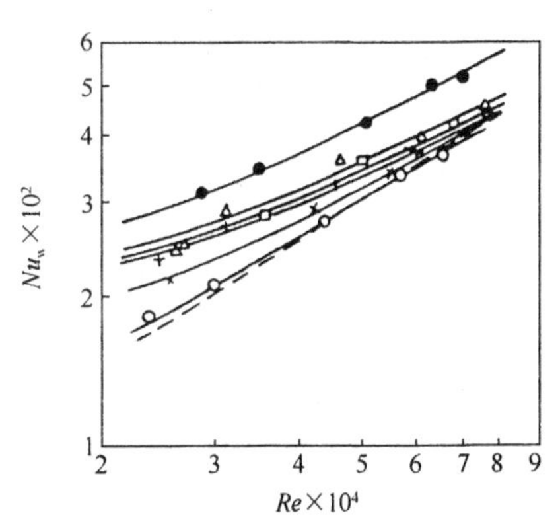

图 3.1-44 螺旋槽管管内 $Nu-Re$ 关系

h/P：●1/10；△0.55/10；□1/16；+0.4/16；×1/20；○gu；—GU_o

图 3.1-43 为螺旋槽管管内流动摩擦因数 f 与管内冷却水 Re 的关系。其中，gu 为光管试验值，GU_o 为 Blasius 公式计算值。光管计算值与试验值之间的相对偏差小于9%，表明阻力试验结果是可靠的。根据图 3.1-44 可拟合得到螺旋槽管管内流体传热与阻力系数的计算式：

$$Nu = 0.363Re^{0.6}Pr^{0.4}(P/d_i)^{-0.29}(h/d_i)^{0.103}$$

$$f = 21.4Re^{-0.3}(h/d_i)^{0.82}(P/d_i)^{-0.01} \quad (0.018 \leqslant h/d_i \leqslant 0.025, 0.455 \leqslant P/d_i \leqslant 0.727)$$

$$f = 6.2Re^{-0.103}(h/d_i)^{1.02}(P/d_i)^{-0.15} \quad (h/d_i = 0.045, 0.455 \leqslant P/d_j \leqslant 0.909)$$

与试验数据的相对偏差不超过 ±10%。

试验结果表明，当管内雷诺数相同时，螺旋槽管管内流动阻力较光管有明显增加。且当 P 一定，h 越大或 h 一定，P 越小时阻力损失越大，与管内对流换热相类似。$h/P=1/10$ 时，螺旋槽管管内阻力系数 f 也增加得最多。由此可见，管内的热换强化是以阻力的增加为代价的。

螺旋槽管设计时，一般应根据工艺条件选取最优化的管参数。按华南理工大学李向明的实验结果[21]，对 $\phi19\times1.5$ 的管，其最优化的管参数可按表 3.1-8 的推荐值选用。

表 3.1－8　螺旋槽管最优化管参数推荐值　　单位：mm

管内径 d_i	槽节距 P	槽距 P_1	槽宽 P_2	槽深 h	h/d_i	P/h	P/d_i
16	7	5.2	1.8	0.8	0.05	8.75	0.44

注：其最佳 h/P 值与文献[20]的 $h/P=1/10$ 相一致。

图 3.1－45 和图 3.1－46 分别为华南理工大学得到的 Nu 与 Re 关系以及螺旋槽管管内 Nu 及与光管 Nu 的比较[21]。

从图 3.1－46 可看出，在实验的 Re 数范围内，螺旋槽管管内传热的 Nu 数与光滑管的比较其随 Re 基本上呈线性增长，其值约从 2.24 增至 2.39。图 3.1－47 为文献[21]的摩擦因数试验结果。

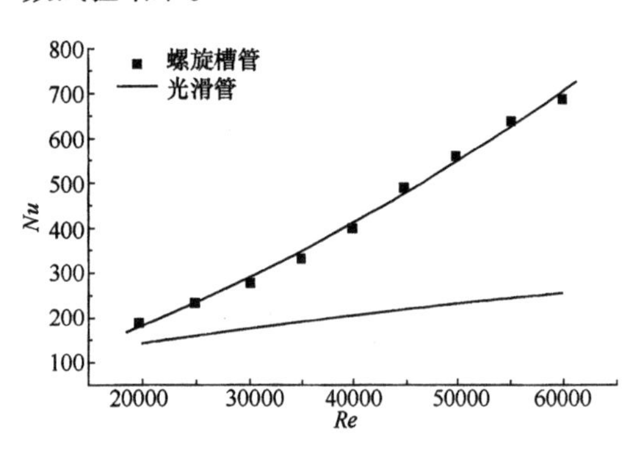

图 3.1－45　文献[21]螺旋槽管管内 Nu 数与光管 Nu 之比较

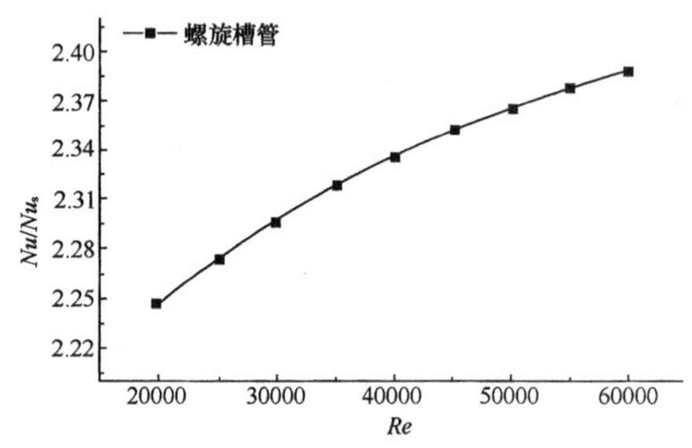

图 3.1－46　文献[21]螺旋槽管管内试验 Nu 与 Re 的关系

从图 3.1－47 可看出，螺旋槽管管内摩擦因数随 Re 数的变化较小，其值在 0.150 至 0.165 之间，从图上看基本上是一条直线。而光滑管管内摩擦因数则随 Re 的增大而略为减小。文献[21]作者对二者进行了阻力试验和比较，见图 3.1－48。由该图可见，随着 Re 的增大，其比值由 2.90 增至 3.95 左右。

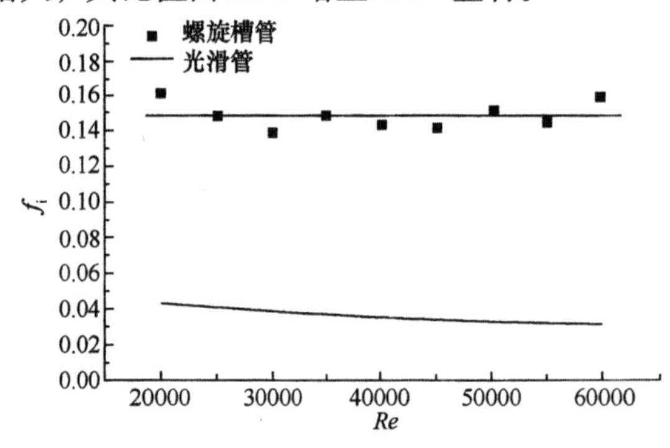

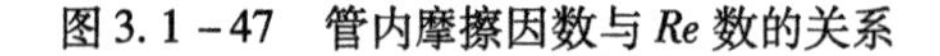

图 3.1－47　管内摩擦因数与 Re 数的关系

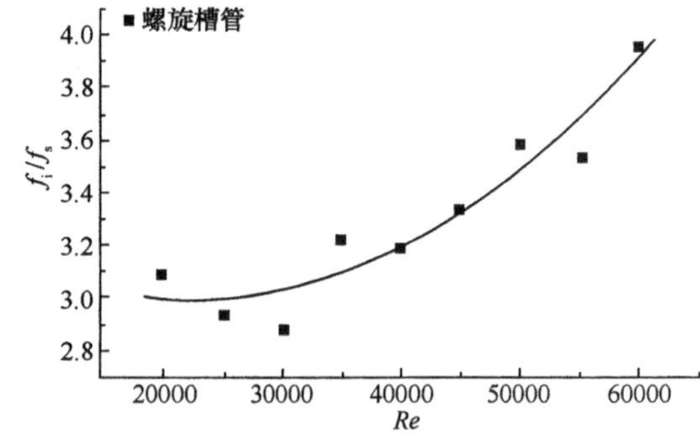

图 3.1－48　螺旋槽管管内摩擦因数与光滑管比较

此外，经文献[22]的筛选试验，在相同导程与槽深下，单头螺旋与双头螺旋的传热效果相比相差不大，而阻力却少得多，特别是槽较深时[22]。

(二) 槽纹管[21,23]

横纹管(Transversally Conjugated Tubes)简称 TC 管，是前苏联莫斯科航空学院加里宁于 1974 年研究推出的一种高效换热元件。

横纹管的管型结构见图3.1-49，管子的外壁面形成一条与轴交角90°的横向沟槽，内壁面则形成相应的凸肋。以让其不断产生轴向涡流，从而起到连续、稳定的强化作用。由于涡流主要是在壁面附近生成，对流休的主体影响较小，因此不会产生无谓的能量消耗，所以槽纹管的流体阻力较之相同节距与槽深的螺旋槽管要小。

从横纹管内单相流体试验得知，湍流区($Re>8000$)的传热膜系数约为光管的2.5倍，过渡区($Re=2000\sim8000$)的传热膜系数比光管大1~2倍。传热与压降的综合比较见图3.1-50，当光管的传热膜系数 h_i 提高1倍时，即 $Nu^*/Nu=2$，光管的压损要增大3.56倍，而横纹管压损最多只需增加1倍。

实验研究得出，影响横纹管传热与流阻特性的主要因素是肋高，即槽深和节距，这与螺旋槽管是一样的。

对于 $\phi19\times1.5$ 的管，其常用横纹管最佳的结构参数如图3.1-49所示。

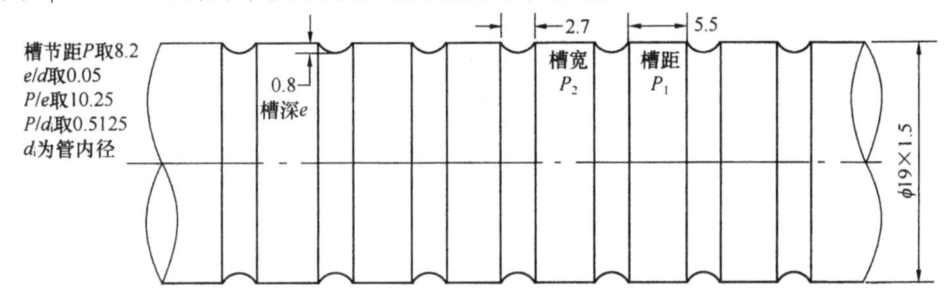

图3.1-49　横纹管结构尺寸示图

肋高 e 取值与雷诺数 Re 有关。当 $Re=2000\sim8000$ 时，肋高的取值范围为 $(0.04\sim0.60)d_i^{0.8}Re^{-0.18}$；当 $8000\leqslant Re\leqslant3\times10^4$ 时，$e=0.04d_i$；当 $Re>3\times10^4$ 时，$e<0.04d_i$。最佳节距 P 推荐为 $0.4d_i$。

在湍流区，随着横纹管内壁面肋高的增加，摩擦因数单一地增加，而 Nu 数在某一 e 值时出现最高值，见图3.1-51。用减少横纹节距 P 的方法来提高传热膜系数 h_i，比采用增大横纹肋高 e 的方法更有效。

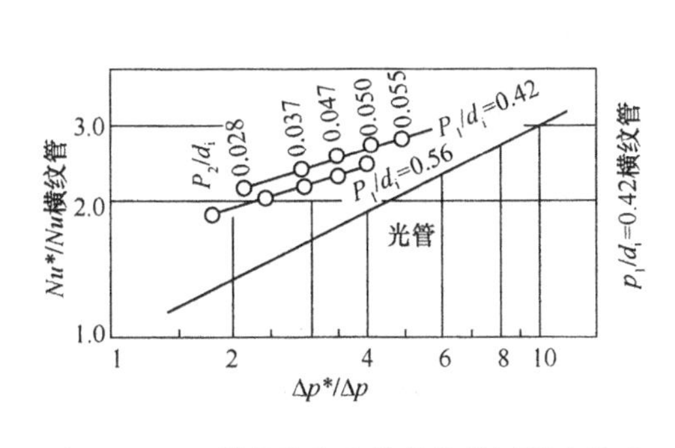

图3.1-50　横纹管与光管传热及压降比关系

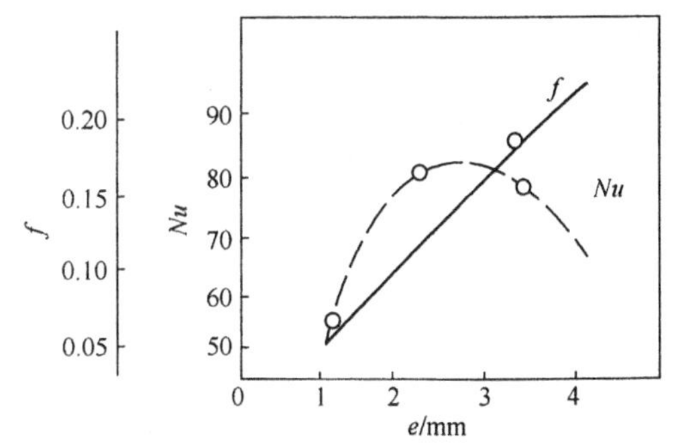

图3.1-51　横纹深度与 Nu 数和摩擦因数 f 的关系

在横纹管节距与管内径之比 $P/d_i=0.25\sim0.5$，肋高与内径之比 $e/d_i=0.03\sim0.35$ 的范围内，当试验介质为蒸气-空气时，管内空气侧的传热膜系数较光管提高69%~73%，阻力增加119%~130%，该阻力增加的比率比螺距与节距值相当的螺旋槽管要小得多。

同时，当管外为蒸气冷凝时，上述参数横纹管的总传热系数也要比光滑管高50%~70%，阻力也只增加了110%~130%，均比螺旋槽管优越。所有这些试验结果表明，横纹管在有相变或无相变传热的换热器中均可采用。

横纹管更适用于管内单相流体传热的强化，尤其适用于管内是气体、液体的加热或冷却而管外为蒸气冷凝或液体沸腾时的工况。

1987 年，华南理工大学设计了一台日产甲醛 15t 的横纹管废热锅炉及甲醛气体过热器，节约传热面积 36%。后又为岳阳石化总厂设计了两台冷却器，即分别为换热面积 $30m^2$，热负荷 711.8kJ/h 的亚硫酸氢胺冷却器和换热面积 $60m^2$，热负荷 1716.6kJ/h 的含已内酰胺、硫胺和水的中和外循环液冷却器。与原用设备(光滑不锈钢管)比较，可节约换热面积 47%。文献[23，24]也对 10 种不同参数的横纹管作了试验，试验参数见表 3.1－9。

表 3.1－9 实验用横纹管参数

管号	D/mm	t/mm	e/mm	e/d	t/d	t/e
1	19.56	12	1.08	0.058 1	0.646 6	11.111 1
2	18.60	12	0.43	0.023 1	0.645 2	27 907 0
3	18.64	12	0.69	0.037 0	0.643 8	17.391 3
4	18.74	8	0.88	0.047 0	0.426 9	9.090 9
5	18.50	8	0.41	0.022 2	0.432 4	19.512 2
6	18.60	8	0.64	0.034 4	0.430 1	12.500 0
7	18.78	20	0.27	0.014 4	1.065 0	74.074 1
8	18.60	20	0.55	0.029 6	1.075 3	36.363 6
9	18.64	20	0.65	0.034 9	1.073 0	30.769 2
10	18.60	6	0.48	0.025 8	0.322 6	12.500 0
光管	18.50	—	—	—	—	—

试验结果如图 3.1－52 和图 3.1－53 所示。

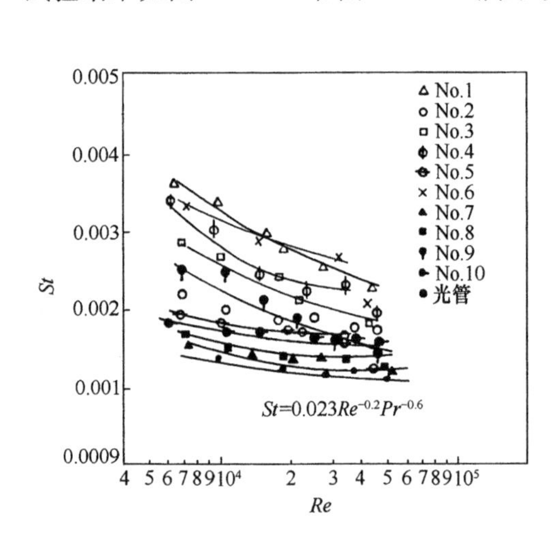

图 3.1－52 横纹管传热实验结果

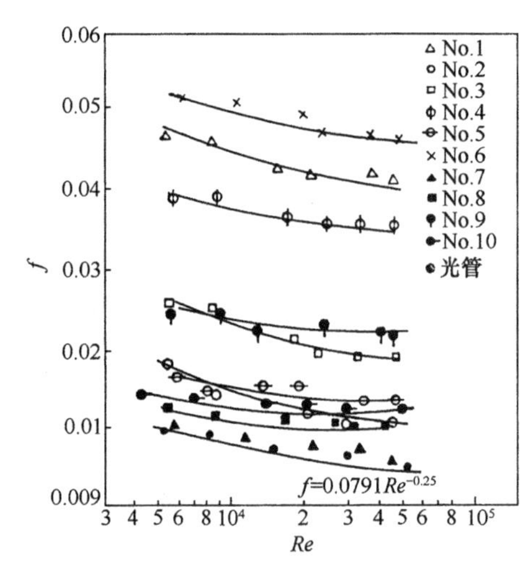

图 3.1－53 横纹管阻力实验结果

对横纹管的性能评价，Webb 提出了一种较为合理的方法，他将横纹管与光滑管的传热性能参数 K、传热面积 A 和泵功率消耗 P_p 与两者的斯坦顿数 St 与摩擦因数 f 联系到一个等式之中，即

$$\frac{K/K_s}{(P_p/P_s)^{1/3}(A/A_s)^{2/3}}=\frac{St/St_s}{(f/f_s)^{1/3}}$$

式中，$K=h\cdot A$，h 为管内的传热膜系数。下标 s 代表光管。

从以上方法评价结果可以看到，大节距、小肋高的结构参数对横纹管来说不可取。螺旋槽管结构参数($e/d=0.0247$；$t/e=28.28$；$\alpha/90=0.8608$)与本实验的2#管相近。在相同条件下比较三项性能指标有两项指标相同时，比较其中的第三项指标所得的结果即可。分别是$K/K_s=1.26$、$A/A_s=0.73$、$P_p/P_s=0.39$，均比不上实验中2#管，这与横纹管优于螺旋槽管的结论相一致。

根据Nikuradse的壁面相似理论以及Dippeny和Sabersky的动量－热量传递相似性理论，利用实验数据可得出横纹管的阻力与传热的数学模型：

$$\sqrt{2/f} = 2.595\ln[d/(2e)] - 56.32(e/d)^{0.879}(t/e)^{0.898} + c \cdot \exp[A(\ln R - 10.59)^2]$$

$$St = \frac{\sqrt{f/2}}{2.595\ln[d/2e] - 56.32(e/d)^{0.879}(t/e)^{0.098} + 5.28(e^+)^{0.28}Pr^{0.57}}$$

式中 $A = 6.37 \times 10^{-3}(e/d)^{0.305}(t/e)^{0.990}$

$c = 6.22(e/d)^{0.315}(t/e)^{0.427}$

$e^+ = (e/d)Re(f/2)^{1/2}$

该模型适用于$e/d=0.02\sim0.06$，$t/e=9.154\sim36.364$，$Re=5000\sim50000$。

(三)勺形螺旋槽管

北京理工大学提出勺形凹槽螺旋强化传热管[25]。勺形螺旋槽管(图3.1－54)亦称异形凹槽旋流管，其螺旋凹槽断面为非圆弧形，是一种新型螺旋槽管。这种管子的外壁面被扎制出螺旋形的凹槽，管内则形成螺旋形凸肋。在管子的轴向刨面上，凹槽的形状为勺形型面，与其他异形管相比，其强化传热效果显著，加工方便，抗结垢能力强。与阻力增加幅度相比，传热能力提高较多。通过结构参数的最佳匹配，具有良好的传热及流体力学综合性能。

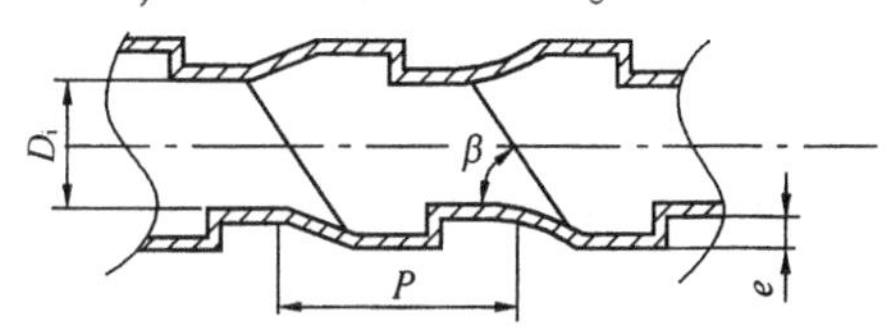

图3.1－54 勺形螺旋槽管结构示图

实验管的结构参数及在水－蒸气下的实验结果，见表3.1－10($Re=8000\sim30000$)。这种异形管凹槽的前一半呈线形，以减少流阻；后一半成陡壁以使边界层产生分离，即使在滞流区亦能形成集中旋涡来强化传热。在离壁面的其他部位，特别是中心部分不生成旋涡，可避免增加无谓的能耗。实验时，高温蒸气在管外凝结，冷却水则流经勺形螺旋槽管管内。

表3.1－10 勺形螺旋槽管结构参数及实验结果

管号	e/D_i	P/D_i	β	h/h_s	$\Delta p_B/\Delta p_s$
1－8－1c	0.0357	0.7143	77.19	1.63～1.33	2.48～3.56
1－8－2c	0.0314	0.5000	80.96	1.78～1.36	2.35～3.68
1－8－3c	0.0257	0.5714	79.69	1.57～1.23	2.14～4.01
1－8－4c	0.0343	0.4286	82.23	1.63～1.30	2.48～4.25
1－8－5c	0.0257	0.5000	80.96	2.01～1.45	3.67～5.31

勺形螺旋槽管管内Nu_i随冷却水Re的变化关系，见图3.1－55。根据图3.1－55可拟合得到勺形螺旋槽管管内对流换热准则关联式：

$$Nu_i = 0.478Re^{0.589}(e/D_i)^{0.133}(P/D_i)^{-0.325}Pr^{0.4}$$

适用范围分别为：$0.0257 < e/D_i < 0.0357$、$0.357 < P/D_i < 0.500$、$8\times10^3 < Re < 3.0\times10^4$ 及 $2.50 < Pr < 4.32$，其与试验数据的最大偏差不超过 ±10%。将上式与日本吉富英明关联式相比，在相同传热量下，当 Re 较小（$8\times10^3 \sim 2.0\times10^4$）时，勺形螺旋槽管的传热系数比日本螺旋槽管高 3% ~8%。当 Re 较大（$2.0\times10^4 \sim 3.0\times10^4$）时，二者相近或稍偏低。

实验表明，勺形螺旋槽管管内对流换热 Nu_i 比光管有明显提高。随着管内 Re 的增加，勺形螺旋槽管内传热的强化作用逐渐下降，表明这些试管在低 Re 时具有较高的传热性能。这是由于管内流速超过一定值时，管内的边界层已经较薄，Re 再增加时，强化作用就减弱了。

勺形螺旋槽管管内流动摩擦因数 f_i 和管内冷却水 Re_i 的关系见图 3.1-56，光滑管计算值与实验值之间的最大偏差小于 ±8%。

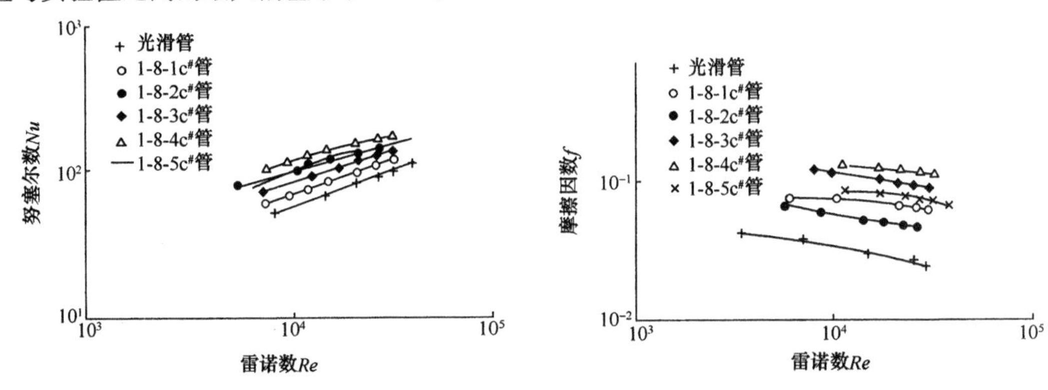

图 3.1-55　勺形螺旋槽管管内 Nu 与 Re 的关系

图 3.1-56　勺形螺旋槽管管内摩擦因数 f_i 与 Re_i 的关系

根据图 3.1-56 可拟合得到勺形螺旋槽管管内摩擦因数实验关联式：

$$f_i = 6.12Re^{-0.082}(e/D_i)^{1.27}(P/D_i)^{-0.73}$$

适用范围分别为：$0.0257 < e/D_i < 0.0419$、$0.357 < P/D_i < 0.500$ 及 $8\times10^3 < Re < 3.0\times10^4$。其与实验数据的最大偏差不超过 ±8%。将此式与日本吉富英明关联式相比，勺形螺旋槽管的摩擦因数比螺旋槽管低 4% ~9%。

（四）酒窝管（dimpled tube）[26]

如上所述，人们已对诸如螺旋槽管、螺旋肋管及横纹管等各种不同结构的管型进行了研究，且都已获得了广泛的实际生产应用。本节的酒窝管也是属于这一类的管型，如图 3.1-57 所示。这些管都统称为粗糙表面管（rough surfaces）。图 3.1-58 为该管不同结构参数的试验结果，表 3.1-11 为试验用酒窝管结构参数。

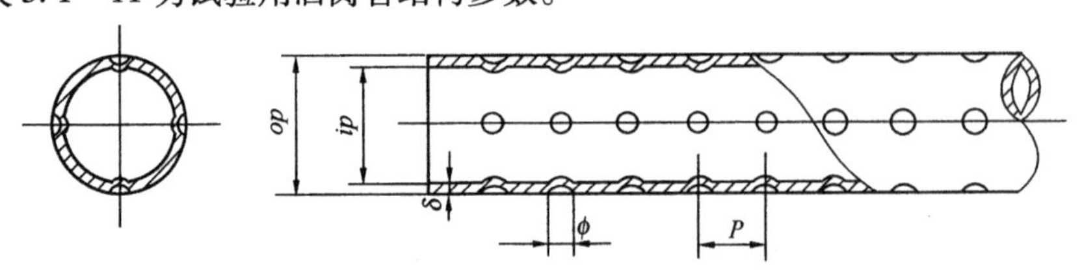

图 3.1-57　酒窝管结构示图（特性参数 $N=4$）

表 3.1－11　试验用酒窝管结构参数

物理量	酒窝管管号						
	0#	1#	2#	3#	4#	5#	6#
a^a/mm^2	0.0	1510.6	2756.3	769.0	4307.6	1265.2	465.8
内径 d_i/mm	16	16.6	16.6	16.6	16.6	16.6	16.6
壁厚 δ/mm	1.22	1.22	1.22	1.22	1.22	1.22	1.22
管长 L/mm	1500	1500	1500	1500	1500	1500	1500
窝深 e/mm	—	1.2	1.5	0.5	1.3	0.7	0.6
窝径 ϕ/mm	—	4.5	3.0	2.0	3.5	4.7	5.5
节距 P/mm	—	12.0	14.0	8.0	10.0	10.0	10.0
周向酒槽数 N	—	3	4	6	6	6	3
e/d	—	0.0723	0.0904	0.0301	0.0783	0.0783	0.0362
e/P	—	0.1	0.1071	0.0625	0.13	0.13	0.06
a/A^b	—	0.0174	0.0318	0.0089	0.0496	0.0496	0.054

$$a^a = N[(1500-150)/P][(\phi/2)^2+e^2]\pi$$

$$A^b = \pi L(d_i+\delta) = 86.7739$$

酒窝管的摩擦因数 f 与管 e/d_i、e/P、e/ϕ，周向酒槽数 N 及 Re 数有关，并随以上 5 个参数增加而增加，比光管增加 1.08～2.35 倍，酒窝管管外压降与光管相同，其传热膜系数最大的 4 号管，其 f_d 也最大。关联式为：

$$f_d = JRe^m$$

式中　J——系数，$J=0.0667(e/d_i)^{-0.6455}\times(e/P)^{1.5434}(e/\phi)^{-0.5633}N^{0.0133}$

m——指数，$m=-0.0977(e/d_i)^{-0.6333}\times(e/P)^{1.1519}(e/\phi)^{-0.8132}N^{-0.2587}$

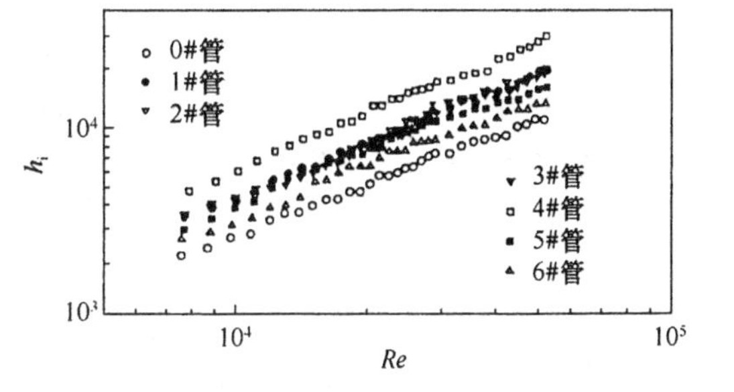

图 3.1－58　不同酒窝管结构管内传热膜系数 h_i 及摩擦因数 f 与 Re 数的关系

由曲线可见，其强化传热膜系数比光管要大，且十分明显，可达 1.25～2.37 倍。其中，以管 4 的值为最大，分别为 1.25、1.49、1.65 和 2.37 倍。其传热膜系数 h_i 随酒窝管深度 e 和周向酒窝数 N 的增加而增大。酒窝管的 Re 数的指数 m 比内插线圈管和内插扭带管都大，高达 0.85 以上（而上述内插管熟知的为 $Re^{0.8}$），甚至可达 0.883～0.934，特别是在高流率下更高，其关联式为：

$$h = (kcRe^m Pr^{1/3})/d_i$$

式中　c——系数，$c=0.01369(e/d_i)^{0.01311}(e/P)^{-0.1977}(e/\phi)^{0.2055}N^{-0.006216}$；

m——指数，$m=1.066(e/d_i)^{-0.07604}(e/P)^{0.1706}(e/\phi)^{-0.01432}N^{0.003262}$；

d_i——管内径；

P——酒窝纵向间距；

ϕ——酒窝直径；

N——酒窝周向数。

二、三维翅、肋管

(一)内翅肋管的换热及流阻[26~28]

三维内翅肋管是一种既能促进管内湍流又具有扩展传热面的强化管型，结构如图3.1-59所示。三维内翅肋管管内总传热面积比光管要高140%，传热强化比 $M=Nu/Nu_{光}$ 比光管要高208%以上。这是因为三维翅肋管会引起翅肋间的流体加速，加速度方向平行于热边界层，可使该热边界层减薄。此外，就其与通常的二维翅肋管相比较来看，它的加速度有较大部分呈现为垂直分量，故更具优势。因为后者既消耗功率又不能直接减薄边界层，只有其水平分量在翅肋顶部才起减薄边界层的作用。另外，流体在每个三维翅肋后面会形成卡门涡街，亦大大促进了传热，而通常的二维翅肋却没有这种作用，甚至当翅肋过高时在翅肋后面还会形成回流死区。

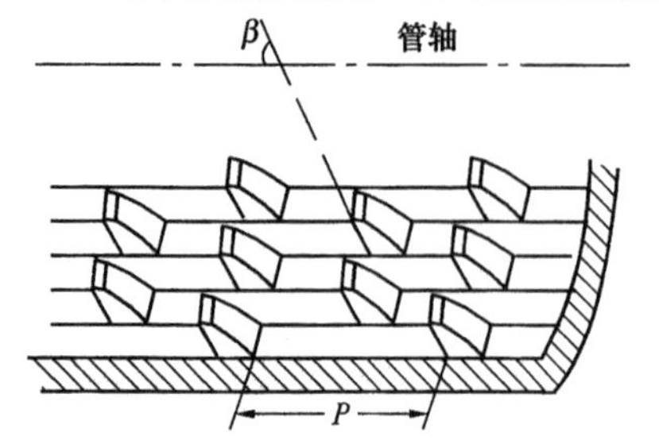

图3.1-59　三维内翅肋管结构示图

图3.1-60为三维内翅肋管的传热与摩擦因数曲线，表3.1-12为结构参数，其传热关联式为[26]：

$$Nu=0.0498Re^{0.789}Z^{0.279}(H/D)^{0.452}(B/D)^{0.289}$$

此式适合于 $Pr\approx 0.7$，空气冷却，$5000<Re<25000$，D 为管内径。该式误差在±16%之内。

摩擦因数 f 为：

$$f=0.00045Re^{-0.31}Z^{1.36}(H/D)^{-1.35}(B/D)^{2.55}$$

$5000<Re<25000$；误差在±35%。

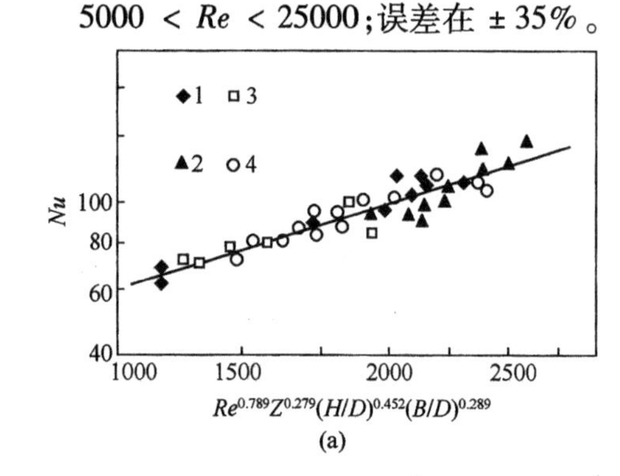

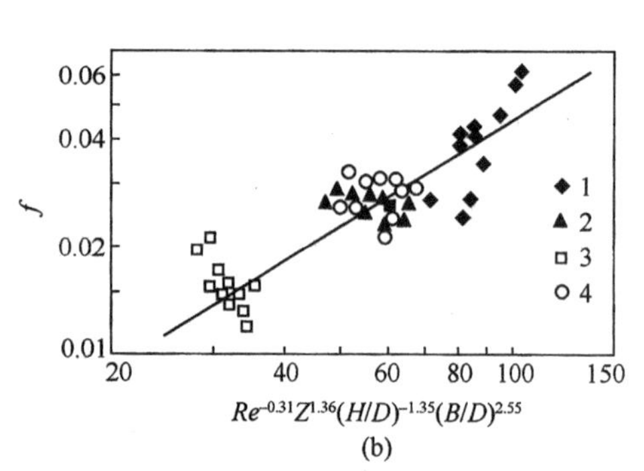

图3.1-60　三维内翅肋管的传热与摩擦因数曲线

表3.1-12　三维内翅肋管结构参数

管号	齿宽 B/mm	齿高 H/mm	内总面积/名义面积	无因子齿数 Z
1	1.93	2.75	1.39	6000
2	1.13	2.55	1.42	12000
3	1.36	2.19	1.17	4800
4	1.49	2.05	1.22	6000

图3.1-61为三维内翅肋管传热强化比 M 与雷诺数 Re_{f} 的关系。从该图可看到，翅肋数

量越多的管其传热强化比也越大。此外，斜翅会进一步增强流体近壁面的扰动，且减少了流体阻力。

图 3.1－62 为三维内翅肋管阻力增大比 $N=f/f_{光}$ 与雷诺数 Re_f 的关系。

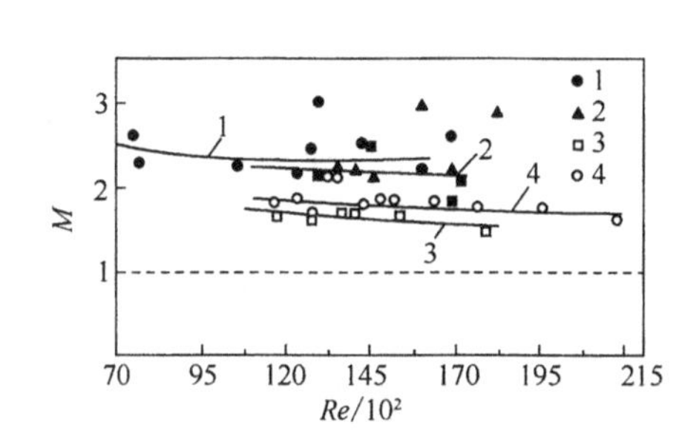

图 3.1－61　换热强化比 M 与雷诺数 Re 的关系

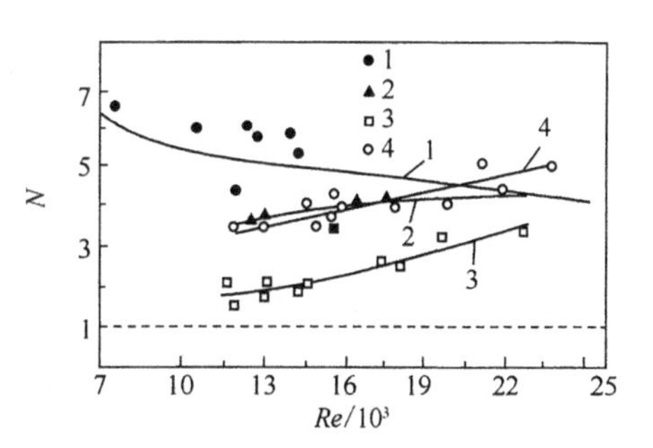

图 3.1－62　阻力增大比 $N=f/f_{光}$ 与 Re 的关系

文献[27]介绍了三维内翅肋管在过渡流下的传热与阻力特性，读者可进一步参阅。图 3.1－63 表示的即该文献所表示的不同尺寸三维内肋管的 Nu 与 Re 的关系，表 3.1－13 为结构参数，其数学表达式为：

$$Nu = 0.0206Re^{0.915}(H/D)^{0.072}Z^{0.101}$$

从上式可知，三维内翅肋管在过渡流区的 Nu 随 H/D 和 Z 的增加而增加，其中 H/D 的影响最小，在过渡流区内，三维内翅肋管 Nu_a 是相同 Re 下光管 Nu 的 3.1～4.0 倍。肋密度的增大不仅扩大了传热面，同时还增加了扰动源，使之比 H/D 对 Nu 的作用大一些。

该三维内翅肋管在 $Re=200～5000$ 时的流阻特性和高 Pr 数时的流阻特性分别如图 3.1－64 和图 3.1－65 所示[27]。

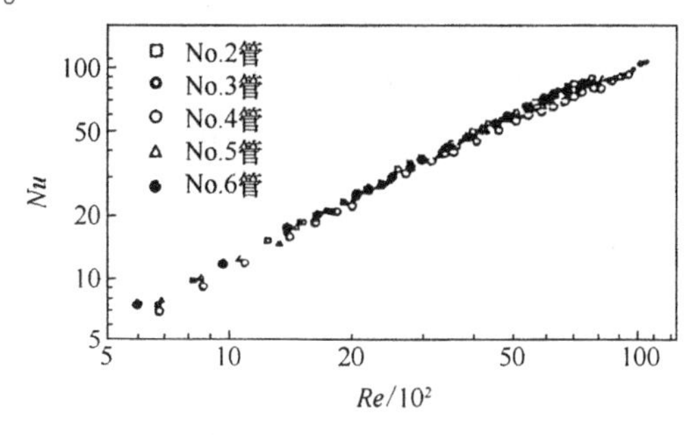

图 3.1－63　三维内翅肋管的 Nu 数与 Re 数的关系

表 3.1－13　文献[27]三维内翅管结构参数

管号	肋翅高 H/mm	肋翅宽 B/mm	肋翅密度 Z/(肋翅数/cm^2)
2#	2.010	1.32	17.79
3#	1.955		12.92
4#	1.735		10.26
5#	2.000		11.58
6#	1.640		9.79

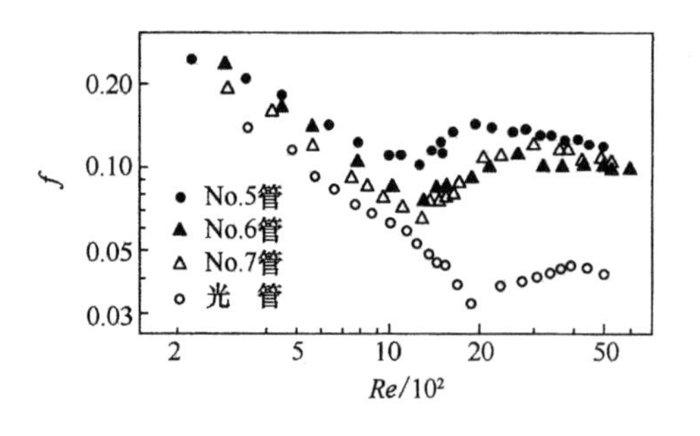

图 3.1－64 三维内翅肋管在 $Re=200\sim5000$ 时的流阻特性

图 3.1－65 三维内翅肋管在高 Pr 数时的流阻特性

图 3.1－66 为文献[28]的三维低内翅助(翅高 0.4mm)管(图中“o”数据点)的传热和阻力试验与 Re 关系，并与其他强化管及光管比较。由图可见，所有三维低翅管其性能都相接近，优于二维内低翅肋管(翅肋高 0.6mm)，更明显高于光管。

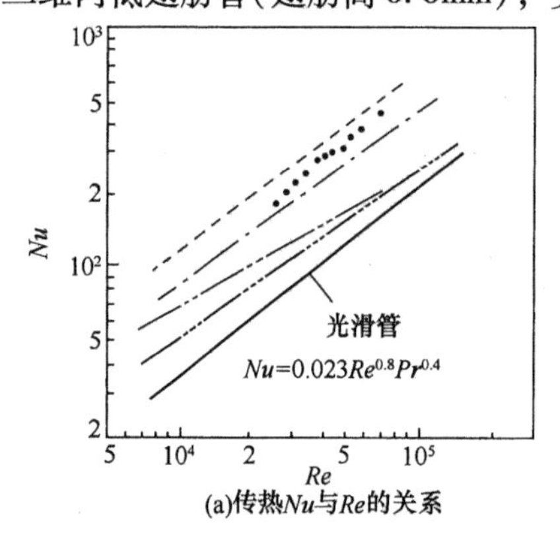

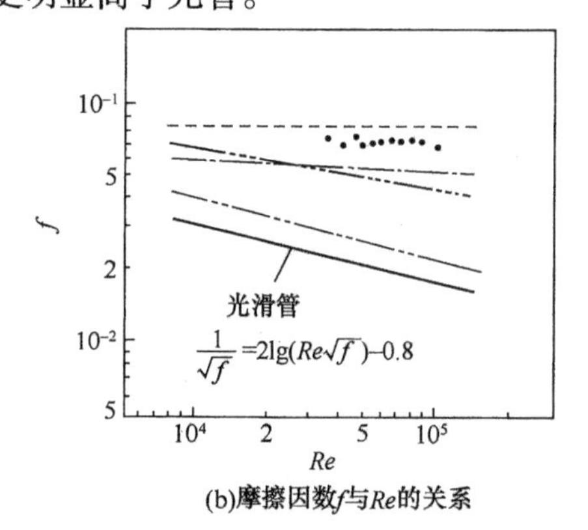

图 3.1－66 三维低内翅肋管与二维内翅肋管的比较

－－－翅高 0.5mm 三维螺旋低翅管；－・－翅高 0.3mm 三维螺旋低翅管；

－…－和－・・－翅高 0.6mm 二维内肋管；—光管；

三维内低翅管：翅高 0.4mm，翅宽 $B=0.35$mm，翅倾角 $\beta=75°$，翅数 $n=36$ 个/周

传热关联式：$Nu=0.0417Re^{0.818}Pr^{0.453}$

摩擦因数：$f=0.091Re^{-0.0187}$(加热)

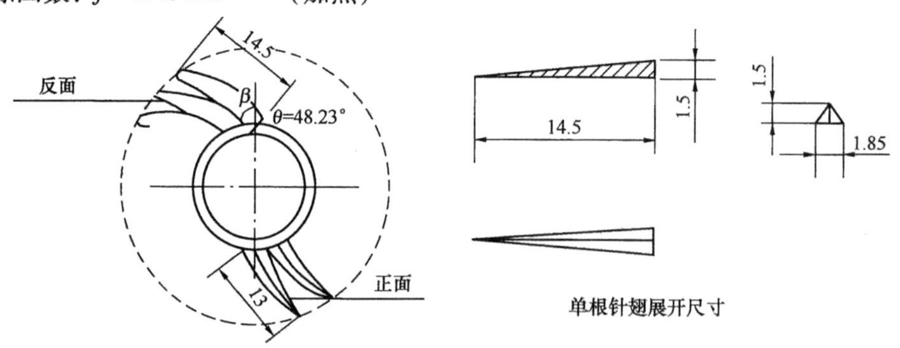

图 3.1－67 新型针翅型三维螺旋翅片管的结构示图

(每圈针翅数 32～33，长 190mm，圈数 36～37)

(二)三维外针翅管性能

图3.1－67为文献[29]试验的针翅管，图3.1－68和图3.1－69分别为针翅型三维螺旋翅片管与圆翅片管换热和阻力特性的比较，并由此可以发现：

(1) 针翅型三维螺旋翅片管的换热性能优于圆翘片管，在 $Re=3\times10^3\sim2\times10^4$ 范围内，前者的流动阻力平均比后者优20%左右。

(2) 针翅型三维螺旋翅片管的风阻远小于圆翅片管，在 $Re=3\times10^3\sim2\times10^4$ 范围内，前者的流动阻力平均约为后者的1/2。

从理论上分析，针翅型三维螺旋翅片管的最佳肋高约为14mm，肋片最佳厚度随散热量的增加而增大，对于当前肋厚1.5mm，只要加工工艺许可，可以进一步减薄。

有关外针翅管的传热问题，读者可参见《管束流体力学与传热》[31]和《管式换热器传热强化技术》[19]，书中有更详细的介绍。

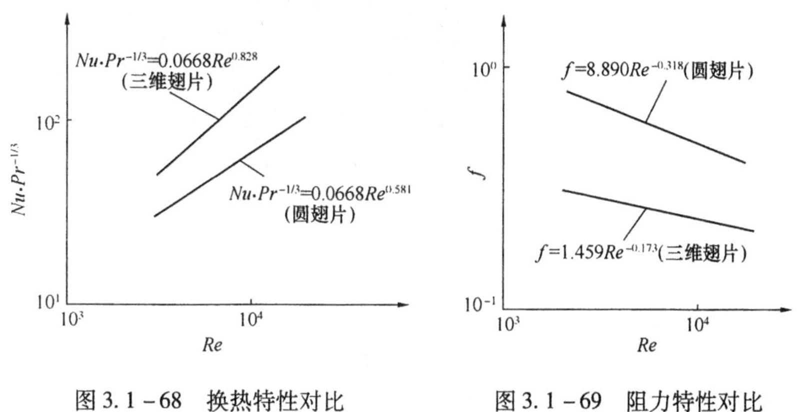

图3.1－68　换热特性对比　　　图3.1－69　阻力特性对比

第三节　强化管管束高效换热器与壳程的传热强化

一、强化管纵向流管束传热与流阻

(一)空心环支承圈折流挡板[32]与折流杆挡板[31]的比较

空心环支承圈比折流杆可减少流体对杆的形体阻力，可更充分地发挥纵向流强化管的强化作用。图3.1－70(a)为空心环管间支承示意图，图3.1－70(b)为折流杆支承示图。文献[32]采用横纹管与折流杆作了比较试验。

折流杆和空心环两种管间支承物加横纹管的流体阻力与传热实验，可用下列公式关联其实验数据：

$$\phi = \alpha_f Re_{\beta f}$$

$$St = \alpha_t Re_{\beta t} Pr^{-2/3}$$

按下式计算 $\overline{m}_H$ 值：

$$\overline{m}_H = \frac{(S_t/\phi)}{(S_t/\phi)_S}$$

下标s表示光管无支承管束值。

表3.1－14列出了按上式关联流体阻力与传热实验数据的结果。试验曲线如图3.1－71和图3.1－72所示。

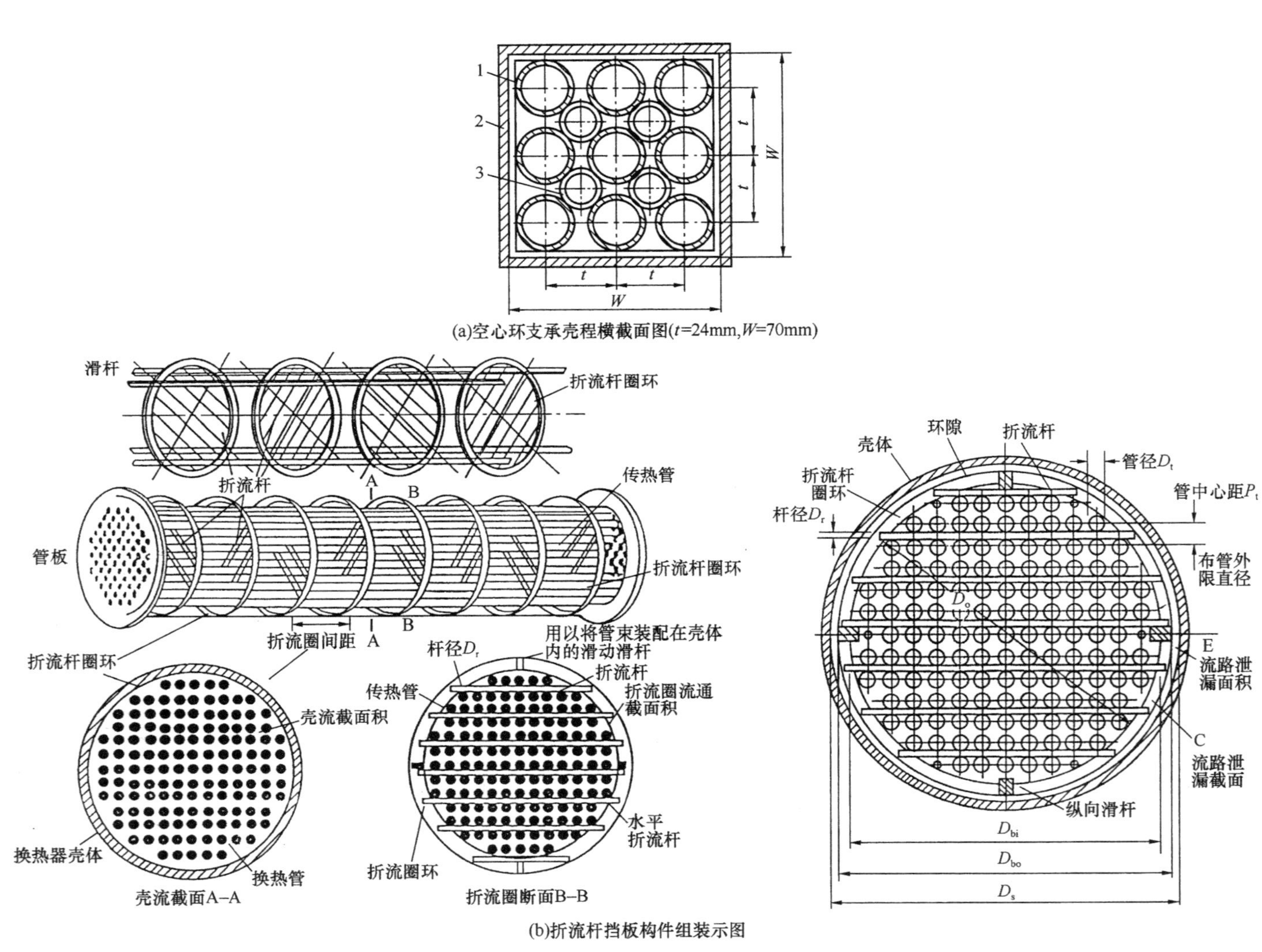

(b)折流杆挡板构件组装示图

图 3.1－70　空心环支承圈与折流杆挡板的结构示图

D_{bi}—折流圈内径；D_{bo}—扩流圈外径；D_s—壳体内径

表 3.1－14　空心环支承与折流杆支承管束的流体阻力与传热实验数据关联结果

换热器类型	α_f	β_f	α_t	β_t	$\overline{m}_H$
光管管束无支承	0.0400	－0.25	0.0229	－0.20	1
横纹槽管空心环支承	0.0370	－0.14	0.0110	－0.05	$0.506Re_s^{0.042}$
横纹槽管折流杆支承	0.0309	－0.06	0.0117	－0.05	$0.663Re_s^{-0.040}$

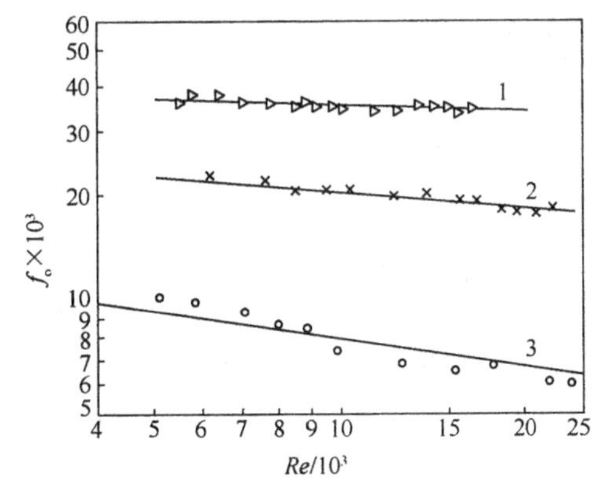

图 3.1－71　换热器壳程流体阻力实验数据($f=2\phi$)
1—折流杆加横纹槽管；2—空心环加横纹槽管；3—光滑管

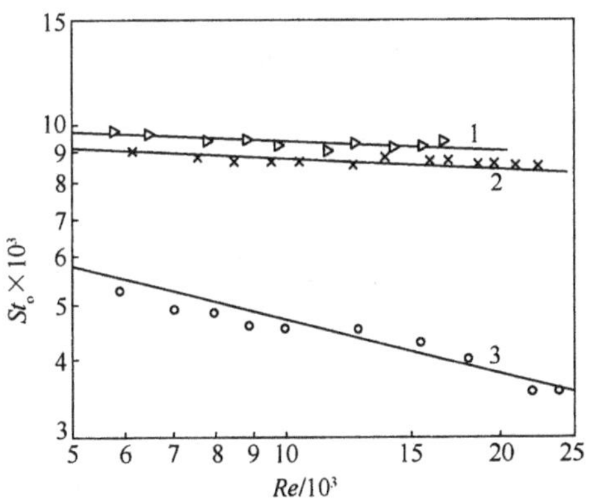

图 3.1－72　换热器壳程传热实验数据
1—折流杆加横纹槽管；2—空心环加横纹槽管；3—光滑管

按 Webb 的强化传热性能评价方法，在传热负荷、传热温差以及流体输送功均等同的条件下，比较强化传热管束与光滑传热管束所需的传热面积 A_r 与 A_s：

$$Re/Re_s = (St/St_s)^{1/2}\cdot(\phi/\phi_s)^{-1/2}$$

$$A_r/A_s = (\phi/\phi_s)^{1/2}\cdot(St/St_s)^{-3/2}$$

根据表 3.1－14 的关联结果，求解出在折流杆与空心环支承下换热器所需传热面积的比值，见表 3.1－15。从表 3.1－14 的比较结果可看出，对于横纹管管束，以空心环和折流杆为管间支承时具有相近的传热性能。实验条件下，对空心环支承的横纹槽管管束，有 72% 的壳程压降来自管束的粗糙传热面上；在实际工业生产中，折流杆管壳式换热器通常采用比较密集的支承，折流杆的纵向间距在 150～200mm 之间。

表 3.1－15　横纹槽管(用两种支承物)与光滑管传热性能的比较

Re_s	$A_{t折}/A_s$	$A_{t空}/A_s$	$A_{t空}/A_{t折}$
10000	0.706	0.598	0.816
15000	0.670	0.558	0.833
20000	0.645	0.531	0.823
25000	0.626	0.511	0.816

注：下标 s 表示光滑管无支承物。

(二)纵向流孔形折流支承挡板换热器[33]

德国 Grimma 公司开发的孔形折流支承板有两种结构形式，一种是梅花形管孔，见图 3.1－73；另一种是矩形槽型孔，如图 3.1－74 所示，将每 4 个管孔间的管桥开通，4 个管孔连成一个矩形槽孔，壳程流体在管间沿换热管纵向流动，可消除弓形折流板等流动死区。

湖北化肥厂于 1994 年将空压机级间冷却器原来的光管单弓形折流板改为横纹管矩形槽

孔结构后，使传热强化了1.4倍。

图3.1-73 梅花形管孔折流挡板

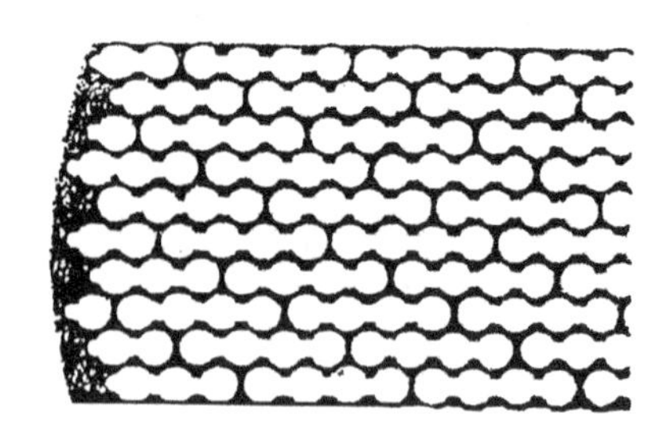

图3.1-74 矩形管槽型孔折流挡板

（三）纵向流螺旋扁管换热器[34]

螺旋扁管是由圆管扎制成的，是一种具有一定导程的螺旋扁管。用这种异形管构成的新型换热器(图3.1-75)，其管子的支承靠相邻管长轴处的点接触，省掉了折流挡板，使螺旋扁管在换热器壳体内的排列更紧凑，减小了换热器的尺寸和重量，同时还能减少或避免管子的振动。壳程流体受离心力作用而周期性改变流速和流动方向，加强了流体的纵向混合。同时，流体经过相邻管子的螺旋线接触点后形成脱离管壁的尾流，增加了流体自身的湍流度，使流体在管壁上的传热边界层被破坏，从而强化了传热。国外还报道了对螺旋扁管换热器管束传热与流阻性能的研究，提出了旋流特性因数 $Fr>232$ 时壳程传热与流阻关联式。对于 $Fr<232$ 的情况，只给出了 $Fr=64$ 时的关联式。天津大学和兰州长征机械厂等对该管进行了试验，其结构尺寸见表3.1-16。

表3.1-16 螺旋扁管结构尺寸

管号	S_t/m	$S_t d_i^{-1}$	Fr_i
1	0.250	11.90	392
2	0.144	6.86	130
3	0.192	9.14	231

注：S_t 为节距；d_i 为管内径。

1. 管程传热膜系数与摩擦因数关联式

用多元逐步回归分析，得如下经验关联式：

$$Nu = 0.3960Re_i^{0.544}(S_t/d_{ei})^{0.161}(S_t/d_i)$$
$$= 0.519Pr_i^{0.33}$$

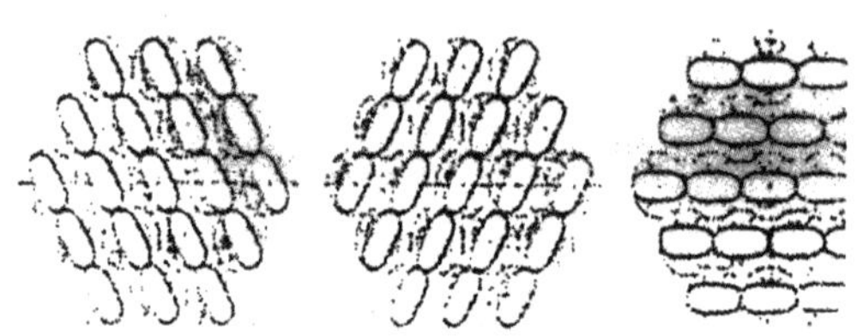

图3.1-75 螺旋扁管换热器管束示图

适用范围 $1000<Re_i<17000$。回归相关系数为0.9810，实验值与计算值的比较误差 $<\pm15\%$。

将流体阻力实验数据回归，得如下关联式：

$$\lg f_i = A_1 + A_2\lg Re_i + A_3(\lg Re_i)^2$$

式中 $A_1 = -19.70 + 4.90(S_t/d_i) - 0.22(S_t/d_i)^2$

$A_2 = 10.52 - 2.66(S_t/d_i) - 0.12(S_t/d_i)$

$A_3 = -1.17 - 0.36(S_t/d_i) - 0.016(S_t/d_i)^2$

适用范围 $1000 < Re_i < 17000$。实验值与计算值比较误差 $< +15\%$。

2. 壳程传热膜系数与摩擦因数关联式

采用旋流特性因数 Fr 来表示流体在流道中的旋流特性，对无外螺纹螺旋扁管换热器，壳程实验数据回归关联为：

$$Nu_o = 0.2379 Re_o^{0.7602} Fr_o^{-0.4347} (1 + 3.6 Fr_o^{-0.357}) Pr_o^{0.33}$$

适用范围 $1000 < Re_o < 9000$。

壳程流体阻力实验数据回归关联为：

$$f_o = 9.461 Re_o^{-0.4928} Fr_o^{-0.078} (1 + 3.6 Fr_o^{-0.357})$$

适用范围 $1000 < Re_o < 10000$。

对外螺纹螺旋扁管壳程实验得知，当 Re 数超过某一临界值之后，其传热效果优于光管槽旋扁管，其传热膜系数实验数据的关联式为：

$$Nu_o = 8.531 \times 10^{-9} Re_o^{2.5845} Pr_o^{0.33}$$

适用范围 $3000 \leqslant Re_o \leqslant 6200$。

而摩擦因数关联为：

$$f_o = 8.515 Re_o^{-0.4802}$$

适用范围 $2000 \leqslant Re_o \leqslant 8000$。

3. 实验结果分析与讨论

(1)管程传热与阻力性能

传热实验结果如图3.1－76所示。螺旋扁管仅在低 Re_i 范围内具有较好的强化传热性能。

图3.1－77为不同 Re_i 下螺旋扁管 Nu_i 数与光管之比 Nu_i/Nu_s。当 $Re_i < 2000$ 时，Nu_i/Nu_s 随 Re_i 减少而迅速增大；当 $2000 < Re_i < 7000$ 时，Nu_i/Nu_s 仍随 Re_i 减小而增大，但变化比较缓慢，Nu_i/Nu_s 值大都在1～2之间。

图3.1－78是摩擦因数 f_i 随 Re_i 数变化的情况，螺旋扁管强化传热的同时，也使流动摩擦因数增大。

在高 Re_i 数下，与光管相比摩擦因数增加较小，而在低 Re_i 数下，摩擦因数增加较多。从图3.1－79中看出，螺旋扁管摩擦因数与光管摩擦因数的比值 f_i/f_s 随 Re_i 数的变化情况。当 $Re < 2000$ 时，f_i/f_s 随 Re_i 的减小而迅速增大；$2000 < Re_i < 7000$ 时，f_i/f_s 随 Re_i 数的减小而缓慢增大；当 $Re_i > 7000$ 后，f_i/f_s 基本为定值。低 Re_i 数下，f_i/f_s 值较高。因为低 Re_i 数下光管内的流动为层流时，螺旋扁管内已处于湍流状态，f_i 值较大，所以比值 f_i/f_s 较大，由图3.1－78与图3.1－79还可看出，同一 Re_i 数下，导程越小，摩擦因数越大。

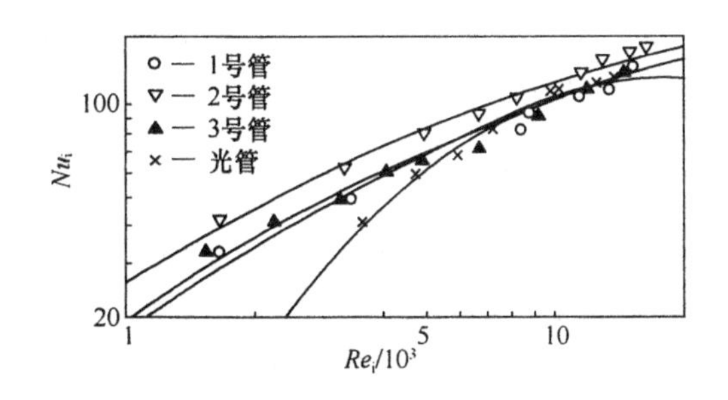

图3.1－76 管程 Nu_i 随 Re_i 的变化

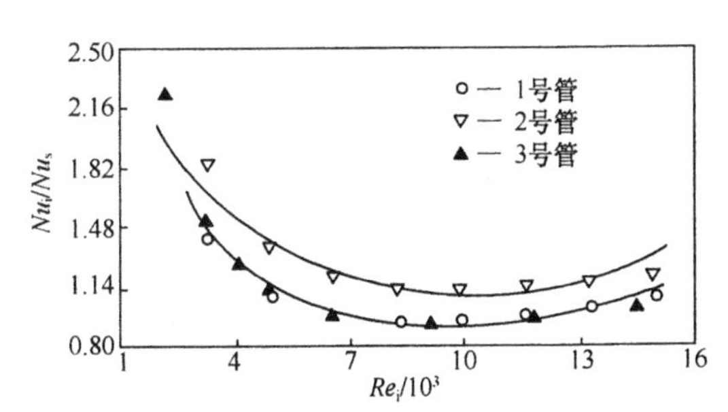

图3.1－77 Nu_i/Nu_s 随 Re_i 的变化

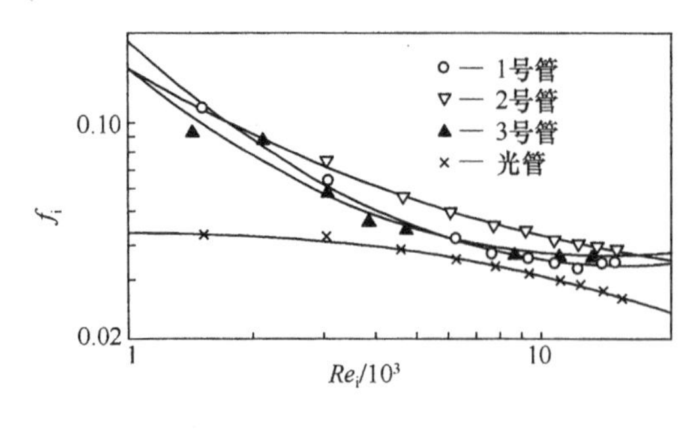

图3.1-78 摩擦因数f_i随Re_i变化

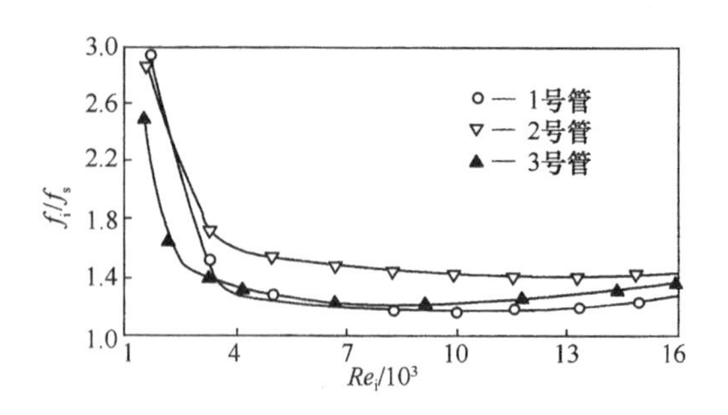

图3.1-79 f_i/f_s与Re_i数的关系

(2)壳程传热与阻力性能

图3.1-80给出了换热器壳程Nu_o数随Re_o数的变化情况。Nu_o随Re_o数的增大而增大；在同一Re_o数下，导程小，Nu_o数大。这是因为导程小离心作用加强，相同长度下螺旋线点接触多，尾流作用加强，湍流度增加，从而强化了加热。从图中还可看出，当$Re_o<3000$时，外螺纹螺旋扁管壳程传热性能与光管螺旋扁管换热器基本相同，而当$Re_o>3000$以后，两者差异随Re_o数增大而增加，外螺纹螺旋扁管换热器Nu_o值高于相同Re_o数下光管螺旋扁管的Nu_o值，这主要是因为外螺纹的存在使层流边界层的厚度减薄，使其既具有螺旋扁管的性能，又具有螺纹管的性能，显示出两种异形管的综合性能。

图3.1-81为壳程摩擦因数f_o随Re_o数的变化情况。摩擦因数f_o随Re_o的增大而下降；在同一Re_o数下，导程小，摩擦因数大；相同导程下，外螺纹螺旋扁管的摩擦因数稍小于光管螺旋扁管。

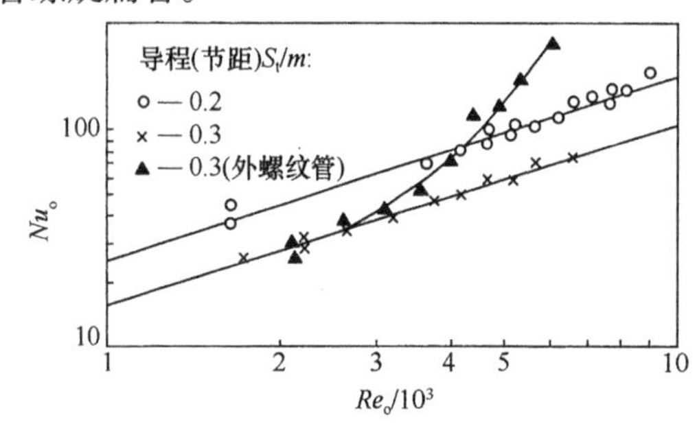

图3.1-80 壳程Nu_o与Re_o的关系

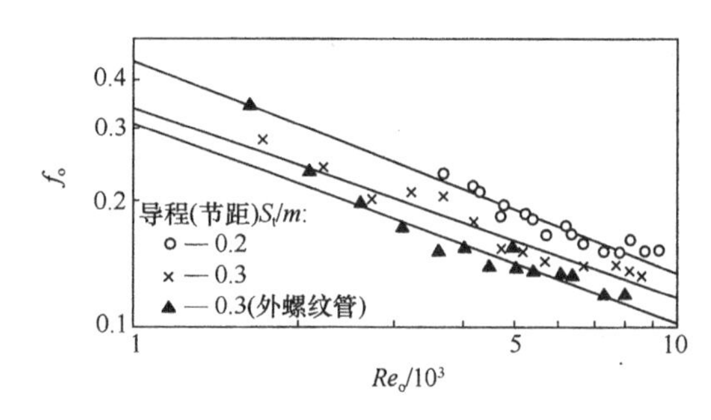

图3.1-81 壳程f_o与Re_o的关系

结构参数对换热器壳程传热与摩擦因数的影响见图3.1-82和图3.1-83。在同一Re_o数下，Nu_o数随Fr_o数的增大而减小，摩擦因数f_o也随Fr_o数的增大而减小。这说明Fr_o对传热和流阻的影响其实是一致的，传热与流阻不仅与螺旋扁管的导程有关，且与管截面的几何尺寸及当量直径有关。

(3)综合性能评价

综上分析，Re_o数及管子几何尺寸对传热与流体阻力的影响趋势是一致的，评价换热器的性能需对传热和流体阻力两方面综合考虑，管程采用参数$(Nu_i/Nu_s)/(f_i/f_s)$作为评价准则。当此值大于1时，表明在同样输送功率下强化传热管的输出数量大于光管，此值愈大，表明强化传热管的性能愈佳。从图3.1-84可见，2号管(导程0.144m)的性能最佳。壳程的性能用单位压降的传热膜系数$h_o/\Delta p_o$来比较见图3.1-85，$h_o/\Delta p_o$随Re_o数的增大而减小，导程为0.2m的螺旋扁管换热器性能最佳。因此，采用小导程管，在低 Re 数下使用螺旋扁管换热器可得到较好的强化效果。

图3.1－86为总传热系数 K 与 Re_o 数的关系，随壳程 Re_o 数增大，总传热系数 K 增大，导程小者，K 值大；在相同导程上，外螺纹螺旋扁管的 K 值大，传热效果较光管螺旋扁管好。

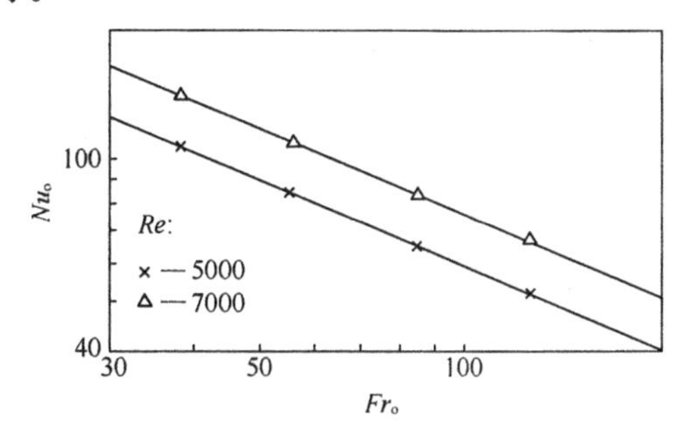

图3.1－82　壳程 Nu_o 与 Fr_o 的关系

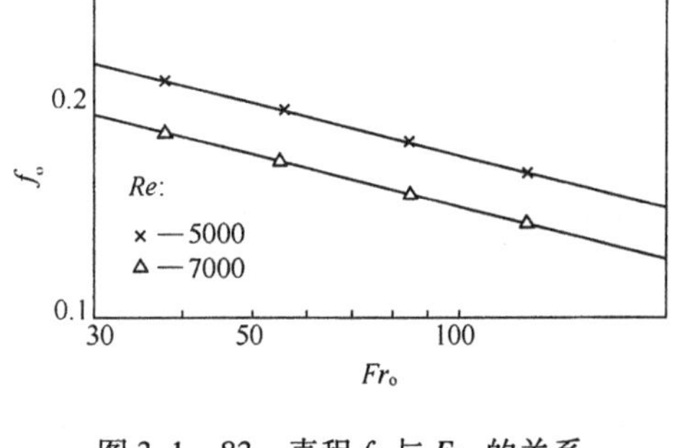

图3.1－83　壳程 f_o 与 Fr_o 的关系

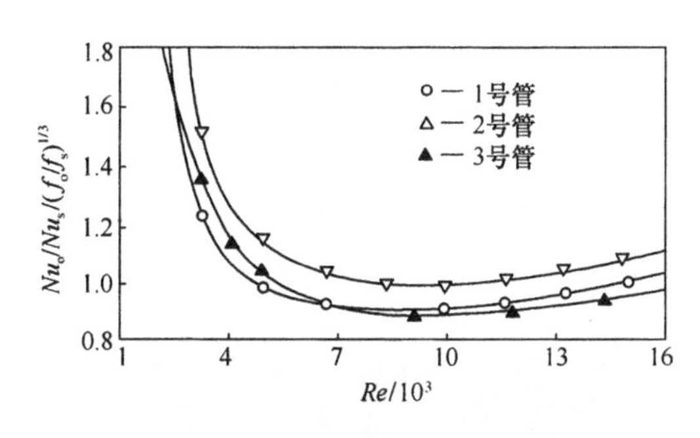

图3.1－84　管程 $(Nu_o/Nu_s)/(f_o/f_s)^{1/3}$ 随 Re_o 的变化

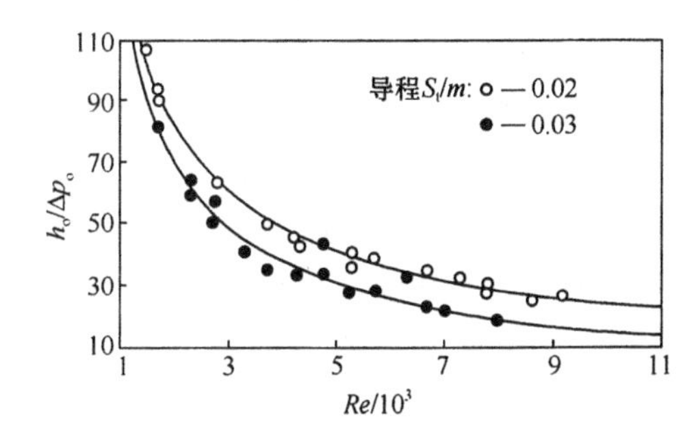

图3.1－85　壳程 $h_o/\Delta p_o$ 与 Re_o 的关系

（四）扭曲管换热器[35,36]与变截面换热器[37]

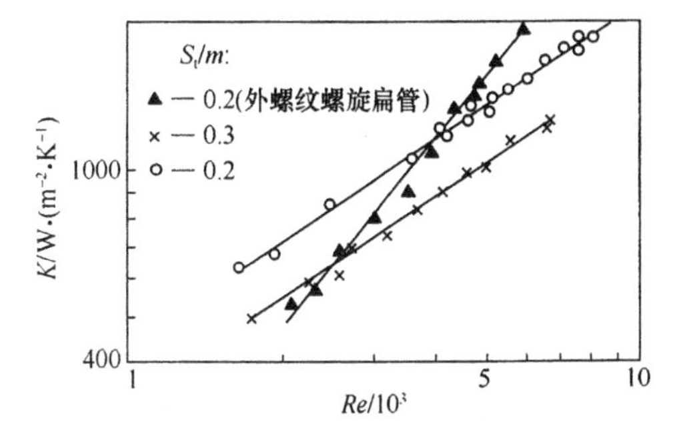

图3.1－86　总传热系数 K 与 Re_o 的关系

1. 扭曲管换热器

（1）扭曲管换热器国外应用

化工工业：硫酸冷却，氨气预热等。

石油工业：高压气体加热/冷却，油品加热等。

果脯及造纸工业：黑液加热/冷却，白水冷却，油品加热/冷却，排放物的冷却。

动力工业：透平蒸汽冷凝，锅炉供水加热，润滑油冷却。

钢铁工业：淬火油冷却，润滑油冷却和压缩气体冷却。

采矿和矿物加工工业：液体冷却，排放物冷却。

区段加热：闭路回路加热，蒸汽加热器。

（2）扭曲管换热器性能

表3.1－17为国外使用扭曲管换热器节约实例。

表 3.1－17 国外使用扭曲管换热器节约实例

	（塔）进料/（塔）底换热器	贫液/富液 DEA 溶液换热器	原油冷却器	HVGO 产品冷却器
壳程流体	废液水	贫液 DEA 溶液	原油	HVGO 产品
进出口温度/℃	12/59	118/57	60/36	127/82
操作压力/10^5Pa	1.0	0.7	6.9	9.7
管程流体	水流	富液 DEA 溶液	水液	水
进出口温度/℃	38/44	36/39	18/23	52/79
操作压力/10^5Pa	5.5	5.2	5.5	6.0
扭曲管换热器（碳钢）传热面积/m^2	441（强化 2.025 倍，节约金额 31%）	71（强化 1.51 倍，节约资金 5%）	612（强化 1.36 倍节约资金 21%）	102（强化 1.971 倍，节约资金 25%）
常规管壳式换热（碳钢）传热面积/m^2	893	107	833	201

由表 3.1－17 可见，扭曲管换热器比常规管壳式换热器可节省传热面积 26.5% ~ 51.0%，可节省经费 20% ~30%。

扭曲管换热器可用于绝大多数常规管壳式换热器，其性能特点只有板片式换热器可以取代。迄今国外已生产扭曲管换热器 400 台以上，近年 Brown Fintube 公司就生产了 60 台。

图 3.1－87 为日立公司由光管扭曲而成的扭曲管，具有深而尖的螺旋波纹结构，故比普通波纹管传热性能还高，为光管的 1.8 倍，且具有高的柔性，故亦可用来制成蛇管。

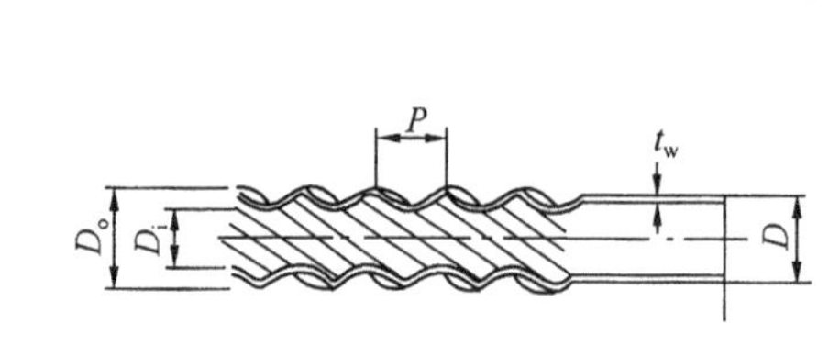

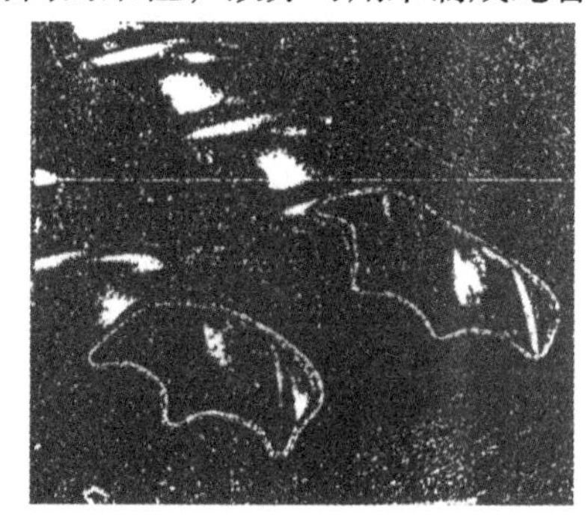

图 3.1－87 扭曲管结构示图

2. 变截面管换热器[37]

变截面管由普通圆管（光管）经压模压制（管长小于 1m 时）或用压辊滚压（管长大于 1m 时）而成，相隔一定节距管子被压制成互成 60°或 90°的扁形截面，见图 3.1－88。由这种管子组成的管束，其扁圆形截面长轴部分互相支承形成壳程的扰流元件。

变截面管换热器的传热与流阻计算，可采用华南理工大学实验数据回归得到的经验关联式。

（1）壳程的 Nu_o 和 f_o 的计算

当管子采用正方形排列，管节距 $P=100$mm 时，壳程的传热努塞尔准数 Nu_o 和流体流动的摩擦因数 f_o 由下式计算：

$$Nu_o = 6.615 \times 10^{-3} Re^{0.8943}$$

$$f_o = 9.001 Re_o^{-0.7417}$$

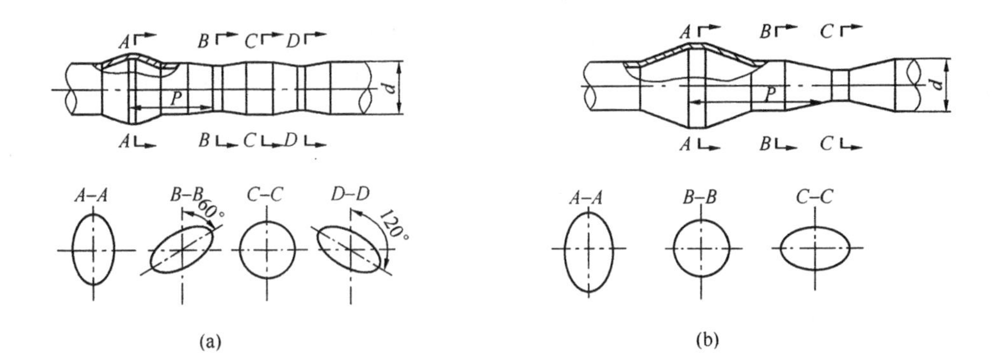

图 3.1 - 88　变截面管结构示图

当 $P = 200$mm 时：

$$Nu_o = 5.528 \times 10^{-3} Re^{0.8807}$$

$$f_o = 2.205 Re^{-0.6147}$$

当管子采用正三角形布管时：

$$Nu_o = 1.12 \times 10^{-2} Re^{0.8647} (l/d_e)^{-0.4122} Pr^{0.3064}$$

式中，d_e 为管束当量直径。

$$P = 100\text{mm 时}, \; f_o = 0.5075 Re^{-0.7618}$$

$$P = 200\text{mm 时}, \; f_o = 0.1161 Re^{-0.6076}$$

以上各式适用范围 $1 \times 10^3 < Re < 3 \times 10^3$。

（2）管程传热 Nu_i 和摩擦因数 f_i 的计算

管程传热努塞尔准数 Nu_i 和流体流动摩擦因数 f_i 可分别由以下各式计算：

当 $P = 100$mm 时：

$$Nu_i = 4.43 \times 10^{-2} Re^{0.7233} Pr^{0.4}$$

$$f_i = 2.0644 Re^{-0.3812}$$

当 $P = 200$mm 时：

$$Nu_i = 6.17 \times 10^{-2} Re^{0.6775} Pr^{0.4}$$

$$f_i = 0.2532 Re^{-0.1932}$$

适用范围 $7 \times 10^3 < Re < 2.81 \times 10^3$

变截面管换热器属于管子自支承式换热器，为当前国内外之最新结构。它依靠换热变径部分的点接触支承管子，使变截面管在换热器壳体内的排列十分紧凑，减小了换热器的尺寸和重量。因管子是自支承，管子刚度增加，能有效地减少或避免管子振动。另外，变截面管之间的接触点错列布置，在壳程构成扰流流道，壳程中流体像在网流型板式换热器可流动一样，在管与管的接触点之间回绕流动，其速度和方向不断改变，增加了流体自身的湍流度，破坏了流体管壁上的传热边界层，因此这种结构壳程的传热效率很高。同时，管程也由于截面形状的变化加大了管内流体的扰动和减薄了边界层，使管内传热得到了强化。

（3）节距

变截面管的变径部分组成了壳程的扰流结构，其节距大小对换热器管、壳程传热均有较大影响。节距小，换热效率高，但压力降增大；而节距过大，则管子的支承作用减弱，管子刚度降低，同时传热效率下降。通过试验得到，当节距 $P = 100$mm 时，壳程的传热膜系数 h 比无折流板光管换热器提高 35% 左右，且压降增加不多；管程的 h 较光管高 1.2 ~ 1.4 倍，压降则高 1.5 ~2.5 倍。当 $P=200\text{mm}$ 时，壳程的 h 较光管换热器高 20%，管程 h 较光管高 1.1 倍，管程压降高 1.2 ~ 1.5 倍。从传热综合性能分析，实验条件下的节距最佳值为 85mm，其壳程 $h/\Delta p$ 较 $P=100\text{mm}$ 时的 $h/\Delta p$ 提高了 20% 以上；较 $P=50\text{mm}$ 时提高了 50% 以上。

(4) 变径截面长短轴之比

变截面管的变径部分是一个扁圆形截面，扁圆的长短轴之比决定了此处的流通截面积。截面积大，流速低，传热效率稍差，但流体压力损失少，压降低；截面积小，结果则相反。工程中可根据换热器管程和壳程的流速设计来确定长短轴之比。当管程流量较小时，可增大此比值，用减少边界面处的流通面积来提高流速，使换热器两侧处于较理想的流动状态。实验结果表明，正确确定变截面管的长短轴之比值，并让管子变径处缓慢变形，其锥度不超过 20°，则管内的流体压力降小，管程的传热综合性 $h/\Delta p$ 较高。

(五) 纵向流混合管束换热器[38]

混合管束是由不同形状、尺寸和数量的各种强化传热管以及一定比例的光管所组成，可以使其在不同的"气 - 气"、"液 - 液"、"气 - 液"和冷凝等不同传热条件下，达到优化换热的目的。作者在实验中所采用的变截面管[38]、绕线管和光管的配比分别为 30%、30% 和 40%。3 种管子借助变截面部位和绕线部分的互相支承，其支承点形成了壳程流体的扰流，流体在管束内总体上呈沿管轴纵向(轴向)流动，同时又有流道的不断扩大和收缩，并且同时具有螺旋状扰流流动；一定导程的变截面支点或绕线支点又相当于使管上有了一连串不连续的翅肋，进而造成局部涡流的反复产生和不断更新，使边界层永远处在湍流状态，局部 *Re* 升高。加上各管管间距极小，即比常规管壳式管束的管间距更小，因此各管排之间十分密集。这就像板式换热器那样，使各个混合板片间的薄层窄间隙间的流道发生内流，那些不同的支肋就如不同的混合板片上的沟槽，起到管束间流体的导流和不断的扰动作用。这种混合管束管间流体的流动，既要考虑窄间隙薄层流动流体力学，又要考虑流动过程中绕过一连串支肋引起不断扩大和收缩的流动以及螺旋状扰流流动。为此，管束中的主体流动 *Re*(一次 *Re* 数)和各种局部 *Re*(二次 *Re* 数)都较高，这都有助于流体边界层的进一步减薄。

管束的薄层流动克服了折流杆等纵向流换热器管束 *Re* 数低，应用范围受限制的缺陷和不足。壳程较大的 *Re* 数和流体纵向冲刷作用，有利于管束污垢的自清洗。管子的互相支承，加之流体的纵向流动，流体诱导的振动被完全彻底消除。

变截面管及扭曲管的最大弱点是管内压降太大，而混合管束由于采用了一定比例其他的强化传热管和光滑管，故在保证传热管要求的前提下，可使管程总体压降下降到工艺要求限定的范围之内。

华南理工大学化机所将某渣油(壳程) - 初底油(管程)换热器管束设计成了"三维针翅管 - 光管"混合管束。壳体直径由原来的 $\phi900\text{mm}$ 降到 $\phi700\text{mm}$；强化传热膜系数，管程由原来的 $928\text{W}/(\text{m}^2\cdot\text{K})$ 提高到 $1495.7\text{W}/(\text{m}^2\cdot\text{K})$，壳程由 $463\text{W}/(\text{m}^2\cdot\text{K})$ 提高到 $560\text{W}/(\text{m}^2\cdot\text{K})$；总传热系数由 $192\text{W}/(\text{m}^2\cdot\text{K})$ 提高到 $296.7\text{W}/(\text{m}^2\cdot\text{K})$；传热面积由 430m^2 降到 282.4m^2；设备重量由 9t 降为 6t，节材 1/3。武汉化工学院与湖北江汉油田合作，设计研制了溶剂油冷凝气混合管束，已投入生产应用，使原来 50m^2 的传热面积达到了 75m^2 的换热能力，强化了 1.5 倍。生产设备毋须改造更换便可满足扩大生产的需要，大大节约了投资，提高了生产效益。湖北长江石化设备制造厂也研制了 09Cr2ALMoRE 材质的混合管束换热器。

纵向流混合管束换热器与光滑管束换热器及绕丝管束换热器在相同流体质量流率下，其总传热系数 K 值的对比及混合管束壳程 $K_{值}$ 与 Re 的关系见图 3.1－89；壳程压降见图 3.1－90；3 种管束 $K/\Delta p_{壳}$ 的比较见表 3.1－18。

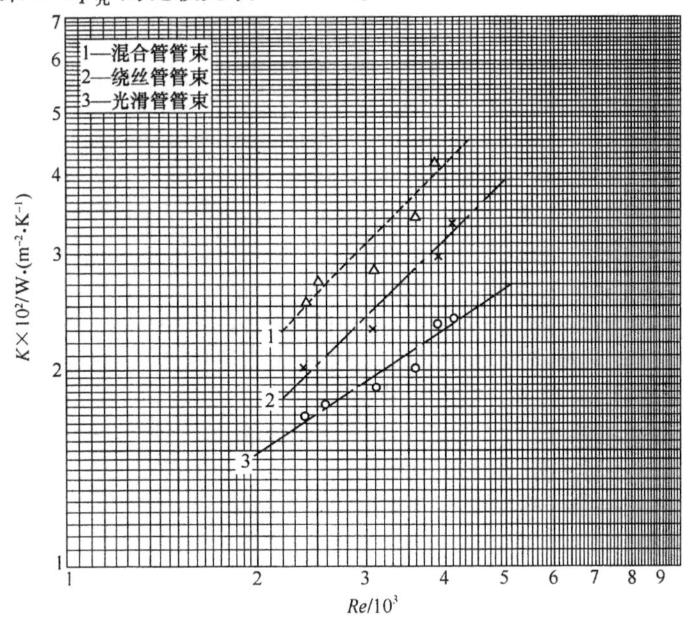

图 3.1－89　3 种管束总传热系数 K 的对比及 Nu 与 Re 的关系

表 3.1－18　3 种管束 $K/\Delta p_{壳}$ 总效果的对比

序　号	类　型		
	混合管束换热器	绕丝管束换热器	光滑管束换热器
1	0.869	0.722	0.697
2	0.851	0.717	0.687
3	0.723	0.612	0.570
4	0.695	0.594	0.515
5	0.715	0.554	0.512
6	0.789	0.563	0.454

由图 3.1－89、图 3.1－90 可知，混合管束壳程压降比光管束增加不多，而总传热系数 K 值却提高了 1.3～2.3 倍；又由表 3.1－18 和图 3.1－91 可以看出，混合管束的综合性能指标壳程单位压降的总传热系数 $K/\Delta p_{壳}$ 为最佳，设计实验的混合管束配比为：扭曲变截面管占 30%，绕丝管 30%，光滑管 40%。

各种管束的综合指标 $K/\Delta p_{壳}$ 值的比较亦可由图 3.1－91 看出：从图 3.1－91 还可看出，光滑管和绕丝管管束随壳程 Re 增加其壳程压降增加的速率要比换热总传热系数的增加更快，故 $K/\Delta p_{壳}$ 总是随壳程 Re 增加而降低。而混合管管束的 $K/\Delta p_{壳}$ 先是随壳程 Re 的增加而下降，随后当壳程 Re 继续增加时，$K/\Delta p_{壳}$ 又重新上升，故有一个最佳的操作点。这时，混合管管束总传热系数较大而壳程压降又不再有多大增加。例如笔者试验中，壳程 Re 达到临界点 3800 后，$K/\Delta p_{壳}$ 又重新上升；当壳程 Re 达到 4100 左右时，$K/\Delta p_{壳}=0.789$，已接近实验范围最高值的 0.869。这进一步说明混合管管束壳程和管程的压降与传热膜系数，可随所需

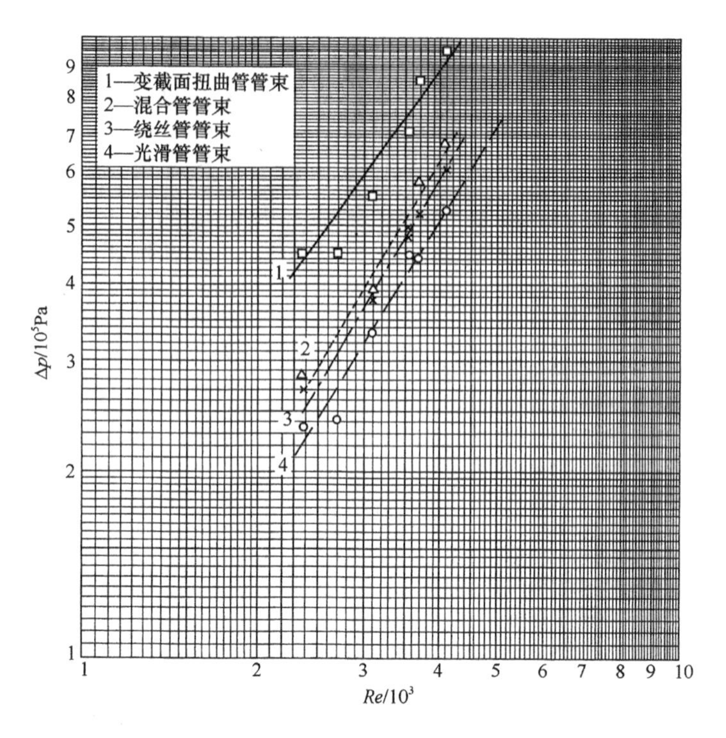

图 3.1－90 4 种管束壳程压降及其比较

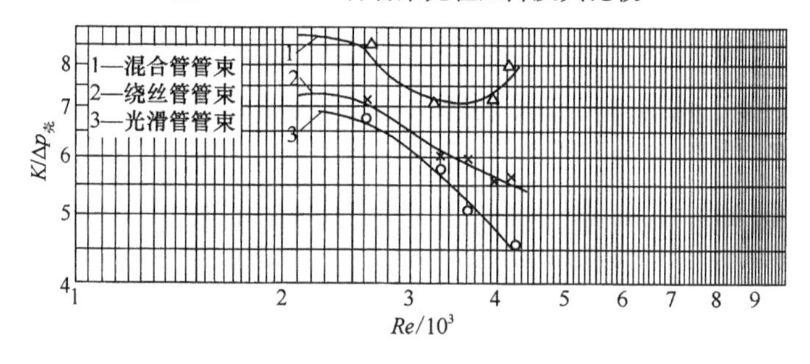

图 3.1－91 3 种管束综合指标 $K/\Delta p_{壳}$ 的比较

操作条件的变化而灵活调整，直至达到最佳状态。

另外，根据工艺条件和要求，以及管内外流体介质的不同，混合管管束的管型及配比等均需经不同方案的计算来确定，其管板强度和设计亦有特殊的技术要求。

二、螺旋折流板管壳式换热器[39][40][41]

（一）螺旋折流板的结构

弓形折流板特别是单弓形折流板，流体在壳程绕折流板弯转曲折流动时会在壳程形成较大的死区和流动返混，与壳程呈活塞流流动时相比，会导致传热恶化、污垢增加及平均传热温差的减小。为减少这些现象，可在折流板与壳体间隙处设置密封条，这种办法可减少泄漏旁路流。亦可用设置偏导挡板（deflector bafflas）或导流板的办法，如图 3.1－92 所示。

若采用螺旋折流板，则还可大大减少流体的返混和死区现象，使之接近理想的纯活塞流。螺旋折流板的螺旋角、两相邻折流板间的搭接程度（overlarhing）以及管束的布置形式是影响螺旋板换热器效率的一个重要因素，特别是最佳螺旋角问题。在两相邻螺旋折流板之间的壳体周边段会形成一个巨大的三角形自由流通面积，从而导致明显的旁路流。若使两块相邻螺旋折流板呈搭接状态，则可把这一旁路流和返混现象减至最小程度。可见，这就会大大

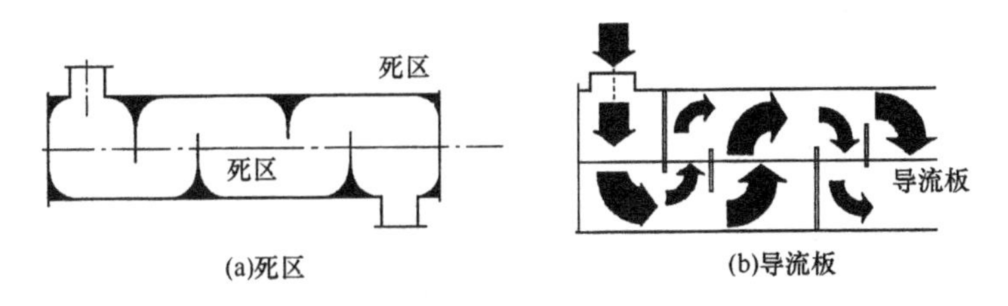

图 3.1－92　单弓形折流板死区和导流板的设置示图

改变壳程流图，图 3.1－93 表示了这一结构。改变螺旋角、螺旋折流板的搭接程度以及管束的布置就可以改变其操作条件，螺旋角的改变可明显地使壳程流速改变。

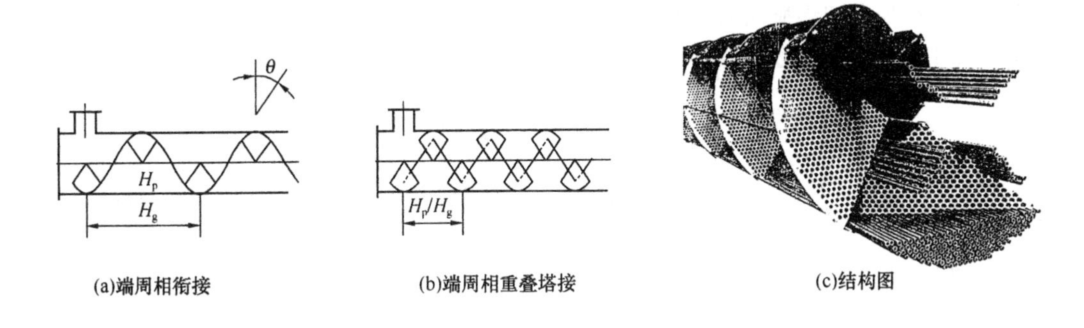

图 3.1－93　螺旋折流板及其布置与结构图

图 3.1－93(a) 为两螺旋折流板在端周相衔接，即折流板间距 H_p = 螺旋导程 H_g，θ 为螺旋折流板倾角。

图 3.1－93(b) 为两螺旋折流板在端周相重叠搭接，即 $H_p < H_g$。

(二) 螺旋折流板换热器的性能

图 3.1－94 为螺旋折流板换热器与单弓形折流板换热器热效率的比较。

从该图中可看出，如果换热器设计效率 E 为 0.70，单弓形折流板需要传热单元数 NTU4.8，而用螺旋折流板，只需 NTU2.4 就可满足了。

图 3.1－95 为螺旋折流板的螺旋角，也即是速度角 ϕ 对换热器传热的影响。

由图可见，当螺旋角增加时，Nu 增加，特别是 ϕ = 25°～40°时更为明显，ϕ = 40°时达到 Nu 峰值，而后 Nu 迅速下降，故最佳螺旋角应是 ϕ = 40°在图 3.1－96 中也可看出。

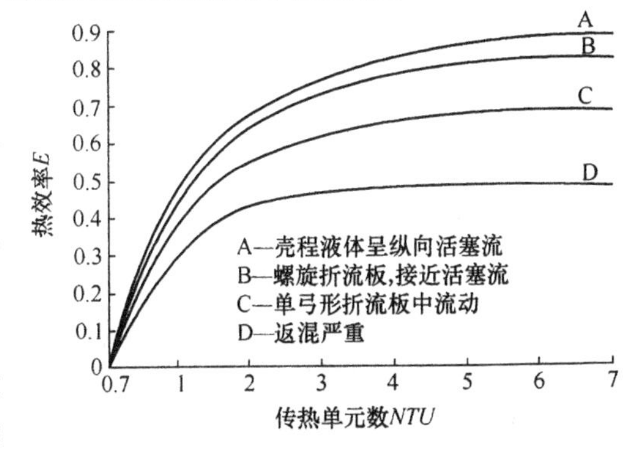

图 3.1－94　螺旋折流板与单弓形折流板换热器热效率 E 的比较

但螺旋折流板的螺旋流在壳程管束中心管处形成漩涡中心区，中心管的传热效率不高，故可设计成无中心管的螺旋折流板，据试验，这可比有中心管的螺旋折流板换热器在壳程加热或冷却时，使壳程传热膜系数增加。

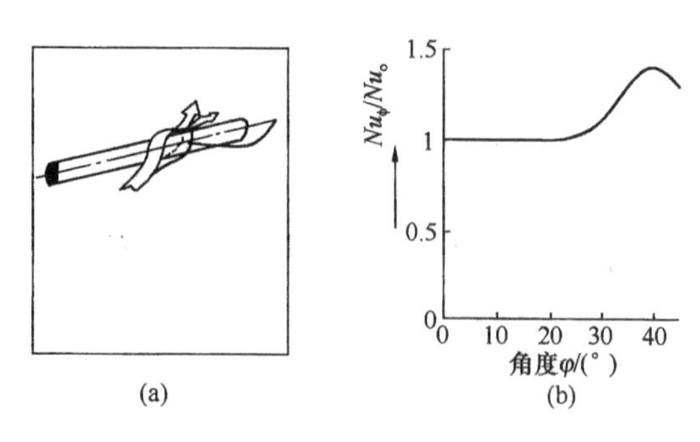

图 3.1－95 速度角 φ 与传热努塞尔数之比 Nu_φ/Nu_0 的关系

（Nu_φ、Nu_0 分别为速度角 φ 和纯横流 $\varphi=0$ 时的努塞尔数 Nu）

图 3.1－96 为不同螺旋角时折流板压降的比较，以及与单弓形折流板的对比。图 3.1－97 为有与无中心管螺旋折流板壳程 Nu 与 Re 的关系。

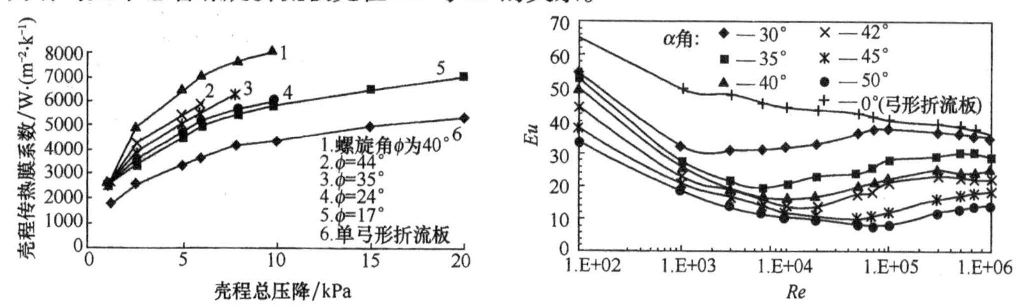

图 3.1－96 不同螺旋角下的螺旋折流板壳程"压降—传热膜系数"关系的比较

不同螺旋角下壳程压降最小时的 Re 值，见表 3.1－19。

表 3.1－19 不同螺旋角下壳程压降时最小的 Re 值

螺旋角 α/(°)	Re 数
30	1 700
35	5 000
40	8 000
42	10 800
45	13 000
50	16 000

图 3.1－98 为华南理工大学的试验结果[40]，试验用换热器的几何结构参数见表 3.1－20。花瓣型锯齿管(图 3.1－99)螺旋折流板壳程传热膜系数为低肋管螺旋折流板的 1.4～1.6 倍，是光管螺旋折流板的 2.2～2.4 倍，是光管单弓形板的 3～4 倍。此外，抚顺石油学院对光管螺旋折流板与弓形折流板进行了试验比较，认为低黏度流体时，壳程单位压降传热膜系数 $h_o/\Delta p$ 为弓形板的 2.4 倍，高黏度流体时为 1.5 倍。

表 3.1－20 实验用换热器几何结构尺寸

换热器编号	No. 1	No. 2
壳体内径 D/mm	139.8	139.8

续表

换热器编号	No. 1	No. 2
传热管名称	PF 管	低肋管
螺旋角/(°)	11	11
传热管尺寸/mm × mm × mm	ϕ10 × 1.0 × 687	ϕ12.7 × 1.3 × 687
传热管根数	32	32
坯管外表面积/m^2	0.691	0.877
胚管质量/kg	5.53	9.11

注：PF 管为花瓣型锯齿 C 管。

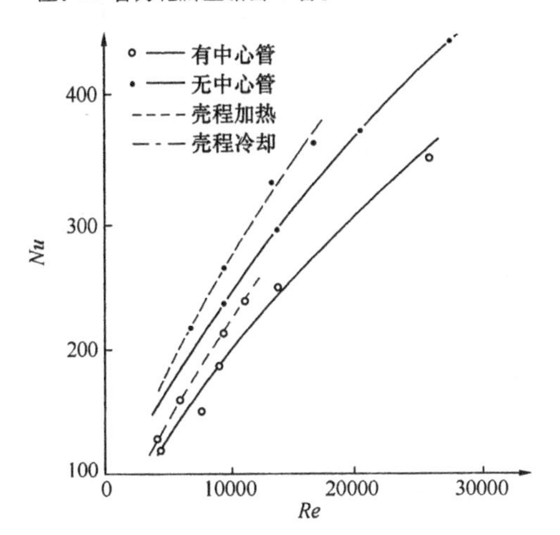

图 3.1－97　螺旋折流板有中心管与无中心管时 Nu 与 Re 的关系

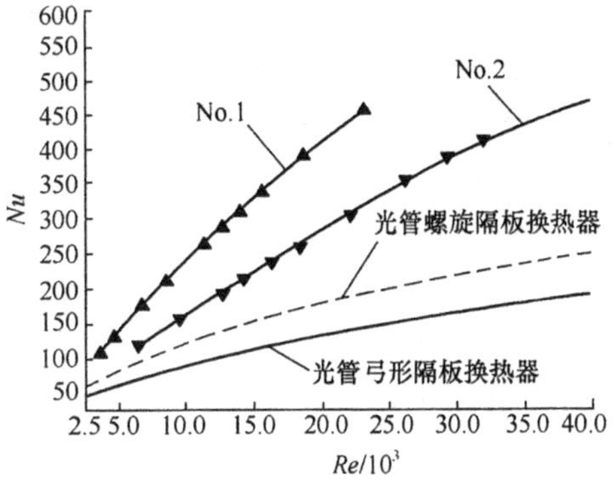

图 3.1－98　螺旋折流板强化管壳程 Nu 与 Re 的关系以及与光管单弓形折流板的比较

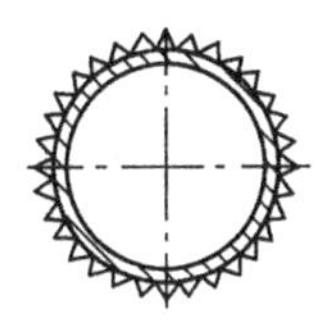

图 3.1－99　花瓣型锯齿管（PF）示意图

结　　语

本章主要介绍了两大问题，一是管壳式换热器无相变强化传热采用的管型、结构性能及计算等；另一是壳程强化传热的结构类型和性能等。

无相变强化传热主要应用的管型有肋槽管、翅片管和变形管三大类。其中肋槽管和变形管，仅仅主要是起减薄流体边界层而强化传热的作用，翅片管则除减薄边界层强化传热作用外，翅片还有一定的扩大传热面积的作用，肋槽管有管壁轧制出整体肋或轧制出管槽这两类，肋槽一般又分为横肋（包括波纹肋）或横（纹）槽和螺旋肋（包括螺旋波纹肋）或螺旋槽两种，至于贴壁内插线圈也可包括在螺旋肋片管中。凡此种种，它们也都统称为粗糙管，以示与普通光管的区别，并均已在图3.1－1中示意列出。肋槽管的强化机理和流体传热性能都属于同一类型，是相似的，但其影响因素太多，各商家的结构和制造性能也都有不同之处。为此，到目前为止，国内外对肋槽管的流体力学和传热理论分析都还没有较完整和完善的理论模型以及统一的计算公式，各学者都提出了各自的分析式或实验关联式，它们都具有一定局限性。本章根据国内外文献将其统一归纳比较，用表格和图线的方式将其理论化和系统化，使读者对此有一较完整和系统的认识，也便于区别选择应用，这在其他书中还未见过。在此基础上，本章在介绍了常用的两种二维肋槽管，即螺旋槽管和横(纹)槽管的国内外一些新的进展外，还简单介绍了三维翅肋管，间断翅肋和针翅管的进展，这是比之前者的二维管强化性能更佳的管型之一。

管束传热与单管不同，无相变传热，其壳程强化性能还与管束折流支承板、管束布置方式等有关。本章还介绍了折流杆和空心环折流支承结构、异孔孔型折流板、螺旋折流板以及变形管(包括变截面管、螺旋扁管、扭曲管和混合管束等)无折流支承板(管子互相直接支承成管束)，管束的国内进展。变截面管和螺旋扁管管内压降太大，而混合管束则可改善这一问题，是个方向。另外无折流支承板靠异形管子互相支承的管束，可达到板片式换热器的窄间隙薄层流动，因而紧凑高效，如今窄间隙流体力学和传热的研究已提到了议事日程。上述所有这些除折流杆和空心环支承板外，在国内外还刚刚起步。有关无相变强化传热的内容很多，由于篇幅有限，在此不再一一介绍，读者还可以去参阅作者的《管式换热器强化传热技术》(化学工业出版社，2003年)一书。

主要符号说明

A——面积，m^2；

　　或粗糙度摩擦因数；$A=R(e^+)$，无因次；

A_{1-3}——无因次参数；

B——翅宽，mm

　　或无因次参数；

$B(e^+)$——无因次参数；

b——无因次参数；

c——无因次参数；

　　或系数；

d——管径，m；

D_{eq}或d_{eq}——当量直径，m；

D_{bi}——波纹管管内最大光滑壁面直径，m；

D——无因次参数；

e——肋高或槽深，m或mm；

e^+——粗糙度雷诺数，无因次；

E——换热器效率，无因次；

E_1，E_2，E_3——无因次参数；

f——摩擦因数，无因次；

f^*——无因次参数；
F——无因次参数；
g，g^+，$g(e^+)$——无因次参数；
G——粗糙度函数，无因次；
　　或无因次参数；
H——翅高，mm；
H_p——折流板间距，m；
H_g——螺旋折流板螺旋导程，m；
h——槽深，mm；
　　或传热膜系数，W/(m^2·K)；
h^+——粗糙度雷诺数(即 e^+)，无因次；
J——传热因子，无因次；
K——总传热系数，W/(m^2·K)；
　　或传热性能参数，无因次：
　　或无因次参数；
l——间距，mm；
M——传热强化比，无因次；
m——指数，无因次；
N_s——波纹管横断面上的波数，无因次；
N——酒窝管周向酒窝数，无因次；
　　或翅数，无因次；
n——指数，无因次；
P——肋或槽节距，mm；
P_2——槽宽，mm；
P_p——泵功率，W/m^2；
Δp——压降，pa；
r——半径，m；
　　或无因次参数；
S 或 S_t——节距，m；
T——肋或翅片厚，mm；
t_b——肋或翅基厚，mm；
t_t——肋或翅尖厚，mm；
t_w——管壁厚度，mm；
v——流速，m/s；
W——肋宽，mm；
w_1、w_2——无因次参数；
$Y_{1\sim4}$——无因次指数；
Z——无因次翅数；
　　或肋翅密度，肋翅数/cm^2；
ρ——密度，kg/m^3；

θ——倾角，(°)；
α——螺旋角，(°)；
或波纹角，(°)；
α_f——系数，无因次；
α_t——系数，无因次；
η——效率指数，无因次；
或性能指数，无因次；
β——倾角，(°)；
β_f——指数；
β_t——指数；
γ——螺旋角，(°)；
ϕ——酒窝管酒窝直径，m；
或螺旋角，(°)；
或无因次参数，$\phi = f/2$；
Fr——弗劳德数，无因次；
Nu——努塞尔数，无因次；
Pr——普朗特数，无因次；
Eu——欧拉数，无因次；
Re——雷诺数，无因次；
St——斯坦顿数，无因次；
NUT——传热单元数，无因次。
下标：
a 或 f——强化管
exp——试验；
pred——预测；
i——管内；
o——管外(壳程)；
s——光管。

参 考 文 献

[1] Raviгururajan T S. Acomfarative Study of Thermal Design Correlations for Turbulent Flow in Helical-Enhauced Tubes. Heat Transfer Eng, 1999, 120(1): 54～70
[2] Ravigururajan T S, Rabas T J. Turbulent Flow in Integrally Enhauced Tubes, Part 1: Comprehentive Review and Dalabase Development. Heat Trabsfer Eng, 1996, 17(2)19～29
[3] Sethumadhavan R, Raja Rao M. Tubulent Flow Friction and Heat Transfer Characteristies of Single and Multistart Sfirally Enhanced Tubes. J. of Heat Transfer, February, 1986(1108): 55～61
[4] Webb R L, et al. Heat Transfer and Friction Characteristics of Internal Helical. Rib Roughness. J. of Heat Transfer, February, 2000(122): 134～142
[5] 杨冬，陈听宽等. 油为工质时螺旋槽管强化传热性能评价研究. 化学工程，2000，28(3)：25～32
[6] 邓先和，邓颂九. 流体在粗糙管内及管间湍流阻力与传热关联. 化工学报，1991，(6)：710～718

[7] 陈兰英．螺旋槽管水平管束冷凝传热研究及其热力学分析．华南理工大学硕士学位论文，1987
[8] 崔海亭，姚仲鹏等．漩流管管内换热与阻力的实验研究．石油机械，2000，28(6)：25~27
[9] 夏雅君，张朝民．螺纹管*管内流动和传热的数值模拟．上海电力学院学报，1991，7(4)：20~29
[10] 夏雅君，张朝民．螺纹管*管内流动和传热的数值模拟，上海电力学院学报，1991，7(1)：25~32
[11] 程俊国等．螺纹管*的传热与流阻性能，重庆大学学报，1980，(3)：81~94
[12] 张军．螺旋槽纹管*管内流动和换热的数值模拟．北京：北京理工大学，1996
[13] 张政等．螺旋内槽管内的层流流动与传热的数值模拟，高校化学工程学报，1995，9(2)：125~132
[14] Liu X Y, Jensen M K. Numerical Investigation of Turbulent Flow and Heat Transfer in Internally Finned Tubes. J. of Enhanced Transfer, 1999, 6(2): 105~120
[15] Ravigururajan T S, Rabas T J. Turbulent Flow in Integrally Enhanced Tubes, Part 2: Analysis and Performance Comparison, Heat Transfer Eng. 1996, 17(2): 30~40
[16] Panchal C B, France D M, Bell R J. Experimental Investigation of Single phase, Condansation, and Flow Boiling Heat Transfer For a Spirally Fluted Tube, Heat Transfer Eng. 1992, 13(1): 42~52
[17] 程立新，陈听宽．内螺纹管中煤油单相紊流强化传热研究．石油化工设备，1999，28(1)：5~8
[18] 钱颂文．管壳式换热器设计原理．广州：华南理工大学出版社，1990
[19] 钱颂文，朱冬生，李庆领，等．管式换热器强化传热技术．北京：化学工业出版社，2003
[20] 吴慧英等．凝结换热采用螺旋槽管的强化传热研究．化工学报，1997，48(5)：626~629
[21] 曾文良等．螺旋隔板换热器壳侧传热与流阻性能研究．广州：华南理工大学硕士学位论文，1999
[22] 谭盈科，花礼贤等．螺旋槽管的筛选实验．广州：华南工学院学报，1999，7(2)：139~148
[23] 陆应生，花礼贤等．高效换热元件——横纹管．化工进展，1988，(3)：10~12
[24] 陆应生等．横纹管的传热与流体力学特性研究．化工学报，1990(5)：613~617
[25] 姚仲鹏等．勺形凹槽螺旋槽管强化传热研究．石油化工设备(增刊)，2001，30(1)：8~9
[26] Juin Chen et al. Heat Transfer Enhencement in Dimped Tukes, Aappied Tharmal Eng. 2001, (21): 534~547
[27] 廖光亚等．三维内肋管换热及流阻的实验研究．工程热物理学报，1990，11(4)：422~426
[28] 刘红，廖光亚等．三维内肋管内流态的划分及过渡流判据的实验研究．工程热物理学报，1998，19(5)：620~624
[29] 张洪济等．中压下三维内翅管中的上升流动与传热．工程热物理学报，1999，14(4)：402~407
[30] 冯踏青等．三维螺旋管翅片管传热特性分析及试验研究．化学工程，1998，26(6)：14~17
[31] 钱颂文等．管束流体力学与传热．北京：石化出版社，2002
[32] 邓先和，邓颂九．管间支承物的结构对横纹槽管管束传热强化性能的影响．化工学报，13(1)：63~67
[33] 刘湘秋，朱波．横纹管整园槽孔支承冷却器的应用．化工机械，1996，23(2)：101~103
[34] 思勤等．螺旋扁管换热器传热与阻力性能．化工学报，1995，16(5)：601~607
[35] 钱颂文等．扭曲管与混合管束换热器．化工设备与管道，2000，37(2)：20~21
[36] Brown Fintube. Twisted Tube More in same space. C E P. 98, 99(2): 20
[37] 江楠等．变截面管换热器的结构及计算．化工设备设计，1999，36(6)：5~7
[38] 钱颂文等．纵向流混合管束试验研究．石油化工设备，2001，32(1)：1~4
[39] Dalibor Kral, Petr slehlik, et al. Helical Baffles shell - and - Tube Heat Exchangers, part I, Experimental Verlification. Heat Transfer Eng, 1996, 17(1): 93~100
[40] 曾文良等．螺旋隔板换热器壳侧传热与流阻性能研究．石油化工设备，2000，29(5)：4~6
[41] Wang Shuli. Hydrodynamic studys on heat exchanger with helical baflles heat exchanger eng. 2002, 23: 43~49

* 文献[9]~[12]中的所谓螺纹管实际是螺旋槽管，勿与实际的螺纹管相混淆——作者注

第二章 冷凝传热及冷凝强化技术

（钱颂文 朱冬生 孙 萍）

第一节 概 述

用于冷凝的光管为一维传热冷凝管，周向平滑翅为二维翅冷凝管，间断翅和针翅等为三维翅冷凝管；人们早已建立了梯形或矩形低翅片二维管的冷凝理论模型，特别应首推 Beatty 和 Katy 的前期先驱工作，但他们的模型中只考虑重力排液冷凝而忽略了表面张力作用。在翅尖处的表面张力作用通常是很重要的，冷凝液由翅尖借表面张力排至翅片二侧面，故翅尖是冷凝传热的主要部分。但表面张力也具有对冷凝不利的效应，这是由于冷凝液沿管滴落时对冷凝液的持液作用。综合考虑重力和表面张力作用模型来预测单管卧式冷凝传热膜系数（HTC）是足够精确的（有 Kerkhe & Borovkv、Webb et al、Honda & Noga、Adamek & Webb、Rose 以及 Sreahesi 等人的模型）。Rose 的模型最简单，是对梯形翅卧式管的半经验模型，Rose 用其模型对不同翅管（不同节距、翅高及翅径）和不同的流体（水、丙二醇，甲烷，R113，R11 和 R12 等）的实测数据进行了比较。

戈兰尼（Gregorig）的工作提出了二维周向圆翅片最佳断面的研究结果，Adawek 的理论假定冷凝液只是表面张力排液，因而指出了翅冠（crest）最佳传热的断面曲线，这正如戈兰尼所指出的。近期 Zhu & Honda，Honda &Kim 进行了数值计算并对二维周向翅断面作了最佳化的分析。

此外，其他一系列方法亦进行了最佳化翅片的研究。Honda & Mekiski 对二维翅的研究指出，在翅片上增加周向肋时冷凝传热膜系数值可比以往所提出的最佳翅断面性能提高 27% ~58%，为扩大冷凝传热面，还进一步提出了三维翅。对此，Webb 首先作了研究，但没有提出结论性意见。Honda 等人对一些二维和三维翅几何结构的传热性能进行了研究比较，结论是最佳的二维翅可与其试验的三维翅管相比拟。Wang et al 提出了一种比较理想的特定形式的三维翅，即在翅二侧增加径向肋，这时比已商化的可资应用的那些三维翅的传热性能可增加 30% ~40%。

要说明的是，单管冷凝所得结果不能延伸到管束，单管的最佳翅断面，对于管束可能会是非最佳化的。因为管束中较低一些的管为冷凝液所淹没，这些管冷凝传热膜系数较低，Webb & Murawki，Honda 等人指出，这时三维翅管并不一定是最佳的。

M. Berlghgi，A. bontemps & C. Mabillet 提出了一种新的翅上具有凸台的翅管（notched fin 管），称之为 GEWAC + 管，并进行过试验以及与光管和梯形断面整体翅片管作了比较。

第二节 单工质蒸气在水平翅肋管管外冷凝的传热及强化[1~5]

最早对单组分工质在水平光滑管上冷凝传热进行理论研究的学者是 Nusselt（1916 年）。

其理论模型的表达式为：

$$h = 0.725\left[\frac{\rho_L(\rho_L - \rho_g)gk_L^3 r}{d_o\mu_L(T_g - T_w)}\right]^{1/4}$$

式中 d_o——管外径。

或表示为与热流密度的关系：

$$h = 0.651\left[\frac{\rho_L(\rho_L - \rho_g)gk_L^3 r}{d_o\mu_L}\right]^{1/3} q_o^{-1/3}$$

对于单组分工质在水平光滑管上的冷凝传热，用上式计算的传热膜系数值与实验结果较吻合。对于翅片管，其平均膜系数 $\bar{h}$ 为：

$$\bar{h}\eta_o = h\frac{s_r}{h_s} + h_f\eta_f\frac{s_f}{s}$$

式中，s_f，s，s_r 分别为翅片传热面积、翅管总传热面积及翅基处管子传热面积，$s = s_f + s_r$。冷凝式中 d_o 应用于 b_{av} 平均翅高中：

$$b_{av} = \frac{\pi}{4}\cdot\frac{d_o^2 - d_r^2}{d_o}$$

式中 d_r——翅根径；

η_o——总的面积效率，

$$\eta_o = 1 - (1 - \eta_f)\frac{s_f}{s};$$

η_f——翅片效率。

对于高密度翅片（翅片距 <1.5mm）的低肋管低翅片，此模型因忽略了表面张力的影响，因而缺乏通用性。Gregoring 对单工质在垂直波纹管上的冷凝研究后指出，表面张力在冷凝过程中起了很重要的作用。只要翅片断面有合适的曲率，表面张力将使冷凝液沿翅面断面排出，重力则使积聚的冷凝液从翅片间的通道中排出。20 世纪 80 年代初期 Hriasawa 等和 Mori 等人提出了表面张力强化冷凝的理论。由该理论算出的冷凝传热膜系数约为 Beatty 和 Katz 模型的 3 倍左右。Adamek 对表面张力波纹管冷凝液排液的影响作了研究之后指出，细小且有锋利边缘的翅片在强化传热方面更为有效。Webb 等人在考虑了表面张力的影响后，提出了预测冷凝传热膜系数的分析模型，误差在 20% 以内。Kedzierki 和 Webb 从实验上证实了在带特殊翅片断面表面的平面上，表面张力对冷凝液的排出起了很重要的作用。

1982 年，Webb 等人对表面张力控制冷凝排液机理作了总结。1983 年，Webb 和 Rudy 提出了翅面冷凝传热膜系数 h_f：

$$h_f = 0.943\left[\frac{\rho_L k_L^3 h_{fg}}{\mu_L(T_{sat} - T_b)}\right]^{1/4}\left[\frac{8\sigma}{(d_o - d_r)^2}\left(\frac{1}{\delta} + \frac{1}{z}\right)\right]^{1/4}$$

式中 δ——冷凝液膜厚度；

z——平均翅间距。

1981 年，Adamek 提出了凸面系汽－液界面可促进表面张力排液的看法，其翅断面的曲率半径 r 如图 3.2－1 所示。

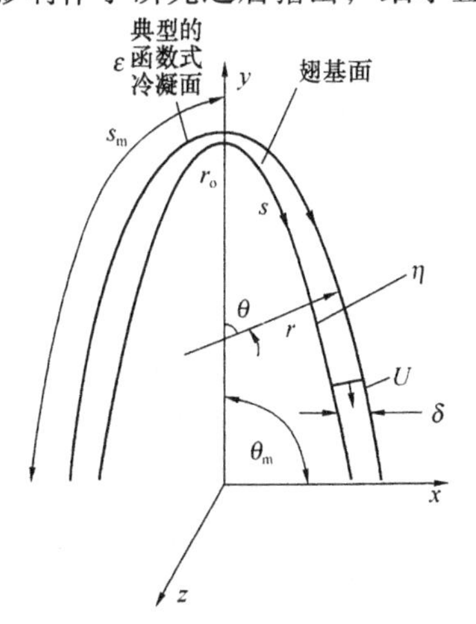

图 3.2－1 翅半径沿弧长连续增长典例冷凝翅断面示图（δ 为冷凝膜厚度，θ_m 为冷凝液角）

$$\frac{1}{r}=\frac{\phi_{m}}{s_{m}}\frac{\xi+1}{\xi}[1-(s/s_{m})^{\xi}]$$

式中 s_m——曲面 s 最大长度，即全长；

θ_m——翅尖到翅基的迴转角；

ξ——翅界面形状参数，$-1\leqslant\xi\leqslant\infty$。

$$s_{m}/(r_{a}\theta_{m})=\frac{\xi+1}{\xi}$$

r_a——翅尖半径。

该翅面冷凝膜系数 h_f 为：

$$h_{f}=2.149\frac{k_{L}}{s_{m}}\left[\frac{\rho_{L}\sigma h_{fg}}{\mu_{L}k_{L}}\frac{\theta_{m}s_{m}}{(T_{b}-T_{sat})}\frac{\xi+1}{(\xi+2)^{3}}\right]^{1/4}$$

1990 年，Webb，Adamek 和 Kegierski 描述了一组新的实际翅面表面张力排液的情况。但在 1987 年，Honda 和 Noyu、Adamek 和 Webb 等人就提出了更为精确的模型(对水蒸气冷凝，所有翅间距实验数据精度均在 ±10% ~ ±15% 范围内。1985 年 Webb 等人建议，考虑到冷凝液的淹没作用，应分别计算淹没区和非淹没区的冷凝膜系数，提出对上述 $\bar{h}\eta_o$ 式作如下修正：

$$\bar{h}\eta_{o}=(1-\beta/\pi)\left(h_{h}\frac{s_{r}}{s}+h_{f}\eta_{f}\frac{s_{f}}{s}\right)+\frac{\beta}{\pi}h_{b}$$

式中 $(1-\beta/\pi)$，β/π——分别表示非淹没区和淹没区圆周分率；

β——淹没角，$\beta=\cos^{-1}\left(1-\frac{4\sigma}{d_{o}\rho_{L}gz}\right)$；

h_b——淹没区传热膜系数。

1985 年，Webb 等发现水蒸气在 19mm 管径 203 翅/m 淹没区的热传递只占翅管总传热量的 1.6%，因而 $\frac{\beta}{\pi}h_b$ 项可以忽略不计。

1994 年，Rose 对卧式梯形整体翅管冷凝建立了计算方程，其后 Briggs 和 Rose 对此又作了修正，包括了翅片效率。

由于有不凝性气体，故存在部分滴状冷凝。蒸气速度等均会明显影响到冷凝膜系数，因此有 10% ~15% 的误差存在。1992 年，Marto 对此以及实验测定中实际困难等引起的误差作了详述。

图 3.2-2 ~ 图 3.2-3 为各研究者在翅几何结构、翅间距和制冷剂不同的条件下对水蒸气冷凝试验研究所得数据的关系线图。

图 3.2-2 表明，在水蒸气冷凝工况下，Beatty-Katy 对小间距翅预测过大而对大间距翅的预测又过小。Honda-Nogy 模型都低于实测数据，且当翅间距增加时数据更为分散。1987 年，Honda 等人的模型除了对密翅间距(冷凝液几乎完全淹没)之外的数据都拟合得很好。

图 3.2-3 为 R_{113} 冷凝，Beatty-katz 数据大大低于实验值。1985 年 Webb 模型在 $\xi=-0.85$ 时比 $\xi=-0.95$ 时为佳，而以 1987 年 Honda 等人的模型与实验数据最为接近和吻合。图 3.2-3 对工质 R_{11} 和 R_{12} 也是适用的。

蒸气速度对气-液界面的剪切效应是众所周知的，冷凝蒸气与冷凝液并流流动时会增加冷凝膜系数，但逆流时会减少冷凝膜系数。对于光管，Honda 等人(1986)和 Fujill(1991)已做了很多研究，然而对翅片管则研究甚少。1986 年，Yau 等人对水蒸气在一系列翅片管上的冷凝试验则相反，蒸气速度与光管一样大大强化了翅管冷凝传热。1993 年，Bella 等人证实(R_{113}，R_{11}气速 2 ~ 30m/s)，当蒸气 $Re>10$ 时就会出现强化效应，冷凝膜系数在 30m/s 时大 50%。Lee 和 Rose(1984)以及 nichael 等人也考虑了这一效应。

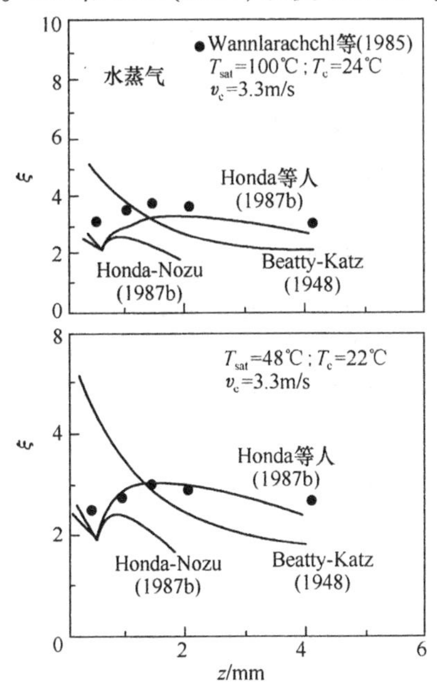

图 3.2-2 水蒸气在卧式整体翅管冷凝时翅间距 z 效应与强化比($\varepsilon=h_{翅}/h_{光}$)的关系(1987Honda 和 Nozu)

T_{sat}—饱和温度；T_c—冷凝温度；v_c—流速

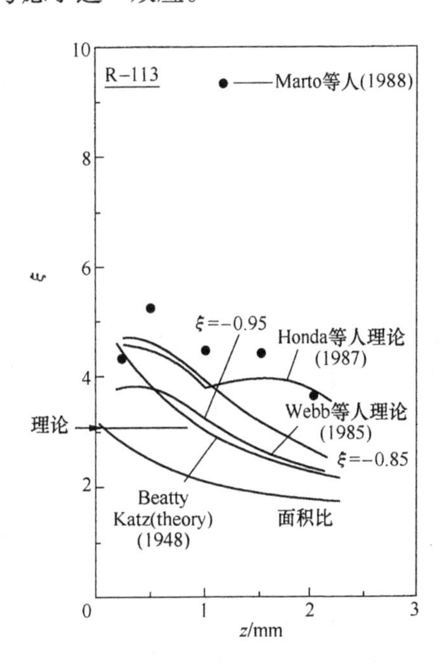

图 3.2-3 R113 卧式整体翅管冷凝时翅间距 z 效应与强化比的关系(1988Maxto 等人)

Carnavos 对 R_{11} 在光管和 11 种带有矩形肋和梯形肋的低肋管外的冷凝作了研究。结果表明，在相同的冷凝膜温差下，强化管的冷凝传热膜系数约为光滑管的 4 ~ 6 倍。Masuda 和 Rose 对单工质在不同肋间距的矩形肋低肋管上的冷凝换热性能进行了系统研究。他们发现，肋间距最佳为 0.5mm 左右时，传热强化系数为 7.3。Sukhatme 等人对工质 R_{11} 在水平梯形状翅片之紫铜低肋管外冷凝作了研究，得出最佳性能管的翅片密度为 1417fpm(即翅片间距为 0.7mm)，翅片间隙约为 0.35mm，翅片末梢半角为 10°，翅片高为 1.22mm，传热强化系数约为 10。Hond 等人对 R113 在 3 根低肋管(2 根梯形肋，1 根矩形肋)上的膜状冷凝换热进行了系统的研究，发现带有矩形肋的传热强化系数高于同温差下梯形肋的传热强化系数。

日立公司和 Wieland 公司分别开发了高热力性能 Thermal-C 管(图 3.2-4)和 Turbo-C 管，在其管翅表面均有节爪状尖翅(knurled spines)，用以引导冷凝液的排出。Wieland 公司开发的 Gewa-Txy 管其翅尖表面具有陡峭的 V 形尖翅，整个翅形如 X 字，如图 3.2-4 所示，可更好地减薄冷凝液膜。Fujii 等人比较了该 C 管和低翅片管的性能，如图 3.2-5 所示[2]。Wolverine 公司也对 Turbo-C 管与低翅管的性能作了比较，认为 1020 翅/m 的低翅管强化能力可提高 50%。

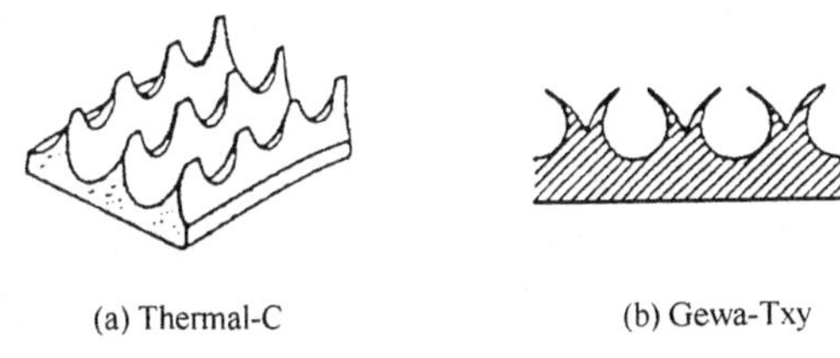

图 3.2-4 日立 Thermal-C 锯齿管(类似于 Turbo-C 管)和 Gewa-Txy 管

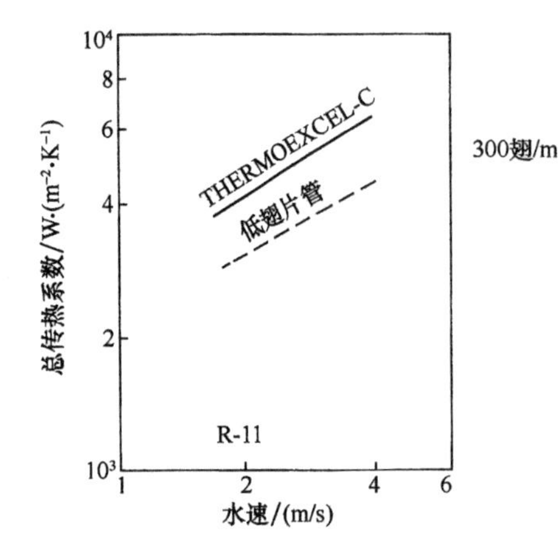

图 3.2－5　Thermoexcel－C 管(1)和低翅片管(2)R11 冷凝性能比较(总传热系数与管内水速的关系)

波纹管用于冷凝、蒸发及沸腾有相变的传热均具有良好的性能，是一种具有管内外双侧强化的管型，而压降增加不多。

图 3.2－6 为螺旋波纹管外壁周边的总冷凝流率与 Re_f 的关系及比较[3]（Oak Ridge 国家实验室－ORNL）。结果表明，当冷凝液膜雷诺数 $Re_f<2000$ 时，可强化冷凝 3～4 倍。对 R114 在 $Re_f=2500$ 时约可强化 2 倍。由于试验都是在层流膜冷凝下，故冷凝线的斜率为负值。层流时，主要是波峰冷凝为主，当 Re_f 增加时，冷凝液充填了波纹沟槽，导致有效波峰面积的减少。在图中也绘出了光管垂直管湍流膜冷凝时获得的正斜率冷凝曲线（Colbum 分析对比）。

Fujit 和 Honda，Camavos 以及 Thomas 也对轴向波纹管冷凝进行了理论分析和实验研究。Panchal 和 Bell 对轴向波纹管理论分析提出了可供应用的波纹管几何参数及流体物性间关系的冷凝关系式。通常，螺旋波纹管对冷凝液排除效率要比轴向波纹管稍低一些。

Nakayama 等研究了 R_{113} 在 Thermoexcel－C 锯齿管（简称 C 管）上的冷凝换热，并与光管和低肋管（748 翅/m）进行了比较，指出低肋管和 C 管同光管相比实际换热面积的增加倍数分别为 2.9 和 3.5 倍，而其强化倍数则达 4 倍和 6 倍多，已明显超过面积增加的倍数。C 管为低肋管的 1.5～2 倍，用 R_{113} 和 R_{11} 的 12 根不同几何参数肋的 C 管进行了冷凝换热实验研究。结果表明，对于氟利昂而言，C 管的最佳肋节距为 0.6～0.7mm，最佳肋片高为 1.0～1.2mm，肋片厚度可取肋节距的 38%。认为 C 管强化冷凝换热机理主要有两个方面：一方面是由于冷凝液的表面张力使肋片顶部液膜减薄，有利于增加冷凝传热膜系数，同时 C 管锯齿形肋片外缘周长比低肋管的大 80%；另一方面由于肋片侧面粗糙，肋片顶部形成的锯齿形，扰乱了凝液的流动，促进了液膜内的换热。日本古河电器工业会社用滚轧的方法制造出 CCS 锯齿管，管型的翅片外缘均为锯齿状。而前述德国 GEWA 公司翅片管，翅外缘呈 V 字状。C 管和 CCS 管都是三维锯齿翅片管，蒸气在其表面冷凝时，冷凝液膜在翅片面上存在二维表面张力的作用，所以其冷凝传热膜系数比低肋管高。

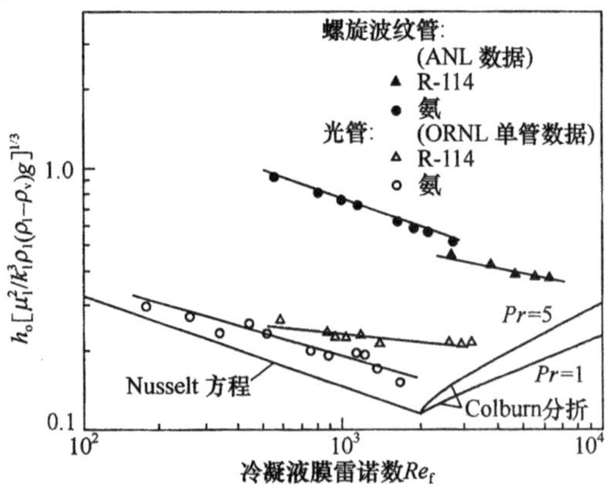

图 3.2－6　螺旋波纹管管外冷凝传热与膜 Re_f 的关系

华南理工大学化工所也先后开发出了几种三维翅片管系列，如锯齿形翅片 C 管（管结构和强化冷凝传热性能与 Thermoecel－C 管相当）、径向辐射肋形翅片管（RC 管）和花瓣型翅片管（PTC 管）。这些强化管与其他锯齿形翅片管相比，其最大特点是翅片上的锯齿槽被切割到根圆。经冷凝传热实验研究表明，花瓣型翅片管是一种新型三维翅片管，它不仅能够强化单组分工质在水平管外的冷凝传热，且比其他锯齿形翅片管的强化冷凝传热效果要好。此外，还能强化混合工质在水平管外的冷凝传热，其强化冷凝传热性能较高。

理想翅片管的最佳翅片形状为：(a)翅顶应有较小的曲率半径，以利于减薄翅顶的液膜厚度；(b)从翅顶到翅根的曲率应逐渐减小，以使液膜保持一定的表明张力产生的压力梯度，有利于冷凝液从翅顶迅速排向翅根；(c)翅片根部应有较广阔的排液空间，以利于冷凝液沿管壁从管顶部往下流动。经理论分析和实验证明，翅片曲线为近似抛物线且翅槽呈平底的翅片最好。这种形状低肋管的冷凝传热膜系数比光滑管增大了3~5倍。

表面张力的影响作用系数用β_σ来表示。锯齿管的β_σ值为9~13。锯齿管翅片外缘周长比一般的低肋管大。图3.2-7为锯齿管及低肋管的冷凝性能比较[4]。

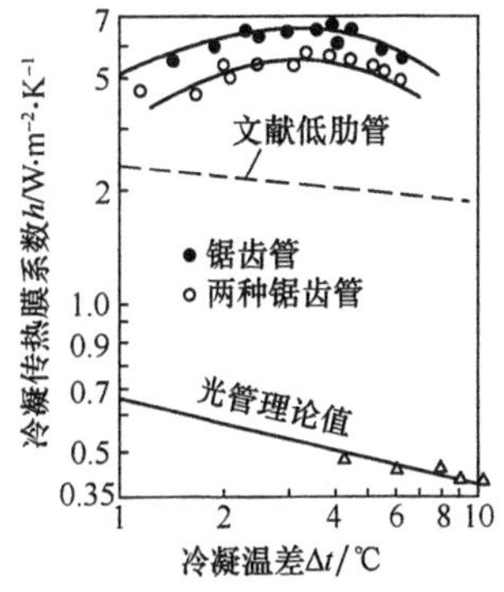

图3.2-7　锯齿管、低肋管及光滑管冷凝性能比较（R113，冷凝温度50℃）

在低热流密度下（$\Delta t<1.5$，$Re_f<7$），凝液靠管壁流动，呈层流状态，此时强化冷凝以表面张力作用为主。随着热流密度增大，凝液量增加，凝液在翅间的流速增大，并逐步浸没部分锯齿，凝液开始受扰动，因而冷凝传热膜系数h逐步增大。在某一热流密度下两种作用的叠加有一最大值，故h出现峰值点。随着热流密度继续增大，被淹没的锯齿增多，薄液区域减少，这一影响较为显著，故h在峰值点后又逐步下降。

锯齿管，主要在波动流区域应用。通过对动量传递和热量传递两个偏微分方程的分析，可找出对冷凝过程有影响的准数群：C_o，Re_f，Pr_f，β_σ，G_a，再考虑机理分析中的毛细作用系数β_c及相对粗糙度$f(e/s)$影响，最后得有关准数群。

$$C_o = f(\beta_c, Re_f, Pr_f, \beta_\sigma, G_a, e/s)$$

其中，冷凝准则

$$C_o = \alpha_c\ (v_f^2/k_f g)^{1/3}$$

冷凝雷诺数

$$Re_f = 2q\ (D_0 + D_r)P/g\mu_f \Delta h_V\ (2h+s)$$

伽利略准数：

$$Ga = gF_o^3/v_f^2$$

$$F_o = [\pi\ (D_o^2 - D_r^2) + \pi\ (D_o + D_r)s/2]/p$$

v_f，μ_f，P_r，K_f，Δh_V分别为凝液的运动黏度，动力黏度，普朗特数，热导率，冷凝潜热。取冷凝温度下的物性值。

综合各管的试验数据，最小二乘法回归得：

$$C_o = 0.193\beta_\sigma^{0.5}\ Re_f^{-0.32}\ Pr_f^{0.31} Ga^{0.1}\ (1.3/s)^{2s}$$

适用范围：

$$24 \leqslant Re_f\ (1/s) < 300;\ 12 \leqslant D_o \leqslant 25\text{mm};\ 0.5 \leqslant P \leqslant 1.5\text{mm}$$

第三节　卧式翅片管冷凝传热理论分析[5]

1948年Beatty和Katy对一些低表面张力的制冷剂，在每米630个翅的卧式整体翅片管上的冷凝，他们考虑了翅片二侧垂直表面和翅片之间的基管圆径面的重力冷凝机理，获得了如下用以计算平均冷凝传热膜系数$\bar{h}$的经验Nusselt形式的计算式，精确度在10%以内。

$$\bar{h} = 0.689\left(k_1^3\rho_1^3\Delta h_v^2/\mu_1\Delta T\right)^{\frac{1}{4}}\left(\frac{1}{4D_{当量}}\right)^{\frac{1}{4}}$$

式中 $D_{当量}$为：

$$\left(\frac{1}{4D_{当量}}\right)^{\frac{1}{4}} = \frac{A_r}{A_{ef}}\frac{1}{D_r^{\frac{1}{4}}} + 1.30\eta_f\frac{A_f}{A_{ef}}\frac{1}{\bar{L}^{\frac{1}{4}}}$$

其中

$$\bar{L} = \pi\frac{D_o^2 - D_r^2}{4D_o}$$

式中 k_1——冷凝液热导率，W/(m·K)；

ρ_1——冷凝液和冷凝蒸汽的密度，kg/m^3；

Δh_v——冷凝蒸汽潜热，J/kg；

μ_1——冷凝液动力黏度，kg/(s·m)；

ΔT——冷凝膜二侧蒸汽和冷凝温差，K；

η_f——翅片效率；

A_f，A_r，A_{ef}——分别为翅片表面积、翅基处基管表面积以及翅片管总的有效表面积，m^2；

D_r，D_o——分别为翅基处直径和管子外径，m；

q_o——热流密度，W/m^2。

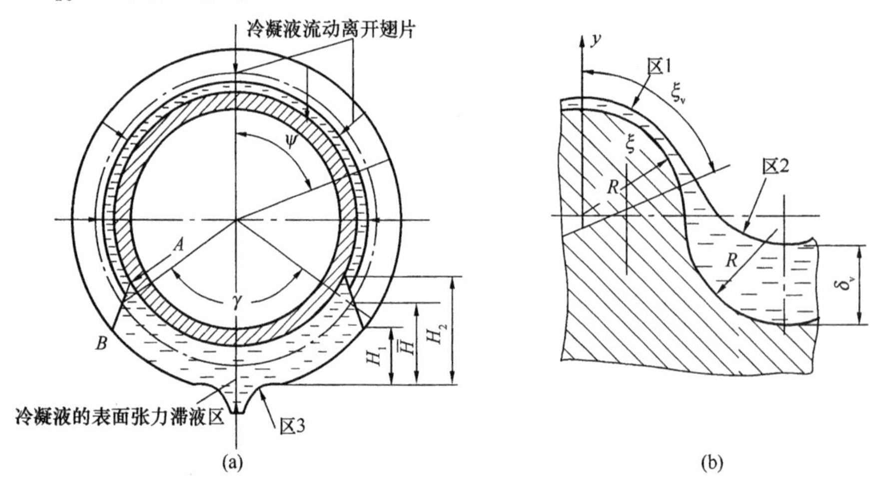

图 3.2-8 翅片管冷凝液流物理模型和毛细管表面张力持液(Retained Condensate)示图

1992 年 Kabov 等人提出翅侧冷凝液淹没高度平均值 $\bar{H}$(图 3.2-8)为：

$$\bar{H} = \frac{(\pi - 2)\sigma}{2(\rho_1 - \rho_v)gR} \text{ 和 } \bar{H} = 1.4\left[\frac{\sigma}{(\rho_1 - \rho_v)g}\right]^{\frac{1}{2}}$$

$$\bar{H} = \frac{H_1 + H_2}{2}$$

式中 g——重力加速度，m/s^2；

H_1——翅片完全被冷凝液淹没处的距离(高度)；

H_2——翅谷最大淹没高度(翅片部分为淹没)；

ρ_v——蒸汽密度，kg/m^3；

γ——淹没角，$\gamma=\cos^{-1}\left(\frac{D-2\overline{H}}{D-2R}\right)$；

ζ_v——冷凝液流动的弧长；

ξ——翅曲面位置；

R——翅片半曲面径；

ψ——翅片任意位置处角度；

δ_v——翅谷冷凝液高。

一、翅片不同区域的传热分析

1983 年 Honda 等人将翅片划分为三个不同区域来分析计算其传热。

(一)翅尖区热传递

1954 年 Gregorig 对翅尖区局部液膜厚度 δ(m)计算式为：

$$\delta=\left(\frac{3}{2}\frac{\mu k_l r_t s^2\cdot\Delta T}{\rho_l\sigma}\right)^{0.25}$$

式中 μ——冷凝液动力黏度，Pa·s；

k_l——冷凝液热导率，W/(m·s)；

r_t——与翅尖及二侧翅面相切的圆弧半径(图 3-2-9)，$r_t=t_t(1+\sin\varphi)/2\cos\varphi$；

s——翅尖区曲面距离(图 3.2-9)，m

ΔT——冷凝温差，K；

ρ_l——冷凝液体密度，kg/m^3；

Δh_v——冷凝潜热，J/kg；

σ——冷凝液表面张力，N/m；

t_t——翅尖宽度(图 3.2-9)，mm；

φ——翅侧面倾面(图 3.2-9)，rad。

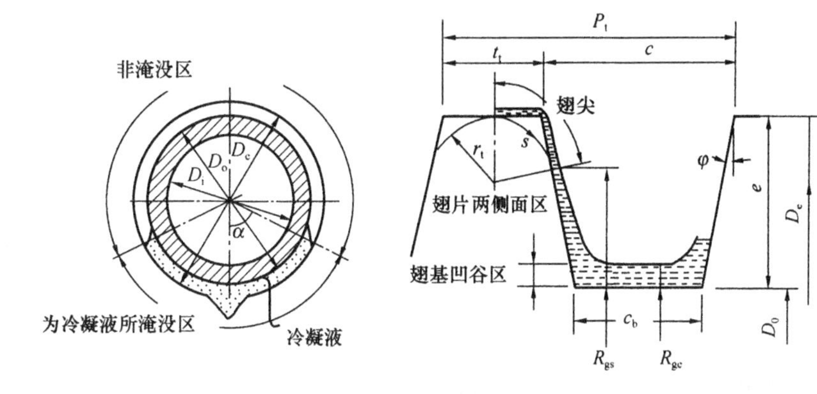

图 3.2-9　典型翅管不同区域示图

于是该翅尖区局部传热膜系数 h_t 为：

$$h_t=\left(\frac{2}{3}\frac{\rho\Delta h_V\sigma k^3}{\mu r_t s^2\Delta T}\right)^{0.25}$$

翅尖区(s_t 曲面长)平均热传递系数 $\overline{h_t}$ 为：

$$\overline{h_t}=\frac{1}{s_t}\int_0^{s_t}h_t\mathrm{d}s=2\left(\frac{2}{3}\frac{\rho\Delta h_V\sigma k^3}{\psi^2 r_t^3\cdot\Delta T}\right)^{0.25}$$

式中，$\psi = s_t/r_1 = (\pi/2 - \varphi)$

每个翅翅尖区热流密度 q_t（W/m^2）为：

$q_t = 2\overline{h}_t \pi d_o s_t \Delta T(0.5 + 0.5F)$，（$d_o$— 翅尖处外径，m）

式中，$F = \dfrac{\pi - \alpha}{\pi}$ 为翅管冷凝液非淹没区分率。

假定翅尖区淹没部分 50% 具有传热贡献，即假定其只是翅尖区裸露在冷凝蒸汽中，则：

$$q_t = 2(1 + F)\left(\frac{2}{3}\frac{\rho \Delta h_V \sigma k^3}{\mu r_t^3 \cdot \Delta T}\right)^{0.25} \psi^{\frac{1}{2}} \pi d_o r_t \cdot \Delta T$$

（二）翅片二侧面区（Flank region）热传递

基于 1916 年 Nusselt 方程，将翅片二侧表面看作为一小的半漩涡角（semi - vecter angles）垂直板。利用翅尖区表面张力流模型初始边界条件，以获得翅片二侧区的局部冷凝膜厚度。重力流区长度是持液角（retention angle）α 的函数，R_{gs} 是重力流区开始点的管半径，R_{ge} 是重力流区终止（端点）处的管半径（图 3.2 - 9 为简化模型），用当量垂直长度 s_{eq} 来计算该重力流区段的热传递率。即是将重力流区划分为几个不同区段宽，也即将其近似表达为持液角大于 $\pi/2$ 和小于 $\pi/2$ 二个区段（图 3.2 - 10）。

1994 年 Sreepathi 提出：

对于 $0 \leqslant \alpha \leqslant \pi/2$ 区段：

$$s_{eq} = R_{gs}[(\pi - \alpha)/2][1 - (R_{ge}/R_{gs})^2/[1 + (R_{ge}/R_{gs})(1 - \sin\alpha)]$$

$\pi/2 \leqslant \alpha < \pi$ 区段：

$$s_{eq} = R_{gs}\left(\frac{\pi - \alpha}{2}\right)[1 - (R_{ge}/R_{gs})^2]/\sin\alpha$$

式中 $\alpha = \cos^{-1}\left(1 - \dfrac{4\sigma\cos\varphi}{\rho g s_t d_o}\right)$，$s_t \leqslant 2h_f$ 时，（s_t - 翅尖距，m）

而 $d_o = d_r + h_f - \dfrac{t_t \cos\varphi}{2} + \Delta$

d_r 为翅基直径，m；Δ 为翅谷区冷凝液高，m；h_f 为翅片高度，m

$$s_v = \frac{h_f}{\cos\varphi} - \frac{t_t}{2} - \frac{\Delta}{\cos\varphi}$$

$$R_{gs} = \frac{d_r + s_v\cos\varphi}{2}$$

$$R_{ge} = \frac{d_v - s_v\cos\varphi}{2}$$

于是得翅片两侧区局部冷凝膜厚度 δ（m）为：

$$\delta = \left[\frac{4k_l\mu \cdot \Delta T}{\Delta h_V \rho^2 g}e + \frac{3}{2}\frac{k_l\mu r_t^3 \cdot \Delta T\psi^2}{\rho \Delta h_V \sigma}\right]^{1/4}$$

局部冷凝膜系数 h_v[$W/(m^2 \cdot K)$] 为：

$$h_v = \left(\frac{\rho \Delta h_V k^3}{\mu \cdot \Delta T}\right)^{\frac{1}{4}}\left(\frac{1}{\dfrac{4e}{\rho g} + \dfrac{3}{2}\dfrac{r_l^3\psi^2}{\sigma}}\right)^{\frac{1}{4}}$$

于是翅片二侧垂直全长 s_{eq} 上的平均冷凝传热膜系数 h_r（$\overline{W}/m^2 \cdot K$）为：

$$\bar{h}_{r} = \frac{1}{s_{eq}}\int_{0}^{Seq} h_{v}\mathrm{d}e = q\frac{\rho g}{3}\left(\frac{\rho \Delta h_{V}}{\mu \cdot \Delta T}\right)^{0.25}\frac{1}{s_{eq}}\left[\left(\frac{4s_{eq}}{\rho g}+\frac{3}{2}\frac{r\pi^{3}\psi^{2}}{\sigma}\right)^{\frac{3}{4}}-\left(\frac{3}{2}\frac{r_{t}^{3}\psi^{2}}{\sigma}\right)^{\frac{3}{4}}\right]$$

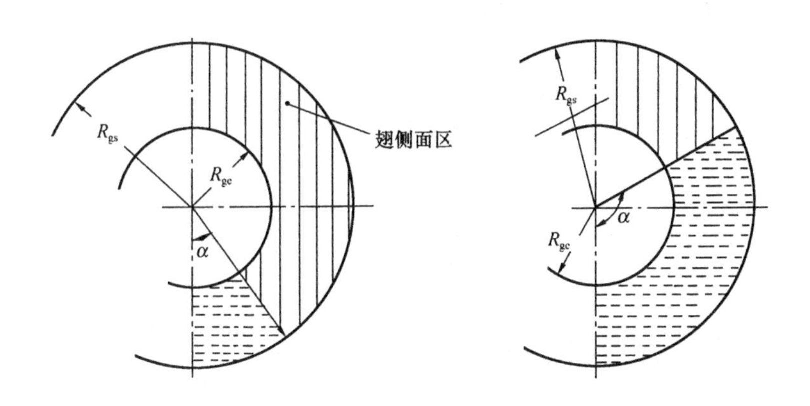

图 3.2－10　重力流区的模型示图

（Fin Flank Region—翅侧面区）

每翅垂直面上的热传递速率，即热流密度（假定淹没区不传热）为：

$$q_{v} = 2F\bar{h}_{v}\pi d_{v}s_{eq}\cdot\Delta T$$

式中，$d_{v} = (d_{r} + h_{f} - t_{t}\cos\frac{\varphi}{2} + \Delta)$ 为翅尖处重力影响流区中点处测的翅管直径，m，

其中　Δ 为翅谷区液膜厚。

（三）翅谷区热传递

对于小的翅间距当冷凝液膜沿着翅谷区连续下流时，可将翅谷区传热忽略之，但对于具高导热率流体的大翅间距管，翅谷区的传热也是很明显的。可用下列经验方程来计算翅谷区的液膜厚度 Δ(m)：

$$\Delta = C(t_{t} + 0.5h_{f})^{m}/s_{b}^{m-1}$$

式中，s_{b} 为翅谷宽；m 为翅基间距；C 为经验常数。一般，$C=0.010$，$m=4.75$。上述经验方程系基于以下几个方面确定的：

（1）与翅片二侧区传热相比，翅尖区的传热比之要明显高得多，因此翅高与翅尖厚（宽）相比份量较小。

（2）翅基距增加，翅尖区冷凝液膜厚度就减少，因此，将翅基距放入分母中。

于是翅谷区平均冷凝传热膜系数 $\bar{h}_{b}$（W/m² · K）为：

$$\bar{h}_{b} = k/\Delta$$

故每个翅淹没谷区的热传递速率即热流密度为：

$$q_{b} = F\bar{h}_{b}s_{b}\pi d_{r}\cdot\Delta T = F\frac{k_{l}}{\Delta}\pi d_{r}\cdot\Delta T$$

翅片总热流密度 q_{T} 为：

$$q_{T} = q_{t} + q_{V} + q_{b} = \bar{h}_{p}\pi d_{o}\rho\cdot\Delta T$$

式中　$\bar{h}_{p}$——翅管预测平均冷凝膜系数（基于翅尖处直径 d_{o}），W/m² · K

二、Nu 数传热方程

假定 $d_v \approx d_o$，从上述各方程可得：

$$Nu_p = -2F\frac{\rho g}{3}\left(\frac{\rho\Delta h_v k^3}{\mu\cdot\Delta T}\right)^{0.25}\frac{1}{s_{eq}}\left[\left(\frac{4s_{eq}}{\rho g}+\frac{3}{2}\frac{r_t^2\psi^2}{\sigma}\right)^{\frac{3}{4}}-\left(\frac{3}{2}\frac{r_t^2\psi^2}{\sigma}\right)^{\frac{3}{4}}\right]$$

$$\left(\frac{\pi d_v s_{se}\cdot\Delta T}{\pi d_o\rho\cdot\Delta T}\frac{d_o}{k}\right)+F\frac{k}{\Delta}\frac{s_o\pi d_r\cdot\Delta T}{\Delta\pi d_o\rho\cdot\Delta T}\frac{d_o}{k}$$

可把方程式简化为：

$$Nu_p = \left(\frac{\Delta h_v\mu}{k\cdot\Delta T}\right)^{0.25}\left(\frac{d_o}{\rho}\right)\left\{2(1+F)\left(\frac{2}{3}\frac{\rho\sigma r_t}{\mu^2}\right)^{0.25}+\psi^{\frac{1}{2}}+1.887F\left(\frac{s_{eq}^3\rho^2 g}{\mu^2}\right)^{0.25}\right.$$

$$\left.\left[\left(1+\frac{3}{8}\left(\frac{r_t^2\rho g}{\sigma}\right)\left(\frac{r_t\psi^2}{s_{eq}}\right)\right]^{\frac{3}{4}}-\left[\frac{3}{8}\left(\frac{r_t^2\rho g}{\sigma}\right)\left(\frac{r_t\psi^2}{s_{eq}}\right)\right]\right\}+F\left(\frac{d_r s_b}{\rho\Delta}\right)$$

定义下列无因次准数：

相变准数 $Ph=\frac{\Delta h_V\mu}{k\cdot\Delta T}=Pr\left(\frac{\Delta h_V}{C_p\cdot\Delta T}\right)$，即 $Ph=Pr\left(\frac{\text{显热}}{\text{潜热}}\right)$，包括流体性质和冷凝温差的影响；

伽利略 Gralillo 准数 $Ga=\frac{s_{eq}^3\rho^2 g}{\mu^2}=Re\left(\frac{\text{重力}}{\text{黏性力}}\right)$

韦伯 Weber 数：

$$We=\frac{\sigma}{r_t^2\rho g}=\frac{\text{表面张力}}{\text{重力}};$$

表面张力准数 $Su=\frac{\rho\sigma r_t}{\mu^2}=Ga\cdot We$，而 r_t 为定性尺寸

于是得：

$$Nu_p=(Ph)^{0.25}\left(\frac{d_o}{\rho}\right)\left\{1.807(1+F)(Su)^{0.25}\psi^{\frac{1}{2}}+1.887F(Ga)^{0.25}\left[1+\frac{3}{8(We)}\left(\frac{r_t\psi^2}{s_{eq}}\right)^{\frac{3}{4}}\right.\right.$$

$$\left.\left.-\frac{3}{8We}\left(\frac{r_t\psi^2}{s_{eq}}\right)^{\frac{3}{4}}\right]\right\}+F\left(\frac{d_r s_b}{\rho\cdot\Delta}\right)$$

对不同流体和一系列翅片尺寸范围内许多计算实例表明：

$$\frac{3}{8We}\left(\frac{r_t\psi^2}{s_{eq}}\right)\leqslant 1$$

这意味着冷凝膜厚度在重力流始端区可取为零，于是 Nu_p 可进一步简化成：

$$Nu_p=(Ph)^{0.25}\left(\frac{d_o}{\rho}\right)\left[1.807(1+F)(Su)^{0.25}\psi^{\frac{1}{2}}+1.887F(Ga)^{0.25}\right]+F\left(\frac{d_t s_b}{\rho\Delta}\right)$$

该模型系假定沿壁长的翅壁温度为平均的，实际上特别是薄翅片和高翅片翅壁面温度沿翅高是明显不同的，故上式应对表面张力区和重力流区分别引入 C_{ft}、C_{fv} 校正系数[5]。试验数据进一步表明，$\overline{h_b}$ 与 ΔT 关系中的指数要稍低于光滑管 0.25，因此，考虑对沿翅高温度变化的校正，以指数 0.8 代替 0.75。C_{ft} 和 C_{fv} 系数表参见文献[1]，此处从略。经这些修正

后得：

$$Nu_{p}=(Ph)^{0.25}\left(\frac{d_{o}}{\rho}\right)\{1.807(1+F)C_{ft}^{0.8}(Su)^{0.25}\psi^{\frac{1}{2}}+1.887F(Ga)^{0.25}\}+F\left(\frac{d_{r}s_{b}}{\rho\Delta}\right)$$

式中C对表面张力区和重力区分别为C_{ft}和C_{fv}，式中括弧内第一项为翅尖区传热，第二项为翅侧面区传热，最后一项为翅谷区传热对于高整体翅片(HIF)，式中上述常数和指数是不精确可靠的，因此，将上式改写成下列形式，以便由某些翅片的具体试验数据来确定一些常数(C_{t}、C_{fx}、C_{v}和C_{b})和指数(n_{1}、n_{2}、n_{3}、n_{4})，即

$$Nu_{p}=(Ph)^{n_{1}}\left(\frac{d_{o}}{\rho}\right)\{C_{t}(1+F)C_{fx}^{0.8}(Su)^{n_{2}}\psi^{\frac{1}{2}}+C_{v}F(Ga)^{n_{3}}\}+C_{b}F\left(\frac{d_{r}s_{b}}{\rho\Delta}\right)^{n_{4}}$$

在下列条件下，①翅高>0.5mm，②冷凝液持液角$\alpha<180°$，③翅基间距<6.0mm，经583个R113、R11、水蒸气和乙基丙三醇冷凝的不同翅几何结构。包括矩形和梯形截面翅片，在大气压下和不大于2m/s蒸气速度下检验。采用1965年Box的非线性最佳化方法，得到n_{1}、n_{2}和n_{3}在0.15~0.3范围内，即：

$n_{1}=0.18, n_{2}=0.25, n_{3}=0.21, n_{4}=0.51$。

而$C_{t}=1.14, C_{v}=2.40, C_{b}=0.97$。

试验研究表明，R113模型Nu_{p}预测值符合甚好，偏差在±10%，而对R11则偏差稍高一些。

试验表明最佳翅基间距值应在0.2~0.3mm(R113、R11)，而翅高对R113为1.5mm最佳，R11为0.8mm最佳。

对中等和高表面张力的流体试验表明，却并没有R113、R11那么好。

三、结语

(1)合理选择高翅片管尺寸，对R113冷凝性能比光滑管可提高8~9倍。

(2)翅片断面的形状对冷凝热流率值十分敏感。

(3)高翅片管R113冷凝器当翅尖厚和翅尖间距分别在0.15和0.32mm时，最佳翅高为1.4mm.

(4)合理选择二维翅片管尺寸，其冷凝性能可以达到三维翅片管冷凝性能。

(5)通常R11高翅片管冷凝比R113性能要高10%~15%。

四、表面张力与冷凝液对翅片冷凝的淹没作用

Later，Rifert注意到翅片间冷凝液的淹没作用，他们引入了表面张力作用，将冷凝管划分为淹没区和非淹没区，而对其各个区段求解二维能量方程，揭示了在大多数情况下翅片温度的不均匀性现象。Hirasaw等人的分析认为，表面张力不仅作用于翅尖处，而且也作用于翅谷附近，从而减薄冷凝液膜。

近期，冷凝管结构趋于增加翅片密度，这会导致在管子的下部冷凝液淹没现象的加重；1981年Rudy和Webb考虑了不同翅密度(748，1024和1378个翅/m)翅片管冷凝液淹没角，采用水和R12及乙基丙三醇介质对这些不同翅密度的冷凝管研究，其结果甚为一致。于是Rudy和Webb建立了冷凝液在翅片上的持液作用模型，他们对于一任意形状的翅片，指出了表面张力对冷凝滞留液的作用，由此建立了翅片持液角的表达式。对于矩形翅片，这一持液角ψ的表达式为：

$$\psi=\cos^{-1}\left(1-\frac{4\sigma}{d_{o}\rho gs}\right)$$

式中　σ——冷凝液表面张力，N/m；

s——翅片间的间距，m。

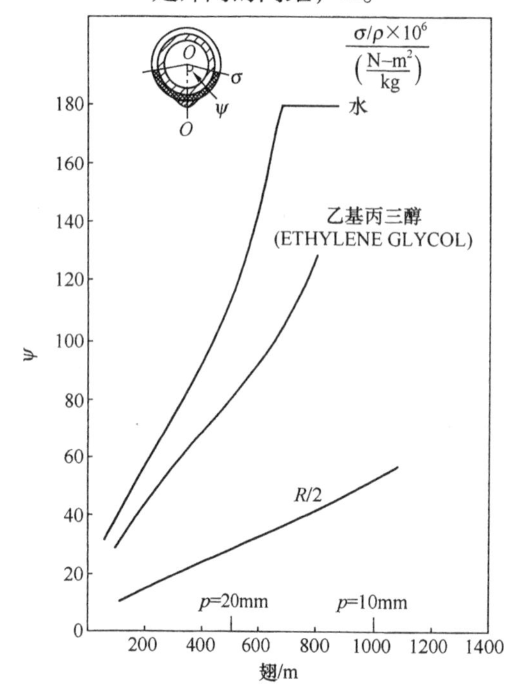

图 3.2－11　不同 σ/ρ 时冷凝液持液角 φ 与翅片间间距 s 关系

冷凝液的持液角 ψ，系指管底中心线 $O-O$ 到冷凝液充满翅片空间的冷凝流顶面液位 a 点间的夹角，见图 3.2－11。该式表达了冷凝液表面张力 σ 对密度 ρ 之比(σ/ρ)和翅片间间距 s 对淹没角的关系，如图 3.2－11 所示。

很明显，像水那样的高表面张力液体，当翅片间间距相对比较小时，冷凝液可能会把翅片管全部淹没。对氟利昂等低表面张力介质，就可大大增加翅密度。也即只有在减少翅片间距才会发生冷凝液对翅片管的完全淹没现象。

Rudy 以 R11 对翅片管冷凝试验后指出，冷凝膜系数值可强化 7～9 倍。Honda 等人试验了 4 种低翅片管 R11.3 等的冷凝，可强化 8～9 倍。

图 3.2－12 表示了 60 种紫铜不同矩形翅片管的冷凝试验结果，在 $p=0.1$MPa 下和 11.3kPa 的真空下，水蒸气流速 $v_s=2$m/s，等厚翅翅高 $e=1.0$mm，改变翅间距进行试验后的结果认为，在 400 翅/m 时，约 1.5mm 的翅间距为最佳翅间距，其强化传热提高 3～4 倍。Wanniarachchi 等人也报道了不同翅厚和翅高的结果，指出冷凝强化随翅高而增加，但比翅片面积的增加率为小。认为翅高在 1.0～1.5mm 时为佳，而翅厚对冷凝强化作用较小，其最佳翅厚应为 0.75～1.0mm。Mario 等人报道了翅形可以改善冷凝性能 10%～15%。Milrou 指出，翅壁材料对冷凝的影响相当明显。图 3.2－13 表示了水蒸气在紫铜铝、铜镍合金和不锈钢螺纹翅片管上的冷凝现象。很明显，翅片热导率下降，热阻增加，因而翅片效率降低，进而导致膜冷凝热传递降低，这种现象与早期 Mklls et al 和 Shklover 等人的结果一致。

Rose 及其合作者对 13 个整体矩形翅片管(翅厚 0.5mm，翅高 1.6mm)在接近大气压下进行了试验。冷凝蒸气流速为 0.5～1.1m/s。发现水蒸气冷凝膜系数强化作用最大值发生在翅片间距 1.5mm 以下，而乙烯丙三醇和 R113 其最大强化作用则分别发生在 1.0mm 和 0.5mm 时。图 3.2－14 表示了 Masuda 和 Rose 在相同冷凝蒸气对壁面的温差下，冷凝膜系数的强化比 $E_{\Delta T}$ 与翅片间距 s 的函数关系。图中曲线上的冷凝液淹没百分数是由持液角 ψ 公式计算所得，当 σ/ρ 比减小时，最大强化比增加，最佳翅片间距减小，其最大强化比，对 R113 来说发生在

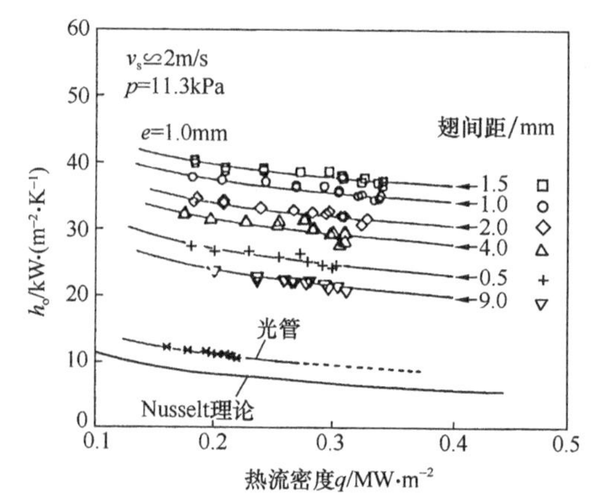

图 3.2－12　水蒸气在翅片管上冷凝时冷凝传热膜系数 h_o 的翅间距效应

管翅淹没度仅为36%时，而水蒸气冷凝则发生在淹没度为53%时。

1983年，Webb及其合作者基于翅片对冷凝液持液作用的研究，指出应对上述Beatty和Katy平均冷凝膜系数$h_{B.k}$计算时未考虑翅片持液作用进行修正，他们所得的修正计算式为：

$$\bar{h} = h_{B.k}\left(\frac{\pi - \psi}{\pi}\right)$$

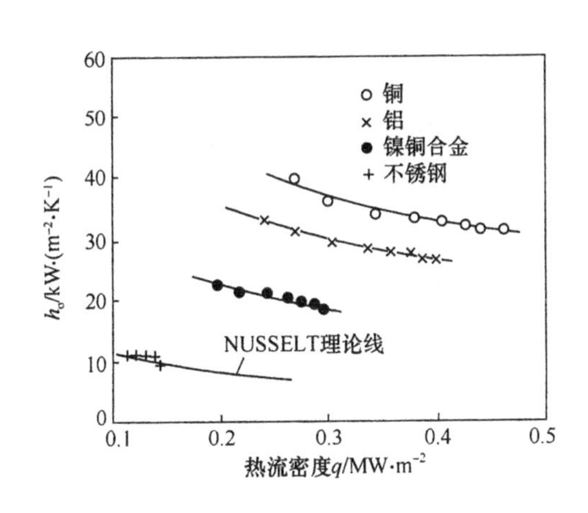

图3.2-13 水蒸气在螺纹翅片管上冷凝时，冷凝传热膜系数h_o与壁热导率及热流密度q的关系

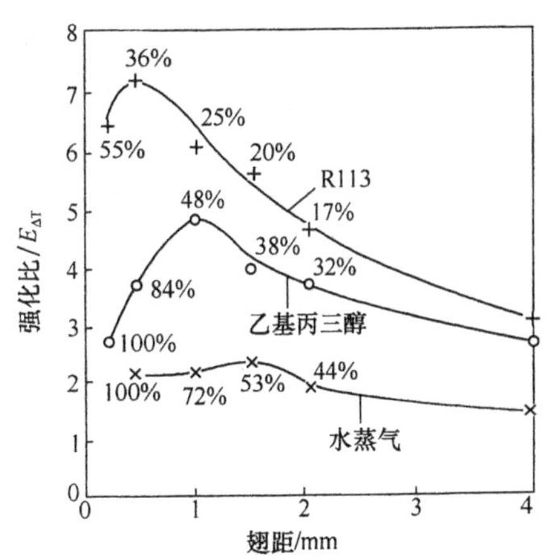

图3.2-14 翅间距与冷凝液淹没对强化比$E_{\Delta T}$关系

但他们仍然忽略了表面张力作用，对1378翅/m R11的预测约低10%，而对748翅/m则高60%，因此认为对表面张力作用作进一步的分析是必要的。他们最初只计及了翅侧面表面张力的迅速排液作用，采用了Adlmek的理论分析，但忽略了重力作用排液。对翅片之间的水平基管面则用了Nusselt那样的方式来分析，即该区只考虑了重力排液作用。最终获得的平均冷凝膜系数$\bar{h}_\eta$为：

$$\bar{h}_\eta = \left(1 - \frac{\psi}{\pi}\right)\left(h_h\frac{A_r}{A} + h_f\eta_f\frac{A_f}{A}\right) + \frac{\psi}{\pi}h_b$$

式中 h_h、h_f、h_b——分别为翅片侧面表面、非淹没区翅基处基管区和淹没区的冷凝传热膜系数，W/(m^2·K)；

$$\eta = 1 - \frac{(1-\eta_f)A_f}{A_r + A_f}$$

η_f为翅片两侧翅面的效率。

该式对748、1024和1378翅/m R11卧式翅管冷凝时的，精度为20%，与Wanniarachchi et al水蒸气冷凝时的试验(除了翅片间距为0.5mm时冷凝液全淹没情况下预测过低外)相符。尔后，Webb和kadyierski又进一步研究了翅片侧面表面上的冷凝传热，其结果如图3.2-15所示。对于图上的戈兰尔-2(Gregorig-2)型那样的翅截面，预测低了15%，但又比图上Adamke-2型的翅截面预测高了8%。该结果认为，Adamek假设翅壁面温差均匀为前提，而实际上翅的导热和冷凝热传递是相互耦合的，沿翅表面温度是变化的，翅面温度分布事先亦不知道，故在分析中必须包括翅片的导热。1978年，Fujii和Honda同时考虑了翅面上的导热，采用数值计算，分析了膜冷凝作用。1986年，Honda和Noyu也将翅管划分为非淹没区和冷凝液淹没区，采用类似于上述的淹没角计算式来计算翅管的淹没点。在非淹没区既考虑了表面张力和重力作用，又考虑了翅管管壁冷凝蒸气对管内冷却水传热总传热系数的壁温效应，并进行了热效率数值分析。对制冷剂 R113、乙基丙三醇和水蒸气等进行试验比较的结果如图 3.2－16 所示，其精确度在 ±20%。其后，他们又对此模型进行了在考虑了表面张力使翅片间冷凝液沿管面的轴向流动以及翅基和壁面轴向壁温变化下的试验，其结果如图 3.2－17 所示。对水蒸气试验的结果非常满意，特别是在的真空情况下更好。在较大的翅片间距下，该模型比原来的模型预测要高很多，这正是因为该模型涉及了翅片间冷凝液的轴向流动而进一步减薄了冷凝膜所致。在翅片为冷凝液完全淹没的情况下，当翅片间距为

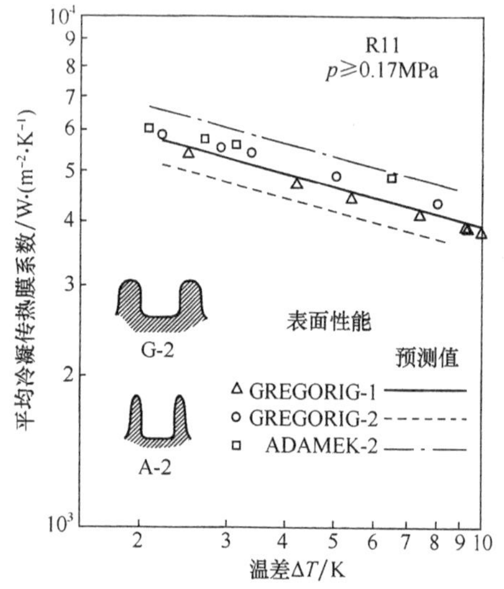

图 3.2－15 翅片侧面垂直波纹上的平均冷凝传热膜系数 $\bar{h}_m$ 与温差 ΔT 的关系

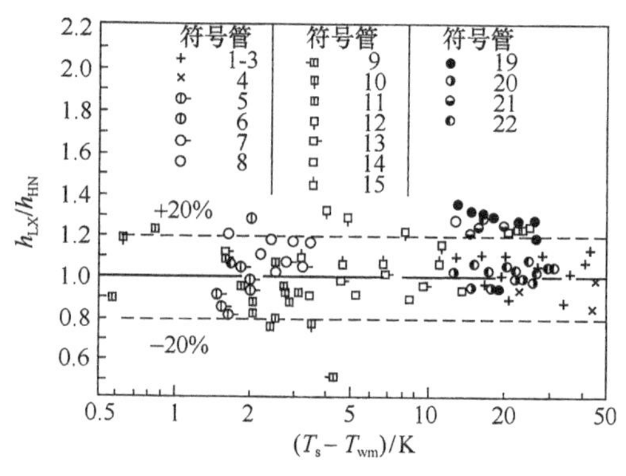

图 3.2－16 翅片平均冷凝传热膜系数试验值 $\bar{h}_{HN}$ 和实测值 h_{Lx} 与 ΔT 的关系及比较

Honda 和 Nougu；R113；乙基丙三醇和水蒸气

$\Delta T = T_s - T_{wm}$（T_s—饱和蒸气温度；T_{wm}—平均温度）

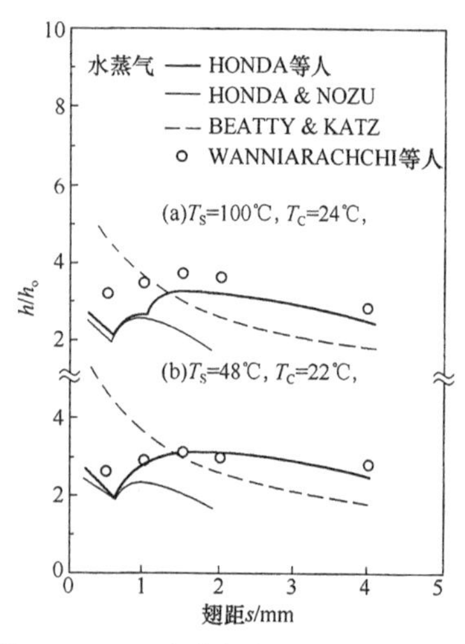

图 3.2－17 水蒸气在翅管冷凝膜系数测定值 h_o 与不用理论模型 h 之比较

s—翅间距；T_C—冷凝壁温

0.5mm 时，该模型在真空冷凝下预测约低 25%，而在大气压下冷凝预测又高了 50%。

五、管子热导率的效应

对于低热导率的翅管，翅片上由于温度降而对翅效率的影响较大。1994 年，Huang 等人对紫铜、黄铜和青铜卧式整翅管（矩形断面纵向翅，翅厚 1mm，翅间距 0.5mm，基管外径 12.7mm）进行了水蒸气和 CFC113 冷凝试验并与光管作了比较。其试验结果（强化比）如表 3.2－1 所示。

由表 3.2－1 可见，热导率低的翅管强化传热比下降，尤以水蒸气冷凝更为明显。例如，对于 1.60mm 翅高的紫铜和青铜翅管，水蒸气冷凝强化比下降 $1-\dfrac{1.390}{2.40}=$ 42%；对 CFC113 测试后减少 5%。翅高增加，强化比增加（除水蒸气在青铜管上冷凝之外）。此外，CFC113 冷凝

比水蒸气冷凝强化比要高很多。

表 3.2－1　不同热导率材料对传热强化影响

翅高 /mm	水蒸气			CFC113		
	紫铜	黄铜	青铜	紫铜	黄铜	青铜
0.50	1.74	1.50	1.50	3.16	3.15	2.96
0.90	1.90	1.63	1.43	4.24	4.35	3.90
1.30	2.05	1.68	1.37	4.60	4.72	4.28
1.60	2.40	1.77	1.39	5.16	5.09	4.91

第四节　螺旋槽管管外水平管束冷凝传热强化性能[6][7]

螺旋槽管不仅管内无相变强化传热效果好，且具有轧制方便，抗污垢能力强的优点，在国内外早已成熟，已获得了广泛应用，这在无相变强化传热这一节中已做了详细介绍。螺旋槽管在管外冷凝犹如翅片管那样，存在表面张力作用而获得了冷凝强化。

图 3.2－18 为文献报道的螺旋槽管管外冷凝 Nu_s 数和饱和蒸气温度与管外壁温之差 Δt 的关系。试验结果表明，Δt 一定时，该管管外冷凝 Nu_s 比光管有明显提高。随着 Δt 的增加，管外液膜增厚，强化效果下降。当螺距 P 一定，槽深 h 越大或当 h 一定而 P 越小时，强化效果越显著。图 3.2－19 为相同泵功率和换热面积下该槽管换热量与光管热力性能比 Q/Q_o 的关系。可见，在等泵功率和等面积条件下，节距 P 和槽深 h 愈小的管比节距和槽深较大的管冷凝热量要大，且在低的液膜 Re_s 下的冷凝换热性能要比高 Re_s 下为好。

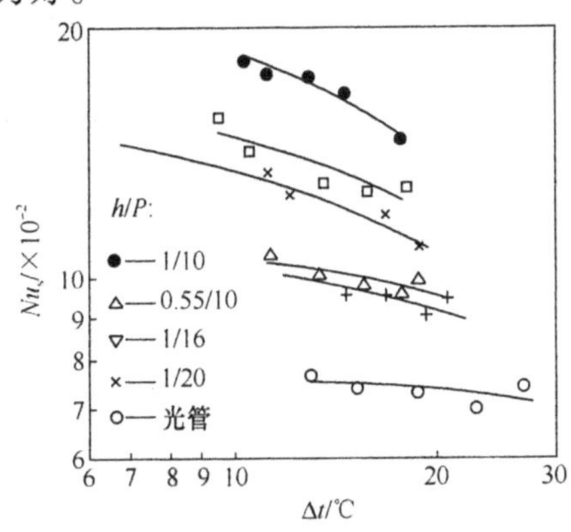

图 3.2－18　螺旋槽管管外卧式冷凝 Nu_s 与冷凝温差 Δt 的关系

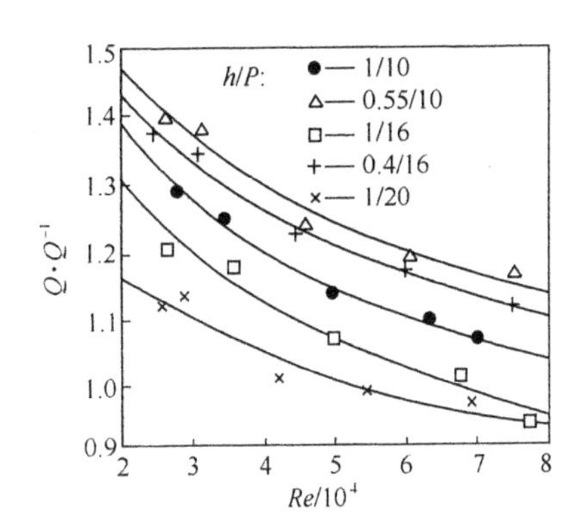

图 3.2－19　不同 h/P 下螺旋槽管与光管热力性能比 $Q\cdot Q^{-1}$ 的关系

根据试验数据可拟合得到螺旋槽管管外蒸气冷凝换热准则方程式：

$$\alpha_s\left(\frac{\nu_s^2}{k_L^3 g}\right)^3 = 0.997\beta_\sigma^{0.382}Re^{-0.31}Pr^{0.529}(Ga/10^8)^{1.037}(h/d_i)^{0.457}(P/d_i)^{-0.12}\zeta$$

式中，ζ 的适用范围：$0.455\leqslant P/d_i\leqslant0.909$，$0.018\leqslant e/d_i\leqslant0.045$，且当 $Re_s=130\sim300$ 时，与试验数据的相对偏差不超过 ±20%。

式中　d_i——管内径，mm；

d_o——管外径，mm；

Ga——Galillea 准数，$Ga=\frac{g(d_0/2)^3}{\nu^2}$；

g——重力加速度，m/s^2；

e——槽深，mm；

Pr——凝液 Prandte 准数，$Pr_s=\frac{\mu_s c_{ps}}{\lambda_s}$

C_{ps}——凝液比热容，J/(kg·K)；

P——螺距，mm；

Re_s——液膜雷诺数，$Re=\frac{4\pi d_o \alpha_s (t_s-t_b)}{\Delta h_v \mu_L}$；

t_b、t_s——分别为管外壁面温度和饱和蒸气温度,℃；

h——管外蒸气冷凝传热膜系数，W/(m^2·K)；

Δh_v——汽化潜热，J/kg；

μ_L——冷凝液动力黏度，Pa/s；

ν——冷凝液运动黏度，m^2/s；

β_σ——表面张力影响系数；

k_L——冷凝液热导率，W/(m·K)。

结果表明，在相同槽深 e(此处 $e=0.6$ 或 $e=0.5$mm)时，螺距 $P=9$mm 和 $P=7$mm 的管子之数值相差不大。但 e 的变化对 α_s 有很大影响。e 值大些的管子冷凝传热效果较好。这是因为 e 大，表面张力大，且有利于冷凝液的流动。文献[6]所报道的在单根管上水蒸气冷凝传热过程的实验研究结果，见图 3.2-20。该图表示管外冷凝传热系数 h_o 随传热温差 Δt 而变化的关系。螺旋槽 S 管的管外冷凝传热膜系数与光滑管比较，在相同冷凝温差下，可以达到光滑管 h_o 值的 1.81~2.23 倍。图中曲线还表明，在相同槽深 e(此处 $e=0.6$ 或 0.5mm)时，螺距 $P=9$mm 和螺距 $P=7$mm 的管子数值相差不大，但 e 的变化则对 h_o 有很大影响，e 值大些的管子冷凝传热效果较好，这是因为表面张力大了，且有利于冷凝液的流动。

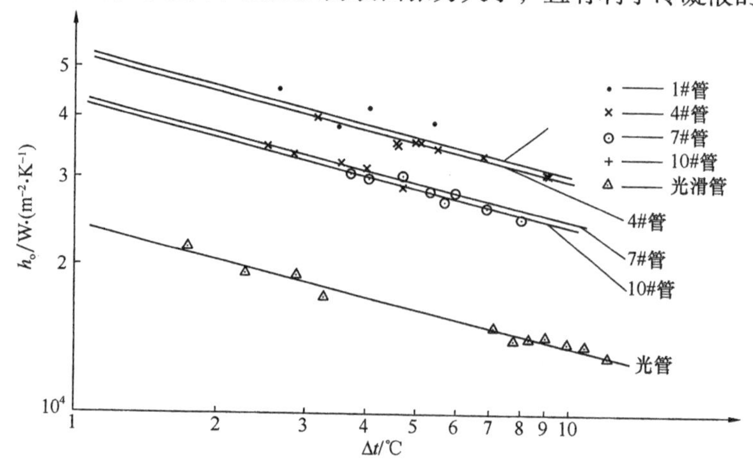

图 3.2-20 文献(6)试验的单根螺旋槽管管外冷凝(水蒸气)传热膜系数 h_o 与传热温差 Δt 的关系

第五节　水平管外绕丝水平管的管外冷凝强化传热性能[7]

在水平管外绕丝也是常用的冷凝强化传热方式之一，表面张力是强化的主要机理。文献[7]介绍了其理论分析和试验结果。他们得到在最佳螺距 P 对线径 ϕ_w 之比为 $(P/\phi_w)_{最佳}=2$ 时的冷凝强化理论公式，经简化后为：

$$(Nu/Nu_n)_{max} = 0.623(1+67D/a)^{\frac{1}{4}}$$

式中　a——冷凝液的毛细管常数（对于低沸点有机介质，a 值一般都很小，例如46℃时的 $a=1.45$）

D——管外径，mm；

Nu、Nu_n——分别为绕丝管与光滑管的冷凝 Nusselt 数。

图3.2-21和图3.2-22为R11饱和蒸气。紫铜管冷凝试验的结果，缠绕不锈钢丝丝径为0.35mm，螺距 $P=0.7$mm，试验是在不同管径 D 及最佳螺径/线径比为2时进行的。

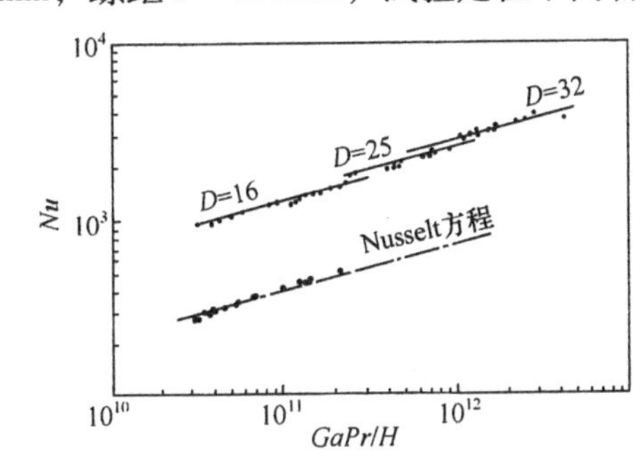

图3.2-21　不锈钢丝绕线水平管R11冷凝強化 Nu 与 $GaPr/H$ 的关系（$D=16$mm、25mm、32mm 不同直径紫铜绕线管试验点和理论计算的比较，Nussel 方程-光管）

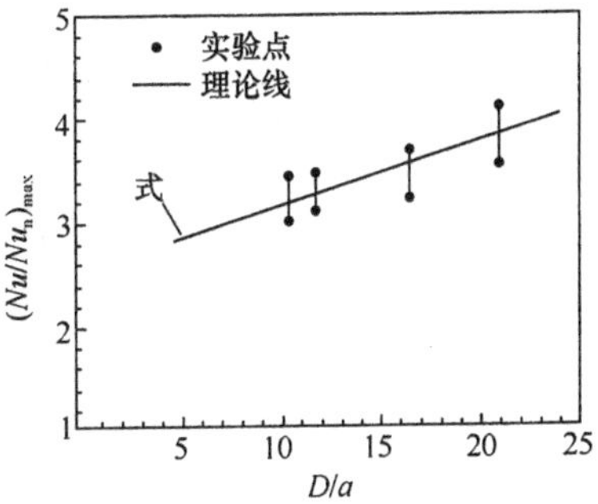

图3.2-22　绕线无因次管径 D/a 与冷凝强化 Nu 之比的关系

图3.2-23实验结果与理论值相差在±10以内。

此外，用 $\phi_w=0.3$mm 的不锈钢丝，分别以螺距 $P=0.5$mm、1mm、2mm 缠绕在直径

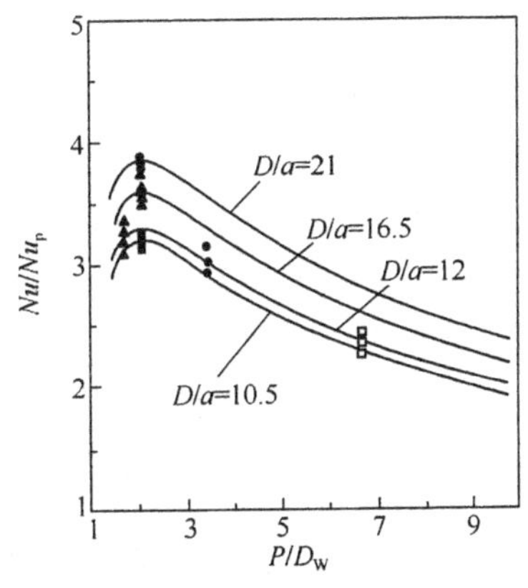

图3.2-23　不同无因次管径 D/a 下，绕线节径比 P/D_w 与冷凝 Nu 强化比的关系

$D=18\text{mm}$的紫铜管上进行实验，其结果亦一并示于图 3.2-23($D/\alpha=12$)里。图中示出了 4 种管直径以及 4 种螺距/线径比的实验结果，由理论解析出的$(P/D_w)_{最佳}=2$ 的结论及理论式已得到实验验证。

第六节 单组分工质在水平管束上的冷凝传热及管束冷凝强化

管束膜状冷凝的情况较为复杂，图 3.2-24 为管束膜状冷凝的几种情况。

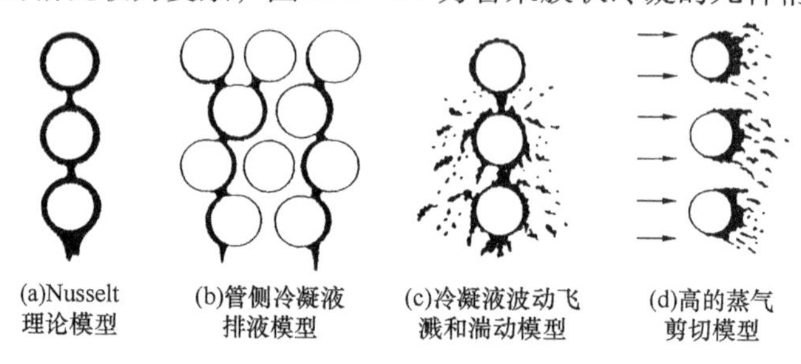

图 3.2-24 水平管束冷凝液流动示图(Marto P. J. 1988)

Nusselt 理想模型：

(1) 冷凝液借重力连续流向底部管，并呈层流液膜状。

(2) 取决于管节距和错排或正方排列方式，冷凝液不一定直接流向下部管而可能是在管侧流动。

(3) 冷凝液沿管轴断断续续滴落，而不是连续的液流膜，冷凝液发生飞溅，对冷凝膜撞击和产生湍动。

(4) 当蒸气速度较大时，冷凝液产生明显的剪切力，并借重力剥离脱落。

Eissenberg 对冷凝液 管侧排液模型提出的计算公式，可预测较小冷凝液下的淹没泛滥效应[2]：

$$h_n/h_1 = 0.60 + 0.42N^{-\frac{1}{4}}$$

式中，h_n 和 h_1 分别为第 N 排和第一排管的冷凝传热膜系数。

一种防止管束下排管冷凝液淹没泛滥效应的方法，是将管束作一定角度(5°)的倾斜布置，即可使平均冷凝传热膜系数提高 25%。

对于管束中蒸气剪切力的影响，Kutateludye、Fujii and Cavallini et al. 发现，蒸气向下流动冷凝与水平流动剪切力 F 的影响并无多大区别。由经验式 $Nu_m/\overline{Re}^{\frac{1}{2}}=0.96F^{\frac{1}{5}}$ 计算，蒸气向上流动冷凝时其剪切力的影响要低 50%(当 $0.1<F<0.5$ 时)。

若同时考虑管束中蒸气剪切效应(用系数 C_{ug} 修正)和冷凝液淹没效应(用系数 C_N 修正)的综合影响，则其平均管束冷凝膜系数 h_m 为：

$$h_{m\cdot N} = h_i C_N C_{ug}$$

在 Butterworth 提出的公式中，第 N 排管冷凝传热膜系数是：

$$h_N = \left[\frac{1}{2}h_{sh}^2 + \left(\frac{1}{4}h_{sh}^4 + h_1^4\right)^{\frac{1}{2}}\right]^{\frac{1}{2}}\left[N^{\frac{1}{2}} - (N-1)^{\frac{5}{6}}\right]$$

式中 h_{sh}——考虑剪切效应的冷凝传热膜系数；

$$h_{sh} = 0.59\frac{k_L}{d}\overline{Re}_{TP}^{1/2}$$

d——管外径；

k_L——冷凝液热导率；

$\overline{Re}_{TP}$——两相流雷诺数，$\overline{Re}_{TP} = \frac{\rho_L u_g d}{\mu_L}$；

ρ_L、μ_L——冷凝液密度和动力黏度；

u_g——蒸气在管束间的局部流速，

$$u_g = (P_L P_t - \pi d^2/4)P_L;$$

P_L，P_t——分别为管横向和纵向节距。

一、自然对流条件下管束的冷凝传热及强化

光滑管管束平均冷凝传热膜系数计算模型的表达式为(jakob 等)：

$$\overline{h}_N/h_1 = N^{-\frac{1}{4}}$$

式中　$\overline{h}_N$——管束中 N 排管上各冷凝传热膜系数的平均值；

h_1——管束中第一排管的冷凝传热膜系数值。

Kern(1958)通过实验研究，给出了如下修正式：

$$\overline{h}_N/h_1 = N^{1/6}$$

该式也可表示成管排冷凝传热膜系数与第一排管冷凝传热膜系数的关系式：

$$h_N/h_1 = N^{\frac{5}{6}} - (N-1)^{\frac{5}{6}}$$

Katz 和 Geist(1948)实验研究了工质 R11 在 6 排水平低肋管(590 翅/m)管束上的冷凝传热。实验结果表明，低肋管管束效应的影响远小于 Nusselt 模型的理论值，他们得到的关系式为：

$$\overline{h}_N/h_1 = N^{-\frac{1}{25}}$$

Fuks 考虑到冷凝液流动坠落对下排管的影响，给出了管束中各管排冷凝传热膜系数计算的经验公式：

$$\overline{h}_N/h_1 = \left[1\ \frac{\sum_{1}^{N-1} W_c}{W_{c,N-1}}\right]^{-0.07}$$

式中，$\sum_{1}^{N-1} W_c$ 为流出第 $N-1$ 根管的冷凝液流量；$W_{c,N-1}$ 为第 $N-1$ 根管子上产生的冷凝液量。

1986 年，Marto 基于整体翅片管管束上获得的数据，取其指数为 -0.04。

Marto 经试验[8]测定的管排数效应见图 3.2-25 所示。这与 Takob 及 Kerm 式(见图 3.2-25)有很大的差异，这是由于不同的液流模型所致。在低的液流下，液膜呈离散状的液滴降落；而在较高的流率下，液滴则合并形成离散的液柱落下；当在更高的流率下时，液膜就呈连续的片状流降落。

国内学者经试验后在文献[9]中有如下报道：

当液体负荷 $\Gamma < 0.05$kg/(m·s)，即 $Re < 400$ 时，流动为滴流状。

当 $0.05 < \Gamma < 0.23$kg/(m·s)，即 $400 < Re < 1600$ 时，主要为柱状流；

而当 $\Gamma > 0.23$kg/(m·s)，即 $Re > 1600$ 时，部分区域出现片状流；

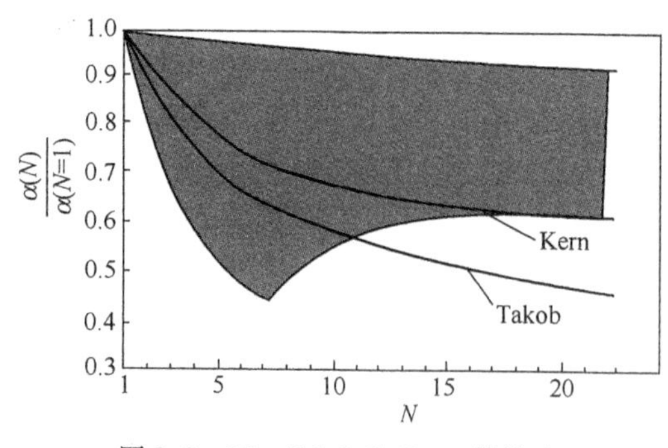

图 3.2-25　Takob 和 Kerm 管排冷凝试验数据及曲线比较

当 $\Gamma > 2300\mathrm{kg/(m \cdot s)}$，且 $Re > 2300$ 时，约有 70% 的区域处于稳定的片状流。

预测这些流动模型的转变过程是确定特定模型下传热膜系数极为基本的步骤。迄今为止，对水平管排垂直降膜的冷凝和蒸发，还没有可用的通用模型式。Hu 和 Jakob 对各种流体在不同管排、管径、管节距和流率下（气速 < 15m/s）的光管降膜冷凝作了一系列的试验，给出了水平管排垂直降膜流动下不同模型 Re 数与 Ga 数的关系图。该图表示了 3 种主要降膜冷凝，即“片状冷凝”、“柱状冷凝”和“滴状冷凝”的模型及其两种冷凝即‘柱状－片状”或“滴流状－柱状”时的转变过程。对于光管，与这 5 种状态 4 种流动相应转变的表达式为：

滴流状⟷滴流状－柱状：$Re = 0.074Ga^{0.302}$

滴流状－柱状⟷柱状：$Re = 0.096Ga^{0.301}$

柱状⟷柱状－片状：$Re = 1.414Ga^{0.233}$

柱状－片状⟷片状：$Re = 1.448Ga^{0.236}$

式中　Ga——液体重力与黏度力之比

$$Ga = \rho \cdot \sigma^3 / \mu^4 g$$

σ——液体表面张力，N/m；

μ——液体动力黏度，Pa·s；

ρ——液体密度，$\mathrm{kg/m^3}$；

g——重力常数，$9.81\mathrm{m/s^2}$。

而在 $Re = 2r/u$ 中，式中 r 为管排两侧总的液膜流率，kg/(m·s)。

不同管型和管间距对流型的转变有影响，但对较大管间距下（S/d 值），Re 的转变阀值就会增加，到一定值后迅速下降。但是在小的 S/d 值下，各种管型 Re 转变阀值趋于一致。对 $S/d < 0.5$ 时，管间距效应就显得特别重要。

包括管间距效应在内的流型转变模型为：

$$Re = aGa^b$$

式中　$a = T + u(S/d) + v(S/d)^2 + w(S/d)^3$

b、T、v，w——系数，见表 3.2-2；

S——管子之间的距离，mm；

d——管径，mm。

流型转变关系与管间距效应见表 3.2-2[8]。

表 3.2-2　流型转变关系及管间距效应

管型	流态模型的转变	a	b	T	u	v	W	对数偏差
光管	滴流状→滴流→柱状流	0.0417	0.312	−1.427e−2	3.742e−1	−4.868e−1	1.856e−1	1.2277
	滴流－柱状流→滴流状	0.0683	0.319	2.158e−3	3.722e−1	−4.752e−1	1.799e−1	1.1551

续表

管型	流态模型的转变	a	b	T	u	v	W	对数偏差
光管	柱状流→柱状-柱状流	0.8553	0.248	-3.299e-1	6.445e0	-8.273e0	3.187e0	1.1446
	柱状-片状流→片状流	1.068	0.253	3.011e-1	4.572e-1	-5.649e0	2.086e0	1.1676
低翅片管	滴流状→滴流状-柱状	0.0743	0.302	1.053e-1	-7.572e-2	2.417e-2	6.745e-3	1.1272
	滴流-柱状流→柱状流	0.1263	0.304	2.993e-1	-6.308e-1	66364e-1	2.098e-1	1.1492
	柱状流→柱状-片状流	0.6172	0.270	6.216e-1	4.830e-1	-5.220e-1	1.953e-1	1.0748
	柱状-片状流→片状流	1.2015	0.262	1.046e0	2.466e0	-3.592e0	1.615e0	1.1173
Turbo B#管(T)管	滴流→滴流-柱状流	0.0574	0.293	-9.045e-1	1.056e1	-3.438e1	3.459e1	1.1139
	滴流-柱状流→柱状流	0.1594	0.269	5.530e-2	5.308e-1	0	-8.022e-1	1.1777
	柱状流→柱状-片状流	0.7591	0.252	-1.786e0	1.766e1	-3.363e1	1.949e1	1.1295
	柱状-片状流→片状流	1.3487	0.233	-9.762e0	1.160e2	-3.596e2	3.480e2	1.0829
Thermoexcel-C管(高热流率C管)	滴流→滴流-柱状流	0.0975	0.258	4.463e-1	-2.165e0	3.561e0	-1.433e0	1.2160
	滴流-柱状流→柱状流	0.2293	0.246	1.110e0	-6.452e0	1.382e1	-8.638e0	1.2538
	柱状流→柱状-片状流	0.8146	0.262	1.014e0	-1.2653e0	9.238e-1	1.598e0	1.0643
	柱状-片状流→片状流	1.5859	0.253	6.465e0	-3.878e1	9.967e1	-8.092e1	1.0401

1969 年，Pearson 和 Withers 对 748 翅/m 和 1024 翅/m 管束试验后建议，对前述 Beatty-katy 方程的平均冷凝传热膜系数应乘以校正因子 $C_N/N^{1/4}$，上述两种管的 C_N 分别为 0.34 和 1.31。

1990 年，Webb 和 Murawski 对 4 种不同强化管(1024 标准整体翅 Tked-2bd、Turbo-C 和 Gewa-SC 管)进行了试验，用了 5 排管管束，介质为 R11，得到：

$$\overline{h_N} = aRe_L^{-n}$$

式中，Re_L 为冷凝液雷诺数，$Re_L = \frac{4m_L}{\mu_L L}$，其中 m_L 为冷凝液流率；L 为管排高度。

当 $Re_L = 100$ 时，其相关系数如表 3.2-3 所示。

表 3.2-3　管束冷凝时的 h 和 n 值($Re_L = 100$)

管　型	h/W·(m^{-2}·K^{-1})	n	$\overline{h_N}$/W·($m^{-2}K^{-1}$)
1024 整体翅片	12.90	0	12900
Tked-2bd	269.90×10^3	0.576	18956
Turbo-C	257.80×10^3	0.507	24885
Gewa-SC	54.014×10^3	0.220	19657

1972 年，Smirnov 和 Lakanov 试验了整体翅片管的界面剪切效应和管束效应，认为翅片管的管束效应比之光滑管更重要。

W. Y. Chen 等人对 R134a 分别在三排水平直列光滑管、不同翅片密度的低肋管和不同类型的三维翅片管管束上的冷凝传热进行了研究，实验结果表明：

（1）对于光滑管，管束效应的影响介于 Nusselt 方程与 Kern 方程之间，实验条件下所得出的计算式为：

$$\overline{h_N}/h_L = N^{-\frac{1}{5}}$$

（2）对于低肋管，管束效应的影响可以忽略，而对于三维翅片管，管束效应的影响比低肋管要显著。

文献[6]对水蒸气分别在三排水平直列光管和螺旋槽管管束上的冷凝传热进行了研究，其结果见图 3.2－26 和图 3.2－27，指数 n 见表 3.2－4。

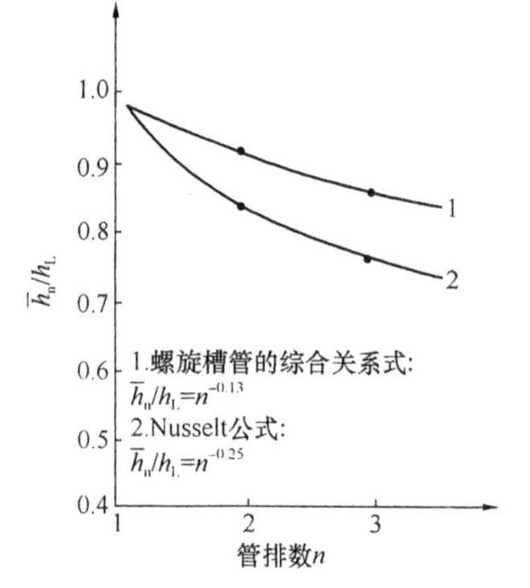

图 3.2－26 螺旋槽管管束平均相对冷凝传热膜系数沿管长的分布[7]

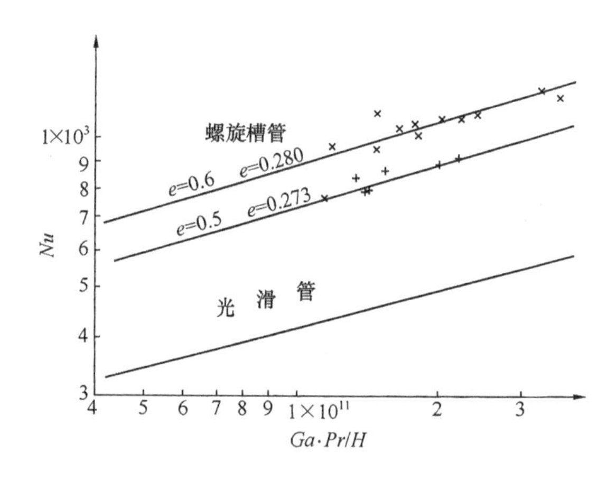

图 3.2－27 螺旋槽管管束冷凝实验后所得 Nu 与 $Ga\cdot Pr/H$ 的关系[7]

（1）对光滑管，上述管束效应的影响介于 Nusselt 方程与 Kern 方程之间。

（2）螺旋槽管对管束效应的影响有明显的抑制作用。

表 3.2－4 螺旋槽管管束卧式冷凝指数 n 与节距 P 和槽深 e 的关系

P/mm	e/mm	n
7～9	0.6	0.280
	0.5	0.273

T. N. Nguyen 等人研究了 R113 分别在 4 排水平直列光滑管和不同类型强化管(GEWA－SC 管、GEWA－TW 管和 GEWA－TWX 管)管束上的冷凝传热。据冷凝现象观察和实验结果分析可知，管排间隙的大小和冷凝液的排液机理对冷凝过程有影响。在实验条件下各强化管均能显著强化了管束上的冷凝排液。

Webb 和 Murawski 对 R11 在直列的 5 排水平管束上的冷凝作了研究，其结果表明：(a)对于低肋管，管束效应相当小。(b)冷凝液淹没效应对三维翅片管束的影响要比低肋管显著得多。(c)作为单管的 Turbo－C 管具有极高的传热强化性能，但由于其管束效应差，从本质上又降低了它在管束上的性能。(d)对于标准 1024fpm 的整体翅片管则没有管束效应的影响（Re 数的指数 $m=0$）。他们对管束效应的影响的研究结果见表3.2－5。

他们还建立了管束效应影响和管排冷凝传热系数与冷凝液雷诺数的经验关系式，其结果也列于表3.2－5中。

表3.2－5　不同强化管管束上冷凝传热系数的计算式

管　型	$\overline{h}_N/h_1=N^{-s}$	$\overline{h}_N/h_1=N^{-s}$	
1024fpm 翅片	$s=0.00$	$a=13900$	$m=0.000$
GEWA－SC	$s=0.12$	$a=54140$	$m=0.220$
Tred－D	$s=0.26$	$a=26900$	$m=0.576$
Turbo－C	$s=0.24$	$a=25780$	$m=0.507$

Murata 等人研究了 R123 分别在 8 排水平直列光滑管和不同类型低肋管管束上的冷凝传热，并建立了低肋管管束上的冷凝传热模型。

Honda 等人以蒸气在水平单管上的冷凝传热模型为基础，并结合低肋管管束上冷凝液的流动特性，建立了水平直列低肋管管束柱状和片状排液的膜状冷凝传热模型，还比较了翅片距和管排数对不同工质 R12 和水蒸气在管束上冷凝传热的影响。对于低表面张力介质 R12，翅距对冷凝传热的影响很大。当翅距较小时，随着管排数的增加，管束冷凝传热膜系数显著减小。较合适的翅距应为 0.3mm。而对水蒸气，翅距和管排数的影响不太大，合适的翅距为 1.3mm。该模型计算得到的各管排平均冷凝传热膜系数值与试验数据吻合。

Blanc 等人比较了工质 R22 和 R134a 分别在水平错列低肋管（GEWA－K26 和 GEWA－SC）管束上的冷凝传热，并分析了冷凝液淹没作用对管束冷凝传热带来的以下影响。

（1）R22 在这两种强化管管束上的冷凝传热膜系数均比 R134a 高 10%左右。

（2）对于 GEWA－K26 管管束，冷凝液淹没作用的影响比 GEWA－SC 管管束要严重。

Huber 等人系列研究了工质 R134a 分别在 5 排水平错列低肋管 Turbo－CⅡ管和 GEWA－SC 管管束上的冷凝传热。试验结果表明：

（1）对每种强化管，随着热流率的增加，每排管及整个管束的平均冷凝传热膜系数均有所下降，这是由于热流率的增加使得每排管上的液膜层变厚，导致性能下降。

（2）在所有传热管中，Turbo－CⅡ管的管束传热性能最好。

（3）在相同热流率下，Turbo－CⅡ管的管束平均冷凝传热膜系数是其他强化管管束的 2～3 倍。

二、强制对流条件下管束的冷凝传热及强化研究

McNaught 指出，蒸气垂直向下流过水平管束时，在蒸气剪切力及冷凝液淹没作用下，冷凝传热膜系数有两种计算式。第一种是以蒸气剪切力作用于单管上的冷凝传热膜系数关系式为基础，再对该式乘以一个小于 1 的放大因子，用以表明在低排管上冷凝液淹没作用所造成的影响。第二种是以管内蒸气强制对流冷凝传热的关系式为基础，再运用两相流 Lockhart－Martinelli 准数建立其简化关系式。

Kutateladze 等人研究了工质 R12 在蒸气分别垂直于水平直列和错列光滑管管束流动时的冷凝传热，并分析了蒸气速度以及冷凝液的流动速率对传热的影响。他们发现，当蒸气速度增加到大于某一个数值时，管束的性能趋于相似而与管束排列方式无关。在相对较高的蒸气速度下，管束中每根管的传热性能可以被单独处理，并可用蒸气垂直于单管流动冷凝时的传热关系式来计算。

Honda 等人研究了 R113 蒸气分别垂直向下流过水平直列和错列光滑管管束上的冷凝传

热，并建立了管束冷凝传热膜系数的经验关系式。在低的蒸气流速下，冷凝液是以滴状或柱状的形式从管底排出并撞击下排管顶。这时可根据重力控制的流动模型，用冷凝液膜的雷诺数来关联每管排的平均传热膜系数。在高的蒸气流速下，离开管底的冷凝液被分裂成小液滴并分布在管排之间，作者在忽略重力影响的条件下，给出了蒸气剪切力控制下的经验关系式。他们经对 2 种二维翅片管和 4 种三维翅片管水平管束研究发现：

(1) 对二维翅片管，无论管束是直列还是错列，冷凝液的排液模型均相同。但对于三维翅片管，在低的蒸气流速和高的冷凝液淹没速率下，则可以观察到不同的排液模型，即错列管束为柱状模型，直列管束为片状模型。

(2) 对二维翅片管，随着冷凝液淹没速率的增加，管束传热膜系数降低较慢。在低的蒸气流速下，直列和错列管束的传热性能相近；而在高的蒸气流速下，错列管束比直列管束传热性能高。

(3) 对三维翅片管，随着冷凝液淹没速率的增加，管束传热膜系数降低较快，蒸气流速较低时，直列管束的传热性能则降低更快。

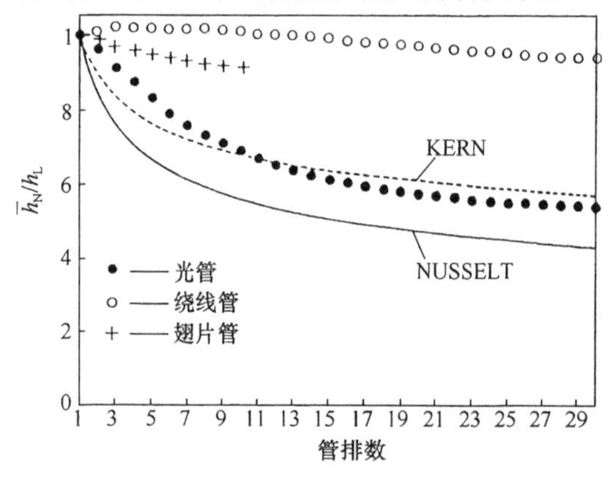

图 3.2－28 水蒸气冷凝在翅片管束上的管束淹没效应与平均冷凝膜系数的关系($\bar{h}_N/h_L$)以及与光管管束和绕线管束的比较[5]

C. M. Chu 和 J. M. McNaught 研究了 R113 蒸气垂直向下流过直列和错列低肋管管束上的冷凝传热，分析了蒸气剪切力及冷凝液淹没作用对管束冷凝传热的影响，并将 Rose 所提出的单管冷凝传热模型扩展应用到管束中。通过引入一个校正因子，来说明了蒸气剪切力和冷凝液淹没作用的影响，该模型的计算值与试验所测得的局部冷凝传热膜系数值的偏差不超过 10% 。

三、翅片管管束与绕丝管管束冷凝强化传热的比较

图 3.2－28 为翅片管管束和绕丝冷凝管管束的冷凝管束效应。从图中可以看到。与光管管束相比，绕丝管和翅片管管束效应要小得多。

C. B. Panchal 和 T. T. Rabas 报道了绕丝管束氨卧式冷凝器，管束外氨侧冷凝比光管束冷凝可使冷凝膜系数提高约 3. 6 倍。

至此，有关管束效应和管排冷凝计算问题，在笔者主编的《换热器设计手册》一书中已有详细的研究论述，并提出了逐步计算的方程和计算机程序[9,10]。

第七节 混合工质冷凝强化及管束效应[11.12]

一、冷凝机理及管束效应

(1)最早对互溶性混合工质冷凝传热研究的学者是 Collburn 和 Drew。他们认为混合物蒸气膜内存在热阻，冷凝液面的平衡温度与蒸气主流温度不同，界面上的平衡温度是计算冷凝热负荷的关键值。

(2)Sparrow 和 Marschall 对二元混合蒸气甲醇－水在竖直壁面上的冷凝进行了精确的理

论分析，并建立了理论上的分析模型。他们假设除了冷凝液膜向下流动的边界层外，在蒸气膜内，还存在一个与之相关的速度、浓度和温度变化的边界层。

(3)Hijikata 等人比较了 R11/R113 和 R114/R113 在竖直平面和纵翅片面上的自然对流冷凝传热性能。研究结果表明：

①二元混合蒸气的冷凝时，易挥发组分蒸气在气液界面会形成扩散层。扩散层的流动方向取决于混合蒸气组分间相对分子质量的对比。若扩散层向下发展，那么界面温度为常数，并能用以前学者提出的近似解模型来计算冷凝传热膜系数。若易挥发组分蒸气相对分子质量比难挥发组分的相对分子质量小，那么扩散层向上发展，界面温度将沿界面发生变化，此时冷凝传热膜系数只能用准相似解模型来计算(pseude - similar - solution)。该模型同时考虑了液相和蒸气扩散层。

②对 R11/R113 蒸气在平面上的冷凝，随着冷凝温差的增大，其混合工质的冷凝传热膜系数趋近 Nusselt 理论值。但在小冷凝温度区域内，随着 R11 浓度的升高，混合工质的冷凝传热膜系数比 Nusselt 理论值低，且 R114/R113 的传热膜系数降低的幅度比 R11/R113 大。这是由于两种蒸气沸点的差别对混合蒸气冷凝性能的影响要比这两种蒸气分子质量差别更大之故。R11/R113 的沸点差为22℃，R114/R113 的沸点差为44℃，这种差别对冷凝过程会有影响。

③在小冷凝温差区域，传热主要受传质扩散层控制。如果传质扩散层的厚度大于翅片高度，翅片就不再起强化传热的作用。

④在大的冷凝温差区域内，传质扩散层热阻变小，冷凝传热膜系数可根据纯蒸气冷凝的理论方法来计算，翅片面能起到强化传热的作用。

(4)文献[11，12]比较了自然对流情况下，非共沸混合工质 R11/R113 蒸气在光滑管和花瓣型翅片管上冷凝传热情况，结果表明：

①非共沸混合工质在光滑管和花瓣型翅片 C 管上冷凝的冷凝传热膜系数比纯组分工质均低；但和纯组分工质相比，其在花瓣型翅片 C 管上冷凝的冷凝传热膜系数降低的幅度要比光滑管大。

②随着热流率的增加，非共沸混合工质在花瓣型翅片 C 管上的冷凝传热膜系数显著地增加，而在光管上增加较缓慢，如图 3.2 -30 所示。

③热流率在 10 ~100kW/m^2 范围内，非共沸混合工质在花瓣型翅片 C 管上冷凝的冷凝传热膜系数是光管的 2 ~6 倍，比 Hijikata 等人在其余类型的翅片管上获得的混合工质冷凝传热膜系数要高得多。

非共沸混合工质在水平管上的冷凝是极其复杂的过程。该工质在开始冷凝时，由于各组分挥发性不同，难挥发组分首先冷凝，易挥发组分的蒸气在气液界面聚集，使相界面上易挥发组分气相的浓度增大，从而形成一个较厚的气相传质扩散层。传质扩散层内的浓度梯度将抵制易挥发组分蒸气向冷凝界面的传递，同时也阻碍难挥发组分向界面传递，限制其进一步冷凝。鉴于非共沸混合工质在水平管冷凝以使用二维翅片面(管内或管外)居多，故其强化效果不够好，尤其在低流速、低热流密度条件下，强化效果更差。此时可改用三维翅片来强化混合物的冷凝，这主要是由于三维翅片能引发更强烈的湍流，它不仅能够强化

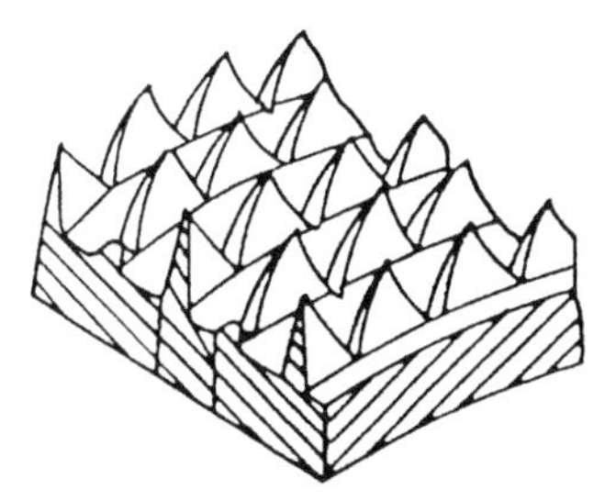

图 3.2 -29　花瓣形翅片 C 管结构示意图

冷凝液膜内的传热，且还能强化气相扩散层内的传热与传质。

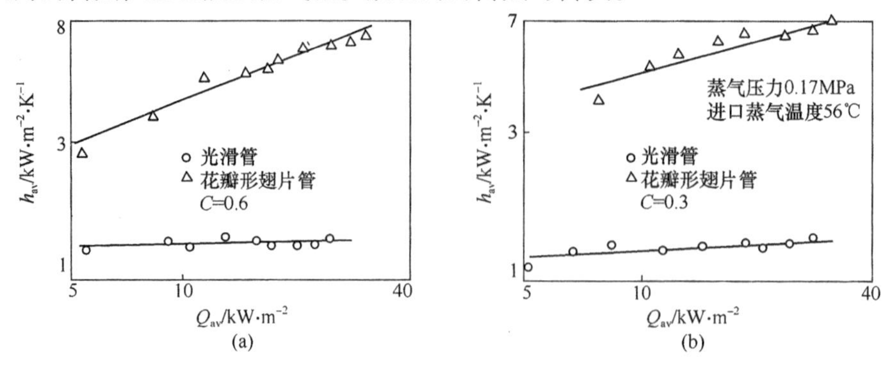

图 3.2－30 管束平均冷凝传热膜系数 h_{av} 与平均热流密度 Q_{av} 的关系（蒸气组分中 R11 的 mol 浓度 C＝0.3 和 C＝0.6）

非共沸混合工质蒸气在水平管束上的冷凝与单组分工质相比则多了一个气相传质扩散层。在大空间情况下，非共沸混合工质蒸气在管束上冷凝时，上一排管冷凝液的滴落，不仅对下一排管上的冷凝液膜产生湍动作用，且还破坏了下排管冷凝液膜外的气相扩散层，使气相扩散层也产生湍动，从而减小了气相扩散层热阻和液膜热阻。

图 3.2－31、图 3.2－32 为 R11/R113 在 4 种浓度下（R11 的摩尔浓度为 y）3 排直列光滑管管束各管排间的冷凝膜系数比。h_2/h_1 几乎都在 0.92～1 之间，h_3/h_1 几乎都在 0.86～0.90 之间。其管束效应表达式为：

$$h_N/h_1 = N^{-0.07692}$$

式中 h_1，h_2，h_3，h_n——分别表示第 1、2、3 排管和第 n 排管的冷凝传热膜系数。

而对于 3 排错列光滑管管束，h_2/h_1 几乎都在 0.96～1 之间 h_3/h_1 几乎都在 0.90～0.95 之间。其管束效应表达式为：

$$h_N/h_1 = N^{-0.03846}$$

这表明非共沸混合工质在直列或错列的光滑管管束上冷凝时其管束效应较小。

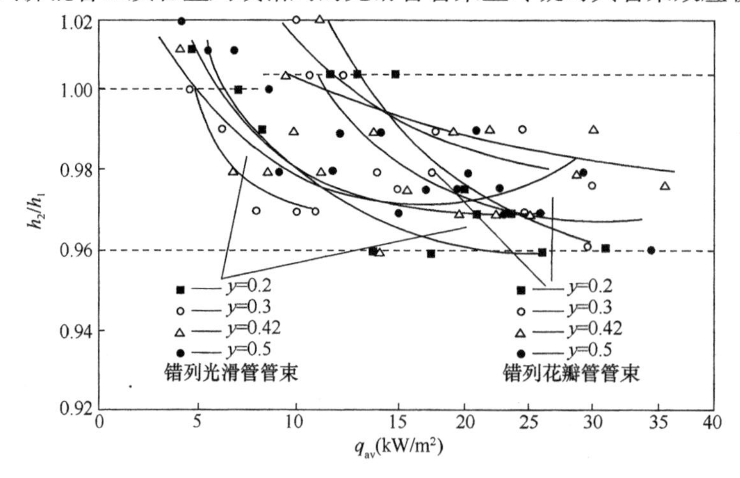

图 3.2－31 错列花瓣型翅片管及光滑管管束第 2 排管的管束效应

非共沸混合工质蒸气直列光滑管管束的管束效应比错列光滑管管束的管束效应要大。

对于 3 排直列或错列的花瓣型翅片 C 管管束，在各种浓度下，h_2/h_1 几乎都在 0.97～1

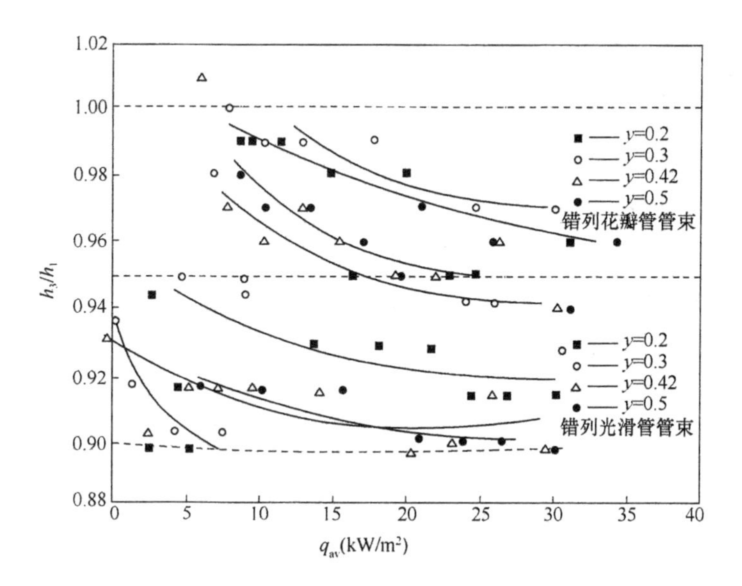

图 3.2-32　错列花瓣型翅片管及光滑管管束第 3 排管的管束效应

之间，h_3/h_1 几乎都在 0.95~1 之间。管束效应与管排数的关系式为：

$$h_N/h_1 = N^{-0.02273}$$

这说明无论花瓣型翅片 C 管管束的排列方式是直列还是错列，几乎都没有管束效应的影响。这主要是因花瓣型翅片 C 管具有特殊的三维翅片结构，其既能充分发挥冷凝液表面张力的作用，又易于干扰和刺穿气相扩散层。当上一排管冷凝液滴落到下一排管上时，冷凝液便被迅速而连续地从花瓣型翅片 C 管的“齿沟”排走，这便使得管壁上的液膜较薄，液膜热阻较小，此外还因花瓣型翅片 C 管的三维翅片作用和凝液连续溅落的影响，使气相传质扩散层不断产生湍动，亦降低了气膜热阻。所以，花瓣型翅片 C 管管束的管束效应的影响很小。其平均冷凝传热膜系数是光滑管管束的 2~5 倍。冷凝液淹没作用对花瓣型翅片 C 管管束性能的影响非常小。所以，随着热流率的增加花瓣型翅片 C 管管束的冷凝传热膜系数增加较快。但对光滑管，由于冷凝液膜在管上依附较厚，且冷凝液淹没作用的影响也较大，所以管束冷凝传热性能的变化不大。

二、气膜传热系数的计算方法[13~15]

Belly - Chaly 的气相热阻法可作为非共沸混合工质蒸气在水平管束上沿轴向流动时冷凝传热膜系数 h_o 计算的基本公式：

$$\frac{1}{h_o} = \frac{1}{h_g} + \frac{1}{h_1}$$

对于气相热阻的计算，Bell - Ghaly 提出用冷凝曲线法来计算，但该法较麻烦且忽略了气相传质的影响。气相热阻是由于气相扩散层所产生的附加传热温差所引起，对于附加传热温差的计算，文献中提出了以下具有普遍意义的计算式：

$$\Delta T = \frac{0.185(T_b^0 - T_a^0)q}{K_c M_r C}$$

式中，0.185 为实验条件下最大露泡点时的差值。

气膜热阻可定义为：

$$1/h_g = \frac{0.185(T_b^0 - T_a^0)}{K_c M_r C}$$

式中 h_g——气相传热膜系数，W/(m^2·K)；

h_L——液体冷凝传热膜系数，W/(m^2·K)；

K_c——传质系数，$K_c=\frac{DSh}{d_h}$；

Sh——修伍德准数，无因次；

M_r——混合蒸气平均相对分子质量，kg/mol；

T_a^0 和 T_b^0——分别为两种蒸气介质的饱和温度，K；

C——混合物质的体积摩尔浓度，mol/m^3；

q——热流密度，W/m^2；

D——扩散系数；

d——翅管当量直径，m。

将 K_c 代入有：

$$1/h_g = \frac{0.185(T_b^0 - T_a^0)d_h}{DCM_rSh}$$

蒸气雷诺数 Re_g 远大于 2000 时，根据传质与传热的类似性，对于光滑管管束，修伍德准数 Sh 可表示为：

$$Sh = 0.0483Re_g^{0.8}Sc^{0.4}$$

密斯特准数 Sc 的定义式为：

$$Sc = \mu_g/(\rho_g D)$$

式中 μ_g——气相的动力黏度，Pa·s。

ρ_g——气相的密度，kg/m^3；

但对于花瓣型翅片 C 管，由于翅片的存在，在蒸气流速的作用下，可以使得蒸气扩散层产生更为强烈的湍动，因而对于式中蒸气雷诺数的指数需要进行修正。这样，Sh 的修正式为：

$$Sh = 0.0483Re_g^{m_2}Sc^{0.4}$$

式中，m_2 为常数，其值由实验结果回归计算得出。

液相冷凝膜传热系数 h_L 经表面能力修正系数 β_a 修正后为：$h'_L = h_I\beta_a^{m_1}$

对花瓣型翅片 C 管管束，对实验结果进行回归计算后得出：$m_1 = 0.77m_2 = 0.93$，故液膜系数计算式为：

$$h'_L = h_I\beta_a^{0.77}$$

气膜传质系数的计算式为：

$$K_c = 0.0483Re_g^{0.93}Sc^{0.4}/d_h$$

可见，对于花瓣型翅片 C 管管束，蒸气传质系数中气膜雷诺数的指数比光滑管管束中的 0.8 要大，因此蒸气流速对气膜传质的影响比光滑管管束上的要显著。这是因为花瓣型 C 翅片能促使蒸气产生更强烈的湍动。相关文献的理论研究认为，湍流强度愈大，经验公式中雷诺数的指数值愈趋于 1。

第八节　管内冷凝传热的强化[16]

一、概况

替代制冷剂的采用及润滑油的存在，造成了冷凝过程传热系数下降。为不降低原有制冷系统的性能，必须对冷凝传热过程进行强化。研究表明，混合制冷剂的冷凝传热膜系数取决于质量流量、冷凝温度以及各组分的气化潜热。

Uchida 等(1996)对非共沸混合物 R32/R125/R134a(30/10/60 重量%)在光滑管、轧槽管与内交叉槽管等管内的冷凝进行了研究，并与 R22 做了对比。对槽管内 V 形切痕的影响得到了如下结论：(a)混合物在内交叉槽管内的冷凝传热膜系数是它在光管内的 3 倍，比轧槽管高 20% ~40%。R22 在 3 种管内的冷凝传热膜系数则差不多。(b)在内交叉槽管内，质量流速度较高时，R22 的冷凝传热膜系数与混合物的差不多；其余情况下，R22 的冷凝传热膜系数都比混合物的高。(c)V 形切痕对混合物的冷凝有促进作用，但对 R22 却没有效果。

Tang 等人(1997)对 R22、R134a、R410a 在光滑管、轴向微翅管、螺旋微翅管及交叉微翅管内的冷凝换热进行了研究，得到了以下结果：(a)R410a 的冷凝传热膜系数与 R22 差不多，而 R134a 的比 R22 的平均高 10% 左右。(b)各种强化管中，交叉微翅管的性能最高，它比轴向微翅高管 25% ~45%，而轴向微翅管又比螺旋微翅管高 5% ~10%。Tang 等人还将他们的实验数据进行了拟合，得到了一个关联式。

Graham 等(1999)对光管、轴向槽管及具有 18°倾角槽管的冷凝换热进行了对比研究。在质量流速为 $75kg/m^2 \cdot s$ 时，轴向槽管比光滑管要好得多，但比具有 18°倾角的槽管要差。在质量流速高于 $150kg/m^2 \cdot s$ 时，轴向槽管比光滑管以及具有 18°倾角的槽管都要好。而轴向槽管的压降特性与具有 18°倾角的槽管差不多。

Yan 等人(1999)对 R134a 在小直径(2mm)光滑管内的冷凝过程进行了研究。他们发现：(a)随着热流密度和冷凝温度的降低及质量流速的增加，冷凝传热膜系数提高。(b)随着质量流速的提高与热流密度的降低，压降增加。(c)2mm 光滑管与 8mm 光滑管相比，冷凝传热膜系数高 10% 左右。

Eckle 等通过 R134a 油混合物在不同直径光管与微翅管中传热性能的研究，也得出了微翅管及小直径换热管有助于提高传热性能的结论。

二、内翅片管管内冷凝

管内冷凝十分复杂，管内质量流速不同，其气液两相流图亦不同，因此需要根据大量的实验研究才能确定其传热和压降的关系。

1974 年，Reisbig 和 Vrable 等人报道了 R 12在内翅管中卧式冷凝的试验，他们发现冷凝传热膜系数比光管强化了 20% ~40%。Vrable 等人对二种不同内翅管进行了比较试验。其结果是，在质量流速 $G = 86.7 \sim 85.3kg/m^2 \cdot s$，进口对比压力 $p/p_{cr} = 0.18 \sim 0.46$ 的条件下，最大强化达 300%，其关联式为：

$$h = 0.01 \frac{k_L}{d_h}\left(\frac{2d_h C_L}{\mu_L}\right)^{0.80} Pr_L^{1/3}\left(\frac{p}{p_{cr}}\right)^{-0.65}$$

$$G_L = \left[(\rho_L/\rho_v)^{1/2}x + (1-x)\right]G$$

式中　d_h——管径；

x——蒸气干度；

p——蒸气压力；

p_{cr}——临界压力。

误差在 ±30% 范围内。

1978 年，Rogal Bergles 对 4 种紫铜内翅管进行了试验，其中 3 种为螺旋翅，如表 3.2 – 6 所示。

表 3.2 – 6 试验用内翅管的几何参数

管号	d/mm	翅高 e/mm	翅头数 n	螺旋角/(°)	面积比 $S_{翅}/S_{p(光管)}$
1	15.9	—	—	—	1.00
2	15.9	0.60	32	2.95	1.70
3	12.8	1.74	6	5.25	1.44
4(横纹管)	12.8	1.63	6	0.00	1.44
5	15.9	1.45	16	3.22	1.73

试验结果如图 3.2 – 33 和图 3.2 – 34 所示。

对外径为 15.9mm 的 16 头螺旋翅 5 号管。其翅高 e 为 1.45mm，螺旋角 a = 3.22。最大强化可达 2.3 倍。对管 3 和管 4，其传热面积比 $S_{螺翅}/S_{光}$ 相同，但管 3 的传热比管 4 为好，故面积比并非强化传热的控制因素，管 3 压降最高，比管 4 高。

1979 年，Luu 和 Eergles 对上述 5 种管型 R113 冷凝试验，发现在低质量流速下，最短的翅和翅头数最多的管 2 传热性能最好，在高质量流速下传热膜系数为光管的 70% ~120% 。

Kaushik 和 Azer(1988) 对 Royal 和 Bergles(1978) 水蒸气数据，Luu 和 Bergles(1984)、Said 和 Azer(1983) R113 数据及 Venkacash(1984) R11 数据综合分析后建立了一个通用传热关联式，71% 数据误差在 ±30% 内。1989 年，Kanskik 和 Azer 提出了一个分析模型，但并不可靠。

文献中内翅管冷凝压降关联式很有限，1990 年 Kaushik 和 Azer 建立了一个关联式，对 68% 水蒸气和 R113 数据误差在 ±40% 。1991 年 Sui 和 Azer 提出的分析模型可预测翅高、翅厚对压降的影响。

对于含有少量润滑油的制冷剂蒸气冷凝，1989 年 Schlager 等人对内翅管单相和两相流冷凝做了研究，认为油的存在降低了在光管和内翅管的冷凝传热和增加了压降。

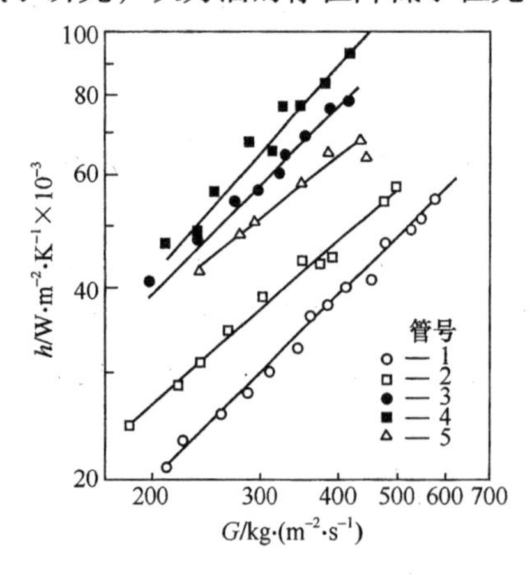

图 3.2 – 33 水蒸气水平内翅管内冷凝时传热膜系数 h 与质量流速 G 的关系(1978Royat 和 Bezgles)

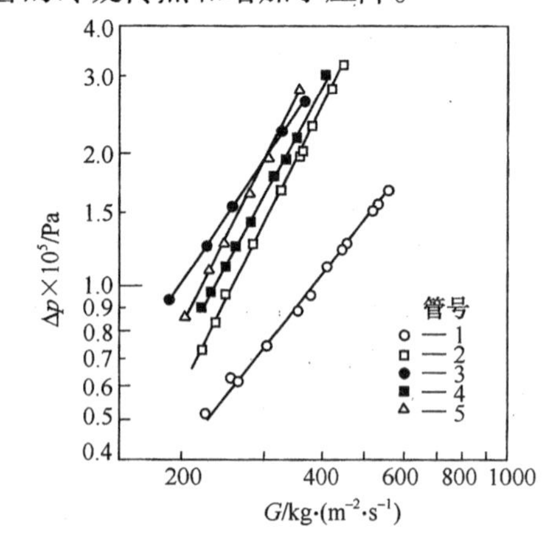

图 3.2 – 34 水蒸气水平内翅管内冷凝传热压降 Δp 与质量流速 G 的关系

三、内微翅管管内冷凝[16]

（一）简述

内微翅管在窗式和中央空调中用得最多，最早由日立 HItachi Cable 公司开发（1977 年 Fujie 等人专利），商用管径为 4～16mm；最早设计的商标是 Thermofin，其后为 Thermofin－Ex，Thermofin－HEX 和 Thermofin－HEX－C 所替代（图 3.2－35）。最后替代的 Thermofin－HEX－C 特别强调专用于冷凝。

表 3.2－7 表示了 4 种内微翅管几何参数、重量和 R22 冷凝强化比（管外径 9.52mm）。

表 3.2－7　4 种内微翅管几何参数

管型	翅高 b/mm	节距 P/b（P 节距）	翅螺旋角 α/(°)	翅横断面夹角 β/(°)	翅头数 n	翅管重/光管重 S/S_p	翅管重/光管重 W_t/W_p	冷凝膜传热系数比 h/h_p
Thermofin	0.15	2.14	25	90	65	1.28	1.22	1.8
EX	1.90	2.32	18	53	60	1.51	1.19	2.4
HEX	0.20	2.32	18	40	60	1.60	1.19	2.5
HEX－C	0.25	2.32	30	40	60	1.73	1.28	3.1

表 3.2－7 可见，强化传热由最初的 80% 提高到 140% 和 150%。HEX－C 型性能最佳，强化达 212%，具较大的翅高（0.25mm）和较小的 β 角。

1985 年 Shinolara 和 Tobe、1987 年 Shinolara et al 以及 1990 年 Schlager 均认为 R22 内微翅管冷凝传热膜系数随螺旋角 α 从 7°～30°的逐渐增加而增加，以 $\alpha=30°$时为最佳。

图 3.2－36 表示了 R22 冷凝传热膜系数与质量流速及微翅几何参数的关系。

1990 年 Schlager 等人研究了内微翅管在压降测定（12.7mm 直径管）R22 中含有少量油时的情况。他的试验表明，内翅管并非都对传热和压降有影响。

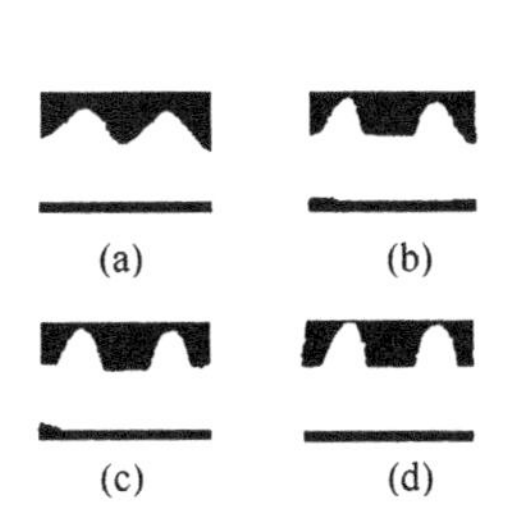

图 3.2－35　日立 thermofin 管翅截面（a—Thermofin，b—EX 管，c—HEX 管，d—HEX－C 管，1990Yasuda）

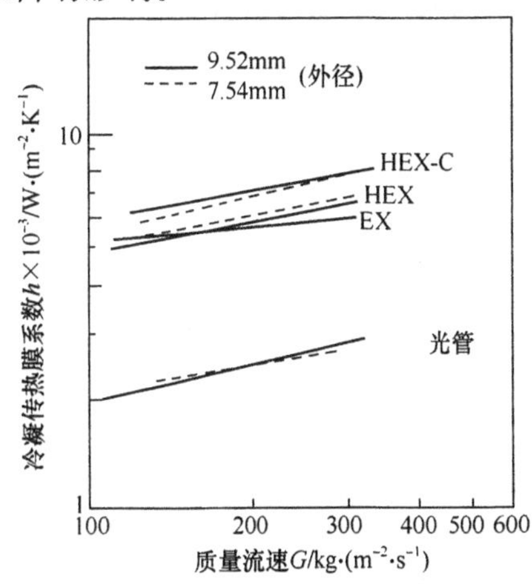

图 3.2－36　内微翅管 R22 冷凝传热性能

1994 年，Webb 认为，蒸气剪切力和表面张力在微翅管内强化传热中起明显作用。

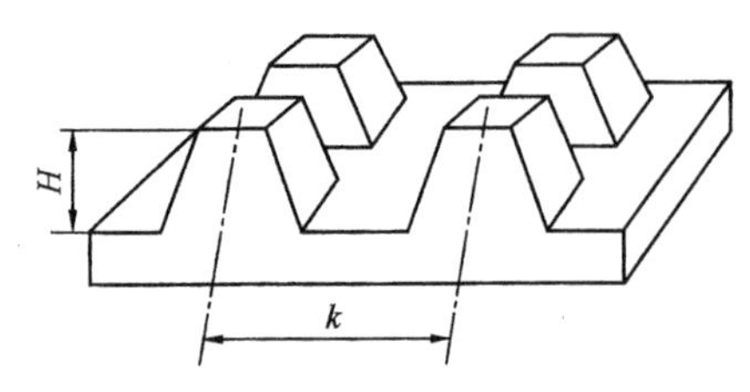

图 3.2－37 三维内翅管微翅结构示图

(二) 三维内微翅肋管水平管内冷凝传热[14.15]

国外报道的三维扩展表面强化管的研究和结果，表明其冷凝强化效果要明显高于二维管。国内对图 3.2－37 的三维内微翅肋管(用 T 表示)是在对应的二维内翅肋管(用 B 表示)上沿轴向线切割加工而成，其上形成了垂直交叉槽道的微肋，其管代号和主要几何参数如表 3.2－8 所示。

表 3.2－8 二维和三维翅管几何参数 mm

No	H	β	k	d	e	A_B/A_S	c	A_T/A_B
B_1	0.3	15.9°	0.7	0.15	0.397	1.66	—	—
B_2	0.5	15.9°	0.7	0.15	0.295	2.11	—	—
B_3	0.7	15.9°	0.7	0.15	0.193	2.55	—	—
T_1	0.3	15.9°	0.7	0.15	0.397	—	0.7	1.135
T_2	0.5	15.9°	0.7	0.15	0.295	—	0.7	1.107
T_3	0.7	15.9°	0.7	0.15	0.193	—	0.7	1.031

文献[14、15]用 3 种不同肋高(肋高为 0.3mm，0.4mm，0.7mm)的三维内微肋管，在 4 种不同饱和蒸气压及质量流率条件下作了实验研究，采用逐步回归法，得到了三维内微肋水平管内冷凝分层流区传热膜系数的准则关系式：

$$Nu = 0.00046 A_b S_c A_Y^{-0.1216} A_D^{-4393}$$

此式与实验数据比较，误差在 ±30% 范围内。

式中 $A_b = [(\rho \Delta h_V^3 g D^3)/(\mu_l k \Delta T_{vs})]^{1/4}$

$S_C = (A_r/A) + 1.05(A_f/A)\{[(2D\sigma)/(h^2 g\rho)](1/e + 1/d)\}^{1/4}$，$C$ 为常数

$A_Y = (1-Y)/Y$

$A_D = \mu_L/(DG_t)$

A_f——翅肋表面张力作用区传热面积，m^2；

A_r——翅肋重力排液区换热面积，m^2；

A——总传热面积，m^2；

D——管内径，mm；

d——肋间底部宽度，mm；

e——肋端部宽度，mm；

G_t——气液混合物总质量流速，$kg/(m^2 \cdot s)$；

g——重力加速度，m/s^2；

H——肋高，mm；

k——管子热导率，$W/(m \cdot K)$；

Δh_v——汽化潜热，kJ/kg；

t——肋节距，mm；

ΔT_{vs}——蒸气与壁面冷凝温差，℃；

Y——蒸汽干度；

β——肋翅侧面倾角，(°)；

δ——液膜厚度，mm；

μ_L——冷凝液动力黏度，$Pa \cdot s$；

h——冷凝传热膜系数；

ρ——冷凝液密度，kg/m^3；

σ——冷凝液表面张力，N/m。

他们用 R11 和水蒸气为工质进行实验，2000 年辛明道等又对 R134a 冷凝试验[15]。试验管的肋、翅根处内径为 12mm，肋翅轴向节距为 1mm，周向肋、翅数为 34，内表面齿密度为 $90/m^2$，肋翅高为 0.2mm。R134a 冷凝传热膜系数 h 随工质质量流速 G 的变化见图 3.2－38 所示。由该图可见，h 随 G 的增加而增加，这与 Shah 的计算结果是一致的。图 3.2－39 为 G 不变而蒸气干度 x 变化时局部冷凝传热膜系数 h 与光管 h_s 的比值 h/h_s（即强化比关系）。该比值随 x 的升高而降低。图 3.2－39 表明，G 小时降低快，G 大时降低慢。试验在最小质量流速 G 下［$125kg/(m^2 \cdot s)$］强化倍率为 3.1～6.0。

当蒸气干度为一定值（$x=0.6$）时，该三维内微肋管的 h/h_s 随工质质量流速的变化见图 3.2－40 所示。从图中可以看出，蒸气干度一定时，强化倍率随质量流速的增加而降低，在此处的流速范围内，其值为 1.6～3.0，平均强化倍率均为 2.2。

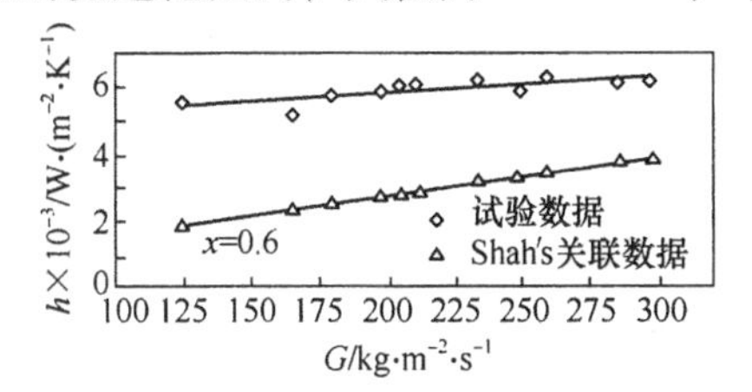

图 3.2－38　蒸气干度 x 为 0.6 时内微翅肋管冷凝膜系数 h 与质量流速 G 的关系

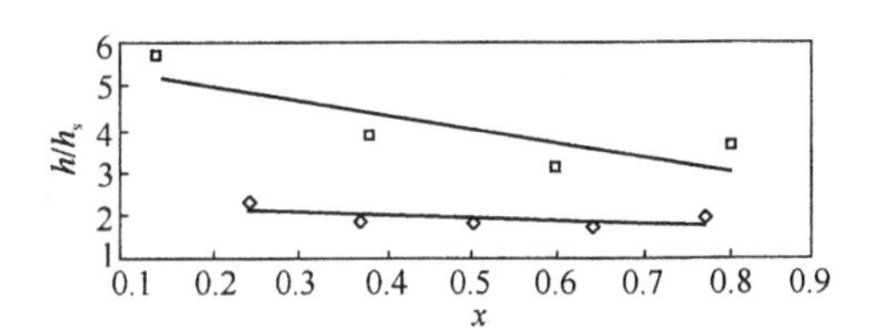

图 3.2－39　冷凝强化比 h/h_s 与蒸气干度 x 的关系（h_s 为光管冷凝膜系数）

实验证明，新型三维内微肋管对制冷剂 R134a 在水平管内的冷凝传热具有明显的强化效果。通过实验值与 Shah 计算式预测值的比较可知：(a)工质质量流速不变，强化倍率 h/h_s 随蒸气干度的增大而减小。在此工况范围内，其值为 0.6～6.0。(b)当蒸气干度固定，质量流速变化时，h/h_s 随质量流速的增加而降低；当蒸气干度 $x=0.6$ 时，其值为 1.7～3.0，平均强化倍率为 2.2，高于现有二维内微肋管与光管相比的强化水平。

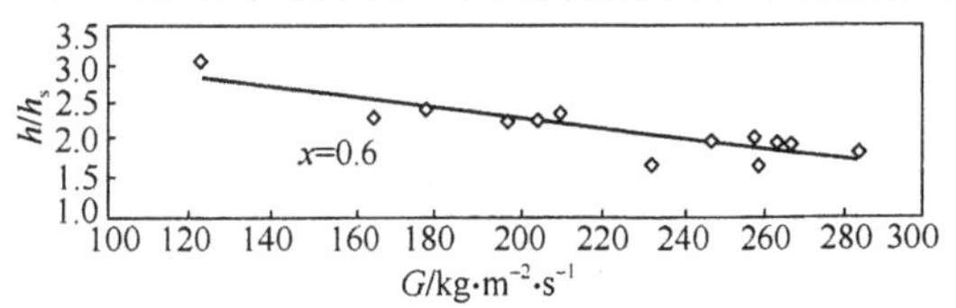

图 3.2－40　内微翅肋管冷凝膜系数强化比率与质量流速 G 的关系[16]

上述研究结果表明，三维内微肋管比二维内微肋管具有更为优越的冷凝传热性能和流动阻力特性，因此其是一种非常有前途的冷凝传热强化管。

图 3.2－41　单螺旋结构 MX™内微翅管翅槽平面图

（三）国外 MX™和 MCG™内微翅管的冷凝传热性能

1. 单螺旋(Single groovel)结构 MX™内微翅管系列结构

单螺旋 MX™内微翅管系列结构见表 3.2－9，其传热膜系数 h 和压降 Δp 以及强化性能比，即效率指数为：$\eta=\dfrac{h/h_{\mathrm{p}}}{\Delta p/\Delta p_{\mathrm{p}}}$

图 3.2－41 为 MX™内微翅管单螺旋平面图，图 3.2－42 和表 3.2－10 为该管的 R22 传热与压降性能试验并对光管比较，图 3.2－43 则表示了其冷凝传热膜系数和压降对螺旋角 α 关系(R22 质量流量 136kg/h，翅高 0.35mm，230°，翅数 748)。

表 3.2－9 MX™和 MCG™内微翅管参数

	MX™	MCG™
管型	单螺旋	错翅切槽
D_o/mm	15.88	15.88
D_i/mm	14.88	14.88
翅数	74at $\alpha=27°$	74at $\alpha=27°$
	78at $\alpha=20°$	74at $\alpha=20°$
	76at $\alpha=17.5°$	76at $\alpha=17.5°$
	80at $\alpha=15°$	80at $\alpha=15°$
翅高 e/mm（分母为切槽深）	0.35	0.35/0.21 *
	—	0.35/0.17 *
	—	0.35/0.14 *
	—	0.35/0.07 *
翅节距，P/mm	0.58	0.58
螺旋角，α/(°)	15，17.5，20，27	15，17.5，20，27
翅倾角，β/(°)	30	30
e/D_i	0.024	0.024
P/e	1.66	1.66

* 这些管的螺旋角为 17.5°，除了 0.35/0.07 的管螺旋角也都为 27°。

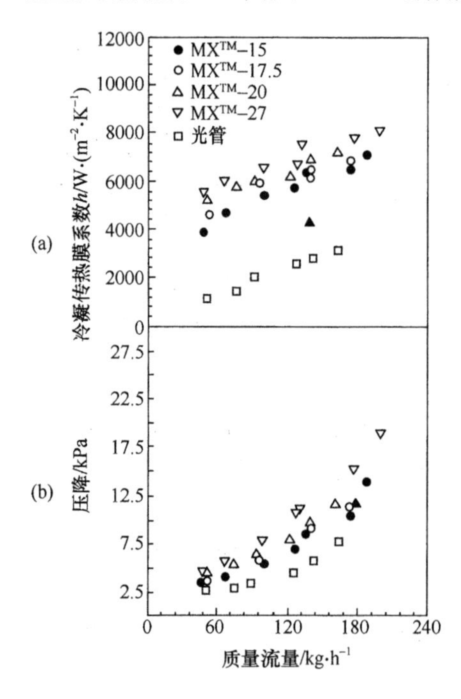

图 3.2－42 4 种不同 MX™管($\alpha=15$，17.5，20 和 27°)冷凝传热膜系数 h 和压降与质量流量(R22)的关系

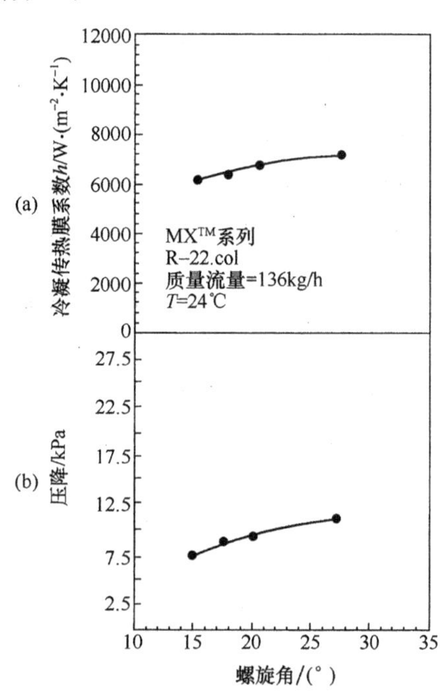

图 3.2－43 MX™内翅管 R22 冷凝传热膜系数 h 和压降与螺旋角 α 的关系

表 3.2-10 内微翅管 MX™系列和 MCG™系列 R22 冷凝传热与压降试验数据

管系列	$m=45kg \cdot h^{-1}$			$m=91kg \cdot h^{-1}$			$m=159kg \cdot h^{-1}$		
	h/h_p	$\Delta p/\Delta p_p$	η	h/h_p	$\Delta p/\Delta p_p$	η	h/h_p	$\Delta p/\Delta p_p$	η
MX™ -15	4.00	1.26	3.17	2.87	1.68	1.82	2.14	1.44	1.49
MX™ -17.5	4.56	1.20	3.80	3.17	1.95	1.62	2.23	1.49	1.50
MX™ -20	5.40	1.64	3.29	3.28	1.95	1.68	2.34	1.64	1.43
MX™ -27	5.90	1.73	3.41	3.60	2.46	1.46	2.49	2.01	1.24
MCG™ -15@50%	4.50	1.41	3.19	3.10	1.93	1.60	2.28	1.63	1.40
MCG™ -17.5@50%	4.98	1.42	3.50	3.48	2.07	1.68	2.40	1.74	1.38
MCG™ -20@50%	5.88	1.70	3.45	3.66	2.14	1.70	2.59	1.91	1.36
MCG™ -27@50%	6.17	1.95	3.16	3.93	2.76	1.42	2.72	2.13	1.27
MCG™ -27@80%	6.78	2.12	3.20	4.32	2.80	1.54	2.98	2.40	1.24

从表 3.2-10 可看出，当螺旋角一定时，压降比 $\Delta p/\Delta p_p$ 随流率的增加而缓慢增长，故流率指数 η 随之下降。

2. 在螺旋角反向具错列切槽的翅（Cross groobed）内微翅 MCG™管系列的冷凝传热

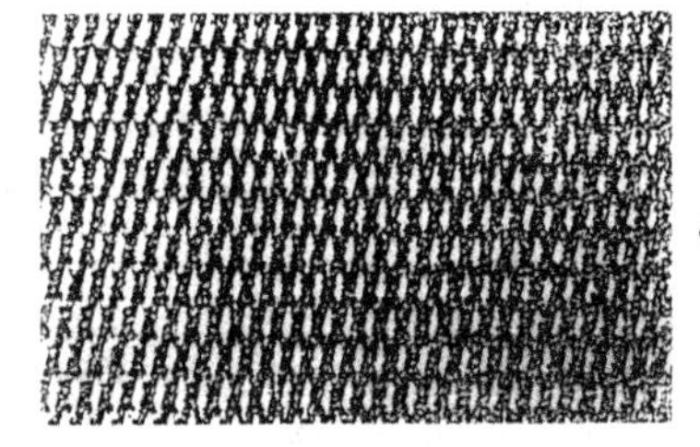

图 3.2-44 MX™管螺旋角的反向切槽（槽深 40% 或 80%）

表 3.2-10 中同时列出了在 MX™管螺旋角反方向切有翅的二次错列切槽（槽深 40% 或 80%）内微翅管 MCG™系列的试验性能。其冷凝膜系数与 MX™一样，随螺旋角之增加而增长，随压降增加不多，但与 MX™系列管相比其强化比要大。例如，在质量流量 $m=91kg/h$ 时，在各种螺旋角下要高 10%。其压降的增加与传热约成正比关系，故效率指数 η 在相同螺旋角 α 下与 MX™系列近似相等。图 3.2-44 为这种管的翅槽平面图，图 3.2-45 为其传热和压降性能以及与光管的比较。

图 3.2-46 为螺旋角 $\alpha=17.5°$时，不同切槽深（40% 或 80%）MCG™系列管的传热膜系数 h 和压降与质量流量的关系。从图 3.2-46 可见，冷凝膜系数随错列槽切槽深的增加而增加，表 3.2-11 也表示了这一关系。从表 3.2-11 可见，深 80% 错列切槽深的 MCG™管与 MX™管相比，在所有流率下冷凝膜系数 h 高 24%，效率指数 η 也比 Mx™高。例如在 G = 91kg/h，h 高 24% 时，Δp 只增加 9%，从表中还看出效率指数 η 随翅的错列切槽深度的增加而增加。

从表 3.2-10 和表 3.2-11 中还可看到，MCG™ -27@80%（$\alpha=27°$）在流量 $m=91kg/h$ 时的传热冷凝膜系数，比之 α 为 17.5°的 MX™ -17.5 管要高 30%，或在 $\alpha=27°$相同时，h 也比 50% 之切槽深要高 20%。但比 $\alpha=17.5°$的 MX™ -17.5 管和 $\alpha=27°$的 MX™管的 η 要低一些。

错列切槽 MCG™管比单螺旋角微翅管 MX™性能高的原因是，增加了冷凝液排液点和冷凝传热面积。表面张力也是重要的因素，在中等和高的蒸气干度下，这种管（MCG™）不会出现冷凝液对翅的的淹没作用。其中以螺旋角 $\alpha=27°$，错列切槽深为螺旋翅深 80% 的翅管最佳，其冷凝膜系数比 $\alpha=15°$的单螺旋翅 MX™ -15 管在 R22 质量流量 =91kg/h 时高 51%，但压降比之亦增加了约 77%。

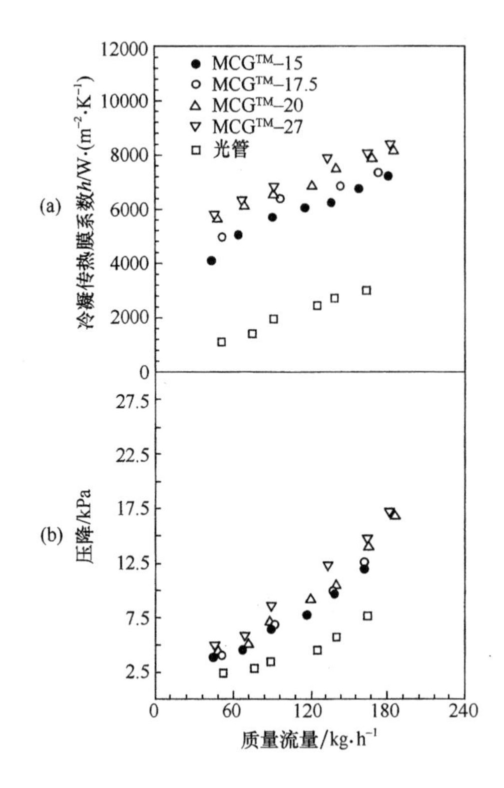

图 3.2-45　MCG™50% 内微翅管（$\alpha=15°$，17.5°，20°和 27°）传热和压降与（R22）质量流量的关系

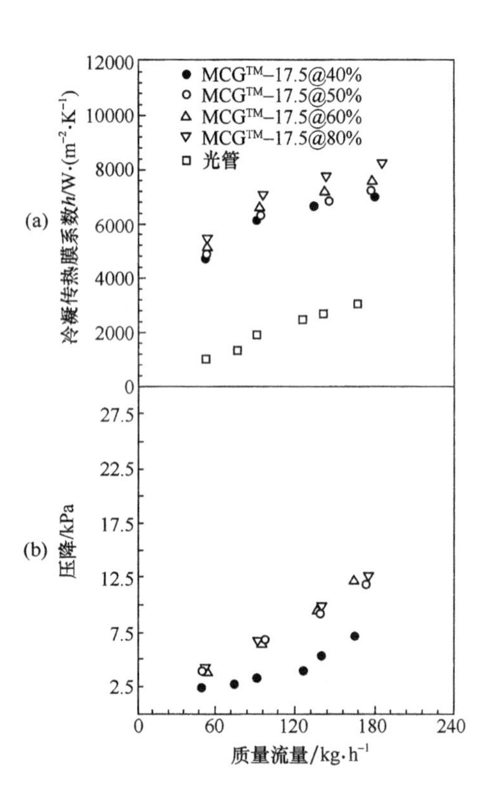

图 3.2-46　MCG™17.5 管不同错列切槽深（40%，50%、60% 和 80%）传热膜系数 h 和压降与 R22 质量流量的关系

表 3.2-11　不同二次错列切槽槽深微翅管 R22 冷凝传热比与压降比

管系列	$m=45$kg/h			$m=91$kg/h			$m=159$kg/h		
	h/h_p	$\Delta p/\Delta p_p$	η	h/h_p	$\Delta p/\Delta p_p$	η	h/h_p	$\Delta p/\Delta p_p$	η
MX™-17.5	4.56	1.20	3.80	3.17	1.95	1.62	2.23	1.49	1.50
MCG™-17.5@40%	4.84	1.42	3.41	3.43	2.14	1.60	2.35	1.61	1.46
MCG™-17.5@50%	4.98	1.42	3.50	3.48	2.07	1.68	2.40	1.74	1.38
MCG™-17.5@60%	5.24	1.47	3.56	3.69	2.21	1.67	2.54	1.66	1.53
MCG™-17.5@80%	5.59	1.45	3.86	3.91	2.12	1.84	2.70	1.59	1.70

（四）内微翅管冷凝与内高翅管和内插扭带管冷凝强化性能的比较[17]

2000 年，Liebeneerg et al 综述后指出，按照 Thome 对内微翅管冷凝强化传热性能的描绘，可概括以下：

①单位长度的湿润面积增加，并取决与翅数、翅高、翅形和翅角，通常在 1.4～1.9 范围之内。

②由于微翅而增加了液相对流热传递。

③在低的质量流速下，由于毛细力，增加了管周向的湿润性，毛细力可使分层流的部分于壁区并保持在完全湿壁区流动。

④在低的蒸气干度下，微翅可使雾状流产生翅旋转效应，促进了湍动并迫使冷凝液滴落到壁面上。

本节以下将进一步介绍内微翅管的冷凝性能并与内高翅片管的冷凝及内插扭带强化性能

比较。

1. 内微翅管冷凝试验结果与光管的比较

图 3.2-47 ~ 图 3.2-50 分别为 Eckels & Tesenc 和 Suit F J 等人就内微翅管 R22 冷凝传热和压降试验的结果以及与光管的比较。

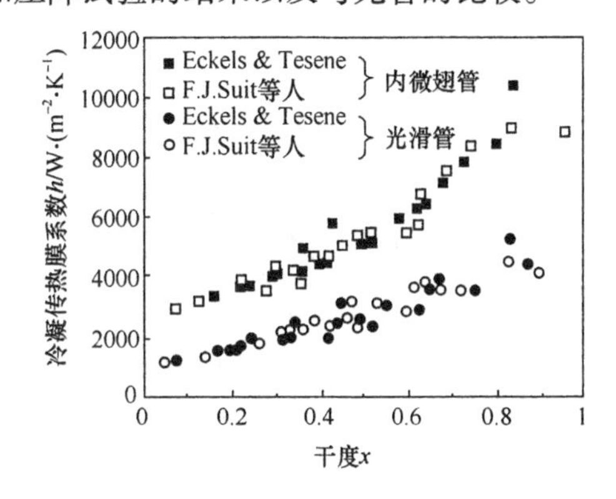

图 3.2-47 内微翅管和光管 R22 冷凝传热膜系数 h 的比较以及 h 与干度的关系(质量流速为 400kg/(m^2·s)，饱和温度为 50℃)

图 3.2-48 内微翅管 R22 平均冷凝传热膜系数 h 与质量流速 G 的关系以及与光管的比较(饱和温度为 40℃)

2. 内微翅管冷凝与内高翅片管和内插扭带管的比较

图 3.2-51 和图 3.2-52 分别为内微翅管的平均冷凝传热膜系数 h、平均压降 Δp 与内高翅管及内插扭带管的比较。图 3.2-53 ~ 图 3.2-55 分别为内微翅管在质量流速及混合工质 R22/R142b 均不同的条件下局部冷凝传热膜系数 $h_{局}$ 与干度 x 的关系及与光管的比较。

由图 3.2-51 可见，内微翅管平均冷凝传热膜系数比内插扭带管、内高翅管和光管均高，分别高约 113%，87% 和 46%。在质量流速较高时(如 500kg/m^2·s 时)，内微翅管与内高翅片管冷凝传热膜系数就没有明显的区别了。由图 3.2-52 可见，内微翅管平均压降比内高翅管和内插扭带管均低，内插扭带管、内高翅片管和内微翅管分别比光管压降高 148%、81% 和 38%。

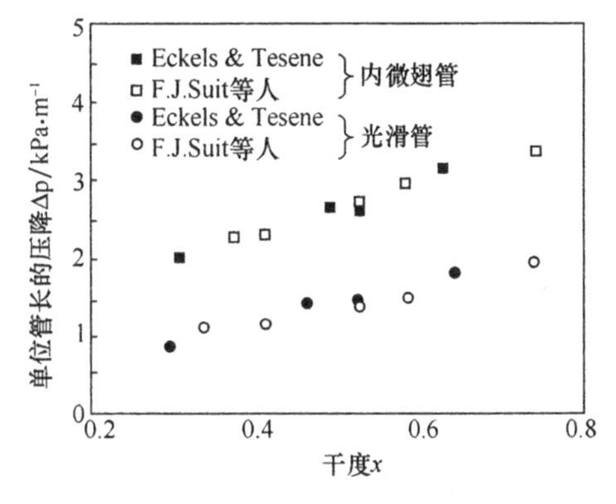

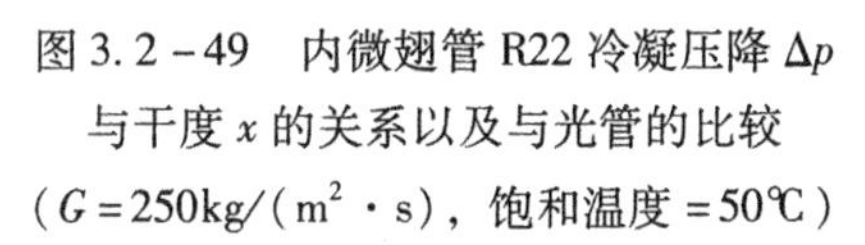

图 3.2-49 内微翅管 R22 冷凝压降 Δp 与干度 x 的关系以及与光管的比较(G=250kg/(m^2·s)，饱和温度=50℃)

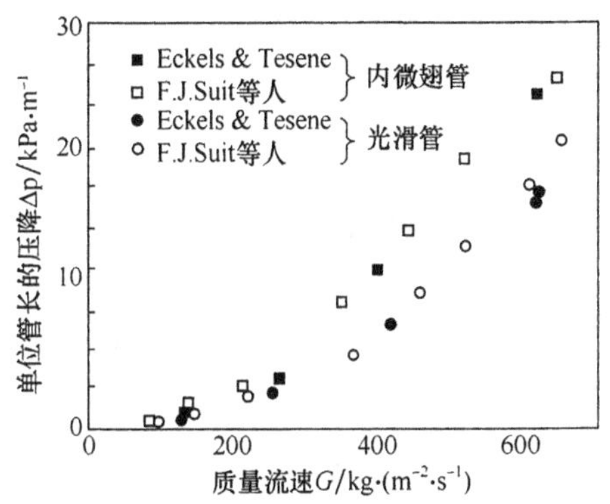

图 3.2-50 内微翅管 R22 冷凝压降 Δp 与质量流速 G 的关系以及与光管的比较(饱和温度=40℃)

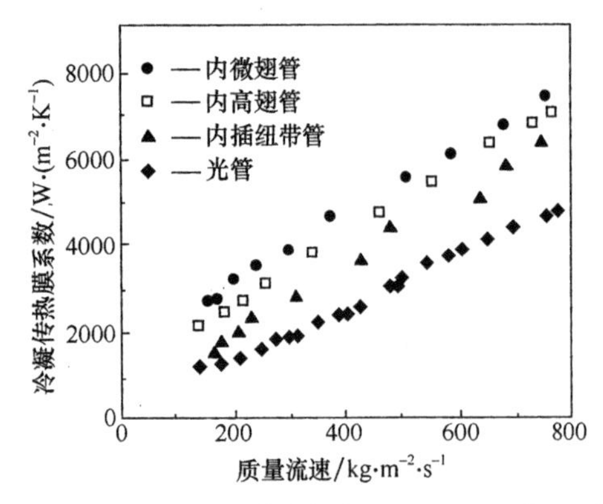

图 3.2-51　R22(质量流速 70%)R142b(30%)内微翅管、内高翅管、内插扭带管及光管冷凝传热膜系数的比较(露点温度 76.13℃)

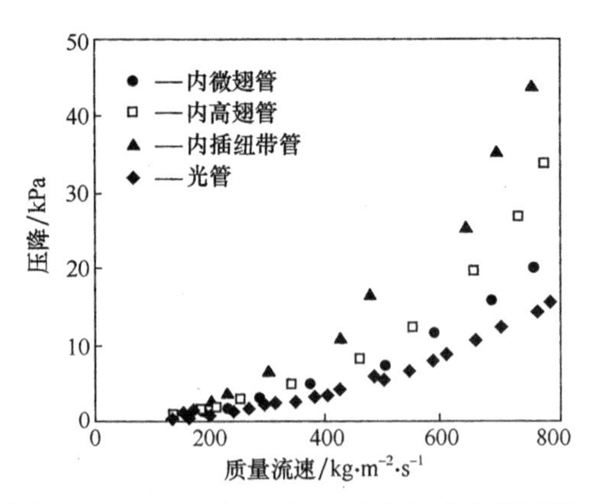

图 3.2-52　R22(70%)R142b(30%)内微翅管、内高翅片管、内插纽带管及光管压降的比较(露点 76.13℃)

图 3.2-53 ~ 图 3.2-55 在进口区压力为 2.46MPa，即露点温度分别为 65.70℃(90%/10%)，76.13℃(70%/30%)和 85.64℃(50%/50%)时的试验。结果表明，局部热传递膜系数随 R142b 质量流速的增加而增加。对于光管，当 R22 质量流率从 90% 减少到 50% 时冷凝传热膜系数平均减少 30%，而内微翅管减少 27%，Caballini et al 认为，这是质量传递热阻增加之缘故，该热阻可用 Silver、Bell & Ghaly 公式来计算。

由图 3.2-53 ~ 图 3.2-58 还可看到，局部冷凝传热膜系数 $h_{局}$ 随质量流速的增加而增加。

图 3.2-56 ~ 图 3.2-58 为内微翅管在不同质量流速时[100kg/(m^2·s)，300kg/(m^2·s)和 600kg/(m^2·s)]，不同 R22 质量分率下的冷凝传热强化因子 F。

由图 3.2-56 可见，在 100kg/(m^2·s)低质量流速时冷凝传热强化因子达 1.8 ~ 3.6，为最高。这是因为内微翅管在较长期间内停留在环状流而后才转变为分层流和波状流之故。流率为 300kg/(m^2·s)时，$F = 1.7 \sim 2.9$；在 600kg/(m^2·s)高流率时，F 接近于常数 1.5 ~ 1.6。

内微翅管具有阻止冷凝液在水平管子底部由于时间较长和重力的作用而产生的积累。冷凝液在管表面上的重力作用与惯性力相比可以忽略，内微翅管性能随质量流速增加而降低。

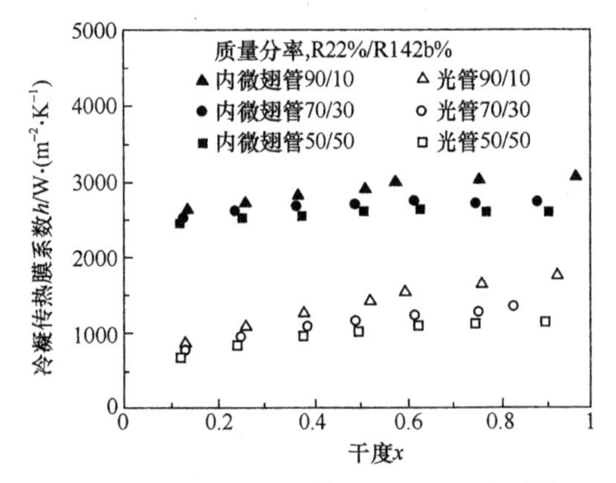

图 3.2-53　内微翅管 R22/R142b 在质量流速 100kg/(m^2·s)时局部冷凝传热膜系数 $h_{局}$ 与干度 x 的关系以及与光管的比较

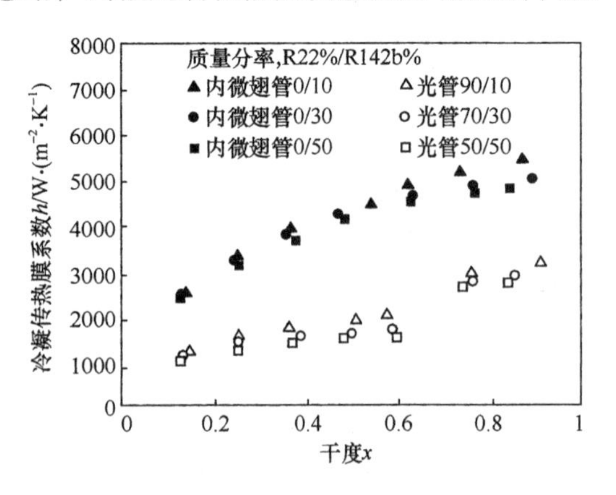

图 3.2-54　内微翅管 R22/R142b 在质量流速 300kg/m^2·s 时局部冷凝传热膜系数 $h_{局}$ 与干度 x 的关系以及与光管的比较

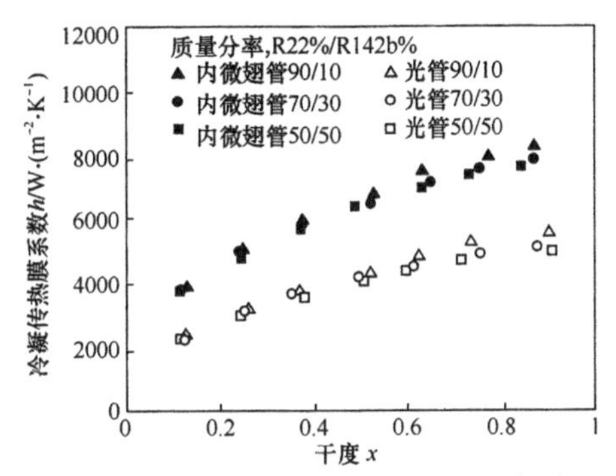

图 3.2－55　内微翅管 R22/R1426b 在质量流速 600kg/m²·s 时局部冷凝传热膜系数 $h_{局}$ 与干度 x 的关系以及与光管的比较

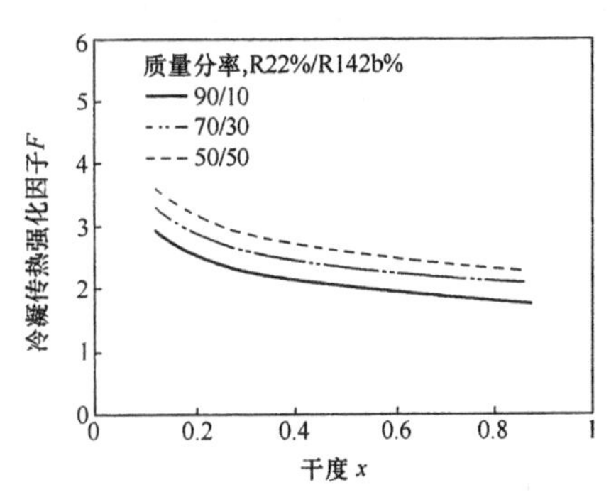

图 3.2－56　质量流速为 100kg/m²·s 时不同 R22 质量分率下的冷凝传热强化因子 F

图 3.2－58 为质量流速 600kg/m²·s 时不同 R22 质量分率下的冷凝传热强化因子，图 3.2－56为表示内微翅管平均冷凝传热膜系数不同质量分率时与质量流速的关系，其冷凝传热膜系数随质量流速呈线性增加。R22 质量分率高时冷凝膜系数就高，R142b 质量分率增加时，冷凝传热膜系数就减小。质量流速为 100kg/(m²·s)时 50% 的 R22/R142b 混合物的冷凝传热膜系数比纯 R22 时低 20%。在高质量流速 600kg/(m²·s)时只递减 5%。压降的影响比传热要明显得多，从图 3.2－60 可见，内微翅管压降几乎随质量流速呈平方关系增加。这与 Sho & Granryd 提出的 $\Delta p = G^2$ 相一致，100% R22 压降最高，随 R142b 质量分数增加而压降有明显下降，R142b 增加 50%，压降近似下降 50%。

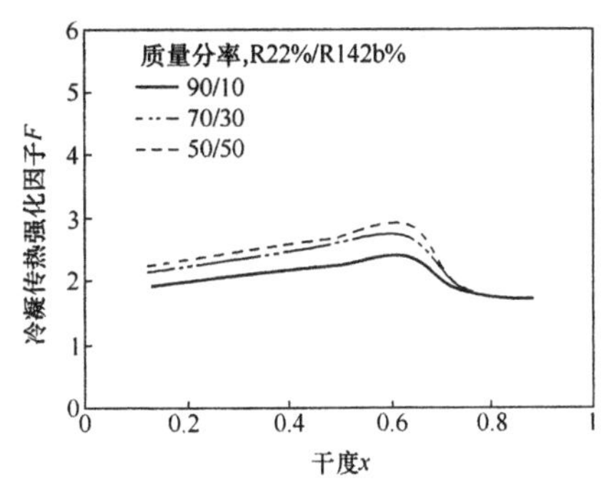

图 3.2－57　质量流速为 300kg/m²·s 时不同 R22 质量分率下的冷凝传热强化因子 F

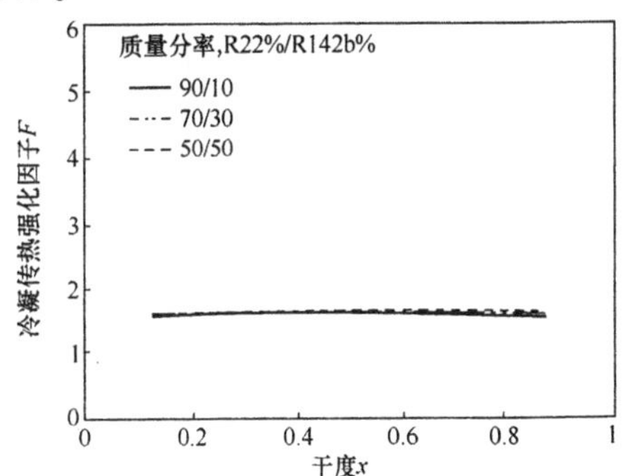

图 3.2－58　质量流速为 600kg/(m²·s)时不同 R22 质量分率下的冷凝传热强化因子 F

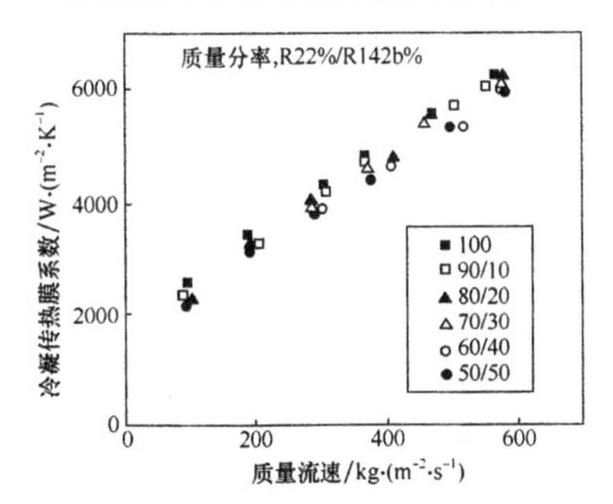

图 3.2－59　内微翅管平均冷凝传热膜系数与质量流速的关系（不同 R22 质量分数下）

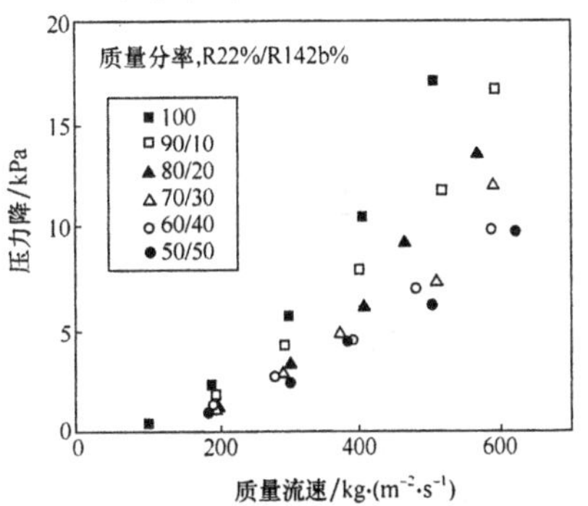

图 3.2－60　内微翅管压降与质量流速的关系（不同 R22 质量分数下）

图3.2－61为内微翅管冷凝传热强化因子与质量流速的关系，图3.2－62为内微翅管压降增加因子与质量流速的关系。

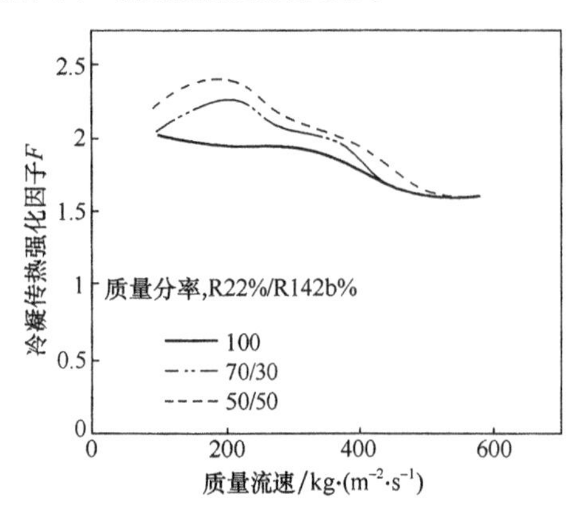

图3.2－61　不同R22质量分数时内微翅管传热强化因子与质量流速的关系

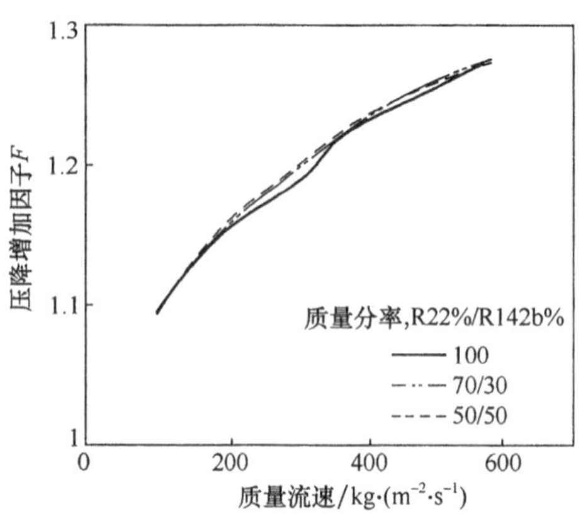

图3.2－62　不同R22质量分数时内微翅管压降强化因子与质量流速的关系

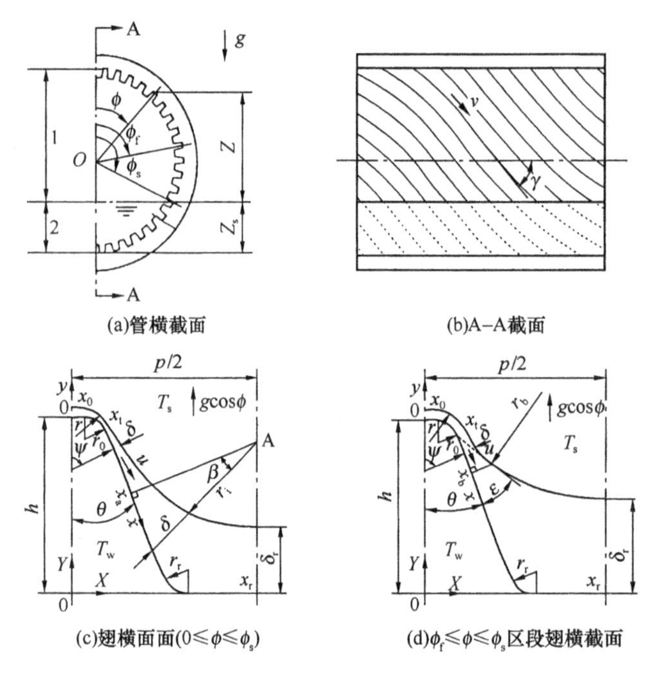

图3.2－63　分层流内微翅管的理论模型示图

由图3.2－61和图3.2－62可见，质量流速100～300kg/m²·s时冷凝传热强化因子最高，质量流速为80～300kg/(m²·s)时，冷凝传热强化因子达到2～2.5。而在较高质量流速[300kg/(m²·s)]时降为1.5。总之，冷凝传热强化因子随R22分率减小而增加。按Shao和Granryd，混合物非理想性质量分率比是强化传热减小的主要因素，它包括了由于浓度差的扩散阻力的这一因素在内。相间的局部平衡状态等，使冷凝传热强化由于气－液界面的滑移等在低质量流速时比高质量流速要更明显。

（五）水平内微翅管膜状冷凝理论与实测的比较[16][17][18]

水平内微翅管由于其优良的传热性能而在制冷及空调等换热器中得到了广泛的应用。人们对内微翅管翅的几何结构及翅径对传热和压降的影响已作了很多研究。正如前述，其传热强化比之光管可提高30倍。尽管Webb和Nowell－Shah对此曾作过详细的综述，但迄今仍无有关理论公式可用。Cavallini，Shinkazono和Kedzierski－Goncalves等人基于对光管模型的延伸，提出了经验方程式。之后Yang和Webb综合蒸气剪切效应和表面张力效应提出了轴向沟槽内微翅管冷凝传热的半经验方程式。此外，Nozu和Honda对内螺旋微翅管环状冷凝作了详细的分析，考虑了蒸气的剪切效应和表面张力效应但忽略了重力效应。这对高蒸气干度区在相邻二翅间沟内并未充满冷凝液时与实测是相符的，但对低干度区因存在重力效应显然是不能用的。Hiroshi Honda，Huasheng，Wang 和 Shigeru Nozu 等提出了分层流模型[17]，图 3.2－63 为其物理模型示图。

图 3.2－63(a)中，z_s 为分层冷凝液高(2 区)即距管底部的高；z 为距冷凝液分层处的垂直高；ϕ_s 为分层冷凝液面以上的夹角(或管顶部间的夹角)；ϕ_f 为冷凝液淹没角(与管顶部间的夹角)。

1 区：$0 \leqslant \varphi \leqslant \varphi_s$

2 区：$\varphi_s \leqslant \varphi \leqslant \pi$

假定翅尖和翅根处为具有圆角的梯形翅，翅高和翅节距分别表示为 h 和 P；半翅尖角为 θ，x 为从翅尖中心起沿翅表面计量的坐标，y 为翅面的垂直坐标。

1. 分层流冷凝模型和传热膜系数

蒸汽层(分层区 1)的平均冷凝膜系数：

$$h_1 = \frac{1}{\varphi_s}\int_0^{\varphi_s} \alpha_{\varphi} \cdot \mathrm{d}\varphi = \frac{zk_l}{\rho\varphi_s}\int_0^{\varphi_s}\int_0^{x_r}\frac{1}{\delta}\mathrm{d}x \cdot \mathrm{d}\varphi$$

冷凝液层(分层区 2)的平均冷凝膜系数可简化为采用整体内翅片管的 Carnavos 强制对流公式计算，即：

$$h_2 = 0.023\frac{k_1}{d_1}(\rho_1 d_1 \nu_1/\mu_1)^{0.8} Pr^{0.4}\xi_a^{0.5}(\mathrm{Sec}\gamma)^3(A/A_c)^{0.1}$$

式中　A_c——指 $A_c = \pi(d_c - 2h)^2/4$ 的管截面积；

A——管总横截面积；

d——翅根直径；

d_1——冷凝液区段截面的当量直径；

h——翅高；

ν_1——冷凝液轴流速度；

Pr——冷凝液普朗特数；

ξ_a——翅片二次传热面；

γ——翅槽螺旋角；

ρ_1——冷凝液密度；

μ_1——冷凝液动力黏度；

k_1——冷凝液热导率。

翅管冷凝热流密度 q_k($k=1$，2 代表 1 区和 2 区的传热量)：

$$q_k = \left\{\frac{1}{h_k} + \frac{d}{2k_w}\ln\left(\frac{d_o}{d}\right)\right\}^{-1}(T_S - T_C) = h_k(T_S - T_{wk})$$

式中　d_o——管外径；

h_k——冷却介质一侧传热膜系数；

k_w——管壁热导率；

T_{wk}——1、2 区的管内壁温度。

平均传热膜系数 h_m 为：

$$h_m = q_m(T_s - T_{wm})$$

而

$$q_m = \{\varphi_s q_1 + (\pi - \varphi_s)q_2\}/\pi$$

$$T_s - T_{wm} = \{\varphi_s(T_s - T_{w1}) + (\pi - \varphi_s)(T_s - T_{w2})\}/\pi$$

式中　q_m——管周向平均热流率；

T_{wm}——管周向平均壁温。

图 3.2-64 为预测值与试验值的比较

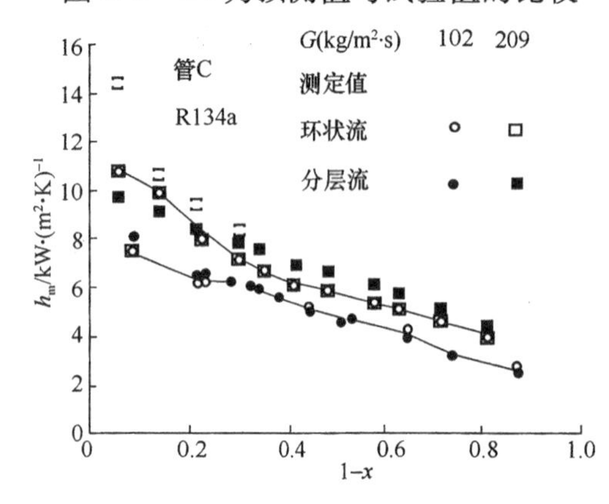

图 3.2-64　分层流模型与环状流模型及实测值比较

（管外径 $d_o=9.5$mm，翅根径 $d=8.88$mm，翅数 $n=60$，翅螺旋角 $\gamma=18.7°$，翅节距 $P=0.44$，翅高 $h=0.19$mm，翅半尖角 $\theta=22.3°$，翅尖角处曲线弧半径 $r_o=0.025$mm，翅尖平面部分长 $x_o=0.015$mm，面积强化比 $\xi_a=1.51$）

由图 3.2-64 可见，平均冷凝传热膜系数 h_m 随蒸气的 f 湿度率 $1-x$（x 为干度）之增加而下降，当质量流速 G 高和值 $1-x$ 较小时，冷凝传热膜系数 h_m 就下降更为明显。环状流冷凝模型的 h_m 比之分层流模型的 h_m 在较小的值 $1-x$ 下为高，随值 $1-x$ 的增加，二种预测模型的差别就逐渐减少。

2. 摩擦因子

分层流的二个区段的摩擦因子均可按 Carnavos 内翅片公式来计算

蒸气区（区段 1）摩擦因子　　$f_v=0.046\,(\rho_v d_v U_v/\mu_v)^{-0.2}\,(A/A_n)^{0.5}(\sec\gamma)^{0.75}$

冷凝区（区段 2）摩擦因子　　$f_l=0.046\,(\rho_l d_l U_l/\mu)^{-0.2}\,(A/A_n)^{0.5}\,(\sec\gamma)^{0.75}$

气液界面摩擦因子　　$f_i=0.046\,(\rho_v d_v U_v/\mu_v)^{-0.2}$

式中　A——管子实际横截面积；

A_n——基于翅根处直径的额定横截面积；

d_v，d_l——分别为蒸气和冷凝液区段截面的当量直径；

U_v，U_l——分别为蒸气和冷凝液的轴向流速；

ρ_v，ρ_l——分别为蒸气和冷凝液的密度；

μ_v μ_l——分别为蒸气和冷凝液的动力黏度；

γ——翅槽螺旋角。

其中

$$d_l=4A_l/s_i$$

$$d_v=4A_v/(s_v+s_i)$$

式中　s_i——冷凝液区段周边长；

s_v——蒸气区段周边长；

A_l——冷凝液区段横截面积；

A_v——蒸气区段横截面积。

四、管内内插物强化冷凝传热

（一）内插螺旋丝竖直圆管内冷凝传热强化[19]

Chiou 对此最先进行了研究，此后，不少学者也进行了螺旋丝水平管内冷凝换热试验，Shah 在综合了 474 个实验基础上提出了适用于水平管、竖直管和倾斜管的管内冷凝计算式。文献[19]用内插丝径 1.1mm、节距为 9mm 的不锈钢螺旋丝进行冷凝实验（蒸气进口压力 0.15MPa 和 0.30MPa；进口速度 32.33～100.73m/s；出口干度 0～29.23%；凝液雷诺数 $Re_l=$

2084.5～6971.9；冷却水流速0.188～1.395m/s）。实验结果如图3.2－65所示，强化效果与液膜雷诺数Re_l关系如图3.2－66所示。在相同Re_l时平均冷凝膜系数要高27.63%。强化比值均大于1，并随凝液的增加而下降，说明较小Re_l下效果更好。

管内不加螺旋丝时，蒸汽进口压力为0.15MPa和0.30MPa；当进口速度为62.44～150.81m/s；出口干度为0～11.38%；凝液雷诺数$Re_l=2434.7\sim8156.4$；冷却水流速为0.247～1.563m/s。

对实验结果进行多元回归所得到的水蒸气在内插螺旋丝竖管内及光管内的传热关联式为

管内加丝　$Nu=0.250\,Re_l^{0.8902}\,Pr_l^{0.33}\,(\rho_l/\rho_v)^{0.0501}H^{-0.0684}$

光管　$Nu=0.3151\,Re_l^{0.8457}\,Pr_l^{0.33}\,(\rho_l/\rho_v)^{0.0644}H^{-0.0821}$

式中　H——参数，$H=c_{pv}(T_s-T_w)/\Delta h'_v$，而$\Delta h'_v=\Delta h_v[1+0.68c_{pv}(T_s-T_w)/\Delta h_v]$，$\Delta h'_v$为考虑了液膜的过冷度和对流时的$\Delta h_v$值；

c_{pv}——蒸气比定压热容，kJ/(kg·K)；

ρ_l，ρ_v——分别为凝液密度和蒸气密度，kg/m³；

Δh_v——汽化潜热，kJ/kg；

T_s，T_w——分别为饱和蒸汽温度和壁温，℃。

由于螺旋丝的存在使得层流底层周期性地生成、发展，周期性地被破坏。另外由于螺旋丝的存在，加强了液膜内流体的对流，促使液膜紊流的发生。层流底层的被破坏与减薄及液膜内对流换热的增强使液膜热阻大大下降，冷凝换热效果得到改善。

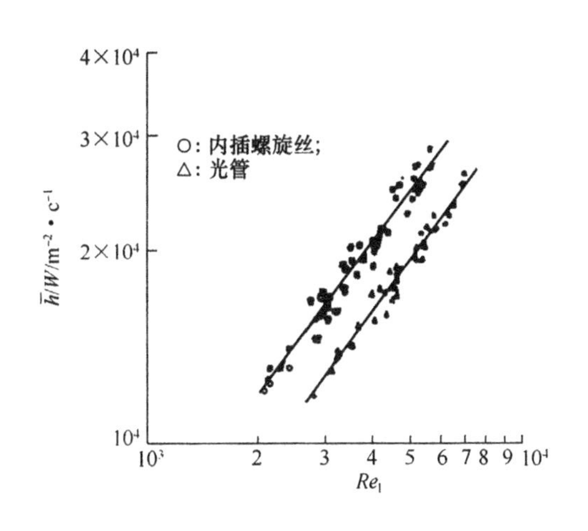

图3.2－65　内插螺旋丝平均冷凝膜系数

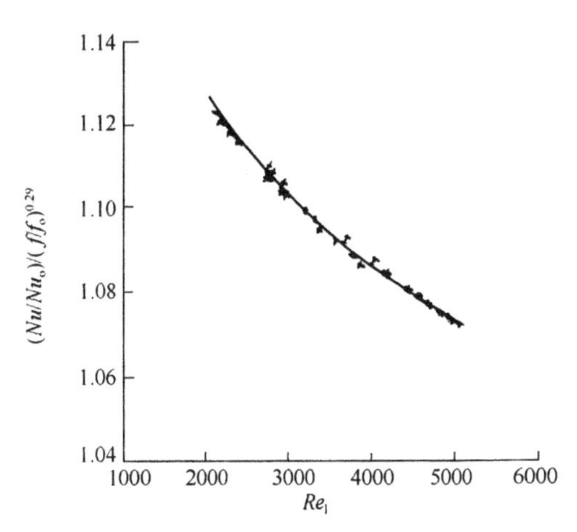

图3.2－66　内插螺旋丝冷凝强化效果与液膜雷诺数Re_l的关系

（二）水平内插线圈冷凝强化传热[20—21]

Akhavan－Behabadn M A，Varma H K and Agarwal K N对水平内插线圈冷凝进行了试验，表3.2－12概括了内插件等几种冷凝强化传热技术及比较，但R22内插件线圈冷凝强化技术的文献十分有限，Akavan－Behabadi H A等人研究了R22管内内插件线圈冷凝强化传热，建立了关联式以预测冷凝传热膜系数。所研究的内插件线圈特性参数如表3.2－13所示。

图3.2－67表示了不同内插件冷凝强化传热膜系数与蒸气干度的关系（质量流速G＝206kg/m²·s）及与其他冷凝强化管比较。从图3.2－67可以看到，在高的蒸气干度范围下，

其最高的局部冷凝膜系数比光管可增加达100%(最粗的线圈 e 的 E 内插件试验管)；这是因为，在高的蒸气干度下，临近管壁的一部分线圈暴露在液膜之外，而处于管子中心的蒸气蕊部分，这时线圈不仅起到了分配和中断层流低层的作用，同时也起到了增加液膜湍流流动的作用。而在低的蒸气干度范围内时，最高的局部冷凝膜系数却为最细的线径 A 内插件管和最低的线圈节距 P 的内插件管。

表3.2-12 R22水平管内冷凝强化传热研究

作者和时间	强化技术湍流器扭曲比/翅数	质量流速 /[kg/(m² · s)]	热流密度 /(kW/m²)	冷凝传热膜系数 /[W/(m² · K)]	冷凝传热膜系数强化值 Δh
Lal (1992)	扭带 5.9, 9.15	209~372	4.9~21	440~2290	9%~26%
Schlager 等 (1990)	微翅管 60, 70	75~400	—	2550~5200	50%~100%
Chiang (1993)	螺旋槽管	270~1100	—	5500~13000	10%~20%

表3.2-13 内插线圈管特性参数(管内径12.77mm)

试验管	线径 e/mm	节距 P/mm	扭曲比 Y	扭曲角 α/(°)
A	0.65	10.0	3.327	79
B	1.0	13.0	6.057	77
C	1.0	10.0	7.874	77
D	1.0	6.5	12.11	80
E	1.5	10.0	17.72	78
F	光管			

当在低蒸气干度下，冷凝不断进行，液膜厚度不断增加，内插线圈浸没与液体膜内，这时线圈起到了分配作用，粗厚的线圈减少在液膜中引起的扰动，而细的线圈会破坏层流底层的发展和造成更大的液膜流动。

图3.2-68表示了各种内插件线圈不同质量流速下蒸气干度 x 与冷凝传热膜系数关系。图中表示出主要是强制对流的作用。管壁面液膜厚度以及气液混合物沿管子的移动速率、液膜厚度等取决与蒸气干度变化 Δx 和液体雷诺数 Re_1，而 Re_1 则受线圈和管壁面的摩擦影响以及线圈分隔影响的动力阻力。

卧式内插线圈冷凝式也可基于1976年Boyko和Kruyhilin光管关联式加以修正，Boyko和Kruyhilin式是：

$$Nu = hD/k_1 = 0.024Pr^{0.43}Re_1^{0.8}\frac{[(\rho_1/\rho_m)_{in}^{0.5} + (\rho_1/\rho_m)]_{out\ 1}^{0.5}}{2}$$

式中 Re_1——液膜雷诺数，$Re_1 = GD/\mu_1$

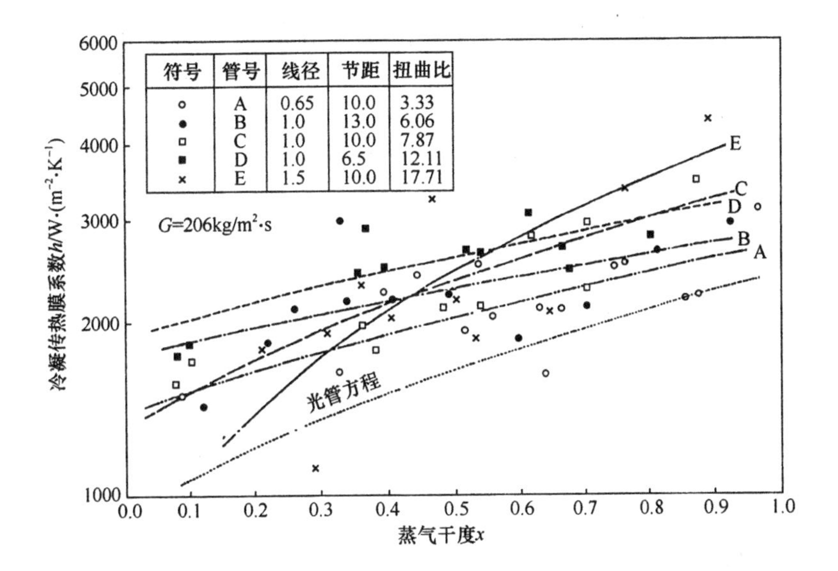

图 3.2－67　不同蒸气干度 x 下水平内插线圈冷凝强化传热膜系数 h 与光管的比较

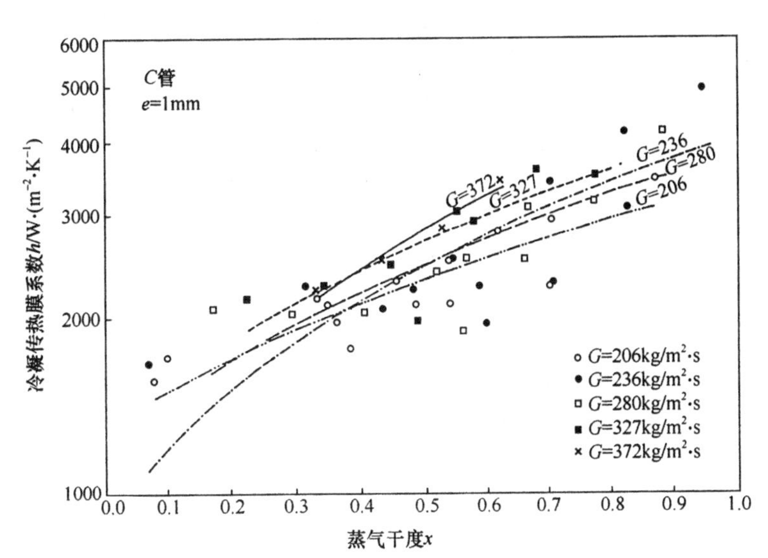

图 3.2－68　C 管在不同质量流速 G 下水平内插线圈冷凝传热膜系数 h 与蒸气干度 x 的关系

D——管内径；

G——冷凝液质量流速；

μ_1——液膜动力黏度。

而
$$\rho_1/\rho_m = 1 + x(\rho_1 - \rho_v)/\rho_v$$

式中　ρ_1、ρ_v 和 ρ_m——分别为液体密度、气体密度及汽液平均密度；

x——蒸汽干度。

卧式内插线圈冷凝强化蒸气雷诺数 $Re_v\left(=\dfrac{D_v D_e}{\mu_v}\right)$ 和线圈参数（$e \cdot P/D$）的函数：

$$Nu = 0.00132(Pr_1)^{1/3}(Re_1)^{1.405}(\rho^*)^{2.48}\left[1 + 1.37 \times 10^6\left(\frac{e^2}{kD}\right)^{0.39}\right](Re_v)^{-1.06}\left(\frac{\Delta x \cdot D}{L}\right)^{0.706}$$

式中 De——内插件管子的当量直径，$De = 4V_f/A_{ws}$

V_f——流动自由空间容积；

A_{ws}——总的湿润表面积；

Re_1——流体雷诺数，$Re_1 = \dfrac{GD_e}{\mu_1}$

Re_v——蒸气雷诺数，$Re_v = \dfrac{Gx_{avg}D_e}{\mu_v}$，其中 $x_{avg} = \dfrac{x_{in} + x_{out}}{2}$；

$$\rho^* = \left[\frac{(\rho_1/\rho_m)_{in}^{0.5} + (\rho_1/\rho_m)_{out}^{0.5}}{2}\right]$$

L——管长；

k_1——液体热导率。

（三）多孔体内插物强化蒸气冷凝[22]

采用大空隙率多孔体内插物被认为是强化管内冷凝换热的有效方法。理论分析和计算表明，无论是光管还是管内含多孔体插入物的蒸气冷凝传热，其冷凝传热准则数 Co 均与 Re、Pr、Ka、τ_δ^* 有关，只是在两种情况下其具体函数关系有所不同，Ka 数和 Pr 数并非两个独立的变量。所以，对于紊流液膜，半经验的传热准则方程的形式可以写为：

$$Co_t = ARe^{n_1}Pr^{n_2}(1 + B_{\tau_\delta^*}^{n_3})$$

式中，A，n_1，n_2，B，n_3 均为待定常数。n_2 反映了普朗特数对冷凝传热的影响，B、n_3 反映的是蒸气流动使冷凝液膜产生的切应力 τ_δ^* 对冷凝传热的影响。根据理论分析，多孔体内插物仅会对冷凝液膜的流动状态及临界雷诺数影响较大，故可以假定：在含内插物的管内其 Pr 和 τ_δ^* 对蒸气冷凝传热的影响情况与光管基本相同，可以采用光管的结果。对实验数据和计算结果进行验证，对于式中的常数 A、n_1，可由实验数据回归得到。实验表明，对强化蒸气冷凝传热，多孔体空隙率为98.5%时综合效果最好。

图3.2－69和图3.2－70分别为蒸气在光管和含绕花丝管内冷凝传热的实验结果。绕花丝内插物可使冷凝液膜在较小 Re 数下达到湍流，从而强化换热。这是因为绕花丝内插物这种变骨架多孔体能够迫使流体主流内分子微团在传热和流动方向上不断产生复杂的三维宏观混合流动。这种被称之为机械弥散效应，可促使流体紊流度大大增加，使流体在较小雷诺数下也能呈现出较强的紊流状态。所以，大空隙率绕花丝内插物大大改善了蒸气冷凝传热的性能。图3.2－69和图3.2－70的曲线趋势又有明显区别，图3.2－69的曲线趋热是：Co 随 Re 数的增加近似于直线上升；从图3.2－70可看出，在 $Re>1000$ 以后，Co 数随 Re 数增加的趋势渐缓，这说明绕花丝内插物对强化层流膜状冷凝传热效果最好。而在液膜的 Re 数较大时，绕花丝依靠弥散效应增强换热的作用会减小。

图3.2－71是文献报道的试验结果，图3.2－72是光管和管内含绕花丝蒸气冷凝时阻力损失的比较。可以看出绕花丝管内流动阻力有所增加，但与管内插入扭带，或与内微肋管等的情况相比，绕花丝内插物所引起的流动阻力要小得多。但是，当蒸气流速升高时，其阻力升高的速度要大于光管。

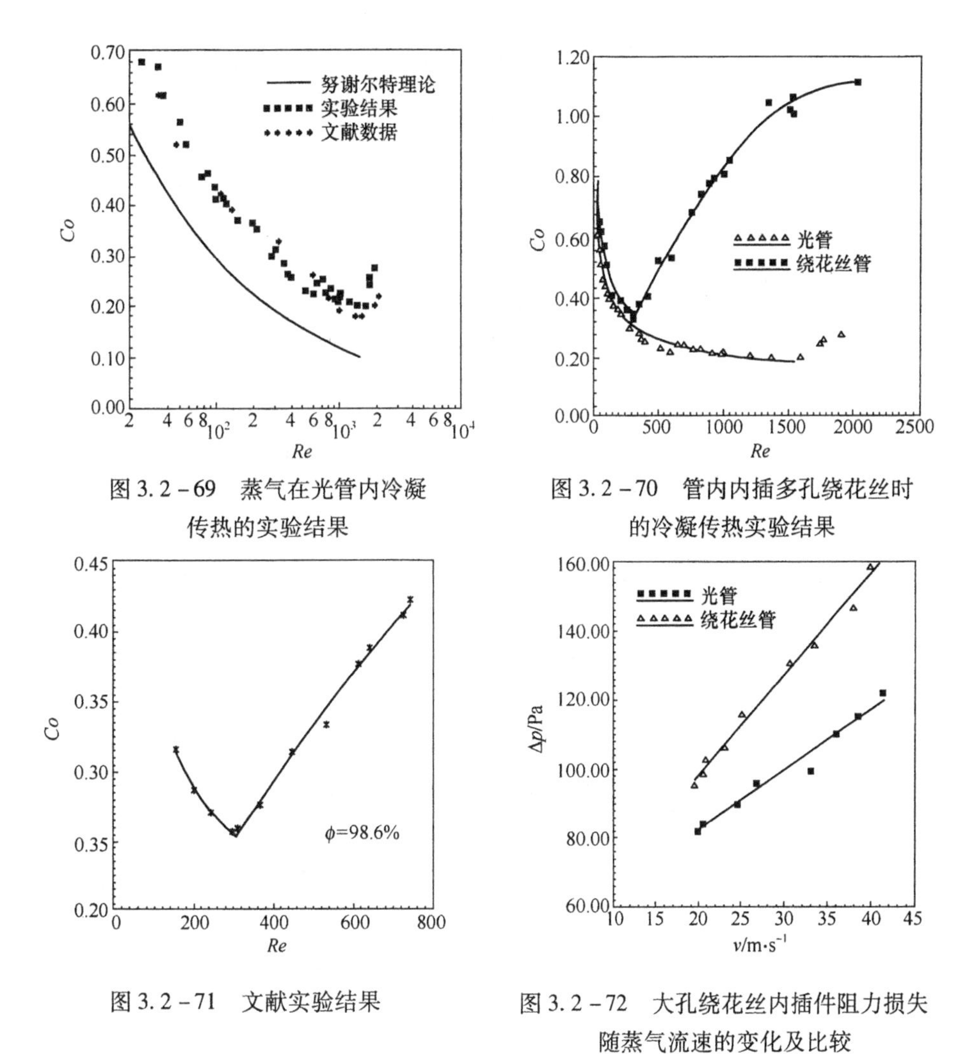

图 3.2-69 蒸气在光管内冷凝传热的实验结果

图 3.2-70 管内内插多孔绕花丝时的冷凝传热实验结果

图 3.2-71 文献实验结果

图 3.2-72 大孔绕花丝内插件阻力损失随蒸气流速的变化及比较

第九节 三维针翅管的冷凝强化传热[23]

一、概况

对一些常用而简单的矩形翅截面和梯形翅截面二维传热整体翅片管，人们都已较熟知。Marto Briggs 和 Rose 报道，对较低表面张力流体，如某些制冷剂等，就翅管冷凝而言，其强化传热效果要比翅面积的增加效果大。但对水等高表面张力流体来说，尽管其翅片的强化传热效应和翅面积的增加对传热的影响在数值上两者较接近，但相比之下其强化传热效应仍可与传热面积之增加相比拟，其效果是可观的。

近年来因加工制造技术的进步而出现了针翅管等三维翅断面传热的复杂翅片管。三维针翅管对无相变的强化传热和沸腾强化传热，在笔者专著[10]中已有详细报道，本节只讨论有关冷凝强化传热问题。Sukhatme 等人已将其用于 R11 制冷剂冷凝传热，他们是在梯形截面翅上再加工出不同深度纵向沟槽而获得针状翅的。试验发现，该针翅管比原梯翅管传热性能提高了 25%。针翅管减少了原梯形翅片间的冷凝液持液量，从而增加了冷凝传热率。Bringgs 等人对 R113 在 10 种商用的复杂三维翅片管及 7 种二维梯形翅片管中进行了冷凝试验。结果表明，这种三维翅片管均达到了二维翅片管的最佳冷凝强化传热性能。Kumar 等人将 R134a 和水蒸气在针翅管上作冷凝试验，发现可使水蒸气冷凝强化 2.9 倍，比翅片面积增量的效果还略高一点。还发现可使 R134a 的冷凝强化达 6.5 倍，几乎为翅片面积增加量的 3 倍。遗憾的是，对这种三维翅片面上复杂冷凝流动的情况及其性质迄今还缺乏了解，也即是说最佳冷凝针翅的最佳几何结构尚未掌握，人们不能简单地按二维翅的最佳结构来确定三维翅的最佳几何结构。

二、水平三维针翅管的冷凝强化传热及其与二维整体翅片管的比较

A. Briggs 对图 3.2－73 所示的 6 种铜针翅管进行了试验，其试验管的有关参数见表 3.2－14。

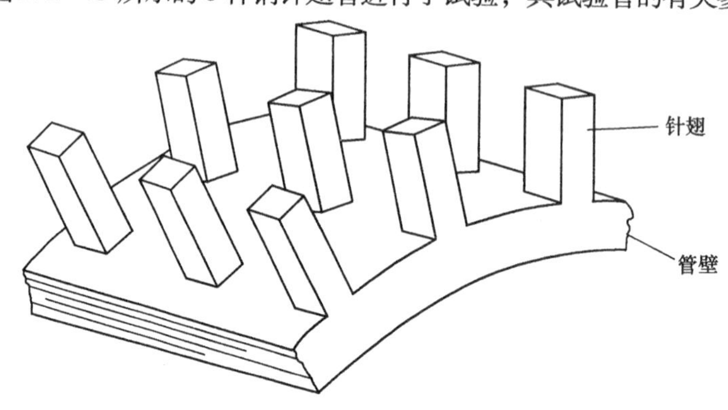

图 3.2－73 三维针翅管

表 3.2－14 试验针翅管尺寸参数

mm

翅 参 数		1 号	2 号	3 号	4 号	5 号	6 号
周向翅厚	t_c 翅根处	0.4	0.4	0.7	0.7	0.4	0.4
	t_c 翅尖处	0.6	0.7	0.8	0.9	0.5	0.6
	t_c 平均值	0.5	0.5	0.7	0.8	0.5	0.5
纵向翅厚 t		0.5	0.5	0.5	0.5	0.5	0.5
周向翅距 s_c		1.0	1.0	0.5	0.5	0.5	0.5
纵向翅距 s		1.1	1.1	0.5	0.5	0.5	0.5
翅高 H		0.9	1.6	0.9	1.6	0.9	1.6

注：该针翅系在厚壁管上加工出纵向和周向矩形沟槽而成，因此，在翅根处比翅尖处的周向厚度要小些。

试验结果见图 3.2－74 和图 3.2－75，基于直径等于翅根直径的光管面积。由图可见，其传热效率比光管高得多。对于 R134a 冷凝，其中 6 号针翅管(翅厚和翅间距为 0.5mm，翅高为 1.6mm)为最佳。对水蒸气冷凝，翅厚为 0.5mm，翅间距为 1mm 和翅高为 1.6mm 的 2 号针翅管为最佳。在所有情况下，当翅的其他几何参数均相同时，较高针翅的传热性能较高。与 Briggs 等试验的当量整体二维翅片管相比(翅高、纵向翅厚和翅间距相同时)，对 R113 冷凝最佳的应是 6 号针翅管，传热强化提高 40%。对水蒸气冷凝，最佳的是 2 号针翅管，比之要强化 25%。曲线拟合方程(图上虚线)为：

$$q = A\Delta T^{3/4}$$

式中 q——热流密度；

ΔT——冷凝温差(蒸气温度与针翅根部外壁温度之差)；

A——常数

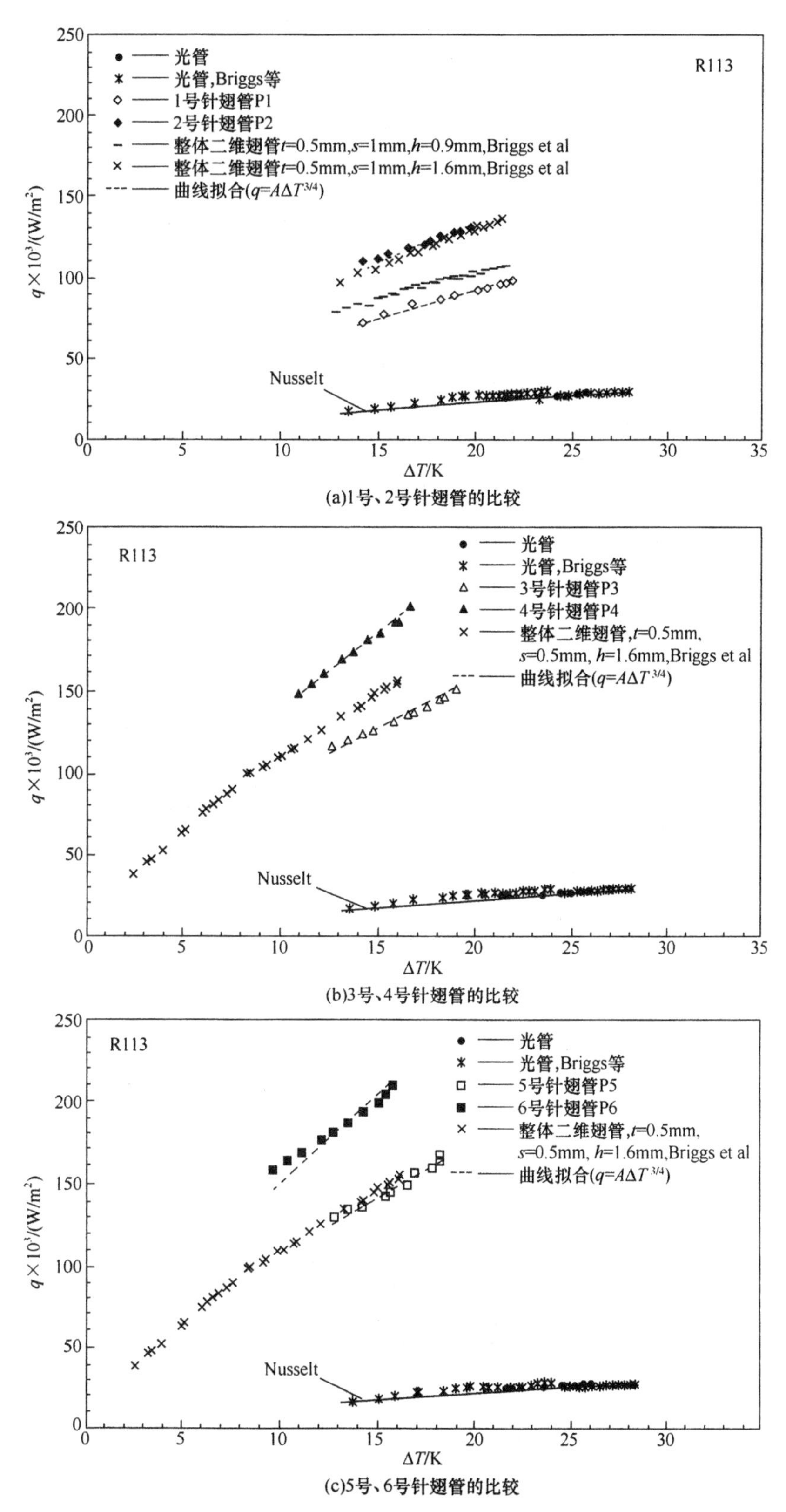

(a)1号、2号针翅管的比较

(b)3号、4号针翅管的比较

(c)5号、6号针翅管的比较

图 3.2-74 用 R113 时三维针翅管冷凝传热率与冷凝温度关系以及与二维整体翅片管及光管的比较

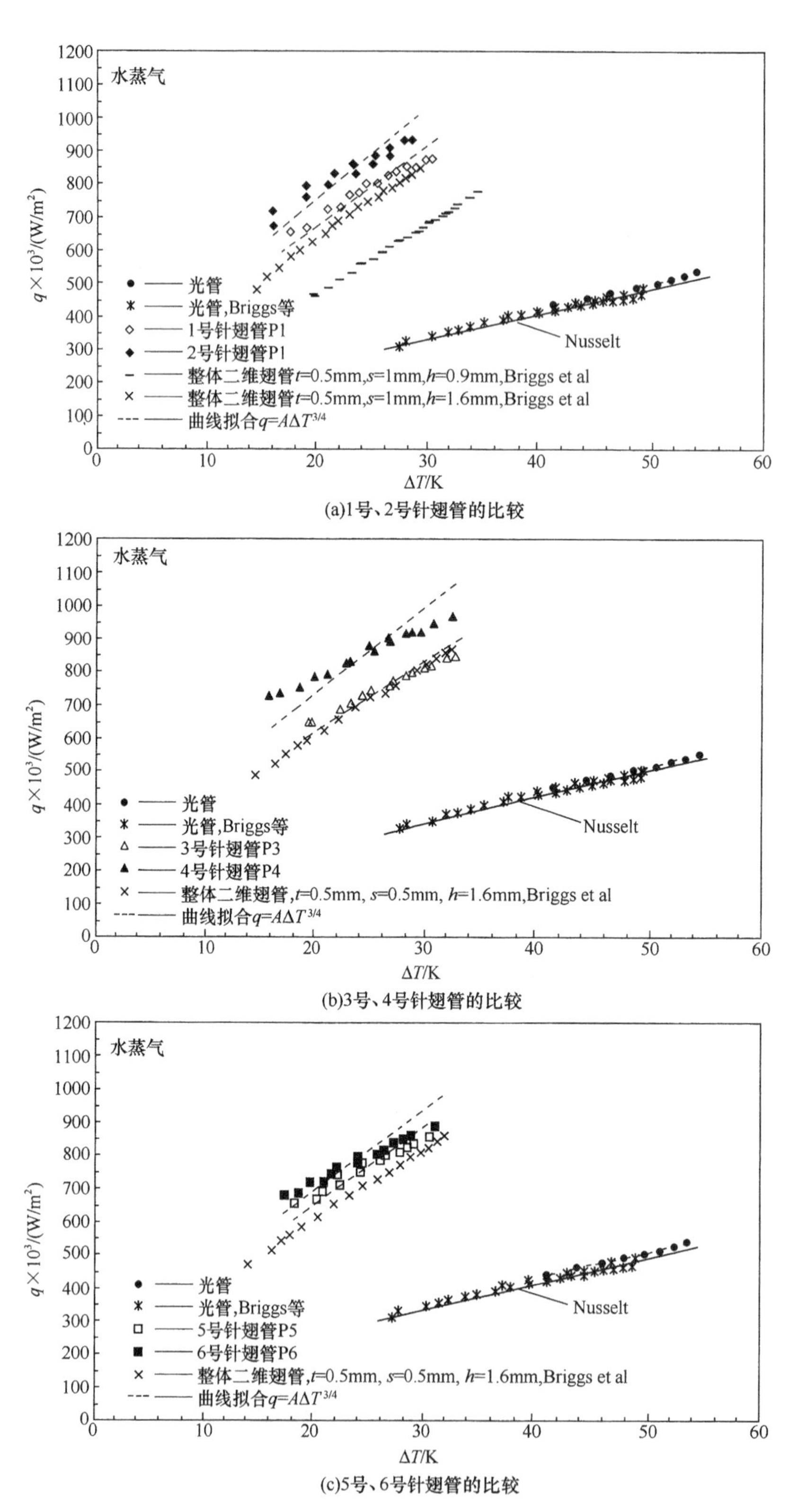

图 3.2-75　用水蒸气时三维翅片管冷凝传热率与冷凝温差的关系以及与二维整体翅片管和光管的比较

三、针翅管冷凝持液、淹没角及强化比

人们已知，对矩形截面整体翅片二维管的冷凝液淹没角，Honda 等人已推导得到(从管顶部起测量到冷凝液淹没点的包角)：

$$\phi_f = \cos^{-1}\left(\frac{2\sigma}{\rho g s R_o} - 1\right),\quad s < 2H$$

式中　g——重力加速度；

H——翅高；

s——翅纵向间距；

R_o——翅尖处管半径；

ρ——冷凝液密度；

σ——冷凝液表面张力。

针翅管冷凝持液角的试验结果如图 3.2－76 所示，并与二维整体翅片管比较。针翅管的传热强化比和面积比如表 3.2－15 所示。

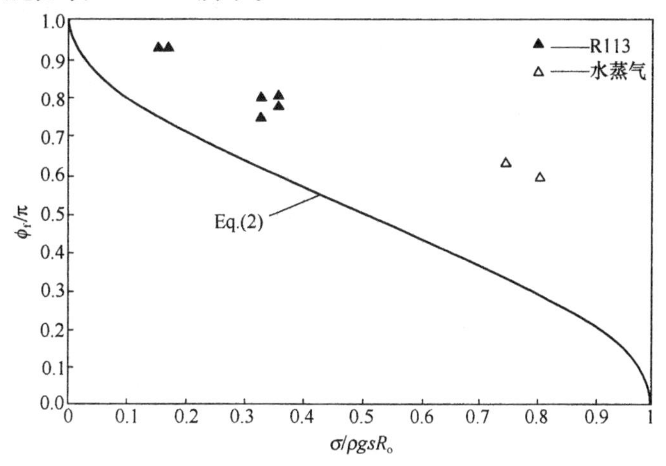

图 3.2－76　针翅管冷凝持液角的试验

表 3.2－15　针翅管的传热强化比和面积比

		1 号	2 号	3 号	4 号	5 号	6 号
传热强化比	ϕ_f/π(R113)	0.93	0.93	0.78	0.75	0.80	0.80
	ϕ_f/π(水蒸气)	0.60	0.63	0.00	0.00	0.00	0.00
	$\varepsilon_{\Delta T}$(R113)	3.59	5.21	6.13	8.88	6.87	9.85
	$\varepsilon_{\Delta T}$(水蒸气)	2.61	2.94	2.36	2.82	2.50	2.66
面积强化比 $\varepsilon_{面积}$		1.85	2.63	3.08	4.87	3.00	4.73
非淹没面积强化比 $\varepsilon_{面积-非淹没}$(R113)		1.73	2.47	2.48	3.76	2.46	3.85
非淹没面积强化比 $\varepsilon_{面积-非淹没}$(水蒸气)		1.16	1.72	0.37	0.42	0.29	0.34

传热强化比 $\varepsilon_{\Delta T} = \left(\frac{\alpha_{针翅管}}{\alpha_{光管}}\right)_{等\Delta T} = \left(\frac{q_{针翅管}}{q_{光管}}\right)_{等\Delta T} = \left(\frac{A_{针翅管}}{\alpha_{光管}}\right)_{等\Delta T}$

由该表可见，对于 R113 最佳冷凝性能的 6 号管，传热强化比高达 9.85 倍，而 Briggs 等文献报道的制冷剂二维整体翅片管冷凝则只强化了 6.7 倍(翅高 1.6mm，翅厚 0.5mm，翅间

距0.5mm)。此外，翅间距太小会导致翅间冷凝液持液和淹没过多，减少了传热面积。

对水蒸气冷凝最好的是2号针翅管，强化传热比为2.94，比Wanniarachchi报道的翅根直径19.1mm，翅厚、翅高和翅间距分别为1、2和1.5mm的二维整体翅片管传热强化比4.0要低一些。尽管如此，仍达到了Briggs等人用翅根直径、翅厚和翅高均相同的整体二维翅管强化传热比2.95的水平。

需要说明的是，面积强化比$\varepsilon_{面积}$是针翅管总传热面积与针翅翅根直径相同的光管传热面积之比；而非淹没面积强化比$\varepsilon_{面积-非淹没}$则为针翅尖面积加上针翅翅侧面积和淹没角以上的翅根面积与针翅翅根直径相同的光管传热面积之比。图3.2-77表示了6种针翅管的传热强化比与面积强化面比的关系，两种流体(水蒸气与R113)有显著的不同趋势；对R113传热强化比随面积强化比呈接近于线性增加，传热强化比接近于面积强化比的2倍，近似为非淹没面积强化比的2.5倍；对于水蒸气冷凝，传热强化比实际上与面积强化比无关，所有6种试验管均在2.3~2.9之间，这种情况表明，传热强化比等于或大大低于面积强化比，但在所有情况下确又大于非淹没面积强化比，这正说明了冷凝液对翅根和部分翅侧的淹没效应所致，可见，针翅管的冷凝液淹没效应仍是不可忽视的，其最佳翅间距应小于二维翅。

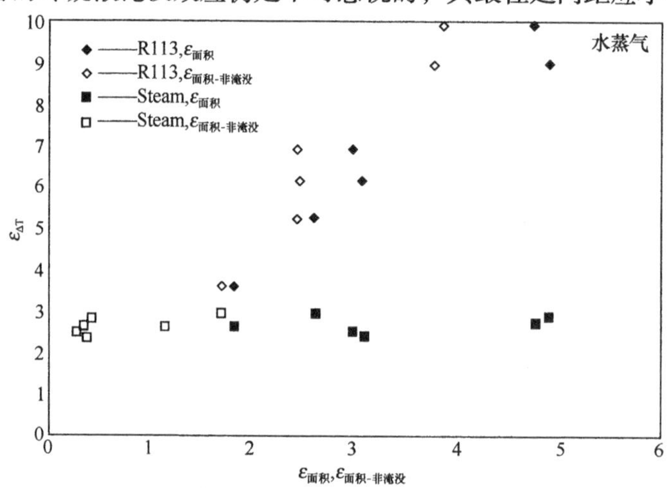

图3.2-77 三维针翅管传热强化比与面积强化比的关系

结 语

冷凝传热和翅片管的冷凝强化传热，人们对它的研究较深较早。本章对此的介绍，在理论上也比较完整和成熟。当今国内外都大力开展内微翅管管内冷凝和三维整体外针翅管的冷凝强化，内微翅管管内冷凝在制冷空调上已普遍应用。本章对此介绍较多，内容也较新，在国内其他书中还未见过，且国内对此进展尚少。管外管束冷凝不同于单管管外冷凝，影响因素较多。本章对各种新型翅片强化管的管束冷凝试验结果也给予了一定篇幅的介绍。

建议国内应对内微翅管的加工制造、结构参数、冷凝性能以及整体外针翅管的冷凝和应用的研究给予更多的注意和开发。

主要符号说明

A——翅片面积，m^2；

A_r——翅基处基管面积，m^2；

A_{ef}——翅管总有效面积，m^2；

A_{ws}——润湿表面积，m^2；

c_p——比热容，J/(kg·K)；

D 或 d——管径，m；

D_r 或 d_r——翅根径，m；

G——质量流速，kg/(m^2·s)；

g——重力加速度，m^2/s；

h——冷凝传热膜系数，W/(m^2·K)；

h_f——冷凝传热膜系数，W/(m^2·K)；

$\bar{h}$——平均冷凝传热膜系数，W/(m^2·K)；

h_b——冷凝液淹没区冷凝传热膜系数，W/(m^2·K)；

$\bar{h}_b$——翅谷区平均冷凝传热膜系数，W/(m^2·K)；

H——翅高；

H_1——翅片完全被冷凝液淹没处的距离(高度)，m；

H_2——翅谷最大淹没高度，m；

Δh_v——冷凝潜热，J/kg 或 kJ/kg

k——热导率，W/(m^2·K)；

m——质量流量，kg/h；

P——翅片节距，mm；

q——热流密度，W/m^2

Q——传热量，J/h；

R——翅片半曲面半径，m；

R——翅片半径，m；

r_a——翅尖半径，m；

S——翅片管总传热面积，m^2；
或翅尖区曲面距离，m；
或翅片间距，m；

S_f——翅片传热面积，m^2；

S_b——翅谷宽，m；

S_m——翅片曲面总长，m；

S_r——翅基处管子传热面积，m^2；

S_t——翅尖距，m；

l_t——翅尖宽度，mm；

T_0——冷凝温度，K；

T_{sat}——冷凝液饱和温度，K；

T_b——翅基温度，K；
T_c——冷凝壁温度，K；
ΔT 或 Δt——冷凝温差，K；
U_l 或 V_c——冷凝液流速，m/s；
V_f——流动自由空间容积，m^3；
x——蒸气干度，无因次；
Z——平均翅间距，mm；
ρ——密度，kg/m^3；
η_f——翅片效率，无因次；
y_0——翅片管总效率，无因次；
μ——动力黏度，Pa·S；
v——运动黏度，m^2/s；
δ——冷凝液膜厚度，m；
Δ 或 δ_v——翅谷冷凝液高，m；
σ——表面张力，N/m；
ϕ_m——翅片任意位置处角度，(°)
ϕ_f——翅尖到翅基的回转角度，(°)
ξ——翅界面形状参数或翅曲面位置，无因次；
β——冷凝液淹没角，(rad)；
ξ——冷凝液流动的弧长，rad；
β_δ——表面张力影响作用系数，无因次；
ε——强化比，无因次；
γ——淹没角，(°)；
α——持液角度，(°)；
α_m——平均冷凝膜系数，$W/(m^2 \cdot K)$
ϕ——冷凝液持液角，度；
Re_f——冷凝液膜雷诺数，无因次；
Re_v——蒸汽雷诺数，无因次；
Pr_f——冷凝液普朗特数，无因次；
Ga——伽利略准数；
Nu——冷凝努塞尔数，无因次；
We——韦伯数；
Su——表面张力准数；
Ph——相变准数。

下标
av 或 m——平均值；
v 或 g——蒸气；
l 或 f——液体；
o——管外；
s——光管；
w——管壁。

参　考　文　献

[1] Marto P J. Recent Progress in Enhancing Film Condensation Heat Transfer on Horizontal Tubes. Heat Transfer Eng. 1986, 7(3~4): 53~61

[2] 张正国等. 强制对流冷凝传热强化. 化学工程, 1998, 26(3): 18~20

[3] Gogoning I I and Kabov O D. An Experimental Study of R11 and R12 Film Condensation on Horizontal Integral Fin Tubes. J. of Enhanced Heat Transfer, 1996, 3(1): 43~53

[4] Michael B. Pate, Zahid H. Ayub, Jhu Konley Heat Exchangers For The Air-conditioning and Refrigeration Industry: State-of-The-Art Design and Technology. Heat Transfer Eng, 1991, 12(3): 56~69

[5] Panchal C B, France D M, Bell K J. Experimental Investigation of Sigle-Phase, Condensation, and Flow Boiling Heat Transfer For a Spirolly Fluted Tube. Heat Transfer Eng, 1992, 13(1): 42~52

[6] 陈兰英. 螺旋槽管水平管束冷凝传热研究及其热力学分析. [硕士学位论文]. 广州: 华南理工大学, 1987.

[7] 王维城, 等. 绕线法增强水平管管外凝结换热的最佳几何参数. 工程热物理学报, 1989, 10(2): 186~189

[8] Roques J F, Dupont V, Thome J R. Falling Film Transitions on Plains and Enhanced Tubes. Journal of Heat Transfer, 2002, 124(6): 491~494

[9] 许莉等. 水平管外壁液膜流动状态及其对传热的影响. 化工学报, 2002, 53(6): 555~559

[10] 钱颂文. 换热器设计手册. 北京: 化学工业出版社, 2002

[11] 张正国, 王世平等. 非共沸混合工质在水平管束上冷凝传热及强化. 化工学报, 1996, 47(5): 641~644

[12] 张正国, 王世平, 耿建军. 非共沸混合工质在水平管束上轴向流动冷凝传热强化的研究. 化工机械, 1998, 25(1): 7~11

[13] 张绍志等. 替代制冷剂管内冷凝换热研究进展. 制冷学报, 2000(3): 7~12

[14] 杜扬, 辛明道, 扬小凤. 新型三维内肋管水平管内凝结分层流局部换热系统研究. 工程热物理学报, 1999, 20(4): 482~486

[15] 辛明道等. 在新型水平三维内微肋管中 R134a 的凝结传热. 化工学报, 2000, 51(3): 358~361

[16] Chemra L M, webb R L, Randlett M R. Advanced Micro-Fin Tubes For Condensation. Inter. J. of Heat and Mass Transfer, 1996, 39(9): 1839~1846

[17] Smil F J, Meyer J P. R22 and Eeotnopic R22/R142b Mixture Condensation in Micro-Fin, High-Fin and Twisted Tape Insert Tubes. J. of Heat Transfer, 2002, 124(10): 912~920

[18] Hiroshi Honda, Hua Sheng Wang, Shigeru Noyu. A Theroretical Study of Flim Condensation in Horizontal Micro-Fin Tubes. J. of Heat Transfer Transaction of ASME, 2002, 124(2): 94~101

[19] 王中铮等. 水蒸气在内插螺旋丝竖直圆管内流动凝结的实验研究. 化工学报, 1996, 47(1): 124~127

[20] Bergles M, et al. Condensation Heat Transfer on Enhanced Surface Tubes: Experimental Result and Predictive Theory. J. of Heat Transfer, 2003, 124(8): 754~759

[21] Akhabadi M A, Varma H K, Agarwal K N. Enhaneement of Heat Transfer Rates By Coiled Wires During Forced Convctive Condensation of R22 Inside Horizontal Tukes. Enhanced Heat Transfer, 2000(7): 69~80

[22] 齐承英等. 多孔体内插物强化蒸气凝结换热实用计算关联式. 工程热物理学报, 2000, 21(1): 81~83

[23] Briggs A. Enhanced Condensation of R113 and Steam Using Three-Dimensional Pin-Fin Tubes. Experimetal Heat Transfer, 2003, 16(6): 61~79

第三章　蒸发沸腾强化传热管技术

（朱冬生　孙萍　钱颂文）

第一节　蒸发沸腾强化管及其性能概述[1,2]

最早使用的强化冷凝和蒸发沸腾的管型是低翅片螺纹管，尔后开发了种种蒸发沸腾新管型。如美国联合碳化公司（Union Carbide）的烧结多孔层颗粒高热流密度 High flux 管；日立 Hitachi 高热流密度 E 管（Thermoexcel－E）；前西德 Wieland－Werhe AG 公司的 Gewa－T 管及其由 Gewa－T 管发展起来的 Gewa－TX 和 Gewa－TXY 管以及 Wolverine 公司的 Turbo－B 管等（图 3.3－1）。这些用于对流沸腾和核态沸腾和强化沸腾管，其壁面过热度 $\Delta T<1$℃时即可沸腾（$\Delta T=T_{壁}-T_{饱和}$）。

Katz 等人就制冷剂 R12 下低翅片管蒸发沸腾性能（热流密度 q 与壁面过热度 ΔT 的关系及与光滑管的比较进行了试验，结果表明可强化传热 1.25 倍，见图 3.3－2。

图 3.3－3 为 Union Carbide 高热流管和日立 E 管在 R113 和 R11 下的沸腾性能以及与光管的比较。图 3.3－4 为 Marto 和 Lehere 的 R113Union Carbide 管沸腾性能及与光管的比较，在热流密度为 40kW/m² 时可使强化传热提高 10 倍。

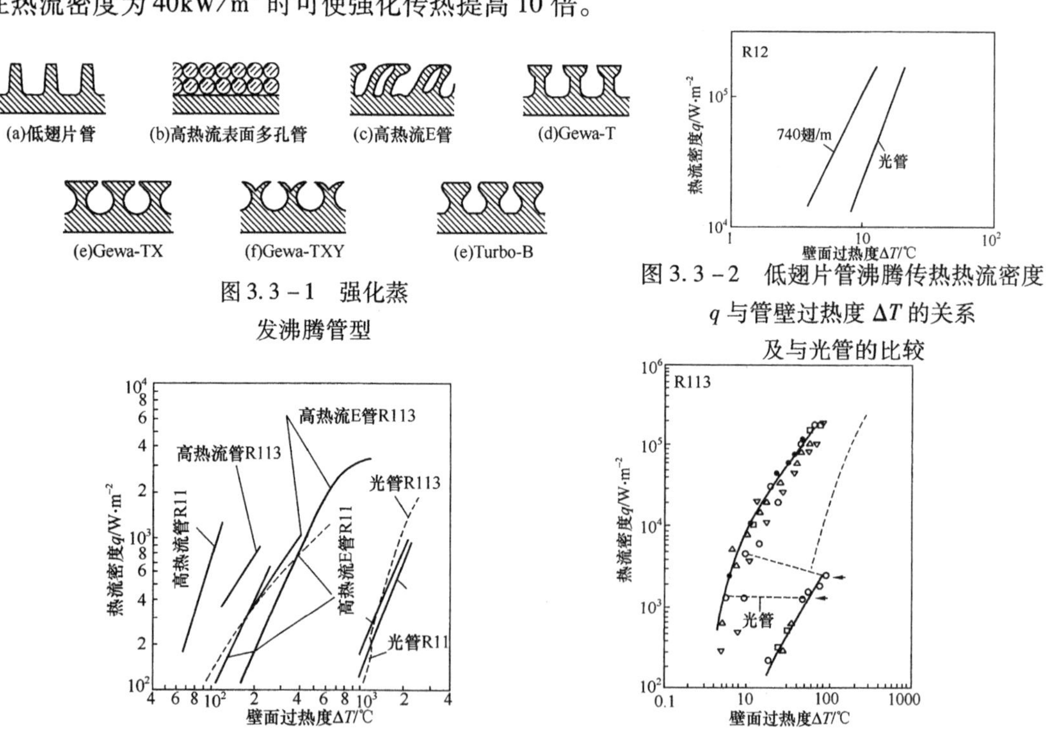

图 3.3－1　强化蒸发沸腾管型

图 3.3－2　低翅片管沸腾传热热流密度 q 与管壁过热度 ΔT 的关系及与光管的比较

图3.3－3　Union Carbide 多孔管和日立 E 管的沸腾传热性能及与光管的比较

图 3.3－4　Union Carbide 多孔管热流密度 q 与壁面过热度 ΔT 的关系及与光管的比较

图 3.3 -5 为 Arai 等人的 R12 单管(E 管)和管束的沸腾传热性能及与低翅片管的比较。E 管管束沸腾性能高于单管的性能。图 3.3 -6 为 Marto - Lehere 对 R113 E 管池沸腾传热性能及与光管的比较，在低热流密度时可强化 3 倍，但热流密度升高，强化性能下降。

图 3.3 -7 ~ 图 3.3 -9 为 Gewa - T 管的沸腾传热性能及与光管的比较。T 形管是在低螺纹翅片管上对螺纹翅进行翅尖滚压让其闭合成 T 形后得到的，其表面呈多孔隧道。Marto 和 Lehere 对 T 槽切口间隙 $S_T = 0.18$mm 时用 R113 作过试验，在热流密度为 $100 \times 10^3 W/m^2$ 时强化传热提高 3 倍(图 3.3 -4)。Ayub 和 Bergles 用 R113 对 S_T 分别为 0.15、0.25、0.35、0.55mm 的 T 形管作试验(池沸腾)，并与光管比较，其最大强化效果达 100%。强化性能与 S_T 的关系很大，最大强化性能发生在 $S_T = 0.25$mm 时(图 3.3 -5 和图 3.3 -6)。

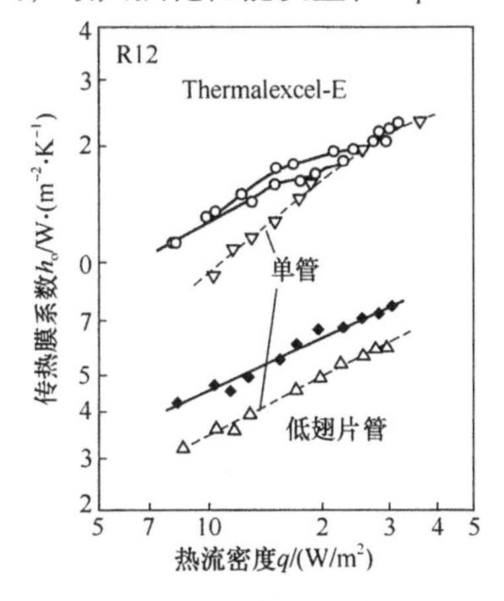

图 3.3 -5　E 管和低翅片管传热膜系数 h 与热流密度 q 的关系及比较

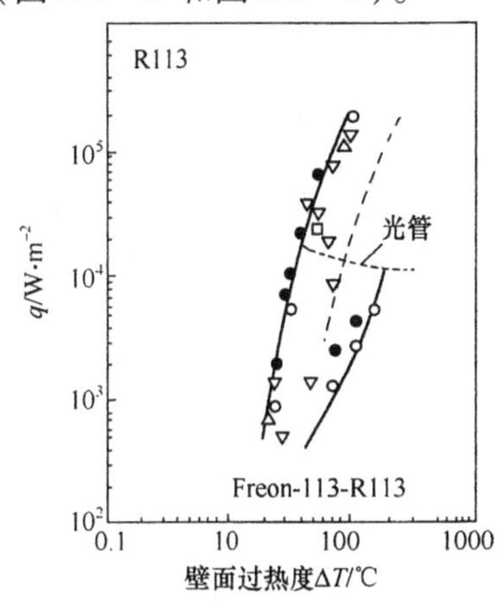

图 3.3 -6　E 管池沸腾 q 与 ΔT 的关系及与光管的比较

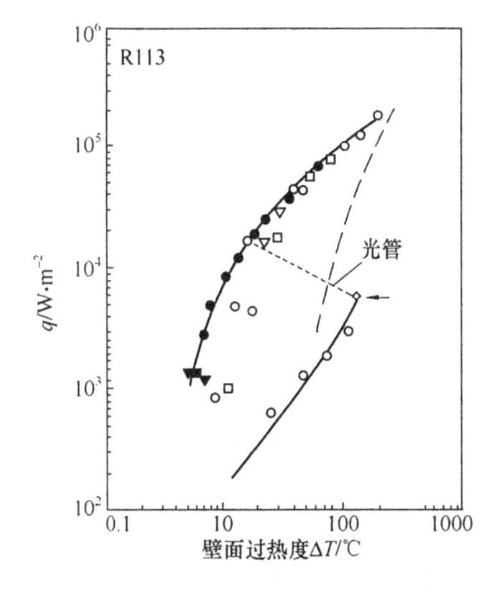

图 3.3 -7　Gewa - T 管沸腾传热时 q 与 ΔT 的关系及与光管的比较

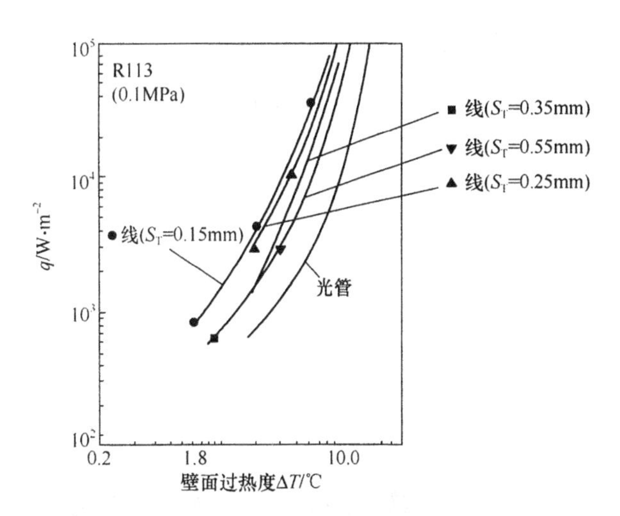

图 3.3 -8　Gewa - T 管 T 槽不同切口间隙 S_T 时 q 与 ΔT 的关系及与光管的比较

Turbo - B 管是近期才出现的管型，由 Wolverine 公司生产，其管表面上具有额外的沸腾核座，从而提高了沸腾传热性能。

图 3.3 -10 ~ 图 3.3 -12 分别是水、R11 和 P - xylene 3 种工质条件下以上数种强化管沸

腾传热性能的对比，从中可以看到强化传热管具有显著的强化效果。

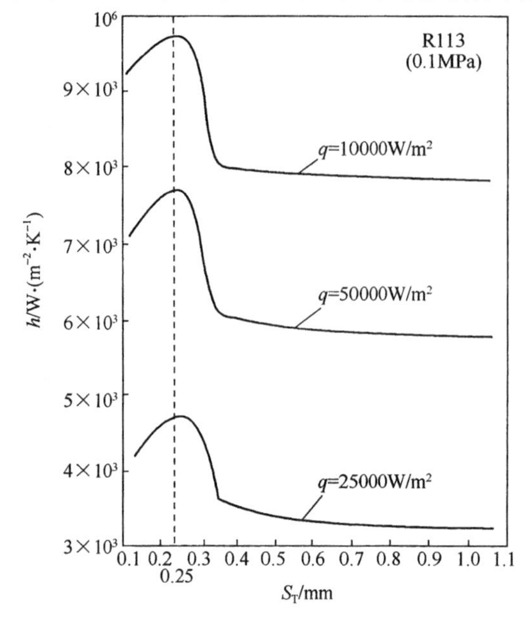

图 3.3－9　Gewa－T 管传热膜系数 h 与 T 槽切口间隙 S_T 的关系

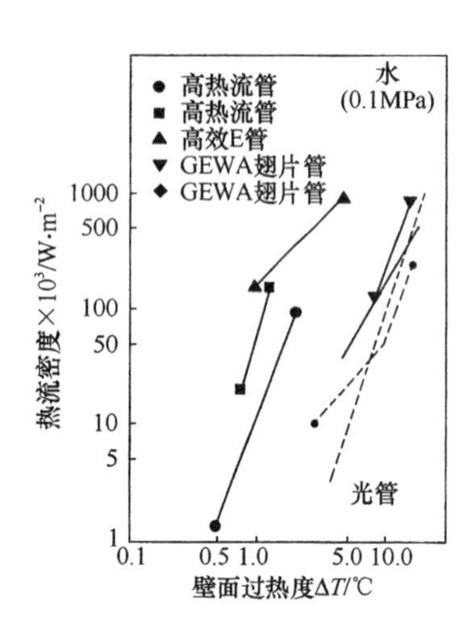

图 3.3－10　以水为工质的强化传热管沸腾性能比较

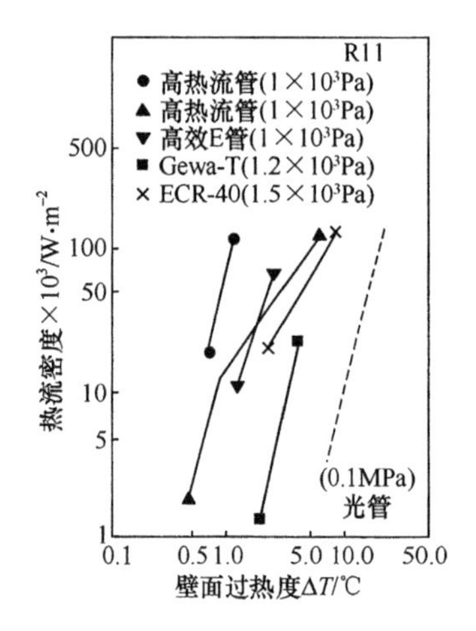

图 3.3－11　以 R11 为工质的强化传热管沸腾性能比较

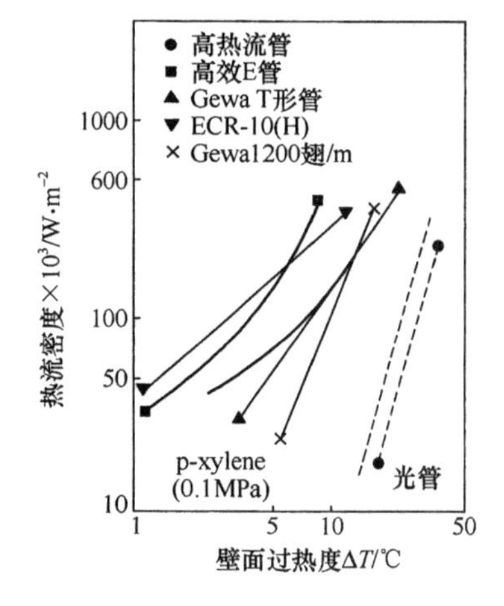

图 3.3－12　以对二甲苯(P－xylene)为工质的强化传热管沸腾性能比较

第二节　表面多孔管的沸腾强化传热性能

一、机加工表面多孔管(E 管)

机加工表面多孔管(E 管)系日本日立公司首先推出，图 3.3－13 和图 3.3－14 为该管的结构和两相流动形态示图。不同结构参数机加工表面多孔管经水沸腾试验，其沸腾传热膜系数与壁面过热度 ΔT 的关系及与光管的比较[4]见图 3.3－15。

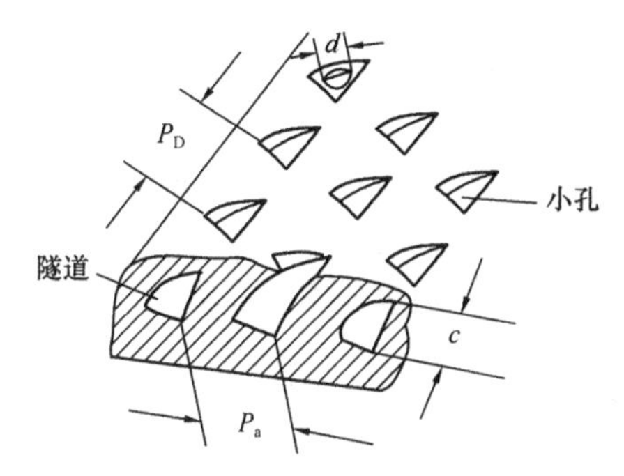

图 3.3－13　机械加工表面多孔管结构示图
P_a—孔轴向节距；P_D—孔周向节距

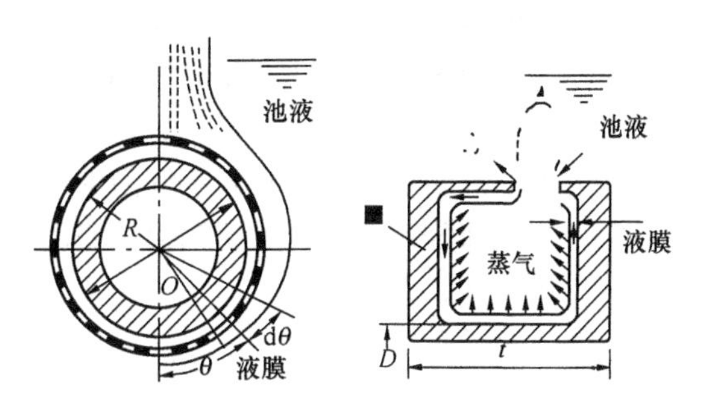

图 3.3－14　多孔层中的气－液两相流动形态

从图 3.3－15 可见，在试验的热流密度 q（以光管外表面积为计算基准）范围内，可把沸腾温差分别缩小到仅为光管的 1/6.6、1/4.6、1/3.4 和 1/1.8。日立多孔管沸腾温差甚至可缩小到光管的 1/20.3。若与 240～260 青铜粉和混合青铜粉烧结的表面多孔管相比，在上述相同的热流密度下，沸腾温差可以缩小到仅为光管的 1/2.9和 1/1.6。该烧结多孔管的孔穴细密，且具有曲折性和多重性，以致液体的过热和气相逸出比较困难。经过比较，可见机加工表面多孔管（E 管）性能大大优于烧结多孔管，且在一定范围内孔的轴向节距 P_a 较密，气化核心（每单位外表面积）较多，沸腾效果更好。

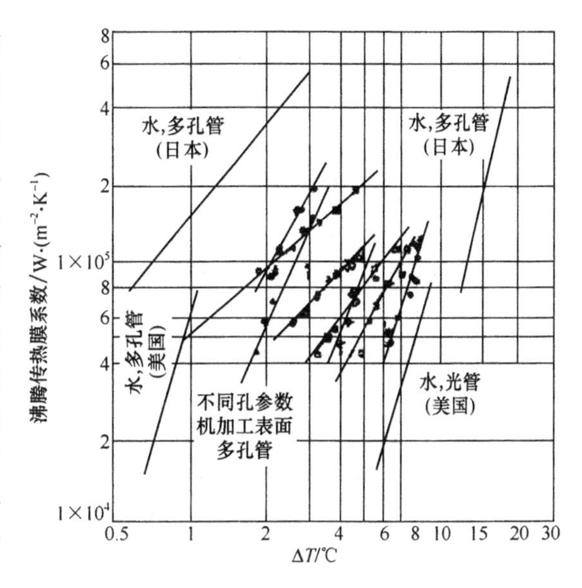

图 3.3－15　机加工表面多孔管的蒸气－水沸腾试验

图 3.3－16 和图 3.3－17 是 R134a 和 R142b 制冷替代剂在机加工表面多孔管（E 管）中沸腾强化传热的对比[5]，文献［5］亦分别给出了 R134a 和 R142b 在强化管外和光管外的沸腾传热膜系数的比较。从两图都可看出，与光管相比，机加工表面多孔管能显著地提高沸腾传热膜系数。在相同的热流密度下，R134a 在机加工表面多孔管上的沸腾传热膜系数是光管的 3.2～4.0 倍，R142b 为 3.1～4.0 倍。

机加工表面多孔管沿周向有着互相连通的隧道，表面有许多与隧道相同的三角形小孔，且还具有大量凹腔形结构。

这种内凹形储器型孔穴具有很好的集气性能，在较高的液体压力和液体过冷度下仍可成为活化穴，是最理想和稳定的活化核心。初始沸腾所需要的壁面过热度低，或者说在一定的壁面过热度下比光管有多得多的气泡核心数。在实验中可观察到，即使在很低热流密度下，机加工表面多孔管发泡点数也远大于光管。当表面多孔管处于充分发展的泡态沸腾阶段或薄膜蒸发阶段时，气泡主要从阻力小的活化孔逸出，液体从非活化孔流入隧道，从而使蒸气和液体在隧道内形成循环流动，且使隧道内壁面始终维持一层薄液膜。由于液膜厚度极薄，热阻很小，热量在低传热温差下就可到达气液界面，造成液体的急速蒸发，因此能在较小的壁面过热度下传递大量热量。在此阶段的传热中薄液膜蒸发起着主导作用。此外，多孔结构表面的实际传热面积比光滑表面大，这也是多孔表面促使传热强化的原因之一。机加工形成的很多小孔作为内凹形储器型孔穴有利于气泡的形成。随热流密度的增加，光管的气化核心数大幅度增加，这就部分地补偿了人工气化核心的作用，因此说随热流密度的增加，多孔管与光滑管的沸腾传热系数趋于接近了。

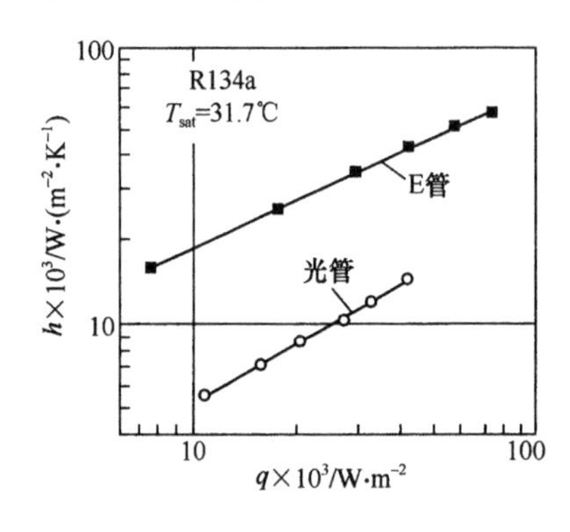

图 3.3－16 机加工表面多孔 E 管管外沸腾传热膜系数 h 与热流密度 q 的关系

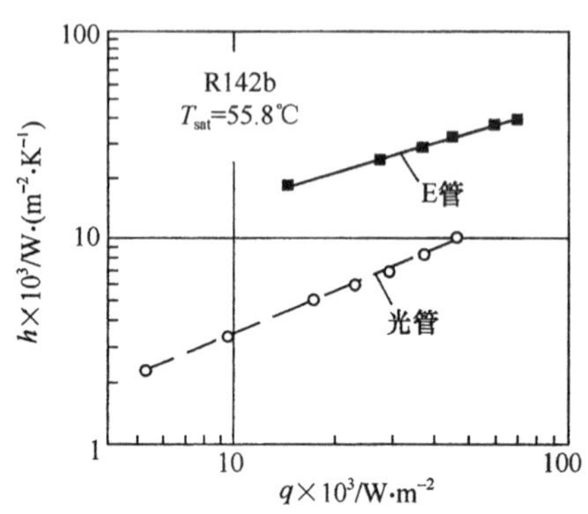

图 3.3－17 机加工表面多孔 E 管管外沸腾传热膜系数 h 与热流密度 q 的关系

对 R134a、R142b 在单管外旺盛泡态沸腾区的实验值进行回归拟合，可得到如下的经验关联式：

①R134a(饱和温度 31.7℃)：光滑管：$h=8.5761\cdot q^{0.696}$，平均偏差为 1.5%。强化管：$h=115.48\cdot q^{0.556}$，平均偏差为 1.8%。

②R142b(饱和温度 55.8℃)：光滑管：$h=7.5858\cdot q^{0.667}$，平均偏差为 3.8%。强化管：$h=172.23\cdot q^{0.484}$，平均偏差为 2.3%。

无论是 R134a 还是 R142b，机加工表面多孔管的热流密度指数都低于光管，由此可知强化倍数随热流密度的增加而减小。

比较两种工质在光滑管外沸腾传热关联式可知，在相同热流密度下 R134a 有较高的沸腾传热膜系数，其原因在于对比压力相同时 R134a 具有较低的饱和温度。对于加热壁面上一定尺寸的凹穴，设其出口半径为 r_m，则气泡能存活并继续成长露出穴口所需液体过热度为：

$$T_L - T_s = \frac{2\sigma T_s}{r_m h_{fg}\rho_v}$$

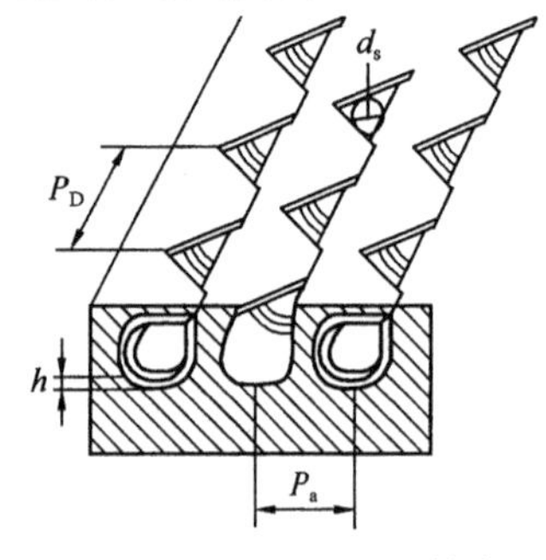

图 3.3－18 JK－2E 管多孔层结构

用两种工质的物性数据进行估算，可知 R134a 所需的液体过热度较低，同时对 R134a 来说，相同温度的液体有较高的过热度(R134a 饱和温度较低)，这两方面因素都使得 R134a 具有较高的表面活化穴密度，因而沸腾换热性能也高于 R134b。

二、JK－Z 机加工异型 E 管

JK－1E 和 JK－2E 机加工表面多孔管是华南理工大学开发的新型 E 型沸腾管，结构如图 3.3－18 所示。

表 3.3－1　JK－2E 管多孔层结构参数

管号	d_s/mm	x/mm	y/mm	h_s/mm	n_s/mm^2(开孔密度)
1	0.208	0.84	0.60	0.26	1.984
2	0.275	0.84	0.80	0.34	1.483
3	0.340	0.84	0.70	0.30	1.701
4	0.204	0.75	0.70	0.30	1.905
5	0.268	0.75	0.60	0.26	2.222
6	0.343	0.75	0.80	0.34	1.667
7	0.202	0.62	0.80	0.34	2.016
8	0.264	0.62	0.70	0.30	2.304
9	0.336	0.62	0.60	0.26	2.688
JK－1E	0.273	0.66	0.60	—	2.525

乙醇在 JK－2E 管、JK－1E 管和光管上的池核沸腾曲线见图 3.3－19。从图中看出，JK－2E管比 JK－1E 管能更有效地强化乙醇的池核沸腾传热。JK－2E 管的池核沸腾传热膜系数是光管的 3.68～8.43 倍，比 JK－1E 管也提高了 72.55%～266.91%。从表 3.3－1 和图 3.3－19 中还可看出 JK－2E 管的表面多孔层结构参数以及对乙醇在其上的池核沸腾传热膜系数的影响。开孔密度的影响比当量孔径的影响显著，开孔密度和当量孔径越大，池核沸腾传热膜系数越高。孔径越大，气泡的脱离直径也越大。从图中还可看出，当量孔径较大的管，由于它们沸腾曲线的斜率比其他管要大些，所以在高热负荷下所需的温差较小，以致它们的池核沸腾传热膜系数在高热负荷下较高。这是因为较大的孔径对气泡成长的阻力较小，有利于高热负荷下气泡的成长。

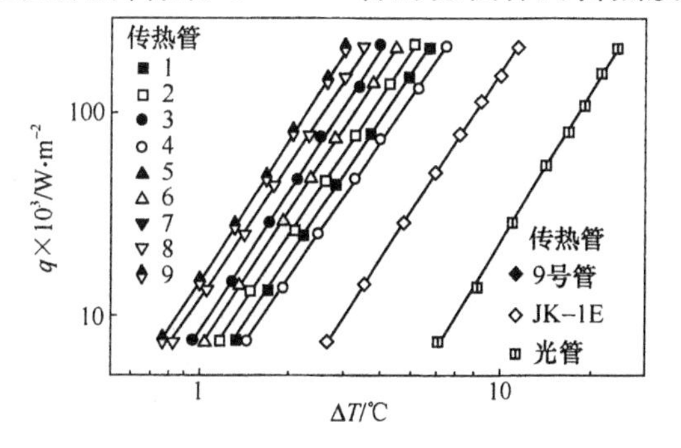

图 3.3－19　乙醇在 JK－2E 管上的池核沸腾曲线

图 3.3－20 为各种 JK－E 型管的池核沸腾性能比较(R113)。

图 3.3－21 和表 3.3－2 是 R113、R11 和 R11/R113 混合工质在 JK－2E 和 JK－1E 管上的沸腾性能比较[7,8]。

表 3.3－2　JK－2E 管在各种工质中的强化倍数比较

管型	工质	热负荷							
		3×10^3	5×10^3	1×10^2	1.5×10^4	2.5×10^4	5×10^4	8×10^4	1.2×10^5
		强化倍数							
JK－2E 1号管	R11	12.89	11.5	8.84	7.65	6.12	4.5	3.54	3.06
	R113	11.88	11.40	10.97	10.38	9.20	6.73	5.06	4.18
	第一种混合物	6.07	5.2	3.83	3.33	2.83	2.57	2.45	2.26
	第二种混合物	3.42	3.33	3.25	3.17	2.96	2.60	2.38	2.12

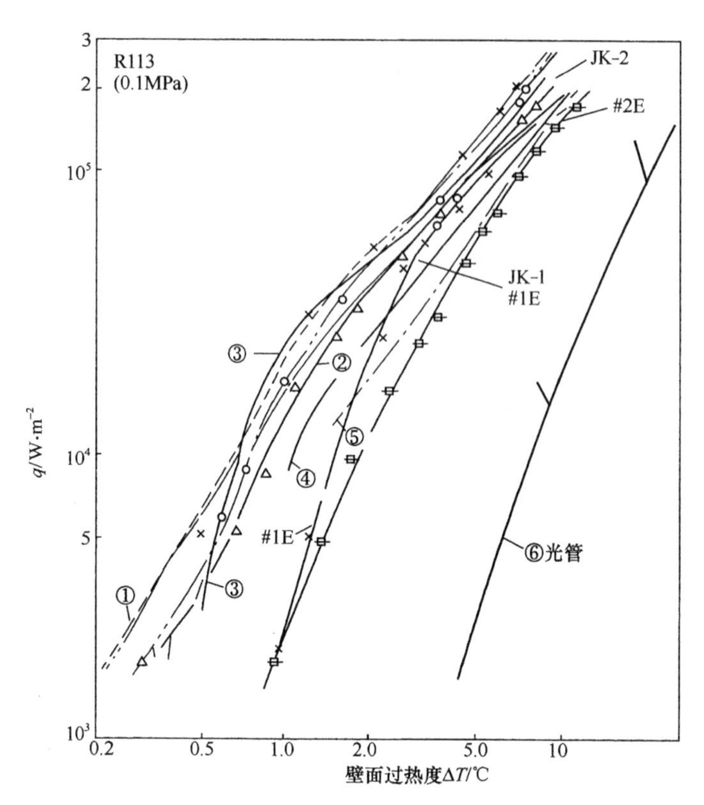

图 3.3-20 各种 JK-E 管的池核沸腾性能比较

○：①—1 号 JK-1E 管；△：②—2 号 JK-2E 管；

×—1 号通常的 E 管；—2 号通常的 E 管；③—日本伊藤猛宏等 E 管；

④—方启源试验管，6 号通常的 E 管；⑤—日立公司 E 管；⑥—光管

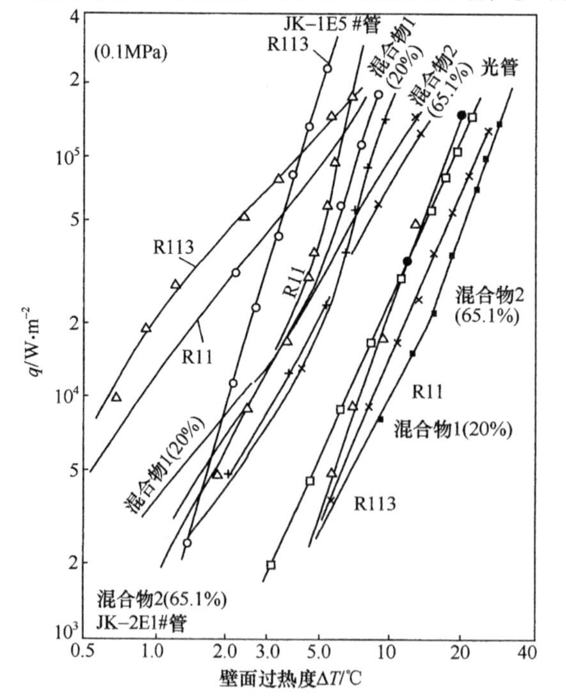

图 3.3-21 各种工质在 JK-2E、JK-1E 管及光管上的沸腾性能比较

将含20% R113及65.1% R11(质量比)的混合物工质，在0.1MPa下，对光管、JK－1E管及JK－2E管进行了水平管外单管池沸腾传热实验。结果表明，JK－1E管和JK－2E管在R11/R113混合物中可使传热膜系数提高2～5倍和2～8倍。在低热负荷下，JK－2E管明显优于JK－1E管，在该混合物中前者比后者提高84%～115%。

实验结果认为，易挥发组分R11的先期气化而使加热表面附近液体中含R11减少，以致导致局部沸点升高，传热过程中气泡的产生和长大是混合物沸腾特性较纯组分差的原因。

图3.3－22是JK－E型管强化性能的比较，由此可得出以下结论：

(1) JK－2E管能有效强化制冷剂管外池沸腾传热，其传热性能优于通常的E管，沸腾传热膜系数比通常的E管可提高20%～150%，且热负荷越低，强化效果越好，在临界热负荷下比通常的E管高20%～40%(视孔径而定)[9,10]

(2) JK－2E管沸腾滞后明显小于通常的E管，如当孔径小于0.13mm时，滞后就很小。

(3) JK－2E管的最佳孔径随热负荷上升而增加，最佳孔径在0.12～0.14mm之间，最佳开孔密度为220～250个/cm²。

(4) JK－2E管池沸腾壁温周向分布比光管均匀得多。

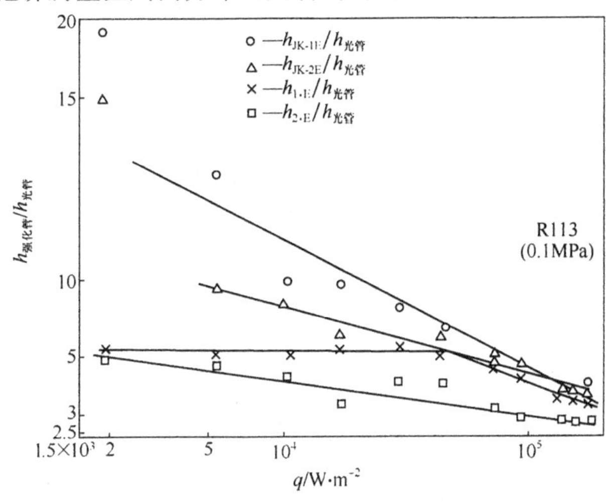

图3.3－22 $h_{强化管}/h_{光管}$与热流密度q的关系

三、多孔表面结构对沸腾传热的影响

文献[11]介绍了多孔表面结构对沸腾强化传热性能的影响，如图3.3－23～图3.3－25所示。

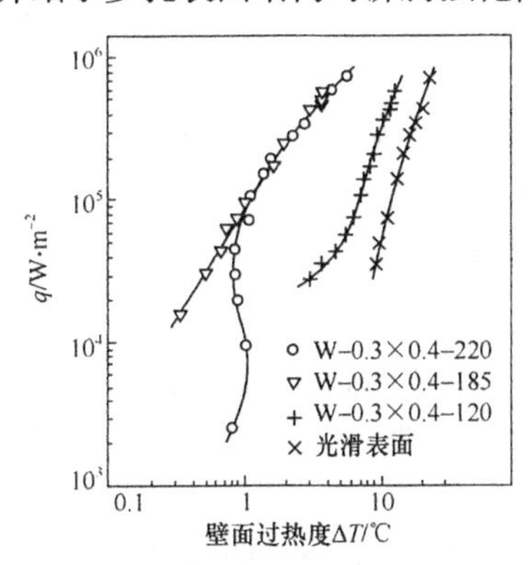

图3.3－23 水(W)的沸腾曲线
(槽宽×槽深－盖板直径)

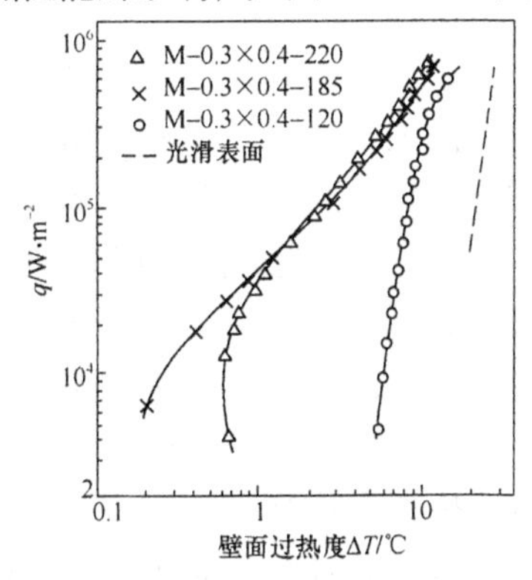

图3.3－24 甲醇(M)的沸腾曲线

图3.3－23～图3.3－25为水和甲醇在其上的沸腾曲线。实验结果表明，截面为0.3×0.4mm的槽孔具有较高的沸腾传热性能。较大节距P和宽度W的槽孔，其强化传热的效果略差。图3.3－26为不同开孔形状槽孔的气－液界面示图。表3.3－3为槽孔的几何尺寸参数，表中H为槽高，φ为槽角。表3.3－4为盖板与底座的组合参数。

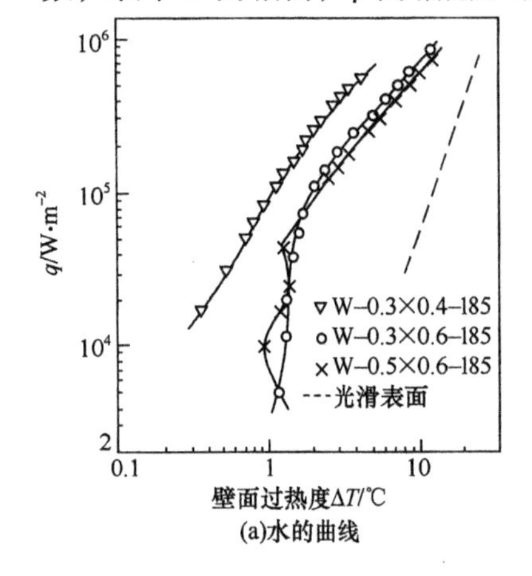

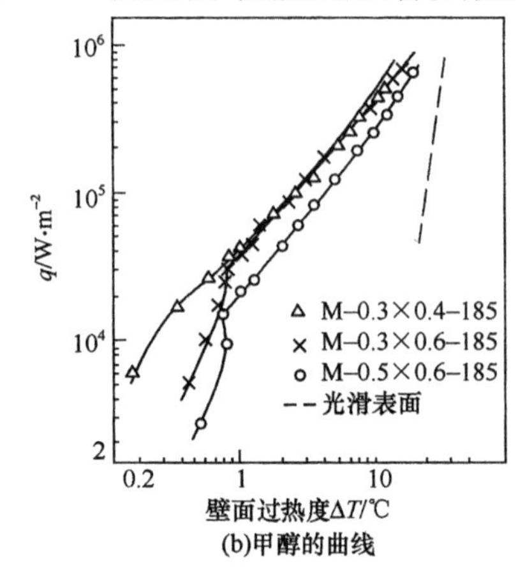

图3.3－25　不同槽孔水(W)和甲醇(M)的沸腾曲线

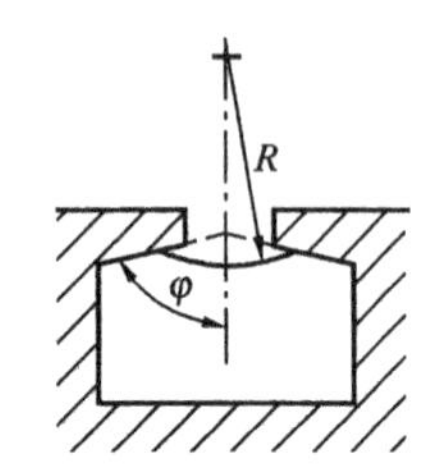

图3.3－26　不同开孔形状槽孔的气－液界面示图

表3.3－3　槽孔的几何尺寸

	H/mm	W/mm	ϕ/(°)	S/mm
E形槽	0.315	0.300		0.60
V形槽		0.300	20	0.60
U形槽	0.660	0.270	60	0.60

表3.3－4　盖板与底座的组合参数

底座槽孔形	盖板孔直径/μm		
	220	160	80
E形	E－1	E－2	E－3
V形	V－1	V－2	V－3
U形	U－1	U－2	U－3

图3.3－27和图3.3－28为不同机加工多孔表面的沸腾强化传热曲线的比较，其中图3.3－27为水沸腾曲线，图3.3－28为甲醇沸腾曲线。由图3.3－28可以看出：V形槽过热度为2.5℃，E形槽为3.2℃，而U形槽则需要4.4℃。比较形状相同的槽而孔径不同的表面沸腾曲线可知，80μm孔径表面的沸腾传热膜系数明显低于160μm孔径的表面。对于水，160μm孔径的表面又稍优于220μm孔径的表面。

对于活化的贮气穴，孔口有两种主要作用：(a)作气体的溢出通道，大孔径有利。(b)液体的屏障，小孔径有利。这两种作用对孔径大小的要求互相矛盾，因此存在着最佳孔径值。对于水，最佳孔径为约160μm。

图3.3－28是不同机加工表面甲醇沸腾换热曲线的比较。中等热流量时仍是V形槽的效果较好。对甲醇来说，最佳孔径应在160～220μm之间。

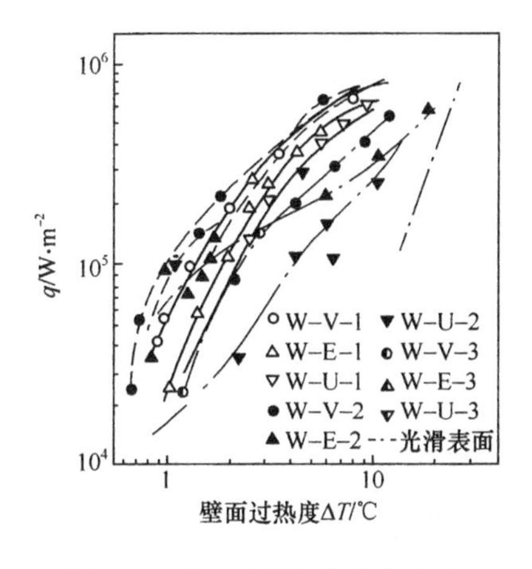

图 3.3－27　水的沸腾曲线比较

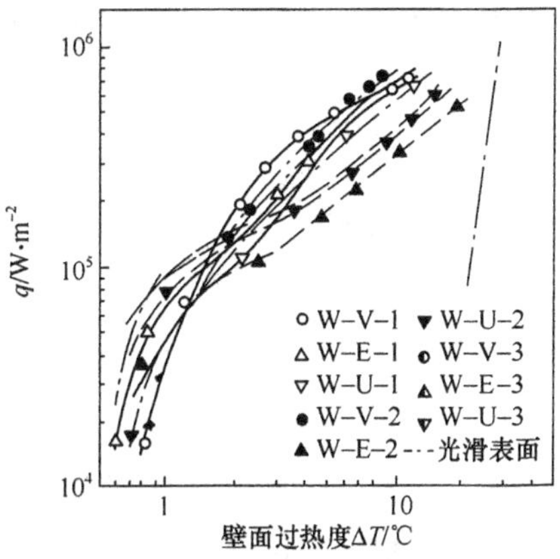

图 3.3－28　甲醇的沸腾曲线比较

四、烧结型与涂层表面多孔管[11~15]

(一)烧结多孔管

烧结型多孔表面阻力较大，在较高热流密度时，易造成液体供应不足，因此临界热流密度低。图 3.3－29 和图 3.3－30 为一些烧结型多孔管的沸腾强化性能[11]，其管参数见表 3.3－5。

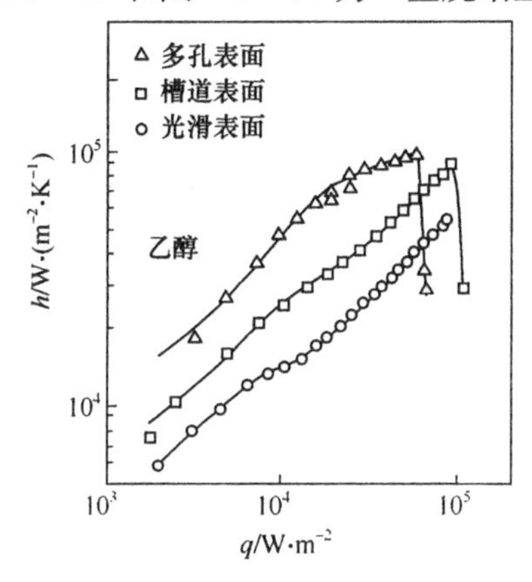

图 3.3－29　乙醇在槽道表面、多孔表面和光滑表面上的池沸腾特性比较

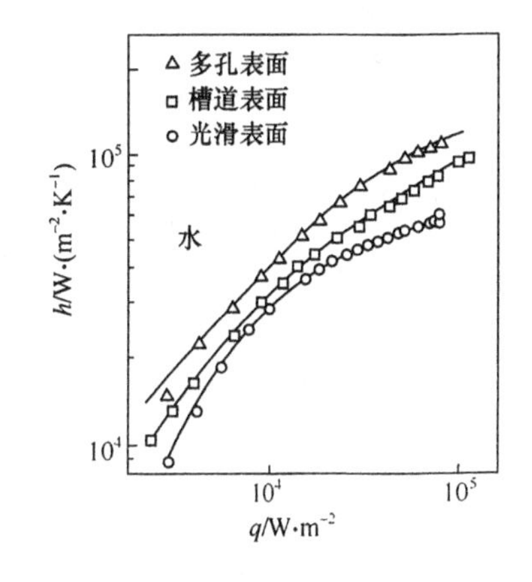

图3.3－30　水在槽道表面、多孔表面和光滑表面上的池沸腾特性比较

表 3.3－5　烧结型多孔管几何参数

加热管内径/mm	烧结层厚度/mm	颗粒直径/mm	孔径/mm	孔隙率/mm
25.8	2.4	0.3	0.12	37.9

某烧结表面多孔管重沸器由 86 根 2m 长的表面多孔管组成，以 $\phi 25\times 2.5$ 的普通碳钢管为基体，外表面烧结青铜粉多孔涂层，涂层厚度 0.2～0.4mm，粉粒度 260～360 目[14]。

试验结果如图 3.3－31 所示，在测定的范围内，多孔管重沸器总传热膜系数 K 约为光管重沸器的 3.5 倍。多孔管重沸器的最大热负荷为热负荷设计值的大约 1.4 倍[14]。

该表面多孔管自我国 1978 年小试研制成功以来，工业化试验结果表明，其多孔层强化沸腾传热的多孔管重沸器较普通光管重沸器显著地提高了传热效率，且还具有设备紧凑、体积小及效率高的优点。用 12.8m^2 的多孔管重沸器代替原 45.8m^2 的光管重沸器，除满足脱乙烷塔的满负荷生产要求外，还有一定的余量[14]。

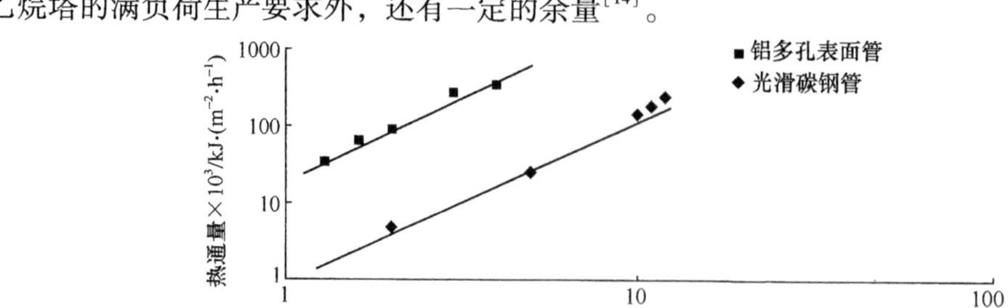

图 3.3-31 涂层厚度为 0.8mm 的铝多孔表面碳钢管在不同传热温度下的热通量[14]

文献[12]介绍了粉末多孔表面烧结管的试验情况和强化结果。他们在紫铜管上烧结了一层球形锡青铜粉末层，粉末目数为 40~300，涂层厚为 0.4~4.0mm，涂层孔隙率 ε 为 30%~60%，介质为乙醇、蒸馏水和 R113，3 组典型沸腾曲线见图 3.3-32~图 3.3-34。图上沸腾曲线显示出 ΔT 明显增大，沸腾膜系数明显减少处的热流密度 q 即为转折热流密度 q_t。

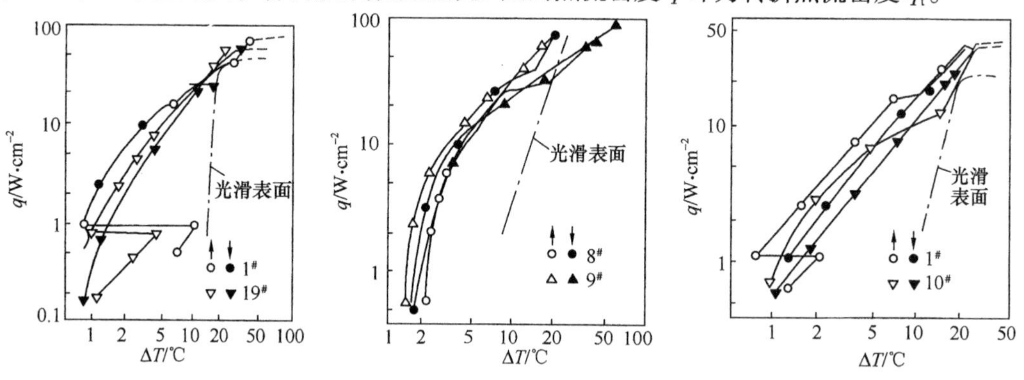

图 3.3-32 粉末多孔管(乙醇)的沸腾曲线及与光管的比较

图 3.3-33 粉末多孔管(蒸馏水)的沸腾曲线及与光管的比较

图 3.3-34 粉末多孔管 R133 的沸腾曲线及与光管的比较

(二) 烧结网多孔管[13]

试验表明，以下两种表面较好，这两种烧结网的孔眼直径分别为 91.3μm 和 145μm。甲醇的强化效果比水为好(图 3.3-35 和图 3.3-36)。对于不同层数对沸腾换热是有影响的。压力愈大沸腾传热膜系数愈高。表 3.3-6 为烧结网几何参数。

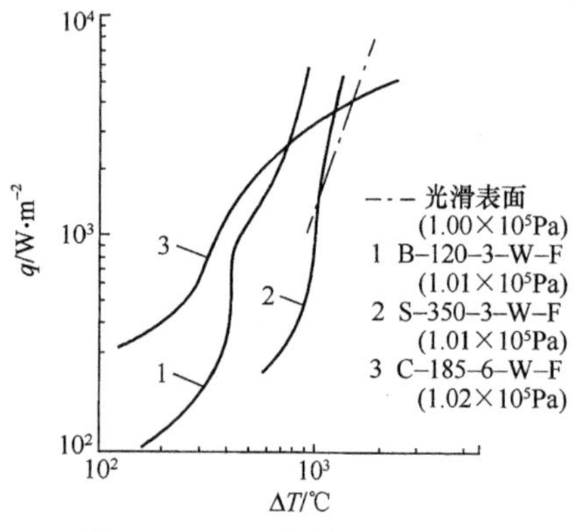

图 3.3-35 不同表面水沸腾换热的比较(薄层)

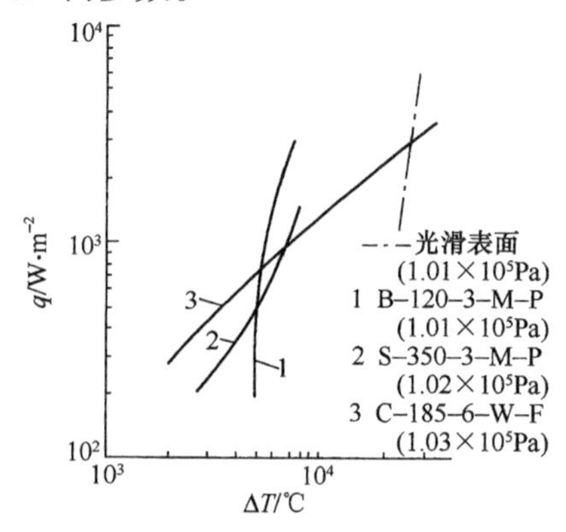

图 3.3-36 不同表面甲醇沸腾换热的比较(薄层)

表 3.3-6　烧结网的几何参数

网料	目数	丝径/mm	孔径/mm	烧结层数	烧结后的孔隙度/%
紫铜 C	185	0.046	0.0913	3	—
				6	68
不锈钢 S	350	0.030	0.0426	3	58
黄铜 B	120	0.067	0.1450	3	—

注：第 2 个数字 185、120 和 350 表示网的目数，第 3 个数字 3 和 6 表示网层数，第 4 个字母 W 和 M 表示工质为水和甲醇。第 5 个字母 P 和 F 表示大容积沸腾和薄层液体沸腾。如 B-120-3-W-P 代表水在 3 层 120 目黄铜网烧结表面上的大容积沸腾。

图 3.3-37 和图 3.3-38 为不同烧结网多孔表面水和甲醇大容积池沸腾的性能比较。

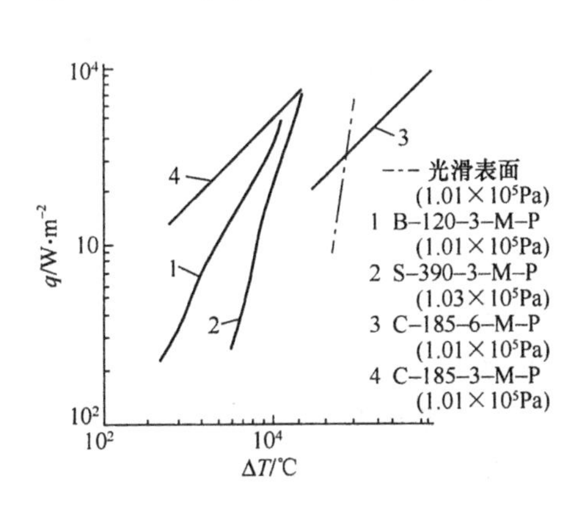

图 3.3-37　不同表面水沸腾传热的比较（大容积）

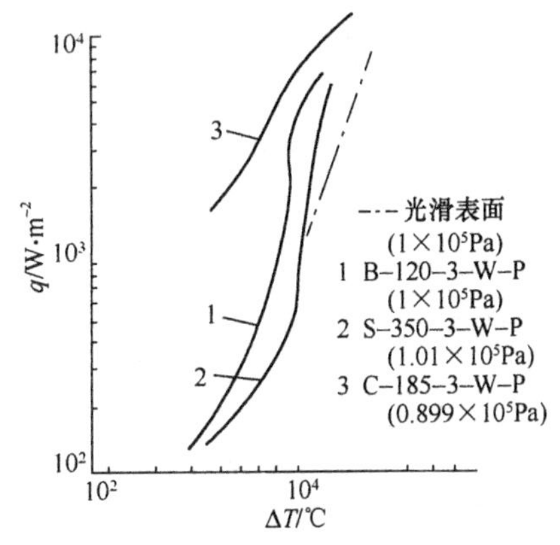

图 3.3-38　不同表面甲醇沸腾传热的比较（大容积）

五、粉末涂层表面多孔管[14,15]

图 3.3-39 为不同涂层厚度的铝多孔表面碳钢管在不同热流密度 q 下的沸腾传热膜系数 h。

（一）喷涂成铝多孔表面的碳钢管在丙酮介质和常温下的沸腾传热性能

$\phi18\times2$ 的碳钢管表面被喷涂成不同厚度的铝多孔表面，然后将整个样管浸泡在丙酮溶液中，使丙酮在管外沸腾。图 3.3-39 为不同厚度涂层铝多孔管池沸腾的性能。从图 3.3-39 可看出，在同样的热负荷下，当涂层厚度为 0.6～0.8mm 时沸腾传热膜系数最高，同时也可看出，在相同的热流负荷下，涂层厚度为 0.4～0.8mm 时的铝多孔表面碳钢管，其沸腾传热膜系数是光滑碳钢管的 4～5 倍。在同样的热流负荷下铝多孔表面比光滑碳钢表面有较小的沸腾温差，或者说在同样的沸腾温差下达到了更高的热流密度。

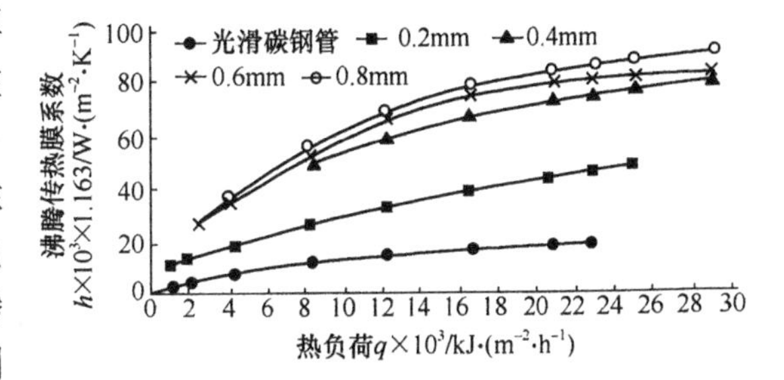

图 3.3-39　铝多孔表面碳钢管沸腾膜系数 h 与热负荷 q 的关系

（二）喷涂成铝多孔表面的紫铜管在液氮介质和常压低温下的沸腾传热性能

$\phi14\text{mm}\times2\text{mm}$ 的紫铜管表面被喷涂成 0.6mm 厚度的铝多孔表面，使液氮在管外沸腾，

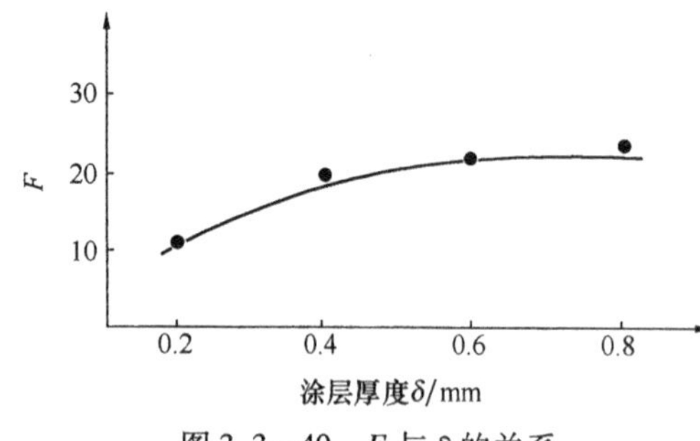

图 3.3-40 F 与 δ 的关系

在同样热流密度下，涂层厚度为 0.6mm 的铝多孔表面紫铜管，其沸腾传热膜系数是光管的 4~5 倍。

管表面的喷涂状态 F 参数与涂层厚度 δ 有关，如图 3.3-40 所示。

1984 年，将该管用在乙烯脱乙烷塔塔顶冷凝器中，管束外为丙烯沸腾，工业试验表明，沸腾传热膜系数比原光管提高 6.3 倍[14]，见表 3.3-7。

表 3.3-7 脱乙烷塔塔顶冷凝器现场实测数据

项 目	传热面积/m^2	传热温差/℃	管外沸腾传热膜系数/ $W \cdot (m^2 \cdot K)^{-1}$	总传热系数/ $W \cdot (m^2 \cdot K)^{-1}$
原碳钢光管冷凝器设计数据	615	8.3	2475	1611
铝多孔表面碳钢管冷凝器实际值	441	6.1	18077	3420
铝多孔表面碳钢管冷凝器计算值	441	6.0	18991	3462

由表 3.3-7 可看出，铝多孔表面碳钢管冷凝器比光滑碳钢管冷凝器温差减少了 2.2℃，传热面积减少了 174m^2，总传热系统提高了 1.12 倍。由于换热器使用了铝多孔表面，脱乙烷塔塔顶温度降低了 2.2℃，相应降低了脱乙烷塔操作压力 0.1~0.2MPa，塔顶回流降低约 10%，节电 90kW·h/a，共为企业节省 256kW·h/a。迄今该冷凝器已运行 10 多年，多孔层未脱落，传热性能未下降。

第三节 T 形管的沸腾强化传热性能

一、概况[16,17]

机加工 T 形翅片管，含有一系列被 T 形螺旋翅片所分割且又具有一定螺距的螺旋通道。通道内的气液两相流动是强化传热的机理所在。在低热负荷下，通道内气泡脱离槽内表面后仍将沿槽道周向运动一定距离，最后才真正脱离管外表面。气泡在其所走过的路程中不断冲刷着正在生长的气泡，促使槽内表面更新和气泡发射频率的增加，从而强化了传热。在较高热负荷下，通道内气泡形成蒸气流，该气流和通道内表面之间存在一层薄液膜，沸腾进入高效的液膜蒸发。在 T 形管诸结构参数中，夹缝开口度至关重要，它控制着液体进入通道和气泡从顶部逸出的过程及蒸发过程中槽内大量液体的循环。

通常传热管的翅片形状、管子排列和热负荷大小决定了管束的沸腾情况，但由于 T 形管所具有的特殊表面结构，传热过程主要由通道内气泡生长和气液两相流控制，T 形翅片间狭小的缝隙使得管束外流动情况对通道内两相流动没什么影响。实验发现，T 形翅片的翅顶对强化传热没有直接贡献。T 形翅片管的强化传热效果随热负荷增加而增加，这是因为在临界热负荷以下有泡核沸腾，热流密度增加，通道内气泡生成和发射频率也相应加快，使通道内气液两相流变得更为激烈。而液体内循环量的加大也使通道内外的液体对流传热向着有利的方向进行。

T形翅片管为1978年原西德Wieland-Werke公司所发明，1979年获得美国专利。由于其加工简便和具有良好的沸腾传热性能，目前已成为国际上4种主要的沸腾强化表面之一。Marto和Lepere在热流密度为40000W/m^{2}时测得，R113的沸腾传热膜系数为光管的2.8倍。Stephan和Mitrovic在恒定热流密度下测得R11的沸腾传热膜系数为光滑管的3.0倍。1981年，Yilmaz等人的实验结果表明，T形管可使对位二甲苯的传热膜系数提高5.3倍，乙二醇提高2.0倍。1987年，Ayub Z H和Bergles A E对T形管在水和R113中的性能进行了测试，得出在水中的强化倍数为1.6，在R113中为2.0。对于管型的优化，认为T形肋的开口尺寸S_T对性能的影响最大。他们用$S_T=0.15\sim0.55$mm的不同尺寸进行了实验研究，发现对于R113存在着一个优化尺寸，即$S_T=0.25$mm。

在热流密度为40000W/m^{2}时，Yimaz等人用饱和对位二甲苯(P-xylene)和乙二醇(isopropyl alcohol)对Gewa-T进行了池沸腾实验，结果表明其强化率分别为5.3和2.0。T形管还能显著提高临界热负荷，对异丙醇，临界热负荷比光管提高47%，与E管相当。John R，Thome对两种碳氢化合物的混合物在Gewa-TX强化沸腾传热管上的池泡核沸腾进行了试验。Gewa-TX是Gewa-T管的一种改进形式，发现这种新的管子在相同热流密度条件下，其沸腾传热性能约为普通光管的4～10倍，在相同的壁面过热度下则可达光管的44倍。

文献[16]报道，在0.1MPa下以R113和R11为介质对T形管、低肋管和光管进行了单管沸腾实验。结果表明，在实验范围内，对R113介质，T形管的传热膜系数比光管高1.5～10倍，比低肋管高40%～120%，临界热负荷比光管高约57%。对R11介质，T形管沸腾传热膜系数比光管高1.6～7倍，比低肋管高10%～80%。他们同时还详细研究了热负荷的变化方式，即研究开始加热前管表面所处的状态和起始热负荷高低对沸腾传热性能和滞后现象的影响。通过对透明T形隧道内气液流动状况的观察和分析，认为T形管隧道内的传热随热负荷增加有5个不同阶段：(a)自然对流：(b)局部液膜蒸发；(c)泡核沸腾；(d)液膜蒸发；(e)蒸干。因此较好地解释了T形管的传热性能和滞后现象。

二、T形管管束的沸腾强化传热性能

T形管管束沸腾的实验研究究较少。据报道，T形管管束平均沸腾传热膜系数与单管相近，管束中T形管的相对位置对其传热膜系数的影响并不明显。文献[17]作者对采用钢质T形翅片管管束强化液氨满溢式蒸发器的传热进行了研究。实验指出，在空调工况及低冷冻水流速下，T形管满溢式蒸发器的总传热膜系数大约是光滑管满溢式蒸发器总传热膜系数的2.20倍。

图3.3－41为文献[18]对满溢式氨蒸发器的试验结果。

(1) 当实验水速为0.8m/s时，T形管满溢式蒸发器的总传热膜系数K比光滑管提高120%(表3.3－8)，这意味着可把换热面积砍去50%以上。

(2) T形管的管外沸腾传热膜系数h是光管的3.92倍，管内对流传热膜系数h是光管的1.75倍(图3.3－42)。所得两组关联式：

光　管：$Nu=0.023Re^{0.8}Pr^{0.3}$　$h=9.46q^{0.7}$

T形管：$Nu=0.0402Re^{0.8}Pr^{0.3}$　$h=37.12q^{0.7}$

表3.3－8　实验T形管及光管参数

光管	20号钢 φ20×2.5×150	热流密度/W·m^{-2} 3845～4748	流速/m·s^{-1} 0.8	总传热系数K/W·(m^{-2}·K^{-1}) 994
T形翅片管	20号网 φ20×2.5×1200	热流密度/W·m^{-2} 5382～6807	流速/m·s^{-1} 0.8	总传热系数K/W·(m^{-2}·K^{-1}) 2120

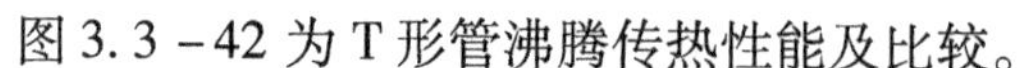
图3.3-42为T形管沸腾传热性能及比较。

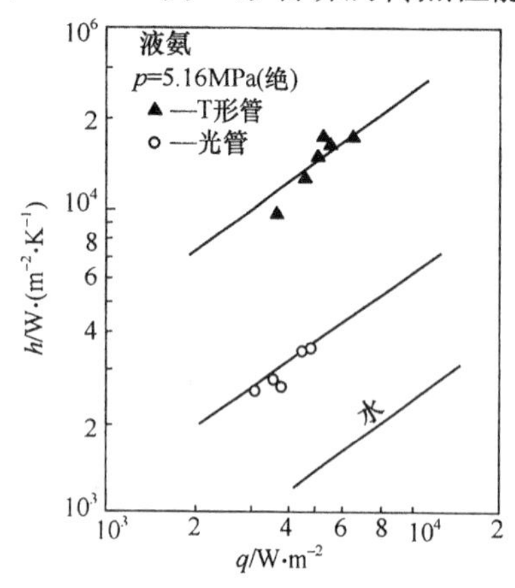

图3.3-41　满溢式氨蒸发器 h_o 与 q 的关系

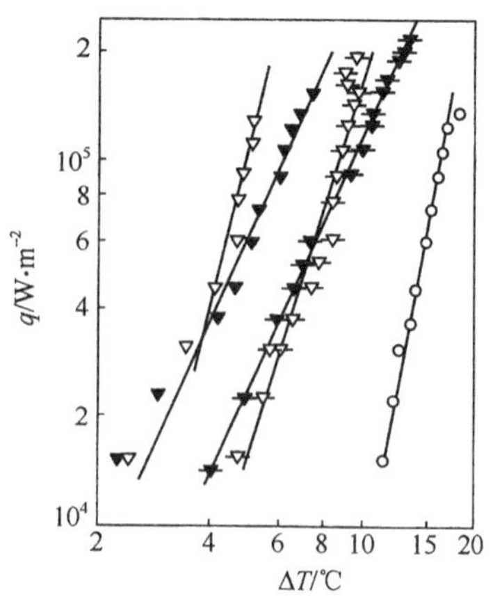

图3.3-42　T形管的沸腾传热性能与光管的比较(乙醇，1×10^5Pa)

翅螺距 t/m：▽1.3；▼1.6，1.0，1.6，

狭缝开口度 d/m：▽0.384；▼0.271，0.216，0.350。○光滑管

图3.3-42的试验结果表明，在相同的单位面积热负荷下比较，较优的T形管能把沸腾温差降低到只为光管的1/5~1/2，即其沸腾传热膜系数可提高到光管的5~2倍。

文献[20]作者对周向间断T形肋槽管在0.1MPa及高于0.1MPa下的沸腾传热进行了试验，沸腾液体为乙醇和R113。一组典型的实验结果已表示在图3.3-43上，可见其起始沸腾过热度低，沸腾传热膜系数大约是光管的2~6倍。系统压力 p 对传热性能有明显的影响，反映出对物性的强烈依变关系。压力的变化见图3.3-44，可见压力影响还与热负荷高低有关。

轴向直槽的作用是，低热负荷时，促进各T形肋槽之间的相互激活，增强传热；高热负荷时，对T形肋槽起分流和减阻作用，弥补了Gewa-T管在高热负荷时排气不畅、补液不足的缺陷。

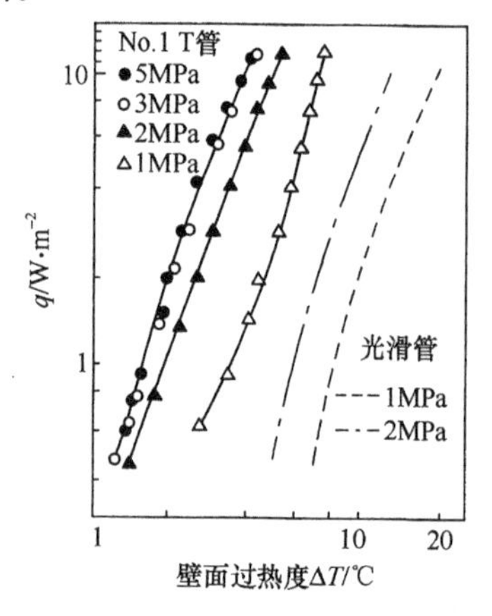

图3.3-43　乙醇作介质试验时的 $q-\Delta T$ 曲线

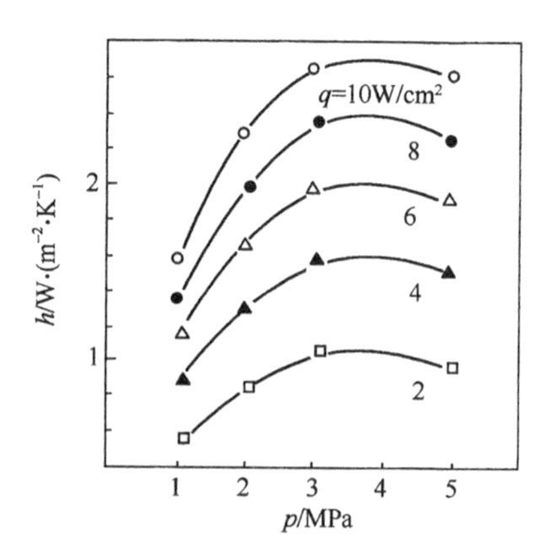

图3.3-44　乙醇沸腾传热试验压力 p 与沸腾传热膜系数 h 的关系

实验回归得其沸腾传热膜系数 h 为：

$$h = 1.059 \times 10^5 (\lambda/2a)(1 - d/2a)^{-1.541}(2a/H)^{2.341}(\nu_f/\nu_v)^{2.096}$$
$$\times (qD/\mu_f h_{fg})^{-0.7955}(\sigma\rho_v h_{fg} d/q^2 t^2)^{-0.6439} Pr^{-0.1125}$$

式中 $2a$——通道宽度，m；

d——狭缝开口度，m；

D——管子外径，m；

H——槽高，m；

h_{fg}——汽化潜热，J/kg；

t——翅片螺距，m；

λ——液体热导率，W/(m·K)；

μ——液体动力黏度，Pa·s；

ρ_v——蒸汽密度，kg/m^3；

σ——液体表面张力，N/m；

ν_f，ν_v——分别为液体和蒸气的运动黏度，m^2/s。

第四节 针翅管的沸腾强化传热性能

一、概况[21]

对于翅片的沸腾传热，其翅片上沿翅高的沸腾传热膜系数，并不是一个常数，对针翅则更为明显。1965年，Haley和Westwater首先研究了这一问题，1967年，Laz和Hsu对此亦进行了研究。Kraus在1988年，Liaw和Yeh在1994年对此进行了综述报道。Liaw和Yeh1994年的研究结果认为，对翅片的沸腾换热，比之光滑管沸腾换热的热传递率有显著增加。尽管如此，但对于针翅管的沸腾换热，国内外研究者甚少，W. W. Lin等人的报道认为，翅面上(尤其是针翅)的液体沸腾热传递极为复杂。如当针翅翅基温度处于膜态沸腾时，在针翅翅长上至少可能有3种情况的沸腾换热现象。一是针翅上只有膜态沸腾；二是膜态沸腾并伴随着有过渡态沸腾传热现象；三是针翅上膜态沸腾加上过渡态沸腾和核沸腾传热现象。

1985年Unal、1986年Senad、1990年Yeh and Liaw以及1997年Lin and Lee等人均认为，针翅上的每一种沸腾模式，均可将其沸腾传热膜系数与沸腾传热温差的关系假设并归结为一个简单的指数规律，于是对于不同的沸腾机构就可以找出其沿针翅长度上的稳态温度分布状况和热流状况，因此，就可以计算出针翅效率和翅系数，从而就可以得到针翅设计的相关信息。

到目前为止，还没有有关针翅沸腾传热多模态(膜态沸腾，简写为F；过渡态沸腾，简写为T；核态沸腾，简写为N)稳态沸腾换热特性的理论可供应用。1996年，Lin和Lee提供了第一个针翅膜态沸腾传热稳态解的稳定性分析，并且在尔后获得了实验证实。

针翅沸腾传热膜系数 h_j 与翅壁面过热度(即沸腾传热温差)的指数函数关系可表述如下：

$$h_j = a_f (T_j - T_{sat})^{N_j}$$

式中 T_j——翅片温度,℃

T_{sat}——沸腾液体饱和温度,℃

a_f——相对应于不同沸腾膜态的常数；

N_j——相对应于不同沸腾模态的指数，下标j，j=1、2、3分别表示相应的膜态沸腾、过渡态沸腾和核态沸腾。

即膜态沸腾时，$N_j = N_1 = 0$

过渡态沸腾时，$N_j = N_2 = -3.18$

核态沸腾时，$N_j = N_3 = 2$

也即是说，对于膜态沸腾和核态沸腾时，$N_j > -1$；而过渡态沸腾时，$N_j < -1$。

二、针翅管的流动沸腾强化传热[22~25]

（一）针翅管的沸腾传热实验

针翅管的沸腾传热，国内长时期未见有人研究，华南理工大学化机所于国内首先立项进行了大量实验研究，并与低螺纹翅片管和光管比较。试验管的结构参数如表3.3-9和表3.3-10所示。

表3.3-9 试验螺纹管结构参数

管　型	光管(1号)	螺纹管			
		2号	3号	4号	5号
管外径/mm	14.0	14.2	14.3	14.6	14.0
管内径/mm	8.0	10.0	8.0	8.0	9.0
螺距/mm	—	1.0	1.5	2.00	3.20
槽宽/mm	—	0.5	0.75	1.00	1.60
槽深/mm	—	1.00	1.00	1.00	1.00
传热面扩展系数	—	2.79	2.17	1.86	1.51

表3.3-10 试验针翅管结构参数

管　型	光管(1号)	针翅管			
		2号	3号	4号	5号
基管外径及壁厚/mm	$\phi32\times4.5$	$\phi32\times4.5$			
针翅长/mm	—	30	30	30	21
针翅直径 ϕ/mm	—	4	4	4	6
周向翅数	—	8	8	12	12
纵向翅数个/m	—	100			
翅纵向间距/mm	—	10	10	10	10

（二）实验结果分析（与低翅片螺纹管和光管的比较）

作者对针翅管和螺纹管作了流动沸腾和池沸腾实验，并与光管(1号管)以及池沸腾(流量 $V=0$)的试验结果进行了比较。实验采用了4种不同规格的针翅管和螺纹管，在不同流量下测试的结果，如图3.3-45所示。

(1)从螺纹单管实验可以看出，2号螺纹管的强化倍数最高，为光管的2.7~3.9倍，而3号、4号、5号螺纹管的强化倍数则分别依次为2.2~3.0倍、1.65~2.70倍和1.4~2.2倍。针翅管则更高。

(2)本试验亦证明流动沸腾优于池沸腾这一规律。2号螺纹管的强化倍数为1.42~2.98倍，3号螺纹管的强化倍数为1.30~3.3倍，4号、5号螺纹管的强化倍数分别为1.06~2.16倍和1.14~2.02倍。

(3)针翅管沸腾传热随温差的升高而提高，比螺纹管更佳。

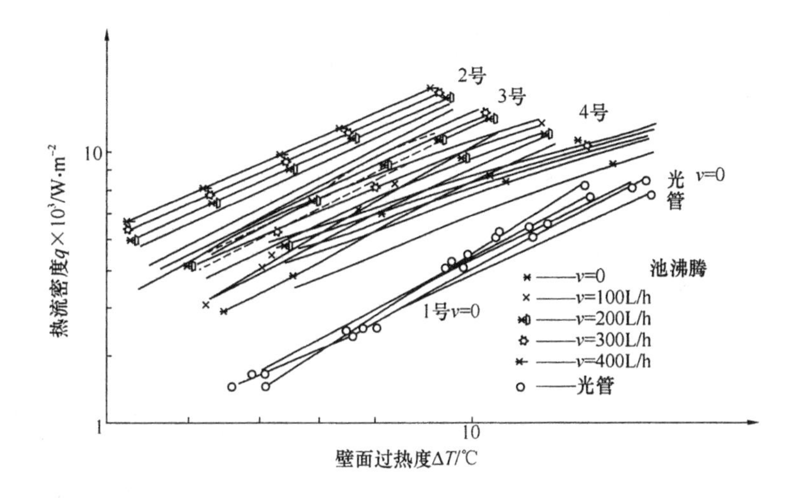

图3.3－45　针翅管(2′、3′、4′号管)和螺纹管(2、3和4号管)
单管流动沸腾传热试验曲线及比较

有关针翅管的沸腾传热强化，作者在另一部著作中作了详细介绍，可参阅文献[22]。

三、针翅管的沸腾曲线[21]

1996年Lin和Lee，1998年Lin W W，Yang T C和Lee D J进行了线性稳态分析以探测针翅稳态沸腾特性。1998年Lin W W等人进行了针翅沸腾试验[21]，试验针翅翅长L为10mm、15mm、20mm，针翅长径比$L/D=2\sim4$，试验结果见图3.3－46。由针翅沸腾曲线可见，当长径比为4.0和翅长为20mm时，翅基温度增加，即过热度ΔT增加，沸腾模型便由核态沸腾(N)向过渡态沸腾加核态沸腾(TN)，然后再向膜态沸腾加过渡态沸腾、核态沸腾共存的多模态沸腾模型转变。图中A点，当翅尖区进入过渡态沸腾(T)、膜态沸腾(F)加过渡态沸腾(FT)模态时，过渡态沸腾(T)增长。这时的沸腾状态是不稳定的，因而包括了一突然的过渡而达到B点膜态沸腾(F)，这是一个较低热流密度下的沸腾曲线区稳态沸腾，用肉眼就可以看到膜态沸腾(F)气泡脱离的现象。

(1)当翅基温度减小时，将使操作点沿较低热流密度沸腾曲线向左向下移动；当翅基温度进一步降低时，就会进入膜态沸腾和过渡态沸腾(FT)的沸腾模态，突然在C点又过渡转回到较高热流密度沸腾曲线区。这时，翅面上的过渡态沸腾态占据了一定的比例，沸腾曲线便构成了一个沸腾回路，见图3.3－46。

(2)当翅长径比为3.0和2.0时，饱和甲醇针翅沸腾的数据(翅长为15mm和10mm时)，除了下列情况外，其沸腾曲线都是基本相似的。

① 当翅的长径比减小时，在较高热流密度沸腾曲线区，在某一点的翅基温度下其相应的翅基热流密度减小。

② 对于短针翅，相应沸腾不稳定点A和A′相互紧靠，其不稳定性分别包括FN模态向F模态转变，以及TN模态向F模态过渡。

图3.3－47为笔者等对瑞典Sunrod针翅管进行水沸腾传热试验获得的理论计算曲线。针翅直径分别为ϕ4mm和ϕ6mm，针翅长分别为30mm和21mm，即针翅长径比分别为7.5和3.5。

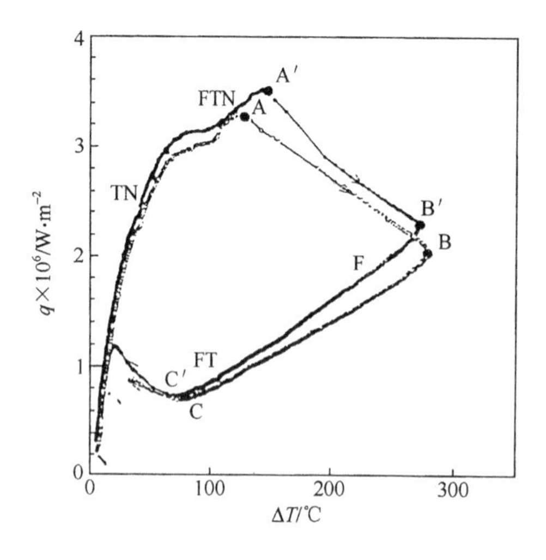

图 3.3-46 甲醇针翅管的 $q-\Delta T$ 沸腾曲线

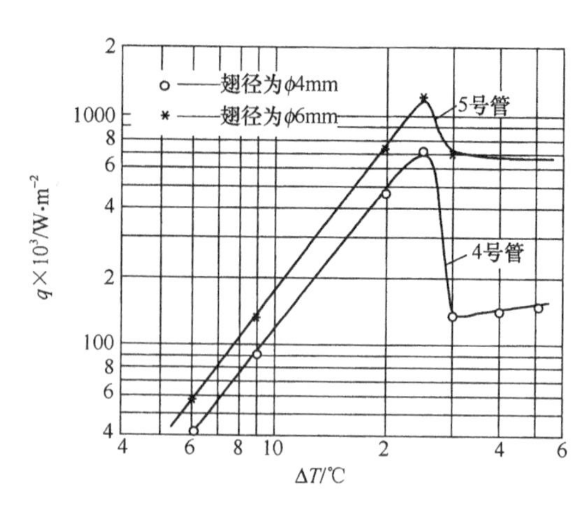

图 3.3-47 Sunrod 针翅管沸腾传热的理论曲线

第五节 水平管束沸腾传热效应与强化管束沸腾传热性能[27]

一、概况

水平管束沸腾传热与单管不同，它与管束排数、排列方式和管间距均有关。一般的理论认为，管束中存在着诱发自然对流循环的现象，故在小于临界热负荷的正常热负荷范围内，其沸腾膜系数比单管高。另外，沸腾滞后(指沸腾起始时壁面过热度 ΔT 过度升高现象或热流密度 q 增加和降低时 $q-\Delta T$ 沸腾曲线不相重合的现象)的现象，在管束下部的管间较严重。

按热负荷大小，可将管束沸腾分为 3 个区域：

(1)自然对流和过冷沸腾区，$0.03\times10^3\mathrm{W/m^2}\leqslant q\leqslant0.50\times10^3\mathrm{W/m^2}$。此时，管束下部为纯自然对流，管束平均沸腾膜系数 h 与单管沸腾膜系数 h_1 之比值 h/h_1 较小；而管束上部则处于过冷沸腾状态，h/h_1 变大，已开始出现管束效应。

(2)部分核态沸腾区，$0.50\times10^3\mathrm{W/m^2}\leqslant q\leqslant3.55\times10^3\mathrm{W/m^2}$。整个管束处于部分核态沸腾状态，管束效应最为明显。在此区域内，各管的 h/h_1 均有峰值出现，最大 h/h_1 值可达 2.4。随管排增高，各管出更最大 h/h_1 时的热流密度值减小。该区域管束效应的机理可作如下解释：

① 鉴于管束中存在诱发自然对流的现象，沿管排高度方向的液体不断受热沸腾，使得管束上部的蒸气质量干度和截面含气率增加，气流混合物流速增大，对流换热增强。

② 参与自然对流的沸腾液体不仅从底部，且还有相当一部分从两侧进入管束，使得沿管束方向的流率不断增加，使对流换热增强。

③ 部分核态沸腾时的管子表面还有一部分气核未活化，来自于下部管子的部分气泡会被上部管子表面捕捉，增加了气核激活的机会，因此使上部管子表面的活化气核数目增多，核态沸腾过程得以增强。

(3)旺盛核态沸腾区，$3.55\times10^3\mathrm{W/m^2}\leqslant q\leqslant28.40\times10^3\mathrm{W/m^2}$。管束处于较旺盛的核态沸腾状态，管束效应开始减弱。这是因为在对流换热增强的同时，流动过程对核态沸腾的抑制作用也在增强，各管排间沸腾换热的差异缩小，管束效应变得越来越不明显。

二、池沸腾管束效应机理及影响因素[27]

管束效应是由管束间密集的气泡运动所引起的，可以大致把它分成下述两大类型。

（一）诱发对流产生的管束效应

管束中各加热管上产生的气泡，脱离加热面以后，在管间形成气泡流并带动液体向上运动。管束外液体在密度差的作用下，从管束下部进入管束，形成了整体对流运动。管束中这种由上升气泡诱发的气液两相流动，可以达到很高的流速，是管束沸腾强化的一个重要原因。

假定管束中各排管上的热流密度相等，令 ν_N 为蒸气到达第 N 排时的平均流速，则由热平衡可知：

$$\nu_N = \frac{(N-1)\pi D q_i}{\rho_y h_v S \varepsilon}$$

式中，q_i 为每根管子的热流密度；S 为管束的水平管间距；D 为管外径；ε 为第 N 排处管束中两相流的平均截面空隙率，可用下式计算：

$$\varepsilon = \frac{\rho_1 x}{\rho_1 x + (1-x)\rho_\nu}\left(1 + \frac{\phi \nu_o}{\nu_N}\right)^{-1}$$

式中，z 为蒸气干度；ν_o 为单个气泡的浮升速度，$\nu_o = 1.5[g\sigma(\rho_L - \rho_\nu)/\rho_L^2]^{1/4}$；$\phi$ 为与液体本物体性和系统压力有关的影响因子；ρ_L 和 ρ_ν 分别为液体和蒸气密度；h_v为气化潜热，σ 为液体表面张力。

管束诱发对流的传热膜系数，可以利用流体横掠管束的传热公式计算，即

$$Nu = \frac{h_c D}{\lambda_L} = C Re_{TP}$$

式中，λ_L 为流体的热导率；Re_{TP}为两相混合物的雷诺数，其相应的管壁热流密度分量 q_c 为：

$$q_c = h_c(T_w - T_L)$$

式中，T_W 和 T_L 分别为管壁和液体的温度。

（二）上升气泡冲刷所产生的管束效应

水平管束沸腾与单管沸腾的最大区别在于，除下部第一排管子以外，管束中其他各排管都不同程度地受到这些管子所产生的上升气泡的冲刷。上升气泡的冲刷对管束沸腾传热的影响，可以归纳成下列 3 种效应。

1. 液膜效应

上升气泡中有一部分气泡碰到上部管表面后，会贴着上排管的壁面继续向上滑行，这种贴壁气泡与加热壁面之间存在着一层很薄的液膜。测量表明，这层液膜的厚度约为 30 ~ 50μm。气泡在滑行过程中，该液膜向气泡内蒸发，使得通过管壁的热流密度增大，从而强化了沸腾换热。

滑行气泡掠过壁面时的简化传热模型，见图 3.3.48 所示。假定气泡底部液体层的厚度为 δ，则很薄液膜内的导热可当作一维来考虑，故导热方程为：

$$\frac{\partial T}{\partial \tau} = a_L \frac{\partial^2 T}{\partial x^2}$$

边界条件为：$x=0$，$T=T_W$；$x=\delta$，$T=T_s$。

对方程求解，可以得到壁面热流密度的表达式：

$$q(\tau) = \frac{\lambda_L(T_W - T_s)}{\sqrt{\pi a_L \tau}}$$

式中，τ 为汽泡滑行时间。

实验观察表明，滑行气泡脱离位置大约在60°处(图3.3－48)，则滑行气泡沿沸腾管(直径为D)滑行的平均距离可近似地取$l=0.12\pi D$，气泡滑行的平均时间为：

$$\tau_o = 0.12\pi D/v_o$$

滑行气泡在滑行时间内的平均热流密度为：

$$q_{fo} = \frac{1}{\tau_o}\int_0^{\tau_o} q(\tau)\mathrm{d}\tau = \frac{2\lambda_L(T_w - T_s)}{\sqrt{\pi a_L \tau_o}}$$

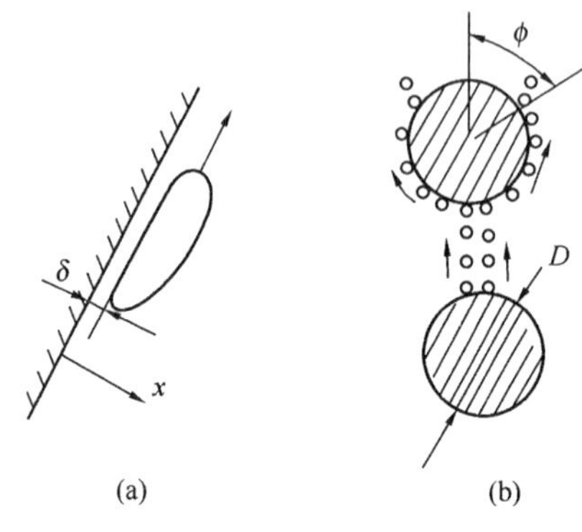

图3.3－48 形成液膜的滑行气泡

上升气泡中大约有1/3可以形成滑行气泡，则单位时间单位面积上的滑行气泡数为$n_1=0.3n_e$。

式中，n_e 为加热面上单位面积的有效气化核心数；取滑行气泡的底面积为πR_o^2，R_o 为气泡的脱离半径。由上升气泡的液膜效应产生的壁面热流密度分量为：

$$q_f = 1.88 n_e R_o^2 \lambda_L(T_w - T_s)/\sqrt{\pi a_L \tau_o}$$

2. 碰击效率

在上升气泡中，还有一部分会碰击壁面上正在成长的气泡，从而引起气泡的聚合和提前脱离，显然，它也能使沸腾换热强化。由碰击效应引起的壁面热流密度分量可表达成：

$$q_i = \eta q_n$$

式中，q_n 是单管的沸腾热密度度；η 是一个反映碰击效应的系数，可由实验确定。

3. 包覆效应

高热负荷下，由滑行气泡形成的气泡串会部分地连成一片，从而形成由大气团包覆的局部干涸现象，使沸腾传热减弱，这就是上升气泡的包覆效应。由包覆效应引起的壁面热流密度分量可表达成：

$$q_i = \phi q_n$$

式中，ϕ 是蒸气遮盖系数。

综上所述，考虑管束效应后第N排管子的沸腾传热平均热流密度为：

$$\begin{aligned} q_{TP} &= q_c + \varepsilon q_b + (1-\varepsilon)q_n \\ &= q_c + \varepsilon(a_1 q_f + a_2 q_i + a_3 q_i) + (1-\varepsilon)q_n \end{aligned}$$

式中，ε 为面积系数，反映冲刷气泡所影响的面积占加热总面积的百分数；a_1、a_2、a_3 是三种效应的权重，在不同热负荷下取值不同。q_b 是管束效应引起的热流密度。

三、几种管束的管束沸腾效应

(一) 光管管束的管束效应

图3.3－49是光管管束沸腾时不同排管子的沸腾曲线[27]。由该图可见，第1排管子的沸腾曲线与单管完全重合。从第2排起出现管束效应，沸腾传热强度明显高于单管，约高25%。第3排管子比第2排管的传热仍有所增加，但增幅较小，这是由于液膜效应变化不大而诱发对流效应有所增强所致。

管间距变化对光管管束效应的影响，见图3.3－50所示。由该图可见，管间距小的管束具有较大的管束效应。这是由于管间距小时会产生液膜效应和碰击效应，后者会使气泡份额增大。同时，管间距较小时会使气液两相流速增大，以致引起较强的对流传热。

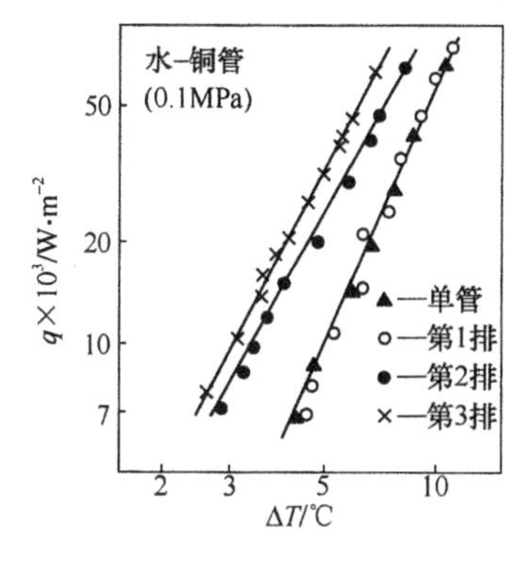

图 3.3－49　光管束的管束效应

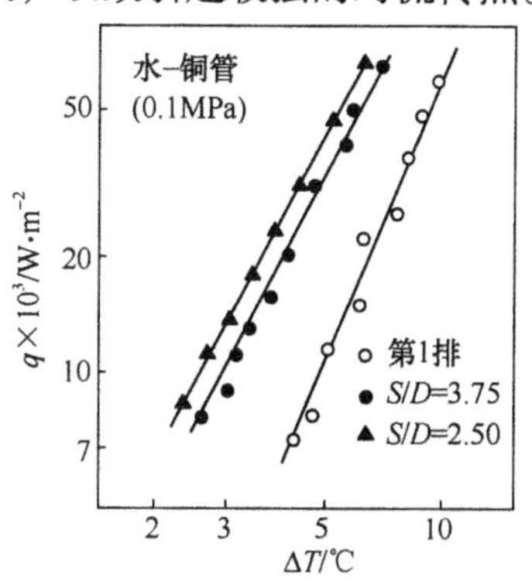

图 3.3－50　管间距的影响

对 R113 试验，管束沸腾传热膜系数 h 可按下式拟合(图 3.3－51)：

$$h = aq^b$$

当 $0.03\times10^3\mathrm{W/m^2}\leqslant q\leqslant28.40\times10^3\mathrm{W/m^2}$ 时，通过对 a、b 沿管排高度的拟合，得：

$$a = 0.1679e^{0.06531i}$$

$$b = 0.6605e^{-0.0175i}$$

标准偏差分别为 0.0033 和 0.0880，相关系数分别为 0.9963 和 0.9515。a、b 的变化趋势可从图 3.3－51 看出。如果将总传热系数分为对流和核态沸腾两部分，则 a、b 的变化与两部分传热系数占总传热系数比例的变化是一致。a 和 b 分别反映了对流和核态沸腾传热膜系数份额的大小。随管排增高，a 值增大，b 值减小，亦即对流传热膜系数份额增大，而核态沸腾传热膜系数份额减小。

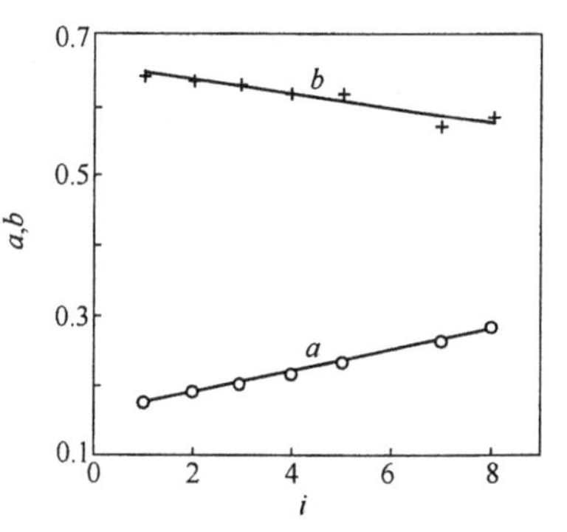

图 3.3－51　a、b 随管排而变化的曲线

（二）肋管管束的沸腾效应

图 3.3－52 和图 3.3－53 为强化管肋管参数示图和管束的管束效应图。表 3.3－11 为该管的结构尺寸。由图可见，尽管肋的尺寸不同，但其产生的管束效应基本相同，这是由于肋管束不大的液膜效应而诱发的对流效应对各类肋管基本相同的缘故[20]。

表 3.3－11　肋管的结构参数

尺寸＼管号	1号	2号	3号	4号	5号	6号	7号
t	3.28	3.26	3.29	2.4	2.38	2.40	1.76
b	1.42	1.44	1.40	1.15	1.15	1.17	0.96
H	0.74	0.71	0.73	0.81	0.82	0.82	0.72
D	14.42	14.58	14.49	14.48	14.38	14.40	14.56
管长	140	140	140	150	150	150	150

（三）机加工表面多孔管 E 管管束沸腾和管束效应[28,29]

文献[28]作者对 E 管管束用 R142b 进行了沸腾试验，图 3.3－54 和图 3.3－55 是 R142b 在光管管束沸腾时各排管的沸腾曲线。第 1 排管沸腾曲线与单管基本重合，第 2、3

排管沸腾传热效率都高于第 1 排管，第 3 排管比第 2 排管传热效率仍然有所增加。

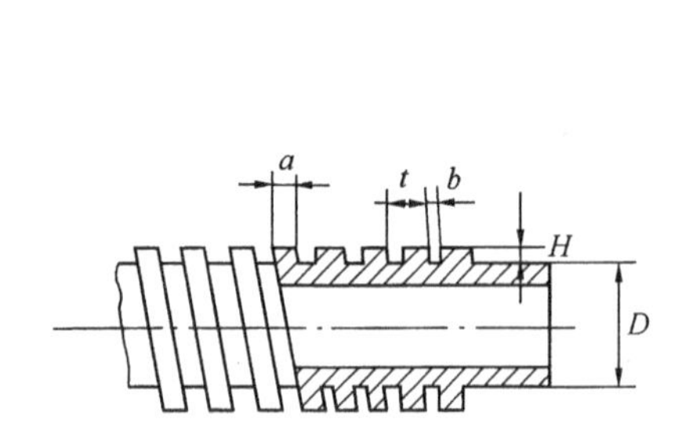

图 3.3 - 52 肋管参数示图

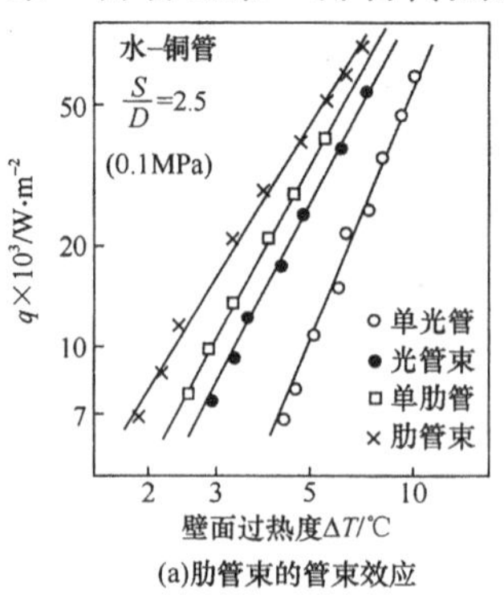

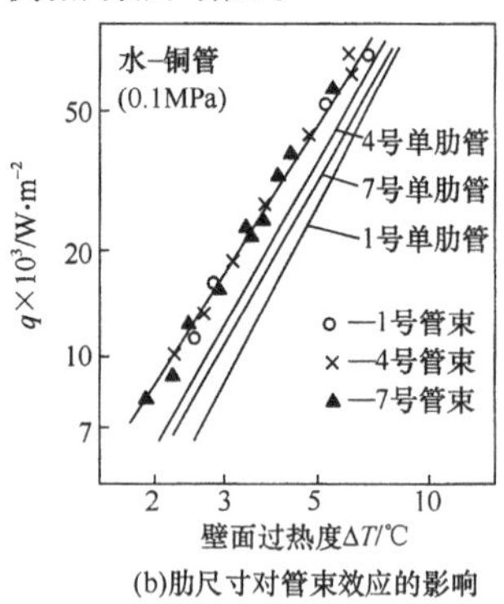

图 3.3 - 53 肋管束的管束沸腾效应及肋参数的影响效应

管束中管排沸腾传热膜系数 h_m 随管排高度增大的现象称为管束效应。由图 3.3 - 54 可看出，当热流密度 q 约为 $20 \times 10^3 W/m^2$ 时出现管束效应，且随着热流密度的增加，管束效应逐渐增强。这一方面是前述管束中有诱发自然对流的存在。另一方面是下排管产生的气泡向上排管壁滑移，气泡在滑行过程中管壁与气泡之间形成的一层薄液膜向气泡蒸发，使得通过管壁的热流密度增大而强化了沸腾换热。

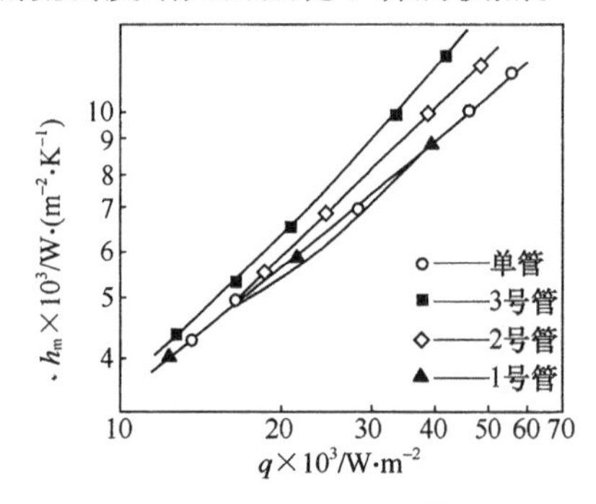

图 3.3 - 54 R1421b 在光滑管管束外的沸腾换热曲线

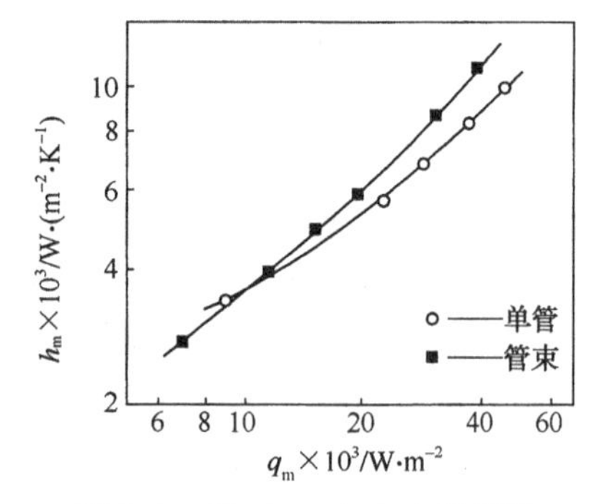

图 3.3 - 55 R142b 在光滑管管束外的管束性能

图 3.3 - 55 把整个管束的平均沸腾传热膜系数 h_m 称为管束性能，而把相同热流密度下整个管束的平均沸腾传热膜系数与相同几何表面的单管沸腾传热膜系数的比值 h_m/h_s 称为管束因子。图 3.3 - 55 示出了 R142b 在光滑管管束外沸腾时的管束性能曲线及与光滑管单管的比较。由该图可看出，光滑管管束性能高于单管性能，平均管束因子为 $h_m/h_s = 1.12$。

R142b 在机加工表面多孔管管束外的沸腾换热，就现有文献来看，光管管束的实验结果是一致的，但强化表面管束的实验结果仍有很大分歧。R142b 在机加工表面多孔管管束外的沸腾传热曲线如图 3.3 - 56 所示。由该图可见，管束中第 3 排管沸腾传热性能最差。第 2 排管沸腾传热最高，与单管传热性能相当。总的来看，管束各排管传热性能低于单管，无管束效应或只有负的管束效应。Yilmax 等人的实验也得到了同样的结果。

对表面多孔管来说，静压头的增加使管束底部液体饱和温度升高，有效传热温差减小，沸腾换热减弱，管束第 1 排管沸腾传热性能低于单管。对于第 3 排管，管子处于气液两相流体中，气液两相流流动阻力大，不易经小孔流入多孔层隧道。此外，流过管子的流体动量较大，多孔层的毛细管力不足以将液体吸入隧道。这样多孔层隧道内因缺液而局部干涸进而使沸腾传热减弱，因此沸腾传热性能比单管差。第2排管则不一样，由于第1排管(位于管束下部)沸腾传热性能低，气泡对第2排管的冲刷很弱，参与自然对流的沸腾液体不仅从底部，且还有相当一部分从两侧进入管束，保证了第2排管多孔隧道内蒸发界面上的液体补充和良好的气液循环。同时，管束中诱发的自然对流使气泡脱离、容积液体与多孔表面间的对流传热增加，因此由图3.3-57可见，管束沸腾传热性能低于单管，平均管束因子 $h_m/h_s=0.769$。

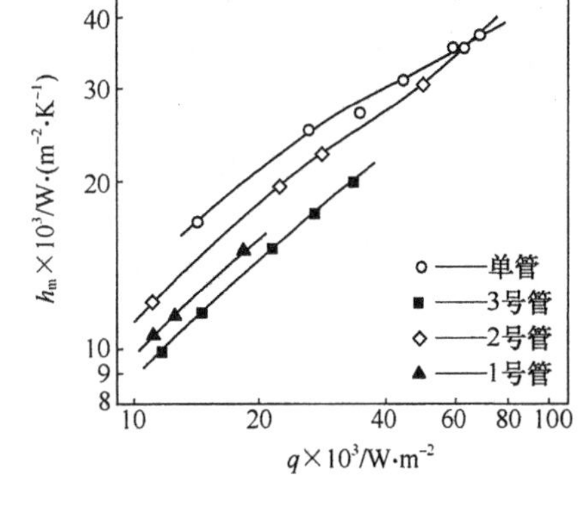

图3.3-56　R142b机加工表面多孔管管束外沸腾传热曲线

图3.3-58~图3.3-60给出了机加工表面多孔管管束性能与光管管束性能的对比。由图可见，由表面多孔管所组成的管束沸腾传热性能高于光管管束，在相同的平均热流密度时机加工表面多孔管管束沸腾传热膜系数是光滑管管束的2.4~3.4倍。机加工表面多孔管单管的强化倍率为3.1~4.0，管束的强化率要稍低于单管。

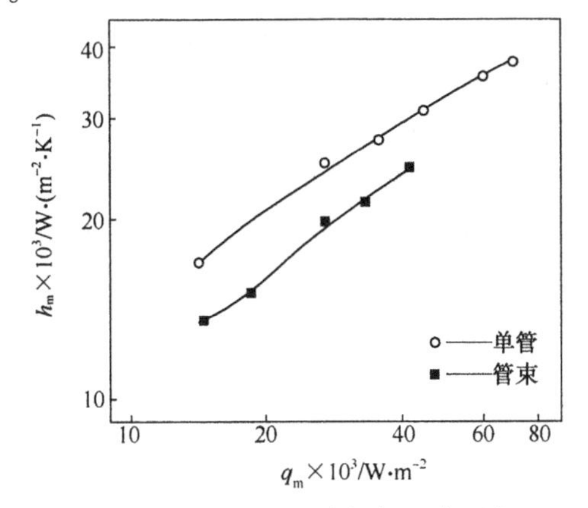

图3.3-57　R142b在机加工表面多孔管管束外的管束性能

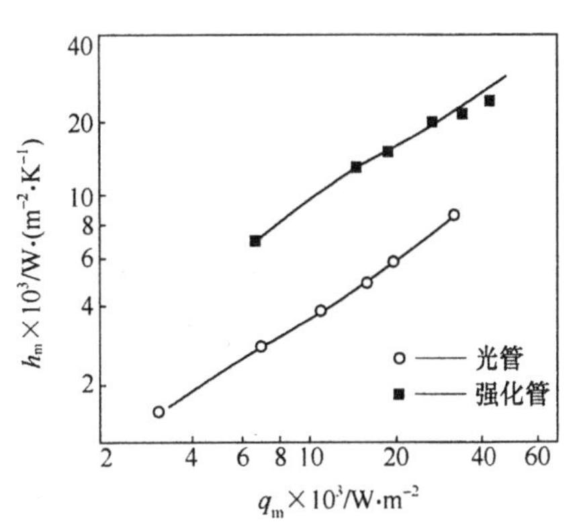

图3.3-58　机加工表面多孔管管束性能与光管管束性能的比较

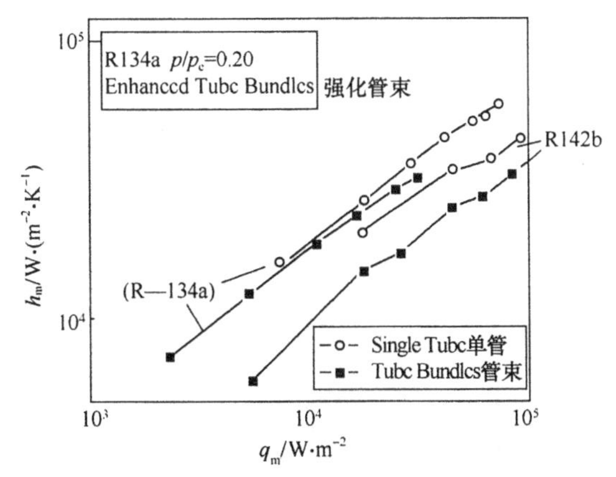

图3.3-59　R134a和R134b的饱和温度分别为31.7℃和55.8℃时机加工多孔管管束性能及与光管管束性能的比较

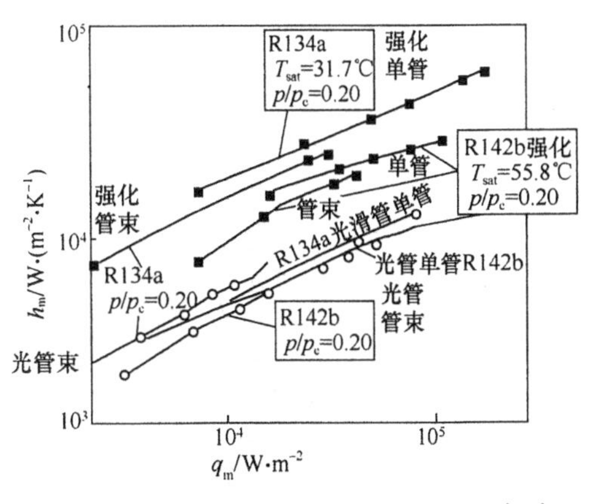

图3.3-60　R134a和R134b在饱和温度时机加工表面多孔管管束性能及与光管管束性能的比较

结论是，R134b在机加工表面多孔管管束外沸腾时无管束效应出现；在相同热流密度下，管束的各排管沸腾传热膜系数均低于单管值；机加工表面多孔管管束性能低于单管性能，平均管束因子 $h_m/h_s=0.769$；机加工表面多孔管管束性能高于光管管束性能，在相同平均热流密度下，其平均沸腾传热膜系数是光管管束的2.4~3.4倍。

（四）池沸腾的窄间隙管束效应[30]

Lin Z H & Qiu Y H的试验，对单管光管和各种不同管间距光管管束以及两种不同强化沸腾管单管和不同管间距管束进行了比较。

图3.3-61表示了这几种管的单管池核沸腾试验结果。其中HF管为美联合碳化公司(Union Cabide Linal)高热流密度表面多孔金属管(多孔层厚0.38/mm)。

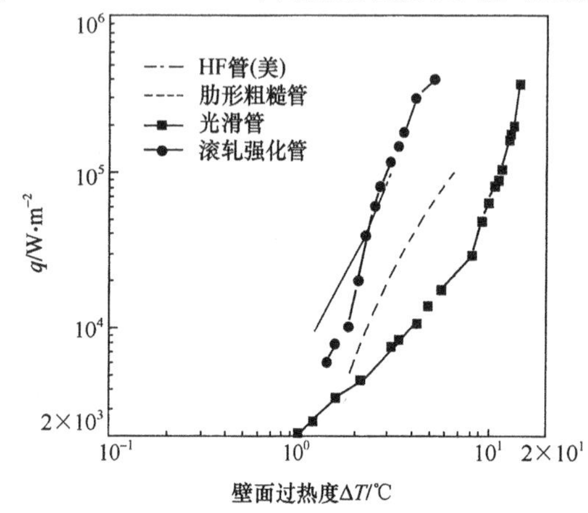

图3.3-61　几种管的单管池沸腾强化(纯水)试验比较以及热流密度 q 与壁面过热度 ΔT 的关系

由图3.3-61可见，在低、中等热流密度下，核沸腾有强烈的强化效应，比光管约大一个数量级，这是由于其管表面具有密集的有效沸腾孔穴，且在高热流密度下($q>10^5$W/m^2)其沸腾传热膜系数($h=q/\Delta T$)还稍微超过了HF管之缘故。

1. 光滑管管束强化沸腾效应

图3.3-62表示了窄管间距光管管束池沸腾试验的性能及与单管光管的比较。

由图3.3-62可见，管间距对管束的沸腾传热有显著的影响，其沸腾传热膜系数随管间距的减小而迅速增加。当管间距 S 小至0.5mm时，试验中的沸腾传热效应最大，其相应的过热度接近于减小1℃，在中等热流密度下可达到充分的沸腾状态。与单管池沸腾相比，相同热流密度下，其最大的沸腾膜系数可提高10倍。为此，窄间距管束在高热流密度下是不宜采用的。随着热流密度的增加，小管间距为0.5mm时的管束沸腾曲线接近于单管池沸腾曲线，且因其液体供应不足还显示了缓慢的沸腾临界点的特性。

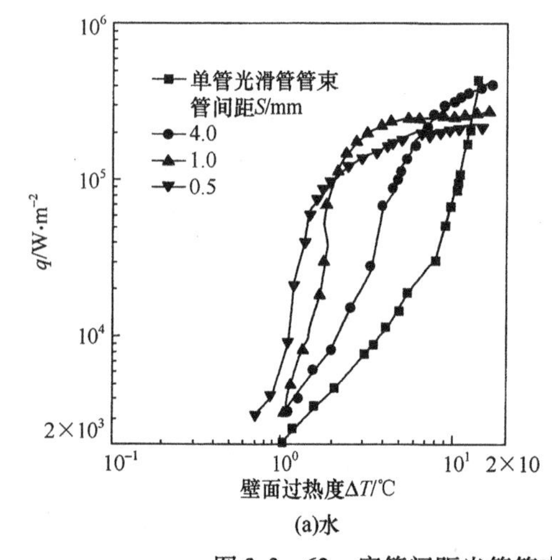

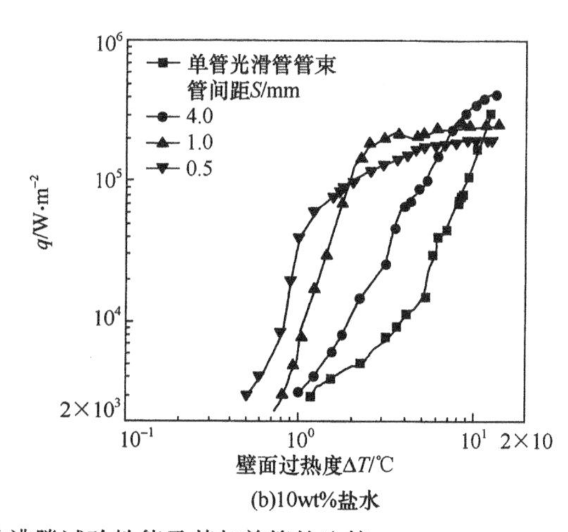

图3.3-62　窄管间距光管管束池沸腾试验性能及其与单管的比较

比较图3.3-61和图3.3-62可见，窄管间距 $S=0.5\text{mm}$ 的强化传热效应要大于低热流密度和中等热流密度下的单管滚轧型强化管。

窄管间距管束的强化沸腾传热效应的机理，可简单概括为：当管间距很小时，即使热流密度非常小也会使管间空间的液体温度迅速加热而上升，故其在管壁的过热边界层很容易得到发展，意味着沸腾很容易发生。沸腾气泡堵塞在管束之有限空间后使加热壁面和扁平气泡间形成非常薄的液膜，正是由于这些独特的薄膜蒸发而使传热获得了显著的强化。通常，相对于最大沸腾传热膜系数就有一个相应的最佳管间距 S，该管间距过窄时气泡和液体流动受到阻塞，过宽时又很难形成热边界层和扁平气泡。

对垂直管束，最佳间距约等于从加热壁面脱离时的气泡直径；对水平管束，沸腾现象则更为复杂，故最佳间距应 $<0.5\text{mm}$。

2. 强化沸腾管管束的沸腾效应

图3.3-63为滚轧强化管管束的沸腾强化效应，与图3.3-62b比较，该强化管管束间距为4mm时与单管强化十分接近。但对间距为0.5mm和1.0mm的强化管管束则相当接近于同样间距的光管管束，沸腾曲线比光管管束更为陡直，且在低、中等热流密度下几乎与热流密度无关，显示了强化管窄间隙管束沸腾的一些综合效应。

图3.3-64为单根光管、单根强化管以及强化管管束间距为1.0mm时的沸腾传热膜系数比较。

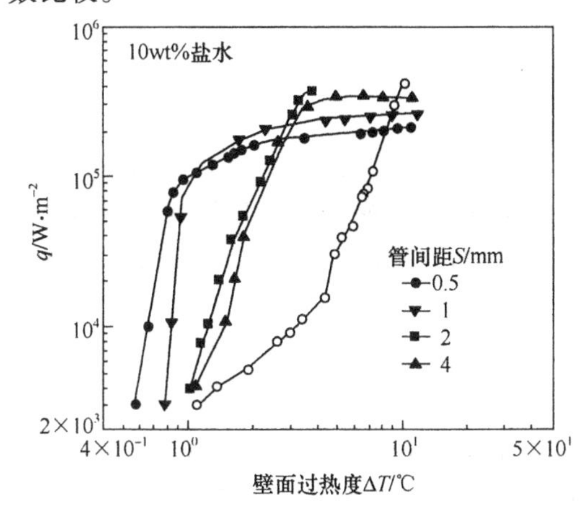

图3.3-63 强化管管束的沸腾强化效应以及与单管的比较

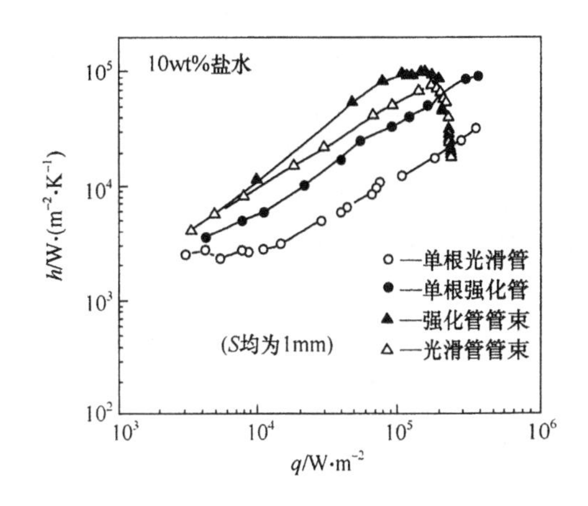

图3.3-64 强化管管束沸腾强化传热膜系数 h 与热流密度 q 的关系以及与单管沸腾传热的比较

由图3.3-64可见，当热流密度小于 10^5W/m^2 时，强化管管束的沸腾传热膜系数较高，比单管高很多，比光滑管管束也稍高。可见就小间距紧凑管束来看，强化管管束的沸腾传热膜系数比光管管束高不了多少，故在实际应用中，只需采用紧凑光管管束来代替强化管管束进行沸腾传热即可。

第六节 管内蒸发沸腾强化管性能

一、概况

图3.3-65所示为两种管内强化相变传热的管型。这类管型包括内翅肋管（螺旋槽、肋

管；横(纹)槽、肋管和波纹管等)、内插扭带管、内十字交叉翅管和贴壁内插弧状条带肋翅管(包括贴壁内插螺旋线圈)等。特别应强调的是近期还出现了内微翅管，它特别适用于制冷空调中。该内微翅管强化性能特别好，压降增加不多，因而耗材少和成本低。上述其他管型尽管其传热可强化2倍左右，但压降太大。如Tesan和Bensler发现，它们可使制冷剂R113等蒸发并比光滑管强化2倍，但压降增加却达3.5倍[2]。图3.3－65及表3.3－12即为两种交叉内翅管示图及参数。

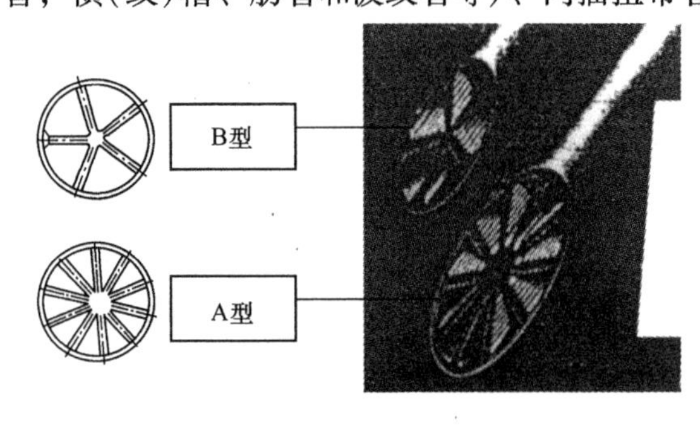

图3.3－65　两种交叉内翅管示图[30]

表3.3－12　两种交叉内翅管参数

管　型	A		B	
铝　翅	—		—	
翅　数	10		5	
外径/mm	19	16	19	16
壁厚/mm	0.9	0.8	0.9	0.8
内外径面积比	3.4	3.2	2.2	2.2

二、螺旋内翅片强化管管内的流动沸腾传热[31]

(一)螺旋内翅片管的结构特点

螺旋内翅片管具有的结构特点，不仅可用于强化管内流动沸腾，也可用来强化管内流动冷凝。在20世纪70年代，日本人Masaaki Ito和Hideyukimura对螺旋内翅片管的管内沸腾进行了较深入的研究。他们比较详细地研究了螺旋角β、节距P及翅片高度(或沟槽深度)H对传热性能和压力降的影响。试验是在水平管中进行的，介质为R22。管参数为：节距$P=0.32\sim1.75$mm，槽深$H=0.06\sim0.40$mm，螺旋角$\beta=3°\sim90°$，内径$d=11.5$mm；质量流速在$G=77.6$、115.1、192.3kg/m^2·s，热流密度$q=21.0\times10^3$W/m^2。试验结果表明，管内沸腾传热膜系数为光管的2倍，当槽深$e<0.2$mm时，在相同的操作条件下，螺旋内翅片管与光管的压力降几乎相等。在螺旋角$\beta=0°\sim15°$的范围内，摩擦因数随雷诺数的变化趋势与光管相似。当$\beta=7°$和90°时，管内传热膜系数达最大。这一结果揭示了螺旋内翅片管具有传热效果好及阻力损失小的特点。鉴于螺旋内翅片管良好的传热特性，日本九州大学的吉田骏及西川兼康等人进一步研究翅片螺旋角的影响。他们采用了$\beta=30°$(头数$n=60$)与$\beta=15°$($n=100$)左右交错式螺旋内翅片管，以R22为工质，发现其管内流动沸腾传热膜系数有惊人的提高。在热流密度$q=10\times10^3$W/m^2，质量流速$G=100$kg/(m^2·s)，蒸汽干度$x=0.4$时，管内平均沸腾传热膜系数比光管高近5倍。

(二)螺旋内翅片管强化流动沸腾传热的特性

比较系统研究螺旋内翅片管用于有相变传热过程的要推日立电缆公司的机械工程室、古河电器公司以及九州大学等。日立公司的hideuki kimura和masaaki ito以及九州大学的吉田骏和西川兼康等人分别作了在质量流量恒定，热流密度和螺旋角度变化以及热流密度恒定，螺旋角和质量流速变化时对沸腾传热性能影响的试验。由图3.3－66可看出，在低热流密度区，螺旋内翅片管内沸腾传热膜系数有显著的提高，几乎是光管的10倍，且螺旋角大的传热膜系数大。从恒热流密度的试验结果看，在质量流量低的区域，传热性能随质量流速及螺旋角的增大而提高，峰值出现在15°处，最后在下降中趋于平稳。这一结果被认为是由于细微沟槽的液体毛细提升作用引起的，即在低热流密度和低质量流速区，流体流动易出现分层现象，即层状流状态。蒸气聚集于管内的上部，下部为液体，液体受毛细提升力的作用而沿壁面上升，沟槽螺旋角大的液体上升也容易，液体在毛细力作用下达到重新均匀地分布，并充分湿润管壁，从而使管内传热膜系数提高。随着热流密度、质量流速的提高，管内流体呈环状流，管中央为气相，液体分布于管壁周围，从而减少了传热热阻。当管内流动状态改变，质量流量和质量流速很高时，其传热性能便会趋于光滑管。这是由于大的质量流量下出现雾沫夹带而不能充分利用二次流强化传热之故。在图3.3－67中30°/15°左右旋交错式螺旋内翅片管的性能引起了人们的极大兴趣，在质量流速为100kg/(m²·s)时达最大值。

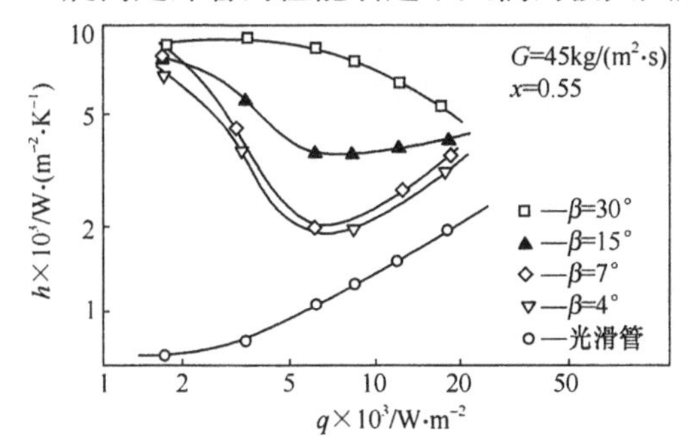

图3.3－66　热流密度 q 对传热膜系数 h 的影响

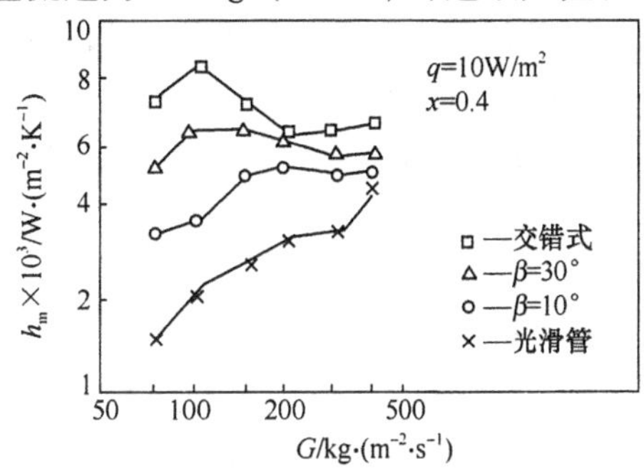

图3.3－67　质量流速 G 及沟槽螺旋角对圆周方向上平均传热膜系数 h_m 的影响

华南理工大学化学工程所对水平放置的螺旋内翅片管进行了试验。螺旋内翅片数 $n=20\sim60$；螺旋角 $\beta=8°\sim30°$；工质为R12；工质的质量流速 $G=130\sim520\text{kg/(m}^2\cdot\text{s)}$，干度 $x=0.08\sim1.0$(过热度<3℃)。实验结果表明，螺旋内翅片管的沸腾传热膜系数为光管的1.6～2.2倍。图3.3－68为单管的试验数据。

实验结果表明，螺旋内翅片管比光管可节约传热面积30%左右，与内插铝芯星形管及整体肋管相比，单位体积重量可减轻50%左右。

(三)管型结构参数对传热强化的影响

关于螺旋角 β 对传热强化与流阻性能的影响，Masaaki和Hideyuki等人给出的性能曲线表明，当 $\beta=0°$ 时(即直翅片)其沸腾传热性能几乎与光管相同，这说明直翅片对流动沸腾强化作用不大。当 $\beta=7°$ 和90°时出现两个数值上大致相近的峰值。当 $\beta=45°$ 时其强化程度最低。当 β 很小时，流体会沿翅片和沟槽流动，故压降小。当 β 较大时，流体直接碰撞翅顶而掠过，故压降大，这一结果与前述峰值出现在15°的结果相异。

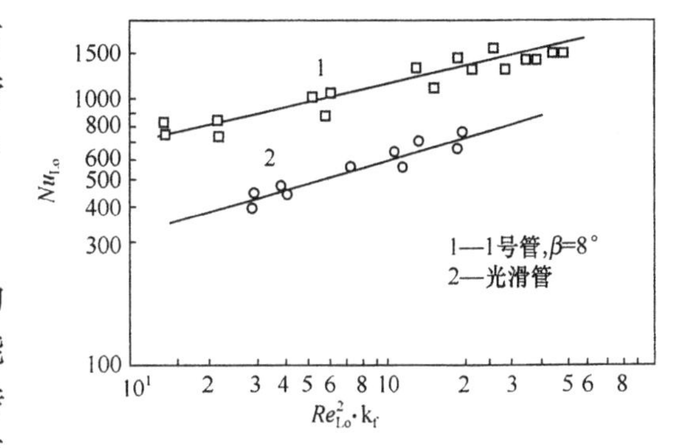

图3.3－68　螺旋内翅片管(1号)的 $Nu_{Lo}-Re_{Lo}^2\cdot k_f$ 性能曲线

华南理工大学就螺旋内翅片管沟槽间距和翅片高度对强化传热的影响作了研究。认为槽间距 P 对传热性能有较大的影响。当 $P=0.5\sim1.0$mm时传热效果最佳。槽间距对压力降的影响较小。槽深在 0.2mm 以内可使传热性能有较大的提高，压力降几乎与光管相同。当槽深超过 0.2mm 以后，对传热性能的影响较缓慢，而压力降则略有上升。

华南理工大学还研究了螺旋内翅片管翅片和相应沟槽端面形状对传热和压降的影响。古河公司根据试验结果认为，对管内流动沸腾来说，其翅片断面以三角形，而沟槽端面以三角形或梯形者为好；对管内流动冷凝，则认为其翅片和沟槽断面均以三角形为好。而日立公司的试验结果则认为，不管是用于沸腾或冷凝，翅片断面均以三角形，沟槽断面均以梯形者为佳。

三、水平横纹(槽)管管内沸腾传热[32]

文献[32]介绍了横纹(槽)管管内沸腾传热的试验。结果表明，水的沸腾传热膜系数可比光管提高 1.3～1.4 倍，液氮则可提高 3～8 倍。对氨而言，图 3.3－69、图 3.3－70 分别示出了热流密度为 $15.2\times10^3 W/m^2$ 时，各实验管(见表 3.3－13)沸腾传热膜系数和单位长度压降随质量流速变化的关系。由这两图可看出，各实验管的沸腾传热膜系数和单位长度压降都随质量流速的增大而增大，当质量流速小于 $30kg/(m^2\cdot s)$ 时的增加幅度，要大于质量流速大于 $30kg/(m^2\cdot s)$ 时的增加幅度。

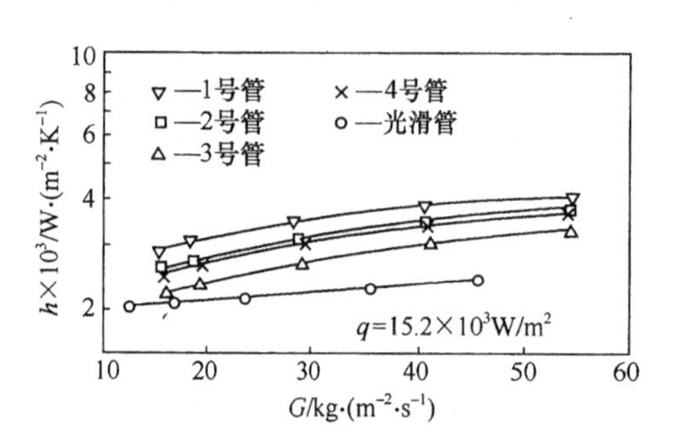

图 3.3－69　沸腾传热膜系数 h 随质量流速 G 的变化关系

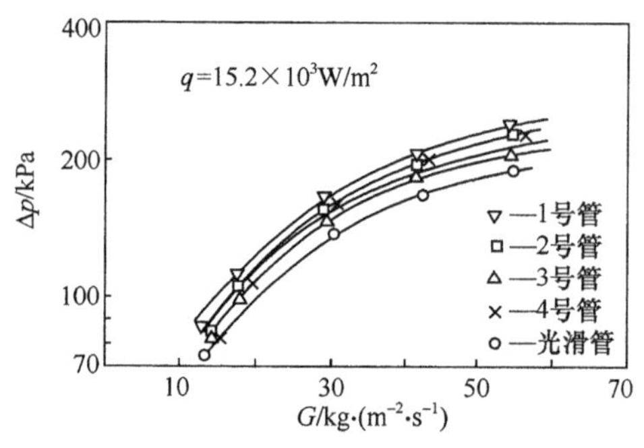

图 3.3－70　单位长度压降 Δp 随质量流速 G 的变化关系

图 3.3－71 和图 3.3－72 分别给出了质量流速为 $18.1kg/(m^2\cdot s)$ 时，各实验管的沸腾传热膜系数和单位长度压降随热流密度的变化关系。各实验管的沸腾传热膜系数和单位长度压降都随热流密度的增大而增大。除 1 号实验管外，各实验管的沸腾传热膜系数和单位长度压降随热流密度增大的变化为：当热流密度小于 $10^4 W/m^2$ 时增加较慢，而当热流密度大于 $10^4 W/m^2$ 时增加较快。图 3.3－69～图 3.3－74 中符号所代表的管号均相同。

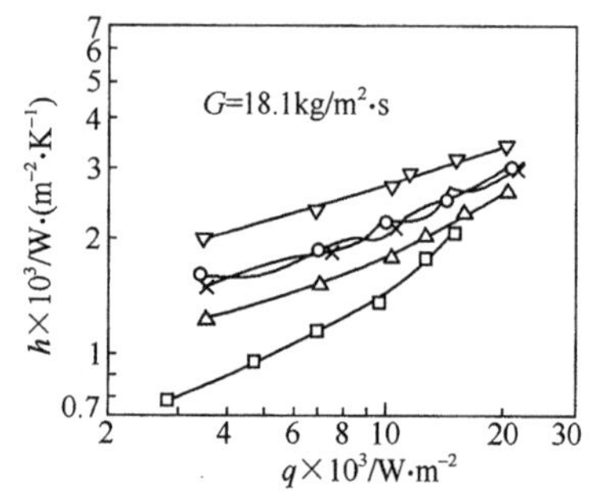

图 3.3－71　沸腾传热膜系数 h 随热流密度 q 的变化关系

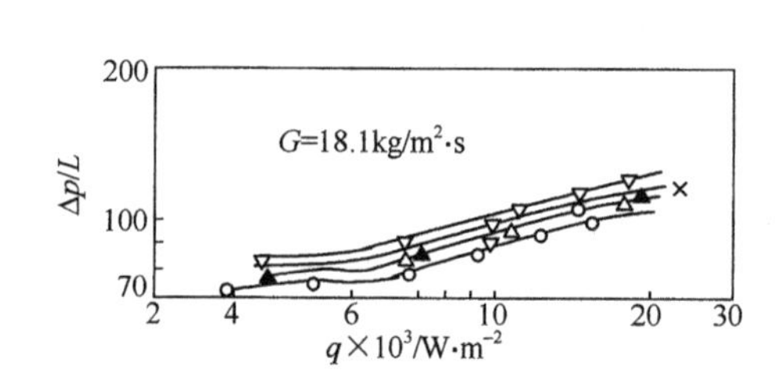

图 3.3－72　单位长度压降 $\Delta p/L$ 随热流密度 q 的变化关系

表 3.3－13　实验管几何参数

管号	0 号(光滑管)	1 号	2 号	3 号	4 号
槽深 e	—	0.91	0.91	0.91	0.40
节距 P	—	4.3	9.3	12.0	9.3
e/d	—	0.07	0.07	0.07	0.03
P/d	—	0.330	0.715	0.923	0.715

图 3.3－73 和图 3.3－74 分别给出了质量流速 G 为 18.1kg/(m^2·s)时，各实验管的沸腾传热膜系数和单位长度压降随干度 x 的变化关系。由图可看出，各实验管的沸腾传热膜系数和单位长度压降 Δp 随干度的增大而增大。但在不同的干度范围内两者增大的幅度各有所不同，在 0.3～0.5 的干度范围内的增大幅度要明显较其他范围内快些。

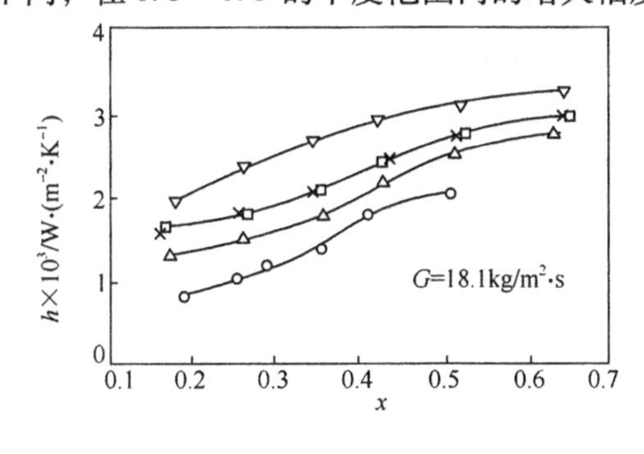

图 3.3－73　沸腾传热膜系数 h 随干度 x 的变化关系

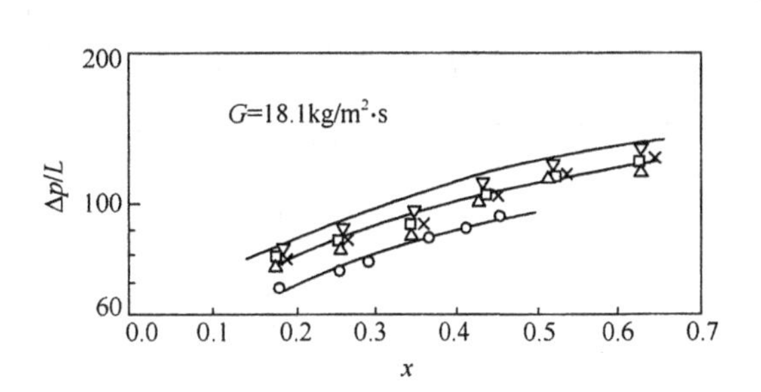

图 3.3－74　单位长度压降 $\Delta p/L$ 随干度 x 的变化关系

所有横纹(槽)管的沸腾传热膜系数均比光管提高了 30%～150%，但其单位长度压降也都大于光管。随着节距的减小，沸腾传热膜系数增大，单位长度压降也增大。

在相同热流密度和质量流速条件下，令沿用内翅片管和光管的传热膜系数的比值除以内翅片管和光滑管压力降的比值来评价强化管强化传热性能，即

$$K = (h_{翅}/h_{光})(\Delta p_{翅}/\Delta p_{光})$$

K 值愈大，说明传热强化的幅度要大于压降损失增加的幅度，因此强化传热管的强化性能亦愈好。

表3.3－14 示出了热流密度为 15.2×10^3W/m^2，但质量流速 G 不同时各横槽纹管与光管的沸腾传热膜系数之比、压降之比和 K 值。这说明各横槽纹管在强化换热的同时压降损失也增大了。但是沸腾传热膜系数的增大幅度明显大于压降的增大幅度，这表明在实验的范围内各横槽纹管的性能都优于光管。随着质量流量的增大，沸腾传热膜系数的比值从 1.35 增加到 1.76，而压降的比值仅从 1.09 增加到 1.17，K 值则从 1.24 增加到 1.49。

表 3.3－14　$q=15.2\times10^3$W/m^2 时各实验管强化传热性能的比较

G	$h_{翅}/h_{光}$				$\Delta p_{翅}/\Delta p_{光}$				K			
	1 号	2 号	3 号	4 号	1 号	2 号	3 号	4 号	1 号	2 号	3 号	4 号
15.0	1.35	1.15	1.04	1.12	1.09	1.04	1.03	1.02	1.24	1.11	1.01	1.10
18.1	1.47	1.30	1.16	1.29	1.13	1.05	1.03	1.03	1.30	1.24	1.15	1.22
29.2	1.67	1.49	1.33	1.47	1.14	1.09	1.05	1.04	1.46	1.36	1.30	1.32
54.7	1.76	1.56	1.45	1.50	1.17	1.10	1.07	1.08	1.49	1.42	1.35	1.39

从表3.3-14还可看出，对同一槽深的管，其沸腾传热膜系数和压降的比值均随节距的减小而增大，还有K值也随节距的减小而增大。比较节距相同而槽深不同的2号和4号管可以看出，槽深对强化传热性能的影响不大。

文献[33]作者就横槽纹管管内流动沸腾强化传热试验后认为，其与光管相比，沸腾传热膜系数增加了30%～40%。

第七节 内微翅管的蒸发沸腾强化传热性能[12]

一、概况[12]

内微翅管是最新发展的强化管，其典型的内微翅管有60～70翅，而翅高只有0.1～0.2mm，翅螺旋角15°～25°。其他内翅片管一般很少有超过30个翅的，且翅高还要高得多。各种内微翅管的结构如图3.3-75和图3.3-76所示。

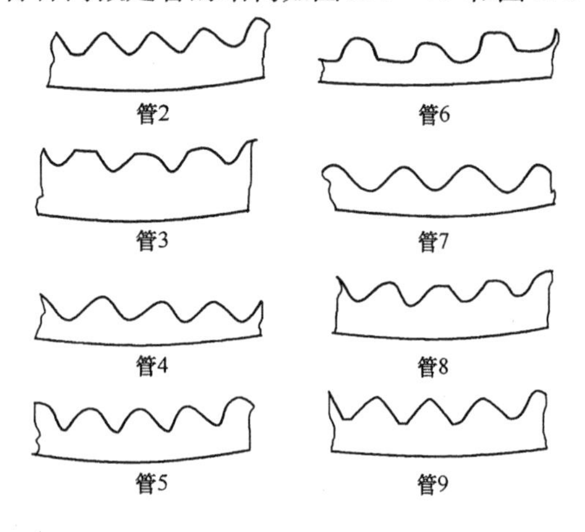

图3.3-75 试验用8种内微翅管的局部示图
（8种平翅与圆翅，该8种翅翅高0.10～0.19mm，翅数60～70个，螺旋角10°～25°）

Schlager等人就翅高0.2mm、翅数60、螺旋角18°及传热面积增加了1.5倍的内微翅管和螺旋角30°、翅高0.38mm、21翅及传热面积增加了1.8倍的低翅片管(图3.3-78)的管内蒸发性能进行了比较试验，介质为含油0%～5%的R22制冷剂。质量流速$G=200\text{kg}/(\text{m}^2\cdot\text{s})$时强化了2.6倍，而$G=400\text{kg}/(\text{m}^2\cdot\text{s})$时比光管强化了1.8倍，见图3.3-77。该图曲线还表明，在含油浓度高的情况下(如制冷剂在循环过程中夹带了压缩机泄露的润滑油，对制冷剂的传热效率有影响)，两种传热管的性能均下降，但低翅片管的性能下降更多。如在低质量流速下，内微翅管下降为1.9倍，而低翅片管则下降为1.6倍。

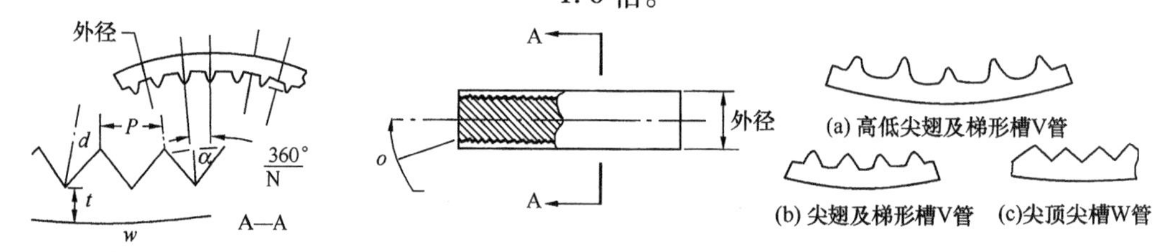

图3.3-76 内微翅管断面示图

Reid等人对上述内微翅管和内高翅管的R113蒸发强化性能进行了比较试验，比较了两者相对于光管的强化因子与压降之梯度比，当该性能比大于1.0时，表明其强化传热要比压降增加值高，见图3.3-79。从该图可见，内微翅管在更大的R113干度范围内，性能系数均大于1.0，而内高翅管在整个干度范围内则大大小于1.0。

图3.3-80为几种内微翅管蒸发传热膜系数h与制冷剂R113下干度x的关系曲线。由此可见，分别比光管强化了1.5～2.7倍，而压降则小于1.8倍。此外Khanpara等人亦报道

了上述图 3.3－75 中具有圆形面翅尖和翅谷的内微翅管的冷凝性能。他们指出，翅数为70，螺旋角为20°的内微翅管，在整个质量流量范围内其冷凝传热性能最好，其次好的为该图中的9号管，即65翅，平形翅谷的内微翅管。图 3.3－81 为文献[34]作者对内微翅管流动沸腾曲线与光管的比较。

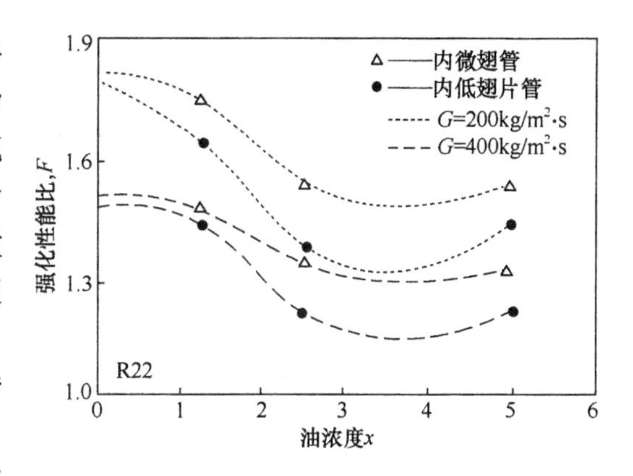

图 3.3－77 内微翅管与内低翅管蒸发强化性能比 F 的比较

二、MX™和 MCG™内微翅管的蒸发传热性能[35]

MX™单螺旋角和 MCG™反向二次错翅切槽内微翅管均比其他内微翅管具有更多的翅数、更高的翅高及低的螺旋角，故其性能更好。MX™单螺旋角和 MCG™反向错槽内微翅管的蒸发传热和阻力试验的结果如图 3.3－82、图 3.3－83 和表 3.3－15 所示。与光管比较(R22 质量流量为 45.91 和 159kg/h)，二者均随流量之增加而增加，而效率指数 η 则随流量而下降。MCG™管性能要优于 MX™管(除 MCG™－27 管外)，MCG™－27 管的螺旋角达到20°时蒸发传热膜系数 h 达到了最大值，而后随螺旋角增加，h 减少。Ito 和 Kimura 也提出了 MX™单螺旋角管的最佳螺旋角，见图 3.3－84。

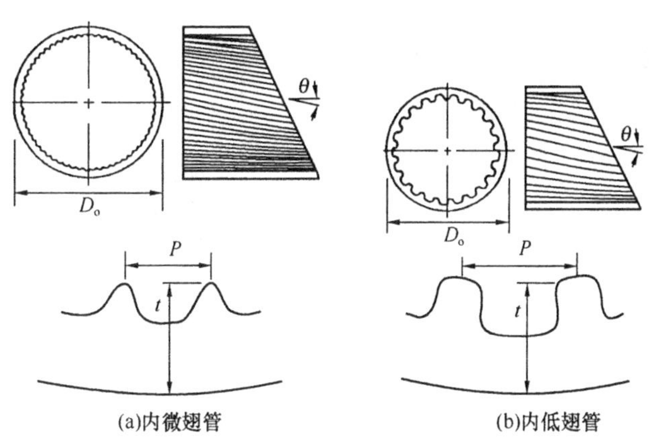

图 3.3－78 内微翅管与内低翅管的结构示图

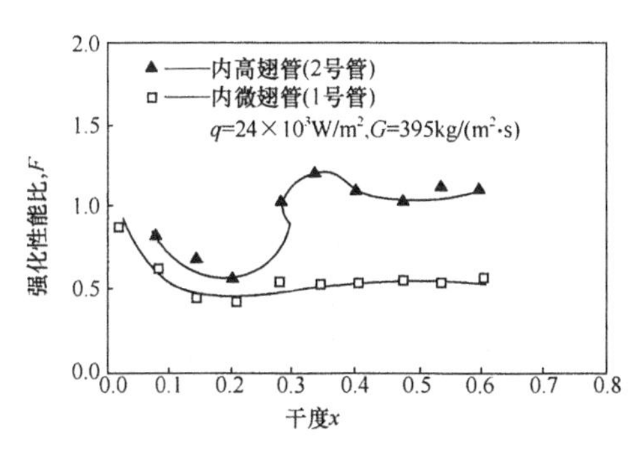

图 3.3－79 内微翅管与内高翅管 R113 蒸发性能的比较

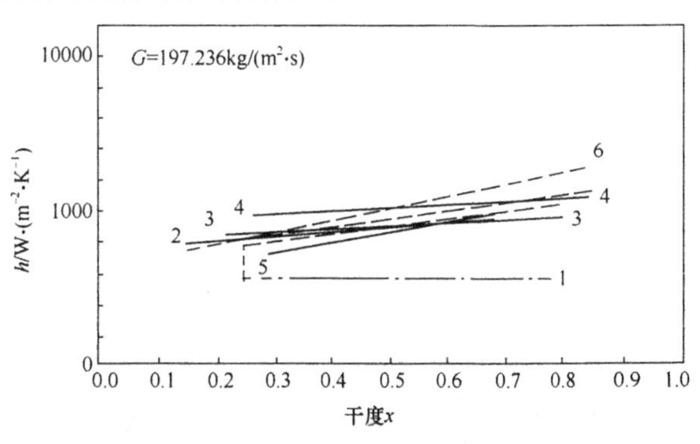

图 3.3－80 前述图 3.3－74 中几种内微翅管 R113 蒸发传热膜系数 h 与干度 x 的关系

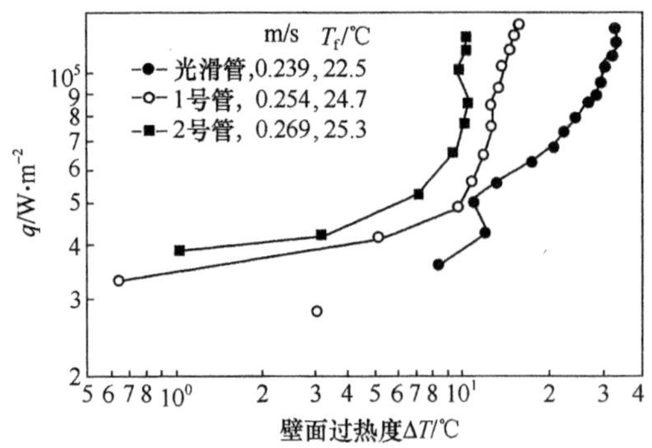

图 3.3-81 光管和内微翅管的流动沸腾曲线[34]

表 3.3-15 中 MCG™-20 管在流量为 91kg/h 时蒸发传热强化比 $h/h_p=3.02$，而 MX™75 管则为 2.45，但是压降亦大于后者，最终其效率指数很高，为 2.00，比后者 1.73 要高得多。MCG™-20 管提供了比 MX™-20 管在相同压降下要高的传热膜系数 h 值。但在高的质量流量下，MCG™-20 的压降又比 MX™-20 管要高。

从图 3.3-82 中所见，螺旋角 $\alpha=20°$时，MX™ 管的性能最高，图 3.3-83 亦表示出了 $\alpha=20°$时，MCG™-20 管的这种性能。图 3.3-85 表示了 MCG™-20、MX™-15($\alpha=15°$)和 DX™-75($\alpha=75°$)管的传热与压降数据，并与光滑管作了比较。在低质量流量下，表 3.3-15 表示出 MX™-15 管的性能比 DX™-75 管要高，即在质量流量为 45kg/h 下蒸发传热膜系数高 23%，且其传热-压降比要比 MX™-15 高得多。

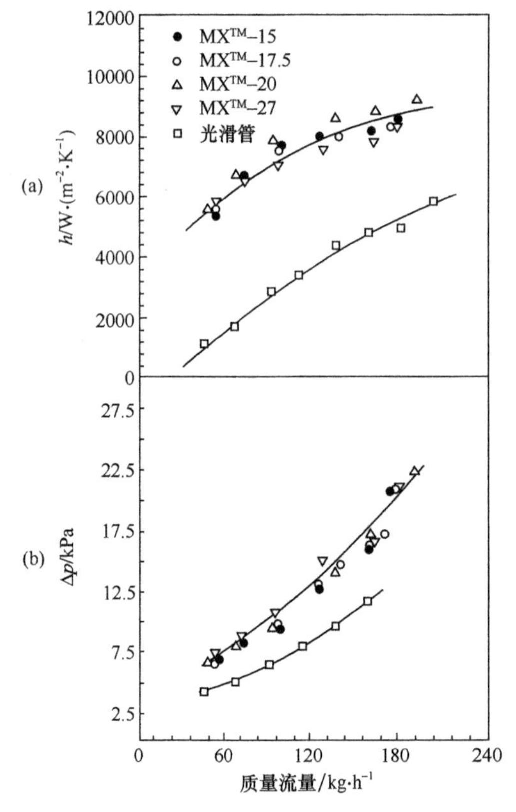

图 3.3-82 MX™内微翅管(表 3.3-15 螺旋角 $\alpha=15°$, 17.5°, 20°和 75°)的蒸发传热与压降性能并与光管的比较(R22)

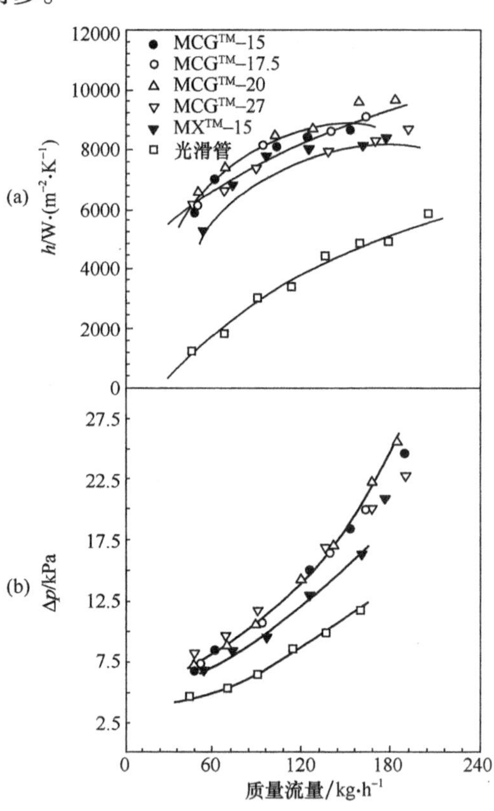

图 3.3-83 MCG™内微翅管($\alpha=15°$, 17.5°, 20°, 75°)蒸发传热与压降性能并与光管的比较

为进一步讨论 MX™管单螺旋角管和 MCG™-20 管的最佳性能，今以在流量 91kg/h 下比较管的性能，并以 DX™-75 为比较基础。DX™-75 单螺旋角管的强化比 h/h_p 为 2.45（比光管），而压降为 1.42 倍。而 MCG™比之 DX™-60 和 DX™-75 管其蒸发传热膜系数分

别高 31% 和 23%，压降也高 6%。MX^{TM}系列管中 $\alpha=20°$时性能最佳(表 3.3－15)，蒸发强化比 $h/h_p=2.85$，而 $DX^{TM}-75$ 为 2.45，压降均相同。$MX^{TM}-15$ 管的 h 值比 $DX^{TM}-60$ 和 $DX^{TM}-75$ 分别高 19% 和 21%，而压降相同。MCG^{TM}系列管中以 $MCG^{TM}-20@50\%$ 管为佳，传热强化比达到 3.02，而压降比光管高 1.58 倍。$MCG^{TM}-20@50\%$ 管的效率指数 η 为 2.00，比 $DX^{TM}-75$ 的 $\eta=1.73$ 要高。这是因为 MX^{TM}比 $DX^{TM}-75$ 有更多的翅，较高的翅高和较低的螺旋角 α。而 MCG^{TM}系列管可能是因为传热面积增加所致。

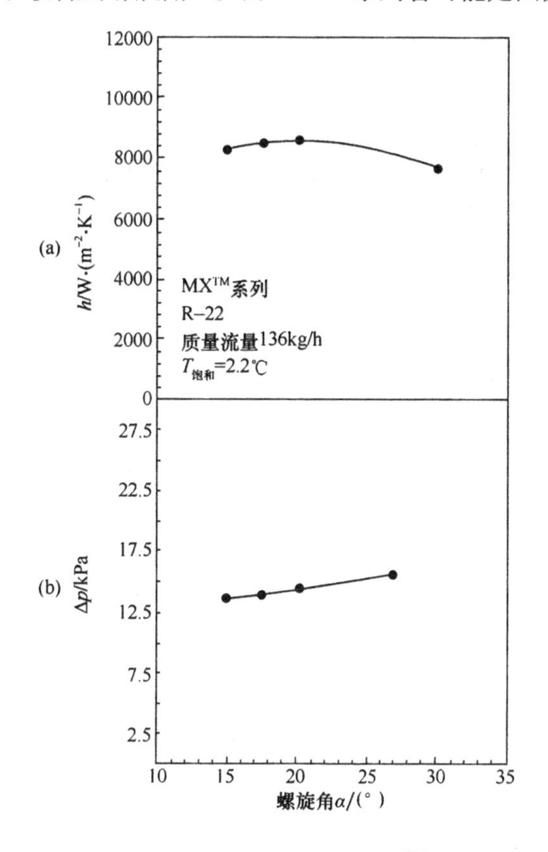

图 3.3－84　Ito 和 Kimura 的 MX^{TM}系列内微翅管 R22 蒸发传热膜系数和压降性能以及与螺旋角 α 的关系

△—MCG™-20
▼—MX™-15
○—Turbo-DX™-75 Thors and Bogart(1994)
□—光滑管

图 3.3－85　$MX^{TM}-15$、$MCG^{TM}-20$ 内微翅管蒸发传热和压降性能以及与 $MX^{TM}-75$ 管的比较

表 3.3－15　MX^{TM}和 MCG^{TM}内微翅管 R22 蒸发传热与压降性能比以及与 DX^{TM}管的对比

管　型	$G=45kg\cdot h^{-1}$			$G=91kg\cdot h^{-1}$			$G=159kg\cdot h^{-1}$		
	h/h_p	$\Delta p/\Delta p_p$	η	h/h_p	$\Delta p/\Delta p_p$	η	h/h_p	$\Delta p/\Delta p_p$	η
$MX^{TM}-15$	3.56	1.57	2.27	2.74	1.40	1.96	1.82	1.47	1.24
$MX^{TM}-17.5$	3.82	1.52	2.51	2.76	1.40	1.97	1.80	1.39	1.29
$MX^{TM}-20$	4.04	1.54	2.62	2.85	1.42	2.00	1.96	1.48	1.32
$MX^{TM}-27$	4.18	1.60	2.61	2.58	1.64	1.57	1.74	1.52	1.114
$DX^{TM}-60$	2.45	1.38	1.77	2.31	1.41	1.64	1.66	1.47	1.13
$DX^{TM}-75$	2.88	1.41	2.04	2.45	1.42	1.73	1.72	1.59	1.08
$MCG^{TM}-15@50\%$	4.27	1.57	2.72	2.90	1.62	1.79	1.92	1.6	1.16

续表

管　型	$G=45\mathrm{kg\cdot h^{-1}}$			$G=91\mathrm{kg\cdot h^{-1}}$			$G=159\mathrm{kg\cdot h^{-1}}$		
	h/h_p	$\Delta p/\Delta p_p$	η	h/h_p	$\Delta p/\Delta p_p$	η	h/h_p	$\Delta p/\Delta p_p$	η
MCG™ -17.5@50%	4.23	1.50	2.82	2.95	1.58	1.86	1.95	1.67	1.18
MCG™ -20@50%	4.56	1.52	3.00	3.02	1.51	2.00	2.01	1.68	1.20
MCG™ -27@50%	4.42	1.78	2.48	2.69	1.82	1.48	1.80	1.64	1.10
MCG™ -27@80%	4.21	1.90	2.21	2.55	1.93	1.32	1.70	1.66	1.03

下面介绍 MCG™ -17.5(螺旋角 $\alpha=17.5°$)不同反向错翅切槽管的传热和压降性能。图 3.3-86 表示了其性能及与光管的比较，可见其性能随该错槽切槽深由 40%、50% 直至 60% 的增加而增加，但当槽深为 80% 时性能下降。这可能是这时因微翅翅尖干枯所致。以 MCG™ -17.5@60% 为最佳。由表 3.3-16 可见，在质量流量 91kg/h 下切槽深为 60% 时的蒸发性能比 MX™ -75 高 11%(R22)，而 80% 槽深时则只高 6%。槽深为 50% 和 60% 时压降最高，但也只比 40% 和 80% 槽深时稍高一些而已，可见槽深不同时压降几乎变化不大。在 R22 流量为 91kg/h 下，60% 槽深的 MCG™ 管比 MX™ -17.5 单螺旋角管高 8%。MCG™ -17.5@50% 压降比 MCG™ -20 小 3%，相应亦有较低的蒸发传热膜系数(只低 3%)和压降(只低 2%)。MCG™ -27 管具有同样的结果，图 3.3-87 就示出了 MCG™ -27@80% 与@50% 的比较，即在相同压降下前者的蒸发传热膜系数比后者低。

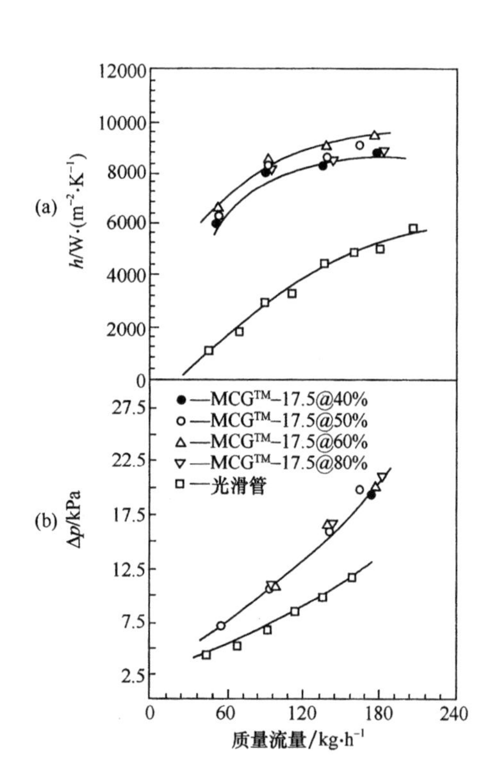

图 3.3-86　MCG™ -17.5 在不同反向错槽切槽深(40%、50%、60% 和 80%)时 R22 蒸发传热和压降性能以及与光滑管的比较

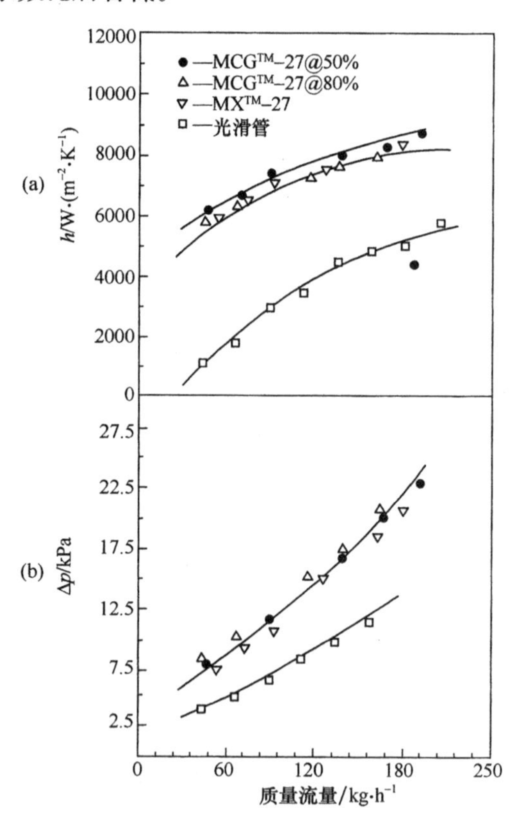

图 3.3-87　MCG™ -27 在反向错槽切槽深为 50% 和 80% 时 R22 的蒸发传热和压降性能以及与光滑管的比较

表 3.3-16　MCG™ 内微翅管(不同反向错槽切槽深)R22 的传热和压降性能

管　型	$G=45kg\cdot h^{-1}$			$G=91kg\cdot h^{-1}$			$G=159kg\cdot h^{-1}$		
	h/h_p	$\Delta p/\Delta p_p$	η	h/h_p	$\Delta p/\Delta p_p$	η	h/h_p	$\Delta p/\Delta p_p$	η
MCG™-17.5@40%	4.17	1.46	2.85	2.85	1.62	1.76	1.90	1.53	1.24
MCG™-17.5@50%	4.27	1.57	2.72	2.90	1.62	1.79	1.92	1.66	1.16
MCG™-17.5@60%	4.50	1.45	3.10	3.08	1.67	1.84	2.05	1.57	1.31
MCG™-17.5@80%	4.26	1.47	2.90	2.89	1.65	1.75	1.94	1.58	1.23

从表 3.3-15 可看出，在流量为 91kg/h 下，用 DX™75 管可以替代 DX™60 管，因两管的压降相同。由表 3.3-17 可见，可用 MX™-15 管替代 MX™-60 管或-MX™-75 管，尽管 MCG™-20 管的压降比 MX™-60 管或 MX™-75 管高 6%，但其传热性能较高，在相同压降的对比流量下其蒸发传热膜系数 h 约比 DX™-75 高 14%。

表 3.3-17　流量为 91kg/h(R22)时 MX™-15 和 MCG™-20 管蒸发性能的比较

比率	MX™-15	MCG™-20
$h/h_{px}^{TM}-60$	1.19	1.31
$\Delta p/\Delta p_{px}^{TM}-60$	0.99	1.06
$\eta/\eta_{px}^{TM}-60$	1.19	1.22
$h/h_{px}^{TM}-75$	1.12	1.23
$\Delta p/\Delta p_{px}^{TM}-75$	0.99	1.06
$\eta/\eta_{px}^{TM}-75$	1.13	1.16

第八节　多组分混合溶液的沸腾效应及强化管的抑制效应[36]

溶液混合物的流动沸腾传热膜系数要比单组分的流动沸腾传热膜系数低，这是由于组分的混合效应所致。Hewitt 等人(1994)和 Collier and Thome(1994)以及 Wadekar(1995)的光管表面沸腾试验和 Thome(1990)的强化管表面沸腾试验均得到此结果。具体地说是由于在主流体液相与气-液相界面上存在着组分的差异，因此在核沸腾区的沸腾传热膜系数就会有明显下降，但 Fujita and Tsutsui(1995)和 Murate and Hashizume(1990)的试验又表明，在以对流传热控制区的沸腾传热膜系数却减少甚微。

然而 Palen etos(1994)的试验证实，混合组分在降膜式蒸发中，即使是在对流传热区，其传热膜系数同样会有明显的下降，这是因为降膜蒸发的蒸气发生与流动沸腾存在着如下差异所致。即在降膜蒸发中液相和气相速度相对均较低，因此其气-液界面呈相对静止状态。与之相反，在流动沸腾中，对流传热区占优热，蒸气速度高，这就使主流液体的流速和气-液界面处的流速均增加了，进而强化了气相中的液体夹带，引发了气-液界面处的扰动波。这就是说增加了质量传递效应，减少了主流体和气-液界面间组分的差异，故而消除了混合物组分的沸腾效应。据 1996 年 Thome 的试验，对混合组分溶液在管内的流动沸腾来说，如果采用的是 HPTI(高热流管公司)生产的微翅肋管，则其翅片扩展表面可以有效减少局部热流作用的发生和管壁的局部过热，而就对流沸腾而言，减少了核沸腾传热的成分，可以有效抑制混合组分的沸腾效应。

一、表面多孔管和管内内插线圈管的沸腾强化传热试验及混合组分 R113 的沸腾效应

图 3.3－88 为 Wadekar(1996)用内插线圈管进行单组分液体流动沸腾强化传热试验得到的结果，比光管流动沸腾可使强化传热提高 4 倍。

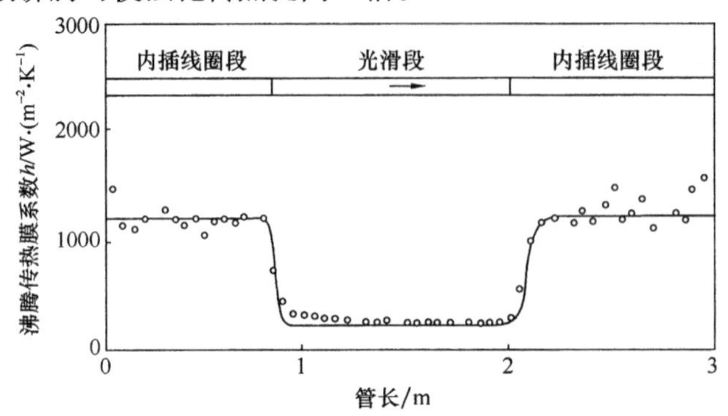

图 3.3－88 内插线圈管单组分流体流动沸腾强化传热的试验结果

（操作压力 1.44×10^5Pa；质量流速 287kg/($m^2\cdot s$)；热流密度 259×10^3W/m^2）

图 3.3－89 是该作者仍用这种管对 R113 制冷剂进行管内流动沸腾传热试验取得的结果。由该图可见，内插线圈管的沸腾传热与光管一样，对 R113 流动沸腾传热并无任何强化作用，其原因应与上述降膜蒸发时的道理一样，即对两相气液界面无多大扰动作用，混合组分气液界面差异仍然存在所致。

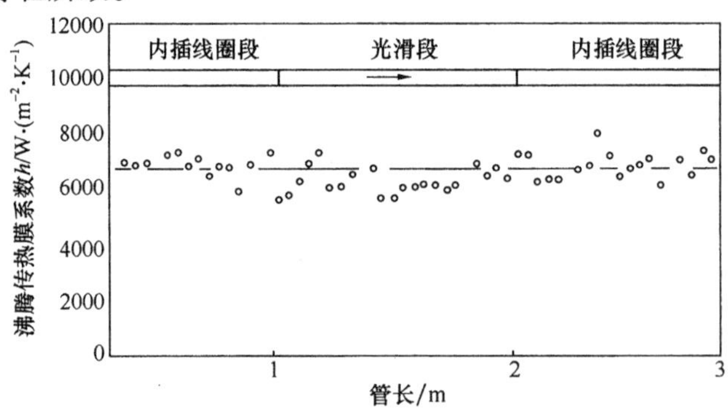

图 3.3－89 内插线圈管 R113 流动沸腾强化传热的试验结果

（操作压力 1.66×10^5Pa；R113 质量流速 285kg/($m^2\cdot s$)；热流密度 41×10^3W/m^2）

图 3.3－90 是用管内涂层多孔管对 R113 进行管内流动沸腾强化传热试验后的结果，与上述内插线圈管 R113 流动沸腾条件均相同。由该图可见，对表面多孔管的 R113 流动沸腾试验表明，多孔管的强化传热效果是光管的 4～5 倍，消除了混合组分的沸腾效应。

二、多组分液体煤油在内螺纹管中的流动沸腾传热效应

文献[37、38]介绍了多组分液体煤油在内螺纹管中流动沸腾效应及其传热强化的试验研究。煤油是一种多组分液体，多组分的流动沸腾会受到传质过程的影响，见图 3.3－91 和图 3.3－92。由图可明显看到，随热流密度的增大，流动沸腾传热曲线出现下降趋势；随热流密度的进一步增大，流动沸腾曲线呈上升趋势。这种变化规律不同于单组分沸腾传热规律。煤油中轻组分先蒸发后使得重组分的浓度增大，从而造成流体沸点和下游工质饱和温度升高、流动沸腾传热膜系数和压降降低。此外，重组分的黏度较大，也是造成流动沸腾传热膜系数降低的一个原因。随着质量流速的增加，黏度大的高沸点重组分液体对流动沸腾的影

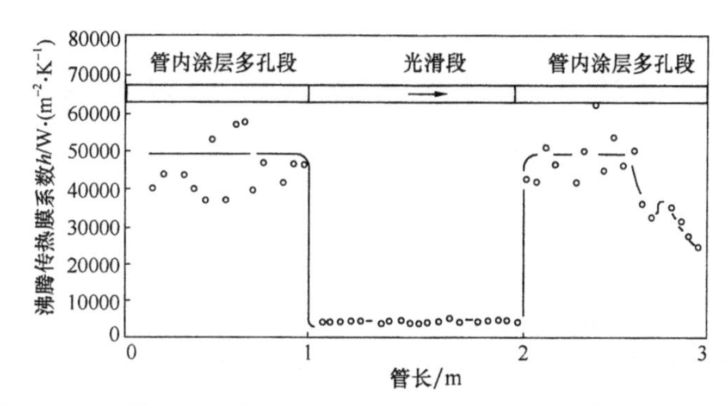

图 3.3－90　管内表面涂层多孔管 R113 流动沸腾强化传热的试验结果

（操作压力：1.63×10^5Pa；R113 质量流速 282kg/($m^2\cdot s$)；热流密度 41×10^3W/m^2）

响更强烈，因此沸腾传热膜系数随质量流速的增加而降低。随着热流密度的进一步增大，重组分的流动沸腾如同单组分一样，流动沸腾曲线开始出现上升趋势。

由前述两图可见，内螺纹管中煤油的流动沸腾传热膜系数为光管的 1.6～2 倍，且在内螺纹管中可以实现小温差下的流动沸腾传热，可见其强化传热效果非常显著。

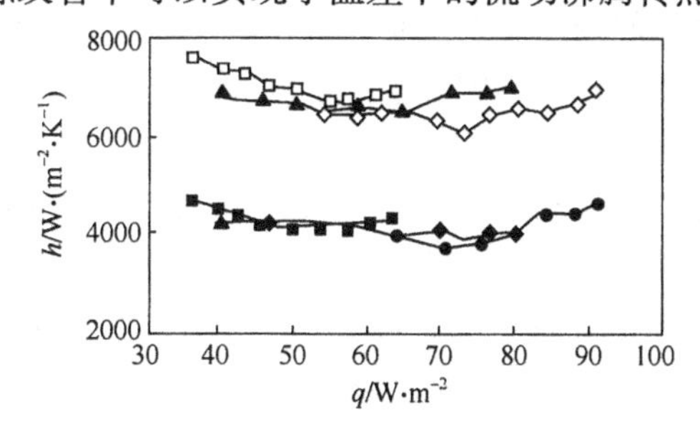

图3.3－91　内螺纹管中煤油流动沸腾传热膜系数 h 与热流密度 q 的关系及与光滑管的比较

□、△、○：整体螺纹管；■、▲、●：光滑管；

质量流速 G：□、■为 410kg/$m^2\cdot s$；

▲、△为 610kg/($m^2\cdot s$)；○、●为 810kg/($m^2\cdot s$)

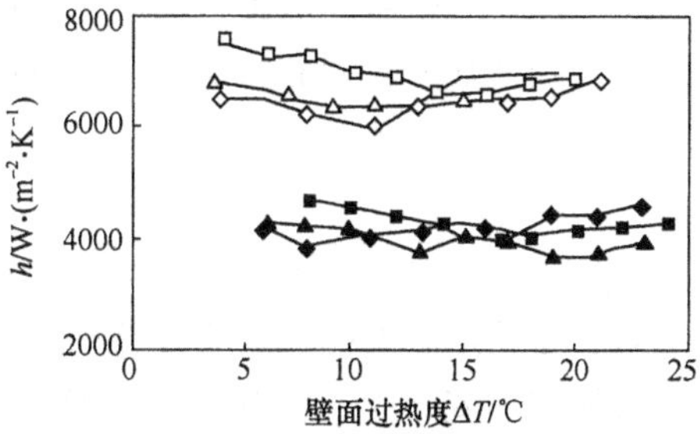

图3.3－92　内螺纹管中煤油流动沸腾传热膜系数 h 与壁面过热度 ΔT 的关系及与光滑管的比较

□、△、○：内螺纹管；■、▲、●：光滑管；

质量流速 G：□、■为 410kg/($m^2\cdot s$)；

▲、△为 610kg/($m^2\cdot s$)；

○、●为 810kg/($m^2\cdot s$)

图 3.3－93 为该内螺纹管的结构尺寸及沸腾传热膜系数 h 与 Matinelli 数 X_{tt} 的关系

(a)内螺纹管结构尺寸　　(b)h与X_{tt}的关系

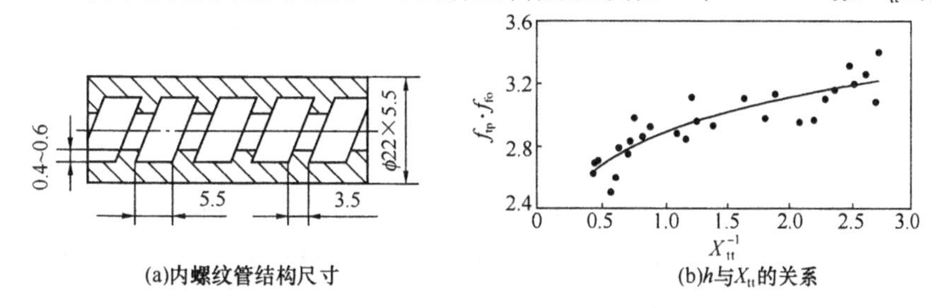

图 3.3－93　在内螺纹管中煤油流动沸腾传热膜系数 h 与两相流 Marinelli 数 X_{tt} 的关系

煤油在上述内螺纹管中流动沸腾试验的关联式为：

$$h_{tp}/h_{fo}=2.88(1/X_{tt})^{0.1074}$$

该式适用的干度范围为 0～0.3。

第九节 电场强化传热的电流体动力效应(EHD)——主动型强化沸腾传热[39][40]

如前所述，低翅片管和表面多孔管等均能强化蒸发和沸腾传热，尤其是表面多孔管和T形管等对沸腾强化传热最为有效。但是这些都属于被动强化传热。对诸如电子器件装置等的冷却，却需要应用更为有效的强化传热手段。

还有，对航天航空等方面的传热，除了要达到强化传热这一目的外，还要求传热具有及时的可控性，现有这些被动强化传热管型和技术均不能解决这些特定场合下的传热问题。为此，近代技术采用了电流体动力效应(EHD)作为更有效的强化传热技术手段，且已经在实际的换热中得到了注意和重视。电场作用下的热流体动力现象称为电流体动力效应(EHD)。该EHD技术的优点是：(a)改变施加的不同电压就可很容易地控制其传热性能，因此，将来有可能使现有的某些换热器为EHD技术所替代。(b)当EHD技术用于宇航空间站热控制系统时，要求有一套两相流传热控制系统来满足大量排热的需要，因此尚有一系列传热问题需要解决。如在宇宙空间因重力的减小，液体和蒸气的密度就会近乎相等了，沸腾时的气泡就不可能顺利地从沸腾表面脱离，这就会引起传热的恶化。为解决了这一问题，就可应用电场力来代替重力的作用。

对EHD传热技术，学者们主要进行了对流传热和冷凝传热的EHD效应强化传热研究[22]且有些已在实践中得到应用。但由于沸腾传热EHD效应的复杂性，人们还缺乏对其定性的了解，目前还只见到某些实验数据的报道。如有文献描述了下列现象：沸腾气泡数在电场下有可能增加或减少，气泡带有电荷而被吸引到电极上，这些现象看来与电场和电极有关，但其基本机理却未见报道。

人们也观察到，当电场施加于沸腾液体时，在临界热流密度范围内，EHD效应更加明显，但在低热流密度范围内，沸腾液体饱和温度与传热面的温度差，即传热壁面的过热度却很小，故这时的沸腾强化传热作用就小多了。

Bonjour等人报道了在电场下碳氢化合物等各种有机液体的沸腾。Asch观察到R113在电场下会出现沸腾滞后，且当电场作用于事先并无电场作用的沸腾热交换面时，沸腾会突然发生[39]。

Junji Ogata和Akira Yabe对EHD强化沸腾传热的研究发现[40]，沸腾传热强化是由于非均匀电场下对流效应强化和气泡性能效应所致，此后他们又进一步阐明了这两种效应的传热强化作用主要取决于电场强度和工作流体电荷的释放时间，即电场发生作用所需要的时间。

Junji ogata和Akira Yabe在25kV电场下对光管大单管的沸腾试验表明[39]，R11和C_2H_2OH混合液在5kV电场下，电荷的释放时间比气泡脱离的周期小，电场下的沸腾传热比无电场作用时要强化8.5倍。在电场作用和绝热条件下观察，其气泡的行为是，气泡变形，且电场力迫使气泡向传热面迁移。电场下气泡与传热面相接触的形状是在气泡底部呈弥散的半椭圆状，见图3.3-94，从而扩大了气泡底部液体膜传热面积。他们通过对模型分析。气泡绕传热面剧烈地移动，见图3.3-94(b)，当施加的电压增加，气泡直径减小，且移动更为激烈，气泡破裂后被分裂成更多的新的移动气泡，这正是产生沸腾强化的主要原因。照此下去，这一沸腾过程不断地反复进行，最终导致传热表面全部为气泡所覆盖[图3.3-94

(c)]。由于电场强度在气泡周围变得很弱，电场不能使气泡保持与传热面贴附，最终几乎全部脱离了传热面而浮升到主体液体中。

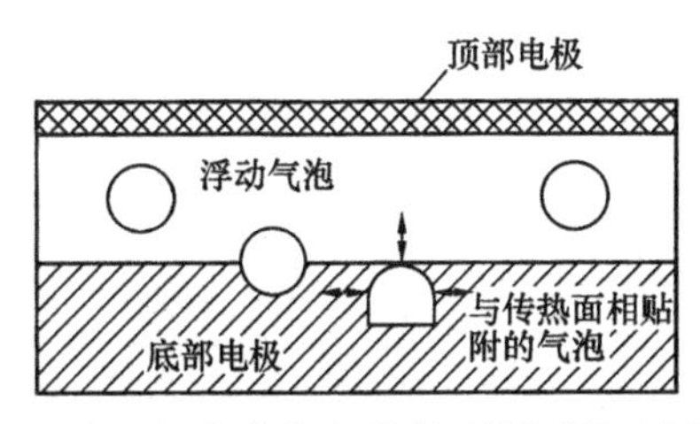

(a)电场力迫使浮动气泡贴附于传热面并在传热面上激烈地移动

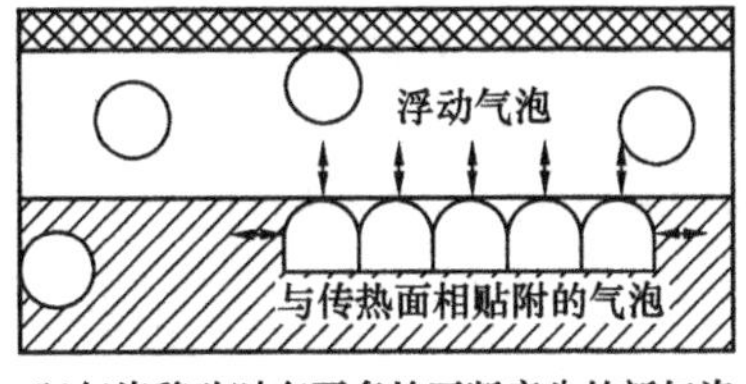

(b)气泡移动时有更多的不断产生的新气泡

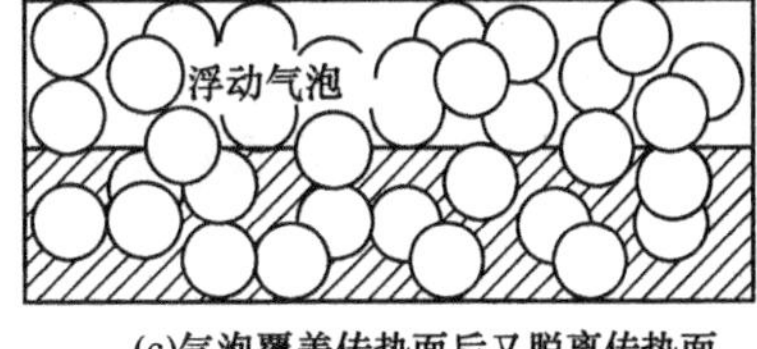

(c)气泡覆盖传热面后又脱离传热面

图 3.3－94　电场下沸腾气泡的行为

图 3.3－95 表示了 Junji Ogata 和 Akira Yabe 的试验结果，即在电场作用下沸腾传热的特性。图中同时还表示了纯 R11 在电场作用下某些高传热性能管的沸腾传热性能比较。如 Thermoexcel 管等高性能表面涂层多孔管，在电场的作用下，具有高得多的沸腾传热性能，这正是由于电场力下沸腾强化 EHD 效应所致。

在恒热流密度 $q=2\times10^4\mathrm{W/m^2}$ 下，R11 + C_2H_5OH 混合液随所施加电压的增加，传热壁面的沸腾过热度不断减小。此外，沸腾传热强化还取决于液体的热导率。当导电率超过 $7\times10^{-8}\mathrm{A/(V\cdot m)}$ 时，强化传热作用变为接近于一恒值，沸腾强化高达 50 倍，见图3.3－96。

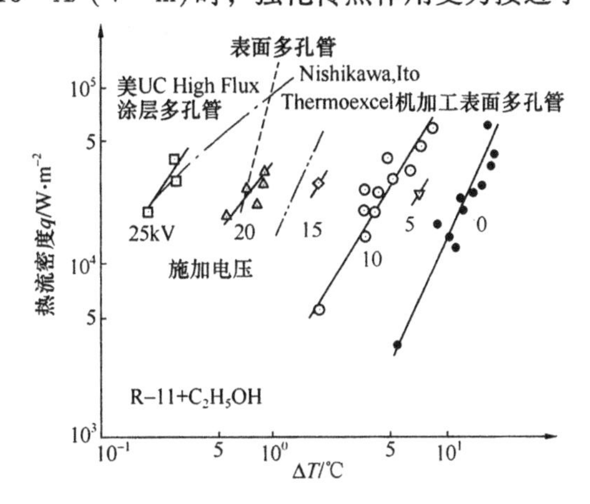

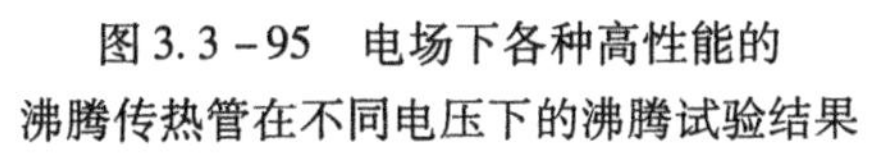

图 3.3－95　电场下各种高性能的沸腾传热管在不同电压下的沸腾试验结果

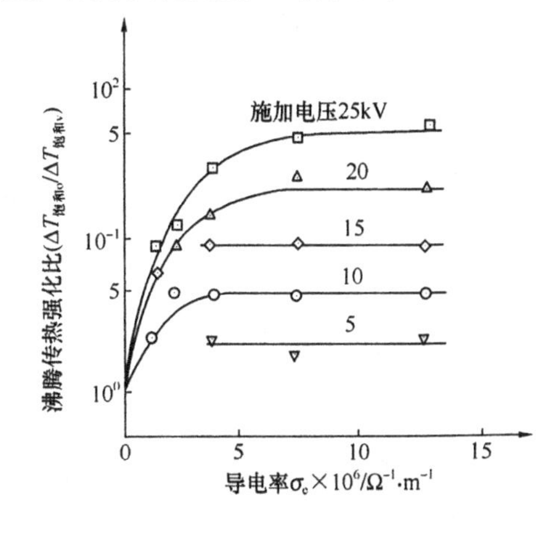

图 3.3－96　沸腾传热强化比 ($\Delta T_{饱和o}/\Delta T_{饱和v}$) 与液体导电率 σ_e 的关系

图 3.3－97(a)示出了 Junji Ogata 和 Akira Yabe 的试验结果以及其他研究者就多孔表面沸腾传热试验所得沸腾热流密度与沸腾壁面过热度的关系[40]。该图表明，光滑传热表面利用 EHD 效应进行沸腾传热强化与其他沸腾传热表面处于同一数量级。图 3.3－97(b)表示了在电场作用下沸腾强化传热与其施加的电压呈函数关系，如纯 R11 在电场下沸腾传热的效

应。该图还表明，EHD 效应的强化沸腾效果是无电场作用时的 8.5 倍。

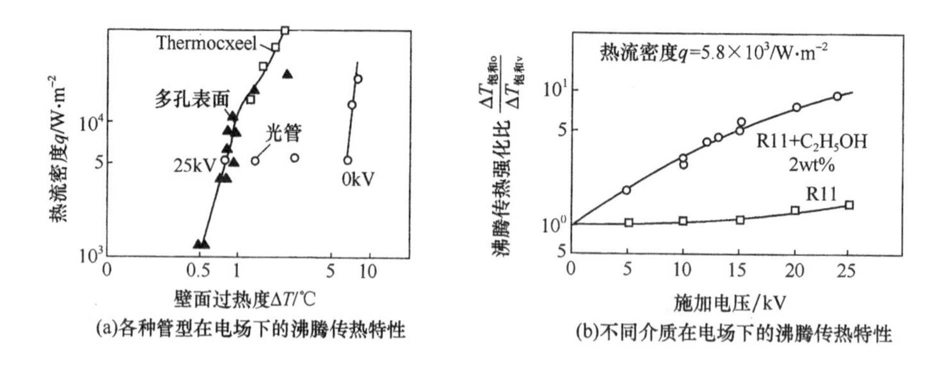

图 3.3－97 不同管型及不同介质在电场下的沸腾传热特性

结 语

本章介绍了各种新型高效沸腾强化传热管的结构及其性能等，并进行了比较，如各种表面多孔管、T 形管和三维针翅管等的沸腾传热强化性能。

管束沸腾与管束冷凝一样，都存在一个管束效应问题，故本章也介绍了管束沸腾效应的机理和强化管束沸腾效应的性能。强化管束的管束沸腾效应与光管管束沸腾效应不同。三维内微翅管也是当前最高效的沸腾传热管之一，文章特别以较多的篇幅介绍了国外新型 MX™ 和 MCG™ 内微翅管管内沸腾蒸发的试验与比较。

电场强化传热是当前国外唯一报道的主动强化传热，我国有单位也开始在研究，本章最后也介绍了国外电场强化沸腾传热的研究情况。

主要符号说明

a——T 形管通道宽度之半，m；

A——面积，m^2；

d——T 形管狭缝开口度，m；

d_s——机械加工表面多孔管孔穴直径，mm；

D——管外径，m；

或气泡直径，m；

e——螺旋沟槽深度，mm；

F——铝多孔表面喷涂状态参数，无因次；

或传热强化性能比，无因次；

G——质量流速，kg/(m^2 · s)；

g——重力加速度，m/s^2；

h_o，h_b，h_s——传热膜系数或沸腾传热膜系数，W/(m^2·K)；
Δh_V——汽化潜热，J/kg；
h——机械加工表面多孔管或T型管孔槽高，m或mm；
或沸腾传热膜系数，W/(m^2·K)；
H——肋管肋高，mm；
K——强化性能传热参数，无因次；
k_e 或 k_f——冷凝液热导率，W/(m·K)；
m——质量流量，kg/h；
n_e——单位面积的有效汽化核心数，无因次；
n_1——单位面积上滑行的气泡数，无因次；
n_s——机械加工表面多孔管开孔密度，孔数/m^2；
N——管数或管排数；
N_J——沸腾膜态指数，无因次；
p——压力，MPa；
P——螺旋沟道间距，mm；
P_a——机械加工表面多孔管小孔轴向节距，mm；
P_D——机械加工表面多孔管小孔周向节距，mm；
Δp——压降，Pa；
q——热流密度，W/m^2；
R_o——气泡脱离半径，m；
r_m——机械加工表面多孔管小孔出口半径，mm；
S——机械加工表面多孔管孔穴节距，mm；
或管束横向管间距，m；
S_T——T型管开口宽度，mm；
t——肋间距或翅高，mm；
T——壁面温度，K；
$T_{饱和}$或 T_{sat}，T_s——液体饱和温度，K或℃；
ΔT——壁面过热度，K或℃；
T_j——翅片温度，℃；
V_o——单个气泡的浮升速度，m/s；
v_N——蒸汽达到第 N 排管时平均速度，m/s；
W——机械加工表面多孔管孔槽宽度，mm；
或冷凝量，kg/h
x——蒸汽干度，无因次；
σ_e——液体导电率，$\Omega^{-1}m^{-1}$；
σ——表面张力，N/m；
ρ 或 ρ_L——冷凝液密度，kg/m^3；
ρ_V——蒸汽密度，kg/m^3；
ϕ——机械加工表面多孔管孔槽角，(°)；
或气泡脱离位置角；(°)；

或蒸汽覆盖系数，无因次；

或换热管方位系数，无因次；

μ 或 μ_f——冷凝液动力黏度，Pa·s；

δ——铝多孔表面涂层厚度，mm；

或液膜厚度，m；

v_f 或 v_e——液体运动黏度，m^2/s；

v_v——蒸气运动黏度，m^2/s；

a_f——沸腾膜态常数；

τ——气泡滑行时间，s；

τ_0——气泡滑行平均时间，s；

η——系统；

ε——管束平均截面；空隙率；无因次；

或气泡面积系数，无因次；

β——螺旋角，度；

Re——雷准数，无因次；

Nu——沸腾努塞尔数，无因次；

X_{tt}——两相流 Matinelli 数，无因次；

下标：

w——壁面；

L——液体；

v——蒸气；

s——饱和液；

TP——两相流；

m——平均。

参考文献

[1] Michael B Pate, Zahid H Ayub, Jau Konley. Heat Exchangers For the Air-Conditioning and Refrigeration Industry: State-of-The-Art Design and Technology. Heat Transfer Eng, 1991, 12(3): 56~59

[2] Panchal C B, France D M, Bell K J. Experimental Investigation of Single-Phese, Condensation and Flow Boiling Heat Transfer For a Spirally Fluted Tube. Heat Transfer Eng, 1992, 13(1): 42~52

[3] 程立新，陈听宽. 沸腾传热强化技术及方法. 化工装备技术，1999，20(1)：32~34

[4] 庄礼贤等. 机械加工表面多孔管的池沸腾传热试验. 工程热物理学报，1982，3(3)：242~248

[5] 杨小华，王世平，高学农. CFCS 替代工质 R134a、R134b 在水平管外池沸腾传热与强化. 制冷学报，1997(3)：6~10：

[6] 王国庆等. 乙醇在改进型机加工多孔管上的池沸腾换热研究[硕士学位论文]. 广州：华南理工大学 1987

[7] 童子龙. 二元液体混合物 R11/R113 沸腾强化的研究[硕士学位论文]. 广州：华南理工大学，1989.

[8] 童子龙. 表面多孔管降膜沸腾传热研究. 化学工程，1993，21(5)：25~29

[9] 钟理. 肋形隧道机械加工表面多孔管传热特性研究[硕士学位论文]. 广州：华南理工大学. 1988

[10] 王国庆，机械加工表面多孔管水平管外降膜沸腾传热性能及机理研究：[硕士学位论文]. 广州：华南理工大学.
[11] 林志平等. 多孔表面上的沸腾实验研究. 工程热物理学报，1997，18(5)：595～599.
[12] 马同泽等. 多孔表面几何因素对沸腾传热的影响. 工程热物理学报，1986，18(3)：246～251
[13] 马同泽等. 烧结网多孔表面的沸腾换热. 工程热物理学报，1984，5(2)：164～171.
[14] 廖丽华，申传文等. 铝多孔表面换热管强化沸腾换热的研究及其工业应用. 化工装备技术，2003，24(1)：27～29
[15] 赵考保等. 高热负荷下粉末多孔表面沸腾传热的分析与实验. 工程热物理学报，1990，11(1)：50～55
[16] 王鸿寿. T型翅片管管外饱和池沸腾及添加剂强化传热研究[学位论文]. 广州：华南理工大学，1993
[17] 罗国钦，陆应生，庄礼贤等. T形翅片管沸腾传热的研究，高校化工工程学报，1989，3(2)：56～63
[18] 黄全兴，庄礼贤，陆应生等. 氨空调机满溢式氨蒸发器传热的强化. 制冷学报，1990(1)：29～35
[19] 庄礼贤等. 钢质T形翅片管的池沸腾传热研究. 化工学报，1995，16(2)：250～254
[20] 张洪济等. 周向间断T型肋槽管在大气压及高于大气压下的沸腾传热. 工程热物理学报，1990，1(2)：201～204
[21] Lin W W，et al. Boiling on straight Pin-Fin With an Insulated. Enhanced Heat Transfer，1988，5(2)：127～138
[22] 钱颂文. 管式换热器强化传热技术. 北京：化学工业出版社，2003
[23] Ding Feng，Qian Song-Wen，et al. A Study on Flow Boilling Heat Transferand Hydromechnical Properties in Rodbaffle Reboiler With Thread Tube. Simposium on HTEEC，Guangzhou，1997
[24] 吴汝胜. 太阳棒针翅管的沸腾强化传热性能的理论与试验研究[硕士学位论文]. 广州：华南理工大学，1994
[25] Fang Jiang-min，Qian Song-Wen et al. Theoretical and Experimental Investigation on Boiling Heat Transfer Enhancemental of sunrod-Pin-fin Tubes. Procedings of International Comference on Power Eng，Xi'an，China Oct，8～12，2001
[26] 钱颂文，岑汉钊等. 管束流体力学及传热. 北京：石油工业出版社，2001
[27] 施明恒等，池内泡状沸腾的管束效应. 工程热物理学报，1993，14(2)：183～185
[28] 杨少华，高学农，王世平等. R142b在水平管束外池沸腾实验研究. 制冷学报，1999(3)：1～4
[29] 朱长新，陈学俊等. 氟里昂R113在水平管束外池沸腾实验研究. 化工学报，1994，45(4)：471～474
[30] Lin E H，Qin Y M. Enhuanced Boiling Heat Trabsfer in Restnted Shacers of A-Conpact Tube Bundle with Enhanced Tubes. Aplied Thermal Eng，2002，22，1931～1941
[31] 陆应生，庄礼贤等，强化管内流动沸腾与流动冷凝的整体型螺旋内翅片管. 制冷学报，1987(3)：10～16
[32] 陈志澜，杨杰辉等. 水平横槽纹管内沸腾换热及压降特性实验研究. 化学工程，1997，25(3)：36～36
[33] Vishwas V Wadeker. Improving Industrial Heat Transfer-Compact and Not-So-Compact Heat Exchangers，J. of Enhanced Heat Transfer，1988(5)：53～69
[34] 胡抗英等. 微槽结构和工质对槽内流动沸腾的影响. 工程热物理学报，1997，18(3)：340～349
[35] Chamra L M，Webb R L Randlett M R. Advanced Micro-fin Tubes for Evaporation. Internmational J. of Heat and Mass Transfer，1996，39(9)：1817～1839
[36] Vishwas V Wadker. Improving Industrial Heat Transfer-Compact and Not-So-Compact Heat Exchangers. J.

of Enhanced Heat Transfer, 1998, (5): 53 ~ 69
[37] 程立新，陈听宽. 炼油在内螺纹管中流动沸腾传热强化特性. 化工学报，2000，51(1)：52 ~ 55
[38] 程立新，陈听宽. 内螺纹管中流动沸腾强化传热研究. 化学工程，1999，27(4)
[39] Junji Ogata, Akira Yabe. Augmentation of Boiling Heat Transfer by Utilizing the EHD Effect-EHD Behaviour of Boiling Bubbles And Heat Trandfer Characteristics. Int. J. of Heat Mass Transfer, 1993, 36(3): 783 ~ 791
[40] Junji Ogata, Akira Yabe. Basic Study on the Enhancement of Nucleate Boiling Heat Transfer by Applying Electric Fields. Int. J. of Heat Mass Transfer, 1991, 36(3): 775 ~ 782

第四章　管内插入物传热强化技术

（孙　萍　朱冬生　钱颂文）

管内插入物有促使表面扩大、湍流促进、旋流和置换强化等4种类型，后3类在工业上较为适用，现就主要类型分述如下。

第一节　扭带插入物

旋流器主要有扭(曲)带(Twisted tape)及半扭带两种形式。

一般认为，扭带是比较好的插入物，也是一种典型的旋流器。受迫的二次流循环旋流使边界层流体与主流体达到充分混合。加上紧配合的扭带翅片效应还能额外增加传热膜系数7%～12%。Hong等人对低雷诺数下各种强化措施进行了比较，认为扭带最好。扭带的扭率越小，性能越好。半扭带的性能不如扭带。

美国休斯敦Brown Fintube公司生产的置有扭曲带内插件(称为Turbulator)的换热器，可使传热性能提高50%。该内插件可使流体呈涡流状流动，促进流体与传热内表面的接触，而压降损失很小。

华南理工大学和抚顺石油学院研究开发的扭带扰流子内插件，在液－液(油品)和气－气(烟气－空气)传热领域中已有诸多应用成果。

他们试验所用的扰流子规格为：材质为镀锌白铁，厚度为0.8mm，片宽19mm，节距50mm，扭率(节距/管内径)=25，长度为1000mm、1750mm和3000mm 3种。管子规格为：管内径20mm，20#无缝碳钢管，25mm×2.5mm×6000mm。

1986年，青岛石化厂在常减压装置换热系统中进行了工业试验。试验选用5台换热器(管内油品*Re*数均小于10000)，插入长1750mm，扭率25的扰流子。运行3个月后标定，其$h_a/h_s=1.32\sim3.44$，其中的h_a、h_s分别为有扰流子时和空管时的管内传热膜系数，每台4管程的换热器，管程流体阻力只增加了2～6kPa，对总的阻力影响不大。另外，1989年，茂名石油公司和天津第一石化厂常减压装置换热系统也进行了扰流子强化传热节能改造。结果表明，管内*Re*在过渡流时，利用扰流子可使管内传热膜系数提高2～3倍，总传热系数*K*在油－油换热时可提高20%～40%，在油－水汽换热时可提高50%～80%。管程阻力一般只增加2.02～8.11kPa。但在管程油品温度较低及流速较大时要增加50.6kPa。试验和计算还表明，利用扰流子强化传热，其传热效率一般可增加6%～18%，而对蒸汽发生器则可提高40%～65%[1]。

对扭带在湍流下的传热、阻力特性及强化机理，已经做了较充分的研究，Date作了较好的总括[2]，早在1973年底，Date就首先从扭带的动量和能量方程式求出了层流下扭带传热和阻力的数值解，从理论上说明了扭带在低雷诺数下的强化作用。1976年，Hong和Bergles用水和乙二醇进行了扭带在层流区的传热和阻力特性的实验研究，实验是在加热条件下进行的。

1978年，Marner和Bergles用扭曲比$y=5.4$的扭带，以乙二醇为工质，进行了扭带在层流时加热和冷却两种条件下的传热和阻力实验。实验得出，当$Re<500$时，阻力大约为光管

的3.1倍；$Re>500$后，扭带阻力和光管阻力的比值逐渐提高；当$Re=2000$时达5.2。传热膜系数在加热时为光管的1.7倍，冷却时为1.4～1.8倍。

一、内插扭带的传热和流体阻力性能及其计算[2]

对高Pr数流体，其物性，特别是密度和黏度随温度的变化而有显著改变。这就是说在对传热过程中Nu数和压降摩擦因数f的关联时，这些物性参数都不是一个恒定的值。对此，Date对扭带内插件进行了试验并作了较为详细的论述和比较。

众所周知，所有管内内插件的Nu数和压降摩擦因数f均为Re数和内插件结构参数的函数，且Nu还与介质物性Pr有关，即

$$Nu = F(Re,\ Y,\ S/D,\ Pr)$$

$$f = F(Re,\ Y,\ S/D)$$

式中 Y——扭曲比，H/D；

H——纽带旋转180°时的节距，m；

D——管子内径，m；

S——扭带厚度，m。

但当物性变化且二维流动和传热状况充分时，还有管壁温度T_w和流体主体温度T_b这个附加参数，在Nu和f方程中的各物性参数都是以流体主体温度T_b来计量的。这时，热传递会影响到流体的分布，故其摩擦因数f又是流体主体温度下Pr_b的函数。

图3.4-1系Date的测试结果及与以下半经验方程f_{dg}的比较。

$$f_{dg} = 10.669[9.818-(17.96/Y)][(Y-0.7)/(Y-1.0)](6\times10^{-4})/Y+(0.44/Re)$$

图3.4-1中还与Bergles等人的关联式f_{wb}作了比较。

$$f_{wb} = 42.23[1+10^{-6}S_w^{\ 2.55}]^{1/6}[1+0.25\pi^2/Y^2]Re$$

式中 S_w——旋转参数。

$$S_w = 0.5Re(\pi^2+4Y^2)/Y^{3/2}$$

在图3.4-1中，sparrow等人的$f(Re)_{Y=\infty} = 42.115$曲线系扭曲比$Y=H/D=\infty$时呈渐近线的情况。由该图可见，在低$Re$下由于扭带二次流的作用较小，故Date式与Bergles式与Sparrow渐进线较接近。

在高Re下($Re\geqslant100$)，Bergles等人的Nu_{hb}方程为：

$$Nu_{hb} = 5.172[1+0.005484Pr^{0.7}(Re/Y)^{1.25}]^{0.5}$$

该式以水（$3<Pr_b<8$）和乙基丙三醇(ethylene glycol)($97<Pr_b<191$)为试验介质测得的，故该式若用于某些油时其误差有±20%。

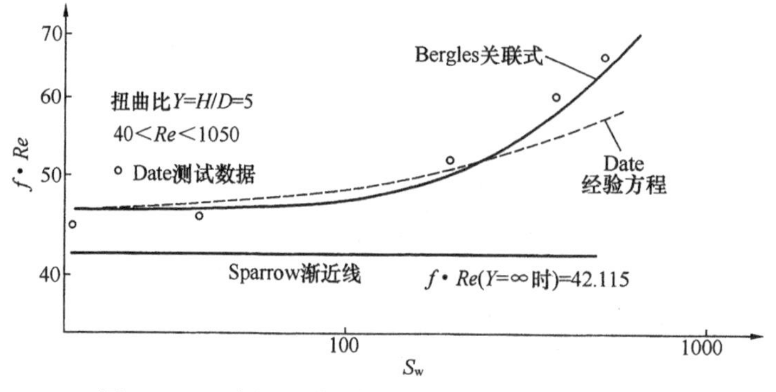

图3.4-1 内插扭带流体摩擦阻力$f\cdot Re$($Y=\infty$时)性能

图3.4－2为 Nu 的预测结果及与Bergles等人 Nu_{hb} 关系式的比较。由该图可见，在低 Re 时，Nu 值与 $Nu_{Y=\infty}=5.21$ 的Sparrow渐近线趋向接近。

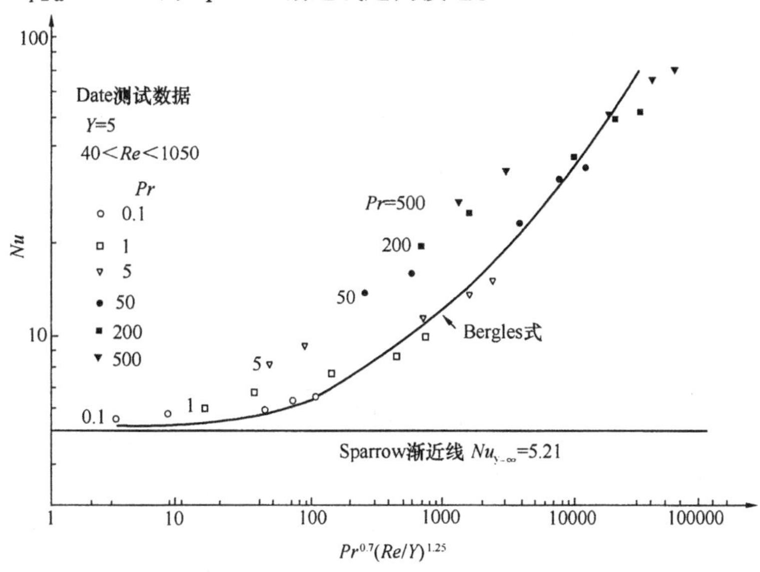

图3.4－2　内插扭带传热性能

1991年，Bandopadhgay等人对油在高热流密度下进行的变物性参数试验，见图3.4－3，也获得了如下的关联式：

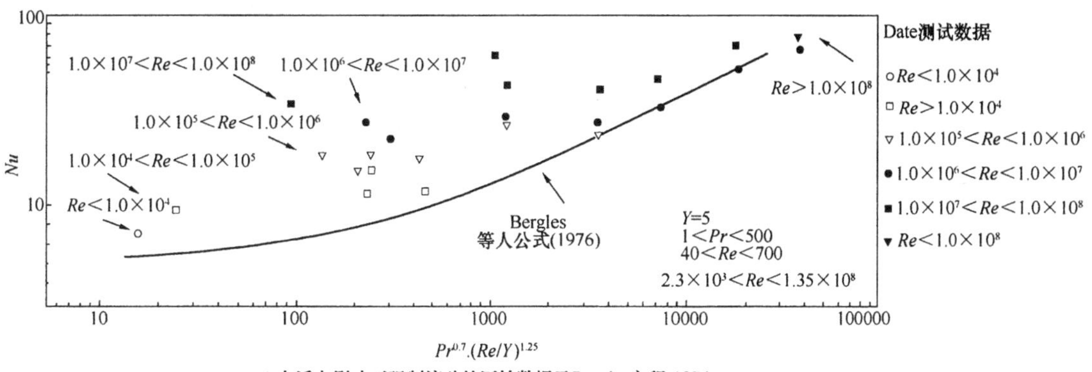

(a) 在浮力影响下强制流动的原始数据及Bergles方程(1976)

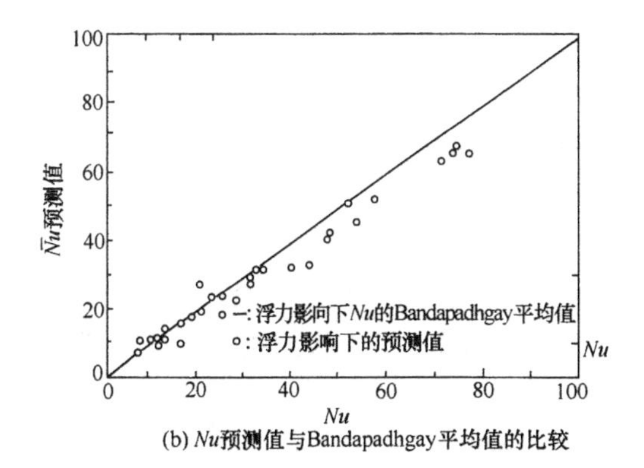

(b) Nu 预测值与Bandapadhgay平均值的比较

图3.4－3　存在浮力效应时内插扭带的传热性能

$$Nu = [Nu_{hb}^4 + \{1.997Re^{0.222}\}^4]^{0.25}$$

式中 Nu_{hb} 被认为是等物性参数下的努塞尔数，并认为热流密度的变化会明显影响到浮力的作用，而黏度的变化对浮力影响很小，试验虽然是在 $Pr=40\sim450$ 范围内进行的，但本计算仍可应用于 $Pr=1\sim500$ 范围内的预测。

此外，变物性流体充分发展状态时的努塞尔数 Nu_{vp}，及实验值修正后的 Nu_{hb} 可表示为：

$$Nu_{hb}/Nu_{vp} = 0.6(\mu_b/\mu_w)^m[1 + 0.000385(\log F)^4]^2$$

式中，$m\approx0.3$。如图 3.4－4 所示，经修正后的 Nu_{hb} 与 1976 年 Bergles 等人试验关联式的值甚为一致。

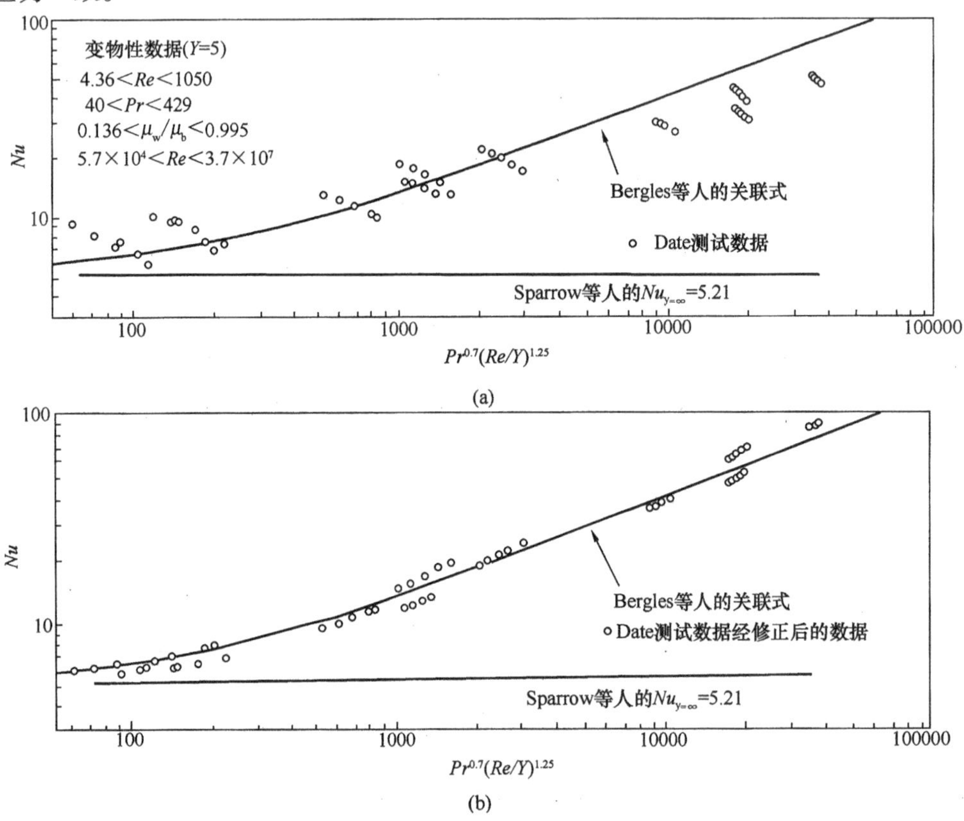

图 3.4－4 内插扭带在变物性流体充分发展状态时的努塞尔数及修正后的努塞尔数的比较

图 3.4－5a 为 Re 与变物性下摩擦因数 f_{vp} 的关系及与 Bergles 等人关联式的比较。由该图可见，其值明显偏低，为此应对充分发展流下摩擦因数 f_{vp} 实验值按以下公式予以修正：

$$f_{mb}/f_{vp} = 1.15(\mu_b/\mu_w)^m[1 + 0.000385(\log F)^3]^{1.5}$$

式中 F——二次流强度的参数（热传递对速度场的影响）

$$F = Pr(Re/Y)^{1.7857}$$

$$m \approx 0.2$$

经修正后的实验值与 1993 年 Bergles 等人的关联式比较，十分一致，见图 3.4.5b。

而其平均摩擦因数 $f_{平}$ 却又明显高于 Bergles 等人所预测的 f_{mb} 值，为考虑浮力的影响，尚需用下式对 f_c 加以修正：

$$F = [f_{mb}^{10} + f_c^{10}]^{0.1}$$

$$f_c = 0.5[1 + 0.09F^{1.1}]Re^{0.23}$$

式中，$F = Re^{0.6234}/[Pr(Re/Y^{1.28})]$　　$50 < Pr < 500$

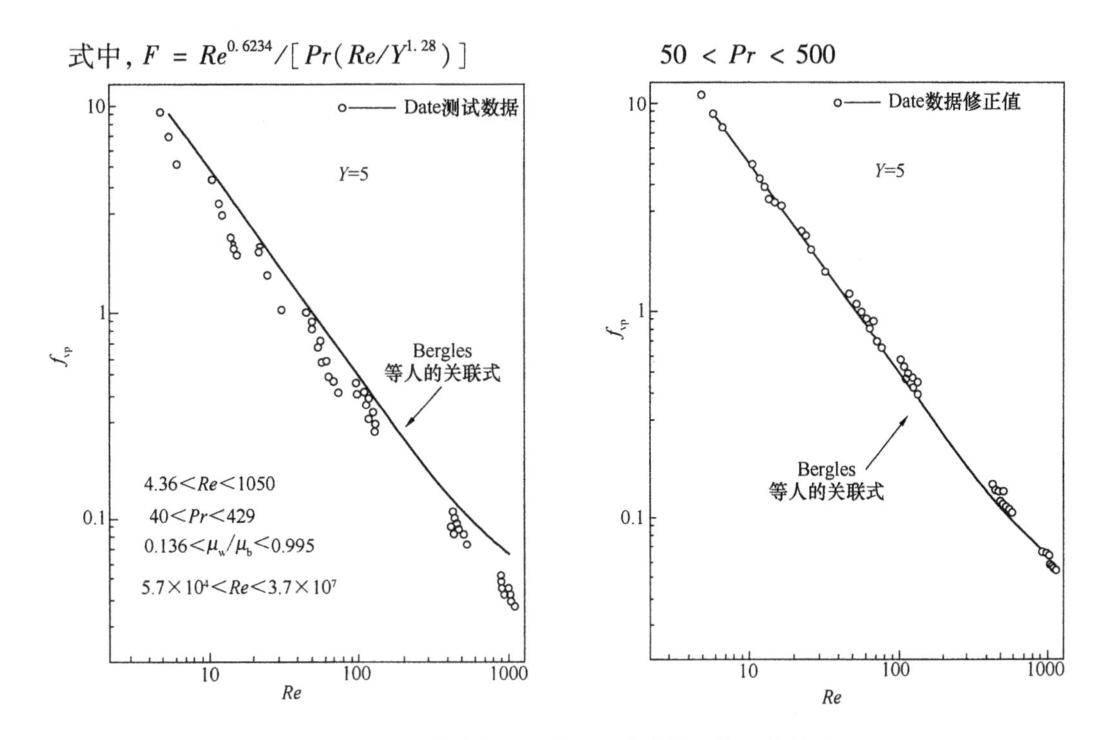

图 3.4－5　Re 与变物性下内插扭带摩擦因数 f_{vp} 的关系

二、国内试验结果

华南理工大学对扭带在冷却时的传热与阻力特性进行了试验研究。试验中使用了扭率为 4.043、2.468 和 1.873 的 3 条扭带，其中扭率为 1.873 扭带的片厚为 1.5mm，另外两条的片厚为 1mm，如图 3.4－6 所示。扭带的试验数据见图 3.4－7 和图 3.4－8[3,4]。结果表明，扭率为 2.468 的扭带，其 Nu 值约为光管的 2～4 倍，而 $f-Re$ 关系的趋势则与文献介绍的相同。在 $Re=500$ 时，$Y=2.468$ 扭带的阻力为光管的 4 倍。$Re>500$ 以后，扭带阻力与光管阻力的比值逐渐增大，到 $Re=2000$ 时达到 7.5 倍。

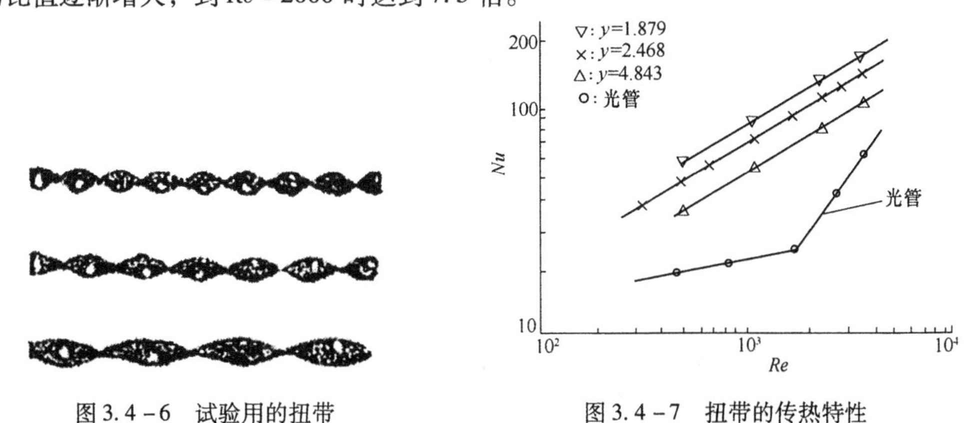

图 3.4－6　试验用的扭带　　图 3.4－7　扭带的传热特性

由实验结果还可以看到，内插 $Y=1.873$ 的扭带与光管换热器的传热面积比 A/A_s 达到 0.256，泵功率比 P/P_s 达到 0.08。比较不同扭率的扭带，扭率越小性能越好。

湖南湘潭磷肥厂甲醛废热锅炉管内内插了厚 2mm，节距 45mm 及扭曲比为 24 的扁钢扭带，之后使总传热系数提高了 1 倍[5]，这就是一个良好的生产实例。

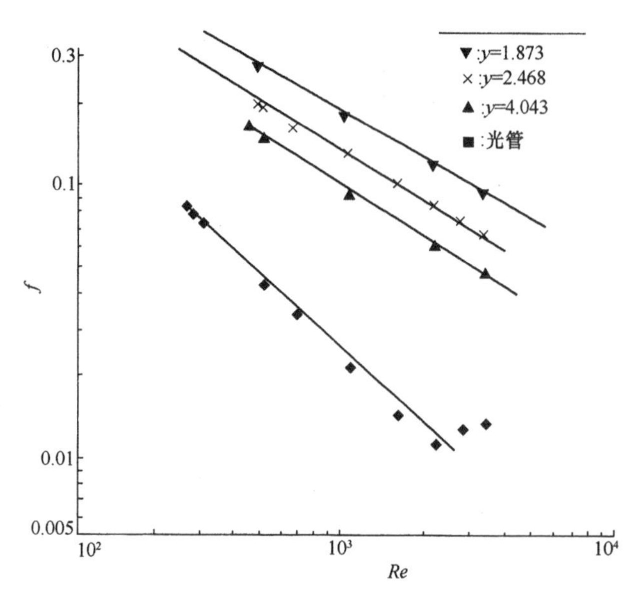

图 3.4－8　扭带的 $f-Re$ 关系

三、半扭带及其性能[3.4]

半扭带是扭带经改进后的一种结构。华南理工大学实验用的半扭带是用 $Y=2.468$ 的扭带沿中线锯开后制成的，见图 3.4－9。

图 3.4－9　半扭带示意图

半扭带和扭带一样可以产生螺旋流，但其流体与带面的摩擦面积减少了一半。半扭带的实验结果见图 3.4－10 和图 3.4－11。

图中同时绘出了扭率为 2.468 扭带的实验数据及光管的计算数据。由图可见，半扭带的阻力比扭带减少了约 34%，即约为光管的 3.8 倍。但传热也减少约 20%，为光管的 1.8～2.9 倍。

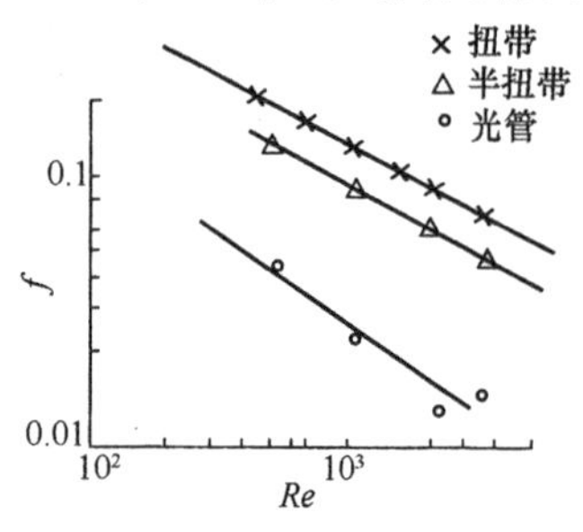

图 3.4－10　半扭带的阻力特性

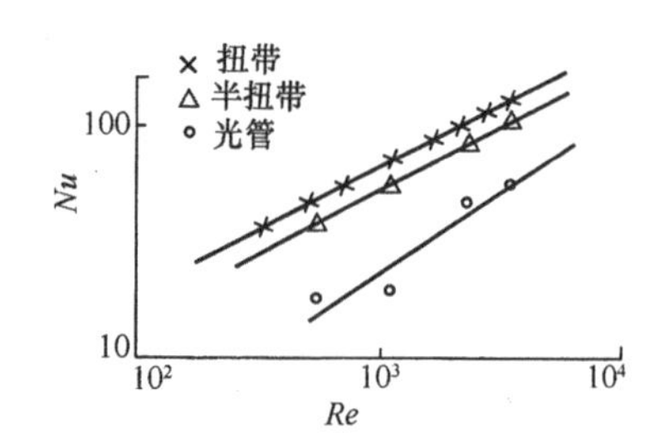

图 3.4－11　半扭带的传热特性

对半扭带性能进行评价后发现，半扭带性能不及扭带。在相同工艺条件下，传热面积之比 A/A_s 最小为 0.365，泵功率之比 P/P_s 最小为 0.098（下标 s 指光管），比扭带值大。

四、间断放置内插扭带的性能[5]

内插件在强化传热的同时伴随有较大阻力损失的增加，若采用内插件分段放置的办法则可达到既有较高的强化传热又使压降增加不多的效果。文献[5]试验表明，内插件的局部传热膜系数 Nu 曲线可分为进口段（该段有传热峰值及进口端效应）、稳定段（该段传热膜系数基本不变）和强化延长段（扰流的尾流效应）。该试验还表明，内插扭带的扭率对内插件进口段和传热稳定段的局部传热膜系数曲线形状没有明显的影响，但对强化延长段的曲线形状则有较大的影响。随扭率的减小，强化延长段传热增强，这是因为扭率小的扭带能形成较强的扰流。试验表明，扭带达到一定长度后，就具有基本相似的强化延长段，而低于这个长度时，由于不能在扰流物上形成稳定的扰流，因此在强化延长段内的传热膜系数就不能保持在原有水平而会迅速下降。所以，在扰流物强化延长段中局部传热膜系数为稳定段90%处可以间段放置下一段扰流物，且是分段放置扰流物的最佳间距。只要能使分段扰流物的强化延长段长度与扰流物长度之比为最大，分段扰流物的总阻力就会最小，据此就可以确定分段扰流物的最佳长度。图3.4－12即为扰流强化延长段长度与扰流物长度的比值随扰流物长度变化的情况。扰流物的传热和阻力实验中，试验用扭带的长度为12cm，扭带间的距离为12cm。其局部传热特性见图3.4－13和图3.4－14。从图中可以看到间隔放置的扰流物强化管，其局部传热特性曲线大致相当于两个单段扰流物强化管局部传热特性曲线的叠加。因此，只要扰流物的间距适当，就可以使扰流物的间段放置与连续放置具有相同甚至更高的平均传热能力。实验测得了同样长度强化管分段和连续放置扭带后的压降，间隔放置的压降比连续放置低得多，只有后者的60%左右。这说明分段放置方案对降低扰流物强化管的阻力损失是很有效的。

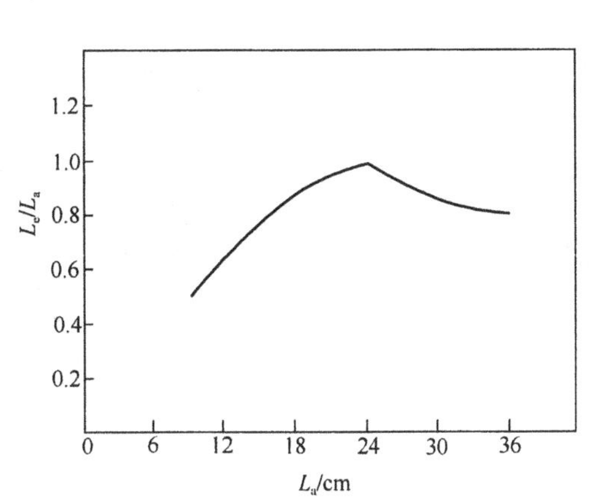

图3.4－12　扰流物强化延长段长度与扰流物长度之比值随扰流物长度变化的关系
（L_a：扰流物长度；L_e：强化延长段）

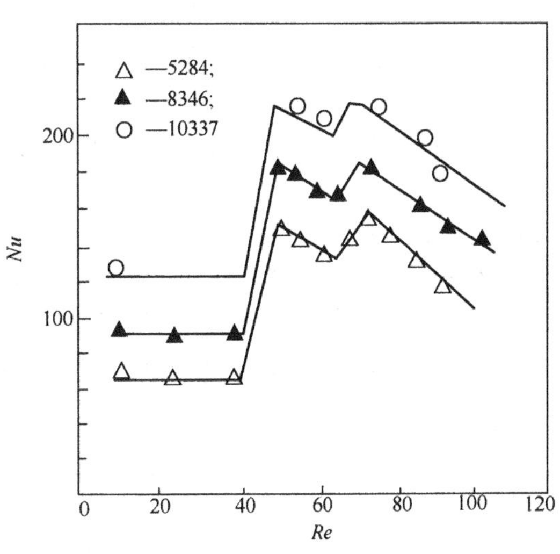

图3.4－13　分段扰流物强化管局部传热特性

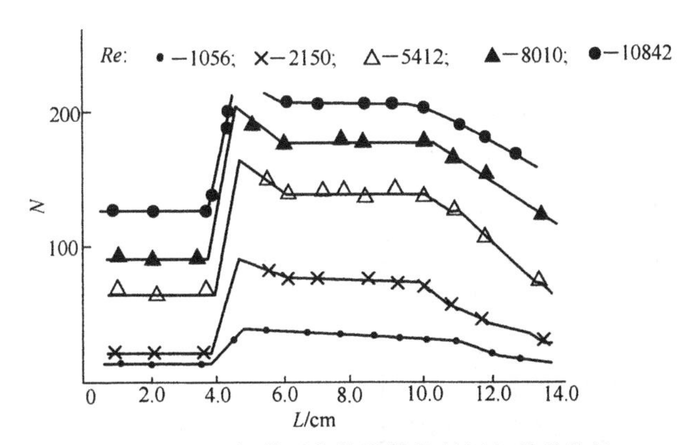

图3.4－14　扭带强化管沿管长的局部传热特性

第二节 内插螺旋线及其性能[1]

湍流(紊流)促进器主要有螺旋线、片条插入物及斜环片等形式。

英国 Cal Gavin 公司把 Heqtex 称为螺旋芯体内插件，并已成功地应用于动力工业。这种内插件由一线圈芯体组成，紧贴管壁，可使管内侧传热效率提高 2~15 倍。

尽管大多数经验表明，*Re* 数的应用范围为 80~30 000，但在试验中已扩展用到 *Re* 数低达 15 和 *Re* 数高达 80 000 的工况。在化学工业中，已首次用于高黏度残渣焦油的预热，与洁净的光管相比，可提高传热效率 53%。设置 Heatex 内插件的换热器已连续运行了 3 年，传热效率并未降低。而光管换热器因传热效率下降了 40%~50%，每 10~16 个星期即需停工清洗一次。我国某大型化工公司在工艺装置改造时，已在高 *Re* 数气体冷却器中采用了 Heatex 内插件。该内插件可用于任意管长之处，管径 ϕ6~100mm。内插件材质为碳钢、不锈钢、铜、铝及钛等。

英国 Cal Gavin 公司开发的 Hitran 丝网内插件，可使管壳式换热器的管程传热效率提高 5 倍(用于气体工况)~25 倍(用于液体工况)。该内插件具有促使管内产生径向流动，抑制滞流层，使管壁连续去除滞留流体，达到强化传热的作用。与正常的流速相比，可使抗垢效应增大 8~10 倍，该内插件适用于 4~150mm 的管径。

需要说明的是，螺旋线也是较早研究的一种插入物，但过去的研究都是在湍流下进行的，且不同研究者得到的结果也有些不同。

1973 年，SLal 等人概述了螺旋线主要研究的情况[3,4]。据认为，对 ϕ20mm 左右的管子，螺旋线的最佳螺距应在 38~89mm 之间；螺旋线的性能不及扭带。但另有文献认为，线径较粗(ϕ2mm)，螺距为 64mm 的螺旋线对用于油的加热仍有较好效果。当 $Re=20000$ 时，与 $Y=8.22$ 的扭带相比，阻力基本相同，传热效率提高 20%。

图 3.4-15 实验用的螺旋线

实验用的螺旋线是用 ϕ2mm 的弹簧钢丝绕制而成的，螺距为 58mm，见图 3.4-15，在图 3.4-16 和图 3.4-17中同时绘出了螺旋线、$Y=2.468$ 的扭带和光管的试验结果。螺旋线的阻力特性比较平缓，而 *Nu* 则随 *Re* 激剧增加。

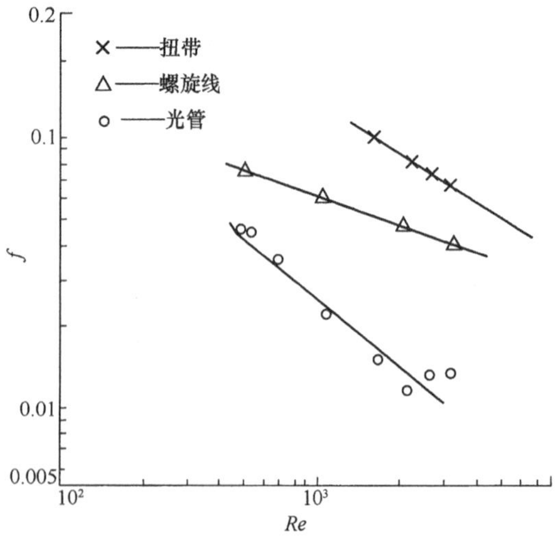

图 3.4-16 螺旋线的阻力特性

华南理工大学试验表明，在 Re_s 较小时，很多插入物都比螺旋线好；而当 $Re_s>5500$ 时，螺旋线则比 $Y=1.873$ 的扭带还要好些。

结论是，当 *Re* 较大时，会出现边界层分离的现象，这时螺旋线对流体的扰动在边界层特别显著，传热膜系数很高，不必要的能量消耗也较少，因而特性较好。在湍流区边界层分离强化传热的效果比螺旋流好，这与螺旋槽管的研究结果是一致的。但在雷诺数很低时，螺旋线便逐渐失去了强化传热的作用，甚至相反还会造成流动停滞区。因此，螺旋线对于强化高黏度液体在低雷诺数下的传热是不太适宜的。

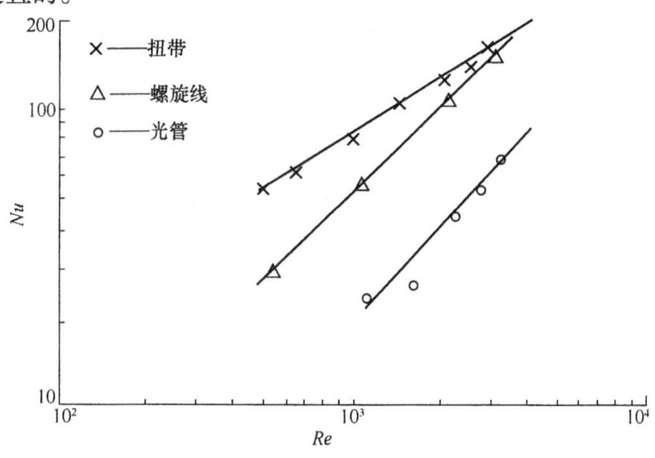

图 3.4－17　螺旋线的传热特性

第三节　片条插入物及其性能[6]

一、概况

对圆管内片条形内插件的强化传热，先后研究者也不少。在国外，Chen 和 Hsieh 研究了圆管内纵向矩形截面板片内插件层流强制对流浮力效应下的传热。Solanki 等人对管内 Polyjon 芯件层流强制对流也进行了实验研究和理论分析。Chen 和 Hsieh 曾对管内纵向矩形、正方形芯件的层流混合对流传热进行了一系列的研究，确立了矩形板片条截面的纵横比（*AR*）、矩形板片外限圆半径对管径比的传热强化和压降增加之间的相对净效应。Hsieh & Wen 进一步研究了不同水平管内纵向内插物的三维稳态层流传热，他们确定了 *Re* 数、*Gz*（Graetz）数、内插件截面纵横比，以及内插件外圆半径与管子半径之比 *J* 等对热传递和二次流效应的关系，其结果与实验观察相符。Hsieh & Huang 对水平管内纵向内插件的水流层流传热和压降进行了试验，所用内插件截面有十字形交叉（cross stip）板条，正方形截面，矩形截面等，截面纵横比 $AR=1$，4，…。结果表明，强化传热比光管约大 16 倍，但摩擦因数 f 也升高了约 4.5 倍。Saha & Dutta 等人用“短条”（short-length）状片条形内插件和规则等间距间断布置多“短条”片条带内插件代替“整体长条”（full-length）片条内插件，发现其热力性能更好。

二、翅状片条插入物

日本早稻田大学理工研究所研制了一种翅状片条插入物，据称这种插入物比以前试验过的“螺旋形条片”要好得多。片条插入物的主要参数有翅长 P_n 和翅间距 P_D，见图 3.4－18。

例如 2D－4D，即表示该片条插入物翅长 P_n 为 2 倍直径，翅间距 P_D 为 4 倍直径。实验用 90 号透平油作介质，并在水平管恒壁温冷却条件下进行的。实验得到以下几点结论：

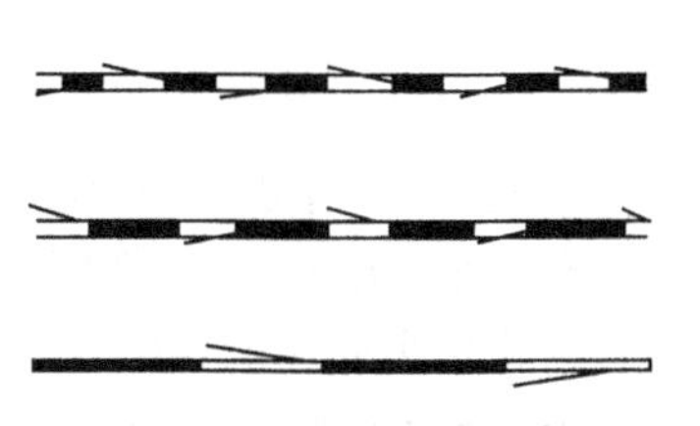

图 3.4－18　实验用的翅状片条插入物

（1）管内传热膜系数为光管的 2～4 倍，阻力为光管的 2.5～2.6 倍。

（2）当 $P_n=P_D$ 时，P_n 越小，管内传热膜系数越高，同时阻力越大。

(3) 翅间距大于翅长是不利的，如4D－6D片条就比4D－4D片条的传热膜系数约低1/2，而阻力损失却几乎没有减少。

(4) 片条插入物的扰流作用是强化传热的主要原因。

华南理工大学用厚0.8mm的紫铜板制作了4D－4D，2D－2D，2D－1D等几种片条内插物并进行了试验[3][4]。试验结果见图3.4－19和图3.4－20，并得出以下结论：

(1) 片条插入物与光管相比，传热膜系数提高了3.6～1.3倍，但阻力也上升了9～3.7倍。

(2) 水平放置的4D－4D片条与垂直放置的2D－2D和4D－4D片条的数据相差很小，且与文献报道的结果基本相符。

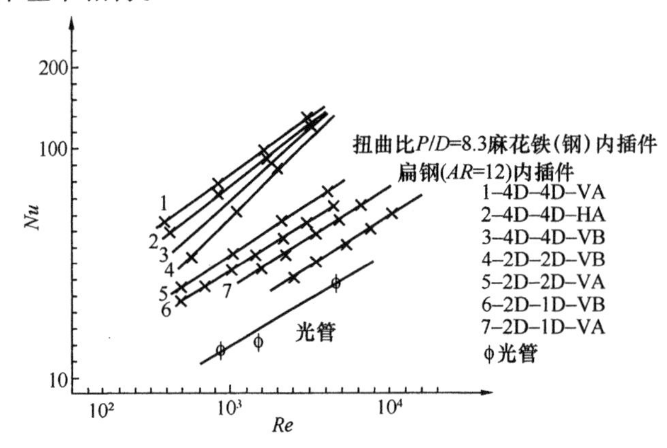

图3.4－19 片条插入物的传热特性(H—水平放置，V—垂直放置)

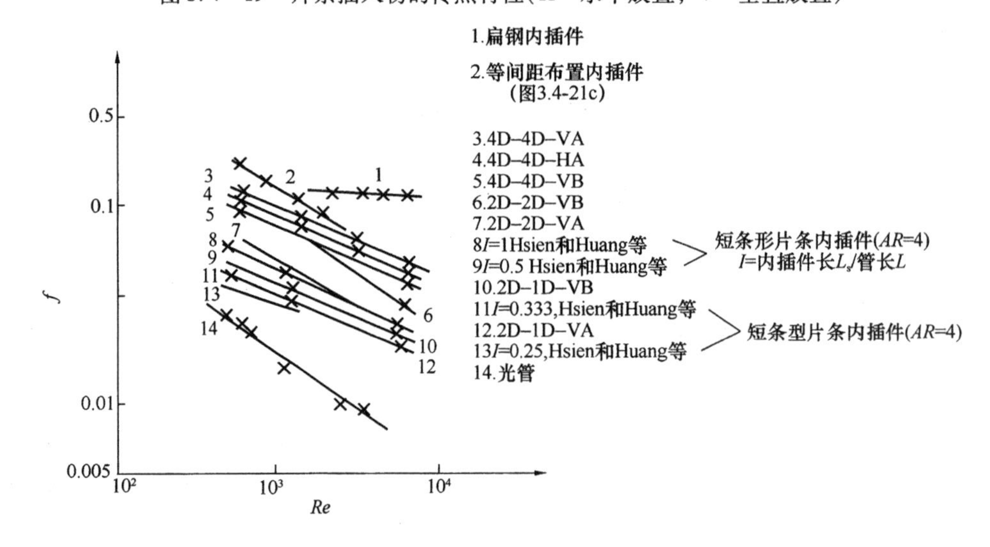

图3.4－20 片条插入物的阻力特性(H—水平放置；V—垂直放置)

流体流向对片条特性有较大影响，这是由于流体的流动方式不同所致。当流体的流动方向为翅根到翅尖时，Nu和f都比流向相反时要大，A/A_s和P/P_s较流向相反时要小些。$P_n=P_D$时，翅长小的性能要好些。

当$P_n>P_D$时，片条的特性有所改善。$Re_s=1470$时，2D－1D片条的A/A_s比2D－2D小约6%，$Re_s=6000$时，P/P_s约小2%。2D－1D片条比2D－2D好，一是翅间距缩短后，翅

的数量增多，扰动增强了；二是流体在片条翅间的平面部分也发生了摩擦能耗。

三、十字交叉形板条、纵向片条(片状板条)及间断放置十字交叉形板条的性能比较

Hsieh 和 Wen 对几种板条内插物进行了试验，这几种板条的结构和参数见图3.4－21。

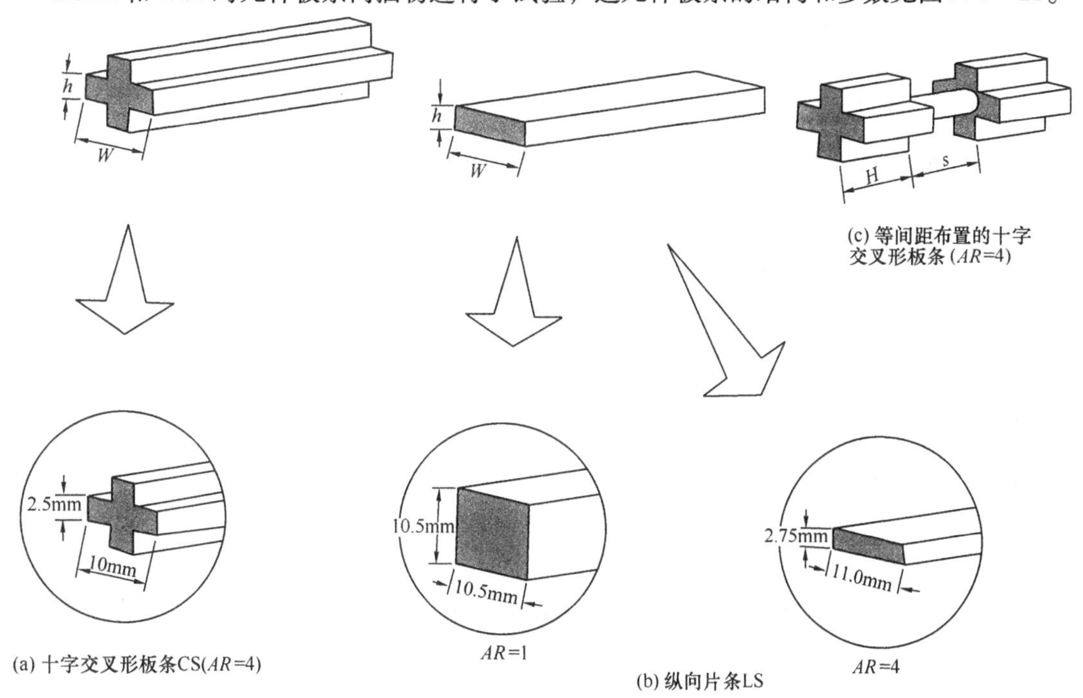

图3.4－21　试验用内插件几何结构和参数($AR=W/h$)

图3.4－21(a)为CS4型，$AR=W/h=4$；图(b)为LS4型，$AR=1$；图(c)为LS1型，$AR=4$的短条交叉片条，即以等间距s布置，用小杆件直径d^*相焊接连接的十字形交叉截面内插件，其板条纵横比y和间距比s'由H/D和s'/D来确定。

其中，D为管内径；d^*为杆径；l为无因次长L_s/L，其有1.1、0.5、0.333、0.25几种。L_s为板条长；L为管长。$2.5\leqslant y\leqslant 5$；$2.5\leqslant s\leqslant 5$；$d=(d^*/D)=0.165\sim 0.275$，其中$d$为无因次直径；$d^*$为连接杆杆径。试验流体：水(W)、丙三醇(ethylence glycol EG)、Servothem medium oil油(商品号为Indran oil公司SMO)和Polybutene 20(PB20)。不同试验流体的各种Re数和Pr数范围，见表3.4－1。

表3.4－1　不同试验流体的各种 *Re* 数和 *Nu* 数范围

参　数	水	EG	SMO	PB20
Re	318～1280	170～738	25～517	25～215
Pr	5.5～6.5	88～192	255～647	1080～8731

为进行比较，下面列出了Hsieh & Huang提出的“整体长条”片条内插件的传热和压降摩擦因数关联式。

(一) Hsieh & Huang 关联式

基于管内流体充分发展状态时的范宁摩擦因数(即图3.4－22中$l=1$数据线)为：

$$f=49.96Re^{-0.44}(D_h/D)^{1.18}(AR)^{-1.53}$$

管内径轴向平均努塞尔数：

$$Nu = hD/k = Q/\pi DL\left[\int_0^L dz/(T_{wy} - T_{by})\right](D/k) = 1.233(Gz)^{0.38} \times (\mu_a/\mu_b)^{0.14}(D_h/D)^{-0.74}(AR+1)^{0.41}$$

式中 D——管内径，m；

D_h——管水力直径($D_n=4A_c/P$)，m；

A_c——轴向流横截面积，m^2；

k——流体热导率，W/(m·K)

Gz——Graxtz 数，$Gz=d/L\cdot Re\cdot Pr$，无因次，代表热力进口效应(thermal entrance length)；

d——无因次杆径($d=d^*/D$)；

d^*——连接杆杆径，m；

W——内插件板条宽，m；

z——轴向任意位置长度，m；

T_{wy}——轴向长度 z 处局部管壁温度,℃；

T_{by}——z 处流体主体局部平均温度,℃；

Q——热流量，W。

(二)Saha 和 Langille 对各种片条内插件的试验结果

1. 短条内插件(short-length)

(1) 摩擦因数

图 3.4-22 为无因次长 $l=L_s/L$(=板条长/管长)=0.5、0.333、0.25 时的内插件的试验结果。该图还列出了 $l=1$ 的整体长条板条内插件的数据，以作比较。$l=1$ 线的数据符合上述 Hsieh 和 Huang 关系式。由该图可看出，$l<1$ 的短条内插件的摩擦因数 f 比 $l=1$ 的 f 值要低，见表 3.4-2 所示，且 f 随 Re 增加而减少。

表 3.4-2 $l<1$ 的片条内插件摩擦因数 f 与 $l=1$ 整体长条形内插件 f 值的比较及摩擦因数的减小值及其比较

$AR=\frac{断面宽\ W}{断面高\ h}$	$l=0.5$	$l=0.333$	$l=0.25$
十字交叉板条 CS4[图 3.4-21(a)]	8~12	18~20	38~44
纵向片条 LS4[图 3.4-21(c)]	15~18	28~35	45~50
纵向片条 LS1[图 3.4-21(b)]	20~25	33~35	55~58

对 $l<1$ 的内插件，当流体到达内插件板条下游时，其流体混合和二次流均会终止，因此可能会再次变成与在光管内流动那样的直线流流型。通常，内插件片条越短，其附加的摩擦面积也越小，故与整体长条形片条内插件相比，其摩擦因数 f 减少量也越大。$l<1$ 的 LS1 型的 f 值减少最大，CS4 的减少最小。这是因为 LS1 型引起摩擦曳力的摩擦面积最小，这是由于 CS4 型二次错流混合引起的能量损失比其附加面积摩擦力效应更主要之故。

摩擦因数关联式为：

$$f = 49.96Re^{-0.44}(D_h/D)^{1.18}(AR)^{-1.53}(1+aX+bX^2+cX^3)$$

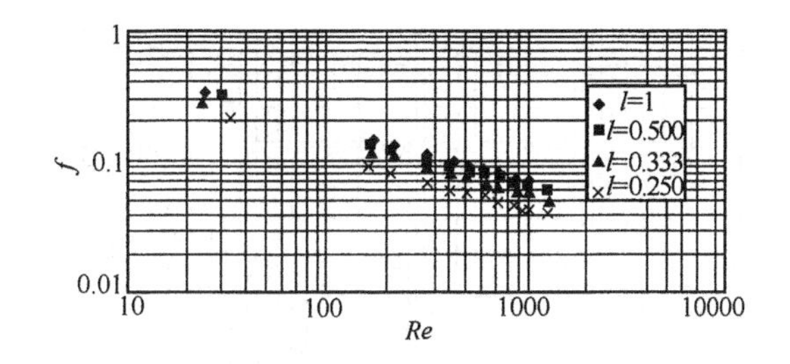

(a)十字交叉形板条内插件CS4(AR=4)

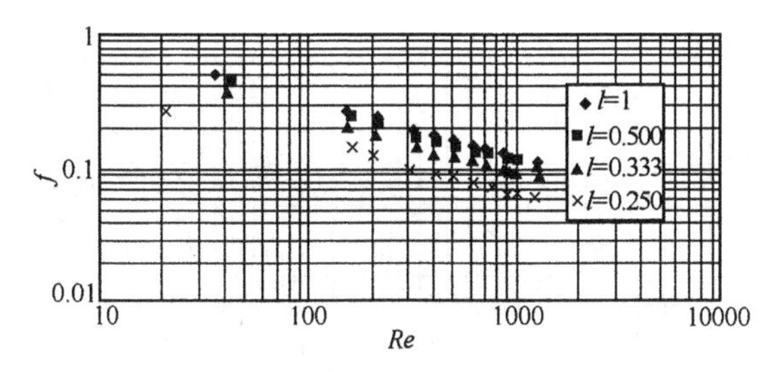

(b)纵向片条形内插件LS4(AR=4)

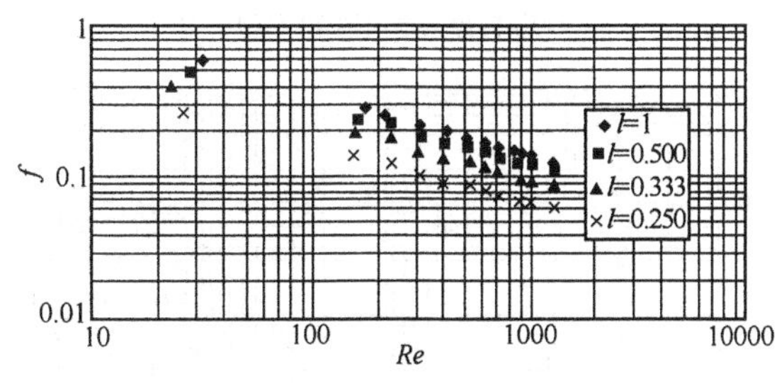

(c)纵向片条形内插件LS1(AR=1)

图 3.4－22　各种短条形板条内插件摩擦因数 f 与 Re 的关系

式中　$X = (l-1)^{0.2}(D_h/D)^{0.75}Re^{0.44}$

$a = -8.21E-0.2$

$b = 7.53E-0.3$

$c = -2.10E-0.4$

（2）Nu 数

图 3.4－23 表示了 Nu 数与 Gz 数的关系。该图同时还列出了 $l=1$ 的数据，可供比较（Hsieh & Huang 方程）。由图可见，$l<1$ 时 Nu 数接近 $l=1$ 的 Nu 数，$l<1$ 的 Nu 数比 $l=1$ 的减少不多（相对 f 值的减少而言），其 Nu 数减小值如表 3.4－3 所示。

表 3.4－3　$l<1$ 内插件 Nu 数比整体长条形 $l=1$ 内插件减少的值

AR	$l=0.5$	$l=0.333$	$l=0.25$
十字交叉条 CS4	2～4	7～10	15～20
纵向片条 LS4	8～11	17～21	27～30
纵向片条 LS1	15～18	25～28	35～40

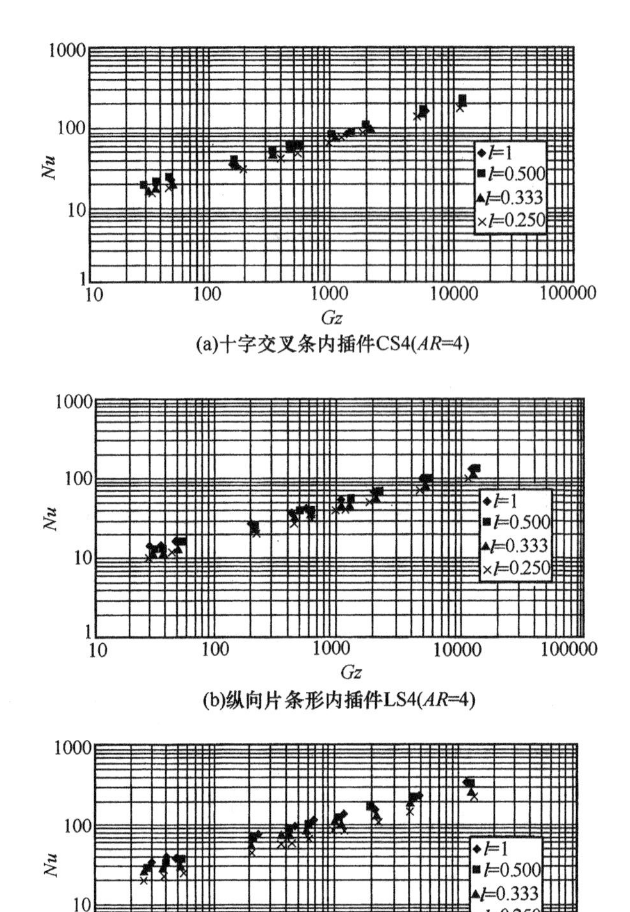

(a)十字交叉条内插件CS4(AR=4)

(b)纵向片条形内插件LS4(AR=4)

(c)纵向片条形内插件LS1(AR=1)

图 3.4－23　短条形板条内插件 Nu 数与 Gz 数的关系

由此可见，l＝0.333 短条形内插件的性能要比 l＝1 整体长条形内插件的为佳，这与 Bergles 等人的结论一致。

Nu 关联式为：

$$Nu = 1.233(Gz)^{0.38}(\mu_b/\mu_w)^{0.14}(D_h/D)^{-0.74}(AR+1)^{0.41}(1+aX+bX^2+cX^3)$$

式中　$X = (l-1)^{0.2}(D_h/D)^{0.068}Gz^{0.38}$

$a = -3.85E-0.2$

$b = 2.67E-0.3$

$c = -5.04E-0.5$

2. 等间距间断布置(Regularly-Shaced)板条内插件

(1) 摩擦因数

图3.4－24～图3.4－26 为该内插件 CS4、LS4 和 LS1 摩擦因数 f 与 Re 的关系。在图3.4－24～图 3.4－26 中均示出了内插件连接杆杆径 d^* 对摩擦因数的影响。由图可见，摩擦因数 f 随杆径 d^* 减小而减小。在所有这些情况下，其流体力学和热力性能周期性地获得了充分发展，其摩擦因数比整体长条内插件的高，如表 3.4－4 所示。由该表可见，对于每一 AR

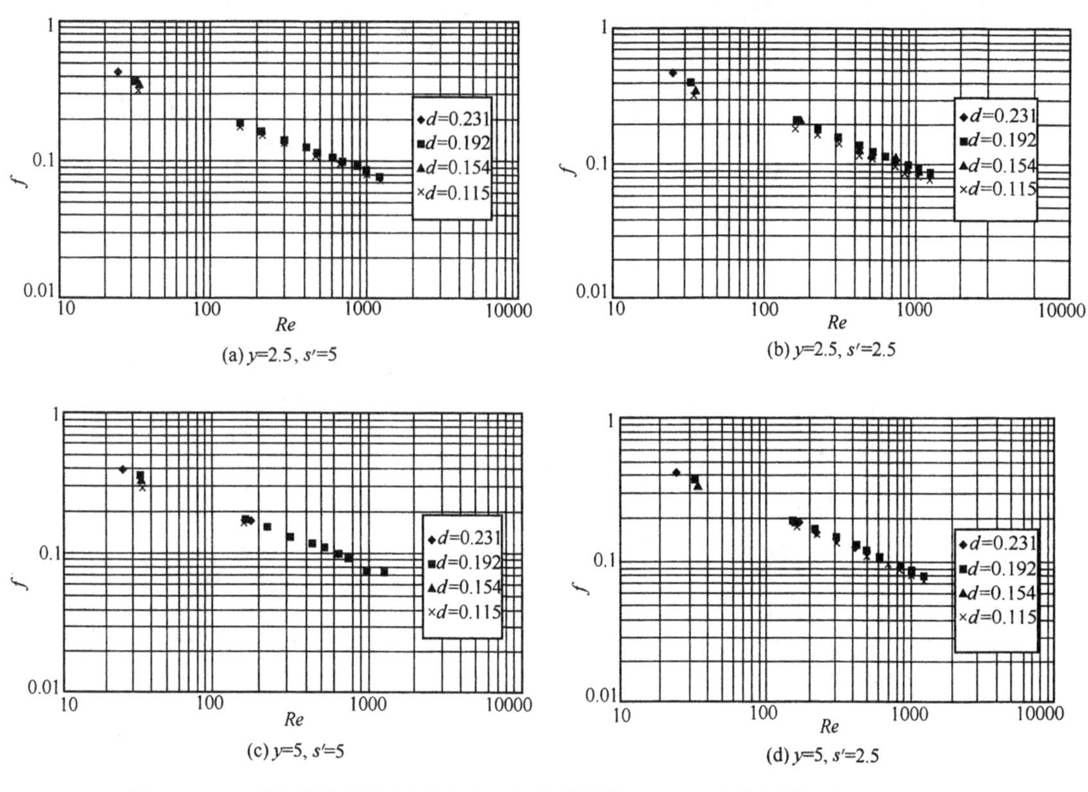

图 3.4－24　等间距间断布置十字交叉板条内插件（$AR=4$）摩擦因数 f 与 Re 的关系

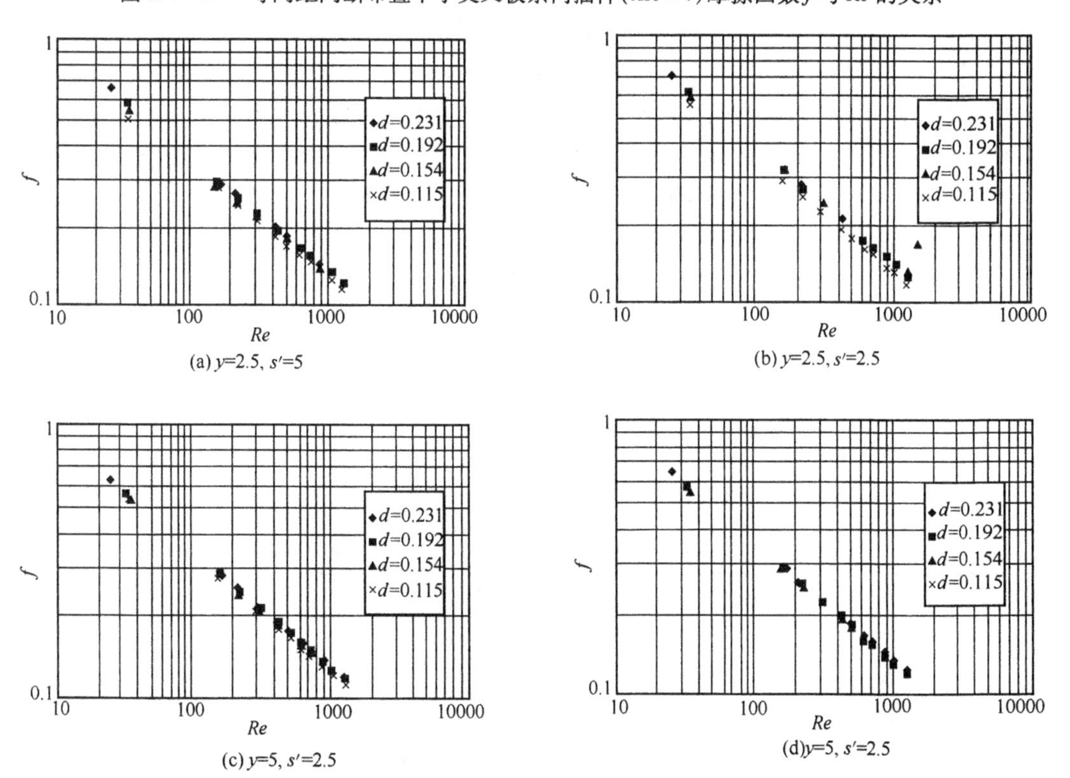

图 3.4－25　等间距间断布置纵向板条内插件 LS4（$AR=4$）摩擦因数 f 与 Re 的关系

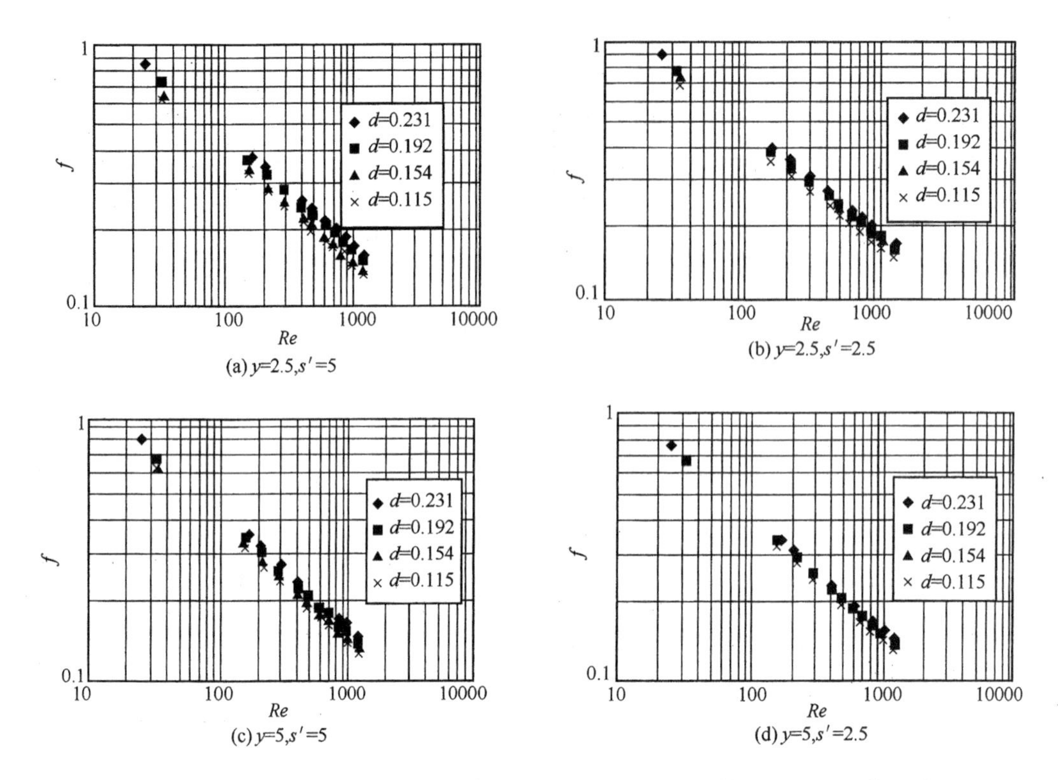

图 3.4－26 等间距间断布置纵向板条内插件 LS1($AR=1$)摩擦因数f与 Re 数的关系

值，y 和 s'值愈低，f增加也愈大。这是因为小的 y，摩擦面积增加愈多，以及流体混合和相应的动量损失也随较小的间距 s 而增多。对既定的 y 和 s'值，LS1 的摩擦因数f值最大，LS4 的f值最小。这是因为可资引起摩擦曳力的面积 LS1 为最大，LS4 最小。从表 3.4－4 还可看出，摩擦因数增加的%数随每组组合的 y 和 s'内插件连接杆直径的减小而减小。这是由于连接杆杆径减小，其二次流和流体混合变化就少，因而动量损失也少，压力损失就少，故内插件用小直径连接杆时所需泵动率也就小了。

摩擦因数关联式：

$$f = 49.96Re^{-0.44}(D_h/D)^{1.18}(AR)^{-1.53}(1 + aX + bX^2 + cX^3)$$

式中 $X = Re^{0.44}(y \cdot s')^{0.1}e^{ds}(D_h/D)^{0.17}$

$a = 1.31E - 0.2$

$b = -2.96E - 0.4$

$c = 1.99E - 0.6$

当 $s=0$ 时，就变成整条形内插件的f公式了。

表 3.4－4 等间距间断布置内插件平均摩擦因数增加的百分数(与整体长条形内插件相比)

CS4					
d		$y=2.5$，$s'=5$	$y=2.5$，$s'=2.5$	$y=5$，$s'=5$	$y=5$，$s'=2.5$
f增加%数	0.231	15	25	5	10
	0.192	10	20	3	8
	0.154	8	12	2	5
	0.115	5	8	1	2

（续表）

LS4					
d		$y=2.5$，$s'=5$	$y=2.5$，$s'=2.5$	$y=5$，$s'=5$	$y=5$，$s'=2.5$
f增加%数	0.231	10	18	5	8
	0.192	8	15	3	6
	0.154	5	12	2	5
	0.115	3	8	1	3
LS1					
d		$y=2.5$，$s'=5$	$y=2.5$，$s'=2.5$	$y=5$，$s'=5$	$y=5$，$s'=2.5$
f增加%数	0.231	30	35	20	15
	0.192	22	30	15	12
	0.154	12	26	8	10
	0.115	8	18	5	7

（2）*Nu* 数与 *Gz* 数的关系

图 3.4－27～图 3.4－29 为 CS4、LS4 和 LS1 等间距间断布置内插件 *Nu* 与 *Gz* 数的关系。

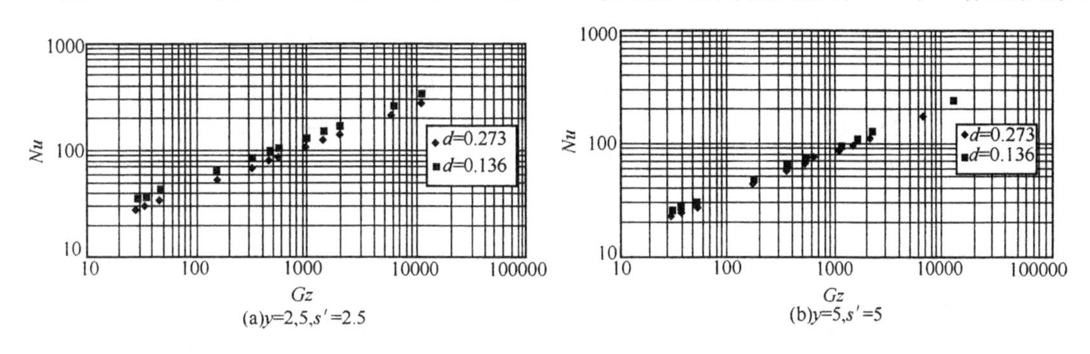

图 3.4－27　等间距间断布置十字交叉板条内插件（$AR=4$）*Nu* 数与 *Gz* 数的关系

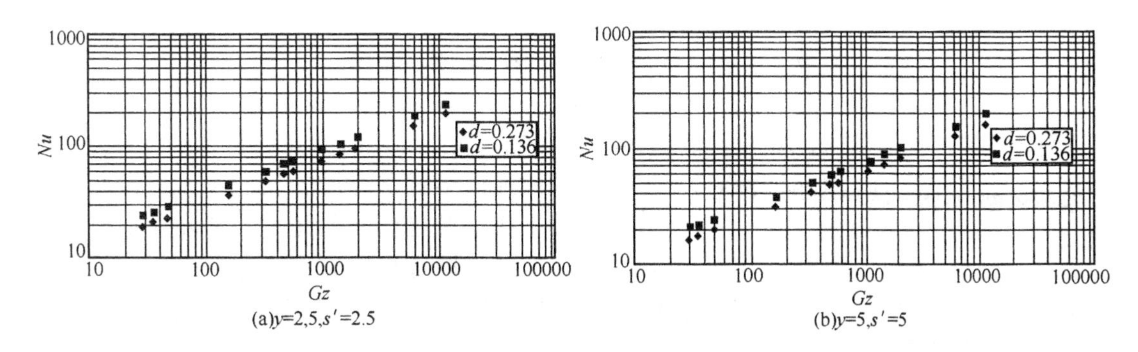

图 3.4－28　等间距间断布置纵向短条形内插件（$AR=4$）*Nu* 数与 *Gz* 数的关系

在上述图中同时还示出了内插件连接杆杆径 d 与 *Nu* 数的关系。与摩擦因数 f 相反，随 d 的减小 *Nu* 数增加，表 3.4－5 表示了比整体长条形内插件的平均 *Nu* 数增加的%数。

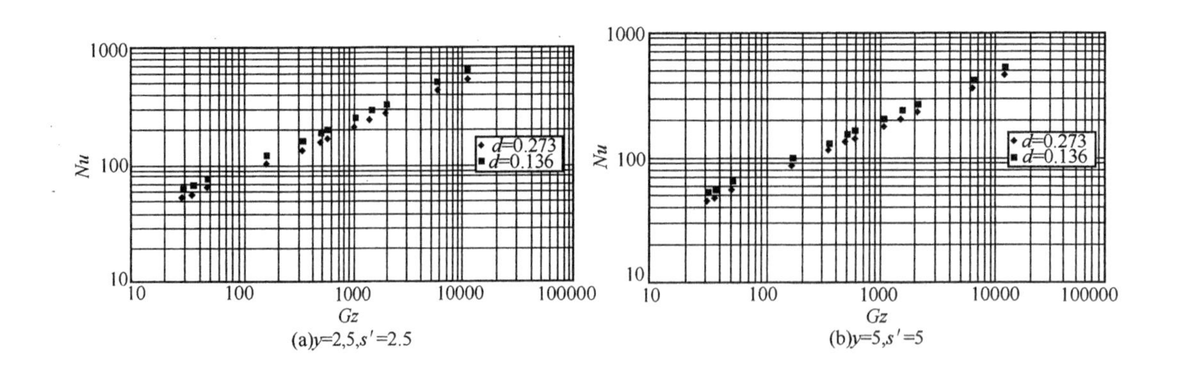

图 3.4－29 等间距间断布置纵向短条内插件（$AR=1$）Nu 数与 Gz 数的关系

表 3.4－5 等间距间断布置板条内插件平均 *Nu* 数增加的百分数（与整体长条形内插件相比）

十字交叉形 CS4			纵条形 LS4			纵条形 LS1		
d	$y=2.5$ $s'=2.5$	$y=5$ $s'=5$	d	$y=2.5$ $s'=2.5$	$y=5$ $s'=5$	d	$y=2.5$ $s'=2.5$	$y=5$ $s'=5$
0.273	45	20	0.273	35	15	0.273	55	32
0.136	75	30	0.136	65	38	0.136	80	48

从表 3.4－4 和表 3.4－5 可见，在所有情况下，Nu 数都比整体长条形内插件的要高，且 Nu 数的增加值要比摩擦因数的增加值大得多，这与 Berles 等人的分析是一致的。

$$Nu = 1.233(Gz)^{0.38}(\mu_b/\mu_w)^{0.14}(D_h/D)^{-0.74}(AR+1)^{0.41}(1+aX+bX^2+cX^3)$$

式中 $X=(Gz)^{0.38}(y\cdot s')^{0.1}e^{ds}(D_h/D)^{0.12}$

$a=3.32E-0.2$

$b=-5.18E-0.4$

$c=1.96E-0.6$

结论是，短条形内插件比整体长条形内插件的摩擦因数要低 8%～58%，但 Nu 数也低 2%～40%。等间距间断布置片条内插件的摩擦因数可提高 1%～35%，Nu 数也要高 15%～75%。

第四节 斜环片插入物及其性能[3][4]

斜环片插入物的结构见图 3.4－30，它和片条插入物一样均属湍流促进器。

图 3.4－30 斜环片插入物结构

圆环是一种很早就研究过的插入物，翅状片条插入物的有效工作部分是倾斜的翅片，斜环片则是二者的结合。为使通过圆环后的高速流体冲击管壁，可将圆环倾斜 45°角放置。二个环之间的斜片则对流体作进一步的扰动，以消除低雷诺数下环前后出现的流体停滞区。

图 3.4－31 和图 3.4－32 为斜环片插入物的实验数据。其表明，它的传热膜系数可比光管提高 3～4.5 倍，但阻力也很大，为光管的 10～30 倍。评价结果表明，斜环片在雷诺数较小时其性能还不及片条 2D－1D。

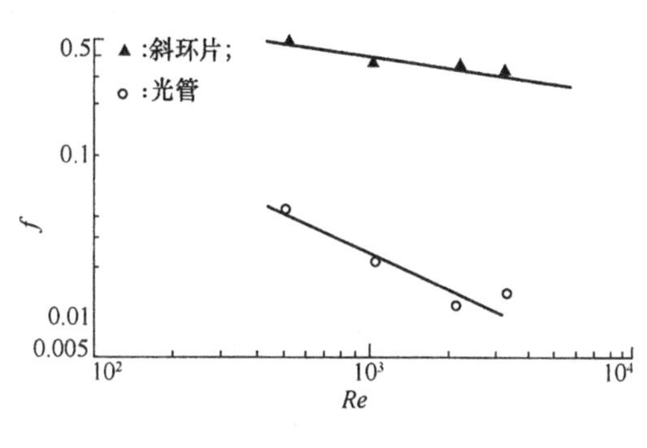

图 3.4－31　斜环片的阻力特性

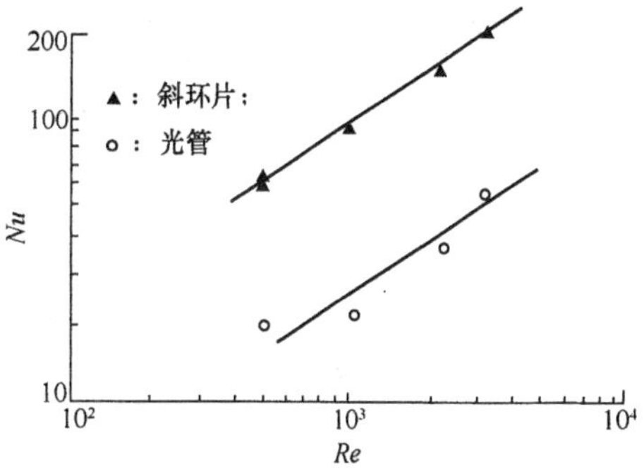

图 3.4－32　斜环片的传热特性

第五节　静态混合器与 Kenics 混合器

置换型强化器有静态混合器、交叉锯齿带及环形体等形式，它们均是促使管内不同部位流体不断相互置换和混合的插入物。

一、类型、结构及其性能

在约 30 种静态混合器中，Kenics 静态混合器是最早实现工业应用的一种。目前就静态混合器的应用来看，以美国凯尼斯公司的凯尼斯(Kenics)混合器、瑞士苏尔寿公司的苏尔寿(Sulzer)SMV、SMX 和 SMR 混合器以及日本东丽公司的 Hi 混合器等的应用最为广泛，其比较见表 3.4－6。

表 3.4－6　Kenics、Sulzer 和 Hi 的比较　　　(注：光管为 1)

	压降损失		传热膜系数	
	层流	湍流	层流	湍流
Kenics	5	50	3	3
Sulzer	9	70	5	5
Hi	10	150	8	8

在近期内我国也有一些院所和厂家作了不少工作，如上海化工研究院和江苏启东混合器厂研制了 SMV、SMX 和 SMXL 混合器；上海化工装备研究所研制了东丽 Hi 混合器；江阴石油配件厂、吉化公司、燕山石化公司和大连石化公司研制了凯尼斯型混合器。

在相同热负荷和压力损失下，SMXL，SMX 两种型号的混合器性能与空管传热性能的比较，见表 3.4－7。由该表数据可见，其传热面积可大大减少。试验还表明，苏尔寿静态混合器的传热膜系数与空管相比，对黏性液体加热时可提高 5 倍，热气体冷却时可提高 8 倍，对有大量不凝气存在的冷凝工况可提高 8.5 倍。它的强化传热机理在于波状通道造成了径向流动，这种径向强迫流动的冲击作用，可使滞流内层大大减薄，同时使壁处滞流内层中的流体不断地得以更新。此外，径向流动还可使滞流层外的温度梯度减小，由此强化了传热[1]。

表 3.4-7 SMXL、SMX 型混合器与空管传热性能的比较

类 型	内径/mm	长度/m	相对传热面积
空管	31	18.5	100.0
SMXL	33	3.1	17.8
SMX	41	1.6	11.4

现就上海化工研究院研制，江苏启东混合器厂生产的 SV、SX、SL，SH 及 SK 等型静态混合器简要介绍如下。

（一）SV 型静态混合器

按工艺设计的规格用金属薄板制成 V 形几何结构波纹片，把若干波纹片按一定方向排列组合成一个圆柱体，见图 3.4-33。然后把每个圆柱体交错 90°组装在管道里，以造成流道形状的变化，这样装设可使流体流道形状发生变化并起到切割和剪切流体的作用。只要改变波峰和倾角，便可制造出多种规格的混合单元来，以适应各种工艺的需要，且在各种流型下均能获得很高的混合效果。

（二）SX 型静态混合器

其单元结构如图 3.4-34 所示。由金属板条按 45°角组合成“多 X 型”几何结构后组成的。之后把每个单元交错 90°组装在管道里，且也对流体起到切割和剪切作用。混合效果仅次于 SV 型，但它适用于中、高黏度(≤10Pa·s)液体的工况。

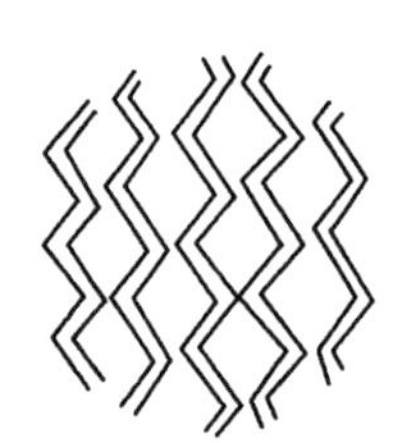

图 3.4-33 SV 型混合器单元结构示图

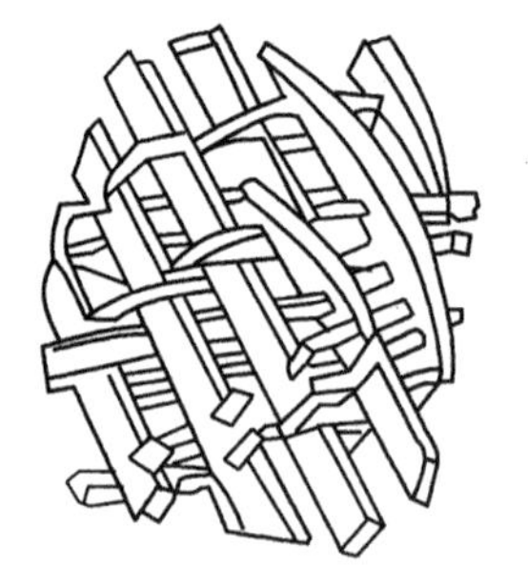

图 3.4-34 SX 型混合器单元结构示图

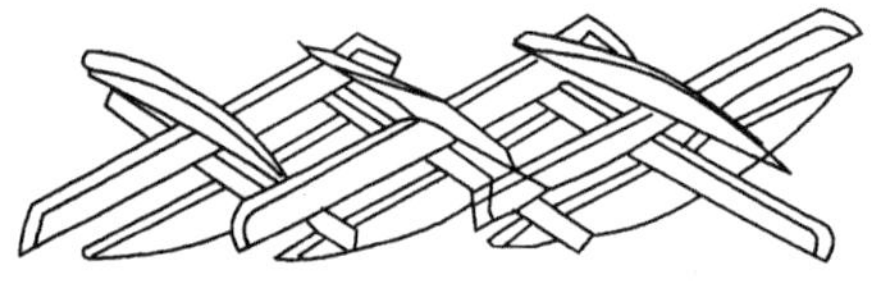

图 3.4-35 SL 型混合器单元结构图

（三）SL 型静态混合器

其单元如图 3.4-35 所示。由金属板条按 30°角组合而成，然后把这些“简单 X 型”几何结构组装在管道里。它对流体也以切割和剪切作用为主。其结构简单，混合效果次于 SX 型，现已在石油化工等行业高黏度流体工况中得到广泛应用。

（四）SH 型静态混合器

其单元结构如图 3.4-36 所示。先在金属圆截面上加工出 2 个孔，孔里再装入 2 个 180°扭曲且右旋的 SK 型螺旋片，由此便得到了单元的“双通道”结构。在圆截面两端再配以混合室和中间室。这种混合单元由若干元件组成，其也可对流体起到切割和旋转作用，混合效果与 SX 型相当。

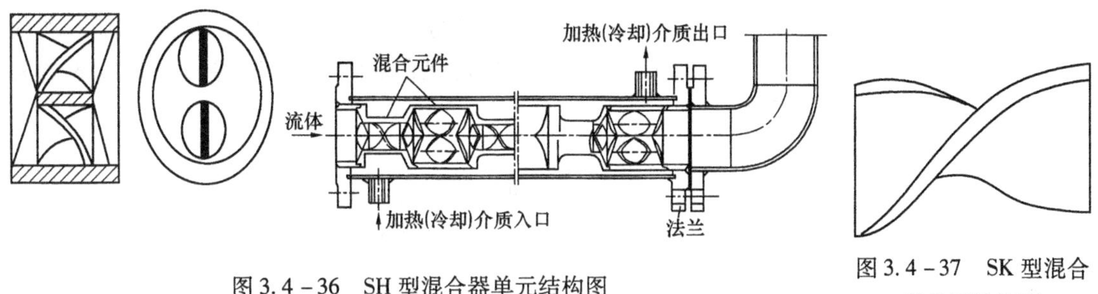

图 3.4－36　SH 型混合器单元结构图

图 3.4－37　SK 型混合器单元结构图

(五) SK 型静态混合器

SK 型的单元结构见图 3.4－37，它是用金属板条按左旋和右旋扭转 180°(单元长径比 $l/D_o=1.4\sim1.5$)后组成的。表 3.4－8 和表 3.4－9 列出了以上静态混合器阻力的关系式。

表 3.4－8　SV 型、SX 型、SL 型静态混合器摩擦因数 f 的关系式

混合器类型		SV－2.3/D	SV－3.5/D	SV－5－15/D	SX 型	SL 型
层流区	范围	$Re<23$	$Re<23$	$Re<150$	$Re<13$	$Re<10$
	关系式	$f=139/Re$	$f=139/Re$	$f=150/Re$	$f=285/Re$	$f=156/Re$
过渡流区	范围	$23<Re<150$	$23<Re<150$	—	$13<Re<70$	$10<Re<100$
	关系式	$f=23.1/Re^{-0.428}$	$f=43.7/Re^{-0.631}$	—	$f=74.7/Re^{-0.478}$	$f=57.7/Re^{-0.568}$
湍流区	范围	$150<Re<2400$	$150<Re<2400$	$Re>150$	$70<Re<2000$	$100<Re<3000$
	关系式	$f=14.1Re^{-0.329}$	$f=10.7Re^{-0.351}$	$f=1.0$	$f=22.3Re^{-0.194}$	$f=10.8Re^{-0.205}$
完全湍流区	范围	$Re>2400$	$Re>2400$	—	$Re>2000$	$Re>3000$
	关系式	$f\approx1.09$	$f=0.702$	—	$f=5.11$	$f=2.10$

表 3.4－9　SH 型和 SK 型静态混合器摩擦因数 f 的关系式

混合器类型		SH 型	SK 型
层流区	范围	$Re_D<30$	$Re_D<30$
	关系式	$f=3500/Re_D$	$f=430/Re_D$
过渡流区	范围	$30<Re_D<320$	$23<Re_D<300$
	关系式	$f=646Re_D^{-0.503}$	$f=87.2Re_D^{-0.491}$
湍流区	范围	$Re_D>320$	$300<Re_D<11000$
	关系式	$f=80.1Re_D^{-0.141}$	$f=17.0Re_D^{-0.205}$
完全湍流区	范围	—	$Re_D>11000$
	关系式	—	$f=2.53$

二、Kenics 静态混合器及其性能

Kenics 静态混合器的混合元件是将若干片长宽比为 1.5 的长方形薄板两端扭曲 180°后，相互交叉连接而成的。相邻两元件的扭转方向相反，如图 3.4－38 所示。

图 3.4－38　Kenics 静态混合器的混合元件图

Genetti 等人以马达油为介质，在层流区对 Kenics 静态混合器进行了加热情况下的传热

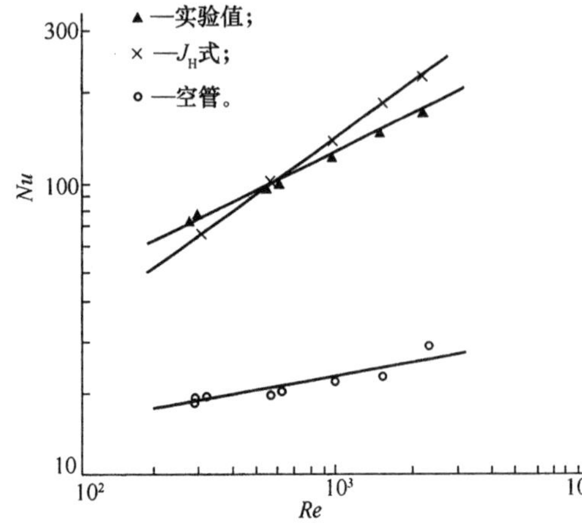

图 3.4-39 Kenics 静态混合器的传热特性

和阻力实验，提出了在 $Re>10$ 的层流流动状态下静态混合器的压降与空管压降之比 K 的关系式：

$$K = 2.03Re^{3/8}$$

传热关联式为：

$$J_H = Nu/(Re \cdot Pr^{1/3}) = 0.422Re^{-0.417}(\mu_b/\mu_w)^{0.14}$$

华南理工大学对 Kenics 静态混合器也进行了实验，其数据见图 3.4-39 和图 3.4-40 所示。

图中同时绘出了空管数据和上述式 K、J_H 式的计算值。与空管比较，静态混合器可使传热膜系数增大 4~6 倍，但阻力也高达 16~53 倍[1]。J_H 式与传热实验数扰相差 12% 左右。K 式在 Re 较小时，比实验的阻力数据高 10% 左右；在 Re 较大时，又偏低达 30%。

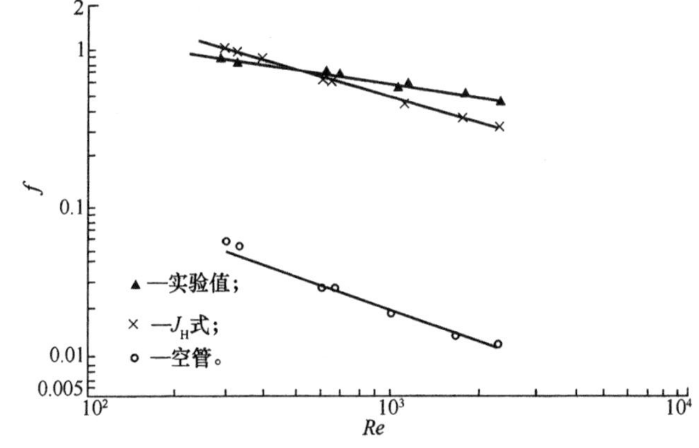

图 3.4-40 Kenics 静态混合器阻力特性

由试验可见，Kenics 静态混合器的性能是很好的，A/A_s 最小达到 0.213，P/P_s 最小达到 0.032[3,4]。试验后所得的关联式：

$$\ln(f_o) = 4.483 - 1.171 \times \ln Re + 0.6519(\ln Re)^2$$

$$Nu = 1.393Re^{0.494}Pr^{0.289}$$

在相同 Re 的条件下，静态混合器的 Nu 值在加热和冷却时的摩擦因数与等工况下的摩擦因数相差不超过 5%，比空管在这 3 种情况下的差别小得多。

三、π 型静态混合元件对黏性流体的强化传热[7]

郑州工业大学提出了一种结构简单的 π 型元件，这种元件只要简单地借助扭曲或冲压即可成形，元件成形后的扭曲程度可用扭角大小来表示。图 3.4-41 是 π 型元件的结构图。

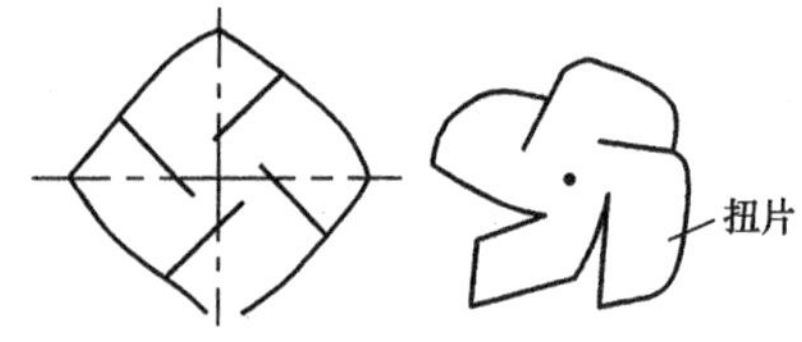

图 3.4-41 π 型元件结构图

用高黏度 20 号机械油作循环介质，以蒸汽作载热体，用 π 型元件来强化管内黏性流体的传热。管内 π 型元件的各种排列形式见表 3.4-10(30°—π、45°—π、60°—π 表示不同扭角的 π 型元件)，元件被均布于管子长度上，且左、右旋元件相同地放置，试验时的 Re

= 100 ~ 1000。

表 3.4-10 元件的组合方式

序 号	元件的组合方式	序 号	元件的组合方式
0	空管	4	6 个 45°—π 元件
1	10 个 30°—π 元件	5	20 个 45°—π 元件
2	10 个 45°—π 元件	6	34 个 45°—π 元件
3	10 个 60°—π 元件	7	34 个 60°—π 元件

图 3.4-42 和图 3.4-43 分别示出了各组元件的 f_{sm}/f_o 和 Nu_{sm}/Nu_o 值与 Re 数之间的关系（图中编号系表 3.4-4 中的序号）。

（一）π 型静态混合器流体阻力和传热性能的主要影响因素

1. 元件扭角 α

从图 3.4-42 和图 3.4-43（1、2 和 3）可以看到，在同一个 Re 数下，随 α 的减小，传热能力提高，但流体阻力也相应增大。这是因为流体流动在元件的作用下产生了一径向速度分量，从而使管壁附近的流体受到这一速度分量的扰动，热边界层不易形成，保证了流体流动始终处于“进口段”的状态。该径向速度分量在促进流体湍动的同时，也使流体阻力增加了。

2. 充填率 φ

图 3.4-44 给出了 φ 对流体阻力和传热的影响关系。从图中可看到，压力损失和传热能力都随 φ 的增大而增大。压力损失基本上与 φ 成线性关系，而对传热来说在 φ 较小时，Nu_{sm}/Nu_o 值的变化较显著。这说明适当加长元件间距，既对传热有利，又不致产生太大的流体阻力。

（二）π 型静态混合器性能评价

今用 Bergles 提出换热器性能的评价准则来评价 π 型元件的流体阻力和传热性能。

1. 压力损失和传热性能的评价

根据上述计算式便可算得 Re = 100 ~ 1000 范围内各组元件的平均压力损失和传热膜系数，见表 3.4-11。表中同时给出了同一 Re 数范围内 Kenics 元件的平均压力损失和传热膜系数。通过比较可以看出，随 π 型元件扭角的减小，传热能力提高，但压力损失也明显增大；此外，π 型元件要优于 Kenics 元件。

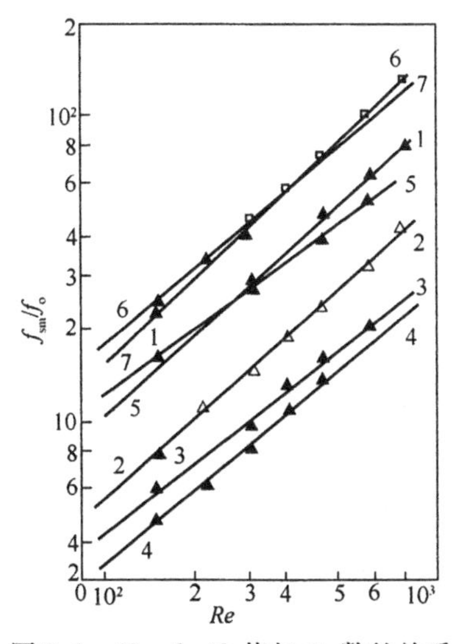

图 3.4-42 f_{sm}/f_o 值与 Re 数的关系

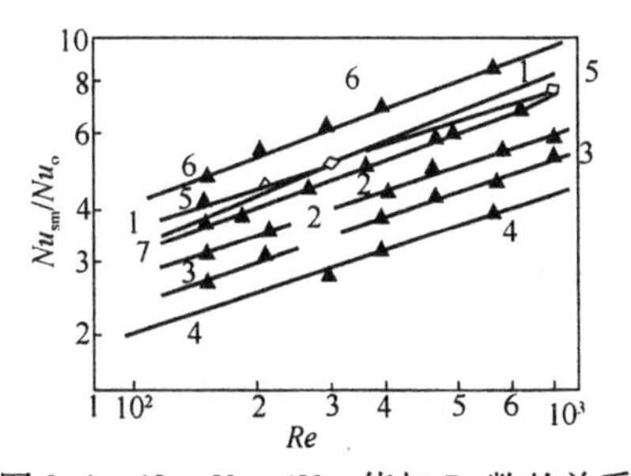

图 3.4-43 Nu_{sm}/Nu_o 值与 Re 数的关系

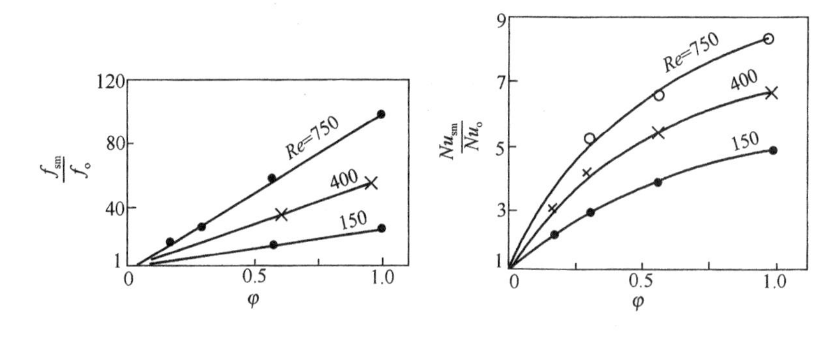

图 3.4－44　φ 对流体阻力和传热的影响

表 3.4－11　平均压力损失和传热膜系数的比较

元件号	压力损失 f_{sm}/f_o	传热膜系数 Nu_{sm}/Nu_o
1	73	5.5
2	23	4.4
3	15	3.7
4	13	3.1
5	45	5.3
6	70	6.8
7	38	5.5
Kenics 元件	25	2.7

2. 等功率消耗条件下传热性能的评价

根据等功率条件 $P_{sm}=P_o$，可以导出各组元件的 Nu_{sm}/Nu_o 值，见表 3.4－12。与空管相比，在同样的功率消耗下，π 型元件具有较好的强化传热的能力，且以 60°－π 型元件略高。

表 3.4－12　等功率消耗条件下平均传热膜系数的比较

元件号	1	2	3	4	5	6	7
Nu_{sm}/Nu_o	2.0	1.9	1.9	1.6	2.1	2.3	2.4

第六节　交叉锯齿带及其性能

锯齿带自右向左运动时，它的第 1 块斜板对它左面的流体施加一个向上的力，该力将管中部流体推向上方，并在板的周围产生环流，见图 3.4－45。这与图 3.4－46 所示的刮板向上运动其效果相同。同样道理，锯齿带的第 2 块斜板的作用与图 3.4－46 的刮板向下运动相同。

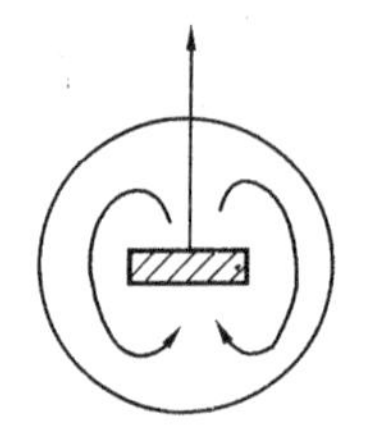

图 3.4－45　混合方式示图

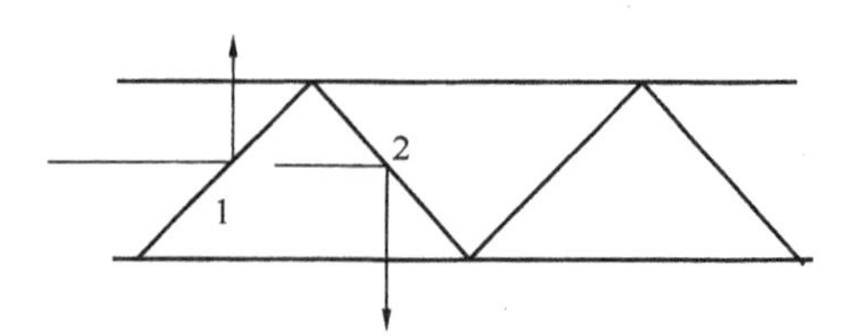

图 3.4－46　锯齿带工作原理示图

若在圆管中装一条锯齿带，流体可能会在带两侧的弓形通道形成沟流。为防止这种情况，可以采用两条垂直交叉的锯齿形窄带，因而称为交叉锯齿带。它的主要参数是带宽 b 和带斜面与管轴线的夹角 α。华南理工大学用两条交叉锯齿带进行了试验，其参数分别为 $b=D/4$，$\alpha=30°$ 和 $b=D/4$，$\alpha=45°$，见图 3.4－47。

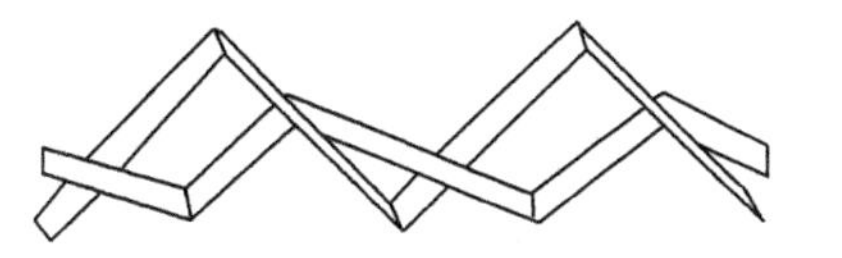

图 3.4－47　交叉锯齿带

试验测得传热和阻力的数据，见图 3.4－48 和图 3.4－49。与空管的传热和阻力数据比较，$\alpha=30°$ 的交叉锯齿带分别提高 3～6.2 倍和 7～25 倍，$\alpha=45°$ 的交叉锯齿带分别增加 3.5～7.3 倍和 12～47.2 倍，可见其传热和阻力都是比较大的，且随 α 的增加而增加。它的强化传热性能接近于 Kenics 元件但阻力只是其 1/2。在实验范围内，$\alpha=30°$ 的交叉锯齿带 A/A_s 达到 0.22，P/P_s 达到 0.03[3,4]。

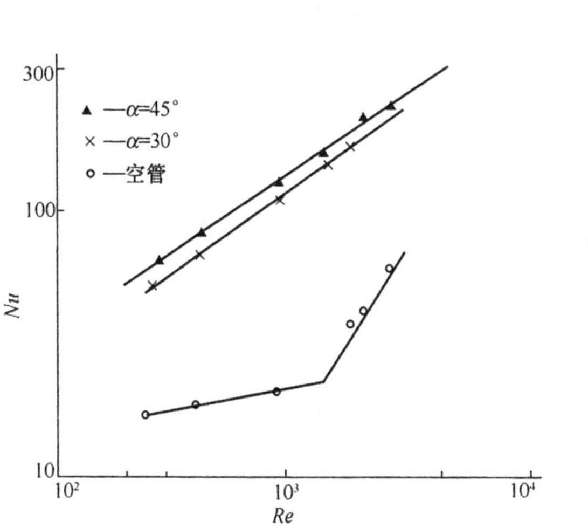

图 3.4－48　交叉锯齿带的传热特性

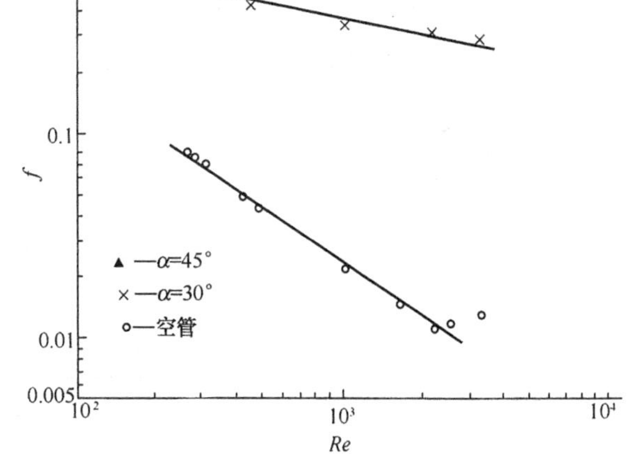

图 3.4－49　交叉锯齿带的阻力特性

华南理工大学和中石化北京设计院为上海石化乙烯厂设计了 8 台换热器，用于常减压蒸馏装置原油－蜡油换热，在压降不增的情况下，其总传热系数比原空管提高 50%[1]。

$\alpha=30°$ 的交叉锯齿带插入物，对它在不同的 Pr、Re 和热流密度下的传热与流阻特性实验数据进行回归，便可得到以下计算式：

$$Nu = 0.534Re^{0.6}Pr^{0.27}(\mu_b/\mu_w)^{0.13}$$

因交叉锯齿带对流体扰动较大，故对自然对流的影响可以忽略不计。

上式计算值与实验数据比较，最大误差为 5%。图 3.4－50 绘出了上式计算值与实验数据的比较，其最大误差为 1.5%[3,4]。

阻力关联式为：

$$f = (0.255 + 113.8(Re + 77.3)^{-1.058}) \times (\mu_w/\mu_b)^{0.03876}$$

与实验数据比较，误差在 3% 以内。比较结果见图 3.4－51[3,4]。其适用条件是：$230 < Re < 4100$；$110 < Pr < 400$。

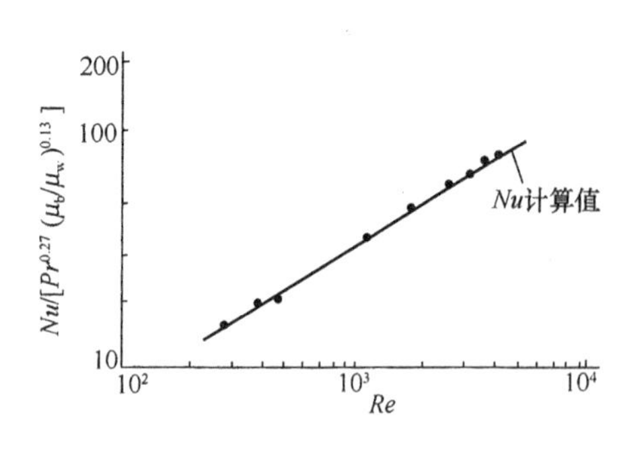

图 3.4－50　$\alpha=30°$的交叉锯齿带其 Nu 计算值与实验数据的比较

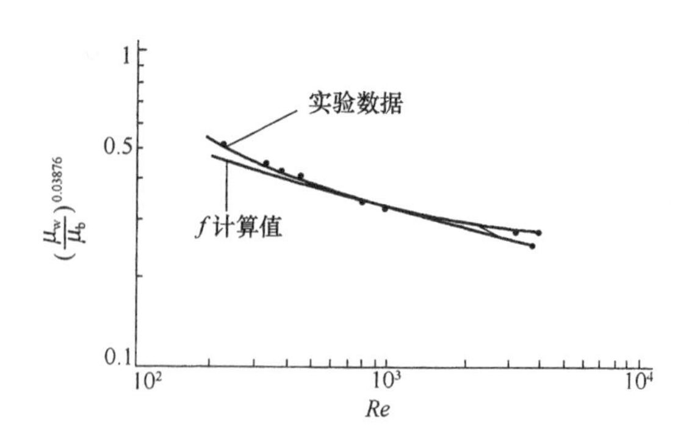

图 3.4－51　$\alpha=30°$的交叉锯齿带其 f 计算值与实验数据的比较

第七节　大空隙率多孔体内插物的强化传热[8]

用图 3.4－52 所示的金属丝绕制成不同形状的内插件，便构成了空隙率 $\varepsilon>95\%$ 的多孔体。当流体流经该强化元件后，流道内将产生弥散流动效应。在低雷诺数下，由于弥散流动的促进作用(其作用类似于板式换热器板片复杂波纹槽道对流体流动的作用)，使流体转变为湍流，从而强化了传热。对不同介质，其强化效果也不同，表 3.4－13 是对某些典型换热器的测试结果。

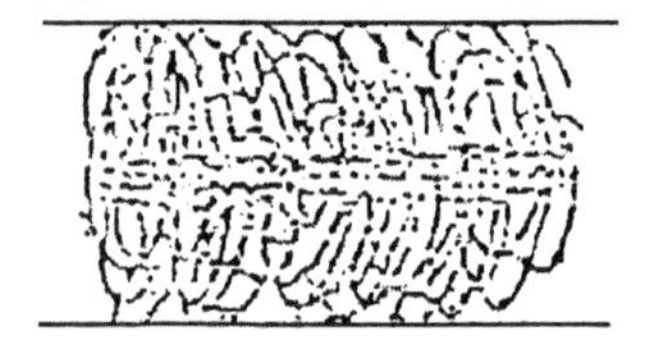

图 3.4－52　大空隙多孔体内插件示图

表 3.4－13　大空隙率内插件高效强化换热器与空管换热器的比较

管程介质	壳程介质	管内传热系数 h_1	总传热系数 K_1	管程压降 Δp_1
油	蒸汽	$(3.5\sim8)h_o$	$(2\sim4)K_o$	$(1\sim1.5)\Delta p_o$
水	蒸汽	$(3.5\sim5)h_o$	$(2\sim3)K_o$	$(1\sim1.5)\Delta p_o$
油	水	$(3.5\sim8)h_o$	$(2\sim3)K_o$	$(1\sim1.5)\Delta p_o$
气体	水	$3.5h_o$	$(2\sim3)K_o$	$(1\sim1.5)\Delta p_o$
水	水	$3.5h_o$	$(1.5\sim2)K_o$	$(1\sim1.5)\Delta p_o$
有机物蒸气	水	$3.5h_o$	$(1.5\sim2)K_o$	$(1\sim1.1)\Delta p_o$

注：下标“o”代表空管换热器，下标“1”代表大空隙率内插件高效强化换热器。

由于该强化元件空隙率 $\varepsilon>95\%$，因此其沿程阻力较一般的多孔元件和其他内插件来说要低得多，表 3.4－14 即为该元件与其他内插件和强化管有关强化传热和阻力性能的比较。

表 3.4－14　大空隙率内插件与其他内插件和强化管性能的比较

强化方法	管内传热 Nu 比空管增强的倍数	管内阻力系数 f 比空管增加的倍数
Kenics 静态混合器	1.5～2	7～9
空隙率为 80% 的多孔体	5～9	40～60
拉希格圈	2	7～10
螺旋扭带	2～3	5～10
梯形纵肋管	1～2	4～5
螺纹管	2～4	7～10

从表3.4－13和表3.4－14可看出，在相同阻力下，大空隙率内插件的强化传热效果较好。

第八节　对各种内插件强化传热性能的综合评价与比较

图3.4－53和图3.4－54是华南理工大学对其上述一些内插件的试验结果进行的综合评价。

从上述传热和阻力特性综合评价来看，旋流器中以 $Y=1.873$ 的扭带最好，湍流促进器中以片条2D－1D最好。而属于置换型强化器的插入物其性能比前两类均好得多，这说明在高黏度油冷却的情况下，这类插入物是适宜的。从评价指标 A/A_s，$\Delta p/\Delta p_s$ 来看，$\alpha=30°$的交叉锯齿带与Kenics静态混合器相近。而 $\alpha=30°$的交叉锯齿带的阻力约为Kenics静态混合器的1/2，因此总的来说，$\alpha=30°$的交叉锯齿带的传热与阻力特性是较好的[3,4]。

文献[9]更广泛地对管子内插件的强化传热作了比较，他们对以下强化元件进行了综述。如1985年Wawer和1987年Raviguraja等人研究的单直板条形扭带(Single straight tape)，其中包括平面型(Plane tape)、翼型(Wing type)、旋流型(Swirl flow type)、旗型(flag type)、交叉错开扭带(Cross type)和线圈(Wire coils)内插件、Shiou研究的弹簧内插件(Spring)等；1974年Mergerlin研究的绕线网眼型(Wire meshes)内插件；1984年Shien研究的Kenics混合器；1990年Saha和Ltigikuta，以及1974年Zozulya等人研究的一些能使管内流体有效混合而又不同于旋流型的新型内插件；1994年Fiebig研究的Ribbon型板条扭带和δ翼型扭带(Dalta wing tape)(图3.4－55)等。

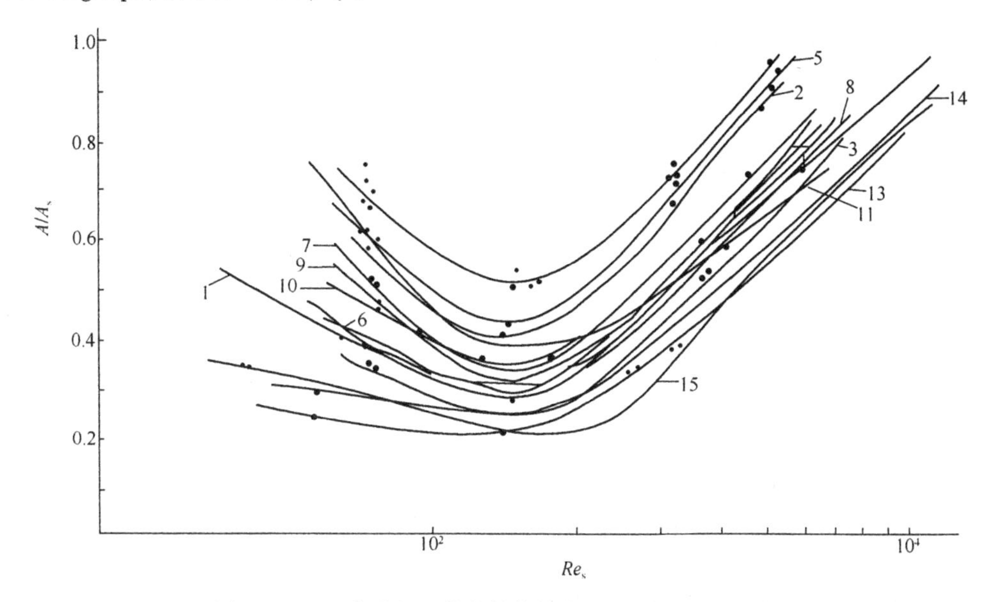

图3.4－53　各种插入物的性能评价(A/A_s 与 Re_s 的关系)

1—扭带 $Y=2.468$；2—扭带 $Y=4.043$；3—扭带 $Y=1.873$；4—片条4D－4D－HA、VA；5—片条4D－4D－VB；6—片条2D－2D－VB；7—片条2D－2D－VA；8—片条2D－1D－VB；9—片条2D－1D－VA；10—半扭带；11—螺旋线；12—斜环片；13—静态混合器；14—交叉锯齿带 $\alpha=45°$；15—交叉锯齿带 $\alpha=30°$

图3.4－56和图3.4－57是这些内插件管长上平均传热膜系数 $h_{i,a}$ (W/m² · k)和平均压降系数 $C_{fi,a}$ 与 $Re_{i,a}$ 的关系($Re_{i,a}$——基于空管内径的强化管管内雷诺数)和比较。试验是在包

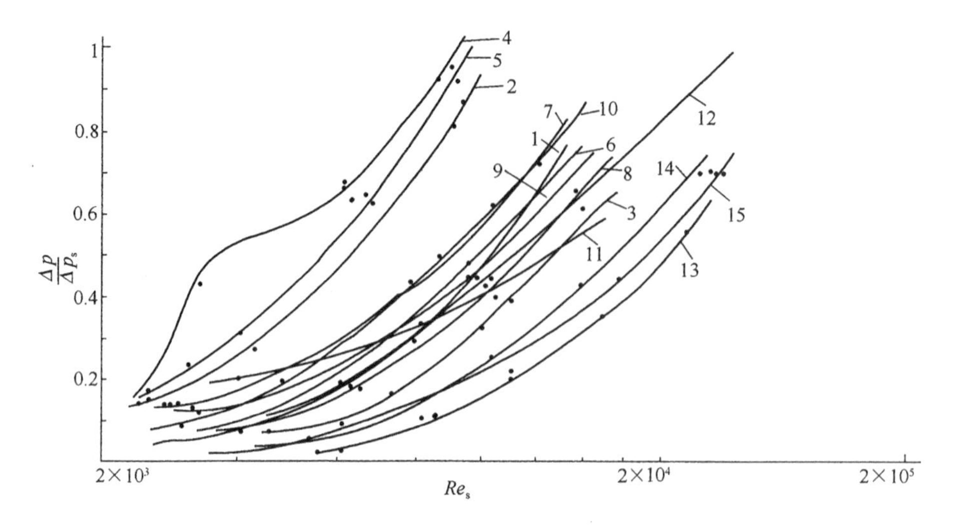

图 3.4－54　各种插入物的综合性能评价[3,4]（$\Delta p/\Delta p_s$ 与 Re_s 的关系）

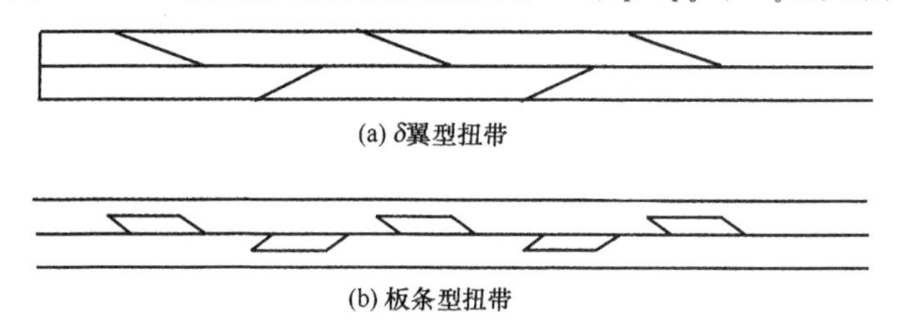

(a) δ翼型扭带

(b) 板条型扭带

图 3.4－55　典型的 S 型扭带和板条型扭带

括进口效应的等表面热流湍流条件下进行的，试验介质为空气。在充分发展流下的这些试验关联式如表 3.4－15 所示。

表 3.4－15　试验关联式

强化元件	$C_{fi,a}$	$h_{i,a}$
单平直形扭带 1	$0.28Re_{i,a}^{-0.29}$	$0.012Re_{i,a}^{0.846}$
单平直形扭带 2	$0.265Re_{i,a}^{-0.314}$	$0.012Re_{i,a}^{0.845}$
交叉错开扭带 1	$0.475Re_{i,a}^{-0.3}$	$0.1284Re_{i,a}^{0.642}$
交叉错开扭带 2	$0.250Re_{i,a}^{-0.261}$	$0.0332Re_{i,a}^{0.756}$
绕线网眼型扭带	$2.13\times10^{-21}Re_{i,a}^{4}-5.13\times10^{-16}Re_{i,a}^{3}$	$0.068Re_{i,a}^{0.714}$
Ribbon 型板条扭带	$0.155Re_{i,a}^{-0.1737}$	$0.058Re_{i,a}^{0.732}$

图 3.4－58 所示为上述不同内插件关系式所得到的等泵功率下内插件强化管管内传热膜系数 $h_{i,a}$ 与空管传热膜系数 $h_{i,a}$ 的比值 R_3（称之为性能准则）以及与雷诺数的关系。对单直形扭带，在该整个实验范围内，其性能系数 R_3 几乎与 $Re_{i,a}$ 无关，且几乎为一恒值，且永远 $R_3<1$，比空管低 8%～10%。另外，其传热膜系数 $h_{i,a}$ 对宽 29.2mm（29.2mm×29.2mm）的内插件（管内径 30.2mm）要比宽为 15mm（29.2mm×15mm）的内插件大，但性能系数 R_3 则稍小于它，这是因为宽 29.2mm 内插件的压降比宽 15mm 内插件相对约高 6% 之故。

对于与平直形扭带具有相同宽度（29.2mm×29.2mm）的交叉形扭带，其性能参数 R_3 亦大于宽度为（29.2mm×15mm）的内插件。与空管相比，在 $Re_{i,a}<40000$ 下，R_3 增加 5%～10%，但在较大的 $Re_{i,a}$ 范围内（$Re_{i,a}>40000$），R_3 又低于空管。

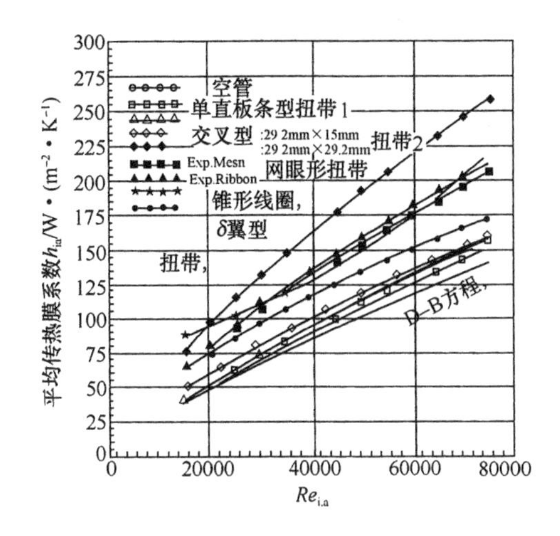

图 3.4－56　各种内插件平均传热膜系数试验值 $h_{i,a}$ 与平均 $Re_{i,a}$ 数的关系及比较

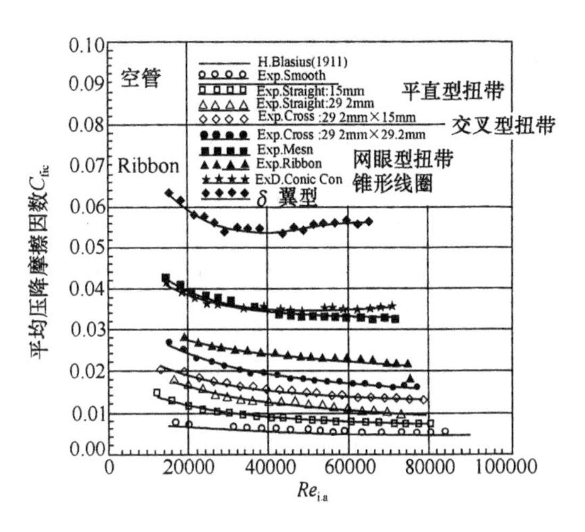

图 3.4－57　各种内插件平均压降系数试验值 $C_{fi,a}$ 与平均 $Re_{i,a}$ 数的关系及比较

绕线网眼型扭带具有较好的强化传热作用，比之交叉型扭带，传热膜系数约高 10% ~ 15%，但性能系数 R_3 则比之相同扭带宽度下要低。

δ 翼型扭带是该 8 种扭带中(包括 2 种不同尺寸的单直形扭带和 2 种不同尺寸的交叉形扭带)传热膜系数 $h_{i,a}$ 最高的一种，而压降系数也最高，但其性能系数 R_3 则并非如此，在 $Re_i<60000$ 时比空管只高 5% ~10%，且甚至在较大的 Re_i 下(>60000)，也有 $R_3<1$，即比空管为小，故这种内插件，在生产工艺中泵功率有余度时，也可以采用。

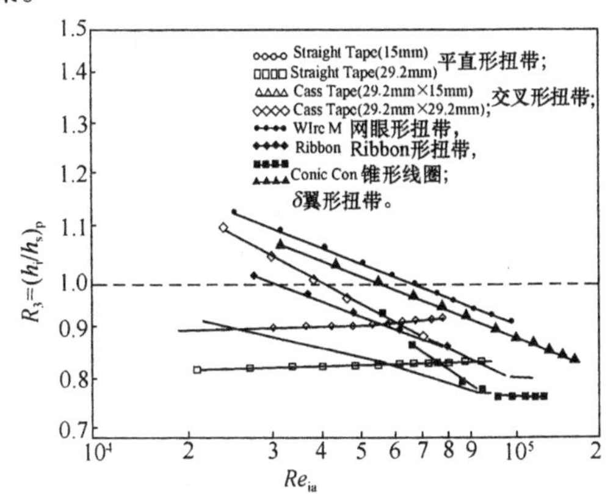

图 3.4－58　基于空管内径下的雷诺数 Re_i 时各内插件的性能系数 R_3

锥形线圈(Conic coil)内插件通常其与板条型扭带(Ribbon tape)一样，都比其他类型扭带为佳，比空管可强化传热 30%。但锥形线圈内插件的性能系数 R_3 随 Re_i 的改变而变化较大，在 $Re_i=25000$ 时，R_3 比空管大 50%，在 $Re_i=75000$ 时，却比空管要低 25%。

板条扭带性能系数 R_3 尽管比翼型扭带为低，但当 $Re_i<60000$ 时，总是比空管为高，且其随 $Re_i=75000$ 的增大而变化的倾向性，在所有这些内插件中是最稳定的。为此，它可应用于相对高的流率下，在这种高流率范围内采用率的可能性要比其他任何上述扭带都高。

主 要 符 号 说 明

A——传热面积，m^2；

C_{fia}——内插件平均压降系数，无因次；

D——管子内径，m；

D_S——管子水力直径，m；

d^*——条状内插件连接杆直径，m；

d——条状内插件连接杆无因次杆径($d=d^*/D$)；
f——摩擦因数，无因次；
F——扭带二次流强度参数，无因次；
H——扭带节距，m；
或条状内插件断面高，m；
J——内插件外圆半径对管子半径比，无因次；
J_H——传热因子，无因次；
k——流体热导率，W/(m·K)；
K——静态混合器压降与空管压降比，无因次；
或总传热系数，W/(m^2·K)；
l——条状内插件无因次长($l=L_s/L$)
L——管长或内插件板条宽，m；
L_S——条状内插件长，m；
m——指数，无因次；
P——功率，W；
P_n——带翅条状内插件的翅长，m；
P_D——带翅条状内插件的翅间距，m；
Δp——压降，Pa；
Q 或 q——热流密度，W/m^2；
R_3——性能系数，无因次；
s——短条条状内插件间距，m；
s'——短条条状内插件无因次间距，($s'=S/H$)；
H——各段短条条状内插件长，m；
h——传热膜系数，W/(m^2·K)；
T——温度，K；
W——条状内插件断面宽，m；
Y——扭带扭曲比，无因次；
或条状内插件纵横比，无因次；
δ——扭带厚度，m；
μ_b——流体主体温度下动力黏度，Pa·s；
μ_w——流体在壁温下动力黏度，Pa·s；
ϕ——静态混合器在管内的充填率，无因次；
α——静态混合器元件扭角，(°)；
或交叉锯齿带扭角，(°)；
Nu——努塞尔数，无因次；
Re——雷诺数，无因次；
Pr——普朗特数，无因次；
Sw——纽带旋转参数，无因次；
Ra——瑞利准数，无因次；
Gz——格拉哈斯准数，无因次；

AR——条状插入物截面纵横比，无因次。

下标：

s 或 o——光管值；

a——强化管值；

i——管内。

参　考　文　献

[1] 钱伯章. 无相变液 - 液换热设备优化设计和强化技术(Ⅱ). 化工机械，1996，23(3)：169～174

[2] Date A W, Numerical, Prediction of liaminal flow and Heat Transfer in a Tube With Twisted - Tape Insert: Effects of property Vakiations and Buoyancy. J. of Enhanced heat Transfer, 2000(7): 217～219

[3] 徐天华. 新型管内插入物强化高黏度液体传热的研究. [硕士论文]. 广州：华南理工大学，1984

[4] 刘震球. 新型插入物强化及氟里昂水平管内冷凝的研究. [学位论文]. 广州：华南理工大学，1982

[5] 尹建华，吴捷，沈自求. 强化传热管中减少扰流物阻力损失的一种方法——分段放置法. 全国传热会议论文，1986

[6] Saha K Langille P. Journal of Heat Tranfer, 2002, 124(6): 421～432

[7] 方起，方维藩. π 型静态混合元件强化黏性流体传热的研究. 化工学报，1991，(2)：256～259

[8] 杜志宾等. 新型强化换热器的性能分析. 石油化工设备技术，1995，16(3)：18～21

[9] Yong joon Park, Jaeeun Cha and Moohwan Kim. Heat Transfer Augmentation Characteristics of Various Inserts in a Heat Exchanger Tube. J. of Enhanced Heat Transfer, 2000, (7): 23～33

[10] 朱冬生，钱颂文. 强化传热进展与应用综述. 化工装备技术，2000，21(6)：1～8

[11] 马晓建，方维藩. 改进 Hi 型静态混合器流体力学和传热性能研究. 化工机械，1988，15(3)：164～168

[12] 钱颂文，朱冬生，李庆领，等. 管式换热器强化传热技术. 北京：化学工业出版社，2003.

第四篇

板状换热器

第一章　板式换热器

（周文学　王中铮）

第一节　概　　述

板式换热器于20世纪30年代投入商业生产，当时的板式换热器只用于食品工业，如牛奶、啤酒工业等，其工作温度和工作压力都比较低（100℃/0.3 MPa）。到20世纪90年代，板式换热器有了突飞猛进的发展，尤其是人字形波纹板板片的开发，使得板片刚度增强，换热器的传热性能得到大幅度提高，其工作压力达到2.5 MPa以上。与此同时，随着合成橡胶技术的迅速发展，将板式换热器工作温度提高到180℃，甚至更高，极大地扩展了板式换热器的应用领域。而焊接板式换热器的研制成功，又使板式换热器的应用范围有了质的飞跃。

一、结构原理

板式换热器（简写为PHE），是由一个带夹紧螺柱（或顶杆）的框架和一系列被压制成波纹且带有橡胶密封垫片的金属薄板组成，见图4.1－1。这些金属薄板被压制成特殊的波纹以获取低流速下的高度湍流和高传热系数，同时还增强了金属薄板的机械刚性。橡胶密封垫一方面对流体起密封作用，另一方面又将冷热流体分配至相应的流道内。

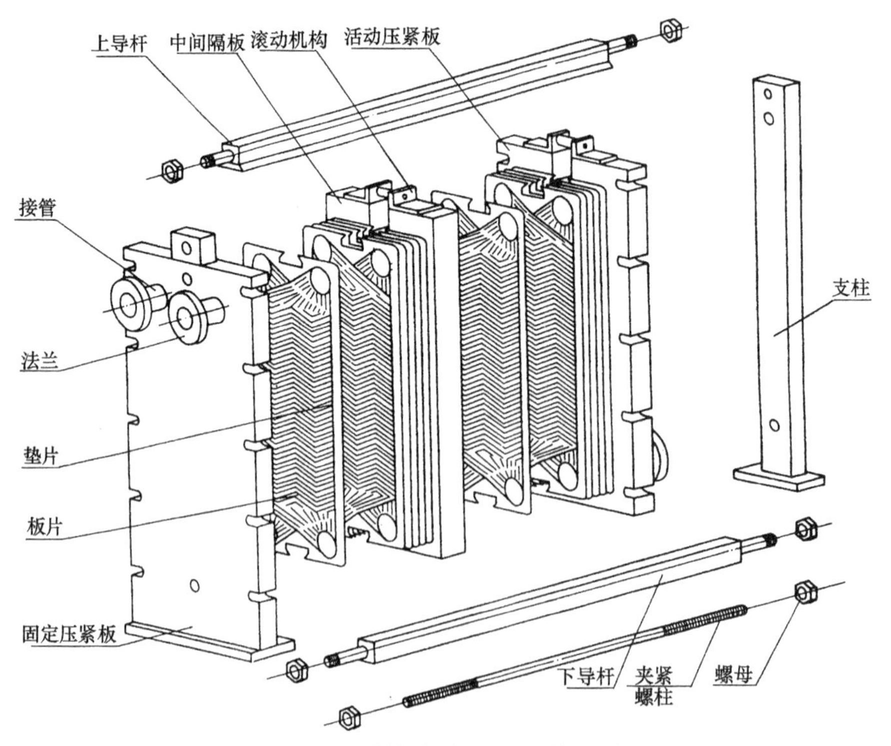

图4.1－1　可拆卸板式换热器结构示意图

当一系列带有波纹的金属薄板被压紧时，板片角上的开孔(角孔)依靠密封垫片形成了连续的流道，将介质(参与热交换的流体)从进口引到夹紧的金属薄板板束内，并依靠垫片分配至相邻金属薄板所组成的狭窄波纹沟槽流道中。两种介质交替进入波纹沟槽流道，被薄的金属板隔开。一般情况下，两种介质流向相反，形成逆流。

当介质通过换热器时，热介质将其部分热量传递到薄金属板壁上，薄金属板壁又将这部分热量传递到另一侧的冷介质里，热介质温度下降，冷介质温度上升，达到热交换的目的。

二、可拆卸板式换热器各元件的主要作用

如图4.1-1所示，可拆卸板式换热器(也称垫片式板式换热器)主要由固定压紧板、活动压紧板、中间隔板、上导杆、下导杆、板片、垫片及夹紧螺柱等零部件组成。各元件的主要作用如下：

固定压紧板：不可移动，与活动压紧板、夹紧螺柱一起将金属板片夹紧。对于单流程的板式换热器，为了现场检修方便，接管一般都被开在固定压紧板的一侧。

上导杆：为活动压紧板、中间隔板、板片及工艺流体的悬挂承重元件。活动压紧板、中间隔板及板片可以在其上滑动，同时与下导杆一起对板片构成定位限制。

活动压紧板：与板片一样，可以在上导杆上滑移，其作用与固定压紧板相同。当板式换热器进行多流程排列时，在活动压紧板接管连接管线上应设有相应的弯头或短节，以保证在设备检修时，能够移开活动压紧板。

下导杆：与上导杆相配合，对板片起定位作用，但不承重，主要为保证板片的对中性。

中间隔板：用其在同一台板式换热器的不同位置处提供介质的进出口，以实现在一台设备内可以同时完成两种以上流体的热交换。

板片；板式换热器的核心换热元件，冷热介质通过板片进行热量交换，对传热和阻力起决定性作用。

垫片：为板片与板片之间的密封元件，两板片受夹紧螺柱上紧挤压压缩，一方面将介质密封在板片流道中，另一方面又将冷热流体分配到相应的流道内，不支承板片，通常为橡胶材料。

夹紧螺柱：将悬挂在固定压紧板和活动压紧板之间的板片夹紧，使其金属板片接触，并压缩垫片形成流道。

三、板式换热器有关术语和规定

在研究、设计及制造板式换热器时，应知道该换热器的一些专用术语及规定，其中有：

1. 单板换热面积板片中参与换热的板片表面积

$$A_p = \phi \cdot A'_p \tag{1-1}$$

式中　a_1——板片中参与换热的板片投影面积，如图4.1-3所示。

$$A'_p \approx L_p \cdot L_w^{[1]} \tag{1-2}$$

ϕ——展开系数，$\phi = \frac{s'}{t}$，($\phi \approx 1.1 \sim 1.3$)；

s'——波纹节距表面长度，如图4.1-2所示；

s——波纹节距。

2. 流程组合

当流体按照给定的工艺条件在规定的流程与流道中流过时，就形成了板束的流程组合，流程组合表示为：

$$\frac{M_1 \times N_1 + M_2 \times N_2 + \cdots + M_i \times N_i}{m_1 \times n_1 + m_2 \times n_2 + \cdots + m_i \times n_i}$$

式中 M_1，M_2，…，M_i——系指从固定压紧板开始，热介质侧流道数相同的流程数；

N_1，N_2，…，N_i——系指 M_1，M_2，…，M_i 流程中对应的流道数；

m_1，m_2，…，m_i——系指从固定压紧板开始，冷介质侧流道数相同的流程数；

n_1，n_2，…，n_i——系指 m，m_2，…，m_i 流程中对应的流道数。

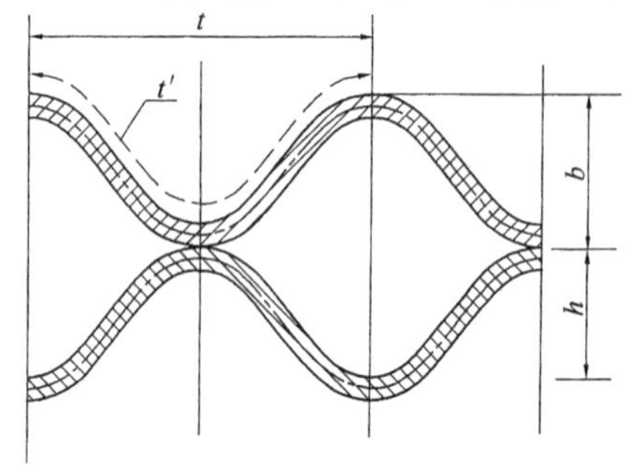

图 4.1－2 等截面波纹结构

根据设计计算，流程可分为单流程与多流程。当采用单流程时，所有的接管口应开在固定压紧板一侧，这样便于设备的检修和清洗。

当热负荷无法在单流程中完成时，多流程的选择是十分必要的。无论选用哪种流程布置，设计者应考虑偏离逆流流动时的对数温差修正因子。

3. 换热面积

板束中与流体接触的两侧板片单板面积之和。除与固定压紧板、活动压紧板相接触的主板片不参与传热之外，与中间隔板相接触的板片也不参与传热。

4. 当量直径

复杂几何形状的当量直径为：

$$D_e = 4 \times \frac{\text{流体流过的横截面积}}{\text{湿润周边}} \qquad (1-3)$$

对板式换热器的波纹沟槽而言，有以下两种方法可估算 D_e 值。

（1）可以把流道沟槽假定为具有 L_w 宽和流道平均距离 h 的矩形，则有：

$$D_e = \frac{4hL_w}{2(h+L_w)}\text{，因 } L_w \gg h\text{，则有 } D_e \approx 2h\text{。} \qquad (1-4)$$

（2）另一种方法是 HTFS[2] 和 HEDE[3] 所推荐的方法：

HTFS：
$$D_e = 4 \times \frac{\text{流动沟槽的体积}}{\text{沟槽的湿润面积}} = 4 \times \frac{ha_1}{2a} = \frac{2h}{\phi} \qquad (1-5)$$

HEDE：
$$D_e = 4 \times \frac{\text{板间的容积}}{\text{板间的湿润表面积}} = 4 \times \frac{ha_1}{2a} = \frac{2h}{\phi}$$

比较而言，方法(2)更能准确地反映板式换热器的实际特征。

5. 流动长度 L

流体在流道内的平均流动长度，$L = L_V\phi$，如图 4.1－3 所示。

6. 波纹夹角 β

波纹与水平方向的夹角，如图 4.1－3 所示。

经大量试验研究证实，波纹角 β 是反映板片传热与阻力降的一个重要变量。通过改变 β 角可得出众多适合各种工况条件的板型；通过不同 β 角的组合，可实现热混合设计，由几种板型可组合成无数满足不同工况的结构。

7. 便板与软板[4]

硬板(高 θ 板)：波纹角 $\beta \approx 25° \sim 30°$ 的板属于高 θ 板，一般具有高传热及阻力损失大的特点。

软板（低 θ 板）：波纹角 $\beta \approx 60° \sim 65°$ 的板属于低 θ 板，一般具有低传热及阻力损失小的特点。其中 θ 为传热单元数。

8. 不等截面流道截面积的计算

对等截面板式换热器而言，两侧具有相同的流道截面积和当量直径，且波纹深度与流道间距（流道平均距离）h 相等，其流道截面积为波纹深度与流道宽度（L_w）之积。

对不等截面板式换热器（见图 4.1－6），其两侧流道截面积和当量直径不同。在波纹深度已定，而两侧流道平均距离 h_1 和 h_2 不等且未知的情况下假设：波纹深度为 p，$S_1/S_2 = C$，其中 S_1，S_2 分别代表两侧流道的截面积，因此则有：

$$S_1 + S_2 = 2p \times L_w$$

将上式代入，则可求出 S_1 与 S_2。

在 S_1 与 S_2 已知的情况下，根据 $S = h \times L_w$，可分别求出两侧流道的平均距离 h_1 和 h_2；再根据 h_1 和 h_2，便可分别求出不等截面两侧流道的当量直径 D_{e1} 和 D_{e2}。

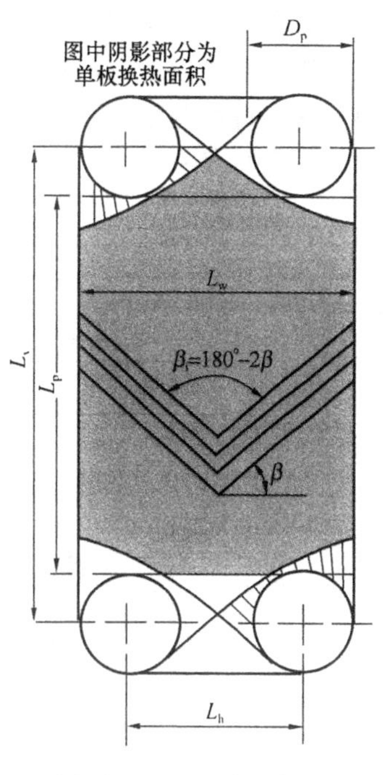

图 4.1－3　板片示意图

四、板式换热器的特点

（1）传热系数高：板片上的波纹能够引起流道流体的强烈湍流，即使在低雷诺数下板片两侧的两种介质亦能获得较高的膜传热系数。在一般情况下，对人字形波纹而言，$Re > 150$ 时就能发生湍流[5]。

（2）热阻低：波纹板片上设计有大量的波纹触点，用以增大板片的刚性和减小工作压力下板片的挠曲变形，进而使板片厚度降到最小值。通常情况下，板片厚度值为 0.4～1.2mm。对于垫片式板式换热器，板片厚度为 0.4～0.8mm；对钎焊板式换热器，一般为 0.4～0.5mm。板片厚度有日趋减薄的倾向，其目的是为降低板片的热阻。尤其当使用贵重金属时，更能充分显示板式换热器的经济性。

（3）不宜结垢：以下因素使得板式换热器的结垢远低于管壳式换热器。

① 高度湍流使边界层减薄，并使颗粒处于悬浮状态；

② 板片表面是很光滑的传热表面；

③ 良好的流动分布，使得流道内无死区；

④ 滞流时间短，减少用于晶体形成的停留时间；

⑤ 板片选材是按无腐蚀状态考虑选取的，因此不会引起结垢性腐蚀与点蚀；

⑥ 用化学或机械方法清洗沉积物方便，故可使用较低的结垢因子。

（4）末端温差小：板式换热器内流体的流动近乎纯逆流，且无旁流，使其末端温差很小，对于水—水，末端温差可达 1℃ 左右，因此十分适合于低温热能回收场合使用[6]。

（5）占地面积小：结构紧凑，单位体积内的传热面积很大，占地面积约为管壳式换热器的 1/5～1/10。

（6）因有大量密集的波纹触点，板片束在流体作用下亦不会发生诱导振动及共振，进而导致板片破坏的问题。

（7）换热面积增减及流程改变均十分容易（仅对可拆卸板式换热器而言）：改变板式换热器的板片数目和流程分布即可适应热负荷的变化，这对于季节性操作工况十分适宜。

(8) 在同一设备内可实现多种介质的换热：

采用中间隔板，可使板式换热器仅在单独的一个框架内就能实现多段换热及多介质间的换热，这一特性对轻工及食品工业尤其方便，图 4.1－4 所示为典型的高温瞬间灭菌装置。

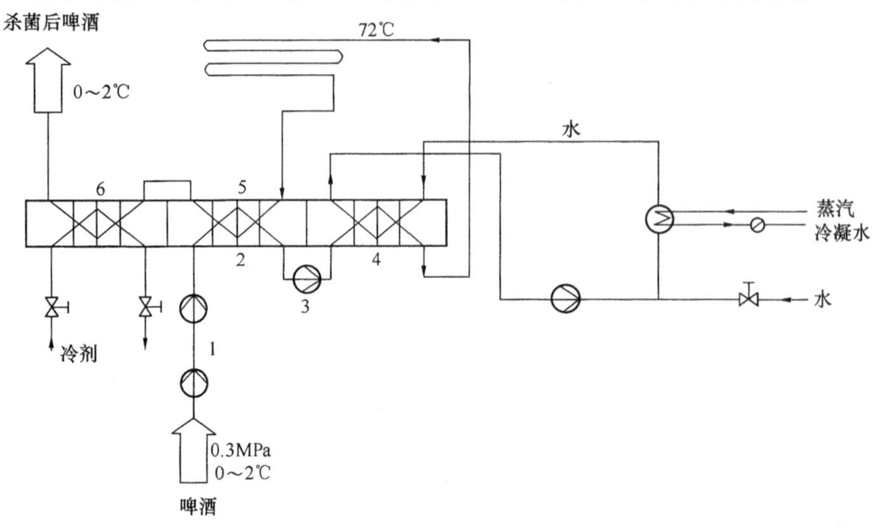

图 4.1－4　啤酒高温瞬间灭菌装置示意图

(9) 维修清洗方便。由于可拆卸板式换热器自身的结构特点，故可随时简便地板开压紧板，取出有故障的任何板片以进行维修更换。同时亦能方便地清洗所有板片和更换失效的垫片，特别适用于卫生条件要求较高的工业领域。

(10) 工作压力：该换热器板片之间是靠垫片密封的，密封周边较长。在一般情况下，其最高工作压力不能超过 2.5MPa，且板片越大，承压能力会相应降低。对焊接式板式换热器来说，由于用焊缝代替了密封垫片，故工作压力和工作温度均可远高于垫片式板式换热器。

(11) 工作温度：板式换热器能够承受的最高工作温度主要取决于密封垫片所能承受的温度，采用橡胶密封垫片时，工作温度一般不高于 180℃；采用石棉垫时，工作温度不高于 250℃。

(12) 不宜进行易堵塞流道介质的换热：板式换热器的板间流道很窄，一般为 3～8mm，当介质所含固体颗粒直径大于 1/2 平均板间距时，易堵塞流道，应采用相应的过滤装置；当采用人字形波纹板时，因存在大量触点，不宜处理含纤维性物质的介质，而应采用水平平直波纹；对焊接板式换热器，一般亦只适宜处理比较洁净的介质。

第二节　结构特点及适用范围

进入 21 世纪，随着板式换热器，尤其是可拆(垫片)式板式换热器技术发展的日趋完善，主要制造商正向完善产品系列、提高材料利用率及降低成本的目标努力。于 20 世纪末，在可拆式板式换热器的基础上，还重点开发了一些新型高效的结构类型，以扩大板式换热器的使用范围。目前所说的板式换热器，已不单指传统的可拆(垫片)式板式换热器了，现已包括了焊接板式换热器。以 APV 公司为例，板式换热器的结构类型有：垫片式、半焊式、双壁式、板式蒸发器(升膜/降膜)、钎焊式、板壳式、焊接式(APV Hybrid)，另外还有搅拌式换热器和单层、双层、三层及多层的单波纹管换热器等。其中，可拆(垫片)式就有 34 种波纹结构，60 种板型规格。板片厚度一般为 0.5 ~ 0.6mm，单板面积 0.08 ~ 4.73m^2，单台最大换热面积达 3500m^2/台；Parashell 板壳式换热器最高压力为 6.0MPa，最高温度为 300℃，单台最大换热面积达 500m^2/台；Hybrid 产品（焊接板式换热器）最高压力为 6.0 MPa，最高温度为 900℃，单台最大换热面积达 6000m^2/台。ALFA LAVAL 公司是板式换热器制造业中的佼佼者，该公司板式换热器的结构类型有：垫片式（包括宽间隙）、半焊式、双壁式、Platelec 电加热板式换热器、石墨板式换热器、板式蒸发器（升膜/降膜）、AlfaCond 板式冷凝器、Alfavap 板式蒸发器等；焊接板式换热器有：Compabloc 型、宽间隙的 Compaplate、激光焊接的 AlfaRex 和特殊焊接的 Roll Laval、钎焊板式换热器及波面板换热器等形式；另外还有空冷器及螺旋板换热器等换热设备。

一、可拆卸板式换热器（垫片式板式换热器）

（一）板片基本结构形式

板片是板式换热器的核心，各传热机构和制造商都在着重致力于新型传热板片的研究与开发，目前已开发板片的基本结构参数如表 4.1－1 所示。具体分类如下：

表 4.1－1　板片基本结构参数

项　目	参　数	项　目	参　数
单板面积 a/m^2	0.01 ~ 4.73	展开系数 ϕ/mm	1.1 ~ 1.3
板片厚度/mm	0.4 ~ 1.2	长宽比	约 1.32 ~ 5.06
波纹角度 β/(°)	25 ~ 65	角孔直径/mm	20 ~ 500
波纹深度 h/mm	1.4 ~ 8		

1. 按波纹结构形式分[7]

（1）螺旋沟道板

a）直通螺旋沟道板；

b）圆形回转螺旋沟道板。

（2）平直沟道板

a）垂直沟道板（纵向通道）；

b）水平回转沟道板。

（3）凹凸板

a）瘤形（半球突起）板；

b）交错鼓泡形（带内通道）。

（4）波纹板

a）垂直波纹板；

b）梯形断面平直波纹板；

c）圆弧断面平直波纹板；

d）间断平直波纹板；

e）三角形断面平直波纹板；

f）人字形波纹板；

g）锯齿形波纹板；

h）阶梯形断面平直波纹板；

i）针状形波纹板；

j）鱼鳞形波纹板；

k）长方格平直波纹板；

l）截球槽形波纹板；

m）斜波纹板；

n）弧线(新月)形波纹板；

o）波浪形波纹板；

p）人字形波纹组合板。

2. 按流体流动方式分

(1) 带状流：流体沿板片波纹发生一维流动，如竖直沟槽板片中其流体的流动方式就属于带状流。带状流具有压降很低的特点，但是板片刚性差、工作压力低。

(2) 网状流：流体沿板片波纹产生纵横两个方向的二维流动，湍流程度比较高。凹凸波纹、水平波纹及阶梯形波纹的板片，其流体流动的方式均属网状流。网状流具有压降低的特点，但板片的刚性差，工作压力低，适宜于处理高黏度和含纤维性的介质。

(3) 旋网流：流体沿板片波纹通道在网状流的基础上发生三维旋转流动，产生强烈的湍流。人字形波纹、斜波纹及人字形波纹组合的板片，其流体流动的方式均属旋网流。旋网流板片具有刚性好、工作压力高、压降大及传热性能好的特点，在板片波纹结构形式中占主导地位。

(二) 结构类型与适用范围

1. 等截面板式换热器

如图4.1－5所示，等截面板式换热器具有相同的流道截面积，一般情况下其波纹深度亦相同。该结构形式的板片在相同的波纹结构中，刚性比较好，能够承受较高的工作压力。

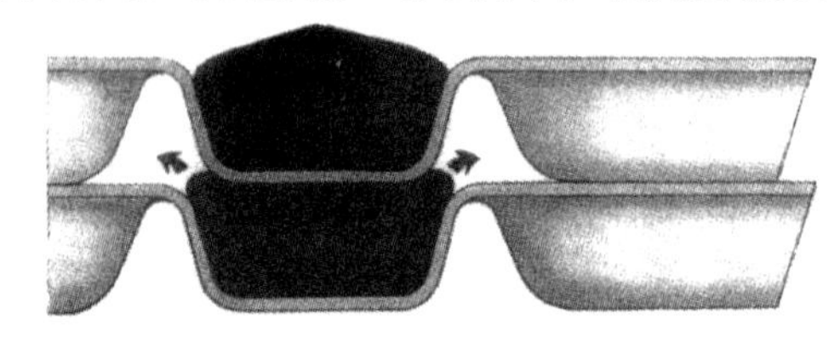

图4.1－5 等截面波纹

等截面波纹结构具有传热系数高，压力降大的特点。适宜于处理流量比(0.7～1.4)不大的场合使用。但目前的“热混合”设计，采用“软板”和“硬板”组合，使板式换热器的性能和面积最优化，比传统的板式换热器换热面积减少25%～30%，极大地拓宽了等截面板式换热器的应用范围。

适用范围：工作压力：0～2.5MPa；

工作温度：－25～160℃。

2. 不等截面板式换热器

如图4.1－6所示，冷、热流道的几何形状和截面积不同，使冷、热流体的流量比达2～3。适宜于汽/液换热和流量比较大的场合，也适合处理高黏度液体的场合。

适用范围：工作压力：0～1.6MPa；

工作温度：－25～180℃。

3. 大间隙板式换热器[8]

如图4.1－7所示，大间隙板式换热器是针对含有纤维或粗粒子及高黏度流体而开发的板片的波纹形状使流体达到高紊流和高传热效率。根据流体的特性，可选其一侧或两侧都为大间隙流道。设备清洗的间隔时间比其他类型的板式换热器时间长。可广泛用于制糖、造纸及纸浆等工业部门。

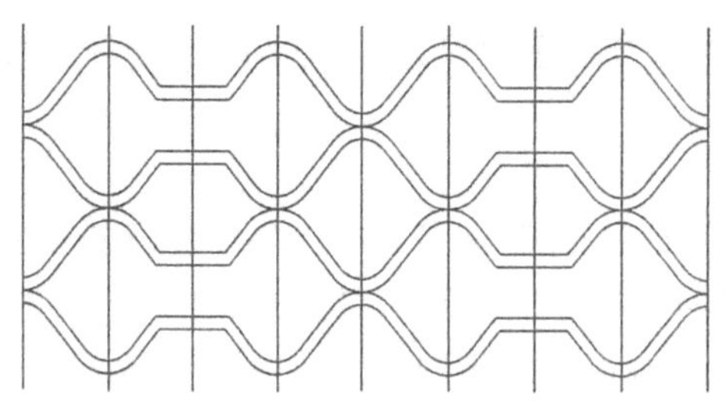

图 4.1-6　不等截面波纹

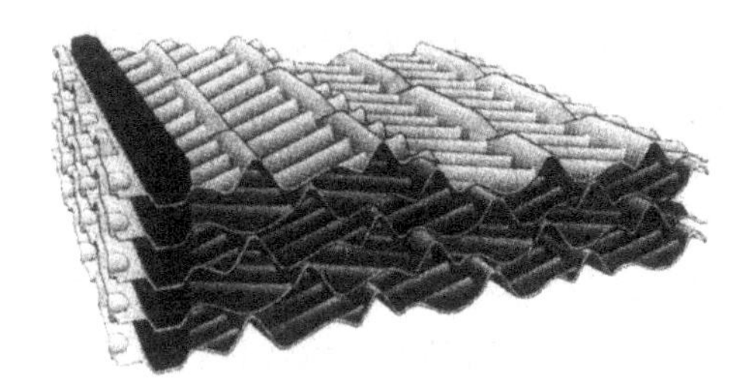

图 4.1-7　大间隙波纹结构

适用范围：工作压力：0～0.6MPa；

工作温度：-25～180℃。

4. 双壁板式换热器[9]

如图 4.1-8 所示，为避免两种流体泄漏混合而引起危险，用双板代替单板，提供双重保护。双板一旦穿孔亦会使流体泄漏到双板间，再从双板之间流到外面，两种流体无法混合。板片厚度一般为 0.4～0.5mm，与相同的板式换热器相比，其传热性能约降低 25%。可广泛用于变压器油冷却以及化学、生物学及医药等工业部门。

适用范围：工作压力：0～1.5MPa；

工作温度：-25～180℃。

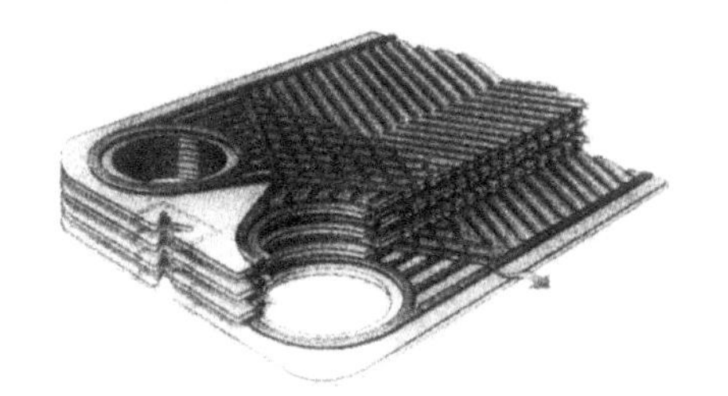

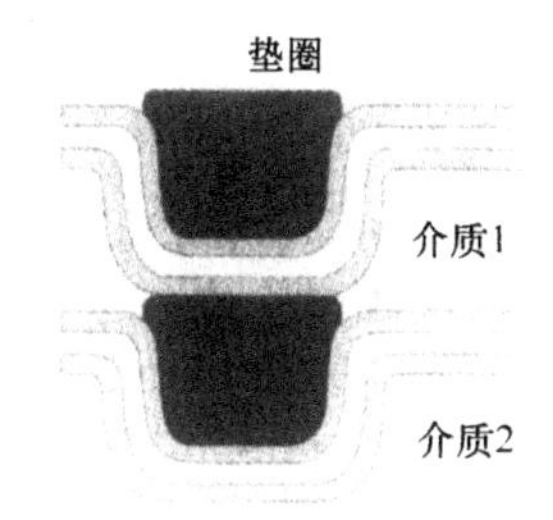

图 4.1-8　双壁波纹结构

5. 石墨板式换热器[8]

如图 4.1-9 所示，石墨板式换热器利用了石墨优异的耐腐蚀性，良好的导热性及热膨胀小的特点，用石墨化合物压制而成的板片代替金属板片，以解决某些介质对稀有金属或合金材料的腐蚀问题。可用于盐酸、中度硫酸及氟酸等强腐蚀性介质的换热。

适用范围：工作压力：0～0.7MPa；

工作温度：-25～160℃。

6. 混合波纹板式换热器[9]

如图 4.1-10 所示，是近年来 SWEP(舒瑞普)公司开发的人字形波纹组合板，在同一板

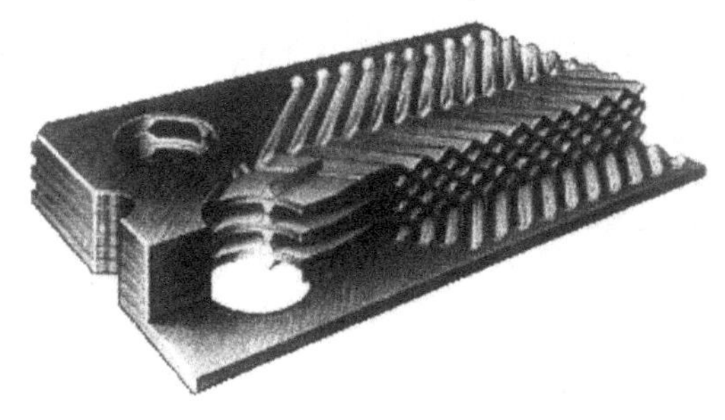

图 4.1-9　石墨波纹结构

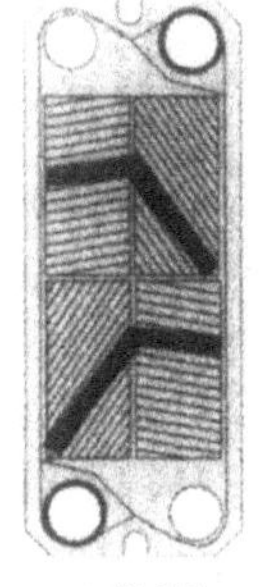

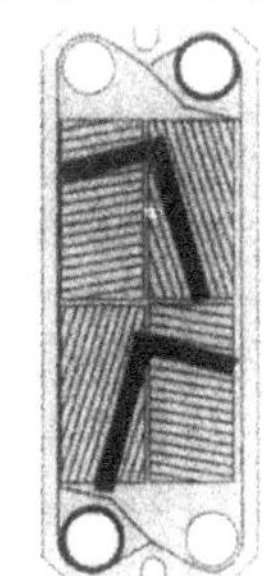

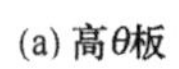

(a) 高θ板　(b) 低θ板

图 4.1-10　人字形波纹组合结构

片内采用不同角度波纹结构，可以达到6种不同的组合，能灵活地适应不同传热和压降的要求。

7. 电加热板式换热器[8]

如图4.1-11所示，电加热板式换热器(Platelec)是瑞典ALFA-LAVAL公司开发的一种新型板式换热器。该换热器结构与传统的板式换热器类似，板束安装在框架内，所不同的是加热流体被电加热波纹板代替。电加热波纹板是在铸铝波纹板内置入热电阻且其板表面被制成与传统板片相同波纹的一种结构。由于波纹的高换热性能和紊流特性，可有效地降低壁温，因此该换热器具有100%的电热效率。同样可作为电热锅炉和温度控制设备使用。如在塑料及橡胶工业生产中，温度控制至关重要，它可以缩短生产周期，提高产品的质量和稳定性。该换热器也可作为生产过程中要求精确换热兼有温度控制的场合使用，如对水、润滑油和燃油进行精确加热的场合，也可作为蒸汽发生器使用。该换热器具有与板式换热器相同的特点。

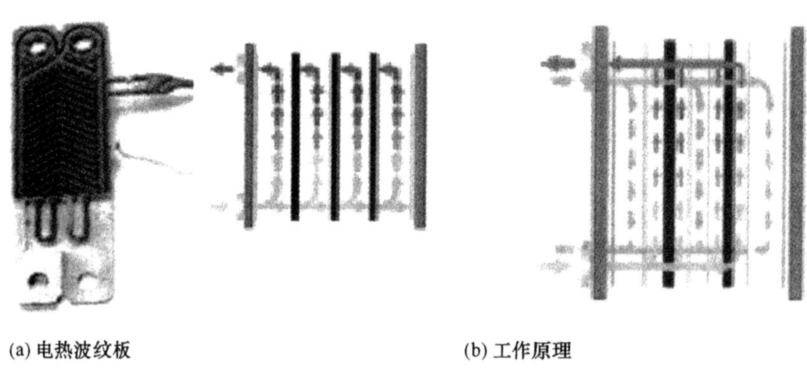

(a) 电热波纹板 (b) 工作原理

图4.1-11 电加热板式换热器

8. 板式冷凝器[8]

图4.1-12所示，是ALFA-LAVAL公司开发的新型板式冷凝器(AlfaCond)。该冷凝器主要用于低压/真空状态蒸发和冷凝系统中的蒸汽冷凝，其板束由激光焊接的板片对组成，焊接流道侧走冷凝蒸汽，垫片流道侧走冷却水。该板片结构是专门为冷凝工况而设计的非对称结构，蒸汽侧采用大间距(隙)流道，冷水侧采用小间距(隙)流道，这既可保证蒸汽侧的压降较低，又可使冷却水侧始终保持较高流速及其产生的紊流状态，最终达到获取高的传热

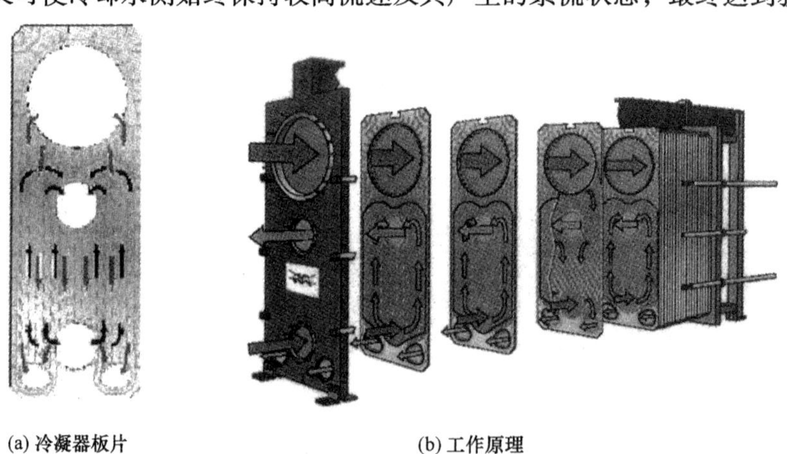

(a) 冷凝器板片 (b) 工作原理

图4.1-12 板式冷凝器

效率和降低结垢的目的。

9. 板式蒸发器[8]

图4.1－13所示，是ALFA－LAVAL公司开发的新型板式蒸发器。该蒸发器板束由激光焊接板片对组成，其板片为深波纹及大角孔结构，加热介质走焊接流道侧。具有结构紧凑、处理能力大及蒸发效率高的特点，十分适宜于含水溶液和果汁等系统中真空和低压状态下的发和浓缩。同时由于具有超大的处理能力，故亦极适合用于各种黏性流体的蒸发或浓缩，是传统降膜蒸发装置的替代产品。

图4.1－13 板式蒸发器

（三）密封结构形式

垫片与板片的连接方式共有两种，即胶粘式和免粘式（也称锁扣式）。

1. 胶粘式

如图4.1－14所示，胶粘连接方式适用于垫片易受介质腐蚀而产生溶胀、经常需拆开以及工作压力高的场合使用。

图4.1－14 热片胶粘固定

当介质有腐蚀性或对垫片产生溶胀时，若采用免粘式垫片，则当板片拆开后垫片会变长而必须更换。而胶粘式垫片只要使用的粘结剂合适，就可有效地抵御垫片的溶胀，而延长了垫片的寿命。

对于大型板片，为了防止清洗维修时垫片脱落，对垫片可采用胶粘与锁扣两种方式结合起来固定垫片。

2. 免粘式

免粘式连接方式是对传统的垫片胶粘式连接的改进，其特点是能使垫片进行高效、快捷的拆卸与安装，特别适合于经常需要拆卸清洗的场合，如轻工和食品等工业。

如图4.1－15所示，免粘式连接共有3种方式，即燕尾槽式、按扣式和卡入式。其中燕尾槽式属早期的连接方式，目前已被简单可靠的按扣式和卡入式代替。

（四）板片、垫片材料及适用范围

1. 板片材料

常用的板片材料如表4.1－2所示。

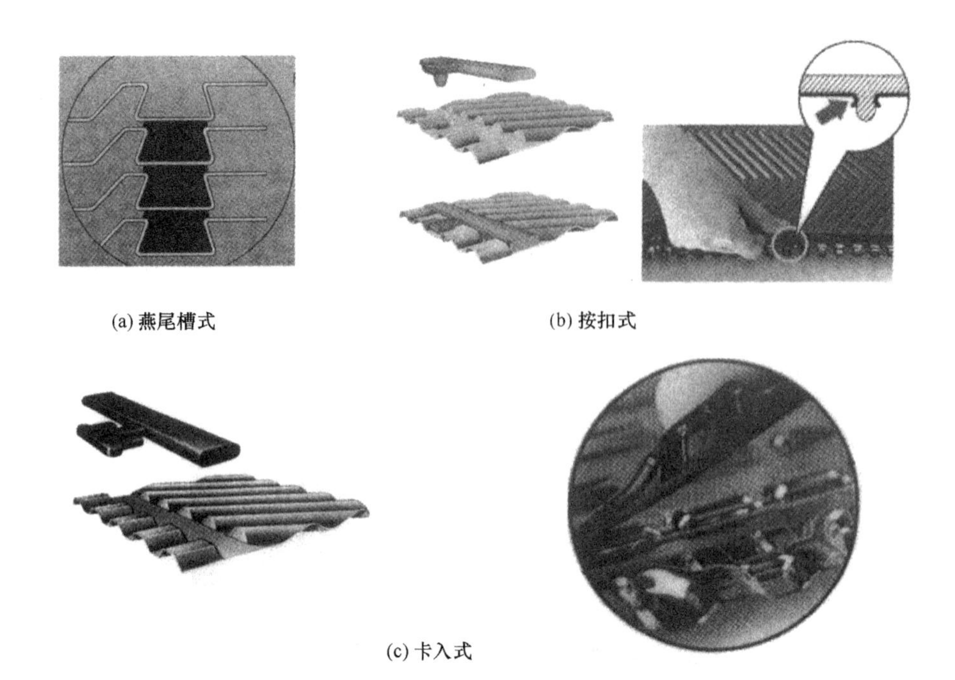

(a) 燕尾槽式 (b) 按扣式

(c) 卡入式

图 4.1－15 垫片免粘固定方式示意图

表 4.1－2 板片常用材料

材料类别	材料牌号
奥氏体不锈钢	321，304，316，304L，316L，317，904L，254SMO，654SMO，Inco alloy 25－6MO，RS－2 等
镍及镍合金	Nickel 200(N6)，Hastelloy C－276，Hastelloy C－22，Hastelloy B－2，Hastelloy G30，Inconel alloy 625，Incoloy alloy 825，Monel alloy 400 等
钛及钛合金	Tianium(TA1－A)，Ti－Pd(TA9)
铜及铜合金	H68，HSn62－1，B19
其他非金属	石墨

2. 垫片材料及其适用范围

常用垫片材料及适用范围如表 4.1－3 所示。

表 4.1－3 常用垫片材料及适用范围

材料类别	温度范围/℃	适用范围
丁腈橡胶(NBR)	－20～110	水、非极性油类、润滑油、植物油及矿物油等
三元乙丙橡胶(EPDM)	－50～150	高温水、水蒸汽、弱减、弱碱、啤酒、饮料及食品等
氟橡胶(FPM)	－35～180	无机酸、碱、盐溶液、高温水及水蒸汽等
氯丁橡胶(CR)	－40～100	矿物油及氟利昂等制冷行业
硅橡胶(Q)	－65～175	抗低温、耐干热
石棉纤维板(CFA)	－20～250	有机溶剂等
石墨复合垫片		强酸等

二、半焊式板式换热器

如图 4.1－16 所示，半焊式板式换热器是将两张板片密封处用激光焊接代替密封垫片的

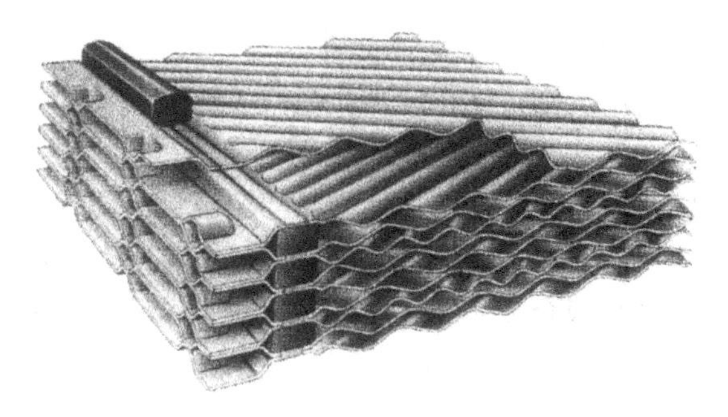

图 4.1－16　半焊式结构示意图

一种结构，而每一对板片（激光焊接）之间仍用传统的垫片密封。板束由激光焊接组成的流体流道与密封垫片组成的流体流道相间放置而构成，腐蚀垫片的介质走焊接密封的流道，不腐蚀垫片的介质走垫片密封的流道，每一对板片角孔之间采用耐久的人造橡胶或其他非弹性材料制造的O形圈密封。该换热器具备可拆卸板式换热器的优点，主要用于处理介质对垫片有腐蚀的热交换场合，如把氨作为制冷剂的制冷行业，还有溶剂的加热或冷却等。

适用范围：工作压力：0～2.5MPa；

工作温度：－25～160℃。

板片材料：不锈钢：321，304，316，304L，316L，254SMO；

钛及钛合金：Tianium（TA1－A），Ti－Pd（TA9）；

镍及镍合金：Nickel 200（N6），Incoloy alloy 825，Hastelloy B、C 等。

三、全焊式板式换热器

（一）普通焊接板式换热器

1. 结构特点及适用场合

如图 4.1－17 所示，普通焊接板式换热器（简写为 WPHE）仍是由一系列压制成波纹的金属板片组成的，但不用垫片密封，而是用焊接的方法把各板片边缘彼此焊接起来，传热板片间靠焊接密封并组成了介质互不混合的流道。与可拆卸板式换热器一样，可实现单流程和多流程换热。设备可以竖直、水平或倾斜安装均可。该换热器从结构上彻底解决了可拆式板式换热器因橡胶垫片密封而存在的工作压力温度较低及适用介质范围窄的问题。此外，该换热器还在保留了可拆式板式换热器优点的同时，在应用范围上彻底超越了可拆式板式换热器在温度、压力及介质上的限制，使产品性能和应用领域实现了质的变化，不再受橡胶垫片在温度和压力方面的制约，大大拓宽了板式换热器的应用领域。焊接板式换热器一般由电板束和外壳组成，板束根据板片结构可以是圆柱形或方箱形，外壳可以是圆壳或方壳结构。

(a) MUELL产品

(b) Compabloc

(c) AlfaRex

(d) APV产品

图 4.1－17　全焊式结构示意图

目前常用的焊接方式有：氩弧焊，激光焊及电阻焊等。

2. 产品性能及板片材料：

适用范围：工作压力：0～7.0MPa；

工作温度：～700℃。

板片材料：不锈钢：321，304，316，304L，316L，254SMO；

钛及钛合金：Tianium(TA1－A)；

镍及镍合金：Nickel 200(N6)，Incoloy alloy 825，Hastelloy C 等。

（二）高压焊接板式换热器[8]

如图4.1－18所示，Alfa Laval 公司已研制出了目前工作压力最高的钛合金焊接板式换热器(Roll Laval)。因采用了先进的制造技术，使其结合处与材料部分成为一体，可承受极高的温度和压力，紧凑性尤为突出，可用于50MPa和400℃的高温高压场合，如高温压缩气体的处理等过程。同时因采用钛合金结构，其耐腐蚀性能十分优良。

（三）钎焊板式换热器

如图4.1－19所示，钎焊式换热器(简写为 CBE 或 BPHE)是传统垫片密封板式换热器的变型，它由一组人字形波纹的板片装配而成，波纹参数及板片尺寸决定了钎焊板式换热器的热力与阻力特性。板片同向翻折以代替密封沟槽使相邻板片周边彼此接触，在板片之间插入与板形相同的薄铜箔压紧，相邻板片波纹角朝向相反。将板片束放入两端板压紧后，置入真空恒温炉中加热到铜的熔点。由于表面张力的作用，熔化后的铜聚集在各个棱边和波纹触点上，有效地形成了一个个密封好的流体流道。钎焊式换热器可广泛用于工业制冷及中央空调等。

适用范围：最高工作压力：3.5MPa；

工作温度：－195～225℃。

板片材料：不锈钢：316L。

钎料：Cu，Ni。

图4.1－18 高压全焊结构示意图

图4.1－19 钎焊结构示意图

第三节 流动与传热

一、基本原理

（一）流体的流动

在板式换热器中流体的流动形态与在其他类型换热器流道中的流态一样，也有层流、过渡流和湍(紊)流3种状态，但因其流道结构的固有特征而使其有不同的 *Re* 数数值范围。本章讨论的板式换热器基本上是指具有不断变化的凹凸形波纹板片并经倒置叠放而成的换热器，其流道结构的主要几何特征是断面形状呈周期性变化，从而使流体形成复杂的三维或二维流动。今以常用的人字形板式换热器为例，如图4.1-20。其中，图(a)为图(b)中$a-a$、$b-b$和$c-c$三个位置处的流道横断面形状，而图(b)中$d-d$位置的断面形状则和$a-a$相同。可见，从$a-a$经$b-b$、$c-c$到$d-d$即构成了流道断面的一个周期变化，由此形成了与此相应的图(b)中流体的三维流动。

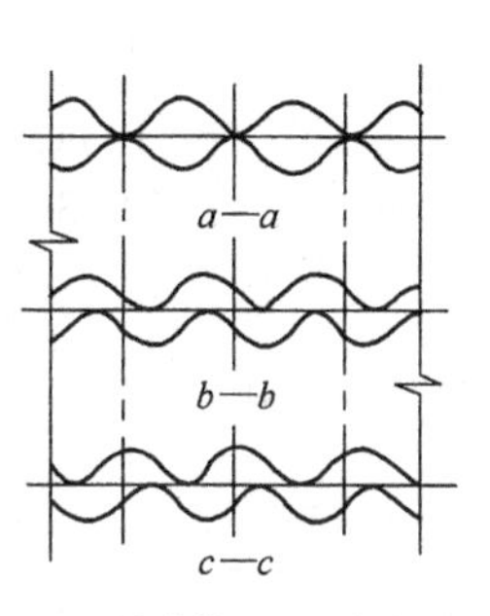

(a) 流道横断面的变化

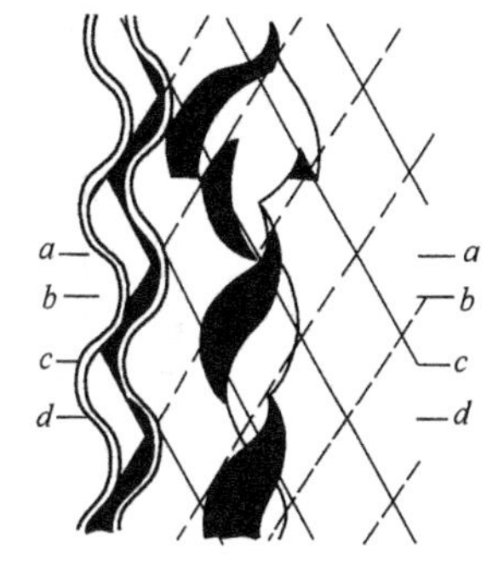

(b) 流体的三维流动

图4.1-20　人字形板式换热器流道断面形状及流体流动

与常用的管壳式换热器相比，对于板式换热器，由于流道断面几何形状的不断变化和窄小的波纹节距，促发流体产生强烈的扰动，因而能在较低的雷诺数下形成湍流。临界雷诺数值因板型和通道结构的不同而异，通常可认为其值为$Re=200$左右。若要达到剧烈的湍流，根据天津大学的流动可视化测定[10]及其他有关文献报道，我们认为其雷诺数值约为400较合适。过渡流区域的范围大约为$Re=10\sim200$，甚至更高。

流体在流动中必然受到阻力，一台性能优良的换热器应该是在具有良好传热性能的同时流阻较小。板式换热器由于具有波纹形的流道和网状触点，其流阻较大。如以平通道为比较的基准，其传热性能比平通道时提高5倍，见图4.1-21。而流阻增加近100倍，见图4.1-22[11]。但由于在低Re数时，流体在板式换热器中就有良好的紊流特性，故可根据传热要求和流体的热物性来确定合适的板型和结构参数，选择较低的流速，以使流阻值不致过大。

如果换热流体的流动为两相流，如蒸发、冷凝或气-液混合物的流动等，其流体流动不仅涉及气体或液体的流态，还有两相流的流型问题，情况很复杂，目前虽已有一些研究成果，但仍是今后需继续研究的重要课题。

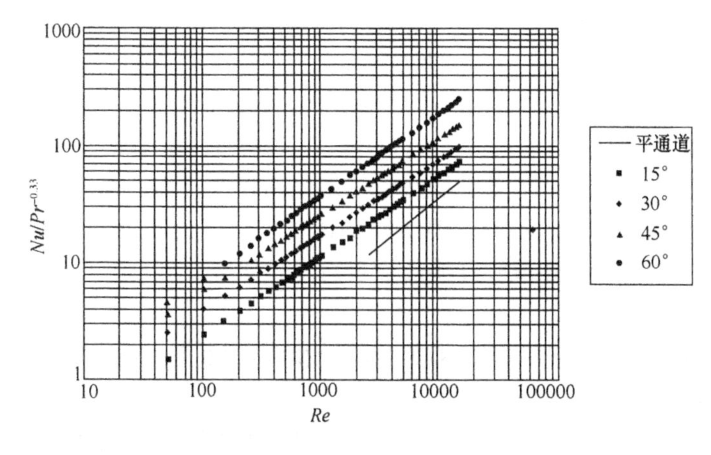

图4.1-21　传热和波纹倾角的关系

(二) 传热

板式换热器中冷、热流体间的传热通常有对流换热和导热两种，即较高温度的热流体与

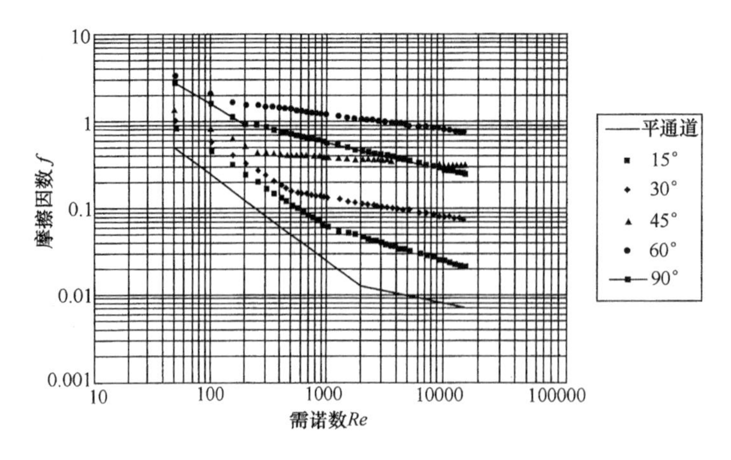

图 4.1-22 摩擦因数和波纹倾角的关系

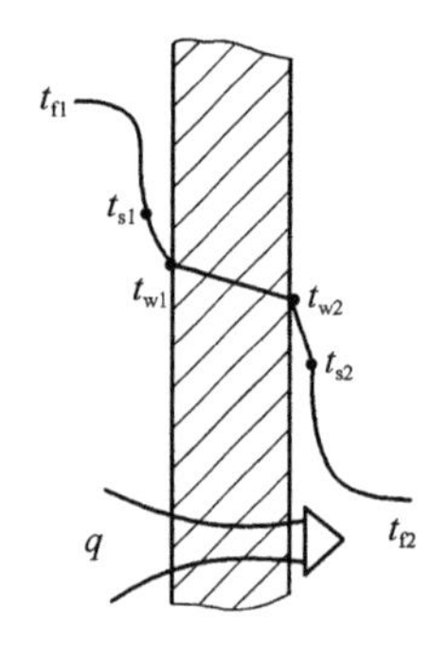

图 4.1-23 板式换热器中的传热过程

壁面间的对流换热、垢层—板片—垢层的导热以及较低温度冷流体与壁面间的对流换热。这一传热过程是连续的，是将热量由热流体传给冷流体的过程，见图 4.1-23。当参与传热的流体为气体时，严格来说还存在着辐射换热，但因在板式换热器的工程应用中，气体的温度都不高，故辐射换热一般都不予考虑。此外，参与传热的流体还通过换热器的两端和周边向周围环境散热，但这部分热量很小，约为总传热量的5%左右。

1. 对流换热

从引起流体流动的原因来看，可将对流换热分为强制对流（或强迫流动）换热与自然对流（或自由流动）换热。在板式换热器中，由于流体都是在外力作用下流动的，所以其对流换热都为强迫流动换热。当板片高度高和流体在流道中流速很低时，也同时存在着自由流动换热，亦称之为综合流动换热，但通常这种自由流动换热的影响很小。不论对流换热属何种类型，对流换热的传热量计算式为：

$$Q = \alpha(t_w - t_f)A \quad \text{W} \tag{1-6}$$

或

$$q = \alpha(t_w - t_f) \quad \text{W/m}^2 \tag{1-7}$$

式中 α——对流流传热系数，W/(m^2·K)；

t_w——壁面温度，℃；

t_f——流体温度，℃。

实际对流换热时有时还伴随着某种换热流体发生的相变过程，如蒸气的凝结、液体的沸腾等。它们虽然也属对流换热的范围，但情况要比单相流体的对流换热（即不发生相变）复杂得多，故通常另列为凝结换热或沸腾换热而进行专题研究。

2. 凝结换热

蒸气在壁面上的凝结有两种形式，即膜状凝结和珠状凝结。在板式换热器中所发生的凝结换热过程都为膜状凝结。

膜状凝结换热时蒸气所放出的潜热都必须通过凝结液膜才能传递到较低温度的壁面，因而这层液膜便成为传热热阻。对于单一介质，在层流膜状凝结情况下，不考虑液膜内液体的对流，则液膜层中的温度 t 和速度 v 的分布如图 4.1-24 所示。膜状凝结换热时，单位面积上传热量的计算类似于式(1-7)：

$$q = \alpha_c (t_s - t_w) \quad (1-8)$$

式中 α_c——凝结传热系数(也称凝结液膜传热系数), $W/(m^2 \cdot K)$;

t_s——蒸气的饱和温度,℃。

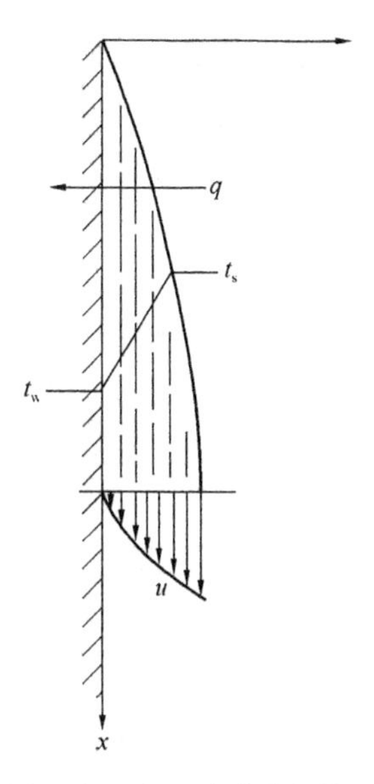

图 4.1-24 层流膜状凝结时液膜层中温度和速度的分布

影响蒸气凝结换热的因素很多, 在换热器的流道中, 蒸汽凝结换热的最主要常见影响因素是蒸气的流速。在流道中, 蒸气以一定速度流动时, 蒸气和液膜间就产生力的作用。如果蒸气和液膜的流动方向相同, 这种力的作用将使凝液膜减薄, 并促使液膜波动, 故必使凝结换热增强。在板式换热器(即板式冷凝器)中, 蒸气一般总是自上而下与液膜同向流动, 又因流道狭窄, 故蒸气流速的作用显著, 凝结换热的效果明显地强于管壳式换热器。

板式冷凝器冷却介质流道与蒸气冷凝流道总是平行的, 蒸气在流道中是从上向下流动的, 而冷却介质则可与其同向或反向流动, 因两者相对流动方向不同进而导致凝结换热效果的差异。当冷却介质与蒸气反向流动时(即逆流), 因两流体在流道下部温差大, 大部分蒸气的凝结都发生在流道下部, 而顺流时则反之, 见图 4.1-25。所以, 逆流时蒸气的压降比顺流时大, 相应的饱和温度也随之下降较多, 由此造成两者的传热平均温度不同, 从而影响到凝结换热效果。因此, 在设计板式冷凝器时, 在满足热负荷的条件下, 应首先考虑选用顺流布置。

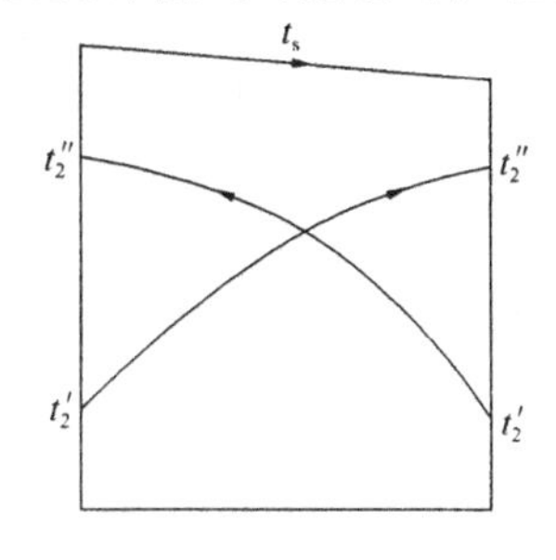

图 4.1-25 顺、逆流时流体沿程的温度变化

蒸气压力对板式换热器的凝结换热也有一定影响。天津大学等研究表明[12,13], 在相同的蒸气质量流速下, 压力提高会使凝结换热效果降低。

正如在其他形式换热器中一样, 如果在板式换热器蒸气中亦含有不凝性气体, 即使其含量很少, 传热系数也会显著降低。如, 当水蒸气中的不凝性气体容积含量仅为 0.5% 时, 传热系数就将下降 50% 。在蒸气流动的情况下, 提高蒸气流速则可较大地减少不凝性气体对传热的影响。在板式冷凝器的运行系统中, 在不影响整个系统运行的情况下, 应及时地排除不凝性气体。

3. 沸腾换热

液体在受热表面上的沸腾有大空间沸腾(也称池沸腾)和对流沸腾两类。对于板式换热器, 流体是在泵的驱动下流动的, 且板间流动空间狭窄, 故流体受热沸腾的过程均为强迫对流沸腾。由于这是一种强迫对流和沸腾相结合的现象, 因而沸腾传热机理十分复杂。它类似于垂直管内的强迫对流沸腾, 但其传热系数又显著地比垂直平滑管的高[14]。在加热过程中, 随着液体在流道中自下而上的受热, 液体由未饱和状态被加热到饱和状态。蒸气产生并逐渐增多, 流速增加, 同时还伴随着两相流流型的连续变化和相应的传热状况变化。起始阶段的过冷沸腾, 会相继发展为泡状流、块状流、气塞状流、环状流和雾状流, 最后到全部气化并成为蒸气单相流的过热受热, 见图 4.1-26。研究表明, 对于波纹形流道, 除蒸气干度很小的情况之外, 沸腾换热时常以环状流为主[15]。

在加热过程中, 液体进入换热器时的温度若低于该液体压力下的饱和温度, 但其加热壁面温度已超过饱和温度; 则此时在壁面上也会产生少量的汽泡, 这被称之为过冷沸腾。一般，此阶段很短。此外，随着不断的受热，液体的主流温度会达到并超过饱和温度，加热壁面上的气泡也不再被液体重新凝结，所以称之为饱和沸腾。通常，饱和沸腾是沸腾换热的主体，其传热量计算式为：

$$q = \alpha_b (t_w - t_s) \tag{1-9}$$

式中　α_b——沸腾传热系数，W/(m^2·K)；

$(t_w - t_s)$——壁温与液体饱和温度之差，即沸腾温差,℃。

对于板式蒸发器，被加热的流体可以从换热器的下部或上部进入，依具体情况而定。研究结果表明[16]，蒸气干度对沸腾换热的影响很大，流体的质量流速也影响到沸腾换热，见图4.1-27。压降也将随蒸气干度的升高和质量流速的增加而增大。

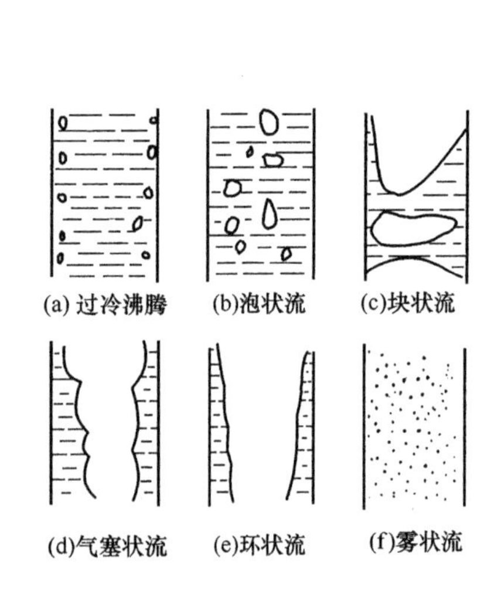

图4.1-26　垂直管内沸腾时的流型图

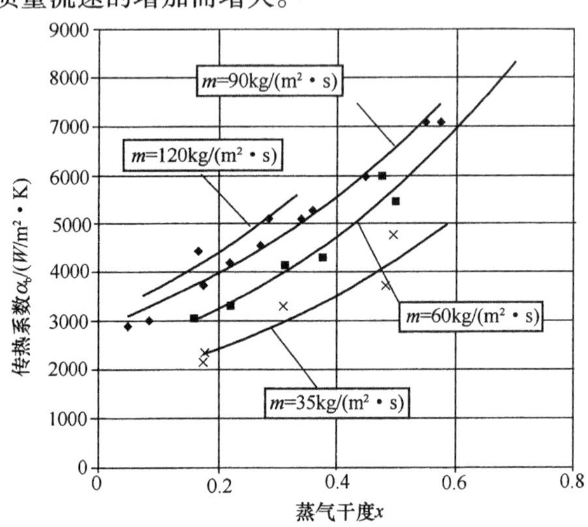

图4.1-27　沸腾传热系数与蒸气干度的关系

4. 导热

板式换热器板片及其两侧表面上垢层的传热均属于导热。板片及垢层的厚度和板面尺寸相比都很小，所以可认为导热过程是沿板片厚度方向的一维导热，见图4.1-23。其计算式为：

$$q = \lambda_p \frac{(t_{w1} - t_{w2})}{\delta_p} \tag{1-10}$$

$$q = \lambda_{s1} \frac{(t_{s1} - t_{w1})}{\delta_{s1}} \tag{1-11}$$

及

$$q = \lambda_{s2} \frac{(t_{w2} - t_{s2})}{\delta_{s2}} \tag{1-12}$$

式中　λ_p、λ_{s1}、λ_{s2}——板材、一侧及另一侧垢层的热导率，W/(m·K)；

δ_p、δ_{s1}、δ_{s2}——板材、一侧及另一侧垢层的厚度，m。

当板片表面有涂层时，对于金属镀层，一般可忽略其热阻。对于非金属涂层，则必须考虑其热阻R_{co}，其传热量为：

$$q=\frac{(t_{co}-t_w)}{R_{co}}=\lambda_{co}\frac{(t_{co}-t_w)}{\delta_{co}} \tag{1-13}$$

式中　λ_{co}——某一侧涂层的热导率，W/(m·K)；

t_{co}——该侧的涂层表面温度，℃；

t_w——该侧涂层与板壁面接触处温度，℃；

δ_{co}——该侧的涂层厚度，m。

二、影响因素

板式换热器流体流动与传热的影响因素很多，但主要可分为两类。一类是与流体本身有关的物理因素，如流体的种类、导热性能、黏度、比热容、密度、结垢性能及腐蚀性等；另一类是与板式换热器构造有关的几何结构因素，如板片的波纹结构形式、波纹倾角、节距及长宽比等。下面就这些因素的影响作一简述。

(一)流体的种类与热物性

在板式换热器中参与换热的流体有多种，除了常见的单一液体或气体之外，还可以是气(汽)-液混合物、非共沸混合物以及含颗粒或纤维物质的流体等。显然，因流体种类的不同，体现其热物性的热导率、黏度及比热容等物理量数值的差别很大，无论是对流动或传热都有较大的影响。此外，如果在换热过程中流体发生相变或结晶，则显然又会给传热和流动增加某种特定性。所以，流体种类及其各自物理性质不同，板式换热器的设计或选用亦要有针对性。

(二)结垢与腐蚀

结垢和腐蚀是换热器运行中遇到的普遍问题。二者虽然是两个不同性质的问题，但它们之间也有一定的关联，会互受影响。板式换热器因其板间距小、流道狭窄且板片又薄，故更应考虑结垢和腐蚀问题。设计时应注意流体种类和运行温度范围，以使其在具有合理压降和良好传热性能的同时，少结垢、易除垢以及良好的抗蚀性，进而达到较长期良好运行的目的。

(三)板型

板片类型不同，其所形成的流道及流体流动状况、流阻和传热亦不同甚至差别很大，最终会影响到结垢和腐蚀。如，人字形板片板式换热器，流体在其中的流动为网状三维流动，而水平平直波纹形板片板式换热器，则流体为二维流动，两者流阻差别很大，见图4.1-28[17]。就液-液换热时的传热系数来看，前者的最大传热系数约为7000W/(m²·℃)，而后者则约为5800W/(m²·℃)。

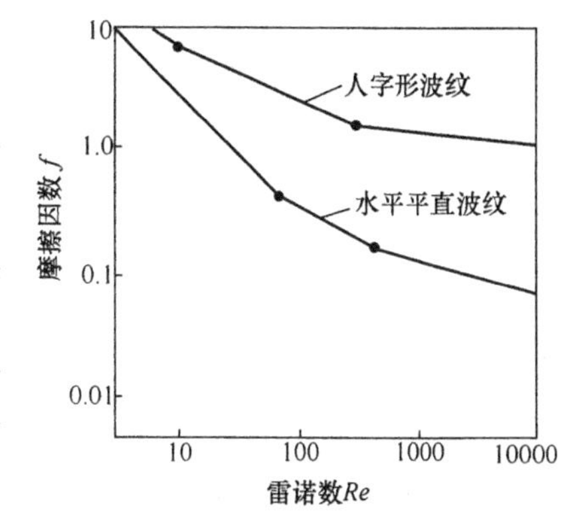

图4.1-28　不同板型板式换热器的摩擦因数f与Re的关系

(四)波纹倾角

板型种类不同，形成波纹结构的特性参数亦是不同的，它们各自影响着流动和传热。对于同种板型，各波纹结构参数对流动和传热的影响程度也不同。就目前应用最广的人字形板片来看，影响流动和传热的首要因素是波纹的倾角。研究结果表明，当人字形板片波纹倾角(波纹对板片的轴线$\beta_i=180-2\beta$)$\beta_i=0°$时，流体流动为二维流；当30℃$\leqslant\beta_i\leqslant60°$时，为沿波纹槽的十字交叉流；$\beta_i=80°$时，形成Z形流动；$\beta_i=90°$时，产生分离流动[18]。图4.1-29及图

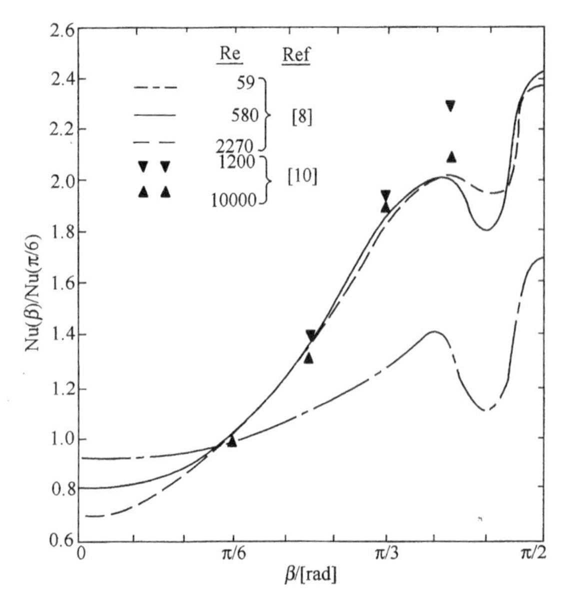

图 4.1-29 波纹倾角在不同 Re 时对传热的影响

4.1-30[19]分别表明了在不同 Re 数时传热和压降随倾角的变化。由图可见，倾角从 $\beta=0$ 变化到 $\beta=\pi/\alpha$ 时，压降增大 100 倍以上，而 Nu 数增加仅约 3 倍。所以，在设计或选用板片时，应根据不同的应用对象确定一个合理的倾角值。

（五）节距和直径之比

在相同的波纹倾角下，板片的波纹节距 p 和当量直径 d_e 之比值 p/d_e 对传热和流动有一定影响。研究表明，在高比值（$p/d_e=1$）和低比值之间变化时，传热的差别小于 20%，但压降差别竟达到 60% 以上[11]。

（六）板片的长宽比

由于板片角孔都在板片的侧边位置上，故对长宽比过小的板片，进入板片流道中的流体分布会很不均匀，从而影响传热。若长宽比过大，又会使压降过大，所以，应该有一个比较合理的长宽比范围，通常最小的长宽比以取 1.8 为宜。

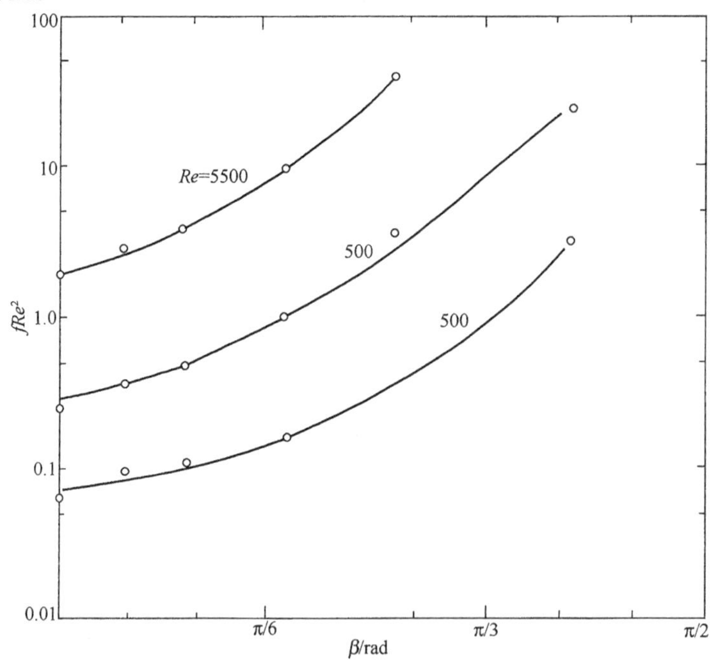

图 4.1-30 波纹倾角在不同 Re 时对压降的影响

（七）角孔的布置

流体进出板片角孔的总流向，因进出角孔被布置于板片的对角位置上或在一侧，因而形成了对角流或单边流。从图 4.1-31 可见，在对角流时流体的横向温度分布状况比单边流时好，这是因为对角流流体在流道中的分布比单边流时均匀之故。

（八）流程和通道数的组合方式

首先讨论流程的组合。流程组合方式会影响到流体流动分布的均匀性，从而影响传热效果。图4.1－32、图4.1－33分别为“U”型和“Z”型组合时，在角孔连接通道中的流体压力及各板间通道中的流量分配。图4.1－34则相应地表示了两种不同流程组合时板间流速的分布。显然Z型组合较U型组合好。实际工程应用中，有多种多样的混合流程组合，流动分布的均匀度也因此而异。

以下进一步再讨论流程和通道数的组合问题。板式换热器的流程和通道数的组合形式极多，但一般可归纳出三种：①流体流动联接方式有串联、并联和混联，见图4.1－35；②流程数量有单流程和多流程，参与换热的两流体流程数可以相等或不等；③两流体各流程的通道数不一定要相等。

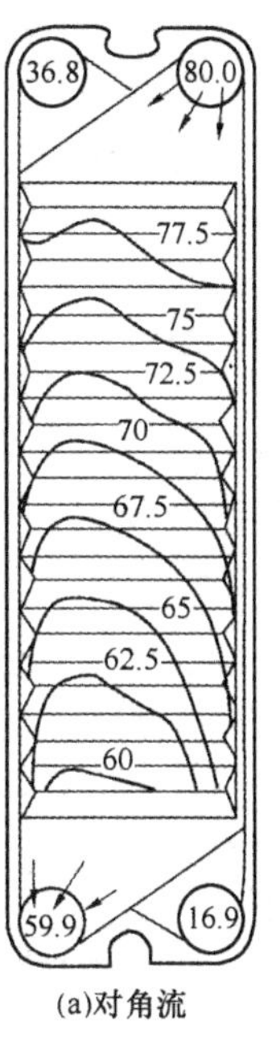

(a)对角流

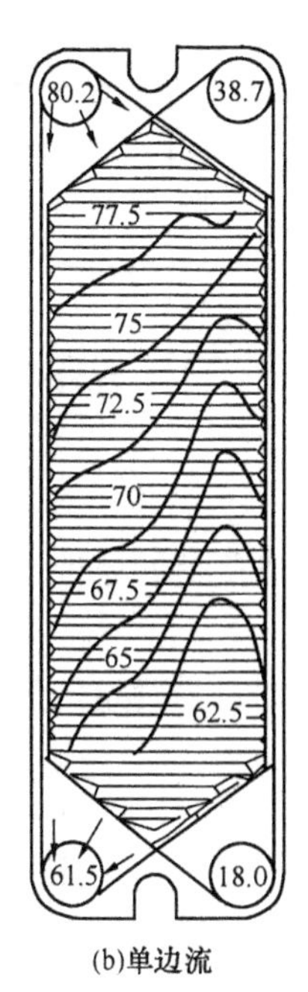

(b)单边流

图4.1－31　对角流和单边流流体的温度分布（$Re=8280$）

不同的联接方式除对流体流动分布和压降有影响之外，对传热的对数平均温差亦有直接影响。如，当流体流动联接为并联时，可以形成纯逆流换热，见图4.1－35中的(b)图，从而获得最大的对数平均温差。也可以形成纯顺流换热，但此时的对数平均温差最小。若联接为混联时，则对数平均温差值将取决于具体的混联方式和流程数与通道数的配置。图4.1－35c为一侧流体单程，4通道；另一侧为2程，每程2通道。

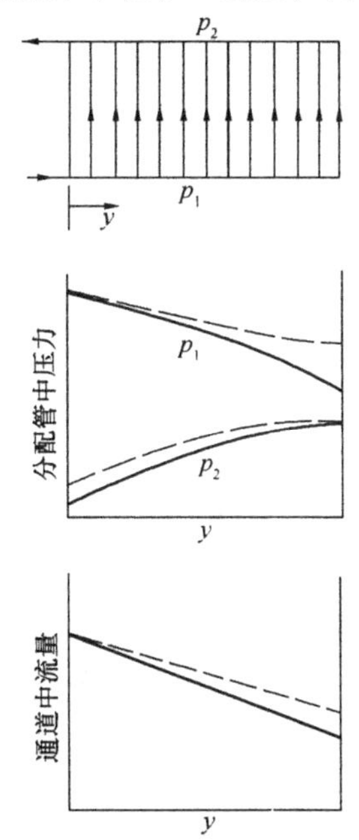

图4.1－32　“U”型组合时分配管中压力及板间通道流量分配

图中----------低摩擦损失；————高摩擦损失

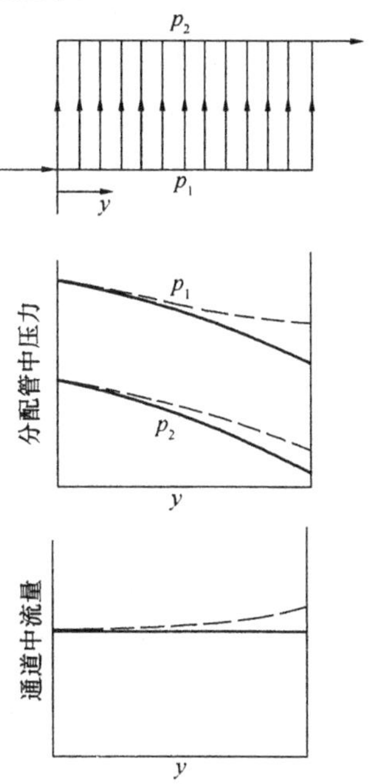

图4.1－33　“Z”型组合时分配管中压力及板间通道流量分配

图中----------低摩擦损失；————高摩擦损失

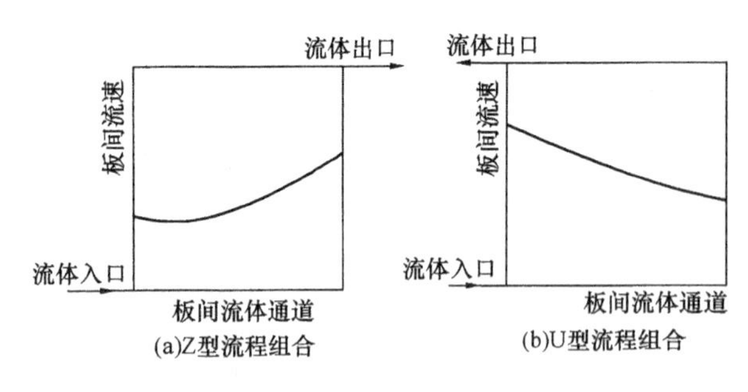

图 4.1-34 板间流速分布

流程和通道数的多少都会影响到传热和压降，但一般在流速不变的情况下（即保持原通道数），变更流程数，对压降的变化比较敏感。而在流程数不变情况下，变更通道数，则对传热量的变化比较敏感。

三、传热计算

传热计算的目的通常是为确定在满足热负荷的条件下所需要的传热面积。由传热方程式：

$$Q = KA\Delta t_m \tag{1-14}$$

可知，为确定传热面积 A，必须进行总传热系数 K、平均温差 Δt_m 及换热量 Q 的求解。

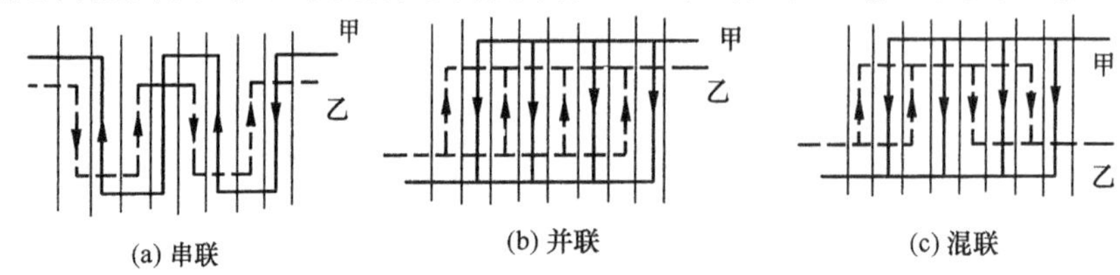

图 4.1-35 流体流动的联接方式

（一）总传热系数计算

总传热系数 K 可利用总热阻为串联的各项分热阻之和的热阻关系式来求得：

$$K = \left(\frac{1}{\alpha_1} + R_{s1} + \frac{\delta}{\lambda} + R_{s2} + \frac{1}{\alpha_2}\right)^{-1} \tag{1-15}$$

式中，$1/\alpha_1$ 为板片一侧流体对流传热热阻；R_{s1} 为一侧污垢层热阻；δ/λ 为板片导热热阻；$1/\alpha_2$ 为另一侧的流体对流传热热阻；R_{s2} 为另一侧污垢层热阻。

如果板片表面有防腐蚀涂层，则上式中还需添加板片两表面的涂层热阻 R_{co1} 及 R_{co2}：

$$K = \left(\frac{1}{\alpha_1} + R_{s1} + R_{co1} + \frac{\delta}{\lambda} + R_{co2} + R_{s2} + \frac{1}{\alpha_2}\right)^{-1} \tag{1-16}$$

涂层厚度一般仅为几十 μm，但若涂层是热导率很小的物质（一般为 0.3～0.6W/(m·K)），其热阻相当大，不能忽略。

由上式可见，为求取总传热系数值，必须先求得式右边各项。其中，传热系数 α_1、α_2 应通过计算求得。

在设计计算板式换热器时，常常需要先假设总传热系数值，表 4.1-4 提供了总传热系数的经验数据，可供选用参考。

表 4.1-4 板式换热器总传热系数的经验值

物　料	水—水	水蒸气（或热水）—油	冷水—油	油—油	气—水
$K/(\mathrm{W/m^2\cdot K})$	2900～4650	820～930	400～580	175～350	28～58

（二）传热系数的计算

1. 对流传热系数

在板式换热器中，在湍流条件下单相流流体对流传热的关联式通常以下列形式给出：

$$Nu_{\mathrm{f}} = CRe_{\mathrm{f}}^{n}Pr_{\mathrm{f}}^{1/3}\left(\frac{\mu_{\mathrm{f}}}{\mu_{\mathrm{w}}}\right)^{0.14} \tag{1-17}$$

则沿整个流程的平均对流传热系数为：

$$\alpha_{\mathrm{f}} = CRe_{\mathrm{f}}^{n}Pr_{\mathrm{f}}^{1/3}\left(\frac{\mu_{\mathrm{f}}}{\mu_{\mathrm{w}}}\right)^{0.14}\frac{\lambda_{\mathrm{f}}}{D_{\mathrm{e}}} \tag{1-18}$$

式中 μ_{f}——流体在其平均温度下的动力黏度，Pa·s；

μ_{w}——流体在板片壁温下的动力黏度，Pa·s；（板片壁温是未知数，应通过试算法求解，可参阅文献20）；

λ_{f}——流体在其平均温度下的热导率，W/(m·K)；

D_{e}——流道的当量直径，m。

通常可用下式计算当量直径：

$$D_{\mathrm{e}} = \frac{4A_{\mathrm{s}}}{U} \approx \frac{4bh}{2b} = 2h \tag{1-19}$$

式中 b——通道宽；

h——流道距离。

非对称型板式换热器板片两侧通道的当量直径，可按其实际的流通截面积 A_{s} 及热周边长 U 来分别进行计算。

文献[21]作者综合了多篇文献报道的研究结果，对上式中的系数和各指数归纳出了这样的范围值：$C=0.15\sim0.40$，$n=0.65\sim0.85$，$m=0.30\sim0.45$（指 Pr 数上的指数，通常为0.333），$Z=0.05\sim0.20$（黏度修正项上的指数）。

层流时，可采用下面关联式[22]：

$$Nu_{\mathrm{f}} = C\left(Re_{\mathrm{f}}Pr_{\mathrm{f}}\frac{d_{\mathrm{e}}}{L}\right)^{n}\left(\frac{\mu_{\mathrm{f}}}{\mu_{\mathrm{w}}}\right)^{Z} \tag{1-20}$$

Buonopane 等人[23]提出，上式中，n 可取1/3；Z 取0.14；$C=1.86\sim4.50$，取决于板片的几何形状。

过渡流时的关联式比较复杂，故一般可根据板式换热器自身的特性图线来查得，如图4.1-36。

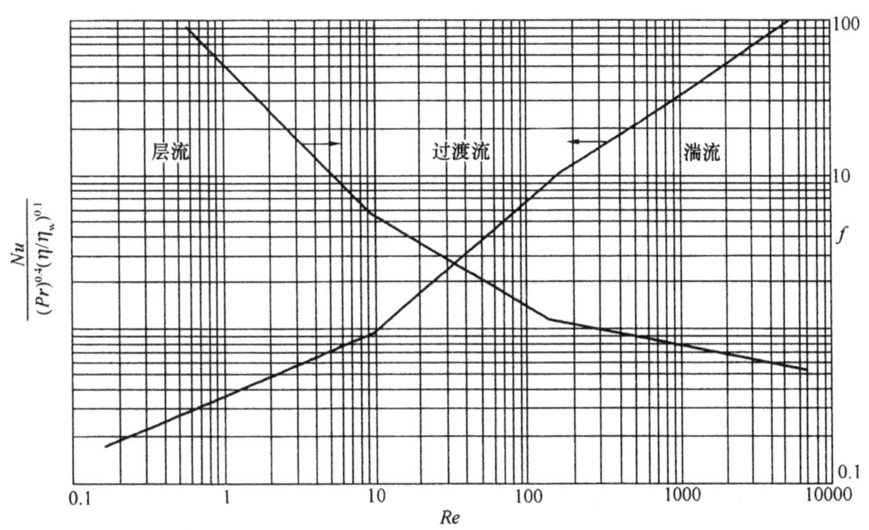

图4.1-36 小型人字形板式换热器特性[22]

近年来，板式换热器也扩展应用到冷却和加热高黏度流体领域，其 Pr 数的值可达到数千，这时的对流传热关联式宜采用其他的形式，读者可参考文献[24]。

2. 凝结传热系数

板式换热器蒸气凝结传热系数的计算，应根据凝结区的不同运用相应的计算式[25]。

（1）重力控制凝结区（Re_{lf} < 临界雷诺数，约为150～500）

对重力控制的凝结区域，凝结传热系数可利用沿竖壁的努谢尔特计算式与强化因子的乘积来求取，即局部凝结传热系数为：

$$\alpha_{\mathrm{c},i} = F_{\mathrm{c}} 1.1 C_{\mathrm{o}} Re_{\mathrm{lf}}^{-1/3} \tag{1-21}$$

式中　F_{c}——强化因子，为波纹形通道液体对流传热系数 $\alpha_{\mathrm{f,c}}$ 与相同大小平通道液体对流传热系数 $\alpha_{\mathrm{f,p}}$ 之比，即 $F_{\mathrm{c}} = \alpha_{\mathrm{f,c}}/\alpha_{\mathrm{f,p}}$；

C_{o}——物理性质数。

$$C_{\mathrm{o}} = \lambda_1 \left[\frac{\mu_1^2}{\rho_1(\rho_1 - \rho_{\mathrm{g}})g} \right]^{-1/3} \quad \mathrm{W/(m^2 \cdot K)}$$

Re_{lf}——凝液膜的雷诺数。$Re_{\mathrm{lf}} = \dfrac{4q_{\mathrm{m}}}{U\mu} = \dfrac{4q_{\mathrm{m}}}{2b\mu}$，$q_{\mathrm{m}}$ 为凝液质量流量，kg/s；b 为板片通道宽，m。

沿程平均凝结传热系数 α_{c} 为各段局部凝结传热系数之算术平均值，即

$$\alpha_{\mathrm{c}} = \frac{\sum_{i=1}^{n} \alpha_{\mathrm{c,i}}}{n} \tag{1-22}$$

用式(1-21)及式(1-22)计算比较繁琐，平均凝结传热系数读者也可用以下较为简易的关联式求解：

$$Nu = C Re_{\mathrm{lf}}^{\mathrm{n}} Pr_1^{1/3} \tag{1-23}$$

式中　$Nu = \alpha_{\mathrm{c}} D_{\mathrm{e}}/\lambda_1$，$\lambda_1$ 为凝液热导率；D_{e} 为通道当量直径；Pr_1 为凝液 Pr 数；指数 n 为负数。

（2）剪切力控制区（Re_{lf} > 临界雷诺数）

由于板式换热器中蒸气凝结的复杂性及其受多种因素的影响，迄今为止尚未有文献对现有的一些计算式作出全面评价。本文在综合国内外文献的基础上，给出了以下两式，可供读者选用。

①Boyko－Kruzhilin 关联式[26,27]

$$Nu = C Re_{1,\mathrm{o}}^{\mathrm{n}} Pr_1^{\mathrm{m}} \frac{1}{2} \left[\sqrt{1 + x_1 \left(\frac{\rho_1}{\rho_{\mathrm{g}}} - 1 \right)_1} + \sqrt{1 + x_2 \left(\frac{\rho_1}{\rho_{\mathrm{g}}} - 1 \right)_2} \right] \tag{1-24}$$

式中　$Re_{1,\mathrm{o}}$——由气－液混合物的总质量流速 G（$\mathrm{kg/m^2 \cdot s}$）及凝液黏度 μ_{e} 求得，即 $Re_{1,\mathrm{o}} = \dfrac{Gd_{\mathrm{e}}}{\mu_1}$；

Pr_1——凝液 Pr 数；

c 及 n、m——按液体对流传热关联时的系数和指数；

x_1、x_2——进出口处蒸气干度；

ρ_1——进口或出口处液体密度，$\mathrm{kg/m^3}$；

ρ_g——进口或出口处蒸气的密度，kg/m³。

式(1-24)是文献中使用得最多的计算式。经实验验证，该式误差约为±20%。但经本文作者验证，在不同运行工况下，凝结温差 $\Delta t=(t_s-t_w)$ 变化大时，实验点的离散度加大，数据变化的规律性较差。

②天津大学王中铮、赵镇南提出的计算式[12]：

$$Nu = C(Re_l/H)^n Pr_l^{0.33}(\rho_l/\rho_g)^p \quad (1-25)$$

式中 Re_l——出口处凝液雷诺数；

$$Re_l = G(1-x_o)\frac{D_e}{\mu_l}$$

其中 G 为气-液混合物的总质量流速，kg/m²·s；x_o 为出口处蒸气的干度。

H——考虑凝液膜厚度影响的无因次参数，$H=C_p\Delta T/\gamma'$

γ' 为考虑凝液过冷和液膜对流换热影响的参数，J/kg

$$\gamma' = \gamma(1+0.68C_p\Delta T/\gamma)$$

γ 为汽化潜热，J/kg；

ρ_l、ρ_g——凝液及进口处蒸汽密度，kg/m³；

ρ_l/ρ_g——密度比，考虑蒸气压力影响。

Pr_l——凝液的 Pr 数。

该式与式(1-24)比较，由于引入了无因次液膜厚度参数 H，使数据回归后实验点的离散度显著地减小，曲线呈现良好的规律性。

3. 沸腾传热系数

在沸腾传热(蒸发传热)过程中流型变化本身就存在多样性及复杂性，加之板式蒸发器中沸腾传热的研究又显不足，故本文在综合国内外文献基础上，建议沸腾传热系数的基本计算可用以下计算方法进行。

通常可认为板式蒸发器中的沸腾传热是以环状流为主的对流沸腾传热，故其沸腾传热系数便可利用分液相对的对流传热系数 α_l 与强化因子 F_b 的积来计算[16]，即

$$\alpha_b = F_b\alpha_l \quad (1-26)$$

式中 α_l 可按式(1-12)计算，其中的 $Re_l = \dfrac{G(1-x)d_e}{\mu_l}$；$F_b$ 按下式计算

$$F_b = (\phi_l^2)^{0.5} \quad (1-27)$$

式中，ϕ_l^2 为两相流因子，称为摩阻分液相表观系数，无因次量。其定义为：

$$\phi_l^2 = \frac{(\Delta P_f)_{tp}}{(\Delta P_f)_l} \quad (1-28)$$

式中，$(\Delta P_f)_{tp}$ 为两相流的摩擦阻力；$(\Delta P_f)_l$ 为仅液相单独流过同一管道时的摩擦阻力，它们均可通过实验来确定。

读者如果需要了解其他一些沸腾传热系数的计算方法，请参阅文献[20，27]。

(三)垢阻值的确定

正如像其他换热器一样，投入运行的板式换热器也都会在板片上结垢，从而形成污垢热阻 R_s，并存在以下物理关系：

$$R_s = \frac{\delta_s}{\lambda_s} \quad (1-29)$$

式中，δ_s、λ_s 分别为垢层厚度和垢层热导率。

由于板式换热器中的高湍流度，使污垢的聚集量减小，同时对表面起到冲刷清洗作用，所以板式换热器中垢层一般都比较薄。实测表明，波纹流道的垢阻值仅约为普通平壁时的1/10[14]。美国传热研究公司对用于水冷却塔的板式和管壳式换热器结垢的实验研究表明，板式的污垢热阻不到管壳式的一半[28]。文献[12]指出，在设计选取板式换热器的污垢热阻值时，其数值应不大于管壳式公开发表污垢热阻值的1/5。文献[20]汇集了在多种情况下板式换热器中的污垢热阻值，如表4.1－5所示。

表4.1－5 板式换热器的污垢热阻

流体名称	污垢热阻/($m^2\cdot$℃/W)	流体名称	污垢热阻/($m^2\cdot$℃/W)
去矿化水或蒸馏水	0.0000017	机器夹套水	0.0000103
软水	0.0000034	水蒸气	0.0000017
硬水	0.0000086	润滑油	0.0000034～0.0000086
处理过冷却水塔水	0.0000069	植物油	0.0000017～0.0000052
沿海海水或港湾水	0.000086	有机溶剂	0.0000017～0.0000103
大洋的海水	0.000052	一般工艺流体	0.0000017～0.00000103
河水、运河水、井水等	0.000086		

污垢热阻的大小与流体种类、流体流速、运行温度、流道结垢、传热表面状况、传热面材料等多种因素有关，故表4.1.5所列数值是一个粗略的范围，具体应用时还应根据实际情况进行修正。需要指出的是，设计中如果把垢阻取得过大，则会使传热面积增大并导致低效。通常推荐，在选取垢阻值时不应因垢阻的存在而致使传热面积增大到25%。

(四)平均温差计算

平均温差 Δt_m 的求解通常采用逆流情况下对数平均温差 $\Delta t_{lm,c}$ 乘以针对实际情况修正系数 ψ 的方法，即

$$\Delta t_m = \psi\Delta t_{lm,c} \tag{1-30}$$

式中，逆流时的对数平均温差为：

$$\Delta t_{lm,c} = \frac{\Delta t_{max} - \Delta t_{min}}{\ln\frac{\Delta t_{max}}{\Delta t_{min}}} \tag{1-31}$$

式中，Δt_{max}及 Δt_{min}分别为逆流时两端温差中的最大者及最小者。修正系数 ψ 值随冷、热流体相对流动方向的不同组合而异，在串联和并联时可按图4.1－37来确定[23]；混联时

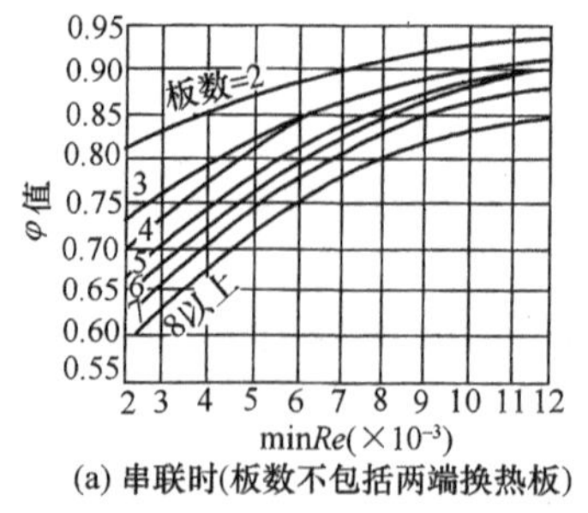

(a) 串联时(板数不包括两端换热板)

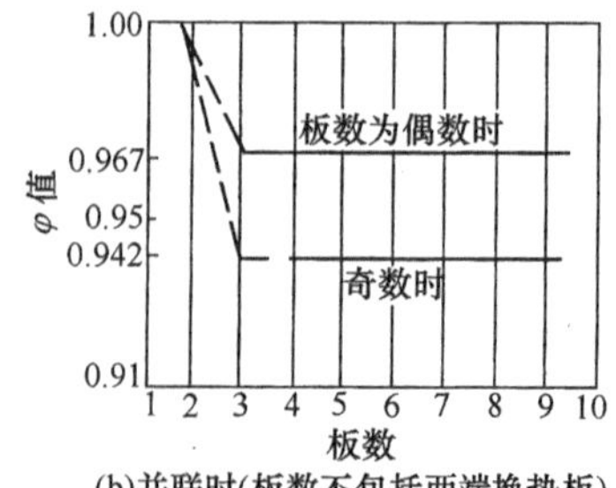

(b)并联时(板数不包括两端换热板)

图4.1－37 板式换热器的温差修正系数

可采用图 4.1－38～图 4.1－41 管壳式换热器的温差修正系数[31]。几种典型的流程组合，也可采用文献[12]提供的修正系数，见图 4.1－42(该图只适用于流量比为 1～0.7 的情况)。

图 4.1－38～图 4.1－41 中的 P、R 的定义为：

温度效率 $$P=\frac{t_2''-t_2'}{t_1'-t_2''}=\frac{\text{冷流体的加热度}}{\text{两流体进口温差}} \tag{1－32}$$

热容量比 $$R=\frac{t_1'-t_1''}{t_2''-t_2'}=\frac{\text{热流体的冷却度}}{\text{冷流体的加热度}} \tag{1－33}$$

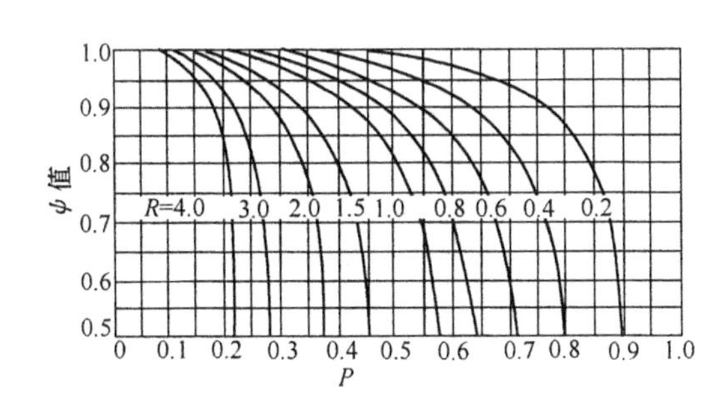

图 4.1－38　〈1－2〉型的 ψ 值

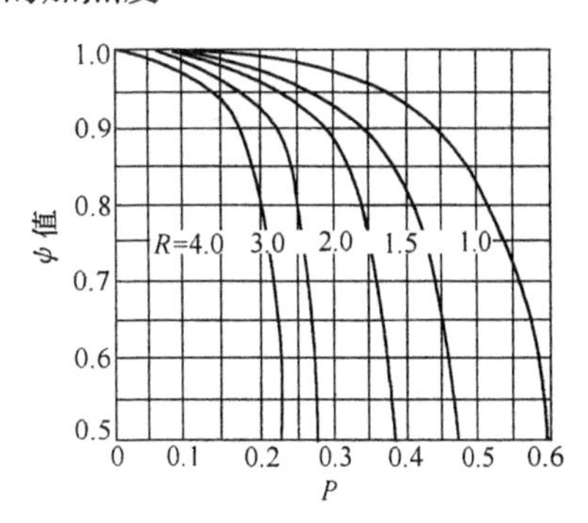

图 4.1－39　一个流程顺流、两个流程逆流时的 ψ 值

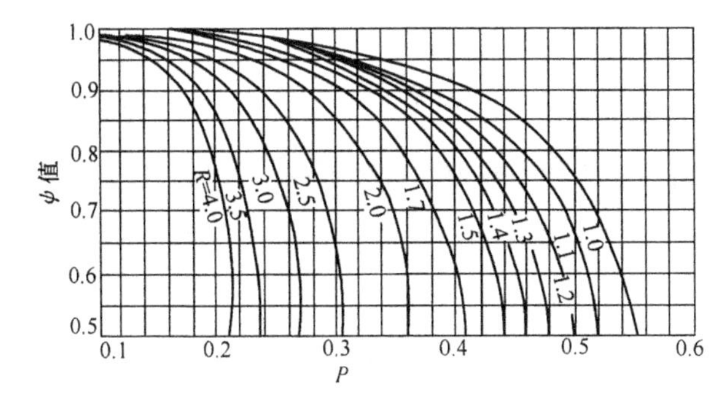

图 4.1－40　一个流程逆流、两个流程顺流时的 ψ 值

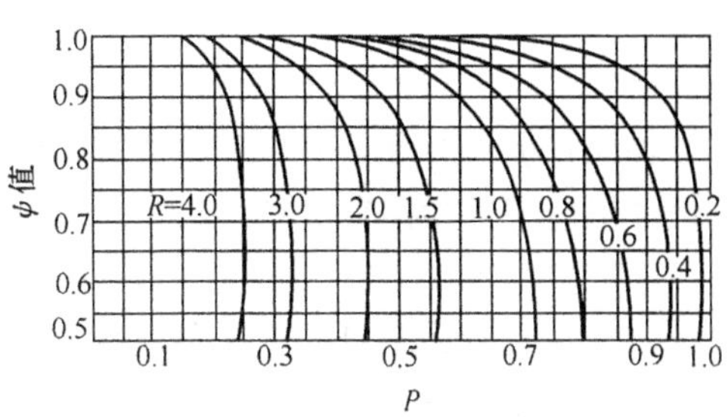

图 4.1－41　〈2－4〉型的 ψ 值

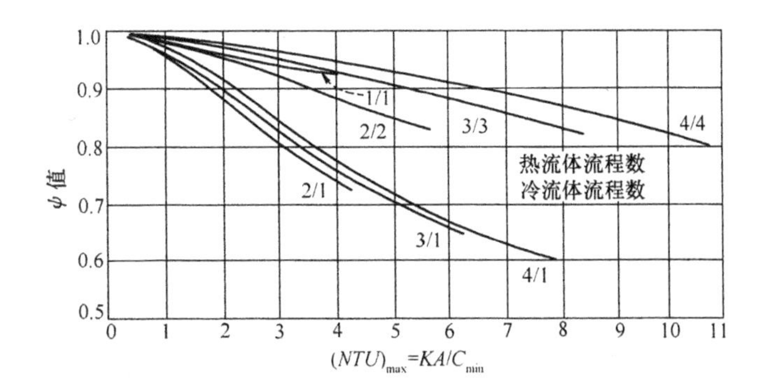

图 4.1－42　若干种流程数时 ψ 值

如果流体的温度沿传热面的变化不大，且当 $\Delta t_{max}/\Delta t_{min}\leqslant 2$ 时，则可用算术平均温差代替对数平均温差，即

$$\Delta t_{m} = \frac{1}{2}(\Delta t_{max} + \Delta t_{min}) \tag{1-34}$$

其值要比对数平均温差大，但不超过+4%，这在工程计算允许范围内。

需要指出的是，式(1-31)对数平均温差计算式是在流体比热容为定值的条件下导出的。一般，流体的比热容数值总是与温度有关，但变化很小，可视为常数。如果流体的比热容变化不大，则可取某一温度时的比热容作为平均比热容。如果在设计要求的温度范围内，比热容随温度的变化显著(大于2~3倍)，则用对数平均温差的误差会很大，应改用积分平均温差，其求解方法可参考文献[31]。

(五)换热量计算

换热器设计时，换热量的计算通常是根据流体的温度或物理状态的变化来进行的。

1. 单相流体的放热或吸热

$$Q = q_{m}C_{p}(t' - t'') \tag{1-35}$$

或

$$Q = q_{m}(i' - i'') \tag{1-36}$$

式中 q_{m}——流体的质量流量，kg/s；

t'、t''——流体的进、出口温度，℃；

i'、i''——流体的进、出口比焓，J/kg。

2. 流体的凝结放热或沸腾吸热

$$Q = q_{m}x\gamma \tag{1-37}$$

或

$$Q = q_{m}x(i'' - i') \tag{1-38}$$

如果在板式冷凝器中有过热蒸气的冷却和凝液的过冷或板式蒸发器中有预热和过热，则总换热量应为各段换热量之和。

(六)传热面积计算

由于板式换热器的角孔及周边密封垫等处并不参与传热，而板片又是波纹形的，故板式换热器的传热面积应该是在扣除不参与传热的部分后板片的展用面积，通常称之为有效传热面积。在本章讨论中，就是指有效传热面积的计算。

换热器设计时，传热面积的计算一般有两种方法，即平均温差法和传热单元数法。在我国，以平均温差法的应用最为广泛。

1. 平均温差法

平均温差法就是由传热方程式(1-14)求解传热面积，即

$$A = \frac{Q}{K\Delta t_{m}}$$

2. 传热单元数法

由传热单元数 NTU 的广义定义式[31]：

$$(NTU)_{1} = \frac{KA}{C_{1}} \tag{1-39}$$

或

$$(NTU)_{2} = \frac{KA}{C_{2}} \tag{1-40}$$

可见，传热面积也可以内流体的传热单元数 $(NTU)_1$ 或 $(NTU)_2$、总传热系数 K 及流体的热容量 C_1 或 C_2 来确定，这就是传热单元数法。

由于传热单元数的大小和温度效率 ε(即有效度)及两换热流体的热容量之比 R 有关，故在运用传热单元数法时，必须确定这几个量之间的关系。

温度效率 ε 是指参与换热的任一流体的温度变化与冷、热流体的进口温度差之比，即

$$\varepsilon_1 = \frac{t_1' - t_1''}{t_1' - t_2'} \tag{1-41}$$

或

$$\varepsilon_2 = \frac{t_2'' - t_2'}{t_1' - t_2'} \tag{1-42}$$

热容量比是指：

$$R_1 = C_1/C_2 \tag{1-43}$$

或

$$R_2 = C_2/C_1 \tag{1-44}$$

温度效率和传热单元数及热容量比之间的关系已被绘制成图线，图 4.1-43 ~ 图 4.1-52 就是流程和通道多种组合情况下的温度效率图[32]。在进行板式换热器热力计算时，利用这些图线，由温度效率和热容量比的值就可确定传热单元数，进而求取所需要的传热面积。

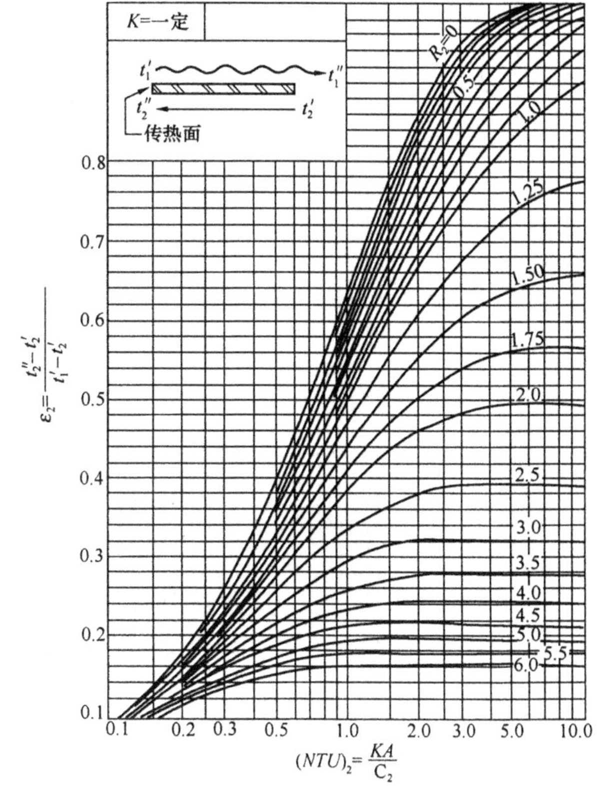

图 4.1-43　逆流

图 4.1-43 ~ 图 4.1-52 这些图线可分成三类：

(1) 1-1 程　图 4.1-43 为逆流时温度效率图，可用于 1-1 流程、1-1 通道及 1-1 流程、1-2 通道。对于每一程的通道数在 3 以上时，如 1-1 流程、3-3 通道，则也可用该图。图 4.1-44 及图 4.1-45 分别适用于 1-1 流程、2-2 通道及 1-1 流程、2-3 通道。

(2) 程数在 2 以上且两流体通道数相等时　图 4.1-46 及图 4.1-47，分别为 2-2 流程、1-1 通道时的两种情况。随着程数的增加，温度效率接近于逆流时的温度效率。故对于两流体程数相等，且程数大于或等于 4，而两流体通道数也相等的情况，都可近似地用同一图线，即图 4.1-48。

(3) 程数在 2 以上而两流体通道数不等时　图 4.1-49 为 3-2 流程、1-2 通道，图 4.1-50 则为 2-1 流程、1-3 通道时的温度效率图。对于 1-2 流程、n_1-n_2 通道及 1-3 流程、n_1-n_2 通道的情况，可分别用图 4.1-51 及图 4.1-52。对于一方流体在 4 流程以上时，可近似地用逆流时的温度效率图，即图 4.1-43。

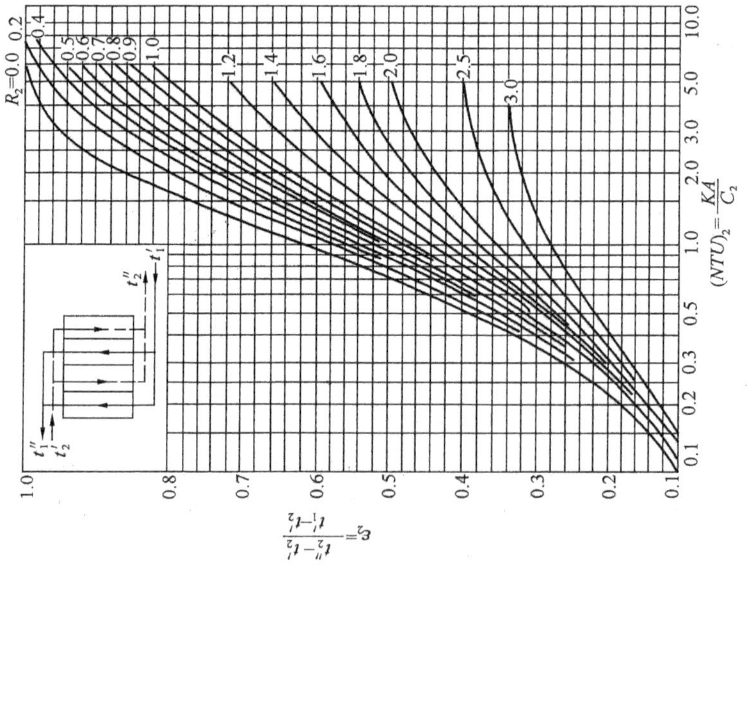

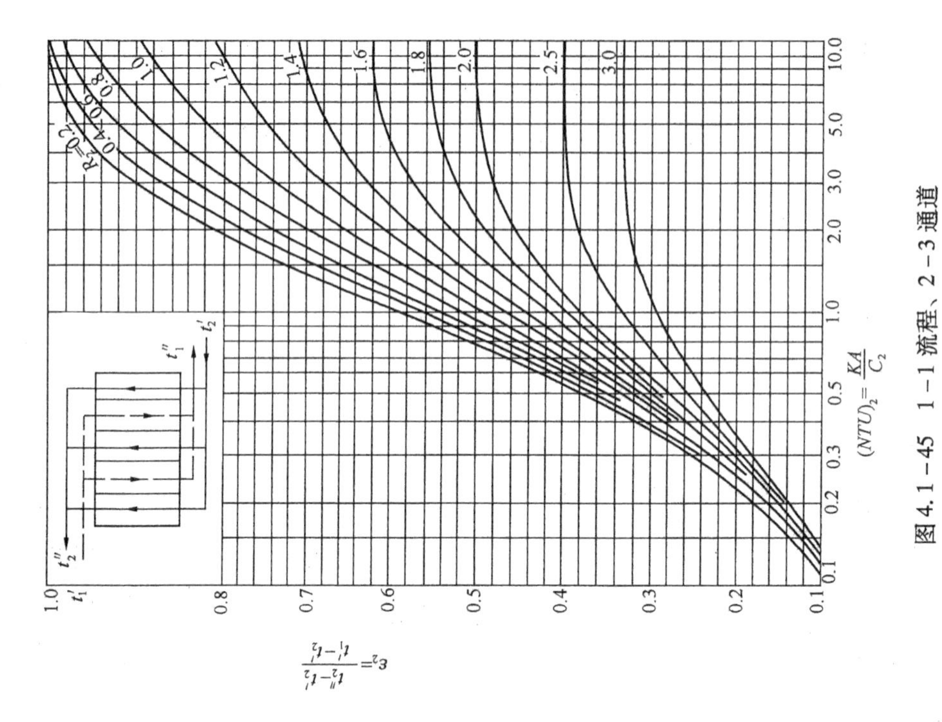

图 4.1-45 1-1 流程、2-3 通道

R_2=0.0 0.2 0.4 0.5 0.6 0.7 0.8 0.9 1.0 1.2 1.4 1.6 1.8 2.0 2.5 3.0

$\varepsilon_2=\frac{t_2''-t_2'}{t_1'-t_2'}$

$(NTU)_2=\frac{KA}{C_2}$

图 4.1-44 1-1 流程、2-2 通道

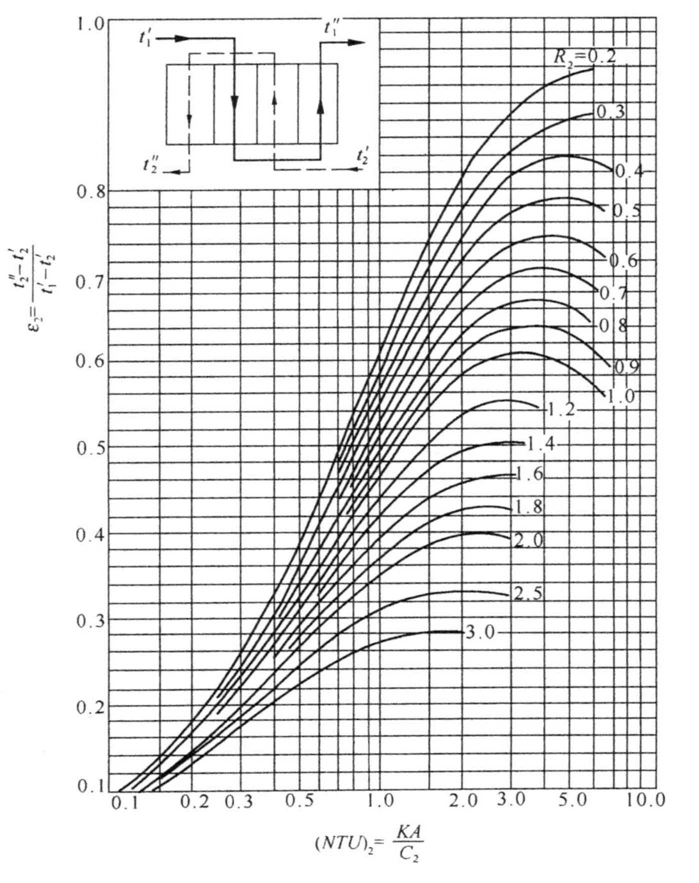

图 4.1－46　2－2 流程、1－1 通道（并流型）

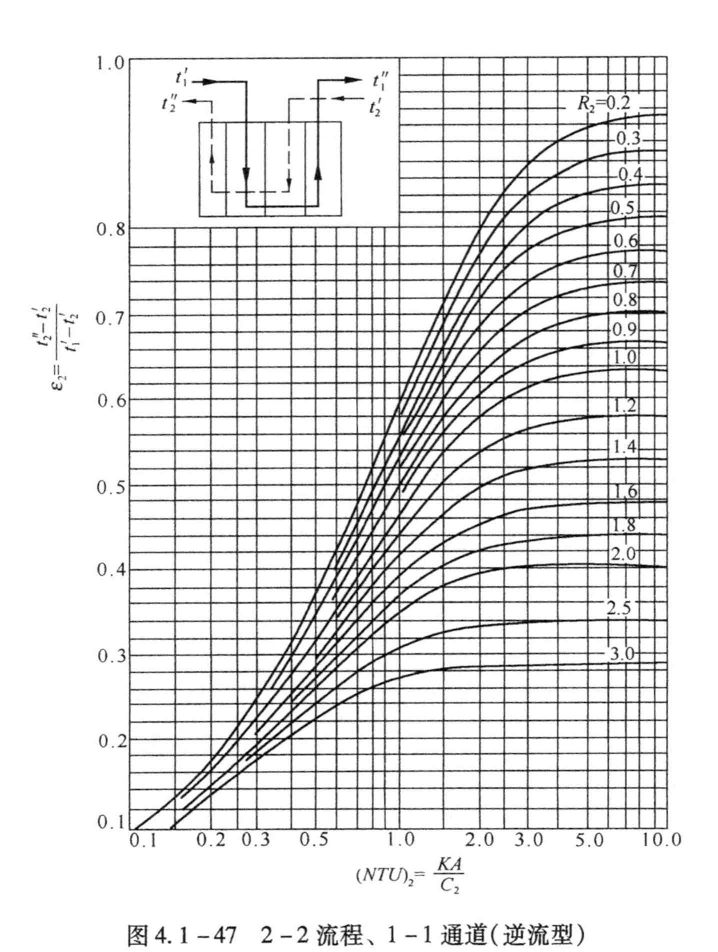

图 4.1－47　2－2 流程、1－1 通道（逆流型）

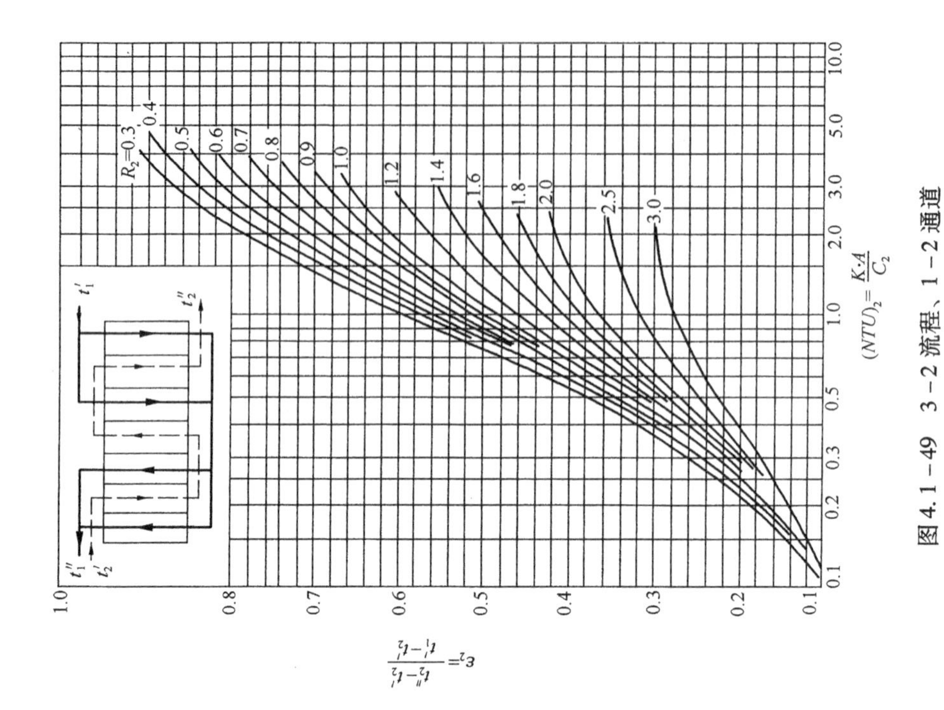

图 4.1－49　3－2 流程、1－2 通道

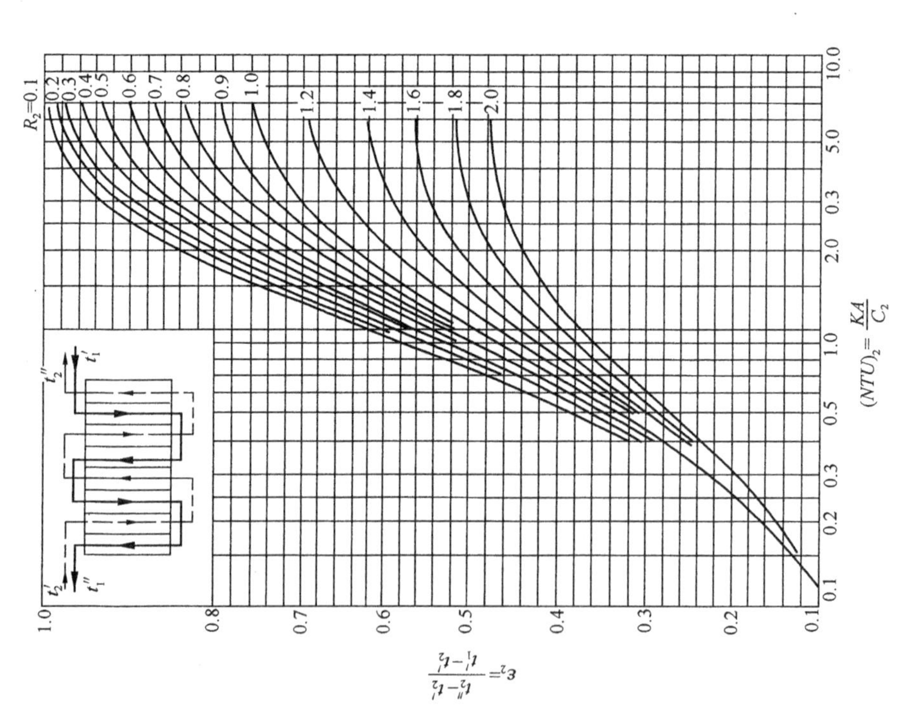

图 4.1－48　两流体程数大于或等于 4、通道数相等

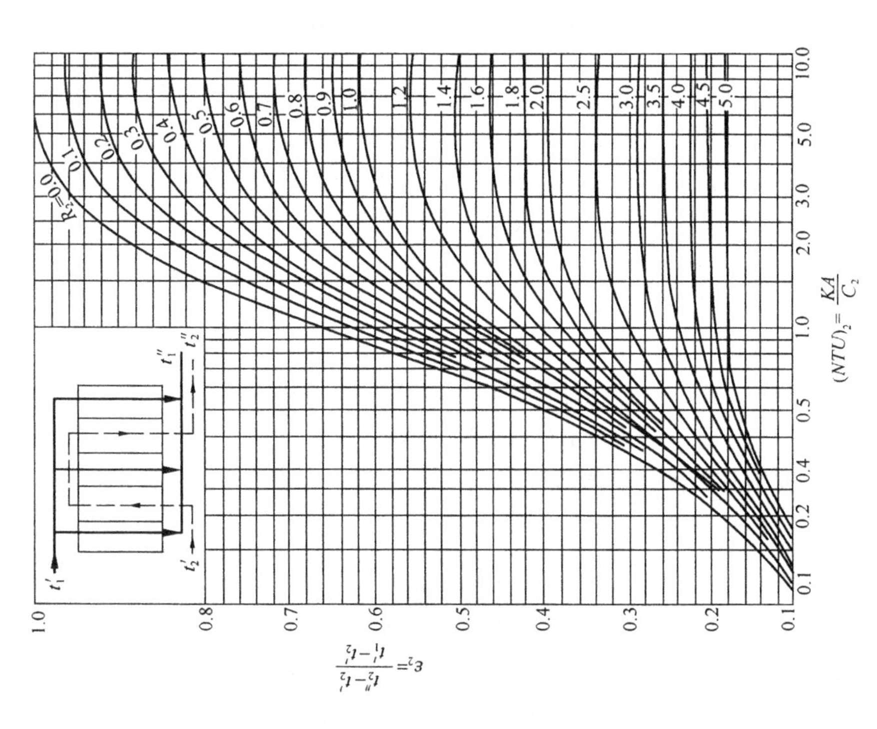

图 4.1－50　2－1 流程、1－3 通道

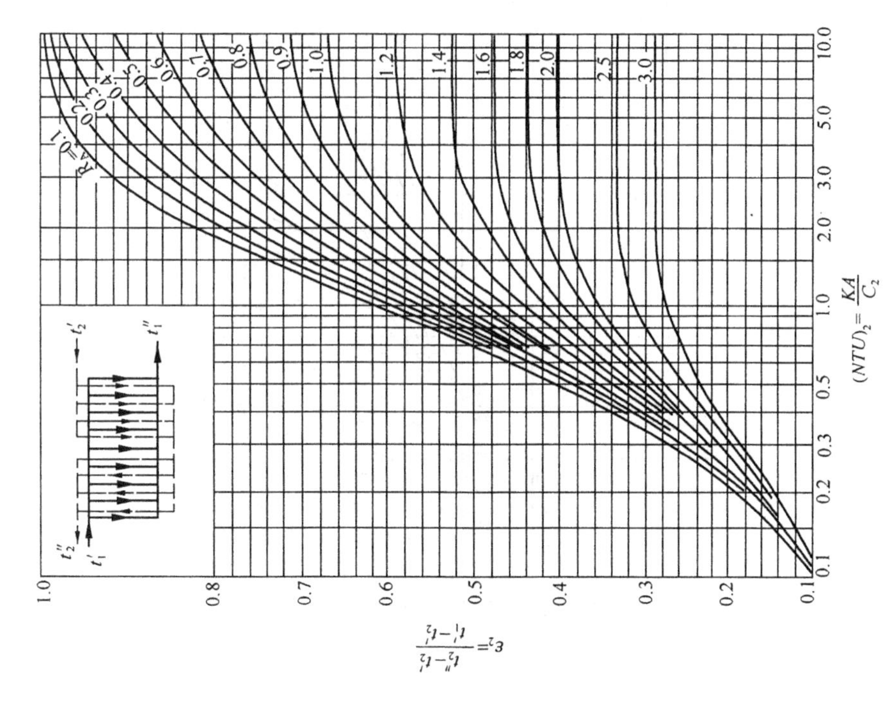

图 4.1－51　1－2 流程、n_1-n_2 通道

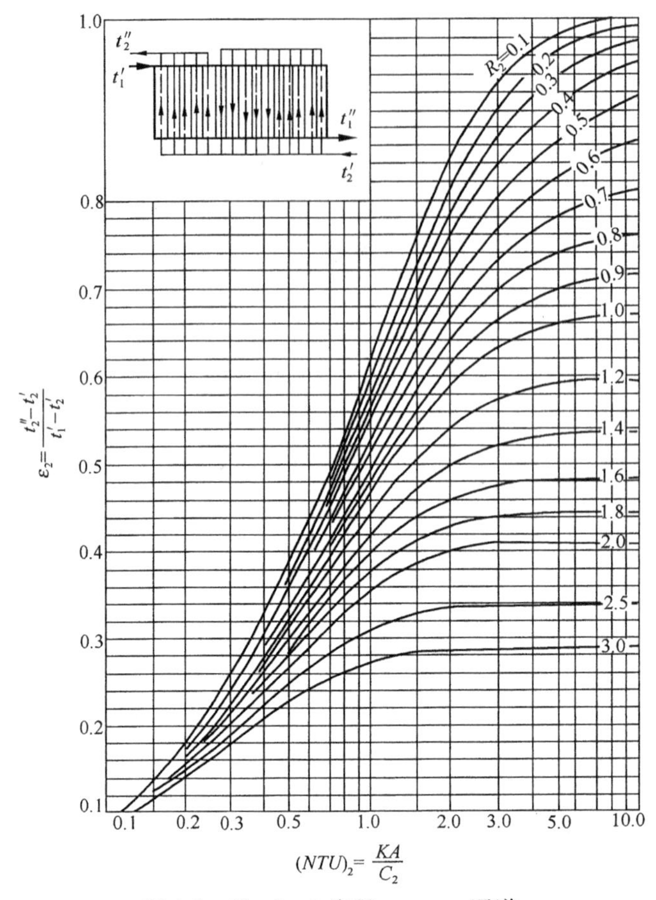

图4.1－52 1－3流程、n_1-n_2通道

四、阻力计算

对于一台板式换热器来说，其流体流过的总阻力应为流体所经过的板间通道、角孔、进出口连接管等处各种流动阻力之和，但在具体计算时同流体有单相流或气(汽)－液两相流的存在而有很大的不同，故本节分别按单相流的液－液型板式换热器(或液－气单相或气－气单相型)或两相流的板式冷凝器及板式蒸发器来讨论。

(一) 液－液型板式换热器

1. 压降和摩擦因数的关系式

对于液－液型板式换热器，由检其中的流体是单相液体，计算阻力的常规办法就是利用压降和摩擦因数之间的关系式，分别计算通道压降 ΔP_c 和角孔压降 ΔP_p，再求其总和：

$$\Delta P = \Delta P_c + \Delta P_p \tag{1-45}$$

通道压降 ΔP_c 是流体从角孔进入板间通道后再从另一角孔流出的阻力损失，计算式的基本形式为：

$$\Delta P_c = gf\left(\frac{L}{D_e}\right)\rho v^2 M\left(\frac{\mu}{\mu_w}\right)^{-0.17} \tag{1-46}$$

式中 f——摩擦因数，其值由试验确定；

L——流程长度，系指流体流过的进、出口角孔中心之间的实际长度，即应将投影长度乘以波纹展同系数；

M——流程数。

角孔压降 ΔP_p 是流体流过角孔流道的阻力损失，可按下式计算[29]

$$\Delta P_p \approx 1.4M\frac{\rho v_p^2}{\alpha} \tag{1-47}$$

式中，v_p 为流体在角孔通道中的流速，$v_p = \dfrac{\rho \cdot q_m}{\dfrac{\pi d_p^2}{4}}$；$q_m$ 为流体的总质量流量；d_p 为角孔直径。

如果一台换热器还包含有与外部连接的流体进出连接管，则该连接管中的压力损失可按常规光滑管的压降来进行计算。

2. 准则关联式

板式换热器制造厂对产品性能鉴定试验之后，通常会给出产品的传热准则关联式（如式1-17）和压降的准则关联式。表达板式换热器压降的准则关联式常用形式为：

$$E_u = bRe^d \tag{1-48}$$

式中，系数 b 和指数 d 随板式换热器的具体结构而定，指数 d 应为负值。

因欧拉数 $E_u = \Delta P/(\rho v^2)$，由此即可求得多程时的压降：

$$\Delta P = bRe^d \rho v^2 M \tag{1-49}$$

式中，M 为程数；v 为通道中流速。

（二）板式冷凝器及板式蒸发器

板式冷凝器冷凝侧及板式蒸发器沸腾侧流体的流动均属于两相流，它们通过换热器的总压降由以下4部份组成，即通道的摩擦压降 ΔP_f、角孔压降 ΔP_p、加速压降 ΔP_a（或减速使压力升高）以及重力压降 ΔP_e（或压力升高），并可表达为：

$$\Delta P = \Delta P_f - \Delta P_p + \Delta P_a + \Delta P_e \tag{1-50}$$

在各项阻力中，最主要的是摩擦阻力。根据多位专家的研究[10,11,15,32]，板式换热器的冷凝侧或蒸发侧流道的摩擦压降可用洛克哈特－马丁尼利（Lockhart－Martinelli）方法进行计算，其基本公式为(1－28)，即

$$(\Delta P_f)_{tp} = (\Delta P_f)_l \cdot \phi_l^2$$

式中　$(\Delta P_f)_l$——仅液相单独流过同一管道时的摩擦损失，其计算式为：

$$(\Delta P_f)_l = 4f_l\frac{L}{D_e}\frac{G^2(1-x)^2}{2\rho_l} \tag{1-51}$$

式中　f_l——液体的沿程摩擦因数；

G——气－液两相流的总质量流速，$kg/(m^2 \cdot s)$；

x——沿流程 L 的平均干度；

ρ_l——液体密度，kg/m^3。

摩阻分液相表观系数 ϕ_l^2，可利用L－M关系式求解，即

$$\phi_l^2 = (X^{\frac{\psi}{n-5}} + 1)^{\frac{5-n}{2}} \tag{1-52}$$

式中，指数 n 由实验确定；X 为洛克哈特－马丁尼利参数，当各物理量的值取平均值

时，其表达式为：

$$X^2 = \frac{(\Delta P_f)_l}{(\Delta P_f)_g} \tag{1-53}$$

由该式可见，其为仅液相和仅气相单独流过同一管道时摩擦损失之比。其中，气相的$(\Delta P_f)_g$计算式为

$$(\Delta P_f)_g = 4f_g \frac{L}{d_e} \frac{G^2 x^2}{2\rho_g} \tag{1-54}$$

液体及气体(蒸气)的沿程摩擦因素f_l、f_g可由摩擦因数f与Re数的关联式求取，即

$$f = cRe^n \tag{1-55}$$

式中，系数c和指数n应针对具体板型由实验确定。

假定在光滑管中的流动为两相流流动，同时还假定其摩擦因数和分液相、分气相流过相同管径的摩擦因数均相同的条件下，D. Chisholm 通过理论求解获得以下关系式：

$$\phi_l^2 = 1 + \frac{C}{X} + \frac{1}{X^2} \tag{1-56}$$

由式(1－28)可见，如果求得了分液相表观系数ϕ_l，则两相流摩擦压降就容易被确定了。由于气－液两相流混合物能以以下4种不同的流态组合存在：

$Re_l \leqslant 1000$，$Re_g \leqslant 1000$——液体层流－气体层流

$Re_l \leqslant 1000$，$Re_g > 1000$——液体层流－气体湍流

$Re_l > 1000$，$Re_g \leqslant 1000$——液体湍流－气体层流

$Re_l > 1000$，$Re_g > 1000$——液体湍流－气体湍流

其中，以液相表观速度定义的雷诺数为：

$$Re_l = \frac{\rho_l v_{lo} d}{\mu_l} \tag{1-57}$$

以气相表观速度定义的雷诺数为：

$$Re_g = \frac{\rho_g v_g d}{\mu_g} \tag{1-58}$$

液相表观速度为：

$$v_{lo} = \left[\frac{q_m(1-x)}{A}\right]\frac{1}{\rho_l} \tag{1-59}$$

气相表观速度为：

$$v_{go} = \left(\frac{q_m x}{A}\right)\frac{1}{\rho_g} \tag{1-60}$$

所以，相应于式(1－56)或式(1－52)，ϕ_l^2和X的关系曲线也应有4条，即应有4个不同的常数C值。C值应由实验确定。Chisholin 推荐的C值如表4.1－6所示。

表4.1－6 不同流态下的C值

流态	湍流－湍流	湍流－层流	层流－湍流	层流－层流
C值	20	12	10	5

研究表明，板式冷凝器或板式蒸发器也适合于运用式(1－56)，但C值应另行确定。不过在目前尚缺乏板式冷凝器和板式蒸发器大量实验数据的情况下，也可先借助光滑管的情况

进行近似估算。计算的步骤是先由式(1-57)及(1-58)确定流态，由表4.1-6查得相应的C值，再由式(1-53)和式(1-56)分别确定X值和ϕ_1^2，最终由式(1-28)即可求得摩擦压降$(\Delta P_f)_{tp}$。

关于角孔压降(含角孔及角孔连接通道)推荐用Shah和Focke提出的经验公式来计算[27]：

$$\Delta P_p \approx 1.5(v_m^2 \cdot \rho_m) \tag{1-61}$$

式中，v_m为平均流速，对于均质模型，$v_m = G/\rho_m$；ρ_m为通道中气-液混合物的平均密度，$\rho_m = \dfrac{\rho_l \rho_g}{X_m(\rho_l - \rho_g) + \rho_g}$；$X_m$为进、出口平均干度。

两相流流动中还因两相流密度和速度的改变而发生压力损失，即加速压降(或压力升高)ΔP_a，该值可按下式计算：

$$\Delta P_a = G^2 \frac{\rho_l \rho_g}{\rho_l - \rho_g}(X_2 - X_1) \tag{1-62}$$

通常，板式换热器为垂直安装，两相流流体在流入和流出板式换热器时存在着高度差，因而有重力压降(或压力升高)ΔP_e，其值可按下式计算：

$$\Delta P_e = \rho_m g \cdot \Delta H = \rho g(H_1 - H_2) \tag{1-63}$$

由上述可见，两相流压降的计算是一个比较复杂的过程。天津大学五中铮军通过对板式冷凝器的研究，提出了板式冷凝器总压降ΔP与流道中气-液两相流混合平均雷诺数Re之间的关系式：

$$\Delta P = c\,\overline{Re}^n \tag{1-64}$$

式中，c为有量纲(P_a)的系数，c与指数n随不同板型而异，由实验确定。利用式(1-64)进行板式冷凝器的压降计算，将使计算过程大为简化，适合于工程应用。有兴趣的读者可参阅文献[33]或[20]。

第四节 板式换热器设计计算

一、热计算类型及方法

一台换热器要进行完整的设计计算，通常应包括热计算、结构计算、流动阻力计算和强度计算4方面的内容。对板式换热器来说，由于它是由定型结构的波级板片叠置而成，基本结构已经确定，且其良好的承压性能(密封性在板型设计时已经考虑)也是显而易见的。所以，在工程应用时、不再进行结构计算和强度计算，所谓的设计计算亦就只有热计算和流动阻力计算了。

板式换热器的热计算有设计计算与校核计算两种类型。不论哪一种，其计算方法均有平均温差法(即*LMTD*法)和传热有效度-传热单元数法(即$\varepsilon-NTU$法，简称传热单元数法)。

热计算的设计计算，是在已知参与换热的流体流量、进出口温度和允许压降的条件下，确定出所需要的传热面积及其流程与通道的组合；而热计算的校核计算，则是对已有的板式换热器，在流体流量及进口温度已知的条件下，要求核算流体出口温度能否达到所需要的数值(或要求获得所能达到的流体出口温度值)。

平均温差法和传热单元数法均可用于热计算的设计计算和校核计算。平均温差法较直观，便于分析，故设计计算时常被采用。但校核计算时，因未知数出口温度包含在对数平均温差的计算式中，需多次叠代，故宜用传热单元数法。

进行热计算时，这两种方法均需要有关热平衡、总传热系数、传热系数(对流、凝结或沸腾)及传热面积等计算式。此外，对于平均温差法，尚需进行平均温差的计算；而传热单元数法，则需进行有关传热有效度与传热单元数的计算。今将这两种方法进行热计算的基本步骤已归纳列于表4.1-7及表4.1-8中。不论用什么方法进行热计算，均应具备板式换热器的相关技术数据资料，如结构参数、技术性能、传热及压降关联式、适用范围及流体物性数据等。

工程应用设计计算时，换热器的热计算常常是与压降计算(即流动阻力计算)结合进行的，其目的是为了确保所确定的传热面积在有流动阻力的条件下能承担起相应的热负荷。所以，在以后的篇幅中，我们将分别结合压降计算阐述的平均温差法为核心的设计计算和以传热单元数法为核心的校核计算，并将举例说明之。受篇幅所限，若要了解更多内容，请参阅文献[20]。

表4.1-7 设计计算步骤

平均温差法	传热单元数法
①求未知温度及传热量 ②选型及布置通道 ③求对数平均温差 ④求传热系数及总传热系数 ⑤确定传热面积 ⑥检验与原设计面积是否一致。若不足，则重设计并重复②~⑥，直至满足为止	①同左 ②求温度效率 ③选型及布置通道 ④同左 ⑤求传热单元数，并确定传热面积 ⑥检验与原设计面积是否一致。若不足，则重设计并重复③~⑥，直至满足为止

表4.1-8 校核计算步骤

平均温差法	传热单元数法
①假设一个出口温度，并求得传热量 Q_o ②求传热系数及总传热系数 ③计算平均温差 ④求应有的传热量 Q ⑤比较 Q 与 Q_o，若不一致，则重设计出口温度，重复上述步骤，直至一致为止	①同左 ②同左 ③计算 NTU 值 ④求 ε 值与应有传热量 Q ⑤同左

二、平均温差法设计计算

1. 设计计算的任务

在满足热负荷及不超过允许压降条件下，选定板型及单片尺寸，确定流程与通道的组合，计算求解所需要的传热面积。

2. 已知条件

参与换热的冷、热流体流量、两流体进、出口温度中的任意3个(即热负荷已知)及两流体的允许压降。

3. 假定条件

(1)流量在一程的并联通道内均匀分配，即角孔联箱中无压力损失；(2)换热器对外的散热损失可以忽略不计了；(3)通常情况下可认为总传热系数沿程为常数。

4. 设计计算步骤

板式换热器设计计算时，应先选定一种板型和单片面积，然后按板式换热器平均温差法设计计算程序框图(图 4. 1 – 53)并编制出详细的计算程序，然后再进行计算。

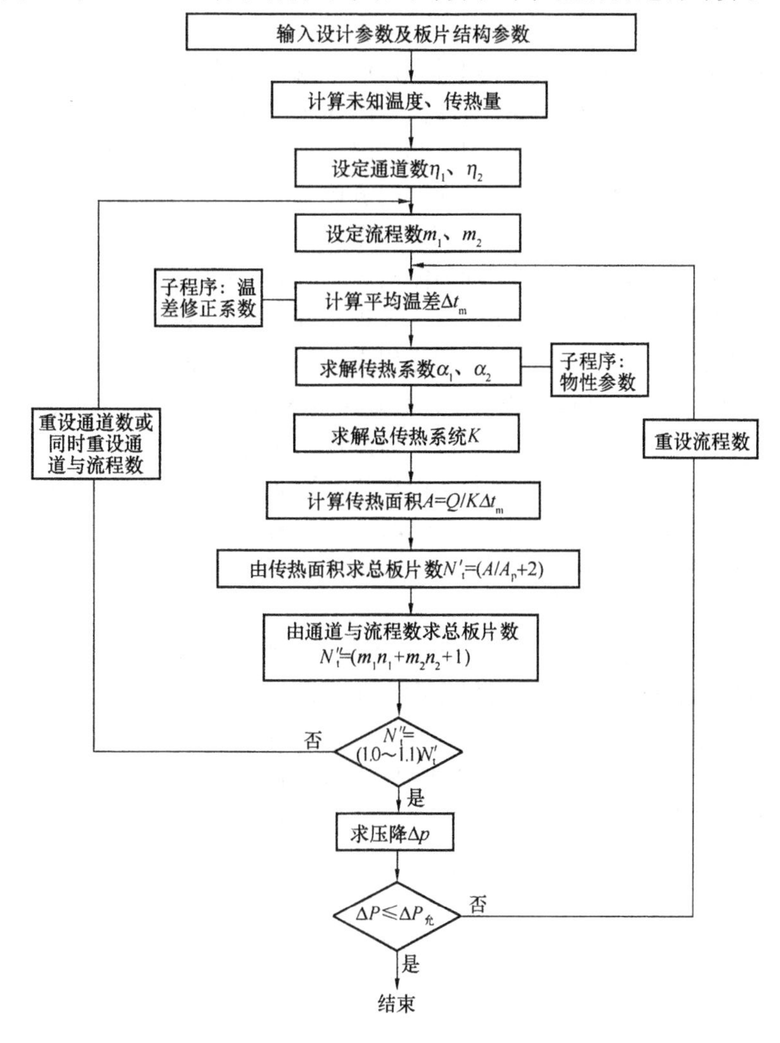

图 4. 1 – 53　平均温差法设计计算程序框图

5. 应注意的问题

(1) 板型的选择　我国生产和应用的板片的人字形波纹和水平平直波纹板片为主。人字形波纹板片的传热系数和阻力都要高于水平平直波纹板片，在对阻力损失要求不高的场合可优先考虑选用人字形板片。

(2) 单片面积的确定　单片面积的大小影响到板片的数量、流程数和流速。由于板式换热器的承压能力不大，单台板式换热器的板片数量受到限制，如热负荷大而单片面积过小，则单台板片的数量会过大，以致要增加台数，使投资和占地面积增加，同时也会增加流程，使阻力损失增大。若单片面积过大，则难以保证达到合理的通道流速。由于角孔联箱中流体的流速一般以 6m/s 为好，故可以此为参考，根据板片角孔直径来选取单片面积。

(3) 流速的选取　流体在通道中的流速是影响传热和压降的最主要因素，板式换热器的

显著特点是在低 Re 数(即意味着低流速)下即可达到湍流，但随流速的升高，阻力损失将急剧增加，所以建议流速选择控制在0.2～0.8m/s范围内为好。只要压降在允许值之内，通常可在此范围内选择较高流速。流速过低时，若低于0.2m/s，流体则有可能处于层流，并在波纹形流道内形成较大的滞止区，这势必造成传热效率降低。

(4) 流程与通道的组合　在选定流速基础上首先应确定通道数，再确定流程数。通常流程数不宜过多，否则易造成压降过大而超过允许值，或为满足压降限制又因流程多而使流速降低，不利于传热。对于液－液换热，若两流体的体积流量大致相当，则宜按等程布置，通常应避免不等程布置。对体积流量相差很大的情况，则流量小的一侧可按多程布置，或采用非对称型板式换热器，以使体积流量相差大的两流体获得较合理的流程与通道数的配置。对于流体的温升或温降幅度大的情况，也可用多程布置。

流程和通道的不同组合将影响到平均温差的大小，故在选定流程和通道组合时应相应考虑对数平均温差的修正问题。在多程布置时，等程布置的修正系数 ψ 要大于不等程布置。

计算中在假定流程数和通道数之时，宜先假定一个总传热系数(凭经验和通过热分析或参考表4.1－4选取)。再按逆流(即设修正系数 $\psi=1$)求取平均温差，由此估算出传热面积。再根据单片面积和流速的选定就可以初步假定出流程和通道的组合。

(5) 传热面积和板片数　板式换热器是由板片叠置而成的，由流程和通道组合而成的总板片数必存在这样的关系，即 $N''_t=(m_1n_1+m_2n_2+1)$。由传热面积折算而成的板片数，再加上两块端片才为其总板片数，即 $N'_t=(A/A_p+2)$。显然，为保证满足热负荷的要求，应有 $N''_t>N'_t$。

(6) 板型或单片面积的重新设定　如果通道数或流程数经多次设定(可预先设置次数)仍不满足要求，则应另选板型或单片面积并作为新的初始条件输入。

(7) 板式冷凝器或板式蒸发器设计计算　上述程序框图原则上亦适用于板式冷凝器和板式蒸发器的设计计算，但其传热及压降具体过程的计算要更复杂些，见文献[20]。所要注意的是，如果设计中相变侧的过冷度过大(冷凝时)或过热度过大(沸腾时)，则合理的方案应是再设计计算一台用于凝液过冷或蒸汽过热的板式换热器。如果过冷度或过热度很小，则在计算平均温差时，过冷或过热这段温度变化可不予考虑。此外，如果要求设计计算一台用于全凝或加热蒸发为干饱和蒸汽的板式冷凝器或蒸发器，实际计算时很难达到恰到好处。亦即最终求得的是该换热器所能获得的流体实际出口温度，而非原设计给定的出口温度[20]。在进行阻力损失计算时，还应注意加速压降和重力压降的正负值。

(8) 方法的更迭　当用平均温差法选择的流程与通道组合尚未包含在图4.1－38～图4.1－42中时，建议改用传热单元数法进行计算，因传热单元数法的图线(图4.1－43～图4.1－52)所包含的组合情况非常广泛。

6. 算例

【例1－1】　试选用一台板式换热器，将流量为10000kg/h的变压器油，从温度70℃冷却至40℃允许的阻力损失为0.6×10^5Pa。冷却水的流量为10000kg/h，进口温度为20℃，允许的阻力损失为0.4×10^5Pa。

解：

首先选择板型和单片面积。今选用天津换热设备厂生产的BR0.2型产品，为人字形板片，单片传热面积 $A_p=0.192\text{m}^2$，当量直径 $D_e=9\text{mm}$，通道截面积 $S=1206\text{mm}^2$。其传热及压降关联式为：

$$\left.\begin{aligned}Nu &= 0.238Re^{0.7}Pr^{0.3(0.4)}\\ Eu &= 2405Re^{-0.3216}\end{aligned}\right\}1200 < Re < 20000$$

$$\left.\begin{aligned}Nu_{油} &= 0.42Re^{0.63}Pr^{0.3(0.4)}\\ Eu_{油} &= 3018Re^{-0.455}\end{aligned}\right\}200 < Re < 1200$$

查得物性数据为：

	变压器油（$\bar{t}_1 = 55℃$）	水（$\bar{t}_2 \approx 33℃$）
密度	$\rho = 844.5$	995.7kg/m^3
比热容	$C_p = 2.068$	4.176kJ/(kg·K)
热导率	$\lambda = 0.123$	0.615W/(m·K)
运动黏度	$\nu = 10.7\times10^{-6}\text{m}^2/\text{s}$	$0.805\times10^{-6}\text{m}^2/\text{s}$
Pr 数	$Pr = 152$	5.42

板片为厚0.5mm的不锈钢材料。

①热负荷

$$Q = M_1C_{p1}(t'_1 - t''_1) = 10000/3600\times2.068\times10^3\times(70-40) = 17233\text{W}$$

②冷却水出口温度

$$t''_2 = t'_2 + \frac{Q}{M_2C_{p2}} = 20 + \frac{17233}{10000/3600\times4.176\times10^3} = 34.86℃$$

③初选总传热系数

参考本章表4.1-4，选取 $K = 550\text{W/(m}^2\cdot\text{K)}$

④初估传热面积

设逆流，$\psi = 1$，对数平均温差为：

$$\Delta t_{\text{lm,c}} = \frac{\Delta t_{\max} + \Delta t_{\min}}{\ln\dfrac{\Delta t_{\max}}{\Delta t_{\min}}} = \frac{(70-34.86)-(40-20)}{\ln\dfrac{70-34.86}{40-20}} = 26.86℃$$

传热面积 $A = \dfrac{Q}{K\Delta t_{\text{lm,c}}} = \dfrac{17233}{550\times26.86} = 11.67\text{m}^2$

相应的传热板片数 $N_t = A/A_p = \dfrac{11.67}{0.192} = 60.78$

⑤ 初选通道数和流程数

根据两流体的体积流量、黏度和允许压降等，初设两流体的通道流速为：

$$v_1 = 0.27\text{m/s},\qquad v_2 = 0.35\text{m/s}$$

则通道数为：

$$n_1 = \frac{M_1/\rho_1}{v_1S} = \frac{10000/3600\times\dfrac{1}{844.5}}{0.27\times1206\times10^{-6}} = 10.10$$

$$n_2 = \frac{M_2/\rho_2}{v_2S} = \frac{10000/3600\times\dfrac{1}{995.7}}{0.23\times1206\times10^{-6}} = 10.05$$

故选定各为3程10通道，如图4.1－54所示。

则
$$v_1=\frac{M_1/\rho_1}{n_1S}=\frac{10000/3600\times\frac{1}{844.5}}{10\times1206\times10^{-6}}=0.27\text{m/s}$$

$$v_2=\frac{M_2/\rho_2}{n_2S}=\frac{10000/3600\times\frac{1}{995.7}}{10\times1206\times10^{-6}}=0.23\text{m/s}$$

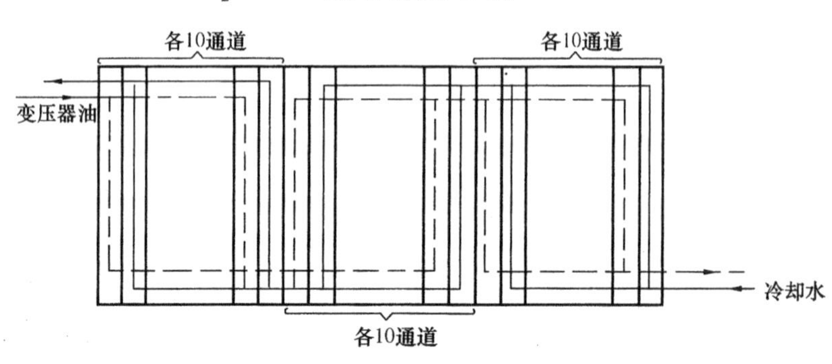

图4.1－54 例1－1的流程与通道组合

⑥对流传热系数

两流体的雷诺数为：

$$Re_1=\frac{v_1D_e}{\nu_1}=\frac{0.27\times9\times10^{-3}}{10.7\times10^{-6}}=227$$

$$Re_2=\frac{v_2D_e}{\nu_2}=\frac{0.23\times9\times10^{-3}}{0.805\times10^{-6}}=2571$$

对流传热系数为：

$$\alpha_1=0.42Re_1^{0.63}Pr_1^{0.3}\lambda_1/d_e$$
$$=0.42\times227^{0.63}\times152^{0.3}\times\frac{0.123}{9\times10^{-3}}=790$$

$$\alpha_2=0.238Re_2^{0.7}Pr_2^{0.4}\lambda_2/d_e$$
$$=0.238\times2571^{0.7}\times5.42^{0.4}\times\frac{0.615}{9\times10^{-3}}=7796$$

⑦总传热系数

查物性数据手册得不锈钢材料的热导率为$\lambda=14\text{W/m}\cdot℃$。

查本章表4.1－5得垢阻值为：

$$R_{s1}=0.0000060\text{m}^2\cdot℃/\text{W},\ R_{s2}=0.0000034\text{m}^2\cdot℃/\text{W}$$

总传热系数为：

$$K=\left(\frac{1}{\alpha_1}+R_{s1}+\frac{\delta}{\lambda}+R_{s2}+\frac{1}{\alpha_2}\right)$$
$$=\left(\frac{1}{790}+0.0000060+\frac{0.5\times10^{-3}}{14}+0.0000034+\frac{1}{7796}\right)^{-1}$$
$$=695\text{W/m}^2\cdot\text{K}$$

⑧确定平均温差：

$$\text{传热单元数}(NTU)_{max}=\frac{KA}{C_{min}}=\frac{695\times59\times0.192}{10000/3600\times2.068\times10^3}=1.37$$

查图4.1－42，由曲线3/3及$(NTU)_{max}$得修正系数$\psi\approx0.97$(体积流量比为：$\frac{M_2/\rho_2}{M_1/\rho_1}=\frac{10000/995.7}{10000/844.5}=0.85$，故可用该图)

平均温差为：

$$\Delta t_m=\psi\cdot\Delta t_{lm,c}=0.97\times26.86=26.05℃$$

⑨所需传热面积：

$$A=\frac{Q}{K\Delta t_m}=\frac{172333}{695\times26.05}=9.52m^2$$

⑩应有板片数

$$N'_t=\frac{A}{A_p}+2=\frac{9.52}{0.192}+2\approx52\text{ 片}$$

⑪由流程与通道数求实际的板片数

$$N''_t=m_1n_1+m_2n_2+1=3\times10+3\times10+1=61\text{ 片}$$

⑫比较是否满足传热要求

$$N''_t/N'_t=61/52=1.17$$

可见，基本在合理范围内。如果要求两者更为接近些，可调整通道数。对于本例，可减少通道数，如每程减1，重复上述步骤⑤～⑪，读者可自行调试。

⑬压降计算与校验

$$Eu_1=3018Re_1^{-0.455}=3018\times227^{-0.455}=255.7$$

$$\Delta P_{1,i}=Eu_1(\rho_1v_1^2)=255.7\times844.5\times0.27^2=15742Pa$$

分3程，故油侧总压降为：

$$\Delta P_1=\sum_{i=1}^{3}\Delta P_{1,i}=3\times15742=47226Pa$$

$$Eu_2=2405Re_2^{-0.3216}=2405\times2571^{-0.3216}=192$$

$$\Delta P_{2,i}=Eu_2(\rho_2v_2^2)=192\times995.7\times0.23^2=10113Pa$$

冷却水侧总压降为：

$$\Delta P_2=\sum_{i=1}^{3}\Delta P_{2,i}=3\times10113=30339Pa$$

可见，ΔP_1、ΔP_2均小于允许压降，符合要求。

三、传热单元数法校核计算

1. 校核计算的任务

一台现有的板式换热器，即板型、单片面积、流程与通道的组合等都已确定，要求核算在满足压降要求条件下，能否达到所要求的流体出口温度或能承担多大的热负荷。

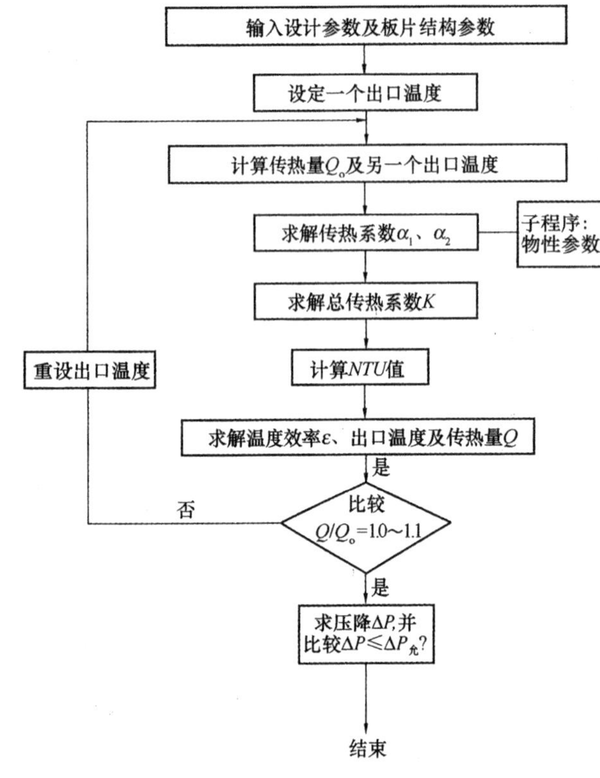

图 4.1－55 传热单元数法校核计算程序框图

2. 已知条件

已知整台板式换热器的板型及其结构参数、冷热流体的流量、两侧的允许压降，两流体的进口温度以及两流体出口温度的期望值。

3. 假定条件

与二节相同。

4. 校核计算步骤

可按图 4.1－55 板式换热器传热单元数法校核计算程序框图，编制详细的计算程序，然后再进行计算。

5. 算例

【例 1－2】 仍用前例，但要求作校核计算。即现有一台天津换热设备厂生产的 BR0.2 型板式换热器，共 61 片，单片面积为 0.192m²，按$\frac{3\times10}{3\times10}$组装而成。今拟用于变压器油的冷却。已知变压器油流量为 10000kg/h，进口油温 70℃，允许压降 0.6×10^5Pa。冷却水流量为 10000kg/h，进口水温 20℃，允许压降 0.4×10^5Pa。试问冷却水能否将变压器油冷却到 40℃？

解：

传热及压降关联式、物性数据等均与例 1－1 相同。

①初算传热量

设出口油温为 $t''_1=40$℃，则

$$Q_o=M_1C_{p1}(t'_1-t''_1)=10000/3600\times2.068\times10^3\times(70-40)=172333\text{W}$$

②冷却水出口温度

$$t''_2=t'_2+\frac{Q}{M_2C_{p2}}=20+\frac{172333}{10000/3600\times4.176\times10^3}=34.86℃$$

③ 求流速

变压器油

$$v=\frac{M_1/\rho_1}{n_1S}=\frac{10000/3600\times1/844.5}{10\times1206\times10^{-6}}=0.27\text{m/s}$$

冷却水

$$v_2=\frac{M_2/\rho_2}{n_2S}=\frac{10000/3600\times\frac{1}{995.7}}{10\times1206\times10^{-6}}$$
$$=0.23\text{m/s}$$

④ 求传热系数

$$Re_1=\frac{v_1D_e}{\nu_1}=\frac{0.27\times9\times10^{-3}}{10.7\times10^{-6}}=227$$

$$Re_2=\frac{v_2D_e}{\nu_2}=\frac{0.23\times9\times10^{-3}}{0.805\times10^{-6}}=2571$$

$$\alpha_1=0.42Re_1^{0.63}Pr_1^{0.3}\frac{\lambda_1}{D_e}$$
$$=0.42\times227^{0.63}\times152^{0.3}\frac{0.123}{9\times10^{-3}}=790\text{W/(m}^2\cdot\text{K)}$$

$$\alpha_2=0.238Re_2^{0.7}Pr_2^{0.4}\frac{\lambda_2}{D_e}$$
$$=0.238\times2571^{0.7}\times5.42^{0.4}\frac{0.615}{9\times10^{-3}}=7796\text{W/(m}^2\cdot\text{K)}$$

⑤ 求总传热系数

$$K=\left(\frac{1}{\alpha_1}+R_{s1}+\frac{\delta}{\lambda}+R_{s2}+\frac{1}{\alpha_2}\right)^{-1}$$
$$=\left(\frac{1}{790}+0.0000060+\frac{0.5\times10^{-3}}{14}+0.0000034+\frac{1}{7796}\right)^{-1}$$
$$=695\text{W/m}^2\cdot\text{K}$$

⑥ 求 NTU

$$(NTU)_1=\frac{KA}{C_1}=\frac{695\times59\times0.192}{10000/3600\times2.068\times10^3}=1.37$$

$$(NTU)_2=\frac{KA}{C_2}=\frac{695\times59\times0.192}{10000/3600\times4.176\times10^3}=0.68$$

$$R_1=C_1/C_2=\frac{10000/3600\times2.068\times10^3}{10000/3600\times4.176\times10^3}=0.495$$

$$R_2=C_2/C_1=1/R_1=2.02$$

⑦ 求 ε_2

由 $(NTU)_2$ 及 R_2，从图 4.1.43 查得：

$$\varepsilon_2=0.33$$

⑧ 求冷却水出口温度 t''_2

$$t''_2=\varepsilon_2(t'_1-t'_2)+t'_2$$
$$=0.33(70-20)+20=36.5℃$$

⑨求变压器油出口温度 t''_1

$$t''_1=t'_1-\frac{Q}{M_1C_{p1}}=t'_1-\frac{M_2C_{p2}(t''_2-t'_2)}{M_1C_{p1}}$$

$$=70-\frac{10000/3600\times4.176\times10^{3}\times(36.5-20)}{10000/3600\times2.068\times10^{3}}$$

$$=36.68℃$$

⑩ 传热量比较

前已得初设出口油温下的传热量为：

$$Q_{o}=172333\text{W}$$

但最终得到出口油温下的传热量为：

$$\begin{aligned}Q&=M_{1}C_{p1}(t_{1}'-t_{1}'')\\&=10000/3600\times2.068\times10^{3}\times(70-36.68)\\&=191404\text{W}\end{aligned}$$

则

$$Q/Q_{o}=\frac{191404}{172333}=1.11$$

可见，符合要求，出口油温解冷却到40℃以下。

⑪ 压降校核

同例1－1，可得

$$\Delta P_{1}=47226\text{Pa}\leqslant\Delta P_{允}$$

$$\Delta P_{2}=30339\text{Pa}\leqslant\Delta P_{允}$$

对于本例，若要求得完全平衡的出口油温，可在36.68℃～40℃之间重设出口油温，重复步骤①～⑨，直至终得和初始出口油温值完全一致为止。

四、热混合设计计算

(一)热混合设计的概念

常规板式换热器都是由同一型号板片组装而成，其中的每一块板片都具有尺寸完全相同的几何结构，因而每块板片的传热与流体动力学特性都是相同的。由于板片的型号和尺寸有限，而实际的热负荷又是多种多样的，若按常规使用完全相同的板片，其新组装成的换热器要想完全满足设计要求有时是不可能的。因此必须寻求另外的途径，即用“热混合”的办法来解决。今以人字形板片为例阐述这一概念。

对于人字形板片，在结构上影响其性能的主要因素是波纹的倾角，为此我们可任选板片大小、角孔、垫片尺寸及波纹结构都相同而仅倾角大小不同的两种板片，若设一种人字形夹角为130°，另一种为60°，于是，我们可按常规办法，分别将这两种板片组装成两台换热器。显然，因所选这两种板片除倾角外其余尺寸都一样，故同样可将这两种倾角不同的板片交替相叠而成一台换热器，那末它的热特性必然介于这两台换热器之间。我们可以用下列的无因次参数 θ 来表微它们的热特性：

$$\theta=\frac{\delta t}{\Delta t_{m}}=\frac{KA}{C}\qquad(1-65)$$

实验表明，大倾角、小倾角及大小倾角各自组成的换热器通道分别具有高 θ、低 θ 及中 θ 的通道特性，故常将相应的大、小倾角板片称之为高 θ 板和低 θ 板。(图4.1－56)。在流量、温度等相同条件下，它们的 $\theta=f(\Delta P)$ 关系曲线则如图4.1－57所示的高 θ、中 θ 及低 θ(图中相应的符号为 H、M、L)3条不同 θ 值的平行线。我们可以进一步从图4.1－58这3种通道的热阻($10^{4}/\alpha$)及压降(ΔP)和流量(q_{m})的关系曲线看出，在同流量下，高 θ 通道的传热性能最好，但阻力也最大，低 θ 者则相反，中 θ 者介乎两者之间。若再在同压降下比较，则

高 θ 通道允许通过的流量最小，低 θ 通道的流量最大，中 θ 通道的流量居于两者之间。

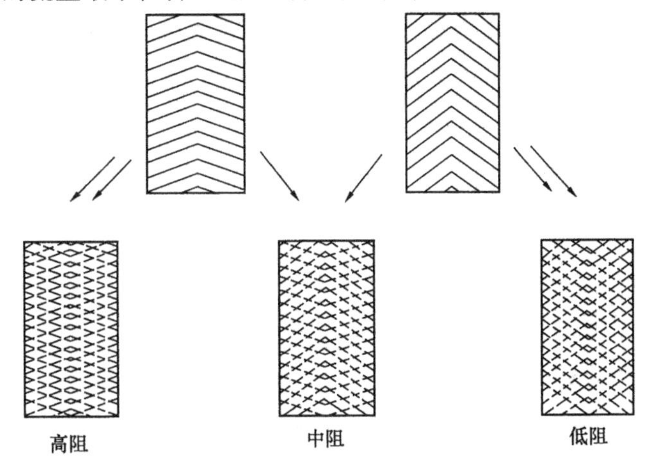

图 4.1－56　两种倾角 β 的板片组成的 3 种通道

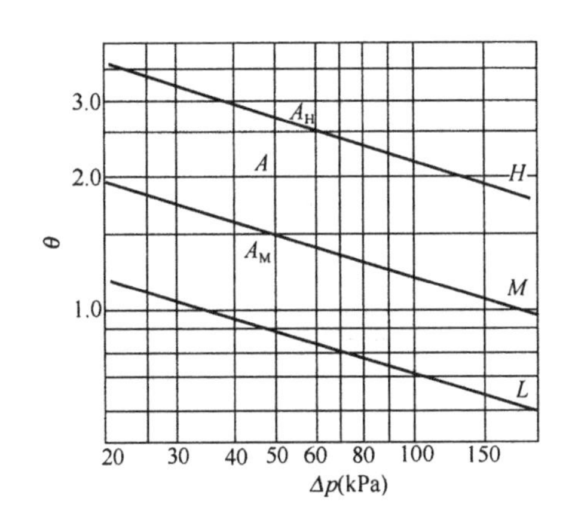

图 4.1－57　高、中、低 3 种通道的 $\theta-\Delta p$ 特性曲线

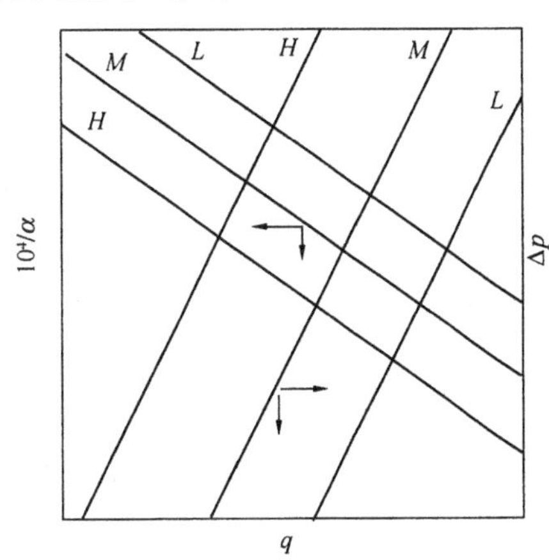

图 4.1－58　3 种通道的传热及压降与流量的关系曲线

由上述可见，通过高 θ、低 θ 板片（相应地有不同的波纹倾角 β）的叠置就能建立起另一种具有中等 θ 热特性的板式换热器，通过这种"热特性组合"，使板式换热器的热设计计算有了更多的选择余地。但是，在实际应用中，热负荷和允许压降的工况繁多，如，现所要求的设计工况点是在图 4.1－57 中的 A 点位置，显然，即使用靠近 A 点的高 θ 或中 θ 通道都不能达到 A 点所要求的 θ_A 和 ΔP_A 值。若用高 θ 通道，保持压降为 Δp_A，则所得 $\theta_H \gg \theta_A$，即会使换热器设计过大；若用中 θ 通道，为保证满足 $\theta_M=\theta_A$，则 $\Delta P_M \leqslant \Delta p_A$，即压降过小，流速变低，传热效果变差，终使面积无谓增加。现在要解决这一矛盾的新途径就是进行"热混合"，即，将流体的一个流程通道分成高 θ 及中 θ 两组通道，让同一侧的流体分别通过并联的高 θ 及中 θ 通道，以得到不同的温度。然后在角孔连接管中混合，最终达到设计温度。

综上所述，热混合设计的概念是，根据设计工况选取两种仅倾角不同的人字形板片，并将其组合成具有高、中、低三种 θ 热特性的通道，再以高 θ 和中 θ，或低 θ 和中 θ 通道组成的两组并联通道作为流体一个流程的总通道来进行热设计，进而达到满足设计通道和流程组合及传热面积的要求。

(二)计算原理

设流量为 q_{m1} 温度为 t_{i1} 的热流体通过单片面积为 A_P 的板式换热器后，温度变为 t_{o1}，而流量为 q_{m2}；温度为 t_{i2} 的冷流体则逆流进入、出口温度升为 t_{o2}。现若采用高 θ 与中 θ 的并联通道，试确定其应有的通道数。

计算原理如下：

热流体温降 $\delta t_h = t_i - t_{o1} = \delta t$

冷流体温升 $\delta t_c = t_{i2} - t_{o2} = \gamma\delta t$

式中，γ 为热容量比，即 $\gamma = q_{m1}C_{p1}/q_{m2}C_{p2}$

今两流体的进口温度差 $\Delta t_i = t_{i1} - t_{i2}$，

则该换热器的平均温差为：

$$\Delta t_m = \Delta t_{lm,c} = \frac{(1-\gamma)\delta t}{\ln[(\Delta t_i - \gamma\delta t)/(\Delta t_i - \delta t)]} \tag{1-66}$$

热流体流过一个通道的换热量为：

$$\phi = q_{m1,i} \cdot C_{p1}\delta t = K(2A_p)\Delta t_m \tag{1-67}$$

代入上式，并经整理可得：

$$\ln\left[\frac{\Delta t_i - \gamma\delta t}{\Delta t_i - \delta t}\right] = \frac{K(2A_p)(1-\gamma)}{q_{m1,i}C_{p1}} \tag{1-68}$$

由 NTU 定义式(设热流体为小热容量，并略去下标1)及换热器的板片数与通道、流程数的关系式得：

$$NTU = \frac{KA}{q_m C_p} = \frac{KA_p(m_1 n_1 + m_2 n_2 - 1)}{q_m C_p}$$

今设为等程等通道(热混合系统常如此)，则

$$NTU = \frac{KA_p(2mn - 1)}{nq_{m,i}C_p}$$

式中，$q_{m,i}$ 为通过一个通道的流量，只要每一程中通道数 n 足够大，则有 $(2mn-1) \approx 2mn$，故

$$NTU = \frac{2KA_p m}{q_{m,i}C_p} \tag{1-69}$$

若流程数 $m=1$，则有：

$$NTU = \frac{2KA_p}{q_{m,i}C_p}$$

将上式代入式(1-68)，可得热流体温降：

$$\delta t = \Delta t_i \frac{[1 - e^{NTU(1-\gamma)}]}{[\gamma - e^{NTU(1-\gamma)}]} \tag{1-70}$$

设

$$R = \frac{1 - e^{NTU(1-\gamma)}}{\gamma - e^{NTU(1-\gamma)}} \tag{1-71}$$

则

$$\delta t = \Delta t_i \cdot R \tag{1-72}$$

假如热流体侧由 n_H 个高 θ 通道和 n_M 个中 θ 通道并联组成，则总流量应为：

$$q_m = n_H q_{Hm,i} + n_M q_{Mm,i} \tag{1-73}$$

式中，$q_{\mathrm{Hm,i}}$、$q_{\mathrm{Mm,i}}$分别为流经单个高 θ 及中 θ 通道的质量流量。

经热混合，总传热量必等于所有高 θ 和中 θ 通道数中各自传热量之和，即

$$q_m C_p \delta t = n_H q_{\mathrm{Hm,i}} C_p \delta t_H + n_M q_{\mathrm{Mm,i}} C_p \delta t_M \tag{1-74}$$

将式(1－72)代入上式，并设 C_p 为常数，则有：

$$q_m \Delta t_i R = n_H q_{\mathrm{Hm,i}} \Delta t_i R_H + n_M q_{\mathrm{Mm,i}} \Delta t_i R_M \tag{1-75}$$

式中

$$R_H = \frac{1 - e^{NTU_H(1-\gamma)}}{\gamma - e^{NTU_H(1-\gamma)}} \tag{1-76}$$

$$R_M = \frac{1 - e^{NTU_M(1-\gamma)}}{\gamma - e^{NTU_M(1-\gamma)}} \tag{1-77}$$

式中，NTU_H、NTU_M 分别为高 θ 与中 θ 通道在相应流量下的 NTU 值。联立求解式(1－73)与(1－75)，可得所需要的一程中并联的中 θ 与高 θ 通道数，其分别为：

$$n_M = (q_m / q_{\mathrm{Mm,i}})[(R - R_H)/(R_M - R_H)] \tag{1-78}$$

$$n_H = (q_m - n_M q_{\mathrm{Mn,i}})/q_{\mathrm{Hm,i}} \tag{1-79}$$

在用式(1－71)或式(1－76)、式(1－77)计算 R 值时，如果热容量比 $\gamma = 1.0$，则 R 为不定值，这时应利用下列由洛必达法则求得的 R 计算式来求解：

$$R = \frac{NTU}{(HNTU)} \tag{1-80}$$

（三）算例

【例1－3】 试设计一台板式换热器，要求将流量为140kg/s 的热水从60℃冷却到33℃，将140kg/s 的冷水从20℃加热到47℃，两侧压降均不得超过50kPa。

解：

今选用单板传热面积为1.0m² 的 Alfa－Laual 公司的 A25 板片，用热混合法设计。

已知40℃的水湍流换热时，由两种不同倾角的 A25 板片组成的3种通道具有下列的传热及压降关系式：

高 θ 通道　$104/\alpha = 0.69 q_{m,i}^{-2/3}$，$\Delta p = 97.62 q_{m,i}^{1.9}$

中 θ 通道　$104/\alpha = 0.987 q_{m,i}^{-2/3}$，$\Delta p = 28.60 q_{m,i}^{1.9}$

低 θ 通道　$104/\alpha = 1.384 q_{m,i}^{-2/3}$，$\Delta p = 11.25 q_{m,i}^{1.9}$

(1) 求允许压降下的高 θ、中 θ 单通道的质量流量 $q_{\mathrm{Hm,i}}$、$q_{\mathrm{Mm,i}}$

$$q_{\mathrm{Hm,i}} = (\Delta p / 97.62)^{1/1.9} = (50/97.62)^{1/1.9} = 0.703\mathrm{kg/s}$$

$$q_{\mathrm{Mm,i}} = (\Delta p / 28.60)^{1/1.9} = (50/28.60)^{1/1.9} = 1.342\mathrm{kg/s}$$

今流体为水，且其平均温度约为40℃，故使用题中所提供的关系式时可不做物性修正。

(2)求高 θ、中 θ 通道时的总传热系数 K_H 及 K_M

$$\theta_H = (10^4/0.69) q_{\mathrm{Hm,i}}^{2/3} = (10^4/0.69) \times 0.703^{2/3} = 11458\mathrm{W/(M^2 \cdot K)}$$

$$\alpha_M = (10^4/0.987) q_{\mathrm{Mm,i}}^{2/3} = \left(\frac{10^4}{0.987}\right) \times 1.342^{2/3} = 12327\mathrm{W/(m^2 \cdot K)}$$

设已知板片导热热阻 $R_p = 0.26 \times 10^{-4}\mathrm{m^2 \cdot K/W}$，垢阻 $R_s = 0.25 \times 10^{-4}\mathrm{m^2 \cdot K/W}$，则

$$K_H = \left(\frac{2}{\alpha_H} + R_p + 2R_s\right)^{-1}$$

$$= \left(\frac{2}{11458} + 0.26 \times 10^{-4} + 2 \times 0.25 \times 10^{-4}\right)^{-1} = 3991\mathrm{W/(m^2 \cdot K)}$$

$$K_M=\left(\frac{2}{\alpha_M}+R_p+2R_s\right)^{-1}$$

$$=\left(\frac{2}{12327}+0.26\times10^{-4}+2\times0.25\times10^{-4}\right)^{-1}=4197\text{W}/(\text{m}^2\cdot\text{K})$$

(3)求高 θ、中 θ 通道的 NTU 值

$$NTU_H=\frac{2K_HA_p}{q_{Hm,i}C_p}=\frac{2\times3991\times1}{0.703\times4174}=2.720$$

$$NTU_M=\frac{2K_MA_p}{q_{Mm,i}C_p}=\frac{2\times4197\times1}{1.342\times4174}=1.499$$

(4)求各 R 值:

平均温差

$$\Delta t_m=\Delta t_{lm,c}=\frac{(R-1)(t''_2-t'_2)}{\ln\frac{1-P}{1-PR}}$$

$$=\frac{(t''_2-t'_2)}{\frac{P}{1-P}}=\frac{47-20}{\frac{0.675}{1-0.675}}=13℃$$

式中,$P=\frac{t''_2-t'_2}{t'_1-t'_2}=\frac{47-20}{60-20}=0.675$

总的传热单元数

$$NTU=\frac{KA}{C_{min}}=\frac{t'_1-t''_1}{\Delta t_m}$$

$$=\frac{60-33}{13}=2.077$$

$$R=\frac{NTU}{1+NTU}=\frac{2.077}{1+2.077}=0.675$$

$$R_H=\frac{NTU_H}{1+NTU_H}=\frac{2.72}{1+2.72}=0.737$$

$$R_M=\frac{NTU_M}{1+NTU_M}=\frac{1.499}{1+1.499}=0.60$$

(5)求并联的通道数和板片数及总传热面积:

中 θ 通道数

$$n_M=(q_m/q_{Mm,i})[(R-R_H)/(R_M-R_H)]$$

$$=\left(\frac{140}{1.342}\right)\left(\frac{0.675-0.731}{0.60-0.731}\right)=44$$

高 θ 通道数

$$n_H=\frac{q_m-n_Mq_{Mm,i}}{q_{Hm,i}}$$

$$=\frac{140-44\times1.342}{0.703}=115$$

一种流体的通道数 $n=n_M+n_H=159$

总板片数 $N=2n+1=319$

总传数面积　　　$A = (2n - 1) = 318\text{m}^2$

应注意到，同一流体经过并联的高 θ、中 θ 通道后的出口温度是不同的，也即流体在两通道中的平均温度不同，但在上述计算中忽略了这一点，实际上应通过叠代计算进行修正。修正后，最终结果是共需板片 321 片[20]。

本例中的设计工况点即相当于图 4.1－57 中的 A 点，为满足此设计要求（但并非最佳），我们也可以进行另外两种可能实现的计算：①保持 A 点所要求的压降，全部用高 θ 通道。②保证 A 点所需求的 NTU 值，全部用中 θ 通道。计算结果表明，如全部为高 θ 通道，则需 399 片，而流体出口超温。如全部为中 θ 通道，则需 395 片，而压降仅 15kPa，未能充分利用，可见，采用热混合的不同 θ 通道的组合方式比任意一种单一的 θ 通道的方式，既能更好地满足设计工况，还能节省板片。对于本例，节省了约 19% 的板片。

研究指出，①热混合设计用于两流体热容量比为 1.2～1.4 时最为经济。②热混合设计时，两流体程数宜取相等。③对于热效性强的高黏度流体，热混合设计的优势减少，故一般在流体平均温度下黏度高于 0.2～0.5Pa・s 时就不再运用此办法[20,34]。

第五节　人字形波纹的热力及阻力计算

人字形波纹是目前板式换热器板片波纹结构中占主导地位的波纹形式，各研究制造部门已对其传热及阻力特性进行了大量的试验研究。但因研究开发和板型加工均需巨大投入，故每个制造商所具备的板型都很有限，即长、宽、角孔直径及波纹参数（波纹的角度、节距及深度）等的变化有限，不能形成成熟的计算方法，因此板式换热器的设计没有管壳式换热器所具有的广泛选择余地。但是在多数情况下，仍要求设计人员必须完成相应的初步设计计算或校核。以下就其初步设计计算推荐几种计算方法，最终准确的设计计算应由制造商来完成和保证。

一、HTRI 建议计算方法[2]（一）

1. 假设条件

⊙人字形波纹；　　　　　⊙单相牛顿液体；

⊙对称流程；　　　　　　⊙两流体流道几何形状相同；

⊙雷诺数范围：$0.1 \sim 10^5$；　⊙黏度比值范围：0.1～10。

2. 传热计算

$$j = NuPr^{-\frac{1}{3}}\left(\frac{\mu}{\mu_w}\right)^{-0.17} \tag{1-81}$$

其中：

$$Nu = \frac{\alpha D_e}{\lambda} \tag{1-82}$$

j 因子从图 4.1－59 中查取；

$$\alpha = j\left(\frac{\lambda}{D_e}\right)Pr^{\frac{1}{3}}\left(\frac{\mu}{u_w}\right)^{0.17} \tag{1-83}$$

其余计算按第三节内容进行。

3. 阻力计算

（1）流道阻力降

根据公式(1－46)：$\Delta P_c = 2fv^2\rho M\left(\frac{L_{eff}}{D_e}\right)\left(\frac{\mu}{\mu_w}\right)^{-0.17}$

式中，f 为摩擦因数可从图 4.1－59 中查得。

v——流体板间流速，m/s；

M——流程数；

L_{eff}——流体有效流动长度 $L_{eff} = L_v$。

（2）角孔阻力降

根据公式(1－47)：$\Delta P_p = \frac{1.4Mv_p^2\rho}{2}$

（3）总阻力降

$$\Delta P = \Delta P_c + \Delta P_p$$

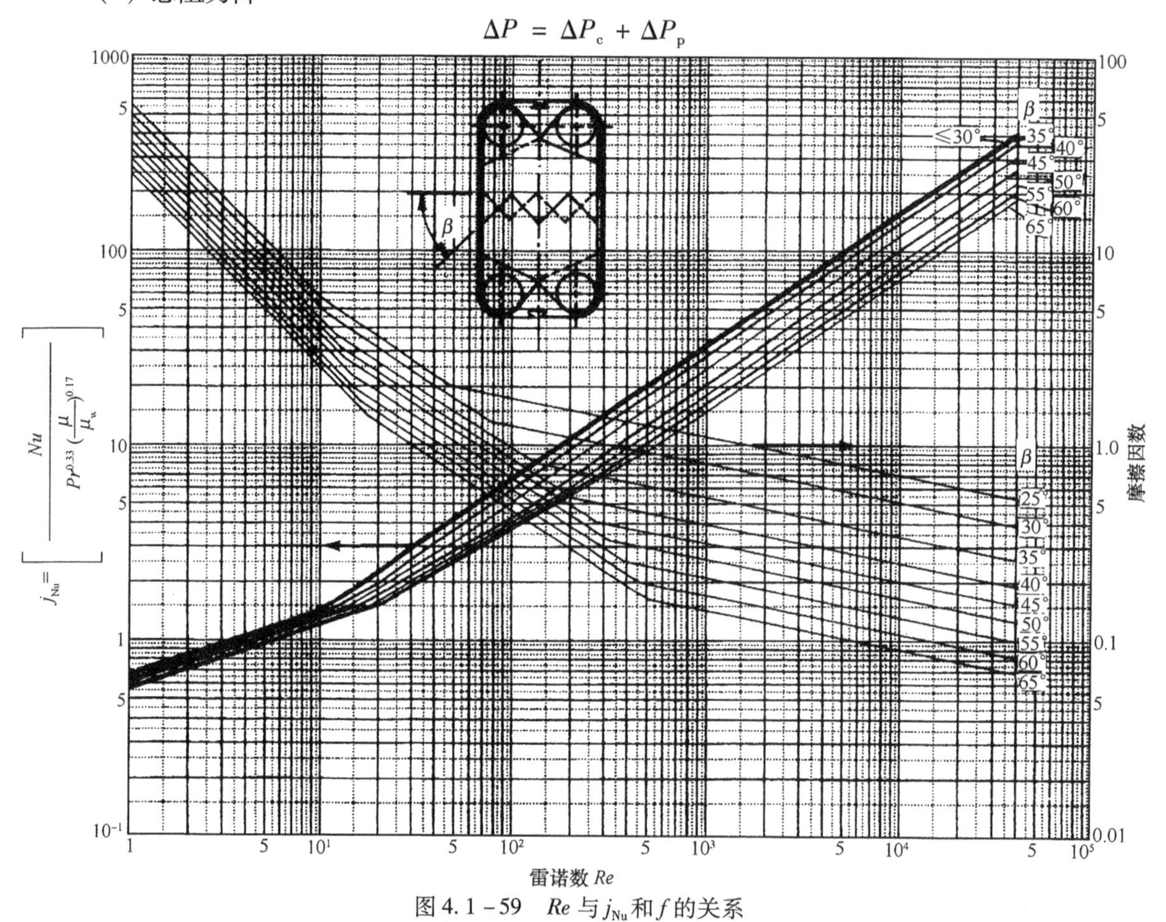

图 4.1－59　Re 与 j_{Nu} 和 f 的关系

二、HEAT 建议的计算方法[4]

1. 传热计算

$$Nu = jPr^{0.33}\phi \tag{1-84}$$

$$j = C_h Re^y \tag{1-85}$$

$$\alpha = \frac{j\lambda Pr^{0.33}\phi}{D_e} \tag{1-86}$$

C_h，y 因子从表4.1-9中查取；$\Phi = \left(\frac{\mu}{\mu_w}\right)^{0.17}$

表4.1-9　C_h，y，K_p，z 因子表

波纹角度 β/(°)	热力计算			阻力计算		
	雷诺数 Re	C_h	y	雷诺数 Re	K_p	z
≤30	≤10 >10	0.718 0.348	0.349 0.663	<10 10~100 >100	50.000 19.40 2.990	1.000 0.589 0.183
45	<10 10~100 >100	0.718 0.400 0.300	0.349 0.598 0.663	<15 15~300 >300	47.000 18.290 1.441	1.000 0.652 0.206
50	<20 20~300 >300	0.630 0.291 0.130	0.333 0.591 0.732	<20 20~300 >300	34.000 11.250 0.772	1.000 0.631 0.161
60	<20 20~400 >400	0.562 0.306 0.108	0.326 0.529 0.703	<40 40~400 >400	24.000 3.240 0.760	1.000 0.457 0.215
≥65	<20 20~500 >500	0.562 0.331 0.087	0.326 0.503 0.718	<50 50~500 >500	24.000 2.800 0.639	1.000 0.451 0.213

2. 阻力计算

1）流道阻力降

$$\Delta P_c = 2fv^2\rho M\left(\frac{L_{eff}}{D_e\phi}\right) \qquad (1-87)$$

$$f = \frac{K_p}{Re^z} \qquad (1-88)$$

式中，K_p，z 见表4.1-9。

2）角孔阻力降

$$\Delta P_p = \frac{1.3Mv_P^2\rho}{2} \qquad (1-89)$$

3）总阻力降

$$\Delta P = \Delta P_c + \Delta P_p$$

其余计算同上。

第六节　安装、使用及清洗

板式换热器是一种传热板片被依次排列，再借助夹紧螺柱压紧密封垫片而组成的设备，密封周边极长，板片之间为弹性密封连接，因此该设备对安装和使用操作极为敏感。实际

中，众多泄露都是由安装或使用操作不当而引起的。

一、安装注意事项

(1)设备应直立安装，在管道与换热器连接之前，务必将管道内的所有杂质冲洗出去。

(2)用户应视介质所含杂质颗粒的大小，必要时应在介质进口处安装相应的过滤装置，以防止换热器流道堵塞。

(3)在活动压紧板一侧有接管连接时，配管应考虑设有90°可拆卸弯头或短接，以保证活动压紧板能在上导杆全长上拆开，以方便检查和清洗。

(4)靠近板式换热器处进行管道焊接时，应采取可靠的接地措施，否则将会产生损坏板片和垫片的电弧，同时严禁将地线与板束连接。

二、使用

(一) 橡胶垫片的密封特点

在实际使用中，橡胶密封垫片是板式换热器最重要和要求最苛刻的部件。与O形环密封不同，它的密封不是自密封系统，当密封应力为零时，密封作用失效后就会发生泄漏。橡胶是一种黏弹性体，在长期变形的情况下，会发生松弛现象。而这种松弛又会导致应力松弛，即在不变的张力或压力下，其密封应力会衰减。在多数情况下高的应力松弛是限制板式换热器垫片使用寿命的主要因素。密封应力是温度的函数，不同的橡胶对温度的依赖性不同，尤其是氟橡胶的密封应力对温度表现出很强的依赖性。因此，装有氟橡胶密封垫片的板式换热器就可能发生冷泄漏。当垫片的密封应力降低到保持密封所需的最低密封力以下时，换热器就开始泄漏，冷泄漏就此发生。通常，当发生冷泄漏的换热器被重新加热到正常操作温度时，泄漏就会停止，又可以工作一个时期。因此对橡胶垫片而言，冷泄漏是一种正常行为，它不会影响设备的正常运行。

(二)开车注意事项

(1)首次启动或长期停止运行后再次启动换热器时，应注意板束是否达到夹紧尺寸 A 的要求。

(2)启动泵后，缓缓打开换热器前入口阀门，两侧的温度和压力应缓慢上升。

(3)对采用水蒸气作为加热介质的板式换热器，蒸汽应最后一个通入。

(4)对装有新乙丙橡胶密封垫片的板式换热器，初次开车的升温速度要慢，建议每小时不超过25℃，温度上升每分钟不得超过10℃；压力上升每分钟不得超过1.0MPa[35]。

(5)板式换热器对热、冷的冲击十分敏感，因此对任何流速的调整都应缓慢进行，以免对系统产生冲击。

(三)停车注意事项

(1)确认是否有操作规程，规定哪一侧泵应先停止运行。

(2)两侧应同时缓慢地关闭控制泵流量阀门，建议温度下降每分钟不得超过10℃；压力下降每分钟不得超过1.0MPa。

(3)阀门关闭后，停止泵运行。板式换热器对压力冲击很敏感，尤其关闭流体时，要绝对平缓地进行，防止产生压力冲击，也就是发生所说的“水锤”现象。

三、清洗及维修

对通常使用的板式换热器，其清洗分为在线清洗与拆开清洗两种方式，而对焊接板式换热器则只能采用在线清洗。

（一）在线清洗（CIP）

化学清洗应为逆向反冲洗，清洗液体流速为正常介质流速的1.5倍左右。清洗干净后，需再用清水冲洗，直到完全将清洗液排出为止，如图4.1－60所示。

应注意在任何情况下，不得使用盐酸清洗不锈钢板片。制备清洗液时，水中氯含量不得超过300mg/L。

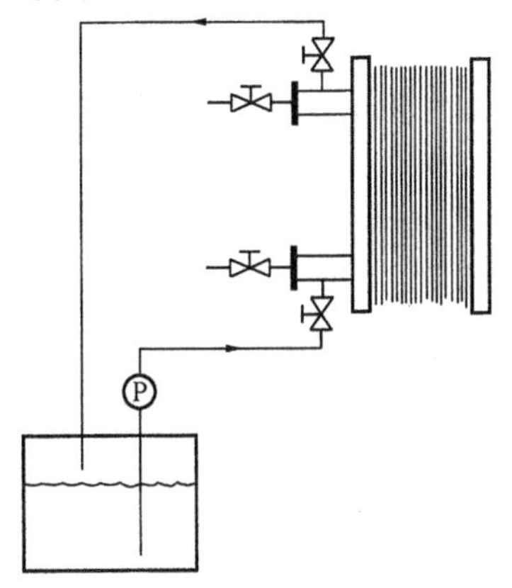

图4.1－60　在线清洗（CIP）示意图

（二）拆开清洗

（1）板式换热器热状况时不能打开。

（2）板片拆下后用清水或清洗液轻轻刷洗，注意不要损坏垫片，不能用钢丝刷来刷洗板片。

（3）清洗后再用清水冲洗干净，特别是板片和密封垫片的下部，清洗后仍易积聚灰尘，必须仔细清除。

（4）如果板片上有结垢或附着的有机物较厚，应将板片从框架中取出并拆下密封垫片，再将板片置于清洗液中清洗。板片清洗干净后需用清水冲洗并进行干燥处理。重新装上密封垫片时，垫片要保持干净，保证没有颗粒粘在垫片上。

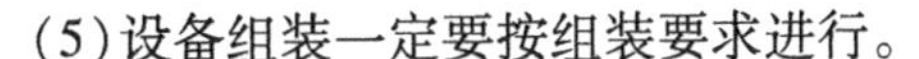

（5）设备组装一定要按组装要求进行。

（三）清洗液

1. 微生物－黏质物，建议采用下列清洗液：

• 氢氧化钠
• 碳酸钠

最高浓度4%，最高温度80℃。

2. 水垢－水，建议采用下列清洗液；

• 硝酸
• 磷酸

浓度4%，最高温度60℃。

（四）故障检查

1. 若发现板式换热器的换热能力下降或压力降升高了，则此时必须停机进行清洗。

2. 可见泄漏

（1）检查板式换热器工作压力，若发现超压，应立即降到规定的工作压力。

（2）检查工作温度，若发现超温造成泄漏，应立即降到规定的工作温度。立即更换损坏的密封垫片或者更换高温密封垫片，保证密封垫片能与工作温度相匹配。

（3）夹紧板束，但不得小于夹紧尺寸A的最小值，否则板片将发生永久变形；不得在有压力状态下夹紧板束，夹持时注意保持固定压紧板和活动压紧板的平行状态。

（4）拆开板式换热器，检查板片是否变形或结垢；检查密封垫片是否发生变形、弹性下降或老化，表面是否洁净。在装配板片前应清洗全部板片和密封垫片。

（5）如果经清洗并夹紧到板束的最小夹紧尺寸时还出现泄漏，建议更换密封垫片和变形的板片。

3. 不可见泄漏

（1）不可见泄漏可通过两种流体的混合来发现，造成泄漏的原因可能是板片有裂纹或穿孔，解决这种泄漏的唯一途径是全部更换有缺陷的板片。

(2) 用下列方法找出泄漏板片：

- 拆开一侧介质的下部管路，然后给另一侧的管路进行0.5MPa水静压测试；
- 如果水从拆开管路的下部流出，表示有板片泄漏；
- 拆开板束，检查每一张板片；
- 更换所有泄漏的板片。

主要符号说明

A_p——单板换热面积，m^2；

A_p——板片中参与换热的板片投影面积，m^2；

L_w——板片宽度，m；

L_p——板片角孔间纵向距离，m；

s'——波纹节距表面长度，m；

s——波纹节距，m；

p——流道平均距离，m；

D_e——当量直径，m；

β——波纹夹角，(°)；

L——波动长度，m；

α——传热系数，$W/(m^2 \cdot K)$；

t_w——壁面温度,℃；

t_f——流体温度,℃；

Q——传热量，W；

q——单位面积上传热量，W；

α_c——凝结传热系数，$W/(m^2 \cdot K)$；

t_s——蒸气的饱和温度,℃；

α_b——沸腾传热系数，$W/(m^2 \cdot K)$；

λ——垢层的热导率，$W/(m^2 \cdot K)$；导热系数，$W/(m^2 \cdot K)$；

δ——垢层的厚度，m；

K——总传热系数，$W/(m^2 \cdot K)$；

A——传热面积，m^2；

R——热阻，K/W；

R_{co}——深层热阻，K/W；

μ_f——流体在其平均温度下的动力黏度，Pa·s；

μ_w——流体在板片壁温下的动力黏度，Pa·s；

λ_f——流体在其平均温度下的热导率，$W/(m^2 \cdot K)$；

b——通道宽度，m；

h——流道距离，m；

C_o——物理性质数；

F_c——强化因子(为波纹形通道液体对流传热系数 $\alpha_{f,c}$ 与相同大小平通道液体对流传热

系数 $\alpha_{f,p}$之比，即 $F_c = \alpha_{f,c}/\alpha_{f,p}$；

Re_{ef}——凝液膜的雷诺数；

Pr_e——凝液的普朗特数；

λ_L——凝液热导率，W/(m^2·K)；

ρ_l——进、出口处液体的密度，kg/m^3；

ρ_g——进、出口处蒸汽的密度，kg/m^3；

x_1，x_2——进、出口处蒸汽干度；

Re_l——出口处凝液雷诺数；

H——考虑凝液膜厚度影响的无因次参数；

ϕ_l——两相流因子，称为摩阻分液相表观系数，无因次量；

R_s——污垢热阻，K/W；

q_m——流体的质量流量，kg/s；

t'，t''——流体的进、出口温度，℃；

i'，i''——流体的进、出口比焓，J/kg；

f——摩擦因数(由实验确定)；

f_l——液体沿程摩擦因数；

G——气-液两相流的总质量流速，kg/(m^2·s)；

E_u——欧拉数；

j——传热因子；

L_{eff}——流体有效流动长度，m；

M——流程数；

N_u——努塞尔数；

ΔP——总阻力降，Pa；

ΔP_c——流道阻力降，Pa；

ΔP_p——角孔阻力降，Pa；

P_r——普朗特数；

R_e——雷诺数；

μ——动力黏度，Pa·s；

v——流道内流体流速，m/s；

ρ——密度，kg/m^3；

v_p——角孔流速，m/s；

a——系数；

γ——系数；

β——波纹夹角，(°)。

参 考 文 献

[1]　HTRI 设计手册，1997.

[2]　HTFS 手册，1977.

[3]　施林德尔主编，马庆方等译. 换热器设计手册(第三册)[M]. 机械工业出版社，1988.

[4] Saunders. EAD. B. Sc, C. Eng., Mech. E. HEAT EXCHANGERS, 1988.
[5] 许国治等. 流体在板式换热器人字形波纹通道内的动力特性. 石油化工设备, 1985, (4): 1 ~ 10.
[6] Palen JW HEAT EXCHANGER SOURCE BOOK, 1986.
[7] 兰州石油机械研究所主编. 板式换热器. 化工设备设计专业中心站, 1968.
[8] ALFALAVL, 板式换热器样本, 2000.
[9] SWEP, 板式换热器样本, 2001.
[10] 王中铮, 赵镇南, 李汝俊. 新型板式换热器研究. 天津市科委攻关项目鉴定资料, 1991.
[11] Thonon B, Vidil R and Maruillet C. Recent research and developments in plate heat exchangers. gournal of Enhomced Heat Transfer, 1995, 2(1-2): 149 ~ 155.
[12] Zhong-Zheng Wang and Zhen-Nan Zhao. Analysis of performance of Steam Condensation heat transfer and pressure drop in plate condensers. Heat Transfer Engineering, 1993, 14(4): 32 ~ 41.
[13] Lieke Wang. Ralf Christensen and Benget Sunden, Calculation procedure for team condensation in plate heat exchangers. Proceedings of the international conference on compact heat exchangers and en hancement technology for the process industries, 1999: 479 ~ 484.
[14] Thonon B, Mercier P. Compact to very compact heat exchangers for the process indusatry. Process Intensification 2, Antnerp, bHr Group publications, 1997.
[15] Cohen M and Carey VP. A Comparison of the flaw boiling performance characteristics of paritially heated cross-ribbed Channels with different rib geometries. International gournal of Heat and Mass Transfer, 1989, 32(12); 2459 ~ 2474.
[16] Margat L, Thonon B and Tadrist L Heat transfer and two-phase flow Characteristics during convective boiling in a corrugated Channel Proceedings of the International conference on compact heat exchangers for the process industries, Cliff Lodge and Conference Center, Snowbird, Utah, gane 22 ~ 27, 1997: 323 ~ 329.
[17] Clark D F. Plate heat exchanger design and recent development. the Chemical Enginner, 1974(5): 275 ~ 279.
[18] Focke WW et al. The effect of the corrugation inclination angle on the thermohy draulic performance of plate heat exchangers. International gournal of Heat Mass Transfer, 1985, 28(8): 1469 ~ 1479.
[19] Focke WW. Turbulent Convective transfer in plate heat exchangers. International Communications in Heat and Mass Transfer, 1983, 10(3): 201 ~ 210.
[20] 杨崇麟等. 板式换热器工程设计手册. 北京: 机械工业出版社, 1994.
[21] Marriott J. Where and how to wee Plate heat exchangers. Chemical Enginner, 1971: 127 ~ 133.
[22] 施林德尔 EU 主编, 马庆芳等译. 换热器设计手册. 第三卷. 北京: 机械工业出版社: 1988.
[23] Buonopane RA et al. Heat transfer design method for plate heat exchangers. Chemical Engineering Prog reess, 1963, 59(7): 57 ~ 61.
[24] Touazhnyanski LL and Kapwatenko PA. Intensification of heat and mass transfer in channels of plate condensers. Chemical Engineering Conmumication, 1984, 31: 351 ~ 366.
[25] Thonon B and Chopard F. Condensation in plate heat exchangers: assessment of a general design method, Proceedings of the Eurotherm Seminar 47, Paris: October 4 ~ 5, 1995.
[26] Boyko L and Krnzhilin G. Heat transfer and hydranlic reiatcnce during condensation of steam in an harizontal tube and in a burdle of tnbes. International gournal of Heat and Mass Transfer, 1967(10): 361 ~ 373.
[27] yen y - y end fin T - F. Euaporation heat transfer and pressure drop of retrigerant R - 134a in a plate heat exchanger. gournal of Heat and Mass Transfer, Transation of the ASME, 1999, 121(1): 118 ~ 127.
[28] Cooper A et al. Cooling water fonling in plate heat exchangers. The 6th Internationl Heat Transfer Cenference, Tronto, 1978.
[29] Sadlk Kakac and Hong tom Fin. Heat Exchangers - Selection, rating and thermal design, US: CRC Press,

1998.
[30] 史美中，王中铮．热交换器原理与设计(第二版)，南京：东南大学出版社，1996.
[31] 尾花英朗，徐中权译．热交换器设计手册．北京：石油工业出版社，1982.
[32] Kumar H. Condensation duties in plate heat exchangers, Symposiam on Condenser: theory and practice, 1983.
[33] 王中铮，王艳等．复杂结构流道中汽－液两相凝结流动压降研究．天津大学学报，1993(6).
[34] Marriatt J. Performance of an Alfaflex plate heat exchanger. Chemical Engineering Prozrelss, 1977(2): 73～78.
[35] APV，板式换热器使用手册．2000.

第二章　板壳式换热器

（魏兆藩　王丕宏　周建新）

第一节　概　　述

传统板式换热器板片之间的密封垫片，担负着该换热器程间和介质与大气间的密封，是确保板式换热器安全操作的关键元件。为了提高板式换热器的使用温度及使用压力，国内外对垫片材质和结构均进行了大量的研究，目前已使该换热器的适应范围提高到：最高压力2.5MPa，最高温度260℃，单板面积4.75m^2，单台总面积2200m^2[1]。但是板片之间的密封垫片，对轻质油和有机溶剂等介质的密封仍有很大难度，即使采用碳纤维等类高级材质，其效果亦并不很理想，且价格昂贵，密封垫片已成为板式换热器在炼油化工等领域进一步推广应用的障碍。随着炼油化工技术的发展以及各炼油化工厂对装置增效节能要求的提高，国内外各炼油化工企业的新上装置或新改造装置的规模越来越大。装置大型化后对换热器的单台换热面积及运行的可靠性都提出了更高的要求，板式换热器的垫片密封结构已无法满足这些要求。

板壳式换热器是在传统板式换热器基础上发展而来的。它是一种将全焊式板束组装在压力容器(壳体)之内的结构，既具有板式换热器传热效率高、结构紧凑及重量轻的优点，又继承了管壳式换热器耐高温高压、密封性能好及安全可靠等优点，故称为板壳式换热器。

板束被装在压力壳内的板壳式换热器，其安全可靠性提高了，除了受压力容器设计级别及对“程间压差”指标的限制外，它的使用压力没有绝对的限制。由于该换热器已无胶垫，故可在较高温度下工作，使用温度理论上可达800℃以上，并已有720℃的使用实例。

板壳式换热器的结构和介质流动方式兼有管壳式换热器和板式换热器的特征。如与板式换热器一样，其板片亦可以根据操作要求和介质的性质而设计成不同的形状，采取不同的尺寸。各厂家制造的板壳式换热器，由于用途和制造工艺不同，其结构也大相径庭。

20世纪30年代末，瑞典开始研制板壳式换热器，最早的板壳式换热器是由Alfa－Laval公司研制的[2]，其板片类似于瓦楞板，见图4.2－1。两张板片对扣，用缝焊将板与板相接触部分焊接起来，便组成了最基本的板管，见图4.2－2。焊好的板管呈六角蜂窝形管状流道，故把这种形式的板壳式换热器又称之为蜂巢型板壳式换热器。将一定数量长度相同而宽

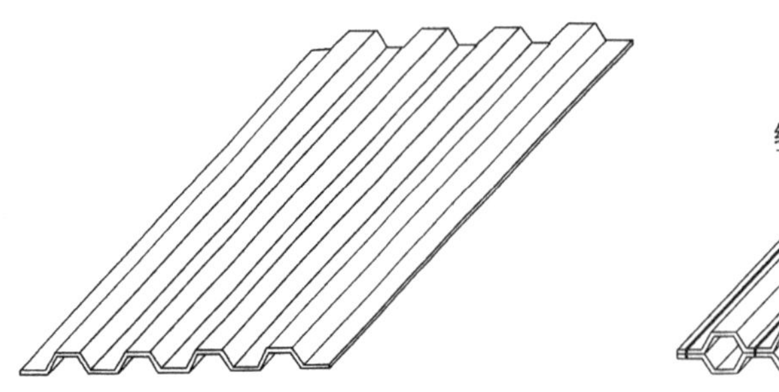

图4.2－1　板片示意图

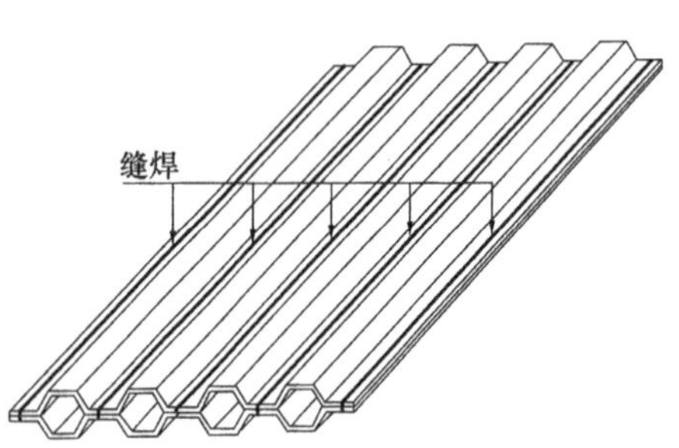

图4.2－2　板管示意图

度不同的板管，依次叠合后便可得到近似于圆形截面的板束。该板束两端再用小块定距金属板镶嵌并焊好后将其装入圆筒壳体内即构成板壳式换热器。依靠定距板在板管之间形成壳程流道。

兰州石油机械研究所于 1969 年研制成功第 1 台板壳式换热器。其板片是用碳钢钢板在钢厂轧制的，如果钢厂能够成批提供板片，这在当时板壳式换热器仍可算是一种不错的产品[3]。

辽阳化工厂在 1975 年前后使用了由 Alfa - Laval 公司提供的 12 个台位共 20 台板壳式换热器，一直使用了 20 年之久。

在结构和流动方式上，这种早期的板壳式换热器与管壳式换热器更相似，因为它只是用组焊的扁平管代替了管壳式结构的圆管而已。这种扁平直管对介质的扰动作用不够强，与管壳式换热器相比，传热效率的提高有限。同时由于存在很多二次传热面，对传热也有不良影响。

以上介绍的这种早期板壳式换热器，由壳体、板束及管箱组成。板束两端带有承受压差的厚管板，这与管壳式换热器相似，其受力情况与固定管板式换热器相同，因此可以将其看作是用组焊板管取代了轧制圆管的管壳式换热器。这种板壳式换热器的介质流动方式为错流，总传热系数为管壳式换热器的 1.5 ~ 2 倍，因受结构的限制，大型化有较大困难。

20 余年来，随着科学技术的进步，板壳式换热器的研究再次活跃起来，并得到了迅速发展。改进板型、强化传热及扩大应用范围是这些研究工作的重点。同时，随着氩弧焊、电阻焊、等离子焊和激光焊等焊接技术及其设备的技术进步，已使薄板焊接技术日趋成熟，进而使得各种材质薄板焊接焊缝的质量能够得到保证。为此，各发达国家于 20 世纪 80 年代起以此为基础，竞相开发和研制了各种形式的焊接板式换热器。目前，板壳式换热器家族中已有了单台换热面积从 $1m^2$ 到数百 m^2 一系列用途不同和结构各异的中小型产品，以及单台换热面积已超过 $5000m^2$ 的大型产品。它们在结构设计、板片成形及焊接技术等方面都各具特点。其中具代表性的有：德国 Bavaria 等公司开发并生产的混合式换热器，法国 Packinox 等公司开发并生产的大型焊接板式换热器及兰州石油机械研究所开发并生产的 LBQ 大型板壳式换热器等。

新型板壳式换热器可实现真正的两相流换热，波纹板片“静搅拌”作用显著，能在很低的雷诺数下形成湍流，且污垢系数低，传热效率一般是管壳式换热器的 2 ~ 3 倍。与管壳式换热器相比，冷端及热端温差小，回收热量大，大大节约了装置的操作费用，且还具有结构紧凑的优点。因此，在完成同样换热任务的情况下，板壳式换热器的体积小、重量轻，可使用户的设备安装空间减小，安装成本降低。

第二节　几种有代表性的板壳式换热器

一、混合式换热器[4,5]

BAVEX 混合式换热器是 BAVARIA 公司(德)于 20 世纪 80 年代开发的专利产品。日本千代田公司于 1987 年购买该产品许可证后开始生产千代田—BAVEX 混合式换热器。近年来 OTTO 公司也在生产同一产品。

混合式换热器属中型板壳式换热器，因为内容较多，需单列一小节讲述。

(一) 混合式换热器结构

1. 板束结构

(1) 板型

BAVEX 混合式换热器的板型见图 4.2-3[4]。板片上被横向压出了许多半径为 2~5mm 的半圆拱形凸起，每段之间又从纵向反压出 8 条棱状的“隘口”，把半圆拱分割成 9 小段像“瓦片”一样的断续横波纹。一般每十几“瓦片”状波纹为一组，每组之间用纵向短波纹隔开。

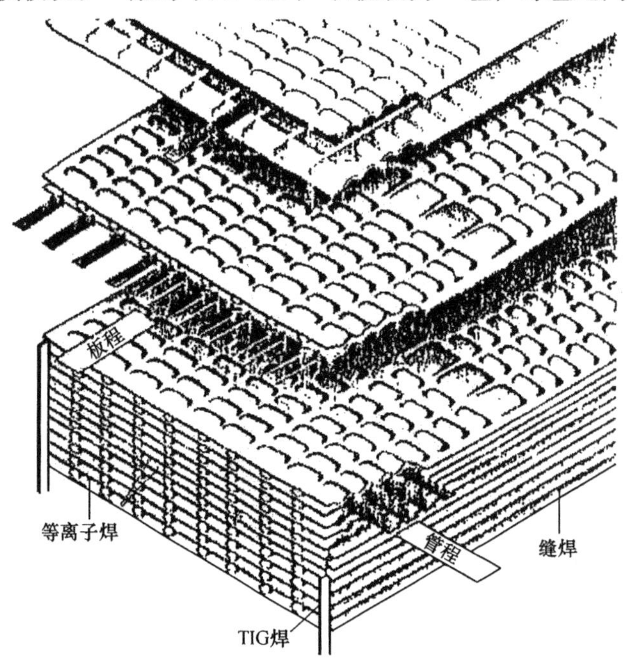

图 4.2-3 BAVEX 混合式换热器的板束结构

(2) 板管

两张板片对扣，半圆拱朝内并相互错开组对，在板管内形成类似水平波纹板的板程流道。组对后沿板片长度方向滚焊两边制成板管。两张板片的 8 条“隘口”相抵用以承受工作压差。

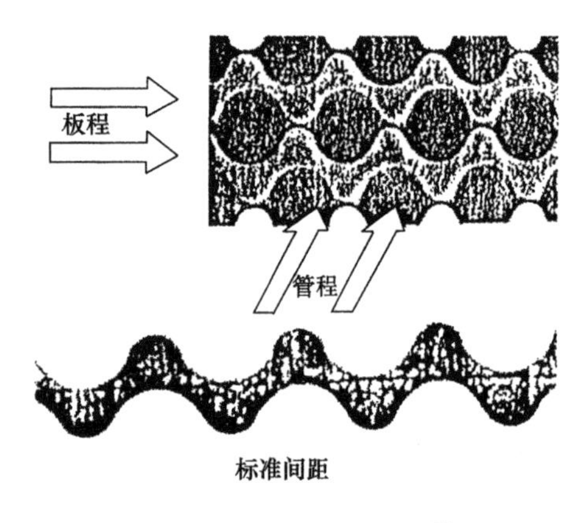

图 4.2-4 混合式换热器板束流道

(3) 板束

将板管叠放，每一个半圆拱对扣后便可形成直径为 $\phi4 \sim \phi10$mm 的管形流道，即壳程流道。混合式换热器是错流流动的，在每组之间的纵向短波纹处嵌入折流板后形成管程错流流道。流道结构见图 4.2-4。

2. 整体结构

混合式换热器整体结构见图 4.2-5[5]。组对好的板束，与板式换热器一样采用了压紧板-拉杆结构，所不同的是拉杆和压紧板用塞焊连接。板束两端由上、下压紧板和侧板组焊成管箱。在板束的 4 个角焊有“齿形板”，用其将板——壳程隔离开。

在压紧板两侧和管箱上直接焊接拱盖后即构成

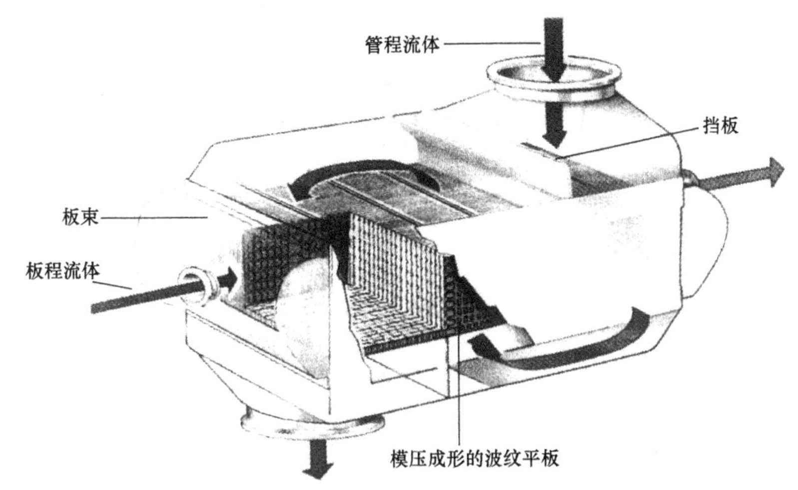

图4.2-5　混合式换热器整体结构图

混合式换热器。通常，混合式换热器的工作压力不高，经特殊设计的拱盖及压紧板可用于混合式换热器的绝大多数场合。若要用于较高工作压力，应像大多数板壳式换热器那样，将板束装入圆筒形壳体内，这样的结构虽然稍微复杂一点，但较为安全可靠。

3. 适用范围

根据资料介绍，BAVEX 混合式换热器最高使用压力为 4.45MPa(常温)，最高使用温度 720℃(常压)，单台最大换热面积可达 $1000m^2$。该产品已用作空气预热器、锅炉给水预热器、冷凝液－冷却水预热器及氯气预冷器等。

使用实例：1996 年兰州石油机械研究所为兰州炼油化工总厂铂重整车间提供 1 台混合式换热器(设计压力 2.0MPa/1.7MPa，设计温度 450℃/525℃)，用于二段混氢/反应产物换热器工位。该混合式换热器换热面积为 $55.6m^2$，成功地顶替了原来两台重叠式换热器(总换热面积 $110m^2$)。该产品投产后一直正常使用，使用效果良好。

(二) 设计计算

(1) BAVARIA 公司提供的 BAVEX 混合式换热器性能曲线，见图 4.2-6[6]。

(2) 1991 年兰州石油机械研究所自行开发完成的混合式换热器，经水－水传热试验，得到 $K-v$ 曲线(图 4.2-7)和 $\Delta P-v$ 曲线(图 4.2-8)。试验板片规格尺寸：1200mm × 300mm × 0.8mm。试验样机总换热面积 $20m^2$。

给热准数方程：

热侧：$N_{uh}=0.2712Re^{0.5795}Pr^{0.3}$，冷侧：$N_{uc}=0.0444Re^{0.7616}Pr^{0.4}$

流阻准数方程：

热侧：$N_{uh}=80417.85Re^{-0.7222}$，冷侧：$N_{uc}=166.11Re^{-0.1392}$

(三) 讨论

1. 传热系数

根据图 4.2-6、图 4.2-7 和实测准数方程分析，混合式换热器板程给热系数 h_i 较高，与板式换热器接近，但管程给热系数 h_o 只有板式换热器的约 1/2。受 h_o 的限制，混合式换热器总传热系数 K 远低于 Packinox 焊接板式换热器。

2. 阻力降

如图 4.2-6 和图 4.2-8 所示，混合式换热器板程阻力降大于管程，总阻力降略高于 Packinox 焊接板式换热器。

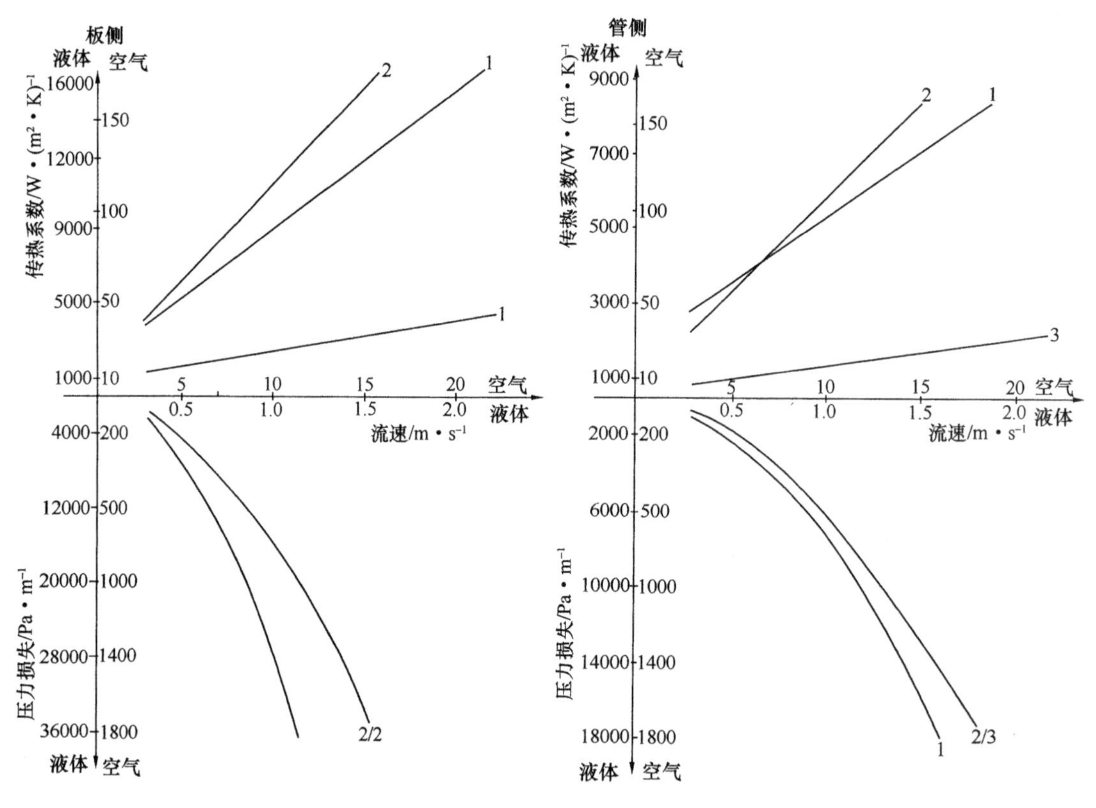

图 4.2-6 BAVEX 混合式换热器性能曲线

注：1. 空气，20℃/0.1MPa；当量直径板程 22.3mm，管程 6.1mm；紧凑度 $90m^2/m^3$。

2. 水，20℃/0.1MPa；当量直径板程 4.6mm，管程 6.1mm；紧凑度 $230m^2/m^3$。

3. 导热油 S，150℃/0.1MPa；当量直径板程 4.6mm，管程 6.1mm；紧凑度 $230m^2/m^3$。

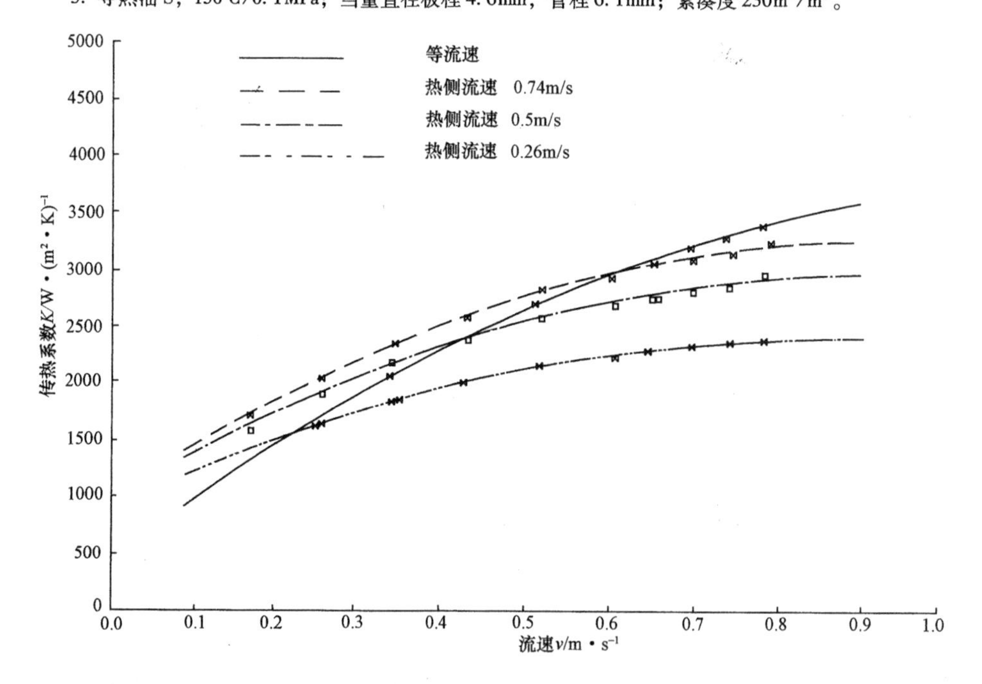

图 4.2-7 传热系数 K 与流速 v 关系曲线

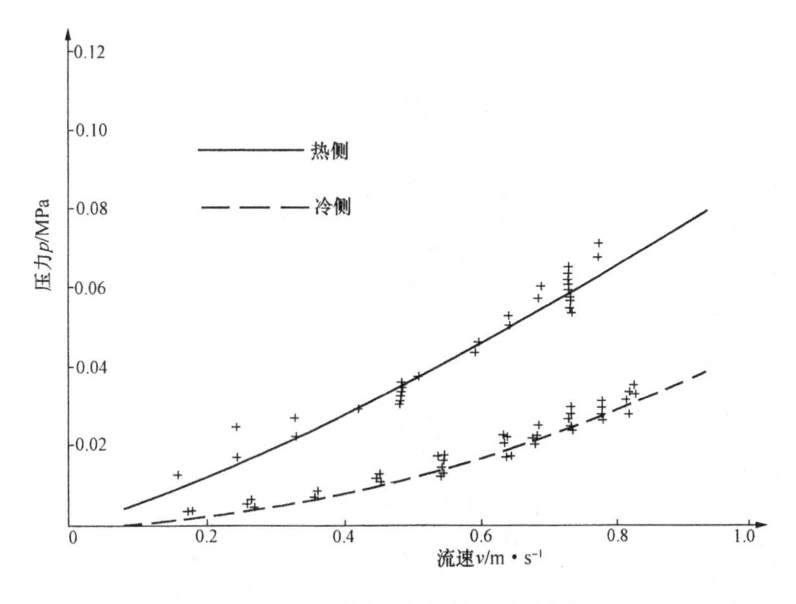

图4.2-8　压力 p 与流速 v 关系曲线

3. 大型化

混合式换热器结构复杂，大型化较困难。

二、径向流动板壳式换热器

(一) 径向流动板壳式换热器[7]

径向流动板壳式换热器的板片为圆盘形，每两张板片沿外圆周焊接组成板管。板管再依次叠合并在导流孔处焊接，最终组成板束。板束装入壳体，板程介质通过导流孔进入板管内流动，壳程介质则在相应的板管间流动，结构见图4.2-9。

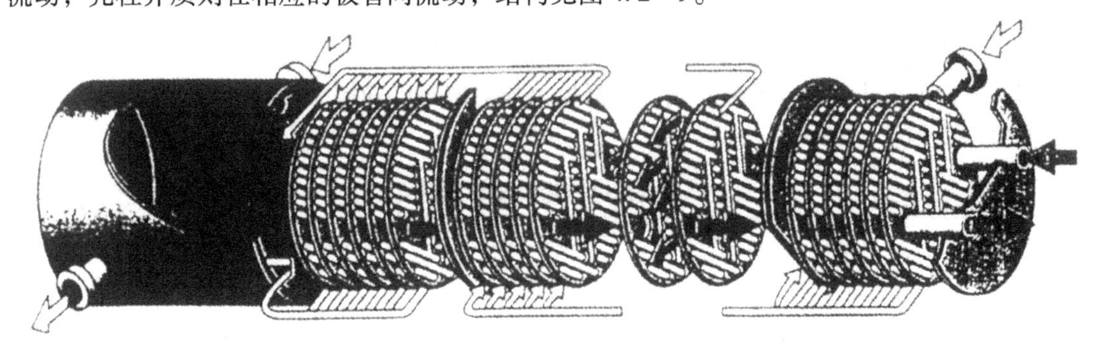

图4.2-9　径向流动板壳式换热器的结构简图

板片由不锈钢或高合金钢压制而成，直径一般在200～1000mm之间，单台设备面积可为0.5～500m^2。径向流动的板壳式换热器可以在-200～600℃，4MPa条件下操作。径向流动的板壳式换热器已在制冷与其他工业装置中用于单相及两相流介质的换热。据资料介绍，由于这种换热器板束可以在壳体内伸缩，这种径向流动的板壳式换热器可以在热循环工况下使用。

(二) OKБM 开发的板式换热器[8]

OKБM(俄罗斯机械试验设计局)在原子工业各种介质用换热器的设计、试验和制造方面积累了丰富的经验。OKБM 开发的板式换热器见图4.2-10和图4.2-11，其具有以下特点：

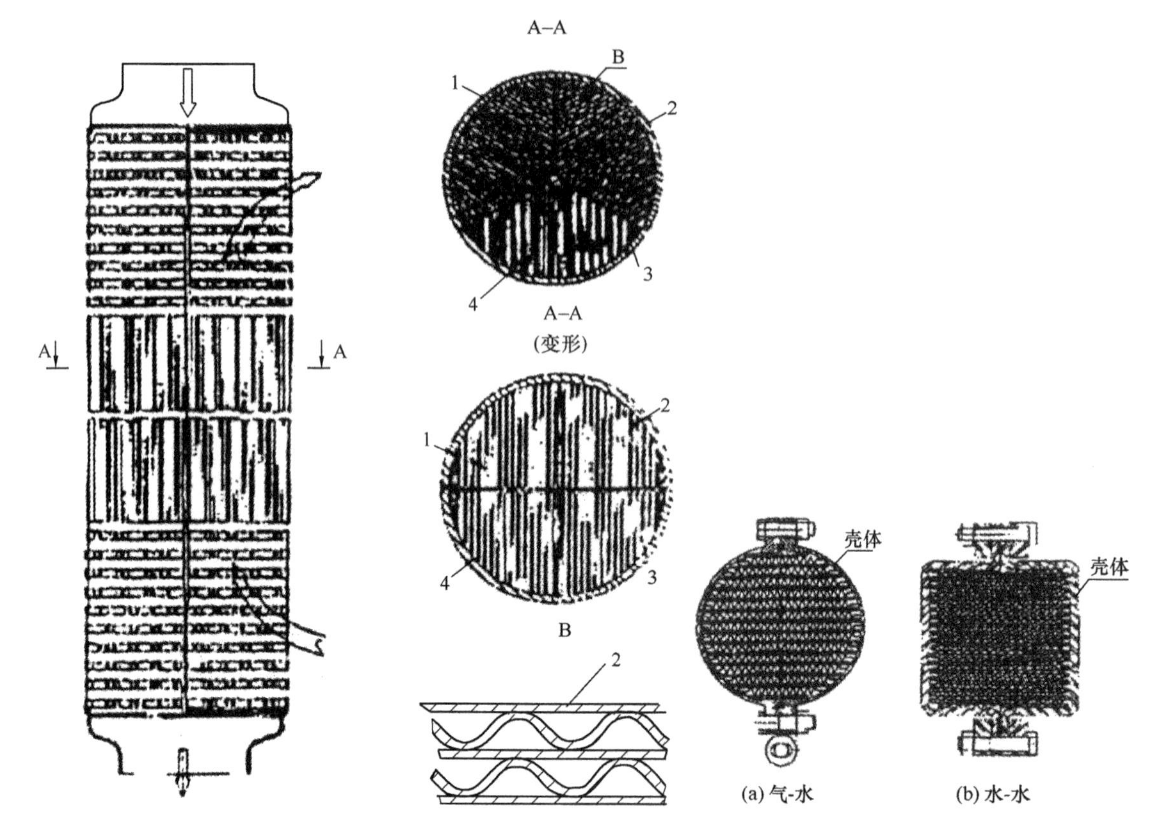

图 4.2–10 OKБM 板壳式换热器(1)

1—板片；2，3—相应的内外腔；4—壳体

图 4.2–11 OKБM 板壳式换热器(2)

(1) 从整体结构看，与径向流动的板壳式换热器相似。

(2) 内件为板翅结构，各项对比性能指标也与美国等国的板翅式换热器性能指标非常接近，见表 4.2–1[8]。

表 4.2–1 各国燃气轮机装置用回热器性能

项 目	Allied Signal（美国）	Nuovo Pignone（意大利）	OKБM（俄罗斯）
配一个发生器的燃气轮机装置的功率/MW	5.5 ~ 6.25	12.5	6
换热表面形式	钎焊板翅式	管壳式	非钎焊造型板式
回热度*	0.89	0.85	0.9
换热面面积紧凑度/$m^2 \cdot m^{-3}$	624	81.5	580
外形尺寸/m	2.34 × 3.99 × 5.79	ϕ3.8 × 15	2.34 × 3.99 × 5.79
质量/t	26	58	25.6
发生器质量/t（按回热度 0.9 计）	27.2	78.3	25.6
单位质量功率/$MW \cdot t^{-1}$（按回热率 0.9 计）	0.229	0.159	0.234

* 回热度定义：回热器中实际回收热量与理论回收热量之比。

(3) 将相邻板片的纵缝和端面焊接后形成内外两个腔，内件整体用剖分的壳体夹持，从而省去钎焊。

OKБM 开发的板壳式换热器主要在天然气长输管道装置中用作燃气轮机回热器。这种径向流动的板壳式换热器也特别适合与移动式燃气轮机配用，如已用于火车机车及坦克等场合。

三、小型板壳式换热器

小型板壳式换热器大多用于制冷、空调及汽车等行业。与大中型板壳式换热器不同，它们都是针对其所配套的主机设计的，其外形及总体尺寸必须兼顾主机总体设计要求。

(一) 穿孔板式换热器[9]

穿孔板式换热器是 McMahon 于 1949 年发明的，并在最近引入的 Kleememko(混合制冷阶式蒸发器)冷却器、低温系统及氦Ⅱ系统的制冷器中得到了广泛的应用。

穿孔板式换热器主要由穿孔的铜板与不锈钢或塑料隔片组成，当它们被粘接并叠置在一起时，便形成了可供两种以上流体能相互换热的密封流道整体。隔片的主要作用是减少沿壳壁的纵向传热，它还可以通过隔断物流来提高对流传热系数。穿孔板式换热器可以被制作成各种形状的结构，常见的有：①带有双流道的矩形(图 4.2－12)。②带有双流道或多流道的圆柱形(图 4.2－13)。③带有多流道的矩形(图 4.2－14)。

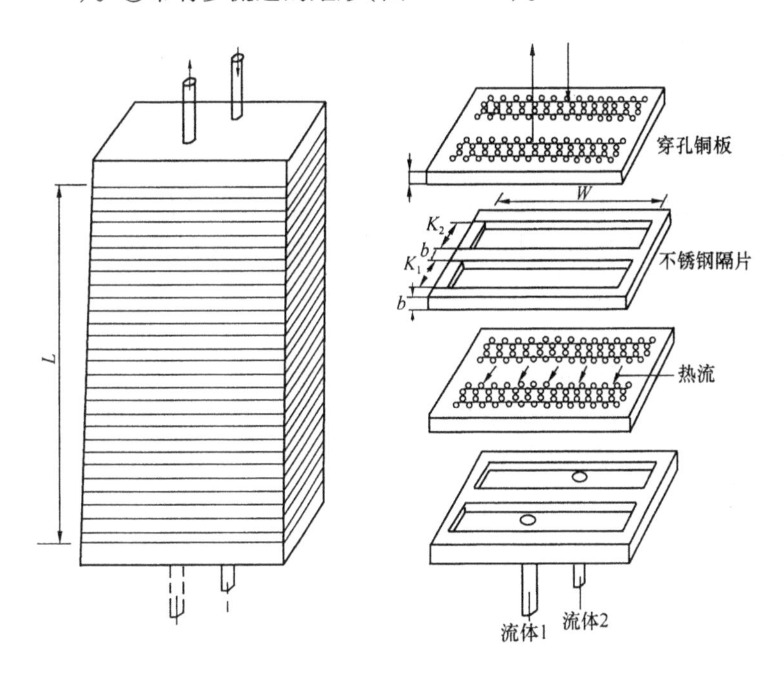

图 4.2－12 矩形双流道穿孔板式换热器

1. 传热机理

穿孔板式换热器物流间主要受以下热阻控制：①物流流道(孔板间)的对流传热热阻。②孔板各流道(孔)的传热热阻。③孔板的横向传热热阻。④穿孔板式换热器壳壁的纵向传热热阻。其中孔板数对传热影响很大，只有孔板数非常大时，穿孔板换热器才能作为对流换热器来使用。穿孔板换热器壳壁的横向热阻及孔板的横向热阻也是不能被忽略的。

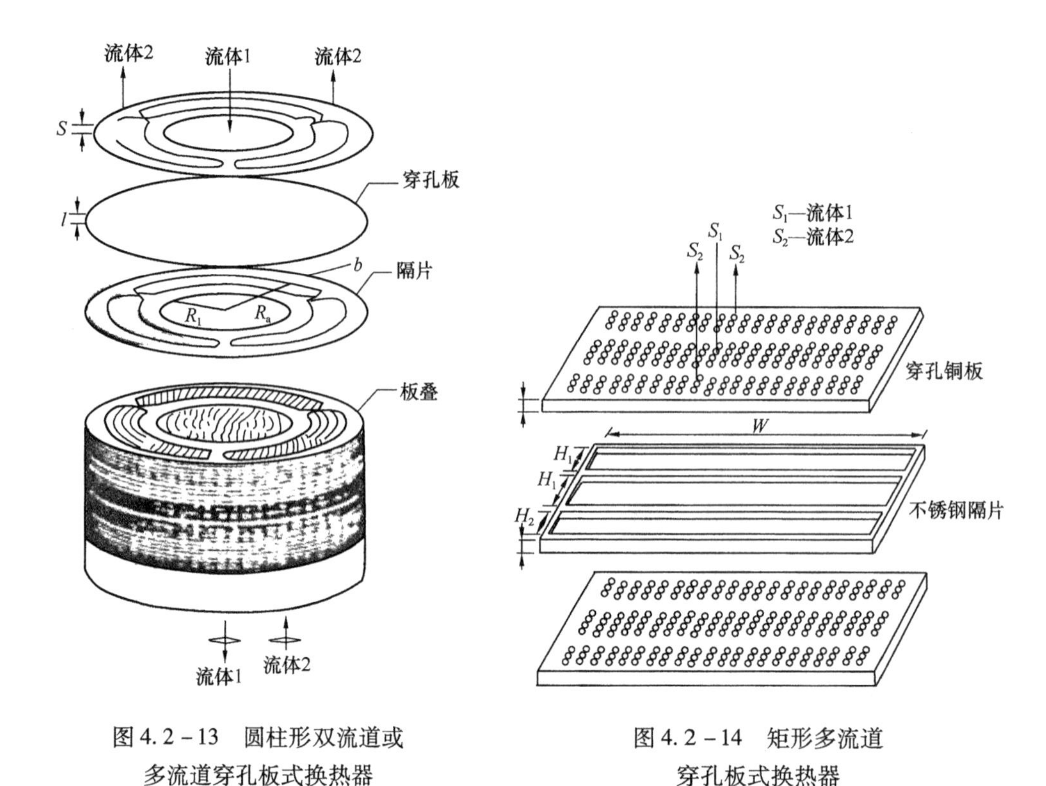

图 4.2－13 圆柱形双流道或多流道穿孔板式换热器

图 4.2－14 矩形多流道穿孔板式换热器

2. 设计考虑

该换热器的设计主要是在传热面给定的情况下，选取矩形穿孔板式换热器的长宽，圆形穿孔板式换热器的内外径等总体尺寸。其中，①传热面，如板孔类型、孔隙率 p、板厚 1 及隔片厚 s。②总体尺寸，如换热器的长度 W，矩形孔板各流道的宽度(H_1、H_2)，圆形孔板各流道的半径(R_1、R_0)等。

换热器体积对换热性能的影响非常大，如当体积较大时，会使环向漏流增大，换热效率降低，冷却时间大大增加，制冷剂消耗更多，尤其是在有相变的 Kleememko。低温制冷器中更加明显，因此设计时，应使体积尽量减小。

3. 优化设计

优化设计包括以下几个主要步骤：①根据相关无量纲变量(变量组)确定表达式。②根据无量纲变量(变量组)确定目标功能(体积)和限制条件(压降和效率)的表达式。③确定拉格朗日方程，并且求解该方程，获得不同参数的代数关系。有关优化设计计算方法，在文献[9]中有详细叙述。

4. 焊接

穿孔板式换热器用钎焊或扩散焊焊接，以扩散焊质量更佳。几种常用材料组合的扩散焊工艺参数见表 4.2－2[10]。

表 4.2－2 几种常用材料组合的扩散焊工艺参数

焊接材料	中间层合金	焊接温度/℃	焊接压力/MPa	保温时间/min	保护气氛/10^{-3}Pa
Al + Cu	—	500	9.8	10	6.67
LF6(Al) + S.S.	—	500	13.7	15	13.3

续表

焊接材料	中间层合金	焊接温度/℃	焊接压力/MPa	保温时间/min	保护气氛/10^{-3}Pa
Al+钢	—	460	1.9	1.5	13.3
Al+Al	Si	580	9.8	1	—
Mo+Mo	Ti	900	68~86	10~20	—
Mo+Cu	—	900	72	10	—
W+W	Nb	915	70	20	—
Ti+Cu	—	860	4.9	15	—
Ti+S.S.	—	770	—	10	—
可伐+可伐	—	1100	19.6	25	1.33
可伐+青铜	—	950	6.8	10	1.33
硬制合金+钢	—	1100	9.8	6	13.3
S.S.+Cu	—	970	13.7	20	—
Ti+95瓷	Al	900	9.8	20~30	<13.3
95瓷+Cu	—	950~970	7.8~1138	15~20	6.67
Al_2O_3瓷+Cu	Al	580	19.6	10	—
321+321	Ni	1000	17.3	60~90	13.3
铸铁+铸铁	—	800	30	20	66
TC4+TC4	—	900~930	1~2	60~90	13.3或氩低真空

5. 讨论

作为制式空调机及车用机油冷却器等千瓦级的蒸发器、换热器及冷凝器使用的，穿孔板式换热器，具有紧凑及耐用的特点，已历经50多年而不衰。但就其传热机理而言，热流在通过孔板时以对流方式把热量传递给孔板，孔板再以导热方式把热量横向传导到冷流一侧，冷流最后再以对流方式从孔板取走热量。孔板成为典型的二次传热面，因此穿孔板式换热器传热系数受到翅片效率的制约，低于板式换热器。同时受其结构及制造的限制，热负荷较大时不宜使用。

（二）印刷电路板式换热器[7]

像制作印刷电路板一样，在一张平整的金属板上用电腐蚀的方法加工出工艺要求所需的流道后制成了换热板，流道深度一般为0.5~2.0mm，流道断面形状近似为半圆形。把加工好的换热板按一定的工艺要求重叠起来，再用扩散焊等方法焊接组合后，即构成了印刷电路板式换热器。

印刷电路板式换热器具有以下特点：

（1）紧凑度非常高，可达$1000m^2/m^3$，这相当于用1000张1000mm×1000mm×1mm的平板重叠压紧后的传热面积，因为薄板的回弹性大，用传统板片塑性变形的成形方法根本不可能达到如此高的紧凑度，因此只有采用电腐蚀的方法才能加工出来。

（2）该换热器最高工作压力可达100MPa。用螺栓紧固的方法组装不宜使用，故通常采用高温钎焊或扩散焊将其焊接成为一个整体。

（3）采用扩散焊焊制的印刷电路板式换热器，最高工作温度可达900℃。

（4）由板片组装而成的这种换热器，原则上讲总传热面积可大可小。但就扩散焊接技术而言，工件越大制造难度也就越大。

常用的且通用性较好的扩散焊机是真空扩散焊机。国内真空扩散焊设备主要技术数据见表4.2－3[10]。这些设备针对空调用小型换热器已够用。

超塑成形——扩散焊设备可以焊接较大尺寸的工件，只是难度更大。目前采用这种扩散焊技术制造的印刷电路板式换热器，单台最大重量已达5t。

印刷电路板式换热器的结构及介质流动方式与板式换热器相似。与穿孔板式换热器相比，它没有二次传热面，其总传热效率接近于板式换热器，而且热负荷越大，这种趋势越明显。

表4.2－3 真空扩散焊设备主要技术数据

设备类型		ZKL－1	ZKL－2	超高真空扩散焊机
加热区尺寸/mm		$\phi600\times800$	$\phi300\times400$	$\phi300\times350$
真空度/Pa	冷态	3×10^{-3}	3×10^{-3}	1.33×10^{-6}
	热态	5×10^{-3}	5×10^{-3}	1.33×10^{-5}
加压能力/kN		245	58.8	50
最高炉温/℃		1200	1200	1350
炉温均匀性/℃		1000±10	1000±5	—

四、几种新型结构板壳式换热器

（一）波面板壳式换热器[3]

新型波面板壳式换热器（图4.2－15）的波面板结构和板束结构（图4.2－16）兼有压焊板式换热器和T－P板换热器的特征，它简化了早期板壳式换热器的结构，改进了制造工艺。产品在供热、牛奶杀菌及空调系统中得到应用。

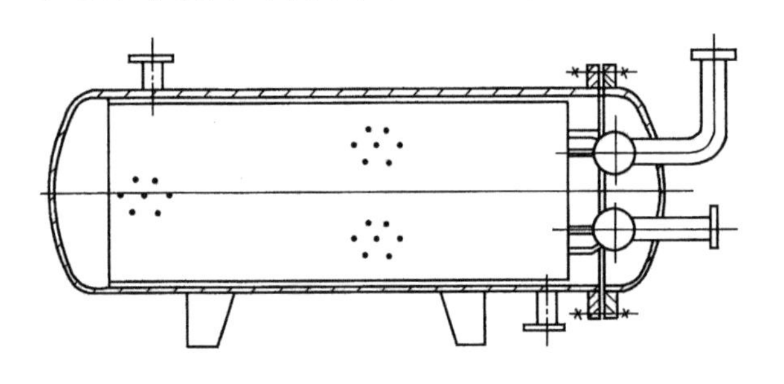

图4.2－15 波面板壳式换热器结构简图

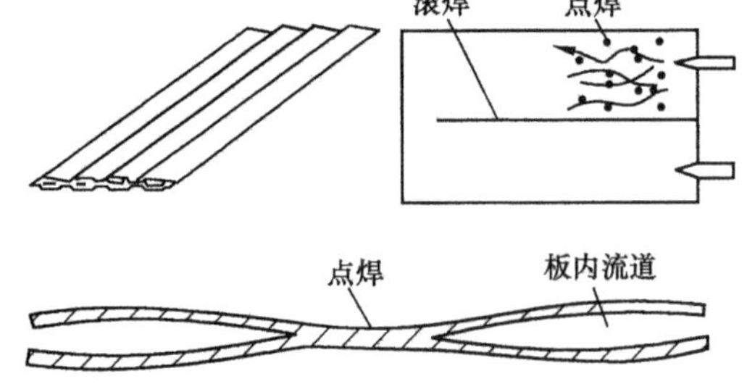

图4.2－16 波面板结构和波面板

就该换热器介质流动情况来看，板管内给热系数较高，而板管外壳程介质接近于平行平板间的流动，因此给热系数有限，总传热系数远低于板式换热器。

（二）HBH焊接型板式换热器

图4.2－17所示的HBH焊接型板式换热器（专利号88217708—7）[11]，按其结构应归入板壳式换热器一类。可以认为，该换热器是一种对早期板壳式换热器板型和强化传热的改进型结构。与早期板壳式换热器相比，它用人字形板管代替了原用的蜂巢型板管，板片对介质的“静搅拌”作用得到强化，尤其是板程的流动方式与板式换热器完全相同，因此其板内给热系数亦与后者基本相同。壳程传热也比蜂巢型得到较大提高，只是壳程的短路问题会给热系数带来不良影响。

分析其结构，HBH换热器应保证在正压差工况（壳程压力 > 板程压力）下操作。一旦出现负压差(板程压力 > 壳程压力)，就有可能破坏板束内介质正常的流动状态并影响其传热性能。

受板片成形技术限制，该换热器单台最大换热面积仅有 $100m^2$，远不能满足大多数工业装置的需要，因此其使用受到限制。

HBH 焊接型板式换热器的一般规格见表 4.2－4，结构简图见图 4.2－17。

表 4.2－4　HBH 焊接型板式换热器规格表

公称直径 DN/mm	热换面积 F/m^2				板(壳)程通道截面积 A_i/m^2	流道流速为 0.3 $m \cdot s^{-1}$ 时流量 $V/m^3 \cdot h^{-1}$	公称压力 PN/MPa
	A 型		B 型				
	公称值	计算值	公称值	计算值			
350	10	9.5	20	19.0	0.020	21.60	1.0，1.6
400	15	15.0	30	30.1	0.033	35.64	1.0，1.6
450	20	19.5	40	39.0	0.042	45.36	1.0，1.6
500	25	24.5	50	49.1	0.053	57.24	1.0，1.6
550	30	29.6	60	59.1	0.064	69.12	0.6，1.0，1.6
600	35	35.8	70	71.5	0.078	84.24	0.6，1.0，1.6
650	40	40.4	80	80.7	0.088	95.04	0.6，1.0，1.6
700	50	50.1	100	100.2	0.109	117.72	0.6，1.0，1.6

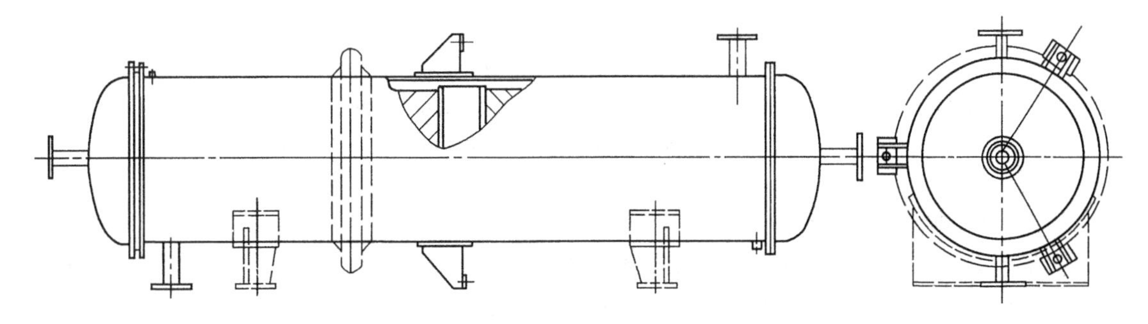

图 4.2－17　HBH 焊接型板式换热器结构简图

(三)新型板壳式换热器

新型板壳式换热器(专利号 ZL972473448.3)[12] 的基本结构，见图 4.2－18 和图 4.2－19。

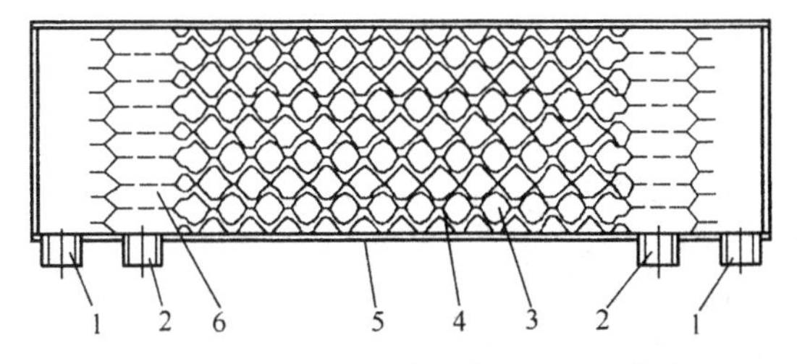

图 4.2－18　新型板壳式换热器基本结构

1—板外流道进出口；2—板内流道进出口；3—板外流道；4—板内流道；5—壳体；6—导通孔

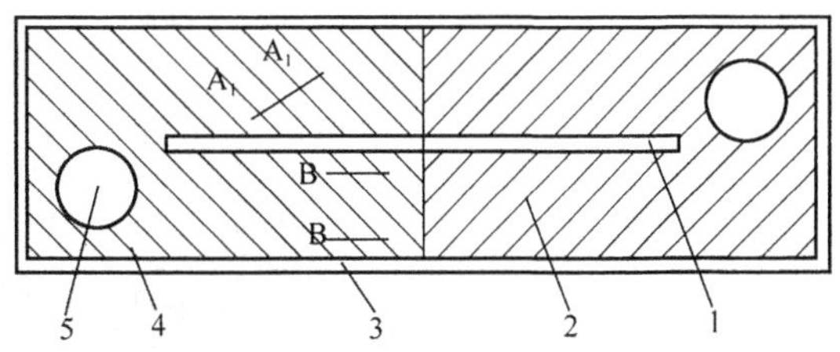

图 4.2－19　新型换热器波纹板片示意图

1—中间缝焊平面；2—波纹；3—四周缝焊边；4—孔缝焊边；5—导通孔

据资料介绍，这种板壳式换热器具有以下优点：

(1) 传热效率高。

(2) 通用性强。在同一壳体内，可以做积木式组合，只需2~3种板片就可制造从几 m^2 到上千 m^2 的产品。

另外，这种换热器还具有部分提高抵抗负压差的能力。其不仅可以用于液-液热交换，还可用于蒸发、冷凝等传热传质过程。图4.2-20所示的双效蒸汽型溴化锂制冷机组中的全部换热器已使用了这种板壳式换热器。

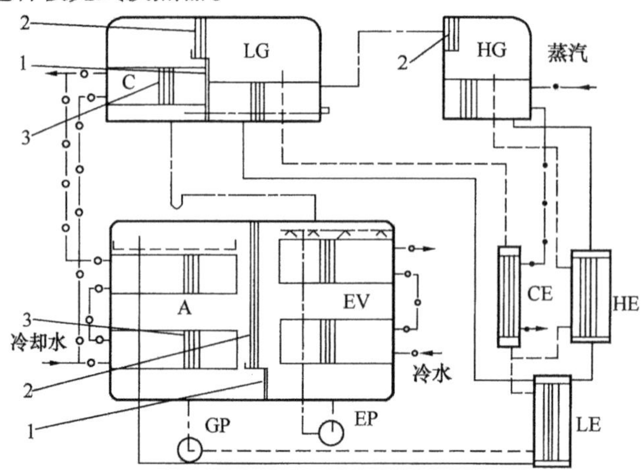

图4.2-20 板壳式双效蒸汽型溴化锂制冷机组

1—真空隔板；2—挡液板；3—传热板片；HG—高压发生器；LG—低压发生器；C—冷凝器；A—吸收器；EV—蒸发器；HE—高温溶液换热器；LE—低温溶液换热器；CE—凝水换热器；GP—发生泵；EP—蒸发泵

(四) 波形折叠板式换热器

波形折叠板式换热器目前仅见于专利报道中(专利号 US 6244333 B1)[13]。从结构上看该换热器亦应归类为板壳式换热器，其巧妙构思值得借鉴。

用专门轧制的斜波纹板，按图4.2-21的方式折叠成为板束，装入壳体。如图4.2-22

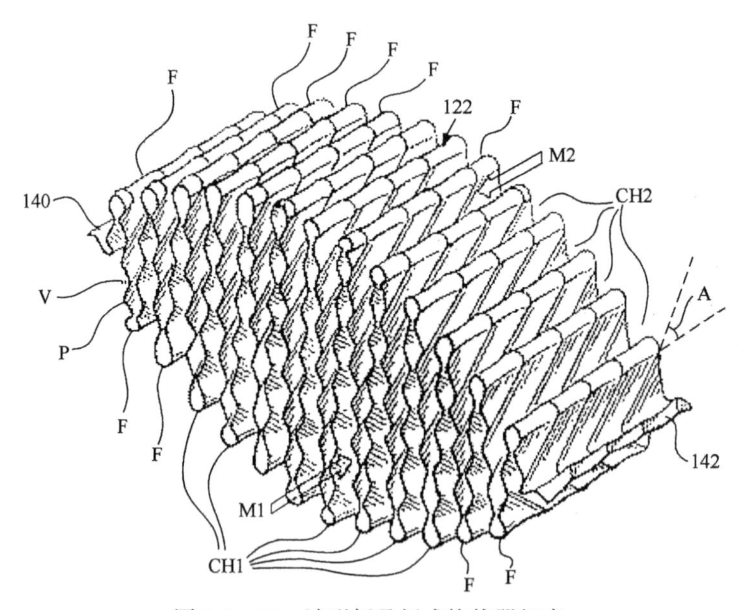

图4.2-21 波形折叠板式换热器板束

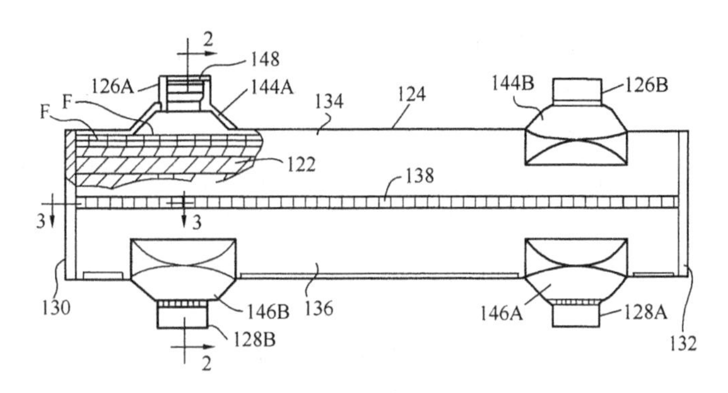

图 4.2－22　波形折叠板式换热器－Ⅰ

和图 4.2－23 所示，制作好的壳体预先被纵向剖分成上下两部分，在焊接筒体的两条纵缝(138)时，分别将板束两端(140)及(142)熔在一起。于是板束的上表面与上壳体之间形成介质 M1 的流道。板束的下表面则与下壳体之间形成介质 M2 流道。最后按图 4.2－22 的形式安装 4 个进出口，即构成波形折叠板式换热器。

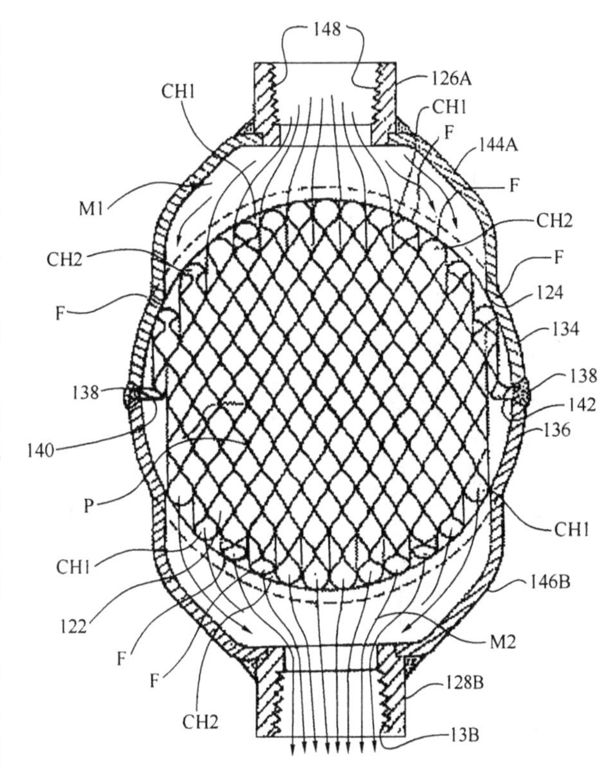

图 4.2－23　波形折叠板式换热器－Ⅱ

据专利介绍，波纹板由与板纵轴呈一定角度并相互平行的波峰与波谷构成。因而当板片折叠后，在紧紧叠合的芯体(板束)内，波峰与波谷以正交的形式相互交叉，形成两个相对独立的复杂流道。

波形折叠板式换热器的优点是：折叠波纹板的两端与壳体连接在一起，因而芯体(板束)不需要任何封头、底盖及周边密封，即由波形折叠板本身与壳体构成两种介质各自独立的循环流道。介质的压差借助相邻流道的触点最终传递到壳壁上。

第三节　国外大型板壳式换热器

一、概况

1982 年，Packinox 公司首先在法国一家炼油厂的催化重整增容改造中，用一台单壳单板束大型焊接板式换热器替代了传统的管壳式换热器机组，在装置中被用作重整混合进料/反应流出物(F/E)换热器(以下简称 F/E 换热器)。

Packinox 大型焊接板式换热器的波纹板片具有高紊流下的静态搅拌作用，传热效率是管壳式换热器的 2～3 倍，可使冷端及热端温差更小，压降更低，两相分布更均匀且无死区。

在装置增容改造中采用大型焊接板式换热器后，不必增大加热炉、空冷器及循环氢压缩机的规模，这样可以节省工程投资和能源消耗。此外，还可明显减少设备积垢。目前该换热器正逐步成为催化重整装置和芳烃装置的标准设备。

同期，Ziemann – Secathen 公司也开始生产单壳单板束的大型焊接板式换热器，并作为 F/E 换热器应用于低压催化重整（LPCCR）装置改造中。Ziemann – Secathen 公司与 Packinox 公司大型焊接板式换热器产品结构和制造工艺几乎相同，它们代表了目前国外大型板壳式换热器的最高水平。

在 20 世纪 90 年代末期，经过进一步的开发，Packinox 公司将这一技术在加氢装置中推广应用，亦取得显著效果。单台设备热负荷可达 100MW，热端温差仅有 15 ~ 20℃。对一个处理量约为 1500kt/a（35000bbl/d）的柴油加氢脱硫装置而言，前 5 年的操作费用和工程费用共计可节省 1000 万美元[14]。

本节将以 Packinox 公司产品为主线，介绍国外大型板壳式换热器结构、制造及使用情况。

二、结构

以 Packinox 重整 F/E 换热器为例，Packinox 公司针对多种工艺流程而设计制造的大型焊接板式换热器有多种，其中重整 F/F 换热器结构最具典型特征，图 4.2 – 24 所示即为该公司大型焊接板式换热器的结构示意图。

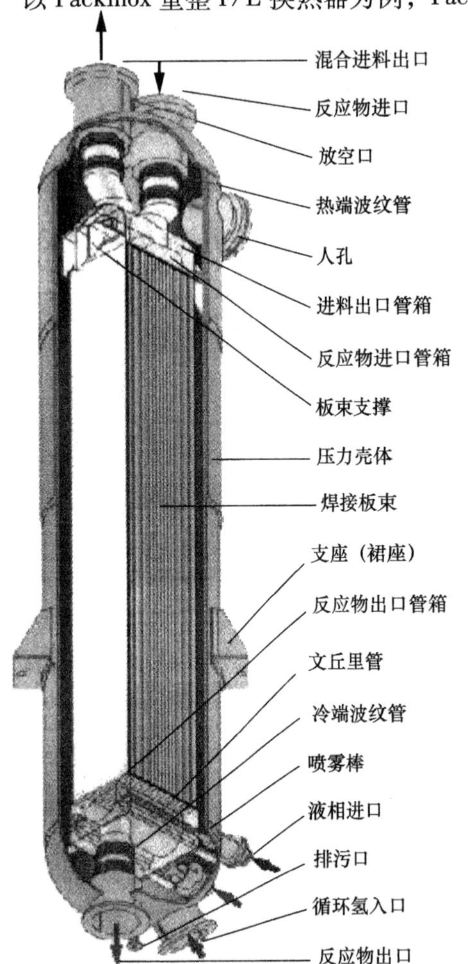

图 4.2 – 24 Packinox 公司大型焊接板式换热器结构示意图

（一）总体结构

该大型换热器主要由一个压力壳和一个吊挂在压力壳体中的全焊接式板束组成，其为典型的板壳式结构。冷热介质通过板束，在板束内进行纯逆流换热。在板束与壳体接管之间，采用波纹管膨胀节来补偿不锈钢板束与低合金钢壳体之间的热膨胀差。膨胀节由 INCONEL、INCOLOY 等材料制造。壳体内没有环流，在板束与壳体之间，充满着循环氢气体（冷介质）以平衡压力。由于冷介质压力一般高于热介质，通入冷介质后，一方面避免了热介质与壳体的接触（这被称为双容器设计原则），另一方面使板束始终被循环氢气体压紧着，处于正压差状态下工作。壳体的上下端各设一个人孔，必要时可以很方便地拆换膨胀节或其他内件。压力壳则按照 Packinox 公司设计规范及用户的要求进行设计，由压力容器制造厂商制造。板束部件悬挂在 Packinox 公司专用储运装置中单独运至用户现场。总装一般亦在用户现场进行。

（二）板片

Packinox 及 Ziemann – Secathen 公司生产的大型焊接板式换热器的板片波纹均为顺人字形，

具有很好的静搅拌特性和低压降特点。板片的规格两公司均有零星报道，综合起来大致如下：板片最大尺寸可达15000mm×2000mm；板片厚度一般为0.8～1.2mm；板片材料根据工艺要求，可选所有含钛的奥氏体不锈钢及更耐腐蚀的6Mo双向不锈钢。

板片分为反应产物流道板与混合进料流道板，见图4.2-25[15]主要制造工序如下：水爆成形→组装边条→焊接。

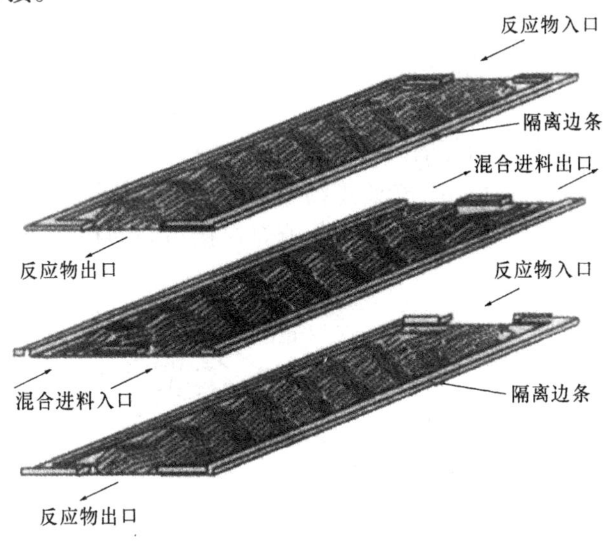

图4.2-25　板片及其流道示意图

1. 水爆成形

Ziemann-Secathen公司在板爆破成形方面有25年以上的经验，图4.2-26和图4.2-27是该公司水爆成形时的情况[16]。

图4.2-26　水爆前的准备

图4.2-27　水爆后的板胚

将定尺薄板平铺在凹模上并将周边压紧，在板上方敷设数条爆破线(图4.2-26)。将整体置于水中，引爆。借助爆炸产生的冲击波，使薄板变形与凹模贴合成为波纹板胚(图4.2-27)。

据Packinox公司资料介绍，水爆过程中的冲击波首先使薄板成形，而余波则起消除残余应力的作用，有利于提高板片抵抗应力腐蚀的能力。水爆成形技术要求很高。要求在爆炸瞬间使0.8~1.2mm厚的薄板成形而又不开裂，难度很大，要想掌握非一日之功。

2. 组装板片

按照板片流程要求，组焊隔离边条，分别组装成反应产物流道板与混合进料流道板。

(1) 反应产物流道板

水爆成形后，用边条将成形好的波纹板胚两侧封闭，在板胚进出口两端的左右各焊一段长度约1/4板宽的短边条，预留出一个长度约1/2板宽的反应产物进出口。边条厚度与板片波纹深度相当，板胚之间经滚焊或微束等离子焊焊接后。即得到反应产物流道板，见图4.2-28。

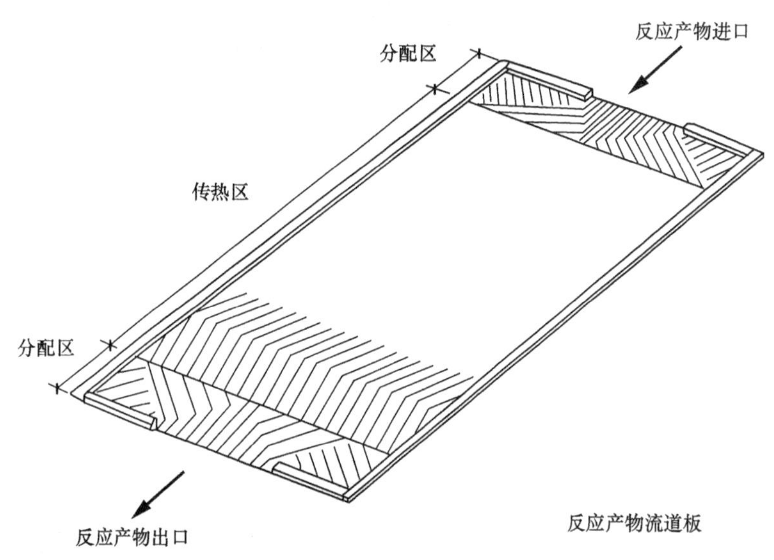

图4.2-28　反应产物流道板[15]

(2) 混合进料流道板

水爆成形后，同样用边条将成形好的波纹板胚两侧封闭，在板胚进出口两端各跨中设置一段长度约1/2板宽的短边条，在边条左右各预留出一个长度约1/4板宽的混合进料进出口，这样便得到混合进料流道板，见图4.2-29[15]。

(3) 分配段

如图4.2-28和图4.2-29所示，在反应产物流道板与混合进料流道板这两种板的中部为传热区，而在板两端各有一个分配区，3个区的波纹形状各不相同。传热区全部为顺人字形波纹，有利于传热并降低流动阻力。而分配区的波纹应便于冷热介质在全板宽度方向的均匀分布和传热。分配区波纹也可以和传热区波纹一起水爆成形。

(三) 板束

Packinox公司和Ziemann-Secathen公司大型焊接板式换热器的板束均由波纹板片组合而成。在专用工作台上将两种流道板按图4.2-25所示交替叠放，上下各加一块厚压紧板，找正并压紧之后，采用TIG焊或微束等离子焊将其焊成一体，再在端部分别组焊进出口管箱

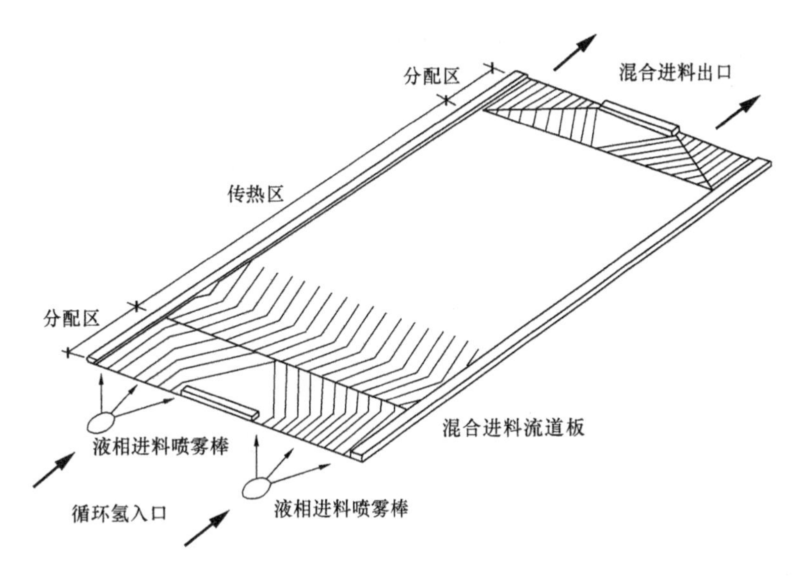

图4.2－29　混合进料流道板

即成板束。

1. 焊接

采用TIG焊或微束等离子焊将0.4～0.7mm厚的板片边缘和约3mm厚的边条熔焊在一起。图4.2－30是Ziemann－Secathen公司的板束焊接照片[16]，显示了板束焊接的情形，焊缝结构见图4.2－31。

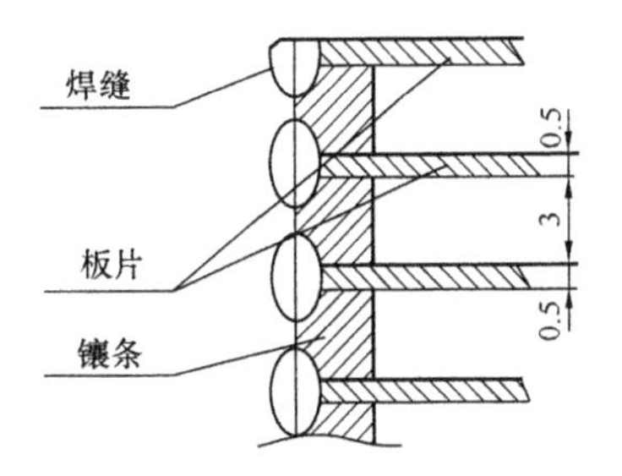

图4.2－30　板束焊接　　图4.2－31　板束焊缝结构

焊后板束两侧已基本上被熔为一体。由于两端相间板片预留开口的不同，每层相间的反应产物进出口（集中在中间）及混合进料进出口（分在左右两侧）位置亦有所不同。

2. 板束顶部管箱

板束顶部管箱——热端进出口管箱总体上是双层拱结构。内拱为热介质进口管箱，内拱与外拱间的夹层为冷介质出口管箱。热介质进口接管穿过内外拱盖间夹层，分别与内外拱盖焊接，见图4.2-32。

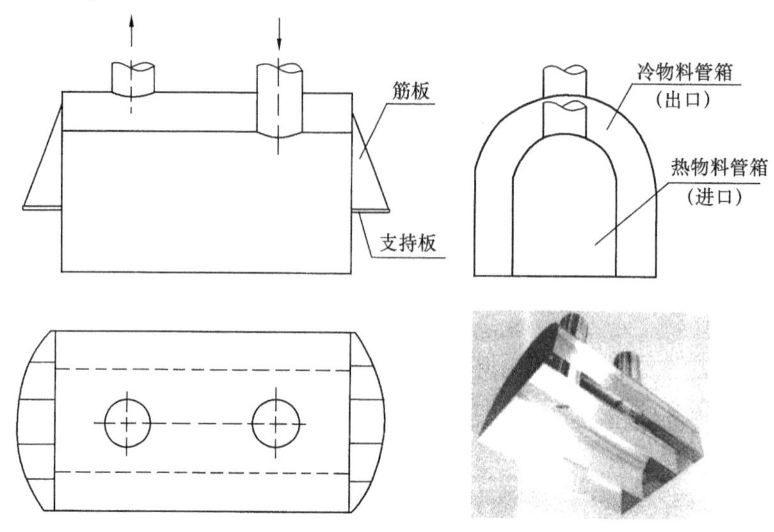

图4.2-32 板束顶部管箱

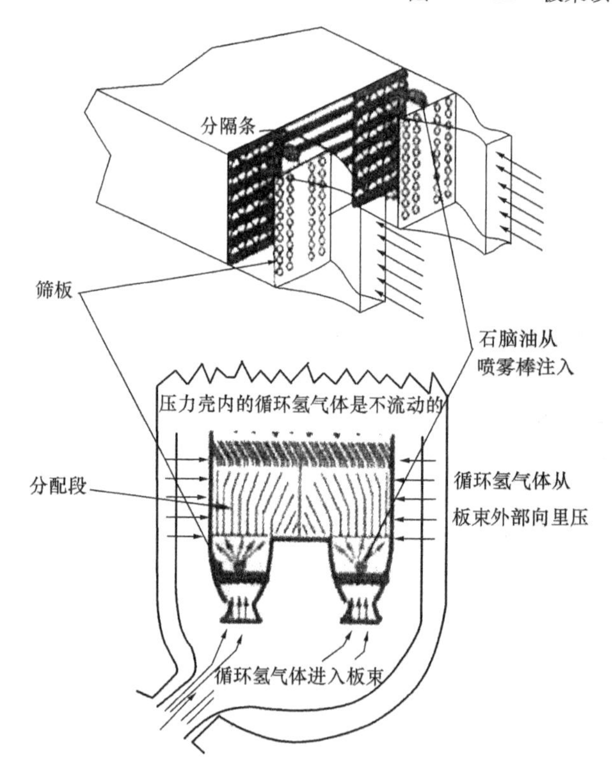

图4.2-33 板束底部管箱

在板束顶部管箱上有4个耳座，整个板束借助耳座支承在壳体的支架上。管箱强度需经有限元分析设计。

3. 板束底部管箱

板束底部管箱——冷端进出口管箱结构较为复杂，其中热介质出口管箱居中，由一个拱盖和内外接管组成。

冷介质进口如图4.2-33所示[15]，循环氢从容器球形封头下方开口进入壳体，并充满和滞留在壳体内使板束处于压缩状态。

循环氢通过左右两个文氏管形入口，穿过筛板进入管箱。液体(石脑油)进料通过壳体的侧向进口进入，再经筛板上方的喷管小孔朝上喷向混合进料流道入口。穿过筛板的循环氢气流有利于液相分散，再以雾沫夹带的形式均匀地与石脑油混合后进入板束。两相的流量、流速及物性决定了混合的效果。这种混合器结构是Packinox公司的专利产品[15]。

4. 其他

在板束的中部，可用4根横梁组成矩形圈梁，以使板束被支持在壳体上，并限制其摆动及震动。同时还便于组装、吊装及膨胀节等内件的保护。

Packinox 公司大型焊接板式换热器可以承受 3MPa 的正压差，为防止反压差对诸如加氢用焊接板式换热器板束造成的损坏，应将板束装在厚钢板制成的框架内，并用拉杆压紧。这样可给换热器提供发生故障或误操作时有 0.1MPa 反压差保护[15]。

（四）壳体

重整 F/E 换热器冷端和热端温度相差可达 400℃以上，故国外这种大型焊接板式换热器壳体是按等强度设计的。

图 4.2－34 为 Ziemann－Secathen 公司大型焊接板式换热器壳体简图。如图所示，从下封头以上 5m 筒体，按折算最高设计温度为 380℃，材料选用 SA516(C.S)，厚度为 18mm；中间一段 4.1m 长的筒体，最高设计温度为 490℃，材料选用 SA387 GR.11 CL.2 (1.25Cr－0.5Mo)，厚度为 27mm；上段最高设计温度为 540℃，筒体材料与中段相同，但厚度增加到 30mm。

换热器冷端工作温度在 100℃左右，故最下段设计温度取 260℃，下封头材料选用 SA516(C.S)，可抗氢腐蚀。

该换热器没有设备法兰，当板束装入壳体后，最后一道焊缝只能采用冷焊。按等强度设计的壳体，其下部筒体及下封头均为低碳钢，厚度不超过 30mm，可直接进行冷焊，亦毋须焊前焊后热处理，Cr－Mo 钢壳体和奥氏体不锈钢内件热处理之间的矛盾容易解决。因此，壳体等强度设计是该换热器总体设计时的重要设计原则。

（五）总装

将组焊好的板束装入壳体上段，并借助图 4.2－32 所示的两组耳式支座将板束固定在壳体的内支座上。套上壳体下段后组对冷焊最后一道环焊缝。

每个内外接管间加一组波纹管膨胀节，将板束顶部及底部管箱上的内接管分别与壳体上的相应外接管连接起来。为方便起见，在壳体顶部和底部均设置了人孔。膨胀节用来补偿不锈钢板束与 Cr－Mo 钢壳体之间的热膨胀差。

三、性能

由于该大型换热器传热元件为波纹板片，故具有优异的传热性能及水力学特性。如无死区，真正的两相流，无气液分层形成的干板区，气液分布均匀及高度紊流。

据 Packinox 公司资料介绍[14,15]，其优越性有以下 4 点。

（一）低结垢性能

通常，在加氢进料/产物换热器中，不饱

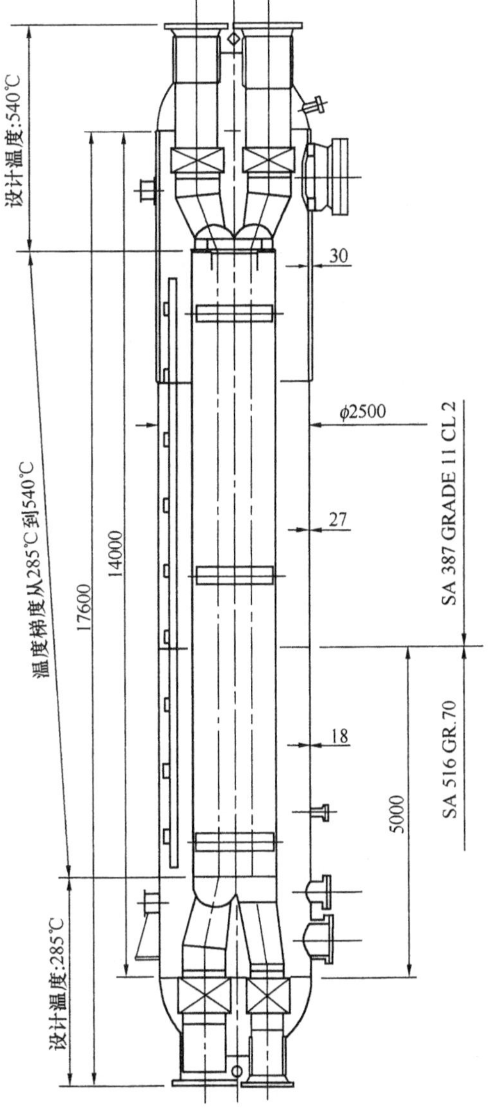

图 4.2－34　壳体等强度设计图

和烃和过氧化焦油结垢均较严重。而大型焊接板式换热器，由于流道的不断变化以及流道中介质流向变化达1000多种，流体即使在低流速下已能处于高紊流状态，以致使得流体在不断地擦洗板面。这种自清洗作用表明了该换热器的低结垢性能。日本JGC的试验表明，只有当柴油进料人为地用空气饱和时，才会有轻微的结垢。俄罗斯YUKOS炼厂一台Packinox公司板式换热器连续使用了3年，其结果已证实基本上无结垢[14]。

（二）高传热性能

真正的两相流，高气液紊流状态，使得大型焊接板式换热器具有很高的传热系数，通常是管壳式换热器的2~3倍。表4.2-5给出了作为重整F/E换热器使用的Packinox公司大型焊接板式换热器与管壳式换热器的对比。表4.2-5所示是Packinox公司为某炼厂60万t/a催化重整工艺计算的结果。

表4.2-5 Packinox换热器与管壳式换热器对比表(1)

项　目	管壳式	Packinox对比方案*	Packinox优化方案 A	B	C
冷侧温度/℃	95/444	95/444	95/456	95/463	95/467
热侧温度/℃	491/130	491/130	491/122	491/118	491/115
冷端温差/℃	47	47	35	28	24
热端温差/℃	35	35	27	23	20
Q/T最小温差/℃**	23.9	23.9	15.9	11.6	9.9
回收热量/MW	38.94	38.94	40.24	40.99	41.42
总压降/MPa	0.072	0.072	0.072	0.072	0.072
加热炉热负荷/MW	4.67	4.67	3.22	2.38	1.90
节省燃料费/(美元/a)	—	—	130636	206002	249212
空冷器热负荷/MW	8.23	8.23	6.93	6.18	5.75
设备总重/t	115	48	58	65	78
设备安装费/万美元	717	648	639	642	666
头5年节约资金/万美元	—	66	141	178	186

注：* Packinox对比方案——用Packinox大型焊接板式换热器替代并达到管壳式换热器使用效果时的方案对比；优化方案A，B，C则是在采用Packinox板式换热器增加换热面积，不断增加回收热量条件下的对比方案。在Packinox对比方案下，采用一台重48t的Packinox大型焊接板式换热器即可代替一台重115t的管壳式换热器，节约钢材67t。

** *Q/T*——Packinox热负荷/温度曲线，见图4.2-35。*Q/T*最小温差在图中冷热物流的窄点(Pinch Point)处。

（三）端部温差低

由图4.2-35可见[15]，Packinox焊接板式换热器与管壳式换热器相比，热端温差从45℃降到30℃，窄点温差从18℃降到10℃，加权平均温差大约降低到管壳式换热器的1/2，而热负荷反而增加了7.3%。可见，该换热器传热性能高的优势相当明显，一般都能达到管壳式换热器的2~3倍。

减小端部温差可显著提高节能效果，以8600t/d的柴油加氢装置为例，管壳式换热器组与Packinox焊接板式换热器热回收比较见表4.2-6。

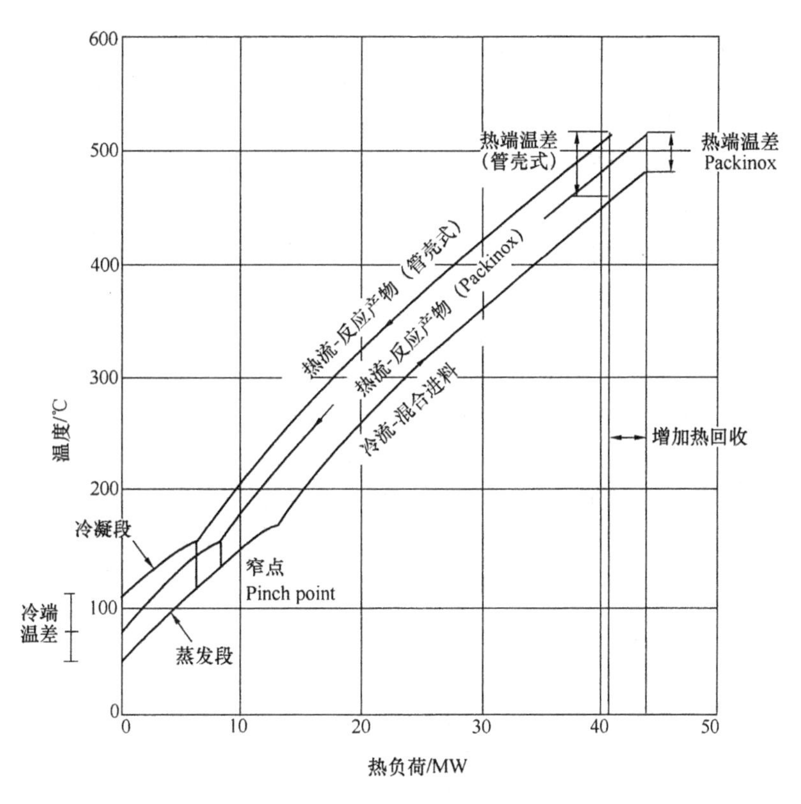

	管壳式	Packinox
窄点Pinch point/℃	18	10
热端温差/℃	45	30
热负荷/MW	41	44
多回收热量/MW	—	3

图 4.2－35　热负荷/温度曲线

表 4.2－6　Packinox 换热器与管壳式换热器对比表(2)

	管壳式	Packinox 板式	节省值
热端温差/℃	60	20	—
回收热量/MW	84	100	—
空冷器热负荷/MW	38	22	16
加热炉热负荷/MW	16	0	16

(四) 低压降性能

在管壳式换热器壳程中快速流动的气相介质，在折流板间将反复做 180°回转，能量消耗大。而 Packinox 换热器板片为顺人字形，与介质流动方向总体是一致的，因此总阻力降仅为管壳式换热器的 1/2 ~ 1/3。

Packinox 换热器本身压降较低，加之热负荷降低后加热炉和空冷器压降的减少，使循环氢压缩机的动力消耗最大限度地减少了(通常可以节省 1MW 的能耗)，故装置扩能改造亦毋须增加新的压缩机设备，大大节约了投资。

四、应用[15]

(一) 在催化重整装置中的应用

作为催化重整装置中的混合进料/反应产物(F/E)换热器，Packinox 换热器和管壳式换热器相比，前者降低了冷端和热端温差，以及加热炉和空冷器组的热负荷；鉴于前者的阻力降远低于后者，因而降低了压缩机的功率。在增容改造中采用Packinox换热器，可以在保持原有设备(压缩机、加热炉及空冷器等)不变的条件下，提高装置的处理量及收率。一台Packinox换热器在12年的服役期内，可以容易地将装置能力提高33%。

工艺参数：①处理量：210~3000kt/a(5000~70000bbl/d)；②温度：冷端80℃，热端530℃；③热端温差：可以低到30℃或更低；④操作压力：0.7~4.5MPa；⑤压降：0.1~0.2MPa。

(二) 在加氢装置中的应用

在现代粗汽油加氢(NHDT)和柴油加氢脱硫(HDS)装置中，使用Packinox换热器是一种极具吸引力的选择。在混合进料/反应产物(F/E)换热器工位，1台Packinox换热器的热负荷可达100MW，热端温差可降至15~20℃。

通过对亚洲、欧洲和美洲8个炼油厂的考察表明，一个处理量1500kt/a(3500bbl/d)的柴油加氢脱硫(HDS)装置，采用这种焊接板式换热器后的头5年就可节省操作费和工程费1000万美元。若在增容改造中采用该换热器，则不但可增大装置的处理量，且还毋须增大循环氢压缩机、加热炉及空冷器等设备的规模，同时，能耗亦减少了。

(三) 在轻烃加工装置中的应用

(1)用于二甲苯异构化。现已在25个以上二甲苯异构化装置中把Packinox换热器作为F/E换热器使用，在5年的运行周期里，比管壳式换热器节约了540万欧元。

(2)用于汽油裂解加氢。在汽油裂解加氢装置中，用Packinox换热器来回收反应产物中的热量，是一种经济可行的方案。即使加热炉熄火时，装置亦能够依靠反应放出的热量进行等温运行。此外，一种新的H_2减压控制方案还可使循环氢压缩机额定功率减小100kW。方案对比见表4.2-7、表4.2-8。

表4.2-7 Packinox换热器与管壳式换热器对比表(3)

参 数	Packinox优化方案	管壳式方案
设备数	1	2
混合进料出口温度/℃	395	373
设备重/kg	116000	260000
设备直径/mm	2700	1700
第一预热器设计负荷/MW	10.6	15.5
第一预热器额定负荷/MW	6.1	11.32
空冷器设计负荷/MW	25.27	30.56
空冷器额定负荷/MW	20.8	26.38

表4.2-8 Packinox换热器与管壳式换热器对比表(4)

费用/欧元	Packinox优化方案	管壳式方案
混合进料换热器：		
设备费	2104000	1494000
配套费	839000	1189000
加热炉：		
设备费	945000	1357000
配套费	1890000	2714000
空冷器		
设备费	2211000	2668000
配套费	4421000	5336000
总计费用	12409000	14757000
节约费用	2348000	

（四）烷烃脱氢装置中的应用

在烷烃脱氢工艺流程中，需要特别注意的3个问题是，低压降，真正的两相流和催化剂微粒产生的公害。Packinox焊接板式换热器能够满足以上要求，因为该换热器板间距一般在5mm左右，催化剂微粒可以自由通过。烷烃脱氢装置中使用的该换热器，其热负荷一般在15～65MW，长度为10～15m，总重30～85t。

轻烃加工流程中的介质洁净，不易结垢结焦。操作温度一般在400～650℃之间，操作压力亦多较低，这些均为Packinox换热器的使用提供了良好的条件。作为轻烃加工装置中的F/E换热器，要求其阻力降非常低，两相流条件下传热效率高，单台换热面积足够大，Packinox换热器完全能够满足这些要求，因此在油气深加工领域中推广应用前景广阔。我国近年来也先后引进了几台，并经催化重整及烷基苯等装置中应用验证，经济效益显著。

第四节　LBQ大型板壳式换热器

“九五”期间，为满足炼油、化工技术发展的需要，特别是为适应催化重整装置大型化的需求，国产IBQ型大型板壳式换热器应运而生。

一、LBQ大型板壳式换热器结构

（一）整体结构

图4.2－36是兰州石油机械研究所开发的LBQ大型板壳式重整进料/产物换热器的典型设计结构之一。其结构特点是：

(1)可拆结构，便于维修并可更换板束。

(2)在板束与壳体之间设有支持板，可承受“反压差”。

(3)板束及壳体等可分成几大部件单独制造。

板束借助一块被夹持在设备法兰中的加厚支持板悬挂在壳体当中。加厚支持板还具有隔离反应产物进出口及避免短路的作用。附加外Ω环密封的设备法兰可以保证设备绝对密封不泄漏。在混合进料进出口接管上设置的膨胀节，用来补偿壳体和板束间的热膨胀差。为便于维修或更换内件，在壳体的上部及下部各开设一个人孔。

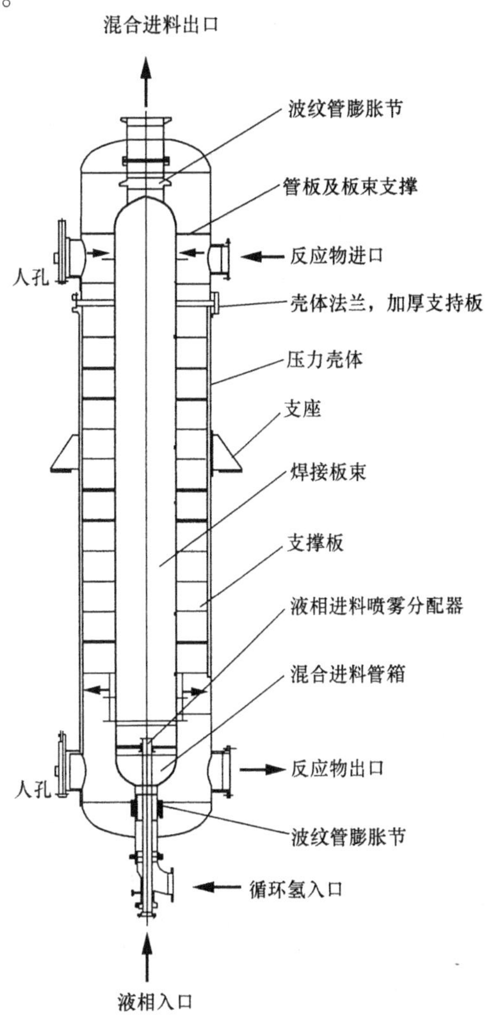

图4.2－36　LBQ大型板壳式换热器结构

如图所示，粗汽油和循环氢(冷流介质)从换热器底部中心接管分别送入并在混合进料管箱内混合后进入板束“板程”，经与热流介质换热后从换热器顶部流出。反应产物(热流介质)则从换热器上部侧面开口进入壳体，然后从加厚支持板上方的板束两侧进口进入板束“壳程”，经与冷流介质换热后从板束下方设备两侧出口流出。冷热介质在板束中为“全逆流”换热。

（二）板片

为了兼顾重整进料换热器对高传热效率及低压降的要求，LBQ 大型板壳式换热器板片选用了顺人字形波纹结构。板片采用步进式模压方法制造，其尺寸为：板宽 600～2000mm；板长不限（主要受生产场地限制），根据工艺要求一般为 6000～14000mm；厚度一般为 0.7～1.0mm。模压成形方法的优点是，冲压减薄量和残余应力小，极限承载能力和机械强度高，成形简单，成品率高（一般可达 99%）。板片分“A”、“B”两种板型“B”型板结构见图 4.2-37，整板均可直接模压而成。在板片的进、出口端的物料分配段，用专用模具模压成形的波纹，可满足进出口流体均匀分布的特殊需要。中间传热段仍为顺人字形波纹。“A”、“B”板经组合后在板束两端形成板束壳程的侧向进口。在顺人字形波纹段，沿长度方向每米设有一条横向通槽，其目的是为了均衡流体在整个板宽上的流动。

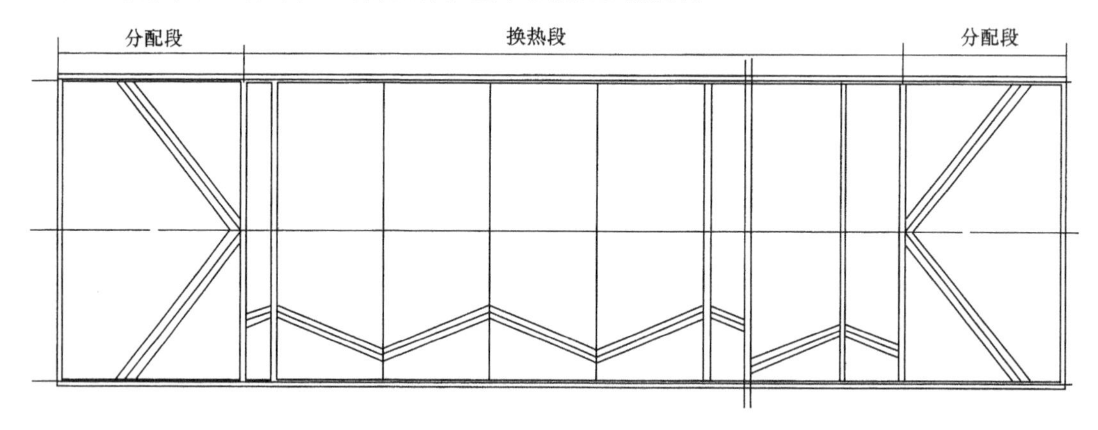

图 4.2－37 “B”型板结构

在板片的两端，各有一段“梯形截面”的凹槽，以便于板管与板管间端头横焊缝的焊接，见图 4.2－38。

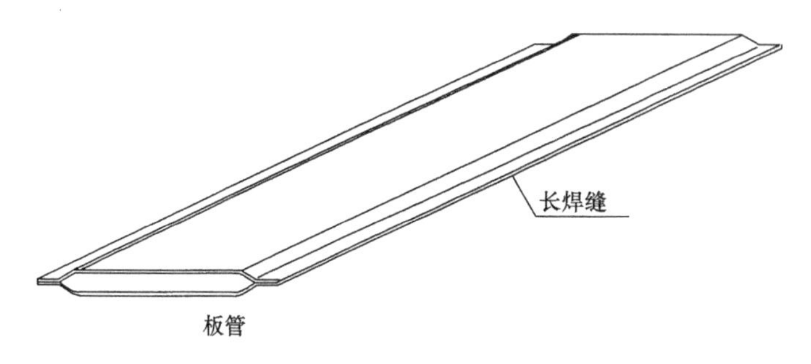

图 4.2－38 板管结构

（三）板管

板管是将“A”、“B”型板片叠置组合后，再用自动氩弧焊沿两侧长边纵缝焊接而成的，它是换热器板束的基本元件，亦是 LBQ 大型板壳式换热器特有的结构件之一。板管两侧长边的纵向焊缝占全部板束薄板焊缝的 90% 以上，若对板管进行单独制造及检验，则可最大限度地避免板片重复受热而使焊缝残余应力减小，做到焊缝无漏检，从而确保焊缝质量。

1. 焊接

在对板管纵缝焊接之前须严格做好工艺评定，以确保焊接接头的力学性能不低于母材。

板管焊接时应严格按照工艺评定的规范施焊，焊后还应逐件对焊缝进行100%检验，以确保所有板管的纵向焊缝均合格。

2. 强度

为验证板管氩弧焊焊缝的可靠性，需用评定后的焊接工艺焊接一组基础试件并进行强度试验。结果表明，板管氩弧焊焊缝强度可靠。

基础试件尺寸：256mm×292mm，板厚0.8mm，板片上有成形好的$SR=5$mm的半球形波纹，试件周边用氩弧焊封焊。试件的强度试验是在模拟板管工作状态及夹持之下采用水压爆破方式进行的。受打压装置稳压罐强度的限制，各试件最终试验压力仅在13～15MPa(G)之间，但均未爆破。试验结论如下：

(1) 板管在夹持状态下，两侧氩弧焊焊缝强度足够，可以承受10MPa以下的工作压差。

(2) 波纹是板管承压的薄弱环节，基础件强度试验表明，波纹承压能力应当限制在6MPa以内。

(四) 板束

板束由板管、压紧板、侧板、支持板、管板、连接板及旁路挡板等零部件组成。其主要特征是：①基本元件是板管。②采用支持板承担负压差(板程压力大于壳程压力工况时)并将总力传递到壳体上，板束在工作时始终处于被夹持状态。③板束壳程介质进出口在板束的侧向，从而简化了板束上下管箱的结构。板束外形结构见图4.2-39。

图4.2-39　板束外形结构

下面分6点来描述。

1. 组对

在组装工作台上将预制好的板管组对成板叠，先放置下压紧板，再依次叠放合格的板管，然后放置上压紧板。压紧板借助螺栓拉杆压紧力的作用将板束压缩到设计要求的尺寸。

2. 焊接

板束两端板管与板管间的横焊缝用自动氩弧焊焊接，板束与分隔连接板的焊接用手工钨极氩弧焊填丝焊接。同样，板束焊接之前须严格做好工艺评定，以确保焊后焊接接头的力学性能不低于母材。焊接时应严格按照经过工艺评定的规范施焊。板管焊接后对焊缝进行100%检验，确保所有焊缝合格。

3. 管板

板壳式换热器板束与管壳式换热器管束在结构上有较大差异，前者的管板为矩形板或圆形板，中心开大方孔，板束整体与管板内孔进行焊接。由于这种形式的管板在GB 151中没有相应的计算公式，因此强度设计时，需利用有限元分析软件ANSYS对管板进行详细的分析和设计计算。

4. 侧板

侧板与压紧板构成板束内壳体，在内壳体两端侧板处，各预留有一定尺寸的侧向开口，以供壳程介质进出板束。由于板束壳程与壳体间为同一介质，故换热器工作时侧板本身不承压。

5. 支持板

支持板形状为外圆内方，外圆直径按照 GB 151 的规定选取，中间方孔尺寸取决于板束的设计叠厚及压紧板宽度。支持板加工后剖切成两片，组装时利用对接焊缝的收缩力压紧板叠。当板束在反压差下操作时，压紧板被支持板分隔成的较小宽度受弯平板便可承受了压差，板程压力由支持板传递给外壳体。因此，LBQ 大型板壳式换热器可以承受较大的反压差。

支持板与内壳体组成了一个完整的受压容器，这种板束组件可以单独进行气密试验及氨渗透检验，合格后再装入换热器外壳体，因而更有利于保证换热器的质量。

6. 管箱及进料混合分配器

板束两端各有一个拱形进出口管箱，管箱上的进出口内接管各自通过一组波纹管膨胀节与换热器壳体的内伸外接管连接。

在该重整进料/产物换热器板束底部管箱(冷流入口)内，设有气/液进料混合分配器，原料油和循环氢经进料混合分配器均匀混合后进入板束板程。进料混合分配器由筛板和垂直喷管组成。垂直喷管从筛板的中心穿过，在筛板上方喷射粗汽油，循环氢通过筛板孔被吹散并以雾沫夹带的方式与粗汽油均匀混合后呈分散的两相流一起进入板束板程。进入板程的两相流在板片波纹的“搅拌”作用下维持其流动状态，直到其中的液相全部蒸发成为气相为止。

筛板的开孔率应保证循环氢气速大于干板气速，且应留有一定余量。开孔率过低则会造成较大的压降。混合及分配效果还与垂直喷管的开孔大小、开孔率及开孔的分布有较大关系。

(五) 设备壳体

LBQ 大型板壳式换热器用一对设备法兰把壳体分成上、下两个筒体，因此它是一种可拆式结构，这在制造和使用方面都接近于管壳式换热器。

因为壳体被分成了上、下两个筒体，因此焊后可分别进行热处理，换热器壳体的焊接应力可以消除到最低程度。

换热器在正常操作条件下，不需要抽出板束进行维修，故设备法兰和加厚支持板之间采用了上、下两个缠绕垫加外 Ω 环密封焊结构。一旦需要，可以磨开 Ω 环后将壳体打开，抽出板束进行检查、维修或更换。拉应力仍由主螺栓承担。这种 Ω 环密封环结构，已经过了数台高温、高压换热器的应用及长期考验，使用效果良好。采用 Ω 环密封可以做到“0”泄漏，设备的安全运行有保证。

LBQ 大型板壳式换热器，还可根据工艺要求的不同及用户的需要进行其他结构形式的设计。

二、设计计算(以某厂重整进料换热器为例)

(一) 设计条件

热流进出口温度/℃：527/1000

热流进口压力/MPa(G)：0.51

冷流进出口温度/℃：87.3/493.3

冷流进口压力/MPa：0.75

热侧流量/(kg/h)：73068

热侧流量/(kg/h)：72771

有效热负荷/MW：26.8

（二）结构设计

根据经验初步确定出板壳式换热器的结构尺寸，然后通过工艺计算进行反复校核、修改，直到满意为止。本项目设计结果如下：

传热面积 F_a/m^2：2400

板片数/张：316

板片宽度/m：1.0

板片长度/m：8.0

流通面积/m^2：0.6

设备直径/m：2.0

（三）工艺计算

1. 传热计算

（1）Q/T 曲线图

根据工艺条件给出的工艺参数作出冷、热流体的“热负荷/温度曲线图”（Q/T 曲线图），见图 4.2-40。

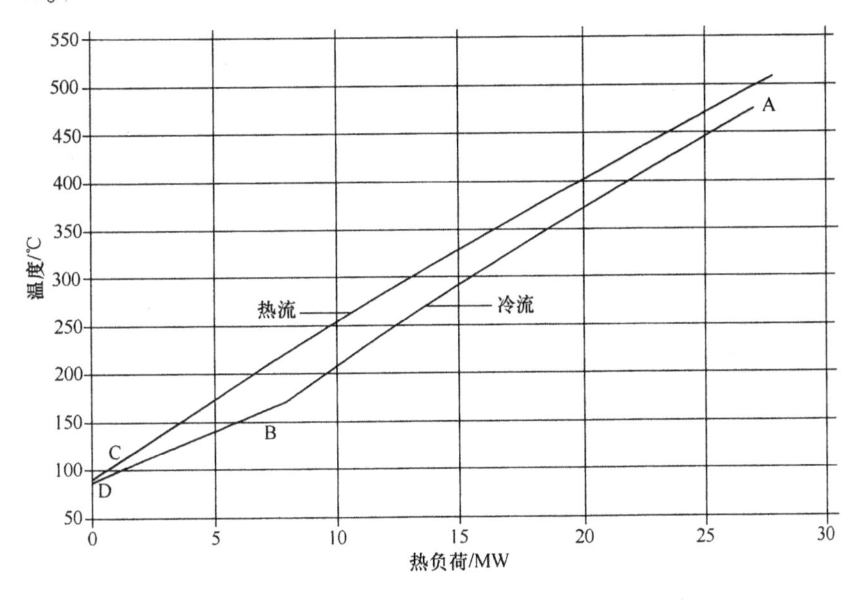

图 4.2-40　热负荷/温度曲线图

分别找出冷、热流体 $Q-T$ 曲线的拐点，分段进行换热器的工艺计算。图中曲线最高温度与所给工艺条件略有不同，但拐点不变。原因是在装置开工的初期、中期及后期反应器要求的床层温度不同。

AB 段两侧流体均无相变，为对流换热段。

BC 段热侧流体继续冷却，无相变，冷侧流体沸腾。

CD 段热侧流体出现少量冷凝，冷侧流体沸腾。

(2) AB 段传热计算

温度条件：热侧(无相变) $T_i = 527℃$，$T_o = 220℃$

冷侧(无相变) $t_i = 170℃$，$t_o = 493.3℃$

对数平均温差：$\Delta T_1 = \dfrac{(T_i - t_o) - (T_o - t_i)}{\ln \dfrac{(T_i - t_o)}{(T_o - t_i)}} \approx 41.32℃$

本段热负荷：$Q_1 = 18.8\text{MW}$

给热系数关联式：$Nu = \text{m} \cdot Re^n \cdot Pr^{0.4}$

式中 Re——雷诺数；

Pr——普兰特准数；

Nu——努塞尔准数；

m，n——常数，取决于板片的几何形状参数。

通过计算，得到本段传热系数：$K_1 = 469.36\text{W}/(\text{m}^2 \cdot \text{K})$

本段所需换热面积：$F_1 = \dfrac{Q_1}{K_1 \cdot \Delta T_1} \approx 969.48\text{m}^2$

(3) BC 段传热计算

温度条件：热侧(无相变) $T_i = 220℃$，$T_o = 104℃$

冷侧(部分沸腾) $t_i = 100℃$，$t_o = 170℃$

对数平均温差：$\Delta T_2 = \dfrac{(T_i - t_o) - (T_o - t_i)}{\ln \dfrac{(T_i - t_o)}{(T_o - t_i)}} \approx 18.2℃$

本段热负荷：$Q_2 = 7\text{MW}$

热侧给热系数按无相变计算，冷侧因为有沸腾按两相流计算，这样更符合板式换热器流动性质。

通过计算，得到本段传热系数：$K_2 = 597.49\text{W}/(\text{m}^2 \cdot \text{K})$

本段所需换热面积：$F_2 = \dfrac{Q_2}{K_2 \cdot \Delta T_2} \approx 643.72\text{m}^2$

(4) CD 段传热计算

温度条件：热侧(部分冷凝) $T_i = 104℃$，$T_o = 96℃$

冷侧(部分沸腾) $t_i = 87.3℃$，$t_o = 100℃$

对数平均温差：$\Delta T_3 = \dfrac{(T_i - t_o) - (T_o - t_i)}{\ln \dfrac{(T_i - t_o)}{(T_o - t_i)}} \approx 6.43℃$

本段热负荷：$Q_3 = 1\text{MW}$

热侧给热系数按部分冷凝计算，冷侧按两相流计算。

通过计算，得到本段传热系数：$K_3 = 511.42\text{W}/(\text{m}^2 \cdot \text{K})$

本段所需换热面积：$F_3 = \dfrac{Q_3}{K_3 \cdot \Delta T_3} \approx 304.1\text{m}^2$

(5) 校核

加权平均温差：$\Delta T_{\text{加权}} = \dfrac{Q_1 \Delta T_1 + Q_2 \Delta T_2 + Q_3 \Delta T_3}{Q} \approx 33.98℃$

平均传热系数：$K = \dfrac{Q}{(F_1 + F_2 + F_3)\Delta T_{加权}} \approx 411.36\text{W/(m}^2\cdot\text{K)}$

所需总换热面积：$F_c = F_1 + F_2 + F_3 = 1917.3\text{m}^2$

$$F_a/F_c \approx 1.25$$

面积余量为：25%。

计算结果合理，不再猜算。

2. 阻力降计算

阻力降是大型板壳式换热器的一项重要考核指标，必须准确计算，应严格限制在工艺设计给定范围之内，以保证装置的正常运行。阻力降主要有流体流过板束、进出口以及进料混合器等处产生的阻力降，冷热侧应分别进行计算。

（1）热侧（反应产物）阻力降

本例中，反应产物走壳程。根据工艺计算结果，热侧基本上是一个冷却过程，只有少量冷凝，冷凝量 W 约占 5%。通过上述传热计算，可以推导出冷凝段对应的板片长度应为约 1.27m，它仅占板片总长度的 15.86%，故热侧板束内的阻力降可按全气相无相变计算。

1）热侧板束内阻力降

单相阻力降关联式：$\Delta p_h/L = k(G^2/\rho)Re^i$

式中 Re——雷诺数；

G——宏观质量流速，kg/(m^2·s)；

ρ——流体密度，kg/m^3；

L——板片长度，m；

Δp——阻力降，Pa；

k，i——常数，取决于板片的几何形状参数。

2）热侧进出口阻力降

$$\Delta p_r \propto G^2/\rho$$

（2）冷侧（粗汽油/循环氢）阻力降

1）冷侧无相变段（AB 段）阻力降

AB 段为气相升温过程。此段传热面积 969.48m^2，对应板片长度约 4.05m。其阻力降计算方法仍按单相阻力降计算即可。

2）部分组分沸腾段（BD 段）阻力降

BD 段传热面积 947.82m^2，对应板片长度约 3.95m。其阻力降按两相流计算，但需引入马提内利参数，在设计手册中均可找到，此处不再赘述。

3）冷侧进出口阻力降

冷侧进出口阻力降计算方法与热侧相同。

4）进料混合器局部阻力降

进料混合器局部阻力降主要为循环氢通过混合器筛板孔时的阻力降。

$$\Delta p_r \propto G^2/\rho$$

（3）计算结果

热侧/MPa		冷侧/MPa	
板面阻力降	$\Delta p_{h1} = 0.050100$	升温段阻力降	$\Delta p_{c2} = 0.013100$
进出口分配段阻力降	$\Delta p'_{h1} = 0.011000$	两相流段摩擦损失	$\Delta p_{c2} = 0.000427$

进口阻力降	$\Delta p_{hi}=0.000900$	两相流段加速损失	$\Delta p_{ca3}=0.000140$
出口阻力降	$\Delta p_{ho}=0.000370$	两相流段静压差	$\Delta p_{cH3}=0.000138$
		进口阻力降	$\Delta p_{ci}=0.000482$
		出口阻力降	$\Delta p_{co}=0.000140$
		进料混合器局部阻力降	$\Delta p_{cr}=0.000607$
合计压降	$\Delta p_{h}=0.062300$	合计压降	$\Delta p_{c}=0.014500$

总阻力降 $\Delta p=\Delta p_{h}+\Delta p_{c}=0.076800\text{MPa}$

3. 讨论

（1）该换热器传热计算和阻力降计算与板式换热器相近，其中阻力降计算经验证偏于保守。

（2）该换热器多用于气相或两相流换热，当密度高时，更容易获得较高的传热系数和较小的阻力降，如氢气和烃。

（3）顺人字形波纹板片，比阻力降（$\Delta p/L$）小，相应的设备直径较小，更适合大型板壳式换热器使用。

（4）初步计算时，应根据经验设定宏观流速和传热系数，用以确定结构尺寸。重整进料换热器流速应以10～15m/s为宜，K值的初始取值范围为400～700W/(m^2·K)。

三、应用

LBQ板壳式换热器的顺人字形板片与Packinox焊接板式换热器波纹形板片相同。前者板束内介质的流动特性与后者亦相同。因此LBQ具有Packinox相同的性能特点。Packinox适用的场合及范围，LBQ也完全适用。

LBQ板壳式换热器还具有可拆、可承受反压差的特点，其板片波纹形式除顺人字形外，还有LT型（一种大流道、压降更低及介质为错流流动的板片）等，适用范围更加广泛。对大多数干净介质，管－壳程操作压差又不太大（$\Delta p\leqslant 2.0\text{MPa}$）的场合，都可以用LBQ板壳式换热器替代管壳式换热器使用。

主要符号说明

Re——雷诺数；

Pr——普兰特准数；

Nu——努塞尔准数；

Nu_h——热侧努塞尔准数；

Nu_c——冷侧努塞尔准数；

Eu——欧拉准数；

Eu_h——热侧欧拉准数；

Eu_c——冷侧欧拉准数；

m、n——常数，取决于板片的几何形状参数；

K——传热系数，W/(m^2·K)；

F——传热面积，m^2；

F_a——有效传热面积，m^2；

F_c——计算传热面积，m^2；

Q——热负荷，W；

ΔT——对数平均温差，℃；

$\Delta T_{加权}$——加权平均温差，℃；

T——温度，℃；

T_i——热侧进口温度，℃；

T_o——热侧出口温度，℃；

t_i——冷侧进口温度，℃；

t_o——冷侧出口温度，℃；

Re——雷诺数；

G——质量流速，$kg/(m^2 \cdot s)$；

ρ——流体密度，kg/m^3；

L——板片长度，m；

Δp——阻力降，MPa；

k、i——常数，取决于板片的几何形状参数；

Δp_h——热侧阻力降，MPa；

Δp_c——冷侧阻力降，MPa。

参 考 文 献

[1] 杨崇麟．板式换热器工程设计手册．北京：机械工业出版社，1995

[2] 金伟明　张健．新型波面板壳换热器．石油化工设备，1992(2)：14～16

[3] 兰州石油机械研究所编．换热器(下册)．北京：烃加工出版社，1990

[4] 叽材俊雄．全焊接板式换热器．配管技术，1988，30(7)

[5] OTTOHYBRD welded plate heat exchanger. OTTO 公司样本

[6] The BAVEX HYBRID Heat exchanger Structuer. BAVARIA 公司样本

[7] Vishwas. V. Wadekar. Compact Heat Exchangers. Chemical Engineering Progress, 2000, 96(12): 39～49

[8] 新型紧凑板式换热器(俄)Ф. Мцменккоь Б. Камашеь(ОКБМ). 曹纬　译(Ф. Мцменкоь Б. Камашеь Новый тип компактньх пластинчатьх теплообменников ISSN 0023－1126. ХИМИЧЕСКОЕ И НЕФТЕГАЗОВОЕ МАLLИНОСТРОЕНИЕ NO 12. 1998)

[9] K. Pavan Kumar G. Venkatarathnam. Optimization Of Matrix Heat Exchanger Geometry. Journal of Heat Transfer. Transactiongs of the ASME Vol. 122

[10] 中国机械工程学会焊接分会编．焊接手册　第一篇　三十五章．北京：机械工业出版社，1995

[11] HBH 焊接型板式换热器．上海民众化工机械厂样本

[12] 陈亚平，徐礼华，周强泰．一种新型板壳式换热器．石油化工设备，2000，29(6)：29～30

[13] Corrugaed folded plate heat exchanger. United States Patent. 6244333. Bergh. ea al. June 12. 2001

[14] Peter H. Bames. Hydrotreater Optimisation with Welded Plate Heat Exchangers

[15] Packinox 公司网上产品应用资料

[16] Welded Plate Heat Exchangers. Ziemann－Secathen 公司样本

第三章　T－P 板

（魏兆藩　王丕宏　周建新）

第一节　概　　述

T－P 板（Temp－Plate）又称热板，从某种意义上说它是压焊板式换热器技术的延伸。我国20世纪50年代出现的压焊板式换热器，就是把两块分别被压制出一条条凹槽的金属板对扣，再在平板接触处经点焊或滚焊而成的。两板之间凹槽相对，形成了板内介质流道[11]。T－P 板亦是把两块按一定间距分别压制（或液压鼓胀）形成许多均布圆锥台的金属板对扣，使两板之间各圆锥台相抵，再经点焊后而构成的。两板周边经封焊后在板间便形成介质流道。

在国外，T－P 板是一种非常通用的产品，已在各类表面换热设备中获得广泛应用。它不受材料、组合形式及成形方法的限制，可用不锈钢、合金及碳钢制造，已有多种形式、尺寸和材料的产品在涂料、化工、纺织、酿造、制药、造纸、报业、食品、核能及水处理等工业部门得到应用。

国外 T－P 板代表性生产厂商有 Vicarb 公司及 Mueller 公司。早在 20 世纪 40 年代，Vicarb 公司就推出了模压成形的热板管，在浸没式换热器中用其代替管式盘管。Mueller 公司的 T－P 板为美国专利（No. 3458917）技术制造的产品。T－P 板有双面鼓泡和单面鼓泡两种形式，可以通过模压成形或液压鼓胀成形来获得，它具有可靠、经济及互换性好的优点。单面鼓泡热板或板管组可作为设备的夹套段连接于任何工艺设备上使用；双面鼓泡热板可以是整体平行板管，也可被弯曲成弧形或组成浸没式热板组。根据特殊需要，可单独进行设计以使热板获得更高的传热效率和机械强度。

国内生产 T－P 板的主要厂家有兰州节能环保有限公司和江苏张家港化工机械厂，其产品主要用于造纸行业的碱回收等场合。

第二节　基本结构

T－P 板主要有单面成形板（SE）、双面成形板（DE）及凹纹板，见图 4.3－1～图 4.3－3[2,3]。其中单面成形板及双面成形板多采用液压鼓胀成形，而凹纹板则采用模压成形作为补充。

表 4.3－1～表 4.3－4 给出了 Vicarb 公司 T－P 板系列产品的规格尺寸[3]，表 4.3－5～表 4.3－6 为 Mueller 公司 T－P 板系列产品的规格尺寸[2]。

表 4.3－1　Vicarb 公司 T－P 板系列产品的结构尺寸　　mm

规格	焊点间距 x	膨胀高度 y			板厚 t_1		板厚 t_2	
		最小	最大	标准	最小	最大	最小	最大
PC－15	38	2.00	6.00	5.00	0.46	3.20	0.46	19.00
PC－20	51	2.00	14.00	7.60	0.46	3.60	0.46	19.00
PC－30	76	2.00	14.00	10.00	0.46	4.00	0.46	19.00

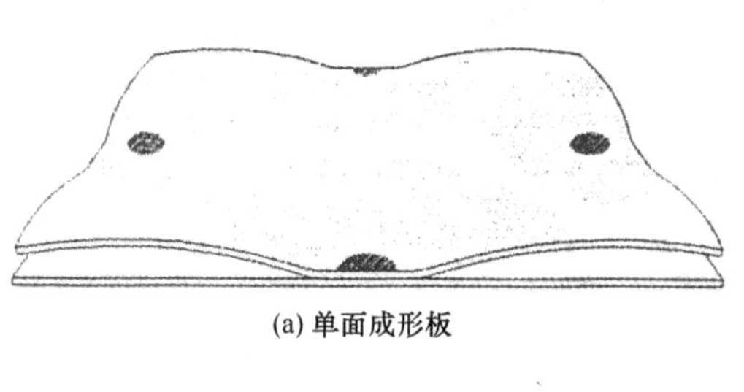

(a) 单面成形板

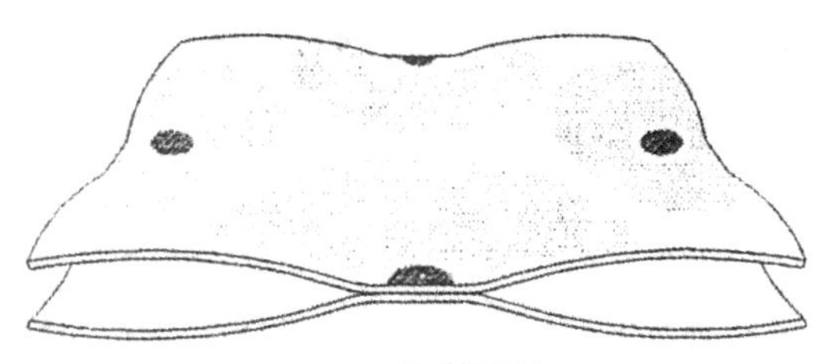

(a) 双面成形板

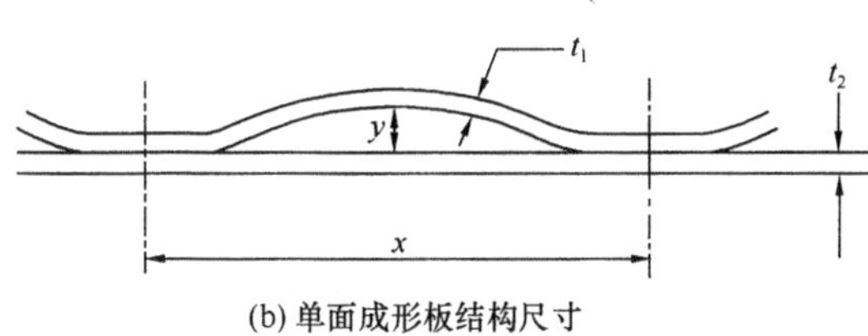

(b) 单面成形板结构尺寸

图 4.3－1　单面成形板

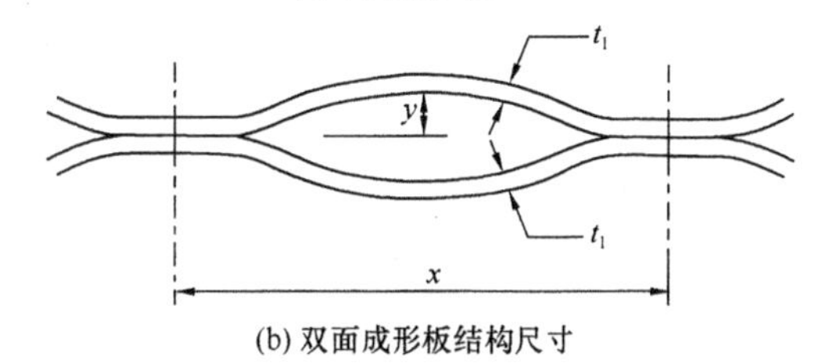

(b) 双面成形板结构尺寸

图 4.3－2　双面成形板

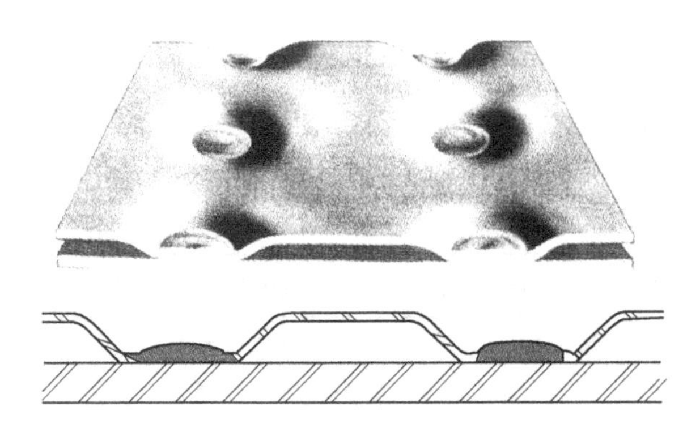

图 4.3－3　凹纹板

表 4.3－2　Vicarb 双面成形板系列产品板面积　　m^2

长度 l/m	宽度 w/m						
	0.3	0.4	0.6	0.8	0.9	1.2	1.5
0.6	0.36	0.48	0.73	0.91	1.10	1.46	1.82
0.7	0.46	0.61	0.92	1.15	1.38	1.84	2.30
0.9	0.56	0.74	1.11	1.38	1.66	2.22	2.78
1.2	0.74	0.99	1.50	1.87	2.24	2.98	3.73
1.5	0.94	1.24	1.88	2.34	2.81	3.74	4.68
1.8	1.12	1.50	2.26	2.81	3.38	4.51	5.63
2.1	1.30	1.74	2.60	3.25	3.90	5.20	6.50
2.4	1.50	1.99	2.98	3.73	4.48	5.96	7.46
2.7	1.70	2.27	3.40	4.25	5.07	6.79	8.49
3.0	1.88	2.50	3.74	4.68	5.62	7.49	9.36
3.3	2.08	2.77	4.16	5.19	6.23	8.31	10.40
3.6	2.26	3.00	4.51	5.63	6.76	9.01	11.27
4.7	2.96	3.96	5.94	7.42	8.90	11.87	14.84
6.6	4.10	5.46	8.19	10.24	12.28	16.38	20.48
8.9	5.58	7.45	11.18	13.96	16.76	22.34	27.94

表 4.3-3　Vicarb 双面成形板系列产品板重量　kg

长度 l/m	宽度 w/m						
	0.3	0.4	0.6	0.8	0.9	1.2	1.5
0.6	5.9	7.7	11.3	14.1	17.2	22.7	28.6
0.7	7.3	9.5	14.5	18.1	21.8	28.6	35.8
0.9	8.6	11.8	17.2	21.8	25.9	34.9	43.5
1.2	11.8	15.4	23.1	29.0	34.9	46.7	58.5
1.5	14.5	19.5	29.5	36.7	44.0	58.5	73.0
1.8	17.7	23.6	35.4	44.0	52.6	70.3	88.0
2.1	20.4	27.2	40.8	50.8	61.2	81.2	101.6
2.4	23.1	31.3	46.7	58.5	69.9	93.4	116.6
2.7	26.8	35.4	53.1	66.2	79.8	106.1	132.9
3.0	29.5	39.0	58.5	73.0	88.0	117.0	146.5
3.3	32.7	43.5	64.9	81.2	97.5	130.2	162.4
3.6	35.4	47.2	70.3	88.0	105.7	141.1	176.0
4.7	46.3	61.7	93.0	116.1	139.3	185.5	231.8
6.6	64.0	85.3	127.9	160.1	191.9	255.8	319.8
8.9	87.1	116.6	174.6	218.2	261.7	349.3	436.4

注：①表中重量是依据板厚 2.0mm（14ga.）为基准计算的，如果用其他厚度板片时，还应分别乘以下列校正系数：

线规号	厚度 t/mm	系数	线规号	厚度 t/mm	系数
10ga.	3.6	1.80	18ga.	1.3	0.64
12ga.	2.8	1.40	20ga.	1.0	0.48
16ga.	1.5	0.80	22ga.	0.8	0.40

②正常订货的最大长×宽尺寸：4.7m×1.5m。

③采用钛板片时的校正系数：

厚度 t/mm	系数
0.6	0.17
0.8	0.23

表 4.3-4　Vicarb 单面成型板系列产品板面积　m^2

长度 l/m	宽度 w/m						
	0.3	0.4	0.6	0.8	0.9	1.2	1.5
0.6	0.18	0.24	0.35	0.45	0.54	0.72	0.89
0.7	0.22	0.30	0.45	0.56	0.68	0.90	1.12
0.9	0.27	0.36	0.54	0.68	0.82	1.09	1.36
1.2	0.36	0.48	0.72	0.91	1.10	1.46	1.79
1.5	0.46	0.61	0.91	1.14	1.37	1.83	2.29
1.8	0.55	0.73	1.10	1.37	1.65	2.20	2.75

续表

长度 l/m	宽度 w/m						
	0.3	0.4	0.6	0.8	0.9	1.2	1.5
2.1	0.63	0.85	1.27	1.59	1.90	2.54	3.18
2.4	0.72	0.97	1.46	1.82	2.18	2.91	3.64
2.7	0.83	1.11	1.65	2.07	2.49	3.32	4.14
3.0	0.91	1.22	1.83	2.29	2.74	3.65	4.57
3.3	1.01	1.36	2.03	2.54	3.05	4.06	5.07
3.6	1.10	1.47	2.20	2.75	3.30	4.39	5.50
4.7	1.45	1.93	2.90	3.62	4.35	5.79	7.24
6.6	2.00	1.74	3.99	5.00	5.99	7.99	9.99
8.9	2.72	3.63	5.45	6.81	8.18	10.90	13.63

表4.3-5 Mueller公司T-P板系列产品板面积 m^2

长度 l/m	宽度 w/m							
	0.30	0.46	0.56	0.66	0.74	0.91	1.09	1.19
0.6	0.36	0.59	0.68	0.79	0.89	1.11	1.32	1.49
0.7	0.46	0.72	0.85	0.99	1.12	1.38	1.65	1.86
0.9	0.56	0.87	1.03	1.20	1.37	1.69	2.02	2.23
1.2	0.74	1.19	1.39	1.62	1.82	2.25	2.68	2.97
1.5	0.95	1.47	1.75	2.02	2.31	2.85	3.40	3.72
1.8	1.13	1.79	2.09	2.45	2.75	3.39	4.04	4.46
2.1	1.32	2.07	2.48	2.83	3.25	4.01	4.78	5.20
2.4	1.52	2.40	2.81	3.29	3.68	4.54	5.42	5.95
2.7	1.70	2.67	3.21	3.66	4.19	5.17	6.17	6.69
3.0	1.90	3.00	3.52	4.11	4.61	5.69	6.78	7.43
3.3	2.11	3.31	3.92	4.52	5.13	6.34	7.55	8.18
3.6	2.27	3.58	4.23	4.88	5.55	6.85	8.16	8.92

表4.3-6 Mueller热板系列产品板质量 kg

长度 l/m	宽度 w/m						
	0.30	0.46	0.56	0.66	0.74	0.91	1.09
0.6	5.4	8.6	10.4	11.8	13.6	16.8	20.4
0.7	6.8	10.9	13.2	15.4	17.7	21.3	25.9
0.9	8.6	13.6	15.9	18.6	21.3	25.9	31.3
1.2	11.3	18.1	21.8	24.9	28.6	34.9	42.2
1.5	14.5	23.1	26.8	30.8	35.4	43.5	52.6
1.8	17.2	27.2	32.7	37.6	42.6	52.6	63.1
2.1	20.0	31.8	38.1	44.0	49.9	61.7	73.9
2.4	23.1	41.3	48.5	56.7	64.4	79.8	95.3

续表

长度 l/m	宽度 w/m						
	0.30	0.46	0.56	0.66	0.74	0.91	1.09
2.7	25.9	41.3	48.5	56.7	64.4	79.8	95.3
3.0	29.0	45.8	54.4	63.1	72.1	88.9	106.1
3.3	31.8	50.3	59.9	70.3	78.9	98.0	117.0
3.6	34.5	54.9	65.3	75.8	86.2	106.6	127.5

注：表中重量是依据板厚2.0mm（14ga.）为基准计算的，如果用其他厚度板片时，还应分别乘以下列校正系数：

线规号	厚度 t/mm	系数
12ga.	2.8	1.40
16ga.	1.5	0.80

由表4.3-2和表4.3-5可看出，Vicarb双面成形热板的最大长×宽尺寸为8.9m×1.5m，最大板管面积27.94m^2；Mueller热板最大长×宽尺寸为3.6m×1.19m，最大板管面积8.92m^2；国内兰州节能环保设备公司板管最大长×宽尺寸为8m×1.2m，最大板管面积约20m^2，可见国内热板在制造能力上已达到国外水平。

第三节 强 度

热板板管之间留有足够的间隔以作为板管外介质的流道，亦可将板管单独使用。板管承受介质内压力作用主要依靠板片之间的点焊点和周边封焊焊缝对两张成形板的拉紧力，这与板式换热器依靠压紧板片，板片触点彼此支承来抵抗介质压力有根本的区别。显然，点焊点的强度决定了热板的强度。

水压爆破试验表明，一个合格的承压点焊点，不会被整体拉断，而是沿着焊点周边剪切开裂，据此可以准确计算热板的承压强度。

以Vicarb的PC-20为例，已知焊点直径d=6mm，焊点间距x=51mm，三角形排列，采用SUS304材料。

每个焊点所受拉力：$F = A \times p$

式中 A——承压面积，mm^2；

$$A = 51 \times 51 \times \frac{\sqrt{3}}{2} = 2252.53,\mathrm{mm}^2$$

p——压力，MPa。

每个焊点的周边剪切力：$F = \pi d t_1 \sigma_b \times \frac{\sqrt{2}}{2}$

对于304、316等不锈钢材料，σ_b=515MPa，所以$2252.53p = \pi \times 6 \times t_1 \times 515 \times \frac{\sqrt{2}}{2}$，得$p = 3.047t_1$。

若取安全系数N_b=6.25：

当t_1=2mm时，许用工作压力［p］=0.975MPa；

当t_1=2.8mm时，许用工作压力［p］=1.365MPa；

当 t_1 =3.6mm 时，许用工作压力［p］ =1.755MPa。

Vicarb 公司系列产品的规格及其许用工作压力，见表 4.3 –7。

表 4.3 –7　Vicarb 热板系列产品规格及许用工作压力[3]

规格	板型	厚度 on 线标/mm	许用工作压力［p］/MPa	
			碳钢 SA414 CrA –29 ~343℃	SS304L/SS316L SA240 –29 ~538℃
PC –15	DE 双面成形板	18on18（1.3）	—	0.949
		16on16（1.5）	—	1.371
		14on14（2）	1.582	1.758
		12on12（2.8）	1.969	2.285
		10on10（3.6）	2.109	2.601
	SE 单面成形板	18on18（1.3）	—	0.843
		16on16（1.5）	—	1.406
		14on14（2）	1.406	1.582
		12on12（2.8）	1.863	2.109
		10on10（3.6）	2.074	2.461
PC –20	DE 双面成形板	18on18（1.3）	—	—
		16on16（1.5）	—	—
		14on14（2）	0.703	0.949
		12on12（2.8）	1.160	1.406
		10on10（3.6）	1.582	1.898
	SE 单面成形板	14on14（2）	0.598	0984
		14on12（2 +2.8）	0.809	1.019
		12on12（2.8）	1.125	1.336
		10on10（3.6）	1.547	1.863
PC –30	DE 双面成形板	14on14（2）	0.352	0.422
		12on12（2.8）	0.422	0.703
		10on10（3.6）	0.738	0.7734
	SE 单面成形板	14on14（2）	0.316	0.422
		14on12（2 +2.8）	0.422	0.457
		12on12（2.8）	0.422	0.598
		12on10（2.8 +3.6）	0.688	0.668
		10on10（3.6）	0.703	0.703

注：最小安全系数为 6.25，使用面积较大时经济的安全系数应取 4 或 5。

从强度分析和表 4.3 –2 可见，材质相同时 T – P 板承压能力取决于板厚 t_1 和点焊点之间的间距 x。即 $p \propto \frac{1}{x^2}, p \propto t_1$，与 t_2 及弧面曲率的关系相对较小。在制造中首先应当确保点焊质量。

第四节 制 造

T－P板的制造主要有薄板成形、周边焊接和点焊等工序，成形工艺不同，工序之间的顺序也有所不同。

一、鼓胀成形工艺

Mueller公司生产的T－P板，主要采用美国专利鼓胀成形工艺技术制造，其生产工序如下。

（一）周边封焊

对两张长宽尺寸一样的薄钢板经上下重叠并对齐后沿周边进行封焊。两张薄板之间采用TIG焊，薄板与中厚板之间采用MIG焊。封焊时预留2个$\phi10\times1$的注压－排水管口。

（二）鼓胀

鼓胀在大型专用油压机上进行。图4.3－4为兰州节能环保有限公司的专用T－P板鼓胀油压机[4]。该油压机总体尺寸为9m×2m×4m，其上下有成形模，油压系统由9个油缸（每个油缸压力为1000t）组成，还有以一台高压水泵为核心的注压系统。

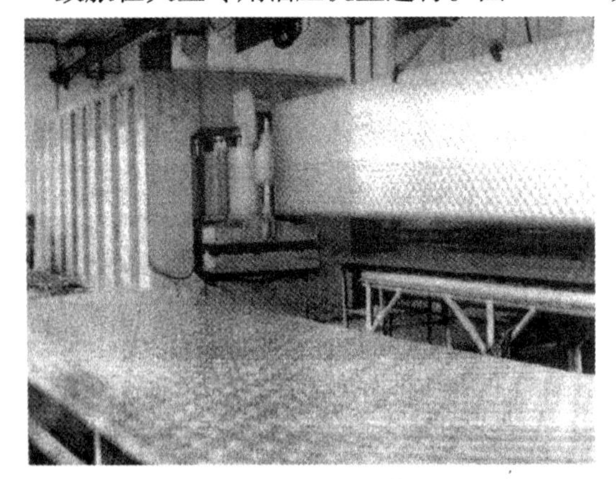

图4.3－4 1.3m×9m液压鼓胀用油压机

从压机前方可以看到整个大型模具，上下模中镶有2000多个冲头。冲头伸出高度取决于图4.3－1(b)和图4.3－2(b)中的y值。冲头的间距即为图4.3－1(b)和图4.3－2(b)中的x值。冲头和模板的平面共同组成形腔。

将周边焊好的一对板片放入上下模之间定位和压紧，上下冲头压紧的约一千到数千个点即为点焊位置，总下压压力根据板厚和材质决定。压紧后向板管内注压，在高压水的作用下未被压紧的板面在成形腔内膨胀成形，经过保压后脱模，鼓胀过程完成。

（三）点焊

臌胀成形后，排净内部积水即可进行点焊。确保点焊质量是保证T－P板强度的关键，因此应注意以下几点。

（1）要求采用数控焊机，以保证每批T－P板上数以百万计点焊点的焊接参数能保持在一个稳定的范围内。

（2）焊接时采用氩气保护，可确保焊点质量。氩气保护的焊点呈银白色，金相组织更加细化。

（3）采用单独程控多头点焊机，以便提高生产率。

（四）焊接进出口

去掉$\phi10\times1$的注压－排水管口，按图纸要求组装并焊接进出口接管。

鼓胀成形生产率高，但所需的专用压机、大型整体模具等价格不菲。对于x、y值相等，整体尺寸不超过模具范围的T－P板，可用同一副模具鼓胀成形。

单面成形板也可用鼓胀成形制造。只需抽掉下模，用平板与上模组成的形腔进行鼓胀即可。

二、模压成形工艺

Vicarb公司生产的T－P板主要采用模压成形加工，Mueller公司也有采用模压成形的产品。模压成形主要有以下 4 道工序。

(一) 压型

按工件要求把薄板剪裁成所需的矩形或扇形等形状，在通用板片成形油压机上用专用模具将其压制出锥形台凸起和周边封焊用翻边。对于小尺寸的 T-P 板，模具可以是整体的，但对于大型板片而言，受压机台面及能力限制，无法做到用整体模具一次压制成形，一般只有采用在局部模具上进行分段压制成形的工艺。

(二) 焊接

按工件设计要求，将两张压制合格的板片对扣，使板片锥台触点两两相抵，让边缘对齐再行组对。组对好后用 TIG 焊封焊周边，然后点焊各触点。在封焊周边时应预留试压口及排水口。

(三) 试压

按设计要求进行试压。

(四) 焊接进出口

按图纸要求组装并焊接进出口接管。

采用模压成形工艺，不需要大型专用油压机，且模具造价低，使用灵活，但存在生产效率低的缺点。

第五节 设计计算

一、传热系数

Mueller 公司给出了 T-P 板在不同介质条件下传热系数的参考值，见表 4.3-8[2]。

表 4.3-8 Mueller 公司 T-P 板的传热系数

传热媒体	产品	传热系数 K/W·(m²·K)⁻¹			
		加热		冷却	
		无搅拌	搅拌	无搅拌	搅拌
水	水溶液	170~480	595~765	140~450	570~740
	中等黏度液体	85~285	340~565	55~170	225~450
	溶剂油	30~170	140~455	25~50	55~170
	焦油	30~70	85~115	—	—
乙醇	水溶液			140~370	480~595
蒸汽	水溶液	570~1280	680~1700	—	—
	中等黏度液体	170~340	400~680	—	—
	溶剂油	45~225	200~540	—	—
	焦油	55~170	255~370	—	—
R-12 R-22 氨	水溶液	—	—	170~310	340~625
	中等黏度液体	—	—	55~170	170~400
	溶剂油	—	—	5~45	35~100
	水溶液大型储罐浸没式	—	—	85~125	200~255
传热油	黏性液体	45~85	140~225	—	—
高流速（不包括气体）	空气或气体	6~17	17~40	6~17	17~40
		无传热涂层	有传热涂层	无传热涂层	有传热涂层
夹紧式 T-P 板，具有高流速（不包括气体）	水溶液	55~140	115~200	30~85	85~140
	黏性液体	30~55	55~115	11~34	30~55
	空气或气体	6~17	6~17	6~17	6~17

二、阻力降

图4.3－5给出了水在T－P板内流动的阻力降参考曲线[2]。

(1) 双面鼓胀成形板：变形尺寸 Y 分别为2mm（0.080″）、2.8mm（0.109″）、3.1mm

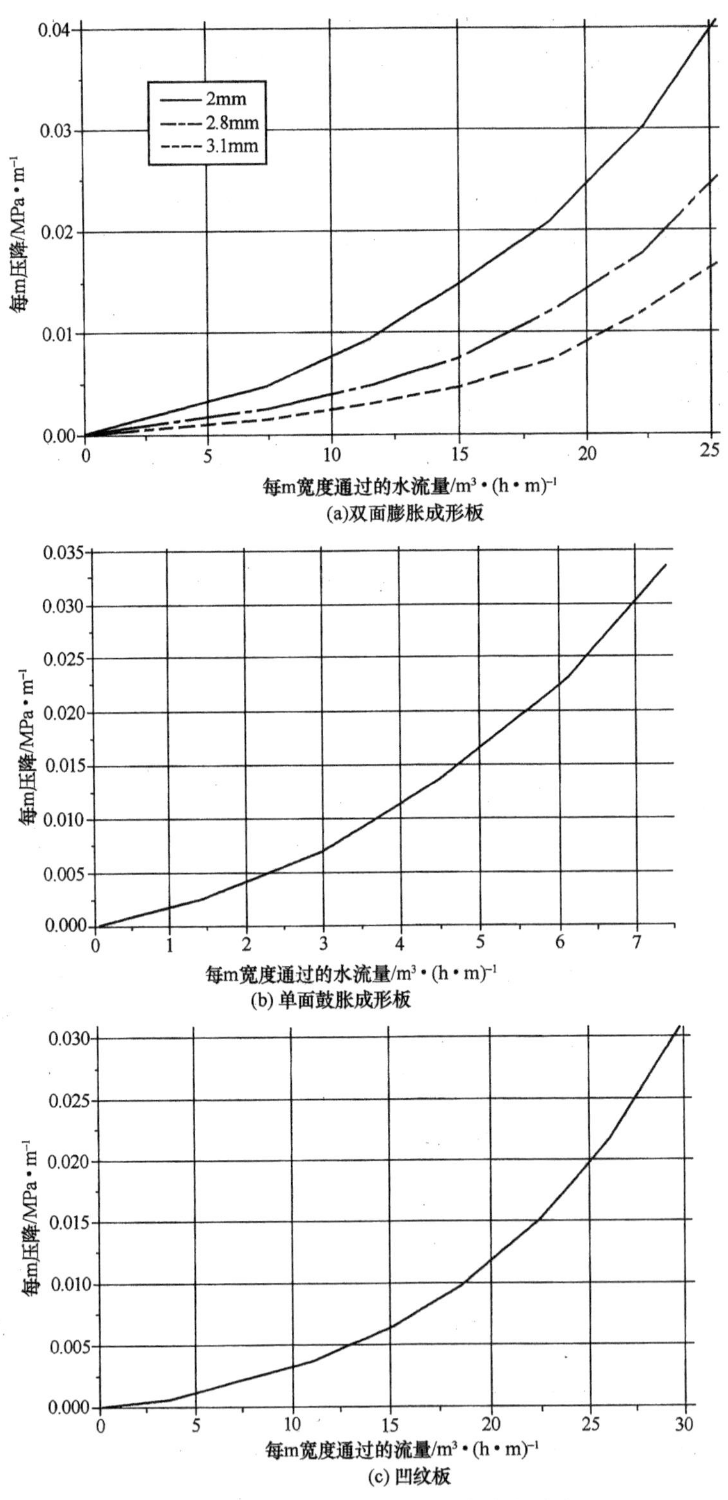

图4.3－5 T－P板板内阻力降参考曲线

(0. 122″)。

(2) 单面鼓胀成形板：变形尺寸 *Y* 为2. 1mm (0. 082″)。

(3) 凹纹板：变形尺寸 *Y* 为2. 1mm (0. 082″)。

讨论：

(1) 鼓胀（冲压）深度 *Y* 是决定阻力降大小的关键。从图4. 3 -5 (a) 中可见，当深度从2mm增加到3mm时，阻力降减少到1/3。

(2) 单面成形板的阻力降最大，当 $Y=2$mm 时，单面成形板比双面成形板阻力降高5 ~7倍。

第六节 应　　用

一、T -P 板管代替盘管

Vicarb公司给出了T -P板在搅拌和不搅拌两种情况下，作为浸没式盘管使用时的结构尺寸。Mueller公司也给出几乎相同的结构，同时还给出了在不同介质条件下传热系数的参考值（表4. 3 -8）。产品包括各种水冷器和油池卸油加热撬。

当作浸没式盘管使用的热板在罐内安装时，一般用吊挂架将T -P板挂在罐内壁上即可，见图4. 3 -6和图4. 3 -7[3]。

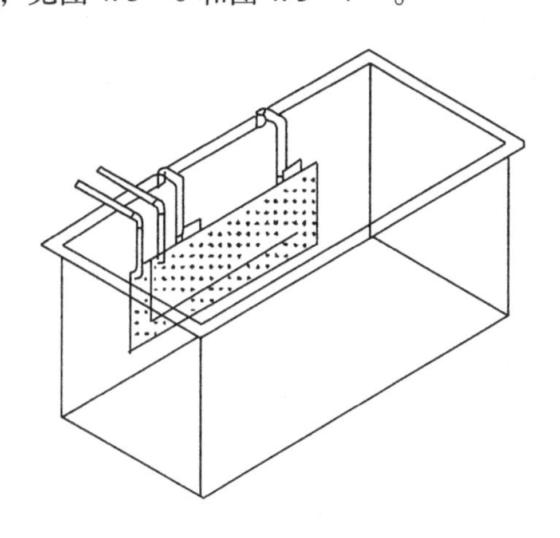

图4. 3 -6 T -P板浸没式盘管 (1)

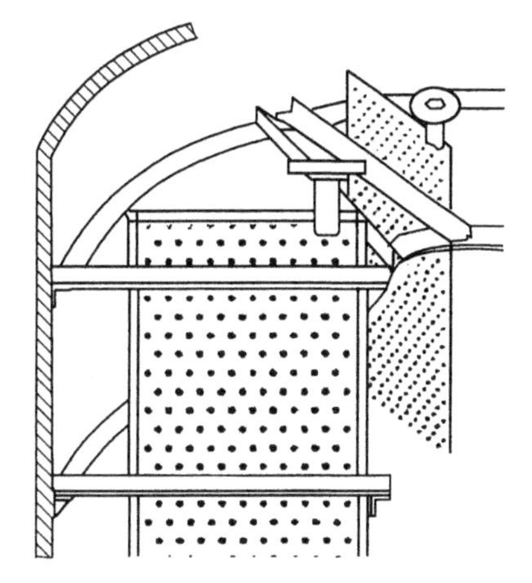

图4. 3 -7 T -P板浸没式盘管 (2)

二、T -P 板夹套

用T -P板代替夹套，只要将其贴合在容器表面上即可进行取热或加热。如大型石化设备，大型露天立式发酵罐，食品加工业中的牛奶冷却器及葡萄酒发酵罐等均可采用。优点是，T -P板本身就能独立承压，容器不必做负压设计，这对大型低压容器来讲非常重要；其次是，导热介质与容器隔离，更能满足容器安全技术的要求。

用热板代替夹套使用时，一般以用单面成形的T -P板居多。对有条件使用导热胶泥的场合，也可采用双面成形的T -P板。根据筒体或被保温管道的直径和曲面等尺寸，可以预制出数段瓦片形的横向弯板和纵向弯板，以及锥体和封头处的各种异形T -P板。在每个T -P元件上单独留有一个*DN*25 ~50的介质入口及1 ~2个*DN*20 ~25的回流口。根据设计要求，用串联或并联的方式将各T -P板上的进出口管与伴热系统的总管线连接起来，就构成了夹套式保温或伴热（取热）系统，见图4. 3 -8 ~图4. 3 -10[3]。

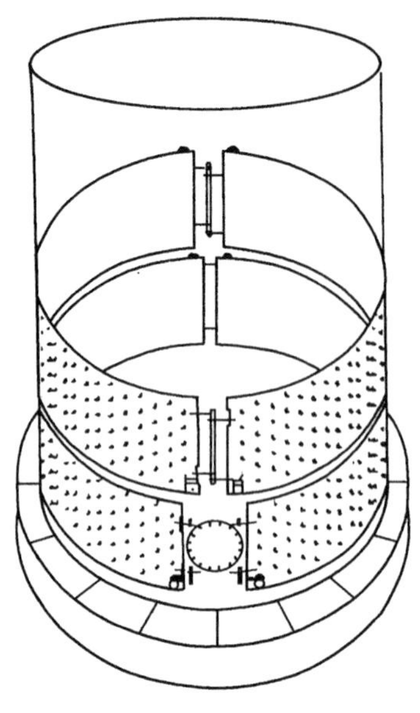

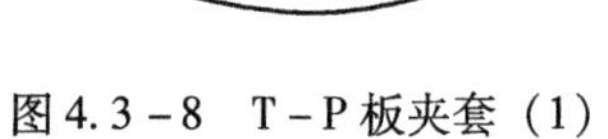

图4.3-8 T-P板夹套（1）

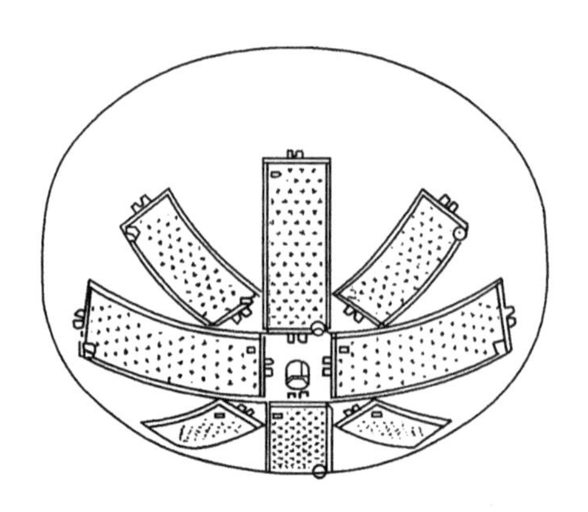

图4.3-9 T-P板夹套（2）

还可按图4.3-11的方式，将几段T-P板安装在筒体上。安装办法是，先在T-P板两侧直边上各焊一排连接板，再在筒体相应位置上也分别焊上连接板。T-P板与筒体之间便可通过螺栓、螺母、垫片及弹簧等元件把T-P板和筒体上的连接板紧固连接起来。弹簧具有补偿热变形的作用[2]。

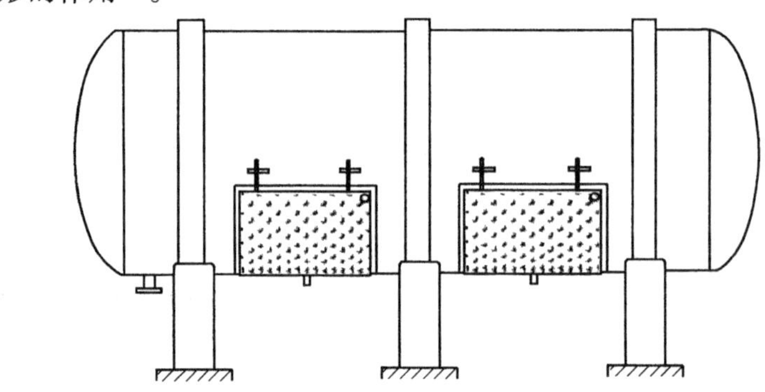

图4.3-10 T-P板夹套（3）

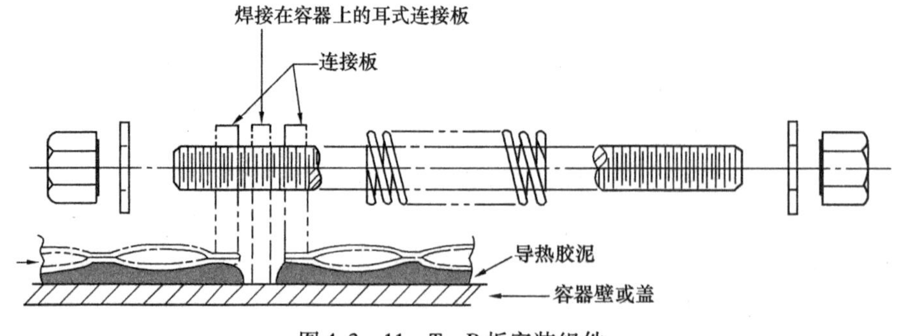

图4.3-11 T-P板安装组件

据国外厂商介绍，阿拉斯加采用T-P板代替保温层来包覆生活蒸汽管道，可节省24%的能耗。

三、T-P板换热器

用T-P板代替换热管可制成换热器板管板束，它已用在冷冻机组蒸发器，废水处理冷却器或补充水预热器（Mueller）及人孔换热器/抽吸式换热器等设备上，见图4.3-12和图4.3-13[3]。国内也有用T-P板制造浮头式换热器或固定板管式换热器的例子。

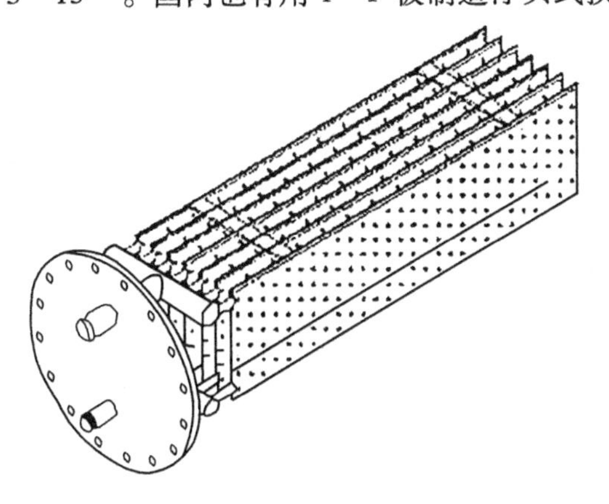

图4.3-12 人孔换热器

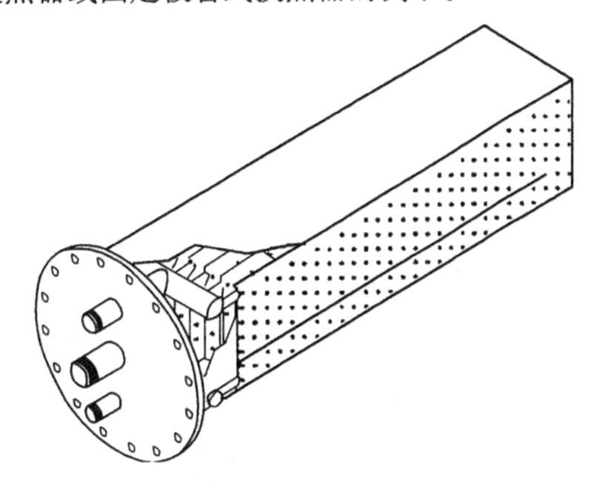

图4.3-13 抽吸式换热器

四、T-P板成套装置

以T-P板为核心的小型成套装置主要有蓄能器（Energy Bank）和以板式外流自降膜蒸发器为核心的蒸发站，目前两者都主要用于纸浆行业。

（一）蓄能器（Energy Bank）[2]

造纸工业能耗很高，每t纸大约需消耗1t原油，而每t钢仅消耗0.86t原油，可见其燃油成本在造纸总成本中所占比例之大。有关报道说，其能耗要占总消耗的1/5[2]。与此同时，造纸厂又产生了大量的废热，若能合理回收则其节能效益可观。以一个大型造纸厂蒸煮工段为例，该段有4台60m^{3}蒸煮锅，每15min一次均衡出浆，蒸煮压力0.6MPa，设填充系数为0.8，则伴随出浆排出的热量就有129×10^{6}kJ/h［$H=60\times4\times(800\times160+0.2\times3.6\times660)\times4.187$］。若能回收其中的1/10，其节能效果就十分可观。

但是，回收这些热量存在一定困难，原因是废热负荷不均匀；加之废气和空气-蒸汽混合物中含有纤维和胶质，容易造成传统换热器的污染甚至堵塞；第三是废气的瞬时机械冲击和热冲击而引起的振动，有可能使设备开裂。这些都是蓄能器设计时必须要解决的问题。

T-P板换热器板内介质有静搅拌作用，因此传热系数较高。因为是鼓胀成形的，板外光滑，无死角，有自清洗作用。在介质机械冲击和热冲击下，板面会产生微小变形，可使污垢层发生脆性剥落。T-P板表面光滑且彼此之间有足够的间隔（如10mm），冲洗也很方便，因此在造纸业等较为恶劣的工作环境中亦能适应。

使用T-P板蓄能器的一个典型纸浆车间热回收示意图见图4.3-14。它用废气和空气-蒸汽混合物将乙二醇水溶液从58℃加热到85.6℃，用其作为制浆用水和其他间接加热器的热源，可回收热量13.2×10^{6}kJ/h，这相当于每h节约费用50~137.5美元，一年即可收回投资。

（二）蒸发站与板式外流自降膜蒸发器[4,5]

20世纪60年代初，APV（英）公司推出的LUSCO蒸发器，其原理见图4.3-15和图4.3-16。该蒸发器板束由T-P板组成，属板式外流自降膜蒸发器，目前国内T-P板亦主要用来制造这种蒸发器。

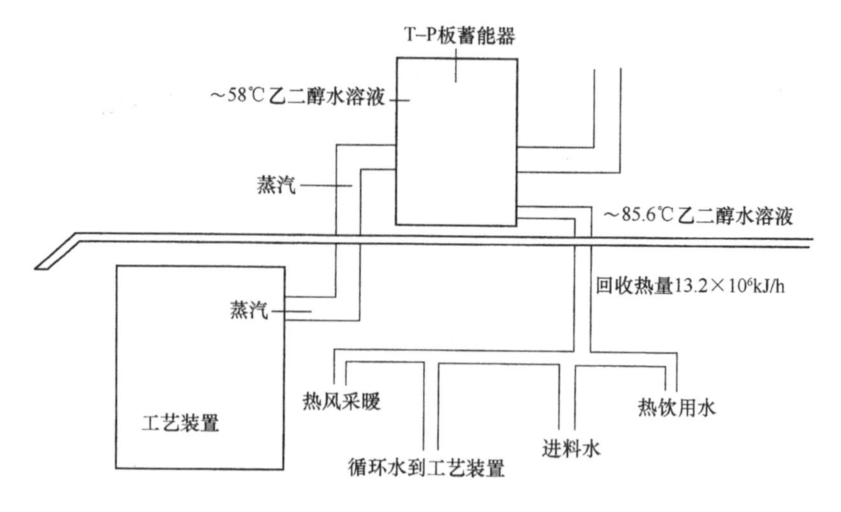

图 4.3－14 T－P 板蓄能器

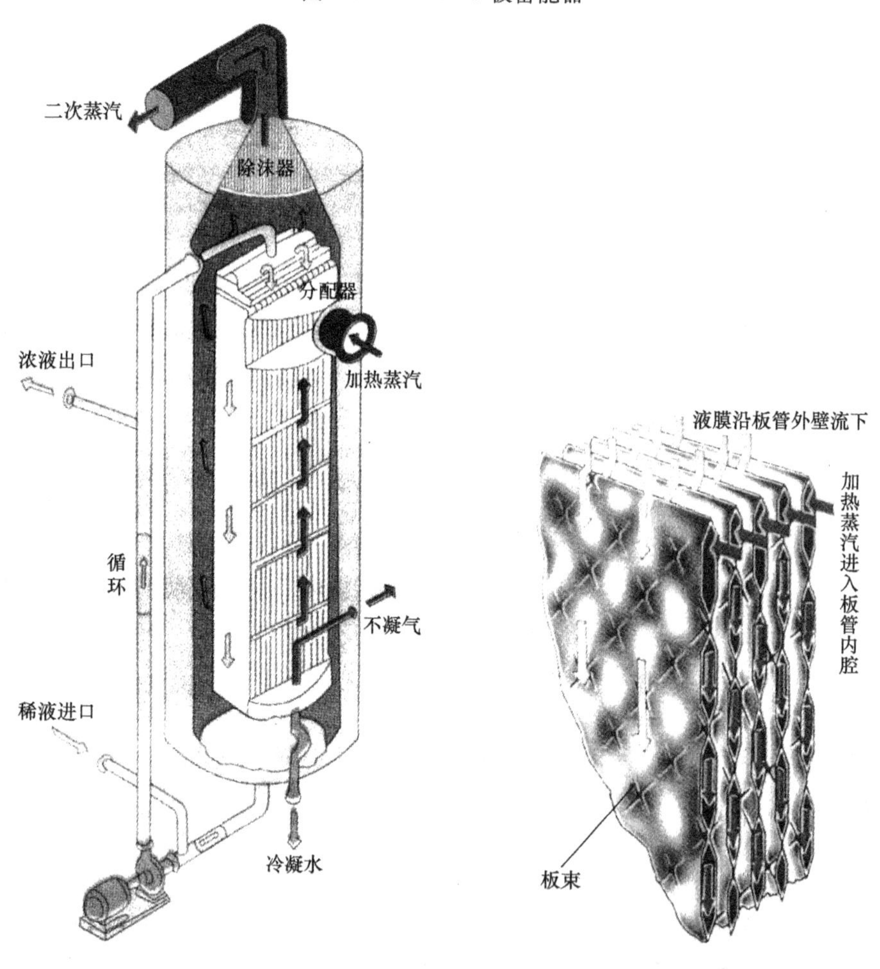

图 4.3－15 降膜式蒸发器

图 4.3－16 降膜式蒸发器板束

板式外流自降膜蒸发器原理：加热蒸汽经板束上端一侧的一个蒸汽进口进入集汽箱，在 T－P 板内冷凝，冷凝液从板束下端排出。蒸汽及冷凝水与设备壳体内腔隔绝，分别通过穿过外壳的接管被引入和引出。在板束上方有物料溢流式分配器，物料从进料管线直接流入分配器，两度溢流后均匀分布在分配盘上。分配盘上布置有多排小孔，每排孔对准一个 T－P 板。物料经小孔流出后，直接在 T－P 板外表面上形成液膜。在重力作用下自由下降的液膜，在下降过程中被板内加热蒸汽加热蒸发而产生二次蒸汽。二次蒸汽向上从蒸发器顶部引出管排出，可作为下一效蒸发器的加热蒸汽使用。物料液膜在下降过程中被不断蒸发逐渐脱除水分后得到浓缩。浓缩液在蒸发器壳体底部汇集，用泵抽出送入下一道工序或送入下一效蒸发器被进一步浓缩。

板式蒸发器是节能型产品，在多效连用时其水汽比（即每消耗 1kg 新鲜蒸汽所蒸发出的水量）随效数而大幅增加。大致对应如下：

效数	单效	二效	三效	四效	五效
水汽比	0.77	1.5	2	3	4

板式外流自降膜蒸发器与升膜蒸发器相比，前者流动速度相对较快，因此物料在板面上积垢和结焦的可能性较小，且可将物料浓缩到较高的浓度。

板式外流自降膜蒸发器二次蒸汽上排方向，与物料液膜流动方向相反，液膜下降时物料重力需克服汽－液膜的摩擦力。而只有当液膜下降速度快及雷诺数高时，该蒸发器的给热系数才能高，结垢才能少。

为减小摩擦，只有让蒸发器板束中 T－P 板的间距增大，这势必使整体尺寸增大。目前国内已交付使用的板式外流自降膜蒸发器最大换热面积为 1860m^2，板长 7.3m，壳体直径 3.6m。而同等参数的人字形板壳式换热器其壳体为 1.8m 时就足够了。

蒸发站工艺流程设计时，物料在板面上的布膜厚度和液膜的设计流速是设计的重点，它们因物料和流程设计而异。

把蒸出水量 W 当作是蒸发强度参数，它直观地反映了蒸发器的传热性能，其与物料的黏度和浓度有直接的关系。针对草浆黑液，其蒸发强度推荐值为 11.5～12kg/（m^2·h），可见还有很大的改进余地。

板式外流自降膜蒸发器，目前国内主要用在造纸碱液回收工程中。造纸原料蒸煮后成纸浆，纸浆在漂洗过程中产生黑液。造纸黑液呈强碱性，有效碱含量在 3%～4%，总固形物占 10% 以上，其中有机物约占 2/3，有较高的热值。

1984 年以来，国家不断加大了治理江河污染的力度。我国纸和纸板产量约 27000kt/a，据 1995 年环境统计年报统计，全国县及县以上造纸及纸制品行业工业废水排放量为 $23.9\times10^8m^3$，占总排放量的 11%，排放的 COD 值达 3210kt，占总排放量的 41%。所以，黑液处理－碱液回收工程首先应是一个针对治理江河污染的环保工程。以 T－P 板为核心的板式外流自降膜蒸发器可在黑液处理－碱液回收工程中发挥很大作用。

碱回收工程主要分浓缩、燃烧及苛化（回收）三大部分。其中浓缩是核心，只有将 10% 的稀黑液浓缩成 50% 的浓黑液，才有条件在专用的碱炉中燃烧。燃烧后产生的蒸汽可供本工段使用并自给有余。燃烧后的碱以 $NaCO_3$ 的形式溶于水，再与 $Ca(OH)_2$ 反应置换出 NaOH。产生的冷凝水经二次处理后很容易达到排放标准。

自 1988 年第一套国产碱回收工程在镇江纸浆厂投产以来，经过近 20 年不断地改进，现在已有 200 余套碱回收装置在 30 家纸厂中正常运行。鉴于浓缩设备和工艺的不断改进，使碱炉已做到停用燃油而改为直接燃烧黑液，这使回收碱成本降至 1000 元/t 左右。碱的外购价格为 1200 元/t 或更高，因此碱回收后纸厂大大降低了支出。

此外，外流自降膜板式蒸发器在铝厂氧化铝、玉米酒精厂糟液和制糖稀糖蜜等的浓缩工艺中的应用也在推广之中。

第七节 臌胀成形的受力分析及与其他成形方法的比较

本篇第二、三章已分别概述了水爆、分段压制、滚轧及液压臌胀等4种板片成形方法。本节再将液压臌胀成形方法的技术特点作一些讨论，同时对其余3种大型板片的成形技术要点作一简介。

一、液压臌胀成形

（一）受力分析

以双面成形为例，在液压臌胀成形时，让上下模具的4对冲头从上下两面夹持板片（如图4.3-2（a）所示的4个触点位置），两板之间充满高压液体，4个触点不动，触点间的薄板在液压力的作用下尽力臌胀直至成球面，其简化后的受力情况见图4.3-17。

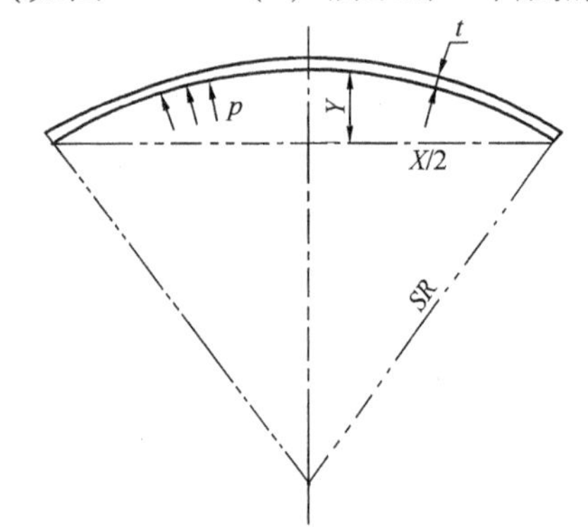

图4.3-17 液压膨胀成形受力分析

板片（球壳部分）在液压力 p 的作用下产生薄膜应力：

$$\sigma_t \approx \frac{p(SR)}{2t} \tag{3-1}$$

当 $\sigma_t \geqslant R_{el}(R_{p0.2})$ 时即产生了永久变形。球冠支承情况应为周边简支，此处为4点固定，比球冠自由度大。另一方面，不锈钢的屈强比仅为0.4，冷作硬化明显。根据实践经验，$\sigma_s = 2\sigma_{0.2}$ 时较为合适。

以兰州节能环保设备公司产品为例：

$t=1.5\text{mm}$，$Y=7\text{mm}$，斜方形排列，焊点间距108mm。

$$X = 108\sqrt{2} \approx 152.7\text{mm}$$

$$SR^2 = \left(\frac{X}{2}\right)^2 + (SR - Y)^2 \tag{3-2}$$

解方程得：$SR \approx 420.1\text{mm}$。

从GB 150—1998表F-1中可查得：$\sigma_{0.2} = 205\text{MPa}$

$$\sigma_t = 2R_{el}(R_{p0.2}) = 410\text{MPa}$$

膨胀压力：

$$p = \frac{2\sigma_s \times t}{SR} \tag{3-3}$$

代入有关数值后可求得：$p \approx 2.93\text{MPa}$

实际使用臌胀压力：$p=2.8\sim3.1\text{MPa}$。

臌胀到位时（$Y=7\text{mm}$），板片（球壳部分）受到模腔的干涉，球冠的刚性增加，这时欲继续臌胀，臌胀压力需大大增加。

$p\approx2.9\text{MPa}$ 时，折算总压力约为2850t，此时板片未经点焊，所有臌胀压力均由油压机（图2.3.4）承担。当 $t=3\text{mm}$ 时，总压力需5600t以上，故液压臌胀大型T-P板需用的油压机均应在万t级以上。

（二）自由臌胀

在到达 Y 值之前，以4个冲头为界，薄板呈自由变形状态。而达到 Y 值以后，受到模腔

的干涉 SR 变小，板片将很难继续变形。自由臌胀的方法一般仅适用于 T－P 板这种形状简单的板片成形。

式（3－1）同样可以用来计算板片的最大工作压力。直观地说成形时所需的臌胀压力直接反映出 T－P 板的弹性承载能力。显然，结构参数中焊点间距参数 X 对 T－P 板承载能力的影响最大。同样的板厚 $t = 2mm$ 下，PC－30 与 PC－15 相比其许用工作压力从 1.758MPa 降到 0.422MPa（表 4.3－7）。与此同时，点焊点的个数也相应减少到原来的 1/4，制造成本下降。板内流通面积增加，板内阻力降减小。

（三）液压臌胀成形特点

（1）变形速度慢，整个臌胀过程大约在 5～10min 内完成，故废品率几乎为“0”。

（2）模具结构简单、通用。制造厂准备一套 PC－15、PC－20、PC－30 三种规格的模具各一副，即可臌胀成形达到模具长度和宽度范围内任何尺寸的 T－P 板。

（3）要求油压机工作台面很大，需要多缸多框架，模具尺寸也大，因此一次投资较大。

二、分段压制成形

传统的组装式板式换热器，其板片大多采用压制成形。由于受成形用油压机吨位及台面的限制，压制板片的尺寸受到限制。如单板面积为 $2.2m^2$ 的人字形板片，需要使用 40kt 板片成形用油压机压制。而大型板片，如大型板壳换热器板片最大可达 $16m^2$ 以上，为了克服油压机吨位及台面的限制，其压制成形就只能采用分段连续压制的方法。

（1）分段压制成形模具最少有 3 副，分别为进口分配段、换热段及出口分配段。对分段压制成形模具需要考虑以下几个问题。

① 根据换热器总体设计要求设计板片。

② 冲压工艺设计。

③ 根据冲压工艺设计模具。其中的难点在于如何分段，连续压制时各段之间的找正及复压等。

④ 大型板片一般被作为焊接板式换热器板片使用，因此压制成形完成后还需对板片的边、头进行修整，以便于下一步使用焊接。

（2）多段压制成形板片的板面质量，要达到一次压制成形的板面质量较为困难，但对模具设计、制造及板片压制的要求更加严格。不过焊接板式换热器（如板壳式换热器）板束板片间的密封是用焊接来代替垫片的，故对板片各项尺寸参数的要求不如对组装式板式换热器那样严格。在满足换热器整体技术性能及板束制造要求的前提下，有时可适当放宽尺寸检验的要求。

（3）板片分段压制成形使用通用板片成形油压机即可，所以占用专项投资最少，见效最快。自 20 世纪 60 年代，随着国内板式换热器行业的迅猛发展，国内板片压制成形技术早已达到国外技术水平，有许多企业已熟练掌握了板片压制成形技术，因此板片分段压制成形可以作为国内大型板片成形方法的一种选择。

三、滚轧成形

对成形长度较长而波纹又为直线等简单形状的板片，可以选用滚轧成形的方法。

（1）滚轧成形生产率最高，成本最低，轧制板片长度可以不受限制。但一台大型板片滚轧机的投资也最高，所以要求轧制的板片要批量大才划算。最好由钢厂作为薄板的终轧来完成，这种轧制产品质量最高而轧制成本最低。

（2）板片波纹形状应力求简单，本篇第二章第二节图 4.2－21 所示的波形折叠板若用滚轧的方法轧制其难度已经不小，但现有的轧钢技术是完全可以解决的。早在1969年，兰州石油机械研究所和轧钢厂合作，利用报废的小轧机已经滚轧出合格的瓦楞状板片。

四、水爆成形

首先加工一套阴模，其波纹形状尺寸全部与欲成形的板片相同。将定尺薄板铺在阴模上并加以固定，然后在板上方敷设几条爆破线，整体沉入水池中后引爆。利用水下爆炸引起的冲击波使板胚瞬间变形并与阴模贴合形成波纹板片。爆炸余波则起消除残余应力的作用。

（1）从技术角度看，只有水爆成形才能真正保质保量地完成单板面积10～20m^2以及更大尺寸板片的成形。

（2）水爆是在瞬间发生的，板片变形在以毫秒计的时间内完成，既要求完全贴模，又要保证板片不颈缩、不开裂，技术难度及要求很高。在采用水爆成形前，至少需要对下列问题进行深入研究：

① 首先要对水爆成形的机理及过程进行深入研究。

② 冲击波对材料的正面及负面影响。

③ 只有控制好爆炸过程的稳定发生、发展及重复性，才能保证各次水爆成形板片具有均匀一致的质量。

主要符号说明

X——焊点间距，mm；

Y——臌胀高度，mm；

t——板片厚度，mm；

l——板片长度，m；

w——板片宽度，m；

F——力，N；

d——焊点直径，mm；

R_m——板片材料标准抗拉强度下限值，MPa；

p——压力，MPa；

$[p]$——许用压力，MPa；

N_b——安全系数；

σ_t——板片（球壳部分）在液压P的作用下产生的薄膜应力，MPa；

$R_{eL}(R_{p0.2})$——板片材料常温下屈服强度或0.2%规定非比例延伸强度，MPa；

SR——球面半径，mm。

参考文献

[1] 兰州石油机械研究所编. 换热器(下册). 北京：烃加工出版社. 1990

[2] Temp－Plate Heat Transfer Surface. Mueller公司样本

[3] Die Formed Plate Coil Heat Exchangers. Vicarb公司样本

[4] 板式蒸发器. 兰州节能环保工程有限公司样本

[5] 张珂，俞正千主编. 麦草浆碱回收指南. 北京：中国轻工业出版社. 1999

第四章　螺旋板换热器

（林清宇　林榕端）

第一节　概　　述

螺旋板换热器（Spiral Heat Exchange，简称 SHE）是一种高效板式换热器，由瑞典 Rosemblad 公司于 1930 年首创并取得专利权。随后许多国家相继设计制造了螺旋板换热器，如英国的 APV 公司、美国 AHRCO 公司和 Union carbide 公司、日本的大江和川化公司及原西德的 ROCA 公司等，主要用于废液和废气能量回收、果汁和糖汁加热和冷却以及各种化工溶液的处理等场合。各工厂均制订了各自的系列标准。原苏联于 1966 年还颁发了国家标准 ГОСТ 12067—66。

目前对螺旋板换热器的研究和制造，以西欧和北欧的技术水平较高，如瑞典的 α－LAFAL 公司，无论在制造规模还是技术上都是世界一流的。

我国使用螺旋板式换热器始于 20 世纪 50 年代，最先是从原苏联引进的，当时主要用于烧碱厂中的电解液加热和浓碱液冷却。60 年代我国机械制造部门设计制造了卷制螺旋板的专用卷床，使卷制的工效提高了几十倍，具备了批量生产能力，于是开始了螺旋板换热器的自行设计和制造。随后，苏州化工机械厂和原一机部通用机械研究所于 20 世纪 70 年代进行了标准化和系列化工作，并与原大连工学院协作进行了螺旋板换热器的传热和流体阻力研究。1973 年原一机部制定了 JB 1287—73《不可拆式螺旋板换热器形式、基本参数和尺寸》标准，在各行业推广使用。

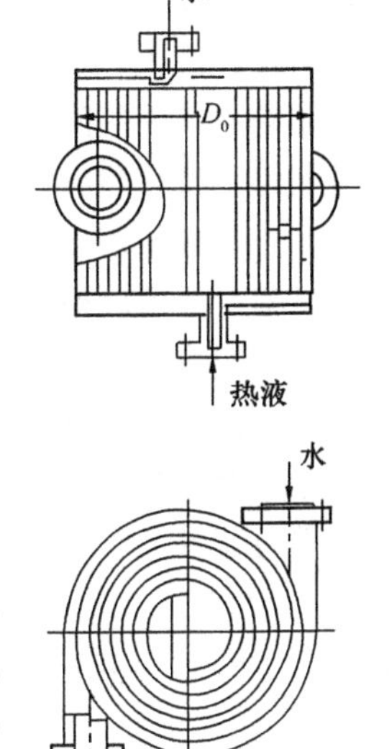

图 4.4－1　螺旋板换热器

20 世纪 80 年代兰州石油机械研究所和苏州化工机械厂共同研制开发了 KLH 型可拆式螺旋板换热器，并开始了定点生产。原机械工业部于 1989 年发布了 JB/TQ 724—89《螺旋板换热器制造技术条件》，1992 年发布了 JB/T 53012—92《螺旋板换热器质量分等》和 JB/T 4723—92《不可拆式螺旋板换热器形式与基本参数》。

螺旋板换热器由传热板、定距柱、中心隔板和端盖等零部件组成。传热板为两块长条形金属板，焊接于中心隔板两侧，卷成一对同心螺旋通道，如图 4.4－1 所示。通道内焊有定距柱以维持相邻两板间的距离及增加螺旋板换热器的刚度和强度。装于中心的隔板，把两个通道分隔开。各通道为环状的单一通道，其截面呈长方形。通道两端边缘被交错闭合或密封，进出口接管被分别装于两通道的边缘端，介质连续且无泄漏地流过通道并进行热交换。

螺旋板换热器的主要特点是：

1. 传热系数高

流体在螺旋板换热器螺旋通道中作螺旋流动，其所产生的离心力提高了流体的湍流程度。加之螺旋板上焊的定距柱具有破坏边界层而产生涡流的作用，使流体在较低的雷诺数下就可以形成湍流。一般最低在 Re 为 500 时就可形成湍流，从而提高了传热膜系数。设计时一般选择较高流速（同时考虑压力降不能过大），以提高螺旋板换热器的传热系数。

2. 两流体逆流和低温差传热

螺旋板换热器有两个较长的均匀螺旋通道，两种流体在其内可进行完全逆流的热交换。当两流体的进出口温度一定时，逆流时的对数平均温度差要比并流、错流或折流时的大，有利于传热。另一方面，如果要求单位面积传热量相等，则采用逆流传热就能以较小的对数平均温度差来完成。这对于低温热源的利用十分有利。目前我国使用的螺旋板换热器的最小温差为 3℃。另外，由于流体在两个较长的逆向均匀通道中流过，可以进行均匀的加热和冷却，因此就可以准确地控制其中一流体的出口温度，并接近另一流体的进口温度。

3. 不易结垢

污垢对换热器的传热系数的影响很大，因此近年来国内外学者对换热器污垢问题给予了高度重视，进行了许多防垢除垢的研究工作。在管壳式换热器中，当一根管子有污垢沉积时，它的局部阻力就会增大，流速亦会降低，进而使介质向其他换热管分配，阻力重新平衡，最终使流体流速在沉积有污垢的管子中越来越低，沉积也越来越多，直至堵死。但对螺旋板换热器而言就不存在这样的问题。由于流体在换热器中走的是单通道，压降比较低，它的允许流速又比其他类型的换热器高，因此能自行起到冲刷作用，污垢不易沉积。即使在通道内某处沉积了污垢，由于该处的截面积减小，使得流体在此处的局部流速相应增大，于是污垢便很容易被冲刷掉。甚至，当螺旋板换热器停止使用一段时期后，板面已生锈，重新使用时，铁锈也会被冲刷干净而恢复表面清洁和光滑。螺旋板换热器结垢速度大约为管壳式换热器的 1/10。

4. 制造简便、结构紧凑及热损失少

螺旋板换热器是用金属板卷制的，没有管板及管箱等不起热交换作用的零部件，设备体积非常小。制造工时少，机械加工量小，成本低。在传热面积相同时，比管壳式换热器紧凑得多，单位体积的传热面积约为管壳式换热器的 3 倍。同时，由于螺旋板换热器的外表面积较小，且冷流体通常从最外边缘处的通道中流出，因此热损失少，一般不需要保温。

5. 操作压力受限制

螺旋板换热器的操作压力主要是由一定厚度的金属板材和密封结构来承受。由于螺旋板直径大而厚度小，刚度较差，每一圈均承受压力，若凸面所受的压力达到或接近临界压力时，螺旋板就会被压瘪而丧失稳定性。目前生产的螺旋板换热器，其最高工作压力为 40×10^5Pa（如已在土哈油田投入使用，并为北京四季青换热器厂生产的螺旋板换热器）。

6. 清洗及检修困难

螺旋板换热器的螺旋通道较窄，螺旋板上又焊有维持通道宽度的定距柱，因此难以机械清洗，通常采用蒸汽吹洗，也可用热水冲洗或酸洗。另外，虽然螺旋板换热器不易泄漏，但一旦泄漏了却很难修理，以至于整台报废。因此处理易腐蚀介质时应选择耐腐蚀的金属材料来制造。

山西大同煤气公司煤气厂净化车间粗笨终冷软水的冷却采用了 3 台螺旋板换热器，使用两年后发现因维护不周而结垢严重，降低了传热系数。该厂采用了机械清洗加化学清洗方法除垢，先通过电钻及铲（錾）子等机械法清理换热器表面杂物，然后通过碱洗、酸洗和钝化处理，最后用清水冲洗干净[1]。

贵州省凯里造纸厂碱回收蒸发工段的黑液，让其先通过螺旋板换热器加热后才进入Ⅰ效蒸发。黑液在加热器表面易形成纤维垢和硅垢等，严重影响了生产，该厂采用高于蒸煮的用碱量来除垢，达到很好的效果。

尽管螺旋板换热器操作压力受限制以及清洗和检修方便存在困难，使其应用上受到了一定影响，但因其具有体积小、结构紧凑、传热系数高、制造简单、成本较低、使用性能好、能进行低温差热交换等独特的优点，在世界各国的化工、炼油、冶金、医药、制糖、能源、机电等工业部门的气－气、气－液、液－液对流或冷凝的热交换中，仍得到了广泛应用。随着化工与其他工业的迅速发展，特别是制造技术水平的不断改进与提高，螺旋板换热器的应用范围更为广泛，详见本章第六节。

第二节　螺旋板换热器的结构形式

一、分类

螺旋板换热器有两种分类方式，即分别按流道的不同和螺旋体两端焊接方法的不同来分类。

(一)根据流道不同而分成的Ⅰ、Ⅱ、Ⅲ和G型4种形式[2][3]

Ⅰ型[图4.4－2(a)]：通常用于液－液换热。两侧通道的上下端面被交错焊接密封，冷热流体作完全逆流的螺旋流动。热流体从螺旋体中心沿螺旋通道向外周流动，经排出接管流出；冷流体从螺旋体的外周边进口接管进入，流经另一螺旋通道后从中心流出。因冷流体在外周流道中流动，故防止了热量从外围散失。Ⅰ型螺旋板换热器对于黏度高的液体加热或冷却尤为适合。当含有悬浮物的液体加热冷却时，通道内的流速应在0.7m/s以上，以防止沉积或堵塞。

Ⅱ型[图4.4－2(b)]：通常用于液体－气体或液体－可凝性气体的热交换。液体侧通道的上下端面全部焊接密封，气体侧通道两端完全敞开。对进行换热的两流体，让液体沿螺旋通道流动，或从外周流向中心(液体为冷却剂时)，或从中心向外周流动(液体为加热剂时)；气体则沿螺旋板换热器的轴向流动(90°错流)。由于轴向通道的截面积要比作螺旋流动的一侧大得多，因而沿轴向流过的介质处理量可以很大。但是沿轴向流过的长度与换热器高度相等，所以比螺旋流动一侧的长度要小得多。Ⅱ型若用作冷凝器，则冷却介质从外周边流入，沿螺旋通道流向中心后再排出，而被冷凝的流体则沿轴向从上往下流动，以便凝液借重力由下部排出。也可用作气体冷却器，气体沿轴向流动。还可用作再沸器，蒸发液体从下部进入，分布到轴向流道中，被蒸发气化后的气液混合物从上部排出；而加热介质则从螺旋通道的中心下部通入，沿螺旋通道流向外周边排出。Ⅱ型螺旋板换热器用作冷凝器和再沸器时，均采用立式安装。

Ⅲ型[图4.4－2(c)]：用于液体－蒸汽之间的热交换。冷却介质螺旋通道的上下两端是焊死的，而蒸汽通道只有上部的中心部分是敞开的，下部为平盖板。外周边部分的上下两端也是焊死的，故蒸汽进入时沿轴向往下流动时仅为一部分通道，而其余部分仍为螺旋流动。两种流体之一在封闭的一侧作螺旋流动，另一侧流体则兼有轴向和螺旋向两者组合的流动。当用于蒸汽冷凝时，蒸汽从上部端盖进入，由通道的敞开部分沿轴向往下部流过并同时冷凝冷却。但底部的平盖板是封闭的，故凝液和尚未冷凝的蒸汽又被迫作螺旋流动。显然，Ⅲ型螺旋板换热器是作为冷凝和过冷相结合而使用的换热器，冷凝时沿轴向流动是合理的，凝液过冷时以螺旋流动更为有利。沿轴向流动通道和沿螺旋通道的传热面积可根据冷凝液量凝液

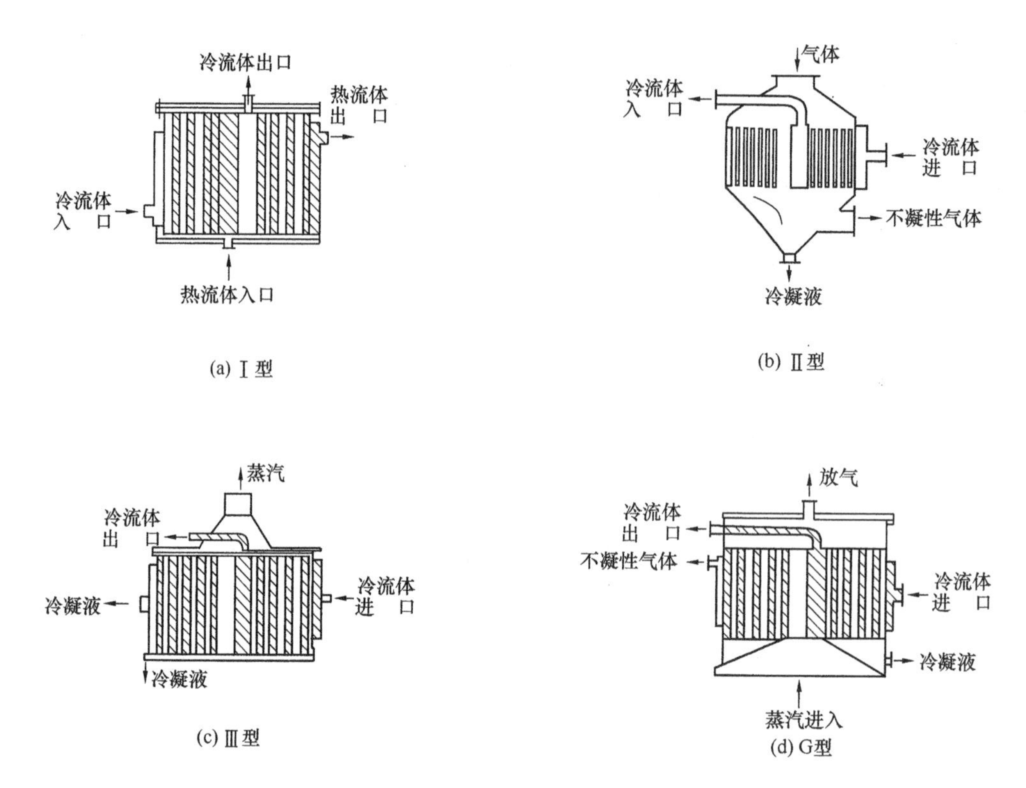

图 4.4－2　螺旋板换热器分类(按流道分)

过冷的程度来定。该型最突出的特点是能够在冷凝的同时在冷凝温度以下冷却。

G 型[图 4.4－2(d)]：该型又称为塔上型，安装在塔顶作为冷凝器用。采用立式安装，下部有法兰与塔器顶部法兰相连接。蒸汽上升管道粗大，从中心管上升至顶部，被平顶盖板折回，然后沿轴向从上至下流过螺旋通道被冷凝。如果要求凝液过冷，可以通过降膜冷却，或在流道中保持一定的冷凝液面以维持其过冷的需要。蒸汽进入中心管后，蒸汽沿轴向还是沿螺旋向流动，以处理量大小和通道的截面大小来决定。冷却介质总是从外周边进入，从中心顶部排出。G 型换热器可直接安装在塔器或反应器的顶部，不占地方，无需支承结构和管线布置。用于精馏塔顶时，可以省去回流液罐和回流管线，有时还可省去回流液泵，因此得以迅速推广使用。

(二)根据螺旋体两端焊接方法不同而分成的不可拆式和可拆式两种形式[4]

不可拆式螺旋板换热器(No Detachable SHE，简称 NDSHE)，见图 4.4－3 及表 4.4－1。两个通道的两个端面全部焊死，完全可避免两种流体的相混与泄漏。两个通道都不能进行机械清洗，只能采用化学法清洗。这种形式的密封不需垫片，不用顶盖，加工方便，节省材料，制造成本低，对于不易结垢的物料是可取的。目前使用的公称压力在 25×10^5Pa 以下。

可拆式螺旋板换热器(Detachable SHE，简称 DSHE)，见图 4.4－4 和表 4.4－1。螺旋体两个端面被交错焊接密封，并用可拆卸的顶盖和垫片密封，保证了两个螺旋通道中的流体不会相混。即使垫片破裂，也由于交错焊接的方钢条或圆钢条，流体只能向外渗漏，而不会产生内部混合。其两个通道均可在拆卸顶盖后进行机械清洗。可拆式螺旋板换热器又分为堵死型和贯通型。使用压力为 16×10^5Pa。

我国习惯于按端面焊接的方式来分类，即分为不可拆式与可拆式螺旋板换热器。

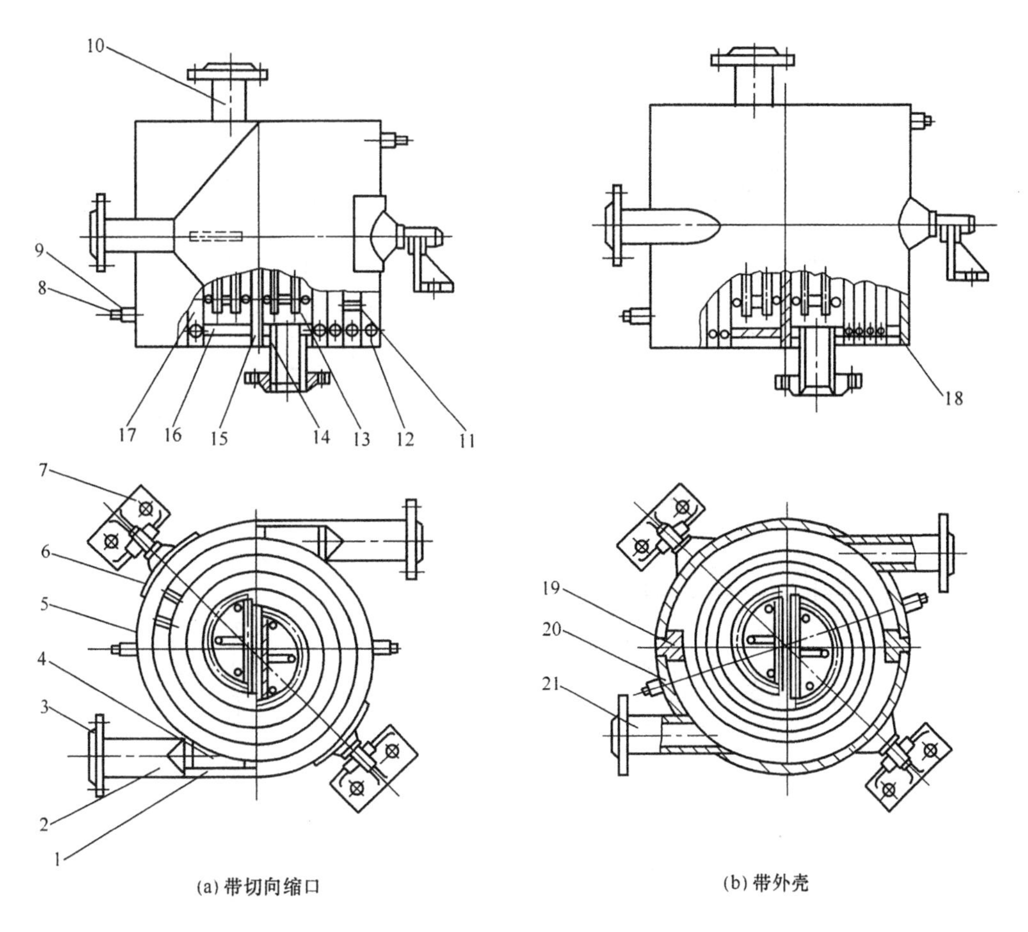

(a) 带切向缩口　　(b) 带外壳

图 4.4－3　不可拆式螺旋板换热器

表 4.4－1　螺旋板换热器零部件名称

件号	名　称	件号	名　称	件号	名　称	件号	名　称
1	切向缩口	11	定距柱	21	切向接管	31	加强圈
2	方圆接管	12	圆　钢	22	半圆箱体(部件)	32	螺母
3	接管法兰	13	支承环	23	垫片	33	上　卡
4	支持板	14	开孔半圆端板	24	窄边法兰	34	下　卡
5	外圈板	15	中心隔板	25	封　板	35	锥形封头
6	垫　板	16	半圆端板	26	拉　筋	36	双头螺柱*
7	回转支座(部件)	17	螺旋板	27	吊　耳	37	壳体法兰
8	六角螺塞	18	堵　板	28	平　盖	38	壳体短节
9	螺纹凸缘	19	连接板	29	卡　环	39	筋　板
10	接　管	20	半圆筒体	30	加强锥体	40	弯　管

* 对于压力及温度均较低且要求不高的换热器，可用螺栓。

二、螺旋板换热器型号的表示方法[4]

以不可拆式和可拆式螺旋板换热器为例，其型号即表示了换热器的形式、设计压力、材质、换热面积、螺旋体高度、公称直径及螺旋板的间距等。

不可拆式螺旋板换热器的型号表示如下：

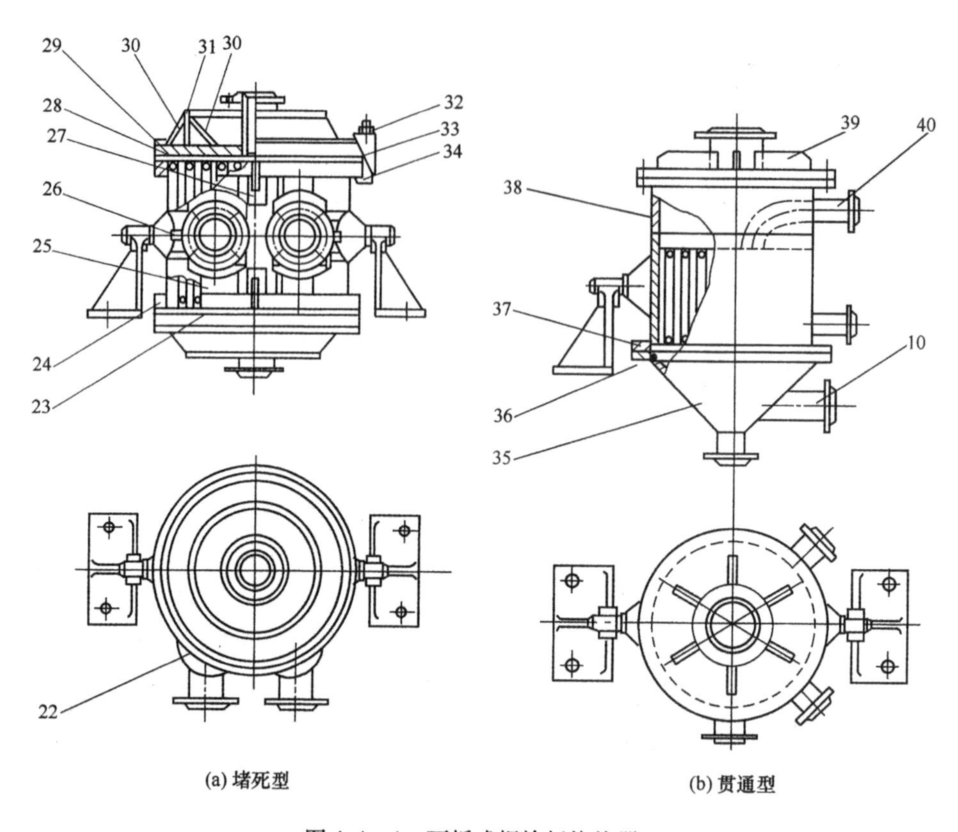

(a) 堵死型　　　　(b) 贯通型

图 4.4－4　可拆式螺旋板换热器

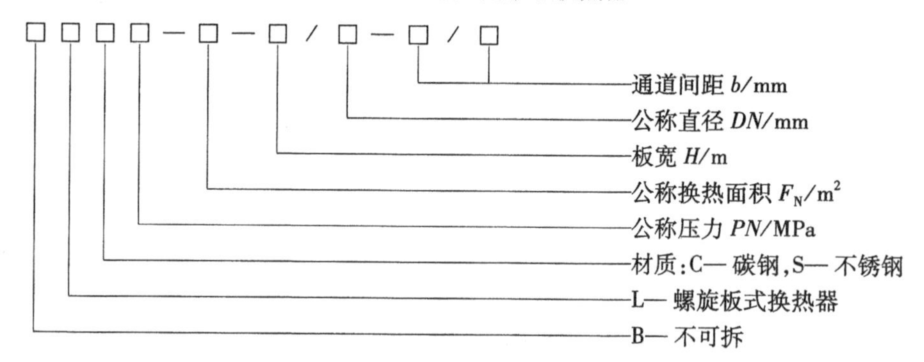

可拆式螺旋板换热器的型号表示如下：

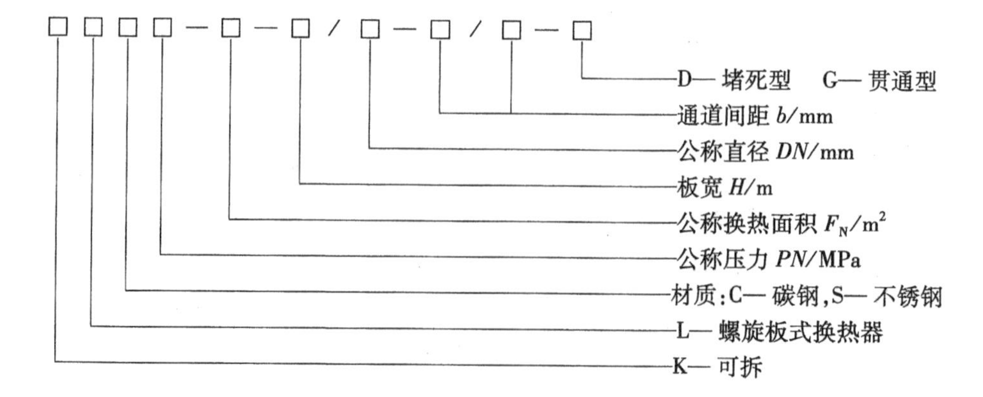

三、螺旋板换热器产品系列

我国已有螺旋板换热器的产品系列[4]，见表4.4－2。

四、与国外产品比较

与瑞典先进的阿法－拉伐热工设备公司的螺旋板换热器产品相比，我国还有一定差距。主要表现在：

(1)国内产品以不可拆式结构为主，只有少量可拆式产品，且多为平端盖双头螺栓连接。碳钢的单台传热面积为6～120m²，不锈钢的为1～100m²，最高工作温度为250℃。而阿法－拉伐公司的产品，全是可拆式结构，端盖为钩头螺栓连接，见图4.4－5。材料除碳钢、不锈钢外，还有高镍合金和钛，单台传热面积为0.5～500m²，最高操作温度达400℃[5]。

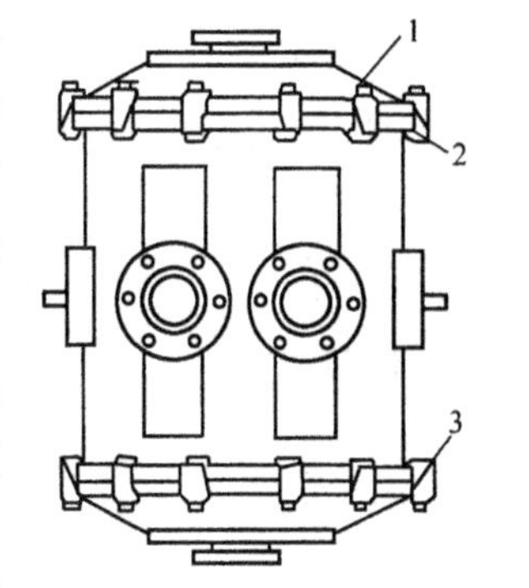

图4.4－5　快开可拆式螺旋板换热器
1—端盖；2—紧固圈；3—钩头螺栓

(2)国内常用圆钢来焊接密封，虽然制作简单、安全，但是材料浪费大，成本高，且圆钢必须与螺旋板同材质。因此，通道密封焊时难免会产生焊缝咬肉和夹渣等缺陷，焊后变形也大。引进的产品则采用了通道边缘翻边后再焊接的形式，具有省材、结构简单、焊后变形小及焊接缺陷少等优点，国内有些工厂也采用了这种结构。但对宽通道而言，螺旋板边缘翻边较困难，一般在通道距离小于20mm时才使用。

在大型化方面[6]，国内产品与国外也有一定差距，见表4.4－3及表4.4－4。主要影响因素还是制造水平及材料的使用。国外螺旋板换热器多为可拆式结构且制造水平较高，材料多为不锈钢及可焊的镍铬合金、蒙乃尔合金、钛和钛合金及铜铝合金等；我国多为不可拆式结构，近年来可拆式结构虽然逐渐在增多，但材料一般仍为碳钢和不锈钢，只有少量产品用了钛和钛合金。

表4.4－2　螺旋板换热器产品系列

型　式	不可拆式			可拆式		
公称压力 /10^5Pa	≤6	≤6	≤25	≤6	≤16	≤6 ≤16
材　质	碳　钢	不锈钢	碳　钢	碳　钢	碳　钢	不锈钢
公称换热面积 /m²	1,2,3,4,6,10,15,20,25,30,40,50,80,100,130	1,2,4,6,10 16,20,30	2.5,5,10,15,20,30,40,50	1,2,3,4,6,10,15,20,25,30,40,50,60,80,100,130	1,2,3,5,10,15,20,25,30	1,2,4,6,10,16,20,30
螺旋通道间距 /mm	5,10,15,20	5,10	5,10	5,10,15,20	5,10,15,20	5,10,15,20
螺旋板宽度 /m	0.2,0.3,0.4,0.6,0.8,1.0,1.2	0.3,0.45,0.9	0.3,0.4,0.6,0.8,1.0,1.2	0.2,0.3,0.4,0.6,0.8,1.0,1.2	0.2,0.3,0.4,0.6,0.8,1.0,1.2	0.3,0.45,0.9
螺旋板厚度 /mm	4.0	1.5	4.0	4.0	4.0	1.5
设备外直径 /mm	300,400,600,800,1000,1200,1500	300,400,600,800	300,400,600,800	300,400,600,800,1000,1200,1500	300,400,600,800,1000	300,400,600,800
胎模直径 /mm	160,200,300	160,200	160,200	160,200,300	160,200,300	160,200

表 4.4－3 国外螺旋板换热器

国家	单台最大换热面积/m^2	最大直径/mm	最大板宽/mm	最高操作压力/MPa
瑞典	500	—	2000	1.5
德国	350	2200	2000	1.6
美国	149	1480	1825	1.6
英国	200	—	1400	1.6
日本	200	1750	2000	1.6
俄罗斯	100	—	1270	1.0

表 4.4－4 国内螺旋板换热器

型　式	单台最大换热面积/m^2	最大直径/mm	最大板宽/mm	最高操作压力/MPa
不可拆式	150(碳钢)	2150	1200	1.0*
可拆式	130(不锈钢)	1600	1000	1.0

*注：国内不可拆式螺旋板换热器的最高操作压力实际可达 2.5MPa。

第三节 螺旋板换热器工艺计算

一、螺旋通道几何计算[4]

(一) 中心隔板宽度 L_3

中心隔板与螺旋板焊接结构不同，其宽度的计算也不同。

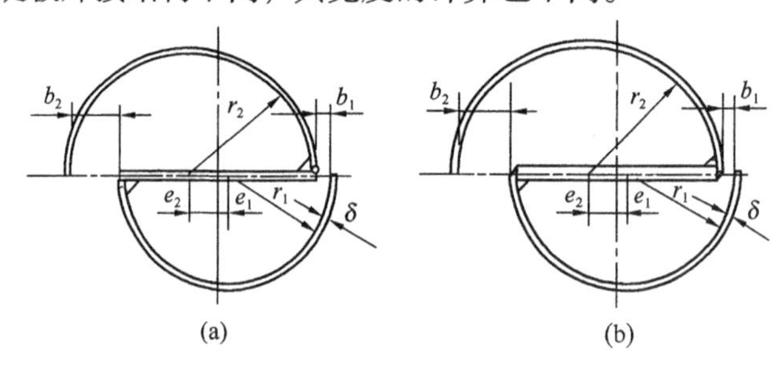

图 4.4－6 中心隔板与螺旋板的焊接结构

(1) 若中心隔板与螺旋板焊接符合图 4.4－6(a)，则

$$L_3 = d_1 - b_1 + \delta \text{ 或 } L_3 = d_2 - b_2 + \delta \tag{4-1}$$

等通道间距，即 $b_1 = b_2 = b$ 时

$$L_3 = d - b + \delta \tag{4-2}$$

(2) 若中心隔板与螺旋板焊接符合图 4.4－6(b)，则

$$L_3 = d_1 - b_1 - \delta \text{ 或 } L_3 = d_2 - b_2 - \delta \tag{4-3}$$

等通道间距，即 $b_1 = b_2 = b$ 时

$$L_3 = d - b - \delta \tag{4-4}$$

(二) 偏心距 e

$$e_1 = \frac{b_1 + \delta}{2} \tag{4-5}$$

$$e_2 = \frac{b_2 + \delta}{2} \tag{4-6}$$

等通道间距，即 $b_1 = b_2 = b$ 时

$$e_1 = e_2 = e = \frac{b + \delta}{2} \tag{4-7}$$

（三）有效换热面积 F_Y

$$F_Y = (L_{Y1} + L_{Y2})H_Y \tag{4-8}$$

其中，$H_Y = H - a$

等通道间距，即 $b_1 = b_2 = b$ 时，有 $L_{Y1} = L_{Y2} = L_Y$，则

$$F_Y = 2L_YH_Y \tag{4-9}$$

（四）换热器螺旋通道截面积 F_T

$$F_{T_1} = b_1 \cdot H_Y \tag{4-10}$$

$$F_{T_2} = b_2 \cdot H_Y \tag{4-11}$$

等通道间距，即 $b_1 = b_2 = b$ 时

$$F_T = b \cdot H_Y \tag{4-12}$$

（五）螺旋体有效换热圈数（换热器螺旋通道圈数）N_Y 及螺旋板圈数 N_B

1. 螺旋体有效换热圈数（换热器螺旋通道圈数）N_Y

螺旋体有效换热圈数在数值上与换热器螺旋通道圈数相等。

$$N_Y = \frac{\left(\frac{b_1 + b_2}{2} - d_1\right) + \sqrt{\left(d_1 - \frac{b_1 + b_2}{2}\right)^2 + \frac{4L_{Y_1}}{\pi}(b_1 + b_2 + 2\delta)}}{b_1 + b_2 + 2\delta} \tag{4-13}$$

等通道间距，即 $b_1 = b_2 = b$ 时

$$N_Y = \frac{(b - d) + \sqrt{(d - b)^2 + \frac{8L_Y}{\pi}(b + \delta)}}{2(b + \delta)} \tag{4-14}$$

2. 螺旋板圈数 N_B

(1) 无外圈板、无半圆筒体时

$$N_B = N_Y + 1 \tag{4-15}$$

(2) 有半圆筒体时

$$N_B = N_Y + 0.5 \tag{4-16}$$

注意，工程上此种情况对于不等通道间距时，N_B 的整数部分取偶数。

(3) 有外圈板时

$$N_B = N_Y \tag{4-17}$$

（六）螺旋板有效换热长度 L_Y 及螺旋板计算长度 L_B

1. 螺旋板有效换热长度 L_Y

$$L_{Y_1} = \frac{\pi}{2}N_Y\left[(d_1 + \delta) + (N_Y - 1)\left(\frac{b_1 + b_2 + 2\delta}{2}\right)\right] \tag{4-18}$$

$$L_{Y_2} = L_{Y_1} + \frac{\pi}{2}N_Y(b_2 - b_1) \tag{4-19}$$

等通道间距，即 $b_1 = b_2 = b$ 时

$$L_Y = \frac{\pi}{2}N_Y[(d+\delta)+(N_Y-1)(b+\delta)] \tag{4-20}$$

2. 螺旋板计算长度 L_B

$$L_{B_1} = \frac{\pi}{2}N_B\left[(d_1+\delta)+(N_B-1)\left(\frac{b_1+b_2+2\delta}{2}\right)\right] \tag{4-21}$$

$$L_{B_2} = L_{B_1} + \frac{\pi}{2}N_B(b_2-b_1) \tag{4-22}$$

等通道间距，即 $b_1 = b_2 = b$ 时

$$L_B = \frac{\pi}{2}N_B[(d+\delta)+(N_B-1)(b+\delta)] \tag{4-23}$$

（七）换热器螺旋通道长度 L

$$L = L_{Y_1} + \frac{\pi}{2}N_Y(b_2+\delta) = L_{Y_2} + \frac{\pi}{2}N_Y(\delta+b_1) \tag{4-24}$$

等通道间距，即 $b_1 = b_2 = b$ 时

$$L = L_Y + \frac{\pi}{2}N_Y(\delta+b) \tag{4-25}$$

（八）螺旋体长轴外径 D_W

1. 螺旋板终端截面的法线与中心隔板垂直，即长轴在中心隔板所构成的平面内时[参见图4.4-7(a)]

$$D_w = (d_1-b_1+\delta)+N_B(b_1+b_2+2\delta) \tag{4-26}$$

等通道间距，即 $b_1 = b_2 = b$ 时

$$D_w = d-b+\delta+2N_B(b+\delta) \tag{4-27}$$

2. 螺旋板终端截面的法线与中心隔板平行，即长轴垂直于中心隔板所构成的平面时[参见图4.4-7(b)]

(1) 若 $N_B-0.5$ 为奇数，则

$$D_w = \sqrt{\left[\left(\frac{d_2}{2}+\delta\right)+\frac{N_B+0.5}{2}(b_1+\delta)+\frac{N_B-1.5}{2}(b_2+\delta)\right]^2-e_2^2} + \sqrt{\left[\left(\frac{d_1}{2}+\delta\right)+\frac{N_B+0.5}{2}(b_2+\delta)+\frac{N_B-1.5}{2}(b_1+\delta)\right]^2-e_1^2} \tag{4-28}$$

(2) 若 $N_B-0.5$ 为偶数，则

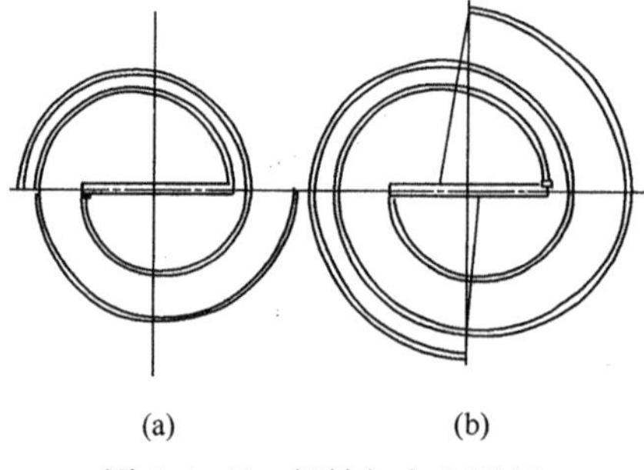

图4.4-7 长轴与中心隔板

$$D_w = 2\sqrt{\left[\left(\frac{d_1}{2}+\delta\right)+\frac{N_B-0.5}{2}(b_1+b_2+2\delta)\right]^2-e_1^2} \quad (4-29)$$

等通道间距，即 $b_1 = b_2 = b$ 时

$$D_w = 2\sqrt{\left[\left(\frac{d}{2}+\delta\right)+(N_B-0.5)(b+\delta)\right]^2-e^2} \quad (4-30)$$

二、流体阻力计算

螺旋板换热器的流体阻力包括螺旋通道阻力及进、出口的局部阻力。流体阻力不能过大，否则会使换热器达不到工艺要求。但是，由于螺旋板换热器结构的特殊性，使其流阻的计算比较复杂。螺旋板换热器矩形通道的长宽比与一般异型截面通道相比要大，且通道并非直线而是螺旋形，曲率半径又不断变化，因此尽管针对圆形、方形以及长宽比不大的矩形截面通道的流阻已有成熟的计算公式，但也不能直接用于螺旋板换热器。并且，螺旋通道中焊有定距柱，使流体在低雷诺数下成为湍流，摩擦因数比直通道大，其阻力相应地亦比直通道要大些。

考虑定距柱的影响，流体阻力的计算有如下几种方法：

(一)原大连工学院等单位的流阻计算式[3]

原大连工学院、苏州化机厂和通用机械研究所等单位于 1973 年开始进行螺旋板换热器传热与流体阻力的系统研究，总结出如下流体阻力计算式：

螺旋向

1. 液体无相变

$$\Delta p = \left(\frac{0.365L}{d_e Re^{0.25}} + 0.0153Ln_s + 4\right)\frac{\rho\omega^2}{2} \quad (4-31)$$

式(4-31)的适用范围为：$Re = 5000 \sim 44000$，$n_s = 116 \sim 232$。

2. 气体无相变

$$\Delta p = \frac{G^2}{\rho}\left(\ln\frac{p_1}{p_2} + 2f\frac{L}{d_e}\right) \quad (4-32)$$

式中，摩擦系数 f 的取值为[2]：

$$f = \begin{cases} 0.020(\text{当 } n_s = 0 \text{ 时}) \\ 0.022(\text{当 } n_s = 116 \text{ 时}) \\ 0.034(\text{当 } n_s = 232 \text{ 时}) \end{cases}$$

式(4-31)和式(4-32)是在一定的定距柱密度下通过试验得到的经验式。若用于计算任意定距柱密度情况下的流体阻力，则有一定误差。

(二)Sauder 等的公式[3]

计算时先按下式求得临界雷诺数 Re_c：

$$Re_c = 20000\left(\frac{d_e}{D_m}\right)^{0.32} \quad (4-33)$$

1. 湍流时

$Re > Re_c$ 时

$$\Delta p = \left(\frac{4.65}{10^9}\right)\left(\frac{L}{\rho}\right)\left(\frac{W}{bH}\right)^2 g\left[\frac{0.55}{(b+0.00318)}\left(\frac{\mu H}{W}\right)^{\frac{1}{3}}\left(\frac{\mu_w}{\mu}\right)^{0.17} + 1.5 + \frac{5}{L}\right] \quad (4-34)$$

式中，数1.5表示定距柱直径为8mm、密度 n_s 为194个/m^2 时的数值。如果定距柱直径、密度变化，该值也随之变化。

2. 层流时

$100 < Re < Re_c$ 时

$$\Delta p = \left(\frac{4.65}{10^9}\right)\left(\frac{L}{\rho}\right)\left(\frac{W}{bH}\right)^2 g\left[\frac{1.78}{(b+0.00318)}\left(\frac{\mu H}{W}\right)^{\frac{1}{2}}\left(\frac{\mu_w}{\mu}\right)^{0.17} + 1.5 + \frac{5}{L}\right] \quad (4-35)$$

（三）蒸汽冷凝时

1. 轴向流动时

$$\Delta p = \frac{G^2}{\rho}\left[0.046\left(\frac{d_e G}{\mu}\right)^{-0.2}\frac{H}{d_e} + 1\right] \quad (4-36)$$

2. 螺旋向流动时

$$\Delta p = \left(\frac{2.33}{10^9}\right)\left(\frac{L}{\rho}\right)\left(\frac{W}{bH}\right)^2 g\left[\frac{0.55}{(b+0.00318)}\left(\frac{\mu H}{W}\right)^{\frac{1}{3}} + 1.5 + \frac{5}{L}\right] \quad (4-37)$$

式中，蒸汽的参数为气态下的参数。

三、传热工艺计算

传热工艺设计应同时满足换热器对传热和流阻的工艺要求，且符合强度及稳定性设计等有关要求。

（一）传热面积的概算(A^*)

螺旋板换热器计算的第一步是先按通常的传热公式估算所需的传热面积。

$$A^* = \frac{Q}{K^* \Delta t'_w} \quad (4-38)$$

式中 K^*——由有关文献或经验值估计。

（二）总传热系数计算及最终传热面积的确定

1. 辅助计算

（1）流通截面积：介质速度按有关文献的推荐值或使用的经验值给出。

$$F = V/\omega \quad (4-39)$$

（2）螺旋体高度和螺旋通道间距：根据概算出的传热面积，参照标准《螺旋板换热器形式与基本尺寸》，确定螺旋体高度。螺旋通道间距由下式确定：

$$b = F/H_Y \quad (4-40)$$

若介质为轴向流，螺旋通道间距可用以下公式计算：

$$L = A^*/2H \quad (4-41)$$

$$b = \frac{F - \frac{\pi d^2}{8}}{L} \quad (4-42)$$

（3）按换热器几何设计中的公式计算螺旋通道长及螺旋体长轴直径。

（4）通道当量直径及螺旋体平均直径：螺旋板换热器的通道为矩形截面。为了应用基于圆形截面通道的计算公式，以通道当量直径来替代。

通道当量直径为： $d_e = 4r_水 = 4 \times \dfrac{H_Y b}{2(H_Y + b)}$

即
$$d_e = \frac{2H_Y b}{H_Y + b} \tag{4-43}$$

螺旋体平均直径为：
$$D_m = \frac{d + D}{2} \tag{4-44}$$

2. 对流传热膜系数

螺旋板换热器的通道为螺旋形，且还焊有定距柱，计算对流传热膜系数时要考虑到这两点。

在圆形截面直管中，临界雷诺数为10000，即 Re 大于等于10000时的流体状态为湍流。但螺旋板换热器的通道为矩形截面，且有定距柱，临界雷诺数大小与圆管的显然不同。下面介绍一些常用公式以供设计时参考。

流体作螺旋向流动时

（1）流体无相变

① 湍流时

（a）$Re \geqslant 6000$ 时，利用盘管公式计算[3]：

$$\alpha = 0.023\left(1 + 3.54\frac{d_e}{D_m}\right)\frac{\lambda}{d_e}Re^{0.8}Pr^{m} \tag{4-45}$$

式中，指数 m，对被加热的液体为0.4，对被冷却的液体为0.3；对气体无论加热或冷却均为0.4。

按式(4-45)计算较简单，但不太符合螺旋板换热器的实际情况。用式(4-45)计算的 α 值比无定距柱的螺旋通道实测 α 值大，这是因为在矩形通道内所引起的二次环流远不如普通弯曲圆管那样显著，所以实测 α 值比直通道仅大10%左右，而用式(4-45)则大20%左右。对有定距柱且同样尺寸的螺旋板换热器，其传热膜系数 α 值比直管的大50%左右。由此可见定距柱对传热强化的影响远远超过弯曲的影响，所以用弯管公式计算是不妥当的。

（b）$Re > 1000$ 时，按Sauder公式计算[7]：

$$\alpha = \left[0.0315Re^{0.8} - 6.65\times10^{-7}\left(\frac{L}{b}\right)^{1.8}\right]\left(\frac{\lambda}{d_e}\right)\left(\frac{\mu}{\mu_w}\right)^{0.17}Pr^{0.25} \tag{4-46}$$

② 层流时

（a）按文献[4]计算：

$Re < 2000$ 时
$$\alpha = 8.4\left(\frac{\lambda}{d_e}\right)\left(\frac{C_P V\rho}{\lambda L}\right)^{0.2} \tag{4-47}$$

（b）按Sauder公式计算[3]：

$$Re\left(\frac{d_e}{D_m}\right)^{\frac{1}{2}} = 30 \sim 2000\text{ 时}$$

$$\alpha = \left[0.65\left(\frac{d_e G}{\mu}\right)^{\frac{1}{2}}\left(\frac{d_e}{D_m}\right)^{\frac{1}{4}} + 0.76\right]\left(\frac{\lambda}{d_e}\right)\left(\frac{c_p\mu}{\lambda}\right)^{0.175} \tag{4-48}$$

（2）蒸汽冷凝：螺旋板换热器作冷凝器用时，常用立式安装。

① 可按Nusselt理论公式的实验修正式：

$$\alpha = 1.13\left(\frac{\lambda_c^3\rho_c^2\gamma g}{H\mu_c\Delta t^*}\right)^{0.25} \tag{4-49}$$

式中，$\Delta t^* = T_b - t_w$ 或 $\Delta t^* = T_b - t_C - \dfrac{\alpha_2}{\alpha_1 + \alpha_2}(T_c - t_c)$

一般情况下，壁温接近于具有较大传热膜系数的一侧流体温度。

式(4－49)中，除了冷凝潜热 γ 是以饱和温度 T_b 为准外，其余物性如 λ_c，ρ_c，μ_c 等皆以凝液的平均膜温 $\left(\dfrac{T_b + t_w}{2}\right)$ 下的数值为准。

式(4－49)可以改写为准数关联式：

$$\alpha = 1.88\left(\frac{4\Gamma}{\mu_c}\right)^{-1/3}\left(\frac{\mu_c^2}{\lambda_c^3\rho_c^2 g}\right)^{-1/3} \tag{4-50}$$

令 $\alpha^* = \alpha\left(\dfrac{\mu_c^2}{\lambda_c^3\rho_c^2 g}\right)^{1/3}$，称为无因次膜系数。

式(4－50)中，$\Gamma = \dfrac{W_c}{2L}$，为冷凝负荷。

雷诺数 $$Re = \frac{4\Gamma}{\mu_c}$$

式(4－49)和(4－50)只适用于层流，即 $Re < 2100$ 时。而在湍流时，即 $Re > 1800$ 时，从实验数据归纳可采用下式：

$$\alpha = 0.0077\left(\frac{4\Gamma}{\mu_c}\right)^{0.4}\left(\frac{\mu_c^2}{\lambda_c^3\rho_c^2 g}\right)^{-1/3} \tag{4-51}$$

② A. E. Dukler 曾对层流和湍流两个范围内都适用的理论解作了研究并整理成图 4.4－8 的形式。冷凝传热膜系数也可由图 4.4－8 求得。

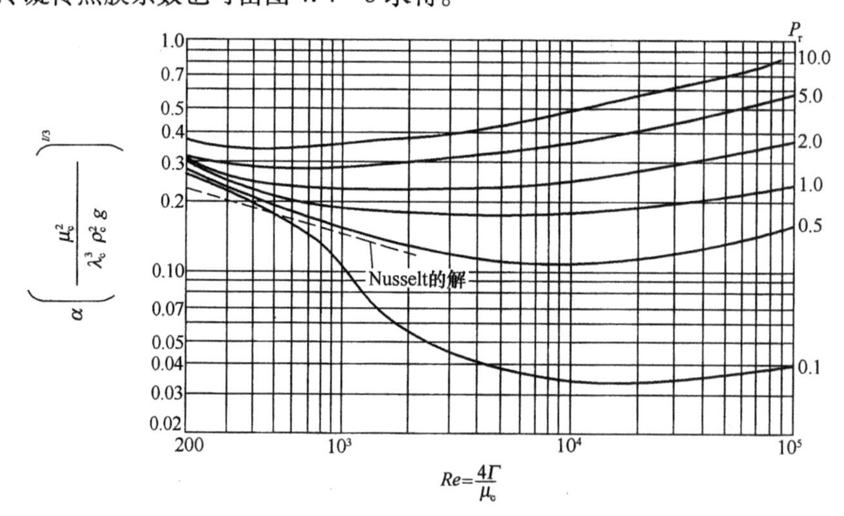

图 4.4－8 冷凝给热系数

3. 总传热系数 K_j 的确定

一般来说，K_j 与预估值 K^* 不一致，若下式

$$5\% \leqslant \frac{K_j - K^*}{K_j} \times 100\% \leqslant 10\% \tag{4-52}$$

成立，则 K^* 就被实取为换热器的总传热系数。否则调整 K^* 值，直至使式(4－52)成立。

第四节　螺旋板换热器强度及稳定性计算

螺旋板换热器由传热螺旋板、定距柱、中心隔板、端盖、外壳及接管等零部件组成。传热板为两块条形金属板，并被焊接于中心隔板两侧，在专用卷床上卷成一对同心螺旋通道。通道内焊有为保持通道宽度而按照一定规则排列的定距柱。换热器工作时，相邻两通道内介质的压力不同，且是作用于螺旋板上的载荷。而对每一块螺旋板来说，既受内压又受外压作用，因此其可能的破坏形式有两种，一种是强度破坏，一种是螺旋板丧失稳定性。从实际经验来看，后者更为普遍。

一、材料

（一）选材原则

制造换热器材料的选择条件，除了与一般化工设备要求相同外，其不同点在于需将材料的导热性能作为新的因素加以考虑。常用的材料是碳钢，如Q235系列，以及不锈钢，如0Cr19Ni9等。此外还有各种合金钢。采用碳钢时，可拆式螺旋板换热器的温度应控制在-20～200℃，不可拆式则为-20～400℃。若采用不锈钢，则均为-20～400℃[8]。换热器主要受压元件材料的选用原则、钢材标准、热处理状态及许用应力值均应按GB 150—1998《钢制压力容器》第4章“材料”的规定，也可按GB 150—1998附录A“材料的补充规定”选用钢材。换热器的设计温度低于或等于-20℃时，可按GB 150—1998附录C“低温压力容器”选用低温用材。

（二）平盖

1. 锻件

平盖采用碳素钢和低合金钢锻件时，除另有要求外，一般按JB 4726—94《压力容器用碳素钢和低合金钢锻件》及JB 4727—94《低温压力容器用碳素钢和低合金钢锻件》规定的Ⅱ级选用，并在图样或相应的技术文件中注明。

2. 钢板

（1）平盖采用钢板时，应按GB 150—1998的规定。

（2）凡符合GB 3274—88《碳素结构钢和低合金结构钢热轧厚钢板和钢带》规定的16Mn钢板，必须有材料质量证明书，适用范围为：

设计压力：$p \leq 1.6$MPa；

设计温度：0～350℃。

3. 复合板

平盖可采用堆焊复合钢板、轧制复合板或爆炸复合板。平盖亦可采用衬层结构。

用轧制复合板或爆炸复合板时，应对复层与基层的结合情况逐张进行超声波检验，开孔周围不得有分层。

（三）卷筒板及薄板

螺旋板的卷筒板和薄板应附有钢厂钢材质量证明书（或其复印件），制造单位按证明书对钢材进行验收，缺项时应进行补项复验，合格后方可使用。

二、螺旋板的强度和稳定性设计[9]

螺旋板是螺旋板换热器的主要受压元件，螺旋板与螺旋板之间用定距柱支承，以维持通道的宽度，并增加螺旋板的刚度。

螺旋板两侧均受压力载荷。凹面受压力载荷是强度问题，凸面受压力载荷主要是稳定性问题。通常不能保证在各种工况下，两侧压力载荷同时作用于螺旋板。螺旋板失效常为丧失稳定性。广西大学按线性稳定理论求得了加撑螺旋板凸面受压力载荷时的临界压力 p_{cr} 及许用压力 $[p]$ [9]。中国行业标准：螺旋板式换热器[4]（送审稿）采用了该设计方法。

（一）弹性失稳，临界压力 p_{cr}

定距柱支承的螺旋板和筒形壳的临界压力与定距柱排列方式有关，以下分别按照各种不同的排列方式求取临界压力。

1. 定距柱按等边三角形排列 4 个定距柱组成的菱形长对角线沿螺旋板板长方向排列，见图 4.4-9(a)。

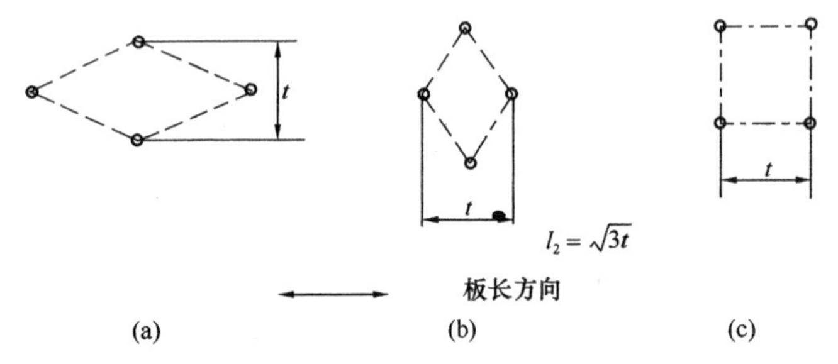

图 4.4-9 定距柱的排列方式

当定距柱间距 $t \leqslant 1.76\sqrt[4]{H^2R\delta}$ 时，临界压力为：

$$p_{cr} = 2.14\frac{E^t\delta^3}{Rt^2} + 0.761\times10^{-2}\frac{E^t\delta}{R}\cdot\frac{t^6}{R^2H^4} \tag{4-53}$$

当 $t > 1.76\sqrt[4]{H^2R\delta}$ 时

$$p = \frac{\pi^2}{12(1-\mu^2)}\cdot\frac{E^t\delta^3}{RH^2}\cdot\frac{(1+\beta_1^2)^2}{\beta_1^2} + \frac{E^t\delta H^2}{\pi^2R^3}\cdot\frac{1}{\beta_1^2(1+\beta_1^2)^2} \tag{4-54}$$

上式中，p 对 β_1^2 求极小值（并取钢材 $\mu=0.3$），得到临界压力为：

$$p_{cr} = K'E^t\left(\frac{\delta}{R}\right)^{2.5}\left(\frac{R}{H}\right) \tag{4-55}$$

式中 K'——系数，随几何参数 $H^2/R\delta$ 而变化，$K'=0.92\sim1.00$。

2. 定距柱按等边三角形排列 4 个定距柱组成的菱形短对角线沿螺旋板板长方向排列，见图 4.4-9(b)。

当 $t \leqslant 4.04\sqrt{R\delta}$ 时，临界压力为：

$$p_{cr} = 2.26\frac{E^t\delta^3}{Rt^2} + 0.142\times10^{-2}\frac{E^t\delta t^2}{R^3} \tag{4-56}$$

当 $t > 4.04\sqrt{R\delta}$ 时

$$p = \frac{\pi^2}{12(1-\mu^2)}\cdot\frac{E^t\delta^3}{Rl_2^2}\cdot\frac{(1+\beta_1^2)^2}{\beta^2} + \frac{E^t\delta l_2^2}{\pi^2R^3}\cdot\frac{1}{\beta_1^2(1+\beta_1^2)^2} \tag{4-57}$$

p 对 β_1^2 求极小值，可得临界压力 p_{cr}。

3. 定距柱按正方形排列 见图 4.4-9(c)。

当 $t \leqslant 1.53\sqrt[4]{H^2R\delta}$ 时，临界压力为：

$$p_{cr}=1.6\frac{E^{t}\delta^{3}}{Rt^{2}}+1.8\times10^{-2}\frac{E^{t}\delta t^{6}}{R^{3}H^{4}} \tag{4-58}$$

当 $t>1.53\sqrt[4]{H^{2}R\delta}$ 时，临界压力仍按式(4－55)计算。

（二）非弹性失稳及图算法

1. 定距柱按等边三角形排列　4个定距柱组成的菱形长对角线沿螺旋板板长方向排列，见图4.4－9(a)。

当 $t>1.76\sqrt[4]{H^{2}R\delta}$ 时，令

$$A=\frac{p_{cr}R}{E^{t}\delta}$$

由式(4－54)得：

$$A=\frac{\pi^{2}}{12(1-\mu^{2})}\cdot\left(\frac{\delta}{H}\right)^{2}\cdot\frac{(1+\beta_{1}^{2})^{2}}{\beta_{1}^{2}}+\frac{H^{2}}{\pi^{2}R^{2}}\cdot\frac{1}{\beta_{1}^{2}(1+\beta_{1}^{2})^{2}} \tag{4-59}$$

式中，令 A 对 β_{1}^{2} 求极小值，根据计算机计算的结果可绘成算图，见图4.4－10。该图是普遍适用的，与螺旋板材料无关。

当定距柱间距 $t\leqslant1.76\sqrt[4]{H^{2}R\delta}$ 时，因 $A=\frac{p_{cr}R}{E^{t}\delta}$，由式(4－53)得：

$$A=2.14\left(\frac{\delta}{t}\right)^{2}+0.761\times10^{-2}\frac{t^{6}}{R^{2}H^{4}} \tag{4-60}$$

令 $A=\varepsilon$，$B'=2\sigma/3$，在双对数坐标上分别绘出各种材料的 $B'-A$ 曲线图。

由图4.4－10（$t>1.76\sqrt[4]{H^{2}R\delta}$ 时）或式(4－60)、（$t\leqslant1.76\sqrt[4]{H^{2}R\delta}$ 时）得到 A 系数，根据加撑螺旋板所用材料，从相应的 $B'-A$ 图上由 A 系数查得 B' 系数。因 $B'=2\sigma/3$，即

$$B'=p_{cr}R/1.5\delta$$

故

$$p_{cr}=1.5B'\delta/R \tag{4-61}$$

螺旋板所用卷筒板材料因轧制时加工硬化作用，屈服限升高，所以非弹性失稳时的 B' 系数比由GB 150材料图中查得的 B 系数高。GB 150的材料图，见图4.4－11～图4.4－17所示。可进行适当修正，对非弹性失稳，按下式计算 B' 系数：

$$B'=B\sigma'_{s}/\sigma_{s} \tag{4-62}$$

对弹性失稳，不必进行上述修正。

2. 定距柱按等边三角形排列　4个定距柱组成的菱形短对角线沿螺旋板板长方向排列，见图4.4－9(b)。

当 $t>4.04\sqrt{R\delta}$ 时，按式(4－57)计算，该式中 $l_{2}=\sqrt{3}t$。式(4－57)与式(4－54)有相同的形式，因此可得到相同的算图，即图4.4－10。

$t\leqslant4.04\sqrt{R\delta}$ 时，按式(4－56)计算临界压力，因 $A=\frac{p_{cr}R}{E^{t}\delta}$，由式(4－56)得

$$A=2.26\left(\frac{\delta}{t}\right)^{2}+0.142\times10^{-2}\left(\frac{t}{R}\right)^{2} \tag{4-63}$$

由(4－63)式（$t\leqslant4.04\sqrt{R\delta}$ 时）或图4.4－10（$t>4.04\sqrt{R\delta}$ 时）求得 A 系数后，再由 A 值查图得 B 系数，并计算临界压力 p_{cr}。

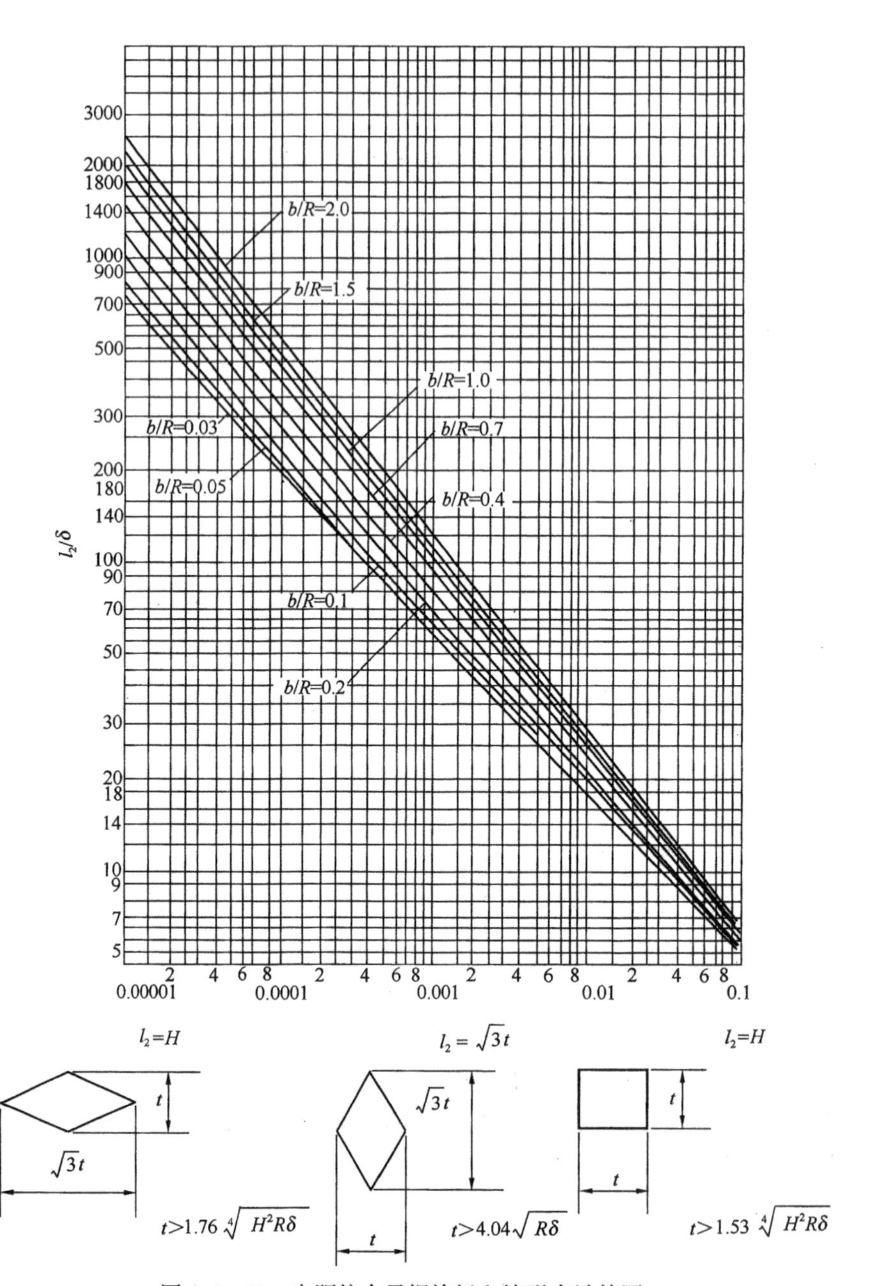

图 4.4－10　定距柱支承螺旋板和筒形壳计算图

3. 定距柱按正方形排列　$t \leqslant 1.53\sqrt[4]{H^2R\delta}$ 时，按式(4－58)计算，因 $A=\dfrac{p_{cr}R}{E^t\delta}$，由式(4－58)得到：

$$A = 1.6\left(\frac{\delta}{t}\right)^2 + 1.8\times10^{-2}\left(\frac{t^6}{R^2H^4}\right) \tag{4-64}$$

$t > 1.53\sqrt[4]{H^2R\delta}$ 时，按式(4－54)计算，由式(4－54)得到图 4.4－10。

由(4－64)式（$t \leqslant 1.53\sqrt{H^2R\delta}$ 时）或图 4.4－10（$t > 1.53\sqrt[4]{H^2R\delta}$ 时）求得 A 系数后，再由 A 查图得 B 值，并从 B 值计算 p_{cr}。

螺旋板换热器常满足不等式 $t < 4.04\sqrt{R\delta}$ 或 $t < 1.53\sqrt[4]{H^2R\delta}$。

（三）理论与试验结果的比较

1. 加撑试件的失稳试验

广西大学曾进行了多种几何尺寸、3种定距柱排列方式、不同定距柱间距的133个试件的失稳试验，试验结果与理论计算比较一致，详见文献[10，11]。

2. 大型加撑曲板的刚度试验

原南京化工学院等单位介绍了定距柱支承大型曲板刚度试验结果[12]，得到了曲板凸面压力 $P-$ 挠度 f 曲线。当外压较小时，$p-f$ 线为直线；当 p 达到临界值后，挠度 f 迅速增加。按上述方法求得的加撑曲板临界压力理论值均在 $p-f$ 曲线的转折点上，加撑大型曲板刚度试验结果也与理论计算值一致。

3. 螺旋板换热器稳定性试验

直接在螺旋板换热器产品上进行稳定性试验。

型号：LLI－10－50

设计压力：1MPa

换热面积：$50m^2$

测量点半径：480，500，570，610（mm）

试验结果与理论值一致[13]。

（四）稳定系数

加撑螺旋板的失稳临界压力 p_{cr} 除以稳定性安全系数 m 即为许用压力 $[p]$。

稳定性安全系数 m 的取值，有赖于工程实践经验。GB 150中取外压圆筒稳定性安全系数 $m=3$。但外压圆筒失稳的后果是灾难性的，而有许多定距柱支承的螺旋板失稳是局部失稳，其后果没有外压圆筒失稳严重。此外，从133个定距柱支承试件的失稳破坏试验数据来看，实测临界压力与理论值比较吻合，加撑大型曲板及螺旋板换热器的试验结果也与理论值较为一致。

因此，加撑螺旋板可取较小的稳定性安全系数 m，建议取 $m=1.5\sim3$，弹性失稳取 $m=3$，非弹性失稳 m 可取较小值。定距柱间距愈小，m 愈小。

（五）螺旋板强度及稳定性的工程设计计算

1. 考虑定距柱支承螺旋板的强度问题，定距柱间距 t 可按下式初步估算[8]：

$$t=\delta\sqrt{\frac{4.7K_1[\sigma]^t}{p}} \tag{4-65}$$

2. 定距柱支承螺旋板凸面受压的许用压力

定距柱支承螺旋板凸面受压的许用压力 $[p]$ 计算步骤如下：

（1）根据定距柱的不同排列方式，分别按以下各式计算 A 系数：

定距柱按等边三角形排列：4个定距柱组成的菱形长对角线在螺旋板板长方向，按式（4－60）计算 A。

定距柱按等边三角形排列：4个定距柱组成的菱形短对角线在螺旋板板长方向，按式（4－63）计算 A。

定距柱按正方形排列：按式（4－64）计算 A。

（2）按螺旋板所用材料，在图4.4－11～图4.4－17的下方找出相应的 A 值，垂直移动到与设计温度下的材料线相交（遇中间温度值用内插法），再过此交点沿水平方向右移，在图的右方纵坐标上便可读出系数 B。

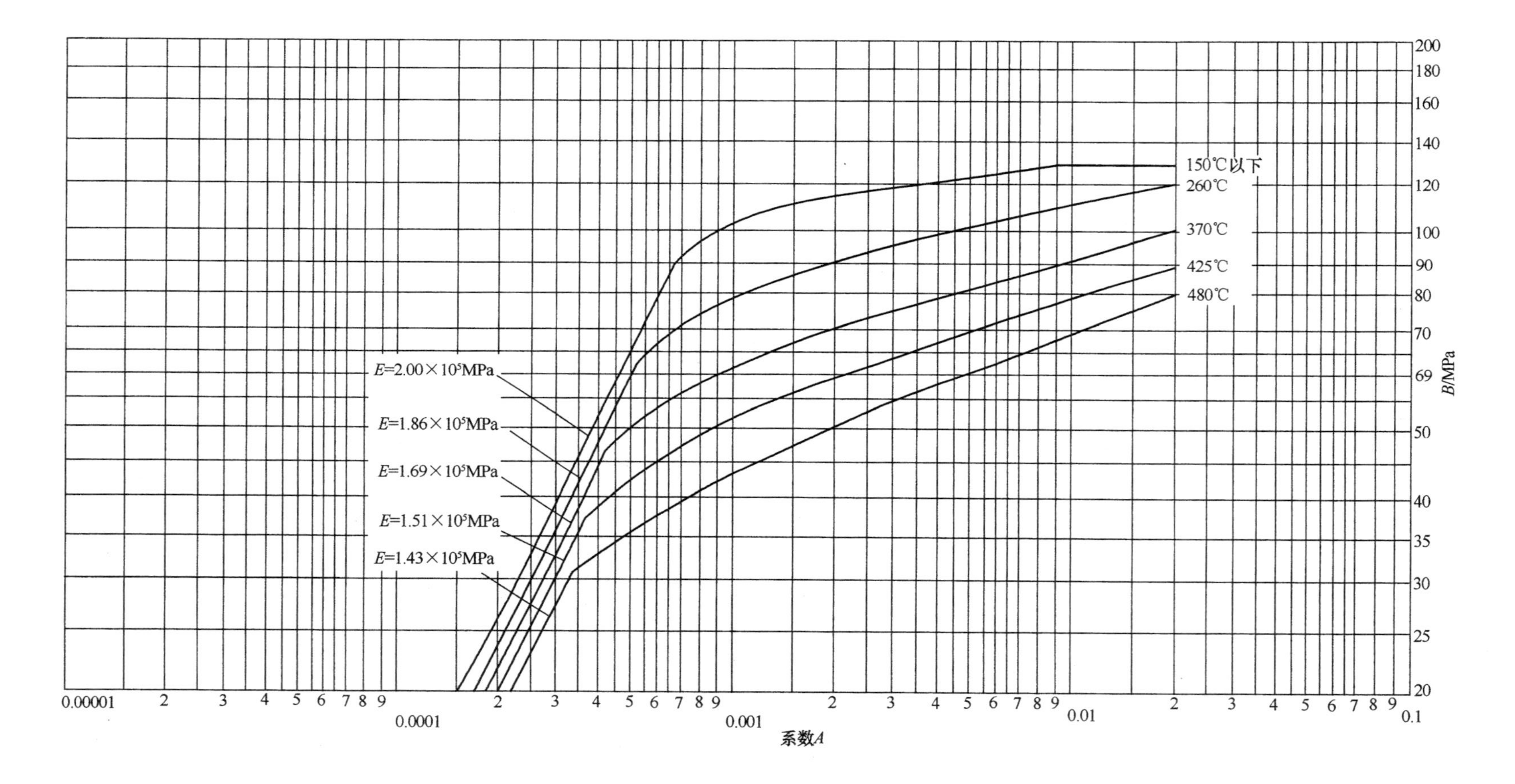

图 4.4－11 螺旋板计算图(屈服强度 σ_s <207MPa 的碳素钢)

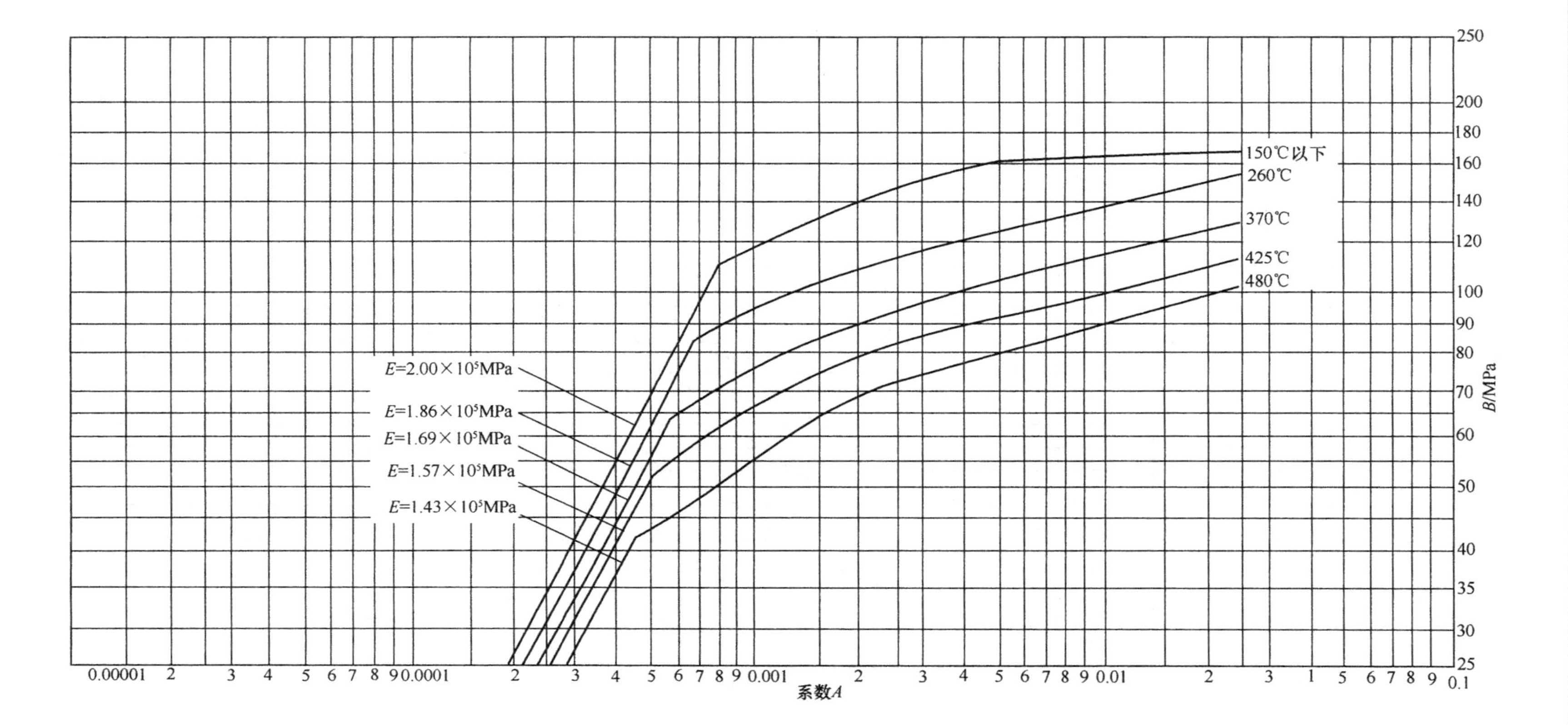

图 4.4－12　螺旋板计算图(屈服强度 σ_s >207MPa 的碳素钢和0Cr13、1Cr13 钢)

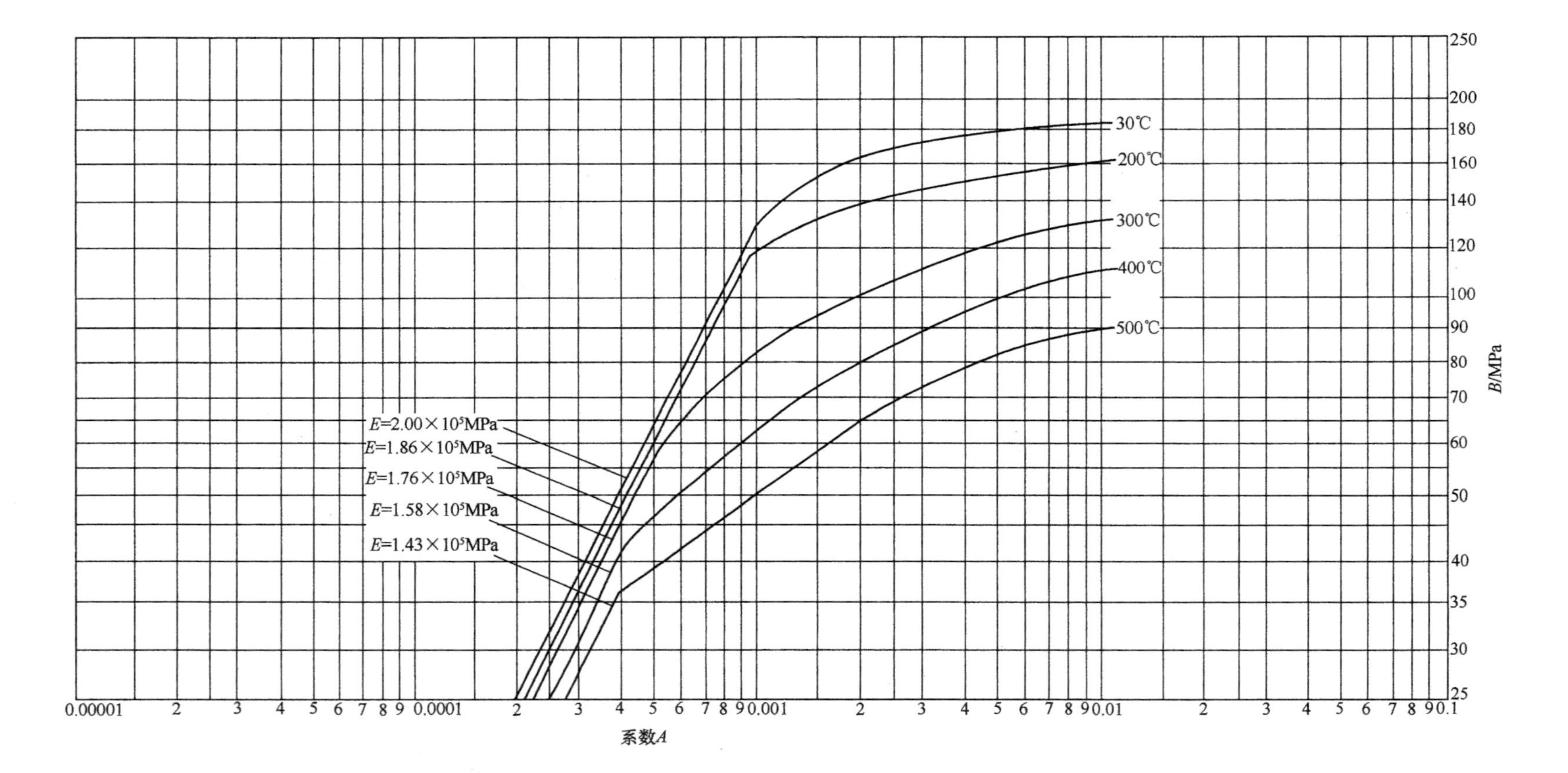

图 4.4－13　螺旋板计算图(16MnR 钢)

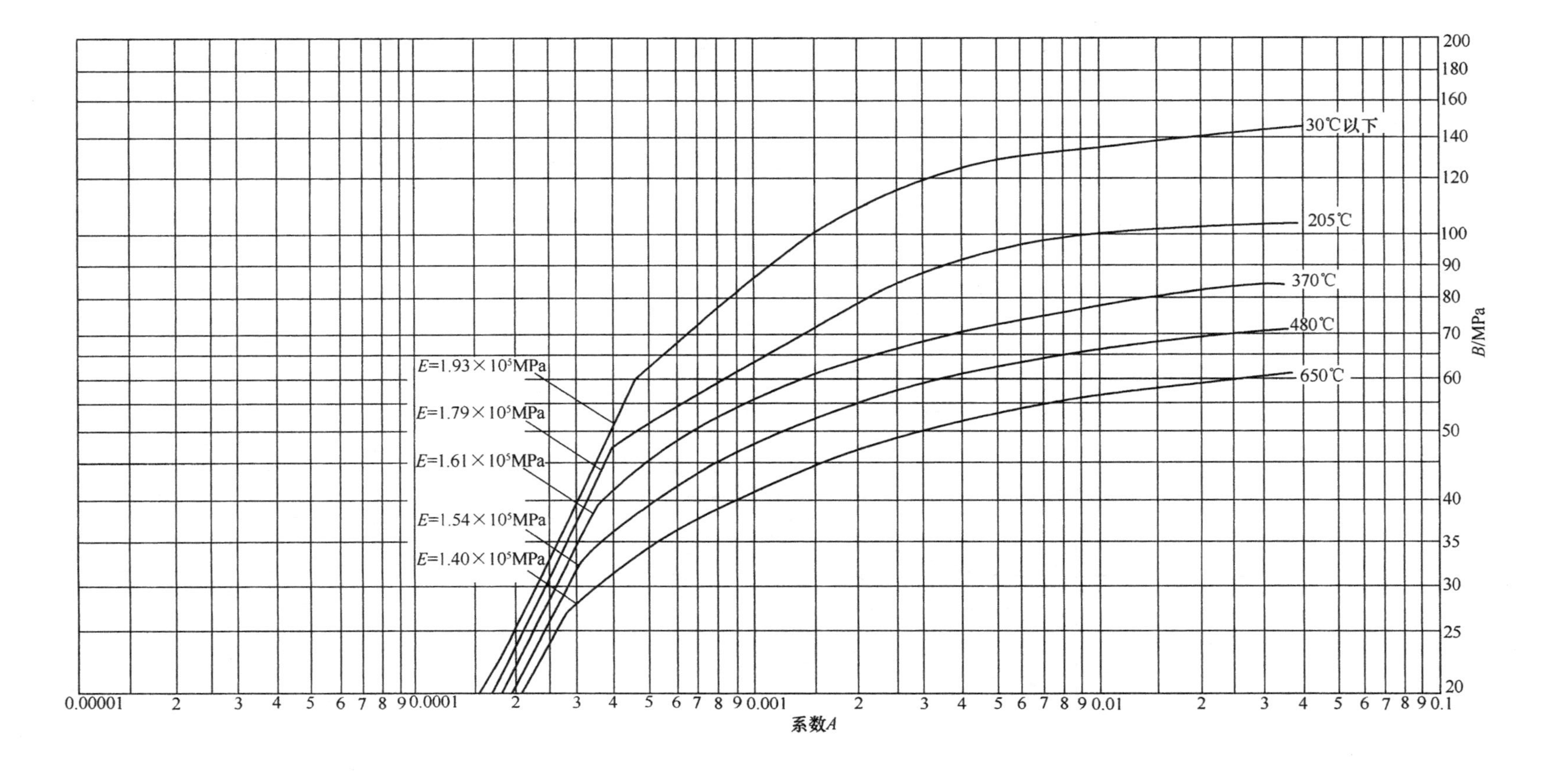

图 4.4－14　螺旋板计算图(0Cr19Ni9 钢)

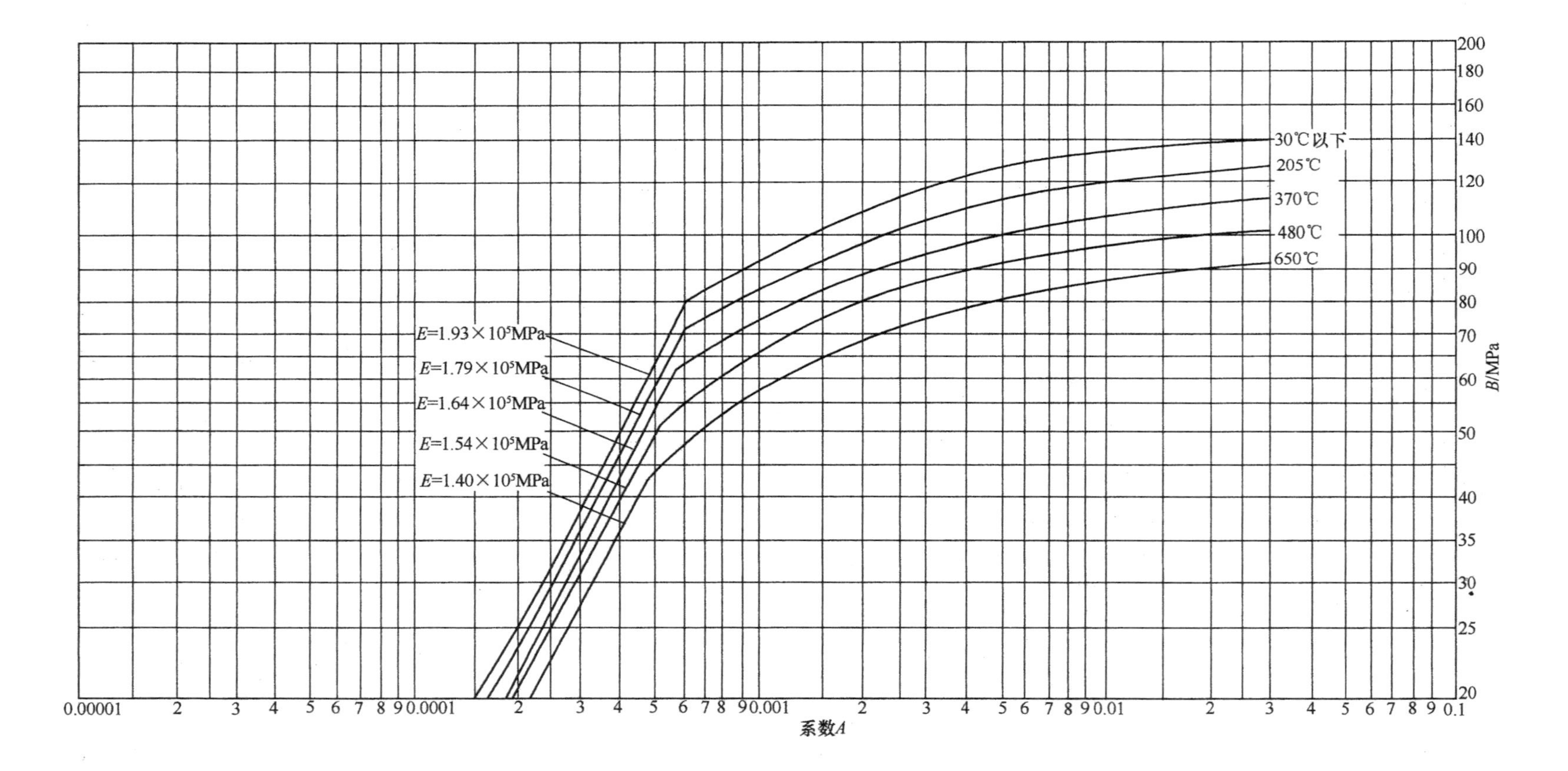

图 4.4－15 螺旋板计算图（0Cr18N89Ti，0Cr17Ni12Mo2，0Cr19Ni13Mo3 及 0Cr18Ni11Ti 钢）

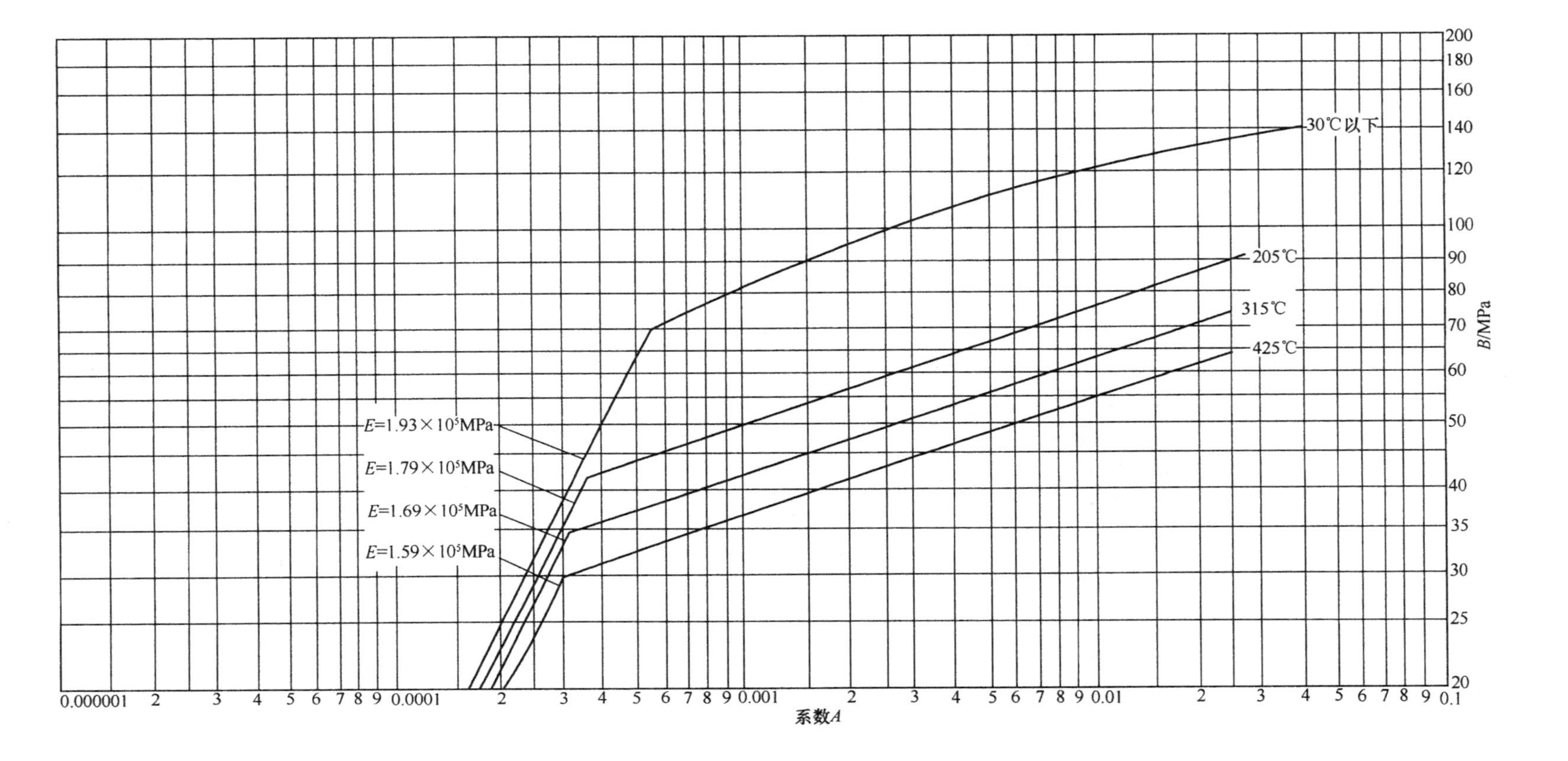

图 4.4－16　螺旋板计算图(00Cr19Ni11 钢)

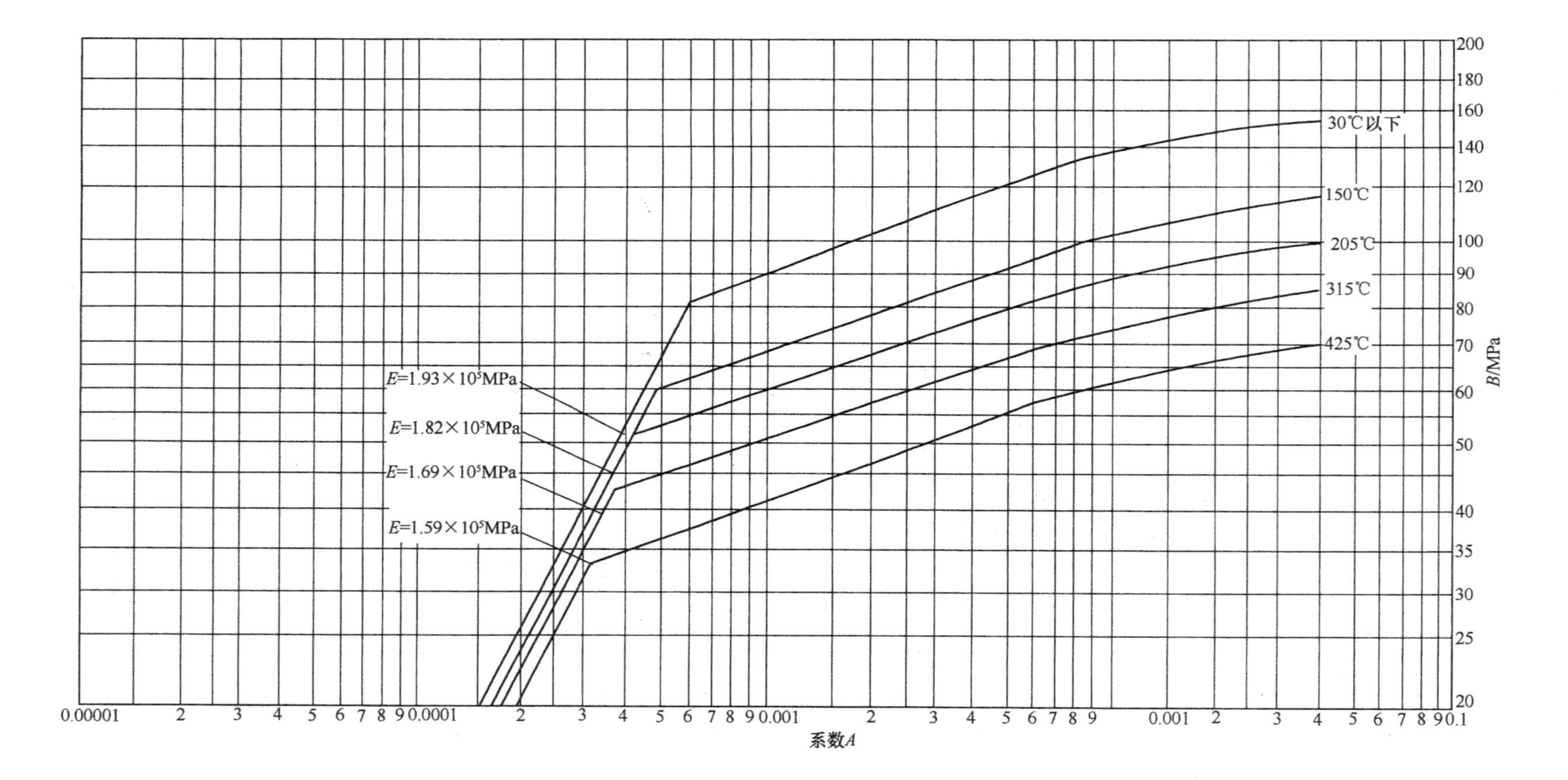

图 4.4-17 螺旋板计算图(00Cr17Ni14Mo2 及 00Cr19Ni13Mo3 钢)

(3) 按下式计算 B' 值

$$B' = \frac{B\sigma'_s}{\sigma_s}$$

(4) 按下式计算许用压力 $[p]$

$$[p] = \begin{cases} \dfrac{B'\delta}{R} \\ \dfrac{AE^t\delta}{3R} \end{cases} \text{取两者中的较小值} \tag{4-66}$$

三、内圈(螺旋)板厚度和支承环设计

内圈板所需厚度按 GB 150 外压圆筒计算，一般内圈板的厚度都不小于螺旋板的厚度。支承环按 GB 150 外压圆筒加强圈设计，支承环可采用加撑结构。

四、外圈(螺旋)板或半圆筒

外圈(螺旋)板或半圆筒承受内压，可按内压圆筒计算其厚度：

$$\delta_W = \frac{2pR_i}{2[\sigma]^t\phi - p} \tag{4-67}$$

五、中心隔板[14]

广西大学对螺旋板换热器中心隔板强度进行了理论及试验研究。

(一)理论解

螺旋板换热器中心隔板是矩形板，受均布压力 p 的作用，其两边分别与半圆形端板及螺旋板焊接，中间还有若干个内圈螺旋板加强圈支承。中心隔板的力学模型是受均布荷载的连续矩形板。按平板小挠度理论，求得中心隔板的弯曲应力 σ_x，σ_y 及剪应力 τ_{xy} 为[14]：

$$\left.\begin{aligned} \sigma_x &= \pm J_x \frac{pL_3^2}{\delta_Z^2} \\ \sigma_y &= \pm J_y \frac{pL_3^2}{\delta_Z^2} \\ \sigma_{xy} &= \pm J_{xy} \frac{pL_3^2}{\delta_Z^2} \end{aligned}\right\} \tag{4-68}$$

式中，无因次应力系数 J_x、J_y 及 J_{xy} 分别为：

$$J_x = \frac{12}{\pi^3}\sum_{i=1,3,5\cdots}^{\infty}\frac{\sin(i\pi x/L_3)}{i^3 ch\alpha_i}\left\{\left\{2ch\alpha_i - [(1-\mu)\alpha_i th\alpha_i + 2]ch\frac{i\pi y}{L_3} + (1-\mu)\frac{i\pi y}{L_3}sh\frac{i\pi y}{L_3}\right\}\right.$$
$$\left. - \frac{\alpha_i - th\alpha_i(1+\alpha_i th\alpha_i)}{\alpha_i - th\alpha_i(\alpha_i th\alpha_i - 1)}\cdot\left\{(1-\mu)\frac{i\pi y}{L_3}sh\frac{i\pi y}{L_3} - [2\mu + (1-\mu)\alpha_i th\alpha_i]ch\frac{i\pi y}{L_3}\right\}\right\}$$

$$J_y = \frac{12}{\pi^3}\sum_{i=1,3,5\cdots}^{\infty}\frac{\sin(i\pi x/L_3)}{i^3 ch\alpha_i}\left\{\left\{2\mu ch\alpha_i + [(1-\mu)\alpha_i th\alpha_i - 2\mu]ch\frac{i\pi y}{L_3} - (1-\mu)\frac{i\pi y}{L_3}sh\frac{i\pi y}{L_3}\right\}\right.$$

$$+\frac{\alpha_i - th\alpha_i(1+\alpha_i th\alpha_i)}{\alpha_i - th\alpha_i(\alpha_i th\alpha_i - 1)}\cdot\left\{(1-\mu)\frac{i\pi y}{L_3}sh\frac{i\pi y}{L_3}+[2-(1-\mu)\alpha_i th\alpha_i]ch\frac{i\pi y}{L_3}\right\}\Bigg\}$$

$$J_{xy}=\frac{12(1-\mu)}{\pi^3}\sum_{i=1,3,5\cdots}^{\infty}\frac{\cos(i\pi x/L_3)}{i^3 ch\alpha_i}\Bigg\{\left[\frac{i\pi y}{L_3}\cdot ch\frac{i\pi y}{L_3}-(\alpha_i ch\alpha_i - 1)sh\frac{i\pi y}{L_3}\right]$$

$$-\frac{\alpha_i - th\alpha_i(1+\alpha_i th\alpha_i)}{\alpha_i - th\alpha_i(\alpha_i th\alpha_i - 1)}\cdot\left[(1-\alpha_i th\alpha_i)sh\frac{i\pi y}{L_3}+\frac{i\pi y}{L_3}ch\frac{i\pi y}{L_3}\right]\Bigg\}$$

(4 - 69)

由此求得中心隔板最大应力：

$$\sigma_{max}=J\frac{pL_3^2}{\delta_Z^2} \tag{4-70}$$

式中，$J=\frac{24}{\pi^3}\sum_{i=1,3,5\cdots}^{\infty}\frac{\sin(i\pi/2)}{i^3}\cdot\frac{\alpha_i - th\alpha_i(1+\alpha_i th\alpha_i)}{\alpha_i - th\alpha_i(\alpha_i th\alpha_i - 1)}$，为最大应力系数，是中间支承板跨距 I 与中心隔板宽度 L_3 比值 I/L_3 的函数，见图 4.4 - 18 及表 4.4 - 5。

表 4.4 - 5 中心隔板最大应力

I/L_3	J	I/L_3	J	I/L_3	J	I/L_3	J
0.10	0.004845	0.80	0.300205	2.25	0.731374	4.00	0.749651
0.20	0.019787	0.90	0.360873	2.50	0.740404	4.25	0.749721
0.30	0.044859	1.00	0.418810	2.75	0.745067	4.50	0.749755
0.40	0.080444	1.25	0.542271	3.00	0.747435	4.75	0.749771
0.50	0.126179	1.50	0.628940	3.25	0.748624	5.00	0.749779
0.60	0.180015	1.75	0.683071	3.50	0.749216	—	—
0.70	0.239032	2.00	0.714291	3.75	0.749508	—	—

(二)试验结果与理论值的比较

在螺旋板换热器上用电阻应变法测量中心隔板应力。实测应力与理论应力的曲线能较好地吻合，中心隔板上各点实测应力均不大于理论公式(4 - 70)求得的最大应力值[13]。

(三)设计计算

按式(4 - 70)进行强度计算。根据极限设计原理，中心隔板强度条件为：

$$\sigma_{max}=J\frac{pL_3^2}{\delta_Z^2}\leqslant 1.5[\sigma]^t$$

因此求得中心隔板厚度为

$$\delta_Z=L_3\sqrt{\frac{J\cdot p}{1.5[\sigma]^t}} \tag{4-71}$$

式中，系数 J 根据 I/L_3 比值按图 4.4 - 18 或表 4.4 - 5 查取。

六、半圆形端板[15]

广西大学研究了螺旋板换热器的半圆形端板强度。

(一)理论解

根据平板理论，求解得到受均布载荷周边简支半圆板的挠度方程：

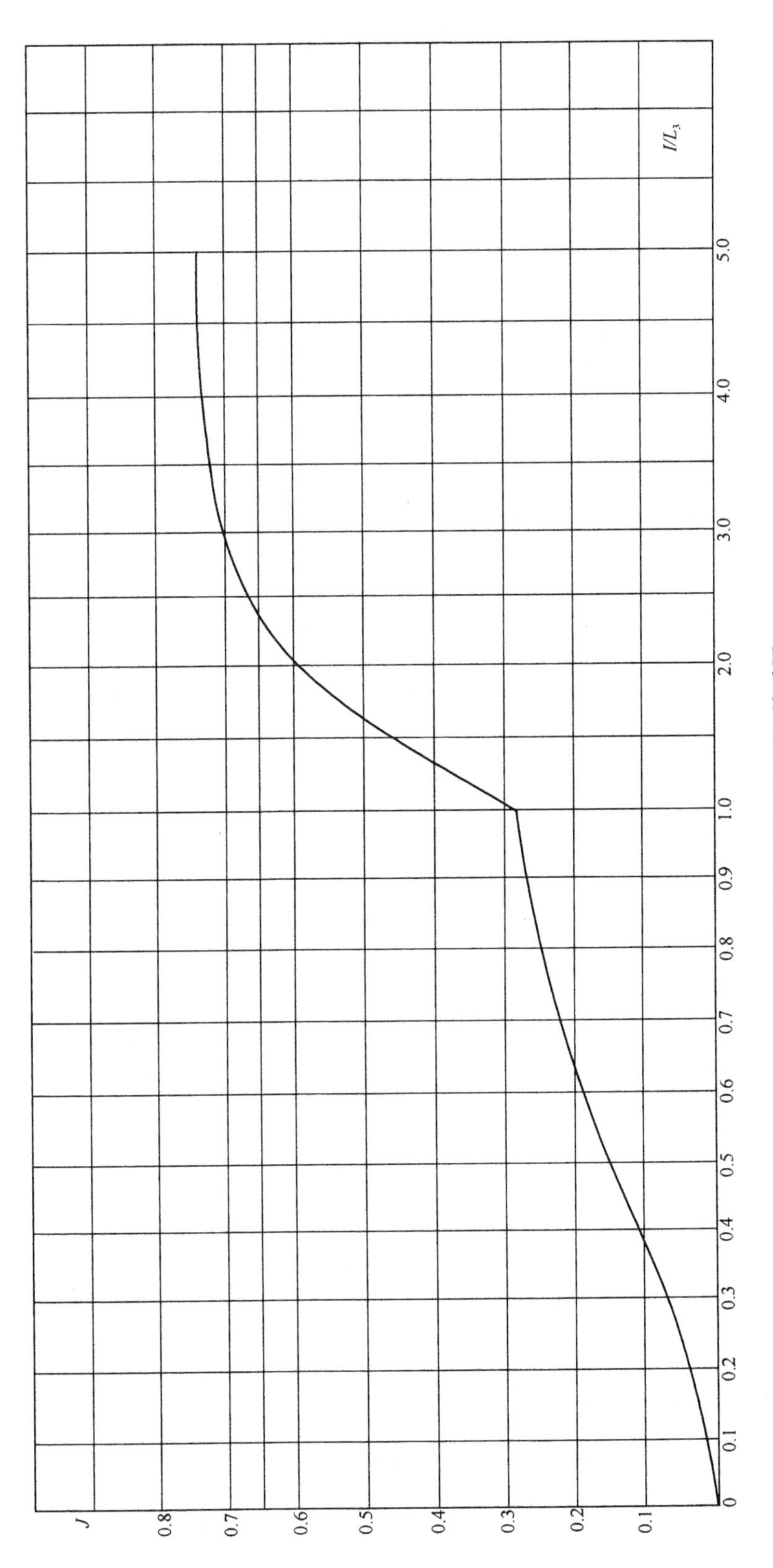

图 4.4-18 $J-I/L_3$ 关系图

$$\omega = \frac{pR_o^4}{D}\sum_{n=1,3,5\cdots}^{\infty}\frac{4p}{n\pi}\sin n\theta\Bigg[\left(\frac{r}{R_o}\right)^4\frac{4}{n\pi(16-n^2)(4-n^2)} + \left(\frac{r}{R_o}\right)^n\frac{n+5+\mu}{n\pi(16-n^2)(2+n)\left(n+\frac{1}{2}+\frac{\mu}{2}\right)} - \left(\frac{r}{R_o}\right)^{n+2}\frac{n+3+\mu}{n\pi(4+n)(4-n^2)\left(n+\frac{1}{2}+\frac{\mu}{2}\right)}\Bigg] \tag{4-72}$$

受均布载荷周边简支半圆板的应力为

$$\left.\begin{matrix}\sigma_r\\ \sigma_\theta\end{matrix}\right\} = \pm\frac{6}{\pi}\frac{pR_o^2}{\delta_B^2}\sum_{n=1,3,5\cdots}^{\infty}\sin n\theta\Bigg[\left(\frac{r}{R_o}\right)^2\frac{4A}{n(16-n^2)(4-n^2)} + \left(\frac{r}{R_o}\right)^{n-2}\frac{(n-1)(1-\mu)(n+5+\mu)}{(16-n^2)(2+m)\left(n+\frac{1}{2}+\frac{\mu}{2}\right)} - \left(\frac{r}{R_o}\right)^n\frac{(n+1)(n+3+\mu)B}{n(4+n)(4-n^2)\left(n+\frac{1}{2}+\frac{\mu}{2}\right)}\Bigg]$$

$$\tau_{r\theta} = \pm\frac{6(1-\mu)}{\pi}\frac{pR_o^2}{\delta_B^2}\sum_{n=1,3,5\cdots}^{\infty}\cos n\theta\Bigg[\left(\frac{r}{R_o}\right)^2\frac{12}{(16-n^2)(4-n^2)} + \left(\frac{r}{R_o}\right)^{n-2}\frac{(n-1)(n+5+\mu)}{(16-n^2)(2+m)\left(n+\frac{1}{2}+\frac{\mu}{2}\right)} - \left(\frac{r}{R_o}\right)^n\frac{(n+1)(n+3+\mu)}{(4+n)(4-n^2)\left(n+\frac{1}{2}+\frac{\mu}{2}\right)}\Bigg] \tag{4-73}$$

式中，$A = 12 + 4\mu - \mu n$（对 σ_r）或 $A = 4 - n^2 + 12\mu$（对 σ_θ）

$B = n + 2 - \mu$（对 σ_r）或 $B = 2 - n + \mu(n+2)$（对 σ_θ）

当 $r/R_o = 0.471$ 时，周边简支、受均布载荷半圆板的应力达到最大，为

$$\sigma_{max} = \sigma_{rmax} = 0.5224\frac{pR_o^2}{\delta_B^2} \tag{4-74}$$

（二）应力测定试验

直接在螺旋板换热器上进行半圆板应力测定试验。换热器设计压力 $p = 1\text{MPa}$，半圆板外半径 $R_o = 142\text{mm}$，壁厚 $\delta_B = 12\text{mm}$。应力测点布置在半圆板 $\theta = \pi/2$ 时的对称线上及直径边（半圆板与中心隔板连接的）填角焊缝上。试验表明：

（1）半圆板实测应力曲线介于周边简支与周边固支的半圆板理论曲线之间。

（2）半圆板实测最大应力为径向应力，与理论研究结果一致。实测最大应力值为 $0.39pR_o^2/\delta_B^2$，小于式（4－74）计算得到的最大应力理论值。以式（4－74）为基础计算半圆板厚度是安全的。

（3）半圆板直径边与中心隔板的连接焊缝是未开坡口的填角焊，焊缝上实测应力很大，在 $r/R_o = 0.14$ 处，焊缝上实测应力（垂直于焊缝方向）达 －286MPa，焊缝根部将有很大拉应力。工程上已发现，实际螺旋板换热器在其半圆板与中心隔板连接填角焊缝处有开裂现象。该焊缝必须按照我国螺旋板换热器规范的要求采用全熔透焊接接头。

（三）半圆形端板计算厚度

根据式（4－74），考虑结构影响系数 1.25，按第Ⅰ及第Ⅲ强度理论的强度条件：

$$1.25\times0.5224\frac{pR_o^2}{\delta_B^2}\leqslant[\sigma]^t$$

可得到螺旋板换热器半圆板的计算厚度：

$$\delta_B=R_o\sqrt{\frac{0.65p}{[\sigma]^t}}\qquad(4-75)$$

七、大平盖设计[16~18]

可拆式螺旋板换热器(DSHE)，其大平盖结构之一如图4.4-19所示。

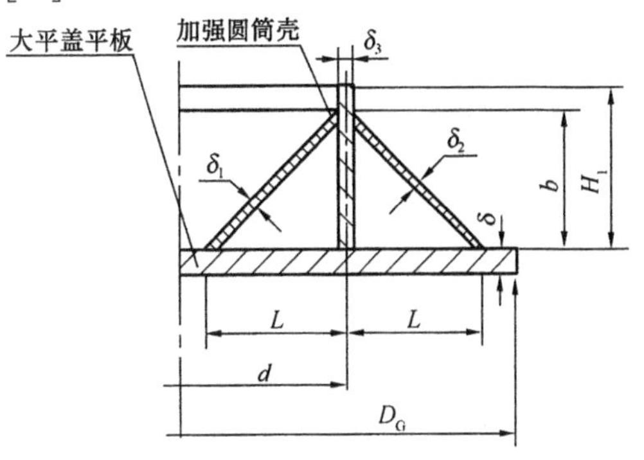

图4.4-19　DSHE大平盖结构

采用这种带筋结构对提高大平盖的承载能力、刚性和强度很有效。文献[16~18]均对此进行了分析，获得了可拆式螺旋板换热器大平盖工程设计的方法。两者的不同之处在于，文献[16]通过对DSHE端面平盖载荷的分析，导出了筒壳及锥壳加强平盖的许用压力及壳体法兰厚度计算式。文献[17，18]则对$p\leqslant1.0$Ma，$D_c\leqslant1200$mm的大平盖进行了强度及刚度设计。以下分别介绍这两种设计方法。

(一)设计方法一[16]

1. 平盖载荷

换热器端面平盖承受的载荷有：流体静压力p作用于平盖上的总轴向力F_1，内密封圈垫片反力F_2，外密封圈垫片反力F_G以及螺栓力W。计算如下：

(1)
$$F_1=\frac{\pi}{4}pD_G^2\qquad(4-76)$$

或
$$F_1=\frac{\pi}{4}pD_i^2+\frac{\pi}{4}p(D_G^2-D_i^2)\qquad(4-77)$$

式中，
$$F_D=\frac{\pi pD_i^2}{4}\qquad(4-78)$$

$$F_T=\frac{\pi p(D_G^2-D_i^2)}{4}\qquad(4-79)$$

(2)操作状态下，取F_2等于内密封垫片需要的最小垫片压紧力，即

$$F_2=2A'mp$$

令$\beta=\dfrac{A'}{\frac{\pi}{4}D_G^2}$，得

$$F_2=\frac{\pi}{4}D_G^2p\cdot2m\beta=F_1\cdot2m\beta\qquad(4-80)$$

在预紧状态下，
$$F_2'=A'y=\frac{\pi}{4}D_G^2\beta y\qquad(4-81)$$

(3)操作状态下，取F_G等于外密封垫片需要的最小垫片压紧力，即

$$F_G=2\pi D_Gbmp\qquad(4-82)$$

在预紧状态下，
$$F'_G=\pi D_Gby\qquad(4-83)$$

(4) 在操作状态下需要的最小螺栓载荷为:

$$W_p = F_1 + F_2 + F_G$$

将上述各式代入，得

$$W_p = \frac{\pi}{4}pD_G^2(1-2m\beta) + 2\pi D_G bmp \tag{4-84}$$

在预紧状态下，需要的最小螺栓载荷为:

$$W_a = F'_2 + F'_G$$

将式(4-81)、(4-83)代入上式，得

$$W_a = \frac{\pi}{4}D_G^2\beta y + \pi D_G by \tag{4-85}$$

内密封垫片反力 F_2 是分散作用于平盖上的，相当于平盖受均布载荷 $2m\beta p$，与流体静压力 p 叠加，平盖受均布载荷 $p(1+2m\beta)$。

操作状态下平盖所受载荷，见图 4.4-20。若忽略内密封垫片反力 F_2，则各式中取 $\beta=0$。

2. 筒壳及锥壳加强平盖的许用压力

螺旋板换热器平盖需有足够的强度及刚度，其主要失效形式是刚度不足而引起外密封或内密封泄漏。GB 150 及 ASME 规范中的法兰密封计算，是以强度计算形式使法兰满足刚度要求来保证密封的螺旋板换热器设计也采用同样的思路。研究表明，采用圆筒和锥壳加强的平盖，对提高大平盖刚性，减少变形，提高其承载能力是非常有效的。

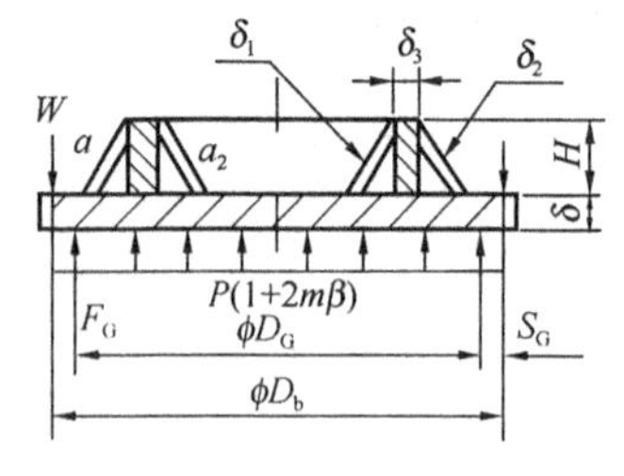

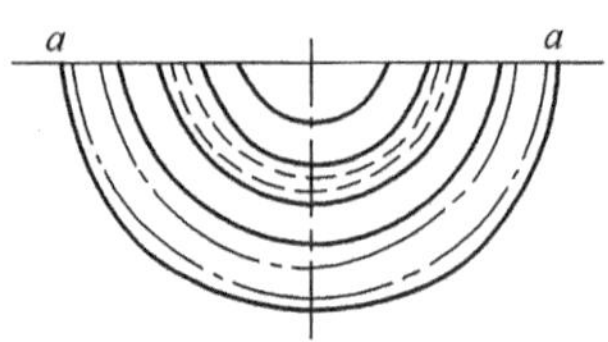

图 4.4-20 筒壳及锥壳加强的平盖

平盖承受的载荷参看图 4.4-20。圆筒和锥壳加强的平盖由平板、加强圆筒壳及内外加强锥壳 4 部分组成，可用解析法或有限元求解各部分应力和变形，但是结果繁杂，不便工程应用。

现将锥壳加强的平盖分解为两部分，即平板部分和加强件(含加强圆筒壳及内外锥壳)。分别求得平板及加强件的许用压力 $[p]_1$ 及 $[p]_2$，平盖的许用压力 $[p]$ 为两者之和，即 $[p]=[p]_1+[p]_2$，其值应大于或等于螺旋板换热器的设计压力。

(1) 平板部分的许用压力 $[p]_1$

① 圆平板受均布载荷 $p(1+2m\beta)$，见图 4.4-20。平板最大应力为:

$$\sigma_1 = \frac{Kp(1+2m\beta)D_G^2}{\delta^2} \tag{4-86}$$

系数 K 与周边支承情况有关。周边简支，$K=0.31$；周边固支，$K=0.188$。实际结构介于两者之间。

② 圆平板周边受均布弯矩 M_1，见图 4.4-20。

$$M_1 = \frac{WS_G}{\pi d_G}$$

则圆平板 ϕD_G 内任意周向截面或径向截面的弯矩均为 M_1，抗弯截面系数为 $\delta^2\times1/6$，平板

上、下纤维的周向及径向应力均为：

$$\sigma_2 = \frac{6M_1}{\delta^2} = \frac{6WS_G}{\pi D_G \delta^2} = \frac{1.9WS_G}{D_G \delta^2}$$

考虑到平板外圈等实际结构的影响，经修正后得到：

$$\sigma_2 = \frac{1.78WS_G}{D_G \delta^2}$$

将式(4－83)代入上式，得

$$\sigma_2 = \frac{1.4pS_G[D_G(1+2m\beta)+8bm]}{\delta^2} \tag{4-87}$$

平板总应力为 $\sigma_1 + \sigma_2$，其强度条件为：

$$\sigma = \sigma_1 + \sigma_2 = \frac{Kp(1+2m\beta)D_G^2}{\delta^2} + \frac{1.4pS_G[D_G(1+2m\beta)+8bm]}{\delta^2} \leqslant [\sigma]^t \phi$$

由此得：

$$[p]_1 = \frac{[\sigma]^t \phi \delta^2}{KD_G^2(1+2m\beta)+1.4S_G[D_G(1+2m\beta)+8bm]} \tag{4-88}$$

式中，结构特征系数 $K=0.3$。

在一定情况下式(4－88)还可进一步简化。

① 忽略内密封垫片反力，则 $\beta=0$，由式(4－88)得：

$$[p]_1 = \frac{[\sigma]^t \phi \delta^2}{0.3D_G^2+1.4S_G(D_G+8bm)} \tag{4-89}$$

此式与 GB 150 中的结果相同。

② 大平盖常用钩头螺栓，在此情况下，$D_b = D_G$。即 $S_G = 0$ 时，其 $K = 0.25$，由式(4－89)得：

$$[p]_1 = \frac{4[\sigma]^t \phi \delta^2}{D_G^2(1+2m\beta)} \tag{4-90}$$

③ 若 $D_b = D_G$，且忽略内密封垫片反力，即 $\beta = 0$，由式(4－88)得：

$$[p]_1 = \frac{4[\sigma]^t \phi \delta^2}{D_G^2} \tag{4-91}$$

(2)加强件的许用压力 $[p]_2$

加强件包括加强圆筒壳和内、外锥壳，其 $[p]_2$ 取决于直径断面的强度。沿大平盖直径 a—a 切下半个端盖，见图 4.4－20。作用于半个端盖上的 4 个外力为：$F_1/2$、$F_2/2$、$F_G/2$ 和 $W/2$，各合力与直径断面 a—a 的距离 e_1、e_2、e_G 及 e_W 分别为：

$$\left.\begin{aligned} e_1 &= 2D_G/2\pi \\ e_2 &= 2D_G/3\pi \\ e_G &= 2D_G/\pi \\ e_W &= D_b/\pi \end{aligned}\right\} \tag{4-92}$$

各外力对直径断面 a—a 的弯矩为：

$$M = \frac{We_W}{2} - \frac{F_1 e_1}{2} - \frac{F_2 e_2}{2} - \frac{F_G e_G}{2}$$

将式(4－76)、式(4－80)、式(4－82)及式(4－84)代入上式，整理后得：

$$M = \left(\frac{pD_G}{8}\right)[D_G(D_b - 2D_G/3)(1 + 2m\beta + 8bm)(D_b - D_G)] \tag{4-93}$$

加强件直径断面的弯曲应力及强度条件为：

$$\sigma = M/W \leqslant [\sigma]^t\phi$$

将式(4－93)代入后，整理得到：

$$[p]_2 = \frac{8[\sigma]^t\phi W_1}{D_G^2[(D_b - 2D_G/3)(1 + 2m\beta) + 8bm(D_b - D_G)/D_G]} \tag{4-94}$$

在一定情况下式(4－94)可进一步简化：

① 忽略内密封垫片反力，即 $\beta = 0$，由式(4－94)得：

$$[p]_2 = \frac{8[\sigma]^t\phi W_1}{D_G^2[(D_b - 2D_G/3) + 8bm(D_b - D_G)/D_G]} \tag{4-95}$$

② 采用钩头螺栓，则 $D_b = D_G$，但考虑内密封垫片反力，由式(4－94)得：

$$[p]_2 = \frac{24[\sigma]^t\phi W_1}{D_G^3(1 + 2m\beta)} \tag{4-96}$$

③ $D_b = D_G$，且忽略内密封垫片反力，即 $\beta=0$，由式(4－94)得：

$$[p]_2 = \frac{24[\sigma]^t\phi W_1}{D_G^3} \tag{4-97}$$

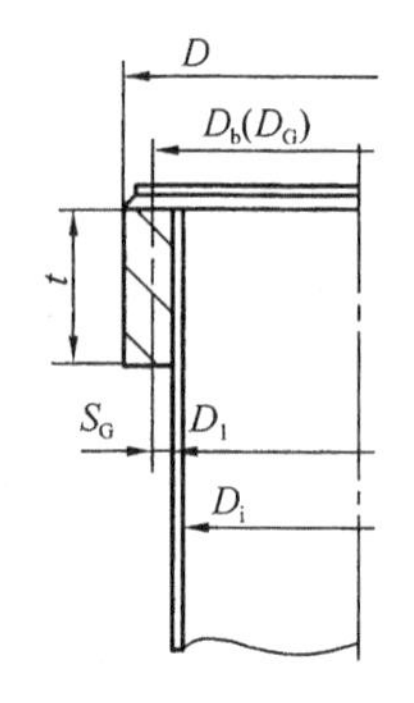

图 4.4－21 壳体法兰

3. 壳体法兰

换热器壳体法兰常为任意式法兰，根据 GB 150，满足下列条件时可按活套法兰计算：$\delta_0 \leqslant 15$mm，$D_1/\delta_0 \leqslant 300$，$p \leqslant 2$MPa，操作温度 ≤370℃。按活套法兰计算时，法兰厚度为(见图 4.4－21)：

$$t = 0.91\sqrt{\frac{M}{[\sigma]^t D_1 \lg\left(\frac{D}{D_1}\right)}} \tag{4-98}$$

式中，法兰弯矩 M 可按下式计算：

$$M = F_D S_D + F_T S_T + F_2 S_D + F_G S_G \tag{4-99}$$

式中，各力臂 S_D、S_T 及 S_G 按下式计算：

$$\left.\begin{aligned} S_D &= (D_b - D_1)/2 \\ S_G &= (D_b - D_G)/2 \\ S_T &= (S_D + S_G)/2 \end{aligned}\right\} \tag{4-100}$$

壳体法兰常用钩头螺栓，即 $D_b = D_G, S_G = 0$，由式(4－99)得：

$$M = F_D S_D + F_T S_T + F_2 S_D \tag{4-101}$$

若忽略内密封垫片反力，则式(4－99)及式(4－101)中可取 $F_2 = 0$。

4. 计算示例

某引进的可拆式螺旋板换热器，设计压力 $p = 1$MPa，设计温度 100℃，最外层壳体内直径 $D_i = \phi1320$mm，材料 SUS 316L；钩头螺栓 M30($\phi24$)，44 个，材料为 S45C，$[\sigma]_b^t = [\sigma]_b = 85.7$MPa；壳体法兰：内径 $D_1 = \phi1336$mm，外径 $D = \phi1400$mm，$D_b = D_G = \phi1368$mm，平均厚度 $t = 83.7$mm；采用圆筒壳和锥壳加强的大平盖：大平盖(含平板和加强件)及壳体法兰材料均为 SS41，许用应力 $[\sigma]^t = 100.9$MPa，平板厚 $\delta = 52$mm，加强圆筒壳厚度 $\delta_3 =$

28mm，内外加强锥壳厚度 $\delta_1=\delta_2=8$mm；半锥角 $\alpha_1=\alpha_2=45°$，加强件高 $H=210$mm；垫片为石棉橡胶板，厚3mm。试对该大平盖、壳体法兰及钩头螺栓进行校核。

求解步骤：

(1) 大平盖

① 求 $[p]_1$：因采用钩头螺栓，$D_b=D_G$，忽略内密封垫片反力，无拼接焊缝，$\phi=1$。将上述已知的有关数据代入式(4-91)，得

$$[p]_1=0.583\text{MPa}$$

② 求 $[p]_2$：加强件纵向截面的抗弯截面系数：

$$W_1=\frac{H^2\left(\delta_3+\dfrac{\delta_1}{\cos\alpha_1}+\dfrac{\delta_2}{\cos\alpha_2}\right)}{3}=\frac{210^2\left(28+\dfrac{8}{\cos45°}+\dfrac{8}{\cos45°}\right)}{3}=7.44\times10^5\text{mm}^3$$

将 W_1 及相关的已知数据代入式(4-97)得

$$[p]_2=0.704\text{MPa}$$

③ $[p]=[p]_1+[p]_2=1.287\text{MPa}>p=1\text{MPa}$，合格。

(2) 壳体法兰

将已知的 D_i 和 p 代入式(4-78)，得

$$F_D=1.368\times10^6\text{N}$$

将 D_G、D_i 及 p 代入式(4-79)，得

$$F_T=0.1013\times10^6\text{N}$$

将 D_b、D_1、D_G、S_G 代入式(4-100)，得

$$S_D=16\text{mm},\ S_G=0,\ S_T=8\text{mm}$$

按式(4-101)计算法兰弯矩，并忽略内密封垫片反力，得

$$M=22.7\times10^6\text{N}\cdot\text{mm}$$

将 M 及已知的 $[\sigma]^t$、D_1、D 数据代入式(4-98)，得

$$t=82.8\text{mm}$$

壳体法兰实际厚度83.7mm，合格。

(3) 紧固螺栓计算

垫片为石棉像胶板，厚3mm，由GB 150可查得 $m=2$，$y=11$MPa。垫片的接触宽度 $N=19$mm，基本密封宽度 $b_0=N/2=9.5\text{mm}>6.4\text{mm}$，有效密封宽度 $b=2.53\sqrt{b_0}=7.8$mm，操作时螺栓力 W_p（忽略内密封垫片的反力，$\beta=0$），可将上述计算出的数值及已知参数代入式(4-84)即可求得 $W_p=1.604\times10^6$N。同理，将已知参数代入式(4-85)可求得预紧时的螺栓力（忽略内密封垫片反力）$W_a=3.69\times10^5$N。

$$A_p=\frac{W_p}{[\sigma]_b^t}=\frac{1.604\times10^6}{85.7}=1.87\times10^4\text{mm}^2$$

$$A_a=\frac{W_a}{[\sigma]_b}=\frac{3.69\times10^5}{87.5}=0.42\times10^4\text{mm}^2$$

需要的螺栓截面积 A_m，取 A_a、A_p 二者中较大值 A_p：

$$A_m=1.87\times10^4\text{mm}^2$$

螺栓实际的截面积 $Ab=\dfrac{\pi\times24^2\times44}{4}=1.99\times10^4\text{mm}^2>A_m$，合格。

（二）设计方法二[17,18]

适用于$p\leqslant 1.0$MPa，$D_c\leqslant 1200$mm。

1. 大平盖平板设计

（1）计算压力p_c

根据设计压力p来确定大平盖平板厚度的计算压力p_c。

$$p_c=\begin{cases}1.2p，当 p\leqslant 0.4\text{MPa} 时\\ 1.0p，当 0.4\text{MPa}\leqslant p\leqslant 0.6\text{MPa} 时\\ 0.8p，当 0.6\text{MPa}\leqslant p\leqslant 1.0\text{MPa} 时\\ 0.6p，当 p>1.0\text{MPa} 时\end{cases} \tag{4-102}$$

（2）计算厚度δ

按下式计算：

$$\delta=\frac{D_G}{2}\sqrt{\frac{p_c}{[\sigma]^t}} \tag{4-103}$$

式中，D_G为外密封垫片反力作用中心圆直径，见图4.4-19。

大平盖平板名义厚度等于计算厚度加上壁厚附加量后圆整到钢板规格，且考虑到与加强圆筒壳及内外锥壳的焊接，其厚度不应小于20mm。

（3）强度校核

通过有限元分析及试验，结果表明大平盖平板上最大弯曲应力在平板与外加强锥壳相接处，大小为：

$$\sigma_b=\frac{3}{2}H_2p\left(\frac{D_G}{\delta}\right)^2 \tag{4-104}$$

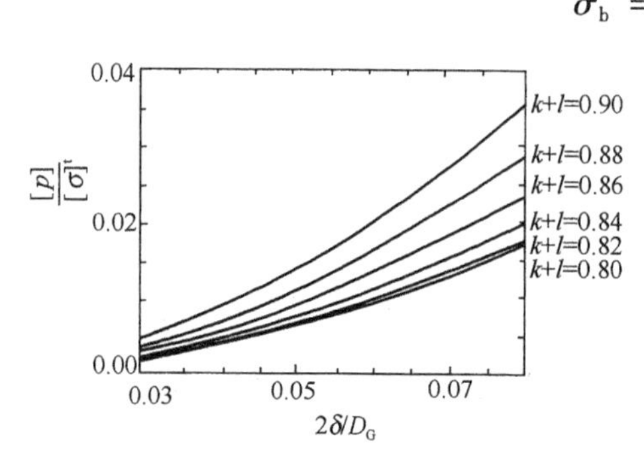

图4.4-22 大平盖平板$[p]/[\sigma]^t$值

将该应力按一次弯曲应力处理，即

$$\sigma_b\leqslant 1.5[\sigma]^t$$

则得大平盖平板许用压力与许用应力之比为：

$$\frac{[p]}{[\sigma]^t}\leqslant\frac{\left(\frac{\delta}{D_G}\right)^2}{H_2} \tag{4-105}$$

$[p]/[\sigma]^t$可以由图4.4-22查得。但需注意的是，由于工程设计计算方法是通过对大量计算结果拟合得来，因此适用范围严格控制如下：$p\leqslant 1.0$MPa，$D_G\leqslant 1200$mm。

2. 加强圆筒壳设计

（1）作用力位置的确定

加强圆筒壳中径d与大平盖外密封垫片反力作用中心圆直径D_G的比值$d/D_G=k$。k一般取0.55~0.65，文献[16，17]建议：当$D_G\leqslant 800$mm时，取$k=0.55$；当$800\text{mm}<D_G\leqslant 1500$mm时，取$k=0.60$；当$D_G>1500$mm时，取$k=0.65$。

（2）加强圆筒壳厚度δ_3

δ_3可根据大平盖平板厚度δ来选取，$\delta_3/\delta=0.5\sim 0.7$，一般取0.6。在$p\leqslant 1.0$MPa，$D_G$

≤1200mm 时，可参考表4.4－6来选取。

表4.4－6　厚度选取

δ/mm	20	24	28	32	36	40	44	48
δ_3/mm	14	16	18	20	22	24	26	28

（3）加强圆筒壳高度

文献[17][18]建议按下式考虑：

$$H_1 = 1.273\sqrt{d\delta_3}$$
$$b = 1.061\sqrt{d\delta_3} \tag{4-106}$$

H_1、b 见图4.4－19。

按前述"几何设计"原则，且所选择的材料强度级别不低于外锥的加强圆筒壳，能够满足强度要求。

3. 加强锥壳设计

（1）位置

加强锥壳与圆筒壳之间的径向距离 L 与 d、D_G 等参数有关。一般取比值 $L/D_G = l = 0.125 \sim 0.15$，见图4.4－19。

（2）厚度

一般情况下，内锥应力较小，厚度 δ_1 可取6或8mm；外锥应力较大，综合考虑强度、制造及经济等因素，取其厚度 $\delta_2 = (1 \sim 2)\delta_1$。当 $p \leqslant 1.0$MPa，$D_G \leqslant 1200$mm 时，可根据压力 p 及大平盖参数 D_G 按表4.4－7选取。

表4.4－7　锥　壳　厚　度

δ_1，δ_2		p/MPa			
		≤0.4	≤0.6	≤0.8	≤1.0
D_G /mm	≤600	6，6	6，6	6，8	6，8
	≤800	6，6	6，8	6，8	6，10
	≤1000	6，8	6，8	6，10	6，12
	≤1200	6，8	6，10	6，12	6，12

（3）强度校核

① 外锥：外锥是大平盖强度的薄弱环节，因此需对其进行强度校核。

外锥的最大应力发生在与加强圆筒壳相接的上端边缘处，该处应力属于二次应力，因此按 $3[\sigma]^t\phi$ 控制。偏于保守地将 ϕ 取为0.6，则得到外锥许用压力与许用应力之比：

$$\frac{[p]}{[\sigma]^t} = (1 + l)\left(\frac{2\delta_2}{D_G}\right)\omega \tag{4-107}$$

式中，ω 为与大平盖结构有关的系数，可由图4.4－23查得。式(4－107)适用范围为：$p \leqslant 1.0$MPa，$D_G \leqslant 1200$mm。

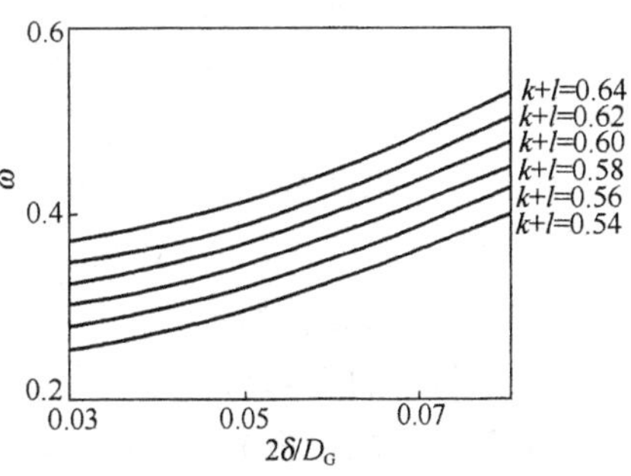

图4.4－23　外锥加强壳结构系数

② 内锥：大量分析计算结果表明，当大平盖平

板及外锥满足强度条件时，若内锥材料的强度级别不低于外锥，则内锥能满足强度要求。

4. 刚度设计

文献[17，18]认为，国外大平盖设计计算简略但偏于保守，掩盖了可拆式螺旋板换热器对大平盖的刚度要求，而刚度设计才是大平盖设计的关键。因此文献[17，18]确立了以控制大平盖中心最大变形为原则的刚度设计方法。

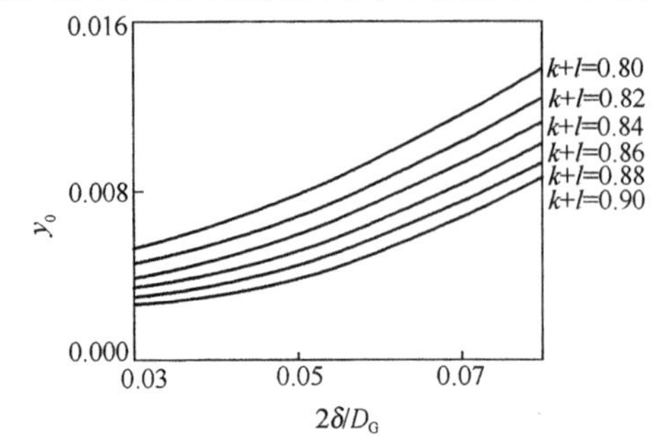

图 4.4－24 大平盖结构系数

大平盖中心最大变形为：

$$y_0 = \frac{Y_0 e^{-12.5\omega} \times pD_G^4}{16D} \quad (4-108)$$

式中

$$\omega = \frac{\delta_1 + 1.7\delta_2}{D_G/2} \quad (4-109)$$

y_0 为与大平盖结构有关的系数，查图 4.4－24。因此刚度校核条件为：

$$y_0 \leqslant [y] \quad (4-110)$$

式中，$[y]$ 为许用变形，建议取 $[y]=0.5\sim0.8$mm。

第五节 螺旋板换热器的制造和检验

如前所述，螺旋板换热器由传热板、定距柱、中心隔板、端盖及外壳等组成。其制造工艺基本为：螺旋板下料→拼接→探伤→焊定距柱→卷制螺旋体→焊接螺旋通道的端面→装配→金加工→组装→试压→检验→成品油漆出厂。

一、螺旋板材的下料与拼接

螺旋板宽度余量应符合表 4.4－8 的规定[4]，但对于直接按卷筒钢板及钢板宽度卷制的螺旋体可不受此限制。

表 4.4－8 螺旋板宽度余量 mm

螺旋体公称直径	≤600	>600～1000	>1000～1600
螺旋板宽度余量≤	8	10	14

螺旋板长度下料余量按公式(4－111)确定。

$$\Delta L_B \leqslant \frac{C}{2}\pi N_B(N_B-1) \quad (4-111)$$

式中 ΔL_B——螺旋板长度余量的允许值，mm；

C——螺旋体通道间距的偏差系数。

碳钢：当通道间距 ≤14mm 时，$C=1.0$mm；当通道间距 >14mm 时，$C=1.2$mm。

不锈钢：当通道间距 ≤14mm 时，$C=0.5$mm；当通道间距 >14mm 时，$C=0.6$mm。

N_B——螺旋板圈数。

气割下料时的毛刺和割瘤等应消除干净，螺旋板面的硬折波纹应校平。以含有余量的板宽尺寸为基础，螺旋板宽的允许公差为 ±3mm。螺旋板的镰刀弯，每 m 小于 3mm。

螺旋板只允许横向对接焊，且必须采用全焊透的结构形式。拼板焊缝两端 40mm 处应磨平，其厚度与母材之差不大于0.5mm。

二、定距柱

定距柱是焊在螺旋板上的小圆柱体或长方体，它的作用是为了保持螺旋板间距一定，提高螺旋板的刚性、稳定性及强度，同时也促进流体湍流以有利于传热。

大多数厂家使用的定距柱都是车制的，因车制时不同心引起的跳动使其端面中心处残留有凸台，在螺旋体卷制中对板材表面损伤很大，而且降低了半圆筒体的承压能力。采用冲裁整形工艺则可有效解决该问题，并使生产效率大幅度提高。在日本和瑞典等国，碳钢定距柱采用线材挤压成形后，表面经磷化处理，因此较为光滑。定距柱与螺旋板的连接采用接触焊工艺，并进行评定试验。定距柱的下端与螺旋板相接触的托盘，增加了接触的稳定性，托盘底部有一个在定距柱与螺旋板接触焊时熔融金属形成的凸包[19]。

定距柱通常采用正三角形排列，它们之间的距离与设计压力有关。压力小则间距可大些，反之，压力大则间距取小一些。常用的间距规格有，200×200、150×150、100×100及80×80等。

定距柱本身通常为直径和高度相等的圆柱体，一张螺旋板上的定距柱为同一规格。定距柱划线位置偏差为±2.0mm，定距柱中心与拼板焊缝边缘的间距不得小于20mm。

定距柱与螺旋板的连接采用两点对称点焊（沿螺旋板长或板宽方向两点点焊均可）。但点焊所造成的咬边、点焊不牢及烧穿钢板等现象仍是螺旋体内漏的主要原因，因此点焊定距柱时应注意：点焊时起弧或收弧应沿定距柱的周向运作。当定距柱直径≤10mm时，每一焊点的长度不应小于6mm；当定距柱直径大于10mm时，每一焊点的长度不应小于8mm，见图4.4-25。

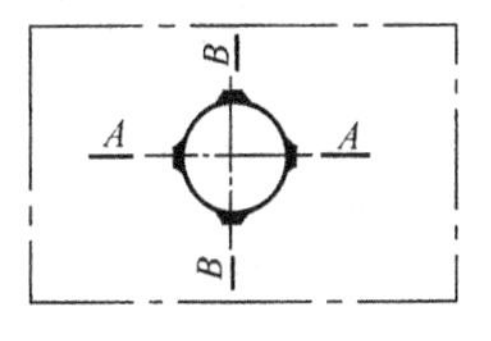

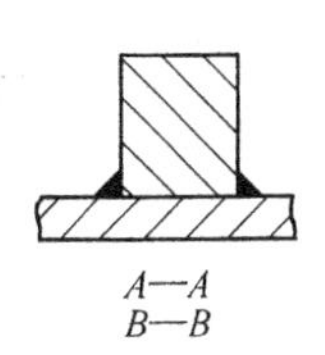

图4.4-25 定距柱与螺旋板的连接

定距柱点焊后的位置偏差为±5.0mm。实际高度与定距柱高度之差不应大于0.6mm。

卷制螺旋体前，应清除定距柱点焊处的焊渣及其他杂物。卷制螺旋体时，定距柱不能脱落，若脱落则应进行补焊。

三、螺旋体的卷制

（一）中心隔板的加工

中心隔板的厚度一般为6～12mm，高度余量与螺旋板宽度余量相同，宽度偏差为$W_{0}^{+1.0}$mm。

中心隔板刨削前应校平，平面度应不大于1/1000。

胎模直径的大小是设计优劣的一项重要指标，直径小则单位体积里的传热面积增加，结构更紧凑，传热得以强化，因此设计时应设法缩小中心管直径。

为了从根本上杜绝由于加载或卸载的周期性作用对中心隔板与螺旋板之间焊缝的损坏，可采用改进型中心隔板，如图4.4-26所示[19]。要求对焊缝进行100%超声波或射线检查。

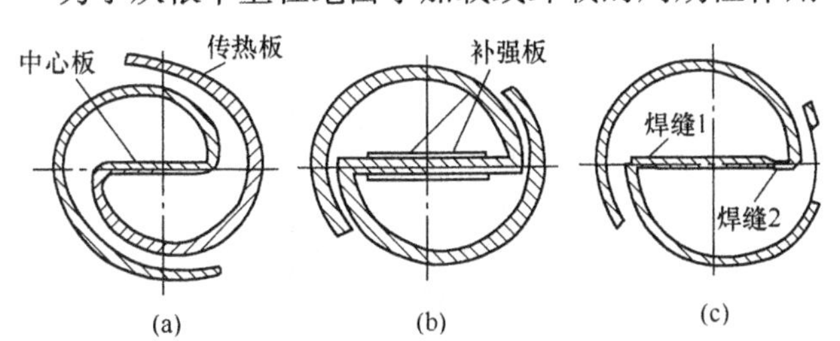

图4.4-26 三种改进型中心隔板

（二）封口圆钢

螺旋通道的端面密封大多采用圆钢封口。圆钢对接可以不施焊，但每一端头30mm处应磨平校直或切除。圆钢硬折处应在螺旋体卷制前校直。圆钢表面的浮锈必须清除。

圆钢直径大于 14mm 时，螺旋体开始卷制时圆钢始端的退火长度按公式(4 - 112)确定：

$$l = \pi R \tag{4 - 112}$$

式中 l——退火长度，mm；

R——胎模公称半径，mm。

也可用封口板条代替圆钢封口，或用螺旋板两边翻边后焊接的结构，如苏州化工机械厂、无锡市换热器厂及锡山市雪浪铆焊厂，在不锈钢螺旋板换热器制造中均采用了自动翻边工艺，既减少了一道焊缝又节省了材料。图 4.4 - 27(a)是我国的翻边装置(侧端压力预成形)，用于 20mm 以下的通道翻边；图 4.4 - 27(b)为日本 kurose 株式会社的翻边装置[19]。

(三) 螺旋体卷制

螺旋体要在专门的卷床上卷制。苏州化机厂经改造后的卷制成形设备采用了双驱动传动，无级调速，增加了液压脱模卸料装置，使卷制成形质量有了改进，见图 4.4 - 28 所示[5]。

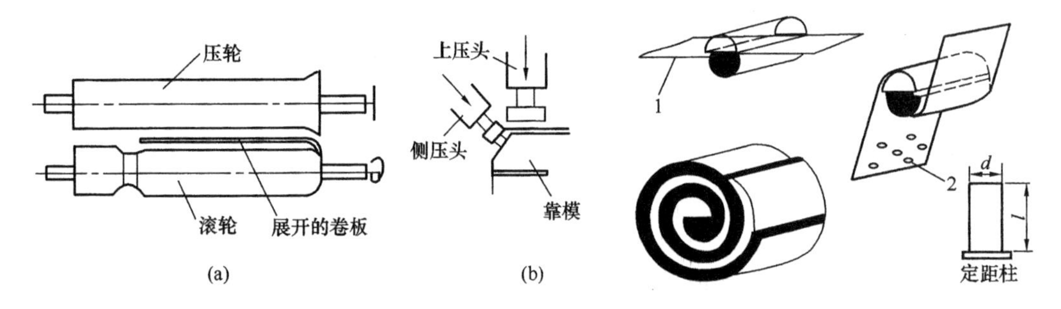

图 4.4 - 27 翻边装置

图 4.4 - 28 螺旋体的成形卷制

由于卷制螺旋体的钢板长度一般较长，拼接时要求钢板平直，磨平焊缝。不锈钢螺旋板采用平板对接。焊缝要 100% 射线检测，符合 JB 4730 标准中Ⅱ级的要求才为合格。

卷制时先将圆柱胎模偏心调好，然后将两块螺旋板材分别焊在中心隔板的两端，如图 4.4 - 29 所示。

螺旋板的一端打磨成 30°坡口，再与中心隔板拼接和焊牢，但注意不要将胎模焊住，否则卷成螺旋体后脱膜很困难。

还应制定专门的焊接工艺，保证中心隔板与螺旋板之间的角焊缝质量，如图 4.4 - 30 所示。坡口间隙 3 ~4mm，用双层焊方法施焊。必要时可提出增加煤油渗透法检查的要求。

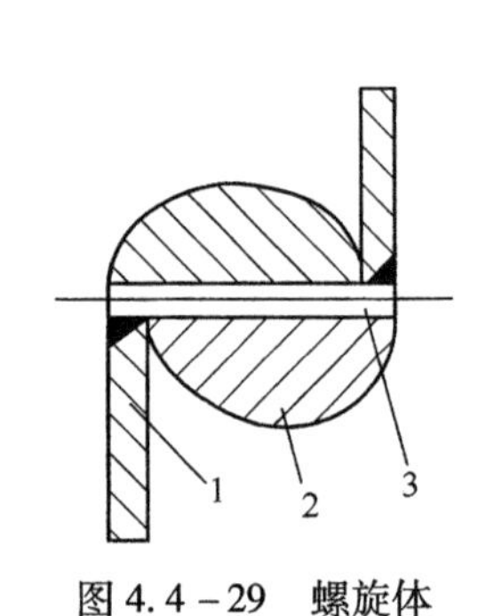

图 4.4 - 29 螺旋体

1—螺旋板；2—胎模；3—中心隔板

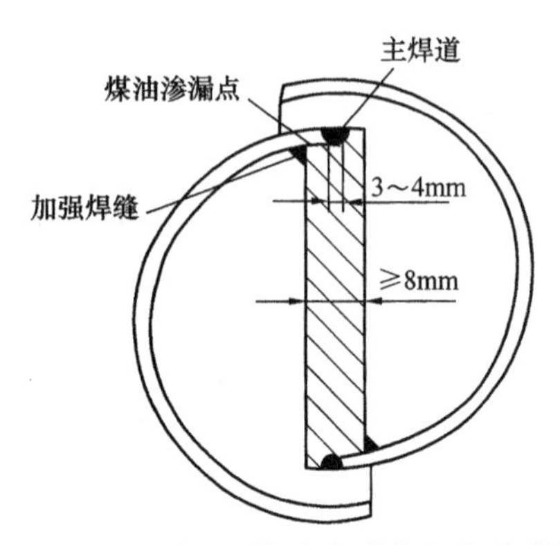

图 4.4 - 30 中心隔板与螺旋板的焊接结构

在通道的端面要填入圆钢，卷制时注意圆钢应始终夹在通道的终端处，卷好后，分别在两端结尾处点焊，最后从卷床上卸下，并脱去胎膜。

不可拆式换热器螺旋体端面平面度应符合表4.4－9规定。

表4.4－9　平面度要求　mm

公称直径	≤600	>600～1000	>1000～1600
平面度≤	6	8	10

可拆式换热器螺旋体端面平面度应遵循图样的要求，即一般螺旋体通道内圆钢顶部至通道端面的距离偏差为±2mm。

在螺旋体中，虽然中心管处的曲率半径最小，但其内部仍然需要设置一些支承环来提高中心管承受外压的能力，因此，螺旋体支承环组与螺旋体内圈及中心隔板之间的最大局部间隙不得大于3mm，否则会由于贴合不良而造成螺旋体内圈承载能力降低，导致失稳破坏。

螺旋体成形后内圈半径与胎模半径之差不得大于1.5mm。

四、螺旋通道的焊接

通道两端填入圆钢的位置应一致，焊接时注意不要烧坏通道的端面。为减少焊接时的变形量，可以先将一个端面的通道一侧焊好，再将螺旋体翻过来焊接另一端面。将通道两侧都焊好后再翻过来，补焊通道的另一侧。

另外，可采用较快的焊接速度，以减少焊缝高温停留时间，降低焊接应力及减少咬边缺陷；螺旋体端面靠内圈处的焊缝经常被拉裂，应预留靠近内圈处的一段焊缝暂不焊接，等接管组焊好后再焊接，以消除接管焊接应力的破坏性作用。

螺旋体端面焊接的发展方向是，采用熔化极气体保护焊，单层焊缝熔深可达6～7mm，且焊接速度快，既可降低端面焊接应力，又可提高工效。

五、装配

(1) 外圈板与螺旋板厚度差超过3mm时，外圈板应削薄[图4.4－31(a)]。

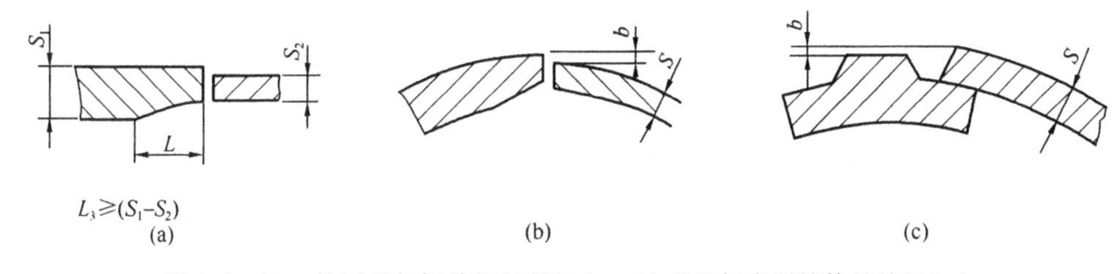

图4.4－31　外圈板与螺旋板的接口(a，b)以及与半圆筒体的接口(c)

(2) 外圈板与螺旋板的对接错边量$b \leqslant 10\% S$，且b不大于1mm[图4.4－31(b)]。

(3) 连接板与半圆筒体的对接错边量$b \leqslant 10\% S$，且不大于1mm[图4.4－31(c)]。

(4) 切向缩口与螺旋板对接错边量不大于1mm；接管与切向缩口对接错边量不大于1.5mm。

(5) 法兰面应与接管轴线垂直，允许偏差小于法兰外径的1%，且不大于3mm。

(6) 接管法兰螺栓孔应跨中布置(图4.4－32)。

(7) 钢板表面的损伤应进行修磨，修磨深度不得大于板厚的5%，且不大于1mm。

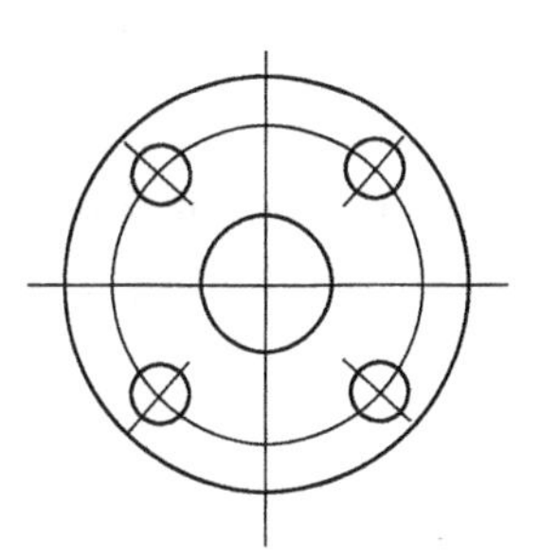

图4.4－32　接管法兰的螺栓孔布置

(8) 设备起吊和安放时，任何接管部位不允许受外力作用。

六、检验

(1) 施焊前，不锈耐酸钢焊件坡口两侧各 10~20mm 内的氧化物应打磨干净，坡口两侧各 100mm 范围内应涂有白垩粉或其他防飞溅涂剂。

(2) 定距柱焊完后，应检查无定距柱侧螺旋板的表面是否有过烧点或烧穿，对烧穿点应进行补焊。

(3) 有定距柱侧不锈耐酸钢螺旋板表面应进行酸洗及钝化处理。

(4) 不锈耐酸钢螺旋板换热器制造完毕后，需进行整体表面酸洗钝化处理。

(5) 用于烧碱工业的螺旋板换热器制成后应进行整体退火热处理，退火热处理前用压缩空气将内部的液体吹干。

(6) 螺旋体卷制时，允许不带圆钢或板条空卷。

(7) 螺旋板的拼接焊缝应进行 100% 的 X 射线探伤，符合 JB 4730 Ⅱ级的规定为合格。

(8) 外圈板与螺旋体的对接焊缝，切向缩口、半圆筒体与螺旋体的角焊缝应进行磁粉或渗透检测，符合 JB 4730 Ⅰ级的规定为合格。

(9) 卷制螺旋体前检查定距柱，发现脱落应补焊。

(10) 在每 5m 螺旋板长的区域内任取 1m 长区域检查定距柱间距和点焊质量。

(11) 若螺旋体两端面需要车削时，车削后的高度与设计图样上的公称高度允差为 ±6mm。

七、压力试验

应校核在试验压力下螺旋板的稳定性。如果不能满足稳定性要求，则应规定在做压力试验时，相邻螺旋通道内必须保持一定压力，以使整个试验过程(包括升压、保压和卸压)中的任一时间，相邻螺旋通道的压力差不超过允许压差，以避免螺旋板的失稳。此外，还应注意以下几点:

(1) 液压试验必须有两个相同的量程适中且经过标定的压力表。

(2) 液压试验压力按公式(4-113)要求并以单通道分别进行。

$$P_T = 1.25p\frac{[\sigma]}{[\sigma]^t} \quad (4-113)$$

(3) 液压试验充液时应将设备内部的空气从其顶部排尽，且保持设备表面焊缝处的干燥。

(4) 液压试验时压力应缓慢上升，达到规定的试验压力后，保压 30min，然后将压力降至试验压力的 80%，对所有焊缝和连接部位进行检查。

(5) 奥氏体不锈钢换热器用水进行液压试验后应将水渍祛除干净。当无法达到这一要求时，应控制水的氯离子含量不超过 25ppm。

此外，螺旋板换热器内积液排除不畅会锈蚀螺旋板，影响螺旋板换热器的使用寿命，因此水压试验后须将积液排干，并用压缩空气吹干通道。

设备制造完毕后，所有的法兰密封面应涂油防锈，安装盲板。

第六节 螺旋板换热器的应用

与传统的管壳式换热器相比，螺旋板换热器具有传热效率高、不易结垢、体积小、制造简便等诸多优点，所以在化工、制药、印染以及冶金等行业中得到广泛应用。

在炼油厂油品系统回收中，在国外，日本应用的Ⅰ型螺旋板换热器，其热回收率高达70%以上，他们的正构烷烃介质热回收率提高到90%，年效益4000万日元；在化工厂塔顶蒸气热回收中，日本使用Ⅱ型螺旋板换热器回收40%的冷凝潜热，冷水被加热至80℃，年效益350万日元。美国Lederle公司为解决管壳式换热器结垢带来的频繁清洗问题，更换为螺旋板换热器，提高了热回收率，年效益11万美元。为解决炼油厂催化裂化装置油浆中催化剂的堵塞和污垢问题，瑞典的Alfa－Laval公司开发了将螺旋板换热器应用于油浆和进料换热的热回收。还可用作纯碱厂轻灰蒸汽煅烧炉炉气冷却[8]。

我国鞍山市将螺旋板换热器用于水采暖系统。20世纪90年代，他们在合成纤维厂先后进行了两期工程改造，节约资金67.6万元；化工一厂一年回收热量折合人民币27.8万元[20]。

在蒸氨工艺中[21]，为了提高氨及苯的回收率，新疆八一钢铁集团煤焦化有限公司，用螺旋板换热器替代了原先体积庞大、换热效率低、检修频繁及维修费用高的管壳式废水冷却器，从根本上解决了废水温度偏高的难题，换热面积仅为原来的1/2，换热效果及节能效果显著，低温水用量大为减少，而总传热系数提高了2倍多，见表4.4－10。

表4.4－10　两种换热器的比较

项　目	换热面积/m^2	废水量/(m^3/h)	低温水/(m^3/h)	循环水温度/℃		耗水量/(m^3/h)		传热系数/[W/(m^2·K)]	洗氨效果/%	洗苯效果/%
				进水	出水	循环水	低温水			
螺旋板换热器	240	40	—	34	26	110	0	980	98.5	86.7
管式换热器	440	20～30	18	36	26	110	110	430	95.0	83.6

2000年，南通醋酸纤维有限公司的醋酸回收系统，原先在萃余相蒸馏塔塔底废液经一级列管式换热器冷却的基础上，增加一台螺旋板换热器对废液进行二级冷却。由于换热面积为100m^2的列管式进料预热器管、壳程结垢均严重且清理困难，传热效率低，所以后来改用双螺旋板换热器(先为进口，后改为国产)，换热面积仅74m^2，为原先的3/4，但换热效率仍大为提高。改造系统所用资金23万元，通过节约蒸汽和循环冷却水，两年则全部收回，经济效益显著[22]。

在国内发酵工业中[23]，将螺旋板换热器应用于：(a)培养基制备和灭菌过程，取代原来的喷淋式冷却器后，减少了占地面积和冷却水用量(节水60%)，并为热能回收创造了条件。(b)取代罐内冷却蛇管来控制发酵温度，减少了罐内部件，增加了罐的有效容积和产量，便于发酵罐彻底清洁灭菌，为微机准确控制发酵温度提供了条件。(c)发酵产物的提取过程，如抗生素发酵液提取前的换热冷却，溶剂类发酵产品的蒸馏提取和用溶媒萃取提取发酵产品的溶媒蒸馏回收中，溶剂进蒸馏塔前的预热、塔顶上升蒸气的冷凝及塔底排除废液的热能回收等，都采用了螺旋板换热器。

在氨合成塔和甲醇合成塔中[24]，将螺旋板换热器用作内件，代替原来的列管式换热器，提高了传热系数。小化肥厂的氨合成塔内件原用管壳式结构，改用螺旋板换热器后，换热面积减少了50%，且节省了合成塔容积，却起到提高产量增大传热系数的作用。在氨合成塔和甲醇合成塔中都存在着不同程度的触媒粉化问题，尤其是甲醇合成塔中所用的铜系触媒，由于压制成形等原因，其机械强度比用融熔法生产的合成氨铁触媒低得多，故在使用中更容易粉化而使换热器堵塞。衢化集团公司合成氨厂甲醇合成塔内件，采用管壳式换热器时，列管一旦堵塞就只有将换热器连接处剖开进行清洗，给检修和生产带来了不便。西安氮肥厂等单位的甲醇塔内件，采用的是螺旋板换热器，使用效果就很好，从未发现过堵塞。

在涂料工业树脂生产的有机热载体热能系统中，使用螺旋板换热器[25]的传热效率为列管式换热器的2倍，且温差应力减小，结构紧凑，换热面积大，节省投资，并能精确控制出口温度。涂料树脂生产中要求在尽可能短的时间内由220℃降低到170℃后放料，再降至常温，相同换热面积的螺旋板换热器则比列管式换热器少一半工作台时，既节约能源又保证了树脂产品的质量。有机热载体热能系统中的冷却过程，冷热流体温差大，热流体最高达200℃左右，冷流体为常温循环水，因此列管式换热器有较大温差应力，而采用螺旋板换热器就没有这个问题。此外，与列管式换热器相比，螺旋板换热器是以板代管，材料利用率高，机械加工量小，制造工时少，节省投资，用在有机热载体热能系统中的螺旋板换热器，其购置费仅为列管式换热器的50%。涂料树脂生产中热能系统对温度控制要求很高，若不能准确控制和调节系统温度，不但不能生产出合格产品，且会因“涨锅”及“焦锅”等造成巨大损失。螺旋板换热器具有两个长螺旋通道，介质在内可均匀加热和冷却，所以能精确控制出口温度。

在酒精行业[26]，在蒸煮糖化工段和发酵工段使用了螺旋板换热器。减少了罐中的死角，便于清洗罐壁和杀菌，劳动强度低；同时增加了罐的有效容积，提高了设备利用率；还节约了水用量及改善了工作环境。

在食品行业，例如大众化的方便面生产中也采用了螺旋板换热器[27]。

1999年我国氯磺酸生产中[28]的氯磺酸冷凝，原采用的是铸铁排管冷凝器，一次性投资大，水耗大，易泄漏。改用不等宽通道螺旋板换热器后，传热系数大为提高，换热面积由原来的340m² 降至160m²，且一次性投资减少了20万元，每年节约水费近59万元。

在鼓风机组上也应用到螺旋板换热器[29]。陕西鼓风机（集团）有限公司用换热效率高的螺旋板式油/水冷却器代替老式的列管式油冷器，仅用一台便可满足机组的安全运行，达到了设计目的，不仅降低了生产成本，还节省了大量的维修费用。

可见，螺旋板换热器在工业生产各部门中的应用已相当广泛。但对某些情况还是不宜使用螺旋板换热器，例如在传热面上介质易结垢且不易冲洗，而只能通过机械法铲除的工况，此时若用螺旋板换热器，即使是可拆式结构，也会因定距柱的存在而难以清垢。

主要符号说明

a——螺旋板宽度方向两端换热介质未润湿宽度之和，m；

b_1、b_2——换热器螺旋通道间距（$b_2 > b_1$），m；

c——换热器螺旋通道间距的偏差系数，m；

d_1、d_2——卷辊直径，（$d_2 > d_1$），m；

e_1、e_2——偏心距，（$e_2 > e_1$），m；

F_T——换热器螺旋通道截面积，m^2；

F_Y——有效换热面积，m^2；

H——螺旋板宽度，m；

H_Y——螺旋板有效换热宽度，m；

L——螺旋通道长度，m；

L_3——中心隔板宽度，m；
L_B——螺旋板计算长度，m；
L_Y——螺旋板有效换热长度，m；
N_B——螺旋板圈数
N_Y——螺旋体有效换热圈数(在数值上与换热器螺旋通道圈数相同)；
δ——螺旋板厚度，m；
b——螺旋通道间距，m；
D_m——螺旋通道的平均直径，m；
d_e——螺旋通道当量直径，m；
f——螺旋通道的摩擦因数；
G——流体质量流速，kg/(m^2·s)；
H——螺旋板宽度，m；
L——螺旋通道长度，m；
L_B——螺旋板计算长度，m；
n_s——定距柱密度，个/m^2；
p_1，p_2——气体进出口压力，Pa；
Δp——流体阻力，Pa；
Re——雷诺数；
V——体积流量，m^3/s；
W——流体质量流量，kg/s；
W_c——冷凝量，kg/s；
ρ——流体的密度，kg/m^3；
γ——潜热，J/kg；
μ——动力黏度，Pa·s；
μ_w——流体按壁温 t_w 计的黏度，Pa·s；
ω——流体速度，m/s；
A——换热面积，m^2；
b——螺旋通道间距，m；
C_p——定压比热容，J/(kg·K)；
d——胎膜直径，m；
d_e——螺旋通道当量直径，m；
D——螺旋体外径，m；
D_m——螺旋体平均直径，m；
G——流体质量流速，kg/(m^2·s)；
f——摩擦因数；
F——流通截面积，m^2；
H——螺旋板宽度，m；
L——螺旋通道长度，m；
n_s——定距柱密度，个/m^2；
p——气体进出口压力，MPa；

Δp——压差，Pa；

r——污垢热阻，$(m^2 \cdot K)/W$；

Re——雷诺数，无因次；

Pr——普兰特数，无因次；

t/T——冷热介质进出口温度,℃；

T_b——饱和蒸汽温度,℃；

t_w——壁温,℃；

T_c，t_c——高、低温流体的定性温度,℃；

Δt——温差,℃；

V——流体的体积流量，m^3/s；

W_c——冷凝量，kg/s；

α——传热膜系数，$W/(m^2 \cdot K)$；

α^*——无因次传热膜系数；

ρ——流体密度，kg/m^3；

ρ_c——冷凝液密度，kg/m^3；

λ——流体热导率，$W/(m \cdot K)$；

λ_c——冷凝液热导率，$W/(m \cdot K)$；

λ_j——金属热导率，$W/(m \cdot K)$；

μ_c——冷凝液动力黏度，Pa·s；

μ_w——按壁温考虑的黏度，Pa·s；

ε——温度修正系数；

ω——流体速度，m/s；

γ——潜热，J/kg；

Γ——冷凝负荷，$kg/(m \cdot s)$；

δ——螺旋板厚度，m；

A——系数；

A'——有效内密封面积，mm^2。当螺旋板端面及中心隔板端面为密封面时，$A' = L_1 b_1 + L_2 b_2 + L_3 b_3$；当螺旋通道及中心隔板端面为密封面时，$A' = L_3 b_3 + L_4 b_4$；

B——系数，查图 4.4-11 至图 4.4-17，MPa；

B'——系数，$B' = B\sigma'_s/\sigma_s$，MPa；

b——外密封圈有效密封宽度，按 GB 150 计算，mm；

b_1，b_2——两螺旋板端面的有效密封宽度，mm；

b_3，b_4——中心隔板端面及螺旋通道封条的有效密封宽度，按 GB 150 计算，mm；

D_1——壳体法兰的内直径，mm；

D——壳体法兰的外直径，mm；

D_i——壳体内直径，mm；

D_b——螺栓圆直径，mm；

D_G——外密封垫片反力作用中心圆直径，mm；

d——加强圆筒壳中径，mm；

E^t——设计温度下材料的弹性模量，MPa；

F_1——流体静压力 p 作用于平盖上的总轴向力，N；

F_2——内密封垫片反力，N；

F_D——作用于壳体内径面积上的流体静压轴向力，N；

F_T——作用于环形面积(内径 D_i，外径 D_G)上的流体静压轴向力，N；

F_G——外密封圈垫片反力，N；

h——半圆端板高度，mm；

H——螺旋板宽度，mm；

H_1——大平盖加强圆筒壳高度，mm；

H_2——与大平盖结构有关的系数；

I——当支承环与中心隔板或内圈板未贴紧，或支承环刚性不足时，I 为两半圆端板之间的距离，mm；当支承环与中心隔板及内圈板紧贴且支承环刚性足够时，I 取以下两者中较大值：(a)两支承环之间距离，mm；(b)半圆端板与支承环之间距离，mm；

J——中心隔板最大应力系数，根据 I/L_3 的比值按图4.4－18或表4.4－5查取；

J_x, J_y, J_{xy}——均为中心隔板无因次弯曲应力系数；

K——平盖结构特征系数；

K'——系数，随几何参数 $H^2/R\delta$ 而变化，$K'=0.92\sim1.00$；

K_1——系数，$K_1=1+0.96(1.28-R/500)$，且 $K_1\geqslant1$；

L——大平盖加强件(锥壳与圆筒壳)之间的径向距离，mm；

L_1、L_2——两螺旋板的长度，mm；

L_3——中心隔板宽度，mm；

L_4——螺旋通道封条长度，mm；

l_2——失稳时沿轴向的半波长，mm；

M——壳体法兰弯矩，N·mm；

M_1——大平盖周边均布弯矩，N·mm/mm；

m——垫片系数，按GB 150查取；或稳定性安全系数；

p——设计压力，MPa；

$[p]$——许用压力，MPa；

$[p]_1$——大平盖平板部分许用应力，MPa；

$[p]_2$——大平盖加强件许用应力，MPa；

p_c——计算压力，MPa；

R——螺旋板曲率半径，mm；

R_i——半圆筒体或外圈板的曲率内半径，mm；

R_o——半圆板外半径，mm；

S_D——螺栓中心至 F_D 作用位置处的径向距离，mm；

S_G——螺栓中心至 F_G 作用位置处的径向距离，mm；

S_T——螺栓中心至 F_T 作用位置处的径向距离，mm；

t——相邻两定距柱间距，mm；

W——螺栓力，N；

W_a——预紧状态下需要的最小螺栓载荷，N；

W_p——操作状态下需要的最小螺栓载荷，N；

W_1——大平盖加强件(含加强圆筒壳及内外锥壳)纵向截面的抗弯截面系数，mm；

y——垫片比压力，按 GB 150 查取；

$[y]$——许用变形，mm；

α_1、α_2——大平盖内、外加强锥壳的半锥角；

α_i——参数，$\alpha_i = i\pi l/2L_3$，$i=1$，3，5……；

β——系数，有效内密封面积与流体静压力作用面积之比值；

β_1——失稳时沿轴向的半波长与沿螺旋线方向的半波长之比；

$[\sigma]^t$——设计温度下材料的许用应力，MPa；

σ_b——弯曲应力，MPa；

σ_s——材料屈服强度，MPa；

σ'_s——螺旋板材料实际屈服强度，如无实际数据，可取 σ'_s 等于 σ_s，MPa；

δ——螺旋板厚度或大平盖平板厚度，mm；

δ_0——壳体法兰颈部小端有效厚度。对任意式法兰，δ_0 等于外圈壳体名义厚度，mm；

δ_1、δ_2——大平盖内、外加强锥壳厚度，mm；

δ_3——加强圆筒壳厚度，mm；

δ_B——半圆形端板厚度，mm；

δ_j——基础板计算厚度，mm；

δ_w——半圆筒体或外圈板计算厚度，mm；

δ_z——中心隔板计算厚度，mm；

Φ——焊接接头系数；

μ——材料的泊松比。

参 考 文 献

[1] 李继中，柳建国，郑新民，刘德明. 螺旋板换热器结垢的预防与清洗. 煤气与热力，1995，15(6)：49～50，52

[2] 兰州石油机械研究所主编. 换热器(下). 北京：烃加工出版社，1990

[3] 化工设备设计全书——换热器设计. 上海：上海科学技术出版社，1988. 269～324

[4] 中华人民共和国行业标准. 螺旋板式换热器(送审稿).

[5] 徐雄飞. 螺旋板换热器结构的改进及其制造技术. 石油化工设备，1996，25(3)：51～55

[6] 马晓驰. 国内外新型高效换热器. 化工进展，2001(1)：49～51

[7] (日)尾花英朗著. 热交换器设计手册. 北京：石油工业出版社，1980

[8] 钱伯章. 非管壳式紧凑型节能换热器及其应用. 化工机械，1992，19(4)：228～236

[9] 林榕端，王英钗. 加撑螺旋板稳定性研究. 压力容器，1991，8(4)：8～13

[10] 林榕端，王英钗，梁乃章. 螺旋板换热器稳定性研究(续). 化工机械，1980，(5)：13～18

[11] 林榕端，王英钗，梁乃章. 定距柱按正方形排列的螺旋板稳定性研究. 广西大学学报，1980(2)：32～41

[12] 南京化工学院，一机部通用所，苏州化机厂. 螺旋板换热器强度刚度的试验研究. 上海：化工设备设计建设组.

[13] 林榕端，王英钗，孙廷琛，顾永干. 螺旋板换热器稳定性研究. 压力容器，1991，(5)：28～29，79
[14] 林榕端，林清宇，王英钗，石卫军，孙廷琛. 螺旋板换热器中心隔板强度研究. 第一届全国换热器学术年会论文集. 1994，23～26
[15] 林清宇，林榕端，冯庆革，孙廷琛. 螺旋板换热器半圆板强度研究. 石油化工设备，1999，28(2)：17～20
[16] 林榕端，林清宇，王英钗. 可拆式螺旋板换热器大平盖的设计计算. 石油化工设备，1995，24(1)：36～41
[17] 王冰，顾永干. 可拆螺旋板式换热器大平盖工程设计方法. 压力容器，2000，17(2)：42～44
[18] 王冰，顾永干. 可拆式螺旋板换热器大平盖设计计算方法及程序. 压力容器，1993，10(5)：58～63
[19] 陈永东. 我国螺旋板式换热器质量问题分析. 石油化工设备，1998，27(2)：1～5
[20] 龙云中. 螺旋板换热器在节能技术改造中的应用. 节能，1993，(4)：44～45
[21] 杨玲，蒋旭东，杨礼辉. 螺旋板换热器在蒸氨工艺中的应用. 新疆钢铁，2000，(2)：16～17
[22] 张杰，李晓东. 螺旋板换热器的应用与节能. 能源研究与利用，2001，(6)：35～36
[23] 董秀平，朱文众，王丽丽. 螺旋板换热器在发酵工业中的应用. 河北科技大学学报，1999，(2)：50～53
[24] 周乃石. 螺旋板换热器在合成塔中的应用. 化肥设计，1999，37(6)：31～34
[25] 刘富刚. 螺旋板换热器在有机热载体热能系统中的应用. 甘肃化工，2001，(1)：39～42
[26] 谢林. 螺旋板换热器在我国酒精行业上应用的前景. 酿酒科技，1995，(3)：29～30
[27] 王晓元. 螺旋板式换热器在方便面生产中的应用. 食品科技，1999，(3)：41～42
[28] 吕丙航. 螺旋板换热器在氯磺酸生产中的应用. 化肥设计，1999，37(4)：41～42
[29] 江慧敏，高新亭，螺旋板式油/水冷却器在鼓风机组上的应用. 风机技术，2002，(3)：16～17
[30] (日)幡野佐一等编著. 换热器. 北京：化学工业出版社. 1987.
[31] 夏慧琳. 可拆式螺旋板换热器设计计算. 化工装备技术，1993，14(1)：29～34
[32] 赵焕栋，杜富仁. 冷凝冷却用螺旋板换热器的设计计算. 燃料与化工，1994，25(5)：251～256
[33] 王晓霞. 螺旋板换热器的设备设计. 化工设计，1993，8(3)：31～34
[34] 赵焕栋. 蒸氨用螺旋板换热器的设计计算. 燃料与化工，1994，25(4)：192～195
[35] 仇志晖. 螺旋板换热器制造质量问题分析及对策. 压力容器，1999，16(6)：51～54
[36] 周传月，赵经文，盛惠渝. 螺旋板稳定性分析和计算. 热能动力工程，1997，12(4)：300～303
[37] 王新详. 探讨螺旋板换热器的传热计算. 化学工业与工程，2002，19(4)：316～319，334
[38] 郭玮，王时文，许富昌. 新型双向螺旋板式换热器传热性能的初步研究. 青岛大学学报，1999，14(3)：55～57
[39] 顾永干. 螺旋板换热器的结构设计. 压力容器，1992，9(1)43～48
[40] 顾永干，王浩，贾殿浩. 螺旋板换热器制造质量的控制. 压力容器，1992，9(5)：59～67
[41] 张忠考、刘珠风. 日本ヶロセ(Kurose)株式会社螺旋板换热器的生产技术. 压力容器，1990，7(5)：38～48
[42] 王英钗，林清宇，林榕端，石卫军. 螺旋板换热器接管箱强度的试验研究. 石油化工设备，1995(3)：22～24
[43] Targett Matthew J Retallick William B Churchill Stuart W. Solutions in closed form for a double－spiral heat exchanger. Industrial & Engineering Chemistry Research. 1992，31(3)：658～669
[44] Bes Th Roetzel W. Thermal theory of the spiral heat exchanger. International Journal of Heat and Mass Transfer，1993，36(3)：765～773
[45] Bailey Kevin M. Understand spiral heat exchangers. Chemical Engineering Progress 1994，90(5)：59～63

[46] Ho J C Wijeysundera N E Rajasekar S Chandratilleke, T. T. Performance of a compact, spiral coil heat exchanger. Heat Recovery Systems & CHP, 1995, 15(5): 457~468

[47] Crutcher Mark Bullock. Christopher S.. Steam stripping foul condensate more efficient with spiral heat exchanger use. Pulp and Paper, 1999, 73(6): 67~69

[48] Krasnikova O K Komarova L R Mishchenko T S Spiral smooth - tube heat exchanger with advanced thermal performances. Khimicheskoe I Neftyanoe Mashinostroenie, 1997(4): 25~26

[49] Becker - Balfanz C D Hopp, W. - W Koenigsdorf W Maier K H Pletka H D Experience in the use of plate - type and spiral heat exchangers. Gas Waerme International 1996, 45(6): 276~284

[50] Wijeysundera N E Ho J C Rajasekar S Effectiveness of a spiral coil heat exchanger. International Communications in Heat and Mass Transfer, 1996, 23(5): 623~631

[51] Bes T. Method for thermal calculation for rating countercurrent and cocurrent spiral heat exchangers. Waerme - und Stoffuebertragung, 1987, 21(5): 301~309

第五章 板翅式换热器

(阎振贵)

第一节 概 述

换热器在工业上应用以来，起初使用的绝大多数传热元件均为圆形管，因此早期换热器的设计、传热理论研究等，都是基于流体流过圆管和横过管排而进行的。随着科学技术的发展，尤其是航空工业、宇宙航行、交通车辆及船舶等工业的发展，需要一些更紧凑、轻巧又高效的换热设备。而以往的管式换热器已不能满足上述各工业应用的要求，这就促使人们去研究开发其形式的高效紧凑换热器，板翅式换热器就是其中能够满足高效紧凑需求的换热器之一。

该换热器是20世纪30年代才发展起来的，其高效是指在一定换热面积与传热温差条件下，具有较大的传热量；而紧凑是指在完成相等传热量之换热器外形尺寸较小，或者具有较大的紧凑性系数β(指单位容积所具有的换热面积，m^2/m^3)。一般管壳式换热器的β值为$160m^2/m^3$左右，而板翅式换热器的β值可达$1000\sim4370m^2/m^3$。

板翅式换热器是由板束、封头、接管及支承等若干零部件组成的。板束又由隔板、翅片、封条及导流片组成。在相邻两隔板之间放置翅片及封条后便组成一夹层，称为流道(或通道)。将这些夹层根据流体的不同流动方式与换热的需要而叠置起来，再经钎焊成整体便组成板束(又称芯体)，板束是板翅式换热器的核心部件，配以必要的封头，接管及支承件等就构成了板翅式换热器，见图4.5-1。

参与热交换的流体“A”经接管进入封头，然后经封头分配到“A”流体所有夹层开口中去，经“A”流体的开口导流片及转角导流片，把“A”流体均匀地引导分布流过传热翅片与隔板组成的空间。相邻夹层的流体通过隔板(作为一次传热表面)和翅片(作为二次传热表面)进行热交换。翅片不仅作为二次传热表面增大了换热面积，而且使流体通过翅片时产生扰动，破坏了传热边界层，使传热得到强化。同时翅片还起到加强筋的作用，使得较小的零件厚度就可以承受很大的压力。上述这些是使板翅式换热器成为高效、紧凑换热器的主要原因，因而具有了以下特点。

(1) 传热效率高　由于翅片对流体的扰动，使边界层不断破裂更新，因而具有较高的传热系数；加之隔板及翅片的高导热性，故使板翅式换热器达到了很高的传热效率。

(2) 紧凑　其紧凑性系数β可以达到$1000\sim4370m^2/m^3$。

(3) 轻巧　由于零部件全部是薄壁构件，因此重量轻。

(4) 适应性广　可用于不同流体状态的换热以及发生集态变化时的相变换热。通过流道布置的不同组合，可以使其在顺流、逆流、错流、多股流或多程流等不同换热工况下操作。通过板束单元的串联、并联或串并联的组合，可以满足各种换热工况的要求。现已经实现了16种流体在同一台换热器中进行不同形态的换热过程。

(5) 制造工艺复杂且要求严格，要求用特殊的加工设备及材料，技术含量高。

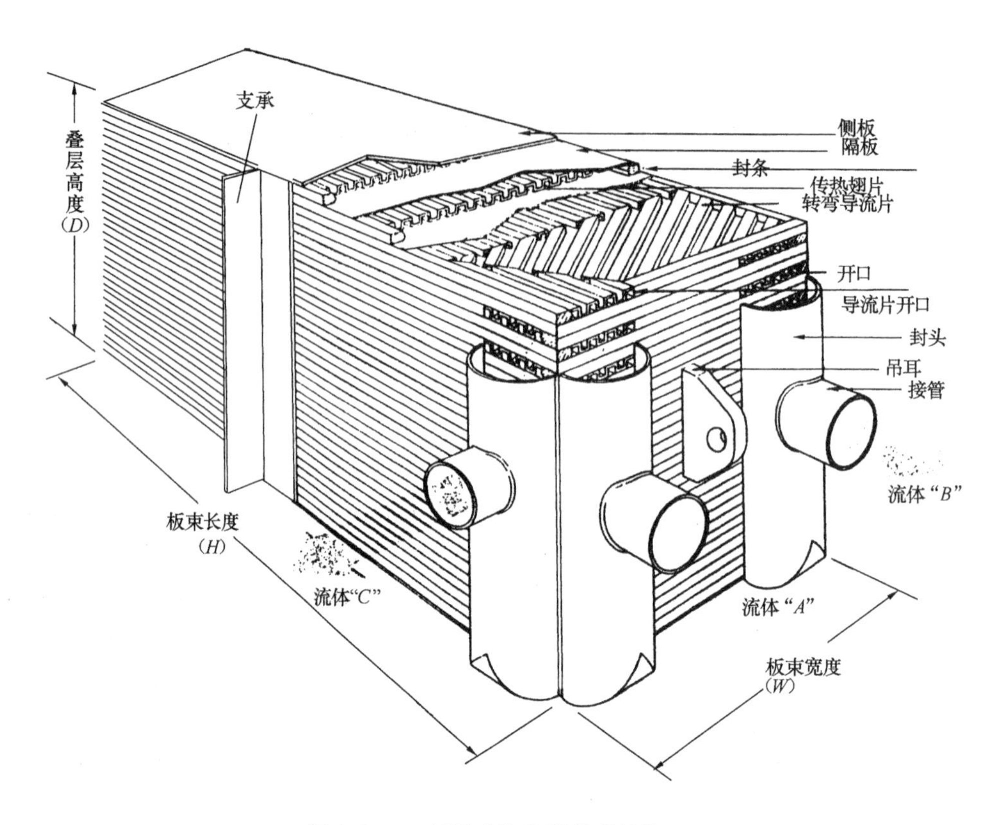

图 4.5-1 板翅式换热器外形结构

(6) 容易堵塞 清洗检修困难，但可以采取必要措施进行预防，其使用领域正在逐渐扩大。

首先应用的是航空及汽车工业。早在 1930 年英国 Marston Excelsior Ltd. 就用铜合金浸渍钎焊方法制成了航空发动机散热用板翅式换热器[1]。20 世纪 40 年代中期出现了铝质浸焊板翅式换热器。1942 年美国的 Norris R. H 首先对平直翅片、波纹翅片及锯齿翅片的性能进行了研究。1945 年美 Stanford 大学以 Kay W. M. 与 London A. L. 两人为主而组成的研究小组，专门对紧凑式表面进行了试验研究，其研究成果汇集于著名文献《Compact Heat Exchangers》一书中。该著作已再版 3 次(55、64 及 84 版)，书中汇集的 56 种翅片表面的试验数据，是研究设计板翅式换热器的主要参数文献之一。随后，美国的 The office of Naval Research，Airosearch 及 Trane Co。等单位又相继对板翅式换热器的理论和试验进行了研究。20 世纪 50 年代，板翅式换热器在空气分离设备中开始应用以来，使该换热器的研究及设计制造得到了有力的推进，并开始向大型化、高压、多用途及各种材料选用等的方向发展。目前，板翅式换热器已在空气分离、乙烯、合成氨、天然气液化分离、航空、汽车、内燃机车、电力机车、氢氦气液化、制冷空调、船舶及电力等工业领域越来越得到广泛应用，其制造工艺也在广泛应用中得到迅速发展。在零部件制造及钎焊工艺等方面的发展尤其更快。在近一二十年间，世界各国除了继续对各种高效紧凑的板翅表面进行试验研究以求得不同规格和不同系列的翅片性能数据 [$j = f(Re)$，$f = f(Re)$] 之外，还对相变换热、两相流动及分布均匀方法等进行了大量的试验研究。与此同时，还对板翅式换热器的设计理论，如表面选择、优化设计、流体均布、纵向导热及封头导流片设计等进行了广泛的研究工作。此外，在制造工艺和开拓应用方面的研究亦方兴未艾，因此可以说具有广阔的前景和巨大的市场。在板翅式桥热器的发展里程中国外以下几家公司作出了很大贡献。

1. 英国马尔斯顿·艾克歇尔有限公司(Marston Excelsior Ltd.)

该公司是世界上最早生产板翅式换热器的工厂，其下设有两个分厂。一个从事大型低温换热器生产，另一个从事小型车用散热器生产。20世纪50年代初期将铝制板翅式换热器用于空分设备，1957年开始生产0～1.0MPa的切换式换热器，1959年生产承压能力为4.0MPa的乙烯设备用换热器，1984年已能生产承压7.6MPa且单元尺寸为3500～6000mm×650mm×850mm和承压8.3MPa且单元尺寸为3500～6000mm×500mm×700mm的高压板翅式换热器。

该公司1970年开始应用小型真空钎接炉制造航空航天用换热器，自1981年7月向英国Consarc公司订购大型真空钎焊炉之后，经过3年的努力，掌握了大型板式单元的真空钎焊技术。并把钎焊工艺编成软件，再输入电脑以进行计算机控制下的钎焊。在真空钎焊技术方面已处于世界领先地位，并于1983年8月停止了使用已久的盐浴炉。该公司已于1999年左右被美国CHART Industries. Inc. 收购，现更名为CHART Heat Exchangers Lim；ted。该公司生产过的板束规格见表4.5－1。

表4.5－1　英国马尔斯顿公司板束尺寸和最高设计压力

最高设计压力		宽度/mm	高度/mm	长度/mm
MPa	(lbf/in²)			
8.3	1200	500	700	3500～6000
7.6	1100	650	850	3500～6000
5.2	750	900	1000	4500～6000
2.9	420	1050	1050	4500～6000
2.5	360	1200	1230	4500～6000
1.15*	167	1200	1230	6200

* 指切换式换热器。

2. 美国司徒华特·华纳公司和曲莱恩公司

这两家美国公司早在20世纪40年代末期就开始生产并在空分设备中用作切换式换热器。目前，曲莱恩(Trane)(亦有翻译为特兰——编者注)公司和司徒华特·华纳(Stewart Warner)公司南温特分厂(South Wind Division of Stewart Warner Corp.)已成为美国石油化工、空气分离及工程机械等工业部门所需之铝、铜、镍和不锈钢等各种材质大型板翅式换热器的主要供应商。曲莱恩公司于1959年在法国厄比纳尔(EPINAL)建立了分厂，而司徒华特·华纳公司在比利时蒙斯(MONS)和加拿大建立了分厂，进行大规模生产，产品供应全世界[1]。司徒华特·华纳公司生产的空分-氮洗联合装置用板翅式换热器的承压能力可达8.19MPa，其单元尺寸分别为3561mm×628.5mm×800mm、2791mm×628.5mm×940mm及3661mm×628.5×946mm。曲莱恩公司生产过的板束规格见表4.5－2。

表4.5－2　美国曲莱恩公司生产的产品规格和承压范围

设计压力		名义尺寸(宽×高×长)		名义总传热面积		板束重量	
(lbf/in²)	MPa	in	mm	ft²	m²	lb	kg
180	1.24	48×48×240	1220×1220×6090	120000	11100	16000	7200
400	2.76	48×48×240	1220×1220×6090	120000	11100	16000	7200

续表

设计压力		名义尺寸(宽×高×长)		名义总传热面积		板束重量	
(lbf/in²)	MPa	in	mm	ft²	m²	lb	kg
600	4.14	42×48×240	1067×1220×6090	96000	8900	19000	8600
800	5.52	36×48×240	914×1220×6090	70000	4500	19000	8600
1000	6.89	36×42×240	914×1069×6090	62000	5800	19000	8600
1200	8.27	36×42×240	914×1067×6090	62000	5800	19000	8600
1400	9.65	25×30×240	635×762×6090	30000	2800	10000	4500

曲莱恩公司早在1949～1950年间首次钎焊成2700mm×430mm×930mm的单元，1976年为空分配套的单元尺寸已达6100mm×910mm×1170mm，为天然气乙烷回收设备配套的单元尺寸为5180mm×910mm×610mm，耐压8.27MPa。1986年，曲莱恩(Trane)公司把生产技术设备转让给ALTEC International Limited Partnership，更名为阿尔泰克(ALTEC)。1999年和英国马尔斯顿一起归属于CHART公司，称为Chart Heat Exchangers Limited Partnership，因此英国马尔斯顿，美国曲莱恩(或阿尔泰克)都不存在了。而美国司徒华特·华纳南温特工厂(South Wind Division of Stewart Warner Corp.)于1992年已把生产大型铝制板翅式挤热器的设备和技术(设计及工艺软件)全部转让给中国杭州制氧机厂，而自己生产小型标准件及军工产品，退出流程换热器的生产领域。该公司以往生产的流程换热器产品备件，全部由抗氧承担。其中包括了高压产品以及化工用和空分用各类产品。而杭氧由此步入了大型铝制板翅式换热器各类产品设计制造的领域，已成为国际上其他6家生产企业的竞争对手。

3. 日本神户制钢所、住友精密工业株式会社

日本"神钢"和"住友"是日本生产板翅式换热器的主要厂商，生产时间虽短，但发展很快。

"神钢"于20世纪60年代初开始试验研究，后来通过引进设备技术，在1968年取得了生产板翅式换热器的合法地位，并开始大量生产'ALEX'板翅式换热器。该公司已生产用于空分的切换式换热器，其承压能力为0.7MPa，单元尺寸6500mm×1000mm×1200mm；用于天然气液化设备的板式单元，其承压5.0MPa，单元尺寸为6700mm×900mm×1100mm。已制造出的板翅式换热器，最高承压能力已达8.4MPa，最大单元尺寸为6950mm×1200mm×1200mm。目前正在进行12.0～15.0MPa的高压真空钎焊及气体保护焊的大、中型板翅式换热器的可行性研究。表4.5-3是"神钢"的产品规格。

表4.5-3 日本神户制钢所产品设计规范

设计压力/MPa	最大尺寸/mm		
	宽 度	高 度	长 度
0～1.47	1200	1200	6950
1.57～4.9	1000	1000	6950
5.0～6.57	900	900	6950
6.67～8.24	900	900	4000

日本住友精密工业株式会社于1954年开始试制航空用板翅式换热器，1963年引进英国马尔斯顿(Marston)公司的制造技术，生产了'Sumalox'板翅式换热器。生产过空分用的切换式换热器，其单元尺寸为5200mm×915mm×900mm；天然气液化设备用的板式单元，其承压为7.4MPa，单元尺寸为3300mm×961mm×600mm；为印度提供氮洗设备用的板式单元，其承压为7.9MPa，单元尺寸为2800mm×857mm×600mm。"住友"生产的板式单元最高承压可达9.0MPa，最大单元尺寸为7500mm×1200mm×1300mm。

4. 德国林德公司

该公司于1979年从中国杭氧厂引进翅片成形设备并加以改进后，在自建的大型真空钎焊炉中生产铝制板翅式换热器，改变了依靠国外公司配套板翅式换热器的局面。该公司使用自行开发的真空钎焊工艺，生产了许多用于空分设备的板翅式换热器，其最大单元尺寸为6000mm×1200mm×1300mm。之后，又生产了不少用于石油化工的中压板翅式换热器。目前该公司新建了3个大型真空炉，开始了大规模生产，满足了其自身配套的需要。

5. 法国诺敦(Nordon Cryogenie)公司

该公司的前身，即为美国曲莱恩公司于1959年在法国所建的分厂。1986年买断Trane的技术，成立了现在的Nordon Cryogenie公司。该公司建在法国Golbey Cedex，1998年又获得了瑞士CRYOMEC AG公司低温泵的制造权，因此可以提供更广泛的低温设备。

Nordon Cryogenie是法国Nordon Cie的子公司，为法国FIVSLILLE集团的一部分。该集团专门从事工程成套和工业设备制造。而Nordon Cryogenie是专门从事钎焊铝制板翅式换热器设计和制造的工厂。出厂的换热器可以是单台的，也可以是以冷箱的形式整体出厂，其中包括了配管、分离罐和阀门的制造以及仪器仪表的配套工作。

该公司在1998年以前其年产铝制板翅式换热器1200t左右，拥有一台可钎焊最大尺寸为6900mm×1300mm×1500mm的大型真空炉。1999年又新建了一台可钎焊7500mm×1300mm×2600mm的大型真空炉，其是目前世界上最大的真空炉之一，该炉的建成，使年户量又有大幅度提高。该公司约有职员150人，其中工人仅75人。部份零部件，如封头及隔板等由本公司的其他单位供应，他们自己仅进行翅片的生产和清洗、组装、钎焊、总装、试压及干燥等工序。目前产品设计的最高压力为9.0MPa，其翅片的爆破压力大于36MPa才为合格。该公司产品在我国市场上已占有一定份额，如乌鲁木齐化肥厂的液氮洗冷箱及天青集团合成氨液氮洗冷箱等都是该公司的产品，而法液空公司配套的板翅式换热器，大部份亦来自该公司。

截止到2001年，国外生产铝制板翅式换热器的大公司(指生产流程换热器)共有6家，他们是：

(1) Chart Heat Exchangers Limited Partnership(原ALTEC)；

(2) Chart Heat Exchangers Limited(原Marston)；

(3) Kobe steel Led.（神钢)；

(4) Linde AG(林德)；

(5) Nordon Cryogenie(诺敦)；

(6) Sumitemo Precision Products co Limited(住友)。

在国内，1963年开始试验研究工作，其中包括钎焊工艺试验、零部件制造试验及材料选择等。到1970年形成工业生产规模，开始批量生产用于空分设备的切换式换热器，冷凝蒸发器、过冷器及液化器等。全国正式生产的主要有两家企业，即杭州制氧机厂和开封空分设备厂。1986年杭氧厂开始真空钎焊技术的研究，1992年引进的设备及技术虽然是以前已掌握了的真空钎焊技术，但国外技术的引进毕竟加快了真空钎焊技术的发展。到1994年，成功生产出了高压产品，关闭了盐浴钎焊炉，使真空钎焊技术一跃达到国际水平。目前该厂已能生产最大单元尺寸为6000mm×1200mm×1230mm、最高设计压力为7.6MPa或一个单元中最多有16股流体同时换热的设备。产品已应用于空气分离(最高设计压力4.8MPa)、乙烯(冷箱的最高设计压力5.2MPa)、天然气处理(最高设计压力7.7MP)、油田气回收处理(最高压力7.3MPa)及合成氨液氮洗(冷箱的设计压力2.5MPa)等领域。目前正在新建一台大型真空钎焊炉，建成后可以钎接的最大单元尺寸为7500mm×1200mm×1300mm。与此同时，国内的另外两家企业，亦先后新建了大型真空、钎焊炉，即1994年四川空分设备厂建成了国内第2只大型真空钎焊炉，1996年开封空分设备厂建成了国内第3只大型真空钎焊炉。这两家企业先后钎焊成功了用于空分设备的板翅式换热器，并已生产了部分中压产品(设计压力小于5.0MPa)。

以上介绍的这些国内外企业，估计每年生产的流程换热器达8000~10000t。如此庞大的板翅式换热器，主要应用领域大致有以下几个方面。

1. 在空气分离设备中的应用

空分设备用板翅式换热器，是该换热器最早的应用领域(20世纪50年代)。应用之后不仅促进了流程换热器的飞速发展，而且使空分设备有了重大的技术进步。如使空分设备用换热器所占体积空间及占地面积减少、设备重量减轻、换热器热端温差减小、换热器不可逆损失降低、空分设备启动时间和加温时间缩短以及能耗指标大大下降等。表4.5-4是日本“神钢”10000m³/h空分设备使用板翅式换热器与列管式换热器的对比。

表4.5-4 “神钢”10000m³/h空分设备对比 %

换热器形式	列管式			板翅式		
设备规格	换热面积	体积	重量	换热面积	体积	重量
冷凝蒸发器	100	100	100	90	73.5	23.3
蓄冷器	100	100	100	158.2	9.8	11.8
液氮过冷器	100	100	100	79.5	12.7	31.6
液化器	100	100	100	82.7	11.6	26.7
液空过冷器	100	100	100	166.5	20.5	65
保冷箱	—	100	—	—	63.2	—

2. 在合成氨工艺流程中的应用

在采用液氮洗涤CO制取氮氢混合气的大型空分-液氮洗联合装置中，板翅式作为主换热器，要求具有较高的设计压力。如德国Linde公司配用美国Stewert Warner公司的3台板翅式换热器，其单元尺寸分别为3561mm×628.5mm×800mm，2791mm×628.5mm×940mm，3661mm×628.5mm×946mm。最高承压8.19MPa、表4.5-5是28000m³/h空分-氮洗联合装置配套高压板翅式换热器的参数。

表 4.5－5　28000m^3/h 空分氮洗联合装置高压板翅式换热器组

参　数	位号 2028				位号 2029				位号 2030		
	流体代号				流体代号				流体代号		
	A	B	C	D_2	A	B	C	D_1	B	C	D_2
流　体	原料气	高压氮	合成气	尾气	原料气	高压氮	合成气	尾气	高压氮	合成气	尾气
通道数/个	27	27	41	13	30	22	38	17	45	30	16
翅片形式/mm	5.75% P.F	5.75% P.F	5.75% P.F	5.75% P.F	5.75% P.F	5.75% P.F	5.75% P.F	5.75% P.F	5.75% P.F	5.75% P.F	5.75% P.F
翅片高度/mm	6.35	6.35	6.35	6.35	6.35	6.35	6.35	6.35	6.35	6.35	6.35
翅片节距/(牙/in)	17	17	17	14	17	17	17	17	17	17	14
翅片厚度/mm	0.508	0.508	0.508	0.305	0.508	0.508	0.508	0.508	0.508	0.508	0.305
传热长度/mm	3044	3044	3044	2946	2232	2232	2232	2232	3044	3044	2794
最高工作压力/MPa	8.19	8.19	8.19	0.6	8.19	8.19	8.19	8.19	8.19	8.19	0.6
水压试验压力/MPa	10.65	10.65	10.65	0.78	10.65	10.65	10.65	10.65	10.65	10.65	0.78
工作温度/℃	+65～－195				+65～－195				－65～－195		
单元重量/kg	3600				2850				2900		

3. 在石油化工设备中的应用

目前最主要的领域是乙烯设备中的“冷箱”。主要设备是：废气换热器，进料冷却器，脱甲烷塔塔顶冷凝器，再沸器、乙烯产品过冷器及冷剂冷凝器等。把可以放在一起的部机装在一个保冷箱中，可以减少冷损和占地面积，缩短安装周期。这只保冷箱及其内部的低温板翅式换热器统称为“冷箱”。如 1975 年北京燕山石化公司从日本神钢引进的 30 万 t/a 乙烯设备就有 10 台 9 种换热器，除 2 台单独安装外，其余 8 台换热器被分别组装在两个尺寸为 11400mm×2400mm×1900mm 和 9300mm×2700mm×2200mm 的钢箱内(统称两个“冷箱”)；南京扬子石化公司 1979 年从日本神钢引进的 30 万 t/a 乙烯设备有 10 台 8 种换热器，其中 2 台单独安装，其余 8 台均被装入 9310mm×4950mm×2800mm 的钢箱内。表 4.5－6 和表 4.5－7是日本神钢两种 30 万 t/a 乙烯设备配套的板翅式换热器的规格参数。

燕山石化公司第二期乙烯扩容工程，即乙烯产量由 45 万 t/a 扩容到 70 万 t/a 的扩容工程中，乙烯冷箱全部采用了国产设备，彻底改变了近 30 年来我国乙烯工业设备全部依靠国外进口的局面。扩容工程用冷箱由杭州制氧机厂设计和制造，并已于 2001 年 10 月开车成功，产量质量全部达到设计要求。该冷箱外形尺寸为 3350mm×5400mm×32800mm，总重近 230t。在此保冷箱内安装了共 6 种 13 台板翅式换热器，其具体数据和台数见表 4.5－8。

表 4.5-6 30 万 t/a 乙烯冷箱配套换热器参数 （北京）

序号	位号	名称	设计压力/MPa	板束尺寸(长×宽×高)/mm	换热面积/m^2	件数	重量/kg
1	EA-308	废气换热器	3.98	2072×760×1099.6	1600	1	2150
2	309 EA-312 314A	废气换热器	3.98	3494×760×1073.2	2405	1	4100
3	EA-314B	废气换热器	3.98	817×760×386.4	130	1	440
4	EA-316	废气换热器	3.98	1821×760×623.6	645	1	1100
5	EA-310 311	脱甲烷塔进料冷却器	3.98	2360×760×911	1205	1	2500
6	EA-313	冷却器	3.98	1168×760×759.9	425	1	950
7	EA×318	冷却器	3.35	2672×1000×893.6	2010	1	3000
8	EA-415	乙烯过热器	2.16	2323×760×250.6	385	1	600
9	EA-417	乙烯过热器	4.20	1921×760×535	615	1	1350

表 4.5-7 30 万 t/a 乙烯冷箱配套换热器参数 （南京）

序号	位号	名称	设计压力/MPa	板束尺寸(长×宽×高)/mm	传热面积/m^2	台数	重量/kg
1	E-EA308	废气换热器	3.94	2822×500×699.5	959	1	1440
2	309 E-EA312 314A	废气换热器	3.94	3353×760×898	2067	1	3000
3	314B E-EA-316A 316B	废气换热器	3.94	3915×760×930.7	2380	2	7680
4	E-EA-321	废气换热器	3.94	878×900×880.9	888	2	1750
5	E-EA-324	甲烷制冷剂进出料换热器	4.22	2952×380×476	755	1	715
6	E-EA-331	脱甲烷塔裂解气进料换热器	3.94	1822×760×663	719	1	1390
7	E-EA-443	高压乙烯产品裂解加热器	4.66	2394×380×602.8	449	1	920
8	E-EA-446	低压乙烯产品加热器	2.14	2663×380×350.2	355	1	440

表 4.5-8 70 万 t/a 乙烯扩容工程冷箱配套换热器参数 （燕山石化）

<table>
<tr><th rowspan="2">序号</th><th rowspan="2">位号</th><th rowspan="2">台数</th><th rowspan="2">重量/kg</th><th rowspan="2">单元尺寸/mm</th><th colspan="12">流体</th></tr>
<tr><th>流体代号</th><th>G</th><th>I</th><th>A</th><th>B</th><th>Am</th><th>Bm</th><th>H</th><th>C</th><th>D</th><th>E</th><th>F</th></tr>
<tr><td rowspan="3">1</td><td rowspan="3">EA-352+353X</td><td rowspan="3">3</td><td rowspan="3">8509×3=25527</td><td rowspan="3">1100×1206×4650</td><td>流体名称</td><td>C_3R</td><td>C_3R</td><td>塔顶气</td><td>BR</td><td>原料</td><td>原料</td><td>塔底液</td><td>H_2</td><td>CH_4</td><td>CM_4</td><td>C_3H_8</td></tr>
<tr><td>设计压力/MPa</td><td>1.961</td><td>0.981</td><td>1.275</td><td>4.470</td><td>3.682</td><td>3.682</td><td>3.682</td><td>3.682</td><td>0.800</td><td>0.735</td><td>1.079</td></tr>
<tr><td>换热面积/m²</td><td>514</td><td>410</td><td>639</td><td>790</td><td>414</td><td>736</td><td>211</td><td>119</td><td>460</td><td>106</td><td>218</td></tr>
<tr><td rowspan="4">2</td><td rowspan="4">EA-354X</td><td rowspan="4">3</td><td rowspan="4">7814×3=23442</td><td rowspan="4">1100×1224×4350</td><td>流体代号</td><td>B</td><td>A</td><td>K</td><td>F</td><td>J</td><td>X_1</td><td>C</td><td>D</td><td>E</td><td>H</td><td>—</td></tr>
<tr><td>流体名称</td><td>BR</td><td>塔顶气</td><td>变换气</td><td>C_3H_8</td><td>C_3R</td><td>BR</td><td>H_2</td><td>CH_4</td><td>CH_4</td><td>塔底液</td><td>—</td></tr>
<tr><td>设计压力/MPa</td><td>4.470</td><td>1.275</td><td>3.982</td><td>1.080</td><td>0.981</td><td>2.200</td><td>3.982</td><td>0.800</td><td>0.735</td><td>3.682</td><td>—</td></tr>
<tr><td>换热面积/m²</td><td>637</td><td>283</td><td>522</td><td>473</td><td>229</td><td>282</td><td>108</td><td>512</td><td>211</td><td>1210</td><td>—</td></tr>
<tr><td rowspan="4">3</td><td rowspan="4">EA-355X</td><td rowspan="4">3</td><td rowspan="4">9355×3=28065</td><td rowspan="4">1100×1224×4800</td><td>流体代号</td><td>A</td><td>B</td><td>M</td><td>X_1</td><td>X_2</td><td>C</td><td>D</td><td>E</td><td>H</td><td>—</td><td>—</td></tr>
<tr><td>流体名称</td><td>塔顶气</td><td>BR</td><td>变换气</td><td>BR</td><td>BR</td><td>H_2</td><td>CH_4</td><td>CH_4</td><td>塔底液</td><td>—</td><td></td></tr>
<tr><td>设计压力/MPa</td><td>1.275</td><td>4.470</td><td>3.982</td><td>2.200</td><td>2.200</td><td>3.982</td><td>0.800</td><td>0.735</td><td>3.682</td><td>—</td><td>—</td></tr>
<tr><td>换热面积/m²</td><td>1160</td><td>153</td><td>536</td><td>2060</td><td>277</td><td>146</td><td>637</td><td>285</td><td>214</td><td>—</td><td>—</td></tr>
<tr><td rowspan="4">4</td><td rowspan="4">EA356+357X</td><td rowspan="4">2</td><td rowspan="4">7009×2=14018</td><td rowspan="4">1100×990×4950</td><td>液体代号</td><td>C</td><td>D</td><td>E</td><td>O</td><td>P</td><td>R</td><td>S</td><td>X_2</td><td>X_3</td><td>—</td><td>—</td></tr>
<tr><td>流体名称</td><td>H_2</td><td>CH_4</td><td>CH_4</td><td>变换气</td><td>塔底液</td><td>变换气</td><td>塔顶气</td><td>BR</td><td>BR</td><td>—</td><td>—</td></tr>
<tr><td>设计压力/MPa</td><td>3.982</td><td>0.800</td><td>0.735</td><td>3.982</td><td>3.982</td><td>3.982</td><td>0.800</td><td>2.000</td><td>4.470</td><td>—</td><td>—</td></tr>
<tr><td>换热面积/m²</td><td>152</td><td>657</td><td>374</td><td>89</td><td>68</td><td>394</td><td>238</td><td>2161</td><td>285</td><td>—</td><td>—</td></tr>
<tr><td rowspan="2">5</td><td rowspan="2">EA358X</td><td rowspan="2">1</td><td rowspan="2">858</td><td rowspan="2">600×590×1600</td><td colspan="3">流体代号</td><td colspan="3">流体名称</td><td colspan="3">设计压力/MPa</td><td colspan="3">换热面积/m²</td></tr>
<tr><td>U</td><td>C</td><td>E</td><td>GF</td><td>H_2</td><td>CH_4</td><td>3.982</td><td>3.982</td><td>0.735</td><td>208</td><td>46</td><td>185</td></tr>
<tr><td rowspan="2">6</td><td rowspan="2">EA359X</td><td rowspan="2">1</td><td rowspan="2">3812</td><td rowspan="2">1000×1106×2350</td><td colspan="3">流体代号</td><td colspan="3">流体名称</td><td colspan="3">设计压力/MPa</td><td colspan="3">换热面积/m²</td></tr>
<tr><td>V</td><td colspan="2">W</td><td>塔底液</td><td colspan="2">GF</td><td>3.982</td><td colspan="2">0.920</td><td>208</td><td colspan="2">46</td></tr>
</table>

板翅式换热器在天然气油田气处理及液化分离设备中的应用也有很快的发展。如美国阿拉斯加液化天然气工厂生产能力为$4.92\times10^6 m^3/d$的设备，其所有板翅式换热器被装在3个冷箱中。阿尔及利亚期基科达液化天然气工厂的第4条生产线，采用4组铝制板翅式换热器，每组由10个单元尺寸为6100mm×900mm×900mm的板束组成。第5、6生产线由40个单元尺寸为6700mm×1000mm×1000mm并被分装在8只冷箱中的板束组成。加拿大亚伯塔天然气液化分离设备中，把板翅式换热器作再沸器使用并被分装在5只冷箱中，每只冷箱由8个单元尺寸为6000mm×1000mm×1000mm的板束组成。应用数量可观。

目前国内天然气及油田气处理都已使用了板翅式换热器。如新疆吐哈油田的油田气处理厂使用了杭州制氧机厂制造的4只冷箱，其最高设计压力达7.3MPa，单元尺寸最大的1只为4000mm×750mm×684mm，已于1999年开车。在“西气东输”工程中杭氧厂先后为工程制造了2台冷箱，设计压力均为7.6MPa。一台用于陕京输气管道地下储气库及配套管线工程，其由3只750mm×725mm×1820mm单元组成的冷箱，总重量为10555kg；另一台为北京天然气输气公司制造。除此之外还为东方Ⅰ－Ⅰ气田开发工程项目配套了1只冷箱，设计压力4.0MPa。随着天然气的开发利用，此类项目用板翅式换热器还会与日俱增。

4. 在车辆工业中的应用

板翅式换热器的第一用户是车辆工业和航空工业，现今应用该换热器最多的仍是车辆工业。尽管车用换热器工况恶劣，但经50多年的实践，其钎焊、防腐、寿命和维修等问题都已得到解决。世界各国都已批量生产并在车辆上大量使用板翅式换热器。美国早在1973年就用真空钎焊生产了130万台汽车散热器；日本三菱铝公司从1972年开始大量生产汽车用铝散热器；泵西德用气体保护焊生产铝散热器并用于奔驰轿车；英国用粘接工艺成批生产车用散热器；捷克由英引进小型连续真空钎焊炉生产载重卡车散热器。各国使用不同工艺生产不同结构车用散热器的例子举不胜举。

内燃机车中的水散热器，压缩空气中冷却器及机油散热器等也在大量采用板翅式换热器。日本、英国、德国、法国及俄罗斯等国都在大功率内燃机车上争相采用铝质板翅式换热器。来作空气对空气的中冷器。目前发展较快的电力机车，其主变压器的油散热器也在争相采用，从而开辟了更广宽的应用领域。我国内燃机车、电力机车及大型挖掘机等也都采用了板翅式散热器。已建成的轿车生产线，都有自己配套的车用散热器生产线。

5. 其他方面的应用

（1）低温液化设备　随着低温超导、宇宙航天及低温电子等科技技术的发展，氢氦液化设备的研制亦很快，已由实验室规模向工业化大生产发展。板翅式换热器在各类氢氦液化设备中都得到了广泛使用。如美国320l/h氢液化设备，英国BOC 20l/h氦液化设备，美120l/h氦液化设备，日本250l/h氦液化器，瑞士800l/h氦液化器以及中国杭氧首台100l/h氦液化器等，均把板翅式换热器作为主换热器使用。

（2）制冷空调领域　此处采用板翅式换热器作为蒸发器及冷凝器使用，如目前开发的冷凝热分级利用，即在把压缩介质冷凝热高温部分提取换热出来供生活所用的新技术中，全部采用了板翅式换热器。

（3）动力工业中的应用　如压缩机中冷器、油冷却器、工程机械散热器及燃气轮机回热器等。又如电子工业大功率电子设备的散热及电气柜的元件散热等亦都采用了板翅式散热器。当然，上面介绍的这部分应用，不属于流程换热器，前述国内外主要生产厂家也不以这些产品为主线。但从其应用范围之广来看，已涉及到人们生活的各个方面，因此对其进行深入的研究，已成了一种必然趋势。下面再简要介绍一下这方面的内容。

板翅式换热器的研究内容大致可概括为：翅片选择及其性能数据的测定；新系列翅片开发；设计优化；流体均匀布置及分配；对有相变介质传热理论的适应性及具体做法等。

关于翅片性能数据的测定及总结 最早从事这项研究工作的应属美国 Norris, R. H.，之后以美国 Kays W. Y. 和 London A. L. 为首的 Stanford 大学研究小组又进行了较广泛而系统的试验研究，并将 56 种规格的翅片表面性能测试数据汇集于《紧凑式换热器》一书中。这些翅片中许多翅片的表面形状很复杂，工业化自动化生产较困难，因此目前国内外直接采用的较少。不过在人们选择新的翅片表面时，还是有很大的参数价值。

我国在板翅式换热器起步研究时，最早接触的就是上述的 56 种规格。直到 1965 年，在我国引进"神钢"6000m^3/h 制氧机的同时，也引进了"神钢"'ALEX'换热器的平直形、锯齿形及开孔形翅片的性能曲线。由于其规格参数符合我国当时的设计水平，所以一直沿用了多年。其实该资料仅仅是一些概括数据，它只区分了翅片的形式，而未区分每种翅片形状的不同规格参数，因此误差很大。使用结果表明，在常用的 $Re = 500 \sim 10000$ 范围内，大约有 15% 的裕度。后来各工厂委托西安交大热工试验室，及浙江大学等单位对无相变多种规格翅片进行了性能测试。但由于装置能力有限，所做试验 Re 数的范围不大，限制了其使用价值。1990 年以后，随着设计软件技术的引进，如从美国引进了 48 种工业上常用的翅片性能数据（杭氧随设备引进时引进的），现已基本上可以满足其设计需求。在这些数据中 Re 数范围很广（全部为 $Re = 100 \sim 100000$），可以满足各种工质在不同形态下传热工况对翅片 Re 数的要求。

随着使用领域的扩大以及对优化设计提出的要求，肯定还会有许多新翅片系列出现，但只有在测试单位对这些新翅片进行测试后才能用于实际设计。国家应定点扶植几个单位进行此项工作，因为一种新翅片通过努力虽然可以制造出来，但是否为优良翅片，还要通过其性能测试，并比较其传热因子 j 和摩擦阻力因数 f 的关系之后，即了解该传热表面功率因子 $\theta = j/f$ 的优劣之后才能确定。只有传热系数高而机械功耗低的翅片，才能称为优良翅片。通过测试，可以指出某种翅片表面在 Re 数的哪个范围内性能优良，而 Re 数的哪些范围内不推荐使用。只有将这些数据提供给设计者之后，才能设计出高水平的换热器来。当然有时也会出现以下情况，即经过很大努力开发出的新翅片，通过测试给否定了。亦即是说其 $\theta = j/f$ 值比同类翅片差，达不到应有的效果，不推荐使用。但该翅片表面的性能数据并非就完全无用了，有时也可能被用到某些特殊设计处，因为在某些特定场合下也可能只追求该翅片的一个指标就可以了，因此其开发测试还是有经济价值的。

除了用试验的方法外，对一些几何形状比较简单的翅片，其传热与阻力特性亦可由理论分析得出。例如 Kays 和 Loudon 就以图表的形式提供了大量有关圆形、矩形、三角形和同心环形等截面的流通在层流和湍流条件下的解析法计算结果，且其正确性已为实验所证实。表 4.5-9 列出了一些特定形状流通截面的解析结果。在连续性传热表面上流动的流体，若流道长度足够长，其特性与充分发展了的流动相近。而在间断性传热表面上流动的流体，其边界层在传热表面间断处不断受到破坏，因而传热与流动始终处于发展状态。对于大部分连续性流道（即流道壁面无间断处者）来说，如果 $L/D_h > 0.2RePr$（L 为流路长度，D_h 为水力直径，Re 为雷诺数，Pr 为普朗特数），则其平均努塞匀数 Nu（$Nu = hD_h/k$，h 为给热系数，k 为热导率）及摩擦因数 f 值与充分发展状态下的值相差不到 10%。如果 $L/D_h < 0.2RePr$，由于进口段的 Nu 及 f 值比充分发展区高得多，其平均值也将高于充分发展下的解。在这种情况

下，对 Nu 与对 f 可有不同的考虑方法。在实际的换热器中，一股流体往往要在许多并联的流道中分配，其分配不均匀性是难以完全避免的，这会显著降低流道壁面的 Nu 值。其降低幅度一般足以完全抵消进口段对 Nu 的增加效应。由实验测得的 f 或 Nu 值，往往低于理论解，也表明其进口段对传热的效果增强，不及由于不均匀分配性引起的降低。然而由实验所测得的 f 值一般仍高于理论解。这说明进口段对 f 值的影响不容忽视。对于气体介质，只要 $L/D_h \geqslant 100$，就可忽略传热进口段对 Nu 的影响，但在确定 f 时，则仍应计入流动进口段的效应。

常物性流体在充分发展了的层流条件下，其 Nu 值及 (fRe) 乘积均与 Re 及 Pr 无关，但与流道的几何特性有关。Nu 还与传热边界条件有关。其中最重要的边界条件有 3 种：①在整个流道壁面上沿轴向及周向的温度均保持同一恒定值。这种边界条件即模拟了在管内为气体流动，而管外是纯工质的冷凝或蒸发的实际情况，其 Nu 值用下标 T 表示（Nu_T）。②在流道壁上任意处沿轴向其单位长度热流率 q' 为一恒定值，而过该处截面周向壁温 T 也为一恒定值，并用标有下标 H_1 的 Nu 表示：Nu_{H1}。③在壁面上各处沿轴向及周向热流密度 q'' 均为一恒定值的边界条件，用 Nu_{H2} 表示。表 4.5－9 给出了在充分发展了的层流条件下一些简单几何形状流道的 Nu_{H1}、Nu_{H2}、Nu_T、fRe、$\theta = j_{H1}/f$ 值，这些数据对设计具有参数价值。其中 $L_{in} = L_{hy}/(ReD_h)$ 是无量纲流动进口段长度。而 L_{hy} 是流动进口段长度，是指进口至最大通道处其流速达到充分发展值 99% 时截面间的距离。当流道内大部分长度上均已进入充分发展区域时，考虑其进口段对流体流动阻力有一个 $K(\infty)$ 倍速度头的增值，则总阻力值成为：

$\Delta p = [4fl/D_h + K(\infty)]G^2/2\rho$。式中，$K(\infty)$ 是进口段压降增值系数。

表 4.5－9 在一定几何形状通道中作层流流动的传热及流动阻力解（$L/D_h > 100$）

几何形状	Nu_{H1}	Nu_{H2}	Nu_T	fRe	θ	L_{in}	$K_{(\infty)}$
2b，2a，$\frac{b}{a} = \frac{\sqrt{3}}{2}$	3.014	1.474	2.390	12.630	0.269	0.040	1.739
2b，60°，2a，$\frac{b}{a} = \frac{\sqrt{3}}{2}$	3.111	1.892	2.470	13.333	0.263	0.040	1.818
2b，2a，$\frac{b}{a} = 1$	3.608	3.091	2.976	14.222	0.286	0.090	1.433
2b，2a，$\frac{b}{a} = \frac{1}{2}$	4.123	3.017	3.391	15.548	0.299	0.085	1.281
2b，2a，$\frac{b}{a} = \frac{1}{4}$	5.331	2.940	4.439	18.233	0.329	0.078	1.001

续表

几何形状	Nu_{H1}	Nu_{H2}	Nu_T	fRe	θ	L_{in}	$K_{(\infty)}$
2b, 2a, $\frac{b}{a}=\frac{1}{6}$	6.049	2.930	5.137	19.702	0.346	0.070	0.885
2b, 2a, $\frac{b}{a}=\frac{1}{8}$	6.490	2.940	5.597	20.585	0.355	0.063	0.825

在表4.5-9中，Nu_{H1}由上至下递增。尺寸a大的矩形截面流道，其传热性能优于三角形截面流道。在Nu_{H1}增大的同时，θ值（$\theta = j_{H1}/f$）也呈增大趋势，即在相同的流量、阻力和hA（传热系数与换热面积之积）条件下，可以减小换热器的迎风面积。但压降增值系数$K(\infty)$的变化趋势与Nu相反，其值由1.818减到0.674。该值的这一范围表明，进口段对阻力的影响在计算中是不可忽略的因素。但表4.5-9的先决条件是$L/D_h > 100$，在流道中作层流流动的气体就可按充分发展状态对待。这种处理方法对$Re < 1000$的情况是正确的。若$Re > 1000$，则最好由表中L_{in}值算出L_{hy}值，再与实际流道长度进行比较，然后再作出是否忽略进口段影响的判断。

与以上所述常物性流体在充分发展了的层流条件比较，在充分发展了的紊流条件下，其传热和阻力特性，即Nu和(fRe)值并不依赖于传热边界条件，而与Re和Pr有关。在$0.5 < Pr < 2000$范围内，当$2300 < Re < 5\times10^6$时，对于光滑圆管，Gnielinski推荐下列关联式[2]

$$Nu = (f/2)(Re - 1000)Pr/[1 + 12.7(f/2)^{0.5}(Pr^{2/3} - 1)]$$

$$f = (1.58\ln Re - 3.28)^{-2}$$

对光滑矩形通道，f与尺寸比$\alpha = b/a$有关，但依赖性不如层流条件下强烈，可以按以下方法计算：$De = \phi D_h$。式中ϕ可按下式计算：$\phi = \frac{2}{3} + \frac{11}{24}\alpha(2-\alpha)$。然后用$D_e$代$D_h$计算$Re$，进而求得$Nu$及$f$值，但在计算阻力值时，仍然采用$D_h$而不是$D_e$。

对锯齿形翅片，其传热特性与齿长l有着密切的关系。l越小，翅片在流动方向上破坏传热边界层的次数增加，热阻降低，可见传热性能越好。当然其阻力值也会相应增加，但其$\theta = j_{H1}/f$值还是增加的，因而得到了最广泛的应用。Wieting提出了如下关联式：

当$Re \leqslant 1000$时

$$j = 0.483(l/D_h)^{-0.162}\alpha^{-0.184}Re^{-0.536}$$

$$f = 7.661(l/D_h)^{-0.384}\alpha^{-0.092}Re^{-0.712}$$

当$Re \geqslant 2000$时

$$j = 0.242(l/D_h)^{-0.322}(\delta/D_h)^{0.089}Re^{-0.368}$$

$$f = 1.136(l/D_h)^{-0.781}(\delta/D_h)^{0.534}Re^{-0.198}$$

式中，l为齿长；X为齿内距，Y为齿内高，$\alpha = X/Y$，δ为齿材料厚度。

该关联式适用范围：$0.7 \leqslant l/D_h \leqslant 5.6$，$0.03 \leqslant l/D_h \leqslant 0.166$，$0.162 \leqslant \alpha \leqslant 1.196$，$0.65\text{mm} \leqslant D_h \leqslant 3.41\text{mm}$。

对 $1000 \leqslant Re \leqslant 2000$ 之间的过渡区，其 j 和 f 的计算式，则要先计算出参数 Re 后再求其值。

$$Re_f^* = 41(l/D_h)^{0.772}\alpha^{-0.179}(\delta/D_h)^{-1.04}$$

$$Re_j^* = 61.9(l/D_h)^{0.952}\alpha^{-1.10}(\delta/D_h)^{-0.53}$$

计算 j：当 $Re \geqslant Re_j^*$ 时，按 $Re \geqslant 2000$ 之 j 表达式求解，否则用 $Re < 1000$ 之表达式。

计算 f：当 $Re \geqslant Re_f^*$ 时，按 $Re < 1000$ 时之表达式计算 f 值，否则用 $Re \geqslant 2000$ 时之表达式计算 f 值。

以上关联式85%数据拟会的均方根误差为：f 值在15%之内；j 值在10%之内。这对试验参数范围内翅片性能的预测是相当好的，但只能作有限的外推，且仅适用于空气或气体工质。

对于多孔形翅片，翅片上的打孔使传热边界层不断被破坏，这不仅可以提前向紊流过渡，且明显强化了过渡区和紊流区的传热。

通过对多种多孔翅片传热，压降和流动特性的试验研究，Shah 得出了如下结论：

a. 若由于打孔而使隔板的裸露表面增加20%，则在层流区，小孔打孔翅片(孔径 $d_{hole} \leqslant 0.8mm$)能强化传热，而大孔多孔翅片(孔径 $d_{hole} > 1mm$)则不能强化传热。

b. 多孔翅片能提前发生流形转变，在过渡区里 j、f 与 Re 的关系十分复杂，不易预测，且往往是 f 值的增加比 j 值要来得快。

c. 在紊流区，j 与 f 都比平直翅片高得多。

d. 方形多孔翅片的性能略优于圆形多孔翅片。

e. 由于打孔损失了一部分换热表面，因而多孔翅片表面特性并不象预计的那么好，故在气-气换热中，并不采用。在低温两相流换热器中应用的多孔翅片，现已有被锯齿形翅片代替的趋势。

对于波纹形翅片，因其可使流体在弯曲的流道中不断改变流向，产生螺纹状涡流，故促进了流体的湍动、分离和边界层的破坏，进而强化了传热。波纹越密，波幅越大，其传热性能越好。波纹形翅片迄今尚无特定的关联式来拟合其 j、f 因子。Goldstein 和 Sparrow 用传质模拟方法对某一特定波纹翅片进行试验研究后发现，因翅片波纹引起的强化传热对低 Re 层流是很小的(25%，$Re = 1000$)，而对低 Re 紊流则具有明显的强化效果(200%，$Re = 6000 \sim 8000$)。

综上所述，目前已有可供使用的多种翅片的 j、f 数据，但可供使用的拟合关联式则很有限。而在换热器优化设计中，这些关联式却是十分必要的。因此，今后除了对翅片进行数据测试外，建立这些翅片的关联式，并用模拟测试、流动可视化等手段来研究和揭示其流动和传热本质是十分重要的。

只有了解和掌握了各种翅片的特性之后，才能准确地选择出适于不同需要的翅片表面。换热器设计时，翅片表面的选择除了要考虑其本身所具有的特性外，更重要的应是研究整台换热器所要求的工艺参数、流体特点及设计目标等背景因素对传热表面选择的影响，这些因素往往才是决定性因素。如就设计压力这一因素来看，某种翅片其本身的特性 (j_M/f) 可能很好，但承压能力不足，满足不了工艺条件要求，也就无法选用。再如锯齿形翅片，一般性能不错，但对流体压降要求很严，且流体本身给热系数又不很低的场合就不宜选用，只能选择直平翅片而忍痛割爱了。

前面我们对翅片的叙述，主要针对翅片本身的属性。在研究和描述中。几乎无例外地都采用了无量纲的准则数或数群。但在讨论换热器性能时，必然要牵涉到有量纲参数，如流动阻力 Δp 或给热系数 h 等。讨论的方法很多，现仅用筛选法进行分析，其余方法可参考有关文献资料。

筛选法只考虑换热器一侧的条件后进行数值优化，然后选择最佳表面。由于压降是换热器设计的约束条件，因此设计时应遵循的两个原则是，采用最小的迎风面积和最小的换热面积（或体积），具体选择可通过下列因子的比较来进行。

流通面积品质因子比较

该因子的定义为：

$$j/f = Nu \cdot Pr^{-1/3}/(Ref) = [Pr^{2/3} \cdot Ntu \cdot W^2/(2\rho\Delta p)]/A_o^2$$

当 $Pr^{2/3}NtuW^2/(2\rho\Delta p)$ 不变时，则 $\theta = j/f$ 和 A_o^2 成反比，即 θ 大的 A_o 小。因此，翅片表面 θ 值高的比 θ 值低的表面优越，因为它要求的自由流通截面积小（迎风面积小）。这种比较方法和翅片的几何尺寸无关，因 j/f 是无量纲的。由此可知，当流体的进出口温度、物性、压降及流量确定之后，使用 j/f 值高的翅片，其自由流通截面会小些。这时遇到迎风面波法解决时，可采用较高 j/f 值翅片来进行试算。

翅片表面面积品质因子比较

这种方法是为各种翅片作出单位换热系数 h 与单位表面泵送功率 E 的关系曲线。

单位表面换热系数 h 为：

$$h = C_p/Pr^{2/3}\mu/D_h jRe$$

单位表面泵送功率 E 为：

$$E = P/A = \mu^3 fRe^3/(2\rho^2 D_h^3)$$

因此换热器传热表面的热流率 q 及一侧流体的输送功率 EA 可由下式求得：

$$q = \eta_0 hA(T_w - T_m) = \eta_0 h\beta V(T_w - T_m)$$

$$EA = P = E\beta V = W\Delta p/\rho$$

式中　β——翅片紧凑系数，m^2/m^3；

　　　V——该翅片所占体积，m^3。

故 $A = VB$。这里 h 和 E 均为在标准状态下的计算值。显然，当热流密度 $q(W)$、质量流量 W（kg/s）、壁面温差（$T_w - T_m$）及表面效率 η_o 保持不变时，传热系数 h（W/（m^3·K））和传热面积 A（m^2）成反比。即高传热系数的表面，换热器所需总传热面积就可缩小。因此，在各种翅片的 $h-E$ 曲线图上，在相同 E 的情况下，h 较高的翅片性能优于低者。即该比较法的基础是要作出各种翅片的 $h-E$ 曲线。显然曲线在上者为优。还有很多比较方法，在此不再赘述。

除此之外，板翅式换热器设计还存在气流分布、通道排到及优化设计等若干问题，这些将在以后的各章节中加以介绍。

第二节　结　构　设　计

一、概况

板翅式换热器的结构形式很多，但究其基本结构来看却完全相同，即都是由翅片、隔板、封条、导流片及倒板等零部件组成的。流体流动的每一层（即一个流道）又是在2块金属平板（隔板）之间放置翅片及导流片，两边用封条加以密封后而组成的，见图4.5－2。第

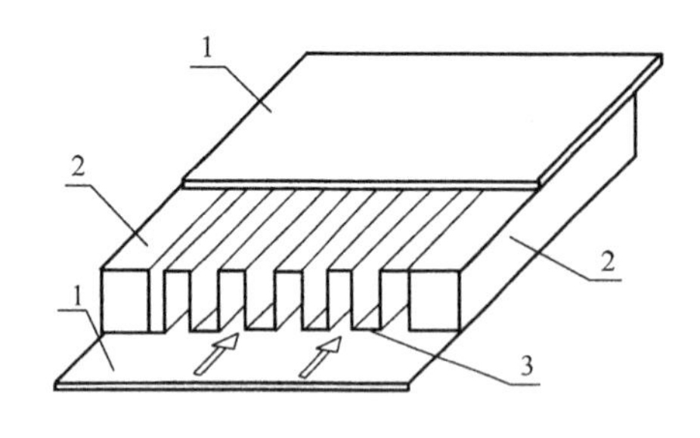

图 4.5－2 1 层流道的基本结构

1—隔板；2—封条；3—翅片

2 层是在第 1 层的基础上再向上叠置，此时隔板少 1 块了，即 2 层共用 1 块隔板。因此，隔板数是层数加 1 块后即构成任何一台换热器。所谓侧板，即换热器最外边的两块隔板，是使用较厚的金属材料而已，目的是为了在芯体上焊封头时有位置。一般封头厚度均大于隔板厚度，最外边的一层流体也要用封头包含在其内。而最外边的隔板厚度，又一定要大于封头厚度，否则就没有足够的位置可供封头焊接，因此芯体最外边的两块隔板要加厚，被加厚的隔板被给予一个专用名称——侧板。

对各个通道进行不同方式的叠置和排列，就构成了不同形式的换热器，如图 4.5－3 所示。

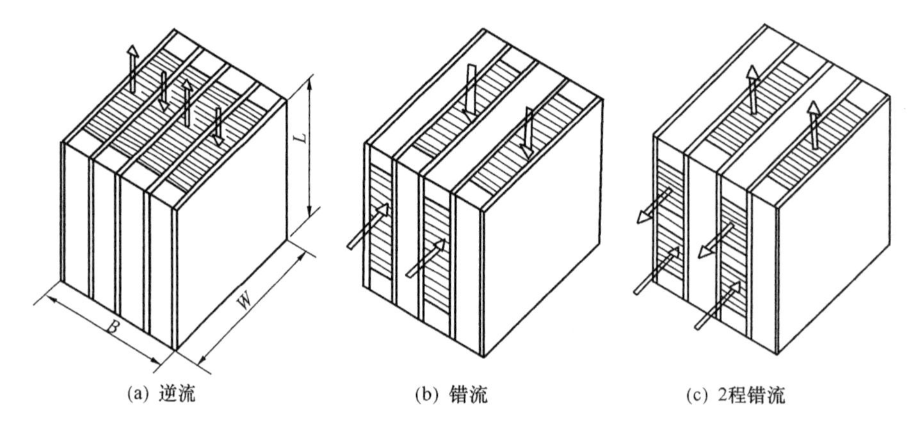

图 4.5－3 不同形式的换热器

如图 4.5－3(a)所示，在一端若有两种甚至两种以上流体进出时，每一种流体在端面上的开口宽度都要受到限制，否则各股流体在该端面上的封头便无法安排。通常采用如图 4.5－4 所示的办法来安排各流体的开口及封头。为了把流体由较小的开口宽度处均布到整个宽度方向上去，需要采用导流片的方式来完成这一任务。

由图 4.5－4 可见，流体 *A*、*B*、*C* 被分别集中在一个局部区域内，并焊上各自的封头，就可把各自所有的流道包含在各自的封头内了，各流体均有了进出芯体的流道。以下分别介绍各个零部件的结构。

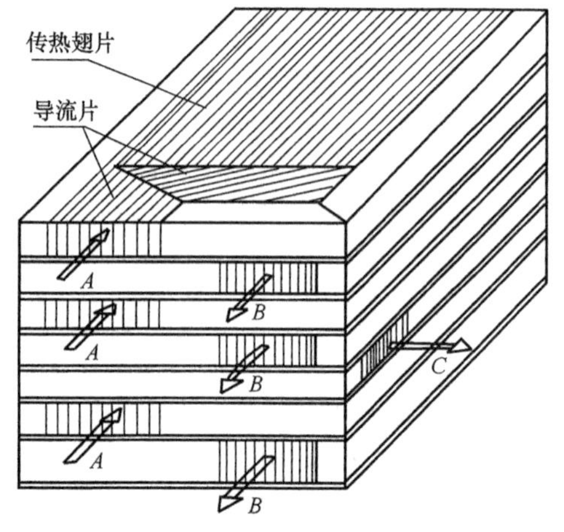

图 4.5－4 流体进出端面的结构

二、封条(Side Bar)

封条不仅是为构成流体流道超密封作用，且是焊封头的场所。如图 4.5－4 所示，如果没有封条，流体 A、B、C 的封头就无法安排。因此封条的宽度不仅要考虑密封流体的设计压力，更重要的是取决于该流体封头的壁厚。一般情况下，因封头的位置有限(即流体的导流片开口尺寸受到限制)，设计压力目前被限制在8～10MPa以内，封头厚度一般亦被限制在40mm以内，因此封条宽度目前世界各国所用的基本尺寸以15mm，25mm和40mm居多。非压力容器或设计压力较低，封头尺寸又较小时，封条尺寸也有采用5～10mm宽的，以减轻换热器的重量。而封条的高度尺寸，必须与使用的翅片高度一致。其高度尺寸公差也必须与翅片及导流片相同。

当一层流体的进出口仅局限在该层流通的某一部位时，除开口部位外，该流道的其余边缘部位都必须用封条加以密封封闭，因此便产生了90°转弯的封条结构。封条连接交角处的结构，一般文献均很少介绍，其原因是它涉及各个制造企业的工艺秘密，该结构将直接影响了产品的质量及制造成本。现就目前应用较多的结构介绍如下。

(一) 燕尾形连接

如图4.5-5(a)所示。它的优点是，钎焊后因其密封长度最长，故泄漏机率最少。钎焊时，2根封条不易脱开移位，钎焊质量很好。缺点是，需用特种形状的铣刀，加工费时，精度要求高且比较困难。

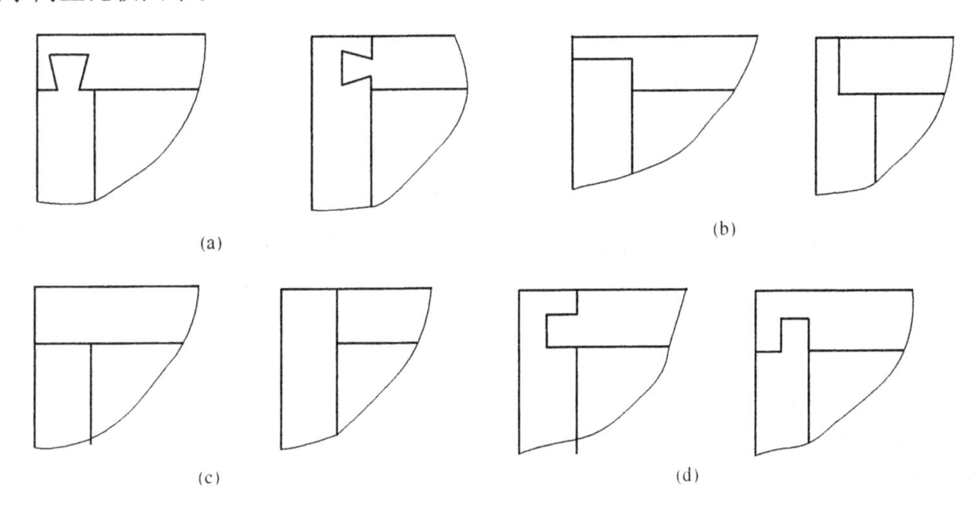

图4.5-5　封条交角处的结构

(二) 楔口形连接

如图4.5-5(d)所示。它是燕尾形连接的改进型，因此其既有燕尾形的优点，又有加工简单的特点。可使用标准型刀具，成本和加工精度要求低，装配简单。燕尾形的2根封条都不易移位，而楔口形2根封条中的根定位较好(插入的一根)，另一根(带凹槽的一根)定位后容易移位。

(三) 平头形连接

如图4.5-5(b)、(c)所示。它们都属平头形，但二者仍有区别。前者的密封长度大于后者的密封长度，因此使用较多。它有加工简单，加工精度要求低等优点。缺点是定位后容易移位。因此，必须采取相应措施以确保装配后，不发生移位，以使钎焊焊缝饱满，漏泄机率降低。其次，(b)图结构的最大优点是，其交接缝(2根封条之间的缝隙)可以避开封头的包容，进而防止了两种介质因交接缝没钎牢而引起的短路(一种介质由交接缝处漏到另一种介质的封头内)。此外还可利用被铣的一根封条余下宽度来防止相邻或不相邻介质(2种或多种)因交接缝叠在相同方位上而引起的“短路”等。根据被铣余下部分宽度尺寸的变化、(b)

图结构又可分成若干种规格与型号。

封条与隔板接触的两个平面，应与所用钎焊工艺方法相适应，亦即应采用容易形成钎焊焊缝的平面形状。如用盐浴钎焊工艺时，封条的两个平面被加工成“鼓形”这是世界通用的形状，只不过仅鼓形略有区别而已，见图4.5-6。封条内外侧，为满足某种需要又分别被加工成了不同的形状。如把内侧中间加工外鼓1~2mm，其目的是为了防止翅片伸到隔板和封条的接触面之内，进而破坏钎焊焊缝的生成。其次，还为了盐浴钎焊后把封条与翅片间的残存盐较容易地清洗掉。封条外侧面的加工，有时为了防钎焊失效需补焊时的方便，将其加工成槽状，目的就是为了氩弧焊的成功率高。封条外侧槽余下的尾部厚度与隔板厚度基本相等，所以有利于手工氩弧焊补焊。

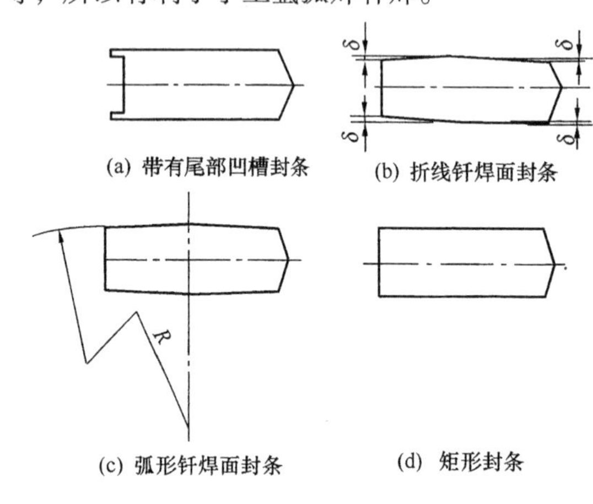

图4.5-6 封条的加工形状

图4.5-6中，图(a)、图(d)形状截面的封条适宜于真空钎焊工艺使用图(a)的形状更有利于钎焊焊缝的失效补焊。而图(b)、图(c)形状截面封条，更适用于盐浴钎焊。由于盐浴钎焊工艺已被淘汰，所以图(b)、图(c)形状截面封条已不再使用了。

三、隔板(parting sheet)

隔板的作用，一方面与封条一起构成流体的一个流道，是间壁式换热器的壁，一次换热表面的提供者，另一方面往往又是钎焊过程中钎料金属的提供者，亦即钎焊中自动形成了钎焊焊缝。在真空钎焊中，隔板又是提高工件内部温度所需热量的主要传导者，因此隔板的厚度及有效宽度对真空钎焊工艺有着重要影响，亦是制订钎焊工艺的重要参数。隔板表面上复盖的钎料金属厚度(钎焊工艺所必须的)，是直接影响钎焊质量的重要因素。由此可知，隔板厚度除与设计压力有关外，更重要的是工艺因素。设计压力的高低仅对隔板母材厚度有要求，况且在目前的设计压力范围内，所需母材厚度相差很小。根据设计压力的高低，其翅片材料厚度的要求不同，与此同时对焊缝强度的要求亦不同。因此，设计压力高的板翅式换热器，要求采用拥有足够多钎料的金属板，以形成足够饱满的钎焊焊缝来满足设计压力的需要，故这种隔板一般均较厚。其二，设计压力高时，翅片要求亦较厚。在钎焊过程中，加厚隔板及翅片吸热量更多，可减少工件内外部升温过程中的温差和升温时间，有利于钎焊成功率的提高。目前所用隔板厚度大致范围为0.8~2.0mm。其表面上钎料金属包复层厚度为隔板总厚度的7.5%~10%(单面包复厚度)。所用钎焊工艺不同，隔板母材金属及钎料金属亦略有不同。目前板翅式换热器主要使用铝合金材料制造，其翅片、封条、隔板、封头、接管及法兰等零部件所用材料的牌号见表4.5-10所列。

眼下，使用较多的隔板是带钎料包复层的隔板，其在厚度方向上由3层构成。第1、3层为钎料金属包复层，第2层(中间层)为隔板母材金属。3层金属是在板材轧制过程中被焊合在一起的。钎料层除了化学成分要保证外，其厚度尺寸及均匀性是决定钎焊工艺成败的重要因素。一般可取样测量金属厚度尺寸及均匀性。当然，亦可以使用母材金属加钎料片的办法来替代上述焊合的隔板。对那些不宜用轧制办法焊合钎料层的零部件，采用加钎料箔的办法，也是可行的。目前，采用此方法较多的零部件有侧板。

表 4.5－10　铝制板翅式换热器零部件用规范材料

零部件	ASME	GB/T
封条	SB 221－3003	GB/T 3190－3003
翅片	SB 209－3003　3004	GB/T 3190－3003　3004
隔板	SB 209－3003	GB/T 3190－3003
钎料	SF A5.8 BA1Si－4　7	GB/T 3190－4A13　4004
封头	SB 209－3003　5052　5083　6061　5454	GB/T 3190－3003　5052　5083　6061　5454
法兰	SB 247－5083　6061	GB/T 3190－5083；6061
接管	SB 209　SB 221　SB 241－3003　5052　5083　6061　5454	GB/T 3190－3003　5052　5083　6061　5454

四、翅片(Fins)

翅片按其在换热器中起的作用可以分成传热翅片(Heat Transfer Fins)和流体分配导流用翅片(Distributer Fins)，两种，后者又俗称导流片。传热翅片主要用来进行热量传递，为了追求传热面积，一般该类翅片节距往往均较小(单位长度内翅片数多)，以实现在单位积体内有较多的换热面积(β值大)。其翅片形状类型也往往根据流体给热能力的不同而有所不同，大部分均是由厚度0.1～0.6mm的金属薄片经专用冲床冲制而成。部分不承压力或承压很低的翅片，也可用滚压成形来制作。其所提供传热面积的绝大部分为扩展传热面，又称二次传热面。目前世界各国常用翅片的基本形式见图4.5－7所示，参数的定义见图4.5－8。除这几种基本形式外，还有百叶窗形等，但在工业换热器中使用较少。

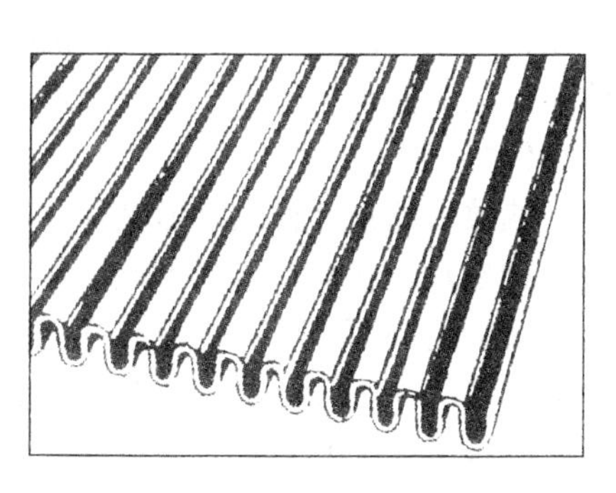

(a) 平直形翅片

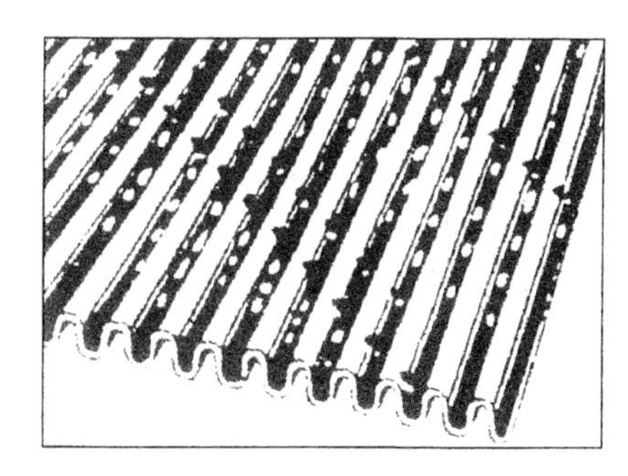

(b) 多孔形翅片

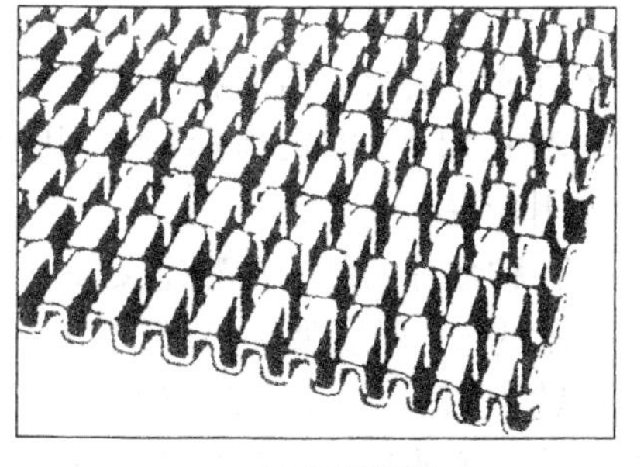

(c) 锯齿形翅片

(d) 波纹形（人字形）翅片

图4.5－7　翅片的基本形式

（一）平直形翅片

从传热及流动特性来看，平直形翅片所形成的流体流道与矩形截面的直管几乎没有什么两样。流体进入流道后有一发展段，经过一定长度后即达到充分发展的状态。对层流，其传热和流动特性取决于流道截面的形状，而对紊流，流道形状对传热和流动特性的影响很小，各种流道的传热及阻力系数实际上与相同水力直径的圆管相同。但平直形翅片基于其有较小的水力直径和有较多的传热面积(β 值大)，管式换热表面仍无法与之相比。

（二）多孔形翅片

多孔形翅片，其强化传热作用主要因开孔处边界层不断受到破坏而产生。研究表明，如果以未开孔面积为基准，当 $Re<2000$ 时，多孔翅片的传热系数几乎与平直翅片一样；当 $Re>2000$ 以后，进入紊流状态时，多孔翅片的传热性能仅略优于平直翅片，但摩擦阻力因数的增长却超过了传热系数的增长，且还可能出现噪声问题。因此，多孔形翅片往往只被用作导流片以及一些诸如有相变或兼有传热和蒸馏两种功能的特殊场合。

（三）锯齿形翅片

锯齿形翅片属于间断式翅片。从传热和流动的角度来看，可被认为是由一系列短的且相错排列的平直形翅片组成的。从结构上讲，相当于把平直翅片切成了许多短段，并相间地将半数短段在垂于流向上被错开。鉴于制造工艺的原因，目前流道截面还只限于矩形或相似矩形的形状，但翅片的间距、高度、厚度和每段的长度（齿长）等却可以有多种变化。该翅片的传热系数比平直形翅片高约 2～4 倍，因此为传热性能高的翅片。传热系数高的主要原因是，当流体在其中流动时，在一个翅片段上的边层界还未及充分发展就被下一个错位的翅片段破坏了。从整个流道长度来看，可以认为传热的流动都始终处于发展段。而实际生产出的翅片，其翅片段间边缘毛刺是难免的，这些毛刺对流体阻力有显著的影响。对于定型产品而论，应着力避免。鉴于该种翅片能大幅度提高传热系统，减少换热面积及缩短流道长度，甚至在较小质量流速下亦能有较高的传热性能，因而获得了较广泛的实际应用。

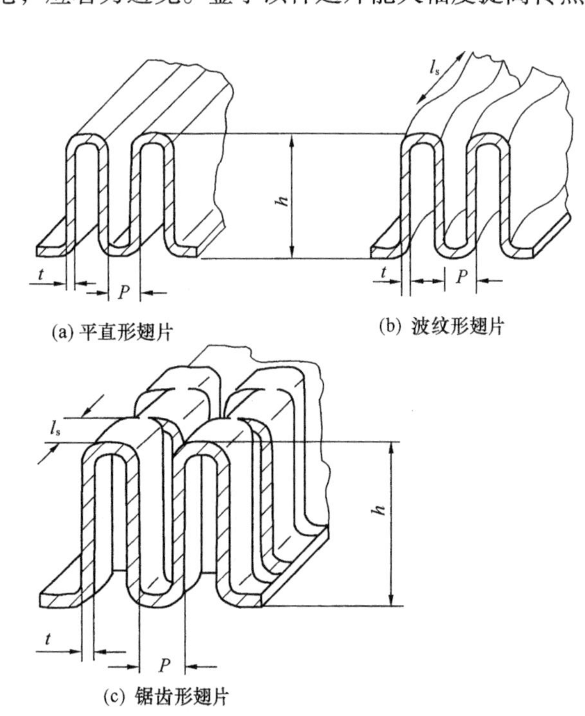

图 4.5－8 翅片参数的定义

（四）波纹形翅片

波纹形翅片又称人字形翅片，属于连续式翅片。在波形流道中流动的流体不断改变流向而产生二次流，边界层不断被分离，从而强化了传热。波纹越密，波幅越大，其强化效果越好。但其对低 Re 下层流的强化效果远不如对紊流时的强化效果好。从制造角度看，它比平直翅片复杂。从传热效果看，又不如间断式翅片（如锯齿形）好，因此目前应用较少。

各种翅片的结构参数定义如下：翅片高度为 h，厚度为 t，节距为 P，每吋翅片数为 FPI，见图 4.5－8 所示。多孔形翅片需说明冲孔的开孔率，锯齿形翅片需说明锯齿的长度 l_s，波纹形翅片需说明峰顶距离。

我国对翅片形式的表达如下：平直形用“P”，多孔形用“D”，锯齿形用“J”，波纹形用“B”，即用汉语拼音的第一个字母表示之。而规格尺寸、齿长及开孔率等都表达在尾部，具体表达举例说明如下。如95D1702/5.75表示：翅高$h=9.5$mm，节距$P=1.7$mm（即FPI=15），翅厚$t=0.2$mm，D表示多孔形翅片，开孔率为5.75%。又如，95J1702/30表示$h=9.5$mm，$P=1.7$mm，$t=0.2$mm，锯齿形翅片，齿长$l_3=3.0$mm。

目前我国基本上已形成系列，如杭州制氧机厂的翅片就有如下规格系列：

①翅高：$h=12$、9.5、6.35、5.0、3.8、3.0 6大系列。

②节距：$P=0.85$（FPI=30）、1.0（FPI=25）、1.3（FPI=20）、1.4（FPI=18）、1.7（FPI=15）、1.8（FPI=14）、2.0（FPI=13）、2.3（FPI=11）、2.5（FPI=10）、3.2（FPI=8）、4.2（FPI=6）、5.0（FPI=5）等12大系列。FPI表示每1英寸距离内的齿数。

③翅厚：$t=0.15$、0.20、0.25、0.30、0.40、0.50、0.6等7种翅厚。目前正在着手取消0.6mm而增加0.10mm的工作，其目的是使翅片具有更高的β值（m^2/m^3）。

④开孔率：$\varphi=5.75\%$，11.5%，23.0% 3档。

⑤齿长：$l_s=3.0$、5.0、6.0 3档较常用，$l_s=10$mm很少用。

用以上各参数组成的翅片规格可达1000多种，如此巨大的2程量短时期内难以完成，尚需长时间积累。目前杭氧厂已有标准翅片53种，基本上已可满足各种场合的需要。

传热翅片的性能，决定了板翅式换热器的优缺点。因此，如何根据各种工艺参数选择合适的翅片，组成一台高效率的换热器，是设计工程师首先要考虑的问题。而翅片种类、规格及性能曲线等的多少，是选择的先决条件，只有具备足够的翅片规格参数供其选择，才能设计出一台最经济的换热器。板翅式换热器之所以广受欢迎，其原因就在于可根据工艺参数在各式各样的翅片中选其所需，进而达到设计出最佳换热器。因此，从某种意义上讲，板翅式换热器设计技术水平和性能指标的高低，是与设计者拥有翅片种类及规格数量成正比的。只有拥有足够多的翅片数量，才能达到优化设计的目的。所以，板翅式换热器的发展史，除了制造工艺的发展进步外，很大程度上就是性能优越的翅片的开发史。

翅片除了作传热允许外，还是承压的主要元件，如设计压力就直接与翅片的选型有关。就某一种翅片来说，因其翅高、翅厚及节距都一定了，故从理论上讲它能承受的最高工作压力亦就一定了，因此一种翅片对应着一种允许的最高设计压力。而允许的最高工作压力是按国际惯例采用爆破实验来确定的（如按ASME规范UG-101节的要求进行），但亦可用如下经验方式来估算。即

$$P_{max} = t\sigma_b/(5P\varphi)$$

式中　P_{max}——允许的最高设计压力，MPa；

t——翅片厚度，mm；

σ_b——翅片材料的最低抗拉强度，MPa；

P——翅片节距，mm；

φ——系数，平直形、锯齿形及波纹形翅片均可取0.95，多孔形翅片应为0.95×开孔率。

该公式仅仅可以用来估算一下某种翅片的承压能力，而该翅片允许的最高承压能力仍必须通过爆破实验来确定。

五、导流片

导流片的作用是把从接管、封头进入的流体，均匀分配到整个宽度方向上的每一层流道中去，或把各层流道流体汇集于封头、接管后导出。因此导流片是流体入封头再到各层流道之间的过渡部分，一般未被计入有效换热段。因此，此段不能设计过长，否则换热器外形尺寸增大，金属耗量增加，成本上升。当然也不能设计得过短，否则会使局部阻力损失增加过大。因此其设计原则是，流体进入导流片开口处的流速 v_{in}应低于该流体在接管中的流速 v_t，且流体在导流片转弯后的流速 v_D 应与流体在芯体传热翅片流道中的流速 v_H 以及(v_{in})相适应。一般的要求是，$v_{in}>v_D>v_H$。因此，当 v_H确定后，v_{in}可以按 v_t来确定(进出换热器的接管口径一般均为已知)，因此 v_D就不是一个任意值了。当 v_{in}确定后，则就可根据导流片的规格算出其开口尺寸。v_H一般可按设计要求(传热指标)确定，之后，换热器的宽度尺寸 W_i亦就确定了。为确保流体在导流片转弯后的 v_D具有某一个值，其所设置导流片尺寸也就不能任意选定了，它们相互之间都有制约关系，忽略了这层关系，导流片是设计不好的。目前，国内外文献中，都没有这方面的内容，现先在此作一简叙，详细内容，将在以后专题中介绍。

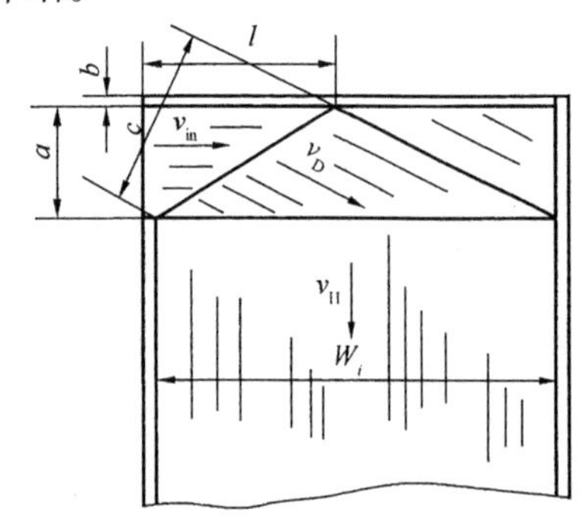

图4.5-9 导流片几何关系

如图4.5-9所示，导流片进口宽度尺寸为(a_o-b)，b 为封条宽度尺寸；a_o为导流片段尺寸，即除传热段长度之外，另加的进出口段，其

$$v_{in}=G/[3600(a_o-b)A_f^{in}\cdot N],\text{kg/(m}^2\cdot\text{s)}$$

式中 G——流体质量流量，kg/h；

A_f^{in}——导流片在进口处的自由流动截面，m^2/m；

N——层数，即流体共有的流道数。

而 $v_D=G/[3600\times c\times A_f^D\times N],\text{kg/(m}^2\cdot\text{s)}$

式中 C——导流片在转弯后的有效宽度，m；

A_f^D——导流片转弯处的自由流动截面，m^2/m。

传热段的 $v_H=G/[3600\times W_i\times A_f^H\times N],\text{kg/(m}^2\cdot\text{s)}$

式中 A_f^H——传热翅片的自由流动截面积，m^2/m。

由此很自然便可得到其相互间的几何尺寸关系。

$$C=\frac{aW_i}{[(W_i+b-l)^2+a^2]^{0.5}} \tag{A}$$

式中 l——开口处导流片伸进长度，m

$$a=a_o-b$$

$$l=W_i+b-\frac{a}{c}[(W_i^2-1)]^{0.5} \tag{B}$$

假如令

$$v_D=\frac{1}{2}(v_{in}+v_H)$$

则

$$\frac{1}{c\times A_f^D}=\left[\frac{1}{aA_f^{in}}+\frac{1}{W_iA_f^H}\right]\Big/2$$

化简后得：

$$C = \frac{2aW_iA_f^H \cdot A_f^{in}}{A_f^D[W_iA_f^H + aA_f^{in}]} \tag{C}$$

由于(A)式与式(C)相等，故可得：

$$2A_f^H \cdot A_f^{in}[(W_i + b - l)^2 + a^2]^{0.5} = A_f^D[W_iA_f^H + aA_f^{in}] \tag{D}$$

当 A_f^{in} 和 A_f^D 都是相同规格的翅片时，即 $A_f^{in} = A_f^D$ 时则有：

$$2A_f^H[(W + b - l)^2 + a^2]^{0.5} = W_iA_f^H + aA_f^{in} \tag{E}$$

由以上可见，当换热器的有效宽度 W_i、传热翅片规格 A_f^H、封条宽度 b、及进口导流片规格 A_f^{in}确定之后，l 值即为定值，即决不能随意选取。显然，如若选用不当，就很可能会出现 $v_{in} \leqslant v_D \geqslant v_H$的情况。流体由封头进入导流片后被加速一次(这是必然的)，流体转弯后又被加速一次($v_D > v_{in}$)，然后突然变慢进入传热翅片($v_D > v_H$)。此种流体流动状态自然会使局部阻力，大大增加，因而设计上是不容许的。可见，导流片也必须经过精确的计算与设计，才能达到理想的效果。

随着板翅式换热器应用领域的日益扩大，其进入换热器流体的股数也越来越多。如杭氧厂为天津联合化工厂设计的乙烯冷箱，有一台 15 股的换热器，用了 35 只封头。其中 2 只是中间汇集封头，1 只是 1 股流体的液相进料封头，另外 2 只是有 1 股流，有 2 只进口和出口封头。流道结构亦有千变万化，以下作一简单介绍。

1. 最简单的 2 股流的 3 种流道布置

图 4.5－10(a)是 2 股流全部在侧面进出板翅式换热器的流道布置。图 4.5－10(b)是 1 股在端面进出，另 1 股在侧面进出的流道布置。图 4.5－10(c)是 2 股流全部在端面进出的布置。这 3 种仅是常见的典型流道布置，其他交叉型流道布置至少还有 3 种以上，如错流布置、局部端面加侧面的流道布置等。在何种情况下，使用哪种布置，主要取决于设计时限定的阻力值及管路布置等因素。若流体阻力要求很严，则可采用从端面直进直出的流道布置，或从端面中间进出的布置。为了减少高度尺寸，有时可采用两个侧面进出的布置等。总之，需根据具体情况灵活选用。

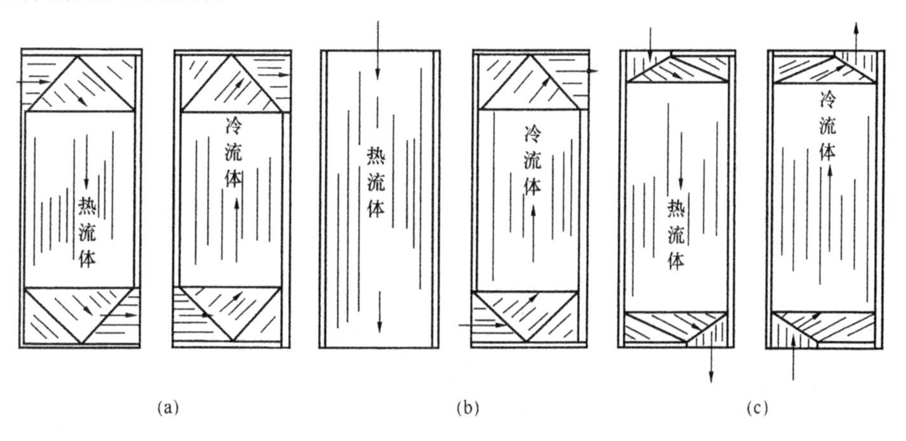

图 4.5－10 2 股流流道布置

2. 1 股流体有部分被抽出或有部分加入的结构

该结构抽出或加入的方位(左边还是右边)，是由流体进入、流出单元的方法决定的，见图 4.5－11。最重要的考虑即流体抽出或加入后，流体分布一定要均匀，阻力损失为最小。采用该结构也是流体在换热过程中，当换热器各换热段上流道数不等时，改变流道数的主要手段。

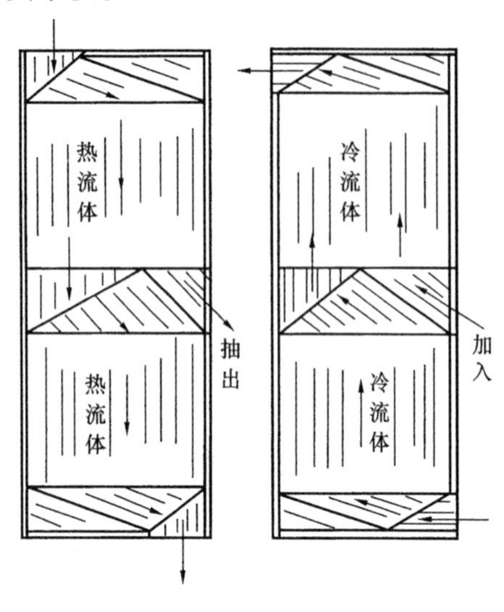

图 4.5－11　流体中间抽出（加入）结构

3. 冷热 2 股流更改流道数的结构

图 4.5－12 所示中的目标要求：热流体在换热器热段为 3 层，而在冷段要求 4 层。相反，冷流体在换热器冷段要求 2 层，而在热段要求 3 层。结构设计时按图示办法，冷热流体在中部各加一只汇集封头（冷热流体分别用虚线和实线封头表示之）。在中部抽出部份热流体（H 抽）让其进入。冷段热流体流道（$H_{抽}=H_{入}$）。反之，冷流体由冷端进入（仅有 2 层流道），在中部抽出部份冷流体（$C_{抽}$）让其进入热段冷流体流道 C_1（$C_{抽}=C_{入}$），使冷流体的流道数由原来的 2 层，变为热段的 3 层，从而实现了设计要求。从结构上虽实现了上述设计要求，但换热流道仍须合理布置，其层次安排（流道排列）为 $HC_2HC_1C_2H$。这样的排列结果，使换热器热段流道排列为 HCHCCH，冷段流道排列为 HCHHCH。即换热器热段排列为1:1，而冷段流道排列为 2:1（2 个热流体流道和 1 个冷流体流道换热）。这完全符合设计要求和热传递要求。

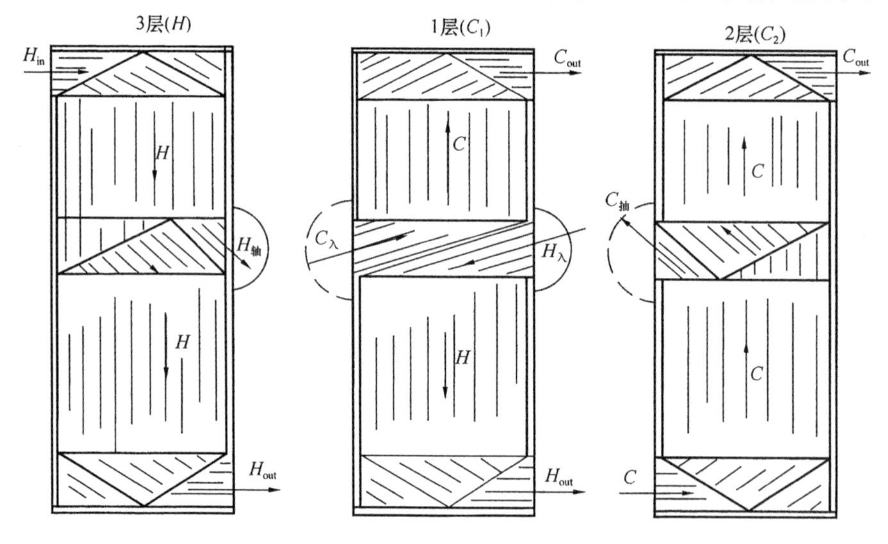

图 4.5－12　在换热中更改流道数的结构

4. 冷热流体串联换热的结构

例如有 1 股热流体，要和 2 股温度不同的冷流体进行热交换，其结构如图 4.5－13 所示。此种情况相当于两只换热器串联。第一只换热器为热流体与第 1 股冷流体换热，第二只换热器为被冷却了的热流体继续与第 1 股冷流体换热（第 2 股冷流体温度高于第 1 股冷流体）。因此，图 4.5－13 所示结构为最紧凑的结构。2 股冷流体占用同一段导流片长度进出。当然也可设计成各自象 C_{1in} 和 C_{2out} 的结构，两换热器中间的隔离封条改成直放而不是斜置就可以了，但如何设计的换热器，其外形尺寸要增加一个导流片的长度。同样方式也可用于 2

股热流体和1股冷流体进行换热的结构，关键是2股热流体的温度范围要与冷流体相适应。

5. 一股流体要求有2个进口或出口的结构

此种结构往往用于阻力计算无法通过时的情况(导流片开口长度或封头布置方位被限制)。图4.5-14(a)用于端面有开口的情况(此时很可能在中间位置上有另外的流体进出)。这种结构不仅导流片流路缩短，且流速降低了一半，因此对减少导流片的阻力非常有效。图4.5-14(b)所示的侧面开口结构，不仅可降低阻力损失，且使换热器总体外形尺寸减小(长度方向)，节约了金属耗量。双进双出结构虽然从流体流动性能上看有很多优点(如流体分布均匀性)，但给管路设计带来了麻烦，且给制造增加了工作量。

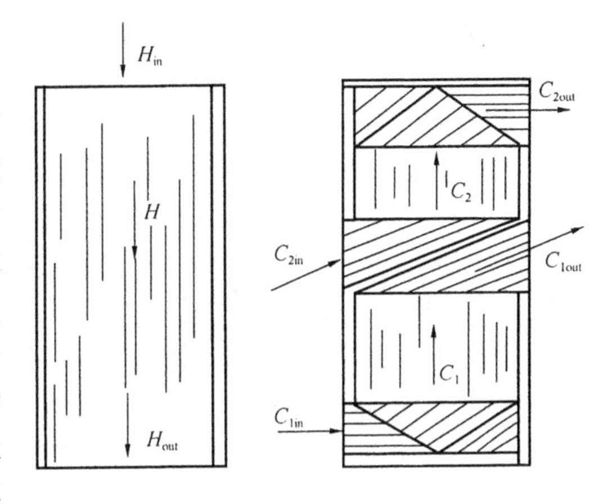

图4.5-13 2股冷流体串联换热的结构

6. 2股流体呈错-逆流或错-顺流的结构

这也是应用较多的结构，如作蒸发冷却器，或冷流体为液相蒸发，而热流体为单一气相冷却等场合。当蒸发的液体为单一组分时，逆流顺流都可以实现。但特定情况下，要求蒸发的流体由上向下流动，此时被冷却的流体也要求由上向下流动(为方便排出冷凝水等)，这时即可设计成错-顺流结构，见图4.5-15。若让冷流体由热流体出口端进入，则便构成错-逆流结构。由于冷流体在蒸发，体积流量在不断加大，因此冷流体的进出口开口尺寸不同，在换热过程中，每次转弯处导流片的尺寸，也应不等，即应与它的体积流量相适应。显然，冷流体使用的翅片只能是平直翅片，否则结构设计会遭致失败。但热流体的进出口方式及所用翅片却不受限制，仅注意其方位不要与冷流体相同即可。

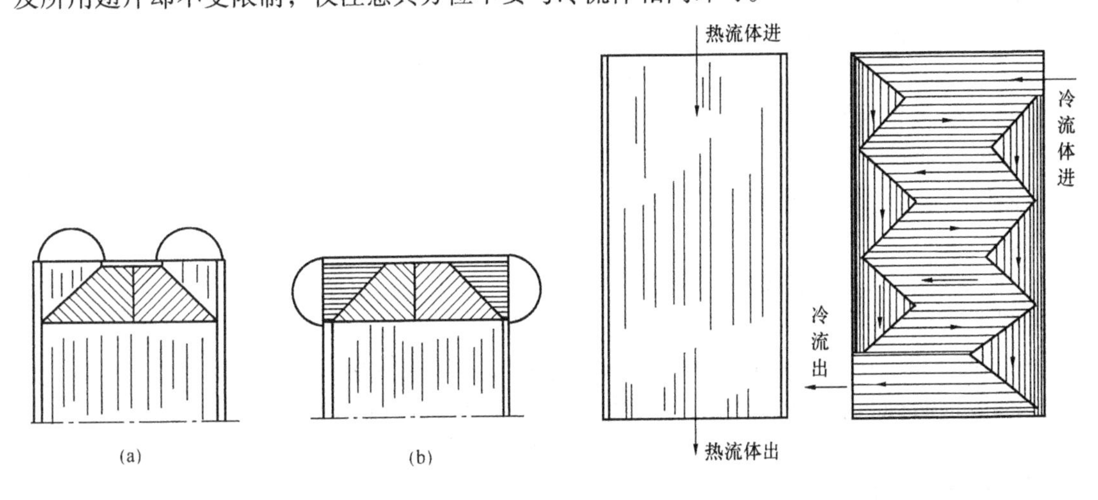

图4.5-14 一股流体设2个进口或出口的结构

图4.5-15 错-顺流流道结构

从以上5种不同结构的介绍来看，只要用好导流片和封条，就可把一层流道分成任意几段，布置多股不同温度的流体与另一层流体进行热交换。同样，亦可对封条和导流片进行不同的分割，以达到让同一股流体在不同换热段上的抽出或在不同温度段插入流体的需求。此外，还可实现几股热流体串联与几股冷流体串联的换热。以上结构的多样化，使板翅式换热器集多股流为一体进行热交换，这种最紧凑的结构形式，是其他换热器难以比拟的。

六、侧板

侧板（又称盖板 - Capsheet）即板翅式换热器芯体（又称板束，Block 或 Core）最外边的2块厚板，其厚度一般不低于6mm，它是芯体在叠层方向上（一般称为芯体厚度尺寸）最上和最下的2块保护板。在芯体结构中，除了这2块厚板外，其余板材全部都是较薄的隔板。这2块厚板既具有耐腐蚀和抗挤压的作用，又是封头焊接之所在地。一般封头厚度均较厚，有时甚至超过侧板的最大厚度6mm，此时只有在侧板外再加一块厚板（称为贴板）才能进行封头的焊接，见图4.5-16。图中第1、3、5层为端面进出口流体流道。封头不能把第1层流道遮住，若无较厚之侧板则根本无法进行封头焊接，有时甚至要再增加贴板后才能安排封头的焊接。贴板应先与侧板一起焊牢（四周皆焊）后再在贴板侧板上焊封头。

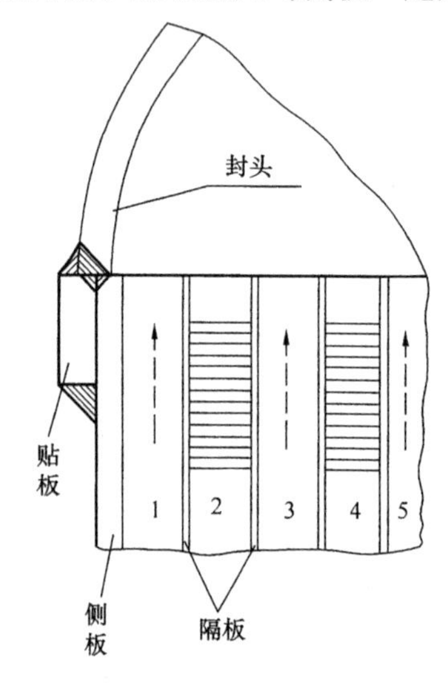

图4.5-16 侧板和贴板

侧板内侧面要与第1层翅片钎焊牢固，因此侧板应是单面（内侧）有钎料的复合板，且钎料和母材的成分应与隔板相同。但实际应用时难以判别侧板的钎料层到底在哪一边（判错将导致钎焊失败），因而往往采用加焊片的办法来替代。即侧板用材质与隔板相同，仅在其与翅片接触的内侧面上铺一层钎料薄片即可。当然，这种办法钎焊出的质量要比单面钎料复合板差，原因是钎焊时钎料薄片是双面粘接，而单面这种办法复合板仅与翅片一面粘接。为了克服这一缺点，保证第一层的钎焊强度，往往采用增加一层工艺层的方法。亦即是说在第1层的外边再增加一层工艺层，用工艺层来替代第1层，使第1层与其他层流道具有相同的钎接条件。工艺层不承受压力，故用钎料薄片的办法钎焊就可以了。增加工艺层除了钎焊强度考虑外，还有封头焊接问题。上述增设贴板焊封头虽然是一种办法，但若封头厚度大大超过6mm仅用贴板势必会使封头的绝大部分被焊在贴板上了，这从力学上考虑是不允许的。所以，增加一层工艺层，不仅确保了第1层的钎焊强度，且给封头提供了更多的焊接位置。这种结构往往被用于第1层就为高压流体的换热器上。如果用一层工艺层还显不足，也可使用2层工艺层的结构。

七、封头

封头的结构形式及其主要的尺寸见图4.5-17，宽度 W，长度 L，壁厚 b。

半圆板封头和斜封板封头的封板厚度与封头厚度一般是不相等的，可用 t 表示。一般情况下，$(W-2b)$ 的值要求必须大于该封头包容流体导流片的开口尺寸，而 $(L-2b)$ 或 $(L-2t)$ 的值必须包容该流体的所有层数，且材料厚度 b（或 t）必须满足强度和开孔补强的要求。

封头长度方向上有2只端头时，该端头的形状就决定了封头的形式。由受力条件可知，瓦瓣封头的端头最薄，斜封板最厚。但瓦瓣形封头成形最难，尤其是整体式成形时，还必须使用专用模具压制。各种封头具体使用情况及安装位置见图4.5-18。

接管是封头上必不可缺少的零部件，但接管与封头的相对位置，即接管在封头上的开孔，应按具体使用情况进行布设，一般可分为以下3种。

第一种，为最常用的径向接管，如图4.5-17及图4.5-18所示。第2种为斜接管，也

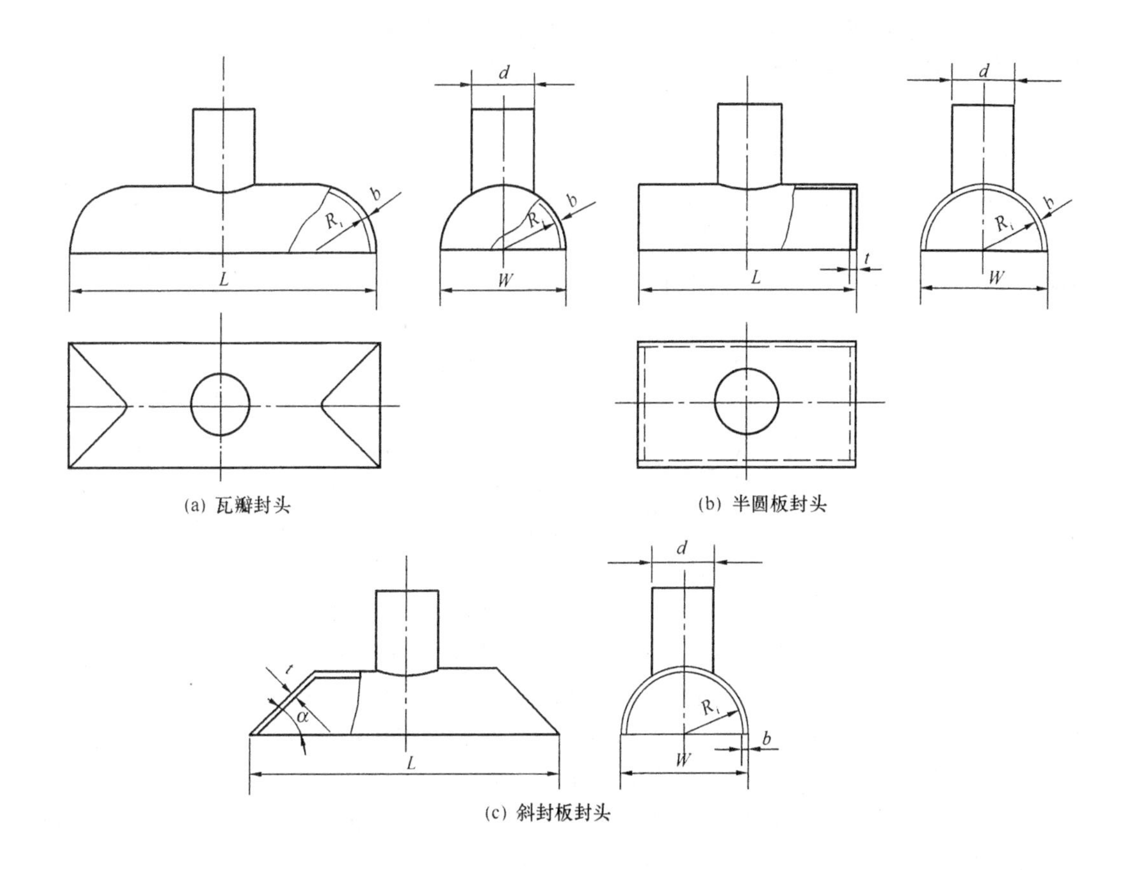

图 4.5－17　封头的主要尺寸

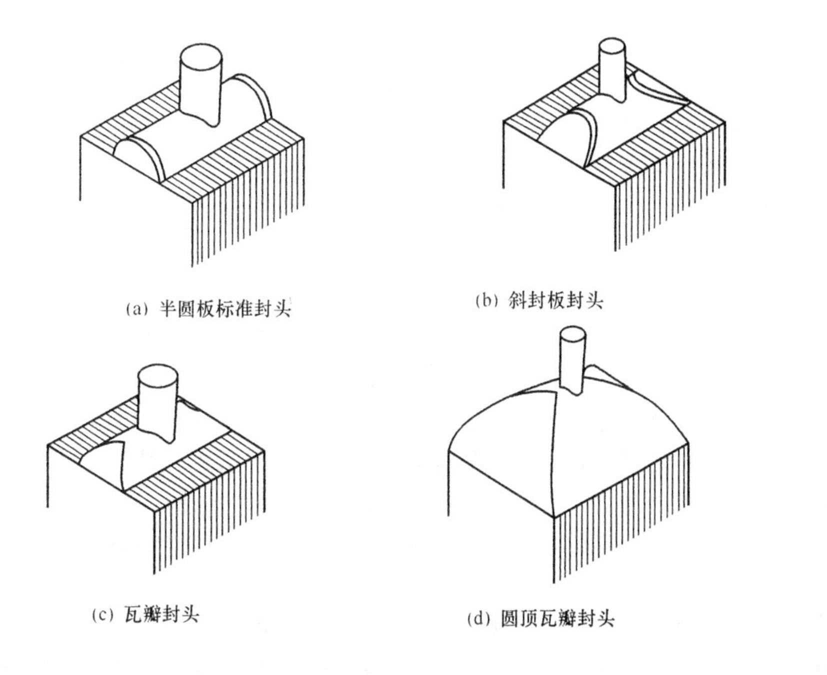

图 4.5－18　封头的典型结构形式

较常用。该接管中心线与封头中心线错开了一定角度，见图4.5－19(a)。一般使用在为方便接管对外连结或避开多种流体在同一侧进出时管路空间安装困难之处。第3种为切向接管，见图4.5－19(b)，即接管与封头呈切线方向安置的接管。流体进入接管的流体流向与封头中心线垂直，一般使用在安装空间有限的场合，省掉了接管的一个90°弯头及其所占的空间。图(a)斜接管的α角度可任意选取，但要保证接管在与封头焊接时有方便焊接的足够空间，且还不得妨碍封头与芯体的焊接。对图(b)切向接管的要求与斜接管相似，即只要能方便接管与封头的焊接要求即可，不过还有一点要求，即封头上的开孔面积必须大于接管的流动截面积。

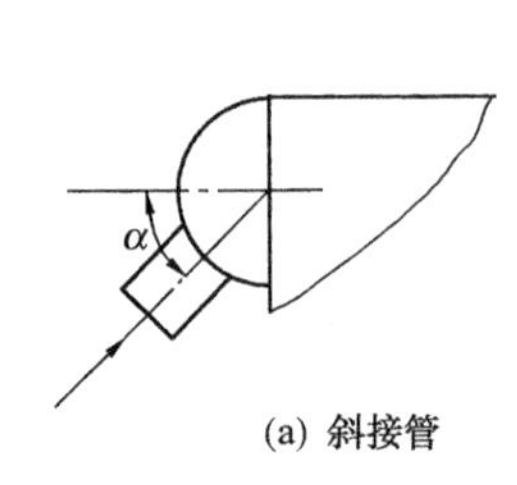

(a) 斜接管

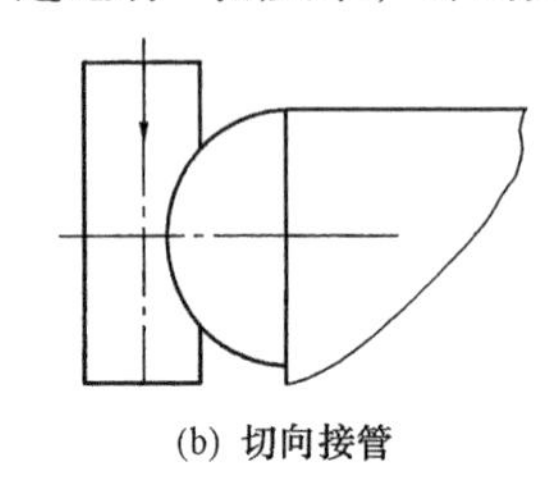

(b) 切向接管

图4.5－19 封头接管结构

封头接管尺寸d很重要，它不仅决定了封头的流动阻力，且还影响到封头尺寸W及b。封头是压力容器的主要元件之一，设计压力很高时，必须把d和W的比值控制在一定的范围之内。如AD规范规定，最好在0.5范围以内，最大也不能超过0.8。d越大，W必须随之增加，材料厚度b也要增加。其结果可能使b超过了最厚的封条尺寸，进而使得必须重新考虑选用封条规格的地步。W增加到大大超出导流片的开口尺寸时，虽不影响换热器的总体外形尺寸，但给流动阻力带来不利的影响。有时(尤其是高压封头)为减小W值，以使之与导流片开口尺寸相适应，往往需采用2根接管的办法来确保接管中流体流速的稳定(不改变)，这样，封头尺寸W亦可随d之减小而减小。

封头长度尺寸L必须控制在$(L-2b)$或$(L-2t)$的范围之内才能包含流体所有的层数(本流体自身的层数)。随着制造工艺的进步，板翅式换热器的单台尺寸越来越大，这意味着层数也越来越多。如果换热器仅有2股流，则每股流的封头长度几乎与换热器的厚度尺寸B相当。当W_i尺寸确定之后(含d_i也一定了)，L越大，则$(L-2b)\times W_i$ = 封头最大流通截面积A_{max}也越大，但却使$\frac{\pi}{4}(d_i)^2/A_{max}$越小。这就意味着流体由接管进入封头后的膨胀系数增大。同样，导流片开口尺寸与层数的乘积和A_{max}之比值也减小，意味着流体由封头进入导流片开口时的速度增加值增大(收缩系数增加)，这些都不利于局部阻力的降低。当换热器为多股流体换热时(如由多股热流体和多股冷流体组成)，L越大，则表明该流体层数被分散在整台换热器的层数中，其结果比上述2股流的情况还要差。因此，在许可的情况下，流体应集中布置，封头尺寸L应尽量减小，进而可降低流体在进出换热器时的局部阻力损失，也相应减少了金属耗量。若L无法减小则应采用2根接管的办法来降低封头的局部阻力。总之，一根细接管配置一个长封头的设计，是一种缺少封头局部阻力损失计算的设计，是一种低劣的设计。对流体流动阻力要求很严格的情况，采用图4.5－18(d)所示圆顶瓦瓣封头较好。当接管直径大到一定程度时，该封头实际上由4块瓦瓣组成，其封头的W、L与换热器的W、B几乎是相当的，因此它是所有封头中流动阻力最小的结构。

除了图4.5－19所示接管封头结构外，有时还为了满足某种特殊的需求而采用其他多种接管封头连接结构，见图4.5－20。

在板翅式换热器的一个端头上只能在3个面上(一个端头面、2个侧面)布置封头，封头的个数是由流体的股数来决定的。有时还要求气液相介质分别进入换热器，以致使封头的个数比流体股数还要多。当流体股数大于3股时，往往就要求在一个端面或侧面上布置2个以

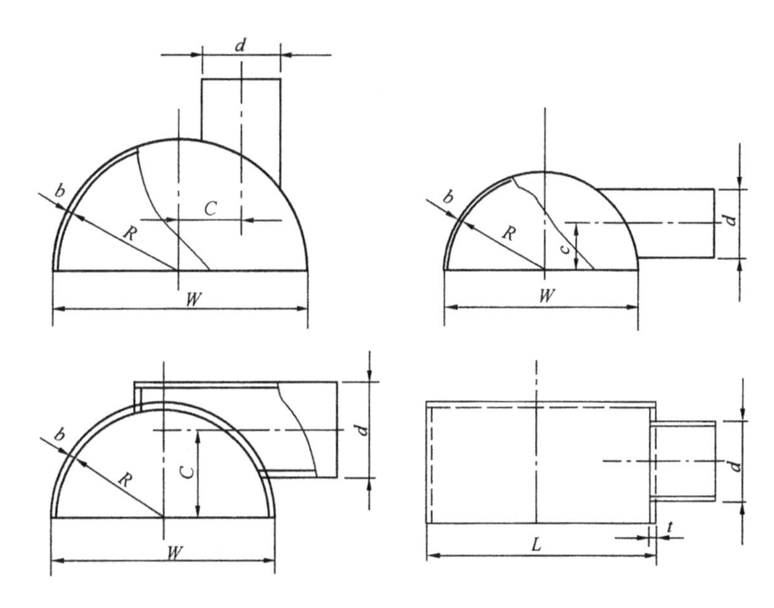

图 4.5－20　各种特殊用封头结构

上的封头。前面已介绍了端面上布置 3 个封头的结构，如图 4.5－10(c)即表明在端面两边各布置了一只；图 4.5－18 仅表示在端面中心布置了封头(未表达两边的封头)。若在图 4.5－1的吊耳部位再布置一只封头，则端面上就共布置了 3 只封头，这种布置实现起来并不困难。但若要求在侧面上布置 2 个以上封头时，必须根据设计情况(设计时也应当考虑到)来决定布置方法。

方法一：如果要让同一侧面进出的流体按其层数集中布置，即第 1 股为 3、5、8…n 层，第二股为 $n+3$，$n+5$，$n+9$…层时，则就可在一个侧面的叠层方向上设置 2 个封头。第一只包容 3、5、8…n 层，第二只包容 $n+3$，$n+5$，$n+9$…层。这 2 个封头的 W 尺寸可以相等(2 股流体使用的导流片规格尺寸相同)，也可以不等。

方法二：当 2 股流体的流道无法集中布置，即要求分散布置在整台换热器上时，要在同一个侧面上布置 2 只封头，唯一的办法只有在换热器长度方向的一个侧面上布置 2 个上下分开一定距离的封头，其结果是使换热器的总体长度尺寸增长。由此可看出，多股流换热器的封头布置也是一大难题。设计时若考虑不周，则必将成为最差的结构问题，即封头在换热器长度方向上发生叠置，就象如图 4.5－21 所示的样子。为方便焊接，流体 A、G 和 E、F 及 B、C、D 的封头之间必须留有足够可供施焊的空间，这进一步又增长了换热器的总体长度。由此看来设计时以尽可能把流体集中布置为好，不仅减少了封头尺寸及流动阻力，且给多个封头的布置创造了有利条件。但从换热器运行可调节性来看，集中布置又远不及分散布置好。到底采用何种设计，要由工艺参数及用户决定。

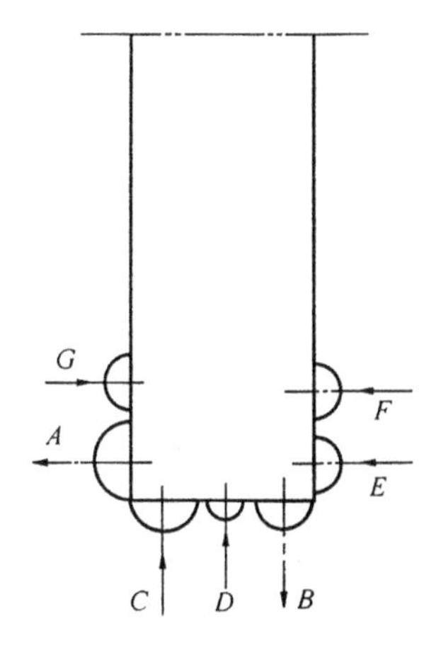

图 4.5－21　多股流封头

八、支座及吊耳

换热器重量大于其本身接管可以承受的极限载荷时，必须设置支座，即把换热器的重量直接加在支座上，以减轻各接管的承载负担，承载减轻的接管才有能力承受其他更大的外加载荷。不设支架或支座的，换热器和接管是可以自由移动的。一旦增设了支架支座，则换热器在上下方向上就被固定而没法移动了。即使在前后、左右方向上，自由度也有限。因此，换热器和接管的热胀冷缩都要以支座为中心向外伸展，限制了其自由度，有时还会因此而使接管附加热应力增大。因此，在接管强度设计时，必须考虑到这一因素的影响。

支座结构形式和芯体的连接方式目前通用的有以下 2 种：

(一) 腰带式

如图 4.5-22 所示，其主要由 2 块外伸板(件号 2)、2 块围板(件号 3)、2 块底板(件号 4)和 8 块撑板(件号 1)构成。除件号 4 焊于件号 2 下面之外，其余与板式芯体接触的零件应全部采用手工氩弧焊将其焊于芯体表面上，且其接触处应全部焊牢而构成一个整体。这种结构的特点是：

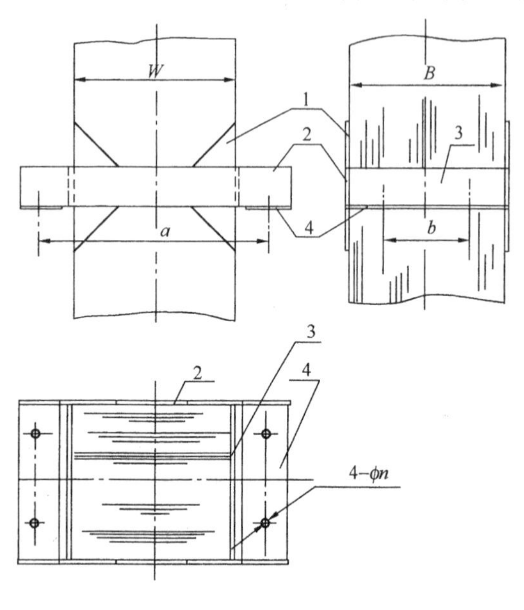

图 4.5－22 腰带式支座

a. 支架设在封条一侧，占封头同设于一个方位；

b. 板束叠层方向上(往往是换热器并联使用时的叠置方向)所占空间不大，仅增加了支座的板厚尺寸；

c. 支座与芯体连接的焊缝长度最长，应力最小，对换热器芯体影响亦最小；

d. 金属耗量大，且费工时，适宜于大型单元(单体重量在 10t 以上的单元)支座使用；

e. 支座的绝热性能较好。

由于该支座在芯体四周被围焊了一圈，故被称为腰带式支座。

(二) 耳式支座

图 4.5－23 所示为耳式支座，是由 2 个单独的支耳构成的。每个支耳又由 1 块垫板，1 块底板及 2 块筋板构成。垫板的大小决定了与芯体连接的焊缝长度，从而也决定了焊缝的应力。筋板的高度和底板的宽度决定了它们和垫板之间的焊缝应力。因此，可以根据换热器的重量来改变垫板的大小，以使其与之相适应。特点是结构简单，可以标准化系列化。这种支座焊于芯体上的方位要求不限，但一般以焊于封条侧面较好。若有特殊需要，也可以焊在侧板上。但侧板厚度有限，若要把支座焊于侧板上，则其垫板尺寸要与之相适应。该种耳式支座一般被用于小型单元上或温度应力不大的场合，亦可作辅助支座使用。

对低温条件下运行的换热器，不管是哪种支座，其对外连接时都必须考虑绝热垫及绝热套的使用，否则会“跑冷”。“跑冷”不仅使能量损耗，且还会使支承梁或保冷箱构件损坏。除绝热垫的使用外，其固紧的螺栓、螺母及垫片，也应使用热导率低的金属制作。在紧固件与支座、支架及梁的接触面上，应增放绝热垫和绝热套。

为便于现场安装或组装，在换热器上还必须考虑设置安全可靠的起吊结构。对单台换热器设吊耳即可。对组合后的多台换热器，一般还要设置起吊架。为把卧装运输的换热器由卧位变成安装位置，还要设置变位起吊装置，尤其当换热器组由卧装运到现场的情况其变位设置显得非常重要。不仅要有，且还要有说明书及变位示意图等，主要是为防止现场起吊时损

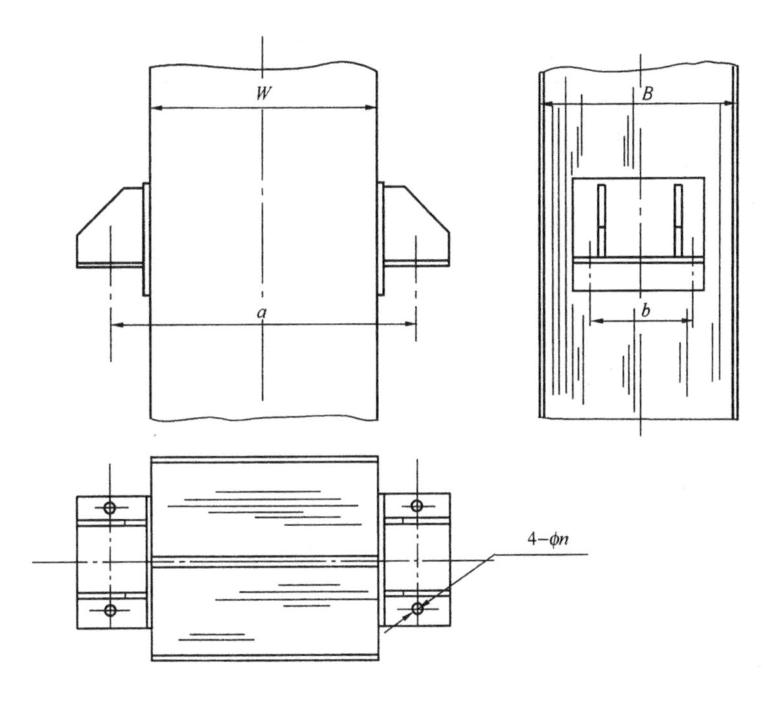

图 4.5－23 耳式支座

坏换热器。这种装置一般都为专用工装，随设备一起运至现场。值得提及的还有，这些专用工装吊具，必须经过详细的力学计算，且还要考虑到吊装时的冲击载荷。为了安全起见，材料的安全系数 n_b 一般要求不小于 12。换热器支座设计时，若同时考虑到了起吊装置，则一举两得，是值得采用的方法。

第三节 传 热 计 算

一、概况

板翅式换热器的传热计算与其他形式换热器一样，在进行传热计算以前、应首先对几何参数选择、传热温差及流体物性等的计算进行一些准备工作，以作为传热计算时的基础参数来使用。然后，按各股流体的状态及给热形式计算出每一股流体的给热系数，再进一步求得必须的换热面积，流动所需的动力消耗等。将所得结果与初定的几何参数及工艺条件进行对比，若不符合要求，则需重新选择几何参数，再次进行计算，直至满意为止。这样一个反复的过程是换热器传热计算必须的过程。即使选择之几何参数及表面形式已经符合工艺条件要求了，有时也还需再选其他形式的表面及翅片规格以进行多种方案比较，以求得最理想的结果。尤其是该计算已程序化了的今天，更应进行多方案比较和优化，以获得最佳设计结果。该过程所产生的经济效益，是以后任何制造工艺过程都无法比拟的。

二、翅片的几何参数计算

如图 4.5－24 所示，翅片的几何参数主要有：

W——板宽(蕊体宽度)，m；

b——封条宽度，m；

h——翅片宽度，m；

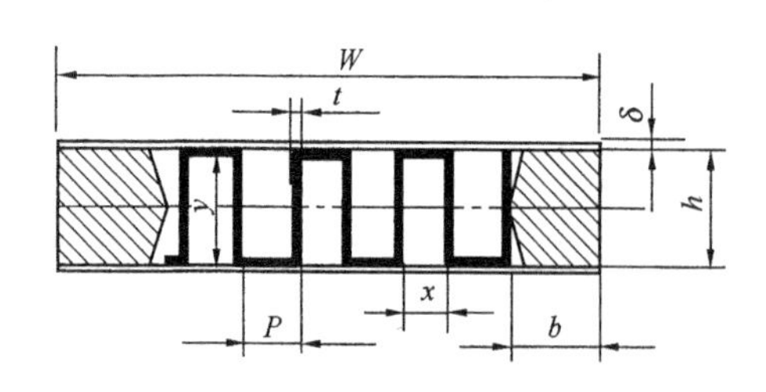

图 4.5－24 翅片的几何参数

P——翅片节距，m；

t——翅片材料厚度，m；

δ——隔板厚度，m；

L——板长(翅片流路长度)，m；

X——$(P-t)$ 翅内距，m；

Y——$(h-t)$ 翅内高，m。

翅片当量直径：

$$D_t = \frac{4F}{U} = \frac{4XY}{2(X+Y)} = \frac{2XY}{X+Y}, \mathrm{m}$$

式中 F——浸润面积，m^2；

U——浸润周边长，m。

每层流道流体自由流通截面积：

$$A_f = \frac{XY(W-2b)}{P}, \mathrm{m}^2/\text{层}$$

当 $W-2b=W_i=1$ 米时，$a_f=\dfrac{XY}{P}$，m^2/m

式中 a_f——1 米宽翅片的每层流道自由流通截面积。

每层通道传热面积：

$$A_s = \frac{2(X+Y)(W-2b)L}{P}, \mathrm{m}^2/\text{层}$$

当 $W-2b=W_i=1\mathrm{m}$ 宽，$L=1\mathrm{m}$ 长时，

$$a_s = \frac{2(X+Y)}{P}, \mathrm{m}^2/\mathrm{m}^2$$

其中 一次换热表面积：$a_s^1 = a_s\dfrac{X}{X+Y}$，$\mathrm{m}^2/\mathrm{m}^2$

二次表面积：$a_s^2 = a_s\dfrac{Y}{X+Y}$，$\mathrm{m}^2/\mathrm{m}^2$。

一个芯体有 N 层 A 流体的流道 N_a，则 A 流体的全部流通自由截面积为：$A_f^A = N_a a_f W_i = N_A\dfrac{XY(W-2b)}{P}\mathrm{m}^2$

A 流体的全部换热表面积为：

$$A_s^A = N_a a_s W_i L = N_A\frac{2(X+Y)\cdot(W-2b)L}{P}\mathrm{m}^2$$

$1\mathrm{m}^2$ 的翅片重量($W_i=1\mathrm{m}$，$L=1\mathrm{m}$)：

$$G = \frac{(X+h)t}{P}\gamma_m, \mathrm{kg/m^2}$$

式中 γ_m——金属材料的[质量]密度，$\mathrm{kg/m^3}$。

当翅片为多孔形翅片时：

$$G = \frac{(X+h)t}{P}\gamma_m(1-\varphi)$$

式中 φ——翅片的开孔率。

如果一个芯体有 N_a 层 A 流体流道，N_b 层 B 流体流道，叠置后芯体的理论厚度：

$$B_i = N_a h_a + N_b h_b + (N_a + N_b - 1)\delta + 2\times\delta, \mathrm{mm}$$

式中 h_a——流体 A 所采用的翅片高度，mm；

h_b ——流体 B 所采用的翅片高度，mm；

δ ——隔板理论厚度（名义厚度），mm；

σ ——侧板厚度，6mm。

钎焊后的实际厚度：

$$B = N_a h_a + N_b h_b + (N_a + N_b - 1)(\delta - 2\delta_1) + 12, \text{mm}$$

式中　δ_1 ——每块隔板钎焊后钎料金属流失的单面厚度。

由于 δ_1 随使用隔板厚度（包复层厚度不同）和钎焊温度的不同，其值亦是不同的。一般估算时可取包复层厚度的50%，即认为钎焊后包复层仅流失了50%。

其余零部件重量及芯体其他外形尺寸的计算十分简单，此处不再赘述。

三、翅片的传热过程及翅片效率

板翅式换热器最主要的特点是拥有大量扩展二次表面换热面积。一次表面和二次表面换热面的传热有温差、传热方式有很大的不同。按一次表面传热面的传热温差处理整个传热过程时，二次表面传热面积必须乘一个翅片效率 η_f。它的物理意义和推导过程如下：

一次表面传热与任何间壁式换热器一样，其通过一次表面的传热量可用 Q_b 表示，即

$$Q_b = \alpha F_1 (T_w - T)$$

式中　α——壁面与流体间的给热系数，W/(m^2·K)；

F_1 ——一次传热表面积，m^2；

T_w ——隔板表面温度，℃；

T ——流体温度，℃。

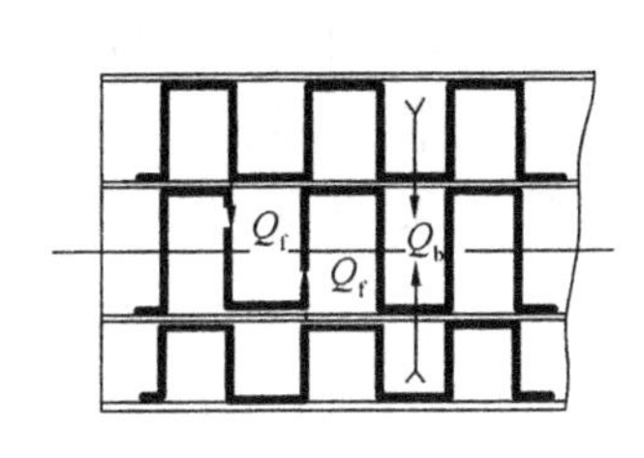

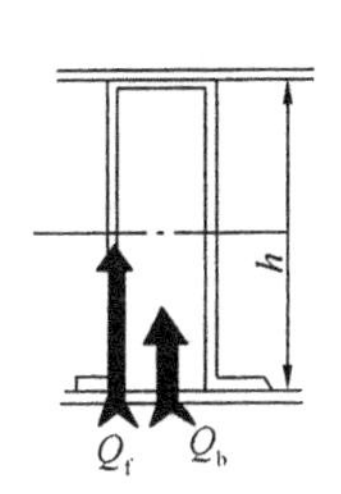

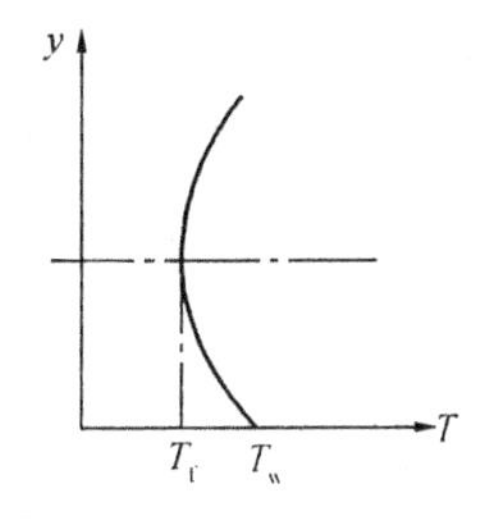

图4.5-25　翅片表面的传热机理

二次传热表面的传热过程是沿着翅片高度方向进行的，其热量一方面通过热传导不断导入翅片，另一方面通过翅片表面和流体的对流放热把热量传给流体，翅片表面温度也不断下降。翅片两端与隔段的接触处，温度最高，即等于隔板表面的温度 t_w。沿翅片高度方向的温度随翅片表面和流体的对流放热而下降，在翅片中间处降到最低温度，且与流体温度 T 趋于一致。假定翅片表面的平均温度为 t_m，则通过二次表面传递的热量为：

$$Q_f = \alpha F_2 (t_m - T)$$

式中　α ——翅片表面和流体间的给热系数，W/(m^2·K)；

F_2 ——二次传热表面积，m^2。

传热计算时为便于处理这两种表面的换热，把二次传热表面的传热量作如下变换：$Q_f = \alpha F_2 \eta_f (t_m - T)$。即把二次表面传热的温差如一次表面传热的温差一样都先被认为等于（$T_w - T$），再把二次传热表面积 F_2 乘上一个二次传热表面的翅片效率 η_f，即给二次传热表面积打了一个折扣。可见其物理意义就是指二次传热表面的平均温度 t_m 要低于一次传热表面的温度 T_w，只不过在计算时先按统一的传热温差（$T_w - T$）处理，即先当作一次传热面看待。然

后把二次传热表面乘一个翅片效率 η_f 即可。由此可见，η_f 是指二次传热表面相当于一次传热表面的一种衡量。由两个 Q_f 表达式可看出。

$$\eta_f = \frac{T_m - T}{T_w - T}$$

即 η_f 又可看作是二次传热表面的实际平均传热温差与一次传热表面传热温差之比值。它与其他带翅的传热表面类同，其表达式为：

$$\eta_f = \frac{th(ml)}{ml};\ m = \sqrt{\frac{2\alpha}{\lambda_m t}};\ l = \frac{1}{2}h$$

式中 λ_m ——翅片材料的热导率，W/(m·K)；

t ——翅片材料厚度，m；

th ——双曲正切。

由此得到，板翅式换热器的传热有效表面：$F_e = F_0\eta_0 = F_1 + F_2\eta_f$，而 $Q = \alpha F_e(t_w - T) = \alpha F_0\eta_0(t_w - T)$；所以 $\eta_0 = \frac{F_1 + F_2\eta_f}{F_0}$

整理：$\eta_0 = \frac{F_1 + F_2 - F_2 + F_2\eta_f}{F_0} = 1 - \frac{F_2}{F_0}(1 - \eta_f)$

又因 $F_2 = \frac{y}{x + y}F_0$，$F_1 + F_2 = F_0$，$\eta_0 = 1 - \frac{y}{x + y}(1 - \eta_f)$

以上推导都认为，一次表面和流体之间的给热系数等于二次表面和流体间的给热系数（即 α 为同一个）。

翅片效率 η_f 计算时，其关键是要还难确定翅片热传导距离 l 的值。该距离的物理意义可以理解为，从翅片根部（热量导入处）的温度 t_w 到翅片温度最低点（趋于与流体温度相等）之间的距离。它是根据不同流道排列而决定的一个重要参数。l 值可根据以下几种情况来确定：$l = 0$ 处，$t = T_w$；$l = l_{处}$，$\frac{dt}{dl} = 0$，即翅片温度梯度等于零处。

（一）冷热流体流道数相等且间隔排列的情况

此工况下整台换热器可被区划成最简单的一个热流体流道和一个冷流体流道的热平衡单元（冷损忽略），其隔板两侧的表面温度均相等，即都为 t_w。

则

$$t_w = \frac{\alpha_H\eta_H^0F_HT_H + \alpha_C\eta_C^0F_CT_C}{\alpha_H\eta_H^0F_H + \alpha_C\eta_C^0F_C}$$

式中 α_H、α_C ——热、冷流体的给热系数；

η_H^0，η_C^0 ——热、冷流体翅片总传热表面的表面效率；

F_H，F_C ——热、冷流体的总传热表面。

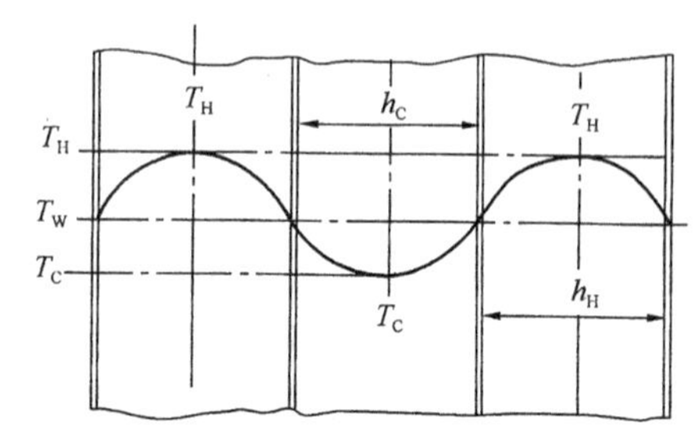

图 4.5-26 2股流翅片的温度曲线

由于所有冷热流体流道的 α、η^0、F 都相等，因此整台换热器某一断面上所有的隔板温度 T_w 都相等。而翅片上的温度分布，冷、热流体亦各自相同，见图 4.5-26。

热流体流道内翅片：

$X = 0$，$\theta = \theta_h$，$X = l_H = \frac{1}{2}h_H$，$\left(\frac{d\theta}{dt}\right)_h = 0$。

冷流体流道内翅片：

$X = 0$，$\theta = \theta_s$，$x = l_C = \frac{1}{2}h_C$，$\left(\frac{d\theta}{dx}\right)_C = 0$。

由于翅片温度曲线对称，故

$\frac{d\theta}{dx} = 0$ 的断面分别为各流道高度的中间截面，热传导距离为翅片高度的一半。亦就是说，对2股流且流通数相等，即流道数之比为1∶1时，翅片效率计算时的热传导距离 $l = h/2$。

对2股流但流道数之比不为1∶1时，则 l 值要变化。

（二）冷热流体2股流但流道数之比为2∶1时（即 $N_C/N_H = 2:1$）的情况

此时，最少热平衡层数为3层，其翅片温度分布曲线见图4.5-27。

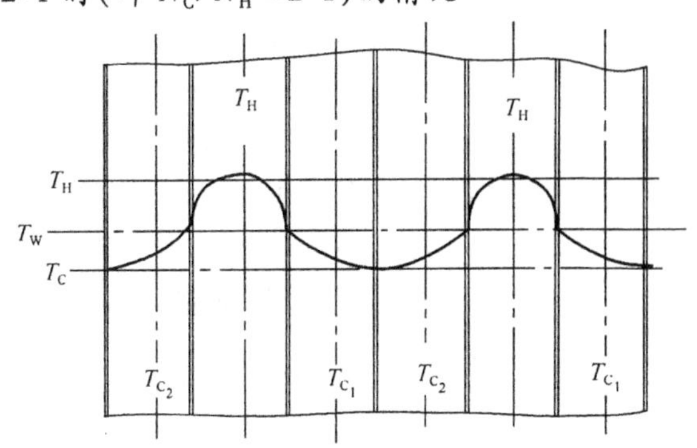

图4.5-27 冷热流道数之比为2∶1时的翅片温度分布曲线

此时，$2g_C = g_H$，$q_C = \frac{1}{2}q_H$。热流体两侧隔板的表面温度取决于2股冷流体的放热系数。

如果 $q_{C_1} = q_{C_2}$，$\alpha_{C_1} = \alpha_{C_2}$，则可被看作为同一股冷流体，相邻冷流体之间隔板表面的温度相等。如果 $\alpha_C^1 > \alpha_C^2$，$\alpha_C^1 F_C^1 \eta_{C_1}^0 > \alpha_C^2 F_C^2 \eta_{C_2}^0$，则热流体靠近 C_1 侧的隔板表面温度低于另一侧（靠近 C_2 侧）。当 $\alpha_C^1 F_C^1 \eta_{C_1}^0 = \alpha_C^2 F_C^2 \eta_{C_2}^0$ 时，热流体翅片，在 $X = 0$ 处，$\theta = \theta_H$；$X = \frac{1}{2}h_H$，$\frac{d\theta}{dX} = 0$。对冷流体翅片，在 $X = 0$ 处，$\theta = \theta_C$；$X = l_C = h_C$，$\frac{d\theta}{dX} = 0$。由此可得，当冷流体的给热系数相等时，热流体翅片的热传导距离为 $l = \frac{1}{2}h_H$；而冷流体翅片的热传导距离为 $l = h_C$。在这种情况下（$l = h$），换热器的换热表面效率应该变为：

$$\eta_0 F_0 = \frac{1}{2}F_1 + F_2\eta_f + \frac{1}{2}F_1\eta_b$$

该表达式的物理意义是，翅片靠近隔板的温度等于流体温度的一半，其一次表面不再是一次表面了，应把它当作二次表面同样看待了，即亦要乘一个效率 η_b。而 η_b 的表达式为：

$$\eta_b = 1/ch(ml)$$

式中 ch——双曲余弦。

（三）冷热流体流道数之比 $N_C/N_H = 1.5:1.0$ 的情况

这种情况实际是 $N_C/N_H = 3:2$，即热平衡的最小单元是5层流道。冷热流体翅片的温度分布曲线见图4.5-28。图示曲线是在 $\alpha_C^1 F_C^1 \eta_1^0 = \alpha_C^2 F_C^2 \eta_2^0 = \alpha_C^3 F_C^3 \eta_3^0$ 的情况下。

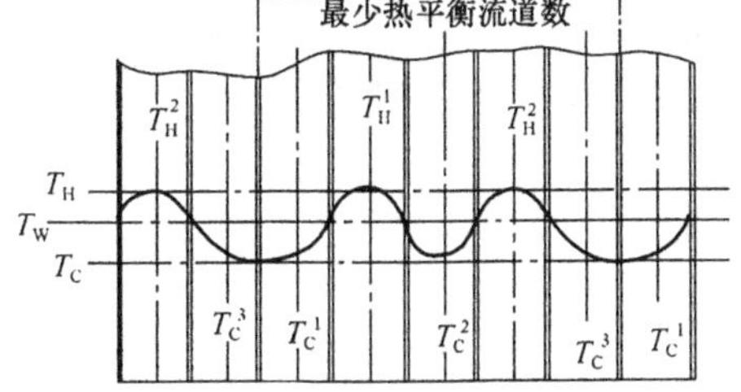

图4.5-28 冷热流道之比为3∶2时翅片的温度分布曲线

即冷流体是一股，热流体又是一股的情况下的温度分布曲线。显然，在这种情况下热流体的翅片，其 $l = \frac{1}{2}h_H$，而冷流体的翅片：三分之一为 $l = \frac{1}{2}h_C^2$，三分之二为 $l = h_C^1 = h_C^3$。因此可以取平

均值为 $l_m^C = \left(2h_C + \frac{1}{2}h_C\right)\Big/3 = (2.5/3)h_C = 0.833h_C$（假定 $h_C^1 = h_C^2 = h_C^3$）。在这种结构情况下可以有5种介质，5种翅片，5个给热系数。热流体的翅片即使有2种，相邻冷流体传热过程中的 $l_m^{H_1} = \frac{1}{2}h_1$，$l_m^{H_2} = \frac{1}{2}h_2$ 是永远不变的。式中 l_m^H 为热流体翅片热传导的平均距离。

$$l_m^H = \frac{1}{2}(l_{左}^H + l_{右}^H),\ h = l_{左}^H + l_{右}^H$$

式中，$l_{左}^H, l_{右}^H$分别为热流体、翅片向左边及右边热传导的距离。

当热流体两边的冷流体，给热系数不等时，$d\theta/dx = 0$ 的点就不一定在翅片高度的中心线了，即 $l_{左}^H \neq l_{右}^H$，但 $l_{左}^H + l_{右}^H = h_H$ 则是永远不变的。冷流体的3种翅片，不管 h_C^1, h_C^2, h_C^3 的变化如何，或说 $\alpha_C^1, \alpha_C^2, \alpha_C^3$ 的变化如何，其 $T_{C_1} = T_{C_2} = T_{C_3}$ 都是设计的基础。因此，相邻两冷流体中间隔板表面的温度是相同的，全部等于 T_C，区别在于和热流体之间隔板表面的温度。由于 α_H^1, α_C^1 及 $\alpha_H^2, \alpha_C^2 \cdots$ 是不等的，以致使隔板表面的温度亦略有不同。但作为某一股冷流而言，不管其 q_C 的大小，最终都要由热流体传导过来。因此，T_C^1, T_C^3 的 l 永远等于 h_C^1, h_C^3；而 T_C^2 之 l 也永远等于 $l_m^{C_2} = \frac{1}{2}h_C^2$。所以，在翅片效率 η_f 计算时，热流体的 $l = \frac{1}{2}h_H$，冷流体的 l 有 $l_2 = \frac{1}{2}h_C^2$，$l_1 = h_C^1$，$l_3 = h_C^3$。当 $h_C^1 = h_C^2 = h_C^3$ 时，$l_m^C = 0.83h_c$。此时，传热表面效率 η_0 也必须分别计算，其方法同（二）。

（四）冷热流体流道数之比，即 $N_C/N_H = 4:3$ 时的情况

这种情况下，其热平衡所需之最少流道数为7层。即在此7层中，$q_H^1 + q_H^2 + q_H^3 = q_C^1 + q_C^2 + q_C^3 + q_C^4$（$\Sigma q_H = \Sigma q_C$，冷损不计）。而当 $q_H^1 = q_H^2 = q_H^3$ 时，亦可视为一股热流体。不等时则成为3股热流体。同样 $q_C^1 = q_C^n$ 时，可视为一股冷流体，不相等时可看成4股冷流体。它们之间的 α, h, F 都可不等。但 T_H，T_C 是相等的。7层以后又是一个小区（7层）平衡，其曲线也一样，见图4.5－29。

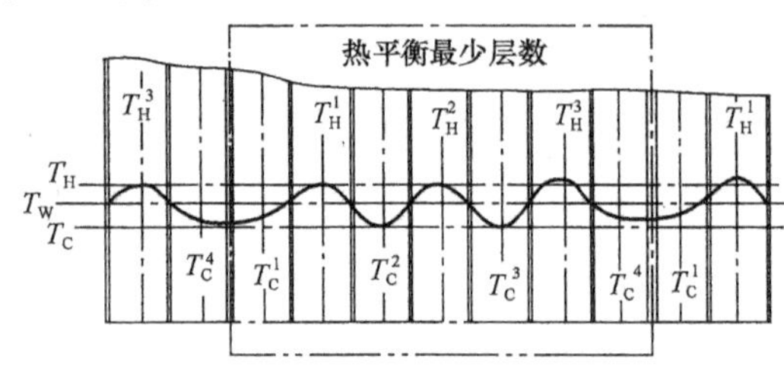

图4.5－29 冷热流体流道数之比为4:3时翅片的温度分布曲线

由（三）知：$l_m^H = \frac{1}{2}h_H$，而 q_C^2、q_C^3，$l^C = \frac{1}{2}h_C$，q_C^1、q_C^4，$l^C = h_C$；当 h_C 相同时，$l_m^C = \left(2\frac{1}{2}h_C + 2h_C\right)\Big/4 = \left(\frac{3}{4}\right)h_C = 0.75h_C$，而 η_0 的计算与 α 和 h 有关，需分别计算。

当冷热流体各为一股时，$Q_H = \alpha_H F_H \eta_H^0 (t_H - t_W)$，而 $Q_C = \alpha_C F_C \eta_C^0 (t_W - t_C)$：所以，$t_H - t_W = Q_H/(\alpha_H F_H \eta_H^0)$，$t_W - t_C = Q_C/(\alpha_C F_C \eta_C^0)$。由于在稳定传热条件下，$Q_H = Q_C = Q$

所以 $(t_H - t_W) + (t_W - t_C) = Q\left(\frac{1}{\alpha_H F_H \eta_H^0} + \frac{1}{\alpha_C F_C \eta_C^0}\right)$。

得到：$t_H - t_C = Q\left(\frac{1}{\alpha_H F_H \eta_H^0} + \frac{1}{\alpha_C F_C \eta_C^0}\right)$；$K = Q/\Delta T$；

$K = 1\Big/\left[\frac{1}{\alpha_H \eta_H^0 F_H} + \frac{1}{\alpha_C \eta_C^0 F_C}\right]$；$K_H = \frac{K}{F_H}$；$K_C = \frac{F}{F_C}$；

$$K_H = \frac{1}{\left[\frac{1}{\alpha_H \eta_H^0 F_H} + \frac{1}{\alpha_C \eta_C^0 F_C}\right] F_H} = \frac{1}{\frac{1}{\alpha_H \eta_H^0} + \frac{1}{\alpha_C \eta_C^0} \times \frac{F_H}{F_C}};$$

$$K_C = \frac{1}{\left[\frac{1}{\alpha_H \eta_H^0 F_H} + \frac{1}{\alpha_C \eta_C^0 F_C}\right] F_C} = \frac{1}{\frac{1}{\alpha_C \eta_C^0} + \frac{1}{\alpha_H \eta_H^0} \times \frac{F_C}{F_H}}$$

显然，以上使用的 $F_H \cdot \eta_H^0, F_C \cdot \eta_C^0$ 是指 2 股流流体所用翅片总传热面积和翅片总表面效率，即 $F_H \eta_H^0 = F_e^H$—热流体的有效传热面积。

$F_H \eta_H^0 = F_1 + F_2 \cdot \eta_f$ = 有效传热面积。由此可将 2 个 K 值简化成：

$$K_H = 1 \Big/ \left[\frac{1}{\alpha_H} + \frac{F_e^H}{\alpha_C F_e^C}\right] \frac{1}{\eta_H^0}$$

$$K_C = 1 \Big/ \left[\frac{1}{\alpha_C} + \frac{F_e^C}{\alpha_H F_e^H}\right] \frac{1}{\eta_C^0}$$

四、传热温差和流体物性的计算

（一）传热温差计算方法的选择

当流体的定压比热容 c_P 与温度 T 的关系呈线性变化时，使用对数平均温差就有较高的精度。当物性参数 c_P 随温度的变化而发生急剧变化时(如临界点附近)，则必须采用积分温差来替代对数平均温差，以防产生较大的计算误差。有时综合采用两种方法来计算换热器的总温差。即在 c_P 与 T 呈线性变化段采用对数平均温差，在 c_P 与 T 呈急剧变化段采用积分温差。分别求出两段温差后再求其加权平均温差，即用第 1 段热负荷与第 1 段温差之比求得一个值 A_1，再用第 2 段热负荷与第 2 段积分温差之比求得 A_2。其总体平均温差等于总热负荷与 $A_1 + A_2$ 之和的比值。有时用上述方法把一些界于线性和非线性变化的 $c_P - T$ 关系曲线分成若干段，用对数平均温差求出各段的温差，然后用各段热负荷与这些段温差之比求得各段的中间值 A_n，最后用总热负荷与各段中间值 A_n 之和比值。求出总体加权传热温差。积分温差精确，但工作量大。对数平均温差简单，但精度不高。具体选用哪一种方法，要设计者自己确定。

有时还可以先采用积分法求温差，再用对数平均法求温差，然后将二者结果进行比较后求出一个系数(修正值)，下次碰到相同流体及相同温度区间时，就可采用对数平均温差加修正的办法来进行工程计算。

（二）物性计算

传热计算涉及的物性有流体的黏度 μ、定压比热容 c_P、热导率 λ、密度 ρ 及普朗特数 Pr 等参数。对一些纯工质(单一组分的流体)，可以通过查图表的办法求得，不必计算。但对多组分流体，其物性计算就是一件很繁琐的事，目前都是依靠使用现成的物性计算程序软件(如 ASPEN Plus、HYSIM 等)来进行的。在计算物性之前，还需要计算该换热段流体压力及温度的平均值，以为物性计算作准备。

在计算翅片效率 η_f 时，有一个金属物性参数热导率 λ_m。该参数对大多数金属材料来说，都随温度的变化而变化的，因此对整个换热器来说，若温度范围很大，使用同一个 λ_m 值有可能产生很大的计算误差，因此必须改用各个换热段平均温度下的 λ_m 值。

有关逆流、顺流及错流等流型换热器传热温差、对数平均温差及积分误差的计算方法，各种传热管教科书中都有，可查阅。在此仅介绍一种加权 MTD 计算方法。

两种流体的 $Q-T$ 图见图 4.5-30。两种流体的热端温差为 $\Delta t_h = 100K$，冷端温差为 Δt_c

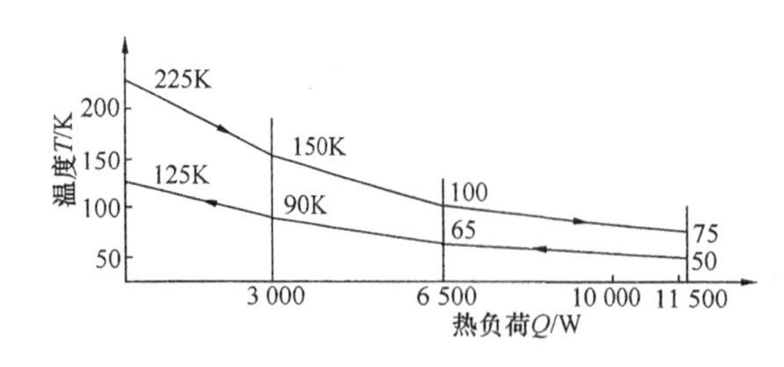

图 4.5－30　加权法计算平均温差

$=25K$，如果采用对数平均温差，则有：

$$\Delta t_m = \frac{100-25}{\ln\frac{100}{25}} = 54.1K$$

整个换热器可分成 3 段。

第 1 段：$\Delta t_m^1 = \frac{100-60}{\ln\frac{100}{60}} = 78.3K$，传热量为 $Q_1=3000W$，则

$$\frac{Q_1}{\Delta t_m^1} = \frac{3000}{78.3} = 38.314$$

第 2 段：$\Delta t_m^2 = \frac{60-35}{\ln\frac{60}{35}} = 46.38K$

$Q_2=3500W$，则，$\frac{Q_2}{\Delta t_m^2} = 75.464$

第三段：$\Delta t_m^3 = \frac{35-25}{\ln\frac{35}{25}} = 29.72K$，

$Q_3=5000W$，则，$\frac{Q_3}{\Delta t_m^3} = 168.237$

$$38.314 + 75.464 + 168.237 = 282.015K;\ Q_T = 11500W。$$

所以　$MTD = \frac{11500}{282.015} = 40.778K$，比 $\Delta t_m = 54.1K$ 小了近 25%。

五、传热计算

(一) 单相流体的强制对流传热计算

在板翅式换热器中，流体无相变时的给热系数，主要取决于所用翅片的特殊参数 j 和 f。对某一种规格的翅片，其 j 和 f 值又是通过实验的方法求得的。因此，如果选用的翅片具有自己的特性参数 j 和 f，则传热计算就相当容易了。其计算式如下：

$$\alpha = Stc_P g \quad W/(m^2 \cdot K)$$

式中　St——斯坦顿数；

$$St = \frac{j}{Pr}\frac{2}{3} = \alpha(C_P g)$$

g——流体质量流速，$kg/(m^2 \cdot s)$；

$$g = G/A_f^T$$

j——传热因子，由 Re 数直接在使用的翅片特性曲线上查得；

$$j = \frac{\alpha}{c_P g}Pr\frac{2}{3}$$

c_P——流体的定压比热容，$J/(kg \cdot K)$；

G——流体的质量流量，kg/s；

α——流体的给热系数，$W/(m^2 \cdot K)$；

Pr——流体的普朗特数；

$$Pr = C_P\mu/\lambda$$

$$Re = gD_e/\mu$$

Re——流体的雷诺数；

μ——流体的动力黏度，Pa·s；

λ——流体的热导率，W/(m·K)；

D_e——使用翅片的当量直径，m。

应该着重指出的是，许多计算者没有足够的翅片特性曲线来可供选择使用，即使有了某种规格翅片的特性曲线，但因制造商的不同其同种翅片的特性曲线也有差异。因此，最精确的计算应由制造商来完成。尤其是在选择了某一规格的翅片而没有该翅片的实验值时，往往采用已有实验数据的近似翅片特性曲线来替代。当然，这种计算的误差会更大，仅可用作选择时的参数。

流体强制对流给热系数计算的一般顺序如下：

1. 根据给定流体的工艺参数计算流体的物性：

(1) 定性温度的计算：$T_m = \frac{1}{2}(T_{in} + T_{out})$

(2) 定性压力的计算：$p_m = \frac{1}{2}(P_{in} + P_{out})$

(3) 按 T_m，p_m 求流体的物性：c_P、μ、λ、r、Pr

2. 根据流体的特性选用适当的传热翅片，并计算：

$D_e = \frac{2(xy)}{x+y}$，m；$a_f = \frac{xy}{P}$，m^2/m；$a_s = \frac{2(x+y)}{P}$，m^2/m^2。

3. 确定流体的层数 N 及流道的宽度 W_i，并计算 A_f^T。

4. 计算流体的 $g = G/A_f^T$，kg/(m^2·s)；$Re = \frac{gD_e}{\mu}$。

5. 按 Re 值查使用翅片的特性曲线，求得 j 和 f。如果没有相应的曲线，也可使用近似计算 j 和 f 的方式进行计算。

6. 计算：$St = j/Pr\frac{2}{3}$；$\alpha = StC_Pg$，W/(m^2·K)。

7. 计算翅片效率 η_f 及表面效率 η^0，并求出 $\alpha_0 = \alpha\eta^0$

8. 计算流体所需换热面积：$F = Q/[\alpha_0(T_w - T_c)]$，$m^2$。

9. 计算该流体流道长度，$L = F/A_S^T$，m。式中，每 m 流道的换热面积

$$A_S^T = a_s N w_i 1, \ m^2/m。$$

10. 计算该流体的流动阻力值：

$$\Delta P = \frac{g^2 f}{r}\frac{2L}{D_e}, \ Pa$$

11. 计算结果与工艺参数对比，满意后再计算另一侧的流体。当然可以同时进行冷热 2 股流的计算和选取，在求得 2 股流的 α_0^H 和 α_0^C 后进行：

(1) $K_H = 1\Big/\left[\frac{1}{\alpha_0^H} + \frac{1}{\alpha_0^C}\frac{A_S^H}{A_S^C}\right]$

或　$K_C = 1\Big/\left[\frac{1}{\alpha_0^C} + \frac{1}{\alpha_0^H}\frac{A_S^C}{A_S^H}\right]$，W/($m^2$·K)

式中 A_S^H、A_S^C——分别为每 m 流道长度上热、冷流体的换热面积，m^2。

(2) $F_H = Q/[K_H \cdot MTD]$，m^2；或 $F_C = Q/[K_C \cdot MTD]$，m^2

式中 MTD——2 股流体的平均温差；

Q——总热负荷。

(3) $L = F_H/A_S^H$，m；或 $L = F_C/A_S^C$，m。

(4) $\Delta P_H = \frac{g_H^2 f_H}{r_H} \frac{2L}{D_e^H}$，Pa；

$\Delta P_C = \frac{g_C^2 f_C}{r_C} \frac{2L}{D_e^C}$，Pa。

将计算结果与工艺参数对比。不满意时可重新选取层数宽度或翅片等参数进行重新计算，直到满足要求为止。在选取层数时，可以选用冷、热流体相同的层数，也可以选用不等的层数(如2:1、3:2 及4:3 等)。应该根据两种流体性质的不同、选用不同规格的翅片。这些适当的变化可以作为一种方案来进行，从而选出最满意的结果。

(二) 两相流给热系数的计算

流体的两相流(气相与液相共存时)形式，大体上可分为部分冷凝或部分蒸发两大类。而板翅式换热器冷凝、蒸发给热系数的计算，有关文献已介绍了不少。但到底该用哪一种方法进行工业设计，文献介绍却很少。有关冷凝、蒸发的准则式及方程等，可参考有关文献。在此，仅介绍一种工业上应用已久的设计计算方法[3]。当然该方法也不一定就是最精确的，但毕竟是一种较成熟的方法。

1. 确定冷凝或沸腾流体平均流量的 Gloyer 法

(1) 计算温度比：$\theta = (t_{h1} - t_{C2})/(t_{h2} - t_{C1})$，(对逆流)

式中 t_{h1}、t_{h2}、t_{C1}、t_{C2}——分别为热、冷流体进口(下标 1)出口(下标 2)温度。

(2) 从数据库或图表中求得 F 值，见图 4.5 - 31。

(3) 计算平均的已冷凝或蒸发的液体平均量：$W_{\Delta V平均} = FW_{\Delta V}$，式中，$W_{\Delta V}$ 为已冷凝或蒸发的液体总量，kg/s。

(4) 蒸气平均流量：

对冷凝：$W_{V平均} = W_{\Delta V平均} + W_{Vout}$，kg/s

对蒸发：$W_{V平均} = W_{\Delta V平均} + W_{Vin}$，kg/s

式中 W_{Vin}，W_{Vout}——蒸气(气相)进出换热器的流量，kg/h

(5) 液体平均流量：

对冷凝及蒸发都一样：$W_{L平均} = W_{总} - W_{V平均}$，kg/s

式中 $W_{总}$——流体进换热器的总流量(气相加液相)，kg/s。

2. 垂直表面上的 Nusselt 冷凝给热系数

$$\alpha_C = 1.985\lambda_L(A\rho_L^2/W_C\mu_L)^{\frac{1}{3}}，W(m \cdot K)$$

式中 λ_L——平均温度下冷凝液的热导率，W/(m·K)；

ρ_L——平均温度下冷凝液的密度，kg/m^3；

μ_L——平均温度下冷凝液的黏度，Pa·s；

A——每 m 高度上的换热面积，m^2/m　$A = a_s w_i N$

W_C——冷凝量，kg/s。

液膜平均温度：$t_m = \frac{1}{2}(t_{in} + t_{out})$

式中 t_{in}、t_{out}——分别为液体进出换热器的温度，℃。

3. 可视比热法(apparent cp method)求冷凝给热系数

$$\alpha = jC_{papp}G_m/(\mu_v、C_{papp}/\lambda_v)^{2/3}, \text{W/(m}^2\cdot\text{K)}$$

适用于 $P \leqslant 10\%$ 的场合(即出换热器的液体体积比率小于等于10%时)

$$P = \frac{(W_t - W_{vout})/\rho_L}{(W_t - W_{vout})/\rho_L + W_{vout}/\rho_V}$$

式中 W_t——总流量，kg/s；

W_{vout}——出换热器的蒸汽流量，kg/s；

ρ_L——液体的密度，kg/m³；

ρ_V——蒸气的密度，kg/m³。

$$G_m = \left[\frac{G_{in}^2 + G_{in}G_{out} + G_{out}^2}{3}\right]^{\frac{1}{2}}, \text{kg/(m}^2\cdot\text{s)}$$

式中 $G_{in} = W_{vin}/A_f$, kg/(m²·h)；

$G_{out} = W_{vout}/(1-P)A_f$, kg/(m²·s)；

$C_{papp} = Q_T/(W_t - t)$, J/(kg·K)；

W_{vin}——进换热器的蒸汽流量，kg/s；

Δt——冷凝流体的温度变化，$\Delta t = t_{in} - t_{out}$；

Q_T——总热负荷，W。

传热因子使用的 Re 为：$Re = \frac{G_m D_e}{\mu_v}$；由此 Re 查翅片特性曲线，便可求出传热因子 j。

式中 μ_V，μ_L——蒸汽、液体的黏度，Pa·s；

λ_V，λ_L——蒸汽、液体的热导率，W/(m·K)；

A_f——流通截面积，m²，$A_f = a_f W_i N$；

α_f——所用翅片在1m宽时的自由流通截面积，m²/m；

W_i——翅片有效宽度，m；

N——层数。

4. Carpenter - Colburn 法求冷凝给热系数(用于 $P > 10\%$ 的场合)

P 的计算方法见(二)之3. 节。

$$\alpha = 0.065\left(\frac{f}{2}\frac{\rho_L}{\rho_V}\right)^{0.5}\frac{C_L G_m}{(Pr_L)^{0.5}}, \text{W/(m}^2\cdot\text{K)}$$

式中 $G_m = \left[\frac{G_{vin}^2 + G_{vin}\cdot G_{vout} + G_{vout}^2}{3}\right]^{0.5} \Big/ A_f$, kg/(m²·s)

当 $G_{vout} = 0$ 时(全冷凝)，G_{vout} 为出换热器的蒸汽量，kg/s；

$G_m = 0.57735G_{vin}/A_f$，G_{vin} 为进换热器的蒸汽量，kg/s；

$A_f = a_f w_i N$，m²，为自由流通截面积。

计算：$Re = G_m D_e/\mu_v$，由 Re 求出翅片的 f 因子。

C_L——液体的比热容，J/(kg·K)；

Pr_L——基于液体特性的普朗特数，$Pr_L = \mu_L C_L/\lambda_L$。

5. 强制对流时的沸腾给热系数

$$\alpha_b = 3.4\alpha_L\left(\frac{1}{X_{tt}}\right)^{0.45}, W/(m^2 \cdot K)$$

$$\alpha_L = jCp_L G/(Pr_L)^{2/3}, W/(m^2 \cdot K)$$

$$\frac{1}{X_{tt}} = \left(\frac{W_{V平均}}{W_{L平均}}\right)^{0.9}\left(\frac{\rho_L}{\rho_V}\right)^{0.5}\left(\frac{\mu_L}{\mu_L}\right)^{0.1}$$

$$\left(\frac{W_{V平均}}{W_{L平均}}\right)^{0.9} \leqslant 1.44(最大限制值)$$

式中 $G = W_t/A_f$, kg/(m² · s); $Re = \frac{GD_e}{\mu_L}$, 由此求得翅片的传热因子 j 值。

Cp_L——液体的比定压热容, J/(kg · K);

W_t——总流量(液体加气体), kg/s;

$W_{V平均}$、$W_{L平均}$——基于(二)之1. 节的计算方法求得;

$A_f = a_f w_i N$, 自由流通截面积, m²;

ρ_L, ρ_V——液、气密度, kg/m³;

μ_L, μ_V——液、气的黏度, Pa · s。

所有物性参数, 都应是在平均温度下的值。$t_m = \frac{1}{2}(t_{in} + t_{out})$。

(三) 具有显热段的冷凝、蒸发换热器的加权给热系数

有过热蒸气的冷凝换热器, 或有过冷液体的蒸发换热器, 其给热系数的计算, 实质上是把显热段和冷凝(或蒸发)段分别进行计算后而求得的一个加权给热系数。

$$\alpha = Q_t/[Q_V/\alpha_V + Q_L/\alpha_L + Q_{b(or)c}/\alpha_{b(or)c}], W/(m^2 \cdot K)$$

式中 $Q_t = Q_V + Q_L + Q_{b(or)c}$, 总热负荷, W;

Q_V, Q_L——分别为气体或液体至饱和温度时的热负荷, 即过热或过冷段的热负荷, W;

$Q_{b(or)c}$——蒸发 (Q_b) 或冷凝 (Q_c) 的热负荷, W;

α_V, α_L——气相、液相的传热系数, W/(m² · K);

$\alpha_{b(or)c}$——蒸发(α_b)或冷凝(α_c)时的给热系数, W/(m² · K)。

蒸发时热负荷的计算:

$$Q_V = \left[W_{vin} + \frac{W_{boil}}{2}\right]C_{p_V}\Delta T, W$$

$$Q_L = \left[W_t - W_{vout} + \frac{W_{boil}}{2}\right]C_{p_L}\Delta T, W$$

$$Q_b = Q_t - Q_V - Q_L, W$$

式中 ΔT——蒸发流体温度的变化,℃。

冷凝时热负荷的计算:

$$Q_V = \left[W_{vin} - \frac{W_{cond}}{2}\right]C_{p_V}\Delta T, W$$

$$Q_L = \left[W_t - W_{vin} + \frac{W_{cond}}{2}\right]C_{p_L}\Delta T, W$$

$$Q_C = Q_t - Q_V - Q_L, W$$

式中 ΔT——冷凝流体的温度变化,℃。

冷凝蒸发时流体 α_V, α_L 的计算: 在计算时使用到的 $W_{V平均}$, $W_{L平均}$都是基于第(二)之1.

节的计算方法而求得的。首先计算

$$F_L = 1\Big/\left[\left(\frac{W_{V平均}}{W_{L平均}}\right)\left(\frac{\mu_V}{\mu_L}\right)^{\frac{1}{9}}\left(\frac{\rho_L}{\rho_V}\right)^{\frac{5}{9}} + 1\right]$$

计算 α_L：$A_{fL} = F_L A_f$；$G_L = W_{L平均}/A_{fL}$；

$Re_L = D_e G_L/\mu_L$；由 Re_L 查 j，f 曲线求出翅片的 j_L。

$$\alpha_L = j_L G_L C_{p_L}/(Pr_L)^{\frac{2}{3}}，W/(m^2 \cdot K)$$

计算 α_V：$A_{fV} = (1 - F_L)A_f$；$G_V = W_{V平均}/A_{fV}$；

$Re_V = G_V D_e/\mu_V$；由 Re_L 查曲线求得 j_V；

$$\alpha_V = j_V G_V C_{p_V}/(Pr_V)^{\frac{2}{3}}，W/(m^2 \cdot K)$$

α_b，α_c 分别为蒸发和冷凝给热系数，可按第(二)节介绍的方法进行计算。本节介绍的方法尤其适用于：

a. 两相进入换热器为部分冷凝或部分蒸发的工况。

b. 过冷液相进入换热器为部分蒸发的工况。

c. 过热气相进入换热器为部分冷凝的工况。

在这些工况下，把流体的换热分解成各种给热形式，从而求得一个综合给热系数，以解决两相流多组分介质给热系数求取的难题。该方法虽然不一定是最好的方法，但经应用实践验证，可以说还是一种可靠的方法，用于工业换热器的设计计算是可行的。

上述公式中的符号：

A_f——该流体总共的自由流动截面积，m^2；

A_{fL}——液相占据的流动截面积，m^2；

A_{fV}——气相占据的流动截面积，m^2；

Pr_L，Pr_V——基于液相物性和气相物性的普朗特数。

C_{p_L}，C_{p_V}——液相、气相的定压比热容，$W/(m^2 \cdot K)$；

W_{cond}，W_{boil}——冷凝量和蒸发量，kg/s；

W_t——总流量(气相加液相)，kg/s；

W_{vin}，W_{vout}——分别为进、出换热器的蒸气量，kg/s。

(四) 纵向热传导对性能的影响

换热器冷热端面温差产生的纵向热传导，会显著降低换热器的效率。为了弥补这一损失，通常可将换热器的 KF 值增加一个适当数量。此量的计算方法如下：

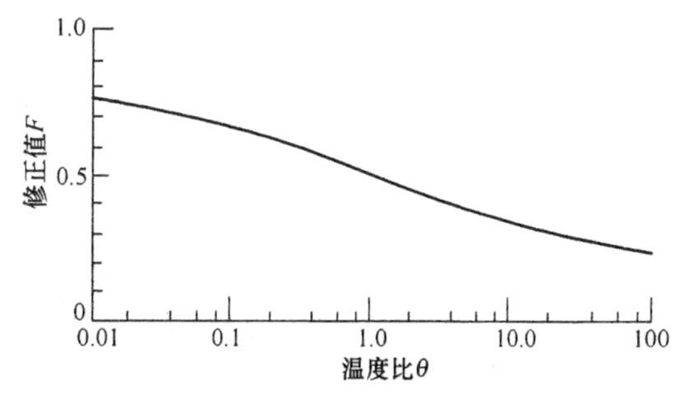

图 4.5－31 由对比温度求 F 值

a. θ 值计算：

$$\theta = \frac{(t_{h1} - t_{c2})和(t_{h2} - t_{c1})中的小者}{t_{h1} - t_{c1}} \times 100\%$$

b. λ 值计算：$\lambda = \dfrac{\lambda_m A_m}{L(WC_{p_{min}})}$

c. 传热单元数计算：$NTU = KF/WC_{p_{min}}$

d. 利用有关图表，可求得传热单元数增量 ΔNTU

e. 换热器所必须的 KF 增量，$\Delta(KF) = \Delta NTU \times WC_{p_{min}}$

f. 下面的图中，其 $C_{min}/C_{max} = WC_{p_{min}}/WC_{p_{max}}$

式中 λ_m——材料的热导率(换热器平均温度下的值)，W/(m·K)；

A_m——所有参与热传导的金属截面(封条、翅片、隔板及一层的截面积)，m^2；

L——换热器长度(冷端和热端之间的距离)，m；

$C_{min} = WC_{p_{min}}$定压比热容较小时流体的热容量流率，W/K；

$C_{max} = WC_{p_{max}}$定压比热容较大的流体的热容量流率，W/K；

K——总传热系数，$W/(m^2 \cdot K)$；

$t_{h1}, t_{h2}, t_{c1}, t_{c2}$——热、冷流体的进出口温度(1 进、2 出)，℃；

F——总传热面积，m^2，$KF = W/K$

g. 计算完成后，换热器必须的 $KF = Q_T/MTD$ 再增加一个

$\Delta(KF)$，即为此换热器必须的 KF 值。在此基础上，再考虑改变工况及设计制造误差，留一定的设计裕量，设计完便成了。

h. 可采用的 6 张图表，见图 4.5－33(a)、(b)、(c)、(d)、(e)、(f)，其用法见图 4.5－32。

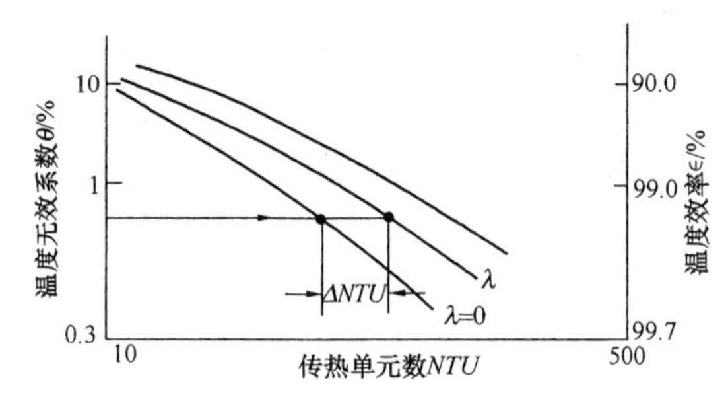

图 4.5－32 由 θ 值求 ΔNTU 值

$\varepsilon = 1 - \theta$，温度效率；θ— 温度无效系数

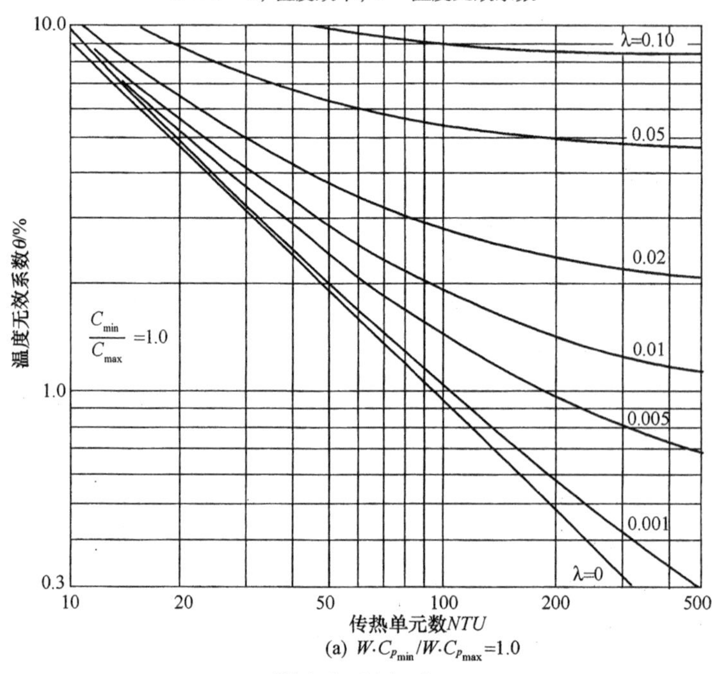

(a) $W \cdot C_{p_{min}} / W \cdot C_{p_{max}} = 1.0$

图 4.5－33(一)

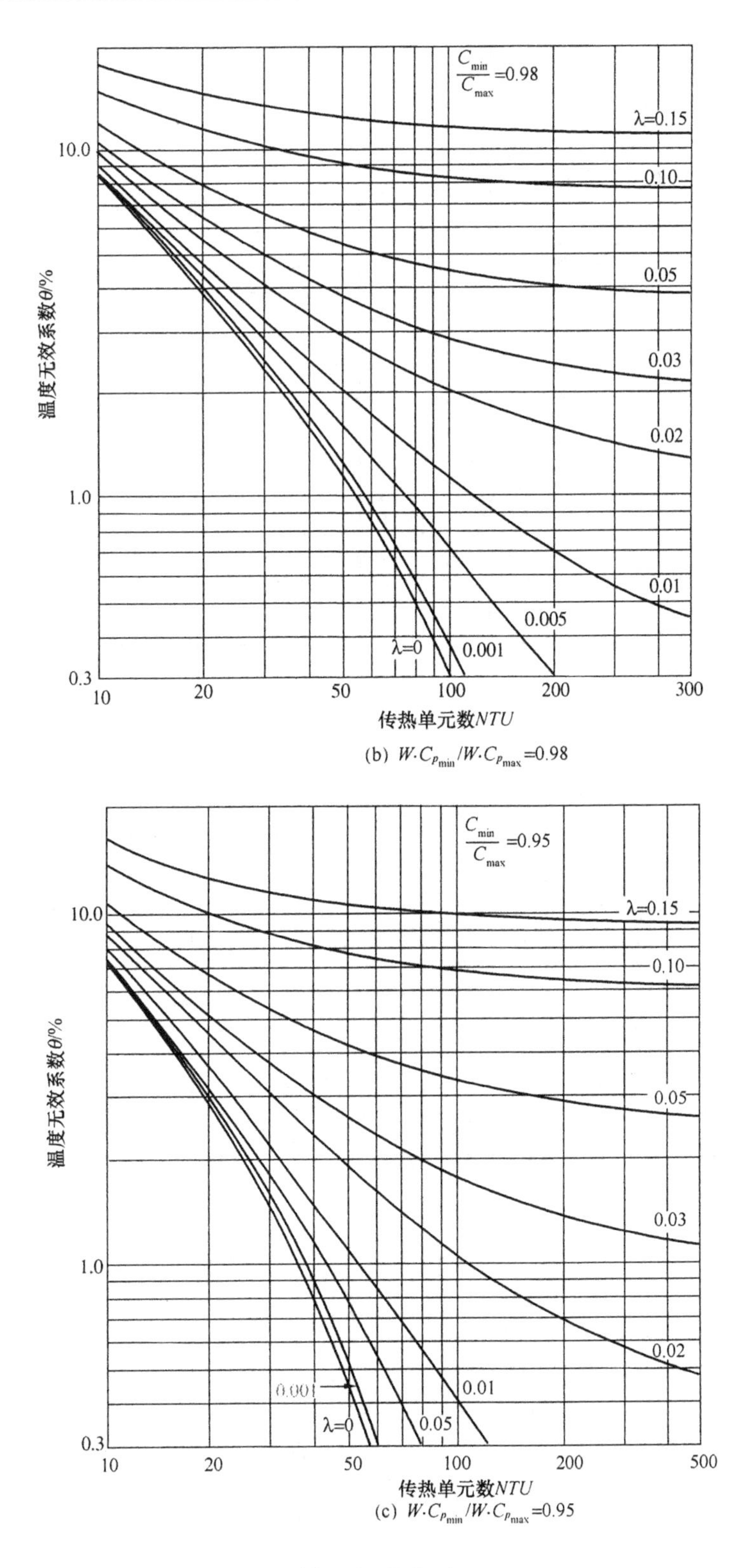

(b) $W \cdot C_{p_{min}} / W \cdot C_{p_{max}}$=0.98

(c) $W \cdot C_{p_{min}} / W \cdot C_{p_{max}}$=0.95

图 4.5－33(二)

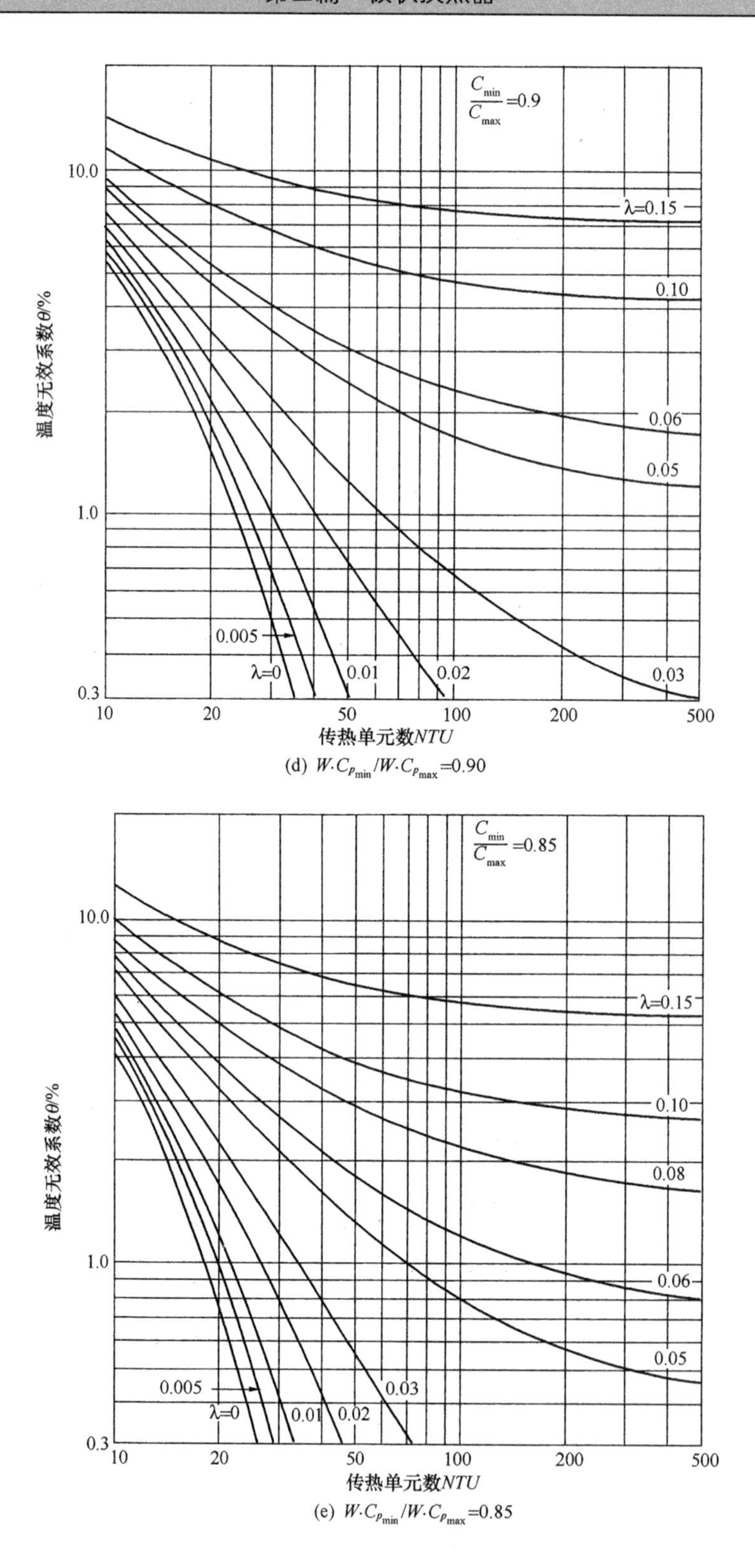

(d) $W \cdot C_{p_{min}}/W \cdot C_{p_{max}}=0.90$

(e) $W \cdot C_{p_{min}}/W \cdot C_{p_{max}}=0.85$

图 4.5-33(三)

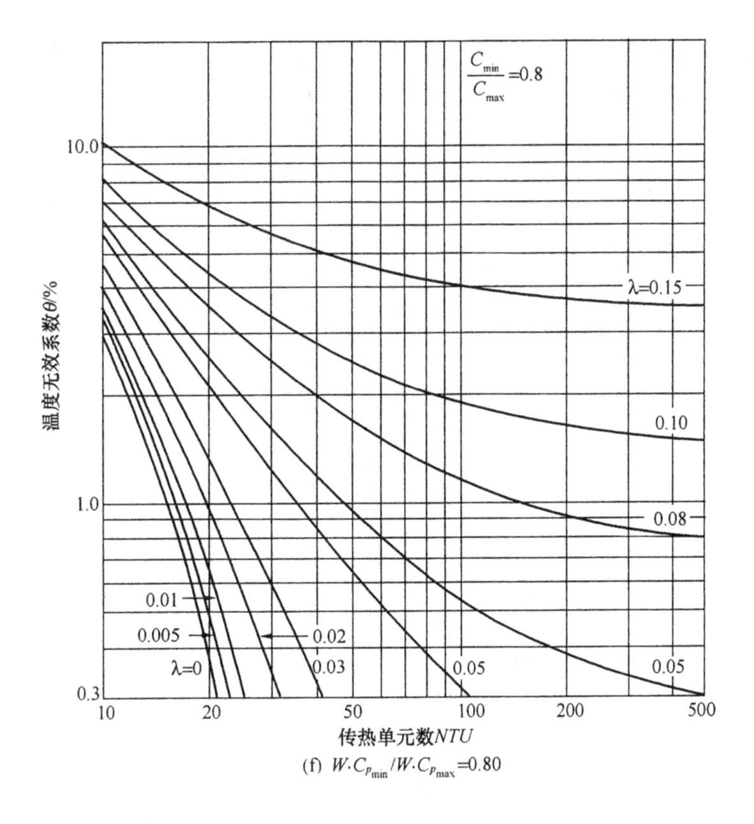

(f) $W\cdot C_{p_{min}}/W\cdot C_{p_{max}}=0.80$

图 4.5－33（四）

第四节　流体流动阻力计算

一、概况

某一股流体从入口进入换热器，直到从出口流出换热器，这一整个过程的流动阻力取决于很多因素。这些因素如果处理不当，不仅流动阻力增大，有时还会造成流体分布不均匀而直接影响了换热效果。本节的主要目的是想通过分析这些因素，克服不合理的结构，使流体在整个流动过程中能尽量平滑过渡，从而减少流动阻力，节省换热器的运行动力。流体进入换热器经过以下过程，离开换热器所产生的压力损失如下（因换热器进出口接管较短，在此忽略了这两段直管的流动阻力）：

Δp_1——流体由接管进入封头时流速明显下降所产生的膨胀压力损失；

Δp_2——流体由封头进入导流片开口并流入各层导流片中流速加快所产生的收缩压力损失；

Δp_3——流体由导流片开口段进入分配导流片时流速改变所产生的压力损失；

Δp_4——流体由进口导流片直到出分配导流片这一流动过程中所产生的摩擦阻力；

Δp_5——流体由分配导流片进入换热翅片时，流速改变所产生的压力损失；

Δp_6——流体进入换热翅片到出换热翅片这一过程中所产生的摩擦阻力；

Δp_7——流体由换热翅片进入出口收缩导流片时流速改变所产生的压力损失；

Δp_8——流体由收缩导流片到出口导流片时流速加快所产生的压力损失；

Δp_9——流体由收缩导流片到出口导流片这一过程中所产生的摩擦阻力；

Δp_{10}——流体由出口导流片进入出口封头时流速度慢所产生的压力损失；

Δp_{11}——流体由出口封头进入出口接管时流速加快所产生的压力损失。

在这11个环节中(有时还要考虑流体流动方向改变产生的压力损失)，每一个环节都要认真分析，采取可行的措施，使之减少压力损失，从而减少总的阻力。以下分步逐个加以分析。

二、流体由接管进入封头或由封头进入接管时压力损失(Δp_1 和 Δp_{11})的计算

图4.5-34表示了流体进出换热器封头时的一般尺寸。按管截面积 $A_n=\frac{\pi}{4}d_i^2$，封头截面积为 $A_H=L_i\cdot D_i$，故流通截面积之比 $\sigma=A_n/A_H=\frac{\pi d_i^2}{4L_iD_i}$，因此，进口(或出口)的阻力损失：

$$\Delta p = K\frac{G^2}{2\rho},\text{Pa}$$

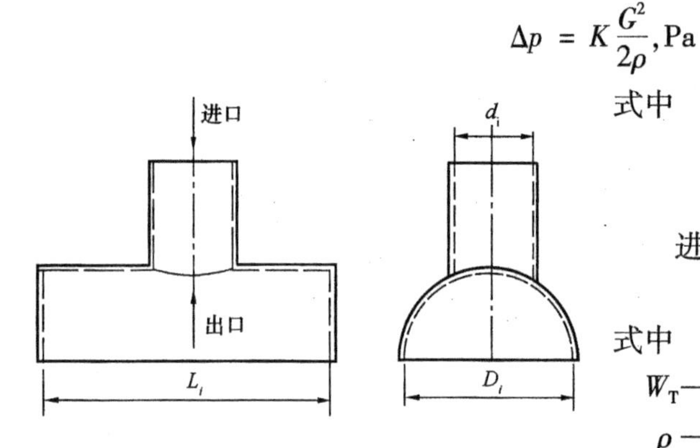

图4.5-34 封头尺寸

式中 G——质量流量，kg/(m²·s)；

ρ——流体密度，kg/m³；

K——系数。

进口时的膨胀损失系数：$K=K_E=(1-\sigma)^2$

式中 $G=W_T/A_n$，kg/(m²·s)；

W_T——总流量，kg/s；

ρ——流体进接管前的密度，kg/m³。

出口时的收缩损失系数：$K=K_c^*$

当 $\sigma<0.715$ 时，$K_c=0.4(1.25-\sigma)$；

当 $\sigma>0.715$ 时，$K_c=0.75(1-\sigma)$。

式中 $G=W_T/A_n$，kg/(m²·s)，与进口一样；

ρ——使用流体在封头内的密度，kg/m³。

当流体为两相流时，可用如下公式求 ρ：

$$\rho = W_T/(V_L+V_V) = W_T/(W_L/\rho_L+W_V/\rho_V),\ \text{kg/m}^3。$$

流体进封头时，应使用接管前的物性参数及量值。

流体出封头时，应使用流体在封头内的参数。

注：K_c 值除可用上述简单公式计算外，还可从图4.5-35中查得更精确的数值。

利用上述公式便可算出 Δp_1 和 Δp_{11} 因流速改变而产生的压力损失。由表达式可见，阻力损失与流速的平方成正比。即接管内的流速直接影响到这两项压力损失，因此，在许可范围内应尽量加大 d_i 的尺寸，该尺寸的效果之一是，流速降低，阻力按平方关系下降；之二是使 σ 变大，K_E，K_C 都下降(在 $L_i\cdot D_i$ 不变的情况下)。由于 d_i 加大后的效果十分明显，因此确定 d_i 时要慎重考虑。其次，若 d_i 不变，如何减小 $L_i\cdot D_i$ 之积也是很重要的。D_i 取决于导流片开口尺寸(有关导流片开口尺寸的讨论以后再叙及)及 d_i 这两个尺寸的限制。首先，D_i 一定要大于或等于导流片的开口尺寸，否则无法包容导流片开口。其次 d_i/D_i 之比值在强度设计及开孔补强时都有限定(如小于0.5或0.8以内等)，所以 D_i 变动范围不大。但 L_i 是大有讲究的。L_i 的最小尺寸应是把该流体所有流通都包容在内的必须尺寸。过大了不仅浪费金属，且对 Δp_1，Δp_{11} 都不利。因此流体流道的布置“散”与“集”直接决定了 L_i 的最小尺寸。仅从为降低Δp_1和Δp_{11}的角度出发。希望流体的所有流道都集中在换热器厚度方向上的某一个局部区域，且可减少L_i尺寸。当然，如果是2股流，则无法减小L_i尺寸。但当流体层数很多时，势必要使L_i增到很大，此时的接管尺寸d_i也不会太小。这样的封头若改用两根接管进出封头的结构形式，则可带来十分明显的经济效益。其一，两根接管截面积可大于一根接管的截面积，使流体进出封头的流动阻力大大下降；其二，d_i的减小可使D_i并减小（当然要确保D_i大于导流片开口尺寸），而D_i减小后可使封头壁厚下降，故最终使封头重量大大下降了。有时采用这一措施后，本来要求开孔补强的封头。往往变成无需开孔补强了。由此可知，封头接管设计时，要多种因素同时考虑，多种方案，进行比较，才能得到最佳的设计。

三、流体由封头进入导流片开口和其相反过程的压力损失（Δp_2和Δp_{10}）的计算

$$\Delta p = K\frac{G^2}{2\rho},\ \text{Pa}$$

式中，系数K的求法和上节相同，由封头进入导流片开口时，$K=K_c$；

由导流片进入封头时，$$K = K_E = (1-\sigma)^2$$

$$G = W_T/A_p,\ \text{kg/(m}^2\cdot\text{s)};\ A_p = Naa_f,\ \text{m}^2$$

式中　N——层数；

a——导流片开口宽度，m；

A_p——导流片开口处的自由流动面积，m^2；

a_f——导流片的自由流通截面积，m^2/m；

$\sigma = A_p/(L_iD_i)$，进出口一样；

ρ——进导流片时用封头内的参数，出导流片时用导流片内的参数。

K_c同样可以用方式计算，但也可从图4.5－35查得。

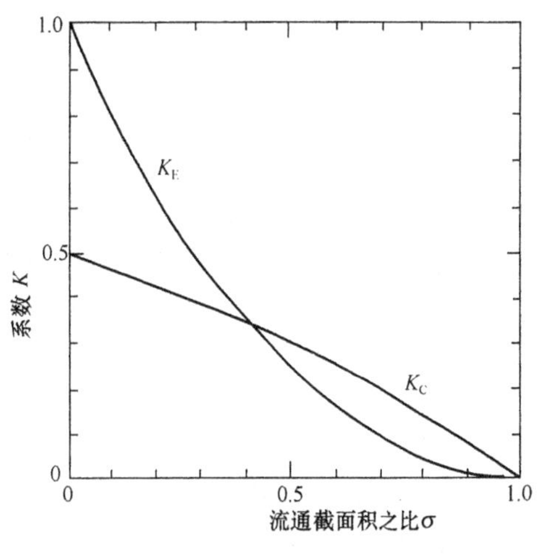

图4.5－35　K_E和K_c值

Δp_2和Δp_{10}的影响因素，除了封头尺寸以及上节所述的影响因素之外，还有导流片的开口宽度和导流片几何参数的影响，且如何决定导流片开口宽度a值，以及如何选用导流片的几何参数还是一个关键问题。为了尽量减少流动阻力，一般要求$A_p \geq \frac{\pi}{4}d_i^2$，即$a \geq \frac{\pi}{4}d_i^2/Na_f = \pi d_i^2/(4Na_f)$ m；而a_f是选用翅片在允许的使用压力下翅片a_f值最大的翅片，即选用$a_f = \frac{xy}{P} = \frac{(P-t)(h-t)}{P}$值为最大的翅片。由于导流片是露在芯体表面上的，$t$值太小时，导流片易损坏。因此，$t$一般均要求大于0.3mm。在传热翅片选定后，$h$是定值，导流片不能再更动，因此唯一可以变动的参数只有翅片节距P值了。设计压力一旦确定，

则 $$t/P > p_D/[\sigma](1-\varphi)$$

式中　p_D——设计压力，MPa；

$[\sigma]$——材料允许设计强度；

φ——导流片开孔率。

所以，当使用3003-0材料时，如$[\sigma]$ = 19MPa，$(1-\varphi)$ = 0.9425时，则，$P < \frac{17.9t}{p_D}$；因此，当t=0.3，0.4，0.5，0.6mm，p_D=1.0，2.0，3.0，4.0，5.0MPa时，则P值可列于表4.5-11中。当p_D为定值时，如p_D=3MPa，t=0.3mm，h=9.5mm时，则

P=1.7mm，a_f=0.00798m^2/m；

P=1.4mm，a_f=0.00723m^2/m。

t=0.4mm时：

P=2.3mm，a_f=0.00752m^2/m；

P=2.0mm，a_f=0.00728m^2/m。

t=0.5mm时：

P=2.9mm，a_f=0.00745m^2/m；

P=2.5mm，a_f=0.00720m^2/m。

t=0.6mm时：

P=3.5mm，a_f=0.00737m^2/m；

P=3.0mm，a_f=0.00712m^2/m。

表4.5-11 P 值 mm

t	设计压力p_D/MPa				
	1.0	2.0	3.0	4.0	5.0
0.3	5.3	2.6	1.7	1.3	1.0
0.4	7.1	3.5	2.3	1.7	1.4
0.5	8.9	4.4	2.9	2.2	1.7
0.6	10.7	5.3	3.5	2.6	2.1

很明显，8种翅片都可以承受p_D=3.0MPa的设计压力。若材料厚度加厚，则节距增大，流通截面积a_f越小。若材料厚度不变，节距越小，流通截面肯定越小。由此知，在适应设计压力的条件下，导流片材料减薄，节距变小，自由流通截面积越大，应优先选用。

按此原则设计的结果是，流体由封头进入导流片开口时的流速低于流体在接管内的流速。显然，a值越大，阻力越小。但当流体由芯体侧面进出时，a值将直接影响到换热器的总体长度。因此a值必须取用适当。

四、流体由导流片开口段进入分配导流片时速度改变和其相反所产生的压力损失(Δp_3和Δp_8)的计算

由图4.5-36可见，进入导流片的流速为：

$$v_{in} = G/(aNa_{fin}) \quad kg/(m^2 \cdot s)$$

进入分配导流片的流速：

$$v_{Dis} = G/(A_{LDis}) \quad kg/(m^2 \cdot s)$$

式中 $A_{fDis} = NCa_{fDis} \quad m^2$；

$$C = \frac{aW_i}{[a^2 + (W_i + b - l)^2]^{0.5}}，m。$$

a_{fin}，a_{fDis} ——进口导流片和分配导流片的自由流动截面积，m^2/m。

对每一层流体来说，流体由进口到分配再到换热翅片内的流速，一般情况下是逐渐减慢的。因此，为了流速的平滑过渡，要求 $U_{Dis} < U_{in}$，即 $A_{fDis} > A_{fin} = Naa_{fin}$。因而，$Ca_{fDis} > aa_{fin}$。

当 $a_{fin} = a_{fDis}$（使用同一种导流片规格）时，$C > a$，即 $\frac{aW_i}{[a_i^2 + (W_i + b - l)^2]^{0.5}} > a$；简化得：

$l > W_i + b - (W_i^2 - a^2)^{0.5}$，m（有关几何参数间关系的讨论见专题节）。流速改变引起的压力损失同前节，即 $\Delta p = K\frac{G^2}{2\rho}$，Pa。系数 K 计算时，使用的截面比 $\sigma = A_{fin}/A_{fDis}$，而物性参数 ρ，在入口处使用导流口的参数，在出口处使用分配导流片内的参数。

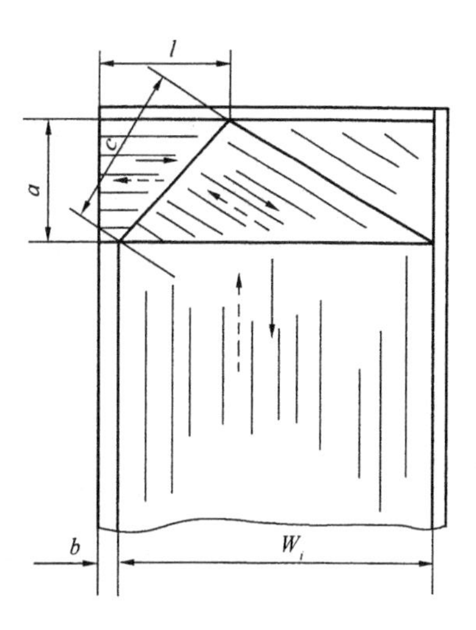

图 4.5－36　侧面进出口的导流片

五、流体由分配导流片进入换热翅片和其相反过程时流速改变产生的压力损失（Δp_5 和 Δp_7）的计算

流体进入换热翅片处时速度减慢，而流出换热翅片并进入出口收缩导流片时速度又加快。在这前后过程中，产生了膨胀和压缩阻力损失。此时的流通截面比值 $\sigma = Ca_{fDis}/W_i a_{ff}$，阻力损失，$\Delta p = KG^2/2\rho$，Pa。注意 ρ 在进出口处的区别较大，不要用错。

六、流体流经全部导流片（进口和出口）时摩擦阻力（Δp_4 和 Δp_9）的计算

计算这两段摩擦阻力时需计算流路长度和流速，现分别计算如下。

①进口（或出口）导流片的流路长度：$l_{in} = \frac{1}{2}(l + b)$，见图 4.5－36；

②分配导流片（或收集导流片）的流路长度：$l_{Dis} = \frac{1}{2}[a^2 + (W_i + b - l)^2]^{0.5}$；

③整个流路的平均流路长度为：$L_D = l_{in} + l_{Dis}$；

④进口（或出口）流速：$G_{in} = G/(Naa_{fin})$。

由此求出 R_{ein} 及 f_{in}，从而得：$\Delta p_{in} = \frac{G_{in}^2}{\rho_{in}} f_{in} \frac{2l_{in}}{D_{lin}}$，Pa。

注意出口处因温度、压力改变其物性改变了，进而使 Re_{out} 和出口阻力 $\Delta p_{out} = \frac{G_{in}^2}{\rho_{out}} f_{out} \frac{2l_{in}}{D_{lin}}$ 也有改变。

⑤在分配导流片段（或收集导流片段）的流速

$G_{Dis} = G/(NCa_{fDis})$，kg/(m²·s)，由此求得 Re_{Dis} 及 f_{Dis}，从而可算出：$\Delta p_{Dis}^{in} = \frac{G_{Dis}^2}{\rho_D} f_D \frac{2l_{Dis}}{D_{eDis}}$，Pa。

同样，在计算收集导流片段时应注意物性的改变而产生的变化。

因此 $\Delta p_4 = \Delta p_{in} + \Delta p_{Dis}^{in}$，Pa。同样，$\Delta p_9 = \Delta p_{Dis}^{out} + \Delta p_{out}$。

当 $a = C$，$a_{fin} = a_{fDis}$ 时，$\Delta p_4 = \frac{G_{in}^2}{\rho} f \frac{2L_D}{D_e}$，Pa（忽略物性差异）

式中 $L_D = l_{in} + l_{Dis}$。

当物流为两相流时，$\Delta p = \phi^2 f_L \dfrac{G^2}{\rho_L}\dfrac{2L_D}{D_e}$，Pa。

有关两相流的摩擦阻力计算，可见下节内容。

七、流体在换热翅片中流动时摩擦阻力(Δp_6)的计算

（一）单相流

$$\Delta p_6 = f\frac{2L}{D_e}\frac{G^2}{\rho},\ \text{Pa}$$

式中 f——摩擦系数，由 Re 查翅片特性曲线可求得，$Re = \dfrac{GD_e}{\mu}$；

式中，$G = W_T/A_f$，kg/(m²·s)。W_T 为总流量，kg/s，$A_f = Na_f w_i$，为流体总的流动截面积，m²。

μ——黏度，kg/(m·s)，取平均温度 t_m 下的物性参数。

$t_m = \dfrac{1}{2}(t_{in} + t_{out})$，为流体进出口温度的平均值。

L——流体的流路长度，m；

D_e——翅片当量直径，m；

ρ——流体平均温度下的密度，kg/m³；

a_f——使用的翅片在每 m 宽度时的自由流通截面，m²/m。

（二）两相流

$$\Delta p_6 = \phi^2 f_L \frac{2L}{D_e}\frac{G^2}{\rho_L},\ \text{Pa}$$

式中 ϕ^2——ψ 和 F_L 的函数，由图 4.5－37 查得：

$$\psi = \rho_L f_V/\rho_V f_L;\ F_L = \frac{W_L}{\rho_L}\Big/\left[\frac{W_L}{\rho_L} + \frac{W_V}{\rho_V}\right];$$

$$Re_L = GD_e/\mu_L;\ Re_V = GD_e/\mu_V。$$

由 Re_L，Re_V 分别查翅片的特性曲线可求得摩擦系数 f_L 和 f_V，代入方式求 ψ 和 F_L，从而查到 ϕ^2，而 W_L，W_V 为全部按进出口温度之比，由图 4.5－31 求得 F 值后计算所得之平均流量 $W_{L平均}$ 和 $W_{V平均}$，而 ρ_L，ρ_V，μ_L，μ_V，均按平均温度下的物性值代入进行计算。

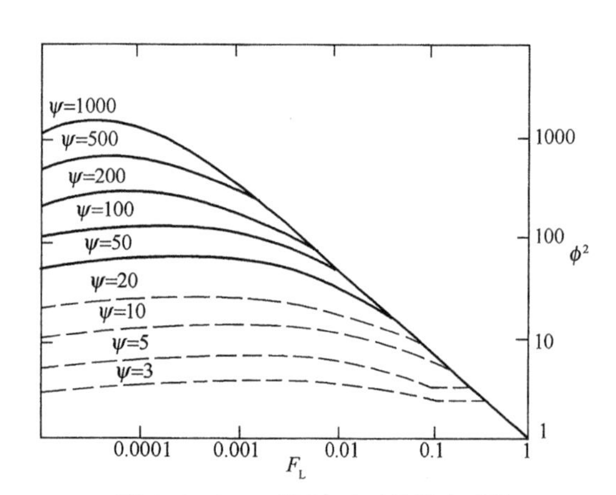

图 4.5－37 两相流动时的阻力系数

八、集气管的阻力

当几个单元并联使用时，集气管的设置是必须的。因此，流体从集气管进入到从另一端集气管流出的阻力，也应计入换热器的流动阻力之内，见图 4.5－38。

流体由集气管到各单元接管的压力损失和由各单元接管到集气管的压力损失，直接

与集气管直径 D_i 单元数的多少有关。假定换热器由 n 个单元并联使用，流体由集气管进入时为截面Ⅰ－Ⅰ，通过第1个单元后为截面Ⅱ－Ⅱ，如此排下去直至进入第 n 个单元前为截面 $N-N$。令进入第1个单元的接管截面为1－1，进入第2个单元的截面为2－2，进入第 n 个单元的截面为 $n\text{-}n$。在集气管中，第Ⅰ－Ⅰ截面的流速为 V_{I}，第Ⅱ－Ⅱ截面的流速为 V_{II}，第 $N-N$ 截面的流速为 V_{N}。而进入第1个单元接管的流速为 V_1，进入第 n 个单元的流速为 V_n。

图4.5－38 并联使用时的集气管

（一）集气管截面及各单元接管直径均相同时的情况

当集气管截面相等（即 $A_{\mathrm{I-I}}=A_{\mathrm{N-N}}$）及各单元接管直径亦相等（即 $A_{1-1}=A_{n-n}$）时，设流体总流量为 W_{T}（kg/s），密度为 ρ（kg/m³）。当流体进入各单元后其在总管内的流速会慢慢降低，因此流体由集气管流向各单元的接管压力不同，尤其在最后一个单元更是如此。

阻力计算公式如下：

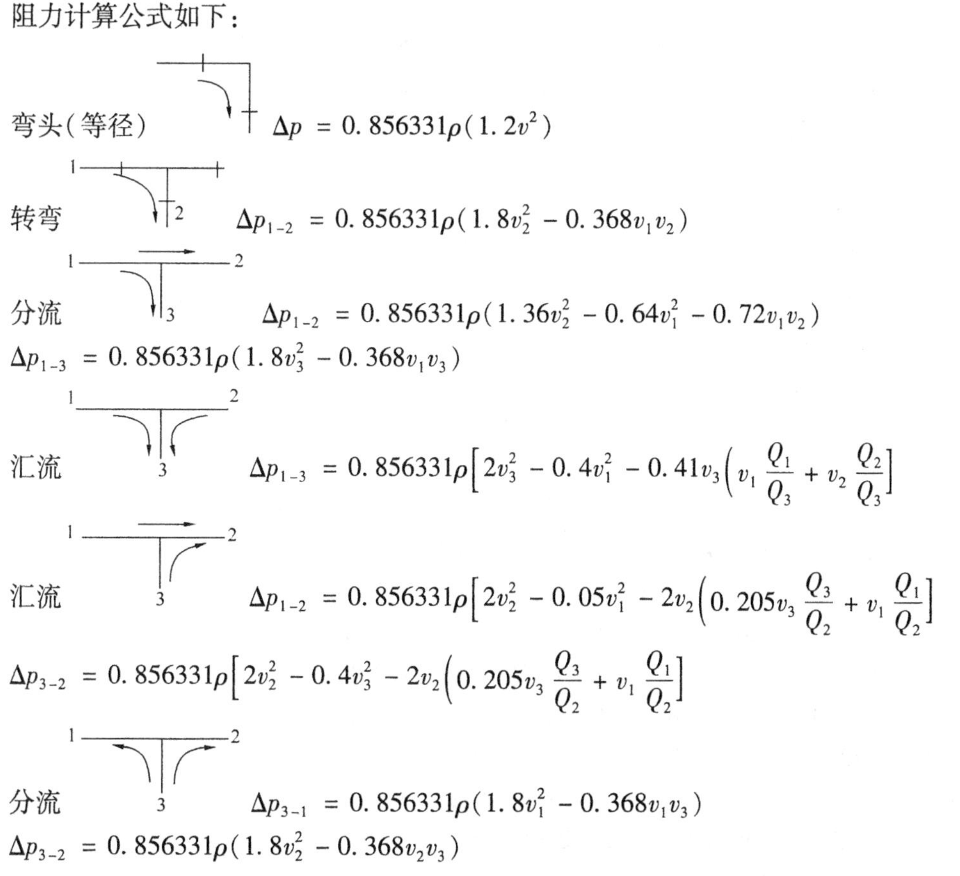

弯头（等径） $\Delta p = 0.856331\rho(1.2v^2)$

转弯 $\Delta p_{1-2} = 0.856331\rho(1.8v_2^2 - 0.368v_1v_2)$

分流 $\Delta p_{1-2} = 0.856331\rho(1.36v_2^2 - 0.64v_1^2 - 0.72v_1v_2)$

$\Delta p_{1-3} = 0.856331\rho(1.8v_3^2 - 0.368v_1v_3)$

汇流 $\Delta p_{1-3} = 0.856331\rho\left[2v_3^2 - 0.4v_1^2 - 0.41v_3\left(v_1\dfrac{Q_1}{Q_3} + v_2\dfrac{Q_2}{Q_3}\right)\right]$

汇流 $\Delta p_{1-2} = 0.856331\rho\left[2v_2^2 - 0.05v_1^2 - 2v_2\left(0.205v_3\dfrac{Q_3}{Q_2} + v_1\dfrac{Q_1}{Q_2}\right)\right]$

$\Delta p_{3-2} = 0.856331\rho\left[2v_2^2 - 0.4v_3^2 - 2v_2\left(0.205v_3\dfrac{Q_3}{Q_2} + v_1\dfrac{Q_1}{Q_2}\right)\right]$

分流 $\Delta p_{3-1} = 0.856331\rho(1.8v_1^2 - 0.368v_1v_3)$

$\Delta p_{3-2} = 0.856331\rho(1.8v_2^2 - 0.368v_2v_3)$

式中 Δp——压力降，Pa；

ρ——密度，kg/m^3；

v——流速，m/s；

Q——流量，m^3/s。

上述公式中的常数0.856331已含有115%的裕度。从公式中即可看出，在总管和每个单元交汇处的流速不等，因此每个单元到总管的流动阻力亦不同，甚至与分支的多少都有关。现举例说明如下，符号如图4.5-38所示。

例一

设有6个单元并联使用的集气管($n=6$)，总管直径 $D_i=500mm$，令支管直径 d_i 和总管直径相匹配，并 $\frac{\pi}{4}D_i^2=6\times\frac{\pi}{4}d_i^2$，从而得：$\frac{\pi}{4}D_i^2=0.19635m^2$；$\frac{\pi}{4}d_i^2=0.032725m^2$。

设进入总管的流速 $v_{\mathrm{I-I}}=25m/s$，由此得

$v_{1-1}=v_{2-2}=\cdots=v_{6-6}=25m/s$(假定单元阻力相等)；

$v_{\mathrm{II-II}}=(0.19635\times25-0.032725\times25)/0.19635=20.83m/s$；

$v_{\mathrm{III-III}}=(0.19635\times20.83-0.032725\times25)/0.19635=16.66m/s$；

$v_{\mathrm{IV-IV}}=12.5m/s$；

$v_{\mathrm{V-V}}=8.33m/s$；

$v_{\mathrm{VI-VI}}=4.16m/s$。

$\Delta p_{\mathrm{I-II}}=0.856331[1.36(20.83)^2-0.64(25)^2-0.72\times25\times20.83]\times\rho$，Pa

令 $\rho=1.5kg/m^3$，并假定在入口总管中保持不变，则

$\Delta p_{\mathrm{I-II}}=-237.2751$，Pa；$\Delta p_{\mathrm{II-III}}=-192.6742$，Pa；

$\Delta p_{\mathrm{III-IV}}=-148.0743$，Pa；$\Delta p_{\mathrm{IV-V}}=-103.4734$，Pa；

$\Delta p_{\mathrm{V-VI}}=-58.8726$，Pa。

$\Delta p_{\mathrm{I-1}}=0.856331[1.8\times25^2-0.368\times25\times25]\times1.5=1149.6237$，Pa；

$\Delta p_{\mathrm{II-2}}=1198.8631$，Pa；$\Delta p_{\mathrm{III-3}}=1248.1026$，Pa；$\Delta p_{\mathrm{IV-4}}=1297.341$，Pa；

$\Delta p_{\mathrm{V-5}}=1346.5805$，Pa；

$\Delta p_{\mathrm{VI-6}}$ 使用转弯公式：

$\Delta p_{\mathrm{VI-6}}=0.856331[1.8\times25^2-0.368\times25\times4.16]\times1.5=1395.8189$，Pa。

令 $p_{\mathrm{I}}=9806.7$，Pa

则 $p_{\mathrm{II}}=p_{\mathrm{I}}-\Delta p_{\mathrm{I-II}}=9806.7-(-237.2751)=10043.975$，Pa；

$p_{\mathrm{III}}=p_{\mathrm{II}}-\Delta p_{\mathrm{II-III}}=10043.9750-(-192.6742)=10236.6490$，Pa；

$p_{\mathrm{IV}}=p_{\mathrm{III}}-\Delta p_{\mathrm{III-IV}}=10236.6490+148.0743=10384.7231$，Pa；

$p_{\mathrm{V}}=p_{\mathrm{IV}}-\Delta p_{\mathrm{IV-V}}=10384.7231+103.4734=10488.1965Pa$；

$p_{\mathrm{VI}}=10488.1965+58.8726=10547.0691Pa$。

$p_1=p_{\mathrm{I}}-\Delta p_{\mathrm{I-1}}=9806.7000-1149.6237=8657.0763Pa$。

$p_2=p_{\mathrm{II}}-\Delta p_{\mathrm{II-2}}=10043.9750-1198.8631=8845.1120Pa$；

$p_3=10236.6490-1248.1026=8988.5470$，Pa；

$p_4=10384.7231-1297.3410=9087.3820$，Pa；

$p_5=10488.1965-1346.5805=9141.6160$，Pa；

$p_6=10547.0691-1395.8189=9151.2500$，Pa。

进口压力计算结果的分布情况见图 4.5－39。以上结果是流体由总管流向各支管的情况。

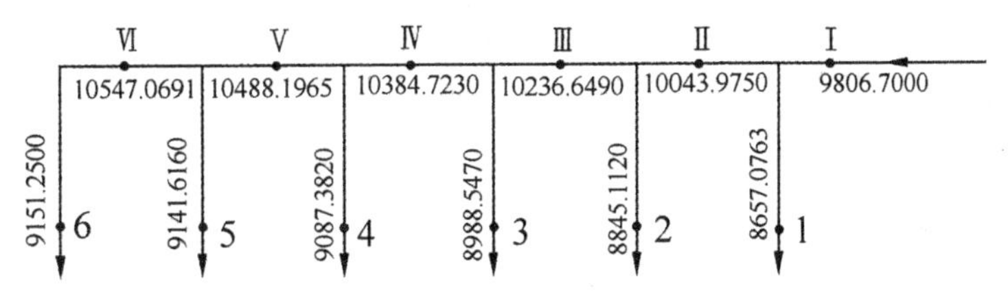

图 4.5－39 6 个单元并联时进口压力分布图

以下计算由各支管流向出口总管的压力分布。

令出总管后的压力为 $p'_{\mathrm{I}}=5884.02$，Pa；密度 $\zeta'=1.39\mathrm{kg/m^3}$，出口总管直径 $D'_i=500\mathrm{mm}$，出各单元的接管直径 $d'_i=[0.5^2/6]^{0.5}=0.204124\mathrm{m}$，则 $\frac{\pi}{4}D_i^2=0.19635\mathrm{m}^2$；$\frac{\pi}{4}d_i^2=0.032725$，$\mathrm{m}^2$。出总管时流速：$v'_{\mathrm{I}}=27\mathrm{m/s}$；$v'_1=v'_2=\cdots=v'_6=27\mathrm{m/s}$。

$Q'_{\mathrm{VI}}=Q'_6=0.032725\times27=0.883575$，$\mathrm{m^3/s}$；

$Q'_{\mathrm{V}}=Q'_{\mathrm{VI}}+Q'_5=0.883575+0.883575=1.767150$，$\mathrm{m^3/s}$；

$Q'_{\mathrm{IV}}=2.650725$，$\mathrm{m^3/s}$；

$Q'_{\mathrm{III}}=3.534300$，$\mathrm{m^3/s}$；

$Q'_{\mathrm{II}}=4.417875$，$\mathrm{m^3/s}$；

$Q'_{\mathrm{I}}=5.301450$，$\mathrm{m^3/s}$；

$Q'_1=Q'_2=Q'_3=\cdots\cdots=Q'_6=0.8835750$，$\mathrm{m^3/s}$。

流动速度：$V'_{\mathrm{I}}=27$，m/s；$V'_{\mathrm{VI}}=V'_6\times\frac{d_i^2}{D_i^2}=27\times\frac{0.0416}{0.25}=4.5$，m/s；$v'_{\mathrm{V}}=9.0$，m/s；$v'_{\mathrm{IV}}=13.5$，m/s；$v'_{\mathrm{III}}=18$，m/s；$v'_{\mathrm{II}}=22.5$，m/s。

$\Delta p'_{6-\mathrm{VI}}=0.856331[1.8\times(4.5)^2-0.368\times(4.5)\times(27)]\times1.39=-9.834$，Pa；

$\Delta p'_{5-\mathrm{V}}=0.856331[2\times9^2-0.4\times27^2-2\times9(0.205\times27\times0.5+4.5\times0.5]\times1.39$
$=-261.764$，Pa；

$\Delta p'_{4-\mathrm{IV}}=0.856331\left[2\times13.5^2-0.4\times27^2-2\times13.5\left(0.205\times27\times\frac{1}{3}+9\times\frac{2}{3}\right)\right]\times1.39$
$=-165.351$，Pa；

$\Delta p'_{3-\mathrm{III}}=0.856331\left[2\times18^2-0.4\times27^2-2\times18\left(0.205\times27\times\frac{1}{4}+13.5\times\frac{3}{4}\right)\right]\times1.39$
$=-68.936$，Pa；

$\Delta p'_{2-\mathrm{II}}=0.856331\left[2\times22.5^2-0.4\times27^2-2\times22.5\left(0.205\times27\times\frac{1}{5}+18\times\frac{4}{5}\right)\right]\times1.39$
$=27.478$，Pa；

$\Delta p'_{1-\mathrm{I}}=0.856331\left[2\times27^2-0.4\times27^2-2\times27\left(0.205\times27\times\frac{1}{6}+22.5\times\frac{5}{6}\right)\right]\times1.39$
$=123.892$，Pa；

$\Delta p'_{\mathrm{VI}-\mathrm{V}}=0.856331\left[2\times9^2-0.05\times4.5^2-2\times9\left(0.205\times27\times\frac{1}{2}+4.5\times\frac{1}{2}\right)\right]\times1.39$

$$=84.122, \text{Pa};$$

$$\Delta p'_{\text{V}-\text{IV}} = 0.856331\left[2\times13.5^2 - 0.05\times9^2 - 2\times13.5\left(0.205\times27\times\frac{1}{3} + 9\times\frac{2}{3}\right)\right]\times1.39$$

$$=176.921, \text{Pa};$$

$$\Delta p'_{\text{IV}-\text{III}} = 0.856331\left[2\times18^2 - 0.05\times13.5^2 - 2\times18\left(0.205\times27\times\frac{1}{4} + 13.5\times\frac{3}{4}\right)\right]\times1.39$$

$$=267.309, \text{Pa};$$

$$\Delta p'_{\text{III}-\text{II}} = 0.856331\left[2\times22.5^2 - 0.05\times18^2 - 2\times22.5\left(0.205\times27\times\frac{1}{5} + 18\times\frac{4}{5}\right)\right]\times1.39$$

$$=355.287, \text{Pa};$$

$$\Delta p'_{\text{II}-\text{I}} = 0.856331\left[2\times27^2 - 0.05\times22.5^2 - 2\times27\left(0.205\times27\times\frac{1}{6} + 22.5\times\frac{5}{6}\right)\right]\times1.39$$

$$=440.854, \text{Pa};$$

$p'_{\text{I}} = 5884.020$, Pa; $p'_{\text{II}} = p'_{\text{I}} + \Delta p'_{\text{II}-\text{I}} = 5884.02 + 440.854 = 6324.874$, Pa;

$p'_{\text{III}} = p_{\text{II}} + \Delta p'_{\text{III}-\text{II}} = 6324.874 + 355.287 = 6680.161$, Pa;

$p'_{\text{IV}} = p_{\text{III}} + \Delta p'_{\text{IV}-\text{III}} = 6680.161 + 267.309 = 6947.470$, Pa;

$p'_{\text{V}} = p'_{\text{IV}} + \Delta p'_{\text{V}-\text{IV}} = 6947.47 + 176.921 = 7124.391$, Pa;

$p'_{\text{VI}} = p'_{\text{V}} + \Delta p'_{\text{VI}-\text{V}} = 7124.391 + 84.122 = 7208.513$, Pa;

$p'_1 = p'_{\text{I}} + \Delta p'_{1-\text{I}} = 5884.02 + 123.892 = 6007.912$, Pa;

$p'_2 = p'_{\text{II}} + \Delta p'_{2-\text{II}} = 6324.874 + 27.478 = 6352.352$, Pa;

$p'_3 = p_{\text{III}} + \Delta p'_{3-\text{III}} = 6680.161 + (-68.936) = 6611.225$, Pa;

$p'_4 = p'_{\text{IV}} + \Delta p'_{4-\text{IV}} = 6947.47 - 165.351 = 6782.115$, Pa;

$p'_5 = p'_{\text{V}} + \Delta p'_{5-\text{V}} = 7124.391 - 261.764 = 6862.627$, Pa;

$p'_6 = p'_{\text{VI}} + \Delta p'_{6-\text{VI}} = 7208.513 - 9.834 = 7198.679$, Pa。

流体流出集气管时的压力分布见图 4.5－40。

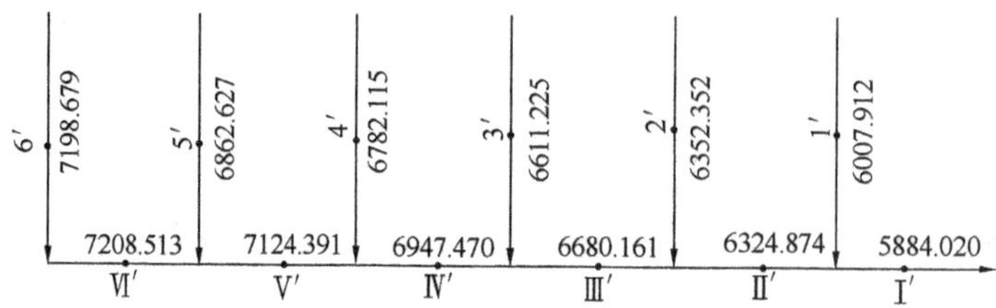

图 4.5－40 流体流出集气管时的压力分布图

流体进入进口总管和流出出口总管的流动方向如图 4.5－39 和图 4.5－40 所示时，把两图的数据列于表 4.5－12 中便可看出，第 1 个单元和第 6 个单元的压力差有明显的区别，其总管压差之比为：3338.556/3922.680＝0.8511；而单元的压差之比为：1952.571/2649.164＝0.7371。其余单元总管压力差与平均差值之比都大于 94%，接管压力差值与平均值之比也都大于 94%。在这种情况下，若 6 个单元中的阻力值不一样大，则可把阻力值小的单元安装在 6 号单元位置上，把阻力大的单元放置在 1 号单元位置上。其余单元按阻力值的大小由 2 号单元位排放到 5 号单元位，从而使阻力均衡。流体进入总管和流出出口总管的流向相同(右进左出)时的阻力差值见表 4.5－13。由该表可看出，其总管压差平均值和接管压差平均值不变(与异向进出相同)，但第 1 和第 6 号单元的压差值之比，要比反向进出总管时更分散。其比值分别为总管 2598.187/4663.049 = 0.5572，接管 1458.397/3143.338 = 0.4640。不均匀程度增加了 34.5% 和 37.1%，压差值和平均压差值之比的误差也增大了。显然，这种排列方式的流体分布均匀度较异向布置时差得多，故在一般情况下建议不要用。

表 4.5-12 进口总管和出口总管的流体为反向流动时的压力分布(右进右出)

项目 \ 单元		1	2	3	4	5	6
进口管压力/Pa	总管	9806.700	10043.975	10236.649	10384.723	10488.197	10547.069
	支管	8657.076	8845.112	8988.547	9087.382	9141.616	9151.250
出口管压力/Pa	总管	5884.020	6324.874	6680.161	6947.47	7124.391	7208.513
	支管	6007.912	6352.352	6411.225	6782.115	6862.627	7198.679
进出总管压差(Pa)		3922.680	3719.101	3556.488	3437.253	3363.806	3338.556
进出支管压差(Pa)		2649.164	2492.760	2377.322	2305.267	2278.989	1952.571
两个压差比值		0.675	0.670	0.668	0.671	0.678	0.585

表 4.5-13 进口总管和出口总管流体为同向流动时的压力分布

项目 \ 单元		1	2	3	4	5	6
进口管压力/Pa	总管	9806.700	10043.975	10236.649	10384.723	10488.197	10547.069
	支管	8657.076	8845.112	8988.547	9087.382	9141.616	9151.250
出口管压力/Pa	总管	7208.513	7124.391	6947.470	6680.161	6324.874	5884.020
	支管	7198.679	6862.627	6782.115	6611.225	6352.352	6007.912
进出总管压差/Pa		2598.187	2919.584	3289.179	3704.562	4163.323	4663.049
进出支管压差/Pa		1458.397	1982.485	2206.432	2476.157	2789.264	3143.338
两个压差比值		0.561	0.679	0.671	0.668	0.670	0.674

例二

设 3 个单元并联使用时的集气管，且每个单元的流量相当于 6 个单元并联使用时的两倍。即 $D_i = 500\text{mm}$，$v_{\text{I}} = 25\text{m/s}$，$\rho = 1.5\text{kg/m}^3$，因此，$\frac{\pi}{4}d_i^2 = 0.06545$，$\text{m}^2$；$\frac{\pi}{4}D_i^2 = 0.19635$，$\text{m}^2$；$d_i = 0.2886755$，m。

$v_1 = v_2 = v_3 = 25\text{m/s}$；$p_{\text{I}} = 9806.700$，Pa。

$v_{\text{II}} = [0.19635 \times 25 - 0.06545 \times 25]/0.19635 = 16.\dot{6}$，m/s；

$v_{\text{III}} = [0.19635 \times 25 - 0.06545 \times 25 \times 2]/0.19635 = 8.\dot{3}$，m/s。

$$\Delta p_{\text{I-II}} = 0.856331[1.36 \times 16.\dot{6}^2 - 0.64(25)^2 - 0.72(16.\dot{6}) \times 25] \times 1.5$$
$$= -413.8937, \text{ Pa};$$

$$\Delta p_{\text{II-III}} = 0.856331[1.36 \times 8.\dot{3}^2 - 0.64(16.\dot{6})^2 - 0.72(16.\dot{6}) \times 8.\dot{3}] \times 1.5$$

$= -235.4912$，Pa；

$\Delta p_{\text{I}-1} = 0.856331[1.8 \times 25^2 - 0.368 \times 25 \times 25] \times 1.5 = 1149.6237$，Pa；

$\Delta p_{\text{II}-2} = 0.856331[1.8 \times 25^2 - 0.368 \times 25 \times 16.\dot{6}] \times 15 = 1248.1026$，Pa；

$\Delta p_{\text{III}-3} = 0.856331[1.8 \times 25^2 - 0.368 \times 25 \times 8.\dot{3}] \times 1.5 = 1346.5805$，Pa；

$p_{\text{II}} = p_{\text{I}} - \Delta p_{\text{I}-\text{II}} = 9806.7 - (-413.8937) = 10220.5937$，Pa；

$p_{\text{III}} = p_{\text{II}} - \Delta p_{\text{II}-\text{III}} = 10220.5937 + 235.4912 = 10456.0849$，Pa；

$p_1 = p_{\text{I}} - \Delta p_{\text{I}-1} = 9806.7 - 1149.6237 = 8657.0763$，Pa；

$p_2 = p_{\text{II}} - \Delta p_{\text{II}-2} = 10220.5937 - 1248.1026 = 8972.4911$，Pa；

$p_3 = p_{\text{III}} - \Delta p_{\text{III}-3} = 10456.0849 - 1346.5805 = 9109.5044$，Pa。

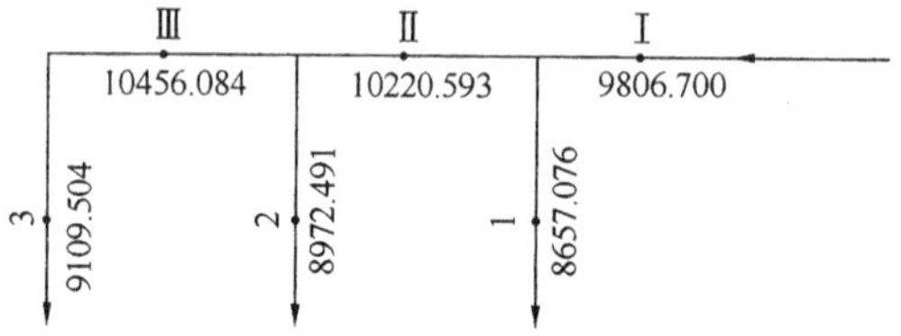

图4.5－41　3个单元并联时的压力分布

压力分布图见4.5－41所示。

流体流出出口总管及出口接管阻力的计算。

同样设 $D'_i = 500\text{mm}$，$\frac{\pi}{4} d'^2_i = 0.06545$，$\text{m}^2$；$v'_{\text{I}} = 27\text{m/s}$；$\rho' = 1.39\text{kg/m}^3$；$p'_{\text{I}} = 5884.02\text{Pa}$；$v'_1 = 27\text{m/s}$；

$v'_{\text{II}} = (0.19635 \times 27 - 0.06545 \times 27)/0.19635 = 18$，m/s；$v'_2 = 27$，m/s；

$v'_{\text{III}} = (0.19635 \times 27 - 0.06545 \times 27 \times 2)/0.19635 = 9$，m/s；$v'_3 = 27\text{m/s}$；

$Q'_{\text{I}} = 0.19635 \times 27 = 5.30145$，$\text{m}^3/\text{s}$；$Q'_{\text{II}} = 0.19635 \times 18 = 3.5343$，$\text{m}^3/\text{s}$；

$Q'_{\text{III}} = 0.19635 \times 9 = 1.76715$，$\text{m}^3/\text{s}$；$Q'_1 = Q'_2 = Q'_3 = 1.76715$，$\text{m}^3/\text{s}$；

$\Delta p'_{3-\text{III}} = 0.856331[1.8 \times 9^2 - 0.368 \times 9 \times 27] \times 1.39 = 67.104$，Pa；

$\Delta p'_{2-\text{II}} = 0.856331[2 \times 18^2 - 0.4 \times 27^2 - 2 \times 18(0.205 \times 27 \times 0.5 + 9 \times 0.5)] \times 1.39 = 112.8045$，Pa；

$\Delta p'_{1-\text{I}} = 0.856331\left[2 \times 27^2 - 0.4 \times 27^2 - 2 \times 27\left(0.205 \times 27 \times \frac{1}{3} + 18 \times \frac{2}{3}\right)\right] \times 1.39 = 498.4618$，Pa；

$\Delta p'_{\text{III}-\text{II}} = 0.856331\left[2 \times 18^2 - 0.05 \times 9^2 - 2 \times 18\left(0.205 \times 27 \times \frac{1}{2} + 9 \times \frac{1}{2}\right)\right] \times 1.39 = 455.0750$，Pa；

$\Delta p'_{\text{II}-\text{I}} = 0.856331\left[2 \times 27^2 - 0.05 \times 18^2 - 2 \times 27\left(0.205 \times 27 \times \frac{1}{3} + 18 \times \frac{2}{3}\right)\right] \times 1.39 = 826.2704$，Pa；

$p'_{\text{II}} = p'_{\text{I}} + \Delta p'_{\text{II}-\text{I}} = 5884.0200 + 826.2704 = 6710.2904$，Pa；

$p'_{\text{III}} = p'_{\text{II}} + \Delta p'_{\text{III}-\text{II}} = 6710.2904 + 455.0750 = 7165.3654$，Pa；

$p'_1 = p'_{\text{I}} + \Delta p'_{1-\text{I}} = 5884.0200 + 498.4618 = 6382.4818$，Pa；

$p'_2 = p'_{\text{II}} + \Delta p'_{2-\text{II}} = 6710.2904 + 112.8045 = 6823.0949$，Pa；

$p'_3 = p'_{\text{III}} + \Delta p'_{3-\text{III}} = 7165.3654 + 67.1040 = 7232.4694$，Pa；

出口压力的分布见图4.5－42，3个单元并联阻力值见表4.5－14和表4.5－15。与6个单元并联使用时的情况相似，流体进出口流向相反时(表4.5.14)的指标都优于流向相同时(表4.5－15)的值。

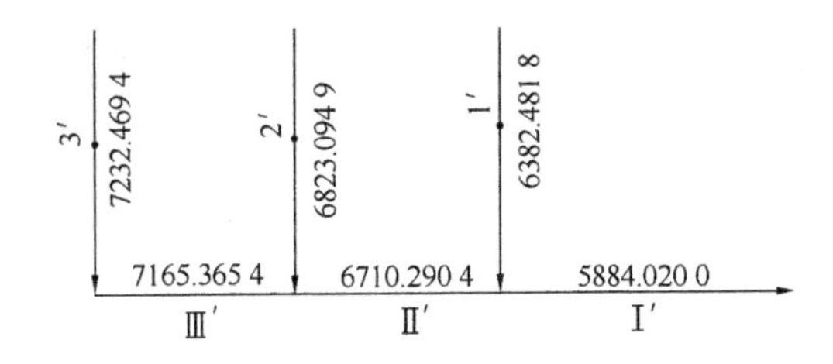

图 4.5－42　出口压力分布图

表 4.5－14　流体进出总管流向相反时的阻力值

项　目	单　元	1	2	3
进口管压力/Pa	总管压力	9806.700	10220.590	10456.080
	支管压力	8657.076	8972.491	9109.504
出口管压力/Pa	总管压力	5884.020	6710.290	7165.370
	支管压力	6382.480	6823.090	7232.470
进出口总管压差/Pa		3922.680	3510.300	3290.710
进出口支管压差/Pa		2274.596	2149.401	1877.034
支管压差与总管压差之比		0.58	0.61	0.57

表 4.5－15　流体进出口总管流向相同时的阻力值

项　目	单　元	1	2	3
进口管压力/Pa	总管压力	9806.700	10220.59	10456.080
	支管压力	8657.076	8972.491	9109.504
出口管压力/Pa	总管压力	7165.370	6710.29	5884.020
	支管压力	7232.470	6823.09	6382.480
进出口总管压差/Pa		2641.330	3510.30	4572.060
进出口支管压差/Pa		1424.606	2149.401	2727.024
支管压差与总管压差之比		0.54	0.61	0.596

例一和例二的根本区别在于使用大单元(3 个单元并联)好呢还是使用小单元(6 个单元并联)好，即在进出口总管和流体参数均相同的情况下，分支多和分支少的区别在什么地方？关键要看在这两种情况下，接管中哪种布置的压差更均匀。换热器阻力值相同时流体分布均匀与否，直接与接管之间的压差有关，因此可以用各单元接管间的压差及其压差平均值之比来衡量各单元接管间阻力值的均匀性。比值越接近，表明流体分配越均匀。表 4.5－16 和表 4.5－17 列出了 6 个单元和 3 个单元并联使用的误差值。

表 4.5－16　6 个单元并联时，流体在总管内流向不同时的阻力误差值

项　目 ＼ 单　元　号	1	2	3	4	5	6
逆向流时接管的压差/Pa	2649.164	2492.76	2377.322	2305.267	2278.989	1952.571
压差和平均压差比值	1.1308	1.0641	1.0148	0.9840	0.9728	0.8335
同向流时接管的压差/Pa	1458.397	1982.485	2206.432	2476.157	2789.264	3143.338
压差和平均压差的比值	0.6225	0.8462	0.9418	1.0570	1.1906	1.3418

表 4.5-17 3个单元并联时，流体在总管内流向不同时的阻力误差值

项目 \ 单元号	1	2	3
逆向流动时接管之间压差值/Pa	2274.596	2149.401	1877.034
压差和平均压差值之比	1.0830	1.0234	0.8934
同向流动时接管之间压差值/Pa	1424.606	2149.401	2727.024
压差值和平均压差值之比	0.6783	1.0234	1.2984

从表4.5-16及表4.5-17可看出，在总量相等条件一致的情况下，分支越多，则其第一支管和最后一支管的阻力值相差越大，各支管的阻力及其阻力平均值之误差也越大。因此，分支越多，其流体分配越不均匀，且是必然之结果。由此可见，对大单元大截面换热器，可用较少的并联个数，且其流体分配比小单元小截面换热器要多。

(二) 等速流动时的阻力分布

集气管截面随流量减少而减小时，假定可以实现等速流动(即 $v_{\mathrm{I}}=v_{\mathrm{II}}=v_{\mathrm{III}}=v_{\mathrm{N}}$)，各支管内的流速也相等且等于总管流速(即 $v_{\mathrm{N}}=v_{\mathrm{n}}$)时的阻力分布情况，见图4.5-43的分析首先计算进口情况，这里仍取6单元并联和3单元并联的情况作比较。

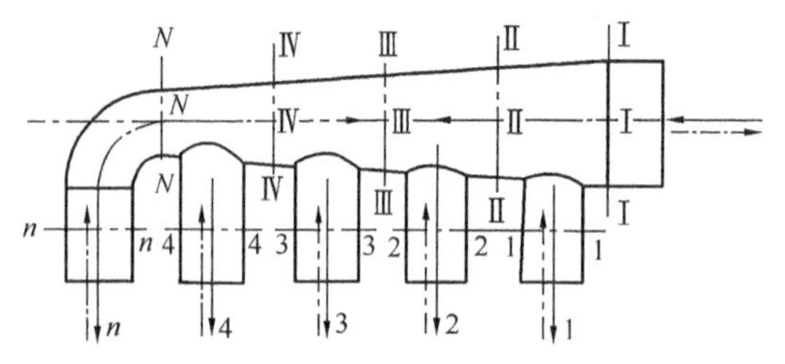

图4.5-43 变截面总管的结构图

$n=6$ 时，设 $v_{\mathrm{I}}=v_{\mathrm{II}}=\cdots\cdots=v_{\mathrm{VI}}=25\mathrm{m/s}$，$\rho=1.5\mathrm{kg/m^3}$，$v_1=v_2=\cdots\cdots=v_6=25\mathrm{m/s}$，则

$\Delta p_{\mathrm{I-II}}=\Delta p_{\mathrm{II-III}}=\Delta p_{\mathrm{III-IV}}=\Delta p_{\mathrm{IV-V}}=\Delta p_{\mathrm{V-VI}}=0.856331(1.36-0.64-0.72)\times25\times1.5=0$，Pa；

$\Delta p_{\mathrm{I-1}}=\Delta p_{\mathrm{II-2}}=\Delta p_{\mathrm{III-3}}=\Delta p_{\mathrm{IV-4}}=\Delta p_{\mathrm{V-5}}=0.856331(1.8\times25^2-0.368\times25\times25)\times1.5=1149.624$，Pa；

$\Delta p_{\mathrm{VI-6}}=0.856331(1.2\times25^2)\times1.5=963.372$，Pa；

$p_{\mathrm{I}}=9806.7$，Pa；$p_{\mathrm{I}}=p_{\mathrm{II}}=p_{\mathrm{III}}=p_{\mathrm{IV}}=p_{\mathrm{V}}=p_{\mathrm{VI}}=9806.7$，Pa；

$p_1=p_{\mathrm{I}}-\Delta p_{\mathrm{I-1}}=p_2=p_3=p_4=p_5=9806.7-1149.624=8657.076$，Pa；

$p_6=p_{\mathrm{VI}}-\Delta p_{\mathrm{VI-6}}=9806.7-963.372=8843.328$，Pa；

同样，设出换热器的总管情况为：$v'_{\mathrm{I}}=v'_{\mathrm{II}}=\cdots=v'_{\mathrm{VI}}=27\mathrm{m/s}$，$\rho'=1.39\mathrm{kg/m^3}$，$p'_{\mathrm{I}}=5884.02\mathrm{Pa}$；$v'_1=v'_2=\cdots=v'_6=27\mathrm{m/s}$，$Q'_{\mathrm{VI}}=\frac{1}{6}Q'_1$，$Q'_{\mathrm{V}}=\frac{2}{6}Q'_1$，$Q'_{\mathrm{IV}}=\frac{3}{6}Q'_1$，$Q'_{\mathrm{III}}=\frac{4}{6}Q'_1$，$Q'_{\mathrm{II}}=\frac{5}{6}Q'_1$，$Q'_1=Q'_2=\cdots=Q'_6=Q'_{\mathrm{I}}/6$，则其流动阻力情况如下：

$\Delta p'_{6-\mathrm{VI}}=0.856331(1.2\times27^2)\times1.39=1041.274$，Pa；

$$\Delta p'_{5-\mathrm{V}}=0.856331\left[2\times27^2-0.4\times27^2-2\times27\left(0.205\times27\times\frac{1}{2}+27\times\frac{1}{2}\right)\right]\times1.39=342.753\text{，Pa；}$$

$$\Delta p'_{4-\mathrm{IV}}=0.856331\left[2\times27^2-0.4\times27^2-2\times27\left(0.205\times27\times\frac{1}{3}+27\times\frac{2}{3}\right)\right]\times1.39=112.805\text{，Pa；}$$

$$\Delta p'_{3-\mathrm{III}}=0.856331\left[2\times 27^2-0.4\times 27^2-2\times 27\left(0.205\times 27\times\frac{1}{4}\times 27\times\frac{3}{4}\right)\right]\times 1.39$$

$$=-2.166,\ \mathrm{Pa};$$

$$\Delta p'_{2-\mathrm{II}}=0.856331\left[2\times 27^2-0.4\times 27^2-2\times 27\left(0.205\times 27\times\frac{1}{5}+27\times\frac{4}{5}\right)\right]\times 1.39$$

$$=-71.153,\ \mathrm{Pa};$$

$$\Delta p'_{1-\mathrm{I}}=0.856331\left[2\times 27^2-0.4\times 27^2-2\times 27\left(0.205\times 27\times\frac{1}{6}+27\times\frac{5}{6}\right)\right]\times 1.39$$

$$=-117.143,\ \mathrm{Pa};$$

$$\Delta p'_{\mathrm{VI}-\mathrm{V}}=0.856331\left[2\times 27^2-0.05\times 27^2-2\times 27\left(0.205\times 27\times\frac{1}{2}+27\times\frac{1}{2}\right)\right]\times 1.39$$

$$=646.458,\ \mathrm{Pa};$$

$$\Delta p'_{\mathrm{V}-\mathrm{IV}}=0.856331\left[2\times 27^2-0.05\times 27^2-2\times 27\left(0.205\times 27\times\frac{1}{3}+27\times\frac{2}{3}\right)\right]\times 1.39$$

$$=416.510,\ \mathrm{Pa};$$

$$\Delta p'_{\mathrm{IV}-\mathrm{III}}=0.856331\left[2\times 27^2-0.05\times 27^2-2\times 27\left(0.205\times 27\times\frac{1}{4}+27\times\frac{3}{4}\right)\right]\times 1.39$$

$$=301.536,\ \mathrm{Pa};$$

$$\Delta p'_{\mathrm{III}-\mathrm{II}}=0.856331\left[2\times 27^2-0.05\times 27^2-2\times 27\left(0.205\times 27\times\frac{1}{5}+27\times\frac{4}{5}\right)\right]\times 1.39$$

$$=232.551,\ \mathrm{Pa};$$

$$\Delta p'_{\mathrm{II}-\mathrm{I}}=0.856331\left[2\times 27^2-0.05\times 27^2-2\times 27\left(0.205\times 27\times\frac{1}{6}+27\times\frac{5}{6}\right)\right]\times 1.39$$

$$=186.562,\ \mathrm{Pa};$$

$p'_{\mathrm{II}}=p'_{\mathrm{I}}+\Delta p'_{\mathrm{II}-\mathrm{I}}=5884.02+186.562=6070.582,\ \mathrm{Pa};$

$p'_{\mathrm{III}}=p'_{\mathrm{II}}+\Delta p'_{\mathrm{III}-\mathrm{II}}=6070.582+232.551=6303.133,\ \mathrm{Pa};$

$p'_{\mathrm{IV}}=p'_{\mathrm{III}}+\Delta p'_{\mathrm{IV}-\mathrm{III}}=6303.133+301.536=6604.669,\ \mathrm{Pa};$

$p'_{\mathrm{V}}=p'_{\mathrm{IV}}+\Delta p'_{\mathrm{V}-\mathrm{IV}}=6604.669+416.510=7021.179,\ \mathrm{Pa};$

$p'_{\mathrm{IV}}=p'_{\mathrm{V}}+\Delta p'_{\mathrm{VI}-\mathrm{V}}=7021.179+646.458=7667.637,\ \mathrm{Pa};$

$p'_1=p'_{\mathrm{I}}+\Delta p'_{1-\mathrm{I}}=5884.02-117.143=5766.877,\ \mathrm{Pa};$

$p'_2=p'_{\mathrm{II}}+\Delta p'_{2-\mathrm{II}}=6070.582-71.153=5999.429,\ \mathrm{Pa};$

$p'_3=p'_{\mathrm{III}}+\Delta p'_{3-\mathrm{III}}=6303.133-2.166=6300.967,\ \mathrm{Pa};$

$p'_4=p'_{\mathrm{IV}}+\Delta p'_{4-\mathrm{IV}}=6604.669+112.805=6717.474,\ \mathrm{Pa};$

$p'_5=p'_{\mathrm{V}}+\Delta p'_{5-\mathrm{V}}=7021.179+342.753=7363.932,\ \mathrm{Pa};$

$p'_6=p'_{\mathrm{VI}}+\Delta p'_{6-\mathrm{VI}}=7667.637+1041.274=8708.911,\ \mathrm{Pa}$。

压力分布见图4.5－44。由表中数值可见，接管间的压力差值变化量大于等直径时的集气管。虽然进口管的压力分布较理想，但出口管各支管压力值相差很大，带来了不理想的结果。如同向流动时，第一个单元的进口接管压力($p=8657.076\mathrm{Pa}$)小于出口接管的压力($p=8708.911\mathrm{Pa}$)，这是不允许的。即使是异向流动时(图4.5－44所示)，其各个单元接管之间的压差变化，也是非常严重的(从$\Delta p_1=2890.199\mathrm{Pa}$，到$\Delta p_6=134.417\mathrm{Pa}$)，这与表4.5－12的数据($\Delta p_1=6007.912\mathrm{Pa}$，$\Delta p_6=7198.679\mathrm{Pa}$)无法相比较。因此，变截面进出口总管的设置，没有现实意义。但若采用变截面进口总管和等直径的出口总管相匹配，也可能会取得较好的效果，必要时不妨一试。

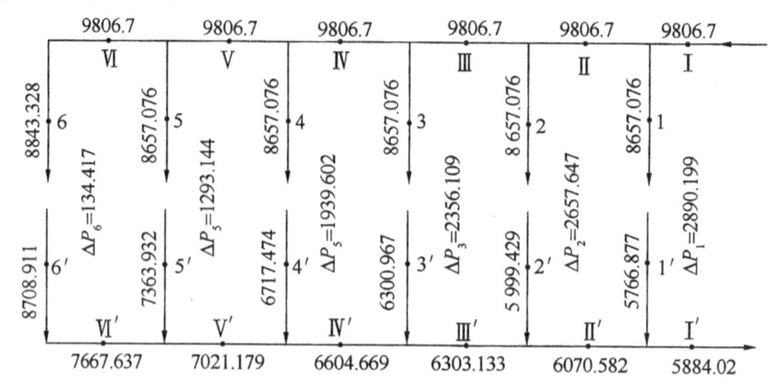

图 4.5－44 变截面集气管的压力分布图

以上计算仅仅是为了说明问题，数值有很多不合理之处，与实际情况可能还有很大的差别。

第五节 强 度 计 算

一、概况

板翅式换热器因其结构的特殊性，芯体的承压能力除了与使用的零部件尺寸有关之外，很难用精确的计算方法来确定其实际的许用压力，因此一般只能按照规范的要求进行实验（试件爆破或工件爆破实验），即用实验来确定某种规格翅片的许用压力。当然也可对其进行应力分析，但这只是一种近似的计算方法，只可用作预先的估算，最后仍需用实验来验证。经多次验证并达到成熟以后可以得到一个经验公式，用其可以粗略计算某种翅片的许用使用压力。除芯体外，其余零部件，如封头、接管、集气管、支架（座）及吊耳等均可按常规压力容器或强度构件进行强度计算。板翅式换热器的零部件品种很少，以下将分别进行叙述。

二、翅片（含导流片等）

翅片的结构参数见图 4.5－8。对某一种翅片而言，它的承压能力显然与节距 P 及材料厚度 t 有关。按照 ASME 规范，它属于无法确定其许用应力的结构，必须按 UG－101 节的规定用试件的爆破实验来确定。试件若用实物进行，对板翅式换热器来讲显然是不符合实际的。对翅片进行应力分析时，发现其边界条件超出一定范围后，即与应力无关了。由此规定试件的大小不得小于该范围值，即大约在 300mm × 300mm 范围之内。因此规定试件应大于或等于 300mm × 300mm。应力分析的结果与爆破实验的结果基本吻合，其表达式如下：

翅片的许用应力：$[\sigma] = (t/P)(\sigma_b/5)\varphi$，MPa

式中 σ_b——翅片材料的最低抗拉强度，MPa；

φ——系数。

系数 φ 是各种因素的综合值，即翅片材料的真公差、冲翅时材料的拉伸变薄及翅片不垂直引起拉力变大等因素的综合值。对平直形及锯齿形翅片，建议取 $\varphi = 0.85 \sim 0.90$。对多孔翅片，考虑到开孔减少了翅片的断面积，并造成应力集中等因素，故要再考虑一个开孔系

数 θ，因而 φ 值建议取 $\varphi=0.85\times\theta$。式中，θ=孔的面积/总面积。

①开孔呈正三角形排列时，$\theta=0.907(d/c)^2$。

式中，d 为孔径，mm；c 为正三角形的边长，mm。

②开孔呈正方形排列时，$\theta=\frac{\pi}{4}(d/a)^2$。式中，$a$ 为正方形边长，mm。

③开孔呈矩形排列时，$\theta=\frac{\pi}{4}(d^2/ab)$。式中，$a$，$b$ 为矩形边长，mm。

理论分析和实验数据均表明，在一定范围内(翅片高度范围内 2～12mm)，翅片高度与翅片的承压能力无关，上面的经验公式也表达了这一点(翅片均应垂直其钎接面的前提下)。

有了上面的公式即可很容易地选择翅片规格了。如要设计一台设计压力 $p_D=5$MPa 的铝制板翅式换热器，选用 3003 材料制翅片，则其 $\sigma_{bmin}=95$MPa，故 $t/P=5\times5/(95\times\varphi)$。取 $\varphi=0.85$，则 $t/P=0.3096$。当节距 $P=1.5$mm 时，$t=0.46$mm，则取 $t=0.5$mm。即对设计压力为 5MPa 的换热器，其翅片规格应为：$H\times1.5\times0.5$。H 为翅片高度，可以选择。但节距 $P=1.5$mm 时，t 一定要大于等于 0.46mm。或者取 $t=0.45$mm，$P=1.4$mm，即 $t/p\geqslant0.3096$ 亦可以。

随着冶金技术及钎焊技术的不断进步，ASME 规范也在改进。目前，世界上从事铝制板翅式换热器制造的各厂商协会，有将安全系数由 5 改为 4 的倾向。如果按此改动，则上述的例子便变成：$t/P=5\times4/(0.85\times95)=0.248$，当 $P=1.5$mm 时，$t=0.4$mm 即可；当 $P=1.4$mm 时，$t=0.35$mm 即可以了。同样是 1.5×0.5 的规格，其许用应力为 $[\sigma]=0.5/1.5\times(95/4)\times0.85=6.7$MPa。翅片可以计算出来，但最后仍需用试件进行爆破压力试验来确认。

三、隔板

隔板的厚度就更难精确计算了，文献中介绍的公式都显得过于保守，如文献[1]介绍的公式：$t=10P\left(\frac{3}{4}\frac{p_D}{[\sigma_b]}\right)^{0.5}$

当 $p_D=5$MPa，$P=1.5$mm，$[\sigma_b]=24$MPa 时，则 $t=5.93$mm。当$[\sigma_b]$被理解为材料的最低抗拉强度时，$[\sigma_b]=95$MPa，则 $t=3$mm，也偏保守。况且资料介绍$[\sigma_b]$为材料的许用应力。

美国 S－W 公司亦介绍了一种计算公式：

$$t=\frac{[p_a\times0.5h_a]+[p_b\times0.5h_b]}{[\sigma]},\ \text{mm}$$

式中　p_b，p_a——隔板两侧流体的设计压力，MPa；

h_b，h_a——隔板两侧流体所用翅片的高度，mm；

$[\sigma]$——隔板材料的许用应力，MPa。

若同用上述示例：$p_a=5$MPa，$p_b=3$MPa，$h_a=6.35$，$h_b=9.5$，使用[3003]材料，则 $[\sigma]=24$MPa，故可算得母材厚：

$$t=[(5\times0.5\times6.35+3\times0.5\times9.5)]/24=1.26\text{mm}$$

这一结果与实际使用的规格相近。故可以替代以往文献中推荐的公式。而在实际工业生产中，隔板厚度不仅取决于强度计算，且还要取决于钎焊工艺的要求。若设计压力提高，要求翅片材料增厚及角焊缝高度增高，进而要求有足够的钎焊金属才能填补满足角焊缝的需要。而钎焊金属来自隔板包复层，因此又要求包复层的厚度有适当增加。隔板的总厚度与单面包复层厚度有一定的比例关系，即包复层厚度一般为隔板总厚度的7.5% ~10%。所以，设计压力提高，要求隔板厚度增厚，这不仅是强度要求，也是钎焊工艺的要求。

铝合金隔板由复合材料构成，其母材金属一般为3003(Al - Mn合金)，而包复层金属(钎料)一般为4004等。钎焊后包复层厚度被破坏，因此强度计算时，隔板的许用应力应按母材的强度进行考虑。

四、封条

封条宽度一般不是根据强度计算而是由结构设计决定的。由前述可知，封头是被直接焊在封条端头上的。封头厚度由强度计算确定后，从结构上要求封条宽度一定要大于封头厚度才是合理的。若封头很薄或没有封头时，封条的最小宽度 W 应如何确定，一般可由下式计算：

$$W = 10h(3p_D/4[\sigma])^{0.5}, \text{ mm}$$

式中 h ——封条的高度(等于翅片的高度)，mm；

p_D ——设计压力，MPa；

$[\sigma]$ ——材料许用应力，MPa。

用该公式计算的结果与实际使用值比较，偏于保守。

五、封头

板翅式换热器封头，是其主要受压元件之一，因此要求其强度计算必须符合压力容器规范的有关规定。由于该换热器封头形状的特殊性和多样性，计算时无法按整体形状受压元件来进行考虑，目前国内外通常的作法是按零部件受力情况来进行强度计算的。

(一) 封头主体的强度计算

封头形状及种类见图4.5 - 17。其主体是指内径为 $2R_i$，壁厚为 b 的半圆形柱体。当封头体厚度尺寸 b 小于 $0.5R_i$ 或 $p_D < 0.385[\sigma]\varphi$ 时，其 b 为：

$$b = p_D R_i/([\sigma]\varphi - 0.6p_D) + C, \text{mm}$$

式中 p_D ——设计压力，MPa；

R_i ——封头内半径，mm；

$[\sigma]$ ——封头所用材料的许用应力，MPa；

φ ——焊缝系数；

C ——材料附加值，mm。

封头长度尺寸 L 一般大于其宽度尺寸 W，$W = 2(R_i + b)$，所以封头体与换热器芯体的焊缝形式是角焊缝。但就封头体来看，其有两道纵焊缝(一个完整圆柱形的两道纵焊缝)，因此焊缝系数 φ 不能取高。虽然可用对接接头的形式来焊接封头一周的角焊缝，但为了安全起见(因无法按对接接头的形式进行射线检验)，其焊缝系数 φ 一般仅取0.6左右。

此时 $$b = p_D R_i/[0.6([\sigma] - p_D)] + C, \text{ mm}$$

图4.5 - 17所示，所有封头的壁厚 b，都可用上述公式进行计算。$L \approx W$ 的封头，基本上由4块瓦瓣构成，见图4.5 - 18。该图中封头壁厚 b 以及瓦瓣封头两端头厚度 b 均未表示出来，但都可用该公式进行计算。

(二) 半圆板封头(平板端头)端盖的强度计算

当封头的两个端头使用平板(半圆板)或斜平板(斜封板封头)时，其斜平板厚度的计算，在相关压力容器规范中都有公式可供使用，且其公式的表达式基本一致。即

$$t = D\sqrt{\frac{Kp_D}{[\sigma]\varphi}},\ \text{mm}$$

式中　$D = R_i$（半圆板封头），mm；

$D = R_i/\sin\alpha$（斜封板封头），mm；

p_D——设计压力，MPa；

$[\sigma]$——材料的许用应力，MPa；

$\varphi = 1$（平板无焊缝）。

它们的最大的区别在于系数 K 的选用。一般压力容器规范中的 K 值，大体在 0.30～0.35 的范围内变化。但英国原马尔斯顿公司所采用的计算公式，其 $K = 0.522$。这比一般压力容器规范中的 K 值都高，因此推荐使用该公司的计算公式，认为将其作为设计平板封头的依据比较偏于安全（端板无拼缝）。

$$t = R_i(0.522p_D/[\sigma])^{0.5},\text{mm}$$

（三）接管

接管内径 d_i 由前述阻力计算确定后，应在该值的附近选取标准接管尺寸并作为接管的初定尺寸。而必须的壁厚 t 可按下式计算：

当 $t < 0.5d_i$，$p_D < 0.385[\sigma]\varphi$ 时

$$t = p_D d_i/[2[\sigma]\varphi - 1.2p_D] + c,\ \text{mm}$$

接管为无缝标准管时，焊缝系数 $\varphi = 1$。为有缝焊接管时，其 φ 值要按加工及检验方法来定。大致范围可参照表 4.5－18 选用。

表 4.5－18　焊缝系数 φ 值

射线检查	单面焊	双面焊
100%	0.9	1.00
25%	0.8	0.85
不检验	0.6	0.70

有时即使选用的是标准无缝管，亦会因标准不同，所算接管壁厚加接管内径后的外径尺寸，不一定与标准规定尺寸相符，因此必须调整以使其符合标准尺寸。这样一调整有可能使内径改变，因此还必须重新进行强度校核，以确定出一个既满足强度要求又是算出的标准接管尺寸。但这一尺寸还不是最终尺寸，还要经开孔补强计算，符合要求补强要求了才是最终尺寸。最典型的例子见 ASME B36.10 标准，其接管外径是一个定值。随着使用压力的增加其壁厚增加，而内径却变小了。按接管内径计算的壁厚加接管内径后的接管外径就不一定符合 ASME B36.10 的规定。因此必须进行调整，直至全部符合要求为止。

六、开孔补强

受位置和外形尺寸的限制，板翅式换热器封头直径 D_i 与接管直径 d_i 之比值 d_i/D_i，往往都超出了压力容器规范有关规定范围的值，属于大开孔的情况很多，因此必须对封头和接管开孔后的补强进行计算。开孔比例符合有关规定时，一般采用等面积补强法进行强度校核即可。应注意一点，即接管和封头相交处，封头一般没有焊缝，补偿计算时封头的理论厚度应按 $\varphi = 1$ 而不是 $\varphi = 0.6$ 来进行计算。有关符合规范要求的开孔补强计算，可参照规范进行。

应特殊指出的是，当 d_i/D_i 比值超出规范规定之后，按大开孔补强进行，计算的方法以及该比值的限制范围，国内标准中尚无明确规定，国外也各不相同。因此为安全起见，建议

按 ASME 规范进行补强计算，具体作法可参考 ASME 规范及其附录进行。

七、芯体与封头连接处的强度校核计算

封头受内压后，其受力被认为已均匀地分布于封头的 4 个边上。而芯体的端面交角处又是封头集中的地方，封头的受力最终要由封条、隔板及侧板来承受，因此应对芯体端面交角处进行强度校核计算，对高压产品尤其非常必要。

由于结构的特殊性，即使在经典文献中也无现成的方法可供使用，国外专业厂亦都是用自己的方式来对其进行强度校核的。现介绍两家公司的校核方法以供参考。

（一）英国原 Marston 公司的校核方法

1. 侧板厚度校核（对瓦瓣封头） 理论所需侧板厚度的计算，见图 4.5－45（B 流体封头所焊侧板厚度的校核）。

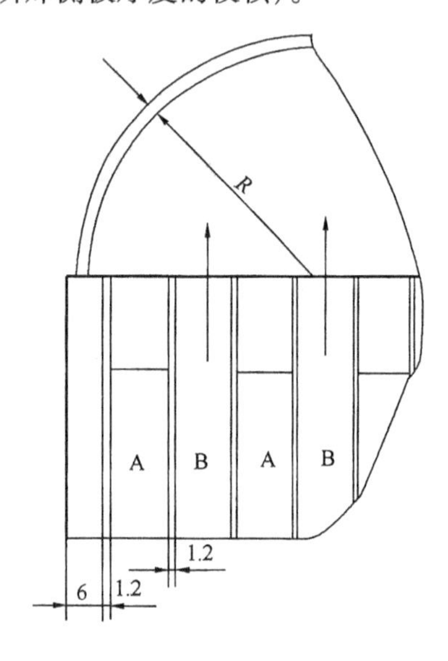

图 4.5－45 侧板厚度校核

$$t = p_D R/[\sigma], \text{mm}$$

设 $p_B=0.7\text{MPa}$，$R=250\text{mm}$，$[\sigma]=24\text{MPa}$

则 $t=0.7\times250/24=7.29\text{mm}$

实际侧板厚度：$t_a=6+1.2+1.2=8.4\text{mm}$；

裕度系数：$\varphi=8.4/7.29=1.155$。

由此可见，当封头内径 R 大于等于 290mm 时，$t=0.7\times290/24=8.46\text{mm}$。

显然侧板强度就不足了。或者当 $p_B\geqslant0.85$ 时，$t=0.85\times250/24=8.85\text{mm}$。

侧板强度也不符合要求了，因此要求校核强度。

2. 封头的压力载荷 F_H 封头在内压作用下其单位长度上受力的计算公式：

$$F_H = \frac{\pi}{4}p_D\sqrt{R_m t}, \text{N/mm}$$

式中 $R_m = R_i + t/2$，为封头平均半径，mm；

t——封头壁厚，mm；

p_D——设计压力，N/mm^2（MPa）。

$R=250\text{mm}$，$t=8\text{mm}$ 时的图 4.5－45 所示封头的载荷为：

$$F_H = \frac{\pi}{4}\times0.7[(250+4)\times8]^{0.5} = 24.78, \text{N/mm}。$$

3. 端头远离侧板的封头，其侧板强度的校核计算 以半圆板封头为例，如图 4.5－46 所示，此处为仅考虑单位宽度的封头：

已知：$p_1=0.2\text{MPa}$，$p_2=0.5\text{MPa}$，$p_3=0.7\text{MPa}$，$p_4=0.2\text{MPa}$，$p_5=0.5\text{MPa}$，$p_6=0.7\text{MPa}$，$p=0.7\text{MPa}$；$h_1=h_2=\cdots=h_6=9.5\text{mm}$；$t_1=t_2=\cdots=t_7=1.2^*\text{mm}$。

施于隔板上的力：

$$F = \left[\frac{\pi}{4}p\sqrt{Rt} + (p_1h_1+p_2h_2+p_3h_3+p_4h_4+p_5h_5+p_6h_6)\right] - L\times p, \text{N/mm}$$

现有效隔板厚度为 $t_a=1.2\times7=8.4$，mm

* 当隔板处于下列范围内时，才被考虑为有效厚度。即从焊缝附着区边缘开始，与换热器芯体表面呈 25°划直线，并交于封条内侧边缘线。在这两点之间的隔板才被计算厚度。

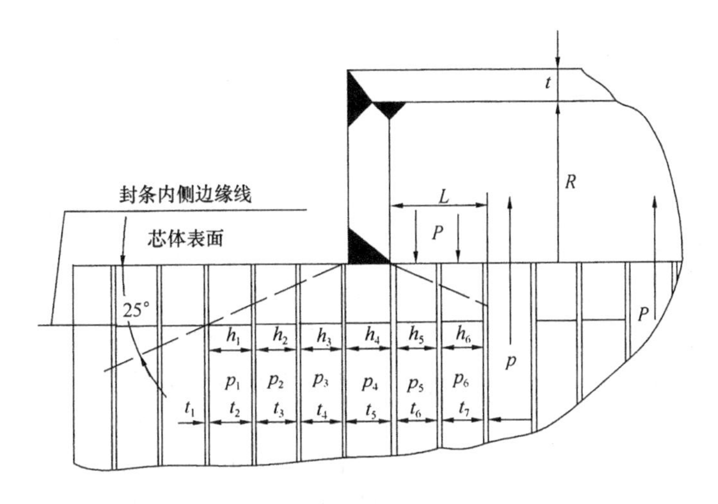

图4.5－46　短封头强度校核

将已知数代入上式可算得：$F=24.645$，N/mm。

所需隔板厚度：$t=F/[\sigma]=24.645/24=1.03$，mm

后备系数：$\varphi=8.4/1.03=8.16$。

当 $p=7$MPa，$p_1=p_2=5$MPa，$p_3=p_4=3$MPa，$p_5=p_6=6$MPa 时，则 $F=176.45$N/mm，$t=7.35$mm，$\varphi=1.14$。

由上计算可见：

a. 板翅式换热器端面封条宽度越宽（如从 $W=15$mm 增到 25mm），则包含在25°线以内的隔板数增加，而相同条件下的隔板受力降低。

b. 当封头的半圆板与侧板平面相平（即 $L=\Sigma(h_i+t_i)$）时，有效隔板数最少。对设计压力较高的情况，必须校核隔板的受力。不足时，可以用增设工艺层的方法来解决。

4. 侧板交角处均设有封头时，其隔板的受力情况

由图4.5－47所示，设封头A的压力载荷为 F_A，封头B的压力载荷为 F_B，两力的延伸线交于 O 点，则 O 点的合力为 F_C，因此所有校核都应以 F_C 为基础进行。

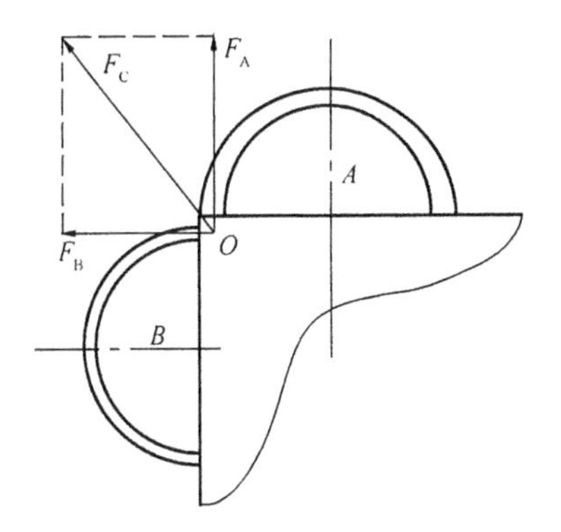

图4.5－47　侧板交角处均设封头时隔板的受力情况

（二）美国 Stewart Warner South Wind Corporation 工厂的校核方法

1. 几个设定条件：

（1）假定半圆管封头的所有载荷均是沿一个方向作用的，并沿封头周边均匀分布。

（2）在芯体拐角处，因封头固定而导致的封条应力分布面积由 A_1 和 A_2 两部分构成。其中 $A_1=$(封条数$\times h$+隔板数$\times t$)W；$A_2=$(隔板数$\times t$)$\times C$。C 值见图4.5－48及表4.5－19。

表4.5－19　C　值

有效的隔板和封条长度 C 值	封条宽(5/8)″16/mm	封条宽(1″)25/mm
有封条支承隔板的 C 值	38(1.5″)	53(2.1″)
没有封条支承隔板的 C 值	0	0

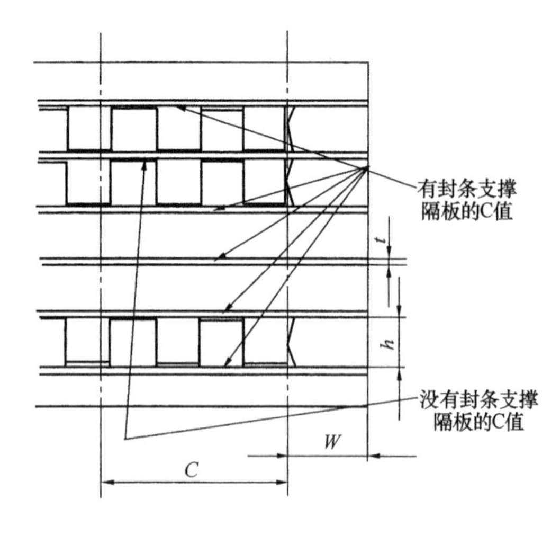

图 4.5－48　C 值所在位置

(3) 内外压力作用于芯体拐角处时其封条上的受力有 3 个：

F_1 = 封条数 × h × c × $(p_1 - p_2)$；

F_2 = 隔板数 × t × c × p_1；

F_3 = 侧面开口流道数 × h × W × p_2。

如图 4.5－49 所示，3 个力的物理意义可理解为：F_1——当封头内压力为 p_1 时压在流通压力为 p_2 时的封条上的力，因此封条数就是流道压力为 p_2 封头压力为 p_1 时所包容范围之内的流道数。F_2——当封头内压力为 p_1 时压在隔板上的力。F_3——封头内压力为 p_2 时，压向 p_1 封头内压力为 p_1 时端面封条截面上的力，则 F_1 没有包括在内的力（F_1 是仅考虑了有效封条长度为 C 之范围内的力）。

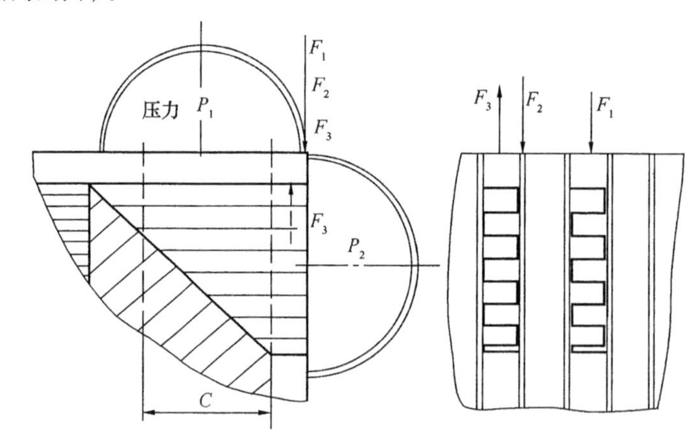

图 4.5－49　F_1，F_2，F_3 各力的作用点

2. 计算方法

(1) 两个芯体串联时其所需一周平板厚度的计算（见图 4.5－50）：

a. 取平板的最大跨度为 D（两个 D 比较，取大者），取最小跨度为 d，则平板厚度为：

$$t_r = [ZCp/[\sigma]]^{0.5}d\text{, mm}$$

式中　$C = 0.5$；

$$Z = 3.4 - \frac{2.4d}{D}\text{，最大值 } Z \leqslant 2.5\text{；}$$

p——被连接流体的设计压力，MPa；

$[\sigma]$——板材的许用应力，MPa。

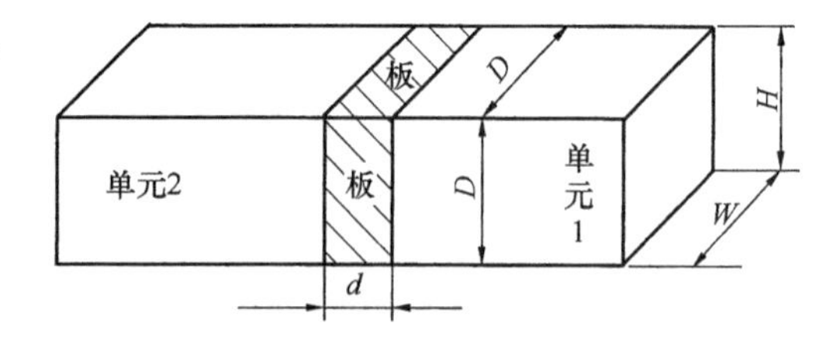

图 4.5－50　平板厚度计算

b. 取平板和单元的焊缝系数为 0.65，并假定载荷均布在周边上（单元本身重量亦要考虑到），则沿周边单位长度上的力：

$$F = \frac{H \times W \times p + \text{单元重量}}{2(H + W)} \times 9.81\text{, N/mm}$$

则板的有效厚度 $B = t'_r \times 0.65$mm；实际应力值 $s_1 = F/B$ N/mm²；故所需板厚：$t'_r = F/s_1 \times$

0.65mm。比较 t_r 和 t_r'，取大者。

（2）芯体拐角处内外载荷致应力的确定：两个单元通过平板串联后，可能产生 3 种结构，分别见图 4.5－51 中的 A，B，C 所示。

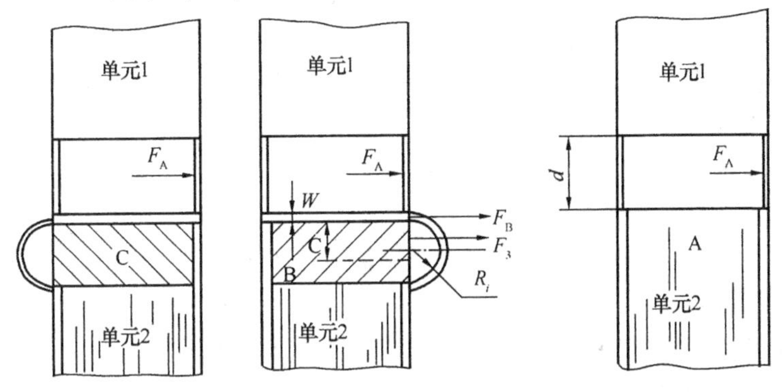

图 4.5－51　两个单元串联后可能产生的 3 种结构

现以 B 结构为例分析其受力情况（仅分析向右方向的力），并同时参见图 4.5－50 后可知：

$$F_A = p_A(d/2)H,\ \text{N};\ F_B = 2R_iHp_B/2(H+2R_i),\text{N};$$

F_3 为作用于封条和隔板上的压力载荷所导致的力。对每一个流道单独试压时所产生的力为最大，如对 A 流道，其 $F_{3A} = N_Ah_Ap_A(C+W_B)$，N。式中的 C 和 W_B 分别为以 B 封头为考虑基础的 C 值和封条宽度 W_B。又如对 B、C 流道，其 $F_{3B}=0$，$F_{3C}=0$；即没有力作用于封条上。

所有流道同时试压对所产生的力（比较两种情况，取大者）：

对 A 流道：$F_{3A} = N_Ah_AC(p_A - p_B) + N_Ah_AW_Bp_A$（第 2 部分为 C 未含部分），N；

对 B 流道：$F_{3B} = 0$，在有效长度 C 内，封条上没有力作用；

对 C 流道：$F_{3C} = N_Ch_C(p_C - p_B)$N；

$F_3 = F_{3A} + F_{3B} + F_{3C}$，N。

则作用于拐角处的总力：$F = F_A + F_B + F_3$，N。

在芯体拐角处受 F 力作用的面积 A（mm^2）为：

$A = WH - N_AW_Ah_A$ + 有封条支承的隔板数 + C + 没封条支承的隔板数 + C

式中　N_A, W_A, h_A——包含在 B 封头内 A 流道的封条数、封条宽度及封条高度。

则　$\sigma = F/A$，N/mm^2（MPa）

用相同的方法亦可算出 C 结构向左方向的力。

（3）两个单元用一圈平板连接后作用于单元侧板端部的应力：

a. 连接板载荷由拉杆承受时其拉杆的设计：见图 4.5－52，作用在每一根拉杆上的力为：$F = W \times d \times p_A/$ 拉杆数，N；拉杆要均布，式中 W

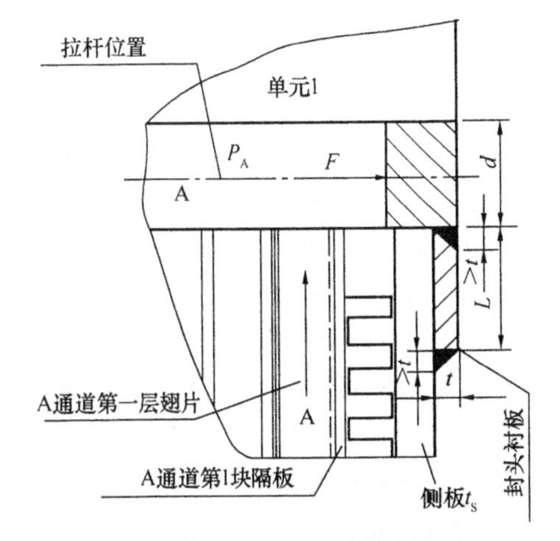

图 4.5－52　拉杆受力计算

为单元宽度。

所需拉杆截面积：

$$A = F/[\sigma],\ \mathrm{mm^2}$$

式中　$[\sigma]$——拉杆材料的许用应力值，$\mathrm{N/mm^2}$。

拉杆必须穿透连接板，且其外侧至少伸出5mm，最后用焊透结构将其焊牢。

b. 封条侧板端部应力的计算：

总拉力：$F_T = WHp_A$ +一个单元的重量 $+F$

A 通道加压时，其压力 F 为 F_A：

$$F_A = [(N_B h_B + \text{隔板数} \times t)Cp_A]2$$

A，B 通道同时加压时其 F_{AB}：

$$F_{AB} = [N_B h_B(C + W_B)p_B - (N_B h_B + \text{封条支承隔板数} \times t)p_A C] \times 2$$

则封条面积：$A_1 = N_A \times h_A \times W_A$；

A_2 = 隔板数 $\times t \times W_A$；

A_3 = 封条支承的隔板数 $\times tC$。

封条的总有效面积：$A_S = (A_1 + A_2 + A_3) \times 2$

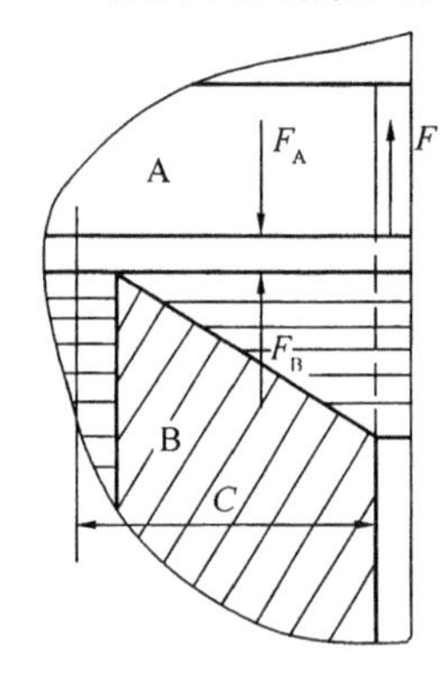

图4.5－53　芯体侧板端面积

芯体侧板端面积，参见图4.5－53。

侧板端面积：$A_1 = Wt_3,\mathrm{mm^2}$；

式中　W——单元宽度，mm；

t_s——侧板厚度，mm。

封头衬板焊缝的面积：　$A_2 = 2Lt,\mathrm{mm^2}$

隔板面积：A_3 = 隔板厚度 $\times W,\mathrm{mm^2}$

$$A_E = (A_1 + A_2 + A_3)2,\mathrm{mm^2}$$

芯体端面总有效面积：$A_T = A_S + A_E$，$\mathrm{mm^2}$

应力：$\sigma = F_T/A_T < [\sigma]$

基于拉伸载荷 F，封头衬板厚度的检验：

拉伸力：$F = F_T W/2(W + H)$，N

在该力作用下衬板必须的面积为：$A = F/[\sigma]$。

式中，$[\sigma]$ 为衬板的许用应力，$\mathrm{N/mm^2}$。

故衬板必须的厚度为：$t = A/W = F/W[\sigma],\mathrm{mm}$。

(4) 封条压力载荷所引起的隔板应力：

$$\sigma = [(p_A \times 0.5h_A) + (p_B \times 0.5h_B)]/t_s \leqslant [\sigma]$$

式中　p_A, p_B——隔板两边通道的设计压力，MPa；

h_A, h_B——隔板两边通道的翅片高度，mm；

t_S——隔板的有效厚度(母材厚度)，mm。

(5) 封头载荷作用在侧封条上时其芯体应力的计算：

L 或 L' = 隔板有效长度 C' + 封头和焊角有效厚度，见图4.5－54。

$L = 1.7t$(封头厚度)，$+C' \times 2$，mm；

$L = 1.7t$(封头厚度)，$+C'$，mm。

有效隔板和封条长度 C' 值：

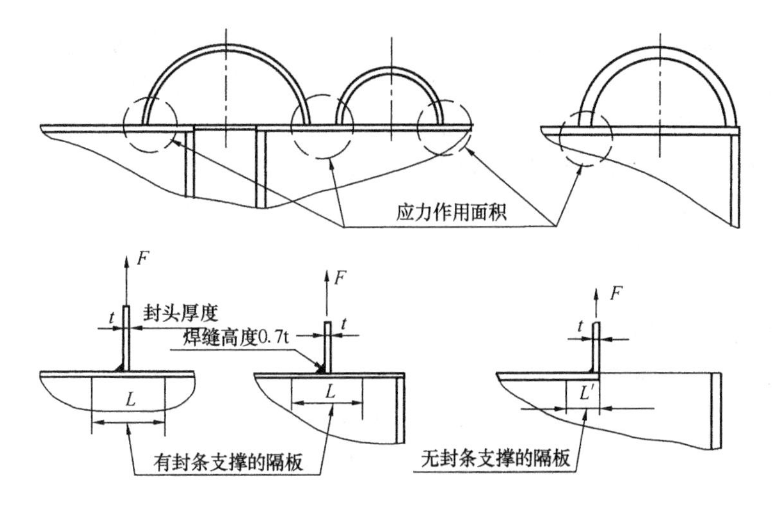

图 4.5－54　应力作用面积的有效长度

没有封条支承的隔板	封条宽 16mm 时	封条宽 25mm 时
C'	33	41
有封条支承的隔板		
C'	38	53

①封头总载荷的确定（见图 4.5－55）：

$$F_1 = \frac{\text{封头}B\text{作用于芯体上的总力}}{\text{芯体叠层厚度}} = \frac{\text{封头}B\text{内部面积}\times p_B \times H}{2(H+\text{封头}B\text{内径})}$$

当 A、B 流道单独试压时，F_2、F_3 的值：

$F_2 = (p_A - p_0)(C' + 1.7t_H) \times h \times N_b$；

式中　h——封条高，mm；

N_b——封条数。

它们是封头 B 内流道 A 包含的封条高和封条数。

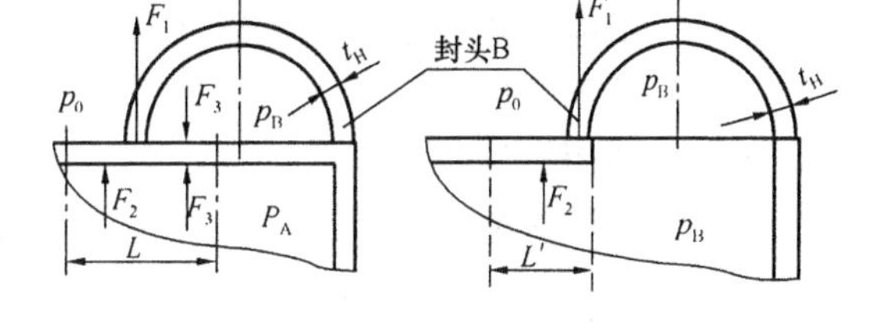

图 4.5－55　封头载荷

$F_3 = p_B \times C' \times h \times N_b$；

$$F_3 = p_B \times C' \times t_s \times N_s$$

式中　t_s，N_s——隔板厚和隔板数，即

包含在封头 B 内且有封条支承的隔板厚及隔板数。

$$F = F_1 + F_2 + F_3$$

当 A、B 流道同时试压时，F_2、F_3 的值：

$F_2 = (p_A - p_0)(C' + 1.7t_H)hN_b$

$F_3 = (p_B - p_A) \times C'hN_b$

$F_3 = p_B C' t_s N_s$

$F = F_1 + F_2 + F_3$

②芯体上 F_1 力作用的总受力面积 A（mm^2）的确定：

A = 有封条支承的隔板数 $\times Lt_s$ + 没有封条支承的隔板数 $\times L't_s$

③芯体的应力值：$\sigma = F/A \leqslant [\sigma]$。

以上介绍是封头 A、B、C 所致芯体拐角处应力、侧板应力以及两个单元用平板连接时，平板厚度的计算。此处又介绍了封头作用在侧封条上时芯体应力的计算。通过以上介绍可知，减少芯体应力的方法及途径是：a. 降低设计压力；b. 减小封头尺寸；c. 增加封条宽度；d. 增加隔板厚度；e. 加大封头衬板的长度 L；f. 增加侧板厚度；g. 提高封条、隔板及侧板材料的强度等。因此，高压板翅式换热器设计时，经常采用的方法是，尽量减小封头尺寸，加宽封条宽度和增加隔板厚度。但侧板厚度和封头衬板长度一般还没引起注意，这是今后尚需改进的地方。

八、接管复合应力的计算

（一）美国 Stewart - Warner 公司的方法

该公司介绍了如图 4.5 - 56 所示管子受力情况的计算。图示中：F_s 为剪切力；F_a 为轴向力，M 为管子受到的弯矩，T 为管子受到的扭矩。

管子最大应力 S 的计算式为：

$$S = (S_1 + S_2)/2 + \sqrt{[(S_1 - S_2)/2]^2 + S_S^2} \leq [\sigma]$$

式中 $S_1 = S_1 + S_b + S_a$；$S_2 = S_h$；$S_s = S_\tau + S_{Fs}$。

而 $S_1 = (pR - 0.4tp)/2t$；

$S_b = MC/I = M/Z$；

$S_a = F_a/A_m$；

$S_h = (pR + 0.6 + p)/t$；

$S_\tau = TC/J$

$S_{Fs} = F_S/A_m$。

式中 p——管子内压力；

C——中性轴到最外面的距离，$C' = R + t$；

I——转动模量；

Z——截面模量；

A_m——金属材料截面积；

J——极性转动惯量，$J = \frac{\pi}{32}[(R + t)^4 - R^4]$。

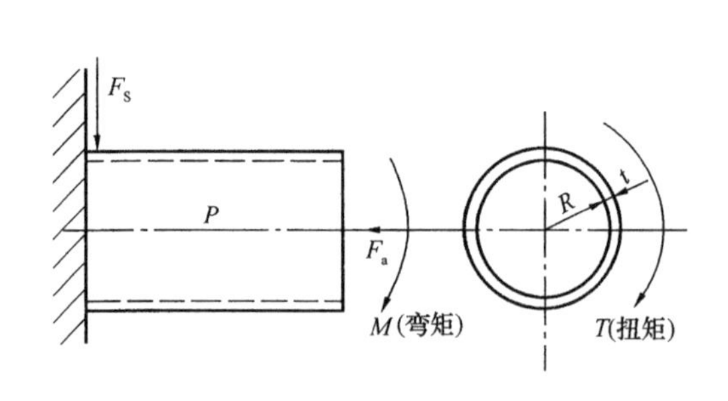

图 4.5 - 56 接管受力情况

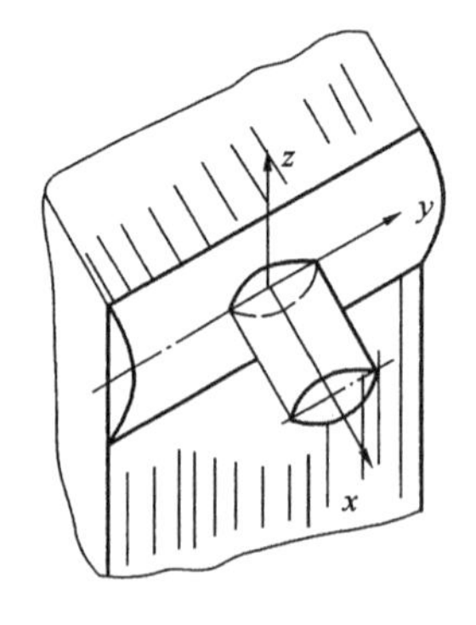

图 4.5 - 57

以上各式量纲：m，m^2，m^3，m^4，N · m，N/m^2(1 × 10^{-6}MPa)。

（二）英国原 Marston 等厂家的方法（见图 4.5 - 57）：

合成力矩：$M_T = [M_X^2 + M_Y^2 + M_Z^2]^{0.5}$

合成力：$F_T = [M_X^2 + M_Y^2 + M_Z^2]^{0.5}$

要求：$\frac{M_T}{M} + \frac{F_T}{F} \leqslant 1$

式中　M——管子的许用力矩，N·m；

F——管子的许用力，N。

常用接管和封头交界处允许的合力和力矩见表4.5－20。

表4.5－20　许用力及力矩

接管尺寸/mm(in)	60 (2)	89 (3)	114 (4)	168 (6)	219 (8)	273 (10)	324 (12)	356 (14)	406 (16)	457 (18)	508 (20)	610 (24)
合成力矩 M/N·m	60	165	330	765	1080	1350	1650	1950	2320	2700	3000	31000
合成力 F/N	405	750	1330	1800	2770	3370	4500	5400	6450	7500	8250	10300

管材的许用应力：

材料牌号	许用应力[σ]/MPa
3003－H112	23.4
5454－H112	55.1
5052－H112	46.2
5083－H112	73.8

第六节　制　造　工　艺

一、零部件制造

根据使用场合的不同，板翅式换热器所用材料也有多种。最常用的有铝及铝合金、不锈钢、铜及铜合金、碳钢、钛和钛合金、镍等材料。其中以铝及铝合金使用较多，其次为不锈钢及铜合金。材料不同，钎焊方法亦不同，但其零部件的制造工艺基本相同。现以铝合金材料为例，说明其各个主要零部件的制造工艺。

（一）翅片及导流片的制造工艺

铝制板翅式换热器的翅片和导流片，应选用钎焊性能、塑性及导热性能良好，强度适中，且具有一定耐腐蚀性能的铝锰合金（国产牌号3003）来制作。为了满足钎焊的必须条件，其高度公差要求控制很严。由此对材料不仅要求厚度和硬度均匀一致，且尤其对厚度公差要求相当严格，否则冲制成形后的翅片高度公差无法满足钎焊工艺的要求。

对多孔形翅片，在其成形之前就必须预先冲孔。冲孔是在专用冲床上根据开孔率的不同用冲模冲制成的。冲孔时，要求每一排孔的中心线与材料边缘的角度小于90°，以避免在翅片高度方向上一排冲孔与气流方向平行，而使翅片强度同一高度截面上被削弱过多，见图4.5－58。如此安排还有一大好处，即避免了翅片转角处出现排孔的现象，这有利于提高翅片钎焊焊缝的强度及翅片整体强度水平。

翅片的成形需用专用冲床及刀具，其大致的工艺过程见图4.5－59。完成一个循环共分10个动作。第一步：在第10个动作完成后，B、C、D3把刀具成形了一个完整的齿，此时材料处在D刀的顶端。第一步动作：A刀进，把材料压向D刀，A、B、D3把刀又完成了1个整齿（我们称第1齿）。第二步动作：D刀退出第1齿。第三步：C刀退出第3齿。第四

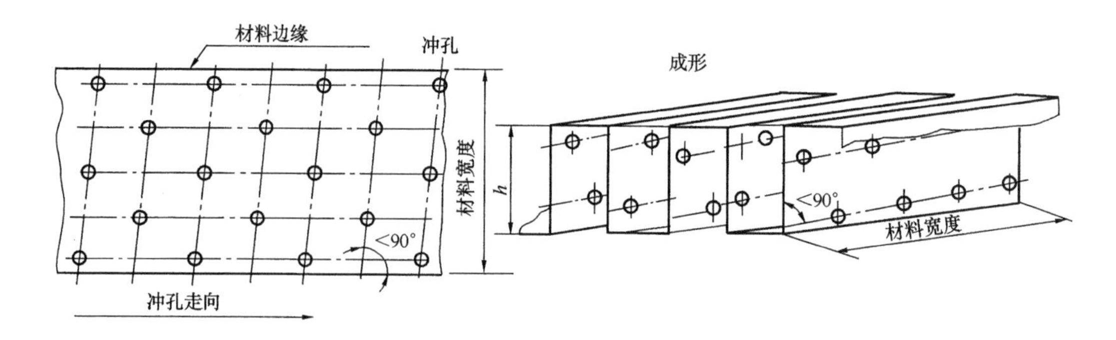

图 4.5－58　多孔形翅片冲孔要求

步：C、D 刀同时移位，C 刀由第 3 齿移到第 1 齿的位置。第五步：C 刀进入第 1 齿定位。第六步：B 刀退出第 2 齿。第七步：A 刀退出。第八步：C、D 刀同时前移 2 个齿的距离(进料)。第九步：B 刀进(定位准备成形第 2 齿)。第十步：D 刀进。B、C、D 成形第 2 齿，此时材料被 D 刀推到上平面。接下来重复第一步，A 刀进，把材料压向下平面。由 A、B、D3 把刀成形第 1 齿。如此循环动作。每循环一次，成形 1 个齿，材料自动被刀具拖进 2 个齿的所用材料长度。

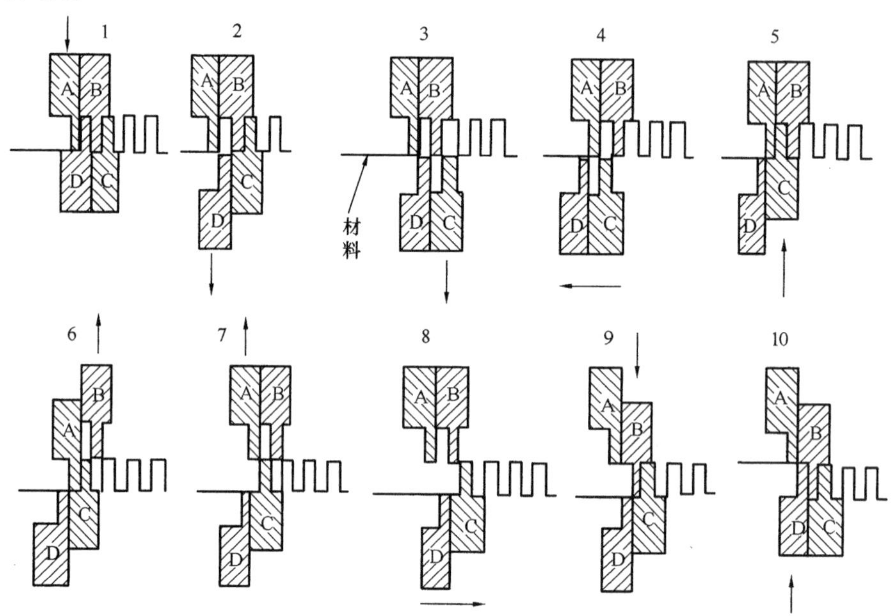

图 4.5－59　翅片成形原理

该动作原理适用于所有形状的翅片，不同的仅是其刀具形状。平直形和多孔形翅片的齿均为平直的。因此 A、B、C、D 4 把刀具亦应为平直形的。在成形锯齿形翅片时，A、B、C、D 全部为短刀，刀的长度等于锯齿形翅片的齿长。在安排第 2 排(组)短刀时，将其位置与第 1 排错开一个间距，错开的距离等于翅片节距的 1/2。让第 3 排短刀再恢复到第 1 排的位置。如此一直排到下去，直到总长度大于等于材料宽度为止(一般刀具总长比材料宽度大 3 ~5mm)。

由上述翅片成形过程可见，任何一种翅片规格，都必须有一副特定的刀具相适应，而冲床的行程及进料距离也要相应调整。因此，每开发一种新翅片，从设计开始，就要按预先设计的性能指标，确定翅片的几何尺寸，然后设计刀具。

之后把新翅片制成试件进行翅片性能测定，并与设计要求进行对比。若该翅片性能比已有翅片先进，则可保存待用，否则将其淘汰后需重新设计。重新设计的程序与前相同。有关翅片性能指标对比的评定依据，请参阅文献[2][7]。由此可见，开发一种新翅片是一种既费时又费钱的工作。因为翅片的变化因素很多，仅类型就有多孔、平直、锯齿及波纹等4大类、每类翅片又有翅高、节距及翅厚3要素。多孔及锯齿两类翅片。还有开孔率及齿长的区区。波纹形翅片还有波长的分别。因此要开发一种性能优良的翅片必定会面对一个庞大的数群，要想研究彻底，更是一件浩大的工程。

翅片的制造质量直接影响到翅片的性能，如多孔形翅片，冲孔周边不光滑且存在翻边时，其摩擦因数大大升高。与此同时，放热因子虽也略有升高，但远不及摩擦因数升高的程度，因此该翅片亦无法达到原设计的性能要求。其次，翅长、节距及翅厚的变化也会影响翅片的性能，因此制造时必须确保翅片设计参数的要求。为此，除了材料供应上要求其严格公差之外，冲床和刀具的设计制造便是确保翅片制造质量的主要手段。只有用高精度和高性能的专用冲床及刀模具，才能生产出高质量的翅片。因此，冲床和刀具便成为制造厂需要保密的核心技术之一。

翅片形状不仅影响使用性能，且直接影响到钎焊质量。如翅高和齿顶平面，就直接影响钎焊接头缝隙的大小。对设计压力高的翅片，这一要求更为严格，否则钎焊强度便难以保证。

导流片的制造除了与翅片的成形工艺一样之外，它还要根据进出口的需要被切割成一定的形状。切割工序需用专用机床。有时受材料宽度所限，一块导流片要由几块切割成形的导流片经拼接后才能构成。

（二）封条的制造工艺

封条制造的关键是高度公差和平直度，一般采用热挤冷拔工艺来实现其外形尺寸要求。首先把材料（一般为棒材）加热到热塑性较理想的温度，让材料经过一个适当的模具，通过挤压得到精度不太高的型材。再经过一个高度精度冷拉模整形，或冷轧整形，最后得到外形尺寸和高度公差均符合要求的型材。这些型材的长度一般按通常使用的最大单元长度尺寸为起始长度。零件加工时，按零件尺寸截取。型材由专业厂供应。

封条的端头形状，按图纸上的设计要求在专用铣床上加工。应注意铣刀形状需与封条端头的形状相适应，即需根据封条端头的形状来，配置相应的铣刀。

封条材质应选用钎焊性能良好，力学性能适中。且具有一定抗腐蚀性能的铝锰含金（3003）。封条高度方向上的两个平面形状由钎焊工艺所决定，如盐浴炉钎焊时，要求两个平面呈鼓形；真空钎焊时，则为平行直线等即可。

封条的断面形状及宽度尺寸，是由钎焊工艺和设计压力决定的。如图4.5-6所示的几种封条断面形状，均根据相应的钎焊工艺而加工成形的。

（三）隔板的制造工艺

隔板由3层组成，中间层为母材，两边为钎料层。它是在轧板过程中，按比例把3层材料轧焊在一起而制成的。中间层母材为铝锰合金（3003），而两侧钎料层的成分需按钎焊工艺的要求来制订。如ASME规范中就有SFA5.8 BALSi-2、-3、-4、-5、-7、-9及-11共7种。它们的主要区别除含硅（Si）量不同之外，铜（Cu）、镁（Mg）及铋（Bi）的含量亦有所不同。钎料组分不同，钎焊温度范围亦不同，且所适用的钎焊工艺方法亦均不同。如不含镁而仅含硅等组分的钎料，适用于盐浴钎焊。而含有镁组分的钎料，一般用于真空钎焊。如国内牌号YS/T 69-93中的LQ_1和LQ_2两种钎焊用复合板，其母材为$3A_{21}$（LF_{21}），包复层材料为4A17和

4A13，均适用于盐浴钎焊。而包复层为4004合金的复合板，则主要用于真空钎焊工艺。

隔板包复层的轧制是材料供应商根据其所占总厚度的比例，先算出轧制前毛胚的厚度，然后与母材板一起进行轧压焊合后完成的，之后便得到了具有一定钎料层厚度的隔板。换热器生产企业，只需根据所需规格、牌号及尺寸等向材料供应商订货即可。

目前国内可供应的隔板厚度规范，有以下5种：0.8、1.0、1.2、1.6、2.0(mm)。包复层厚度所占比例有10%和7.5%两种。板宽有1500、1200、1000(mm)3档规格。长度尺寸一般在6m左右。若有特殊需要，可加长到8m以上。

换热器生产企业要对购入的材料进行入库前的检验，其复验内容包括：隔板厚度、包复层厚度、化学成分及力学性能等，合格后方可入库待用。使用时，按产品尺寸大小再在剪板机上裁剪成所需的尺寸。钎焊前还需根据复验数据，即化学成分、复合板及包复层厚度等的差异，对钎焊工艺和钎焊时的压紧力大小进行适当调整。

(四) 封头与接管制造工艺

对瓦瓣封头，最简捷的制造方法是直接采用现成的标准无缝管材来制造，其封头体和端头用管材直接割制之后用手工氩弧焊焊接成形即可。否则只能使用板材按图样放样下料，经卷板机卷制成形后再用氩弧焊焊接成形。接管制作与此类似，即有标准无缝管可供选用时，用管材按图样要求直接切割成形即可，否则亦需用板材卷焊成有缝管之后，再切割成形。对端头为平板的封头，除了端头加工有区别外，其他完全一样。

封头用材料，当设计温度低于65℃时，一般推荐选用5083等高强度铝合金材料。当设计温度高于65℃而一般不超过150℃时大都采用5454、3003和6061等铝合金。其他的零部件，如法兰、接管等。选用材料的原则与封头相同。

若封头与接管的用材不同，焊接时使用的焊条材料也应不相同，一般情况下可按表4.5-21执行。封头焊缝及封头与接管间的焊缝，通常都可实现双面焊或双面立焊，因此上述焊缝都应采用双面焊或双面立焊的工艺进行焊接。

对用平板端头的封头，其平板的位置应放置在封头体之内，即如图4.5-17所示让半圆板的外径等于封头体的内径，然后采用双面焊焊成焊透。这种结构与把平板端头放置在封头体之外的结构(半圆板直径等于封头体宽度 *W*)相比较要好得多。

表4.5-21 焊材使用表

母材牌号组合	焊条材料牌号
5A02+5A02	R5356
5A02+3003	R5356
5A02+5083	R5183
5083+5083	R5183
5083+3003	R5183、R5356
6061+5A02	R5356
6061+5083	R5183
6061+3003	R5183
6061+6061	R5356
3003+3003	R5083、R4043、R5356、R5554
5454+5454	R5454
5454+6061	R5554
5454+3003	R5554

二、焊接工艺

板翅式换热器的焊接包括两方面的内容，其一是芯体的整体钎焊其二是封头本身及封头与芯体组合时的焊接。封头焊接上节已作讲述，封头与芯体的组合焊接留在下节总装工序中再述。本节着重介绍芯体的整体钎焊工艺过程。

（一）概况

随着该换热器应用领域的扩大及制造工艺技术的发展，其芯体尺寸越来越大。芯体尺寸巨型化后的益处是，减少了换热器组串并联单元数，对配管及降低流动阻力有好处；另一方面缩短生产周期，减少3工时及金属耗量，大幅度降低了生产成本。因此目前，世界上最大的芯体尺寸已达到1300mm×1600mm×7800mm之巨。如此庞大的芯体，其钎焊焊缝的总长度最少也有1776km以上。如此之长的焊缝，只有钎焊才能做到，其他任何一种焊接方法均无法实现。在20世纪初、中期，世界各国大都采用盐浴钎焊工艺来完成的。但盐浴钎焊有许多难以克服的缺点，如污染环境，对产品有潜在的腐蚀危险等，因此在20世纪末期，世界主要从事该生产的企业都完成了以真空钎焊工艺替代盐浴钎焊工艺的改造过程。有的新企业一建立就采用了真空钎焊工艺，如德国林德公司。真空钎焊不仅改善了生产环境，降低了生产成本，且产品质量提高，使用寿命延长，因此得到了迅速的发展。我国的生产企业，也先后在90年代初完成了这一替代改造过程。

随着芯体尺寸的加大，钎焊缝总长度的增长，如果失效钎焊缝的比例数不减少，则成品率要下降。为了做到万无一失，对影响钎焊质量的所有因素都必须严加控制。因此，芯体尺寸巨型化后，如何严格所有工艺要求，是钎焊成功的首要保证。芯体尺寸巨型化虽然带来了巨大的经济效益，但严格所有的工艺要素也必须有所付出。现今衡量一个生产企业的技术水平与生产能力，芯体尺寸的大小是一种重要指标，芯体尺寸越大，其制造难度亦越大，其原因就在于此。

（二）钎焊前的准备工作

要想一次成功地钎焊好一般均达数千千米长的焊缝，钎焊前、对零件的处理尤显重要。首先是零件表面油膜及氧化膜的清洗处理，然后是干燥，减少带入真空钎焊炉中的水分，有利真空度的迅速上升。清洗和干燥后的零件还必须防止二次污染。因此在组装时，操作人员必须忌油（戴手套及工作帽等），并对所有零件尺寸进行测量，符合要求的才能使用。按图纸要求组装完成后还要进行检验。根据翅片的刚性及蕊体尺寸的大小，需预先计算出压紧力、压紧弹簧个数和收紧尺寸，然后进行工件的夹紧工作。为确保所有焊缝在钎焊过程中均有合适的条件，以形成理想的钎焊焊缝，保持适宜的夹紧力非常重要。因为工件组装时为室温条件，而在钎焊热状态且钎料有流失的情况下，钎焊体的外形尺寸变化较大。要确保工件在整个钎焊过程中都有一个适当的夹紧力，只有采用弹性压紧的方式来夹持才行。即使如此，也还要考虑到弹簧弹力随温度上升而发生的变化。因此可以说组装时的夹紧工艺，是钎焊工艺重要组成部分之一。工件夹紧后，在工件中心、表面及端头等部位，还需安装测温元件，其目的是为测定钎焊过程中工件各部位的升温情况，以便及时正确地发出钎焊指令，进而确保工件的成功钎焊。由此可见，测温元件的安置亦很重要。此外，还应注意测温元件数值显示的正确性，为此除采购时，严格选择外，还必须定期校验。

（三）钎焊工艺

将夹紧后的工件连同夹具一起送进真空钎焊炉，开始钎焊时，首先要求迅速降低炉内压力，使之符合升温工序的要求。此时开启所有真空机组的机械泵，当真空度达到要求后开启扩散泵。随着炉内真空度的升高，工件预热阶段开始了。

炉内工件吸收之热量，是靠炉内加热元件辐射热供给的，工件本身温度的平衡则是靠自身热传导来实现的，因此发生以下现象是很自然的。提高炉温，工件表面温度上高，工件内部温度与表面温度之差值加大。工件升温速度加快，热变形增大。工件预热的目的是要在最短的时间内把工件温度升到钎焊前的温度，且要尽量使工件内部温度与表面温度接近，以实现工件热变形量均匀的要求。因此，如何调控这些相互矛盾的因素，即既要使升温时间缩短，又要使工件内部热应力最小，这是工件升温阶段的关键所在。其参照点是，工件内部温度(中心温度)、表面温度及炉子温度(炉温)。工件预热最终温度应比钎料开始熔化的温度低，因此工件表面温度在预热阶段的最高温度受到限制(低于钎料开始熔化温度)，从而也限制了炉子的温度(炉子温度由炉子结构根据工件表面温度确定)。工件预热阶段是否结束，最终要由工件中心温度及其与表面温度之差值这两项指标来决定，即中心温度达到预定要求，且其与表面温度之差值亦满足规定之后，预热阶段才算结束。

预热阶段完成后，此时炉子真空度若亦符合要求，则可立即转入钎焊阶段。若真空度还未达到规定值，则必须保温以等待真空度的实现。钎焊阶段开始时的工件表面温度还没达到钎料熔化温度，而工件中心温度一般非常接近表面温度(与工件大小有关)。此时可以适当拉大炉温与表面温度的差值，尽快把工件表面温度提高，然后再减少此差值。等到中心温度也升高后，再调整炉温，使之在较短的时间内，提供足够的热量把钎料熔化。当工件表面温度已进入钎料熔化温度区间时，再调整炉温，使之进入工件温度平衡阶段。当工件中心温度达到钎焊温度后，即可停止加热并转入工件降温阶段。当工件表面温度降到钎料固化温度以下时(<570℃)转入快冷阶段。当工件表面温度降低到300℃以下时，应把工件拉出炉外进行空气冷却。工件降至常温后拆除夹具及测温元件，钎焊过程结束。在转入快冷工序之前，先要破坏炉子的真空度(一般是向炉内充入无氧气体)，使之达到0.08MPa(0.8个大气压)左右时开启快冷系统。迅速而有效地降低工件内部温度。在开启炉门拉出工件前，还要向炉内通入空气，使炉子内外压力平衡。开启炉门时炉内气体因温度降低，压力还可能降低，故要维持炉内外的压力平衡，才能方便地开启炉门。拉出工件后，应迅速关闭炉门，开启机械泵，并把炉子加热到540℃左右。最后要把真空度维持在10Pa左右，等待下一炉钎焊的进行。

在钎焊过程中，随着工件温度的升高，金属表面吸附的气体逐渐释放出来，影响炉内真空度的提高。尤其当温度进入钎料熔化温度后，某些金属会汽化蒸发，严重威胁到真空度的维持。此时若真空系统抽率不足，则将会严重影响钎焊过程的进行，有时不得不延缓加温速度，等待真空度的恢复。这种情况是非常危险的操作，因在钎料熔化温度下，钎料中硅的扩散速度大大提高。长时间的高温停留，必将引起硅的大量扩散，进而导致钎料完全熔化温度上升和母材金属熔化温度的降低。使本来温差就不大的钎焊工艺，进一步降低了钎料与母材金属熔化温度的差值，加剧了钎焊的难度，有可能造成钎焊失败。因此，整个钎焊过程又是温升和压力的协调过程。只有当真空系统的抽率足够大且炉子密封性能达到优良状态时，温升协调过程才为唯一的过程。目前所有钎焊工艺软件均是在真空度能满足工艺要求的前提下制订的，因此，硬件质量(密封性和抽速)便是正确进行钎焊作业的基础。没有可靠的硬件设备，实施钎焊将非常困难，工件钎焊质量亦无法保证。

由上述可知，钎焊成败的关键是温差控制和真空度的保证。温差控制主要指炉温与工件表面温度之温差控制和工件表面温度及其中心温度之差的控制。一般情况下，炉温与工件表面温度之温差比较容易控制，其差值大小，仅仅是加热功率与工件温升速度的反映。而工件表面温度与中心温度之差值，是钎焊过程中的主控指标。温差过大，中心温度升高得快，工件温度应力及膨胀速度不等将引起零件变形加大。温差过小，中心温度上升温，延长了钎焊时需，尤其在高温阶段，时间过长会造成隔板穿孔，焊根熔掉等缺陷的发生。因此，一个完整的钎焊过程一般要分成若干段，在每一工艺时间段中，中心温度值是唯一的主控指标。为此应按中心温度要求值来制订工件表面温度的控制值，进而再制订炉温的控制曲线。工件中心温度提高所需之热量主要靠隔板的热传导，因此，工件的板宽、隔板厚度及翅片重量等均直接影响到中心温度与工件表面温度差值的大小。这些工件尺寸、结构及重量等因素的差异，直接关系到所用之钎焊工艺，这也是制订钎焊工艺的基础。所以某些钎焊工艺软件，首先输入的是工件尺寸、结构及重量等参数，其原因即在于此。通用和万能的工艺软件是不存在的，也是不合理的。

三、总装工艺过程

把已制作好的封头体焊于已钎焊完的芯体上，一般采用手工氩弧焊——非熔化极氩弧焊和半自动氩弧焊——熔化极氩弧焊的方法进行。芯体是一个整体，在其表面焊接封头时散热快，热容量大，而封头壁较薄，热容量少，因此这道焊缝的焊接条件不太好。但该焊缝对封头来讲是一道纵焊缝，形式上是一道单面焊接的角焊缝。若焊缝系数取得过低，则封头壁厚必将增厚很多；取得过高，实际操作又难以进行。因此该焊缝的焊缝系数一般取0.60～0.65。为了焊好这一道焊缝并保证其质量，各制造企业都有自己贯用的作法。尤其当封头承受了交变应力时，所用之方式就更讲究了，现介绍几种焊法，可供参考。

(一) 短接法

如图4.5－60所示，首先在芯体表面施焊处铣去2～3mm，用双面焊把加工好的短接1焊于芯体上。焊缝检验合格后把金属垫板3焊于短接上。然后把开好坡口的封头插入垫板外，与短接间留有2～3mm的间隙。最后采用带垫板形式的单面对接焊完成封头与芯体的焊接。最后这道带垫板的单面对接焊焊缝，可用射线照像检验法进行检验。这一焊法可以满足焊缝系数较高场合的要求，克服了封头只能采用单面角焊缝而无法实现高焊缝系数要求的弊端。

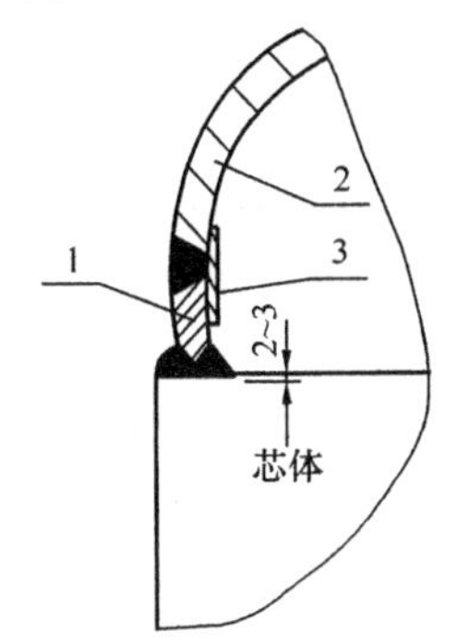

图4.5－60

(二) 堆焊法

如图4.5－61所示，同样在芯体表面施焊处铣去2～3mm深的一道槽，槽宽约10～20mm。用半自动或手工氩弧焊把此槽堆满并高出芯体约6mm。按要求把堆焊焊缝倒角并把内侧修平直，以便于带垫板并开有坡口封头的插入(图中堆焊焊缝用黑色标出)。把开有坡口并焊好垫板的封头插入加工好的堆焊焊缝上，其间留出2～3mm的间隙。点焊固牢，最后用半自动或手工氩弧焊完成芯体与封头焊缝(图中用方格表示)的焊接。最后这一道焊缝为带垫板的单面对接焊角焊缝，较容易做到全熔透。实践表明，这是一种较理想的焊缝接头形式，焊缝系数可用到0.65。原因是，焊缝内部质量检查较困难，一般只作表面检验，故焊缝系数不能取得较高。

为了试压和检验的方便，焊封头的顺序一般是先焊压力最高的一组封头。此时没其他封头，对封头焊接、高压通道内外泄漏检查都十分方便。焊好一组封头后，在接管上焊好试压闷盖，对该流道进行试压，检查其内外有无泄漏。合格后，进行第二组封头的焊接与试压。按此程序直至把全部封头焊完。这种工艺顺序具有最大限度防止返工的优点。

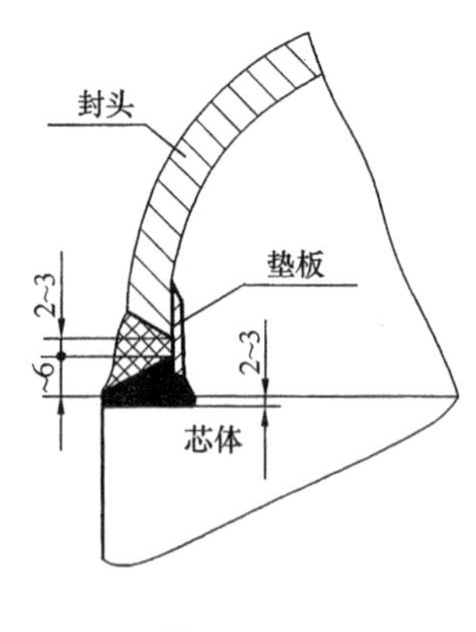

图 4.5-61

待封头及试压闷盖焊好并初步试压合格之后，再焊接其他诸如支座、吊耳、铭牌及支架等附件。所有焊接工作完成后，进入以下检验工序（有时是交叉进行的，并没有分得很清楚）。

四、检验

首先要检验的是焊缝，待全部焊缝检验合格后进入强度试压工序。

（一）强度试压

强度试压用介质是洁净水或无油空气，具体选用要根据试压压力等级来决定。通常，当设计压力低于 1MPa 时，因零件强度和钎焊强度都远远高于设计压力，因此在钎焊及其焊缝质量均有把握并有一定安全措施的条件下，可以使用空气作介质进行强度试压。除此之外，为了安全起见大都还是采用试水压的方式进行强度检验。取试验压力 $p_t=1.3p_D$，停压至少 20min；检查无渗漏，无形变，升压时无响声即为合格。试强度时需用压力表两只，且其必须在有效使用期内，量程应为试压压力的 1.5 倍。压力表被分别装在试压流道的两端。一个流道试压时，其余流道全部放空通大气。一组封头完成后，转入第二组封头，直至全部完成。

当设计压力大于 2MPa 以上时，在升压过程中，必须按规定分段进行。由一个压力段升至另一个压力段时升压要稳、缓，到达新的压力段后要停几分钟，以进行初步检查。一切正常后再继续升压直至全部完成。单一流道试压完成后，再对全部流道进行强度试验。

（二）气密性检查

强度试压完成后进行气密性检查。试验压力 $p_t=1.1p_D$，保压足够时间。在某一流道充气保压的同时，检查其余流道和试压流道的压力变化。具体操作如下：试压流道保压时检查有无外漏，即在芯体封条侧涂发泡剂，或把换热器沉入水下，看外表面及有压封头的焊缝区有无鼓泡，无鼓泡时则为合格。检查有无内漏（试验流道向相邻流道泄漏时称为内漏），可通过检查其余流道中压力有无变化及试验流道中压力有无降低来判别。一般在其余流道接管上接细管，放入水下或涂发泡剂，看其余流道有无气体冒出的办法来判别试验流道有无内漏。或在其余流道中接上 U 形管，并给 U 形管灌水，观察其余流道压力是否升高。但这种方法与试验时的温度有关系，大气温度的变化，对无压流道中的压力有影响，因此要计入温度的影响。每一个流道完成气密性检查后，再进行全部流道的外漏气密性检查（此时已无法检查内漏）。

在气密性检查的充气过程中，尤其是压力比较高的流道，其内部温度要升高，直接影响了检查的准确性，有时会造成误判。因此要求在充气后，有一段温度平衡的时间。当温度平衡后，再进行气密性检验。

换热器使用场合不同，介质物性相差很大。用量气试气密不漏（肉眼观察不到气泡外冒），但用其他介质时都可能产生泄漏。因此有必要时，在气密性检验合格之后还需进行氦质谱检漏。

（三）氦质谱检漏

与气密性检查一样，氦质谱检漏同样有内漏和外漏的区别。由于工质不同，有时对内外漏率要求也大有区别。如氢气换热器，其工质全是氢气，内漏率可以放松些，但外漏率要严格控制，因为氢气漏到大气中达到一定浓度后要自爆。因此，要根据具体情况，提出合理要求和指标，既符合实际需要，又降低了制造成本。

具体操作：被测流道抽真空，其压力低于真空检漏仪启动要求的压力，并与真空检漏仪连通后开启检漏仪。换热器用塑料薄膜包围密封起来，先在其内抽真空，当薄膜紧贴换热器外表面后，再将氦气充入其内(一般低于0.02MPa(表压))。此时氦气可以通过换热器外表面漏入被测流道中($\Delta p>0.101$MPa)，并在检漏仪上显示出来。此漏率即为被测流道的外漏率。

被测流道充氦气(恢复到常压)，把相邻流道抽真空，并接入检漏仪，此时在相邻流道的漏率即为被测流道的内漏率。按如此程序直至作完所需检测的所有流道。

检漏仪显示的漏率单位是Pa·l/s，由操作方法可看出，被测流道的容积、换热表面与表面钎焊焊缝长度一概无关。显然是不合理的。例如外漏率，被测流道层数越多，钎焊焊缝长度越长，则泄漏的机率就越大。与一个层数较少，钎焊缝长度较短的流道采用一个漏率标准，显然前者严后者宽。即同一种用途的换热器，大单元漏率与小单元一样的要求，显然是不严格不合理的。如把大单元做成若干小单元串联并联使用时，小单元检漏全部合格，但组合后的大单元就很难保证达到漏率的要求。

实际使用过程中，对大小单元的漏率要求应不一样。例如影响纯度的内漏率，流量少时允许漏入的杂质少(如纯度为99.99%，允许漏入量在几十ppm级，但产品量少，允许漏入的总量也少)。若当产品量增加10倍，在保证纯度为99.99%的条件下，允许漏入的总量也增加10倍。即需根据流量的多少(换热器流道数多少)要求允许漏入的总量亦有所不同，但单位流量允许漏入的量不变。再如外漏率的控制，氢气外漏受量的限制，因漏到一定量要发生危险。因此，小流量小单元，其总漏量和流量比，要远远大于大流量单元。即小单元外漏可以放松一点，而大单元外漏要严控，可见具体的漏率要求是不一样的，千篇一律的漏率要求是不符合实际的。

为了正确地反映换热器的漏率，世界各国的做法也不一样。如美国S－W公司的氦质谱检漏标准是指在标准温度压力下单位体积(ft^3)、单位时间(s)内的cm^3氦气量，其总漏率是内漏和外漏之和。抗氧厂新标准的规定则为：单位体积(m^3)单位时间(s)内泄漏的氦气量(L)与压力(Pa)的乘积。即Pa·L/(s·m^3)。除上述两家外，其余企业未加区分，统一单位为Pa·L/s，但要求的值也相差较多。ALPEMA标准为：外漏在压差$\Delta p=0.1$MPa时为0.1Pa·L/s。内漏在压差等于设计压力时为1Pa·L/s。压差为0.1MPa时漏率为0.1Pa·L/s。德国林德公司LS134－06标准规定为：0.1Pa·L/s。美国空气制品公司4WEQ－140100标准为：1.332×10^{-3}Pa·L/s。美国EQUISTAR公司的标准为：1Pa·L/s，但对高纯度流道的漏率为：1×10^{-3}Pa·L/s。总趋势为1×10^{-3}Pa·L/s，其为最高标准。1Pa·L/s为最低标准，也没有区分单元的大小，看来认识还没有统一。

(四) 气阻试验

只有当图纸或合同注明要求，对某一种流体流道或全部流体流道进行气阻试验时，才进行该项测试。其做法是：换热器干燥合格后切除要测试流道的试压闷盖，并接入试验装置中。按要求通入一定量的干燥无油空气，待工况稳定后测量进出换热器管路上的压力，进出压力之差值即为在测试条件与气量下的阻力值。一般需变动气量，测试3次。利用3次测量值，可算出被测流道在规定的气量、压力和温度下的阻力值，看该阻力值是否符合设计要求。

测试一台换热器某几个流道的阻力值，目的是看制造同一型号产品同一流道之间有何差异，以供配管或串联并联时参改。必要时应采取措施加以弥补。以避免气体分配不均而造成换热效率下降。对单独使用的单台换热器上述测试意义不大。

（五）干燥度检验

制造过程中有水进入换热器（水压强度试验），必须把这些水分彻底清除干净，否则会产生以下后果。

（1）腐蚀产品：真空钎焊的换热器，其内外表面都残留有氧化镁；盐浴钎焊的产品则又残留有氯盐（氯化钾氯化钠等）或氟盐，这些氧化物或盐一旦遇水，都会对产品产生腐蚀。盐浴钎焊后的产品虽经过严格清洗，但要把残盐彻底清洗掉是不可能的。而真空钎焊后的产品一般是不进行清洗的，因此氧化镁的存在是必然的。鉴于这一事实，故所有厂家都要对进水后的产品进行严格的干燥处理。

（2）冻坏产品：产品中的水分一旦汇聚，当换热器工作温度在冰点以下或储存期大气温度低于冰点时，水分结冰堵塞流道胀坏产品很普遍。即使水分很少对低温运行的换热器也会在其换热表面上结冰而增加了传热阻力，降低了传热效率。

（3）污染工作介质：换热器投入运行后，其内若仍有水分存在，则在低温高压条件下很容易生成水合物，而污染工作介质，或使工作介质中的水分含量超标。因此用户在开车前，需用氮气彻底吹扫系统，使之达到 -40℃以下的露点温度，然后才能投入使用。同样在停车后，还必须充氮密封，以防外界潮气进入系统。由上可见，干燥度对该类产品的重要性，因此换热器出厂前应对其进行干燥处理。

干燥处理工艺，一般有以下两种：其一，用热空气吹扫，氮气置换；其二，加热抽真空。最后还要对其干燥度进行检测。一般要求其露点温度在 -5℃以下，严格要求达 -20℃以下，个别要求达 -40℃。过高要求很难保证，也无必要。因为安装时进出口管路要敞开，潮气肯定会进入。因此往往发生干燥度达到要求的出厂产品，一经安装又不符合要求了，此时还必须重新进行水分的吹扫工作。可见，过高的露点要求（-40℃以下）没有必要，合理要求应在 -5 ~ -20℃之间。

（六）充氮密封

换热器经干燥处理并检验合格后，还必须给各流道充以露点温度在 -40℃以下的干燥密封用氮气。目的是把换热器内部的氧气排除掉，以避免运输、储存期间换热表面的氧化；其次还可维持干燥处理后的状态，一直到安装时都不会被破坏。具体操作是，干燥处理完成后，先用氮气对要进行氮封的流道进行吹扫。吹扫一段时间后，把流道的出口封死（一般用压力表或螺塞封堵），继续给流道送进氮气，直至达到要求的压力为止（充气进口使用的是止逆阀，充气结束后，自动密封）。充氮压力值为多少才算合理，从充氮的目的可看出，只要流道内维持在正压即可满足要求。充氮压力过高没必要。问题的关键是止逆阀的质量及其对密封压力的要求。止逆阀压力很低，充氮压力再高，在储运期间也会漏掉（但漏不到负压以致使潮湿空气进入流通的地步）；止逆阀压力较高，充氮压力很低，也不会使流道呈负压状态。因此可见，在止逆阀选型合理的情况下，充氮压力一般取 0.02 ~ 0.05MPa 较为合理。更高的压力，如有的标准取 0.1MPa（表压），实际上是没有必要的。

在产品流道一端装压力表，另一端装止回阀。如果产品储存期较长，则应定期进行氮封状况的检查，经常看看压力表的指示值。若压力有降低，可通过另一端的止回阀向流道内补充氮气，使其维持在要求的压力范围内。

五、制造工艺水平分析

生产铝制板翅式换热器的厂家，国外有6家著名企业，国内有3家大企业和近10家中小企业。如何评价这些企业产品的质量，是广大用户最为关心的事情。换热器是压力容器，制造单位必须取得相应产品压力等级的制造许可证，并按压力容器质量控制体系要求，建立诸如原材料控制制度及外购件质量控制等一系列有效的质量控制制度，并认真贯彻执行。现仅从工艺方法对产品质量的影响，对制造工艺水平进行以下几方面的评定。

（一）钎焊工艺评定

钎焊工艺是该类换热器制造工艺过程中，最关键的工艺之一。钎焊用什么方法，是气体保护焊、盐浴浸钎焊，还是真空钎焊，将直接关系到钎焊焊缝的质量（强度及热导率）。钎焊方法不同，其机理和焊缝形成时的条件亦不同，故直接影响了焊缝质量的优劣。

气体保护焊的工艺设备简单，费用低，对环境没污染，但焊缝强度和热导率低（热阻大），因此一般只用于小型常压换热器的钎焊。

盐浴钎焊最大的缺点是对环境有污染，产品中残留下的盐类对产品有腐蚀，设备容易腐蚀损坏。其次是能耗高，费用大。钎焊焊缝强度及热导率等性能指标虽然均不错，但作为一种工艺方法目前仍遭国内外大型企业淘汰，仅在一些小型企业的某些特殊产品钎焊时还在使用。

真空钎焊是当代国内外各专业制造厂普遍采用的工艺方法，其主要特点是对环境没污染，能耗低，焊缝质量好。但对维护操作，对其他零件的生产工艺以及对整体技术水平的要求均较高，尤其是对钎焊工艺的操作要求很高。工艺方法虽然相同，但硬件的质量，达到的技术参数及操作时达到的指标等不同时，其焊缝质量相差较大，因此要求对钎焊工艺进行工艺评定工作。有没有此项评定，评定时达到的技术性能指标，均代表了该生产企业的技术水平及其产品质量的优劣。

所谓钎焊，它是利用比母材熔点低，强度大多亦比母材低的钎料在熔化状态下，借助毛细管作用填充工件之间间隙而形成焊缝的。为了达到与母材强度相匹配的目的，钎焊接头与一般焊接接头的设计是不一样的。前者设计为毛细管作用留有间隙以及比零件断面大得多的接触面，见图4.5－62。为了确保钎焊接头与母材具有相同的强度，即使在钎焊焊缝完全钎透的情况下也需要留有足够的搭接面宽度L。L值可按下式计算：

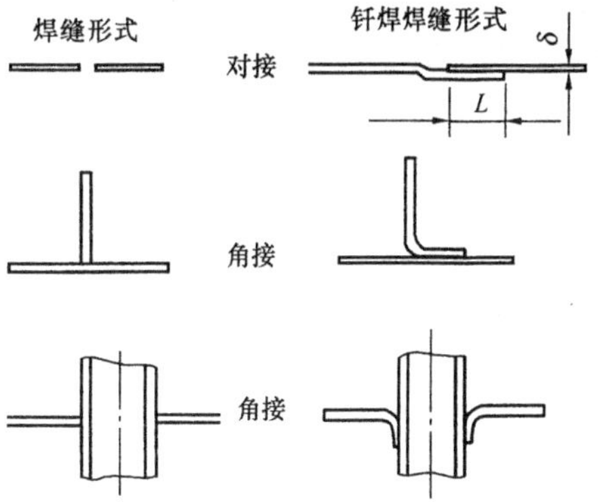

$$L=(\sigma_b/\sigma_\tau)\delta$$

式中　σ_b——母材的抗拉强度；

σ_τ——钎焊接头的抗剪强度；

δ——母材厚度。

图4.5－62　两种焊缝接头的比较

由上式可见，搭接宽度与母材厚度成正比，但并非可以任意加大。L值太宽，在实际钎焊操作中，很难获得满意的效果。通常L不超过15mm[4]。由此可知，钎焊接头的强度受母材、钎料、钎剂、接头间隙及缺陷多少等因素的影响，在钎料、母材及工艺方法确定的情况下，接头间隙，对强度的影响十分敏感。当然，钎焊温度及时间等操作条件，对钎焊焊缝的影响也十分重要。这些都要通过实践才能确定下来。表4.5－22列出了常用金属搭接接头间隙的数值[4]。

表 4.5－22 各种材料钎焊接头推荐的间隙

母 材	钎料种类	钎焊接头间隙/mm
碳钢	铜钎料	0.01～0.05
	黄铜钎料	0.05～0.20
	银基钎料	0.02～0.15
	锡铅钎料	0.05～0.20
不锈钢	铜钎料	0.02～0.07
	镍基钎料	0.05～0.10
	银基钎料	0.07～0.25
	锡铅钎料	0.05～0.20
铜及铜合金	黄铜钎料	0.07～0.25
	铜磷钎料	0.05～0.25
	银基钎料	0.05～0.25
	锡铅钎料	0.05～0.20
铝及铝合金	铝基钎料	0.10～0.30
	锡锌钎料	0.10～0.30

钎焊接头缺陷与工艺方法有直接关系，表 4.5－23 列出了钎焊接头缺陷种类和导致缺陷的原因。一个企业应针对自己产品的情况及结构形式，经过各种相互配合的实验，确定其工艺条件及操作规范。这些均为确保所有钎接接头质量和产品性能的基础工作，是非常必要的。这些工作都要有针对性，如钎焊前所有参数、钎焊工艺过程及钎焊后焊缝的检验等都应作相应记录。钎焊接头的钎透率(接合率)是指钎料流布面积，与钎接件接合面积之比。检验钎透率就是检查钎焊焊缝的质量。钎透率的要求是多少，这与产品和钎接接头的设计结构有关，一般要求在 35%～95%之间。

表 4.5－23 钎焊接头缺陷及其导致的主要原因

缺陷的种类	造成的主要原因
部分间隙未填满	接头间隙设计不合理，钎焊前表面清洗不充分，钎焊区域温度不够，钎料数量不足
钎缝中存在气孔	溶化的钎料中，混入了游离的氧化物，母材或钎料中析出气体，钎料温度过高
钎焊区域钎料表面不光滑	钎料温度过高，钎焊时间过去，钎料金属晶粒粗大
钎缝中夹渣	钎料数量不够，钎料在填满钎缝时，流动方向不一致，钎缝间隙选择不当，加热不均匀
钎料流失	钎焊温度过高，钎焊时间过长，钎料与母材发生化学变化
钎缝区域有裂纹	钎料凝固过程中工件有振动，钎料的液相线和固相线温度相差太大，钎料凝固过程进行太快(温降太快)
母材区域有裂纹	母材过烧或过热，钎料向母材晶间渗入，母材导热性不好造成加热不均匀，母材与钎料线胀系数相差过大产生了热应力

针对某种接头结构及设计要求的焊缝系数值，要做一定量的实验才能确定。在工艺条件稳定的情况下，把这些试件的钎焊焊缝分开，以检查其钎焊焊透率是否符合要求，进而确定这些试件结构应该采用的钎焊工艺，以此来确保钎焊接头的强度要求。一个企业这方面的工作做了多少，直接反映了该企业的技术水平及所制订钎焊工艺的可靠性。

（二）氩气保护焊的工艺评定

该换热器除了芯体用钎焊完成焊缝外，其他焊缝需用氩气保护焊来完成。此类焊接可分为两大类，即熔化极氩气保护焊和非熔化极氩气保护焊。熔化极是以填充金属（焊条）作为一个电极，在通电形成电弧的过程中自身被熔化，作为焊缝的填充金属使用，故称熔化极氩气保护焊。而非熔化极是以耐高温的钨棒作为电极，在形成电弧熔池的过程中用人工加入填充金属的办法来。形成饱满的焊缝。不论是熔化极或非熔化极，都是把通电形成的电弧作为加热的热源而把被焊金属和填充金属熔化并形成溶池。氩气从电极四周喷出使熔池与四周空气隔离。氩气除了保护熔池不被氧化外，还有破除氧化膜的功效。由此可知，被焊金属热容量不同（因金属材料厚度不同）焊接时所需热量亦不同亦即是说电流电压要随之改变。根据母材厚度及焊缝形式的不同，焊机需要提供多大的电流电压则要经实验来确定。被焊的两种材料如果牌号不同，使用什么填充金属才能确保接头强度不低于母材热影响区的强度，也要用实验来确定。这些针对具体情况所做的焊接实验工作称为焊接工艺评定。通常的做法是，根据母材的种类和规格分出档次，对每一档次的母材进行焊接试验。把检验（外表及内在质量）合格后的试板，当作试件进行力学性能试验（强度、弯曲及冲击等）。合格后才能确定该档材料的焊接工艺参数，并形成文件以作为制订焊接工艺的依据。由此可见，试验中由于焊接方法、母材规格牌号及与之相连接的材料以及填充金属都有所不同，故需做大量的工艺评定工作。这也是一个企业成熟程度的体现，因为仅仅焊接好焊缝是不够的，还必须提供出相应的工艺评定报告，以作为能够焊好焊缝的依据。

（三）性能指标的考核

工业用铝制板翅式换热器，除了通用件，标准件产品外，大部分为流程换热器。它是根据工艺流程的参数未设计的，能否满足工艺流程参数的要求，是该类换热器性能指标考核的主要依据。但工艺流程的参数在实验条件下无法实现，因此国内外厂家的企业标准中均无这方面的考核要求。有时，这些考核指标及项目，在图纸或工艺文件中单独作出规定。

众所周知，该换热器的性能指标主要有两项，即流道的流通阻力和换热能力。对任何一种换热翅片而言，这两项指标往往又是相互关联的，一项指标能够满意地实验，另一项指标往往也是可以完成的，因此这往往就是为什么用较易实现及操作的流道流通阻力来考核整台换热器性能的主要原因。

设计换热器时，流通阻力是根据工艺流程参数来确定的。而制造完成后的换热器。该指标是根据其所用翅片规格特性及试验条件进行理论计算后得出来的。如果，实验结果与理论计算值非常吻合，则表明该换热器在设计和制造过程中都处于受控状态，其实际使用效果也会非常满意的，即可以达到工艺流程参数的要求。反之如果实验值与理论值相差较大，则很难保证将来的使用效果。

（四）外形尺寸及外连尺寸

板翅式换热器的芯体尺寸由宽度 W、长度 L 和厚度 B 来决定的。W 及 L 虽然主要由板材尺寸决定，但也有制造误差。即在零件组装时其排列整齐与否要影响到 W 及 L。钎焊中封条有时也会突出或凹进而影响 W 及 L 的精度。这种本来只是因板材落料时产生的误差却由于未夹持牢固而产生了尺寸公差，这也是制造工艺水平的体现。更主要的尺寸误差发生在 B 方向上。该尺寸误差与层数（板的块数及翅片层数）及每层尺寸公差有关的，是一种积累公差。钎焊中钎料的流失是必然的，流失量与钎焊工艺参数，如压紧力、钎焊温度及翅片高度公差等有关。即使板材厚度和零件公差（翅片、封条）相同，若钎焊工艺参数不同，其最终产品的 B 尺寸亦会相差很大(有时每 m 相差 20mm)。图纸上的 B 尺寸是在稳定工艺条件下通过计算得出的。产品的最终尺寸越接近这一尺寸，则说明产品制造水平及质量越稳定。反之，则意味着工艺不成熟，产品质量不稳定。(产品实际尺寸与图纸公称尺寸之误差值)亦是企业产品综合水平的体现。精度高者在 0.3% 左右，而精度差者有时达 2.0%，甚至更大。

换热器外连尺寸公差，是由法兰、接管及封头等零部件制造误差及其与芯体焊接时产生的误差而造成的。尤其是法兰连接时，法兰面位置的公差更能体现这一工艺过程的精度。接管外连长度可用去除部分长度来调节，但另外两个方向上的位置尺寸，却与法兰面位置公差一样，需在工艺过程中，加以控制才能达到较高的尺寸精度。

(五) 产品整体外观的质量评定

一台换热器展现在眼前时，最先给人们的印象是它的外观形象。而外观评定的内容大致有以下几方面。

1. 色泽及光洁度

该换热器外表一般是不油漆的，因此其外观质量也一定程度体现了工艺水平的高低。如芯体颜色是否光亮，外表色调是否一致；封头及接管外表是否光滑，有无加工痕迹；明显区域有无材料标志，焊缝附近有无焊工钢印及检验印，焊缝颜色是否一致等。对全部外表作抛光处理的换热器。掩盖了产品的本来面貌，并不能体现真实的工艺水平。

2. 钎焊焊缝的质量

钎焊焊缝的饱满程度，有无失效后的手工补焊，补焊多少，这些都体现了钎焊水平。在芯体两侧呈点状分布的补焊点往往是钎焊时的测温孔，虽然不能代表钎焊焊缝失效的多少，但这些测温点的多少，确实反映了钎焊工艺的成熟程度。点数越多，则表明工艺不成熟。对成熟的工艺，其点数可由近 10 点降到 2 ~3 点。

3. 手工氩弧焊焊缝的质量

对接焊缝有无磨平，(焊缝余高为零，无咬根现象)，角焊缝焊脚是否圆滑过渡，焊角高度是否与工件厚度相适应，焊缝宽度是否均匀一致。

4. 整体外表

有无刻划碰伤，所有流通的氮封压力值能否一目了然，产品铭牌固定方法及固定位置是否适当，换热器 6 面是否平整，有无明显凹陷现象。

第七节 板翅式换热器几个专题的探讨

一、两相流均匀分布的对策

板翅式换热器中流体呈两相流形态有以下 6 种工况：

①流体以单一气相的形态进入换热器，又以两相的形式流出换热器时的部分冷凝工况。

②流体以单一液相形态进入又以两相形式流出时的部分蒸发工况。

③流体以气液两相形态进入又以单一气相形式流出时的部分蒸发工况。

④流体以气液两相形态进入时又以单一液相形式流出时的部分冷凝工况。

⑤流体以气液两相形态进入仍以气液两相形式流出，仅气相比例增加液相比例液少时的部分蒸发工况。

⑥流体以气液两相形态进入仍以气液两相形式流出，仅气相比例减少液相比例增加时的

部分冷凝工况。

这6种工况均涉及流体不同的传热过程及流动方式，为了能保证流体均匀分布进入及流出换热器的相应结构形式也有很大的不同。现分别探讨如下。

（一）单一气相进入又以气液两相流出时的部分冷凝工况下导流片的设计

显然，这种工况的流体为热源。在一般情况下，流体往往由换热器顶部进入，气液两相从换热器底端流出。这种流动形式下导流片的设计仅按最低流动阻力考虑即可满足流体均匀分布的要求（进出口导流片皆如此）。若流体由底端进入，气体在上升过程中产生部分冷凝，冷凝液自由回落到底部，流出，设冷凝的部分气体由顶端流出时，该换热器的设计要充分考虑以下因素：

①气相进入和液相流出均在同一端面，且其气、液相流量均达到最大值。因此必须让此端面上气液两相的流速比气液夹带的流速要小，以使气液两相各自畅通无阻，否则会产生“液悬”现象。为实现气液两相各自流动互不干扰，往往把气相进口导流片（或翅片）的端面按一定角度切出一切口，见图4.5－63。下流的液体便会汇集在切口角上，而气体则沿其他断面上升。如果气液两相不在一个端面上进出，而是在一个封头内进出时，除了要考虑封头内的气液分离和各自流动外，导流片开口宽度尺寸 a 也必须要考虑使气液两相流动的互不夹带。而在传热翅片和导流片交界处，也把翅片切出一个切口，见图4.5－64。

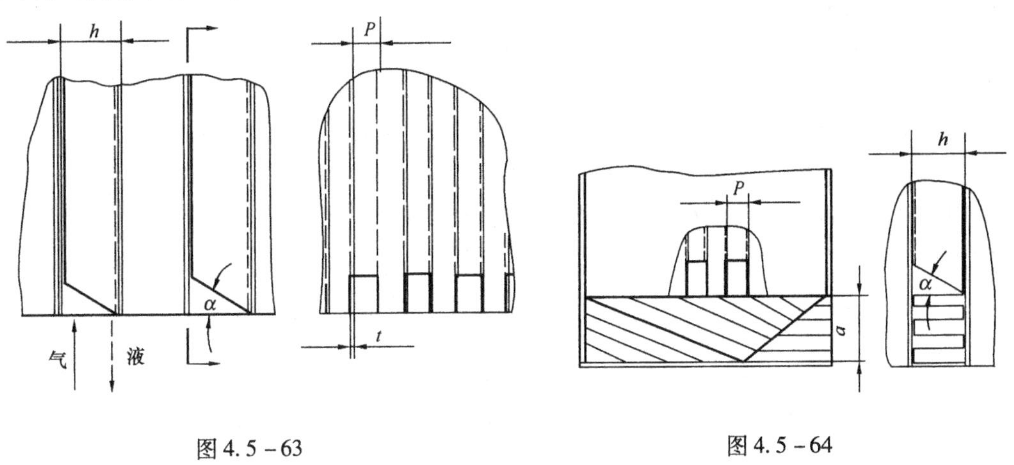

图4.5－63　　图4.5－64

②逆向流动的气液两相有温度差时（非纯工质冷凝），会产生热质交换（在同一流通内的传热传质过程），从而使换热器的传热温差发生变化，有时变化很大，因此必须重新进行校核计算。

③未凝气出换热器时的导流片按最低阻力降设计。

（二）单一液相进入又以气液两相流出时部分蒸发工况下导流片的设计

流体是冷源，一般情况下流体从换热器的底端进入，部分蒸发后以气液两相的形态从换热器顶端流出。换热器进出口导流片也需按最低阻力降原则设计。气液两相在换热器传热段或出口导流片段的流速，可以不按最低气液夹带量时的速度设计，即流速低到使气相和液相速度不等的程度。当然也完全可按气液等速（相互夹带）设计，关键是阻力值是否允许。

如果液体由顶端进入，液体下流时有部分蒸发，相互夹带的下流液体由底端流出，其流速与蒸发量有关，设计时必须注意这一重要因素。自由下流的液体，在压力差的作用下加剧了这一下落过程。但在这一下流过程中产生了部分蒸发的气体（这是工况要求的定量气体）。

气体向上的浮力有阻挡液体下落作用。以上两种相互作用的最终结果如何，要根据工况要求，使出口处的气液达到一定的比例。为实现这一要求，必须对液体进口速度加以控制。流速过大，则流量多，而产生的气体一定，因此出口处液相的比例偏大，反之，液相比例减少，甚至有干蒸发的可能。因此，针对工况的要求，必须进行精确计算以确定出合理的结构尺寸。千篇一律的结构设计显然是满足不了特定工况要求的。为了严格控制进口处液体的流速，有时把流道设计成了图 4.5－65 所示的曲折结构，这样便可以满足每一段平均流速均相等的要求，也使出口处达到工况气液两相呈一定比例的要求。当液相进口宽度 a 达到换热器有效宽度 W 时，则流道变为直通式，流速随蒸发传热的进行而越来越快，最终在出口处实现了所要求的气液相比例。如空分设备中的膜式冷凝蒸发器即属于此类设计。由此可知，结构尺寸与传热方式、出口处要求及工况给定的压力降有关，因此必须根据具体要求进行设计才能确定出合理的结构尺寸。

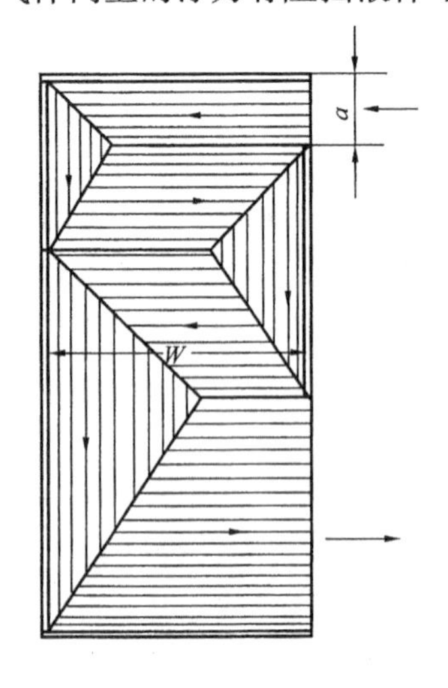

图 4.5－65 曲折流道结构

以上两种工况流体都是以单相的形式进入换热器，因此不存在两相流均匀分布的难题。

（三）气液两相进入又以单一气相流出时部分蒸发工况下导流片的设计

这种工况下气液两相均匀分布非常重要。不管流体从底部进入还是由顶部进入，如果在每一层流道中气液两相的比例不一样，则在换热器出口端每一层流体的温度就会不相同，甚至在某些流道内（某些层中）会发生液体蒸发不完全的现象。显然，整个换热器的温度场也无法实现均匀。因此，气液两相在进口处是否能均匀分配到每一层中去便成为该工况下结构设计的重点。至于在出口，因是单一气相，导流片的设计属单相均布的范畴。以下就两相流体在进口处如何均匀分配到每一层中去的结构设计作一重点介绍。

1. 概况

流体以一定比例的气相和液相进入换热器时，如何把流体均匀分配到每一层流道的宽度方向和整个断面上，是确保气液两相流体进行正常热交换的基本条件，因此对进口处气液分配结构进行合理的设计便非常重要。

两相流流体在流动时可能有以下 3 种流动形式：

a. 气液两相流速不等。如水平流动时气体在上，液体在下的分层流动。垂直向上流动时，若液体流速慢，气体流速快，则气体将在液体中以鼓泡的形式流动。

b. 气液两相流速相等，但互不混合，气液互不夹带。

c. 气液两相相互夹带，以完全混合的形式流动。

这 3 种流动形式，从传热的角度看以雾状流最佳。因此，为把进入换热器的两相流流体，均匀分布到整个断面的每一层流道中去，应根据流体的组分、传热形式（冷凝还是蒸发）、气液比例、气液密度、压力及物性等进行合理的设计。

2. 分配方法

（1）采用导流片。图 4.5－66 所示为单相流体通常采用的导入方式。两相流流体中的液相，其体积比若少于 5% 且其流速比分离允许流速最大值还大时，可按单相流形式处理，因此图 4.5－66 所示结构便可用于此种条件下两相流流体进口结构的设计。

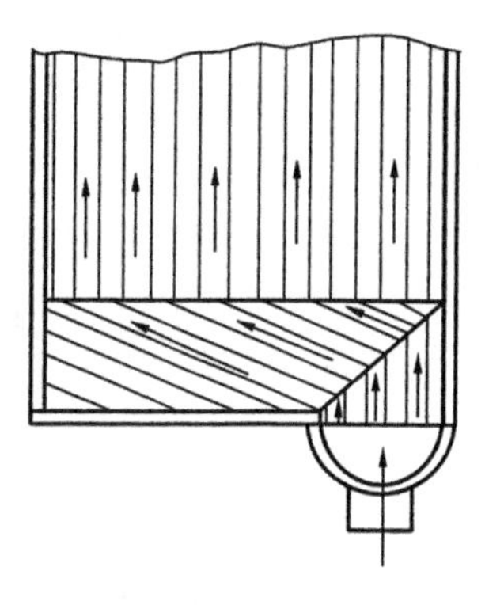
图 4.5－66 单向流进口结构

气液两相流体一起流动时，其流速有以下几个临界值。a. 分离（气液两相相互分离）速度最大值；b. 分离速度安全值；c. 夹带（气相夹带液相）速度最小值；d. 夹带速度安全值。这 4 种速度简便的计算方法如下[5]：

$$v = K[(\rho_L - \rho_v)/\rho_v]^{0.5}, \ \mathrm{m/s} \quad (5-1)$$

此速度是基于换热器介质在整个流动截面上的气相速度。式中，ρ_L、ρ_v 分别为液相和气相的密度，kg/m^3。系数 K 分别为：

分离最大值：$K=0.06096$；分离安全值：$K=0.03048$；

夹带最小值：$K=0.18288$；夹带安全值：$K=0.3048$。

众所周知、气相和液相夹带或分离都与液相颗粒的大小有关。显然，液体颗粒越大，带走它的气相速度就越高。相反大的液体颗粒，要与气相分离，气相速度允许高些。由此可见，上述简便计算式中，没有体现液体颗粒大小这一因素。仅仅给出了一个范围。

以下再介绍一种与液体颗粒大小有关的计算方法[6]。

在立式重力沉降式分离器的设计中，总是把气相看成逆重力向上的一维流动。当液滴的净重力 F_L（$F_L = M_P(\rho_L - \rho_V)g/\rho_V$）与向上的气流拉力 $F_d\left(F_d = \frac{\pi}{8}C_D D_p^2 U_v^2 \rho_v\right)$ 平衡时，较大的液体颗粒（直径大于 D_p）将以恒定的速度 U_t 沉降。沉降速度可由下式计算：

当 $0.01 < Re_p \leqslant 1.0$ 时，

$$U_{ts} = [gD_p^2(\rho_L - \rho_v)]/0.56\mu_v \quad (5-2a)^*$$

当 $1.0 < Re_p \leqslant 1000$ 时，

$$U_t = [0.6758/g^{0.71} D_p^{1.143}(\rho_L - \rho_v)^{0.714}]/(\rho_v^{0.286}\mu_v^{0.429}) \quad (5-2b)^*$$

式（5－2a）适用于低颗粒雷诺数 Re_p 的场合，用下标 S 表示。式（5－2b）适用于高颗粒雷诺数。这两个区域的颗粒大致为 3μm，与实际的分离器设计有关。对于重力沉降，气体作用于液滴上，其向上的拉力系数 C_D 可由下式计算：

当 $0.01 < Re_p \leqslant 1.0$ 时，$C_{Ds} = 24/Re_p$ （5－3a）

当 $1.0 < Re_p \leqslant 1000$ 时，$C_D = 18/Re_p$ （5－3b）

式中 $Re_p = D_p U_v \rho_v / \mu_v$。

当 $U_v \leqslant U_f$ 时，分离器中气相的流通面积（不包括液体占据的面积）A_v 由下式计算：

$$A_v = Q_v / U_v \quad (5-4)$$

U_v/U_t 一般在 0.75～0.90 范围内。

大多数的情况下，立式圆筒式沉降分离器的尺寸确定应以式（5－4）和式（5－2）为基础。虽然式（5－1）计算较简便，但它把系数 K 取为常数，显然是有缺陷的。因此要使用式（5－1）就必须确定一个适合的 K 值。

令 $U_d = U_v = U_t$，经整理，K 值便为一个物理参数群的表达式：

当 $Re_p < 1.0$ 时， $K_s = 1.78707gD_p^2[\rho_V(\rho_L - \rho_V)]^{0.5}/\mu_V$ （5－5a）*

当 $Re_p = 1.0$ 时， $K_{smax} = 0.236(gD_p)^{0.5}$ （5－5b）

当 $1.0 < Re_p \leqslant 1000$ 时， $K = 0.6732g^{0.71}D_p^{1.143}[\rho_V(\rho_L - \rho_V)/\mu_V^2]^{0.214}$ （5－5c）*

由式（5－5）可见，K 值随流体的物性参数而变，其范围可小于 0.003048m/s 到高于 0.1524m/s 不等。在任何设备中都可以用式（5－5）计算式（5－1）中的系数 K 值。式

(5 - 2) ~ 式(5 - 5)中各参数的意义和量纲为：

ρ_L、ρ_V——液相和三相的密度，$kg/m^3(lb/ft^3)$；

μ_V——气相黏度，cP；

Re_p——颗粒雷诺数；

D_p——液滴颗粒直径，m(ft)；

U——流动速度，m/s(ft/s)；

A——流动截面积，$m^2(ft^2)$；

Q_V——气相流量，$m^3/s(ft^3/s)$；

g——重力加速度，$9.81m/s^2(32.174ft/s^2)$；

M_p——液滴质量 kg(lb)。

*注 公式(5 - 2a) ~ (5 - 5c)原文献为英制单位，除黏度单位为厘泊外，全部按括号内的量纲代入，并且公式(5 - 2a)的常数0.56改为18；式(5 - 2b)的常数0.6758改为0.153；式(5 - 5a)的常数1.78707改为0.0556；式(5 - 5c)的常数0.6732改为0.153。使用时务必相互校核，并以英制量纲为准。

式(5 - 1) ~ (5 - 5)针对的是在分离器中的分离情况。在板翅式换热器中，K值应维持的系数为：在总管或接管中，K值应维持在0.3048m/s的夹带安全值；在封头中K值应维持在0.24384m/s，如果K值小于该值，则应在封头中考虑设置分配板；在换热翅片中，K值应维持在0.1524m/s以上。当然还有许多要考虑的因素，详见文献[5]。

计算U_t时D_p值是关键。气体分离时D_p较小，液体分离时D_p一般在0.25 ~ 0.5mm之间，有时甚至更大。

图4.5 - 67的形式一般应用在第一次气体进入导流片时，其速度达不到夹带速度的要求，流体中气液两相的流速不等。流体进入换热器进行换热时有部分液相蒸发，使气相速度提高。再次导入时用图4.5 - 66结构形式便符合条件要求。当然，这种结构仅仅适用于部分蒸发的工况。

(2) 采用多孔横向导流片。图4.5 - 68所示结构可用于以下工况：

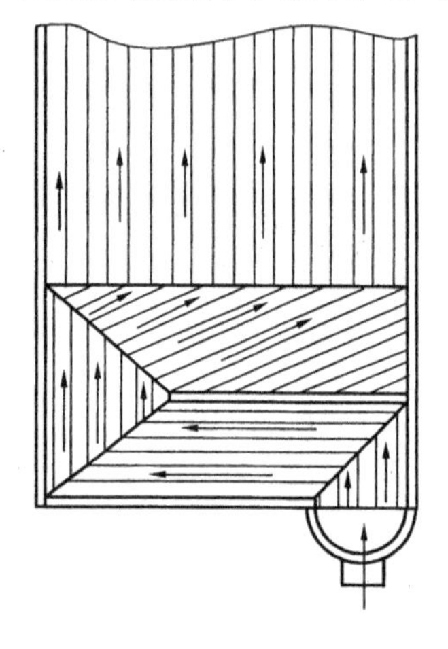

图4.5 - 67

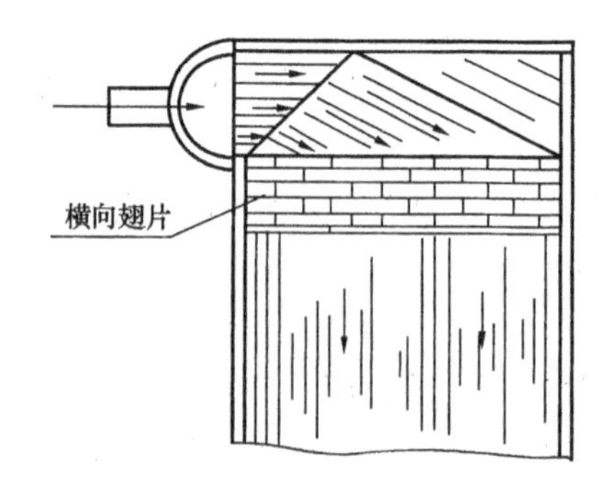

图4.5 - 68 多孔横向导流片

a. 部分冷凝工况。气液两相进入换热器的速度不等，达不到气液相互夹带要求时，为了把气液相均布到换热器整个断面的每一层中去，而增设了开孔率较大的横向导流片。用开孔导流片的目的是为了提高气液流速及整个断面上的均布。横向导流片的开孔率由气液两相夹带速度决定，而流经几个节距的宽度一般由阻力损失及导流片参数决定（至少要3个节距的宽度才能使横向导流片放置稳定）。

b. 部分蒸发工况。流体由上向下流时，其作用和要求与部分冷凝工况相同。反之由下向上流时限制因素更少。设置横向导流片的目的主要是为把气相分布到整个断面上的每一层去，因此可用更大开孔率的导流片，不受流速的限制。尤其当流体进入封头时无法实现 K 值要求的情况下，在液体上面流动的气相均布问题就显得十分重要，设置横向导流片就是为解决这一问题而较为简便的结构。为了降低阻力损失，往往使用不同开孔率的导流片。先用开孔率大的，达到初步均布后，再用开孔率小的，最终达到气液夹带的要求。这种结构唯一的缺点是开孔率不一样，制造困难，阻力大。

（3）液相由小管开孔处喷入气相封头内的结构形式。图4.5－69所示结构即是这种两相流进入换热器的方式。一般用于液相和气相都单独进料的工况。液相管沿气相封头长度方向插入（与气相呈90°方向）。此时的液相若为全蒸发，则气相流速不受限制。液相喷入后，气相即使没能把它带走而落到封头底部，也能实现液相均布的要求（可以均布到每一层中）。但气液两相都要均布到整个断面每一层中去就较困难了。若液相蒸发热负荷所占比例不大，即使液相在断面每一层分布不均，对整个换热器的影响亦不大，因此可用作两相流进口的分配。

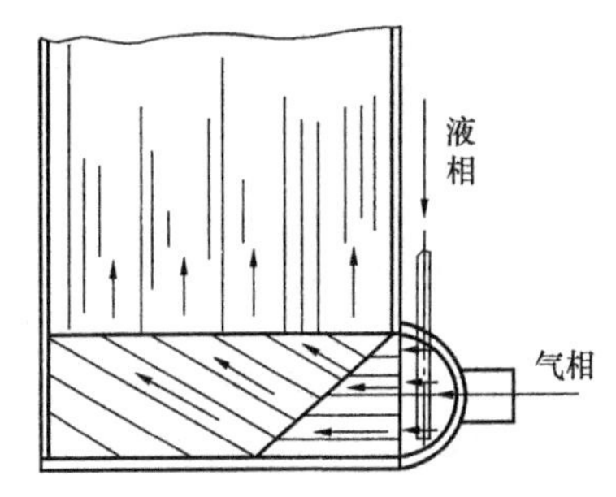

图4.5－69　液相从喷管进入的结构

若液相由上向下流动，不论何种工况（部分冷凝或部分蒸发）下液相喷出小孔都要对准气相的每一层才能实现两相的均布。由于该结构简单，符合使用的场合应尽量采用。

其次，插入管开孔孔径及喷射角度可以任意选择，只要能使液体喷入雾化的程度尽量提高，即使在低气速下也可达到把液相一起夹带流动的目的。小管的开孔形式见图4.5－70。沿管长方向上的节距 t 必须与气相的层次相对应。N_i 对准气相的 N_i 层，t_1 和气相由 N_i 层到 N_{i+1} 层的距离相等。在 N_i 处，小管可以开一个孔或两个孔，以尽可能使液相达到雾化要求。

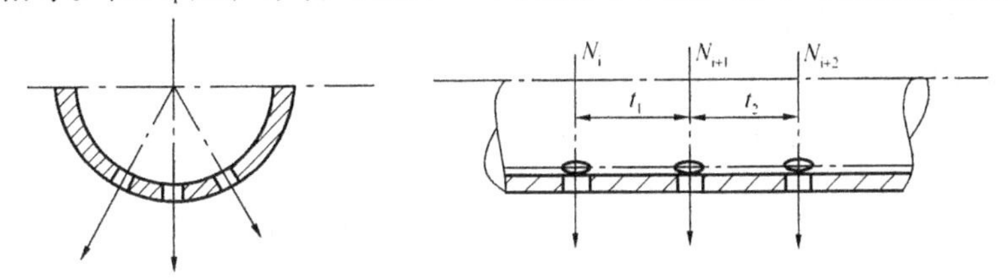

图4.5－70　液相喷射小管的开孔形式

插入小管亦非绝对一定要通入液相，如当气液两相由下向上流动，以实现部分冷凝或部分蒸发时，若气相的体积流量比液相的少，此时就可改用小管通气相的办法。若体积流量相差不多，则把液相导入小管较好，因液相可以靠液位差来实现导入的要求，且相对阻力亦较小。

（4）封头内设导流孔板的结构形式。

图4.5－71所示即为此种结构形式。对接管内气液两相流速符合夹带要求，但进入封头后不符合，或接管内气液两相流速就不符合夹带要求的这两种工况，都可以采用加导流孔板的结构来改善两相流进入换热器的分配。

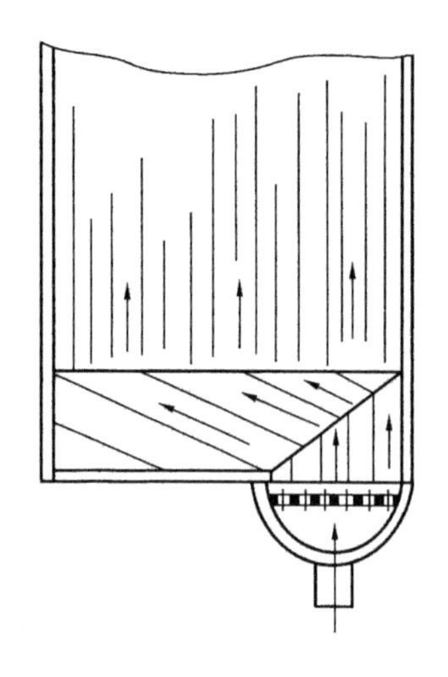

图 4.5－71　封头内设导流孔板

两相流流速可用孔板孔径及孔数来调节，且可让小孔对准流道层，使流体一出孔板即马上进入每一层流道。尤其对两相中的某一相体积流量较少时，用该结构更加有利。孔板在封头中应尽量靠近芯体一侧。不理想的两相流，经孔板改善进入换热器芯体，达到了均布的目的。这种结构可用于流体由底部进入后向上流的两相流部分蒸发(或全蒸发)部分冷凝(或全冷凝)的工况。如果流向相反(流体由上向下流动)，仅适用于流体在接管内已实现了夹带流动的工况，否则气相有倒流的可能。因此选用时应根据不同工况及条件作进一步的校核计算，才能确保工况的稳定运行。

导流孔板结构如果设计得当，其比小管导入法的效果要好，但制造工艺要求高，成本也相对高些。

以上介绍换热器 4 种两相流的导入结构，往往因受到诸如封头内流速、导流片结构、开口方位及流动阻力等条件的限制，而难以完全达到布均要求，仅在某些条件下才能达到两相流均布的要求，因此近年来出现了按层次分别导入气液相的结构形式，且很大程度上满足了两相流均布的要求。

3. 气液两相按层次分别导入换热器的结构设计

这种结构的实质是气相归气相，液相归液相，相互没关系，各自从自己封头把自己的流体导入到整个截面上的每一层流道中去。目前这种结构已有 3 种形式。

(1) 孔管导入法：在图 4.5－72 所示的该结构中，气相 G 以单相方式被导流片导入到整个断面上的每一层中。在每一层的适当位置上，设置一根布满小孔的细管 $d(d<h)$，小孔开在气流方向上。小孔孔径和数量取决于液体流量和流速。细管与每一层翅片高度 h 之间的间隙为$\frac{1}{2}(h-d)$。气相在流经这两个间隙时流速被提升，且与细管中喷出的液相混合，并达到要求之流速，从而达到了气液两相完全均布的目的。细管外径 d 直接决定了气相的流速(液相导入断面上的流速)，这一速度必须大于夹带速度，否则液相有下漏到气相封头内的可能性。小管中心应与每一层翅片高度中心对准，以保证其二侧的气相流动截面相等。因此，小管被固定在封条上，其长度与换热器宽度相等。小管可以设两个进料开口，分别用两个封头供液。

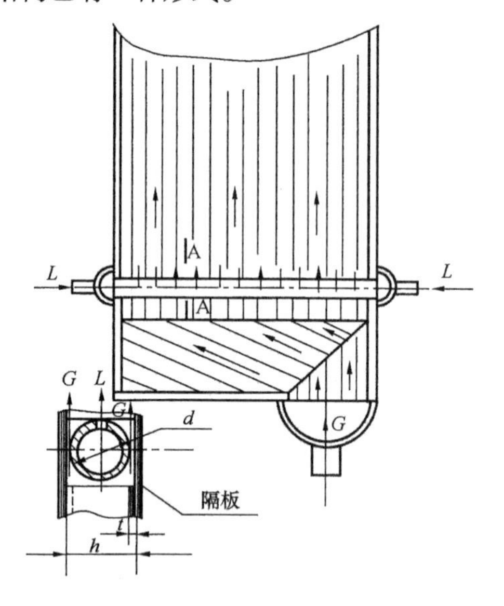

图 4.5－72　孔管导入结构

该结构不仅完全实现了气液两相的均布，且完全避开了进口处气液夹带的要求。仅用小管外径、开孔大小及多寡来实现气液流速要求，是该结构的最大优点。但小管开孔方向及安装位置，必须要有相应措施来保证，且相当复杂。其次，小管置入的间隙(流体流向上的间距)，相当一段没有钎牢的翅片(小管置入的间距即相当于翅片脱焊的间距)。在强度上有无问题尚须计算确认。

(2) 横向翅片导入法：图4.5－73所示结构的优点是，克服了图4.5－72孔管导入法的缺点，但流体流动阻力的显著增加又是一大缺点。虽然可以通过开孔率，来调节气流速度，但开孔率增加，会大大降低翅片的承压能力。况且开孔率也不能随意选用，因为翅片的冲孔模具是有限的。横向翅片宽度 a 受翅片节距限制，而节距数又受翅片放置后的稳定性所限，不可能做到节距数极少。因此气液多次穿小孔流动的情况无法避免。这也是该结构缺点发生的原因。同样为了减小尺寸 a，横向翅片处也可设置两个进料开口，当然允许时也可使用一个开口。液相导入方位取决于结构设计，即当气液两相同时由侧面导入换热器时，其方位由两个封头的大小和焊接间距来决定。

(3) 封条导入法：图4.5－74所示为利用特殊结构封条来实现液体注入的结构。一根封条，气体仅收缩膨胀一次，与孔管注入法一样，阻力适当，具有孔管导入法的优点。封条可在钎焊中与上下隔板一起钎牢，增加了承压能力，具有横向翅片导入结构的优点，因此，封条导入是最完美的液体注入结构。唯一的缺点是封条结构复杂，且随使用场合和工况的不同相差很大，无法通用(与孔管相似)。同样，为了减小封条宽度，亦可用两个导入进口。由于涉及技术秘密，封条的结构及计算方法不能详细介绍。

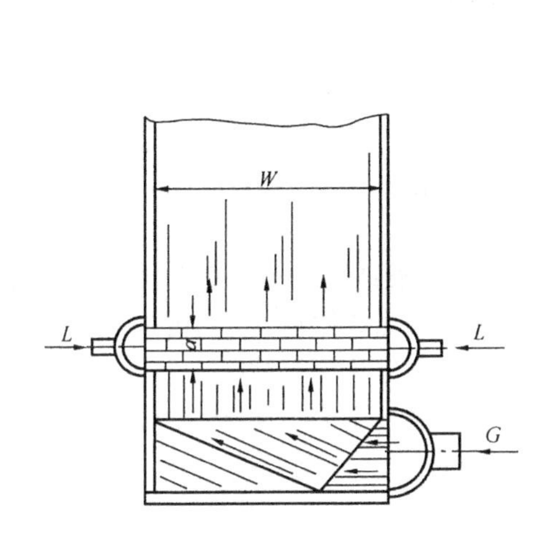

图4.5－73　横向翅片导入结构

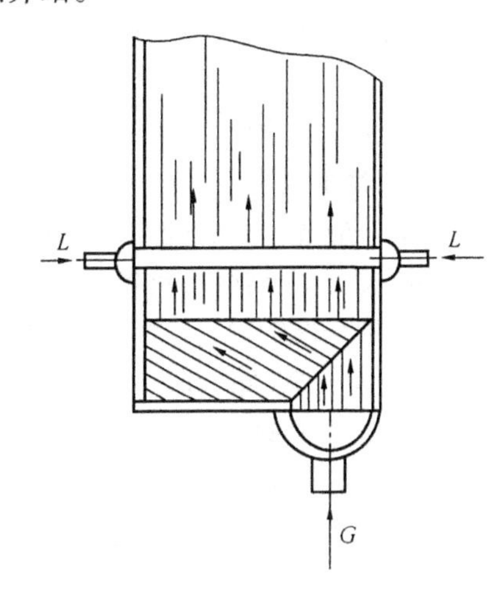

图4.5－74　封条导入结构

总之，两相流导入结构设计时，必须综合考虑使用场合、技术要求、流体物性及气液比例等多种因素的影响，才能获得一种既制造容易，又能满足气液两相均匀分布的导入结构。

(四) 气液两相进入又以单一液相流出时部分冷凝工况下导流片的设计

这一工况与第三种工况基本相同，必须要有良好设计的导入结构。一般情况下流体由上向下流动，在底端气相全部冷凝完，以单一液相的形态流出换热器。其两相流的入口结构正好与第三种工况相反(也可能相同)。如果流体流向是由下向上流动，则其入口结构与第三种工况相同。而液体出口与气相出口一样，其导流片按最低阻力降设计。

(五) 气液两相进入仍以气液两相流出仅气相比例增加液体比例减少时部分蒸发工况下导流片的设计

这种工况与第六种工况一样，仅仅把进口结构设计好就可以了。至于出口，虽然仍为两相流，但由于进口设计得好，出口时其气液两相比例及每层的分布还是均匀的。由此可知，两相流流体，只要把住进口关即可以解决均匀分布的问题。进口时若为单相，则不在两相流均布讨论之列。

二、流道数及其合理布置的方法

一台换热器的流道数(层数)是由参与换热流体的股数、热负荷、流量、压力、温度及允许阻力值等参数决定的。每一种介质都必须有属于它自己的流道数(最少为一层)。因此，一台换热器的层数为参与换热的介质数与每种介质层数之和。为便于说明，以下将其分为两股流和多股流换热器来加以讨论。

(一) 两种介质换热时的流道数及其合理布置

两种介质传热，无论各自的层数有多少，最终都可以划分成两种结构形式单独热平衡的换热小单元，即一层热介质一层冷介质的HC(亦称单层排列)型和HCH或CHC(又称复叠排列)型。当然还有HCHHHCH或CHCCCHC型。除HC型外，其余排列全固翅片规格所限而造成的，其实质仍是HC型。这两种基本的传热单元(HC、HCH或CHC)构成了两种介质传热的所有板翅式换热器。目前翅片规格的发展暂时还跟不上板翅式换热器应用的需要，因此出现了1:2；1:2.5；1:3；1:4导流道的布置。一旦翅片规格能满足所有的需要了，两股流换热器就仅剩下$n\cdot(HC)$流道布置了，即$n-HC$循环次数。HCHCHC…HCHC是两股流换热最佳流道布置。完全不必要使用H开关、H结尾的作用(如果是1:2布置，当然是谁开头，谁结尾了)。

流道数的决定：每种介质使用什么翅片规格及外形尺寸(如板宽)，完全要根据设计参数及设计者的经验来决定。下面着重叙述一下其设计过程。

(1)设计前，应先计算各介质的传热量(热负荷)、定性压力及温度，再计算各介质的物性参数、普朗特数、传热温差及允许压力降等。

(2)根据每种介质的设计压力、传热方式(对流、冷凝或蒸发)、状态(气相或液相)及允许压力降等因素，凭经验选出一种传热翅片(平直、多孔或锯齿)及其规格。所选翅片的首要条件是允许的承压能力必须大于设计压力，其次才考虑传热等性能。

(3)翅片选定后，列出各翅片的a_s值(单位面积翅片可提供的换热器)，m^2/m^2、a_f值(1m宽翅片中的自由流通截面积)，m^2/m以及当量直径D_e，m等特有参数，然后进入以下预算阶段(第一次试称)：

a. 给每种介质选择一个质量流动速度g，$kg/(m^2\cdot s)$；

b. 计算各介质的(WN)值：

$$g = G/A_f$$

式中，G为介质的总流量，kg/s；

$A_f = a_f NW$，为总流动截面，m^2。

$$NW = G/(a_f g),\ m$$

式中 N——层数；

W——翅片每层的有效宽度，m。

c. 传热计算，求出各介质的给热系数、翅片效率及表面效率。

d. 计算换热器的传热系数K，[kJ/(m²·h·℃)]；换热面积F，(m²)；换热有效长度L，(m)。

e. 计算各介质的流动阻力Δp_f并与给定值比较。一般应小于给定值(因还有许多阻力因素设计时)，符合要求时预算结束。

(4)预称结果整理。第一次试称时仅求得了一个合理的NW值(即选用的流速g合适)，

并没涉及具体的 N 是几层、W 有多宽。因此要按 NW 值，选择 W 值，计算 N 值。选择 W 值时首先要考虑板材的利用率，因原材料的板宽一般有1000，1200及1500(mm)3档，因此 W 值加封条宽度之后，应是上述尺寸的整约数，如1000，500，600，400，300，250(mm)等。W 值选定后，算出 N 值。

两种介质的层数和翅高之乘积，外加所需隔板数便组成换热器的叠层高度 B。一般希望 $W>B$，是从外观到金属消耗考虑的。如果 B 太小而无法安排外接管子时，也只好让 $B>W$。如果两种介质的 N 值不相等，除了重新选择 g 并再计算外，可以用1:1.5；1:2等排列方式来解决。

(5) W、N 值确定之后进入正式计算。此时 W 为已知，接管直径已定，因此导流片的规格可以确定了。正式计算时，阻力计算可以更全面了。其次，N 值确定了，流道排列如果不是1:1，则翅片效率计算时还可修正，因此传热计算也更精确了。如此计算一直到底。再把结果与给定数据进行比较。若不符合要求，再次进行调整，直到满意为止。而满意的标准一般为：

a. 换热面积有一定的裕度，裕度值需根据使用场合的不同而有所不同。运行条件比较固定且变化因素少的场合取裕度值为8%～15%，操作条件和设计条件变化因素多的场合，取裕度值为18%～25%。

b. 所有流动阻力值之和应在给定阻力值的范围内，一般取 $\Delta p_T=(0.9\sim1.0)(p_{in}-p_{out})$。

c. 总体外形尺寸合理，使用的板材宽度应为板材胚料宽度尺寸整数倍的倒数，芯体长度尺寸小于等于6m(超过者要求特殊计算供应板材)时，芯体宽度尺寸应大于厚度尺寸等。

(6)如果有多种可供选择而又符合要求的翅片规格，可以更改翅片规格重新进行计算，有时经过这种比较计算可求得最佳方案，即外形尺寸变小、金属消耗减少。最终外形尺寸还要经过纵向传热损失引起效率降低的计算才能确定。设计结果若不是单叠排列或复叠排列(如1:1.5的排列)，则其流道排列应为[HCHCH][HCHCH]…[HCHCH]或[CHCHC][CHCHC]…，即5层为一绝对热平衡小单元，重复排列为最佳流道布置。

(二) 多股流换热时的流道数及其合理布置

多股流换热器，按流体的组成情况可分成以下几种类型。

(1)一股热流体和多股冷流体，或一股冷流体和多股热流体进行热交换的多股流换热器。在多股冷流体或多股热流体中，又可分为全部并联流动和部分流体几股串联流动的方式。现以一股热源和多股冷源为例，其流动方式的流程图见图4.5－75。图a为一股热流体和4股冷流体并联换热。图b为一股热流体和3股冷流体并联，2股冷流体串联的换热。图c为一股热流体和3股冷流体并联，3股冷流体串联的换热。

由图示可见，当把图b类情况由 C_4、C_5 界面把换热器一分为二时，则上下各半换热器与图a类的情况完全一样，成为全并联换热器了。同样，把图c类换热器由 C_4、C_5 及 C_5、C_6 界面把它分成3只换热器，也会变成与图a类完全一样的换热器。因此，我们仅以图a类为例说明其处理方式即可。

当换热器仅有一股热源和 n 股冷源进行换热时，我们可以把热流体按冷流体的热负荷比例分成 n 组，使热流体每一组的热负荷分别与冷流体每一股的热负荷相等。即：$q_{H1}=q_{C1}$；$q_{Hn}=q_{cn}$。这样对每一组热流体来讲，都变成了一个2股流换热器3，因此完全可以按2股流换热器进行处理。即一个多股流换热器，变成 n 个2股流换热器3。

但这里应注意：

a. 每一个2股流小换热器设计时，首先考虑的通道比例安排应是1:1的布置。只有当

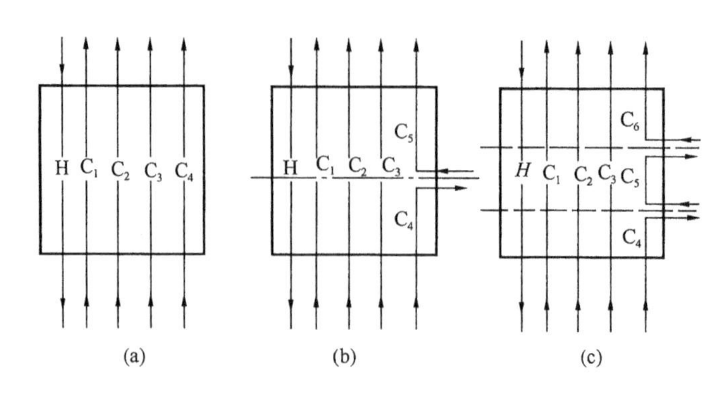

图 4.5－75　一股热源和多股冷源流动的流程图

无法实现时(主要是阻力不能满足要求，或者是传热长度与其他小换热器相差太多)，才可再考虑 1:1.5 或 1:2 的安排。但对每一个小换热器来说，必须满足要求。

b. 在每个小换热器中，热流体必须使用统一的翅片规格，其流速亦必须相等。

c. 在将各小换热器集合成一个总换热器时，首先考虑的应把几个小换热器并联进行平行布置组合。这样在每个小换热器流道布置(1:1 或 1:1.5，1:2)不变的情况下，把几个小换热器叠加在一起便组成了一个整体的 n 股流换热器。在运行中若几股冷流体的热负荷可能有变，如某股流量加大了，某一股流量减少了，但总热负荷不变。这时几个小换热器就不能简单叠加了，要均匀地把几股要改变热负荷的流体分布到整个换热器中去。但每股冷流体和热流体的流道比例不能改变。

现举例说明：例如第 1 个小单元(热流体和第 1 股冷流体组成的换热器)的流道数和比例为：$N_{H1}=N_{C1}=10$，第 2 个单元为：$N_{H2}=2N_{C2}=4$，第 3 个单元为：$N_{H3}=N_{C3}=8$，则 $N_H=\Sigma N_{Hi}=10+4+8=22$ 层；$N_{C1}=10$，$N_{C2}=2$，$N_{C3}=8$，则 $N_C=\Sigma N_{Ci}=10+2+8=20$ 层。如果总体布置是各个小单元的简单叠加时，其流道布置为：

$(H_1C_1)\times10+(H_2C_2H_2)\times2+(H_3C_3)\times8$；如果冷流体为均匀分布，则其流道布置为：$(H_1C_1H_3C_3H_1C_1H_3C_3H_1C_1H_2C_2H_2C_1H_1C_3H_3C_1H_1C_3H_3)\times2$。很明显，由原来 2 股流的热平衡，变成了 4 股流的热平衡，最小热平衡单元层数变大了。按 2 股流设计时 $q_H=q_{C1}=q_{C3}=\frac{1}{2}q_{C2}$，最小热平衡单元层数为 2 层和 3 层。按冷流体均布时，$11\times q_H=5q_{C1}+q_{C2}+4q_{C3}$，其最小热平衡单元层数为 21 层。当然，这种最小热平衡单元层数的划分直接与各股流体的层数有关。同样是该换热器，如果设计成 $N_{H1}=N_{C1}=10$ 层，$N_{H2}=N_{C2}=5$ 层，$N_{H3}=2N_{C3}=10$ 层时，$N_H=25$ 层，$N_C=20$ 层，则冷流体均匀分布的最小热平衡单元层数及排列成为：$(H_1C_1H_2C_2H_3C_3H_3C_1H_1)\times5$。此时 $5q_H=2q_{C1}+q_{C2}+q_{C3}$。

如何安排通道数，并使热负荷在改变的情况下，使绝对热平衡的单元层数最少(但最少层数大于等于冷流体股数的 2 倍)，既要靠设计者的技巧与经验。也与可供选用的翅片规格及数量有关。如果翅片规格足够可供选用则完全可以设计出总层数 $N_T=(2\times$换热器冷流体股数$)\times n$ 组的最少热平衡层数的最佳换热器。

(2) 2 股热流体 n 股冷流体，或 2 股冷流体 n 股热流体的多股流换热器的设计。现以 2 股热流体 n 股冷流体为例说明(同样适用于 2 股冷源 n 股热源的情况)。

这种类型的多股流换热器又可能有图 4.5－76 所示的几种情况。图(a)、(b)、(c)为 2 股热流体平行流过整个换热器，图(d)、(e)、(f)为 2 股热流体串联流过换热器。而冷流体的几股流也可能是全部并联平行流过换热器的，如图(a)、(d)所示。也可能是几股并联，几股串联的，如图(b)、(e)所示。或几股并联，几股串联，几股从换热器中部(或某一温度段)插入从顶端流出的情况，如图(c)、(f)所示。或许还有更复杂的流体布置及股数。

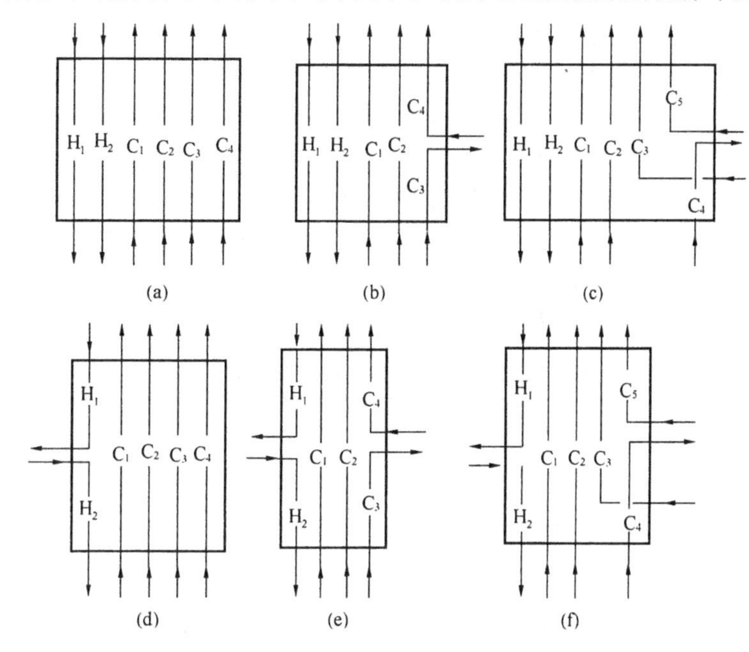

图 4.5－76　2 股热流体 n 股冷流体进行多股流换热的几种情况

现先从图(a)开始讨论其处理方式及作法。在这种情况下，因 $Q_{H1}+Q_{H2}=Q_{C1}+Q_{C2}+Q_{Cn}$（冷损不计，或按比例加到热流体中），如果能按热流体的热负荷比例 $Q_{H1}:Q_{H2}=1:A$，把冷流体的热负荷也能分成：$(Q_{C1}+Q_{Ci}):(Q_{C2}+Q_{Cn})=1:A$ 的话，则该 2 股热流体 n 股冷流体的换热器便可分成 2 只 1 股热流体多股(或 1 股)冷流体的换热器。其 $Q_{H1}=(Q_{C1}+Q_{Ci})$，$Q_{H2}=(Q_{C2}+Q_{Cn})$。设计计算仍可按上节所述方法进行。

在划分成 2 只 1 股热流体 n 股冷流体换热的过程中，完全可能碰到如下情况：Q_{H1} 仅等于某一冷流体热负荷的一部分，则此时完全可以把该冷流体划分成两部分。一部分与 Q_{H1} 换热，另一部分和其他冷流体一起与 Q_{H2} 换热。但在翅片设计选用时，该冷流体与 2 个热源换热所使用的参数应统一，且 2 只换热器计算时该流体换热长度相等。这样，1 只 2 股热流 n 股冷流的换热器被划分成 1 只 2 股流 1 只 1 股热流 n 股冷流的换热器。

在进行上述分组过程中，有时很难绝对相等，如果其分组热负荷误差小于 2.5%，此时完全可以按相等处理。在完成了计算后，首先应考虑的是，把 2 只换热器按纯粹的 2 只并联叠加的方式组合成 1 只 2 股热流 n 股冷流的换热器。如果行不通(往往因工况不稳需变工况热量平衡)，则再按均布排列组合进行设计。

若按比例分配热负荷无法实现，可改用热量绝对平衡的方法进行。即 $Q_{H1}/N_{H1}=Q_{H2}/N_{H2}=Q_{C1}/N_{C1}=Q_{Ci}/N_{Ci}=Q_{Cn}/N_{Cn}$，这就是每层热负荷相等法。流道比例 $N_H/N_C=1$，或某几股为 1∶2 均可。这样安排时的绝对热平衡层数最少。

现举例说明：

有一换热器，其 $Q_{H1}=0.19\times10^6$kcal/h，$Q_{H2}=1.23\times10^6$kcal/h，$Q_{C1}=0.04\times10^6$，$Q_{C2}=0.13\times10^6$，$Q_{C3}=0.63\times10^6$，$Q_{C4}=0.41\times10^6$，$Q_{C5}=0.21\times10^6$，$\Sigma Q_H=1.42\times$

10^6kcal/h，$\Sigma Q_C = 1.42 \times 10^6$kcal/h。

按 $Q_{H1} : Q_{H2} = 1 : 6.4737$ 把冷流体分群，最小的误差分群方式为：$(Q_{C1} + Q_{C2}) : (Q_{C3} + Q_{C4} + Q_{C5}) = 1 : 7.2353$，和 $Q_{C5} : (Q_{C1} + Q_{C3} + Q_{C4} + Q_{C5}) = 1 : 5.7619$，误差都在 10% 以上，行不通。

再按第 2 种办法，即把 Q_{C3}、Q_{C4}、Q_{C5}中的任何 1 股分成两部分。其中一部分与 $Q_{H1} = 0.19 \times 10^6$kcal/h 相等，另一部分参与 Q_{H2}的换热。这样就可以有 3 种组合方式了，即 Q_{H1}和 Q_{C3}^1及 Q_{H2}和 $Q_{C1} + Q_{C2} + Q_{C3}^2 + Q_{C4} + Q_{C5}\cdots$。

按第 3 种方式进行时，最佳流通数为 $N_H = 142$ 层，$N_C = 142$ 层。此时，$N_{H1} = 19$ 层，$q_{H1} = 10000$kcal/层·h，$N_{H2} = 123$ 层，$q_{H2} = 10000$kcal/层·h，$N_{C1} = 4$ 层，$N_{C2} = 13$ 层，$N_{C3} = 63$ 层，$N_{C4} = 41$ 层，$N_{C5} = 21$ 层，$q_C = 10000$kcal/层·h。若把热负荷误差控制在 0.5% 以内，则共有表 4.5－24 所示的以下几种组合。

表 4.5－24 流道数与热负荷误差的关系

N_H	N_{H1}	N_{H2}	热负荷误差/%	N_{C1}	N_{C2}	N_{C3}	N_{C4}	N_{C5}	N_C
142	19	123	0.00	4	13	63	41	21	142
127	17	110	0.05	4	12	56	37	19	128
112	15	97	0.10	3	10	50	32	17	112
97	13	84	0.19	3	9	43	28	14	97
82	11	71	0.30	2	8	36	24	12	82
67	9	58	0.45	2	6	30	19	10	67
15	2	13	0.41	1	1	7	4	2	15

表 4.5－24 是控制热流体 2 股流每层热负荷误差不大于 0.5% 的流道数及其组合。如果再考虑冷流体每层热负荷误差不大于 2.5% 时，则组合数显然减少，见表 4.5－25，即仅剩下 3 种情况的组合了。由此可见，误差越小，组合数越少。绝对没误差的仅有一种组合，即 $N_H = N_C = 142$ 层。此时，$q_{Ni} = q_{cn} = 10000$kcal/(层·h)，其绝对热平衡单元层数为 2 层，否则层数将大幅度增加。

表 4.5－25 流道数与热负荷误差

N_H	N_{H1}	N_{H2}	N_{C1}		N_{C2}		N_{C3}		N_{C4}		N_{C5}		平均误差/%	取舍
			层数	误差/%	层数	误差/%	层数	误差/%	层数	误差/%	层数	误差/%		
142	19	123	4	0.0	13	0.0	63	0.0	41	0.0	21	0.0	0.0	√
127	17	110	4	10.6	12	3.1	56	0.6	37	0.9	19	1.2	3.28	×
112	15	97	3	5.2	10	2.5	50	0.6	32	1.1	17	2.6	2.4	√
97	13	84	3	8.9	9	1.3	43	0.1	28	0.0	14	2.5	2.56	×
82	11	71	2	15.5	8	6.2	36	1.1	24	1.4	12	1.1	5.06	×
67	9	58	2	5.6	6	2.2	30	0.9	19	1.8	10	0.9	2.28	√
15	2	13	1	57.8	1	37.3	7	4.9	4	8.3	2	10.9	23.84	×

上述 3 种流道确定方法，仅仅是从热量平衡角度出发对流道数的要求。选取得合理，换热器温度场分布就会令人满意。同一截面上所有隔板的温度相同，用热平衡方式求得的传热

温差才能真正实现。否则要大打折扣。如果流道数已定，翅片规格又受到限制，则流道数的排列十分繁琐。设计的关键所在是必须进行多方案比较，比较的唯一标准，除了完全符合要求外，最小的热平衡单元层数最少时为最优。

现在再来看看图4.5-76中图(b)工况的处理；图(b)与图(a)的唯一区别在于第3、4股冷流体的安排。如果在C_3和C_4流体温度接合面处，把图(b)一分为二，则上下两半换热器就完全变为图(a)的工况了。同样，若在图(c)的C_3入口处和C_4，C_5交接处将其分成3只换热器，则亦完全与图(a)相同了，因此按图(a)的处理方法进行处理即可。但在流道数分配时，图(b)、图(c)与图(a)往往又存在一些差别。如图(b) C_4和C_3各自所在的半只换热器中，其热负荷所占比例不可能都相等(相等的几率较少)。因此，C_3、C_4流道的层数不会一样，在结构上这是很难实现的，只能综合上下两半只换热器的设计结果，给出一个上下两半只换热器都能接受的流道数并作为最终设计。同样图(c)也存在这种情况。这就是说，虽然可以把图(b)、图(c)的流体布置看成图(a)的布置并用图(a)的处理方法进行设计，但在具体设计时，还是要碰到一些需要从整体换热器(不划分开)的角度去处理的问题，否则无法实现整台换热器的要求。

对图4.5-76中(d)、(e)、(f)的流体布置，我们同样可从图(d)开始讨论。首先在H_1和H_2的交接处，把整台换热器分成上下两只换热器。由此便可以把2股热流体n股冷流体的换热器，变成1股热流体n股冷流体的换热器来进行处理。当然在划分以前，必须从热平衡的原则出发，求出各冷流体在分界处的温度及上下两只换热器的热负荷，目的是为上下两只换热器的设计做好准备工作。对于图(e)型的流体布置，如果H_1，H_2和C_3、C_4是在同一个界面上被分开的，则与图(d)一样，即一分为二就可以了。如果不在同一个界面上，则要从H_1、H_2、C_3、C_4各自的界面上把整台换热器分成3只换热器来处理。对图(f)型的流体布置，则要从C_3进口，H_1、H_2界面及C_4、C_5界面3处，把整台换热器分成4段，使每段都变成1只1股热流体n股冷流体的换热器。所以不论流体布置有多么复杂，只要精心组织，都可以用同一种方式进行计算。

以上对各类换热器的分析，都是基于流体在换热过程中没有相变来考虑的，如果某几股流体在换热过程中发生了相的变化，除了要在相变点(泡点和露点)把流体分界，按发生的状态进行该流体的传热计算外，还要对其分界两边相差很大的热负荷进行计算。此处往往没什么流体进出，对界面两侧这些发生相变的流体，按热负荷比例求得的流道数往往相差很大，且会经常发生。如果结构设计允许的话，则应按不同的换热段设置不同的流道数，否则只有耐心反复地进行综合比较才能选取一个能满足各个换热段要求的流道数。由此可见，复杂的流体布置，会给换热器带来复杂的设计。除了传热计算要按不同的传热形式分别计算外，结构设计(传热计算的基础条件)也必须分别对待，尤其是流体的流道数，在分段求得某流体的流道数之后，还要再结合总体布置进行取舍，才能最终求得满意的结果。

以上原则同样适用于最简单的2股流换热器。因在2股流换热器中，同样会出现换热过程中某一股流体发生相变的情况，从相变点把整台换热器分成2只计算时，同样存在热负荷比例相差很大的问题。如何设置合理的流道数，或在不同的换热段使用不同的翅片规格(但翅片高度必须相同)，都要在设计时针对具体的情况，采取相应有效的手段进行处理。最简单的2股流换热器，在遇到流体相变时，其结构设计也会复杂化，因此必须细心构思，才能取得满意的结果。

三、单相流流体均匀分布的方法(导流片的研究)

在第二节的结构设计中，对导流片作过大体介绍。导流片设计是否合理，直接决定了换热器的外形尺寸、流动阻力及流体均匀分布等技术指标的合理性，因此有必要再深入地进行研究。

（一）目前、所用导流片的形式及其组合情况

1. 导流片的种类及其参数：目前使用的导流片大致有6种形状：

(1) A型导流片：A型导流片是使用最广的一种导流片(图4.5-77)，大部分用在流体由换热器顶端、侧面端部进出换热器等处。

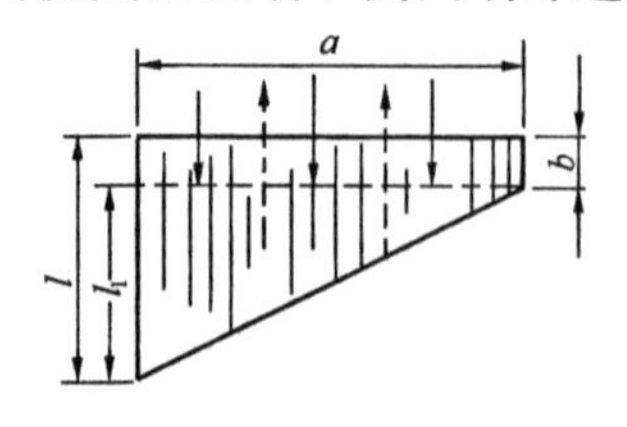

图4.5-77 A型导流片

其主要技术参数为：a为导流片开口宽度，m；b为封条宽度，m；l为导流片长度，m。

$$l_1 = l - b$$

该导流片流体流路最短长度处为：$l_{\min} = b$，最长$l_{\max} = l$，平均流路长度$l_m^a = \frac{1}{2}(l+b) = \frac{1}{2}l_1 + b$

流体在导流片中的流速：

$$v_m^a = G/(a_f^a \cdot a \cdot N), \mathrm{kg/(m^2 \cdot s)}$$

式中 G——流体流量，kg/s；

a_f^a——A型导流片所用翅片的自由流动截面积，m^2/m；

N——流道数。

流体经A型导流片的摩擦阻力：

$$\Delta p_m^a = 2(v_m^a)^2 \cdot f_a \cdot l_m^a/(r_a D_e^a), \mathrm{Pa}$$

式中 D_e^a——A型导流片所用翅片的当量直径，m；

r_a——流体在进入A型导流片中的密度，kg/m^3。

(2) B型导流片：图4.5-78所示的B型导流片，主要用在换热器端面上。当流体由中间进出换热器时，其开口宽度为a，最短流路长度等于封条宽度b，最长流路长度为l，平均流路长度为$l_m^b = \frac{1}{2}l_1 + b$。

流体平均流速：$v_m^b = G/(a_f^b a N)$

流经时的摩擦阻力：$\Delta p_m^b = 2(v_m^b)^2 f_b l_m^b/(r_b \cdot D_e^b)$，Pa。该表达式与A型导流片几乎一致。前后两式中的f_a和f_b均为流体流经时的摩擦因数。

(3) C型导流片：图4.5-79所示的该导流片，是流体进入或流出芯体时的过渡型导流片，几乎不能单独使用，只有配合其他形式的导流片(最多的为A型、B型或E型)才能完成流体进入或流出换热器芯体的任务。最短的流体流路长度为零，最长为$l_{\max} = (d^2+e^2)^{0.5}$，故平均流路长度为$l_m^c = \frac{1}{2}(d^2+e^2)^{0.5}$。

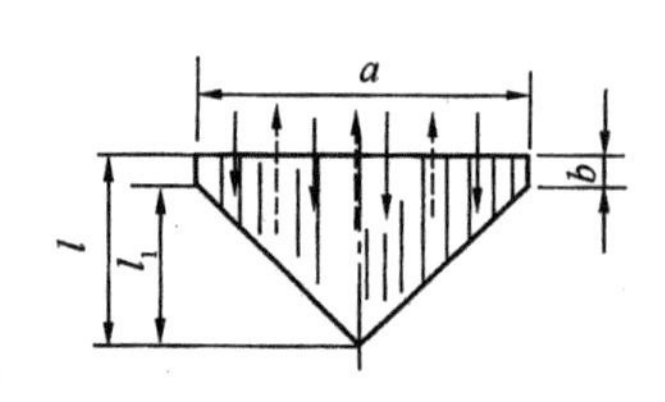

图4.5-78 B型导流片

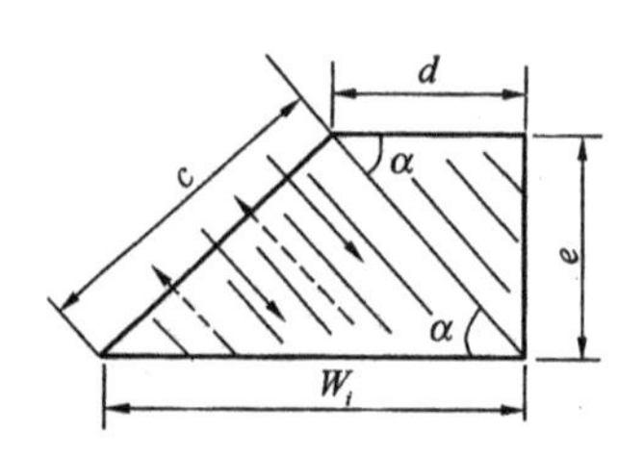

图4.5-79 C型导流片

流体有效流动截面宽度：$c = eW_i/(d^2 + e^2)^{0.5}$

流体在 C 型导流片中流速：

$$v_m^c = G/(a_f^c cN), \text{kg/m}^2 \cdot \text{s}$$

式中 a_f^c——C 型导流片所用翅片的自由流动截面积，m^2/m。

因此可求出流体在 C 型导流片中的流动摩擦阻力：

$$\Delta p_m^c = 2(v_m^c)^2 f_c l_m^c/(r_c D_e^c)$$

式中 D_e^c——所用翅片的当量直径，m；

f_c——流体的摩擦因数。

(4) D 型导流片：D 型导流片的有关尺寸参数见图 4.5-80。它的最大特点是毋须 C 型导流片的过渡，流体由导流片开口处可直接流进换热翅片里。一般被用在侧面进出流体的换热器中。因此，它的总宽度等于换热器宽度 W_0 减去一根封条宽度 b。而有效宽度 $W_i = W_0 - 2b$。流体最短流路长度：$l_{min} = b/\cos\alpha$，式中 $\alpha = tg^{-1}[a/(W_0 - b)]$；最长流程：$l_{max} = (W_0 - b)/\cos\alpha$；故平均流路长度为：$l_m^d = \frac{1}{2}(W_0/\cos\alpha)$。

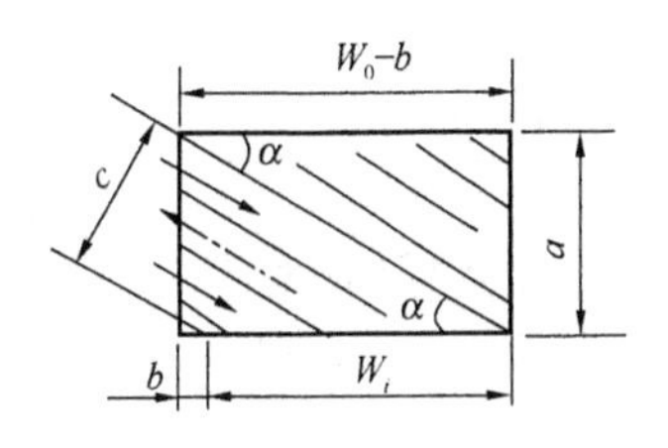

图 4.5-80 D 型导流片

流体流动有效截面宽度 c 的表达式：$c = aW_i/[(W_0 - b)^2 + a^2]^{0.5}$

流体经 D 型导流片的流速：$v_m^d = G/(a_f^d cN)$，kg/(m² · s)

流动时的摩擦阻力：$\Delta p_m^d = 2(v_m^d)^2 f_d l_m^d/(r_d D_e^d)$

(5) E 型导流片：E 型导流片实质上是 A 型导流片的一部分，见图 4.5-81。它主要被用于流体需在芯体内部进行重新布置的换热器中，因此不涉及封条尺寸。很明显，其流路长度为 $l_m^e = \frac{1}{2}l_1$。

流体流速：$v_m^e = G/(a_f^e aN)$

流体经 E 型导流片的流动摩擦阻力：$\Delta p_m^e = 2(v_m^e)^2 f_e l_m^e/(r_e D_e^e)$

它的有效流动截面宽度与 A 型导流片相同，即等于它的开口宽度 a。

(6) F 型导流片：F 型导流片实质上是 D 型导流片的有用部分，见图 4.5-82，因此其具有 D 型导流片的一切特点。由于它是斜向进出的，故其开口宽度 a 与有效流动截面宽度 c 不相等。流体流动参数与 D 型导流片一样：$l_m^f = \frac{1}{2}(W_0/\cos\alpha)$，$v_m^f = G/(a_f^f cN)$，$c = aW_i/[(W_0 - b)^2 + a^2]^{0.5}$，$\Delta p_m^f = 2(v_m^f)^2 f_f l_m^f/(r_f D_e^f)$。只要把 F 型的翅片参数 a_f^f 和 D_e^f 代入即可求出。

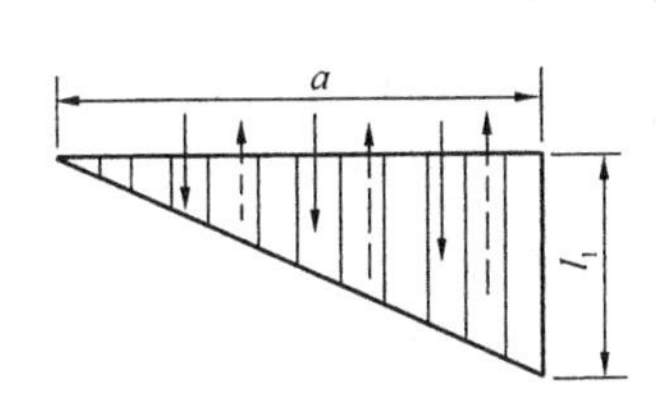

图 4.5-81 E 型导流片

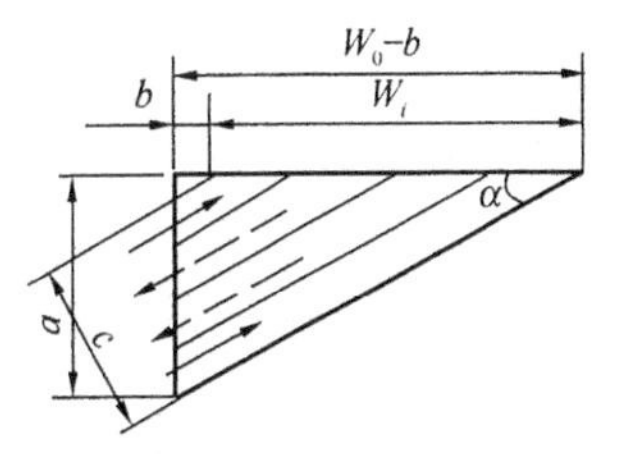

图 4.5-82 F 型导流片

2. 导流片的组合及其参数：导流片的组合应用大致有图 4.5-83 所示的 12 种，其组合参数分别介绍如下。

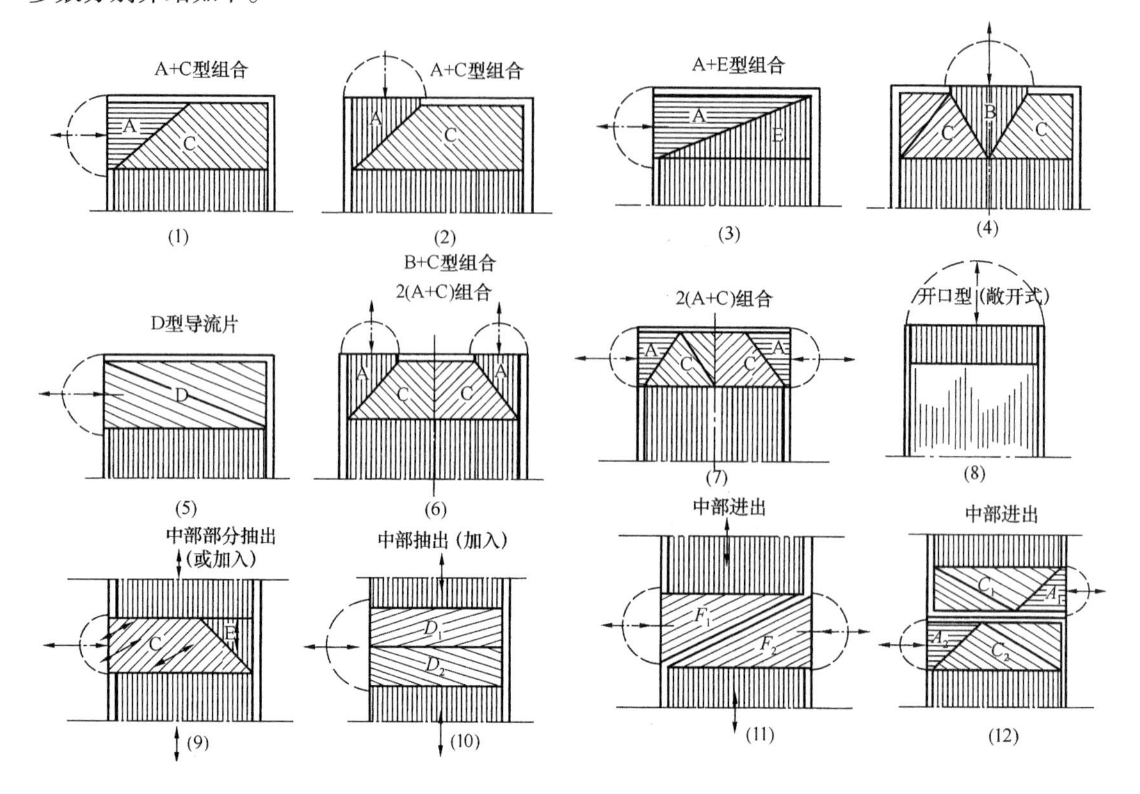

图 4.5-83 导流片的组合及应用场合

第 1 种：侧面进出的 A+C 型组合

由图 4.5-84 可见，此时 C 型导流片的 $e=a$，$d=W_i-l_1$，所以 $c=aW_i/[a^2+(W_i-l_1)^2]^{0.5}$。组合后，流路最短为 $l_{\min}=b$，最长为 $l_{\max}=l+[a^2+(W_i-l_1)^2]^{0.5}$，平均流路长度为：$l_T=\frac{1}{2}l_1+b+\frac{1}{2}[a^2+(W_i-l_1)^2]^{0.5}=l_m^a+l_m^c$

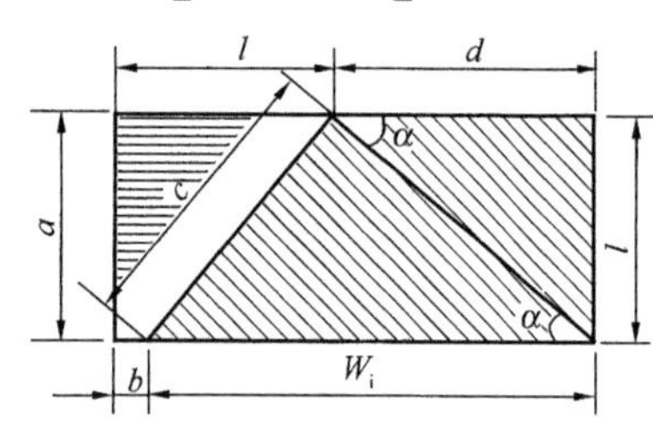

图 4.5-84 侧面进出的 A+C 导流片组合

流体经过 A+C 型导流片的流速取决于 A 型导流片和 C 型导流片使用的翅片规格参数 a_f^a 和 a_f^c 以及 a 和 c 的值。当 $a_f^a=a_f^c$，$a=c$ 时，则流体流经 A+C 型导流片时的流速为等速流动，即 $v_m^a=v_m^c$。但流体流出 C 型导流片后，即进入换热翅片内，其在换热翅片中的流速为：$v_m^H=G/(a_f^H W_i N)$。一般换热翅片和导流片的 a_f 值属同一数量级，相差并不显著，但 W_i 和 a 显然不是同一数量级的。因此流体由导流片进入到均布于换热翅片中是一个减速过程。如果 $v_m^a=v_m^c$，则减速是突然一次完成的。如果 $v_m^a>v_m^c>v_m^H$，则减速是缓慢进行的。显然，最理想的速度应是：

$$v_m^c=\frac{1}{2}(v_m^a+v_m^H)=\frac{G}{2N}\left(\frac{1}{aa_f^a}+\frac{1}{W_i a_f^c}\right)=\frac{G}{ca_f^c N}$$

由此得：$c=\dfrac{2aa_f^a W_i a_f^H}{a_f^c(W_i a_f^H+aa_f^a)}$

流体有效流动截面宽度：$c = eW_i/(d^2 + e^2)^{0.5}$

流体在 C 型导流片中流速：

$$v_m^c = G/(a_f^c cN),\ \mathrm{kg/m^2 \cdot s}$$

式中 a_f^c ——C 型导流片所用翅片的自由流动截面积，m^2/m。

因此可求出流体在 C 型导流片中的流动摩擦阻力：

$$\Delta p_m^c = 2(v_m^c)^2 f_c l_m^c/(r_c D_e^c)$$

式中 D_e^c ——所用翅片的当量直径，m；

f_c ——流体的摩擦因数。

(4) D 型导流片：D 型导流片的有关尺寸参数见图 4.5-80。它的最大特点是毋须 C 型导流片的过渡，流体由导流片开口处可直接流进换热翅片里。一般被用在侧面进出流体的换热器中。因此，它的总宽度等于换热器宽度 W_0 减去一根封条宽度 b。而有效宽度 $W_i = W_0 - 2b$。流体最短流路长度：$l_{min} = b/\cos\alpha$，式中 $\alpha = \mathrm{tg}^{-1}[a/(W_0 - b)]$；最长流程：$l_{max} = (W_0 - b)/\cos\alpha$；故平均流路长度为：$l_m^d = \frac{1}{2}(W_0/\cos\alpha)$。

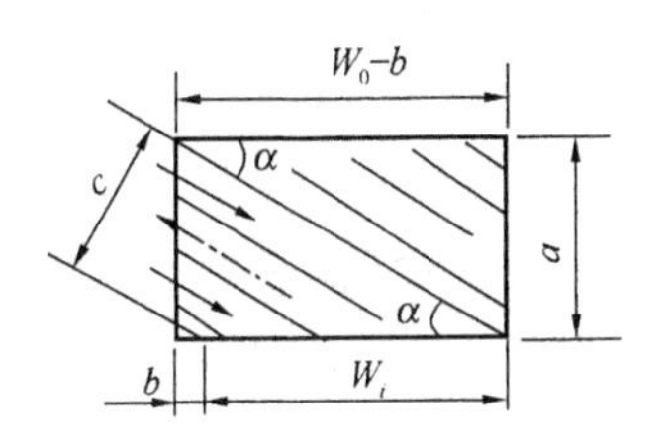

图 4.5-80 D 型导流片

流体流动有效截面宽度 c 的表达式：$c = aW_i/[(W_0 - b)^2 + a^2]^{0.5}$

流体经 D 型导流片的流速：$v_m^d = G/(a_f^d cN)$，$\mathrm{kg/(m^2 \cdot s)}$

流动时的摩擦阻力：$\Delta p_m^d = 2(v_m^d)^2 f_d l_m^d/(r_d D_e^d)$

(5) E 型导流片：E 型导流片实质上是 A 型导流片的一部分，见图 4.5-81。它主要被用于流体需在芯体内部进行重新布置的换热器中，因此不涉及封条尺寸。很明显，其流路长度为 $l_m^e = \frac{1}{2}l_1$。

流体流速：$v_m^e = G/(a_f^e aN)$

流体经 E 型导流片的流动摩擦阻力：$\Delta p_m^e = 2(v_m^e)^2 f_e l_m^e/(r_e D_e^e)$

它的有效流动截面宽度与 A 型导流片相同，即等于它的开口宽度 a。

(6) F 型导流片：F 型导流片实质上是 D 型导流片的有用部分，见图 4.5-82，因此其具有 D 型导流片的一切特点。由于它是斜向进出的，故其开口宽度 a 与有效流动截面宽度 c 不相等。流体流动参数与 D 型导流片一样：$l_m^f = \frac{1}{2}(W_0/\cos\alpha)$，$v_m^f = G/(a_f^f cN)$，$c = aW_i/[(W_0 - b)^2 + a^2]^{0.5}$，$\Delta p_m^f = 2(v_m^f)^2 f_f l_m^f/(r_f D_e^f)$。只要把 F 型的翅片参数 a_f^f 和 D_e^f 代入即可求出。

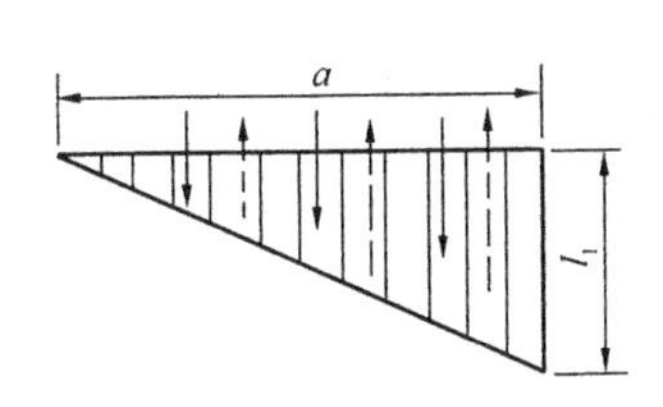

图 4.5-81 E 型导流片

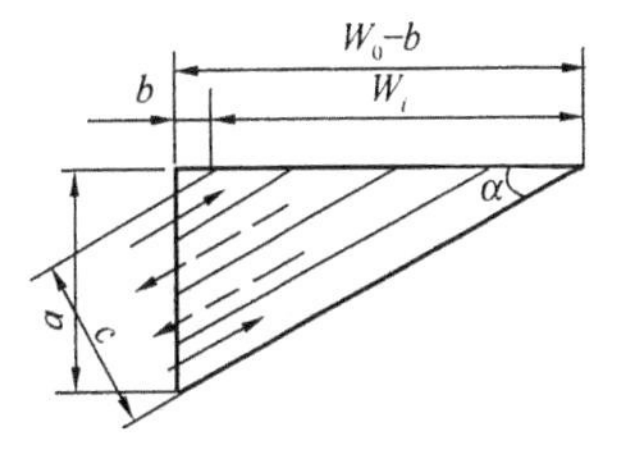

图 4.5-82 F 型导流片

2. 导流片的组合及其参数：导流片的组合应用大致有图 4.5-83 所示的 12 种，其组合参数分别介绍如下。

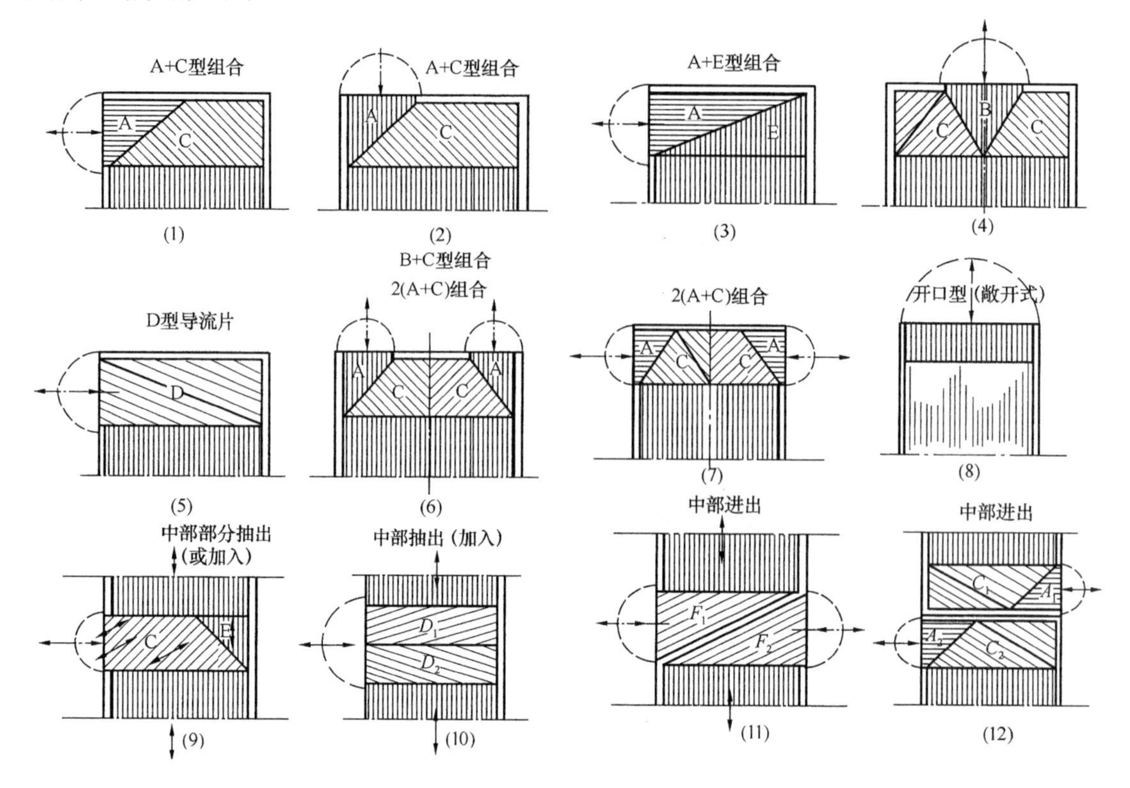

图 4.5－83 导流片的组合及应用场合

第 1 种：侧面进出的 A + C 型组合

由图 4.5－84 可见，此时 C 型导流片的 $e = a$，$d = W_i - l_1$，所以 $c = aW_i/[a^2 + (W_i - l_1)^2]^{0.5}$。组合后，流路最短为 $l_{min} = b$，最长为 $l_{max} = l + [a^2 + (W_i - l_1)^2]^{0.5}$，平均流路长度为：$l_T = \frac{1}{2}l_1 + b + \frac{1}{2}[a^2 + (W_i - l_1)^2]^{0.5} = l_m^a + l_m^c$

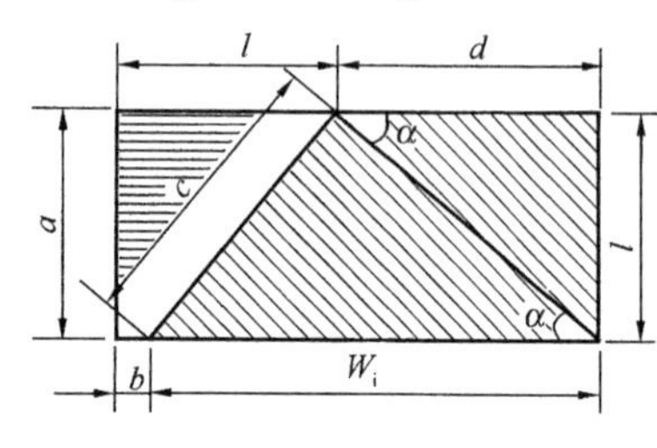

图 4.5－84 侧面进出的 A + C 导流片组合

流体经过 A + C 型导流片的流速取决于 A 型导流片和 C 型导流片使用的翅片规格参数 a_f^a 和 a_f^c 以及 a 和 c 的值。当 $a_f^a = a_f^c$，$a = c$ 时，则流体流经 A + C 型导流片时的流速为等速流动，即 $v_m^a = v_m^c$。但流体流出 C 型导流片后，即进入换热翅片内，其在换热翅片中的流速为：$v_m^H = G/(a_f^H W_i N)$。一般换热翅片和导流片的 a_f 值属同一数量级，相差并不显著，但 W_i 和 a 显然不是同一数量级的。因此流体由导流片进入到均布于换热翅片中是一个减速过程。如果 $v_m^a = v_m^c$，则减速是突然一次完成的。如果 $v_m^a > v_m^c > v_m^H$，则减速是缓慢进行的。显然，最理想的速度应是：

$$v_m^c = \frac{1}{2}(v_m^a + v_m^H) = \frac{G}{2N}\left(\frac{1}{aa_f^a} + \frac{1}{W_i a_f^c}\right) = \frac{G}{ca_f^c N}$$

由此得：$c = \dfrac{2aa_f^a W_i a_f^H}{a_f^c(W_i a_f^H + aa_f^a)}$

由几何关系知：$c = aW_i/[a^2 + (W_i - l_1)^2]^{0.5}$，从而求得 $l_1 = W_i - a(W_i^2 - c^2)^{0.5}/C$，$l_1 + b = l$。式中，$l$ 为 A 型导流片的长度。

流体流经 A + C 型导流片的摩擦阻力平均值应为：

$$\Delta p_T = \Delta p_m^a + \Delta p_m^c$$

$$\Delta p_T = 2(v_m^a)^2 l_m^a f_a/(r_a D_e^a) + 2(v_m^c)^2 l_m^c f_c/(r_c D_e^c),\ \text{Pa}$$

由上述关系式可知，当 a、W_i 及 b 3 个几何尺寸确定后，为了实现流体最合理的流动$\left(即\ v_m^c = \frac{1}{2}(v_m^a + v_m^H)\right)$，C 型导流片的角度 α，A 型导流片的长度 l 应为确定值，不可任意改变，其相互关系见表 4.5－26。上述式中，$a_f^a = 0.007629\text{m}^2/\text{m}(9504206)$，$a_f^c = 0.008096\text{m}^2/\text{m}(9502503)$，$a_f^H = 0.008206\text{m}^2/\text{m}(9501702)$，$\tan\alpha = a/(W_i - l_1)$，故 $\alpha = \tan^{-1}[a/(W_i - l_1)]$。

表 4.5－26　当 b = 15mm 且为侧面进出口时、导流片 l_1，a，W_i 的关系值　mm

l_1 \ W_i / a	270	470	720	970	1070	1170
35	113.33	205.66	315.74	439.20	486.03	532.89
60	107.89	197.55	312.76	429.03	475.67	522.37
85	105.46	191.36	304.64	419.91	465.99	512.73
110	105.94	186.98	297.79	411.78	457.79	503.95
135	109.33	184.31	292.16	404.61	450.19	495.98
160	115.83	183.31	287.69	398.35	443.43	488.80
185	125.86	183.97	284.36	392.98	437.49	482.38
210	140.24	186.29	282.12	388.47	432.35	476.70
235	160.67	190.31	280.98	384.81	427.98	471.75
260	191.75	196.11	280.91	381.97	424.38	467.50
285	a = 280 242.1	203.54	281.92	379.94	421.53	463.95
335	—	225.66	287.21	378.31	418.03	458.89
385	—	258.43	297.02	379.87	417.44	456.52
435	—	308.62	311.67	384.67	419.75	456.80
485	—	410.51	331.71	392.77	425.00	459.73
535	—	a = 490 437.1	358.02	404.32	433.26	465.36
585	—	—	392.13	419.53	444.64	473.75
635	—	—	421.30	438.73	459.32	484.99
685	—	—	498.42	462.36	477.55	499.24
735	—	—	600.75	491.08	499.67	516.69
785	—	—	a = 750 665.1	525.87	526.15	537.59

续表

l_1 \ W_i / a	270	470	720	970	1070	1170
835	—	—	—	561.14	557.66	562.32
885	—	—	—	621.19	595.21	591.36
935	—	—	—	690.36	640.37	625.40
985	—	—	—	794.08	695.90	665.44
1035	—	—	—	$a=1015$ 942.0	767.46	713.08
1085	—	—	—	—	871.67	771.00
1135	—	—	—	—	$a=1120$ 1046.7	844.68
1185	—	—	—	—	—	949.35
—	—	—	—	—	—	$a=1225$ 1154.4

第2种：端面进出的A+C型组合

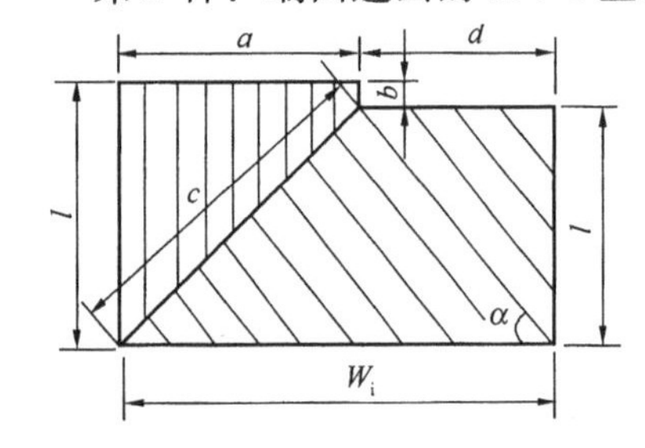

图4.5-85 端面进出的A+C型导流片组合

由图4.5-85可见，此时C型导流片的 $e = l_1$，$d = W_i - a$，所以 $c = l_1 \cdot W_i / [l_1^2 + (W_i - a)^2]^{0.5}$。组合后最短流路为 $l_{min} = l$，最长为 $l_{max} = b + [l_1^2 + (W_i - a)^2]^{0.5}$，平均流路长度为 $l_T = b + \frac{l_1}{2} + \frac{1}{2}[l_1^2 + (W_i - a)^2]^{0.5} = l_m^a + {}_m^e$

流体流过A型导流片的流速为：$v_m^a = G/[a_f^a aN]$

流过C型时为：$v_m^c = G/[a_f^c cN]$

进入传热翅片后，速度为：$v_m^H = G/[a_f^H W_i N]$ 当 $v_m^c = \frac{1}{2}(v_m^a + v_m^H)$ 时，

$$v_m^c = G/[a_f^c cN] = \frac{G}{2N}[a_f^a a + a_f^H W_i]$$

从而得：$c = 2(a_f^a a a_f^H W_i)/[a_f^c(a_f^a a + a_f^H W_i)]$

又因
$$c = \frac{l_1 W_i}{[l_1^2 + (W_i - a)^2]^{0.5}}$$

故得：$l_1 = c(W_i - a)/(W_i^2 - c^2)^{0.5}$，$l_1 + b = l$，$\alpha = \mathrm{tg}^{-1}[l_1/(W_i - a)]$。

与侧面进口一样，当 W_i，a 及 b 3个尺寸确定后，要实现 $v_m^e = \frac{1}{2}(v_m^a + v_m^H)$，A型导流片的 l，C型导流片的 α 即确定了，不可任意更动，其相关数值见表4.5-27。

流体流经A+C型导流片的摩擦阻力为：

$\Delta p_T = \Delta p_a + \Delta p_c = 2(v_m^a)^2 f_a l_m^a/(r_a D_e^a) + 2(v_m^c)^2 f_c l_m^c/(r_c D_e^c)$，Pa

计算 W_i，a，l_1 之关系时仍使用 $a_f^a = 0.007629\mathrm{m^2/m}$，$a_f^c = 0.008096\mathrm{m^2/m}$，$a_f^H = 0.008206\mathrm{m^2/m}$。相应当量直径：$D_e^a = 5.1264\mathrm{mm}$，$D_e^c = 3.550877\mathrm{mm}$，$D_e^H = 2.58333\mathrm{mm}$。

侧面和端面 A + C 型导流片使用最普遍，因此着重先把这两种导流片进行一些比较。在表4.5－26和表4.5－27中，也是为了比较的方便，故意使用了完全相同的几何参数。对比这2个表中的数据就可发现，在相同有效宽度 W_i 的条件下，A 型导流片的开口尺寸相同(流体流速相同)时，要实现 $v_m^c = \frac{1}{2}(v_m^a + v_m^H)$ 流动，端面进口导流片所占据换热器总长度的比例，应比侧面进口时小得多。拿端面进口最长的导流片(在表4.5－27中数值下加横线的，为在一定的 W_i 条件下，不论 A 型导流片的开口尺寸 a 如何变化，它是最长的导流片。如 W_i =270mm 时，l = 114.2 + 15 = 129.2mm，即为最长导流片)与侧面进口的相比较，当 W_i = 270 时，端面进口长/侧面进口长 = 0.7383；当 W_i = 470mm 时，为 0.7796；W_i = 720 时，为 0.7998；当 W_i = 970 时，为 0.7753；当 W_i = 1070 时，为 0.7812；当 W_i = 1170 时，为 0.786。平均为 0.7767。这些数据经济意义很大，完成同样的任务，使用端面进口结构比使用侧面进口结构时的尺寸和重量要减小 22.33%。如果拿端面进口导流片最小值与侧面进口的相比，其效果更令人吃惊。

表4.5－27　当 b = 15mm 且为端面进出口时导流片 l_1，a，W_i 关系值　mm

l_1 \ W_i / a	270	470	720	970	1070	1170
35	52.5	57.6	59.3	61.7	61.8	62.0
60	77.7	90.3	97.2	100.9	102	102.8
85	95.6	117.4	129.9	136.8	138.6	140.3
110	107.3	139.9	158.9	169.5	172.5	175.1
135	113.4	158.3	184.6	199.4	203.7	207.3
160	114.2	173	207.3	226.7	232.4	237.2
185	109.1	184.3	227.2	251.7	258.8	265
210	97.1	192.4	244.6	274.5	283.2	290.8
235	75.2	197.5	259.6	295.2	305.6	314.7
260	33.2	199.4	272.4	313.9	326.2	336.8
285	a = 265 25.3	197.9	283	330.9	345	357.2
335	—	185.1	298	359.5	379.7	393.4
385	—	154.7	304.9	381.7	404.1	423.6
435	—	94.3	303.6	397.6	424.8	448.3
485	—	a = 465 20.4	293.5	407.5	439.8	467.7
535	—	—	273.4	411.4	449.5	482.1
585	—	—	240.9	409.2	453.7	491.5
635	—	—	180.7	400.4	452.3	495.9
685	—	—	108.2	384.6	445.1	495.3

续表

l_1 \ W_i a	270	470	720	970	1070	1170
735	—	—	$a=710$ 39.6	360.7	431.7	489.4
785	—	—	—	327	411.4	477.9
835	—	—	—	280.6	383	460.3
885	—	—	—	215.7	344.8	435.9
935	—	—	—	117	293.8	403.5
985	—	—	—	$a=965$ 21.5	223.8	361.2
1035	—	—	—	—	119.7	305.8
1085	—	—	—	—	$a=1065$ 21.6	231.1
1135	—	—	—	—	—	122.1
1165	—	—	—	—	—	21.7

如当 $W_i=270$mm 时的端面进口，$a=260$，$l_{端}=33.2+15=48.2$mm，而侧面进口，其占据的长度 $l_{侧}=260+15=275$mm，$\varphi=l_{端}/l_{侧}=0.1753$；当 $W_i=470$mm，$a=435$mm 时，$l_{端}=94.3+15=109.3$，$l_{侧}=435+15=450$，$\varphi=0.2429$；当 $W_i=720$mm，$a=685$mm 时，$\varphi=0.1760$；当 $W_i=970$mm，$a=935$mm 时，$\varphi=0.1389$；当 $W_i=1070$mm，$a=1035$mm 时，$\varphi=0.1283$；当 $W_i=1170$mm，$a=1135$mm 时，$\varphi=0.1192$。平均 $\varphi_m=0.1634$。

当然这是最极端的情况，只有在一定有效宽度条件下，端面进口导流片长度还没达到最大值时，其优点不突出。甚至在 A 型导流片开口宽度很小时，反而不如侧面进口的结构经济。如当 $W_i=270$mm，$a=35$mm 时，$\varphi=1.3500$；当 $W_i=470$mm，$a=35$mm 时，$\varphi=1.452$；当 $W_i=720$mm，$a=35$mm 时，$\varphi=1.486$；当 $W_i=970$mm，$a=35$mm 时，$\varphi=1.978$；当 $W_i=1070$mm，$a=35$mm 时，$\varphi=1.9900$；当 $W_i=1170$mm，$a=35$mm 时，$\varphi=2.0000$。

因此，A 型导流片放置在端面开口时，对应每一个 W_i，都有一个拐点值，即表 4.5－27 中数字下有虚线的值。当 a 大于等于时，采用端面开口为宜。a 值小于它时，采用侧面进出口结构为好。

同样，若流速相等，则其流动阻力将直接与 l_T 成正比。由 l_T 的表达式可见，端面进口时，l_T 与 l_1 是一次方关系(线型)。而侧面进口时，虽其斜率不为 1，但仍为线型关系。所以 l_1 选择得好，流阻也会减小。

目前国内外制造单位还没有采用 $a_f^a \neq a_f^c$ 的做法，即使用同一规格的翅片生产 A 型和 C 型导流片。而这两种不同的做法，虽然会带来不同的效果。现仍以表 4.5－26 和表 4.5－27 数据为基础，仅改变 $a_f^a \neq a_f^c=0.007629\text{m}^2/\text{m}$，而让 $a_f^H=0.008206\text{m}^2/\text{m}$ 不变。其结果列于表 4.5－28 和表 4.5－29 中。

表 4.5－28　当 $b=15mm$，$a_f^a=a_f^c=0.007629m^2/m$ 且为侧面进口时导流片 a，W_i，l_1 的关系值　mm

a \ W_i (l_1)	270	470	720	970	1070	1170
35	122.8	221.2	345.4	470.0	519.8	569.8
60	118.6	214.0	336.8	460.6	510.3	560.1
85	117.6	209.0	329.6	452.4	501.8	551.3
110	119.8	205.9	323.9	445.3	494.3	543.5
135	125.5	204.6	319.4	439.1	487.7	536.5
160	135.0	205.2	316.2	434.0	482.0	530.3
185	149.1	207.7	314.2	429.8	477.2	525.0
210	169.9	212.1	313.4	426.5	473.2	520.5
235	203.5	218.0	313.8	424.2	470.2	516.7
260	$a=250$ 245.4	227.0	315.5	422.8	467.9	513.8
285	—	238.0	318.4	422.2	466.4	511.6
335	—	268.9	327.9	423.8	466.0	509.4
385	—	317.9	342.8	429.1	468.7	510.1
435	—	426.1	363.8	438.0	474.8	513.9
485	—	$a=438$ 447.0	392.1	450.9	484.3	520.7
535	—	—	429.7	467.9	497.3	530.6
585	—	—	481.0	489.7	514.2	543.8
635	—	—	558.7	516.7	535.2	560.5
685	—	—	$a=670$ 676	550.2	561.0	581.0
735	—	—	—	591.7	592.2	605.7
785	—	—	—	644.3	630.0	635.1
835	—	—	—	714.7	676.3	670.2
885	—	—	—	827.6	734.7	712.2
935	—	—	—	$a=900$ 892.2	813.2	763.3
985	—	—	—	—	945.2	827.4
1035	—	—	—	—	$a=995$ 999.2	914.3
1085	—	—	—	—	—	1072.7
1135	—	—	—	—	—	$a=1090$ 1109.5
1185	—	—	—	—	—	—

表 4.5-29 当 $b=15mm$，$a_f^a=a_f^c=0.007629m^2/m$ 且为端面进口时导流片 a，W_i，l_1 的关系值 mm

l_1 \ W_i a	270	470	720	970	1070	1170
35	55.89	61.19	64.00	65.44	65.84	66.18
60	83.20	96.11	103.33	107.19	108.28	109.19
85	103.17	125.37	138.27	145.34	147.35	149.06
110	117.22	149.92	169.38	180.28	183.42	186.10
135	126.12	170.41	197.13	212.35	216.77	220.55
160	130.32	187.32	221.87	241.79	247.62	252.63
185	130.08	200.99	243.89	268.84	276.19	282.52
210	125.93	211.68	263.41	293.68	302.64	310.39
235	123.61	219.16	280.62	316.46	327.12	336.35
260	$a=250$ 202.97	224.72	295.67	337.33	349.76	360.54
285	—	227.28	308.67	356.40	370.67	383.06
335	—	224.89	328.93	389.49	407.63	423.42
385	—	215.12	341.95	416.35	438.62	458.01
435	—	347.04	348.09	437.45	464.10	487.31
485	—	$a=438$ 610.57	347.58	453.10	484.41	511.66
535	—	—	340.93	463.53	499.81	531.33
585	—	—	330.46	469.03	510.48	546.52
635	—	—	334.55	469.32	516.54	557.39
685	—	—	$a=670$ 760.98	465.01	518.11	564.04
735	—	—	—	456.53	515.31	566.55
785	—	—	—	445.83	508.47	565.04
835	—	—	—	441.62	498.46	559.69
885	—	—	—	528.20	488.30	550.98
935	—	—	—	$a=900$ 809.52	491.50	540.24
985	—	—	—	—	671.07	531.94
1035	—	—	—	—	$a=995$ 1053.43	546.49
1085	—	—	—	—	—	947.80
1135	—	—	—	—	—	$a=1090$ 1440.92

对比端面开口的表4.5－27和表4.5－29即可发现，在相同的有效宽度 W_i 条件下，A型导流片的长度达到最长时，其开口尺寸 a 是不相同的。在表4.5－29中，当 $W_i=270mm$ 时，$l_1=l_{1max}$ 的 $a=160mm$，故 $\varphi_1=a/W_i=160/270=0.5926$；当 $W_i=470mm$ 时，$\varphi_1=285/470=0.6064$；当 $W_i=720mm$ 时，$\varphi_1=0.6042$；当 $W_i=970mm$ 时，$\varphi_1=0.6546$；当 $W_i=1070mm$ 时，$\varphi_1=0.6402$；当 $W_i=1170mm$ 时，$\varphi_1=0.6282$；平均 $\varphi_1^m=0.62$。即当 $a/W_i<0.62$ 时，随着A型导流片开口尺寸 a 的增大，其长度尺寸 $l_1=(l-b)$ 也随之增大。当 $a/W_i\geqslant0.62$ 时，随着A型导流片开口尺寸 a 的增大，其长度尺寸 l_1 却减小。当 a 大到一定程度后，其长度尺寸 l_1 趋向最小值。如当 $W_i=270mm$，$a=235mm$ 时，$l_1=l_{1min}=123.61mm$，故 $\varphi_2=235/270=0.87$；当 $W_i=470mm$，$a=385mm$ 时，$l_1=215.12mm$，$\varphi_2=385/470=0.82$；当 $W_i=720mm$，$a=585mm$ 时，l_1 最小，故 $\varphi_2=585/720=0.81$；当 $W_i=970$ 时，$\varphi_2=0.86$；当 $W_i=1070mm$ 时，$\varphi_2=0.83$；当 $W_i=1170mm$ 时，$\varphi_2=0.84$。平均 $\varphi_2^m=0.84$。即当 $a/W_i\leqslant0.84$ 时，随着A型导流片开口尺寸 a 的增大，其长度尺寸 l_1 在减小。但当 $a/W_i>0.84$ 时，随着 a 的增大，l_1 又急剧上升。

上述特性在表4.5－27中有显著的不同：

①W_i，a 相同时，l_1 的数值相差很大，表4.5－27中的 l_1 比表4.5－29中的 l_1 要小得多。$W_i=270mm$ 时为84.6%；$W_i=470mm$ 时为80.5%；$W_i=720mm$ 时为86.3%；$W_i=970mm$ 时为84.1%；$W_i=1070mm$ 时为82.9%；$W_i=1170mm$ 时为81%。平均小到83.2%，即改变了一下 a_f^c 的值，使 $a_f^a\neq a_f^c$，则在相同的 W_i 和 a 下，其A型导流片长度比 $a_f^a=a_f^c$ 的导流片短了83.2%，即换热器总长中导流片部分短了83.2%，重量也相应减轻。这是一项经济效益非常明显的措施。

②在表4.5－27中（$a_f^a\neq a_f^c$）不存在 a/W_i 的区段限制。仅有当 a 值较小时，a 上升则 l_1 上升，但当 $l_1=l_{1max}$ 时，a 上升 l_1 下降，并再没有拐点，一直到 $a\to a_{max}$ 时，$l_1=l_{1min}$。

③在表4.5－27中，当 W_i 为定值时，其 a 值大到一定程度后，l_1 值达到最大值。但此时的 $\varphi_1=a/W_i$ 值比表4.5－29中的要小。$W_i=270mm$ 时，$\varphi_1=0.5926$；$W_i=470mm$ 时，$\varphi_1=0.5532$；$W_i=720mm$ 时，$\varphi_1=0.5347$；$W_i=970mm$ 时，$\varphi_1=0.5515$；$W_i=1070mm$ 时，$\varphi_1=0.5467$；$W_i=1170mm$ 时，$\varphi_1=0.5427$。平均值 $\varphi_1^m=0.5536$。

该值是表4.5－29$\varphi_1^m=0.62$ 的89.3%。即A型导流片在 $a_f^a\neq a_f^c$ 时，其平均长度比 $a_f^a=a_f^c$ 的长度短了(1－0.832)＝16.8%，而在 W_i 相同时，其最长的导流片也短了(1－0.893)＝10.7%，且并无 a 值大到一定程度后 l_1 值剧增的现象。所以使用 $a_f^a\neq a_f^c\neq a_f^H$ 的导流片结构，实现了 $v_c^m=\frac{1}{2}(v_a^m+v_H^m)$ 流体流动的要求，是最安全的方法，也是最经济的结构。

同样，比较表4.5－26和表4.5－28中数值后，也可发现：$a_f^a\neq a_f^c$ 的表4.5－26中的 l_1 值，在 W_i、a 相同时，都小于 $a_f^a=a_f^c$ 时表4.5－28中的值。而且在 W_i 相同时，a 值的范围也不一样。如当 $W_i=270mm$，且 $a_f^a\neq a_f^c$ 时，a 可以使用到 $a=280mm$，则 $\varphi_1=280/270=1.037$；当 $W_i=470mm$ 时，$\varphi_1=490/470=1.043$；当 $W_i=720mm$ 时，$\varphi_1=750/720=1.042$；当 $W_i=970mm$ 时，$\varphi_1=1.046$；当 $W_i=1170mm$ 时，$\varphi_1=1.047$。但在 $a_f^a=a_f^c$，$W_i=270mm$ 时，$\varphi_1=250/270=0.926$；当 $W_i=470mm$ 时，$\varphi_1=0.932$；当 $W_i=720mm$ 时，$\varphi_1=0.931$；当 $W_i=970mm$ 时，$\varphi_1=0.928$；当 $W_i=1070mm$ 时，$\varphi_1=0.93$；当 $W_i=1170mm$ 时，$\varphi_1=0.932$。平均值为 $\varphi_1^m=0.93$。而 $a_f^a\neq a_f^c$ 的 $\varphi_1^m=1.044$，相比之下 a 值使用范围小389%。侧

面进出口时，A 型导流片的长度 l_1，不会影响换热器的总体长度。而当 W_i 一定时，a 值的应用范围仅仅在某些场合才有用。若要求 $a > W_i$，这对端面开口，A 型导流片是无法实现的。即使是侧面开口，如果 C 型导流片的 $a_f^c = a_f^c$，A 型导流片也无法实现，只有在 $a_f^c \neq a_f^a$ 时，才能实现。

现在再来比较一下端面开口和侧面开口 A 型导流片各自最适宜的应用范围。由表 4.5－26 和表 4.5－27 的数值可以看出，当 W_i = 定值时，如 $W_i = 270$mm，且当 $a = 85$ 时，端面开口 A 型导流片的总长为：$l_D = l_1 + b = 95.6 + 15 = 110.6$mm。而侧面开口 A 型导流片在换热器总长度方向上占据的尺寸：$l = 85 + 15 = 100$mm，可见这比端面开口 A 型导流片所占的总长度要短 10.6mm。但当 $a = 110$mm 时，端面开口时的 $l_D = 107.3 + 15 = 122.3$mm，而侧面开口时的 $l_D = 110 + 15 = 125$mm，可见又比端面开口的长。

由此可见，当 $W_i = 270$mm 时，$a \geqslant 110$mm 后，端面开口比侧面开口经济。我们把此转折尺寸用虚线在表 4.5－27 中已标出。即是说，对每一种 W_i 宽度，从带虚线的尺寸开始，a 值大于它时用端面开口有利；而 a 值小于它时，则用侧面开口有利。如就经常使用的 W_i = 970mm 芯体来看，当 A 型导流片的开口尺寸 $a < 385$mm 时，使用侧面进口，总体尺寸小。而 $a \geqslant 385$mm 时，使用端面开口时的 A 型导流片，其总体尺寸小。这就是为什么大开口流体永远布置在芯体端面进出的原因。

第 3 种：侧面进口的 A＋E 型导流片的组合（图 4.5－86）

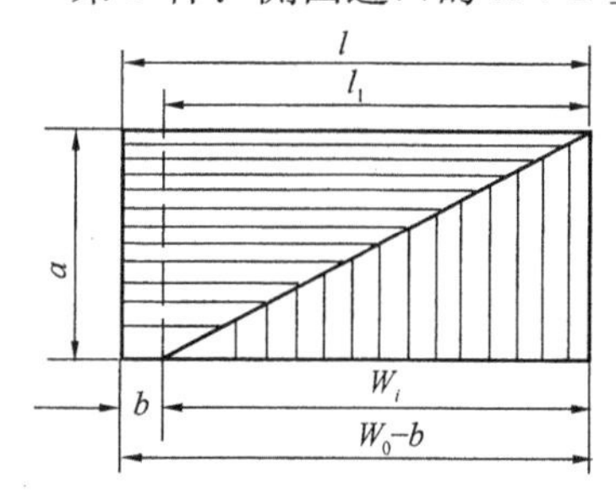

图 4.5－86　侧面进出口的 A＋E 导流片组合

流体流路最短处 $l_{min} = b$，最长处为 $l_{max} = l + a$，平均为 $l_T = \frac{1}{2}(l_1 + a) + b$。

流体流速：在 A 型导流片中 $v_a^m = G/(a_f^a \cdot a \cdot N)$；在 E 型导流片中 $v_E^m = G/(a_f^a W_i N)$；在传热翅片中的流速为：$v_H^m = G/(a_f^H W_i N)$。

若要实现 $v_e^m = \frac{1}{2}(v_a^m + v_H^m)$，

则推导可得：$a_f^e = 2aa_f^a a_f^H/(aa_f^a + W_i a_f^H)$

理论上是可以实现的，即 $a_f^e < a_f^H$，但实际中很难做到。因此在 A＋E 型组合中无法实现平滑速度的过渡。一般情况有：$a_f^a < a_f^e < a_f^H$，$a_f^e = a_f^H$ 或 $a_f^e = a_f^a$ 3 种情况。无论哪一种结构，都无法实现 $v_e^m = \frac{1}{2}(v_a^m + v_m^m)$ 的流动要求。尤其是它的流路长度比侧面进口的 A＋C 型导流片组合要长，流速又不合理，因此 A＋E 型组合很少采用。除非在要求不严的条件下，因 E 型导流片加工容易而采用。

第 4 种：端面中间进出口的 B＋C 型组合（图 4.5－87）

该种组合若从中心线一分为二来看，即为端面进出口的 A＋C 型组合。因此，所有端面 A＋C 组合的性能，B＋C 组合都可以实现。但非常明显，当 W_i，a 为定值时，B＋C 的流路比 A＋C 短了近一半。因此，当 W_i，a 确定后，若 A＋C 型组合阻力超出时，B＋C 型组合应是首选的组合。其次，B＋C 型的流体均布性能要大大优于 A＋C 型组合。尤其在端面上仅布置一种流体进出时，

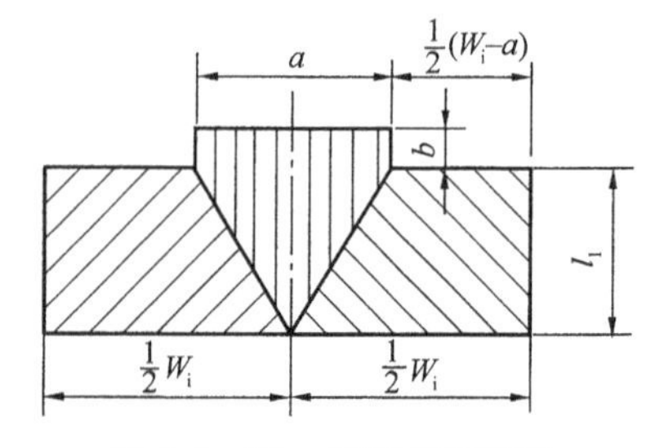

图 4.5－87　端面中部进出口的 B＋C 型导流片组合

首先应选择 B + C 型组合。

第 5 种：侧面进出时仅用一种 D 型导流片的情况

由图 4.5 - 88 可见，$\mathrm{tg}\alpha = a/(W_0 - b) = a/(W_i + b) = c/W_i$，流路长度 $l_T = W_0/\cos\alpha = W_i + 2b/\cos\alpha$。流速仅有一个 $v_D = G/(a_f^d cN)$，它无法实现流速的缓慢过渡，一次性过渡就达到传热段流速。由于它的进口开口尺寸 a 不等于有效的流动截面尺寸 c，故其与侧面进口的 A + C 型组合相比时流速要快。虽流路比 A + C 型短，但流动阻力比 A + C 型大。但因其加工简单，对一些阻力要求不严的场合仍可使用。

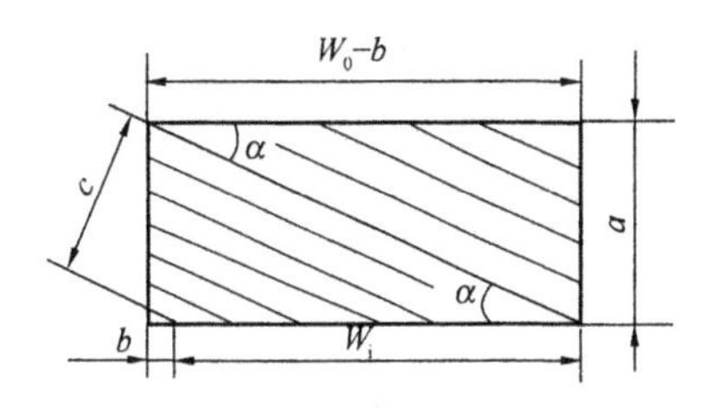

图 4.5 - 88　侧面进出的 D 型导流片

第 6 种：端面双 A + C 型组合

由图 4.5 - 89 所示可知，端面进口把 a 一分为二，并分别被布置在端面的两边。流速不变，仍为 $v_a^m = G/(a_f^a aN)$。但流路显著变短，由 $l_T = b + \frac{l_1}{2} + \frac{1}{2}[l_1^2 + (W_i - a)^2]^{0.5}$ 减少到 $l_T = b + \frac{l_1}{2} + \frac{1}{2}\left[l_1^2 + \left(\frac{W_i - a}{2}\right)^2\right]^{0.5}$。其次，在高压情况下有两个封头时，其壁厚几乎是一个封头的壁厚的 1/2。一个封头因壁厚太厚没位置布置时，采用分开为两只封头的办法，不仅解决了布置的困难，且流阻减小流体布置均匀性亦大大提高，实属为一种好的结构。但往往因流体股数太多，没有布置两个封头（双进口）的位置；其次两个封头的管路复杂，制造成本升高。在有条件使用时，仍是一种好的组合方法。它的实质是把端面进出口的 A + C 型组合仅用于半个芯体中，所以流路短，阻力小，分配均匀。

第 7 种：侧面进出的双 A + C 型组合

图 4.5 - 90 所示的该组合，与端面进口的双 A + C 型组合相似，其优点是：

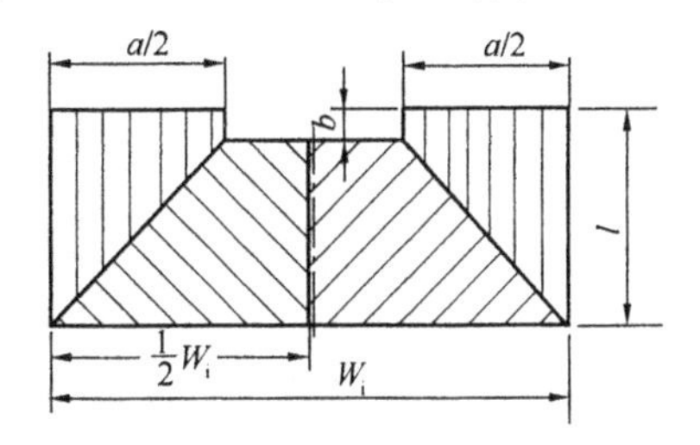

图 4.5 - 89　端面双 A + C 型组合

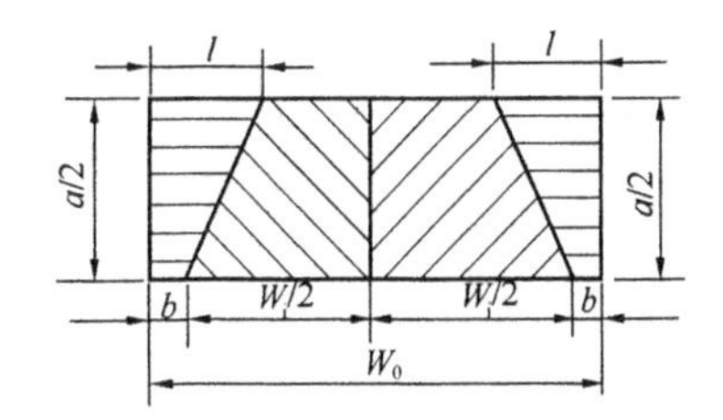

图 4.5 - 90　侧面进出的双 A + C 型组合

①流速不变，但流路缩短，由 $l_T = b + \frac{l_1}{2} + \frac{1}{2}[a^2 + (W_i - l_1)^2]^{0.5}$，减少到 $l_T = b + \frac{l_1}{2} + \frac{1}{4}[a^2 - (W_i - 2l_1)^2]^{0.5}$。

②流动阻力减少，流体分布均匀。

③导流片占据换热器总长度由 a 减少到 $a/2$。

④封头布置容易，壁厚变薄。

其缺点：与端面进出口的 A + C 型组合相同，对外连接的管路配管复杂，制造成本高。如果有位置布置封头，使用一只封头其流动阻力又不符合要求时，首选的改进方案应改用两只封头进出口。或者，因设计压力高，一只封头时壁厚又超过了封条的宽度，这时首选的改进方案也是用两只封头的进出口结构。

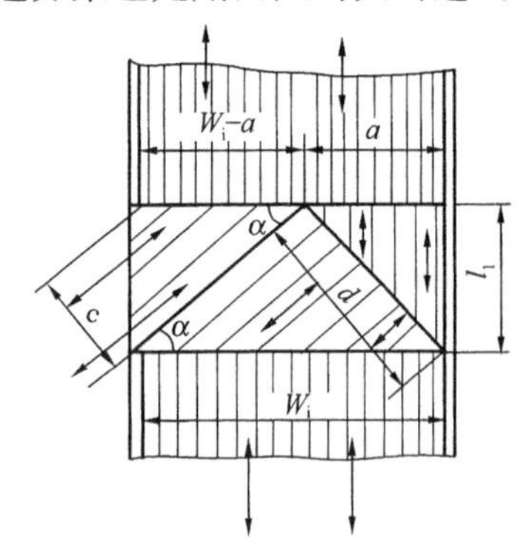

图 4.5-91　中部抽出或加入的 E+C 型组合

第 8 种和第 12 种组合不再赘叙了，现在比较一下第 9 种和第 10 种组合的利弊。

第 9 种：芯体中部抽出或加入部分流体的 E+C 型组合（图 4.5-91）

E 型导流片的实质是其长度方向上没有 b，仅有 l_1 的 A 型导流片。因此，E+C 组合的特性与 A+C 相似。现仅讨论几个尺寸的确定原则。

①尺寸 a：非流速决定，而是取决于流体抽走量或加入量的比例。

$$\frac{\text{抽出量}}{W_i-a}=\frac{\text{剩余流量}}{a}\text{或}\frac{\text{加入量}}{W_i-a}=\frac{\text{原流体流量}}{a};$$

②尺寸 $l_1=c/\cos\alpha$，或 $c=l_1\cos\alpha$；

③尺寸 c：取决于抽出流量或加流量在导流片中的流速，并与 d 相适应：

$$\frac{W_i-a}{c}=\frac{a}{d},\ d=W_i\sin\alpha,\ \text{所以}\ \frac{W_i-a}{a}=\frac{l_1\cos\alpha}{W_i\sin\alpha}=\frac{l_1}{W_i\text{tg}\alpha};\ l_1=\left(\frac{W_i-a}{a}\right)W_i\text{tg}\alpha。$$

一般 $\alpha=25°\sim35°$，$\tan\alpha=0.4663\sim0.7000$，平均取 $\tan\alpha=0.6$，则 $l_1=0.6\dfrac{W_i-a}{a}$。

例如：抽出工况，设总流量 $G=1\text{kg/(s}\cdot\text{m}^2)$，抽出 $g=0.2\text{kg/(s}\cdot\text{m}^2)$，则 $W_i-a/a=0.2/0.8=0.25$，$l_1=0.25W_i\times0.6=0.15W_i$。

当 $W_i=0.97\text{m}$ 时，$l_1=0.1455\text{m}$；$a=0.776\text{m}$；$c=0.125\text{m}$，$d=0.499\text{m}$。

再如：加入量为原流量的 20% 时，则 $0.2/W_i-a=1/a$；$0.2a=W_i-a$，$1.2a=W_i$；$l_1=\left(\frac{1.2a-a}{a}\right)\times1.2a\times0.6=0.144a=0.12W_i$。

当 $W_i=0.97\text{m}$ 时，$l_1=0.1164\text{m}$，$a=0.808\text{m}$，$c=0.1\text{m}$，$d=0.499\text{m}$。

按上述关系确定的几何尺寸，当 E 型导流片和 C 型导流片使用相同规格翅片时，其流体在导流片的任何部分（尤其是 C 型导流片流出外部和再分配到内部这两个部分）的流速是相等的，否则便无法实现上述效率。目前大部分设计者，往往在使用已有导流片规格时，要想实现等速流动的要求比较难。

第 10 种：两个 D 型导流片的组合

图 4.5-92 为两个 D 型导流片的组合，用其满足流体在芯体中部抽出或加入的要求。这里主要分析其与 E+C 型（第 9 种组合）的区别。由该图可见，设第 1 个 D 型导流片的开口宽度为 a_1，有效流通截面宽度为 c_1；第 2 个 D 型导流片分别为 a_2 和 c_2。

$$c_1=W_i\sin\alpha_1,\ c_2=W_i\sin\alpha_2。$$

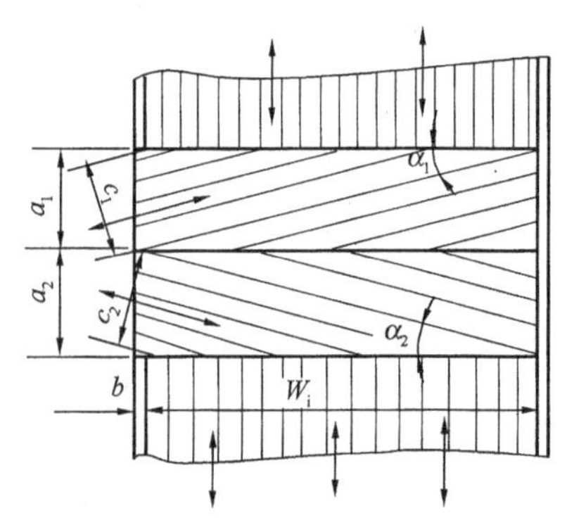

图 4.5-92　两个 D 型导流片的组合

比较的基础是，抽出或加入流体时，其流速应与 E+C 型组合一致，即流通截面宽度 C 相等。

在抽出时，$c_1=c=l_1\cos\alpha=a_1\cos\alpha=W_i\sin\alpha_1$，则

$a_1\cos\alpha = W_i\sin\alpha_1$。如果令 α 等于 α_1，则 $a_1 = W_i\tan\alpha_1 = 0.6W_i$。

当 $W_i = 970$m 时，$a_1 = 0.582$m，而 $l_1 = 0.1455$m，可见 $a_1 \gg l_1$。即抽出时，D 型导流片的开口尺寸 a，在保持与 E + C 型组合流速相同的条件下要比 E + C 型组合的开口尺寸 l_1 大得多（$W_i = 970$mm 时为 4 倍）。同样，剩余流体再分配到芯体中时，还需另一个尺寸 a_2，而在 E + C 型中为同一尺寸 l_1。由此可看出，抽出时若维持流速不变，D 型不仅流路长，且所占芯体总长度尺寸多，显然是一种无法与 E + C 型组合相比的结构。其主要应用场合为，当加入流体的温度和湿度与原流体有较大差别时，可用其能充分混合作用，尤其当加入流体中有液体时，可用其在封头内的混合，使再进入芯体并分布到整个断面上的流体能均匀一致，避免了同断面上热负热不均匀的问题。但此时的结构要与两相流结构比较后才能选得一个合理的结构，可见它不是唯一的结构。

第 11 种：双 F 型导流片组合

图 4.5 - 93 所示的组合适用于中部流体的抽出和进入。该类结构与第 12 种组合（双 A + C 型结合）进行比较时，首先应该讲清楚的是，该类结构中 α_1 在可以不等于 α_2（相等时最简单）的情况下即可以得到 $a_1 \neq a_2$，$c_1 \neq c_2$ 的结构（图示为 $\alpha_1 = \alpha_2$）。$c_1 = W_i\sin\alpha_1$，$c_2 = W_i\sin\alpha_2$，$a_1 = (W_i + b)\tan\alpha_1$，$a_2 = (W_i + b)\tan\alpha_2$。

第 12 种：双 A + C 型组合

在图 4.5 - 94 的双 A + C 组合结构中，如果令 $a_1 = c_1$，$a_f^a = a_f^c$，则流体在 A 型和 C 型导流片中的流速相等，此时与双 F 型类同。

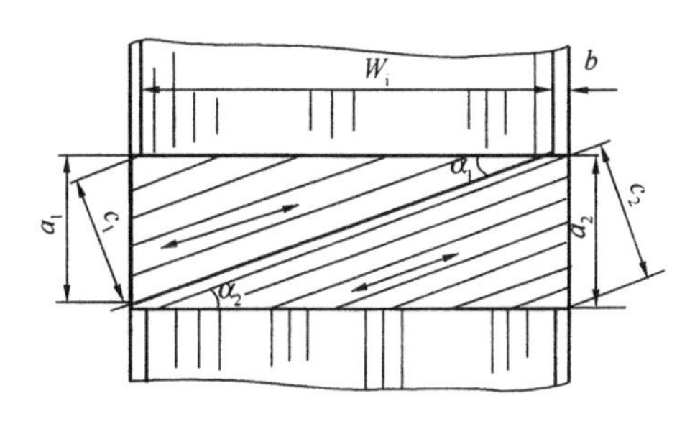

图 4.5 - 93　双 F 型导流片组合

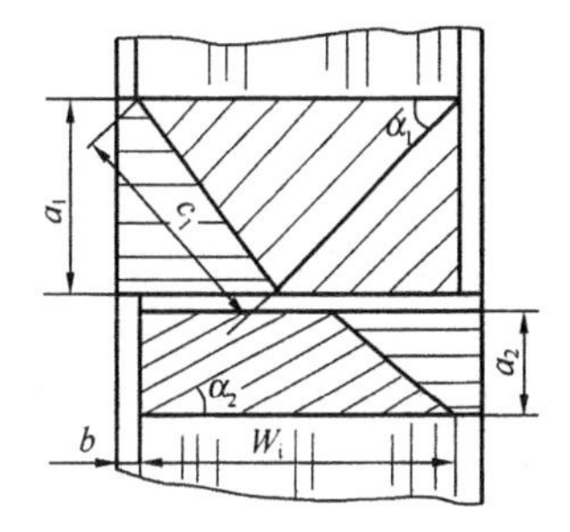

图 4.5 - 94　双 A + C 型结合

$\alpha_1 = \sin^{-1}\dfrac{a_1}{W_i}$，$\alpha_2 = \sin^{-1}\dfrac{a_2}{W_i}$。

设 $W_i = 1000$mm，$b = 15$mm，当双 F 型流速与双 A + C 型流速相等时，令 $\alpha = 30°$（两种结构相同），则在双 F 结构中，$c_1 = 500$mm，$a_1 = (1000 + 15)\tan30° = 586$mm。而在双 A + C 型中，$a_1 = c_1 = 500$mm。即在抽出时，双 F 型的出口长度 a_1 比双 A + C 型出口长度 a_1 长出 86mm。如果重新进入芯体的流体参数与抽出时一样，则结构尺寸相同。

此时，双 F 型结构的开口总长度 $l = 586 + 15/\cos30° = 603.32$mm，而双 A + C 型结构开口总长度 $l = 500 \times 2 + 15 = 1015$mm，这比双 F 型长了近 412mm。由此可见，在进出口相同的情况下，流体由芯体中部抽出（完全抽光）再全部进入（或一种流体全抽出，另一种流体全进入）芯体时，双 F 型组合是最紧凑的结构。其流路长度最短，流速相同时，流动阻力亦最小。

由以上分析可见，进入或流出芯体的液体，只要所用导流片组合结构的尺寸相同和对称布置，其流经流路长度和流动阻力就相等。尽管流体进入或离开换热段翅片断面时的压力不相等，但流体在断面任何一处的压差 $\Delta p = p_{in} - p_{out}$ 都相等，即在 $W_i = 0 \to W_i = W_i$ 换热段翅片进出口任何一处的 $\Delta p = p_{in} - p_{out}$ 都相等。这是单相流体流动最理想的结构，也是流体分布最均匀的结构。

而在实际应用中，流体进入和流出芯体时的状态发生了很大的变化(温度、压力、密度及黏度等)，即使进出口所用导流片的类型组合都相同，但几何尺寸往往亦不会相等，进而使流体流经导流片的路径长度及压力降均不相等。$\Delta p = p_{in} - p_{out}$ 在换热翅片段不相等会造成流体分布不均匀，这是大多数换热器的常见现象。为了避免这种严重的不均匀分布，设计者必须进行进一步的计算与调整，并采用相应改进措施。

具体做法如下：①把换热器的有效宽度尺寸 W_i 平均划分成 5 段(或 7 段)，对第 1、3、5 段对应进出口导流片的平均流路长度及流动阻力分别进行计算(分 7 段时对第 1、4、7 段流动阻力计算)。将第 1、5 段的流动阻力与第 3 段的阻力值进行比较(分 7 段时将 1、7 段与第 4 段阻力值进行比较)。此时第 3 段(或第 4 段)的阻力值往往与导流片平均流路长度阻力值接近，其余 2 段则代表换热器宽度方向最外边的阻力值。如果第 1、5 段的阻力值 Δp_1、Δp_5 与第 3 段的阻力值 Δp_3 之比值，即 $\Delta p_1/\Delta p_3$、$\Delta p_5/\Delta p_3$ 之误差大于 ±5%，则就要调整进出口导流片的组合尺寸，以使其比值的误差小于 ±5% 为止。②如果经调整仍无法实现比值误差小于 ±5% 时(因进出口条件所限)，则换热翅片段的总长度还要再增加相应误差值，以作为补偿的后备量。

四、沸腾传热试验

(一) 试验背景

众所周知，空分设备冷凝蒸发器的传热温差，将直接影响到装置的能耗指标。为了降低装置运行能耗，在有限的精馏塔塔体空间中应尽量多布置一些传热面积，以降低传热温差。自从冷凝蒸发器由列管式换热器改为板翅式换热器之后，由于传热面积扩大，其传热温差已由原先的3℃降到了 1.3～1.8℃，这是空分行业的一大技术进步。但随着空分设备容量的增大，用增大传热面积来确保传热温差的作法受到了极大的制约。其原因是：①常规板翅式换热器单元已无法布置在有限的容器直径内，必须把冷凝蒸发器移置于上下塔之外，单独布置。这将增加管路配置的难度及保温箱的体积，有时还需增加工艺设备，才能保证装置的正常运转。②使用超长单元时，尽管能解决布置的难题，但因浸没深度的增加而使传热温差增加，反过来又要增加传热面积。由此可知，解决容量大型化的最好办法是寻求一种强化传热的方法。即提高冷凝蒸发器的传热系数，在保持传热温差不变的情况下，减少换热面积，使单元外形尺寸减小。这不仅解决了空分设备大型化后冷凝蒸发器布置的困难，且降低了生产成本，减少了用户一次性投资费用。为了实现这一目标，并突破现有技术水平，自 1986 年开始，杭州制氧机厂和西安交通大学合作立项，开始了这一课题的实验研究工作。

(二) 试验过程

从选择蒸发空间尺寸着手，从实验数据中，选出传热效果最理想的几何尺寸范围。在此基础上，嫁接于板翅式换热器中，改用特定结构板翅式换热器进行传热实验。在实验基础上，选出适用于板翅式换热器的几何参数范围及可达到的最佳性能指标。利用这些资料，设计一台小型制氧机用冷凝蒸发器，并进行工业性使用考核。在取得理想效果，总结实验资料的基础上提出大型空分装置用冷凝蒸发器的试验元件及其结构。然后再分别对不同结构几何参数和工况的 12 个试件进行传热试验。最后找出最理想的结构、翅片参数及性能数据。针对大型空分装置的特点，设计出一台工业实验用工件。经过工业性应用实验，取得了令人振奋的成果。试验工作前后历时达 12 年之久。

（三）试验成果

(1)把微液膜蒸发作为主导性传热机理，采用狭缝流道进行强化微液膜蒸发传热试验，克服了传统核态沸腾机理的局限性。结果认为，气泡底部与加热面之间的微液膜厚度越薄，则传热系数越高，传热温差越小。微液膜的厚度对沸腾传热起着重要作用。狭缝流道把气泡压扁，使气泡底部微液膜的面积扩展了，厚度减薄了，微液膜的蒸发强化了。狭缝流道有利于小气泡聚合成大气泡，有利于单相液体的加热，且使核态沸腾沸点提前发生。

(2)类环状流传热亢进现象的发现。实验发现，狭缝流道中的沸腾传热，在某一热负荷之后再增加热负荷时，反而会使传热温差减小，流道内大部分区域出现了类环状流流动。这种流动被称为传热亢进现象。流道间隙越小，沸腾传热系数越高，传热亢进点越向较低热流密度移动。

(3)沸腾流道内设置补液孔及纵横向补液结构。经试验，这些结构克服了因狭缝流道而导致临界热流密度的减小以及流道上部易于“蒸干”的弊端。确保了蒸发流道中液氧的类环状流流型及液体循环量。加上蒸发流道中的液体，可以实现纵横相通，最大限度地把液氧池中的碳氧化合物等有害杂质浓度降至最低，确保了空分设备的安全性。

(4)首次发现并应用于设计的临界浸没深度。在一定的热流密度下，在不低于一定的临界浸没深度范围内，液面深度的变化不影响蒸发传热的正常进行，工况稳定，无需全浸操作。当浸没深度低于临界值时，蒸发传热开始恶化，传热温差会迅速上升。这一临界值大致为蒸发高度的 75%，高于此值时运行稳定。低于此值时传热恶化。这一浸没深度的发现，使浸没液柱降低，进一步降低了传热温差，并可显著缩短转入正常运行的启动时间。

(5)首次发现沸腾侧传热热阻约为冷凝侧传热热阻值的 2 倍。冷凝蒸发器主要传热热阻来自于沸腾侧。试验中改用 1 层冷凝流道和 2 层沸腾流道相匹配的新结构进行试验，结果发现可降低沸腾侧的传热热阻，使两侧的传热热阻基本相等，达到了最佳匹配，提高了冷凝蒸发器的总传热系数。

(6)降低冷凝侧翅片高度可提高冷凝侧气相流动的雷诺数，进而使冷凝侧传热强化，冷凝蒸发器总传热系数进一步提高。

(7)综合指标：传热系数比德国林德公司设计标准 620W/($m^2\cdot K$)提高了近 22%，即达到了 754W/($m^2\cdot K$)；林德公司的传热温差为 1.3K，本试验可降低到 1.16 ~ 0.57K，可见其最小温差可达到 0.57K，这是目前国内外可以实现的最小温差。有关实验结果还可参阅文献[8]~[12]。该技术已申请国家专利两项，专利号为 96118734.4、“类环状流双相变换热器”和 96118824.3“微膜蒸发冷凝器”。综合技术“类环状流微膜蒸发板翅式冷凝蒸发技术”获 2001 年度国家技术发明二等奖(一等奖空缺)。杭氧厂已采用该技术进行了冷凝蒸发器的设计和开展了该技术的推广应用工作。

主要符号说明

l——齿长，m；开口处导流片伸进长度，m；

h——齿高，m；翅片高度，m；

t——齿厚，m；翅片材料厚度 m；

P——翅片节距，m；

φ——开孔率；

N——层数，即流体共有的流道数；

G——流体质量流量，kg/h；

A_f^{in}——导流片在进口处的自由流动截面，m^2/m；

A_f^D——导流片在转弯处的自由流动截面，m^2/m；

v_{in}——流体进入导流片开口处的流速，$kg/(m^2 \cdot s)$；

v_t——流体在接管中的流速，$kg/(m^2 \cdot s)$；

v_H——流体在芯体传热翅片流道中的流速，$kg/(m^2 \cdot s)$；

v_D——流体在导流片转弯后的流速，$kg/(m^2 \cdot s)$；

b——封条宽度，m；

a_0——导流片段尺寸，即除传热段长度之外，另加的进、出口段，m；

$a_0 - b$——导流片进口宽度尺寸，m；

W——板宽(芯体宽度)，m；

L——板长(翅片流路长度)，m；

δ——隔板厚度，m；

x——翅内距，m；

$x = (P - t)$；

y——翅内高，m；

$y = (h - t)$；

D_e——翅片当量直径，m；

F——浸润面积，m^2；总传热面积，m^2；

U——浸润周边长，m；

A_f——每层流道流体自由流通截面积，m^2；

A_s——每层通道传热面积，m^2；

A_s^A——A 流体的全部换热面积，m^2；

a_f——1m 宽翅片的每层流道自由流通截面积，m^2；

r_m——金属材料的质量密度，kg/m^3；

F_1——一次传热表面积，m^2；

α——翅片表面与流体间的给热系数，$W/(m^2 \cdot K)$；

T——流体温度，℃；

t_w——隔板表面温度，℃；

F_2——二次传热表面积，m^2；

F_e——传热有效表面积，m^2；

η_f——翅片效率；

λ_m——翅片材料的热导率，$W/(m \cdot K)$；

Q——传热量，W；

Q_T——总热热负荷，W；

λ_L——冷凝液的热导率，$W/(m \cdot K)$；

ρ_L ——冷凝液的密度，kg/m^3；
μ_L ——冷凝液的黏度，Pa·s；
A ——每 m 高度的换热面积，m^2/m；
W_c ——冷凝量，kg/s；
W_t ——总流量，kg/s；
t_{in} ——液体进换热器的温度,℃；
t_{out} ——液体出换热器的温度,℃；
Δt ——冷凝流体的温度变化,℃

$\Delta t = t_{in} - t_{out}$；

μ_V ——蒸汽的黏度，Pa·s；
λ_V ——蒸汽的热导率，W/(m·K)；
W_i ——翅片的有效宽度，m；
C_L ——液体的比热容，J/(kg·K)；
G_{Vin} ——进换热器的蒸汽量，kg/s；
G_{Vout} ——出换热器的蒸汽量，kg/s；
ρ_V ——蒸汽密度，kg/s；
α_V, α_L ——分别为气相、液相的传热系数，$W/(m^2 \cdot K)$；
Q_V，Q_L ——分别为气体、液体至饱和温度时的热负荷，W；
A_{fV}, A_{fL} ——分别为气相、液相占据的流动截面积，m^2；
A_m ——所有参加热传导的金属截面，m^2；
t_m ——流体进出口温度的平均值,℃；
σ_b ——翅片材料的最低抗拉强度，MPa；
φ ——系数；
$[\sigma]$ ——隔板材料的许用应力，MPa；
p_b，p_a ——分别为隔板两侧流体的设计压力，MPa；
h_b，h_a ——分别为隔板两侧流体所用翅片的高度，mm；
p_D ——设计压力，MPa；
ϕ ——焊缝系数；
C ——材料附加值，mm；
R_i ——封头内半径，mm；
R_m ——封头平均半径，mm；
F_H ——封头的压力载荷，N/mm；
σ_τ ——钎焊接头的抗剪强度，MPa。

参 考 文 献

[1] 王松汉. 板翅式换热器. 北京：化学工业出版社，1984.
[2] 陈长青等. 低温换热器. 北京：机械工业出版社，1993.
[3] 美国斯图尔特·沃纳·南温特公司. 钎焊铝制板翅式换热器设计手册. 杭州制氧机械研究所译. 1992.

[4] 邓健．钎焊．北京：机械工业出版社，1979.
[5] 美国 Stewart-Warner Corporation South Wiad Division. Design Manual.
[6] 陈慧珠译．圆筒形分离器的设计．化工设备设计，1985，(3)：44~52.
[7] 周昆颖．紧凑换热器．北京：中国石化出版社，1998.
[8] 潘春晖、吴裕远等．狭缝通道内液氮两相流沸腾强化传热实验研究．低温工程，1989，(3).
[9] 吴裕远等．液氮在狭缝中热虹吸两相流传热强化实验研究．西安交通大学学报，1994，(9)：104~110
[10] 陈流芳等．板翅式单元液氧中微膜热虹吸浅池沸腾的实验研究．西安交通大学学报，1995，(5)：34~38
[11] 陈流芳等．新型类环状流冷凝蒸发器的开发和研制．低温与超导，1996，(1)：59~65
[12] 陈流芳等．新型板翅式冷凝蒸发器的传热特性研究．西安交通大学学报，1997，(5)：64~69